# HANDBUCH DER NORMALEN UND PATHOLOGISCHEN PHYSIOLOGIE

## MIT BERÜCKSICHTIGUNG DER EXPERIMENTELLEN PHARMAKOLOGIE

HERAUSGEGEBEN VON

A. BETHE
FRANKFURT A. M.

G. v. BERGMANN
BERLIN

G. EMBDEN · A. ELLINGER†
FRANKFURT A. M.

ERSTER BAND

## A. ALLGEMEINE PHYSIOLOGIE

BERLIN
VERLAG VON JULIUS SPRINGER
1927

# ALLGEMEINE PHYSIOLOGIE

BEARBEITET VON

K. BORESCH · PH. BROEMSER · G. ETTISCH · G. HERTWIG
R. HÖBER · W. LIPSCHITZ · H. H. MEYER · A. PÜTTER
H. REICHEL · P. RONA · K. SPIRO · O. STECHE
J. v. UEXKÜLL · H. ZWAARDEMAKER

MIT 119 ABBILDUNGEN

BERLIN
VERLAG VON JULIUS SPRINGER
1927

ISBN-13: 978-3-642-89150-2 e-ISBN-13: 978-3-642-91006-7
DOI: 10.1007/978-3-642-91006-7
Softcover reprint of the hardcover 1st edition 1927

# Vorwort[1].

Es ist der Wagemut eines deutschen Verlegers, von dem die Anregung zu diesem Werk ausging. Herr FERDINAND SPRINGER hat uns zwar vor eine schöne und reizvolle, aber auch unendlich schwere Aufgabe gestellt, und manchmal hat sich unter der redaktionellen Arbeit der Wunsch geregt, wir könnten diese Bürde auf andere Schultern legen, wenn auch der Verlag uns an Arbeit abnahm, was er konnte, und unsere Wünsche, besonders auch in bezug auf Umfang und Ausstattung, in weitestem Maße erfüllte.

22 Jahre liegen zwischen dem Erscheinen des letzten Bandes von HERMANNS Handbuch der Physiologie (1883) und der Herausgabe des ersten Bandes von NAGELS „Handbuch der Physiologie des Menschen“ (1905); 1910 erschien dessen letzter Band. Nach weiteren 15 Jahren wieder das Wissen der Zeit zusammenzufassen, mag berechtigt erscheinen; ja die Frage ist aufzuwerfen, ob bei der überwältigenden Zunahme wissenschaftlicher Produktion überhaupt noch mit Erfolg von neuem ein Querschnitt durch unser Wissen zu legen ist.

Und dennoch geht unser Ziel weiter! Nicht nur die normale Physiologie soll im neu erscheinenden Werke behandelt werden, sondern auch die Pathologie und Pharmakologie, soweit sie pathologische Physiologie — oder richtiger vielleicht — funktionelle Pathologie sind, sollen mit ihr zu einem einheitlichen Ganzen zusammengefaßt werden. Das liegt im Sinne einer Zeit, in der die Wechselwirkungen zwischen physiologischem Denken und klinischer Arbeit so rege geworden sind, daß es müßig erscheint, danach zu fragen, wieviel die Physiologie der Klinik, wieviel die Klinik der Physiologie zu danken hat. Nichts liegt uns freilich ferner, als in der Klinik lediglich die Projektion biologischer Forschung und Denkweise auf den kranken Menschen zu sehen.

Weiterhin schien uns aber vieles nicht nur aus der vergleichenden Physiologie der wirbellosen Tiere, sondern auch aus der Physiologie der Pflanzen für das Verständnis der Vorgänge im Organismus der höheren Tiere *so* wichtig, daß wir unseren Arbeitsplan auch nach dieser Richtung hin ausgebaut haben. Auch vor psychologischen Ergebnissen wollten wir nicht Halt machen, wenn wir uns auch beschränkt haben auf das, was in die Grenzgebiete zwischen Physiologie der Sinnesorgane und des Zentralnervensystems einerseits und experimentelle Psychologie andererseits fällt.

In der Anordnung des Stoffes haben wir uns nach Möglichkeit von dem anatomischen Einteilungsprinzip freigemacht, das noch so vielfach die Physiologie von *den* Zeiten her beherrscht, in denen die Lehre von den Funktionen eine Tochter der morphologischen Betrachtungsweise war. Die Funktion wird

---

[1] Dieses Vorwort war dem zuerst erschienenen 2. Bande beigelegt und wird hier fast unverändert wiederholt. Inzwischen sind noch erschienen die Bände: III, VII/1, VII/2, VIII/1, XI, XIV/1, XIV/2 und XVII. Im Druck befinden sich die Bände VIII/2 und X. Die noch fehlenden Bände werden wir wie bisher immer dann in Satz geben, wenn alle Beiträge eingelaufen sind. Wir hoffen bis zum Ende des Jahres 1928 das Werk abschließen zu können.

als Prinzip der Anordnung in den Vordergrund gestellt, ähnlich wie das, unabhängig von uns, der so früh uns entrissene BRAUS in seinem Lehrbuch der Anatomie versucht hat. Wie unser Einteilungsplan zeigt, scheint die Loslösung von morphologischen Prinzipien uns aber durchaus noch nicht restlos möglich, ja nicht einmal überall richtig.

Den ersten 14 Bänden, welche der Besprechung der Einzelfunktionen gewidmet sind, werden 3 Bände folgen, denen wir die Überschrift „Correlationen" gegeben haben. Hier soll auf den verschiedensten Gebieten der Zusammenhang der Einzelorgane und ihrer Funktion zu den großen, das Leben des Individuums beherrschenden Funktionseinheiten synthetisch zusammengefügt werden. Während wir auf der einen Seite den Organismus gleichsam in Stücke zerreißen und spezialistisch die Erscheinungen in jedem Einzelteil zu ergründen bestrebt sind, wird hier der Versuch gemacht, aus den Bausteinen das Ganze zusammenzusetzen.

Unsere Zeit will auch in der Wissenschaft durch allen — heut wie immer — unvermeidbaren Spezialismus hindurch vordringen zum allgemeinen Ganzen.

Im angedeuteten Sinne ein Handbuch herauszugeben, war für einen einzelnen unmöglich, und so wurden aus dem ursprünglich einen Herausgeber vier, die die Aufgabe übernahmen, obwohl sie ihnen fast nicht zu bewältigen schien. An BETHES Seite traten daher v. BERGMANN, EMBDEN und ELLINGER als Mitherausgeber. Aus dieser Gemeinschaft wurde ALEXANDER ELLINGER am 26. Juli 1923 zu unserem Schmerz herausgerissen.

Unsere Zuversicht, daß es vielleicht doch gelingen möge, ein solch großes Werk zu einem gedeihlichen Ende zu führen, wurde gestärkt, als wir bei unseren zahlreichen Mitarbeitern so viel Verständnis für das gesetzte Ziel fanden. Zu ihrem größten Teil gehören sie dem deutschen Sprachgebiet an, aber dankenswerterweise haben sich auch einige Forscher aus fremden Sprachgebieten in den Dienst der Aufgabe gestellt.

Dem Entgegenkommen aller unserer Mitarbeiter schulden wir es dankbar, wenn so kurze Zeit nach Beginn der Arbeit ein Werk erscheinen darf, das fast die gesamten, naturwissenschaftlich faßbaren Lebenserscheinungen zu einem Ganzen vereinigen möchte, alles das, was im weitesten Sinne Biologie ist.

*Frankfurt a. M.*, im Februar 1925.

A. BETHE · G. V. BERGMANN · G. EMBDEN.

Der Tod, der in diesen drei letzten Jahren eine so reiche Ernte unter den Gelehrten gehalten hat und so manchen mitten aus seiner besten Schaffensperiode herausnahm, hat auch in die Reihe der Mitarbeiter unseres Handbuchs empfindliche und schwer auszufüllende Lücken gerissen. Es starben von unseren Mitarbeitern:

Leo Adler
Heinrich Boruttau
Siegfried Garten
Rudolf Gottlieb
Carl Hart
Carl v. Hess
Hans Köllner
Paul Mathes
Arnold Pick
Emil Reiss
Robert Tigerstedt.

Von diesen haben L. Adler, C. v. Hess, H. Köllner und A. Pick ihren Beitrag noch vor ihrem Tode vollenden können. Es gereicht uns zur Ehre, diese letzten Arbeiten der Verstorbenen in unserem Handbuch veröffentlichen zu dürfen.

Februar 1925.

Seitdem diese Totenliste abgeschlossen wurde, haben uns von neuem schwere Verluste getroffen. Es starben:

Richard Cassirer
W. Einthoven
F. B. Hofmann
Rudolf Magnus
Erich Meyer
Georg Mönckeberg
Fritz Rohrer
E. H. Starling
Wilhelm Uhthoff.

*Frankfurt a. M.* u. *Berlin*, im September 1927.

*Die Herausgeber.*

# Übersicht der großen Abschnitte des Handbuches.



# Inhaltsverzeichnis.

# Definition des Lebens und des Organismus.

Von

**J. von Uexküll**

Hamburg.

**Zusammenfassende Darstellungen.**

Driesch, H.: Philosophie des Organischen. 2. Aufl. Leipzig: W. Engelmann 1921. — Driesch, H.: Geschichte des Vitalismus. 2. Aufl. Natur- u. kulturphilosoph. Bibl. Bd. III. Leipzig: J. A. Barth 1922. — Ehrenberg, R.: Theoretische Biologie. Berlin: Julius Springer 1923. — Gottschalk, A.: Über den Begriff des Stoffwechsels in der Biologie. Abhandl. zur theoret. Biol. (Schaxel) Heft 12. Berlin: Gebr. Bornträger 1921. — Helmholtz, H. v.: Vorträge und Reden. 4. Aufl. Braunschweig: Vieweg & Sohn 1896. — Petersen, H.: Histologie und mikroskopische Anatomie. München: J. F. Bergmann 1922. — Tschermak, A. v.: Allgemeine Physiologie. Berlin: Julius Springer 1916. — Uexküll, J. v.: Theoretische Biologie. Berlin: Gebr. Paetel 1920. — Uexküll, J. v.: Technische und mechanische Biologie. Ergebn. d. Physiol. (Asher-Spiro). München: J. F. Bergmann 1922.

## I. Definition des Lebens.

Wenn ein Naturforscher vor die Aufgabe gestellt wird, das Leben zu definieren, so kann es sich für ihn nicht darum handeln, logische Begriffe über das Wesen des Lebens zu entwickeln, sondern nur darum, die wissenschaftlich gesichteten Erfahrungen darzulegen, die als Kennzeichen für das Leben dienen.

Das Leben selbst tritt uns in zweierlei Gestalt entgegen, einmal als Quelle unserer gesamten Gemütstätigkeit und zweitens als Erscheinung in der äußeren Welt. Um diese aus der äußeren Erfahrung geschöpfte Kenntnis handelt es sich in erster Linie, wenn wir als Naturforscher das Leben zu definieren versuchen.

Wir wollen wissen, welche Rolle das Leben in der wirklichen Welt spielt, in der wir selbst leben. Da zeigt sich bereits, bevor wir überhaupt an das Leben selbst herantreten können, ein Hindernis, das nur sehr schwer zu beseitigen sein wird.

Die Naturforscher sind sich nämlich durchaus nicht darüber einig, was unter der „wirklichen Welt" zu verstehen sei. Daher wird man auch nicht erwarten dürfen, eine allgemein gültige Definition des Lebens zu erhalten, sondern muß darauf gefaßt sein, die abweichende Weltauffassung in der Definition des Lebens wiederzufinden.

Was man aber wird verlangen dürfen, ist eine klare und präzise Antwort, mag sie auch einmal in dem einen, ein andermal im entgegengesetzten Sinne ausfallen. Grundbedingung dafür ist eine eindeutige Erkenntnis dessen, was die verschiedenen Forscher unter der „wirklichen Welt" verstehen.

Ewald Hering[1]) beginnt seine unübertreffliche Einleitung zum Raumsinn in Hermanns Handbuch der Physiologie mit den Worten: „Wir sehen die Dinge in sehr vielen Fällen in einer anderen Gestalt und an einem anderen Orte, als ihrer wirklichen Gestalt und ihrem wirklichen Orte entspricht.

Der Mond ist für unseren Gesichtssinn eine kleine flache Scheibe in einer Entfernung, die jedenfalls nicht erheblich über die Entfernung hinausgeht, in welcher uns der fernste noch sichtbare Berg am Horizont erscheint. Gleichwohl sind wir zu dem Schlusse berechtigt, daß der Mond Kugelgestalt und eine Größe und Entfernung hat, die seine scheinbare weit übertrifft. Wir *denken* uns also den Mond ganz anders, als wir ihn *sehen*. Den Mond nun, wie wir ihn uns denken, nennen wir *wirklichen* Mond. Die fernen Bäume einer geraden Allee, die wir durchschreiten, erscheinen uns kleiner und einander nähergerückt, als die gleich großen Bäume in unserer Nähe. Wir denken uns aber aus guten Gründen jene fernen Bäume ebenso groß und in demselben gegenseitigen Abstande voneinander wie die nahen. Den Raum denken wir uns unendlich, aber wir sehen ihn stets begrenzt durch den Horizont, den Fußboden und das Himmelsgewölbe oder sonstwie. Unsere Überzeugung, daß der Mond viel größer und ferner ist als alles Irdische, daß die fernen Bäume so groß sind wie die nahen, kann uns nicht dazu verhelfen, Mond und Bäume auch entsprechend groß und fern zu *sehen*.

Den Raum, wie er uns in einem gegebenen Augenblicke erscheint, wollen wir den jeweiligen *Sehraum* nennen, und die Dinge, wie wir sie diesen Raum erfüllen oder begrenzen sehen, die *Sehdinge*. Die Form dieser Sehdinge und ihre Anordnung im Sehraume können also, wie obige und zahllose andere Tatsachen lehren, andere sein als die Form und Anordnung der wirklichen Dinge im wirklichen Raume. Diese Unterscheidung zwischen Sehraum und wirklichem Raum, zwischen den Dingen, wie sie räumlich sind, und den Dingen, wie sie uns beim Sehen räumlich erscheinen, muß durchaus gemacht werden, und man muß sich hierüber ganz klar sein, wenn man eine richtige Einsicht in die Gesetze des Sehens gewinnen will. Es handelt sich hierbei nicht um irgendwelche metaphysische Spekulation, sondern um einen leicht zu fassenden Fundamentalsatz der Sinnenlehre."

Hier ist die Lehre von den zwei Welten mit aller Schärfe entwickelt, und es wird danach niemand in Zweifel ziehen können, daß es tatsächlich zwei Welten mit zwei verschiedenen Räumen gibt. Es handelt sich nun darum zu entscheiden, welche von diesen beiden Welten die wirkliche ist, und nicht, wie Hering es tut, die eine der beiden Welten von vornherein als die wirkliche zu bezeichnen.

Ich werde daher die Ausdrücke: *Anschauungswelt* und *Anschauungsraum* brauchen und ihnen die *Vorstellungswelt* und den *Vorstellungsraum* gegenüberstellen, um nichts über die Wirklichkeit der einen oder der anderen Welt im voraus festzulegen.

Anstatt Sehraum sage ich Anschauungsraum, weil ich damit den gesamten Raum umfassen will, der uns umgibt, wenn wir nicht bloß unsere Augen in verschiedenen Richtungen wandern lassen, sondern auch unseren Kopf wenden und ein geschlossenes Panorama rings um uns entstehen lassen.

Der Anschauungsraum hat ganz feste, einfache und übersichtliche Gesetze, die eng mit der Organisation unserer Sinne zusammenhängen. Das Grundelement des Anschauungsraumes ist der *Ort*. Alle Orte des sichtbaren Raumes sind nebeneinander gelagert und bilden zusammen eine Fläche, die sich rings um uns

---

[1]) Hering, E.: Der Raumsinn und die Bewegungen des Auges, in Hermanns Handb. d. Physiol. Bd. III. Leipzig: Vogel 1879.

schließt. Die Zahl der Orte, die sich in dieser Fläche befinden, hängt von der Zahl der lichtempfindlichen Elemente in der Netzhaut unseres Auges ab, deren Erregung ein „Lokalzeichen" in uns wachruft, das dann als Ort hinausverlegt wird. Die Zahl der Orte ist daher eine von vornherein festgelegte und begrenzte.

Die Zahl der Orte, die durch die Zahl der Netzhautelemente gegeben ist, vervielfältigt sich durch die Fähigkeit unseres Auges, sie nicht bloß nebeneinander in einer Fläche, sondern auch hintereinander in einer Anzahl von konzentrischen Kugelflächen zu ordnen, die durch den Erdboden, auf dem wir stehen, halbiert erscheinen. Den Mittelpunkt aller Halbkugeln bildet ein jeder von uns selbst. Diese merkwürdige Fähigkeit ist an den Akkommodationsapparat und die äußeren Augenmuskeln unseres Auges gebunden, dessen Muskeln durch eine bestimmte Anzahl nervöser Impulse der Linse eine ganz bestimmte Zahl von Krümmungsradien zu erteilen vermögen. Diese Impulse lösen wie alle der willkürlichen Muskulatur erteilten Impulse „Richtungszeichen"[1]) in uns aus, die wir als „Richtungsschritte" hinausverlegen. Auf diese Weise werden die ortetragenden Flächen Schritt für Schritt hinausverlegt und bilden das System konzentrischer Hohlkugeln um uns.

Eine Erhöhung der ortetragenden Flächen entsteht durch unsere Fähigkeit, den sichtbaren Gegenständen Entfernungszeichen zu verleihen, wodurch jene über die äußerste von der Akkommodation gesetzte Ebene hinausgerückt werden.

Aber auch diese Fähigkeit hat ihre Grenzen, und in jedem Fall ist unser sichtbarer Raum von einer fernsten Ebene begrenzt, die als Himmelsgewölbe den Raum allseitig umschließt.

Eine jede der konzentrischen Halbkugeln trägt die gleiche Anzahl von Orten. Dementsprechend nimmt die *Dichtigkeit* der Orte mit zunehmender Entfernung vom Zentrum ab. Infolgedessen wird der gleiche Gegenstand, der sich in der Nähe des Mittelpunktes befindet, mehr Orte auf sich vereinigen als in größerer Entfernung. Er nimmt, wenn er sich von uns entfernt, nicht bloß an Größe ab, sondern verliert immer mehr an Einzelheiten.

In das System konzentrischer Halbkugeln entwerfen wir dank eines besonderen Sinnesapparates stets ein fühlbares Koordinatensystem, auf das wir trotz seiner Unsichtbarkeit alle gesehenen Gegenstände beziehen. Von dem Vorhandensein dieses Koordinatensystems kann sich ein jeder sofort überzeugen, wenn er bei geschlossenen Augen seiner Handfläche befiehlt, sich abwechselnd auf die Grenze zwischen Rechts und Links — Oben und Unten — Vorn und Hinten einzustellen. Er wird feststellen, daß sich drei rechtwinklig aufeinanderstehende Ebenen in der Gegend seiner Nasenspitze oder innerhalb des Kopfes kreuzen, von wo aus sie das gesamte System von Hohlkugeln durchschneiden.

Das Koordinatensystem folgt den Bewegungen des Kopfes und muß daher an ein im Kopf befindliches Sinnesorgan gebunden sein. Ich bin daher trotz aller Einwände der Überzeugung, daß der geniale Gedanke Cyons[2]), wir hätten es hier mit einer Auswirkung der halbzirkelförmigen Kanäle zu tun, zu Recht besteht. Doch ist dies hier nebensächlich. Es genügt festzustellen, daß ein jeder von uns umgeben ist von einem festen System von Orten, in das wir bei jeder Wendung des Kopfes von jeder Stelle aus ein Koordinatensystem entwerfen.

[1]) Uexküll, J. v.: Theoretische Biologie. Berlin: Gebr. Paetel 1920.

[2]) Cyon, E. v.: Das Ohrlabyrinth als Organ der mathematischen Sinne für Raum und Zeit. Berlin: Julius Springer 1908.

Das ganze System macht den Eindruck eines Kontinuums, weil nach der Weberschen[1]) Lehre die benachbarten Lokalzeichen untermerklich voneinander verschieden sind. Ebenso sind die Richtungszeichen unserer Bewegungsimpulse untermerklich miteinander verbunden. Dadurch werden wir die festen Maße des ganzen Systems nicht unmittelbar gewahr, sondern erkennen sie erst am Schwellenwert, der Ort von Ort und Richtungsschritt von Richtungsschritt trennt.

Das Kontinuum nennen wir Raum. Es ist aber damit nur der subjektive Anschauungsraum gemeint. Als solcher hat er ganz bestimmte Eigenschaften: 1. besitzt er feste Maßeinheiten — Orte und Richtungsschritte; 2. bilden die Maßeinheiten zugleich sein Gerüst; 3. nehmen die Orte mit der Entfernung an Dichtigkeit ab; 4. ist ihre Zahl begrenzt; 5. wird der Raum durch ein verstellbares Koordinatensystem durchschnitten; 6. ist der Raum selbst begrenzt; 7. ist er fest an das Subjekt gebunden und wandert mit ihm mit.

Es ist der subjektive Anschauungsraum nur ein Erzeugnis unserer eigenen Sinnesorganisation und dient uns als Reizreservoir. Allen in ihm befindlichen Gegenständen gegenüber wirkt er durch sein allumfassendes Gerüst der Maßeinheiten wie ein fein abgestimmter Meßapparat, der die Dinge ordnet und ihre Lage bestimmt. Vor allem sorgt er dafür, daß die uns näheren und daher bedeutungsvolleren Gegenstände größer sind als die weit abgerückten, die weniger Wichtigkeit für uns haben.

Wären wir wie die festsitzenden Tiere an einer Stelle festgebannt, von der aus wir wohl Umschau halten, die wir aber nicht verlassen könnten, so besäßen wir nur diesen einzigen Raum, und ein zweiter käme für uns niemals in Frage.

In dem einzigen Raume eines festsitzenden Wesens herrscht dauernde Ruhe. Niemals verschieben sich die zum Erdboden gehörigen Gegenstände gegeneinander. Der Horizont bleibt ewig vom gleichen Kranz von Bergen umrahmt. Nur einzelne bewegliche Objekte nähern und entfernen sich und werden dabei größer und kleiner. Am ewig festen Himmelsgewölbe gehen Sonne und Mond auf und unter. Beide befinden sich durchaus in der gleichen Ebene wie die Sterne.

Man kann wohl verstehen, daß eine frühere Weltanschauung, die auf wenig bewegliche Menschen abgestimmt war, im Himmelsgewölbe eine blaue Mauer sah, die uns von einer Lichtwelt trennte, deren Reich jenseits der blauen Mauer begann und die uns nur durch größere oder kleinere Lücken in der Mauer Anteil an ihrem Glanz gewährte.

Nun ist der Mensch aber im Lauf der Zeiten ein sehr bewegliches Wesen geworden, das immer größere Reisen unternahm. Da er überall seinen subjektiven Raum mitnahm, in dem nun alle Gegenstände wechselten, schien es ihm, als sei der gleiche Raum überall vorhanden und umfasse gleichzeitig alle nur denkbaren Gegenstände. Er dehnte daher seinen subjektiven Raum in der Vorstellung nach allen Seiten aus und machte ihn zu einem ruhenden unabänderlichen Gebilde, in dem er selbst sich frei bewegte. Dadurch wurde der Raum aus einem subjektiven Reizreservoir zu einer alle Maße überragenden objektiven Größe.

In diesem neuen Raum waren die Gegenstände in ihrer Größe nicht mehr abhängig von ihrer Entfernung zum menschlichen Subjekt, sondern erhielten ihre eigene objektive Gestalt, die aus einer bestimmten Anzahl von Orten bestand.

---

[1]) Weber, E. H.: Tastsinn und Gemeingefühl. Ostwalds Klassiker d. Wissensch. Nr. 149. Leipzig: Engelmann.

Das war nur möglich durch eine innere Umlagerung der Orte im Raum, deren Dichtigkeit überall die gleiche wurde[1]). Sobald die Dichtigkeit der Orte als gleich angenommen wurde, war es möglich, objektive Maßstäbe anzulegen, die man überall anwenden konnte, ganz gleichgültig, welche Dichtigkeit die Orte im subjektiven Anschauungsraum von Fall zu Fall besaßen.

Durch Anwendung von Vergrößerungsgläsern, die es uns ermöglichen, die Anzahl der Orte auch in der Anschauung zu steigern, gelang es, Gegenstände, deren Ausdehnung dem unbewaffneten Auge unsichtbar blieben, weil sie innerhalb eines Ortes fielen, mit zahlreichen Orten zu versehen. Dadurch stieg in der Vorstellung die Zahl der Orte immer mehr. Das Atom (das Unteilbare), das ursprünglich die Größe eines Ortes des unbewaffneten Auges hatte (der ja nicht geteilt werden kann), mußte in der Vorstellung immer kleineren Gebilden weichen, und dementsprechend stieg die Zahl der Orte und ihre Dichtigkeit ins ungemessene.

Trotz der inneren Umgestaltung des Raumes und seiner sich ständig steigernden Ausdehnung blieb er doch auch in der Vorstellung das, was er in der Anschauung gewesen, ein Kontinuum von Orten. Er konnte aber nicht mehr auf ein einzelnes Subjekt bezogen werden, sondern umfaßte sie alle in gleicher Weise, da sie sich frei in ihm bewegten.

Die Anschauung des subjektiven Raumes, die ja nicht verlorengehen konnte, war anfangs noch so stark, daß man ohne einen Mittelpunkt des Vorstellungsraumes nicht glaubte auskommen zu können. So trat die Erde, der feste Urgrund, auf dem sich alle Subjekte bewegen, in den Mittelpunkt des Raumes. Der *geozentrische* Raum hatte den *anthropozentrischen* abgelöst.

Aber die Beweglichkeit des Menschen hatte damit nicht aufgehört. Die Astronomen, die sich in die Bewegung der Planeten vertieft hatten und in der Vorstellung mit ihnen wanderten, setzten an Stelle der Erde die Sonne (*heliozentrischer* Raum), und dann trat das für die menschliche Weltanschauung grundstürzende Ereignis ein. Das „Weltenei“, das immer noch von der Fixsternebene wie von einer Schale umgeben war (die nichts anderes war als das immer weiter zurückgedrängte und über die Maßen ausgedehnte Himmelsgewölbe der Anschauungswelt), zersprang, und der Raum konnte sich nun ungehindert bis zur Grenzenlosigkeit ausdehnen.

Aus dem beschränkten Reizreservoir, der dem einzelnen Menschen zu seinem persönlichen Gebrauch in seiner Organisation mitgegeben ist, war der grenzenlose absolute Raum geworden, der das Universum umfaßte. Die Anzahl der Orte hatte sich ins unendliche gesteigert.

Selbst Kant[2]), der im Raum die Form der menschlichen Anschauung erkannte, konnte sich von der grandiosen Vorstellung eines unendlichen Raumes nicht losreißen, wenn er ihm auch seine objektive Gültigkeit absprach.

Im unendlichen Raum konnte sich auf die Dauer die Sonne nicht als Mittelpunkt behaupten. So ging die Vorstellung eines Weltmittelpunktes überhaupt verloren. Damit fiel aber auch, wie Einstein[3]) nachwies, die Vorstellung der Gleichzeitigkeit. Sobald das Eintreten zweier Ereignisse nicht mehr auf das gleiche Subjekt bezogen wird, hat die Behauptung, daß sie gleichzeitig eintreten, keinen Sinn. Bisher hatte man die Zeit unangetastet gelassen. Man hatte selbst nach dem Untergang des Welteneies noch angenommen, daß ein einheitlicher

---

[1]) Eine solche Umlagerung ist bereits vorhanden in dem Raum, der uns bei geschlossenen Augen als Spielraum unserer Bewegungen dient (Wirkraum).

[2]) Kant: Kritik der reinen Vernunft.

[3]) Einstein: Über die spezielle und die allgemeine Relativitätstheorie. 10. Aufl. Sammlung Vieweg Heft 38. Braunschweig: Vieweg & Sohn 1920.

Zeitstrom die Welt durchpulste, so daß die gleiche Weltsekunde für den Mars wie für den Sirius gelte.

Auch diese Vorstellung stammte aus der subjektiven Anschauungswelt, auf die ich daher wieder zurückgreifen muß. Der geschlossene subjektive Raum besitzt nur Merkmale für die Ausdehnung und die Richtung. Ein Merkmal für die Geschwindigkeit der Fortbewegung in irgendwelcher Richtung fehlt ihm. Ohne Eigenbewegung des Subjektes kann der Raum zwar nicht aufgebaut werden, denn nur mit Hilfe der Richtungszeichen, die bei der Bewegung der Apperzeptionsmuskeln auftreten, erhalten wir die Tiefe des Raumes. Aber ein Merkmal für die Geschwindigkeit der Fortbewegung im Raum ergibt sich aus den raumbauenden Richtungsschritten nicht. Da sich jede Fortbewegung aus Richtung und Geschwindigkeit zusammensetzt, muß sowohl für die Richtung wie für die Geschwindigkeit ein Merkmal vorhanden sein. Das Merkmal für die Richtung ist der Richtungsschritt, das Merkmal für die Geschwindigkeit ist der *Moment*.

Seit Karl Ernst von Baer[1]) wissen wir, daß die Menschen ca. alle Zehntelsekunden ein neues merklich verschiedenes Momentzeichen erhalten. Was sich innerhalb einer Zehntelsekunde abspielt, wird nicht als Bewegung empfunden. Innerhalb eines Momentes bleibt die ganze Welt in Ruhe.

Wir dürfen annehmen, daß auch die Momentzeichen untermerklich miteinander verbunden sind und daß hieraus die Kontinuität der Zeit sich ableitet.

Dies wird durch die Erfindung des Kinematographen bestätigt, der dem Auge eine Reihe distinkter Bilder vorführt, die sich aber in Zeitabständen folgen müssen, welche kürzer sind als eine Zehntelsekunde. Die modernen Apparate arbeiten mit je Achtzehntelsekunden. Dann erscheint uns der Vorgang auf der Leinwand in kontinuierlicher Folge.

Das ist nur deshalb möglich, weil auch unser angeschauter Raum einem steten Wechsel unterworfen ist wie die Bilder im Kinematographen. Der Raum ist, wie wir wissen, ein Erzeugnis unserer Sinne, und das Erzeugen des Raumes durch die Sinne erfolgt in einem bestimmten Rhythmus, der uns durch ein besonderes Merkzeichen bekanntgegeben wird. Dies „Momentzeichen" verlegen wir ebenfalls hinaus und sprechen dann von den Momenten der Zeit. Dadurch wird es verständlich, daß sämtliche Dinge im subjektiven Anschauungsraum der gleichen Momentfolge unterworfen sind. Die Gleichzeitigkeit zweier Vorgänge bedeutet im subjektiven Raum das Zusammenfallen in den gleichen Entstehungsmoment des Raumes; sie hat hier ihren guten Sinn.

Mit der allmählichen Loslösung des Vorstellungsraumes vom Subjekt als Weltmittelpunkt wurde der Moment in seiner selbständigen Stellung erschüttert. Helmholtz[2]) wies darauf hin, daß ein Wesen, welches in einer zweidimensionalen Welt lebte, die dritte Dimension des Raumes nur als Zeit wahrnehmen könnte. Bei ihm müßte das Nebeneinander der Orte in der dritten Dimension eines Gegenstandes, sobald dieser die Weltebene des zweidimensionalen Wesens durchschneidet, zu einem Nacheinander von Momenten werden. Jeder dreidimensionale Gegenstand müßte zu einem Zeiterlebnis von bestimmter Dauer werden und besäße keine Gleichzeitigkeit wie im dreidimensionalen Raum.

Diese Betrachtungen sind seit der Erfindung des Kinematographen sehr erleichtert worden. Man braucht bloß die einzelnen Momentbilder des Filmbandes herauszuschneiden und übereinanderzuschichten, dann erhält man, wenn man

---

[1]) Baer, K. E. v.: Reden 1. Teil V, 5. T. Petersburg: Schmitzdorff 1864.

[2]) Helmholtz, H. v.: Vorträge und Reden. 4. Aufl. Braunschweig: Vieweg & Sohn 1896.

die Tiefendimension vernachlässigt, ein anschauliches Bild der Bewegungsvorgänge in Zeit und Raum.

Jedes Bild zeigt die gleichen Orte, wie sie in jedem Moment neu entstehen. Die Bewegungen in zwei Raumdimensionen lassen sich in der hierbei mitgegebenen Zeitdimension verfolgen und ihre Geschwindigkeit bestimmen. Die Zeitdimension unterscheidet sich in einem sehr wesentlichen Punkt von den Raumdimensionen: es gibt in ihr keine rückläufige Bewegung, die auf den Anfangsmoment zurückführte.

Legt man die Filmbilder so übereinander, daß stets die identischen Orte sich decken, so ist die Ruhe der kürzeste Weg zwischen zwei identischen Orten in verschiedenen Momenten.

Ist ein Gegenstand in Ruhe, während auch der photographische Apparat stillesteht, so befindet er sich auch am Schluß der kinematographischen Aufnahme am gleichen Ort. Wird der gleiche Gegenstand gleichzeitig von einem zweiten Apparat aufgenommen, der sich in Bewegung befindet, so wechselt der Gegenstand auf den Bildern dieses Apparates seinen Ort. Und schichtet man diese Bilder entsprechend ihrer identischen Orte übereinander, so stellt man fest, daß der Gegenstand von Ort zu Ort gewandert ist.

Welches ist nun die richtige Welt, die mit dem bewegten oder die mit dem unbewegten Gegenstande?

Diese Frage ist vom Standpunkt der subjektiven Anschauungswelt sinnlos. Alle Welten, so verschieden sie sein mögen, sind gleich richtig.

Vom Standpunkt der objektiven Vorstellungswelt aus hatte die Frage einen Sinn und wurde dahin beantwortet, daß diejenige Welt die richtige sei, die mit der des Weltmittelpunktes zusammenfiele, der immer in Ruhe verharrte.

Mit dem Verschwinden des Mittelpunktes aus der Vorstellungswelt wurde die Frage akut und gehört noch heute zu den brennenden Tagesfragen der Physik.

Für uns genügt es, festzustellen, daß der Vorstellungsraum mit Orten vollgestopft ist und daß die Zeit nichts Neues hinzubringt als die endlose Wiederholung identischer Orte. So wird das ganze Universum mit Orten angefüllt. Außerhalb der Orte gibt es *nichts*.

Da sich alles, was sich in der Welt ereignet, in Raum und Zeit abspielen muß, so folgt daraus, daß eine jede Veränderung auf eine Bewegung von Ort zu Ort zurückführbar sein muß. Selbst Veränderungen, die keine sichtbare Fortbewegung aufweisen, wie die chemischen Bindungen, werden daher auf Ortsveränderungen kleinster Teile, Atome, Ionen, Elektronen usw. zurückgeführt.

Dadurch gewinnt die ganze Welt in hohem Grad an Verständlichkeit aber auch an Einseitigkeit, denn alles, was geschieht, wird letzten Endes als mechanisches Problem behandelt.

Damit ist auch die Stellungnahme der meisten Forscher, die die Vorstellungswelt als objektiv existierend annehmen, dem Leben gegenüber von vornherein festgelegt: *Das Leben wird zu einem mechanischen Problem.*

Die Hauptmerkmale des Lebens kann man wie folgt zusammenfassen. Alle Lebewesen stellen Mechanismen dar, deren Teile Einzelleistungen ausüben, welche zu einer gemeinsamen Gesamtleistung zusammengeschlossen sind. Die Stoffe, aus dem das Gefüge der Mechanismen besteht, befinden sich in einem immerwährenden Wechsel. Einerseits gleichen die Lebewesen den menschlichen Maschinen, andererseits einer Kerzenflamme, die ebenfalls trotz dauerndem Stoffwechsel ihre Gestalt bewahrt.

Dabei sind alle Lebewesen aus Zellen aufgebaut, die nicht bloß äußere Bewegungen übertragen, sondern auch durch chemische oder physikalische

Reize zur Tätigkeit angeregt werden. Es beruht daher die Gesamtleistung des Mechanismus nur zum geringen Teil auf Bewegungsübertragung der Hauptsache nach auf Reizübertragung, die auch innerhalb der Zellen eine wenig durchforschte Rolle spielt.

Alle Lebewesen bestehen aus Protoplasma und seinen Abkömmlingen. Das Protoplasma, das bald als Emulsion, bald als Schaumgebilde beschrieben wird, ist kein chemischer Stoff, sondern selbst bereits Maschine mit Stoffwechsel.

Aus einer protoplasmatischen Keimzelle gehen alle lebenden Gebilde hervor.

Zahlreiche Einzelleistungen der Lebewesen hat man künstlich nachahmen können. Sie zu einer Gesamtleistung zu verbinden ist aber nicht gelungen.

Die Überzeugung der meisten Physiologen geht nun dahin, daß, wenn es gelänge, die einzelnen Teile eines Lebewesens entsprechend ihrer natürlichen Anordnung aufzubauen, damit auch ein Lebewesen hergestellt wäre.

Es ist dieselbe Lehre, die bereits im 18. Jahrhundert unter dem Stichwort „l'homme machine“ bekannt war und damals zahlreiche gelehrte Mechaniker zur Herstellung von Maschinenmenschen anspornte, die freilich nicht zum gewünschten Resultat führte.

Hiermit sind wir an die scharfe Grenzscheide gelangt, welche die mechanische von der vitalistischen Weltanschauung trennt. Die Vitalisten behaupten nämlich, der Bauplan, den wir bei Erforschung der Lebewesen entdecken und den wir beim Aufbau eines künstlichen Lebewesens anwenden müssen, sei nur eine begriffliche Abstraktion und daher ganz unfähig, ein Lebewesen zusammenzuhalten. Auch wenn wir eine mit Stoffwechsel begabte, durch Reiz- und Bewegungsübertragung arbeitende Maschine herzustellen vermöchten, die Nahrung auf nehmen und sich bewegen könnte, so wäre damit doch kein Lebewesen geschaffen, weil der Bauplan der Lebewesen keine bloß passiv anwendbare menschliche Regel sei, sondern ein aktiver Naturbefehl, der den ganzen Körper beherrscht.

Niemals werden die Vitalisten zugeben, daß mit der Weltmechanik auch der Weltinhalt erschöpft sei. Diejenigen unter ihnen, die noch die objektive Existenz der Vorstellungswelt anerkennen und ihre Lehre im Anschluß an die physikalische Weltanschauung entwickeln [wie dies durch Reinke[1]) in klarer und leicht faßlicher Form geschehen ist], weisen darauf hin, daß viele Physiker den Kraftbegriff nicht entbehren können. Wer aber Kräfte anerkennt, geht über die Vorstellung eines mit Orten angefüllten Weltalls hinaus und führt unräumliche Qualitäten als wirksame Faktoren ein, die jenseits der sich im Vorstellungsraum betätigenden Bewegungserscheinungen verborgen sind.

Während nun die Physiker nur die in der anorganischen Natur waltenden Kräfte anerkennen, deren Zahl sie möglichst zu verkleinern suchen, führt Reinke neue Kräfte ein, welche die physikalischen Kräfte beherrschen und die er deshalb „Dominanten“ nennt. Diese macht er für die Lebenserscheinungen verantwortlich. Die Dominanten behandelt er völlig im Sinne der Physik als objektiv gegebene Naturfaktoren und nennt die Lehre ihres Wirkens: *Diaphysik*. Sie schließt sich eng an die Physik an, während sie von der Metaphysik abrückt, die nicht mit Kräften, sondern mit Ideen arbeitet.

Aber auch der Diaphysiker wird zugeben müssen, daß in dem grenzenlosen und endlosen Weltraum der Vorstellungswelt das Leben eine durchaus untergeordnete Rolle spielt. Wie oft ist die Erde als Staubkorn im ungeheuren Weltraum bezeichnet worden, und das Leben findet sich nur als dünne Staubschicht auf diesem Staubkorn. Auch in der unermeßlichen Zeit ist das Leben

---

[1]) Reinke: Grundlagen einer Biodynamik. Abhandl. zur theoret. Biol. (Schaxel). Heft 16. Berlin: Gebr. Bornträger 1922.

nur an eine verschwindend kleine Spanne gebunden. Wie viel Jahrmillionen hat die Erde bestanden, bevor sie ein Lebewesen trug und wieviel Millionen Jahrhunderte wird sie noch bestehen, wenn einmal das Leben erloschen sein wird?

Ist es da zu verwundern, daß man das Entstehen und Fortbestehen des Lebens einem glücklichen Zufall zuschreiben möchte. Nur einmal in einem entlegenen Weltwinkel fanden sich die günstigen Vorbedingungen, um die höhere Mechanik der Lebewesen hervorzubringen, die sich aber von der übrigen Weltmechanik grundsätzlich nicht unterscheidet.

Ein völlig anderes Gesicht gewinnt das Leben, wenn man es von der subjektiven Anschauungswelt aus betrachtet. Um den richtigen Eindruck von der Bedeutung des Lebens zu erhalten, genügt es aber nicht, sich auf die Anschauungswelt des Menschen zu beschränken, man muß auch die Anschauungswelten der Tiere hinzunehmen, soweit dies mit unseren beschränkten Mitteln möglich ist.

Wer nur die Anschauungswelt der Menschen kennt, gerät immer in die Gefahr, sich durch einen beliebten Vergleich irreführen zu lassen. Das menschliche Bewußtsein, so sagt man, gleicht einem Licht, das die Dinge der Außenwelt nur bis zu einem gewissen Umkreis beleuchtet. Dieses Licht tragen wir überall mit uns herum und erblicken daher erst diese, dann jene Gegenstände, wobei die vorher betrachteten Gegenstände ins Dunkel versinken. Dadurch büßen sie aber ihre Realität nicht ein, sondern sind, wenn wir mit unserer Bewußtseinsleuchte von neuem an sie herantreten, immer wirklich vorhanden. Daraus ergibt sich dann wieder mit Notwendigkeit die Annahme einer allumfassenden Vorstellungswelt.

Dieser Vergleich wird hinfällig, wenn wir es versuchen, uns an die Stelle eines Tiersubjektes zu denken und mit Hilfe der Merkmale, die ihm zugänglich sind, seine Welt zu erbauen.

Ein jedes Tier findet in seiner Umwelt außer dem Medium für seine Fortbewegungsorgane noch Hindernisse und Gegenstände, die seinen Sinnesorganen (Receptoren) durch bestimmte Merkmale zugänglich werden.

In manchen Fällen besteht die ganze Welt nur aus Medium und Hindernissen wie bei Paramaecium, das durch sein stetes Ausweichen vor allen Hindernissen mit Sicherheit zu seiner Nahrung gelangt, die kein Merkmal aussendet und daher kein Hindernis darstellt.

Alle Gegenstände der Umwelt eines Tieres sind nichts anderes als Träger einer Gegenleistung, zu der das Tier durch seine eigene Leistung den Schlüssel besitzt.

Da das gleiche Objekt zahlreichen Tiersubjekten dank seinen zahlreichen Eigenschaften als Träger ihrer Gegenleistungen dienen kann, so verwandelt es sich in jeder neuen Umwelt in einen neuen Gegenstand.

Es wird dadurch verständlich, daß jede subjektive Tierwelt andere Gegenstände enthält, die durchaus unvergleichbar sind. Für jede dieser subjektiven Anschauungswelten kann man eine entsprechende Vorstellungswelt entwerfen, die aber wahrscheinlich bei keinem einzigen Tier eine Rolle spielt.

Aber nicht bloß die Gegenstände wechseln von Welt zu Welt, sondern auch Raum und Zeit.

Die wenigsten Tiere entwerfen ein Koordinatensystem in ihren Anschauungsraum. Die Zahl der Hohlkugeln beschränkt sich bei sehr vielen auf eine einzige, die ihre Welt allseitig umschließt und die nur einige Hunderte von Orten trägt, so daß der ganze Inhalt des Raumes nur aus wenigen Flächen besteht. Der Anschauungsraum kann schließlich auf eine einzige Reihe von Orten herabsinken.

Ja, wir können mit Sicherheit annehmen, daß manche festsitzenden augenlosen Tiere gar keine örtliche Differenzierung in ihrer Welt vorzunehmen imstande sind.

Sehr schwierig ist die Feststellung der Zeit. Aber auch in bezug auf sie kann man sagen, daß die Momente bei den Mollusken, die wenig Orte besitzen, erheblich an Zahl ab- und an Dauer zunehmen, wodurch langsame Bewegungen in ihrer Umwelt erst sichtbar werden.

Überall finden wir die gleichen Beziehungen zwischen Anschauungsraum und Anschauungszeit zu der Organisation des Sinnesapparates der Tiere aus dem einfachen Grunde, weil Raum und Zeit keine objektiv gegebenen Größen sind, sondern Erzeugnisse des lebenden Tieres, das entsprechend seiner Merkfähigkeit die Merkmale seiner Welt bestimmt.

Versuchen wir es nun, bald mit diesem, bald mit jenem Tiersubjekt die Welt zu durchwandern. Immer wieder werden wir in eine gänzlich andere Welt hineingeraten mit anderem Raum und anderer Zeit. Es ist nicht wahr, daß wir bloß mit der Fackel unseres Bewußtseins hinauszugehen brauchen, um die wirkliche Welt zu erkennen. Im Schein einer jeden anderen Fackel taucht eine neue Welt empor, weil die Fackel des Bewußtseins in Wahrheit der Weltbaumeister selber ist.

Nur solange ein Tiersubjekt lebt, gibt es seine Umwelt, deren Raum es dauernd neu erbaut in dem Tempo, den seine Momente angeben.

Das gleiche gilt auch von der Menschenwelt. Auch ihr Raum wird immer von neuem im Tempo des Momentrhythmus erbaut. Es ist daher keine objektive Größe vorhanden, die übrigbliebe, wenn der letzte Mensch seine Augen geschlossen hätte. Die gesamten Menschenwelten sind Erzeugnisse des Lebens. Nicht in einem verlorenen Weltwinkel ist durch blinden Zufall das Leben erstanden, sondern jede Welt ist ein Erzeugnis des allgewaltigen Lebens. Das Verhältnis zwischen Leben und Leblosem hat sich völlig umgekehrt. In allen Tierwelten gibt es nichts Lebloses. Es gibt wohl den Unterschied zwischen Bewegtem und Unbewegtem, aber einen Unterschied zwischen Leblosem und Lebendigem gibt es nicht.

Erst in der Anschauungswelt des Menschen tritt der Unterschied zwischen Lebendigem und Leblosem auf. Erst in diesem Weltwinkel des Lebens kommt das Leblose zum Vorschein.

Damit ist auch das Schicksal des Vorstellungsraumes besiegelt. Wenn selbst der Anschauungsraum keine objektive Größe ist, um wieviel weniger ist es der von ihm abgeleitete Vorstellungsraum. Von dieser Seite aus betrachtet ist der Vorstellungsraum zwar eine für den Menschen notwendige Fiktion — aber doch nur eine Fiktion. Ein „gedachter“ Raum, wie schon Hering sich ausdrückte, aber gerade darum kein wirklicher.

Wir bedürfen wohl des Vorstellungsraumes, um unsere Erfahrungen, die über den augenblicklichen Anschauungsraum hinausgehen, übersichtlich zu ordnen und um diejenigen Gegenstände, die sich nicht in einem Raumabschnitt mit gleicher Dichtigkeit an Orten befinden, miteinander zu vergleichen und zu messen.

Trotzdem bleiben die entfernten Bäume, solange sie eine Allee bilden, kleiner und einander nähergerückt als die nahen Bäume. Das ist die im gegebenen Moment allein vorhandene Wirklichkeit. Der Mond ist eine flache Scheibe, und das Himmelsgewölbe schließt unsere Wirklichkeit ein.

Es gibt eben nur eine relative und keine absolute Wirklichkeit.

Ein jeder von uns wird von seiner Wirklichkeit umgeben, deren Schauplatz seine begrenzte Umwelt ist.

Fassen wir die Umwelten der Lebewesen, deren Zeit, Raum und Inhalt von Ort zu Ort wechseln und die dabei wie Seifenblasen entstehen und vergehen, als Elemente des Universums auf, so erhalten wir einen flüchtigen Schimmer davon, was Leben heißt. Mehr ist es nicht, denn auch die kühnste Phantasie vermag sich nicht das Ineinandergreifen der verschiedenen Umwelten auszumalen, weil jeder Gegenstand dabei ein vielfaches Gesicht erhält. Ein Grashalm z. B., von verschiedenen Umwelten aus angesehen, kann gleichzeitig Weg, Wohnung und Nahrung sein.

Dazu kommt, daß kein einziges Lebewesen während der Dauer seines Lebens seine Körpergestalt bewahrt, sondern daß sie alle, als einfacher, einzelliger Keim beginnend, an Gliederung zunehmen, bis sie die fertige Gestalt gewonnen haben, und auch diese kann noch wechseln; wir brauchen nur an Raupe, Puppe und Imago der Schmetterlinge zu denken. Diese zeitliche Umgliederung des Körpergefüges ist genau so gesetzmäßig festgelegt wie die räumliche Gliederung der Organe im Körper. Dadurch erhält jedes Lebewesen außer einer *Raumgestalt* auch eine *Zeitgestalt* und ihr entsprechend eine feste Folge von Umwelten.

Es ist unmöglich, diesen Reichtum an Gestalten und Umwelten in einer noch so gesteigerten Anschauung festzuhalten. Schon deswegen nicht, weil jede Umwelt einen anderen Raum besitzt.

Zur Bildung von Anschauungen und Vorstellungen ist der Raum als Grundlage notwendig. Da dieser selbst aber als verschiedenartig gedacht werden soll, kann man nur noch von einer Idee des Raumes, einer Idee des Universums und des Lebens reden.

Das bedeutet die Zurückverlegung der Wirklichkeit in eine Welt von Ideen, in der die Idee des Lebens mit der Idee der Natur zusammenfällt.

Dies anzunehmen ist notwendig, weil das Leben die anorganische wie die organische Natur in gleichem Maße beherrscht. Nicht allein die Stoffe und Kräfte des Körpers eines jeden Subjekts werden vom Leben bestimmt, das aus diesem Baumaterial das Protoplasma herstellt und aus dem Protoplasma das Gefüge des Körpers erbaut — auch alle Beziehungen des Subjektes zu dem Medium, in dem es weilt, und zu allen Stoffen und Kräften, deren es bedarf, werden vom Leben geknüpft.

Das Leben und seine Gesetze hat bereits vor 70 Jahren SCHULTZ-SCHULTZENSTEIN[1]) in ebenso origineller wie folgerichtiger Weise zur Grundlage der gesamten Naturlehre gemacht. Nach ihm hätten wir die anorganischen Stoffe ohne Ausnahme als Lebensstoffe anzusprechen und die Krystalle als unvollständige Lebensbildungen. Alle physikalischen Kräfte rechnet er zu den Lebenskräften, die sich gegenseitig steigernd zur Lebensgestaltung führen. Im Protoplasma ist die erste Lebensstufe erreicht, und von hier aus schreitet das Leben durch immer erneute Verjüngungen einem immer höher gesteckten Ziele entgegen.

SCHULTZ-SCHULTZENSTEIN steht nun keineswegs allein. Es hat immer eine Anzahl von Forschern gegeben, die sich zur Deutung der Lebensvorgänge, wie sie uns die Anschauung bietet, in das Gebiet der *Ideen* begaben. Ich brauche nur an LAMARK, JOH. MÜLLER und KARL ERNST VON BAER zu erinnern, während die größere Zahl der Forscher zum gleichen Zweck sich der Vorstellungswelt zuwandten. Sie verzichteten damit von vornherein auf die Begründung des Raumes, den sie als gegeben hinnahmen und der für sie die gesamte objektive Wirklichkeit umfaßte.

---

[1]) SCHULTZ-SCHULTZENSTEIN: Der organisierende Geist der Schöpfung, und: Die Verjüngung im Tierreiche. Berlin: Aug. Hirschwald 1851—1854.

Durch das Heranziehen der Zeit als einer weiteren Ausdehnungsmöglichkeit des Raumes verliert aber auch hier der Raum seine Vorstellbarkeit, und damit betreten neuerdings auch die Lebensforscher ein Gebiet, das bisher den Mathematikern vorbehalten war, nämlich die Welt der Formeln und *Beziehungen*.

So wird jetzt das Problem des äußeren Lebens[1]) von vier verschiedenen Seiten umfaßt, das, je nachdem in welcher Welt die Forscher heimisch sind, verschieden definiert wird. In der einen ist das Leben *reine Anschauung*, in der anderen *reine Idee*, in der dritten *reine Vorstellung* und in der vierten *reine Beziehung*. In dem Reich der Ideen herrscht die bis zur Überanschaulichkeit gesteigerte Anschauung, im Reich der Vorstellung gesichtete Anschauung, nur im Reich der Beziehungen fehlt die Anschauung völlig.

Die Anschauung bleibt aber der Ausgangspunkt aller Forschung.

Mit der Anerkennung der vier verschiedenen Ausgangspunkte bei der Erforschung des Lebens kann der prinzipielle Streit wohl zur Ruhe gebracht werden — der Streit um konkrete Einzelfragen ist damit keineswegs behoben. Denn das Gebiet, auf dem jeder Streit zur Entscheidung gebracht wird, ist letzten Endes immer die Anschauung.

Hier drängt der brennende Streit zwischen Vitalisten und Mechanisten um so mehr zu Entscheidung, weil die Vitalisten sich aus den verschiedensten Lagern rekrutieren.

Die These der Mechanisten, daß alle Lebenserscheinungen mechanische Probleme seien, wird von den Vitalisten neuerdings auf Grund einer ganzen Reihe von Experimentalforschungen angegriffen.

Die Streitfrage habe ich näher dahin präzisiert, daß zwar sämtliche Leistungen des Körpergefüges bei allen Lebewesen als mechanische Probleme anzuerkennen sind, daß aber die Gefügebildung unter allen Umständen ein übermechanisches, d. h. vitalistisches Problem darstellt. Ich trenne die Biologie als die allgemeine Lehre vom Leben in eine *mechanische* und eine *technische*[2]) Biologie, weil die Technik im engeren Sinne nur die Herstellung von Mechanismen umfaßt. Den mechanischen Naturgesetzen, die man am fertigen Körpergefüge zu studieren Gelegenheit hat, stelle ich die technischen Naturgesetze gegenüber, die man nur am sich gestaltenden Körpergefüge erforschen kann[3]).

Den Beweis, daß es sich bei den eigentlichen Lebensvorgängen nicht um ein mechanisch auflösbares Naturgeschehen handelt, hat Driesch[4]) in seiner „Philosophie des Organischen" angetreten. Dieses Buch, das sich auf ein ausgedehntes experimentelles Tatsachenmaterial stützt und in größter logischer Schärfe alle Gründe und Gegengründe eingehend behandelt, bildet die Grundlage der neovitalistischen Lehre.

---

[1]) Das innere Leben der Subjekte gehört in das Gebiet der Psychologie und scheidet hier aus. Es ist nur insoweit notwendig darauf zurückzugreifen, als es ohne die Hinausverlegung von Sinnesempfindungen überhaupt keine Merkmale in der Anschauungswelt eines Tieres gäbe. Maschinen besitzen keine Merkmale und keine eigene Welt. Da wir die Sinnesempfindungen der Tiere nicht kennen und mithin auch ihre Merkmale nicht angeben können, sind wir gezwungen, ihre Welten aus unseren Merkmalen aufzubauen, deren Wirkung wir aus dem Verhalten der Tiere erschließen. Diese Welten bezeichnen wir besser als Merkwelten.

[2]) Uexküll, J. v.: Technische und mechanische Biologie. In Ergebn. d. Physiol. München: J. F. Bergmann 1922.

[3]) Es muß aber noch darauf hingewiesen werden, daß nach Joh. Müller (Phantastische Gesichtserscheinungen) weder von einer mechanischen noch von einer technischen Biologie die Rede sein kann, weil dieser Forscher alle Lebenserscheinungen in einer Wechselwirkung von Subjekten erblickt, von dem jedes seine spezifische Lebensenergie besitzt.

[4]) Driesch, H.: Philosophie des Organischen. 2. Aufl. Leipzig: W. Engelmann 1921.

Drei Beweise stellt DRIESCH in den Vordergrund, von denen die beiden ersten sich auf die Gefügebildung des Keimlings der Tiere stützen, während der dritte die plastischen Handlungen zum Ausgangspunkt hat.

Wenn man die These der Mechanisten, daß alle Lebensvorgänge bei den Tieren einschließlich die Gefügebildung und die plastischen Handlungen Leistungen von Mechanismen seien, widerlegen will, muß man sich darüber Rechenschaft geben, welche Arten von Mechanismen überhaupt in Frage kommen.

Nun gibt es nur zwei mögliche Arten von Mechanismen mit Bewegungsübertragung oder mit Reizübertragung.

Bei der Bewegungsübertragung müssen die bewegenden Teile mit den bewegten Teilen fest verbunden sein. Ein solcher Mechanismus kann ohne Störung seines Gefüges nicht beliebig geteilt werden. Nun stammen alle Keimzellen eines Tieres stets aus einer einzigen Urkeimzelle her, die sich vieltausendmal teilt. Daher ist es ganz unmöglich, in der Urkeimzelle einen Mechanismus mit Bewegungsübertragung anzunehmen.

Dieser zweite Beweis von DRIESCH ist, solange man an einen unseren Maschinen analogen Mechanismus mit Bewegungsübertragung denkt, zwingend.

Weniger einleuchtend ist er, wenn man einen Mechanismus mit Reizübertragung im Sinne hat. Bei der Reizübertragung sind zwar auch festumschriebene Teile nötig, die aufeinander einwirken. Ihre Verbindung braucht aber keine feste zu sein. Es genügt, wenn die vom Reiz aussendenden Teil — dem *Sender* — ausgehenden Wirkungen (die in irgendwelchen chemischen Stoffen oder physikalischen Bewegungen bestehen können) auf irgendwelchen Wegen durch ein beliebiges Medium zu dem reizempfangenden Teil — dem *Empfänger* — gelangen. Der Mechanismus mit Reizübertragung besitzt daher wohl ein zwangläufiges, aber kein festes Gefüge.

Es genügt, wenn die Urkeimzelle die notwendigen Gefügeteile: Sender und Empfänger gesondert und unabhängig voneinander hervorbringt, um sie bei der Teilung ihren Tochterzellen zu übermitteln. Auch dann werden die Keimzellen mit einem vollständigen Mechanismus ausgerüstet sein.

Die einzelne Keimzelle bildet immer einen Mechanismus mit Reizübertragung, deren Sender im Kerne und deren Empfänger im Zellprotoplasma sitzen. Darüber besteht keine Meinungsverschiedenheit.

Der Streit beginnt erst mit der Frage: Wovon ist die geregelte Abfolge der Reizaussendungen abhängig, die sich in dem gesetzmäßigen Ablauf der Gefügebildung kundtut? Sind die Sender in den Kernen der Keimlingszellen untereinander ebenfalls durch Reizübertragung derart mechanisch verbunden, daß der zweite Sender zugleich Empfänger für den ersten, der dritte zugleich Empfänger für den zweiten ist usf., oder sind die Sender durch keine mechanische Bindung miteinander verknüpft?

Darauf antwortet DRIESCH durch folgende einfache Überlegung. Eine jede Zelle des Keimlings besitzt, wenn man den normalen Ablauf der Gefügebildung verfolgt, eine *prospektive Bedeutung* hinsichtlich des Organes oder des Organteiles, der aus ihr hervorgehen wird. Ist die prospektive Bedeutung der Keimlingszelle mechanisch begründet, so ist damit auch der aus ihr hervorgehende Gefügeteil eindeutig und zwangläufig festgelegt. Nun zeigt aber das Experiment, daß z. B. selbst im Tausendzellenstadium des Keimlings der Seeigel alle Zellen beliebig miteinander vertauscht werden können. Eine jede dieser tausend Zellen vermag jeden beliebigen Körperteil aus sich hervorgehen zu lassen. Es ist, wie DRIESCH sich ausdrückt, die *prospektive Potenz* der Zellen viel größer als ihre prospektive Bedeutung.

Dadurch wird die Annahme eines Mechanismus irgendwelcher Art, der die Sender in den Kernen der Keimlingszellen miteinander verbindet, hinfällig. Die Zellen des Keimlings sind ebensowenig an den künftigen Gefügeteil gebunden wie die Ziegelsteine eines zu erbauenden Hauses. Sie können alle ihre Rollen gegeneinander vertauschen. Das ist die experimentell festgelegte Tatsache.

Der Theorie bleibt es überlassen, den unbekannten Faktor zu suchen, der die gesetzmäßige Abfolge der Reizäußerungen beherrscht. Hier gehen die Wege der Vitalisten gleich auseinander, entsprechend ihrer Stellung zur wirklichen Welt.

Driesch sieht im unbekannten Faktor eine *neue Beziehung*, die er als Konstante *E* in die Formel einsetzt, welche die Beziehungen zwischen den Keimzellen und dem fertigen Körpergefüge ausdrücken soll. Die Unbekannte *E* hat er zu Ehren von *Aristoteles* „Entelechie" genannt.

Für Reinke ist der unbekannte Faktor eine Dominante, d. h. eine die physikalisch-chemischen Kräfte beherrschende *Kraft*.

Man kann aber ebensogut den unbekannten Faktor eine *Idee* nennen, wenn man die in Raum und Zeit gegebene Anschauung der Gefügebildung zu einer „Zeitgestalt" zusammenfaßt und das die Zeitgestalten beherrschende Gesetz als „Erbauungsplan" oder „Entstehungsmelodie" als wirksamen Faktor einsetzt.

Der unbekannte Faktor, der bei der Gefügebildung festzustellen war, spielt beim fertigen Gefüge gleichfalls eine entscheidende Rolle. Der Bauplan einer Maschine und der eines Lebewesens unterscheiden sich (worauf die Vitalisten immer hingewiesen haben) in einem sehr wesentlichen Punkt. Der Bauplan der Maschine trägt in sich keinerlei Gewähr für die Erhaltung des Mechanismus, der Bauplan der Lebewesen aber wohl. Jedes Lebewesen vermag geringere Schädigungen seines Körpergefüges seinem Bauplan entsprechend wieder auszugleichen. Auch vermag es seinen Bauplan selbst in weitem Maße veränderten äußeren Verhältnissen gegenüber neu einzustellen.

Driesch hat nun zur Deutung dieser zweiten Fähigkeit die Lehre von der *historischen Reaktionsbasis* ausgearbeitet, auf die er seinen dritten Beweis von der Eigengesetzlichkeit des Lebendigen gründet.

Keine einzige Maschine vermag auf veränderte äußere Einwirkungen hin ihr Gefüge umzugestalten, was von den Lebewesen angenommen werden muß, wenigstens für alle die Fälle, in denen die Tiere nicht bloße Reflexhandlungen ausüben (die von jedem irgendwie mechanisch festgelegten Nervensystem immer in der gleichen Weise wiederholt werden), sondern auch plastische Handlungen vollbringen, die von keiner Maschine ausgeführt werden können, weil ihr mechanisch festgelegtes Gefüge immer nur zwangläufig arbeitet.

Das mit einer historischen Reaktionsbasis begabte Nervensystem besitzt zwar ebenfalls ein zeitweilig festgelegtes Gefüge, vermag aber dieses Schritt für Schritt entsprechend den äußeren Einwirkungen zu ändern.

So laufen alle Beweise der Vitalisten darauf hinaus, für die Gefügebildung und Gefügeerhaltung bei den Lebewesen einen unbekannten Faktor anzunehmen, den sie jedoch je nach ihrer Stellung zur „wirklichen Welt" anders bewerten.

Die scheinbar einfache Aufgabe, eine Definition des Lebens zu liefern, hat sich als abhängig von verschiedenen Umständen erwiesen, die sich gegenseitig beeinflussen. Erstens wird die Definition des Lebens davon abhängig sein, welche Stellung der einzelne Forscher der „wirklichen Welt" gegenüber einnimmt, zweitens wird sie davon abhängen, ob ihm die Beweisführung der Vitalisten oder der Mechanisten mehr einleuchtet, und drittens wird sie sich danach richten, ob der betreffende Forscher mit Bildern, Worten, Vorstellungen,

Beziehungen oder Ideen zu denken gewohnt ist. Denn für das gemeinsame Verständigungsmittel, den „Begriff", ist es ausschlaggebend, welchem dieser Denkelemente er seinen Ursprung verdankt.

Die angeborene Anlage wird letzten Endes für den einzelnen ausschlaggebend sein, worin er die Wirklichkeit sucht, ob er dazu neigt, sie in mechanischen oder übermechanischen Zusammenhängen zu finden. Danach wird sich auch seine Definition des Lebens richten, ob er in ihr dem Leben eine eigene oder nur eine abgeleitete Wirklichkeit zuspricht.

Das Entscheidende für eine gedeihliche Forschung aber liegt darin, daß das gemeinsame Verständnis für die verschiedenen Forschungsrichtungen nicht verlorengehe.

## II. Beschreibung des Organismus.

Vom Leben kann man eine Definition geben, die je nach dem Standpunkt des Forschers anders ausfallen wird, weil wir mit dem Wort „Leben" einen Begriff verbinden. Unter Begriff versteht man ein wenn auch verworren gedachtes Ganzes, das durch Aufzählung seiner Eigenschaften, die man durch eine Regel zu verbinden sucht, definiert wird.

Mit dem Wort „Organismus" aber verbinden wir keinen bloßen Begriff, sondern bereits ein in den Raum hinausgestelltes, aus Teilen bestehendes Ganzes — eine Vorstellung. Eine Vorstellung kann nicht bloß definiert, sondern muß beschrieben werden.

Das wird an einem Beispiel ganz klar werden. Ich kann wohl den Begriff der Zeitmessung oder eines Zeitmessers definieren. Ich kann aber nicht den räumlich gedachten Zeitmesser, d. h. die Uhr, unter der ich einen auf einer Scheibe sich gleichmäßig bewegenden Zeiger verstehe, definieren. Ich muß die Uhr durch Darlegung der räumlichen Zusammenhänge ihrer Teile beschreiben.

Den bloßen Begriff eines Zeitmessers definiere ich aus seinen in Beziehung stehenden Eigenschaften. Von einer bestimmten vor mir stehenden Uhr kann ich ein anschauliches Bild entwerfen. Die Vorstellung einer Uhr im allgemeinen besitzt weder die in allen Einzelheiten gehende Deutlichkeit eines Bildes noch besteht sie nur aus Eigenschaften, sondern aus Teilen. Sie steht zwischen Begriff und Anschauung, ist aber bereits vollkommen räumlich.

So wird man auch den Begriff eines Lebewesens aus seinen in Beziehung zueinander stehenden Eigenschaften definieren. Von einem bestimmten Tier oder einer bestimmten Pflanze wird man ein anschauliches Bild entwerfen. Den Organismus, unter dem man sowohl ein Tier wie eine Pflanze versteht, kann man nur als Vorstellung behandeln, weil er aus räumlichen Teilen, den Organen, besteht, die sich in bestimmten räumlichen Abständen voneinander befinden wie die Teile einer Uhr.

Da ursprünglich Organ nichts anderes bedeutet als Werkzeug oder Werkteil, so bedeutet Organismus ursprünglich auch nichts anderes als Mechanismus, d. h. ein aus verschiedenen ineinander greifenden Teilen zusammengefügtes Ganzes, das dank diesem Ineinandergreifen eine einheitliche Leistung zu vollbringen vermag. Sowohl Mechanismus wie Organismus stellen ein Gefüge dar, das die Leistungen der einzelnen Gefügeteile zu einer Gesamtleistung vereinigt.

Soll irgendein Mechanismus oder Organismus vollständig beschrieben werden, so genügt es nicht, ihre Werkteile einfach aufzuzählen, sondern man muß sie auch in ihrem räumlichen Zusammenhange darstellen, d. h. einen Grundriß von ihnen entwerfen.

Den dreidimensional vorgestellten Grundriß, der die Verbindungen aller Werkteile miteinander aufzeigt, nennt man den *Bauplan*. Aus dem Bauplan ergibt sich dann auch der *Betriebsplan*, der das Ineinandergreifen der Werkteile während ihrer Tätigkeit dartut. Sowohl Mechanismen wie Organismen sind dank ihrer Bau- und Betriebspläne befähigt, die Einzeltätigkeit ihrer Werkteile zu einer Gesamtleistung zusammenzufassen.

Wer nur die höheren Tiere im Auge hat, wird leicht geneigt sein, die Einheit der Leistung ihres Organismus auf Rechnung des den Körper beherrschenden Nervensystems zu setzen und diesem Werkteil jene zusammenfassende Tätigkeit zuzuschreiben, die den Organismus zu einer Betriebseinheit verbindet — wie dies SHERRINGTON in seiner prägnanten Ausdrucksweise „The integrative action of nervous system" getan hat.

Wie hoch man auch die integrierende Wirkung des Nervensystems anschlagen mag, sie bleibt dennoch immer eine beschränkte, denn neben der nervösen Beherrschung der Teile geht stets eine zweite durch die Hormone oder Botenstoffe (PETERSEN) parallel, deren große Bedeutung immer sichtbarer wird.

Bei den niederen Tieren tritt die integrierende Wirkung des Nervensystems deutlich in den Hintergrund. Der hohle Tentakel einer Seeanemone z. B. beherbergt drei getrennte Reflexbogen: erstens die Sinneszellen für mechanische Reize, die mit den Längsmuskeln in nervöser Verbindung stehen, zweitens die Sinneszellen für allgemeine chemische Reize, die mit den Ringmuskeln nervös verbunden sind, und drittens die Sinneszellen, die auf spezielle Nahrungsreize antworten und auf bestimmte Drüsen wirken, welche einen klebrigen Schleim absondern. Die Leistungen dieser drei voneinander unabhängigen Reflexbogen sind derart miteinander verbunden, daß daraus die einheitliche Leistung des Nahrungsfanges hervorgeht. Auf die allgemeinen chemischen Reize, die ein sich näherndes Tier aussendet, verlängern sich die Tentakel und werden dem Nahenden entgegengestreckt. Entläßt das fremde Tier auch noch spezielle Nahrungsreize, so bedecken sich die Tentakel mit dem klebrigen Schleim, um auf den mechanischen Reiz, bei erfolgter Berührung, mit der angeklebten Beute zurückzufahren und sie dem Munde zuzuführen.

In diesem Falle ist es offenbar nicht das Nervensystem, das die Betriebseinheit schafft, denn es ist selbst in lauter einzelne Werkteile zerlegt, sondern der Bauplan beherrscht das Ineinandergreifen der Organe.

Darin unterscheiden sich die Organismen nicht von den Maschinen oder sonstigen Mechanismen, denn auch bei diesen wird die Betriebseinheit nicht durch einen besonderen Werkteil, sondern durch den Bauplan geschaffen.

Wenn es auch keinem Zweifel unterliegt, daß ein Mechanismus nur so lange seine geregelten Leistungen vollbringen kann, als der Bauplan seiner Teile unverletzt und unverändert vorhanden ist, so ist doch damit noch keineswegs gesagt, daß der Bauplan einen aktiv eingreifenden Faktor darstellt. Im Gegenteil handelt es sich bei ihnen offenbar nur um eine ihnen passiv aufgezwungene Ordnung, die sich nicht von selbst wieder herstellen kann, wenn das Gefüge der Werkteile in Unordnung geraten ist.

Eine jede Maschine bedarf daher als notwendige Ergänzung eines Betriebsleiters, der ihren Betrieb überwacht, weil ihre Betriebseinheit nicht durch einen inneren aktiven Bauplan gesichert ist.

In diesem Punkt offenbart sich die Überlegenheit des Organismus über den Mechanismus. Alle lebenden Organismen vermögen die gestörte Ordnung ihrer Organe in weitem Maße wieder herzustellen. Diese Fähigkeit ist bei allen Pflanzen und bei vielen Tierarten in erstaunlichem Maße ausgebildet. Sie wurde denn auch immer als Argument von denjenigen Forschern herangezogen, die die Existenz einer besonderen Lebenskraft behaupteten.

Es war naheliegend, daß man (bei Durchführung des Vergleiches der lebenden Organismen mit den toten Maschinen) die Organismen für Mechanismen + Betriebsleiter erklärte. Man geriet dabei aber in Versuchung, dem unsichtbaren Betriebsleiter wunderbare Eigenschaften und eine tiefe Einsicht zuzuschreiben, die durch die Annahme einer Lebenskraft zwar nicht begründet, aber auch nicht abgelehnt waren. An diesem Punkt konnten die Angriffe gegen den Vitalismus mit Erfolg einsetzen, weil die unklare Fassung des Begriffes einer Lebenskraft allen Vermutungen Tor und Tür öffnete.

Als nun die ersten Versuche bekannt wurden, die es zweifellos erwiesen, daß die Lebenskraft bei der Wiederherstellung gestörter Organismen unter Umständen ganz offenkundig in die gröbsten Irrtümer verfiel, war es um das Ansehen des unsichtbaren Betriebsleiters geschehen, dessen höhere Weisheit gerade in den Wirkungen der Lebenskraft zutage treten sollte.

Die Planarien zeigen die Fähigkeit, ihren ganzen Organismus selbst aus einem schmalen Querbande, das man an beliebiger Stelle aus ihrem Körper herausschneiden kann, vollkommen wiederherzustellen; wobei die hintere Wundfläche den Hinterkörper und die vordere Wundfläche den Vorderkörper regeneriert. Es kann daher von jeder Stelle des Körpers aus das jeweilig Fehlende ersetzt werden, mag es sich um ein Vorder- oder Hinterende handeln.

Dies sprach für das Vorhandensein eines inneren Betriebsleiters, der einen Überblick über den Gesamtorganismus und seine Bedürfnisse besaß, und der entsprechend handelte. Nun zeigt sich aber folgendes: Wenn man bloß den Vorderkörper durch einen Längsschnitt spaltet, so ersetzt jede Wundfläche, unbekümmert um die andere, das ihr Fehlende, und es entsteht ein doppelköpfiges Tier. Noch auffälliger ist der Regenerationsfehler, der sich nach Entfernung des vordersten Kopfteiles zeigt, denn diese regeneriert sich selber noch einmal, so daß ein lebensunfähiger Januskopf erzeugt wird. Solche Regenerationsfehler sind auch bei vielen anderen Tieren entdeckt worden und als Heteromorphose bzw. Pseudomorphose beschrieben wurde.

Die Durchforschung dieses Gebietes hat nun die Grenzen der möglichen Fehler bei der Regeneration aufgezeigt, die man selbst ziehen kann, wenn man z. B. annimmt: ein Stuhl besäße einen aktiven Bauplan, der ihm die Fähigkeit verliehe, Regenerationen auszuführen. Dann könnte es unter Umständen geschehen, daß statt eines abgeschnittenen Beines deren zwei entstehen oder statt eines Beines eine Lehne regeneriert wird, oder daß ein Bein sich selbst noch einmal erzeugt. — Kurz, es stünden alle Möglichkeiten für Fehlbildungen offen, die durch das Eingreifen des Bauplanes an falscher Stelle entstehen können, niemals aber andere!

Dadurch ist uns ein deutlicher Hinweis gegeben, wo wir den unsichtbaren Betriebsleiter der Organismen zu suchen haben, nämlich im *aktiven Bauplan* des jeweiligen Organismus selbst, der überall in gleicher Vollkommenheit vorhanden ist, aber durch die ihm zur Verfügung stehenden Mittel in seinen Regenerationsmöglichkeiten beschränkt ist und außerdem durch besondere Umstände bei seiner Regenerationstätigkeit in eine falsche Richtung abgelenkt werden kann.

Wenn wir die Lebenskraft mit der Aktivität des Bauplanes gleichsetzen, so gewinnt die Lebenskraft eine große Bestimmtheit und der unsichtbare Betriebsleiter verliert seinen mystischen Beigeschmack. Er wird zu einem deutlich umrissenen Gebilde, das wir nachzeichnen können und dessen Wirkungsmöglichkeiten wir übersehen, wenn wir auch vorläufig über seine Wirkungsart nichts auszusagen vermögen. Denn eins steht fest, der Bauplan behält trotz seiner räumlichen Ausdehnung, auch wenn er aktiv gedacht wird, seinen immateriellen Charakter bei.

Diese Darlegungen waren nötig, um die Frage nach den Beziehungen zwischen Organismus und Protoplasma klar formulieren zu können, welche unausgesprochen oder halbausgesprochen allen Erörterungen über das Wesen des Lebendigseins zugrunde liegen. Ohne ihre Beantwortung wird man niemals zu einer eindeutigen Stellungsnahme gelangen. Wir kennen das Leben nur in der Form lebendiger Organismen, die sich von den Mechanismen durch zweierlei Grundeigenschaften unterscheiden: einmal durch ihre sich selbst schaffenden und sich selbst wieder herstellende Organisation und zweitens durch den Lebensstoff oder Protoplasma.

Es fragt sich nun: sind die Organismen deswegen lebendig, weil das Protoplasma die Organisation schafft und erhält, oder weil die Organisation das Protoplasma nach ihren Gesetzen gestaltet?

Das Protoplasma ist kein Stoff im gewöhnlichen Sinne, sondern ein in dauerndem Stoffwechsel begriffenes Gemenge von Stoffen.

Sollen wir die physikalischen Gesetze des Stoffwechsels für die Ausbildung der Organismen verantwortlich machen, oder sollen wir umgekehrt in der Organisation den Faktor suchen (aktiver Bauplan), der dem im Stoffwechsel befindlichem Gemenge seine Gesetze vorschreibt?

Zu dieser Grundfrage wird ein jeder Forscher Stellung nehmen müssen, wenn er die Ergebnisse seiner Forschung theoretisch verwerten will. Die Grundlage der gesamten Biologie ist nämlich eine durchaus andere, je nachdem der Forscher diese Frage beantwortet.

Nehme ich an, das Leben sei an die Existenz des Protoplasmas allein gebunden, so sehe ich einen seit Urzeiten daherfließenden Lebensstrom vor mir, der, sich immer wieder teilend und vergrößernd, in zahllose Zellen (gleich dem Wasser in Tropfen) zerfällt, die er mit seinen Stoffwechselprodukten erfüllt. Stoffwechselprodukte sind es, die den verschiedenen Gewebszellen ihr inneres Gefüge und damit die Fähigkeit verleihen, als Werkteile im Gefüge des ganzen Organismus mitzuarbeiten. Aus jedem Organismus entquillt der Lebensstrom von neuem und ergießt sich unter immer erneuten Teilungen weiter von Generation zu Generation.

Im anderen Falle sehe ich im Protoplasma ein Stoffgemenge vor mir, das in jedem Augenblick dem Zerfall preisgegeben ist, und das nur deshalb in geregelten Bahnen weiterkreisen kann, weil ihm beherrschende Organisationsgesetze immer neue Gestaltung aufzwingen.

Im ersten Fall ist der Stoff das Lebendige und die Gestalt das Tote, im zweiten Fall ist die Gestalt das Lebendige und der Stoff das Tote.

Diese zwei sich gegenseitig ausschließende Auffassungen, die keinen Kompromiß dulden, fordern eine klare Parteinahme. Für die Wissenschaft als Ganzes ist, es vom größten Vorteil, wenn beide Lehren ihre Vertreter finden, denn nur im scharfen Geisteskampf wird wirkliche Erkenntnis erzielt.

Betrachten wir die Lehre vom lebenden Protoplasma und der toten Gestalt näher, so sehen wir, daß sie nach beiden Seiten mit Eifer ausgebaut wird, je nachdem die Forscher mehr die Analyse des Stoffwechsels oder die von ihm erzeugte innere Ausgestaltung der Zelle im Auge haben.

Als Beispiel für die Analyse des Stoffwechsels zitiere ich aus Gottschalks Arbeit: „Über den Begriff des Stoffwechsels in der Biologie.“

„So reiht sich im Geschehen der Zelle ein Prozeß an den anderen an, hier fester, einen stets gleichen Ablaufsmechanismus zum Ausdruck bringend, dort lockerer, um je nach den funktionellen Erfordernissen bald in diese, bald in jene Richtung abschwenken zu können, schnell alle Etappen durchmessend, damit größere Konzentrations- und osmotische Schwankungen vermieden werden, giftige Wirkungen intermediär gebildeter differenter Stoffe nicht zur Entfaltung kommen. Dabei sind nicht nur die Grenzen zwischen Bau- und Betriebsstoffwechsel bis zur Unkenntlichkeit verwischt, sondern auch Abbau- und Aufbaureihen nicht als ganze miteinander gekuppelt; von den mannigfachsten Abbaustufen aus kann erneute Synthese erfolgen.

Stoffwechsel ist die Gesamtheit jener sich in der lebendigen Substanz abspielenden, mit einer Änderung des chemischen Substrats, der Affinitäten und des physiko-chemischen Zustandes einhergehenden, *sich selbst regulierenden*, an Fermentbesitz und Kolloidcharakter des Substrats gebundenen Energieumwandlungen entsprechenden Vorgänge, die einerseits unter Aufnahme und Verarbeitung von elementaren Nahrungsstoffen die Erhaltung bzw. den Aufbau der organisierten Substanz bedingen und die andererseits unter Abbau chemischer Verbindungen oder Komplexe zu nach außen abzugebenden Zerfallsprodukten führen, *hierdurch die allgemeinen und spezifischen Funktionen der lebendigen Substanz ermöglichend.*"

Das Verständnis für diese Funktionen kann aber ganz unmöglich aus dem Stoffwechsel allein gewonnen werden. Dazu gehört vor allen Dingen die räumliche Darstellung des Zellorganismus, innerhalb dessen sich der Stoffwechsel vollzieht. Erst diese bietet uns die Möglichkeit, die Zelle als *lebende Maschine* zu betrachten. Dieser Aufgabe hat sich PETERSEN in seiner neu erschienenen „Histologie und Mikroskopische Anatomie" unterzogen:

„Wenn wir uns ein anschauliches Bild der Sache machen wollen, so können wir an das Labyrinth des Minos im Gebiet großer, oder an ein Ameisennest im Gebiet kleiner Dimensionen denken. Ein Gewirr unzähliger Räume, Kammern, Gänge, Säle, Galerien und Säulenhallen steht in durchgängiger Verbindung miteinander. In ihm befindet sich das Wasser, teils in Strömung, teils in Ruhe. In diesem Wasser schießen Ionen mit großer Geschwindigkeit umher, Zuckermoleküle. Moleküle von Amiden und zahlreichen anderen Substanzen sind darin enthalten.

Das wichtigste aber sind die Gerüstteile selbst, die Wände der Labyrinthkammern. Eigentlich bilden sie zusammen ein Riesenmolekül, denn die Kräfte, die die sie aufbauenden Atomgruppen zusammenhalten, sind zwischen allen Wandteilen von derselben Art (Valenzkräfte). Die Wände sind keineswegs starr, sondern deformierbar zu denken. Wie die einzelnen Mizellkonstituenten in der Wand verteilt sind, braucht nicht genauer vorgestellt zu werden. Jedoch wird man wohl daran zu denken haben, daß man den Lipoidkörpern vielfach die Rolle einer Tapete zuzuschreiben hat, und daß man sich mit ihrer Hilfe vor allem den Abschluß von Kammern und ganzen Labyrinthabschnitten gegen andere Teile bewirkt denkt. In den Kammern und Galerien ragen nun reaktionsfähige Atomgruppen wie Polypenarme hinein, wie die organische Chemie sie so vielfach in ihren Strukturformeln kennen lehrt. Mit ihrer Hilfe werden aus der intermizellaren Lösung ständig die verschiedensten Dinge herausgefischt, die in die Wand einwandern. Dafür wandern andere aus usw.

Ein Abreißen und Einschmelzen ganzer Wände und Wandsysteme kann zu großen mit echten Solen erfüllten Räumen führen, ebenso wie solche durch ein sich bildendes Mizellargerüst in Gang- und Kammersysteme zerlegt werden können. Gewahrt bleibt trotz allen Umbaues die *historische Kontinuität* im Aufbau des ganzen Gebäudes."

Weder GOTTSCHALK noch PETERSEN zweifeln wie die Mehrzahl der Stoffwechselforscher an der Tatsache, daß ein nur chemisch-physikalischen Gesetzen gehorchender Stoffwechsel sich dauernd erhalten kann, wenn er von außen ständig neue Stoffe und neue Energie aufzunehmen vermag. Er ist nach dieser Auffassung durchaus fähig, sich durch *perpetuelle Regeneration* in einem Gleichgewicht zu erhalten, das ihn vor dem endgültigen Zerfall bewahrt.

Es ist aber der physikalische Beweis dafür, daß, und unter welchen Bedingungen, die perpetuelle Regeneration eines beliebigen Gebildes durch seinen Stoffwechsel theoretisch überhaupt möglich ist, noch gar nicht erbracht worden. Die perpetuelle Regeneration wird von den meisten Forschern einfach hingenommen, wie man früher an der Möglichkeit eines Perpetuum mobile auch nicht gezweifelt hat. Und doch ist die Sicherheit, daß das Resultat sich dauernd wiederholender physikalisch-chemischer Prozesse immer gleichbleiben muß, nur dann gegeben, wenn es sich um identische Prozesse handelt. Es tritt aber, sobald die Prozesse nicht identisch sind, sondern sich nur in hohem Maße gleichen, die Möglichkeit ein, daß aus ihrer Konvergenz, die das innere Gleichgewicht sichert, durch Summation kleinster Unterschiede eine Divergenz resultiert, die das innere Gleichgewicht aufhebt. Je größer die Zahl der Wiederholungen wird, um so mehr wird diese Möglichkeit zur Wahrscheinlichkeit. Damit wäre aber „die historische Kontinuität" unterbrochen, die allen Erklärungen der Lebensvorgänge durch den Stoffwechsel zugrunde liegt.

Man wird es daher verstehen, daß A. v. Tschermack, dem wir eine sehr sorgfältige Analyse des Stoffwechsels in seiner „Allgemeinen Physiologie" verdanken, zu einem sehr skeptischen Schluß gelangt. Er schreibt: „Ja, man kann geradezu sagen: Hätte die Physiologie die Aufgabe, Lebensvorgänge durch restlose Zurückführung auf Erscheinungen am unbelebten Stoff zu „erklären", sie hätte heute so gut wie noch nicht mit der Arbeit begonnen! — Dieser kritische Standpunkt sei noch durch eine Darstellung der *Autonomie des Lebendigen* eingehender begründet."

Die Anerkennung der Autonomie oder Eigengesetzlichkeit der Lebensvorgänge bedeutet aber nichts anderes als die Anerkennung des vitalistischen Standpunktes.

Merkwürdigerweise hat der Darwinismus gerade die Divergenz der physikalisch-chemischen Prozesse des Protoplasmas zur Grundlage seiner Variationslehre gemacht, in der Annahme, daß auch die Divergenz der Protoplasmaprozesse stets zu einem neuen lebensfähigen inneren Gleichgewicht konvergieren müßte. So nimmt er an, daß die variierenden Lebensprozesse bei der Befruchtung stets zu einem lebensfähigen Keim führen müßten und daß der Kampf ums Dasein nachträglich aus diesen Keimen die „passenden" auswähle.

Für die Annahme, daß die Stoffwechselprozesse beider Eltern bei ihrer Vereinigung unter allen Umständen ein Gebilde erzeugen müssen, daß seinen eigenen geregelten Stoffwechsel besitzt, liegt auch nicht der mindeste Anhaltspunkt vor.

Je weiter man sich in die Stoffwechselprobleme vertieft, um so zahlreichere und verwickeltere Prozesse treten zutage, so daß man, wie Gottschalk es getan, annehmen muß, es gebe sich selbst regulierende Prozesse, die der Aufrechterhaltung der Ordnung dienen. Wer aber reguliert die regulierenden Prozesse, wenn diese selbst in Unordnung geraten?

Alle Schwierigkeiten sind verhältnismäßig gering, solange man bloß den Stoffwechsel innerhalb der Zellen im Auge behält und man sich mit dem Bilde der lebenden Maschine begnügt, wie es Petersen entworfen hat. Sie werden sehr groß, sobald man an die Frage herantritt: Was leisten die lebenden Maschinen nach außen hin? Eine jede Maschine ist doch nicht bloß für sich allein da, sie steht immer in Beziehungen zur Außenwelt, in der sie ihre Tätigkeit entfaltet. Für ihre äußere Leistung sammelt die lebende Maschine Stoff und Energie.

Entsprechend der äußeren Leistung ist ihr Gefüge geformt. Der Organismus, für sich allein betrachtet, wäre eine bloße Zufallserscheinung, in seinen Beziehungen zur Außenwelt enthüllt er seine Planmäßigkeit.

Die Frage nach der Außenwelt der Organismen ist bislang als nicht vorhanden behandelt worden. Es schien selbstverständlich, anzunehmen, daß die Organismen in derselben Welt lebten wie die Maschinen und der Ausdruck „lebende Maschine“ für Organismus gibt dieser Überzeugung unmittelbaren Ausdruck.

Nun ist aber eine jede Maschine im Grunde nichts anderes als eine Fortsetzung menschlicher Organe, die von Menschen und für Menschen gemacht und von ihnen in die *Menschenwelt* hineingestellt worden ist. Davon kann bei den Organismen keine Rede sein. Betrachtet man die Beziehungen der Organismen zur Außenwelt genauer, wie sie sich in ihren Leistungen ausdrücken, so erkennt man bald, daß die Menschenwelt, die uns umgibt, für anders gebaute Organismen gar nicht vorhanden ist, sondern daß jeder Organismus von seiner eigenen *Umwelt* umgeben ist.

Die Reize, die von den Receptoren eines Tieres aufgefangen und in Erregung verwandelt werden, sind andere, als die uns zugänglichen Reize. Auch die Wirkungen, die von ihren Effektoren ausgeübt werden, sind andere als die von uns ausgeübten Wirkungen. Die Eigenschaften eines Gegenstandes, die durch Reizwirkung einem Organismus zugänglich werden, behandeln wir als seine *Merkmale.* Dadurch wird der Gegenstand zum *Merkmalträger* des betreffenden Organismus.

Es zeigt sich nun, daß der gleiche Gegenstand, der dank gewisser Eigenschaften zum Merkmalträger eines Organismus berufen ist, auch ausnahmslos Eigenschaften besitzt, die ihn zum *Wirkungsträger* des gleichen Organismus machen.

Um nur ein einziges Beispiel anzuführen, besitzen die Seeigel einerseits Receptoren für den Schleim der Seesterne und andererseits in ihren Giftstacheln Effektoren, die genau auf die Füßchen der Seesterne eingestellt sind.

Nur durch diese doppelseitige Beziehung wird es dem Seeigel möglich, die einheitliche Leistung der Abwehr dieses Feindes auszuüben.

Zwischen dem merkmaltragenden und dem wirkungstragenden Eigenschaften des Seesternes liegt aber seine gesamte Organisation, die niemals in irgendwelche Beziehung zum Seeigel tritt, und die dennoch gerade durch ihren Seesternbauplan die Abwehrleistung des Seeigels ermöglicht.

Ist nun, wie angenommen wird, der gesamte Organismus des Seeigels nur ein Erzeugnis seines Stoffwechsels und eine bloße lebende Maschine, wie ist es dann möglich, daß der ihm völlig unzugängliche Bauplan des Seesternes auf seine Gestaltung so erfolgreich einwirkt?

Da die Beziehungen von Organismus zu Organismus in der ganzen Lebewelt überall die gleichen rätselhaften Probleme aufweisen, so fragt es sich immer von neuem, ob man mit der Maschinentheorie, die auf den Stoffwechsel begründet ist, auskommen kann?

Einerseits läßt es sich beweisen, daß ein jeder Organismus eine andere Umwelt besitzt, in die er auf das Genaueste eingepaßt ist, andererseits sind seine Beziehungen zu anderen Organismen derart, daß nicht bloß die äußeren Eigenschaften, sondern auch die Baupläne aufeinander eingestellt sind.

Dies ist eine weitere Stütze für die Annahme, daß die Baupläne aktiv eingreifende Naturfaktoren sind, durch deren Besitz sich die Organismen grundsätzlich von jedem Mechanismus unterscheiden.

Die größte Schwierigkeit, die Lebensvorgänge auf den Stoffwechsel zurückzuführen, erhebt sich, wenn man es versucht, die Keimesgestaltung als einen sich steigernden physikalisch-chemischen Prozeß zu begreifen. Zwar darf man annehmen, daß im Kern des Keimes Fermente bereitliegen, deren geregeltes Eingreifen den Prozessen die Richtung vorschreibt, welche sie einschlagen sollen. Aber wer regelt das Eingreifen der Fermente?

Je weiter die Forschung der Keimesgestaltung vordringt, um so größer werden die Schwierigkeiten. Es ist unzweifelhaft, daß alle vielzelligen Tiere mit dem gleichen Organisationsentwurf beginnen, der zur Ausbildung eines Magensackes mit Mundöffnung führt. Aber nur ein Teil der mehrstrahligen Tiere bleibt auf dieser Stufe stehen und baut den Sack in seinen Einzelheiten aus. Bei den anderen Tieren setzen auf dieser Stufe neue Organisationsentwürfe ein, die nach verschiedenen Richtungen der Gestaltung führen. Einer führt zur Ausbildung der Fünfstrahler, ein anderer zur Ausbildung der Bilateralen. Bei diesen scheint sich der gleiche Vorgang noch mehrmals zu wiederholen, der die Bilateralen von Stufe zu Stufe emporführt.

Da die Vorgänge beim Aufbau eines Organismus sich prinzipiell von den Leistungen eines fertigen Organismus unterscheiden, habe ich vorgeschlagen, um die Analogie mit den Maschinen möglichst festzuhalten (deren Aufbau von der *Technik* im engeren Sinne gelehrt wird, während die Leistungen der Maschinen der *Mechanik* zugehören), die *technische Biologie* von der *mechanischen Biologie* zu trennen und der technischen Biologie alle Vorgänge zuzuweisen, die sich nicht auf die Leistungen des fertigen Gefüges der Organismen zurückführen lassen, sondern die die Umgestaltung des Gefüges selbst betreffen und darum nicht als mechanische angesprochen werden dürfen.

Wenn man schon den fertigen Organismus einen *Mechanismus* + *Betriebsleiter* gleichsetzen mußte, so ist man um so mehr gezwungen, den in Bildung begriffenen Organismus gleich *Stoff* + *Bauleiter* zu setzen. Der dem Organismus zur Verfügung stehende Stoff ist stets das Protoplasma, d. h. ein im Stoffwechsel befindliches Gemenge, das sowohl Stoff wie freie Energie enthält, und das durch den Bauleiter, in dem man den „aktiven Erbauungsplan" erkennen kann, seiner Gestaltung zugeführt wird.

Erst wenn der Organismus völlig ausgebildet ist und seine Leistung eingesetzt hat, löst der *aktive Bauplan*, der die Regenerationsvorgänge beherrscht, den *aktiven Erbauungsplan* ab. Der Unterschied zwischen den *Generationsvorgängen* des in Bildung begriffenen und den *Regenerationsvorgängen* des ausgebildeten Organismus ist darin begründet, daß die Teile des sich bildenden Organismus voneinander unabhängig sind und noch keinen gemeinsamen Bauplan, noch keine gemeinsame Leistung aufweisen.

Entsprechend dem Worte Moltkes: „Getrennt marschieren, aber vereint schlagen" kann man sagen, daß die bei der fortgesetzten Teilung des einzelligen Keimes immer neuentstehenden Zellen gruppenweise auf verschiedenen Bildungswegen einem gemeinsamen Ziele entgegenmarschieren. Erst wenn dieses erreicht ist, werden sie zu gemeinsamer Leistung befähigt sein.

Die *Marschorder* entspricht dann dem *Erbauungsplan*, die *Schlachtorder* dem *Bauplan*.

Wir sehen nun, wenn wir bei diesem Bilde bleiben wollen, daß sämtliche Tiere anfangs die gleiche Marschorder erhalten, die aber dann in späteren Stadien des Bildungsmarsches bei den verschiedenen Tierarten durch spezielle neu herausgegebene Marschorder ergänzt werden. Auf Grund ihrer eigenen Marschorder marschieren die Zellgruppen der verschiedenen Tierarten auf verschiedenen Bildungswegen gänzlich verschiedenen Zielen zu und erzeugen gänzlich verschiedene Organismen.

Das Beispiel der Truppen, die auf getrennten Wegen einem gemeinsamen Ziele entgegenstreben, ist besonders gut geeignet, uns das Verständnis der Keimesgestaltung zu erleichtern. Nehmen wir an, die einzelnen Gruppenverbände befänden sich anfangs an einzelnen Punkten in einem großen Halbkreise im Gelände. Die Aufgabe besteht nun darin, sie auf verschiedenen Wegen dem Treffpunkt zuzuführen, wo sie eng aneinandergeschlossen in einem kleinen Halbkreis ihre Aufstellung zur Schlacht nehmen sollen. Dieses ergibt eine einfache Figur, nämlich einen kleinen Halbkreis, auf den strahlenförmig mehrere Radien von außen einmünden.

Diese einfache Figur ist nun keine *Raumgestalt*, sondern eine *Zeitgestalt*, denn sie besagt nichts anderes, als daß die Einzelfaktoren innerhalb einer bestimmten Zeit eine andere Verteilung einnehmen. Der kleine Halbkreis der Schlachtordnung liegt in der Zukunft. Erst nach Anpassung an das Gelände wird es sich herausstellen, wo er seinen Platz im Raum erhalten soll und auf welchen Wegen die Radien zu führen sein werden. Entsprechend den vorhandenen Wegen und den Terrainschwierigkeiten werden täglich neue Marschorder an die verschiedenen Truppenteile ausgegeben werden, die ihnen die tägliche Marschroute vorschreiben. Dadurch entsteht aus der einfachen Figur, die den Gesamtplan des Marsches darstellt, eine verwickelte Figur, in der die einzelnen Marschpläne ihre Wiedergabe finden. Auch die zeitlich aneinandergereihten Marschorder geben eine reine Zeitgestalt. Setzt man statt dessen die einzelnen räumlichen Marschrouten aneinander, so entsteht eine reine Raumgestalt, wie wir sie auf den Kriegskarten finden.

Erst beide zusammen geben das wirkliche Geschehen in Raum und Zeit wieder, das aber unser beschränktes Vorstellungsvermögen bereits übersteigt.

Während es sich in diesem Beispiel nur um Vorgänge handelt, die sich in einer Ebene abspielen, spielen sich die Vorgänge der Zellverschiebungen während der Keimesgestaltung in allen drei Richtungen des Raumes ab, die ebenfalls zeitlich gegliedert sind, und daher noch größere Anforderungen an unser mangelhaftes Vorstellungsvermögen stellen.

Wenn es Organismen gäbe, die nur aus einer einzigen Zellschicht bestünden, wäre der Vergleich mit den marschierenden Truppen ein schlagender und der Vorgang leidlich übersichtlich. So sind wir gezwungen, die Zellen in allen drei Richtungen des Raumes in ihrem Aufmarsch zu beobachten und können nur feststellen, daß der gesamte Aufmarsch sein Ziel in der Zukunft hat, das durch die regelmäßigen Verschiebungen der Zellgruppen unter-, über- und gegeneinander erreicht wird. Die Marschrouten sind derart verwickelt, daß ihre Entwirrung noch lange Zeit in Anspruch nehmen wird.

Trotzdem kann man schon jetzt sagen, daß wir es hier ebenfalls mit einer Zeitgestalt zu tun haben, deren Beschreibung (wie die höhere Mathematik der niederen) der *niederen Anatomie der Körperformen* als eine *höhere Anatomie der Bildungsformen* gegenübertritt.

Darüber kann gar keine Meinungsverschiedenheit herrschen, daß es eine höhere Anatomie geben muß, die sich mit Gebilden befaßt, welche nicht nur eine räumliche, sondern auch eine zeitliche Gestalt besitzen. Ein jeder Organismus beginnt als eine einfache Zelle und endet als ein vielfältiges Gefüge vielzelliger Organe. Um sein Endziel zu erreichen, muß der werdende Organismus ein bisher unübersehbares Gewirr von Marschrouten durchmessen, die nicht bloß räumliche, sondern auch stoffliche Verschiebungen abstecken.

Über die Marschrouten kann gar kein Zweifel herrschen — es fragt sich nur, ob wir für dieselben auch Marschorder anzunehmen haben, die einer gemeinsamen Zeitgestalt angehören.

Vergleichen wir die Entstehung der Organismen mit der Entstehung der Maschinen, so ist die Annahme von verschiedenen Marschordern, die eine Zeitgestalt bilden, nicht von der Hand zu weisen, denn ein jeder Gebrauchsgegenstand verdankt sein Dasein einer zeitlich festgelegten Reihenfolge von Handgriffen, von denen jeder auf einen selbständigen Impuls oder Order zurückgeht.

Die Technik, die von den Gesetzen des entstehenden Gefüges handelt, unterscheidet sich von der Mechanik, die die Gesetze des entstandenen Gefüges behandelt — was man viel zu wenig beachtet hat — dadurch, daß auch sie mit einer Zeitgestalt rechnet, die das Entstehen des Gefüges wiedergibt. Zwar ist die Zeitgestalt, die dem äußeren Baumeister der leblosen Dinge zur Richtschnur dient, gänzlich verschieden von der Zeitgestalt des inneren Erbauungsplanes, der das Werden der Organismen unmittelbar beherrscht. Aber vorhanden ist die Zeitgestalt in allen Fällen.

In der Tat gibt es nirgends ein Beispiel dafür, daß ein aus gemeinsam arbeitenden Werkteilen zusammengesetzter Mechanismus, der zu einer einheitlichen Leistung nach außen befähigt ist, ohne eine beherrschende Zeitgestalt durch das bloße Zusammenspiel chemischer und physikalischer Faktoren seines Stoffwechsels entstehen kann.

Die beiden Beispiele: Die Kerzenflamme (Helmholtz) und der Strahl des Springbrunnens (Bütschli), die immer angeführt werden, weil sie ihre Gestalt und Leistung ihrem Stoffwechsel verdanken, sind hinfällig, weil sie selbst keine Mechanismen, sondern nur Erzeugnisse von Mechanismen sind, die ihrerseits einer Zeitgestalt ihr Dasein verdanken.

Treten wir nach Prüfung aller an Organismen und Mechanismen gewonnenen Erfahrungen an die Grundfrage heran: ob bei den Organismen der gestaltbildende Stoffwechsel oder die den Stoffwechsel beherrschende Gestalt der Träger des Lebens sei? Dann würden sich die Forscher ohne weiteres für die Gestalt entscheiden, die dank ihres inneren aktiven Erbauungsplanes und dank ihres inneren aktiven Bauplanes zur Beherrscherin der toten Meterien und ihrer Kräfte ausersehen ist. Damit würden sie sich für den Vitalismus entscheiden.

Aber der vitalistischen Lösung der Frage stehen unüberwindliche Schwierigkeiten gegenüber, die in der Weltanschauung der meisten heutigen Forscher begründet sind. Um diese zu würdigen, muß ich darauf zurückgreifen, was ich über den Streit um die wirkliche Welt gesagt habe. Die Vorstellungswelt, die von den meisten Forschern als die einzig wirkliche Welt angesprochen wird, besitzt einen unendlichen Raum mit einer unendlichen Zahl von Orten und ist zugleich ewig. Ihr Raum bleibt unverändert, mögen auch unzählige Jahrmillionen seinen Inhalt umgestaltet haben. Neuere Astronomen versichern uns, daß unser Planetensystem einem räumlich abgeschlossenen Milchstraßensystem angehört, in dem alle Gestirne im Verlauf von Hunderten von Jahrmillionen ihren Kreislauf vollenden und an die gleiche Stelle zurückkehren. Die Spiralnebel sollen nichts anderes sein als benachbarte Milchstraßensysteme, in denen die zu ihnen gehörigen Gestirne sich gleichfalls in einem dauernden Kreislauf befinden. So gleichen diese Systeme den ins Riesenhafte erweiterten Zellen von Tradescatia, die durch unsichtbare Zellwände geschieden ihren Inhalt in steter Bewegung erhalten.

Wie ins Große ist auch ins Kleine ein beliebiges Fortschreiten möglich, denn die Elemente, mit denen die heutige Physik rechnet, sind so klein, daß ihnen gegenüber der Raum einer Tradescatiazelle wie uns der Raum eines Milchstraßensystems gegenübersteht.

Alle diese Betrachtungen gehen von dem Grundsatze aus, daß der Raum sowohl unendlich wie ewig ist. Sie verlegen die Zeit in den Raum. Alles was in der Zeit geschieht, ist an diesen einen Raum gebunden. Jede Bewegung an irgendeiner Stelle des Raumes ist immer nur die Folge einer anderen vorhergegangenen Bewegung im gleichen Raume. Stoff und Energie bleiben sich in jedem abgeschlossenen System des Raumes ewig gleich. Es kann nichts Fremdes hineindringen und auf die Bewegungen im Raume irgendwelchen Einfluß ausüben. Daher ist es auch ausgeschlossen, den Lebensprozeß anders als physikalisch zu bewerten. Wir sind, wenn wir konsequent bleiben und den Vorstellungsraum nicht verlassen, gezwungen, nicht bloß die Leistungen des Gefüges eines jeden Organismus dem eines Mechanismus gleichzusetzen, sondern ebenfalls das Entstehen des Gefüges auf ein physikalisches Agens zurückzuführen. Dieses Agens kann nichts anderes sein als der Stoffwechsel, der daher als einzig zulässige Erklärung der Lebensvorgänge zu gelten hat. Demtensprechend sind auch alle Versuche der Vitalisten, die außerräumliche Faktoren einzuführen, mögen sie nun Dominanten, Impulse, aktiver Bauplan, Entelechie oder sonstwie heißen, von vornherein abzulehnen.

Dieser ganzen Beweisführung läßt sich nun die Behauptung entgegenstellen, es sei keineswegs bewiesen, daß der Vorstellungsraum der wirkliche Raum ist. Der Anschauungsraum ist, wie ich ausgeführt habe, ganz anderer Art und seine Wirklichkeit wird uns durch unsere Sinne gewährleistet. Der Anschauungsraum mit seiner beschränkten Anzahl von Orten und seinem uns rings umschließenden Horizont ist keineswegs unendlich und noch viel weniger ewig. Er wird im Gegenteil von Moment zu Moment neu erzeugt, und die Zeit mißt sich nach der Anzahl von Räumen, die in ihr erzeugt werden. Im Gegensatz zum Vorstellungsraum, der die Zeit in sich beschließt, beschließt die Zeit die Anschauungsräume in sich. Die einzelnen Orte haben nicht, wie im Vorstellungsraum, nur zwei Nachbarn in jeder der drei Richtungen des Raumes, sondern außerdem noch zwei zeitliche Nachbarn, die mit ihnen wohl räumlich identisch sind, zeitlich aber nicht, und die dem voraufgegangenen wie dem folgenden Momente angehören.

Alles, was über physikalische, chemische oder mechanische Notwendigkeiten ermittelt worden ist, erstreckt sich nur auf die Beziehungen, die durch die räumliche Nachbarschaft der Orte gegeben sind, keineswegs aber auf ihre zeitliche Nachbarschaft. Niemand wird leugnen können, daß die zeitlich aufeinanderfolgenden Töne einer Melodie gesetzmäßig gebunden sind. Eine ähnliche gesetzmäßige Bindung tritt uns überall dort entgegen, wo Gefüge gebildet wird. Sie bezieht sich direkt nur auf Orte, die sie zu einer Zeitgestalt zusammenfügt, dagegen hat sie keinen unmittelbaren Einfluß auf die Materie und deren Energie, die sie weder vermindert noch vergrößert.

Wie man sich die Beziehungen der Zeitgestalt der Orte auf die an den Orten befindliche Materie im einzelnen denken mag, gehört nicht hierher.

Was ich zeigen wollte, ist nur dieses, daß bei Zugrundelegung der Anschauungswelt an Stelle der Vorstellungswelt die vorher postulierte Existenz von Zeitgestalten keine Schwierigkeit mehr macht, sondern sich als notwendige Folge der Anschauungswelt von selbst ergibt.

Die Anschauungswelt beherbergt eine weitere Mannigfaltigkeit, welche die Vorstellungswelt nicht enthält, und diese gestattet uns die Organismen nicht bloß mit einem Spielraum zu umgeben, in dem ihre maschinellen Leistungen zutage treten, sondern sie in eine Reihe von Gestaltungsräumen einzubauen und ihrem Gefügewechsel feste Richtungslinien vorzuschreiben, die bisher nur die im Raum ausgedehnten Gestalten besessen haben.

Letzten Endes wird auch die Vorstellung des Organismus davon abhängig sein, welcher Weltanschauung der einzelne Forscher huldigt.

# Übersicht über die chemischen Systeme des Organismus und ihre Fähigkeit, Energie zu liefern[1].

Von

**Werner Lipschitz**

Frankfurt a. M.

Mit 2 Abbildungen.

### Zusammenfassende Darstellungen.

Lavoisier: Oeuvres II. — Ehrlich, P.: Sauerstoffbedürfnis des Organismus. 1885. — Battelli, F. u. L. Stern: Ergebn. d. Physiol. Bd. 10, S. 531; Bd. 12, S. 226. 1910; 1912. — Thunberg, T.: Ebenda Bd. 11, S. 328. 1911. — Warburg, O.: Ebenda Bd. 14, S. 253. 1914. — Verzár, F.: Ebenda Bd. 15, S. 1. 1915. — Wieland, H.: Ebenda Bd. 20, S. 477. 1922. — Dakin, H. D.: Oxidations and reductions in the animal body. London 1922. — Oppenheimer, C.: Die Fermente und ihre Wirkungen. Leipzig 1925. — Oppenheimers Handb. d. Biochem. Bd. II, B. — Hopkins, F. G.: On current views concerning the mechanisms of biological oxidation, Skand. Arch. 1926.

## 1. Einleitung. — Die abbaufähigen chemischen Substanzen.

Seit Lavoisier besteht die bisher kaum bestrittene Annahme, daß alle für äußere oder innere Arbeitsleistungen des Organismus gelieferte Energie ebenso wie die dabei auftretende Wärme aus chemischer Energie herrührt, daß also z. B. zugeführte Licht-, elektrische oder mechanische Energie für die normale tierische Zelle direkt nicht nutzbar gemacht wird. Früher glaubte man, daß die in chemischen Molekülen enthaltene Energie primär eine Transformation in Wärme erleide, die ihrerseits erst wieder in mechanische Energie übergehe („das Tier als Wärmemaschine"), doch hat sich in neuerer Zeit die Anschauung durchgesetzt, daß im Gegenteil eine direkte Umwandlung von chemischer Energie in mechanische, elektrische oder Wärme stattfindet, daß also der Organismus nach Art einer „chemodynamischen Maschine" funktioniert. Der Gesamtprozeß der Transformation von chemischer Energie in andere Energieformen im Organismus stellt in seinen Hauptzügen eine Folge von freiwillig verlaufenden Prozessen mit Abnahme der freien Energie dar, der nur endotherme Teilvorgänge entgegenstehen. Diese, die häufig dem Aufbau dienen, sind energetisch also unmittelbar mit den Abbauvorgängen verknüpft.

Als Träger solcher wärmegetönter chemischer Zellprozesse kommen ganz überwiegend Kohlenstoffverbindungen in Betracht, wenn auch Ionenreaktionen mit Wärmebildung oder -bindung einhergehen, z. B. ($H^+$ aq., $OH^-$ aq.) = 13700 cal. In einer interessanten Skizze hat kürzlich A. Stock[2]) die chemischen Gründe für den „Triumph des Kohlenstoffes" auseinandergesetzt: das Element Kohlenstoff zeichnet sich vor allen übrigen chemischen Grundstoffen durch Menge und Wand-

[1]) Abgeschlossen Pfingsten 1926.

[2]) Naturwissenschaften Bd. 13, Nr. 49/50, S. 1000. 1925.

lungsfähigkeit (Zersetzlichkeit) seiner Verbindungen aus; so entsteht durch geringfügige Einflüsse jener Kreislauf, der von der Kohlensäure der Luft durch Reduktion in der Pflanze und Oxydation im Tierkörper über die verwickeltsten C-Verbindungen wieder zur einfachen gasförmigen $CO_2$ führt. Neben dem Sauerstoff, Wasserstoff und Stickstoff ist der Kohlenstoff der eigentliche Träger des organischen Lebens. Daß ein grundsätzlicher Unterschied zwischen den chemischen Eigenschaften des C und denen anderer Elemente nicht besteht, sondern nur eine quantitative Verschiedenheit, ergibt sich aus seiner Stellung im periodischen System. Durch systematisches Arbeiten wurde klar, daß die Chemie der nächsten Nachbarn des Kohlenstoffes: Stickstoff, Silicium und Bor, in mancher Hinsicht der Kohlenstoffchemie mehr ähnelt, als man noch vor kurzem wußte. Auch die charakteristische Fähigkeit des C, Ketten zu bilden, findet sich beim Stickstoff, Silicium und Bor wieder — freilich nur in beschränktem Maße; daher sind besondere experimentelle Maßnahmen notwendig, um sie zu erzwingen. Der Kohlenstoff nimmt im periodischen System einen bevorzugten Platz ein; in der Mitte der ersten Reihe stehend, ist er mit gleichen Affinitäten zu den negativen Elementen, z. B. dem Sauerstoff, wie zu den positiven, z. B. dem Wasserstoff, begabt; demgemäß sind die Zwischenstufen zwischen der Kohlensäure, dem höchsten Oxydationsprodukt, und dem Methan, dem höchsten Reduktionsprodukt, relativ beständig: $CO_2 \rightarrow HCOOH \rightarrow HCHO \rightarrow CH_3OH \rightarrow CH_4$. — Daß die Lebensprobleme weitergehend chemisch auflösbar erscheinen als zu der noch nahen Zeit, in der man die Atome und Moleküle als starre unveränderliche Gebilde auffaßte und sie formelmäßig zu erschöpfen glaubte, ergibt sich aus den gewaltigen Fortschritten der Atomforschung. Zwei Moleküle eines Stoffes, deren Elektronensysteme verschiedenen Einflüssen ausgesetzt sind und sich daher voneinander unterscheiden, sind nur im alten Sinne chemisch gleich, nicht aber in Feinheiten und demgemäß sicher nicht biologisch gleichwertig; das eine mag „aktiviert" sein und viel schneller reagieren als das andere, das durch Katalysatoren noch nicht verändert worden ist. Der das Kausalitätsbedürfnis immer noch unbefriedigt lassende intermediäre Stoffwechsel wird durch das Studium des „intermediären Energiewechsels" vertieft werden. Über diesen aber ist abgesehen von den Verbrennungswärmen einiger physiologisch wichtiger Stoffe noch äußerst wenig bekannt.

Als Zellnahrungsstoffe, d. h. Substanzen, die bei Zerfall zu Energiebefreiung führen, können prinzipiell alle organischen Moleküle dienen, wie kompliziert die vorbereitenden Prozesse auch sein mögen, die direkt abbaufähiges Material liefern. Es sind vor allem die großen Körperklassen: Eiweiß, Nucleoproteide, Fett und Kohlenhydrate, von denen die letzte die quantitativ bedeutungsvollste ist. Bei allen kommt als einleitende chemische Reaktion hydrolytische Spaltung in Betracht, die an sich wenig wärmegetönt ist, deren Tempo aber naturgemäß das Tempo der nachfolgenden energieliefernden Prozesse mitbestimmt. Die Hydrolyse der Eiweißkörper führt bekanntlich über die Peptone und Polypeptide — evtl. Diketopiperazine — zu den Aminosäuren, die Hydrolyse der Fette zu Glycerin und Fettsäuren, die der Kohlenhydrate von den Polysacchariden, z. B. dem Glykogen, zu den Monosacchariden. Diese verhältnismäßig einfachen Substanzen: Aminosäuren, Fettsäuren, Hexosen nun sind die Energiespender der Zelle oder des Organismus; doch sind sie weder für die verschiedenen Zellarten gleichwertig, noch ist der Mechanismus ihres Abbaues identisch. Für die Aminosäuren kommt vor allem Desaminierung in Betracht; auch diese kann noch rein hydrolytischer Art sein, d. h. Austausch von $NH_2$ durch OH zur Folge haben; so wurde von Dakin aus Phenyl-$\beta$-alanin Phenyl-$\beta$-oxypropionsäure gewonnen. Aber auch die wohl als Hauptweg anzusehende oxydative Desamidierung führt zu Substanzen, die als wichtige Abbaustufen den Fettsäuren und Kohlenhydraten gemeinsam sind, nämlich den Ketosäuren, von denen die 3 C-Verbindung Brenztraubensäure $CH_3 \cdot CO \cdot COOH$ im Mittelpunkt des Interesses steht. Wahrscheinlich bilden sich primär (NEUBAUER, KNOOP, DAKIN) durch Dehydrierung Iminosäuren, die hydrolytisch in $\alpha$-Ketocarbonsäuren übergehen; diese werden dann durch Decarboxylierung zu Aldehyd abgebaut.

Es ist aber zu erwähnen, daß nach H. WIELANDS[1]) Modellstudien zwar in der ersten Phase der Aminosäurendesamidierung durch Dehydrierung die Iminosäuren entstehen, die $CO_2$-Abspaltung (Decarboxylierung) jedoch noch vor der Desaminierung stattfinden soll, so daß als Zwischenprodukt statt Ketosäuren Aldimine auftreten:

$$\underset{\displaystyle NH_2}{\overset{}{R \cdot \underset{|}{C}H \cdot COOH}} \rightarrow \underset{\displaystyle NH}{R \cdot \underset{\|}{C} \cdot COOH} \rightarrow R \cdot CH = NH + CO_2 \rightarrow RCHO + NH_3$$

Auch der Hauptabbauweg der Fettsäuren mündet in den der Kohlenhydrate. Für die normalen wie aromatischen Fettsäuren mit gerader C-Zahl in der Kette resp. Seitenkette gilt weitgehend die Regel der $\beta$-Oxydation (KNOOP), wobei unter $\alpha$-C das der COOH-Gruppe benachbarte zu verstehen ist. Demgemäß zeigte EMBDEN, daß die normalen Fettsäuren mit gerader C-Zahl zu Acetessigsäure $CH_3 \cdot CO \cdot CH_2 \cdot COOH$ abgebaut werden, während aus ungeraden C-Ketten die Bildung dieser Substanz ausbleibt. Daß die Regel der $\beta$-Oxydation ihre Grenzen hat, sei durch die Beispiele der N-monomethylierten Aminosäuren, der verzweigten wie ungesättigten Fettsäuren nur gestreift (FRIEDMANN). Für die Tatsache, daß der Abbauweg gesättigter Säuren auch über ungesättigte führen kann, ist die Umwandlung der Bernsteinsäure in Fumarsäure:

$$\begin{array}{l} CH_2 \cdot COOH \\ | \\ CH_2 \cdot COOH \end{array} + O \rightarrow \begin{array}{l} CH \cdot COOH \\ \| \\ CH \cdot COOH \end{array} + H_2O \text{ das klassische Beispiel.}$$

Von den Kohlenhydraten gelten die Hexosen, vor allem die Glucose als befähigt, direkt das Material für energieliefernde Zellprozesse zu bilden. Es entsteht Milchsäure, bei deren Bildung bereits erhebliche Energiemengen frei werden, weiter vielleicht über Brenztraubensäure Acetaldehyd; dieser kann in verschiedener Weise umgewandelt werden; ein Teil wird zu Acetessigsäure synthetisiert, ein anderer in Essigsäure und Alkohol dismutiert:

$$CH_3 \cdot CHO + HOCCH_3 + H_2O \rightarrow CH_3 \cdot COOH + CH_3 \cdot CH_2 \cdot OH$$

Der Äthylalkohol kann wieder zu Acetaldehyd oxydiert, dieser wieder dismutiert werden usf. Über den Abbau der Essigsäure ist nichts Sicheres bekannt: ob der Weg wirklich über Bernsteinsäure, Fumarsäure, Äpfelsäure führt

$$\begin{array}{l} CH_3 \cdot COOH \\ + CH_3 \cdot COOH \end{array} \xrightarrow{-2\,H} \begin{array}{l} CH_2COOH \\ | \\ CH_2COOH \end{array} \xrightarrow{-2\,H} \begin{array}{l} CH \cdot COOH \\ \| \\ CH \cdot COOH \end{array} \xrightarrow{+H_2O} \begin{array}{l} CHOH \cdot COOH \\ | \\ CH_2 \cdot COOH \end{array}$$

und gar weiter über:

$$+ O \rightarrow \underset{\text{Oxalessigsäure}}{\begin{array}{l} CO \cdot COOH \\ | \\ CH_2 \cdot COOH \end{array}} \xrightarrow{-CO_2} \underset{\text{Brenztraubensäure}}{\begin{array}{l} CO \cdot COOH \\ | \\ CH_3 \end{array}} \xrightarrow{-CO_2} \underset{\text{Acetaldehyd,}}{CH_3CHO}$$

ist experimentell noch recht wenig geklärt.

[1]) WIELAND, H. u. F. BERGEL: Liebigs Ann. d. Chem. Bd. 439, S. 196. 1924. — S. auch M. BERGMANN u. F. STERN: Über Dehydrierung von Aminosäuren. Liebigs Ann. d. Chem. Bd. 448, S. 20. 1926.

## 2. Die Glykolyse.

### a) Chemismus.

Eine der wichtigsten energieliefernden sauerstofflos verlaufenden Reaktionen ist die sog. Glykolyse. Es ist die Umwandlung von Hexosen in Milchsäure; sie geschieht in Zellen oder Organprodukten fermentativ, doch ist nicht nur der Mechanismus des biologischen Geschehens, sondern auch der feinere Chemismus recht dunkel. Es ist zweifelhaft geworden, ob überhaupt der Traubenzucker die wahre „Reaktionsform" der Kohlenhydrate ist, oder nicht vielmehr eine Enolform, der die Lävulose nähersteht. Im Zusammenhang damit zeigte sich, daß der Übergang Kohlenhydrat → Milchsäure wohl keine einfache Spaltung darstellt, sondern unter intermediärem Eingreifen von Phosphorsäure und Esterbildung — vielleicht obligatorisch (Lactacidogen des Muskels) — vor sich geht. Jedenfalls übertreffen Glykogen, Lävulose und Hexosediphosphorsäure die Glucose in vielen Fällen hinsichtlich der Geschwindigkeit der Milchsäurebildung, doch ergaben die Versuche an verschiedenen Zellarten und unter verschiedenen experimentellen Bedingungen wechselnde Resultate.

So bildet z. B. die glykogenarme überlebende Leber aus Lävulose große Mengen Milchsäure, aus Dextrose weniger[1]), was sehr bemerkenswert ist, da nach Isaac[2]) Lävulose in der Leber rasch stereokinetisch in Dextrose umgelagert wird. Der phosphatgepufferte Froschmuskelbrei bildet am meisten Milchsäure aus Glykogen und Hexosephosphorsäure, weniger aus Lävulose, Glucose und Maltose[3]). Beim Froschmuskel besteht sogar zwischen $\alpha$- und $\beta$-Glucose ein nicht unbeträchtlicher Unterschied bezüglich der Glykolysegeschwindigkeit[4]), und zwar zugunsten der $\alpha$-Form. Auch im Blut scheint die $\alpha$-Modifikation beim Abbau bevorzugt zu werden[5]). Während d-Mannose von Erythrocyten nur selten zu Milchsäure abgebaut wird[6]), ist die Umwandlung durch Leukocyten sehr stark. d-Galaktose wird durch Erythrocyten, Leukocyten, Kaninchenherz, Darmzellen[6]), recht langsam auch durch Carcinomzellen in Milchsäure gespalten. Warburg und Mitarbeiter[7]) machen folgende Angaben für Carcinomglykolyse:

| Zuckerart: | Geschwindigkeit: |
|---|---|
| d-Glukose ($\alpha$-Form wenig stärker als $\beta$-Form) | 23,9 |
| d-Mannose | 21,6 |
| d-Fructose | 3,3 |
| d-Galaktose | 1,3 |
| Rohrzucker | 0[8]) |

Nur Hexosen werden angegriffen.

Aus alledem geht hervor, daß die biologische Reaktionsform der Kohlenhydrate noch aufklärungsbedürftig ist. Die hypothetische $\gamma$-Glucose dürfte von den Tatsachen zu Spekulationen führen[9]). Auch die $C_6$-Verbindungen und Milchsäure verknüpfenden Intermediärsubstanzen haben sich experimentell noch nicht

---

[1]) Embden, G. u. F. Kraus: Biochem. Zeitschr. Bd. 45, S. 1. 1912.

[2]) Isaac, S.: Zeitschr. f. physiol. Chem. Bd. 89, S. 78. 1914.

[3]) Laquer, F.: Zeitschr. f. physiol. Chem. Bd. 116, S. 169. 1921; Bd. 122, S. 26. 1922. — S. auch O. Meyerhof: zum Beispiel Pflügers Arch. f. d. ges. Physiol. Bd. 185, S. 11. 1920. — Laquer, F. u. P. Meyer: Zeitschr. f. physiol. Chem. Bd. 124, S. 211. 1923.

[4]) Laquer, F. u. K. Griebel: Zeitschr. f. physiol. Chem. Bd. 138, S. 148. 1924.

[5]) Thannhauser u. Jenke: Münch. med. Wochenschr. Bd. 71, S. 196. 1924.

[6]) Griesbach, W. u. S. Oppenheimer: Biochem. Zeitschr. Bd. 55, S. 323. 1913.

[7]) Warburg, O., K. Posener u. E. Negelein: Biochem. Zeitschr. Bd. 152, S. 309. 1924.

[8]) Warburg, O. u. S. Minami: Klin. Wochenschr. Jg. 2, S. 776. 1923; Biochem. Zeitschrift Bd. 142, S. 334. 1923.

[9]) Laquer: Klin. Wochenschr. Jg. 4, Nr. 13, S. 604. 1925. — Denis, W. u. Upton Giles: Journ. of biol. chem. Bd. 56, S. 739. 1923.

sicherstellen lassen; in dieser Hinsicht verdient Erwähnung, daß ebenso der von EMBDEN als in Betracht kommend angenommene Glycerinaldehyd $CH_2OH \cdot CHOH \cdot CHO$ unspezifisch angegriffen wird, wie das von NEUBERG und DAKIN in den Vordergrund gerückte Methylglyoxal $CH_3 \cdot CHOH \cdot CHO$. Nach A. LOEB[1]) lagern Schweine- und Rindererythrocyten, die den Blutzucker oder zugesetztes Kohlenhydrat sehr schlecht angreifen, Glycerinaldehyd in großem Umfange in Milchsäure um. Nach WARBURG[2]) verwandelt das glykolytisch zehnmal unwirksamere Lebergewebe Methylglyoxal mit der gleichen Geschwindigkeit wie das hochwirksame Carcinomgewebe in Milchsäure.

Sichergestellt ist die große Bedeutung der Phosphorsäure für den Kohlenhydratabbau, die in der Entdeckung des Lactacidogens (EMBDEN), eines Hexosephosphorsäureesters, gipfelt. Daß in der Muskelzelle diese Veresterung für den Abbau obligatorisch ist, kann als äußerst wahrscheinlich gelten, da Phosphatlösung als Milieu durch nichts anderes gleichwertig ersetzt werden kann, aber auch für andere Zellarten gibt es eine Reihe von Gründen, die eine intermediäre Veresterung von Kohlenhydrat und Phosphorsäure nahelegen. Es seien hier aus den Arbeiten von EMBDEN und seinen Mitarbeitern nur einige prägnante Beobachtungen tabellarisch aufgeführt[3]):

| Organ | Bedingungen | bildet Milchsäure | | | bildet Hexose-Diphosphorsäure | |
|---|---|---|---|---|---|---|
| | | aus Glykogen | Dextrose | Hexosediphosphorsäure | aus Glykogen | Dextrose |
| Überlebende Leber . . . . . . | durchblutet | + | + | + | | |
| Muskelbrei bei 18—20°. . . . . | in Phosphatpuffer | + | + | + | | |
| Muskelbrei bei 45°. . . . . . . | in Phosphatpuffer | + | 0 | + | | |
| Muskelbrei aus gealtertem Muskel | in Phosphatpuffer | 0 | 0 | + | | |
| Muskelpreßsaft . . . . . . . . | 2% Bikarbonat | + | 0 | + | | |
| Muskelpreßsaft . . . . . . . . | NaF und Bikarbon. | | | | + | 0 |
| Hodenbrei . . . . . . . . . . | | 0 | 0 | + | | |

Lactacidogensynthese und -spaltung stehen in dynamischem Gleichgewicht, das in stärkster Weise durch Ionen zu beeinflussen ist. Synthese wird begünstigt durch Sauerstoff, Fluorid, Oxalat, Lactat, Citrat, Tartrat, Chlorcalcium, der Abbau besonders durch Rhodanid.

Auch für den Abbau von Glucose und Lävulose durch die Niere ist (1%) Phosphat als Milieu bedeutungsvoll[4]); vielleicht ist hier die Tatsache entscheidend, daß Hexosephosphorsäure gleichfalls leicht in Milchsäure überführt wird[5]). Für das Blut liegen entsprechende Beobachtungen vor: BIERRY und MOQUET[6]) fanden parallel mit dem Verschwinden von freiem Zucker Bildung von Milchsäure und anorganischer Phosphorsäure; MARTLAND[7]) nimmt ein in den Blutzellen wie im Plasma vorhandenes Enzym an, das bei $p_H < 7{,}3$ (z. B. Durchleiten von $CO_2$) unbekannte Kohlenhydrat-Phosphorsäureester spaltet, bei $p_H > 7{,}35$ synthetisiert.

[1]) LOEB, A.: Biochem. Zeitschr. Bd. 49, S. 413. 1913.

[2]) WARBURG, O., K. POSENER u. E. NEGELEIN: Biochem. Zeitschr. Bd. 152, S. 309. 1924.

[3]) Einzelheiten s. GOTTSCHALK: Oppenheimers Handb. d. Biochem. Bd. 2; B. 6. — EMBDEN, G.: Handb. d. normal. u. pathol. Physiol. Bd. 8.

[4]) LEVENE, P. A. u. G. M. MEYER: Journ. of biol. chem. Bd. 15, S. 65. 1913.

[5]) WATERMAN, N.: Arch. néerland. de physiol. de l'homme et des anim. Bd. 9, S. 573. 1924.

[6]) BIERRY, H. u. L. MOQUET: Cpt. rend. des séances de la soc. de biol. Bd. 91, S. 250. 1924; Bd. 92, 8, S. 593. 1925.

[7]) MARTLAND, M.: Biochem. journ. Bd. 18, S. 765, 1152; Bd. 19, S. 17.

Ähnlich zeigte kürzlich LAWACZECK[1]), daß anorganische Phosphorsäure aus dem Serum in die Blutkörperchen eintreten und in organische Bindung übergehen kann, was durch Entfernen der Kohlensäure, Zufuhr von Phosphat oder Bicarbonat begünstigt, durch $CO_2$ und Chlorionen zurückgedrängt, durch Temperaturen von 44—45° aufgehoben wird; wahrscheinlich steht Synthese und Spaltung von Phosphorsäureestern auch im Blut in dynamischem Gleichgewicht.

Zur Vorsicht bezüglich der Aussage über die Natur solcher Phosphorsäureester mahnen folgende neue Beobachtungen.

KAY und ROBISON[2]) machten im Blut mehrere Ester wahrscheinlich, deren größerer Teil von Muskel- oder Knochenenzym nicht gespalten wird, und die auch keine reduzierenden Eigenschaften besitzen, neben diesen eine kleinere, teils durch Muskulatur, teils Knochenenzym spaltbare Esterfraktion: Hexosemono- resp. Diphosphorsäure. GREENWALD[3]) gewann dann aus Blut einen Bleiniederschlag, der nach den Analysen Diphosphoglycerinsäure darstellt. Diese Säure wurde dann jüngst von JOST[4]) in reiner Form als Brucinsalz zur Krystallisation gebracht; sie wird durch Blutkörperchen und Nierenenzym gespalten.

Bei den Milchsäurebakterien kommt wahrscheinlich keine intermediäre Veresterung des Zuckers mit Phosphorsäure in Frage; ja fructosediphosphorsaures Natrium selbst wird durch das Acetondauerpräparat nicht meßbar vergoren[5]). SCHMITZ und CHROMETZKA[6]) fanden, daß in der Drüse andere Milchsäure und Phosphorsäure bildende Prozesse vorliegen als Lactacidogenspaltung, und machten darauf aufmerksam, daß der Kohlenhydratabbau in der Leber vielleicht gar nicht an Phosphorsäurekuppelung gebunden sei, und daß im glatten Muskel der Abbauweg sicher andersartig, aber noch ganz unbekannt sei.

Sehr bemerkenswert ist[7]), daß schwach glykolytische Gewebe wenig Ammoniak, stark glykolysierende viel bilden, und daß diese Ammoniakbildung zu einem wesentlichen Teil unabhängig von Sauerstoff ist, jedoch durch Gegenwart von Zucker zurückgedrängt wird. Eine anoxydative Eiweißspaltung ersetzt also die anoxydative Kohlenhydratspaltung, wenn in stark spaltungsfähigen Zellen Zuckermangel eintritt; andererseits schützt Zucker Eiweiß nicht nur vor der Verbrennung, sondern auch vor dem anaeroben Zerfall[8]).

### b) Energielieferung.

Die Energielieferung bei dem Vorgang $C_6H_{12}O_6 \rightarrow 2\ C_3H_6O_3$ ist nicht gering, wenn sie auch weit hinter der durch Oxydation frei werdenden Energie zurückbleibt. Da die Verbrennungswärme des Zuckers pro Gramm 3734 cal., die der Milchsäure 3601 cal. beträgt, werden durch Glykolyse pro Gramm Traubenzucker 133 cal. frei, pro Gramm Glykogen 190 cal.[9]). Für Carcinomzellen, die im Vergleich zu ihrer Sauerstoffatmung sehr stark glykolysieren, bedeutet das, daß 42% ihrer

---

[1]) LAWACZECK, H.: Biochem. Zeitschr. Bd. 145, S. 351. 1924.

[2]) KAY u. ROBISON: Biochem. journ. Bd. 18, Nr. 3/4, S. 755. 1924; Nr. 5, S. 1139. 1924. — S. auch EICHHOLTZ: Verhandl. d. dtsch. pharmakol. Ges. Aug. 1925, S. 22 u. 73.

[3]) GREENWALD: Journ. of biol. chem. Bd. 63, S. 339. 1925.

[4]) JOST, H.: Hoppe-Seylers Zeitschr. f. physiol. Chem., i. Druck. 1926.

[5]) VIRTANEN, A. J.: Hoppe-Seylers Zeitschr. f. physiol. Chem. Bd. 134, S. 300. 1924.

[6]) SCHMITZ, E. u. F. CHROMETZKA: Hoppe-Seylers Zeitschr. f. physiol. Chem. Bd. 144, S. 196. 1925.

[7]) WARBURG, O., K. POSENER u. E. NEGELEIN: Biochem. Zeitschr. Bd. 152, S. 309. 1924.

[8]) S. auch O. MEYERHOF: Pflügers Arch. f. d. ges. Physiol. Bd. 182, S. 295. 1920; Bd. 185, S. 11. 1920; Bd. 188, S. 114. 1921.

[9]) MEYER, R. u. O. MEYERHOF: Biochem. Zeitschr. Bd. 150, S. 233. 1924; Bd. 129, S. 594. 1922.

Lebensenergie durch Zuckerspaltung geliefert wird[1]); durch Glykose von 1 mg Tumor werden 0,017 cal., durch seine Atmung 0,04 cal. pro Stunde frei. Diese Spaltungsenergie reicht tatsächlich für eine gewisse Dauer aus: Hält man Tumorzellen 24 Stunden streng anaerob unter Zuckerzusatz, so sind sie transplantabel; enthält die Ringerlösung keinen Zucker, so sind sie nicht mehr mit Erfolg transplantabel. Es ist von größter Bedeutung, daß starke Glykolyse eine allgemeine Eigenschaft wachsenden Gewebes ist, also als energieliefernde Reaktion des Wachstums in Betracht kommt. Die anaerobe Glykolyse ruhenden Epithels beträgt 2—4, die von wachsendem etwa das Zehnfache[2]).

Wie schon die angeführten Beispiele zeigen, sind nicht nur alle wachsenden Zellen, sondern auch die ruhenden der Glykolyse fähig, aber ihre Geschwindigkeit ist sehr verschieden, besonders, wenn man sie auf gleiche Gewichtsmengen trockenen Organs berechnet[2]).

### c) Das fermentative System.

Es läßt sich heute mit größter Wahrscheinlichkeit annehmen, daß unter geeigneten Bedingungen alle lebenden intakten Zellen glykolysieren. Wenn noch bis vor kurzem bei einzelnen Organen Glykolyse vermißt wurde, so lag das nur an ungünstiger Versuchsanordnung oder der Anwendung nicht hinreichend feiner Methoden, denn die Glykolyse ist ein weitgehend an Zellstrukturen gebundener Prozeß — im Gegensatz z. B. zur Autolyse.

In dieser Hinsicht haben ältere Angaben und Auffassungen nur noch historisches Interesse, so wenn einer der Entdecker des Vorganges, LÉPINE[3]), Glykolyse als den nichtoxydativen zuckerspaltenden Prozeß „im Blute" definiert, so wenn FLETCHER[4]) meint, im Muskel sei wohl kein glykolytisches Ferment vorhanden, das zu Milchsäurebildung führt, auf Grund der Tatsache, daß Zuckerzusatz zu zerkleinerter Muskulatur Bildung von nicht mehr Milchsäure veranlaßt, als im zuckerfreien Kontrollversuch entsteht.

Es muß aber hervorgehoben werden, daß die Milchsäurebildung aus den verschiedenen Kohlenhydraten und Zwischenstufen nicht in gleichem Maße strukturempfindlich ist, und daß z. B. Lactacidogenspaltung unter Bildung von Milchsäure neben Phosphorsäure den vielleicht am wenigsten empfindlichen Vorgang darstellt.

Wiederholt wurde für die Glykolyse im Blut gezeigt, daß Schädigung der Blutzellen den Prozeß hemmt, und daß zellfreies Serum oder Plasma nicht glykolysiert[5]); ebenso sind die Blutplättchen (AIBARA) unwirksam. Jedoch ist wichtig zu wissen, daß auch der Zuckerspiegel im Serum gelegentlich sich ändern kann.

Allerdings ist nach STASIAK[6]) diese Serumzuckerabnahme nicht fermentativ bedingt, auch nicht durch Inkrete zu beeinflussen und wahrscheinlich überhaupt nur kolloidchemischer Art; es zeigte sich nämlich, daß eine Globulin-Dextroselösung oder ein Cholesterin-Dextrosegemisch Änderungen des meßbaren Zuckergehaltes erleidet, die nach dem Autor auf kolloide Zustandsänderungen zurückzuführen sind.

---

[1]) WARBURG u. MINAMI: Klin. Wochenschr. Jg. 2, S. 776. 1923; Biochem. Zeitschr. Bd. 142, S. 334. 1923.

[2]) WARBURG, O., K. POSENER u. E. NEGELEIN: Biochem. Zeitschr. Bd. 152, S. 309. 1924.

[3]) LÉPINE, R.: S. 152ff. Paris 1909.

[4]) FLETCHER, W. M.: Journ. of physiol. Bd. 43, S. 286. 1911.

[5]) NOORDEN, K. v.: Biochem. Zeitschr. Bd. 45, S. 94. 1912. — KAWASHIMA, Y.: Journ. of biochem. Bd. 2, S. 131. 1922. — AIBARA, CH.: Ebenda Bd. 1, S. 457. 1922.

[6]) STASIAK, A.: Biochem. Zeitschr. Bd. 140, S. 420. 1923.

Wird Blut, dessen Erythrocyten[1]) wie Leukocyten[2]) glykolytisch wirksam sind — 1 Leukocyt setzt so viel Zucker um wie 100 Erythrocyten[3]) —, durch Herabsetzung seiner Salzkonzentration oder durch Gefrieren und Wiederauftauen[4]) hämolysiert, so sinkt die glykolytische Kraft auf sehr kleine Beträge; EDELMANN[5]) gibt an, daß lackfarbenes Blut in den ersten 3 Stunden schwächer wirkt als normales; auch KAWASHIMA[6]) spricht gelegentlich nur von Abschwächung durch Erythrocytenzerstörung; RONA[7]) fand lackfarbenes Blut glykolytisch unwirksam[8]), beobachtete aber mit ARNHEIM[1]) Restitution der Glykolyse, wenn nach der Hämolyse sofort wieder die ausreichende Menge Phosphat und Carbonat zugefügt wurde; dies wird aber von AIBARA[9]) nicht bestätigt.

Andererseits zeigte sich, daß Erythrocyten, auf Eis aufbewahrt, ihre glykolytische Kraft lange, bei 37° gehalten, aber nur kurze Zeit bewahren[10]). Ebenso wie die Glykolyse in den Blutzellen wird sie in Gewebsfragmenten durch Gefrieren zerstört[11, 12]); Organpreßsäfte glykolysieren im allgemeinen nicht oder äußerst schwach, spalten aber noch Lactacidogen. Auch gegenüber höheren Temperaturen ist das fermentative System empfindlich. KONING[13]) und BÜRGER[14]) fanden, daß die Blutglykolyse bei Erwärmen über 56° aufhört.

Besonders eindeutig erweist sich die Glykolyse als eine Strukturkatalyse durch ihre Hemmbarkeit mittels allgemeiner Narkotica; die Empfindlichkeit diesen gegenüber ist etwa ebenso groß wie die Sauerstoffatmung oder wie die alkoholische Gärung der lebenden Hefezelle (WARBURG und MINAMI[12]), z. B. hemmt Heptylalkohol als gesättigte Lösung um 100%). Doch wird von KAWASHIMA[15]) angegeben, daß Alkohol, Äther und Chloroform erst in hämolytischen Konzentrationen die Blutglykolyse hemmen — ebenso wie HCN, Toluol, Chinin. Aceton in kleinen Konzentrationen fördert nach BÜRGER[14]) die Hämoglykolyse, in hohen Konzentrationen hemmt es.

Von der Sauerstoffatmung in ihrem Mechanismus prinzipiell verschieden ist die Glykolyse durch ihre geringe Empfindlichkeit gegenüber Blausäure; z. B. wirkt $^{n}/_{1000}$-HCN unter anaeroben Bedingungen nicht auf die Glykolyse der Carcinomzelle oder von Muskulatur, unter aeroben Bedingungen nur deshalb — und zwar steigernd z. B. im Kaninchenblut[16]) —, weil die Atmung fast vollständig gehemmt wird und der Wert der anaeroben nicht gleich dem der aeroben Glykolyse ist[17]). Die Glykolyse ist also keine Eisenkatalyse.

1) RONA, P. u. F. ARNHEIM: Biochem. Zeitschr. Bd. 48, S. 35. 1913.

2) LEVENE, P. A. u. G. M. MEYER: Journ. of biol. chem. Bd. 11, S. 361; Bd. 12, S. 265. 1912. — Siehe A. SLOSSE: Arch. internat. de physiol. Bd. 11, S. 154. 1911. — LOEB, A.: Biochem. Zeitschr. Bd. 49, S. 413. 1913. — FUKUSHIMA, K.: Journ. of biochem. Bd. 1, S. 151. 1922. — KAWASHIMA, Y.: Journ. of biochem. Bd. 2, S. 131. 1922.

3) STEENIS, P. B. VAN: Dissert. Utrecht 1924.

4) KAWASHIMA: Journ. of biochem. Bd. 3, S. 273. 1924.

5) EDELMANN, J.: Biochem. Zeitschr. Bd. 40, S. 314. 1912.

6) KAWASHIMA, Y.: Journ of biochem. Bd. 2, S. 131. 1922.

7) RONA, P. u. A. DÖBLIN: Biochem. Zeitschr. Bd. 32, S. 489.

8) GRIESBACH, W.: Biochem. Zeitschr. Bd. 50, S. 457. 1913.

9) AIBARA, CH.: Journ. of biochem. Bd. 1, S. 457. 1922.

10) KAWASHIMA, Y.: Journ. of biochem. Bd. 2, S. 131. 1922.

11) WARBURG, O., K. POSENER u. E. NEGELEIN: Biochem. Zeitschr. Bd. 152, S. 309. 1924.

12) WARBURG, O. u. S. MINAMI: Klin. Wochenschr. Jg. 2, S. 776. 1923; Biochem. Zeitschrift Bd. 142, S. 334. 1923.

13) WITTOP-KONING, J.: Nederlandsch tijdschr. v. geneesk., 2. Hälfte, Bd. 65, S. 19. 1921.

14) BÜRGER, M.: Zeitschr. f. d. ges. exp. Med. Bd. 31, S. 1 u. 98. 1923.

15) KAWASHIMA, Y.: Journ. of biochem. Bd. 2, S. 131. 1922.

16) NEGELEIN, E.: Biochem. Zeitschr. Bd. 158, S. 121. 1925.

17) WARBURG, O., K. POSENER u. E. NEGELEIN: Biochem. Zeitschr. Bd. 152, S. 309. 1924.

Wie die Zelloxydationen und die Hefegärung ist auch die Glykolyse von der Gegenwart thermostabiler kofermentartiger Stoffe abhängig; werden sie aus der Zelle mit destilliertem Wasser extrahiert, so wird Zucker nicht mehr gespalten. Das ließ sich für die Froschmuskulatur[1]) wie für Carcinomgewebe[2]) zeigen.

### d) Verknüpfung von Glykolyse, oxydativem Abbau und Kohlenhydratresynthese.

Wie schon in der Einleitung betont, ist die Verknüpfung der „vorbereitenden" anoxydativen „Spaltungs"reaktionen mit den stark energieliefernden oxydativen Zellprozessen derart innig, daß nicht nur die Geschwindigkeit der letzteren von der Geschwindigkeit der Spaltungen abhängt, sondern auch der Ablauf der Spaltungen vom Ablauf der Oxydationen (Pasteur). Das trifft nun in hohem Maße für das Verhältnis von Glykolyse zu Kohlenhydratverbrennung zu. Es findet nämlich in den meisten lebenden Zellen nicht nur der freiwillige Vorgang der Spaltung von Kohlenhydrat in Milchsäure statt, sondern auch — abhängig von der durch Oxydation gelieferten Energie — die Resynthese von Milchsäure in Kohlenhydrat. Zuerst wurde diese Beziehung für den Muskel quantitativ von Meyerhof geklärt, nachdem schon früher Parnas und Baer[3]) in der künstlich durchströmten Schildkrötenleber[4]), sowie Baldes und Silberstein[5]) in der Säugetierleber Zucker-(Glykogen-)Bildung aus Milchsäure beobachtet hatten und Embden[6]) wiederholt auf die Tatsache des „chemischen Kreislaufes" der Kohlenhydrate im Organismus hingewiesen hatte.

Meyerhof[7]) zeigte, daß von der bei der Erholung des Muskels in Sauerstoff verschwindenden Milchsäure nur der kleinere Teil verbrennt, während der größere gleichzeitig anoxydativ verschwindet; das Verhältnis $\frac{\text{insges. verschw. Milchsäure}}{\text{verbrannte Milchsäure}}$ wurde je nach den besonderen Bedingungen wechselnd zwischen 3/1 und 6/1 gefunden. Die anoxydativ verschwundene Milchsäure wurde quantitativ als Kohlenhydrat wiedergefunden. Auch wenn Muskeln in milchsaures Natrium (übrigens auch Brenztraubensäure) eingelegt wurden, entstand Atmungssteigerung und entsprechende Glykogensynthese, wobei der „Oxydationsquotient" normal, d. h. ca. 4,3 war[8]). Warburg entdeckte[9]), daß die Verknüpfung von Glykolyse, Atmung und Resynthese eine allgemeinere Zellfunktion ist, und formte den Ausdruck dieser Beziehungen zwischen Atmung und verschwindender Milchsäure um. Der Meyerhof-Quotient: $\frac{\text{zum Verschwinden gebrachte Milchsäure}}{\text{Atmung}}$ ist nach Warburg bei allen untersuchten Zellen etwa gleich — zwischen 1 und 2 (nur ein Drittel so groß wie das oben ursprünglich von Meyerhof selbst berechnete Verhältnis, da 1 Mol. Sauerstoff einem Drittel Mol. oxydierter Milchsäure äquivalent ist). Es besteht also eine zahlenmäßige Bindung zwischen Größe der Atmung und

---

[1]) Meyerhof, O.: Pflügers Arch. f. d. ges. Physiol. Bd. 188, S. 114. 1921.
[2]) Gottschalk, A. u. C. Neuberg: Biochem. Zeitschr. Bd. 154, S. 492. 1924.
[3]) Parnas, J. u. J. Baer: Biochem. Zeitschr. Bd. 41, S. 386. 1912.
[4]) Barrenscheen: Biochem. Zeitschr. Bd. 58, S. 299. 1913.
[5]) Baldes, K. u. F. Silberstein: Hoppe-Seylers Zeitschr. f. physiol. Chem. Bd. 100, S. 34. 1917.
[6]) Zum Beispiel Embden: Therap. Monatsh. Bd. 32, S. 315. 1918. — Embden, Griesbach, Laquer: Hoppe-Seylers Zeitschr. f. physiol. Chem. Bd. 93, S. 142. 1914.
[7]) Meyerhof, O.: Pflügers Arch. f. d. ges. Physiol. Bd. 182, S. 295. 1920; Bd. 185, S. 11. 1920; Bd. 188, S. 114. 1921. — Meyerhof, O. u. R. Meyer: Pflügers Arch. f. d. ges. Physiol. Bd. 204, S. 448. 1924.
[8]) Meyerhof, O., K. Lohmann u. R. Meyer: Biochem. Zeitschr. Bd. 157, S. 459. 1925.
[9]) Warburg, O., K. Posener u. E. Negelein: Biochem. Zeitschr. Bd. 152, S. 309. 1924.

ihrer resynthetisierenden Wirkung in der Weise, daß 1 Mol. veratmeter Sauerstoff 1—2 Mol. Milchsäure zum Verschwinden bringt.

Von größter zellphysiologischer und -pathologischer Bedeutung scheint nun die Größe der Atmung im Vergleich zur Glykolyse. Kernhaltige Erythrocyten, wie Muskelzellen und Hühnerembryonen, zeigen eine so starke Atmung, daß unter anaeroben Bedingungen Milchsäure fast gar nicht auftritt, weil sie zwar glykolytisch intermediär gebildet wird, aber — bei normalem Meyerhof-Quotienten — so gut wie vollständig zum Teil oxydiert, zum Teil resynthetisiert wird. Z. B. ergab sich der Quotient $\frac{\text{aerobe Glykolyse}}{\text{Atmung}}$ für den Embryo zu 0,1. Umgekehrt beträgt er für Carcinomgewebe 3,9, dessen Stoffwechsel also im Gegensatz zu dem normaler Organzellen kein reiner Oxydationsstoffwechsel, sondern eine Mischung von Oxydations- und Spaltungsstoffwechsel ist: Von 13 angegriffenen Zuckermolekülen wird 1 oxydiert, 12 glykolysiert. Gutartige menschliche Tumoren nehmen mit dem Quotienten $\frac{\text{aerobe Glykolyse}}{\text{Atmung}} = \text{ca. } 1$ eine Mittelstellung zwischen normalen Epithelzellen und bösartigen Tumoren ein; auch Säugetiernetzhaut zeigt einen abnorm hohen Quotienten von 1,5, Keimepithel und lymphadenoides Gewebe bildet gleichfalls in Sauerstoff noch Milchsäure. Ebenso glykolysieren kernlose Erythrocyten auch aerob, weil ihre Atmung zu klein ist.

### e) Glykolyse und Ionenmilieu.

Wie andere Fermentvorgänge zeigt auch die Glykolyse in ihrer Geschwindigkeit starke Abhängigkeit von gewissen physiologisch vorhandenen Ionen. Erhöhung des Calciumgehaltes der Ringerlösung wirkt hemmend[1]).

Auf die Bedeutung des Bicarbonats weisen schon ältere Versuche von Rona und Arnheim[2]) hin; neuerdings haben Warburg, Posener und Negelein[3]) eine spezifische Wirkung des Bicarbonats bei konstantem $p_H$ bewiesen; ist seine Konzentration 0, so ist die Glykolyse sehr klein und kann übersehen werden[4]); das Optimum liegt bei $2{,}5 \cdot 10^{-2}$ Mol. Warburg gibt an, daß Bicarbonat durch Phosphat ersetzt werden kann, doch spielt das Phosphat wiederum eine ganz besondere Rolle, auf die noch einzugehen sein wird. Später fand Negelein[5]), daß Rattentumoren in Rattenserum etwa ebenso stark glykolysieren wie in Ringerlösung.

Die Abhängigkeit der Glykolyse von der $h$ ist sehr groß, aber im einzelnen je nach Wahl der Zellart etwas verschieden.

Nach Rona und Wilenko[6]) ist im Blut Glykolyse unter $p_H = 6{,}3$ nicht mehr nachweisbar und schon bei $h = 2$ bis $3 \cdot 10^{-7}$ stark abgeschwächt; das Optimum liegt bei $p_H = 7{,}52$; bringt man die $h$ nachträglich auf diesen Wert, so tritt ungeminderte Zuckerspaltung ein. Auch am isolierten Kaninchenherz zeigte sich die ungünstige Wirkung höherer $h$. Laquer[7]) bewies, daß das konstante Milchsäurebildungsmaximum bei Wärmestarre und Ermüdungsstarre[8])

1) Waterman, N.: Arch. néerland. de physiol. de l'homme et des anim. Bd. 9, S. 573. 1924.

2) Rona, P. u. F. Arnheim: Biochem. Zeitschr. Bd. 48, S. 35. 1913.

3) Warburg, O., K. Posener u. E. Negelein: Biochem. Zeitschr. Bd. 152, S. 3091. 924.

4) Russel u. Gye: Journ. of pathol. a. bacteriol. Bd. 1, Nr. 4. 1920.

5) Negelein, E.: Biochem. Zeitschr. Bd. 158, S. 121. 1925.

6) Rona, P. u. Wilenko: Biochem. Zeitschr. Bd. 62, S. 1. 1914.

7) Laquer, F.: Hoppe-Seylers Zeitschr. f. physiol. Chem. Bd. 93, S. 60. 1914.

8) Fletcher u. Hopkins: Journ. of physiol. Bd. 35, S. 247. 1906/07.

nur ein scheinbares, auf Eigenhemmung durch gebildete H-Ionen beruhendes ist, und daß man es durch deren Beseitigung mittels 2% $NaHCO_3$ hochtreiben kann. Meyerhof[1]) zeigte, daß es unter optimalen Bedingungen überhaupt kein Bildungsmaximum gibt. Mauriac und Servantie[2]) fanden als Optimum der Blutglykolyse $p_H = 8,0$. Wegen der Pufferung entstehender Milchsäure erweist sich dementsprechend Serum oder Phosphatgemisch als günstigere Milieuflüssigkeit bei der Glykolyse von Erythrocyten als NaCl[3]). An Carcinomgewebe fanden Warburg, Posener und Negelein[4]), daß zwischen $p_H = 6$ und 8 die Glykolyse mit wachsendem $p_H$ zunimmt, der definitive für weitere Versuchsreihen gewählte $p_H$ war 7,41[5]). Vielleicht hängt damit zusammen, daß Bürger[6]) bei Diabetikern je nach dem Grad der Acidose niedrige Blutglykolyse fand und umgekehrt Annäherung an die Norm nach Alkaliinfusionen. So kamen Denis und Giles[7]) zu der Auffassung, daß im Coma diabeticum das Blut „kein glykolytisches Ferment" enthalte.

### f) Fermentkinetik.

Naturgemäß hängt die Glykolysegeschwindigkeit und ihr Umfang ceteris paribus stark von der Substratkonzentration ab. Embden und Kraus[8]) fanden schon früh, daß die normale glykogenreiche Leber auch bei Durchströmung mit zuckerarmer Nährlösung Milchsäure bildet — Höchstwert bei Durchströmung mit Zuckerblut: 0,007—0,01 mg pro Milligramm Leber und Stunde —, daß aber die glykogenarme bei Durchströmung mit zuckerarmem Blut keine, mit zuckerreichem Blut (ca. 6‰ Traubenzucker) reichlich Milchsäure bildet. Noch klarer wurde die Beziehung zwischen Zuckerkonzentration und Glykolyse in einer Untersuchung von A. Loeb[9]) an Blut; es zeigte sich, daß z. B. beim Schwein sich fast der gesamte Blutzucker im Serum befindet, während die Erythrocyten sehr arm daran sind, und daß dementsprechend die Glykolyse eine kaum meßbare Größe besitzt. Die Blutglykolyse hängt also stark von dem Gehalt der Erythrocyten an Zucker ab, und dieser wiederum steht mit der Permeabilität der Blutzellen für Traubenzucker in Zusammenhang.

Mauriac und Servantie[10]) fanden als optimale Glucosekonzentration für Blut- und Organglykolyse 0,3%, wobei Konzentrationen von 0,2—0,5% geprüft wurden. Rona und Wilenko[11]) fanden andererseits Glykolyseanstieg im Blut bis zu 0,5% Zucker, erst bei noch höherer Konzentration (bis zu 1%) stärkere Hemmung.

Warburg, Posener und Negelein[12]) beobachteten, daß die Glykolyse des Carcinoms mit der Konzentration der Glucose wächst, um so langsamer, je größer die Glucosekonzentration; der Höchstwert wird zwischen 0,2 und 0,3% Traubenzucker erreicht.

---

1) Meyerhof, O.: Pflügers Arch. f. d. ges. Physiol. Bd. 188, S. 114. 1921.
2) Mauriac, P. u. L. Servantie: Cpt. rend. des séances de la soc. de biol. Bd. 87, S. 200. 1922.
3) Kawashima: Journ. of biochem. Bd. 3, S. 273. 1924.
4) Warburg, O., K. Posener u. E. Negelein: Biochem. Zeitschr. Bd. 152, S. 309. 1924.
5) Warburg, O.: Biochem. Zeitschr. Bd. 160, S. 311. 1925.
6) Bürger, M.: Zeitschr. f. d. ges. exp. Med. Bd. 31, S. 1 u. 98. 1923.
7) Denis, W. u. Upton Giles: Journ. of. biol. chem. Bd. 56, S. 739. 1923.
8) Embden, G. u. F. Kraus: Biochem. Zeitschr. Bd. 45, S. 1. 1912.
9) Loeb, A.: Biochem. Zeitschr. Bd. 49, S. 413. 1913. — S. auch G. Denecke u. K. Eimer: Zeitschr. f. d. ges. exp. Med. Bd. 42, S. 667. 1924.
10) Mauriac, P. u. L. Servantie: Cpt. rend. des séances de la soc. de biol. Bd. 87, S. 200. 1922.
11) Rona, P. u. Wilenko: Biochem. Zeitschr. Bd. 62, S. 1. 1914.
12) Warburg, O., K. Posener u. E. Negelein: Biochem. Zeitschr. Bd. 152, S. 309. 1924.

Als *Einfluß der Temperatur* stellten die gleichen Autoren fest, daß die prozentische Zunahme der Reaktion pro Grad Temperaturerhöhung beträgt:

| | |
|---|---|
| bei 20° . . . . . . . . . | 10,5% |
| „ 25° . . . . . . . . . | 11,0% |
| „ 30° . . . . . . . . . | 10,8% |
| „ 37° . . . . . . . . . | 2,8% |

Bürger[1]) beobachtete Stillstand der Glykolyse bei Eisschranktemperatur.

Der feinere Mechanismus der Glykolyse ist nicht nur bezüglich der Kohlenhydrat und Milchsäure verbindenden Zwischenstufen noch aufklärungsbedürftig, sondern auch in bezug auf seine *Kinetik*.

Vandeput[2]), A. Kanitz[3]) und kürzlich Fukushima[4]) meinen, daß die Glykolyse des Blutes im wesentlichen nach der Formel für die Reaktionen erster Ordnung verläuft. Schon Rona und Wilenko[5]) äußerten diese Auffassung, jedoch zeigte Fukushima, daß die Formel dadurch komplizierter wird, 1. daß die Reaktion in einem mikroheterogenen System verläuft und die Adsorptionsgesetze in Frage kommen, 2. daß das glykolytische Ferment als Biokatalysator der zeitlichen Abschwächung seiner Wirksamkeit unterliegt. Die Glykolyse des Kaninchenblutes ist in den ersten 3 Stunden am stärksten, nimmt dann allmählich ab und kann nach 30 Stunden auf 0 gesunken sein, bei Gegenwart von Phosphat aber auch noch nach 96 Stunden vorhanden sein[6]).

Er stellt folgende Formel auf, die den Experimenten befriedigend genügt:

$$\frac{dx}{dt} = K\,(a - x)^{\frac{1}{2}} \cdot (b - t)\,,$$

wobei $a$ die anfängliche Substratkonzentration bedeutet, $x$ die zur Zeit $t$ noch vorhandene, $b$ die Zeit, innerhalb derer das Ferment noch wirkt.

An Krötenblut fand er, daß die Glykolyse bei 15° ihr Optimum hat, bei 25° aufgehoben ist und auch im Optimum nur 3—6 Stunden deutlich meßbar ist; Erhöhung der Fermentkonzentration steigert die Wirksamkeit. Koning[7]) beobachtete, daß der Blutzuckergehalt nur 3—5 Stunden abnimmt, dann sogar wieder ansteigt. Läßt man Leukocyten vor Zuckerzusatz 24—48 Stunden im Brutschrank, so ist die glykolytische Fähigkeit aufgehoben; setzt man den Zucker sofort zu, findet zuerst Abnahme statt, nach 48 Stunden aber wieder Zunahme, so daß nach 96—120 Stunden der ursprüngliche Wert wieder erreicht wird[8]). Warburg, Posener und Negelein[9]) beobachteten jedoch, daß Carcinomgewebe in Zucker-Ringerlösung, die mit kohlensäurehaltigem Sauerstoff durchlüftet ist, tagelang unverminderte glykolytische Wirksamkeit besitzt und auch nach 3 Tagen unverändert transplantabel ist. Cajori und Crouter[10]) sind der Meinung, daß die Blutglykolyse nicht der Gleichung für monomolekulare Reaktionen folgt. Virtanen[11]) betrachtet umgekehrt die Zuckergärung durch Streptoc. lactis als monomolekulare Reaktion; das Gärungsvermögen pro Zelle ist: $\text{Gv.}_{37°} = 25{,}9 \cdot 10^{-16}$. Im intakten Gewebe wird der Umfang der Glykolyse

[1]) Bürger, M.: Zeitschr. f. d. ges. exp. Med. Bd. 31, S. 1 u. 98. 1923.
[2]) Vandeput, E.: Arch. internat. de physiol. Bd. 9, S. 292. 1910.
[3]) Kanitz, A.: Biochem. Zeitschr. Bd. 57, S. 437. 1913.
[4]) Fukushima, K.: Pflügers Arch. f. d. ges. Physiol. Bd. 205, S. 344. 1924.
[5]) Rona, P. u. Wilenko: Biochem. Zeitschr. Bd. 62, S. 1. 1914.
[6]) Fukushima, K.: Journ. of biochem. Bd. 2, S. 447 u. 455. 1923.
[7]) Wittop Koning, J.: Nederl. Tydschr. v. Geneesk. Bd. 65, II, S. 19. 1921.
[8]) Fukushima, K.: Journ. of biochem. Bd. 1, S. 151. 1922.
[9]) Warburg, O., K. Posener u. E. Negelein: Biochem. Zeitschr. Bd. 152, S. 309. 1924.
[10]) Cajori, F. A. u. C. J. Crouter: Journ. of biol. chem. Bd. 60, S. 765. 1924.
[11]) Virtanen, A. J.: Hoppe-Seylers Zeitschr. f. physiol. Chem. Bd. 134, S. 300. 1924.

weitgehend auch durch die *Organtätigkeit* bestimmt, was aus den umfangreichen Versuchsreihen am Muskel von FLETCHER und HOPKINS[1]), MEYERHOF[2]) und EMBDEN und seinen Mitarbeitern[3]) hervorgeht.

## 3. Die Oxydationen und Reduktionen.

### a) Theorien.

Wenn die Glykolyse ein typisches Beispiel für eine nichtoxydative, d. h. ohne Eingreifen von Luftsauerstoff verlaufende energieliefernde Reaktion darstellt, so sind noch zahlreiche andere Reaktionen in dem Zellgeschehen realisiert, die „sauerstofflos" zu Energiegewinn führen, die sog. „Spaltungen". Der Name ist zweifellos unglücklich gewählt und irreführend, da es sich meistens nicht um einfache Spaltungen handelt, sondern um Oxydationen mittels des in einem anderen Molekül atomar gebundenen Sauerstoffs, also *Oxydoreduktionen*. Wie eng deren Verknüpfung mit den echten „Oxydationen" ist, und wie sehr zu Unrecht man geneigt ist, glatte Oxydationen zu vermuten, wo es sich in Wirklichkeit um einen Zickzackweg von gekoppelten Oxydationen und Reduktionen handelt, zeigt das scheinbar einfachste Beispiel einer Oxydation, die „Essiggärung":

Bruttoformel: $CH_3 \cdot CH_2 \cdot OH + O_2 = H_2O + CH_3 \cdot COOH$.

In Wahrheit: $2\,CH_3 \cdot CH_2 \cdot OH \xrightarrow{+O_2} 2\,CH_3 \cdot C\!\!\begin{smallmatrix}H\\ \diagdown\!\!\!\!\diagdown O\end{smallmatrix}$

$$2\,CH_3 \cdot C\begin{smallmatrix}O\\H\end{smallmatrix} \xrightarrow[H + H_2O]{O\ \text{dismutiert}} CH_3CH_2 \cdot OH + CH_3 \cdot COOH\,.$$

Also Rückbildung von $^1/_2$ Mol. Alkohol neben Bildung von $^1/_2$ Mol. Säure![4])

Es sind also die Spaltungen nicht nur die vorbereitenden Stadien des oxydativen Abbaues, wie man es häufig schematisch und daher falsch ausgedrückt hat, sondern die Messung des $O_2$-Verbrauches stellt die Stoffwechselbilanz dar, während das Studium der Oxydoreduktionen das des intermediären Geschehens anbahnt. Aber es handelt sich dabei um mehr, nämlich um die Auffassung von dem *Wesen der „Oxydationen"* selbst.

Von früheren Hypothesen sei erwähnt, daß SCHÖNBEIN als Oxydationsagens polymerisierten Sauerstoff, Ozon, betrachtete, umgekehrt M. TRAUBE Hydroperoxyd und später organische Peroxyde, die entweder selbst in O-reiche Bruchstücke zerfallen oder dysoxydable organische Moleküle oxydieren:

$$C_6H_5CHO + O_2 \rightarrow \underset{\text{Benzoylperoxyd}}{C_6H_5CO \cdot O \cdot OH}$$

$$C_6H_5CO \cdot O\,.\,OH + C_6H_5COH \rightarrow 2\,C_6H_5COOH$$

$$C_6H_5CO \cdot O \cdot OH + \underset{\text{(nicht autoxydabel)}}{\text{Indigoblau}} \rightarrow C_6H_5COOH + \text{Indigo-Oxydationsprodukte.}$$

Solche Peroxyde könnten aus Elementen: P, Zn, Mn, Fe, aber auch Kohlenwasserstoffen, Terpenen, Alkoholen, Aldehyden, Säuren, Äthern[5]), Phenolen, aromatischen Basen, Alkaloiden entstehen.

---

[1]) FLETCHER u. HOPKINS: Journ. of physiol. Bd. 35, S. 247. 1906/07.

[2]) MEYERHOF, O.: Pflügers Arch. f. d. ges. Physiol. Bd. 182, S. 295. 1920; Bd. 185, S. 11. 1920; Bd. 188, S. 114. 1921. — MEYERHOF, O. u. R. MEYER: Ebenda Bd. 204, S. 448. 1924.

[3]) Zum Beispiel H. HENTSCHEL: Hoppe-Seylers Zeitschr. f. physiol. Chem. Bd. 141, S. 272. 1924.

[4]) NEUBERG, C.: Klin. Wochenschr. Jg. 4, Nr. 13, S. 598. 1925.

[5]) Vgl. das kürzlich von H. WIELAND aus altem Äther isolierte Di-oxyäthylperoxyd $CH_3 \cdot H(OH) \cdot C{-}O{-}O{-}CH(OH) \cdot CH_3$.

Überraschend ist nach DAKIN die Übereinstimmung des chemischen Reaktionsverlaufes in der Zelle durch die hypothetischen Peroxyde und in vitro durch $H_2O_2$ (während andere Oxydationsmittel häufig andere Oxydationsprodukte entstehen lassen):

Buttersäure → Acetessigsäure, Milchsäure → Brenztraubensäure,
Glucose → Glukuronsäure,
Amino- und Ketonsäuren → niedere Fettsäuren + $CO_2$ + $NH_3$ resp. $H_2O$
Indol → Indoxyl, Benzol → Phenol < Brenzcatechin / Hydrochinon.

Andererseits ist Oxalsäure sowohl im Tierkörper als gegenüber $H_2O_2$ viel beständiger als die höheren Homologen: Malonsäure, Bernsteinsäure, Glutarsäure. Die Hypothese ist auch deshalb beachtenswert, weil organische Peroxyde im Gegensatz zu Hydroperoxyd gegen Katalase beständig sind.

Auf Basis ähnlicher Vorstellungen entwickelte O. WARBURG die spezielle Theorie, daß Eisen in der Zelle den molekularen Sauerstoff durch Bildung höherer Eisenoxyde aktiviert und mit organischen Molekülen reagieren läßt. Trotz fundamentaler Bedeutung für den Oxydationsvorgang in der Zelle als Ganzes sagt diese Theorie nichts über den Ablauf charakteristischer Partialvorgänge aus, nämlich der intermolekularen Sauerstoff-Wasserstoffwanderungen, die zu Oxydation eines Moleküls, Reduktion eines gleichen oder andersartigen führen und auffallende Ähnlichkeit mit Teilvorgängen der alkoholischen Gärung zeigen.

Im Gegensatz zu WARBURG und unter Hervorhebung gerade dieser Prozesse stellte H. WIELAND[1]) die Theorie auf, daß der Mechanismus der Oxydationsvorgänge auf der Wasserstoffaktivierung beruht, und daß der gasförmige Sauerstoff nur die Rolle eines Wasserstoffacceptors spielt. Das intermediär entstehende Hydroperoxyd werde wieder in Wasser und $^1/_2$ Molekül molekularen Sauerstoff zersetzt. Die Theorie ist bis zu der Aussage getrieben worden, der Wasserstoff sei das elementare gemeinsame Brennmaterial der Zelle; infolgedessen werde der veratmete Sauerstoff nur in Form von Wasser wiedergefunden, während der Sauerstoff der produzierten $CO_2$ von Zellmaterial oder von angelagerten $H_2O$-Molekülen herrühre[2]).

Die Oxydation $CH_4 + 2\,O_2 = CO_2 + 2\,H_2O$ verläuft nach W. A. BONE und J. DRUGMAN[3]), v. WARTENBERG und SIEG[4]), H. WIELAND[5]) in folgender Weise:

$$\text{I.}\quad CH_4 \xrightarrow{+O} CH_3OH \xrightarrow{+O} CH_2\!\left\langle{OH \atop OH}\right. \rightarrow \underset{\text{nachgewiesen}}{HCHO} \rightarrow H_2 + CO$$

$$\text{II.}\quad CO + \underline{H_2O} \rightarrow \underset{\text{nachgewiesen}}{H\cdot COOH} \longrightarrow H_2 + \underset{\text{nachgewiesen}}{\boxed{CO_2}}$$

$$\text{III.}\quad H_2 + \underline{O_2} \rightarrow H_2O_2 \longrightarrow \boxed{H_2O} + {}^1/_2\,O_2\,.$$

Daraus geht hervor, daß für die katalytische Umwandlung von CO in $CO_2$ (z. B. durch Pd bei 20°) nicht Gegenwart von Sauerstoff, wohl aber von Wasser nötig ist, daß primär Wasser angelagert und Wasserstoff abgestoßen wird, sekun-

1) WIELAND, H. u. A. WINGLER: Liebigs Ann. d. Chem. Bd. 431, S. 301. 1923.
2) THUNBERG, T.: Naturwissenschaften Bd. 10, S. 417. 1922.
3) BONE u. DRUGMAN: Transact. of the chem. soc. Bd. 89, S. 660. 1906.
4) v. WARTENBERG: Ber. d. dtsch. chem. Ges. Bd. 53, S. 2192. 1920.
5) WIELAND, H.: Zitiert nach H. D. DAKIN.

där dieser aktivierte Wasserstoff sich mit Sauerstoff zu Hydroperoxyd vereinigt, das schließlich wieder in Wasser und molekularen Sauerstoff zerfällt[1]).

DAKIN weist darauf hin, daß, wenn schon die einfachste Oxydation in vitro so kompliziert verläuft, wir alle Ursache haben, die biologischen erst recht in dieser Weise aufzufassen: Die Labilität des Wasserstoffes sei die Wurzel der meisten Oxydationen.

WARBURG hat in letzter Zeit den Teil der WIELANDschen Theorie energisch angegriffen, der sich mit der Wasserstoffaktivierung als Mechanismus der Oxydationen beschäftigt: 1. In der Zelle finde sich keine Substanz, die — ähnlich dem Palladium — wasserstoffaktivierende Eigenschaften besitze[2]). Solange Natur und Konstitution der Zellfermente nicht weiter geklärt sind, kommt diesem Einwand wohl nicht mehr Gewicht zu als der angegriffenen Hypothese, zumal nach WARBURG einerseits Fe den wesentlichen Bestandteil des Atmungsferments wie des oxydationskatalysierenden Kohlemodells darstellt, andererseits aber auch Fe-freier Kohlenstoff Aminosäuren verbrennen, also O aktivieren kann.

2. Die Theorie, daß die HCN-Hemmung der Oxydationen durch Hemmung der Katalase und dadurch bedingte $H_2O_2$-Vergiftung der Zelle verursacht werde, sei eine Hypothese ohne Tatsachen. Dieser Kritik möchte Verfasser sich durchaus anschließen, zumal die Hypothese wenig biologische Wahrscheinlichkeit hat.

3. Ein weiterer Einwand WARBURGS betrifft die Ersetzbarkeit des Sauerstoffs durch andere Wasserstoffacceptoren: Da z. B. die Bernsteinsäureoxydation durch $O_2$ HCN-empfindlich, die durch Methylenblau aber HCN-unempfindlich ist, schließt WARBURG, es verhalte sich also Methylenblau, Chinon usw. wie „$O_2$ + Fe", d. h. wie aktivierter Sauerstoff. Diese Bemerkung WARBURGS scheint Verfasser mehr eine Umschreibung des zu lösenden Problems darzustellen als einen Weg zur Klärung; ihre Richtigkeit ist auch nicht einzusehen, denn aktiver Sauerstoff baut Brennstoffe ohne Zelle oder Katalysator ab; die zur Verwendung kommenden Wasserstoffacceptoren aber sind im Reagensglas gegenüber den Zellinhaltsstoffen oder Bernsteinsäure usw. wirkungslos, oxydieren sie aber anaerob an Zellen oder geeigneten Katalysatoren. Auch diese Wasserstoffacceptoren also werden erst durch Katalysatoren aktiviert, geradeso wie Sauerstoff. In diesem Zusammenhang ist vielleicht wichtig, daß manche Zellreduktionen gegen Blausäure sehr empfindlich sind, z. B. die Reduktion von Nitrat zu $NH_3$ durch Chlorella 20000mal mehr als ihre Atmung (WARBURG) — andere unempfindlich, z. B. $NO_3 \rightarrow NO_2$ (WARBURG), Methylenblau → Leukobase (THUNBERG), Nitroanthrachinon → Aminoantrachinon (BIELING, LIPSCHITZ) —, die o-Dinitrobenzolreduktion endlich durch atmende Zellen teilweise hochgradig HCN-empfindlich, teils ganz resistent (LIPSCHITZ).

Neulich beobachteten WARBURG und S. TODA[3]), daß auch die Cysteinoxydation durch Methylenblau $2\,RH + M = 2\,R + MH_2$ eine durch Blausäure hemmbare Eisenkatalyse darstellt —, entsprechend der Cystein„autoxydation".

Da bis auf weiteres nicht anzunehmen ist, daß die Zelle unter experimentellen Bedingungen Leistungen entfaltet, zu denen sie normal nicht befähigt ist, dürften die Beobachtungen mit diesen „Atmungsindicatoren" auf allgemein bedeutungsvolle Vorgänge hinweisen. Dabei bleibt die Bemerkung WARBURGS beachtenswert, man dürfe aus der Ähnlichkeit zweier chemischer Reaktionen nicht auf

[1]) Anmerkung bei der Korrektur: Ernsthafte experimentelle Einwände gegen diese Auffassung sind kürzlich von W. TRAUBE u. W. LANGE erhoben worden. Ber. d. dtsch. chem. Ges. Bd. 58, S. 2773. 1925 u. Bd. 59, S. 2860. 1926.

[2]) WARBURG, O.: Biochem. Zeitschr. Bd. 142, S. 518. 1923.

[3]) TODA, S.: Biochem. Zeitschr. Bd. 172, S. 34. 1926.

Gleichheit ihrer Mechanismen schließen; gerade aber das Moment der Verschiedenheit in seinem Umfange und seiner Bedeutung zu klären, dürfte wesentlich sein. In dieser Hinsicht scheint allgemein noch nicht genügend Beachtung gefunden zu haben, daß auch rein gärende Zellen sehr starke Reduktionswirkungen ausüben, und daß man vielleicht mittels Reduktionsindicatoren in den Stand gesetzt wird, den Mechanismus der Sauerstoffatmung und der Gärungsvorgänge näher zu differenzieren.

Kurz gesagt, nimmt die WARBURGsche Auffassung: Aktivierung organischer Moleküle und Sauerstoffaktivierung speziell durch Fe, die von WIELAND hergeleitete und hier weiter entwickelte: Aktivierung speziell des H organischer Moleküle und Aktivierung von Sauerstoff oder anderen H-Acceptoren an.

Die WIELANDsche ursprüngliche Annahme der Reaktion von aktiviertem Wasserstoff mit molekularem Sauerstoff dürfte nach TANAKA[1]) auf erhebliche Schwierigkeiten stoßen, der gezeigt hat, daß zwar die Knallgasreaktion an Pd sich durch HCN-Zusatz bis zu einer $H_2O_2$-Ausbeute von mehr als 60% treiben läßt, daß aber die Dunkelatmung von Chlorella trotz völliger Aufhebung der $H_2O_2$-Spaltung mittels Blausäure zu keiner Spur von $H_2O_2$-Bildung führt, daß schließlich umgekehrt reichlich $H_2O_2$ bei Belichtung der Alge entsteht als Produkt der Photooxydation des Chlorophylls. Diese also ebenso wie die Knallgasreaktion an Palladium verläuft nach der TRAUBE-WIELANDschen Gleichung $-H-H+O_2=H_2O_2$, die Atmung aber nicht.

Stellen die Versuche von TANAKA auch noch keinen allgemein gültigen Beweis gegen die WIELANDsche Hypothese dar, so haben doch auch andere Autoren darauf hingewiesen, daß die erste Annahme von der Identität der Oxydasen und Reduktasen zwar gut gestützt, die andere aber von der H-Aktivierung unbewiesen sei[2]). Am wenigsten Rückschläge sind zu erwarten, wenn der Reaktionsverlauf in Zellen oder an Fermenten unter Mitwirkung von Wasserstoffacceptoren vorläufig ohne Festlegung auf eine bestimmte Theorie studiert und nur experimentell unmittelbar prüfbare Schlüsse gezogen werden.

ROGER[3]) faßt die direkte Oxydation (Verwertung von Luftsauerstoff) sogar als eine ursprünglich nur akzessorische Funktion auf, die auf die Grundfunktion der Anaerobiose aufgesetzt sei; sie stelle keinen allgemeinen Zellvorgang dar: die anaeroben Bakterien lassen nur Oxydationen erkennen, die Reduktionsvorgängen folgen (indirekte Oxydationen).

Bereits jetzt werden vermittelnde Auffassungen laut, daß es sich bei den biologischen Oxydationen um Aktivierung von molekularem Sauerstoff durch das Zelleisen und um dessen Reaktion mit aktiviertem Wasserstoff der organischen Moleküle handele.

### b) Verknüpfung von Oxydation und Reduktion. Energetisches.

Die Notwendigkeit der Annahme von H- und O-Aktivierung durch die Zelle ist in neuester Zeit besonders von FLEISCH[4]) und v. SZENT-GYÖRGYI[5]) hervorgehoben worden. Beide fanden, daß wasserextrahierte Muskulatur in Bernsteinsäure suspendiert, Sauerstoff verbraucht, daß die Katalyse unter Blausäure aufhört, daß sie aber durch nachträglichen Methylenblauzusatz wieder

---

[1]) TANAKA, K.: Biochem. Zeitschr. Bd. 157, S. 425. 1926.

[2]) BATTELLI, F. u. L. STERN: Cpt. rend. des séances de la soc. de biol. Bd. 83, S. 1544. 1920. ABELOUS, J. E.: Ebenda. Bd. 84, S. 7. 1921. — BATTELLI, F. u. L. STERN: Arch. internat. de physiol. Bd. 18, S. 403. 1921.

[3]) ROGER, H.: Presse méd. Jg. 28, Nr. 84, S. 825. 1920.

[4]) FLEISCH, A.: Biochem. Journ. Bd. 18, S. 294. 1924.

[5]) SZENT-GYÖRGYI, A. v.: Biochem. Zeitschr. Bd. 150, S. 195. 1924.

einsetzt. Die H-Aktivierung sei HCN-fest, die O-Aktivierung empfindlich; daher komme der Oxydationsvorgang wieder in Gang, wenn der in seiner Bildung gehemmte physiologische H-Acceptor: aktiver Sauerstoff durch Methylenblau ersetzt werde; die Reoxydation von intermediär gebildetem Leukomethylenblau wird durch HCN nicht gehemmt. Umgekehrt liege bei der p-Phenylendiaminoxydation durch extrahierte Muskulatur keine H-Aktivierung vor; daher wird nach dem Autor Methylenblau anaerob durch Phenylendiamin nicht reduziert [s. auch Thunberg[1])] und die HCN-Vergiftung der Diaminoxydation

$$NH_2\text{–}C_6H_4\text{–}NH_2 \longrightarrow NH\text{=}C_6H_4\text{=}NH$$

also der Sauerstoffaktivierung, werde durch Methylenblau nicht überwunden.

v. Szent-Györgyi gibt folgende Kurven:

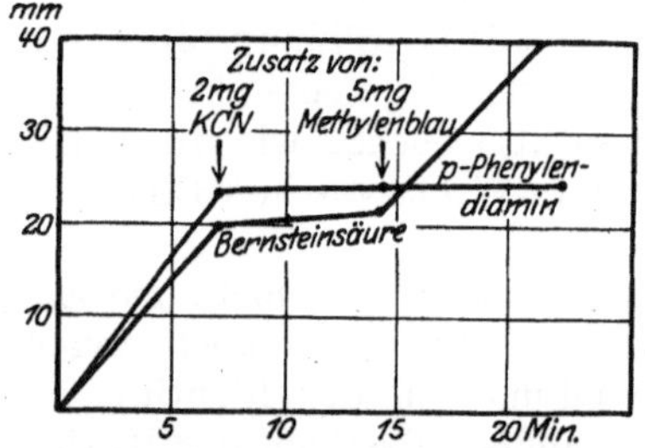


Abb. 1. Oxydationsgeschwindigkeit extrahierter Muskulatur. (Aus Handbuch der Biochemie Bd. II.)

Es sei aber erwähnt, daß nach Aschmarin[2]) Methylenblau die Indophenol- und Phenylendiaminreaktion 5—20mal beschleunigt, was eine intermediäre Reduktion und Reoxydation in sich schließt.

Von anderer Seite her steht im Gegensatz zu den Befunden von Fleisch und von v. Szent-Györgyi die Angabe von Meyerhof[3]), daß die Atmung von Froschmuskulatur sowohl normal als bei Steigerung durch Zusatz von Methylenblau — respiratorischer Quotient: ca. 1 — durch $^{n}/_{2000}$ HCN gleichmäßig um 70% gehemmt werde.

Ein weiterer Gesichtspunkt noch scheint für die allgemeine Kennzeichnung des Zusammenhanges der biologischen Reduktionen mit den Oxydationen von Bedeutung: das Quantitative der Vorgänge. Meyerhof[4]) fand schon, daß gleiche Gewichtsteile lebender Hefe in Bouillon Methylenblau langsamer reduzieren als Acetonhefe, aber 30mal so stark atmen, und ferner, daß die Normalatmung der Acetonhefe ihr Temperaturoptimum bei 30°, die Methylenblauatmung aber bei 40° hat.

Lipschitz und P. Meyer[5]) zeigten, daß die absolute Geschwindigkeit der durch Froschmuskulatur katalysierten Reaktionen

$$\text{Muskelbrennstoffe} \xrightarrow{\text{Methylenblau}} CO_2$$

$$\text{Muskelbrennstoffe} \xrightarrow{\text{Nitroanthrachinon}} CO_2$$

etwa gleich ist, aber ebenso wie

$$\text{Muskelbrennstoffe} \xrightarrow{\text{o-Dinitrobenzol}} CO_2$$

wesentlich geringer als:

$$\text{Muskelbrennstoffe} \xrightarrow{O_2} CO_2$$

---

[1]) Thunberg, T.: Skandinav. Arch. f. Physiol. Bd. 35, S. 163. 1918.
[2]) Aschmarin, P. A.: Russk. physiol. journ. Bd. 4, S. 171. 1922.
[3]) Meyerhof, O.: Pflügers Arch. f. d. ges. Physiol. Bd. 175, S. 20. 1919.
[4]) Meyerhof, O.: Pflügers Arch. f. d. ges. Physiol. Bd. 149, S. 250. 1912.
[5]) Lipschitz, W. u. P. Meyer: Pflügers Arch. f. d. ges. Physiol. Bd. 205, S. 366. 1924.

Bezüglich experimenteller Klärung der *energetischen* Verhältnisse steht das meiste noch aus, nur für die Methylenblau-Atmung hat MEYERHOF[1]) angegeben, daß, da $M + H_2 \rightarrow MH_2 + 25{,}7$ Cal., die Oxydation z. B. des Methylalkohols durch Sauerstoff und Methylenblau ganz verschiedene Energiemengen frei werden läßt:

| | | | |
|---|---|---|---|
| $CH_3OH + O \rightarrow$ | $HCHO + H_2O$ | | Also: |
| 63,4 | 40,4 | 68,4 | 45,4 Cal. frei |
| $CH_3OH + M \rightarrow$ | $HCHO + MH_2$ | | |
| 63,4 | 40,4 | 25,7 | 2,7 Cal. frei |
| | | | $= {}^1/_{20}$ der obigen Wärmemenge. |

MEYERHOF macht selbst darauf aufmerksam, daß zwar die Methylenblau-Mehratmung $MH_2 + O \rightarrow M$ nicht der Zelle zugute kommt, also unphysiologisch ist, daß aber, wenn etwas Ähnliches wie Methylenblau in der Zelle vorkäme, das methylenblaureduzierende Enzym im normalen Atmungsvorgang eine Rolle spielen und diese Energie der Zelle nutzbar gemacht werden würde. Diese Vermutung (1912) hat durch die Entdeckung des Glutathions und seines Umwandlungsmechanismus Aktualität gewonnen.

Mittels der Goldelektrode fanden DIXON und HIRSCH-QUASTEL[2]) für Cystein ein Potential gegen die H-Elektrode:

$$\pi_0 = +\,0{,}176 \text{ Volt},$$

für reduziertes Glutathion:

$$\pi_0 = +\,0{,}228 \text{ Volt, wenn}$$

$$\pi = \pi_0 + \frac{RT}{F} \log\,[H^+] - \frac{RT}{F} \log c$$

($\pi$ = beobachtetes Potential
$\pi_0$ = normales Reduktionspotential
$c$ = Konzentration der SH-Verbindung).

Schon früher bestimmte MANSFIELD CLARK[3]) die Reduktions-Oxydationspotentiale von Gemischen aus Methylenblau-Leukomethylenblau und Indigo-Indigoweiß.

THUNBERG[4]) benutzte die CLARKschen Zahlen, um das „Redox-P" eines Gemisches von Succinat-Fumarat zu messen, und fand bei $p_H = 6{,}7$ einen Wert von etwa $+\,0{,}005$ Volt.

Aus den Verbrennungswärmen einer Reihe von reduzierbaren Substanzen und ihrer Reduktionsprodukte, die gleichzeitig evtl. als biologisches Oxydations-(Dehydrierungs-)material dienen können, hat H. WIELAND[5]) energetische Beziehungen herzuleiten gesucht; wenn sie auch nur bedingt gültig sind und erst zu genauen Resultaten führen werden, wenn die Affinitätsbeträge der in Betracht kommenden Reaktionen bekannt sind, charakterisieren sie doch das Problem.

Die Hydrierungswärme gibt in Calorien die Energiemenge an, die bei Anlagerung von 1 Molekül Wasserstoff an ein Molekül der ungesättigten Verbindung, des Wasserstoffacceptors, frei wird. Für die Aufnahme von *gebundenem* Wasserstoff, wie sie bei der biologischen Funktion der Wasserstoffacceptoren in Er-

---

[1]) MEYERHOF, O.: Pflügers Arch. f. d. ges. Physiol. Bd. 149, S. 250. 1912.

[2]) DIXON, M. u. J. HIRSCH-QUASTEL: Journ. of the chem. soc. (London) Bd. 123/24, S. 2943. 1923.

[3]) MANSFIELD CLARK, W., Journ. of the Washington acad. of science Bd. 10, S. 255. MANSFIELD CLARK, W., B. COHEN u. H. D. GIBBS: Public health reports U. S. A. Bd. 40, S. 1131. 1925.

[4]) THUNBERG, T.: Skandinav. Arch. f. Physiol. Bd. 46, S. 339. 1925.

[5]) WIELAND, H.: Ergebn. d. Physiol. Bd. 20, S. 515.

scheinung tritt, ändern sich die Hydrierungswärmen um die Energiemenge, mit der der Wasserstoff am Dehydrierungssubstrat haftet. Die Hydrierungswärmen aber geben gleichzeitig diese Haftfestigkeit des gebundenen Wasserstoffs an. Infolgedessen kann kein Hydrierungsprodukt von einem Wasserstoffacceptor, der unterhalb seiner Reihe steht, dehydriert werden, wohl aber theoretisch von allen oberhalb stehenden, also nicht z. B. Hydrochinon von Ölsäure oder Äthylen, wohl aber Alkohol von Chinon und alle — außer Kaliumsulfat und Wasser — von Sauerstoff und Peroxyden. Die Energie, mit der die Dehydrierung durch Sauerstoff erfolgt, ist gleich der Differenz aus der Bildungswärme des Wassers (68,4) und der Hydrierungswärme.

| Wasserstoffacceptor | Hydrierungswärme in Calorien | Hydrierungsprodukt | Dehydrierungswärme durch Sauerstoff |
|---|---|---|---|
| Kaliumpersulfat | +100 | prim. Kaliumsulfat | — 32 (2 Mol.) |
| Hydroperoxyd | + 92 | Wasser | — 24 (2 Mol.) |
| Sauerstoff | + 45 | Hydroperoxyd | + 23 |
| Chinon | + 42 | Hydrochinon | + 26 |
| Ölsäure | + 38 | Stearinsäure | + 30 |
| Äthylen | + 37 | Äthan | + 31 |
| Fumarsäure | + 31 | Bernsteinsäure | + 37 |
| Salicylaldehyd | + 30 | Saligenin | + 38 |
| Acetaldehyd | + 21 | Äthylalkohol | + 47 |
| Stickstoff | + 22 | Ammoniak (2 Mol.) | + 91,5 pro Mol. |
| Bernsteinsäure | + 6 | Essigsäure | + 62 (für 2 Mol.) |

Über *Zelleistungen*, die auf Grund von „*sauerstofflosen*“ Oxydationen zustande kommen, ist bisher — wohl im Zusammenhang mit den erwähnten energetischen Verschiebungen — keine sichere Beobachtung gemacht worden. Der Sauerstoff konnte weder bei der Reflexerregbarkeit des Strychninfrosches noch bei der Tätigkeit des Froschherzens durch andere Wasserstoffacceptoren ersetzt werden; auch die Beweglichkeit von Froschspermatozoen konnte anaerob nicht durch Methylenblau wieder hergestellt werden; die gegenteilige Beobachtung von Lipschitz und Hertwig[1]) bei Verwendung von Dinitrobenzol wurde bestätigt, aber bezüglich ihrer Beweiskraft angefochten[2]); die letzte Entscheidung steht noch aus; siehe auch Abderhalden und Wertheimer[3]). Nach Meyerhof[4]) spielt bei obligat aeroben Zellen die intramolekulare Atmung energetisch eine sehr geringe Rolle, doch ist bemerkenswert, daß Reduktionskraft und Virulenz bei Milzbrand und B. bipolaris septicus deutlich parallel gehen[5]); andererseits wird von den Autoren zugegeben, daß Methylenblau auch durch leblose Bakterien reduziert wird.

### c) „Verbrennungs“mittel oder Wasserstoffacceptoren.

An *Substanzen*, die in bezug auf chemischen Abbau in Zellen oder an Katalysatoren ähnliche Wirkungen entfalten wie Sauerstoff (*Verbrennungsmittel*), wurden studiert: verküpende Farbstoffe, die zu Farbbasen reduziert werden, z. B. Methylenblau, Thionin, Indophenol (Ehrlich, Thunberg, Battelli und

[1]) Lipschitz, W. u. G. Hertwig: Pflügers Arch. f. d. ges. Physiol. Bd. 191, S. 51. 1921. — Lipschitz, W.: Ebenda Bd. 198, S. 648. 1923.

[2]) Winterstein, H.: Pflügers Arch. f. d. ges. Physiol. Bd. 198, S. 504. 1923.

[3]) Abderhalden, E. u. E. Wertheimer: Pflügers Arch. f. d. ges. Physiol. Bd. 199, S. 336. (1923).

[4]) Meyerhof, O.: Zur Energetik der Zellvorgänge. Göttingen 1913.

[5]) Gozony, L. u. E. Kramar: Zentralbl. f. d. Bakteriol., Parasitenk. u. Infektionskrankh. Abt. 1, Orig. Bd. 89, S. 193. 1922.

Stern); im speziellen Falle des Hydroperoxydzerfalles bediente sich Wieland[1]) des Dehydroindigo, der zu Indigo reduziert wird, um seine Auffassung zu begründen, daß die $H_2O_2$-Spaltung eine Dehydrierung darstellt:

$$H_2O_2 \rightarrow 2\,H + O_2$$
$$H_2O_2 + 2\,H \rightarrow 2\,H_2O\,.$$

Jedoch ist bemerkenswert, daß der Versuch mit Pd gelang, mittels Katalasen aber mißlang. Ferner wurden in entsprechenden Modellversuchen Persäuren $RC\begin{smallmatrix}\diagup O \diagdown \\ \diagdown O\end{smallmatrix}OH$, Kaliumpersulfat[2]) und Diacyl- oder Dialkylperoxyde benutzt. Eine andere Gruppe von Wasserstoffacceptoren, an denen mit biologischem Material experimentiert wurde, stellen die aromatischen Nitrokörper dar, so das m-, p- und vor allem o-Dinitrobenzol[3]), die über farbloses Nitronitrosoprodukt in gelbe Phenylhydroxylamine (Aufnahme von 4 H) und eventuell weiter in Amine (Aufnahme von 6 H) übergehen[4, 5]).

Um prinzipiell den gleichen Vorgang handelt es sich bei Verwendung von Nitroanthrachinon, das durch lebende Zellen in rotes Aminoanthrachinon verwandelt wird[6, 7]). Auch Pikrinsäure (Trinitrophenol) wird intravital — am stärksten durch Lebergewebe, schwächer durch Niere und Milz — zu Pikraminsäure reduziert[8]). Über die Reduktion von telluriger Säure (Keysser-Weise), Nilblau A und 2 B, Brillantreinblau (Dold) siehe P. Rostock[9]).

Eine Mittelstellung zwischen molekularem Sauerstoff und Substanzen mit atomar gebundenem Sauerstoff nehmen die Blutpigmente ein, deren O-Verbindungen ja schon bei vermindertem Gasdruck dissoziieren: die Verwendbarkeit von Oxyhämoglobin als Atmungsindicator wurde z. B. von Drew[10]), die von Oxyhämocyanin von Osterhout[11]) erwiesen.

Um einen neuen, wohl physiologisch wichtigen Wasserstoffacceptor handelt es sich beim Nitrat: Es wird durch Milch[12]) die sog. Xantinoxydase der Gewebe[13]), die Bachsche[14]) Perhydridase [aus Milch[15]) isoliert], durch anaerob gehaltene grüne Zellen[16]) zu Nitrit reduziert — 1 Sauerstoff wird veratmet —, durch aerob gehaltene mittels eines anderen Mechanismus[16]) in Ammoniak umgewandelt. In vielen Fällen kann für Nitrat Methylenblau oder $O_2$ bei gleichem oder ähnlichem Reaktionsverlauf eintreten.

Daß endlich oxydiertes Glutathion oder allgemein S-S-Verbindungen im normalen Atmungsmechanismus als Wasserstoffacceptoren wirksam werden, wird noch erörtert werden, geht aber auch z. B. daraus klar hervor, daß nach

[1]) Wieland, H.: Ber. d. dtsch. chem. Ges. Bd. 54, S. 2353. 1921.
[2]) Wieland, H.: Liebigs Ann. d. Chem. Bd. 434, S. 185. 1923.
[3]) Lipschitz, W. u. A. Gottschalk: Pflügers Arch. f. d. ges. Physiol. Bd. 191, S. 1. 1921. — Lipschitz, W. u. A. Gottschalk: Ebenda Bd. 191, S. 33. 1921. — Lipschitz, W. u. J. Osterroth: Pflügers Arch. f. d. ges. Physiol. Bd. 205, S. 354. 1924.
[4]) Waterman, N. u. J. Kalff: Biochem. Zeitschr. Bd. 135, S. 174. 1923.
[5]) Lipschitz, W.: Biochem. Zeitschr. Bd. 138, S. 274. 1923.
[6]) Bieling, R.: Zeitschr. f. Hyg. Bd. 100, S. 270. 1923.
[7]) Lipschitz, W. u. P. Meyer: Pflügers Arch. f. d. ges. Physiol. Bd. 205, S. 366. 1924.
[8]) Giorgi, G.: Policlinico, sez. med. Bd. 31, S. 184. 1924.
[9]) Rostock, P.: Fermentforschung Jg. 8, S. 73. 1924 u. Pflügers Arch. f. d. ges. Physiol. Bd. 199, S. 217. 1923.
[10]) Drew, A. H.: Brit. journ. of exp. pathol. Bd. 1, Nr. 2, S. 115. 1920.
[11]) Osterhout: Journ. of gen. physiol. Bd. 1, S. 167. 1919.
[12]) Haas, P. u. Th. G. Hill: Biochem. Journ. Bd. 17, S. 671. 1923.
[13]) Dixon, M. u. S. Thurlow: Biochem. Journ. Bd. 18, S. 989. 1924.
[14]) Bach, A.: Biochem. Zeitschr. Bd. 58, S. 205.
[15]) Sbarsky, B. u. D. Michlin: Biochem. Zeitschr. Bd. 155, S. 485.
[16]) Warburg, O. u. E. Negelein: Biochem. Zeitschr. Bd. 110, S. 66. 1920.

WIELAND und BERGEL[1]) Bernsteinsäure + Dithioglykolsäure durch Zellen zu Fumarsäure + Thioglykolsäure umgesetzt werden:

$$\begin{matrix} HOOC \cdot CH_2 \\ | \\ HOOC \cdot CH_2 \end{matrix} + \begin{matrix} S \cdot CH_2 \cdot COOH \\ | \\ S \cdot CH_2 \cdot COOH \end{matrix} \rightarrow \begin{matrix} CH \cdot COOH \\ \| \\ CH \cdot COOH \end{matrix} + 2\,HS \cdot CH_2COOH$$

Ebenso hat sich in manchen Versuchen [z. B. WIELAND[1])] Chinon als brauchbarer H-Acceptor erwiesen; es geht über Chinhydron in Hydrochinon über.

Einer der schlagendsten Versuche bezüglich der Ähnlichkeit von Sauerstoffatmung und Wasserstoffacceptoratmung scheint der Nachweis ihrer Konkurrenz zu sein: Die Dinitrobenzolreduktion durch atmende Zellen — maximal bei strenger Anaerobiose — wird durch steigende Sauerstoffversorgung der Zellen zurückgedrängt, durch optimale hintangehalten, setzt jedoch sofort wieder ein, sobald $O_2$-Mangel herbeigeführt wird[2]).

### d) Die Oxydationskatalyse: Struktur und Strukturgifte.

Die Oxydationen sind, wie die Gärungen, von der Zelle abtrennbare, durch Enzyme bedingte Prozesse; beider Größe aber sinkt dabei so stark ab, daß sich eine zellfreie Atmung lange dem Nachweis entzog. HARDEN und MACLEAN[3]) hatten vergeblich versucht, atmende Muskelpreßsäfte zu erhalten; auch mechanisch zerstörte Vogelblutzellen atmen nicht mehr[4]). Umgekehrt beobachtete schon KOSTYTSCHEW[5]), daß Acetonbehandlung von Pilzhäuten (Asperg. niger) Präparate mit sehr schwacher aber noch erhaltener Atmung ergibt. Ähnlich ist wohl die von BATTELLI und STERN[6]) neben der „Hauptatmung“ beschriebene „akzessorische Atmung“ aufzufassen. Unbefruchtete Seeigeleier zeigen nach Zerreiben zuerst fast unveränderten Sauerstoffverbrauch bei allerdings aufgehobener $CO_2$-Produktion, der aber in der 3. Stunde schon auf ein Viertel bis ein Drittel absinkt[7]); in einer späteren Untersuchung beobachtete WARBURG[8]) sogar eine anfängliche Steigerung der Atmung. Wenn auch durch das Atmungsferment allein ohne Mitwirkung sichtbarer Struktur die reaktionsträgen Brennstoffe mit dem Sauerstoff zur Reaktion gebracht werden, steigert sich doch die Geschwindigkeit der Oxydationsprozesse außerordentlich, wenn Oberflächen geboten werden, an denen die Reaktionsteilnehmer adsorptiv konzentriert werden. So wird die chemische Katalyse mit physikalisch-chemischer verknüpft und durch sie verstärkt. Ceteris paribus wird, je mehr *Struktur* vorhanden, um so stärker geatmet; an verschieden stark atmenden kernlosen Erythrocyten zeigte sich, daß die Stromamenge entsprechend stark schwankte und in gewissen Fällen das 10—15fache von anderen betrug. Übrigens atmen auch die Blutplättchen[9]). Wenn das unbefruchtete Seeigelei am reinsten das Beispiel chemischer Oxydationskatalyse darstellt, ändert sich schlagartig der Charakter der Reaktion im Moment der Befruchtung: Es entsteht in reichlicher Menge Struktur (z. B.

---

[1]) WIELAND, H. u. F. BERGEL: Liebigs Ann. d. Chem. Bd. 439, S. 196. 1924.
[2]) LIPSCHITZ, W. u. A. GOTTSCHALK: Pflügers Arch. f. d. ges. Physiol. Bd. 191, S. 1. 1921.
[3]) HARDEN u. MACLEAN: Journ. of physiol. Bd. 43, S. 34.
[4]) WARBURG, O.: Pflügers Arch. f. d. ges. Physiol. Bd. 145, S. 277.
[5]) KOSTYTSCHEW: Ber. d. dtsch. botan. Ges. Bd. 22, S. 207. 1904.
[6]) BATTELLI, F. u. L. STERN: Ergebn. d. Physiol. Bd. 10, S. 531. 1910 u. Bd. 12, S. 226. 1912.
[7]) WARBURG, O. u. O. MEYERHOF: Pflügers Arch. f. d. ges. Physiol. Bd. 148, S. 295. 1912.
[8]) WARBURG, O.: Pflügers Arch. f. d. ges. Physiol. Bd. 158, S. 189. 1914.
[9]) ONAKA: Hoppe-Seylers Zeitschr. f. physiol. Chem. Bd. 71, S. 193. 1911.

Befruchtungsmembran), und parallel dazu schnellt die Oxydationsgeschwindigkeit um Hunderte von Prozent hoch. Daß die Atmung des Spermas selbst keine quantitative Bedeutung hat, geht daraus hervor, daß auch entsprechende Veränderungen der Zellgrenzschicht mit chemischen Agenzien und gleichem Erfolg gesetzt werden können (WARBURG).

Ferner stellte WARBURG[1]) fest, daß die zur Befruchtung einer bestimmten Eimenge nötige Spermamenge 1500—2000mal so schwach atmet wie die befruchtete Eimenge, wenn auch — pro 20 mg N — Sperma wie befruchtetes Ei etwa gleichviel (60 cmm) Sauerstoff bei 23° in 20 Minuten verbrauchen. Der Anstieg der Atmungsgröße im Laufe der Befruchtung geht aus folgender Kurve hervor: Abb. 2.

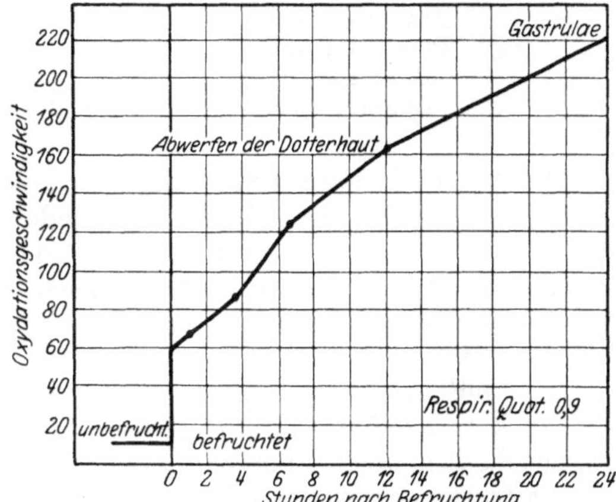


Abb. 2. Oxydationsgeschwindigkeit des Seeigeleies während der Entwickelung. (Aus Handbuch der Biochemie Bd. II.)

Ähnlich fand SHEARER[2]), daß durch Befruchtung die Atmung in der ersten Minute auf das 80fache ansteigt, dann etwas absinkt, wobei das Spermatozoon noch nicht ins Ei eingedrungen, sondern in Kontakt mit der Membran ist und 25 Minuten konstant bleibt. Ganz entsprechend steigt der Gehalt an SH-Gruppen gewaltig an. Wäscht man die Eier mit Wasser, so gehen die Sulfhydrilkörper ins Wasser und die Atmung sinkt auf 0.

Bei Verschmelzung der Pronuclei findet ein deutliches Absinken statt; im Beginn der Zweiteilung neuerdings Anstieg.

Auch für Paramaecium wurde entsprechendes beobachtet[3]). Der $O_2$-Verbrauch betrug pro 1000 Individuen und 1 Stunde unmittelbar vor Konjugation 0,737 cmm, mit ihrem Beginn 3,481 cmm, gegen Ende nur mehr 0,737 cmm. Einen Tag nach der Konjugation, also während Rekonstruktion des Makronucleus wächst der $O_2$-Verbrauch wieder an, noch nach 7 Tagen beträgt er 2,142 cmm und bleibt 4—5 Monate konstant. An den Eiern von Sabellaria alveolata L. wurde bei Befruchtung und nach Cytolyse nur ganz geringe Atmungssteigerung beobachtet[4]). Doch ist nach MEYERHOF[5]) die Membranbildung bei der Befruchtung nicht die ausschließliche Ursache für die Atmungssteigerung.

Wird nun das befruchtete gefurchte Seeigelei zerrieben, also seine Struktur zerstört, so sinkt der Sauerstoffverbrauch sehr stark ab und erreicht Werte, die dem des unbefruchteten entsprechen; er ist ebenso wie die $CO_2$-Produktion an abzentrifugierbare Körnchen gebunden[6]).

Auch bei der Atmung der Leber hat sich nachweisen lassen[7, 8]), daß ihr Hauptteil an intracelluläre Granula gebunden ist, und daß im granulafreien

[1]) WARBURG, O.: Pflügers Arch f. d. ges. Physiol. Bd. 160, S. 324. 1915.
[2]) SHEARER, C.: Proc. of the roy. soc. of London, Ser. B, Nr. 93, B 651, S. 213. 1922.
[3]) ZWEIBAUM, J.: Arch. f. Protistenkunde Bd. 44, S. 99. 1921.
[4]) FAURÉ-FREMIET, E.: Cpt. rend. des séances de la soc. de biol. Bd. 86, S. 20. 1922.
[5]) MEYERHOF, O.: Biochem. Zeitschr. Bd. 35, S. 246. 1911.
[6]) WARBURG, O.: Pflügers Arch. f. d. ges. Physiol. Bd. 158, S. 189. 1914.
[7]) WARBURG, O.: Pflügers Arch. f. d. ges. Physiol. Bd. 154, S. 599. 1913.
[8]) WARBURG, O.: Pflügers Arch. f. d. ges. Physiol. Bd. 158, S. 19. 1914.

Leberextrakt Atmung gemessen werden kann, die höchstens ein Viertel der Granulaatmung beträgt.

Die *Struktur* macht die Fermente der energieliefernden Reaktionen empfindlicher gegen *allgemeine Narkotica:* Wie die Gärung des Hefepreßsaftes erst durch viel höhere Konzentrationen von Narkoticis gehemmt wird als die Gärung der Hefezelle, so ist die Atmung in strukturarmem Saft viel unempfindlicher als die Atmung von an Struktur gebundenem Ferment.

| | Atmungshemmung um 50% in granulafreiem Leberextrakt | Atmungshemmung um 50% der Lebergranula |
|---|---|---|
| durch Methylurethan . . . . . | 2000 | 960 Millimol |
| „ Äthylurethan . . . . . | 740 | 360 „ |
| „ Propylurethan . . . . . | 500 | 150 „ |
| „ i-Butylurethan . . . . . | 90 | 33 „ |
| „ i-Amylurethan . . . . . | 40 | 14 „ |

Es gilt nach WARBURG[1]) die Regel, daß die Strukturwirkungsstärken der Narkotica für die Oxydationen verschiedener Zellarten: Vibrio, intakte Leber, Zentralnervensystem, Blutzellen, Muskelzellen annähernd gleich sind; alle werden durch 0,33—0,45 Mol. Äthylurethan gleich stark gehemmt, aber auch ihre Strukturwirkungsstärken für verschiedene energieliefernde Reaktionen: Atmung, Gärung der Hefezelle, Glykolyse sind gleich.

Für die Theorie der Narkose scheint von großer Bedeutung, daß die Verteilung von Narkoticis (Thymol und Heptylalkohol) auf Erythrocytenstromata die gleiche ist, gleichgültig ob sie lipoidhaltig oder lipoidfrei gemacht sind[2]), daß ferner auch die Oxydationen an Blutkohle, also an lipoidfreiem Katalysator, in typischer Weise durch Narkotica hemmbar sind[3]), endlich, daß die Fe-Oxydationskatalyse des Lecithins — also eines „Lipoids" — nicht durch Narkotica hemmbar ist. Die Lipoidlöslichkeit als Ursache der Narkose ist also sehr in Frage gestellt, und die von J. TRAUBE in den Vordergrund gerückte Capillaraktivität gibt bessere Erklärungsmöglichkeiten: Die Narkotica hemmen die Zelloxydationen reversibel, indem sie an den Verbrennungsorten, Strukturteilen der Zelle, adsorbiert werden und die Zellbrennstoffe von dort verdrängen. Sie *hemmen* um so stärker, je stärker sie adsorbiert werden — also *gleich stark* nicht in gleicher Konzentration, sondern bei *gleich starker Adsorption*; die prozentische Verdrängung ist etwa gleich der prozentischen Atmungshemmung.

Die quantitativen Verhältnisse gingen besonders klar aus Studien am *Kohlemodell* hervor[4]): Oxalsäure oder Cystin[5]) wird an Blutkohle adsorbiert und entsprechend dieser adsorbierten Menge bei 38° durch Luftsauerstoff zu $CO_2$, $H_2O$ evtl. Schwefelsäure und $NH_3$ oxydiert: $2\,[COOH]_2 + O_2 \rightarrow 4\,CO_2 + 2\,H_2O$. Es ließ sich zeigen, daß Narkotica deshalb hemmen, weil sie Oxalsäure oder Cystin von der Kohleoberfläche adsorptiv verdrängen.

WARBURG hat auf Grund gewisser vereinfachender Annahmen eine Formel für die Wirkungsstärke $c$ eines beliebigen Narkoticums abgeleitet:

Bezeichnet man die von den adsorbierten ($x$) Narkoticummolekülen bei einfacher Schichtung bedeckte Kohleoberfläche mit $xF$ ($F$ ist die von einem Molekül eingenommene Fläche), so sind Narkotica gleich wirksam, wenn $xF = K$.

---

1) WARBURG, O.: Pflügers Arch. f. d. ges. Physiol. Bd. 155, S. 547. 1914.
2) WARBURG, O.: Ergebn. d. Physiol. Bd. 14, S. 253. 1914.
3) WARBURG, O.: Pflügers Arch. f. d. ges. Physiol. Bd. 158, S. 19. 1914.
4) WARBURG, O.: Pflügers Arch. f. d. ges. Physiol. Bd. 155, S. 547. 1914.
5) WARBURG, O.: Biochem. Zeitschr. Bd. 119, S. 134. 1921.

$F$ ist gleich der Wand des Würfels, den das kugelförmig gedachte Molekül erfüllt; daher $F$ proportional $(V_m)^{\frac{2}{3}}$ ($V_m$ = Molekularvolum).

Also:

$$x\,(V_m)^{\frac{2}{3}} = K.$$

Da nach FREUNDLICH[1]) zwischen der adsorbierten Menge $x$ eines Stoffes und seiner Konzentration in der Lösung die Beziehung besteht:

$$x = k \cdot c^{\frac{1}{n}} \quad (k \text{ und } n \text{ sind Konstanten}),$$

ergibt sich:

$$k \cdot c^{\frac{1}{n}}\;(V_m)^{\frac{2}{3}} = K.$$

Die Wirkungsstärke $c$ kann für ein beliebiges Narkoticum berechnet werden, wenn $K$, die Adsorptionskonstanten und die Molekularvolumina, gegeben sind.

Die Konzentrationshemmungskurven der allgemeinen Narkotica sind im allgemeinen linear; sie verlaufen am Kohlemodell viel flacher als an Zellen, weil die gequollenen Zellgele anders adsorbieren als die Kohleoberfläche[1]). Die Quellbarkeit von Gelen selbst wird durch Narkotica verändert: Außer Methyl- und Äthylalkohol begünstigen sie in niedrigen Konzentrationen die Quellung von Muskelbrei, in höheren hemmen sie; daher faßt KOCHMANN Narkose als Entquellung der Zellkolloide und Verminderung der Zellpermeabilität[2]) auf. Dem entspricht etwa umgekehrt, daß nach EMBDEN und LANGE[3]) durch Rohrzucker eine reversible Quellung des Muskelsarkoplasmas, eine reversible Atmungssteigerung und reversible Lähmung des Muskels hervorzurufen ist. Daß auch strukturfreie atmende Säfte durch Narkotica gehemmt werden, beweist, daß auch das im Solzustand befindliche Ferment selbst verändert wird; sein Dispersitätsgrad wird vermindert[4]).

Nicht in jedem Falle braucht geradliniger Verlauf der Atmungshemmungskurven einzutreten; das geht aus Versuchen MEYERHOFS an nitrifizierenden Bakterien hervor[5]): Die Atmung der Nitratbildner wird durch Narkotica in steigenden Konzentrationen viel stärker als proportional gehemmt, die Atmung der Nitritbildner ist gegen diese Substanzen abnorm empfindlich. Umgekehrt ist die Narkoticahemmung der Atmung von lebenden und abgetöteten Staphylokokken normal[6]), die intracelluläre oxydative Indophenolblausynthese ist weder durch Alkohol noch Harnstoffe und Urethane narkotisierbar[7]).

Nach WARBURG[8]) steigern nichtspezifische lipoidlösliche Stoffe nie direkt die Oxydationen, wohl aber in manchen Fällen, wenn sie als Nährstoffe hungernden Zellen dienen, oder indirekt, wenn sie den Anstoß zur Entwicklungserregung ruhender Zellen geben und wieder entfernt werden; so wenn sie zur Furchung des unbefruchteten Seeigeleies führen, Flieder treiben, die Bewegung von Spermatozoen steigern[9]).

Trotzdem liegt aus neuester Zeit eine Reihe von Beobachtungen über Atmungsstimulation durch Narkotica vor, bei denen wohl keine der beiden Voraus-

---

1) WARBURG, O.: Zeitschr. f. Elektrochem. Bd. 28, S. 70. 1922.

2) DETTE, K.: Biochem. Zeitschr. Bd. 149, S. 136. 1924.

3) EMBDEN, G. u. H. LANGE: Zeitschr. f. physiol. Chem. Bd. 125, S. 258. 1923.

4) WARBURG, O.: Ergebn. d. Physiol. Bd. 14, S. 253. 1914. — MEYERHOF, O.: Pflügers Arch. f. d. ges. Physiol. Bd. 157, S. 251. 1914.

5) MEYERHOF, O.: Pflügers Arch. f. d. ges. Physiol. Bd. 164, S. 353. 1916; Bd. 165, S. 229. 1916; Bd. 166, S. 240. 1917.

6) MEYERHOF, O.: Pflügers Arch. f. d. ges. Physiol. Bd. 169, S. 87. 1917.

7) GRÄFF, S.: Beitr. z. pathol. Anat. u. z. allg. Pathol. Bd. 70, S. 1. 1922.

8) WARBURG, O.: Ergebn. d. Physiol. Bd. 14, S. 253. 1914.

9) HERTWIG, G. u. W. LIPSCHITZ: Pflügers Arch. f. d. ges. Physiol. Bd. 183, S. 275. 1920.

setzungen zutrifft: MEDES und MC CLENDON[1]) fanden, daß alle Narkotica in reversibel wirkenden Konzentrationen die Atmung und die Chloridexosmose von Elodeazellen steigern, während die Assimilation stark gehemmt ist und die Chloroplasten etwas schrumpfen.

| Narkoticum | Konz. % | $O_2$-Verbr. | $CO_2$-Produkt. | Exosmose | Protoplasma Strömung | Photosynthese | Größe der Chloroplasten |
|---|---|---|---|---|---|---|---|
| Alkohol . . . . | — | 100 | 100 | 100 | 100 | 100 | 100 |
| | 1,0 | 112 | 105 | 100 | 100 | 75 | 100 |
| | 1,5 | 135 | 125 | 150 | 105 | 62 | 99 |
| | 3,0 | 189 | 140 | 500 | 135 | 44 | 79 |
| Äther . . . . . | 1,5 | 150 | 117 | 200 | 90 | 49 | 76 |
| | 3,0 | 186 | 133 | 1000 | 30 | 12 | 68 |
| Chloroform . . | 0,05 | 113 | 100 | 1500 | 130 | 47 | 91 |
| Chloreton . . . | 0,05 | 117 | 150 | 150 | 71 | 100 | 100 |

G. B. RAY[2]) beobachtete sowohl an lebenden Algen (Uva lactuca, latiss.) zuerst Anstieg der $CO_2$-Produktion durch 0,25proz. Chloroform als auch an durch 80° abgetöteten, die mit 0,0005 m Ferrisulfat und $H_2O_2$ in Berührung waren, durch 1proz.; ist der Eisengehalt größer, so findet sofort durch das Chloroform Hemmung statt; die lebenden Algen werden durch 0,5% sofort gehemmt. Ungesättigte Substanzen: Ölsäure, Fumarsäure, Zimtsäure, Lecithin, die bei Zusatz von $H_2O_2$ und $Fe_2(SO_4)_3$ Kohlensäure liefern, zeigen bei Zusatz von Narkoticis meistens Oxydationssteigerung, die gesättigten Substanzen: Gerbsäure, Bernsteinsäure, Hydrozimtsäure, Pyrogallol, Glykokoll waren bezüglich der $CO_2$-Produktion gegen Narkotica ganz indifferent[3]); die $CO_2$-Produktion aus Ölsäure unter Chloroform betrug bis zu 60 Minuten Versuchsdauer 150% der Norm, später unter 100%[4]).

Für die Wirkung allgemeiner Narkotica auf die Oxydation gilt die Regel der homologen Reihen — sowohl für die an Struktur wie strukturfrei verlaufenden[5]).

*Vogelerythrocyten.*

| Substanz | Atmungshemmung 30—70% hemmende Konzentration Mol. | Substanz | Atmungshemmung 30—70% hemmende Konzentration Mol. |
|---|---|---|---|
| Methylalkohol . . . . . . | 5 | Aceton . . . . . . . . . | 0,9 |
| Äthylalkohol . . . . . . | 1,6 | Methylpropylketon . . . | 0,17 |
| Propylalkohol . . . . . . | 0,8 | Methylphenylketon . . . | 0,014 |
| n-Butylalkohol . . . . . | 0,15 | Acetonitril . . . . . . . | 0,85 |
| i-Butylalkohol . . . . . . | 0,15 | Propionitril . . . . . . | 0,36 |
| Gärungs-Amylalkohol . . . | 0,045 | Valeronitril . . . . . . | 0,06 |
| Methylurethan . . . . . | 1,3 | Dimethylharnstoff (as.) . . | 1,4 |
| Äthylurethan . . . . . . | 0,33 | Diäthylharnstoff (s.) . . . | 0,52 |
| Propylurethan . . . . . | 0,13 | Phenylharnstoff . . . . . | 0,018 |
| i-Butylurethan . . . . . . | 0,043 | Tolylsulfoharnstoff . . . . | 0,015 |
| Phenylurethan . . . . . | 0,003 | | |

[1]) MEDES, G. u. J. F. MC CLENDON: Proc. of the nat. acad. of sciences (U. S. A.) Bd. 6, S. 243. 1920.
[2]) RAY, G. B.: Journ of gen. physiol. Bd. 5, Nr. 4, S. 469. 1923.
[3]) RAY, G. B.: Journ. of gen. physiol. Bd. 5, Nr. 5, S. 611. 1923.
[4]) RAY, G. B.: Journ. of gen. physiol. Bd. 5, Nr. 5, S. 623. 1923; Bd. 5, Nr. 6, S. 741. 1923.
[5]) WARBURG, O.: Ergebn. d. Physiol. Bd. 14, S. 253. 1914. — WINTERSTEIN, H.: Die Narkose. Berlin 1919.

Daß die Atmung des Nitritbildners[1]) gegen Methylalkohol empfindlicher ist als gegenüber Äthylalkohol, ist wohl keine typische Ausnahme, sondern beruht auf indirekten Wirkungen.

Die Wirkung der Narkotica ist unabhängig von der Sauerstoffkonzentration des Wassers[2]).

Kombination von Narkoticis ergibt Additionswirkungen oder leichte Verstärkung.

Für spezifisch wirkende lipoidlösliche Stoffe, wie Aldehyde, gilt die Regel der homologen Reihe nicht[3]).

*Vogelerythrocyten.*

| | 30—70% Hemmung |
|---|---|
| Formaldehyd . . . . . | 0,001 Mol. |
| Acetaldehyd . . . . . | 0,013 „ |
| Propionaldehyd . . . . | 0,01 „ |
| n-Butyraldehyd . . . . | 0,008 „ |
| i-Butyraldehyd . . . . | 0,01 „ |
| i-Valeraldehyd . . . . | 0,0035 „ |
| Furfurol . . . . . . . | 0,003 „ |

### e) Die chemische Oxydationskatalyse: Eisen als $O_2$-Überträger. Die Peroxyde.

Nach einer bekannten Theorie WARBURGS ist *Eisen* der Sauerstoff übertragende Teil des Atmungsfermentes. Diese Auffassung gründet sich einerseits auf die Tatsache, daß in allen Zellen Eisen vorkommt, zweitens darauf, daß Schwermetallgifte: Blausäure, arsenige Säure, Pyrophosphat, Schwefelwasserstoff in Mengen, die zur stöchiometrischen Reaktion mit dem Zelleisen geeignet sind, die Oxydationen hemmen, drittens darauf, daß Eisenzusatz zu Zellen oder Kohlemodellen Oxydationsgeschwindigkeiten bewirkt, die zu den biologischen in definierter Beziehung stehen und daß solche Kohle-Eisenmodelle in charakteristischer Weise durch Blausäure vergiftet werden, endlich viertens darauf, daß mehrere längst bekannte oder neu gefundene Autoxydationsvorgänge sich als typische Eisenkatalysen entlarven ließen.

Wenn also auch nach Meinung des Verfassers u. a. nicht alle Teilvorgänge der „Oxydationen" sich als Eisenkatalysen auffassen lassen — Peroxydasewirkungen, gewisse Oxydoreduktionen, die HCN-feste Oxydation des Hypoxanthins durch Xanthinoxydase und $O_2$[4]) — haben viele unzureichende Angriffe, die die WARBURGsche Theorie erfuhr, gerade dazu geführt, daß sie infolge einer glänzend durchgeführten experimentellen Beweisführung für die meisten typischen Vorgänge als gesichert und als besonders fruchtbar gelten kann.

Damit soll nicht gesagt sein, daß nicht manche der z. B. von H. WIELAND vorgebrachten Einwände noch ihrer bündigen Widerlegung harren.

Die aus Seeigeleiern gewonnene atmende Flüssigkeit enthält pro 0,1 g N 0,02—0,03 mg Eisen in Ionen- oder leicht ionisierbarer Form; fügt man zu ihr weitere kleine Mengen $Fe^{II}$- oder $Fe^{III}$-Salz in der Größenordnung der im Ei vorkommenden Menge, so steigt die Atmung proportional an[5]). Über die in anderen Zellen gefundenen Fe-Mengen siehe YABUSOE[6]). Die Oxydation von Cystin, das an Fe-haltiger Tierkohle verbrennt[7]) und dabei ähnliche Mengen $O_2$ pro Gewichts-

[1]) MEYERHOF, O.: Pflügers Arch. f. d. ges. Physiol. Bd. 166, S. 240. 1917.
[2]) ISSEKUTZ, B. v.: Biochem. Zeitschr. Bd. 88, S. 219. 1918.
[3]) WARBURG, O.: Ergebn. d. Physiol. Bd. 14, S. 253. 1914.
[4]) DIXON, M. u. S. THURLOW: Biochem. journ. Bd. 19, 4, S. 672. 1925.
[5]) WARBURG, O.: Zeitschr. f. physiol. Chem. Bd. 92, S. 231. 1914.
[6]) YABUSOE: Biochem. Zeitschr. Bd. 157, S. 388. 1925.
[7]) WARBURG, O. u. E. NEGELEIN: Biochem. Zeitschr. Bd. 113, S. 257. 1921.

einheit verbraucht und auch ähnliche Endprodukte liefert wie die lebende Zelle, wird durch $^{n}/_{10000}$ bis $^{n}/_{1000}$ HCN, also eine Konzentration gehemmt, die $^{1}/_{10000}$ bis $^{1}/_{100000}$ der bei Annahme unspezifischer, d. h. adsorptiv verdrängender Wirkung erforderlichen beträgt; HCN unter $^{n}/_{10}$ verdrängt Cystin nicht mehr meßbar[1]). WARBURG stellt sich die Oberfläche der festen Zellbestandteile als ein Mosaik von vielen Fe-freien und wenigen Fe-haltigen Bezirken vor; die Ursache der Reaktionsbeschleunigung in lebenden Zellen liege in der Adsorption der Brennstoffe an den eisenhaltigen Oberflächen.

PH. ELLINGER und LANDSBERGER[2]) beobachteten, daß bei Abkühlung von Zelltrümmern aus Gänseerythrocyten und Bestrahlung mit ultraviolettem Licht Fluorescenz angeregt wird, die auf ihrem Fe-Gehalt beruht und durch HCN in Konzentrationen unterdrückt wird, welche die Oxydation von Aminosäuren komplett hemmen. Es handle sich um Umwandlung des $O_2$-Moleküls in das elektrizitätstragende Atom = O-Aktivierung.

Die HCN-Atmungshemmungskurve zeige einen bei hoher HCN-Konzentration wieder aufsteigenden Teil, weil HCN steigend selbst verbrannt werde. Die Spontanoxydation von HCN an Tierkohle nimmt mit der Temperatur stetig zu — etwa nach der RGT-Regel[3]). Auch die LENARDschen Phosphore wirkten als Oxydationskatalysatoren[4]). Die Richtigkeit der tatsächlichen Beobachtungen aber wird von WARBURG und MEYERHOF[5]) bestritten. Immerhin ist bemerkenswert, daß auch EVANS[6]) am atmenden Uterus inkomplette und mit steigender Konzentration sich vermindernde HCN-Hemmung beobachtete.

In einer neuen sorgfältigen Studie haben kürzlich PH. ELLINGER und LENZBERG[7]) das Prinzipielle der Tatsache gesichert, daß trotz hoher HCN-Konzentrationen wirklich noch Blausäure an Kohle oder Muskulatur verbrennt, und zwar hauptsächlich zu Cyanat; siehe auch WARBURG[8]).

Am Kohlemodell wurde das Verhältnis von Fe-Gehalt und Blausäureeffekt weiter studiert[9]): Während HCN die Oxydation von Leucin und Oxalsäure an Fe-reicher Blutkohle stark hemmt, ist sie gegenüber Kohle, die mit konzentrierter HCl erhitzt und danach noch katalytisch wirksam war, viel schwächer wirksam; die Oxydation an sehr Fe-armer Rohrzuckerkohle wird durch HCN nicht mehr spezifisch gehemmt. Hier wird *Sauerstoff durch C allein aktiviert,* — was auch meines Erachtens für gewisse Zellkatalysen zutreffen dürfte, von denen HCN-Unempfindlichkeit festgestellt ist! — Aminosäuren sind gegen aktiven Sauerstoff sehr empfindlich; so wird Leucin (schwach alkalisch) durch dünnes $H_2O_2$ ohne Katalysator unter Desamidierung oxydiert. Neuerdings haben WARBURG und BREFELD[10]) festgestellt, daß die Aktivierung von Eisen sich nur auf N-haltige Kohlen bezieht, und daß Cu, Co und Mn dazu nicht imstande sind.

Der katalytisch wirksame blausäureempfindliche Komplex besteht aus $\boxed{C, N < Fe}$; jedes $Fe^{II}$-Atom reagiert im Optimum alle 2 Minuten mit einem $O_2$-Molekül, indem es über die oxydierte Form zu $Fe^{II}$ zurückkehrt.

---

[1]) WARBURG, O.: Biochem. Zeitschr. Bd. 119, S. 134. 1921; Zeitschr. f. Elektrochem. Bd. 28, S. 70. 1922.
[2]) ELLINGER, PH. u. M. LANDSBERGER: Zeitschr. f. physiol. Chem. Bd. 123, S. 246. 1922.
[3]) ELLINGER, PH.: Zeitschr. f. physiol. Chem. Bd. 136, S. 19. 1924.
[4]) ELLINGER, PH. u. M. LANDSBERGER: Klin. Wochenschr. Bd. 2, S. 966. 1923.
[5]) WARBURG, O.: Ber. d. dtsch. chem. Ges. Bd. 58, S. 1004. 1925.
[6]) EVANS, C. LOVATT: Journ. of physiol. Bd. 58, S. 22. 1923.
[7]) ELLINGER, PH. u. LENZBERG: Zeitschr. f. physiol. Chem. Bd. 154, S. 85. 1926.
[8]) WARBURG, O.: Biochem. Zeitschr. Bd. 119, S. 134. 1921.
[9]) WARBURG, O.: Biochem. Zeitschr. Bd. 136, S. 266. 1923.
[10]) WARBURG, O. u. W. BREFELD: Biochem. Zeitschr. Bd. 145, S. 461. 1924.

Folgende Übersicht illustriert die Verhältnisse:

| Kohle gewonnen aus | Adsorptionskraft | Oxydationskatalyse v. Leucin n/20 | Hemmbarkeit durch n/1000 HCN |
|---|---|---|---|
| Blut (käufl.) | ++ | ++ | + |
| Zucker (N-, Fe-frei) | ++ | ++ | 0 |
| Zucker + Silikat | ++ | (+) | — |
| Zucker + Silikat + Fe | ++ | (+) | — |
| Zucker + Silikat + Hämin | ++ | ++ | ++ |
| Hämin | (+) | +++ | +++ |
| Anilinfarbstoffen | + | +++ | +++ |

Prinzipiell ähnliche Beobachtungen machte ROSENMUND[1]) mit $Al_2O_3$, das dann Alkohole katalytisch oxydiert, wenn es Eisenoxydverunreinigungen enthält und in Gegenwart von N-Verbindungen wirkt.

WARBURG[2]) faßt zusammen, der Sauerstoff werde durch chemische Kräfte, die Summe aller in der Zelle vorkommenden katalytisch wirksamen Fe-Verbindungen, die organischen Moleküle durch Oberflächenkräfte aktiviert.

Eine überraschende Stütze hat diese Vorstellung durch die Entdeckung gewonnen, daß als typisch geltende „*Autoxydationen*" Schwermetall- speziell Eisenkatalysen sind und als solche hohe Blausäureempfindlichkeit zeigen. Dieser Nachweis hat sich für die bekannte Autoxydation des Cysteins erst durch besondere Reinigungsmethoden erbringen lassen: Das beste Präparat zeigte nur mehr $^1/_{200}$ der üblichen Oxydationsgeschwindigkeit, die sich umgekehrt durch Zusatz von $^1/_{10000}$ mg Fe pro 10 ccm Flüssigkeit — eine chemisch nicht mehr nachweisbare Menge — bereits verdreifachte. HCN und Pyrophosphat hemmen durch Komplexbildung mit dem Fe[3]). Einwände von ABDERHALDEN und WERTHEIMER sind wirkungslos[4]).

Ganz Entsprechendes gilt für die Autoxydation der Thioglykolsäure in alkalischer Lösung, die neben Fe auch z. B. durch Cu-Spuren katalysiert wird und durch Blausäure unter Bildung von (CuCN)-Komplexsalz gehemmt wird[5]). Schon viel früher war von THUNBERG[6]) beobachtet worden, daß $^1/_{1000000}$ Mol. Mangansalz die Oxydationsgeschwindigkeit der Thioglykolsäure vervierfacht, die der $\alpha$-Thiomilchsäure verdoppelt, und daß Lecithin (Linolensäure) + Fe + H rasch oxydiert wird[7]). Die Autoxydation des Systems: Lecithin + SH-Substanzen ist als Metallkatalyse durch HCN hemmbar[8]). Rhodanidbildung als Hemmungsursache kommt schon aus stöchiometrischen Gründen nicht in Frage.

Von allgemeiner Bedeutung ist die Folgerung und experimentelle Begründung, daß auch die Autoxydation des HOPKINSschen Glutathion auf Fe-Katalyse beruht; schon $^1/_{10000}$ mg Fe-Salz ist wirksam; die Oxydation wird durch HCN typisch gehemmt[9]).

---

[1]) ROSENMUND, K. W.: Zeitschr. f. angew. Chem. Bd. 38, S. 145. 1925.

[2]) WARBURG, O.: Biochem. Zeitschr. Bd. 152, S. 479. 1924.

[3]) SAKUMA, S.: Biochem. Zeitschr. Nr. 142, S. 68. 1923. — WARBURG, O. u. S. SAKUMA: Pflügers Arch. f. d. ges. Physiol. Bd. 200, H. 1/2, S. 203. 1923.

[4]) ABDERHALDEN, E. u. E. WERTHEIMER: Pflügers Arch. f. d. ges. Physiol. Bd. 197, S. 131. 1922; Bd. 198, S. 122. 1923; Bd. 200, S. 649. 1923.

[5]) MEYERHOF, O.: Pflügers Arch. f. d. ges. Physiol. Bd. 200, S. 1. 1923.

[6]) THUNBERG, T.: Skandinav. Arch. f. Physiol. Bd. 30, S. 285. 1913.

[7]) THUNBERG, T.: Skandinav. Arch. f. Physiol. Bd. 24, S. 90. 1911.

[8]) ABDERHALDEN, E. u. E. WERTHEIMER: Pflügers Arch. f. d. ges. Physiol. Bd. 197, S. 131. 1922.

[9]) HARRISON, D. C.: Biochem. journ. Bd. 18, S. 1009. 1924. — SZENT-GYÖRGYI, A. v.: Biochem. Zeitschr. Bd. 157. S. 50. 1925.

Die „Spontanoxydation“ von Fructose in konzentrierten Phosphatlösungen, meßbar schon bei $p_H = 6{,}2$, steigend bei steigendem OH-Ionengehalt, respir. Quotient 0,3[1]), ist eine Metallkatalyse, durch HCN und Pyrophosphat stark hemmbar, durch Fe-, Cu-, Mn-Salz zu steigern[2]). Phosphat ist durch Arseniat ersetzbar; Hexosephosphat wird nicht oxydiert.

Die Reaktion $HJO_3$ + Oxalsäure + Wasser schien nach Warburg und Toda[3]) gleichfalls an Fe-Verunreinigungen geknüpft; mit steigender Befreiung der Reagenzien von Fe sinkt die Reaktionsgeschwindigkeit, bei Fe-Zusatz steigt sie; HCN hemmt. Da die Blausäurehemmungen in der Zelle reversibel sind, sollte es sich um Bildung von lockeren Eisenverbindungen handeln, nicht um solche vom Typus der Eisencyanwasserstoffsäuren. Doch stehen zu einem Teil dieser Beobachtungen und Auffassungen neue Versuche von Wieland und Fischer[4]) in scharfem Gegensatz: Die Reaktion $2\,HJO_3 + 5\,C_2O_4H_2 \rightarrow J_2 + 10\,CO_2 + 6H_2O$ verläuft bei 75—98° so rasch, daß der Umsatz in 10 Minuten an der Menge entstandenen Jods bequem bestimmt werden kann. Dabei zeigte sich, daß durch Zusatz von Eisenionen keine größere Geschwindigkeit, durch weitestgehende Reinigung der Reagenzien keine Verminderung zu erzielen war, obwohl HCN typisch hemmte. Umgekehrt wirkte Cl′ und Br′ erheblich beschleunigend. Die Autoren fassen die Blausäure-Antikatalyse als eine Wirkung auf, die durch Zusammentritt von HCN mit „erregten“ (aktiven) Jodsäuremolekülen zustande kommt. Das stöchiometrische Mißverhältnis werde dadurch erklärt, daß in einer Jodsäurelösung neben vielen inaktiven Molekülen nur wenige aktive vorhanden seien, und daß die Einstellung des Gleichgewichtes:

$$JO_3H_i \rightleftarrows JO_3H_a$$

durch ein Gleichgewicht:

$$JO_3H_a,\ HCN \rightleftarrows JO_3H_i + HCN$$

verhindert werde. Die Autoren erinnern daran, daß ähnliche Vorstellungen von Moureu für die oxydationshemmende Wirkung der Phenole entwickelt worden seien.

Warburg[5]), der sich kürzlich nochmals mit der Reaktion zwischen Jodsäure und Oxalsäure beschäftigte, ändert auf Grund von Wielands und seinen eigenen Versuchen seine Auffassung von der Bedeutung des Eisens und der Blausäure bei dieser Reaktion in dem Sinne, daß Ferrosalz einfach von Jodsäure oxydiert wird und zu *Jod*abscheidung führt, das nach Millon seinerseits die Jodsäure-Oxalsäurereaktion beschleunigt; HCN hemmt dann durch Umwandlung des freien Jods in Jodcyan.

Moureu und Dufraisse[6]) erklären den Mechanismus der Oxydationshemmung durch Phenole und manche andere Substanzen derart, daß diese den Zusammentritt der autoxydablen Körper mit Sauerstoff hemmen, umgekehrt aber den Zerfall einmal gebildeter Peroxyde katalysieren; so sei die Oxydationsantikatalyse von Jodid in Modellversuchen folgendermaßen zu verstehen:

$$A + O_2 \rightarrow A\,[O_2] \quad A\,[O_2] + MJ \rightarrow A\,[O] + MJ\,[O]$$
$$MJ\,[O] + A\,[O] \rightarrow MJ + A + O_2$$

---

1) Warburg, O. u. M. Yabusoe: Biochem. Zeitschr. Bd. 146, S. 380. 1924.
2) Meyerhof, O. u. K. Matsuoka: Biochem. Zeitschr. Bd. 150, S. 1. 1924.
3) Warburg. O. u. S. Toda: Naturwissenschaften Bd. 13, S. 442. 1925.
4) Wieland, H. u. F. G. Fischer: Ber. d. dtsch. chem. Ges. Bd. 59, Nr. 6, S. 1171. 1926.
5) Warburg, O.: Biochem. Zeitschr. Bd. 174, S. 497. 1926.
6) Moureu Ch. u. Ch. Dufraisse: Cpt. rend. hebdom. des séances de l'acad. des sciences Bd. 176, S. 624. (1923).

oder auch: $A + O_2 \rightarrow A[O_2]$ $\underset{\text{(Antikatalysator)}}{B} + O_2 \rightarrow B[O_2]$

$$A[O_2] + B[O_2] \rightarrow A + B + 2\,O_2.$$

Wesentlich ist also die eigene Autoxydabilität und wiederum der leichte Zerfall der Sauerstoffverbindung des Antikatalysators. Demgemäß macht der Zusatz von geringen Mengen Polyphenolen zu stark autoxydablen Substanzen diese fast absolut beständig. GILLET[1]), MOUREU[2]) sind der Meinung, daß die Vergiftung von Katalysatoren als „Antioxygen"reaktion aufzufassen ist.

Zu erwähnen ist, daß auch die intracelluläre Indophenolblausynthese durch einen blausäureempfindlichen Oxydationskatalysator bewirkt wird[3]).

Kürzlich zeigte TODA[4]), daß auch die Blausäureester, z. B. das Äthylcarbylamin oder Propio-isonitril $C_2H_5{-}N{=}C$, die mit Schwermetallen komplexe Verbindungen bilden, die Oxydation von Aminosäuren an Fe-haltiger Kohle und die Fructose-Oxydationskatalyse in Phosphat hemmen, daß dagegen die nicht komplexbildenden Nitrile (Propio-, Valeronitril) $RC \equiv N$ ca. 500mal schwächer hemmen als ihre Isomeren. Die Tatsache, daß Äthylcarbylamin die peroxydatische Kraft der Rattenleber nicht hemmt, ist demgegenüber hervorzuheben.

Von den im tierischen Organismus vorkommenden $C, N < Fe$-Verbindungen ist der *Blutfarbstoff* die einzige bekannte; das Hämoglobin aber gilt bekanntlich als außerstande, Sauerstoff zu aktivieren.

Um so bemerkenswerter scheint es, daß bei der Autoxydation des Cystein-Glutaminsäure-Dipeptid (Glutathion) auch Hämatin-Fe katalytisch wirksam ist[5]), daß ferner nach M. E. ROBINSON[6]) [siehe auch[7])] Hämoglobin, Methämoglobin, Kohlenoxydhämoglobin und Hämin (nicht aber das Fe-freie Hämatoporphyrin) die Oxydation ungesättigter Fettsäuren (Linolensäure) katalysieren; jedoch hemmt Zusatz von (dem Fe selbst 5fach äquivalenter Menge) Blausäure oder Umwandlung von Methämoglobin in Cyanhämoglobin die Katalyse nur sehr wenig. Ein weiteres ähnliches Beispiel ist die Katalyse des Hydroxylamins durch Blutfarbstoffe, das teils zu Ammoniak reduziert, teils zu Stickstoff, Nitrit, Nitrat oxydiert wird; auch hier hemmt Blausäure uncharakteristisch[8]). In diesem Zusammenhang interessiert, daß die Atmung getöteter Staphylokokken 100mal schwächer durch HCN gehemmt wird als die lebender[9]). Entsprechend der ganz verschiedenen Wirkungsweise verursacht Kombination von allgemeinen Narkoticis und Blausäure keinen additiven Effekt, sondern die Hemmung bleibt hinter der Summe der Hemmungswirkungen zurück, ja häufig wird sogar die Wirkung der Blausäure durch das Narkoticum oder auch die Wirkung des Narkoticums durch hohe Blausäurekonzentration absolut vermindert [Erythrocyten[10]), Muskelzellen[11])]; diese Erscheinung ist wohl als gegenseitige Verdrängung aufzufassen.

---

[1]) GILLET, A.: Cpt. rend. hebdom. des séances de l'acad. des sciences Bd. 176, S. 1402. 1923.

[2]) MOUREU, CH., CH. DUFRAISSE u. M. BADOCHE: Cpt. rend. hebdom. des séances de l'acad. des sciences Bd. 179, S. 237 u. 1229. 1924. — MOUREU, CH. u. CH. DUFRAISSE: Journ. of the chem. soc. (London) Bd. 127, S. 1. 1925.

[3]) GRÄFF, S.: Beitr. z. pathol. Anat. u. z. allg. Pathol. Bd. 70, S. 1. 1922.

[4]) TODA, S.: Biochem. Zeitschr. Bd. 172, S. 17. 1926.

[5]) HARRISON, D. C.: Biochem. journ. Bd. 18, S. 1009. 1924.

[6]) ROBINSON, M. E.: Biochem. journ. Bd. 18, Nr. 1, S. 255. 1924.

[7]) HILL, A. V.: Lancet Bd. 206, S. 994. 1924.

[8]) LIPSCHITZ, W.: Zeitschr. f. physiol. Chem. Bd. 146, S. 1. 1925.

[9]) MEYERHOF, O.: Pflügers Arch. f. d. ges. Physiol. Bd. 169, S. 87. 1917.

[10]) WARBURG, O.: Ergebn. d. Physiol. Bd. 14, S. 253. 1914.

[11]) LIPSCHITZ, W. u. A. GOTTSCHALK: Pflügers Arch. f. d. ges. Physiol. Bd. 191, S. 1. 1921.

Gärungsvorgänge scheinen durch Eisensalze nicht gesteigert zu werden[1]; andererseits werden sie durch Blausäure erst in höheren Konzentrationen gehemmt[2]). Die Reduktion aromatischer Nitroverbindungen im Stoffwechsel der gärenden Ascariszellen ist gegen Blausäure äußerst unempfindlich[3]).

Die Unzahl beobachteter Katalysen mit anderen Metallen an unphysiologischem Material kann hier übergangen werden. Nur sei erwähnt, daß die Autoxydation der Brenztraubensäure und Phenylbrenztraubensäure nicht nur durch Pd, sondern auch metallhaltige Kohle katalysiert wird[4]). Auch die BERTRANDsche Theorie von dem Mangangehalt der Oxydasen scheint nicht die ursprünglichen Erwartungen zu erfüllen[5]). Die katalytische Wirkung von Cu-Salzen ist wohl gleichfalls zu begrenzt, um Bedeutung für den allgemeinen Oxydationsmechanismus zu beanspruchen: Die nicht komplexen wasserlöslichen Cu-Salze bewirken sowohl durch Luft-$O_2$ wie Hydroperoxyd rasche Oxydation von Hydrochinon zu Chinhydron, von Pyrogallol zu $CO_2$ und setzen dabei die 100 000fache Menge Substanz um, als ihrer eigenen Menge entspricht; Luciferin wird durch Cu-haltiges Blut oxydiert, doch werden andere biologisch wichtige Oxydationen nicht katalysiert[6]); wirksam sollen unbeständige Peroxyde des Kupfers sein.

Über die Entstehung *organischer Peroxyde* als Oxydationsvermittler ist nicht viel Tatsächliches beobachtet worden; es wurde in neuerer Zeit von ONSLOW[7]) durch die Jodstärkereaktion bewiesen, daß in manchen Pflanzenteilen aus den in ihnen enthaltenen Brenzkatechinen („Catechol-Substanzen") durch Autoxydation Peroxydgruppen intermediär entstehen. Mit der Gegenwart solcher organischer Peroxyde, die also einen gewissen Sauerstoffvorrat darstellen, erklärt COLLIP[8]) die Tatsache, daß auch bei Sauerstoffmangel die $CO_2$-Bildung von Mya arenaria noch fortdauert.

Wichtig sind die Beobachtungen von AVERY und NEILL[9]) und HAGAN[10]) über die Peroxydbildung durch anaerob gehaltene Kulturen von Pneumokokkus oder daraus gewonnene Extrakte oder endlich Actinomyces necrophorus bei Zutritt von Luft. Das Peroxyd bildet sich aus Bestandteilen des Zelleibes mit molekularem $O_2$. Hier ist also die TRAUBE-WIELANDsche Gleichung realisiert

$$\begin{matrix} -\mathrm{H} \\ -\mathrm{H} \end{matrix} + O_2 = \begin{matrix} \mathrm{HO} \\ | \\ \mathrm{HO} \end{matrix},$$

und es verdient Beachtung, daß auch bei Luftoxydation von Purinen oder Aldehyd oder Cystein durch Xanthinoxydase sich ein Peroxyd bildet[11]), wobei nur noch nicht entschieden ist, ob es sich um ein organisches oder Hydroperoxyd handelt. Siehe aber die Versuche von WARBURG und TANAKA[12]). AVERY und NEILL

---

1) HODEL, P. u. N. NEUENSCHWANDER: Biochem. Zeitschr. Bd. 156, S. 118. 1925.

2) WARBURG, O.: Ergebn. d. Physiol. Bd. 14, S. 253. 1914.

3) LIPSCHITZ, W. u. A. GOTTSCHALK: Pflügers Arch. f. d. ges. Physiol. Bd. 191, S. 33. 1921.

4) WIELAND, H.: Liebigs Ann. d. Chem. Bd. 436, S. 229. 1924.

5) VAN DER HAAR, A. W.: Biochem. Zeitschr. Bd. 113, S. 19. 1921. — THUNBERG, T.: Skandinav. Arch. f. Physiol. Bd. 33, S. 228. 1916.

6) VALDIGUIÉ, A.: Cpt. rend. des séances de la soc. de biol. Bd. 88, S. 1091. 1923. — DUBOIS, R.: Ebenda Bd. 89, S. 10. 1923.

7) ONSLOW, M. W.: Biochem. journ. Bd. 13, S. 1. 1919; Bd. 14, S. 535, 541. 1920. — Vgl. WESTER, D. H.: Chem. Weekblad Bd. 18, S. 700. 1921.

8) COLLIP, J. B.: Journ. of biol. chem. Bd. 49, S. 297. 1921.

9) AVERY, O. T. u. J. M. NEILL: Journ. of exp. med. Bd. 39, S. 347, 357, 543, 757. 1924.

10) HAGAN, W. A.: Proc. of the soc. f. exp. biol. a. med. New York Bd. 21, S. 570. 1924.

11) THURLOW, S.: Biochem. journ. Bd. 19, Nr. 2, S. 175. 1925.

12) TANAKA, K.: Biochem. Zeitschr. Bd. 157, S. 425. 1925.

haben bewiesen, daß Peroxydbildung und Methylenblaureduktion in ihren Versuchen auf dem gleichen System beruhen:

$$M + H_2 = \text{Leuko} - M$$
$$O_2 + H_2 = H_2O_2 .$$

Sie haben aber weiter gezeigt, daß diese Reaktionen auch unter Bedingungen eintreten, bei denen die Zellen nicht mehr wachsen oder sogar rasch zugrunde gehen; umgekehrt handelt es sich um eine gegen bestimmte Eingriffe empfindliche Fermentreaktion: sie wird durch Erwärmen auf 65° zerstört, durch Waschen der Kokken (Coferment) aufgehoben, durch Zufügen des Waschwassers oder von Hefeextrakt restituiert. Auf dieser Peroxydbildung beruht die Zersetzung des Blutfarbstoffes zu Methämoglobin durch Pneumokokken oder autoxydable Extrakte daraus. H. WIELAND und FISCHER[1]) endlich konnten bei Schütteln von Hydrochinon, Brenzkatechin, Pyrogallol, Guajacol, Anthrahydrochinon in alkoholischer Lösung mit Sauerstoff und Phenoloxydase aus Lactarius vellereus reichliche Mengen von Hydroperoxyd nachweisen, wofern das Pilzpräparat von Katalase befreit war oder die Katalasewirkung durch HCN gehemmt wurde.

Einen eigenartigen Mechanismus von Oxydationen und Reduktionen *ohne Katalysator* hat GIRARD entdeckt[2]). Trennt man durch eine Pergamentmembran, die stark durchlässig für Cl, weniger für OH und undurchlässig für Cu-Ionen ist, alkalische Fumarlösung von $CuCl_2$-Lösung, so entsteht $Cu_2Cl_2$ und Dichlorbernsteinsäure; prüft man das System $CuCl_2 + Na_2S$ , $Fe_2(SO_4)_3 +$ Fumarsäure, so entsteht oxydativ Tartrat, entsprechend reduktiv auf der anderen Seite der Membran Ferrosalz. Die Ionenauslese durch die Membran ruft ein elektrostatisches Ungleichgewicht in den getrennten Lösungen hervor. Dieses sucht sich durch Übergang von Elektronen von gewissen Anionen auf gewisse Kationen auszugleichen; so kommt Valenzwechsel zustande.

Die *Katalase* ist kein oxydierendes Ferment[3]). Sie hat mit Oxydationen nichts zu tun; dem entsprechend läßt Befruchtung des Seeigeleies die Katalasewirkung nicht wesentlich steigen (AMBERG und WINTERNITZ, STEHLE und McCARTY, SEYMOUR). Über die eisenfreie resp. -arme Peroxydase bei hoher Aktivität siehe WILLSTÄTTERs Arbeiten.

### f) Das Coferment und das Glutathion.

Es ist zweifellos, daß in der lebenden Zelle das einfache System Eisenkatalysator, Brennort, Brennstoff, Sauerstoff, das im Modellversuch durch Eisenkohle, Aminosäuren, Sauerstoff dargestellt wird, nicht ausreicht, um die in der Zelle hauptsächlich vorhandenen Nährstoffe zu verbrennen, wobei der Schwierigkeit des *spezifischen* oxydativen Angriffs noch gar nicht gedacht werden soll.

Ein wesentlicher Schritt vorwärts war deshalb die Beobachtung MEYERHOFs[4]), daß der kochbeständige Teil eines Wasserextrakts aus Acetonhefe imstande ist, die durch das Extrahieren verlorengegangene Atmung der Hefe zu restituieren; dabei ist festzuhalten, daß die reaktivierende Flüssigkeit selbst nicht atmet (*Coferment der Atmung*). Sie gibt stark positive Reaktion auf SH-Gruppen, deren Konzentration auf $^{m}/_{3000}$ geschätzt wurde[5]). Daß diese Sauer-

[1]) WIELAND, H. u. F. G. FISCHER: Ber. d. dtsch. chem. Ges. Bd. 59, Nr. 6, S. 1180. 1926.

[2]) GIRARD, P. u. M. PLATARD: Cpt. rend. des séances de la soc. de biol. Bd. 90, S. 932, 933, 1020, 1236, 1238, 1406. 1924; Bd. 178, S. 1393. 1924.

[3]) MORGULIS, S.: Ergebn. d. Physiol. Bd. 23, S. 308. 1924.

[4]) MEYERHOF, O.: Pflügers Arch. f. d. ges. Physiol. Bd. 170, S. 367. 1918.

[5]) MEYERHOF, O.: Pflügers Arch. f. d. ges. Physiol. Bd. 170, S. 428. 1918.

stoff übertragen und nicht etwa nur durch Übergang in — S — S — Sauerstoff verbrauchen, geht aus den quantitativen Verhältnissen hervor: Es wurde durch zugefügte extrahierte Hefe 100mal so viel $O_2$ verbraucht, als der Disulfidbildung entspricht. Ersatz dieses unbekannten „Atmungskörpers" durch chemisch definierte Substanzen hatte folgendes Ergebnis:

| | Atmungsrestitution | |
|---|---|---|
| Aldehyde | 0 | |
| Eiweißkörper | 0 | |
| organ. Säuren | 0 | |
| Cystein | 0 | |
| Hexosephosphat | + | |
| Thioglykolsäure | + | Vgl. THUNBERG[1]), doch war die so restituierte |
| α-Thiomilchsäure | + | Atmung nicht narkotisierbar! |

Wurde andererseits atmender Hefemacerationssaft durch Ultrafiltration in Rückstand und Filtrat zerlegt, so atmeten beide nicht mehr; das Filtrat — oder Hexosephosphat, nicht aber die Thiosäuren! — restituierte die Atmung des Rückstandes.

Endlich zeigte MEYERHOF[2]), daß das Coferment der Atmung mit dem Coferment der alkoholischen Gärung wahrscheinlich identisch ist, daß jedenfalls in allen tierischen Organen außer Serum und Milch ein gleichfalls thermostabiles Coferment der Gärung vorkommt und daß, wie die Gärung durch Muskelkochsaft, so die Muskelatmung durch Hefekochsaft zu reaktivieren ist; siehe auch LIPSCHITZ[3]). v. SZENT-GYÖRGYI[4]) hat wahrscheinlich gemacht, daß das wirksame Prinzip neben der Coctostabilität die Eigenschaft hat, säurefest, mit Bleiacetat fällbar und in 80proz. Aceton löslich zu sein, und kein Eiweiß, sondern wahrscheinlich ein ziemlich einfacher Körper ist. Bemerkenswert ist, daß im Kaltwasserextrakt der Organe — außer im Serum — ein thermolabiler Hemmungskörper sich findet, der die Zymase selbst angreift und durch Aufkochen zu zerstören ist.

Isolierung des lange gesuchten[5]), für den Oxydationsvorgang bedeutungsvollen schwefelhaltigen Komplexes gelang dann HOPKINS[6]) in dem sog. *Glutathion*, Glutaminsäure-Cysteindipeptid. Es fehlt im Serum, Plasma, Bindegewebe und Vogeleiern, ist in auffallend geringer Menge in stark wachsenden Carcinomzellen vorhanden, reichlich bereits in 30 Stunden alten Vogelembryonen und im übrigen in allen untersuchten tierischen und pflanzlichen Zellen und in Bakterien.

| Organ | Gehalt % [TUNNICLIFFE] |
|---|---|
| Skelettmuskel (Ratte) | 0,034 |
| (Kaninchen) | 0,04 (5) |
| Leber (Ratte) | 0,18 |
| (Kaninchen) | 0,24 |
| Frische Hefe | 0,18 |
| Pferdemuskel | 0,02 (ABDERHALDEN u. WERTHEIMER[7])]. |

Es wurde unter Bedingungen isoliert, die eine Herausspaltung aus größeren

[1]) THUNBERG, T.: Skandinav. Arch. f. Physiol. Bd. 30, S. 285. 1913.

[2]) MEYERHOF, O.: Zeitschr. f. physiol. Chem. Bd. 101, S. 165. 1918; Bd. 102, S. 1. 1918; Med. Klin. 1918, Nr. 18.

[3]) LIPSCHITZ, W.: Zeitschr. f. physiol. Chem. Bd. 109, H. 5. 1920.

[4]) SZENT-GYÖRGYI, A. v.: Biochem. Zeitschr. Bd. 157, S. 50. 1925.

[5]) DE REY-PAILHADE, J.: Philothion. Cpt. rend. hebdom. des séances de l'acad. des sciences Bd. 106, S. 1683. 1888. — HEFFTER: Med.-naturw. Arch. Bd. 1, S. 81. 1908.

[6]) HOPKINS, F. G.: Biol. journ. Bd. 15, S. 286. 1921; Bull. of the John Hopkins hosp. Bd. 32, S. 321. 1921.

[7]) ABDERHALDEN, E. u. E. WERTHEIMER: Pflügers Arch. f. d. ges. Physiol. Bd. 198, S. 122.

Eiweißkomplexen ausschließen und findet sich in der Zelle fast nur in reduzierter Form. Seine Konstitution wurde durch Synthese[1]) kürzlich erhärtet:

$$\begin{array}{ll} CH_2 \cdot SH & \\ CH \cdot NH{-}CO & \\ COOH & CH_2 \\ & CH(NH_2) \\ & | \\ & COOH \end{array}$$

Das oxydierte (S — S) Dipeptid stellt ein amorphes weißes, nicht hygroskopisches Pulver dar, das s. l. l. in Wasser ist, sauer gegen Lackmus reagiert, unlöslich in Alkohol, Äther und anderen organischen Lösungsmitteln ist. Es zeigt (165 — 70°) F. P. 187° und

$$[\alpha]_{\mathrm{HgJ}}^{15^\circ} = -98{,}3^\circ$$

$$\text{in } 10\%\ \mathrm{HCl}\colon [\alpha]_{\mathrm{HgJ}}^{15^\circ} = -89{,}2^\circ.$$

Es funktioniert sowohl als Wasserstoff- wie Sauerstoffacceptor und durch den leichten Übergang in beiden Richtungen:

$$\begin{array}{c} -SH \;+ O\; S- \\ \rightleftarrows \quad | \\ -SH \;+ H_2\; S- \end{array}$$

als ein wahres Coferment oder ein Katalysator [HOPKINS[2])]; doch ist daran zu erinnern, daß nach HARRISON[3]) die Oxydation unter Vermittlung von Eisen zustande kommt, durch HCN hemmbar ist und auch durch Kupfer stark katalysiert wird (v. SZENT-GYÖRGYI).

Demgemäß geht die SH-Verbindung durch überlebendes Gewebe sehr rasch in S—S über. Von größtem Einfluß ist die $h$: bei $p_H = 6{,}8$ konkurriert das S—S-Dipeptid mit zugesetztem Methylenblau nur als Acceptor um den Wasserstoff, d. h. die Methylenblaureduktion wird vermindert; jedoch bereits bei $p_H = 7{,}4$ wird die Methylenblaureduktion durch Gewebe selbst durch S—S-Dipeptid beschleunigt, weil dieses intermediär reduziert wird, aber (alkalisch) seinen Wasserstoff an Methylenblau weiter abgibt. Die Beziehungen zu MEYERHOFS Atmungskörper sind noch unklar; wahrscheinlich ist das Glutathion in ihm als wesentlicher — nicht einziger — Bestandteil enthalten.

Prinzipiell wichtig ist, daß das Glutathion mit einem thermostabilen System des Gewebes zusammenwirkt[4]): Fein zerschnittene, wasserextrahierte, alkoholgewaschene, im Vakuum getrocknete Muskulatur stellt ein Pulver dar, das mit Glutathion pro 1 g trockener Muskulatur bis zu 400 cmm $O_2$ aufnimmt und zuerst etwa äquivalente $CO_2$-Mengen produziert. Dabei geht das Glutathion unverändert aus der Reaktion hervor; seine Konzentration hat nur Bedeutung für die Geschwindigkeit der $O_2$-Aufnahme, nicht für den Endzustand! Es handelt sich um keine Oberflächenkatalyse. Das Muskelpräparat ist empfindlich gegen $O_2$ und vor allem gegen $H_2O_2$. Auf welchen Gewebsbestandteil die Reduktion einmal oxydierten Glutathions zurückzuführen ist, bleibt offen; jedenfalls ließ sich Linolensäure ausschließen[5]).

---

[1]) STEWART, C. P. u. H. E. TUNNICLIFFE: Biochem. journ. Bd. 19, S. 2, 207. 1925.

[2]) HOPKINS, F. G.: Biol. journ. Bd. 15, S. 286. 1921; Bull. of the John Hopkins hosp. Bd. 32, S. 321. 1921.

[3]) HARRISON, D. C.: Biochem. journ. Bd. 18, S. 1009. 1924.

[4]) HOPKINS, F. G. u. M. DIXON: Journ. of biol. chem. Bd. 54, S. 527. 1922.

[5]) TUNNICLIFFE, H. E.: Biochem. journ. Bd. 19, Nr. 2, S. 199. 1925.

Fraglos spielt es auch eine Rolle im normalen Atmungsmechanismus: der aufgenommene Sauerstoff entspricht etwa dem $O_2$-Verbrauch der gleichen Menge intakter Muskulatur und einem Zehntel der ganzen Sauerstoffmenge, die ausgeschnittenes Muskelgewebe aufnehmen kann.

Ein Gemisch von 2,5 Teilen Disulfid und 1 Teil Sulfhydril hat nach Dixon und Tunnicliffe[1]) die größte Oxydationsgeschwindigkeit bei einem optimalen $p_H = 7{,}5$, während z. B. die Thioglykolsäureoxydation an Muskelpulver mit steigender Alkalinität zunimmt; auch Cystein überträgt $O_2$ auf den hitzebeständigen Teil der Zelle. Daß aber auch Thioglykolsäure imstande ist, ein autoxydables System der Zelle mitzubilden, geht aus einer Mitteilung von Meyerhof[2]) hervor: Das System Lecithin-Thioglykolsäure nimmt bis 10mal soviel Sauerstoff auf, als $2\,HS - + O \rightarrow S - S + H_2O$ erfordert; das Optimum liegt bei $p_H = 3$; wirksam ist die Linolensäure ($C_{18}H_{30}O_2$); es verschwinden bei der Reaktion Fettsäuredoppelbindungen, ähnlich wie in dem autoxydablen System Lecithin-Eisen. Wendet man aber das Glykolsäuredisulfid an, so wird nur sehr wenig Sauerstoff aufgenommen, obgleich anaerob Methylenblau reduziert wird.

Gegenüber diesem experimentellen Material stehen Einsprüche von Holden[3]), der den „Atmungskörper" von Meyerhof einfach für ein Gemisch von oxydablen, durch die Atmung zerstörbaren Substanzen hält — Behandlung von Muskelkochsaft ebenso wie von Hefecoferment mit Muskulatur und Kohlensäure wirke zerstörend — und findet, daß weder Glutathion noch Insulin die Atmung ausgewaschener Acetondauerhefe reaktiviert: Glutathion könne kein Coferment der Milchsäureoxydation sein. Daß Glutathion + Milchsäure + extrahierte Muskulatur kein System darstellt, das Milchsäureoxydation oder Reduktion von oxydiertem Glutathion bewirkt, behauptet auch v. Szent-Györgyi[4]); letztere Reduktion wird nicht einmal in dem System oxyd. Glutathion + extrahierte Muskulatur + Bernsteinsäure hervorgerufen, obwohl ihr Wasserstoff unter gleichen Umständen so leicht auf Methylenblau übertragen wird. Alles in allem: Glutathion ist ein sehr wichtiger, aber nicht der einzige wirksame Bestandteil des Komplexes, der als Atmungscoferment zusammengefaßt werden mag.

## g) Die Brennstoffe und ihre Abbaustufen.

Welches eigentlich die normalen direkten Brennstoffe der Zelle sind und welches ihre oxydativen Abbaustufen sind, bleibt noch weitgehend zu klären. In allen Modellversuchen haben sich Aminosäuren als am leichtesten verbrennbar gezeigt, aber auch hier sind die quantitativen Verhältnisse noch unbefriedigend:

Blutkohle, mit Cystin und Sauerstoff bei 40° geschüttelt, zeigt $O_2$-Verbrauch und Bildung von $CO_2$, $NH_3$ und $SO_4$, aber bei einem Sauerstoffdruck von 147 mm beträgt der Endwert der $O_2$-Aufnahme nur 31% der bei vollständiger Oxydation berechneten, bei dem $O_2$-Druck von 684 mm auch nicht viel mehr: 38%, und vor allem ist die Bilanz nicht gleichmäßig: z. B. entsprachen in einem Versuch[5])

| | | |
|---|---|---|
| einem $O_2$-Verbrauch | von | 32% |
| eine $CO_2$-Bildung | „ | 20% |
| eine $NH_3$-Bildung | „ | 29% |
| eine $SO_4$-Bildung | „ | 11% |

---

[1]) Dixon, M. u. H. E. Tunnicliffe: Proc. of the roy. soc. of London, Ser. B, Bd. 94, S. 266. 1923.

[2]) Meyerhof, O.: Pflügers Arch. f. d. ges. Physiol. Bd. 199, S. 531. 1923.

[3]) Holden, H. F.: Biochem. journ. Bd. 18, S. 535. 1924.

[4]) Szent-Györgyi, A. v.: Biochem. Zeitschr. Bd. 157, S. 67. 1925.

[5]) Warburg, O. u. E. Negelein: Biochem. Zeitschr. Bd. 113, S. 257. 1921.

Auch MEYERHOF und WEBER[1]) fanden am Kohlemodell Aminosäuren am stärksten oxydabel, für Glykokoll und Alanin durch GOMPEL, MAYER und WURMSER[2]) bestätigt, die $CO_2$-Bildung feststellten. Von ungesättigten Fettsäuren hat Linolensäure oft die Aufmerksamkeit erregt:

Ist die Atmung des Seeigeleies schon abgesunken, bewirkt Zusatz der Säure Wiederanstieg[3]). Über die Oxydation von Linolensäure durch das System: HS — + Fe + $O_2$[4]) wurde oben schon gesprochen. Auch Fumarsäure steigert die Atmung, während die stereoisomere Maleinsäure sie stark herabsetzt — bei unverändertem respiratorischen Quotienten[5]); selbst bei stärkster Wasserextraktion von Froschmuskulatur restituiert Fumarsäure die Atmung: respiratorischer Quotient 1,3[6]).

Sehr wahrscheinlich aber wird Fumarsäure nicht direkt, sondern auf dem Umweg über Äpfelsäure abgebaut[7]).

Regelmäßige Verbrennung wurde wiederholt bei der zur Fumarsäure gehörigen gesättigten Säure, der Bernsteinsäure, festgestellt: BATTELLI und STERN geben an, daß zwischen dem Gehalt eines Gewebes an „Succinoxydon" und seiner Atmungsintensität strenge Parallelität bestehe, und halten Bernsteinsäure für eine Intermediärsubstanz beim Abbau sowohl der Amino- wie Fettsäuren wie Kohlenhydrate.

Erschöpfend extrahierte Muskulatur, in Bernsteinsäure suspendiert, zeigt pro 1 g Gewebe und 1 Stunde einen $O_2$-Verbrauch von 350 cmm, also in seiner Größe der Normalatmung etwa gleich[6]); diese Oxydation ist gegen Fluorid empfindlicher als der Fumarsäureabbau.

Bernsteinsäure verbrennt an Blutkohle nach GOMPEL, MAYER, WURMSER[8]) unter $CO_2$-Bildung ebenso wie Oxalsäure, Ameisensäure, Essigsäure, Citronensäure, Milchsäure, Glucose. Einige dieser Befunde stehen in direktem Widerspruch zu denen anderer Autoren: So gibt WARBURG[9]) an, daß Häminkohle weder Fett noch Kohlenhydrate angreift, die in Form noch unbekannter Derivate mit Fe + $O_2$ reagierten; MEYERHOF und WEBER[10]) finden, daß an Kohle Glucose und Fructose nicht, Milchsäure fast nicht, Hexosephosphorsäure etwas verbrennt. Über die Fructoseoxydation in Phosphatlösung durch Eisen wurde schon berichtet. An schwach extrahierter Froschmuskulatur reaktiviert Milchsäure, Glyoxalsäure und Glycerinphosphorsäure die Atmung kräftig; im letzten Falle wird — durch HCN hemmbar — $CO_2$ und $H_3PO_4$ gebildet; auch Hexosephosphorsäure restituiert die Oxydation, wenngleich schwächer[11]). In dem kohlensäureproduzierenden System Thioglykolsäure + Milchsäure + $O_2$ wird die Milchsäure am Schlusse quantitativ wiedergefunden; sie „katalysiert" die Zersetzung der Thioglykolsäure selbst[12]).

---

[1]) MEYERHOF, O. u. H. WEBER: Biochem. Zeitschr. Bd. 135, S. 558. 1923.

[2]) GOMPEL, M., A. MAYER u. R. WURMSER: Cpt. rend. hebdom. des séances de l'acad. des sciences Bd. 178, S. 1025. 1924.

[3]) WARBURG, O.: Hoppe-Seylers Zeitschr. f. physiol. Chem. Bd. 92, S. 231. 1914.

[4]) WARBURG, O.: Biochem. Zeitschr. Bd. 152, S. 479. 1924.

[5]) GRÖNVALL, H.: Skandinav. Arch. f. Physiol. Bd. 45, S. 303. 1924.

[6]) MEYERHOF, O.: Pflügers Arch. f. d. ges. Physiol. Bd. 175, S. 20. 1919; Bd. 175, S. 88. 1919.

[7]) BATTELLI, F. u. L. STERN: Cpt. rend. de la soc. de phys. et d'hist. natur. de Genêve Bd. 37, Sept. 1920 u. Okt. 1920.

[8]) GOMPEL, M., A. MAYER, R. WURMSER: Cpt. rend. hebdom. des séances de l'acad. des sciences Bd. 178, S. 1025. 1924.

[9]) WARBURG, O.: Biochem. Zeitschr. Bd. 152, S. 479. 1924.

[10]) MEYERHOF, O. u. H. WEBER: Biochem. Zeitschr. Bd. 135, S. 558. 1923.

[11]) MEYERHOF, O.: Pflügers Arch. f. d. ges. Physiol. Bd. 175, S. 20. 1919.

[12]) MARK, R. E.: Biochem. Zeitschr. Bd. 154, S. 43. 1924.

An zerschnittener Muskulatur macht Brenztraubensäure keine Oxydationssteigerung, wohl aber an intakter[1]). Frische zerkleinerte Rattenleber zeigt bei Zusatz von Acetessigsäure oder $\beta$-Oxybuttersäure größeren $O_2$-Verbrauch[2]), Froschmuskulatur bei Zusatz verschiedenster Substanzen, von denen Citronensäure und Tartronsäure herausgegriffen seien[3]). Oxydation des Äthylalkohols läßt sich durch Leberbrei oder auch durch den getrockneten und gepulverten Preßsaft erzielen; Kochen des Organs, Sublimat- oder KCN-Zusatz hemmt stark, während Fluorid indifferent ist[4]).

Ammonsalze werden durch nitritbildende Bakterien nach der Gleichung $NH_3 + 3\,O \rightarrow HNO_2 + H_2O + 79$ cal umgesetzt; in 24 Stunden können pro Liter Kulturflüssigkeit 4 g Ammonsulfat oxydiert werden; schon 0,25 g Nitrit hemmt[5, 6]).

Nitrit wird durch Nitratbildner oxydiert:

$$KNO_2 + O \rightarrow KNO_3 + 21{,}6 \text{ cal};$$

es werden gleichfalls in 24 Stunden pro 1 Liter 4—5 g Nitrit umgewandelt[7]).

Interessant ist auch, daß in alkalischem Milieu Blutkohle eine Selbstoxydation erleidet, die $^1/_2$—1 Äquivalent $CO_2$ liefert und mit der normalen Wärmebildung von ca. 4 cal pro 1 ccm $O_2$ einhergeht; der Temperaturkoeffizient liegt bei 1,75[8]).

Von *intermediären Abbauprodukten* der Kohlenhydrate ist durch NEUBERG und Mitarbeiter für die tierische wie pflanzliche Zelle Acetaldehyd sichergestellt: J. HIRSCH[9]) erhielt aus 800 g zerschnittener, in Phosphat suspendierter Froschmuskulatur mittels des Dimethylhydroresorcin-Abfangverfahrens 0,3 g Aldomedon (F. P. 139—140°). Bei Verwendung eines Trockenpulvers von Acetonleber, das noch einen $O_2$-Verbrauch von 3,1—3,9% des frischen Organs zeigt, wurde sogar ohne Abfangmittel Acetaldehyd angehäuft — durch HCN hemmbar —, weil die Weiterverarbeitung geschädigt ist[10]).

In dem System Linolensäure + Thioglykolsäure + $O_2$ soll nach v. SZENT-GYÖRGYI[11]) das Oxydationsprodukt der Linolensäure ein Äthylenoxyd, das intermediäre Oxyd der Thioglykolsäure ein Peroxyd sein.

Auf Grund von Abbaustudien mit $H_2O_2$ ist H. WIELAND[12]) im Gegensatz zu DAKIN der Meinung, daß niedere Säuren aus höheren nicht in der Hauptsache durch weitere Oxydation niederer Aldehyde, sondern über die durch Dehydrierung intermediär gebildeten $\alpha$-Ketocarbonsäuren entstehen. Weitere vergleichende Versuche mit Buttersäure, $\beta$-Oxybuttersäure und Crotonsäure, Hydrozimtsäure und Zimtsäure lassen nach WIELAND den Abbauweg über die ungesättigte Verbindung als den unwahrscheinlicheren erkennen; so führe der Weg von der Bernsteinsäure zum Acetaldehyd wohl nicht über Fumarsäure, sondern über Äpfelsäure und Malonaldehydsäure; vgl. jedoch THUNBERG[13]).

1) MEYERHOF, LOHMANN u. R. MEYER: Biochem. Zeitschr. Bd. 157, S. 470. 1925.

2) WIGGLESWORTH, V. B.: Biochem. journ. Bd. 18, S. 1217. 1924.

3) THUNBERG: Skandinav. Arch. f. Physiol. Bd. 22, S. 406; Bd. 23, S. 154. 1909; Bd. 24, S. 23. 1910; Bd. 25, S. 37. 1911.

4) HIRSCH, J.: Biochem. Zeitschr. Bd. 77, S. 129. 1916.

5) GODLEWSKI: Anz. d. Akad. d. Wiss. i. Krakau 1895, S. 178, zitiert nach MEYERHOF auf S. 49.

6) MEYERHOF, O.: Pflügers Arch. f. d. ges. Physiol. Bd. 166, S. 240. 1917.

7) MEYERHOF, O.: Pflügers Arch. f. d. ges. Physiol. Bd. 164, S. 353. 1916.

8) MEYERHOF, O. u. L. WEBER: Biochem. Zeitschr. Bd. 135, S. 558. 1923.

9) HIRSCH, J.: Biochem. Zeitschr. Bd. 117, S. 113. 1921.

10) NEUBERG, C. u. A. GOTTSCHALK: Biochem. Zeitschr. Bd. 151, S. 169. 1924.

11) SZENT-GYÖRGYI, A. v.: Biochem. Zeitschr. Bd. 146, S. 245. 1924.

12) WIELAND, H. u. H. LÖVENSKIOLD: Liebigs Ann. d. Chem. Bd. 436, S. 241. 1924.

13) THUNBERG, T.: Skandinav. Arch. f. Physiol. Bd. 35, S. 165. 1917; Bd. 40, S. 1. 1920.

### h) Sauerstoffdruck. Temperaturkoeffizient. Energetik.

*Abhängigkeit der Oxydationen vom $O_2$-Druck.* Die Auffassung WARBURGS[1]), daß isolierte Zellen weitgehende Unabhängigkeit ihres Sauerstoffverbrauches von der $O_2$-Konzentration der Milieuflüssigkeit zeigen, hat sich prinzipiell weiter bestätigt, wenn auch einzelne Ausnahmen beobachtet wurden. Man darf sagen, daß die ruhende Zelle deshalb ihre Verbrennungen unabhängig vom $O_2$-Druck reguliert, weil sie Überschuß an Sauerstoff enthält[2]). Auch die Oxydationsgeschwindigkeit des p-Phenylendiamin durch extrahierten, fein zerriebenen Zwerchfellmuskel ist zwischen 1 und $^1/_{20}$ Atmosphäre $O_2$ identisch[3]). Umgekehrt kann in den tiefer liegenden Gewebszellen höherer Organismen auch Sauerstoffmangel herrschen; so erklärt sich wohl die wichtige Beobachtung von VERZÁR[4]), daß im intakten Muskel Proportionalität zwischen $O_2$-Tension und Gaswechsel herrscht. Blutgasanalysen am Gastrocnemiuspräparat der Katze ergaben: Der $O_2$-Verbrauch sinkt bei verminderter Durchströmung, verringerter Blutkonzentration, Abnahme des $O_2$-Druckes im Blut. Nach MEYERHOF[5]), der gleichfalls am intakten Muskel arbeitete, ergab sich, daß die Abnahme der Atmung beim Übergang von reinem Sauerstoff zu Luft nicht direkt abhängig vom $O_2$-Partialdruck ist, sondern nur wegen schlechter Versorgung der inneren Muskelpartien eintritt. Auch Kaulquappen zeigen bei Zunahme des $O_2$-Partialdruckes wesentliche Atmungssteigerung[6]).

Aber auch an Einzelzellen und in Modellversuchen wurde derartige Abhängigkeit gefunden:

Nitratbildende Bakterien, deren Atmung bei 1 Atm. Luft normal ist, zeigen bei:

| | | | | |
|---|---|---|---|---|
| | $^1/_2$ | Atm. | Luft 20% | Hemmung |
| | $^1/_5$ | „ | „ 43% | „ |
| | $^1/_{10}$ | „ | „ 66% | „ |
| | $^1/_{12}$ | „ | „ 80% | „ [7]) |
| umgekehrt bei | 1 | „ | Sauerstoff 10% | Hemmung. |

Auch die Nitritbildner[8]) zeigen bei $^1/_{20}$ Atmosphäre Luft 84% Hemmung, die reversibel ist, dagegen in reinem Sauerstoff eine irreversible Atmungsschädigung.

PÜTTER[9]) hat erhebliches experimentelles Material besonders von THUNBERG[10]), HENZE[11]) und ihm selbst zusammengefaßt und mathematisch ausgewertet: Wenn die größte Sauerstoffmenge, die ein Organismus in der Zeiteinheit verbrauchen kann, in erster Linie von inneren Zellbedingungen abhängt, also ein beliebig hoher $O_2$-Druck den einen Grenzfall darstellt, der Fall, daß der $O_2$-Druck und damit der $O_2$-Verbrauch Null ist, den zweiten Grenzfall, so ist im dazwischenliegenden Gebiet der Sauerstoffverbrauch eine Exponentialfunktion des $O_2$-Druckes:

$$y = B[1 - e^{-K(p-c)}]$$

$y$ = $O_2$-Verbrauch bei $O_2$-Druck: $p$,
$B$ = Grenzwert des $O_2$-Verbrauches,
$K$ = Konstante, Kennzahl der Kurve,
$e$ = Basis der natürlichen Logarithmen,
$c$ = Dissoziationsspannung des Sauerstoffes mit dem Oxydationsmaterial.

---

1) WARBURG, O.: Ergebn. d. Physiol. Bd. 14, S. 253. 1914.
2) MEYERHOF, O.: Pflügers Arch. f. d. ges. Physiol. Bd. 149, S. 250. 1912.
3) HAMBURGER, R. J. u. A. v. SZENT-GYÖRGYI: Biochem. Zeitschr. Bd. 157, S. 298. 1925.
4) VERZÁR, F.: Journ. of physiol. Bd. 45, S. 39. 1912.
5) MEYERHOF, O.: Pflügers Arch. f. d. ges. Physiol. Bd. 175, S. 20. 1919.
6) ISSEKUTZ, B. v.: Biochem. Zeitschr. Bd. 88, S. 219. 1918.
7) MEYERHOF, O.: Pflügers Arch. f. d. ges. Physiol. Bd. 164, S. 353. 1916.
8) MEYERHOF, O.: Pflügers Arch. f. d. ges. Physiol. Bd. 166, S. 240. 1917.
9) PÜTTER, A.: Pflügers Arch. f. d. ges. Physiol. Bd. 168, S. 491. 1917.
10) THUNBERG, T.: Skandinav. Arch. f. Physiol. Bd. 17, S. 133. 1905.
11) HENZE, M.: Biochem. Zeitschr. Bd. 26, S. 255. 1910.

Die Oxydationsgeschwindigkeit der Thioglykolsäure ist nach THUNBERG[1]) etwa proportional der Wurzel des $O_2$-Partialdruckes.

Der *Temperaturkoeffizient der Oxydationen* ist häufig keine konstante Größe, sondern ändert sich erheblich mit der Temperatur; seine Angabe hat daher nur beschränkten Wert. Das gleiche gilt aber auch für den Temperaturkoeffizienten für die Gärungsgeschwindigkeit:

| Erythrocytenatmung [WARBURG[2])] | | Hefegärung [SLATOR[3])] | |
|---|---|---|---|
| Temperaturintervall | Koeffizient | Temperatur | Koeffizient |
| 0—16,4° | 5,0 | 5° | 5,6 |
| 16,4—28° | 3,2 | 10° | 3,8 |
| 28—38° | 2,4 | 20° | 2,2 |
| | | 30° | 1,4 |

Der Temperaturkoeffizient der Atmung von Vogelerythrocyten beträgt nach MEYERHOF[4]) 2,0—2,1 pro 10° zwischen 18,6° und 38,1°. Die Atmung des isolierten Froschmuskels wird bei Übergang von 10° auf 20° um 84% gesteigert[5]). Der Temperaturkoeffizient des überlebenden Uterus sinkt von 2,9 zwischen 15° und 25° auf 1,3 zwischen 35° und 45°[6]). Die Verbrennung der Oxalsäure an Blutkohle verläuft mit einem Koeffizienten von 2,1 pro 10°[7]). Auch die $O_2$-Aufnahme der Thioglykolsäure hat einen der normalen Zellatmung sehr ähnlichen Koeffizienten, während der bei $\alpha$-Thiomilchsäure gefundene viel höher liegt[8]).

Die *Wärmeproduktion* lebender Zellen stammt ganz überwiegend aus der Wärmetönung der energieliefernden Reaktionen; daher fällt bei Sauerstoffentziehung die Wärmeproduktion steil ab.

An Vogelerythrocyten, bei denen der „kalorische Quotient" der Sauerstoffatmung $cQ = \frac{\text{cal}}{\text{mgO}_2}$ mit 3,2—3,3 zwischen Eiweiß- und Fettverbrennung liegt, bewirkt mehrstündiger Abschluß von Sauerstoff einen nicht mehr meßbar kleinen Energieumsatz; nachträgliche Sauerstoffzufuhr zeigt nur wenig geschädigte Atmungsgröße; auch bei Vibrio Metschnikoff ist bei nachträglicher $O_2$-Zufuhr weder Atmungsgröße noch Vermehrungsfähigkeit vermindert[9]). Unbefruchtete Seeigeleier produzieren pro 140 mg N 0,90 cal — die Befruchtung = Membranbildung hat keine merkliche Wärmetönung —

pro 140 mg N:

| | | |
|---|---|---|
| in der 1. Stunde nachher | . . . . . . . . . . . | 4,0—4,2 cal |
| „ „ 2. „ (2-Teilung) | . . . . . . . . . . . | 4,5—5,0 „ |
| „ „ 3. „ (4-Teilung) | . . . . . . . . . . . | 5,3—5,8 „ |
| „ „ 4. „ (8-Teilung) | . . . . . . . . . . . | 6,0—6,5 „ |
| „ „ 5. „ (16—32-Teilung) | . . . . . . . | 7,8—9,5 „ |
| „ „ 6. „ (32—64-Teilung) | . . . . . . . | 9,8 „ |

Die Atmung = Wärmeproduktion hat sich also von der Befruchtung bis zum 64-Zellenstadium etwa verdoppelt.

---

[1]) THUNBERG, T.: Skandinav. Arch. f. Physiol. Bd. 30, S. 285. 1913.
[2]) WARBURG, O.: Ergebn. d. Physiol. Bd. 14, S. 253. 1914.
[3]) SLATOR: Journ. of chem. soc. Bd. 89, S. 128. 1906; zitiert nach WARBURG.
[4]) MEYERHOF, O.: Pflügers Arch. f. d. ges. Physiol. Bd. 146, S. 159. 1912.
[5]) WEISS, R. u. H. REBENFELD: Zeitschr. f. d. ges. exp. Med. Bd. 38, S. 443. 1923. Genauere Untersuchung AHLGREN: Skandinav. Arch. f. Physiol. Suppl. 1925.
[6]) EVANS, C. L.: Journ. of physiol. Bd. 58, S. 22. 1923.
[7]) WARBURG, O.: Pflügers Arch. f. d. ges. Physiol. Bd. 155, S. 547. 1914.
[8]) THUNBERG, T.: Skandinav. Arch. f. Physiol. Bd. 30, S. 285. 1913.
[9]) MEYERHOF, O.: Pflügers Arch. f. d. ges. Physiol. Bd. 146, S. 159. 1912.

In der 13. Stunde Verdreifachung der ursprünglichen Atmung; Larven zu Beginn des Schwimmens zeigen bis aufs Vierfache gesteigerte Atmung. Der kalorische Quotient bei sich normal furchenden Eiern beträgt 2,65—2,85 und bleibt konstant. Obwohl der Quotient hinter dem für Fett- (3,3), Eiweiß- (3,2) und Kohlenhydratverbrennung (3,5) zurückbleibt, ist nach MEYERHOF[1]) zu schließen, daß sich *keine Strukturenergie auf Kosten chemischer* bildet. [Über den Stoffwechsel von Froschei und Larve siehe PARNAS und KRASINSKA[2]).] Diese Annahme stimmt mit der Beobachtung von SHEARER überein[3]), daß der kalorische Quotient befruchteter Eier den Wert 3,22, der unbefruchteter 3,07 zeigt.

Nach einer Studie von MOLLIARD[4]) an ganz anderem Material dient die Oxydationsenergie zur Bildung von Wärme, Elektrizität, mechanischer Arbeit usw., wird aber nicht als chemische Energie im Mycel zur Reserve gespeichert. Fakultativ anaerobe Zellen, die bei $O_2$-Abschluß alkoholische Gärung hervorrufen (Hefe, Aspergillus), können bei $O_2$-Zufuhr nach KOSTYTSCHEW und ELIASBERG[5]) ihre gesamte vitale Energie durch Atmung decken; trotzdem können unter Umständen Produkte der Gärung dabei noch zum Vorschein kommen (Verhältnis der Geschwindigkeiten).

Durchsichtigere Verhältnisse liegen beim Atmungsvorgang nitrit- und nitratbildender Bakterien vor[6]):

$$\text{I}\quad \underset{20,3}{NH_3} + 3\,O = \underset{30,8}{HNO_2} + \underset{68,5}{H_2O} + 79{,}0\ \text{Cal. (in wässeriger Lösung)}$$

$$\text{II}\quad \underset{88,9}{KNO_2} + O = \underset{110,5}{KNO_3} + 21{,}6\ \text{Cal.}$$

Aus der Energie beider Vorgänge wird die Chemosynthese des Kohlenstoffs ($CO_2$-Assimilation) bestritten; die Ausnutzung (ca. 5%) ist in beiden Fällen fast identisch; insbesondere ist keine weitere energieliefernde Reaktion vorhanden; auf 135 Teile oxydiertes $NO_2$ wird 1 Teil C assimiliert.

## 4. Energielieferung und Zellarbeit.

Eine enge *Verknüpfung von sichtbarer Arbeit und Oxydationsgeschwindigkeit der Zelle* ist nicht erkennbar; qualitativ — nicht quantitativ — besteht wohl ein Zusammenhang zwischen Energieumsatz und Entwicklung: hemmt man z. B. die Atmung befruchteter Seeigeleier partiell durch Blausäure, so ist die Zellteilungsgeschwindigkeit ähnlich herabgesetzt[7]). Über eine andere interessante Parallele zwischen Oxydations- und Entwicklungsgeschwindigkeit bei Sterigmatocystitis nigra s. AUBEL und WURMSER[8]).

Häufig aber sind die äußeren Zelleistungen empfindlicher als die oxydativen Stoffwechselvorgänge; so wird die Atmung nitratbildender Bakterien noch nicht durch $^m/_3$ Glucose beeinflußt, während das Wachstum bereits durch $^m/_{400}$ gehemmt wird[9]); durch Chloroform lassen sich nach J. LOEB und WASTENEYS[10])

---

[1]) MEYERHOF, O.: Biochem. Zeitschr. Bd. 35, S. 246. 1911.
[2]) PARNAS, K. J. u. Z. KRASINSKA: Biochem. Zeitschr. Bd. 116, S. 108. 1921.
[3]) SHEARER, C.: Proc. of the roy. soc. of London, Ser. B, 654, S. 410. 1922.
[4]) MOLLIARD, M.: Cpt. rend. des séances de la soc. de biol. Bd. 87, S. 219. 1922.
[5]) KOSTYTSCHEW, S. u. P. ELIASBERG: Zeitschr. f. physiol. Chem. Bd. 111, S. 141. 1920.
[6]) MEYERHOF, O.: Pflügers Arch. f. d. ges. Physiol. Bd. 164, S. 353. 1916.
[7]) MEYERHOF, O.: Zur Energetik der Zellvorgänge. Göttingen 1913.
[8]) AUBEL, E. u. R. WURMSER: Cpt. rend. hebdom. des séances de l'acad. des sciences Bd. 179, S. 17, 848. 1924.
[9]) MEYERHOF, O.: Pflügers Arch. f. d. ges. Physiol. Bd. 165, S. 229. 1916.
[10]) LOEB, J. u. WASTENEYS: Journ. of biol. Chem. Bd. 14, S. 517. 1913.

Fundulusembryonen ohne Oxydationsminderung lähmen, nach WARBURG[1]) kann Phenylurethan ohne Atmungshemmung die Furchung von Seeigeleiern zum Stillstand bringen.

Mit Aceton-Äther behandelte, bei 100° getrocknete Staphylokokken sind „abgetötet" = nicht mehr vermehrungsfähig, zeigen aber — bei erhaltener sichtbarer Struktur — in Bouillon $^1/_{30}$ bis $^1/_3$ der Normalatmung mit dem respiratorischen Quotienten 0,65—0,9[2]). Die Atmung von Staphylokokken, die in ihrer Entwicklung durch Chininderivate, Sublimat, Fuchsin, Acridinfarbstoffe gehemmt sind, ist nicht meßbar vermindert; der Atmungsabfall in solchen Kulturen stimmte weitgehend quantitativ mit der Bakterienabtötung überein[3]). Die mechanische Leistung des Warmblüterherzens nimmt unter HCN schneller ab als seine Atmung[4]).

Umgekehrt: Cyankali hemmt die Atmung von Fundulusembryonen oder Kaulquappen um 30—40%, ohne daß die Tiere Lähmungserscheinungen zeigen[5, 6]), Calciumchlorid in gewissen Konzentrationen hemmt den Gaswechsel des Froschrückenmarks — nicht aber seine Reizbarkeit[7]). Durch KCN läßt sich der $O_2$-Verbrauch des Froschherzens völlig aufheben, ohne daß synchron seine Leistung aufhört:

| $O_2$mm | $CO_2$mm | Dauer Min. | Zahl der Kontraktionen | KCN Mol. | Arbeit g. cm |
|---|---|---|---|---|---|
| 24 | 21 | 39 | 1000 | 0 | 7030 |
| 0 | 0 | 56 | 1400 | $\frac{m}{2750}$ | 2890 |

v. WEIZSÄCKER[8]) formuliert: Herzarbeit und Muskelkontraktion kann auch ohne Gaswechsel stattfinden; nur das, was die Tätigkeit auf die Dauer unterhält und zu dem Gleichgewicht der Funktion gehört, ist mit Oxydationen untrennbar verknüpft. Auch die elektrische Erregbarkeit ist vom Grade der HCN-Vergiftung unabhängig[9]). Der Erregungs- und Leitungsvorgang im Froschischiadicus soll von keiner Oxydation von C zu $CO_2$ abhängig sein[10]).

Trotzdem behauptet GARREY[11]), daß das Ausmaß des Herzrhythmus von einer chemischen Reaktion im Ganglion abhängt, die mit $CO_2$-Produktion einhergeht.

Zur Leuchtfunktion von Luciola vitticollis genügt 1% $O_2$ in Stickstoff[12]); die isolierten Leuchtorgane von 60 Weibchen verbrauchten in 24 Stunden 6,01 ccm $O_2$ und produzierten 5,66 ccm $CO_2$.

Die Dauerkontraktion von glatten Muskeln geht ohne besondere Stoffwechselvorgänge vor sich [Seeanemone[13])]; bei erhöhtem Tonus von Uterus- und Darm-

---

[1]) WARBURG, O.: Hoppe-Seylers Zeitschr. f. physiol. Chem. Bd. 66, S. 308. 1910.

[2]) WARBURG, O. u. O. MEYERHOF: Pflügers Arch. f. d. ges. Physiol. Bd. 148, S. 295. 1912.

[3]) LIPSCHITZ, W.: Zentralbl. f. Bakteriol., Parasitenk. u. Infektionskrankh., Abt. 1, Orig., Bd. 90, H. 7/8, S. 569. 1923. — LIPSCHITZ, W.: Klin. Wochenschr. Bd. 2, Nr. 36, S. 1689. 1923.

[4]) RHODE, E. u. OGAWA: Arch. f. exp. Pathol. u. Pharmakol. Bd. 69, S. 200. 1912.

[5]) LOEB, J. u. WASTENEYS: Journ. of biol. chem. Bd. 14, S. 517. 1913.

[6]) ISSEKUTZ, B. v.: Biochem. Zeitschr. Bd. 88, S. 219. 1918.

[7]) UNGER: Biochem. Zeitschr. Bd. 61, S. 103. 1914.

[8]) WEIZSÄCKER, V.: Pflügers Arch. f. d. ges. Physiol. Bd. 141, S. 457. 1911; Bd. 147, S. 135. 1912.

[9]) BODENHEIMER, W.: Arch. f. exp. Pathol. u. Pharmakol. Bd. 80, S, 77. 1917.

[10]) MOORE, A. R.: Proc. of the pathol. soc. of Philadelphia Bd. 23, N. F. Bd. 24. 1921.

[11]) GARREY, W. E.: Journ. of gen. physiol. Bd. 3, S. 41. 1920; Bd. 4, S. 149. 1921.

[12]) KANDA, S.: Americ. journ. of physiol. Bd. 53, S. 137. 1920.

[13]) PARKER, G. H.: Americ. journ. of physiol. Bd. 59, S. 466. 1922; Journ. of gen. physiol. Bd. 5, S. 45. 1922.

stücken ist sogar der $O_2$-Verbrauch geringer, dagegen gehen rhythmische Kontraktionen mit erhöhtem einher[1]).

Auf Grund von Geschwindigkeitsberechnungen kommt CROZIER[2]) zu dem allgemeinen Ergebnis, daß komplizierte biologische Prozesse, wie Herzrhythmen, Darmbewegungen usw., von Oxydationsprozessen abhängig sind; ausgenommen seien die Wachstumserscheinungen. Dazu würde vielleicht auch stimmen, daß sich die gesteigerte Empfindlichkeit von Darmstücken gegen $O_2$ nach kleinen Adrenalingaben nach HOSKINS und HUNTER[3]) auf Steigerung der Oxydationen zurückführen läßt.

Der Wirkungsgrad der Oxydation beim Froschgastrocnemius beträgt nach PARNAS[4]) 41,3—44,3%; beim pankreasdiabetischen Tier ist er etwas verschlechtert: 19—34%[5]).

Wenn somit die aus den Oxydationen stammende Energie nur zum allergeringsten Teil sich in sichtbarer Zelleistung ausdrückt, ist ihre Bedeutung für Erhaltung der inneren Zellstruktur gar nicht abzuschätzen.

Die Erhaltung der für das Zelleben notwendigen osmotischen, Diffusions- usw. Ungleichgewichte erfordert wohl sehr große Energiebeträge.

---

1) EVANS, C. L.: Journ. of physiol. Bd. 58, S. 22. 1923.
2) CROZIER, W. J.: Journ. of gen. physiol. Bd. 7, S. 189. 1924.
3) HOSKINS, R. G. u. E. S. HUNTER: Americ. journ. of physiol. Bd. 70, S. 613. 1924.
4) PARNAS, J. K.: Biochem. Zeitschr. Bd. 116, S. 102. 1921.
5) PARNAS, J. K.: Biochem. Zeitschr. Bd. 116, S. 89. 1921.

# Die Fermente.

Von

**P. Rona.**

Berlin.

Mit 7 Abbildungen.

## Zusammenfassende Darstellungen.

Schmidt, W. J.: Die Bausteine des Tierkörpers in polarisiertem Lichte. Bonn: Fr. Cohen 1924. — Tschermak, A. v.: Allgemeine Physiologie. Bd. 1. Berlin: Julius Springer 1924. — Höber, R.: Physikalische Chemie der Zelle und der Gewebe. 6. Aufl. Leipzig: W. Engelmann 1926. — Bayliss, W. M.: Grundriß der allgemeinen Physiologie. Nach der 3. engl. ins Deutsche übertragen von L. Maass u. E. J. Lesser. Berlin: Julius Springer 1926. — Lecomte du Nouy, P.: Surface equilibria of biological and organic colloids. The chemical catal. company. New York 1926. — Clayton, W.: Die Theorie der Emulsionen und der Emulgierung. Übersetzt von L. Farmer-Loeb. Berlin: Julius Springer 1924. — Freundlich, H.: Kapillarchemie. 3. Aufl. Akad. Verlagsgesellschaft. — Bayliss, W. M.: The nature of enzyme action. 5. Aufl. London: Longmans Green & Co. 1925. — Euler, H. v.: Chemie der Enzyme. 1. und 2. Teil. München: J. F. Bergmann 1925. — Euler, H. v.: Enzyme und Co-Enzyme als Ziele und Werkzeuge der chemischen Forschung. Stuttgart: F. Enke 1926. — Oppenheimer, C.: Die Fermente und ihre Wirkungen, nebst einem Sonderkapitel: Physikalische Chemie und Kinetik von R. Kuhn. 5. Aufl. Leipzig: G. Thieme 1925/26. — C. Oppenheimer (unter Mitarbeit von R. Kuhn): Lehrbuch der Enzyme. Leipzig: G. Thieme 1927. — Waldschmidt-Leitz, E.: Die Enzyme. Wirkungen und Eigenschaften. Braunschweig: Fr. Vieweg & Sohn 1926. — R. Willstätter: Probleme und Methoden der Enzymforschung. Faraday-Vorlesung. Naturwissenschaften, 15, 585, 1927. — Falk K. G.: The chemistry of enzyme action. The chem. catal. comp. New York 1924.

### *Über die Struktur der lebenden Substanz.*

Die Frage nach der Grundstruktur der lebendigen Substanz, deren Bau die elementaren funktionellen Eigentümlichkeiten: Formbeständigkeit und Elastizität (Reizbarkeit) dem Verständnis näher bringen soll, hat durch die neueren kolloidchemischen Untersuchungen eine Klärung erfahren. Stützte man sich bei der Beurteilung der Strukturverhältnisse vordem auf Aussagen der mikroskopischen Bilder und somit auf Gebilde ganz anderer Größenordnung als es bei den Elementarteilen in der Physik und Chemie der Fall ist [Heidenhain[1])], so brachte das Studium kolloidaler Systeme, der Sole und der Gele, unter Anwendung des Polarisationsmikroskops, des Ultramikroskops und der Röntgenspektroskopie die Erkenntnis, daß wir bei den protoplasmatischen Strukturen mikroheterogene, mehrphasige Gebilde vor uns haben: Micelle (Molekülaggregate), wie sie bereits Naegeli angenommen hat, durch Häutchen flüssiger „Intermicellarsubstanz" voneinander getrennt, oder auch eine emulsionsartige Verteilung, in der eine „innere Phase" und eine zusammenhängende „äußere Phase" zu unterscheiden ist. Letztere Anordnung mit ihrer leichten Phasenumkehr

---

1) Heidenhain: Plasma und Zelle. Jena 1907. [S. 489].

bildet wohl die strukturelle Grundlage mancher Erscheinungen der Permeabilität solcherart aufgebauter Membrane[1]).

Immermehr häufen sich die Beobachtungen, daß diesen Formelementen, den Micellen, eine gerichtete (krystallinische) Struktur zukommt. HABER[2]) wies darauf hin, daß es überall dort, wo die „Häufungsgeschwindigkeit", womit die entstehenden Moleküle der betreffenden schwerlöslichen Verbindung zusammentreten, langsam ist gegen die Ordnungsgeschwindigkeit, mit der die Verbände in geordneter gittermäßiger Lagerung gefügt werden, zur Bildung krystallinischer Strukturen führt. Diese Bedingung ist nun gerade bei dem Entstehen der organisierten Gebilde häufig erfüllt.

Solche gerichtete Anordnung der Moleküle hat man auch mittels der Röntgenspektrogramme nach DEBYE und SCHERRER in mehreren Fällen in der organisierten Materie auffinden können[3]).

Auch andere optische Eigenschaften der Bausteine des Gewebes weisen auf eine krystallinische Anordnung hin. Die oft beobachtete Doppelbrechung organischer Substanzen (eine Eigendoppelbrechung) ist ein sicherer Beweis der krystallinischen Natur der kleinsten Strukturelemente. Der Grad der Ordnung ist aber bei diesen Feinbauteilchen geringer als bei dem Raumgitterbau der echten Krystalle. Sie ähneln darin den flüssigen Krystallen, und SCHMIDT bezeichnet sie als „halbisotrope Strukturen". „Es ergibt sich eine kontinuierliche Stufenfolge der Bausteine vom Atom bis zur histologischen Struktur. Die strukturgebenden Kräfte bleiben innerhalb dieser Reihe die gleichen; auch die histologischen Strukturen entstehen durch eine Art Krystallisationsprozeß, durch Micellarkrystallisation. In einem solchen Micellargebäude werden die Micelle nicht mehr in Raumgitterstellung übergeführt, sondern es herrscht ein geringerer Grad der Ordnung, der aber eine freiere Gestaltung der Außenform zuläßt"[4]).

Das kolloidale System, wie es das Protoplasma darstellt, erfüllt alle Bedingungen für die Grunderscheinungen der lebenden Substanz. Annahme höherer Strukturformen ist hierfür zunächst unnötig. Wir finden in der Beschaffenheit der in Betracht kommenden kolloidalen Systeme einen „funktionellen Strukturersatz" und die Bildung höherer, weiter fortgeschrittener Strukturen als den Ausdruck der strukturbildenden Wirkung der Funktion selbst, die aber bereits durch die kolloidale Mikro- und Metastruktur ermöglicht wird[5]).

### *Struktur und Funktion.*

So ergeben sich innige Beziehungen zwischen Struktur und Funktion. Bei den einfachen Emulsionen, wie etwa Wasser-Ölgemischen, haben wir es mit einem mehrphasischen System einfachster Anordnung zu tun, gewissermaßen

---

[1]) Vgl. hierzu H. STÜBEL: Histophysiologie in den Jahresber. d. ges. Physiol. Bd. 1, S. 1. 1923. — SPEK, J.: Über den heutigen Stand der Probleme der Plasmastrukturen. Naturwissenschaften Bd. 13, S. 893. 1925. — CLAYTON, W.: Die Theorie der Emulsionen und der Emulgierung. Berlin: Julius Springer 1924. — FREUNDLICH, H.: Capillarchemie, S. 830ff. 1922. — CLOWES, G. H. A.: Journ. physic. chem. Bd. 20, S. 407. 1916.

[2]) HABER, FR.: Ber. d. dtsch. chem. Ges. Bd. 55, S. 1717. 1922. — Vgl. auch V. KOHLSCHÜTTER: Naturwissenschaften Bd. 11, S. 865. 1923.

[3]) Vgl. R. O. HERZOG, W. JANCKE u. M. POLANYI: Zeitschr. f. Physik. Bd. 3, S. 343. 1920. — HERZOG, R. O. u. W. JANCKE: Ber. d. dtsch. chem. Ges. Bd. 53, S. 2162. 1920. — HERZOG, R. O.: Naturwissenschaften Bd. 12, S. 955. 1924. — HERZOG, R. O. u. H. W. GONELL: Ebenda Bd. 12, S. 1153. 1924. — ETTISCH, G. u. A. SZEGVARI: DerFeinbau der kollagenen Bindegewebsfibrille. Protoplasma Bd. 1, S. 214. 1926.

[4]) SCHMIDT, W. J.: Die Bausteine des Tierkörpers in polarisiertem Lichte (speziell S. 496ff.). Bonn: Fr. Cohen 1924. — Vgl. auch W. J. SCHMIDT: Feinbau tierischer Fibrillen. Naturwissenschaften Bd. 12, S. 269. 1924.

[5]) Vgl. hierzu A. v. TSCHERMAK: Allg. Physiologie (speziell S. 394ff.). Berlin: Julius Springer 1924.

mit einem Modell der höheren cellularen Zerteilung. Ein in der wässerigen oder in der Ölphase nicht mischbarer Emulgator trennt die Öl- von der wässerigen Phase und bildet eine Art Membran, die die Selbständigkeit des Chemismus der getrennten Phasen gewährleistet. In der höheren Stufe der Organisation wird die von der „Membran" umgebene Zelle von der Umgebung weitgehend unabhängig gemacht, jedoch ihr Chemismus von der physikalisch-chemischen Natur eben dieser Membran wesentlich beeinflußt. Wie oben bereits angedeutet, wird die Permeabilität dieser Membran von ihrer jeweiligen Phasenanordnung bestimmt. Die Grenzfläche der Phasen wird weiterhin teils infolge der sehr entwickelten Oberfläche derselben, teils der molekular-chemischen Natur der Oberflächenlage wegen[1]), teils als Sitz elektrischer Phasengrenzkräfte maßgebend sein für alle physiologischen Funktionen der Zelle.

Auf die Beeinflussung des Zellmechanismus durch die Struktur hat besonders Warburg[2]) hingewiesen. Manche wichtige Funktionen der Zelle sind an Strukturen gebunden. Zerstört man rote Vogelblutkörperchen durch wiederholtes Gefrieren und Auftauen, so zeigt die so gewonnene Suspension für einige Stunden normale Atmung. Zentrifugiert man, so zeigt es sich, daß die gesamte Atmung an die festen Zellbestandteile gebunden ist; die obere klare, von den Zellbestandteilen freie Schicht atmet nicht mehr. Auch die Gärwirkung zerstörter Hefezellen ist im Vergleich zu der intakter Zellen nur eine geringe.

Diese an Strukturen (Grenzflächen) gebundenen Reaktionen sind an Adsorptionsvorgänge geknüpft. Chemische Reaktionen, wie Oxydation der Aminosäuren, der Oxalsäure, die in wässerigen Lösungen, im homogenen Medium, nicht in nachweisbarer Menge vor sich gehen, verlaufen im Adsorptionsraum an den festen Grenzflächen mit meßbarer Geschwindigkeit; sie werden dort reaktionsfähiger. Im Adsorptionsraum ist das Zusammentreffen der miteinander reagierenden Molekülarten begünstigt, ihre Konzentration dort erhöht, möglicherweise ihre Dissoziation vermehrt[3]).

Daß man es bei diesen besonders von Warburg studierten Vorgängen wirklich mit Adsorptionen zu tun hat, dafür spricht die hemmende Wirkung oberflächenaktiver Körper auf sie. Vergleicht man z. B. die hemmende Konzentration der Narkotica auf die Atmung der roten Blutzellen in einer homologen Reihe, so findet man, daß die „Wirkungsstärke" (die reziproken Werte der wirksamen Konzentrationen) entsprechend der Traubeschen Regel mit dem Aufstieg in der homologen Reihe erheblich wachsen. Da die Adsorptionskonstanten der Narkotica beim Aufstieg in der homologen Reihe von Glied zu Glied ebenfalls erheblich anwachsen, so besteht ein Parallelismus zwischen den Wirkungsstärken und Adsorptionskonstanten der Narkotica. Die Hemmung kann auf eine „Oberflächenverdrängung" der an der Oberfläche sich abspielenden Reaktionen der Atmung zurückgeführt werden. Diese Auffassung konnte Warburg auch an Modellversuchen erhärten. Das sonst beständige Cystin wie auch andere Aminosäuren verbrennen an Kohle suspendiert bei Zimmertemperatur unter Bildung von Kohlensäure, Ammoniak und Schwefelsäure. Die sonst sehr beständigen Aminosäuren werden durch Adsorption an Kohle unbeständig Sauerstoff gegenüber, wie in der lebenden Zelle. Die Ähnlichkeit dieses Modells mit der Zell-

[1]) Vgl. hierzu Langmuir: Journ. of the Americ. chem. soc. Bd. 39, S. 1848. 1917. — Harkins, W. D., E. Ch. Davies u. G. L. Clark: Ebenda Bd. 39, S. 541. 1917. — Vgl. ferner Lecomte du Nouy, P.: Surface equilibria of biological and organic colloids. Journ. of the Americ. chem. soc. Monograph Series. 1926. — Lillie, R. S.: Protoplasmic action and ner vous action. Univ. of Chicago press.

[2]) Vgl. O. Warburg: Über Oberflächenreaktionen in lebenden Zellen. Jahresber. f. d. ges. Physiol. Bd. 1, S. 136. 1923. Hier auch Literatur.

[3]) Vgl. M. Polányi: Zeitschr. f. Elektrochem. Bd. 27, S. 142. 1921.

atmung wird noch größer dadurch, daß der Sauerstoffverbrauch im Modell durch Narkotica ebenfalls gehemmt wird, und zwar nach derselben Gesetzmäßigkeit. Je größer die Adsorbierbarkeit der hemmenden Stoffe, desto kleiner ihre wirksame Konzentration. Während bei der Hemmung der Atmung durch Narkotica die gesamte adsorbierende Oberfläche vermindert wird, werden bei der Blausäurehemmung nur bestimmte (eisenhaltige) Bezirke der Oberfläche davon getroffen, die sog. Wirkungsorte, die durch indifferente Stellen getrennt sind. Um merkliche Aminosäuremengen von der Kohlenoberfläche zu verdrängen, braucht man 1000mal größere Mengen von Blausäure als zur Hemmung der Amino säurenoxydation durch Blausäure. Der Sitz der chemischen Vorgänge der Atmung und Assimilation sind eisenhaltige Bezirke der Zelloberfläche, deren Wirksamkeit durch Bildung reversibler Komplexverbindungen mit Blausäure ausgeschaltet ist.

### *Die Katalyse.*

Die chemischen Vorgänge an Oberflächen (Grenzflächen) erfahren einen beschleunigten Verlauf: sie werden dort *katalysiert*. Unter Katalyse versteht man eine Änderung der Reaktionsgeschwindigkeit (im positiven oder negativen Sinne) von selbst verlaufenden Reaktionen durch Stoffe, die in den Endprodukten der Reaktion nicht erscheinen und keine neuen Energiebeträge in das System bringen[1]). Die oben angeführten Fälle sind Adsorptionskatalysen: die zum Ablauf der Reaktion mit meßbarer Geschwindigkeit nötige Konzentration der beteiligten Verbindungen wird erst im Adsorptionsraum erreicht.

Katalysatoren, deren sich der Organismus bedient, um sonst unmeßbar langsam verlaufende chemische Reaktionen, die für die energetischen Leistungen und den Stoffwechsel des Organismus nötig sind, zu beschleunigen, sind die Fermente oder Enzyme. Sie sind Katalysatoren biologischer Herkunft; Naturprodukte, die bisher künstlich nicht hergestellt werden konnten[2]). Die im mikroheterogenen System verlaufenden Enzymreaktionen und die durch die chemisch genau bekannten Katalysatoren anorganischer und organischer Natur bedingten Katalysen können unter gleichen Gesichtspunkten betrachtet werden[3]). Die Abweichungen jedoch, die neben den Übereinstimmungen gefunden werden[4]), dienen dazu, um eine tiefere Einsicht in das Wesen der fermentativen Vorgänge zu gewinnen.

Der Versuch, den Verlauf eines fermentativen Vorganges auf bekanntere physikalisch-chemische Prozesse zurückzuführen, ist von zwei prinzipiell verschiedenen Gesichtspunkten aus unternommen worden. Einmal wird die kolloidale Natur der Enzyme in den Vordergrund gestellt und für den Ablauf der enzymatischen Vorgänge, da sie in mikroheterogenen Systemen vor sich gehen, die Anwendung von Gesetzen, die für homogene Systeme gelten, abgelehnt. Dieser Standpunkt wurde vor allem von BAYLISS[5]) vertreten. Für die kolloidale

[1]) Vgl. hierzu W. OSTWALD: Grundzüge der allgemeinen Chemie, S. 514. 3. Aufl. — Über Katalyse. Leipzig, Akad. Verl. 1912. — BREDIG, G.: Anorganische Fermente. Leipzig: Engelmann 1901. — MITTASCH, A.: Bemerkungen zur Katalyse. Ber. d. dtsch. chem. Ges. Bd. 59, S. 13. 1926. Vgl. hierzu R. WILLSTÄTTER. Faraday-Vorlesung, l. c. S. 587.

[2]) Über genauer definierte organische Verbindungen (Chlorophyll, Oxyhaemglobin, Haemin) mit fermentartiger Wirkung vgl. R. WILLSTÄTTER und A. STOLL: Urt. üb. d. Assimilation der Kohlensäure. Berlin 1918; R. WILLSTÄTTER u. A. POLLINGER. Zeitschr. f. physiol. Chem. Bd. 130. S. 281. 1923; R. KUHN u. L. BRANN, Ber. d. dtsch. chem. Ges. Bd. 59, S. 2370. 1926.

[3]) Über Zusammenhänge zwischen H-Ionen- und fermentativer Katalyse vgl. H. EULER: Ber. d. dtsch. chem. Ges. Bd. 55, S. 3589. 1922 u. Enzyme und Co-Enzyme usw., S. 39. — KUHN, R. u. H. SOBOTKA: Zeitschr. f. physikal. Chem. Bd. 109, S. 65. 1924. — Ferner H. EULER u. K. JOSEPHSON: Hoppe-Seylers Zeitschr. f. physiol. Chem. Bd. 133, S. 294. 1924.

[4]) Vgl. J. H. NORTHROP: Naturwissenschaften Bd. 11, S. 713. 1923.

[5]) BAYLISS, W. M.: The nature of Enzym action. 3. Aufl. London 1914. — Vgl. auch BAYLISS, W. M.: Naturwissenschaften Bd. 10, S. 983. 1922. Über wichtige Beziehungen zwischen Sekretion der Fermente und ihrem Adsorptionszustand vgl. E. J. LESSER. Biochem. Zeitschr. Bd. 102, S. 304. 1920; Bd. 184, S. 125. 1927.

Natur der Fermente sprechen viele Beobachtungen. Ihre leichte Adsorbierbarkeit[1]), ihre langsame Diffusion, ihre beschränkte Dialysierbarkeit, ihre Wanderung im elektrischen Feld u. a. Fermentwirkungen sind auch im makroheterogenen System zu beobachten. So z. B. finden wir eine Invertasewirkung in an Kohle oder Tonerde adsorbierter Invertase[2]). BAYLISS zieht daher zur Erklärung der enzymatischen Vorgänge die in der Kolloidchemie obwaltenden Verhältnisse heran: die enorm entwickelte Oberfläche der Fermentphase, als wesentlichstes Moment für die Katalysierung der betreffenden Reaktion, die Abhängigkeit der Kinetik von dem Dispersionszustand des Fermentes, der durch verschiedene Ionen, namentlich durch H-Ionen, beeinflußt wird und so auf den Ablauf des Fermentprozesses einen wesentlichen Einfluß hat, die Entstehung lockerer reversibler Adsorptionsverbindungen zwischen Ferment und Substrat, eine Verbindungsart, die bei biologischen Prozessen häufig angenommen wird.

Diese Auffassung der Fermentwirkungen von einseitig kolloidchemischem Gesichtspunkt verzichtet auf eine quantitative Analyse der Vorgänge. Die Mehrzahl der Forscher auf diesem Gebiet teilen jedoch diese Ansicht nicht. Die Arbeiten von EULER, MICHAELIS, WILLSTÄTTER, KUHN u. a. haben gezeigt, daß die Anwendung des Massenwirkungsgesetzes auch hier, wenigstens in einer großen Reihe der Fälle, angebracht ist. Wir verdanken dieser Anwendung der Gesetze homogener Systeme, wonach das Gleichgewicht zwischen Ferment, Substrat und Reaktionsprodukten durch eine Gleichgewichtskonstante ausdrückbar ist[3]), eine tiefere Einsicht in den Verlauf fermentativer Prozesse, als dies bei der bloßen Berücksichtigung kolloidaler Verhältnisse möglich wäre. Auch der großen Spezifität der Fermente wird der rein kolloidchemische Standpunkt nicht gerecht. Die für die Entstehung der Bindung Ferment-Substrat nötigen spezifischen chemischen Atomgruppen sind maßgebend für die fermentative Wirkung. Beide Vorstellungen schließen sich jedoch nicht aus[4]). Zwar sind die Fermente an große kolloidale Komplexe verankert und müssen daher kolloidale Eigenschaften besitzen, die fermentative Wirkung selbst haftet jedoch an ganz bestimmten chemischen Atomgruppen, so daß die rein chemischen (stöchiometrischen und stereometrischen) Verhältnisse die Grundlage bei der Analyse der Fermentprozesse bilden. Von den kolloiden Begleitstoffen scheint jeder einzelne unter Erhaltung der spezifischen Wirksamkeit abtrennbar zu sein, und es ist wahrscheinlich, daß die Natur der kolloiden Träger veränderlich ist. „Ein einzelner kolloider Träger scheint also entbehrlich zu sein, wenn dem Enzym ein anderer geeigneter zur Verfügung steht. Das Enzym vermag seine Aggregate zu wechseln“ [WILLSTÄTTER[5])].

[1]) Über Enzymadsorption vgl. H. KRAUT u. S. WENZEL: Hoppe-Seylers Zeitschr. f. physiol. Chem. Bd. 133, S. 1. 1923.

[2]) Vgl. hierzu O. MEYERHOF: Pflügers. Arch. f. d. ges. Physiol. Bd. 157, S. 251 (271). 1914. — MICHAELIS, L. u. T. ROTHSTEIN: Biochem. Zeitschr. Bd. 115, S. 269. 1921. — WILLSTÄTTER, R. u. R. KUHN: Hoppe-Seylers Zeitschr. f. d. physiol. Chem. Bd. 116, S. 53. 1921. — WILLSTÄTTER, R., J. GRASER, R. KUHN: Hoppe-Seylers Zeitschr. f. physiol. Chem. Bd. 123, S. 48. 1922. — NELSON, Z. M. u. D. J. HITSCHCOCK: Journ. of the Americ. chem. soc. Bd. 43, S. 1956. 1921.

[3]) Vgl. L. MICHAELIS: Biochem. Zeitschr. Bd. 115, S. 269. 1921. — KUHN, R.: Hoppe-Seylers Zeitschr. f. physiol. Chem. Bd. 125, S. 1. 1923. — EULER, H. u. K. JOSEPHSON: Ebenda Bd. 133, S. 279. 1924. — HEDIN, S. G.: Ebenda Bd. 146, S. 122. 1925; Bd. 154, S. 252. 1926. — JOSEPHSON, K.: Ebenda Bd. 147, S. 48 u. 155. 1925. — MICHAELIS, L.: Ebenda Bd. 152, S. 133. 1926. — R. KUHN und H. MÜNCH: Ebenda Bd. 163, S. 1. 1927.

[4]) Vgl. auch BAYLISS: Zitiert auf S. 71. — WILLSTÄTTER, R., J. GRASER u. R. KUHN: Hoppe-Seylers Zeitschr. f. physiol. Chem. Bd. 123, S. 1. 1922.

[5]) WILLSTÄTTER, R.: Ber. d. dtsch. chem. Ges. Bd. 59, S. 12. 1926. Die Unabhängigkeit der fermentativen Wirkung von den Dispersitätsverhältnissen konnte WILLSTÄTTER in vielen Fällen zeigen.

*Reinigung der Fermente.*

Die leichte Adsorbierbarkeit der Fermente spielt eine wesentliche Rolle bei der Reinigung und Isolierung der Fermente. „Es gibt nur eine einzige vielfältige, anpassungs- und entwicklungsfähige allgemeine Methodik für die Isolierung der Enzyme, die Anwendung der auf kleinen Affinitätsbeträgen, auf Affinitätsresten beruhenden Adsorptionsvorgänge“[1]). Die verschiedenen Fermente werden von verschiedenen Adsorbentien verschieden stark adsorbiert, und auch für die Begleitstoffe der Fermente besitzen die verschiedenen Adsorbentien eine verschiedene Adsorbierbarkeit. Auch die Elution, die Ablösung des adsorbierten Fermentes vom Adsorbentum erfolgt durchaus „auswählend“. So ist man in der Lage, durch passende Auswahl und Kombination der adsorbierenden und eluierenden Mittel die Fermente weitgehend von ihren Begleitstoffen zu befreien, zu reinigen, wie auch aus Fermentgemischen einheitliche Fermente zu isolieren. So konnte man, um nur einige Beispiele zu bringen[2]), die durch Tonerdeadsorption vorgereinigte Hefesaccharose durch eine darauffolgende Adsorption an Kaolin vollständig von dem begleitenden Hefegummi befreien und bei der Lipase des Pankreas durch Anwendung von Aluminiumhydroxyd und von Kaolin nacheinander eine hohe Stufe der Reinigung erzielen, wenn es auch noch in keinem Falle gelungen ist, die chemisch wirkende aktive Gruppe, die man als das eigentliche Enzymmolekül ansehen kann, unter Erhaltung der Wirksamkeit von den schützenden Kolloiden vollkommen abzutrennen.

Wesentliche Dienste hat die Methode der auswählenden Adsorption und Elution bei Trennung von Fermentgemischen, wie sie in den Organsäften gewöhnlich vorliegen, geleistet. So konnte aus dem Gemisch der drei pankreatischen Fermente Lipase, Amylase und Trypsin die Lipase durch bestimmte Sorten von Tonerde von den beiden begleitenden Fermenten abgetrennt werden, Trypsin wiederum von Amylase durch Adsorption mit Kaolin. Von großer Bedeutung für die Eiweißchemie ist die Waldschmidt-Leitz gelungene Abtrennung des Trypsins vom Erepsin, wodurch zum ersten Male die Wirkung reinen erepsinfreien Trypsins auf die Eiweißkörper untersucht werden konnte (vgl. Bd. III, S. 943). Neuerdings ist es Willstätter und E. Bamann[3]) auch gelungen, in den Hefeautolysaten durch selektive Adsorption eines Tonerdegels (von der Zusammensetzung eines Metahydroxyds AlO OH) Saccharase und Maltase vollständig zu trennen. Dieses Tonerdegel hat nun weder saure noch basische Eigenschaften. Es sind demnach für die Eignung eines Adsorbens zur Trennung einheitlicher Fermente Affinitätsverhältnisse bestimmend, die sich in elektrochemischem und in kolloidchemischem Sinne noch nicht genauer definieren lassen[4]). Die ursprüngliche Ansicht von Michaelis, daß bei der Adsorption der Fermente die elektrochemische Polarität maßgebend ist, so daß z. B. das elektronegative Invertin wohl von der elektropositiven Tonerde, nicht aber von Kaolin adsorbierbar wäre, ist demnach fallen zu lassen.

*Maßeinheiten für die Fermentwirkung.*

Zur Bestimmung der Ausbeute an Ferment im Verlaufe der verschiedenen Reinigungsverfahren im Vergleich zum Ausgangsmaterial, wie auch zur Prüfung

---

[1]) Willstätter, R.: Ber. d. dtsch. chem. Ges. Bd. 55, S. 3601. 1922.

[2]) Vgl. R. Willstätter: Ber. d. dtsch. chem. Ges. Bd. 59, S. 1. 1926.

[3]) Willstätter, R. u. E. Bamann: Hoppe-Seylers Zeitschr. f. physiol. Chem. Bd. 151, S. 273. 1925.

[4]) Vgl. R. Willstätter: Ber. d. dtsch. chem. Ges. Bd. 59, S. 10. 1926.

des Reinheitsgrades, der enzymatischen Konzentration in den erhaltenen Lösungen während der Reinigung sind von WILLSTÄTTER und von EULER Maßeinheiten eingeführt worden. Die *Enzymeinheiten* WILLSTÄTTERS[1]) sind Enzymmengen, die unter gleichen, festgelegten Bedingungen in einer bestimmten Zeit einen bestimmten Umsatz des Substrates bewirken. Die *Enzymwerte* geben die Enzymeinheiten in gewissen Substanzmengen an. So wird z. B. als Lipaseeinheit diejenige Menge Lipase bezeichnet, die unter ganz bestimmten Bedingungen (in 13 ccm Volumen, enthaltend 2 ccm $NH_3$ $NH_4Cl$ Puffer von $p_H$ 8,9, mit 10 mg $CaCl_2$ und 15 mg Albumin) bei 30° in 1 Stunde 24% von 2,5 g Olivenöl (von der Verseifungszahl 185,5) spaltet. Die Anzahl solcher Lipaseeinheiten in 1 cg des Präparates ist der Lipasewert, EULER und JOSEPHSON schlagen als Maß der fermentativen Aktivität den Ausdruck $\frac{k \cdot g \text{ Substrat}}{g \text{ Enzympräparat}}$ vor, worin $k$ in manchen Fällen die Reaktionskonstante einer Reaktion erster Ordnung bedeutet.

In einzelnen Fällen kann die Enzymmenge in einfache Beziehung zu der Konstante der (monomolekularen) Reaktion gebracht werden, da im allgemeinen zwischen Reaktionsgeschwindigkeit und Fermentkonzentration einfache Proportionalität herrscht, wonach die Zeit eines bestimmten Umsatzes in umgekehrtem Verhältnis zur Fermentmenge steht [Ferment-Zeitgesetz[2])]. So wurde als die Einheit der pankreatischen Amylase das Hundertfache derjenigen Enzymmenge bezeichnet, für die sich unter den genau angegebenen Bedingungen und nach optimaler Aktivierung durch genau vorgeschriebene Mengen Kochsalz die Konstante der monomolekularen Reaktion von 0,01 ergibt. Die Reaktionskonstante einer Bestimmung gibt also gleichzeitig den Gehalt der Analysenprobe an Amylaseeinheiten an.

Erst die Untersuchungen der WILLSTÄTTERschen Schule haben den großen Einfluß aktivierender und hemmender Begleitstoffe auf die Geschwindigkeit der Fermentreaktionen aufgedeckt. Bei dem Vergleich der Aktivität des Fermentes muß ihr Einfluß natürlich ausgeschaltet werden. Dies geschieht nach der Methode der „ausgleichenden Aktivierung bzw. der ausgleichenden Hemmung", wonach aktivierende oder hemmende Stoffe in solcher Menge dem Ferment-Substratgemisch zugesetzt werden, daß sie den Einfluß der in wechselnden Mengen bereits vorhandenen fördernden oder hemmenden Stoffe im betreffenden Präparat auszuschalten vermögen. Solche Aktivatoren sind im obigen Beispiel der Lipase das $CaCl_2$ und Albumin. In diesem Zusammenhange sei erwähnt, daß KUHN zeigen konnte, daß nur für unendlich große Substratkonzentration extrapolierte Reaktionsgeschwindigkeiten ein wahres Maß der Fermentmengen darstellen, weil unter diesen Bedingungen der „Hemmungskörper" mit dem Substrat nicht mehr erfolgreich um das Ferment konkurrieren kann.

### *Kinetische Betrachtungen.*

Die sehr stark ausgeprägte Spezifität der Fermente dem Substrat gegenüber, auf die wir weiter unten zurückkommen werden, (über Einzelheiten vgl. Bd. 3, S. 910) spricht für die Entstehung einer intermediären Ferment-Substratverbindung. Die Bildung solcher Zwischenprodukte ist aber nicht nur für den Chemismus der betreffenden Reaktion maßgebend, sondern auch für die Kinetik des Prozesses. Ist das Substrat in großem Überschuß, oder hat das Ferment

---

[1]) Vgl. R. WILLSTÄTTER u. R. KUHN: Ber. d. dtsch. chem. Ges. Bd. 56, S. 509. 1923 u. R. KUHN: Hoppe-Seylers Zeitschr. f. physiol. Chem. Bd. 125, S. 1. 1923.

[2]) Vgl. hierzu u. a. MICHAELIS u. DAVIDSOHN: Biochem. Zeitschr. Bd. 35, S. 386. 1911. — HEDIN, S. G.: Hoppe-Seylers Zeitschr. f. physiol. Chem. Bd. 146, S. 122. 1925.

große Affinität zum Substrat, so wird die Gesamtmenge des Fermentes an das Substrat gebunden: es werden zu gleicher Zeit gleiche Substratmengen umgesetzt. In diesem Falle ist die umgesetzte Substratmenge der Einwirkungszeit proportional. „Wenn man an der Annahme festhält, daß unter gleichen äußeren Bedingungen die Geschwindigkeit fermentativer Vorgänge der jeweiligen Konzentration der Ferment-Substratverbindung proportional ist, kann man aber eine Reaktion nullter Ordnung dann erwarten, wenn die Affinität des Enzyms zum Substrat so groß ist, daß das Enzym, auch wenn der größte Teil des Umsatzes schon stattgefunden hat, noch immer vollständig an das Substrat gebunden ist"[1]). Bei großer Affinität des Fermentes zum Substrat wird man also einen geradlinigen Verlauf der Spaltung auch während langer Beobachtungszeit finden, wie z. B. bei der Leber- und Blutlipase. Dies ist aber auch in den meisten Fällen am Anfang der fermentativen Spaltung zu beobachten, wo die Substratmenge gegenüber der Fermentmenge in großem Überschuß ist und die Menge der Spaltprodukte noch keinen hemmenden Einfluß ausüben kann. So haben MICHAELIS und MENTEN bei ihren Studien der Kinetik der Saccharose als Grundlage ihrer Messungen den ersten geradlinigen Teil ihrer Kurve benutzt. Verschiebt sich im Verlauf der Spaltung das Verhältnis Substrat : Ferment zugunsten des letzteren, so wird, falls mit der Abnahme der Substratkonzentration die hydrolysierte Menge des Substrates dessen Konzentration direkt proportional ist, der Verlauf einer monomolekularen Reaktion resultieren. Ein solcher monomolekularer Verlauf wurde z. B. bei der ereptischen Spaltung des Glycylglycins von EULER[2]) beschrieben. Es muß aber darauf hingewiesen werden, daß die Übereinstimmung des Verlaufs der fermentativen Spaltung innerhalb eines Spaltungsbereiches mit einer gesetzmäßigen Formel der chemischen Kinetik in vielen Fällen keinen Aufschluß über das wahre Wesen der Reaktion gibt, sondern nur eine empirische Formel darstellt mit einer rechnerisch bequem anwendbaren Reaktionskonstante. Das ist schon deshalb der Fall, da viele fermentative Prozesse, wie z. B. die Gärung oder die Spaltung des Amygdalins, nicht einheitlich sind, sondern durch das Zusammenwirken mehrerer Fermente in verschiedenen Etappen erfolgen[3]).

Tritt nun im weiteren Verlauf der Spaltung die hemmende Wirkung der Spaltprodukte auf, und zwar proportional ihrer Konzentration, so kommt man, wie dies ARRHENIUS gezeigt hat, in den Geltungsbereich der SCHÜTZschen Regel. Nach dieser ist der Umsatz in gleichen Zeiten den Quadratwurzeln der Fermentmengen bzw. bei gleicher Fermentmenge der Quadratwurzel aus der Zeit proportional. Dies ist z. B. bei der peptischen Spaltung beobachtet worden. Im allgemeinen kann man sagen, daß in dem Maße, wie sich die Konzentration des Substrates vermindert, größere Fermentmengen eine verhältnismäßig geringere Wirkung besitzen. Die Regel von SCHÜTZ ist nur ein Spezialfall dieser Verhältnisse.

Unter der allgemein angenommenen Voraussetzung, daß die Reaktionsgeschwindigkeit der Konzentration der Fermentsubstratverbindung proportional ist, haben MICHAELIS und MENTEN die Rohrzuckerspaltung durch Invertase in Abhängigkeit von der Rohrzuckerkonzentration genau festgestellt[4]). Dabei

---

[1]) KUHN: Fermente, S. 235. — Vgl. S. v. ARRHENIUS: Zeitschr. f. angew. Chem. Bd. 36, S. 455. 1923.

[2]) EULER: Hoppe-Seylers Zeitschr. f. physiol. Chem. Bd. 51, S. 213. 1907.

[3]) Vgl. hierzu S. KOSTYTSCHEW: Hoppe-Seylers Zeitschr. f. physiol. Chem. Bd. 154, S. 262. 1926. — NEUBERG, C.: Ebenda Bd. 157, S. 299. 1926.

[4]) MICHAELIS, L. u. M. MENTEN: Biochem. Zeitschr. Bd. 49, S. 333. 1913. — Vgl. auch H. EULER u. J. LAURIN: Hoppe-Seylers Zeitschr. f. physiol. Chem. Bd. 110, S. 55. 1920.

konnten sie die Affinität des Fermentes zu seinem Substrat auf Grund des Massenwirkungsgesetzes zum ersten Male bestimmen. Diese ergab sich zu 0,0165. Diese Zahl besagt, daß, wenn man die Rohrzucker-Invertinverbindung in reinem Zustande isolieren könnte und sie in einer solchen Konzentration lösen könnte, daß von dem undissoziierten Anteil derselben 1 Mol pro Liter enthalten wäre, dann wären in der Lösung außerdem $\sqrt{0{,}0165} = 0{,}128$ Mole freies Invertin und ebensoviel freier Rohrzucker. Nach Euler[1]) wird die Affinität der Saccharase zum Rohrzucker gleichzeitig durch zwei Stellen dieses Substrates vermittelt, von dem die eine im Fructose-, die andere im Glucoserest sich befindet. Es kommen also hier *zwei Affinitäten* in Betracht, die durch zwei Affinitätskonstanten bestimmt werden.

Diese Affinität zum Rohrzucker erwies sich für rohes und gereinigtes Invertin gleich, war aber bei Invertin aus verschiedenen Hefearten verschieden. Kuhn nimmt an, daß die wechselnden Affinitäten des Fermentes zum Substrat nicht durch einfache Konkurrenz von Substrat und Begleitstoffen zustande kommen, sondern vielmehr die Unterschiede des Wirkungsvermögens durch verhältnismäßig feste Assoziationen inaktiver Beimengungen an solchen Stellen der Fermentteilchen zu erklären sind, die für die Bindung des Substrates unmittelbar in Betracht kommen und so die Aktivität der spezifischen Gruppe des Fermentes beeinflussen.

Die große Bedeutung der Substratkonzentration für die Kinetik der Fermentreaktion haben Untersuchungen von Michaelis und Menten und von Kuhn gezeigt. Diese Abhängigkeit der Reaktionsgeschwindigkeit von der Substratkonzentration wie auch von der der Spaltprodukte führt ebenfalls dazu, Bindung des Fermentes sowohl mit dem Substrat als mit den Spaltprodukten anzunehmen. Die reaktionsvermittelnden Moleküle sind die Ferment-Substratverbindungen, die Geschwindigkeit der fermentativen Spaltung ist der Konzentration dieser Verbindung proportional. Die beobachtete Reaktionsgeschwindigkeit setzt sich aber zusammen einmal aus der Geschwindigkeit der Bildung der Ferment-Substratverbindung und deren Konzentration, zweitens aus der Zerfallsgeschwindigkeit dieser Verbindung[2]).

Die die fermentative Reaktion hemmenden Stoffe werden einen der beiden Faktoren oder beide beeinflussen können. Bei *Maltase* und bei *Invertase* haben Michaelis und Rona[3]) und Michaelis und Pechstein[4]) die Affinitäten der Spaltungsprodukte und anderer Hemmungskörper zu dem Ferment auf Grund des Massenwirkungsgesetzes berechnet.

Erst, wenn die Natur der untersuchten Hemmung klargestellt ist, ist man jedoch berechtigt, Affinitätsmessungen auf Grund der Hemmung anzustellen. Bei der „Hemmung durch Affinität" ist der Hemmungskoeffizient bei konstanter Menge des Hemmungskörpers von der Substratkonzentration abhängig. Dieser Fall liegt bei Saccharase-Fruktose vor. Hemmt der Zusatz hingegen die Zerfallsgeschwindigkeit (vielleicht auch die Bildungsgeschwindigkeit) der Ferment-Substratverbindung, so ist das Ausmaß der Reaktionsverzögerung bei gegebener Hexosemenge unabhängig von der Rohrzuckerkonzentration. Dies liegt im Falle

[1]) Euler: Hoppe-Seylers Zeitschr. f. physiol. Chem. Bd. 143, S. 79. 1925. — Vgl. ferner K. Josephson: Ebenda Bd. 136, S. 62. 1924; Bd. 147, S. 1; Bd. 149, S. 71. 1925 u. H. Euler: Enzyme und Co-Enzyme usw., S. 26ff. Stuttgart: Enke 1926. — Ferner Kuhn u. Münch: Hoppe-Seylers Zeitschr. f. physiol. Chem. Bd. 150, S. 226. 1926.

[2]) Vgl. u. a. H. Euler u. K. Josephson: Hoppe-Seylers Zeitschr. f. physiol. Chem. Bd. 133, S. 279. 1924.

[3]) Michaelis u. Rona: Biochem. Zeitschr. Bd. 60, S. 62. 1914.

[4]) Michaelis u. Pechstein: Biochem. Zeitschr. Bd. 59, S. 77. 1914.

der Saccharase- $\alpha$-Glucose vor[1]. — KUHN[2] findet folgende Beziehungen zwischen der Affinität des Fermentes zum Substrat und zu den Spaltprodukten: 1. Ein nicht spaltbares Glucosid oder Disaccharid wird vom Ferment auch nicht gebunden. Hefesaccharase wird nicht oder kaum meßbar gehemmt durch Laktose, Maltose, Gentiobiose, Melibiose und Cellobiose; diese Disaccharide sind durch Saccharase auch nicht spaltbar. 2. Liegt Affinität zu einer Hexose vor, so brauchen die davon abgeleiteten Hexoside und Disaccharide nicht ebenfalls das Ferment zu binden. Hefesaccharasen zeigen starke Affinität zu $\beta$-Glucose, $\alpha$-Galaktose, $\beta$-Arabinose, Gleichgewichtsfructose. Aber die $\beta$-Glucoside, $\alpha$-Galaktoside, Arabinoside und Methylfructosid werden nicht gespalten.

Bei den polypeptidspaltenden Fermenten aus dem Hefepreßsaft wird die Spaltung von Glycyl-Glycin, wie es die Untersuchungen von ABDERHALDEN und GIGON[3] zeigen, ebenfalls spezifisch beeinflußt: die in der Natur vorkommenden Aminosäuren d-Alanin, d-Valin, l-Leucin, l-Tyrosin, Tryptophan, d-Glutaminsäure hemmen die Spaltung, l-Alanin und d-Leucin sind ohne Wirkung.

### *Spezifität.*

Die Verbindung des Fermentes mit dem Substrat, deren Bildung das Zustandekommen der fermentativen Wirkung bedingt, ist chemisch ausgeprägt spezifisch. Wenn auch spezifische Unterschiede in der katalytischen Wirkung nicht etwa auf die Fermente beschränkt sind[4], so ist das spezifische Verhalten bei diesen so betont, daß es den Fermentwirkungen das charakteristische Gepräge aufdrückt. Die Einteilung der Fermente geschieht hauptsächlich auf Grund der Substanzen, auf die sie eingestellt sind. So entstehen die großen Gruppen der eiweißspaltenden, der kohlehydratspaltenden, der fettspaltenden Fermente. Innerhalb dieser Gruppen geht aber die spezifische Einstellung noch weiter. Je feiner die Methoden zur Prüfung der Fermentwirkung ausgebildet sind, desto feinere Unterschiede konnten in der Wirksamkeit sonst nahestehender Fermente aufgedeckt werden. Systematische Untersuchungen über die Fermentspezifität verdanken wir in neuerer Zeit vor allem KUHN[5]. Er unterschied die Fälle, bei denen das spezifische Verhalten bei der Wirkung eines und desselben Fermentes auf verschiedene Substrate in Erscheinung tritt, von denen, bei welchen verschiedene Fermente sich einem bestimmten System gegenüber verschieden verhalten.

Im speziellen Teil über die Verdauungsfermente (Bd. III, S. 910) ist das spezifische Verhalten der betreffenden Fermente im einzelnen besprochen. Man ersieht daraus, daß bestimmte Atomgruppierungen nur von bestimmten Fermenten angegriffen werden, von anderen, selbst nahe verwandten, nicht. So ist, um nur einige Beispiele zu geben, die Polypeptidbindung NH—CO nur dem ereptischen Ferment zugänglich, nicht dem peptischen oder dem tryptischen[6]; bei den Polysacchariden werden die $\alpha$- und die $\beta$-Bindungen durch verschiedene Amylasen[7] gespalten usw. Trotz dieser weitgehenden Spezifität haben reaktionskinetische Messungen von WILLSTÄTTER, KUHN wiederum gezeigt, daß es Fälle

[1] R. KUHN und H. MÜNCH. Zeitschr. f. physiol. Chem. Bd. 163, S. 1. 1927.
[2] Vgl. hierzu jedoch H. EULER u. K. JOSEPHSON: Zeitschr. f. physiol. Chem. Bd. 166, S. 294. 1927.
[3] ABDERHALDEN, E. u. GIGON: Hoppe-Seylers Zeitschr. f. physiol. Chem. Bd. 53, S. 251. 1907.
[4] Vgl. hierzu A. MITTASCH (zitiert auf S. 71) über „Mischkatalysatoren".
[5] Vgl. KUHN: Die Fermente, S. 167ff.
[6] WALDSCHMIDT-LEITZ, E. u. A. HARTENECK: Hoppe-Seylers Zeitschr. f. physiol. Chem. Bd. 149, S. 203. 1925.
[7] KUHN, R.: Liebigs Ann. d. Chem. Bd. 444, S. 1. 1925.

gibt, wo auf verschiedene, allerdings chemisch nahe verwandte Substrate dasselbe Ferment wirksam sein kann. Die α-Glykoside Maltose, α-Methyl und das α-Phenylglykosid werden durch dasselbe Ferment gespalten, ebenso die aliphatischen und die aromatischen β-Glykoside. Kinetische Messungen von KUHN sprechen für die Identität des saccharose- und des raffinosespaltenden Fermentes der Hefe. Wir hätten hier Fälle einer nicht absoluten, sondern nur relativen Spezifität.

Die „Enzymfestigkeit", die Unangreifbarkeit durch das Enzym, beruht darauf, daß die betreffende Ferment-Substratverbindung überhaupt nicht gebildet wird, und nicht etwa darauf, daß die Zerfallsgeschwindigkeit der Reaktionszwischenverbindung unmeßbar gering ist[1]).

Bedeutungsvoll ist, daß nicht nur mehr oder weniger eingreifende Strukturunterschiede maßgebend für die Angreifbarkeit durch das Ferment sind[2]), sondern auch das stereochemische Verhalten der Verbindungen, die sterische Anordnung gewisser Atomgruppen im Molekül. Das spricht mit einiger Wahrscheinlichkeit für eine optisch aktive Orientierung auch des Fermentkomplexes. Von Fällen, bei denen die eine optische Modifikation vom Ferment überhaupt nicht angegriffen wird, bis zu solchen, wo nur ein gradueller Unterschied in der Spaltungsgeschwindigkeit der beiden optischen Antipoden statthat, finden sich alle Übergänge. Eine scharfe Einstellung auf nur eine optische Modifikation zeigt z. B. die Hefezymase, die bei der Glucose, Fructose, Mannose nur die d-Form, nicht aber die l-Form vergärt[3]). Bemerkenswerte stereochemische Einstellung bei den Lipasen verschiedener Organe[4]) zeigt folgende Tabelle (vgl. ferner Bd. III, S. 914).

**Drehung der rascher verseiften Komponente.**

| Rac. Substrat | Pankr.-Lip. | Leber | Magen (Hund) | Magen (Schwein) | Magen (Pferd) | Taka |
|---|---|---|---|---|---|---|
| Mandelsäureäthylester | — | + | + | + | + | + |
| Mandelsäuremonoglycerid | — | + | 0 | 0 | 0 | 0 |
| Phenylmethoxyessigsäuremethylester | — | + | 0 | 0 | 0 | + |
| Phenylchloressigsäuremethylester | — | — | + | ? | 0 | — |
| Phenylbromessigsäuremethylester | — | — | 0 | 0 | 0 | 0 |
| Phenylaminoessigsäurepropylester | + | + | 0 | 0 | 0 | 0 |
| Tropasäuremethylester | + | — | 0 | 0 | 0 | — |
| Leucinpropylester | + | + | 0 | 0 | 0 | 0 |

0 = nicht untersucht.

Die Lipasen verschiedener Herkunft verhalten sich demnach den verschiedenen optischen Antipoden gegenüber verschieden. In dieser Hinsicht ist es bemerkenswert, daß die Schwein-Leberlipase, die im Racemat Mandelsäuremethylester die d-Form vorzieht, wenn die reinen optisch aktiven Modifikationen vorliegen, die l-Form am schnellsten spaltet, die d- und dl-Ester gleich schnell, aber langsamer als die l-Form. Die ebenfalls rechtsorientierte Takalipase verseift hingegen alle 3 Formen mit gleicher Geschwindigkeit[5]). Dies steht mit Beob-

[1]) KUHN, R.: Hoppe-Seylers Zeitschr. f. physiol. Chem. Bd. 125, S. 1. 1923; Naturwissenschaften Bd. 11, S. 732. 1923. — Vgl. auch K. JOSEPHSON: Hoppe-Seylers Zeitschr. f. physiol. Chem. Bd. 136. S. 62 (73). 1924; Bd. 147, S. 1. 1925.

[2]) Vgl. hierzu u. a. E. FISCHER, M. BERGMANN u. H. SCHOTTE: Ber. d. dtsch. chem. Ges. Bd. 53, S. 509. 1920.

[3]) FISCHER, E.: Ber. d. dtsch. chem. Ges. Bd. 23, S. 2137. 1890; Hoppe-Seylers Zeitschr. f. physiol. Chem. Bd. 26, S. 61. 1898.

[4]) DAKIN, H. D.: Journ. of gen. physiol. Bd. 30, S. 253. 1903; Bd. 32, S. 199. 1905. — WILLSTÄTTER, R., H. HAUROWITZ und F. MEMMEN: Hoppe-Seylers Zeitschr. f. physiol. Chem. Bd. 140, S. 201. 1924.

[5]) RONA, P. u. R. AMMON: Biochem. Zeitschr. Bd. 181, S. 49. 1927.

achtungen von R. Willstätter und H. Sobotka[1]) in Übereinstimmung, wonach die α- und die β-Glucose, jede für sich allein, gleich schnell vergoren werden, im Gemisch jedoch die α-Glucose der β vorgezogen wird. Das optisch auswählende Verhalten ist auch wichtig für die Entscheidung, ob die verschiedenen Lipasen als verschiedene Fermentindividuen zu betrachten sind oder nicht. Alle sonst für die Eigenart eines Fermentes herangezogenen Eigenschaften, selbst die optimale H-Ionenkonzentration, erwiesen sich als stark von den Begleitstoffen des betreffenden Fermentes abhängig[2]), nur die optische Konfiguration scheint dem Fermentmolekel selbst zuzukommen. „Diese Konfigurationsspezifität kann bis jetzt als eine Enzymkonstante gelten. Man hat noch in keinem Falle einen den Drehungssinn der vorgezogenen Komponente bestimmenden Einfluß von Fremdkörpern beobachtet" [Willstätter[3])]. Andere Beispiele einer stereochemischen Spezifität sind: die Spaltung von α-Methyl-d-Glucosid von Hefe und deren Unwirksamkeit auf α-Methyl-l-Glucosid (E. Fischer), die Spaltung des β-Methyl-d-Glucosides von Emulsin, während das β-Methyl-l-Glucosid gegen Emulsin resistent ist; die Spaltung von racemischem Arginin durch Arginase in d-Ornithin und l-Arginin[4]), die schnellere Oxydation von l-Tyrosin als die der d-l- und der d-Form durch die Tyrosinase der Russula delica[5]) u. a. m. Absolute stereochemische Konfigurationsbeweise lassen sich jedoch auf diesem Wege nicht erbringen, da ein bestimmtes Ferment nicht immer jene Moleküle bevorzugt, die in bezug auf die Lage der Substituenten am asymmetrischen Kohlenstoffatom übereinstimmen. Man kann die Fermente nicht etwa einteilen in solche, die die rechtsdrehende Komponente und solche die die linksdrehende schneller zerstören, da sie sich verschiedenen Racematen gegenüber in dieser Hinsicht verschieden verhalten[6]).

Maßgebend für die Spezifität dieser Fermentreaktionen sind die verschiedenen Reaktionsgeschwindigkeiten der entstehenden Fermentverbindungen. Das Ferment-d-Substrat und das Ferment-l-Substrat sind nicht optische Antipoden, ihre Bildungs- und Zerfallsgeschwindigkeit ist verschieden.

In Fällen, wo verschiedene Fermente auf dasselbe Substrat wirken, kann es dadurch, daß die verschiedenen Fermente an verschiedenen Stellen des Substrates angreifen, zu verschiedenen Spaltprodukten führen. So wird Raffinose durch Invertin in Melibiose und Fructose, durch Emulsin in Rohrzucker und Galaktose gespalten. In neueren Versuchen ist es sogar gelungen, Unterschiede des Reaktionsverlaufes bei Fermenten verschiedener Herkunft bei Gleichheit des Substrates *und* der Spaltprodukte aufzudecken („Konvergenz spezifischer Reaktionswege" nach Kuhn). Kuhn[7]) konnte zeigen, daß die Spaltung des Rohrzuckers durch die Saccharase der Löwenbräuhefe und die des Aspergillus Oryzä über verschiedenartige Zwischenprodukte führt. Invertin aus Löwenbräuhefe wird durch α-Glucose nicht, durch Fructose stark gehemmt; Invertin aus Aspergyllus Oryzä hingegen wird gerade umgekehrt durch α-Glucose stark, durch Fructose nicht gehemmt. Zu α-Glucose (diejenige Form der Glucose, die

---

[1]) Willstätter, R. u. H. Sobotka: Hoppe-Seylers Zeitschr. Bd. 123, S. 164. 1922.
[2]) Vgl. R. Willstätter, Haurowitz u. Mermen: Hoppe-Seylers Zeitschr. f. physiol. Chem. Bd. 140, S. 205. 1924.
[3]) Willstätter, R.: Naturwissenschaften Bd. 14, S. 937. 1926.
[4]) Riesser, O.: Zeitschr. f. physiol. Chem. Bd. 49, S. 210. 1906.
[5]) Abderhalden, E. und Guggenheim. Zeitschr. f. physiol. Chem. Bd. 54, S. 331. 1907
[6]) Vgl. A. R. Cushny: Biological relations of optically isomeric substances. Baltimore John Hopkins Univ. Williams a. Wilkens Company. 1926.
[7]) Kuhn, R.: Hoppe-Seylers Zeitschr. f. physiol. Chem. Bd. 127, S. 234. 1923; Bd. 129, S. 57. 1923. — Kuhn, R. u. H. Münch: Ebenda Bd. 150, S. 220. 1926. — Euler, H. u. K. Josephson: Ebenda Bd. 132, S. 301. 1923.

im Rohrzucker vorkommt) hat die Hefesaccharase gar keine Affinität. „Daraus muß man per exclusionem schließen, daß die starke Verlangsamung der Inversionsgeschwindigkeiten, die man bei Zusatz von gewöhnlicher Lävulose beobachtet, auch bei Zusatz der im Rohrzucker vorliegenden Form dieser Ketohexose, die im freien Zustande noch unbekannt ist, zu finden sein wird[1]). Aber nicht alle Heferassen verhalten sich so wie die erwähnten. Die Saccharasen verschiedener Hefen verhalten sich bald wie Gluco-, bald wie Fructosaccharasen[2]). Die Hefesaccharase spaltet alle die bisher bekannten Glucoderivate des Rohrzuckers, in denen die für die Vereinigung mit dem Ferment maßgebende Fructosehälfte des Rohrzuckermoleküls unberührt ist (wie bei Gentianose, Raffinose, Stachyose, Hesperonal), während Melezitose, ein Fructoderivat des Rohrzuckers, durch Hefesaccharasen nicht angegriffen wird[3]). — Ein weiteres, sehr bedeutungsvolles Beispiel für diese „Konvergenz spezifischer Reaktionswege" ist ebenfalls von R. KUHN[4]) bei der Stärkespaltung durch verschiedene Amylasen aufgedeckt worden. Bei dieser Spaltung entsteht immer Maltose, bei Malzamylase aber primär die $\beta$-Modifikation, bei Pankreas- oder Takadiastase hingegen die $\alpha$-Maltose.

Der Nachweis spezifischer Fermentwirkungen auf Grund des Vergleichs der Reaktionsgeschwindigkeiten ist jedoch bei ungleicher Affinität des Fermentes zum Substrat nicht möglich. „Wenn die Quotienten der Reaktionskonstanten (oder der Enzymwerte), die sich beim Vergleich von zwei Substraten ergeben, mit der Herkunft und dem Reinheitsgrade des angewandten Fermentes wechseln, so ist dies noch kein Beweis für die Existenz von zwei absolut spezifischen Enzymen. Nur wenn die Affinitäten des Fermentes zu beiden Substraten, die verglichen werden, zufällig untereinander immer übereinstimmen, oder wenn die Substratkonzentration, bei der der Vergleich angestellt wird, so groß ist, daß in beiden Fällen, unabhängig von Schwankungen der beiden Dissoziationskoeffizienten, praktisch das gesamte Ferment an das Substrat gebunden ist, kann man Konstanz der Enzymquotienten erwarten." So konnte man bei dem oben erwähnten Vergleich der Hydrolysengeschwindigkeit des Rohrzuckers und der Raffinose für unendlich große Substratkonzentration (also wenn es sich bei den Hydrolysen um die Wirkungen ein und desselben Fermentes handelt, für äquimolekulare Mengen der Ferment-Rohrzucker- und Ferment-Raffinoseverbindungen) finden, daß Saccharase und Raffinase in jedem der untersuchten Invertine in ein und demselben Mengenverhältnis enthalten ist[5]).

### *Temperatureinfluß.*

Wie bei den nichtfermentativen chemischen Reaktionen, so wird auch bei den fermentativen Prozessen die Geschwindigkeit, mit der die Gleichgewichtslage der Reaktion erreicht wird, durch Erhöhung der Temperatur erhöht, ohne — wenigstens bei den hydrolytischen Prozessen mit äußerst geringer Wärmetönung — die Gleichgewichtslage zu verschieben. Die Lage des Gleichgewichtes Rohrzucker-Saccharase fanden EULER und LAURIN[6]) fast unabhängig von der Temperatur. Der Temperaturkoeffizient, d. h. die Erhöhung der Reaktions-

---

[1]) R. KUHN und H. MÜNCH: Zeitschr. f. physiol. Chem. Bd. 163, S. 1. 1927, und zwar S. 11.

[2]) R. KUHN und H. MÜNCH: Zeitschr. f. physiol. Chem. Bd. 150, S. 220. 1925.

[3]) R. KUHN und H. MÜNCH: l. c. und J. LEIBOWITZ und P. MECHLINSKY: Ber. Chem. Ges. Bd. 59. S. 2738. 1926.

[4]) R. KUHN: Ann. der Chem. Bd. 443, S. 1. 1925. Vgl. Bd. III.

[5]) R. KUHN in Oppenheimers Fermente. — Vgl. auch JOSEPHSON: Hoppe-Seylers Zeitschrift f. physiol. Chem. Bd. 147, S. 140. 1925.

[6]) EULER u. LAURIN: Hoppe-Seylers Zeitschr. f. physiol. Chem. Bd. 110, S. 91. 1920.

geschwindigkeit bei einer um 10° höheren Temperatur, bewegt sich zwischen 2 und 3. Bei den Fermenten kommt aber noch hinzu, daß sie mit zunehmender Temperatur einer Zerstörung unterliegen. Der Punkt oder das Gebiet, wo die durch die Temperaturerhöhung verursachte Inaktivierung die fördernde Temperaturwirkung überwiegt, gibt das Temperaturoptimum des betreffenden Fermentes. In diesem wird die Geschwindigkeitszunahme der Spaltung durch die Zunahme der Fermentzerstörung gerade ausgeglichen. Von einem scharf begrenzten Optimum kann jedoch keine Rede sein, da die Temperaturwirkung je nach Erhitzungsdauer, Begleitstoffen, Salzen, H-Ionenkonzentration bei einem und demselben Ferment variiert. Begleitstoffe schützen das Ferment, und in Verbindung mit dem Substrat oder mit den Spaltprodukten kann das Ferment höhere Temperaturen vertragen als in gereinigtem Zustande[1]).

### *Ionenwirkungen.*

Nach den grundlegenden Untersuchungen von Sörensen[2]) ist die Acidität (die H-Ionenkonzentration) der Lösung, in der das Ferment tätig ist, maßgebend für die Wirksamkeit des Fermentes. Bei einer bestimmten H-Ionenkonzentration oder innerhalb eines bestimmten mehr oder weniger breiten Bereiches der H-Ionenkonzentration entfaltet das Ferment seine optimale Wirkung, bei allen anderen ist diese geringer. Angaben über die Fermentwirkung ohne Angabe der H-Ionenkonzentration, bei der die Wirkung untersucht wurde, sind wertlos. Die Bestimmung der optimalen H-Ionenkonzentration für die verschiedenen Fermente ist daher der Gegenstand vieler Untersuchungen gewesen.

Trägt man die relativen Wirksamkeiten (die Wirkungen im Verhältnis zur optimalen Wirkung) auf die Ordinate eines rechtwinkligen Koordinatensystems, die negativen Logarithmen der H-Konzentration auf die Abszisse, so erhält man, wie es Michaelis gezeigt hat, eine Kurve von der Form einer Dissoziationskurve (bzw. Dissoziationsrestkurve) einer schwachen Säure oder einer schwachen Base. Ein Beispiel sei das Verhalten des Invertins. Auf Grund dieser Tatsache nahm Michaelis[3]) an, daß die Fermente schwache Basen oder schwache Säuren bzw. amphotere Stoffe sind, deren wirksamer Teil das Kation oder das Anion oder der undissoziierte Anteil ist. Ob man mit einer Base oder mit einer Säure zu tun hat, sollten die Kataphorese- und Adsorptionsversuche mit demselben Ferment ergeben. Der Sinn der Wanderung im elektrischen Strom sollte zeigen, ob das Ferment bei der jeweiligen H-Ionenkonzentration als Anion oder als Kation oder im unelektrischen Zustande sich befindet. Bei den Adsorptionsversuchen war der leitende Gedanke die Annahme, daß die negativen Adsorbentien die Ferment-Kationen, die positiven Adsorbentien die Ferment-Anionen adsorbieren. Doch hat sich später gezeigt, daß sowohl die Richtung der elektrischen Wanderung wie auch die Adsorbierbarkeit stark von den Begleitstoffen abhängen und bei sehr unreinen Fermentlösungen über die Natur des Fermentes nichts aussagen[4]). Abb. 3 (S. 82).

---

[1]) Vgl. z. B. Willstätter, Graser u. Kuhn: Über die Temperaturempfindlichkeit der Saccharase in Abhängigkeit vom Reinheitsgrad. Hoppe-Seylers Zeitschr. f. physiol. Chem. Bd. 123, S. 1. (72) 1922. — Euler: Ebenda Bd. 108, S. 64. 1919. Hier (S. 76) auch die Definition der „Tötungstemperatur" als diejenige Temperatur, bei der das Ferment in wäßriger Lösung (ohne Substrat, bei festgelegtem bzw. optimalem $p_H$) nach 60 (bzw. 30) Minuten langer Erhitzung auf die Hälfte seiner Aktivität sinkt. Über Temperaturinaktivierung der Fermente vgl. Euler u. A. Ugglas: Hoppe-Seylers Zeitschr. f. physiol. Chem. Bd. 65, S. 124 u. Euler u. Kullberg: Ebenda Bd. 71, S. 134. — Vgl. auch hierzu Kuhn: Fermente, S. 146ff.

[2]) Sörensen, S. P. C.: Biochem. Zeitschr. Bd. 7, S. 45. 1908.

[3]) Vgl. Michaelis: Die Wasserstoffionenkonzentration. Berlin: Julius Springer 1914.

[4]) Willstätter, Graser u. Kuhn: Hoppe-Seylers Zeitschr. f. physiol. Chem. Bd. 123, S. 1 (73). 1922. — Vgl. auch A. Pekelharing u. W. E. Ringer: Ebenda Bd. 75, S. 282. 1911.

Die Theorie von MICHAELIS nahm zunächst auf die Rolle des Substrates für das H-Optimum keine Rücksicht. Weitere theoretische Überlegungen führten MICHAELIS dazu, seine ursprüngliche Auffassung aufzugeben und nicht den Dissoziationszustand des Fermentes, sondern den der Fermentsubstratverbindung für den Wirkungsgrad verantwortlich zu machen[1]). Im Falle des Invertins wäre demnach der Invertin-Rohrzuckerverbindung die Säurenatur zuzuschreiben. Die Unabhängigkeit der $p_H$-Aktivitätskurve von der Substratkonzentration wie auch die der $p_S$-Kurve (die die Abhängigkeit der Fermentwirkung von dem negativen Logarithmus der Substratkonzentration darstellt) von der H-Konzentration spricht aber gegen diese Vorstellung[2]). Deshalb nimmt KUHN an, daß es prinzipiell nicht richtig ist, die $p_H$-Kurve als eine Dissoziationskurve zu deuten, und daß auch die $p_S$-Kurven keinen Aufschluß über die wahren Dissoziationskonstanten der Enzym-Substratverbindung geben. Nach seinen Untersuchungen ist das Gleichgewicht zwischen Ferment und Zucker von der Wasserstoffzahl unabhängig. Vom $p_H$-Optimum bis ins alkalische Gebiet wird bei einer bestimmten Rohrzuckerkonzentration stets derselbe Bruchteil der Saccharase an Rohrzucker gebunden. Da die Reaktionsgeschwindigkeit trotzdem von $h$[3]) abhängt, so muß angenommen werden, daß die $h$ die Zerfallsgeschwindigkeit der Invertin-Rohrzuckerverbindung bestimmt[4]).

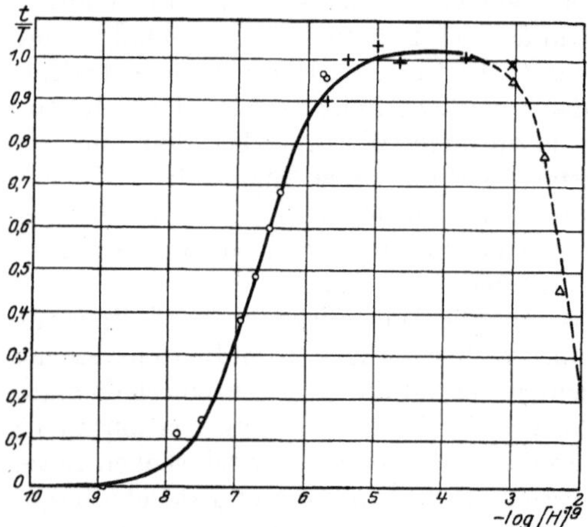


Abb. 3. Die Abhängigkeit der Invertinwirkung von der Wasserstoffionenkonzentration. Die Reaktion wird reguliert durch □ Gemisch von $OH_3 + NH_4$ Cl, ○ Phosphatgemische, + Acetatgemische, × Essigsäure, △ Salzsäure. (Nach L. MICHAELIS und H. DAVIDSOHN.)

NORTHROP[5]) nimmt eine Beeinflussung des Substrates und nicht des Fermentes durch die H-Ionen an. Er konnte zeigen, daß bei der tryptischen und der peptischen Verdauung die H-Ionenkonzentration des größten Dissoziationsgrades des Substrates mit der optimalen Fermentwirkung zusammenfällt; im isoelektrischen Punkt des Substrates ist die Wirkung die geringste. Hier bestimmt also die für die optimale Fermentwirkung erforderliche H-Konzentration den Dissoziationszustand des Substrates, nicht den des Fermentes. Das Pepsin soll nur mit den Eiweißkationen, das Trypsin nur mit den Eiweißanionen wirken. Für eine andere Gruppe der proteolytischen Fermente bei gewissen pflanzlichen Proteasen ist dagegen gerade im isoelektrischen Punkt die beste Spaltung nachge-

---

[1]) Vgl. L. MICHAELIS: Biochem. Zeitschr. Bd. 60, S. 91. 1914.

[2]) Vgl. hierzu EULER, JOSEPHSON u. MYRBÄCK: Hoppe-Seylers Zeitschr. f. physiol. Chem. Bd. 134, S. 39. 1924, wobei unter Berücksichtigung des elektrochemischen Charakters des Fermentes Übereinstimmung der Theorie mit den experimentellen Tatsachen erreicht wurde.

[3]) $h$ = Wasserstoffionenkonzentration.

[4]) KUHN: Naturwissenschaften, zitiert auf S. 83; ferner: Hoppe-Seylers Zeitschr. f. f. physiol. Chem. Bd. 125, S. 28 (49). 1922/23 u. Zeitschr. f. physikal. Chem. Bd. 109, S. 68. 1924. — Vgl. auch EULER u. MYRBÄCK: Hoppe-Seylers Zeitschr. f. physiol. Chem. Bd. 120, S. 61. 1922.

[5]) Vgl. NORTHROP: Journ. of gen. physiol. Bd. 2, S. 471; Bd. 3, S. 715. 1921; Bd. 4, S. 261; Bd. 5, S. 263. 1923 u. Naturwissenschaften Bd. 11, S. 713. 1923.

wiesen[1]). Das $p_H$-Optimum ist hier gar nicht dem Ferment eigentümlich, sondern wechselt mit dem Substrat. Fibrin wird durch die Carica- und Ananasproteastopimal bei 7,2, Gelatine nnd Pepton bei 5,0 hydrolysiert.

Die NORTHROPsche Ansicht kann jedoch nicht verallgemeinert werden. So finden wir bei den kohlehydratspaltenden Fermenten das H-Optimum, unabhängig von der Natur der Substrate, wenn diese durch dasselbe Ferment gespalten werden, gleich. KUHN erörtert den Gedanken, daß Enzym und H-Ion gleichzeitig und an verschiedenen Stellen das Substratmolekül angreifen. „Die kohlehydrat- und glykosidspaltenden Fermente erscheinen als Katalysatoren infolge der größeren Empfindlichkeit, die der Enzym-Zuckerverbindung im Vergleich mit den Zuckern selbst den Wasserstoffionen gegenüber zukommt. Die Ursache hiervon mag die Verstärkung der basischen Natur der ätherartig gebundenen Sauerstoffatome sein, die mit der Bindung des Enzyms im Zuckermolekül erfolgt.[2])“ So wird das Problem der enzymatischen Hydrolysen mit dem der reinen H-Katalyse verknüpft. In diesem Zusammenhange sind Untersuchungen von EULER zum Vergleich der H-Ionen und der Fermentkatalyse lehrreich. Es war bei diesen zur Erreichung desselben Umsatzes bei der Rohrzuckerhydrolyse die zehnmillionenfache Konzentration des Fermentes an H-Ionen erforderlich. „Im Falle der Fermentkatalyse ist die Hydrolyse das Ergebnis einer kleinen Katalysatorkonzentration und einer hohen Affinität zum Substrat; bei der HCl-Katalyse ist eine große Konzentration des Katalysators, der zum Substrat eine annähernd zehnmillionenmal geringere Affinität besitzt, zur Erzielung derselben Reaktionsgeschwindigkeit erforderlich.[3])“

Eine allseitig befriedigende Erklärung der H-Ionenwirkung steht jedenfalls noch aus. Feststehend bleibt die ausschlaggebende Rolle der H-Ionenkonzentration bei der Fermentwirkung: der elektrochemische Charakter von Ferment und Substrat ist von wesentlicher Bedeutung für die Fermentreaktion.

Hier sei eine Tabelle der H-Ionenoptima der wichtigsten Fermente mitgeteilt, die dem Werk von WALDSCHMIDT-LEITZ (S. 11) entnommen ist.

| Enzym | $p_H$-Optimum | Enzym | $p_H$-Optimum |
|---|---|---|---|
| Pankreaslipase | 8 | Saccharase | 4,2 |
| Magenlipase | 4—5 | Maltase | 6,1—6,8 |
| Ricinuslipase | 4,7 | $\beta$-Glucosidase | 5 |
| Pepsin | 1,5—1,6 | Pankreasamylase | 6,7—7,0 |
| Trypsin | 7,8—8,7 | Malzamylase | 4,6—5,2 |
| Erepsin | 7,8 | Katalase | 7 |
| Urease | 7,0 | | |

Neben der Rolle der H-Ionen darf die anderer Ionenarten nicht vernachlässigt werden, wenn diese auch hinter der Bedeutung der H-Ionen zurücktreten. Seit langem bekannt ist die Unentbehrlichkeit der Calciumionen für die Labwirkung und die Fibringerinnung, ferner die gewisser Anionen, namentlich des Chlors, für die tierische Diastase (vgl. Bd. 3, S. 937). Niemals darf aber die Wirkungsweise eines Ions allein betrachtet werden, sondern stets in Verbindung mit der der (stets anwesenden) H-Ionen: mit Änderung der Reaktion können sich die Wirkungen anderer Ionenarten auch ändern. So hemmt nach HAHN,

[1]) Vgl. WILLSTÄTTER u. GRASSMANN: Hoppe-Seylers Zeitschr. f. physiol. Chem. Bd. 138, S. 184 (198). 1924. — ABDERHALDEN, E. u. A. FODOR: Fermentforsch. Bd. 1, S. 533. 1916. — Vgl. auch R. WILLSTÄTTER u. CSANYI: Hoppe-Seylers Zeitschr. f. physiol. Chem. Bd. 117, S. 172 (Emulsin-$p_H$-Optimum).

[2]) KUHN: Naturwissenschaften Bd. 35, S. 732. 1923.

[3]) Vgl. EULER: Ber. d. dtsch. chem. Ges. Bd. 55, S. 3589. 1922.

Harpuder und Michalik[1]) Salzzusatz die Malzamylase bei saurer Reaktion und fördert sie bei alkalischer. Diese Beobachtung steht nicht vereinzelt. Auch bei der Autolyse, bei der peptischen Verdauung, bei der Katalasewirkung ist eine verschiedene Beeinflussung des fermentativen Vorganges durch die Salze bei verschiedener H-Ionenkonzentration festgestellt worden. So ist die hemmende Wirkung der Anionen $SO_4$, Cl, $NO_3$ auf die Katalase bei saurer Reaktion ($p_H$ 3—5) sehr ausgesprochen, bei alkalischer ($p_H$ 7,3—8) ist sie schwach bzw. kaum nachweisbar[2]). Bei der peptischen Verdauung zeigten Na, K, Ca auf der sauren Seite des Optimums und im Optimum selbst ($p_H$ 2,1—2,2) in schwacher Konzentration keinen meßbaren, in stärkerer Konzentration einen hemmenden Einfluß, auf der alkalischen Seite des Optimums fördern sie in geringer Konzentration, um bei steigender Konzentration wieder in hemmende Wirkung überzugehen[3]). Auch bei der Autolyse (von Lebern) war die Beeinflussung durch Neutralsalze deutlich nachweisbar. Cl, $SO_4$, Citrat hemmten bei optimaler Reaktion ($p_H$ etwa 3,6) deutlich; bei Änderung der Acidität (bei $p_H$ 5—6) trat aber eine völlige Umkehr der Wirkung ein: Förderung statt Hemmung bei gleichbleibender Salzkonzentration. Von den Kationen hemmten Na, K, Ca in stärkeren (in bis $^{n}/_{2n}$), förderten in schwächeren ($^{n}/_{4}$ bis $^{n}/_{10}$) Konzentrationen[4]).

Aber nicht nur das Ausmaß der Fermentwirkung, sondern auch ihre Richtung kann durch Ionen beeinflußt werden. Bemerkenswerte Untersuchungen von Embden und seinen Mitarbeitern haben gezeigt, daß die Spaltung des Lactacidogens im zellfreien Muskelsaft durch die Ionen CNS, J, Cl wie auch durch das Magnesium gefördert wird, während Ca und F die Synthese des Phosphatesters begünstigt. Besonders F wirkt in minimalsten Mengen bis zum völligen Verschwinden der freien Phosphorsäure[5]).

### *Aktivatoren.*

Die verschiedenen Salze bilden nach dem Vorangehenden eine Gruppe der Aktivatoren, von Stoffen, die die fermentative Wirkung in positiver oder negativer Richtung beeinflussen. Diese Aktivierungen können sehr verschiedener Natur sein. So beruht die Aktivierung, die (Pankreas-)Lipase durch $CaCl_2$ und Albumin erfährt, auf Adsorptionsvorgängen: es wird dadurch ein besonders günstiger Zustand des Kontaktes des wasserlöslichen Enzyms mit seinem wasserunlöslichen Substrat erreicht. Adsorbate wie Albumin$<^{\text{Fett}}_{\text{Lipase}}$ nennt Willstätter „komplexe Adsorbate", solche, die durch Zusammenwirken mehrerer Aktivatoren entstehen, wie z. B. $\underset{\text{Fett}}{\text{Calciumoleat}}\text{——}\underset{\text{Lipase}}{\text{Albumin}}$, hingegen „gekoppelte". Über Einzelheiten vgl. Bd. 3, S. 919).

Während diese auf Adsorptionsvorgänge zurückführbaren Aktivierungen ganz unspezifisch sind, haben wir es bei den Cofermenten des Trypsins oder der Zymase mit spezifisch chemischen Beeinflussungen der Affinität des Fermentes zu tun. Namentlich durch die Untersuchungen von Waldschmidt-

[1]) Hahn, Harpuder u. Michalik: Zeitschr. f. Biol. Bd. 71, S. 287 u. 302. 1919; Bd. 73, S. 10. 1921; Bd. 74, S. 217. 1922. — Willstätter, Waldschmidt-Leitz u. A. R. Hesse: Hoppe-Seylers Zeitschr. f. physiol. Chem. Bd. 126, S. 143 (150). 1922/23.

[2]) Rona, P., A. Fiegel u. Y. Nakahara: Biochem. Zeitschr. Bd. 160, S. 272.

[3]) Rona, P. u. H. Kleinmann: Biochem. Zeitschr. Bd. 150, S. 444. 1924.

[4]) Rona, P. u. E. Mislowitzer: Biochem. Zeitschr. Bd. 146, S. 1. 1924.

[5]) Vgl. Handb. d. Physiol. Bd. VIII/1, S. 396. Dort auch Literatur. — Vgl. auch H. Euler: Svenska kemisk Tidskr. Bd. 35, S. 229. 1923.

Leitz[1]) ist die Aktivierung des Trypsins durch die Enterokinase aufgeklärt worden (s. Bd. 3, S. 953). Sie erfolgt nach stöchiometrischen Verhältnissen, sie ist keine Fermentwirkung, wie man dies vorher namentlich auf Grund der Arbeiten von Bayliss und Starling annahm. Die Enterokinase hat die Bedeutung eines Hilfsstoffes für die Spaltung gewisser besonderer struktureller Verbindungen, ebenso wie die Aktivierung des Papains durch Blausäure für die Hydrolyse einfacher gebauter Substrate, wie z. B. Pepton spezifisch ist. Sie erweitert den Wirkungsbereich dieser Fermente, die aber auch ohne sie auf andere Substratgruppen wirken können. Auch bei der Gärung ist ein Aktivator, die Co-Zymase, tätig[2]). Diese ist kochbeständig und dialysierbar. Wird sie durch Auswaschen mit Wasser oder durch Dialyse der Hefe entzogen, so hört die Gärwirkung auf, um nach Zusatz zur zurückbleibenden Hefemasse wieder aufzutreten. Über ihre Wirkungsweise liegen Untersuchungen von Euler und Myrbäck[3]) vor. Nach diesen greift sie in die ersten Stufen der Gärung ein und ist für die Bildung von Zuckerphosphatestern erforderlich. Über den Zusammenhang des Cofermentes der Gärung und Atmung vgl. Meyerhof, dieses Handbuch Bd. 8, 1. Teil, S. 495[4]).

## *Fermentgifte.*

Erst durch Festlegung der Wasserstoffionenkonzentration und Gleichhaltung anderer Bedingungen wie auch durch die Möglichkeit, Fermente in verschiedenen Reinheitsstufen herzustellen, war man in der Lage, den Einfluß „fremder Stoffe", hemmender wie fördernder, aus dem Verlauf der Fermentwirkung zu studieren.

Zahlreich sind die Untersuchungen über den Einfluß verschiedener anorganischer und organischer Verbindungen auf die Fermente. Diese sind aus mannigfachen Gründen von Wichtigkeit. Der Einfluß von Verbindungen mit bekannten wirksamen Atomgruppen versprach gewisse Anhaltspunkte zur Charakterisierung bestimmter Atomgruppen im Fermentmolekül[5]). Menge und Grad der Wirkung des betreffenden „Giftes" lieferten Grundlagen für Überlegungen über stöchiometrische Beziehungen und für Vorstellungen betreffs Molekulargröße der Fermente[6]). Die große Spezifität der hemmenden Verbindungen selbst bei nahe verwandten Fermentarten läßt vorher übersehene Unterschiede gleichartig wirkender Fermente offenbar werden. Um-

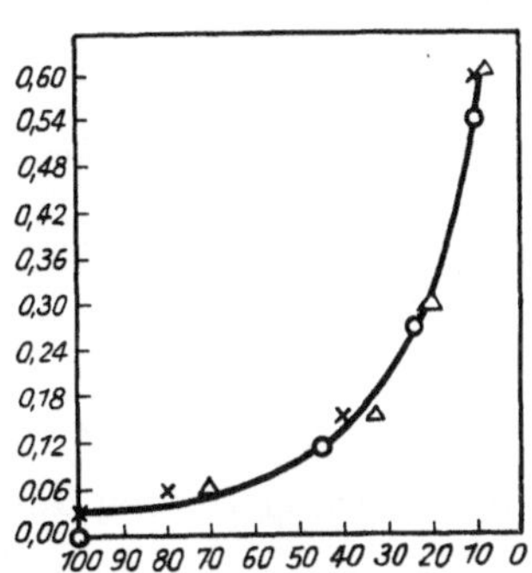


Abb. 4. Inaktivierung der Saccharase durch Sublimat-Absc. Wirksamkeit in Proz. des Anfangswertes, Ordin: ng $HgCl_2$.

[1]) Waldschmidt-Leitz, E.: Hoppe-Seylers Zeitschr. f. physiol. Chem. Bd. 132, S. 181. 1924. — Vgl. auch Naturwissenschaften Bd. 12, S. 133. 1924.

[2]) Harden, A. u. W. J. Young: Proc. of the roy. soc. of London, Ser. B, Bd. 77, S. 405; Bd. 78, S. 368. 1906; Bd. 80, S. 299. 1908; Bd. 81, S. 336. 1909. — Vgl. auch A. Harden; Alcoholic Fermentation. 3. Aufl. London 1923.

[3]) Euler u. Myrbäck: Hoppe-Seylers Zeitschr. f. physiol. Chem. Bd. 139, S. 15. 1924 u. S. 281. 1924.

[4]) Vgl. ferner Hoppe-Seylers Zeitschr. f. physiol. Chem. Bd. 101, S, 165. 1918 u. Bd. 102, S. 1. 1918; dann Pflügers Arch. f. d. ges. Physiol. Bd. 188, S. 184. 1921.

[5]) Euler u. Svanberg: Fermentforsch. Bd. 3, S. 330. 1920; Bd. 4, S. 29. 1920/21. Ferner Euler u. Myrbäck: Hoppe-Seylers Zeitschr. f. physiol. Chem. Bd. 125, S. 297. 1922/3. — Myrbäck: Ebenda Bd. 158, S. 160. 1926. (Hier wurden von inaktivierenden Stoffen auf Saccharase u. a. untersucht Metalle, verschiedene Säuren, aromatische Amine. Die Untersuchungen zeigen, daß in der Saccharase ein Aldoserest vorhanden ist. Diese Aldehydgruppe tritt mit dem vergiftenden Amin in Reaktion.)

[6]) Euler u. Myrbäck: Zeitschr. f. d. ges. exp. Med. Bd. 33, S. 483. 1923.

gekehrt können Giftwirkungen mit Hilfe der Fermente analysiert werden, da schon geringe Abweichungen von der normalen Verlaufskurve der Fermentwirkung die „Giftwirkung“ zu messen und die Art derselben quantitativ festzustellen gestatten. Manche Probleme der sog. „Zellgifte“, in den meisten Fällen wohl „Fermentgifte“, waren so der experimentellen Forschung zugänglich.

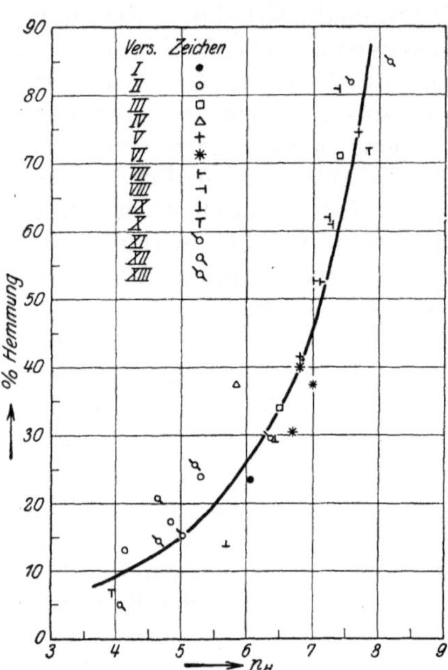

Abb. 5. Abhängigkeit der Wirkung einer gegebenen Chininkonzentration von deren H-Jonen-Konzentration. Abszisse: $p_H$ der Chinin-Intervase-Lösung. Ordinate: Hemmung der Invertasewirkung in Proz. der totalen Hemmung.

Zwischen folgenden Arten der Inaktivierung durch zugesetzte fremde Stoffe ist zu unterscheiden (Myrbäck): 1. Die reversible Inaktivierung, durch ein Gleichgewicht zwischen Ferment und Hemmungsstoff bedingt. 2. Eine irreversible Zerstörung des Fermentes unter Einwirkung derselben Wirkungsstoffe, infolge geringer Stabilität der Fermentverbindung, wie die des freien Fermentes. 3. Eine irreversible Inaktivierung durch gewisse Hemmungsstoffe, die in einer zeitlich fortschreitenden Reaktion an das Ferment gebunden werden.

Untersuchungen über die vergiftende Wirkung von Schwermetallen, Hg, Ag, auf Fermente, speziell auf Saccharase, liegen vor allem von Euler, Svanberg und Myrbäck[1]) vor. Eine solche Inaktivierungskurve der Saccharase durch Sublimat illustriert Abb. 4. Es bildet sich in der Lösung ein Gleichgewicht zwischen Ferment und Metallsalz aus. Die Inaktivierung ist vollständig reversibel: durch Einleiten von Schwefelwasserstoff wurden 96% der ursprünglichen fermentativen Wirkung wieder erhalten. Die Ag- bzw. Cu-, Pb-, Cd-, Zn-Inaktivierung dürfte darin bestehen, daß die Saccharasesäure bzw. die

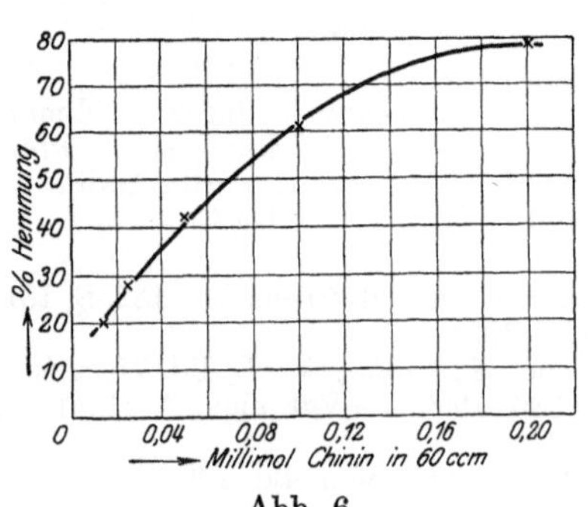

Abb. 6.

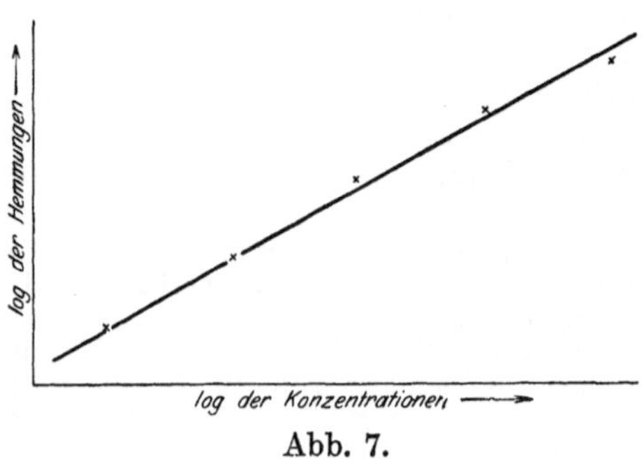

Abb. 7.

Abb. 6 und 7. Abhängigkeit der Chininwirkung. (Hemmung der Invertasewirkung) von der Chininkonzentration.

Fermentlactatsäure ein schwach dissoziiertes Ag- usw. Salz bildet, während das Hg an die basischen Gruppen des Fermentes gebunden wird (Myrbäck). Ebenso ist

[1]) Euler u. Svanberg: Fermentforschung Bd. 3, S. 320. 1920. — Myrbäck, K.: Hoppe-Seylers Zeitschr. f. physiol. Chem. Bd. 158, S. 160. 1926.

die Vergiftung durch Phosphorwolframsäure, Pikrinsäure auf die Bildung schwach dissoziierter Salze zwischen den betreffenden Säuren und einer schwachbasischen Gruppe des Saccharasemoleküls zurückzuführen. Bemerkenswert ist, daß die Inaktivierung des Fermentes mit der Zeit von selbst zurückgeht[1]). Diese Selbstregeneration bleibt jedoch in hochgereinigten Saccharaselösungen aus; der Vorgang wird durch die Anwesenheit von fermentativ unwirksamen Beimengungen veranlaßt. Die nächstliegende chemische Deutung des Vorganges ist nach EULER die, daß das Hg bzw. Ag-Ion von der Saccharase mit verhältnismäßig großer Geschwindigkeit gebunden wird, daß aber sofort eine mit geringerer Geschwindigkeit verlaufende Reaktion einsetzt, durch die die Verunreinigung mit den vergiftenden Metallionen reagiert und diese dadurch der Saccharase entzieht[2]). Die Vergiftung der Katalase durch Blausäure[3]) ist ebenfalls reversibel; nach Wegoxydation der Blausäure durch $H_2O_2$ erlangt das Ferment seine vorherige Wirksamkeit fast ganz zurück[4, 5]).

Bei der Vergiftung der Invertase durch Chinin tritt die Bedeutung der Wasserstoffionenkonzentration deutlich zutage. Eine und dieselbe Chininkonzentration wirkt aber unter denselben Versuchsbedingungen, nur bei variierter H-Ionenkonzentration ganz verschieden. Dies zeigt Abb. 5. Mit wachsendem $p_H$, d. h. je alkalischer die Reaktion wirkt, steigt die Chininwirkung an, entsprechend der zunehmenden Dissoziation des Chininsalzes[6]).

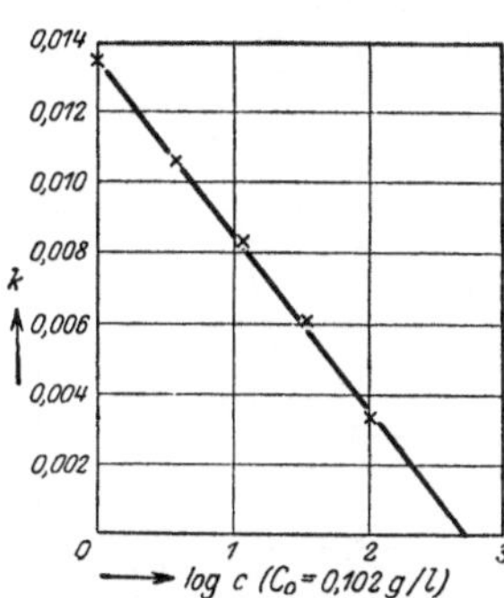


Abb. 8. Abhängigkeit der Chininwirkung (Hemmung der Lipasewirkung) von der Chininkonzentration. Abszisse: Logarithmus der Chininkonzentration. $C_0$ = 0,102 g Chinin. hydrochlor im Liter. Ordinate: Geschwindigkeitskonstanten der Lipasewirkung. (Katzenserum).

Während bei dem System Invertase-Chinin der Verlauf der Giftwirkung nach dem Typus einer Adsorptionsisotherme vor sich geht und die Vergiftung auch sonst alle Eigenschaften eines Adsorptionsvorganges aufweist, verläuft die Vergiftung bei dem System Lipase-Chinin (Abb. 6—8) nach einer ganz anderen Gesetzmäßigkeit: bei Zunahme der Giftkonzentration nach einer geometrischen Reihe nehmen die Geschwindigkeitskonstanten der Fermentwirkung nach einer arithmetischen Reihe ab. Hier liegen Verhältnisse vor, wie sie in der Reizphysiologie beobachtet worden sind. Einen dritten Vergiftungstyp stellt die Vergiftung der Invertase durch p- oder m-Nitrophenol dar (Abb. 9). Die Wirkung hat einen Schwellenwert; von diesem an ist die Hemmung proportional der Giftkonzentration: die Konzentrationshemmungskurve hat einen geradlinigen Verlauf. Die „Giftbreite", d. h. die Spanne zwischen der eben wirksamen und der eben tödlichen Konzentration ist sehr eng; bereits die doppelte Höhe der eben wirksamen Konzentration bewirkt eine totale Hemmung der Invertasewirkung, während

---

[1]) EULER u. SVANBERG: Fermentforschung Bd. 3, S. 330. 1919/20.

[2]) Vgl. hierzu MYRBÄCK: Zitiert auf S. 85 (S. 226).

[3]) Vgl. RONA, FIEGEL u. NAKAHARA: Biochem. Zeitschr. Bd. 160, S. 272. 1925. Vgl. auch H. v. EULER und K. JOSEPHSOHN. Lieb. Ann. Bd. 455, S. 1. 1927.

[4]) Über die aktivierende Wirkung von Blausäure (und $H_2G$) auf Saccharase und Papain vgl. MENDEL u. BLOOD: Journ. of biol. chem. Bd. 8, S. 177. 1910. — WILLSTÄTTER, GRASSMANN u. AMBROS: Hoppe-Seylers Zeitschr. f. physiol. Chem. Bd. 151, S. 300. 1926. — EULER u. SVANBERG: Fermentforschung Bd. 3, S. 336. 1920/21.

[5]) Neuere Versuche von MYRBÄCK über die Salzwirkung mit Amylasen (Speichel-, Pankreas- und Malzamylase) vgl. Hoppe-Seylers Zeitschr. f. physiol. Chem. Bd. 159, S. 1. 1926.

[6]) RONA u. BLOCH: Biochem. Zeitschr. Bd. 118, S. 185. 1921. — Über die Bedeutung der Acidität für die Aminvergiftung vgl. EULER u. MYRBÄCK: Hoppe-Seylers Zeitschr. f. physiol. Chem. Bd. 125, S. 297. 1923.

bei dem durch den Fall „Chinin-Lipase“ vertretenen Typ die tödliche Konzentration die eben wirksame um das Tausendfache übertrifft.

Diese Beeinflussung der Fermentwirkung durch verschiedene Alkaloide, speziell durch Chinin, zeigt eine sehr stark spezifische Einstellung. So wirkt Chinin auf Menschenserumlipase bereits in sehr geringen Konzentrationen (in der gewählten Versuchsanordnung in Hundertstel Milligramm), während Leberlipase selbst gegen 1000mal höhere Konzentrationen als unempfindlich gefunden wurde. Gegen Atoxyl ist hingegen die Leberlipase viel empfindlicher als die Serumlipase und auch als die Pankreaslipase. Es erhebt sich nun die Frage, wie weit diese Unterschiede in der Giftwirkung auf die Fermente selbst oder auf die die Fermente begleitenden Beimengungen zu beziehen sind. Daß die eventuell maßgebenden Beimengungen auf alle Fälle sehr fest mit dem betreffenden Ferment verbunden sein müssen, zeigen Versuche, bei denen Fermente, die sich gegen das angewandte Alkaloid verschieden verhalten, in ihrem natürlichen Medium, z. B. im Serum, vermischt wurden: Das Verhalten des einen Fermentes gegen das Gift wurde nicht auf das andere übertragen, sondern jedes Ferment verhielt sich so, als wenn es allein in der Lösung wäre. Untersuchte man das Verhalten des nach WILLSTÄTTER gereinigten Fermentes gegen das Gift und verglich dies mit dem des Fermentes im ungereinigten Zustande, so fand man in vielen Fällen nur einen geringgradigen Unterschied. So konnte bei der Serumlipase und bei Anwendung von l- und $\psi$-Cocain kein Unterschied zwischen dem Verhalten des gereinigten und des ungereinigten Fermentes gefunden werden. Bei der Leberlipase hemmte Atoxyl das gereinigte Ferment um 6% weniger, Trypaflavin um denselben Betrag mehr, Homatropin um 13% weniger. Gegen Coffein und Pilocarpin war aber die gereinigtere Lipase deutlich empfindlicher geworden, bei Coffein um 22%, bei Pilocarpin um 25%. Oft sind die Unterschiede noch deutlicher. So wird die ungereinigte, gegen Chinin refraktäre Magenlipase vom Schwein nach weitgehender Reinigung gegen dieses Alkaloid sehr empfindlich, während die gegen Atoxyl in ungereinigtem Zustande sehr empfindliche Leberlipase vom Kaninchen in stark gereinigtem Zustande gegen Atoxyl fast unempfindlich ist. Mischt man die einzelnen Fermentarten in verschiedener Reinheitsstufe oder die gereinigten, die sich gegen ein Gift different verhalten, so behält jedes Ferment in der Mischung seine Eigenart dem Gifte gegenüber. Mit dem weiteren Ausbau der Methoden der Fermentreinigung wird man das Problem, wie weit die „Begleitstoffe“ und wie weit das „Ferment selbst“ für die Vergiftung in Betracht kommt, weiter verfolgen müssen.

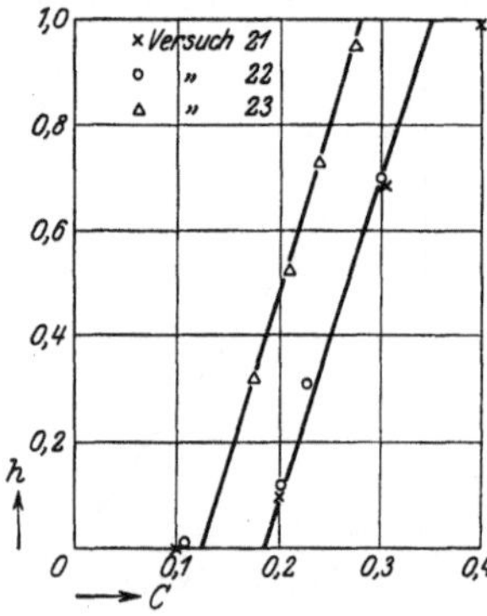

Abb. 9. Wirkung des m- und p-Nitrophenols auf Invertase. Abszisse: Konzentration der Nitrophenollösung in g Mol/Liter. Ordinate: die Hemmungskoeffizienten.

Es besteht jedenfalls eine „physiologische“ Organspezifität der Fermente, die mit der Giftanalyse nachgewiesen werden kann. Dieses Verhalten wurde vielfach benutzt, um blutfremde, organspezifische Lipasen bei gewissen, mit Organeinschmelzung einhergehenden Erkrankungen nachzuweisen[1]).

[1]) Vgl. hierzu P. RONA, H. PETOW u. SCHREIBER: Klin. Wochenschr. 1922, Nr. 48. — PETOW u. SCHREIBER: Ebenda 1923, Nr. 27. — MEYER, W. B. u. J. JAHR: Mitt. a. d. Grenzgeb. d. Med. u. Chir. Bd. 38, S. 223. 1922. — H. SIMON: Klin. Wochenschr. 1924, Nr. 16. 1925, Nr. 48; Zeitschr. f. d. ges. exp. Med. Bd. 39, S. 407. 1924; Zeitschr. f. d. ges. physikal. Therapie 1924, Nr. 29. — KROMEKE: Klin. Wochenschr. 1923, Nr. 34. — Vgl. auch die Beobachtung

*Fermentsynthesen.*

Die idealen Katalysatoren beschleunigen die Gleichgewichtsreaktionen nach beiden Richtungen: die Gleichgewichtslage wird dabei nicht verschoben. Für die fermentativen Katalysen ist dieses Verhalten in einer Reihe von Fällen ebenfalls gefunden worden. Bemerkenswerte Unterschiede, wie der von BODENSTEIN und DIETZ[1]) studierte Fall der fehlenden Übereinstimmung der Gleichgewichtslage bei der Hydrolyse bzw. Synthese des Äthylbutyrats, einmal bei der Katalyse durch OH-Ionen, einmal bei der fermentativen Katalyse mittels Pankreaslipase, steht mit dem zweiten Hauptsatz der Wärmelehre nicht in Widerspruch. Die geringe Energieverschiebung dieses mit geringer Wärmetönung verlaufenden Vorganges stammt hier wohl aus Energiebeträgen, die mit dem im heterogenen System ablaufenden Prozeß zusammenhängen: Grenzflächenkräfte, Adsorptionswärme, Konzentrationsänderungen des Wassers in den Reaktionsorten[2]). Die Bindung des Fermentes an die Reaktionsprodukte muß ebenfalls, falls nicht die Affinitäten des Fermentes zu den Spaltprodukten ebenso groß ist wie die zu dem Substrat, zu einer Verschiebung des Gleichgewichtes führen[3]). Die eventuell auftretende Veränderung der Affinitäten mit der Acidität des Mediums muß hier ebenfalls berücksichtigt werden[4]).

So verlangt die Theorie der Fermentwirkungen eine Reversibilität der Wirkung: bei demselben Ferment gleichzeitig eine hydrolysierende und eine synthetisierende, wobei das Gleichgewicht oft sehr zugunsten der einen Richtung liegen kann. Tatsächlich sind synthetische Fermentwirkungen in großer Zahl beobachtet worden. Namentlich auf dem Gebiete der Glucoside[5]) sind zahlreiche Fälle beschrieben, ebenso bei den Estern. Bei den Eiweißkörpern ist ein exakter Beweis fermentativer Synthesen in vitro schwieriger als bei den Fetten und den Kohlehydraten, doch sprechen einige Untersuchungen ebenfalls in diesem Sinne[6]).

Ob es auch *nur* synthetisch wirkende Fermente gibt, wie einige Autoren annehmen, ist vorläufig nicht mit Sicherheit zu entscheiden.

Die Fermentsynthesen spielen im Stoffwechsel keine geringere Rolle als die Spaltungen. Auch selbst wenn das Gleichgewicht sehr zugunsten der Hydrolyse verschoben ist, kann die geringe Menge des synthetischen Produktes physiologisch eine große Bedeutung erfahren, wenn sie infolge Schwerlöslichkeit oder durch Wegdialysieren aus dem Reaktionsraum entfernt und es zur Herstellung des Gleichgewichtes von neuem gebildet werden muß[7]).

---

von O. LOEWI (Klin. Wochenschr. 1926, Nr. 20 u. 15. Internat. Physiologenkongr.), wonach Vorbehandlung des Herzens mit Eserin und Ergotamin die Wirkung des „Vagusstoffes" verlängert, indem die Zerstörung dieses Körpers durch eine Esterase, infolge der Vergiftung des Fermentes durch diese Alkaloide verhindert wird.

[1]) BODENSTEIN u. DIETZ: Zeitschr. f. Elektrochem. Bd. 12, S. 605. 1906. — DIETZ: Hoppe-Seylers Zeitschr. f. physiol. Chem. Bd. 52, S. 279. 1907.

[2]) Vgl. FREUNDLICH: Capillarchemie, S. 1055. — Ferner HABER in Oppenheimers Fermente, S. 937. 4. Aufl. 1913.

[3]) EULER, H. u. K. JOSEPHSON: Hoppe-Seylers Zeitschr. f. physiol. Chem. Bd. 136, S. 30. 1923.

[4]) Vgl. H. EULER u. K. JOSEPHSON: Arkiv f. kamie Bd. 9, Nr. 7. 1924; H. v. EULER: Zeitschr. f. physiol. Chem. Bd. 52, S. 146. 1907.

[5]) Vgl. E. BOURQUELOT: Ann. de chim. (9) Bd. 7, S. 153. 1917. — Vgl. K. JOSEPHSON: Hoppe-Seylers Zeitschr. f. physiol. Chem. Bd. 147, S. 155. 1925 (Synthese von Glucosiden). Hier auch Literatur. In dieser Arbeit wurde auch die Affinität des synthetisierenden Fermentes zum Substrat (Glucose) ermittelt und die nahe Übereinstimmung dieser Affinität mit der unter Anwendung des Massenwirkungsgesetzes ermittelten Affinität des spaltenden Fermentes zum selben Substrat nachgewiesen.

[6]) Von neueren Untersuchungen in dieser Richtung vgl. H. BORSOOK u. H. WASTENEYS: Journ. of biol. chem. Bd. 62, S. 15, 633, 675; Bd. 63, S. 563, 575. 1925; ferner P. RONA und FR. CHROMETZKA: Biochem. Zeitschr. 1927.

[7]) Vgl. BAYLISS: Zitiert auf S. 71.

### *Einteilung der Fermente.*

Das Einteilungsprinzip früherer Fermentforscher, die zwischen den freigelösten „Exo-Enzymen" und den unlöslichen mit der Zelle verankerten „Endo-Enzymen" unterschieden haben, muß nach den Untersuchungen von Buchner über die Loslösung der Zymase von der Hefezelle fallen gelassen werden. Vorteilhaft ist die Einteilung von C. Oppenheimer[1]) in zwei große Gruppen, in die Hydrolysen, die nur hydrolytische Spaltungen, die ohne nennenswerten Gewinn an freier Energie verlaufen, katalysieren, und in die Desmolasen, die die Bindungen zwischen Kohlenstoffatomen lösenden Prozesse beschleunigen. Zu der ersten Gruppe gehören alle Verdauungsfermente und ein großer Teil der Stoffwechselfermente[2]). Sie umfaßt die fettspaltenden Fermente, die Esterasen, die eiweißspaltenden Fermente, die Proteasen (mit der Untergruppe der Aminoacylasen: Urease, Hystozym und Arginase), die kohlehydratspaltenden Fermente, die Carbohydrasen. Zu der Gruppe der Desmolasen gehören die eigentlichen Stoffwechselfermente; sie fördern diejenigen Vorgänge, „in denen die Zelle sich die chemische Energie der ihr zugeführten Nährstoffe oder auch der eigenen Leibessubstanzen nutzbar macht, sie in andere Energieformen, vor allem Wärme und mechanische Leistung umsetzt". Als Hauptvertreter dieser Gruppe sind die Oxydoredukasen (Dehydrasen nach Wieland) zu betrachten, Fermente, die an den Verschiebungen von Wasserstoff und Sauerstoff Anteil haben und zur Entstehung von Carboxylgruppen einerseits, von reduzierten Phasen andererseits führen. Hierzu gehören auch die Fermente des Zuckerabbaues, die Zymasen, mit ihren Teilfermenten: Aldehydasen, Ketonaldehydmutase, Carboxylase, Carboligase. Weitere Stoffwechselfermente sind die Purinoxydase, die Phenolasen, Tyrosinasen und die Katalase. Das glykolytische Ferment bewirkt den ersten Angriff auf die Hexosen und die Überführung in Milchsäure[3]).

---

[1]) Vgl. hierzu C. Oppenheimer: Fermente, S. 1213 u. C. Neuberg u. C. Oppenheimer: Biochem. Zeitschr. Bd. 166, S. 4151. 1925.

[2]) Vgl. C. Oppenheimer: Stoffwechselfermente. Sammlung Vieweg. 1915.

[3]) Über ihre Rolle im anoxybiontischen Abbau vgl. Bd. 8, S. 476ff.

# Die physikalische Chemie der kolloiden Systeme.

Von

**Georg Ettisch**
Berlin-Dahlem.

Mit 10 Abbildungen.

### Zusammenfassende Darstellungen.

Als Nachschlagewerke, die weiter in die Einzelheiten führen, sind hier zu nennen: Freundlich, H.: Capillarchemie. 3. Aufl. 1923. — Freundlich, H.: Fortschritte der Kolloidchemie. Dresden 1926. — Zsigmondy, R.: Kolloidchemie. 5. Aufl. I. Allgemeiner Teil. 1925. — Als Versuch rein theoretisch-physikalischer Darstellung: Gyemant, A.: Grundzüge der Kolloidphysik. Braunschweig 1925. — Als einführende Werke kommen in Betracht: Freundlich, H.: Kolloidlehre. Leipzig 1924. — Freundlich, H.: Kolloidchemie und Biologie. Leipzig 1925. — Svedberg, Th.: Kolloidchemie. 1926. — Höber, R.: Physikalische Chemie der Zelle und der Gewebe mit den beiden Kapiteln „Die Grenzflächenerscheinungen" und „Die Kolloide". 6. Aufl. 1926. — Bechhold, H.: Die Kolloide in Biologie und Medizin. 4. Aufl. Dresden 1922. — Außerdem sei noch auf folgende Darstellungen von Einzelgebieten der Kolloidchemie hingewiesen: Freundlich, H.: Die Capillarchemie, erscheint in Auerbach-Hort: Handb. d. Mechanik. — v. Smoluchowski: Elektrische Endosmose und Strömungsströme, in Grätz: Handb. d. Elektrizität u. d. Magnetismus Bd. II. — Ettisch, G.: „Elektrokinetik" und „Elektrocapillarität" in Geiger-Scheel: Handb. d. Physik Bd. XIII.

## I. Die Grenzflächenerscheinungen.

### A. Vorbemerkungen über Erscheinungen, die aus dem allgemeinen Zustand der Materie sich ergeben.

#### 1. Einleitung.

Ein junger Zweig der exakten Naturwissenschaften hat sich für das gesamte Gebiet der Biologie in den letzten Jahren von besonderer Wichtigkeit erwiesen. Es ist der Wissenschaftszweig, dessen Gegenstand ein besonderer *Zustand* ist. Dieser besondere Zustand ist von dem einer *echten, homogenen Lösung* grundsätzlich *nicht* unterscheidbar. Er bietet aber in denjenigen Systemen, die für ihn besonders typisch sind, Erscheinungen von ausgeprägter Eigenart und Eigengesetzlichkeit dar. Es handelt sich um das Gebiet der *heterogenen* oder *kolloiden Systeme*. Sie werden *heterogen* genannt, weil bei ihnen in der Volumeneinheit verschiedene Substanzen („*Phasen*"), die in sich homogen sind und einen *bestimmten* Zerteilungsgrad besitzen, im Gleichgewicht nebeneinander existieren (s. unten S. 150, Anm.). Im Gegensatz zu den *homogenen* Systemen macht sich hier infolge des besonderen Zerteilungsgrades die *Grenzfläche* von Lösungsmittel und darin verteilter Substanz in mannigfaltigen Beziehungen wesentlich bemerkbar. Bei den *echten* Lösungen, wo die gelösten Substanzen bis zu Molekülen oder Ionen aufgeteilt sind, fallen diese Grenzflächeneinflüsse fort bzw. spielen eine verschwindende Rolle[1]). Die Bezeichnung *kolloide Systeme* entstand in einer Zeit, wo man glaubte, Erscheinungskomplexe einer besonderen *Art* von Stoffen, den leimähnlichen, vor sich zu haben.

Stellt sich somit heraus, daß für die Erkenntnis der Erscheinungen an heterogenen Systemen die Grenzfläche von hervorragender Bedeutung ist, so wäre zunächst einmal darüber Klarheit zu schaffen, welchen Inhalt man dem Begriff *Grenzfläche* zu geben, bzw. was es mit den sog. Grenzflächen*kräften* auf sich hat.

## 2. Allgemeiner Zustand der Materie.

Allen Erörterungen über jenen wichtigen Gegenstand jedoch, — sei es also über die *Konstitution* der Grenzfläche zweier Phasen, sei es über die *Herkunft* der an den Grenzflächen auftretenden *Kräfte* oder gar über die Entstehung selbst der Grenzfläche, — liegen notwendigerweise gewisse Vorstellungen und Annahmen zugrunde über den *allgemeinen Zustand der Materie*, der gasförmigen, flüssigen wie auch festen, samt dem ihrer verschiedenen Kombinationen wie Mischung, Lösung usw. Zum vollen Verständnis der Grenzflächenerscheinungen ist daher die Kenntnis dieser Dinge Voraussetzung. Da aber die Frage des allgemeinen Zustandes der Materie nicht nur für die eben genannten Dinge das Fundament bildet, sondern auch bei gewissen *speziellen* Erscheinungen im Gebiete der Lehre von den heterogenen Systemen sich von ganz besonderer Bedeutung erwiesen hat, seien einige kurze Bemerkungen über diesen Gegenstand sowie die aus ihm sich unmittelbar ergebenden Erscheinungen den Erörterungen über die Grenzflächenerscheinungen vorausgestellt.

Ausgehend von den Erscheinungen an Gasen lehrt die kinetische Theorie der Materie, daß diese sich aufbaut aus bestimmten Einheiten, den Molekülen[2]), sowie ferner, daß diese Einheiten sich nicht im Ruhezustand befinden, sondern in ständiger Bewegung sind. Bei den Bewegungen spielen die Zusammenstöße der Moleküle eine besonders wichtige Rolle. Sie erfolgen nach den Gesetzen des elastischen Stoßes, — was als eine etwas weitgehende Annahme angesehen werden könnte, — während den Bewegungen im übrigen die Gesetze der Mechanik zugrunde gelegt sind. Ihre Anwendung allein führt jedoch nicht vollständig zum Ziele. Statistische, sowie Wahrscheinlichkeitsbetrachtungen müssen weiterhelfen. Es könnte ferner von vornherein fraglich erscheinen, ob die Übertragung der Verhältnisse, die sich bei der Bewegung von Körpern makroskopischer Dimensionen ergeben haben, unmittelbar auf das molekulare Größengebiet mit den hier wirksamen außerordentlich starken Kräften ohne weiteres zulässig ist. Da diese Dinge *für die hier darzulegenden Verhältnisse* sich bisher ohne Bedeutung erwiesen haben, sei nicht näher darauf eingegangen. Auch darauf nicht, wie im einzelnen der Unterschied zwischen festem, flüssigem und gasförmigem Zustand festzulegen ist.

Zu den Vorstellungen über den *Aufbau* der Materie kommen ferner die über ihre Grundbeziehungen zur Wärmeenergie. Die Wärme wird repräsentiert durch die kinetische Energie, die jene Einheiten, die Moleküle, besitzen. Die absolute Temperatur eines Körpers — (etwa eines Gasvolumens) — ist proportonal dem Quadrat der Geschwindigkeiten der Moleküle. Der Druck, den ein Gas auf seine Wände ausübt, ist identisch mit der Zahl der Molekülstöße, die auf die Wände treffen[3]). Ein Gasvolumen von Zimmertemperatur wird daher gemäß der kinetischen Energie seiner Moleküle einen ganz bestimmten Wärme-, also Energieinhalt haben. Beim absoluten Nullpunkt ($-273°$) hört die Wärmebewegung der Moleküle

---

[1]) Sie sind bei gewissen Phänomenen zwar noch nachweisbar (etwa i. B. a. Lichtabbeugung u. a.), aber dann bereits von äußerst geringer Intensität (s. darüber Näheres unten S. 201 ff.).

[2]) Es ist hier zunächst nicht von Belang, daß man in weitergreifenden Fällen die Annahme des Aufbaues des Moleküls aus noch kleineren Einheiten zu machen gezwungen ist. Es genügt hier, das Molekül als ein Gebilde zu betrachten, das ein Raumelement eines Körpers vollkommen ausfüllt.

[3]) Die in elastischem Stoße auf die Wände treffenden Moleküle werden ihre Energie an diese abgeben. Vermögen die Wände nicht Widerstand zu leisten, so werden sie sich unter dem Bombardement der Moleküle fortbewegen müssen. Ist dieses dagegen nicht der Fall, so erleiden sie durch die Stöße eine Kraft, die, auf die Flächeneinheit bezogen, eben den Gasdruck darstellt.

auf. Die Hauptsätze der Thermodynamik sind mit Hilfe dieser Theorie mit einem anschaulichen molekularkinetischen Inhalt erfüllt worden. Von den Ergebnissen dieser Theorie wird ausgegangen bei den molekularkinetischen Ansätzen zu fast allen einschlägigen Problemen der Physik. Dabei stellte sich die Notwendigkeit heraus, darüber Aufschluß zu besitzen, wie sich bei bestimmter Temperatur die Geschwindigkeitswerte zwischen 0 und $\infty$ über sämtliche Moleküle verteilen. Diese haben nämlich bei bestimmter Temperatur keineswegs alle die gleiche Geschwindigkeit, vielmehr muß diese von Molekül zu Molekül variieren. Die erste Lösung des Problems gelang MAXWELL. BOLTZMANN konnte ihre Richtigkeit auf allgemeinster Grundlage erweisen. Der sog. MAXWELL-BOLTZMANNsche Verteilungssatz sagt aus, daß die größte Zahl der Moleküle einen gewissen mittleren Geschwindigkeitswert besitzt. Je mehr man sich aber von diesem Werte nach größeren oder kleineren Geschwindigkeiten hin entfernt, desto kleiner wird die Zahl der Moleküle, die solche abweichende Geschwindigkeitswerte aufweisen.

## 3. BROWNsche Bewegung.

Auf dem Boden dieser Vorstellungen gelang es nun vor allem EINSTEIN sowie auch v. SMOLUCHOWSKI, ein Phänomen aufzuklären, das für die heterogenen Systeme besonders charakteristisch ist. Es handelt sich dabei um jene regellose, wimmelnde Bewegung, die der Botaniker ROBERT BROWN 1828 entdeckte und zuerst beschrieb. Er glaubte damals die Moleküle der verteilten Materie entdeckt zu haben. Diese Vermutung hat sich nicht bestätigen lassen. Dennoch erwies sich seine Entdeckung in der Folgezeit als von grundlegender Bedeutung, deren volle Auswirkung für die Biologie noch der Zukunft vorbehalten bleibt. Wenn auch eine exakte Herleitung der Gesetze der BROWNschen Bewegung nur mit Hilfe der statistischen Mechanik möglich ist, so sei doch der Gedankengang einer solchen hier kurz wiedergegeben. Er geht zurück auf eine Arbeit von LANGEVIN, in der dieser ebenfalls zur EINSTEINschen Gleichung gelangte.

Bringt man ein Teilchen von nicht zu großem Halbmesser ($< \sim 10^{-4}$ cm) in eine reine Flüssigkeit, so unterliegt es den Einwirkungen der Flüssigkeitsmoleküle, die sich ja in ständiger Bewegung befinden. Es werden alsdann diese Flüssigkeitsmoleküle bei ihrer Wärmebewegung auf das Teilchen stoßen und ihm ihre Energie mitteilen. Da nach dem oben erörterten MAXWELL-BOLTZMANNschen Prinzip der Geschwindigkeitsverteilung die Moleküle bei bestimmter Temperatur in überwiegender Zahl die gleiche mittlere Geschwindigkeit besitzen, werden sich im allgemeinen die von allen Seiten her erfolgenden Stöße auf das Teilchen gegenseitig aufheben. Diese Teilchenstöße sind so außerordentlich zahlreich, daß es unmöglich ist, sie im einzelnen zu beobachten. Man bemerkt allein zitternde Bewegungen des suspendierten Aggregates. Bei hinreichend langer Beobachtungszeit jedoch werden auch einmal Moleküle von abweichender Geschwindigkeitsgröße auf das Teilchen stoßen, seien es solche mit großen Geschwindigkeitswerten oder solche mit kleinen. In diesem Falle wird dem Teilchen alsdann ein Impuls zu *fortschreitender* Bewegung mitgeteilt. Verbindet man die resp. Lage des Teilchens am Anfange, mit seiner Lage am Ende einer genügend langen Beobachtungsdauer, so wird man hiernach diesem Teilchen eine bestimmte sichtbare Ortsveränderung zuordnen müssen, die sich in der Länge der genannten Verbindungslinie ausdrückt. Diese Stöße werden aber dem Teilchen nicht nur einen *translatorischen* Bewegungssinn vermitteln, sondern infolge entsprechenden Auftreffens auch einen *rotatorischen*. Dabei verteilen sich die rotatorischen Geschwindigkeiten nach demselben Gesetz, wie es von den translatorischen beschrieben worden ist. Sehen wir zunächst von dieser Rotation ab, so ist von den obengenannten Autoren gezeigt worden, um welche Strecke ein Teilchen sich in einer bestimmten Beobachtungszeit fortbewegen muß, sowie auch, wovon die Länge dieser Strecke abhängt. Die mathematisch-physikalische Behandlung erfolgt — wie bemerkt — nach den Grundsätzen der statistischen Mechanik. Es wird dabei so verfahren, daß zunächst die Bewegungsgleichung des Teilchens in bezug auf eine bestimmte Richtung ($x$-Richtung) aufgestellt wird unter dem Einfluß 1. der Moleküle des umgebenden *Mediums*, der von der Art ist, wie er soeben beschrieben wurde, sowie 2. der Reibung am Medium; denn es leuchtet ein, daß das Teilchen bei seiner Bewegung an dem Mittel, durch das es sich bewegt, einen Widerstand erfahren wird. Dieser wird der Geschwindigkeit des Teilchens einfach proportional gesetzt. Die Größe dieser hemmenden Kraft ergibt sich sodann aus dem bekannten STOKESschen Gesetz[1]). Es ergibt sich schließlich der Ausdruck

$$\lambda_x = \sqrt{\overline{\Delta x^2}} = \sqrt{\frac{R \cdot T \cdot \tau}{3 \pi \eta r N}}. \tag{1}$$

Hier bedeuten:

$R$ die Gaskonstante,
$T$ die absolute Temperatur,
$\eta$ die innere Reibung,
$r$ den Radius des Teilchens,
$N$ die AVOGADROsche Zahl.

$\lambda_x$ ist die *mittlere* Verschiebung des Teilchens in der $x$-Richtung in der Zeit $\tau$, so wie dieses oben dargelegt wurde. Man erhält diese Größe, indem man immer während der Zeit $\tau$ beobachtet, die Einzelwerte $\Delta x_1$, $\Delta x_2$ ... $\Delta x_m$, $\Delta x_n$ ... usf. einzeln quadriert, aus dem Quadrat das Mittel nimmt und dann die Wurzel zieht. Nach den vorangegangenen Erörterungen kann wohl kaum die Vermutung aufkommen, daß man bei Aneinanderreihung der $\lambda_x$-Werte ein getreues Abbild der Teilchenbewegung erhält, vielmehr hat ein solches, wie es auch Abb. 10 nach PERRINS klassischen experimentellen Untersuchungen darstellt, nur noch recht lose Beziehungen mit der eigentlichen Teilchenbahn, die für uns vollkommen unzugänglich ist. Die Theorie beschäftigt sich daher auch allein mit der Größe $\lambda_x$. Das Auffallende an dem Ergebnis ist nun, daß $\lambda_x$ von der *Masse* $\mu$ des Teilchens vollkommen unabhängig ist. SEDDIG, PERRIN und SVEDBERG haben als erste eingehende Untersuchungen über diese Formel angestellt. Sie hat sich in allen ihren Beziehungen als zu Recht bestehend erwiesen. Auch die Bedeutungslosigkeit der

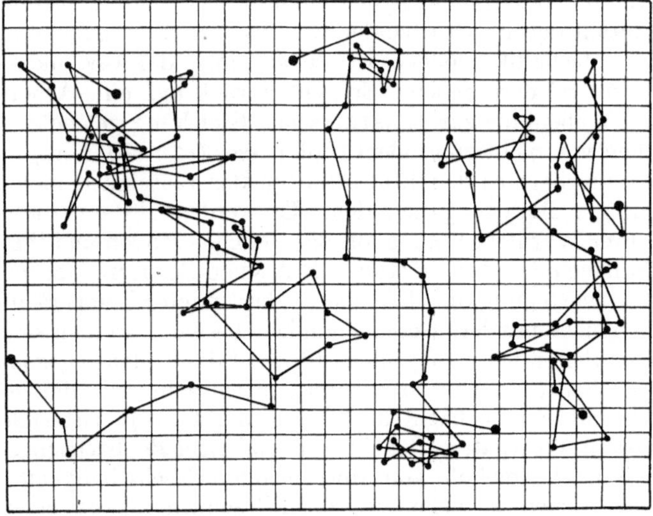

Abb. 10. (Nach PERRIN.)

[1]) Diese Analyse LANGEVINS in die beiden genannten Kräfte erscheint nicht recht einleuchtend, da ja fraglich bleibt, welches im Grunde der Unterschied der beiden Kräftearten ist. Ferner muß im Auge behalten werden, daß auch der STOKESsche Satz unter ganz bestimmten Annahmen abgeleitet worden ist, die es erforderlich machen, zu erwägen, ob in jedem Einzelfalle diesen Annahmen auch genügt wird. Mit Bezug auf die BROWNsche Bewegung kann man in diesem und jenem Sinne Zweifel hegen über ihr tatsächliches Zutreffen.

elektrischen Ladung (s. w. u. S. 100, 125ff., 177ff.) des Teilchens sowie seiner chemischen Natur konnten festgestellt werden. Daß die translatorische Bewegung um so lebhafter ist, je kleiner der Teilchenradius, ist schon lange bekannt gewesen. Es ist ja leicht einzusehen, daß, wenn das Teilchen kleiner wird, die Molekülstöße es seltener treffen werden. Damit sinkt aber die Wahrscheinlichkeit, daß die momentanen Einzelstöße sich gerade aufheben, d. h. das kleinere Teilchen wird lebhaftere translatorische Bewegung vollführen. Bis zu etwa einem Radius von $4 \cdot 10^{-4}$ cm hat man noch BROWNsche Bewegung feststellen können. Als Beispiel sei erwähnt, daß, wenn man für $N$ den Wert aus der kinetischen Gastheorie zu $6 \cdot 10^{23}$ setzt, ferner Wasser von 17° zugrunde legt und ein Teilchen von $10^{-4}$ cm Radius 1 Sekunde beobachtet, dann $\lambda_x = 8 \cdot 10^{-5}$ cm ist. Die Gleichung liefert aber auch eine neue Methode zur Bestimmung der Zahl $N$, was man wohl als den sichersten Prüfstein für die Richtigkeit der Theorie bezeichnen kann. Sämtliche Beobachter erhielten Ergebnisse, die mit denen vollauf übereinstimmten, die man auf ganz anderen Wegen ermittelt hatte. Selbst bei weitgehender Variation der Telcheinmassen konnte PERRIN übereinstimmende $N$-Werte erhalten.

Etwas schwieriger gestaltete sich die Frage nach dem Betrag der rotatorischen Komponente der BROWNschen Bewegung. Hier ergab sich aus den EINSTEINschen Darlegungen für die mittlere Drehung eines kugelförmigen Teilchens um einen seiner Durchmesser

$$A_r = \sqrt{\overline{A_r^2}} = \sqrt{\frac{R \cdot T \cdot \tau}{4 \pi \eta r^3 N}}\,. \tag{2}$$

Legt man demnach Wasser von 17° zugrunde, so beträgt die mittlere Drehung eines Teilchens von $r = 0{,}05$ cm in 1 Sekunde etwa 11 Bogensekunden. Man erkennt, daß das Quadrat der mittleren Drehung sich umgekehrt mit der dritten Potenz des Radius ändert, während dasjenige der reinen Verschiebung eine lineare Funktion des Radius darstellt. Daraus ergibt sich, daß bei Kleinerwerden des Teilchens die rotatorische Komponente in erheblich stärkerem Maße zunimmt als die der fortschreitenden Bewegung. Auch hier wieder war es PERRIN, der durch geistvolle Versuchsanordnungen die theoretischen Ergebnisse durch das Experiment vollauf bestätigen konnte.

Der Translation wie auch der Rotation der suspendierten Teilchen kommt im besonderen auch bei den kolloiden Systemen besondere Bedeutung zu, von der noch ausführlich zu reden sein wird.

Die wesentlichste Bedeutung der Klarstellung der Erscheinungen der BROWNschen Bewegung geht aber weit hinaus über die für die heterogenen Systeme allein. Zeigt doch die volle Bestätigung durch die Erfahrung, daß sämtliche Voraussetzungen, die der kinetischen Theorie der Materie entnommen sind, und von denen wir oben berichtet haben, zu Recht bestehen. Daraus haben sich für unsere Naturerkenntnis die wichtigsten Folgerungen ergeben. Von ihnen kann naturgemäß hier nicht die Rede sein. Nur das sei kurz bemerkt, was für die weitere Darstellung der Erscheinungen an Ergebnissen folgt. Zunächst ist festzustellen, daß sämtliche Zustände der Materie als Bewegungszustände anzusprechen sind. Dort, wo uns *statische* entgegenzutreten scheinen, etwa bei den Gleichgewichten, ergibt sich dieses nur aus einer besonderen Art der Betrachtung, die uns einen Mittelwert darbietet, der allein unserer Beobachtung zugänglich ist. Bei eingehenderem Eindringen löst er sich dagegen in einen *dynamischen* Zustand auf. Dieses wird sogleich noch im einzelnen zu zeigen sein. Dann wird sich auch die besondere Bedeutung dieser Auffassung dartun.

Es muß noch grundsätzlich bemerkt werden, daß die obige Ableitung unter der vereinfachenden Voraussetzung stattfand, daß die suspendierten Teilchen weitgehend unabhängig voneinander sich bewegen, daß sie sich in der Flüssigkeit etwa so verhalten, wie es von den Molekülen eines idealen Gases gefordert wird[1]). Es müssen, mit anderen Worten, die suspendierten Teilchen so weit voneinander entfernt sein, daß sie keine Kräfte aufeinander ausüben, die von der Art der van der Waalsschen Kräfte der Molekularattraktion oder noch andersartiger sind. Für solche Zustände wären dann neue Bedingungen einzuführen, die vollständig zu übersehen man gegenwärtig noch nicht ausreichend imstande ist. Die Gesetzmäßigkeiten gelten also nur für verdünnte Suspensionen. Dagegen war in der oben mitgeteilten Ableitung dem Einfluß der Moleküle des Mediums auf das Teilchen Rechnung getragen.

## 4. Dichteschwankungen.

Betrachtet man nun einmal die Volumeneinheit eines Gases, so enthält sie eine gewisse Anzahl von Molekülen. Durch diese Zahl ist die Dichte des Gases bestimmt bzw. sein spezifisches Volumen. Im thermodynamischen Gleichgewicht gehört bei konstanter Temperatur zu diesem Volumen ein konstanter Druck. Die kinetische Auffassung der Materie lehrt aber, daß der Druck nur der *zeitliche Mittelwert* aus den sämtlichen auf die Gefäßwand aufprallenden Molekülen ist. Zieht man nun den Maxwell-Boltzmannschen Satz von der Geschwindigkeitsverteilung der Moleküle heran, so folgt daraus, daß in Wirklichkeit ein ständiges Schwanken des Druckes um eine mittlere Lage stattfinden muß. Betrachtet man andererseits die Anzahl der in jener Volumeneinheit befindlichen Moleküle, so wird festgestellt werden müssen, daß diese Zahl sich ebenfalls ständig ändert. Neben den — meisten — Molekülen, die in jenem Volumenteil verbleiben, gibt es solche, die infolge ihrer größeren Geschwindigkeit sich daraus entfernen. Daher findet ein ständiges Schwanken in der Zahl der Moleküle je Volumeneinheit statt, d. h. man erhält ständige Dichteschwankungen im Gase[2]). *Dieselben Verhältnisse finden sich bei gelösten Molekülen wie auch bei suspendierten Teilchen.* Nach einer Angabe von v. Smoluchowski kann man diese Dichteschwankungen berechnen. Sie betragen etwa den $4 \cdot 10^{-10}$ten Teil der normalen Dichte. Svedberg und Westgreen konnten in ausgedehnten Untersuchungen die Richtigkeit der Smoluchowskischen Ableitung erweisen.

## 5. Osmose.

Es werde das Verhalten suspendierter Teilchen in einer Flüssigkeit verfolgt, die durch eine Wand von einem anderen Flüssigkeitsvolumen getrennt ist. Wiederum sei die gegenseitige Unabhängigkeit der Teilchen in ihrer Bewegung vorausgesetzt. Außerdem seien sie groß gegen die Moleküle der Flüssigkeit, so daß diese, wie früher, als ein Kontinuum angesehen werden kann. Ist die Wand durchlässig für die Teilchen, so werden sich diese zufolge ihrer Brownschen Bewegung durch die Wand hindurch auf das andere Flüssigkeitsvolumen ausdehnen können. Vermögen sie jedoch nicht hindurchzudringen, so werden sie an die Wand anprallen und damit einen Druck auf sie ausüben. Die kinetische Theorie sagt nicht, daß der Anprall der Teilchen von einer bestimmten Größe ab keinen Druck mehr ausübt. Sind nun $n$ Teilchen im Volumen $V$ enthalten, so würde der

[1]) Hierzu sei bemerkt, daß auch noch gewisse Voraussetzungen über die Größe von $\tau$ in (1) bzw. (2) enthalten sind. Sie stehen im Zusammenhang mit der Annahme, daß die Bewegung des Teilchens im Zeitintervall $\tau$ auch unabhängig ist von der, die es in dem diesem voraufgegangenen Intervall ausführte. L. de Haas-Lorentz sowie auch R. Fürth haben eine allgemeinere Ableitung gegeben, die für geeignete $\tau$ die Einsteinsche Formel liefert.

[2]) Dabei spielt neben einer „Schwankungs*größe*" auch eine „Schwankungs*geschwindigkeit*" eine Rolle, die zu der Diffusion in Beziehung steht.

osmotische Druck $p$, — falls wir es mit den Molekülen eines idealen Gases zu tun haben, — betragen:

$$p = \frac{R \cdot T \cdot n}{N \cdot V}, \tag{3}$$

wie es dem BOYLE-MARIOTTEschen Gesetz entspricht. Es ist nun von EINSTEIN gezeigt worden, daß für suspendierte Teilchen dasselbe Gesetz gilt. Dieselbe Gesetzmäßigkeit findet sich aber auch als VAN 'T HOFFsches Gesetz für *ideale verdünnte Lösungen* wieder. Es wird daher unter den oben erörterten Bedingungen eine bestimmte Anzahl *suspendierter* Teilchen denselben osmotischen Druck ausüben wie die gleiche Anzahl *echt gelöster* Moleküle. Somit zeigt sich, daß hier zwischen Gasmolekülen, echt gelösten Molekülen und suspendierten Teilchen ein Unterschied nur in ihren unterschiedlichen Größenabmessungen besteht[1]).

## 6. Diffusion.

Geht man wiederum von den obigen Voraussetzungen aus, sowie von unserer bisherigen Kenntnis vom Wesen der BROWNschen Bewegung und fragt, wieviel Teilchen bei der Temperatur $T$ in der Zeiteinheit durch die bestimmt gelegte Querschnittseinheit einer Grenzschicht hindurchgehen, die eine solche Lösung von der reinen Flüssigkeit trennt, so erhält man eine Beziehung zum sog. Diffusionskoeffizienten $D$[2]). Dieser ergibt sich aus dieser Betrachtung zu

$$D = \frac{R \cdot T}{6 \pi \eta r N}. \tag{4}$$

Denselben Ausdruck erhält man aber auch für die Diffusion bei verdünnten Lösungen, für die die VAN 'T HOFFschen Gesetze Gültigkeit haben. Es zeigt sich also, daß auch hier wiederum zwischen Gasmolekülen, gelösten Molekülen und suspendierten Teilchen kein grundsätzlicher Unterschied besteht. Vergleicht man ferner Gleichung (1) mit Gleichung (4), so erhält man die Beziehung

$$\lambda_x = \sqrt{\overline{\Delta x^2}} = \sqrt{2 D \tau}. \tag{5}$$

Dieses Ergebnis der Theorie ist von SVEDBERG experimentell bestätigt worden. Wir haben damit eine anschauliche Beziehung zwischen *Diffusion* und *Brownscher Bewegung* erhalten. Wie der osmotische Druck läßt sich also auch die Diffusion auf die ungeordnete Bewegung zurückführen. Zum Unterschiede von jenem aber vermögen sich die Teilchen bei der Diffusion — etwa in einer bestimmten Richtung — ungestört auszubreiten.

## 7. Sedimentationsgleichgewicht.

Es wurde bisher das Verhalten einer Suspension erörtert unter der Annahme der *Abwesenheit äußerer Kräfte*. Da wir im allgemeinen stets kleine Volumina betrachteten, die sich noch dazu im Gleichgewicht befanden, ging das wohl an. Unterwirft man aber ein genügend großes, frisch hergestelltes Volumen einer Beobachtung, so kann man nicht mehr bei jener vereinfachenden Annahme beharren, da als äußere Kraft die *Schwerkraft* wirksam wird. In diesem Falle können sich die Teilchen im Gleichgewichte nicht mehr auf das ganze Volumen gleichmäßig, — unter Beachtung natürlich der oben beschriebenen statistischen

[1]) Es muß aber hierbei im Auge behalten werden, was auf S. 92 Zeile 30—34 bemerkt worden ist.

[2]) Mit den allgemeinen Schwankungserscheinungen ist der Zusammenhang gegeben durch die Beziehung, die zwischen der Diffusion und der „Schwankungs*geschwindigkeit*" besteht. Diese Dinge können naturgemäß an dieser Stelle keine weitere Behandlung finden.

Schwankungen, — verteilen, vielmehr erhalten sie in der Richtung nach dem Boden des Gefäßes zu (negative $x$-Richtung) eine potentielle Energie $\psi$ von der Größe

$$\psi = (\varrho - \varrho_0)\, v\, g\, x = \tfrac{3}{4}\pi r^3 (\varrho - \varrho_0)\, g\, x\,, \tag{6}$$

wo $\varrho_0$ die Dichte der Flüssigkeit ist, $\varrho$ die der verteilten Substanz, $v$ das Teilchenvolumen, $g$ die Schwerebeschleunigung, $x$ die Höhe über dem Gefäßboden, in der man beobachtet. Die Teilchen erhalten demzufolge eine Beschleunigung nach dem Boden des etwa zylindrisch gedachten Gefäßes zu. Nach einiger Zeit werden sich, so sollte man zunächst erwarten, sämtliche Teilchen am Boden einfinden. Es sollte freiwillige Sedimentation eingetreten sein. Das ist jedoch nicht der Fall, da jener potentiellen Energie die Energie der Stöße der Moleküle des Mediums entgegenwirkt. Aus der Konkurrenz beider Einflüsse ergibt sich das Gleichgewicht. Allerdings ist *der* Zustand zunächst der *wahrscheinlichste,* bei dem alle Teilchen sich am Boden befinden. Für keine der irgend möglichen Schichten ist aber die Anwesenheit von Teilchen *ausgeschlossen,* sondern die Rechnung ergibt nur, daß die Lage eines Teilchens desto unwahrscheinlicher ist, je größer die $x$-Werte sind. Man wird also in *jeder* Schicht Teilchen antreffen, nur je nachdem in *verschiedener Zahl.* Diese Zahl ist aber konstant, abgesehen von den üblichen — statistischen, oben dargelegten — Schwankungen. Sie wird nach dem Boden zu immer größer und nimmt nach der Oberfläche zu immer mehr ab. Es tritt ein Zustand ein, wie wir ihn bei der Verteilung der Dichte der Atmosphäre über der Erdoberfläche vorfinden. Diese nimmt bekanntlich mit wachsender Höhe nach logarithmischem Gesetze ab. Genau die gleiche Gesetzmäßigkeit ergibt sich für das Sedimentationsgleichgewicht. Genau das gleiche Verhalten zeigt aber auch eine im Gleichgewicht sich befindende Flüssigkeit, bei der die Dichte nicht konstant ist, sondern von Ort zu Ort variiert. Auch bei ihr finden wir eine Anordnung der Dichten, die logarithmischem Gesetz gehorcht. Die Theorie ergibt nun für die Zahl $\mathfrak{N}_x$ der Teilchen zwischen der Höhe $x$ und $x + \Delta x$, wo $\Delta x$ einen kleinen Zuwachs an Höhe bedeutet:

$$\mathfrak{N}_x = C \cdot e^{-\frac{\psi}{kT}} \Delta x = C\, e^{-\frac{(\varrho-\varrho_0)vgx}{kT}} \Delta x = C\, e^{-\frac{4\pi(\varrho-\varrho_0)r^3\cdot g\cdot x}{3kT}} \Delta x\,. \tag{7}$$

$C$ ist eine Konstante, $k$ die BOLTZMANNsche Konstante, $1{,}371_7 \cdot 10^{-10}$ Erg/Grad, $T$ die absolute Temperatur. Der Sinn der Konstanten $C$ ergibt sich, wenn $x = 0$ gesetzt wird, zu

$$\mathfrak{N}_{(0)} = \text{konst.},$$

d. h. dieses ist die Teilchenzahl zwischen der Höhe 0, dem Boden des Gefäßes, und der Höhe $\Delta x$, praktisch also die am Boden vorgefundene. Dividiert man durch das Flüssigkeitsvolumen $V$, so erhält man die Teilchenzahl pro Volumen, einheit, nämlich

$$n_x = \frac{\mathfrak{N}_x}{V} \quad \text{sowie} \quad n_0 = \frac{\mathfrak{N}_0}{V}\,. \tag{7a}$$

Führt man statt der BOLTZMANNschen Konstanten $k = R/N$ ein, wo $R$ die Gaskonstante ist und geht zum natürlichen Logarithmus über, so wird

$$\ln\left[\frac{n_x}{n_0}\right] = \frac{(\varrho_0 - \varrho)\, g\, v\, x\, N}{R\,T} = \frac{4\pi(\varrho_0 - \varrho)\, g\, r^3\, x}{3\,R\,T} \cdot N\,. \tag{8}$$

Diese Gleichung liefert ebenfalls eine Methode zur Bestimmung der AVOGADROschen Zahl. PERRIN sowie WESTGREN haben durch Versuche die Gleichung vollkommen bestätigen können.

Man kann sich im einzelnen das Zustandekommen dieser Verteilung auch noch so vorstellen: Der Zylinder sei mit den Teilchen zunächst gleichmäßig erfüllt, und sodann erst wirke die Schwere ein. Die Teilchen werden, bei Beobachtung einer bestimmten Schicht, in überwiegender Zahl nach unten fallen. Wenn sie nun in die nächsttiefere Schicht gelangen, wird hier ihre Konzentration zunehmen. Damit aber, nach den Gesetzen der Statistik, auch die Zahl der Zusammenstöße mit den Molekülen. Je weiter nach *unten* hin man nun solche Schichten beobachtet, desto häufiger werden diese Molekülzusammenstöße sein, desto größer aber auch die Wahrscheinlichkeit, daß neben den sich gegenseitig aufhebenden Stößen solche von *größerer* oder *geringerer* kinetischen Energie auf die suspendierten Teilchen erfolgen, desto größer aber auch die Wahrscheinlichkeit des Eintretens solcher Zusammenstöße, die die Teilchen nach oben treiben. Je weiter aber nach *oben* zu man solche Schicht beobachtet, desto *seltener* werden diese Ereignisse eintreten. Es herrscht demnach ein Wettbewerb zwischen den Kräften der Molekülstöße sowie der Anziehung durch die Schwerkraft. Im Gleichgewichtszustand werden aus jeder beliebigen Schicht genau soviel Teilchen herabfallen, als von der nächst tieferen nach oben gestoßen werden. Je höher man nun in dem Zylinder eine Schicht auszählt, desto kleiner wird die Teilchenzahl sein, da die Einwirkung der Schwerkraft hier stärker ist als in tieferen Schichten. Daher tritt der Energieaufnahme durch die Molekülstöße hier eine größere Kraft entgegen. In den obersten Schichten haben die Teilchen ja die größte potentielle Energie, wie man aus Gleichung (6) entnehmen kann, da hier $x$ am größten ist. Ihr Streben aber geht dahin, an den Ort kleinster Energie zu gelangen. Man ersieht aus den obigen Beziehungen (6), (7), (8) sofort, daß, je schwerer die Teilchen einer Suspension, d. h. je größer der Radius bzw. der Dichteunterschied gegen das Medium ist, desto rascher auch ihre Zahl in den einzelnen Schichten in der Richtung nach wachsendem $x$ zu abnehmen muß. So werden sehr grobe Teilchen praktisch ganz am Boden liegen. Bei sehr kleinen Molekülen, etwa denen eines Gases, wird man sehr große *Höhen*unterschiede durchschreiten müssen, wenn man *Dichte*unterschiede wird auffinden wollen. Dieser *räumlichen* Anordnung der Teilchen steht nun auch eine bestimmte *zeitliche* gegenüber von etwa der folgenden Art: Würde man ein einziges Gas- oder Kolloidteilchen zeitlich verfolgen, so würde man bemerken, daß das Teilchen sich sowohl nach dem Boden bewegen würde, als auch darauf wieder von dort zur Oberfläche. Alle Lagen sind also auch hier wieder gleich möglich. Die Wahrscheinlichkeit der einzelnen Lagen ist jedoch verschieden groß. Dem entspricht nun, daß das Teilchen *öfter* in der *Tiefe* anzutreffen sein wird, und daß seine *Verweilzeit* dort auch größer sein wird als in höheren Schichten. So entspricht einer gewissen räumlichen Verteilung auch eine zeitliche.

Auch hier muß darauf hingewiesen werden, daß die oft erwähnten, vereinfachenden Bedingungen der Teilchenbewegung zugrunde gelegt sind. Wiederum aber bemerkt man, daß, wie bei den Schwankungserscheinungen, dem osmotischen Druck und der Diffusion, ein grundsätzlicher Unterschied zwischen Gasmolekül, gelöstem Molekül, wie suspendiertem Teilchen hier nicht besteht. Auch hier wieder läßt sich die Erscheinung in wesentlichen Zusammenhang bringen mit der BROWNschen Bewegung, d. h. aber mit dem fundamentalen Bewegungszustand der Materie. Zusammenfassend und charakterisierend kann man daher sagen: Beobachtet man ein geeignetes System materieller Teilchen — gleichgültig, ob Gasmoleküle, gelöste Moleküle oder suspendierte Partikel — in seiner *zeitlichen* Veränderung ohne Einwirkung äußerer Kräfte, so erhält man die *Brownsche Bewegung*. Beobachtet man dagegen die *Volumeneinheit* desselben Systems unter denselben Bedingungen, so stellen wir die *Schwankungserscheinungen* fest. Hat ein geeignetes System materieller Teilchen die Möglichkeit der *ungestörten Ausbreitung* ohne Einwirkung äußerer Kräfte, so ist es in *Diffusion* begriffen. Stellt sich aber diesem System ein Hindernis in Form einer für die Teilchen *undurchlässigen Wand* entgegen, so bewirkt ihr Anprall einen *osmotischen Druck*. Steht ein ebensolches System materieller Teilchen unter der Wirkung einer *äußeren Kraft*, z. B. der Schwerkraft, so ordnet es sich nach *logarithmischem Gesetz* in der Kraftrichtung an.

Die von SVEDBERG neuestens ausgearbeitete Methode der Bestimmung des Molekulargewichts hochkomplexer Moleküle gründet sich auf einer Art von Sedimentationsgleichgewicht. Es tritt bei ihr in Konkurrenz mit den Kräften der BROWNschen Bewegung (Diffusion) nur an Stelle der Schwerkraft die Zentrifugalkraft, deren Größe willkürlich variiert werden kann.

Die bisher betrachteten Systeme mußten — wie wiederholt betont worden ist — sich im VAN 'T HOFFschen Zustande befinden, d. h. sie mußten weitgehend verdünnt sein. Nun ist aber der *ideale* Zustand nicht der für gewöhnlich vorliegende. Die *realen* Systeme aber besitzen in der überwiegenden Zahl der Fälle größere Konzentrationen. Es war daher vorauszusehen, daß bei diesen letztgenannten die oben abgeleiteten Terme den experimentellen Befunden nicht mehr entsprechen würden. Um eine nächste Annäherung zu finden, wird man wohl dazu übergehen, an Stelle der BOYLE-MARIOTTEschen Gleichung die von VAN DER WAALS einzuführen. An die Stelle von

$$p \cdot v = RT$$

müßte treten:

$$\left(p + \frac{a}{v^2}\right)(v - b) = \frac{RT}{M},$$

wo $p$ den Druck, $v$ das Volumen, $a$ eine Konstante bedeutet, die sich herleitet von den Kräften, die die Teilchen nunmehr aufeinander ausüben. $b$ ist eine weitere Konstante, das Kovolumen, das sich daraus ergibt, daß das Eigenvolumen der Teilchen jetzt nicht mehr vernachlässigt werden kann. $b$ beträgt das Vierfache desjenigen Volumens, das die Moleküle an sich einnehmen würden[1]).

PERRIN[2]) hat über die Einführung der VAN DER WAALSschen Gleichung in dieses gesamte Gebiet theoretische Betrachtungen angestellt, die zu experimentell realisierbaren Gleichungen führten. Im Anschluß daran hat COSTANTIN[3]) Untersuchungen über Dichteschwankungen angestellt. Für niedere Konzentrationen fand er Verhältnisse, die vollkommen den obigen Gleichungen entsprechen. In einem bestimmten, größeren Konzentrationsbereich dagegen zeigte die Schwankungs*größe* Abweichungen von der normalen Dispersion nach kleineren Werten hin. Die Ergebnisse standen in guter Übereinstimmung mit den PERRINschen Deduktionen, denen nunmehr die *reale* Zustandsgleichung zugrunde gelegt war. Von noch größerer Bedeutung waren dagegen weitere Versuche COSTANTINS an Gummiguttsolen über die Verteilung im Sedimentationsgleichgewicht, die ebenfalls im Anschluß an die Gedankengänge PERRINS ausgeführt waren. Solche konzentrierten Sole zeigten augenfällige Abweichungen von der oben angegebenen Verteilungsfunktion. Die PERRINsche Gleichung im Zusammenhange mit dem experimentellen Befunde zeigte, daß sich die Annahme des VAN DER WAALSschen Zustandes für einen weiteren Konzentrationsbereich rechtfertigen läßt. Die AVOGADROsche Zahl ergab sich wiederum aus diesen Versuchen mit hinreichender Genauigkeit. Weiterhin aber ergab sich das überraschende Resultat, daß für die $a$-Konstante ein negativer Wert herauskam, was gleichbedeutend ist mit dem Vorliegen *abstoßender Kräfte zwischen den Teilchen.* Teilchen mit einem realen Radius von $\sim 5 \cdot 10^{-5}$ cm verhalten sich in destilliertem Wasser wie solche von 1,7fachem Radius, zwischen denen aber dann keine Kraftwirkungen aufeinander bestehen. Für die Ursachen dieser Abstoßung wird wohl in erster Linie die Bildung von elektrischen Doppelschichten infolge Oberflächenladung verantwortlich zu machen sein (s. weiter unten im Abschnitt „Elektrokinetik"). Da die äußeren Schalen dieser Doppelschichten sämtlich Ladungen gleichen Vorzeichens tragen, die zu einem Teil nach außen wirksam sind, stoßen

---

[1]) Es sei bemerkt, daß sich die Konstante $b$ der VAN DER WAALSschen Gleichung nach H. A. LORENTZ theoretisch herleitet von den *abstoßenden* Kräften, die im Augenblick des Zusammenstoßes zweier Moleküle auftreten.

[2]) PERRIN: Cpt. rend. hebdom. des séances de l'acad. des sciences Bd. 158, S. 1168. 1914.

[3]) COSTANTIN: Cpt. rend. hebdom. des séances de l'acad. des sciences Bd. 158, S. 1171. 1914; Ann. de phys. (9) Bd. 3. S. 101. 1915.

sie sich gegenseitig ab. Wir haben oben feststellen können, daß die Teilchenladung bei der BROWNschen Bewegung ohne Einfluß bleibt. Das gleiche ergab sich bei allen Vorgängen, die mit dieser im Zusammenhang stehen, sobald *ideale* Zustände herrschten. Es zeigt sich aber, daß dieser Faktor sich bemerkbar macht, sobald man zu solchen Zuständen gelangt, bei denen die mittleren Teilchenabstände klein genug sind, d. h. sobald man zu höheren Konzentrationen gelangt. Damit scheint ein Weg gegeben, wie man alle jene elementaren Vorgänge, die an die BROWNsche Bewegung sich anschließen, auch quantitativ verfolgen könnte, sobald man konzentriertere Systeme vor sich hat. Man brauchte alsdann nur die VAN DER WAALSsche Gleichung an Stelle der BOYLE-MARIOTTEschen einzuführen, so wie es PERRIN für das Sedimentationsgleichgewicht und COSTANTIN für die Dichteschwankungen getan hatte. Die Verhältnisse liegen indes doch wohl nicht ganz so einfach. In den Gleichungen sind ja auch noch andere Voraussetzungen enthalten als die des idealen Zustandes (so z. B. die Gültigkeit des STOKESschen Gesetzes u. a. m.). Auch darf nicht aus dem Auge gelassen werden, daß WESTGREN bei ausgedehnten Untersuchungen an *hydrophoben* Solen (Hg-, S-, Se-, Au-Solen) bis in recht erhebliche Konzentrationsbereiche hinein keinen Anhalt dafür gefunden hat, in diesen Fällen von den einfachen Gleichungen abzugehen. Offenbar spielt hier eine beachtenswerte Rolle das Verhalten des einzelnen Kolloidteilchens zu seinem Dispersionsmittel; denn dort, wo solche Beziehungen bestehen, also bei den *lyophilen* Systemen, ließen sich die eben erörterten Abweichungen klar aufzeigen. Die Gummigutt- und Mastixsole, die hierbei Verwendung fanden, sind, wenn auch nicht direkt hydrophil, so doch stärker hydratisiert als etwa die Metallsole. Davon wird im zweiten Teil noch ausführlich die Rede sein.

## B. Die Grenzflächenenergie (Oberflächenspannung).

### 1. Vorbereitende Bemerkungen.

Es wurde bereits oben darauf hingewiesen, daß bei den heterogenen oder kolloiden Systemen, die in der überwiegenden Zahl *zweiphasige* Systeme sind, die Grenzfläche der beiden Phasen von ganz besonderer Bedeutung ist für das Verständnis und die Behandlung aller einschlägigen Erscheinungen. Es fragt sich nun, welche Bedeutung diese Aussage besitzt. Warum kann überhaupt eine Grenzfläche eine besondere Rolle spielen? Was hat es mit einer Phasengrenzkraft auf sich? Die Beantwortung dieser Frage soll hier so vor sich gehen, daß zunächst das erfahrungsmäßige Bestehen von an Flächen gebundenen Kräften aufgezeigt wird. Dann soll erörtert werden, wie aus gewissen Grundannahmen heraus ihre Existenz theoretisch folgt, und schließlich soll noch dargelegt werden, auf welche Weise man sich ihr Zustandekommen anschaulich klarmachen kann.

Schon lange ist an dieser Stelle das Vorwalten besonderer Kräfte allgemein bekannt. Die besondere Form, die manchmal die Grenzfläche eines Körpers gegen einen anderen annimmt, z. B. Kugelfläche, führte dazu. Ebenso das Ansteigen von Flüssigkeiten in capillaren Röhren. (Daher auch die Bezeichnung „Capillarität".) War dieses aber tatsächlich der Fall, so mußte bei den *kolloiden Systemen*, bei denen ja die eine Phase in ungeheuer feiner Verteilung in der anderen vorhanden war, diese Grenzfläche bei relativ kleinem Volumen der dispersen Phase auch ungeheuer groß sein, die Wirksamkeit der jener zuzuordnenden Kräfte also auch entsprechend hervortreten. D. h. aber wiederum, daß schon an jeder beliebigen, gar nicht allzu ausgedehnten Trennungsfläche zweier Phasen eine solche Kraft erweisbar sein muß. In Wirklichkeit ist der Verlauf auch der gewesen, daß man diese Kräfte und ihre weiteren Eigenschaften zuerst an makroskopischen

Flächen nachgewiesen hat und später dann erst auf die kolloiden Systeme übertragen, an denen man sie direkt nicht studieren konnte.

Wohl am längsten hat sich die Physik beschäftigt mit gewissen *mechanischen* Erscheinungen an den Phasengrenzen, zumeist an der Grenze der Systeme flüssig-gasförmig und fest-flüssig. War das Erkennen der Vorgänge der ersten Gruppe mit großen, ja bis heute theoretisch noch nicht völlig überwundenen Schwierigkeiten verknüpft, so ist dieses bei der zuletzt genannten Gruppe in noch viel stärkerem Maße der Fall. Ist hierbei doch zu bedenken, daß außer der Grenzfläche fest-flüssig für gewöhnlich auch noch die fest-gasförmig und flüssig-gasförmig gleichzeitig mit im Spiele ist. Dementsprechend ist sowohl die theoretische Durchdringung wie auch das Versuchsmaterial für diese Systeme bis auf den heutigen Tag noch äußerst dürftig.

## 2. Die Vorstellungen von der Herkunft der Energie an der Grenzfläche, flüssig-gasförmig.

### a) Die Theorie von VAN DER WAALS.

Am besten fundiert sind, wie bemerkt, die mechanischen Erscheinungen an der Grenzfläche flüssig-gasförmig, d. h. die Grenzfläche einer Flüssigkeit gegen den mit ihrem eigenen Dampf gesättigten Raum. Die erste allgemeine Theorie ist von LAPLACE und später eine von GAUSS gegeben worden, nachdem bereits von CLAIRAULT, auf Grund sehr weit zurückreichender Versuche, vorbereitende Schritte zu einer solchen unternommen waren. Sie gingen von der Annahme aus, daß die Moleküle ruhen. Außer der Gravitationskraft nahm LAPLACE noch die Wirksamkeit einer besonderen Kraft zwischen den gleichartigen Molekülen einer reinen Flüssigkeit an. Diese sollte auf *sehr kleine* Abmessungen von erheblicher Größe sein, dagegen mit wachsender Entfernung vom Molekül sehr stark abnehmen. Welche Entfernungsfunktion in Betracht kam, konnte er nicht unmittelbar angeben, jedenfalls war sie von einer erheblich höheren Potenz als die NEWTONsche[1]). Bei *merkbaren* Entfernungen sollte sie bereits *verschwinden*. Für LAPLACE befand sich auch die Grenzfläche der Flüssigkeit im statischen Gleichgewicht mit ihrem Dampf. Er nahm eine scharfe diskontinuierliche Grenze an zwischen den beiden Phasen. Beim Durchschreiten der Grenzfläche sollte ein plötzlicher Sprung im Werte der Dichte stattfinden. Nach unseren obigen Darlegungen sind derartige Voraussetzungen nicht mehr zulässig.

Eine Theorie, die auf der Grundlage unserer gegenwärtigen Vorstellungen vom Wesen der Materie beruht, hat I. D. VAN DER WAALS gegeben. Sie ist von seinen Schülern später weiter ausgebaut worden (BAKKER, HULSHOF). Sie nimmt zunächst zwischen den Molekülen wirksame Kräfte an von der Art, wie sie bei LAPLACE gefunden wurden. Weiterhin fußt er, wie auch schon W. GIBBS, auf der Vorstellung von der Wärmebewegung der Moleküle. Er zieht aber noch eine wesentlich weiter gehende Folgerung aus dieser Vorstellung und geht damit über GIBBS hinaus. Aus der Vorstellung von dem *dynamischen* Zustande des Gleichgewichts (s. oben) an der Phasengrenze entnimmt er die Annahme vom *kontinuierlichen* Übergang zwischen Flüssigkeit und Gas. Es sei dazu bemerkt, daß sowohl POISSON wie auch MAXWELL und auch Lord RAYLEIGH Versuche zu einer Capillaritätstheorie unter diesen Voraussetzungen bereits unternommen hatten.

Gleichgewicht an der Grenze zweier Phasen stellt demnach einen Zustand vor, bei dem von einem Flächenelement der Grenzfläche in einer bestimmten Zeit im Mittel ebensoviel Moleküle aus dem flüssigen Anteil in den Dampfraum treten als umgekehrt aus dem Dampfraum in die Flüssigkeit. D. h. also das Gleichgewicht ist ein *dynamisches*. Weiter nimmt aber daraufhin — wie soeben erwähnt — VAN DER WAALS an, daß der Übergang vom flüssigen Zustand in den gasförmigen nicht sprunghaft vor sich geht, sondern stetig. Nach welchem Ge-

[1]) Deren Potential $\varphi$ bekanntlich von der Form $\varphi = k/r$ ist. $r$ bedeutet die Entfernung, $k$ eine Konstante.

setz diese *Dichteänderung* innerhalb der Phasengrenze erfolgt, muß sich dann aus der weiteren Behandlung des Problems selbst ergeben[1]). Es kann sich natürlich nicht darum handeln, die vollständige mathematische Theorie hier nachzuzeichnen. Nur ihre Hauptgesichtspunkte seien herausgehoben. Die Grundlage für seine Betrachtungen über das Gleichgewicht zwischen reiner Flüssigkeit und ihrem gesättigten Dampfe lieferte ihm der zweite Hauptsatz der Thermodynamik. Er verwendet dabei die Entropievorstellung sowie eine eigene Modifikation eines bereits von W. GIBBS hergeleiteten Satzes von dem Verhalten der freien Energie einer gegebenen Substanz in einem gegebenen Raum bei gegebener Temperatur.

Die entsprechenden fundamentalen Gleichungen lauten:

$$\delta \int \varrho (u - T s)\, d\tau = 0 \tag{9}$$

und

$$\int \varrho\, d\tau = c\,. \tag{10}$$

Die zweite Gleichung stellt die gegebene Substanzmenge dar, während die erste das eigentliche Prinzip ausspricht: *Die Variation der freien Energie* — einer gegebenen Substanz im gegebenen Raum bei einer Temperatur $T$ — *muß ein Minimum sein.* Dabei ist $\varrho$ die Dichte, $d\tau$ das Volumelement der Substanz, $c$ die Substanzmenge, $u$ die spezifische Gesamtenergie und $s$ die spezifische Entropie, $(u - T s)$ bedeutet sodann die *spezifische freie* Energie.

Berechnet man nun weiter die freie Energie des Systems, so findet man, daß die Grenzfläche im Mittel einen Energieüberschuß über den der Flüssigkeit in Masse besitzt, d. h. *es herrscht Gleichgewicht gegen den Dampfraum dann und nur dann, wenn an der Grenzfläche das thermodynamische Potential* (dieses etwa in der Form $\mu = u - Ts + p V$) *einen höheren Wert besitzt als in der Flüssigkeit in Masse*[2]). Diese hier auftretende Energie ist die *Oberflächenenergie.* Zufolge dieser Oberflächenenergie ist die Oberfläche bestrebt, sich auf ein Minimum zusammenzuziehen. Die *Vergrößerung* der Oberfläche ist daher mit *Erhöhung* ihrer Energie verbunden. Soll nun eine solche Vergrößerung der Oberfläche *isotherm* stattfinden, so ist noch eine *Zufuhr von Wärme* erforderlich, d. h. der Energiezuwachs, den die Oberfläche bei der isothermen Vergrößerung erfährt, ist nicht einfach gleich dem bei der Vergrößerung geleisteten Arbeitsaufwand, da nämlich der Umgebung noch eine gewisse Wärmemenge entzogen worden ist. Von dieser *Gesamtenergie* ist aber die *freie* Oberflächenenergie zu unterscheiden, von der allein hier die Rede ist. Für die *Flächeneinheit* ergibt sie sich zu

$$\int \varrho (u - T s + p V - \mu)\, dh\,, \tag{11}$$

wo $h$ die Dicke der capillaren Schicht bedeutet, der Übergangsschicht, $\mu$ eine bestimmte Energiegröße für jeden Punkt des Raumes darstellt, nämlich $\psi + \varrho \dfrac{\partial \psi}{\partial \varrho}$, wo $\psi$ die freie Energie ist. Ist nun der Querschnitt der Flüssigkeit $S$, die Flächeneinheit der Energie $\sigma$, so wird

$$S \sigma = S \int \varrho (u - T s + p V - \mu)\, dh\,. \tag{12}$$

Daraus ergibt sich im weiteren Verlaufe der Rechnung für die Oberflächenenergie der Flächeneinheit:

$$\sigma = c \int \left(\frac{d\varrho}{dh}\right)^2 dh = -c \int \varrho \frac{d^2 \varrho}{dh^2}\, dh = c \int \varrho \frac{d\varrho}{dh}\, d\varrho\,. \tag{13}$$

---

[1]) Dabei ist naturgemäß außer acht gelassen jene Dichteänderung, die gemäß den obigen Ausführungen von der Schwerkraft bewirkt würde. Sie ist hier zu vernachlässigen.

[2]) Dieses Ergebnis der Theorie ist aus dem Grunde von erheblicher Wichtigkeit, weil für gewöhnlich die Gleichgewichtsbedingungen für das Innere zweier Phasen die *Gleichheit* ihrer thermodynamischen Potentiale ist.

$\frac{d\varrho}{dh}$ bedeutet hierbei die *Dichteänderung* in der Übergangsschicht zwischen beiden Phasen bei senkrechter Durchschreitung. Von dieser Größe wird noch zu reden sein. Man erkennt, *daß die freie Energie der Flächeneinheit desto größer ist, je größer der Dichteabfall in der Übergangsschicht ist.* Weiterhin sei bemerkt, daß sich auch das Gesetz ergibt, nach welchem die Dichteänderung an der Phasengrenze stattfindet.

Es ist nämlich

$$c_2 \frac{d^2\varrho}{dh^2} = f(\varrho) + \varrho \frac{\partial f}{\partial \varrho} - \mu = -[(u - Ts) + \int p\,dV], \tag{14}$$

wo $c_2 = \int_0^\infty \gamma^2 \psi(\gamma)\,d\gamma$, $f(\varrho)$ ergibt sich aus der Zustandsgleichung zu $-\int p\,dV$, während hier $\gamma$ die Entfernungen von Schichten bedeutet, im besonderen auch diejenige Schicht, in der sich das Teilchen mit der Masseneinheit befindet. Die Theorie zeigt weiterhin, — was für die Kolloidchemie von besonderer Wichtigkeit erscheint —, daß für eine kugelförmig angeordnete Flüssigkeit die freie Energie der Oberflächeneinheit von der gleichen Größe ist, solange der Radius der Kugel von höherer Größenordnung ist im Vergleich zur Dicke dieser Grenzschicht. Die Frage nach der Dicke dieser capillaren Schicht ist nunmehr von besonderer Bedeutung. Die Theorie bringt sie in Zusammenhang mit dem Radius der Attraktionssphäre des Moleküls[1]). Sie ergibt sich für Äthyloxyd etwa zu $u_1 = 2{,}5 \cdot 10^{-8}$ cm, ist also etwa vom doppelten Moleküldurchmesser. In der Folge wird dann für $h \sim 100\,u_1$, also etwa $10^{-6}$ cm. Da nun zwischen $10^{-7}$ und $10^{-5}$ cm das Gebiet der kolloiden Lösungen liegt, darf man nur mit Vorsicht die makroskopisch festgelegten Verhältnisse auf das ultramikroskopische Gebiet übertragen[2]). Daran muß aus dem Grunde besonders erinnert werden, weil eine der Fundamentalmethoden der Erforschung der Eigenschaften der heterogenen Systeme eben darauf beruht, die Verhältnisse, die an makroskopischen Grenzflächen studiert worden sind, auf die ultramikroskopischen Verhältnisse bei den heterogenen Systemen zu übertragen.

Wenn auch diese Theorie keine unmittelbare plastische Vorstellung davon vermittelt, was das Wesen der Oberflächenkräfte ausmacht, kann man ihr dennoch gewisse wichtige Folgerungen entnehmen. Zunächst zeigte sich schon, daß aus dem kontinuierlichen Übergang von flüssiger Phase in Dampf für die Übergangsphase besondere Energieverhältnisse folgen, die mit der Dichteänderung zusammenhängen. Das System der Gleichungen (13), deren eingehende mathematische Diskussion hier unterbleiben muß, zeigt aber noch gewisse weitere aufschlußreiche Einzelheiten. Aus (13) geht hervor, daß keineswegs alle Schichten der Übergangsphase hinsichtlich ihres Beitrages zur capillaren Energie gleichwertig sind. Es folgt vielmehr, daß dieser Beitrag auch mit Bezug auf sein Vorzeichen verschieden sein wird. Durchschreitet man die Grenze der flüssigen Phase in Richtung auf die Übergangsschicht zu, so trifft man auf Schichten aufgelockerter Flüssigkeit. Hier wird $\frac{d^2\varrho}{dh^2} < 0$, sie tragen zur Erhöhung der Oberflächenenergie bei. Schreitet man weiter vor, so trifft man auf Schichten verdichteten Gases (der Übergangsphase). Hier wird $\frac{d^2\varrho}{dh^2} > 0$, ihr

---

[1]) Die Attraktionssphäre (s. oben) umfaßt denjenigen Raum um das Molekül herum, in dem die Molekularanziehung wirksam ist.

[2]) Das bezieht sich naturgemäß auch nur auf die Grenzfläche flüssig-gasförmig. Immerhin erscheint dieser Wert doch reichlich groß.

Beitrag zur Energie ist negativ. Es zeigt sich also, daß bei derartigem Aneinandergrenzen von Phasen in gewissem Sinne Energieunterschiede zwischen ihnen bestehen. Der Gesamtzustand jedoch ist stabil. Dieses ist aber nur dann der Fall, wenn eben ein derartiger Übergang zwischen den homogenen Phasen vorhanden ist. Für sich allein wäre naturgemäß die Übergangsschicht nicht stabil.

### b) Die molekularkinetische, elektrische Theorie von DEBYE.

Es ist von DEBYE[1]) der Versuch unternommen worden, die von VAN DER WAALS begründete und von seinen Schülern fortgeführte *thermodynamische* Theorie nun auch molekularkinetisch abzuleiten. Er ist sich dabei der Schwierigkeiten bewußt, die einem solchen Unternehmen gegenwärtig noch im Wege stehen. Dennoch läßt sich zumindest qualitativ angeben, auf welchem Wege man zum Verständnis eines Energieüberschusses in der Grenzfläche gelangen kann.

Die Voraussetzungen für die molekularkinetische Ableitung der Größe des Energieüberschusses der Grenzfläche über den der Flüssigkeit in Masse sind zunächst dieselben wie die für die Ableitung der VAN DER WAALSschen $a$-Konstante[2]). Diese ist bekanntlich der Ausdruck für die gegenseitigen Attraktionskräfte der Moleküle, die in der oben mitgeteilten Theorie von VAN DER WAALS schon eine wichtige Rolle spielten. DEBYE vermag für die Größe dieser Kraft eine einleuchtende Beziehung zu finden. Er macht dabei aber besondere Angaben über das Verhalten der Moleküle. Es genügt dazu die bekannte Tatsache, daß diese aus einem positiven Kern und der negativen Elektronenhülle bestehen. Diese beiden Gebilde sind aber nicht starr miteinander verknüpft, sondern in bestimmter Weise gegeneinander verschiebbar. Kommt ein Molekül in ein elektrisches Feld, so wird es durch Polarisation deformiert, d. h. es wird derart verändert, daß der positiv geladene Kern sich dem negativen Pol des Feldes möglichst nähert, der wiederum die negativ geladene Elektronenhülle abstößt. Diese wird aber vom positiven Pol des Feldes angezogen, während der negative Teil des Moleküls abgestoßen wird. Fielen vorher Schwerpunkt der positiven und negativen Ladungen des Moleküls zusammen, so tun sie es jetzt nicht mehr. Es entsteht ein Dipol von bestimmtem elektrischen Moment[3]). Dieser Zustand der Polarisationsdeformation tritt ebenfalls ein, sobald die Moleküle in ihr gegenseitiges Feld gelangen. Gewisse physikalische Erscheinungen geben die Berechtigung zu solcher Annahme. Unter diesen Umständen haben aber die Moleküle eine gegenseitige Energie. Aus ihr läßt sich das Anziehungsgesetz berechnen, wodurch die VAN DER WAALSsche *Kohäsionskonstante* molekularkinetisch begründet ist. Von hier aus geht dann DEBYE zur Berechnung der Oberflächenenergie über, indem er weiterhin ebenfalls die VAN DER WAALSsche Annahme des stetigen Dichteüberganges von Flüssigkeit zu Dampf aufnimmt. Dieses geschieht unter der stark vereinfachenden Annahme, daß die Wärmebewegung der Moleküle vernachlässigt werden kann. Damit gilt diese Betrachtung exakt nur bei $T = 0$. Die Rechnung ergibt auch hier einen Energieüberschuß für die Grenzfläche gegenüber Flüssigkeit in Masse und Dampf. Es ist nämlich zu bedenken, daß die Lagerung in der *Grenzschicht* eine andere sein muß als in der Flüssigkeit *in Masse*. Hier liegen die Moleküle im mittleren Gleichgewichtsabstand zwischen anziehenden und abstoßenden, d. h. deformierenden Kräften. Dort jedoch, in der Übergangsschicht, ist die Flüssigkeit eine solche von ge-

---

1) DEBYE: Physikal. Zeitschr. Bd. 21, S. 178. 1920.

2) Die $a$-Konstante entstammt der VAN DER WAALSschen Zustandsgleichung für „reale" Gase: $(p + a/v^2) \cdot (v - b) = RT/M$.

3) Das elektrische Moment des Dipols $\mu$ ist gleich dem Produkt aus Ladung $e$ und Entfernung $l$ der beiden Pole: $\mu = e \cdot l$.

ringerer Dichte gegenüber der in Masse, das Gas dagegen ist von größerer Dichte als das im eigentlichen Dampfraum. Daraus ergeben sich besondere Lageanordnungen, bei denen den Molekülen noch eine potentielle Energie im Überschuß verbleibt. Ferner ist zu beachten, daß bei Wasser bereits präformierte Dipole vorliegen. Für solche Gebilde ergeben sich aber ebenfalls besondere energetische Verhältnisse, sobald eine besondere gegenseitige Lagerung der Dipole ermöglicht wird. Ohne hier näher auf diese Dinge, die mathematisch nicht einfach sind, einzugehen, muß bemerkt werden, daß die Dipole durch ein äußeres Feld *neben ihrer Orientierung* ebenfalls eine gewisse Deformation erleiden werden. Es werden sich also beim Wasser beide Momente überlagern. Auf diesem Wege ist also auch molekularkinetisch die Existenz einer Oberflächenspannung sichergestellt.

#### c) Die — mehr chemischen — Vorstellungen von HABER und LANGMUIR.

Gegenüber diesen rein physikalischen Vorstellungen muß aber noch eine Auffassung Erwähnung finden, die mehr chemischer Betrachtungsweise entspricht und die von HABER[1]) und auch von LANGMUIR[2]) vertreten wird. Sie hat sich auch bei der Deutung weiterer Erscheinungen (s. Adsorption) recht gut bewährt. Nach ihr bedingt der Zustand im Innern der Lösung, wo jedes Molekül allseitig wiederum von Molekülen in gleicher Weise umgeben wird, ein vollständiges Absättigen sämtlicher vom Molekül ausgehender Valenzkräfte. An der Oberfläche, in der Übergangsschicht, beim Angrenzen an den Gasraum ist dieses nicht mehr der Fall. Nach dem Flüssigkeitsinnern zu liegen für die Grenzschichtmoleküle die Verhältnisse noch weitgehend so wie im Innern selbst. Nach dem Gasraum zu aber ist der Zustand ein anderer. Hier bleibt infolge der wachsenden Entfernung voneinander ein Teil der Nebenvalenzen unabgesättigt. Sie ragen in den Dampfraum und suchen sich abzusättigen. Daher ergibt sich eben jener Energieüberschuß, jene höhere potentielle Energie in der Grenzfläche, die danach strebt, irgendeine Arbeit zu leisten. Es muß hierbei bemerkt werden, daß diese Betrachtung sich zunächst allein auf krystalline Körper bezog, also auf eine Grenzfläche festgasförmig oder fest-flüssig.

### 3. Erörterung der Beziehung zu anderen Größen.

#### a) Freie Oberflächenenergie der Flächeneinheit.

Im vorstehenden ist nun überwiegend die Rede gewesen von der freien Oberflächenenergie. Sie ist das Produkt aus der Energie der Flächeneinheit $A_0$ und der Flächengröße $\omega$:

$$A = A_0 \omega . \tag{15}$$

Die Oberflächenenergie der Flächeneinheit ist aber die Oberflächenspannung:

$$\sigma = A_0 = \frac{A}{\omega} . \tag{16}$$

Mit anderen Worten, die Oberflächen*spannung* ist diejenige mechanische Arbeit, die man aufwenden muß, um die Oberfläche um eine Einheit zu vergrößern.

Schon oben ist darauf hingewiesen worden, daß es sich stets nur um die *freie* Energie handelt, nicht etwa um die *Gesamt*energie pro Flächeneinheit. Will man zu dieser gelangen, so muß man noch die Wärmeaufnahme bzw. -abgabe mit in Rechnung setzen, die bei Vergrößerung oder Verkleinerung der Oberfläche sich ergibt.

---

[1]) HABER: Zeitschr. f. Elektrochem. Bd. 20, S. 521. 1914.

[2]) LANGMUIR: Journ. of the Americ. chem. soc. Bd. 38, S. 2221. 1916; Bd. 39, S. 1848. 1917; Bd. 40, S. 1361. 1918.

### b) Binnendruck.

Ferner ist zu bemerken, daß die Oberfläche außerdem noch unter der Wirkung der sehr erheblichen, von der Molekularattraktion herrührenden Kraft des Binnendrucks steht. Dieser ist nicht, wie die Oberflächenspannung, eine an Flächen gebundene Kraft, vielmehr wirkt er naturgemäß an den Raumelementen. Er wird hervorgerufen durch die Anziehungskraft der Moleküle untereinander. Er ist also der charakteristische, makroskopische Repräsentant der VAN DER WAALSschen $a$-Konstante, von der oben mehrfach die Rede war. Es sei daher auf das dort Erörterte verwiesen. Der Binnendruck wirkt von der Oberfläche aus normal nach dem Innern der Flüssigkeit. Hat die Oberfläche eine Krümmung, so kommt zu diesem Binnendruck noch der von dem Krümmungsradius abhängige und mit der Oberflächenspannung zusammenhängende Oberflächendruck hinzu. Er ist die Normalkomponente der Oberflächenspannung. Er verschwindet bei horizontaler Oberfläche. Es verschwindet dabei aber *nicht* die tangentiale Komponente der Oberflächenspannung, d. h. also auch bei horizontaler Oberfläche existiert eine Oberflächenspannung. Der Binnendruck überwiegt zahlenmäßig die Oberflächenspannung bei weitem. Infolge der starken gegenseitigen Anziehung der Moleküle wird das Flüssigkeitsvolumen sich maximal zu kontrahieren suchen. Diese Kontraktion wird um so stärker sein, je größer die Attraktionssphäre der Moleküle und je größer ihr Feld ist. Daraus ergeben sich einige wichtige Gesetzmäßigkeiten, von denen jedoch hier nicht die Rede sein soll. Es sei nur erwähnt, daß alle Größen, die direkt mit der Molekularattraktion zusammenhängen (Binnendruck, Oberflächenspannung, Verdampfungswärme, Dielektrizitätskonstante) auch einen gemeinsamen Verlauf zeigen werden. Dagegen gibt es eine Reihe anderer Größen, die gemeinsam der Molekularanziehung entgegen laufen, z. B. Lösefähigkeit, Kompressibilität u. a. m. Je größer also im ersten Falle die $a$-Konstante, desto größer auch die entsprechende Größe. Im zweiten Falle aber ist entgegengesetzte Abhängigkeit zu erwarten.

### c) Die Messung der Oberflächenspannung.

Was die Messung der Oberflächenspannung anlangt, so gibt es eine große Zahl gut verwendungsfähiger Methoden. Über diese soll hier nicht berichtet werden, da eine große Anzahl von Werken, vor allem das von H. FREUNDLICH, ausführlich davon handelt. Es sei nur darauf hingewiesen, daß von LENARD[1]) kürzlich ein Verfahren ausgearbeitet wurde, das neben äußerster Handlichkeit und Einfachheit ein großes Maß von Exaktheit besitzt. Es handelt sich dabei um eine Abreißmethode.

### d) Die Bedeutung des kritischen Temperaturpunktes. Molare freie Oberflächenenergie.

VAN DER WAALS konnte aus seiner Theorie auch wichtige Beziehungen der Temperaturabhängigkeit der Oberflächenspannung ableiten. Zunächst ergibt sich, daß bei Oberflächenvergrößerung eine bestimmte Wärmemenge zugeführt werden muß, soll dieser Vorgang bei konstanter Temperatur verlaufen. Davon ist schon oben bei Erörterung der Größe der Gesamtenergie der Flächeneinheit die Rede gewesen. Er kann dann weiter zeigen, daß bei der *kritischen* Temperatur der Flüssigkeit die Oberflächenspannung verschwindet. Dieses mußte sich ergeben. Ist doch die kritische Temperatur diejenige Temperatur, wo Flüssigkeit und Gas unmittelbar ineinander übergehen können.

---

[1]) LENARD: Ann. d. Phys. Bd. 74, S. 381. 1924.

Für die Wärmemenge $Q$, die bei isothermer Oberflächenvergrößerung zugeführt werden muß, findet sich die Beziehung $\left(\frac{\partial Q}{\partial S}\right)_{T,v} = -T\left(\frac{\partial \sigma}{\partial T}\right)$. Wird, was vorher bewiesen worden war, $\sigma = 0$ bei $T = T_k$, wo $T_k$ die kritische Temperatur bedeutet, so wird $\frac{\partial Q}{\partial S} = 0$. Es ist aber dann auch $\frac{\partial \sigma}{\partial T} = 0$, d. h. die $\sigma$-$T$-Kurve gelangt an die Temperaturachse im kritischen Punkt mit verschwindender Tangente. Dieses stimmt mit der Erfahrung annehmbar überein[1]). Die Abweichungen, die sich zahlenmäßig ergeben, hängen naturgemäß zusammen mit dem Umstand, daß die van der Waalssche Zustandsgleichung nicht für alle Flüssigkeiten gilt, eigentlich ja nur für „reale" Gase.

Aus dieser Erkenntnis ergibt sich nun aber der Schluß auf die schätzungsweise Größe der Oberflächenspannung einer reinen Flüssigkeit. Ist diese nämlich ihrer kritischen Temperatur sehr nahe, so wird sie eine niedrigere Oberflächenspannung besitzen als eine solche, die weiter von diesem Punkt entfernt ist. Aus diesen Beziehungen ergeben sich die Gesetzmäßigkeiten für die Änderung der Oberflächenspannung mit der Temperatur. Sie wird mit steigender Temperatur geringer werden[2]). Dieses geschieht in linearer Form. Ist $\sigma_0$ die Oberflächenspannung bei der Temperatur $T_0$, $\gamma$ ihr Temperaturkoeffizient, so wird sie bei der Temperatur $T$ sich ergeben zu:

$$\sigma_T = \sigma_0[1 - \gamma(T - T_0)]. \tag{17}$$

Da bei der kritischen Temperatur $T_k$ $\sigma_{T_k} = 0$ wird, ergibt sich für

$$\gamma = \frac{1}{T_k - T_0}. \tag{17a}$$

Es wird somit

$$\sigma_T = \sigma_0\left[1 - \frac{T - T_0}{T_k - T_0}\right] = \sigma_0\left[\frac{T_k - T}{T_k - T_0}\right]. \tag{17b}$$

Eine Beziehung, die in nicht zu weiten Bereichen gut zutrifft. Dabei ist stets vorausgesetzt, daß die betreffende Flüssigkeit bei der Temperaturänderung keine Änderung in ihrer Molekülkonfiguration eingeht. Dieses würde nämlich neue Bedingungen für die Größe der Oberflächenspannung schaffen, da jedesmal diejenigen Molekülkonfigurationen in die Oberfläche gelangen, die der freien Oberflächenenergie den kleinsten Wert erteilen, d. h. die größte Oberflächenspannungserniedrigung ergeben. Dies muß hier deshalb besonders erwähnt werden, weil gewisse Erscheinungen beim Wasser auf solche Molekülassoziationen hinweisen.

In einer Reihe von Fällen bedient man sich nicht der Größe der freien Energie pro Flächeneinheit, sondern der molaren freien Oberflächenenergie. Die Verwendung dieses Begriffes ist oft von besonderem Vorteil. Er stellt das Produkt aus der freien Energie der Oberflächeneinheit und einer Oberfläche dar. Nämlich der Oberfläche einer Kugel, gebildet aus einem Mol der betreffenden Substanz. Ist also $M$ das molare Gewicht, $\varrho$ die Dichte, so wird diese Größe

$$\mu = \sigma \sqrt[3]{\left(\frac{M}{\varrho}\right)^2} \tag{18}$$

oder auch unter Verwendung des spezifischen Volumens $v = 1/\varrho$:

$$\mu = \sigma(M \cdot v)^{1 \cdot 5}. \tag{18a}$$

[1]) Dabei darf natürlich nicht vergessen werden, daß bei Zugrundelegung der van der Waalsschen Gleichung für die behandelten Erscheinungen auch eine Beziehung gewählt wurde, die gerade dem kritischen Zustand besonders angepaßt ist.

[2]) Der innere Zusammenhang zwischen Oberflächenspannungsänderung bei Temperaturänderung wird wohl unter Heranziehung von (13) über die Dichte, die ja temperaturabhängig ist, herzustellen sein. Darüber sei aber hier nichts Näheres ausgeführt.

Die Oberflächenspannung an der Grenze flüssig-gasförmig hat naturgemäß noch eine Reihe wichtiger Beziehungen zu Binnendruck, Kompressibilität und Dampfdruck (s. oben). Es würde zu weit führen, an dieser Stelle näher darauf einzugehen, um so mehr, als vollständige Klärung der in Betracht kommenden Erscheinungen noch keineswegs erreicht ist. Hier wie an vielen anderen Stellen macht sich besonders die Unsicherheit bemerkbar, die uns noch hinsichtlich des flüssigen Zustandes umgibt. In dem FREUNDLICHschen Werke findet man eine eingehende Darstellung und Diskussion der hier vorliegenden Tatsachen.

## 4. Die Grenzflächenenergie bei den Systemen flüssig-flüssig.

Für die Verhältnisse an der Phasengrenze flüssig-flüssig gelten zunächst grundsätzlich dieselben Beziehungen. Daher eignen sich auch fast alle dort anwendbaren Meßverfahren auch für diesen Zustand unter Einsatz und Beachtung der veränderten Umstände. Was jedoch besonders zu diesem Zustand oft hinzukommt und eine exakte Betrachtungsweise sehr schwierig macht, ist die Tatsache, daß sich fast stets ein — wenn auch noch so kleiner — Teil der einen Flüssigkeit in der anderen löst. Dieser Betrag der gegenseitigen Löslichkeit kann alle möglichen Grade bis zur völligen Mischbarkeit in sämtlichen Verhältnissen annehmen. Aus dieser Tatsache geht nun sofort klar hervor, daß sich eine Grenzflächenspannung flüssig-flüssig nicht einfach ergeben wird aus der algebraischen Summe der Grenzflächenspannungen jeder einzelnen Komponenten gegen Vakuum. Von dieser Summe wird vielmehr ein Zusatzausdruck abzuziehen sein, durch den die Aufeinanderwirkung der Moleküle der Komponenten erscheint. Mit einer solchen Beziehung kann man in der Tat unter Umständen recht gut rechnen. Es leuchtet ein, daß, je weitergehend die Moleküle der Einzelphasen aufeinander zu wirken vermögen, je stärker sie sich also anziehen, jener Zusatzausdruck dann um so größer, die Grenzflächenspannung um so kleiner werden muß. Desto größer aber stellt sich daraufhin die Löslichkeit der einen Komponente in der anderen heraus, und umgekehrt. Bei vollkommener Mischbarkeit beider Phasen wird es unmöglich sein, eine statische (s. weiter unten) Grenzflächenspannung zu messen, während eine dynamische wohl denkbar wäre. Es sei noch erwähnt, daß bei Mischungen auch noch andere Faktoren (z. B. die Hydratation) mit ihrer Wirkung auf die Oberflächenspannung beachtet werden müssen. Man kommt also oft im Grunde dazu, das Verhalten der Grenzfläche von Lösungen zu ermitteln. Dazu bedarf es aber vorher einer Klarstellung der Adsorptionsverhältnisse. Es soll daher weiter unten nach Erledigung dieser Frage darauf eingegangen werden. Dort, wo die gegenseitige Mischbarkeit, d. h. also die Aufeinanderwirkung der Molekülarten, sehr gering ist, trifft man, wie betont, auf Verhältnisse, die denen am System flüssig-gasförmig sehr ähnlich sind. So kann man für die Temperaturabhängigkeit in gewissen engen Grenzen ebenfalls lineares Verhalten feststellen [s. Gleichungen (17) und (17b)]. In anderen Fällen dagegen liegen die Verhältnisse erheblich komplizierter. Bereits bei den sog. Ausbreitungserscheinungen eines Tropfens auf einer Flüssigkeit spielen die gegenseitigen Lösungsverhältnisse eine erhebliche Rolle. Hinsichtlich näherer Einzelheiten über diese Erscheinungen sei auf die Lehr- und Handbücher verwiesen.

## 5. Die Grenzflächenenergie bei den Systemen fest-gasförmig und fest-flüssig.

Auch bei den Systemen fest-gasförmig treffen wir auf eine Grenzflächenenergie sowohl bei den sog. amorphen Körpern wie auch bei denen, die Raumgitteranordnung der Moleküle zeigen. Bei den krystallisierten Stoffen ließ sich der Vorgang der Rekrystallisation mit der Oberflächenspannung in Zusammenhang bringen. Im übrigen sind aber gerade diese Fragen gegenwärtig noch in vollem Fluß und haben höchstens zu Näherungswerten führen können. Ihre Bedeutung für die Biologie ist keineswegs zu übersehen, ist ja die Krystallstruktur bei vielen biologischen Gewebsteilen durch die Röntgenspektroskopie sichergestellt worden.

Recht ähnlich den eben geschilderten Verhältnissen sind die an der Grenze fest-flüssig. Auch hier weisen die Erscheinungen eindeutig auf das Bestehen einer Grenzflächenspannung hin. Vor allem die größere Löslichkeit kleiner Krystalle. Das Verhältnis von Oberfläche : Volumen ist ja, wie ohne weiteres einleuchtet, bei zwei Krystallen desselben Stoffes kleiner bei dem größeren Krystall. Dieser größere Krystall ist daher der stabilere. Da nach allgemeinen physikalischen Grundsätzen die stabilere Form unter Aufgabe potentieller Energie erreicht wird, und die Systeme dem Minimum an potentieller Energie zustreben, so ergibt sich damit auch die Tendenz zum Zusammenschluß ganz kleiner Krystalle[1]), bei denen die Oberflächenspannung noch die Festigkeit an Größe übertrifft. Aus Dampfdruckbetrachtungen ergab sich dasselbe auch für das Zusammenfließen kleiner Tröpfchen zu größeren. Es konnte für Gips die Oberflächenspannung zu 370 dyn/cm, für $BaSO_4$ 1250 dyn/cm festgestellt werden.

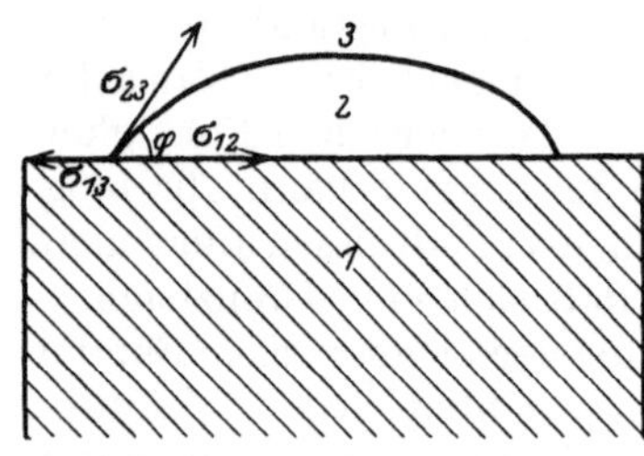

Abb. 10a. *1* fester Körper, *2* Flüssigkeit, *3* Luft- bzw. Dampfraum des Lösungsmittels. $\sigma_{12}$ = Grenzflächenspannung fest-flüssig, $\sigma_{23}$ = Grenzflächenspannung flüssig-gasförmig, $\sigma_{13}$ = Grenzflächenspannung fest-gasförmig.

Hierher gehören auch die sog. Benetzungserscheinungen, die große Ähnlichkeit mit den Ausbreitungserscheinungen im System flüssig-flüssig besitzen, die oben schon erwähnt waren. Befindet sich nämlich ein Flüssigkeitstropfen auf einem festen Körper, so haben wir drei Kräfte zu unterscheiden (s. Abb. 10a), die an einem Punkte angreifen: die Oberflächenspannung des festen Körpers gegen Luft $\sigma_{13}$, die des festen gegen Flüssigkeit $\sigma_{12}$ sowie die der Flüssigkeit gegen Luft $\sigma_{23}$. Offenbar muß, wenn der Tropfen im Gleichgewicht mit einem Winkel $\varphi$ auf dem festen Körper liegenbleiben soll:

$$\sigma_{13} - \sigma_{12} = \sigma_{23} \cos\varphi \tag{19}$$

sein. Die Differenz der Oberflächenspannung des festen Körpers gegen Luft und die gegen Flüssigkeit bezeichnet man auch als *Haftspannung*. Aus dieser Gleichung ergeben sich als spezielle Grenzfälle die verschiedenen Arten der Benetzung unmittelbar. Auch die Verdrängungserscheinungen schließen sich hier an.

## C. Äußerungen der Grenzflächenenergie.

### 1. Die Adsorption und deren mechanische Effekte.

#### a) Die Systeme flüssig-gasförmig.

α) *Bemerkungen über den gelösten Zustand.* Bisher ist nur von den Verhältnissen an der Grenzfläche zweier homogener Phasen die Rede gewesen. Es ist darauf hingewiesen worden, daß für gewöhnlich bei Phasenkombinationen dieser einfache Zustand nicht so klar als vorliegend angenommen werden kann, wie er z. B. an der Phasengrenze Wasser-Wasserdampf besteht. Es muß vielmehr an derartigen Grenzen fast stets damit gerechnet werden, daß eine, wenn auch noch so geringe gegenseitige Löslichkeit besteht, daß also die beiden Molekelarten sich mischen. Es entsteht danach zunächst die grundsätzliche Frage, wie die Ober-

[1]) Für solche allein gilt naturgemäß auch praktisch allein die Stabilitätsbetrachtung.

flächenspannungsverhältnisse von *Lösungen* sich gestalten. *Nun werden aber die Eigenschaften der reinen Flüssigkeiten durch das Auflösen eines Körpers überhaupt prinzipiell beeinflußt.* Für die theoretische Klärung der hier auftauchenden Fragen besteht jedoch ein großes Hindernis, die Unkenntnis von dem Zustand des gelösten Moleküls. Die BOYLE-MARIOTTEschen Gesetze gelten nur für ideale Gase, d. h. für Gase in hinreichend großer Entfernung von ihrem kritischen Punkt, d. h. also bei so geringer Verdünnung, daß die Moleküle usw. so weit voneinander entfernt sind, daß sie sich gegenseitig nicht mehr beeinflussen. Die VAN 'T HOFFschen Gesetze, die mit dem eben genannten Gasgesetz korrespondieren, haben auch nur für *verdünnte, ideale Lösungen* Gültigkeit, d. h. für Lösungen, wo für die gelösten Einheiten dasselbe gilt wie dort für die Gase. Das trifft aber nur von sehr wenigen Lösungen zu. Gerade die, mit denen der Biologe zu arbeiten pflegt, gehören *nicht* zu ihnen. Jene Theorie macht also weder Angaben über die Wechselwirkung der gelösten Einheiten (seien es Moleküle oder Ionen) mit ihrem Medium, noch für die Wirkungen der gelösten Teile aufeinander. Nun hat aber jedes Molekül bzw. in noch stärkerem Maße jedes Ion ein Kraftfeld um sich herum, das man sich nach den oben gemachten Ausführungen als ein elektrisches vorstellen muß. Es wird daher in stärkerem oder geringerem Maße auf seine Umgebung wirken. Bei wässerigen Lösungen wird es etwa die Wassermoleküle anziehen, und dadurch in seiner Umgebung ein ziemlich starkes Druckgefälle erzeugen. Damit sind, was hier nur erwähnt werden kann, wichtige Beziehungen von Konzentration zu Binnendruck und Volumen der Lösung vorhanden. Weiter sei darauf hingewiesen, daß auch die Dielektrizitätskonstante der reinen Flüssigkeit durch Auflösung eines Körpers eine Änderung erfährt u. a. m.[1]) Über alle Vorgänge, die mit einem derartigen Zustand verbunden sind, wie Wasseranlagerung (Hydratation), Binnendrucksteigerung, Kompressibilität, Lösefähigkeit, Dielektrizitätskonstante erhalten wir bei jener Theorie keinen Aufschluß. Nun sind aber jene idealen Lösungen weniger bedeutungsvoll als die sog. realen, also als die, die weniger verdünnt sind, die stark, ja wahrscheinlich vollständig dissoziiert sind, bei denen also die positiven und negativen Teilchen einander so nahe sind, daß sie sich gegenseitig beeinflussen. Zu all dem kommt nun noch die unbedingt vorhandene Wechselwirkung dieser Teilchen mit den Molekülen des Lösungsmittels und was nach den obigen Darlegungen eng damit verknüpft ist. Es liegt ein anscheinend unentwirrbares Feld von Möglichkeiten vor, in das man eben einzudringen beginnt. Da man sich klar sein muß, wieweit man bei der Inangriffnahme einer Arbeit auf wissenschaftlich noch gesichertem Boden steht, ergibt sich die Notwendigkeit, an dieser Stelle kurz die Frage nach dem augenblicklichen Stand des Problems der Lösung zu erörtern. Für eine eingehendere Orientierung müssen die einschlägigen Monographien nachgeschlagen werden[2]).

In neuester Zeit haben, auf den Vorarbeiten einer stattlichen Zahl von Forschern fußend, DEBYE und HÜCKEL den Versuch unternommen, zunächst eine Theorie der verdünnten *realen* Lösungen zu geben. Es handelt sich dabei um die Salze usw. derjenigen Ionen, die nach übereinstimmender Annahme als vollständig dissoziiert anzunehmen sind, und die daher als *starke* Elektrolyte bezeichnet werden.

[1]) Es ist hier nicht der Ort, gerade auf den zuletzt genannten Umstand näher einzugehen, doch sei nachdrücklich darauf hingewiesen, daß etwa der Erhöhung der Dielektrizitätskonstanten einer reinen Flüssigkeit nach *Auflösen* eines Körpers keineswegs jene Erscheinungen auf dem Fuße folgen müssen, die einer höheren Dielektrizitätskonstanten an sich zuzuordnen sind, und die sich zeigen würden, falls eine reine Flüssigkeit höherer Dielektrizitätskonstanten vorläge.

[2]) Z. B. E. HÜCKEL: Zur Theorie der Elektrolyte, in Ergebn. d. exakt. Naturwiss. Bd. 3, S. 199. 1924.

Die Grundlage bildet die schon lange vertretene Ansicht von der elektrostatischen Anziehung der Ionen untereinander, die bei den genannten starken Elektrolyten einen erheblichen Einfluß kundgeben mußte in den Eigenschaften der Lösungen. Bei einer ganzen Reihe von Erscheinungen (Größe der elektromotorischen Kräfte von Ketten, Gefrierpunktserniedrigung, Untersuchung von elektromotorischen Kräften unter Wechsel der Dielektrizitätskonstante des Mediums usw.) konnten der Theorie Werte entnommen werden, die an die Versuchsergebnisse desto näher herankamen, mit je verdünnteren Lösungen man arbeitete. Die neuesten Messungen der Verdünnungswärmen, die N. Bjerrum[1]) sowie Nernst und W. Orthner[2]) vorgenommen haben, zeigen dagegen, daß dennoch der eine oder andere Faktor in dieser Theorie noch nicht in der notwendigen Weise Beachtung gefunden hat. Muß man auch der Theorie ein großes Maß von Berechtigung zuerkennen, so ist doch zu beachten, daß sie über die Beziehungen des gelösten Teilchens zum Lösungsmittel fast nichts aussagt. Das Hydratationsproblem bleibt unberücksichtigt und damit die ganze Folge der sog. *lyotropen* Eigenschaften, von denen schon die van 't Hoffsche Theorie schwieg. Zudem ist zu berücksichtigen, daß für den Fall der meisten biologischen Verhältnisse Konzentrationen von $\backsim n/5$ vorliegen. Hierauf darf die Theorie aus elementaren physikalischen Gründen, deren Aufzählung und Auseinandersetzung hier zu weit führen würde, auf keinen Fall Verwendung finden. Bei derartigen Konzentrationen findet nicht nur eine Anziehung unter den Ionen statt, vielmehr ergibt sich aus besonderen *dielektrischen* Verhältnissen eine Abstoßung. Diese Abstoßung, die sich den anziehenden Coulombschen Kräften unter den Ionen überlagert, wird hervorgerufen durch die stärkere elektrische Polarisierbarkeit der Wassermoleküle gegenüber der Polarisierbarkeit der übrigen Ionen. Die Folge davon ist u. a. — im Gegensatz zu den verdünnten starken Elektrolyten, wo der osmotische Druck kleiner ist als die Summe der Drucke der Komponenten —, daß er hier, im Bereich der konzentrierten Lösungen, größere Werte annimmt, als der Summe der Komponenten entspricht. Die von Hückel[3]) gegebenen theoretischen Ausführungen über *konzentrierte* starke Elektrolyte haben sich bis jetzt aus mathematischen und physikalischen Schwierigkeiten heraus nicht völlig durchsetzen können. Sie halten theoretisch nicht jeder Kritik stand. Einige neuere experimentelle Arbeiten[4]) jedoch zeigen, daß auch sie im wesentlichen einen berechtigten Kern besitzen müssen. Dieses war vorauszuschicken, ehe die Lösungen in den Bereich unserer weiteren Betrachtungen treten konnten.

*β) Mechanische Arbeitsleistung der freien Oberflächenenergie, das Theorem von Gibbs-Thomsen-Warburg.* Nach den Herleitungen von van der Waals, Debye, Haber und Langmuir ist die Oberfläche einer reinen Flüssigkeit Sitz eines Energieüberschusses gegenüber der Masse der Flüssigkeit. Davon ist weiter oben ausführlich die Rede gewesen. Bringt man nun einen Körper in die Flüssigkeit, so wird er sich darin infolge der Wärmebewegung — Diffusion — homogen verteilen[5]), d. h. von woher auch aus der Flüssigkeit ein Volumenteil herausgegriffen wird, überall wird man im Mittel die gleiche Zahl von gelösten Molekülen finden. In der Oberfläche haben wir jedoch einen Energieüberschuß gegenüber der Masse der Flüssigkeit. Im Vergleich mit der reinen Flüssigkeit liegt nunmehr ein veränderter Zustand vor. Dort war die freie Oberflächenenergie der Flächeneinheit

---

[1]) Bjerrum, N.: Zeitschr. f. physikal. Chem. Bd. 119, S. 145. 1926.

[2]) Orthner, W.: Berlin. Akad. d. Wissensch. Bd. 51. 1926.

[3]) Hückel, E.: Physikal. Zeitschr. Bd. 25, S. 93. 1926.

[4]) Siehe z. B. Harned: Journ. physic. chemistr. Bd. 30, S. 433. 1926; Journ. Americ. chem. soc. Bd. 48, S. 326. 1926.

[5]) Aus Willard Gibbs: Thermodynamische Studien.

als konstante Größe festgestellt. Bei einer Lösung jedoch kann dem Bestreben der freien Oberflächenenergie (— wie jeder potentiellen Energie —) zu einem Minimum zu gelangen, dadurch genügt werden, daß ein bestimmter Arbeitsbetrag von der Oberflächenenergie geleistet wird. Dieser besteht darin, daß eine bestimmte Anzahl von Molekülen usw. in die Oberfläche hineingeholt, diese Oberfläche also um jenen Molekülbetrag konzentrierter wird, als die Flüssigkeit in Masse. Die freie Oberflächenenergie nimmt aber dadurch pro Flächeneinheit um den dieser mechanischen Arbeit entsprechenden Betrag ab, d. h. die Oberflächenspannung sinkt. Diesen Vorgang der Anreicherung der gelösten Substanz in der Oberfläche bezeichnet man als *Adsorption*. In dem genannten Fall liegt *positive* Adsorption vor. Wird nun eine Substanz nicht in der Oberfläche angereichert, sondern findet sie sich dort in geringerer Konzentration als im Inneren der Lösung, so steigt die Oberflächenspannung und man spricht von negativer Adsorption. GIBBS gelangt von demselben Standpunkt aus, der — wie weiter oben dargelegt ist — auch von VAN DER WAALS benutzt worden ist (Entropiemaximum beim Energieminimum) zu einer Fundamentalgleichung, durch die der Zustand in einer solchen Grenzfläche charakterisiert ist. Sie lautet:

$$d\sigma = -s_s\, dT - \sum_1^n \Gamma_\nu\, d\mu_\nu\,. \tag{20}$$

$\sigma$ ist die freie Energie der Oberflächeneinheit, $s_s$ die Entropie der Oberflächeneinheit, $\Gamma_\nu$ bedeuten die Substanzmengen in der Oberfläche pro Oberflächeneinheit, die $\mu_\nu$ sind die chemischen Potentiale der jeweils gelösten Substanzen, d. h. $\frac{\partial \varepsilon}{\partial m}$, wo $\varepsilon$ die Energie bedeutet und $m$ die Masse, mit der der jeweils betrachtete Stoff in der Grenzfläche gegenwärtig ist. Hierbei ist das Lösungsmittel mit in die Betrachtung eingeschlossen. Bei konstanter Temperatur und unter Vernachlässigung der Oberflächenverdichtung des Lösungsmittels ($H_2O$) ergibt sich aus (20)

$$-\frac{\partial \sigma}{\partial \mu} = \Gamma \tag{21}$$

unter der Annahme, daß nur ein Stoff gelöst ist. Die Gleichung sagt aus, daß der Zunahme der Konzentration der Substanz in der Grenzfläche eine Herabsetzung der Oberflächenspannung entspricht. Es leuchtet ein, daß die Anreicherung an Molekülen in der Oberfläche entgegen den osmotischen Kräften stattfindet. Der entsprechende Arbeitsbetrag $da$ ergibt sich für die Menge $dc$ sehr einfach aus thermodynamischen Prinzipien zu:

$$da = RT\, d(\ln c) = d\mu\,. \tag{22}$$

Unter Heranziehung von Gleichung (21) wird:

$$\Gamma = -\frac{c}{RT}\frac{\partial \sigma}{\partial c} = -\frac{1}{RT}\cdot\frac{\partial \sigma}{\partial \ln c} \tag{23}$$

Gleichung (23) stellt das eigentliche Adsorptionsgesetz dar. Es besagt, daß einer Anreicherung von Molekülen in der Oberfläche bei steigender Konzentration eine Herabsetzung der Oberflächenspannung entspricht und umgekehrt[1]). Es sei hier nur erwähnt, daß unabhängig von GIBBS diese Gesetzmäßigkeit sowohl von W. THOMSEN als auch von E. WARBURG entwickelt worden ist.

[1]) Dabei ist natürlich Löslichkeit der betreffenden Substanz vorausgesetzt.

Es darf nicht außer acht gelassen werden, unter welchen Bedingungen die GIBBSsche Formel abgeleitet worden ist. Es wurde dabei vorausgesetzt, daß die Lösung von einer Konzentration ist, bei der die VAN 'T HOFFschen Gesetze gültig sind, d. h. es kommt nur der Bereich der verdünnten idealen Lösungen in Betracht. Ferner ist vorausgesetzt, daß die Lösung an den Dampfraum des Lösungsmittels grenzt, bei wässerigen Lösungen also an Wasserdampf. Der Fehler, den man macht, sobald man die Lösung gegen Luft mißt, ist jedoch ein äußerst geringer.

$\gamma$) *Die Adsorptionsgeschwindigkeit.* Der Adsorptionsvorgang ist ein Vorgang mit endlicher Geschwindigkeit. Entsprechend der dynamischen Vorstellung vom Wesen der Materie, — auch bei Gleichgewichtszuständen, — werden ständig Moleküle sowohl in die Oberfäche eintreten als auch aus ihr herauswandern. Zuerst werden beim Adsorptionsvorgang infolge des herrschenden Energiegefälles viel mehr Moleküle nach der Grenzfläche wandern, als von dort nach dem Innern der Lösung. Mit der Zeit wird aber dieser Überschuß geringer werden, bis schließlich im Mittel in bestimmter Zeit ebensoviel Moleküle in die Grenzfläche treten als aus ihr heraus. Dann ist der Zustand des Adsorptionsgleichgewichtes eingetreten. Untersucht man nun während der Einstellung dieses Gleichgewichtes, so erhält man naturgemäß einen anderen Wert für die Oberflächenspannung, als nach seinem Eintritt. Jener wird als der Wert der *dynamischen*, dieser als der der *statischen* Oberflächenspannung bezeichnet.

Aus den obigen Darlegungen heraus ist es wohl verständlich, daß die negative Adsorption für gewöhnlich mit viel größerer Geschwindigkeit verläuft als die positive. Eine Verarmung an gelöstem Stoff kann aus der dünnen Grenzschicht äußerst rasch zum Adsorptionsgleichgewicht führen. LENARD fand bei Messung solcher negativen Adsorption in Rohrzuckerlösung, daß das Gleichgewicht sich in schätzungsweise $10^{-8}$ sec zu etwa 95% eingestellt hatte. Wird ein Stoff aber stark positiv absorbiert, so wird das Gleichgewicht sich in längerer Zeit erst einstellen, da dann aus den angrenzenden Schichten erst wieder Moleküle nachdiffundieren müssen, ehe sie in den Bereich der Adsorptionskräfte gelangen. Es spielt also hierbei noch die Diffusionsgeschwindigkeit der Moleküle eine Rolle. Hier fand derselbe Autor, daß bis zum Eintritt von etwa 95% des Gleichgewichtes $10^{-2}$ bis 1 sec gebraucht wurde. Man muß sich also bei der Messung dieser Größe stets klar sein, welchen Zustand der Grenzfläche man in jedem Falle vor sich hat.

Hierher gehört auch noch der Satz von GIBBS, daß eine kleine Substanzmenge die Oberflächenspannung wohl stark herabsetzen kann, nicht aber stark erhöhen. Es wird bei geringer Konzentration die denkbar stärkste Verarmung der Oberfläche, — wenn sie nämlich gar keine Moleküle mehr enthält, — nur geringen Konzentrationsunterschied gegen das Innere der Lösung aufweisen. Daher kann nach der GIBBSschen Gleichung (23) die Änderung der Oberflächenspannung auch nur gering sein. Bei stark positiver Adsorption können aber umgekehrt unter Umständen fast alle gelösten Moleküle in der Grenzfläche sich befinden. Dann würde die Abnahme der Oberflächenspannung sehr groß werden müssen.

Es sei besonders hervorgehoben, daß sich das Theorem von GIBBS allein mit der statischen Oberflächenspannung befaßt.

$\delta$) *Experimentelle Prüfung des Adsorptionstheorems von Gibbs-Thomson-Warburg.* Die experimentelle Prüfung des Theorems innerhalb der zulässigen Grenze hat recht gute Ergebnisse geliefert. Schon DONNAN und BARKER konnten unter Verwendung von Nonylsäure zeigen, daß die GIBBSsche Gleichung der Größenordnung nach erfüllt war. Aus den Untersuchungen von FRUMKIN[1]), der Laurinsäure in Petroläther gelöst auf eine bestimmte Wasseroberfläche tropfte, ergab

[1]) FRUMKIN: Zeitschr. f. physikal. Chem. Bd. 116. 1925.

sich, daß die Oberfläche bis zur Sättigung $5{,}2 \cdot 10^{-10}$ Mol/qcm aufnehmen konnte. Aus dem GIBBSschen Theorem ergibt sich für die Oberflächenkapazität $5{,}7 \cdot 10^{-10}$ Mol/qcm. Damit hat der GIBBSsche Satz eine sehr schöne Bestätigung gefunden.

*ε) Über die Oberflächenspannung von Lösungen, die Capillaraktivität und Capillarinaktivität.* Es wird sich naturgemäß die Frage erheben, ob die Oberflächenspannung einer Lösung sich ergibt aus ihren beiden Bestandteilen, aus der Oberflächenspannung des Lösungsmittels sowie der des gelösten Körpers. Naturgemäß spielt beim Verlauf der $\sigma$-$c$-Kurve einer Lösung die Größe der Oberflächenspannung jede der Lösungskomponenten eine erhebliche Rolle. Man wird eine starke Erniedrigung nur finden, wo das Lösungsmittel an und für sich ein hohes $\sigma$ hat, d. h. dort, wo die freie Oberflächenenergie einen hohen Wert besitzt, wird eine Abnahme, nach der ja das System strebt, auch von großem Ausmaße sein können. Solche Flüssigkeiten aber, die eine kleine Oberflächenspannung besitzen, werden auch nur eine geringe Erniedrigung dieser Größe aufweisen können. Wiederum werden solche gelösten Körper, die eine hohe Eigenoberflächenspannung besitzen, die eines Lösungsmittels mit großem $\sigma$ nur wenig beeinflussen, — erniedrigen oder erhöhen. Dagegen wird eine stärkere Erhöhung möglich sein, wenn bei niedrigen $\sigma$ des Mittels die Oberflächenspannung des Gelösten groß ist. Danach sollten also reine Flüssigkeiten, die weit von ihrem kritischen Punkt entfernt sind, auch stärkere Erniedrigungen aufweisen können als solche, die ihm näher sind. Sind daher die Oberflächenspannungen zweier Stoffe wenig voneinander verschieden, so wird auch die der Lösung aller Voraussicht nach keine Besonderheiten darbieten. Indessen ist durchaus nicht der lineare Verlauf als typisch anzusehen. Dieser ist vielmehr von einer Art, die einer modifizierten Exponentialfunktion nahekommt. Man findet jedoch auch $\sigma$-$c$-Kurven, die Extremwerte besitzen, und zwar sowohl Maxima als auch Minima. Für gewöhnlich verlaufen sie jedoch in der Weise, — wie es Abb. 10b angibt —, daß bereits der Zusatz einer relativ kleinen Menge des Stoffes mit der kleineren Oberflächenspannung die des anderen stark erniedrigt. Mit steigender Konzentration des zugesetzten Stoffes nimmt aber die Erniedrigung des anderen etwa exponentiell ab. Der Abfall ist in solchen Systemen um so stärker, je größer der Unterschied der beiden Oberflächenspannungen ist. In etwa asymptotischer Weise gelangt man daher bis zum $\sigma$ der Substanz von niedrigerer Oberflächenspannung.

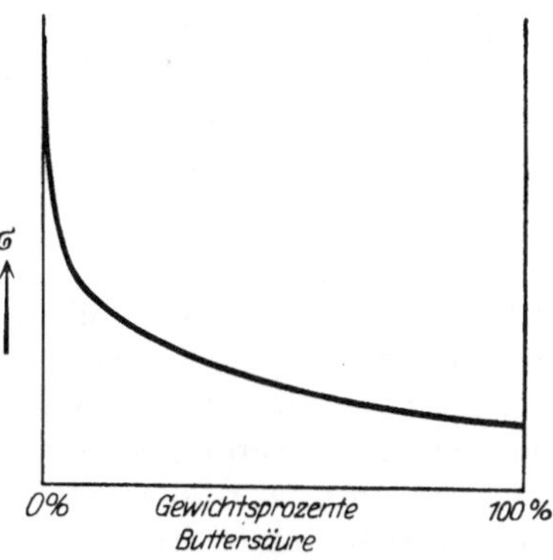

Abb. 10b. (Nach A. EUKEN.)

Diejenigen Stoffe, die die Oberflächenspannung einer gegebenen Substanz, — meist handelt es sich um Wasser, — erniedrigen, werden gemeinhin auch als oberflächenaktive bezeichnet, solche die sie erhöhen, als oberflächeninaktive, eine Bezeichnung, die recht brauchbar ist. Nur muß man im Auge behalten, daß von den stärksten oberflächenaktiven zu den stärksten oberflächeninaktiven eine stetige Reihe von Körpern darstellbar ist. Sodann aber vor allem, daß Oberflächenaktivität einen relativen Begriff darstellt; denn nach den obigen Ausführungen muß man auch die Eigenoberflächenspannung des Lösungsmittels beachten. Es wäre z. B. eine Reihe von Systemen denkbar, bei denen *eine* gelöste Substanz alle Grade der Oberflächenaktivität bis zur Oberflächeninaktivität durchläuft. Dieses würde geschehen, sobald man diese Substanz in Medien mit fallender Eigenoberflächenspannung verbrächte.

Wie aus der Kurve Abb. 5 ersichtlich, ist der Anstieg der Oberflächenspannung von Lösungen oberflächeninaktiver Körper sehr angenähert eine Gerade. Dementsprechend konnte auch eine lineare Beziehung die Änderung in weiten Grenzen richtig angeben:

$$\sigma_L = \sigma_m(1 + mc) \quad \text{oder} \quad mc = \frac{\sigma_L - \sigma_m}{\sigma_m} \tag{24}$$

wo $\sigma_L$ die Oberflächenspannung der Lösung $\sigma_m$ die des Mittels, $c$ die Konzentration des gelösten Körpers bedeutet. Von der Konstanten $m$ ist noch nicht klar, wie sie mit der Natur der betreffenden Substanz zusammenhängt. Hat ein Lösungsmittel selbst eine kleine Oberflächenspannung, so werden sich naturgemäß die meisten darin gelösten Stoffe, — wie schon bemerkt, — wie oberflächeninaktive verhalten. Bei ihnen gilt die lineare Gesetzmäßigkeit besonders gut. Ferner ist oben bemerkt worden, daß ein Körper, je weiter er sich von seinem kritischen Temperaturpunkt entfernt befindet, eine um so größere eigene Oberflächenspannung besitzt. Je größer nun die Oberflächenspannung bei bestimmter Temperatur ist, desto höher wird auch der Schmelzpunkt der betreffenden Substanz liegen, desto weniger flüchtig wird sie sein. Wenn nun beim Schmelzpunkt der Substanz bereits hohe Oberflächenspannungswerte vorliegen, werden solche Körper die Oberflächenspannung der gewöhnlichen Lösungsmittel erhöhen. Dieses tut Zucker, ferner die anorganischen Salze, wie die folgende Tabelle 1 für NaCl zeigt. Die oben angegebene lineare Beziehung (24) stellt auch hier die Veränderung gut dar.

**Tabelle 1. Oberflächenspannung von wäßrigen NaCl-Lösungen (n. HEYDWEILLER).**
$m = 0{,}0228$, $t = 18°$.

| Mol i. L. | $\sigma$ (beob.) | $\sigma$ (berechet) |
|---|---|---|
| $\frac{1}{\infty}$ | 73,0 | — |
| 0,020 | 73,04 | 73,03 |
| 0,121 | 73,20 | 73,20 |
| 0,290 | 73,44 | 73,48 |
| 0,544 | 73,81 | 73,91 |
| 0,713 | 74,19 | 74,19 |
| 1,11 | 74,77 | 74,85 |
| 2,06 | 76,34 | 76,43 |
| 3,04 | 78,42 | 78,06 |
| 4,00 | 79,86 | 79,66 |
| 5,43 | 82,87 | 82,04 |

Für die Eigenoberflächenspannung der reinen anorganischen Salze findet sich, daß sie weitgehend additiv hervorgeht aus der ihrer Konstituenten. Dabei bilden die Säurereste die Reihe

$$F > SO_4 > Cl > Br > NO_3 > J > CNS.$$

Ihnen steht gegenüber die Reihe

$$Li > Na > K > Rb > Cs.$$

In dieser Folge erhöht auch die jeweilige Kombination beider Reihen die Oberflächenspannung des reinen Wassers. Nach allen bisherigen Untersuchungen ist es äußerst wahrscheinlich, daß in dieser Stufenfolge auch die Hydratation der Ionen verläuft, da sich jene Reihen auch im Zusammenhang mit anderen Erscheinungen finden, bei denen das Lösungsmittel selbst mit in Aktion tritt. Weiter unten werden wir noch einmal auf den Zusammenhang der Oberflächenaktivität mit der Löslichkeit zurückkommen. FREUNDLICH hat für die genannten Reihen den Namen *lyotrope* Reihen eingeführt. Auf Grund des Dargelegten läßt sich auch das Verhalten gewisser anderer Körper verstehen, das hinsichtlich ihrer Beeinflussung der Oberflächenspannung z. B. des Wassers auf den ersten Augenblick eigenartig erscheinen mag, wie etwa das der starken anorganischen Säuren. Die Lage ihres kritischen Temperaturpunktes gibt auch hier Aufschluß. Säuren mit hohen kritischen Temperaturen, also solche, die bei mittleren Temperaturen geringen Dampfdruck besitzen, werden hohe Eigenoberflächenspannungen aufweisen und daher die Oberflächenspannung von Medien mit hoher Eigenspannung entweder erhöhen oder doch nur wenig herabsetzen. Solche dagegen mit niedrigen kritischen Temperaturen werden infolge geringer Eigenoberflächenspannung sich als mehr oder weniger capillaraktiv darstellen. Das gleiche ist bei den Alkalien der Fall. Die folgende Tabelle 2 zeigt, daß diese Überlegung zu Recht besteht[1]).

Bei Salzen, — hauptsächlich den organischen, die Hydrolyse zeigen, ergibt sich, daß jeweils das undissoziierte Hydrolyseprodukt oberflächenaktiv ist. Dieses tritt besonders bei den niedrigen fettsauren Salzen hervor, die selbst wenig oberflächenaktiv sind, während die undissoziierten Säuren die Oberflächenspannung des Wassers stark herabsetzen. Bei den Aminen und den Salzen der organischen Oxysäuren findet man dasselbe. Bei höheren fettsauren Salzen ist dieses nicht mehr der Fall. Bei den Oleaten und Stereaten sind auch die Salze oberflächenaktiv.

**Tabelle 2. Oberflächenspannungen der wäßrigen Lösungen einiger Säuren und Basen (n. Röntgen und Schneider).**

Konzentration 1,498 Mol, $t = 18°$.

| Stoff | $\sigma$ |
|---|---|
| Wasser | 73,0 |
| $H_2SO_4$ | 73,7 |
| $HCl$ | 72,6 |
| $HBr$ | 72,3 |
| $HNO_3$ | 71,9 |
| $LiOH$ | 75,5 |
| $NaOH$ | 75,9 |
| $KOH$ | 75,7 |
| $NH_4OH$ | 70,0 |

Die capillaraktiven Substanzen zeigen eine Gesetzmäßigkeit im Verlaufe der $\sigma$-$c$-Kurve, die oben schon erörtert worden ist, und auf die hier nur noch verwiesen werden soll. Wir haben weiterhin in Gleichung (24) eine Beziehung für die Wirkungsweise capillarinaktiver Körper angegeben. Es findet sich eine ähnliche empirische Beziehung nach Szyszkowski auch für den Fall der Herabsetzung der Oberflächenspannung:

$$\frac{\sigma_M - \sigma_L}{\sigma_M} = b \ln\left(\frac{c}{k} + 1\right). \tag{25}$$

wo die Bezeichnungen dieselbe Bedeutung haben wie in Gleichung (24). $b$ und $k$ sind Konstanten. Diese empirische Beziehung trifft mehr oder weniger exakt die experimentell ermittelten Werte. Bei Substanzen, die nicht sehr stark capillar wirksam sind, findet man stärkere Abweichung.

Es sei noch einiges über die Konstanten der Szyszkowskischen Gleichung bemerkt. $b$ ändert sich für verschiedene Substanzen in ganz geringem Maße. Dagegen ist $k$ für einen bestimmten Stoff charakteristisch. Betrachtet man eine Konzentration, die dieser Konstanten $k$ gleich ist, $c = k$, so wird aus (25)

$$\frac{\sigma_m - \sigma_L}{\sigma_M} = b \ln 2 = 0{,}1387, \tag{26}$$

d. h. also, es liegt dann eine Erniedrigung der Oberflächenspannung um etwa 14% vor. $k$ ist der sog. *Capillarwert* des betreffenden Stoffes. Er errechnet sich auf die eben angegebene Weise. Sein reziproker Wert $0 = 1/k$ wird als *spezifische* Capillaraktivität bezeichnet.

*ζ) Die Regel von J. Traube und ihre theoretische Deutung nach Langmuir.* Die Vorstellung vom Wesen der Grenzflächenkräfte, wie sie im Anschluß an van der Waals von Debye u. a. entwickelt worden ist, hat eine weitgehende Bestätigung und Vertiefung erfahren durch eine experimentelle Entdeckung J. Traubes, die dann von Langmuir auch theoretisch aufgeklärt worden ist. Es handelt sich um die Änderung der Obreflächenspannung — vornehmlich des Wassers — durch Körper, die einer sog. homologen Reihe angehören. Steigt

[1]) Bei alledem ist naturgemäß auf den Einfluß zu achten, den hinzutretende Faktoren ausüben können. Hierher gehört vor allem die Hydratation, durch die z. B. das Maximum in der $\sigma$—$c$-Kurve von $H_2SO_4$ in Wasser bedingt ist.

man z. B. bei den Alkoholen von einem Glied solcher Reihe zu dem nächst höheren, so nimmt die Kette bekanntlich jedesmal um ein $CH_2$-Glied zu, während die freie Oberflächenenergie des Wassers jedesmal um einen bestimmten Betrag in stärkerem Maße herabgesetzt wird. Beim Wachsen des Molekulargewichts des Körpers in arithmetischer Reihe nimmt also die spezifische Capillaraktivität in geometrischer zu. Es besteht demnach die Beziehung:

$$0 = e^{\varkappa} M, \tag{27}$$

wo 0 wie oben den spezifischen Capillarwert bedeutet, $\varkappa$ eine Konstante, $M$ das Molekulargewicht ist. Bevor darauf aber näher eingegangen wird, sei noch ein Blick geworfen auf die Tabelle 3.

**Tabelle 3. Oberflächenspannung reiner Flüssigkeiten homologer Folge samt ihren kritischen Temperaturen.**

| Substanz | $\sigma$ | $t_\varkappa$ | Bemerkungen |
|---|---|---|---|
| Methylalkohol . . . . | 22,03 (20°) | 249,3 | Die Zahlen sind Landolt-Börnstein entnommen. Die eingeklammerten Zahlen neben den Angaben für die Oberflächenspannung $\sigma$ bedeuten die Temperatur, bei der diese gemessen worden ist. $t_\varkappa$ ist die kritische Temperatur. |
| Äthylalkohol . . . . . | 23,02 (20°) | 240,2 | |
| n-Propylalkohol . . . | 23,82 (16°) | 263,0 | |
| n-Butylalkohol . . . . | 24,42 (17,4°) | 270,5 | |
| Methylformiat . . . . | 24,62 (20°) | 214,0 | |
| Äthylformiat . . . . . | 22,9 (24,9°) | 235,3 | |
| Propylformiat . . . . | 25,04 (10°) | 264,0 | |
| „ . . . . | 20,69 (46°) | | |

Man erkennt aus ihr, daß die Oberflächenspannung der *reinen* Substanzen der homologen Reihen keine auffälligen Abweichungen voneinander zeigen, daß vielmehr dieser physikalische Parameter weitgehend der Regel von der kritischen Temperatur gehorcht.

Bringt man dagegen derartige homologe Körper in Wasser, so wird bei gleichen Konzentrationen die Oberflächenspannung des Wassers um so stärker erniedrigt, je weiter man in der Reihe aufsteigt. Die oben aus der Szyszkowskischen Gleichung bekannte Konstante $k$ ergibt bei aufeinander folgenden Alkoholen demnach $\frac{k_n}{k_{n+1}} = \frac{0_{n+1}}{0_n}$, stets etwa 3 (s. Tabelle 4).

**Tabelle 4.**
**Traubesche Regel bei den wäßrigen Lösungen der Fettsäuren (n. H. Freundlich).**

| Stoff | $b$ | $k$ | 0 | $\frac{0_{n+1}}{0_n}$ | Beobachter | |
|---|---|---|---|---|---|---|
| Ameisensäure . . . . . | (0,1252) | 1,38 | 0,73 | — | J. Traube | 15° |
| Essigsäure . . . . . . | 0,1252 | 0,352 | 2,84 | 3,9 | „ | 15° |
| Propionsäure . . . . . | 0,1319 | 0,112 | 8,93 | 3,1 | „ | 15° |
| $n$-Buttersäure . . . . | 0,1792 | 0,051 | 19,6 | 2,2 | v. Szyszkowski | 18–19° |
| $n$-Valeriansäure . . . . | 0,1792 | 0,0146 | 68,5 | 3,5 | „ | 17,5° |
| $n$-Capronsäure . . . . | 0,1792 | 0,0043 | 233,0 | 3,4 | „ | 19° |
| $n$-Heptylsäure . . . . | 0,2575 | 0,0018 | 555,0 | 2,4 | Forch | 18° |
| $n$-Octylsäure . . . . . | 0,3489 | 0,00045 | 2222,0 | 4,0 | „ | 18° |
| $n$-Nonylsäure . . . . . | (0,2389) | 0,00014 | 7144,0 | 3,2 | „ | 18° |

Zur theoretischen Klärung dieser Erscheinung ging Langmuir von der spezifischen Capillaraktivität der betreffenden Substanz aus. Er betrachtete weiterhin die Arbeit, die aufzuwenden ist, um 1 Mol davon vom Inneren der Flüssigkeit in die Oberfläche zu bringen. Aus der Gibbsschen Gleichung (23) folgt nun für das Verhältnis der Konzentration der Substanz in der Oberfläche zu ihrer Konzentration im Inneren der Lösung:

$$\frac{\Gamma}{c} = \frac{1}{RT} \cdot \frac{\partial \sigma}{\partial c}. \tag{28}$$

Man kann nun aus der SZYSZKOWSKIschen Gleichung (25) $\frac{\partial \sigma}{\partial c}$ erhalten. Setzt man kleine Konzentrationen voraus, so wird aus (28) in Kombination mit dem genannten Wert aus der SZYSZKOWSKIschen Gleichung:

$$\frac{\Gamma}{c} = \frac{b\,\sigma_m}{RT} \cdot 0\,. \tag{29}$$

Die oben erwähnte Arbeitsleistung $a$ entgegen den osmotischen Kräften, die zu eben dieser Konzentration $\Gamma$ in der Oberfläche gegenüber der Konzentration $c$ im Innern der Lösung führt, beträgt:

$$a = RT \int\limits_{c}^{\varepsilon \Gamma} d \ln c\,, \tag{30}$$

wo $\varepsilon$ einen Umrechnungsfaktor darstellt, da $\Gamma$ Konzentration pro Flächeneinheit bedeutet, $c$ aber solche im Flüssigkeitsinneren. Daraus aber wird für $\frac{\Gamma}{c} = C e^{\frac{a}{RT}}$. Dieses im Zusammenhang mit (29) ergibt für:

$$0 = \frac{RT}{b\,\sigma_m} \cdot C \cdot e^{\frac{a}{RT}}\,. \tag{31}$$

Bei zwei aufeinander folgenden Körpern einer homologen Reihe wird:

$$\frac{k_n}{k_{n+1}} = \frac{0_{n+1}}{0_n} = e^{\cdot \frac{a_{n+1} - a_n}{RT}}\,, \tag{32}$$

andererseits aber auch im Zusammenhang mit (27):

$$\frac{0_{n+1}}{0_n} = e^{k(\mathfrak{M}_{n+1} - \mathfrak{M}_n)}\,. \tag{33}$$

Daraus ergibt sich aber:

$$\Lambda = a_{n+1} - a_n = RT\,\varkappa(\mathfrak{M}_{n+1} - \mathfrak{M}_n)\,. \tag{34}$$

Es folgt nun aus dieser letzten Gleichung (34), daß die freie Energie der Grenzfläche bei zwei aufeinanderfolgenden Körpern einer homologen Reihe bei dem höher molekularen um einen bestimmten Betrag stärker herabgesetzt ist als bei dem niedriger molekularen. Es wird daher eine um einen bestimmten Betrag höhere Arbeit erforderlich sein, um den erstgenannten aus der Oberfläche wieder in das Innere der Lösung zu bringen, als bei dem letztgenannten. Um diesen selben Betrag wächst aber die Arbeit weiter an bei weiterem Aufstieg in der homologen Reihe. Aus den zuverlässigsten Messungen ergab sich:

$$\Lambda = 700 \text{ cal.}$$

Für einen beliebigen Stoff einer homologen Reihe, der n-$CH_2$-Gruppen besitzt, fand LANGMUIR:

$$\lambda = \lambda_0 + n\,\Lambda\,, \tag{35}$$

wo $\lambda_0$ eine für die Gruppe charakteristische Konstante darstellt. Im Anschluß daran gaben LANGMUIR und HARKINS auch eine weitere Erklärung dafür, daß Körper von genannter Art sich in der Lösung so ganz anders verhalten, als wie wenn sie als reine Flüssigkeiten vorlägen. Sie führen dieses zurück auf die Verschiedenartigkeit der Lagerung der Moleküle in den beiden Systemen. In reiner Flüssigkeit liegen die Moleküle mit ihrer längsten Achse senkrecht zur Grenzfläche. Die $CH_2$-Gruppen ragen dabei in den Dampfraum, die $C\begin{smallmatrix}/\!/O\\ \backslash OH\end{smallmatrix}$ und andere hydrophilen Gruppen kehren sich dem Inneren der flüssigen Phase zu. In wässeriger Lösung dagegen findet sich eine solche Anordnung, daß die $CH_2$-Gruppen auf der Oberfläche des Wassers ausgebreitet sind. Es ist aber zu beachten, daß bei der Theorie die Hydratation unberücksichtigt geblieben ist, d. h. es ist angenommen, daß diese sich von Glied zu Glied innerhalb einer homologen Reihe nicht ändert. Ferner wurden Verhältnisse zugrunde gelegt, die dem van 't Hoffschen idealen Zustand entsprechen. Es ist jedoch die Tatsache wichtig, daß sich die Traubesche Regel noch bei höheren Konzentrationen findet.

Es sei noch bemerkt, daß, wenn die Arbeit sehr erheblich ist, die aufgewendet werden muß, um einen bestimmten Betrag eines Stoffes von der Oberfläche in das Innere der Lösung zu bringen, seine Löslichkeit offenbar klein sein wird. Ist er dagegen gut löslich, so wird er relativ schwer in die Oberfläche zu bringen sein, d. h. er wird dann weniger capillaraktiv sein. Beim Anstieg in homologer Reihe findet man bei zunehmender Aktivität abnehmende Löslichkeit, z. B. bei den Alkoholen[1]).

$\eta$) *Temperaturabhängigkeit der Oberflächenspannung von Lösungen.* Bei der Erörterung des Einflusses der Temperatur auf die Oberflächenspannung von Lösungen ist das thermische Verhalten der betreffenden Lösung von Bedeutung. Vor allem der Temperaturkoeffizient der Löslichkeit der betreffenden Substanz. Ist dieser gering, So gilt die einfache Beziehung, die man auch oben für die Temperaturabhängigkeit der Oberflächenspannung der reinen Flüssigkeiten gefunden hatte, nämlich Gleichung (17), (17a) und (17b).

$$\sigma_T = \sigma_0 \left[\frac{T_k - T}{T_k - T_0}\right].$$

Liegt jedoch ein größerer Temperaturkoeffizient vor, so ergibt sich mit steigender Löslichkeit zunächst geringere Capillaraktivität. Hier liegen jedoch die Verhältnisse oft recht kompliziert.

### b) Adsorption bei Vorliegen einer festen Phase (fest-gasförmig und fest-flüssig).

$\alpha$) *Vorbemerkungen.* Ist die eine Phase fest, die andere gasförmig oder flüssig, so treten Verhältnisse auf, die besondere Umstände im Gefolge haben. Bei flüssig-flüssig ist die Grenzfläche hinsichtlich ihrer Größe recht gut definiert. Bei festen Körpern dagegen besteht die Möglichkeit sperriger Anordnung der Moleküle. Die Oberfläche kann durch Entwickeln einer sog. *inneren* Oberfläche erheblich vergrößert sein. Ferner besteht hier die Schwierigkeit, die Oberflächenspannung zu ermitteln. Damit aber auch die Schwierigkeit, die Adsorptionsvorgänge zu verfolgen — wenigstens auf dem Wege, auf dem dieses mittels des Gibbs-Thomsenschen Theorems möglich war. Dagegen ist es hier leichter, die adsorbierten Mengen gut zu bestimmen. Von den Überlegungen, die es dennoch ermöglichten, auf diesem Wege die Adsorptionserscheinungen zu verfolgen, soll gleich noch die Rede sein.

$\beta$) *Die Geschwindigkeit der Adsorption im System: fest-gasförmig.* Es leuchtet sofort ein, daß infolge der größeren Oberflächenentwicklung der Eintritt des

---

[1]) Es muß an dieser Stelle auf die interessanten Ergebnisse der Arbeit von Fühner Ber. d. dtsch. chem. Ges. Bd. 57, S. 510. 1924) hingewiesen werden.

Adsorptionsgleichgewichtes an der Phasengrenze fest-gasförmig längere Zeit beanspruchen wird als an denen von flüssig-gasförmig und flüssig-flüssig. Die Adsorptionsgeschwindigkeit wird also hier kleiner sein als bei den eben genannten Systemen. Tritt nun in hinreichend langen Zeiten an der Phasengrenze fest-gasförmig kein Gleichgewicht ein, so kann mit ziemlicher Sicherheit angenommen werden, daß neben der Adsorption noch sekundäre Prozesse im Gange sind, bzw. an die Adsorption sich anschließen. Es kann sich dabei entweder um eine Absorption handeln, oder aber es gehen chemische Reaktionen vor sich.

Die eben erwähnten Schwierigkeiten bei Vorliegen einer festen Phase haben die Notwendigkeit im Gefolge gehabt, sich nach einer anderen Vorstellungsweise für die Änderung der Oberflächenspannung umzusehen, als wie sie aus dem GIBBSschen Theorem unmittelbar sich ergab. Gehören doch gerade die Grenzflächenzustände fest-gasförmig und fest-flüssig zu den praktisch bedeutungsvollsten.

*γ) Theorie über die Adsorption beim Vorliegen einer festen Phase (Polanyi, Langmuir).* Es ist oben die Rede gewesen von der DEBYEschen molekularkinetischen, elektrischen Deutung der Oberflächenkräfte. LANGMUIR und HABER haben, wie ebenfalls schon erörtert, darauf hingewiesen, daß sie sich, besonders bei krystalliner fester Phase, als von *Nebenvalenzen* der im Raumgitter angeordneten Moleküle ausgehend, geltend machen, die auf die Moleküle der angrenzenden Phase anziehende Wirkung ausüben. Von diesem Standpunkt aus wird man also, wie dieses von EUCKEN, POLANYI und auch von LANGMUIR geschehen ist, die Oberflächenspannung als eine Anziehungskraft auffassen können, die von der festen Phase auf die Moleküle der anderen ausgeübt wird. Diese Betrachtung ist bei den Systemen fest-gasförmig und auch fest-flüssig durchgeführt worden. Legt man eine solche Auffassung der Adsorptionskräfte zugrunde, so wird sich daraus der Schluß ergeben, daß ihre Wirksamkeit sich auch auf einen Raum erstrecken wird, wie er oben den VAN DER WAALSschen Kräften zugeschrieben worden ist (s. oben S. 104 Zeile 20). Innerhalb dieses Raumes werden die Adsorptionskräfte in bestimmter Weise bis auf Null abnehmen, wenn man von der Oberfläche der festen Phase aus sich nach dem Inneren der anderen bewegt. Dieser Raum wird als Adsorptionsraum bezeichnet. Bringt man ein Mol eines Gases aus hinreichend weiter Entfernung in diesen Raum, so wird ein bestimmter Arbeitsbetrag geleistet. Es herrscht also an jeder Stelle des Adsorptionsraumes ein bestimmtes Potential, das Adsorptionspotential. Es[1]) beträgt $\psi_i$, wenn man ein Mol einer Substanz an die Stelle $i$ des Adsorptionsraumes gebracht hat. Ist dementsprechend der Dampfdruck außerhalb des Adsorptionsraumes $p_a$, darinnen, an der Stelle $i$ aber $p_i$, so wird

$$\psi_i = R\,T \ln \frac{p_i}{p_a}\,. \tag{36}$$

Handelt es sich um ein Gas als zweite Phase, so werden sich in bezug auf sein Verhalten im Adsorptionsraum verschiedene Zustände ergeben müssen, je nachdem man sich oberhalb der kritischen Temperatur oder unterhalb davon befindet oder aber am Nullpunkt der absoluten Temperatur. Über eine Reihe von interessanten Beziehungen, die sich thermodynamisch aus dieser von POLANYI abgeleiteten Theorie ergeben, kann hier nicht eingehender berichtet werden. Es sei nur mitgeteilt, daß die experimentellen Ergebnisse einer Reihe von Forschern sich diesen Vorstellungen gut anschließen. Dabei ist die Annahme zugrunde gelegt, daß jene Adsorptionsschicht sich erstreckt auf mehr als eine Molekellage. Es ergibt sich ferner aus ihr, daß das Adsorptionspotential in ziem-

[1]) Bzw. die Arbeit, die man leisten muß.

lichem Bereiche temperaturunabhängig ist. Dieses ist zunächst verwunderlich. Auf der anderen Seite sei aber hervorgehoben, daß, wie schon erwähnt, die POLANYIsche Auffassung in gewissen Fällen sich gut bewährt hat.

$\delta$) *Die* Adsorptionsisothermen *von Freundlich, Szyszkowski und Langmuir* für Systeme fest-gasförmig. Verfolgt man die Menge eines Gases, die bei wachsendem Druck adsorbiert wird, so zeigt sich eine ganz bestimmte Abhängigkeit, für die sich rein empirisch die Beziehung aufstellen ließ:

$$a = \frac{x}{m} = k p^{\frac{1}{n}}, \tag{37}$$

wo $x$ die adsorbierte Menge und $m$ der Betrag des Adsorbens ist. $a$ stellt dann die pro Gramm des festen Stoffes adsorbierte Menge dar. $p$ bedeutet den Druck in Zentimeter Quecksilber. $k$ ist ein Faktor, $\frac{1}{n}$ der Adsorptionsexponent. Er ist abhängig von der Natur des betreffenden Stoffes sowie von der Temperatur. $n$ liegt zwischen 1 und 5. Betrachtet man die Gasmenge, die beim Druck von 1 cm Hg adsorbiert wird, so ist diese gleich der Konstanten $k$, gleich dem Adsorptionswerte, einer für das betrachtete System charakteristischen Konstanten. Die Gleichung (37), die sog. FREUNDLICHsche Adsorptionsisotherme, ist Gegenstand vieler Untersuchungen gewesen. In den genannten Lehrbüchern und Werken, vor allem in dem von FREUNDLICH, wird ausführlich über sie berichtet. Tabelle 5 gibt die Adsorption von *Argon* an *Cocosnußkohle* wieder.

**Tabelle 5. Die Adsorption von Argon an Cocosnußkohle bei $-78{,}3°$ (n. Versuchen von HOMFRAY).**
$\alpha = 3{,}698$; $1/n = 0{,}6024$.

| $p$ (cm Hg) | $a$ (beob) | $a$ (berechnet) |
|---|---|---|
| 0,8 | 1,6 | — |
| 1,9 | 3,7 | — |
| 2,4 | 5,0 | — |
| 5,42 | 9,9 | 10,2 |
| 9,84 | 15,4 | 14,7 |
| 12,9 | 18,6 | 17,3 |
| 21,8 | 24,0 | 23,7 |
| 29,5 | 28,8 | 28,4 |
| 56,4 | 39,4 | 41,9 |
| 75,8 | 46,9 | 50,1 |

Es wurde oben gezeigt, wie SZYSZKOWSKI den Zusammenhang zwischen Oberflächenspannung des Mittels und der Lösung in Abhängigkeit von der Konzentration darlegte. Es fragt sich nun, ob sich nicht auch unter Zugrundelegung des GIBBSschen Theorems eine Beziehung zur adsorbierten Menge auffinden ließe, die für unsere Systeme brauchbar wäre. Die Differentiation der SZYSZKOWSKIschen Gleichung (25) ergibt zunächst:

$$-\frac{\partial \sigma}{\partial c} = b\,\sigma_m \cdot \frac{1}{c+k}. \tag{38}$$

Beachtet man nun, daß die Konzentration $c$ proportional ist dem Druck, so ergibt sich im Zusammenhang mit der GIBBSschen Gleichung (23) die Beziehung:

$$\Gamma = \frac{b\,\sigma_m}{RT} \cdot \frac{p}{p+k} = K_0 \frac{p}{p+k}. \tag{39}$$

Wir gewinnen also damit eine Relation zwischen der Konzentration in der Oberfläche und dem herrschenden Druck. Diese Gleichung wird als SZYSZKOWSKIsche Adsorptionsisotherme bezeichnet. Man erkennt, daß wenn $p$ sehr groß ist, man $k$ dagegen vernachlässigen kann. Dann wird $\Gamma$ eine Konstante. Man spricht dann vom Sättigungszustand der Oberfläche. Dieser ist aber bei fest-flüssigen Systemen besser bekannt als bei fest-gasförmigen. Liegen dagegen kleine Drucke vor, so erhält man das ebenfalls zutreffende Resultat, daß $\Gamma$ dem Druck proportional ist.

Mit steigender Temperatur nimmt bekanntlich die Oberflächenspannung ab. Es ist daher einleuchtend, daß auch die Adsorption abnimmt.

LANGMUIRs Anschauung führte zu einer anderen Form der Adsorptionsisothermen. Im Gegensatz zu POLANYI nimmt er nur eine einmolekulare Adsorptionsschicht an. Werden nun Gasmoleküle an die Oberfläche des festen Adsorbens herangezogen, das Gas also dort verdichtet, so wird hier auch der Druck des betreffenden Gases steigen. Zwischen den anziehenden Kräften der Adsorption und den Verdampfungskräften tritt ein Gleichgewichtszustand ein, aus dem LANGMUIR dann seine Folgerungen für die Isotherme zieht. Unter Zugrundelegung der kinetischen Theorie der Gase berechnet er denjenigen Bruchteil von allen auf die Flächeneinheit des Adsorbens auftreffenden Gasmolekülen pro Sekunde, die dort haftenbleiben. Daraus ergibt sich die Geschwindigkeit der Gasverdichtung an der Oberfläche. Dieser steht die Verdampfungsgeschwindigkeit gegenüber. Er erhält für den Bruchteil $\vartheta_1$ der Oberfläche, der besetzt ist:

$$\vartheta_1 = \frac{\alpha \mu}{\mathfrak{v} + \alpha \mu}, \tag{40}$$

$\alpha$ bedeutet den Bruchteil der auftreffenden Moleküle, der haftenbleibt. $\mu$ ist Anzahl der Gasmole, die pro Sekunde auf den Quadratzentimeter auftrifft, $\mathfrak{v}$ ist die Verdampfungsgeschwindigkeit von voll besetzter Oberfläche. Er berechnet weiter die Zahl der adsorbierten Mole. Sie muß gleich sein der Zahl der im Gleichgewicht besetzten Restvalenzen. So findet er für ein Adsorbens, dessen Moleküle regelmäßig im Raumgitter angeordnet sind, für die Zahl der Gramm, die auf 1 qcm adsorbiert sind:

$$a = \frac{N_0}{N} \vartheta_1,$$

wobei $a N$ gleich der Zahl der besetzten Restvalenzen ist, $N_0$ die Zahl aller pro Quadratzentimeter vorhandenen Restvalenzen. Nun ist ja $\mu$ dem Drucke $p$ proportional. Man erhält schließlich durch Einführung der neuen Konstanten $\alpha'$, $\beta'$:

$$a = \frac{\alpha' \beta' p}{1 + \alpha' \beta' p} \tag{41}$$

für Verhältnisse, wo, wie bereits bemerkt, das Adsorbens krystallin ist und an jede freie Stelle nur je ein Molekül adsorbiert werden kann. Die Versuchsergebnisse haben diese LANGMUIRschen Gedankengänge recht gut bestätigt, vor allem im Gebiete kleiner Drucke und niedriger Temperaturen. Etwas anders werden die Verhältnisse, sobald im Adsorbens die Moleküle regellos angeordnet sind. Für diesen Fall errechnete LANGMUIR für

$$a = \beta_1 + \frac{\alpha_2 \beta_2 p}{1 + \alpha_2 p}. \tag{42}$$

Ist nun die eine Phase kein Gas, sondern liegt die Grenzfläche fest-flüssig vor, so sind die Verhältnisse im Grunde von den eben für Gase erörterten nicht so sehr verschieden. Indes ergeben sich doch aus dem gelösten Zustand mit seinen mannigfaltigen theoretischen Unklarheiten gewisse Schwierigkeiten bei der exakten Durchführung der Probleme.

$\varepsilon$) *Die Geschwindigkeit der Adsorption sowie die Adsorptionsisotherme bei Vorliegen von Systemen: fest-flüssig.* Was die Geschwindigkeit der Adsorption anlangt, so findet sich prinzipiell dasselbe Verhalten, wie es bei den Systemen fest-gasförmig beschrieben wurde, d. h. die ersten Mengen werden relativ rasch in die Oberfläche hineingeholt, die darauffolgenden immer langsamer. So wird die größte Menge der adsorbierten Substanz der unmittelbaren Nachbarschaft der festen Wand sehr schnell entzogen. Die anderen müssen dann durch Nachdiffundieren erst wieder in den Wirkungsbereich der Adsorptionskräfte gelangen. Wo dieser Verlauf sich nicht einstellt, und solche Fälle sind bekannt, haben sich die Ursachen in dem besonderen Bau des Adsorbens auffinden lassen. Entweder ist die innere Oberfläche für die adsorbierbaren Moleküle nur sehr schwer zugänglich gewesen, oder aber es blieb nicht bei der primären reinen Adsorption. Vielmehr wurden die Moleküle weiter in das Innere der betreffenden Substanz hineingeholt unter chemischer Veränderung des Adsorbens oder unter Absorption. Hier müssen die Versuche von C. G. Schmidt, Lagergren u. a. genannt werden.

Die Übereinstimmung mit dem Gaszustand zeigt sich auch im Verhalten der Freundlichschen Adsorptionsisotherme für verdünnte Lösungen:

$$a = \frac{x}{m} = \alpha\, c^{\frac{1}{n}},$$

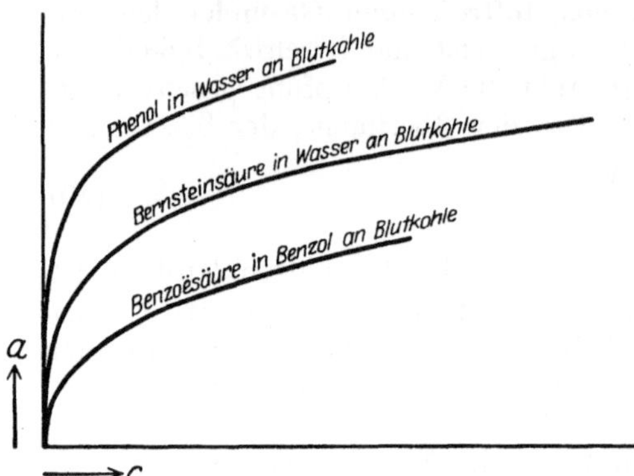


Abb. 10c. Adsorptionsisotherme von Lösungen. (Nach H. Freundlich.)

wo $c$ die Gleichgewichtskonzentration nach der Adsorption ist. Hier liegt der Adsorptionsexponent gewöhnlich zwischen 0,1 und 0,5, er ist also merklich kleiner als bei den Gasen.

In vielen Arbeiten mit den verschiedensten Phasenkombinationen hat sich die Isotherme als gültig erwiesen. Als Beispiel sei hier auf Abb. 10c verwiesen. In konzentrierten Lösungen gestalten sich die Verhältnisse jedoch komplizierter. Hier tauchen alle jenen Schwierigkeiten auf, die gerade diese Lösungen ihrer Natur nach bieten. Außerdem ist zu beachten, daß man auf Grund der neueren Arbeiten über die Verteilung des Lösungsmittels auf den gelösten Anteil Zustände kennt, wo alles ehemals freie Lösungsmittel von bestimmten Konzentrationen ab vollständig auf das Gelöste verteilt ist. Man hat dann gewissermaßen eine Umkehr der Verhältnisse. Dann ist das Wasser bzw. das frühere Lösungsmittel als Gelöstes zu betrachten. Aber schon bevor dies eintritt, wird die Adsorption sich auch auf die Wassermoleküle erstrecken. Die Lösungen werden dann konzentrierter werden. Williams hat es unternommen, auch für die konzentrierteren Lösungen eine Isotherme aufzustellen. Wir verweisen hinsichtlich ihrer Ableitung usw. auf die genannten Lehr- und Handbücher.

$\zeta$) *Allgemeines über die Adsorption an fester Phase.* Die Frage der Abhängigkeit der Adsorption an festen Stoffen vom Lösungsmittel und gelöstem Körper kann nach den bisherigen Erörterungen beantwortet werden. Wir werden dort auf starke Adsorption stoßen, wo starke Erniedrigung der Grenzflächenspannung erfolgt, d. h. wo Medien hoher Eigenspannung mit stark erniedrigenden Substanzen als gelösten Körpern vorliegen. Wasser hat ein relativ hohes $\sigma$. Daher findet sich hier auch unter Umständen starke Adsorption. Desgleichen etwa bei Schwefelsäure. Wo aber die Eigenoberflächenspannung gering ist, pflegt auch die Adsorption gering zu sein. Dieses alles wird noch unterstrichen, sobald der gelöste Körper selbst ein $\sigma$ besitzt, das von dem des Lösungsmittels je nachdem sehr stark oder sehr wenig abweicht.

Bei der Adsorption von Lösungen an festen Adsorbentien findet sich wiederum die Traubesche Regel beim Ansteigen in der homologen Reihe.

Es sei noch bemerkt, daß die aliphatischen Körper in der Regel weniger stark adsorbiert werden als die aromatischen.

Manche Stoffe erniedrigen die Oberflächenspannung des Wassers wenig, werden aber dennoch stark adsorbiert. Es hängt dieses außer von dem spezifischen Adsorptionspotential der betreffenden Stoffe auch zusammen mit der Konstitution der Grenzschicht bei Stoffen mit stark unterschiedlichem Dampfdruck.

Beim Vorliegen mehrerer Stoffe entscheidet die Adsorbierbarkeit jedes einzelnen von ihnen. Man kann auf diese Weise einen Körper durch einen anderen aus der Oberfläche verdrängen, sobald dieser zweite Körper stärker adsorbierbar ist. Fragt man nach der Größe der Gesamtadsorption, d. h. nach der Zahl der adsorbierten Moleküle im Gemisch verschieden stark adsorbierbarer Körper, so wird sich auch hier mit großer Wahrscheinlichkeit voraussagen lassen, daß insgesamt etwa so viel adsorbiert werden wird, wie wenn der am stärksten adsorbierbare Stoff bei gleicher Konzentration in der Lösung vorläge. Freilich gilt dieses in der Wirklichkeit nur etwa angenähert.

$\eta$) *Die Adsorptionswärme.* Es ist schon oben (S. 112 ff.) die Rede gewesen von dem Energiewechsel an der Grenzfläche bei der Adsorption. Capillaraktive Stoffe setzen die *freie Energie* der Flächeneinheit herab. Betrachtet man dagegen die Änderung der *Gesamtenergie*, so ist noch die positive oder negative Wärmeentwicklung dieses Vorganges in Rechnung zu stellen. Es war auch dargelegt, daß die Herabsetzung der Oberflächenspannung mit Wärmeabgabe erfolgt. Damit stimmt überein, daß mit steigender Temperatur die Adsorption abnimmt. Diese Wärmemenge, die bei Adsorptionsvorgängen auftritt, wird als Adsorptionswärme bezeichnet. Man unterscheidet eine integrale von der differentiellen Adsorptionswärme, je nach der Art, wie man sie bestimmt. Läßt man bei bestimmtem Druck und bei bestimmter Temperatur bis zum Gleichgewicht adsorbieren und mißt die auftretende Wärmemenge, so erhält man die erstgenannte Größe. Geht man dagegen von einem Adsorptionszustand bei bestimmter Temperatur und bestimmtem Drucke zu einem zweiten über und mißt hier die Wärmemenge, so bestimmt man die differentielle Adsorptionswärme. Aus weiteren Herleitungen ergibt sich, daß im Bereiche niedriger Drucke die Adsorptionswärme große ist und mit wachsendem Drucke abnimmt. Bei den ersten adsorbierten Mengen hat man demnach die meiste Wärmeentwicklung zu erwarten.

Es muß nun aber auch eine Beziehung bestehen zwischen Adsorptionswärme und Adsorptionspotential; denn dieses bewirkt ja die Arbeitsleistung an der Grenzfläche. POLANYI hat im Anschluß an seine Theorie hierfür einen quantitativen Ausdruck entwickelt. Auch O. STERN[1]) hat im Zusammenhang mit der molekularkinetischen Darlegung der elektrokinetischen Verhältnisse (s. weiter unten) an Phasengrenzen das Verhalten der Adsorptionswärme dargelegt. Es kann auf diese Dinge hier nicht näher eingegangen werden. Es sei nur noch bemerkt, daß bei den Systemen flüssig-gasförmig diese Erscheinungen am besten zu verfolgen sind. Tritt an Stelle der Gasphase die flüssige, so ergeben sich große Schwierigkeiten der Messung.

## 2. Grenzflächenenergie und elektrische Erscheinungen an Phasengrenzen (Elektrokinetik).

### a) *Vorbemerkungen über den Zusammenhang von mechanischen und elektrischen Wirkungen an Phasengrenzen.*

Es konnte oben gezeigt werden, daß jede Grenzfläche zweier Phasen Sitz eines Energieüberschusses gegenüber dem Inneren der Phasen und daher auch Sitz einer Kraft ist. Es konnte ferner gezeigt werden, daß diese zunächst rein

[1]) STERN, O.: Zeitschr. f. Elektrochem. Bd. 30, S. 507. 1924.

thermodynamische Feststellung sich auf die Wirksamkeit elektrischer Kräfte zurückführen läßt, die als identisch mit den Restvalenzen angesehen werden können. Infolge des Bestrebens aller physikalischen Systeme, in den Zustand maximaler Stabilität, d. h. des Minimums der potentiellen Energie zu gelangen, sucht sich auch die freie Oberflächenenergie auf ein Minimum einzustellen, indem sie Arbeit leistet. Es wurde bisher allein diese Arbeitsleistung sowie deren *mechanischer* Effekt erörtert. Dieselben Kräfte treten jedoch auch in Erscheinung, wenn sie zusammen mit anderen vorkommen, selbst wenn diese anderen von höherer Größenordnung sind. Eine besonders wichtige Gruppe von Erscheinungen ist eben die, wo die Äußerung capillarer Kräfte im Zusammenhang auftritt mit elektrischen. Hier sind aber wieder zwei große Gruppen zu unterscheiden. Die eine, bei der die mechanische Äußerung der Grenzflächenkräfte im Vordergrund steht, ist dabei zu trennen von der, wo diese gegenüber elektrischen Erscheinungen zu vernachlässigen ist. Damit ist keineswegs gesagt, daß in dem ersten Fall keine elektrischen Vorgänge stattfinden. Im Gegenteil, bei der Behandlung der *elektrocapillaren* Vorgänge wird sich klar ergeben, daß sie nur verständlich sind auf der Grundlage der Wirkung von elektrischen Ladungen. Wiederum fehlen naturgemäß im zweiten Falle nicht die mechanische Änderung der Spannung und Größe der Grenzflächen. Diese Vorgänge spielen nur infolge der Eigenart der Betrachtungsweise zu einem Teile eine untergeordnete Rolle. Im anderen Falle aber wird der Effekt der mechanischen Arbeitsleistung (Änderung der *Größe* nnd *Spannung* der Grenzfläche) zur Grundlage der Erscheinungen. Es wurde schon bemerkt, daß die oben zuerst genannte Gruppe die der *elektrocapillaren* Erscheinungen ist, während die zweitgenannte als die der *elektrokinetischen* bezeichnet wird. Es ist noch zu bemerken, daß diese Vorgänge vorzugsweise von Bedeutung sind an der Phasengrenze fest-flüssig. Sie fehlen keineswegs bei der flüssig-gasförmig, flüssig-flüssig und fest-gasförmig. Sie sind nur an dem zuerst erwähnten System am eingehendsten bekannt, wie ja auch dieses System praktisch von überwiegender Bedeutung ist.

Nun wird man fragen, ob hierfür nicht im Grunde rein elektrochemische Gesichtspunkte maßgebend zu sein haben. Prinzipiell muß man dem zustimmen, da es eine Willkür wäre, wollte man diesem Gebiete an dieser Stelle eine Grenze setzen. Indes stehen in diesem Falle neben den eigentlichen reinen elektrochemischen Vorgängen gerade die spezifisch *capillaren* Vorgänge gleichberechtigt, und nur eine besondere Betrachtungsweise vermag sie aus dem elektrochemischen Gesamtphänomen herauszuholen. Da diese aber von einer Bedeutung ist, die über das eigentlich elektrochemische Gebiet hinausgeht, die sich auf die gesamten Grenzflächenerscheinungen erstreckt, ist dieses Gebiet bisher auch immer gesondert behandelt worden. Es wird sich auch bald herausstellen, warum die eigentliche Elektrochemie im allgemeinen über die elektrokinetischen Vorgänge hinwegzugehen berechtigt ist.

Zuerst werden die elektrischen Effekte der Grenzflächenkräfte im Zusammenhang mit anderen elektrischen Kräften erörtert. Dabei sei die nähere Kenntnis der Thermodynamik der Elektrodenvorgänge als bekannt vorausgesetzt.

Taucht ein Metallplättchen etwa in destilliertes Wasser, so kommt es nach den Nernstschen Darlegungen zu einem Gleichgewicht zwischen dem elektrolytischen Lösungsdruck im soliden Metall und den in kinetischer Bewegung befindlichen Ionen, die bereits aus dem Blech herausgetreten sind, sobald der osmotische Druck der Metallionen in der Lösung jenem Lösungsdruck gleich ist. Dieses geschieht in etwa der folgenden Weise. Zu Anfang werden nur Ionen aus dem Metall in die Flüssigkeit treten. Hier werden sie sich dann freier bewegen und durch den Anprall auf Wand bzw. Metall einen Druck ausüben. Je mehr Ionen in die Flüssigkeit treten, desto mehr prallen gegen die Elektrode, desto mehr treten aber auch wieder in diese hinein. Schließlich gelangen vom Flächenelement des Metalles in bestimmter Zeit *im Mittel* ebensoviel positive Metallionen in die Flüssigkeit als von der Flüssigkeit in dieses Flächenelement hinein. Treten keine weiteren Kräfte hinzu, so herrscht nunmehr Gleichgewicht zwischen der Lösungstension und dem osmotischen Druck, den diese Ionen wiederum auf das Metall ausüben. Beide Kräfte sind dann gleich groß. Umgekehrt werden sich Metallionen auf der Elektrode niederschlagen, wenn das Metallblech in eine Lösung seiner eigenen Ionen taucht, deren osmotischer Druck, — denn der ist ja identisch mit dem Ionananprall, — größer ist als die elektrolytische Lösungstension. Die beiden Fälle sind nur dadurch voneinander verschieden, daß im ersten die Lösung infolge der eingewanderten Kationen positiv geladen, das Metallblech dagegen negativ geladen sein wird. Im zweiten aber gibt jedes Kation seine positive Ladung gewissermaßen an das Elektrodenblech ab, das dadurch positiv aufgeladen wird. In sehr naher Entfernung[1]) vom (positiv oder negativ geladenen) Blech aber wird infolge der elektrostatischen Anziehung jeweils die entgegengesetzt geladene Ionenart sich anordnen. So wird eine Hülle von entgegengesetzten Ladungen um jenes Plättchen entstehen. Man spricht hier auch von einer Ionendoppelschicht. Dadurch aber ist das Gebiet um eine Elektrode herum nach außen hin neutral. Nichtsdestoweniger aber besteht eine Potentialdifferenz, ein Potentialsprung zwischen Blech und Lösung, der thermodynamisch bestimmt ist, — wie aus dem Obigen hervorgeht, — durch die Konzentration der in der Lösung anwesenden Ionen des betreffenden Elektrodenmetalls.

Zunächst ist hierzu nun zu bemerken, daß die geschilderten Verhältnisse nur Gültigkeit haben und zutreffen, solange man es mit verdünnten idealen Lösungen zu tun hat, d. h. solange die VAN 'T HOFFschen Gesetze anwendbar sind, solange also nicht mit den elektrostatischen Kräften gerechnet zu werden braucht, die die Ionen aufeinander ausüben, d. h. sobald sie nicht in größerer Konzentration vorhanden sind. Für diese letztgenannten Verhältnisse muß dann die Ionenaktivität an Stelle der Konzentration treten. Ferner aber geht hieraus hervor, daß, — solange man innerhalb der eben gezogenen Grenzen der Gültigkeit der einfachen Gesetze bleibt, — nur die Konzentration an Ionen des Elektrodenmetalls für die Größe des Potentialsprunges in Betracht kommt. Andere in der Lösung gegenwärtige Ionen üben in jenem VAN 'T HOFF-Bereich keine elektromotorische Wirkung aus. Auch dieses wird anders, sobald man in andere Konzentrationsbereiche tritt. Es ist hier nicht der Ort, näher auf diese Dinge einzugehen. Es mußte jedoch wegen der großen Bedeutung, die diese Dinge für die Biologie besitzen, dieses Gebiet gestreift werden.

Es wurde oben ausdrücklich bemerkt, daß das Fehlen weiterer Kräfte als der, die sich auf den Lösungsdruck und auf die BROWNsche Bewegung, — neben den oben erwähnten elektrostatischen, — zurückführen lassen, zur Grundlage der darauffolgenden Erörterungen gemacht war. In Wirklichkeit liegen jedoch die Verhältnisse etwas anders. Außer den eben genannten Kräften werden naturgemäß unausweichlich die aus dem Potential der Grenzflächenkräfte sich äußern. Die ersten sind vollkommen bestimmt durch die Konzentration bzw. Aktivität der in der Flüssigkeit vorhandenen Eigenkationen des Elektrodenmetalles. Für die zweitgenannten Kräfte kommen alle in der Lösung gegenwärtigen Ionen in Betracht. Nur insofern findet unter diesen eine gewisse Auswahl statt, als auf diejenigen unter ihnen die Grenzflächenkräfte besonders wirken, die die stabilsten

---

[1]) Höchstwahrscheinlich in der Entfernung eines Ionenradius, also von der Größenordnung $10^{-8}$ cm.

Grenzflächenverhältnisse bedingen. Diese werden also am stärksten *adsorbiert*. Die Größe dieses Einflusses der Grenzflächenkräfte kann bedeutender oder geringer sein, sie kann aber nie willkürlich liminiert werden. Sie kann in gewissen Fällen praktisch Null sein, nämlich wenn, — was kaum oft vorkommen wird, — die Adsorption Null ist. In allen anderen Fällen wird sie aber in den üblichen elektromotorischen Kräften an den Phasengrenzen mit enthalten sein. Sie wird sich zu dem Effekt der Erscheinungen, die zu Eingang des Kapitels erörtert wurden, algebraisch summieren[1]). Der durch die Thermodynamik festgestellte Ausdruck für die Größe des Potentialsprunges Elektrode—Lösung, der sog. thermodynamische oder $\varepsilon$-Potentialsprung enthält also stets noch einen zweiten, der vorwiegend durch die Kräfte aus der Grenzflächenenergie bedingt ist. Man bezeichnet ihn als den elektrokinetischen oder $\zeta$-Potentialsprung. Alle Sondererscheinungen, die sich speziell auf diesen Potentialsprung zurückführen lassen, faßt man als *elektrokinetische* Erscheinungen zusammen.

### *b) Die theoretischen Vorstellungen von Helmholtz, Gouy, Freundlich und O. Stern. Der $\varepsilon$- und der $\zeta$-Potentialsprung.*

Wie ist ein derartiger Zustand an der Phasengrenze denkbar, und wie leiten sich von ihm die elektrokinetischen Erscheinungen ab? GOUY und H. FREUNDLICH haben zuerst die Wege gewiesen, auf denen sich die mathematische Theorie bewegen müßte, soll sie dem recht weitläufigen Tatsachenbereich genügen. Auf Grund dieser FREUNDLICHschen Gedankengänge und dem theoretischen Fundament, das DEBYE und HÜCKEL neuerdings für die Theorie der starken Elektrolyte geliefert haben, konnte O. STERN eine erste, das ganze Gebiet umfassende Theorie geben im Zusammenhang auch noch mit den Erscheinungen der Elektrocapillarität.

Obwohl hier nicht der Ort ist, die Geschichte der Elektrokinetik wiederzugeben, sei doch bemerkt, daß eine erste Lösung bereits von HELMHOLTZ gegeben worden ist. Sie ist als ein Grenzfall der allgemeinen, hier zu schildernden Theorie zu betrachten.

Taucht ein Metall in eine Lösung, die seine Ionen in hinreichender Konzentration enthält, so werden sich diese Ionen in bestimmter Anzahl auf dem Metall niederschlagen bis zum Eintritt des oben charakterisierten Gleichgewichtszustandes. Seine Oberfläche wird positiv aufgeladen. Durch elektrostatischen Zug wird eine Hülle bzw. Doppelschicht von gleicher Zahl entgegengesetzt geladener Ionen gebildet im Abstande von etwa einem Ionenradius, d. h. man denkt sich die elektrischen Ladungen von den eigentlichen kugelförmigen Ionen heruntergenommen und in einer Ebene ausgebreitet, die von der Oberfläche des Metalles, auf dem die positiven Ladungen sitzen, um einen mittleren Ionenradius entfernt ist. Diese Ladungen liegen in der Flüssigkeit. Dieses ist die ursprüngliche, HELMHOLTZsche Vorstellung. Man findet sie als die Vorstellung vom molekularen Kondensator bezeichnet, weil die beiden flächenhaft verteilten Ladungen sich wie zwei Kondensatorplatten gegenüberstehen. Wir begegnen demnach bei HELMHOLTZ einem Zustande, den man als statisches Gleichgewicht bezeichnen kann. Aus den Darlegungen zu Anfang dieses Kapitels geht aber hervor, daß eine derartige Vorstellung nicht mehr zulässig ist. Wir müssen

---

[1]) Es sei ausdrücklich darauf hingewiesen, daß diese Superposition sich allein in dem *Verlaufe* des Gesamtpotentialsprunges äußern wird. Die *Größe* des Gesamtsprunges ist allein bestimmt, — wie oben ausgeführt, — durch die Konzentration der Ionen des Elektrodenmetalls in der Lösung. Das wird auch aus den sich anschließenden Darlegungen noch hervorgehen (s. S. 132 Anm. 1).

sämtliche Gleichgewichte vielmehr als dynamische verstehen können, d. h. es muß die *kinetische Bewegung* der Materie mitberücksichtigt werden. Damit kommt ein neues Moment in die ganze Betrachtungsweise. GOUY und CHAPMAN haben sie zuerst eingeführt. Sind die von HELMHOLTZ angeführten elektrostatischen Kräfte bemüht, den eben ausführlich geschilderten Zustand herbeizuführen, also an der Phasengrenze Ionen anzureichern, so wird die Wärmebewegung dahin streben, — wie oben auseinandergesetzt —, jedem Volumelement im Mittel die gleiche Zahl von Molekülen zuzuteilen, d. h. eine homogene Verteilung anzustreben. Hier bereits wird erkenntlich, was die ursprüngliche HELMHOLTZsche Theorie darstellt. Beim absoluten Nullpunkt der Temperatur hört die kinetische Wärmebewegung auf. Dann beherrschen die elektrostatischen Kräfte allein das Feld, dann stellt sich in der Tat der Zustand des molekularen Kondensators an der Grenzfläche ein. Im mittleren Temperaturbereich jedoch wird die Wärmebewegung diesen Zustand stören. Die ideale Ebene der negativen Ladungen kann nicht bestehen bleiben, sie wird zu einem Gebilde von bestimmter Tiefe umgestaltet, sie wird zu der *diffusen*, räumlichen Schicht negativer Ladungen. Kommen nämlich die Ionen auf die Entfernung eines Radius an die Oberfläche heran, so sind sie vorzugsweise unter der elektrostatischen Wirkung der in der Oberfläche befindlichen positiven Ladung. In etwas weiterer Entfernung (etwa 3 Ionenradien) ist die elektrostatische Kraft geringer, die der Wärmebewegung aber größer. So gelangt man schließlich in eine Entfernung von der Metalloberfläche, wo praktisch nur noch die Wärmebewegung wirksam ist. Von dieser Entfernung ab herrscht praktisch homogene Verteilung. Näher an die Elektrode heran jedoch findet sich ein Überschuß negativ geladener Ionen je Volumenelement. Auf diese Weise kommt es eben zu jener diffusen negativen Schicht. Diese Darlegungsweise hat, wie schon bemerkt, GOUY eingeführt. Von der Metalloberfläche ab nimmt von Schicht zu Schicht der Überschuß der einen Ladungsart, hier der negativen, ab. Im Innern der Lösung ist der Überschuß Null. Mit anderen Worten: Von dem Elektrodenblech ab findet asymptotische Abnahme des Ladungsüberschusses nach dem Lösungsinnern zu statt[1]).

Daraus ergeben sich aber gewisse Folgerungen für die Kapazität der Doppelschicht. Die Messungen nun, die daraufhin angestellt worden sind, zeigten, daß die GOUYsche Ansicht für gewöhnlich nicht zutreffend sein kann. Erhält man doch unter Zugrundelegung der alten HELMHOLTZschen Vorstellung bessere Übereinstimmung mit dem Experiment als auf Grund der GOUYschen Theorie. Auf der anderen Seite mußte aber in dem GOUYschen Ansatz ein richtiger Kern stecken. Weiter unten (S. 134, Zeile 26) wird noch erörtert werden, für welchen Grenzfall die GOUYsche Verteilungsart tatsächlich zu Recht besteht. Hier greift die Theorie von O. STERN glücklich ein. Wenn beim absoluten Nullpunkt die diffuse Schicht zur idealen Ebene (HELMHOLTZsche Doppelschicht) wird, so wird dann bei einer beliebigen mittleren Temperatur sich nicht einfach jene GOUYsche asymptotische Verteilung der Ladungen einstellen, sondern der wesentlichste Teil der negativen Ladungen wird in jener ersten Fläche im Abstande von einem Ionenradius bleiben, während der andere in die Bildung der räumlichen Verteilung eingeht. Abb. 11 gibt die verschiedenen Vorstellungen zusammengefaßt wieder. An der Abszisse sind die Ladungen angemerkt, auf der Ordinate die dazugehörigen Potentiale. Nach links von $O'Y'$ befindet sich die Oberfläche des festen Körpers. Zwischen $O'Y'$ und $OY$ liegt die unverschiebliche Flüssigkeitsschicht, von der gleich noch die Rede sein soll.

---

[1]) Das *Entstehen* der *diffusen* Ladungsverteilung ist also nicht notwendig an eine Adsorption gebunden.

Trägt demnach die Metallfläche die Ladung $+e_0$ pro Flächeneinheit, so wird in der zweiten Belegung die Ladung $-e_0$ in der Weise verteilt sein, daß $-e_1$, der größte Teil davon, in der HELMHOLTZschen Fläche angeordnet ist, die im Abstande von einem Ionenradius von der Metalloberfläche liegt, während der Rest $-e_2$ sich in größerem oder geringerem Ausmaße — räumlich angeordnet — in das Innere der Flüssigkeit erstreckt[1]). Es ist daher

$$e_0 = -(e_1 + e_2). \qquad (43)$$

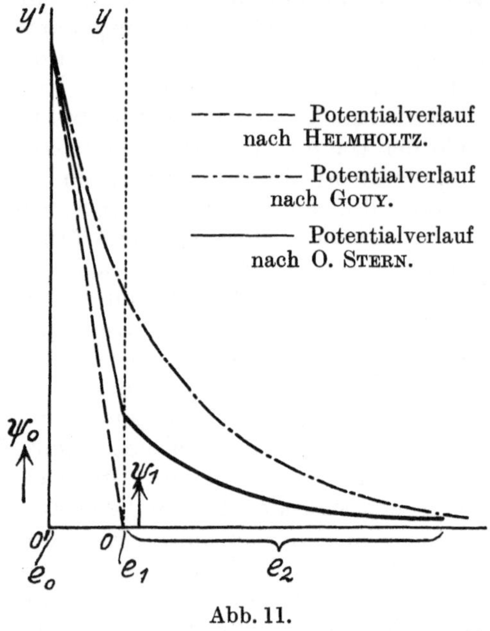


Abb. 11.

Hat die Metalloberfläche entsprechend der Ladung $+e_0$ das Potential $\psi_0$, so wird das der nächstgelegenen, also negativ geladenen Schicht, von der Größe $\psi_1$ sein gegenüber dem Inneren der Lösung, wo, wie schon bemerkt, Gleichverteilung der Ladungen herrscht.

Die bisherige Darstellung läßt aber die Verhältnisse gänzlich außer acht, die durch die Existenz der Grenzflächen als einer eigenen Kraftquelle bedingt sind. Es gibt ja Zustände — nach den vorausgegangenen Erörterungen sind sie ohne weiteres vorstellbar —, wo der Grenzflächeneinfluß verschwindend ist. Überall dort, wo Systeme vorliegen, bei denen äußerst kleine Oberflächenenergie vorliegt, wo die Adsorption von Ionen gering ist, werden die geschilderten Grenzflächenverhältnisse nicht wesentlich geändert. Sobald aber oberflächenaktive Ionen vorliegen, machen sie sich, — wie aus dem nächsten Kapitel noch besonders deutlich sich ergeben wird, — in erheblichem Maße bemerkbar. Es wird also der gesamte, an der Phasengrenze sich einstellende Potentialsprung in seinem *Verlaufe* bedingt sein: 1. durch die Ladungen, entsprechend den elektrostatischen Kräften nach den NERNSTschen Gedankengängen, sowie 2. aus den Ladungen, die hierher geholt sind durch die Kräfte aus dem Energieüberschuß der Grenzfläche als solcher, gemäß den Darlegungen von VAN DER WAALS bzw. GIBBS-THOMSON. Die *Größe* des gesamten Potentialsprunges dagegen ist allein durch das Verhältnis von Konzentration der Ionen des Elektrodenmetalles zu deren elektrolytischem Lösungsdruck im Metall selbst bestimmt. Dementsprechend sind nunmehr auch die in Gleichung (43) zusammengefaßten Ladungsgrößen zu deuten. Bevor auf die nähere Darstellung eingegangen wird, seien einige hydrodynamische Bemerkungen eingefügt, die zur Präzisierung der Vorstellungen notwendig sind.

### c) *Hydrodynamische Grenzbeziehungen.*

Bewegt sich eine Flüssigkeit von der Zähigkeit $\eta$ gegen einen festen Körper, so läßt sich zeigen, daß während der Bewegung eine feine Flüssigkeitshaut an dem festen Körper haften bleibt. Wahrscheinlich sind es die sehr starken Kräfte

---

[1]) Er hat hier eine Verteilung, die, — wie die von GOUY, CHAPMAN für die *gesamte* zweite Belegung geforderte, — in asymptotisch abnehmendem Ladungsüberschuß gegen das Innere der Flüssigkeit verläuft.

der Molekularattraktion (VAN DER WAALSsche Kräfte, s. unten), die diese Schicht von vielleicht nur einer Molekellage hier festhalten. Dort, wo man glaubte, andere Verhältnisse als diese an der Grenze fest-flüssig nachgewiesen zu haben, hat sich dieses als Irrtum herausgestellt. Seitdem wird in der Hydrodynamik ständig mit dieser unverschieblichen, an der Wand festhaftenden Flüssigkeitsschicht gerechnet. Ferner muß darauf hingewiesen werden, daß auch der spezielle Bewegungs*zustand* einer strömenden Flüssigkeit von Bedeutung ist. Man unterscheidet hierbei zwischen der langsamen Strömung, der sog. laminaren und der ungeordneten Wirbelbewegung. Die erstgenannte ist dadurch gekennzeichnet, daß, etwa bei Strömung durch ein zylindrisches Rohr, axiale Symmetrie herrscht, d. h. daß in gleichen Entfernungen von der Achse des Rohres die Geschwindigkeit der Strömung überall die gleiche ist. Es besteht also diese Flüssigkeit gewissermaßen aus lauter Flüssigkeitslamellen gleicher Strömungsgeschwindigkeiten, die ineinandergesteckt sind. Daher auch der Name laminare Bewegung. Woher dieses kommt, und was es für Folgen hat, lehrt die Hydrodynamik. Es kann hier davon nicht eingehender gesprochen werden. Diese laminare Bewegung ist physikalisch vollständig definiert durch die NAVIER-STOKESschen Gleichungen. Anders die zweitgenannte, die turbulente oder hydraulische Bewegung. Sie ist nur teilweise und in gewissen Spezialfällen bekannt, im allgemeinen dagegen bis heute noch äußerst problematisch. Es beziehen sich daher alle von uns bisher angeführten und noch anzuführenden Gesetzmäßigkeiten allein auf die wohldefinierte laminare Bewegung, d. h. auf die langsame Strömung. Es wird sich naturgemäß sofort als Notwendigkeit ergeben, klarzustellen, wo die Grenze zwischen beiden Bewegungsarten liegt. Hier haben die klassischen Arbeiten von REYNOLDS uns ein Mittel an die Hand gegeben, diese Grenze zu bestimmen. Das sog. REYNOLDSsche Gesetz hat sich bis in die neuesten Untersuchungen hinein als gültig erwiesen. Die Grenzgeschwindigkeit der laminaren Bewegung, die kritische Geschwindigkeit $c_k$, ist erreicht, wenn

$$c_k = C \cdot \frac{\mu}{r} \tag{44}$$

ist. Hier ist $C$ eine Zahl ($\sim 1000$), der sog. REYNOLDSsche Parameter, $\mu$ ist der *kinematische* Reibungskoeffizient $\left(\frac{\text{innere Reibung}}{\text{Dichte}}\right)$ der Flüssigkeit, $r$ ist der Radius des Rohres. Die Größe des REYNOLDSschen Parameters schwankt nach diesen oder jenen Angaben. Immerhin kann man ihn so gering annehmen, daß man sicher ist, im laminaren Strömungsbereich sich zu befinden. Es ergibt sich also, daß sich bei Strömung längs einer festen Wand stets nur Flüssigkeit gegen Flüssigkeit bewegt, niemals die Flüssigkeit unmittelbar gegen die Wand. Weiterhin sei erwähnt, daß bei Flüssen, Kanälen usw. in der Regel turbulente Strömungsform vorliegt.

### *d) Die Theorie von O. Stern*[1].

Nach der STERNschen Auffassung liegen die Ladungen, die aus dem Metall heraustreten, durch den elektrostatischen Zug jedoch davon zurückgehalten werden, sich in der Flüssigkeit homogen zu verteilen, in unmittelbarer Nähe der Oberfläche, im Abstande von einem Ionenradius. Hier befinden sich aber auch diejenigen Ionen, die durch die Arbeit der Grenzflächenkräfte hierher geholt wurden. In der darauffolgenden zweiten Schicht sind die elektrostatischen Kräfte bereits merklich geringer, außerdem werden sich dort auch die Ionen finden, die einen entgegengesetzten Ladungssinn aufweisen, gegenüber denen, die durch

[1]) STERN, O.: Zeitschr. f. Elektrochem. Bd. 30, S. 507. 1924.

die Adsorption in die erste Ionenlage gebracht sind[1]). Gemäß dem oben auseinandergesetzten Prinzip wird sich infolge der kinetischen Wärmebewegung bei allen Temperaturen $T > -273°$ eine räumliche Verteilung eines Teiles der in der verschiebbaren Flüssigkeit gelegenen Ladungen einstellen. So ist dann vom Innern des Metalls bis zum Innern der Flüssigkeit der eigentliche *thermodynamische* gesamte Potentialsprung meßbar. Er ist es, der durch die Nernstschen Darlegungen festgelegt ist. In ihm ist aber mit enthalten derjenige Sprung im Potentialwert, der durch die Adsorptionskräfte bedingt ist. Zwar sind die erstgenannten von höherer Größenordnung als die letztgenannten. Dennoch sind Fälle vorhanden, wo dieser sich gegenüber jenem als erheblich erweist, so daß in gewissem Konzentrationsbereich der Potentialsprung, der durch die Adsorptionskräfte hervorgerufen ist, gegenüber den rein thermodynamischen gut sich darstellen läßt. Darüber wird noch weiteres mitgeteilt werden. Aus den hydrodynamischen Erörterungen geht hervor, daß die erste Molekellage fest anhaftet. Dasselbe gilt natürlich auch von den Ionen. Verschiebt man nun die Flüssigkeit tangential, d. h. parallel zur Wand, so bleibt eben die erste Lage der Ladungen an der Wand haften, die zweite dagegen wird mit fortgeführt. Man trennt somit Ladungen von entgegengesetztem Vorzeichen, etwa rein mechanisch durch Druck. Dabei können sie, über eine Elektrode geleitet, zu einem Meßinstrument gelangen. In diesem Fall mißt man dann allein den Potentialsprung zwischen der ersten, der festhaftenden Schicht und der zweiten, die fortgeführt worden ist. Dieser Potentialsprung nun ist der sog. elektrokinetische, hervorgerufen in der Hauptsache durch die durch Adsorptionskräfte herangeholten Ladungen aus der Lösung. Gegenüber dem thermodynamischen Sprung mißt man diesen also durch tangentiale Verschiebung der Ionenbelegungen. Für gewöhnlich bezeichnet man den thermodynamischen Potentialsprung, wie schon erwähnt, als $\varepsilon$-Sprung, den elektrokinetischen dagegen als $\zeta$-Sprung. Diese Darstellung hat bereits Freundlich gegeben. Sie kommt in der Abb. 11a zur Darstellung.

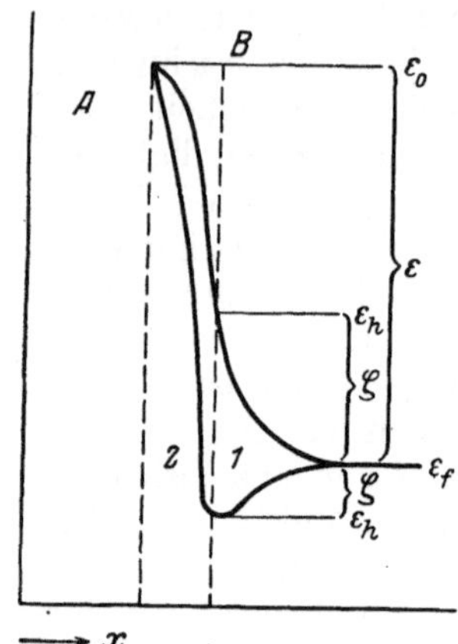

Abb. 11a. Potentialabfall an der Grenzfläche einer festen Wand gegen eine Flüssigkeit. *A* feste Wand, *B* Flüssigkeit. Zwischen den beiden punktierten senkrechten Linien befindet sich die unverschiebliche Flüssigkeitslage. $\varepsilon$ thermodynamischer, $\zeta$ elektrokinetischer Potentialabfall. (Aus Freundlich: Capillarchemie, 3. Aufl.)

Die quantitative mathematische Verfolgung dieser Vorstellungen durch O. Stern ergab sich im Anschluß an die Theorie der starken Elektrolyte von Debye und Hückel, die weiter oben gestreift worden ist. Unter Zugrundelegung der eben gemachten Ausführungen muß also die Ladungsdichte in den verschiedenen Schichten berechnet werden, ferner auch der Potentialsprung zwischen der ersten und zweiten Schicht, also zwischen den festhaftenden und den ersten frei bewegbaren Ladungen, d. h. also gerade eben der elektrokinetische Potentialsprung. Die Dichte $e_0$ ergibt sich nach den Elementen der Elektrizitätslehre zu

$$e_0 = \frac{d}{4\pi\delta}(\psi_0 - \psi_1), \tag{45}$$

[1]) Da also die *adsorbierten* Ionen ebenfalls Veranlassung zur Bildung einer Art Doppelschicht geben, die nach außen hin neutral ist, tragen sie zur *Größe* des gesamten Potentialsprunges nicht bei, sondern nur zu seinem *Verlauf*. Dabei ist naturgemäß von interionischen Einflüssen abgesehen.

wo $d$ die Dielektrizitätskonstante der *Ionen* ist, die in der unverschieblichen Flüssigkeitsschicht liegen, $\delta$ ist die Größe eines mittleren Ionenradius und $\psi_0$, $\psi_1$ sind die Potentialwerte, die den Ladungen auf dem festen Körper bzw. in der unverschieblichen Flüssigkeitsschicht entsprechen.

Die Ladungsverteilung in dem diffusen Teil der Doppelschicht ergibt sich auf folgende Weise. An jeder Stelle dieser Schicht wird die negative Ladung in bestimmtem Überschuß vorhanden sein. Diesen berechnet man nun genau so, wie es GOUY für die Gesamtschicht getan hat, aus dem Potential an dieser Stelle mit Hilfe der POISSONschen Gleichung und dem BOLTZMANNschen Verteilungssatz. Man findet auf diesem Wege für

$$e_2 = \mathfrak{Sin}\frac{F\psi_1}{2RT}\sqrt{\frac{DRTc}{30\pi}}\,. \tag{46}$$

Hier ist $F$ das elektrochemische Äquivalent, $R$ die Gaskonstante, $T$ die absolute Temperatur, $D$ die Dielektrizitätskonstante der *Lösung*, $c$ die Konzentration. Die anderen Bezeichnungen sind bereits oben erörtert. In dem Ausdruck für $e_1$, der Größe der Ladung in der ersten Schicht, muß aber die Äußerung der Grenzflächenkräfte mit erscheinen; denn diese Kräfte werden gegebenenfalls Ionen in die erste Schicht hineinführen. Dieses geschieht aber nach Maßgabe des Adsorptionspotentials, d. h. nach Maßgabe der Arbeit, die erforderlich ist, eine bestimmte Menge einer Ionenart in die Grenzflächenschicht hineinzuholen. Man findet auf ähnliche Weise wie für $e_2$ die Flächendichte der Ladung in dem flächenhaften Anteil der zweiten Belegung $e_1$ unter Berücksichtigung der besonderen hier herrschenden Verhältnisse, wie sie eben erörtert worden sind, zu:

$$e_1 = FZ\left[\frac{1}{2+\frac{1}{c}e^{\frac{\Phi_- - F\psi_1}{RT}}} + \frac{1}{2+\frac{1}{c}e^{\frac{\Phi_+ + F\psi_1}{RT}}}\right]. \tag{47}$$

Hier ist $Z$ die Zahl maximal adsorbierter Ionen, $\Phi_+$ und $\Phi_-$ sind die Adsorptionspotentiale der Ionen. Die anderen Bezeichnungen sind oben gegeben worden.

Im Zusammenhang mit Gleichung (45), (46) und (47) ergibt sich nun aus (43) die Gesamtverteilung der Ladungen nach der „Adsorptionstheorie der elektrolytischen Doppelschicht" zu:

$$\left.\begin{aligned}\frac{d}{4\pi\delta}(\psi_0-\psi_1) = FZ&\left[\frac{1}{2+\frac{1}{c}e^{\frac{\Phi_- - F\psi_1}{RT}}} + \frac{1}{2+\frac{1}{c}e^{\frac{\Phi_+ + F\psi_1}{RT}}}\right]\\ &+\mathfrak{Sin}\frac{F}{2RT}\psi_1\sqrt{\frac{DRTc}{30\pi}}\,.\end{aligned}\right\} \tag{48}$$

Mit der 2 im Nenner des ersten Ausdrucks der rechten Seite hat es folgende Bewandnis: Liegt als Adsorbens ein Körper wie Glas zugrunde, bei dem angenommen werden kann, daß die beiden Ionenarten weitgehend unabhängig voneinander adsorbiert werden, so wäre an dieser Stelle eigentlich eine 1 zu setzen[1]). Für Metalle jedoch, — von diesen ging man ja aus, — wird dieses nicht zutreffen. Hier werden *etwa* gleichviel positive und negative Ionen in die Grenzfläche hineingeholt, daher die 2. Es spielt aber gegenüber dem zahlenmäßigen Gewicht des zweiten Nennergliedes keine erhebliche Rolle, ob eine 1 oder eine 2 gesetzt wird.

---

[1]) Es handelt sich also um ein heteropolares Adsorbens.

Entsprechend der Definition des elektrokinetischen Potentialsprungs muß nun $\psi_1 = \zeta$ sein. Dabei ist vorausgesetzt, daß es sich um eine monomolekulare Flüssigkeitsschicht handelt. Es läßt sich aber zeigen, daß die Ergebnisse nicht wesentlich anders ausfallen, wenn es sich nicht um streng monomolekulare Schichten handelt, wenn etwa mehrere davon fest an der Wand haften. Hat man eine unendlich verdünnte Lösung, so muß $e_1 = e_2 = 0$ sein. Dann muß aber das betreffende Lösungsmittel bzw. seine Ionen mit in Rechnung gestellt werden. Für Wasser wird sich beispielsweise der Fall $c = 0$ nicht realisieren lassen, da stets seine Eigenionen noch wirksam sein werden, in die das Wasser ja bei jeder Temperatur entsprechend seiner Dissoziationskonstanten zerfällt.

Aus Gleichung (48) ergibt sich sofort, daß die Doppelschichtdicke keineswegs allein abhängt von der Konzentration der anwesenden Elektrolyte. Neben dieser ist noch maßgebend das Adsorptionspotential der resp. Ionen[1]), der elektrokinetische Potentialsprung sowie auch noch die Dielektrizitätskonstante. Die letztgenannte Größe tritt sogar zweimal auf. Einmal als die der Ionen $d$ in der unverschieblichen Flüssigkeitsschicht, das zweitemal als die der Lösung $D$ im diffusen Teil der zweiten Doppelschichtbelegung. Von beiden Größen ist es uns bisher so gut wie unmöglich, sie zu bestimmen. Es wird sich aber sogleich ein Fall ergeben, wo Gleichung (48) sich vereinfacht und damit auch das Problem.

Betrachtet man nämlich den Gang der Doppelschichtdicke in Abhängigkeit von der Konzentration, so sieht man, daß bei sehr kleinen Konzentrationen beiden Gliedern der rechten Seite von (48) ihre Bedeutung zukommt. Ja, je weiter man herabgeht mit der Konzentration, desto bedeutungsvoller wird der zweite Ausdruck, der für $e_2$. Mit anderen Worten: es gewinnt der diffuse Teil der zweiten Doppelschichtbelegung an Ausdehnung, die Doppelschichtdicke nimmt zu. Im Grenzfalle wird dann die Ladungsverteilung von GOUY resp. CHAPMAN (s. oben S. 129, Zeile 38) realisiert sein. Steigert man dagegen die Konzentration, so wird das erste Glied stärker wachsen als das zweite. Schon in mittleren Bereichen kann dann dieses gegen jenes vernachlässigt werden, d. h. aber: bei steigender Konzentration, — unter sonst gleichen Verhältnissen —, geht die Doppelschichtdicke zurück. Die Hauptmenge der Ladungen ordnet sich flächenhaft in der ersten Schicht des verschieblichen Teils der Doppelschicht an. Dann macht man keinen wesentlichen Fehler, wenn man das zweite Glied fortläßt. Für diesen Fall aber entfällt auch die Notwendigkeit der Kenntnis der Dielektrizitätskonstanten der Lösung. Es steht in der Gleichung dann nur noch die der Ionen oder richtiger: die desjenigen Körpers, der dann hier in der in Frage kommenden Schicht sich aufhält. Es sei hier nur erwähnt, daß damit an ein Kapitel von allerhöchster Problematik für die heutigen Kenntnisse gerührt ist.

Bei kleinen Konzentrationen macht sich dann der $\zeta$-Potentialsprung der Größe nach bemerkbar. Kommt man jedoch in den Bereich von $10^{-4}$ bis $10^{-3}$ Mol, so ist er bereits schwierig zu messen, da eben dann die diffuse Doppelschicht praktisch nicht mehr vorhanden ist, alle Ladungen vielmehr in die Fläche eingetreten sind. Im Bereich von $10^{-7}$ bis $10^{-4}$ aber sind die Verfahren, die es gestatten, das $\zeta$-Potential zu messen, und die unten noch näher charakterisiert werden sollen, gut brauchbar[2]). In diesem Bereich nun beginnt aber $e_2$ gegen $e_1$ zurückzutreten. Legt man für einen mittleren Konzentrationsbereich, in dem gemeinhin die Untersuchungen erfolgen, dann auch nur $e_1$ zugrunde, so ergibt

---

[1]) O. STERN setzt in Gleichung (47) das Adsorptionspotential als eine konstante Größe an, was in Wirklichkeit kaum zutreffen dürfte, da dieses sicherlich auch konzentrationsabhängig ist. Es wäre demnach anstelle $\Phi_+$ und $\Phi_-$ besser zu setzen $\Phi_+(c)$ und $\Phi_-(c)$.

[2]) Siehe z. B. FREUNDLICH u. G. ETTISCH: Zeitschr. f. physikal. Chem. Bd. 116, S. 401. 1925.

sich hier ein Term, der vom zweiten Grade in $c$ ist. Es muß sich also in der $\zeta$-$c$-Kurve ein Maximum einstellen. Von einer Reihe von Untersuchern hat sich dieses klar zeigen lassen.

*e) Die Erscheinungen, bei denen der elektrokinetische Potentialsprung auftritt.*

Einer besonderen Auseinandersetzung bedarf noch die Frage, wie bzw. wann dieser $\zeta$-Potentialsprung sich kundgibt. Das Zustandekommen sowie auch seine Lokalisation an der Grenzfläche wurde bereits dargelegt. In den hydrodynamischen Bemerkungen war von dem Zustand und von dem Verhalten der Grenze fest-flüssig die Rede. Aus alledem geht aber hervor, daß man die beiden Belegungen, innerhalb deren der Potentialsprung erfolgt, dann voneinander trennt, wenn man die Flüssigkeit tangential zur Wand fortführt. Das kann auf verschiedene Weise geschehen. Man kann dieses rein mechanisch bewirken dadurch, daß man etwa in einem Rohr eine Flüssigkeit durch Druck in Bewegung setzt. Dabei findet dann ein Zerreißen der Flüssigkeit in der Weise statt, wie es oben kurz dargelegt worden ist, d. h. also die eine Molekellage haftet an der Röhrenwand fest, die nächstfolgende erst bewegt sich unter dem Druck fort. In der haftengebliebenen Schicht aber liegen neben den rein elektrostatisch angezogenen Ionen auch die adsorbierten, also $e_1$, während die diesen entgegengesetzt geladenen mit der Flüssigkeit fortgeführt werden, $e_2$. Dadurch wird ein Strom erzeugt, der durch geeignete Anordnung gemessen werden kann. Es ist der sog. *Strömungsstrom.*

Im Anschluß an seine oben erwähnte Theorie hat HELMHOLTZ auch gezeigt, von welchen Größen die hier auftretenden Ströme bzw. elektromotorischen Kräfte abhängig sind, sowie in welchem Betrage dieses der Fall ist. Wir haben oben den strengen Gültigkeitsbereich der HELMHOLTZschen Theorie gekennzeichnet. Wir haben aber auch gesehen, daß in dem für gewöhnlich in Betracht kommenden Konzentrationsbereich die diffuse Doppelschicht nur noch äußerst schwach ausgebildet ist, daß also die Ladung praktisch fast gänzlich bereits in der HELMHOLTZschen Schicht liegt. Daher findet der Ausdruck der HELMHOLTZschen Theorie auch heute noch für alle quantitativen Bestimmungen Anwendung, wenngleich man auf Grund der STERNschen Darlegungen immer im Auge behalten muß, daß sie ganz streng nicht zutreffen.

Bei seinen diesbezüglichen Darlegungen setzte HELMHOLTZ voraus, — und mit allem Nachdruck sei auf diese Voraussetzungen hingewiesen —, daß es sich um rein laminare Strömungen handelt, daß ferner im ganzen Flüssigkeitsbereich die NAVIER-STOKESschen hydrodynamischen Gleichungen Gültigkeit haben, d. h. aber, daß im Bereiche der uns vor allem interessierenden Doppelschicht dieselben Gesetze der Strömung zäher Flüssigkeiten Gültigkeit haben, wie an jeder anderen Stelle des Querschnittes. Ferner nimmt er an, daß sich über die elektromotorischen Kräfte der Doppelschicht diejenigen eines etwa angelegten elektrischen Feldes einfach zu überlagern vermögen. Die Bedeutung dieser Voraussetzung wird sich noch in der Folge zeigen. Es ergibt sich daraus zunächst, daß bei Strömungsversuchen bzw. bei der Messung von Strömungspotentialen die Strömungsgeschwindigkeit keineswegs beliebig sein darf. Man muß sich vielmehr streng innerhalb des Bereiches des REYNOLDSschen Gesetzes bewegen (s. oben). Für die elektromotorische Kraft $E$, die sich bei einer solchen laminaren Strömung an den Enden einer Capillare einstellt, findet sich nunmehr die Beziehung:

$$E = \frac{D \cdot P \cdot \zeta}{4 \pi \eta \lambda}. \tag{49}$$

Hier bedeutet $D$ die Dielektrizitätskonstante der Lösung, $P$ den Überdruck an den

Capillarenenden, $\zeta$ den elektrokinetischen Potentialsprung, $\eta$ die innere Reibung, $\lambda$ die spezifische Leitfähigkeit der Lösung.

Man kann aber offenbar auch so verfahren, daß man an die Enden der Capillare ein elektrisches Feld legt. In diesem Falle soll sich, — und hier treffen wir wieder auf die Helmholtzsche, oben erwähnte, Voraussetzung der einfachen Superposition der elektromotorischen Kräfte, — dieses angelegte Feld so der Doppelschicht überlagern, daß vom positiven Pol ihre negative Belegung und vom negativen Pol die positive Belegung fortzuziehen versucht wird. Ist nun, wie wir oben annahmen, die eine Belegung fest in der unverschieblichen Schicht gelegen, so wird der betreffende Pol an den in der verschieblichen Flüssigkeitsschicht liegenden Ionen angreifen und mit ihnen die Flüssigkeit fortführen. Auch hierfür hat Helmholtz den quantitativen Ausdruck gefunden. Die Menge $V$ des elektrisch überführten Wassers ergibt sich zu

$$V = \frac{q \cdot D \cdot \mathfrak{E}}{4 \pi \eta} \zeta . \tag{50}$$

Hier bedeutet $q$ den Querschnitt des Rohres, $\mathfrak{E}$ das von außen angelegte Feld, $\eta$ die innere Reibung der Flüssigkeit. Die anderen Bezeichnungen sind bereits erörtert. Man spricht in diesem Falle der elektrischen Wasserüberführung von einer *elektrischen Endosmose* oder kurz von der *Elektroendosmose.*

Diese beiden Methoden legen unbedingt klar dar, daß beim Passieren von Elektrolytlösungen durch Capillaren stets ein elektrischer Effekt auftreten muß, der seinen Ursprung hat in den Adsorptionskräften. Man wird also dabei mit geringen Konzentrationsverschiebungen in der durchgegangenen Flüssigkeit zu rechnen haben. Von diesen Erscheinungen wird noch bei den Bemerkungen über die praktische Bedeutung des elektrokinetischen Potentialsprunges zu reden sein.

Es ist ferner von v. Smoluchowski dargelegt worden, daß die Helmholtzschen Gleichungen auch auf Capillaren von beliebigem Verlauf anwendbar sind, d. h. auch auf Systeme von Capillaren, wie etwa poröse Platten, sobald man ihrem hydrodynamischen Widerstand Rechnung trägt.

Von diesen Verallgemeinerungen der Helmholtzschen Theorie durch Smoluchowski aus ließ sich nun auch folgendes Phänomen theoretisch auflösen. Liegt nämlich nicht mehr wie bisher eine einzelne makroskopische Wand eines festen Körpers vor, sondern ein System einer beliebig großen Zahl submikronischer oder amikronischer Flächen, so kann man auch hier die Doppelschicht, die um diese Teilchen liegt, zerreißen dadurch, daß man ein elektrisches Feld an die Lösung legt. Jetzt ist das System der Teilchen frei beweglich. Die Teilchen, die um sich herum eine unverschiebliche Flüssigkeitshülle haben, in der die Ionen des eines Ladungssinnes sich befinden, werden durch die Flüssigkeit hindurch nach der Elektrode bewegt, die entgegengesetzten Ladungssinn hat. Die äußere Ionenhülle dagegen, die wie bisher als verschieblich angenommen wird, bewegt sich nach der entgegengesetzten Richtung. Verhindert man nun die mit dieser Ionenbewegung zusammenhängende Wasserfortführung, so bewegen sich allein die suspendierten Teilchen des Soles. Man erhält die sog. *Kataphorese* suspendierter Teilchen. Der mathematische Ausdruck, den Smoluchowski für ihre Wanderungsgeschwindigkeit fand, ist neuerdings von Debye[1]) einer theoretischen Nachprüfung unterzogen worden. Es ergab sich dabei die Berechtigung des allgemeinen von Smoluchowski gefundenen Ausdrucks von der Form:

$$u = C \frac{D E \zeta}{\eta} , \tag{51}$$

[1]) Debye u. Hückel: Physikal. Zeitschr. Bd. 25, S. 49. 1924.

wo $u$ die Wanderungsgeschwindigkeit der suspendierten Teilchen bedeutet, $C$ eine Konstante, während die anderen Bezeichnungen ihre Bedeutung wie vorher haben. Von der Konstante $C$ aber konnte DEBYE zeigen, daß sie, entgegen der Annahme SMOLUCHOWSKIS, nicht unabhängig von der *Teilchenform* war. Für kugelige Aggregate beträgt sie $\frac{1}{6\pi}$, für längliche, zylindrische dagegen $\frac{1}{4\pi}$.

Schließlich muß noch darauf hingewiesen werden, daß die um solche sub- oder amikronischen Teilchen befindliche Doppelschicht auch mechanisch zerrissen werden kann, nämlich dann, wenn die Teilchen in einer Flüssigkeit im Schwerefelde fallen. Dann entsteht ganz entsprechend dem Strömungsstrom ein elektrischer „*Strom durch fallende Teilchen*". v. SMOLUCHOWSKI fand den folgenden Ausdruck für den Potentialabfall $\mathfrak{E}$:

$$\mathfrak{E} = \frac{D \cdot g \cdot n \cdot r^3(\varrho - \varrho')}{3 \cdot \eta \cdot \lambda} \zeta, \tag{52}$$

wo $g$ die Schwerebeschleunigung bedeutet, $n$ die Anzahl der fallenden Teilchen, $r$ deren Radius, $\varrho$ deren Dichte, $\varrho'$ die des Mediums, während die anderen Bezeichnungen dieselbe Bedeutung haben wie bisher.

### f) *Allgemeine Bemerkungen über die Bedeutung und den Gültigkeitsbereich der Größen, von denen der elektrokinetische Potentialsprung abhängt.*

Zu allen diesen Ableitungen sei bemerkt, daß sie, wie schon oft erwähnt, nur für langsame, stationäre Bewegung gelten. Es sind Versuche bekannt, bei denen sich die Abweichungen von den obigen Gleichungen vollkommen haben erklären lassen aus der Nichtbeachtung des Bewegungszustandes, der in den betreffenden Fällen vorlag. Ferner taucht in allen Gleichungen die Dielektrizitätskonstante auf. Man nimmt für gewöhnlich dabei die des destillierten Wassers oder, wenn bekannt, die der Lösung an. In Wahrheit aber bewegt sich eine Ionenschicht mit nur relativ wenig mitgeschlepptem Wasser unmittelbar gegen eine zweite Ionenschicht. Hierfür müßte also, wie es auch in der STERNschen Gleichung geschah, die Dielektrizitätskonstante der Ionen eingeführt werden, die uns leider gegenwärtig noch unbekannt ist. Ferner ersehen wir aus der STERNschen Theorie, daß die Dielektrizitätskonstante auch noch ein zweites Mal auftritt. Nämlich als solche der Lösung im Bereiche des räumlichen Anteils der zweiten Belegung der Doppelschicht, in dem Ausdruck für $e_2$ nach Gleichung (46). Leider können wir auch die Dielektrizitätskonstante einer solchen Lösung nicht stets mit Sicherheit ermitteln. Auf der anderen Seite aber wissen wir (s. oben), daß dieses 2. Glied nur bei sehr geringen Konzentrationen eine Rolle spielt. Im etwas größeren Konzentrationsbereich dagegen verschwindend wird gegen $e_1$. Ferner spielt eine wichtige Rolle die innere Reibung. Bei Versuchen mit hydrophoben Solen kann man sie recht gut eindeutig bestimmen. Neuerdings hat man bei sehr vielen hydrophilen Solen und auch bei solchen, die den Übergang zwischen beiden bilden, bei niedrigen Schergeschwindigkeiten eine Abhängigkeit der Viscosität eben von der Schergeschwindigkeit gefunden. Besonders neigen dazu alle Sole mit länglichen Teilchen, in denen sich unter Umständen, wie z. B. bei den Seifen, ganze Fäden und Strauchwerke ausbilden können. Man hat diese Eigenschaft als Fließelastizität bezeichnet (s. darüber weiter unten). Den eigentlichen Viscositätswert findet man dann erst bei relativ hohen Schergeschwindigkeiten. Nun liegen aber die Geschwindigkeiten, die bei der Feststellung des elektrokinetischen Potentialsprunges auftreten, ungefähr in demselben Bereiche, in dem die genannten Sole eine Abhängigkeit ihrer Viscosität von der Schergeschwindigkeit, eben jene Fließelastizität, zeigen. Bis jetzt ist dieser Einfluß, der aus theoretischer Betrachtung sich ergibt, auf seine experimentelle Auswirkung noch nicht untersucht worden. Damit kommt also ein weiterer Unsicherheitsfaktor in die Gesamtbetrachtung. Es ergibt sich also, daß bei Anwendung der vorgenannten Gleichungen, die zur Bestimmung des elektrokinetischen Potentialsprunges dienen, man stets ein gewisses Maß von Kritik aufwenden muß. Man darf nicht ihre Anwendung wahllos betreiben, muß sich vielmehr über das Gebiet klar sein, in dem eine Anwendung möglich ist, sowie auch über den Charakter usw. jeder einzelnen Größe.

Zusammenfassend wäre also zu sagen, daß es sich bei dem Strömungsstrom, bei der Elektroendosmose, der Kataphorese, dem Strom durch fallende Teilchen stets um eine Äußerung des $\zeta$-Potentialsprunges handelt. Bewegt man mechanisch die beiden Belegungen tangential in entgegengesetzter Richtung voneinander fort, so erhält man den Strömungsstrom, sobald man bei dieser Bewegung die feste Wand fixiert hält. Man erhält den Strom durch fallende Teilchen, wenn bei einem System von festen Körpern die Flüssigkeit festgehalten wird. Sucht man dagegen die beiden Belegungen durch ein elektrisches Feld gegeneinander zu verschieben, so tritt die Elektroendosmose ein, wenn man die feste Wand fixiert, die Kataphorese dagegen, wenn man die Flüssigkeit fixiert.

### *g) Über die experimentelle Trennung von $\varepsilon$- und $\zeta$-Potentialsprung.*

Gegenüber dem oben Dargelegten über den Zusammenhang zwischen $\varepsilon$- und $\zeta$-Potentialsprung wäre noch die Frage zu erörtern, ob es möglich ist, an einem und demselben System beide Sprünge getrennt zu messen. Dieses haben FREUNDLICH und RONA[1]) und FREUNDLICH und ETTISCH getan. Es konnte dabei nicht nur die Möglichkeit getrennter Messung an einem und demselben System aufgezeigt werden, vielmehr ließ sich zeigen, daß jeder Potentialsprung seinen eigenen Verlauf hat hinsichtlich der Abhängigkeit von der Konzentration und Art der verwendeten Ionen. So zeigte es sich, daß der thermodynamische Sprung des Potentialwertes allein abhängt von der Konzentration der Eigenionen des Elektrodenmaterials. Dagegen war der $\zeta$-Sprung, — an und für sich von niederer Größenordnung, — durchaus abhängig von der Wertigkeit des betrachteten Ions, so daß man z. B. bei Verwendung des vierwertigen Thoriumions bereits bei kleinsten Konzentrationen glatt eine Umladung erhielt. Ferner stellte sich im Verlauf der $\zeta$-$c$-Kurve auch das Maximum ein, das die STERNsche Theorie fordert[2]).

### *h) Weitere Erscheinungen, die mit dem $\zeta$-Potentialsprung zusammenhängen.*

Im Gefolge der eben behandelten Erscheinungen an der Ionendoppelschicht treten noch gewisse Phänomene auf, die wegen ihres Zusammenhanges mit dem elektrokinetischen Potentialsprung hier kurz erörtert werden sollen.

Zunächst leuchtet ein, daß bei der Bewegung der Doppelschicht (während der Elektrosmose und der Kataphorese) eine Zusatzleitfähigkeit zu der üblichen galvanischen treten muß. Findet die zuletzt genannte Leitung im Inneren des Flüssigkeitsraumes statt, so ist jene an den Oberflächen lokalisiert; denn hier ist ja eine Anreicherung von Ionen gegenüber dem übrigen Flüssigkeitsinneren vorhanden, die als eine Schicht von besserer Leitfähigkeit sich über die in der Flüssigkeitsmasse überlagert. Bei konzentrierter Lösung wird dieser Effekt von verschwin-

[1]) FREUNDLICH u. RONA: Ber. d. Berlin. Akad. Bd. 20, S. 397. 1920. — FREUNDLICH u. ETTISCH: Zeitschr. f. physikal. Chem. Bd. 116, S. 401. 1925.

[2]) Was übrigens auch schon POWIS und auch KRUYT gefunden hatten.

dender Größenordnung sein, anders aber bei schwach leitenden oder verdünnten, da hier ja die Anreicherung in der Oberfläche eine relativ viel größere ist. SMOLUCHOWSKI hat diese Erscheinung theoretisch bearbeitet, und die im Gefolge dieser Theorie von STOCK ausgeführten Experimente ergaben, daß unter Umständen eine recht erhebliche Erhöhung der Gesamtstromstärke resultieren konnte. Diese Methode ist darum von besonderem Interesse, weil sie es gestattet, aus experimentell festgestellten Größen die Doppelschichtdicke zu bestimmen. Aus den STOCKschen Untersuchungen ergab sie sich zu $4{,}5 \cdot 10^{-4}$ cm (Näheres darüber u. S. 183).

Durch die geschilderten Vorgänge werden sich aber auch Änderungen in der Zusammensetzung der Lösung einstellen. Sie sind bei allen Erscheinungsformen, die auf Äußerung der elektrokinetischen Doppelschicht beruhen, möglich, am besten bekannt und auch ausgewertet sind sie bei der Elektrosmose. Hier sind vor allem die Arbeiten von BETHE und TOROPOFF bahnbrechend gewesen. Ihnen schlossen sich in gewissem Sinne in letzter Zeit die von LEONOR MICHAELIS[1]) und seinen Schülern an, die die Permeabilitätsverhältnisse künstlicher Membranen zum Gegenstand haben. Ohne hier näher darauf eingehen zu können, sei nur kurz angedeutet, worum es sich dabei handelt. Liegt eine Membran vor, so wird diese stets einen gewissen Ladungszustand zeigen, d. h. sie wird durch Adsorption eine gewisse Ionenart aus der Lösung in den Adsorptionsraum hineinbringen. Um die Zahl dieser Ionen verarmt das Innere der Lösung. Es werden außerdem Ionen von entgegengesetztem Vorzeichen in der unmittelbaren Nähe der erstgenannten Ionenschicht gebunden, so wie es in den obigen Erörterungen dargelegt ist. Legt man jetzt ein Feld beiderseits der Membran an, so wird die zweite Ionenschicht gegen die erste verschoben werden. Es befinden sich aber unter den verschobenen Ionen auch die des Lösungsmittels, also des Wassers. Man hat daher neben der Konzentrationsänderung auch eine Reaktionsverschiebung in der Umgebung der Membran zu erwarten. In eingehenden Untersuchungen konnten BETHE und TOROPOFF diese Verhältnisse in der Tat darlegen. Sie konnten sogar bis zu einem gewissen Grade die Erscheinung quantitativ verfolgen. Ihre Ermittlungen haben weitgehende Bestätigung gefunden, besonders bei ihrer praktischen Verwendung[2]).

Stellen sich nun unter den genannten Verhältnissen Konzentrationsverschiebungen ein, so werden bei den inversen Vorgängen elektrische Effekte zu erwarten sein. Preßt man nämlich einen Elektrolyten durch ein Diaphragma, so wird die Doppelschicht mechanisch zerrissen und durch den bewirkten Ionentransport werden elektrische Kräfte auftreten müssen. So wie die auf diese Weise hervorgerufenen elektrischen Kräfte von Konzentrationsverschiebungen begleitet sind, sind wiederum bei den elektrosmotischen Konzentrationsverschiebungen sekundäre elektrische Effekte zu erwarten. Erscheinungen dieser Art in der Umgebung von Membranen können zu Lokalströmen Veranlassung geben, sobald die betreffende Membran kein vollkommener Isolator ist. Als Folge davon aber kann eine Umkehr der osmotischen Erscheinungen bewirkt werden von der Art, daß Lösungsmittel von der konzentrierteren Lösung zur verdünnteren fließt, und umgekehrt. Es liegt sodann die sog. negative Osmose vor. Hierzu ist naturgemäß nicht das Vorliegen einer semipermeablen Membran notwendig, vielmehr tritt dieses bei allen Arten porösen Materials

[1]) Veröffentlicht in der überwiegenden Mehrzahl in der Biochem. Zeitschr. sowie auch in Journ. of gen. physiol.

[2]) Siehe dazu FREUNDLICH u. L. F. LOEB: Biochem. Zeitschr. Bd. 150, S. 522. 1924. — ETTISCH u. BECK: Dtsch. med. Wochenschr. Bd. 47. 1925 u. Biochem. Zeitschr. Bd. 171, S. 443. 1926. — ETTISCH: Biochem. Zeitschr. Bd. 171, S. 454. 1926.

auf, wie Porzellan, Steinzeug, Pergament, Kollodium, Schweinsblasen u. a., wenn zu beiden Seiten Elektrolytlösungen verschiedener Konzentration sich befinden. Diese Erscheinung der negativen Osmose zeigt sich, wie Jacques Loeb in schönen Versuchen nachwies, besonders auffallend bei niederen Konzentrationen. Dieses entspricht ja auch den Erwartungen. Da alle Effekte des $\zeta$-Potentialsprungs sich, wie oben ausführlich dargelegt wurde, ganz klar nur in diesem Konzentrationsbereich finden.

Auch die von Michaelis und seinen Schülern dargelegten Verhältnisse, hauptsächlich an Kollodiummembranen, gehören mit in dieses Gebiet und geben besonders schöne Beispiele für die Wirksamkeit des elektrokinetischen Potentialsprungs. Auf der anderen Seite sind sie aber auch für das Verständnis der biologischen Permeabilitätsverhältnisse von besonderer Bedeutung. Nur kurz sei hier auf sie hingewiesen. Das Bild, das sie bieten, ist in gewissen Konzentrationsbereichen recht klar, in anderen dagegen stellen sich Abweichungen ein, die vielleicht nicht so sehr dem fundamentalen Membranvorgang zuzuschreiben sind, als vielmehr zu einem Teile den recht komplizierten Verhältnissen in Lösungen höherer Konzentration. Schließlich muß noch in Betracht gezogen werden, daß die jeweilige Membransubstanz den Lösungen gegenüber nicht immer indifferent bleibt (Korrosion der Kollodiummembran bei alkalischen Lösungen). Er trennte zwei verschieden konzentrierte Lösungen von KCl durch eine Kollodiummembran. Während normalerweise ohne Membran eine solche Kette kein Diffusionspotential zeigt, konnte dennoch eines nachgewiesen werden, sobald eben jene Membran zwischen die beiden Lösungen geschoben wurde. Die Größe der EMK war naturgemäß abhängig von der Art der Membran sowie von ihrer Zubereitung usw. Läßt man jedoch diese Momente beiseite und erörtert allein das Verhalten der getrockneten Kollodiummembran, so ließ sich bei einwertigen, neutralen und auch sauren Elektrolytlösungen im Bereich von $10^{-3}$ bis $10^{-1}$ normal zeigen, daß, wenn man KCl-Lösungen im Verhältnis 1 : 10 gegeneinander schaltet, man hier nahezu an die thermodynamisch zu erwartenden Maximalwerte von 58 mV herankam. Michaelis macht zur Erklärung die Annahme, die auch schon Bethe und Toropoff ihren Untersuchungen zugrunde legten, daß nämlich an die Wand der Membran das eine Ion adsorptiv herangeholt wird und der Membran auf diese Weise das Vorzeichen des Ladungssinnes erteilt. Für dieses Ion wird aber, — immer im Bereiche verdünnter Lösungen, — die Membran nahezu impermeabel bzw. seine Wanderungsgeschwindigkeit stark herabgesetzt, die des anderen dagegen relativ erhöht. Die ehemalige Gleichheit der Wanderungsgeschwindigkeiten der betreffenden Ionen ($K^{\cdot}$ und $Cl'$) ist stark verändert. Auf diese Weise wird die Gleichheit der Wanderungsgeschwindigkeit der Ionen in wässeriger Lösung beim Durchtritt durch die Membran aufgehoben, als deren Folge sich dann eine EMK einstellte.

Bei höherwertigen Ionen sind die Verhältnisse nicht so eindeutig zu erkennen, wenngleich die Tendenz der Wirkung dieselbe bleibt. Michaelis hat dieses Gebiet noch weiter ausgebaut und dabei weitgehende Annäherungen an biologische Vorgänge erreichen können.

In allen genannten Fällen geht in die Gleichung, die die elektrokinetischen Erscheinungen quantitativ festlegen, eine Größe ein, die erst in allerletzter Zeit im Begriff ist, klarer erkannt zu werden, die Dielektrizitätskonstante (DK). Grenzen zwei Substanzen verschiedener DK aneinander, so lädt sich gemäß der Coehnschen Regel der Stoff mit der höheren Dielektrizitätskonstante positiv auf. Es kommt auf diese Weise zur Ausbildung eines $\varepsilon$-Potentialsprunges an der Grenze der beiden Körper. Nur wenn der $\varepsilon$- und der $\zeta$-Potentialsprung in derselben Richtung verlaufen, gilt die Regel auch für den elektrokinetischen

Potentialsprung. Die elektrosmotischen Untersuchungen von COHEN und RAYDT an nichtwässerigen Lösungsmitteln haben eine weitgehende Bestätigung der theoretischen Vorstellungen ergeben. Man besitzt somit ein Mittel, die D.K. von nichtwässerigen Lösungsmitteln auf elektrosmotischem Wege unter recht guter Annährung zu bestimmen.

### *i) Elektrokinetische Erscheinungen bei anderen Phasenkombinationen.*

Die bisherigen Erörterungen beziehen sich auf die Verhältnisse an der Grenze fest-flüssig. Es konnte von FREUNDLICH und GYEMANT gezeigt werden, daß auch an der Grenze flüssig-flüssig neben einer Phasengrenzkraft ($\varepsilon$-Potentialsprung) ein elektrokinetischer Potentialsprung besteht. Grundsätzlich zeigten sich hier dieselben Erscheinungen wie an der Grenze fest-flüssig. Auch hier waren $\varepsilon$- und $\zeta$-Sprung weitgehend unabhängig voneinander. MCTAGGERT konnte schließlich zeigen, daß dieser Potentialsprung sich auch an der Grenze flüssig-gasförmig findet. Dabei liegt der $\zeta$-Potentialsprung in der Flüssigkeit. KENRIC und später A. FRUMKIN konnten in eingehenden Versuchen nachweisen, daß an dieser eben genannten Phasengrenze auch ein thermodynamischer Potentialsprung vorhanden ist.

## 3. Grenzflächenenergie und elektrische Erscheinungen, sowie auch mechanische an Phasengrenzen, Elektrocapillarität.

### *a) Vorbemerkungen.*

Den Ausgangspunkt für die Darlegungen der Erscheinungen der *Elektrocapillarität* bilden wiederum die Verhältnisse an Phasengrenzen. Danach wäre nun zu erwarten, daß die besondere Art der Phasengrenze dabei zunächst unerheblich wäre, daß jede denkbareGrenzfläche zugrunde gelegt werden könnte. Dagegen ist grundsätzlich nichts einzuwenden. Praktisch jedoch sind die elektrocapillaren Erscheinungen fast allein erforscht und auch von Bedeutung für die Grenze fest-flüssig, bei der Quecksilber die eine Phase bildet, die andere dagegen von wässerigen Lösungen dargestellt wird. An einem derartigen System wird sich zunächst entsprechend den oben ausgeführten Grundsätzen der Elektrochemie eine Ionendoppelschicht ausbilden, ohne daß damit aber ein besonderer Erscheinungskomplex charakterisierbar wäre. Für gewöhnlich ist dann das Augenmerk allein gerichtet auf die Änderung der Doppelschicht, ihrer Struktur, der Ladungsverteilung usw., nämlich solange man allein die elektrokinetischen Phänomene im Auge hat. Ein Moment jedoch wird bei allen diesen Betrachtungen unberücksichtigt gelassen, das allerdings bei den meisten an dieser Stelle stattfindenden Vorgängen von verschwindender Bedeutung ist, bei den elektrocapillaren Phänomenen aber in den Vordergrund der Betrachtungen rückt. Es handelt sich nämlich um die Änderung *mechanischer* Art der Phasengrenze. Dieses kann geschehen in Änderungen der Größe sowie der der freien Oberflächenenergie (Oberflächenspannung) der Grenzfläche. Weiter oben, bei Behandlung des GIBBS-THOMSON-WARBURGschen Theorems ist in ausführlicher Weise die Rede davon gewesen, daß durch Hereinholen von Molekülen usw. in die Grenzfläche die potentielle Energie, die hier im Überschuß gegenüber dem Phaseninnern vorhanden ist, durch diese Arbeitsleistung erniedrigt wird. Eben diese Erscheinung, die erfahrungsgemäß schon lange bekannt war, ihre volle theoretische Klärung aber erst in neuester Zeit erfahren hat, ist Gegenstand der Elektrocapillarität. Sie umfaßt demnach diejenigen elektrischen Erscheinungen an der Grenzfläche Quecksilber—Lösung, die einhergehen mit Änderung der Größe und Spannung der Quecksilberoberfläche.

### *b) Der Zustand an der Grenzfläche Quecksilber—Lösung.*

Zur besseren Klärung der in Betracht kommenden Verhältnisse ist es erforderlich, den Zustand an jener Grenzfläche hier noch einmal kurz zu fixieren. Es stellt sich naturgemäß jener Zustand her, den wir weiter oben beschrieben haben, und der der Sternschen Theorie entspricht, sowie zugleich auch den fundamentalen Nernstschen Darlegungen. Sind in der wässerigen Lösung Hg-Ionen in einer Anzahl vorhanden, die größer ist, als der elektrolytischen Lösungstension entspricht, so werden sie die Quecksilberoberfläche positiv aufladen. E. Warburg konnte zeigen, daß dieser Zustand bei $H_2SO_4$ als flüssiger Phase tatsächlich realisiert ist. Dieser positiv geladenen Metalloberfläche gegenüber findet sich im Abstand eines mittleren Ionenradius die zweite, negativ geladene Schicht (d. h. die *erste* Molekellage der *Flüssigkeit*), die den größten Teil der negativ geladenen ($SO_4$-)Ionen enthält. Der Rest der negativ geladenen Ionen liegt in den auf diese erste Molekellage folgenden Schichten räumlich verteilt in asymptotisch nach dem Flüssigkeitsinnern abnehmendem Überschuß der negativen Ladung. Dieser diffuse Teil der Doppelschicht ist gegen den erstgenannten, flächenhaften, unverschieblichen, tangential zur Phasengrenze verschieblich. Jene unverschiebliche, erste, in der Flüssigkeit gelegene Ionenlage enthält aber auch die durch Adsorption in die Grenzfläche gelangten Ionen. In einer Lösung wird sich also zu dem Effekt, den die, z. B. in der $H_2SO_4$-Lösung vorhandenen Eigenionen des Quecksilbers bewirken, und der durch die Nernstsche Theorie thermodynamisch vollkommen bestimmt ist, derjenige algebraisch summieren[1]), der durch die Arbeit der freien Oberflächenenergie hervorgerufen ist.

### *c) Vorgänge an der Grenzschicht.*

Damit ist der Zustand an dieser Phasengrenze festgelegt, wie er sich *von selbst* einstellt. Führt man nun der positiv geladenen Hg-Oberfläche einen gewissen kleinen Betrag negativer Ladungen zu, — etwa durch Anlegen des negativen Poles einer beliebigen Elektrizitätsquelle —, so findet Neutralisation einer entsprechenden Menge positiver Ladungen auf der Metalloberfläche statt. Damit muß aber die Oberflächenspannung steigen. Das ergibt sich einmal rein thermodynamisch aus allen bisherigen Darlegungen. Waren nämlich Moleküle usw. in der Oberfläche angereichert, und mit ihnen Ladungen, so mußte die freie Oberflächenenergie sinken. Wurden dagegen Ladungen, — etwa durch Neutralisation, — wieder aus der Oberfläche entfernt, so muß die Oberflächenspannung wiederum steigen. Man kann sich diesen Vorgang aber auch molekularkinetisch verständlich machen. Die Moleküle in der Oberfläche unterliegen der Molekularattraktion (van der Waalssche Kräfte). Das Hereinholen, besonders von gleichsinnig geladenen Teilchen (Ionen), muß dieser Molekularattraktion entgegenwirken, da ja die gleichgeladenen Ionen sich abstoßen. Bei Ionenanwesenheit stellt sich also zwischen beiden antagonistischen Kräften ein Gleichgewicht ein. Führt man entgegengesetzte Ladungen in die Oberfläche, so findet Neutralisation der vorher vorhandenen Ladungen statt, die Kräfte der Molekularattraktion überwiegen, die freie Oberflächenenergie nimmt zu. Bei weiterer Zufuhr negativer Ladungen zur Hg-Oberfläche muß die Oberflächenspannung weiterhin steigen. Diese wird ihren größten Wert, — ganz allgemein gesprochen, — dann haben, wenn alle positiven Ladungen der Oberfläche neutralisiert sind, wenn also die Quecksilberoberfläche die Ladung *Null* besitzt. Dies ist auch die analytische Bedingung für das Maximum der Oberflächenspannung. Führt man weiter negative Ladungen zu, so wird die Quecksilberoberfläche negativen Ladungssinn annehmen, und entsprechend dem soeben Ausgeführten muß jetzt die Oberflächenspannung wieder sinken. Von einem bestimmten negativen Ladungszustand ab kommt es zur $H_2$-Entwicklung, wodurch der weiteren genauen Verfolgung des Phänomens eine Grenze gesetzt ist. Führt man dagegen der Hg-Oberfläche von vornherein positive Ladungen zu, so kommt es von einem bestimmten Ladungszustand ab zur Bildung schmieriger Oxyde. Hier liegt dann

[1]) Natürlich nur in bezug auf den *Verlauf* des gesamten (thermodynamischen) Potentialabfalls (s. oben S. 132, Anm. 1).

die andere Grenze des Phänomens. Es ergibt sich nun sogleich, daß ein Vorgang vorliegt, bei dem die *Metalloberfläche selbst* die Hauptrolle spielt. Ladungen treten in sie ein und haben dort verschiedene, aber genau definierte Wirkungen auf die mechanischen Konstanten der Hg-Oberfläche. Es ist also *zunächst* ein Vorgang am *thermodynamischen* oder *Gesamtpotentialsprung*, am Potentialsprung, der *wesentlich* bestimmt ist durch die Zahl der Quecksilberionen, d. h. der Eigenionen des Elektrodenmetalls. Man sieht nicht ein, wieso hier der elektrokinetische Teil des Gesamtpotentialsprungs zunächst überhaupt besonders in Erscheinung treten könnte, — wie man es bisweilen dargestellt findet. Handelt es sich demnach *prinzipiell* um Vorgänge am Gesamtpotentialsprung, so kann doch der elektrokinetische Teil von hervortretender Bedeutung werden. Es kann naturgemäß hier nicht eingehend alles das erörtert werden, was dieses wichtige und interessante Erscheinungsgebiet bis in alle Einzelheiten umfaßt. Dieses muß auf die Lehr- und Handbücher der Physik beschränkt bleiben. Dennoch sei hier wenigstens ein Umriß dessen gegeben, worin sich der elektrokinetische Potentialsprung kundgibt.

Es wurde bei den elektrokinetischen Erscheinungen ausgeführt, daß gegenüber der Anzahl der — etwa — positiven Ladung in der Metallwand, in der ersten unverschieblichen Flüssigkeitsschicht der größte Teil der entsprechenden negativen Ladungen sich befindet, und zwar in flächenhafter Anordnung, während der Rest der entgegengesetzt geladenen Ionen sich räumlich verteilt, so daß

$$e_0 = -(e_1 + e_2)$$

ist [s. Gleichung (43)]. Denken wir uns für den Augenblick keine Adsorption in $e_1$ inbegriffen[1]), so wird sich folgendes ereignen: Wird $e_0$ durch zugeführte negative Ladung neutralisiert, so verschwindet auch $e_1$ und $e_2$ von der Grenzfläche. Diese wird in den ungeladenen Zustand übergeführt, hat also das Maximum an freier Oberflächenenergie. Wie werden die Verhältnisse sich aber gestalten, wenn in der ersten unverschieblichen Molekellage der wässerigen Phase noch die Ladungen hinzukommen, die durch Adsorption dorthin gelangt sind, mit anderen Worten, wenn die wässerige Phase capillaraktive Stoffe, vorzugsweise natürlich *freie* elektrische Ladungen besitzt? Dann wird naturgemäß die Neutralisation von $e_0$ *nicht* vollkommene Entladung der Grenzfläche bewirken können, denn für $e_0 = 0$ wird aus (43) $e_1 = -e_2$, also *keineswegs* aus $e_0 = 0$ $e_1 = e_2 = 0$, wie vorher. Sind also in jener ersten Molekellage der Lösung stark adsorbierbare positive Ladungen, so werden nach Neutralisation von $e_0$ die überschüssigen Ladungen in der ersten Flüssigkeitslage ein Potential $\psi_1 = \zeta$ erzeugen. Bei ihrem Ladungszustand $e_0 = 0$ hat also die Oberfläche bei Anwesenheit adsorbierbarer *positiver* Ionen in der Adsorptionsschicht noch ein positives Potential. Umgekehrt, sind negative Ladungen stark adsorbiert, so werden diese im Ladungszustand $e_0 = 0$ der Hg-Oberfläche deren Potential bestimmen. *Auf diesem Wege macht sich in gewissen Fällen der* ***elektrokinetische*** *Potentialsprung bei den elektrocapillaren Vorgängen bemerkbar.*

Man wird auch hier nicht vergessen dürfen, daß der $\varepsilon$-Potentialsprung den elektrokinetischen mit enthält. Ist also der Potentialsprung der festen Wand gegen das Lösungsinnere $\varepsilon$, der der unverschieblichen Flüssigkeitsschicht gegen das Lösungsinnere dagegen $\zeta$, so ist der Potentialabfall innerhalb dieser unverschieblichen Lage $(\varepsilon - \zeta)$, und der thermodynamische Potentialsprung wird je nach der Richtung des elektrokinetischen Potentialabfalles $(\varepsilon \mp \zeta) \pm \zeta$, da er ja nach den obigen Darlegungen in seinem Vorzeichen von dem des $\varepsilon$-Sprunges unabhängig ist.

---

[1]) Es ist dieses auch keineswegs notwendig.

### d) Die Lippmannsche Elektrocapillarkurve und ihre Bedeutung.

Es muß schließlich noch von der praktischen Bedeutung der Erscheinungen der Elektrocapillarität die Rede sein. Der erste, der hierher gehörige Erscheinungen eingehend experimentell und theoretisch untersuchte, war LIPPMANN. Sein System war ein relativ einfaches. Eine Glasröhre, die in eine Capillare auslief und mit Hg gefüllt war, tauchte in $H_2SO_4$-Lösung so, daß der Hg-Meniscus an die Säure grenzte. Am Boden des Gefäßes, das die Säure enthält, befindet sich ebenfalls Hg, das hier in breiter Fläche an die Säure grenzt. An diese letztgenannte Hg-Masse legte er den positiven Pol, an die in der Glasröhre den negativen. In dem Maße nun, als er die Hg-Masse in dem Rohre kathodisch polarisierte, erhöhte sich die Oberflächenspannung, d. h. der Meniscus in der Capillare stieg in die Höhe. Durch ein Manometer wurde der Hg-Meniscus in der Capillare immer wieder an die alte Stelle verbracht, so daß der aufgewandte Druck $d$ der Oberflächenspannung $\sigma$ proportional war:

$$\sigma = kd. \tag{53}$$

Bei der Spannung von 0,90 Volt war die Druckhöhe und daher die Oberflächenspannung ein Maximum. Hier war die Hg-Oberfläche entladen. Ging man nun weiter, so sank die Oberflächenspannung wieder. Abb. 11b gibt diese LIPPMANNsche Elektrocapillarkurve wieder. Auf der Ordinate sind die $d$-Werte (resp. $k \cdot d$), auf der Abszisse die elektrischen Spannungen eingetragen. Man sieht, daß die Kurve nicht ganz symmetrisch verläuft, daß vielmehr der aufsteigende Ast (aus naheliegenden Gründen auch positiver Ast genannt) steiler verläuft als der absteigende.

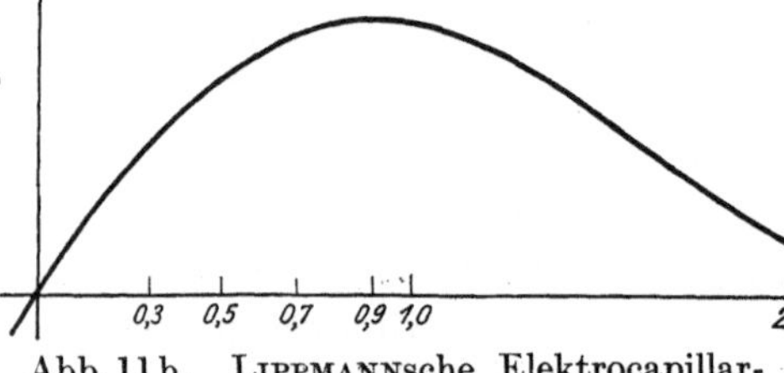

Abb. 11b. LIPPMANNsche Elektrocapillarkurve.

Da das Phänomen absolut reproduzierbar ist, konnte es sofort in zweierlei Gestalt praktisch Verwendung finden. In der LIPPMANNschen Kombination Hg—$H_2SO_4$ gibt es ein empfindliches Elektrometer ab, das mit seiner Kapazität an die rein statischen Meßinstrumente nahe herankommt. Ohne große Mühe kann man zu Empfindlichkeiten von etwa $10^{-5}$ Volt gelangen[1]). Es leistet ferner auch als sog. Nullinstrument hervorragende Dienste. Es besteht aber noch eine andere Verwendungsmöglichkeit. Man hat offenbar in dem Punkt der vollständigen Entladung der Quecksilberoberfläche gerade diejenige elektromotorische Kraft an die kleine Quecksilberoberfläche gelegt, die der natürlicherweise an dieser Phasengrenze vorhandenen gleich ist, aber von entgegengesetzter Richtung. Man erhält auf diese Weise also den *absoluten Potentialsprung*: *Hg-beliebige Lösung*. Er ergibt sich durch Aufnahme der Elektrocapillarkurve der betreffenden Substanz. LIPPMANN und HELMHOLTZ gingen dieser auffallenden Erscheinung, — sie beschränkten sich dabei auf das System Hg—$H_2SO_4$—Hg, — auch theoretisch nach und fanden aus thermodynamischen Betrachtungen, daß eine gewöhnliche Parabel den Gesamtverlauf darstellen müßte. In der Tat ist ja auch die LIPPMANNsche Kurve in großer Annäherung eine Parabel, *keineswegs* aber *exakt*. Den ersten experimentellen Anstoß zur Aufklärung dieser Frage der Abweichungen gaben die schönen Untersuchungen von PASCHEN. Seine Kurven zeigten gegenüber den LIPPMANNschen weitere erhebliche Abweichungen (s. Abb. 11c). Man erkennt, daß gegenüber der LIPPMANNschen Parabel eine *Depression* des *Maximums* stattgefunden hat, sowie auch eine Verschiebung. Die Arbeiten von GOUY

---

[1]) Bei selbstangefertigten, hängenden, offenen Capillaren.

sowie von FREUNDLICH führten zuerst auf den Umstand, daß die Adsorption, d. h. der elektrokinetische Potentialsprung, sich bemerkbar machen könnte, sobald capillaraktive Stoffe in der Lösung gegenwärtig wären. Bei den genannten Autoren ist daher auch, — wenn auch noch nicht in mathematischer Form —, so doch im Umriß jene oben mitgeteilte vollständige Erklärung des Gesamtphänomens zu finden.

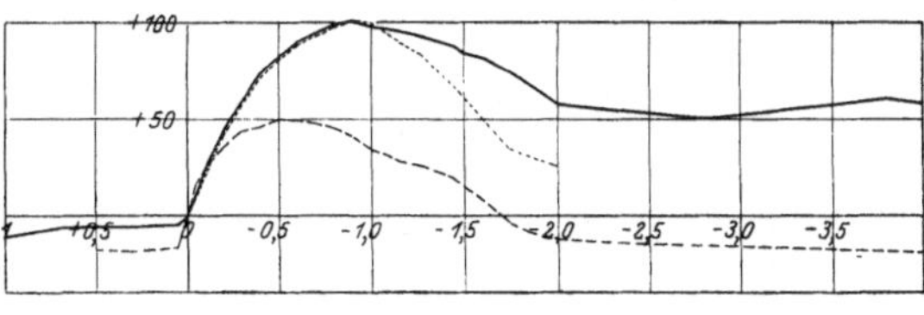


Abb. 11c.
—— $H^2SO_4$-Kurve bei 3 mm Rohr.
········ LIPPMANNsche Kurve. - - - - - HCl.

*e) Bedeutung der Adsorption für die Gestalt der Elektrocapillarkurve.*

Grenzt Hg gegen eine Lösung, die frei ist von capillaraktiven Substanzen, so wird sich also jene ideale Parabel einstellen, die die Theorie von LIPPMANN und HELMHOLTZ fordert und die sich auch nach den theoretischen Erörterungen von E. WARBURG, NERNST und PLANCK ergeben müßte. In einer ausgezeichneten Arbeit konnten KRUMREICH und KRÜGER in dem System $Hg/1{,}00\,n\text{-}KNO_3/Hg$ innerhalb großer Annäherung eine ideale Parabel finden. Die Arbeiten von PASCHEN bis zu FREUNDLICH und Frl. WRESCHNER zeigen dagegen, daß adsorbierbare *Anionen* neben seiner Depression, das Maximum auch noch nach dem negativen, absteigenden Ast der Elektrocapillarkurve verschieben, capillaraktive Kationen dagegen Depression und Verschiebung des Maximums nach dem positiven, aufsteigenden Ast zu bewirken. In der Arbeit, die schon oben bei den elektrokinetischen Erscheinungen ausführlich diskutiert worden ist, hat O. STERN nun auch die vollständige Theorie der Elektrocapillarkurven gegeben. Er führt hierbei als neue Größe das Adsorptionspotential ein. Seine Theorie ergibt symmetrischen Verlauf der Kurve, sobald keine capillaraktiven Substanzen vorliegen. Sind diese anwesend, so ist zu unterscheiden, ob beide Ionenarten ungefähr gleich stark adsorbiert werden oder nicht. Ist das erste der Fall, so findet sich zwar eine Depression des Maximums gegenüber der von jenen Ionen freien Phasen. Es kann aber keine Verschiebung des Maximums eintreten. Werden aber die Ionen verschieden stark adsorbiert, so muß sich außer der Depression auch noch jene Verschiebung des Maximums zeigen. Daraus ergibt sich zunächst die wichtige Folgerung, daß jene obenerwähnten absoluten Potentialmessungen nur beim Fehlen capillaraktiver Stoffe vorgenommen werden können.

Eine Erscheinung in diesem Bereiche ist erst in allerjüngster Zeit zur Aufklärung gelangt. Man fand nämlich Depression des Maximums und seine Verschiebung nicht nur bei adsorbierten *freien* elektrischen Ladungen, also Ionen, sondern auch bei Molekülen, vorzugsweise bei organischen Körpern. Dieses war zunächst verwunderlich. Konnte man noch für die Depression das Absinken der Dielektrizitätskonstante der Lösung gegenüber der der reinen Flüssigkeit verantwortlich machen, so ging dieses mit der Verschiebung nicht an. A. FRUMKIN[1]) konnte zeigen, daß bei den insgesamt elektroneutralen Molekülen noch die Asymmetrie der positiven und negativen Ladung (Schwerpunkt der positiven Ladungen fällt *nicht* zusammen mit dem Schwerpunkt der negativen) wirksam wird. Das Dipol- resp. Quadrupolmoment ist hierbei von Bedeutung, und die Einstellung erfolgt in Wechselwirkung von Adsorptions- und elektrostatischen

[1]) FRUMKIN, A.: Zeitschr. f. Physik Bd. 35, S. 792. 1926.

Kräften. So gelang es Frumkin, den eigentümlichen Verlauf der Kurve für Amylalkohollösungen vollkommen zu erklären.

Es muß noch Erwähnung finden, daß eine weitere Meßmethode sich auf dem Lippmannschen Prinzip aufbaut, nämlich die Tropfelektrode. Bei den genannten Literaturangaben ist näheres über sie nachzulesen.

#### *f) Die Elektrocapillarkurve bei anderen Systemen.*

Man hat die Elektrocapillarkurve auch im nichtwässerigen System in Anwendung gebracht. Es zeigte sich, daß bei entsprechenden Systemen auch den wässerigen Lösungen entsprechende Resultate sich einstellen.

## D. Die Entstehung von Grenzflächen.

### 1. Vorbemerkungen.

In den bisherigen Erörterungen sind bereits mehrfach Verhältnisse zur Sprache gekommen, bei denen es sich nicht mehr nur um eine makroskopische Grenzfläche handelte, an der man gewisse physikalische Erscheinungen in ihren gesetzmäßigen Zusammenhängen verfolgte, vielmehr lag bisweilen eine Mannigfaltigkeit mikroskopischer Phasengrenzflächen vor, auf die man das an makroskopischen Erkannte übertrug. Es fragt sich nun, ob man nicht imstande ist, die Entstehung von Phasengrenzen überhaupt zu verfolgen. In diesem Falle sollte man wertvolle Einblicke in die Wirksamkeit der hier auftretenden Kräfte erhalten, die nicht zu erlangen sind, sobald man die Betrachtung nur auf *bereits fertige* Phasengrenzflächen beschränkt. Dieses ist nun in der Tat überall dort möglich, wo man Überschreitungserscheinungen (Übersättigung an Dampf, Lösung usw.) hervorrufen kann. Zwar stehen hier im Vordergrund bisher die Verhältnisse der Krystallisation aus übersättigten Lösungen, also im Grunde nicht direkt Vorgänge an kolloiden Systemen. Indes ist zu bemerken, daß einmal durch die modernen Erkenntnisse über den Bau von Stoffen, die uns die Röntgenspektroskopie vermittelt hat, der Gegensatz zwischen krystalloiden und kolloiden Körpern vollkommen geschwunden ist, nachdem eine ganze Reihe von Tatsachen ihn vorher schon fast unhaltbar gemacht hatte. Wir konnten so erkennen, daß die kolloiden Systeme in ihren Micellen weitgehend krystallin gebaute Aggregate besitzen, d. h. daß die Moleküle, aus denen diese Micellen bestehen, in weitestem Ausmaße *geordnete* Molekülgruppierung aufweisen (Gold, Silber, Vanadinpentoxyd und noch andere Sole). Auf der anderen Seite aber ist auch das rein krystalloide Phänomen gerade für gewisse biologische Vorgänge von außerordentlicher Bedeutung. Aus diesem Grunde sollen diese Erscheinungen hier kurz zur Sprache gebracht werden.

Es handelt sich um die Erscheinung, daß aus einer Lösung derjenige Körper ausfällt, der darin in Übersättigung vorhanden ist. Meist geschieht dieses durch Impfen mit einem kleinen Krystall derselben Substanz. Im Dampfzustande kann dieses schon durch Staubteilchen oder Ionen bewirkt werden. Auf jeden Fall spielt dabei ein sogenannter Keim eine wichtige Rolle. An ihn schließt sich dann der weitere Ausfall, die weitere Krystallisation an. Es kommt aber unter Umständen auch ohne „Impfung“ zum Ausfall des übersättigten Betrages durch spontane Bildung von Impfkeimen in der Lösung. Man wird daher unterscheiden müssen: 1. eine Keimbildung und 2. ein Keim- oder Krystallwachstum. Für diese Vorgänge wird die Geschwindigkeit besonders charakteristisch sein, mit der sie sich vollziehen. Man unterscheidet daher die Keimbildungsgeschwindigkeit (KeG) von der Krystallisationsgeschwindigkeit (KG). Jene ist bestimmt durch die Zahl der Keime, die unter bestimmten Bedingungen in der Lösung entstehen. Diese dagegen durch die Zahl der Atome, Ionen usw., die in der Zeiteinheit an den Keim sich anfügen.

## 2. Die Bedingungen für das Entstehen von Grenzflächen.

Die Frage nach der primären Ursache der Keimbildung wird sich auf Grund des bereits oben Mitgeteilten kurz klarmachen lassen. In der hochkonzentrierten Lösung werden infolge der Wärmebewegung der Moleküle Zusammenstöße in erheblicher Zahl stattfinden, d. h. die Moleküle werden relativ oft in den Bereich der gegenseitigen Anziehungssphäre gelangen, wobei die van der Waalsschen Kräfte in Wirksamkeit treten. Debye konnte zeigen, daß unter Zugrundelegung der gewöhnlichen Vorstellungen vom Atombau (positiver Kern, negative Elektronenhülle) auch bei Kugelform im Mittel zwei solche Gebilde stets eine Anziehung aufeinander ausüben unter der Annahme, daß Kern und Elektronenhülle nicht starr einander gegenüberstehen, sondern gegenseitige Verschiebbarkeit besitzen. Es leuchtet sofort ein, daß die Bewegungsgröße[1]) der Moleküle wesentlich bestimmend sein wird für ihr Zusammentreffen bzw. ihren Zusammenhalt. Ist die Lösung konzentriert, die Geschwindigkeit der Teilchen aber klein, so wird die Wahrscheinlichkeit für ihre Zusammenstöße relativ gering. Ist ihre Geschwindigkeit dagegen sehr groß, so ist die für einen Zusammenhalt gering. Da nun aber die Geschwindigkeit der Moleküle in engstem Zusammenhange steht mit der absoluten Temperatur des Systems, so erhellt aus diesen Betrachtungen sofort die Bedeutung, die die Temperatur für die Vorgänge der KeG besitzt. Bei hoher Temperatur wird die hohe kinetische Energie der Moleküle eine Keimbildung hindern. Bei fallender Temperatur wird ein Optimum durchlaufen werden müssen; denn es kommt sicherlich ein Temperaturbereich, in dem die kinetische Energie der Moleküle zu klein ist, um überhaupt eine erhebliche Zahl von Zusammenstößen zu bewirken. Von Bedeutung wird ferner die Viscosität sein, wobei noch besonders zu beachten ist, daß diese bei Temperaturerniedrigung ansteigt. Ein weiterer wesentlicher Umstand ist in dem thermisch-energetischen Verhalten der gelösten Substanz gelegen, d. h. es ist von Bedeutung, ob der Körper eine positive oder negative Lösungswärme besitzt. Geht man von schwach übersättigten Lösungen mit negativer Wärmetönung aus, so wird sich ein Temperaturgebiet finden, in dem sich zunächst nur kleine Krystalle bilden können, falls man die Temperatur erniedrigt. Aus thermodynamischen Gründen sind diese aber von großer Löslichkeit (s. auch oben S. 110), verschwinden daher wieder. Daraus ergibt sich, daß in der Umgebung der Sättigungskonzentration ein derartiges System bei nicht allzu großer Temperaturerniedrigung keine Keimbildung aufweisen wird. Setzt man aber bei einem endothermen System die Temperatur noch weiter herab, so werden die Verhältnisse aus den oben genannten Gründen für die Keimbildungsgeschwindigkeit günstiger. Die experimentellen Erfahrungen zeigten gute Übereinstimmung mit diesen Vorstellungen.

Ist die Lösungswärme aber positiv, und erniedrigt man die Temperatur, so wird die Keimbildung durch Annäherung an das Optimum für die kinetische Energie der Moleküle begünstigt werden. Auf der anderen Seite aber werden in diesem System die Bedingungen für die Keimbildung ungünstiger, da die bei etwas höherer Temperatur stabilen Keime bei deren Herabsetzung wachsen. Erhöhung der Temperatur wirkt hier in umgekehrtem Sinne.

---

[1]) Unter Bewegungsgröße oder Impuls versteht man bekanntlich das Produkt aus Masse und Geschwindigkeit eines Körpers.

Es muß noch hervorgehoben werden, daß die Größe des Kryställchens, mit dem man impfend die Auskrystallisierung erreichen will, keineswegs beliebig klein sein kann. Im Gegenteil kann ein zu kleiner Krystall unter Umständen ebenfalls noch in Lösung gehen. Die Theorie gibt aber die Möglichkeit an die Hand, die notwendige Korngröße, die „Impfschwelle", zu bestimmen. Im Anschluß an die Erörterungen von W. Thomson über Oberflächenkrümmung und Dampfdruck hat W. Ostwald eine Beziehung abgeleitet über die größere Löslichkeit kleiner Krystalle. Sie ist unter geeigneten Verhältnissen hier anwendbar:

$$\ln \frac{L_T^0}{L_T} = \frac{2\sigma M}{R T \varrho r}, \tag{54}$$

wo $r$ den Radius des Kryställchens — als Kugel gedacht — bedeutet, $T$ die absolute Temperatur, $L_T^0$ die Übersättigung, $L_T$ die Löslichkeit bei dieser Temperatur, $\sigma$ die Oberflächenspannung, $M$ das Molekulargewicht, $R$ die Gaskonstante, $\varrho$ die Dichte. Löst man nach $r$ auf, so erhält man den notwendigen Radius des Kryställchens, der unter den gerade herrschenden Bedingungen als Impfkeim dienen kann. Er ergibt sich in erster Annäherung zu:

$$r = \frac{2\sigma M L_T}{R T \varrho (L_T^0 - L_T)} \tag{55}$$

für bestimmte Temperaturen. Bei der Diskussion der Verhältnisse bei Variation der Temperatur werden die Umstände insofern komplizierter, als auch $L$ selbst noch temperaturabhängig ist. Für die Gültigkeit dieser Beziehung ist aber Voraussetzung, daß eine Lösung vorliegt, in der noch die van t' Hoffschen Gesetze zutreffen. Die auf Grund dieser Gleichungen vorgenommenen Versuche ergaben trotz vorhandener Fehlerquellen Resultate, die der Größenordnung nach mit den berechneten übereinstimmten.

### 3. Die Bedeutung der „Fremdstoffe".

Es gibt nun noch eine Reihe von Umständen, die einen starken Einfluß auf die KeG besitzen, vorab die sog. Fremdstoffe. Über ihre Wirkung sind wir gegenwärtig noch sehr wenig unterrichtet.

## E. Das Wachstum von Grenzflächen.

### 1. Die Vorgänge beim Wachstum.

Für die Betrachtungen der Krystallisationsgeschwindigkeit mögen die obengemachten Voraussetzungen verwirklicht sein, nämlich das Vorliegen eines fertigen stabilen Kryställchens. Es steht dann allein noch das Weiterwachsen zur Erörterung. Hier haben die Arbeiten von Volmer[1]) wesentliche Klärung gebracht. Aus ihnen geht grundsätzlich hervor, daß man einen wesentlichen Unterschied zwischen Keimbildung und Keimwachstum nicht machen kann. Der letztgenannte Vorgang ist im Grunde eine periodische Aufeinanderfolge des erstgenannten. Man hat ihn sich etwa folgendermaßen vorzustellen. Die auf den Krystall auftreffenden Aggregate (Moleküle usw.) werden keineswegs sogleich an freien Gitterpunkten angesetzt. Es sind vielmehr am Krystall die oben erörterten van der Waalsschen Kräfte wirksam, die nach Debye elektrischen Ursprungs, nach Haber und Langmuir mit unabgesättigten Restvalenzen der in der äußersten Netzebene des Krystalles angeordneten Moleküle identisch sind. Der thermo-

[1]) Volmer: Zeitschr. f. physikal. Chem. Bd. 102, S. 267. 1922; Zeitschr. f. Physik Bd. 9, S. 193. 1922; Physikal. Zeitschr. Bd. 22, S. 646. 1921.

dynamische Ausdruck dafür ist in der spezifischen freien Oberflächenenergie gegeben. Ihr zufolge werden zunächst Moleküle adsorbiert und liegen angereichert und ungeordnet im Adsorptionsraum, bisweilen in monomolekularer Schicht, ein anderes Mal in polymolekularer Schicht. Jedesmal aber ist die Dicke dieser Schicht durch die auftretende Interferenzfarbe feststellbar. Sie ist für jeden Fall eine konstante. Es liegt also zunächst ein reiner Häufungsvorgang vor[1]). Diese Adsorptionsschicht ist weiterhin identisch mit der VAN DER WAALSschen Grenzschicht, etwa beim Übergange Flüssigkeit — Dampf, die oben ausführlich besprochen wurde. Die Moleküle usw. dieser Adsorptionsschicht werden noch translatorische, kinetische Energie in den zwei Dimensionen der Fläche haben, während ihre Bewegungsfreiheit in der dritten Dimension durch die Adsorptionskräfte äußerst beschränkt ist. In den zwei Dimensionen der Fläche werden Zusammenstöße erfolgen. Damit ist aber hier die Möglichkeit der Keimbildung gegeben. VOLMER konnte dies auch bei etwa tausendfacher Vergrößerung beobachten. An diese zweidimensionalen Keime lagern sich andere an, und es erfolgt ihre Ordnung zu einer Netzebene, die dann als Ganzes in den Krystallverband aufgenommen wird. Durch periodisches Aufeinanderfolgen derartig gebildeter Netzebenen bildet sich der Krystall. Aus der Tatsache des primären Adsorptionsvorganges folgt nun, daß die Größe der spezifischen Oberflächenenergie maßgebend sein muß für die Anzahl der Moleküle usw., die in den Adsorptionsraum hineingeführt werden. Diese ist aber höchstwahrscheinlich für die verschiedenen Flächen verschieden groß. Daraus erklärt sich dann weiter das Zustandekommen anisodiametrischer Krystallformen (Plättchen, Nadeln usw.). Die spezifische Oberflächenenergie, d. h. das Adsorptionspotential, wird daher auch maßgebend sein für die KG. Somit ergibt sich, daß der Vorgang des Krystallwachstums ein fortwährendes Keimbilden und Ordnen von adsorptiv angehäuften Molekülen zu einer Ebene darstellt, die dann in dem Krystallverband Aufnahme findet.

## 2. Die Bedeutung der Adsorption.

Auf der Grundlage dieser Theorie erklärt sich auch zwanglos der Einfluß, den „Fremdstoffe" auf die KG besitzen. Ist ein solcher Fremdstoff gut adsorbierbar, so wird er die freie Oberflächenenergie besonders stark herabsetzen. Bei steigender Konzentration wird dann der Betrag des Ausfallens aus der übersättigten Lösung immer geringer. Bei einer gewissen Konzentration muß er Null werden, ebenso natürlich die KG. Dann ist die übersättigte Lösung stabil. Man kann also sagen, daß bei Anwesenheit von definierten Fremdstoffen die Größe des Adsorptionspotentials der Eigenionen im Vergleich mit dem der Ionen usw. des Fremdstoffes maßgebend sein wird für die KG. Auf jeden Fall nehmen die adsorbierbaren Fremdstoffe den Eigenionen die Plätze an der Krystallfäche fort, so daß, falls diese sich überhaupt noch an der Krystallisation beteiligen, Fremdstoff- und Eigenmoleküle gemischt vorkommen werden. Daraus erklärt sich zunächst die Bildung von Mischkrystallen. Ist der Fremdstoff ein Farbstoff, so wird der Krystall gefärbt sein. In der Tat ist diese ganze Gedankenreihe mit den experimentellen Erfahrungen in bester Übereinstimmung. Ist $g_0$ die Anfangsgeschwindigkeit der Krystallisation bei farbstofffreier Lösung, $g$ dagegen die farbstoffhaltiger, so dient als Maß der natürliche Logarithmus des Verhältnisses $g_0/g$. Liegen nun aber Adsorptionsverhältnisse zugrunde, so sollte dieser Term proportional sein der adsorbierten Menge. Man erhält demnach:

$$\ln \frac{g_0}{g} = \overline{K c^{\frac{1}{n}}} \, . \tag{56}$$

[1]) Siehe auch weiter unten S. 155ff.

Ist der Krystall sehr groß, so ist seine Grenzfläche relativ klein. Die freie Oberflächenenergie spielt keine erhebliche Rolle mehr, jedenfalls nicht mehr die, die sie für kleine Krystalle spielt. Dementsprechend läßt dann das Krystallwachstum nach, und es wird auch die Tatsache verständlich, daß jetzt keine Farbstoffadsorption mehr erfolgt. Aus den Volmerschen Vorstellungen wird auch ohne weiteres klar, warum in Anwesenheit von Fremdstoffen manche übersättigten Lösungen zur Bildung von unsymmetrischen, einseitigen Krystallbildungen neigen. Es handelt sich gewiß um Flächen mit besonders hohem Adsorptionspotential gegenüber anderen. Ausdrücklich sei hier aber darauf hingewiesen, daß umgekehrt bei der Wiederauflösung solcher Krystalle die Auflösungsgeschwindigkeit nicht genau der K.G. entspricht. Bei der Krystallisation werden geeignete Fremdstoffe diesen Vorgang durch Verdrängung der Eigenmoleküle hemmen können. Bei der Auflösung dagegen ist nicht einzusehen, warum der Vorgang gegenüber einem farbstofffreien Krystall länger dauern sollte, falls beide gleich groß und in derselben Flüssigkeitsmenge sich lösen. Allerdings müßte dann die Konzentration an Eigenmolekülen des Krystalles im zweiten Falle kleiner sein als im ersten.

## II. Die kolloiden Systeme.

### A. Charakterisierende Bemerkungen über diese Systeme.

Die kolloiden Systeme sind grundsätzlich als zweiphasige Systeme anzusehen. Es handelt sich dabei um ein Verteiltsein einer Substanz („Phase")[1]) in einer anderen. Die verteilte Phase wird als *disperse Phase* bezeichnet, die, in der sie existiert, wird das *Dispersionsmittel* genannt. Die Frage, wie das Dispersionsmittel zu unterscheiden ist von der dispersen Phase, läßt sich beantworten unter Heranziehung des Begriffes vom einfachen bzw. vom mehrfach zusammenhängenden Raum. Das Dispersionsmittel stellt einen mehrfach zusammenhängenden Raum dar, die disperse Phase dagegen eine Vielheit einfach zusammenhängender Räume. Derselbe Zustand, nur bei viel kleineren Dimensionen, liegt aber auch bei einer *echten Lösung* vor. Gegen eine solche ist eine Abgrenzung der kolloiden Systeme dadurch möglich, daß jene nur Einzelmoleküle oder Ionen oder beide in homogener Verteilung besitzt, während es sich bei den kolloiden Systemen in der überwiegenden Anzahl der Fälle um Molekül*aggregate* handelt. Es gibt jedoch auch ionen- und molekulardisperse Systeme von kolloidem Charakter, so daß jener genannte Unterschied nicht als ein prinzipieller angesehen werden kann. Somit erweist sich die Behauptung aus dem ersten Teil auch hier als zu recht bestehend, daß zwischen echter und kolloider Lösung eine grundsätzliche Differenz nicht feststellbar ist.

Auf der anderen Seite pflegt man das Gebiet der kolloiden Systeme bzw. der kolloiden Lösungen abzugrenzen gegen die groben Suspensionen. Diese

---

[1]) Unter dem Begriff der „*Phase*" versteht man nach W. Gibbs in gewissem Sinne eine Verallgemeinerung des Begriffes Aggregatzustand. Betrachtet man etwa ein Gemisch wie Wasser-Benzol, oder Wasser-Paraffin, oder eine Aufschwemmung von Kaolin in Wasser, oder aber festes $CaCO_3$ in einem abgegrenzten Raume, so finden sich darin als „*Phasen*": Wasser, Benzol; Wasser, Paraffin; Wasser, Kaolin; festes $CaCO_3$, festes CaO und gasförmiges $CO_2$. Sie existieren als räumlich getrennte Teile des „Systems" und berühren einander durch ihre Oberflächen. In sich selber ist jede Phase physikalisch und chemisch homogen: der Begriff „*Aggregatzustand*" wäre in diesen Fällen unzureichend, da wir zwei feste „Phasen" [$CaCO_3$ und CaO neben $CO_2$] ineinander vorfinden können oder zwei flüssige [Wasser und Benzol] (aber nie zwei gasförmige). Es können übrigens noch mehr als zwei Phasen nebeneinander existieren.

sind ausgezeichnet durch eine zeitlich begrenzte Stabilität, haben die Neigung zu rascher Sedimentation[1]). Auch sie lassen sich aber von den reinen kolloiden Lösungen nicht prinzipiell trennen.

## B. Mannigfaltigkeit der kolloiden Systeme.

Durch diese Grenzfestsetzungen, die in manchen Fällen, wie bemerkt, versagen können, ist doch trotz allem ein gewisser Bereich abgeschlossen, innerhalb dessen Erscheinungen auftreten, die von besonderer Eigenart sind, und durch die unsere Kenntnis von möglichen Naturerscheinungen in wesentlicher Weise erweitert worden ist, der Bereich der kolloiden Erscheinungen. Es erhebt sich weiter die Frage nach der *Art* und dem *Charakter* der kolloiden Systeme. Diese werden sich zurückführen lassen auf die Art und den Charakter der sie konstituierenden Phasen. Der Charakter der Phasen aber ist bestimmt durch die Zahl der möglichen Aggregatzustände. Da nun die Phasen nach den obigen Auseinandersetzungen vorwiegend zu zweit vorkommen, wird man *prinzipiell* eine Anzahl von kolloiden Systemen zu erwarten haben, wie sie der Zahl der Kombinationen von drei Elementen zur zweiten Klasse mit Wiederholung entsprechen würde[2]), d. h. von neun Systemen. Praktisch schließt sich jedoch bislang eine Reihe von diesen *theoretisch* möglichen Formen aus. Man trägt den Erfahrungen im weitesten Sinne Rechnung, wenn man sich, — nach Zahl und Zusammensetzung als den praktisch wichtigen Systemen, — mit den in folgender Tabelle angegebenen beschäftigt.

**Tabelle 6.**

| Nr. | Dispersionsmittel | Disperse Phase | Bezeichnung |
|---|---|---|---|
| 1 | gasförmig | gasförmig | [3]) |
| 2 | gasförmig | flüssig | Nebel |
| 3 | gasförmig | fest | fester Schaum |
| 4 | flüssig | gasförmig | Schaum |
| 5 | flüssig | flüssig | Emulsion |
| 6 | flüssig | fest | feste Emulsion |
| 7 | fest | gasförmig | Rauch |
| 8 | fest | flüssig | Suspension |
| 9 | fest | fest | feste Suspension |

An dieser Stelle jedoch sollen keineswegs alle aufgeführten, praktisch möglichen Systeme eine Behandlung erfahren. Vielmehr werden wir uns allein das praktisch bedeutungsvollste System gewissermaßen als Muster vornehmen und zwar das System: fest-flüssig. Dabei wird gelegentlich auch auf andere Systemarten hingewiesen werden.

Als nächstes soll die Frage erörtert werden, welche Größen den Zustand eines kolloiden Systems festlegen. Dazu sei kurz bemerkt, daß zunächst jede *Phase* ihre Eigenart haben wird. Es wird daher eine jede für sich zu betrachten sein, und zwar wird zuerst die disperse Phase herangezogen werden. Physikalische und chemische Natur werden ihre Bedeutung dartun. Zur erstgenannten gehört die *Teilchengröße* und *-menge*, die *Gestalt* der Teilchen und ihr *innerer Aufbau* (Struktur). Sodann soll der Einfluß der *chemischen Eigenschaften* der verteilten Substanz behandelt werden, darauf der Einfluß des *Dispersionsmittels*. Da

[1]) Über die Geeignetheit der Sedimentationsgeschwindigkeit als Maß für den kolloiden Charakter eines Systems s. weiter unten S. 152.

[2]) Die Zahl der Kombinationen von $n$ Elementen zur $k$-Klasse mit Wiederholung ist: $Z = n^k$.

[3]) Nr. 1 fällt praktisch fort, da nach Anm. 1 S. 150 zwei gasförmige Phasen nicht ineinander existieren können, sondern stets ein homogenes Gemisch bilden.

hier nur wässerige Systeme in Betracht kommen sollen, wird zuerst auf die Bedeutung der Eigenmoleküle, sodann auf die der „Fremdstoffe" dieses Dispersionsmittels eingegangen werden. Schließlich wird die *Grenzfläche* mit alleiniger Berücksichtigung ihrer Eigenheiten bei kolloiden Systemen zur Erörterung stehen. Man könnte weiterhin fragen, ob nicht die Vorgeschichte des Systems ebenfalls eine Rolle spielt, so z. B. besonders seine Darstellungsweise. Bei den Systemen, die als Sole bezeichnet werden, die vom Charakter eigentlicher Flüssigkeiten sind, ist dieses nicht notwendig der Fall. Die sich etwa aus der Darstellung herleitenden Momente (z. B. Fremdstoffgehalt des Dispersionsmittels, besonders in der Oberfläche befindliche Substanzen, usw.) können gut bei der Diskussion irgendeiner der angeführten Variablen eingefügt werden. Anders liegen die Verhältnisse jedoch bei denjenigen kolloiden Systemen, die mehr den Charakter fester Körper tragen, den Gelen. Bei diesen ist es notwendig, ihre Entstehungsgeschichte zu erörtern, die Sol-Gel-Umwandlung. Daran soll sich dann der Versuch anschließen, die Eigenschaften der kolloiden Systeme aus diesen Zustandsvariablen abzuleiten.

## C. Die Zustandsgrößen der kolloiden Systeme (fest-flüssig).

### 1. Die disperse Phase.

#### *a) Teilchengröße.*

Über die Abmessungen der Teilchen ist bereits oben flüchtig die Rede gewesen, als festgestellt wurde, daß man ionendisperse und molekulardisperse kolloide Systeme kennt neben solchen, deren Mizellen aus Molekülaggregaten bestehen. Schließlich gibt es auch noch solche, die zwischen diesen beiden großen Gruppen stehen, die sog. Kolloidelektrolyte (McBain), von denen weiter unten noch die Rede sein wird. Demnach wird man als untere Grenze für den Teilchendurchmesser den Ionenradius, also etwa $10^{-8}$ cm annehmen können. Hierbei muß allerdings darauf hingewiesen werden, daß diejenigen Systeme, die eine ionendisperse Phase besitzen, in fast allen bisher bekannten Fällen außerordentlich große Ionen bzw. Moleküle besitzen. Es sind dieses vorzugsweise die Eiweißkörper, für die vielleicht die oben angegebene Zahl für den Ionenradius etwas zu niedrig gegriffen erscheinen kann. Als obere Grenze für die Teilchen, die aus Molekülaggregaten bestehen, wird etwa ein Radius von $10^{-4}$ cm anzunehmen sein. Innerhalb dieser Grenzen sind nach übereinstimmenden Angaben die Teilchen hinreichend stabil, um den eigentlichen kolloiden Lösungen noch zugerechnet werden zu können. Teilchen von größeren Abmessungen zeigen bereits Erscheinungen, die man bei den groben Suspensionen antrifft, wie z. B. die rasche Sedimentation. Nach den obigen Darlegungen (s. S. 97ff.) nun wird auch der Unterschied der Dichte von verteilter Substanz und Mittel für die Sedimentationsgeschwindigkeit eines Systems maßgebend sein, so daß klar wird, daß die Sedimentationsgeschwindigkeit schlechthin nicht als absoluter Maßstab dafür gelten kann, ob das gerade vorliegende System ein kolloides genannt werden muß. Wenn nun auch zugegeben werden muß, daß der Dichtenunterschied niemals in so erheblichen Ausmaßen schwanken kann als der Teilchenradius[1]), so ist es demnach notwendig, auf dieses Moment hinzuweisen, da es gerade für Grenzfälle von Bedeutung werden kann. Die Frage, auf welche Weise die Größe der jeweiligen Teilchen experimentell bestimmbar ist, soll hier nicht erörtert werden. In den oben aufgeführten Lehrbüchern ist dieses in ausgiebigem Maße der Fall. Hier sei dagegen darauf hingewiesen, daß kein kolloides System Teilchen von

---

[1]) Nach den obigen Angaben kann dieser über drei Zehnerpotenzen schwanken.

nur *einer* Größenart besitzt, vielmehr zeigt die Erfahrung, daß alle Sole bei ihrer Herstellung polydispers ausfallen. Dieses geschieht aber in der Weise, daß dabei eine bestimmte mittlere Teilchengröße jeweils überwiegt. Sie ist also in größter Zahl vorhanden, während sich Teilchen mit größerem oder kleinerem Radius gemäß einer relativ steil abfallenden Verteilungskurve finden. Dieses läßt sich experimentell und auch mathematisch recht gut zeigen, soll aber hier nicht näher ausgeführt werden. Selbstverständlich ist durch experimentelle Eingriffe dieses ganz bestimmte Gleichgewicht der Polydispersität verschiebbar. Eine gewisse Ausnahme hiervon machen vielleicht die aus den großen Ionen- bzw. Molekülen bestehenden Systeme. Hier kann die Polydispersität in nicht sehr ausgesprochenem Maße vorhanden sein, da die Verteilung gewissermaßen bis an ihre äußerste Grenze geht. Bei den aus Molekülaggregaten bestehenden Solen dagegen, also etwa den Metallsolen, ist die Polydispersität sehr stark ausgeprägt. Zsigmondy hat in seinem Keimverfahren einen Weg angegeben, auf dem man in fortschreitender Annäherung zu einem fast monodispersen Sol gelangen kann. Dieses kann man weiterhin erreichen durch fraktioniertes Zentrifugieren oder auch Ultrafiltrieren eines beliebigen Systems. Liegen nun bei einem ionen- bzw. molekulardispersen Systeme als Micellen einzelne Ionen bzw. Moleküle vor, etwa neben Ionenaggregaten aus einer relativ nur geringen Zahl von Ionen, so ist demgegenüber die Frage wohl berechtigt, aus wieviel Molekülen sich bei jenen anderen Systemen die Aggregate aufbauen. Es leuchtet ein, daß sich wesentliche Aussagen über Bau und Verhalten des betreffenden Systems müßten machen lassen, wenn neben der Teilchengröße die Zahl der es zusammensetzenden Moleküle bekannt wäre. Man erhielte damit einen Einblick in die *Struktur* der Micelle. Davon soll noch näher die Rede sein. Die *Menge* der Teilchen ist u. a. insofern von Bedeutung, als die exakt quantitative Verfolgung einer Reihe von Erscheinungen wie Sedimentation, Zähigkeit u. a. sich einfach gestaltet, sobald die Konzentration unter einer bestimmten Größe bleibt. Bei der Zähigkeit ist in jenem Bereiche sogar der Dispersitätsgrad, in dem sich das Gesamtvolumen an verteilter Substanz befindet, ohne Bedeutung. Es handelt sich alles in allem wohl um jenen Konzentrationsbereich, wo die Wechselwirkung der Teilchen verschwindet. Wie schon mehrfach betont und sich noch oft zeigen wird, gestalten sich in jenem Gebiet die meisten Gesetzmäßigkeiten relativ einfach. In wieder anderen Fällen ändert sich mit der Konzentration auch der Charakter eines Systems. So wird der Charakter der Seifen als Kolloidelektrolyte immer ausgeprägter, zu je höheren Konzentrationen man gelangt u. a. m. Die Frage, an welcher Stelle dieser Bereich beginnt, ist nicht leicht zu beantworten, vor allem fehlen hier die notwendigen experimentellen Untersuchungen. Über die Konzentrationen im allgemeinen sei hier bemerkt, daß sie sich auch bei den „konzentrierten" Systemen in recht geringen Grenzen halten, vergleicht man sie mit denen der echten Lösungen. So enthält das konzentrierteste $As_2S_3$-Sol 75 g im Liter, das konzentrierteste Goldsol 1,2 g im Liter. Bei einer Teilchengröße von 50 $\mu\mu$ rechnet Freundlich auf eine Konzentration von 0,042 Mikromol ($\sim 5 \cdot 10^{-8}$ m) bei jenem konzentrierten $As_2S_3$-Sol.

### *b) Teilchenform.*

Sobald man die Feststellung getroffen hat, daß unter den kolloiden Systemen sich solche von ionen- bzw. molekulardisperser Art befinden, ergibt sich daraus eine Folgerung von grundsätzlicher Bedeutung. Die neuesten Ergebnisse der Atomphysik haben gezeigt, daß bei den Ionen (Atomen, Molekülen usw.) keineswegs die kugelsymmetrische Anordnung der Ladungen im Kern bzw. der Elektronenhülle vorherrscht. Es scheint vielmehr jene Anordnung zu überwiegen, bei der die Schwerpunkte der positiven und negativen Ladungen *nicht* zusammenfallen, sondern getrennt liegen. Ein derartiges Gebilde ist selbstverständlich nach außen hin neutral. Es besitzt einen länglichen Bau und zeigt aber infolge der eben erörterten Ladungsverteilung energetisch ein abweichendes Verhalten — gegenüber denen von Kugelform — auf seine Nachbarmoleküle gleicher Art, wie auch auf die des Mediums. Ein Gebilde von der gekennzeichneten Art wird als ein elektrischer Dipol bezeichnet. Seine Wirkung auf die Nachbarschaft kann etwa verglichen werden mit der eines molekularen Magneten. Auch hier finden sich positive und negative Ladungen in gewisser Entfernung voneinander. Auch bei ihm ist die Summe von positivem und negativem Magnetismus gleich Null; dennoch vermag sowohl der Nordpol als auch der Südpol auf eine geeignete Nachbarschaft Kraftwirkungen auszuüben. So wie diese Wirkung beim Magneten bestimmt ist durch dessen magnetisches Moment $m$

$$m = p \cdot l, \tag{57}$$

also durch das Produkt von Polstärke $p$ und Entfernung der Pole $l$, genau so ist auch die Wirkung des elektrischen Dipols bestimmt durch sein elektrisches Moment $\mu$

$$\mu = e \cdot \lambda, \tag{58}$$

wo $e$ die elektrische Ladung bedeutet und $\lambda$ die Entfernung der Schwerpunkte von positiver und negativer Ladung. Je größer das Dipolmoment ist, desto stärker seine Wirkung. Über diese Dipolmomente, die in ihren Wirkungen später noch eingehend zu charakterisieren sein werden, lagert sich naturgemäß beim Ion der Effekt seiner freien Ladung je nach Verlust oder Gewinn eines Elektrons. So sind z. B. die Ionen der einfachen Elektrolyte, wie $Cl'$, $H^{\cdot}$ usw., von kugeligem Bau, andere dagegen, wie $NO_3'$, $SO_4''$, sind es nicht mehr. Bei den Molekülen kommt freie Ladung nicht in Frage, doch kann bei ihnen die Anordnung der Atome oder Atomgruppen schon in einfachsten Fällen eine solche sein, daß Atome oder Atomgruppen von ausgesprochenem positiven Charakter solchen von negativem Charakter diametral gegenüberstehen und auf diese Weise einen Dipol formieren. Als klassisches Beispiel sei hier das Wasser genannt, in dessen Molekül steht das $H^{\cdot}$-Ion der negativen $OH'$-Gruppe gegenüber, ist also von der Form $\overset{+}{H}\text{—}\overset{-}{OH}$. Oder etwa der Äthylalkohol, der die Form hat $\begin{matrix} CH^{3+} \\ | \\ CH^2 \\ | \\ OH_- \end{matrix}$, hier steht also die negative OH-Gruppe der positiven $CH_3$-Gruppe gegenüber. Auch hier wieder ist das elektrische Moment für seine Wirksamkeit maßgebend. Fehlen beim Molekül, wie erwähnt, die freien Ladungen, so können sich bei ihm doch weitere Mannigfaltigkeiten etwa dadurch einstellen, daß an zwei entgegengesetzten Enden je zwei gleich geladene Atome oder Atomgruppen stehen, denen wiederum zwei gleiche, aber jenen eben genannten entgegengesetzt geladene Atome oder Atomgruppen in der Mitte des Moleküls das elektrische Ladungsgleichgewicht halten, etwa wie beim Aceton $\begin{matrix} CH_3{}^+ \\ | \\ C{=}O{=} \\ | \\ CH_{3+} \end{matrix}$ oder dem Äthyläther $\begin{matrix} C_2H_5{}^+ \\ | \\ C{=}O{=} \\ | \\ C_2H_{5+} \end{matrix}$. Hier spricht man von einem Quadrupol. Seine Wirksamkeit ist durch sein Quadrupolmoment $\nu$ gegeben:

$$\nu = 2e\lambda^2. \tag{59}$$

An die Ausgangsbetrachtung wieder anknüpfend ergibt sich nunmehr, daß zunächst bei denjenigen kolloiden Systemen, die molekulardispers oder ionendispers sind, der Einfluß der Form der Micelle sich geltend machen müßte. Bei der Besprechung der Eigenschaften der kolloiden Systeme wird von dem Ausmaß der Wirkungen dieses Faktors die Rede sein. Hier sei nur bemerkt, daß z. B. die Seifen (s. unten S. 158) aus länglichen Teilchen bestehen, gleich wie ihr Molekül eine Kette darstellt. Wie liegen nun aber die Verhältnisse bei den Mizellen, die aus Aggregaten großer Molekelzahl bestehen? Hier haben die modernsten physikalischen Methoden, vorab die Röntgenspektroskopie, dargelegt, daß weitgehend die Tendenz besteht, den Atomen bzw. den Molekülen innerhalb der Micelle eine Gitteranordnung, wie sie im Krystall vorliegt, anzuweisen. Je mehr Systeme infolge Ausbau der genannten Methode derartiger Untersuchung zugänglich werden, desto mehr zeigt sich, daß *prinzipiell* jener Krystallcharakter vorherrscht. Wo dieser Existenzbeweis noch aussteht, liegt es *vorzugsweise* an der Methode, so daß zu erwarten ist, daß mit ihrer Vervollkommnung auch bei noch weiteren Systemen jener genannte Charakter sich wird nachweisen lassen. Immerhin liegen aber auch Fälle vor, wo aus klaren Gründen eine Röntgeninterferenz nicht zustande kommt. Davon soll im nächsten Abschnitt noch ausführlicher die Rede sein. Ist nun aber die Micelle aus Molekeln bzw. Atomen in Gitteranordnung aufgebaut, d. h. in der Weise weitestgehender Ordnung, so werden sich auch an der Micelle weitgehend die Symmetrieeigenschaften des Moleküls wiederfinden. Es werden also neben solchen Micellen, deren Abmessungen in den drei Raumrichtungen weitgehend gleich sind, solche finden müssen, die diese Achsenverhältnisse nicht zeigen. Neben Kugel-, Würfel-, Oktaederform werden sich Zylinder-, Stäbchen-, Plättchen- und andere derartige anisodiametrischen Formen finden. Dieses ist auch in der Tat der Fall. Zu den letztgenannten gehören in der Hauptsache die Sole mit stäbchenförmigen Teilchen, wie das Vanadinpentoxyd, das Benzopurpurin, Anilinblausol, sowie die mit plättchenförmigen Teilchen, z. B. das Eisenhydroxydsol u. a.

### c) *Teilchenstruktur.*

Um die Mannigfaltigkeiten in der Gestalt der Micellen vollständig verstehen zu können, mußte bereits flüchtig eingegangen werden auf ihre Struktur. Von den ionendispersen bzw. molekulardispersen Systemen wurde bereits erwähnt, daß sich sowohl Kugelgestalt als auch Abweichungen von ihr in der Form von sog. Dipolen bzw. Quadrupolen finden müßten. Es wurde weiter kurz erwähnt, daß damit besondere physikalische Kraftwirkungen auf benachbarte Moleküle usw. gegeben sind. Auch von den Micellen, die aus einer großen Zahl von Molekülen sich aufbauen, ist in Hinsicht auf die Struktur schon die Rede gewesen. Es zeigte sich, daß auf Grund der Röntgenuntersuchungen weitgehend die Tendenz besteht, die Atome usw. in der Micelle gittermäßig anzuordnen, daß aber andererseits Fälle bestehen, wo eine Röntgeninterferenz nicht nachweisbar ist. Von diesen Verhältnissen sei hier nun etwas eingehender die Rede. Es fragt sich nämlich, wodurch diese Zustände verursacht sind. Die Erkenntnis dieser Ursachen wiederum ist wesentlich für das Verständnis vom Verhalten kolloider Systeme, z. B. für Stabilität usw.

Es müssen naturgemäß die Bedingungen gegeben sein, für das Zusammenfinden der Moleküle in genügender Anzahl, d. h. es müssen genügend Zusammenstöße stattfinden können. Bei übersättigten Lösungen wird dieses in hervorragendem Maße der Fall sein. Von derartigen Zuständen aus ist man nun auch zunächst zu einer Erkenntnis der Verhältnisse gelangt. Bereits SMOLUCHOWSKI hat von einer Geschwindigkeit der Molekülhäufung gesprochen. Diese wird bei Übersättigung sehr groß sein. Wird die Grenze der Teilchengröße überschritten, die gemäß der Sedimentationsformel (7) bzw. (8) ein Suspendieren der Teilchen in der Flüssigkeit zuläßt, so entsteht ein Niederschlag, Sediment (Flockung, Koagulation). Rasch erzeugte Niederschläge, also solche mit großer Häufungsgeschwindigkeit, sind nun durchgehends amorph, d. h. die Moleküle liegen regellos orientiert aneinander. Erzeugt man aber solche Niederschläge langsam, oder untersucht man Molekülhaufen, die rasch entstanden sind, nach hinreichend langer Zeit, so zeigen sie Röntgendiagramme. Es muß also eine *Ordnung* unter den Molekülen eingetreten sein. Haber hat daher jener *Häufungsgeschwindigkeit* eine *Ordnungsgeschwindigkeit* hinzugesellt. Diese Ordnungsgeschwindigkeit ist der Größe nach charakterisiert durch die Geschwindigkeit, mit der die allseitig ungeordneten Moleküle unter dem Einfluß der gegenseitigen Attraktionskräfte in den geordneten Zustand übergehen. Damit ist nun die Möglichkeit gegeben, jene oben angegebenen Verhältnisse zu verstehen. Ist die durch die Zahl der Molekülzusammenstöße in der Zeiteinheit gegebene Häufungsgeschwindigkeit klein gegen jene Ordnungsgeschwindigkeit, so wird sich krystalline Anordnung und damit in der Mehrzahl der Fälle ein Röntgendiagramm ergeben. Ihnen stehen gegenüber jene Systeme, wo sich in frischem Zustand keine Interferenz zeigt, wohl aber in älterem. Hier ist offenbar die Häufungsgeschwindigkeit größer als die Ordnungsgeschwindigkeit, die Micellen erweisen sich als amorph. Läßt man ihnen aber Zeit sich zu ordnen, durch hinreichendes „Altern", so geben auch sie ihre Neigung zu krystallmäßiger Anordnung zu erkennen. Zur letztgenannten Gruppe gehören z. B. die Sole des Aluminiumhydroxyds, des Eisenhydroxyds u. a. Es sei betont, daß hiermit keine *prinzipiellen* Gegensätze aufgezeigt sein sollen, vielmehr werden die Verhältnisse so liegen, daß, wenn eine Methode gefunden würde, frische Sole der letztgenannten Art langsam herzustellen, man an ihnen sofort auch Gitteranordnung würde feststellen können. Ist hingegen die Ordnungsgeschwindigkeit unverhältnismäßig klein, so wird allerdings die Wahrscheinlichkeit der Auffindung einer geeigneten Herstellungsmethode entsprechend gering.

Dieser Übergang von ungeordnetem in geordneten Zustand wird nun begünstigt in allen den Fällen, wo die in Betracht kommenden Elementargebilde (Atome, Moleküle usw.) nicht allseitig symmetrisch sind, sondern Dipole oder Quadrupole vorstellen, wie sie oben dargelegt sind. Es ist oben auch erwähnt, daß Dipole und Quadrupole Kräfte aufeinander und auch auf die Moleküle des Mediums ausüben[1]). Haben aber Gebilde eine potentielle Energie aufeinander, so suchen sie sich, — nach einem bekannten Satze von Gibbs, — so einzustellen, daß ein Minimum dieser Energie resultiert. Damit wird aber hier der Ordnungsvorgang begünstigt gegenüber solchen Bausteinen, die rein kugelig sind. Dabei zeigt sich, daß die Kräfte, die Quadrupole aufeinander ausüben, geringer sind als solche, die Dipole aufeinander ausüben. Am größten sind die Kräfte, die freie Ladungen aufeinander besitzen.

Es besteht aber die Möglichkeit einer noch andersgearteten Ordnung von Atomen bzw. Molekülen. Der Krystall zeigt ganz bestimmte, strenge, periodische Anordnungen der betreffenden Elementargebilde in genau definierten Netzebenen[2]) (s. oben S. 148ff.). Zwischen diesem strengen Ordnungsverhältnis und der regellosen Anordnung der Atome bzw. der Moleküle, sowohl in bezug auf ihre Gruppierung als auch auf ihre Abstände, existiert ein solcher, der von weniger

---

[1]) Das Potential $\varphi$ der freien Ladung $e$ in der Entfernung $r$ beträgt $\varphi = \frac{e}{r}$; das eines Dipols $\varphi' = \frac{e\lambda}{r^2}$, das eines Quadrupols $\varphi'' = \frac{2e\lambda^2}{r^3}$, wo die Bezeichnungen die oben gegebene Bedeutung haben.

[2]) D. h. das räumlich ausgedehnte Molekül ist in allen drei Raumrichtungen ausgerichtet, sobald eine fertig gebildete Netzebene in den Krystall aufgenommen ist.

strenger Regelmäßigkeit ist, der sog. *mesomorphe* Zustand[1]). Bei ihm handelt es sich einmal um Anordnung von Molekülen in aufeinanderfolgenden Ebenen. Diese Ebenen sind streng äquidistant. Innerhalb dieser Ebenen aber ist den Molekülen beliebige Anordnung zugelassen. Es besteht also hier in der Hauptsache eine Ordnung in der Hinsicht, daß regellose zweidimensionale Molekülhaufen in bestimmten Abständen sich folgen. Also eine Ordnung in bezug auf gewisse Abstände. Es ist oben (S. 148ff.) eingehend vom Krystallwachstum die Rede gewesen. Dabei wurde dargelegt, wie ihre Gitterebenen selbständig entstehen und zunächst den Molekülen in ihren beiden anderen Dimensionen noch BROWNsche Bewegung gestatten, sowie daß erst nach vollständiger Formierung einer Netzebene diese in den Krystall aufgenommen wird. Hier, bei den mesomorphen Körpern, kann man unter Umständen den entgegengesetzten Effekt beobachten. Die betreffende Substanz findet sich bei hinreichend niedriger Temperatur in *manchen Fällen* als Krystall. Dieser geht aber durch Erwärmen in jenen Zustand über, der zwischen dem Krystall und dem regellosen Molekülhaufen liegt, eben in den mesomorphen Zustand. Dabei tritt nun als neue, vom eigentlichen Krystall unterschiedene Phase, der Zustand auf, in dem die Moleküle aus der festen Gitteranordnung heraus in beliebige übergehen, aber doch noch in äquidistanter, zweidimensionaler Gruppierung verharren. Es sei gleich betont, daß es auch mesomorphe Körper gibt, von denen man *keine* Krystallform kennt. Jene mesomorphe Phase kann flüssig, sie kann aber auch fest sein, auf keinen Fall aber stellt sie einen Krystall dar. LEHMANN, der diese Gebilde eingehend studiert hat, hat sie als „flüssige Krystalle“ oder „krystalline Flüssigkeiten“ bezeichnet. Es zeigt sich nun, daß man unter den weitverbreiteten mesomorphen Körpern, die unter den biologischen Substanzen wahrscheinlich eine bedeutende Rolle spielen, zwei große Gruppen unterscheiden kann, die Gruppe der sog. *smektischen* und die der *nematischen* Körper. Zu den erstgenannten gehören die Seifen, Lecitin, Protagon u. a. Für sie ist charakteristisch jene Molekülanordnung in Ebenen gleichen Abstandes, von der soeben geredet wurde. Die regellose Molekelanordnung innerhalb dieser Ebenen geht an den Rändern in eine für gewöhnlich variierende Ordnung über.

Die zweite, nematische Gruppe zeigt zwei Typen, den eigentlich nematischen und den cholesterischen. Bei dem erstgenannten findet sich eine Fadenbildung, d. h. die Moleküle sind beliebig um eine Längsachse herum geordnet, immerhin findet sich innerhalb dieser Fäden bisweilen eine Art von Torsionsstruktur. Diese Fäden sind positiv doppelbrechend mit radiär gestellter optischen Achse. Beim cholesterischen Typ findet sich negative Doppelbrechung. Hier ist die nähere Anordnung noch unbekannt.

Bei Fettsäure-Cholesterinestern findet sich zunächst allein die cholesterische Phase. Steigt dagegen das Molekulargewicht, so tritt neben dieser auch eine smektische auf, und schließlich ist bei weiterer Steigerung sie allein noch vorhanden.

Schließlich muß noch darauf hingewiesen werden, daß es in manchen Fällen — hauptsächlich mit Hilfe der Röntgenanalyse — gelungen ist, auch den Aufbau des die Micelle bildenden Einzelmoleküls zu ermitteln. So zeigte das CRUMsche Aluminiumhydroxydsol ein Röntgenspektrum, das dem des *Bauxits* gleichkommt. Die aufbauenden Moleküle wären demnach $AlO(OH)$. Das positive Eisenhydroxydsol, — durch Hydrolyse von $FeCl_3$ entstanden, — zeigt Teilchen von basischem Eisenchlorid. In Solen, bei denen Alterungsvorgänge stattgefunden haben, zeigt die Röntgenanalyse Micellen auf, deren Diagramm dem des *Goethits*

[1]) Siehe dazu FRIDEL: Ann. de physique Bd. 18, S. 273. 1922.

gleicht, es liegen demnach hier aggregierte FeO(OH)-Moleküle neben jenen obengenannten vor. Demgegenüber finden sind in dem Eisensol, das durch Oxydation von Eisencarbonyl $Fe(CO)_5$ mit $H^2O^2$ hergestellt ist, *kein* basisches Eisenchlorid. Dieses gibt allein das Röntgendiagramm des *Goethits* FeO(OH)[1]. Bei den üblichen Gold- und Silbersolen konnten Debye und Scherrer zeigen, daß deren Micellen durch Atome von derselben Anordnung gebildet werden, wie sie sich im massiven Gold und Silber finden.

Zsigmondy legt besonderen Wert auf eine Art der Unterscheidung in der Bezeichnung der Micellen, die mit Strukturfragen in Verbindung steht und einen gewissen Zusammenhang hat mit oben behandelten Dingen. Er stützt sich dabei vor allem auf Untersuchungen an Goldsolen. Danach kann die disperse Phase aus Primärteilchen bestehen oder auch aus Sekundärteilchen (Monone bzw. Polyone). Die erstgenannten sind — krystallin — kompakt aus der die Micelle konstituierenden Substanz aufgebaut. Die Sekundärteilchen dagegen sind durch Zusammentritt von Mononen entstanden. Sie haben den Charakter von Flocken, sind also nicht als homogene Gebilde wie die Monone aufzufassen. Aus dieser Definition geht klar hervor, daß die Größe allein keine Auskunft gibt, ob in einem bestimmten Falle Monone oder Polyone die disperse Phase bilden. Ein Sol kann vielmehr sehr große Primärteilchen haben, während gleich große eines zweiten Soles aus einer Vielzahl sehr kleiner Monone bestehen können. Es leuchtet ein, daß infolge etwa der gänzlich verschiedenen Größe der Grenzflächen in beiden Fälle die beiden Sole auch recht verschiedene Eigenschaften werden zeigen können.

Es besteht nun die Möglichkeit, daß durch Zusammentritt von Mononen in einem Sol Polyone sich bilden. Man wird diese Gebilde als Vorstufen des Flockungsvorganges, als Einleitung zur Kogulation auszusprechen haben[2]). Es besteht aber auch die andere Möglichkeit, daß die zusammengetretenen Mononen, wenn sie krystallin sind, zu einem größeren Monon, also Primärteilchen werden können. Bei diesem Vorgang werden Verhältnisse maßgebend sein, von denen oben bei Erörterung der Häufungs- und Ordnungsgeschwindigkeit die Rede war.

Sodann aber werden auch die Vorgänge zu beachten sein, die, wie oben ausgeführt, von der Teilchenform und der Zeit abhängen. Längliche Molekülform wird den Zusammentritt begünstigen, während der Zeitfaktor in der Weise wirken wird, daß erst allmählich eine Ordnung der zusammengetretenen Moleküle bzw. Mikrokrystalle, sich zeigen kann. Hier erweist sich, daß eine scharfe Unterscheidung der Systeme mit Primär- und Sekundärteilchen manchmal nicht möglich sein wird. Ein Sol wird etwa zu einer bestimmten Zeit aus Polyonen bestehen, während es nach einiger Zeit geordnete, krystalline Mononen wird aufweisen können.

Eine andere Art der Strukturbildung stellen die *Kolloidelektrolyte* dar. Sie stehen gewissermaßen zwischen den ionendispersen bzw. molekulardispersen Systemen und denen, deren Aggregate aus einer Vielzahl von Molekülen zusammengesetzt sind. Es handelt sich um Aggregate, die aus Ionen bestehen, aber außerdem noch Moleküle der betrachteten Substanz sowie auch noch Wassermoleküle einschließen. Das ganze ist vielleicht ein Komplex von Wernerscher Art. Er besitzt Eigenschaften eines Kolloids, hat aber auf der anderen Seite freie Ladungen wie ein Ion. Auf welche Weise jene geschilderte Zusammensetzung einer solchen Micelle quantitativ erfolgt, ist nicht näher bekannt, wenn

---

[1]) Siehe hierzu hauptsächlich J. Böhm: Zeitschr. f. anorg. u. allg. Chem. Bd. 149, S. 203. 1925.

[2]) Die Flockung mit nachfolgender Sedimentation wird aber erst eintreten, wenn die Teilchen so groß werden, daß sie nicht mehr suspendiert bleiben können.

auch gewisse Grenzbeziehungen über diese zu bestehen scheinen. Der Charakter als Kolloidelektrolyt ist um so ausgesprochener in je höherer Konzentration man den betreffenden Körper untersucht bzw. zu je höherem Molekulargewicht man schreitet. Aus diesem Zustand leiten sich zwanglos eine Reihe von wichtigen Erscheinungen ab, von denen später noch zu reden sein wird. Man findet diesen Zustand bei gewissen Farbstoffen, bei Eiweißlösungen und auch bei den Uraten[1]). Das klassische Objekt hierfür aber sind die Seifenlösungen. An ihnen sind die Hauptergebnisse über die Natur dieser Körperklasse von MacBain und seinen Mitarbeitern aufgefunden worden. In bezug auf Struktureigentümlichkeiten sei noch erwähnt, daß — im Zusammenhang mit oben Mitgeteiltem — der Kettenstruktur des Seifenmoleküls weitgehend auch das Dunkelfeldbild der Seifenmizelle entspricht. Man findet dort lange Fäden, oft solche bis zu $10^{-2}$ cm Länge, während die beiden anderen Dimensionen amikronisch sind.

Schließlich sei hier noch auf eine Strukturmöglichkeit für kolloide Systeme hingewiesen, die zwar bei einem System fest-flüssig bisher direkt noch nicht aufgefunden ist, die aber in biologischer Beziehung von Bedeutung zu sein scheint, wie nach zwei bisherigen Befunden anzunehmen ist. Kautsky[2]) fand beim Calciumsilizid ein Verhalten, das auf einen eigenartigen Bau dieser Gruppe von Stoffen schließen läßt. Es handelt sich um Körper, die in Lamellen oder Fäden spaltbar sind. Diese Gebilde besitzen aber für gewöhnlich nur eine Dicke von ein oder zwei Molekellagen. Diese Molekel sind daher von zur Reaktion befähigten Substanzen fast sämtlich zu gleicher Zeit zugänglich. So stellen sich hier Adsorptionen äußerst rasch ein. Aber auch mit echten chemischen Reaktionen ist dieses der Fall. Dabei ändert nun der Körper seine ursprüngliche Gestalt nicht. Ein Teil der Valenzkräfte wird also dazu aufgewandt, das eigentliche Gerüst des Körpers aufrechtzuerhalten, während ein anderer Teil für die genannten Reaktionen frei bleibt. So gehen eine ganze Reihe chemischer Umwandlungen vor sich, bei denen z. B. Halogensubstitutionsprodukte oder stickstoffhaltige entstehen. Schließlich baut sich dann der Körper aus Molekülen auf, die von den Ausgangsmolekülen durchaus verschieden sind, während die alte Gestalt noch bestehen geblieben ist. R. O. Herzog[3]) leitet auf diese Weise die Umwandlung einer Sehne in eine Chitinplatte der Krebsschere ab, und zwar unter Zugrundelegung der Röntgenspektroskopie, während Ettisch und Szegvari[4]) mit einem derartigen Bau das Verhalten der stäbchenförmigen Micellen von sehr feinem kollagenen Bindegewebe gegenüber der Einwirkung von Elektrolyten erklären. Für diese Körperklasse hat Freundlich den Namen *Permutoide* geprägt, derartige Reaktionen nennt er *permutoide Reaktionen.*

### *d) Chemische Natur der Teilchen.*

Es braucht wohl kaum besonders darauf hingewiesen zu werden, daß sich auch die chemische Natur der Micelle bei deren Verhalten in mannigfacher Weise kundgeben wird. Bei der ionendispersen Phase wird es z. B. keineswegs gleichgültig sein, in welcher Richtung eine Dissoziation erfolgt. Bei manchen wird sich hierbei ihr Säurecharakter, bei anderen ihr basischer bemerkbar machen, während bei den amphoteren Körpern ein Wechsel wird eintreten können, der von der Umgebung bzw. deren Zustand abhängt. Selbst bei diesem Wechsel

---

[1]) Siehe hierzu Freundlich u. L. Farmer Loeb: Biochem. Zeitschr. Bd. 180, S. 141 1927, sowie G. Ettisch, Farmer Loeb u. B. Lange: Ebenda Bd. 184, S. 257. 1927.

[2]) Kautsky u. G. Herzberg, Zeitschr. f. anorg. u. allgem. Chem. Bd. 147. S. 81. 1925.

[3]) Herzog, R. O.: Ber. d. dtsch. chem. Ges. Bd. 57, S. 329. 1924.

[4]) Ettisch u. Szegvari: Protoplasma Bd. I, S. 214. 1926.

noch wird sich die Eigenart der betreffenden Substanz kundgeben. Bei den vielmoleküligen Aggregaten zeigen sich andere Einflüsse der chemischen Natur. Auf der einen Seite findet sich bei gewissen Micellen erhöhte Reaktionsbereitschaft gegenüber der kompakten Masse der betreffenden Substanz. Hierher gehört z. B. die augenblickliche Entfärbung des $As_2S_3$-Sols, bei Zugabe von NaOH, oder die Ausfällung von Eisensulfid durch $H_2S$ aus Eisenhydroxydsolen. Bei anderen wieder besteht in dieser Beziehung eine auffallende Trägheit. Die exakten Erklärungen dafür stehen noch aus, jedoch ist in dem ersten, wie auch in dem zweiten Falle eine gewisse Beteiligung des Dispersionsmittels mit den in ihm enthaltenen Ionen, — die von der Soldarstellung herrühren, — nicht immer auszuschließen. Durch Zwischenreaktionen kann dann eine Erhöhung der Reaktionsfähigkeit bewirkt, durch andere wieder (Bildung von reaktionsträgen Oxydschichten) eine Erschwerung erfolgen. Ein besonders interessantes aber noch wenig geklärtes Kapitel bilden hier die gegenseitigen Reaktionen von Solgemischen. Da prinzipielle Klärung hier noch nicht vorliegt, sei auf diese Dinge auch hier nicht näher eingegangen. Beispiele für solche finden sich in den oben genannten Werken.

## 2. Dispersionsmittel.

### *a) Allgemeines.*

Die zweite Komponente des kolloiden Systems ist, wie bereits erwähnt, das Dispersionsmittel. Gegenüber der dispersen Phase stellt es einen vielfach zusammenhängenden Raum dar. Von überragender Bedeutung sind — vor allem für die Erscheinungen in der Biologie — die Systeme mit Wasser als Dispersionsmittel. Wohl sind auch andere mit Alkohol, Xylol usw. als Dispersionsmittel untersucht. Doch weiß man von ihnen noch relativ wenig. Sie sollen hier keine nähere Erörterung finden. Es wird sich daher in der Folge hier stets nur um solche kolloiden Lösungen handeln, deren Dispersionsmittel eben das Wasser ist.

### *b) Zustand des Dispersionsmittels.*

Es darf nun nicht angenommen werden, daß bei der Feststellung, daß Wasser das Dispersionsmittel eines kolloiden Systems bildet, die Verhältnisse hier so liegen, daß jedes Kolloidteilchen allein von Wassermolekülen umgeben ist. Vielmehr zeigt die intermicellare Flüssigkeit in zwei Beziehungen ebenfalls eine Eigenart. Zunächst in direkter Weise. Es besteht ja stets ein Dissoziationsgleichgewicht zwischen Wassermolekülen und seinen Dissoziationsprodukten, das, sieht man von anderen Einflüssen ab, in seiner Einstellung noch von der Temperatur abhängig ist. Es sind also in einem bestimmten Wasservolumen stets auch noch $H^{\cdot}$- und $OH'$-Ionen in bestimmter Menge vorhanden, die, wenn auch in geringer Zahl, so doch durchaus nicht immer ohne Bedeutung sind. In loserem Zusammenhang muß hier noch bemerkt werden, daß sich in Wasser stets auch noch gelöste bzw. absorbierte Gase befinden, vor allem Sauerstoff, Kohlensäure, Ammoniak u. a. Die weitere, mehr indirekte Eigenart des Dispersionsmittels wird bestimmt durch die anderen in ihm anwesenden Ionen bzw. Moleküle. Sie rühren entweder her von den bei der Solherstellung benutzten Ausgangssubstanzen, die sich bis zu einem Gleichgewichtszustand umgewandelt haben, oder durch sekundäre Reaktionen unter ihnen entstanden sind, wie etwa durch Komplexbildung. Schließlich muß noch an eine Entstehung von neuen Molekülarten gedacht werden durch Reagieren der in das Dispersionsmittel verbrachten Stoffen mit den in diesem absorbierten Gasen. Daraus ergibt sich eine recht große Mannigfaltigkeit der möglichen Wechselwirkungen zwischen den Micellen und der intermicellaren Flüssigkeit, auf die noch näher einzugehen sein wird. Es enthält demnach das Dispersionsmittel — für gewöhnlich in recht beträchtlicher Zahl — Elektrolyte und Nichtelektrolyte, Stoffe, deren Anwesenheit oft von Bedeutung ist. So findet man in Arsentrisulfidsolen ständig $H_2S$ neben noch anderen Körpern, bei Goldsolen stets $Au^{\cdot\cdot\cdot}$, bei Eisenoxydsolen $Cl'$, im AgJ-Sol $AgNO_3$ und KJ. Schließlich muß hier noch die Dielektrizitätskonstante Erwähnung finden, die einerseits eine für das Dispersionsmittel charakterische Größe darstellt, andererseits aber auch das Verhalten der „Fremdstoffe“ beeinflußt (z. B. Dissoziationsgrad). Da es sich hier allein um wässerige Systeme handelt, würde die Dielektrizitätskonstante nur insofern eine Rolle spielen, als sie durch verschiedene gelöste Substanzen verschieden beeinflußt wurde. Abgesehen von den hierüber noch herrschenden weitgehenden Unklarheiten kommen für die hier darzustellenden Verhältnisse Einflüsse dieser Art aber kaum in Betracht, da es sich hier stets um recht geringe Konzentrationsbereiche handelt. Man kann daher weitgehend mit der Dielektrizitätskonstante des reinen Wassers rechnen und findet hinsichtlich Dissoziation usw. Verhältnisse, wie sie in reinem Wasser auftreten[1]). Davon sind naturgemäß solche Zustände ausgenommen, bei denen infolge Zusatz von Körpern (z. B. Alkohol) eine Änderung der Dielektrizitätskonstante a priori angenommen werden muß.

### 3. Beziehungen zwischen disperser Phase und Dispersionsmittel.

Als erste Frage wird nunmehr die zu beantworten sein, ob die Micelle vollkommen unabhängig von den eigentlichen Molekülen bzw. den Ionen des Dispersionsmittels — also hier des Wassers — existiert. Mit dieser Frage findet man bereits den Anschluß an die Erörterung des ersten Abschnittes dieser Darstellung. Es handelt sich um die Erörterung der Grenzflächenverhältnisse bei den kolloiden Systemen. Faßt man zunächst die ionendispersen Systeme ins Auge, so ist die Notwendigkeit, auf Grenzflächenkräfte zurückzugreifen, nicht direkt zwingend. Es genügt hier darauf zu verweisen, daß die Frage der Hydratation der Ionen in der physikalischen Chemie der echten Ionenlösungen ein Kapitel von ebenso großer Bedeutung als auch Dunkelheit ist, vor allem in theoretischer Hinsicht. Darüber ein paar Worte. Die folgende Vorstellung lag naturgemäß nahe: Ein Ion stellt ein Gebilde dar, das auf seiner Oberfläche einen gewissen Betrag freier Ladung trägt [Ladung eines Elektrons $4{,}77 \cdot 10^{-10}$ elst. Einheiten[2])]. Diese muß auf die umgebenden Moleküle wirken, gleichgültig, ob sie kugelig sind oder nicht. Dabei ist das Gefälle dieser Kraft vom Ionenmittelpunkt aus sehr stark. Befinden sich in der Nachbarschaft in der Hauptsache Ionen, so wird von dem genannten Gebilde ein Einfluß auf die Verteilung dieser Ionen ausgeübt werden. Von diesem Einfluß bzw. von dieser Verteilung sei hier nicht die Rede. Selbstverständlich wird jene Ladung auch auf die neutralen Moleküle des Kontinuums wirken. Sind diese kugelig, also ohne elektrisches Moment, so wird durch Polarisationsdeformation der Elektronenhülle ein solches Moment bei ihnen erzeugt (s. oben S. 154) und die Wirkung

[1]) Es kann naturgemäß hier nicht näher erörtert werden, was eigentlich dem Umstande zugrunde liegt, daß bei Zusatz von irgendwelchen Körpern eine Änderung der Dielektrizitätskonstante auftritt. Gerade bei Wasser liegen die Verhältnisse nicht einfach. Jedenfalls darf keineswegs der summarische Schluß gezogen werden, daß, wenn die Messung der Dielektrizitätskonstante einer wässerigen Lösung für diese einen gegen die Norm erhöhten oder erniedrigten Wert ergibt, nun auch eine verstärkte oder verringerte Dissoziation in jedem Falle eintreten muß. Das würde in dieser Form auch keinen Sinn haben, wenn man im Auge behält, was man bei Feststellung der Dielektrizitätskonstante einer Lösung überhaupt mißt.

[2]) Dementsprechend $1{,}6 \cdot 10^{-22}$ elektromagnetische Einheiten.

ist dann dementsprechend, d. h. also, es werden die Moleküle der Nachbarschaft unter dem Einfluß des äußerst starken Feldes um ein Ion[1]) in die Länge gezogen, und zwar in der Richtung auf den Mittelpunkt des Ions. Dabei wird die vorher symmetrische Anordnung der positiven und negativen Ladungen in eine unsymmetrische verwandelt. Liegen aber schon präformierte Dipole vor, wie das für das Wasser oben auseinandergesetzt worden ist, so erfolgt eine Ausrichtung und Anziehung dieser Dipole in genau entsprechender Weise. Als Folge dieser Vorstellungen wird sich ergeben, daß jedes Ion einen Hof von Wasserdipolen um sich haben, d. h. eine Hydratation zeigen wird. Von seiten der mathematischen Physik ist der skizzierte Gedankengang quantitativ weiter verfolgt worden. Eine Reihe von Erscheinungen fügen sich ihm gut ein, andere dagegen nicht. Ist also bei den gewöhnlichen kleinen Ionen die Hydratation eine allgemeine Erscheinung, und zwar um so stärker, je kleiner der Ionenradius, so wird sie naturgemäß auch bei den zunächst hier zu diskutierenden ionendispersen kolloiden Systemen aus denselben Gründen vorhanden sein; dennoch ist aber trotz der Analogie mit den echten Ionenlösungen bei den ionendispersen, kolloiden Systemen noch einiges Besondere zu beachten. Gerade diejenigen Systeme, — ionendisperse oder molekulardisperse — die die ausgesprochenste Verwandtschaft zu den Wassermolekülen zeigen, also Seifen, Proteine usw., haben Moleküle bzw. Ionen von außerordentlicher Größe. Bewegt sich der Radius der gewöhnlichen kleinen Ionen in der Größenordnung von $10^{-8}$ cm, so ist er hier sicherlich $10^{-7}$ cm. Damit wäre aber für die kolloiden Systeme eine Oberfläche gegeben, die das Hundertfache von der des kleinen Ions beträgt. Da nun jedes Ion eine bestimmte Ladung hat, müßte dann die Ladungsdichte für das kolloide Ion stark abnehmen, die Hydratation geringer werden, wie das auch mathematisch zu verfolgen ist (s. oben). Höchstwahrscheinlich ist aber gerade das Entgegengesetzte bei jenen genannten großen Ionen der Fall. Die Verhältnisse für ein Verstehen werden noch ungünstiger, wenn man berücksichtigt, daß die Oberfläche etwa eines Proteinmoleküls bzw. -ions nur in ganz roher Annäherung als Kugel aufzufassen ist. Die vielen Atomgruppen, die ein derartiges Gebilde besitzt, ragen überall aus der eigentlichen Oberfläche hervor. Vielleicht hat man es sogar bei diesen Körpern mit einer Art permutoiden Baues des Moleküls zu tun. Durch die genannten Umstände wird die wirksame Oberfläche noch weiterhin vergrößert, die Flächendichte der Ladung also verringert und damit auch die Hydratation. Hier nun treten zu den Vorstellungen aus der klassischen Physikochemie solche aus der Capillarphysik. Es ist hier einer der Punkte, wo Berührung besteht zwischen dem echtgelösten Ion und der eigentlichen Micelle. Die starke Vergrößerung der Oberfläche durch die Molekelgruppen kann außer den freien Ladungen hier nunmehr auch die Nebenvalenzen zur Wirksamkeit kommen lassen, deren Bedeutung für die Vorgänge an den Grenzflächen im ersten Abschnitt dargelegt worden ist (s. oben S. 106). Dem entspricht, wenn Langmuir von Molekelgruppen spricht, die zu Wasser eine besondere Verwandtschaft zeigen. Es sind dies die $-C\genfrac{}{}{0pt}{}{/\!\!/O}{\backslash OH}$, $NH_2$- u. a. Gruppen, deren Wasseranziehung durch Wirksamkeit der Restvalenzen[2]) sich zu derjenigen addiert, die durch die freie Ladung des Ions selbst hervorgerufen ist, und die infolge der großen Zahl solcher Gruppen die gesamte Hydratation des Ions bzw. Moleküls zu einer beträchtlichen machen kann. Nicht kontinuierlich über die Oberfläche hin wäre dann der Wasserüberzug in Form von Dipolen zu denken, sondern zu einen solchen von relativ geringer

[1]) In Wasser beträgt die Feldstärke in der Entfernung von $3 \cdot 10^{-8}$ cm vom Mittelpunkt eines einwertigen Ions $\backsim 2 \cdot 10^6$ Volt/cm.

[2]) Die natürlich auch auf Wirkungen elektrischer Art zurückzuführen sind.

kontinuierlicher Dichte kämen die Wassermoleküle (sicher ebenfalls als Dipole), die diskontinuierlich den einzelnen hervorragenden oder sperrig angeordneten hydrophilen Molekelgruppen angelagert sind. Sie sind diskontinuierlich über die Oberfläche verbreitet, weil außer *hydrophilen* Gruppen auch noch hydrophobe bestehen, wie die $CH_3$- usw. Gruppe usw. Diese zeigen füreinander größere Affinität als zum Wasser . Somit wird klar, auf welche Weise ein ionendisperses System auch zugleich Eigenschaften eines typischen Kolloids zeigen kann. Das soeben Dargelegte gilt vorzugsweise für Eiweißkörper. Für Seifen würde eine gewisse Modifikation dadurch eintreten, daß der besondere Charakter des Kolloidelektrolyts (s. oben) es verhindert, daß die freie Ladungsdichte so rasch sinkt wie bei den Proteinen. Ein prinzipieller Unterschied scheint jedoch zwischen beiden nicht zu bestehen. Aus diesen Darlegungen folgt, daß bei gewissen kolloiden Systemen, also vorzugsweise den ionen- und molekulardispersen eine innige Beziehung zwischen der Micelle und dem Eigenmolekül des Dispersionsmittels (Wasser) besteht. Man bezeichnet nun alle kolloiden Systeme, die diese Eigenschaft zeigen, als *hydrophil*, die, bei denen sie fehlt bzw. nur in ganz geringem Maße vorhanden ist, als *hydrophob*. Zur ersten Gruppe gehören Gelatine, Proteine, Stärke, Kieselsäure, Zinnsäure usw. Zur zweiten die Metallsole, die Sole der Metalloxyde, die Sulfide und andere. Einen Übergang von der einen zur anderen stellen die Farbstoffe dar, manche Schwefelsole und auch das Eisenhydroxydsol. Mit anderen Worten, man könnte einen kontinuierlichen Übergang von der einen zur anderen Gruppe zur Darstellung bringen.

Aus dem eben Erwähnten geht weiter hervor, daß keineswegs allein ionen- oder molekulardisperse Systeme Verwandtschaft zum Lösungsmittel zeigen, hydrophil sind. Es finden sich vielmehr unter diesen auch solche, deren Micellen aus Molekelaggregaten bestehen. Die Metallsole, Au-, Ag-, Pt-Sol, sind als am wenigsten hydrophil bekannt.

Aber nicht nur die Eigenmoleküle, sondern auch die anderen obengenannten Bestandteile des Dispersionsmittels sind für den Charakter des Gesamtsystems von Bedeutung. So etwa die H-Ionenkonzentration. Sie wird in Verbindung mit dem isoelektrischen Punkt, etwa eines Proteinsoles, dessen saure oder basischen Eigenschaften hervortreten lassen u. a. m. Ferner ist die Anwesenheit noch anderer Substanzen (Ionen oder Moleküle) bei einer großen Zahl von Systemen unbedingt notwendig zu deren Stabilität (s. w. u.). So ist z. B. ein Eisenhydroxydsol nicht beständig, wenn man die darin befindlichen, von seiner Darstellung herrührenden recht erheblichen Elektrolytmengen über ein gewisses Maß hinaus entfernt.

Die Beziehungen zwischen disperser Phase und Dispersionsmittel lassen aber schließlich noch zwei große Gruppen unter den kolloiden Systemen unterscheiden. Ihre genauere *grundsätzliche* Trennung ist zwar gegenwärtig noch nicht möglich. Es gibt noch keine exakte Angabe, über die allgemeine Übereinstimmung herrscht, durch die sie voneinander getrennt werden könnten. Dennoch sind ihre typischen Vertreter so voneinander unterschieden, daß man trotz allem an der Trennung festhalten muß. Auf diese Dinge sei hier mit einigen Worten eingegangen. Es wurden bisher die kolloiden Systeme mit *flüssigem* Dispersionsmittel und *fester* disperser Phase betrachtet. Indem dem Kapitel über die Eigenschaften (s. w. u.) für den Augenblick vorausgegriffen sei, mag hier festgestellt werden, daß neben solchen kolloiden Systemen, die sich wie richtige *Flüssigkeiten* verhalten, also einer Verschiebung ihrer Teilchen gegeneinander, keine anderen Kräfte entgegensetzen als die der inneren Reibung, sich solche finden, die unter der Einwirkung noch anderer Kräfte stehen. Die Reibungskräfte sind ja solche, die der Bewegung entgegenwirken, und zwar proportional der *Ge-*

*schwindigkeit.* Die Gruppe der kolloiden Lösungen, die vorzugsweise diese Eigenschaften zeigt, wird als die der *Sole* bezeichnet. Bei der anderen Gruppe aber tritt zu diesen Kräften noch eine weitere, nämlich eine *elastische* Kraft. Diese Kraft läßt das System einem *festen* Körper ähnlicher erscheinen als einem flüssigen. Ihr zufolge nimmt es eine gewisse *Form* an und setzt ihrer Veränderung einen bestimmten Widerstand entgegen. Durch jene *elastischen* Kräfte wird die Form des Körpers erhalten. Er besitzt *Formelastizität.* Man kann sich von ihr eine ungefähre Vorstellung machen, wenn man zwei Punkte des Körpers ins Auge faßt. Entfernt man die Punkte voneinander, so tritt beim elastischen Körper eine Kraft auf, die der entfernenden Kraft entgegengesetzt gerichtet ist und in dem Maße zunimmt, als die *Entfernung* der beiden Punkte voneinander wächst[1]). Sie ist die Kraft, die die Deformation wieder rückgängig zu machen sucht. Es sei hier ausdrücklich betont, daß die allgemeine Gesetzmäßigkeit elastischer *Körper* selbstverständlich von weit größerer Kompliziertheit ist. Ihre endgültige Darlegung gehört nicht hierher. Hier genüge die obige angenäherte Betrachtungsweise.

Kolloide Systeme von solchen elastischen Eigenschaften werden *Gele* genannt. Über das Zutreffen der Definition herrscht keine Übereinstimmung. Eine Reihe von Forschern faßt den Gelbegriff weiter, eine andere enger. Es stehen jedoch stets jene mechanischen Eigenschaften im Vordergrund.

Es ist am Beispiel der Gelatine bekannt, daß das Gel beim Abkühlen aus dem Sol hervorgehen kann. Bei der Besprechung der Gele wird ausführlich von diesen Dingen die Rede sein.

Diese mechanische Eigenschaft darf aber keineswegs als entscheidendes Merkmal angesehen werden, da umfangreiche neuere Untersuchungen auch an zweifellos rein flüssigen Systemen „elastische" Eigenschaften nachgewiesen haben, nämlich die sog. „Fließelastizität". Auch von diesen Dingen wird an geeigneter Stelle zu reden sein. Auch eine andere Erscheinung macht die einwandfreie Unterscheidung schwer: die Erscheinung der Tixotropie. Durch mechanische Energie (Schütteln) usw. gelingt es, bei gewissen Systemen eine Umwandlung des Gels in ein Sol zustande zu bringen. Nach Verlauf einiger Zeit geht dann das Sol wieder in den Gelszutand über. Es handelt sich also dabei um eine reversible Sol-Gel-Umwandlung.

## 4. Die Grenzfläche.

Für das Verständnis der Erscheinungen, die die kolloiden Systeme zeigen, ist schließlich noch ein Moment von besonderer Bedeutung. Dieses hätte eigentlich an den Anfang dieser Darlegung gehört, da es an Wichtigkeit allen anderen vorangeht. Es wird jedoch erst hier herangezogen, da zu einem vollständigen Verständnis der Einfluß der dispersen Phase, des Dispersionsmittels sowie der ihrer allgemeinen wechselseitigen Einflüsse vorher besprochen werden mußte. Es handelt sich um das Moment der *Grenzfläche.* Von ihr handelt der ganze erste Abschnitt dieser Darstellung. Es war davon die Rede, was die Grenzfläche bedeutet, wie die ihr eigentümlichen Kräfte zustande kommen, und was sie für Wirkungen hervorrufen. Schließlich wurde auch die Grenzflächen*bildung* kurz gestreift. Auf all dieses muß hier verwiesen werden. Wenn aber wie dort von makroskopischen Grenzen, d. h. von Grenzen mit relativ großen Abmessungen

[1]) Der Ausdruck für die reine Reibungskraft lautet demgemäß: $m\frac{d^2 r}{d t^2} = -k\frac{d r}{d t}$; während der für eine elastische lauten müßte: $m\frac{d^2 r}{d t^2} = -a r$. Hier bedeuten $m$ die Masse, $r$ die Länge, $t$ die Zeit, $a$ und $k$ sind Proportionalitätsfaktoren.

abgeleiteten Erscheinungen nunmehr ihre Übertragung auf Gebilde von mikroskopischen Dimensionen finden sollen, so muß man sich fragen, ob dieses zulässig ist. Diese Frage ist oben bereits kurz erörtert worden, und die Zulässigkeit wurde bejaht. Man kann also sagen, daß rein erfahrungsmäßig bisher dieses Grundprinzip der Kolloidforschung zu Recht besteht, daß aber dennoch in jedem Einzelfalle man sich darüber klar sein muß, daß diese Grenze des Zulässigen unter Umständen schon überschritten sein kann.

Die Wirksamkeit der Grenzflächenkräfte ist bereits im 1. Abschnitt (S. 112ff.) eingehend erörtert worden. Ferner dann, als es sich darum handelte das kolloidchemische Verhalten molekulardisperser Systeme, besonders das der Proteine, verständlich zu machen. Es handelte sich um die mechanische Wirksamkeit der Adsorption, durch die Ionen in die Grenzfläche hineingeholt wurden. Außerdem aber gingen noch Wirkungen der Restvalenzen auf die Moleküle der Umgebung aus. Es kommt aber weiterhin noch in Betracht die mit der Adsorption im Zusammenhang stehende Änderung der *Oberflächenspannung* sowie schließlich die große Gruppe der elektrischen Erscheinungen, die einmal nur im Zusammenhang mit der mechanischen Wirkung der Adsorption („Elektrokinetik"), das andere Mal im Zusammenhang mit Adsorption und Oberflächenspannung („Elektrocapillarität") behandelt worden ist. Die von den beiden letzten zuerst genannte Gruppe von Erscheinungen, die elektrokinetische, ist mit Bezug auf disperse Systeme weitgehend erforscht. Die zweite dagegen ist wegen der offenkundigen Schwierigkeiten, — Messung der Oberflächenspannung an starren Oberflächen, — noch recht unbekannt, und aus demselben Grunde auch die zu allererst genannte (Adsorption und Änderung der Oberflächenspannung).

Bei Übertragung der Grenzflächenvorgänge auf die Erscheinungen an kolloiden Systemen werden sich naturgemäß im einzelnen wieder alle jene oben behandelten Einzelvariablen von Bedeutung erweisen. Es muß daher hier auf die Art dieser Äußerung kurz eingegangen werden.

Die *Größe* wird sich offenbar in der Weise bemerkbar machen, daß sämtliche Erscheinungen quantitativ um so stärker auftreten werden, je ausgedehnter die Grenzfläche ist. Liegt also ein festes Volumen einer kolloid verteilten Substanz vor, so wird die Größe der Grenzfläche ungefähr proportional sein dem Quadrate des Radius des Teilchens. Je kleiner man bei festem Volumen den Radius der Teilchen macht, um so mehr Teilchen erhält man und damit um so größere Grenzfläche. Das wird naturgemäß nicht in infinitum so fort gehen können, vielmehr wird sich von bestimmter Konzentration bzw. Teilchenzahl ab der Einfluß des Aufeinanderwirkens der Teilchen bemerkbar machen. Auf welche Weise dieses eintreten kann ist oben (S. 100) schon einmal dargelegt worden.

Von besonderem Einfluß ist die Gestalt der Teilchen. Es wurde schon erörtert, daß man außer solchen von Kugelform noch stäbchenförmige und plättchenförmige unterscheiden muß oder, genauer gesagt, neben solchen, bei denen alle drei Raumachsen vergleichsweise gleich lang sind, solche Teilchen, bei denen eine von besonderer Länge oder besonderer Kürze ist, während die beiden anderen je etwa gleich lang bleiben. Hier sei nun allein das besonders besprochen, was sich für das elektrische Verhalten als besonders wichtig erweist. Dazu gehört vor allem die Art der Ladungsverteilung mit ihren Folgen. Aus Symmetriegründen ist auf der Kugel die durch Adsorption bedingte Ladung in der unverschieblichen Flüssigkeitsschicht als eine vollkommene Gleichverteilung anzusehen. Die Kugel ist nämlich ein Körper konstanter Krümmung. Auf ihr muß sich daher die Ladung in jener Weise anordnen. Anders dagegen liegen die Verhältnisse bei stäbchenförmigen Teilchen. Hier ist an den Enden eine äußerst starke Krümmung vorhanden, während die eigentlichen Längsseiten als eben angesehen werden können. Nun ist aber bekannt, daß die Ladung auf krummen Flächen sich proportional deren Krümmung anordnet. Je stärker die Krümmung, desto größer die Ladungsdichte. Es wird sich also um das stäbchenförmige Teilchen eine entsprechende Ladungsverteilung einstellen, d. h. also, in der unverschieblichen Flüssigkeitsschicht um das Teilchen herum werden die Ladungen an den Enden relativ dicht beieinander liegen, während sie an den Flächen weniger dicht sind. Dem entspricht die Ladungsverteilung in der zweiten verschieblichen Bewegung der Doppelschicht. Der Ladung ist nach den Elementen der Elektrizitätslehre das Potential direkt proportional. Dieses Potential hat also ein Maximum an den Enden, ein Minimum an den Flächen des Stäbchens. Es wird daher ein Zug nach diesen Stellen hin erfolgen müssen, da die Ladungen, an Ionen gebunden, eine homogene Verteilung um das Stäbchen herum anstreben werden. An dieser werden sie aber gehindert durch die asymmetrische Verteilung der Ladungen in der Adsorptionsschicht bzw. durch die Krümmungsverhältnisse des Stäbchens. Schließlich stellt sich ein Gleichgewicht ein von der Art, daß immer noch das Potential an den Enden höher ist als an den Flächen des Stäbchens. Es kommt so zu einem Gebilde, das in elektrischer Beziehung einem Quadrupol gleicht[1]). Entsprechend ist die Verteilung usw. bei plättchenförmigen Teilchen. Schon oben ist nun erwähnt worden, daß mit derartigen Momenten der Ladungs- bzw. Potentialverteilung energetisch die Möglichkeit der Strukturbildung gegeben ist. Von diesen Dingen wird noch die Rede sein müssen.

Bei ionendispersen Systemen wird sich auch hier wieder eine gewisse Verwandtschaft mit echt gelösten ionogenen Systemen finden. Zunächst tritt bei den hier in Frage kommenden Erscheinungen die Dissoziation hervor. Sie wird sich in Übereinstimmung mit der echt gelöster Körper als in derselben Weise beeinflußbar erweisen. Desgleichen wird sich hier eine Erhöhung oder Verminderung der Löslichkeit zeigen, wie man sie bei echt gelösten Körpern kennt. Ferner zeigt sich hier aber auch, wie oben erörtert, der Charakter des kolloiden Systems durch die Wirkung der Nebenvalenzen, die eine Adsorption verursachen. Besonderes Verhalten ergibt sich bei den Kolloidelektrolyten, also dort, wo neben Ionen in der Micelle noch Moleküle und außerdem Wasser zu einem geladenen Komplex vereinigt sind. Im übrigen ist es keineswegs ausgemacht, daß nicht auch die Proteine und viele Stoffe, die von mancher Seite als rein ion- bzw. molekulardispers angesehen werden, in der Art der Kolloidelektrolyte auftreten können. Die vielmoleküligen Aggregate können ihren *Struktur*einfluß insofern kundgeben, als sich die Adsorption bei ihnen, wenn sie vorwiegend krystallin sind, in bestimmter Weise bemerkbar machen müßte gegenüber solchen, die ausgesprochen amorph sind. Dort sind die für die Adsorption verantwortlich zu machenden Nebenvalenzen regelmäßig im Raumgitter angeordnet, während dieses bei den letztgenannten nicht der Fall ist. Es werden sich also dort Verhältnisse finden, die durch die Langmuirschen Darlegungen (s. o. S.) gut getroffen werden. Bei der Erörterung der Entstehung von Grenzflächen ist ferner die Rede gewesen von den Vorgängen an Krystallflächen bei der Krystallbildung. Dort wurde auch die Rolle erörtert, die der Adsorption bei der Entstehung krystalliner Gebilde zukommt. Bei amorphen Körpern werden diese Dinge schwer zu ermitteln sein.

Es muß schließlich noch die Möglichkeit behandelt werden, daß Micellen mit permutoidem Bau vorliegen. Für reine kolloide Systeme ist dieses noch nicht

[1]) Naturgemäß ist die geschilderte Verteilung nur in erster Annäherung so, wie sie eben geschildert wurde; denn ein Stäbchen hat ja noch eine weitere Krümmung, die zu der beschriebenen senkrecht verläuft, aber zunächst unberücksichtigt blieb.

ganz sicher nachgewiesen. In biologischen Systemen dagegen liegen anscheinend derartige Fälle vor. Es wäre dann zu erwarten, daß rege Adsorptionsvorgänge bzw. chemische Reaktionen — vielleicht über den Adsorptionsweg — verlaufen, die schließlich auch zu festeren Bindungen als nur zu reinen Adsorptionszuständen führen könnten.

Die *chemische Natur* des betreffenden Stoffes, die Art der Wandsubstanz, bedingt wahrscheinlich unter vergleichbaren Umständen die Größe und das Vorzeichen der Adsorption, d. h. der Oberflächenladung. Höchstwahrscheinlich ist hierfür das Adsorptionspotential charakteristisch. Für die Art des Vorzeichens finden sich Anhaltspunkte bei Beachtung des Charakters der betreffenden Substanz. So sind Stoffe mit Säurecharakter für gewöhnlich negativ geladen, während solche mit basischem positiven Ladungssinn zeigen. Es tritt dann das H- bzw. OH-Ion als bewegliches Ion leicht aus der Wandsubstanz heraus. Diese erhält dann den entgegengesetzten Ladungssinn, da das entsprechende entgegengesetzte Ion für gewöhnlich äußerst träge ist. Auch bei einer Reihe anderer Stoffe kann man derartige Verhältnisse annehmen. So wandert das Alkaliion relativ leicht aus der Glaswand heraus und läßt diese negativ geladen zurück. Der negative Ladungssinn überwiegt überhaupt weitaus. Woher das kommt, kann nicht immer klargelegt werden. Die Sole der Metalle Gold, Silber, Platin usw. sind negativ. Ihre Masse ist sicherlich von krystallinem Bau. Ihre Oberfläche dagegen scheint durch Komplexbildung oder auf andere Weise dahin umgeändert, daß sich ein *negatives* Vorzeichen einstellt. Bei anderen Körpern wieder liegen die Verhältnisse klarer. Bei dem gewöhnlichen Eisenhydroxysol dissoziiert aus dem peripheren FeOCl das Chlorion ab, so daß sich auf diese Weise die positive Ladung erklärt.

In Wechselwirkung mit dem Dispersionsmittel kann es weiterhin zu einer Hydratation kommen. Ein derartiges Teilchen wird außer seiner elektrischen Ladung bzw. Doppelschicht dann noch eine Wasserhülle tragen. Der Effekt dieser Hydratation, von der oben ausführlich die Rede war, ist vollkommen analogen dem, den starke Hydratation auch bei echt gelösten Körpern zeigt. Dieser Neigung zum Lösungsmittel (hier Wasser) entspricht also eine erhöhte Löslichkeit. Bei den kolloiden Systemen zeigt sich diese in einer Erhöhung ihrer *Stabilität*. Von dieser Eigenschaft soll noch ausführlich die Rede sein. Die „Fremdstoffe“, vorab Elektrolyte im Dispersionsmittel, sind insofern von Bedeutung, als sie die Ladung bzw. den elektrokinetischen Potentialsprung bzw. die Dicke der Doppelschicht beeinflussen, wie es oben dargelegt worden ist. Dabei ist durchaus nicht stets an Entladung zu denken, vielmehr ist, wie bereits erwähnt, für die verschiedenen Solarten in verschiedenem Maße die Gegenwart von Elektrolyten im Dispersionsmittel zur Stabilisierung notwendig.

## D. Die grundlegenden Erscheinungen an den kolloiden Systemen (fest-flüssig) vom Charakter eigentlicher Flüssigkeiten. (Hydrosolen).

### 1. Vorbemerkungen.

In der folgenden Darstellung soll der Versuch unternommen werden, die fundamentalen Erscheinungen der kolloiden Systeme abzuleiten aus den vorstehend genannten und behandelten Zustandsgrößen bzw. aus deren Änderung. Es soll dabei die Beschränkung aufrecht erhalten werden, auf die oben hingewiesen worden ist. Es werden daher wiederum nur die Systeme fest-flüssig betrachtet werden, während die anderen nur ausnahmsweise herangezogen werden sollen. Ferner wird es sich hier nur um die Darstellung der Fundamentalerscheinungen handeln. Damit soll gesagt sein, daß allein die prinzipiell bedeutungsvollen Erscheinungen, nicht alle gegenwärtig bekannten Einzelheiten hier Erörterung finden sollen. Wo es aber ihre Bedeutung erfordert, wird dagegen zuweilen auch bis zu entscheidenden Einzelheiten vorzudringen sein. Schließlich soll noch über die Darstellungsweise so viel gesagt sein, daß in den großen Zügen an die physikalischen Energieformen angeknüpft wird, und daß erst dann die Abhängigkeit von den genannten Zustandsvariablen erörtert werden soll.

## 2. Mechanische Erscheinungen.

### *a) Vorbemerkungen.*

Vor näherer Darlegung dieser Erscheinungen muß kurz eingegangen werden auf eine Eigenschaft der Sole, die für das Verständnis ihres eigenartigen Verhaltens in einer Reihe von Fällen wesentlich ist. Es handelt sich um die Frage, in welchen Konzentrationsbreiten Sole überhaupt existenzfähig sind, d. h. welche Konzentration die disperse Phase im oberen Grenzfall aufweisen kann. Da trifft man denn auf recht niedrige Konzentrationen. Ein von ZSIGMONDY hergestelltes Goldsol von 1,2 g Gold im Liter muß schon als ein recht konzentriertes angesehen werden. Desgleichen das von KRUYT hergestellte $As_2S_3$-Sol, das 75 g $As_2S_3$ pro Liter Sol aufwies. Ebenfalls konzentriert ist ein Gelatinesol von 1%. Drückt man die Konzentration anstatt in Prozenten in Molaritäten aus, so tritt das Gesagte noch deutlicher hervor. Rechnet man, wie FREUNDLICH dieses tut, mit dem Radius von $5 \times 10^{-6}$ cm bei kugelförmigen Teilchen, so ergibt sich für jenes $As_2S_3$-Sol die Konzentration von $8,6 \times 10^{-8}$ m, für jenes Gelatinesol bei Annahme eines Molargewichts von 20000 die Konzentration von $5 \times 10^{-4}$. Dementsprechend verhalten sich alle Eigenschaften, die von der Teilchenzahl abhängen.

### *b) Brownsche Bewegung.*

Das Grundsätzliche über die Brownsche Bewegung ist bereits im ersten Teile (s. S. 93 ff.) berichtet worden. Teilchen im Größenbereich bis $5 \times 10^{-4}$ cm zeigen sie. Ihre tranlatorische Größe ist durch Gleichung (1) gegeben:

$$\lambda_x = \sqrt{\overline{\Delta x^2}} = \sqrt{\frac{R T \tau}{3\pi \eta r N}}.$$

Ihre rotatorische durch Gleichung (2)

$$A_r = \sqrt{\overline{\Delta_r^2}} = \sqrt{\frac{R \cdot T \cdot \tau}{4\pi \eta r^3 N}},$$

dort ist auch die Abhängigkeit von der Größe der Teilchen erörtert worden. Die Gestalt ist darin insofern nicht direkt inbegriffen, als Kugelgestalt angenommen ist. PRZIBRAM hat eine Erweiterung für zylindrische Teilchen gegeben. Seine etwas umständlichen Erörterungen sollen hier nicht wiedergegeben werden. Es geht aus ihnen hervor, daß die Bewegung weniger Widerstand erfährt, sobald sich das Teilchen in Richtung seiner Längsachse bewegt, als wenn dies in den beiden dazu senkrechten Richtungen geschieht. Dementsprechend wird auch $\lambda_x$ in dieser Richtung größer sein als in den beiden anderen. Die Bedeutung der chemischen Natur der Teilchen ist auch oben erwähnt. Auf sie wird hier noch einmal weiter unten zurückzukommen sein, wenn der Einfluß der Grenzfläche behandelt wird. Die Einflüsse des Dispersionsmittels sind bei diesen rein mechanischen Erscheinungen durch den Zähigkeitskoeffizienten gegeben. Zu den bisherigen Erörterungen hierüber muß aber in bezug auf die kolloiden Systeme darauf verwiesen werden, daß bei gewissen unter ihnen (s. w. u.) neben der Reibung am Medium auch noch die Fließelastizität in Betracht kommt. Sie wird sich dort, wo sie neben der inneren Reibung besteht, auch bemerkbar machen müssen. Dabei wird es zunächst gleichgültig sein, ob man jene „elastische" Kraft, die der Fließelastizität zugrunde liegt, zwischen den eigentlichen Teilchen annehmen wird und den Molekülen des Kontinuums oder aber zwischen jenen und den anderen *gleichartigen* oder aber als unter allen dreien wirksam annehmen wird. Vorausgesetzt natürlich, daß diese Fließelastizität nicht noch auf ganz andere Ursachen zurückzuführen ist, wie: innere Strukturbildung in den Solen, wie Netzwerk- oder Strauchwerk oder Fadenbildung oder noch anderes, Dinge, die beim Fließen insofern einen besonderen Widerstand darbieten, als diese Gebilde teilweise zerstört werden müssen. Liegt nun der erstgenannte Ursachenkomplex vor, so wird für derartige Systeme jene EINSTEINsche Gleichung (1) bzw. (2) nicht zutreffen können, auch nicht in dem Bereiche kleiner Konzentrationen. In diesem Falle wird dann auch die PRZIBRAMsche Erweiterung der EINSTEINschen Gleichungen nicht mehr zutreffen.

Der Einfluß des Dispersionsmittels zeigt sich aber bei einer ganzen Reihe kolloider Systeme dann noch, wenn zwischen seinen Eigenmolekülen und denen des Teilchens eine besondere Affinität besteht, d. h. dann, wenn die Teilchen dieser Systeme stark hydratisiert sind. Es wurde schon bemerkt, daß dieses hauptsächlich die ionendispersen Sole von Proteinen betrifft, ferner Gelatine, Agar u. a. m. Es wird sich daher zunächst um ausgesprochen kleine Micellen handeln, und so wird schon aus diesem Grunde ihr Erkennen im Dunkelfeld schwer sein. Ihre Größe hat sich auch zu etwa $10^{-7}$ cm ergeben (Ovalbumin). Dazu kommt aber als weiteres Moment eben die starke Hydratation. Sie hebt den Brechungsunterschied zwischen der Micelle und der intermizellaren Flüssigkeit fast ganz auf. Auch aus diesem Grunde wird die Sichbarkeit der hydrophilen Kolloide im Dunkelfelde erschwert bzw. unmöglich gemacht. Bei den Seifen liegen die Verhältnisse schon darum etwas anders, weil deren jede Micelle ja höchstwahrscheinlich aus Ionen + Molekülen + Wasser besteht. Ihre Teilchen sind unter Umständen als längliche Gebilde im Dunkelfelde erkennbar bzw. durch andere Methoden (s. w. u.) also solche feststellbar. Für die Größen der BROWNschen Bewegung müssen aber auch hier jene obenerwähnten Einschränkungen bzw. Beachtungen Geltung haben, soweit etwa die Seifen Fließelastizität besitzen.

Es muß nun noch aufmerksam gemacht werden auf einen Umstand, der schon oben Erwähnung fand. Bei verdünnten Solen hat die EINSTEINsche Gleichung (1) bzw. (2) Gültigkeit und damit alles, was von der BROWNschen Bewegung abhängt. Die Versuche von PERRIN und COSTANTIN (s. oben S. 100) über das Sedimentationsgleichgewicht zeigten aber bereits, daß bei höheren Konzentrationen Abweichungen eintreten. Bei den ausgesprochen hydrophoben Metallsolen kaum bemerkbar, beginnen sie dagegen sofort aufzutreten, sobald eine Hydrophilie sich zeigt (Mastix, Gummigutt). Die Abweichungen gehen in der Richtung, in der auch die *realen* Lösungen Unterschiede gegen die *idealen* zeigen, d. h. aber, daß man durch Zugrundelegung der VAN DER WAALschen Zustandsgleichung an Stelle der VAN 'T HOFFschen einen größeren Konzentrationsbereich quantitativ mit in Betracht ziehen kann. Dieses offenbart die nicht allzu verwunderliche Eigenschaft, daß die hydrophilen Systeme den echten Lösungen auch innerlich näherstehen als die hydrophoben. Diese erwähnten Abweichungen sind, — wie auch schon im ersten Abschnitt (S. 101) auseinandergesetzt worden ist, — zurückzuführen auf die Wechselwirkung der Teilchen untereinander, da sie ja bei höheren Konzentrationen kleinere mittlere Entfernungen voneinander besitzen und auf diese Weise leicht in ihren gegenseitigen Kräftebereich gelangen. Dabei werden eine besondere Rolle die Ionenhüllen der Teilchen spielen. Sie sind ja bei allen von gleichem Ladungssinn und können bei Annäherung daher leicht wirksam werden. Auf diese Weise werden sich aber auch die Grenzflächenverhältnisse und die besondere chemische Natur des Teilchens auf dem Wege über die Adsorption bemerkbar machen.

### c) *Diffusion.*

Für die Diffusion, die ja auf die Brownsche Bewegung zurückzuführen ist, wird den oben gemachten Ausführungen Entsprechendes zu gelten haben. Es wurde dort mitgeteilt, daß Westgren durch Versuche an verschiedenen Solen in den zulässigen Konzentrationsbereichen aus der Einsteinschen Gleichung (4) bzw. (5) den Diffusionskoeffizienten $D$

$$D = \frac{RT}{6\pi\eta r N} \quad \text{bzw.} \quad \lambda_x = \sqrt{\overline{\Delta x^2}} = \sqrt{2D\tau}$$

bestimmen und aus ihm dann die Avogadrosche Zahl in recht guter Annäherung rechnerisch erhalten konnte. Wie sich hierbei die Teilchenform bemerkbar macht, ist noch völlig unbekannt. Die chemische Natur wird dagegen in den kleinen Konzentrationsbereichen, in denen die Einsteinsche Gleichung Gültigkeit hat, ohne Bedeutung sein. Die Vorgänge an konzentrierten Systemen dagegen sind wegen der methodischen Schwierigkeiten noch gänzlich unbekannt. Der Einfluß des Dispersionsmittels macht sich hier hauptsächlich durch seine Eigenmoleküle bemerkbar, die in Beziehung zu den Teilchen der dispersen Phase treten. So wird bei hydrophilen Systemen die Methode der direkten Beobachtung des Fortschreitens der Teilchen im Dunkelfeld, — wie Westgren sie bei den Metallsolen anwandte, — nicht benutzbar sein, da die Teilchen im Dunkelfeld entweder infolge ihrer Kleinheit, oder aber infolge des geringen Unterschiedes ihrer Brechungsexponenten gegen den des Wassers oder aus beiden Gründen zugleich nicht sichtbar sind. Hier helfen eher Methoden, wie sie bei den echten Lösungen Verwendung finden. Man kann das betreffende System gegen das reine Dispersionsmittel diffundieren lassen. Eine große Zahl von Untersuchungen liegt darüber vor. Doch ist auf feinere Einzelheiten hinsichtlich des Baues der diffundierenden Stoffe noch nicht eingegangen worden. Dagegen hat sich in der einen oder anderen Weise gezeigt, daß auch hier zwischen hydrophilen Kolloiden und echten Lösungen nahe Verwandtschaft besteht.

Nernst fand eine Beziehung für den Diffusionskoeffizienten in Abhängigkeit von der Wanderungsgeschwindigkeit der Ionen. Diese Beziehung setzt verdünnte wässerige Lösungen voraus. Weiterhin verlangt sie einwandfreie Dissoziation. Es wird

$$D = 2RT\frac{u \cdot v}{u + v}, \tag{60}$$

wo $u$ und $v$ die Wanderungsgeschwindigkeit für Anion und Kation in Wasser bedeuten. Liegt nun aber ein Medium mit der inneren Reibung $\eta$ vor, so ergibt sich für die Anionen- bzw. Kationengeschwindigkeit $u'$ resp. $v'$ in dem neuen Mittel

$$u' = \frac{u}{\eta}\eta_0 \quad \text{bzw.} \quad v' = \frac{v}{\eta}\eta_0,$$

wenn $\eta_0$ die innere Reibung des Wassers ist. Dann wird der Diffusionskoeffizient $D'$

$$D' = 2RT\frac{u' \cdot v'}{u' + v'} = 2RT\frac{u \cdot v \cdot \eta_0}{\eta(u + v)}. \tag{61}$$

Diese Formel hat noch der Prüfung zu unterliegen.

### d) Osmotischer Druck.

Von der BROWNschen Bewegung leiten sich weiter die Erscheinungen des osmotischen Druckes ab. Auch hier wieder sei zunächst auf das im ersten Abschnitt berichtete verwiesen. Es gilt auch hier im Bereiche kleiner Konzentrationen die Gleichung (3):

$$p = \frac{R \cdot T \cdot n}{V \cdot N} .$$

Die Größe der Teilchen spielt hier keine Rolle, solange sie noch nicht in zu kurzer Zeit freiwillig sedimentieren. Von erheblicher Bedeutung ist dagegen, wie aus Gleichung (3) hervorgeht, die *Zahl* der Teilchen, was ja ohne weiteres verständlich ist, da die Zahl der Stöße in der Zeiteinheit auf die Flächeneinheit der undurchdringlichen Wand zufolge der kinetischen Theorie der Materie dem Druck gleich ist. Nun ist die Zahl der Teilchen bei den üblichen Konzentrationen recht klein, da diese aus einer Vielzahl von Molekülen bestehen. Dementsprechend wird auch der eigentliche osmotische Druck äußerst gering sein. Eine Überschlagsrechnung mag dieses kurz darlegen. Da ein Mol einer Substanz in Wasser gelöst den osmotischen Druck von 22,4 Atm. (pro Liter) bewirkt, wäre der entsprechende Druck des KRUYTschen $As_2S_3$-Sol $2 \cdot 2 \times 10^{-7}$ Atm. Das Erörterte gilt naturgemäß auch für alle Meßverfahren, die sich direkt vom osmotischen Druck ableiten (Dampfdruckveränderung, Siedepunktserhöhung, Gefrierpunktserniedrigung). Die Gestalt der Teilchen ist ohne Bedeutung, desgleichen ihre Struktur und ihr chemisches Verhalten. Das letztgenannte Moment spielt im Zusammenhang mit den elektrischen Zuständen an den respektiven Grenzflächen wiederum dann eine Rolle, wenn sich, wie bei höheren Konzentrationen, ein Aufeinanderwirken der Teilchen und damit eine Abweichung von den idealen Gleichungen einstellt. Hier entspricht wahrscheinlich wieder, wie schon oben ausgeführt, einer chemisch besonderen Substanz, eine besondere Adsorptionsgröße (Adsorptionspotential), diesem wieder besondere Ladungsverhältnisse, woraus wieder für den Doppelschichtcharakter Besonderheiten sich ergeben, die dann eben in den Kräften zwischen den Teilchen offenbar werden. Hier werden dann wieder im Anschluß an PERRIN und COSTANTIN die idealen Gleichungen zu verlassen und als weitere Annäherung der VAN DER WAALsche Zustand einzuführen sein.

Bei allen genannten osmotischen Erscheinungen ist die Rolle des Dispersionsmittels von ganz besonderer Bedeutung. Es wurde gezeigt, daß man dabei unterscheiden muß die Rolle der Eigenmoleküle von der der im eigentlichen Kontinuum gelösten Stoffe („Fremdstoffe“). Bei einer großen Reihe kolloider Systeme, vorwiegend bei den kleinteiligen, ionendispersen werden die Eigenmoleküle des Wassers durch starke Hydratation wirksam. Solche hydrophilen Systeme zeigen prinzipiell keine *starken* Abweichungen von den bisher genannten Hydrophoben. Auch bei ihnen ist die Teilchenzahl gering (Konzentration $\sim 10^{-4}$ m), dem entsprechen auch die Effekte[1]). Der osmotische Druck ist hier gut meßbar[2]), wenn auch gering. In jener 1proz. Gelatinelösung würde er $\sim 2 \cdot 2 \times 10^{-3}$ Atm. betragen. Die Anwendung der Methoden, die sich von dem osmotischen Druck ableiten, auf solche hydrophilen Systeme ist von wenig Erfolg begleitet, da diese Methoden zu unempfindlich sind.

---

[1]) Wenn sie auch nicht aus vielen Molekeln ihre Micellen aufbauen, so sind dennoch ihre Molekulargewichte groß, so daß dennoch die Teilchenzahl nicht der der echten Ionenlösungen gleichkommt, zumal ihre Löslichkeit an sich klein zu sein pflegt.

[2]) MCBAIN hat bei seinen Untersuchungen über die Seifen aus der Kombination einer modifizierten osmotischen Druckmessung mit Leitfähigkeitsmessungen sehr wertvolle, fundamentale Aufschlüsse über die eigenartige Natur dieser Körperklasse erhalten können.

Die „Fremdstoffe" des Kontinuums aber sind es vor allem, die bei der praktischen Bestimmung der eben erörterten osmotischen Größen von wesentlichem Einfluß sein können. Es wurde auf der einen Seite gezeigt, daß *sämtliche gelösten* Teilchen ohne Unterschied bei der osmotischen Methode wirksam sind, daß *jedes einzelne* seinen Beitrag zur Größe des Druckes liefert. Es wurde weiterhin eingehend erörtert, welche Mengen an Elektrolyt bzw. anderem Fremdstoff im Wasser als Dispersionsmittel gelöst ist bzw. sein kann, ja oft notwendig gelöst sein muß, wenn das Sol überhaupt beständig sein soll. Mit Rücksicht auf dieses Moment wird es kaum möglich sein, gänzlich einwandfreie Bestimmungen des osmotischen Druckes an Kolloiden vorzunehmen. Man wird sie auch stets als mehr oder weniger — je nach Sorgfalt der Vorbehandlung — angenäherte Werte betrachten müssen, deren Weiterverwertung zur Bestimmung daraus abgeleiteter Größen nur mit äußerster Vorsicht geschehen kann und darf. Man muß sich dabei auch klar sein, daß selbst ein vorangegangenes Reinigungsverfahren unter Umständen schon ein anderes System geschaffen haben kann. Daher ergeben denn auch die aus dem osmotischen Druck weiterhin abgeleiteten bzw. errechneten Größen, wie Molekulargewicht usw. recht beträchtliche Schwankungen.

Es ließe sich allerdings nun geltend machen, daß ja gerade die Erkenntnis vom Wesen des osmotischen Druckes auch die Möglichkeit an die Hand gibt, das Verfahren zu präzisieren. Ist doch nach den obigen Auseinandersetzungen nur dasjenige unter den gelösten Teilchen auch osmotisch wirksam, das nicht durch die Membran hindurchzutreten vermag. Weiß man daher, welche Teilchen außerdem noch gelöst sind, so fiele es nicht schwer, eine osmotische Membran zu finden, die undurchlässig allein in bezug auf die doch stets beträchtlich größeren eigentlichen Kolloidteilchen ist. Dieser Weg ist praktisch nicht immer gangbar. Ganz abgesehen von dem oben erwähnten Umstand, daß eben nicht alle Systeme eine mehr oder weniger vollständige Entfernung ihrer „Fremdstoffe" vertragen, ist die Auswahl der Membran bei manchen doch recht schwer, vor allem dort, wo, wie etwa bei den Kolloidelektrolyten, immer auch ein Teil echt gelöst ist, und in dieser Hinsicht wahrscheinlich ein Gleichgewichtszustand zwischen echt Gelöstem und Kolloidem besteht. Es würde dann jedesmal für die herausdiffundierten Elektrolyten bzw. Molekülen, ein entsprechender Anteil aus den Ionenaggregaten in diesen Zustand wieder übertreten und wieder diffusibel werden. Damit würde der Messung auch ein großer Unsicherheitsfaktor beigegeben werden. Sodann ist hier aber das theoretische Bedenken ins Feld zu führen, daß der Kolloidelektrolyt einen entscheidenden Einfluß hat auf die Art der Verteilung der Fremdelektrolyte und auch auf die der Wassermoleküle. Donnan hat auf diesen Umstand zuerst hingewiesen und seine Betrachtungen haben sich von fundamentaler Wichtigkeit erwiesen. Daß auch die Messung des osmotischen Druckes eines Soles gegen die durch Ultrafiltration gewonnene intermicellare Flüssigkeit Fehler zeitigt, braucht kaum besonders erörtert zu werden.

### *e) Zähigkeit und Fließelastizität.*

Bei Betrachtung dieser mehr hydrodynamischen Eigenschaften der kolloiden Systeme muß zunächst im Auge behalten werden, um welche Elementarvorgänge es sich hierbei handelt. Als Zähigkeit oder innere Reibung bezeichnet man diejenige Kraft, die man aufwenden muß, um die Querschnittseinheit der betrachteten Flüssigkeit mit der Geschwindigkeit 1 cm/sec gegen die gleiche Einheit zu verschieben, die sich in der Entfernung von 1 cm befindet, d. h. es handelt sich darum, die Kräfte zu überwinden, die die Moleküle des gelösten Körpers bei der Verschiebung sowohl an den Molekülen des Kontinuums erfahren, als auch an den anderen gleichartigen. Diese Kraft ist (s. oben S. 164, Anm. 1) proportional der Geschwindigkeit der Bewegung und ihr entgegengesetzt gerichtet. Für sie gilt die Beziehung:

$$m \frac{d^2 r}{d t^2} = -k \frac{d r}{d t}. \tag{62}$$

Dort, wo diese allein gültig ist, spricht man von Zähigkeit oder innerer Reibung. Man kann nun so viel sagen, daß für sehr kleine Konzentrationen an disperser Phase zwischen der inneren Reibung des reinen Dispersionsmittels und der des Soles wahrscheinlich eine lineare Beziehung bestehen wird. Auf Grund einer EINSTEINschen Ableitung besteht ein *Grenzgesetz.* Hat die disperse Phase das Gesamtvolumen $\varphi$ und besteht diese aus starren, nicht dissoziierenden Kugeln, ist ferner dieses Gesamtvolumen sehr klein gegen das Flüssigkeitsvolumen, d. h. ist der Radius jener Kugeln sehr klein gegen den mittleren Abstand zweier Kugeln, so findet sich auf Grund eingehender hydrodynamischer Analyse der hier stattfindenden Flüssigkeitsbewegungen für die innere Reibung der Lösung $\eta_s$ die Beziehung

$$\eta_s = \eta_0 (1 + 2 \cdot 5\, \varphi)\,, \tag{63}$$

wobei $\eta_0$ die innere Reibung des reinen Dispersionsmittels darstellt. Bei der Anwendung dieser Gleichung ist naturgemäß auf die gemachten *Voraussetzungen* zu achten. Diese Gleichung zeigt merkwürdigerweise, daß es — im Gültigkeitsbereich der Ableitung — nur auf das Gesamtvolumen der verteilten Substanz ankommt, nicht aber darauf, ob dieses Volumen in viele kleine oder wenig große Teile zerfallen ist, noch welches die Gestalt oder die chemische Eigenart der Teilchen ist. Ohne Bedeutung sind auch die Grenzflächenverhältnisse, d. h. Gleichung (63) trägt den Charakter eines Grenzgesetzes. Der lineare Anstieg ist zwar noch bei etwas höheren Konzentrationen vorhanden, der Zahlenfaktor indessen ändert sich, er wird größer. Bei weiterem Anstieg der Konzentration erhält man aber eine Kurve höherer Ordnung. Die innere Reibung wächst stärker als es der Zunahme an Volumen der dispersen Phase entspricht. An der $\eta_s$-$c$-Kurve tritt eine dementsprechende Krümmung auf.

Sobald man aber zu solchen kolloiden Systemen übergeht, wo das Dispersionsmittel, also Wasser, sich an der Micellenstruktur beteiligt, also bei den hydrophilen Solen, werden die Verhältnisse andere. Schon dort, wo die Hydratation noch gar nicht in extremem Maße vorhanden ist, etwa beim Schwefelsol, ist die EINSTEINsche Beziehung (63) nicht mehr anwendbar, selbst nicht bei kleinen Konzentrationen. Hierbei ergibt sich, daß, von der Gestalt der Teilchen ganz abgesehen, die Teilchengröße des dispergierten Volumens nicht mehr ohne Bedeutung ist; denn kleinere Aggregate ergeben eine größere Zähigkeit als größere bei gleichem Gesamtvolumen an verteilter Substanz. So ist also auch für diese Systeme die EINSTEINsche Gleichung ein Grenzgesetz. Berücksichtigt man die Voraussetzungen, von denen die Ableitung jener Gleichung ausgeht, so wird man sich über ihren beschränkten Gültigkeitsbereich nicht wundern dürfen. Die Hydratation der Micelle ändert das Bild des Systems, sowohl hinsichtlich seiner Starrheit, als auch hinsichtlich der Größe seiner Teilchen, als auch hinsichtlich des Verhältnisses der Teilchenabstände zum Teilchenradius. So findet man hier auch bei kleineren Konzentrationen bereits höhere Zähigkeiten. Bei Anwachsen der Konzentration zeigt die innere Reibung hydrophiler Systeme eine sehr starke Zunahme, so daß sehr bald stark viscöse Lösungen resultieren.

Es bleibt also für die Beziehung (63) ein sehr enger Gültigkeitsbereich, nämlich für hydrophobe Kolloide in verdünntesten Konzentrationen. Für die üblichen Gebiete aber mußte eine andere Beziehung gesucht werden. In ihr mußten sich die Variablen finden, die sonst ein kolloides System charakterisieren. Zunächst spielte die Gestalt des dispergierten Teilchens eine untergeordnete Rolle insofern, als man allein mit kugeligen Teilchen rechnete. (Es wird sich aber weiter unten die Gestalt als von besonderem, wenn auch anders geartetem Einfluß erweisen.)

Zunächst ist einzusehen, daß bei Bewegung der dispersen Teilchen gegen das reine Dispersionsmittel bei einigermaßen ausgedehnter Grenzfläche diese sich von besonderem Einfluß erweisen muß. Dieser wichtige Umstand konnte nur im Grenzfalle bedeutungslos werden. Die chemische Natur der Micelle tritt wieder insofern in Erscheinung, als sie das Adsorptionspotential und somit die Grenzflächenladung beeinflußt. Je ausgedehnter nun die Grenzfläche sein wird, d. h. je kleinere Teilchen bei sonst konstantem Volumen an disperser Phase vorliegen, desto einflußreicher wird sich diese Ladung erweisen. Dieses geschieht etwa so: dem Teilchen wird bei seiner Bewegung durch das Kontinuum seine Doppelschicht zerrissen; denn nach den Darlegungen im ersten Abschnitt haftet ja die eine Belegung der Doppelschicht unverrückbar am Teilchen, die andere dagegen gehört der Flüssigkeit an, zwischen beiden ist Trennung möglich. Dieses Zerreißen erfordert aber einen Aufwand an mechanischer Arbeit, die wieder als Erhöhung der Viscosität erscheint. Je größer nun die Grenzfläche gegen das Medium ist, um so größer muß diese Arbeit sein. Daher die obengenannte und auch beobachtete Art der Abhängigkeit vom Teilchenradius. Die Grenzflächenladung macht sich aber bemerkbar durch den Potentialsprung, den sie der festhaftenden Flüssigkeitshaut des Teilchens gegen die Flüssigkeit selbst verleiht. Die Größe dieses Potentialsprunges, des $\zeta$-Potentialsprunges, hängt aber noch ab von der Natur des Dispersionsmittels und zwar sowohl von der seiner Eigenmoleküle, als auch von seinem Gehalt an „Fremdstoffen“, vorab Elektrolyten. Die letztgenannten beeinflussen noch direkt die Größe des $\zeta$-Potentialsprunges durch Änderung der Doppelschichtdicke, während die Eigenmoleküle ihren Einfluß durch die Größe der Dielektrizitätskonstante $D$ kundgeben. Es wird auch die spezifische Leitfähigkeit $\varkappa$ des Mediums von Bedeutung werden müssen. So wird also kleiner spezifischer Leitfähigkeit und kleinem Teilchenradius bei hohem $\zeta$-Potentialsprung eine hohe Viscosität entsprechen. Smoluchowski hat auf Grundlage derartiger Überlegungen einen quantitativen Ausdruck für die innere Reibung $\eta_s$ eines kolloiden Systems gefunden, der gewissermaßen eine Erweiterung der Einsteinschen Beziehung (63) darstellt. Er fand für die innere Reibung eines Soles $\eta_s$ den Ausdruck

$$\eta_s = \eta_0 \left\{1 + 2 \cdot 5\,\varphi \left[1 + \frac{1}{\varkappa\,\eta_0\,r}\left(\frac{D \cdot \zeta}{2 \cdot \pi}\right)^2\right]\right\}, \tag{64}$$

wo $\eta_0$ die innere Reibung des Dispersionsmittels bedeutet, $\varphi$ das Volumen der dispersen Phase, $D$ die Dielektrizitätskonstante des Dispersionsmittels, $\varkappa$ dessen spezifische Leitfähigkeit, $r$ den Teilchenradius, $\zeta$ den elektrokinetischen Potentialsprung des Teilchens. Eine eingehende Untersuchung über die Zähigkeit von Solen unter Zugrundelegung dieser Beziehung steht noch aus, wie überhaupt im Gebiet der Frage der inneren Reibung nicht nur von Kolloiden, sondern ebensosehr im Bereich der reinen Flüssigkeiten in theoretischer wie auch praktischer Beziehung die Verhältnisse noch weitgehend ungeklärt sind. Es ist demgemäß nicht zu verwundern, daß der Einfluß der Teilchenform bisher in diesem Zusammenhange noch nicht exakt diskutiert werden kann.

Die kolloiden Systeme zeigen aber weiterhin eine Eigenschaft, die ihr Verhalten komplizierter macht, und die, schon eine ziemliche Reihe von Jahren bekannt, in neuerer Zeit im Zusammenhang mit anderen Erscheinungen zu besonderer Bedeutung gelangt ist. Bei gewissen Systemen scheint außer der soeben skizzierten Kraftwirkung zwischen den dispergierten Teilchen und dem Medium, die der *Geschwindigkeit* proportional und ihr entgegengerichtet ist, noch eine weitere zu bestehen, die zwischen den Teilchen selbst oder zwischen ihnen und den Molekülen des Mediums oder zwischen den dreien wirkt. Sie gibt sich in ihren Erscheinungen als eine Art *elastischer* Kraft zu erkennen. Sucht man z. B. ein Teilchen in einem solchen Medium um ein kleines Stück aus der Ruhelage zu entfernen, so wirkt dieser Fortbewegung eine zurücktreibende Kraft entgegen. Bis zu einer gewissen Grenze, der Elastizitätsgrenze, scheint die zurücktreibende Kraft um so größer zu werden, je größer der Teilchenabstand wird. Die Erscheinung, der derartige Kräfte *wahrscheinlich* zugrunde liegen, bezeichnet man, als *Fließelastizität*, da sich die elastischen Kräfte beim Fließen bemerkbar machen (s. oben S. 164). Die beiden genannten Kraftarten können selbstverständlich nebeneinander vorkommen, doch ist es auch möglich, sie zu sondern. Man kommt praktisch zu der Wirkung der *inneren Reibung* allein, sobald man sehr große Geschwindigkeiten benutzt, etwa beim Fließen oder beim Rotierenlassen der Flüssigkeit. Dann wird die Kraft, die auf die Überwindung der Fließelastizität anzurechnen ist, verschwindend klein. Wenn man dagegen zwei Teilchen sehr langsam voneinander fortbewegt, dann treten wiederum in den Vordergrund die soeben geschilderten *elastischen* Kräfte. Dieses zeigt sich denn auch bei den üblichen Meßverfahren. Bei kleinen aufgewendeten Drucken, Ausflußgeschwindigkeiten, Schubgeschwindigkeiten zeigen sich die elastischen Kräfte, bei großen allein die der inneren Reibung. Dem entspricht, daß, wenn man von großen Schergeschwindigkeiten etwa stetig zu kleinen übergeht, man im Bereich jener einen linearen Kurvenverlauf bekommt, nämlich die innere Reibung in Abhängigkeit von einer jener genannten Größen, während im letztgenannten Bereich durch das Auftreten der elastischen Kräfte die Kurve eine Krümmung erlangt[1]. Daraus ergibt sich sofort, daß Meßmethoden, die eine derartige Variation der Bedingungen nicht gestatten, nur in solchen Fällen Ergebnisse von exaktem Sinn haben können, wo festgestellt ist, daß elastische Kräfte nicht wirksam sind. Nun sei aber ausdrücklich darauf hingewiesen, daß in *theoretischer* Beziehung dieses Gebiet noch *absolut ungeklärt* ist bzw. noch weit unklarer als das erstgenannte. Die soeben angestellten Betrachtungen haben allein den Wert von Plausibilitätsbetrachtungen. Vor allen Dingen sind die experimentellen Tatsachen noch nicht zahlreich und einwandfrei genug, daß es bereits möglich wäre, durch sie hindurchzuschauen.

Die Fließelastizität findet sich bei einer Reihe von kolloiden Systemen, wenn auch nicht allein bei den ausgesprochen hydrophilen, so doch bei denjenigen hydrophoben, die in der einen oder anderen Eigenschaft zu den hydrophilen hinneigen, wie z. B. $V_2O_5$-Sol, Eisenhydroxydsol, Benzopurpurin, Baumwollgelb, Chrysophenin usw. Sodann tritt diese Erscheinung bei einer großen Reihe von hydrophilen Systemen auf, jedoch nicht bei allen. Die Seifen zeigen vorwiegend Fließelastizität, besonders Stearat und Palmitat, nicht aber Oleat. Es wird gewiß schon bemerkt worden sein, daß die Eigenschaft der Fließelastizität sich merkwürdigerweise besonders ausgeprägt bei nichtkugeligen Systemen findet. Sie fehlt den kugeligen keineswegs, ist sie doch bei der Gelatine und anderen vorhanden. Indessen ist sie auch dann am ausgeprägtesten, wenn man recht konzentrierte Systeme verwendet. Das läßt darauf schließen, daß Strukturbildung eine Rolle spielen könnte. Bei den meisten elastischen Solen sind lange Fäden, Strauchwerke, Netze, Knäule von Teilchen der dispersen Phase, innig

[1]) Gewiß ist es auch gestattet zu sagen, daß man in einen Bereich kommt, wo die innere Reibung abhängig wird von Schubgeschwindigkeit oder Ausflußdruck usw.

miteinander verwoben, vorhanden. Auch die Gelatine, der man für gewöhnlich kugelige Teilchen zuschreibt, macht keine prinzipielle Ausnahme hiervon; denn erstens vermutet man bei ihr in größeren Konzentrationen ebenfalls ein Gerüstwerk, sodann aber ist ja bekannt, daß die Gelatine bei Rotation im Kundtschen Apparat bei hinreichender Rotationsgeschwindigkeit eine *Spannungsdoppelbrechung* zeigt. Dieses weist darauf hin, daß eine Deformation der kugeligen Teilchen bei der Gelatine zumindest möglich ist.

### f) Die Oberflächenspannung.

Hier handelt es sich um die Frage, ob und in welcher Weise die disperse Phase die Oberflächenspannung des Wassers zu verändern vermag. Nach den Ausführungen im ersten Abschnitt (S. 112ff.) wird eine solche Veränderung gegebenenfalls verknüpft sein müssen mit Konzentrationsverschiebungen der dispersen Phase zwischen dem Innern des Dispersionsmittels und dessen Oberfläche entsprechend dem Gibbsschen Satze (23):

$$\frac{\partial \sigma}{\partial c} = -\frac{RT}{f(c)} \Gamma$$ [1].

Sehr viele kolloide Systeme zeigen hier keine wesentliche Veränderung auf, z. B. Stärke-, Kieselsäure-, Zinnsäure- und andere wie etwa die Metall- usw. Sole. Bei ihnen findet sich auch keine meßbare Anreicherung an der Oberfläche. Vielleicht ist die Arbeit zu groß, die erforderlich wäre, derartige relativ große Aggregate in die Oberfläche zu bringen, vielleicht kommen aber noch andere Umstände in Betracht, von denen hier nicht die Rede sein kann. Anders gestalten sich die Verhältnisse, sobald man zu den kolloiden Systemen übergeht, die, wie schon oft erwähnt, Verwandtschaft mit echten Lösungen zeigen, zu den hydrophilen. Es handelt sich dabei um die Sole der Gelatine, des Eiweißes, des Saponins, der Seifen u. a. Sie erniedrigen die Oberflächenspannung erheblich. Dabei ist auch ihre Anreicherung an der Oberfläche überaus deutlich erkennbar und feststellbar. Sie verläuft ganz gesetzmäßig. Dem entspricht auch das Verhalten dieser Systeme gegen feste Adsorbentien wie Kaolin, Kohle usw. Hier ist bei kleinen Konzentrationen die Adsorption so genau verfolgbar, daß sich mit ihnen gut die Adsorptionstherme aufnehmen läßt. Bei dem Vorgang der Adsorption fällt hier besonders die kleine Adsorptionsgeschwindigkeit auf. Diese wird aber verständlich, wenn man bedenkt, daß hier die relativ großen Aggregate nur langsam aus der obersten Schicht in die Oberfläche hineingeholt werden können. Außerdem sind sie überhaupt in räumlich geringer Konzentration vorhanden. Es werden also, wenn die an die Oberfläche angrenzende Schicht verarmt ist, erst neue Teilchen nachdiffundieren müssen, und für gewöhnlich ist die Diffusionsgeschwindigkeit dieser Teilchen auch geringer als die der üblichen capillaraktiven kleinen Moleküle. Demgemäß ist nun infolge der kleinen Adsorptionsgeschwindigkeit hier die Trennung von *statischer* und *dynamischer* Oberflächenspannung besser durchführbar als bei den echten capillaraktiven Lösungen. Es sei noch erwähnt, daß ganz entsprechend den Vorgängen bei echten Lösungen von zwei geeigneten Arten dispergierter Teilchen dasjenige in stärkerer Konzentration in der Oberfläche erscheint, das für sich allein die Oberflächenspannung stärker herabsetzt.

Eine besondere Erscheinung bieten diese Systeme noch dar, nämlich die starke Neigung zur Bildung von *Oberflächenhäutchen*. Diese können für gewöhn-

[1] Es wurde an dieser Stelle $f(c)$ anstatt $c$ gesetzt, da, sobald man über den idealen Konzentrationsbereich hinausgeht, jene einfache Beziehung nicht mehr zutrifft. Eine andere, bisher noch unbekannte Konzentrationsfunktion muß an ihre Stelle treten. Dieses soll $f(c)$ andeuten.

lich nicht wieder unter den gleichen Umständen in Lösung gebracht werden. Gewiß handelt es sich hier primär um einen Adsorptionsvorgang. Dabei kommen sich offenbar die adsorbierten Micellen infolge ihrer relativen Größe so nahe, daß sich die Ionenatmosphären, selbst nach eventueller Deformierung, noch durchdringen[1]). Die anziehenden Kräfte überwiegen, und die Teilchen finden sich zusammen. *Ordnen* sie sich dann allmählich zu irgendeiner *Struktur* unter Verlust an potentieller Energie, so wird es sehr unwahrscheinlich werden, daß solche Teilchen ohne weiteres in demselben Medium auch wieder in Lösung gehen werden. Die mechanische Festigkeit der Häutchen spricht hier für derartige Vorgänge. Bei Eiweißstoffen findet man ausgebildete Membranen. Die Änderungen in der Oberflächenspannung sind naturgemäß nur dann eindeutig auf Adsorption der dispersen Phase beziehbar, wenn eine Adsorption von Molekülen ausgeschlossen ist, die im Dispersionsmittel als „Fremdstoffe“ gelöst sind.

### *g) Die Dichte.*

Die Dichte eines Sols wird naturgemäß abhängig sein von der Konzentration an disperser Phase sowie deren Eigendichte. Dieses allein wird bei nicht zu großen Konzentrationen der Fall sein. Es wurde nun oben gezeigt, daß die üblichen kolloiden Systeme keineswegs als stark konzentriert anzusehen sind, vor allen Dingen nicht die hydrophoben. Daher wird eine lineare Beziehung zwischen den Größen weitgehend anwendbar sein. So wird man für die Dichte bzw. das spezifische Volumen etwa so ansetzen: Vom spezifischen Volumen des reinen Dispersionsmittels (Wasser) $v_0$ wird man abziehen müssen das Produkt aus Konzentration $c$ der dispersen Phase und spezifischem Volumen des Wassers, entsprechend einer Anzahl verdrängter Moleküle der intermizellaren Flüssigkeit, an deren Stelle diejenigen der dispersen Phase treten. Man wird nunmehr dafür das Produkt aus Konzentration der dispersen Phase und spezifischem Volumen der dispersen Phase $v'$ hinzufügen müssen. Für das spezifische Volumen des Soles $v_s$ ergibt sich nunmehr

$$v_s = v_0 - v_0 c + v' c = v_0 - c\,\Delta v, \tag{65}$$

wo $\Delta v$ den Unterschied der spezifischen Volumina von disperser Phase und Dispersionsmittel bedeutet. Wie bereits erwähnt, bewährt sich die Beziehung (65) im allgemeinen. Doch sind auch Abweichungen bekannt geworden, die auf die oft mangelhafte Kenntnis von $v'$ zurückgeführt wird. Größere Abweichungen treten erst auf, sobald größere Konzentrationen vorliegen, sowie wenn die Beziehungen zwischen dispergierten Teilchen und dem Dispersionsmittel inniger werden, d. h. bei konzentrierten hydrophilen Solen. Bei niedrigen Konzentrationen kommt man auch hier mit der obigen Gleichung (65) aus. Es werden aber schon bald die genannten Wechselwirkungen so kompliziert, daß die Verhältnisse sich unübersehbar gestalten.

## 3. Die elektrischen Erscheinungen.

### *a) Vorbemerkungen.*

Diesem Kapitel sind die an Gewicht bedeutendsten Erscheinungen an kolloiden Systemen zuzuzählen. Entsprechend der allgemeinen, gegenwärtigen

---

[1]) Wobei eine Deformation der Ionenatmosphären selbst bei kugeligen Teilchen besondere gegenseitige Kraftwirkungen entfalten würde. Liegen dagegen nichtkugelige Mizellen vor, so müssen nach den obigen Darlegungen die Möglichkeiten für Strukturbildungen erst recht gegeben sein. Dabei ist noch nicht einmal in Rechnung gestellt, daß bei den hochkomplizierten Stoffen auch Wirkungen von Atomgruppe zu Atomgruppe zweier Moleküle möglich ist.

Tendenz in der Physik sucht man auch hier vorwiegend die elektrische Deutung von Erscheinungen auf. Damit sind die *physikalischen* Erklärungsversuche in den Vordergrund gestellt. Daß dieses mit Vorliebe und soweit als möglich geschieht, hat seinen Grund in der relativen Einfachheit der physikalischen Deutungen sowie der relativ leichten Zugänglichkeit ihrer Nachprüfung. Das darf naturgemäß nicht dazu führen, sich der Annahme chemischer Vorgänge bei Änderungen in kolloiden Systemen zu verschließen. Dementsprechend ist auch stets auf das Moment der *chemischen Natur* hingewiesen und Bedeutung gelegt worden. An jeder geeigneten Stelle wurde auch auf die chemischen Vorgänge an Oberflächen eingegangen. Oft genug werden dort, wo bis jetzt die physikalischen Vorstellungsmöglichkeiten versagten, chemische Reaktionen vorliegen. Es darf aber nicht unbeachtet bleiben, wie schwer es ist, in diese Vorgänge einzudringen, derartige Annahmen zu prüfen. Aus diesem Grunde der geringeren Schwierigkeit wird, neben anderen andersartigen Gründen, für Erklärungen der physikalische Weg bevorzugt. Es ist übrigens hier nicht der Ort, zu erwägen, ob diese beiden Wege in ihrem Grunde Gegensätze sind, sich gegenseitig ausschließen, — scheinen sie doch bei tieferer Betrachtungsweise eher ineinandergreifen.

Die Grundlage für die elektrische Deutung bildet die Annahme der *Doppelschichtbildung.* Ihr Zustandekommen ist eingehend erörtert worden. Das an anderer Stelle Gesagte muß hier zugrunde gelegt werden.

### *b) Das Gleichgewicht in kolloiden Systemen.*

In einem bestimmten Volumen eines Soles herrscht Gleichgewicht, wenn die disperse Phase darin eine ganz bestimmte Verteilung aufweist. Diejenige des Dispersionsmittels kann hierbei außer Betracht bleiben. Ist das System *verdünnt* genug, so muß die Zahl der in den respektiven Höhenschichten des Volumens angetroffenen Teilchen dem oben S. 97 ff. ausführlich erörterten hypsometrischen Gesetz gehorchen. Dieses bringt die Gleichung (8) bzw. (7) zum Ausdruck:

$$n_x = n_0 e^{\frac{4\pi(\varrho_0-\varrho)g r^3 x}{3RT}N} \quad \text{bzw.} \quad \ln\left(\frac{n_x}{n_0}\right) = \frac{4\pi(\varrho_0-\varrho)g\cdot r^3 x}{3RT}\cdot N,$$

$n_0$ ist die Teilchenzahl am Boden des Gefäßes, $g$ die Schwerebeschleunigung, $N$ die AVOGADROsche Zahl, $T$ die Temperatur, $R$ die Gaskonstante. Sie gibt an, von welchen Größen die Verteilungsform in *jenen* Systemen abhängt. Es ist dieses der Dichteunterschied von Dispersionsmittel und disperser Phase $(\varrho_0 - \varrho)$ (von denen die letztgenannte nicht immer exakt bestimmbar ist), die Höhe der Schicht $x$ sowie der Teilchenradius $r$. Ist also Dichteunterschied und Teilchenradius bekannt, so kann für bestimmte Schichthöhe angegeben werden, ob die vorgefundene Teilchenzahl $n_x$ dem Gleichgewicht entspricht. Man kann aber auch nach Eintritt des Gleichgewichts aus Teilchenzahl in bestimmter Schichthöhe $n_x$ den Teilchenradius berechnen. Hierbei ist auf die oft erwähnten Fehlerquellen zu achten. Die Verteilung hängt auf das engste mit der BROWNschen Bewegung zusammen. Daher ist es zunächst nicht verwunderlich, wenn man auch hier, wie in Gleichung (1) bzw. (2) bemerkt, daß weder der elektrokinetische Potentialsprung des einzelnen Teilchens noch die Teilchenform einen Einfluß auf die Stabilität bzw. Verteilungsform ausüben. Das Dunkelfeldbild gibt hierfür vollkommene Bestätigung.

Nun ist aber wiederholt darauf hingewiesen worden, daß die eben vermerkte Gesetzmäßigkeit nur für ganz verdünnte Systeme gilt, nämlich für die, bei denen der *ideale* Zustand als zutreffend anerkennbar ist. Für größere Konzentrationen dagegen kommt man, wie S. 100 dargelegt worden ist, zu größerer Annäherung, wenn man die VAN DER WAALSsche Zustandsgleichung zugrunde legt. In ihr findet man ja die Aufeinanderwirkung der Teilchen mit berücksichtigt. Die Anziehung, die auftritt, sobald zwei Moleküle bzw. Teilchen in ihr gegenseitiges Feld gelangen, ist in der $a$-Konstanten, die gegenseitige Abstoßung im Augenblick ihres Zusammenstoßes in der $b$-Konstanten enthalten. Diese letztgenannte ist gleich dem Vierfachen des Kernvolumens, das von den Molekülen bei dichter Packung eingenommen wird. Außer der Aufeinanderwirkung ergibt sich, daß nunmehr auch das Eigenvolumen der Teilchen nicht mehr vernachlässigt werden kann.

Mit diesen rein thermodynamischen Korrekturen ist natürlich nichts ausgesagt über das Zustandekommen einer Anziehung bzw. Abstoßung, sobald es sich nicht mehr um Moleküle handelt. Für den Fall der Kolloidteilchen müßte eben auseinandergesetzt werden, wie diese Erscheinungen kinetisch herzuleiten sind, mit welchem anschaulichen Inhalt man jene thermodynamischen Größen zu erfüllen hat. Als Nächstliegender wird der Versuch unternommen werden müssen, diejenigen Vorstellungen, die bei allen anderen Deutungen kolloidchemischer Vorgänge sich fruchtbar erwiesen haben, auch hierher zu übertragen. Zu den fundamentalsten Vorstellungen aber gehört die, daß das Kolloidteilchen mit einer Doppelschicht von Ladungen entgegengesetzten Vorzeichens in ganz bestimmter Weise umgeben ist. Diese Doppelschicht wird sich u. a. bemerkbar machen, wenn zwei Kolloidteilchen in unmittelbare Nähe kommen. Dabei können abstoßende und anziehende Kräfte auftreten. Es wird von der gegenseitigen Entfernung abhängen, welche von beiden vorliegt. Oben wurde auseinandergesetzt, daß bei den Versuchen von PERRIN und COSTANTIN sich experimentell das Überwiegen *abstoßender* Kräfte ergab (negative $a$-Konstante). Dieses wird verständlich, sobald man bedenkt, daß die beiden gleichgeladenen äußeren Ionenhüllen sich zunächst abstoßen werden. Damit wird der Zusammenstoß und somit auch der nachfolgende, wahrscheinliche Zusammenhalt der Teilchen verhindert. Damit kann dann keine Vergrößerung des Teilchens eintreten, die gegebenenfalls zu seiner mehr oder minder raschen Sedimentation führen würde. Es zeigt sich also deutlich, daß für das Kolloidteilchen die elektrokinetische Doppelschicht als wesentliches Moment seiner Stabilität angesehen werden muß. Die Größe dieser Stabilität hängt aber ab von dem Elektrolytgehalt des Dispersionsmittels. Sie ist am größten, wenn destilliertes Wasser oder doch nur sehr geringe Elektrolytmengen vorhanden sind. Bei Steigerung sinkt sie, um schließlich bei einer bestimmten Konzentration zur Koagulation (Flockung bzw. Farbumschlag) zu führen. Die im Dispersionsmittel vorhandenen Elektrolyte führen zu einer Entladung, der stabilisierenden Doppelschicht, oder aber, nach einer anderen Auffassung, zu ihrer fortschreitenden Verdünnung[1]). Auf jeden Fall ist hier der elektrokinetische Potentialsprung von Bedeutung. Es sei ausdrücklich bemerkt, daß, wie noch auseinandergesetzt werden wird, keineswegs allein Zusatz von Elektrolyten zur Koagulation kolloider Systeme führen, sondern daß dieses auch durch andere Mittel erfolgen kann. Nach der Entladung der Teilchen[2]) bzw. dem Absinken oder Verschwinden seines $\zeta$-Potentialsprunges werden die bis dahin durch die Doppelschicht verhinderten Zusammenstöße der einander relativ nahen Teilchen beliebig oft erfolgen können. Es werden sich zusammenhaltende größere Teilchen (Sekundär- usw. Teilchen) bilden,

[1]) Es nimmt nämlich, wie oben S. 134 dargelegt und auch aus (48) hervorgeht, die Dicke der Doppelschicht mit steigender Konzentration ab.

[2]) Die eben durch Adsorption von entgegengesetzt geladenen Ionen aus dem Dispersionsmittel geschieht.

deren Volumen schließlich ein derartiges geworden ist, daß eine rasche Sedimentation erfolgt. Es geht hieraus klar hervor, welches also die Wirkung der zugefügten koagulierenden Stoffe ist. Es wird nicht die BROWNsche Bewegung als solche verändert. Vielmehr werden allein durch Aufheben der Behinderung des Teilchenzusammenstoßes infolge Entladung der Doppelschicht bzw. ihrer weitgehenden Verdünnung die Bedingungen für Vergrößerung der Teilchen geschaffen. Die Geschwindigkeit, mit der dann die Sedimentation erfolgt, bezeichnet man als Koagulationsgeschwindigkeit.

Wie sind nun diese kinetischen Vorstellungen auf das Verhalten bei stark verdünnten Systemen zu übertragen? Dort erwies sich ja Doppelschicht und Elektrolytgehalt des Dispersionsmittels theoretisch als irrelevant für die Beständigkeit. Damit stimmen auch Versuche von SVEDBERG überein, nach denen bei ganz verdünnten Systemen die BROWNsche Bewegung nach Elektrolytzugabe gar keine Veränderung zeigte bzw., genauer gesagt, keine Teilchenvergröberung bemerkbar war. Hier liegen die Dinge offenbar folgendermaßen. Bei hinreichend kleinen Teilchen ist die Entfernung zwischen ihnen außerordentlich groß. Hier ist also die Wahrscheinlichkeit des Zusammenstoßes zweier Teilchen sehr gering. Der Einfluß der Doppelschicht kann sich aber allein erst dann bemerkbar machen, wenn, wie oben auseinandergesetzt, die Teilchen in große gegenseitige Nähe kommen. Finden nun aber infolge der sehr großen freien Weglängen so gut wie gar keine Zusammenstöße statt, so wird es auch gleichgültig sein, ob eine Doppelschicht vorhanden ist oder nicht. Mit anderen Worten: das Teilchen wird naturgemäß seine Doppelschicht behalten, wenn man es von den Nachbarteilchen weit fortrückt, d. h. bei der Verdünnung. Es ist kein Grund vorhanden, warum bei sachgemäßer Verdünnung des Soles die Doppelschicht verschwinden sollte. Sie ist also auch hier wohl vorhanden. Sie kann aber ihren Einfluß nicht geltend machen, da ja keine Zusammenstöße sich ereignen. So kommt es auch, daß hier Elektrolytzusätze keine Veränderungen an dem Dunkelfeldbilde des Soles hervorrufen. Die Teilchen bleiben auch nach der Entladung bzw. nach äußerster Verdünnung der Doppelschicht zufolge ihrer geringen Größe stabil. Daher also die Unabhängigkeit vom $\zeta$-Potentialsprung.

In der Regel hat man es aber nicht mit so weitgehend verdünnten Systemen zu tun. Allerdings ist oben bemerkt worden, daß die üblichen hydrophoben Sole, vor allem die der Metalle, auch noch nicht — hinsichtlich des Sedimentationsgleichgewichtes — in dem COSTANTINschen Bereich liegen, wo die Teilchenabstoßung sich bei der Verteilung bemerkbar macht. Dagegen sind die üblichen Systeme wohl in einem Konzentrationsbereich, wo die gegenseitige Abstoßung — infolge der Doppelschicht — dadurch bemerkbar wird, daß die Zahl der Zusammenstöße groß genug ist, um *gegebenenfalls* bei Elektrolytzugabe eine Koagulation zu bewirken. Es zeigt also die Koagulationsfähigkeit die zwischen Teilchen vorwaltenden abstoßenden Kräfte noch früher an als die Sedimentation nach PERRIN-COSTANTIN.

Der Einfluß der *Gestalt* der Teilchen auf diese Dinge ist von ganz besonderem Interesse und auch von ganz besonderer Bedeutung. Dabei steht im Vordergrunde das Verhalten von Systemen mit stäbchen- bzw. plättchenförmigen Aggregaten. Es wurde oben des öfteren auseinandergesetzt, inwiefern derartige Anisodiametrie für besondere Anordnungen in Betracht kommt. So wurde erörtert, daß auch bei der Doppelschichtbildung um solche Teilchen eine gewisse Polarität auftritt. Es wurde weiter dargelegt, wie derartige elektrisch-polare Gebilde eine potentielle Energie aufeinander besitzen. Damit sind aber grundsätzlich die Voraussetzungen für eine Strukturbildung gegeben, da ja solche Anordnungen begünstigt werden, bei denen die gegenseitige potentielle Energie zu einem Minimum gelangen kann. Bei kugeligen Teilchen, von denen die bisherigen Erörterungen allein handelten, fällt diese Möglichkeit für gewöhnlich[1]) aus Symmetriegründen fort. Bei *nichtkugeligen* Teilchen dagegen müßten sie vorhanden sein und sind auch in recht weitgehendem Maße nachgewiesen worden[2]).

Kommt man zu den Kolloidelektrolyten oder zu den molekular- bzw. ionendispersen Systemen, so treten wiederum die Erscheinungen in den Vordergrund, die die Beziehungen dieser Sole zu den echten Ionenlösungen erkennen lassen, d. h. die innige Verbindung mit den Molekülen des Dispersionsmittels, die Hydratation. So wie bei den echten Ionenlösungen ein größeres Maß von Hydratation eine größere Löslichkeit bedingt, so wird hier im Gebiet des Kolloiden der starken Hydratation eine größere Stabilität entsprechen. KRUYT und auch WO. PAULI haben in schönen Arbeiten dargelegt, wie hier, bei den hydrophilen Kolloiden, neben dem $\zeta$-Potentialsprung, der bei den hydrophoben Solen allein stabilisiert, die starke Wasserhülle als weiteres Stabilisierungsmoment hinzutritt. Bei Beantwortung der Frage, warum bei hydratisierten Micellen die erhöhte Beständigkeit resultiert, könnte man wiederum daran denken, daß der Zusammenstoß der Teilchen hier eine Behinderung dadurch erfährt, daß die hydratisierenden Wasserdipole so angeordnet sind, daß der negative bzw. positive Pol nach außen ragt, je nach dem Ladungssinn der Micelle selbst. Von den nach außen gerichteten gleichnamigen Polen der Wasserdipole wird ebenfalls eine gegenseitige Abstoßung derartiger Mizellen erfolgen, wenn sie in gegenseitige Nähe kommen. Nach KRUYTS Darlegungen ist also die hydrophile Micelle in *zweifacher* Weise stabilisiert. Sie besitzt sowohl den $\zeta$-Potentialsprung der hydrophoben als auch dazu noch die Hydratation. Für diesen Standpunkt vermochte er eine ganze Reihe von Beweisen beizubringen. Er konnte ein Sol entladen, es koagulierte aber nicht. Führte er jetzt ein dehydratisierendes Mittel hinzu (Alkohol, Tannin), so trat Flockung auf. Hand in Hand damit ging die vorauszusehende notwendige Änderung der Viscosität in zutreffender Weise. Es trat umgekehrt keine Koagulation auf, wenn allein jener Dehydratisator zugefügt wurde. Jetzt aber genügten kleine Elektrolytmengen zur Flockung, genau wie bei hydrophoben Systemen. Fügte man dagegen auffallend große Elektrolytmengen hinzu, so trat wiederum Koagulation auf. Diese wirkten zunächst entladend bzw. verdünnend auf die Doppelschicht, aber zugleich auch wasserentziehend. Die Tanninwirkung ist insofern von der des Alkohols verschieden, als jenes schon in recht kleinen Mengen das zur Untersuchung benutzte Agarsol hydrophob machte. Dieses Verhalten konnte KRUYT dadurch erklären, daß er die obenerwähnten LANGMUIRschen Ideen von hydrophilen und hydrophoben Atomgruppen in großen Molekülen zur Anwendung brachte. Bei den kleinen Tanninmengen tritt vorzugsweise starke Adsorption auf. Dabei wurden die hydrophilen Gruppen des Tannins der Mizelle zugekehrt, die hydrophoben ragen nach außen. Beim Alkohol dagegen handelt es sich *höchstwahrscheinlich* um eine grobe Massenwirkung. Auch für andere Eiweißkörper hat sich bis jetzt diese Erklärungsweise mit der einen oder anderen leichten Modifikation bestätigt. So für Albumin[3]), Casein, Schwefelsol und anderen.

---

[1]) Dagegen sei auf das Beispiel der Gelatine hingewiesen (S. 176).

[2]) Siehe dazu ZOCHER: Zeitschr. f. allg. u. anorg. Chem. Bd. 147, S. 91. 1925; JOCHIMS: Kolloid-Zeitschr. Bd. 41, S. 215. 1927; ZOCHER u. JAKOBSOHN: Ebenda Bd. 41, S. 220. 1927.

[3]) R. FÜRTH u. Mitarbeiter konnten in interessanten Arbeiten unter Weiterführung dieser Gedankengänge zeigen, daß in *kleinen* Mengen die Alkohole ebenfalls gemäß ihrem Dipolmoment wirken. Dabei zeigte sich, daß in dem Maße, in dem man in homologer Reihe bei Alkoholen aufstieg, der Effekt sich verringerte. (Lit. s. bei R. FÜRTH u. PECHHOLD: Kolloid-Zeitschr. Bd. 37, S. 193. 1926.) Siehe dazu auch ferner G. ETTISCH u. J. JOCHIMS: Pflügers Arch. f. d. ges. Physiol. Bd. 215, S. 675. 1927.

Bei der stets bemerkten Ähnlichkeit der Verhältnisse bei hydrophilen Solen mit denen echter Ionenlösungen, ist es nicht zu verwundern, wenn der Gedanke auftauchte, die Frage der Beständigkeit bzw. Flockung, vom Standpunkt der *reinen* Löslichkeit bzw. Lösungstheorie zu behandeln. Es kann hier nicht auf diese Dinge im einzelnen eingegangen werden. Indes muß im Zusammenhang mit schon im ersten Abschnitt Erwähntem darauf hingewiesen werden, daß bei solchen Versuchen zunächst erst einmal Klarheit herrschen muß über den vorliegenden Zustand in den in Betracht kommenden Systemen. Von den reinen Ionenlösungen ist dieses in Annäherung der Fall bei den verdünnten. Die Annäherung ist hier um so besser, je verdünnter die Lösungen sind. Bei $^{m}/_{10}$-Lösungen der starken Elektrolyte sind aber die Unsicherheiten schon erheblich. Nimmt man nun als obere Grenze $^{m}/_{100}$-Lösung, so wird man auf ziemliche Übereinstimmung treffen. Durch eine Arbeit von DEBYE und MACAULAY[1]) ist theoretisch wahrscheinlich gemacht worden, wie sich die Verhältnisse unter gewissen, den unseren etwa angenährten Umständen verhalten. Dabei sind aber ganz bestimmte, recht einschränkende Voraussetzungen gemacht, von denen man keineswegs abgehen kann, wie: *äußerst* verdünnte Lösungen, Erniedrigung der Dielektrizitätskonstante durch den Nichtelektrolyten, vollkommener Nichtelektrolyt u. a. m. Es erscheint äußerst fraglich, ob diese Voraussetzungen in speziellen Fällen auf hydrophile Kolloide anwendbar sind. Für konzentriertere Lösungen, etwa $^{m}/_{10}$ an Elektrolyt, können dagegen die dargelegten Gesichtspunkte keineswegs Anwendung finden, da hier, wie schon gesagt, die Vorstellung vom Wesen der starken Elektrolyte bzw. ihrem Verhalten in quantitativer und vielleicht auch qualitativer Beziehung unzutreffend zu werden beginnen.

Mit KRUYTS Theorie ist auch der Temperatureinfluß auf die hydrophilen Systeme erklärbar. Es ergab sich bei einen Tanninversuchen, daß entsprechend dem Rückgang der Adsorption bei Temperaturzunahme eine Rehydratation des Agarsoles eintrat, da ja das Tannin von den Agarmicellen absorbiert worden war. Beim Gefrieren von Eiweiß und anderen Solen beobachtet man dagegen für gewöhnlich eine weitmaschige Ausflockung.

### c) Das Verhalten im elektrischen Felde.

Es sei nunmehr die Frage behandelt, welche Erscheinungen die kolloiden Systeme im elektrischen Felde darbieten. Die prinzipiellen Erörterungen hierzu sind bereits im Abschnitt über Elektrokinetik (s. oben S. 125ff.) gegeben. Sie dienen den folgenden speziellen Betrachtungen als Grundlage. Gleichfalls das, was im Abschnitt über die Grenzflächen gesagt wurde. Hier sei der Fall erörtert, der von wesentlichster Bedeutung ist. Es liege ein kolloides System vor mit festen Grenzen für Wasser. Innerhalb dieser Grenzen jedoch können im elektrischen Feld sowohl die Teilchen als auch Elektrolyte wandern. Geht man von einem elektrolytfreien Metallsol oder einem Mastixsol aus, so werden die Teilchen durch Angreifen des Feldes an den Ionen der unverschieblichen Flüssigkeitsschicht in der einen Richtung fortgeführt, die Ionenschale in der nächstfolgenden Wasserschicht nach der entgegengesetzten. Dabei werden dann die zwischen den Ionen sich befindenden Wassermoleküle mitgenommen. Man sagt dann, das Wasser geht zum einen Pol des Feldes, die Teilchen zum anderen. Je nachdem ist nun der Ladungssinn von Teilchen und von Wasser. Die Größe dieser *kataphoretischen* Wanderungsgeschwindigkeit $u$ ist nach Gleichung (51)

$$u = K\frac{D \cdot \mathfrak{E} \cdot \zeta}{\eta},$$

[1]) DEBYE u. MACAULAY: Physikal. Zeitschr. Bd. 26 (1), S. 22. 1925.

wo $D$ die Dielektrizitätskonstante des Mediums ist, $\mathfrak{E}$ die Feldstärke, $\zeta$ der elektrokinetische Potentialsprung, $\eta$ die innere Reibung des Mediums. Legt man kugelige Teilchen zugrunde, so wird die Konstante $K = \frac{1}{6\pi}$. Über diese Beziehung und ihre Gültigkeit ist oben ausführlich gesprochen worden, es sei hier darauf verwiesen. Außerdem sei nur noch betont, daß diese Gleichung in der Annahme abgeleitet wurde, daß jenes, mit einer Doppelschicht begabte Kolloidteilchen sich in einem Kontinuum befindet, d. h. daß das Teilchen groß genug ist, gegen die Moleküle des Mediums, in dem es sich bewegt. Wie ein mit einer Doppelschicht versehenes Teilchen sich in einem Medium bewegen würde, das zu einem großen Teile ebenfalls Aggregate mit Doppelschicht, aber von anderer chemischer Natur, besitzt, wie also ein fremdes Kolloidteilchen sich in einem anderen kolloiden System bewegen würde, ist eine völlig andere Frage. Aus obiger Gleichung geht hervor, daß die Teilchengröße hier nicht von Bedeutung ist. Der Einfluß der Teilchen*gestalt* ist ebenfalls oben ausführlich behandelt worden. Es sei nur bemerkt, daß sich bei der Bewegung eines *zylindrischen* Teilchens durch ein reibendes Medium naturgemäß andere hydrodynamische Verhältnisse als bei Bewegung eines kugeligen ergeben werden. Diesem Verhalten trug ja, wie erwähnt, das DEBYEsche Untersuchungsergebnis Rechnung. Dieses besteht darin, daß für diesen Fall die Konstante in obiger Gleichung für Zylinder $K = \frac{1}{4\pi}$ wurde. Es braucht wohl kaum näher ausgeführt zu werden, daß stäbchenförmige Teilchen im elektrischen Felde eine Ausrichtung erfahren werden.

Bei Anlegen eines elektrischen Feldes an ein kolloides System macht sich noch eine weitere Erscheinung bemerkbar. Es fand ja eine Trennung von Ionen statt, bei der die des einen Vorzeichens an das Teilchen herangeholt wurden, die des anderen aber in der Flüssigkeit blieben. Im elektrischen Felde wandern dann die äußere Ionenschicht bzw. die Teilchen zu den entsprechenden Polen. Es muß sich daher über die Kataphorese eine echte elektrolytische Leitfähigkeit lagern. Aus SMOLUCHOWSKIschen Darlegungen ergibt sich diese zu

$$K = \frac{4\pi\nu\eta r(r+\delta)u^2}{\delta\cdot N}. \tag{66}$$

Hier bedeutet $\nu$ die Teilchenzahl in ccm, $\eta$ die innere Reibung, $r$ den Teilchenradius, $\delta$ die Doppelschichtdicke, $u$ die kataphoretische Wanderungsgeschwindigkeit im Felde von 1 Volt/cm, $N$ ist die AVOGADROsche Zahl. Diese echte Leitfähigkeit hat man als allein durch die Anwesenheit der Kolloidteilchen hervorgerufen zu betrachten. Zu ihrem Zustandekommen ist kein weiterer Vorgang usw. notwendig. Sie würde selbst im reinsten destillierten Wasser auftreten. In diesem Falle würde eine Trennung der Ionen des Wassers erfolgen. Die mit dem Wasser wandernden Ionen wären bei negativer Teilchenladung dann die H-Ionen. Eine eingehende experimentelle Prüfung hat die Gleichung (66) noch nicht erfahren. Die in Betracht kommenden Leitfähigkeitswerte können natürlich nur von recht geringer Größe sein. HEVESY hat gewisse Überschlagsrechnungen angestellt; es ergaben sich Werte im Bereich von $10^{-5}$ bis $10^{-9}\ \Omega^{-1}$.

Von dieser elektrolytischen Leitfähigkeit ist die zu unterscheiden, die durch „Fremdstoffe" im reinen Dispersionsmittel etwa bei Metallsolen entsteht. Es wurde ja bemerkt, daß sehr häufig von der Soldarstellung her Elektrolyte dort gegenwärtig sind, ja, daß für manche Systeme solche Stoffe zu ihrer Stabilität sich notwendig erweisen. Sie werden naturgemäß ebenfalls eine Leitfähigkeit hervorrufen. Da diese, wenn auch nicht absolut erheblich, so doch größer sein wird als jene vorher besprochene Leitfähigkeit, so kann man, falls bei den üblichen Metallsolen usw. Leitfähigkeit oberhalb von etwa $10^{-5}\,\Omega^{-1}$ auftreten, diese mit ziemlicher Sicherheit auf Elektrolytbeimengungen im Dispersionsmittel beziehen. Es ist also bei diesen Systemen jede praktisch nachweisbare Leitfähigkeit auf „Verunreinigung" zurückzuführen.

Für manche hydrophoben Sole werden gewisse größere Werte für die Leitfähigkeit angegeben, als sie durch „verunreinigende" Fremdstoffe möglich wären. Es handelt sich dabei um solche Systeme, die Neigung zur Dissoziation zeigen, d. h. solche, die den Kolloidelektrolyten näher kommen als die reinen Metallsole. Dazu gehört das Eisenhydroxydsol, das Berlinerblausol u. a. Es ergeben sich aber hier für eine exakte Deutung eine ganze Reihe von Schwierigkeiten, so daß die hier vorherrschenden Verhältnisse noch weitgehend der Klärung bedürfen. So ist z. B. gerade beim Eisenhydroxydsol aus den oft erörterten Gründen eine höhere Leitfähigkeit zu erwarten. Es fehlt noch an der Möglichkeit einer exakten Trennung, was auf Fremdelektrolyte und welcher Anteil auf die dissoziierende disperse Phase zurückzuführen ist.

Leitfähigkeit und Kataphorese werden nur dort reinlich trennbar sein, wo die disperse Phase nur aus Gebilden besteht, die sich selbst an einer Leitfähigkeit nicht beteiligen, d. h. bei nicht dissoziierenden oder hydrolisierenden Aggregaten. Sobald also ionendisperse kolloide Systeme vorliegen oder auch Kolloidelektrolyte, werden die Verhältnisse komplizierter. Hier wird eine gut meßbare Leitfähigkeit bestehen müssen. Dies zeigen z. B. die Eiweißkörper, obwohl auch bei ihnen nicht immer klar herausschälbar ist, was von Eigenionen herrührt und was von Fremdstoffen. Gerade bei diesen sehr wandlungsfähigen, leicht zerfallenden Körpern wird eine klare Entscheidung nicht leicht sein. Das eine oder andere Mal gelingt es im Einzelfall, gewisse Schlüsse zu ziehen, wenn man andere Messungen mit denen der Leitfähigkeit kombiniert, etwa osmotischen Druck oder ähnliches. Etwas durchsichtiger sind die Verhältnisse bei den Kolloidelektrolyten, als deren klassische Vertreter man die Seifen betrachten muß. Hier waren es hauptsächlich die Arbeiten von MacBain und seiner Schule, die uns diese neue Körperklasse kennenlehrte. Bei ihrer Erforschung spielte gerade die Leitfähigkeit unter variierten Bedingungen eine große Rolle. Was oben (S. 158) charakterisierenderweise über das Wesen der Kolloidelektrolyte mitgeteilt wurde, verdankt man in der Hauptsache der geschickten Anwendung dieser Methode. Es trat der Charakter als Kolloidelektrolyt immer stärker hervor in je höherer Konzentration und bei je höheren Fettsäuren man untersuchte. So zeigten die niederen ein Verhalten, das auf gewöhnliche Dissoziation hinwies. Dabei ist die Hydrolyse selbst bei ausgeprägtester Form nur von verschwindender Größe. Bei einer 0,01 m-Na-Palmitatlösung beträgt sie nur 6,6%, während die spezifische Leitfähigkeit $1{,}32 \times 10^{-3}\,\Omega^{-1}$, die molekulare Leitfähigkeit 137,0 beträgt. In diesem Falle liegt dann ein sehr langsam wanderndes Anion vor. Bei höherer Konzentration und höheren Fettsäuren tritt, wie erwähnt, immer stärker der Charakter von Kolloidelektrolytteilchen auf. Da beim Zusammentreten der Teilchen die Oberfläche kleiner wird, jedes einzelne Anion aber eine bestimmte Ladung mitbringt (die Ladung eines Elektrons), muß die Flächendichte der Ladung steigen, und damit eine Erhöhung der Wanderungsgeschwindigkeit eintreten. Dementsprechend tritt allerdings ein Verlust an Elektrizitätsträgern auf. Durch die erhöhte Wanderungsgeschwindigkeit wird aber der Verlust überkompensiert, und somit steigt in einem bestimmten Bereiche die spezifische Leitfähigkeit. Bei noch höheren Konzentrationen sinkt sie dagegen wieder. Mit diesen Annahmen über den Zusammentritt von Teilchen unter Erhöhung von Flächenladung stimmen übrigens gut überein die osmotischen

Messungen (s. oben), die relativ geringe Teilchenzahl dort ergaben, wo eine recht gut meßbare ausgeprägte Leitfähigkeit bestand.

Nach den oben gegebenen Erörterungen wird sich bei diesen hydrophilen Systemen — den ionendispersen wie den Kolloidelektrolyten — die kataphoretische Wanderungsgeschwindigkeit schwer aufzeigen lassen. Bei den ionendispersen werden sehr kleine und auch stark hydratisierte Teilchen vorliegen. Bei den Kolloidelektrolyten zwar größere, gegen das Medium jedoch ebenfalls nur geringen Brechungsunterschied aufweisende Micellen. Es wird daher die beste Meßmethode der Wanderungsgeschwindigkeit, die Beobachtung und Auszählung im Dunkelfeld nicht anwendbar sein. Auch für andere Verfahren werden sich Schwierigkeiten ergeben, da diese Sole meist farblos sind. Eine neuerdings von Ettisch und Deutsch[1]) ausgearbeitete Methode ermöglicht es indessen, hier wenigstens qualitativ den Ladungssinn festzustellen. Immerhin wird es bei solchen hydrophilen Systemen, die ionendispers, molekulardispers oder Kolloidelektrolyte sind, schwer sein zu unterscheiden, ob in dem vorliegenden Falle die Erscheinung eine elektrolytische Leitfähigkeit darstellt oder eine kataphoretische Überführung. Zu einer notwendigen Entscheidung wird man das Verhalten des betrachteten Systems nach anderen Richtungen hin mit heranziehen müssen, das Verhalten im elektrischen Feld allein wird dann keine Entscheidung zulassen. Sind die betrachteten Körper aber auch noch amphoter, so wird es noch schwieriger, für welche Auffassung man sich entscheiden soll. Es wurde oben auseinandergesetzt, daß hier die disperse Phase aus Gebilden besteht, die Ion und Kolloidmicelle zugleich sind, die neben der Ladung des Elektrons auch noch Ladungen durch Adsorption besitzen. Was aber im elektrischen Felde die Ortsveränderung bewirkt, ist dann noch schwerer zu unterscheiden, wenn geringfügige Änderungen im Dispersionsmittel den Dissoziationszustand so beeinflussen, wie dieses bei den amphoteren Körpern der Fall ist. Die Arbeiten von Leonor Michaelis haben hier begonnen Klärung zu schaffen. Er verwandte dabei vorzugsweise Vorstellungen, die der Lehre von den echten Gleichgewichten entnommen waren. Liegt ein Dispersionsmittel vor, in dem *kein Neutralsalz* enthalten ist, so wird der betreffende amphotere Körper nach Maßgabe seiner besonderen Natur und der vorhandenen H-Ionenkonzentration dissoziieren. Etwa in der Form

$$K_s \cdot \mathrm{HPrOH} \rightleftarrows \mathrm{H}^{\cdot} + \mathrm{PrOH}', \tag{67}$$

wo HPrOH das undissoziierte Proteinmolekül bedeutet, $K_s$ die Gleichgewichtskonstante hinsichtlich des sauren Dissoziationszustandes. Durch Verminderung der H-Ionenkonzentration kann es nun erreicht werden, daß der folgende Dissoziationszustand eintritt:

$$K_b \cdot \mathrm{HPrOH} \rightleftarrows \mathrm{HPr}^{\cdot} + \mathrm{OH}' \tag{68}$$

$K_b$ ist die Gleichgewichtskonstante hinsichtlich des basischen Dissoziationszustandes. Bei einer bestimmten H-Ionenkonzentration muß dann

$$[\mathrm{HPr}^{\cdot}] = [\mathrm{PrOH}'] \tag{69}$$

gemacht werden können. In diesem Falle befindet sich der Körper in seinem isoelektrischen Punkt. Bedenkt man nun, daß für Wasser gilt

$$K_w = [\mathrm{H}^{\cdot}][\mathrm{OH}'], \tag{70}$$

wo $K_w$ die Gleichgewichtskonstante des Wassers bei einer bestimmten Temperatur ist, so wird auch Gleichung (69) = der notwendigen und hinreichenden

[1]) Ettisch u. Deutsch: Physikal. Zeitschr. Bd. 28, S. 153. 1927.

Bedingung für den isoelektrischen Zustand bei *Elektrolytfreiheit* = in Gemeinschaft mit Gleichung (70)

$$H^{\cdot} = \sqrt{\frac{K_s}{K_b} \cdot Kw}, \tag{71}$$

Da nun die H-Ionenkonzentration sehr gut meßbar, $K_w$ bekannt ist, so gestattet diese Michaelissche Beziehung über den isoelektrischen Punkt, den Säure- oder Basencharakter eines Stoffes für bestimmte Verhältnisse zu ermitteln. Man wird die H-Ionenkonzentration variieren, bis der betreffende Körper weder in der einen, noch in der anderen Richtung wandert. Die beifolgende Tabelle 7 gibt eine Übersicht über die Lage verschiedener festgestellter isoelektrischer Punkte.

**Tabelle 7.**

| Substanz | $i_1$ | $i_2$ | Beobachter |
|---|---|---|---|
| Genuines Serumalbumin . . . . | $2 \cdot 10^{-5}$ | — | Michaelis u. Davidsohn |
| Denaturiertes Serumalbumin . . | $\sim 4 \cdot 10^{-6}$ | $3{,}8 \cdot 10^{-6}$ | Michaelis u. Rona |
| Serumglobulin . . . . . . . . . | $\sim 4 \cdot 10^{-6}$ | $3{,}8 \cdot 10^{-6}$ | Rona u. Michaelis |
| Casein . . . . . . . . . . . . | $2 \cdot 10^{-5}$ | $2 \cdot 10^{-5}$ | Rona u. Michaelis |
| Oxyhämoglobin . . . . . . . . | $1{,}8 \cdot 10^{-7}$ | — | Michaelis u. Takahashi |
| Trypsin . . . . . . . . . . . . | $3 \cdot 10^{-4}$ | $3 \cdot 10^{-4}$ | Michaelis u. Davidsohn |
| Gelatine . . . . . . . . . . . . | $2 \cdot 10^{-5}$ | — | Michaelis |

$i_1$ wurde bestimmt aus Kataphorese, $i_2$ durch Fällungsoptimum.

Mit dem geschilderten Verhalten der amphoteren Stoffe im isoelektrischen Punkt hängen nun noch andere Eigenschaften zusammen, wie Löslichkeitsminimum, Krystallisationsoptimum, ferner die Größe der Drehung der Ebene des polarisierten Lichtes, die ebenfalls ein Minimum ist, da die Ionen stärker optisch aktiv sind, als die Moleküle. Aus den obigen Darlegungen (S. 175 ff.) wird auch klar, warum im isoelektrischen Punkt ein Minimum der Viscosität herrschen muß. Hier liegen die wenigsten und größten Teilchen gegenüber den benachbarten Zuständen vor.

Wie erwähnt, bediente sich Michaelis vorwiegend der Vorstellungen aus der Lehre homogener Systeme. Es sei darauf hingewiesen, daß auch auf Grund einer Adsorptionsvorstellung man dieses Verhalten der Eiweißkörper usw. begreifen kann. H- und OH-Ionen sind infolge ihrer großen Beweglichkeit bevorzugt adsorbierbar. Sie können daher leicht den Ladungssinn des Kolloidteilchens bestimmen und auch verändern. Es könnte auf diesem Wege eine Umladung der Teilchenoberfläche zustandekommen. Der isoelektrische Punkt wäre dann derjenige Punkt, bei dem die Doppelschicht des Teilchens entladen wäre bzw. ein Minimum an Dicke besäße[1]). Dann ist aber zufolge der oben gegebenen Darstellungen über die Beständigkeitsbedingungen auch ein Minimum an Beständigkeit des Systems vorhanden. Dann besteht die Möglichkeit der Flockung der Teilchen.

Der isoelektrische Punkt zeigt nun seinen vollen Einfluß allein bei Abwesenheit von Elektrolyten. Sind diese dagegen etwa als Neutralsalze vorhanden, so ergeben sich mehr oder minder bedeutende Abweichungen von den mit dem eigentlichen isoelektrischen Punkt zusammenhängenden Eigenschaften. Michaelis und Rona[2]), sowie Ettisch und Beck[3]) haben auf sie und ihre Bedeutung eingehend hingewiesen. Ob der isoelektrische Punkt selber, d. h. der Dissoziationszustand, sich ändert bei Elektrolytgegenwart, oder nur gewisse Eigen-

---

[1]) bzw. der $\zeta$-Potentialsprung null wäre.

[2]) Michaelis u. Rona: Biochem. Zeitschr. Bd. 27, S. 38. 1910; Bd. 28, S. 193. 1910.

[3]) Ettisch u. Beck: Biochem. Zeitschr. Bd. 172, S. 1. 1926.

schaften, wie Löslichkeit usw. eine Erhöhung oder Erniedrigung bei Salzgegenwart — vornehmlich der der starken Elektrolyte — erfahren, bleibt noch weiteren Untersuchungen vorbehalten. Nach den Vorstellungen der modernen Elektrolyttheorien könnte zunächst an eine Aktivitätsänderung der betreffenden Körper gedacht werden. Nun ist aber unter Zugrundelegung der reinen Gleichgewichtslehre der isoelektrische Punkt gerade dadurch ausgezeichnet, daß an sich schon ein Minimum von Ionen vorhanden ist. Die Dissoziations- bzw. Aktivitätsverhältnisse werden sich also kaum wesentlich ändern können. Anders dagegen steht es, wenn man, an den Vorstellungen von homogenen Systemen festhaltend, eine Löslichkeitsbeeinflussung annimmt, wie sie von DEBYE und Schülern in mehreren Arbeiten in Wechselwirkung von Molekülen (die amphoteren Stoffe am isoelektrischen Punkt enthalten ja solche bzw. Zwitterionen von Dipolcharakter) und Ionen auseinandergesetzt sind. Allein für derartige Deutung liegen die Dinge bei den hochmolekularen, amphoteren Eiweißkörpern so weitgehend schwieriger als den Voraussetzungen jener Autoren entsprechen würde, außerdem sind gerade in diesen Lösungen die Zustände noch so ungeklärt, daß man kaum jene Vorstellungen bisher hier mit praktischem Gewinn hat anwenden können. Von anderen Schwierigkeiten wie Konzentrationsbereich, Dielektrizitätskonstante usw. ganz abgesehen. Es bleibt als brauchbarste Annahme für das Verhalten der amphotheren Körper am isoelektrischen Punkt die übrig, die sich an den *Kolloid*charakter der dissoziierten und undissoziierten Eiweißkörper anschließt, und in der erhöhten Löslichkeit in Gegenwart von Neutralsalzen einen Peptisationsvorgang sieht, d. h. eine Wiederaufladung der entladenen Oberfläche durch die entsprechenden Ionen des Elektrolyts.

### *d) Das Verhalten bei Zuführung freier Ladungen.*

Führt man einem kolloiden System freie Ladungen in Gestalt von Elektrolyten zu, so treten zunächst, bei sehr geringen Mengen, in dem System Änderungen auf, wie sie der Adsorption von Ionen zuzuordnen und etwa durch den Verlauf der Adsorptionsisotherme charakterisiert sind. Auf derartige Verläufe bei Vorliegen von *Ionenlösungen* ist im Vorstehenden noch nicht eingegangen worden. Dieses soll daher sogleich an dieser Stelle geschehen. Steigert man jene Elektrolytkonzentrationen, so treten Verhältnisse ein, die oben bei der Behandlung des Gleichgewichtes in kolloiden Systemen flüchtig erwähnt worden sind. Es handelt sich um das *Verschwinden des $\zeta$-Potentialsprungs* der Teilchen mit nachfolgender Sedimentation. Beides wird zusammengefaßt unter dem Begriff der Koagulation oder Flockung. Nachstehend soll diese nunmehr etwas eingehender betrachtet werden. Nach dem eben Gesagten werden sich die beiden Einzelprozesse, aus denen die Koagulation besteht, zum allergrößten Teile abspielen auf dem Boden der Adsorptionsvorgänge. Aus diesem Grunde, und ferner vor allem, weil bisher noch nicht darauf eingegangen wurde, sei hier im Zusammenhang mit der Koagulation die Frage der Ionenadsorption etwas eingehender behandelt, tritt sie doch gerade im Zusammenhang mit der Koagulation in besonders markanter Weise in Erscheinung. Dabei soll auch hier wieder allein das Prinzipielle der Vorgänge zur Erörterung stehen, durch einige Beispiele erläutert. Das weitschichtige experimentelle Material zu dieser Frage findet sich in den obengenannten Büchern. Der soeben bemerkte Zusammenhang der Koagulationsvorgänge mit der Ionenadsorption sowie mit der Frage der Stabilitätsbedingungen lassen von vornherein erwarten, daß hier der elektrokinetische Potentialsprung von besonderer Bedeutung sein wird.

Weiterhin wurde angedeutet, daß der Koagulationsvorgang in 2 Phasen verläuft. Zunächst erfolgt die Entladung der Teilchen bzw. das Absinken ihres elektrokinetischen Potentialsprungs, was oben in groben Umrissen schon skizziert wurde. Mit diesen Veränderungen werden, wie ebenfalls kurz gestreift, die Bedingungen geschaffen für eine Häufung der Teilchen, die zur Sedimentation führt. Diese Bedingungen bestehen nun darin, daß durch das vorangegangene Absinken des $\zeta$-Potentialsprunges Momente fortfallen, die die Teilchen bisher am Zusammenstoß mit nachfolgendem Zusammenhalt hinderten. Diese beiden Vorgänge unterliegen als zwei voneinander verschiedene Prozesse für gewöhnlich auch gesonderter Behandlung. Dieses ist dadurch gerechtfertigt, daß es sich eben *im Grunde* um zwei gesonderte Vorgänge handelt. Demgegenüber darf aber nicht vergessen werden, daß diese in *Wirklichkeit* nicht nacheinander verlaufen, sondern ineinandergreifen. So beginnt der zweite Vorgang, der der Häufung und Sedimentation der Teilchen bei eingehenderer Betrachtungsweise keineswegs erst, wenn volle Entladung der Teilchen stattgefunden bzw. wenn $\zeta = o$ geworden ist, vielmehr tritt er schon auf, bevor jene Entladungsvorgänge an ihren möglichen Endzustand angelangt sind. Noch vor völligem Verschwinden des elektrokinetischen Potentialsprungs setzt die *langsame* Koagulation ein, um dann bei $\zeta = o$ in die *rasche* überzugehen.

Es fragt sich nunmehr, welche Gesetzmäßigkeiten für die Ionenadsorption in Betracht kommen bzw. wie diese im Zusammenhang stehen, mit den beiden Fundamentalvorgängen bei der Koagulation.

Der zuerst einsetzende Prozeß besteht in einer Veränderung des elektrokinetischen Potentialsprungs des Kolloidteilchens. Für gewöhnlich handelt es sich um seine Herabsetzung. Weiter unten wird sich noch zeigen, daß auch seine Erhöhung stattfinden kann, dort wird auch der Zusammenhang dieser Erhöhung mit den allgemeinen zugrundeliegenden Gesetzmäßigkeiten zu behandeln sein. In der Regel jedoch findet sich die *Herabsetzung*. Stellt man sich nun für die Veränderung des $\zeta$-Potentialsprungs auf den Boden der oben ausführlich diskutierten Theorie von O. Stern, so muß man feststellen, daß nach Gleichung (48)

$$\frac{d}{4\pi\delta}(\psi_0 - \psi_1) = FZ\left[\frac{1}{2 + \frac{1}{c}e^{\frac{\Phi_- - F\psi_1}{RT}}} + \frac{1}{2 + \frac{1}{c}e^{\frac{\Phi_+ + F\psi_1}{RT}}}\right] + \mathfrak{Sin}\frac{F\psi_1}{2RT}\sqrt{\frac{DRTc}{30\pi}},$$

wo $\psi_1 = \zeta$ der elektrokinetische Potentialsprung, außer von den Dielektrizitätskonstanten $d$ resp. $D$, wesentlich abhängt von der Doppelschichtdicke $\delta$, dem Adsorptionspotential $\Phi_+$ und $\Phi_-$, sowie der Konzentration $c$. Hierbei ist noch zu beachten, daß Doppelschichtdicke und Adsorptionspotential ebenfalls Konzentrationsfunktionen sind. Es ist also die Wirkung der Konzentrationssteigerung eine solche, daß eine stärkere Adsorption stattfindet, sodann die, daß die Doppelschichtdicke geringer wird. Es fragt sich nun, welcher Vorgang hierbei im Vordergrund steht. Dazu sei bemerkt, daß nur bei äußerst starker Verdünnung die Doppelschicht eine merkliche Dicke besitzt. Am besten ist sie bei völligem Elektrolytmangel oder doch nur geringer Elektrolytkonzentration ausgeprägt (s. Diskussion zur Sternschen Formel S. 134). In dem Konzentrationsbereich, um den es sich hier meist handelt, also von $10^{-4}$ m an aufwärts, findet sich bereits schon ein großer Teil aller Ladungen in der sog. Helmholtzschen Schicht vereinigt. Nach den Messungen von Freundlich und Ettisch[1]) (Strömungspotentiale an Glas) war unter Umständen bereits bei $10^{-4}$ m nicht mehr immer eine gut ausgebildete diffuse Doppelschicht vorhanden. Jedenfalls sind die Möglichkeiten ihrer Beeinflußbarkeit in den üblichen Konzentrationsbereichen bereits recht

[1]) Freundlich u. Ettisch: Zeitschr. f. physikal. Chem. Bd. 116, S. 401. 1925.

gering. Es kann daher ihr Einfluß auf das $\zeta$-Potential dann nicht mehr sehr stark sein. Anders steht es dagegen mit der direkten Wirkung der Elektrolytkonzentration auf diesen Potentialsprung, d. h. mit der gesteigerten Adsorption bei gesteigerter Konzentration. Bei diesem Vorgang, der an erster Stelle die Ionen desjenigen Vorzeichens wirksam sieht, der dem der Teilchenwand entgegengesetzt ist, müßte dann eine Entladung und damit ein Absinken des $\zeta$-Potentialsprungs erfolgen. Man wird also kaum fehlgehen, anzunehmen, daß in sehr niedrigen Konzentrationsbereichen etwa bis $10^{-4}$ m neben dem Einfluß der Adsorption von Ladungen auf das Sinken des Potentialsprungs auch noch die Änderung der Doppelschichtdicke dafür anzusetzen ist. Bei höherer Konzentration dagegen wird der letztgenannte Faktor verschwindend werden, da praktisch alle Ladungen in der ersten beweglichen Flüssigkeitsschicht liegen. Das Adsorptionspotential (s. oben S. 121) ist schließlich eine Größe besonderer Art. Durch sie wird die Adsorbierbarkeit der betreffenden Ionenart charakterisiert. STERN führte es als eine konstante Größe ein, doch dürfte dieses kaum das richtige treffen, besser wird man es als eine Funktion der Konzentration ansehen, wenngleich darüber Näheres nicht bekannt ist. Übrigens gibt die STERNsche Theorie die Mittel an die Hand, das Adsorptionspotential aus bestimmten Daten der $\zeta$-$c$-Kurve zu berechnen. Dieses ist bisher jedoch noch nicht nachgeprüft worden.

Um nun den Einfluß eines bestimmten Elektrolyten festzustellen, bedient man sich der Bestimmung seines Koagulationswertes (Ko.W.). Es ist dieses diejenige Konzentration, bei der nach einer bestimmten Zeit das System ein bestimmtes Stadium der Koagulation zeigt. Von besonderer Wichtigkeit wird sich die *Adsorbierbarkeit* eines Ions erweisen, da sie eine hervortretende Eigenschaft der betreffenden Substanz ist. Man bemerkt nun, daß *für gewöhnlich* sich die Adsorbierbarkeit gleichwertiger Ionen auch als ziemlich gleich erweist. Demgegenüber gibt es aber solche, die eine außergewöhnliche Größe dieses Maßes besitzen. Es sind dies manche Farbstoffe, manche der größeren organischen Ionen, H- und OH-Ionen, die Schwermetallionen u. a. m. Es leuchtet ferner ein, daß auch die *Wertigkeit* des Ions sich kundgeben muß. Für mehrwertige Ionen folgt auch aus der Theorie eine stärkere Wirksamkeit, ohne daß hierbei eine Änderung im Werte des Adsorptionspotentials notwendig angenommen werden müßte, d. h. für die stärkere Wirksamkeit der höherwertigen Ionen bedarf es nicht der Annahme ihrer bevorzugten Adsorbierbarkeit. Darauf wird noch näher einzugehen sein. Aus diesem Einfluß der *Adsorption*, der Größe der *Adsorbierbarkeit* und der *Wertigkeit* lassen sich nun die Vorgänge bei der Koagulation durch Elektrolyte theoretisch verstehen. Es ergeben sich aber des weiteren aus den *experimentellen* Daten auch die Bestätigungen für die eben gemachten theoretischen Überlegungen.

Vergleicht man diejenigen Konzentrationswerte einer Reihe von Elektrolyten, die den $\zeta$-Potentialsprung eines kolloiden Systems um dieselbe Zahl von Einheiten herabsetzt, mit den Koagulationswerten derselben Elektrolyten und desselben Systems, so zeigt sich deutlich,

1. ein nachdrücklicher Einfluß desjenigen Ions, das die entgegengesetzte Ladung der Wandschicht des Teilchens trägt (s. Tabelle 8 und 9). Beim negativen $As_2S_3$-Sol kommt es auf die Kationen an, beim positiven Eisenhydroxydsol auf die Anionen;

2. ist erkennbar, daß die Ko.W. jenen Konzentrationen parallel laufen, die den elektrokinetischen Potentialsprung um denselben Betrag herabsetzen;

3. erweist sich, daß die Wertigkeit des entgegengesetzt geladenen Ions insofern von Bedeutung ist, als höherwertigen ein geringerer Koagulationswert

entspricht, d. h. schon in geringerer Konzentration wird von höherwertigen Ionen jener Potentialsprung um das gleiche Maß herabgesetzt, als von niedrigerwertigen. Recht deutlich geht das soeben Bemerkte aus den nachfolgenden Tabellen 8 und 9 von Freundlich und Zech hervor.

**Tabelle 8.**

| Elektrolyt | $c_e$ (Mikromol in Lit.) | $\gamma$ (Mikromol in Lit.) |
|---|---|---|
| $[Co(NH_3)_4(NO_2)_{2(6)}^{(1)}]Cl$ . . . . . . . . . | 59 | 1290 |
| $[Co(NH_3)_4CO_3]NO_3$ . . . . . . . . . | 58 | 1185 |
| $[Co(NH_3)_5Cl]Cl_2$ . . . . . . . . . . . | 9 | 118 |
| $[Co(NH_6)_3]Cl_3$ . . . . . . . . . . . | 2,1 | 25,6 |
| $\left[(NH_3)_4Co\langle{}^{NH_2}_{OH}\rangle Co(NH_3)_4\right]Cl_4 \cdot 4H^2O$ | 1,2 | 11,4 |
| $\left[Co\left\{{}^{OH}_{OH}\rangle Co(NH_3)_4\right\}_3\right]Cl_6$ . . . . . . | 1,0 | 8,0 |

Für $As_2S_3$-Sol.

$c_e$ = Elektrolytkonzentrationen, die die gleiche Erniedrigung des $\zeta$-Potentialsprunges bewirken.

$\gamma$ = Koagulationswerte.

**Tabelle 9.**

| Elektrolyt | $c_e$ (Mikromol in Lit.) | $\gamma$ (Mikromol in Lit.) |
|---|---|---|
| $Au(CN)_2K$ . . | 320 | 13200 |
| $Au(CN)_4K$ . . | 25,5 | 1170 |
| $Pt(CN)_4K_2$ . . | 17 | 390 |
| $Cu(CN)_4K_3$ . . | 9 | 61 |
| $Fe(CN)_6K_3$ . . | 3,9 | 31,5 |
| $Fe(CN)_6K_4$ . . | 3,1 | 15 |

Für ein Eisenhydroxyd-Sol.

$c_e$ und $\gamma$ haben dieselbe Bedeutung wie auf Tabelle 3.

Beim $As_2S_3$-Sol sind 1- bis 6wertige Kobaltkomplexsalze verwendet worden. Weiter unten wird noch dargelegt werden, warum man bei derartigen Versuchen darauf halten muß, daß die verwendeten Elektrolyte verschiedener Wertigkeit einander nahestehende sind. In diesem Falle wurde der elektrokinetische Potentialsprung des $As_2S_3$-Sols von allen Elektrolyten auf 64 mV herabgesetzt, gemessen durch Kataphorese. Für das Eisenhydroxydsol war der übereinstimmende Wert 40 mV. Weiterhin sind zur experimentellen Bestätigung des oben Gesagten wichtig die Messungen, die die Tabellen 10 und 11 wiedergeben. Sie zeigen die Ko.W. einer Reihe von Elektrolyten für das $As_2S_3$-Sol, sowie Eisenhydroxydsol. Wie aus den obigen Zahlen (Tabelle 8 und 9) geht auch aus diesen hier die Bedeutung des Ladungssinnes und der Wertigkeit hervor. Im besonderen aber zeigen diese Tabellen, daß unter den gleichwertigen Ionen die Ko.W. recht weitgehend verschieden sein können. So lassen sich zwar die einwertigen Kationen in eine Reihe ordnen

$$Na^{\cdot} > K^{\cdot} > NH_4^{\cdot},$$

wobei ihre Ko.W. recht dicht beieinander liegen, doch tritt andererseits deutlich die starke Wirksamkeit der größeren organischen Ionen hervor, die kenntlich ist durch ihre niedrigen Ko.W. Diese weit auseinanderliegenden Werte von Ionen gleicher Wertigkeit weisen auf ihre verschiedene *Adsorbierbarkeit* infolge verschiedenen Adsorptionspotentials hin. Diese Messungen führen aber weiterhin zu folgenden fundamentalen Annahmen: *Durch äquivalente Mengen adsorbierter Ionen von entgegengesetztem Ladungssinn wird der $\zeta$-Potentialsprung um dieselbe*

*Zahl von Einheiten erniedrigt.* Eine Feststellung, die vollkommen die obige theoretische Erörterung bestätigt. Da nun weiterhin die Ko.W. übereinstimmenden, gleichen Erniedrigungen des $\zeta$-Potentialsprungs entsprechen, darf geschlossen werden, daß *bei Vorliegen dieser Konzentrationen die Mengen adsorbierter Ionen einander äquivalent sind*[1]). Die weitgehend verschiedenen Ko.W. bei Ionen gleicher Wertigkeit aber sind zurückzuführen auf verschieden starke Adsorbierbarkeit. Daher flocken auch nach Tabelle 10 und 11 Anilinchlorid, Morphinchlorid und Neufuchsin in besonders niedrigen Konzentrationen. Vollkommen verständlich wird dieses, wenn man die Adsorptionskurven vergleicht. Abb. 12 zeigt diese. Ein $As_2S_3$-Pulver aus einem entsprechenden Sol verfertigt, diente als Adsorbens. Die Kurven I, II und III zeigen die Adsorptionsisothermen von $NH^{\cdot}$-, Morphin- und Neufuchsinionen. Die Abszisse gibt die Konzentration, die Ordinate die adsorbierten Mengen wieder. Greift man nun, um das oben Gesagte verständlich zu machen, einen bestimmten Punkt der Abszisse heraus, d. h. eine bestimmte Konzentration etwa O′, so erweisen sich die hierzu gehörigen adsorbierten Mengen am kleinsten, für $NH^{\cdot}$, größer sind sie für Morphin- und am größten für das Neufuchsinion, ganz so wie es den Werten aus Tabelle 10 entspricht. Durch Ziehen der Parallele O′O″ zur Ordinate tritt dieses deutlich hervor. Um-

**Tabelle 10.**

Koagulationswerte eines $As_2S_3$-Sols

| Elektrolyt | Koagulationswert (Millimol in Liter) |
|---|---|
| NaCl | 51 |
| KCl | 49,5 |
| $KNO_3$ | 50 |
| $\frac{K_2SO_4}{2}$ | 65,5 |
| $NH_4Cl$ | 42 |
| HCl | 31 |
| Anilinchlorid | 2,5 |
| Morphinchlorhydrat | 0,42 |
| Neufuchsin | 0,11 |
| $MgCl_2$ | 0,72 |
| $CaCl_2$ | 0,65 |
| $SrCl_2$ | 0,635 |
| $BaCl_2$ | 0,69 |
| $UO_2(NO_3)_2$ | 0,64 |
| $AlCl_3$ | 0,093 |
| $\frac{Al_2(SO_4)_3}{2}$ | 0,096 |
| $Ce(NO_3)_3$ | 0,080 |

**Tabelle 11.**

Koagulationswerte eines Eisenhydroxyd-Sols.

| Elektrolyt | Koagulationswert (Millimol in Liter) |
|---|---|
| NaCl | 9,25 |
| KCl | 9,0 |
| $\frac{BaCl}{2}$ | 9,65 |
| KBr | 12,5 |
| KJ | 16 |
| $KNO_3$ | 12 |
| HCl | >400 |
| $\frac{Ba(OH)_2}{2}$ | 0,42 |
| $K_2SO_4$ | 0,205 |
| $MgSO_4$ | 0,22 |
| $K_2Ce_2O_7$ | 0,195 |

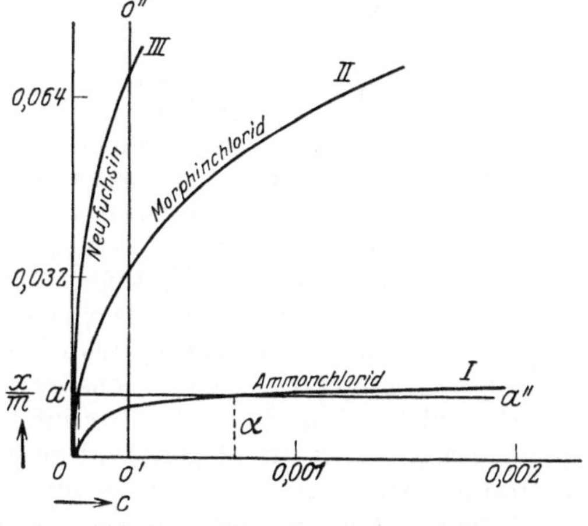


Abb. 12. (Nach H. Freundlich.)

[1]) Es ist an dieser Stelle noch an derartiger Darstellung der Verhältnisse festgehalten worden. Neuere Untersuchungen zeigen demgegenüber, daß die Adsorption äquivalenter Ionenmengen sich doch als recht fraglich erweist. Die im Gange befindlichen Arbeiten werden ergeben, in welcher Weise man die Vorgänge wird aufzufassen haben müssen.

gekehrt erkennt man, daß, wenn man die Konzentrationen aufsucht, die zu gleichen Mengen adsorbierter Ionen gehören, etwa OA′, in Abb. 11 ist diese mit $\alpha$ bezeichnet, man die Konzentration in weiten Grenzen variieren muß. Man erkennt dieses durch Ziehen der Parallele $A'A''$ zur $x$-Achse im Abstande $\alpha$. Dann geben die sehr voneinander verschiedenen Abszissen die Konzentrationen an Fuchsin-, Morphin- und $NH_4$-Ionen an, bei denen eine übereinstimmende Menge der resp. Ionen von Adsorbens aufgenommen ist. Nunmehr dürfte klar sein, warum die Ko.W. soweit voneinander entfernt liegen. Es müssen eben verschieden stark adsorbierbare, gleichwertige Ionen weit auseinander liegende Koagulationswerte besitzen.

Aus den Tabellen 9 und 10 geht weiter hervor, daß die Ko.W. um so geringer sind, je höherwertiger die Ionen. Hierbei nun ist es nicht notwendig, wie oben bereits vermerkt, eine besonders starke Adsorbierbarkeit der höherwertigen Ionen anzunehmen, vielmehr kommt man vollkommen mit der Annahme der gleich starken Adsorbierbarkeit dieser Ionen (etwa $K^{\cdot}$, $Ba^{\cdot\cdot}$, $La^{\cdot\cdot\cdot}$, $Th^{\cdot\cdot\cdot\cdot}$) aus. Liegen 1, 2, 3 und usw.-wertige äquimolare Ionenlösungen vor, und macht man die Annahme, daß sie alle etwa gleich stark adsorbiert werden, d. h. von allen etwa die gleiche Zahl von Ionen, so müßten allein darum schon die resp. Koagulationswerte sich verhalten wie 4:3:2:1; denn während jedes einwertige Ion ein freies Elektron mitbringt, bringt das 2-, 3- oder 4wertige deren 2-, 3- oder 4-mit. Von der Zahl der Ladungen des Ions mit entgegengesetztem Ladungssinn ist aber auch die Entladung des Teilchens und damit die Veränderung seines $\zeta$-Potentialsprungs abhängig. Damit erklärt sich zwanglos die starke Wirksamkeit höherwertiger Ionen, auch ohne Annahme ihrer bevorzugten Adsorbierbarkeit.

Es ist nun aber unbedingt notwendig, auf die Grenzen hinzuweisen, innerhalb deren die obigen Ausführungen allein Gültigkeit besitzen. So ist hierbei angenommen, daß nur das eine Ion, das von entgegengesetztem Ladungssinn adsorbiert wird, während dieses mit dem von gleichem nicht oder nur in verschwindendem Maße geschieht. Eine Annahme, für die manches zu sprechen scheint, die aber bisher nicht exakt erwiesen ist.

Zur Untersuchung des Einflusses der Wertigkeit ist es aus naheliegenden Gründen erforderlich, möglichst einander nahestehende Ionen heranzuziehen. Es muß ja das Moment der verschieden starken Adsorbierbarkeit ausgeschaltet bleiben; denn dadurch käme ein weiterer Faktor von Bedeutung hinzu, und es wäre nicht klarzulegen, auf welchen von beiden man die eventuelle Änderung zu beziehen hätte. Von Einfluß ist hierbei ferner auch noch der *Bau* des Ions. Einige Ionen, wie etwa das Pikration, zeigen sich von besonderer Bedeutung. Es ist einwertig und verhält sich wie ein zweiwertiges. Entsprechend seinem Verhalten in anderen Fällen (Aktivitätskoeffizient usw.) wird dieser Umstand der besonderen Konfiguration seines Ions zugeschrieben. Aus der Reihe fallen ja auch H- und OH-Ion, diese offenbar infolge ihrer großen Beweglichkeit.

Weiterhin gelten die obigen Darlegungen allein für weitgehend verdünnte Elektrolyte. Nun darf man wohl behaupten, daß es sich bei den hier im Spiele befindlichen Konzentrationen in der Regel um solche recht geringer Größe handelt. Indessen kann doch bei manchen Systemen die Konzentration der erforderlichen, vor allem der einwertigen Ionen, erheblich werden. Alsdann treten Abweichungen auf, die man wohl berechtigterweise auf die Hydratation bzw. Dehydratation zurückführt.

Es kann hier nur erwähnt, nicht des näheren auseinandergesetzt werden, daß auf Grund der Sternschen Theorie auch eine Erhöhung des $\zeta$-Potentialsprungs eintreten kann. Im allgemeinen ist die $\zeta$-$c$-Kurve durch eine quadratische

Gleichung hinsichtlich $c$ dargestellt, woraus sich die Möglichkeit eines Maximalwertes herleitet. In der Tat sind auch von einer ganzen Reihe von Beobachtern derartige Erhöhungen im Bereiche sehr verdünnter Elektrolytlösungen experimentell nachgewiesen worden[1]). So erhöht z. B. kleine OH-Ionenkonzentration das $\zeta$-Potential bei negativen Solen u. a. m.

Bei einer Reihe von kolloiden Systemen zeigt sich nun eine weitere Eigentümlichkeit. Durch stark adsorbierbare oder auch durch hochwertige Ionen kann eine Umladung der Teilchen stattfinden. Dabei zeigen dann die umgeladenen Sole in ihrem Verhalten in jeder Beziehung den Charakter von Systemen, die von vornherein einen solchen Ladungssinn besitzen.

Findet nun durch Elektrolytzusatz eine Herabsetzung des $\zeta$-Potentialsprungs statt, so zeigt sich unterhalb eines bestimmten Wertes eine Koagulation bzw. evtl. ein Farbumschlag. Man kann nun so verfahren, daß man gewisse Mengen zusetzt und abwartet, in welcher Zeit eine dieser Erscheinungen eintritt. Diese Zeit ist die *Koagulationszeit*. Sie ist der Koagulationsgeschwindigkeit umgekehrt proportional. Es stellt sich nun heraus, daß in gewissem Konzentrationsbereiche diese Koagulationszeit umgekehrt proportional dem zugesetzten Elektrolyten verläuft. Dieser Zeitwert ist aber nicht nur von der Konzentration abhängig, sondern auch von der näheren Art des Koagulators in dem Sinne, wie er oben hinsichtlich Wertigkeit und Adsorbierbarkeit auseinandergesetzt ist. Folgende Tabelle 12 nach ZSIGMONDY zeigt die Verhältnisse am Goldsol.

**Tabelle 12.**

| $c$ (Millimol in Liter) | Koagulationszeit (in Sekunden) | |
|---|---|---|
| 5 | 150 | langsame Koagulation |
| 10 | 12 | |
| 20 | 7,2 | rasche Koagulation ↓ |
| 50 | 7 | |
| 75 | 6,5 | |
| 100 | 7 | |
| 150 | 6 | |
| 200 | 6—7 | |
| 300 | 7,5 | |
| 500 | 7 | |

Man erkennt, daß mit Zunahme der Konzentration die Koagulationszeit sehr rasch ab-, die Koagulationsgeschwindigkeit also zunimmt. Stellt man für den ersten Konzentrationswert, bei dem diese Erscheinung gerade aufzutreten beginnt, den $\zeta$-Potentialsprung des Systems fest, so gelangt man zu einem bestimmten Wert, der sich immer wiederfindet. POWIS stellte fest, daß Öl-Wasser-Emulsionen unterhalb 40 mV anfangen unbeständig zu werden. Für CuO-Sol betrug dieser Wert etwa 20 mV. Seither hat man diese Beziehung für fast alle Systeme bestätigt. Dieser Grenzwert des $\zeta$-Potentialsprungs, unterhalb dessen ein System unbeständig ist, bezeichnet man als sein kritisches Potential $\zeta = \zeta_k$.

Steigert man nun aber die Elektrolytkonzentration weiter, so erreicht man eine Grenze für die Koagulationszeit, die nicht mehr unterschritten werden kann. Bei Variation der Elektrolytenkonzentration, sowie auch bei Verwendung verschieden stark adsorbierbarer oder auch bei solcher mehrwertiger Ionen bleibt die Koagulationszeit bzw. die Koagulationsgeschwindigkeit konstant.

Jenes Gebiet, wo die Koagulationsgeschwindigkeit eine Funktion von Konzentration, Adsorbierbarkeit und Wertigkeit ist, stellt das der *langsamen* Koagulation dar, das, wo die Koagulationsgeschwindigkeit eine konstante ist (hinsichtlich der eben genannten Größen), ist das Gebiet der *raschen* Koagulation. Die langsame Koagulation tritt auf, sobald das System sein kritisches Potential

[1]) von POWIS, KRUYT, J. LOEB, FREUNDLICH und ETTISCH. Lit. s. bei den zuletzt genannten in Zeitschr. f. physikal. Chem. Bd. 116, S. 401. 1925.

unterschritten hat. Hier hat also der elektrokinetische Potentialsprung noch einen gewissen Wert $\zeta = \zeta_k > 0$.

Auf Grund der Darlegungen, die oben über die Beständigkeit der Sole gemacht wurden bzw. in Weiterführung dieser Gedankengänge ist nun die langsame Koagulation verständlich. Sie fußt ebenfalls auf der Theorie der BROWNschen Bewegung und der aus ihr mit Diffusion usw. eintretenden Folgen. Die mathematische Theorie stammt von SMOLUCHOWSKI. Sie soll weiter unten im Anschluß an die der raschen Koagulation, von der sie einen Spezialfall darstellt, kurz umrissen werden.

Da die Teilchen noch den bestimmten Potentialsprung $\zeta_k > 0$ gegenüber dem Dispersionsmittel besitzen, und sich trotzdem bereits eine Häufung bemerkbar macht, wird man für den oberen Grenzfall folgende Vorstellung über ihr Zustandekommen entwickeln können. Das stabilisierende Moment für die Teilchen ist, wie oben auseinandergesetzt, jene Doppelschicht. Solange $\zeta > \zeta_k$ ist, werden die Zusammenstöße verhindert, selbst wenn die kinetische Energie der Teilchen erheblich ist. Sinkt aber jener Wert auf $\zeta = \zeta_k$, auf den kritischen Wert, so wird ein gewisser Bruchteil von Teilchen zusammentreten können bzw. ein Bruchteil der zusammengestoßenen zu einem Mehrfachteilchen führen können. Man würde sich etwa vorstellen, daß dieses immer diejenigen Zusammenstöße tun werden, die mit besonderer Energie erfolgen[1]). Dabei werden die noch vorhandenen schwachen Kräfte der Abstoßung, die dem $\zeta$-Potentialsprung entstammen, durch die Kraft der Wärmebewegung überwunden. Durch weitere Zusammenstöße und weitere Molekülhäufung kommt es schließlich zur Sedimentation. Da nun aber noch eine gewisse Potentialdifferenz besteht, können weiter hinzugesetzte Elektrolytmengen auch noch weiterhin wirksam sein. Dieses können sie zufolge ihrer Konzentration, ihrer Adsorbierbarkeit oder Wertigkeit, so daß diese Größen immer noch die Koagulationszeit bestimmende Variablen darstellen. Dabei ist besonders auffallend der äußerst starke Einfluß der Konzentration.

Die soeben skizzierte Theorie, die auch den SMOLUCHOWSKIschen mathematischen Darlegungen zugrunde liegt, setzt voraus, daß während der Koagulation die zugesetzte Elektrolytmenge keine Veränderung erfährt, d. h. daß die Ionenmenge, die durch Adsorption verschwindet, praktisch Null ist gegen die, die im Dispersionsmittel verbleibt. Bei einwertigen Ionen hat sich diese Theorie als gütig erwiesen. Dagegen zeigten sich bei mehrwertigen Ionen und solchen, die stark adsorbiert werden, bisweilen Abweichungen.

FREUNDLICH hat für diese langsame Koagulation eine besondere, mathematische Theorie entwickelt, deren Darstellung jedoch hier zu weit führen würde. Ihre Ergebnisse sind durch die Arbeiten von PAINE und EVANS recht gut bestätigt worden.

Findet nun ein weiterer Elektrolytzusatz statt, so gelangt man, wie oben dargelegt, in das Gebiet der raschen Koagulation. Hier ist der Potentialsprung des Teilchens $\zeta \cong 0$, daher ist es nicht verwunderlich, wenn *alle* Zusammenstöße wirksam werden, d. h. die rasche Koagulation einsetzt. Haben nun aber alle Teilchen ihren Potentialsprung verloren, so vermag weder Erhöhung der Elektrolytkonzentration, noch erhöhte Wertigkeit oder erhöhte Adsorbierbarkeit der Ionen irgendeinen weiteren Effekt hervorzubringen. Es ist nunmehr die Koagulationszeit bzw. Geschwindigkeit unabhängig von Konzentration, Wertigkeit und Adsorbierbarkeit.

[1]) Nach dem MAXWELL-BOLTZMANNschen Verteilungssatz (s. oben S. 93) wird ja bei bestimmter Temperatur stets eine bestimmte Anzahl von Teilchen eine Geschwindigkeit besitzen, die größer ist als die *mittlere Geschwindigkeit.*

Smoluchowski hat nun den Versuch einer *quantitativen* Darstellung der hier stattfindenden Vorgänge gegeben. Sie soll hier nur mit wenigen Worten umrissen werden. Ihr liegen die oben entwickelten Vorstellungen zugrunde, d. h. das Teilchen besitzt keinen Potentialsprung mehr, jeder Zusammenstoß ist wirksam und führt zu Mehrfachteilchen. Die Teilchen bestehen aus lauter gleichgroßen Kugeln. Im übrigen sollen sich alle Teilchen unabhängig voneinander bewegen. Ihre Anzahl pro Volumen Einheit sei $\nu_0$. Von der Zeit $t = 0$ ab beginne die vollständige Entladung. Zur Zeit $t$ sollen dann $\nu_1, \nu_2 \ldots$ Einfach-, Zweifach- usw. Teilchen vorhanden sein. Jedes Teilchen habe um sich den Radius $R_0$ der molekularen Attraktionssphäre. Da nun jeder Zusammenstoß auch zum Zusammenhalt führt, wird um ein besonders herausgegriffenes, *ruhendes* Teilchen stets die Konzentration $u = 0$ herrschen; denn jedes in die Wirkungssphäre neu eintretende Teilchen wird an das betrachtete herangeholt. Damit wird aber in dessen Umgebung ein Konzentrationsgefälle herrschen und dementsprechend eine *Diffusion* dorthin erfolgen. Die Menge der in der Zeit $t \ldots t + dt$ durch die Wirkungssphäre hindurchtretenden Substanz ist gleich der Anzahl der Teilchen, die infolge der Brownschen Bewegung in jenem Zeitraum in den Bereich der Wirkungssphäre gelangt. Ist $\nu_0$ klein, so wird diese Zahl in jenem Zeitraum auch klein sein. Sie ergibt sich zu

$$J dt = 4\pi D R_0 c \left[1 + \frac{R_0}{\sqrt{\pi D t}}\right] dt, \tag{72}$$

wo $D$ den Diffusionskoeffizienten nach Gleichung (4)

$$D = \frac{RT}{6\pi \eta r N}$$

bedeutet. Hier ist $c$ die Konzentration, $R$ die Gaskonstante, $T$ die Temperatur, $t$ die Zeit, $\eta$ die Viscosität, $N$ die Avogadrosche Zahl. Für die Zeit von $t = 0$ bis $t$ wird sie

$$M = \int_0^t J\,dt = 4\pi R_0 c \left[t + \frac{2 R_0 \sqrt{t}}{\sqrt{\pi D}}\right]. \tag{73}$$

Nun wird im Anschluß hieran die Wahrscheinlichkeit der Anlagerung bzw. Nichtanlagerung von n-Teilchen berechnet. Daraus wieder läßt sich die prozentische Abnahme der Zahl der Einfachteilchen bestimmen, und daraus wieder ihre Veränderungsgeschwindigkeit. Der zeitliche Ablauf dieser Größe hängt nun ab von $T_0$

$$T_0 = \frac{1}{4\pi D R_0 \nu_0} \tag{74}$$

der Koagulationszeit. Hierbei war aber die *Eigenbewegung* des betrachteten (ruhenden) Teilchens vernachlässigt. Durch Verlegung des Koordinatenanfangspunktes in den Teilchenmittelpunkt wird diese Vernachlässigung aufgehoben. Das Teilchen vollführt wieder Brownsche Bewegung. Durch eine Betrachtung der nunmehr vorliegenden Diffusionsverhältnisse ergibt sich jetzt für die Koagulationszeit

$$T_0' = \frac{1}{8\pi D R_0 \nu_0}. \tag{75}$$

Es war aber weiterhin unberücksichtigt geblieben der koagulierende Einfluß der Mehrfachteilchen. Zieht man auch ihn noch heran, so ergibt sich schließlich für die Abnahme der Gesamtzahl $\sum \nu$ aller Teilchen

$$\frac{d \sum \nu}{dt} = -4\pi D R_0 \left(\sum \nu\right)^2 \tag{76}$$

eine Gleichung, die übereinstimmt mit einer Reaktionsgleichung zweiter Ordnung. Daraus wird durch Integration

$$\sum \nu = \frac{\nu_0}{1 + 4\pi D R_0 \nu_0 t} = \frac{\nu_0}{1 + \frac{t}{T_0'}}. \tag{77}$$

Für die Abnahme der Zahl der Primärteilchen findet sich der Ausdruck

$$\nu_1 = \frac{\nu_0}{\left[1 + \frac{t}{T_0'}\right]^2} \tag{78}$$

Diese nehmen also erheblich rascher ab. Nach Ablauf der Reaktionszeit $T_0 = \frac{1}{4\pi D R_0 v_0}$ ist nur noch $^1/_4$ der Zahl der anfangs vorhanden gewesenen Teilchen gegenwärtig. Für die Doppelteilchen dagegen ergibt sich, daß ihre Zahl von 0 bis zu einem Extremwert rasch anwächst, von wo aus dann ihre Zahl sich asymptotisch der Null nähert. Die Bildungsgeschwindigkeit von Drei- oder Mehrfachteilchen ist sehr klein. In immer späteren Zeiten geht ihre Zahl durch ein flaches Maximum.

Berücksichtigt man die starken Vernachlässigungen der Theorie, so muß man doch zugestehen, daß sie mit der Erfahrung immer noch recht gut übereinstimmt. Dieses zeigt die nachfolgende Tabelle 13.

**Tabelle 13.**

$\nu_0 = 0{\cdot}08 \cdot 10^{10}$; $r = 13{,}4 \cdot 10^{-7}$ cm.

| $t$ | $\nu_1$ | $\frac{1}{T}$ | $\nu_1$ (berechnet) |
|---|---|---|---|
| 0 | 1,93 | — | 1,93 |
| 2 | 1,42 | (0,083) | 1,71 |
| 10 | 1,17 | 0,0286 | 1,14 |
| 20 | 0,75 | 0,0302 | 0,76 |
| 30 | 0,52 | 0,0309 | 0,53 |

Zeit in Sekunden, die Zahlen $\nu_1$ in willkürlichem Maße. $r$ ist der Radius der Teilchen. Zugrunde liegt ein Goldsol. Die Teilchenzählung erfolgte im Dunkelfeld, der zugesetzte Elektrolyt war NaCl.

Wie oben bereits erwähnt, betrachtet SMOLUCHOWSKI die langsame Koagulation als einen Spezialfall der raschen. Die ihn dabei leitenden Gedankengänge sind oben wiedergegeben. Er konnte nun zeigen, daß für diesen Fall die obigen Gleichungen für $\sum \nu$, $\nu_1$ ihre Gültigkeit behalten, sobald man für $8\pi R_0 D$ setzt

$$8\pi D r \varepsilon = \frac{4 R T \varepsilon}{3 N \eta}, \tag{79}$$

wobei die Bezeichnungen die oben angegebenen Bedeutungen haben.

$\varepsilon$ bedeutet jenen Bruchteil der Zusammenstöße, der zu Mehrfachteilchen führt. Es wird dann für die Koagulationszeit $T_0''$

$$T_0'' = \frac{3 N \eta}{4 R T \nu_0 \varepsilon}. \tag{80}$$

Die auffallende Tatsache der starken Abhängigkeit der langsamen Koagulation von der Elektrolytkonzentration soll noch durch die nachfolgende Tabelle 14 von GANN demonstriert werden.

**Tabelle 14.**

| $c$ (Millimol im Liter) | $K$ (beob.) | $K$ (ber.) |
|---|---|---|
| 60 | 0,0023 | 0,0022 |
| 70 | 0,0049 | 0,0057 |
| 80 | 0,011 | 0,011 |
| 100 | 0,031 | 0,028 |

$k$ ist ein Maß für die Koagulationsgeschwindigkeit.

Aus der vorstehenden Theorie läßt sich nun auch die Änderung herleiten, die der Koagulationsvorgang in Abhängigkeit von der Temperatur zeigen muß. Es ergab sich für $T_0$:

$$T_0' = \frac{1}{4\pi D R_0 \nu_0}.$$

Führt man für $D$ den Ausdruck nach Gleichung (4) ein, so wird

$$T_0' = \frac{3 r \eta N}{2 R_0 \nu_0 R T}. \tag{81}$$

In der vorstehenden Beziehung ist von der Temperatur abhängig allein $\eta/T$

$$T_0' = K \frac{\eta}{T}, \tag{82}$$

wo $K$ eine Konstante bedeutet. Diese Formel hat sich für die rasche wie auch für die langsame Koagulation bestätigen lassen[1]).

Einer Erscheinung sei noch gedacht, die sich im Gefolge der Koagulation einstellen muß, der Viscositätsänderung. Als beste Annäherung an reale Verhältnisse gilt die SMOLUCHOWSKIsche Beziehung (64)

$$\eta_s = \eta_0 \left\{1 + 2{,}5\,\varphi \left(1 + \frac{D^2 \zeta^2}{4\pi^2 r^2 K \eta_0}\right)\right\}.$$

Nun sinkt ja bei der Koagulation der elektrokinetische Potentialsprung, d. h. $\zeta \to 0$ mit wachsendem $k$ infolge Elektrolytzusatzes. Gleichzeitig wächst aber auch $r$. Das zweite Glied der Klammer geht für solche Verhältnisse gegen 0, und man erhält nunmehr die EINSTEINsche Gleichung (63)

$$\eta_s = \eta_0 (1 + 2{,}5\,\varphi)$$

eine Abhängigkeit allein von dem Volumen der dispersen Phase. Es wäre demnach ein Absinken des Zähigkeitswertes zu erwarten. Dieses ist in manchen Fällen auch beobachtet worden. Dort, wo man die Beziehung bisher am ausgiebigsten geprüft hat, bei den weniger oder mehr hydrophilen Systemen, zeigte sich aber ein Anstieg der Viscosität. SMOLUCHOWSKI hat nun aber darauf aufmerksam gemacht, daß, wenn derartige, an sich schon wasserreiche Teilchen sich zu Zwei- oder Mehrfachteilchen zusammenfinden, sehr viel Wasser gleichsam capillar gebunden wird. Dadurch wächst das Teilchenvolumen relativ stark an, und zwar um so mehr, je mehr Teilchen sich zusammenfinden.

Es wurde schon oben auf die starken Vernachlässigungen aufmerksam gemacht, die der SMOLUCHOWSKIschen Theorie zugrunde liegen. So setzt er, wie bemerkt, lauter gleich große kugelige Teilchen voraus. Es hat sich aber gerade bei den Viscositätsverhältnissen gezeigt, daß die Verschiedenheit der Teilchengröße und -form zu besonderen Erscheinungen führen kann.

SMOLUCHOWSKI erörterte auch den Einfluß, den die Konzentration der dispersen Phase auf die Koagulationsgeschwindigkeit bzw. den Koagulationswert haben müßte. In Übereinstimmung mit seinen Ableitungen findet man, daß in gewissen Bereichen eine Abnahme des Koagulationswertes bei zunehmender Konzentration an disperser Phase stattfindet. Doch sei bemerkt, daß sich derartigen experimentellen Feststellungen sehr große Schwierigkeiten in den Weg stellen. Sie liegen u. a. darin, zwei vollkommen gleiche Systeme herzustellen, bei denen allein die Konzentration an disperser Phase verschieden ist. Abweichungen von den SMOLUCHOWSKIschen Darlegungen finden sich im Bereiche größerer Konzentration. Benutzt man an Stelle kolloider Lösungen gröbere

---

[1]) Für die langsame Koagulation hieße der Ausdruck:

$$T_0'' = K \frac{\eta}{T \cdot \varepsilon},$$

wobei $\varepsilon$ nicht wesentlich temperaturabhängig ist.

Suspensionen, etwa Aufschwemmungen von Kaolin oder ähnliches, so läßt sich der Einfluß der Konzentration an disperser Phase schon eher feststellen. Hier ergeben die experimentellen Befunde, daß das Produkt aus Aggregationszeit[1]) und Teilchengröße eine Konstante darstellt. Die folgende Tabelle 15 zeigt dieses.

**Tabelle 15.**

| Kaolingehalt (g im Liter) | Teilchenzahl ($\nu_0$ im $cm^3$) | Aggregationszeit ($\tau$ in Minuten) | $\tau \cdot \nu_0 10^{-12}$ |
|---|---|---|---|
| 0,26 | $4{,}4 \cdot 10$ | 119 | 31,4 |
| 0,39 | $6{,}625 \cdot 10^9$ | 84 | 33,5 |
| 0,78 | $13{,}25 \cdot 10^9$ | 37 | 29,5 |
| 1,02 | $17{,}65 \cdot 10^9$ | 29 | 30,8 |
| 1,53 | $26{,}5 \cdot 10^9$ | 20 | 32,0 |
| 2,04 | $35{,}3 \cdot 10^9$ | 15 | 31,7 |
| 3,06 | $53 \cdot 10^9$ | 11 | 35 |

Auch auf den Einfluß der *Gestalt* der Teilchen auf die Koagulation geht die Smoluchowskische Theorie ein. Es wurde oben gezeigt, daß die Gesetzmäßigkeiten für die langsame Koagulation ähnlich denen für die rasche sind. Ihre kurvenmäßigen Darstellungen sind affin. Für nichtkugelige Teilchen zeigt nun Smoluchowski, daß auch dann noch in bezug auf $\nu_0$ und $\varepsilon$ Ähnlichkeit in den Gesetzmäßigkeiten mit jenen herrschen muß. In den sich ergebenden allgemeinen Differentialgleichungen (etwa für Abnahme der Gesamtteilchenzahl, der Zahl der Primärteilchen usw.) treten allein gewisse Koeffizienten auf, die u. a. Funktionen der Größe und Gestalt sind. Die diesen Beziehungen entsprechenden Kurvenbilder brauchen allerdings nicht mehr mit jenen für langsame und rasche Koagulation kugeliger Teilchen übereinzustimmen. Auf eine Reihe interessanter physikalischer Folgerungen kann hier leider nicht eingegangen werden. Die experimentellen Daten stimmen in ziemlicher Annäherung. Es muß hierbei beachtet werden, daß die in Betracht kommenden nichtkugeligen kolloiden Systeme schon mehr oder weniger zu denen gehören, die mit dem Dispersionsmittel in enge Beziehungen treten, d. h. hydratisiert sind. Die auftretenden Abweichungen bei diesen Solen erinnern daher an das Verhalten hydrophiler Systeme (s. o.).

Das *Dispersionsmittel* kann hier allein von Bedeutung werden durch die Anwesenheit von „Fremdstoffen". Da nun der Einfluß von Elektrolyten auf den Koagulationsvorgang erörtert ist, kommt es nunmehr nur noch auf den der Nichtelektrolyte an. In der Tat können sie — allein ohne erkennbare Wirkung auf die Koagulation — von Bedeutung werden in Gemeinschaft mit den Elektrolyten[2]). So können durch Anwesenheit von Campher, Thymol, Uretan und anderen Körpern die Koagulationswerte erniedrigt werden. Es findet *Sensibilisation* der Flockung statt. Dabei kann man beobachten, daß, wie nach der Traubeschen Regel, ihre Wirkung in homologen Reihen ansteigt. Dieses weist darauf hin, daß diese Stoffe gemäß ihrer Capillaraktivität wirksam sind. Sie werden also demgemäß bevorzugt an die Oberfläche der Teilchen herangeholt. Hier werden sie insofern eine physikalische Veränderung setzen, als sie die Dielektrizitätskonstante der Adsorptionsschicht des Wassers erniedrigen. Es läßt sich nun leicht zeigen, daß bei Kleinerwerden der Dielektrizitätskonstante solche Verhältnisse eintreten, daß schon eine geringere adsorbierte Ionenmenge den $\zeta$-Potentialsprung unter seinen kritischen Wert hinunterführt. Dies hat im Gefolge, daß für derartige Systeme die Koagulationswerte sinken müssen, d. h. sie werden sensibilisiert.

Von den Stabilitätsverhältnissen hydrophiler Systeme ist bereits oben die Rede gewesen. Es wurde dargelegt, daß zwei Momente zu ihrer Beständigkeit

[1]) Das ist diejenige Zeit, die vergeht, bis sich die Primärteilchen zu gröberen Flocken zusammengefunden haben.

[2]) Siehe hierzu G. Ettisch u. H. Runge: Kolloid-Zeitschr. Bd. 37, S. 26. 1925.

beitragen. Einmal tut dieses, wie bei den Hydrophoben, der elektrokinetische Potentialsprung. Dazu kommt dann noch die Wasserhülle. Es wird daher hinsichtlich der Beeinflussung jenes Stabilisierungsfaktors das für die Hydrophoben Gesagte zu gelten haben. Über die Beeinflussung des Hydratationsgrades geben die obenerwähnten Versuche von KRUYT Auskunft. Diese lehren zugleich, in welcher Weise man die Erscheinungen bei der Koagulation dieser Systeme durch Wechselwirkung beider Faktoren weitgehend erklären kann.

Eine Koagulation kann aber, wie oben schon erwähnt, nicht nur durch direkte Zuführung von Elektrolyten erfolgen, vielmehr durch alle jene Vorgänge, die geeignet sind, einem Teilchen seinen $\zeta$-Potentialsprung zu nehmen. So werden die Teilchen bei Wanderung im elektrischen Felde dann vollständig entladen werden, wenn sie an die resp. Elektrode herantreten. Es kann fernerhin im elektrischen Felde zur Bildung von Körpern kommen, die in ihren Dissoziationsprodukten, also indirekt, die disperse Phase zur Ausflockung bringen. Ferner hat man eine Koagulation beobachtet durch die $\beta$-Strahlung radioaktiver Substanzen. Da diese Strahlung aus Elektronen besteht, wird sie naturgemäß nur auf positive Sole wirken können.

Der Einfluß des *Lichtes* kann zunächst darin bestehen, daß unter seiner Einwirkung Teilchen entweder in der Richtung auf dasselbe zu — positive Photophorese — oder von ihm hinweg sich bewegen, negative Photophorese. Durch die damit verbundenen sekundären Vorgänge kann es zu einer Koagulation kommen. Es kann aber auch der Fall eintreten, daß die Teilchen sich direkt unter der Lichteinwirkung zu größeren Aggregaten anhäufen und dann sedimentieren.

Es ist schon mehrfach erwähnt worden, daß die hier vorgetragene Auffassung über das Wesen der Koagulation bzw. ihre quantitativ theoretische Darlegung, starke Vernachlässigungen erfordert. Es nimmt daher nicht wunder, wenn Versuche unternommen wurden, eine Deutung auf einem anderen Wege zu geben. Hier kommt in der Hauptsache diejenige in Betracht, die die Koagulation vom Standpunkt der reinen Löslichkeitsbeeinflussung im Anschluß an bekannte Daten aus der Theorie der echten Ionenlösungen zu behandeln sucht. Diesbezüglich sei auf das hingewiesen, was oben (S. 182) hierüber ausgeführt worden ist.

Eine andere Frage ist jedoch die, inwiefern die Grenzflächenspannung des Teilchens bei dem Koagulationsvorgang in Betracht kommt. Es scheint zunächst nach den Versuchen von ELLIS festzustehen, daß zwischen der Konzentration, die eine Flockung bei Öl-Wasser-Emulsionen bewirkt, und derjenigen, die die Grenzflächenspannung Öl:Wasser wesentlich beeinflußt, keine Beziehungen bestehen. Man wird demnach diesen Moment eine wesentliche Bedeutung für die Flockung nicht zuschreiben können.

Auf das außerordentlich weite Gebiet von Erscheinungen, die mit der Koagulation im Zusammenhang stehen, bei hydrophilen wie hydrophoben Systemen, und die zum großen Teil in ihrem Wesen noch nicht geklärt sind, kann an dieser Stelle nicht weiter eingegangen werden. Die zu Anfang benannten umfassenden Werke führen in dieses Gebiet ein, auf sie sei hier verwiesen.

Hier mag nur noch eine Erscheinung Erwähnung finden, die für die Biologie von Bedeutung zu werden verspricht. Es handelt sich um eine solche, die in manchen Eigenschaften der langsamen Koagulation verwandt ist. Es handelt sich um die Tixotropie[1]). Fügt man nämlich einem Eisenhydroxydsol von etwa 6—10% solche Elektrolytmengen zu, die noch im Gebiete der langsamen Koagulation liegen, so wird aus dem Sol ein Körper, der in seinen mecha-

[1]) Die Bezeichnung geschieht im Anschluß an T. PÉTERFI.

nischen Eigenschaften einer Paste ähnelt. Schüttelt man ihn, so verflüssigt er sich wieder und bleibt flüssig für einen Zeitraum, der abhängt von der Elektrolytkonzentration und der Temperatur. Es ist dies die sog. *Erstarrungszeit*. Nach dieser Zeit geht er wieder in den gallertigen Zustand über, wenn man ihn ruhig stehen läßt. Diese Erstarrungszeit kann durch Fremdstoffe oder andere Einflüsse stark verändert werden. So wirken Glykokoll, Alanin oder andere Aminosäuren auf diese *verlängernd*. Entfernt man diese Stoffe aus dem Dispersionsmittel, so kehrt das System zur alten Erstarrungszeit zurück. Stark *verkürzend*, *verfestigend* wirken dagegen Metalle. Die nachfolgende Tabelle 16 nach den Messungen von FREUNDLICH und RAWITZER[1]) zeigt dies deutlich an.

**Tabelle 16.**

| Metall | Einwirkungsdauer | D (Erstarrungszeit in Sekunden) |
|---|---|---|
| Pt . . . | 6 Tage | 3300 |
| Ag . . . | 3 „ | 4 |
| Hg . . | 5 „ | etwa 60 |
| Cu . . . | 5 „ | nicht mehr thixotropes Gel |
| Ni . . . | 3 „ | nicht mehr thixotropes Gel |
| Zn . . . | 4 Std. | 20 |
| Mg . . | 10 Min. | nicht mehr thixotropes Gel |

Die Erstarrungszeit des ursprünglichen Sols $D_0$ betrug 4920 Sekunden.

Einen Hinweis auf die Natur bzw. Ursache des Verfestigungsvorganges dieser Sole durch Metalle ist vielleicht dadurch gegeben, daß sowohl Gleich- wie auch Wechselstrom eine gleiche Wirkung ausübt. Man wird demnach dabei an den Einfluß von Capillarströmen denken. Der Zusammenhang mit der langsamen Koagulation ist schon oben erwähnt. Er ergibt sich aus der starken Abhängigkeit dieser Vorgänge von Konzentration und Natur des Elektrolyten sowie der Temperatur. Gewisse optische Erscheinungen, wie das Auftreten von Strömungsdoppelbrechung, weisen im einzelnen darauf hin, daß hier eine Art geordneter Koagulation vor sich geht. Im übrigen sind die theoretischen Vorstellungen darüber noch nicht zur Klärung gelangt. Auch andere Systeme, wie Aluminiumhydroxyd-, Scandiumoxyd-, Cerdioxyd-, $V_2O_5$- und Zinnsäuresol, ferner das Dibenzoylcystin geben dieselben Erscheinungen.

## 4. Die optischen Erscheinungen.

### *a) Vorbemerkung.*

Dieses Kapitel sollte eigentlich davon handeln, welche Veränderungen an kolloiden Systemen durch die Einwirkung der Lichtenergie vor sich gehen. Aus mehrfachen Gründen spielen derartige Veränderungen eine relativ geringe Rolle. Zunächst tritt ja das Licht als eigene Energieart in ständig wachsendem Maße in den Hintergrund gegenüber der elektrodynamischen Auffassung von Elektronenvorgängen oder doch gegenüber der elektromagnetischen Analyse der Erscheinungen. Sodann aber ist die Verfolgung derartiger Einwirkungen in flüssigen Systemen gegenwärtig noch so gut wie unmöglich. Demgegenüber ist jener Zweig weitgehend ausgebildet, der Zustände und Veränderungen an kolloiden Systemen mit optischen Hilfsmitteln verfolgt. Es wird also die Lichtenergie weniger dazu benutzt, Veränderungen an kolloiden Systemen hervorzurufen, als vielmehr vor sich gehende oder vor sich gegangene Veränderungen oder aber bestehende Zustände (etwa Strukturen und deren besondere Eigenschaften) zu erklären. Da an dem Wesen der Lichtenergie und damit auch an den auf ihr beruhenden Methoden immerhin ausgeprägte Eigenheiten haften, vermögen eben diese optischen Methoden auf Problemgebiete vorzudringen, die

[1]) FREUNDLICH u. RAWITZER: Kolloid-Zeitschr. Bd. 41, S. 102. 1927.

für alle anderen Methoden schwer oder gar nicht zugänglich sind. In einem gewissen Zusammenhange hiermit steht die Erscheinung der Chemiluminescenz. Für diese spielen unter Umständen kolloide Systeme eine besondere Rolle. So konnten KAUTSKY und NEITZKE[1]) zeigen, daß man gewisse Farbstoffe zur Chemiluminescenz, d. h. zur Ausstrahlung von Licht bringen kann, wenn man sie an gewisse Siliciumderivate adsorbieren läßt. Wird dann der Si-Körper etwa durch $KMnO_4$ oxydiert, so wird die frei werdende Energie die Farbstoffmoleküle in Anregung versetzen. Kehrt das Molekül dann in den stabilen Zustand zurück, so strahlt es hierbei Licht aus.

### *b) Lichtzerstreuung.*

Verteilt man einen Stoff in einem homogenen Medium, etwa Wasser, so ändert sich das Aussehen des Mediums. Diese Änderung ist natürlich in erster Linie abhängig von der Natur des verteilten Körpers. Sie wird ferner davon abhängen, in welcher Strukturverfassung der betreffende Körper sich im Wasser verteilt, ferner, ob Beziehungen zwischen dem Körper und dem Wasser bestehen u. a. m. Sieht man aber einmal davon ab, also von Farbe oder irgendwelchen anderen Reaktionen, und behält nur die Größenverhältnisse im Auge, so werden diese eine Erscheinung bewirken, die, wenn der verteilte Stoff noch relativ große Aggregate besitzt, man als Trübung bezeichnet. Kaolin, Tonerde, Quarzpulver etwa bis herab zur Größe von $5 \times 10^{-4}$ cm Radius bewirken solche Trübung. Diese Aufschwemmungen setzen sich aber bald ab. Werden die Teilchendimensionen kleiner, so bleiben die Lösungen trübe. Sie sind aber gegenüber den vorigen stabiler und werden dieses immer mehr bei abnehmender Teilchengröße. Bei Radien von etwa $10^{-6}$ cm werden die Lösungen klar, machen den Eindruck homogener Lösungen. Selbst bei solchen Systemen, die eine Färbung aufweisen, ist dieses der Fall. So ist z. B. ein Goldsol von $2 \times 10^{-6}$ cm Teilchengröße klar rot. Selbstverständlich gelingt es hierbei, im Dunkelfeld Submikronen zu erkennen. Es tritt also eine Lichtzerstreuung auf, die von der Teilchengröße — ganz grob gesprochen — in auffallender Weise abhängig ist. Schickt man nun einen stark begrenzten Lichtstrahl durch Systeme von der genannten Art, so zeichnet sich sein Weg in der Flüssigkeitsmasse scharf ab, d. h. es wird von den Teilchen seitlich Licht ausgestrahlt, und zwar bis hinab zu beliebig kleinen Größenverhältnissen. Dieses seitlich ausgestrahlte bzw. abgebeugte Licht (FARADAY-TYNDALL-Effekt) ist Ausgangspunkt vieler Untersuchungen gewesen und hat auch unsere Kenntnis von der Natur der dispersen Phase vieler kolloider Systeme wesentlich erweitert. Die prinzipiellen experimentellen Grundlagen hierfür gaben die Arbeiten von FARADAY und TYNDALL. Die theoretische Fundamentierung stammt von W. STRUTT (Lord RAYLEIGH). Bei seinen Herleitungen ging er von folgendem Zustande aus. Ein weitgehend monodisperses System liege vor, dessen Teilchen kugelförmig seien und einen vom Medium, hier Wasser, unterschiedlichen Brechungsindex besitzen möge. Sie sollen Nichtleiter sein, von kleinerer Größenordnung als Lichtwellenlänge und relativ wenig Licht absorbieren. Diesen Voraussetzungen würde etwa ein Mastixsol entsprechen. Die Theorie, deren Ableitung hier nicht wiedergegeben werden soll, gelangt für die Intensität $J$ des seitlich ausgestrahlten Lichtes in Richtung senkrecht zum einfallenden Lichtstrahl zu folgender Größe:

$$J = \frac{9\pi^2 \nu A^2 v^2}{\lambda^4 x^2} \left(\frac{n_1^2 - n^2}{n_1^2 + 2n^2}\right) = \frac{16\pi^4 \nu r^6 A^2}{x^2 \lambda^4} \left(\frac{n_1^2 - n^2}{n_1^2 + 2n^2}\right). \tag{83}$$

[1]) KAUTSKY u. NEITZKE: Zeitschr. f. Physik Bd. 31, S. 60. 1925; s. auch KAUTSKY u. ZOCHER: Ebenda Bd. 9, S. 267. 1922 u. Zeitschr. f. Elektrochem. Bd. 29, S. 318. 1923.

Hier ist $\nu$ die Zahl der in der Volumeneinheit enthaltenen Teilchen, $r$ der Radius der Teilchen, $\lambda$ die Wellenlänge des auffallenden Lichtes, $x$ die Entfernung des Aufpunktes von einem beliebigen, abbeugenden Teilchen, $A$ die Amplitude des auffallenden Lichtes, $n$ der Brechungskoeffizient des Dispersionsmittels, $m$ der der dispersen Phase. Diese Beziehung gibt die Abhängigkeit der Intensität vom Radius $r$, der Wellenlänge und der Teilchenzahl wieder. Man erkennt demnach, daß die Intensität des zerstreuten Lichtes proportional der 6. Potenz des Radius ist. Daher nimmt auch diese mit zunehmendem bzw. abnehmendem Teilchenradius in äußerst starkem Maße zu bzw. ab. Man erkennt ferner, daß es keine untere Grenze für den Teilchenradius gibt, d. h. es wird auch von Molekülen Licht abgebeugt werden müssen. Da nun entsprechend der Kleinheit des Radius die Intensität dieses Lichtes sehr gering sein wird, wird es sich darum handeln, durch Verstärkung von $A$ einen Ausgleich zu schaffen, d. h., es wird die Beleuchtung des Systems mit entsprechend starker Lichtquelle erfolgen müssen. Ist dieses nun in hinlänglichem Maße möglich, so würde man auf diesem Wege auch das von den Molekülen seitlich ausgestrahlte Licht wahrnehmen müssen. Dabei ist naturgemäß vorausgesetzt, daß auch die Brechungsverhältnisse der in Betracht kommenden Substanzen hinreichend voneinander unterschieden sind. Weiterhin geht aus der obigen Beziehung hervor, daß die Intensität ceteris paribus um so stärker ist, mit je höherer Frequenz man beleuchtet; denn sie ist ja der 4. Potenz der Wellenlänge umgekehrt proportional. Daraus ergibt sich, daß in einem System von der oben vorausgesetzten Art das kurzwellige Licht bei der seitlichen Zerstreuung vorherrscht. Damit wird erklärt, warum Mastix- und Schwefelsole bei seitlicher Betrachtung bläulich erscheinen, im durchfallenden Licht dagegen rötlich. Dem hindurchgehenden weißen Licht wird nämlich der kurzwellige Anteil durch Zerstreuung vorzugsweise entzogen, so daß vorwiegend nur noch Bestandteile aus dem langwelligen Gebiete in dem hindurchgetretenen Licht vorhanden sind. Dabei ist natürlich angenommen, daß das Sol *keine Eigenfarbe* besitzt. Für diesen Fall ergeben sich besondere Verhältnisse, von denen noch die Rede sein wird. Damit ist also festgestellt, daß die „Farbe" derartiger Systeme eine Zerstreuungsfarbe darstellt. Es ist die Farbe trüber Medien, entstanden durch Abbeugung von Licht an farblosen usw. Kugeln.

Bei Auftreten des bläulichen Lichtscheines in dem sonst farblosen Sol muß entschieden werden, ob nicht an Stelle eines kolloiden Systemes eine echte Lösung vorliegt, die *Fluorescenz* zeigt. Rein äußerlich sind beide Erscheinungen nicht voneinander verschieden. Ohne hier näher auf das Grundphänomen der Fluorescenz einzugehen, sei hier nur bemerkt, daß u. a. eine Unterscheidung auf Grund der Stokesschen Regel möglich ist. Nach dieser fluoresciert ein Körper nur dann, wenn er von kurzwelligerem Lichte als dem seiner Fluorescenzstrahlung entspricht, getroffen wird. Bei der Fluorescenz wird also stets kurzwelligeres Licht absorbiert.

Das seitlich abgebeugte oder Tyndall-Licht besitzt aber noch eine andere charakteristische Eigenschaft. Während auf das System Licht einstrahlt, das in allen Richtungen des Raumes schwingt, zeigt das seitlich abgebeugte Licht einen bestimmten Schwingungszustand, es ist polarisiert. Sein elektrischer Vektor steht senkrecht zu der Ebene, die durch einfallenden und Beobachtungslichtstrahl gegeben ist. Dabei ist aber nicht immer alles gestreute Licht vollkommen polarisiert. Es enthält für gewöhnlich zu einem Teil noch in allen Richtungen schwingendes Licht. Für die vorliegenden Verhältnisse zeigt sich, daß ein Maximum an Polarisation besteht, wenn man — ein System kugeliger, sehr kleiner, also vorzugsweise amikronischer usw. Teilchen — unter einem

Winkel von 90° gegen den einfallenden Lichtstrahl betrachtet. Unter anderen Winkeln dagegen nimmt das Verhältnis von natürlichem zu polarisiertem Licht in stetiger und symmetrischer Weise mit der Winkeländerung zu bzw. ab (s.w.u.). Auch die Teilchengröße spielt eine Rolle, da bei Größerwerden des Radius das obengenannte Verhältnis von natürlichem zu polarisiertem Licht ganz allgemein zunimmt. Ferner ändert sich auch der Winkel, bei dem jenes Verhältnis den kleinsten Wert besitzt, also das Maximum der Polarisation besteht. Der Winkel wird etwa 120°, d. h. er rückt mit Größerwerden der Teilchen stetig gegen die Richtung des Austritts des Lichtstrahles aus dem kolloiden System. Es konnte auch gezeigt werden, daß die Intensität des gestreuten Lichtes im ganzen sich auch in derselben Richtung verschiebt.

Auf der schlichten Erscheinung der Polarisation des seitlich abgebeugten Lichtes soll auch nach manchen Angaben die Möglichkeit basieren, die dem Tyndall-Licht äußerlich vollkommen gleichende Erscheinung der Fluorescenz unterscheiden zu können. Gegenüber dem Tyndall-Licht soll das Fluorescenzlicht keine Polarisation aufweisen. Dieses Merkmal trifft *nicht* zu. Auf die Bedeutung der Teilchengestalt neben der Teilchengröße wird noch bald zurückzukommen sein.

Bei den bisherigen Bemerkungen war immer vorausgesetzt, daß zwischen dispergiertem Teilchen und Dispersionsmittel keine engeren Beziehungen bestehen, d. h. daß keine Hydratation vorliegt. Geht man aber von den hydrophoben Systemen zu den hydrophilen über, so treten solche Beziehungen in mehr oder weniger starkem Maße auf. Dadurch wird in der Strahlungsformel (83) $n_1 \approx n$. Gleichzeitig nimmt auch die Größe der Teilchen ab bis auf etwa $10^{-7}$ cm. Damit ist aber für Systeme, die sonst den obigen Voraussetzungen entsprechen, gemäß Gleichung (83) eine starke Abnahme der Intensität des seitlich ausgestrahlten Lichtes zu erwarten. Dementsprechend ist dann auch der Faraday-Tyndall-Effekt bei solchen Solen in mehr oder weniger schwachem Maße nur sichtbar. Die Zahl der Teilchen wird sich zwar vermehrt haben, ob aber das eine Moment die beiden anderen zu kompensieren vermag, muß naturgemäß in jedem Einzelfall besonders festgestellt werden. Immerhin gibt es Systeme, wo die Intensität des seitlich ausgestrahlten Lichtes sehr gering ist, z. B. bei Dextrin u. a. Freilich stehen dem andere gegenüber, die einen sehr guten Faraday-Tyndall-Effekt zeigen. Bei jenen sehr kleinen, kugelförmigen Teilchen wird naturgemäß das Verhältnis von natürlichem zu polarisiertem Licht sehr klein sein. Es wird ein Minimum, etwa sehr nahe Null, bei 90° vorliegen.

Die vorstehenden Darlegungen können, wie ja aus der Erörterung über die RAYLEIGHschen Voraussetzungen hervorgeht, nur einen Teil des Erscheinungsgebietes der kolloiden Systeme umfassen. Ein sehr wesentlicher Teil der bekannten Sole besteht aus *metallischen* Aggregaten (Gold, Silber, Platin und andere Sole), die Leiter sind. Wieder andere dagegen sind doch nicht vollkommene Isolatoren. Auch Fehlen der Lichtabsorption wird nicht durchgehends gefunden. Eine große Zahl der Systeme besitzt in der Aufsicht eine andere Farbe als Blau, und Rot in der Durchsicht. Starke Abweichungen von der Kugelform werden im Dunkelfeld beobachtet. Die ersten theoretischen Erörterungen für Systeme, deren disperse Phase derartige Eigenschaften aufweist, hat MIE gegeben. Seine Ausführungen sind formal schwer zugänglich, daher sollen hier allein die Ergebnisse erörtert werden. Als einzige einschränkende Bedingung findet sich bei ihm die Voraussetzung der *Kugelform* der Teilchen. Im übrigen läßt er zu: Lichtabsorption, leitende Teilchen. Auf Grund dieser Theorie zeigt sich, daß die Farbe etwa der Goldsole eine *Eigenfarbe* ist. Bei bestimmten Goldsolen besteht eine Absorption im grünen Spektralbereich. Daher leitet sich ihre *rote* Färbung für das durchtretende Licht. Im weiteren Gegensatz zu den Rayleighschen Verhältnissen ist dagegen hier das seitlich ausgestrahlte Licht von recht geringer Größe. Die *Zerstreuungsfarbe* spielt hier eine verschwindende Rolle. Ihr Maximum liegt übrigens bei derselben Wellenlänge wie die des absorbierten Lichtes. Steubing konnte in schönen Versuchen die Miesche Theorie in weitester Annäherung bestätigen. Die Theorie zeigt weiter, daß bei Teilchenvergröberung jenes Maximum der Absorption sich gegen den langwelligeren Spektralbereich verschiebt. Auf diese Weise resultiert dann für die aus derartigen Teilchen ($3\times 10^{-6}$ cm) bestehenden Sole eine mehr bläuliche Färbung in der Durchsicht. In der Aufsicht dagegen sehen diese Systeme braunrot aus, da sich das seitlich ausgestrahlte Licht ebenfalls nach der Richtung größerer Wellenlängen verschiebt. Zwischen einem reinen roten Goldsol ($2\times 10^{-6}$ cm) und einem kugeligen, ausgesprochenen blauen Sol ($2\times 10^{-5}$ cm) bestehen naturgemäß je nach dem Dispersitätsgrad alle möglichen Zwischenstufen. So kann durch fraktioniertes Entfernen der größeren Teilchen ein leicht bläuliches Sol in ein mehr rotes verwandelt werden. Die entgegengesetzte Farbenfolge müßte sich bei allmählicher Aneinanderlagerung von Teilchen ergeben. Hierbei muß aber darauf geachtet werden, daß den Goldteilchen auch die Möglichkeit gegeben wird, sich Masse an Masse zu lagern. Wo dieses nicht der Fall ist, bleibt naturgemäß der Farbenübergang aus. So ändert z. B. der Cassiussche Purpur bei der Koagulation seine Farbe nicht; denn zwischen den Goldteilchen sind die der Zinnsäure eingelagert.

Hinsichtlich des Polarisationszustandes zeigen Systeme mit ganz kleinen kugeligen Teilchen dieselben Erscheinungen, wie sie oben von den Rayleighschen Systemen beschrieben worden sind. Eine weitere Klärung hat aber die Theorie von R. Gans gebracht. Dieser ließ bei seinen theoretischen Untersuchungen die einschränkende Bedingung von Mie fort, die Bedingung der Kugelgestalt. Seine Untersuchungen sind durchgeführt für Rotationsellipsoide, also in den Grenzfällen für Stäbchen sowie Plättchen. Es handelt sich ebenfalls in der Hauptsache um Teilchen von etwa amikronischen Dimensionen. Diese Theorie ergibt nun, daß bei nichtkugeligen Teilchen das Absorptionsmaximum des Systems nach größeren Wellenlängen verschoben ist, das Sol also trotz der kleinen Teilchen eine bläuliche Färbung in der Durchsicht besitzen muß. Damit stimmen die experimentellen Untersuchungen von Steubing überein, der bei einem sehr feindispersen Goldsol eine Blaufärbung erhielt, obgleich das Polarisationsmaximum bei 90° lag. Die Absorptionskurve sowie auch die des seitlich ausgestrahlten Lichtes unterscheidet sich bei derartigen Systemen erheblich von denen der bisher besprochenen kugeligen Sole. Sie verläuft vollkommen im Sinne der Gansschen Theorie. Es zeigte sich weiterhin, daß außer jenem Polarisationsmaximum bei 90° ein merklicher Anteil des Tyndall-Lichtes aus solchem Licht bestand, das in allen Richtungen des Raumes schwingt. Auch für dieses abweichende Verhalten gibt die Genssche Theorie Rechenschaft. Sie zeigt für diesen Fall die Abweichung auf, die die Intensität des polarisierten Lichtes erfährt, wenn die Form der dispergierten Teilchen sich von der allseitig symmetrischen Gestalt entfernt.

Auf der Grundlage dieser Theorie kann man nun für ein entsprechendes System das Verhältnis von natürlichem zu polarisiertem, seitlich ausgestrahltem Licht mit einer geeigneten Anordnung feststellen, etwa bei Betrachtung senkrecht zur Richtung des beleuchtenden Lichtstrahles. Gans nennt dieses Verhältnis den Depolarisationsgrad oder auch die Depolarisation $\Theta$. Sie ergibt sich zu

$$\Theta = \frac{N}{P}, \tag{84}$$

wo $N$ die Intensität des natürlichen, $P$ die des polarisierten Lichtes bedeutet. Liegt vollständig polarisiertes Licht vor, was bei sehr kleinen kugeligen Teilchen der Fall ist, so wird $\Theta = 0$ mit $N = 0$. Bei Fehlen polarisierten Anteils wird $\Theta = \infty$ mit $P = 0$, bei gleichen Intensitäten von $N$ und $P$ wird $\Theta = 1$. Im Zusammenhang mit der Größe der Gesamtintensität des ausgestrahlten Lichtes bzw. mit deren Änderung und der der anderen genannten Größen lassen sich nun wertvolle Aussagen machen über den Zustand eines kolloiden Systems bzw. über Veränderungen, die darin durch irgendwelche Vorgänge stattfinden[1]). Weiterhin kann man nunmehr experimentell verfolgen, wie der Polarisationszustand eines Soles von der Konzentration abhängt. Dies geschieht dadurch, daß man die *Depolarisation eines Einzelteilchens* $\Theta_0$ bestimmt, aus der Depolarisation eines Systems bei zwei verschiedenen Konzentrationen. Die Depolarisation $\Theta_0$ ist dann unabhängig von der Konzentration und somit ein Maß für Teilchengröße und -form. Sie ergibt sich zu

$$\Theta_0 = \frac{a\,\Theta_2(1 + \frac{5}{3}\,\Theta_1) - \Theta_1(1 + \frac{5}{3}\,\Theta_2)}{a(1 + \frac{5}{3}\,\Theta_1) - (1 + \frac{5}{3}\,\Theta_2)} \tag{85}$$

wo $a = \frac{c_1}{c_2}$ ist. Hier bedeutet $\Theta_1$, $\Theta_2$ die Depolarisation des Systems bei den beiden resp. Konzentrationen $c_1$ resp. $c_2$.

### c) *Lichtbrechung.*

Eine weitgehend zutreffende Beziehung für die Lichtbrechung von Lösungen oder Gemischen ist bekanntlich schon bei echten Lösungen schwer aufzustellen, sobald man über kontrollierbare, einfachste Verhältnisse hinausgeht. Die Schwierigkeiten liegen offenbar darin, daß noch recht große Unkenntnis in bezug auf das Verhalten etwa zweier Mischungskomponenten zueinander besteht zu den Reaktionen, die sie eingehen können, bei denen auch die Möglichkeit des Entstehens neuer Moleküle mit einzuschließen ist. Noch verwickelter aber gestalten sich diese Verhältnisse für die kolloiden Systeme, wo die Möglichkeiten für Komplikationen in noch weit stärkerem Maße gegeben sind. Von WINTGEN rührt eine einfache Beziehung her, die sich an die für die Dichte gefundene Gleichung (65) anschließt:

$$n_S\,v_S = K_1(1 - c)\,n_M\,v_M + K_2\,c\,n_D\,v_D\,, \tag{86}$$

wo $v_S$, $v_M$, $v_D$ die spezifischen Volumina des Soles bzw. des Dispersionsmittels bzw. der dispersen Phase darstellt, $n_S$, $n_M$, $n_D$ die dazugehörigen Brechungsexponenten, während $K_1$ und $K_2$ Konstanten sind. Hierbei sind einfachste Verhältnisse vorausgesetzt, nämlich die gegenseitige Unabhängigkeit von intermicellarer Flüssigkeit und dispergierten Teilchen. In seinen diesbezüglichen Messungen konnte WINTGEN die Formel bestätigen. Wo aber kompliziertere Verhältnisse eintreten, reicht die Beziehung nicht zu, vor allem nicht bei hydrophilen Systemen, wo eben die Aufeinanderwirkung der beiden Phasen das hervortretendste Moment bildet. Vielleicht weist hier in einigen wenigen einfachsten Fällen der Grad der Abweichung von der obigen Gleichung (86) auf die Größe der eintretenden gegenseitigen Einwirkung von disperser Phase und Dispersionsmittel hin.

### d) *Doppelbrechung.*

Tritt ein Lichtstrahl durch die Grenze eines Mediums in ein zweites, bei beliebiger Richtung, wiederum nur mit einem Strahl ein, so spricht man von

---

[1]) Siehe hierzu G. ETTISCH, FARMER LOEB u. B. LANGE: Biochem. Zeitschr. Bd. 184, S. 257. 1927.

einfacher Brechung. Wellenlänge und daher auch Brechungsexponent oder Fortpflanzungsgeschwindigkeit bleiben in diesem Körper nach allen Richtungen des Raumes hin gleich. Bei den Körpern mit streng orientierter Anordnung der Elemente, Atome, Moleküle usw., nämlich den Krystallen — mit Ausnahme derer des regulären Systems —, sowie auch bei denen, die Orientierung niederer Art besitzen, den mesomorphen Körpern, findet sich ein anderes Verhalten. Der einfallende Strahl zeigt in dem zweiten Körper zwei gebrochene Strahlen, Brechungsexponent bzw. Wellenlänge oder Fortpflanzungsgeschwindigkeit hängen von der Richtung innerhalb des Körpers ab, es liegt Doppelbrechung vor. Ihre jeweilige Stärke ist gegeben durch die Differenz der beiden Extremwerte der Brechungsexponenten in verschiedenen Richtungen. Wie werden sich diese Verhältnisse für die kolloiden Systeme darstellen? Angenommen, es liegt ein Medium der zweiten anisotropen Art als die in Wasser verteilte Phase vor, wie wird sich Derartiges bemerkbar machen? Darüber ist zu bemerken, daß infolge der kinetischen Wärmebewegung — Translation und Rotation der Teilchen — im Mittel die Einzeleffekte der doppelbrechenden Teilchen sich aufheben werden. Dementsprechend zeigt ein Sol nur in Ausnahmefällen (s. w. u.) im Ruhezustand eine Anisotropie. Sobald es aber gelingt, die Teilchen einander parallel zu richten, ungeachtet ihrer sonstigen, weiteren Einstellung, werden sich jene einzelnen Doppelbrechungseffekte nicht mehr gegenseitig im Mittel aufheben, sondern sich gegenseitig verstärken. Dann gelingt es, eine Doppelbrechung im System nachzuweisen.

Ehe auf diese Dinge weiter eingegangen wird, muß aber hier noch zu einer anderen Frage Stellung genommen werden. Gelingt es nämlich, in einem kolloiden System auf irgendeine Weise eine Doppelbrechung nachzuweisen, so fragt es sich, ob diese Doppelbrechung auch stets als Summe der Effekte an den einzelnen, *von sich aus* doppelbrechenden Teilchen zu betrachten ist. Mit anderen Worten, es fragt sich, ob stets eine Eigendoppelbrechung der Teilchen vorliegen muß. Dieses ist nun keineswegs der Fall. Wiener konnte zeigen, — und dabei erwies sich wieder die schon so oft betonte Bedeutung der von der Kugelform abweichenden Teilchengestalt —, daß man einen Mischkörper konstruieren kann, bei dem infolge Ineinandergebettetseins zweier *isotroper* Substanzen mit *unterschiedlichem* Brechungsindex bei *fehlender Absorption* ein in bestimmtem Sinne anisotroper Körper resultiert. Nur kurz kann hier darauf eingegangen werden. Es möge ein isotropes Medium vorliegen. In ihm seien regelmäßig parallel angeordnet kreiszylindrische Stäbchen aus ebenfalls einfach brechender Materie. Die Abmessungen der Stäbchen seien klein gegen Lichtwellenlänge, ebenfalls ihre Abstände. Der Mischkörper, der, wie oben bemerkt, keine Farbe besitzen soll, wird alsdann Doppelbrechung zeigen, und zwar wird er positiv einachsig sein in bezug auf die Zylinderachse. Sie fällt zusammen mit der optischen Achse. Ist der Brechungsexponent der Stäbchen $n_1$, der des Mediums (Wasser) $n_2$ und seien $v_1$ und $v_2$ die relativen Volumina der beiden gemischten Substanzen, so kann die Theorie die zahlenmäßigen Werte für den Brechungsexponenten des ordentlichen[1]) sowie des außerordentlichen[2])

---

[1]) Für den ordentlichen Strahl ergibt sich ein Brechungsexponent

$$n_0^2 = n_2^2 \frac{(v_1 + 1)\, n_1^2 + v_2 n_2^2}{(v_1 + 1)\, n_2^2 + v_2 n_1^2}.$$

[2]) Für den außerordentlichen Strahl ergibt sich ein Brechungsexponent $n_a^2 = v_1 n_1^2 + v_2 n_2^2$. Bei den Ableitungen ist die elektromagnetische Lichttheorie zugrunde gelegt. Nach ihr gilt für den Brechungsexponenten eines Isolators $n = \sqrt{D}$, wo $D$ die Dielektrizitätskonstante ist. Daher erscheinen die Ausdrücke für die Brechungsexponenten hier im Quadrat.

Strahles des Mischkörpers angeben. Für die Größe der Doppelbrechung ergibt sich:

$$n_a^2 - n_0^2 = \frac{v_1 v_2 (n_1^2 - n_2^2)^2}{(v_1 + 1) n_2^2 + v_2 n_1^2}, \tag{87}$$

$$v_1 + v_2 = 1. \tag{88}$$

Man erkennt aus dieser Beziehung, daß der WIENERsche Mischkörper in seinen optischen Eigenschaften vollkommen bestimmt ist durch Brechungsexponent und relativem Volumen der Mischungskomponenten. Unter der oben gegebenen Voraussetzung erweist sich die Doppelbrechung als unabhängig von der Teilchengröße, d. h. also vom Dispersitätsgrad. Weiterhin ergibt sich, daß bei Gleichheit der Brechungsexponenten der Mischungskomponenten, also $n_1 = n_2$, ein isotroper Körper resultiert, da dann $n_a = n_o$ wird. Diese Eigenschaft der Beziehung (87) gibt nun ein Mittel an die Hand, diese Art der Doppelbrechung, die sog. *Stäbchendoppelbrechung*, von der obengenannten *Eigendoppelbrechung* zu unterscheiden. Jene war ja hervorgebracht durch Teilchen, die selbst doppelbrechend waren. Diese dagegen beruht allein auf dem Unterschied der Brechungsexponenten der beiden Substanzen, von denen *jede einzelne einfach brechend ist.* Man kann nun durch Zufügen von stark lichtbrechenden Flüssigkeiten $n_2$ willkürlich ändern, also auch dem $n_1$ gleichmachen. Es muß alsdann die Stäbchendoppelbrechung verschwinden, während die Eigendoppelbrechung bestehen bleibt. Weiterhin ergibt Beziehung (87), daß die Stäbchendoppelbrechung stets *positiv* ist, da $(n_1^2 - n_2^2)$ in quadratischer Form auftritt. Eine ganze Reihe anderer experimenteller Erscheinungen tritt als Folge obiger Gleichung auf. Es kann auf sie an dieser Stelle nicht näher eingegangen werden.

Bevor an den oben angeschnittenen Gedankengang wieder angeknüpft wird, sei noch eine andere Art von Doppelbrechung am Mischkörper erörtert, die geeignet erscheint, auch in biologischer Beziehung von Bedeutung zu werden[1]). Es wurde schon mehrfach darauf hingewiesen, daß von nichtkugeligen Teilchen nicht nur solche mit einer besonders *langen* Achse von Bedeutung sind, sondern auch solche mit einer besonders kurzen. Dieses findet sich hauptsächlich in alten Eisenhydroxydsolen, bei denen die disperse Phase aus Plättchen oder Scheibchen besteht. Unter denselben Voraussetzungen wie bei der Stäbchendoppelbrechung entsteht hier ein anisotroper Mischkörper, wenn derartige Plättchen in parallelen Schichten angeordnet sind, in Abständen, die klein sind im Vergleich zur Wellenlänge des Lichtes. In der Richtung der Flächennormale der Schichten ist er einfach brechend, in allen anderen doppelbrechend. Es handelt sich also wiederum um einen optisch einachsigen Mischkörper. Für die Größe der Doppelbrechung ergibt sich in diesem Falle:

$$n_a - n_0 = -\frac{v_1 v_2 (n_1^2 - n_2^2)^2}{v_1 n_1^2 + v_2 n_2^2}. \tag{89}$$

Man erkennt, daß diese Schicht — bzw. Plättchendoppelbrechung — stets negativ sein wird. Sie verschwindet ebenfalls für $n_1 = n_2$.

Es darf nun nicht gefolgert werden, daß durch plättchenförmige Teilchen *stets* eine *negative*, durch Stäbchen *stets* eine *positive* Doppelbrechung erzeugt würde. Es können sich ja auch Plättchen linear in der Weise gruppieren, daß ihre Achse zur *Orientierungsachse senkrecht* steht. Während man sich dagegen auch Stäbchen in flächenhafter Verteilung bei gleichen Abständen solcher Flächengebiete denken kann. Der Plättchenmischkörper *dieser Art* ist positiv,

[1]) Siehe hierzu SÜFFERT: Zeitschr. f. Morphol. u. Ökol. d. Tiere Bd. 1, S. 171. 1924; ferner H. ZOCHER: Zeitschr. f. anorg. u. allg. Chem. Bd. 147, S. 91. 1925.

der Stäbchenmischkörper negativ doppelbrechend. Nach einem Vorschlag von Frey spricht man daher besser von positiver oder negativer Formdoppelbrechung. Beispiele hierfür haben sich bereits in mehrfacher Zahl finden lassen. Sie sind klar zusammengestellt in dem Werk von Ambron-Frey, „Das Polarisationsmikroskop“[1]). Es sei ferner darauf hingewiesen, daß die Gruppe der mesomorphen Körper in den smektischen und nematischen Unterarten, die charakteristische Molekülformen und Molekülgruppen zeigen (s. o. S. 156ff.), gewiß hier eingeordnet werden könnte. Natürlich kann es sich treffen, daß Eigendoppelbrechung und Formdoppelbrechung zusammen auftreten.

Überblickt man nochmals das soeben Dargelegte, so ergibt sich wiederum der hervorragende Einfluß der anisodiametrischen Teilchenform für das Verständnis der Erscheinungen an kolloiden Systemen, ganz gleichgültig, ob diese Teilchen selbst doppelbrechend sind oder ob eine Formdoppelbrechung zustande kommt. Das Erstgenannte wird höchstwahrscheinlich dann eintreten, wenn der krystalline Bau des Kolloidteilchens nicht im regulären System erfolgt. Man kann auch mit großer Annäherung behaupten, daß alsdann bereits das Molekül Doppelbrechung besitzt.

Es wurde oben dargelegt, daß durch paralleles Ausrichten der optischen Achsen von Teilchen es gelingen müßte, die Doppelbrechung jedes einzelnen Teilchens zu einem Gesamteffekt zu summieren. Dieses gelingt in der Tat. Derartige Versuche wurden zuerst ausgeführt an alten Eisenhydroxydsolen durch Majorana bzw. Cotton und Mouton. An alten $V_2O_2$-Solen geschah dieses durch Disselhorst und Freundlich. Das erstgenannte System zeigt Scheibchenform, das zweite Stäbchenform in der dispersen Phase. Disselhorst und Freundlich ließen ein altes $V_2O_2$-Sol durch ein Rohr mit rechteckigem Querschnitt fließen. Bei dieser Anordnung war die Doppelbrechung nachweisbar, da die stäbchenförmigen Teilchen sich aus energetischen Gründen in die Richtung der Stromlinien einstellten. Dabei zeigte sich in der Fließrichtung Isotropie, senkrecht dazu dagegen positive Doppelbrechung in bezug auf die Fließrichtung. Damit war festgestellt, daß das strömende $V_2O_5$-Sol sich so verhielt wie eine Krystallplatte aus demselben Stoff, die parallel zur optischen Achse geschnitten und mit dieser in die Strömungsrichtung gebracht war. Betrachtete man dagegen das Sol in der Fließrichtung bei Konvergenz, so tritt das Achsenkreuz eines positiv einachsig doppelbrechenden Körpers auf. Sind die Stäbchen positiv doppelbrechend, so tritt also auch die Doppelbrechung in dem Sol bei diesem Verfahren mit diesem Vorzeichen auf. Sind sie dagegen negativ doppelbrechend, wie das beim Benzopurpurinsol der Fall ist, so fällt bei der Untersuchung des Soles in der beschriebenen Weise die Doppelbrechung ebenfalls negativ aus. Bei dieser sog. Strömungsanisotropie ist nun auch die Möglichkeit für die Konstituierung eines Wienerschen Mischkörpers gegeben. Es wäre also die oben gemachte Annahme der *Eigendoppelbrechung* der $V_2O_5$-Stäbchen wohl hinreichend für die Erklärung des Zustandekommens der positiven Doppelbrechung des Soles, aber nicht notwendig, da ja eine Formdoppelbrechung geeignet angeordneter isotroper Stäbchen in isotropem Medium vorliegen könnte. Es war also zu entscheiden, welcher Zustand hier vorlag. Die angegebenen Methoden der Variation des Brechungsindex des Mediums sind hier nicht geeignet. Dagegen gibt es eine Reihe von Gründen, die zur Annahme vorwiegender Eigendoppelbrechung sprechen, obwohl nach dem oben Ausgeführten auch auf jeden Fall durch die Form und Anordnung der Teilchen ein bestimmter, wenn auch kleiner Betrag zum Gesamtphänomen gestellt werden wird. Der triftigste Grund

[1]) Aus der Sammlung: Kolloidforschung in Einzeldarstellungen, herausgegeben von R. Zsigmondy, Bd. 5. Leipzig: Akad. Verl.-Ges. m. b. H. 1926.

aber mag wohl darin liegen, daß es nach FREUNDLICH, STAPELFELD und ZOCHER[1]) gelingt, die Größe der Doppelbrechung quantitativ zu bestimmen. Aus der Menge des im Sol vorhandenen $V_2O_5$ kann auf eine Krystallamelle dieses Stoffes umgerechnet werden. Man erhält nun in beiden Fällen, sowohl beim Sol als auch für eine entsprechende Krystallamelle Werte für die Doppelbrechung, die annähernd übereinstimmen, so daß in der Hauptsache wohl eine Eigendoppelbrechung als vorliegend angenommen werden kann. Ihr Maximum wird sich ergeben, wenn alle Teilchen gerichtet sind. Dann wird die Doppelbrechung unabhängig von der Fließgeschwindigkeit sein. Derartiges kann man bei alten konzentrierten Solen beobachten. Hier kann auch die Doppelbrechung *nach dem Strömen* erhalten bleiben. Es liegen dann die Teilchen so fest geordnet, daß die Energie der BROWNschen Bewegung nicht mehr hinreicht, diese Ordnung zu stören. Derartige Sole zeigen auch *Fließelastizität.* Es kommt also diesen Systemen bereits ein gewisses Maß von mechanischer Festigkeit zu[2]). Die Ausrichtung der Teilchen braucht nun keineswegs allein durch Strömung hervorgerufen zu werden. Dieses kann vielmehr durch jede Energieform geschehen, die zu einer Ausrichtung überhaupt imstande ist. So sind Versuche im magnetischen wie elektrischen Feld unternommen worden. Alle diese mannigfachen Untersuchungen haben die oben dargelegten Ermittlungen bestätigt. Wie schon erwähnt, gibt auch die andere Art der nichtkugeligen Teilchen, die Plättchen oder Scheibchen, dann entsprechende Erscheinungen. Am alten Hydroxydsol haben, wie ebenfalls schon mitgeteilt, MAJORANA und COTTON und MOUTON als erste überhaupt die Anisotropie entdeckt, indem sie die Teilchen im Magnetfeld richteten. Die Plättchen des Eisenhydroxydsoles sind aber *negativ* doppelbrechend. Da sie sich bei der Strömung aber mit ihrer Flächennormale senkrecht zur Fließrichtung stellen, resultiert hier eine positive Doppelbrechung in bezug auf die Fließrichtung. Lägen dagegen positiv doppelbrechende Plättchen vor, so müßten diese unter denselben Umständen eine negative Strömungsdoppelbrechung ergeben. Hier sind also entgegengesetzte Verhältnisse gegenüber den Stäbchen zu erwarten. Vermag man nun ultramikroskopisch die Aggregate nicht zu erkennen, und das kann leicht eintreten, da die Doppelbrechung auftritt, wenn im Dunkelfeld noch nichts zu erkennen ist, so kann bei positiver Strömungsdoppelbrechung nicht entschieden werden, ob negative Plättchen oder positive Stäbchen, bei negativer Strömungsanisotropie, ob negative Stäbchen oder positive Plättchen vorliegen. Hier ist nun die von KUNDT eingeführte Rotationsmethode von großem Wert. Das Sol wird zur Rotation gebracht in einem kreisrunden Zylinder. Wieder stellen sich Stäbchen wie Plättchen in die Richtung der Stromlinien. Die Stäbchen mit der Achse tangential zum rotierenden Zylinder, die Scheibchen senkrecht dazu, d. h. radial. Jetzt liegt die optische Achse des Stäbchensoles tangential. Bei Betrachtung in dieser Richtung herrscht also Isotropie. Bei den Plättchen dagegen stellt sich aus entsprechenden Gründen Isotropie in radialer Richtung ein. Damit ist ein Weg angegeben, noch bevor alle anderen Methoden es vermögen, die Teilchenform und das Vorzeichen der Doppelbrechung zu bestimmen.

Benutzt man nun solche ordnenden Verfahren zur Aufschlußerlangung über den Charakter des vorliegenden kolloiden Systems, so muß man sich darüber klar sein, daß die aufgewandte Energie nicht auch noch andere Effekte hervorgerufen hat. In der Tat bestehen hier interessante Beziehungen zwischen optischen und mechanischen Erscheinungen. Schon oben S. 176 ist kurz darauf hingewiesen worden. Völlige Klarheit über die inneren Zusammenhänge bzw.

[1]) FREUNDLICH, STAPELFELD u. ZOCHER: Zeitschr. f. physikal. Chem. Bd. 114, S. 161. 1924.

[2]) Siehe hierzu auch bei G. ETTISCH u. A. SZEGVARI: Protoplasma Bd. I, S. 214. 1926.

Abhängigkeiten bestehen in dieser Beziehung noch nicht. Es könnte sich also zunächst darum handeln, die Kräfte zu vergleichen, die notwendig sind, um in zwei beliebigen, vergleichbaren Systemen den annähernd gleichen Zustand herbeizuführen. Bei solchen Untersuchungen zeigte es sich, daß der Aufwand an mechanischer Energie zur Herstellung der Doppelbrechung für die üblichen hydrophoben, nichtkugeligen Sole viel geringer war als der für gewisse hydrophile, z. B. für die Gelatine. Dort stellte sich gleich nach Beginn der Rotation Doppelbrechung ein, während dieses bei der Gelatine erst bei erheblicher Rotationsgeschwindigkeit eintrat. Hier kommt nun ein weiteres Moment in die Gesamtbetrachtung. Für gewöhnlich wird der Gelatine eine Micelle von Kugelform zugeschrieben. Dieser allseitig symmetrischen Form entspricht einfache Lichtbrechung. Bei jener Rotation aber tritt negative Doppelbrechung auf, und zwar, wie noch einmal besonders betont werden mag, erst bei erheblichen Scherkräften. Es ist nun bekannt, daß isotrope Körper (Glas, feste Gelatine usw.) durch Zug oder Druck in bestimmter Richtung eine Doppelbrechung mit entsprechendem Vorzeichen erlangen können. Es handelt sich hier um die sog. *akzidentelle* Doppelbrechung, auch *Spannungsdoppelbrechung* genannt. Hierbei werden kugelige Teilchen deformiert. Die Deformation bleibt aber innerhalb der Elastizitätsgrenze des Körpers. Hierbei werden nun die anfangs kugeligen Teilchen anisotrop, und außerdem findet etwa annähernd die Bildung eines Mischkörpers statt. Damit ist dann die akzidentelle Doppelbrechung auf *Eigendoppelbrechung* + *Formdoppelbrechung* (aber infolge Deformation!) zurückgeführt. Es lag nun nahe, diese Ursache auch für die in der erwähnten Weise auftretende Doppelbrechung der Gelatine anzunehmen, da Derartiges von Krystallen bekannt ist. Eine Reihe andersgearteter Untersuchungen, darunter z. B. Eintrocknungsversuche, führten zu derselben Annahme. Es ist also bei den Rotationsversuchen auch mit der Möglichkeit des Auftretens von akzidenteller Doppelbrechung zu rechnen, die durch die deformierenden Kräfte hervorgerufen wird, aber einen gewissen inneren Zusammenhang mit den obengenannten Arten der Doppelbrechung besitzt.

Man kann aber bei der Feststellung des Energieaufwandes beim Hervorrufen von Doppelbrechung auch die Beziehungen zu den *intermolekularen* Verhältnissen der Flüssigkeit im Auge haben, d. h. die Beziehungen zu den Viscositätserscheinungen. Die innere Reibung wird allein eine Orientierung der doppelbrechenden oder isotropen Teilchen hervorrufen. Damit wird sie zur Formdoppelbrechung bzw. Eigendoppelbrechung führen. Treten aber zu diesen reibenden Kräften auch noch solche von der oben als *elastisch* bezeichneten Art, zeigt das System also auch noch Fließelastizität, so werden diese Kräfte eine Spannungsanisotropie infolge Deformation hervorrufen können. Wie diese Kräfte des näheren beschaffen sind, ist noch keineswegs klar, auch nicht, wo und wie sie angreifen. Indes ist es auffällig, daß die Gelatine, die keine oder doch nur eine geringe Eigendoppelbrechung zeigt, sowohl Fließelastizität als auch akzidentelle Doppelbrechung aufweist. Dieses würde erlauben, nähere Zusammenhänge zwischen beiden Erscheinungen anzunehmen. Im übrigen zeigen die meisten Sole, die Doppelbrechung haben, auch Fließelastizität. Bei ihnen ist aber für gewöhnlich die Eigendoppelbrechung so überwiegend, daß die Feststellung einer restierenden Spannungsdoppelbrechung sich recht schwierig gestaltet.

## E. Die kolloiden Systeme (fest-flüssig) vom Charakter fester Körper (Hydrogele).

### 1. Vorbemerkung.

Bereits oben S. 163 ist von den Gelen die Rede gewesen, als sie von der Behandlung derjenigen kolloiden Systeme fest-flüssig, die den Charakter eigentlicher Flüssigkeiten tragen, — von den Solen —, abgetrennt worden sind. Es ergaben sich hier besonders innige Beziehungen zum Dispersionsmittel. Die Frage nach der Art bzw. der Änderung in diesem Verhalten der Teilchen durchzieht die ganze Lehre von den Gelen. Diese Teilchen bestehen aus Substanzen, die auch im Solzustand mehr oder minder hydrophil sind, also ausgesprochene Affinität zum Dispersionsmittel besitzen. Daher werden die Koagulate der ausgesprochen hydrophoben Sole nicht zu den Gelen gerechnet. In den hier zu gebenden Darstellungen wird es sich wiederum um wässerige Systeme handeln, um sog. Hydrogele. Aufnahme und Abgabe von Wasser beherrscht daher weitgehend die Erscheinungen.

Es wurde ferner oben der Versuch gemacht, zu definieren, was man unter einem Gel zu verstehen hat. Dabei stand im Vordergrund eine gewisse *elastische* Eigenschaft, die *Formelastizität*. Daß diese den Gelen zukommt, darüber herrscht Übereinstimmung. Im übrigen wird, wie auch oben schon bemerkt, der Gelbegriff von mancher Seite enger, von anderer weiter gefaßt. Im Anschluß an FREUNDLICH sollen hier alle Gallerten mit der obenerwähnten Eigenschaft der Formelastizität dazu gerechnet werden, ausgenommen, wie schon erwähnt, die Koagulate der Metall- und Sulfidsole, für die die Bezeichnung *Koagele* getroffen worden ist. Es wurde aber in entschiedener Weise darauf hingewiesen, daß mit jenen elastischen Eigenschaften keine endgültige Grenze der Gele gegen die Sole gezogen ist; findet sich doch die Elastizität in Gestalt der *Fließelastizität* bei vielen Systemen von ausgesprochen flüssigem Charakter. Freilich zumeist wiederum gerade bei denen, die in größerer Konzentration oder sonstwie die Neigung besitzen, in Gele überzugehen. Dieses ist jedoch keine notwendige Eigenschaft, sie *muß* nicht vorliegen, indes findet sie sich *häufig*. Stellt nun jenes Auftreten von Formelastizität auch keinen durchgreifenden *qualitativen* Unterschied zwischen Gel und Sol dar — man könnte ja die Fließelastizität als Vorstufe der Formelastizität ansehen —, so zeigt sich damit doch immerhin ein quantitativer. Es gibt aber bei gewissen Systemen gewisse Eigenschaften, die ohne erhebliche oder ohne nachweisbare Änderung von dem Sol auf das Gel übergehen. So findet man beim Natriumoleatgel, das aus konzentriertem Sol sich bildet, keinen Unterschied im Brechungsexponenten, im Dampfdruck, in der Leitfähigkeit und in der Natriumionenkonzentration, während wohl jene hydrodynamischen, quantitativen Unterschiede vorhanden sind.

Gegenüber der Mannigfaltigkeit in der Art von Gelen und der an ihnen wahrnehmbaren Erscheinungen erhebt sich wiederum die Frage, ob nicht die Möglichkeit besteht, alles dieses aus gewissen Zustandsgrößen und ihrer Änderung herzuleiten. Die oben angeführten Zustandsgrößen wurden ganz allgemein als solche für kolloide Systeme fest-flüssig bezeichnet, ohne Rücksicht auf irgendwelche Besonderheit. Sie müssen daher notwendig auch die Hydrogele und deren Zustand usw. bestimmen. Nun handelt es sich bei diesen um eine spezielle Form kolloider Gebilde der genannten Art. Daher wird auch die eine oder die andere Variable von besonderer Form, besonderer Bedeutung und besonderer Art sein müssen, während wieder andere keine wesentliche Änderung gegenüber denen bei Solen erfahren werden. Es schlägt damit diese Darstellung denselben Weg ein, der oben auch für die Sole verfolgt worden ist. Oben wurden als Spezialfall die kolloiden Systeme fest-flüssig — mit Wasser als Dispersionsmittel — behandelt, die den Charakter eigentlicher Flüssigkeiten tragen. Hier handelt es sich um Systeme von derselben Zusammensetzung, aber vom Charakter fester Körper, um einen Nebenfall der ebengenannten. Die allgemeinen Zustandsgrößen bleiben demnach dieselben.

Eine gewisse Abweichung aber von der oben gegebenen Behandlungsweise tritt insofern ein, als es sich um die Notwendigkeit der Erörterung der Frage nach der *Entstehung der Gele* handelt. Eine derartige Frage spielte bei den obigen Systemen, den Solen, eine relativ untergeordnete Rolle für die Erkenntnis der Zustände und der Vorgänge. Wo diese dennoch in Frage kam, konnte sie zwanglos und weitgehend mit einbezogen werden in die Darstellung gewisser Variablen (z. B. Zusammensetzung des Dispersionsmittels, Oberflächenbeschaffenheit der Teilchen der dispersen Phase mit Rücksicht auf deren Entstehung u. a. m.). Jene Systeme sind unabhängig in einem gewissen Sinne, wie dieses die Gele nicht sind. Die Sole entstehen gewissermaßen selbständig. In ihrer Vorgeschichte kommt notwendigerweise kein anderes kolloides System vor. Dagegen sind die Gele von dem Solzustand abhängig, entstehen aus Solen. Es geht also die Vorgeschichte des Gels stets auf ein Sol zurück. Wie aber geschieht dieser Übergang? Es ist daher klar, daß hier die *Vorgeschichte* des Gels erörtert werden muß.

Noch ein weiterer Unterschied macht sich bei der Darstellung der Gele im Gegensatz zu dem der Sole bis zu einem gewissen Grade bemerkbar. Während man dort die Möglichkeit hat, den Einfluß der Einzelvariablen klar zu erkennen infolge der Möglichkeit trennender Untersuchungsweisen, zeigt sich, daß dieses hier in derselben scharfen Art nicht angeht. So sind allerdings stets bei bestimmten Erscheinungen auch ganz bestimmte Variable und ihre Veränderungen in der Hauptsache für Eintritt und Verlauf jener Erscheinung verantwortlich zu machen. Allein es gelingt in den meisten Fällen kaum, sie von gewissen anderen Variablen und deren Einfluß zu isolieren und daher die Art der Wirkung der resp. Hauptvariablen klar darzustellen. So gehen z. B. bei der Quellung stets auch Auflösung und Änderung des Dispersitätsgrades vor sich, ohne daß es möglich ist, sie exakt voneinander zu trennen. Dem paßt sich bis zu gewissem Grade auch die Darstellung an, indem sie bei den betreffenden Erscheinungen dieses zum Ausdruck bringt.

Es werden also zu Beginn die Zustandsgrößen besprochen, aber nur insofern, als sie etwas Neues in bezug auf die Gele bringen. Sodann werden wiederum in entsprechender Weise die Erscheinungen selbst behandelt. Dabei wird auf die Veränderungen an den Zustandsgrößen Bezug genommen werden.

## 2. Zusätze in bezug auf die Zustandsgrößen der Systeme.

### a) *Vorgeschichte.*

Die Vorgeschichte eines Gels ist insofern von Bedeutung als es aus einem anderen kolloiden System, einem Sol, entsteht. Es werden sich an dem betreffenden Gel dann die Natur des Ursprungssols sowie die Mittel, durch die es ins Gel überführt wurde, kenntlich machen lassen. Vor allem aber wird die Erkenntnis von den Vorgängen, durch die ein kolloides System der einen Art in ein solches der anderen übergeführt wurde, wichtige Aufklärung geben über die Natur und die Vorgänge bei kolloiden Systemen überhaupt.

Am nächsten wird wohl die Vorstellung liegen, daß beim Gelierungsvorgang gewisse Teilchen, die vorher außerhalb der gegenseitigen Anziehungssphäre gelegen haben, nunmehr in dieses Gebiet gelangen. Mit anderen Worten, es wird sich der Vorgang der Teilchenvergröberung einstellen, so etwa wie er sich bei der Koagulation zeigt. Da weiterhin die feste Phase dem Gesamtgebilde in dem Bereiche, das hier zur Darstellung gelangt, ihr Merkmal aufdrückt, so wird jene Vermutung eines Aggregationsvorganges hierdurch auch weiterhin gestützt. Ob nun eine echte Koagulation vorliegt, oder ob nur eine Polymerisation von Teilchen in relativ engen Grenzen neben noch weiteren Vorgängen im Dispersionsmittel in Betracht kommt, scheint nicht geeignet als grundsätzlicher Unterschied angesehen werden zu können. Wie soeben hervorgehoben, wird natürlich die besondere Art des Soles, die chemische Natur seiner dispersen

Phase usw. das entstehende Gel im besonderen charakterisieren. Ferner wird sich auch das Dispersionsmittel, seine Verteilung usf. an der Charakterbildung des Soles beteiligen. Gegenüber alledem bleibt im Vordergrund der Vorgang einer größeren oder geringeren Teilchenhäufung. Es wird sich nun aber auch sofort ergeben, welche Mittel bei der Gelbildung eine Rolle spielen. Ist diese der Koagulation analog, so wird etwa Elektrolytzusatz jene Wirkung besorgen müssen. In der Tat hat sich auf diese Weise bei einer großen Zahl von Systemen die Sol-Gelumwandlung experimentell als mit der Koagulation, der *langsamen* zumeist, übereinstimmend gezeigt. Es sei darauf hingewiesen, daß oben S. 199 bei Behandlung der Tixotropie schon diese reversible Sol-Gelumwandlung charakterisiert wurde. Es sei daher auf das dort Gesagte verwiesen. Hier mag nur zusammenfassend wiederholt werden, daß bei einer Reihe von Solen der Zusatz von solchen Elektrolytmengen, die langsame Koagulation bewirken, einen Übergang dieser Sole in Gele bedingen. Das Auftreten der Doppelbrechung kann auf einen gewissen Ordnungsvorgang dabei hinweisen, der in der Hauptsache wohl auf Ausrichtung eigendoppelbrechender Micellen beruht. Da meist nichtkugelige Teilchen vorliegen, kann es sich aber auch um Stäbchen- bzw. Plättchendoppelbrechung handeln. Nun findet sich Tixotropie aber auch bei kugeligen Micellen. Vielleicht ist hier die Doppelbrechung eine Spannungsdoppelbrechung infolge Deformation solcher kugeliger Gebilde, wie sie später noch einmal zur Erörterung stehen wird. Als besonderes Charakteristicum tragen diese thixotropen Systeme das Merkmal, daß sie durch mechanische Energie wieder in Sole übergeführt werden, und diese Sole dann wieder zu Gelen gestehen können. Näheres über sie ist nicht bekannt.

Eine weitere wichtige Gruppe ist die des Kieselsäuregels, des Aluminiumhydroxyd- und Zinnsäuregels. Da das Kieselsäuregel für diese Gruppe der charakteristische Repräsentant ist, an ihm auch die meisten Feststellungen stattgefunden haben, spricht man auch von der Gruppe der Kieselsäuregele. Auch hier ergibt sich, daß durch Elektrolytkonzentrationen, die im Bereich der langsamen Koagulation liegen, der Übergang vom Sol in das Gel stattfindet. Ein wichtiger Unterschied gegen jene tixotrope Gruppe liegt aber darin, daß keine unmittelbare Reversibilität vorliegt. Dort konnte durch Schütteln wieder ein Sol entstehen, durch Fortnahme der Elektrolyte der Übergang vom Sol in das Gel verhindert werden. Dieses geht hier nicht an. Durch Dialysieren des Kieselsäuregels gelingt es nicht, — auch wenn die Elektrolyte weitgehend entfernt sind, — wieder ein Sol zu erhalten. Chemische Veränderungen spielen hier bei der Gelbildung mit eine Rolle. Es gelingt dagegen, ein Sol wieder herzustellen, sobald man Alkali zufügt. Doch handelt es sich dabei wiederum um chemische Umwandlungen. Man spricht daher nicht mit Unrecht hier von einer irreversiblen Sol-Gelumwandlung.

Nun ist weiter oben flüchtig der Einfluß der Temperatur auf die Koagulation erörtert worden. Durch Ausfrieren erfolgte Koagulation wegen der besonderen, hierbei stattfindenden Vorgänge. Gemäß der Parallelität von Gelbildung und Koagulation wird also unter Umständen Temperaturerniedrigung eine Gelbildung fördern können. In der Tat sind Systeme, die bei niedriger Temperatur charakteristische Gele bilden, bei höherer Sole. Hierher gehört die Gelatinegruppe (Gelatine, Agar, Seifen). So ist die Gelatine oberhalb von 70° in 1—2 proz. Lösung flüssig, darunter aber fest. Der Übergang vom Sol in das Gel erfolgt kontinuierlich. Es gibt keine definierten „Schmelzpunkte“ oder „Erstarrungspunkte“[1]. Viscosität, Elastizität, Tyndall-Licht und andere physikalische Konstanten zeigen keinen Sprung beim Übergang. Bei Temperaturerniedrigung

[1]) Dagegen kann man hier wohl von solchen „Zonen“ sprechen.

findet sich bei der Gelatine ein Polymerisationsvorgang mit Hydratation, bei höherer dagegen eine Aufteilung.

Bei den Seifen ist die Parallelität von Gelbildung und Koagulation noch ganz besonders dadurch bestätigt, daß bei extremer Temperaturerniedrigung eine *extreme* Teilchenhäufung, also regelrechte Koagulation erfolgt. Es bildet sich das Seifen*koagel*. In mittlerem Bereich ist, wie erwähnt, die Teilchenaggregation nur schwach. Hier findet allein eine *Erstarrung*, die Gelbildung statt. Bei noch höherer dagegen findet man allein Seifensole vor. Es liegen also die Gele zwischen den Koagelen und den Solen. Im Gegensatz zur Kieselsäuregruppe liegt aber bei der Gelatinegruppe Reversibilität vor. Erwärmen führt wieder zur Aufteilung, zum Sol, Abkühlung — *theoretisch* beliebig oft — zum Gel. Es bewirkt allerdings sehr ofte Wiederholung dieses Vorganges, z. B. bei der Gelatine, Änderungen chemischer Art an den Gelteilchen. Es findet ihr hydrolytischer Abbau zu Gelatose statt, wodurch schließlich die Umwandlung aus diesen sekundären Gründen ein Ende erreicht.

Es ließe sich freilich nichts dagegen sagen, wenn man von einem anderen Standpunkt aus behaupten würde, in dieser Hinsicht sei zwischen der Kieselsäuregruppe und der der Gelatine kein grundsätzlicher Unterschied vorhanden. Es liefen die sekundären Veränderungen bei jener rasch ab, bei dieser langsam. Aber vorhanden sind sie bei beiden. Das Gelatinegel wird nämlich, auf Grund des Gesagten, das zweite Mal fest, nicht mehr dasselbe sein wie das erste Mal, usw. fort bis zu seiner endgültigen *Nichtmehrverfestigung*. Also reversibel im strengsten Sinne ist auch das Gelatinegel nicht. Da man ferner von der tixotropen Gruppe über derartige Dinge noch nichts weiß, wird man vielleicht auch zum Zweifel berechtigt sein, ob hier ebenfalls eine exakte Reversibilität vorliegt, so daß man für alle den Charakter der Irreversibilität festsetzen würde. Man wird aber trotzdem doch berechtigt sein hier, wenn auch nur in engeren Grenzen, von reversiblen Gelen zu reden.

Für die Seifen sei hier bemerkt, daß, da sie zwischen den Solen und den Koagelen stehen, man zu ihnen demgemäß auch von zwei Seiten her herankommen muß. Von den Koagelen her durch Erwärmen, von den Solen durch Abkühlen. Dieses konnte McBain zeigen.

Damit ist zum Ausdruck gebracht, daß es zwischen den drei Gruppen hinsichtlich ihrer Entstehung wesentliche Unterschiede nicht gibt. Es bleibt die Frage, wann wohl ein Sol als Ganzes erstarrt, und unter welchen Bedingungen es demgegenüber, wie beim Kieselsäuregel, zu einer mehr flockigen Abscheidung kommt. Hierbei spielt die Konzentration an disperser Phase eine erhebliche Rolle. Aus verdünnten Solen wird man durch Elektrolytzusatz zu einer Aggregation gelangen, die einen Flockungscharakter hat. So treten beim Gelieren einer $^1/_2$proz. Gelatinelösung Submikronen auf, und weiterhin dann Flocken. Bei den konzentrierteren bewirkt Temperaturerniedrigung mehr eine Polymerisation mit verstärkter Hydratation und dadurch ein Erstarren in Masse. Bedenkt man, daß das Maß der Hydrophilie sowohl des Sols als der entstandenen Aggregate von Bedeutung sein wird, so trifft man auf ein weiteres wesentliches Moment. Je hydrophiler das Sol und je hydrophiler die Sekundär- usw. Teilchen, desto größer die Neigung zur Erstarrung, zur Gallertbildung. Da nun das Kieselsäuresol relativ hydrophob ist, ist eben der am meisten begangene Weg, um zu einem Gel zu gelangen, der übliche Elektrolytzusatz. Dieser mehr hydrophobe Charakter des Soles bleibt dann auch der Gallerte erhalten. Umgekehrt verhält es sich mit der Gelatine. Hier ist der Erstarrungsvorgang der gewöhnliche. Hier findet man dementsprechend auch eine desto niedere Erstarrungszone in der $\eta - t$-Kurve, je konzentrierter das Sol ist. Diese Erstarrung ist naturgemäß auch abhängig von Elektrolyten und Nichtelektrolyten[1]). Hier gilt die lyotrope Folge, und zwar addiert sich die Wirkung von Anion und Kation. Während also Sulfat die Gelierung nur schwach hindert, beobachtet man unter Einwirkung von Rhodansalzen ein vollständiges Aufhören der Gelierung. Es sei hier noch auf gewisse Unsicherheitsfaktoren hingewiesen. Zunächst ist die Rolle der H-Ionenkonzentration nicht einwandfrei gegeben. Ferner dient als Maß dieses Vorganges allein die *Geschwindigkeit* der Gelierung bzw. ihrer Hemmung. Das *Gelierungsvermögen* selbst ist nicht meßbar. Erniedrigen also die Elektrolyte im allgemeinen die Gelierungsgeschwindigkeit, so erhöhen sie Zucker, Alkohol, Thioharnstoff, Uretan u. a. Capillarinaktive Stoffe verkürzen die Gelierungszeit, capillaraktive dagegen verlängern sie, und zwar um so stärker, je weiter man in der homologen Reihe aufsteigt.

Aus allen diesen Gründen folgt, daß man an der Zweiphasigkeit des Geles festhalten kann. Wie bei vielen anderen Eigenschaften, liegt auch hier kein Grund vor, einen Sprung beim Übergang vom Sol zum Gel anzunehmen etwa in dem Sinne, daß das System beim Übergang aus einem zweiphasigen ein einphasiges wird.

### b) *Teilchengröße.*

Über den Bereich der Teilchengröße ist naturgemäß hier nichts Ergänzendes zu dem oben S. 152 Bemerkten hinzuzufügen. Es liegen Systeme mit Teilchen der dispersen Phase vor, die amikronisch, und solche, die submikronisch sind, und zwar bei allen möglichen Größenabmessungen. Hier muß aber auch nochmals nachdrücklich darauf hingewiesen werden, daß, wie bei den Solen, so auch bei den Gelen Polydispersität herrscht. Wirkte sie bei den Solen gewissermaßen nur „störend“ auf die exakte Feststellung gewisser Größen, so ist sie bei den Gelen insofern von grundlegender Bedeutung, als eine Reihe von Erscheinungen höchstwahrscheinlich auf ihr fußen. Jedem Gel kommt ein bestimmtes Gleichgewicht von Teilchen aller Größen zu, wie dieses von den Solen oben schon auseinandergesetzt worden ist (s. S. 153). Dieses Gleichgewicht kann durch bestimmte Eingriffe eine Verschiebung erfahren in der Weise, daß die Zahl der kleinen Teilchen ab, und die der größeren zunimmt, und umgekehrt, so daß der Grad und die Art der Polydispersität für die Deutung einer Erscheinung wesentlich wird. Auf derartige Zustände weisen vor allem die Versuche von Arisz an Gelatine hin, die die Auffassung nahelegen, daß z. B. Gelatine, die im Wasserdampf gequollen ist, gröbere Teilchen aufweist als die, die in Wasser gelöst wurde. Durch weiteres Verdünnen mit nachfolgendem Erstarren erwiesen sich solche Gele als immer feinteiliger werdend. Auch gewisse Abnormitäten im Quellungsverlauf erklären sich auf diese Weise (siehe z. B. u. S. 225).

Ferner sei darauf hingewiesen, daß mit der Zeit auch eine freiwillige Aneinanderlagerung der Teilchen, also eine Teilchenvergröberung (Alterung) erfolgt, die ebenfalls gewisse Erscheinungen zur Folge hat.

### c) *Teilchengestalt.*

Hier gilt in der Hauptsache auch das, was für die Sole gesagt worden ist. Da bei den Solen neben der Kugelgestalt die Stäbchen- und Plättchenform an Bedeutung gleichwertig steht, wird dieses bei den Gelen mindestens in dem gleichen Maße der Fall sein. Es wäre sogar möglich, von einer gewissen Bevorzugung nichtkugeliger Gele zu sprechen, da ja nach den obigen Ausführungen aus energetischen Gründen bei anisodiametrischen Teilchen eine leichtere An-

[1]) Wie naturgemäß auch bei der Erstarrung der tixotropen Systeme.

einanderlagerung möglich sein sollte als bei rein kugeligen. So finden sich neben den Gelen mit kugelförmiger Teilchengestalt (Gelatine, Agar, Aluminiumhydroxyd u. a.) solche, die ausgesprochene Stäbchen besitzen, z. B. Lithiumurat, $V_2O_5$, Seifen, Dibenzoylcystin, die Chininderivate, Optochin, Eukupin, Vuzin. Beim Eisenhydroxydgel schließlich finden sich plättchenförmige Teilchen.

### d) *Teilchenstruktur.*

Bezüglich der Teilchenstruktur muß ebenfalls das für die Sole Bemerkte Gültigkeit besitzen. Die Verhältnisse werden hier aber insofern verschoben sein, als die ionendispersen Sole Teilchen von vorwiegend einem großen Ion oder Molekül besitzen, während hier gerade der mehr oder weniger weitgehende Zustand der Aggregation als für das Gel charakteristisch angesehen wurde. Damit verschwinden aber eine Reihe von Eigenschaften, die sich auf dem Wesen jener isolierten oder doch weitgehend isolierten Ionen aufbauten. Dazu kommt, daß diejenigen Substanzen, die in Solform vorzugsweise ionendispers sind, die Proteine, einen extremen Gelzustand darstellen, da sie von ausgesprochen fester Beschaffenheit sind, ja sogar äußerlich das Aussehen von Krystallen haben. Die Röntgenspektroskopie hat aber bei ihnen (Globulin, Fibrin, Oxyhämoglobin usw.) kein Röntgenbild nachweisen können. Nun muß ja mit der Verwendung negativer Befunde dieser Methode vorsichtig umgegangen werden; denn nur der positive sagt aus, daß Krystalle tatsächlich vorliegen, der negative aber nicht, daß keine vorliegen. Der negative Ausfall kann an einer Besonderheit des Krystalles liegen. Wenn er z. B. große Abstände in seinen Gitterebenen besitzt, versagt die Methode. Auch auf andere Weise ist erklärbar, warum man bisher von den Proteinen kein Röntgendiagramm erhielt. Sind nämlich die Moleküle allseitig regellos angeordnet, so tritt keine Interferenz auf. Liegen sie dagegen geordnet in Mikrokrystallen, sind diese aber ungeordnet, so erhält man ein sog. Liniendiagramm. Sind hingegen auch diese Krystallite nicht mehr regellos gelagert, sondern ebenfalls geordnet, so resultiert ein sog. Punktdiagramm. Die *mesomorphen* Körper (s. o. S. 156) liegen nun zwischen denen, die ein Liniendiagramm geben, und denen, die überhaupt kein Diagramm zeigen. Die Moleküle haben wohl eine gewisse Ordnung, — Anordnung in Ebenen gleichen Abstandes oder in bezug auf eine Achse —, diese reicht aber zur Entstehung von Interferenzen nicht zu. Können die Moleküle doch in der Ebene beliebig liegen und auch in den Fasern sonst regellos angeordnet sein. Neben den Seifen sind es aber gerade die Eiweißkörper, die trotz der äußerlichen Krystallform, wie bemerkt, kein Röntgenbild geben, und von denen man auch aus anderen Gründen noch annimmt, daß sie zu dieser Gruppe gehören bzw. ihr nahestehen.

Zu den Gelen gehören aber auch gewisse gewachsene Körper, wie Wolle, Baumwolle, Bindegewebe, Cellulose, Holz, Rami, Stärke. Der größte Teil von ihnen gibt Röntgeninterferenzen[1]). Man könnte nun fragen, ob der Nachweis des krystallinen Baues auf Grund der Röntgenspektroskopie den micellaren Bau ausschließt. Dieses ist keineswegs *notwendig.* Nur in dem Fall, wo das ganze Gebilde als Einkrystall nachweisbar wäre, schlösse sich ein micellarer Bau aus. Wenn nun für die Bindegewebsfaser ein Röntgendiagramm existiert, so sagt dieses also nicht aus, daß die Bindegewebsfaser nicht zugleich auch micellaren

---

[1]) Cellulose zeigt als Ramie, Holz, Papier ein Linienspektrum, bei dem rhombischer Elementarkörper vorliegt. Seide und Stärke haben ebenfalls krystallinen Bau. Gelatine weist ein Verhalten auf, aus dem man auf ein Gemisch von Krystalliten und regellosen Molekülhaufen schließen muß. Kein Diagramm fand man bei Wolle.

Bau besäße. AMBRONN[1]) hat dieses durch seine Untersuchungen sehr wahrscheinlich gemacht. ETTISCH und SZEGVARI[2]) konnten an geeigneten Objekten im Dunkelfeld hier stäbchenförmige Micellen in BROWNscher Rotationsbewegung nachweisen.

Von Einfluß wird ferner auch das Alter des Gels sein können. Ein frischer Teilchenhaufen wird nach dem oben S. 155ff. Gesagten keine Interferenz ergeben. Sind die Aggregate aber älter geworden und damit in einen gewissen geordneten Zustand übergegangen, so können sie jetzt auftreten. So erweist sich frisches $SiO_2$-Gel amorph. Bei gealtertem dagegen finden sich neben amorphen bereits krystalline Bestandteile.

Selbstverständlich können auch die Gelteilchen noch permutoiden Bau aufweisen, wenn er den Solteilchen zukam. Es ist schon oben S. 159 erwähnt, daß das kollagene Bindegewebe, das ein Röntgendiagramm gibt, höchstwahrscheinlich als von permutoidem Bau nachgewiesen worden ist.

### *e) Das Dispersionsmittel.*

Das Dispersionsmittel und die Beziehung, die zwischen ihm und den Gelteilchen bestehen, sind für das Verständnis der Erscheinungen bei diesen kolloiden Systemen von größter Wichtigkeit. Zunächst sind es wieder die Eigenmoleküle des Dispersionsmittels, die in Betracht kommen. Eine Reihe von Dingen, die bei den Solen erörtert wurden, haben auch hier Gültigkeit. Es muß daher auf die dort gemachten Ausführungen verwiesen werden. Bei den Gelen ist das Dispersionsmittel in weit geringerer, relativer Mange vorhanden als bei den Solen, daher ja auch der Charakter der festen Phase bei dem Gesamtsystem dominiert.

Trotz dieser verhältnismäßig geringen Menge aber kann diese doch in weitem Ausmaße einem Wechsel unterliegen. Von dem Zustande vollkommener Sättigung oder gar vollkommener Lösung bis zu dem äußerster Austrocknung in Form harter Krusten finden sich alle Zwischenstufen an Wassergehalt. Gerade diese Vorgänge der Wasseraufnahme und -abgabe, und vor allem die *Art*, in der dieses geschieht, und die Erscheinungen, die sie begleiten, erweisen sich von ganz *besonderer* Bedeutung.

Sieht man von jenen Substanzen ab, die bis zu ihrer völligen Lösung Wasser aufzunehmen imstande sind, und verweilt bei denen, die eben noch jene Formfestigkeit aufweisen, so kann hier das Wasser im Sättigungszustand zwischen den Gelteilchen nur von einer Dicke in der Größenordnung von etwa Moleküldurchmesser sein. Wäre das nicht der Fall, so gerieten die Teilchen aus ihrer gegenseitigen Wirkungssphäre. In einer Überschlagsrechnung vermag man dieses tatsächlich zu zeigen. Auf der anderen Seite wurde aber erwähnt, daß die Micellen mehr oder weniger hydrophil sind, daß z. B. die Kieselsäuregruppe einen geringen Grad der Hydrophilie aufweist, ja im Solzustand in manchen Eigenschaften sogar den Hydrophoben zugerechnet werden kann. Je nach dem Grad der Hydrophilie wird aber auch die Verteilung des aufgenommenen Wassers eine verschiedene sein. Bei den wenig hydrophilen wird es sich in der Hauptsache intermicellar vorfinden. Eine relativ geringe Menge wird vielleicht von den Teilchen selber aufgenommen, und eine weitere geringe Menge nach Art des Hydratwassers an der Micellenoberfläche gebunden sein. Bei den stark hydrophilen Gelen der Gelatinegruppe dagegen, bei denen eine große Oberfläche vorliegt, und diese Oberfläche durch die große Zahl von Molekülgruppen

[1]) AMBRONN, H.: Nachr. Ges. Wiss. Göttg. Math. Phys. Kl. 1919.
[2]) ETTISCH u. SZEGVARI: Protoplasma Bd. I, S. 214. 1926.

noch eine weitere Vergrößerung erfährt, wird ein größerer Teil des Wassers unmittelbar am Molekül sitzen. Vielleicht wird auch infolge sperrigen Baues mit Zugangsmöglichkeiten zu innen gelegenen, hydrophilen Gruppen auch Wasser in das Innere des Moleküls aufgenommen. Findet nun umgekehrt Wasserentzug statt, so wird von einem bestimmten Zustande ab zunächst das ganz locker gebundene Wasser entweichen. Findet sich doch in diesem Zustand bei den Gelen ein Dampfdruck, der dem des reinen Wassers völlig gleicht, genau wie auch die Geschwindigkeit des Verdampfens sodann die des reinen Wassers ist. Von einem bestimmten Punkt ab aber wird das Wasser aus den Capillaren herausgehen. Sind die Gelteilchen wenig hydrophil, so wird ein Zusammenrücken stattfinden müssen mit begleitender Volumabnahme bis zur gegenseitigen Berührung. Die Teilchen liegen dann, nur noch durch die adsorbierte Wasserschicht getrennt, aneinander. Das Volumen ist von diesem Zustand ab weitgehend konstant. Gleichzeitig beginnen auch die Hohlräume sich mit Luft zu füllen, es tritt der sog. *Umschlag* ein. Durch stärkere Mittel, etwa Temperaturerhöhung, kann man schließlich auch noch jenen Wasserrest dem System entziehen. Es bildet dann der Körper eine harte, trockene, feste, poröse Masse. Führt man ihr wieder Dispersionsmittel zu, so nimmt sie es nicht in derselben Weise wieder auf, als sie es abgegeben hat (Hysteresis), d. h. die adsorbierte Wassermenge fällt bei der Aufnahme mit der bei der Abgabe zusammen, aber nach Beendigung dieses Vorganges wird der Verlauf ein anderer als bei der Abgabe. Diesen Umstand führt man auf Benetzungserscheinungen zurück. Die Wasseraufnahme nach einem endgültigen Wasserentzug gleicht völlig einem ganz unspezifischen Aufsaugevorgang. Es werden — nachdem der Adsorptionsvorgang beendet ist — allein die Hohlräume, die relativ starre Wände haben, von Flüssigkeit erfüllt. Es wird daher jede Flüssigkeit aufgenommen, die diese Wände zu benetzen vermag. In dem Zustand der Wassersättigung aber liegt nun nicht mehr ein System von dem früheren Grade der Hydrophilie vor. Man erreicht den Ausgangszustand nie wieder. Das Gel besitzt nicht mehr seine Elastizität, es vergrößert auch seine Volumen nicht mehr bei der Wasseraufnahme.

Bei den stark hydrophilen Gelen dagegen ist der Verlauf ein anderer. Der Wasserabgang erfolgt kontinuierlich bis zur vollkommenen Austrocknung. Damit geht auch eine stetige Volumenverminderung einher, es tritt *kein Umschlag* ein. Das Dispersionsmittel entfernt sich zunächst auch aus den Capillaren, die aber hier eine relativ untergeordnete Rolle spielen. Es wird dann der Oberfläche wie auch dem Inneren des Moleküls ganz allmählich entzogen. Bei der Wasseraufnahme nun macht sich wiederum die starke Affinität der zugrundeliegenden Substanz zu den Wassermolekülen bemerkbar, indem ebenfalls wieder in völlig umkehrbarer Weise[1]) stetig Dispersionsmittel aufgenommen wird, begleitet von stetiger Volumzunahme entweder bis zu einem Maximum der Wasseraufnahme (Quellungsmaximum) bei den *begrenzt quellbaren* Körpern, oder aber bis zur vollkommenen Peptisation bei den *unbegrenzt quellbaren.* Durch diesen Unterschied in den Beziehungen zum Dispersionsmittel werden die beiden Hauptgruppen der Gele als quellbare und nichtquellbare Gele getrennt.

Fremdstoffe im Dispersionsmittel, Elektrolyte wie auch Nichtelektrolyte vermögen die eben skizzierte Wirkung des Dispersionsmittels zu verstärken oder zu hemmen. Die Frage, wohin die Flüssigkeit bei ihrer Aufnahme durch quellende Gele gelangt, ist von Katz[2]) einer eingehenden röntgenspektroskopischen Untersuchung unterzogen worden. Es handelte sich um die Frage, ob das Wasser intramolekular oder intermicellar aufgenommen wird. Bei einer ganzen

[1]) Über gewisse Abweichungen s. weiter oben S. 214.

[2]) Katz: Erg. d. exakten Naturw. Bd. 4.

Reihe von Substanzen hat sich gezeigt, daß eine Änderung in der Gitterkonfiguration des Krystalls nicht nachgewiesen werden konnte. Man kann also annehmen, daß es allein an die Oberfläche — im weitesten Sinne — herangeholt wird, wie es sich auch aus den Dunkelfelduntersuchungen von ETTISCH und SZEGVARI am Bindegewebe als wahrscheinlich ergeben hatte. Eine Ausnahme scheint aber das Inulin zu machen, an dem sich Gitterveränderungen gezeigt hatten.

## F. Die grundlegenden Erscheinungen an Hydrogelen.

### 1. Mechanische Eigenschaften.

#### *a) Die Quellung.*

Bei der Erörterung der Eigenschaften des Dispersionsmittels und seines Einflusses war bereits der Unterschied festgestellt, der sich zwischen den Gelen der Kieselsäuregruppe und denen der Gelatinegruppe findet. Jene wurden als *nichtquellende*, diese als *quellende* Gele bezeichnet. Bei der Behandlung der Erscheinungen der Quellung sollte daher im Grunde auf jene nichtquellbaren Systeme nicht einzugehen sein. Dennoch mögen über diese hier noch ein paar Worte gesagt werden. Es handelt sich um Folgerungen aus der Art der Wasserabgabe, die zu wichtigen Beziehungen geführt haben. Es wurde mitgeteilt, daß die Wasserabgabe bei den nichtquellenden Gelen unter Hysteresiserscheinungen verläuft, kenntlich an der Kurve: Wasserabgabe bzw. Aufnahme-Dampfdruck. Ist der Dampfdruck des Gels zuerst der des reinen Dispersionsmittels (Sättigungsdruck), so beginnt er zu sinken bis zu der Stelle, wo das Wasser, — nicht mehr nur locker an das Gel gebunden, — bereits anfängt aus den Capillaren zu verdampfen. Es tritt hier ja der Umschlag ein. Vom Sättigungsdruck $p_s$ bis hierher sank der Dampfdruck. Hier bleibt er ein Stück weit konstant oder doch nahezu konstant[1]), $p_w$. Dann nimmt er weiter ab über jenen Adsorptionsbereich hinweg bis auf Null. Ist am Punkte des beginnenden Umschlags tatsächlich ein starres Gerüst im Gel vorhanden, so muß der Dampfdruckunterschied gegenüber dem im Sättigungszustand in Beziehung stehen zum Capillarenradius. Hier liefert die THOMSONsche Dampfdruckgleichung

$$\frac{RT}{M} \ln \frac{p_s}{p_w} = \frac{2\sigma}{\varrho_f r}, \tag{90}$$

wo $R$ die Gaskonstante bedeutet, $T$ die absolute Temperatur, $M$ das Molargewicht des Dampfes, $\sigma$ die Oberflächenspannung, $\varrho_f$ die Dichte der Flüssigkeit, $r$ den Capillarenradius, die Möglichkeit, den Capillarenradius zu berechnen. Setzt man für

$$\frac{RT}{M} = \frac{p_s}{\varrho_d},$$

wobei $\varrho_d$ die Dichte des Dampfes bedeutet, so erhält man

$$r = \frac{2\sigma\varrho_d}{\varrho_f p_s \ln \frac{p_s}{p_w}}. \tag{91}$$

[1]) Er bleibt konstant, wenn die Capillaren annähernd von gleichem Radius sind. Sind sie das aber nicht, so sind die Dampfdrucke je nach dem Radius (eigentlich je nach dem Krümmungsradius ihrer Oberfläche) verschieden. In diesem Falle ist der Dampfdruck in jenem Bereiche nicht konstant.

Die beifolgende Tabelle 17 zeigt, welche Werte man auf Grund obiger Formel rechnerisch erhält. Greift man nun einen gemessenen Dampfdruckwert aus der Tabelle heraus, so ergibt sich, daß zu ihm ein Capillarenradius von amikronischer Größenordnung gehört (etwa $2=3 \times 10^{-7}$).

**Tabelle 17.**

$t = 15°$, Dispersionsmittel Wasser.
$\sigma = 73{,}26$; $\varrho_d = 1{,}74 \cdot 10^{-5}$;
$\varrho_f = 0{,}99913$; $p_s = 1{,}27$ cm Hg.

| $p_w$ (cm Hg) | $r$ in $10^{-7}$ cm |
|---|---|
| 0,4 | 0,954 |
| 0,5 | 1,182 |
| 0,55 | 1,314 |
| 0,6 | 1,470 |
| 0,65 | 1,646 |
| 0,7 | 1,850 |
| 0,75 | 2,093 |
| 0,8 | 2,385 |
| 0,85 | 2,746 |
| 0,9 | 3,200 |
| 0,95 | 3,796 |
| 1,0 | 4,613 |
| 1,05 | 4,795 |
| 1,1 | 7,672 |
| 1,15 | 11,11 |
| 1,2 | 19,46 |
| 1,25 | 69,39 |

Nach vollständiger Entfernung des Wassers hat das Gel seine hydrophilen Eigenschaften verloren (s. o.).

Beim Altern des Gels findet eine Teilchenvergröberung statt, bei der auch die Capillarräume wachsen. Dem geht parallel eine allmähliche Angleichung von $p_w$ und $p_s$, bis der Umschlagspunkt keinen vom Sättigungspunkt unterschiedenen Dampfdruck mehr besitzt. Dementsprechend ändert sich auch die Dampfdruckkurve (s. u. S. 217ff.). Temperaturveränderung bedingt hier keine wesentliche Veränderung, ausgenommen eine Verkleinerung der Hysteresisschleife.

Die quellbaren Gele gehören der Gelatinegruppe an. Es wurde bereits erwähnt, daß sie entweder begrenzt oder unbegrenzt quellen können. Zu den erstgenannten, die eine bestimmte Wassermenge aufzunehmen imstande sind, gehören die Eiweißkörper, Agar usw. Hierbei darf aber nicht vergessen werden, daß stets auch ein kleiner Teil der Substanz peptisiert wird.

Bei niedriger Temperatur ist auch Gelatine begrenzt quellbar, bei höherer als 30° dagegen unbegrenzt. Sie wird alsdann vollkommen gelöst. Gewisse Salze erhöhen ihre Quellbarkeit. Am stärksten Rhodanid. Es sei noch bemerkt, daß nicht alle Substanzen in Wasser quellen, selbst wenn sie von ihm benetzt werden. Manchmal finden sich aber andere Mittel, in denen diese Substanzen dennoch quellen. Manche tun dieses in mehreren Dispersionsmitteln (siehe Tabelle 18). Ferner muß darauf hingewiesen werden, daß es gelingt, quellbare Gele in nicht quellbare überzuführen. Bringt man z. B. Gelatine in Alkohol von steigender Konzentration, so wird sie hydrophob, wird dem Kieselsäuregel ähnlich, verhält sich schließlich wie ein nichtquellendes Gel. Es tritt dann auch der Umschlag auf.

**Tabelle 18.**

| Substanz | Dispersionsmittel | | | | |
|---|---|---|---|---|---|
| | Wasser | Glycerin | Alkohol | Benzol | Chloroform |
| Gelatine | + | + | — | — | — |
| Eiweiß | + | + | — | — | |
| Agar | + | + | — | — | — |
| Viscose | + | | — | — | |
| Pergament | + | | — | — | |
| Schweinsblase | ++ | + | + | + | |
| Kautschuk | + | + | + | ++ | ++ |
| Acetylcellulose | + | | + | | |

Von besonderer Bedeutung, zumal für biologische Vorgänge, sind nun die energetischen Verhältnisse bei der Quellung. Sie lassen sich recht einfach etwa aus dem folgenden Gesichtspunkte verstehen. Nach dem bisher Dargelegten handelt es sich bei diesen Vorgängen prinzipiell darum, daß eine Anziehung stattfindet von Wassermolekülen durch die Gelteilchen. Dieses wird offenbar allein in der Weise der Fall sein, daß alle hydrophilen Gruppen des Moleküls bzw. Teilchens nach Absättigung ihrer Affinitäten zu Wasser streben. Ist dieses eingetreten, so ist für den begrenzt quellbaren Körper ein Gleichgewichtszustand eingetreten. Nun könnte man fragen, durch welche Kräfte diese Anziehung erfolgt, von welcher Art dieser Wasseraufnahmevorgang ist. Die Vermutung, daß hier Restvalenzen wirksam sind, wird bestätigt durch den Verlauf der Dampfdruckisotherme. KATZ, dem man viel für die Erkenntnis vom Wesen der Quellung verdankt, hat diese Isothermen aufgestellt. Sie zeigen den Verlauf einer Adsorptionsisotherme mit nachfolgender Sättigung. Abb. 12a, sowie Tabelle 19 zeigen dieses.

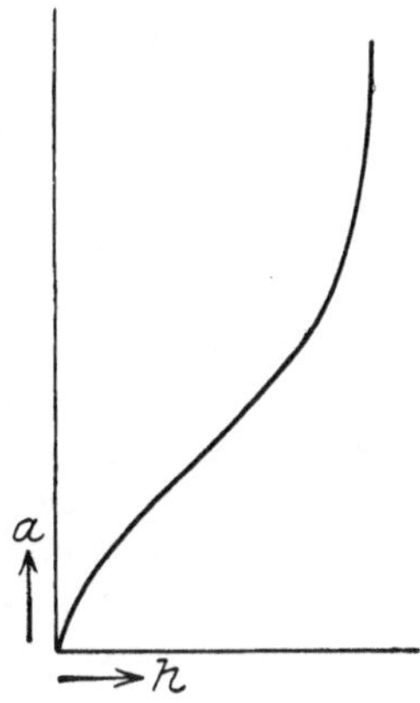

Abb. 12a. (Nach FREUNDLICH.)

Es liegt ein Verlauf vor, wie man ihn bei der Adsorption eines Dampfes an einer benetzenden Wand findet. Das Wasser wird in der Hauptsache an die Teilchen heran bzw. in sie hineingeholt. Für die capillaren Zwischenräume bleibt hier bei den quellbaren Gelen relativ wenig übrig. Die Teilchen werden vielmehr als solche ihr Volumen durch die aufgenommene Wassermenge vergrößern. Daraus ergibt sich denn auch die stetige Volumenvergrößerung des Gels bei der Quellung. Da die Teilchen nicht wesentlich auseinanderrücken, zeigt das System als Ganzes auch die starke Formelastizität. Die Teilchen liegen nicht direkt aneinander, sondern durch ihre Wasserhüllen getrennt im Wirkensbereich ihrer elastischen Kräfte. Die Volumenkontraktion, die beim Quellen eintritt (endgültiges Volumen $<$ Teilchenvolumen $+$ Wasservolumen), zumal bei konzentrierten Gelen, geht wahrscheinlich zurück auf die Wasseraufnahme in das Innere der sperrig gebauten Moleküle bzw. Teilchen. Dabei tritt wahrscheinlich das Wasser an die im Molekülinneren gelegenen hydrophilen Atomgruppen heran. Diese Art der Wasseraufnahme gilt naturgemäß nicht nur für quellbare Gele. Der Unterschied liegt allein im Verhalten der Micellen, die bei den quellbaren noch hydrophil bleiben, in ihr Inneres noch Wasser an hydrophile Gruppen anlagern können, während die nichtquellbaren, von Natur schon hydrophober, starr geworden sind. Dort findet also Wasseranziehung in und an die Micellen statt, hier nur in die Capillarräume und sehr wenig an die Micellen. Das *Gesetz* des Vorganges der Wasseranziehung ist das gleiche, eine Adsorption fest-flüssig. Für den Anfangsteil der mit Hysteresis einhergehenden Wasseraufnahme-Dampfdruckkurve bei den Gelen der Kieselsäuregruppe wurde dieses schon oben bemerkt, ganz besonders deutlich aber tritt dieses hervor, sobald man jene Kurven für Gallerten mit großen Capillarräumen aufnimmt, etwa bei sehr alten Gelen. Tabelle 17 zeigt, daß z. B. einem Capillarenradius von $\sim 2 \times 10^{-6}$ ein $p_w$ entspricht, das dem $p_s$ (Sättigungsdampfdruck) gleich ist. Dann erhält

**Tabelle 19.**

| $h$ (Relativer Dampfdruck) | $a$ (pro g trockne Gelatine aufgen. Wassermenge) in g | Millimol |
|---|---|---|
| 0 | 0 | 0 |
| 0,020 | 0,033 | 1,83 |
| 0,122 | 0,095 | 5,27 |
| 0,306 | 0,168 | 9,32 |
| 0,525 | 0,232 | 12,9 |
| 0,718 | 0,298 | 16,5 |
| 0,793 | 0,328 | 18,2 |
| 0,857 | 0,376 | 20,9 |
| 0,915 | 0,442 | 24,5 |
| 0,965 | 0,641 | 35,6 |
| 1,000 | 4,6 | 255,0 |

man eine „hygrometrische Linie", die ebenfalls einer Adsorptionsisotherme von der Form der Abb. 12 gleicht. In diesem Grenzfalle wird dann die gesamte Wasseraufnahme durch nichtquellbares Gel auch ein Adsorptionsprozeß.

Es repräsentiert nach obigen Ausführungen ein quellbares Gel in genügend großer Entfernung vom Sättigungszustand ein Reservoir von potentieller Energie, die herrührt von den Anziehungskräften der Micellen für Wasser. Dem Bestreben dieser — wie jeder — potentiellen Energie, zu einem Minimum zu gelangen, kann Genüge geleistet werden durch Wasserzufuhr. Dabei leistet das System Arbeit unter Wärmeproduktion. Beide Größen sind miteinander durch den ersten Hauptsatz der Thermodynamik verknüpft. Geht man nun in bestimmter Weise durch bestimmte Wasserzufuhr von einem Zustand eines Gels zu einem anderen über, so stellt die Differenz der freien Energien die Arbeitsleistung des Systems bei diesem Übergang dar. Die Abnahme der Gesamtenergie des Systems kann durch die Wärmetönung gemessen werden, während man jene Arbeitsleistung etwa dadurch bestimmt, daß man das Gel gegen einen Stempel quellen läßt. Diese Differenz der freien Energien aus zwei Zuständen ist der *Quellungsdruck*. Die bei dem Quellungsvorgang auftretende Wärme ist die *Quellungswärme*. Bestimmt man beide Größen, so kann man — s. Tabelle 20 — feststellen, daß fast die gesamte potentielle Energie in

**Tabelle 20.**

| Gel | Pro gr trockenes Gel aufgenommene Wassermenge in gr | Pro gr trockenes Gel aufgenommene Wassermenge in Millimol | $h$ | $A$ (in gr-Kalor) | $U$ (in gr-Kalor.)[1] |
|---|---|---|---|---|---|
| Casein | 0,011 | 0,61 | 0,010 | | |
| | 0,029 | 1,61 | 0,022 | 25 | 44 (36) |
| | 0,070 | 3,88 | 0,176 | 66 | 64 (61) |
| Cellulose | 0,0195 | 1,08 | 0,048 | | |
| | 0,0305 | 1,75 | 0,208 | 47 | 50 (38) |
| | 0,0410 | 2,28 | 0,420 | 22 | 23 (23) |
| Nuclein | 0,032 | 1,77 | 0,022 | | |
| | 0,082 | 4,55 | 0,176 | 66 | 84,5 (74) |
| | 0,119 | 6,60 | 0,410 | 27 | 29 (34) |

mechanische Arbeit, also in Quellungsdruck umsetzbar ist. Man erkennt dieses aus der annähernden Gleichheit von $U$ und $A$. Ein derartig großer Nutzeffekt ergibt sich, da es sich um einen Vorrat an *potentieller* Energie handelt, gegenüber einem Vorrat an kinetischer. Bei der Arbeitsleistung aus kinetischer Energie findet stets eine starke Energiezerstreuung statt. Eine Reihe interessanter Beziehungen knüpft sich an diese thermodynamischen Betrachtungen an. Doch kann darauf hier nicht näher eingegangen werden. Sehr klar zeigen dieses die Arbeiten von Katz.

Für den Quellungsdruck fand sich die Beziehung

$$P = P_0 \cdot c^{\alpha}. \tag{92}$$

Hier ist $P_0$ eine Konstante, desgleichen $\alpha$. $c$ ist die Konzentration der dispersen Phase. Man erhält weiter eine Beziehung zwischen der Konzentration $c$ und der aufgenommenen Wassermenge $m$

$$c = \frac{1000\,\varrho_1\,\varrho_2}{\varrho_2 + m\,\varrho_1}, \tag{93}$$

[1]) Die freistehenden Zahlen für $U$ sind auf eine Weise berechnet, die eingeklammerten auf eine andere.

wo $\varrho_1$ die Dichte des Gels, $\varrho_2$ die der Flüssigkeit ist. Die nachstehende Tabelle 21 zeigt, wie weit die Beziehung (92) mit der Erfahrung übereinstimmt.

In Anbetracht der Fehlerquellen, die derartigen Messungen von Natur aus anhaften, ist die Übereinstimmung eine recht gute. $\alpha$ ist eine weitgehend materialunabhängige Konstante.

Es fragt sich nunmehr, ob nicht auch zwischen Quellungsdruck und Dampfdruck des Gels Beziehungen bestehen. In der Tat konnte gezeigt werden, daß zu dem größeren Quellungsdruck der kleinere Dampfdruck gehört. KATZ leitete für den Quellungsdruck die Formel ab:

$$P = -\frac{RT}{MV_0}\ln\frac{p}{p_s}. \qquad (94)$$

Hier ist $P$ der Quellungsdruck, $V_0$ das spezifische Volumen, $p$ der gemessene, $p_s$ der Sättigungsdampfdruck. Sie gestattet es, aus gemessenem Dampfdruck den Quellungsdruck zu berechnen. In erster Annäherung stimmen die Befunde gut mit den errechneten Werten überein.

**Tabelle 21** [1].

Gewicht der benutzten Gelatinescheibe 0,0600 g. Zimmertemperatur. $P_0 = 0{,}00002704$; $\alpha = 2{,}9715$.

| P (in gr pro cm²) | c beobachtet | c berechnet |
|---|---|---|
| 520 | 306,3 | 283 |
| 720 | 317,1 | 315 |
| 1120 | 361,3 | 366 |
| 2120 | 460,5 | 454 |
| 3120 | 504,4 | 517 |
| 4120 | 555,0 | 567 |
| 5120 | 613,3 | 610 |

Der Quellungsvorgang geht mit positiver Wärmetönung vor sich. Ähnlich wie beim Adsorptionsvorgang (s. S. 125) unterscheidet man auch hier die integrale von der differentiellen Quellungswärme. Geht man von 1 g trockenen Gels aus, dem man $m$ g Wasser zufügt, so erhält man die erstgenannte, wenn man als Ausgangspunkt das trockene Gel betrachtet. Die nachfolgende Tabelle 22 zeigt, daß die Wärmezunahme immer geringer wird, je mehr Wasser vom Gel aufgenommen ist.

**Tabelle 22.**

| m (Pro g trockene Gelatine aufgenommene Wassermenge in) g | Millimol | Q (in g Kalor) beobachtet | Q berechnet | q |
|---|---|---|---|---|
| 0 | 0 | 0 | 0 | 228 |
| 0,0053 | 0,29 | 2,1 | 1,2 | 222 |
| 0,0168 | 0,93 | 5,3 | 3,7 | 209 |
| 0,0315 | 1,75 | 7,0 | 6,6 | 195 |
| 0,0406 | 2,25 | 8,9 | 8,3 | 186 |
| 0,0514 | 2,85 | 10,0 | 10,3 | 177 |
| 0,0738 | 4,09 | 13,1 | 14,0 | 160 |
| 0,1030 | 5,71 | 18,4 | 18,5 | 142 |
| 0,1070 | 5.94 | 19,1 | 19,0 | 139 |
| 0,1328 | 7,37 | 22,2 | 22,4 | 126 |
| 0,1932 | 10,7 | 30,6 | 29,3 | 101 |
| 0,2420 | 13,4 | 33,2 | 33,8 | 86 |

KATZ hat auch eine Beziehung angegeben zwischen der integralen Quellungswärme $Q$ und der aufgenommenen Flüssigkeitsmenge $m$:

$$Q = \frac{\alpha \cdot m}{\beta + m}, \qquad (95)$$

wo $\alpha$ und $\beta$ Konstanten sind. Man sieht aus den Spalten 3 und 4 der obigen Tabelle, daß diese Beziehung die Verhältnisse gut trifft. Der Verlauf der Wärme-

[1] Nach FREUNDLICH.

entwicklung mit der Wasseraufnahme zeigt wiederum das Vorliegen eines Adsorptionsvorganges an.

Läßt man nun eine bestimmte Menge trockenen Gels 1 g Wasser aufnehmen, so erhält man die differentielle Quellungswärme. Ihre Werte sind in der obigen Tabelle in der 5. Spalte, $q$, wiedergegeben. Aus ihnen geht das eben Mitgeteilte in völliger Klarheit hervor. Man erkennt, daß bei den ersten Mengen aufgenommenen Wassers die größten Wärmemengen entwickelt werden, und daß diese bei weiterem Zufügen stetig abnehmen.

Schon oben, bei Besprechung des Quellungsdruckes, wurde erwähnt, daß die thermodynamische Betrachtungsweise zu weiteren interessanten Ergebnissen geführt hat. Es sei hier nur einiges davon mitgeteilt. Der Quellungsvorgang ist ja ein exothermer, hat also einen positiven Temperaturkoeffizienten. Läßt man daher die Quellung bei höherer Temperatur vor sich gehen, so wird sie gehemmt. Weiterhin hat KATZ aus dem Zusammenhang von Quellungswärme und Quellungsdruck gemäß dem ersten Hauptsatz unter der Annahme, daß die Änderung der Gesamtenergie des quellenden Systems allein als *freie* Energie erscheint[1]), also als Quellungsdruck, Folgerungen in bezug auf den Verlauf der Dampfdruckisotherme (s. o. Abb. 10) gezogen. Er findet u. a. für den Wendepunkt der Isotherme Dampfdruckwerte, die näherungsweise zutreffen.

Es ist schon mehrere Male davon die Rede gewesen, daß bei den quellbaren Gelen neben dem eigentlichen Quellungsvorgang auch noch der der Auflösung verläuft. Dieser Umstand läßt die Messung sämtlicher dorthin gehöriger Größen von vornherein mit einem gewissen Fehler behaftet sein. Es fragt sich nun, wie sich die Quellungsverhältnisse gestalten, sobald statt reinen Wassers eine Lösung als Dispersionsmittel vorliegt. Die nichtquellbaren Gele werden sich nach dem, was über sie gesagt ist, gegenüber Lösungen wie feste Absorbentien verhalten. Das zeigen auch die entsprechenden Versuche, die an Farbstoffen und anderen Körpern ausgeführt sind. Es ergeben sich aber auch Abweichungen. So wird naturgemäß Alkali solche zeigen müssen (s. o. S. 213). Hier treten noch chemische Reaktionen hinzu.

Geht man zu den quellbaren Systemen über, so findet man wieder die starke Affinität zu den Wassermolekülen. Dabei werden dann auch die Adsorptionsvorgänge eine Rolle spielen. So kann es ein quellbares System in einer Lösung bewirken, daß durch bevorzugte Wasseraufnahme diese Lösung nach einiger Zeit an Konzentration zugenommen hat. Hierfür legen eine Reihe von Untersuchungen Zeugnis ab. Bei schwach konzentrierten Lösungen kann man unter Umständen eine regelrechte Adsorption beobachten. Neben diesen Adsorptionsvorgängen in Lösungen stehen nun die der Peptisation. Sie sind selbst in reinem Wasser bemerkbar. Es stellt daher die „Quellung in Lösungen“ gegenwärtig noch ein sehr strittiges Gebiet dar, da es an geeigneten, *exakten* Methoden zu ihrer Messung fehlt. Es sollen daher hier nur einige Tatsachen angemerkt werden. Zunächst ist der starke Einfluß der H-Ionenkonzentration bemerkbar. Er ist im isoelektrischen Punkte, etwa der Gelatine, ein Minimum. Für einen bestimmten Säuregrad findet sich ein Maximum. Zweibasische Säuren haben ein niedrigeres Maximum, das aber an derselben Stelle liegt. Von den Neutralsalzwirkungen nahm man bis zu den Messungen von J. LOEB die Gültigkeit der HOFMEISTERschen Ionenreihe an. LOEB glaubte jedoch gezeigt zu haben, daß diese Reihe allein eine Funktion der H-Ionenkonzentration darstellt. Schließlich muß hier darauf hingewiesen werden, daß bei allen Quellungserscheinungen die Verschiebung im Dispersitätsgleichgewicht eine sehr große Rolle spielt. Konnte

[1]) D. h. also, daß im Anschluß an die Zahlen von Tabelle 20 $A = U$ ist.

doch darauf allein die Tatsache zurückgeführt werden, daß bei auseinander hervorgegangenen, immer verdünnteren Gelatinelösungen die Quellungsgeschwindigkeit sowie die aufgenommene Wassermenge stieg, je geringer der Gehalt an disperser Phase war. Darauf geht ferner die Tatsache zurück, daß *frische* Gelatine und Agar ebenfalls eine Hysteresisschleife zeigen. Später geht sie fast vollkommen zurück (s. hierüber auch „Elastizität", w. u.), dann ist nämlich bezüglich der Sol-Gelumwandlung das sehr langsam sich einstellende Dispersitätsgleichgewicht eingetreten.

### b) Die Dichte.

Für die Beurteilung der Dichte der Gele ist es wesentlich, daß bei der Wasseraufnahme insofern eine Volumenkontraktion vor sich geht, als das Gelvolumen nach der Wasseraufnahme kleiner ist als das des Gels vor der Quellung, zuzüglich des aufgenommenen Wassers. Es muß daher das endgültige System eine relativ größere Dichte besitzen als sich aus den Komponenten ergeben würde. Einfachere Gesetzmäßigkeiten ergeben sich naturgemäß, sobald man statt mit der Dichte mit der reziproken Größe, dem spezifischen Volumen rechnet. Während sonst gewöhnlich die spezifischen Volumina von Mischungen sich additiv verhalten, ist dieses hier infolge der Volumenkontraktion nicht der Fall, das spezifische Volumen ist kleiner geworden. Dieses zeigt eine ganze Reihe von Untersuchungen. Aus ihnen geht wiederum hervor, daß die Größe der Volumenkontraktion mit dem Quellungsgrad abnimmt. Dieses zeigt z. B. die Abb. 13 nach KATZ für Nuclein. Man hat ein Verhalten, wie es sich oft fand, so z. B. auch für die Quellungswärme $Q$. Es gilt daher für die Volumenkontraktion $\varphi$ auch dieselbe Beziehung (95):

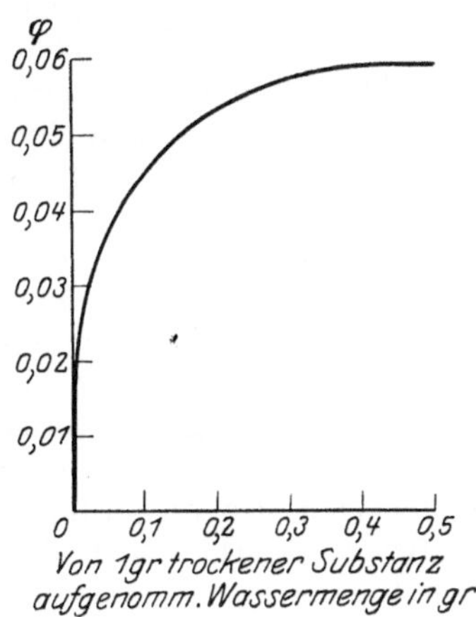

Abb. 13. (Nach KATZ.)

$$\varphi = \frac{k \cdot m}{k' + m}, \tag{96}$$

wo $k$ und $k'$ Konstanten sind, $m$ ist die pro Gramm trockener Substanz aufgenommene Wassermenge. Bildet man daraufhin den Quotienten $\varphi/Q$, so findet man für verschiedene Substanzen Werte von gleicher Größenordnung, nämlich $10-30 \times 10^{-4} \frac{\text{cm}^3}{\text{Cal}}$.

### c) Elastizität.

Von den elastischen Eigenschaften sei hier allein einiges über den Elastizitätsmodul der Dehnung $E$ kurz berichtet[1]). Auch er sinkt mit steigendem Wassergehalt. Aus den Messungen ergibt sich für ihn die Beziehung

$$E = k c^2, \tag{97}$$

wo $k$ eine Konstante darstellt, $c$ die Konzentration an disperser Phase. Es findet sich also ein sehr rasches Absinken bei steigender Wasseraufnahme, d. h. bei sinkendem Gehalt an disperser Phase. Eine Beeinflussung der Elastizität durch „Fremdstoffe" wird etwa in der Weise verlaufen müssen, wie diese Stoffe auf

[1]) Zu weiteren Ausführungen ist das Zurückgehen auf die Elastizitätstheorie erforderlich, was hier nicht geschehen kann.

die Umwandlung des Sols in ein Gel wirken. Diejenigen Stoffe, die die Gelbildung hemmen, erniedrigen auch den Elastizitätsmodul, und umgekehrt. Zu den ersteren gehören die Chloride, zu den letzteren die Sulfate und von den Nichtelektrolyten Zucker.

Die oben S. 153/215 diskutierte Verschiebbarkeit im Dispersitätsgleichgewicht der Teilchen zeigt sich auch bei den elastischen Eigenschaften. Hierauf geht die Eigentümlichkeit der Gelatine zurück, erst nach einer gewissen Zeit einen statischen Wert des Elastizitätsmoduls zu zeigen. Er pflegt etwa innerhalb 24 Stunden anzusteigen.

### 2. Thermische Erscheinungen.

Hier kommt vor allem die Wärmeausdehnung in Frage. Die gewöhnliche Ausdehnung zeigt keine weiteren Besonderheiten. Sie ist offenbar weitgehend bestimmt durch den kubischen, thermischen Ausdehnungskoeffizient des Wassers.

Besonderes Verhalten findet sich allein bei manchen Gelen im gespannten Zustand. Erwärmt man solche Gele rasch, so ziehen sie sich zusammen. Kühlt man sie rasch ab, so dehnen sie sich aus. Daher erwärmen sich auch diese gespannten Gele bei der Weiterausdehnung. Als wesentlich kommt hierbei in Betracht, daß diese Gele noch einen gewissen Wassergehalt besitzen. Kautschuk und Leimgallerte zeigen derartige Erscheinungen. Eingetrockneter Leim dagegen folgt normaler Gesetzmäßigkeit. An diesen letzten Umstand anknüpfend, gibt Freundlich eine Erklärung, die auf der oben mitgeteilten Erscheinung beruht, daß jedes Gel ein bestimmtes Dispersitätsgleichgewicht der Teilchen besitzt, das willkürlich verschoben werden kann. Durch die Dehnung erfolgt eine Aufteilung gröberer Teilchen in kleinere. Jener als notwendig erkannte Wasserrest erleidet eine neue Verteilung über die nunmehr vergrößerte Oberfläche. Dieser Vorgang ist, wie bei der gewöhnlichen Quellung, ein Adsorptionsvorgang, die Wärme also eine Quellungswärme bzw. Adsorptionswärme. Es handelt sich also wiederum um einen exothermen Prozeß. Da der Temperaturkoeffizient positiv ist, muß der Vorgang bei Temperaturerhöhung in entgegengesetzter Richtung verlaufen, d. h. bei Wärmezufuhr muß sich das Gel zusammenziehen.

### 3. Optische Erscheinungen.

Unter den optischen Erscheinungen ist bei den nichtquellenden Gelen zunächst der sog. Umschlag bemerkenswert. Wurde diesen Systemen Wasser entzogen, so trat hierbei der Augenblick auf, wo die Capillaren leer zu werden begannen. Es treten dann Luftblasen im Gel auf. Das vorher klare, durchscheinende Gel zerstreut nunmehr das Licht diffus. Es erhält daher nunmehr ein weißes, undurchsichtiges Aussehen. Bei weiterer Wasserentfernung verteilt sich die Luft allmählich auf die amikronischen Capillarräume. Von nun an ist das Gel wieder klar durchscheinend.

Es wurde oben bereits erwähnt, daß, sobald die Teilchen noch einen Radius von etwa $10^{-6}$ cm besitzen, ein Sol klar durchsichtig ist. Nun ist dieses auch bei den meisten Gelen der Fall. Andererseits war erörtert worden, daß bei der Gelbildung ein Teilchenzusammentritt stattfindet. Es kann nun wohl zutreffen, daß bei den üblichen Gallerten die Teilchen, die Aggregate, derartige Abmessungen besitzen, auch die Zwischenräume haben sich bei quellbaren und erst recht auch nichtquellbaren Gelen als von amikronischer Größe erwiesen. Aus diesen Umständen ergibt sich, das durchscheinende Verhalten der Gele.

Für das Auftreten der Doppelbrechung bei Gelen gilt in weitestem Ausmaße das für die Sole Gesagte. Es muß daher hier auf die Ausführungen auf S. 205ff. verwiesen werden. Auch hier wird es sich darum handeln, festzustellen, ob

Eigendoppelbrechung, Formdoppelbrechung oder akzidentelle Doppelbrechung vorliegt. Form- und Eigendoppelbrechung lassen sich nach der AMBRONNschen Methode gut trennen (s. o. S. 207). Schwieriger aber ist es, zu entscheiden, ob Eigendoppelbrechung oder akzidentelle, etwa Spannungsdoppelbrechung infolge Deformation der Teilchen vorliegt. Auch die Formdoppelbrechung ist nicht leicht von der Spannungsdoppelbrechung zu differenzieren; denn eine über ganze Gebiete hingehende Deformation von Teilchen bildet im Medium von unterschiedlichem Brechungsindex einen WIENERschen Mischkörper. AMBRONN hat hier weitgehende Untersuchungen angestellt. In seinem oben angegebenen Werke findet man über diese einen ausführlichen Bericht. Sie wurden in ihren Ergebnissen durch Röntgendiagramme weitgehend bestätigt. So fand er für Celloidin positive Stäbchendoppelbrechung neben negativer Eigendoppelbrechung, für die Cellulose positive Stäbchendoppelbrechung neben positiver Eigendoppelbrechung.

Bei der Gelatine ist in mehrfachen Erwähnungen offen gelassen worden, ob ihre Doppelbrechung, die im Sol bei großen Schergeschwindigkeiten auftritt, im Gel sich aber freiwillig zeigt, auf der Eigendoppelbrechung beruht oder aber auf Spannungsdoppelbrechung. Die optische Aktivität der Gelatine und die Art ihrer Beeinflussung sowie der der Anisotropie durch Salze — beide werden in derselben Weise verändert: durch Chloride und Nitrate erniedrigt, durch Sulfate kaum verändert — weisen auf eine Asymmetrie des Moleküls hin und damit auch in gewissem Maße auf die Möglichkeit einer Eigendoppelbrechung.

# Allgemeine Energetik des tierischen Lebens (Bioenergetik).

Von

**H. Zwaardemaker**
Utrecht.

**Zusammenfassende Darstellungen.**

Rubner, M.: Gesetze des Energieverbrauchs. Leipzig u. Wien 1902. — Zwaardemaker, H.: Ergebn. d. Physiol. Bd. 4, S. 423. 1905; Bd. 5, S. 108. 1906; Bd. 7, S. 1. 1908; Bd. 12, S. 586. 1912. — Garrison, F. H.: Physiology and the second law of thermodynamics. New York state journ. of med. 1909, Nr. 11, 18, 25.

## 1. Energie-Inhalt von ruhenden physiologischen Systemen.

In einer früheren Periode unserer Wissenschaft sah man in dem spontanen andauernden Stoffwechsel das Wesentliche des Lebens. Seitdem haben die Physiker uns aber gelehrt, daß der Stoff zu einem beträchtlichen Teil aus scheinbarer Masse besteht, und die Physiologie selbst hat entdeckt, daß sich im Organismus mehr verändert als der Stoff allein: Unaufhörlich wird, auch unabhängig vom Stoff, Energie aufgenommen und abgegeben. Die Pflanze setzt Lichtenergie in chemische Energie und das Tier chemische Energie in Wärme und mechanische Arbeit um. Überdies brachte die Kolloidchemie die nicht spezifischen und dennoch chemischen Eigenschaften in den Vordergrund. Diese allgemeine Umkehr der Anschauungsweise bewirkte, daß die Physiologie dem Energiewechsel neben dem Stoffwechsel mehr und mehr Aufmerksamkeit schenkte; beide von einem Gesichtspunkt betrachtend, brauchte man einen Namen, durch den beide umfaßt werden konnten, und fand diesen in dem Metabolismus (von Μεταβολή = Veränderung).

Dem Metabolismus, der Veränderung in allen Unterteilen, ist der Organismus unterworfen. Dabei wechselt sowohl der Stoff als die Energie. Wenn man nur auf die Energie achtet, die im Spiel ist (Energieinhalt des Atoms, Energieinhalt des Moleküls, Energieinhalt des kolloidalen Komplexes, die lose anhängende kinetische, elektrische und thermische Energie, Energieinhalt der Zelle, des Organs, des Bion), dann hat man es mit Dingen zu tun, die sich quantitativ zusammenfügen lassen, wie verschieden sie auch qualitativ sind. Diese Addition gelingt natürlich nur, indem man von der Energie eine Abstraktion macht, sie von allen Attributen außer der Menge entkleidet.

Und man darf in der Tat diese Abstraktion vornehmen, da die Erfahrung lehrt, daß alle Energieformen gelegentlich ineinander übergehen können.

Da alle Energien ineinander übergehen können, haben die Physiker auch in dem kinetisch anschaulichen Bild, das sie sich von dem Bestehenden machen, allen Arten der Energie die gleichen Dimensionen zuerkannt. Welches die Dimensionen einer Energie sind, kann man bequem ableiten, wenn man bedenkt, daß die mechanische Energie den Wert $\frac{1}{2}\,mv^2$ hat. Hierbei ist $v = \frac{\text{Länge}}{\text{Zeit}}$ oder $\frac{l}{t}$. Da $\frac{1}{2}$ als Zahl $= [1]$ gilt, wird das Ganze $[1 \cdot l^2\, m\, t^{-2}]$. Diese Dimensionsformel ist es, die für alle Energien gilt.

In dem Weltall als Ganzem und auch in jedem wirklich abgeschlossenen System ist die Menge der Energie konstant (Gesetz von der Erhaltung der Energie). Aber ein lebender Organismus ist niemals ein vollkommen abgeschlossenes System; bereits die Atmung hat zur Folge, daß immerfort Stoffmengen dem System zugefügt und weggenommen werden. Gleiches gilt für die Resorption und die Exkretion. Bedeutende Stoffmengen werden dem Darminhalt entnommen und ganz andere, weder qualitativ noch quantitativ übereinstimmende Stoffmengen durch die Nieren und die Haut entfernt. Auch die in den Atmungsgasen und in der resorbierten bzw. ausgeschiedenen Materie enthaltene innere Energie ist nach der Soll- und Habenseite im allgemeinen ungleich. Die fortwährend abfließende Wärme kann zwar die energetische Bilanz ausgleichen, aber die qualitative Ungleichheit der verschiedenen Posten wird nur um so größer. Unter manchen Umständen können also die Summen der hinzukommenden und abfließenden Mengen einander gleich sein. Sind die Summen der Energiemengen gleich, dann spricht man von Energiegleichgewicht, sind die Summen der Stoffmengen gleich, von Stoffwechselgleichgewicht.

Nicht nur zwischen dem Organismus als Ganzem und der Außenwelt, sondern auch zwischen den Unterteilen eines lebenden Systems findet innerhalb des Systems fortwährend ein Wechsel statt. Sowohl Stoff als Energie nehmen daran teil. Selbst in dem kleinsten Unterteil besteht solch ein Metabolismus in bezug auf benachbarte Unterteile. Z. B. trifft man in einem Tropfen Gewebsflüssigkeit, der mit einer Zelle in Kontakt ist, einen Diffusionsstrom von mit Energie beladenen Ionen und Molekülen an, die in die Zelle eindringen oder von ihr ausgehen. Auch die kolloidalen Komplexe, die das Ultramikroskop nach einer indifferenten Verdünnung in der Gewebsflüssigkeit zeigt, wechseln entsprechend der Anzahl der zufällig adsorbierten Ionen in Größe und Geschwindigkeit der BROWNschen Bewegung. Ein Wärmestrom tritt ein oder aus. So wird sowohl der Stoff als die Energie hier weggenommen, dort zugeführt. Selbst scheinbar indifferente Atome bleiben niemals lange an ihrem Platz. Nehmen wir z. B. die Natriumatome. Unaufhörlich verlassen die alten Natriumatome den Organismus, und neue kommen mit der Nahrung zugeführt wieder an ihre Stelle. So ist es auch mit den C-H-N-S-Atomen, die durch ihre Anordnung dem Protoplasma seine Eigenart geben. Immer verschwinden aus einem Gewebe die alten Atome, und kommen wieder neue an ihre Stelle. Die Ratio, warum dies geschieht, ist uns vollkommen dunkel. Und mit den Stoffen kommt und geht auch die durch sie getragene Energie. Überdies kommen und gehen Energien unabhängig von Stoff: Licht, materielle Schwingungen, Wärme.

Die Triebkraft für diesen fortwährenden Strom von Stoff und Energie, der durch die Zelle, das Organ, das Bion geht, hat ihren Ursprung in dem System selbst und ist an das Leben gebunden. Weder die strahlende Energie, die von außen kommt, noch der Sauerstoff in den Lungen, noch die Nahrung in dem Darmkanal, noch die Wärme, die nach außen abgegeben wird, verschaffen diese Triebkraft, denn wenn der Organismus z. B. durch Blausäure getötet wird, dann hört sofort jeder physiologische Metabolismus auf, und man muß die Wirkung der autolytischen Fermente und die Entwicklung von Bakterien abwarten, um einen ganz andern Metabolismus, nämlich den der erkaltenden und in Zersetzung begriffenen Leiche an die Stelle des ursprünglichen Metabolismus des Lebens treten zu sehen.

Den momentanen Energieinhalt eines Systems pflegt man in Calorien auszudrücken. Als größere Einheit nimmt man die Kilogrammcalorie, als kleinere das Erg (1 Grammcalorie $= 42 \cdot 10^6$ Erg).

Man pflegt die Quantitäten, um die es sich handelt, festzustellen, indem man den toten Organismus, eine Vereinigung von toten Zellen, nach Trocknung in einer calorimetrischen Bombe bei Anwesenheit von Sauerstoff vollkommen verbrennt und die dabei sich entwickelnde Wärme mißt. In Wirklichkeit wird also ein etwas anderer Energieinhalt als der des lebenden Gewebes bestimmt. Überdies haben die Verbrennungsprodukte und die Schlacken auch einen Energieinhalt, der zu der Verbrennungswärme hinzuzurechnen ist, um zu dem wirklichen Gesamtwert zu kommen, aber diese Restmenge ist für unsere Hilfsmittel unbestimmbar, übrigens physiologisch auch unbrauchbar. Sie ist energetisch der Ballast, den der Organismus, das Organ, die Zelle ständig mitschleppen müssen, weil sie auf Stoffwechsel angewiesen sind.

## 2. Die Bestandteile der inneren Energie eines isolierten Organstücks, eines überlebenden Organs und Organismus als Bion.

In einem isolierten Organstück, in jedem überlebenden Organ, in jedem Bion werden nebeneinander folgende Energieformen angetroffen: chemische Energie, Oberflächenenergie, elektrische Energie, potentielle mechanische Energie, Wärmeenergie, Volumenenergie.

Im voraus sei noch bemerkt, daß es gegenwärtig allgemein gebräuchlich ist, die Energie in Faktoren zu zerlegen. Einer der Faktoren wird dann so gewählt, daß er, als Divisor dienend, die Energiemengen in Kreisprozessen integrierbar macht.

Den Divisor nennt man der Intensitätsfaktor. Häufig kommt ihm Richtung zu. Dann ist er ein Vektor[1]), populär ausgedrückt: eine Kraft.

Zerlegung der Energie in Faktoren.

| Energieart | Kapazität (Quantität Helms) | Intensität |
|---|---|---|
| A. Bewegungsenergie | Bewegungsgröße | Geschwindigkeit |
| B. Raumenergie | | |
| a) Distanzenergie | Strecke | Kraft |
| b) Flächenenergie | Fläche | Flächenspannung |
| c) Volumenergie | Volumen | Druck |
| C. Wärmeenergie | Wärmekapazität oder Entropie | Temperatur |
| D. Elektrische Energie | Elektrizitätsmenge | Potential |
| E. Magnetische Energie | Menge des Magnetismus | Magnetisches Potential |
| F. Chemische Energie | Masse in Grammolekülen | Affinität |
| G. Strahlende Energie | Absorptions- bzw. Emissionsgröße | Intensität der Strahlung |

### Chemische Energie.

Gibbs[2]) hat gelehrt, daß die chemische Energie als ein Produkt 1. von chemischem Potential, Triebkraft von allen Reaktionen, die die Umstände erlauben, und 2. den Massen, die an den gegenseitigen Reaktionen teilnehmen, wenn sie statt haben, zu betrachten ist. Jeder dieser Faktoren kann in besonderen Fällen seinen besonderen Charakter haben. Darum nimmt Gibbs die gesamte chemische Energie als die Summe von vielen Einzelprodukten.

---

[1]) Die Energie selbst ist immer ein Skalar.

[2]) Gibbs, J. W.: Thermodynamische Studien, übersetzt von W. Ostwald, Leipzig, S. 76. 1892.

TH. W. RICHARDS und W. T. RICHARDS[1]) trennen überdies noch je nach der Kraft, die zusammenhält, die chemische Energie in zwei Arten: 1. „cohesive affinity", welche die Kondensation in Flüssigkeiten und festen Stoffen bestimmt, 2. „chemical affinity", welche die Atome in dem Molekül zusammenbringt und zusammenhält. Beide Kräfte sind überaus stark, aber sie verlieren ihren Einfluß schon auf kurzen Abstand. Experimentell wurde gefunden, daß auf 100 $\mu$ Abstand keinerlei Einfluß sich mehr bemerkbar macht. A. P. MATHEWS[2]) weist aber in seinem Essay über Adsorption nach, daß es Verwirrung in der Physiologie gibt, wenn man die beiden Kräfte, Kohäsionskraft und chemische Kraft zusammenfaßt. Er wünscht, daß man es dabei bewenden läßt, sie zu unterscheiden, und wir wollen seinem Wink hier folgen und in dieser Aufstellung als chemische Kräfte ausschließlich die anführen, welche einen *spezifischen* Charakter haben, geltend zwischen sehr bestimmten, in ihren Elektronenschalen scharf gekennzeichneten Atomen.

Eine allgemeine Beleuchtung des Problems der chemischen Energie nach GIBBS wird in der Physiologie in der Regel wenig Anwendung finden können, denn meist sind die diversen Massen $m_1$, $m_2$, $m_2$ usw. nur zu einem kleinen Teil bekannt, und ebensosehr befinden wir uns im Ungewissen über die verschiedenen Potentiale $\mu_1$, $\mu_2$, $\mu_3$ usw. Aber doch gibt es einige besondere Fälle, wo diese Art der Betrachtungsweise am Platze ist, nämlich dann, wenn eine von außen kommende Energie, strahlende oder elektrische Energie, in einer Gleichgewichtsreaktion Gleichgewicht hervorruft mit den *gesamten* chemischen Kräften. So ist es vielleicht, wenn das von außen kommende Licht auf das Stäbchenrot einwirkt und die rote Substanz in eine gelbweiße verändert, die sich unter dem Einfluß von chemischen Kräften und nach Wegnahme des Lichtes wieder zur roten Substanz regeneriert. Dann ist es möglicherweise erlaubt anzunehmen, daß das Potential des absorbierten sichtbaren Lichts in einem gegebenen Augenblick Gleichgewicht erzeugt mit dem $\mu$ in dem Produkt $\mu m$ des Systems, das die Summe der chemischen Kräfte vergegenwärtigt.

Etwas Derartiges darf man wahrscheinlich auch vermuten in den Fällen, die J. PERRIN[3]) behandelt, und zu denen L. BAAS BECKING[4]) eine Reihe schöner Beispiele auf physiologischem Gebiet gegeben hat.

## Oberflächenenergie oder Kohäsionsenergie.

Durch Kohäsionskräfte erzeugte Oberflächenenergie[5]) ist sehr verbreitet in den tierischen Geweben. Sowohl in den Sols als in den Gels ist sie vorhanden. Wenn die durch die Kohäsionskräfte unterhaltene Spannung kleiner wird, während die Oberfläche die gleiche bleibt, nimmt das Produkt, mit anderen Worten die Menge der Oberflächenenergie, ab. Dies geschieht jedesmal, wenn sich hinzukommende Moleküle an einer Grenzfläche anhäufen, wenn also positive Adsorption stattfindet. Es sind die Kohäsionskräfte, die die Moleküle nach der Grenzfläche ziehen, aber diese Kräfte würden nicht imstande sein, sie da fest-

---

[1]) RICHARDS, TH. W. u. W. T. RICHARDS: Proc. of the nat. acad. of sciences (U. S. A.) Bd. 9, S. 379. 1923.

[2]) MATHEWS, A. P.: Physiol. review Bd. 1, S. 564. 1922. Die Kohäsionskraft sollte bei Entfernung abnehmen proportional der 4. Macht des Abstandes, die chemischen Kräfte mit der 2. Macht; die Kohäsionskraft ist proportional dem Molekulargewicht, die chemischen Kräfte proportional der Anzahl der Valenzen.

[3]) PERRIN, J.: Ann. de physiol. et de paysico-chim. biol. Bd. 11, S. 31. 1919.

[4]) BECKING, L. BAAS: Radiation and vital Phenomen. Thesis Utrecht 1921.

[5]) Vgl. über Oberflächenenergie MACALLUM: Ergebn. d. Physiol. Bd. 11, S. 610—619 und MATHEWS: Physiol. review Bd. 1. S. 553. 1921.

zuhalten, wenn nicht infolge ihrer Anwesenheit die Menge Oberflächenenergie an dieser Stelle kleiner werden würde (s. unten).

Ein Sol ist manchmal im Dunkelfeld optisch leer. Dies bedeutet also, daß die kolloidalen Teilchen, die darin vorkommen (dies sind die Teilchen, die nicht diffundieren können, und die bei Ultrafiltration auf dem Filter bleiben) das Licht nicht wahrnehmbar zerstreuen. Die Moleküle der Plasmaeiweiße besitzen zum mindesten die Größe von Amikronen[1]). Wenn diese Moleküle für sich allein stünden, würde das Feld mit dem Dunkelfeldkondensor beleuchtet, nicht vollkommen schwarz erscheinen können, sondern einen diffusen grauen Schimmer zeigen müssen. Man muß meines Erachtens darum wohl annehmen, daß die Moleküle in dem optisch leeren Sol zu größeren Komplexen vereinigt und diese Komplexe so stark geschwollen sind, daß der Unterschied in den Dielektrizitätskonstanten der Substanz, woraus die Micellen bestehen und der, woraus das Dispersionsmittel besteht, unbedeutend geworden ist. Dieser Unterschied in den Dielektrizitätskonstanten beherrscht nämlich nach den Formeln die Stärke des zerstreuten Lichtes neben den anderen Bedingungen, wie die Anzahl der Teilchen, ihre Größe (in dem Zähler vorkommend), die Wellenlänge des benutzten Lichtes (in dem Nenner vorkommend) in starkem Maße[2]). Die Werte der Dielektrizitätskonstanten werden aus den Brechungsindices abgeleitet, von Brechung selbst ist hier jedoch keine Rede, da die Micellen zu klein sind (kleiner als die halbe Wellenlänge des Lichtes), um das Licht zu brechen.

Sobald die Quellung der Micellen abnimmt, — und dies geschieht, wenn wir das Serum mit dem 100- oder 1000fachen Volumen Ringerscher Flüssigkeit verdünnen — dann werden sie sofort als zahlreiche ungefähr gleich lichtstarke und also gleich große Submikronen sichtbar. Aus diesem Grund dürfen wir annehmen, daß in dem Blutserum und mutatis mutandis in der Gewebsflüssigkeit und der Lymphe, die Sols einer unzählbaren Anzahl stark geschwollener Submikronen vorkommen[3]).

Da ein Micellum gegenüber einem polymerisierten Molekül durch seine Oberflächenspannung gekennzeichnet ist, müssen wir annehmen, daß die tierischen Sols ein mächtiges Reservoir von Oberflächenspannung bilden.

Zur Erzeugung dieser großen Menge Oberflächenenergie ist selbstverständlich eine reichliche Energiequelle nötig. Die Bildung von 10 qcm Wasseroberfläche erfordert schon 82 Ergs[4]). Wenn das ultraviolette Licht wie bei den Versuchen von Zwaardemaker und Hogewind[5]) Veranlassung gibt zu dem Kolloidalwerden von Eugenol, Kressol, Guajacol, Karvakrol, Zitral, Kumidin, Thymol, Hypnon usw., kann die Lichtenergie selbst schwerlich all diese Energie liefern. Zu verwundern ist es denn auch nicht, daß die Anwesenheit von Sauerstoff das Kolloidwerden sehr befördert. In anderen Fällen, in denen das ultraviolette Licht das Entstehen von Submikronen aus Amikronen verursacht

[1]) Serumalbumin würde ein Molekulargewicht von 50000 haben. Freundlich berechnete für ein Hämoglobinmolekül von 16300 Molekulargewicht den Strahl aus 1,7 $\mu\mu$, d. i. die Größe von einem Goldsolmicellum.

[2]) Als Formel kann man z. B. benutzen die von V. Henri angegebene. Kolloid-Zeitschr. Bd. 12, S. 250, oder die von H. J. Lorentz in van Bemmelens Gedenkboek S. 423.

[3]) Die Kolloidchemiker kommen übrigens zu demselben Schluß, da die Lösungen der Bluteiweiße in ihrem Verhalten in hohem Maße abhängig sind von der Vorgeschichte, die man sie hat durchlaufen lassen. Daß Blut, Gewebsflüssigkeit und Lymphe eine große Stabilität besitzen, verdanken sie in ihrem Charakter von Emulsoiden nicht nur der elektrischen Ladung der Micellen, sondern vor allem dem Wassermantel, der sie umgibt.

[4]) Ostwald, W.: Vorlesungen über Naturphilosophie, S. 197. 2. Aufl. 1902.

[5]) Zwaardemaker u. Hogewind: Sitzungsber. kon. acad. v. wetensch. (Amsterdam), 26. April 1918.

[Linsenfasern, Schanz[1]), rote Blutkörperchen[2])], wird der Prozeß vermutlich mit einer Abnahme der verfügbaren Oberflächenenergie zusammenfallen. Die Energie ist dann bereits vorhanden und ultraviolettes Licht ist bloß Veranlassung[3]).

Die Oberflächenenergie von einem Sol ist über eine unsagbar große Zahl von Teilchen verteilt. Die Gesamtoberfläche dieser Teilchen wird von OSTWALD für den Kubikzentimeter auf 600000 qm geschätzt, wenn das Amikron 10 $\mu\mu$ mißt. Nimmt man eine nur geringe Oberflächenspannung an von der Ordnung z. B., die man für die Grenzschicht Luft/Flüssigkeit bei Stalagmometrie findet, dann muß der Energievorrat in den tierischen Gewebsflüssigkeiten ungeheuer groß sein. Immerhin kann die Oberflächenspannung für die Grenzschicht Micellum/Dispersionsmittel einen ganz anderen Wert haben, so daß solche Schätzungen illusorisch sind. Aber gewiß ist es, daß die Bedingungen, unter denen die Flüssigkeiten sich befinden, gewaltige Verschiebungen in den hier herrschenden Verhältnissen zustande bringen können. Unter diesen Bedingungen ist die Reaktion besonders bedeutungsvoll, denn sie bestimmt die Anzahl der OH-Ionen, die sich in den schwach alkalischen tierischen Flüssigkeiten durch Adsorption an die Oberfläche der Micellen anhaften, und von dieser Adsorption hängt wieder die Größe der Micellen ab.

Die festen Bestandteile der Zellen und der Gewebe sind aus Gels gebaut, mit andern Worten haben den amorph glasigen Aggregatzustand, welchen man definiert findet bei H. KAMERLINGH ONNES und W. H. KEESOM[4]). Nach BACHMANNS Ultramikroskopie sind im Innern des Gelatingels keine „Wabenwände" vorhanden, sondern eine Fülle von Amikronen und Submikronen, die in einer Flüssigkeit verteilt sind[5]). Die so zusammengesetzten Gels sind mitunter optisch leer[6]). Dann müssen sie wieder aus stark geschwollenen Amikronen aufgebaut sein oder wohl auch aus Amikronen, die im elastischen Zusammenhang sind. Es gibt indessen auch viele Autoren, die im Innern eines Gels Membranbildungen annehmen, indem sie sich auf die elektrischen Erscheinungen berufen, die solche Grenzschichten zeigen. Solche Membranbildungen brauchen in vivo in dem Dunkelfeld nicht immer leuchtend zu sein. Sie werden es jedoch, sobald die Balancierung gestört ist.

Auch in dem Gelzustand wird der Grad der Lichtzerstreuung abhängen von der Größe der Teilchen. ARISZ[7]) hat dies für die Gelatine experimentell nachgewiesen.

---

[1]) SCHANZ: Pflügers Arch. f. d. ges. Physiol. Bd. 170, S. 646. 1918. — Über Bestrahlung von Serum mit Röntgenstrahlen siehe WELS, P.: Pflügers Arch. f. d. ges. Physiol. Bd. 199, S. 226. 1923.

[2]) Unveröffentlichte Beobachtungen an roten Blutkörperchen von Petromyzon fluviatilis in REICHERTS Fluorescenzmikroskop (Bogenlämpchen, Quarzlinse, total reflektierendes Prisma, Quarzkondensor, Quarzobjektglas).

[3]) Es ist durchaus keine Seltenheit, daß in dem Ultramikroskop alle Teilchen von genuinen tierischen Flüssigkeiten gleiche Lichtkraft haben. Indes kommt es auch vor, daß außer den stark leuchtenden Submikronen noch ein schwach leuchtendes Band von Amikronen als Hintergrund gesehen wird, welches das Auge nicht weiter aufzulösen vermag. Dann sind vielleicht zweierlei Arten von Micellen getrennt sichtbar: Submikronen und Amikronen, die einen schwachen, nicht weiter zu differenzierenden Schein geben. Der Zusatz von ein wenig Pikrinsäure kann dann alle Amikronen schnell zum Verschwinden bringen, während gleichzeitig stärker leuchtende Submikronen sichtbar werden. In diesem Falle sind alle Amikronen zu großen Submikronen zusammengeballt.

[4]) KAMERLINGH ONNES, H. u. W. H. KEESOM: Enzyklopädie der mathematischen Wissenschaften, V, S. 863.

[5]) FREUNDLICH: Kapillarchemie. 2. Aufl.

[6]) BOTTAZZI in Wintersteins Handb. d. vergleich. Physiol., Lief. 17, S. 165, nennt als optisch leere Gels: Linse, Knorpel, Bindegewebe, Kittsubstanzen, Basalmembranen.

[7]) ARISZ, L.: Kolloidchem. Beih. Bd. 7, S. 1915.

Der amorph glasige Aggregatzustand ist, wie ich glaube, in den Zellen sehr verbreitet.

Der krystallinische Aggregatzustand hingegen wird in dem Organismus nur sporadisch angetroffen, obgleich in neuerer Zeit sich das Bestreben zeigt, die Krystallinität kolloidaler Gebilde als mehr verbreitet zu betrachten[1]).

Die Adsorption von festen Körpern unterscheidet sich nach MATHEWS in hohem Grade von der an den Grenzschichten zwischen Luft und Wasser: „A substance positively adsorbed at a water-air surface will be negatively adsorbed at a most solid water-air surface". Betreffs der Adsorption an den glasig amorphen Gels haben bislang wenig Untersuchungen stattgefunden. Überdies können die Erfahrungen bei vitaler Färbung etwas Licht geben, obwohl es sich dann meist um Absorption handelt, die nach dem Verteilungsgesetz zustande kommt.

## Elektrische Energie.

Von elektrischer Energie ist nur dann etwas zu verspüren, wenn Grenzflächen oder Membranen zugegen sind. Wenn wir unpolarisierbare Elektroden eines empfindlichen Galvanometers in die Mitte einer tierischen Lösung bringen, sehen wir keinerlei elektrisches Phänomen. Sobald aber eine Membran ausgespannt wird, die beide Arten von Ionen in ungleichem Maße diffundieren läßt, oder eine Grenzfläche, die eine von beiden Ionenarten adsorbiert, dann können die Ionen von ungleichem Zeichen sich in ungleichem Maße anhäufen, und es verrät sich ein potentieller Unterschied[2]).

In dem Innern des Organismus wird aber stets Gelegenheit zur Ausgleichung von solchen Potentialen bestehen. Das Studium des menschlichen Elektrokardiogramms hat erwiesen, welche weiten Umwege dann gemacht werden können.

In dem tierischen Organismus kommt die Elektrizität nur durch Ionen getragen vor. Elektronen werden nirgends angetroffen, es sei denn in der Nähe der radioaktiven Atome oder, wenn das Gewebe durch Röntgenstrahlen, bzw. Gammastrahlen durchleuchtet wird.

Von allen obligaten Atomen, die im Organismus angetroffen werden (H, O, C, N, S, P, Fe, Cl, Na, K, Ca, Mg, Jd) ist nur das Kalium radioaktiv. Man kann den Vorrat davon im ganzen menschlichen Organismus auf 40 g schätzen. Die meisten Atome befinden sich in stabilem Zustand, jedoch sehr vereinzelt, während einer Sekunde etwa 1 auf 1 Trillion, geht im Kern eine Explosion vor sich, und Betateilchen sowie eine Spur von Gammastrahlen werden emittiert. Da 1 g Kalium pro Sekunde 1 bis 2000 Betateilchen entsendet[3]), ist der Gesamtbetrag der Betateilchen in dem ganzen Körper pro Sekunde etwa 4 bis 80000. Das Kalium ist über die Organe sehr ungleich verteilt: Lungen und Knochen enthalten fast nichts, Blut, Nerven, Muskeln viel. In einem Froschherzen befindet sich nach CLARK 0,12 mg K; in dieses kleine Volumen von 0,06 ccm Inhalt wird also etwa alle 4 bis 8 Sekunden ein Betateilchen ausgesandt. Auf 1 mm Entfernung von der Quelle ist die Energie eines solchen Teilchens auf die Hälfte gesunken.

Ein Betateilchen ist ein mit der kleinstmöglichen Menge negativer Elektrizität geladenes Elektron. Während seines Durchganges durch das Gewebe übt es eine elektrische Wirkung aus, die nach den Untersuchungen von meinen Mitarbeitern und mir selbst eine Anzahl Automatien unterhalten hilft[4]). Anstatt der Betateilchen von Kalium kann man dieselbe Wirkung auch ausüben lassen durch Alphateilchen, die von schwer radioaktiven Atomen ausgehen, welche man den Durchströmungsflüssigkeiten zusetzt. Solch ein Alphateilchen bewegt sich viel langsamer und ist also weniger durchdringend. Dagegen trägt es zwei elektrische kleinste Mengen. In einem Falle, wo die Alphateilchen aus Radium stammten,

---

[1]) Man vergleiche v. TSCHERMAK, A.: Allg. Physiol. Bd. 1, S. 290. Berlin 1923.

[2]) Man vergleiche BEUTNER, R.: Die Entstehung elektrischer Ströme in lebenden Geweben. Stuttgart 1920.

[3]) ZWAARDEMAKER, H.: Ergebn. d. Physiol. Bd. 25, S. 543. 1926.

[4]) Eine Zusammenstellung unserer Untersuchungen findet man in H. ZWAARDEMAKER: Über die Bedeutung der Radioaktivität für das tierische Leben. Ergebn. d. Physiol. Bd. 19, S. 326. 1921; Bd. 25, S. 535. 1926.

wurde die Energiemenge, die auf diese Weise pro Sekunde und pro Gramm an das Gewebe übertragen wurde, auf $1 \times 10^{-5}$ Erg geschätzt. Die Energie, um die es sich hier handelt, ist von elektrischer Art, aber sie befindet sich in einer sehr charakteristischen Form, nämlich in der einer sehr schnell bewegten elektrischen Ladung. Die ebenso stark geladenen Kationen, die durch einen Induktionsstrom in Bewegung gebracht werden, bewegen sich unendlich viel langsamer.

Aus dem vorstehenden folgt, daß das Kalium in dem tierischen Organismus der Träger einer besonderen, scharf gekennzeichneten Form von Energie ist. Dadurch besitzt es eine große Bedeutung für ganz bestimmte Funktionen. Andere Funktionen dagegen scheinen ganz unabhängig von der Radioaktivität zu sein, die das Kalium verbreitet. Die Funktionen, für die Kalium nötig ist, haben das Kennzeichnende, daß sie Automatismen betreffen, die aufhören, wenn die Menge Kalium in dem Gewebe durch Ausspülung unter eine bestimmte Schwelle sinkt, und wieder beginnen, wenn dem Organ ein scharf bestimmtes Minimum von Kalium oder andere radioaktive Substanzen zurückgegeben wird. An Stelle von radioaktiven Atomen kann man von außen her Alpha- oder Betastrahlungen zuführen, indem man die Alphastrahlung dem Polonium oder offenem Radium, die Betastrahlung dem Mesothorium oder dem Radium hinter Mika (Glimmer) entnimmt.

Die Röntgenstrahlen üben nach dem derzeitigen Stand unserer Kenntnis ihren Einfluß dadurch aus, daß sie aus den Atomen Betateilchen freimachen, wenn sie imstande sind, Resonanz hervorzurufen. Bekannt ist dies unter den Elementen, die in unseren Geweben vorkommen, für Ca und Fe. Es ist also wahrscheinlich, daß der Angriffspunkt der Röntgenwirkungen gerade in diesen Atomen und dann vor allem in den Fe-Atomen liegen wird. Die letzteren sind in dem Organismus in der Form von maskiertem Eisen sehr verbreitet und besonders in den Zellkernen vorhanden. Bislang sind die Röntgenstrahlen (und die Gammastrahlen von in Platin eingeschlossenem Radium) nur zum Zwecke der Zerstörung angewandt worden. Man hat aber auch wiederholt Reizwirkungen angetroffen. Experimentelle Wiederbelebungen mit Hilfe von Röntgenstrahlen in der Art, wie dies in meinem Institut für corpusculäre Strahlung geschieht, sind, soweit mir bekannt, noch nicht beschrieben worden. Die Möglichkeit, daß Röntgenstrahlen dieselbe Wirkung haben können wie die von mir angewandten corpusculären Strahlungen, liegt auf der Hand. Nicht aber wird die gesamte Energiemenge der Röntgenstrahlen dabei in Rechnung gebracht werden müssen, sondern nur der Teil, welcher resorbiert wird und Betateilchen von physiologisch wirksamer Weichheit ausgehen läßt.

Wenn man die elektrische Energie in Faktoren zerlegen will, kann dies nach OSTWALD in Potential und Elektrizitätsmenge geschehen. Das erste ist dann der Intensitätsfaktor, die zweite der Quantitätsfaktor. Das Kennzeichnende der Quantitätsfaktoren ist, daß diese Größen miteinander addiert werden können, was mit einem Intensitätsfaktor nicht der Fall ist[1]). Die Elektrizitätsmenge ist das, was man gewöhnlich die Ladung nennt. Wenn man für den Fall eines Kondensators die Energie aus den beiden soeben genannten Faktoren berechnen will, geschieht dies nach der Formel

$$\text{Energie} = \tfrac{1}{2}\, C P^2,$$

worin $C$ die Kapazität und $P$ das elektrische Potential bedeutet.

Innerhalb des menschlichen Organismus treten in allen Organen unendlich häufig elektrische Potentialunterschiede auf. Sie entwickeln sich ausschließlich an Stellen, wo Grenzschichten vorhanden sind, welche die Ionen von verschiedenem Zeichen bei ihrer Diffusion ungleichmäßig passieren lassen. Der elektrische Potentialunterschied, der sich an so vielen Stellen in Muskeln, Drüsen, Nervenzellen, Sinnesorganen usw. immer wieder von neuem offenbart und den Anstoß bildet für allerlei in ihrer Art sehr verschiedene Funktionen ist mit andern Worten eine Membranerscheinung. Sobald ihre Entstehung aufgehört hat und auch schon während des Auseinandergehens der Ionen trachten die Potentialunterschiede sich auszugleichen. Dazu bewegen sich elektrische Ströme überall in den Geweben und senden ihre Stromschleifen weit und breit aus. Von ihrer Anwesenheit kann man sich leicht überzeugen, indem man hier und da Nadelelektroden in die Gewebe sticht und nach einem Galvanometer ableitet. Wenn das Galvano-

---

[1]) Siehe auch B. C. VOLMAN: Phys. review (2) Bd. 9, S. 237. 1917.

meter nur empfindlich genug ist, kann man z. B. fast überall eine Andeutung des Elektrogramms ableiten. Die Kontraktionen der Muskulatur einer Extremität verraten sich sogar noch, wenn man von der Oberfläche ableitet. Wenn aber keine Elektroden vorhanden sind, wird der Stromverlauf im allgemeinen wohl innerhalb der Haut bleiben. In den Teilen, wo diese trocken bleibt, ist sie ein ziemlich guter Isolator, so daß die Stromschleifen sich praktisch nicht außerhalb des Körpers verbreiten können. Nur im Wasser werden schwache Stromschleifen in das umgebende Wasser durchdringen, sowie auch die elektrischen Schläge des Zitterrochens und des gewöhnlichen Rochens sich in dem umgebenden Wasser verbreiten und dort mit Hilfe eines Telephons und eines Paares in das Wasser getauchter Elektroden wahrgenommen werden können.

In der Luft und auf einem trockenen Boden werden umgekehrt auch keine Irrströme von außen in den Organismus eindringen. Wohl aber kann dies experimentell geschehen, wie z. B. beim Studium des psychogalvanischen Phänomens. Dann dringt ein von außen erzeugter elektrischer Strom in den Körper ein. Eine Zustandsveränderung in dem Organismus wird auf solch einen Strom ihre Rückwirkung ausüben. Auch kann der auf einer Isolierbank befindliche Mensch eine statische Ladung aufnehmen. Die Kapazität ist dann, wie wir bei experimenteller Vergleichung bestimmten, ungefähr gleich einer Kugel von annähernd 45 cm Durchschnitt oder genau, wie Einthoven und Bytel[1]) feststellten, pro Quadratzentimeter etwa $1 \cdot 10^{-6}$ F. Ohne von außen aufgezwungene Ladung ist von statischer Elektrizität unter gewöhnlichen Umständen keine Rede. Wohl kann sie aber durch Reiben an der Körperoberfläche mitgeteilt werden.

## Potentielle mechanische Energie[2]).

Es gibt eine große Anzahl von Geweben in dem Organismus, die sich in Spannung befinden. So die Skelettmuskulatur, alle Sehnen, Fascien, Ligamente, weiter die Blutgefäße und die Lungen. In allen diesen Geweben ist elastische Energie aufgestapelt, die ihren Sitz in den Gels hat, aus denen diese Gewebe zusammengesetzt sind. Es scheint, daß die Gels infolge dieser Spannung das Vermögen doppelter Brechung erhalten, die natürlich in mikroskopischen Strukturen in dem Polarisationsmikroskop nur sichtbar wird, wenn das Lichtbündel eine bestimmte Breite hat. Nur bei Strukturen von die halbe Wellenlänge überschreitender Größe ist von einer Brechung, also hier von einer doppelten Brechung die Rede. Engelmann beschreibt schon, daß ein einzelnes Flimmerhaar einer Wimperzelle keine doppelte Brechung, ein Bündel von Flimmerhaaren diese Eigenschaft aber wohl zeigt[3]).

Diese Spannungen in den Geweben finden vielleicht ihren nächsten Grund in dem gedehnten Zustand, in den die Gewebe sich einander wechselseitig während ihrer Entwicklung und ihres Wachstums bringen. Die Energie, die auf diese Weise während der Entwicklung bzw. Wachstums erzeugt wird, nimmt den Charakter von potentieller mechanischer Energie an. Daß die Energie des Sauer-

---

[1]) Einthoven u. Bytel: Pflügers Arch. f. d. ges. Physiol. Bd. 198, S. 464. 1923.

[2]) Hertz (Prinzipien der Mechanik) unterscheidet zwischen kinetischer Energie der sichtbaren Bewegung und potentieller Energie, d. h. die Summe der verborgenen Bewegungen in dem System.

[3]) Von außen angebrachte Spannung ist aber nicht die alleinige Ursache der doppelten Brechung. In flüssigen Krystallen, Lecithin z. B., entsteht die Spannung von innen heraus. Nach H. Stübel: Pflügers Arch. f. d. ges. Physiol. Bd. 210, S. 629. 1923, wären auch im Muskel doppelt brechende Eiweißkryställchen der eigentliche Grund des Phänomens. Man vergleiche übrigens die kritische Übersicht des Themas in A. v. Tschermaks Allg. Physiol. Bd. 1, S. 288. Berlin 1923.

stoffs, ohne die weder Entwicklung noch Wachstum möglich ist, an der Erzeugung dieser mechanischen Energie einen beträchtlichen Anteil hat, ist eine berechtigte Annahme. Von den Prozessen, die im Körper vorkommen, werden wohl die Oxydationen die beträchtlichsten Energiemengen erzeugen. Letzten Endes entlehnt der Organismus diesen Sauerstoff der Umgebung. Die Eingeweidewürmer (Ascaris hat deutliche Spannungen) werden ihn wahrscheinlich aus sauerstoffreichen Verbindungen mit Hilfe von gekoppelten Reaktionen nehmen müssen. Daneben darf man auch in den höheren Organismen die Spaltungsgänge als Energiequelle nicht unterschätzen[1]).

Die Elastizitätsenergie, die den Geweben innewohnt, ist noch verhältnismäßig wenig studiert[2]). Auch sie wird in zwei Faktoren zerlegt werden können, und einer dieser Faktoren ist dann die elastische Spannung. Sie kann mit Hilfe des ballistischen Sklerometers[3, 4]) gemessen werden. Die Anwendung findet man in Bd. VIII/1, S. 289 dieses Handbuches resumiert[5]).

Thermodynamisch wichtig ist auch die elastische Nachwirkung, deren Studium noch ganz in den Kinderschuhen steckt. Für den Muskel fand ARISZ[6]) sie sehr stark abhängig von der Vorgeschichte. Wahrscheinlich steht sie im Zusammenhang mit der Wärmeabgabe, die sich während der Dehnung in Substanzen wie Kautschuk, Sehnen und Muskel entwickelt. Sie muß erst abfließen, bevor die Verlängerung erfolgen kann, und später bei der elastischen Zusammenziehung muß diese selbe Wärme wieder zugeführt werden. In Modellversuchen sind diese Erscheinungen bequem zu demonstrieren (mit unvulkanisiertem Kautschuk z. B.); für lebende Systeme jedoch sind viele Schwierigkeiten zu überwinden[7]). Die nach außen abgegebene Arbeit wird in den Formeln positiv berechnet[8]).

## Wärme.

Eine überall im Organismus verbreitete Energieform ist die Wärme. Zum Teil entsteht sie als Nebenprodukt bei andern Energiewechseln. Nach der kinetischen Theorie ist Wärme aber nichts anderes als die unregelmäßige Bewegung der kleinsten Teilchen, aus denen der Stoff zusammengesetzt ist. Alle Teilchen sind bei der gleichen Temperatur im Durchschnitt genommen die Träger der gleichen kinetischen Energiemenge. Wenn man sich alles kinetisch vorstellt: die Verschiebung der kleinsten Teilchen, das Größer- und Kleinerwerden der Micellen, die Ionenwanderung usw., so braucht es nicht zu befremden, daß bei jeder Energieübertragung alle denkbaren Teilchen in unregelmäßige Bewegung geraten werden, welche sich dann wieder allen andern Teilchen mitteilen wird. Ein anderer Teil der Wärme wird wahrscheinlich absichtlich erzeugt. Die Summe erreicht einen hohen Betrag. Durch den schnellen Blutstrom wird die erzeugte Wärme über den ganzen Organismus verbreitet und fließt längs des Integuments nach außen ab (bei Landtieren in erster Linie durch Strahlung, daneben durch Leitung, durch Wärmeverlust bei Verdunstung auf Haut und

---

[1]) MEYERHOF, D.: Ber. d. Dtsch. chem. Ges. Jahrg. 58, S. 991. 1925.

[2]) W. OSTWALD (Vorlesungen über Naturphilosophie. 2. Aufl. S. 183) rechnet sie zur Formenergie.

[3]) ZWAARDEMAKER: Physiologen-Kongreß in Wien und NOYONS, Arch. f. Anat. u. Physiol., Physiol. Abt. 1910, S. 319.

[4]) NOYONS, A. K.: Sitzungsber. kon. acad. v. wetensch. (Amsterdam). 30. Mai 1908.

[5]) GILDEMEISTER: Zeitschr. f. Biol. Bd. 63, S. 103. 1914. (Vgl. Pflügers Arch. f. d. ges. Physiol. Bd. 195, S. 153. 1922.)

[6]) ARISZ, L.: Nicht publizierte Untersuchungen in meinem Laboratorium.

[7]) ARISZ, L.: Onderz. Physiol. Labor. (5) Bd. 16, S. 75. 1914.

[8]) GIBBS: l. c. S. 230.

Respirationsfläche usw.). In der Thermodynamik wird bei Zustandsänderungen in einem System die hinzukommende Wärme positiv geordnet[1]).

Wenn man die Wärmeenergie in Faktoren zerlegen will, muß dies in Temperaturen und Wärmekapazität geschehen. Dies gilt indes nur für Wärme aus Arbeit oder Absorption oder jene, die von Stellen höherer Temperatur nach solchen niedrigerer fließt. Wenn es sich aber, wie dies in vollkommen isothermischen Verhältnissen der Fall ist, nur um einen unendlich kleinen Wärmeaustausch handelt, ohne daß ein Temperaturunterschied sich geltend macht, so tritt an die Stelle der Wärmekapazität eine andere Größe, die sog. Entropie, die wir erst später definieren können.

## Volumenergie.

Die Volumenergie eines physiologischen Systems offenbart sich in dem osmotischen Druck, der in den Solen und in dem Schwellungsdruck, der in den Gels sich äußert. Die Volumenergie wird positiv gerechnet, wenn sie z. B. durch Zusammenpressen von außen her dem System zugeführt wird[2]).

Unter osmotischem Druck versteht man vom kinetischen Standpunkt[3]) den Druck, welcher infolge der Stöße der Moleküle und Ionen gegen die semipermeablen Wände der Klausen entsteht, worin die Sols eingeschlossen sind. Es sind nur die gelösten Teilchen, die für diesen Druck verantwortlich sind, denn die Moleküle des Lösungsmittels können durch die semipermeable Wand frei passieren. Will man den Begriff thermodynamisch umschreiben, dann hat man den osmotischen Druck als einen Unterschied zwischen Potentialen aufzufassen, nämlich dem Potential des Lösungsmittels für sich allein gegenüber dem Potential des Lösungsmittels in der Lösung[4]). Um die Volumenergie des Systems, das auf Rechnung des osmotischen Drucks kommt, kennenzulernen, wird man den Betrag dieses Drucks zu vervielfältigen haben mit der Masse der Lösung als Kapazitätsfaktor.

Optisch sichtbare präexistente Poren fehlen in den tierischen Membranen vollständig (wo sie vorhanden sind und sich bei der Quellung mit Wasser anfüllen, spricht man von capillarer Imbibition neben der Quellung), und wir müssen wohl annehmen, daß das eindringende Wasser in den Balken oder Scheidewänden selbst Platz findet. Zur Oberflächenspannung steht die Quellung denn auch bloß in entfernter Beziehung. Durch die Aufnahme von Wasser in die Micellen wird wahrscheinlich der Ionendruck im Innern derselben sich etwas ändern. Wo dies sich ereignet, wird auch die Oberflächenspannung etwas modifiziert werden, doch, wie Freundlich bemerkt, bloß in verwickelter Weise. Die Geschwindigkeit der Quellung in biologischen Systemen ist nicht gering. Pauli hat sie für die Quellung der Blutkörperchen verfolgt und hieraus abgeleitet, daß per analogiam die Quellung der doppelt brechenden Schichten im Muskel, welche während der Kontraktion auf Kosten der isotropen Substanz oder des Sarcoplasmas stattfindet, sich in einer Zeitdauer vollzieht, welche von derselben Größenordnung ist wie die Dauer einer einfachen Muskelzuckung. Auch geschieht die Aufnahme des Quellungswassers mit sehr großer Kraft. Leider ist es zu quantitativen Theorien auf diesem Gebiete noch nicht gekommen.

---

[1]) Dies geschieht, weil die Entropie dann in der Richtung, in der sie innerhalb des Systems zunimmt, positiv genommen wird.

[2]) Eine Betrachtung über Volumenergie findet man bei L. J. Henderson: Proc. of the nat. acad. of sciences (U. S. A.) Bd. 2, S. 654. 1916.

[3]) Lorentz, H. A.: Enzyklopädie der mathematischen Wissensch. Bd. 5 (2), S. 220.

[4]) van Laar nach mündlichem Vortrag, vgl. Sitzungsber. kon. acad. v. wetensch. (Amsterdam), 27. Mai 1905.

Es gibt aber, wie wir bereits gesehen haben, auch Gels, die in dem Dunkelfeld optisch leer bleiben. Auf diese ist die Lehre des osmotischen Druckes nicht anwendbar und muß durch eine andere Theorie, die der Quellung, ersetzt werden. Sie lautet in kurzem folgendermaßen: Die schwach alkalische Reaktion der umgebenden Flüssigkeit würde an und für sich eine Quellung hervorrufen. Sie wird eingeschränkt durch die Anwesenheit von Salzmolekülen. Eine physiologische Lösung ist in diesem neuen Gedankengang eine solche, die das Gleichgewicht der Quellung ungestört läßt.

Wenn man den Quellungsdruck als Intensitätsfaktor und das Volumen als Kapazitätsfaktor annimmt, ist die Gesamtheit des Quellungsdrucks wieder bequem zu berechnen. Die Quellungsenergie wird gleich sein müssen dem Produkt des Quellungsdrucks und der Volumveränderung des Gels. Es sind verschiedene Methoden gebräuchlich und auch auf physiologische Systeme anwendbar, um beide zu messen. Sie beruhen, was den Quellungsdruck betrifft, auf der Bestimmung des kleinsten Überdrucks, der noch gerade imstande ist, einer beginnenden Quellung vorzubeugen und, was das Volumen betrifft, im Falle einer Aufquellung z. B. der Augenlinse, auf einfacher Voluminometrie.

Außer dem Produkt von Quellungsdruck und Volumenzunahme kann man auch die Quellungswärme messen. Die Thermodynamiker bringen diese in Zusammenhang mit der Abnahme an Volumen, die dem System quellender Substanzen + Wasser zukommt. Eine tiefere Einsicht in diese Verhältnisse ist, soweit mir bekannt ist, noch nicht erlangt[1]).

## 3. Anwendbarkeit der energetischen Prinzipien in der Physiologie.

Nachdem wir in § 1 den Energieinhalt der tierischen Systeme umschrieben haben, ist nun die Anwendbarkeit der physikalischen Prinzipien innerhalb des Organismus zu untersuchen; natürlich nicht in dem Sinn, daß man würde erwarten können, daß Physik und Chemie haltmachen an den Toren des Lebens, sondern ob ihre Prinzipien als *notwendig* und *ausreichend* anzusehen sind zur Erklärung der im Organismus sich abspielenden Vorgänge.

Die allgemeine Energetik unterscheidet gegenwärtig:

1. das Prinzip der Erhaltung der Energie,
2. das Prinzip der notwendigen Zunahme der Entropie,
3. das allmähliche Gleichwerden der Änderung von innerer und freier Energie bei Annähern an den absoluten Nullpunkt,
4. das Quantenprinzip.

Sub 1 ist physiologischen Ursprungs, und es wurde diesem Prinzip von Anfang an in der Physiologie gehuldigt; ein Durchbrechen des Prinzips wurde niemals wahrgenommen noch vermutet.

Sub 2 wurde in vielen Fällen auch in lebenden Systemen wiedergefunden, aber ob es niemals durchbrochen wurde, dessen ist man weniger sicher. In § 4 kommen wir auf diese Möglichkeit zurück.

Sub 3 wird in der Physiologie in engerem Sinn wohl niemals große Bedeutung bekommen, denn das Leben der höhern Wesen vollzieht sich auf großem Abstand vom absoluten Nullpunkt (bei Warmblütern auf einem um 400° C höheren Niveau!), so daß innere und freie Energie in den gewöhnlichen physiologischen Systemen sich ganz bestimmt niemals bis zur Gleichheit nähern. Jedoch in der Chemie hat das sog. Wärmetheorem von NERNST große Bedeutung; insofern macht sich sein Einfluß auf die Physiologie fühlbar.

[1]) Vgl. über ihre Bestimmung in physiologischen Systemen. Ergebn. d. Physiol. Bd. 12, S. 613.

Sub 4 hat nur Bedeutung für die Lichtproduktion der niederen Tiere und der Tiefseefische und für die schwachen Erscheinungen der Bioradioaktivität, welche in dem Innern aller lebenden Wesen auftreten. Dies wird uns zwingen, später dem Quantenprinzip eine ganz kurze Betrachtung zu widmen[1]).

§ 4. Gesetz von der Erhaltung der Energie.

Wir können jetzt den Versuch machen, die Bestandteile des Energieinhaltes zusammen zu stellen.

Ein Teil der Energie ist aus Druckwirkungen entstanden. Ein Gas von festen, eine Lösung, von semipermeablen Wänden umschlossen, wird zusammengepreßt. Dann vermehrt sich seine zur äußeren Arbeitsleistung verfügbare Energiemenge um den Betrag der verwendeten Arbeit. Dieser Betrag ist es, den die Energetiker Vermehrung der Volumenergie nennen und die, wenn $p$ den Druck und $v$ das Volum bedeutet, durch die bekannte Formel

$$V = \int p dv$$

angegeben wird.

Ein anderer Teil verdankt der von der Umgebung geleisteten Bewegungsarbeit ihren Ursprung (eine Flüssigkeit z. B. ist zu einer gewissen Höhe aufgestaut). Analytisch schreibt sich der Beitrag der Energie, wenn $F$ eine Kraft und $l$ der abgelegte Weg,

$$W = -F dl.$$

Offenbar bilden $pdv$ und $Fdl$ zusammen das $dA$ der rein thermodynamischen Formel des ersten Hauptsatzes.

Fügt man die Wärme $dq$ hinzu, so hat man alle in der elementaren Thermodynamik behandelten Variationen der Energie zusammen getragen. Damit ist die Aufzählung der biologisch wichtigen Energieformen aber keineswegs erschöpft. Die durch elektrische Wirkungen eingeführten Energiemengen (die sog. Ionisierungsarbeit) sind noch nicht abgehandelt. Auch die mit der strahlenden Energie hineinkommenden Quanta blieben noch gänzlich unberührt, obgleich sie im pflanzlichen Organismus zur inneren Energie bedeutend beitragen. Eine wirklich biologische Energetik hätte sogar letztere der Reihe von Energieformen als erstes Glied an die Spitze zu stellen. Leider befindet sich das theoretische Studium hier noch ganz im Anfang[2]) und wir dürfen in unserer Formel die Lichtenergie nur pro memoria führen. Die vorläufige biologische Energiesumme schreibt sich daher:

$$dE = dL + dq - p \cdot dv - F dl + dU + \sigma dm + \mu dm,$$

worin $dE$ sich auf die Gesamtenergie, $dL$ auf die strahlende Energie, $dq$ auf die Wärme, $-pdv$ auf die sog. Volumenenergie, $-Fdl$ auf die Bewegungsarbeit,

[1]) Eine hinsichtlich der Physiologie und Psychologie ausgezeichnete Auseinandersetzung des Relativitätsprinzips und von EINSTEINS weiterer großer Abstraktion findet der Biologe in einem Artikel von H. K. SCHALDERUP in Scandinavien Scientific Reviews Bd. 1, S. 314. 1922.

Wir werden dem einfachen Relativitätsprinzip keine besondere Besprechung widmen, obwohl vielleicht Veranlassung bestehen würde, dies wohl zu tun, da die Zeit neben den Parametern des Raums als 4. Parameter eingeführt wird. Die Thermodynamik und die Energetik als solche kümmern sich aber nicht um die Zeit. Doch ist die Relativität in Zusammenhang mit der Zeit in der Physiologie seit undenklichen Zeiten an der Tagesordnung. Unsere Zeiteinheit ist das Etmal, und für kürzere Zeiten die Sekunde. Die letztere Wahl ist physiologischen Ursprunges, denn die Sekunde fällt zusammen mit der Dauer der menschlichen Herzperiode, und in dem Pulsschlag tragen wir alle diese Zeiteinheit mit uns herum. Indes ist diese Periode wie alle physiologischen Erscheinungen in hohem Grade veränderlich. Sie ist an Bedingungen gebunden, die je nach den Umständen stark variieren. Noch größer wird die Verschiedenheit, wenn wir Menschen von verschiedenem Lebensalter betrachten oder uns auf vergleichend physiologischen Standpunkt stellen. Die Physiologie ist tatsächlich gezwungen, ihre Zeiteinheit in den verschiedenen Fällen verschieden zu nehmen.

[2]) NERNST, W.: Theoretische Chemie, S. 734. 4. Aufl. 1903.

$dU$ auf die elektrische Energie bezieht, $\sigma dm$ auf die Oberflächenenergie und $\mu dm$ auf die chemische Energie.

Unsere Formel gibt die Energiemenge, die in einer sehr kurzen Zeitdauer der totalen inneren Energiemenge hinzugefügt werden muß.

Die größte Schwierigkeit bereitet die strahlende Energie. Diese wird sicher in nicht geringem Grade andauernd aus der Umgebung je nach der Wellenlänge in verschiedenem Maße aufgenommen.

Strahlende Energie von allerkleinster Wellenlänge ist in den Gammastrahlen vorhanden, denen wir in äußerst geringem Maße fortwährend ausgesetzt sind, die jedoch im Dienste der chirurgischen Behandlung pathologischer Fälle manchmal in größtmöglichster Menge angewandt werden. Nur absorbierte strahlende Energie übt eine Wirkung aus (sog. Gesetz von Kienböck[1])], so daß unter normalen Verhältnissen der physiologische Effekt vermutlich unendlich klein sein wird.

Röntgenstrahlen verschiedener Härte schließen sich an. Die härtesten Strahlen haben die geringste, die weichsten Strahlen die größte Wellenlänge. Die letzteren werden in den gewöhnlichen Systemen am leichtesten Wirkung ausüben können, da sie am meisten absorbiert werden.

Sowohl für die Gamma- als die Röntgenstrahlen nimmt man an, daß nicht die ursprüngliche Strahlung selbst die physiologische Wirkung ausübt, sondern erst die sekundäre Strahlung, die sie hervorrufen. Es werden aber auch Elektronen aus den Atomen freigemacht. Wegen der geringen Anfangsgeschwindigkeit dieser negativ geladenen Elektronen werden diese leicht absorbiert. und von diesem absorbierten Teil wird die Wirkung erwartet. Im Wachstum begriffene Gewebe scheinen mehr gereizt zu werden bzw. zu leiden, als alte, wenig aktive Gewebe.

Nach nicht unbeträchtlichen weiteren Strahlenarten, von welchen die in Luft stark absorbierbaren Lyman- und Schumann-Strahlen physikalisch näher studiert sind, kommt das ultraviolette Licht an die Reihe, das in neuerer Zeit so vielfach angewandt wird. Da Glas die ultravioletten Strahlen zurückhält, müssen alle Apparate, die diese Energie zuführen, aus Quarz verfertigt werden. Durch Wasser passiert es, wenigstens für die Wellenlänge 0,2–0,4 $\mu$, sehr wohl, aber durch Eiweiße, denen es in Lösungen begegnet, wird es fast vollständig zurückgehalten (Serumalbumin z. B. hat ein sehr breites Absorptionsband in dem Ultraviolett). Es ist nicht anzunehmen, daß es tiefer eindringen wird als zu den tieferen Lagen der Epidermis. Dort erweckt es ebenso wie auch das Röntgenlicht eine gesteigerte Pigmentbildung. Solange diese noch nicht stattgefunden hat, wird auch das Blut, das in den Capillarschlingen des Rete Malpighi emporsteigt, von dem ultravioletten Licht getroffen werden. Die sichtbaren Strahlen von einer Wellenlänge von 0,4–0,8 $\mu$ können die Gewebe nur durchdringen, soweit rote Strahlen in Betracht kommen. Nicht blutleer gemachtes Gewebe läßt nur diese roten Strahlen durch. Organe, aus denen man das Blut weggedrückt hat, oder die mit Ringerscher Flüssigkeit durchströmt werden, sind in geringem Grade auch für die übrigen Strahlen durchscheinend. Amsler und Pick haben hiervon merkwürdige Effekte gesehen, wenn sie Sensibilisatoren (Eosin, Hämatoporphyrin) zusetzten. Über infrarote Strahlen ist bislang wenig bekannt geworden[2]). Sie werden absorbiert, aber von einer anderen Wirkung als Erwärmung hat sich bis jetzt nichts gezeigt. Mit Rücksicht auf die Spärlichkeit der Untersuchungen darf man am allerwenigsten schließen, daß Unwirksamkeit festgestellt sei.

Nach einer nicht untersuchten Zone von Wellenlängen kommt schließlich die Hochfrequenzstrahlung, die in der Diathermie Anwendung findet. Sie bringt bei Absorption zunächst eine Wärmeentwicklung zustande.

Die modernen Angaben über Absorption von strahlender Energie nötigen dazu, unter die von außen angeführten Energieformen auch die strahlende Energie zu rechnen. Die Sonne sowohl als der Boden strahlen sie in nicht geringem Maße aus, und sicher sind darunter auch wohl Strahlen, infrarote oder noch langwelligere, die den Körper bis in seine entferntesten Schlupfwinkel durchdringen. Es sind Versuche gemacht, ihnen eine physiologische Wirkung zuzuschreiben.

Baas Becking schreibt in dem Vorwort zu seiner Dissertation: „In as much as living cell can be compared with a closed opaque container it may be assumed, that a certain amount of heat radiation of any frequency is always present within the cell. Therefore every chemical reaction takes place in a bath of radiation.“

J. Perrin zum Führer nehmend, sucht der Autor Zusammenhang zwischen einer Anzahl physilogischer Prozesse und Strahlung. Perrin betrachtet die chemische Reaktion im

---

[1]) Vgl. aber Bayliss: Principles of General Physiolog. S. 548. 2. Aufl.

[2]) Diese infrarote strahlende Energie ist es, die man strahlende Wärme nennt. Sie geht in den strahlenden Körpern ebenso wie das sichtbare Licht von der Elektronenschale aus.

allgemeinen als Resonanzphänomen auf eine bestimmte Erregungsfrequenz („exciting frequency"). Diese letztere ist nach BECKINGS Berechnung z. B. für die Reduktion von Oxyhämoglobin die Frequenz, passend bei infrarot[1]). Eine nicht geringe Zahl solcher Beispiele aus der Pflanzen- und Tierphysiologie beweist in jedem Falle den Nutzen der Theorie als Arbeitshypothese.

Unmittelbar neben die strahlende Energie ist in unserer Formel die Wärmeenergie, d. h. die ungeordnete kinetische Energie aller Moleküle und Ionen, gestellt. Auch die BROWNsche Molekularbewegung, die in allen Sols nachgewiesen werden kann, gehört hierher. Hierfür können die zahllosen Stöße der umgebenden Moleküle verantwortlich gemacht werden. So ist denn die den Körper überall durchdringende Wärme verantwortlich zu machen für zwei überaus wichtige Erscheinungen in jedem lebenden Wesen:

1. den osmotischen Druck,
2. die unaufhörliche Bewegung der Micellen in der kolloidalen Flüssigkeit.

Auch in dem amorph glasigen Zustand der Gels werden die Micellen zweifellos einer Wärmebewegung unterworfen sein. Die Bedeutung von neu zugeführter oder aus dem Körper weggenommener Wärmeenergie ist infolgedessen sehr groß, da die allgemeine Steigerung oder Senkung der Temperatur von weitreichenden Folgen in jedem physiologischen System sein muß.

Eine dritte Form von Energie, die von außen her einem physiologischen System aufgezwungen oder weggenommen werden kann, ist die Volumenergie. Insoweit sie sich in Erhöhung oder Erniedrigung von osmotischem Druck äußert, ist sie indes schon in $dq$ einbegriffen und darf deshalb nicht zum zweiten Male angeführt werden[2]). Soweit sie aber als Quellungsenergie sich äußert, muß sie hier erwähnt werden.

Eine 4. Form von Energie ist die Bewegungsarbeit. Davon ist stets ein nicht geringer Vorrat in dem System vorhanden. So ist A. J. EWART der Ansicht, daß in den Pflanzenzellen die Protoplasmaströmung $^1/_{10}$ aller durch die Pflanzenatmung zugeführten Energie verbraucht. Dies ist aber keine Energie, die als Bewegungsarbeit aufgenommen wird, noch als solche nach außen abgegeben wird. In dem tierischen Körper mit seinen großen Lokomotionen wird jedoch die Abgabe von mechanischer Energie nach außen in großem Maßstabe stattfinden. Auch das Flimmerepithelium gibt Bewegungsenergie nach außen ab (siehe ENGELMANNS Flimmermühle und MAXWELLS Papierschnitzel, die sich gegen eine schräg gestellte Fläche bewegten. Indes auch in potentieller Form kommt es jedesmal zur Bildung von mechanischer Energie. Überall, wo doppelt brechende Strukturen gebildet werden, ist dies der Fall. Auch gibt es vielleicht dichte, optisch leere Gels, die ebenfalls eine Ordnung der Micellen nach Spannungslinien zeigen. Auch kann ich mir nicht vorstellen, daß die optische Leere aller Kerne auf Quellung beruhen sollte. Viel wahrscheinlicher dünkt es mich, darin eine besondere Ordnung der Micellen anzunehmen und dieser die optische Leere wie in den Krystallen zuzuschreiben. Dann würde alle Kernteilung mit der Bildung von potentieller Bewegungsenergie einhergehen müssen.

Das Ein- und Austreten von elektrischer Energie nimmt, soweit wir wissen, in intakten physiologischen Systemen, von wie großer physiologischer Bedeutung sie auch sein mag, in der Aufzählung einen quantitativ unbedeutenden Platz ein.

Der Vorrat von Oberflächenenergie kann in einem möglichst abgeschlossenen physiologischen System sehr wohl spontan oder durch von außen her kommende Einflüsse abnehmen. Dies wird jedesmal dann stattfinden, wenn irgendwo in dem System der Grad der Dispersion abnimmt. Beim Gerinnen geschieht dies spontan aus äußeren Gründen, ferner bei Bestrahlungen durch ultraviolettes Licht oder corpusculäre Strahlung. Es wird aber vorerst nicht leicht sein, diesen fortwährend verlorengehenden Betrag der Oberflächenenergie bzw. die in anderen Fällen neu entstehende Oberflächenenergie in einem Zahlenwert auszudrücken und also als $\sigma\,dm$ in die Formel aufzunehmen.

Die Zufuhr und Wegnahme von chemischer Energie durch Resorption aus dem Darmkanal und durch die Atmung sind schon weiter oben besprochen; auch diese tragen zu der Balanceveränderung bei, welche die innere Energie des Organismus erfährt.

Im Falle von Energiegleichgewicht muß, wenn das Gesetz von der Erhaltung des Arbeitsvermögens auch für den menschlichen Körper durchzuführen ist, $dE = 0$ sein. ATWATER gab in dem großen Respirationscalorimeter von Middletown (Connecticut) die bejahende Antwort, und BENEDICT und seine Mitarbeiter,

---

[1]) BAAS BECKING: l. c. S. 54.

[2]) Die Zustandsvergleichung von einer Flüssigkeit ist zu umständlich, um hier betrachtet zu werden, doch bei der der Gase stellt nach VAN DER WAALS selbst in $p = \frac{RT}{v-b} + \frac{a}{v}$ das erste Glied die kinetische, das zweite die potentielle Energie vor.

die seine Arbeit in Boston fortgesetzt haben, bestätigen dies. Sowohl der ursprüngliche Calorimeter von $2 \times 2 \times 2$ m, wie der gegenwärtige um die Hälfte kleinere, beruhen auf dem Kompensationsprinzip. Die Versuche können im Dunkeln stattfinden. Durch einen ständig gleichmäßigen Temperaturunterschied zwischen Individuum und Wand ist auch die infrarote Komponente vollkommen stationär. Das Glied $pdv$ spielt keine nennenswerte Rolle. Das Glied $Fdl$ allein wird bei Arbeiten in Wärme umgesetzt, die bei der Endsumme in Rechnung gesetzt werden muß. Das Glied $dU$ fällt weg. Das Glied $\sigma dm$ kommt bei Untersuchung des basalen Metabolismus 12 Stunden nach einer Mahlzeit nur in Betracht, insoweit es den Sauerstoff betrifft. Die Erfahrung bestätigte, daß $dE$ sich wirklich Null annähert, wenn man das Mittel von vielen Beobachtungen nimmt. ATWATERS Experimente haben seinerzeit mit Recht eine große Befriedigung hervorgerufen, denn sie demonstrieren, vorausgesetzt, daß das Gesetz von der Erhaltung der Energie für den menschlichen Organismus seine Anwendungsfähigkeit behält, daß keine unbekannten Energieformen bestehen (Schallwellen, Hochfrequenzwellen), die durch die Wände des Calorimeters hindurchgehend von den Beobachtern nicht beobachtet werden konnten; jedenfalls müssen ihre in Grammcalorien gemessenen Mengen wohl äußerst unbedeutend sein. Indessen können kleine Energiemengen in der organischen Natur eine millionenfältige Auswirkung ausüben, wenn sie als Reize auftreten. Obgleich man also CH. RICHET[1]) durchaus nicht zu folgen braucht. so ist es ebensowenig möglich, ihm energetisch zu widersprechen.

Wenn die Versuchsperson sich außerhalb des Calorimeters aufhält, nimmt sie mit Hilfe ihrer Sinnesorgane unmittelbar kleine Energiebeträge auf, deren Menge zu betrachten von Nutzen sein kann.

Versuchen wir die Energiemenge zu berechnen, die im gewöhnlichen Leben täglich von den Sinnesflächen aufgenommen wird. Absolut genommen handelt es sich um sehr geringe Quantitäten. Nimmt man die physiologische Pupillenweite mit 3 mm und die in der Umgebung herrschende Lichtstärke mit 1000 Meterkerzen an, was eine sehr hohe Schätzung ist, so habe ich früher einmal[2]) die ins Auge eintretende Lichtmenge auf 600 Erg pro Sekunde berechnet. An einem tropischen Tag von 12 Stunden beziffert sich das alles zusammengenommen auf 0,5 Grammkalorien.

Der unter gewöhnlichen Umständen unbeachtete Teil des Tageslärmes wurde von uns früher auf $7 \times 10^{-3}$ Erg pro qcm und pro Sekunde veranschlagt. Auf die beiden Trommelfelle kommt also $5 \times 10^{-3}$ Erg pro Sekunde. Pro 24 Stunden macht dies ungefähr 400 Erg; gelegentlich wird sich hierzu die Schallenergie einer menschlichen Stimme addieren. Diese wurde von MINKEMA und mir auf 10 Erg pro Sekunde und (in 3 m Entfernung) pro qcm geschätzt[3]), womit eine auf ganz anderen Wegen vorgenommene Bestimmung von ZERNOW[4]) übereinstimmt.

Wenn es sich um die Stimme eines anderen handelt, kommt hiervon 6,6 Erg pro Sekunde auf die beiden Trommelfelle.

Wenn es sich nicht um eine fremde Stimme, sondern um die eigene handelt, läßt sich die Schallenergie, welche in diesem Falle die beiden Gehörorgane erreicht, nach den Untersuchungen NIKIFOROWSKYS auf 0,00014 Erg pro Sekunde veranschlagen[5]).

Sogar wenn man, was übertrieben ist, annimmt, daß während 8 Stunden fortwährend abwechselnd entweder die eine oder die andere Stimme in unserer Nähe ertönte und von uns gehört würde, so würde das noch nicht 100000 Erg und mit dem unbeachtet bleibenden Teil

[1]) RICHET, CH.: Vortrag zu Edinburgh, 24. Juli 1923. Quart. journ. of exp. physiol. Bd. 13, S. 36. 1923.

[2]) Ergebn. d. Physiol. Bd. 4, S. 436.

[3]) ZWAARDEMAKER, H. u. F. F. MINKEMA: Über die beim Sprechen auftretenden Luftströme und über die Intensität der menschlichen Sprechstimme. Arch. f. (Anat. u.) Physiol. 1906, S. 433. — Zu ähnlichen Werten gelangte neulich auch F. HOGEWIND (Analyse en Meting van het Dagrumoer. Dissert. Utrecht 1926).

[4]) ZERNOW: Über absolute Messungen der Schallintensität. Die RAYLEIGHsche Scheibe. Ann. d. Phys. (4), Bd. 25, S. 79. 1908.

[5]) Proc. of the roy. acad. Amsterdam, 27. Jan. 1912.

des Tageslärmes zusammen noch kein $^1/_{500}$ einer Grammcalorie betragen. Zwar kommt noch das hinzu, was von den Schädelknochen aufgenommen ebenfalls zum inneren Ohre geleitet wird, aber nach NIKIFOROWSKYS Schätzungen handelt es sich dabei um einen winzigen Betrag. Weiter ist es möglich, daß nicht eine Stimme, sondern mehrere zugleich in der Umgebung erklingen, und ferner, daß in der Großstadt der Straßenlärm[1]) hinzukommt. Dennoch bleibt die Schallmenge wahrscheinlich bedeutend unter der auf uns einwirkenden Lichtmenge. Daher kommt es vielleicht, daß dem Lichte ein mehr überwiegender Einfluß auf die Verteilung des Wachens und des Schlafens zukommt als dem Schall.

Der Energiewert der uns als Kälte und Wärme zuströmenden Sinnesreize läßt sich nicht schätzen, weil bloß der Wechsel der zu- oder abfließenden Wärme als Sinnesreiz gilt. Man darf nicht die Gesamtmenge der Wärme, welche die Haut verläßt oder ihr zuströmt, in Rechnung bringen, sondern nur die Variation der von den Kälte- bzw. Wärmepunkten aufgenommenen Energie. Vorläufig fehlt es an Mitteln, um auf diesem Gebiet zu Schätzungen zu kommen, die Vertrauen verdienen. Noch weniger läßt sich nach dem gegenwärtigen Stande der Wissenschaft die Menge der dem Körper zugeführten olfaktorischen oder gustatorischen Energie berechnen.

Jedoch aus dem, was wir über die beiden wichtigsten Sinne gelernt haben, läßt sich jedenfalls ableiten, daß es sich um Energiemengen von weniger als 1 Grammcalorie handelt. Nur muß eine vorläufig noch unbestimmbare Menge von Energie hinzugefügt werden, welche den propriozeptiven Sinnesorganen durch die Schwerkraft übertragen wird. In der Physiologie hat man sich noch wenig von der Tatsache durchdringen lassen, daß der Mensch und die Tiere sich in dem großen Gravitationsfeld der Erde befinden. Wäre dieses Bewußtsein lebendiger gewesen, dann würde man zweifellos schon früher die Receptoren aufgespürt haben, auf die in unserem Körper die Schwerkraft einwirkt und von denen Reflexe und Wahrnehmungen hervorgerufen werden, sobald es da auf ein oder die andere Weise zur Übertragung von Energie sollte kommen können.

Physikalisch greift die Schwerkraft freilich überall an mit einer Intensität, die proportional ist der an jedem Punkte herrschenden Schwere, an einem Punkte von Fe oder Ca also mehr als an leichteren Atomen. Sensoriell werden aber nur Reaktionen von den Stellen aus erzeugt, wo sensible Endorgane bereit liegen, für die die Schwerewirkung ein adäquater Reiz ist. Diese Endorgane werden vermutlich kompliziert gebaut sein, da man wohl verborgene Bewegungen in ihnen annehmen muß (Protoplasmaströmung, Bewegung von Haaren). Ohne diese würde die Schwerkraft nicht perpetuell zu Energieübertragung Veranlassung geben können in der ganzen Zeit, während welcher sie erfahrungsgemäß eine Reizung herbeiführt.

Solche adäquate Receptoren trifft man punktförmig verbreitet an, und zwar:

a) in der Haut,

b) in den Weichteilen, den Fascien, den Ligamenten und in den Gelenken,

c) im Labyrinth zu einem massiven Organ angehäuft.

Die kleinen Energiemengen erlangen physiologische Bedeutung durch die andauernde Aktion, die sie auch in der Ruhe in allen Reflexbogen unterhalten.

Sub a) habe ich früher auf noch kein Erg pro Tag geschätzt[2]), für sub b) fehlt jeder Anhaltspunkt, für sub c) berechnete ich früher die Energieübertragung bei einer vereinzelten Reizung auf $12{,}5 \times 10^{-8}$ Erg[3]).

## 5. Zweites Hauptgesetz der Thermodynamik.

Im Gegensatz zum ersten Hauptsatz, der physiologischen Ursprungs ist, ist der zweite Hauptsatz der Thermodynamik und der Energetik eine physikalische Entdeckung. Infolgedessen ist er von Anfang an auf die leblose Natur beschränkt geblieben, ja es ist schon oft bezweifelt worden, ob er wohl auf die lebendige Natur angewendet werden darf[4]), und auch BOLTZMANN hat einmal bemerkt, daß es in der Natur vielleicht Stellen gibt, wo der zweite Satz seine Herrschaft verliert[5]). Solche Aussagen sind keineswegs gleichbedeutend mit dem Zurückrufen der

[1]) Man vgl. für die Messung des Straßenlärms F. HOGEWIND: Inaug.-Dissert. Utrecht 1926.

[2]) Ergebn. d. Physiol. Bd. 12, S. 602.

[3]) ZWAARDEMAKER, H.: Leerboek der Physiologie, Bd. 2, S. 316. 3. Aufl.

[4]) Nach AUERBACH: Kanon der Physik, S. 414. Man vergleiche auch HELMHOLTZ: Journ. f. Mathemat. Bd. 100, S. 137.

[5]) Nach CHWOLSON: Boltzmann-Festschrift 1904, S. 33.

alten Lebenskraft, denn sie hängen, wie wir sehen werden, mit der mechanisch-statischen Naturanschauung unmittelbar zusammen[1]).

Eine außerordentlich einfache und leicht verständliche Umschreibung des zweiten Hauptsatzes ist wohl die folgende: „Wärme von niederer Temperatur kann niemals in Wärme von höherer übergeführt werden, wenn nicht irgendwo neue Wärme entsteht.“ In dieser Form entbehrt der Satz aber mathematische Gestalt und kann daher nicht in den Rechnungen verwendet werden. Diese Möglichkeit eröffnet sich, wenn man ihn auf Kreisprozesse anwendet. Werden die Kreisprozesse dann noch reversibel geleitet, was in der Natur zwar nicht vorkommt, aber sehr wohl gedacht werden kann, wäre es nur als Grenzfall zwischen den beiden in entgegengesetzten Richtungen verlaufenden Sonderprozessen, so kommt man sogar zu einer sehr einfachen mathematischen Formulierung. Zugleich entsteht aber das Bedürfnis nach einem neuen Begriff, der, nachdem er von CLAUSIUS zum erstenmal aufgestellt worden war, die Grundlage der modernen Thermodynamik geworden ist. Dieser Begriff ist der Entropiebegriff. Man braucht ihn, sobald man Kreisprozesse zu betrachten beginnt, die entweder ganz oder in ihren einzelnen kleinen Stückchen isotherm verlaufen.

Die älteste Form, in welcher die Entropie sich den Physikern zeigte, war eine analytische. CLAUSIUS zerlegte die der Wärme zukommende Energiemenge in zwei Faktoren in der Weise, daß der eine als integrierender Nenner der auf umkehrbarem Wege aufgenommenen bzw. abgegebenen Wärme benützt werden kann. Dieser Faktor war die absolute Temperatur, während er den anderen Faktor die Entropieänderung nannte. Also:

$$dq = T \cdot dS.$$

Diese Formel $dS = dq/T$ geschrieben, setzt eine unendlich kleine und reversible Zustandsänderung voraus. Zwischen zwei endlich verschiedenen Zuständen $A$ und $B$ integriert, ist die Summe aller aufeinanderfolgenden, unendlich kleinen Transformationen:

$$\int \frac{dq}{T}$$

und in dem Fall eines (reversiblen) Kreisprozesses

$$\int \frac{dq}{T} = 0,$$

was so oft gilt, als das System in seinen Anfangszustand zurückkehrt, welches auch die Zwischenzustände sein mögen.

Die Theorie lehrt aber außerdem, daß in nicht umkehrbaren Kreisprozessen $dq = TdS - \Delta$ sein muß, wo $\Delta$ eine immer positive Größe bedeutet und, da alle natürlichen Prozesse sowohl in der unbelebten als in der belebten Natur gänzlich oder teilweise irreversible Prozesse sind, gilt für diese alle

$$\int \frac{dq}{T} < 0,$$

[1]) Auch F. G. DONNAN ist dieser Ansicht, denn er führt das Versagen des Entropiegesetzes in der lebenden Natur unmittelbar auf die Kleinheit der Dimensionen und die Geringheit der Molekülzahl in den organischen Gebilden zurück: „It seems, therefore, very probable that there exist biological systems of such minute dimensions that the laws of classical thermodynamics are no longer applicable to them. Such laws must be replaced by the statistical theory of molecular fluctuation and in the last resort by the theory of individual action.“ (Journ. of gen. physiol. Bd. 8, S. 688. 7. März 1927.)

was man die Clausiussche Ungleichung nennt. Der negative Wert des linken Gliedes ist in einem gewissen Sinne das Maß der Umkehrbarkeit.

Der oben umschriebene Begriff ist die Entropie der thermodynamischen Analyse. Vom mechanisch-statischen Standpunkte kann man ihn jedoch auch anders und, wie mir scheint, für medizinisch erzogene Geister weit anschaulicher ausbilden. Wenn irgendein Gas oder eine Flüssigkeit in einen neuen Zustand versetzt worden ist, wird, wie Boltzmann hervorhebt, die Geschwindigkeitsverteilung der Moleküle keineswegs der dem Normalzustande entsprechende sein. „Der Anfangszustand wird in den meisten Fällen ein sehr unwahrscheinlicher sein, von ihm wird das System immer wahrscheinlicheren Zuständen zueilen, bis es endlich den des wahrscheinlichsten, d. h. den des Wärmegleichgewichtes erreicht hat. Wenden wir dies auf den zweiten Hauptsatz an, so können wir diejenige Größe, welche man gewöhnlich als Entropie zu bezeichnen pflegt, mit der Wahrscheinlichkeit des betreffenden Zustandes identifizieren[1]."

Hier zeigt sich klar der große Nutzen der mechanisch-statistischen Betrachtungsart. Ohne sie ist es keinem Menschen gegeben, sich von dem Entropiebegriff eine wirkliche Vorstellung zu machen. Erst durch das Bild der zahllosen durcheinanderwirrenden Moleküle und durch die sich hieran anschließenden statistischen Überlegungen über die sich in gradlinigen Bahnen bewegenden und zusammenstoßenden Teilchen und ihre Anordnung im Raum wird es ermöglicht, eine innere Anschauung des Ganzen zu gewinnen.

Man wird sich kaleidoskopisch[2]) alle die wechselnden Anordnungen vorstellen und allmählich die wahrscheinlicheren Zustände sich am häufigsten wiederholen sehen. Nach Boltzmann also wird ein derartiges sich selbst überlassenes System nur von den unwahrscheinlicheren zu den wahrscheinlicheren Anordnungen schreiten, nicht umgekehrt. Die augenblicklich vorhandene Situation kann in sich selbst überlassenen Systemen im Laufe der Zeit sich der wahrscheinlichsten Situation mehr und mehr annähern. Ohne eine von außen hervorgerufene Störung ist eine Rückkehr zu früheren unwahrscheinlicheren Zuständen nicht denkbar. Ja man könnte sagen, die Entropie eines Systems ist das Maß seiner Unordnung, oder die negative Entropie eines Systems ist das Maß der Ordnung, welche in einem System herrscht (C. H. Wind).

F. Auerbach sagt dasselbe: Entropie ist der mit einem Faktor multiplizierte Logarithmus der Wahrscheinlichkeit[3]).

Mittels einer ähnlichen Überlegung läßt sich auch die Dissipation der Energie[4]) verstehen. In jedem materiellen System sind verborgene Bewegungen vorhanden. Ein Teil dieser Bewegungen entspricht der Wärmebewegung und hat die Eigenschaft, vollkommen ungeordnet zu sein, d. h. ihre Verteilung wird bloß durch das Gesetz des Zufalles beherrscht. Wenn nun den Teilchen, die diese Bewegungen ausführen, irgendeine andere Energieform zugeführt wird, ist es leicht begreiflich, daß gelegentlich etwas von dieser Energie in die ungeordnete Form übergeht.

---

[1]) Boltzmann, L.: Sitzungsber. d. Akad. d. Wiss., Wien. Mathem.-naturw. Kl. Bd. 76 (2), S. 370. 1878. (Vgl. M. Planck: Boltzmann-Festschrift 1904, S. 113).

[2]) Ich behalte das Bild bei, obgleich es nicht ganz korrekt benutzt ist.

[3]) Sehr einfach umschreibt F. G. Donnan die hier vorherrschenden Beziehungen mit den Worten: „The equilibrium state of a physicochemical system as defined by thermodynamical laws is simply the most probable state, towards which the system tends on the average but from which it can also fluctuate, the probability of any specified fluctuation diminishing in general rapidly with the magnitude of the fluctuation." (Journ. of gen. physiol. Bd. 8, S. 685. 7. März 1927.)

[4]) Das Postulat der Dissipation von Energie ist von Lord Kelvin herkömmlich: Die in der Welt vorhandene Energie strebt nach Zerstreuung, d. h. nach dem Übergang zu gleichmäßig verteilter Wärmeenergie.

Letzteres ereignet sich oft, also muß die Chance zu der genannten Umwandlung sehr groß sein. Bei allen an den Massen vorgehenden Energieübertragungen, wobei das System von Zeit zu Zeit in seinen früheren Zustand zurückkehrt, wird also ein Bruchteil der Energie in ungeordnete Bewegung, d. h. in Wärme übergehen.

Wir haben oben schon angenommen, daß HELMHOLTZ und BOLTZMANN die Möglichkeit offen gelassen haben, daß es Stellen in dem Organismus geben könne, wo das statistisch mechanische Entropiegesetz seine Anwendbarkeit würde verlieren können. F. AUERBACH geht in dieser Hinsicht noch weiter, indem er in seine Betrachtung über die Dissipation, d. h. die Entwertung der Energie, folgenden Satz aufnahm: ,,Leben ist die Organisation, die sich die Welt geschaffen hat zum Kampf gegen die Entwertung der Energie[1]).“ Das Bemerkenswerte dieser Auslassungen ist, daß daraus hervorgeht, wieviel weniger entschieden die Koryphäen der Physik das Entropiegesetz auf die lebende Natur anwenden, als es vielfach die Biologen tun, die sich mit Physik und Chemie im Organismus beschäftigen[2]).

Indessen muß man nicht mit den alten Vitalisten in das andere Extrem verfallen. Zwar muß zugegeben werden, daß das Entropiegesetz bei bestimmten physiologischen Vorgängen im Stich lassen kann, aber andererseits gibt es viele Fälle, wo es zwingend herrscht.

Eine sehr vollständige Literaturübersicht über alles, was über diese Frage veröffentlicht ist, findet man von der Hand von F. H. GARRISON in dem New York state journ. of med. 1909, auf das für diesbezügliche Einzelheiten verwiesen wird[3]).

Wenn irgendein Unterteil der Lebensprozesse als ein thermodynamischer Vorgang aufgefaßt wird, ist es selbstverständlich dem Gesetz unterworfen, nach welchem kein Wirkungsgrad größer sein kann, als der Nutzeffekt eines reversiblen Prozesses $(Q-Q_1)/Q'$ (oder was hier auf dasselbe herauskommt $(T'-T)/T'$.

Nach Art der Sache sind Entropieanschauungen mathematisch nur durchführbar, wenn es sich um Kreisprozesse handelt. Diese stellen sich dann selbst als Ganzes genommen als nicht umkehrbar heraus. Bei der Berechnung des Endergebnisses ist in solch einem Kreisprozeß die Zunahme der Entropie ausschließlich abhängig von dem Anfangs- und Endzustand des Systems. Die in der Zwischenzeit durchlaufenen Zustände kommen nicht in Betracht. Man ist seit langem dieser Frage am arbeitenden Körper als Ganzem näher getreten; in neuerer Zeit ist sie auch für besondere Systeme in erster Linie für den Muskel ventiliert worden. Zu einem gewissen Abschluß ist sie in der allerneuesten Zeit durch die Arbeiten von A. V. HILL und MEYERHOF gelangt[4]).

In der Physiologie haben wir häufig mit einigen Konsequenzen des zweiten Gesetzes zu tun:

1. dem Massengesetz von GULDBERG und WAAGE,

2. der Katalyse dabei, aufgefaßt als Veränderung der Konstanten der Reaktionsgeschwindigkeit,

3. der Regel von VAN 'T HOFF-ARRHENIUS über Temperatur und Geschwindigkeit von chemischen Reaktionen,

---

[1]) AUERBACH, F.: Ektropismus oder die physikalische Theorie des Lebens. Leipzig: Engelmann 1910.

[2]) KANITZ: Oppermanns Handb. der Biochemie. Bd. 2, S. 213.

[3]) GARRISON, F. H.: Physiology and the second law of thermodynamica. New York state journ. of med. Nr. 11, Nr. 18, Nr. 25. 1909.

[4]) Man vgl. HILL, A. V. u. H. LUPTON: Quart. journ. of med. Bd. 16, S. 135. Jan. 1923. — MEYERHOF, O.: Ergebn. d. Physiol. Bd. 22, S. 344. — K. SCHREBER: Pflügers Arch. f. d. ges. Physiol. Bd. 197, S. 300. 1922.

4. den Präzipitationen in dem isoelektrischen Punkte, insofern als dabei die Oberflächenspannung Gelegenheit bekommt, ein Minimum zu werden.

Auf sub 1 und 2 ist tatsächlich die ganze moderne Biochemie aufgebaut, sub 3 ist, seit SNYDER sie zuerst anwandte, auf beinahe alle physiologischen Systeme anwendbar erschienen, und sub 4 ist die Grundlage geworden von ausgedehnten Gebieten der Kolloidchemie und Immunochemie. Doch abgesehen von diesen unmittelbaren Folgen des Entropiegesetzes begegnet man auch anderen Andeutungen von sicherer Nichtumkehrbarkeit, die möglicherweise mit dem Entropiegesetz in Verbindung gebracht werden können. Dies ist z. B. der Fall mit dem stationären Energiestrom, der sich durch den ruhenden Körper bewegt. Die von außen aufgenommene Energie wird innerhalb und durch Mithilfe des lebenden Organismus in neue Formen gebracht, die auch bei Gleichgewicht des Metabolismus den Körper in diesen neuen Formen verläßt. Diese Übergänge geschehen immer in einer Richtung. Sie gehen niemals rückwärts. Mancher glaubt, und vielleicht zu recht, daß das Entropiegesetz diese Richtung bestimmt.

Es gibt noch einen anderen Prozeß, der auch im Wesen nicht umkehrbar ist und darum von einigen mit dem 2. Gesetz in Verbindung gebracht wird, nämlich der allgemeine Lauf der Entwicklung abschließend mit dem Tod (A. KANITZ). Wenn auch in seltenen Fällen umgekehrte Durchgangsreaktionen[1]) in der Entwicklung vorkommen, so geht nichtsdestoweniger als allgemeine biologische Erscheinung die embryologische Entwicklung stets in *einer* Richtung vorwärts. Indessen ist es fraglich, ob man hierin mehr als eine Analogie sehen darf. Das Gesetz der Entropie ist eine mathematische aus Thermodynamik und Wahrscheinlichkeitsrechnung abgeleitete Deduktion, das Gesetz des Todes ist ein Erfahrungsgesetz, dessen zwingende Macht jedes Geschöpf zu seiner Zeit erfährt, aber dessen Notwendigkeit a priori thermodynamisch nicht bewiesen werden kann, um so weniger, weil in dem Gang der Entwicklung der Parameter der Zeit eingeführt ist. Der Zeitparameter ist seinem Wesen nach nicht umkehrbar, und es könnte sein, daß hieraus und nicht aus dem Entropiegesetz abgeleitet werden muß, daß die Entwicklung nicht umkehrbar ist.

Endlich eine dritte Analogie, die wohl in diesem Zusammenhang zu erwähnen wäre, nämlich die Analogie zwischen dem Altern von Zellen und dem Altern in kolloidalen Systemen. Das letztere beruht auf einer Umordnung der Micellen, die mit Freiwerden von Wärme einhergeht und infolgedessen dem Entropiegesetz unterworfen sein muß. Schöne Beispiele dieses Alterns findet man bei ARISZ[2]), angezeigt durch die Zunahme des Tyndall-Lichtes in Gelatine, einige Tage, nachdem man sie durch Abkühlung aus dem Sol- in den Gelzustand hat übergehen lassen, und bei FREUNDLICH[3]) durch die Veränderungen durch ultraviolettes Licht in einem Kaliumstearatgel.

Indessen ist es nicht gut denkbar, daß das kolloidale Altern die Ursache des cellulären Alterns sein sollte. In den lebenden Geweben bleibt ja kein einziges Stoffkörnchen auf die Dauer innerhalb des Systems. Stets kommt in jedem Punkte Erneuerung zustande. Häufig werden die Zellen als Ganzes erneuert, manchmal das Protoplasma punktweise. Es sind also niemals dieselben Gels, die der Schauplatz eines kolloidalen Alterns sein können.

Das „Altern" der Gewebe kann also nicht als eine unmittelbare Konsequenz des 2. Gesetzes angesehen werden. Der ausschlaggebende Faktor ist die Entropie bei dem Altwerden der Gewebe jedenfalls nicht, denn nicht nur während des

---

[1]) DRIESCH, H.: Zeitschr. f. wiss. Biol., Abt. D: WILH. ROUX' Arch. f. Entwicklungsmech. d. Organismen Bd. 14, S. 288.

[2]) ARISZ, L.: Kolloidchem. Beih. Bd. 7, S. 25.

[3]) FREUNDLICH: Kapillarchemie, S. 997. 2. Aufl.

Prozesses des Alterns kommt Dissipation vor. Auch junge sich entwickelnde Gewebe sind dem unterworfen und wahrscheinlich in reichlicherem Maße als alte Gewebe. Nach BURGE[1]) ist in diesen Geweben beim Neonatus wenig Oxydation, in den Geweben von jungen und erwachsenen Individuen eine reichliche, im Greisenalter wieder weniger. Die Kurve hat einen sehr charakteristischen Verlauf. Zwar schreibt BURGE dieses Verhalten dem Katalasegehalt, der anfangs gering, hoch in der Blüte des Lebens und wieder gering in höherem Lebensalter ist, zu, aber den inneren Vorgang der Dinge können wir in energetischen Betrachtungen beiseite lassen, da wir es nur mit dem Anfangs- und Endzustand zu tun haben. Ob die primäre Aktivierung von Wasserstoffionen die Leitung hat (THUNBERG) oder vielmehr die spätere Spaltung von den neugebildeten $H_2O_2$-Molekülen, tut thermodynamisch nichts zur Sache. Die tatsächliche Entropievermehrung ist im Greisenalter kleiner als bei Erwachsenen, also ist die Entropiezunahme auch niemals ein Maßstab für das Altern.

Es ist übrigens noch eine andere Erklärung für das Altern der Zellen möglich, welche mit der Entropie nichts zu tun hat. Aus den Untersuchungen von PETERS ist hervorgegangen, daß das Element Kalium für das Wachstum von Paramaecium notwendig ist. Durch Uran kann es nicht ersetzt werden. Dagegen wirken kleine Dosen Uran als Wachstumsreiz, wenn diese Dosen größer werden, können sie auch Hemmungen des Wachstums bewirken. Nun kommen in der Einatmungsluft immer kleine Dosen Emanation vor. Zum Teil wird die Emanation wieder ausgeatmet, aber ein anderer Teil wird als Restaktivität zurückgehalten. Hierdurch und durch andere Aufnahmen fand LAZARUS BARLOW 1 Mikrogramm Ra Äquivalent in toto in der Asche, berechnet auf 60 kg Körpergewicht. Eine systematische Untersuchung der Asche von Organen von Personen verschiedenen Lebensalters ist noch nicht vorgenommen worden, aber die Wahrscheinlichkeit besteht, daß der Gehalt bei älteren Individuen wohl höher sein könnte, und undenkbar wäre es nicht, wenn die geringere Erneuerung des Protoplasmas damit in Verbindung gebracht werden könnte.

## 6. Das Problem der freien Energie.

Der Energieinhalt eines Systems ist, wie bereits auseinandergesetzt, die Summe aller Verbrennungswärmen, die aus sämtlichen Bestandteilen des Systems erhalten werden können, und man würde auch den Energieinhalt der Moleküle der Verbrennungsprodukte und der Asche, die als Schlacke zurückbleibt, mitgezählt haben, wenn es ein Mittel gäbe, ihn zu bestimmen. Der absolute Betrag des Gesamtwertes möge uns daher vorläufig unbekannt bleiben, wir können mit dem Teil des Energieinhaltes, welcher in Wärme verwandelt werden kann, rechnen. Wenn wir diesen Teil in dem Lauf der Lebensprozesse verfolgen, dann gewahren wir, daß dieser in Wärme umwandelbare Teil des Energieinhaltes zu- und abnehmen kann. Die Beträge, womit dies geschieht sind die $\Delta E$, womit die Physiologie der Ernährung und die Respirationscalorimetrie manipuliert. Sind solche Zufügungen von $\Delta E$ und der in Wärme verwandelbare Energieinhalt selbst physiologisch vollkommen brauchbar, kann man sie in toto in nützliche Arbeit umsetzen? Ganz sicher nicht. Vielmehr muß der Teil des Energieinhaltes, der in dem Augenblick selbst schon die Form von Wärmeenergie angenommen hat, als unbrauchbar abgesondert werden, denn in *isothermischen* Systemen — und der lebende Organismus ist ein isothermisches System — ist solche Wärme in keine andere Energieform transformierbar. Der einzige Nutzen, den das System davon hat, ist, daß alles auf höherer Temperatur gehalten wird und jeder Chemismus dadurch rapider abläuft[2]). Handgreiflich kann man aus Wärme nur schöpfen, wenn in dem System irgendein Temperaturintervall vor-

[1]) BURGE, L.: Americ. journ. of physiol. Bd. 56, S. 29. 1921.

[2]) Über den Grund, weshalb dies geschieht, vergleiche man K. G. FALK: Catalytic Action. S. 72. New York 1922.

kommt; dies ist in dem Körper der Warmblüter nur in äußerst beschränktem Maße der Fall. Es empfiehlt sich daher, von dem Energieinhalt selbst und von allen $\Delta E$, denen man begegnen mag, die vorhandene Wärmeenergie abzuziehen. Was übrig bleibt, wird seit HELMHOLTZ freie Energie (oder available energy von THOMPSON) genannt. Also

$$\psi = E - TS,$$

worin $\psi$ die freie Energie, $T$ die absolute Temperatur und $S$ die Entropie des Systems bzw. das Hinzugefügte oder Weggenommene bedeutet.

Ursprünglich war die freie Energie ein mathematischer Begriff[1]), aber allmählich, seitdem man in der Chemie mehr und mehr davon Gebrauch zu machen begann, hat sie eine weniger abstrakte Bedeutung bekommen. VAN'T HOFF maß mit ihrer Hilfe die chemische Affinität, welche die Stoffe in bestimmten Systemen entwickelten. Seine Nachfolger gehen so weit, daß sie, wenn sie von der Energie einer Verbindung sprechen, damit stillschweigend die ihr innewohnende freie Energie von einem Grammolekül des betreffenden Stoffes unter den Umständen der behandelten Reaktion meinen. Sie handeln wie der Kapitalist, der von dem Energieinhalt seiner Besitzung den nicht ertragsfähigen Teil in Abzug bringt. Auch in der Physiologie kann diese moderne Auffassung der freien Energie als Triebkraft der chemischen Reaktion großen Nutzen bringen. Wenn ein bewegliches chemisches Gleichgewicht durch eine elektromotorische Kraft verschoben wird, ist das elektrische Potential, das verschiebt, das Maß der chemischen Kräfte.

Manchmal ist dies im Organismus verwirklicht, nämlich überall da, wo die eine oder andere in freier Energie meßbare Ursache in einem ruhenden System *minimale* und *umkehrbare* Verschiebung zustande bringt, die sich in veränderter Erregbarkeit verrät. Man würde dann den ursprünglichen Zustand durch einen elektrischen Strom zurück erlangen können, wenn dieser einen Elektrotonus zustande bringt, welcher die Erregbarkeit gerade so viel vermehrt oder vermindert, als die ursprüngliche Ursache in umgekehrten Sinne bewirkt hat. Das Potential dieses Stromes ist dann das Maß des verschobenen Potentials. Die Schwierigkeit in der Anwendung beginnt bei der Feststellung, über wieviel Masse sich die freie Energie in den physiologischen Fällen verteilt hat. Es ist nämlich jedesmal $d\psi/dm$, was an beiden Seiten Gleichgewicht erzeugt[2]). Analogene Verschiebungen begegnet man in der Lehre von den Sinnesorganen. Dann kann die Reizschwelle Indicator sein [z. B. in dem Fall des Stäbchenrots der Netzhaut[3])].

Als man während des Krieges die auszuteilenden Rationen nach Calorien der Verbrennungswärme der ausgeteilten Nahrungsstoffe abmaß, hat man die freie Energie nicht berücksichtigen können, da im allgemeinen der Betrag der Entropie weder für den Vorrat noch für die Hinzufügungen oder Wegnahmen bekannt ist.

Die Chemie beginnt jedoch das sog. Wärmetheorem von NERNST anzuwenden. Dieses ist eine Konsequenz des Entropiegesetzes. Wenn

$$\psi = E - ST$$

ist, dann wird für den absoluten Nullpunkt, wobei $T = 0$ ist,

$$\psi = E \text{ oder } d\psi = dE.$$

1) HELMHOLTZ: Wiss. Abt. Bd. 2, S. 965.
2) Ergebn. d. Physiol. Bd. 7, S. 12. 1908.
3) Ergebn. d. Physiol. Bd. 12, S. 601. 1912.

NERNST ist noch einen Schritt weiter gegangen und hat für Temperaturen, die sich dem Nullpunkt nähern, auch die Temperaturkoeffizienten gleichgestellt, also $d\psi/dT = dE/dT$. Nun ist zwar der absolute Nullpunkt nicht erreichbar, und man muß sich also begnügen, die Bestimmungen der Temperaturkoeffizienten auf niedrige Temperaturen auszudehnen und dann zu extrapolieren, um zur Kenntnis von $dE/dT$ in dem absoluten Nullpunkt kommen zu können und so zur Kenntnis von $d\psi/dt$ zu gelangen.

Was auf diesem Gebiet bis in die jüngste Zeit geschehen ist, findet man kurz und übersichtlich mitgeteilt in R. WURMSERS Vortrag in der Soc. de Chimie biologique zu Paris im Juni 1923[1]). Eine Anwendung auf Glykose, Fett und Eiweiß gaben bereits 1913 J. BARON und M. POLANYI[2]).

Möglicherweise ist diese Richtung aussichtsreich, wenn man sich dem niedern Organismus zuwendet, die bei sehr niederen Temperaturen existieren können.

Es müssen ganz allgemein im physiologischen Geschehen bestimmte thermodynamische Potentialunterschiede vorhanden sein, die als chemische Affinitäten wirken können. Wenn sie gegeben sind, wird die Reaktionsgeschwindigkeit der möglichen Prozesse überdies noch von unendlicher Langsamkeit verschieden sein müssen, mit andern Worten es müssen Katalysatoren vorliegen. Und wenn dann zum Schlusse etwas geschieht, wird es stattfinden müssen in der Richtung einer Verminderung der freien Energie in dem System. So ist es wenigstens in der nichtorganisierten Natur. Aber auch in der organisierten? Dessen sind wir absolut nicht sicher, ja a posteriori erhebt sich das Vermuten, daß es in lebenden Systemen sogar an vielen Punkten zur Schöpfung von neuer freier Energie kommt. Ich habe dabei keineswegs die sog. gekoppelten Reaktionen im Auge, die durch Aufsperrung der freien Energie an einer Stelle die freie Energie von einer benachbarten erhöhen, sondern das ganze selbständige Entstehen neuer Energie in dem System selbst. In der anorganischen Natur finden das Entropiegesetz und seine Konsequenz, die fortwährende Verringerung des Betrags an freier Energie, ihre Erklärung in unserem Unvermögen, die Wärmebewegung der Moleküle zu ordnen. Wir sind nicht solche Wesen, wie sie MAXWELL[3]) ersann, die den Lauf der Moleküle zu lenken vermögen. Jedoch was uns als Individuen versagt ist, könnte sehr wohl den Zellen gelingen. Die richtenden Kräfte des Lebens sind vielleicht imstande, molekular anzugreifen und im Innern des Protoplasmas die Moleküle zu lenken. In diesem Falle würde hier eine der von BOLTZMANN supponierten Stellen vorliegen, wo die Entropie auch bei irreversiblen Prozessen nicht anzuwachsen braucht.

Die Dämonen von MAXWELL sollten eine Zwischenwand öffnen im Augenblick, wo ein schnell fliegendes Molekül sich nähert, und sie schließen, wenn ein langsam sich bewegendes ankommt. So dachte er sich von der kühlen Seite aus zusehend, daß an der anderen Seite der Zwischenwand eine Zunahme der aufgestapelten Wärme zustande käme. In der Physiologie, wo man es mit Lösungen von Elektrolyten, die durch Membranen getrennt sind, zu tun hat, würde man

---

[1]) Vgl. C. A. LINHART: Journ. of gen. physiol. Bd. 2, S. 247. — Über ältere Anwendungen der Frage der freien Energie siehe R. WURMSER: Bull. de la soc. de chim. biol. Bd. 5, S. 518. Juni 1923. — Eine allgemeine Betrachtung findet sich bei E. SIMONSON: Der Organismus als kalorische Maschine und der zweite Hauptsatz. Charlottenburg 1912.

[2]) BARON, J. u. M. POLANYI: Biochem. Zeitschr. Bd. 53, S. 1. 1913.

[3]) MAXWELL: Theory of heat (S. 328), denkt sich ein Loch in einer Wand, das von einem Molekülbeobachter derart geöffnet und geschlossen wird, daß nur die mit großer Geschwindigkeit sich bewegenden Moleküle aus der einen in die andere Abteilung übergehen können.

per analogiam die Permeabilität für Ionen durch die Dämonen regeln lassen können[1]).

Ist die Annahme wahrscheinlich, daß die Entelechie solche Dämonen in ihrem Dienst hat? Während der Entwicklung kommt es in dem wachsenden System zu einer Anhäufung von einer größeren Menge osmotischer Energie, die den Turgor bedingt. Überdies entsteht neue Oberflächenenergie. Allmählich entwickelt sich elastische Energie, die vorher nicht da war. Auf diese Weise wächst die freie Energie des Systems auf Kosten des alten Energieinhaltes und der von außen kommenden Stoffe, die ihre Energie mitbringen, besonders des Sauerstoffs. Aus solchen Hinzufügungen kann dann die neue freie Energie entstehen. Wenn es aber einmal vollkommen abgeschlossen wäre, würde dann dasselbe geschehen können? Tatsächlich hat man keine Gelegenheit, hierüber Beobachtungen zu machen. Unter solchen rein hypothetischen Umständen eine Neuschaffung von Energie anzunehmen, verbietet der erste Hauptsatz; eine Entstehung freier Energie aus bereits früher dissipierter Energie wäre bloß mit dem zweiten Hauptsatz in Widerstreit.

## 7. Quantenhafte Energie-Übertragungen.

Die moderne Thermodynamik hat noch ein 3. Hauptgesetz in den Vordergrund gerückt, nämlich die Tatsache, daß das Freiwerden von Energie nicht in unendlich kleinen Mengen vonstatten gehen kann, sondern nur in Vielheiten einer Einheit, die nach dem der Erscheinung zukommenden Rhythmus wechselt und durch PLANCK Quantum genannt wurde. Die Größe dieser Einheit in Erg ist für den Rhythmus 1 per Sekunde $6{,}5 \cdot 10^{-27}$. Für akustische Schwingungen, welche unser Ohr wahrnehmen kann, und die in der Mitte der Tonleiter einen Rhythmus 435 per Sekunde besitzen, ist die Größe des Quantums $2{,}8 \cdot 10^{-24}$ Erg, für die Lichtschwingungen, die durch unser Auge wahrgenommen werden können, und die in der Mitte des Spektrums einen Rhythmus $6 \cdot 10^{14}$ haben, ist die Größe des Quantums $4 \cdot 10^{-12}$ Erg.

Bislang ist in der Physiologie die Quantentheorie noch nicht viel angewandt worden.

Der Organismus verbreitet:

a) akustische Schwingungen, aber dabei ist das Quantum so klein, daß kein Unterschied zu merken ist von einem kontinuierlichen Verlust;

b) von dem Kalium im Innern der Gewebe geht eine radioaktive Strahlung aus; die durch ein emittiertes Teilchen getragene Energie beträgt $2{,}75 \cdot 10^{-7}$ Erg [die Geschwindigkeit der Bewegung der Teilchen ist in der Luft $2 \cdot 10^{10}$ cm per Sekunde[2])], im Gewebe wie in Wasser. Die Abgabe der Energie der Bahn entlang geschieht in viel kleineren Teilbeträgen, jede etwa $0{,}25 \cdot 10^{-10}$ Erg groß. Am Endpunkt sind sowohl kinetische Energie als elektrische Ladung verbraucht. Eine innere Frequenz braucht nach COMPTON in isolierten Quanten nicht vorhanden zu sein;

c) die sehr vereinzelten Emanationsatome, die durch die Einatmung in dem Organismus eine Restaktivität zurücklassen, die, wenn die transformierten Atome nicht mehr entfernt werden, sondern in den Geweben aufgespeichert werden, auf die Dauer zu Anhäufungen würden Veranlassung geben können (für das

[1]) Tatsächlich stellen sich die Permeabilitätstheoretiker an den Platz dieser Dämonen, wenn sie durch allerlei Einflüsse rein hypothetisch die Permeabilität für bestimmte Ionen oder Moleküle zu- oder abnehmen lassen.

[2]) MEYER, ST. u. v. SCHWEIDLER: Radioaktivität, S. 428. — RUTHERFORD in Marx' Handbuch der Radiologie Bd. 2, S. 200.

Alphateilchen, von Emanationsatomen emittiert, ist die Energie von der Ordnung $10^{-5}$ Erg). Auch hier geschieht die Energieabgabe der Bahn entlang in ganz kleinen Teilbeträgen, jede für sich etwa $0{,}6 \cdot 10^{-10}$ Erg groß. Schließlich bleiben am Endpunkt der Bahn gebremste ungeladene Heliumatome zurück.

Das Quantum der radioaktiven Energie bekommt für uns eine energetische Bedeutung im Licht der Theorie über Bioradioaktivität, die ich im Mai 1923 zu Paris entwickelt habe[1]).

Es handelte sich um die Strahlung von Gewebskalium. Diese findet in unregelmäßigen Intervallen statt, aber doch so, daß in einem kleinen Organ, wie dem Froschherz, durchschnittlich alle 4 Sekunden eine Explosion erfolgt. Wegen der langen Bahn, die das Teilchen in dem Gewebe zurücklegt, und der Bewegungsgeschwindigkeit, die, obwohl geringer als in der Luft, doch bei der Passage durch die Zellen noch ziemlich beträchtlich sein muß, wird der elektrisch induktive Effekt sich durch das ganze Organ bemerkbar machen. Es wird also zu unregelmäßigen Zeiten, durchschnittlich einmal in 4 Sekunden, ein elektrischer Schlag durch das kleine Organ fahren. Ich stelle mir nun vor, daß die Natur diese kleinen, in der Zelle selbst entstandenen Energiemengen benutzt, um den Eigenrhythmus der Herzautomatie im Gang zu halten. Ohne solche, zu unregelmäßigen Zeitpunkten hinzukommenden Beiträge von Energie würde die periodische Zusammenziehung des Herzens auf Grund des Entropiegesetzes aufhören müssen (ein perpetuum mobile ist in der Natur unmöglich), wie ich dies damals ausdrückte „ferait aboutir". Zwar kann auch auf andere Weise Energie zugeführt werden, aber in dem künstlich durchströmten, bei Leitungswassertemperatur in einem Thermostaten eingeschlossenen Organ würde solch eine von außen kommende Energie nur aus dem Sauerstoff der RINGERschen Flüssigkeit stammen können. Nun kann man diese Zufuhr $^1/_2$ Stunde abschneiden, ohne daß das Herz zur Ruhe kommt. Das einzige, was zugeführt wird, ist die radioaktive Energie, herstammend aus den von der Durchströmungsflüssigkeit aufgenommenen radioaktiven Elementen.

Man kann dieselbe Energieform auch durch Strahlung von außen zufügen; die Anzahl der zur Verfügung gestellten Mengen muß dann aber sehr viel größer sein. Bei Poloniumstrahlung muß sogar außerordentlich viel genommen werden, da nur wenig wirklich bis in das Innere des Körpers eindringt.

Der Rhythmus der Automatie, die durch eine Reihe von solchen, zu unregelmäßigen Zeitpunkten einfallenden Reizen hervorgerufen wird, ist der dem Organ zukommende, individuell sehr verschiedene Rhythmus und wird unter anderem durch die Temperatur bestimmt. Es scheint aber, daß auch die Frequenz der radioaktiven Energiezuführung einigen Einfluß auf das physiologische Tempo hat, wenigstens bei der Automatie, die durch Kalium oder durch Bestrahlung aus Radium im Herzen unterhalten wird, ist innerhalb einer optimalen Zone die Frequenz proportional der in der Durchströmungsflüssigkeit enthaltenen Kaliumdosis (ZEEHUISEN und J. B. ZWAARDEMAKER) bzw. Strahlendosis (H. ZWAARDEMAKER und ZEEHUISEN). Eine Andeutung dieses Verhaltens besteht in engen Grenzen auch für die Dosierung der Alphastrahlen aussendenden Ersatzstoffe[2]).

In beiden Fällen wird der Bahn entlang in ungefähr gleichen Quanten Energie abgegeben. Den hierdurch ausgelösten physiologischen Vorgang möchte

---

[1]) ZWAARDEMAKER: Cpt. rend. des séances de la soc. de biol., Jubil. 27. Mai 1923; ibid. t. 90, S. 68. 1924.

[2]) ZWAARDEMAKER, H. u. H. ZEEHUISEN: Pflügers Arch. f. d. ges. Physiol. Bd. 204, S. 144. 1924.

ich als eine der Photokatalyse analoge Radiokatalyse auffassen. Die Strahlung übermittelt die Energie dem Protoplasma, das infolgedessen der Schauplatz eigener radiochemischer Vorgänge wird[1]).

## 8. Energetische Gleichgewichte im Organismus.

Bekanntlich ist Gleichgewicht nicht identisch mit innerer Ruhe. Der Kreisel kann stehend drehen, eine Gasmasse kann in ihrem Innern ungeordnete Bewegungen der Molekeln besitzen, in einem von gleichtemperierten Wänden eingeschlossenen Raum können Strahlungen von sehr verschiedener Natur in allen Richtungen gehen, und dennoch kann man in allen diesen Fällen von Gleichgewicht reden. Aus einem analogen Grunde sind im lebenden Körper periodische Bewegungen, wie Kreislauf und Atmung, zulässig, ohne daß ein Gleichgewicht dadurch gestört zu sein braucht.

Mit dieser Beschränkung und von dem in § 1 beschriebenen stationären Prozeß abgesehen, nehmen wir für das ruhende lebende Körpersystem ein Gleichgewicht an, das wir uns in

1. ein thermisches Gleichgewicht,
2. ein chemisches Gleichgewicht,
3. ein elektrisches Gleichgewicht

zu zerlegen erlauben.

a) Das thermische Gleichgewicht.

Die Regulierung der Körpertemperatur findet, wie bereits hervorgehoben, beim Homoithermen in ziemlich vollkommener Weise statt. Einige noch vorhandene Schwankungen sind auf gesetzmäßige periodische Variationen zurückzuführen.

b) Chemisches Gleichgewicht.

Die lebenden Systeme bestehen aus einer großen Zahl Phasen[2]). Solch eine Phase kann entweder gasförmig oder flüssig oder glasig amorph oder krystallinisch sein, aber welchen Aggregationszustand sie auch darbieten möge, sie muß, um Anspruch auf den Namen Phase zu haben, innerlich vollkommen gleichmäßig sein. Wenn die Phase die kolloidale Natur annimmt, also ein Nebel, ein Sol, ein Gel besteht, nimmt die Anzahl der Phasen zu. Es ist Brauch, die einzelnen ultramikroskopischen Stückchen der Phasen nicht als ebenso viele Miniaturphasen aufzufassen, sondern alle Micellen zusammen zu einer Phase zu vereinigen und das Dispersionsmittel, das sie scheidet, als zweite Phase[3]). Durch dieses Binärwerden einer vorher als homogen angesehenen Phase wird das System natürlich viel komplizierter, besonders dadurch, daß auf den Grenzflächen infolge der dort

---

[1]) Man vgl. H. HOLTHUSEN in H. Meyers Lehrbuch der Strahlentherapie Bd. I, S. 818. 1925. — Nach meinem Dafürhalten haben die radiochemischen Vorgänge einen autokatalytischen Charakter (vgl. Königl. Akad. d. Wiss., Amsterdam, 27. Nov. 1920). — Auch in dieser Hinsicht herrscht, wie es scheint, eine Analogie zwischen Radiokatalyse und Photokatalyse, denn bei G. FALK (Catalytic action, S. 89. New York 1922) heißt es: „A study of many photochemical reaction hes shown that except in one case the number of molecules reacting in for in excess of the number of quanta absorbed." Wenn das Quantum einem Wassermolekül übertragen wird, geschieht wahrscheinlich nichts als $H_2O_2$-Bildung. Wenn jedoch ein Molekül des hypothetischen Mutterstoffs der Automatinen getroffen wird, kommt die physiologisch wichtigere Aktivierung zu Automatin zustande. (H. ZWAARDEMAKER: Sitzungsber. d. Akad. d. Wiss. in Amsterdam, 26. März 1927 u. Niederländ. Kongr. in Amsterdam am 20. April 1927.)

[2]) Man vgl. hierüber meine Auseinandersetzung: Ergebn. d. Physiol. Bd. 22, S. 592.

[3]) Eine Phase ist die Gestalt, die eine Menge Stoff von wechselndem Umfang annimmt, derart, daß sie in der ganzen Ausdehnung gleichmäßig (homogen) erscheint. Der Begriff stammt von GIBBS.

herrschenden Oberflächenspannung besondere Zustände entstehen. Da die Ausdehnung dieser Grenzflächen gewaltig groß ist, sind hier sehr große Mengen Energie angehäuft, die nicht da sein würden, wenn die ursprüngliche Homogenität fortbestanden hätte. Aus diesem Grunde hat man wohl einmal bezweifelt, ob es möglich sein würde, die Gesetze des chemischen Gleichgewichts auf kolloidale Systeme anzuwenden[1]). Indessen die Behandlung des chemischen Gleichgewichts, so wie dies durch J. W. GIBBS eingeführt ist, ist allgemein so, daß es mir erlaubt erscheint, sie mutatis mutandis auch auf biologisches Gebiet anwenden zu dürfen. Nur muß man beachten, daß die ursprüngliche Phasenregel, d. h. der Zusammenhang zwischen der Anzahl der Freiheitsgrade $F$, den Komponenten $n$ und den Phasen $r$, in der Formel

$$F = n + 2 - r$$

nach Art der Sache mit Bezug auf die eben gemachten Bemerkungen betreffs des Binärwerdens nicht mehr aufrecht erhalten werden kann. Sie muß modifiziert werden; aber mit der Phasenregel steht oder fällt noch nicht die Phasenlehre. Aus dieser letzteren, als Theorie des chemischen Gleichgewichtes, kann man auf biologischem Gebiet großen Nutzen ziehen, auch wenn man in den meisten Fällen die Phasenregel beiseite stellen muß.

In chemischen Systemen besteht Gleichgewicht, wenn der Stoff sich in einem gegebenen Raume derart geordnet hat, daß die Entropie ein Minimum ist (GIBBS), oder die Summe der unendlich kleinen Veränderungen der freien Energie ein Minimum wird (V. D. WAALS).

Den Begriff der freien Energie haben wir bereits in § 6 definiert. Es gibt übrigens noch einen zweiten abgeleiteten Begriff, der in der Lehre der chemischen Gleichgewichte eine Rolle spielt, und der vor allem Bedeutung bekommt, wenn eine Gasphase vorhanden ist. Das ist das thermodynamische Potential. Man kommt zu ihm, indem man die innere Energie der Phase vermindert, indem man sich auf umkehrbarem Weg Wärme zugefügt oder weggenommen denkt, und indem man dann noch die Energie hinzufügt, die durch Volumveränderungen unter dem Einfluß von äußeren Kräften entstanden ist (Volumenergie). Deren Größe deutet man mit dem Zeichen $\mathfrak{Z}$ an, also

$$\mathfrak{Z} = E - TS + pv.$$

Die Volumänderungen in den Geweben werden oft in Schwellungen und Abschwellungen bestehen, die mit großer Kraft in geringer Dimension stattfinden.

Es kommt zu keiner Ruhe, zu keinem chemischen Gleichgewicht, ehe in allen Phasen das thermodynamische Potential gleich geworden ist. Eine merkwürdige Konsequenz hiervon ist, daß, wenn irgendwo in dem System, vielleicht an einer abgelegenen, Stelle etwas geschieht, wodurch das thermodynamische Potential verändert, dies notwendigerweise an allen anderen Stellen in dem System Änderungen im Gefolge haben muß, bis das Potential überall wieder gleich geworden ist.

Mein im Jahre 1908 gemachter Vorschlag, sich zu bestreben, die Gleichgewichte im Organismus als Phasengleichgewichte zu behandeln, ist seitdem von vielen Autoren angenommen worden. Unlängst hat J. VERNE[2]) vom histologischen Standpunkte aus eine sorgfältige Bearbeitung nach diesem Prinzip ge-

---

[1]) WURMSER, R.: L'énergétique et la biochimie. Bull. de la soc. de chim. biol. Bd. 6, S. 569. Juni 1923.

[2]) VERNE, J.: Le protoplasme cellulaire systéme colloidal. Paris 1923.

geben, und le Breton und Schaeffer haben die vorliegenden Gedankengänge als Ausgangspunkt einer fruchtbringenden Untersuchung benutzt[1]).

A. P. Mathews[2]) diskutiert anläßlich des Zustandekommens von Adsorptionen die Frage, ob man die Verminderung der Oberflächenspannung als Ursache des Festhaltens der adsorbierten Moleküle an der Oberfläche ansehen muß, oder ob man dies den Kohäsionskräften zuschreiben muß. Er nimmt das letztere an; ich will das nicht bestreiten; im kausalen Zusammenhang betrachtet, verhält es sich so. Aber nach konditioneller Anschauungsweise sind die Kohäsionskräfte hierzu nicht imstande, es müßte denn die freie Energie an dieser Stelle sich vermindern. Dies ist auch der Grund, warum chemische Adsorptionen und Absorptionen durch Kohäsionskraft nebeneinander vorkommend gegenseitigen Einfluß aufeinander ausüben, und Adsorptionsverdrängungen auch von physikalischer Art sehr verbreitet sind. Sie treten, durch die Kohäsionskräfte verursacht, derart auf, daß die Summe aller freien Energien ein Minimum wird.

Wenn wir die Schlußfolgerungen aus unserer Auffassung ziehen, werden wir in den Geweben die Eigenschaften der koexistierenden Phasen von einem heterogenen Gleichgewicht wiederfinden müssen. Unbekümmert um die Zellgrenzen haben wir uns Kerne, Zellen, Syncytium, Grundsubstanz, Einschlüsse zu einem großen Phasensystem vereinigt zu denken. Hier folgen die Gesetze solcher Phasensysteme:

### a) Die Unabhängigkeit des Gleichgewichtes von der Menge der Phase.

Kleine und große, junge und alte Tiere haben im allgemeinen sehr ähnliche Zellen. In den Geweben sind diese gleichartigen Zellen zu größeren oder kleineren Systemen vereint, in welchen die Temperatur und der Druck überall gleich sind. Dann aber besitzen diese gleichartigen Zellen dauernd das nämliche Gleichgewicht, welches durch die Variation der Menge einer Phase nicht geändert wird.

Reservematerial kann in sehr verschiedenen Mengen angehäuft sein, ohne daß das typische Aussehen und die Funktionsfähigkeit gestört wird. Die Fettzellen des Unterhautbindegewebes, der Nierengrube, des Knochenmarks können ungemein verschiedene Mengen Fett enthalten, ohne daß eine prinzipielle Änderung wahrnehmbar wird. In den Leberzellen können außerordentlich verschiedene Mengen Glykogen bzw. Fett aufgespeichert sein, ohne daß die Existenz und die spezifische Funktion der Zelle modifiziert ist. Die Muskelzellen niederer Wirbeltiere und einiger Wirbelloser bieten noch weit größere Differenzen dar. Diese Beispiele würden durch manche andere vervollständigt werden können; die genannten mögen genügen, um zu zeigen, wie ein Gleichgewicht des nämlichen Charakters in Zellen vorkommt, die in sehr verschiedenem Grade mit bestimmten Phasen beschickt sind.

### b) Die Allseitigkeit des Gleichgewichtes zwischen den Phasen.

„Es ist hiermit gemeint, daß in einem Phasensystem Gleichgewicht bestehen muß zwischen allen Phasen, also auch zwischen denjenigen, die nicht unmittelbar miteinander in Berührung stehen.“ Daß dieser Satz, etwas allgemeiner aufgefaßt, auch für die ruhende lebende Zelle zutrifft, kann aus dem Resultat der experimentellen Entfernung einer der wichtigsten Phasengruppen, des Kerns, gefolgert werden. Gelingt eine solche Operation an Pflanzenzellen (Spirogyra) oder den Zellen niederer Tiere (Thalassicolla), so lebt die Zelle ohne Kern noch

[1]) Breton, E. le u. G. Schaeffer: Rapport nucleo-plasmique. Trav. de l'institut de physiol. de Strassbourg 1923.

[2]) Mathews: Physiol. Chemistry. 4. Aufl., S. 250. New York 1925.

ziemlich lange fort[1]). Dauernd existieren und sich vermehren kann sie selbstverständlich nicht, aber dies hängt nicht mit dem Gleichgewicht zusammen, das anfänglich wenigstens allem Anschein nach ungestört bleibt[2]).

### c) Die Allseitigkeit der Gleichgewichtsstörungen.

Änderungen in einer der Phasen ziehen im allgemeinen Änderungen in allen übrigen nach sich. Namentlich in der Pathologie begegnet man oft bei einer leichten, die Existenz des Ganzen nicht in Gefahr bringenden Störung Gleichgewichtsstörungen vorläufig nur einer der Phasen. Man sieht dann immer nach kurzer Zeit alle übrigen Phasen ohne Unterschied in Mitleidenschaft gezogen. Sehr deutlich spürt man dieses am Kernsystem, das in allen Fällen, wo nicht bloß eine Verkleinerung oder Vergrößerung stattfindet, ziemlich rasch einer Variation der Phasenzahl, einer Volumänderung, ja sogar einer Zerspaltung unterworfen ist. Eins der auffallendsten Beispiele der genannten Mitleidenschaft ist die Modifikation des Kerns der Nervenzellen, wenn in großer Distanz von demselben im Achsenzylinderfortsatz eine Degeneration vor sich geht. Aber auch im normalen Leben sind Störungen des Gleichgewichtes in einer der Phasen mit darauffolgender Störung in allen übrigen sehr gewöhnlich. Jede Karyomitose gibt davon Zeugnis, denn nicht nur in der chromatischen Substanz und in den Zentrosomenstrukturen vollzieht sich die Umbildung, sondern auch die Kernmembran schwindet, nachdem schon vorher die Mengenverhältnisse zwischen Kern und Zelleib einen sehr bedeutenden Wechsel gezeigt haben. Sogar vom Anfang an ist die Karyomitose ein die ganze Zelle durchgreifender Prozeß, wie auch die Spaltung der Chromatinfäden bzw. Körnerreihen, auf einmal in ihrer ganzen Länge zu Doppelfäden bzw. Doppelreihen im Asterstadium, sowie das gleichmäßige Schwinden aller Chromatinkörner bei der Vorbereitung des Spiremas zeigt. Es handelt sich hierbei um eine allgemeine, überall vor sich gehende Umbildung, und keineswegs um eine umschriebene, von einem gewissen Punkt ausgehende und dann langsam fortschreitende Modifikation. Von diesem Standpunkt hat das gelegentlich gesetzmäßige Kommen und Gehen der Zentrosomen und das vielfache Auflösen und Wiedererscheinen des Nucleolus nichts Verwunderliches.

### d) Allseitigkeit der Gleichgewichtsverschiebungen.

Ein neuer Gleichgewichtszustand wird im allgemeinen von der äußeren Begrenzung aus eingeleitet. Dennoch macht sich die Verschiebung des Gleichgewichtes in allen Phasen fühlbar. Eine vitale Färbung z. B. färbt nicht die Zelle in der Weise, daß erst die peripheren Schichten und später die tieferen Teile die Färbung annehmen, sondern von der leichtesten Nuancierung an färbt sich die Zelle von vornherein in toto. Dabei können bestimmte Phasen (Granula) eine tiefere Färbung annehmen, die unverändert fortbesteht, wenn zuletzt anscheinend ein neuer Gleichgewichtszustand erreicht worden ist. Offenbar gehorcht die Erscheinung einfach dem Verteilungsgesetz, nach welchem die neuhinzukommenden Substanzen nach den Löslichkeitsbeziehungen über die Phasen verteilt werden.

---

[1]) Verworn, M.: Die physiologische Bedeutung des Zellkernes. Pflügers Arch. f. d. ges. Physiol. Bd. 51, S. 1. 1892.

[2]) Die Stoffwechselbeziehungen zwischen Kern und Protoplasma sind ausführlich geschildert bei M. Verworn: Die physiologische Bedeutung des Zellkernes (Pflügers Arch. f. d. ges. Physiol. Bd. 51, S. 92), wo auch die Gründe angegeben sind, weshalb auf die Dauer kernlose Teilstücke und protoplasmalose Kerne absterben. Diese eindeutig bestimmten Stoffwechselprozesse gehören zu den stationären Vorgängen und keineswegs zum Gleichgewicht, dessen Verschiebungen das Charakteristische haben, umgekehrt geleitet werden zu können, was summarisch betrachtet mit den echten Stoffwechselprozessen niemals der Fall ist.

**e) Die Herrschaft des Verteilungsgesetzes auch dann, wenn die Verteilung der hinzugekommenen Komponenten über die verschiedenen Phasen außerhalb und innerhalb der Zelle nicht unter dem Mikroskop verfolgt werden kann.**

Die Tatsachen, auf welche OVERTON und H. MEYER ihre Theorie der Narkose gestützt haben, können herangezogen werden, ferner in noch höherem Grade die schönen quantitativen Versuche W. STRAUBS über die Veratrinintoxikation des Aplysienherzens und eine in meinem Institut von Nierstrasz[1]) vorgenommene quantitative Bestimmung über die Wirkung eines chemisch ungemein scharf nachweisbaren indischen Pflanzengiftes, des Rauwolfins. In diesen Fällen ist es möglich, die toxischen Substanzen durch einfache Lösung in die Zellen einzuführen und zum Teil unmittelbar nachher durch reichliche Umfließung mit einem geeigneten Lösungsmittel wieder zu entfernen.

**f) Die galvanischen Erscheinungen.**

Wenn in einer oder mehreren Phasen des Systems freie Ionen vorhanden sind, ist die Möglichkeit gegeben, daß es zu einer Wanderung derselben kommt. Die Theorie der dann entstehenden Wirkungen ist im Anschluß an die Phasenlehre bearbeitet worden und mit Erfolg von TSCHAGOWITZ, OKER BLOM, MAC DONALD, BORUTTAU, BERNSTEIN, BRÜNINGS, CREMER und vielen neueren Autoren auf tierischen Zellen angewandt worden.

**g) Die Erweiterung und Verwickelung des Verteilungsgesetzes,**

wenn eine oder mehrere Gelphasen das Auftreten isomorpher Mischungen und Adsorptionen ermöglichen. Diese beiden Prozesse scheinen bei der Fixation des Farbstoffes in den Färbungen der Mikroskopie, letztere auch bei der Enzymwirkung, soweit dieselbe auf Oberflächenwirkungen zurückgeführt werden kann, eine Rolle zu spielen.

Aber nicht nur, daß die Eigenschaften eines Phasensystems in den tierischen Zellen wiedergefunden werden, auch umgekehrt, was dem Phasensystem fehlt, sucht man vergeblich in der Zelle. Nie ist die Form für die Funktion bestimmend. Im Gegenteil, die nämliche Funktion ist mit weit verschiedenen Formbildungen verträglich. Namentlich die Drüsenzellen zeigen weit auseinandergehende, mit ihrer Lage zusammenhängende Formen und dennoch die gleiche Funktion. Ebenso kann der Kern bei niederen Tieren die mannigfachsten Formen annehmen, obgleich er aller Wahrscheinlichkeit nach immer dieselbe physiologische Funktion zu erfüllen hat und in Übereinstimmung hiermit die nämlichen, aus den Färbungen herzunehmenden, chemischen Eigenschaften aufweist. Dabei haben allerdings Mengen- und Oberflächenverhältnisse zwischen Kern- und Kernmasse eine gewisse Bedeutung, die, von biologischer Seite[2]) aufgedeckt, im Massenwirkungsgesetz ohne weiteres ihre Erklärung finden. Also auch hier wieder, wenigstens ihrem Wesen nach, Unabhängigkeit der Funktion von der Form.

Analogien zwischen den künstlichen Systemen koexistenter Phasen in heterogenem Gleichgewicht und den ruhenden tierischen Zellen sind in überraschend großer Zahl vorhanden. Die Unterschiede sind hauptsächlich darin begründet, daß die mechanischen Bedingungen im allgemeinen andere sind. In den künstlichen Systemen sind es Schwerkraft und Zentrifugalkraft, welche in

[1]) NIERSTRASZ, V. E.: Onderz. physiol. Laborat. Utrecht (5) Bd. VIII, S. 1. 1907.

[2]) Man vgl. VERWORN: Pflügers Arch. f. d. ges. Physiol. Bd. 51, S. 6; CALKINS: Ann. New York acad. of sciences Bd. 11, S. 380; GERASSINOW: Zeitschr. f. allg. Physiol. Bd. 1, S. 220.

erster Linie die Anordnung der Phasen bestimmen, in den Zellen andere vorläufig noch unbekannte Agenzien, welche man als „die richtenden Kräfte des Lebens" zusammenfassen kann.

Wo die Übereinstimmungen so mannigfache sind, lohnt es sich, die Folgerungen der neuen Lehre zu prüfen. Wenn die Zellen bis zu einem gewissen Grade den Phasensystemen analog sind, müssen sie ebenfalls auch bis zu einem gewissen Grade den allgemeinen Gesetzen für die Zustandsänderungen in den Phasenkomplexen unterworfen sein. Diese Gesetze sind verschiedener Art für die verschiedenen Arten des Gleichgewichtes. So gelten speziell für die monovarianten Gleichgewichte, sowie nach ROOZEBOOM[1]) auch für di- und plurivarianten folgende qualitativen Verschiebungsgesetze:

1. Jedes Gleichgewicht verschiebt sich bei Temperaturerhöhung nach der Seite desjenigen Systems, das unter Wärmeabsorption entsteht.

2. Jedes Gleichgewicht verschiebt sich bei Erhöhung des Druckes in der Richtung desjenigen Systems, das unter Volumverminderung entsteht[2]).

In solch einem System sind vor allem die Grenzen der Phasen von Bedeutung, denn sobald eine Aktion eintritt, finden in der Nähe der Grenzen wichtige chemische Prozesse statt. Das kann man a priori erwarten, und a posteriori wird dies bestätigt durch die große Bedeutung, welche die Physiologie den Oberflächenspannungen und Membranpotentialen zuerkennen muß.

Solche Phasengrenzen von großer Wichtigkeit sind in einem Gewebe im allgemeinen genommen:

a) die Zellgrenzen,

b) die Kernbegrenzungen,

c) die Begrenzung der Mitochrondrien,

d) die Mantel- und Kontaktflächen von doppeltbrechenden Stückchen von Fibrillen,

e) die Kontaktflächen der Neurobionen von CAJAL.

Auch in den Phasen selbst vollziehen sich Prozesse, so nimmt die Physiologie wenigstens gewöhnlich an. Hierzu gehören unter anderem der stationäre Stoffwechsel, der bereits eben besprochen wurde, die Wärmeproduktion und das Wachstum.

Am meisten wissen wir über die Zelloberfläche als Phasengrenze. An dieser Stelle nimmt man gewöhnlich eine Lipoidschicht an. Manche sehen dies als eine Konsequenz des Theorems von GIBBS an, nach welchem sich auf einer Grenzschicht stets die Stoffe anhäufen, welche dort die Oberflächenspannung herabsetzen. Diese Deduktion muß auf einem Mißverständnis beruhen, denn über die Fähigkeit von Lipoiden, die Oberflächenspannung Protoplasma-Gewebsflüssigkeit zu erniedrigen, ist nichts bekannt. Was wir über die Grenzschicht Wasser-Luft wissen, läßt sich nicht ohne weiteres auf andere Grenzschichten willkürlich übertragen. Die zu diesem Zwecke über die Grenzschicht Öl—Wasser angestellten Untersuchungen haben das gezeigt. Nicht als Deduktion also, sondern als einfache Arbeitshypothese ist die Annahme einer lipoiden Grenzschicht zulässig. Denkt man diese sich dann weiter, in Übereinstimmung mit LANGMUIR[3]), eine Lage von Molekülen dick, dann bleiben bei geringer Lipoidmenge Stellen frei. So findet die sog. Mosaikhypothese von selbst eine physikalische Erläuterung. Schon lange hat man den Zelloberflächen Ladungen zuerkannt. J. LOEB und BEUTNER[4]) stellten hierüber schöne Untersuchungen an, und

[1]) BAKHUIS ROOZEBOOM, H. W.: Die heterogenen Gleichgewichte. Bd. 1, S. 38.

[2]) Man vgl. ferner: Ergebn. d. Physiol. Bd. 5, S. 142. 1906.

[3]) LANGMUIR, J.: Journ. of the americ. chem. soc. Bd. 38 u. 39, 1916 u. 1917.

[4]) LOEB u. BEUTNER: Biochem. Zeitschr. Bd. 59, S. 195. 1914.

LOEB und seine Mitarbeiter führten neuerdings alles auf Gleichgewichte von DONNAN zurück.

Eine ganz andere Theorie stellte in meinem Institut T. P. FEENSTRA[1]) auf. Er denkt sich auf einer großen Zahl von Punkten der Zelloberflächen die Elemente Na, K, Ca in festen, für sich allein liegenden, *nicht ionisierten* Verbindungen angehäuft. Dann wird an diesen Punkten nach der Theorie von NERNST ein Lösungspotential entstehen müssen. Es werden von diesen Punkten aus einige Atome in der Form von Kationen in die umgebende Gewebsflüssigkeit übergehen. Infolgedessen wird wegen Verlusts von positiver Ladung an solchen Stellen ein negatives Potential entstehen, das zunehmen wird, bis die freiwerdenden Kationen in ein Gleichgewicht mit denen kommen, die von dieser bestimmten Art bereits in der Gewebsflüssigkeit vorhanden sind. Die verschiedenen Metallpunkte werden demgemäß nur dann das gleiche Potential annehmen können, wenn Kationen in der Gewebsflüssigkeit in einem bestimmten Verhältnis vorhanden sind. Er berechnete aus empirischen Daten, welches Verhältnis dies für die 3 Elemente Na, K, Ca sein muß und findet diese berechnete Proportion in Übereinstimmung mit den schon längst bekannten Proportionen der balancierenden Ionen im Seewasser und in den RINGERschen Flüssigkeiten. In dieser treffenden quantitativen Übereinstimmung sieht er eine Bestätigung seiner Theorie.

Nehmen wir in dem Zwischenraum zwischen den Metallpunkten Lecithin und Cholesterin in einer LANGMUIRschen Schicht angehäuft an, dann liegt es auf der Hand, sich die Menge Lecithin/Cholesterin in einer solchen Menge vorzustellen, daß auch hier wieder dasselbe Potential erreicht wird, wie es durch die Gewebsflüssigkeit den Metallpunkten aufgedrängt ist. Nur dann wird das Eigenpotential der Oberfläche als gleich angesehen werden, und es ist die Vorbedingung für elektrische Ruhe gegeben.

Wenn man nicht nur die Zelle mit ihren Unterteilen als ein Phasensystem auffaßt, sondern diese Betrachtungsweise auf das Gewebe ausdehnt, fallen für das geistige Auge die Zellgrenzen fort. Zellen und Grundsubstanz leben zusammen das wirkliche physiologische Leben. Fügt man die Gewebe zu Organen zusammen, dann entsteht ein umfangreicheres Phasensystem, und fügt man weiter die durch den Blutstrom verbundenen Organe zusammen, dann wird der ganze Organismus zu einem Phasensystem. Darin sorgt der Blutkreislauf für eine schnellere Ausgleichung der Potentiale, als es durch die rein physikalischen Konvektionsströme und die Diffusion möglich sein würde. Für die weitere Bearbeitung von solchen Gleichgewichtsbetrachtungen sei auf meine Studie in dem 5. Jahrgang von ASHER-SPIROS Ergebnissen verwiesen.

### h) Elektrische Gleichgewichte.

In dem Körper kommen also zahllose elektrische Ströme vor, die einander in allen Richtungen begegnen und die gegenseitig ausgeglichen werden. Für statische Ladungen ist im Innern so gut wie keine Gelegenheit, denn wenn auch hier und da eine Lipoidschicht einer gewissen Ausdehnung, die über kurze Flächen eine Isolation zustande bringen könnte, vorkommt, so sind die Kondensatorphasen an beiden Seiten dieses Dielektrikums niemals genügend isoliert, um das Örtlichbleiben einer Ladung zulassen zu können. Wenn man die Haut als Dielektrikum auffaßt, würde man unmittelbar unter der Haut und in den äußersten Oberflächen Ladungen sich vorstellen können. Das Hautdielektrikum ist aber

[1]) FEENSTRA, T. P.: Ionenbalanceering. Dissert. Utrecht 1921. — Onderz. Physiol. Lab. Utrecht. 6. Reeks, Bd. 11, S. 1.

mehr oder weniger leitend, so daß ohne darauf abzielende Maßregeln praktisch von statischer Elektrizität keine Rede sein kann.

Aus dem Umstande, daß die Zwischenschichten leitend sind, folgt indessen zu gleicher Zeit, daß notwendigerweise sekundär elektrische Erscheinungen entstehen müssen. R. BEUTNER[1]) und M. GILDEMEISTER[2]) haben verdienstvollerweise diesem Gegenstand ihre Aufmerksamkeit geschenkt.

Die Gewebe werden auch unaufhörlich von elektrischen Strömen durchkreuzt werden. Schon der Herzschlag und die Bewegung der Atemmuskeln haben dies zur Folge. Da jeder Strom Elektrotonus hervorruft, so wird man dies auch von jenen Irrströmen annehmen dürfen. Eine Wirkung von der Gesamtheit dieses Miniaturelektrotonus ist bislang nicht bekannt geworden.

Die Organe, die am empfindlichsten dafür würden sein können, die Nerven, sind durch Myelinscheiden sehr sorgfältig isoliert, so daß sie mehr oder weniger ein abgeschlossenes System bilden, das aber in den RANVIERschen Einschnürungen durch Diffusion zugängig ist.

## 9. Stationärer Metabolismus.

Auf dem Phasengleichgewicht der ruhenden aktionslosen Gewebe ist ein vollkommen gleichmäßiger Metabiolismus superponiert, den man den theoretischen basalen Metabolismus nennen könnte. Einen solchen Prozeß, bei dem ein Energiewechsel mit konstanter Geschwindigkeit vor sich geht, nannte W. OSTWALD einen stationären Zustand. In einem lebenden System ist dieser stets vorhanden, bei Tage ebenso wie nachts. Um ihn aufrecht zu erhalten, wird man eine Triebkraft annehmen müssen, deren Wesen indessen gänzlich unbekannt ist. Man denkt an ein chemisches Potential und sucht dann nach Katalysatoren, durch die die Reaktionen in Gang würden kömmen können[3]). In der neuesten Zeit ist man geneigt, hierbei an allererster Stelle an Aktivierung von Wasserstoffatomen[4]) zu denken. Bei der Sauerstoffübertragung würde das maskierte Eisen der Zellkerne als Katalysator auftreten[5]).

Nimmt man den Menschen als Ganzes, dann ist der theoretische basale Metabolismus sicher nicht proportional seinem Körpergewicht. Enger ist die Beziehung zu seiner Körperfläche. Aber auch diese ist nach BENEDICT[6]) nicht genau proportional. Der Grund würde nach vielen Autoren sein, daß nicht der ganze Organismus an diesem stillen stationären Prozeß teilnimmt, sondern nur die sog. aktive Masse der Gewebe. Das Protoplasma der Zellen würde das

---

[1]) BEUTNER, R.: Die Entstehung elektrischer Ströme in lebenden Geweben. Stuttgart 1920.

[2]) GILDEMEISTER, M.: Pflügers Arch. f. d. ges. Physiol. Bd. 195, S. 112. 1922.

[3]) Katalyse ist in der modernen Chemie ein rein mathematischer Begriff. Er beschäftigt sich mit den positiven oder negativen Veränderungen, welchen die Reaktionsgeschwindigkeit unterliegt und die in dem Wert der Konstanten einen Ausdruck finden. K. G. FALK (Catalytic action. New York: The Chem. Cat. Comp. 1922) hält jedoch diese Definition für ungenügend und stellt die Anforderung, daß außerdem sich eine Substanz beteilige, die selber unverändert bleibt. Die Substanz, die vor und nach der Reaktion als die gleiche gefunden wird, sei „catalyst“ benannt. Das nähere Studium der Reaktion zeigt manchmal eine leichte Degradation der Energie in den Zwischenreaktionen und infolgedessen entstehen energetische Beziehungen, die rein theoretisch, wenn es sich bloß um eine Änderung der Reaktionsgeschwindigkeit von Gleichgewichtsreaktionen handelte, nicht vorhanden sein dürften.

[4]) WIELAND, M.: Ergebn. d. Physiol. Bd. 20, S. 477. 1923. — THUNBERG, T.: Skandinav. Arch. f. Physiol. Bd. 43, S. 275. 1923; Arch. néerland. de physiol. de l'homme et des anim. Bd. 7, S. 240. 1922. — HOPKINS, F. G.: Skandinav. Arch. f. Physiol. 1926, Separatabdruck.

[5]) WARBURG: Biochem. Zeitschr. Bd. 119, S. 134. 1921.

[6]) BENEDICT: Americ. journ. of physiol. Bd. 41, S. 292. 1916.

Substrat der aktiven Masse sein. Palmer, Means und Gamble[1]) ermittelten im Jahre 1914 den Metabolismus dieser aktiven Masse, der ziemlich gut mit der Kreatininausscheidung während der Zeit, in der der Metabolismus gemessen wird, auf- und absteigt. Aber von Person zu Person wechseln die Verhältnisse und auch die Mittelwerte stimmen für beide Geschlechter nicht überein. Le Breton und Schaeffer[2]) folgern hieraus, daß wir die Größe der aktiven Masse vorläufig noch nicht genügend kennen und stellten mit Hinsicht hierauf eine Untersuchung über den Einfluß der nucleoplasmatischen Beziehung (rapport nucleoplasmatique) an, d. h. das Verhältnis der Masse des Kerns zu der Masse des Protoplasmas + Paraplasmas. Sie kommen zu den Schluß, daß die Nucleinsäure ein die aktive Masse repräsentierender Bestandteil ist.

Wie dem auch sein möge, der theoretische basale Metabolismus hat also für ein bestimmtes Individuum einen bestimmten Wert. Die Grundsubstanz zwischen den Zellen nimmt wahrscheinlich daran fast nicht teil, und auch in den Zellen spielt der Metabolismus sich augenscheinlich nur an bestimmten Stellen, vielleicht in den Grenzschichten zwischen Kern und Protoplasma, ab.

Mit Warburgs auf Modellversuche sich stützender Hypothese, nach der das maskierte Eisen der Kerne hierbei eine Rolle spielen soll, läßt sich dies vorzüglich vereinigen. Nichtsdestoweniger begibt man sich auf ein sehr hypothetisches Gebiet, in das wir im Augenblick nicht tiefer eindringen wollen. Mit dem basalen Metabolismus geht eine beträchtliche Entropievermehrung einher, worauf vor allem A. Kanitz hingewiesen hat. Da der Organismus als Ganzes ein offenes System ist, fließt die isotherm neugebildete Wärme nach außen ab. Durch Aufnahme von potentieller Energie mit der Nahrung und dem Sauerstoff stellt sich der Energievorrat wieder her.

Wenn man den Organismus als Ganzes nimmt, stellt sich heraus, daß in dem hier behandelten stationären Prozeß eine leichte periodische Schwankung besteht, die mit dem Wechsel von Tag und Nacht zusammenhängt. Einmal in 24 Stunden, und zwar in der Zeit um Mitternacht, hat der basale Metabolismus ein Minimum und um den späten Nachmittag ein Maximum. Eine Umkehrung ist nur durch sehr kräftige Maßnahmen zustande zu bringen, wobei der Lichtreiz als das wichtigste Agens anzusehen ist. In der Tierreihe wird durch allerlei instinktmäßig erzeugte Bedingungen das Eintreten des Minimums zur richtigen Zeit befördert.

In den Theorien über den Schlaf[3]) von Claparède und Piéron spielen diese Mechanismen eine große Rolle. Ich selbst habe seinerzeit auf das Allgemeine der Erscheinung hingewiesen, ihrem Wesen nach einer periodischen Annäherung an den Zustand vollkommenen Gleichgewichts.

Zu dem offenen stationären Prozeß, der dem basalen Metabolismus zugrunde liegt, gehört auch der Prozeß des Wachstums und der Entwicklung. An diesem kennen wir 2 Diskontinuitäten: den Zeitpunkt der Befruchtung und den des Todes, aber außerhalb davon und dazwischen ist der Verlauf kontinuierlich. Von der Geburt bis zur Pubertät ist er von Benedict und Talbot[4]) sorgfältig untersucht worden. Die frühere Literatur findet man in meinem Essay in dem 12. Teil der Ergebnisse der Physiologie und die neuere bei Terroine und Wurmser[5]).

[1]) Palma, Means, Gamble: Journ. of biol. chem. Bd. 19, S. 239.

[2]) Le Breton Schaeffer: Trav. de l'inst. de physiol. de Straßburg 1923.

[3]) Über Basalmetabolismus und Schlaf vgl. man die Bemerkungen bei A. K. Noyons: The differential calorimeter with special reference to the determination of the human Basal Metabolism. S. 163. Louvain 1927.

[4]) Benedict u. Talbot: Carnegie-Inst. Nr. 302. 1911.

[5]) Terroine u. Wurmser: Bull. de la soc. de chim. biol. Bd. 4, S. 519. 1922.

## 10. Die Kreisprozesse der lebendigen Systeme.

Ein in Ruhe befindliches Organ zeigt ein Phasengleichgewicht, das nur durch die Zirkulation, von der wir abstrahierten, gestört wird. Diesem Phasengleichgewicht ist ein stationärer Metabolismus superponiert, dessen Sitz in dem Protoplasma der ruhenden Zellen angenommen wird. Dem Ganzen sind Kreisprozesse superponiert, die wie alle Kreisprozesse in der Wirklichkeit nicht umkehrbar sind. Die Folge davon wird sein, daß Wärme nach außen abgegeben wird. Diesen Teil des Energieumsatzes wird man in Gedanken absondern und nachher den übrigen Teil des Kreisprozesses für sich allein betrachten können. Dieser nur gedachte, in Wirklichkeit nicht für sich allein bestehende Teil kann dann in der Art eines umkehrbaren Kreisprozesses theoretisch behandelt werden. Nutzen wird dies aber nur dann bringen können, wenn der fragliche biologische Prozeß mehr oder weniger einem umkehrbaren Prozeß sich nähert. Solche Fälle sind in dem peripheren Nervensystem verwirklicht, wenn es während einer Periode von Ruhe bereit ist, als Teil eines Reflexbogens einen durch einen Reiz hervorgerufenen Erregungszustand zu leiten.

Die Automatismen in dem Organismus werden in fortlaufende und periodisch wechselnde unterschieden. Bei der ersteren Art wird man bloß dann Kreisprozesse annehmen können, wenn man die Vorgänge in physikalisch unendlich kleine Teilprozesse zerlegt, die jedesmal aus einem Hin- und Rückweg entstehen. Während des Hinwegs kann man sich dann vorstellen, daß in jedem solchen kleinen Teilprozeß durch sog. Anabolismus potentielle Energie aufgestapelt wird, die während des Rückwegs des kleinen Kreisprozesses durch sog. Katabolismus zu nützlicher Arbeit nach außen Veranlassung gibt. In den überall verbreiteten Sphincteren wird diese Arbeit in der Ausübung eines andauernden Druckes bestehen. Dieser Druck wird keine kinetische Energie nach außen abgeben, kann aber wohl dem Inhalt der von dem Sphincter umschlossenen Höhle Volumenergie verschaffen.

Die zweite Art der periodisch wechselnden Automatismen gehört zu den sog. konservativen Vorgängen, d. h. jenen Vorgängen, die nicht zu einem Abschluß führen, sondern immer fort mit periodischem Zustandswechsel einhergehen. Der Beobachter entdeckt hier den Kreisprozeß unmittelbar, indem, von scheinbarem Gleichgewicht ausgehend, innerhalb einer bestimmten Zeit gewisse chemische oder physikalische Änderungen durchgemacht werden, die am Ende der Periode wieder zum Gleichgewicht zurückführen, worauf dann der Vorgang von neuem anfängt. Die Systeme durchschreiten während einer solchen Periode einen thermodynamischen Kreisprozeß, womit gesagt sein soll, daß die das System zusammenstellenden Phasen nach Beendigung des Zyklus per definitionem sowohl ihre Ordnung, Größe, Form, Temperatur, als ihren physikalischen und chemischen Zustand zurückbekommen haben.

Die Charakteristika eines periodischen Vorganges sind bekanntlich folgende:

1. die Periodendauer,
2. die Amplitude,
3. die Form des Zustandswechsels.

Daneben ist oft noch das Geschwindigkeitsgesetz, nach welchem der Zustandswechsel stattfindet, evtl. bei abklingenden Oszillierungen, auch die Dämpfung wichtig, ferner die zeitlichen Verschiebungen zwischen den Teilprozessen, aus denen der gesamte Vorgang vielleicht besteht.

Die Verfolgung der obengenannten Charakteristica einer Periodik stößt jedoch auf die Schwierigkeit, daß die physiologischen Systeme, obgleich recht viele physikalische Wirkungen darin stattfinden, der Hauptsache nach doch chemischer Natur sind und unter den chemischen Vorgängen nur die Gleichgewichtsvorgänge sich zu einer thermodynamischen Behandlung eignen.

Wenn ein physiologisches System den Gleichgewichtszustand, den es einnimmt, verlassen soll, können es sowohl aktive als passive Widerstände chemischer oder physikalischer Natur daran verhindern.

Besonders die passiven chemischen Widerstände haben große Bedeutung, denn wo sie herrschen, werden sie permanent vorhanden sein und ein Hin- und Widergehen einer umkehrbaren Reaktion verhindern.

Für Herz-, Atem- und Darmbewegung erlauben wir uns ganz kurz einige Bemerkungen zu machen.

Die partiellen Systeme, die zur Herstellung der Herzbewegung ineinandergreifen, sind wahrscheinlich drei an der Zahl: Phasengruppe A, B und C.

Phasengruppe A ist der Schauplatz der Heringschen Dissimilation und Assimilation, zugleich der Sitz der elektrischen Phänomene. Die Lokalisation dieser Prozesse kann man in den Grenzschichten verlegen, was mit den gangbaren Vorstellungen über die Homologie der elektrischen Organe übereinstimmen würde, wahrscheinlich hat man unter den Komponenten der Phasen einige der Langleyschen receptiven Substanzen[1]) anzunehmen. Ebenso hat man nach der myogenen Herztheorie in dieses System den Ursprungsreiz der Herzbewegung gung zu verlegen.

In dieser Phasengruppe spielt sich auch die Erregung ab, die, topographisch am Sinus oder den homologen Teilen des Atriums einsetzend, sich über die verschiedenen Herzteile ausbreitet und sich im System selbst objektiv ausschließlich durch einen elektrischen Vorgang dokumentiert.

Es ist zweckmäßig, den in der Phasengruppe A sich abspielenden Kreisprozeß mit dem umkehrbaren Stück aus dem wirklichen Kreisprozeß zu identifizieren.

Phasengruppe B ist die Gesamtheit der Phasen, in welchen sich der Kontraktionsprozeß abspielt, sei es, daß sie ausschließlich die contractilen Fibrillen umfassen, oder daß man auch noch einen Teil der unmittelbaren Umgebung der Fibrillen zur Phasengruppe B rechnet.

Der Phasengruppe B kommen elastische Eigenschaften zu, die einen bedeutenden Einfluß auf den Erfolg der Zusammenziehung ausüben, während endlich sich auch thermische Erscheinungen zeigen.

Während im Beginn jeder Zusammenziehung eine unbekannte Energieform von A nach B übergeht, werden wenigstens in den späteren Teilen der Periode bekannte Energieformen von B nach A übertragen. In erster Linie gilt dies für die Wärme, die in größerer oder geringerer Menge von der contractilen Substanz auf das Sarkoplasma übergeht, ferner für einige gelöste Substanzen und während des Metabolismus freigemachte Ionen, die durch die breite Kontaktfläche übertreten können.

Die Phasengruppe B überträgt der Phasengruppe C den Blutinhalt, 1. eine gewisse Menge calorischer, 2. eine gewisse Menge mechanischer Energie. Über die Wärme brauchen wir uns nicht zu verbreiten; über die mechanische Energie sei bemerkt, daß ihr Betrag von Augenblick zu Augenblick abnimmt, da bei ungefähr gleichbleibendem Druck die Fläche, über welche der Druck sich geltend macht, eine andere wird[2]).

An den Energieübertragungen, die möglicherweise noch zwischen A und C und zwischen C und A stattfinden können, wollen wir stillschweigend vorübergehen.

Das quantitative Studium der geschilderten Energieänderungen hat selbstverständlich noch viele Lücken. Der aus A auf B übertragene Reiz z. B. kann bis jetzt gar nicht gemessen werden, da es nicht erlaubt ist, aus der zur Hervorrufung einer Extrasystole notwendigen Energiemenge irgendeinen Schluß zu ziehen auf die zur natürlichen Reizung erforderlichen Energie. Erstens ist vielleicht die Form, in welcher die Energie dargeboten wird, eine gänzlich ungeeignete, zweitens ist die Lokalisation des Reizes bei der künstlichen Reizung eine ganz andere als in der Norm.

Der Komplex der 3 Phasengruppen, die in dem automatisch sich bewegenden Herzmuskel der Sitz von sich jedesmal wiederholenden Kreisprozessen sind, wird unter normalen Umständen stets zusammen betrachtet werden müssen. Selbst Phasengruppe C, der Blutinhalt, gehört zu dem System, denn ein leeres Herz möge zwar Pulsationen ausführen können, sein energetisches Verhalten wird aber ganz anders sein als dann, wenn ein Inhalt einen bestimmten Druck in den Herzhöhlen unterhält. Wenn man aber in der Vorstellung eine

---

[1]) Langley: Journ. of physiol. Bd. 33, S. 374. 1905.

[2]) Weizsäcker, V. v.: Sitzungsber. d. Heidelberg. Akad. d. Wiss., Mathem.-naturw. Kl. 1917, 2. Abt., S. 11.

Trennung machen will, wird Phasengruppe A doch die wichtigste sein. Wenn wir einen Augenblick von den Rückwirkungen der beiden anderen Phasengruppen auf A abstrahieren, so werden wir wohl in ihr den Ursprung des Automatismus zu suchen haben. EINTHOVEN hat zwar gezeigt, daß der Kreisprozeß in Phasengruppe B vollkommen gleichzeitig mit Phasengruppe A beginnt; nichtsdestoweniger gibt es Zustände, wo die Erscheinungen in B ganz unsichtbar werden, während die in A noch in voller Stärke, ja vielleicht übertrieben wahrgenommen werden (z. B. die elektrische Agone des Herzens). Das Umgekehrte, daß die Funktion von B würde stattfinden können ohne de Funktion von A, ist niemals beobachtet worden. Darum halte ich den Kreisprozeß in der Phasengruppe A für den am meisten ursprünglichen, gewissermaßen für den Schrittmacher für die Ketten von Kreisprozessen, die folgen.

Der Kreisprozeß als Ganzes ist nicht umkehrbar. Er wird eine gewisse Menge Wärme abgeben.

Unterscheiden wir nun in dem Kreisprozeß der Phasengruppe A einen umkehrbaren und einen nichtumkehrbaren Teil. Tun wir dies für einen Augenblick, dann liegt es am meisten auf der Hand, den umkehrbaren Teil mit den elektrischen Erscheinungen und den nichtumkehrbaren Teil mit der anabolischen Rekonstruktion dieses ursprünglichen Zustandes zu identifizieren. In dem umkehrbaren Stück haben wir uns dann ein plötzliches Auftreten und späteres Nivellieren von elektrischen Potentialen vorzustellen. Diese Erscheinung füllt den systolischen Teil der Herzperiode aus. Dann folgt das nichtrefraktäre Stück der Periode, worin bislang vollkommen unbekannte Rekonstruktionen Platz greifen; aufs neue elektrische Potentiale, von Ausgleichung derselben gefolgt, aufs neue Rekonstruktion usw. Als eine mechanische Erscheinung kann man dieses Hin- und Herschwanken von Kata- und Anabolismus nicht erfassen, denn die Ionenbewegung, die wir mit dem Elektrometer oder Galvanometer verfolgen können, ist ein Spiel, dessen Temperaturkoeffizient 2–3 für 10° C Temperaturunterschied ist. Der Vorgang geht überdies in einem kolloidalen Medium vor sich, dem ein bestimmtes Maß von Hysteresis eigen ist. Diese Hysteresis wird — es kann ja nicht anders sein — eine gewisse Dämpfung ausüben, abgesehen von der Dämpfung, die vielleicht doch schon durch Viscosität anwesend ist. Auf diese Weise, so dürfen wir erwarten, wird die Aufeinanderfolge der Kreisprozesse eine Neigung haben müssen, zur Ruhe zu kommen, und wiederholt nehmen wir beim Studium der Herzbewegungen Beispiele eines solchen Ausklingens der Systole, eine LUCIANIsche Gruppenbildung, wahr. Wenn man während der Durchströmung mit Ringerscher Flüssigkeit solchen Gruppen begegnet, und das ist gar nicht selten, dann wird es häufig, vorausgesetzt, daß die übrigen Bedingungen, reichlicher Sauerstoff, ein gewisser hydrostatischer Druck usw., gehörig erfüllt sind, möglich sein, sie zum Verschwinden zu bringen, indem man den radioaktiven Bestandteil der Flüssigkeit: Kalium, Uranium, Thorium, Emanation, ein wenig erhöht. Entfernt man dagegen den radioaktiven Bestandteil ganz aus der Durchströmungsflüssigkeit, dann sieht man bald die Gruppen seltener werden und das Organ ganz zur Ruhe kommen. Dann wird vielleicht eine Berührung oder ein Induktionsschlag genügen, um noch eine Gruppe zurückzurufen (latente Automatie), aber bald hört auch dies auf, und es folgt auf jeden von außen zugeführten Reiz nur eine Systole.

Es ist aber möglich, das Herz von niederen Tieren in einen Zustand zu bringen, worin durch eine kurze Reihe von Berührungen oder eine kurze Reihe von Induktionsreizen die verlorengegangene Automatie zurückgerufen werden kann. Anfänglich mögen die Systolen noch im Rhythmus der Reize erfolgen, also aufgezwungene Systolen sein, bald folgt aber ein Zeitpunkt, wo die Automatie mit ihrem ursprünglichen Eigenrhythmus wieder aufgenommen wird[1]).

[1]) Diesen Zustand von schlummernder und leicht hervorzurufender Automatie bekommt man mit Sicherheit, wenn man das regelmäßig durchströmte Herz in ein sog. radiophysiologisches Gleichgewicht bringt, d. h. in die Durchströmungsflüssigkeit zweierlei radioaktive Bestandteile aufnimmt: 1. einen alphastrahlenden Bestandteil (U. Th. Io.), 2. einen betastrahlenden Bestandteil (K. Rb.) und deren Mengen gerade so gegeneinander abwiegt, daß ein bleibender Stillstand erhalten wird. Aus diesem Stillstand kann die geringste Hinzufügung entweder von dem alphastrahlenden Bestandteil oder von dem betastrahlenden Bestandteil Veränderung bringen. Solch ein Gleichgewicht ist in hohem Maße labil; eine Berührung ruft nur eine isolierte Systole hervor. Führt man aber eine Reihe von Reizen zu, dann kehrt die Automatie wieder. Diese Reihe von Reizen wirkt augenscheinlich ganz auf dieselbe Weise, wie es die Zufügung von einem radioaktiven Bestandteil getan haben würde.

Hin und wieder kann man den gleichen Zustand von labilem Gleichgewicht auch wohl entstehen sehen, indem man der Durchströmungsflüssigkeit das radioaktive Element entzieht und dann ruhig abwartet; häufig geschieht es dann aber, daß Reizbarkeit und Automatie zugleich verschwinden, so daß der Versuch nicht stattfinden kann.

In dem beschriebenen Versuch[1]) glaube ich das Modell davon sehen zu dürfen, was im wirklichen Leben vonstatten geht. Wenn das Kalium den Geweben entzogen ist, kommen die automatischen Prozesse im allgemeinen zur Ruhe, um wieder zu beginnen, wenn aufs neue Kalium zugefügt wird. Dieses Zurruhekommen geschieht auf Grund des Entropiegesetzes. Man hat in seiner Durchströmungsflüssigkeit das Organ in isothermischer Umgebung (Thermostat bei Warmblütern, feuchte, von strömendem Leitungswasser umgebene Kammer bei Kaltblütern) zu einem abgeschlossenen thermodynamischen System gemacht. Die Faktoren der Entropie dabei sind: 1. Reibung, 2. chemische Dämpfung von NERNST, 3. kolloidale Dämpfung (Hysteresis). Aus dem Stillstand kann die ursprüngliche Automatie nur wieder zurückgerufen werden, wenn neue freie Energie zugeführt wird. Dieses geschieht durch Zusetzen von einem radioaktiven Bestandteil, der im Falle von Emanation keineswegs der Träger von eigener chemischer Affinität ist und dennoch durch das Anbringen von zu unregelmäßigen Zeitpunkten erfolgenden schwachen elektrischen Entladungen, die in den Grenzschichten der Zellen selbst ihren Ursprung finden, trotz ihrer Schwäche eine große Wirkung ausübt. Keinesfalls wird durch diese neue freie Energie die Gesamtheit der Entropiesteigerung ausgeglichen. Dazu ist energetisch ihre Menge zu gering (pro Sekunde und pro Gramm nach Schätzung $1{,}10^{-6}$ Erg), aber vermutlich handelt es sich nur um die Kompensation der unbedeutenden Entropiesteigerung in dem umkehrbaren Stück des Kreisprozesses, das wir aus dem wirklichen Prozeß abstrahiert und mit den elektrischen Erscheinungen identifiziert haben. Die Reibung ist darin minimal, die chemische Dämpfung, wie man annehmen darf, gering, die kolloidale Dämpfung die Hauptsache. Diese geringe Dämpfung, so stelle ich mir vor, wird durch $1{,}10^{-6}$ Erg pro Sekunde und pro Gramm in dem Organ selbst entstehend, bequem überwunden werden können.

Das Vorstehende ist in der Sprache der Bioenergetik geschrieben. Wenn man die gegebene Theorie der Automatien — denn mutatis mutandis läßt sich dasselbe für alle Automatien, die an die Anwesenheit von Kalium gebunden sind, aufrechterhalten — in die mehr gangbare Ausdrucksweise der Biochemie übersetzen wollte, so hätte man die katalytische Wirkung der Bioradioaktivität in den Vordergrund zu stellen. Jedoch eine Schilderung der radiochemischen Vorgänge, die sich im Herzmuskel der Radioaktivität anschließen, wäre hier nicht am Platze. Eine solche würde nur erlaubt sein, wenn wir eine wirklich energetische Behandlung in Aussicht stellen konnten. Letzteres ist nicht der Fall, hier noch weniger als für die Photochemie. Bloß sei es gestattet — um den Gedanken zu fixieren — kurz zu bemerken, daß Untersuchungen aus den letzten Jahren die Bildung von Bestrahlungsstoffen als Konsequenz radioaktiver Strahlung außer Zweifel gestellt haben. Diese Bestrahlungsstoffe bilden das Zwischenglied zwischen Strahlung und Funktion. Im besonderen Falle der Herzautomatie sind die von uns aufgefundenen Bestrahlungsstoffe[2]) identisch mit den von J. DEMOOR[3]) als „substances actives" und von L. HABERLANDT[4]) als „Herzhormon" beschriebenen Substanzen. Es ist die katalytische Wirkung der Strahlung, welche diese Stoffe hervorruft. Im normalen Leben ist das im Muskelgewebe reichlich vorhandene Kalium, in den Versuchen die neben dem Herzen aufgestellten Radium- oder Poloniumpräparate die Quelle der Strahlung. Wenn man die Bestrahlungen am Kaltblüterherz vornimmt, während es in einen kleinen Kreislauf von bloß 30 ccm Ringerlösung (ohne Kalium) aufgenommen ist, so bekommt man diese besonderen und sehr wirkungsvollen Stoffe in der Lösung ziemlich rein und genügend konzentriert, um einigen ihrer Eigenschaften auf die Spur zu kommen. Es läßt sich so feststellen, daß die Bestrahlungsstoffe sind: dialysierbar, thermostabil, ultrafiltrierbar, an Cocosnußkohle oder Magnesiumsilicat leicht absorbierbar, in Alkohol löslich, nicht merkbar oberflächenaktiv.

---

[1]) Der soeben beschriebene Zustand von radiophysiologischem Gleichgewicht (um ihn zu verwirklichen, muß man am besten mit einer isolierten Kammer [KRONECKER-Kanüle] experimentieren, die mein radiophysiologisches Paradoxon zeigt). Über die Technik siehe Arch. néerland. de physiol. de l'homme et des anim. Bd. 5, S. 285. 1921. Weil im radiophysiologischen Gleichgewicht zwei Einflüsse, jener einer Alphastrahlung und jener einer Betastrahlung, sich die Wage halten, entzieht es sich einer energetischen Betrachtung.

Bloß lebende Systeme sind dieser Art eines Gleichgewichtes unterworfen; in den physikalischen, z. B. in einer Ionisationskammer oder auf einer photographischen Platte, summieren sich die beiden Strahlungen ohne weiteres. Der sich zeigende Antagonismus ist *vitalen* Ursprungs, und sein Mechanismus ist kein energetisches Problem. Man vergleiche über die Zwischenkunft eines chemischen Zwischengliedes H. ZWAARDEMAKER: Sitzungsber. d. Königl. Akad. d. Wiss., Amsterdam. 27. Nov. 1926.

[2]) ZWAARDEMAKER, H.: Kon. acad. v. wetensch. (Amsterdam), 27. Nov. 1926 u. 26. März 1927.

[3]) DEMOOR, J.: Arch. internat. de physiol. Bd. 20—23. 1922—1926.

[4]) HABERLANDT, L.: Ergebn. d. Physiol. Bd. 25, S. 86. 1922—1926. — HABERLANDT, L.: Das Hormon der Herzbewegung. Berlin u. Wien 1927.

Auch das den Atmungsbewegungen zugrunde liegende Gesamtsystem kann in 3 Phasengruppen eingeteilt werden:

1. Phasengruppe A, welche das Atemzentrum und die mit diesem zusammenhängenden zentripetalen und zentrifugalen Bahnen umfaßt,
2. Phasengruppe B, die Atemmuskulatur,
3. Phasengruppe C, welche die elastischen, von der Muskulatur bewegten Teile sowie den Luftinhalt der Lunge und der oberen Luftwege enthält.

Die erste Phasengruppe hat man wahrscheinlich nicht ausschließlich in dem „noeud vital", wo nur markhaltige Bahnen einander kreuzen, sondern mehr in den ausgedehnteren Gebieten der sog. 3 niederen Atemzentren zu suchen. Ihr kommt eine sehr bestimmte Periodik zu, die durch die im Augenblick vorhandenen Zustandsbedingungen (Temperatur, Sauerstoffgehalt, H-Ionenkonzentration) beherrscht wird. Die zum Im-Gang-erhalten der Periodik erforderliche freie Energie wird hier dem Blut entnommen (hineindiffundierende H-Ionen).

Die Phasengruppe B nimmt einen eigentümlichen Platz ein, weil die in Frage kommende Muskulatur in erster Linie Stammesmuskulatur ist, die erst später eine Nebenverwendung gefunden hat. Überlegt man sich ferner noch, daß die Phasengruppe C streng genommen teilweise zur Außenwelt zu rechnen ist, so versteht es sich, daß die Periodik hier weniger rein zutage tritt als im Fall der Herzbewegung.

Die Energieübertragungen sind uns von A nach B gänzlich unbekannt, von B nach A finden, soweit wir ersehen können, keine Übertragungen statt.

Die Energieübertragung von B nach C ist hauptsächlich mechanischer Natur und dann leicht berechenbar. Sie bildet aber keineswegs die Hauptmenge von der seitens der Phasengruppe B aufgewandten Energie. Letztere ist außerordentlich groß und wurde von Donders auf direktem Wege, von Löwy auf indirektem Wege auf 1500 Megaerg pro Minute beziffert. Nur ein winzig kleiner Teil dieser Arbeit wird dem Luftinhalt übertragen. Eine Schätzung derselben läßt sich machen, wenn man die mechanische Arbeit feststellt, welche erforderlich ist, um die Bewegung der Atemluft zu besorgen. Man braucht hierzu nur die geringe, bei der Überwindung der Luftviskosität in Wärme übergehende Energie und das Atemvolumen zu bestimmen. Wenn wir die früher von J. R. Ewald angegebenen Zahlen dem Atmungsdruck in den Nasenlöchern und meine mit Ouwehand festgestellten Zahlen zugrunde legen, wird man für die äußere Atemarbeit (jene, die zur Wegschiebung der Atemluft von der Nase erforderlich ist) finden:

pro Inspiration 0,07 Megaerg,
pro Exspiration 0,09 Megaerg,

also pro Minute $18 \cdot 0{,}16$ Megaerg $= \pm 2$ Megaerg. Geht man von früher von mir mit Korteweg gemessenen Beträgen des Röhrenwiderstandes in den Bronchien aus, so findet man wieder unter Bezugnahme auf ein Atemvolum von 500 ccm

für die Inspiration 0,55 Megaerg,
für die Exspiration 0,57 Megaerg,

also pro Minute 20 Megaerg. In dieser Arbeit ist die Ewaldsche bereits enthalten.

Es zeigt sich, daß ungefähr 1,3% der totalen Atemarbeit zur Luftbewegung verwendet wird.

Eine dritte Gruppe von Automatien findet man in dem Verdauungskanal, zunächst die spontanen Oesophagusbewegungen von höheren und niederen Tieren, dann die spontane Magenbewegung, ferner die Darmbewegung. Für Oesophagus[1]) und Darm[2]) haben meine Mitarbeiter nachweisen können, daß Kalium unentbehrlich ist und nur durch andere radioaktive Elemente ersetzt werden kann. Da sich außerdem an dem Oesophagus des Frosches radiophysilogische Gleichgewichte durch gleichzeitige Anwesenheit von Kalium und Uranium, die durch Extrahinzufügung von einem der beiden Strahlen aufgehoben werden können, erzeugen lassen, ist es wohl sicher, daß die Bioradioaktivität auch für diese Art von Automatien bestimmend ist. Überdies stehen sie dann noch stark unter dem Einfluß von bestimmten Hormonen, aber das haben wir hier nicht zu behandeln, denn nicht die Energie der Hormone spielt hierbei eine Rolle, sondern bloß die Regulierung der Adsorption, die sie versorgen. Die Adsorptionen sind dadurch bestimmend für die Menge von radioaktiven Elementen, die an den Grenzschichten der glatten Muskelzellen fest haften bleiben.

Die periodischen Automatien des Organismus werden mit den 3 soeben erwähnten Kategorien sicher nicht erschöpft sein. Im Gegenteil müssen wir annehmen, daß überall, wo refraktäre Pausen in Erscheinung treten, auch in der Ruhe Kreisprozesse vorhanden sind, denn der plötzlich einwirkende Reiz findet die Abwechslung von reizbaren und nichtreiz-

---

[1]) Benjamins, C. E.: Nederlandsch tijdschr. v. geneesk. II, S. 776. 1921. — Bakker, B.: Onderz. physiol. Laborat. Utrecht (6) Bd. 7, S. 129.

[2]) Jannink, E. H.: Onderz. physiol. Laborat. Utrecht (6) Bd. 5, S. 13.

baren Zeitabschnitten in Bereitschaft liegen. Auch die Fortleitung des Reizzustandes mit einer festen Fortpflanzungsgeschwindigkeit läßt sich ohne eine solche Annahme schwer verstehen. Doch zur energetischen Behandung eignen sich diese Dinge vorläufig noch nicht[1]).

Die Periodik des Schlafens und des Wachens ist die Summe einer unendlichen Anzahl von Kreisprozessen, welche alle nicht umkehrbar sind. Diese Nichtumkehrbarkeit wird durch die Entropiezunahme, der sie unterworfen sind, gemessen. Die Gesamtsumme der Entropiebeträge ist bei Tag sehr viel größer als bei Nacht. Die Periodik des Schlafens und Wachens ist im Grunde eine Periodik der Nichtumkehrbarkeit.

Vielleicht fühlt der eine oder andere der Leser das Bedürfnis, das thermodynamische Gleichgewicht des Schlafens analytisch zu definieren. Er möge es in diesen Formeln tun:

$$p = \text{konstant}, \quad T = \text{konstant}, \quad z = \text{konstant}.$$

Der Begriff eines überall gleichen hydrostatischen Druckes, jener einer überall gleichen Temperatur wird keiner Schwierigkeit begegnen; ein überall gleiches thermodynamisches Potential aber sage aus, daß nicht die Energieverteilung gleichmäßig ist, sondern daß die an Ort und Stelle lokalisierte Energie, verringert um die an dieser Stelle vorhandene und unter umkehrbaren Verhältnissen verrechenbare Wärme, vermehrt um die durch Ausdehnung oder Einschrumpfung entstandene Volumenergie, überall den gleichen Wert besitzt.

Die andere Kategorie der Kreisprozesse, die der finitiven, ist in noch viel größerer Zahl im Organismus vergegenwärtigt. Das Kennzeichen dieser Kreisprozesse ist, daß sie sich nicht eine unbestimmte Anzahl Male von selbst wiederholen, sondern daß, wenn ein solcher finitiver Kreisprozeß an den Ausgangspunkt zurückgekehrt ist, erst eine besondere Ursache vorhanden sein muß, um den Prozeß, wie er gerade stattgefunden hat, wiederum aufs neue in Gang zu setzen. Gegenüber den periodischen Kreisprozessen sind die finitiven hierdurch scharf abgegrenzt, aber es hält manchmal schwer, einen Unterschied zwischen solchen ablaufenden Kreisprozessen und den ganz offenen Prozessen zu machen. Man hat sich also vorkommendenfalls immer zu allererst die Frage vorzulegen, ob wirklich ein Kreisprozeß vorliegt.

Damit man die Überzeugung bekomme, es wirklich mit Kreisprozessen in dem genannten beschränkten Sinne zu tun zu haben, hat man acht zu geben, ob die von P. DUHEM[2]) angegebenen Eigenschaften eines Kreisprozesses vorhanden sind. Diese Kriterien sind sowohl die Größe, die Form und die Anordnung, als auch die Temperatur, der Druck und die elektrische Ladung, sowie endlich die chemische Zusammensetzung, die im Anfangs- und Endzustand einander vollkommen gleich sein soll. Im allgemeinen trifft dies für den Körper als ein Ganzes im Schlafe und für Organe im überlebenden Zustande für kurze Zeiträume zu. Eine besondere Gruppe der Erscheinungen jedoch haben wir von vornherein abzusondern; das sind die Vorgänge der Entwicklung. Letztere sind unter keiner Bedingung Kreisprozesse, und entziehen sich daher vorläufig einer thermodynamischen Behandlung.

Nicht in allen Kreisprozessen jedoch verbindet die Reihe der Gleichgewichte, die ganz allmählich durchschritten werden müssen, Zustände von differenter Temperatur. Wenn, wie oft in unserem Körper, der Chemismus sich isotherm vollzieht, werden die evtl. vorkommenden Kreisprozesse dem CARNOTschen nur entfernt ähnlich sein. Sie gleichen dann eher einem Typus, den DUHEM in seinen Schriften behandelt hat, und von dem er folgendes aussagt: „C'est une suite continue d'états d'équilibre; mais de plus, c'est la frontière commune entre deux groupes de modifications réelles, dirigées en deux sens, inverses l'un de l'autre.“ Von letztgenannten, in entgegengesetzten Richtungen geführten überhaupt möglichen Prozessen bilden zwei, einer aus der einen, und einer aus der anderen Gruppe, zusammen einen Kreisprozeß, so daß man die Grenzlinien, welche DUHEM ins

---

[1]) ZWAARDEMAKER, H.: Arch. néerland. de physiol. de l'homme et des anim. Bd. 10, S. 54. 1925.

[2]) DUHEM, P.: Thermodynamique et chimie, S. 95. Paris 1902.

Auge faßt, wenn man sie doppelt nimmt, als einen zu einer Oszillation zusammengedrückten Zyklus auffassen kann.

Wenn man sich Gewißheit darüber verschafft hat, daß man es mit einem Kreisprozeß zu tun hat, kann man dazu übergehen, den Gang der freien Energie während des Prozesses zu betrachten.

Die finitiven Kreisprozesse, die nach ihrer Beendigung eine äußere Veranlassung nötig haben, um aufs neue zu beginnen, sind mit großer Vorliebe energetisch für den Muskel, die Nieren und andere Drüsen sowie die Reflexbogen behandelt. Da diese Dinge aber in besonderen Kapiteln zur Sprache kommen, darf ich hier von einer allgemeinen Behandlung absehen[1]).

Ursachen sind entweder Hormonwirkungen oder Nervenreize. Die ersteren sind noch mit knapper Not vom energetischen Standpunkt betrachtet worden. Es ist auch die Frage, ob sich dies als möglich herausstellen wird, oder ob die Hormone nicht vielmehr als Zustandsbedingungen in den Systemen auftreten und die Energieübertragungen anderswo liegen. Die Nervenreize dagegen sind schon lange Gegenstand energetischer Untersuchung gewesen.

Der Begriff Reiz hat anfänglich keinen einheitlichen Charakter gehabt. Vielerlei hat man unter diesem Namen vereinigt, was besonders klar wird, wenn man für jede Reizart die physikalische Dimension zu ermitteln sucht[2]). Die Physiker pflegen Dinge von verschiedener Dimensionsformel auch als in ihrem Wesen verschieden zu betrachten. Dann begegnen wir also in der Physiologie sehr auseinandergehenden Einflüssen unter dem gleichen Namen vereinigt. Dieser Eindruck wird bestätigt, wenn wir uns die Frage vorlegen, von welcher Art die Reize in dem System von HELM-OSTWALD sind. Die nun folgende Tabelle gibt hierüber Rechenschaft.

Die Tabelle gibt an erster Stelle die Lichtenergie als Reiz für das Sehorgan. Sie wird nach Quanten nach V. HENRI und LARGUIER des BANCELS[3]) in einer Menge von mindestens 1—2 Quanten aufgenommen (nach O. ZOTHS jüngsten Essay in den Ergebnissen[4]) durch das Pigmentepithel]. Nach G. GRYNS und NOYONS[5]) geschieht es in etwas größeren Mengen (10 Quanten). Auf solch eine primäre Absorption soll dann nach ZOTH die Emission von Elektronen folgen, und diese bringen die photochemische Wirkung hervor. Auch für den Schall kann man die Energieaufnahme durch das Trommelfell berechnen. Nach Beobachtungen in meinem Laboratorium beträgt diese Menge pro Quadratzentimeter und per Sekunde in minimo $0{,}3 \cdot 10^{-8}$ Erg[6]). Andere Untersucher finden kleinere Beträge; ich glaube aber, daß meine Messungen, die sich sehr gut an die Bestimmungen von Lord RAYLEIGH anschließen, die richtigeren sind. Moderne Bearbeitungen kommen übrigens zu ähnlichen Werten, so z. B. F. W. KRANZ[7]), der $2{,}2 \cdot 10^{-8}$ Erg fand. Diese durch das Trommelfell aufgenommene Energie wird, nachdem sie der Membrana basilaris zugeleitet worden ist, nach der Theorie von Lord RAY-

[1]) Eine moderne Bearbeitung des Gegenstandes findet man bei E. TERROINE und R. WURMSER: Bull. de la soc. de chim. biol. Bd. 4, S. 519. 1922. Vgl. übrigens Ergebn. d. Physiol. Bd. 12, S. 626. 1912.

[2]) ZWAARDEMAKER, H.: Die physiologisch wahrnehmbaren Energiewanderungen. Ergebn. d. Physiol. Bd. 4, S. 474. 1905.

[3]) HENRI, V. u. LARGUIER DES BANCELS: Journ. de physiol. et de pathol. gén. 1911, S. 849. — HENRI, V. u. WURMSER: Journ. de physique. Avril 1913.

[4]) ZOTH, O.: Ergebn. d. Physiol. Bd. 22, S. 345. 1923.

[5]) GRYNS u. NOYONS: Arch. f. Physiol. 1905, Physiol. Abt. S. 25. — Man vergleiche Nederlandsch tijdschr. v. geneesk. 1904, II, S. 1528 u. Onderz. physiol. Laborat. Utrecht (5) Bd. 6, S. 61.

[6]) ZWAARDEMAKER, MINKEMA u. QUIX: Sitzungsber. d. kon. acad. de wetensch. (Amsterdam), 25. Febr. 1905.

[7]) KRANZ. F. W.: Physic. review (2) Bd. 17, S. 184.

**Die Energien der Sinnesreize und ihre Faktoren im HELM-OSTWALDschen System.**

| Energiezufluß | | Änderung des Energiezuflusses nach der Zeit | Intensitätsfaktor | Änderung des Intensitätsfaktors nach dem Ort | Änderung des Intensitätsfaktors nach der Zeit | Quantitätsfaktor | Änderung des Quantitätsfaktors nach der Zeit | Bemerkungen |
|---|---|---|---|---|---|---|---|---|
| Licht | Anzahl Meterkerzen[1]) | | | | | | | [1]) Lichtstärke der Hefnerlampe = 8,65 Erg/cm² Sekunden für sichtbare Strahlen auf 1 m Entfernung. |
| Schall | Energietransport[2]) | | Schalldruck | | | Bewegungsgröße nach STEFANINI | | [2]) Die Schallstärke wird in Erg/cm² Sekunden ausgedrückt. |
| Geruch | Anzahl Olfaktien[3]) | | | | | | | [3]) Eine Olfaktie ist das Minimum perceptibile eines Riechstoffes, ausgedrückt in den physikalischen Größen des Riechmessers. |
| Hautdeformation | | | Lokaler Druck[4]) hydrostatischer Druck | v. FREY-KIESOWS Druckgefälle. | v. FREYS Belastungsgeschwindigkeit | | | [4]) Lokaler Druck beim WEBERschen Versuch mit aufgesetzten Gewichten gleicher Grundfläche und bei den v. FREYschen Reizhaaren; hydrostatischer Druck bei den Versuchen mit der Schwellenwage. |
| Wärme | | Erwärmung resp. Abkühlung der Haut | Temperatur | | Temperaturgefälle | | | |
| Geschmack | Teil der inneren[4]) Energie gelöster Molek. | | Chemische Affinität[6]), in bes. Fall | | | | | [5]) Beim süßlichen Prinzip STERNBERGS. |
| Künstliche Nervenreize | Mechanische Energie, Elektrische Energie | | | | | HOORWEG, DUBOIS, G. WEISS, WERTHEIM, SALOMONSON, LAPIQUE, | DU BOIS-REYMOND | [6]) Bei den Säuren. |

LEIGH, die ich auf die Saiten der Membrana basilaris außerhalb der Pfeiler angewandt habe[1]), zu Schalldruck. Der letztere wird dann zum unmittelbaren Reiz. STEFANINI hat als solchen auch wohl die Bewegungsgrößen angesehen, ist aber in letzter Zeit zur Energiemenge gekommen mit der „Fonia" als Einheit[2]). Es kann unseres Erachtens sehr wohl sein, daß die den Schalldruck verursachende Energiemenge hier von derselben Ordnung geworden ist als die Energie des schwächsten wahrnehmbaren Lichtes in der Netzhaut.

Die kleinste Menge Riechstoff, von der noch ein Riechreiz ausgehen kann, kann nicht anders beurteilt werden als nach dem Maßstab der Olfaktie. Die innere Energie dieser minimalen Menge beträgt per Kubikzentimeter Luft 0,04 Erg (Verbrennungswärme). Wieviel von dieser Energie als wirklicher Reiz auf die Riechzellen einwirkt, ist noch vollkommen unbekannt, vielleicht nur ein Millionstel[3]).

Hinsichtlich der Geschmacksenergie befinden wir uns in der gleichen Unsicherheit[4]).

Über den Drucksinn und den Wärmesinn sei auf meine Bearbeitung des Themas in dem 4. Band der Ergebnisse verwiesen.

Wiederum verhältnismäßig gut sind wir über die künstlichen Nervenreize unterrichtet. Im Energiemaß sind sie von der Ordnung $3{,}10^{-4}$ Erg[3]), LAPIQUE aber und seine Schule bringen nicht die Energie, sondern den Quantitätsfaktor in Rechnung, erkennen aber dabei dem Zeitfaktor (Chronaxie) den ihm gebührenden Einfluß zu, so daß man mit gewisser Einschränkung doch wieder zu einem Energiemaß kommt.

Es wäre nun möglich, daß diese Divergenz in der Natur der Sache liegt, daß der Sinnesreiz wirklich in den verschiedensten Dimensionsgrößen und Energiefaktoren auftreten könne, eben weil er ein Proteus ist, der nicht nur verschiedene Farbe oder Gestalt, sondern sogar auch verschiedene Wesen haben kann. Aber wahrscheinlicher ist es doch, daß unsere geringen Kenntnisse am Chaos schuld sind; von diesem Standpunkt aus ist es vielleicht nützlich, sich die außerordentliche Verschiedenheit der Vorstellungen, welche man, von den Autoren geführt, sich über das Wesen eines Sinnesreizes zu bilden genötigt ist, recht deutlich zum Bewußtsein zu bringen.

Energetisch sind a priori drei Reizarten denkbar, während von jeder derselben wieder ein Differenzialquotient nach dem Ort und nach der Zeit abgeleitet werden kann. Befassen wir uns zuerst mit den drei Hauptarten. Der Reiz entspricht dabei:

1. einer Energie,
2. einer Intensität,
3. einer Quantität.

a) Die Möglichkeit besteht, daß die Energie nach ihrem Übergang auf den Receptor daselbst in neue Formen übergeführt wird, und dann in verhältnismäßig kleiner Menge das Nervensystem zu erregen imstande ist. Es ist wahrscheinlich, daß unter solchen Umständen die Reizgröße entweder der Energiegröße unmittelbar proportional ist, oder daß sie in irgendeiner anderen Weise

---

[1]) ZWAARDEMAKER, H.: Sitzungsber. d. kon. acad. v. wetensch. (Amsterdam), 7. Juni 1905.

[2]) STEFANINI: Nuovo Limento (6) Bd. 19, S. 5. — Vgl. H. ZWAARDEMAKER u. S. OHMA: Zeitschr. f. Sinnesphysiol. Bd. 54, S. 79.

[3]) ZWAARDEMAKER, H.: Sitzungsber. d. kon. acad. v. wetensch. (Amsterdam), 13. Juli 1904; Arch. néerland. de physiol. de l'homme et des anim. Bd. 6, S. 58. 1922.

[4]) Der Geschmackssinn hat keinen Temperaturkoeffizienten von Bedeutung; die gustatorische Energie ist also im allgemeinen ebensowenig wie die olfaktochemische eine chemische Affinität. Siehe K. KOMURO: Arch. néerland. de physiol. de l'homme et des anim. Bd. 6, S. 20. 1922.

von ihr abhängt. Wenn die übergehende Energie sich mehrt, wird auch der Reiz stärker sein und umgekehrt. In manchen Fällen mag dies zutreffen, so z. B. beim Licht, wo die Reizgröße offenbar von der Anzahl Meterkerzen abhängt. Es ist nicht möglich, durch Erhöhung der Meterkerzenzahl eine Abschwächung des Reizes zu bewirken.

b) Ebensogut kann man sich jedoch vorstellen, daß gerade wie bei unseren gewöhnlichen Meßapparaten, Manometer, Thermometer, Elektrometer, ein Energiefaktor und zwar der Intensitätsfaktor das Ausschlaggebende sei. Wie OSTWALD hervorhebt, stellt man bei solchen Messungen einfach fest, ob zwei Gebiete bei ihrer unmittelbaren Berührung im thermischen, mechanischen oder elektrischen Gleichgewicht sein werden oder nicht.

Manche Physiker und Chemiker fassen dieses Ereignis als das gewöhnliche auf, so z. B. MEYERHOFER. Sie glauben, daß wir Potentiale und Potentialdifferenzen empfinden.

Ein solcher Fall wird eintreten, wenn die Energie in ungeänderter Form auf den Receptor übergeht. Wenn sie z. B. in der Form einer Wärme der Haut und den in ihr anwesenden Gebilden überliefert wird, ist die Möglichkeit gegeben, daß eine sehr große Energiemenge keinen oder nur geringen Zutritt zu dem Endorgane bekommt, weil die dargebotene Wärme niedrig temperiert ist, während einer anderen, viel kleineren, aber hoch temperierten Menge ein sehr viel reichlicher Zutritt gestattet ist.

Unter solchen Umständen ist es wahrscheinlich, daß die Reizgröße manchmal ausschließlich von dem Intensitätsfaktor und nicht von der Quantität abhängig ist.

c) Noch eine dritte Möglichkeit kann sich bieten. Es wäre denkbar, daß die Energie bei dem Übergang auf den Receptor zwar wie in a) nicht ihre ursprüngliche Form beibehält, der Intensitätsfaktor also seine hervorragende Bedeutung verliert, daß aber dennoch nicht die Energiegröße als solche die Reizgröße bestimme. Wenn eine relativ große Energiemenge erforderlich ist, ehe sie, in eine neue Form übergeführt, innerhalb des Endorgans eine Erregung hervorzurufen imstande wäre, macht die Zeit sich geltend und wird der Quantitätsfaktor ausschlaggebend. Es fragt sich dann, ob innerhalb der zur Erregung verfügbaren Zeit eine genügende Energiemenge in die neue Form überfließen kann. Dieser Fall scheint bei den künstlichen Nervenreizungen verwirklicht; daher der große Einfluß der Chronaxie (HOORWEG, LAPIQUE).

Die Wirkung der Reizarten wird sich zeigen können, sowohl wenn ein neuer Reizzustand entsteht, als wenn es sich um eine Änderung in einem bereits bestehenden stationären Zustand handelt. Sowohl in dem einen als im anderen Falle wurde die Reizgröße entweder durch die genannten Änderungen selbst oder durch die Raschheit, womit die Änderungen vor sich gehen, bestimmt.

Trotz aller Verschiedenheit besteht jedoch eine Ähnlichkeit: ohne Energieübertragung gibt es keine Aktion. Allen Reizen, von welcher Art und von welcher Dimension sie auch sein mögen, ist die Eigentümlichkeit gemeinsam, daß die übertragene Energiemenge sehr klein ist. Beim Sehorgan[1]) ist sie von der Ordnung $1{,}10^{-12}$ Erg, bei dem Gehorgan[2]) $1{,}10^{-10}$, bei künstlichen elektrischen Reizen[3]) $1{,}10^{-4}$ Erg. Im Vergleich zu den ausgelösten Aktionen sind diese Beträge unbedeutend. Noch vor kurzem hat A. V. HILL[4]) derartige Berechnungen aus-

---

[1]) GRYNS u. NOYONS: Arch. f. (Anat. u.) Physiol. 1905, S. 25.

[2]) ZWAARDEMAKER (mit QUIX u. MINKEMA): Sitzungsber. d. kon. acad. v. wetensch. (Amsterdam), 22. März 1905.

[3]) ZWAARDEMAKER (mit v. REEKUM): Proc. kon. acad. v. Wetensch. (Amsterdam), 26. Aug. 1904.

[4]) HILL, A. V.: Proc. of the roy. soc. of London, Ser. B., Bd. 92, S. 178. 1921.

geführt. Er nimmt die Größe des Reizes pro Gramm Nerv mit 0,105 Erg an und schätzt die Energie von einem einfachen Muskelstoß, die durch diesen Reiz erzeugt wird, auf das 100000fache.

Diese scharfe Gegenüberstellung, Kleinheit des Reizes in Energiemaß und Größe der Wirkung, weist deutlich darauf hin, daß der erstere nicht die Energiequelle des letzteren sein kann. Die Wirkung muß ihre Energie dem gereizten physiologischen System entnehmen. In dieser Hinsicht besteht vollkommene Analogie zwischen dem qualitativen Verhalten, Reiz und physiologischem System einerseits und dem quantitativen Verhalten Katalysator und chemischem System andrerseits.

Zu einem Teil stammen die Reize, welche die finitiven Systeme in Aktion setzen, aus der Umgebung, zu einem andern Teil rühren sie von dem Organismus selbst her. Zu der letzteren Kategorie gehören auch die Reize, die aus dem Intellekt nach unsern höheren Reflexbahnen gehen. Die Mehrheit der Physiologen ist vermutlich mit F. B. HOFMANN[1]) dualistisch orientiert und steht auf dem SPINOZA-FECHNERschen Standpunkt der Parallelhypothese. Für sie hat der Reizzustand, der zugleich mit der psychischen Assoziation in der Hirnrinde entsteht, keinen anderen Charakter, als der Reizzustand, der in dem gleichen Organ auf dem Wege eines Reflexbogens von einer afferenten Bahn her übermittelt wird. Wenn man aber sog. Monist sein will, wird die Frage plötzlich anders.

Auf diesen Standpunkt stellte sich OSTWALD, und auch G. HEYMANS und seine Schüler teilen bis zu gewissem Grade diese Anschauung. Dann würde in der Hirnrinde eine besondere Energieform vorkommen, welche die Autoren psychische Energie nennen. Bislang ist das Bestehen einer solchen besonderen Energie, der natürlich die Dimensionsformel

$$(l^2 m t^{-2})$$

zuerkannt werden müßte, niemals nachgewiesen worden. Zwar entwickelt die Rinde während der Aktion eine geringe Menge Wärme (BERGER), aber das ist das gewöhnliche Zeichen der Dissipation von Energie. Diese Wärme kann ohne weiteres von dem gewöhnlichen Zellmetabolismus herrühren. Auch werden wohl während einer Aktion Potentialunterschiede entstehen, aber näher studiert sind diese nicht. Überdies würde dies keine besondere Energie sein, die Anspruch auf einen eigenen Namen machen dürfte. Es läßt sich nicht sagen, welche abweichende Energieform man hier würde annehmen dürfen. Die einzige Analogie, an die man würde anknüpfen können, wäre vielleicht die, welche es wagen würde, die Ganglienzellen der Rinde mit den Zellen der Membrana olfactoria, auf eine Linie zu stellen. Diese Riechzellen sind jedenfalls Nervenzellen, die offen in den Wänden der Riechspalte liegen. Dadurch sind sie für unmittelbar von außen kommende Reize, für die Reize der Riechstoffe zugänglich. Unglücklicherweise ist aber die olfaktochemische Energie, für welche diese Teleneuronen so ungemein empfindlich sind, gänzlich unbekannt. Nur wissen wir, daß sie nicht auf chemischer Affinität beruht, und weiter, daß ich den Versuch habe machen können, sie in Faktoren zu zerlegen. Das ist alles.

Im Sommer 1923 hat in Art einer Arbeitshypothese L. S. MYERS die Frage der psychischen Energie auf dem Psychiologenkongreß zu Oxford zur Sprache gebracht. Die Versammlung hat jedoch keine neuen Perspektiven eröffnen können. MYERS folgert: All our present knowledge favours the view, that, whether (so far as we can ascertain) consciousness is present or absent, no differences new occur in the result", d. h. „the continuous flow of energy".

---

[1]) HOFMANN, F. B.: Naturwissenschaften 1921, H. 10.

In der physiologischen Literatur ist bloß einmal eine hier anknüpfende Bemerkung gemacht worden. HERZEN[1]) hat gelegentlich die Hypothese aufgestellt, daß, nur wenn die somatischen Prozesse mit einer gewissen Geschwindigkeit verlaufen, die ein gewisses Minimum überschreitet, sie mit psychischen Parallelprozessen einhergehen. In energetischer Formulierung könnte man sagen: Wenn die Variation der freien Energie des Zentralnervensystems in den Teilen, die für die somatischen Parallelprozesse in Betracht kommen, ein gewisses Maß erreicht, überschreitet die begleitende Vorstellung die Schwelle. Man kann die Hypothese natürlich erweitern und die Intensität der Vorstellung abhängig machen von der Größe $\psi/dt$.

Also psychische Intensität $= f(\psi/dt)$ somatisch.

Das HERZENsche Gesetz ist sehr wohl der experimentellen Prüfung zugänglich, weil die begleitenden somatischen Erscheinungen als ein Maß des somatischen Prozesses gelten können, wobei selbstverständlich bestimmte Voraussetzungen zu machen sind. Weder HERZEN selbst, noch andere, die ihm vielleicht gefolgt sind, haben diesen Weg betreten, so daß vollständige Unsicherheit über das vermutliche Ergebnis einer solchen Untersuchung besteht.

Die durch G. HEYMANS und seine Mitarbeiter ins Auge gefaßte psychische Energie dagegen eignet sich vorerst nicht zur experimentellen Untersuchung. Nur die Träume, Opiumhalluzinationen usw. würden vielleicht ein Angriffspunkt sein können; aber soll dies zu einem einigermaßen vertrauenswürdigen Ergebnis führen, dann werden vorher die elektrischen Erscheinungen der Hirnrinde quantitativ bearbeitet werden müssen, ein noch gar nicht in Angriff genommenes Gebiet.

Wie bereits erwähnt wurde, ist die Wärmeproduktion in der Hirnrinde während psychischer Funktion durch BERGER studiert worden. Sie läßt uns die Entropie dieser Prozesse erkennen, während die Zurückdrängung der elektrischen Erscheinungen durch elektrotonisierende Ströme vielleicht die im Spiel befindlichen Mengen freier Energie an den Tag würde bringen können.

## 11. Die Zustandsgleichungen.

Der Zustand eines physikalisch-chemischen Systems wird durch einige Bedingungen bestimmt, von denen in der Phasenlehre vor allem die Temperatur der Druck, das chemische Potential in den Vordergrund gestellt wurden. Wenn Gleichgewicht herrscht, gilt die Formel $f(t, p, \zeta \ldots) = 0$.

In den physiologischen Systemen wird man die Bedingung thermodynamisches Potential viel mehr zergliedern müssen. Man wird verschiedene andere Bedingungen darin unterscheiden als da sind: osmotischer Druck, H-Ionenkonzentration, Sauerstoffreichtum der Umgebung, Radioaktivität von in dem System anwesenden Elementen (K. Em.), Hormongehalt. Alle diese Bedingungen findet man gewöhnlich in dem Blut oder seinem Surrogat vereinigt, so daß man sie auch wohl zusammenfaßt und dann sagt, daß der Zustand des Blutes für den Zustand des Systems bestimmend ist.

In der Physik und der theoretischen Chemie sucht man den wechselseitigen Zusammenhang von einigen dieser Bedingungen, indem man die übrigen konstant nimmt, in einer Formel festzulegen. Zuerst ist dies für ideale Gase getan in der berühmten Formel von VAN DER WAALS:

$$p = \frac{TR}{v - b} + \frac{a}{v}.$$

[1]) HERZEN: Le cerveau et l'activité cérébrale, S. 367.

Die Theorie der kontinuierlichen Zustände ist bestrebt, durch eine übereinstimmende Formel auch die Flüssigkeiten zu umfassen und von da aus zu dem glasig amorphen und dem festen Zustand überzugehen. Der Zusammenhang wird dann äußerst kompliziert[1]).

Zustandsvergleichungen für Gleichgewichte in lebenden Systemen aufstellen zu wollen ist allzu vermessen, um so mehr, da es sich um kolloidale Systeme handelt und die Vorgeschichte demzufolge noch stundenlang ihren Einfluß geltend macht. Auch wenn man die Temperatur und den Druck konstant hält, was sich leicht bewerkstelligen läßt, so ist es doch äußerst schwierig, dem Zusammenhang zwischen den übrigen zahlreichen Bedingungen auf die Spur zu kommen. Ein bemerkenswerter Versuch L. J. HENDERSONS zeigt inzwischen den Weg längs welchem hier vorzugehen ist[2]).

Einfacher ist es, vom Gleichgewicht ausgehend, die Veränderungen aufzuspüren, die durch Modifikation einer der Zustandsbedingungen entstehen, wenn man alle anderen konstant hält. Es sei z. B. $T$ die Temperatur, $p$ der Druck, $\pi$ der osmotische Druck, $p_{\mathrm{H}}$ die Konzentration der H-Ionen, $\mathrm{O}_2$ der Sauerstoffgehalt der Umgebung, $K$ die Menge von Kalium, Ho die Menge eines bestimmten Hormons, dann wird

$$\frac{d}{dm} = f\left(\frac{dt}{dm} + \frac{dp}{dm} + \frac{d\pi}{dm} + \frac{dp_{\mathrm{H}}}{dm} + \frac{d\,\mathrm{O}_2}{dm} + \frac{d\mathrm{K}}{dm} + \frac{d\,\mathrm{Ho}}{dm}\right).$$

Es ist nun verhältnismäßig einfach alle Bedingungen bis auf eine konstant zu halten und dann die letztere vorsichtig und in geringem Maße zu variieren. Man kann z. B. einen Nerven dieser Prozedur unterwerfen und nachgehen, wie die Reizbarkeit sich ändert. Angenommen die Veränderung finde statt in der Richtung einer leichten Erhöhung der Reizbarkeit, dann wird es möglich sein, durch einen elektrischen Strom von gemessener Stärke und Dauer einen Anelektrotonus hervorzurufen, der die Modifikation der Reizbarkeit zurückdrängt. Unter diesen Umständen lernt man ohne Mühe den Betrag $d\psi/dm$ und damit unmittelbar den gesuchten Zusammenhang zwischen freier Energie und den untersuchten Bedingungen kennen. H. PLANTEN hat 1913 in meinem Laboratorium diese Untersuchung für die Bedingungen $T$, $p$ und $p_{\mathrm{H}}$ mit Erfolg ausgeführt[3]).

In dem soeben beschriebenen Fall ist die Reizbarkeit des Nervensystems als Indicator von Gleichgewicht genommen, doch kann man mutatis mutandis in anderen überlebenden Organen andere Kriterien als solchen benützen.

Das Prinzip der Methode ist allgemein und von allseitiger Anwendbarkeit.

## 12. Das Leben eine Summe von Kreisprozessen, superponiert auf einem offenen Prozeß.

Es gibt einen großen fortlaufenden vitalen Prozeß, der kein Kreisprozeß ist, nämlich den der Entwicklung und zugleich den der Erhaltung. Ob man nun eine einzelne Zelle für sich betrachtet oder den ganzen Organismus als Ganzes nimmt, der nicht umkehrbare, finitive Prozeß der Entwicklung, zugleich der der Erhaltung hat einen Anfangs- und einen Endpunkt, die per se verschieden sind. Auf diesem großen stets vorwärts gehenden Prozeß, während dessen ununterbrochen ein Strom von Energie sich durch den Organismus bewegt, dadurch be-

---

[1]) Man vgl. H. KAMERLINGH ONNES u. W. H. KEESOM: Enz. d. math. Wissensch. Bd. V, I, S. 863.

[2]) HENDERSON, L. J., A. V. BOOK, H. FIELD JR. u. J. L. STODDARD: Journ. of biol. chem. Bd. 59, S. 381. 1924.

[3]) PLANTEN, H.: Onderz. Physiol. Lab. Utrecht (5) Bd. 15, S. 1.

kundend, daß der Organismus ein offenes und kein geschlossenes System ist, sind eine Menge Kreisprozesse superponiert. Zunächst bei niederen Tieren der Jahreszyklus. Allgemein der Tageszyklus. Dann die Atmung, weiter die Herzbewegung. Endlich die periodischen Automatien des Verdauungskanals. Möglicherweise gibt es noch Automatien, die dicht zusammengedrängte Kreisprozesse darstellen, wodurch Zustände von tonischer Aktivität entstehen. Zu den zahlreichen periodisch automatischen Kreisprozessen kommen die zeitlich auftretenden finitiven Kreisprozesse hinzu, die durch einen Reiz hervorgerufen werden.

Die Gesamtheit dieser Prozesse, der offene Grundprozeß und die zahlreichen periodischen und finitiven Kreisprozesse, vollziehen sich unter vollkommener Herrschaft der Naturgesetze. Die Gesamtsumme und alle Unterteile sind nicht umkehrbar. Dadurch ist zwar im allgemeinen, aber nicht in Einzelheiten die Richtung bestimmt. Diese Richtungen und die Geschwindigkeit aller Einzelprozesse wird durch noch unbekannte Regulierungen, wie die Formgebung, Selbstregulierung, Streben nach Gleichgewicht mit der Umwelt, bestimmt. Die Neovitalisten schreiben diese „richtenden Kräfte des Lebens“ auch wohl der Entelechie[1]) zu.

Die Aristotelische Entelechie ist jedoch, obgleich etwas Bestimmendes, selbst keine Energie. Auch ist sie kein Intensitätsfaktor[1]). Sie läßt nur zu oder schiebt auf. Jedoch will DRIESCH sie nicht mit einem Katalysator vergleichen. Das Vektorielle und die Vorherbestimmung sind für ihn augenscheinlich die Hauptsache: „given circumstances and given a certain entelechy in a certain state of manifestation, there will always be or go on only one specifically determined event and no other“.

Wie verhält es sich endlich in unserem Bilde mit der Psyche? Die Dualisten die Anhänger der SPINOZA-FECHNERschen Parallelhypothese, weisen dem Psychischen eine Stellung außerhalb des Systems an, obwohl sie sich Soma und Psyche zusammengekoppelt denken. Die Monisten dagegen suchen das Psychische mit hinein zu ziehen, sind dann aber genötigt, oligodynamische Mengen von psychischer Energie anzunehmen, deren Existenz noch niemals in objektiver Weise dargetan ist.

Fügt man hierzu dann noch die Mneme[2]) und das Zielbewußtsein, was bei jedem vitalen Geschehen angenommen wird[3]). dann zeigt sich, daß wir auf diesem Gebiet schon längst das eigentliche Terrain der Bioenergetik verlassen haben.

---

[1]) DRIESCH: l. c. Bd. 2, S. 178.

[2]) SEMON, R.: Die Mneme als erhaltendes Prinzip im Wechsel des organischen Geschehens. 2. Aufl. Leipzig 1905.

[3]) JENSEN, P.: Organische Zweckmäßigkeit. Jena 1907.

# Erregbarkeit, Reiz- und Erregungsleitung, allgemeine Gesetze der Erregung.

Von

**PH. BROEMSER**

Basel.

Mit 10 Abbildungen.

### Zusammenfassende Darstellungen.

[1]) BAGLIONI, in Wintersteins Handb. d. vergl. Physiol. Bd. IV, 2. 1913. — BAYLISS: Principles of General Physiology. London 1920; The excitatory state. Bull of the John Hopkins hosp. Bd. 33, Nr. 380. 1922. — BERITOFF: Allgemeine Charakteristik der Tätigkeit des Nerven- und Muskelsystems. Ergebn. d. Physiol. Bd. 23, S. 33. 1924. — BETHE: Allgemeine Anatomie und Physiologie des Nervensystems. Leipzig 1903. — BIEDERMANN: Elektrophysiologie. Jena 1895. — HERMANN: Handb. d. Physiol. Bd. II, 1. Leipzig 1879. — HERTWIG: Allgemeine Biologie, Bd. I. Jena 1912. — JENSEN: Reiz, Bedingungen und Ursache in der Biologie. Berlin 1921. — v. KRIES: Über Merkmale des Lebens. Freiburg i. Br. 1919. — MANGOLD: Reiz und Erregung, Reizleitung und Erregungsleitung. Ergebn. d. Physiol. Bd. 21, 1, S. 361. 1923. — MÜLLER, JOH.: Handb. d. Physiol., Bd. I. Coblenz. 1844. — TSCHERMAK: Allgemeine Physiologie, Bd. I. 1924. — VERWORN: Allgemeine Physiologie. Jena 1915.

## 1. Definition der Erregbarkeit, des Reizes, der Erregungsleitung und der Reizleitung.

### a) Der Reiz und die Erregung.

Eines der wichtigsten, vielleicht sogar das charakteristische Merkmal, das die lebende Substanz von nicht belebter Materie unterscheidet, wird als „Erregbarkeit" bezeichnet. Die empirische Tatsache, die zur Bildung dieses Begriffes führte, ist die Beobachtung, daß in lebender Substanz, d. h. Organismen, Organen oder Zellen, auf Grund äußerer Einwirkungen der verschiedensten Art, Veränderungen vor sich gehen, die nach Art und Größe zunächst nicht in dem gleichen kausalen Zusammenhang mit den Einwirkungen zu stehen scheinen, wie die Wirkungen mit den Folgen, die wir bei der Einwirkung auf unbelebte Dinge beobachten. Der Begriff der „Erregbarkeit" oder der häufig mit ihm gleichsinnig benutzte der „Reizbarkeit", sowie der damit untrennbar verbundene Begriff des „Reizes" sind daher schon frühzeitig als etwas für die Erkenntnis und die Erforschung des Lebens grundsätzlich Wichtiges von Naturwissenschaftlern und Philosophen eingehend diskutiert worden. Von älteren Diskussionen über diese Fragen von physiologischer Seite sei die von JOH. MÜLLER[1]) erwähnt.

Von den philosophischen Betrachtungen sind vor allem die SCHOPENHAUERS[2]) hervorzuheben. Er unterscheidet drei verschiedene Formen der Kausalität, und zwar:

[1]) MÜLLER, JOH.: Handb. d. Physiol., S. 152. Coblenz 1844.

[2]) SCHOPENHAUER: Die Welt als Wille und Vorstellung. Sämtl. Werke Bd. 1, 2, 3. Leipzig 1881.

1. „*Die Ursache im engsten Sinne* ist die, nach welcher ausschließlich die Veränderungen im unorganischen Reich erfolgen, also diejenigen Wirkungen, welche das Thema der Mechanik, der Physik und Chemie sind. Von ihr allein gilt das dritte Newtonsche Grundgesetz: Wirkung und Gegenwirkung sind einander gleich. Es besagt, daß der vorhergehende Zustand (die Ursache) eine Veränderung erfährt, die an Größe der gleichkommt, die er hervorgerufen hat (die Wirkung). Ferner ist nur bei dieser Form der Kausalität der Grad der Wirkung dem Grade der Ursache stets genau angemessen, so daß aus dieser jene sich berechnen läßt und umgekehrt.“

2. „*Der Reiz*, d. h. diejenige Ursache, welche erstlich selbst keine mit ihrer Einwirkung im Verhältnis stehende Gegenwirkung erleidet und zweitens zwischen deren Intensität und der Intensität der Wirkung durchaus keine Gleichmäßigkeit stattfindet. Folglich kann hier nicht der Grad der Wirkung gemessen und vorher bestimmt werden nach dem Grad der Ursache; vielmehr kann eine kleine Vermehrung des Reizes eine sehr große der Wirkung verursachen, oder auch, umgekehrt, die vorige Wirkung ganz aufheben, ja eine entgegengesetzte herbeiführen. Reize beherrschen das organische Leben als solches, also das der Pflanzen, und den vegetativen, daher bewußtlosen Teil des tierischen Lebens.“

3. Das Motiv, „das Medium der Motive ist die Erkenntnis: die Empfänglichkeit für sie erfordert folglich einen Intellekt.“

Nach diesen Erörterungen Schopenhauers könnte man die Erregung als die Wirkung des Reizes bezeichnen.

Schopenhauer betont ausdrücklich, daß der kausale Zusammenhang zwischen Reiz und Wirkung der gleiche wie zwischen Ursache im engsten Sinn und Gegenwirkung ist, nur „die Ursache ist komplizierter, die Wirkung heterogener, aber die Notwendigkeit, mit der sie eintritt, nicht um ein Haar breit geringer.“

Die angeführten Definitionen zeigen deutlich, wie schwierig die eindeutige Klärung und Trennung der Begriffe Reiz und Erregung, Reizbarkeit und Erregbarkeit ist. Sieht man die Unübersichtlichkeit des Reizerfolges in seiner Abhängigkeit vom Reiz darin, daß wir in dem Zusammenhang Reiz—Reizerfolg, in der Art, wie es Hertwig[1]) darstellt, eine „Kette von Ursachen und Wirkungen“ sehen, so erkennen wir, daß die Abgrenzung des Reizes von der als Reizfolge definierten Erregung unmöglich ist, da ein unter Umständen als erste Reizfolge in Erscheinung tretende Wirkung nunmehr als Reiz eine weitere Wirkung zur Folge hat.

Die verschiedenen Physiologen, die sich um die Klarlegung der gleichen Begriffe bemühten, haben zum Teil versucht, Reiz und Erregung unabhängig voneinander zu umschreiben: Verworn[2]) bezeichnet als Reiz „jede Veränderung in den äußeren Lebensbedingungen eines Organismus“, als Erregung „jede Steigerung, sei es einzelner oder aller Lebensvorgänge“. Im Gegensatz zur Erregung nennt er Lähmung „jede Herabsetzung einzelner oder aller Lebensvorgänge“ und bringt Reiz, Erregung und Lähmung miteinander in Beziehung durch die Aussage: „Die Wirkung der Reize kann in Erregung oder in Lähmung bestehen.“ Von den weiteren Autoren sei Mangold[3]) erwähnt, der nach umfangreicher Diskussion der einschlägigen Literatur zu von den Verwornschen Definitionen abweichenden Fassungen gelangt, die den logischen Zusammenhang zwischen Reiz und Erregung in sich enthalten, da er aussagt: „Erregung ist jede aktive Veränderung der in einem lebenden Gebilde ablaufenden Vorgänge“,

---

[1]) Hertwig: Allgemeine Biologie, Bd. I, S. 146. Jena 1912.
[2]) Verworn: Allgemeine Physiologie, S. 420. Jena 1909.
[3]) Mangold: Ergebn. d. Physiol. Bd. 21, I, S. 361. 1923.

den Reiz aber als „jede äußere Veränderung, die auf lebende Substanz so einzuwirken vermag, daß diese selbst mit einer Veränderung im Ablauf ihrer Lebensvorgänge reagiert“, bezeichnet. Sein Erregungsbegriff schließt den von VERWORN verwandten der Hemmung ein; als Reiz wird, wie aus den Definitionen hervorgeht, jede äußere Einwirkung, die eine Erregung hervorrufen kann, bezeichnet. BÜRKER[1]) stellt eine Definition des Reizes auf Grund des von VERWORN eingeführten Begriffs des „Biotonus“ auf, auf die weiter unten eingegangen werden soll (S. 308).

Wie man aus der vorstehenden kurzen Darstellung erkennt, besteht zwischen den verschiedensten Autoren keineswegs eine Einigkeit über die Begriffe Reiz und Erregung, und tatsächlich werden auch in den verschiedensten Abhandlungen, die sich mit der Darstellung experimenteller Befunde befassen, die gleichen Worte durchaus nicht immer für die gleiche Sache angewandt. Da es sich jedoch stets bei der Verwendung dieser Worte um die Beschreibung oder Besprechung der besonderen Art, in welcher lebende Substanz auf Einwirkungen reagiert, handelt, so wird eine Verständigung im allgemeinen dadurch erreicht, daß in den einzelnen Fällen die Versuchsbedingungen und der Versuchserfolg beschrieben und unter Umständen an der Hand von Beispielen die Begriffe zu erläutern versucht werden.

Tatsächlich dürfte diese Methode wohl auch zur Zeit die einzig mögliche der Verständigung sein. Die Erfahrungen in Physik und Chemie, deren Wissensgebiete eine große Anzahl eindeutiger Definitionen umfaßt, zeigt nämlich, daß eine klare Begriffsbestimmung für ein einen Naturvorgang bezeichnendes Wort erst dann möglich ist, wenn von dem betreffenden Vorgang die ganze Kette der Ursachen und Wirkungen im engsten Sinne bekannt ist[2]), d. h. eine unmißverständliche Definition, die in jedem einzelnen Fall die Angabe erlaubt, was als Reiz und Erregung zu bezeichnen ist, wäre nur dann möglich, wenn das Wesen des Erregungsvorganges physikalisch-chemisch geklärt wäre. Eine physikalisch-chemische Erklärung des Erregungsvorganges würde jedoch die Lösung des Problems des Lebens überhaupt bedeuten. Eine generelle Lösung dieses Problems ist, wenn überhaupt, so sicherlich nicht in absehbarer Zeit zu erwarten.

Trotz der Unklarheit, die nach dem Gesagten den Begriffen des Reizes und der Erregung anhaftet, ist eine gewisse Einheitlichkeit der Benennung wünschenswert. Tatsächlich haben sich bei den vielfältigen Beobachtungen des Erfolgs der verschiedenartigsten Einwirkungen auf die verschiedensten Arten der lebenden Substanz gewisse gemeinsame Tatsachen ergeben, die einen teilweisen Einblick in den Ablauf des Erregungsvorganges gestatten. Dementsprechend haben BEER, BETHE und v. UEXKÜLL[3]) vorgeschlagen, unter Verzicht auf Definitionen, eine objektivierende Nomenklatur für die Physiologie des Nervensystems einzuführen, und MANGOLD[4]) hat den Reizungs- und Erregungsvorgang in mehrere unterscheidbare Abschnitte zergliedert und die Zerlegung an Beispielen erläutert.

---

[1]) Festschrift zum 70. Geburtstag von HERMANN GRIESBACH, Gießen, S. 18. 1925.

[2]) Zu welchen grotesken Resultaten in der Physik die Versuche, ungeklärte Naturerscheinungen zu definieren, zum Teil geführt haben, zeigt z. B. die Definition der Elektrizität von HEGEL (Vollst. Ausgabe seiner Werke Bd. 7, S. 343. Berlin 1842): „Die Elektrizität ist der reine Zweck der Gestalt, der sich von ihr befreit: die Gestalt, die ihre Gleichgültigkeit aufzuheben anfängt; denn die Elektrizität ist das unmittelbare Hervortreten oder das noch von der Gestalt herkommende, noch durch sie bedingte Dasein —, oder noch nicht die Auflösung der Gestalt selbst, sondern der oberflächliche Prozeß, worin die Differenzen die Gestalt verlassen, aber sie zu ihrer Bedingung haben und noch nicht an ihnen selbständig sind.“

[3]) BEER, BETHE u. UEXKÜLL: Biol. Zentralbl. Bd. 19, S. 517. 1899.

[4]) MANGOLD: Ergebn. d. Physiol. Bd. 21, I, S. 361. 1923.

### b) Die Erregungsleitung und die Reizleitung.

Schon die einfachsten Beobachtungen an lebender Substanz zeigen, daß die Folgen eines Reizes nur in den seltensten Fällen auf den Reizort beschränkt bleiben. Häufig werden sogar gerade die sinnfälligsten Reizfolgen an Stellen, die weit vom Reizort entfernt sind, beobachtet. Aus dieser Tatsache ist zu schließen, daß wir dem lebenden Gewebe die Fähigkeit zuschreiben müssen, die unmittelbare Reizfolge weiterzuleiten. Die Weiterleitung des unmittelbaren Reizerfolges wird als „Reizleitung" oder „Erregungsleitung" bezeichnet. Die Begriffe Reizleitung und Erregungsleitung werden in der Literatur teilweise wahllos für die gleiche Erscheinung verwendet. Andere Autoren bemühen sich, die beiden Begriffe für verschiedene Vorgänge zu verwenden. MANGOLD[1]) kommt am Schlusse einer Diskussion der einschlägigen Literatur zu dem Vorschlag, als „Reizleitung" solche Vorgänge zu bezeichnen, bei denen „die Übertragung einer äußeren, physikalischen oder chemischen Veränderung durch Teile eines lebenden Organismus ohne aktive Beteiligung desselben" erfolgt, die Bezeichnung „Erregungsleitung" hingegen für solche Vorgänge zu reservieren, bei denen eine „Erregung", d. h. eine physikalisch-chemische Veränderung unbekannter Art unter „aktiver" Beteiligung der lebenden Substanz weitergeleitet wird.

Als typische „Reizleitung" bezeichnet er die Leitung des Schalls durch Trommelfell und Gehörknöchelchen zum Labyrinthwasser des Ohrs, als typische „Erregungsleitung" den Leitungsvorgang im Nerven.

Infolge der Unbekanntheit des Erregungsvorganges haftet auch diesen Definitionen eine gewisse Unklarheit an, die die Entscheidung, was im einzelnen Fall als „Reizleitung" und „Erregungsleitung" zu bezeichnen ist, erschweren. Trotzdem erscheint es zweckmäßig, sich so weit als möglich an diese Unterscheidung, die eine gewisse Charakterisierung eines Leitungsvorgangs durch die Bezeichnung gestattet, anzunehmen.

Da die Begriffe Reiz, Erregung, Reizleitung und Erregungsleitung für die Darstellung des folgenden nicht entbehrt werden können, so sei unter diesen etwa das in den von MANGOLD gewählten Definitionen Ausgesprochene verstanden, wobei man sich aber der in den Begriffen enthaltenden Unklarheit stets bewußt bleiben möge. Im übrigen soll versucht werden, das Tatsächliche unter weitgehendem Verzicht auf die Verwendung von Definitionen noch ungeklärter Vorgänge darzustellen.

## 2. Allgemeine Wirkungen und Qualitäten der Reize.

### a) Die Wirkungen der Reize.

Bei einem allgemeinen Überblick über die Wirkung der Reize findet man, daß der gleiche Reiz bei verschiedenen lebenden Gebilden sehr verschiedene Wirkungen hervorrufen kann, andererseits erzielen sehr verschiedenartige Reize bei dem gleichen Organismus die gleiche Wirkung. Außerdem fällt auf, daß Reiz und Wirkung unter Umständen nicht nur räumlich weit auseinanderliegen können (diese Beobachtung hat, wie erwähnt, zur Bildung der Begriffe Reiz- und Erregungsleitung geführt), sondern auch in manchen Fällen in beträchtlichem zeitlichem Abstand aufeinander folgen.

Zur allgemeinen Erklärung dieser Beobachtungen zieht HERTWIG[2]) ausgeführte Vergleiche der lebenden Substanz mit maschinellen Einrichtungen heran und führt die Verschiedenheit des Reizerfolges auf die verschiedene für jede Art

[1]) MANGOLD: Ergebn. d. Physiol. Bd. 21, I, S. 361. 1923.
[2]) HERTWIG: Allgemeine Biologie, Bd. I, S. 147. Jena 1912.

der lebenden Substanz spezifische Einrichtung zurück. Er faßt diese Betrachtungen in dem Satz zusammen: „Die Reizwirkung erhält überall ihr spezifisches Gepräge durch die besondere Struktur der reizbaren Substanz, oder in anderen Worten, die Reizbarkeit ist eine Grundeigenschaft des lebenden Protoplasma, aber sie äußert sich je nach seiner spezifischen Struktur unter dem Einfluß der Außenwelt in spezifischen Energien und Reizwirkungen.“ Der Ausdruck „spezifische Energie“ eines Lebewesens, Organs oder auch einer bestimmten Zelle wurde von JOH. MÜLLER[1]) geprägt und bedeutet die jeder lebenden Substanz zukommende, auf ihrer besonderen Einrichtung beruhende, spezifische Art des Reizerfolgs.

### b) Die Reizqualität und die Reizstärke.

Wäre der sich zwischen Reiz und Reizerfolg abspielende Vorgang in seinen Einzelheiten physikalisch-chemisch bekannt, so wäre es möglich, aus Art und Größe des Reizes, Art und Größe der Wirkung zu errechnen. Umgekehrt könnte man, wenn empirisch eine eindeutige Abhängigkeit zwischen Art und Größe des Reizes und Art und Größe der Wirkung festgestellt wäre, Schlüsse auf die die Abhängigkeit bedingenden Vorgänge zu ziehen. Das Bestreben, Reiz und Reizerfolg nach Art und Größe zu bestimmen und zu messen und womöglich gesetzmäßige Zusammenhänge zwischen den beiden zu finden, nehmen daher einen großen Raum der Forschung auf allen Gebieten der Physiologie ein. In sehr vielen Fällen, vor allen Dingen dann, wenn zwischen Reiz und Wirkung längere Zeitabstände liegen, wird die Reizwirkung nur sehr schwer oder gar nicht erkannt. Es sei in diesem Sinne hier nur an die Wirkungen der Hormone hingewiesen. Am leichtesten sind die qualitativen und quantitativen Beziehungen zwischen Reiz und Reizerfolg zu untersuchen in den Fällen, in denen es sich um verhältnismäßig einfache Einwirkungen handelt und der Reizerfolg in rasch eintretenden auffallenden Erscheinungen (Bewegungen) besteht. Stellt man zunächst fest, welcher Art die Reize sein können, so findet man, daß physikalische und chemische Einwirkungen beliebiger Art unter Umständen als Reize wirken können. Es hat sich im Verlauf der Diskussion über diese Fragen die Gewohnheit herausgebildet, die verschiedenen physikalischen und chemischen Einwirkungen bezüglich ihrer Eigenschaft als „Reize“ in einige Gruppen zusammenzufassen.

Diese Gruppen sind:

1. *Der mechanische Reiz*, unter welchem alle mechanische Einwirkungen (Stoß, Druck, Zug) verstanden werden.

2. *Der chemische Reiz*, der alle Änderungen in der chemischen Zusammensetzung der Umgebung eines erregbaren Gebildes, also z. B. Änderungen der Stoffzufuhr oder -abfuhr (Nahrungsmittel, Chemikalien, Ionen, Sauerstoff, Kohlensäure usw.) umfaßt.

3. *Der osmotische Reiz*, unter dem Änderungen des osmotischen Drucks des umgebenden Mediums verstanden werden.

4. *Der elektrische Reiz*, unter welcher Bezeichnung elektrische Einwirkung aller möglichen Arten untergebracht werden.

5. *Der thermische Reiz*, der die Reizwirkung von Temperaturänderungen bezeichnet.

Von den in diesen 5 Gruppen zusammengefaßten Einwirkungen kann man aussagen, daß sie ganz allgemein unter Umständen in der Lage sind, an jedem beliebigen lebenden Gebilde Erregungen hervorzurufen. Von gewissen anderen Einwirkungen, und zwar vor allem von Strahlen aller Art (HERTZsche Wellen,

---

[1]) MÜLLER, JOH.: Zur vergleichenden Physiologie. Leipzig 1926.

ultrarote, Licht-, ultraviolette, Röntgen-, Radium-, Kathoden- und Kanalstrahlen) sowie von speziellen mechanischen Einwirkungen, die wegen ihrer spezifischen Wirkung auf das menschliche Ohr als „Schall“ von den übrigen mechanischen Vorgängen getrennt betrachtet zu werden pflegen, kann die Aussage, daß sie an jedem beliebigen lebenden Gebilde unter Umständen Erregungen hervorrufen, in dieser Allgemeinheit nicht gemacht werden. Man beobachtet von Licht und Schall in vielen Fällen nur Reizerfolge durch Vermittlung bestimmter, durch ihre besondere Einrichtungen ausgezeichneter Organe. Ob man den übrigen genannten Erscheinungen die Qualität als Reiz überhaupt zuschreiben soll, erscheint zum mindesten zweifelhaft. Bisher ist die Frage noch nicht geklärt, ob die unter ihrer Einwirkung an lebender Substanz beobachteten Erscheinungen nicht stets auf eine Veränderung zurückzuführen ist, die ohne Beteiligung der lebenden Substanz hervorgerufen, ihrerseits als ein Reiz wirkt, der unter die Gruppen 1—5 untergeordnet werden kann. Im einzelnen soll auf die spezielle Wirkung der einzelnen Reizqualitäten noch weiter unten (s. S. 287) eingegangen werden.

Sollen außer rein qualitativen Beziehungen zwischen Reiz und Reizerfolg quantitative Beziehungen bestimmt werden, so besteht das Bedürfnis, eine meßbare Größe des Reizes festzulegen. Da es sich bei den Reizen um physikalische bzw. chemische Größen handelt, so können sie im allgemeinen quantitativ bestimmt werden. Nur in den allerseltensten Fällen kann allerdings die Größe der Einwirkung durch eine einzige Zahlenangabe quantitativ angegeben werden. Nehmen wir nur den einfachen Fall an, daß ein erregbares Gebilde, z. B. ein Nerv durch ein fallendes Gewicht erregt wird, so gehört zur Bestimmung der Einwirkung zum mindesten die Angabe der Größe des Gewichts und der Fallhöhe. Aber auch diese Angaben werden häufig zur vollkommenen Charakterisierung des Reizes nicht genügen, sondern es müssen noch Angaben über Größe und Form der durch das fallende Gewicht am Nerven erzeugten Deformation, die den eigentlichen Reiz darstellt, hinzu kommen, die wiederum von verschiedenen Größen, z. B. von der Unterlage, auf der der Nerv liegt, und von den physikalischen Eigenschaften des Nerven selbst (Dicke, Elastizitätsmodul) abhängen. Oder betrachten wir den sehr häufig verwendeten Reiz durch einen kurzen elektrischen Stromstoß, so bedarf es zur eindeutigen Beschreibung des Reizes quantitativer Angaben über Spannung, Stromstärke und zeitlichen Verlauf der Einwirkung, Form, Größe und Art der Zuleitungselektroden usw. Die Schwierigkeiten bei der quantitativen Bestimmung der „Reizstärke“ gehen aus diesen Beispielen zur Genüge hervor. Die Möglichkeit, zu einfachen, zahlenmäßigen Angaben über die „Reizstärke“ zu kommen, wird daher im allgemeinen dadurch zu erreichen gesucht, daß von den verschiedenen Variablen, die den Reiz quantitativ bestimmen, möglichst alle bis auf eine konstant gehalten und nur diese eine verändert wird. Die Angabe der veränderlichen Größe gibt dann ein gewisses relatives Maß für die „Reizstärke“. Beispielsweise kann man in dem erwähnten Fall der Reizung eines Nerven durch ein fallendes Gewicht Form und Größe des Gewichtes konstant halten, die gleiche Unterlage und den gleichen Nerven verwenden und nur die Fallhöhe variieren. Die Fallhöhe kann dann als Maß der Reizstärke dienen.

### c) Die Reizschwelle und das Einschleichen der Reize.

Versuche der angeführten Art ergeben als eines der einfachsten Resultate, daß der gleiche quantitativ abgestufte Reiz nicht unter allen Umständen eine Veränderung hervorruft, die man als Erregung ansprechen kann. Wählen wir als Beispiel wiederum einen Nerven, der zur Feststellung seiner Erregung mit einer Apparatur in Verbindung stehen möge, die es gestattet, das elektrische

Verhalten und damit die Erregung des Nerven zu beobachten. Wie in den speziellen Abschnitten des Handbuches eingehend beschrieben wird, geht nämlich die Erregung in jedem Fall mit einer Änderung des elektrischen Verhaltens der erregten Substanz einher. Als Reiz werde ein fallendes Gewicht verwandt und bei der Reizung alle anderen Größen außer der Fallhöhe des Gewichtes konstant gehalten. Beginnt man mit sehr geringen Fallhöhen, so findet man, daß zunächst der ausgeübte Reiz keine Erregung auslöst. Überschreitet die Fallhöhe einen bestimmten Betrag, so beobachtet man nunmehr die Merkmale der Erregung. Man bezeichnet den schwächsten zur Erregung führenden Reiz in unserem Falle, also den Reiz, der bei der geringsten zur Erregung führenden Fallhöhe ausgeübt wird, als den „Schwellenreiz", d. h. man schreibt auf Grund solcher Erfahrungen, die man ähnlich bei jedem erregbaren Gebilde macht, der lebenden Substanz eine „Reizschwelle" zu, und bringt dadurch zum Ausdruck, daß der Reiz in quantitativer Hinsicht gewisse Minimalbedingungen erfüllen muß, um eine Erregung auszulösen. Es liegt nun nahe, einem bestimmten erregbaren Gebilde eine quantitativ faßbare „Erregbarkeit" zuzuschreiben und die Größe der Erregbarkeit etwa umgekehrt proportional der Größe des Schwellenreizes, in unserem Falle also umgekehrt proportional der geringsten Erregung bewirkenden Fallhöhe zu setzen. Eine einfache Änderung unserer Versuchsanordnung zeigt jedoch, daß eine solche einfache quantitative Bestimmung der Erregbarkeit nicht möglich ist. Läßt man in einer durchaus ähnlichen Versuchsanordnung alles andere, also auch die Fallhöhe konstant und ändert die Schwere des Gewichtes, so findet man nämlich, daß das Gewicht eine gewisse Mindestschwere besitzen muß, um eine Erregung hervorzubringen. Durch Bestimmung dieser Mindestschwere findet man ebenfalls einen Schwellenwert. Es wäre nun allerdings immer noch möglich, daß die auf beide Arten gewonnenen Angaben über die Höhe der Reizschwelle, wenn auch absolut voneinander unterschieden, eine gleichartige Angabe über die Erregbarkeit bedeuteten, d. h. daß beim gleichen Versuch an verschiedenen erregbaren Gebilden beide Arten der Schwellenbestimmung zu Werten führten, die im gleichen Verhältnis zueinander ständen. Das ist aber, wie die Versuche ergeben, keineswegs der Fall, sondern es kann bei der Untersuchung verschiedener erregbarer Gebilde sogar geschehen, daß man auf Grund der Schwellenbestimmung der einen Art einem Gebilde eine höhere Erregbarkeit zuschreiben müßte als einem anderen, das sich bei der Schwellenbestimmung nach der zweiten Art als weniger erregbar erweist.

Durch die Veränderung der Fallhöhe wird die Geschwindigkeit, durch die Änderung des Gewichts die Masse, in beiden Fällen die kinetische Energie des auftreffenden Gewichts geändert. Man könnte daher vielleicht den Versuch machen, als Maß der Reizstärke unter sonst gleichen Umständen die kinetische Energie des fallenden Gewichts zu bestimmen und die Höhe der Schwelle durch die Angabe der minimalen kinetischen Energie des Gewichtes im Zeitpunkt des Auftreffens, die notwendig ist, um eine Erregung auszulösen, festlegen. Es zeigt sich aber, daß bei wechselnder Fallhöhe und Masse einheitliche Schwellenangaben durch Angabe der kinetischen Energie nicht gewonnen werden können. Es erhellt daraus, daß die verschiedenen Größen (in unserem Fall Geschwindigkeit und Masse des fallenden Gewichts) bezüglich der Reizschwelle weitgehend unabhängig voneinander sind. Will man daher die Größe der Erregbarkeit durch Bestimmung der Reizschwelle ermitteln, so sind zu einer solchen Bestimmung Messungen mehrerer, und zwar einer zunächst unbekannten Anzahl voneinander unabhängiger Größen notwendig. Die umfassendste und am besten abstufbare Variation in verschiedener Richtung gestattet, wie noch später (s. S. 292) erörtert, der elektrische Reiz. Versuche zur quantitativen Festlegung der Größe der Erregbarkeit sind daher vor allem mit elektrischen Reizen angestellt worden. Auch hier ergibt sich, daß die Angabe von mindestens zwei Größen zur Charakterisierung der Reizschwelle notwendig sind.

Bei näherer Untersuchung der quantitativen Bedingungen, denen ein Reiz genügen muß, um eine Erregung hervorzurufen, wurde schon frühzeitig[1]) festgestellt, daß der zeitliche Ablauf der Reizeinwirkung von wesentlicher Bedeutung für die Auslösung einer Erregung ist. Senkt man z. B. ein Gewicht, das aus geringer Fallhöhe auf einen Nerven fallend eine deutliche Erregung auslöst, langsam auf den Nerven, so bleibt die Erregung aus. Bei genügend langsamer Einwirkung des Gewichts kann man schließlich das Gewicht fast beliebig groß wählen, ohne daß es zu einem Überschreiten der Reizschwelle kommt. Ebenso wirkt ein einem erregbaren Gebilde zugeleiteter elektrischer Strom, wenn derselbe in seiner Stromstärke langsam ansteigend zugeführt wird, auch bei sehr erheblichen Stromstärken nicht erregend. Diese als „Einschleichen" des Reizes bezeichnete Erscheinung, die sich an jedem erregbaren Gebilde beobachten läßt, ist einer der Ausgangspunkte der Versuche gewesen, Gesetze der Erregung mathematisch zu formulieren, und bis zum heutigen Tage geblieben. Die Darstellung der speziellen Fassung dieser Gesetze und ihre größere oder geringere Bestätigung durch die Erfahrung bleibt den speziellen Abschnitten des Handbuches vorbehalten.

### d) Der maximale Reiz und die Überreizung bzw. Schädigung durch den Reiz. Das Alles- oder Nichtsgesetz.

Ändert man in einer Versuchsanordnung, die es gestattet, den Reiz stufenweise zu ändern, nur eine Größe, die man als Maß der Reizstärke auffassen kann, so beobachtet man bezüglich der Reizwirkung in vielen Fällen nach Überschreiten der Reizschwelle etwa folgendes: Kurz nach Überschreiten der Reizschwelle ist der Reizerfolg gering, wächst aber dann innerhalb eines gewissen Bereichs mit der Reizstärke. Von einer gewissen Reizstärke an vermißt man jedoch den Parallelismus zwischen Reizstärke und Erfolg, und man findet nunmehr, nachdem der Reizerfolg eine gewisse Größe erreicht hat, daß in einem weiteren Bereich der Reizerfolg, unabhängig von der Reizstärke, konstant bleibt. Der schwächste Reiz, der eben den „maximalen" Reizerfolg auslöst, wird als der „maximale Reiz" bezeichnet. Vergrößert man die Reizstärke immer weiter, so beginnt schließlich der Reizerfolg häufig wieder geringer zu werden. In diesem Fall, den man als „Überreizung" bezeichnet, bewirkt dann meist der zu starke Reiz dauernde Schädigungen, unter Umständen den dauernden Verlust der Erregbarkeit oder den Tod des gereizten Gebildes.

Eine einheitliche Betrachtung der Erscheinung der Reizschwelle, des maximalen Reizes und der Überreizung bzw. Schädigung durch zu starke Reize ist möglich, wenn man berücksichtigt, daß jeder Reiz eine äußere Einwirkung auf die lebende Substanz bedeutet. Jede äußere Einwirkung, sei sie nun mechanischer, chemischer, osmotischer, elektrischer oder thermischer Natur, bringt Änderungen der Struktur oder der chemischen Zusammensetzung der lebenden Substanz hervor. Diese Änderungen können reversibler oder irreversibler Art sein. Beispielsweise sind mechanische Deformationen eines lebenden Gebildes so lange reversibel, als bei der Deformation die Elastizitätsgrenze des Materials nirgends überschritten wird. In ähnlicher Art sind die Veränderungen, die unter der Wirkung verschiedener Temperaturen eintreten (Volumenveränderungen, Än-

[1]) DU BOIS-REYMOND: Untersuchungen über tierische Elektrizität, Bd. I. Berlin 1848.

derungen in der Reaktionsgeschwindigkeit bestimmter im lebenden Gewebe dauernd ablaufender Reaktionen usw.), innerhalb eines gewissen Temperaturbereiches reversibel. Oberhalb gewisser Temperaturen erfährt jedoch vor allem das Eiweiß irreversibele Veränderungen durch Gerinnung, unterhalb gewisser Temperaturen werden durch Gefrieren unter Umständen irreversibele Veränderungen in Zusammensetzung und Struktur der lebenden Substanz hervorgerufen. Die den Erregungsvorgang darstellenden Vorgänge werden durch die vom Reiz erzeugten Veränderungen ausgelöst. Art und Größe der die Erregung charakterisierenden Vorgänge sind durch die spezifische Einrichtung der betreffenden lebenden Gewebe bestimmt. Es ist naheliegend, anzunehmen, daß die durch den Reiz hervorgerufene Veränderung bestimmten quantitativen Bedingungen genügen muß, um eine Erregung auszulösen. Diese Bedingungen charakterisieren die Reizschwelle. Weiterhin erscheint es natürlich, daß die die Erregung darstellenden Veränderungen, die in einem lebenden Gebilde vor sich gehen, nur eine bestimmte maximale Größe erreichen können, da es sich bei jedem lebenden Gebilde um ein bezüglich seiner Größe, seines Energieinhaltes usw. begrenztes System handelt. Die beschriebene Abhängigkeit der Erregungsgröße von der Reizstärke sei durch Abb. 14 im Schema graphisch dargestellt.

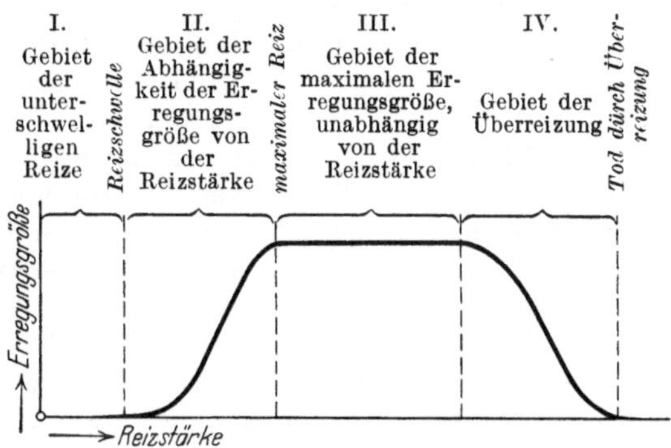

Abb. 14. Abhängigkeit der Erregungsgröße von der Reizstärke.

Innerhalb der Gebiete I, II, III sind die durch die Reizeinwirkung an der lebenden Substanz unmittelbar erzeugten Änderungen der Struktur oder der Zusammensetzung vollkommen reversibel, innerhalb des Gebietes IV teilweise oder ganz irreversibel. Je nach den speziellen Eigenschaften können die verschiedenen Gebiete (I, II, III, IV) für verschiedene Arten der lebenden Substanz sehr verschieden groß sein. So kann z. B. das Gebiet III sehr ausgedehnt oder sehr klein sein. Vor allem aber kann das Gebiet II, innerhalb dessen Reizstärke und Erregungsgröße gleichsinnig wachsen, sehr klein sein oder verschwinden, d. h. es gibt erregbare Gebilde, bei denen die Erregungsgröße beim Überschreiten der Reizschwelle sofort den maximalen Betrag erreicht. Der charakteristische Vertreter dieser Art ist der Herzmuskel. Von Gebilden, denen das Gebiet II fehlt, sagt man aus, daß sie dem „Alles- oder Nichtsgesetz" gehorchen.

Mit fortschreitender Forschung ist man zu der Erkenntnis gekommen, daß das Alles- oder Nichtsgesetz für eine viel größere Anzahl von Organen Gültigkeit hat, als es nach einfachen Versuchen zunächst erscheint. Bei Experimenten, die eigens zur Klärung dieser Frage angestellt wurden, hat sich herausgestellt, daß das Anwachsen der Erregung mit der Reizgröße im Gebiet II häufig darauf zurückzuführen ist, daß das im ganzen untersuchte Organ aus zahlreichen, voneinander unabhängigen Teilen besteht (z. B. der Nerv aus zahlreichen Fasern). Das Anwachsen der Erregungsgröße kurz nach dem Überschreiten der Reizschwelle mit der Reizgröße kann nun dadurch bedingt sein, daß der eben überschwellige Reiz zunächst nur wenige dieser Teile erregt und zwar die der Reizeinwirkung am stärksten ausgesetzten, also z. B. am Nerven zunächst die äußersten Fasern. Mit weiter zunehmender Reizstärke wird dann eine immer größere Anzahl der

Einzelteile und schließlich ihre Gesamtheit erregt und damit der maximale Reizerfolg erzielt. So wurde von GOTCH und BURCH[1]), K. LUCAS[2]), ADRIAN[3]), FORBES[4]) die Geltung des Alles- oder Nichtsgesetzes für Nerven und Muskeln wahrscheinlich gemacht. Selbst für das Zentralnervensystem, für das SHERRINGTON[5]) und GRAHAM BRONW[6]) das Alles- oder Nichtsgesetz ablehnen, scheint seine Gültigkeit nach neueren Arbeiten, die von BERITOFF[7]) eingehend in diesem Sinne diskutiert werden, nicht ausgeschlossen. Eine Allgemeingültigkeit des Alles- oder Nichtsgesetzes für jede erregbare Substanz muß trotzdem bezweifelt werden, da auch bei Einzellern, und zwar gerade bei diesen, bei denen eine Unterteilung in voneinander unabhängigen Teile doch auf gedankliche Schwierigkeiten stoßen dürfte, die Abhängigkeit der Reizwirkung von der Reizstärke häufig zur Beobachtung kommt [HERTWIG[8]), PFEFFER[9])].

## e) Die Latenzzeit.

Eine weitere wohl für alle erregbaren Gebilde gültige Tatsache ist die, daß zwischen dem Zeitpunkt des Reizes und dem merkbaren Beginn der Erregung stets ein zeitlicher Abstand besteht. Der Zeitabstand, der „Latenzzeit" benannt wird, ist je nach der Natur der lebenden Substanz von sehr verschiedener Länge. Bei Nerven ist sie so gering, daß sie sich in vielen Fällen der Beobachtung entzieht, bei Muskeln kann sie durch graphische Registrierung der Muskelzuckung [HELMHOLTZ[10])] stets bestimmt werden.

Einzelheiten über die Latenzzeit wurden daher vor allem an Muskeln festgestellt. Ein großer Teil dieser Feststellungen dürfte Allgemeingültigkeit besitzen. Von den im speziellen Teil des Handbuchs eingehend behandelten Tatsachen sei hier nur erwähnt, daß die Latenzzeit von der Temperatur abhängig ist und zwar innerhalb gewisser Grenzen mit steigender Temperatur kürzer wird [R. TIGERSTEDT[11]), G. WEISS[12])]. Von der Reizstärke ist die Latenzzeit oberhalb des eben maximalen Reizes in weitem Bereich unabhängig, wächst jedoch beträchtlich bei der Annäherung an die Reizschwelle [R. TIGERSTEDT[13])]. BETZHOLD[14]) fand, daß bei elektrischen Reizen mit Induktionsschlägen die Latenzzeit merklich kürzer ist als beim Reiz mit konstantem Strom. STEINHAUSEN[15]) bestätigt, daß die Latenzzeit bei der Annäherung an die Reizschwelle rasch zunimmt. Er fand außerdem am Muskel, daß zwischen Latenzzeit und Stromstärke des Reizstroms eine Abhängigkeit besteht, die durch eine Hyperbel dargestellt werden kann. Die spezielle Form der Abhängigkeit ist nach STEINHAUSEN durch die besonderen Verhältnisse am Muskel bedingt und besitzt daher keine Allgemeingültigkeit.

---

[1]) GOTCH u. BURCH: Journ. of physiol. Bd. 24, S. 418. 1899.
[2]) LUCAS, K.: Journ. of physiol. Bd. 39, S. 331, 461. 1909.
[3]) ADRIAN: Journ. of physiol. Bd. 46, S. 384. 1913; Bd. 54, S. 1. 1920; Bd. 55, S. 193. 1921.
[4]) FORBES: Journ. of physiol. Bd. 56, S. 301. 1922.
[5]) SHERRINGTON: The Integrative Action of the Nerv S. New York 1906.
[6]) BROWN, GRAHAM: Proc. of the roy. soc. of London Bd. 87, S. 132. 1913.
[7]) BERITOFF: Ergebn. d. Physiol. Bd. 23, S. 33. 1924.
[8]) Vgl. HERTWIG: Allgemeine Biologie, Bd. 1, S. 172. Jena 1912.
[9]) PFEFFER: Untersuch. a. d. botan. Inst. zu Tübungen Bd. 2. 1886.
[10]) HELMHOLTZ: Arch. f. Anat. u. Physiol. 1850, S. 276.
[11]) TIGERSTEDT, R.: Arch. f. (Anat. u.) Physiol. 1885, Suppl. S. 111.
[12]) WEISS, G.: Cpt. rend. des séances de la soc. de biol. Bd. 51. 1900.
[13]) TIGERSTEDT, R.: Arch. f. (Anat. u.) Physiol. 1885, Suppl. S. 111.
[14]) BEZTHOLD: Elektr. Erregung der Nerven und Muskeln, S. 279. Leipzig 1861.
[15]) STEINHAUSEN: Pflügers Arch. f. d. ges. Physiol. Bd. 187, S. 26. 1921.

## f) Die einzelnen Reizarten.

### Der mechanische Reiz.

Als mechanische Reize kommen die verschiedenartigsten Einwirkungen in Betracht; Druck, Zug, Erschütterung, Quetschung können wohl an jedem erregbaren Gebilde Erregung hervorrufen. Bei Plasmodien und anderen Einzellern zeigt sich die Wirkung einer Berührung oder einer Erschütterung in einem zeitweiligen Stillstand der Körnchenbewegung des Protoplasmas oder im Einziehen der Pseudopodien. Meist kann man dabei beobachten, daß die Ausbreitung der Reizwirkung um so größer ist, je stärker die Reizwirkung war; bei schwachen Berührungen bleibt die Reizwirkung auf die Berührungsstelle beschränkt.

Über die mechanische Reizung von Nerven bestehen zahlreiche eingehende Untersuchungen. So konstruierte unter anderen DUBOIS-REYMOND[1]) ein Zahnrad zur rhythmischen mechanischen Erregung des Nerven, wobei jeder Einzelreiz zur örtlichen Zerstörung der gereizten Stelle führt, während HEIDENHAIN[2]), WUNDT[3]), R. TIGERSTEDT[4]) nach dem Prinzip des WAGNERschen Hammers gebaute Instrumente angaben, welche die rhythmische Erregung des Nerven ohne Zerstörung gestatten. OINUMA[5]) untersuchte die schon erwähnte (s. S. 284), auch früher schon bekannte Tatsache näher, daß bei mechanischer Reizung der Reizerfolg von der Größe der Reizarbeit und der Geschwindigkeit der Reizeinwirkung abhängig ist. LANGENDORFF[6]) erregte den Nerven durch Dehnung in seiner Längsrichtung und UEXKÜLL[7]) machte Versuche über die verschiedenen Arten der mechanischen Nervenreizung. Mit dem Einfluß mechanischer Einwirkungen auf Erregbarkeit und Leitfähigkeit des Nerven beschäftigten sich BETHE[8]), DUCCESCHI[9]) und ZEDERBAUM[10]), die ihre Befunde zu Aufklärungen über die spezielle Nervenfunktion zu verwenden suchten. LEGENDRE[11]) untersuchte den Einfluß der Längsdehnung des Nerven und den eines zirkulären Drucks und fand, daß die Längsdehnung, solange sie den Nerven nicht zerstört, die Erregbarkeit nicht verändert, während der zirkuläre Druck sie beträchtlich beeinflußt.

Als mechanischer Reiz ist auch die Einwirkung der Schwerkraft zu bezeichnen, die als „Geotropismus" bezeichnet wird und das Wachstum der Pflanzen stark beeinflußt. Auch auf zahlreiche Tiere übt die Schwerkraft Reizwirkungen aus. So konnte HERTWIG[12]) zeigen, daß die Organbildung in Froscheiern sich nach der Richtung der Schwerkraft orientiert. Daß zahlreiche Tiere stets eine bestimmte Stellung relativ zur Richtung der Schwerkraft einzunehmen bestrebt sind, ist wohl meist auf besondere der Orientierung relativ zur Richtung der Schwerkraft dienende Sinnesorgane, d. h. den sog. statischen Sinne, zurückzuführen.

### Der chemische Reiz.

Daß chemische Einwirkungen der verschiedensten Art tiefgreifende Wirkungen an lebender Substanz hervorrufen können, entspricht Erfahrungen all-

---

1) DU BOIS-REYMOND: Untersuch. Bd. 2, S. 517. 1849.
2) HEIDENHAIN: Moleschotts Untersuch. Bd. 3, S. 124. 1857.
3) WUNDT: Mechanik der Nerven, Bd. 1, S. 196. Erlangen 1871.
4) TIGERSTEDT, R.: Zeitschr. f. Instrumentenkunde Bd. 4, S. 77. 1884.
5) OINUMA: Zeitschr. f. Biol. Bd. 53, S. 303. 1910.
6) LANGENDORFF: Arch. f. d. ges. Med. 1882.
7) UEXKÜLL: Zeitschr. f. Biol. Bd. 31, S. 148. 1895.
8) BETHE: Allgemeine Anatomie und Physiologie des Nervensystems, S. 257. Leipzig 1903.
9) DUCCESCHI: Pflügers Arch. f. d. ges. Physiol. Bd. 83, S. 38. 1901.
10) ZEDERBAUM: Arch. f. (Anat. u.) Physiol. 1883, S. 161.
11) LEGENDRE: Cpt. rend. des séances de la soc. de biol. Bd. 86, S. 352. 1922.
12) HERTWIG: Allgemeine Biologie, Bd. 2, S. 552. Jena 1912.

täglicher Art. Die Aufnahme der Nahrung durch Lebewesen und die Wirkung dieser Aufnahme auf die Organe, bestehe sie nun in der Auslösung von Bewegungen von Sekretion oder einer sonstigen Tätigkeit, die der Aufnahme, Verarbeitung oder Ausscheidung von Stoffen dienen, d. h. der gesamte Stoffwechsel kann als eine Kette von Wirkungen, die durch chemische Stoffe hervorgerufen werden, aufgefaßt werden. Darüber, inwieweit man die Wirkungen als „Erregung“ der betreffenden lebenden Substanz bezeichnen kann oder will, können allerdings Zweifel bestehen, was uns aber nicht davon abhalten kann, alle diese chemischen Einwirkungen als Reize zu bezeichnen. Ebenso werden die Einwirkungen der Hormone auf Stoffwechsel, Entwicklung und Funktion der Organe und schließlich die Einwirkungen der ganzen Fülle der organischen und anorganischen Stoffe, die das Thema der Pharmakologie und Toxikologie ausmachen, als chemische Reize bezeichnet werden müssen. Weitaus der größte Teil der chemischen Reize wird dementsprechend in den speziellen Abschnitten des Handbuches eingehend behandelt.

Schon diese kurze Andeutung weist darauf hin, daß die Arten der chemischen Reize an Vielfältigkeit die aller anderen Reizqualitäten weit übertreffen. Eine systematische Bearbeitung aller Arten der chemischen Einwirkungen unter dem Gesichtspunkte ihrer Reizwirkung steht noch aus und dürfte auch zur Zeit noch unmöglich sein. Es kommt nämlich zu der verwirrenden Vielfältigkeit hinzu, daß der eigentliche Grund der Reizwirkung der verschiedenen Chemikalien größtenteils ungeklärt ist. Vor allem ist hier zu erwähnen, daß die Wirkung zahlreicher Stoffe nur oder größtenteils auf ihrem Säure- oder Basencharakter beruht, daß bei Salzen vor allem die Wirkung der Ionen und dementsprechend die Löslichkeit und Dissoziation der Stoffe eine große Rolle spielt. Vielversprechende Anfänge einer Analyse in dieser Hinsicht haben die neueren Untersuchungen über die Wirkung verschiedener Wasserstoffionenkonzentration und verschiedener Ionen gezeitigt. Ein großes Gebiet, nämlich das der narkotisch wirkenden Stoffe, hat durch die Zusammenhänge, die zwischen ihrer Wirkung und ihrer Wasser- bzw. Fettlöslichkeit besteht, eine erhebliche Klärung gewonnen.

Schwer abzugrenzen sind die chemischen Reize gegen die osmotischen. In zahlreichen Fällen, in denen man eine Reizwirkung von Chemikalien beobachtet, geht nämlich die chemische Einwirkung mit einer Änderung des osmotischen Druckes der Lösung, in der sich die beeinflußte lebende Substanz befindet, einher. Daß aber Änderungen des osmotischen Druckes als Reiz wirken kann, ist aus vielfältiger Beobachtung bekannt, worauf weiter unten (s. S. 289) näher eingegangen werden soll. Ein rein chemischer Reiz liegt jedenfalls in den Fällen vor, in denen Chemikalien schon in so geringen Mengen reizend wirken, daß eine merkliche Änderung des osmotischen Druckes bei der Reizung nicht vorgenommen wird. So wirken z. B. Säuren, Alkalien und Salze schon in sehr kleinen Mengen. Schultze[1]) und Kühne[2]) zeigten, daß geringe Mengen einer 0,1proz. HCl- oder einer 1proz. KOH-Lösung in Berührung mit einem Wassertropfen gebracht, in welchem Amöben leben, die Einziehung der Pseudopodien zur Folge hat. Ähnlich wirken ganz allgemein Säuren, Alkalien, Salze und $CO_2$. So fanden Engelmann[3]) und Rossbach[4]), daß bei Flimmerzellen die Geschwindigkeit des Flimmerschlags durch Einwirkung von Säuren, Alkalien, Salzen und Alkaloiden erhöht wird.

---

1) Schultze: Das Protoplasma der Rhizopodien usw. Leipzig 1863.
2) Kühne: Untersuchungen über das Protoplasma usw. Leipzig 1864.
3) Engelmann: Hermanns Handb. Bd. I, S. 343. Leipzig 1879.
4) Rossbach: Arb. a. d. zool. u. zoot. Inst. Würzburg 1874.

Am Musculus Sartorius des Frosches fand BIEDERMANN[1]), daß eine isotonische Lösung, die 0,5proz. NaCl, alkal. phosphorsaures Natr. 0,2% und 0,05% $Na_2CO_3$ enthielt, rhythmische Kontraktionen auslöst.

Eine quantitative Auswertung der Wirkung chemischer Reize gestatten Versuche, in denen Lebewesen oder Zellen durch Chemikalien angelockt oder abgestoßen nach Orten, an denen bestimmte Chemikalien vorhanden sind, hinstreben oder von ihnen wegstreben. Man bezeichnet dieses Verhalten als „Chemotaxis" und zwar das Hinstreben als positive, das Wegstreben als negative Chemotaxis. Einzeller, vor allem auch Leukocyten, zeigen lebhafte chemotaktische Bewegungen. Unter anderen Autoren haben LEBER[2]), MASSART und BORDET[3]), STEINHAUS[4]) die Chemotaxis der Leukocyten näher untersucht und gefunden, daß alle „entzündungserregende" Stoffe, Mikroorganismen aller Art, aber auch deren Stoffwechselprodukte wie z. B. ein Extrakt aus Staphylokokken die Leukocyten lebhaft anziehen und zur Ansammlung in großen Mengen (Eiter) veranlassen. PFEFFER[5]) zeigte, daß die Samenfäden der Farne auf Apfelsäure sehr lebhaft positiv chemotaktisch reagieren und konnte quantitativ zeigen, daß die Konzentrationsänderung dieser Säure, die eben noch eine Wirkung auf die Samenfäden ausübt, von der ursprünglichen Apfelsäurekonzentration der Aufbewahrungsflüssigkeit abhängt, und zwar in der Art, wie es im WEBER-FECHNERschen Gesetz für die Empfindungen ausgesprochen ist, daß nämlich zwischen der Konzentration der anlockenden Apfelsäure und der Dauerkonzentration der Aufbewahrungsflüssigkeit ein bestimmtes Verhältnis (1:30) bestehen muß, damit die Reizschwelle überschritten wird.

Charakteristische chemotaktische Wirkungen werden außerdem von Sauerstoff und Kohlensäure ausgelöst [STAHL[6]), ENGELMANN[7]), VERWORN[8])].

Bei allen diesen Versuchen zeigt sich, daß die Wirkung der chemischen Reize grundsätzlich nicht von der anderer Reize unterschieden ist. Auch hier beobachtet man im allgemeinen, daß eine Reizschwelle besteht und daß die Einwirkung mit einer gewissen Geschwindigkeit geschehen muß, um eine Wirkung auszulösen. Bei langsam zunehmender Reizstärke beobachtet man auch hier das Phänomen des Einschleichens. Ebenso kann man feststellen, daß nach dem Überschreiten der Reizschwelle zunächst die Reizwirkung von der Reizstärke abhängt, von einer bestimmten Reizstärke an aufwärts der Reizerfolg in weiten Grenzen unabhängig von der Reizstärke ist (maximaler Reiz), während dann bei immer weiter wachsender Reizstärke allmählich Schädigungen der lebenden Substanz und schließlich das Absterben als Folge der Einwirkung auftreten.

Wie schon erwähnt, können die Wirkungen einer großen Anzahl chemischer Stoffe und zwar der sog. Narkotica und der durch Bildung bestimmter Ionen charakterisierten Stoffe unter einheitlichen Gesichtspunkten betrachtet werden. Im einzelnen geschieht dies im IV. Abschnitt des vorliegenden Bandes.

## Der osmotische Reiz.

Als osmotischer Reiz kann jede Einwirkung auf lebende Substanz betrachtet werden, die eine Änderung des osmotischen Druckes des die lebende Substanz umgebenden Mediums hervorruft. Der osmotische Druck des Zellinhaltes ist

---

[1]) BIEDERMANN: Sitzungsber. d. Kais. Akad. Wien Bd. 82, III. 1880.
[2]) LEBER: Fortschr. d. Med. 1888, S. 460.
[3]) MASSART u. BORDET: Ann. de l'inst. Pasteur 1891.
[4]) STEINHAUS: Die Ätiologie der akuten Eiterung. Leipzig 1889.
[5]) PFEFFER: Untersuch. a. d. botan. Inst. zu Tübingen Bd. 2. 1886.
[6]) STAHL: Botan. Ztg. 1884.
[7]) ENGELMANN: Pflügers Arch. f. d. ges. Physiol. Bd. 25, S. 285. 1881.
[8]) VERWORN: Psycho-physiologische Protistenstudien. Jena 1889.

im allgemeinen recht beträchtlich (4—10 Atm.). In der Hauptsache ist dieser osmotische Druck durch den Salzgehalt des flüssigen Zellinhaltes bedingt. Der Zellinhalt sowohl als auch die die Zellen begrenzenden Scheidewände, wenn solche vorhanden sind, sind sowohl für Wasser als auch für gelöste Stoffe durchlässig. In der Mehrzahl der Fälle ist jedoch die Wasserdurchlässigkeit größer als die Durchlässigkeit für gelöste Stoffe, so daß Zellinhalt oder Zellmembran vielen Lösungen gegenüber sich „halbdurchlässig" verhalten. Dementsprechend wird zwischen Zellen und ihrer flüssigen Umgebung im Laufe der Zeit ein Austausch von Wasser und Stoffen durch Diffusion und Osmose statthaben, die, wenn keine äußeren Änderungen eintreten, nach einiger Zeit zu einem Gleichgewichtszustand führen. Im einfachsten Fall ist dieser Gleichgewichtszustand vorhanden, wenn in der Zelle und in der umgebenden Flüssigkeit der gleiche osmotische Druck herrscht, d. h. wenn Zellinhalt und Umgebung die gleiche Gefrierpunktserniedrigung aufweisen. Bei ausschließlich für Wasser durchlässigem Zellinhalt und ausschließlich wasserdurchlässigen Zellgrenzen kann dieser Zustand nur durch Wasseraustausch erreicht werden. Tatsächlich beobachtet man an vielen Zellen in Lösungen verschiedenen osmotischen Drucks solche Ausgleichsvorgänge. So nehmen z. B. rote Blutkörperchen in Kochsalzlösung je nach der Konzentration der Kochsalzlösung entweder Wasser auf, d. h. sie quellen oder sie geben Wasser ab, d. h. sie schrumpfen [HAMBURGER[1])]. In einer Kochsalzlösung, die den gleichen osmotischen Druck wie der Blutkörpercheninhalt besitzt (isotonische Lösung), nehmen Blutkörperchen weder Wasser auf, noch geben sie solches ab.

Das gleiche Verhalten zeigen Blutkörperchen in isotonischen Lösungen anderer Stoffe, keineswegs aber in allen. Unter anderem verhalten sie sich in einer nach der molekularen Konzentration isotonischen Harnstofflösung durchaus wie in destilliertem Wasser, d. h. der durch den Harnstoff erzeugte osmotische Druck übt keine Wirkung auf die Blutkörperchen aus; sie sind anscheinend für Harnstoff ebenso durchlässig, wie für Wasser. Dieses Beispiel mag erläutern, wie schwer es ist, im Einzelfall zu entscheiden, was als osmotischer Reiz wirken kann. Die Durchlässigkeit einer bestimmten Zelle für die verschiedensten Stoffe ist sicher ebenso verschieden wie die Durchlässigkeit der verschiedenen Zellen für den gleichen Stoff. Berücksichtigt man noch, daß Scheidewände auch je nach der Richtung (in die Zelle hinein und aus der Zelle heraus) besonders für Ionen verschieden durchlässig sein können, so erkennt man die Kompliziertheit der möglichen Wirkung der Veränderung des osmotischen Drucks der Umgebung. Von einer systematischen Klärung dieser Verhältnisse, die untrennbar mit der Wirkung der Ionen verbunden sind, kann zur Zeit noch nicht die Rede sein. Von den Tatsachen, die über die Wirkung osmotischer Änderungen auf Erregung und Erregbarkeit erhoben wurden, seien einige wenige angeführt.

Daß beim Nerven die Vertrocknung zur Erregung führt, ist eine der ersten Erfahrungen, die man beim Experimentieren mit Nerven gewinnt. Ein an der Luft eintrocknender Nerv eines Nerv-Muskelpräparates erzeugt im Muskel, von einem gewissen Austrocknungszustand an, lebhafte Zuckungen. Überschreitet der Austrocknungsprozeß einen gewissen höheren Grad, so geht die Erregbarkeit endgültig verloren, es tritt der Tod ein. Grundsätzlich folgt demnach die Erregung durch Austrocknung dem Schema unserer Abb. 14 (s. S. 285). Zweifel haben nur darüber bestanden, ob beim Reiz durch Wasserverlust die Eintrocknung ebenso wie die Einwirkung bei andersartigen Reizen mit einer gewissen Geschwin-

[1]) HAMBURGER: Zeitschr. f. Biol. Bd. 26, S. 414. 1890; Bd. 28, S. 405. 1891; Bd. 35, S. 252. 1897; Virchows Arch. f. pathol. Anat. u. Physiol. Bd. 140, S. 503. 1895; Bd. 141, S. 230. 1895.

digkeit vor sich gehen muß, um reizend zu wirken. So war HARLESS[1]) der Ansicht, daß bei sehr rascher Eintrocknung des Nerven die Erregung ausbleibt. SCHIFF[2]) hingegen kam auf Grund seiner Versuche zu der Überzeugung, daß die Reizwirkung der Vertrocknung gerade in der Geschwindigkeit des Wasserverlustes besteht, also für den Vertrocknungsreiz durchaus ähnliche Vorbedingungen der Wirksamkeit erforderlich sind, wie bei anderen Reizen. Nähere Untersuchungen über den Reiz durch Änderung des Wassergehaltes der lebenden Substanz konnten dadurch ausgeführt werden, daß den Zellen in konzentrierten bzw. stark verdünnten Lösungen durch Osmose Wasser zugeführt bzw. entzogen wurde. MASSART[3]) zeigte, daß Noctilucen bei der Berührung mit Wasser oder konzentrierten Kochsalzlösungen zu leuchten beginnen. Als Reizwirkung von Lösungen veränderten Wassergehaltes müssen ebenso die Beobachtungen gedeutet werden, die erweisen, daß zahlreiche Lebewesen nach Orten höheren oder geringeren Wassergehaltes streben [positiver oder negativer Hydrotropismus[4])]. KÖLLIKER[5]) zeigte, daß stark wasserentziehende Lösungen von Kochsalz sowie von Harnstoff, Zucker, Glycerin am Nerven ähnliche Erregungserscheinungen auslösen wie Vertrocknen, und daß diese Erscheinungen durch Wasserzufuhr rückgängig gemacht werden können. Durch Wasserzufuhr in hypotonischen Lösungen lassen sich hingegen am Nerven keine Erregungen auslösen. VERWORN[6]) beobachtete nach Durchspülung des Gefäßsystems des Frosches von der Aorte aus mit 2—5% Kochsalzlösungen stürmische, vom Zentralnervensystem ausgehende Erregungserscheinungen, die bei längerer Einwirkung der Lösung in Lähmung übergingen. GRÜTZNER und seine Schüler[7]) ebenso wie HIRSCHMANN[8]) verglichen die Wirkung äquimolekularer Lösungen miteinander. Diese Untersuchungen führten teilweise zu scheinbar einander widersprechenden Ergebnissen, in der Hauptsache wohl deshalb, weil in solchen Versuchen die rein osmotischen Wirkungen, d. h. die Wirkung einer alleinigen Änderung des Wassergehaltes nur sehr schwer zu trennen ist von der chemischen Wirkung der einzelnen in den Lösungen vorhandenen Stoffen bzw. Ionen und wegen der oben erörterten unbekannten Verschiedenheit der Membrandurchlässigkeit für verschiedene Stoffe. Sehr umfassende Versuche über das Verhalten von Nerv und Muskel in Lösungen verschiedenen osmotischen Drucks der verschiedensten Stoffe stellte OVERTON[9]) an. Er fand unter vielen anderen wichtigen Tatsachen über die Durchlässigkeit, daß der Nerv und Muskel in isotonischer Zuckerlösung seine Erregbarkeit verliert, und daß dieser Erregbarkeitsverlust durch Salzverlust bedingt ist.

Untersuchungen über den Einfluß des osmotischen Drucks auf die Erregbarkeit wurden von RANKE[10]) angestellt, der die Erregbarkeit in dünneren Lösungen, d. h. bei Wasserzufuhr, gesteigert fand. URANO[11]) beobachtete bei Wasserverlust eine Herabsetzung der Erregbarkeit. Ältere Angaben von SSUBOTIN[12]) behaupten eine Erregbarkeitssteigerung durch Wasserverlust, eine Herabsetzung durch

[1]) HARLESS: Bayer. Akad. Bd. 8, S. 367. 1859; S. 721. 1860.

[2]) SCHIFF: Muskel- und Nervenphysiologie, S. 101. Lahr 1858/59.

[3]) MASSART: Arch. de biol. Bd. 9. Liège 1889; Bull. sc. de la France et de la Belg. 1893, S. 25.

[4]) Vgl. STAHL: Botan. Ztg. 1884.

[5]) KÖLLIKER: Würzburger Verhandl. Bd. 7, S. 145. 1856; Zeitschr. f. wiss. Zool. Bd. 9, S. 417. 1858.

[6]) VERWORN: Biogenhypothese. Jena 1903.

[7]) GRÜTZNER: Pflügers Arch. f. d. ges. Physiol. Bd. 53, S. 83. 1893; Bd. 36, S. 467. 1885.

[8]) HIRSCHMANN: Pflügers Arch. f. d. ges. Physiol. Bd. 49, S. 301. 1891.

[9]) OVERTON: Pflügers Arch. f. d. ges. Physiol. Bd. 92, S. 115. 1902.

[10]) RANKE: Die Lebensbedingungen des Nerven, S. 57. Leipzig 1868.

[11]) URANO: Zeitschr. f. Biol. Bd. 50, S. 461. 1908.

[12]) SSUBOTIN: Zentralbl. f. d. med. Wiss. 1866, S. 737.

Wasserzufuhr. Renauld[1]) fand vorübergehende Erregbarkeitssteigerung in hypotonischen und in schwach hypertonischen Lösungen, während in stark hypertonischen und bei längerer Einwirkung eine Herabsetzung eintritt. Neuerlich fanden Bürger und Lendle[2]) stets eine Erregbarkeitssteigerung in hypertonischen Lösungen, die „um so länger anhält, je langsamer, d. h. je schonender die Wasserentziehung vor sich geht“. Bei längerer Einwirkung stark hypertonischer Lösungen geht die Erregbarkeitssteigerung in Herabsetzung und schließlich in Lähmung über. Die scheinbar verschiedenen Resultate der verschiedenen Autoren beruhen danach vermutlich auf Nichtberücksichtigung der zeitlichen Verhältnisse.

Daß es gewissen Lebewesen möglich ist, sich an starke osmotische Änderungen, wenn sie allmählich vor sich gehen, zu gewöhnen, d. h. daß auch der osmotische Reiz das Phänomen des Einschleichens zeigt, geht unter andern aus den Untersuchungen von Stahl[3]) hervor, der Plasmodien durch allmähliche Konzentrationssteigerung in 2% Traubenzuckerlösungen überführte, in der sie gediehen, während die plötzliche Überführung in diese Lösung, oder aus dieser Lösung in Wasser ihren Tod zur Folge hatte.

## Der elektrische Reiz.

Trotzdem elektrische Reize unter natürlichen Lebensbedingungen nur in verhältnismäßig seltenen Fällen für die Erregung lebender Substanz in Frage kommen, ist die Reizung durch den elektrischen Strom die in der experimentellen Untersuchung der Erregbarkeit weitaus am häufigsten angewandte Methode. Die Möglichkeit, lebende Gebilde durch elektrische Einwirkungen in Erregung zu versetzen, wurde bekanntlich schon gleichzeitig mit der Entdeckung der Erzeugung galvanischer Ströme und im engen Zusammenhang mit diesen festgestellt (Galvani 1786). Der elektrische Reiz verdankt seine bevorzugte Stellung jedoch keineswegs nur seiner hervorragenden historischen Bedeutung, sondern vor allem seiner bequemen und mannigfachen Anwendbarkeit, seiner leicht zu bewerkstelligenden feinen und quantitativ bestimmbaren Abstufbarkeit. Die Anwendung des elektrischen Reizes besonders an Nerven und Muskeln hat nach den grundlegenden Arbeiten von Dubois-Reymond[4]) zur Ausbildung einer vielgestaltigen Methodik geführt.

Elektrische Potentialdifferenzen können bekanntlich auf verschiedenste Art erzeugt werden, so durch Reibung, Influenz, Induktion, Berührung verschiedener fester und flüssiger Leiter und auf thermo-elektrischem Weg. Apparate, die auf einem dieser Wege Potentialdifferenzen hervorrufen können, sind unter anderen Reibungselektrisiermaschinen, Induktionsapparate, Dynamomaschinen, galvanische Elemente, Thermoelemente. Je nach dem Potentialdifferenzen konstanter oder wechselnder Größe und Richtung an einen Stromleiter angelegt werden, fließt in diesem Stromleiter ein Gleichstrom oder Wechselstrom konstanter oder wechselnder Stromstärke. Stromstärke und Spannung (Potentialdifferenz) des elektrischen Stroms stehen mit dem Widerstand des Leiters in der durch das Ohmsche Gesetz gegebenen Beziehung. Lebendes Gewebe leitet den elektrischen Strom, und zwar hat die Stromleitung, wie zu erwarten, den Charakter der Leitung durch einen Elektrolyten, da in lebender Substanz stets gelöste Elektrolyte (Salze) vorhanden sind. Dementsprechend ist auch die Leitfähigkeit der

---

[1]) Renauld: Arch. internat. de physiol. Bd. 9, 1, S. 101. 1925.
[2]) Bürger u. Lendle: Arch. f. exp. Pathol. u. Pharmakol. Bd. 109, S. 1. 1925.
[3]) Stahl: Botan. Ztg. 1884.
[4]) du Bois-Reymond: Untersuchungen über tierische Elektrizität. Berlin 1848.

lebenden Substanz in der Größenordnung der Leitfähigkeit einer Elektrolytlösung jedoch meist geringer als die einer isotonischen Salzlösung.

Soll die Wirkung elektrischer Ströme verschiedenen Charakters auf lebendes Gewebe untersucht werden, so muß nach den allgemeinen Betrachtungen, die über die „Reizstärke" (s. S. 281) mitgeteilt wurden, die Reizeinwirkung möglichst genau quantitativ und zeitlich beschrieben werden. Das geschieht durch Messung von Spannung oder Stromstärke der der lebenden Substanz zugeleiteten Ströme und evtl. Darstellung dieser Größen als Funktion der Zeit durch graphische Registrierung der Ausschläge von Meßinstrumenten. Berücksichtigt man, daß die Wirkung eines elektrischen Stromes gleicher Stromstärke, Gewebsstücke an sich gleicher Art, jedoch verschiedener Abmessungen durchfließend, oder gleichen Objekten in verschiedener Richtung oder durch verschiedenartige Elektroden zugeführt, sehr verschieden sein kann, so kommt man zu der Ansicht, daß in vielen Fällen Angaben der beschriebenen Art zur quantitativen und zeitlichen Charakterisierung der Reizeinwirkung nicht genügen, sondern außerdem die spezielle Art des Stromdurchflusses näher beschrieben werden muß. Der einem lebenden Gebilde zugeleitete Strom fließt durch das Gewebe nach den Gesetzen, die für die Stromverteilung in ausgedehnten Leitern gelten. Da Gewebe aus verschiedenen Teilen verschiedener Leitfähigkeit bestehen kann, kann diese Stromverteilung sehr komplizierter Art sein. Vor allem ist es daher zweckmäßig, für bestimmte Stellen, für die die Reizeinwirkung beschrieben werden soll, soweit als möglich die Richtung des Stromflusses und die Stromdichte (Stromstärke pro Quadratcentimeter einer senkrecht zur Stromrichtung gelegten Ebene) zu bestimmen. Solche Angaben können durch Messungen oder durch Analyse der Stromverteilung auf Grund bekannter Widerstandsverhältnisse im lebenden Gewebe gewonnen werden. Handelt es sich gerade um die Reizeinwirkung in der Nähe der Zuleitungsstellen (Elektroden), so ist zu berücksichtigen, daß die Stromverhältnisse gerade dort in beträchtlichem Maß von der Art der Elektroden und der Art und Größe der Berührungsflächen zwischen Elektroden und Gewebe abhängen. Das Potential 0 besitzt die Erde.

Von den verschiedenen Arten der verwandten elektrischen Reize seien einige typische Stromarten durch graphische Darstellung der Stromstärke als Funktion der Zeit schematisch beschrieben. Als positive Stromrichtung wird die von einem Ort höheren positiven zu einem Ort negativen oder niederen positiven Potentials bzw. von einem Ort niederen negativen zu einem höheren negativen Potential bezeichnet.

Die nachstehenden Abb. 15—20 heben das grundsätzliche der verschiedenen Stromarten, die in der Reiztechnik zur Anwendung kommen, hervor und sind nur als Schemata zu bewerten. Außer durch Stromzufuhr mittels Elektroden können in lebendem Gewebe. Elektrizitätsbewegungen bei geeigneter Versuchsanordnung auch auf dem Wege durch das Dielektricum, d. h. durch Influenz oder Induktion, hervorgerufen werden [Danilewsky[1]), Gildemeister[2])].

Wie schon mehrfach betont, hat die Leitung elektrischen Stroms durch lebendes Gewebe den Charakter der Stromleitung durch einen Elektrolyten, d. h. der Elektrizitätstransport erfolgt durch Ionenwanderung. An den Elektroden können die Ionen ihre Ladung abgeben. Dort werden dann unter Umständen sekundäre chemische Reaktionen beträchtliche Änderungen hervorrufen. Aber auch im Innern des Gewebes, vor allem wenn dort, wie es sicher der Fall ist, mehr oder minder halbdurchlässige Scheidewände, Adsorptionsmöglichkeiten und mit Elektrolytlösung gefüllte capillare Räume vorhanden

[1]) Danilewsky: Die physiologischen Fernwirkungen der Elektrizität. Leipzig 1902.
[2]) Gildemeister: Pflügers Arch. f. d. ges. Physiol. Bd. 99, S. 357. 1903.

sind, werden mannigfache Änderungen polarisatorischer Art als unmittelbare Folge des Stromflusses entstehen. Vor allem sind hier Änderungen der Konzentration [NERNST[1])] und der Reaktion [BETHE[2])] in Betracht zu ziehen. Ob man diese Änderungen schon als Erregung" bezeichnen oder aussagen will, daß sie die ,,Erregung" auslösen, möge dahingestellt bleiben.

Die Wirkungen des elektrischen Stromes auf die verschiedenen Arten der lebenden Substanz weisen bestimmte, charakteristische Verschiedenheiten auf.

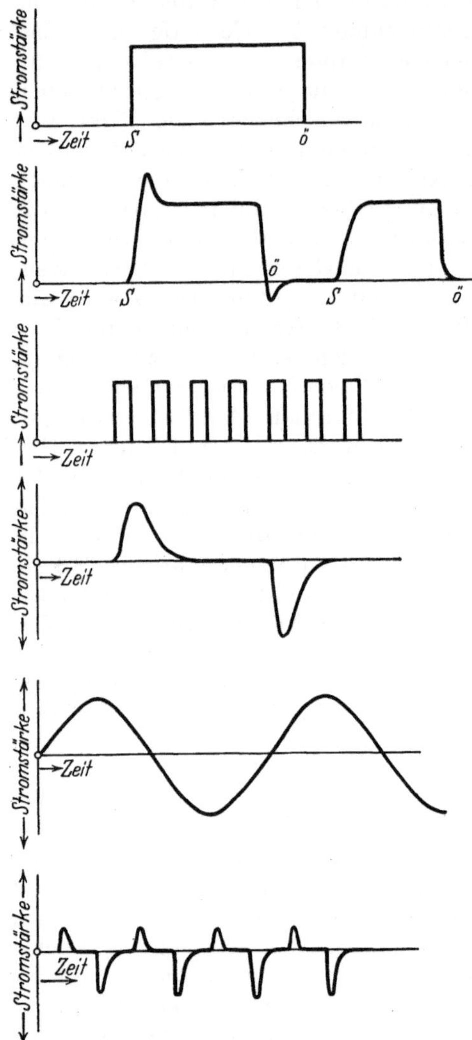


Abb. 15. Konstanter Gleichstrom, der während einer bestimmten Zeit fließt. Er wird z. B. erzeugt durch einfaches Schließen (bei *s*) und Öffnen (bei *ö*) eines von einer konstanten Stromquelle abgeleiteten Stromkreises.

Abb. 16. Gleichstromstöße konstanter Stromstärke und bestimmter Dauer, die zu Beginn und am Ende des Stromflusses durch im Stromkreis vorhandene Polarisation oder Selbstinduktion deformiert sind.

Abb. 17. Rhythmische Gleichstromstöße kurzer Dauer und konstanter Stromstärke, erzeugt durch rhythmisches Schließen und Öffnen einer konstanten Gleichstromquelle.

Abb. 18. Einzelne Gleichstromstöße verschiedener Stromrichtung und komplizierten zeitlichen Ablaufs, wie sie etwa durch Entladung eines Kondensators oder Einzelinduktionsschläge eines Induktionsapparates geliefert werden.

Abb. 19. Sinusförmiger Wechselstrom, geliefert von einer Sinusmaschine bzw. einem ungedämpfte Schwingungen erzeugenden Schwingungsgenerator für elektrische Schwingungen.

Abb. 20. Rhythmische Stromstöße komplizierter Form und wechselnder Richtung etwa der Art, wie sie von einem Induktionsapparat bei rhythmischer Unterbrechung des Primärstroms geliefert werden.

Weitaus am genauesten untersucht ist die Wirkung auf Nerven und Muskeln. Von den an diesen Organen festgestellten Tatsachen, die in Bd. 9 ds. Handb. eingehend dargestellt sind, sei nur weniges hervorgehoben: Die Reizschwelle der Nerven und Muskeln für elektrische Reize zeigt die charakteristischen, oben (s. S. 282) erwähnten Merkmale. Sie ist abhängig von dem zeitlichen Ablauf des

[1]) NERNST: Pflügers Arch. f. d. ges. Physiol. Bd. 123, S. 454. 1908; Bd. 122, S. 293. 1908.
[2]) BETHE: Zentralbl. f. Physiol. Bd. 23. 1909; Pflügers Arch. f. d. ges. Physiol. Bd. 163, S. 147. 1916; Zeitschr. f. physikal. Chem. Bd. 88, S. 688. 1914; Bd. 89, S. 597. 1915.

Stromstoßes. Selbst starke konstante Ströme erregen den Nerven während des Flusses nicht, sondern nur zu Beginn und am Ende der Stromeinwirkung. Das Einschleichen selbst starker Ströme bei langsamem Stromanstieg ist in ausgesprochener Form zu beobachten.

Reizt man Nerven durch Ströme wachsender Stromstärke, die durch zwei Elektroden zugeführt wird und ihrem zeitlichen Ablauf nach dem Bild 1 der Abb. 15 entsprechen, so beobachtet man Erregungen nach dem Überschreiten der Reizschwelle beim Öffnen und Schließen des Stromes. Die Reizschwelle für die Öffnung und Schließung ist jedoch verschieden. Nach dem Überschreiten der Reizschwelle bleiben bei weiter wachsender Stromstärke die Erregungen beim Öffnen und Schließen in bestimmter Abhängigkeit von der Richtung des Stromflusses wieder aus. Die Gesamtheit der Erscheinungen wurden von PFLÜGER[1]) im sog. „Zuckungsgesetz" zusammengefaßt; seine Erklärung fand Pflüger in den „elektrotonischen" Wirkungen des Stroms, die darin bestehen, daß ein dauernd fließender Strom charakteristische Veränderungen der Erregbarkeit des Nerven in der Nähe der Elektroden erzeugt, und im „polaren Erregungsgesetz". Das polare Erregungsgesetz sagt aus, daß beim Öffnen und Schließen des Stroms die Erregung stets an einem Pol eintritt, und zwar beim Schließen an der Austrittsstelle (der Kathode), beim Öffnen an der Eintrittsstelle (der Anode) des Stroms in die erregbare Substanz. Das polare Erregungsgesetz wurde später von BEZOLD[2]) für den quergestreiften, von ENGELMANN[3]) für den glatten Muskel als gültig befunden und von BIEDERMANN[4]) u. a. durch zahlreiche Experimente gesichert. Daß es in der für Nerv und Muskel nachgewiesenen Form nicht für jedes erregbare Gebilde gültig ist, wurde zuerst von KÜHNE[5]) durch Untersuchungen an Actinosphärium Eichhornii gezeigt. Nähere Untersuchungen an freilebenden Zellformen verdanken wir VERWORN[6]). Er zeigte, daß bei Einzellern bei Schließung und Öffnung an beiden Elektroden oder auch nur an einer Elektrode Erregungen auftreten und daß diese Verhältnisse für verschiedene Einzeller verschieden sind. Das polare Erregungsgesetz ist demnach nur insoweit allgemeingültig, als es aussagt, daß die Erregung stets von den Polen ausgeht; von welchem Pol die Erregung beim Öffnen und Schließen des Stroms oder ob sie von beiden Elektroden ausgeht, hängt von den speziellen Eigenschaften der gereizten Zellen ab. LUDLOFF[7]) fand, daß bei Paramaecium z. B. stets an beiden Polen Erregungen, jedoch entgegengesetzter und durch die Stromrichtung bestimmter Art auftreten.

Daß gerade bei Einzellern auch der dauernd fließende, konstante Strom Erregung hervorruft, geht aus den erwähnten Arbeiten[8]) hervor. Ebenso aus der Tatsache, daß zahlreiche freibewegliche Organismen, unter diesen vor allem Einzeller, eine bestimmte Orientierung in einer von konstantem Strom durchflossenen erkennen lassen. Diese als „Galvanotaxis" bezeichneten Vorgänge sind im Bd. 11 ds. Handb. näher beschrieben[9]).

Von besonderem Interesse sind die Reizversuche mit Wechselstrom. Bei solchen vor allem auch wieder an Nerven und Muskeln durchgeführten Unter-

---

[1]) PFLÜGER: Elektrotonus. Berlin 1859.

[2]) BEZOLD: Untersuchungen über die elektrische Erregbarkeit des Nerven und Muskels. Leipzig 1861.

[3]) ENGELMANN: Pflügers Arch. f. d. ges. Physiol. Bd. 3, S. 247. 1870.

[4]) BIEDERMANN: Sitzungsber. d. Wien. Akad. 1879, S. 83, 84, 85.

[5]) KÜHNE: Untersuchungen über das Protoplasma und die Contractilität. Leipzig 1864.

[6]) VERWORN: Pflügers Arch. f. d. ges. Physiol. Bd. 45, S. 1. 1889; Bd. 46, S. 267. 1889; Bd. 62, S. 415. 1896; Bd. 65, S. 47. 1897.

[7]) LUDLOFF: Pflügers Arch. f. d. ges. Physiol. Bd. 59, S. 525. 1895.

[8]) Vgl. HERTWIG: Allgemeine Biologie, Bd. I, S. 169. Jena 1912.

[9]) KOEHLER, ds. Handb. Bd. XI, S. 1027. Berlin 1926.

suchungen gewinnt man nämlich faßbare Angaben über die quantitativen und zeitlichen Bedingungen, denen ein Strom genügen muß, um die Reizschwelle zu überschreiten. Ein Wechselstrom, der die Reizschwelle überschreitet, erzeugt in Nerven und Muskeln eine rhythmische Erregungsfolge, die im Muskel zur Dauerkontraktion (Tetanus) führt. Die einzelnen Erregungen werden ausgelöst durch die einzelnen Stromwechsel. Der einzelne Stromwechsel geht um so rascher vor sich, je höher die Wechselzahl ist. Mißt man demnach Stromstärke und Wechselzahl eines Schwellenerregung erzeugenden Stroms, so besitzt man eine quantitative und zeitliche Angabe über den Schwellenreiz. Die die Schwelle überschreitende Stromstärke wird in sehr erheblichem Umfang abhängig von der Wechselzahl gefunden, und zwar ist bei sehr geringer Wechselzahl (1 bis wenige pro Sekunde) die Schwellenstromstärke relativ hoch, was an sich nichts anderes bedeutet, als daß das Phänomen des Einschleichens beobachtet wird. Bei steigender Wechselzahl nimmt sodann die Schwellenstromstärke ab, um, nachdem sie ein Minimum durchschritten hat, weiterhin mit der Wechselzahl anzusteigen, so daß bei sehr hohen Wechselzahlen sehr beträchtliche Stromstärken notwendig sind, um eine Erregung zu erzeugen. Solche Beobachtungen gehen weit zurück [Fick[1]) u. a.]. Manche Autoren kamen infolge der bei hohen Wechselzahlen notwendigen hohen Stromstärken zu der Ansicht, daß hochfrequente Wechselströme überhaupt nicht reizen [d'Arsonval[2]) u. a.], während dies von anderen Autoren bestritten wurde. Kries[3]) betonte, daß bei beliebig hoher Wechselzahl bei hinreichend hoher Stromstärke Erregung eintritt. Bei sehr hohen Wechselzahlen werden die Schwellenstromstärken allerdings so hoch, daß die vom Strom erzeugte Joulesche Wärme unter Umständen so beträchtlich wird, daß die lebende Substanz durch hohe Temperatur abgetötet wird. Die von Nernst[4]) aufgestellte Theorie, daß die Schwellenerregung ausgelöst werde durch eine Konzentrationsänderung bestimmter Größe, die durch den Stromfluß hervorgerufen wird, fordert, daß die Schwellenstromstärke proportional der Quadratwurzel aus der Wechselzahl ist. In einem Bereich mittlerer Wechselzahlen ist diese Forderung mit hoher Genauigkeit erfüllt. Bei sehr niedrigen Frequenzen ist die Schwellenstromstärke infolge der Erscheinung des Einschleichens höher als der Theorie entspricht, ebenso ist bei sehr hohen Frequenzen die Schwellenstromstärke höher, als die Nernstsche Formel erwarten läßt. Betrefs der Einzelheiten muß auf die Darstellung in Bd. 9 verwiesen werden.

Cluzet und Chevallier[5]) fanden, daß gleichgerichtete Hochfrequenzströme Tetanus des Muskels erregen. Wie dieses Resultat im Verhältnis zur Wirkung hochfrequenter Wechselströme zu bewerten ist, läßt sich vorläufig noch nicht übersehen. Die für die Theorie der Nervenerregung wichtige Vergleichung der Wirkung elektrischer Ströme mit der Wirkung bestimmter Ionen ist ebenfalls in den entsprechenden speziellen Abschnitten eingehend behandelt.

## Der thermische Reiz.

Die Tatsache, daß die Temperatur auf zahlreiche Lebensprozesse von entscheidendem Einfluß ist, entspricht Beobachtungen einfachster Art. Die Vegetation der Pflanzen, Belaubung, Blüte, Fruchtbildung usw. finden wir in starker Abhängigkeit von der Temperatur; Pflanzensamen benötigen zur Keimung eine bestimmte Mindesttemperatur, so z. B. nach Sachs[6]) die Kerne von Mais 9°,

[1]) Fick: Ges. Abhandl. Bd. 3, S. 44.
[2]) d'Ardonval: Arch. de physiol. Bd. 5, S. 401. 1893.
[3]) Kries: Verhandl. d. Naturforscherversamml. Freiburg i. Br. Bd. 8, S. 170.
[4]) Nernst: Pflügers Arch. f. d. ges. Physiol. Bd. 123, S. 454. 1908; Bd. 122, S. 293. 1908.
[5]) Cluzet u. Chevallier: Cpt. rend. des séances de la soc. de biol. Bd. 93, S. 1308. 1925
[6]) Sachs: Vorlesungen über Pflanzenphysiologie. Leipzig 1882.

solche von Datteln 15°, und die Geschwindigkeit dieser Vorgänge nimmt innerhalb eines gewissen Bereiches in erheblichem Maß mit der Temperatur zu. Andererseits ist es bekannt, daß höhere Kälte- und Hitzegrade das Leben vernichten oder schwer schädigen. Es liegt danach nahe, dem Vorgehen VERWORNS[1]) entsprechend, der als Reiz jede „Veränderung in den äußeren Lebensbedingungen" definiert, gerade bezüglich des thermischen Reizes auszusagen, daß jede äußere Lebensbedingung in weiten Grenzen schwanken kann und dabei die Lebensvorgänge beeinflußt, ohne das Leben zu gefährden, daß jedoch jede äußere Lebensbedingung, wie aus dem Inhalt des Wortes hervorgeht, innerhalb bestimmter Grenzen vorhanden sein muß, um das Leben zu gestatten. Jedenfalls ist diese Darstellung bezüglich der Temperatur ausgezeichnet im Einklang mit den Erfahrungen. Betrachtet man beispielsweise die Temperaturabhängigkeit der Protoplasmabewegungen von Einzellern [ENGELMANN[2]), KÜHNE[3]), SCHULZE[4]), NÄGELI[5]) u. a.], so findet man, daß unterhalb gewisser Temperaturen Ruhe (Kältestarre) herrscht, bei noch tieferen Temperaturen der Tod eintritt. Steigert man die Temperatur allmählich mit einem Kältestarre erzeugenden, jedoch noch nicht tötenden Kältegrad beginnend, so stellen sich bei einer bestimmten Temperatur Protoplasmabewegungen ein, werden mit steigender Temperatur rascher, erreichen bei einer bestimmten Temperatur ein Maximum, nehmen bei noch weiter steigender Temperatur wieder ab, bis sie ganz aufhören (Wärmestarre); steigert man die Temperatur noch weiter, so tritt der Tod ein. VERWORN[6]) stellt den ganzen Vorgang graphisch dar, indem er die Stärke der von der Temperatur abhängigen Lebensäußerungen als Maß der Erregungsgröße wählt und findet für die Abhängigkeit der Erregungsgröße von der Temperatur die schematische Abb. 21. Diese Abbildung entspricht seiner allgemeinen Darstellung der Beziehung zwischen Erregung und Reiz, d. h. er betrachtet den thermischen Reiz als den Prototyp des Reizes. Bei unbefangener Betrachtung fällt aber auf, daß gerade der neben einigen chemischen und osmotischen Einwirkungen weitaus am besten in dieses Schema passende thermische Reiz doch in vieler Hinsicht eine Sonderstellung gegenüber den anderen Reizeinwirkungen einnimmt. Gerade die einfachen Beobachtungen, die ursprünglich zum Erregbarkeitsbegriff geführt haben, wie z. B. die Auslösung einer Muskelzuckung durch einen mechanischen oder elektrischen Reiz am Nerven, werden bei thermischen Einwirkungen vermißt. Allerdings gelingt es z. B. durch Abbrennen des Nerven mit Schießpulver [DU BOIS-REYMOND[7])] oder durch Berühren mit einer glühenden Nadel ebenso wie durch plötzliches Gefrieren des Nerven [RICHARDSON[8])], Muskelzuckungen auszulösen, aber diese Eingriffe sind so grob, daß sie zum mindesten gleichzeitig starke, mechanische oder osmotische Reize durch Hitzecontractur,

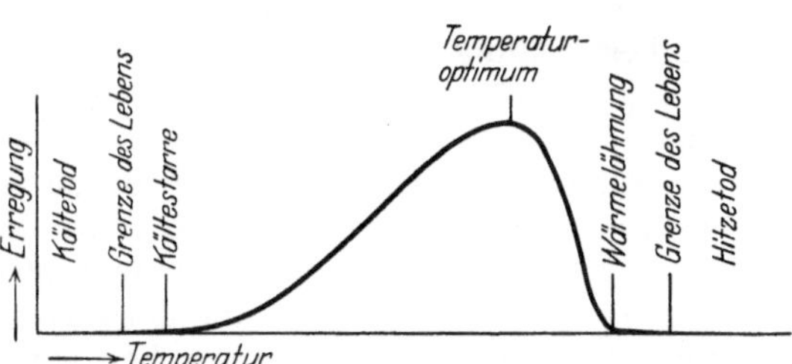

Abb. 21. Abhängigkeit der Erregungsgröße von der Temperatur.

1) VERWORN: Allgemeine Physiologie, S. 413. Jena 1909.
2) ENGELMANN: Hermanns Handb. Bd. I, S. 343. Leipzig 1879.
3) KÜHNE: Untersuchungen über das Protoplasma und die Contractilität. Leipzig 1869.
4) SCHULZE: Das Protoplasma der Rhizopoden und Pflanzenzellen. Leipzig 1863.
5) NÄGELI: Beitr. z. wiss. Botanik Bd. 2. 1860.
6) VERWORN: Allgemeine Physiologie, S. 466. Jena 1909.
7) DU BOIS-REYMOND: Untersuch. Bd. 2, S. 519.
8) RICHARDSON: Med. times a. gaz. Bd. 1, S. 489, 517, 545. 1867.

auf die schon Harless[1]) aufmerksam machte und durch Vertrocknung oder Ausfrieren von Wasser darstellen. Von einer eigentlichen thermischen Reizung kann daher in diesen Fällen wohl kaum gesprochen werden. Sieht man von der Erregung der temperaturempfindlichen Hautorgane, bei der die Erregung des Nerven durch die Temperatur zweifellos durch besondere Transformatoren vermittelt wird, ab, so sind die Angaben über direkte Erregung durch Temperaturschwankungen recht unsicher. Rosenthal[2]) fand, daß plötzliches Eintauchen des Ellenbogens in Eiswasser Muskelzuckungen im Ulnarisgebiet auslöst und Valentin[3]) und Pickford[4]) kamen zu der Ansicht, daß eine mit einer gewissen Geschwindigkeit erfolgende Temperaturschwankung reizend wirkt. Untersuchungen von Waller[5]), der den Nerven durch elektrisch geheizte Drahtschlingen raschen Temperaturschwankungen aussetzte, ergaben unregelmäßige Zuckungen, die er ebenfalls zum Teil auf Vertrocknungsreiz zurückführt. Selbst die Angaben verschiedener Autoren, daß rasche Temperaturschwankungen als starker Reiz auf das Protoplasma wirken, das darauf durch vorübergehenden Stillstand der Bewegung reagiere, wird von Velten[6]) bestritten. Echte Reizung am motorischen Nerven erzielte Paul Schulze[7]) durch kurze Temperatureinwirkungen von über 100°, während er durch niedrigere Temperaturen nur die Erregbarkeit beeinflussen konnte.

Als Erregungsphänomene, die mit den von anderen Reizen ausgelösten unmittelbar vergleichbar sind, können allerdings die Erscheinungen der Thermotaxis gelten, die vor allem an einzelligen Tieren zur Beobachtung kommen[8]) und die Feststellung von Pütter[9]), daß der Wimperschlag von Stylonychia bei Abkühlung von 15° auf 6° eine außergewöhnliche, sonst nicht beobachtete Lebhaftigkeit annimmt.

Die Eigenart der thermischen Beeinflussung der Lebensvorgänge gegenüber der Beeinflussung durch die anderen Reize wird besonders deutlich, wenn man versucht, eine Reizschwelle zu bestimmen oder das Einschleichen des Reizes bei thermischen Reizen (Temperaturänderungen) festzustellen. Die Abhängigkeit der Intensität der größten Zahl der Lebensvorgänge von der Temperatur ist in weitem Bereich eine durchaus kontinuierliche; einer bestimmten Temperatur entspricht eine bestimmte Intensität eines bestimmten Lebensvorganges. Diese Intensität stellt sich unabhängig von der Zeit, innerhalb der die betreffende Temperatur erzeugt wird, ein; eine Reizschwelle zu bestimmen oder einen Reiz einschleichen zu lassen, ist daher meist unmöglich. Viel näher als der Vergleich der thermischen Beeinflussungen mit der Wirkung der anderen Reize liegt der Vergleich mit der thermischen Beeinflussung chemischer Reaktionen.

Bekanntlich nimmt die Geschwindigkeit, mit der eine chemische Reaktion vor sich geht, nach van t'Hoff[10]) mit der Temperatur zu und zwar wächst die Reaktionsgeschwindigkeit bei einer Temperaturzunahme von 10° auf das zwei- bis vierfache. Berücksichtigt man nun, daß ein großer Teil der Lebensvorgänge in chemischen Reaktionen bestehen, so genügt zur Erklärung der Abhängigkeit

---

[1]) Harless: Zeitschr. f. rat. Med. Bd. 8, S. 126. 1860.
[2]) Rosenthal: Wiener med. 1—4. Halle 1864.
[3]) Valentin: Lehrb. d. Physiol. Bd. II, S. 69. Braunschweig 1847.
[4]) Pickford: Zeitschr. f. rat. Med. Bd. 1, S. 335. 1851.
[5]) Waller: Journ. of physiol. Bd. 38, S. XXIV. 1909.
[6]) Velten: Flora 1876.
[7]) P. Schulze: Pflügers Arch. f. d. ges. Physiol. Bd. 214, S. 571. 1926.
[8]) Vgl. Herter: Thermotaxis und Hydrotaxis, ds. Handb. Bd. XI. 1926.
[9]) Pütter: Arch. f. (Anat. u.) Physiol. 1900, Suppl.
[10]) van t'Hoff: Vorlesungen über theoretische und physikalische Chemie. Braunschweig 1909.

dieser Lebenvorgänge von der Temperatur einfach diese Tatsache. Für zahlreiche Lebensvorgänge ergibt sich nun in der Tat, daß die Geschwindigkeit ihres Ablaufs innerhalb eines gewissen Temperaturbereichs auch quantitativ in gleicher Weise von der Temperatur abhängt, wie eine gewöhnliche chemische Reaktion. Im einzelnen wurde z. B. von COHEN[1]) nach Versuchen von HERTWIG errechnet, daß die Geschwindigkeit der Entwicklung von Froscheiern bei einer Temperaturzunahme von 10° auf das zwei- bis dreifache steigt. Die gleiche Feststellung für Seeigeleier machte ABEGG[2]). KANITZ[3]) fand den gleichen Temperaturkoeffizienten für die Frequenz pulsierender Vacuolen und die Schlagfrequenz des Herzens. Schließlich folgt die Kohlensäureassimilation der Pflanzen [MATTHAEI[4]) und der am Sauerstoffverbrauch bzw. der Kohlensäureproduktion gemessene Gesamtstoffwechsel der Tiere der gleichen Regel.

Die Ausnahme, die der Gesamtstoffwechsel homoiothermer Tiere, der innerhalb gewisser Grenzen mit steigender Außentemperatur sinkt, macht, ist nach PFLÜGER[5]) eine scheinbare. Der Stoffwechsel der Einzelorgane hängt von ihrer Eigentemperatur in der bekannten Art ab, während der Gesamtstoffwechsel unter dem Einfluß der die annähernd konstante Temperatur homoiothermer Tiere erhaltenden Wärmeregulation, die in Bd. 17 eingehend behandelt ist, das umgekehrte Verhalten zu zeigen scheint.

Die Kältestarre bedeutet im Sinne dieses Vergleichs nichts anderes, als daß bei einer bestimmten niederen Temperatur die Reaktionsgeschwindigkeit unendlich langsam wird.

Auch für die Abnahme der Intensität der Lebensprozesse oberhalb einer bestimmten optimalen Temperatur lassen sich Gründe rein chemischer Natur angeben. So konnte VERWORN[6]) und seine Schüler[7]) zeigen, daß die Wärmelähmung des Nerven und Muskels durch einen relativen Sauerstoffmangel hervorgerufen wird, der bei höheren Temperaturen in kurzer Zeit dadurch entsteht, daß bei dem rascheren Ablauf der Verbrennungsvorgänge mehr Sauerstoff verbraucht wird als zugeführt werden kann. Weiterhin zeigen ein Absinken der Reaktionsgeschwindigkeit oberhalb eines bestimmten Optimums zahlreiche fermentative Reaktionen. Die Abnahme der Reaktionsgeschwindigkeit ist in diesen Fällen durch die Schädigung bzw. Vernichtung des Fermentes durch die Temperatur bedingt.

Außer dem beschriebenen Einfluß der Temperatur auf spontane Bewegungen und Stoffwechsel kann man feststellen, daß die Mehrzahl der früher beschriebenen Merkmale der Erregbarkeit von der Temperatur beeinflußt werden. So nimmt, wie schon erwähnt (s. S. 286), die Latenzzeit mit steigender Temperatur ab. Ebenso erfahren die den Schwellenreiz charakterisierenden quantitativen und zeitlichen Bedingungen Änderungen bei verschiedener Temperatur, und zwar in der Art, daß das Einschleichen eines Reizes bei höherer Temperatur leichter gelingt als bei tieferer Temperatur. Diese Tatsache, die unter anderem beim Reiz mit Wechselströmen dadurch zum Ausdruck kommt, daß bei höherer Temperatur schon bei viel höheren Frequenzen höhere Stromstärken zur Überschreitung der Schwelle notwendig sind, als sich aus der NERNSTschen Formel

---

[1]) COHEN: Vorlesungen über physiologische Chemie. 1901.

[2]) ABEGG: Zeitschr. f. Elektrochem. 1905.

[3]) KANITZ: Biol. Zentralbl. Bd. 27. 1907.

[4]) MATTHAEI: Prov. of the roy. soc. of London Bd. 197. 1904.

[5]) PFLÜGER: Pflügers Arch. f. d. ges. Physiol. Bd. 18, S. 247. 1878.

[6]) VERWORN: Erregung und Lähmung. Jena 1914.

[7]) WINTERSTEIN: Zeitschr. f. allg. Physiol. Bd. 1, S. 129. 1902. — FRÖHLICH: Ebenda Bd. 3, S. 144. 1904. — THÖRNER: Ebenda Bd. 13, S. 256. 1912. — SANDERS: Ebenda Bd. 16, S. 474. 1914.

(s. S. 296) ergibt, wurde von Nernst[1]) und Lapicque[2]) eingehend behandelt und gab Anlaß dazu, daß man früher häufig zu der Annahme kam, die Erregbarkeit sinke mit steigender Temperatur. Untersuchungen am Nerven von Rosenthal[3]), Afanasieff[4]) u. a. zeigten jedoch schon frühzeitig, daß tatsächlich die Erregbarkeit, gemessen an der Reizschwelle für Induktionsschläge, mit steigender Temperatur steigt.

Wie schon oben angedeutet, ist die Wärmelähmung und die Kältestarre nicht mit dem Tod der lebenden Substanz identisch. Die Wärmelähmung und die Kältestarre kann durch Rückkehr zu tieferen bzw. höheren Temperaturen rückgängig gemacht werden. Allerdings kann eine Temperatur, die bei kurzem Bestand eine reversible Kältestarre bzw. Wärmelähmung erzeugt, bei längerer Einwirkung den Tod herbeiführen, im allgemeinen besteht jedoch zwischen der lähmungerzeugenden und tötenden Temperatur noch eine größere oder kleinere Differenz. Die tötenden Temperaturen sind für verschiedene lebende Zellen verschieden.

Im einzelnen liegt die obere Grenze des Lebens für die meisten Zellen im Zusammenhang mit der Gerinnungstemperatur der Eiweißstoffe zwischen 40 und 45°. Ausnahmen bilden einige Lebewesen, die in heißen Quellen vorkommen; so findet man im Karlsbader Sprudel Leptothrix und Oscillarien, die bei 53° leben. Am widerstandsfähigsten gegen Hitze sind Sporen von Bacillen, von denen einige vorübergehend Temperaturen von 100° aushalten [de Bary[5])]. Bei mehrstündiger Einwirkung von Temperaturen, die merklich über 100° liegen, wird jedoch mit Sicherheit jedes Leben vernichtet.

Unbestimmter sind die Angaben über den Kältetod. Echinodermeneier unterbrechen bei —2° bis —3° den Teilungsprozeß (Kältestarre), erholen sich aber nach längerer Zeit ($^1/_4$ Stunde) noch, wenn sie wieder erwärmt werden [Hertwig[6])]. Gefrorene Pflanzenzellen können bei vorsichtigem Auftauen wieder zum Leben erwachen; Tradescantia erholt sich nach 5 Minuten langem Verweilen bei —15° wieder [Kühne[7])].

Die Widerstandsfähigkeit gegen Kälte ist im allgemeinen um so größer, je wasserärmer die Zellen sind [Sachs[8])]. Trockene Samen ertragen daher hohe Kältegrade. Ebenso zahlreiche Bakterien und vor allem Sporen, die selbst durch Temperaturen unter 100° nicht abgetötet werden.

Auf das elektrische Verhalten verschieden temperierter Stellen lebender Substanz soll weiter unten noch eingegangen werden.

### Reize, die nur durch Vermittlung besonderer Einrichtungen wirksam werden.

Die Unterschiede im Verhalten der verschiedenen Arten der lebenden Gebilde gegenüber den bisher beschriebenen, allgemein wirksamen Reizen sind keine qualitativen, sondern nur quantitative. Vor allem kann die nach der Reizschwelle beurteilte Größe der Erregbarkeit bei verschiedenen lebenden Gebilden sehr verschieden sein.

Untersucht man das Protoplasma von Einzellern, so findet man, daß dasselbe durch alle Reizqualitäten erregt werden kann und daß seine Erregbarkeit an allen Stellen die gleiche ist. Schon bei höher stehenden Formen der Einzeller

[1]) Nernst: Boruttaus Handb. d. med. Anw. d. Elektrizität Bd. I, S. 230. Leipzig 1909.
[2]) Lapicque: Cpt. rend. des séances de la soc. de biol. Bd. 62, S. 39.
[3]) Rosenthal: Allg. med. Centralztg. Bd. 96. 1859.
[4]) Afanasieff: Arch. f. (Anat. u.) Physiol. 1865, S. 691.
[5]) de Bary: Vorlesungen über Bakterien. Leipzig 1887.
[6]) Hertwig: Experimentelle Studien am tierischen Ei. Jena 1890.
[7]) Kühne: Untersuchungen über das Protoplasma und die Contractilität. Leipzig 1864.
[8]) Sachs: Handb. d. Experimentalphysiol. d. Pflanzen. Leipzig 1865.

wie bei Radiolarien erkennt man jedoch gewisse Unterschiede der Erregbarkeit verschiedener Teile. Z. B. ist die Empfindlichkeit des Ektoplasmas für Berührungsreize höher als die des Entoplasmas [VERWORN[1])]. Ebenso findet man bei Einzellern, die Geiseln oder Wimpern besitzen, eine sehr große Erregbarkeit an den Geiseln und Wimpern, während das übrige Protoplasma verhältnismäßig geringe Erregbarkeit für taktile Reize aufweist [ALVERDOS[2])]. Wir erkennen in diesen Verschiedenheiten die ersten Andeutungen einer spezialisierten Erregbarkeit bestimmter Organe, die bei den höheren Tieren in vollkommenster Form besteht, indem für die verschiedenen bestimmten Reizqualitäten bevorzugt erregbare Organe, die Sinnesorgane, vorhanden sind.

Während in den Sinnesorganen die Erregbarkeit für bestimmte Reizarten bevorzugt ist, ist in den Nerven die Fähigkeit der Erregungsleitung in vollkommenster Form ausgebildet. Durch Vermittlung der Nerven erfolgt daher bei den höheren Tieren ein sehr großer Teil der Reizbeantwortungen, indem in den Organen spezifischer Erregbarkeit durch den Reiz eine Erregung ausgelöst, diese durch besondere Einrichtungen in Nervenerregung umgewandelt, in den Nerven fortgeleitet und schließlich wieder besondere Einrichtungen in die Erregung eines „effektorischen" Organs umgesetzt wird.

Nach dem Vorschlag von BEER, BETHE und v. UEXKÜLL[3]) bezeichnet man die Reizbeantwortung auf protoplasmatischem Weg ohne Vermittlung differenzierter Elemente als „Antitypien", die Reizbeantwortung durch Vermittlung von Nerven als „Antikinesen". Die Reizaufnahme, die schließlich zu einer Antikinese führt, setzt demnach bestimmte Einrichtungen zur Reizaufnahme, sog. „Receptoren" [BETHE[4])] voraus. Zur Feststellung eines Rezeptionsorganes ist nach BEER, BETHE und v. UEXKÜLL[3]) notwendig:

„1. Der anatomische Nachweis einer Nervenendausbreitung.

2. Der physiologische Nachweis, daß ein äußerer Reiz, welcher an sich nicht stark genug oder überhaupt nicht geeignet ist, direkt effektorische Organe zum Funktionieren zu bringen, dem in Frage stehenden Organ zugeführt, eine Zustandsänderung an irgendeinem Teil des Individuums hervorrufen kann."

Die in Satz 2 ausgesprochene Formulierung bedeutet, daß für ein Rezeptionsorgan die Reizschwelle entweder auffallend niedrig ist, oder daß das Rezeptionsorgan durch nicht allgemein erregend wirkende Reize in Erregung versetzt wird. Tatsächlich scheint es bei den höheren Tieren verschiedene Einwirkungen zu geben, die ausschließlich bestimmte Organe in Erregung versetzen, ohne daß ihnen allgemeine Reizqualität zukäme. So scheint es z. B., als ob Luftdruckwellen bestimmter Frequenzen, die als Schall wahrgenommen werden, nur auf die Hörorgane, Einflüsse der Schwerkraft und beschleunigte Bewegungen nur auf sog. statische Organe erregend wirken könnten. Ebenso erregen elektromagnetische Wellen bestimmter Wellenlängen, die eben wegen ihrer erregenden Wirkung auf das Sehorgan von den elektromagnetischen Wellen anderer Wellenlängen (HERTZsche Wellen, ultrarote, ultraviolette, Röntgen- und $\gamma$-Strahlen) durch die Bezeichnung „Licht" unterschieden werden, anscheinend nur spezifische Organe. Als Ursache der bevorzugten Erregbarkeit dieser Receptoren findet man besondere Einrichtungen, die dazu dienen, den an sich unwirksamen Reiz in einen wirksamen Reiz zu transformieren. So werden z. B. beim Ohr die Luftdruckschwankungen in erkannter Art in taktile Reize, beim statischen Organ Einflüsse der Schwerkraft in einen Zug bzw. eine Belastung umgesetzt. Die

---

[1]) VERWORN: Psychophysische Protistenstudien. Jena 1889.
[2]) ALVERDOS: Arb. a. d. Geb. d. exp. Biol., H. 3. Berlin 1922.
[3]) BEER, BETHE u. v. UEXKÜLL: Biol. Zentralbl. Bd. 19, S. 517. 1899.
[4]) BETHE: Arch. f. mikrosk. Anat. Bd. 50. 1897.

eingehende Beschreibung der Wirkungsweise der Transformatoren ist in Bd. 11 und 12 ds. Handb. enthalten.

Bei genauer Betrachtung kommt man jedoch zu der Ansicht, daß ein qualitativer Unterschied der verschiedenen Receptoren grundsätzlich nicht in dem Sinne besteht, daß gewisse Organe nur eine besonders hohe Erregbarkeit für bestimmte allgemein wirksame Reize, andere Receptoren eine Empfindlichkeit für allgemein unwirksame Reize besitzen. Daß z. B. auch die Schwerkraft auf nicht differenziertes Protoplasma erregend wirken kann, geht aus den schon früher (s. S. 287) erwähnten Erscheinungen des Geotropismus und den Versuchen Hertwigs[1]) hervor. Schall ist schließlich nur ein mechanischer Vorgang besonderer Art. Ob es nicht auch möglich ist, durch unmittelbare Einwirkung periodischer Luftdruckschwankungen, wenn sie nur genügend stark sind, beliebige erregbare Substanz zu erregen, ist noch nicht untersucht worden. Da jedoch andere rhythmische mechanische Einwirkungen akustischer Frequenzen zweifellos erregend wirken, erscheint diese Möglichkeit durchaus nicht ausgeschlossen.

Vom Licht ist es durch verschiedene Untersuchungen erwiesen, daß es auch ohne besondere Transformatoren erregend wirken kann. So zeigen alle Pflanzen ausgesprochen phototaktisches Verhalten. Schon einzellige Sporen, die sicher noch keine besonderen lichtempfindlichen Organe besitzen, zeigen nach Stahl[2]) phototaktische Erscheinungen. Es teilen sich z. B. die Sporenzellen von Schachtelhalmen in einer Richtung, die zur Richtung einfallender Lichtstrahlen orientiert ist. Schwärmsporen von Algen sammeln sich nach Strasburger[3]) an einer Stelle bestimmter Helligkeit und Zoosporen von Algen können nach Heitz[4]) durch kurze Belichtung zum Ausschlüpfen gebracht werden. Sogar das typische Phänomen des Einschleichens eines Reizes konnte Engelmann[5]) bei Pelomyxa palustris beobachten. Dieser amöbenähnliche Organismus führt im Schatten lebhafte Bewegungen aus und reagiert auf plötzliche Erhellung durch Einziehen aller Pseudopodien. Bei langsam im Laufe einer Viertelstunde erfolgender Erhellung bleibt die Reaktion aus. Es erscheint nach diesen Beispielen wahrscheinlich, daß die spezifisch empfindlichen Receptoren nur eine ursprünglich allgemeine Protoplasmaeigenschaft der Erregbarkeit für alle oder bestimmte Reizqualitäten in hervorstechendem Maß besitzen.

Die relativ große Erregbarkeit der Receptoren kann dadurch bedingt sein, daß ihre Erregbarkeit gegenüber der des übrigen Protoplasmas unmittelbar gesteigert ist, oder daß die Einwirkungsmöglichkeit der Reize an den Receptoren durch besondere Einrichtungen besonders günstig gestaltet ist. Daß aber selbst bei höheren Tieren noch eine allgemeine Erregbarkeit für sonst nur durch Transformatoren wirksam werdende Reize besteht, geht unter anderem aus den Untersuchungen von C. I. Reed[6]) hervor, der bei Bestrahlung der Mucosa des Maules von Hunden und bei direkter Bestrahlung des Blutes in einer in eine Arterie eingefügten Glasröhre Blutdrucksenkung erzeugen konnte.

Die Gesamtheit der Receptoren wird von Beer, Bethe und v. Uexküll[7]) in folgender Art klassifiziert und benannt:

Als „anelektive“ Receptionsorgane werden Organe bezeichnet, bei denen die besondere Erregbarkeit sich auf alle Reizqualitäten erstreckt. Receptoren, die

---

1) Hertwig: Allgemeine Biologie, Bd. II, S. 552. Jena 1912.
2) Stahl: Ber. d. dtsch. botan. Ges. Bd. 3. 1885.
3) Strasburger: Jenaische Zeitschr. f. Naturwiss. Bd. 12.
4) Heitz: Ber. d. dtsch. botan. Ges. Bd. 43, S. 37. 1926.
5) Engelmann: Pflügers Arch. f. d. ges. Physiol. Bd. 19, S. 1. 1879.
6) Reed, C. I.: Americ. journ. of physiol. Bd. 74, S. 511. 1925.
7) Beer, Bethe u. v. Uexküll: Biol. Zentralbl. Bd. 19, S. 517. 1899.

eine besondere Erregbarkeit für einen bestimmten „adäquaten“ Reiz besitzen, heißen „elektive“ Receptoren. Die Elektion kann dadurch zustande kommen, daß das Receptionsorgan eine besondere Lage an bestimmter Stelle des Organismus besitzt, so daß es, besonders wenn es noch durch Schutzeinrichtungen gegen die Einwirkung anderer Reize geschützt ist, überhaupt nur für bestimmte Reizqualitäten zugänglich ist (topoelektive Receptoren) oder dadurch, daß durch besondere Einrichtungen ein an sich unwirksamer Reiz in einen wirksamen umgewandelt wird (transformatorisch-elektive Receptoren). In Wirklichkeit wird es besonders bei höheren Tieren schwer sein, rein topoelektive oder transformatorisch-elektive Organe zu finden; die Elektivität beruht stets sowohl auf der Lage als auch auf transformatorischen Einrichtungen. So beruht die Elektivität des Ohres oder des statischen Organs, die charakteristische bekannte Transformationseinrichtungen besitzen, sicher zum großen Teil auf der Lage dieser Organe, die sie für andere als die adäquaten Reize unzugänglich machen. Ebenso besitzen die durch ihre Lage an der Körperoberfläche besonders für taktile und thermische Reize zugänglichen Gefühlsorgane zum Teil erkannte, zum Teil noch unbekannte Transformationseinrichtungen.

Im einzelnen unterscheidet man an elektiven Receptionsorganen nach der Reizqualität der adäquaten Reize geordnet:

1. Receptoren für mechanische Reize, und zwar „Tangoreceptoren“ für taktile Reize, „Phonoreceptoren“ für Schallwellen, „Statoreceptoren“ für Einwirkungen der Schwerkraft und schließlich die von Beer, Bethe und v. Uexküll als „Rotationsreceptoren“ bezeichneten Bogengangsapparate. Die Bezeichnung erscheint allerdings wenig glücklich, da diese Organe nicht auf Rotationen, sondern auf *beschleunigte* Bewegungen, und zwar nach Magnus[1]) auf beschleunigte Bewegungen beliebiger Art ansprechen.

2. Receptoren für chemische Reize, die Stibo- und Gustoreceptoren genannt werden.

3. Für thermische Reize: Caloro- oder Thermoreceptoren.

4. Für Lichtreize: Photoreceptoren.

Elektive Receptoren für osmotische und elektrische Reize sind bisher nicht bekannt. Die speziellen Einzelheiten über die Receptoren sind in Bd. 11 und 12 ds. Handb. eingehend behandelt.

## Nicht zur Erregung führende Zustandsänderungen.

Wie schon erwähnt (s. S. 301) wirken die sichtbaren Lichtstrahlen auf zahlreiche Arten der erregbaren Substanz nur in so geringem Maße erregend, daß man daran zweifeln kann, ob dem Licht eine allgemeine Reizqualität zukomme. Hingegen sind die für Licht elektiven Receptionsorgane in so außerordentlich hohem Maße für optische Reize empfindlich, daß diese hohe Erregbarkeit die Ursache war, daß von einer ganzen Reihe physikalisch gleichartiger elektromagnetischer Wellen die Lichtwellen lange Zeit überhaupt die einzigen bekannten Erscheinungen blieben, während sich die übrigen der Wahrnehmung entzogen. Die Physik kennt heute elektromagnetische Wellen von vielen Kilometern bis zu etwa $\frac{1}{10\,000\,000\,000}$ cm Wellenlänge. Die Wellen verschiedener Wellenlängen werden verschieden benannt, und zwar heißen die mit den längsten Wellenlängen Hertzsche Wellen, die mit den kürzesten $\gamma$-Strahlen. Dazwischen liegen ultrarote oder Wärmestrahlen, Licht-, ultraviolette und Röntgenstrahlen.

Die im Dielektricum fortschreitenden Wellen erzeugen beim Auftreffen auf materielle Gegenstände bestimmte Wirkungen. Je nach den physikalischen

[1]) Magnus: Körperstellung. Berlin 1924.

Eigenschaften der Materie durchdringen sie dieselbe ohne merklichen Energieverlust oder sie geben einen größeren oder kleineren Teil ihrer Energie, unter Umständen ihre gesamte Energie an die Materie ab, d. h. sie werden teilweise oder total absorbiert. Die an die absorbierende Substanz abgegebene Energie kann in der verschiedensten Form dort in Erscheinung treten. Langwellige (Hertzsche) Wellen erzeugen in Leitern hochfrequente Wechselströme; diese können ihrerseits durch Überwindung Ohmschen Widerstandes in Wärme übergeführt werden. Absorbierte Energie ultraroter und langwelliger Lichtstrahlen tritt in größerem oder kleinerem Prozentsatz in Form von Wärme in Erscheinung. Außerdem können sekundäre Strahlungen erzeugt werden, und zwar sowohl elektromagnetische Wellen mit einer von der Wellenlänge der absorbierenden Strahlen verschiedenen Wellenlänge (Fluorescenz), als auch sekundäre Kathodenstrahlen, indem durch die Wellen Elektronen aus der Materie losgelöst und ihnen eine bestimmte Geschwindigkeit erteilt wird (lichtelektrischer Effekt). Der lichtelektrische Effekt ist unter sonst gleichen Umständen um so stärker, je kürzer die Wellenlänge der absorbierten Strahlen ist. Weiterhin können sekundäre Röntgenstrahlen auftreten, eine Erscheinung, die grundsätzlich mit Fluorescenz verglichen werden kann. Besonders die kurzwelligen Strahlen (Röntgen- und $\gamma$-Strahlen) ionisieren außerdem Gase, und schließlich entfalten alle Strahlen, die kurzwelliger sind als ultrarote Strahlen, starke chemische Wirkungen. Ein charakteristisches Beispiel solcher chemischer Wirkungen ist die zu photographischen Zwecken verwandte, durch Strahlen hervorgerufene Reduktion gewisser Silberverbindungen.

Von den elektromagnetischen Strahlen grundsätzlich verschieden sind die bei Entladungen im Vakuum entstehenden Korpuskulärstrahlen (Kathoden- und Kanalstrahlen) und die mit ihnen physikalisch gleichartigen $\alpha$- und $\beta$-Strahlen der radioaktiven Substanzen. Trotz der physikalischen Verschiedenheit dieser Strahlenarten von den elektromagnetischen Wellen sind die Wirkungen auf Materie in vieler Hinsicht mit den Wirkungen der kurzwelligen elektromagnetischen Strahlen verwandt. Sie durchdringen verschiedene Stoffe in verschieden starkem Maß und werden absorbiert. Die Durchdringungsfähigkeit der Korpuskulärstrahlen ist allerdings im allgemeinen gering. Bei der Absorption erzeugen sie Wärme, Fluorescenz, sekundäre Kathoden- und Röntgenstrahlen, ionisieren Gase und entfalten chemische Wirkungen. Schließlich können sie unter Umständen eine Zertrümmerung von Atomen bewirken.

Will man die Wirkungen dieser verschiedenartigen Strahlen auf lebende Substanz analysieren, so ist es zweckmäßig, von der Ansicht auszugehen, daß es die angeführten Folgen der Strahlen, die wir auch in unbelebter Materie beobachten, sind, die auf das lebende Protoplasma wirken und ihrerseits Reaktionen der lebenden Substanz auslösen, deren Art und Größe durch die Eigenschaften der lebenden Substanz bestimmt ist. Da die unmittelbaren Wirkungen in ihrer Größe abhängig sind von der Menge der absorbierten Strahlungsenergie, wird man die Größe der Absorption und die Stärke der Wirkung auf die lebende Substanz in Beziehung zueinander zu setzen suchen. Da die Durchdringungsfähigkeit der verschiedenen Strahlen für die gleiche Substanz und die gleichartiger Strahlen für verschiedene Substanzen sehr verschieden sein kann, wird man erwarten, die Wirkung der Strahlen sehr von diesen Verhältnissen abhängig zu finden. Schließlich wird man versuchen, die Wirkung im speziellen Fall auf eine oder einige der bekannten unmittelbaren Strahlenfolgen (Wärme, sekundäre Strahlen, chemische Wirkungen) zurückzuführen.

Im einzelnen ist von der Wirkung der verschiedenen Strahlen eine große Anzahl Tatsachen bekannt, die zum Teil eine beträchtliche Bedeutung für die praktische Medizin haben, die sich der verschiedenen Strahlen zu diagnostischen und therapeutischen Zwecken in großem Umfang bedient. Die Einzelheiten werden in Bd. 17 ds. Handb. (J. XVIII) eingehend behandelt. Hier sei einiges mehr allgemein Gültiges mitgeteilt.

Die Wirkung HERTZscher Wellen auf einen Leiter ist identisch mit der eines rhythmisch schwankenden elektromagnetischen Feldes; in dem Leiter, also auch in lebenden Gebilden, werden auf induktivem Weg hochfrequente Wechselströme erzeugt. Daß es möglich ist, durch Schwankungen eines elektromagnetischen Feldes in einem erregbaren Gebilde Ströme zu erzeugen und es dadurch zu erregen, konnten GILDEMEISTER[1]) und DANILEWSKY[2]) zeigen. Grundsätzlich ist es danach auch möglich, durch HERTZsche Wellen Reizwirkungen zu erzielen. Tatsächlich ist jedoch die Frequenz der durch HERTZsche Wellen erzeugten Wechselströme so hoch, daß schon außerordentlich hohe Stromstärken zur Überschreitung der Reizschwelle notwendig wären (s. S. 296). So starke Ströme durch HERTZsche Wellen zu erzeugen, stößt auf technische Schwierigkeiten, so daß tatsächlich bisher eine Erregungswirkung HERTZscher Wellen auf lebende Gebilde noch nicht festgestellt werden konnte.

Sieht man von der spezifischen Reizwirkung der Lichtstrahlen auf die Photoreceptoren, die das Licht aus der Reihe der Strahlen heraushebt, ab, so kann man die allgemeinen Wirkungen der ultraroten Licht- und ultravioletten Strahlen unter einheitlichem Gesichtspunkt betrachten. Alle diese Strahlen können gewisse Erregungswirkung erzielen, und es besteht eine ziemlich kontinuierliche Veränderung der Einwirkungsfolgen mit der Änderung der Wellenlänge. Bei den langwelligsten Strahlen beobachtet man Erscheinungen, die sich im wesentlichen auf die Erwärmung zurückführen lassen.

Direkte Erregung als Folge von Bestrahlung mit Licht und Ultrastrahlen konnten an Einzellern erzielt werden, unter anderen von VERWORN[3]), der zeigte, daß Sprungbewegungen von Pleuronema chrysalis durch Belichtung ausgelöst werden, und von HERTEL an Bakterien, Infusorien, Coelenteraten, Würmern, Mollusken, Amphibien und Pflanzenzellen. HERTEL[4]) zeigte auch, daß die Wirkung mit der Stärke der Absorption steigt, indem er nachwies, daß Strahlen um so wirksamer sind, je kurzwelliger sie sind, und daß kurzwellige Strahlen stärker absorbiert werden als langwellige. In überzeugender Form zeigen die Abhängigkeit der Reizwirkung von der Absorption Versuche an Würmern. Bestrahlung des Nervensystems des Regenwurms mit ultravioletten Strahlen ruft lebhafte Erregungsfolgen hervor, während Licht unwirksam ist. Bei Sipunculus sind die Nerven pigmentiert, die Absorption des Lichts daher verstärkt; bei diesem Wurm wirken auch Lichtstrahlen erregend.

In weitaus der Mehrzahl der Bestrahlungsversuche werden jedoch keine oder sehr geringe Erregungserscheinungen, sehr häufig aber Schädigung oder Abtötung beobachtet. Bezüglich der schädigenden Wirkung der verschiedenen Strahlen fand HERTEL[5]) die gleiche Abhängigkeit von der Absorption und der Wellenlängen wie für die erregenden Wirkungen. PASSOW[6]) untersuchte besonders die schädigenden Wirkungen der verschiedenen Strahlenarten auf Bak-

---

[1]) GILDEMEISTER: Pflügers Arch. f. d. ges. Physiol. Bd. 99, S. 357. 1903.

[2]) DANILEWSKY: Die physiologischen Fernwirkungen der Elektrizität. Leipzig 1902.

[3]) VERWORN: Psychophysische Protistenstudien. Nachschrift. Jena 1889.

[4]) HERTEL: Zeitschr. f. allg. Physiol. Bd. 4, S. 1. 1904; Bd. 5, S. 535. 1905; Bd. 6, S. 44. 1907.

[5]) HERTEL: Zeitschr. f. allg. Physiol. Bd. 4, S. 1. 1904; Bd. 5, S. 535. 1905; Bd. 6, S. 44. 1907.

[6]) PASSOW: Arch. f. Augenheilk. Bd. 93, S. 95. 1923; Bd. 94, S. 1. 1924.

terien. Auch er fand die kurzwelligsten Strahlen am wirksamsten, und zwar ist die Wirkung weder proportional der Energie der Strahlung noch ihrer photographischen Wirksamkeit, sondern abhängig von der spezifischen Absorptionsfähigkeit der Bakterien. Durch Sensibilisierung mit Farbstoffen, die die Absorption für bestimmte Strahlen vergrößern, können die Wirksamkeit entsprechend der Veränderung der Absorption verändert, und auch die sonst unwirksamen ultraroten und langwelligen Lichtstrahlen wirksam gemacht werden.

Sehr umfangreich ist die Literatur über die Wirkung der Röntgenstrahlen und der Strahlen radioaktiver Stoffe[1]). Aus der Literatur geht allgemein hervor, daß die schädigende Wirkung der Strahlen auf lebendes Gewebe im Vordergrund der Erscheinungen steht. Die Empfindlichkeit verschiedener Gewebsarten für diese Strahlenarten ist dabei sehr verschieden. Echte Erregungsfolgen nach Röntgenbestrahlung beobachteten Guilleminot[2]) und Weber[3]), die eine Beschleunigung des Wachstums von Pflanzen, und Frühtreiben von Keimlingen und Knospen unter dem Einfluß der Bestrahlung sahen. Bei den Zellen von Vallisneria sah Lapriore[4]) eine Beschleunigung der Protoplasmabewegung durch Röntgenstrahlen, die bei längerer Bestrahlung in Lähmung überging. Echte „Röntgenotaxis“ bei Paramäcien und Daphnia beobachteten H. Joseph und Prowazek[5]), die fanden, daß sich diese Organismen von der Einfallstelle von Röntgenstrahlen entfernen.

Schädigende bzw. tötende Wirkungen auf Bakterien untersuchte unter anderen Rieder[6]) näher, auf Geschlechtszellen von Amphibien O. Hertwig[7]), G. Hertwig[8]), Paula Hertwig[9]), Zuelzer[10]) und Markowitz[11]).

Von Kathoden und Radiumstrahlen kamen erregende Wirkungen bisher nicht zur Beobachtung. Entweder bleibt eine Wirkung überhaupt aus oder sie ist schädigend bzw. tötend. Von den mit Radiumstrahlen an Pflanzen ausgeführten Versuchen seien die von Stein[12]) erwähnt. Versuche mit infolge ihrer geringen Durchdringungsfähigkeit hauptsächlich an der Oberfläche lebenden Gewebes, aber dort sehr stark wirkenden Kathodenstrahlen wurden an umfangreichem Material (Bakterien, Algen, Pflanzen, Infusorien, Muskeln, Haut) von Pauli und Grober[13]) und Pauli und Hartmann[14]) durchgeführt.

---

[1]) Vgl. u. a. Hennicke: Münch. med. Wochenschr. 1903, Nr. 48; 1904, Nr. 18. — Sedlin: Inaug.-Dissert. Königsberg 1904. — Ties: Mitt. a. d. Grenzgeb. d. Med. u. Chir. 1905. — Linser u. Helber: Münch. med. Wochenschr. 1905, Nr. 15 u. Dtsch. Arch. f. klin. Med. 1905, S. 83. — Regaud u. Dubenil: Cpt. rend. des séances de la soc. de biol. Bd. 63. 1907. — Peters: Fortschr. a. d. Geb. d. Röntgenstr. Bd. 16. 1910. — Gocht: Handb. d. Röntgenlehre. Stuttgart 1918.

[2]) Guilleminot: Journ. de physiol. et de pathol. gén. Bd. 10. 1908.

[3]) Weber: Biochem. Zeitschr. Bd. 121, S. 4. 1922.

[4]) Lapriore: Nuova Rassegn. Catania 1897.

[5]) Joseph, H. u. Prowazek: Zeitschr. f. allg. Physiol. Bd. 1, S. 142. 1902.

[6]) Rieder: Münch. med. Wochenschr. 1919, Nr. 31.

[7]) Hertwig, O.: Arch. f. mikrosk. Anat. Bd. 77. 1911; Bd. 82. 1913; Scientia Bd. 12. 1912.

[8]) Hertwig, G.: Arch. f. mikrosk. Anat. Bd. 77. 1911; Bd. 82. 1913.

[9]) Hertwig, Paula: Arch. f. mikrosk. Anat. Bd. 87. 1916.

[10]) Zuelzer: Arch. f. Protistenkunde Bd. 5. 1905.

[11]) Markowitz: Arch. f. Zellforsch. Bd. 16. 1922.

[12]) Stein: Zeitschr. f. indukt. Abstammungs- u. Vererbungslehre Bd. 29. 1922.

[13]) Pauli u. Grober: Dtsch. med. Wochenschr. 1919, Nr. 31.

[14]) Pauli u. Hartmann: Arch. f. mikrosk. Anat. u. Entwicklungsmech. Bd. 103, S. 95. 1924.

An Hypothesen zur Erklärung der Strahlenwirkung durch bestimmte Veränderungen, die von den verschiedenen Strahlen im lebenden Gewebe hervorgerufen werden, fehlt es nicht[1]), ohne daß durch sie eine eindeutige und vollkommene Klärung der Strahlenwirkung erbracht worden wäre.

## 3. Das Wesen des Erregungsvorganges.

### a) Physikalische und chemische Begleiterscheinungen der Erregung.

#### Stoffwechsel und Erregung.

Ein charakteristisches Merkmal der lebenden Substanz ist der Stoffwechsel. Hering[2]) schreibt in seinen Grundzügen der Lehre vom Lichtsinn: „Das Wesen des Lebens liegt in physischer Hinsicht im Stoffwechsel der lebendigen Substanz, bei welchem einerseits Stoffe entstehen, welche von der lebendigen Substanz als etwas ihr fremd Gewordenes ausgesondert werden, andererseits aber, und zwar gleichzeitig, Stoffe aufgenommen, von der lebendigen Substanz angeeignet und zu Bestandteilen ihrer selbst gemacht werden. Den letzten Vorgang hat man unter Erweiterung eines alten, aus der Pflanzenphysiologie stammenden Begriffs „Assimilation" benannt und nach diesem Vorbild habe ich seinerzeit für den erstgenannten Vorgang die seitdem gebräuchlich gewordene Bezeichnung ‚Dissimilation' gewählt." Dem Vorgehen Herings folgend, sehen zahlreiche Autoren im Stoffwechsel „das Wesen des Lebens"; die Frage nach der Beziehung zwischen Erregung und Stoffwechsel ist aus diesem Grunde eine naheliegende und viel bearbeitete Frage.

Die Unterteilung der Stoffwechselvorgänge in Assimilation und Dissimilation ist eine altbewährte und allgemein verwandte. Der Stoffwechsel hat, wie es von Hermann[3]), Pflüger[4]) und vor allem von Verworn[5]) hervorgehoben wird, seine Ursache in der labilen chemischen Beschaffenheit des lebenden Eiweißmoleküls, das von Verworn als „Biogen" bezeichnet wird. Das Biogen fassen die genannten Autoren als einen einerseits spontan teilweise zerfallenden (Dissimilation), andererseits sich selbst wieder aufbauenden (Assimilation) Eiweißkörper auf, der eben durch diese Befähigung zum Ab- und Aufbau von den toten Eiweißkörpern unterschieden ist. Verworn[6]) nimmt als mittleren Zustand des Biogens den an, in welchem der Quotient $\frac{\text{Assimilation}}{\text{Dissimilation}} = \frac{A}{D}$, den er als „Biotonus" bezeichnet, gleich 1 ist. Auf Grund einer Eigenschaft des Biogens, die Hering[7]) als die „Selbststeuerung des Stoffwechsels" bezeichnet, strebt der Biotonus, solange äußere Einflüsse ferngehalten werden, dem Mittelwert 1 zu. Entsprechend dieser Annahme und seiner Definition des Reizes,

[1]) Vgl. Schwarz: Pflügers Arch. f. d. ges. Physiol. Bd. 100. 1903; Fortschr. a. d. Geb. d. Röntgenstr. Bd. 25. 1917. — Werner u. Lichtenberg: Dtsch. med. Wochenschr. 1906, Nr. 1. — Neuberg: Zeitschr. f. Krebsforsch. Bd. 2. 1904. — Linser u. Helber: Dtsch. Arch. f. klin. Med. Bd. 83. 1905. — Curschmann u. Gaupp: Münch. med. Wochenschr. 1912, Nr. 50. — Hertwig: Arch. f. mikrosk. Anat. Bd. 82. 1913; Scientia Bd. 12. 1912. — Lewy: Arch. f. Entwicklungsmech. d. Organismen Bd. 21. 1906. — Bohn: Cpt. rend. hebdom. des séances de l'acad. des sciences Bd. 136b. 1903. — Bardeen: Americ. journ. of anat. Bd. 11. 1910/11.

[2]) Hering: Grundzüge der Lehre vom Lichtsinn, S. 101. Leipzig 1905—1920.

[3]) Hermann: Untersuchungen über den Stoffwechsel der Muskeln usw. Berlin 1887.

[4]) Pflüger: Pflügers Arch. f. d. ges. Physiol. Bd. 10, S. 251. 1875.

[5]) Verworn: Die Biogenhypothese. Jena 1903.

[6]) Verworn: Allgemeine Physiologie. 5. Aufl., S. 574. Jena 1909.

[7]) Hering: Grundzüge der Lehre vom Lichtsinn, S. 101. Leipzig 1905—1920.

als „jede Veränderung in den äußeren Lebensbedingungen", behandelt Verworn die Wirkung der Reize auf den Stoffwechsel vom Standpunkt ihrer Wirkung auf den Biotonus und unterscheidet demnach assimilatorische und dissimilatorische Reize, wobei er in jedem Fall noch die Möglichkeit der Reizwirkung als erregend oder lähmend annimmt. Schließlich läßt er noch die Möglichkeit „totaler" Erregung oder Lähmung zu. Bürker[1]) baut auf der Lehre vom Biotonus eine Definition des Reizes auf, indem er als Reiz „alles, was den Biotonus unter- oder überwertig macht", definiert. Die tatsächliche Unterlage für die an anderer Stelle des Handbuches ausführlicher behandelte Art der Darstellung der Lebensvorgänge vom Standpunkt der Biogenhypothese ist die, daß in den meisten Fällen, in denen man auf Grund anderer Erscheinungen (mechanische, elektrische usw.) auf Erregung schließen kann, eine Änderung des Stoffwechsels beobachtet wird und man aus zahlreichen Erfahrungen schließen muß, daß dann, wenn eine mit der Erregung verbundene Stoffwechseländerung nicht feststellbar ist, diese Unmöglichkeit der Feststellung stets auf die Unzulänglichkeit unserer Beobachtungsmethoden zurückzuführen ist.

Für die Intensität des Stoffwechsels einer Zelle, eines Organs oder Organismus kann man auf verschiedene Art einen Maßstab gewinnen. Da im Endresultat der Gesamtstoffwechsel (Assimilation + Dissimilation) in der Oxydation organischer Stoffe besteht, bietet die Messung des Sauerstoffverbrauchs und die Bestimmung der Menge der entstehenden Kohlensäure ein wichtiges derartiges Maß. Von wohl gleicher Bedeutung ist die Messung der Wärmeproduktion; da ein großer Teil der Stoffwechselvorgänge mit Wärmeproduktion einhergeht, gibt auch ihre Größe ein Maß für die Größe des Stoffwechsels. Die Möglichkeit, die Wärmeproduktion einzelner Zellen zu messen, besteht allerdings infolge der Unzulänglichkeit der Meßmethoden nicht, jedoch zeigen nicht nur größere Lebewesen, bei denen, vor allem bei den homoiothermen Tieren, die dauernde Produktion von Wärme in der meist deutlich gegenüber der Umgebung erhöhten Temperatur zum Ausdruck kommt, sondern auch Insekten, z. B. Bienen in ihren Körben, unter Umständen starke Temperaturerhöhung gegenüber der Umgebung. Selbst bei Pflanzen, so nach Sachs[2]) bei keimenden Erbsen und bei Hefezellen, können beträchtliche Erhöhungen der Temperaturen beobachtet werden. Die eingehendsten Untersuchungen liegen auch hier an den verschiedensten Organen homoiothermer Tiere vor, bei denen es durch Verwendung thermoelektrischer Meßmethoden nach zahlreichen Mißerfolgen[3]) selbst am Nerven unmittelbar gelang, eine dauernde Produktion von Wärme nachzuweisen. A. V. Hill[4]) und seinen Mitarbeitern war es möglich, festzustellen, daß die Erregung des Nerven mit einer Erhöhung der Wärmeproduktion, dementsprechend mit einer Erhöhung des Stoffwechsels einhergeht. Das gleiche Resultat zeigt die Messung des Sauerstoffverbrauches und der Kohlensäureproduktion; auch hier entzog sich beim Nerven ein in der Ruhe vorhandener, in der Erregung gesteigerter Sauerstoffverbrauch und eine entsprechende Kohlen-

[1]) Bürker: Festschrift zum 70. Geburtstage von Hermann Griesbach, S. 18. Giessen 1925.

[2]) Sachs: Vorlesungen über Pflanzenphysiologie. Leipzig 1882.

[3]) Vgl. u. a. Helmholtz: Arch. f. (Anat. u.) Physiol. 1848, S. 158. — Rolleston: Journ. of physiol. Bd. 11, S. 208. 1890. — Stewart: Ebenda Bd. 12, S. 409. 1891. — Cremer: Münch. med. Wochenschr. 1855, Nr. 33. — Hill, A. V.: Journ. of physiol. Bd. 43, S. 433. 1912.

[4]) Vgl. Downing, Gerard, A. V. Hill: Proc. of the roy. soc. of London, Ser. B. Bd. 100, S. 223. 1926. — Downing u. A. V. Hill: Abstr. 12. intern. Physiol.-Kongr. Stockholm 1926, S. 40. — Gerard, R. W.: Journ. of physiol. Bd. 62, S. 379. 1927; Journ. of pharmacol. a. exp. therapeut. Bd. 29, S. 161. 1926.

säureproduktion lange Zeit dem Nachweis[1]). Es gelang BAEYER[2]), das Sauerstoffbedürfnis des Nerven zu erweisen, THUNBERG[3]), die Kohlensäureproduktion direkt zu beobachten, THÖRNER[4]), HABERLANDT[5]), TASHIRO[6]), die Steigerung des Gaswechsels bei der Erregung zu zeigen. PARKER[7]) konnte die $CO_2$-Produktion quantitativ festlegen. Nach diesen Versuchen am Nerven, bei dem der Nachweis auf die größten Schwierigkeiten stieß, und nach zahlreichen anderen an anderen Organen (Muskeln, Drüsen, Zentralnervensystem) durchgeführten Experimenten besteht tatsächlich eine hohe Wahrscheinlichkeit, daß alle auch auf Grund anderer Merkmale als Erregung anzusprechenden Vorgänge mit einer Steigerung des beim Fernbleiben äußerer Reize dauernd bestehenden Ruhestoffwechsels (Biotonus = 1), alle als Lähmung anzusehenden mit einer Herabsetzung des Ruhestoffwechsels einhergehen.

Über die Abhängigkeit des Stoffwechsels von der Temperatur ist schon im Abschnitt „der thermische Reiz" das Wesentliche mitgeteilt. Ob man die durch Temperaturänderung hervorgerufene Änderung der Größe des Stoffwechsels im Einzelfall als „Erregung" bezeichnen will, hängt, wie dort erörtert, im wesentlichen von der gewählten Definition des Begriffes „Erregung" ab.

## Elektrische Erscheinungen bei der Erregung.

Die elektrischen Erscheinungen, die lebende Gewebe in der Ruhe und in Erregungszuständen aufweisen, sind ein in außerordentlich großem Umfang bearbeitetes Forschungsgebiet. Gerade durch die Klärung dieser Erscheinungen glaubte man in erster Linie Aufschluß über das Wesen des Erregungsvorganges zu erhalten, und tatsächlich sind die Ergebnisse dieser Untersuchungen für die Theorien über das Wesen der Erregung von fundamentaler Bedeutung. Der eingehenden Darstellung der elektrischen Erscheinungen sind daher große Abschnitte des speziellen Teiles des Handbuches gewidmet (Bd. VIII, zweite Hälfte, und ein Teil von Bd. IX). Von grundlegenden oder zusammenfassenden Arbeiten älteren Datums seien hier nur erwähnt: DU BOIS-REYMOND[8]), HERMANN[9]), BIEDERMANN[10]), MENDELSOHN[11]). Über die Ursache der elektrischen Erscheinungen ganz allgemein läßt sich einiges aussagen.

Berücksichtigt man einerseits, daß in jeder lebenden Substanz dauernd chemische Prozesse (der Stoffwechsel) ablaufen, und daß bei diesen Prozessen stets die Mitwirkung von Ionen in Frage kommt, andererseits, wie es PFEFFER[12]) ausdrückt, „daß, soweit Ionen (Elektrolyte) in Betracht kommen, jeder chemische Prozeß mit einem elektrischen Vorgang verknüpft ist", so wird man zu der Überzeugung kommen, daß jedes lebende Gebilde die Fähigkeit besitzt, elektrische

---

1) Vgl. RANKE: Die Lebensbedingungen des Nerven. Leipzig 1868. — EWALD: Pflügers Arch. f. d. ges. Physiol. Bd. 2, S. 142. 1869.

2) BAEYER: Zentralbl. f. Physiol. Bd. 18, S. 553. 1904.

3) THUNBERG: Skandinav. Arch. f. Physiol. Bd. 17, S. 74. 1905; Bd. 43, S. 275. 1923.

4) THÖRNER: Zeitschr. f. allg. Physiol. Bd. 8, S. 530. 1908; Bd. 13, S. 247, 264. 1912; Bd. 18, S. 226. 1918; Pflügers Arch. f. d. ges. Physiol. Bd. 156, S. 253. 1914.

5) HABERLANDT: Arch. f. (Anat. u.) Physiol. 1911, S. 419.

6) TASHIRO: Americ. journ. of physiol. Bd. 32, S. 107. 1913.

7) PARKER: Journ. of gen. physiol. Bd. 9, S. 191. 1926. — Vgl. auch FENN: Americ. journ. of physiol. Bd. 80, S. 327. 1927.

8) REYMOND: Untersuchungen über tierische Elektrizität. Berlin 1848.

9) HERMANN: Untersuchungen z. Physiol. d. Muskeln u. Nerven. Bd. I—III. Berlin 1868.

10) BIEDERMANN: Elektrophysiologie. Jena 1895.

11) MENDELSOHN: Les phénoménes électriques chez les tres vivants. Scientia. Paris 1902.

12) PFEFFER: Pflanzenphysiologie. Bd. II, S. 861. 1901.

Ströme zu erzeugen. Die Tatsache, daß physikalische bzw. physikalisch-chemische Vorgänge von der Art, wie sie in Organismen in großem Umfang vor sich gehen, so z. B. Strömung durch Capillaren, Diffusion, Osmose, häufig mit dem Auftreten elektrischer Potentialdifferenzen verbunden sind, wird diese Überzeugung noch verstärken. Man kann daher wohl allgemein aussagen, daß vermutlich von jedem Gewebe ein elektrischer Strom ableitbar ist, wenn an beiden Ableitungsstellen verschiedenartige Prozesse stattfinden. Wenn es in vielen Fällen, so bei einzelnen Zellen, noch nicht gelungen ist, diese elektrischen Ströme wirklich festzustellen, so wird man diese Unmöglichkeit auf die Unzulänglichkeit der Methodik zurückführen.

Für die Annahme, daß die elektrischen Potentialdifferenzen zwischen verschiedenen Orten lebender Substanz auf die verschiedene Art der an den betreffenden Stellen ablaufenden Prozesse zurückzuführen ist, sprechen die experimentellen Befunde ausnahmslos, denn man findet Potentialdifferenzen:

1. Zwischen zwei Orten eines intakten Organismus, an denen normalerweise verschiedenartige Prozesse ablaufen. Als Beispiel eines solchen Befundes sei die von Hyde[1]) mitgeteilte Tatsache erwähnt, daß die Keimscheibe des Funduluseis sich bei der Teilung elektrisch negativ gegenüber anderen Teilen des Eis verhält. Als Verschiedenheit in den örtlichen Vorgängen kann auch die Richtung eines Flüssigkeitsstromes, der durch capillare Räume von einem zu einem anderen Ort fließt, aufgefaßt werden. Auf solche Strömungen wird das negative Potential der Wurzel einer Pflanze gegenüber den Blättern [du Bois[2])], des Blattstieles gegenüber der Blattspitze [Munk[3])] und der Blattunterfläche gegenüber der Oberfläche [Burdon-Sanderson[4])] zurückgeführt.

2. Durch äußere Einwirkungen kann man eine Änderung des Stoffumsatzes hervorbringen, so vor allem durch Temperaturänderungen. Zwischen Orten verschiedener Temperatur eines lebenden Gebildes wird daher auch unter im übrigen gleichen Verhältnissen eine Verschiedenheit im Stoffumsatz bestehen. Man findet daher zwischen Stellen des gleichen Organs, die auf verschiedener Temperatur gehalten werden, wie an Muskeln von Hermann[5]) und Bernstein[6]), an Nerven von Galleotti und Porcelli[7]) festgestellt wurde, stets Potentialdifferenzen.

3. Die zuerst von Matteucci und du Bois-Reymond am Muskel, später von du Bois-Reymond am Nerven[8]) gefundene Negativität einer verletzten Stelle eines lebenden Gewebes gegenüber einer unverletzten Stelle, die in dem von verletzter und unverletzter Stelle ableitbaren Demarkationsstrom zum Ausdruck kommt, wird nach Hermann auf die durch das Absterben des Gewebes an der verletzten Stelle hervorgebrachte Änderung der Lebensprozesse zurückgeführt. Auf die spezielleren Vorstellungen, die über das Zustandekommen des Demarkationsstromes in engem Zusammenhang mit der Theorie der Erregung entwickelt wurden, kann an dieser Stelle nicht näher eingegangen werden.

4. Durch chemische Einwirkungen kann der Ablauf der Lebensprozesse örtlich beeinflußt werden. Dementsprechend beobachtet man unter der örtlichen

---

[1]) Hyde: Americ. journ. of physiol. Bd. 11, S. 52. 1904.
[2]) du Bois: Ann. de la soc. Lin. Lyon 1899.
[3]) Munk: Arch. f. (Anat. u.) Physiol. Bd. 30, S. 167. 1876.
[4]) Burdon-Sanderson: Phil. Transact. Bd. 179, S. 417. 1888.
[5]) Hermann: Pflügers Arch. f. d. ges. Physiol. Bd. 4, S. 163. 1871.
[6]) Bernstein: Pflügers Arch. f. d. ges. Physiol. Bd. 92, S. 521. 1902.
[7]) Galleotti u. Porcelli: Zeitschr. f. allg. Physiol. Bd. 11, S. 317. 1910.
[8]) du Bois-Reymond: Ann. d. Physik Bd. 58, S. 1. 1843.

Einwirkung verschiedenartigster Stoffe Potentialdifferenzen an lebenden Gebilden. Eine besondere Bedeutung haben hier die unter dem Einfluß von Salzen auftretenden Ströme für die Theorie der Erregung gewonnen[1]), auf die noch weiter unten eingegangen werden soll.

5. Schließlich ist es eine nach den ursprünglichen Feststellungen du Bois-Reymonds[2]) am Muskel, an erregbaren Gebilden aller Art unzähligemal bestätigte Tatsache, daß jede erregte Stelle sich gegenüber einer unerregten negativ verhält. Diese Potentialdifferenz ist die Ursache der Aktionsströme. Sie sind nach der vorliegenden Darstellung auf die auch im Stoffwechsel zum Ausdruck kommenden Unterschiede im Ablauf der Lebensprozesse an erregter und unerregter Stelle zurückzuführen.

## b) Allgemeine Erregungsgesetze.

### Die refraktäre Periode und die Ermüdung.

Von wesentlicher Bedeutung für die Erkenntnis des Wesens der Erregung ist die Feststellung der Wirkung wiederholter Reize. Die hauptsächlichsten Tatsachen auch auf diesem Gebiet sind ebenfalls an Nerven und Muskeln erhoben und erfahren daher in den entsprechenden Abschnitten des speziellen Teils eine eingehende Behandlung. Eine Allgemeingültigkeit der an den verschiedenen Organen erhobenen Befunde besteht nicht, jedoch ist es möglich, die verschiedenen Tatsachen bis zu einem gewissen Grade unter gemeinsamen Gesichtspunkten zu betrachten, wenn man von der Beziehung zwischen Reizstärke und Erregungsgröße (s. S. 284) und der Tatsache, daß jede Erregung mit einer Änderung der Stoffwechselvorgänge einhergeht, ausgeht.

Die fundamentalen Tatsachen, die sich bei der Reizung mit wiederholten Einzelreizen ergeben, haben zur Bildung der Begriffe der „refraktären Periode", der „Ermüdung" und der „Summation" der Reize geführt.

Marey[3]) stellte zuerst fest, daß der Herzmuskel während der Dauer der Systole auf einen Reiz nicht reagiert. Zwei kurz aufeinanderfolgende Reize, von denen der zweite in die vom ersten hervorgerufene Systole fällt, sind in ihrer Wirkung in keiner Weise von der Wirkung des ersten allein unterschieden. Der Herzmuskel ist während der Dauer der Systole gegen Reize „refraktär". Ein gleiches Refraktärstadium stellten Broca und Richet[4]) und Richet[5]) an Ganglienzellen des Großhirns fest. Der Nachweis eines Refraktärstadiums beim peripheren Nerven ist das Objekt zahlreicher Untersuchungen geworden[6]). Ebenso läßt sich die Existenz einer refraktären Periode beim Muskel zeigen[7]). Die enge Beziehung der Erscheinung des Refraktärstadiums zur „Ermüdung", die in einer Abnahme des Reizerfolges bei fortdauernder oder häufig wiederholter Reizung und gleichbleibender Reizstärke und in einer Abnahme der Erregbarkeit, gemessen an der Höhe der Reizschwelle, zum Ausdruck kommt, ist besonders von Verworn[8]) hervorgehoben worden. Er kommt zu dem Schluß,

---

[1]) Vgl. Höber: Zentralbl. f. Physiol. Bd. 18, S. 499. 1904.

[2]) du Bois-Reymond: Untersuchungen. Bd. II, 1. Teil, S. 25. 1849.

[3]) Marey: Cpt. rend. hebdom. des séances de l'acad. des sciences. Bd. 82. Paris 1891.

[4]) Broca u. Richet: Cpt. rend. hebdom. des séances de l'acad. des sciences. Paris 1897.

[5]) Richet: Revue scientifique. Paris Déc. 1899.

[6]) Vgl. u. a. Sulze: Pflügers Arch. f. d. ges. Physiol. Bd. 127, S. 57. 1909. — Bramwell u. K. Lucas: Journ. of physiol. Bd. 42, S. 495. 1911. — Adrian: Journ. of physiol. Bd. 54, S. 1. 1920. — Lapicque: Cpt. rend des séances de la soc. de biol. Bd. 87, S. 424. 1922.

[7]) Vgl. u. a. Hoffmann: Zeitschr. f. Biol. Bd. 59, S. 23. 1912. — Dittler: Pflügers Arch. f. d. ges. Physiol. Bd. 150, S. 262. 1913. — Wishart: Ebenda Bd. 208, S. 65. 1925.

[8]) Verworn: Arch. f. (Anat. u.) Physiol. Suppl.-Bd. 1900, S. 152; Die Biogenhypothese. Jena 1903.

daß „einerseits Mangel an nötigem Ersatzmaterial zur Unterhaltung der normalen Lebensvorgänge und andererseits die Anhäufung von lähmend wirkenden Stoffwechselprodukten“ die Ursache der im Gefolge häufig wiederholter oder langdauernder Erregung auftretenden Lähmung ist. Er unterscheidet[1]) auch sprachlich die beiden Möglichkeiten und nennt „Ermüdung im engeren Sinne“ die Folge „der Anhäufung von lähmenden Stoffen“ und „Erschöpfung“ die Wirkung des Mangels an Ersatzmaterial. Unter den notwendigen Ersatzmaterialien spielt eine Hauptrolle der Sauerstoff. Erschöpfung und Ermüdung stehen im Zusammenhang miteinander, indem die Anhäufung von Ermüdungsstoffen vor allem die Folge des Sauerstoffmangels ist. Bei genügender Sauerstoffzufuhr bleibt an manchen Organen, so z. B. beim Nerven[2]), die Ermüdung überhaupt aus. Die nahe Beziehung zwischen Refraktärstadium und Ermüdung geht daraus hervor, daß leicht ermüdbare Organe ein längeres Refraktärstadium aufweisen als schwer ermüdbare und daß die Dauer des Refraktärstadiums in großem Umfang von der Sauerstoffzufuhr abhängig ist [FRÖHLICH[3])]. Mit zunehmender Ermüdung wächst die Dauer des Refraktärstadiums[4]). Das Refraktärstadium kann daher aufgefaßt werden als die Erschöpfung, die im Gefolge der Erregung auftritt und sich infolge der nach der Erregung ablaufenden Regenerationsprozesse im Laufe einer gewissen Zeit wieder behebt. Ist die Erschöpfung eine vollkommene, was vor allem bei erregbaren Gebilden, die dem Alles-oder-nichts-Gesetz (vgl. S. 8) gehorchen, der Fall sein wird, so wird unmittelbar nach dem Ablauf der Erregung ein *absolutes* Refraktärstadium, d. h. eine Unerregbarkeit für jeden, auch den stärksten Reiz bestehen. Ist die Erschöpfung keine, vollkommene, d. h. ist die Erregung keine maximale gewesen, oder ist die Erholung aus dem Erschöpfungszustand, die man sich durch Ersatz der mangelnden Stoffe und Beseitigung der lähmenden Stoffe zustandekommend vorstellt, schon bis zu einem gewissen Grade fortgeschritten, so wird ein „relatives Refraktärstadium“ beobachtet werden, das in einem geringeren Reizerfolg bei gleichbleibender Reizstärke oder einer geringeren Erregbarkeit zum Ausdruck kommen kann. Den Regenerationsprozeß kann man sich zum Teil durch An- und Abtransport der mangelnden bzw. lähmenden Stoffe oder durch Neubildung bzw. Vernichtung der betreffenden Stoffe durch besondere Stoffwechselvorgänge bewirkt denken. Mit dem Fortschreiten des Regenerationsprozesses wird das relative Refraktärstadium allmählich abklingen. Die Vorstellung vom Entstehen und Verschwinden der Ermüdung und der refraktären Periode wird außer durch die erwähnten Versuche über die Abhängigkeit von der Sauerstoffzufuhr vor allem durch Untersuchungen über die Temperaturabhängigkeit der beiden Erscheinungen gestützt[5]). Die Restauration der Refraktärperiode des Nerven wurde von ADRIAN[6]) in ihrer Abhängigkeit von der Temperatur und von der Wasserstoffionenkonzentration eingehend untersucht. Auf das relative

---

[1]) VERWORN: Allg. Physiol., S. 557. Jena 1909.

[2]) Vgl. GARTEN: Beitr. z. Physiol. d. marklosen Nerven. Jena 1903. — BAEYER: Zeitschr. f. allg. Physiol. Bd. 2, S. 180. 1903. — TIGERSTEDT: Zeitschr. f. Biol. Bd. 58, S. 451. 1912. — FILLIE: Zeitschr. f. allg. Physiol. Bd. 8, S. 492. 1908. — THÖRNER: Ebenda Bd. 8, S. 530. 1908; Pflügers Arch. f. d. ges. Physiol. Bd. 195, S. 602. 1922; Bd. 197, S. 159 u. 187. 1922.

[3]) FRÖHLICH: Zeitschr. f. allg. Physiol. Bd. 3, S. 131. 1904; Bd. 10, S. 418. 1910; Bd. 11, S. 141. 1910.

[4]) FIELD u. BRÜCKE: Pflügers Arch. f. d. ges. Physiol. Bd. 214, S. 103. 1926.

[5]) Vgl. GARTEN: Pflügers Arch. f. d. ges. Physiol. Bd. 136, S. 545. 1911. — ARENDS: Zeitschr. f. Biol. Bd. 62, S. 464. 1914. — FORBES, GRIFFITH u. RAY: Americ. journ. of physiol. Bd. 63, S. 46. 1923.

[6]) ADRIAN: Journ. of physiol. Bd. 48, S. 53. 1914; Bd. 54, S. 1. 1920.

Refraktärstadium folgt häufig ein Stadium übernormaler Erregbarkeit [Keith, Lucas, Adrian, Wedensky[1])].

## Die Summation der Reize.

Der Ausdruck für eine im Anschluß an die refraktäre Periode auftretende Periode erhöhter Erregbarkeit sind die Beobachtungen, daß in vielen Fällen wiederholte Reize einen stärkeren Reizerfolg herbeiführen als ein einzelner. Ein während des Ablaufs einer Zuckung, die durch einen Einzelreiz ausgelöst wurde, neuerdings gereizter Muskel erfährt eine stärkere Verkürzung als bei der Einzelzuckung [Helmholtz[2])]. Häufig wiederholte Reize führen, wenn die Aufeinanderfolge in einem gewissen, von dem Zuckungsablauf der Einzelzuckung abhängigen Rhythmus erfolgt, zu einer Dauerverkürzung, die beträchtlich größer ist als die bei der Einzelzuckung erreichte. Diese als „Tetanus" bezeichnete Verkürzung erreicht allerdings ihrerseits bei bestimmter Reizfrequenz und Reizstärke wieder ein Maximum, das nicht überschritten werden kann [v. Kries[3]), Kronecker u. Hall[4])]. Man bezeichnet die Vergrößerung der Verkürzung bei wiederholter Reizung als „Summation" der Zuckungen. Der Summation der Zuckungen steht die unter Umständen zu beobachtende Erscheinung nahe, daß der gleiche Reiz, kurz nach Ablauf einer vorhergehenden Erregung einwirkend, einen größeren Erfolg erzielt als der vorhergehende Reiz, bis nach mehrmaliger Wiederholung derselben Erscheinung nunmehr ein maximaler Reizerfolg beobachtet wird, der bei weiteren Reizen nicht mehr steigt. Man nennt dieses Ansteigen des Reizerfolges zu Beginn einer rhythmischen Reizfolge „Treppe" [Bowditch[5])]. Schließlich werden als Einzelreize unterschwellige Reize bei mehrfacher Wiederholung unter Umständen überschwellig [„addition latente" Richet[6]), Basch[7]), Engelmann[8])] und untermaximale Reize können bei mehrfacher Wiederholung maximale Erfolge erzielen. Die Gesamtheit dieser „Summation der Reize" benannten Erscheinungen läßt sich auch bei Einzellern beobachten [Verworn[9])]. Bezüglich der speziellen Einzelheiten muß auch hier auf die entsprechenden Kapitel des speziellen Teiles des Handbuches verwiesen werden. Allgemein kann ausgesagt werden, daß die Erscheinung der Summation der Einzelerfolge, wie sie im Tetanus zum Ausdruck kommen, meistens nicht bei erregbaren Gebilden, die dem Alles-oder-nichts-Gesetz gehorchen, die Erscheinung der Treppe und der Summation unterschwelliger Reize aber bei allen, auch den dem Alles-oder-nichts-Gesetz folgenden erregbaren Gebilden beobachtet wird. Da gerade diejenigen Gebilde, die dem Alles-oder-nichts-Gesetz folgen, häufig eine besonders ausgeprägte refraktäre Periode aufweisen, so legt diese Beziehung es nahe, hier einen inneren Zusammenhang zu suchen. Über diesen Zusammenhang lassen sich gewisse Aussagen machen, wenn man außerdem noch die Feststellungen über die Bedeutung des zeitlichen Ablaufs der Reizeinwirkung auf den Reizerfolg in Betracht zieht.

---

1) Vgl. Fröhlich, in Bd. IX dieses Handbuches.
2) Helmholtz: Monatsber. d. Berlin. Akad. 1854, S. 328.
3) v. Kries: Ber. d. naturforsch. Ges. Freiburg 1886, H. 2; Arch. f. (Anat. u.) Physiol. 1888, S. 538.
4) Kronecker u. Hall: Arch. f. (Anat. u.) Physiol. Bd. 10, Suppl. 1879.
5) Bowditch: Ber. d. sächs. Ges. d. Wiss. 1871, S. 669.
6) Richet: Physiol. d. muscl. et d. nerfs. Paris 1882.
7) Basch: Arch. f. (Anat. u.) Physiol. 1880, S. 283.
8) Engelmann: Pflügers Arch. f. d. ges. Physiol. Bd. 29, S. 453. 1882.
9) Verworn: Allg. Physiol., S. 453. Jena 1909.

**Die Nutzzeit, die Chronaxie und das Speicherungsvermögen.**

Daß der zeitliche Ablauf der Reizeinwirkung von wesentlicher Bedeutung für den Reizerfolg ist, wurde schon oben (S. 284ff.) erörtert und dabei vor allem das Einschleichen des Reizes berücksichtigt. Eingehende Versuche über die Reizwirkung elektrischer Ströme verschiedenen zeitlichen Ablaufs wurden u. a. von FICK[1]) und vor allem von v. KRIES[2]) durchgeführt. Die Untersuchungen dieser und zahlreicher anderer Autoren erstrecken sich auf die Reizwirkung von Stromstößen verschiedener Form und Dauer. Eine zusammenfassende Übersicht mit zahlreichen eigenen Experimenten enthält die Arbeit von GILDEMEISTER[3]), in welcher der Begriff der „Nutzzeit" klar umrissen wird, der es gestattet, die Gesamtheit der Beobachtungen einheitlich zusammenzufassen. Als Nutzzeit eines Stromstoßes wird diejenige Zeit bezeichnet, die der Strom braucht, um seine volle Reizwirkung zu entfalten. Die Nutzzeit kann bestimmt werden, indem man einen Stromstoß immer mehr verkürzt, und zwar so lange, bis die Verkürzung eine Änderung des Reizerfolges bewirkt.

In Abb. 22 seien 1, 2, 3 die graphische Darstellung des Beginns verschiedenartiger Stromstöße, und zwar entspricht 1 einem Gleichstromstoß, wie er durch das einfache Schließen eines Schlüssels hervorgerufen wird, 2 einem durch Kondensatorentladung erzeugten Stromstoß und 3 einem Gleichstromstoß mit verzögertem Anstieg. Unterbricht man die betreffenden Ströme nach einer bestimmten Zeit a oder b, so bleibt der Reizerfolg derselbe wie im Falle, daß der Strom überhaupt nicht unterbrochen wird; unterbricht man jedoch nach einer Zeit,

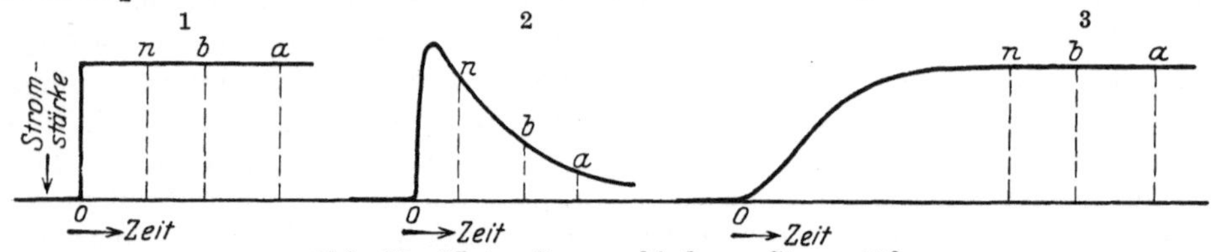

Abb. 22. Nutzzeit verschiedener Stromstöße.

die kürzer ist als eine bestimmte, jedoch bei jeder Stromform andere Zeiten, so ändert sich der Reizerfolg, und zwar wird er geringer. Die Zeit n ist die Nutzzeit des betreffenden Stromes. Innerhalb dieser Zeit entfaltet der Strom seine volle Reizwirkung, der nach Ablauf dieser Zeit noch fließende Strom ist für die Reizwirkung unwesentlich. Die Größe der Nutzzeit ist abhängig vom zeitlichen Ablauf, der Stärke des Reizes und der Eigenart des erregbaren Gebildes. Die Kompliziertheit dieser Abhängigkeit erschwert es, wie GILDEMEISTER[4]) eingehend erörtert, außerordentlich, die „Erregbarkeit" auf Grund quantitativer Bestimmung der Reizeinwirkung und des Reizerfolges zu messen. Jedenfalls müssen zur Charakterisierung der Erregbarkeit selbst bei Veränderung nur einer bestimmten Einwirkung und bei ausschließlicher Verwendung von Schwellenreizen, mindestens zwei Angaben, und zwar eine über die Größe des Reizes und eine über einen Zeitfaktor, gemacht werden.

Von den verschiedenen Versuchen, durch Messung von zwei Größen ein Maß für die Erregbarkeit eines erregbaren Gebildes zu erhalten, hat der von LAPICQUE[5]) eine größere praktische Bedeutung gewonnen, und zwar mißt

[1]) FICK: Beitr. z. vergl. Physiol. d. irr. Subst. Braunschweig 1863.

[2]) v. KRIES: Ber. d. naturforsch. Ges. Freiburg Bd. 8, S. 170.

[3]) GILDEMEISTER: Zeitschr. f. Biol. Bd. 62, S. 358. 1913.

[4]) GILDEMEISTER: Pflügers Arch. f. d. ges. Physiol. Bd. 197, S. 428. 1922.

[5]) LAPICQUE: Journ. de physiol. et de pathol. gén. Bd. 9, S. 565 u. 620. 1907; Bd. 10, S. 601. 1908; Bd. 11, S. 1009 u. 1035. 1910; Bd. 12, S. 49. 1911; Cpt. rend des séances de la soc. de biol. Bd. 61, S. 280. 1909; Bd. 85, S. 210. 1921.

LAPICQUE erstens die Stromstärke, die beim Dauerschluß eines konstanten Gleichstroms eben eine Schwellenreizung hervorruft; sie wird „Rheobase" genannt. Zweitens bestimmt er sodann die Zeit, die ein Strom von der doppelten Stromstärke der Rheobase fließen muß, um eben eine Schwellenerregung hervorzurufen. Diese Zeit, die den für das betreffende erregbare Gebilde gültigen Zeitfaktor zum Ausdruck bringt, nennt er „Chronaxie". Untersuchungen über die Größe der Nutzzeit und der Chronaxie und ihre Abhängigkeit von verschiedenen Faktoren (Temperatur, osmotischer Druck, Reaktion usw.) sind von verschiedenen Forschern angestellt worden, worüber im speziellen Teil des Handbuches eingehender berichtet wird.

Einen andersartigen Versuch, durch eine einfache Messung einen Zeitfaktor, der den in dem erregbaren Gebilde innerhalb einer gewissen Zeit ablaufenden, den Erregungsprozeß einleitenden Vorgang umschreibt, zu bestimmen, verdanken wir v. KRIES[1]). Er geht von der obenerwähnten Tatsache aus, daß sehr kurze Stromstöße einen geringeren Reizerfolg hervorrufen als längere gleicher Stromstärke. Er mißt: 1. die Schwellenstromstärke $i_d$ bei langdauerndem Schluß eines konstanten Gleichstroms; 2. die Schwellenstromstärke $i_s$ eines während der kurzen Zeit $\tau$ geschlossenen Gleichstroms. $i_s$ ist stets größer als $i_d$, wenn $\tau$ kürzer ist als die Nutzzeit des Stromes $i_d$. Der Bruch $i_s/i_d$ ist demnach in diesem Fall stets größer als 1. Den Bruch $i_s/i_d$ nennt v. KRIES den „Zeitquotienten". Der Zeitquotient wird um so größer sein, je kürzer $\tau$ ist. Bei sehr kurzen Stromstößen wird nun die Tatsache beobachtet, daß das Produkt aus Schwellenstromstärke und Dauer des Stromstoßes konstant ist. Der Bruch $i_s \tau / i_d$ stellt daher die Zeit dar, während der ein Strom von der Stärke $i_d$ fließen müßte, um eine Schwellenerregung auszulösen, wenn das für sehr kurze Stromstöße gültige Proportionalitätsgesetz weiterhin zuträfe. An diese zunächst rein formelle Fassung schließt v. KRIES eine Erörterung an, die die Bedeutung des Bruches $i_s \tau / i_d$, der mit $\vartheta$ bezeichnet wird, für die Erkenntnis des Wesens des Erregungsvorganges hervorhebt. Die Tatsache, daß das Eintreten der Erregung von der Dauer des Stromstoßes abhängig ist, erweist, daß irgendeine unmittelbare Wirkung des Stromes in dem erregbaren Gebilde auftritt, die sich während des Stromflusses ansammelt. Der eigentliche Erregungsvorgang tritt erst dann ein, wenn die angesammelte unmittelbare Reizwirkung eine gewisse Größe erreicht hat. Daß bei sehr kurzen Stromstößen die Schwellenstromstärke umgekehrt proportional der Dauer des Stromstoßes ist, zeigt, daß zu Beginn der Stromwirkung die Höhe der Ansammlung proportional der Zeit wächst, während die Tatsache, daß von einer gewissen Dauer des Stromstoßes an eine weitere Verlängerung keine Veränderung der Schwellenstromstärke mehr bewirkt, darauf hinweist, daß die Ansammlung schließlich einen Höchstwert erreicht. Der zeitliche Verlauf der Ansammlung der unmittelbaren Reizwirkung dürfte daher etwa der in Abb. 23 schematisch dargestellten Kurve folgen. Der Wert $\vartheta$ ist nun diejenige Zeit, innerhalb der die Kurve ihren Maximalwert $h$ erreichen würde, wenn sie geradlinig mit der ihrem Anfang eigenen Steilheit anstiege. Die Zeit $\vartheta$ wird unter sonst gleichen Umständen um so länger sein, je größer der Maximalwert ist, den die Größe der Ansammlung bei Dauerstromschluß annehmen kann. $\vartheta$ ist danach ein Maß für die Fähigkeit des untersuchten reizbaren Gebildes,

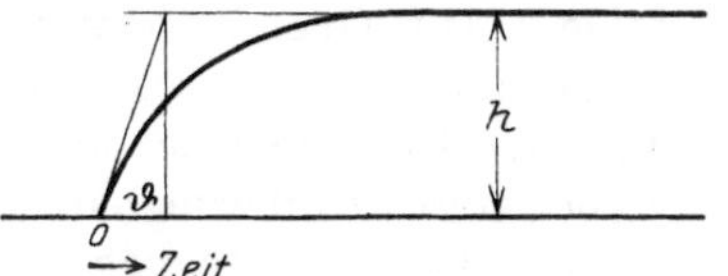

Abb. 23. Zeitlicher Verlauf der Ansammlung der unmittelbaren Reizfolge. (Nach v. KRIES.)

[1]) v. KRIES: Pflügers Arch. f. d. ges. Physiol. Bd. 176, S. 302. 1919.

die unmittelbare Reizfolge anzusammeln. v. Kries nennt den Wert $\vartheta$ daher das „Speicherungsvermögen" der erregbaren Substanz. Von der angesammelten unmittelbaren Reizfolge muß angenommen werden, daß sie dann, wenn der Reiz aufgehört hat einzuwirken, innerhalb einer gewissen Zeit wieder verschwindet, und zwar in der Art, wie eine in einer Lösung örtlich hervorgerufene Ansammlung eines gelösten Stoffes sich durch Diffusion allmählich wieder ausgleicht. Durch die Annahme der Ansammlung einer unmittelbaren Reizfolge und deren allmählichen Wiederverschwindens nach Aufhören des Reizes erhalten die Summationserscheinungen die Deutung, daß dann, wenn die Ansammlung noch nicht wieder vollständig verschwunden ist, eine geringere Reizwirkung notwendig ist, um die den eigentlichen Erregungsprozeß auslösenden Maximalwerte der Ansammlung hervorzurufen.

### c) Theorien und Modelle des Erregungsvorganges.

Die Versuche, die Gesamtheit oder einen Teil der Feststellungen über die Wirkung der Reize in einem mathematischen „Erregungsgesetz" zusammenzufassen, nehmen einen außerordentlichen breiten Raum in der Literatur ein. Da die große Überzahl der Befunde, wenigstens soweit es sich um quantitative Messungen handelt, an Nerven und Muskeln erhoben wurden, so werden diese Theorien stets, wie auch in diesem Handbuch[1]), im Zusammenhang mit der allgemeinen Nerven- und Muskelphysiologie behandelt. Tatsächlich ist ja auch von den mannigfachen Messungen über die quantitativen Beziehungen zwischen dem Reiz und dem sich in äußeren mechanischen, chemischen und vor allem elektrischen Phänomenen kundtuenden Reizerfolg keineswegs gesagt, daß sie allgemeingültig sind. Nur das mit einer gewissen Wahrscheinlichkeit als allgemeingültig Anzusehende ist daher in den vorstehenden Abschnitten behandelt, und nur solche theoretische Betrachtungen, die in gleicher Weise eine gewisse Allgemeingültigkeit beanspruchen, sollen an dieser Stelle eine Behandlung erfahren.

Übersieht man die Gesamtheit der theoretischen Erörterungen über das Wesen der Erregung, so erkennt man, daß die Bestrebungen der verschiedenen Forscher vor allem in drei Richtungen gehen: Erstens suchen verschiedene Autoren rein empirisch, ohne Hypothesen über den wirklichen Vorgang bei der Erregung anzustellen, eine formelle Fassung der Erregungsgesetze, d. h. des Zusammenhangs zwischen den die Reizwirkung beschreibenden Größen und der Erregungsgröße zu finden. Zweitens werden tatsächliche oder nur gedachte Modelle angegeben, die sich in geringerem oder größerem Umfang ähnlich verhalten wie erregbare Gebilde. Auf Grund theoretischer Betrachtungen und praktischer Versuche wird dann versucht Gesetze zu ermitteln, die für diese Modelle Geltung besitzen, und durch Reizversuche der größere oder kleinere Geltungsbereich der so gefundenen Gesetze für erregbare Gebilde bestimmt. Drittens werden Annahmen über die tatsächlich im erregbaren Gebilde im Gefolge des Reizes auftretenden Vorgänge gemacht, aus diesen Annahmen Folgerungen gezogen und mit den Erfahrungen bei den Untersuchungen an lebender Substanz verglichen.

Unter die rein empirischen Gesetze ist das Weber-Fechnersche Gesetz zu rechnen, das ursprünglich für Empfindungen, d. h. einen komplizierten psychologischen Vorgang, aufgestellt wurde und aussagt, daß die von einem in geometrischer Progression anwachsenden Reiz ausgelösten Empfindungsstärken in arithmetischer Progression wachsen. R. Pauli[2]) kommt an Hand

[1]) Bd. VIII u. IX.

[2]) Pauli, R.: Über psychische Gesetzmäßigkeiten. Jena 1920.

einer eingehenden Diskussion der psychologischen und physiologischen Literatur zu der Ansicht, daß die in diesem Gesetz ausgesprochene Abhängigkeit der Empfindungsstärke von der Reizstärke nicht psychologisch, sondern physiologisch bedingt sei, indem er zeigt, daß ein großer Teil der objektiven Reizfolgen in ihrer Stärke in der vom WEBER-FECHNERschen Gesetz geforderten Abhängigkeit von der Reizstärke steht.

Eine ausgezeichnete Übersicht über die Formeln, die für die Erregung der Nerven und Muskeln aufgestellt wurden, bringt CREMER[1]). Es sei hier nur erwähnt, daß, nachdem sich früher angegebene Formeln als unzulänglich erwiesen hatten, die Formel von HOORWEG[2]) eine größere Bedeutung gewonnen hat. Er setzt die elementare Erregung durch einen elektrischen Strom von der Stromstärke $i$ proportional $\alpha i e^{-\beta t}$; die Schwellenspannung $P$ eines Kondensators von der Kapazität $C$ findet er:

$$P = aR + b/c.$$

$\alpha$ und $\beta$ bzw. $a$ und $b$ sind experimentell zu ermittelnde Konstanten, $R$ der Widerstand des Stromkreises. Die HOORWEG-Gleichung wurde von zahlreichen Forschern, so vor allem von HERMANN[3]), einer eingehenden Prüfung unterworfen und für einen gewissen Bereich kleiner Kapazitäten in guter Übereinstimmung mit der Erfahrung gefunden. HERMANN selbst stellt eine andere Gleichung für die Schwellenspannung eines Kondensators auf, die ebenfalls zwei Konstanten enthält, die zum Teil in sehr guter Übereinstimmung mit der Erfahrung steht. Eine weitere Formel mit zwei empirischen Konstanten, die in relativ guter Übereinstimmung mit den Ergebnissen der Reizversuche steht, stammt von G. WEISS[4]). Eine Umformung der HOORWEG-Formel gibt SACHS[5]). Drei Konstanten verwendet LAPICQUE[6]) zur Darstellung seines Erregbarkeitsgesetzes. Im ganzen kann man das Ergebnis der Versuche, eine mathematische Formulierung der Erregungsgesetze aufzustellen, mit den Worten GILDEMEISTERS[7]) zusammenfassen: „Selbst wenn man sich auf Schwellenreize beschränkt (was für Gebilde, die dem Alles-oder-Nichts-Gesetz folgen, auch keine Bedenken hat), so braucht man, um die Abhängigkeit der Wirkung vom zeitlichen Verlauf des Reizstromes genau darzustellen, eine Formel mit mehreren Parametern. Wie viele es sind, ist noch nicht bekannt, mindestens sind es drei, da diese Anzahl schon allein für den konstanten Strom nötig ist [HILL[8]), LUCAS), LAPICQUE[9])]. Beschränkt man sich auf Ströme, die sofort mit größter Intensität einsetzen (konstante Ströme, Kondensatorentladungen, Öffnungsinduktionsströme), wo also das Einschleichen keine Rolle spielt, so kommt man bei nicht ganz strengen, aber immer noch beträchtlichen Ansprüchen an die Übereinstimmung zwischen Theorie und Experiment mit zwei Parametern aus (HOORWEG, G. WEISS, GILDEMEISTER), und steckt man die Grenze noch enger, so genügt einer."

Modelle zur Veranschaulichung reizphysiologischer Tatsachen wurden verschiedene angegeben, so von GILDEMEISTER[10]) ein mechanisches und ein

1) CREMER, in NAGELS Handbuch Bd. IV, Teil 2, S. 831. Braunschweig 1909.
2) HOORWEG: Pflügers Arch. f. d. ges. Physiol. Bd. 57, S. 433. 1894.
3) HERMANN: Pflügers Arch. f. d. ges. Physiol. Bd. 111, S. 537. 1906.
4) WEISS, G.: Arch. ital. de biol. Bd. 35, S. 413. 1901.
5) SACHS: Pflügers Arch. f. d. ges. Physiol. Bd. 113, S. 106. 1906.
6) LAPICQUE: Cpt. rend. des séances de la soc. de biol. Bd. 64, S. 336 u. 589. 1908.
7) GILDEMEISTER: Pflügers Arch. f. d. ges. Physiol. Bd. 197, S. 428. 1922.
8) HILL: Journ. of physiol. Bd. 40, S. 190. 1910.
9) LUCAS: Journ. of physiol. Bd. 40, S. 225. 1910.
10) GILDEMEISTER: Pflügers Arch. f. d. ges. Physiol. Bd. 101, S. 52. 1904; Bd. 197, S. 424. 1922.

auf der Erwärmung von Wasser beruhendes. An dem letzteren kann die Nutzzeit eines konstanten Stromes, die umgekehrte Proportionalität zwischen Intensität und Dauer kurzer Stromstöße, die eine Schwellenreizung erzielen, das Einschleichen, die Summation und das Refraktärstadium demonstriert werden. Ein Modell mit einer einfachen Polarisationszelle hat EBBECKE[1]) veröffentlicht. An ihm lassen sich die Reizung beim Öffnen und Schließen eines Stromes, die Dauererregung bei starken konstanten Strömen, das Einschleichen und die elektrischen Erregbarkeitsänderungen zeigen. Auf Grund seiner Modellversuche kommt EBBECKE zu einer physikalischen Deutung der Konstanten der HOORWEG-Gleichung.

An einem Gedankenmodell hat PÜTTER[2]) ausgedehnte mathematische Betrachtungen angestellt. Er geht von Grundannahmen aus, die sich auf die an erregbarer Substanz erhobenen Befunde stützen, und kommt schließlich zu dem Resultat, daß die Vorgänge beim Stoffumsatz unter gewissen Vereinfachungen vergleichbar sind mit dem Ein- und Ausfluß von Flüssigkeit in zwei Gefäßen, von denen das erste durch Zufluß gespeist wird und dauernd Flüssigkeit an ein zweites Gefäß abgibt, das seinerseits wieder einen Ausfluß besitzt. An Hand des gedachten Modells werden nun Gleichungen aufgestellt, aus welchen zahlreiche Schlüsse gezogen und mit der Erfahrung an Sinnesorganen verglichen werden. PÜTTER kommt auf diese Weise u. a. zu dem Ergebnis, daß die Reizintensität, die notwendig und hinreichend ist, eine Schwellenreizung des menschlichen Auges zu bewirken, in Übereinstimmung mit der aus seinem Modell gefolgerten Formel eine Exponentialfunktion der Zeit ist, während der der Reiz einwirkt. Weiterhin findet er, daß die absolute und relative Unterschiedsschwelle eine Exponentialfunktion der Reizintensität und demnach das WEBER-FECHNERsche Gesetz falsch ist. Außerdem kommt er zu quantitativen Angaben über den Verlauf der Dauererregung und des Abklingens der refraktären Periode.

Theorien, die den Anspruch erheben, den in der erregbaren Substanz ablaufenden Prozeß wenigstens zum Teil wirklich zu erfassen, haben gerade in letzter Zeit eine größere Bedeutung gewonnen. Dieselben gehen von den aus den experimentellen Befunden zu entnehmenden Tatsachen aus. In erster Linie ist hier zu berücksichtigen, daß, wie aus den Erscheinungen der Nutzzeit, des Speicherungsvermögens und der Summation hervorgeht, anscheinend zunächst durch den Reiz eine unmittelbare Reizfolge erzeugt wird, die bei fortdauerndem Reiz innerhalb einer gewissen Zeit in bestimmter Art anwächst und nach dem Aufhören des Reizes allmählich wieder abklingt. Erst wenn diese unmittelbare Reizwirkung eine bestimmte, die Reizschwelle charakterisierende Größe erreicht hat, tritt der eigentliche Erregungsprozeß ein, der einen Stoffwechselvorgang darstellt, der seinerseits, wenn nicht durch neue Reize für seine Aufrechterhaltung gesorgt wird, automatisch in bestimmtem zeitlichen Ablauf anwächst und abklingt und schließlich wieder mit dem Ruhezustand endet. Die bei diesem Stoffwechselprozeß eintretende Änderung in der stofflichen Zusammensetzung der erregbaren Substanz bedingt die refraktäre Periode und die Ermüdung, die ebenfalls durch allmähliche Wiederherstellung des ursprünglichen Zustandes abklingen. Der an einem Ort ablaufende, den eigentlichen Erregungsprozeß darstellende Stoffwechselvorgang muß seinerseits in der Umgebung der erregten Stelle eine der unmittelbaren Reizwirkung gleiche Änderung bewirken, die, wenn sie eine bestimmte Größe erreicht hat, nun

---

[1]) EBBECKE: Ber. üb. d. ges. Physiol. Bd. 32, S. 689. 1925; Pflügers Arch. f. d. ges. Physiol. Bd. 211, S. 485. 1926; Bd. 216, S. 448. 1927.

[2]) PÜTTER: Pflügers Arch. f. d. ges. Physiol. Bd. 171, S. 201. 1918; Bd. 175, S. 371. 1919; Bd. 176, S. 39. 1919; Bd. 180, S. 260. 1920.

dort einen Erregungsprozeß auslöst und so die Fortpflanzung der Erregung bewirkt.

Wohl am weitesten geklärt ist die Natur der unmittelbaren Reizfolge. Die nahe Verwandtschaft dieses Vorganges mit Polarisationserscheinungen in Elektrolytlösungen wurde schon frühzeitig, vor allem bei dem Studium der elektrischen Begleiterscheinungen der Erregung, erkannt und eingehend diskutiert[1]). Polarisationsphänomene können in Systemen ähnlicher Zusammensetzung, wie sie in der lebenden Substanz verwirklicht ist, in Form von örtlichen Änderungen der Konzentration, und zwar sowohl der Gesamtkonzentration als auch der Konzentration einzelner Ionenarten, durch ungleiche Ionenwanderung hervorgerufen werden. Die Bedingungen für das Entstehen solcher Konzentrationsänderungen sind vor allem dann gegeben, wenn in dem betreffenden System verschiedene Lösungsmittel, die durch Grenzflächen oder halbdurchlässige Membranen voneinander getrennt sind, vorkommen, bzw. in Systemen, in denen Adsorptionsmöglichkeiten für Ionen oder die Bedingungen zum Entstehen capillarelektrischer Vorgänge vorhanden sind. Das Bestehen aller dieser oder eines Teils dieser Bedingungen in jeder lebenden Substanz ist wohl kaum zu bezweifeln[2]). Wohl die stärkste Stütze hat die Ansicht, daß die unmittelbare Reizwirkung in einer Konzentrationsänderung bestehe, durch die Arbeiten von NERNST[3]) erhalten, der die an der Grenzfläche zweier Lösungsmittel, in denen der gleiche Elektrolyt gelöst ist, beim Stromdurchgang auftretenden Konzentrationsänderungen einer theoretischen Behandlung unterzog und fand, daß die Größe der Konzentrationsänderung, die ein Wechselstrom hervorrufen kann, wenn man annimmt, daß Diffusionsvorgänge die auftretenden Konzentrationsverschiedenheiten auszugleichen suchen, proportional der Stromstärke $i$ und umgekehrt proportional der $\sqrt{\text{Wechselzahl } n}$ des Stromes ist. Nimmt man nun an, daß die Reizschwelle dann überschritten wird, wenn im lebenden Gewebe eine Konzentrationsänderung bestimmter Größe erzeugt wird, so würde die Übertragung der NERNSTschen Vorstellung auf den Reizvorgang bedeuten, daß die Reizschwelle beim Reiz mit Wechselstrom dann überschritten wird, wenn der Wert $i/\sqrt{n}$ einen bestimmten konstanten Betrag überschreitet. Tatsächlich gilt nun dieses Gesetz für die Schwellenreize des Nerven und Muskels in außerordentlich großem Bereich, nur bei sehr hohen und sehr niedrigen Wechselzahlen werden Abweichungen von dem NERNSTschen Gesetz beobachtet. Bei sehr niedrigen Wechselzahlen macht sich das Phänomen des Einschleichens geltend, d. h. die Stromstärken sind gegenüber den nach der NERNSTschen Formel zu erwartenden zu hoch; ebenso ist die Schwellenstromstärke bei sehr hohen Wechselzahlen zu hoch, und zwar steigt sie bei Hochfrequenzströmen nicht mehr proportional $\sqrt{n}$, sondern proportional $n$[4]). Das Einschleichen wird von NERNST in den erwähnten Arbeiten qualitativ zu erklären, von HILL[5]) und LAPICQUE[6]) durch Modifikation der NERNSTschen Ableitung quantitativ zu fassen versucht.

Anstatt in der Änderung der Neutralsalzkonzentration vermutet BETHE[7]) die Ursache der als unmittelbare Reizfolge angenommenen inneren Polarisation

[1]) Vgl. die zusammenfassende Darstellung von CREMER in Nagels Handbuch Bd. IV, Teil 2. Braunschweig 1909.

[2]) Vgl. die Darstellung in ZONDEK: Die Elektrolyte. Berlin 1927.

[3]) NERNST: Pflügers Arch. f. d. ges. Physiol. Bd. 123, S. 454. 1908; Bd. 122, S. 293. 1908.

[4]) ASHER: Skandinav. Arch. f. Physiol. Bd. 43, S. 6. 1923.

[5]) HILL: Journ. of physiol. Bd. 40, S. 190. 1910.

[6]) LAPICQUE: Cpt. rend. des séances de la soc. de biol. Bd. 63, S. 37. 1907.

[7]) BETHE: Pflügers Arch. f. d. ges. Physiol. Bd. 163, S. 147. 1916. — BETHE u. TOROPOFF: Zeitschr. f. physikal. Chem. Bd. 88, S. 688. 1914; Bd. 89, S. 597. 1915.

auf Grund seiner Versuche über die an halbdurchlässigen Trennungsflächen zwischen Elektrolytlösungen bei Stromdurchgang auftretenden Reaktionsänderungen in einer Änderung der Wasserstoffionenkonzentration. Daß zur Auslösung der Erregung sowohl eine Änderung der Neutralsalzkonzentration als auch der Reaktion notwendig sei, habe ich[1]) angenommen. In der gleichen Arbeit sind auch Ansichten entwickelt, die vielleicht eine Erklärung für das Abweichen der Reizschwelle vom Nernstschen Gesetz bei sehr hohen und sehr niedrigen Wechselstromfrequenzen bieten können.

Auch über die Vorgänge, die, nachdem die hypothetische primäre Konzentrationsänderung eine gewisse Höhe erreicht hat, nunmehr den eigentlichen Erregungsvorgang einleiten, hat man bestimmtere, durch ein großes Tatsachenmaterial gestützte Ansichten entwickelt. Auf Grund der Erfahrungen von der Bedeutung gewisser Ionen für die Erregbarkeit und der Untersuchungen der elektrischen Erscheinungen, die durch verschiedene Salze hervorgerufen werden [Höber[2])], ist man zu der Annahme gedrängt, daß die Erregung mit einer Permeabilitätssteigerung bestimmter Grenzflächen einhergeht. Manche Ionen haben eine die Permeabilität steigernde, andere eine die Permeabilität verringernde Wirkung und wirken demnach „erregend" bzw. „hemmend". Im einzelnen sind die hier berührten Anschauungen eingehend von Höber[3]) behandelt und erfahren in diesem Handbuch eine gesonderte Bearbeitung.

Von der Annahme ausgehend, daß Erregung eintrete, wenn in einem erregbaren Gebilde das Verhältnis der Konzentration der erregenden Ionen zur Konzentration der hemmenden einen bestimmten Wert annehme, hat Lasareff[4]) unter Zuhilfenahme zahlreicher Hilfshypothesen eine mathematisch gefaßte Theorie der Reizung durchgeführt, die sich auf einen großen Zeil der Erregungsvorgänge, einschließlich der Sinneswahrnehmungen und der Fortpflanzung der Nervenerregung, erstreckt. Betreffs der Grundlage und der Ergebnisse dieser Theorie muß ebenfalls auf die speziellen Abschnitte des Handbuchs verwiesen werden.

Ein großer Teil der zur Zeit herrschenden Anschauungen über das Wesen der Erregung ist an dem von Lillie[5]) angegebenen Modell verwirklicht. Lillie vergleicht den Erregungsvorgang mit dem eigenartigen chemischen Verhalten von Eisen in konzentrierter Salpetersäure. Konzentrierte Salpetersäure löst Eisen im Gegensatz zu verdünnter nicht auf, sondern es bildet sich alsbald ein Überzug höherer Oxyde (eine „Grenzschicht") auf der Oberfläche des Eisens aus, die das weitere Angreifen der Salpetersäure verhindert; das Eisen ist „inaktiviert". Zerstört man durch irgendeine Maßnahme die Grenzschicht (Permeabilitätssteigerung), was durch mechanische, chemische, elektrische, osmotische Einwirkungen („Reize") geschehen kann, so greift dort die Salpetersäure das Eisen an, und es geht Eisen unter lebhafter Bildung von Eisenoxyd und Gasblasen in Lösung. Der örtliche chemische Vorgang geht mit dem Auftreten elektrischer Potentialdifferenzen („Aktionsströmen") einher, die zu Polari-

---

[1]) Broemser: Zeitschr. f. Biol. Bd. 83, S. 355. 1925.

[2]) Höber: Pflügers Arch. f. d. ges. Physiol. Bd. 134, S. 311. 1910. — Höber u. Waldenberg: Ebenda Bd. 126, S. 331. 1909. — Höber: Zeitschr. f. physiol. Chem. Bd. 70, S. 134. 1909. — Matsudo: Pflügers Arch. f. d. ges. Physiol. Bd. 200, S. 132. 1923.

[3]) Höber: Physikalische Chemie der Zelle und der Gewebe. 5. Aufl. Bd. II. Leipzig 1924.

[4]) Lasareff: Pflügers Arch. f. d. ges. Physiol. Bd. 135, S. 196. 1910; Bd. 154, S. 459. 1913; Bd. 155, S. 310. 1914; Bd. 193, S. 1 u. 231. 1922; Bd. 197, S. 468. 1923. — Zusammenfassung in Ionentheorie der Reizung. Bern u. Leipzig 1923.

[5]) Lillie: Americ. journ. of physiol. Bd. 37, S. 348. 1915; Bd. 36, S. 414. 1914; Science Bd. 48, S. 51. 1918; Bd. 50, S. 259 u. 416. 1919; Zusammenfassung: Physiol. Rev. Physiol. soc. 2. Jan. 1922.

sationsphänomen an der „erregten“ Stelle und an der Grenzschicht ihrer Umgebung führen; die Polarisation wirkt in dem Sinne einer Wiederherstellung der Grenzschicht an der primär „erregten“ und der Zerstörung dieser Schicht in der Umgebung. Die „Erregung“ klingt daher an der primär erregten Stelle ab, während sie sich auf die Nachbarschaft ausbreitet („Erregungsleitung“). Unmittelbar nach dem Ablauf der Erregung ist das Modell gegen „Reize“ in allmählich abnehmendem Grade „refraktär“. Häufig wiederholte Erregungen führen infolge Änderung der stofflichen Zusammensetzung des Modells zu „Ermüdungserscheinungen“. Das Modell zeigt die charakteristischen Erscheinungen der Reizschwelle, des Einschleichens und der Summation der Reize, es folgt dem Alles-oder-Nichts-Gesetz und bei der Erregung durch elektrischen Strom dem polaren Erregungsgesetz. Dauerströme wirken in ähnlicher Art auf die Erregbarkeit wie bei erregbaren Gebilden („elektrotonische Erregbarkeitsänderungen“). Durch geeignete Ausbildung des Modells als Kernleiter wird es zu einem Modell der Erregungsfortpflanzung im Nerven[1]). Die außerordentlich weitgehenden Analogien, die zwischen dem LILLIEschen Modell und dem Erregungsvorgang bestehen, zeigen, daß die charakteristische Art der Reaktion der erregbaren Substanz in den Eigenschaften begründet ist, in denen das Modell der erregbaren Substanz ähnelt, nämlich im Vorhandensein polarisierbarer Grenzflächen in einer Elektrolytlösung, deren Durchlässigkeit durch die Polarisation verändert wird, in dem Vorhandensein miteinander reagierender Stoffe, die durch die Grenzflächen voneinander getrennt sind; weiterhin in der Tatsache, daß diese Reaktion mit Polarisationsphänomen einhergeht, die einerseits die Wiederherstellung der durchlöcherten Grenzfläche begünstigt, ihre Durchlöcherung in der Umgebung aber hervorruft. Der Unterschied zwischen Modell und lebender Substanz besteht vor allem in der stofflichen Zusammensetzung und der Art der ablaufenden Reaktionen, die für die lebende Substanz vorläufig nur unvollkommen geklärt ist.

---

[1]) Vgl. auch Bd. IX dieses Handbuches.

# Allgemeine Lebensbedingungen.

Von

**August Pütter**
Heidelberg.

Mit 14 Abbildungen.

### Zusammenfassende Darstellungen.

Flügge: Mikroorganismen. 2. Aufl. 1886. — v. Fürth, Otto: Vergleichende chemische Physiologie der niederen Tiere. Jena: G. Fischer 1903. — Hesse u. Doflein: Tierbau und Tierleben, in ihrem Zusammenhange betrachtet. Bd. I. 1910; Bd. II. 1914. Leipzig: B. G. Teubner. — Jost: Pflanzenphysiologie. 4. Aufl. Bd. II. Jena: G. Fischer 1923. — Kruse, Walter: Allgemeine Mikrobiologie. Leipzig: F. C. W. Vogel 1910. — Lafar: Handbuch der technischen Mykologie. 4 Bände seit 1904. Braunschweig: Vieweg & Sohn. — Nussbaum, Karsten u. Weber: Lehrbuch der Biologie. 2. Aufl. Leipzig: W. Engelmann 1914. — Pfeffer, W.: Pflanzenphysiologie. 2. Aufl. Bd. I. 1897; Bd. II. 1907. Leipzig: W. Engelmann. — Pütter, August: Vergleichende Physiologie. Jena: G. Fischer 1911. — Verworn, Max: Allgemeine Physiologie. 5. Aufl. Jena: G. Fischer 1909.

## I. Begriffliches.

Die notwendigen und hinreichenden Bedingungen eines Naturvorganges angeben, heißt ihn verstehen, ihn erklären. Eine vollständige Umgrenzung der allgemeinen Lebensbedingungen geben, hieße also das Problem der allgemeinen Physiologie lösen. Die Aufgabe der folgenden Ausführungen ist wesentlich bescheidener, sie besteht darin, zur Erkenntnis der Natur der Lebensvorgänge dadurch einen Beitrag zu liefern, daß für eine Reihe *äußerer* Bedingungen die Grenzen angegeben werden, innerhalb deren Leben mit ihnen verträglich ist, und daß der Einfluß ermittelt wird, den innerhalb dieser Grenzen die Variation der einzelnen Bedingungen auf den Ablauf des Lebens ausübt.

Die Aufgabe besteht also in der Festlegung der sog. *Kardinalpunkte des Lebens*, der Maxima, Minima und Optima, und zwar in bezug auf die ganz allgemeinen Lebensbedingungen der Nahrung, des Wassers, der Salze und der Temperatur.

Von einer Darstellung des Lichtes als Lebensbedingung ist abgesehen. Die Frage, ob das Licht eine allgemeine Lebensbedingung ist, könnte man bejahen unter Hinweis darauf, daß die Photosynthese des Zuckers in den grünen Pflanzen indirekte Bedingung für das Leben aller heterotrophen Organismen, direkte für die normale Entwicklung der Autotrophen ist, man kann sie ebenso verneinen unter Hinweis auf die Tatsache, daß es zahlreiche Organismen gibt, von den Bakterien angefangen bis zu hoch differentiierten vielzelligen Tieren hin, die die Gesamtheit ihrer Lebensvorgänge bei völliger Abwesenheit von Licht zu realisieren vermögen, ja normalerweise an völlig dunklen Orten leben. Die Fauna der Tiefsee ist das eindruckvollste Beispiel für diese Behauptung, die

Lebewelt der unterirdischen Wasserläufe oder sonstigen Wasseransammlungen, die Tierwelt der Höhlen, ein weiteres. Die biologischen Wirkungen des Lichtes werden in diesem Handbuch an anderer Stelle geschildert.

Die Aufgabe einer Darstellung der Kardinalpunkte des Lebens umfaßt zwei ganz verschiedene Probleme. Das erste ist das *Problem der Lebensgrenzen.*

Das Leben ist ein periodisch verlaufender Vorgang ohne zeitliche Begrenzung durch innere Bedingungen. Mag die Periodizität nur in der Folge der vegetativen Zellteilungen oder in Vorgängen geschlechtlicher Entwicklung oder verwickelter Gestaltung bestehen: stets wiederholen sich nach einer gewissen Zeit die gleichen Vorgänge, treten Vorgänge gleicher Art auf und schließen die Periode ab. Es handelt sich also um ein periodisch-stationäres Geschehen. Stationär zwar nicht in dem Sinne, daß keine Beschleunigungen in seinem Verlauf vorkämen, wohl aber in dem Sinne, daß alle Beschleunigungen, die auftreten, *periodische* Funktionen der Zeit sind. Bei Betrachtung bestimmter Zeiträume kann man viele Lebensvorgänge sogar als einfache stationäre Vorgänge auffassen, als Vorgänge, bei denen, wie man sagt, „dynamisches Gleichgewicht" herrscht, Vorgänge, bei denen keine Beschleunigungen vorkommen. Der Fehler, den man bei solcher Betrachtungsweise macht, wird klein, sobald die Periode des Lebensvorganges sehr lang oder sehr kurz im Verhältnis zu dem betrachteten Zeitraum ist.

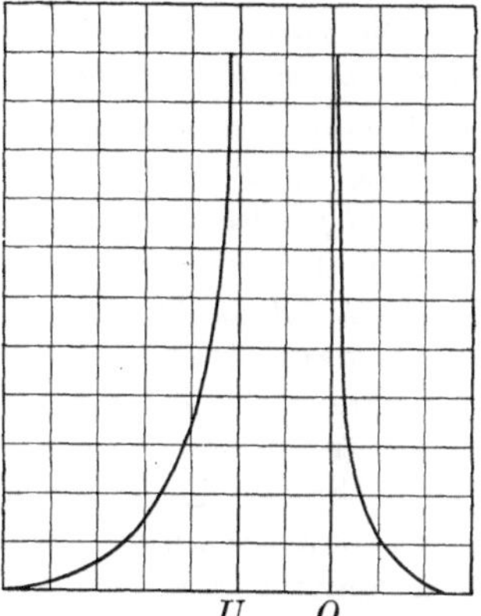


Abb. 24. *O* Obere, *U* untere Grenze für dauerndes Leben bei einer bestimmten Lebensbedingung. Ordinate: Dauer des Lebens.

Werden für irgendeine Lebensbedingung die Grenzen für den stationären Zustand überschritten, so haben wir es stets mit zeitlich begrenztem, erlöschendem Leben zu tun. Die Dauer des erlöschenden Lebens kann noch sehr lang sein, sie hängt ganz davon ab, wie weit die Grenzen des stationären Zustandes überschritten sind. Um die Lage der Lebensgrenzen festzustellen, muß die *Lebensdauer* als Funktion der verschiedenen Skalare dargestellt werden, die begrenzend wirken können. Die Ergebnisse dieser Art von Untersuchungen lassen sich schematisch in der Weise darstellen, wie es Abb. 24 zeigt. Eine ganz geringe Überschreitung der Grenzen des stationären Zustandes verkürzt die Lebensdauer von $\infty$ auf einen endlichen Wert, der um so kleiner wird, je größer die Überschreitung der Lebensgrenze ist. Zwischen den Grenzen des Minimums und Maximums liegt ein Bezirk, innerhalb dessen die Lebensdauer keine Funktion der betrachteten äußeren Lebensbedingung ist, innerhalb dessen ein zeitlich unbegrenztes Leben möglich ist.

Die Feststellung der Dauer des erlöschenden Lebens erfordert eine Übereinkunft über die Grenze zwischen Leben und Tod. Während eine allgemeine begriffliche Festlegung dieser Grenze kaum möglich erscheint und stets mit erheblicher Willkür belastet ist, hat es für unsere Zwecke keine Schwierigkeit, die Grenze zu bestimmen. Sie ist sinngemäßerweise dann erreicht, wenn keine Rückkehr aus dem erlöschenden Leben zu dem stationären Zustande des zeitlich unbegrenzten Lebens mehr möglich ist. Das methodische Mittel zur Feststellung dieses Zeitpunktes ist demnach die Beobachtung unter möglichst günstigen Bedingungen. Der Zustand, in dem sich ein Organismus in dem Augenblick des Todes befindet, ist hierdurch nicht direkt derart definiert, daß die Feststellung irgendeiner stofflichen oder strukturellen Besonderheit sogleich die Aussage ermöglichte, der Tod sei eingetreten oder nicht eingetreten, sondern nur indirekt. Erst der Erfolg der Nachbehandlung lehrt, ob die Veränderung im Zustande des Organismus schon oder noch nicht die Größe erreicht hat, die mit dem Leben unvereinbar ist.

Wenn es einen vollständigen Stillstand des Lebens gäbe, von dem aus eine Rückkehr zum periodischen, zeitlich unbegrenzten Leben möglich wäre, so müßte auch dieser noch zum Leben gerechnet werden. Die Erfahrungen über die Starrezustände, die gewöhnlich als „latentes Leben" bezeichnet werden, rechtfertigen die Annahme eines wirklichen Stillstandes nicht. Sie alle sind nur als Ausdruck einer „vita minima" aufzufassen, denn es läßt sich nachweisen, daß sie zeitlich begrenzt sind, und zwar derart, daß die Annahme unabweisbar wird, daß die Begrenzung durch minimale physikalische und chemische Veränderungen bewirkt wird, die während der Starre fortdauern, d. h. also durch minimale Lebensvorgänge.

Die zweite Aufgabe, die bei Festlegung der Kardinalpunkte des Lebens zu lösen ist, ist *das Problem der Optima.* Da die Optima auf alle Fälle innerhalb der Lebensgrenzen liegen, haben wir es stets mit stationären Zuständen zu tun. *Der Begriff des Optimums muß aus dem Vergleich verschiedener stationärer Zustände abgeleitet werden.* Es dürfte einer weitverbreiteten Auffassung entsprechen, wenn man sagt: die Aufgabe der Bestimmung der Optima besteht darin, die *Geschwindigkeit* der Lebensvorgänge als Funktion der einzelnen Lebensbedingungen darzustellen. Das Maximum der Geschwindigkeit wird dann als Optimum bezeichnet. Als Geschwindigkeit eines Vorganges bezeichnen wir das Geschehen in der Zeiteinheit. Als Zeiteinheit dient die Sekunde. Dieses absolute Zeitmaß trägt aber den Eigentümlichkeiten des physiologischen Geschehens keine Rechnung: eine Sekunde bedeutet im Lebensvorgang verschiedener Organismen etwas ganz Verschiedenes. Soll das Gemeinsame im Lebensgeschehen verschiedener Organismen erkannt werden, sollen Lebensvorgänge verglichen werden, so ist es sinngemäß, nicht das Geschehen in gleichen Zeiten, sondern *die Zeiten gleichen Geschehens* festzustellen. Solange es sich um stationäre Zustände handelt, bedeutet der Übergang von der einen zur anderen Ausdrucksweise nur eine einfache Umrechnung. Die Überlegenheit der Vergleichung nach Zeiten gleichen Geschehens tritt erst voll hervor, sobald es sich um Vorgänge handelt, deren Geschwindigkeit mit der Zeit wechselt.

Die Bestimmung der Optima kann in sehr verschiedener Weise versucht werden. Es sind drei große Gruppen von Vorgängen zu unterscheiden, die man zur Kennzeichnung des Lebens heranziehen kann. In erster Linie wird es sich um die Ermittelung der Zeiten gleichen Geschehens im *Baustoffwechsel* handeln, also z. B. um die Zeiten, die für eine Zellteilung oder für die Vollendung gleicher Abschnitte im Generationszyklus erforderlich sind. Zweitens kann der *Betriebsstoffwechsel* benutzt werden. Die Untersuchung gilt dann den Zeiten, in denen gleiche Mengen von Nährstoffen oder von Sauerstoff verbraucht oder gleiche Mengen von Stoffwechselprodukten (Kohlendioxyd, Alkohol, Milchsäure usw.) erzeugt werden. Drittens können die *Reizvorgänge* als Maß der Lebenstätigkeit benutzt werden. Dann handelt es sich um die Ermittelung der Abhängigkeit der Reaktionszeiten (Präsentations- und Transmissionszeiten) von den äußeren Lebensbedingungen, um die Zeiten einer Muskelzuckung, eines Cilienschlages, der Bewegung eines Pseudopodiums, die Zeiten gleicher Verschiebung bei der Protoplasmaströmung usw.

Aber durch alle diese Vorgänge ist der Zustand eines lebenden Wesens noch nicht genügend gekennzeichnet. Es gibt noch eine Reihe von kennzeichnenden Größen, bei denen es sich nicht um Zeiten handelt. Dahin wäre die *Erregbarkeit* zu rechnen, definiert durch den schwächsten Reiz, der eine Reaktion auslöst, die *Kraft*, mit der eine Verkürzung des Muskels angestrebt wird, d. h. also die maximale Spannung, die unter verschiedenen Bedingungen erzielt werden kann, die Größe der Verkürzung, deren der Muskel fähig ist usw.

Für jede einzelne dieser Eigenschaften kann festgestellt werden, ob und wo es zwischen den Lebensgrenzen einen ausgezeichneten Punkt gibt, an dem die Zeiten gleichen Geschehens ein Minimum, die Kraft oder die Verkürzungsgröße ein Maximum erreichen. Ist es berechtigt, die so ermittelten Punkte als „Optima‘, zu bezeichnen? Aus welchem Grunde sollen die Zustände, bei denen die Zeiten gleichen Geschehens minimal sind, die „besten“ für das Leben sein? Das Bedenkliche liegt in der Verwendung eines Begriffes, der nur da sinnvoll ist, wo ein Wertmaßstab gegeben ist oder der Natur der Sache nach anerkannt werden muß.

Innerhalb der Grenzen, innerhalb deren alle Lebensäußerungen eines Organismus realisiert werden können, ist es ganz willkürlich, von einem „besser“ und „schlechter“ zu sprechen. Ja selbst, wenn unter bestimmten Bedingungen nur bestimmte Formen des Lebens möglich sind (z. B. ungeschlechtliche Vermehrung, vegetatives Wachstum), bei anderen nur andere Formen (z. B. Bildung von Geschlechtsprodukten), die aber beide zur dauernden Erhaltung des Lebens hinreichen, bleibt es ganz willkürlich und konventionell, welchen Zustand man als den besten bezeichnen will. Eine sachliche Entscheidung aus rein naturwissenschaftlichen Gesichtspunkten ist nicht möglich, da sie die Annahme eines Wertmaßstabes voraussetzt und die Naturwissenschaft einen solchen nicht gibt.

Wenn wir trotzdem den eingebürgerten Begriff der Optima beibehalten, so wollen wir damit nur ausgezeichnete Punkte innerhalb der Lebensgrenzen bezeichnen. Von diesem Standpunkte aus ist es uns nicht anstößig, daß wir bei demselben Organismus und in bezug auf die gleiche Lebensbedingung eine ganze Reihe Optima unterscheiden können, je nachdem wir die einzelnen Lebensvorgänge ins Auge fassen, von denen wir oben sprachen. Die Teiloptima, die wir so finden, sind alle nach dem Gesichtspunkt bestimmt, den wir das *Rekordprinzip* nennen können: die minimale Zeit eines Geschehens, die minimale Erregbarkeit, die maximale Kraft definieren das Optimum. Wir können aber daneben noch andere Arten ausgezeichneter Punkte finden, die mit dem gleichen, ja, wie mir scheint, mit weit besserem Recht als Optima gelten können. Das Prinzip, nach dem wir sie kennzeichnen, möge das *Sparsamkeitsprinzip* oder auch das *Harmonieprinzip* genannt werden. Maßgebend für solche Optima ist nicht das Ausmaß eines einzelnen Vorganges, sondern das Verhältnis mehrerer Vorgänge. So ist zweifellos der Zustand als ausgezeichnet anzusehen, bei dem ein gewisser Vorgang des Baustoffwechsels mit einem Mindestmaß von Energieumsatz vor sich geht, es wird ferner der Zustand optimal sein, bei dem eine gewisse äußere Leistung mit möglichst hohem Wirkungsgrad erfolgt, also mit möglichst geringem Energieumsatz. Da die Lage eines derartig ausgezeichneten Punktes für eine Lebensbedingung von der Gesamtheit der übrigen Bedingungen abhängt, so ergeben sich äußerst verwickelte Beziehungen, die noch gar nicht genügend erforscht sind. Soviel läßt sich aber schon sagen, daß es einen ausgezeichneten Punkt, an dem alle Einzelvorgänge gleichzeitig ihr Rekordoptimum erreichten oder an dem alle nach dem Harmonieprinzip bestimmten Optima lägen, nicht gibt.

Über die Lage der Optima zu den Lebensgrenzen ist wenig Allgemeines zu sagen, doch darf es wohl als Regel gelten, daß das „Optimum“ des Betriebsstoffwechsels der oberen Lebensgrenze näher liegt als der unteren, und daß es dieser Grenze näher liegt als das Optimum für den Baustoffwechsel. Der Zustand des optimalen Verhältnisses zwischen Bau- und Betriebsstoffwechsel liegt wohl allgemein noch weiter von der oberen Lebensgrenze entfernt, als die beiden Einzeloptima. Die beiden Abb. 25 und 26 erläutern dies schematisch. In Abb. 25 sind die Größe des Baustoffwechsels (*a*), des Betriebsstoffwechsels (*b*) und der Erregbarkeit (reziproke Wert des minimalen wirksamen Reizes, (*c*) als Funktion einer Lebensbedingung dargestellt und die entsprechenden Optima angedeutet. In Abb. 26 ist das Verhältnis des Baustoffwechsels zum Betriebsstoffwechsel (*a*) und das Verhältnis des Betriebsstoffwechsels zur Erregbarkeit (*b*) für den gleichen (gedachten) Fall wie in Abb. 25 verzeichnet. Der Fall ist so gewählt, daß für das Verhältnis von Erregbarkeit und Betriebsstoffwechsel zwei ausgezeichnete Punkte vorhanden sind.

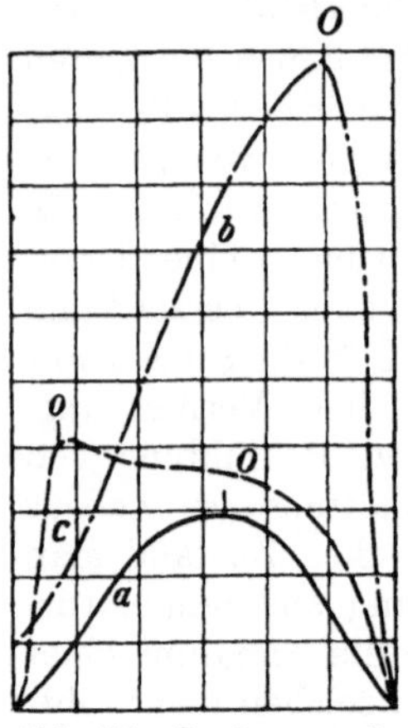


Abb. 25. Optima nach dem Rekordprinzip und Lebensgrenzen Schema. *O* Optimum. Weitere Buchstabenerklärung im Text.

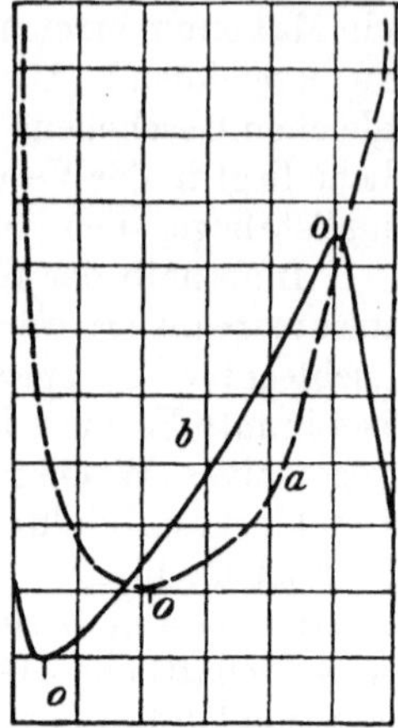


Abb. 26. Optima nach dem Harmonieprinzip und Lebensgrenzen Schema. *O* Optimum. Weitere Buchstabenerklärung im Text.

Es muß besonders betont werden, daß die Erörterungen über die Optima nur gelten, wenn die Bedingung, deren Wirkung untersucht wird, „unendlich" lange eingewirkt hat, d. h. wenn sich ein Gleichgewichtszustand unter ihrer Wirkung ausgebildet hat. Zahlreiche Untersuchungen über den Einfluß veränderter Lebensbedingungen sind aber nicht derart angelegt, daß aus ihnen ersichtlich würde, welchem stationären Zustande sich die Lebensvorgänge unter der veränderten Bedingung nähern; sie beschränken sich vielmehr darauf, die Vorgänge zu beschreiben, die zu beobachten sind, wenn eine veränderte Lebensbedingung eine begrenzte Zeit lang einwirkt. Zuweilen wird auch die Nachwirkung beobachtet, die einer solchen zeitlich begrenzten Veränderung der Lebensbedingungen folgt. Solche Beobachtungen können grundsätzlich nicht zur Bestimmung der Optima verwandt werden, denn wenn eine bestimmte Lebensäußerung durch kurzdauernde Einwirkung einer Lebensbedingung über den maximalen Wert hinaus gesteigert wird, den sie im stationären Zustande erreicht, dann aber bei weiterer Einwirkung der gleichen Bedingung sinkt, so kann eine derartige vorübergehende Steigerung in keinem Sinne als optimal bezeichnet werden. Die Verwechslung einer kurzdauernden Steigerung mit einem Optimum im Sinne des Rekordprinzips, d. h. also mit einer maximalen Geschwindigkeit im stationären Zustande ist nicht immer vermieden worden.

Eine theoretische Erklärung der Wirkung kurzdauernder Veränderungen von Lebensbedingungen berührt sich auf das engste mit der Theorie der Reizvorgänge und liegt außerhalb des Rahmens dieser Ausführungen.

## II. Die Nahrung.

Als Nahrung wollen wir die Gesamtheit der Stoffe bezeichnen, die von außen den Organismen zugeführt werden und im Lebensgetriebe Verwendung finden. In dieser weitesten Fassung umgreift die Bezeichnung nicht nur die lebensnotwendigen Stoffe, sondern auch Stoffe, die zwar entbehrlich sind, aber Verwendung finden können, wenn sie dargeboten werden, sowie die Gruppe der Förderstoffe, d. h. der Stoffe, die entbehrlich sind, deren Gegenwart aber fördernd, steigernd auf die Lebensvorgänge einwirkt. Der Begriff der Nährstoffe muß gegenüber dem der Gifte abgegrenzt werden. Vielleicht ist diese Fassung des Begriffes der Nahrung zu weit. Man kann unter den Stoffen, die im Lebensbetriebe Verwendung finden, zwei große Gruppen unterscheiden. Die erste Gruppe umfaßt die Stoffe, deren Zufuhr die freie Energie der Organismen vermehrt, die die Arbeitsfähigkeit erhöhen. Sie sind die Nährstoffe im strengen Sinne. Die andere Gruppe beschleunigt oder verlangsamt nur den Ablauf bestimmter Lebensvorgänge, ohne die freie Energie der Organismen zu vermehren. Zu dieser Gruppe dürften die Förderstoffe zu rechnen sein.

## 1. Lebensnotwendige Stoffe.

Die Tatsache, daß ein Stoff allgemein verbreitet in Organismen anzutreffen ist, darf niemals als Beweis dafür angesehen werden, daß er lebensnotwendig sei. Über die Frage der Notwendigkeit oder Entbehrlichkeit kann nur das Experiment entscheiden. Es ist möglich, daß ein Stoff, der sich nur bei wenigen Arten findet, doch für diese lebenswichtig ist. Vielleicht ist das Vorkommen von Vanadin in den Blutzellen der Ascidien ein Beispiel für diesen Satz[1]). Auch der Kupfergehalt des Hämocyanins der Mollusken und Arthropoden kann als Beispiel angeführt werden, denn während Cu nicht zu den Elementen gehört, die als allgemein lebenswichtig gelten können, hat es, als wesentlicher Bestandteil des Hämocyanins, für den Sauerstofftransport der genannten Tiergruppen Bedeutung.

Andererseits kann ein Stoff allgemein verbreitet in allen lebenden Wesen vorkommen und doch nicht nur entbehrlich, sondern auch dann, wenn er aufgenommen wird, indifferent sein. Die Kieselsäure darf wohl in Ermangelung eines besseren Beispiels hier genannt werden, wenn auch nicht behauptet werden kann, daß sie von keinem Organismus verwendet würde (Diatomeen, Radiolarien, Kieselschwämme).

Die *Menge*, in der ein Stoff sich vorfindet, darf nie als Maßstab für seine physiologische Wichtigkeit genommen werden, denn sobald für ein Element oder eine Verbindung die Unentbehrlichkeit für das Leben erwiesen ist, hat es keinen Sinn von ihrer größeren oder geringeren Bedeutung zu sprechen: wichtiger als unentbehrlich zum Leben kann kein Stoff sein, mag er nun einen großen oder verschwindend geringen Prozentsatz des Stoffbestandes ausmachen.

Angaben über die Menge, in der sich notwendige Stoffe in dem Substrat des Lebens finden, haben daher nur den Zweck, die Eigenart dieses Substrates zu kennzeichnen, nicht den, eine Rangordnung der Bedeutung aufzustellen.

### a) Die lebensnotwendigen Elemente.

Lebensnotwendig sind zunächst die Elemente, die in den Kohlenhydraten, Lipoiden und Proteinen enthalten sind, also C, O, H, N, S und P. Außer diesen 6 Elementen brauchen die alleranspruchslosesten Organismen (einige Schimmelpilze) nur noch Kalium, Magnesium und Eisen. Die größere Mehrzahl der Organismen scheint außerdem noch 3 weitere Elemente zu gebrauchen: Natrium, Chlor und Calcium. Die experimentellen Erfahrungen, auf die sich diese Angaben stützen, sind wesentlich an Bakterien, Hefen und Pilzen gewonnen, in geringerem Umfange an höheren Pflanzen. Über die Elemente, die zum Leben der Tiere unentbehrlich sind, haben wir kaum brauchbare Erfahrungen, doch dürften außer den genannten 12 Elementen weitere wohl nur für einzelne Gruppen des

[1]) Hentze, M.: Untersuchungen über das Blut der Ascidien. I. Hoppe-Seylers Zeitschr. f. physiol. Chem. Bd. 72, S. 494—501. 1911.

Tier- oder Pflanzenreiches unentbehrlich sein. Die umfassenden und mühevollen Untersuchungen HERBSTS[1]) über die Wirkung der einzelnen Elemente auf die Entwicklung von Seeigeleiern sind nicht geeignet, in Parallele zu den Erfahrungen an Pilzen und Bakterien gesetzt zu werden. Es konnte in ihnen nur ein vergleichsweise kurzer Abschnitt aus dem ganzen Entwicklungskreise des Seeigels untersucht werden, nämlich nur die Bildung des Pluteus. Wenn sich nun z. B. zeigt, daß Chlor nicht unbedingt nötig zu diesem Stück der Entwicklung ist, daß vielmehr normale Plutei erzielt werden können, wenn die Chloride des Seewassers durch die entsprechenden Bromide ersetzt werden, so darf daraus nicht gefolgert werden, daß Chlor für Seeigel ein entbehrliches Element sei. Die Unentbehrlichkeit von Kalium, Calcium und Magnesium konnte sicher erwiesen werden. Bei den Versuchen über die Bedeutung des Natrium ist zu bedenken, daß ein Ersatz der osmotischen Wirkung des Natriumchlorids durch ein anderes Neutralsalz (Magnesiumchlorid) nicht die Gewähr gibt, daß dieses Salz nicht seinerseits Giftwirkungen ausübt, so daß die negativen Resultate mit natriumfreien Salzwasser vielleicht gar nicht die Unentbehrlichkeit des Natrium erweisen. In der Tat gingen ja auch die Kontrollserien mit Natrium bei gleicher Konzentration des Magnesiumchlorids ein. Die etwas geringere Schädigung gegenüber den Versuchen ohne Natrium kann im Zusammenhang unserer Fragestellung kaum bewertet werden. Grundsätzlich wichtig ist die Einsicht, daß 9 Elemente hinreichend sind, um das Substrat für die ganze Fülle der Lebenserscheinungen aufzubauen. Von den 87 bekannten Elementen sind 36 in lebenden Wesen gefunden worden[2]). Nur 12 sind allgemeiner lebenswichtig, von den übrigen 24 Elementen, die sich noch tatsächlich in Organismen nachweisen lassen, ist meist gar nichts über ihre Notwendigkeit oder Entbehrlichkeit bekannt, wenig über die Rolle, die sie dort spielen, wo sie angetroffen werden, wie z. B. Fluor, Jod, Brom, Silicium, Lithium, Strontium, Rubidium, Mangan, Kupfer, Zink, Aluminium, Vanadin.

Zur Kennzeichnung der 12 Elemente, die als lebenswichtig erkannt sind, mögen die folgenden Daten dienen. Es handelt sich durchweg um Elemente mit niederer Ordnungszahl. Die höchste kommt dem Eisen zu und beträgt nur 26. Die ungefähre Häufigkeit, in der die einzelnen Atomarten am Aufbau des Substrates der Lebensvorgänge teilnehmen, ist aus den beiden letzten Stäben der beistehenden Tabelle ersichtlich. Danach sind 56,0% der Atome der wasserfreien Substanz Wasserstoffatome. Der II. Periode der Elemente gehören Kohlenstoff, Sauerstoff und Stickstoff an. Die Zahl ihrer Atome macht 43,6% aus. Aus der III. Periode finden wir 5 Elemente, nämlich Na, Mg, P, S, Cl. Die Gesamtheit dieser Atomarten macht nur 0,3% aus. Endlich gehören die 3 Elemente K, Ca und Fe zur IV. Periode, und die Gesamtheit ihrer Atome bildet nur 0,1% des wasserfreien Substrates der Lebensvorgänge. In gequollenem Zustande tritt noch etwa die dreifache Menge an Wasser hinzu, d. h. 385 000 Atome H und 192 500 Atome O, wodurch das Übergewicht der Elemente der beiden ersten Perioden noch bedeutender wird.

Von Kalium, Calcium, Chlor und Eisen sind je 2 Isotope bekannt, vom Magnesium 3[3]).

Ob die einzelnen Atomarten, die ja chemisch nicht unterscheidbar sind, in ihrer Rolle für die Lebensvorgänge verschieden zu bewerten sind, ist unbekannt.

[1]) HERBST: Arch. f. Entwicklungsmech. d. Organismen Bd. 5, S. 649—793. 1897; Bd. 7, S. 486—510. 1898; Bd. 11, S. 617—689. 1901.

[2]) HACKH: Bioelements; the chemical Elements of living matter Journ. of gen. physiol. Bd. 1, S. 429—433. 1919. Hier ist Vanadin vergessen.

[3]) Fünfter Bericht der Deutschen Atomgewichts-Kommission (für die Zeit vom November 1923 bis Ende 1924). Ber. d. dtsch. chem. Ges. Jg. 58, Abt. A, S. XXVI. 1925.

In der wasserfreien Substanz der Organismen kommen die 12 lebenswichtigen Elemente etwa in der folgenden atomaren Häufigkeit vor:

| | | Ordnungszahl | Gewicht der einzelnen Atomart | Atome auf 100000 Atome Wasserstoff | Atome auf 1 Atom Eisen |
|---|---|---|---|---|---|
| Wasserstoff . . . | H | 1 | 1,008 | 100000 | 7700 |
| Kohlenstoff . . . | C | 6 | 12 | 57000 | 4400 |
| Sauerstoff . . . . | O | 8 | 16 | 13400 | 1030 |
| Stickstoff . . . . | N | 7 | 14 | 7600 | 585 |
| Schwefel . . . . . | S | 16 | 32 | 195 | 15 |
| Natrium . . . . . | Na | 11 | 23 | 130 | 10 |
| Kalium . . . . . | K | 19 | 39, 41 | 117 | 9 |
| Phosphor . . . . | P | 15 | 31 | 91 | 7 |
| Calcium . . . . . | Ca | 20 | 40, 44 | 78 | 6 |
| Magnesium . . . | Mg | 12 | 24, 25, 26 | 52 | 4 |
| Chlor . . . . . . | Cl | 17 | 35, 37 | 52 | 4 |
| Eisen . . . . . . | Fe | 26 | 54, 56 | 13 | 1 |

Versuche, einzelne der notwendigen Elemente durch andere, chemisch ähnliche, zu ersetzen, sind meist fehlgeschlagen. Eine vollständige gegenseitige Vertretung der Erdalkalien ist nicht möglich, auch die Alkalimetalle können sich im allgemeinen nicht vertreten, doch scheint es, daß bei einigen Pilzen (Mycoderma aceti nach WINOGRADSKY und Aspergillus nach BENECKE) das Rubidium vollständig für das Kalium eintreten kann, was Lithium, Natrium und Caesium nicht können.

Das Kalium ist radioaktiv, mindestens die eine der beiden Isotopen dieses Elements, und auch Rubidium ist radioaktiv. Diese Tatsache ist bemerkenswert in Hinblick auf die Beobachtungen ZWAARDEMAKERS[1]) über die teilweise Vertretbarkeit des Kaliums durch radioaktive Stoffe. Zunächst wurde die alte Beobachtung von SIDNEY RINGER bestätigt, daß in einer ausgeglichenen Durchspülungsflüssigkeit für das Froschherz Kalium durch Rubidium oder Caesium ersetzt werden kann. Neu sind die Erfahrungen, daß auch die radioaktiven Schwermetalle Uranium, Thorium, Radium, Jonium, Aktinum und Emanation das Kalium insoweit ersetzen können, daß sie ein Herz, das infolge Durchspülung mit kaliumfreier Ringerlösung stillsteht, wieder zum Schlagen bringen. Die Mengen, in denen die einzelnen Elemente zugeführt werden müssen, sind ungefähr äquiradioaktiv. So werden die 20—50 mg Kaliumchlorid, die im Sommer pro Liter erforderlich sind, um die rhythmische Eigentätigkeit des Herzens zu erhalten, ersetzt durch die folgenden Mengen:

| | | |
|---|---|---|
| Rubidiumchlorid . . . . . . . | 30—80 mg | |
| (Caesiumchlorid . . . . . . . . | 40—80 ,, | ) |
| Uranylnitrat . . . . . . . . . | 0,6— 6 ,, | |
| Thoriumnitrat . . . . . . . . . | 2—10 ,, | |
| Radiumsalz . . . . . . . . . | 0,000003 ,, | ; |

ungefähr 100 Mache-Einheiten Emanation[2]). Unstimmig ist dabei allerdings die Beobachtung über das Caesium, das in etwa gleicher Menge wie das Rubidium das Kalium ersetzt, während mit physikalischen Methoden an ihm bisher keine Radioaktivität hat nachgewiesen werden können. Die eigentümlichen Erfahrungen über einen Antagonismus der $\beta$-Strahler (Kalium und Rubidium) gegen

[1]) ZWAARDEMAKER: On physiological radioactivity. Journ. of physiol. Bd. 53, S. 273—289. 1920.

[2]) VOORMOLEN, C. M.: Die Bedeutung des Kaliums im Organismus. Naturwissenschaften Bd. 7, S. 895—900. 1919. Hier die Literatur bis 1918.

die $\alpha$-Strahler (Uran, Thor, Radium) sucht ZWAARDEMAKER durch die Annahme zu erklären, daß die Wirkung der radioaktiven Stoffe darauf beruht, daß sie elektrische Ladungen übertragen, und zwar die $\beta$-Strahlen negative, die $\alpha$-Strahlen positive[1]), und daß im isoelektrischen Punkte Ruhe herrscht. Gegen eine Verallgemeinerung dieser Erfahrungen und damit gegen die Auffassung, daß für die Lebenswichtigkeit des Kaliums seine Radioaktivität maßgebend sei, sprechen die Versuche von R. F. LOEB[2]), das Kalium in der Entwicklung der Seeigeleier durch radioaktive Stoffe zu ersetzen. Um bei den Eiern von Arbacia eine normale Gastrulabildung zu ermöglichen, muß KCl in Mengen von mindestens $M/_{660}$ vorhanden sein. Das Chlorkalium kann durch die gleiche Menge ($M/_{660}$) RbCl ersetzt werden. Der Ersatz durch Caesiumchlorid ergibt verlangsamte Entwicklung, auch muß die Konzentration $M/_{125}$ bis $M/_{64}$ sein, damit überhaupt Gastrulae entstehen. Durch Thoriumchlorid und Uranacetat war in keiner Konzentration eine Entwicklung in kaliumfreiem Seewasser zu erreichen.

Wir werden daher mit HAMBURGER[3]) die Beobachtungen ZWAARDEMAKERS dahin deuten, daß das Kalium balancierend wirkt in Lösungen, die nicht voll ausgeglichen sind, wir werden — wie jedem lebensnotwendigen Elemente — auch dem Kalium spezifische Wirkungen entsprechend seiner Ordnungszahl zuschreiben, seine Radioaktivität aber können wir nicht als wesentlich betrachten.

Wenn wir finden, daß keins der notwendigen Elemente vollständig durch ein anderes vertreten werden kann, so ist damit nicht gesagt, daß die Elemente in jeder Leistung, die sie im Lebensvorgang ausüben, unersetzbar seien. Eine teilweise Vertretung ist vielmehr bei allen lebensnotwendigen Grundstoffen möglich. Das geht aus den Erfahrungen über die Teilminima und das Gesamtminimum der unentbehrlichen Stoffe hervor. Die Versuche (nur an Pflanzen ausgeführt) werden in der Weise angestellt, daß ein notwendiger Stoff in seiner Menge verringert wird, während alle anderen in einer Menge geboten werden, die reichliche Entwicklung zuläßt. Auf diese Weise wird die geringste Menge ermittelt, die von dem einzelnen Stoff vorhanden sein muß, damit überhaupt noch Entwicklung eintritt, und die mindeste Menge, damit eine gute mittlere Ausbildung der Pflanze erfolgt. Stellt man für alle lebensnotwendigen Stoffe diese Teilminima fest und addiert sie, so ergibt sich eine Stoffmenge, die kaum halb so groß ist wie die mindeste Menge, die erforderlich ist, um eine gute Ausbildung der Pflanze zu ermöglichen. Ein Beispiel für den Hafer mag diese Verhältnisse zahlenmäßig erläutern. Die Zahlen geben den mindesten Bedarf an Nährstoffen in Prozenten der Trockensubstanz der reifen Haferpflanze nach den Erfahrungen mit Wasserkulturen sowie den Bedarf, der eine gute mittlere Ausbildung ermöglicht:

| | $P_2O_5$ | $K_2O$ | CaO | MgO | $SO_3$ | Gesamte Reinasche | Stickstoff |
|---|---|---|---|---|---|---|---|
| Minimalbedarf . . . . . . . . . . | 0,35 | 0,50 | 0,16 | 0,10 | 0,10 | 1,21 | 0,7 |
| Bedarf zu guter mittlerer Ausbildung . . . . . . . . . . . . | 0,50 | 0,80 | 0,25 | 0,20 | 0,20 | 1,95 | 1,0 |

Es ist nun weder mit 1,21 noch mit 1,95% Reinasche möglich Haferpflanzen heranwachsen zu lassen. Die geringste Aschenmenge, die hierzu erforderlich

[1]) ZWAARDEMAKER: Arch. néerland. de physiol. de l'homme et des anim. Bd. 5, S. 285 bis 298. 1921; u. Ergebn. d. Physiol. Bd. 19, S. 326—390. 1921.

[2]) LOEB, ROBERT F.: Radioactivity and physiological action of Potassium. Journ. of gen. physiol. Bd. 3, S. 229—236. 1921.

[3]) HAMBURGER, H. J.: Die Zwaardemakersche biologische Radioaktivität. Biochem. Zeitschr. Bd. 139, S. 509—515. 1923.

ist, beträgt vielmehr 3%[1]). Wenn in diesen 3% ein Nährstoff in der Menge seines Teilminimums geboten wird, so muß ein Teil der Leistungen, die er bei reichlicher Darbietung vollbringt, von anderen Stoffen ausgeübt werden. Es besteht also eine teilweise Vertretbarkeit. Bei der Entwicklung der Seeigeleier kann Kalium wenigstens teilweise durch Rubidium und Caesium, dagegen gar nicht durch Natrium oder Lithium ersetzt werden. Es ist dabei bemerkenswert, daß die Vertretung nicht derart erfolgt, daß äquimolekulare Lösungen von Rubidium- und Caesiumchlorid für Kaliumchlorid eintreten. Das Optimum der molaren Konzentration liegt für das Kaliumchlorid am höchsten, tiefer für Rubidiumchlorid, am tiefsten für Caesiumchlorid[2]).

Keines der genannten lebensnotwendigen Elemente muß in elementarer Form zugeführt werden. Dieser Satz bedarf nur für den Sauerstoff einer näheren Erläuterung. Sauerstoff in der Form des Sauerstoffgases hat lange als unentbehrlich für das Leben gegolten. Daß Leben ohne elementaren Sauerstoff dauernd möglich ist, wurde zuerst für Bakterien, später auch für Pilze nachgewiesen. Damit ist der Nachweis erbracht, daß seine Bedeutung für die Organismen, die ihn nicht entbehren können, an besondere Bedingungen geknüpft ist, die nicht mit dem Wesen der Lebensvorgänge unzertrennlich verbunden sind.

Außer dem Sauerstoff kennen wir noch 4 Elemente, die in elementarer Form von manchen Organismen verwendet werden können.

Der Wasserstoff dient einzelnen Bakterien als Oxydationsmaterial, wird von ihnen zu Wasser veratmet.

Elementarer Stickstoff kann von einzelnen Bakterien und Pilzen ausgenutzt werden. Wir kennen etwas genauer 2 Genera, die mit dieser Fähigkeit ausgestattet sind. Sie kommen im Boden, im Meer und im Süßwasser sehr weit verbreitet vor. WINOGRADSKY[3]) entdeckte 1893 in dem Clostridium pasteurianum einen Organismus, der bei Abwesenheit von Sauerstoff unter Vergärung von Zucker zu Buttersäure den Luftstickstoff als einzige Stickstoffquelle verwertet, und BEIJERINCK beschrieb die Fähigkeit, mit elementarem Stickstoff zu wachsen, bei dem Genus Azotobacter. Ferner vermögen die Knöllchenbakterien der Leguminosen den Luftstickstoff als Nahrung auszunutzen. Für Pilze ist die Fähigkeit, elementaren Stickstoff zu binden, oft behauptet und oft bestritten worden.

Nach STAHELS[4]) umfassenden Untersuchungen besitzen von 54 Arten, die in Reinkulturen untersucht wurden, 9 die Fähigkeit der Verwertung des Luftstickstoffs. Zu diesen 9 Arten gehören auch die allgemein verbreiteten Schimmelpilze Penicillium glaucum und Aspergillus niger.

Nicht so sicher ist die Entscheidung darüber zu treffen, ob auch Algen das Vermögen der Bindung von Luftstickstoff haben. Nach BEIJERINCK kommt es den Cyanophyceen (Anabaena, Nostoc u. a.) zu.

Elementarer Schwefel wird von Schwefelbakterien zu Schwefelsäure oxydiert.

Über die Verwertung elementaren Kohlenstoffs liegt nur eine Angabe vor. POTTER[5]) konnte aus Gartenerde einen Diplokokkus von 1 $\mu$ Durchmesser züchten

---

[1]) VATER, H.: Landwirtschaftl. Versuchs-Stationen Bd. 99, S. 53—59. 1922.

[2]) HERBST: Wilh. Roux'. Arch. f. Entwicklungsmech. d. Organismen Bd. 11, S. 617 bis 689. 1901.

[3]) WINOGRADSKY: Cpt. rend. hebdom. des séances de l'acad. des sciences Bd. 116, S. 1385. 1893 u. Bd. 118, S. 353. 1894; s. auch Zentralbl. f. Bakteriol., Parasitenk. u. Infektionskrankh., Abt. 2, Ref. Bd. 9, S. 43. 1902.

[4]) STAHEL, GEROLD: Stickstoffbindung durch Pilze usw. Pringsheims Jahrb. Bd. 49, S. 579—615. 1911.

[5]) POTTER: Bacteria as agents in the oxydation of amorphous carbon. Proc. of the roy. soc. of London Bd. 80, S. 239—259. 1908.

und durch mehrfaches Überimpfen auf Holzkohle isolieren. Der Nachweis der Oxydation des Kohlenstoffs wurde durch die Bestimmung der entstehenden Kohlensäure erbracht. Feuchte Proben sterilisierter Kohle ergaben ohne Impfung keine $CO_2$-Produktion, nach Impfung mit dem Diplokokkus dagegen erfolgte merkliche $CO_2$-Abgabe, die bis zu Temperaturen von 40° anstieg, bei 100° wieder Null betrug. So wurden z. B. in 20 Tagen von 5 g des untersuchten Materials an $CO_2$ abgegeben:

| | bei 20° | 30° | 40° | 100° |
|---|---|---|---|---|
| von Steinkohle . . . . . | 2,0 mg | 3,1 mg | 4,6 mg | 0,0 mg |
| „ Holzkohle . . . . . | 0,77 „ | 1,1 „ | 2,5 „ | 0,0 „ |

In Versuchen, in denen die Temperatur einer sterilen und einer infizierten Kohlenportion thermoelektrisch gemessen wurde, betrug die stets nachweisbare Temperaturerhöhung der infizierten bei 4° 0,03°, bei 14° 0,19°, bei 40° 1,25°.

Danach scheint in der Tat die $CO_2$ aus einer Oxydation zu stammen, die an das Leben von Bakterien gebunden ist. Es bleibt freilich zu fragen, ob es wirklich der elementare Kohlenstoff der Holz- oder Steinkohle ist, der hier durch Bakterien oxydiert worden ist, oder irgendwelche Kohlenwasserstoffe, die ja auch in der Kohle enthalten sind. Eine Entscheidung hierüber ist nicht getroffen.

Inwieweit für die aufgeführten Formen die Zufuhr der Elemente in elementarer Form eine Lebensbedingung ist, ist kaum untersucht. Für die Pilze liegt die Sache so, daß elementarer Stickstoff zwar eine verwertbare, aber keine unersetzliche Stickstoffquelle ist, denn mit Stickstoffverbindungen allein vermögen sie auch zu leben.

## b) Lebensnotwendige Verbindungen.

Die Lehre von den Verbindungen, die als solche für das Leben unentbehrlich sind, kann hier nur insofern behandelt werden, als diese Verbindungen in der Nahrung zugeführt werden müssen, nicht soweit sie im Stoffwechsel selbst erzeugt werden und unentbehrliche Bestandteile der Organismenleiber bilden.

Von diesem Standpunkt aus ist daher das *Eiweiß* nicht unter den Verbindungen zu nennen, die lebensnotwendig sind, vielmehr muß betont werden, daß wir keinen einzigen Organismus kennen, der nur dann zu leben vermöchte, wenn ihm Eiweiß von außen zugeführt wird.

*Wasser* wird zwar auch im Stoffwechsel erzeugt, doch kennen wir kein Wesen, das mit diesen Wassermengen leben könnte. Wasser gehört demnach zu den Verbindungen, die als solche zugeführt werden müssen. Bei der besonderen Bedeutung, die es für den Ablauf des Lebens hat, soll es im folgenden Kapitel gesondert besprochen werden.

In bezug auf die Kohlenstoffverbindungen, die unentbehrlich sind, können wir 2 große Gruppen von Organismen unterscheiden. Die erste bedarf nur der Zufuhr von Kohlensäure als Kohlenstoffquelle, die zweite braucht unbedingt organische Verbindungen. Zu der ersten Gruppe gehören die grünen Pflanzen und eine Anzahl von Bakterien, zu der zweiten alle übrigen Organismen. Ebenso haben wir 2 große Gruppen, die sich in bezug auf die Form ihrer Stickstoffquellen unterscheiden. Die eine Gruppe bedarf der Zufuhr fertiger Aminosäuren, die andere kommt mit einfachen, kohlenstofffreien Stickstoffverbindungen aus, wie mit Ammoniak oder Salpetersäure oder gar mit elementarem Stickstoff (s. o.). Zu der ersten Gruppe gehören außer dem Menschen und den Säugetieren wohl alle Wirbeltiere und anscheinend auch die Insekten sowie einige Pilze und Bakterien; zu der zweiten die grünen Pflanzen und die Masse der Pilze und Bakterien, wobei die Hefen als besondere Spezialisten in der Ammoniakverwertung zu nennen sind. Über die meisten Gruppen der Wirbellosen haben wir keine Erfahrungen, die ihre Einordnung in eine der beiden Gruppen ermöglichten oder zur Aufstellung weiterer besonderer Gruppen berechtigten.

Für die Lehre von den allgemeinen Lebensbedingungen sind die Tatsachen, die sich bei der Untersuchung der Kohlenstoff- und Stickstoffquellen der Organismen ergeben, Material zur Behandlung der ganz allgemeinen Lehre von der Vertretbarkeit der lebensnotwendigen Verbindungen. Eine Einsicht in physiologisch wichtige Verhältnisse kann das Beobachtungsmaterial erst dann vermitteln, wenn es gelingt, die Gesetzmäßigkeiten zu erkennen, nach denen sich die Wirkungsgleichheit verschiedener Stoffe regelt.

Eine systematische Bearbeitung der Lehre von den wirkungsgleichen Stoffen fehlt noch völlig, sie wird auf quantitativen Grundlagen aufgebaut werden müssen und wird im wesentlichen eine Lehre von den wirkungsgleichen Konzentrationen der verschiedenen Nährstoffe sein.

Da wir keine Kohlenstoff- oder Stickstoffverbindung kennen, die nicht im Stoffwechsel irgendeines Organismus verwertet werden kann, liegt hier ein unübersehbares Forschungsfeld vor, dessen Ergebnisse die Eigenart des Lebensgeschehens dadurch kennzeichnet, daß sie angeben, welche Stoffe oder Konzentrationen gleiche physiologische Leistung ermöglichen.

Die Vertretbarkeit der Nährstoffe gestaltet sich ganz verschieden, je nachdem es sich um eine Vertretung im Baustoffwechsel oder im Betriebsstoffwechsel handelt.

Die Lehre von der Vertretbarkeit lebensnotwendiger Verbindungen hat in erster Linie anzugeben, in welcher Form die lebensnotwendigen Elemente geboten werden müssen, damit sie im Gesamtstoffwechsel ausgenutzt werden können. Darüber hinaus hat sich aber eine Gruppe ganz eigener Probleme aufgetan, die sich aus der Lehre von den Ergänzungsstoffen ergeben. Wir wissen jetzt, daß es organische Verbindungen gibt, die lebensnotwendig sind, obgleich sie nur in so geringen Mengen in den Organismen vorkommen, daß an ihre chemische Kennzeichnung meist nicht zu denken ist. Die Lehre von diesen Ergänzungsstoffen wird an anderen Stellen dieses Handbuches abgehandelt werden. Für die allgemeine Lehre von den Lebensbedingungen entsteht die Frage, bei welchen Organismen eine solche Abhängigkeit von ganz besonderen Produkten anderer Organismen auftritt. Wenn die Ergänzungsstoffe *A* und *B* wirklich nur in chlorophyllhaltigen Pflanzen erzeugt werden, wie es gegenwärtig verbreitete Lehrmeinung ist, so würden sie für die Tiere die Rolle allgemeiner Lebensbedingungen spielen.

### α) Die Vertretbarkeit lebensnotwendiger Verbindungen im Baustoffwechsel.

Die Lehre von der Vertretbarkeit der lebensnotwendigen Verbindungen ist am leichtesten an einfachen Organismen, wie Bakterien, Pilzen, Hefen, zu entwickeln, die in Reinkulturen in Nährlösungen bekannter Zusammensetzung gezogen werden können.

Die qualitative Frage, welche Eigenschaften eine Verbindung haben muß, damit sie überhaupt als Kohlenstoff- oder Stickstoffquelle verwertet werden kann, ist gegenwärtig nicht zu beantworten. Die große Zahl der Einzelerfahrungen über die Art der Verbindungen, die bei den verschiedenen Spezies im Baustoffwechsel derart verwendet werden können, daß Wachstum und Vermehrung eintritt, und über die Verbindungen, denen diese Eignung fehlt, lassen keine allgemeine Gesetzmäßigkeit erkennen. Verbindungen von sehr ähnlicher chemischer Beschaffenheit können sich in dieser Hinsicht ganz verschieden verhalten, Verbindungen, die chemisch ganz unähnlich sind, können gleich geeignet als Baumaterial sein. Auch zur Beantwortung der quantitativen Frage, in welchen

Konzentrationen die verschiedenen Verbindungen gleiche Geschwindigkeit des Baustoffwechsels ermöglichen, liegt verarbeitetes Material nicht vor. Die Untersuchungen in dieser Richtung beschränken sich auf Angaben, die nicht ohne weiteres miteinander vergleichbar sind. Die einfachste Aufgabe ist offenbar die, anzugeben, bei welchen Konzentrationen der verschiedenen Nährstoffe bei genügend langer Kultur gleiche Mengen von Organismen geerntet werden. Für diesen einfachen Fall, in dem der Zeitfaktor dadurch ausgeschaltet ist, daß man den Zustand nach einer Zeit betrachtet, die als unendlich lang angesehen werden kann, lassen sich viele Angaben der Literatur in geeigneter Weise umformen. Die Versuche geben im allgemeinen an, welche Ernten mit verschiedenen Stoffen erzielt werden, wenn die Stoffe in gleicher Konzentration geboten werden. Für die Lehre von der Vertretbarkeit der Baustoffe brauchen wir die Angabe, bei welchen (verschiedenen) Konzentrationen die gleichen Ernten erzielt werden.

Solange es sich um mittlere Konzentrationen handelt, wird man annehmen dürfen, daß die Erntemengen sich wie die Konzentrationen verhalten (s. u.). Für den wichtigsten Nährstoff, den Zucker, trifft diese Annahme in ziemlich weiten Grenzen zu.

So fand PRINGSHEIM[1]), daß für Zuckerkonzentrationen zwischen 1,25% und 10% die Ernte bei Aspergillus niger der Konzentration proportional war, und daß die Verlängerung der Linie, die die Erntegewichte verbindet, den Nullpunkt schneidet. Nach Versuchen von RAULIN darf man annehmen, daß auch bei Konzentrationen, die unterhalb 1,25% wenigstens bis 0,3% liegen, die Erntemenge der Konzentration proportional sein wird. Nur für sehr große Verdünnungen wird dieser Ansatz voraussichtlich falsch sein. Finden wir nun z. B. die Angabe[2]), daß in einer Nährlösung, die 1% Asparagin als Stickstoffquelle und immer 3% der Kohlenstoffquelle enthält, mit Methylal als C-Quelle eine Ernte von 53,5 mg erzielt wird, mit d-Glykose eine solche von 477,1 mg, so bedeutet das, daß die gleiche Ernte wie mit 3% Methylal mit 0,342% Zucker zu erzielen ist. Zu einer rationellen Vergleichung müssen diese Konzentrationen noch molekular angegeben werden. Die 3proz. Methylallösung ist 0,395 molekular, die 0,342proz. Zuckerlösung 0,019 molekular. Ein Molekel Glucose wird also durch 20,8 Molekeln Methylal vertreten.

Da diese Stoffe in bezug auf ihre Eignung als Kohlenstoffquellen verglichen werden sollen, liegt es nahe, zum Vergleich anzugeben, wieviel Atome Kohlenstoff in Form von z. B. Methylal geboten werden müssen, um die gleiche Pilzernte zu liefern, wie sie auf 1 Atom C aus Glucose entsteht. Es sind für Methylal 10,4 Atome. Die folgende Tabelle gibt die Vergleichszahlen für eine Reihe von Stoffen nach vergleichbaren Versuchen von CZAPEK[2]) berechnet.

Vertretbarkeit von Kohlenstoffquellen bei Aspergillus niger. Versuche mit 1% Asparagin als Stickstoffquelle bei 28° im Dunkeln. Wachstumszeit 22 Tage.

| | 1 Mol. Glucose wird in 3 proz. Nährlösung vertreten durch Mol. | 1 Atom Kohlenstoff wird vertreten durch Atome C aus |
|---|---|---|
| Methylal | 20,8 | 10,4 |
| Äthylenglykol | 18,5 | 6,2 |
| Glycerin | 3,26 | 1,64 |
| Dulcit | 17,5 | 17,5 |
| Sorbit | 0,86 | 0,89 |
| Maltose | 0,455 | 0,91 |
| Glucose | 1,0 | 1,0 |

[1]) PRINGSHEIM: Über den Einfluß der Nährstoffmenge auf die Entwicklung der Pilze. Zeitschr. f. Botanik Jg. 6, S. 577–624. 1914. Hier weitere Literatur.

[2]) CZAPEK, F.: Untersuchungen über die Stickstoffgewinnung und Eiweißbildung der Pflanzen. I–III. Hofmeisters Beiträge Bd. 1, S. 538–560. 1902; Bd. 2, S. 557–590. 1902; Bd. 3, S. 47–66. 1903.

Die Zahlen sind in ihrer Bedeutung nicht ohne weiteres klar, da die Kohlenstoffquellen gleichzeitig als Energiematerial und als Baumaterial dienen. Die verschiedene Eignung als Baumaterial kann darin liegen, daß der Betriebsstoffwechsel durch einzelne Stoffe stärker gesteigert wird als der Anbau, d. h. daß das Verhältnis von Bau- und Betriebsstoffwechsel verschieden ist, oder daran, daß charakteristische Unterschiede in der Eignung als Baumaterial bei gleichem Verhältnis von Bau : Betrieb bestehen. Vielleicht läßt sich die Art der Vertretung im Baustoffwechsel besser an Stickstoffverbindungen zeigen, die bei reichlicher Darbietung einer guten Kohlenstoffquelle vorwiegend oder gar ausschließlich zum Anbau verwendet werden.

Die Zahlen für die Vertretbarkeit der Kohlenstoffquellen müssen verschieden ausfallen, je nach der gebotenen Stickstoffquelle und je nach der Höhe der Konzentration der Kohlenstoffquelle, die geboten wird. Grundsätzlich werden bei einer bestimmten Kombination der übrigen Bedingungen die Vertretungszahlen die größte theoretische Bedeutung haben, die die Vertretbarkeit bei möglichst geringen Konzentrationen angeben, denn sie bringen am besten die Unterschiede zum Ausdruck, die durch die chemische Eigenart der Stoffe bedingt sind. Feststellungen in dieser Richtung, die zu Zahlen darüber führen würden, welches die niedrigsten Konzentrationen verschiedener Stoffe sind, die eben noch oder eben nicht mehr Wachstum ermöglichen, liegen nicht vor. Aus ihnen würden die Grenzzahlen zu berechnen sein, nach denen sich die verschiedenen Verbindungen im Baustoffwechsel gegenseitig vertreten.

Berechnet man z. B. die Vertretungszahlen für Glycerin und Arbutin gegen Zucker [für Aspergillus niger[1])] aus den Versuchen, die in üblicher Weise mit 3% der Kohlenstoffquelle angestellt sind, so erhält man die Zahlen der ersten Zahlenreihe der folgenden Tabelle; wählt man dagegen zum Vergleich die niedrigste untersuchte Konzentration des Arbutin (0,0184 mol.), so ergeben sich die — grundsätzlich besseren — Vertretungszahlen der zweiten Zahlenreihe.

| | Es vertreten 1 Mol. Glucose im Wachstum von Aspergillus: bei 3% | bei 0,0184 mol. | Es wird 1 Atom C aus Glucose vertreten durch Atome C: |
|---|---|---|---|
| Glycerin | 1,94 Mol. | 1,35 Mol. | 0,68 |
| Arbutin | 0,62 „ | 0,66 „ | 1,41 |
| Glucose | 1,00 „ | 1,00 „ | 1,00 |

Daß hier 1,94 Mol. für Glycerin angegeben werden, dagegen oben 3,26 Mol., dürfte mit der Verschiedenheit der gleichzeitig gebotenen Stickstoffquelle zusammenhängen: hier Ammoniumnitrat, dort Asparagin.

### β) Die Vertretbarkeit lebensnotwendiger Verbindungen im Betriebsstoffwechsel.

Als Betriebsstoffwechsel bezeichnen wir die Vorgänge, bei denen die potentielle Energie in aktuelle, bei denen die Arbeitsfähigkeit der Nährstoffe in Arbeit umgewandelt wird. So notwendig eine begriffliche Trennung zwischen Bau- und Betriebsstoffwechsel ist, so grundsätzlich in vielen Fällen die Unterschiede zwischen den Vorgängen beider Art sind, darf man den Unterschied nicht überschärfen und muß sich bewußt bleiben, daß es Grenzfälle gibt, in denen der gleiche Vorgang zum Bau- oder zum Betriebsstoffwechsel gerechnet werden kann. Diese Erwägung wird uns vorsichtig machen, wenn wir den allgemeinen, nächstliegenden Gedanken über die Vertretbarkeit der Nährstoffe im Betriebsstoffwechsel, den der Isodynamie erörtern.

Wir wissen, daß sich im Stoffwechsel der Säugetiere in weiten Grenzen die großen Gruppen der Kohlenhydrate, Fette und Eiweißstoffe und in engeren Grenzen auch der Alkohol in der Weise im Betriebsstoffwechsel vertreten kön-

[1]) Nach Versuchen von NIKITINSKY: Zeitschr. f. wiss. Botanik Bd. 40, S. 68. 1904.

nen, daß die Mengen, die für einander eintreten, gleich in bezug auf ihre Verbrennungswärme oder, was praktisch das gleiche ist, in bezug auf ihre Sauerstoffkapazität sind. Die Beziehung dieses Verhaltens zu der hohen und nahe konstanten Eigentemperatur der Säugetiere war so naheliegend, daß es großen wissenschaftlichen Taktes bedurft hätte, um den Mißgriff zu vermeiden, der tatsächlich gemacht worden ist, indem man dieses Verhältnis teleologisch auffaßte. Für die allgemeine Physiologie liegt die Aufgabe wesentlich anders. Ein Betriebsstoffwechsel, der, pro Zeiteinheit auf die Einheit der Oberfläche des Organismus bezogen, eine gewisse Menge Energie in Form von Wärme liefert, kann nicht als allgemeine Lebensbedingung betrachtet werden, ist vielmehr nur eine ganz spezielle Lebensbedingung der Homoiothermen, die durch besondere — hier nicht näher zu erörternde — Einrichtungen gesichert wird. Wir müssen die Grundbeobachtung fest im Auge behalten, daß ein Organismus mit sehr verschiedenem Energieumsatz zu leben vermag, ohne daß wir berechtigt wären, dem Leben mit einem bestimmten Energieverbrauch eine bevorzugte Stelle anzuweisen. Am klarsten läßt sich diese Einsicht an den fakultativ Anaeroben zeigen, die die Gesamtheit ihrer Lebensvorgänge mit und ohne Sauerstoff vollziehen können. Beim Übergang zum Leben ohne Sauerstoff steigt bei ihnen (wie ganz allgemein bei allen Organismen) der Stoffumsatz, aber diese Steigerung ist bei weitem nicht so groß, daß nunmehr durch Spaltungen aus der vermehrten Menge des Stoffwechselmaterials die gleiche Energiemenge freigemacht werden könnte wie vorher aus der geringeren Menge umgesetzter Stoffe durch Oxydationen. So steigt z. B. der Glycerinverbrauch des Bacillus subtilis beim Übergang vom aeroben zum anaeroben Leben auf das 4,7fache, da aber durch Spaltungen nur wenige Prozente der Verbrennungswärme freigemacht werden, bleibt der Energieumsatz im anaeroben Leben sehr erheblich hinter dem des aeroben Lebens zurück, kann höchstens $^1/_3$ bis $^1/_4$ von diesem betragen. Dieser geringe Energieumsatz genügt aber zur Vollendung aller Lebensvorgänge des Bacillus subtilis.

Ein Prinzip, das die Vertretung der Nährstoffe im Betriebsstoffwechsel regelt, muß auf aerobes und anaerobes Leben gleichmäßig anwendbar sein und muß die Dynamik der Vertretung erkennen lassen. Um ein solches Prinzip zu finden, kann man von verschiedenen Fragestellungen ausgehen. Die allgemeinste wird die sein, in welcher Abhängigkeit die Größe des Betriebsstoffwechsels von der Konzentration der verschiedenen Nährstoffe bei aerobem und anaerobem Leben steht. Ist sie beantwortet, so lassen sich die Konzentrationen angeben, bei denen z. B. gleichviel Sauerstoff verbraucht oder bei denen gleiche Mengen eines anaeroben Stoffwechselproduktes gebildet werden. Aus einer solchen Grundlage ließe sich dann vielleicht das allgemeine Prinzip der Vertretbarkeit abstrahieren. Untersuchungen dieser Art fehlen völlig. Eine besondere Frage wäre es dann, ob da, wo besondere Arbeitsmaschinen entwickelt sind, also z. B. in der Muskulatur, verschiedene Nährstoffe mit gleichem Wirkungsgrad verwendet werden können, oder allgemeiner gesagt, welcher Wirkungsgrad mit den verschiedenen Konzentrationen verschiedener Nährstoffe zu erreichen ist.

## 2. Die Kardinalkonzentrationen der lebensnotwendigen Stoffe.

Die Frage nach den Kardinalkonzentrationen der notwendigen Stoffe gestaltet sich am einfachsten, wenn zunächst nur nach dem Minimum und Maximum der Konzentrationen gefragt wird, die noch Wachstum zulassen. Die Frage der Optima bedarf besonderer Behandlung. Die allgemeine Festlegung der Grenzkonzentrationen wird am ersten dann möglich sein, wenn es gelingt, die Abhängigkeit der Wachstumsgeschwindigkeit von den verschiedenen Konzentrationen eines Nährstoffes zu ermitteln. Auch diese Aufgabe kann noch vereinfacht werden, wenn man nur fragt, welche Mengen bei verschiedenen Konzentrationen bei genügend langer Wachstumszeit produziert werden können, also gewissermaßen den Gleichgewichtszustand bei verschiedenen Konzentrationen untersucht. Hierüber haben wir einige Erfahrungen, die bei vorsichtiger Verwertung wohl allgemeinere Schlüsse zulassen.

Das einfachste Verhalten, das gefunden werden kann, besteht darin, daß die produzierte Menge an organisierter Materie direkt proportional der Konzentration des Nährstoffes ist. Dieses Verhalten ist in der Tat mehrfach gefunden worden. Unter den Pilzen nutzt z. B. Mucor rhizopodiformis Zucker in Konzentrationen von 0,05—1,0% derart aus, daß die Ernte sehr nahe proportional der Konzentration ist. Für Aspergillus niger, der sehr hohe Zuckerkonzentrationen erträgt, gilt diese Proportionalität der Ernte mit der Konzentration zwischen 0,36 und 10% oder sogar bis 20%; bei Hefen war die Masse der entstandenen Zellen zwischen 0,4 und 0,8% Zucker der Konzentration proportional. Wir wollen solche Konzentrationen als mittlere bezeichnen.

Treibt man die Verdünnung eines Nährstoffes immer weiter, so wird schließlich der Punkt erreicht, bei dem ein Wachstum, eine Vermehrung, nicht mehr erfolgen kann, wir haben das Minimum erreicht. Seine Lage ist für die verschiedenen Organismen außerordentlich verschieden. Wir wissen, daß nicht nur Wasserbakterien, sondern z. B. auch Bakterium liquefaciens fluorescens sich in destilliertem Wasser, dessen Gehalt an organischen Stoffen nur einzelne Milligramme im Liter beträgt, rasch vermehren können, so daß der Keimgehalt pro 1 ccm auf über 1 Million anwachsen kann[1]). Typhusbacillen brauchen mindestens 67 mg organische, eiweißartige Substanz im Liter, um wachsen zu können, Cholerabacillen wenigstens 400 mg[2]). Es liegt in der Natur der Sache, daß die Minimalkonzentration, die noch Wachstum zuläßt, schwer festzulegen ist, da die Eignung eines Stoffes als Baustoff *stetig* mit der Konzentration abnimmt. Daher ist es wertvoll, ein Kriterium dafür zu haben, daß man sich der minimalen Konzentration nähert. Ein solches ist vielleicht durch die Art der Abnahme der Erntegrößen in verdünnten Nährlösungen gegeben. Sinkt die Konzentration unter einen gewissen — für die einzelnen Organismen sehr verschiedenen — Betrag, so nimmt die Erntemenge nicht mehr proportional der Konzentration, sondern schneller ab.

Wird z. B. der Zuckergehalt in Versuchen mit Hefe von 0,4 auf 0,2% vermindert, so sinkt die Ernte nicht auf die Hälfte, sondern beträgt kaum mehr als $^1/_3$ der Ernte bei 0,4%. Bei einem Bacterium aus der Proteusgruppe sah RUBNER[3]) die Erntemengen, die in Fleischextrakt erzielt werden konnten, stärker abnehmen, als der Verdünnung entsprach. Waren die relativen Konzentrationen: 100, 50, 25, 12,5, 6,25, so waren die entsprechenden Erntemengen: 100, 41, 11,7, 5,4, 2,4.

Die Bedeutung dieser Beobachtung wird leicht verständlich durch Betrachtung der Abb. 27. Die gerade Linie *a* bezeichnet für einen idealen Fall die Erntemenge bei verschiedenen Konzentrationen. Daß diese Gerade durch den Nullpunkt geht, würde bedeuten, daß schon beliebig kleine Konzentrationen ausnutzbar wären, d. h. daß es kein Minimum für die Konzentration des Nährstoffes gäbe. Beginnt das Wachstum aber erst bei einer bestimmten endlichen Konzentration, so wird die Abhängigkeit der Erntemenge von der Konzentration etwa durch

[1]) LANSBERG: Zentralbl. f. Bakteriol., Parasitenk. u. Infektionskrankh., Abt. II, Bd. 51, S. 280—286. 1920.

[2]) GOTTSCHLICH, E.: in KOLLE-WASSERMANN: Handb. d. pathogenen Mikroorganismen, 2. Aufl., Bd. 1, S. 255. 1912.

[3]) RUBNER: Beziehungen zwischen Bakterienwachstum und Konzentration der Nahrung. Arch. f. Hyg. Bd. 57, S. 167—192. 1906.

die Kurve $b$ dargestellt. Ihr Verlauf ist daraus zu konstruieren, daß die Erntemengen bei mittleren Konzentrationen auf einer Geraden liegen, die durch den Nullpunkt geht. Dieser Linie muß sich also die Kurve nähern, und wie die Betrachtung ohne weiteres lehrt, muß es daher einen Bereich schwacher Nährstoffkonzentrationen geben, in dem die Erntemenge bei steigender Konzentration rascher wächst als die Konzentration. In elementarer Weise kann man sich die Verhältnisse (nicht ganz zutreffend) derart klarmachen, daß die Ernte nicht der Konzentration $C$, sondern dem Ausdruck $(C-m)$ proportional ist, wo $m$ die minimale Konzentration bedeutet, die noch Wachstum gestattet. Ist $m$ nicht sehr viel kleiner als $C$, so besteht keine Proportionalität zwischen Ernte und Konzentration. Sei die minimale Konzentration 1,0, die geprüften Konzentrationen 2,0 und 4,0, so stehen die Erntemengen nicht im Verhältnis 2 : 4, sondern (2—1) : (4—1) = 1 : 3. Sind dagegen die Konzentrationen sehr viel höher als

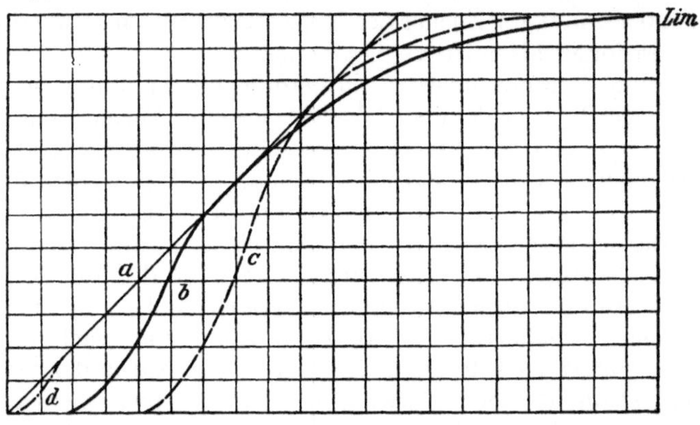


Abb. 27. Erntemengen bei verschiedenen Konzentrationen eines Nährstoffes. Abszisse: Konzentration des Nährstoffes. Ordinate: Erntemenge. *a* Grenzfall, wenn die Ernte bis zum erreichbaren Maximum proportional der Konzentration steigt und schon bei minimalen Konzentrationen beginnt. *b, c, d* Fälle, in denen das Wachstum erst bei merklich von Null verschiedenen Konzentrationen beginnt und mit wachsenden Konzentrationen um so weniger gefördert wird, je näher der Ertrag dem maximalen ist. Lim: maximaler Ernteertrag, der durch Erhöhung der Konzentration des einen untersuchten Nährstoffes nicht überschritten werden kann.

die minimale, so ist eine Abweichung von der einfachen Proportionalität nicht erkennbar. Z. B. bei den Konzentrationen 10 und 20 müßten sich die Ernten verhalten wie (10—1) : (20—1) = 1 : 2,1 anstatt wie 1 : 2,0. Eine strenge Ableitung hierüber fehlt zur Zeit, sobald sie vorliegt, wird man die minimale Konzentration aus dem Verhältnis der Erntemengen bei verdünnten Nährlösungen berechnen können.

Bei Konstanz aller anderen Bedingungen kann man mit Hilfe eines bestimmten Nährstoffes nur einen gewissen höchsten Ernteertrag erzielen. Die Proportionalität zwischen Ernte und Nährstoffkonzentration kann also bei höheren Konzentrationen nicht mehr gelten, es muß vielmehr die Steigerung der Ernte, die durch eine bestimmte Erhöhung der Nährstoffkonzentration bewirkt wird, um so kleiner werden, je näher man bereits dem maximalen Ertrage ist. Die Größe der Ernte bei mittleren und hohen, aber unschädlichen Konzentrationen läßt sich allgemein durch die Gleichung darstellen

$$E_\infty = E_{\max}\left(1 - e^{-\frac{k \cdot x}{E_{\max}}}\right).$$

In dieser Gleichung bedeutet $E_\infty$ die Ernte nach genügend langer Zeit, $E_{max}$ die höchste Ernte, die zu erzielen ist, wenn, bei Konstanz aller übrigen Nährstoffe, *ein* Nährstoff, dessen Menge $x$ ist, in verschiedenen Konzentrationen geboten wird. Die Beizahl $k$ ist für die einzelne Versuchsreihe eine Konstante, deren Größe von der Natur des Nährstoffes abhängt.

Als Beispiel seien die Ernten mitgeteilt, die man (in 100 ccm) von Aspergillus niger bei verschiedenen Zuckerkonzentrationen erhält[1]). Die Stammlösung enthielt im Liter: 400 g Rohrzucker, 40 g $(NH_4)_2SO_4$, 2 g $KH_2PO_4$, 2 g $MgSO_4 + 7\,H_2O$ und 1 g Citronensäure. Mit der Verdünnung des Zuckers wurden also auch die übrigen Nährstoffe entsprechend verdünnt. Die Temperatur betrug 30°.

| Zuckergehalt in % . . . . . . . . . | 1,25 | 2,5 | 5 | 10 | 20 | 30 | 40 |
|---|---|---|---|---|---|---|---|
| Ernte in mg, beobachtet nach 17 Tagen | 231 | 454 | 893 | 1701 | 2782 | 4029 | 4855 |
| Ernte berechnet $E = 7700\,(1 - e^{-0{,}025\,x})$ | 242 | 475 | 900 | 1710 | 3030 | 4050 | 4855 |

Die Konstante des Wachstums $k$ ist in diesem Falle 193, der Grenzwert der Ernte 7700. In einigen durchgerechneten Versuchen mit Zucker ergab sich bei 30° für:

| | $E_{max}$ | $k$ |
|---|---|---|
| Aspergillus niger . . . . . . . | 7700 | 193 |
| Mucor rhizopodiformis . . . . . | 451 | 430 |
| Saccharomyces . . . . . . . . | 508 | 178 |

Daß die Größe von $k$ auch dann noch charakteristisch für einen bestimmten Wachstumsfaktor ist, wenn verschiedene Versuchsreihen mit Konzentrationsänderung eines Nährstoffes verglichen werden sollen, lehrt das folgende Beispiel. Es wurde in einer Versuchsreihe bei Zugabe von 2% Saccharose der Einfluß von $(NH_4)_2SO_4$ in steigenden Mengen auf das Wachstum von Aspergillus niger geprüft, in einer anderen bei 4% Saccharose. Die Konstante $k$ war in den beiden Fällen:

bei 2% Saccharose $k = 8330$, $E_{max} = 1190$
„ 4% „ $k = 8400$, $E_{max} = 2800$.

Während also die maximale Ernte je nach der Zuckerkonzentration sehr verschieden ausfiel, blieb die Zahl $k$ praktisch konstant. Sie ist bezeichnend für die Verwertung verschiedener Konzentrationen von Ammonsulfat durch den Pilz.

Diese Beispiele sollen nur erläutern, wie das vorliegende Material weiter verwertet werden kann. Systematische Untersuchungen in dieser Richtung fehlen fast ganz. Nur die Erfahrungen über die Wirkung der Düngemittel auf die Höhe des Ernteertrages der landwirtschaftlichen Nutzpflanzen sind hier anzuführen und zeigen die Gültigkeit des Exponentialgesetzes für die abnehmende Wirkung steigender Mengen der einzelnen Nährstoffe.

Als Beispiel mögen einige Zahlen für den Hafer dienen. Die Ernte darf in allen diesen Versuchen nicht als Funktion der Menge des als Düngemittel zugefügten Nährstoffes betrachtet werden, sondern als Funktion dieser Nährstoffmenge, vermehrt um einen Betrag ($a$), der schon ohne Düngung im Boden vorhanden ist.

Wirkung von Kalidüngung auf Hafer nach HELLRIEGEL:

| Zugefügte Menge $K_2O = g$ . . . . . . | 0 | 23 | 47 | 94 | 188 | 282 | 376 |
|---|---|---|---|---|---|---|---|
| Gesamtmenge $K_2O = g + a = x$ . . . | 3 | 26 | 50 | 97 | 191 | 285 | 379 |
| Ernte (Trockensubstanz) beobachtet in g | 0,8 | 6,8 | 10,4 | 14,7 | 17,7 | 19,4 | 17,8 |
| Ernte berechnet: $E_\infty = 21\left(1 - e^{-\frac{0{,}295\,x}{21}}\right)$ in g . . . . . | 0,88 | 6,4 | 10,5 | 15,6 | 19,6 | 20,7 | 21,0 |

[1]) Nach PRINGSHEIM: Zeitschr. f. Botanik Jg. 6, S. 587. 1914.

Wirkung von Stickstoffdüngung auf Hafer; N in Form von Natronsalpeter:

| Zugefügte Menge N in g . | 0,01 | 0,25 | 0,50 | 0,75 | 1,0 | 1,25 | 1,50 | 1,75 | 2,00 |
|---|---|---|---|---|---|---|---|---|---|
| Gesamtmenge N $= g + a = x$ | 0,06 | 0,3 | 0,55 | 0,8 | 1,05 | 1,3 | 1,55 | 1,8 | 2,05 |
| Ernte (Trockensubstanz) beobachtet in g . . . . | 11,4 | 33,8 | 84,5 | 115 | 139 | 162 | 179 | 194 | 208 |
| Ernte berechnet: $E_\infty = 280\left(1 - e^{-\frac{190\,x}{280}}\right)$ in g | 11,4 | 32,3 | 87,8 | 117 | 144 | 164 | 180 | 197 | 212 |

Wirkung von Phosphorsäuredüngung auf Hafer:

| Zusatz von $P_2O_5$ in g . | 0,01 | 0,02 | 0,03 | 0,05 | 0.10 | 0,20 | 0,30 | 0,50 | 0,70 | 1,0 | 1,5 | 2,0 | 3,0 |
|---|---|---|---|---|---|---|---|---|---|---|---|---|---|
| Gesamt $P_2O_5 = g + a = x$ . | 0,045 | 0,055 | 0,065 | 0,085 | 0,135 | 0,235 | 0,335 | 0,535 | 0,735 | 1,035 | 1,535 | 2,035 | 3,035 |
| Ernte (Trockensubstanz) beobachtet in g . . . | 13,2 | 16,4 | 19,4 | 25,0 | 36,3 | 50,3 | 57,5 | 65,0 | 66,9 | 67,6 | 67,7 | 67,7 | 67,7 |
| Ernte berechnet: $E_\infty = 67{,}7\left(1 - e^{-\frac{376\,x}{67{,}7}}\right)$ | 15,0 | 17,8 | 20,6 | 25,6 | 35,9 | 49,5 | 57,4 | 61,1 | 66,6 | 67,5 | 67,6 | 67,7 | 67,7 |

Die Übereinstimmung zwischen Beobachtung und Rechnung ist befriedigend. Wir finden für den Hafer

bei Kalidüngung . . . . $E_{\max} = 21 \quad k = 0{,}295 \quad a = 3$,
bei Stickstoffdüngung . . $E_{\max} = 280 \quad k = 190 \quad a = 0{,}05$,
bei Phosphordüngung . . $E_{\max} = 67{,}7 \quad k = 376 \quad a = 0{,}035$.

Diese Darstellung stimmt sachlich überein mit den Anschauungen von MITSCHERLICH[1]) und BAULE[2]). Die Frage, ob bei geringen Mengen der Nährstoffe die Produktion stärker sinkt als der Nährstoffmenge entspricht, wird in der Pflanzenbaulehre erörtert, sei hier aber übergangen.

Auch für grüne Algen läßt sich die Gültigkeit dieser Regel zeigen. Stichococcus bacillaris bildet in 28 Tagen im Licht sehr verschiedene Mengen von Zellen, je nach der Konzentration der Nährlösung. Diese Lösung enthielt 1% $NH_4 \cdot NO_3$, 2% Glucose, 0,3% $KH_2PO_4$, 0,1% $MgSO_4$, 0,05% $CaCl_2$ und eine Spur $FeCl_3$. Setzen wir diese Konzentration gleich 1,0, so ergibt sich folgendes:

| Nährstoffkonzentration . . . . . . | | 1 | $^1/_2$ | $^1/_4$ | $^1/_8$ | $^1/_{16}$ |
|---|---|---|---|---|---|---|
| Zahl der Zellen nach 28 Tagen in Millionen | beobachtet | 29,0 ± 0,2 | 25,2 ± 0,8 | 18,7 ± 0,7 | 9,8 ± 1,0 | 5,0 ± 1,4 |
| | berechnet . | 31,4 | 24,6 | 15,8 | 9,4 | 5,0 |

Die Rechnung ist mit einem $E_{\max} = 34$ und $k = 5{,}44$ durchgeführt.

Variieren mehrere notwendige Stoffe in ihrer Konzentration, so wird die maximale Ernte wieder eine Funktion des zweiten und dritten variierenden Stoffes, und wir bekommen den allgemeinen Ausdruck:

$$E_\infty = E_{\max}\left(1 - e^{-k_1 x_1}\right)\left(1 - e^{-k_2 x_2}\right)\cdots\left(1 - e^{-k_n x_n}\right).$$

[1]) MITSCHERLICH, E. A.: Landwirtschaftl. Versuchs-Stationen Bd. 75, S. 231—263. 1911; Bd. 76, S. 413—428. 1912; u. Landwirtschaftl. Jahrb. 1913, S. 649—668.

[2]) BAULE: Landwirtschaftl. Jahrb. Bd. 51, S. 363. 1917; Bd. 54, S. 493. 1920; s. auch H. WAGNER: Landwirtschaftl. Jahrb. Bd. 62, S. 785—808. 1925.

Es ist bemerkenswert, daß sich die Wirkung von Licht verschiedener Intensität in bezug auf die Förderung des Pflanzenwachstums ebenso verhält wie ein Nährstoff, der in verschiedener Menge geboten wird. Es sei wieder der Hafer als Beispiel erwähnt. MITSCHERLICH[1]) fand bei verschiedenen Lichtstärken die folgenden Erntemengen (Trockensubstanz):

| Lichtintensität $J$ relativ . . . . | 0,192 | 0,217 | 0,250 | 0,294 | 0,357 | 0,455 | 1,000 |
|---|---|---|---|---|---|---|---|
| Erntemenge beobachtet in g . . | $27 \pm 2$ | $35 \pm 1$ | $45 \pm 2$ | $63 \pm 4$ | $76 \pm 3$ | $93 \pm 1$ | 109 |
| Lichtintensität $J - 0,15$ . . . . | 0,042 | 0,067 | 0,100 | 0,144 | 0,210 | 0,315 | 0,850 |
| Ernte berechnet: $E = 110\,[1 - e^{-5,8\,(J\,-\,0,150)}]$ . . | 25 | 35 | 49 | 62 | 77 | 92 | 109 |

Bei der Berechnung muß die Lichtstärke um einen konstanten Wert vermindert werden, nämlich um den Betrag, der eben nicht mehr imstande ist, eine Ernte zu erzeugen. Wir haben in diesem Falle

$$E_{\max} = 110\,, \quad k = 640\,, \quad a = -0{,}150\,.$$

Die Frage nach der maximalen Konzentration eines Nährstoffes, die eben noch oder gerade nicht mehr Wachstum zuläßt, ist hiermit noch nicht beantwortet. Die Erfahrung zeigt, daß bei immer weiterer Erhöhung der Konzentration für jeden Nährstoff, der in genügender Menge in Wasser löslich ist, schließlich ein Punkt erreicht wird, bei dem das Wachstum gegenüber verdünnteren Lösungen verringert und endlich ganz aufgehoben wird.

So können Schimmelpilze bei einer Zuckerkonzentration von 51—55% meist nicht mehr wachsen; Glycerin hebt bei 37—43% das Wachstum auf. Für Bakterien liegen die Maxima meist niedriger. Als Beispiele ganz ausnahmsweiser Toleranz gegen hohe Nährstoffkonzentrationen ist zu erwähnen, daß Aspergillus repens noch mit 80% Zucker besser wächst

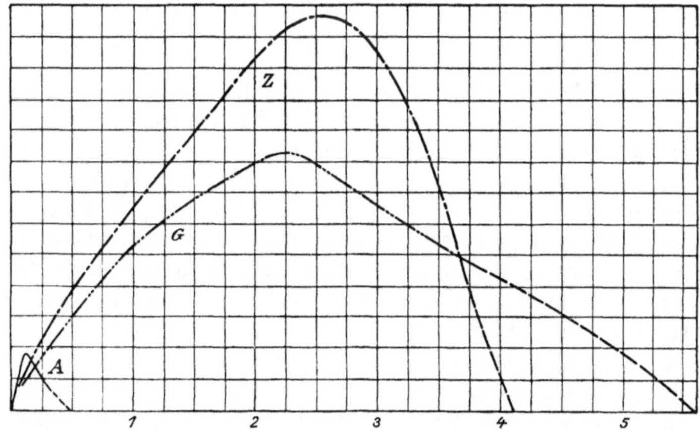


Abb. 28. Ernte bei verschiedenen Konzentrationen für Arbutin ($A$), Zucker ($Z$), Glycerin ($G$). Objekt: Aspergillus niger. Abszisse: Konzentration des Nährstoffes 1-, 2-, 3- usw. molekular. Ordinate: Erntemenge.

als mit 20%, und daß Bacterium vernicosum bei 70% Rohrzucker, 50% Milchzucker oder Dextrin und 40% Glycerin gedeiht. Die großen Verschiedenheiten der einzelnen Nährstoffe in bezug auf die maximale Konzentration, die noch Wachstum zuläßt, erläutert am besten die Abb. 28. Sie gibt die Erntemenge, die Aspergillus niger in 16 Tagen bei 22—26° mit den

[1]) MITSCHERLICH: Landwirtschaftl. Jahrb. 1913, S. 649—668.

verschiedenen Konzentrationen von Traubenzucker ($Z$), Glycerin ($G$) und Arbutin ($A$) liefert. Während das Arbutin schon bei 0,11 molekular das beste Wachstum gibt und bei 0,37 mol. nur noch ganz geringes, liegt für Glycerin die höchste Ernte bei 2,18 mol., und erst bei 5,45 mol. ist das Wachstum fast aufgehoben. Der Zucker endlich liefert bei etwa 2,5 mol. maximale Ernten, die dann bei weiterer Steigerung der Konzentration stark absinken, so daß etwa bei 4 mol. das Wachstum aufhört.

Sofern ein Stoff die Entwicklung hemmt oder aufhebt und damit schließlich das Leben vernichtet, sagen wir, er übe eine Giftwirkung aus. Jeder Nährstoff, der in genügend hoher Konzentration zur Wirkung gebracht werden kann, hat Giftwirkungen. Hier grenzen die Probleme der allgemeinen Physiologie und Pharmakologie aneinander. Man wird geneigt sein, einen Unterschied zwischen den hemmenden Wirkungen von lebensnotwendigen Stoffen in hoher Konzentration und der gleichen Wirkung durch Gifte, die in keiner Konzentration lebensnotwendig sind, darin zu finden, daß die Konzentration eines Nährstoffes weit über den Wert hinaus gesteigert werden muß, der schon eine volle Entwicklung gestattet, damit solche Giftwirkungen auftreten; aber dieses Kriterium hält nicht stand. Die fördernden und schädigenden Konzentrationen eines lebensnotwendigen Stoffes können nahe beieinander liegen, wie das eben erwähnte Beispiel des Arbutin zeigt. Auch für Kalium zeigt sich beim Hafer (s. o.), daß eine Konzentration, die nur wenig höher liegt als jene, die die maximale Ernte ermöglicht, den Ernteertrag bereits herabdrückt, so daß wahrscheinlich schon eine Konzentration von der doppelten Höhe der günstigsten kaum mehr Wachstum ermöglichen wird. Ebenso sehen wir bei Wirbeltieren eine geringe Erhöhung der normalen Kaliummenge im Blut Herzstillstand bewirken.

Die Lehre von den allgemeinen Lebensbedingungen hat die Aufgabe, zu ermitteln, ob die Konzentrationen lebensnotwendiger Stoffe, die Giftwirkungen ausüben, bestimmte gemeinsame Eigenschaften haben, die als ausschlaggebend für die Giftwirkung zu betrachten sind, d. h. sie hat ein Teilproblem der allgemeinen Lehre von der Giftigkeit zu bearbeiten. Resultate sind in dieser Richtung noch nicht zu verzeichnen. Was wir über die Grenzkonzentrationen von Nährstoffen wissen, die eben kein Wachstum mehr gestatten, hat wesentlich kasuistischen Charakter.

Eine Verarbeitung der Ergebnisse von Wachstumsversuchen ist deswegen methodisch so besonders schwierig, weil der sichtbare Erfolg der Massenzunahme, der beobachtet wird, die Differenz aus zwei ganz verschiedenen Vorgängen darstellt: dem Vorgange der Assimilation, in dem aus den Nährstoffen neue arteigene Substanz gebildet wird, und dem Abnutzungsstoffwechsel, in dem ständig Teile der organisierten Materie zugrunde gehen. Ein Gleichgewichtszustand, wie er beim Wachstum unter bestimmten Bedingungen eintritt, muß daher immer dynamisch aufgefaßt werden, d. h. als der Ausdruck dafür, daß sich Anbau und Abbau das Gleichgewicht halten.

Ist schon das Beobachtungsmaterial nicht reich, wenn die Frage beantwortet werden soll, wie groß die Ernte unter bestimmten Bedingungen ist, wenn die Zeit beliebig lang gewählt wird, so wissen wir über die *Geschwindigkeit*, mit der sich die Annäherung an das Gleichgewicht nach beliebig langer Zeit vollzieht, kaum etwas zu sagen. Die einfachste Annahme wäre die, daß die Geschwindigkeit proportional der maximalen Ernte nach $\infty$ langer Zeit sein wird.

Ein Beispiel, in dem diese Voraussetzung recht gut zutrifft, ist aus PRINGSHEIMS Untersuchungen über Hefewachstum bei verschiedenen Zuckerkonzentrationen zu entnehmen. Der allgemeine Ausdruck für die Ernte $E_t$, die nach der Zeit $t$ vorhanden ist, würde sein:

$$E_t = E_\infty \left(1 - e^{-\frac{\alpha \cdot t}{E_\infty}}\right),$$

Aus G. PRINGSHEIMS[1]) Zahlen ergeben sich die folgenden Werte für $\alpha$ und $E_\infty$.

| Zuckerkonzentration $C =$ | Maß der Geschwindigkeit $\alpha =$ | Maximalernte in mg $E_\infty$ | $\frac{\alpha}{E_\infty}$ |
|---|---|---|---|
| 0,2 | 6,8 | 34 | 0,2 |
| 0,4 | 13,4 | 67 | 0,2 |
| 0,8 | 24,9 | 124 | 0,2 |
| 1,6 | 37,0 | 184 | 0,2 |
| 3.2 | 68,2 | 342 | 0,2 |
| [$\infty$ | 101,6 | 508 | 0,2] |

Die Konstante $\alpha$, die ein Maß für die Geschwindigkeit ist, steigt hier in der Tat proportional der maximalen Ernte, wie die Konstanz des Quotienten $\frac{\alpha}{E_\infty} = 0{,}2$ zeigt. Da die maximale Ernte, wie wir früher gesehen haben, dem Ausdruck folgt:

$$E_\infty = E_{\max}\left(1 - e^{-\frac{k \cdot x}{E_{\max}}}\right),$$

so wäre durch die beiden Gleichungen die Abhängigkeit der Ernte nach beliebiger Zeit und beliebigen Nährstoffkonzentrationen gegeben, wenn sich nicht störende Einflüsse geltend machen würden, die um so mehr hervortreten, je höher die Konzentration der Nahrung und je länger die Zeit des Wachstums, d. h. also, je größer die bereits vorhandene Hefemasse ist. Die maximale Geschwindigkeit, mit der bei beliebig hoher Zuckerkonzentration das Wachstum erfolgen würde, ist in diesem Falle gemessen durch $\alpha = 101{,}6$.

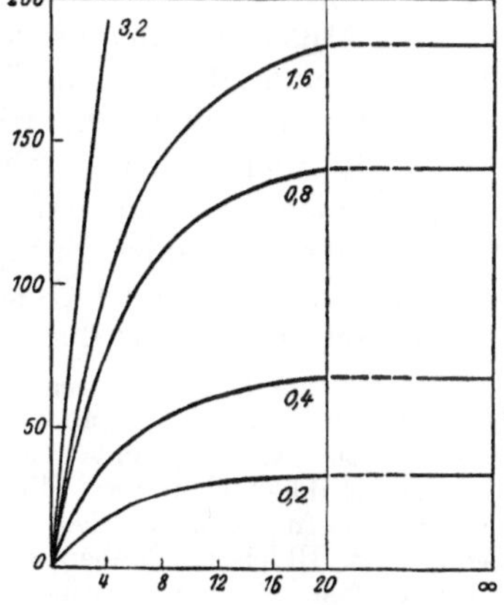

Abb. 29. Geschwindigkeit der Massenzunahme einer Hefekultur. Abszisse: Zeit in Tagen. Ordinate: Erntemenge in mg. Die Zahlen an den Kurven geben die Konzentration des Zuckers in Prozenten.

Sehen wir von den sekundären Einflüssen ab, so würde die Kurvenschar, die den Verlauf des Wachstums bei verschiedenen Konzentrationen gibt, den Verlauf zeigen, den Abb. 29 darstellt. Sie ist berechnet nach den Gleichungen

$$E_\infty = 508\left(1 - e^{-\frac{178x}{508}}\right),$$

$$E_t = E_\infty\left(1 - e^{-\frac{\alpha \cdot t}{E}}\right)$$

und mag als paradigmatisch für diese Verhältnisse gelten, bis reichlicheres Beobachtungsmaterial vorliegt.

Eine besondere Darstellung verlangen die Wirkungen des *Sauerstoffs* bei verschiedener Konzentration, d. h. bei verschiedenem Partiardruck.

Ein Minimum des Sauerstoffdruckes gibt es nicht für alle Organismen, denn wir kennen das ganze Heer der Anaeroben (Bakterien, Hefen, Pilze), die dauernd ohne jede Spur von Sauerstoffgas leben können. Unter den Tieren können eine Anzahl Protozoen lange Zeit ohne Sauerstoff leben, so daß es nicht unwahrscheinlich ist, daß auch sie (z. B. die Parasiten aus dem Froschdarm, Balantidium und Nyctotherus[2]) unter geeigneten Bedingungen dauernd den Sauerstoffabschluß werden ertragen können. Vielleicht sind auch einige Nematoden, z. B. Ascaris[3]), Anguillula und andere Würmer[4]) hierher zu rechnen.

[1]) Zeitschr. f. Botanik Jg. 6, S. 593. 1914.
[2]) PÜTTER: Die Atmung der Protozoen. Zeitschr. f. allg. Physiol. Bd. 5, S. 566—612. 1905.
[3]) WEINLAND: Zeitschr. f. Biol. N. F. Bd. 24, S. 55—90. 1901.
[4]) BUNGE, G.: Hoppe-Seylers Zeitschr. f. physiol. Chem. Bd. 12, S. 565—567. 1888.

Die Verhältnisse im Mendotasee in Wisconsin dürfen hier als gewaltiges Naturexperiment angeführt werden. Der See ist 39 qkm groß und hat eine größte Tiefe von 25 m [1]). Im August und September ist die ganze Wassermasse, die unterhalb 10—12 m Tiefe liegt, völlig frei von gelöstem Sauerstoff, ja dieser Zustand dauert für die tiefsten Schichten drei Monate lang; z. B. wurde im Jahre 1906 das Tiefenwasser vom 6. Juli bis 9. Oktober frei von Sauerstoff gefunden. Tiere, die in diesem Lebensbezirk leben, müssen sehr widerstandsfähig sein gegen Sauerstoffentziehung. IUDAY[2]) fand an Protozoen: Pelomyxa, Difflugia, Colpidium, Gyrocorys, Peranema, Coleps, Paramaecium, Prorodon, Lacrymaria, Uronema und Monas. Von Würmern wurden Tubifex, Limnodrilus und Anguillula beobachtet, ferner das Rotator Chaetonotus. Die Crustaceen sind durch den Ostracoden Cardona vertreten, die Mückenlarven durch die roten Chironomuslarven und die Mollusken durch Corneocyclas idahoensis. Von diesen Tieren scheinen Cardona und Corneocyclas sich in einer Art Starre zu befinden, die sich bei Sauerstoffzutritt rasch löst, die übrigen Formen waren auch bei Abwesenheit des Sauerstoffs lebhaft. In encystiertem Zustande überlebt auch ein Copepode (Cyclops bicuspidatus) die 3 Monate, in denen kein Sauerstoff vorhanden ist, im Tiefenschlamm[3]).

Daß auch im Meer Formen vorkommen, die lange ohne Sauerstoff leben können, lehren die Beobachtungen an einigen Muscheln, die bei Temperaturen unterhalb 10° 10—20 Tage lang in sauerstofffreiem Wasser gehalten werden konnten, ohne daß Schädigungen zu erkennen waren[4]).

Untersuchungen über den minimalen Sauerstoffdruck, bei dem Tiere ungeschädigt dauernd zu bestehen vermögen, fehlen fast ganz. Die biologischen Beobachtungen legen für eine ganze Reihe von Tieren die Annahme nahe, daß sie — wenn nicht fakultative Anaerobe, so doch — Formen sind, die nur eines sehr geringen Sauerstoffdruckes bedürfen. Das trifft vor allem für die Bewohner der mächtigen Räume im äquatorialen Atlantischen Ozean zu, die zwischen 20° n. Br. und 20° s. Br. in Tiefen von 100—150 m beginnen und bis zu 600 oder sogar 800 m hinabreichen. Hier ist der Sauerstoffdruck nirgends höher als 40 bis 60 mm Hg, und in den — sehr ausgedehnten — mittleren Teilen dieses Gebietes steigt er nicht über 25 —40 mm, beträgt also im Durchschnitt nur etwa $^1/_5$ des Wertes, der der vollen Sättigung des Wassers mit atmosphärischer Luft entspricht[5]). Im Indischen Ozean finden sich ähnliche Bezirke. Sie alle sind von zahlreichen Tieren aus den verschiedensten Stämmen des Tierreiches bewohnt.

Unter den Süßwasserseen sinkt in denen, die THIENEMANN[6]) zum baltischen Typus rechnet, im Sommer der Sauerstoffdruck gleichfalls bis auf 20 oder 30% des Wertes, der einer vollen Sättigung mit atmosphärischer Luft entsprechen würde. Beispiele sind die meisten norddeutschen Seen, die flacheren Eifelmaare, manche kleinere flachen Alpenseen. Im Winter findet unter dem Eise in einem Teil dieser Seen (meist kleineren, flacheren Seen, z. B. Ukleisee, Edebergsee, Plussee bei Plön) starke Sauerstoffzehrung statt, die bis zum fast völligen Schwinden des Sauerstoffs führen kann.

Wie gering der lebensnotwendige Sauerstoffdruck bei Pilzen sein kann, die zum anaeroben Leben nicht befähigt sind, lehren Beobachtungen von PORODKO[7]). der das Minimum für Phycomyces niteus auf 5 mm, für Aspergillus und Penicillium auf 0,5—5 mm angibt.

---

[1]) IUDAY u. WAGNER: Dissolved oxyden as a factor in the distribution of fishes. Transact. of the Wisconsin Acad. of Sciences, Arts and Letters Bd. 16, Teil I. 1908.

[2]) IUDAY: Some aquatic invertebrates that live under anaerobic conditions. Transact. of the Wisconsin Acad. of Sciences, Arts and Letters Bd. 16, Teil I. 1908.

[3]) BIRGE and IUDAY: A summer resting stage in the development of Cyclops bicuspidatus. Transact. of the Wiscosin Acad. of Sciences, Arts and Lettres Bd. 16, Teil I. 1908.

[4]) BERKELEY, C.: Anaerobic respiration in some pelecypod mollusks. Journ. of biol. chem. Bd. 46, S. 579—598. 1921.

[5]) *Forschungsreise S. M. S. „Planet“* 1906/07 Bd. 3: Ozeanographie von W. BRENNECKE S. 49—92.

[6]) THIENEMANN, AUGUST: Die Gewässer Mitteleuropas. Sonderabdruck aus Handb. d. Binnenfischerei Mitteleuropas Bd. I, S. 38 u. 39. Stuttgart: Erwin Nägele 1923.

[7]) PORODKO: Studien über den Einfluß der Sauerstoffspannung auf pflanzliche Mikroorganismen. Jahrb. f. wiss. Botanik Bd. 41, S. 1—64. 1905.

Die Erfahrung, daß auch für den Sauerstoff, wie für jeden lebenswichtigen Stoff, eine obere Grenze der Konzentration besteht, bei der er kein Leben mehr zuläßt, hat bei ihrer Entdeckung großes Staunen erregt. Wir finden alle Extreme, die überhaupt in dieser Richtung vorkommen, bei den Einzelligen verwirklicht.

An erster Stelle sind die sog. „obligaten Anaeroben" zu nennen, bei denen der Sauerstoffdruck, bei dem sie noch zu wachsen vermögen, so gering ist, daß die Auffassung entstehen konnte, sie vermöchten nur bei Abwesenheit von Sauerstoff zu wachsen. Diese Annahme ist unrichtig, bei genaueren Untersuchungen hat sich gezeigt, daß selbst die empfindlichsten der „obligaten" Anaeroben noch bei Sauerstoffdruck von 1 mm oder einigen Millimetern wachsen können.

So wächst Bacteridium butyricum bei 1—2 mm, bei Drucken bis etwa 4 mm ist zwar die Entwicklung gehemmt, die Lebensfähigkeit aber erhalten. Clostridium butyricum wächst bei 2 mm Druck, Bacterium oedematis maligni und Bacillus tetani wachsen noch bei 4 mm, der Rauschbrandbacillus noch bei 8 mm. Besonders bemerkenswert sind eine Reihe Schwefelbakterien, die schon bei einem Sauerstoffdruck von wenigen Millimetern geschädigt werden, obgleich sie obligate Aerobier sind. NATHANSON hat einige Formen aus dem Golf von Neapel beschrieben, die schon durch Sauerstoffdruck von 5—6 mm abgetötet werden. WINOGRADSKY[1]) fand, daß Beggiatoa, die Sauerstoff unbedingt zum Leben braucht, schon durch geringen Partiardruck dieses Gases getötet wird. Hier schließt sich — wahrscheinlich nicht als einzige Form — ein ciliates Infusor an (Spirostomum ambiguum). Für dieses streng aerobe Tier, das bei völliger Sauerstoffentziehung rasch zugrunde geht, liegt das Optimum des Sauerstoffdruckes bei 50—60 mm, ein Druck von 160 mm schädigt in wenigen Stunden, ein solches von 250—760 mm in wenigen Minuten[2]).

Nicht nur in reinem Sauerstoff, d. h. also bei 760 mm Sauerstoffdruck, sondern bei zum Teil sehr viel höheren Drucken vermag eine ganze Anzahl von Mikroorganismen zu leben. Zwischen der Widerstandsfähigkeit gegen hohen Druck und der Fähigkeit, ohne Sauerstoff zu leben, besteht keine Beziehung derart, daß die fakultativ anaeroben Arten besonders empfindlich gegen hohen Sauerstoffdruck wären. Es sind sogar zufällig die Formen, die die höchsten Druckwerte aushalten (Micrococcus laevolans, Bacterium $\gamma$ und $\varepsilon$) fakultative Anaerobier. Die folgende kleine Zusammenstellung ist eine Auswahl aus der größeren Tabelle von PORODKO.

Höchster Partiardruck des Sauerstoffs in Atmosphären, der noch Wachstum zuläßt:

| | |
|---|---|
| Bacillus $\beta$ | 1,26—2,22 |
| Rosa-Hefe, Phycomyces nitens | 1,68—1,94 |
| Sarcine lutea, Vibrio albensis | 2,51—3,18 |
| Bacillus subtilis | 3,18—3,88 |
| Proteus vulgaris | 3,63—4,35 |
| Bacterium coli commune | 4,09—4,84 |
| Bacillus prodigiosus | 5,45—6,32 |
| Micrococcus laevolans, Bacterium $\gamma$ und $\varepsilon$ | $> 9{,}38$ |

Mit diesen Zahlen, die bis über 9 Atmosphären Sauerstoffdruck hinaufreichen, haben wir schon die ganze Skala durchlaufen, wie sie sich nach den Untersuchungen von P. BERT[3]) und K. LEHMANN[4]) bei den verschiedenen Tieren finden. Die Angaben für die einzelnen Tierklassen haben mehr spezielle Bedeutung zur Erläuterung der allgemeinen Erfahrung, daß es für alle Organismen ein Maximum des

[1]) WINOGRADSKY: Über Schwefelbakterien. Botan. Zeit. Jg. 45, S. 489—507, 529 bis 539, 569—576, 585—594, 606—610.

[2]) PÜTTER: Die Wirkung erhöhter Sauerstoffspannung auf die lebendige Substanz. Zeitschr. f. allg. Physiol. Bd. 3, S. 363—405. 1904. Hier weitere Literatur.

[3]) BERT, PAUL: La pression barométrique. Paris 1878.

[4]) LEHMANN, KARL: Über den Einfluß des komprimierten Sauerstoffs auf die Lebensprozesse der Kaltblüter. usw. Pflügers Arch. f. d. ges. Physiol. Bd. 33, S. 173—179. 1884.

Sauerstoffdruckes gibt. Für Pflanzen sind die entsprechenden Daten aus den Untersuchungen von JENTYS[1]) und JACARD[2]) zu entnehmen.

Methodisch ist nur noch der Nachweis wichtig, daß es bei den hohen Sauerstoffdrucken nicht der Druck als solcher, sondern der Partiardruck des Sauerstoffs ist, von dessen Höhe die Wirkungen abhängen. Wenn z. B. PAUL BERT für Säugetiere einen Sauerstoffdruck von 3—4 Atmosphären rasch tödlich wirken sah, so war es gleichgültig, ob er ihn durch Kompression von reinem Sauerstoff auf 3—4 Atmosphären oder durch Kompression von Luft auf 15—20 Atmosphären herstellte.

Während in allen bisher erwähnten Versuchen die schädigende Wirkung des Sauerstoffs als stetige Funktion des Sauerstoffdruckes erscheint, müssen nunmehr noch zwei Beobachtungen erwähnt werden, nach denen es scheint, als gäbe es Organismen, die zwar ohne Sauerstoff und mit solchem von bestimmtem, nicht ganz geringem Druck zu wachsen vermöchten, dagegen nicht bei geringsten Sauerstoffdrucken. Beide Beobachtungen sind sachlich gleich: bei Geflügeldiphtherie[3]), und bei zwei anaerob wachsenden Streptokokken[4]) zeigte sich bei Kultur in Röhrchen in hoher Schicht, daß die obersten 1—1,5 cm frei von Kolonien blieben, daß dann eine Wachstumszone von 10 oder 20 mm Dicke folgte, dann wieder eine Schicht (1,5 oder 0,6 mm) ohne Kolonien und darauf Wachstum bis zum Grunde des Röhrchens. Es ist nicht zu behaupten, daß die einzige Bedingung die in den verschiedenen Schichten variiert, der Sauerstoffdruck ist, und so werden wir diesen Befunden erst dann theoretische Bedeutung beimessen können, wenn ein derart seltsames Verhalten zum Sauerstoffdruck mit einwandfreieren Methoden nachgewiesen worden ist.

Auch die Organismen, die ohne Sauerstoff dauernd zu leben vermögen, verwenden dieses Gas im Stoffwechsel, sobald es ihnen geboten wird. Wir kennen keinen Organismus, der nicht imstande wäre, mit Sauerstoff, der als solcher zugeführt wird, zu reagieren. Es ist deshalb ein ganz allgemeines Problem der Lehre von den Lebensbedingungen, in welcher Weise der Sauerstoffverbrauch vom Sauerstoffdruck abhängt. Da der Druck eines Gases der Konzentration eines gelösten Stoffes entspricht, so liegt die Annahme nahe, daß sich die Beziehung zwischen Sauerstoffverbrauch und Sauerstoffdruck durch die gleiche Formel wird darstellen lassen, die wir für die Abhängigkeit der Geschwindigkeit der Verwertung eines Nährstoffes von seiner Konzentration mit Erfolg benutzt haben. In der Tat bewährt sie sich in einer Reihe von Fällen[5]). Nennen wir den höchsten Sauerstoffverbrauch, der bei einem bestimmten Komplex von Bedingungen durch Steigerung des Sauerstoffdruckes nicht überschritten werden kann, $B$; die Zahl, die die Abhängigkeit des Sauerstoffverbrauchs vom Druck mißt, $k$; und den Partiardruck des Sauerstoffs $p$, so erhalten wir die Gleichung

$$y = B\left(1 - e^{-\frac{k \cdot p}{B}}\right),$$

in der $y$ den Verbrauch bei dem Druck $p$ bedeutet. Es ist übersichtlich, die Größe $B$ stets gleich 100 zu setzen, d. h. alle Werte in Prozenten des höchsten Verbrauchs

---

[1]) JENTYS, STEPHAN: Über den Einfluß hoher Sauerstoffpressungen auf das Wachstum der Pflanzen. Untersuch. a. d. botan. Inst. zu Tübingen Bd. 2, S. 419—464. 1888.

[2]) JACCARD, PAUL: Rev. génér. de botan. Bd. 5, S. 289—302. 1893.

[3]) MÜLLER, REINER: Zentralbl. f. Bakteriol., Parasitenk. u. Infektionskrankh., Abt. I, Orig., Bd. 41, S. 515—523 u. 621—628. 1906.

[4]) GRÄF u. WITTNEBEN: Zentralbl. f. Bakteriol., Parasitenk. u. Infektionskrankh., Abt. I, Orig., Bd. 44, S. 97—110. 1907.

[5]) PÜTTER, A.: Sauerstoffverbrauch und Sauerstoffdruck. Pflügers Arch. f. d. ges. Physiol. Bd. 168, S. 491—532. 1917.

auszudrücken. Wie gut sich die Beobachtungen durch die Gleichung darstellen lassen, dafür einige Beispiele.

Sauerstoffverbrauch von Suberites massa[1]) bei 10,5°.

| Sauerstoffdruck in mm Hg | | 39,3 | 44,8 | 71,5 | 127,0 | 276 | 327 |
|---|---|---|---|---|---|---|---|
| Sauerstoffverbrauch in Prozenten des Grenzwertes | beobachtet | 40,8 | 44,0 | 59,5 | 75,0 | 91,0 | 97,0 |
| | berechnet | 36,2 | 40,0 | 56,0 | 76,6 | 95,8 | 97,0 |

Sauerstoffverbrauch von Sipunculus nudus bei 20,5°[2]).

| Sauerstoffdruck in mm Hg | | 5 | 7 | 34 | 52 | 70 | 116 | 160 | 240 | 353 |
|---|---|---|---|---|---|---|---|---|---|---|
| Sauerstoffverbrauch in Prozenten des Grenzwertes | beobachtet | 4,2 | 5,9 | 25,5 | 36,4 | 40,0 | 53,0 | 71,0 | 91,0 | 96,0 |
| | berechnet | 3,7 | 5,2 | 22,8 | 32,7 | 41,3 | 58,7 | 70,5 | 80,5 | 93,3 |

Sauerstoffverbrauch von Limax spec.[3]).

| Sauerstoffdruck in mm Hg | | 40 | 80 | 120 | 160 | 380 | 732 |
|---|---|---|---|---|---|---|---|
| Sauerstoffverbrauch in Prozenten des Grenzwertes | beobachtet | 37,2 | 59,5 | 71,0 | 82,0 | 96,0 | 99,8 |
| | berechnet | 35,4 | 58,3 | 72,8 | 82,6 | 98,4 | 99,9 |

Aus der Formel läßt sich leicht berechnen, bei welchem Sauerstoffdruck der Verbrauch die Hälfte des Grenzwertes erreicht. Diese Zahl ist ebenso kennzeichnend für den Verlauf der Kurve wie der Koeffizient $k$ und erleichtert die Vorstellung. Wir wollen den Druck, bei dem der Verbrauch 50% des Grenzwertes beträgt, als Halbwertdruck bezeichnen. Beträgt der Druck das Vierfache des Halbwertdruckes, so ist der Verbrauch bereits 93,75 % des Grenzwertes. Bei dem 7fachen Halbwertdruck ist der Verbrauch mit 99,22 % praktisch nicht mehr von dem Grenzwert des Verbrauches zu unterscheiden. Die folgende Zusammenstellung gibt für eine Anzahl von Tieren den Wert der Kennzahl $k$ und den Halbwertdruck in Millimeter Quecksilber.

Die Abhängigkeit des Sauerstoffverbrauchs vom Sauerstoffdruck läßt sich für diese Tiere durch die folgenden Sätze kennzeichnen:

1. Der Verbrauch der ersten Spuren von Sauerstoff, die in den Umsatz der Tiere eintreten, ist proportional dem Sauerstoffdruck.

2. Der Sauerstoff wird mit um so größerer Geschwindigkeit in den Umsatz gerissen, je weiter entfernt die Tiere von dem Zustande größten Sauerstoffverbrauchs sind.

3. Die größte Menge Sauerstoff, die von einem Tier in der Zeiteinheit verbraucht wird, hängt von dem Zustande des Tieres ab. Diese größte Menge ist keine Konstante, sondern wechselt je nach den Bedingungen der Temperatur, der Ernährung, des Alters, des Zustandes der Tätigkeit oder Ruhe, wechselt je nach dem Medium, in dem das Tier lebt; sie ist aber für einen bestimmten Komplex dieser Bedingungen konstant.

---

[1]) Pütter, A.: Der Stoffwechsel der Kieselschwämme. Zeitschr. f. allg. Physiol. Bd. 16, S. 65—114. 1914.

[2]) Henze, Martin: Über den Einfluß des Sauerstoffdruckes auf den Gaswechsel einiger Meerestiere. Biochem. Zeitschr. Bd. 26, S. 255—278. 1910.

[3]) Thunberg, Torsten: Der Gasaustausch niederer Tiere in seiner Abhängigkeit vom Sauerstoffpartiardruck. Skandinav. Arch. f. Physiol. Bd. 17, S. 133—195. 1905.

Konstanten für die Beziehung zwischen Sauerstoffverbrauch und Sauerstoffdruck nach der Gleichung

$$y = 100\left(1 - e^{-\frac{k\,p}{100}}\right)$$

| Tierart | Kennzahl $k$ | Halbwertdruck in mm Hg |
|---|---|---|
| Suberites massa . . . . . . . . . . . . | 1,14 | 61,8 |
| Pelagia noctiluca . . . . . . . . . . . | 0,80 | 87,0 |
| Carmarina hastata . . . . . . . . . . . | 1,00 | 70,0 |
| Sipunculus nudus . . . . . . . . . . . | 0,76 | 92,0 |
| Lumbricus spec. . . . . . . . . . . . | 2,00 | 35,0 |
| Strongylocentrodus spec. . . . . . . . | 2,00 | 35,0 |
| Limax spec. . . . . . . . . . . . . | 1,09 | 64,5 |
| Aplysia spec. . . . . . . . . . . . . | 0,95 | 74,0 |
| Eledone maschata . . . . . . . . . . . | 0,80 | 87,0 |
| Carcinus moenas . . . . . . . . . . . | 2,50 | 28,0 |
| Tenebrio (Larven) . . . . . . . . . . | 7,00 | 10,0 |

Diese Beziehung zwischen Sauerstoffverbrauch und Sauerstoffdruck bewährt sich in einem viel größerem Umfange als die Interpolationsformel, die KONOPACKI[1]) aus seinen Beobachtungen am Regenwurm abgeleitet hat und die PÜTTER[2]) für eine Reihe von Fällen anwendbar fand. Nach KONOPACKI ist $a = k\sqrt{d}$, wenn $a$ den Sauerstoffverbrauch, $d$ den Sauerstoffdruck und $k$ eine Konstante bedeutet.

Daß eine Wurzelfunktion in einem Bereich mittlerer Druckwerte einen ähnlichen Verlauf hat wie die oben mitgeteilte Exponentialfunktion, ist ohne weiteres klar. Daß sie aber nur als Interpolationsformel zu bewerten ist, geht schon daraus hervor, daß sie mit steigendem Druck unbegrenzt steigende Werte für den Sauerstoffverbrauch ergibt, während sich tatsächlich der Verbrauch aller lebenden Wesen mit steigendem Druck einem Maximum nähert.

Der Partialdruck des Sauerstoffs, bei dem der maximale Verbrauch erreicht wird, liegt für die verschiedenen Tiere sehr verschieden hoch. Nach der oben entwickelten Formel sollte er theoretisch erst bei unendlich hohem Druck erreicht werden. Praktisch wird die Grenze schon bei Druckwerten erreicht, die 5—6mal so hoch sind wie der Halbwertdruck. Wie aus der Formel leicht zu berechnen, beträgt der Verbrauch bei dem fünffachen Halbwertdruck schon 96,87% des theoretischen Grenzwertes, bei dem 6fachen 98,44%. Diese Verbrauchsgrößen sind praktisch nicht mehr von dem maximalen Verbrauch zu unterscheiden.

Die Grenze liegt für den Fisch Fundulus heteroclitus[3]) bei 16 mm Partiardruck des Sauerstoffs, für den Tintenfisch Loligo[3]) und die Larven von Tenebrio bei 50 mm, für den Krebs Palaemonetes[3]) bei 80 mm, den Krebs Carcinus moenas bei 140 mm, für den Hummer[3]) bei erheblich mehr als 160 mm. Für

[1]) KONOPACKI, M.: Über den Atmungsprozeß bei Regenwürmern. Bull. de l'acad. des sciences de Cracovie Mai 1907, S. 357—431.

[2]) PÜTTER, A.: Vergleichende Physiologie S. 195—200. Jena: G. Fischer 1911.

[3]) AMBERSON, MAYERSON u. SCOTT: Journ. of gener. physiol. Bd. 7, S. 171—176. 1925.

Limax bei 324 mm, für Aplysia bei 370 mm, für die Qualle Pelagia noctiluca bei 435 mm, den Wurm Sipunculus nudus bei 460 mm und endlich für die Actinien bei 515 mm (Anemonia sulcata) bis 845 mm (Actinia equina) Sauerstoffdruck. Bei diesen Angaben ist allerdings zu bedenken, daß die mitgeteilten Werte, die über 353 mm Hg hinausgehen, errechnet sind, und daß sie nur unter der Voraussetzung eine experimentelle Bestätigung finden werden, daß nicht etwa schon so hohe Werte des Sauerstoffdruckes eine schädigende Wirkung ausüben, was nach den oben mitgeteilten Fällen von Schädigung durch vergleichsweise geringe Werte des Sauerstoffdrucks nicht auszuschließen ist.

In einer Reihe von Fällen liegen die Dinge insofern etwas verwickelter, als der Sauerstoffverbrauch bei mittlerem und höherem Partiardruck sich so verhält, als wäre er bereits bei einem wesentlich von Null verschiedenen Werte verschwindend gering. Es kann dies daran liegen, daß bei niederen Sauerstoffdrucken der Sauerstoffverbrauch stärker abnimmt, als der Abnahme des Druckes entspricht, es kann aber auch daran liegen, daß die Verbindung, die der Sauerstoff mit irgendeinem Bestandteil der lebenden Elemente notwendigerweise eingehen muß, um im Atmungsvorgang wirksam zu werden, eine merklich von Null verschiedene Dissoziationsspannung hat, so daß wirklich der Sauerstoffverbrauch erst bei einem nicht unbeträchtlich von Null verschiedenen Sauerstoffdruck beginnt. Eine sachliche Entscheidung zwischen beiden Möglichkeiten ist zur Zeit nicht zu treffen. Für die Darstellung ist die zweite Auffassung die einfachere. Legen wir sie zugrunde, so können wir in den erwähnten Fällen die Abhängigkeit des Sauerstoffverbrauchs vom Partiardruck nach der gleichen Formel berechnen wie in den früheren Fällen, mit dem einzigen Unterschied, daß wir den Partiardruck $p$ um einen Wert $c$ vermindern. Der Wert $c$ bedeutet also die Dissoziationsspannung der Verbindung des Sauerstoffs mit dem Atmungsmaterial. Die Formel lautet demnach

$$y = B\left[1 - e^{-\frac{k(p-c)}{B}}\right]$$

oder, wenn wir $B = 100$ setzen,

$$y = 100\left[1 - e^{-0{,}01\,k(p-c)}\right].$$

Als Beispiele mögen die folgenden Fälle dienen[1]).

Sauerstoffverbrauch von Anemonia sulcata bei 19°.

$k = 0{,}7;\; c = 15.$

| Sauerstoffdruck in mm Hg | | 37,5 | 81,0 | 160 | 282 | 440 |
|---|---|---|---|---|---|---|
| Sauerstoffverbrauch in Prozenten des Grenzwertes | beobachtet | 14,7 | 43 | 64 | 88 | 94 |
| | berechnet | 14,6 | 37 | 64 | 85 | 95 |

Sauerstoffverbrauch bei der Hautatmung des Frosches bei 21°.

$k = 1{,}35;\; p = 50.$

| Sauerstoffdruck in mm Hg | | 97 | 119 | 155 | 235 |
|---|---|---|---|---|---|
| Sauerstoffverbrauch in Prozenten des Grenzwertes | beobachtet | 43,5 | 55 | 78 | 96 |
| | berechnet | 43,7 | 61 | 76 | 92 |

[1]) PÜTTER, A.: Sauerstoffverbrauch und Sauerstoffdruck. Pflügers Arch. f. d. ges. Physiol. Bd. 168, S. 491–532. 1917.

Eine Übersicht über die — zum Teil nicht genügend untersuchten — Fälle, in denen die Dissoziationsspannung eine merkliche Größe hat, gibt die folgende Zusammenstellung.

Konstanten für die Beziehung zwischen Sauerstoffverbrauch und Sauerstoffdruck nach der Gleichung

$$y = 100\,[1 - c^{-0{,}01\,k\,(p-c)}].$$

| Tierart | Kennzahl $k$ | Dissoziationsspannung $c$ | Halbwertdruck in mm Hg |
|---|---|---|---|
| Actinia equina . . . . . . . . . | 0,43 | 28 | 191,0 |
| Anemonia sulcata . . . . . . . . | 0,50 | 15 | 115,0 |
| Sargus annularis . . . . . . . . | 0,40 | 50 | 67,5 |
| Coris . . . . . . . . . . . . . | 0,50 | 50 | 64,0 |
| Froschhaut . . . . . . . . . . . | 1,35 | 50 | 102,0 |
| Kaninchen . . . . . . . . . . . | 0,50 | 20 | 160,0 |

Die beiden Konstanten $k$ und $c$, die den Verlauf der Kurve bestimmen, die die Abhängigkeit des Sauerstoffverbrauchs vom Sauerstoffdruck darstellt, können in Abhängigkeit von äußeren Einflüssen oder inneren Bedingungen variieren, sind also zunächst nur dann als konstant anzusehen, wenn lediglich der Sauerstoffdruck sich in einer Serie von Versuchen ändert.

Schreiben wir die Gleichung in der Form, in der der höchste erreichbare Sauerstoffverbrauch gleich 100 gesetzt wird, so muß der Zahlenwert von $k$ als Funktion der Temperatur variieren. Setzen wir dagegen — und das ist für diese Betrachtung das zweckmäßigere — für den Grenzverbrauch den absoluten Wert $B$ ein, so erscheint dieser als Funktion der Temperatur, und $k$ ist unabhängig von der Temperatur, sein Wert kennzeichnet bei jeder Temperatur die Steilheit des Anstieges der Kurve. Je größer $k$ ist, desto enger ist der Bezirk, innerhalb dessen die Abhängigkeit des Sauerstoffverbrauchs vom Sauerstoffdruck in einem Umfange zum Ausdruck kommt, der die experimentelle Feststellung ermöglicht. Bisher ist keine Bedingung untersucht, durch die $k$ verändert würde.

Die Beantwortung der Frage, bei welcher Konzentration eines Nährstoffes (einschließlich des Sauerstoffs) das *Optimum* seiner Verwendung im Bau- oder Betriebsstoffwechsel liegt, führt auf eine grundsätzliche Schwierigkeit. Wir wollten — nach dem Rekordprinzip — als Optimum die Konzentration bezeichnen, bei der die maximale Ernte erzielt wird oder bei der die maximale Menge des Stoffes in der Zeiteinheit umgesetzt wird, wenn alle anderen Faktoren konstant erhalten werden. Bei der Wirkung der Phosphorsäure auf das Wachstum des Hafers sahen wir oben (s. S. 340), daß der Ernteertrag bei Phosphorsäuregaben von mehr als 0,7 g (bis 3,0 g hin) nicht weiter steigt und bei solchen Gaben schon so hoch ist, wie er, nach den Ernteergebnissen mit geringeren Gaben, bei $\infty$ viel Phosphorsäure sein würde, vorausgesetzt, daß solche Gaben möglich wären und keine schädigenden Wirkungen ausübten. Welche Konzentration ist hier optimal? Etwa alle, die zwischen 0,7 g und der — in diesem Falle nicht ermittelten — Konzentration liegen, die noch keine schädlichen Wirkungen ausübt? Sinngemäßer wäre es wohl, die geringste Konzentration, die maximale Entwicklung ermöglicht, als optimal zu bezeichnen. Beim Kalium (s. S. 339) wird die maximale Erntemenge bei 282 g Düngung erreicht und bleibt um etwa 8% hinter der theoretischen Maximalernte bei $\infty$ reichlicher Kaligabe zurück. Schon eine Düngung, deren

Menge den „optimalen" Wert um etwa ein Drittel übertrifft, verringert die Ernte. Hier ist das Optimum zweifelsfrei anzugeben, aber nur deshalb, weil sich schädliche Wirkungen des Kalium schon bemerkbar machen, bevor noch die Erntemenge erzielt ist, die theoretisch im Optimum erreicht werden sollte. Die optimale Konzentration hat in beiden Fällen eine ganz verschiedene Bedeutung. Im ersten kennzeichnet sie eine Eigenschaft des Organismus in bezug auf die Ausnutzung eines Nährstoffes, im zweiten aber eine ganz andere, nämlich die Empfindlichkeit gegen eine Giftwirkung. Für Giftwirkungen ist zweierlei bezeichnend: Die Giftigkeit beginnt erst bei einer gewissen endlichen Konzentration (Giftschwelle) und steigt dann mit steigender Konzentration sehr steil an. Betrachten wir unter diesem Gesichtspunkt eine Zahlenreihe von NIKITINSKY[1]) über das Wachstum von Aspergillus niger bei steigenden Konzentrationen aller Nährstoffe. Die Nährlösung enthielt 4% Zucker, 1% $NH_4NO_3$, 0,5% $KH_2PO_4$, 0,25% $MgSO_4$, 0,05% KCl und 1 Tropfen 5proz. Eisenchlorid. Diese Konzentration werde 1,0 genannt. Die Versuchsdauer war 16 Tage. Gefunden wurden folgende Ernten in mg:

| Konzentration: $x =$ | 0,5 | 1,0 | 2,0 | 3,0 | 4,0 | 5,0 | 6,0 | 7,0 | 8,0 | 9,0 | 10,0 |
|---|---|---|---|---|---|---|---|---|---|---|---|
| Ernte in mg: $E =$ | 227 | 392 | 713 | 1016 | 1430 | 2053 | 2115 | **2166** | 2010 | 1920 | 1815 |

Bis zur Konzentration 5,0 folgt die Produktion sehr gut der Gleichung $E = 7700\left(1 - e^{-\frac{446\,x}{7700}}\right)$, dann aber bleibt sie weiter und weiter hinter den berechneten Werten zurück. Eine graphische Darstellung läßt deutlich erkennen, daß die Differenz zwischen beobachteter und berechneter Ernte stetig und rasch mit steigender Konzentration zunimmt, so daß eine Extrapolation möglich ist, wie sie in Abb. 30 durch die strichpunktierte Linien angedeutet ist. Danach würde bei Konzentration 15 kein Wachstum mehr erfolgen. Der Charakter des Optimum als Erfolg der Überlagerung zweier Wirkungen: Förderung durch erhöhte Nährstoffkonzentration und Hemmung oder Giftwirkung durch die steigenden Konzentrationen tritt deutlich hervor. Die wirklich erzielte Maximalernte beträgt nur 28% der theoretisch zu erschließenden. Durch die auftretenden schädigenden Wirkungen wird es unmöglich, daß sie erreicht wird. Ob diese schädigenden Wirkungen im einzelnen Falle osmotische Wirkungen oder Giftwirkungen im engeren Sinne sind, ist von Fall zu Fall zu entscheiden und für diese grundsätzliche Betrachtung von untergeordneter Bedeutung.

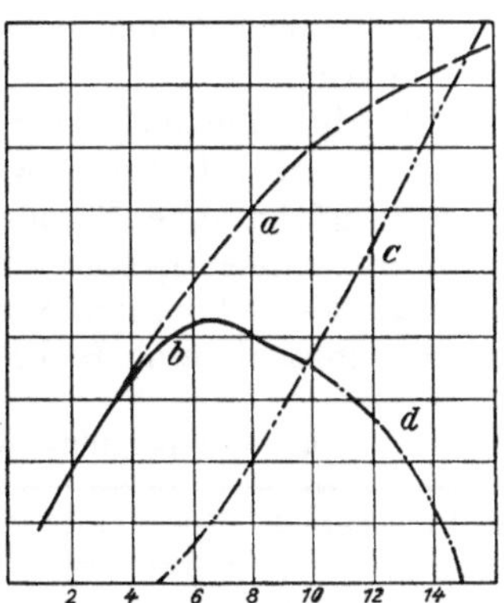


Abb. 30. Wachstum von Aspergillus niger bei verschiedenen Nährstoffkonzentrationen. *a* theoretische Wachstumskurve, *b* beobachtetes Wachstum, *c* Differenz zwischen den beobachteten und berechneten Werten, für die höheren Konzentrationen extrapoliert.

Ganz anders zu bewerten ist das Optimum, das nach dem Sparsamkeitsprinzip definiert ist. Es würde bei der Konzentration liegen, bei der der größte Bruchteil eines gebotenen Nährstoffes in der Ernte erscheint. Während z. B. der maximale Ertrag bei Aspergillus niger als Objekt und Zucker als Kohlenstoff- (und Energie-) Quelle bei 24% (RAULIN), 28% (NIKITINSKY) oder sogar bei mehr als 40% (PRINGSHEIM) erzielt wird, erfolgt die beste Ausnutzung des Zuckers zum Aufbau von Pilzsubstanz schon bei 0,73% (RAULIN) oder unterhalb 1,25% (PRINGSHEIM).

[1]) NIKITINSKY, J.: Jahrb. f. wiss. Botanik Bd. 40, S. 68. 1904.

### 3. Förderstoffe.

Sind alle zum Leben unentbehrlichen Stoffe in genügender Konzentration vorhanden, so erhalten wir ein Ausmaß des Baustoffwechsels, das als optimal bezeichnet wird, sobald keine Zugabe irgendeines der lebensnotwendigen Stoffe mehr eine Steigerung des Anbaues hervorruft. Trotzdem sind die so verwirklichten Bedingungen noch nicht die, unter denen die höchsten Werte des Baustoffwechsels erreicht, die größte Organismenmasse in einer bestimmten Zeit aus einer gegebenen Nährstoffmenge produziert werden kann. Um den Zustand höchster Produktion zu erreichen, dazu bedarf es noch der Zugabe von Stoffen, die entbehrlich für das Leben sind. Solche Stoffe, die nicht lebensnotwendig sind, die aber die Intensität der Lebensvorgänge steigern, bezeichnet man als Reizstoffe oder *Förderstoffe*. Der zweite Ausdruck scheint angemessener, da ein Wort, in dem der Begriff „Reiz“ vorkommt, geeignet ist, eine ganze Reihe von Vorstellungen zu erwecken, die vielleicht in bezug auf die Förderstoffe ganz unzutreffend sind und jedenfalls nicht ohne besonderen Beweis auf sie übertragen werden dürfen.

Am einfachsten liegen die Verhältnisse bei einer Anzahl von Elementen, die entbehrlich für das Leben sind und in ihren anorganischen Verbindungen als Förderstoffe wirken. Hierhin gehören Arsen, Silicium, Bor, Zink, Quecksilber, Kupfer, Silber, Aluminium, Chrom und Mangan. Die grundlegenden Beobachtungen über Förderwirkungen sind an Pilzen gemacht, wobei fast ausschließlich Aspergillus niger als Objekt gedient hat. In neuerer Zeit sind Förderwirkungen auch an zahlreichen Bakterien und an Pflanzen festgestellt worden, vereinzelte Beobachtungen liegen über entsprechende Wirkungen bei Protozoen und höheren Tieren vor.

An dem Beispiel der Förderung des Wachstums von Aspergillus durch Zinksulfat lassen sich einige wichtige Punkte erläutern. Wie die folgenden Zahlen zeigen, erfolgt eine Förderwirkung nur dann, wenn die Nährstoffe in höheren Konzentrationen geboten werden, und wird um so stärker, je höher die Konzentration der gebotenen Nährstoffe ist[1]). Diese wichtige Beobachtung PRINGSHEIMS lehrt als eine Bedingung für den Eintritt der Förderung, daß die Nährstoffe nicht der begrenzende Faktor des Wachstums sein dürfen. Erst wenn die physiologische Eigenart des Organismus als begrenzender Faktor des Stoffanbaus auftritt, wirken die Förderstoffe. Sie verändern also die Reaktionsweise des Organismus. Diese Veränderung der Reaktionsweise kommt sehr deutlich in dem Verhältnis des Baustoffwechsels zum Betriebsstoffwechsel zum Ausdruck. Unter der Wirkung des Förderstoffes produziert der Pilz die gleiche Pilzmenge unter Verbrauch von weniger als der Hälfte der Nahrungsmenge, die ohne Förderstoff dazu erforderlich ist[2]). Die Abhängigkeit der Förderwirkung von der Konzentration ist vielfach genauer untersucht worden.

Aspergillus niger bei 30°. Förderung durch Zinksulfat.

| Rohrzucker % | 20 | 10 | 5 | 2,5 | 1,25 | |
|---|---|---|---|---|---|---|
| $ZnSO_4$ m/2000 | 4,71 | 2,22 | 1,12 | 0,54 | 0,27 | Ernte in g (nach 10 Tagen) |
| Kein Zusatz von $ZnSO_4$ | 2,87 | 1,88 | 1,01 | 0,51 | 0,26 | |

[1]) PRINGSHEIM, G.: Zeitschr. f. Botanik Jg. 6, S. 607. 1914.

[2]) KUNSTMANN, H.: Über das Verhältnis zwischen Pilzernte und verbrauchter Nahrung. Phil. Dissert.: Leipzig 1895.

Bei Aspergillus gibt $ZnSO_4$ von $m/_{4000}$ bis $m/_{1000}$ die beste Förderung (s. obige Tabelle), die unter Umständen eine 4—5 mal höhere Ernte gibt als die gleiche Nährlösung ohne Zusatz. Die Zahl der Kolonien des Micrococcus pyogenes kann durch Zusatz von Sublimat um 67% erhöht werden, wenn dieser Förderstoff in $m/_{27\,100\,000}$ vorhanden ist. Die Abhängigkeit der Zahl der Kolonien von der Konzentration zeigt die folgende Zusammenstellung nach PAUL HOFMANN[1]).

Micrococcus pyogenes mit Sublimat.

| Sublimat zu Wasser . . . . 1: | $10^3$ | $10^4$ | $5 \cdot 10^4$ | $10^5$ | $5 \cdot 10^5$ | $8 \cdot 10^5$ | $10^6$ | $2 \cdot 10^6$ | $3 \cdot 10^6$ | $\infty$ |
|---|---|---|---|---|---|---|---|---|---|---|
| Zahl der gewachsenen Kolonien | 0 | 103 | 194 | 208 | 190 | 247 | **342** | 332 | 224 | 205 |

Die Förderung macht sich also bei Verdünnungen von mehr als 1:100000 (= $m/_{2\,710\,000}$) geltend, erreicht bei 1 : 1 · $10^6$ ihr Maximum und nimmt dann bei weiterer Verdünnung ab.

Wie aus diesen Zahlen hervorgeht, handelt es sich bei den stärksten Wirkungen um sehr geringe Mengen des Förderstoffes, und es entsteht die methodisch wichtige Frage, wie die Förderstoffe von lebensnotwendigen Stoffen unterschieden werden können, die auch nur in Spuren erforderlich sind. Die Entscheidung darüber, ob es sich um einen lebensnotwendigen Stoff oder um einen Förderstoff handelt, ist durch Versuche zu erbringen, in denen die Konzentration des Stoffes immer weiter herabgesetzt wird. Handelt es sich um einen lebensnotwendigen Stoff, so sinkt die Ernte bei immer weiterer Verdünnung weiter und weiter, entweder proportional der Verdünnung oder sogar noch stärker (s. o.), und wird schließlich minimal, das Wachstum hört auf. Liegt dagegen ein Förderstoff vor, so muß auch bei seiner völligen Ausschaltung noch ein gutes Wachstum erfolgen, und die Ernte wird meist nur die Hälfte oder ein Drittel, selten ein Viertel bis ein Fünftel der höchsten Ernte betragen. Die beiden folgenden Beispiele erläutern dies für Kupfer als Förderstoff[2]) und Magnesium[3]) als lebensnotwendigen Stoff (Objekt: Aspergillus). Abb. 31 *a* und *b* erläutern diese Verhältnisse schematisch.

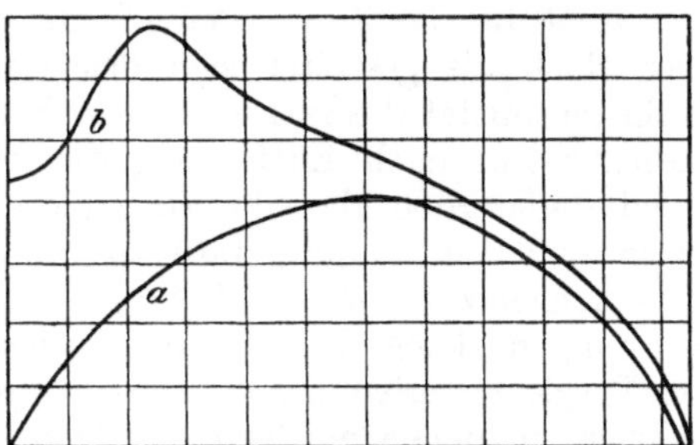


Abb. 31. Abhängigkeit der Erntegröße von der Konzentration eines Nährstoffes (*a*) und eines Förderstoffes (*b*). Schema. Abszisse: Konzentration des Stoffes. Ordinate: Erntegröße.

| Mol. $CuSO_4$ . . | 0 | $^1/_{32\,000}$ | $^1/_{16\,000}$ | $^1/_{8000}$ | $^1/_{4000}$ | $^1/_{2000}$ | $^1/_{1000}$ | $^1/_{500}$ | $^1/_{250}$ |
|---|---|---|---|---|---|---|---|---|---|
| Ernte in mg . | 662 | 837 | 957 | 929 | **1004** | 940 | 922 | 770 | 502 |

| Mol. $MgSO_4$ . . | 0 | $^1/_{40\,000}$ | $^1/_{10\,000}$ | $^1/_{2450}$ | $^1/_{630}$ | $^1/_{154}$ | $^1/_{39}$ | $^1/_{10}$ | $^1/_{2,4}$ |
|---|---|---|---|---|---|---|---|---|---|
| Ernte in mg . | 0 | 185 | 467 | 1035 | **1166** | 1113 | 1068 | 1035 | 409 |

Aus diesem Vergleich ergibt sich, daß die Abhängigkeit der maximalen Ernte von der Konzentration eines Förderstoffes nicht durch eine Gleichung von der Form gegeben werden kann, wie wir sie für die Abhängigkeit von der Kon-

[1]) HOFMANN, PAUL: Arch. f. Hyg. Bd. 91, S. 240. 1922.

[2]) Nach OHNO: Zentralbl. f. Bakteriol., Parasitenk. u. Infektionskrankh., Abt. II, Bd. 9, S. 155. 1902.

[3]) Nach BENECKE: Jahrb. f. wiss. Botanik Bd. 28, S. 522. 1895.

zentration eines lebensnotwendigen Stoffes geeignet fanden, denn die Erntemenge wird nicht Null, wenn die Konzentration des Förderstoffes Null wird, wie es für einen notwendigen Stoff nach der Formel und der Beobachtung der Fall ist.

Eine Gleichung für die Änderung, die der maximale Ertrag ($E_{max}$) und der Wirkungsfaktor ($k$) bei verschiedener Konzentration der Förderstoffe erfährt, ist noch nicht entwickelt.

Unter den aufgezählten Elementen, die als Förderstoffe wirken können, ist für das Arsen der Nachweis erbracht, daß es nicht nur auf Bakterien, sondern auch auf tierische Organismen fördernd wirkt. SAND[1]) fand, daß Arseniksäureanhydrid ($As_2O_3$) in Verdünnungen von 1 : $10^7$ (d. h. $m/_{1980000}$) die Teilungsgeschwindigkeit des heterotrichen Infusorium Stylonychia pustulata erheblich steigert, so daß nach 5—6 Tagen doppelt so viele Individuen vorhanden waren als ohne das Arsen; in Verdünnungen von 1 : $10^6$ verlangsamt es die Teilungen schon merklich. Hierhin dürfte auch die Wachstumsförderung von Säugetieren (Kaninchen) durch kleine Arsengaben zu rechnen sein.

Auch für das Zink ist eine fördernde Wirkung bei Säugetieren anzunehmen. Der Nachweis gestaltet sich deshalb so außerordentlich schwierig, weil alle Nahrungsmittel dieses Element in Spuren enthalten, so daß eine zinkfreie Ernährung nur nach Entfernung dieser Spuren möglich ist. Durch solche Behandlung werden aber die Vitamine zerstört, und es gelingt nicht, sie in Form wirksamer Vitaminpräparate zu ersetzen, ohne gleichzeitig wieder merkliche Zinkmengen zuzuführen. BERTRAND und BERZON[2]) haben versucht, die günstigen Wirkungen kleiner Zinkmengen in der Weise an Mäusen zu demonstrieren, daß sie Vergleichsserien mit Tieren des gleichen Wurfs (wenige Wochen alt) ausführten, in denen ein Teil der Tiere zinkfreies Futter erhielt, der andere das gleiche Futter mit Zusatz solcher Zinkmengen (als Zinksulfat), wie sie etwa dem normalen Gehalt der Nahrung entsprechen. Infolge der Avitaminose gingen alle Tiere ein, aber die zinkfrei ernährten viel früher als die, die kleine Zinkgaben erhalten hatten. Der Unterschied der Lebensdauer im Versuch betrug 9,2 Tage.

| | Mittelgewicht einer Maus zu Beginn des Versuches g | Mittelgewicht am Schluß des Versuches in Proz. des Anfangsgewichtes | Mittlere Lebensdauer in Tagen | Zinkgehalt einer Maus am Ende des Versuches mg | Zinkgehalt am Ende des Versuches mg auf 100 g |
|---|---|---|---|---|---|
| Ohne Zink . | 6,20 ± 0,45 | 78,5 ± 3,6 | 16,7 ± 2,0 | 0,15 | 3,07 |
| Mit Zink . | 7,05 ± 0,46 | 74,8 ± 2,4 | 25,9 ± 1,6 | 0,28 | 5,30 |

Die Zahlen der beistehenden Tabelle, die aus den Angaben von BERTRAND und BERZON berechnet sind, stützen sich in jeder Serie auf 10 Mäuse. Die Unterschiede in der Lebensdauer sind als signifikant anzusehen. Die Lebensdauer der ohne Zink ernährten Tiere ist 65% der Lebensdauer derer, die Zink erhielten. Der Zinkbestand der ohne Zink ernährten ist pro Tier nur halb so groß wie bei den Vergleichstieren mit Zink, ihr prozentualer Zinkgehalt beträgt 58% des Gehaltes der Vergleichstiere. Eine Menge von 3,07 mg Zink auf 100 g bedeutet eine Konzentration von 1:2120 molar, eine Menge von 5,30 eine Konzentration von 1:1230 molar. Das sind Verdünnungen von der gleichen Größenordnung, wie sie auch bei Aspergillus fördernd wirken.

Bei höheren Pflanzen liegen gleichfalls Erfahrungen darüber vor, daß sie bei Aufzucht in Nährlösungen, denen Förderstoffe zugesetzt sind, rascher

[1]) SAND, RENÉ: Ann. et bull. de la soc. roy. des sciences méd. et natur. de Bruxelles Bd. 10, Lief. 4. 1901.

[2]) BERTRAND u. BERZON: Ann. de l'inst. Pasteur Bd. 38, S. 405—419. 1924.

wachsen und höhere Ernteerträge geben. Die große Mehrzahl der Beobachtungen über Förderwirkungen ist allerdings derart ausgeführt, daß der Förderstoff nur ganz kurze Zeit mit der Pflanze, und zwar mit dem Samen, in Berührung war (Beizung). — Eine solche Behandlung steigert häufig Wachstumsgeschwindigkeit und Ernteertrag in erheblichem Maße. Auch für Protozoen ist die fördernde Wirkung von Beizungen festgestellt. So können wir die Erfahrung von SAND über die Förderwirkung des Arsens bei Ciliaten Infusorien dahin ergänzen, daß bei Paramaecium eine Beizung von 1—4 Minuten Dauer mit einer Lösung von Kalium arsenicosum (0,5‰) etwa den gleichen Erfolg in bezug auf Beschleunigung der Zellteilung hat wie der dauernde Aufenthalt in einer Lösung, die das Arsen in einer Verdünnung von etwa 1 : 2 Millionen molar enthält[1]).

Die Förderwirkungen des Quecksilbers sind, abgesehen von der Sublimatwirkung auf Bakterien, auch an organischen Quecksilberverbindungen studiert worden und scheinen sich bei der Entwicklung höherer Pflanzen, vielleicht auch bei der therapeutischen Verwendung von Hg-Verbindungen, zu zeigen. Als Beispiel sei das Chlor-Phenol-Quecksilber („Uspulun") genannt, das als Saatgutbeize nicht nur die Brandsporen abtötet, sondern in den geringen Mengen, in denen es in die Samen eindringt, als Förderstoff wirkt und den Ernteertrag (z. B. bei Hafer und Bohnen) erheblich steigert[2]).

Daß bei dieser Art der Einwirkung sehr verwickelte Verhältnisse sichtbar werden können, mögen zwei Beispiele erläutern.

Wird Bacillus subtilis 20 Minuten lang mit Äther in verschiedener Konzentration behandelt und dann auf ätherfreien Platten kultiviert, so zeigt sich bei ganz geringen Ätherkonzentrationen (bis 1,1%) die Zahl der Kolonien vermindert (bei 0,95% stärkste Verminderung). Bei steigenden Ätherkonzentrationen nimmt nun die Zahl der Kolonien zu, bis 4,0% Äther erreicht sind, und sinkt dann bei weitersteigenden Konzentrationen. Setzen wir die Zahl der Kolonien bei 4% = 100, so beträgt die Zahl bei 0,95% nur 70, bei 7,3% nur noch 20[3]). Hier fällt bei konstanter Dauer der Einwirkung der Erfolg je nach der Konzentration der Beize sehr verschieden aus. Das Beispiel der verschieden langen Beizung von Weizen mit Kupfersulfat oder Quecksilberchlorid von bestimmter Konzentration (0,01 normal) zeigt ähnlich verwickelte Verhältnisse. Eine Beizung von 15 Minuten Dauer steigert den Prozentsatz der keimenden Körner (die „Triebenergie") und ebenso eine solche von 90 Minuten Dauer, kürzere oder längere Beizung hat keine fördernde, sondern eine hemmende Wirkung[4]).

In diesen Fällen hat also die Wirkung nicht *ein* Maximum bei bestimmter Konzentration oder bestimmter Wirkungsdauer, sondern es wechseln fördernde und hemmende Wirkungen in einer Weise ab, die vorläufig nicht leicht zu verstehen ist.

Für die Lehre von den Lebensbedingungen wäre es höchst bedeutungsvoll, wenn sich die Angaben von POPOFF und PASPALEFF[5]) bestätigen würden, nach denen eine Beizung noch eine Förderwirkung auf die Pflanzen ausübt, die als nächste Generation aus den Samen der Pflanzen gezogen werden, deren Samen der Wirkung von Förderstoffen ausgesetzt waren, und daß diese Förderwirkung weiter verstärkt wird, wenn in der zweiten Generation die Beizung wiederholt wird.

Die Versuche wurden mit Buchweizen (Polygonum rotundum) ausgeführt, die Beizung erfolgte durch 8 Stunden lange Einwirkung einer Lösung von $MgSO_4$ + $MnSO_4$.

---

[1]) POPOFF u. JELJASKOWA: Biol. Zentralbl. Bd. 44, S. 87—90. 1924.

[2]) SCHOELLER, W.: Die biochemische Bedeutung der organischen Quecksilberverbindungen. Naturwissenschaften Bd. 10, S. 1071—1079. 1922. Hier weitere Literatur.

[3]) MOLDENHAUER-BROOKS, MATILDA: Journ. of gen. physiol. Bd. 1, S. 193—201. 1919.

[4]) LUNDEGÅRDH: Biol. Zentralbl. Bd. 44, S. 465—487. 1924.

[5]) POPOFF u. PASPALEFF: Zellstimulationsforschungen, herausgeg. von POPOFF u. GLEISBERG, Bd. I, S. 369—372. Berlin: Paul Parey 1925.

Die mitgeteilten Zahlen werden freilich bei kritischer Betrachtung nicht als beweisend angesehen werden können, da die Unterschiede im Erfolg der je drei parallel gehenden Versuche zu groß sind. Berechnet man den mittleren Fehler der Mittelwerte, die die Autoren als Beweis ihrer Behauptung von der Nachwirkung der Beizung auf die nächste Generation und der steigenden Wirkung erneuter Beizung in der zweiten Generation angeben, so erhält man die folgenden Zahlen. Als Maß der Entwicklung dient die gesamte assimilierende Oberfläche der Pflanzen nach Topfkultur im Freien vom 25. III. bis 5. VII. 1924.

| | |
|---|---|
| Kontrollpflanzen normal . . . . . . . . . . . . . . | 150 ± 9 qcm |
| Pflanzen aus stimulierten Samen . . . . . . . . . | 340 ± 90 „ |
| Pflanzen aus Samen (2. Generation), die nur in der 1. Generation stimuliert worden waren . . . . . | 360 ± 100 „ |
| Pflanzen aus Samen, die in der 1. und 2. Generation stimuliert wurden . . . . . . . . . . . . . . . | 610 ± 163 „ |

Mit Rücksicht auf die großen Streuungen können die Unterschiede nicht mit Sicherheit als signifikant betrachtet werden.

Außer für die anorganischen Verbindungen der genannten Elemente sind noch für zahlreiche organische Verbindungen fördernde Wirkungen beschrieben worden, z. B. für Formaldehyd, Ameisensäure, Essigsäure, Citronensäure, Phenol, Resorcin, Kresol, Thymol, Lysol, Benzoesäure, Salicylsäure, Chinin, Malachitgrün, Gentianaviolett, Methylviolett usw. Lebensnotwendig sind diese Verbindungen nicht, aber es ist zu fragen, wieweit sie als Nährstoffe zu wirken vermögen und wieweit dementsprechend die Förderung des Wachstums, die sie bewirken, anders zu beurteilen ist als die der ersten Gruppe von Förderstoffen, in denen entbehrliche Elemente das Wirksame sind. Erst weitere Untersuchungen werden hier Klarheit schaffen können. Es wird dann auch die Frage erörtert werden müssen, ob es Stoffe gibt, die neben ihrer Nährstoffwirkung auch als Förderstoffe wirken können. Vorläufig scheint es zweckmäßig, den reinen Begriff des Förderstoffes in Gegensatz zu dem Begriff des Nährstoffes zu setzen.

Die Begriffe „Nährstoff“ und „Förderstoff“ sind dann noch gegen den Begriff „Gift“ abzugrenzen. Wie schon erwähnt, wird jeder Nährstoff zum Gift, wenn es möglich ist, seine Konzentration genügend zu steigern. Das gleiche gilt von den Förderstoffen, auch sie entfalten alle bei genügender Konzentration Giftwirkungen. Die Beobachtungen über Förderstoffe werden ja gewöhnlich mitgeteilt als „fördernde Wirkungen geringer Giftkonzentrationen“. Die Begriffe sind leicht gegeneinander abgrenzbar, wenn man nur den Zustand ins Auge faßt, unter dem sich ein Organismus nach beliebig langer Einwirkung eines Nährstoffes, eines Förderstoffes und eines Giftes befindet. Ein Gift ist ein Stoff, insofern in seiner Gegenwart kein dauerndes Leben möglich ist, ein Nährstoff, insofern seine Gegenwart dauerndes Leben ermöglicht, seine Abwesenheit das Leben unmöglich macht. Ein Förderstoff ist ein Stoff, insofern seine Abwesenheit das Leben nicht unmöglich macht, seine Anwesenheit aber den Baustoffwechsel (und den Betriebsstoffwechsel?) fördert. Als vierter Begriff müßte noch der des Hemmungsstoffes eingeführt werden, als eines Stoffes, dessen Abwesenheit Leben nicht unmöglich macht und dessen Gegenwart zwar Leben ermöglicht, aber den Baustoffwechsel (und den Betriebsstoffwechsel?) herabsetzt.

Zum Hemmungsstoff und zum Gift kann jeder Stoff bei genügender Konzentration werden. Es ist dagegen eine falsche Umkehrung, wenn man meint, daß jedes Gift oder jeder Hemmungsstoff durch genügende Verdünnung zum Nährstoff oder Förderstoff werden könne. Daß diese Annahme, die unter dem Namen des ARNDT-SCHULZEschen biologischen Grundgesetzes in letzter Zeit viel von sich reden gemacht hat, erstens kein Grundgesetz, zweitens überhaupt kein Gesetz, sondern eine tatsächlich unrichtige Behauptung ist, geht aus den kritischen Untersuchungen über seine Gültigkeit genügend hervor, so daß hier nur auf das Schrifttum verwiesen sei[1])

Dagegen ist eine begriffliche Abgrenzung der verschiedenen Wirkungen, die Stoffe auf den Ablauf des Lebens haben können, sehr schwierig, sobald es sich um zeitlich begrenzte Wirkungen handelt. Da aber für die Lehre von den Lebensbedingungen diese kurzdauernden Wirkungen von geringer Bedeutung sind, so sei auf ihre begriffliche Klärung verzichtet.

## 4. Der Hunger.

Kurz müssen hier noch die Folgen erörtert werden, die die Entziehung lebensnotwendiger Stoffe auf den Ablauf des Lebens hat. Wenn wir den Zustand, der durch eine solche Entziehung geschaffen wird, als Hunger bezeichnen, so soll damit nur kurz angedeutet werden, welche Fragen hier in erster Linie zu behandeln sind. Die Wirkung der Entziehung der Ergänzungsstoffe (Vitamine) bleibt außer Betracht, dagegen muß die Wirkung der Sauerstoffentziehung, die Erstickung, erwähnt werden.

Nach Entziehung eines oder aller notwendigen Stoffe kann es sich immer nur um ein zeitlich begrenztes, um abklingendes Leben handeln. Die beiden Grundfragen einer allgemeinen Physiologie des Hungers sind die nach der Zeit, für welche die Nahrungsentziehung ertragen werden kann, und nach dem Mechanismus (oder richtiger Chemismus) des Hungertodes.

Absolut betrachtet sind die Zeiten, die ohne Nahrung von den verschiedenen Tieren ertragen werden können, außerordentlich verschieden. Wir wissen, daß eine Maus in 5—7 Tagen verhungert, daß dagegen eine Bettwanze 6 Jahre lang „hungern" kann. Dabei ist aber zu bedenken, daß die Zeit des Hungers bei Blutsaugern, wie Wanze, Zecke, Blutegel, ganz falsch bemessen wird, wenn wir sie von dem Zeitpunkt der letzten Nahrungsaufnahme an rechnen. Ein Blutegel z. B. vermag in einem Zuge mehr als das Fünffache seines Eigengewichtes an Blut aufzunehmen[2]). Es dauert dann etwa 6 Monate, bis diese Blutmenge verdaut und resorbiert ist. Diese Zeit ist keine Hungerzeit, sondern eine Zeit der Mästung. Erst ein halbes Jahr nach der letzten Mahlzeit beginnt der Hungerstoffwechsel, d. h. erst von diesem Zeitpunkt an lebt der Blutegel nicht mehr von Nahrung, die ihm aus dem Darm zufließt, sondern verarbeitet in seinem Stoffwechsel Depotstoffe, die er in der vorhergehenden Mastperiode angelagert hat. Wie lange dann die Hungerzeit noch im äußersten Falle dauern kann, ist nicht untersucht, sie ist aber auf alle Fälle länger als 1 Jahr.

Als physiologisches Zeitmaß für die Dauer des Hungers bietet sich die Zeit, in der ein bestimmter Prozentsatz des Stoffbestandes verbraucht wird. Die Hungerzeiten werden damit in Beziehung zur Geschwindigkeit des Stoffwechsels gesetzt. Daß diese Größe maßgebend für die absolute Dauer der ertragbaren Hungerzeit sein muß, ist ja selbstverständlich. Die allgemeinere Frage ist, ob die ertragbare Hungerzeit, ausgedrückt in Vielfachen der Zeiten gleichen prozentualen Umsatzes, bei verschiedenen Organismen Übereinstimmung zeigen.

Die Zeiten gleichen prozentualen Umsatzes sind nur in dem Falle ein geeignetes Maß für die Dauer des Hungers, wenn der Umsatz immer dem jeweiligen

---

[1]) Süpfle: Münch. med. Wochenschr. Bd. 69, S. 920—922. 1922. — Hofmann, Paul: Arch. f. Hyg. Bd. 91, S. 230—244. 1922.

[2]) Pütter, A.: Der Stoffwechsel des Blutegels. I. Teil. Zeitschr. f. allg. Physiol. Bd. 6, S. 217—286. 1907.

Stoffbestande proportional ist, d. h. wenn der Verbrauch der Körperstoffe im Hunger einem einfachen Exponentialgesetz folgt, das wir in der Form schreiben können:

$$y = A \cdot e^{-kt}.$$

Es bedeutet: $y$ den Stoffbestand oder den Stoffumsatz zur Zeit $t$; $A$ ist der Stoffbestand oder der Stoffumsatz zu Beginn des Hungers, also für $t = 0$; $k$ ist die Zahl, die die Größe des Umsatzes in der Zeiteinheit mißt. Die Zeit, in der 50% des Stoffbestandes umgesetzt sind oder der Umsatz auf 50% seines Anfangswertes gesunken ist, wollen wir als Halbwertzeit bezeichnen. Sie errechnet sich leicht aus der Bedingungsgleichung:

$$k \cdot t = 0{,}7\,.$$

Der einfache Fall, daß der Umsatz in der Zeiteinheit dem ganzen jeweiligen Stoffbestande proportional ist, ist bei einer Reihe von Fischen verwirklicht. So ergab sich für den Goldfisch ein täglicher Umsatz von 0,75% des Bestandes, für den Stichling 1,3%, für den Montéaal 5,0% des Bestandes. Zur Kennzeichnung der Abnahme des Gewichtes und des Umsatzes pro Gewichtseinheit reichen für diese 3 Tiere die Angaben der Größen $k$ und $A$ aus, wie sie die folgende Tabelle gibt.

| | Gewicht in g | Temp. °C | $k =$ | Halbwertzeit in Tagen $H =$ |
|---|---|---|---|---|
| Goldfisch | 3,5 | 15,4 | 0,0075 | 93 |
| Stichling | 0,7 | 16,0 | 0,0130 | 54 |
| Montéaal | 0,21 | 17,4 | 0,050 | 14 |
| Blutegel | 2,2 | 12,0 | 0,005 | 140 |
| Weinbergschnecke | 15 [1]) | 16,5 | 0,00385 | 182 |
| Daphnia | $0{,}7 \cdot 10^{-3}$ | 14—15 | 0,17 | 4,1 |

Wie gut die berechneten Werte des Sauerstoffverbrauchs mit den beobachteten übereinstimmen, zeigt Abb. 32 für den Montéaal. In ihr ist die Hungerzeit linear als Abszisse dargestellt, der Sauerstoffverbrauch in Prozenten des Anfangswertes in logarithmischem Maßstabe als Ordinate. Infolge des logarithmischen Maßstabes ist die theoretische Kurve (punktiert gegeben) eine Gerade. Der beobachtete Verbrauch folgt bis zum 28. Tage, d. h. bis zu einer Abnahme auf 25% des Anfangswertes, sehr gut dem berechneten, in den letzten Tagen vor dem Hungertode geht er in die Höhe (prämortale Umsatzsteigerung).

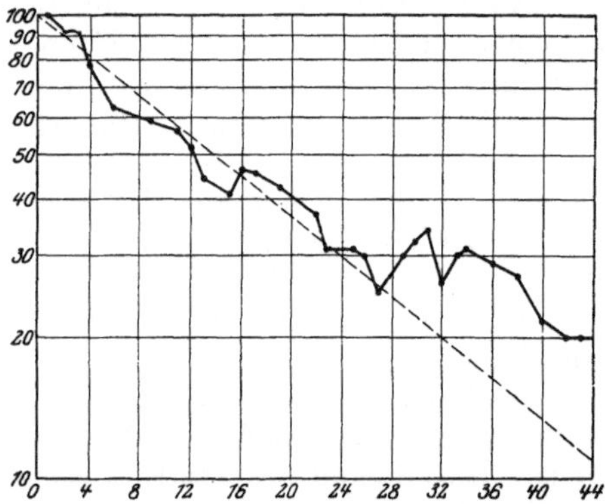


Abb. 32. Sauerstoffverbrauch hungernder Montéaale. Berechnete Werte: gestrichelt; beobachtete Werte: ausgezogen. Abszisse: Hungertage. Ordinate: Sauerstoffverbrauch in Prozenten des Anfangswertes, in logarithmischem Maßstabe.

Eine typische Verwicklung des Stoffwechsels im Hunger ist es, wenn sich nicht alle Körperstoffe an der Einschmelzung im Stoffwechsel beteiligen. In diesem Falle gibt die Abnahme des Körpergewichts nicht das gleiche Bild vom Verlauf des Hungers wie die Abnahme der Größe des Stoffwechsels.

Ein schematischer Fall mag die grundsätzlichen Verhältnisse klären: Ein Tier von 100 g enthalte 20 g organische Substanz. Von dieser seien aber nur 10 g im Hungerstoffwechsel angreifbar. Der Umsatz betrage pro Tag 0,2 g. Dann ist der Umsatz pro kg und

[1]) Mit Schale gewogen.

Tag 2,0 g. Nach einer gewissen Hungerzeit habe das Gewicht auf 80 abgenommen, die Menge der organischen Substanz auf 14. Diese enthält die 10 g unangreifbarer Substanz wie zu Beginn, aber nur noch 4 g von den Stoffen, die im Hungerstoffwechsel verbraucht werden können. Da die Menge dieser Stoffe im Verhältnis von 10 zu 4 abgenommen hat, muß auch der Umsatz in dem gleichen Verhältnis gesunken sein, also von 0,2 g pro Tag auf 0,08 g. Der Umsatz, bezogen auf 1 kg und 1 Tag, beträgt jetzt nur noch 1,0 g, also halb soviel wie zu Anfang, während das Körpergewicht nur um 20% (von 100 auf 80) abgenommen hat.

Ein Zug in diesem theoretischen Beispiel ist ganz allgemein bei Hungerversuchen festzustellen, das ist die Zunahme des prozentischen Gehaltes an Wasser bei abnehmendem Körpergewicht. So beträgt z. B. beim Flußkrebs[1]) der Wassergehalt

am Anfang des Hungers 30. 10. 1909 : 76,29% bei Tiergewicht von 19,16 g
,, Ende ,, ,, 20. 3. 1910 : 79,12% ,, ,, ,, 16,26 g

Der Gewichtsverlust beträgt nur 12%, der Verlust an organischer Substanz aber 47%. Diese Zunahme des Gehaltes an Wasser ist beim Blutegel, bei der Larve des Mehlwurmes und bei Fischen[2]) beobachtet.

Der Nachweis, daß es bestimmte Stoffe gibt, die im Hunger nicht angegriffen werden, würde eine Genauigkeit der Analyse des Stoffbestandes erfordern, wie sie bisher bei derartigen Versuchen noch nicht erreicht ist. Als Hinweis auf das Vorkommen einer solchen Fraktion kann es angesehen werden, wenn der Stoffverbrauch, bezogen auf die Einheit der Masse organischer Stoffe, im Verlauf des Hungers abnimmt, wie Brunow es z. B. beim Flußkrebs angibt. Beim Goldfisch ist nichts von einer solchen Abnahme zu merken. Der Umsatz pro Masseneinheit blieb in einem Versuch mit 42 Hungertagen konstant.

Die Frage, ob der Hungertod eintritt, wenn ein gewisser Prozentsatz des Stoffbestandes aufgebraucht ist, muß allgemein verneint werden. Es wäre eine solche einfache Beziehung höchstens dann zu erwarten, wenn der Ernährungszustand zu Beginn des Hungers optimal ist. Da es aber an Kennzeichen eines solchen optimalen Ernährungszustandes fehlt, liegen auch keine Erfahrungen darüber vor, mit welchem Bruchteil des optimalen Stoffbestandes das Leben noch unterhalten werden kann. Immerhin können wir einzelne grobe Regeln angeben, die für kleinere Gruppen von Arten annähernd gültig sind. So vertragen Fische die Reduktion des Stoffbestandes auf mehr als die Hälfte, ja bis auf ein Viertel des Bestandes im Beginn des Hungers. Bei Säugetieren erfolgt der Tod, wenn der Bestand an Stoffwechselmaterial auf 40—50% des Anfangswertes vermindert ist.

Diese Zahlen erscheinen gering im Vergleich mit der Gewichtsreduktion, die von Turbellarien ertragen wird. Nach Stoppenbrink[3]) leben diese Würmer (Planaria gonocephala) noch, wenn ihr Volumen auf $^1/_{300}$ des Anfangsvolumens verringert ist. Auch der Süßwasserpolyp (Hydra) erträgt eine Reduktion seiner Masse auf $^1/_{200}$ des Bestandes zu Beginn des Hungers[4]). Der Unterschied zwischen den Wirbeltieren (und wohl auch den Arthropoden) einerseits und einer Reihe wirbelloser Tiere andererseits liegt darin, daß bei jenen eine Einschmelzung ganzer Teile des Tieres, durch die sich der Rest ernährt, nicht erfolgt, während es bei Turbellarien, bei Hydra sowie bei einigen Protozoen, z. B. Colpidium,

[1]) Brunow, H.: Der Hungerstoffwechsel des Flußkrebses. Zeitschr. f. allg. Physiol. Bd. 12, S. 215—276. 1911.
[2]) Lipschütz, A.: Über den Hungerstoffwechsel der Fische. Zeitschr. f. allg. Physiol. Bd. 12, S. 118—124. 1910.
[3]) Stoppenbrink: Zeitschr. f. wiss. Zool. Bd. 79. 1905.
[4]) Schulz, Eugen: Arch. f. Entwicklungsmech. d. Organismen Bd. 18, 1904 u. Bd. 21 1906.

zu umfangreichen Einschmelzungen kommt. Die Größenabnahme eines Colpidium im Hunger zeigt Abb. 33, die von Planaria Abb. 34. Bei der Verkleinerung der hungernden Strudelwürmer ist es beachtenswert, daß keine proportionale Verkleinerung aller Teile eintritt, daß sich vielmehr die Proportionen der Teile des Tieres verschieben, wie Abb. 34c deutlich erkennen läßt. Auch bei Hydra führt die Reduktion der Körpermaße im Hunger zu tiefgreifenden Umgestaltungen, die das Tier schließlich in ein formloses Klümpchen verwandeln, an dem keine Fangarme und keine Mundöffnung mehr zu finden sind.

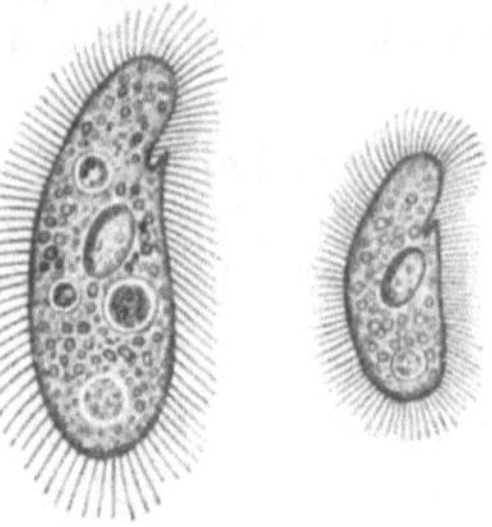

Abb. 33. Größenabnahme von Colpidium colpoda im Hunger. (Nach JENSEN.)

Es kann allerdings bezweifelt werden, ob es sich in den angeführten Fällen (Colpidium, Planaria, Hydra) wirklich um vollständigen Hunger oder nur um ungenügende Nahrungszufuhr, um Unterernährung handelt. Diese Vermutung stützt sich auf die Erfahrungen über die Geschwindigkeit des Stoffumsatzes bei kleinen Tieren und auf die Tatsache, daß es kaum möglich ist, das Wasser, in dem die Tiere leben, frei von organischen Nährstoffen zu machen.

Die bekannte Tatsache, daß die Menge der Nährstoffe, die in der Zeiteinheit von der Einheit der Masse eines Tieres umgesetzt werden, mit abnehmender absoluter Größe zunimmt, führt zu der Folgerung, daß die ertragbaren Hungerzeiten unter sonst gleichen Bedingungen eine Funktion der absoluten Größe sein müssen. Das ist tatsächlich der Fall.

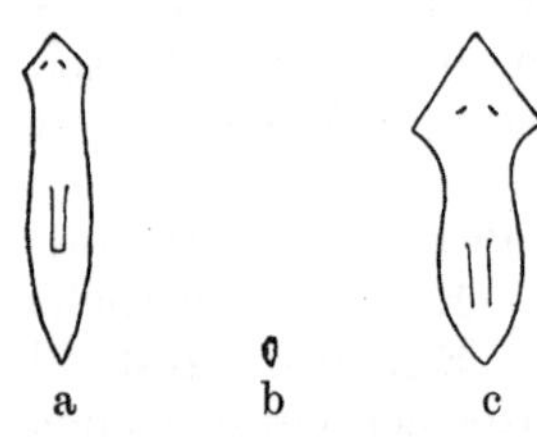


Abb. 34. Größenabnahme von Planaria im Hunger. a) Größe zu Anfang des Versuches; b) Größe am Ende des Versuches; c) Form am Ende des Versuches (Vergrößerung von b). (Nach STOPPENBRINK.)

Wenn bei den Säugetieren und Vögeln die Größe des Umsatzes pro Masseneinheit umgekehrt proportional der Lineardimension $\lambda$ (d. h. der dritten Wurzel aus dem Gewicht: $\lambda = \sqrt[3]{G}$) ist, so müssen die Hungerzeiten, soweit sie einander ähnlich sind, in dem Verhältnis abnehmen, in dem die Lineardimensionen abnehmen. Die Beobachtung lehrt, daß eine Taube von 350 g Gewicht in 11 Tagen verhungert[1]), ein Kondor von 18 bis 20 kg Gewicht dagegen in 40 Tagen[2]). Die Hungerzeiten verhalten sich wie 1 : 3,64, die Lineardimensionen wie 1 : 3,5 bis 1 : 3,85. Daraus ergibt sich, daß eine Rauchschwalbe von 18 g nach 4,1 Tagen, ein Goldhähnchen von 10 g nach $3^1/_2$ Tagen verhungern müßte. Die Beobachtungen über das rasche Verhungern kleiner Singvögel bestätigen diesen Schluß.

Eine Maus von 18,5 g verhungert in 6—7 Tagen[3]), ein Hund von 20 kg in etwa 60 Tagen. Die Ähnlichkeit würde für den Hund eine Hungerzeit von 62 bis 72 Tagen erfordern.

Da der Zustand zu Beginn des Hungers nicht immer der gleiche ist, schwanken die Angaben über die ertragbaren Hungerzeiten auch bei derselben Tierart bedeutend.

Für den Menschen liegen Zahlen, die mit denen der Versuche an Tieren vergleichbar wären, kaum vor. Nach den Erfahrungen an Mac Swiney, Bürgermeister von Cork, der in englischer Gefangenschaft starb, nachdem er vom 12. August bis 25. Oktober 1920 gehungert hatte, scheint eine Hungerzeit von

[1]) LUCIANI: Physiologie des Menschen. Bd. IV. 1911.

[2]) HUMBOLDT, A. v.: Ansichten der Natur, Bd. II in „Ideen zu einer Physiognomik der Gewächse", Anm. 2.

[3]) HOFMEISTER, F.: Ergebn. d. Physiol. Bd. 16. 1918.

75 Tagen möglich zu sein[1]). Wenn bei einem Kaninchen von 2422 g Anfangsgewicht der Hungertod nach 26 Tagen eintrat, so würde die ähnliche Hungerzeit für einen Menschen von 70 kg sich auf 79 Tage berechnen. Legt man die Beobachtung zugrunde, daß eine Katze von 2500 g in 18 Tagen verhungerte, so würde die ähnliche Hungerzeit für den Menschen 55 Tage betragen. Die Ähnlichkeit mit der Maus oder dem Hunde würde Hungerzeiten von 93—108 Tagen ergeben. Eine Hungerzeit von 75 Tagen würde also durchaus im Rahmen dessen liegen, was nach den Erfahrungen mit kleineren Säugetieren für den Menschen zu erwarten ist.

Die Halbwertzeiten von Goldfisch und Stichling stehen im Verhältnis ihrer Lineardimensionen und können als typisch für Fische betrachtet werden. Da nach diesen Erfahrungen ein Goldfisch von 3,5 g bei 15,4° eine Halbwertzeit von 94 Tagen hat, wäre für einen Karpfen von 500 g eine Halbwertzeit von 494 Tagen zu erwarten, für einen Fisch von 1 g aber nur eine solche von 62 Tagen. Tiere, deren Stoffwechselintensität jener der Fische ähnlich ist, müßten sehr rasch verhungern, wenn ihre Masse gering ist. Die ähnlichen Halbwertzeiten bei gleicher Geschwindigkeit des Umsatzes pro Flächeneinheit (d. h. mit einem Umsatz, dessen Größe pro Masseneinheit umgekehrt proportional der Lineardimension ist) würden betragen:

| | | |
|---|---|---|
| bei $10^{-1}$ g Gewicht | . . . . . . . . . . . . | 28,8 Tage |
| „ $10^{-2}$ g „ | . . . . . . . . . . . . | 13,4 „ |
| „ $10^{-3}$ g „ | . . . . . . . . . . . . | 6,2 „ |
| „ $10^{-4}$ g „ | . . . . . . . . . . . . | 2,88 „ |
| „ $10^{-5}$ g „ | . . . . . . . . . . . . | 1,34 „ |
| „ $10^{-6}$ g „ | . . . . . . . . . . . . | 0,62 „ |
| „ $10^{-9}$ g „ | . . . . . . . . . . . . | 1,49 Stunden |
| „ $10^{-12}$ g „ | . . . . . . . . . . . . | 9 Minuten |
| „ $10^{-13}$ g „ | . . . . . . . . . . . . | 4 „ |
| „ $10^{-15}$ g „ | . . . . . . . . . . . . | 52 Sekunden. |

Für den Kleinkrebs Daphnia liegen Beobachtungen vor, nach denen die Halbwertzeit bei etwa 14—15° auf 4,1 Tage veranschlagt werden kann[2]). Das Lebensgewicht dieses Tieres beträgt $0{,}7 \cdot 10^{-3}$ g, so daß wir nach der vorstehenden Tabelle, die den Goldfisch als Vergleichstier ansetzt, eine Halbwertzeit von 5,5 Tagen erwarten würden. Eine Übereinstimmung, die als befriedigend zu bezeichnen ist.

Bei sehr kleinen Lebewesen muß danach die Halbwertzeit sehr kurz werden. Veranschlagen wir das Gewicht von Bakterien mittlerer Größe auf $10^{-12}$ bis $10^{-13}$ g, so müßte in 4—9 Minuten die Hälfte des Stoffbestandes aufgezehrt sein, bei den kleinsten Formen, deren Masse auf $10^{-15}$ g geschätzt werden kann, müßte gar schon in weniger als 1 Minute der halbe Bestand aufgezehrt sein, wenn eine völlige Entziehung der Nährstoffe erreichbar wäre. Diese Vorstellung findet ihre volle Bestätigung durch die direkten Beobachtungen über die Größe des Umsatzes der Bakterien bei Nahrungszufuhr, sie kann aber durch reine Hungerversuche schwer bestätigt werden, da es technisch sehr schwierig — und jedenfalls nie zielbewußt versucht — ist, alle Nahrung zu entziehen. Die Menge von Nährstoffen, die z. B. in destilliertem Wasser vorhanden ist und im allgemeinen als unerheblich betrachtet wird, reicht ja bekanntlich nicht nur hin, Bakterien am Leben zu erhalten, sondern läßt sogar Formen wie Bacterium fluorescens liquefaciens sich auf Mengen von 1 Million im Kubikzentimeter vermehren. In gewöhnlichem, destilliertem Wasser herrschen also für viele Bakterien keineswegs Hungerbedingungen.

Wenn wir also eine Form wie Colpidium, deren Lebendgewicht $1{,}53 \cdot 10^{-7}$ g beträgt, tagelang hungern zu sehen glauben, obgleich, seiner Größe nach zu urteilen, die Halbwertzeit (bei 15,4°) nur 6,9 Stunden betragen sollte und nach

[1]) Pütter, A.: Der Hungertod. Naturwissenschaften Jg. 9, S. 31—35. 1921.

[2]) Pütter, A.: Die Frage der parenteralen Ernährung der Wassertiere. Biol. Zentralbl. Bd. 42, S. 72—86. 1922.

Ausweis der Stoffwechselversuche sogar nur (bei 17°) 3,57 Stunden beträgt[1]), so werden wir immer in Erwägung ziehen müssen, ob der scheinbare Hunger nicht nur eine Unterernährung ist. Das gleiche gilt von den Angaben über Planarien und Hydra, da auch bei ihnen die Hungerzeit sehr lang erscheint, auch wenn man bedenkt, daß die Abnahme auf $^1/_{200}$ des Stoffbestandes eine Zeit erfordert, die gleich 7,6 mal der Halbwertzeit ist, eine solche auf $^1/_{300}$ in der 8,7fachen Halbwertzeit erfolgen würde.

Wenn dem Hungertode eine Reduktion des Stoffbestandes auf $^1/_2$ oder $^1/_3$% des Anfangsbestandes vorhergeht, so liegt die Annahme am nächsten, daß es in der Tat die Erschöpfung der lebensnotwendigen Stoffe ist, die das Leben begrenzt. Daß aber der Hungertod nicht allgemein ein Erschöpfungstod ist, dafür sprechen die Erfahrungen am Hunde. Wenn ein Hund von 19,65 kg in 27 Hungertagen 5,21 kg an Gewicht verloren hat und nach seinem ganzen Zustande (Kollaps), auf Grund der Erfahrungen über die Vorläufer des Hungertodes, zu schließen ist, daß er in wenigen Tagen sterben würde, so gelingt es dadurch, daß man ihm 4 Tage lang eine kalorisch unzureichende Kost gibt, den Zustand derart zu bessern, daß das Tier nunmehr eine zweite Hungerperiode von 61 Tagen aushalten kann, wobei das Gewicht um weitere 5,27 kg absinkt, so daß das Endgewicht 9,17 kg, d. h. 46,5% des Anfangsgewichtes, beträgt. Bei dieser Reduktion des Stoffbestandes trat der Tod noch nicht ein, es war vielmehr vollständige Erholung zu erreichen[2]). Der Tod, der nach 27 Hungertagen drohte, kann also keinesfalls ein Tod durch Erschöpfung des Bestandes an organischen Stoffen gewesen sein. Zwei Möglichkeiten der Deutung bestehen für die Beobachtung. Entweder ist doch eine Erschöpfung *bestimmter* lebensnotwendiger Stoffe eingetreten, oder es hat eine Vergiftung stattgefunden, bewirkt durch qualitative Veränderungen des Stoffwechsels, die sich bei Verminderung des Stoffbestandes entwickeln könnten. Was die erste dieser Möglichkeiten anlangt, so wäre an einen Mangel an Salzen, vielleicht nur an ganz bestimmten Salzen, zu denken oder an einen Mangel an Ergänzungsstoffen. Sie könnten in der kalorisch unzureichenden Kost der 4 Fütterungstage in einer Menge enthalten gewesen sein, die recht wohl für die neuerliche Hungerperiode ausreichen könnte. Die zweite Möglichkeit, eine Vergiftung durch abnorme Stoffwechselprodukte, wird nahegelegt, wenn man an das Auftreten der Acetonkörper im Hunger denkt, die als Zeichen dafür betrachtet werden dürfen, daß die Wege des Stoffabbaus im Hunger von denen im normalen Umsatz abweichen. Daß die Acetonkörper selbst die giftigen Stoffwechselprodukte sein sollten, ist kaum anzunehmen. Eine Entscheidung zwischen den beiden Möglichkeiten ist nur durch neue Versuche zu treffen. Der Nachweis des vermehrten Eiweißzerfalls beim Hunde kurz vor dem Tode und der analoge Nachweis der prämortalen Steigerung des Sauerstoffverbrauchs bei den Montéaalen läßt keine Entscheidung über die Art der Schädigung zu, die das Leben begrenzt.

Während eine vollständige Nahrungsentziehung stets zum Tode führen muß, mag auch noch lange Zeit aus den Depotstoffen das Leben unterhalten werden können, so hat die vollständige Sauerstoffentziehung nicht bei allen Organismen den Tod zur Folge, obgleich Sauerstoffdepots nur in verschwindendem Umfange vorhanden sind. Das Heer der fakultativ Anaeroben lehrt uns, daß der Tod durch Sauerstoffentziehung an besondere Bedingungen geknüpft sein muß, die nicht im Wesen der Lebensvorgänge im allgemeinen liegen. Wie bei der allgemeinen Physiologie des Hungers werden wir auch hier die beiden Hauptfragen behandeln,

---

[1]) PÜTTER, A.: Biol. Zentralbl. Bd. 42, S. 72—86. 1922.

[2]) SCHULZ, FR. N. u. HEMPEL: Pflügers Arch. f. d. ges. Physiol. Bd. 114. 1906.

wie lange das Leben ohne *Sauerstoff* ertragen werden kann, und welche Veränderungen des Stoffumsatzes nach Sauerstoffentziehung es sind, die den Tod herbeiführen.

Zunächst ist festzustellen, wann das Leben ohne Sauerstoff beginnt, wenn einem Tier die äußere Zufuhr dieses Gases in einem bestimmten Augenblick abgeschnitten wird, d. h. es ist die Frage zu beantworten, wie lange ein aerober Stoffwechsel nach Entziehung der Sauerstoffzufuhr aus etwa vorhandenen Sauerstoffdepots unterhalten werden kann. Erfolgt z. B. beim Menschen die Entziehung der Sauerstoffzufuhr durch Untertauchen im Wasser, so kann die Sauerstoffmenge, die in diesem Augenblick noch im Körper vorhanden ist, auf etwa 1900 ccm geschätzt werden (in der Lunge 400 ccm, im Blut, an Hämoglobin gebunden, 800 ccm, in den Körpergeweben ca. 700 ccm). Dieser Sauerstoffvorrat würde bei Zimmerruhe den Bedarf für 5,6 Minuten darstellen, d. h. es würde schon nach 2,8 Minuten die Hälfte verbraucht und damit die Grenze erreicht sein, an der gröbere dyspnoische Erscheinungen zu erwarten wären. Säugetiere, die in bezug auf Blutmenge, Hämoglobingehalt und Kapazität der Lungen dem Menschen ähnlich sind, haben einen Sauerstoffvorrat, der proportional ihrem Gewicht hinter dem der Menschen zurückbleibt oder ihn übertrifft. Soweit ihr Sauerstoffverbrauch proportional dem Quadrat ihrer Lineardimension ist, muß die Zeit, in der die Hälfte dieses Vorrates aufgebraucht wird, umgekehrt proportional ihrer Lineardimension sein. Für ein Meerschweinchen von 500 g würde sie z. B. $\frac{5,6}{5,2} = 1,07$ Minuten betragen (Meerschweinchen : Mensch = 1 : 140; $\sqrt[3]{140} = 5,2$).

Die Verhältnisse bei luftatmenden homoithermen Tieren sind nicht als allgemein typisch zu betrachten. Eine einfache Überschlagsrechnung zeigt, in wie kurzer Zeit der Sauerstoff aufgezehrt sein muß, der in den Geweben gelöst enthalten ist. Die Grundlage der Rechnung bildet die Kenntnis der Tatsache, daß man den Sauerstoffverbrauch poikilothermer Tiere, die im Wasser leben, bei 15° auf etwa 300 mg pro 1 qm resorbierender Fläche und Stunde schätzen kann. Ein kugelförmiger Organismus von 1 mg Gewicht und 2,05 qmm Oberfläche verbraucht danach pro Stunde 0,0006 mg Sauerstoff. In seinem Körper sind 0,00001 mg Sauerstoff gelöst, wenn er bei einem Partiardruck des Sauerstoffs von 160 mm Hg mit Sauerstoff gesättigt ist. Dieser Vorrat stellt also nur den Bedarf für 1 Minute dar, die Halbwertzeit beträgt 30 Sekunden. Tiere, die einem solchen Wesen physiologisch ähnlich sind, brauchen ihren Sauerstoffbestand in Zeiten auf, die umgekehrt proportional ihrem Durchmesser sind. Für ein Tier von 1 kg Gewicht würde demnach die Halbwertzeit 5 Minuten betragen, für ein solches von der Masse eines größeren Bacillus (1 $\mu^3$) nur 0,03 Sekunden. Eine wesentliche Verlängerung der Zeit des aeroben Lebens nach Entziehung der Sauerstoffzufuhr von außen könnte nur dadurch erfolgen, daß Sauerstoff in lockerer Bindung, wie im Hämoglobin und Hämocyanin, vorhanden wäre. Über das Vorkommen solcher Sauerstoffdepots in Zellen ist aber nichts bekannt. Für kleine Organismen würden auch sie — wenn sie vorhanden wären — die Zeit des aeroben Lebens nicht auf merkbare Beträge verlängern können, wie eine leicht ausführbare Überschlagsrechnung lehrt. Das Leben ohne Sauerstoff beginnt also allgemein sehr kurze Zeit nach der Entziehung der Sauerstoffzufuhr.

Wollen wir die Dauer des anaeroben Lebens bei verschiedenen Organismen vergleichen, so ist dazu die Angabe der absoluten Zeiten, die von der Sauerstoffentziehung bis zum Tode vergehen, ganz ungeeignet. Ähnliche Zeiten sind die Zeiten gleicher Zustandsänderungen. Die Geschwindigkeit der Zustandsänderung eines Organismus hängt aber von der Geschwindigkeit seines Stoffwechsels ab. Die ähnlichen Erstickungszeiten müssen also umgekehrt proportional der Geschwindigkeit des Stoffumsatzes sein.

Die Aufgabe einer allgemeinen Physiologie der Erstickung liegt darin, festzustellen, ob der Zustand zur Zeit der Erstickung durch eine bestimmte Anhäufung von Stoffwechselprodukten oder einen anaeroben Gesamtumsatz bestimmter Größe gekennzeichnet werden kann.

Das gelingt z. B. für die Keimlinge von Zea mays, die anaerob eine nahezu konstante Menge $CO_2$ abgeben, bis das Leben ohne Sauerstoff zum Stillstand kommt, wobei die Länge der Zeit, die hierzu erforderlich ist, von äußeren Bedingungen, in erster Linie von der Temperatur, abhängt. In demselben Sinne spricht die Erfahrung, daß in anaerob gehaltenen Blättern und Blüten der Stoffumsatz stillsteht, wenn die Konzentration des gebildeten Alkohols 0,5% erreicht, was naturgemäß je nach der Temperatur nach sehr verschiedenen Zeiten der Fall ist. Bei Erbsenkeimlingen steht das anaerobe Leben erst still, wenn 5% Alkohol gebildet worden sind[1]). Eine solche Widerstandsfähigkeit gegen die Produkte der Anaerobiose ist schon durchaus vergleichbar mit der Widerstandsfähigkeit echter Gärungserreger, die dauernd ohne Sauerstoff leben können.

Einen wesentlichen Unterschied macht es, ob die Produkte des anaeroben Lebens ausscheidungsfähig sind oder im Körper zur Anhäufung kommen. Die Entscheidung hierüber geben Versuche, in denen das Wasservolumen variiert wird, in dem die Organismen anaerob leben. Sind die Stoffwechselprodukte ausscheidungsfähig, so dauert das anaerobe Leben um so länger, je größer das Wasservolumen ist, sind sie nicht ausscheidungsfähig, so ist die Größe des Erstickungsraums ohne Einfluß auf die Erstickungszeit.

So ersticken z. B. Paramaecien im hängenden Tropfen, in dem zahlreiche Tiere zusammengedrängt sind, in einigen Stunden, während sie in einem größeren, sauerstofffreien Wasservolumen tagelang ohne Sauerstoff leben können. Spirostomum ambiguum erstickt im hängenden Tropfen in 3—5 Minuten, in einem größeren Wasservolumen in 10—12 Stunden[2]).

Der Nachweis der Anhäufung oxydationsfähiger Stoffwechselprodukte im Körper gelingt leicht durch Kontrolle der Größe des Sauerstoffverbrauchs vor und nach einer Periode der Sauerstoffentziehung. So verbraucht der Blutegel bei 22° pro kg und Stunde die folgenden Mengen Sauerstoff:

| | |
|---|---|
| vor der Sauerstoffentziehung | 170 mg |
| nach der Entziehung Tag 1 und 2 | 307 „ |
| „ „ „ „ 3 „ 4 | 371 „ |
| „ „ „ „ 5 „ 6 | 164 „ |

Es werden also im Laufe von 4 Tagen die anaeroben Stoffwechselprodukte, die sich in 2 Tagen des anaeroben Lebens angehäuft haben[3]), nachträglich oxydiert und damit entgiftet. Bei der Weinbergschnecke (Helix pomatia) ist ganz das gleiche zu beobachten, und zwar auch dann, wenn der Sauerstoff nicht völlig entzogen, sondern nur in ungenügender Menge geboten wird.

Die Frage nach der Bedingung des Erstickungstodes kann demnach dahin beantwortet werden, daß das Leben durch die Anhäufung anaerober Stoffwechselprodukte begrenzt wird.

Die Erörterung der Besonderheiten des Lebens nach Sauerstoffentziehung gehört mehr in die allgemeine Stoffwechsellehre als in die Lehre von den Lebensbedingungen.

---

[1]) PFEFFER, W.: Pflanzenphysiologie. Bd. I, S. 543—546. 1897.
[2]) PÜTTER, A.: Zeitschr. f. allg. Physiol. Bd. 5, S. 566—612. 1905.
[3]) PÜTTER, A.: Zeitschr. f. allg. Physiol. Bd. 7, S. 16—61. 1907.

## III. Das Wasser.

Das Wasser macht einen erheblichen Teil der Masse aller Organismen aus. Es muß als unentbehrliche *innere* Lebensbedingung angesehen werden, denn zu den Stoffwechselvorgängen, durch die das Leben gekennzeichnet ist, ist Wasser als Lösungsmittel der reagierenden Stoffe ebenso unentbehrlich, wie es zur Erhaltung des lebensnotwendigen Quellungszustandes der Biokolloide erforderlich ist. Wenn wir die Zufuhr von Wasser auch als notwendige *äußere* Lebensbedingung betrachten, so stützen wir uns auf die empirische Erfahrung, daß bisher kein Lebewesen bekannt geworden ist, dem nicht Wasser in irgendeiner Form — wenigstens zeitweise — zur Verfügung stände.

Leben ohne jede äußere Wasserzufuhr ist stets Leben unter Hungerbedingungen. Bei Nahrungszufuhr wird auch Wasser zugeführt, da die Nährstoffe entweder in gelöstem Zustande aufgenommen werden (z. B. die Nährsalze bei den Pflanzen), oder als Nahrungsmittel, die — auch wenn sie lufttrocken sind — stets etwa 9—14% Wasser enthalten.

Über die Größe des normalen Wasserwechsels der Tiere wissen wir wenig. Für einige Protozoen läßt sich aus dem Spiel der contractilen Vakuolen die Zeit berechnen, in der eine Wassermenge ausgeschieden wird, die dem eigenen Körperinhalt gleich ist. Auch für Rotatorien liegen einzelne Angaben über die entsprechenden Größen vor. Für einige wenige Fische ist etwas über die täglichen Harnmengen bekannt, das aber nicht immer als genügender Ausdruck des Wasserwechsels dienen kann, da bei schleimiger Körperoberfläche auch durch sie Wasser abgegeben wird. Beim Frosch kann man die Abgabe von Wasserdampf ausschalten und so aus der täglichen Harnmenge eine Vorstellung von der Größe des Wasserwechsels erhalten, bei den luftlebenden Wirbeltieren muß der Verlust von Wasser in Dampfform der Wasserausscheidung durch Harn und Kot hinzugefügt werden. Macht man dieses spärliche Material dadurch vergleichbar, daß man die Größe des Wasserwechsels für 1 kg Körpergewicht und eine Stunde berechnet, so erhält man Zahlen, die eine Gesetzmäßigkeit erkennen lassen.

Wie die folgende Zusammenstellung zeigt[1]), ist der Umsatz pro kg/Stunde um so größer, je kleiner die Tiere sind. Nennen wir die dritte Wurzel aus dem Volumen (in $\mu^3$) $\lambda$, so zeigt sich, daß der Wert: Umsatz pro kg/Stunde mal $\lambda$ für die Protozoen, Rotatorien und den Frosch sehr nahe konstant ist. Die Zahlen für diese Tiere beziehen sich auf eine Temperatur von 22°. Für den Menschen erhalten wir bei 37° ein Produkt, das 2,86mal so groß ist. Diese Größe würde einer Steigerung des Wasserwechsels durch die Temperatur entsprechen, die

| Tierart | Volumen in $\mu^3$ | $\lambda = \sqrt[3]{G}$ | Wasserwechsel pro kg und Stunde in ccm $= a$ | $a \cdot \lambda$ | |
|---|---|---|---|---|---|
| Lembus pusillus bei 26° | $2 \cdot 10^3$ | 12,8 | 24500 | 315000 | Mittel 247000 bei 22° |
| Paramaecium caudatum bei ca. 20° | $25 \cdot 10^4$ | 63,0 | 4080 | 257000 | |
| Euplotes patella bei 25° | $30 \cdot 10^4$ | 67,0 | 4200 | 281000 | |
| Rotatorien bei ca. 20° | $10^6$ | 100 | 2000 | 200000 | |
| | $10^7$ | 216 | 1000 | 216000 | |
| Frosch bei 22° | $50 \cdot 10^{12}$ | 36900 | 6,67 | 245000 | |
| Frosch bei 16° | | | 5,80 | 214000 | |
| Mustelus laevis | $1{,}8 \cdot 10^{15}$ | 121500 | 0,623 | 75000 | |
| Lophius piscatorius | $2{,}5 \cdot 10^{15}$ | 136000 | 0,67—1,00 | 91000—136000 | |
| Mensch | $70 \cdot 10^{15}$ | 413000 | 1,70 | 705000 | |

[1]) PÜTTER: Die Dreidrüsentheorie der Harnbereitung, S. 29. Berlin: Julius Springer 1926.

für 10° Temperaturerhöhung eine Verdopplung bedeutet, also das $Q_{10}$ einer chemischen Reaktion zeigt. Wenn der Wasserwechsel der beiden Fische erheblich geringer erscheint, so dürfte das zunächst daran liegen, daß die Beobachtungen sich auf eine etwas tiefere Temperatur als 22° beziehen, es ist aber auch in Betracht zu ziehen, daß es sich um Meeresfische handelt, die ihren Wasserbedarf durch Aufnahme aus einer Salzlösung von erheblichem osmotischen Druck decken müssen.

Jedenfalls deuten diese Zahlen darauf hin, daß eine Beziehung zwischen der Größe des Wasserwechsels und der Oberfläche der Organismen besteht. Wäre er der Oberfläche direkt proportional, so müßte das Produkt aus Wasserwechsel pro kg und Lineardimension konstant sein. Ob diese Erfahrung dahin gedeutet werden darf, daß die Größe des Wasserwechsels der Intensität des Stoffwechsels proportional ist, oder ob beide Größen nur deshalb eine ganz gleiche Beziehung zur absoluten Größe der Tiere haben, weil sie beide von Flächengrößen abhängig sind, ist zur Zeit nicht zu entscheiden.

Wenn wir fragen, welches das Minimum an Wasserzufuhr ist, das sich mit der Erhaltung des Lebens verträgt, so geben uns einige Pflanzen die Antwort, die sehr lange ganz ohne Zufuhr flüssigen Wassers leben können. Stoffe, die eine Lösung mit Wasser bilden, deren Dampfdruck kleiner ist, als der des Wasserdampfes in der Luft, in der sie sich befinden, verdichten Wasserdampf an ihrer Oberfläche. Sie zerfließen hierdurch entweder oder quellen auf, sind hygroskopisch, wie Pilzsporen, entfettetes Haar oder Storchschnabelsamen. Hygroskopische Stoffe sind unter den Produkten der Lebenstätigkeit von Pflanzen und Tieren nicht selten, aber die Zahl der Wesen, deren Leben von der Ausnutzung hygroskopisch aufgenommenen Wassers abhängt, ist nur gering. Wir begegnen der Fähigkeit, Wasserdampf als Wasserquelle zu verwerten, bei Flechten, Laub- und Lebermoosen, Orchideen und Baumfarnen. An der Luft getrocknete (trockenstarre) Flechten nehmen im dampfgesättigten Raum in 3 Tagen 35%, in 6 Tagen 56% ihres Gewichtes an Wasser auf. Unter den Moosen nimmt Hypnum molluscum, wenn es vorher lufttrocken war, aus feuchter Luft in 2 Tagen 20%, in 6 Tagen 38%, in 10 Tagen 44% seines Gewichtes an Wasser auf. Orchideen haben vielfach reich entwickelte Luftwurzeln, mit deren Hilfe sie in 24 Stunden 8—11% ihres Gewichtes an Wasser aufnehmen, wenn sie aus trockener Luft in feuchte gebracht werden (KERNER VON MARILAUN). Ob bei Tieren Ähnliches vorkommt, ist nicht bekannt. Immerhin muß man aber bedenken, daß die Zufuhr von Nährstoffen stets an die gleichzeitige Zufuhr von Wasser gebunden ist, und daß dementsprechend ein Leben mit Hilfe des hygroskopisch aufgenommenen Wassers nur begrenzte Zeit hindurch möglich ist.

Unter den Insekten gibt es eine Anzahl von Arten, deren Wasserbedarf befriedigt wird, obgleich sie als Nahrung nur lufttrockene Stoffe aufnehmen. Ob es ausschließlich die 10—14% Quellungswasser sind, die sich in lufttrockenen Getreidekörnern, im Zwieback, Wolle, Pelzwerk, Leder, trockenem Holz, getrockneten Pflanzen und Tierkörpern finden, die ihre Nahrung sind und auch ihren Wasserbedarf decken, oder ob daneben auch das Wasser eine wesentliche Rolle spielt, das in ihrem Stoffwechsel entsteht, ist nicht untersucht.

Es gehören zu dieser Gruppe die Kornmotten, Pelzmotten und Kleidermotten der Genera Tinea und Tineola, die Klopfkäfer (Totenuhren, Anobiidae), Diebskäfer (Ptinidae) und Speckkäfer (Dermestidae), vielleicht auch noch weitere Formen.

BERGER[1]) hat die Frage nach der Verwertung von Wasser, das im Betriebsstoffwechsel entsteht, an einem Objekt behandelt, das nicht sehr geeignet erscheint. Er untersuchte die

[1]) BERGER, BRUNO: Pflügers Arch. f. d. ges. Physiol. Bd. 118, S. 607—612. 1907.

Widerstandsfähigkeit der Larven des Mehlwurms (Tenebrio molitor) gegen Austrocknung und fand, daß die Tiere in lufttrockenem Mehl sich zwar gut halten, aber nicht wachsen, so daß sie zur Vollendung ihrer Entwicklung doch wohl mehr Wasser brauchen, als das Mehl ihnen bietet. Kleie, die bei 105° getrocknet war, nehmen die Tiere überhaupt nicht auf. Werden sie in derart völlig wasserfreier Umgebung gehalten, so gehen sie nach 3—4 Wochen zugrunde, nur noch wenige leben nach 4 Wochen. Diese haben ihren Wassergehalt festgehalten, ja der Anteil des Wassers am Aufbau des Körpers der Tiere hat eher etwas zugenommen (Trockensubstanz zu Beginn 38,40%, am Ende 35,04%), wie das bei hungernden Tieren bekannt ist. Daß der Tod durch Wassermangel erfolgt ist, kann danach nicht sicher behauptet werden.

Über die oben genannten Spezialformen der trockenen Lebensbezirke sind keine Untersuchungen gemacht. Ließ sich hier die Bedeutung des Wassers, das im Stoffwechsel entsteht, nicht zeigen, so haben Sieber und Metalnikow[1]) in ihren Studien über die Ernährung der Bienenmotte (Galleria mellonella) eine Beobachtung gemacht, die in diesem Zusammenhange erwähnenswert ist. Die Bienenmotten leben von Wachs und Puppenhüllen der Bienen. Das Wachs hat nur 8,68—10,2% Wasser. Bei Fütterung mit reinem Wachs erfolgt (da ja der Stickstoff fehlt) kein Wachstum, ebensowenig aber, wenn nur stickstoffhaltige Puppenhüllen verfüttert werden. Fügt man den Puppenhüllen etwas Wasser hinzu, so wachsen die Motten, und denselben Erfolg erzielt man, wenn man der wasserfreien Nahrung wasserfreies Wachs hinzufügt. Die Forscher vermuten danach, daß vielleicht aus dem Wachs im Stoffwechsel Wasser gewonnen wird, das zum Wachstum dienen kann.

Es ist nicht bekannt, ob der lebende Zellinhalt bei solchen Organismen, die bei spärlichster Zufuhr von Wasser leben, einen typisch geringeren Wassergehalt hätte als bei Tieren oder Pflanzen, denen reichlich Wasser zur Verfügung steht. Die Feststellung ist auch nicht ganz einfach, denn eine Bestimmung des Wassergehaltes der ganzen Organismen ist nicht geeignet, diese Frage zu beantworten.

Wenn wir über die Einzelheiten der Zustandsform des Wassers im Körper der Tiere und Pflanzen noch nicht genügend unterrichtet sind, so wird man doch in vorläufiger Schematisierung wenigstens drei Zustände unterscheiden müssen, deren Rolle im Lebensvorgang ganz verschieden zu bewerten ist.

Ein Teil des Wassers ist als chemisch gebunden zu betrachten. Wir wollen ihn als *Konstitutionswasser* bezeichnen. Ein zweiter Anteil erhält den Quellungszustand der Biokolloide des Protoplasmas aufrecht; wir nennen ihn kurz *Quellungswasser*. Ein dritter Teil endlich ist in tropfbarflüssiger Form vorhanden. In ihm sind organische und anorganische Stoffe gelöst und kolloidal verteilt, wir wollen ihn vorläufig als *Lösungswasser* bezeichnen. Dieses Lösungswasser kann in Vakuolen innerhalb des Protoplasmas enthalten sein, kann als Körperflüssigkeit die Zelle umspülen, als capillar festgehaltenes Wasser an Oberflächen verschiedener Art haften. Ein — vielleicht sehr bedeutender — Teil dieses Lösungswassers nimmt eine besondere Stellung ein, die durch die Bezeichnung „Depotwasser“ am besten gekennzeichnet wird. Es ist das Wasser, das die gleiche Rolle spielt wie Ablagerungen von Fett, Stärke, Glykogen und bestimmte Eiweißmengen, die zeitweise nicht am Stoffumsatz beteiligt sind und als Reserven nur bei mangelnder Zufuhr in den Umsatz gerissen werden. Über die Mengen solcher Wasserreserven vermögen wir nur in wenigen Fällen eine grobe Orientierung zu gewinnen. Ihre Abnahme hat natürlich eine ganze andere Bedeutung als eine Minderung im Bestande der übrigen Zustandsformen des Wassers. Wenn wir z. B. erfahren, daß ein Cactus (Cereus gigas) von 6 m Höhe seinen Stammumfang in der Regenzeit von 144 cm auf 171 cm vergrößert, d. h. 412 l

---

[1]) Sieber, N. u. S. Metalnikow: Pflügers Arch. f. d. ges. Physiol. Bd. 102, S. 269 bis 286. 1904.

Wasser aufnimmt und diese Menge in der Trockenzeit wieder verliert[1]), so dürfen wir nicht annehmen, daß der Quellungszustand seiner lebenswichtigen Teile, etwa seines Assimilationsgewebes, entsprechende Schwankungen durchgemacht habe, wir sehen hierin vielmehr nur eine Minimalangabe über das Fassungsvermögen seiner Wasserdepots. Da das Volumen der Pflanze am Ende der Trockenzeit etwa 1000 l beträgt, ist die Masse des Wassers, das gespeichert wird, gleich mehr als 40% dieses Volumens. Mag der Wassergehalt am Ende der Trockenzeit noch 90% betragen, so würde er am Ende der Regenzeit auf etwa 95% gestiegen sein, ein Wassergehalt, wie ihn etwa Opuntia corrugata (94,9%) hat.

Noch wesentlich bedeutender ist die Wasserspeicherung bei den Nacktschnecken. KÜNKEL[2]) fand, daß eine kleine Limax tenellus von 0,16 g Gewicht durch Wassertrinken ihr Gewicht auf 0,85 g erhöhen kann, daß sie also 430% ihres Gewichtes an Wasser aufnimmt. In trockener Umgebung verliert die wasserreiche Schnecke 80% ihres Gewichts, ohne zu sterben. Der größte Teil dieses abgegebenen Wassers dürfte Depotwasser sein.

Verliert ein Mensch durch Schwitzen 5 l Wasser, d. h. etwas über 7% des Körpergewichts, und nimmt während dieses Verlustes Wasser in keiner Form zu sich, so erweist sich sein Blut als praktisch unverändert in seinem Wassergehalt, und dementsprechend dürfen wir auch nicht annehmen, daß sich der Quellungszustand der lebenden Zellen geändert hat. Rechnen wir den Wassergehalt des ganzen Körpers zu 65,0% und das Anfangsgewicht zu 70 kg, so würde der Mensch bei Beginn der Wasserabgabe 45,5 l Wasser enthalten, am Ende 40,5 l bei 65 kg Gewicht, d. h. 62% Wasser. Wenn ein Hund von 6,6 kg Gewicht 0,8 kg Wasser in seine Depots aufnehmen kann[3]), die doch keinesfalls leer gewesen sind, so würde das äußerste Fassungsvermögen der Depots auf mindestens 12—15% des Körpergewichts geschätzt werden können.

Eine scharfe Grenze zwischen Depotwasser und Wasser, das zum unentbehrlichen Bestande des Körpers gehört, ist kaum zu ziehen. Den Unterschied begrifflich festzulegen, liegt nahe gegenüber der Erfahrung, daß z. B. die Säugetiere den Wassergehalt ihres Blutes und auch wohl anderer lebenswichtiger Organe so zäh gegenüber Wasserverlusten behaupten. Das Depotwasser würde begrifflich das Wasser sein, das bei Wassermangel zuerst und ohne Störung lebenswichtiger Funktionen abgegeben wird. Nun bestehen aber in bezug auf die Größe des Wasserverlustes viele graduelle Unterschiede zwischen den einzelnen Organen. Als Beispiel hierfür können wir den Verlauf des Austrocknens beim Grasfrosch (Rana fusca) heranziehen. Am stärksten und frühesten verliert das Blut an Wasser, wie die Zunahme der roten Blutkörperchen in der Volumeneinheit zeigt. Bei einem Gesamtverlust an Wasser, der 13% des Körpergewichtes beträgt, hat die Menge des Blutes schon um 23% abgenommen, bei 32% Gewichtsverlust um 63%. Wird der Gewichtsverlust größer als 32%, so tritt Zerfall der roten Blutkörperchen ein, so daß ihre Menge kein Maß für die Eindickung des Blutes mehr ist. Nächst dem Blut verliert die Muskulatur am stärksten an Wasser. Während der Wassergehalt der Gastrocnemius bei einem Körpergewichtsverlust von 16% noch 71% beträgt (beim normalen Frosch 80%), nimmt er bei einem Gewichtsverlust von 34% bis auf 54% ab. Der Wassergehalt des Gehirns nimmt nur ganz wenig ab, der der Leber bleibt praktisch konstant.

Beim Frosch enthält also das Blut relativ das meiste Depotwasser, nächstdem die Muskulatur. Diese Angaben gelten nur für den Grasfrosch, während der Wasserfrosch (Rana esculenta) und der Moorfrosch (Rana arvalis) beim Ver-

[1]) RENNER, O.: Handwörterbuch d. Naturwiss. Bd. X, S. 676.
[2]) KÜNKEL, KARL: Zur Biologie der Lungenschnecken. Heidelberg: Carl Winter 1916.
[3]) ENGELS, W.: Zeitschr. f. exp. Pathol. u. Pharmakol. Bd. 51, S. 346—360. 1904.

trocknen nur eine geringe Eindickung des Blutes zeigen. Nach ZEPP[1]) bestehen folgende Unterschiede:

| | Zahl der roten Blutkörperchen in 1 cmm | | Verhältnis |
|---|---|---|---|
| | normale Zahl | Maximum beim Vertrocknen | |
| Rana temporaria . . . . | 439 000 | 1 344 800 | 1 : 3,05 |
| Rana esculenta . . . . . | 360 000 | 567 200 | 1 : 1,56 |
| Rana arvalis . . . . . . | 363 000 | 536 000 | 1 : 1,48 |

Bei Rana temporaria beginnt die Trockenstarre, wenn die Zahl der Erythrocyten auf etwa 1 000 000 gestiegen ist, das Blut erscheint dann als dickflüssige Masse, die bei Verletzung nur träge aus dem Herzen fließt.

Man muß bei Beurteilung der Wasserdepots zwei Gesichtspunkte berücksichtigen: einmal die Frage, welches Organ den höchsten prozentualen Wasserverlust erleidet, ohne daß eine Schädigung eintritt, und zum anderen die Frage, aus welchem Organ die absolut größte Menge des abgegebenen Wassers stammt. Wenn das Blut etwa 5—6% des Gesamtgewichtes ausmacht, die Muskulatur aber 40%, so würde bei gleichem prozentualen Wasserverlust die absolute Bedeutung der Muskulatur als Wasserspeicher 7 mal so hoch zu veranschlagen sein als die des Blutes. Da beim Grasfrosch der relative Wasserverlust des Blutes höher ist als der der Muskeln, so ist das Übergewicht des Wasserdepots der Muskeln nicht so groß. Immerhin wird bei einem Gewichtsverlust von 31% doch fast dreimal soviel Wasser aus den Muskeln als aus dem Blut abgegeben.

Die Säugetiere zeigen besondere Verhältnisse, insofern bei ihnen das Blut als Organ für Depotwasser ganz ausscheidet und dementsprechend die Muskulatur in noch viel höherem Maße als beim Frosch den Wasserspeicher bildet. Diese Einsicht gründet sich wesentlich auf Versuche über die Füllung — nicht auf solche über die Entleerung — der Wasserdepots. Von einem intravenösen Einlauf von 1159 g 0,6 proz. Kochsalzlösung hält ein Hund von 6,6 kg etwa 800 g in seinen Geweben zurück. $^2/_3$ dieser Menge finden sich in der Muskulatur (die etwa 40% des Körpergewichtes ausmacht), rund $^1/_6$ in der Haut (die auch etwa $^1/_6$ des Körpergewichtes wiegt) und nur 1,55% im Blut [das 8—9% des Körpergewichts ausmacht[2])]. Diese Verhältnisse haben für die spezielle Physiologie der Säugetiere besondere Bedeutung, können hier aber nicht näher behandelt werden.

In welchem Grade der Wasserbestand eines Organismus herabgesetzt werden kann, ohne daß die Fähigkeit beeinträchtigt wird, den *ganzen* Lebenskreislauf zu vollenden, darüber haben wir keine Erfahrungen. Alle Beobachtungen über die Widerstandsfähigkeit gegen Wasserverlust beziehen sich auf einzelne Phasen des Lebens. Dabei handelt es sich entweder um zeitlich eng begrenzte Einwirkungen, die zu keinem Gleichgewichtszustande in bezug auf den Wassergehalt führen und das Leben rasch vernichten, oder, wenn ein Gleichgewichtszustand im physikalischen Sinne erreicht wird, um die Erscheinungen der Trockenstarre.

Als Maß für die Widerstandsfähigkeit eines Organismus gegen Austrocknung wird gewöhnlich angegeben, wie groß der Gewichtsverlust durch Wasserabgabe — ausgedrückt in Prozenten des Gewichtes zu Beginn — werden kann, ohne daß die Erholbarkeit leidet. So gibt PFEFFER an, daß selbst die empfindlicheren Pflanzen einen Verlust von 40—50% des Wassers überstehen, das sie in turgescentem Zustande enthalten, andere sogar 80—90%, z. B. Sedum elegans (zier-

[1]) ZEPP, P.: Beiträge zur vergleichenden Untersuchung der heimischen Froscharten. Zeitschr. f. Anat. u. Entwicklungsgesch. Bd. 69, S. 84—180. 1923.

[2]) ENGELS, W.: Zitiert auf S. 368.

liches Fettkraut). Diese Angabe läßt nicht erkennen, wie groß der Wassergehalt der vertrocknenden Pflanze ist, der eben noch oder eben nicht mehr die Erholung zuläßt. Berechnet man aus den Daten von G. SCHRÖDER[1]) diesen Wert, so ergibt sich eine bemerkenswerte Beziehung. Es besteht eine Korrelation zwischen dem normalen Wassergehalt in turgescentem Zustande und dem Wassergehalt, bei dem das Absterben beginnt (bzw. auch dem Wassergehalt, der eben noch Erholung gestattet). Die Stärke dieser Beziehung wird gemessen durch den Korrelationskoeffizienten $r = +0{,}68 \pm 0{,}22$. Der Regressionskoeffizient ist $b_{21} = 2{,}7 \pm 0{,}93$, d. h. wenn der Wassergehalt der Pflanzen zu Beginn des Austrocknens um 1% höher als der Mittelwert ist, nimmt der Wassergehalt, bei dem eben das Absterben beginnt, um 2,7% gegenüber dem Mittelwert zu. Die Pflanzen sind also um so empfindlicher gegen Wasserentziehung, je höher ihr normaler Wassergehalt ist. Daß dieses Moment nicht das einzig maßgebende ist, zeigt die Größe von $r$, die nur etwa $^2/_3$ beträgt. Zwischen dem Wasserverlust in Prozenten des Frischgewichtes bei Beginn des Absterbens und dem Wassergehalt zu Beginn des Versuches besteht keine Korrelation ($r = +0{,}37 \pm 0{,}35$). Als Beleg des Gesagten diene die Zusammenstellung der Daten über das Austrocknen, die aus SCHRÖDERS Untersuchungen abzuleiten sind. Über die entsprechenden Verhältnisse bei Tieren sind wir schlecht unterrichtet. Frösche sterben, wenn ihr Gewicht durch Wasserverlust um 39% (DURIG) oder 40% [UEKI[2])] abgenommen hat. Der normale Wassergehalt des Frosches beträgt 79—80%. Danach würde der Tod eintreten, wenn der Wassergehalt des ausgetrockneten Tieres auf die Hälfte des normalen Bestandes gesunken ist und etwa 66% beträgt.

STEINBACH[3]) sah Rana temporaria schon bei einem Gewichtsverlust von 29% eingehen. Ihre Zahlenangaben über die Geschwindigkeit und die Grenze der Austrocknung bei Amphibien seien im folgenden mitgeteilt:

| | Bufo | Rana | Salamandra | Hyla | Triton | Bombinator |
|---|---|---|---|---|---|---|
| Gesamtdauer der Austrocknung bis zum Tode in Stunden . . . . . . . | 302 | 94 | 115 | 70 | 67 | 30 |
| Gewichtsverlust bis zum Tode in Proz. . . . . . | 38 | 29 | 53 | 50 | 40 | 59 |

Die Geschwindigkeit des Austrocknens zeigt eine deutliche Beziehung zur absoluten Größe sowie einen spezifischen Unterschied der Kröte gegenüber den übrigen Formen. Der höchste mit dem Leben verträgliche Gewichtsverlust ist für Bufo und Rana deutlich, für Triton etwas niedriger als bei Salamandra, Hyla und Bombinator.

Junge Aale bleiben nach BUGLIA[4]) noch am Leben, wenn sie fast die Hälfte ihres Wassers verloren haben. Man wird danach den Wassergehalt der Tiere an der Grenze des Vertrocknungstodes auf 67% schätzen können.

Über die größten Wasserverluste, die Schnecken ertragen können, sind wir durch KÜNKELS[5]) ausgedehnte Untersuchungen genauer unterrichtet. Unter den Nacktschnecken ertragen Tiere, die vorher wasserreich gehalten worden sind, sehr bedeutenden Wasserverlust; z. B. Limax tenellus 78—80% des Körper-

[1]) SCHRÖDER, G.: Über die Austrocknungsfähigkeit der Pflanzen. Untersuch. a. d. Botan. Inst. zu Tübingen Bd. 2, S. 1—52. 1886/88.

[2]) UEKI, RYECKI: Pflügers Arch. f. d. ges. Physiol. Bd. 205, S. 246—254. 1924.

[3]) STEINBACH: Zeitschr. f. Zellforsch. u. mikroskop. Anat. Bd. 4, S. 394. 1926.

[4]) BUGLIA: Arch. ital. de biol. Bd. 71, S. 8—14. 1922.

[5]) Zitiert auf S. 368.

| | Wassergehalt zu Beginn der Versuche | Wassergehalt der austrocknenden Pflanzen | | |
|---|---|---|---|---|
| | | noch lebend | teilweise abgestorben | abgestorben |
| Sedum elegans . . . . . . . . . . . . . . . | 83,6 | 43,7 | 34,4 | 19,7 |
| Echeveria secunda, Blätter . . . . . . . . . | 94,4 | 77,5 | [ca. 76] | 74,2 |
| Asperula odorata (Endspitze mit vollständigem Blattquirl) . . . . . . . . . . . . . . . | 84,9 | 61,0 | 57,0 | 49,5 |
| Parietaria arborea, Blätter . . . . . . . . . | 83,7 | 70,0 | 67,0 | 47,0 |
| Fuchsia, Blätter . . . . . . . . . . . . . . . | 88,8 | 82,0 | 75,5 | 50,5 |
| Limnanthemum nymphoides, Blätter . . . . | 87,3 | 66,5 | 60,0 | 34,8 |

gewichtes zu Beginn des Versuches, Limax cinereoniger und Arion empiricorum 65—66%, andere Arionarten 60—65%. Die Wasserverluste der Gehäuse tragenden Lungenschnecken, die noch mit dem Leben verträglich sind, sind im allgemeinen geringer. Es erträgt (bezogen auf das Gewicht des Körpers ohne Schale) Succinea putris einen Verlust von 61% des Anfangsgewichtes, Helix arbustorum 58%, Helix nemoralis 52%. Leider fehlen Angaben darüber, wie hoch der Wassergehalt des Körpers der Tiere ist, die durch Austrocknung an die Grenze der Lebensfähigkeit gekommen sind.

In allen Versuchen über den Grad der Austrocknung, der noch mit dem Leben verträglich ist, wäre der Einfluß der Zeit zu berücksichtigen, doch ist das bisher kaum geschehen.

Die bisher angeführten Beispiele der Schädigung durch Wasserverlust sind dadurch ausgezeichnet, daß es beim Austrocknen, physikalisch betrachtet, zu keinem Gleichgewichtszustande kommt, daß vielmehr die irreversible Schädigung schon eintritt, bevor sich der Wassergehalt des Organismus ins Gleichgewicht mit der umgebenden Luft gesetzt hat.

Eine Reihe von Organismen ertragen den Wasserverlust bis zur Lufttrockenheit. Ist dieser Gleichgewichtszustand eingetreten, so kann das Leben stets nur in Form der Trockenstarre weiterbestehen. Wie stark die Herabsetzung des Stoffwechsels in der Trockenstarre ist, wie bedeutend der Einfluß, den schon eine geringe Zunahme des Wassergehaltes haben kann, zeigen am deutlichsten die Erfahrungen an trockenen Getreidekörnern.

Bei einem Wassergehalt von 10—12%, wie ihn die lufttrockenen Gerstenkörner haben, produzieren sie in 24 Stunden auf 1 kg Gewicht 0,35 mg $CO_2$, wie stark die Menge mit steigendem Wassergehalt steigt, zeigen die folgenden Zahlen[1]):

| Wassergehalt | Kohlensäureabgabe bei Zimmertemperatur |
|---|---|
| 14—15% | 1,40 mg |
| 19—20% | 3,59 ,, |

Die frisch geernteten Samen haben 19—20% Trockensubstanz.

Die lufttrockenen Samen würden erst in 100 Jahren 1% ihres Gewichtes veratmen. Die Begrenzung der Trockenstarre kann hiernach unter keinen Umständen durch Erschöpfung des Atmungsmaterials bedingt sein.

Die Fähigkeit, in lufttrockenem Zustande, also in Trockenstarre, lange lebensfähig zu bleiben, ist bei Pflanzen weitverbreitet. Die Beobachtung in der Natur

[1]) Siehe Jost: Vorlesungen über Pflanzenphysiologie. 3. Aufl. S. 489. Jena 1913.

lehrt schon ohne besondere Versuche, daß nicht nur Samen und Sporen, sondern auch die vegetativen Zustände mancher Pflanzen lange Zeit die Lufttrockenheit ertragen. Unter den Phanerogamen fehlt diese Fähigkeit. Von den Gefäßkryptogamen werden als Beispiel der Austrocknungsfähigkeit stets genannt: einige binsenartige Isoëtesarten, die auf den Sandhügeln Algeriens leben, und die bärlappartige Selaginella lepidophylla in Amerika[1]). Bei Farnen ist die Austrocknungsfähigkeit verbreitet. Besonders aber sind unter den Thallophyten, unter Flechten und Moosen, die Arten zahlreich, die in lufttrockenem Zustande lange Zeit ihre Lebensfähigkeit bewahren.

Versuche haben diese Beobachtungen bestätigt. Lufttrocken aufbewahrte Moose und Flechten vermögen bei Befeuchtung noch nach Jahren zu tätigem Leben zu erwachen. *Barbula muralis* soll nach 14jähriger Trockenstarre das Wachstum wieder aufgenommen haben[2]), im allgemeinen pflegen die vegetativen Zellen dieses Mooses nach etwa 5 Jahren abzusterben, die Sporen dagegen sind noch nach 50 Jahren keimfähig. Der Unterschied in der Widerstandsfähigkeit zwischen vegetativen Zellen und Sporen ist nicht immer so bedeutend. Für Hefen wird z. B. angegeben, daß die lufttrockenen vegetativen Zellen einer Weinhefe und einer obergärigen Bierhefe (in Reinzuchten) 4 Jahre lang lebensfähig blieben, die Sporen annähernd 5 Jahre. Das ist für Sporen keine lange Dauer, denn es sind Hefen bekannt, deren vegetative Zellen die Trockenstarre länger ertragen. Ein Saccharomyces apiculatus z. B. lebte noch nach 7 Jahren (nach $10^1/_4$ Jahren nicht mehr), und WILL fand eine wilde Hefe nach $17^1/_4$ Jahren der Trockenstarre noch am Leben[3]).

Vegetative Formen von Mäusetyphus waren noch virulent, nachdem sie 20 Jahre in lufttrockenem Zustande verharrt hatten, und an Seidenfäden angetrocknete Milzbrandbacillen wuchsen und erwiesen sich virulent nach 31 Jahren und 10 Monaten [KIEFER[4])].

Wenn von der Dauer der Trockenstarre im lufttrockenen Zustande die Rede ist, wird immer noch gelegentlich der Mumienweizen erwähnt, obgleich längst bekannt ist, daß die Angaben über keimfähiges Getreide aus den Gräbern der Pharaonenzeit auf einer Täuschung durch Eingeborene zurückgehen. Tatsächlich erlischt die Keimkraft der Samen unserer Getreidegräser in der Trockenstarre ziemlich schnell. Es handelt sich hierbei um einen ganz kontinuierlichen Vorgang, wie aus den folgenden Zahlen zu ersehen ist[5]).

| Erntejahr | 1920 | 1919 | 1918 | 1917 | 1916 | 1915 | 1912 | 1911 | 1910 | 1909 | 1906 | 1904 | 1900 | 1891 |
|---|---|---|---|---|---|---|---|---|---|---|---|---|---|---|
| Hafer, Keimprozente | 100 | 97 | — | 91 | — | 85 | 70 | 66 | 51 | 32 | — | 17 | 9 | 0 |
| Erbsen, ,, | 98 | 96 | 90 | — | 84 | 65 | 40 | 27 | — | — | 6 | — | — | 0 |

Danach hat von den Haferkörnern nach etwa 10 Jahren die Hälfte ihre Keimkraft verloren, nach 20 Jahren $^9/_{10}$. Die Erbsen sind schon nach 4—5jähriger Trockenstarre nur noch zur Hälfte keimfähig, nach 9 Jahren keimen nur noch 6%.

Die zahlreichen Angaben über die Dauer der Keimfähigkeit der verschiedensten Samen können in diesem Zusammenhange übergangen werden, die höch-

[1]) RENNER: Handwörterbuch d. Naturwiss. Bd. X, S. 665.

[2]) MAHEU, J.: Cpt. rend. hebdom. des séances de l'acad. des sciences Bd. 174, S. 1124 bis 1126. 1922.

[3]) Handb. d. techn. Mykologie (FR. LAFAR) Bd. 5, S. 111. 1905/14.

[4]) KIEFER: Zentralbl. f. Bakteriol., Parasitenk. u. Infektionskrankh., Abt. I, Bd. 90, S. 1—5. 1923.

[5]) NEMEC u. DUCHOU: Cpt. rend. hebdom. des séances de l'acad. des sciences Bd. 174, S. 632—634. 1922.

sten Werte, die als sicher belegt gelten können, erreichen kaum ein Jahrhundert. Ob es die Trockenstarre ist, durch die das Leben begrenzt wird, oder Zustandsänderungen der Kolloide, die auch, abgesehen von der Trockenheit, das Leben begrenzen würden, wäre nur durch besondere Untersuchungen zu entscheiden.

Unter den Tieren gibt es einige kleine Gruppen, die längere Trockenheit ertragen. In erster Linie ist die Moosfauna zu nennen, die aus Protozoen, Rotatorien, Nematoden, Tardigraden und Gamasiden besteht. Sie alle vermögen lange, sicher einige Jahre lang, in Trockenstarre ihre Lebensfähigkeit zu bewahren. Es sind durchweg sehr kleine Tiere, die an der Grenze der Sichtbarkeit für das unbewaffnete Auge stehen. Die Austrocknungsfähigkeit ist besonders bemerkenswert, weil sie Tiere betrifft, die hochdifferenzierte Gewebe, Muskeln, Sinnesorgane, Ganglienzellen besitzen.

Noch erstaunlicher aber sind die Beobachtungen, die an einer chinesischen Blutegelart (Ozobranchus jantseanus) gemacht worden sind. Das Tier (zu den Rhynchobdelliden gehörig) lebt als Ektoparasit auf Süßwasserschildkröten, die sich oft stundenlang sonnen. Dann trocknen die kleinen Egel, die etwa 30 mg wiegen, also Würmchen von etwa 1 cm Länge darstellen, völlig ein und leben wieder auf, sobald sie benetzt werden. Tiere, die 3—7 Tage lang lufttrocken gehalten worden waren, krochen $1-1^1/_2$ Stunden nach Beginn der Befeuchtung wieder munter umher. Auf Fließpapier gebracht, trocknen sie in 4 Stunden völlig aus und verlieren dabei $^4/_5$ ihres Gewichtes (6 Tiere wogen frisch 200 mg, trocken 40 mg), so daß ihr Wassergehalt wohl kaum höher als 10% sein kann, d. h. dem Wassergehalt lufttrockener organischer Stoffe entspricht. Besonders auffallend ist dabei, daß die 11 Paar büschelförmigen Kiemen, die das Tier besitzt, nicht eingezogen werden, sondern in der Stellung vertrocknen, die sie gerade eingenommen haben, und daß auch diese zarten Gebilde wieder zu normaler Beschaffenheit aufquellen. Wielange der Zustand der Trockenstarre ertragen werden kann, ist nicht untersucht[1]).

Eine noch höhere Widerstandsfähigkeit gegen Wasserverlust bedeutet es, wenn ein Organismus die Austrocknung im Exsiccator (über $H_2SO_4$ oder Chlorcalcium) verträgt. Es scheint, daß auch unter diese Bedingung die Austrocknung bis zum Gleichgewicht gehen kann, ohne daß die Zustandsänderung, die mit so weitgehender Wasserentziehung verbunden ist, irreversibel wird. Als Beispiel sei folgendes angeführt: Von der blaugrünen Alge Nostoc, die 7 Monate lang über Schwefelsäure getrocknet worden war, waren nur wenige Stücke abgestorben, unter Kulturbedingungen wurden rasch neue Klümpchen produziert. Die Flechte Sticta pulmonaria lebte nach 17 Wochen Aufenthalt im Exsiccator auf, obgleich ihr Wassergehalt auf 4,81—4,88% abgenommen hatte (ein lufttrockener toter Thallus hat 11% Wasser), nach 30 Wochen war sie im Absterben. Bei dem Laubmoos Barbula muralis lebten nach fünfmonatigem Aufenthalt im Exsiccator noch alle Zellen, nach 6 Monaten noch die Mehrzahl.

Ganz erstaunlich ist die Widerstandsfähigkeit der Getreidesamen gegen Wasserverlust. Reife wie unreife Samen bewahrten ihre Keimkraft 10—12 Wochen lang im Exsiccator, obgleich der Wassergehalt nur 2% (bei Triticum spelta), 1% (bei Hordeum vulgare) oder gar nur 0,5% (bei Triticum durum) betrug[2]). Man wird bei diesen Angaben aber zu bedenken haben, daß vielleicht der Wassergehalt des lebensfähigen Embryo viel höher bleibt, während das Reservematerial praktisch vollkommen sein Wasser verliert, ohne dadurch die Fähigkeit zu erneutem Aufquellen einzubüßen.

---

[1]) Oka: Zool. Anz. Bd. 54, S. 92—94. 1922.

[2]) Schroeder, G.: zitiert auf S. 370.

Die Erfahrungen über die Wirkung der Wasserentziehung könnten dadurch erweitert werden, daß den Organismen zwar flüssiges Wasser, aber in ungenügender Menge geboten wird. Die technische Durchführung ist auf 2 Arten möglich. Man kann die Wasseraufnahme dadurch erschweren, daß man dem Wasser osmotisch wirksame Stoffe zufügt, so daß die Aufnahme durch die Organismen einen erhöhten Kraftaufwand erfordert, oder dadurch, daß man das Wasser an quellbare Stoffe bindet. Die zahlreichen Erfahrungen über das Leben in wässerigen Lösungen von verschiedenem osmotischen Druck sind in ihrer Deutung dadurch verwickelt, daß sich die Verminderung der Wasserzufuhr nicht allein, sondern vor allem die Wirkung des osmotischen Druckes und die Ionenwirkungen der Salze bemerkbar macht. Es soll daher erst im Zusammenhang mit der Lehre von den Salzen als allgemeinere Lebensbedingungen von ihnen die Rede sein. Inwieweit die Bedürfnisse der Wasserzufuhr befriedigt werden können, wenn das Wasser als Quellungswasser geboten wird, ist nicht bekannt.

Im allgemeinen wird man annehmen dürfen, daß die Erschwerung der Wasserbeschaffung ganz analoge Wirkung hat wie die Verringerung der Konzentration eines anderen Nährstoffes. Das geht z. B. auch aus Versuchen von MITSCHERLICH[1]) über Wachstum bei verschieden reichlicher Wasserzufuhr hervor, die sich nach der gleichen Formel berechnen lassen, die wir zur Darstellung der Abhängigkeit des Ernteertrages von der Konzentration der Nährstoffe brauchbar gefunden haben. Als Versuchspflanze diente Senf.

| Ständig zur Verfügung stehende Wassermenge pro Gefäß, $W$ in ccm | 500 | 750 | 1000 | 1500 | 2000 |
|---|---|---|---|---|---|
| Ernte, Trockensubstanz, beobachtet, in g | $32 \pm 1$ | $38 \pm 1$ | $44 \pm 2$ | $45 \pm 1$ | $46 \pm 2$ |
| Ernte, berechnet, in g: $E = 47\,[1 - e^{-0{,}02\,(W+160)}]$ | 34 | 39 | 42 | 45 | 46 |

Es ist also $E = 47$, $k = 0{,}94$, $a = 160$.

Das Gegenstück der Wasserentziehung, eine überreichliche Wasserzufuhr, ist in reiner Form nicht realisierbar. Wenn flüssiges Wasser zur Verfügung steht, so regeln die Organismen die Aufnahme nicht nach dessen Menge, sondern nach ihren physiologischen Eigentümlichkeiten. Nur wenn die „Konzentration" des Wassers erhöht wird, kann man von einer Bedingung sprechen, die als vermehrte Wasserzufuhr anzusehen ist. Unter Konzentration verstehen wir die Masse in der Raumeinheit. Diese kann für das Wasser nur durch Druckerhöhung vermehrt werden. Bei der geringen Kompressibilität des Wassers sind starke Drucke erforderlich, um eine merkliche Zunahme der Masse pro Raumeinheit zu erzielen. Der Kompressibilitätskoeffizient des Wassers ist (bei 25°) $48 \times 10^{-6}$, d. h. bei einer Druckerhöhung um 1 Atmosphäre verringert sich das Volumen eines Liters um 48 cmm. Gleichzeitig mit dieser Zunahme der Dichte ändern sich aber auch andere Eigenschaften des Wassers. So erfährt das Wasser bei erhöhtem Druck eine starke Zunahme der Leitfähigkeit infolge der Zunahme der Dissoziation (Dissoziation ist mit Volumenabnahme verknüpft, wird daher durch Kompression begünstigt), die Zähigkeit nimmt mit steigendem Druck (bis 600 Atmosphären) ab. Erfahrungen über die Wirkung erhöhten Wasserdruckes auf das Leben können daher nicht als reiner Ausdruck der Wirkung erhöhter Wasserkonzentration betrachtet werden. Wie verwickelt die Wirkung komprimierten Wassers ist, geht schon daraus hervor, daß die Quellung käuflicher Gelatine in ihm vermindert wird, und zwar um so stärker, je weiter die Gelatine bei der

[1]) MITSCHERLICH: Landwirtschaftl. Jahrb. 1913, S. 661.

Drucksteigerung vom Endzustande der Quellung entfernt ist, während man eine Begünstigung der Quellung erwarten sollte, da die Menge der $H$-Ionen vermehrt ist[1]).

In Versuchen, bei denen der Druck bis auf 3000 kg pro 1 qcm gesteigert wurde, erwiesen sich eine größere Anzahl von pathogenen und saprophytischen Mikroorganismen sehr verschieden widerstandsfähig. Der Druck wurde in 1 Minute auf 500 kg pro qcm gesteigert und dann gewartet, um Abkühlung eintreten zu lassen. Auf diese Weise betrug die Temperaturerhöhung durch die Kompression bei 20° Versuchstemperatur nur 0,7°. Als Zeichen für die Wirkung wurde die Verlangsamung oder Aufhebung des Wachstums nach Aufhebung des Druckes benutzt. Die empfindlichsten Formen (z. B. Vibrio cholerae asiaticae und Bacillus pyocyaneus) wuchsen nicht mehr, wenn ein Druck von 2000 kg bei 36° durch 4 Stunden eingewirkt hatte. Die widerstandsfähigsten (z. B. Bierhefe, Oidium lactis) erleiden durch Druck von 2000 kg (bei 15°) selbst nach 96 Stunden nur eine Verzögerung des Wachstums, und Drucke von 3000 kg durch 4 Stunden (bei 0°, 20°, 37,5°) heben das Wachstum gleichfalls nicht auf. Höchst auffallend ist dabei, daß auch die Formen, bei denen der Druck die Vermehrungsfähigkeit aufgehoben hatte, sich nach Aufhebung der Druckwirkung noch lebhaft bewegten und noch 21 Tage später Bewegung und damit Leben zeigten. Es scheint also eine elektive Schädigung der Vorgänge erfolgt zu sein, die zur Zellteilung notwendig sind[2]).

Ganz anders lauten die Erfahrungen, die REGNARD an Wimperinfusorien gemacht hat. Nach seinen Angaben steht die Wimperbewegung z. B. bei Colpoda, Paramaecium, Vorticella schon still, wenn ein Druck von 600 Atmosphären nur 10 Minuten lang eingewirkt hat. Erst 1 Stunde nach Aufhebung des Druckes beginnt das Spiel der Cilien wieder.

Bei vielen Metazoen beobachtete REGNARD als Wirkung des Druckes eine bedeutende Zunahme des Volumens, z. B. bei Aktinien, die bei 1000 Atmosphären Druck ihr Volumen verdoppelten. Die Lebensfähigkeit dieser Tiere blieb erhalten, selbst wenn der Druck und die durch ihn bewirkte Starre 15 Tage lang eingewirkt hatte. Nach Aufhebung des Druckes verringert sich das Volumen wieder, und nach einigen Stunden schwindet die Druckstarre[3]).

Die Frage nach dem *Optimum* der Wasserzufuhr wird nur dahin beantwortet werden können, daß es erreicht ist, sobald der Wassergehalt der Organe nicht als begrenzender Faktor für irgendeine Leistung auftritt. Während sich bei allen anderen allgemeinen Lebensbedingungen, die wir betrachten werden, zwischen das Maximum einer Bedingung, die mit dem Leben als stationärem Zustande verträglich ist, und das Minimum eine Zone einschiebt, innerhalb deren die Lebensdauer keine Funktion der Lebensbedingung ist, fallen in bezug auf das Wasser Maximum und Minimum zusammen. Damit erledigt sich auch die Frage, ob und wo zwischen den beiden Lebensgrenzen ein Optimum liegt. Der Punkt, an dem Maximum und Minimum aneinandergrenzen, ist das Optimum, das hier ganz eindeutig bestimmt ist. Vom Standpunkte der inneren Lebensbedingungen aus betrachtet bedeutet das Optimum den Zustand, in dem für jede Zelle Wasser im Überschuß zur Verfügung steht, so daß sich der spezifische Quellungszustand der Biokolloide als Gleichgewichtszustand ausbilden kann und auch Depotwasser in der Menge aufgenommen werden kann, wie es der Eigenart des einzelnen Wesens entspricht.

---

[1]) CHLOPIN, G. W. u. G. TAMMANN: Über den Einfluß hoher Drucke auf Mikroorganismen. Zeitschr. f. Hyg. Bd. 45, S. 171–204. 1903.

[2]) CHLOPIN u. TAMMANN: zitiert auf S. 375.

[3]) REGNARD, P.: Recherches expérimentales sur les conditions physiques de la vie dans les eaux. Paris: Ed. Masson 1891.

Dafür, daß schon geringe Abweichungen von dem Zustande maximalen Wassergehaltes eine Beeinträchtigung in der Geschwindigkeit der Lebensvorgänge bewirken, mag der Einfluß des Wasserverlustes auf die Länge der Latenzzeit der Muskelzuckung beim Frosch als Beispiel dienen. Aus DURIGS[1]) Untersuchungen ergibt sich, daß die Latenzzeit der Muskelzuckung bei normalem Wassergehalt bei 15,2° im Mittel $3{,}49 \pm 0{,}33\ \sigma$ beträgt. Bei einem Wasserverlust von (im Mittel) 23,6% verlängert sich die Latenzzeit auf $7{,}26 \pm 1{,}65\ \sigma$, wobei aber die mittlere Temperatur 16,8° beträgt. Rechnet man das Zahlenmaterial nach der Korrelationsmethode durch, so zeigt sich folgendes: Bei normalem Wassergehalt beträgt der Korrelationskoeffizient zwischen Temperatur und Länge der Latenzzeit $r = -0{,}94 \pm 0{,}04$, der Regressionskoeffizient ist $b = -0{,}108 \pm 0{,}005$. Bei Wasserverlust betrug der partielle Korrelationskoeffizient zwischen Temperatur und Latenzzeit bei konstantem Wasserverlust $r = -0{,}44 \pm 0{,}2$, der Regressionskoeffizient ist $b = -0{,}109 \pm 0{,}05$. Der Einfluß der Temperatur ist also in beiden Fällen ganz gleich: eine Temperaturerhöhung um 1° verkürzt die Latenz um 0,108 oder 0,109 $\sigma$. Die Beziehung zwischen Latenzzeit und Wasserverlust bei konstanter Temperatur ergibt sich aus den Zahlen $r = +0{,}89 \pm 0{,}05$ zu $b = +0{,}244 \pm 0{,}014$. Das bedeutet, wenn der Wassergehalt um 1% gegenüber der Norm verringert wird, wird die Latenzzeit um $0{,}24 \pm 0{,}01\ \sigma$ verlängert. Ein Wasserverlust von 14,4% verdoppelt demnach die Latenzzeit.

In demselben Sinne sprechen die Versuche von URANO[2]), aus ihnen geht hervor, daß eine Wasserentziehung die Erregbarkeit des Muskels vermindert, eine vermehrte Quellung aber kaum eine nennenswerte Steigerung der Erregbarkeit bewirkt. Die Erregbarkeit des Muskels ist also bei dem gewöhnlichen Quellungszustande nahezu optimal.

## IV. Salze.

Eine besondere Betrachtung der Salze als allgemeinen Lebensbedingungen ist dadurch geboten, daß sie — ganz abgesehen von ihrer Bedeutung als Baustoffe — in ihren wässerigen Lösungen besondere Wirkungen ausüben, die für den Ablauf des Lebens wichtig sind.

In erster Linie sind hier die osmotischen Wirkungen zu nennen. Jeder Stoff, der in Wasser aufgelöst wird, übt einen Druck aus, der dem gleich ist, den der gleiche Stoff als Gasdruck ausüben würde, wenn er in dem gleichen Raum verdampft wäre. Die mechanische Wirkung dieses Druckes auf Organismen kann nur so weit zur Geltung kommen, als ihre Oberflächenschichten für die gelösten Stoffe undurchlässig sind, während sie dem Wasser den Durchtritt gestatten. In diesem Falle wird die Wasseraufnahme durch die lebenden Elemente um so mehr erschwert, je mehr der osmotische Druck der umgebenden Flüssigkeit dem Druck im Innern der Zelle gleichkommt, oder ihn übertrifft. Für die Lehre von den Lebensbedingungen erwächst die Aufgabe, festzustellen, welche osmotischen Druckkräfte noch durch die Lebenstätigkeit der verschiedenen Organismen überwunden werden können.

Die Erfahrungen über die Fähigkeit, bei hohen Salzkonzentrationen zu leben, reichen nicht zur Entscheidung der Frage hin, ob die widerstandsfähigen Formen diese Eigenschaft der Fähigkeit danken, in ihrem Innern osmotische

[1]) DURIG, A.: Wassergehalt und Organfunktion. II. Mitteil. Pflügers Arch. f. d. ges. Physiol. Bd. 87, S. 42—93. 1901.

[2]) URANO, F.: Die Erregbarkeit von Muskeln und Nerven unter dem Einfluß verschiedenen Wassergehaltes. Zeitschr. f. Biol. Bd. 50 (N. F. 32), S. 459—475. 1908.

Druckkräfte zu erzeugen, die noch höher sind als die der Umgebung, oder ob ihre Oberflächenschichten derart durchlässig für die Salze sind, daß es gar nicht zu osmotischen Wirkungen kommt. Für eine Reihe von Salzpflanzen und Wüstenpflanzen wissen wir, daß sie wirklich osmotische Druckkräfte von bedeutender Höhe erzeugen können. So fand FITTING[1]) bei 21% der Pflanzen der Felsenwüste Nordafrikas osmotische Druckkräfte von 100 Atmosphären, bei 35% solche von mehr als 53 Atmosphären und bei 52% immerhin noch Werte von mehr als 37 Atmosphären.

Noch höher liegen zum Teil die Werte, die bei dem Salzsteppenhalbstrauch Atriplex confestifolia gefunden wurden. Die Gefrierpunktserniedrigung der Gewebssäfte dieser Pflanze betrug meist −6,96° bis −7,97°, was einem Druck von 82,9—94,7 Atmosphären entspricht, der höchste Wert war −13,0°, entsprechend 153,1 Atmosphären[2]).

Diese Erfahrungen dürfen aber nicht verallgemeinert werden. Für die Bakterien, die die höchsten Salzkonzentrationen ertragen, geht vielmehr die Lehrmeinung dahin, daß sie diese Fähigkeit einer vollkommenen Durchlässigkeit ihrer Oberfläche für die Salze verdanken.

Reine Erfahrungen über die osmotischen Wirkungen sind noch dadurch vielfach erschwert, daß die gelösten Salze außer ihren osmotischen Wirkungen auch Ionenwirkungen ausüben.

Eine erste grobe Orientierung über die Beziehung zu den Salzen geben die Erfahrungen über die Verbreitung von Organismen in salzreichen Wässern. Der Vergleich der Fauna und Flora des Süßwassers mit der der Ostsee in ihren verschiedenen Teilen und der Ostsee mit der Nordsee lehrt schon, daß viele Tiere nur in sehr salzarmer Umgebung gedeihen können. Das Extrem in dieser Richtung stellen Formen dar, die in destilliertem Wasser, in reinem Regenwasser oder im Schmelzwasser des Schnees zu leben vermögen. Andererseits lehrt die Besiedelung vieler Gewässer mit hohem Salzgehalt, daß die Widerstandsfähigkeit gegen Salzwirkungen bei manchen Organismen sehr bedeutend ist. Als Halophile[3]) werden Formen bezeichnet, die zwar auch im Süßwasser vorkommen, aber bei ziemlich hohen Salzkonzentrationen noch eine Massenentwicklung erlangen können. Hierher gehören außer zahlreichen Dipterenlarven unter den Krebsen z. B. Cyclops bisetosus [5,98%[4])], unter den Oligochaeten Lumbricillus lineatus (6,18%), unter den Fischen Gasterosteus aculeatus Cuv. (5,89%). Die typischen Salztiere, Halobien, kommen in Mengen nur im Salzwasser vor. Da findet sich das Rädertier Brachionus Mülleri (4,33%), das Krebschen Nitocra simplex (2,15%), die Käfer Philydrus und Paracymus (10,46%) und die Fliege Ephydra (12,44%). In den Gewässern der Salinen (z. B. von Capodistria) leben außer den schon genannten Salinenfliegen (Ephydra-Arten) weiter ein Fisch (Lebias calaritanus) und der Krebs Artemia salina. Diese letzte Form kommt noch in Gewässern mit 23% Salz vor. In Westfalen waren die Gewässer, die etwa 22% Salz enthielten, frei von Organismen, im See Bulak (am Kaspisee) fand sich noch bei 28,53% Salzgehalt Leben, und zwar nicht nur in Massen ein roter Flagellat, der dem ganzen See seine auffallende rote Farbe gibt (wahrscheinlich Dunaliella salina, die auch aus südfranzösischen Salzseen bekannt ist), sondern auch Dia-

---

[1]) FITTING, HANS: Die Wasserversorgung und die osmotischen Druckverhältnisse der Wüstenpflanzen. Zeitschr. f. Botanik Bd. 3, S. 209—275. 1911.

[2]) HARRIS, GORTNER, HOFMANN u. VALENTINE: Maximum values of osmotic concentration in plant tissue fluids. Proc. of the soc. f. exp. biol. a. med. Bd. 18, S. 106—109. 1921.

[3]) THIENEMANN: Die Salzwassertierwelt Westfalens. Verhandl. d. Dtsch. Zool. Ges. zu Bremen 1913, S. 56—68.

[4]) Die eingeklammerten Zahlen bedeuten die Prozente Salzgehalt, bei denen das Vorkommen beobachtet ist.

tomeen, eine grüne Alge, Mückenlarven, darunter solche von Chironomus, von Crustaceen Canthocamptus und das Rädertier Diaschiza[1]).

Die Frage, inwieweit Tiere an den Salzgehalt der Gewässer gebunden sind, in denen sie in der Natur gefunden werden, kann nur durch systematische Versuche beantwortet werden. Dabei ist es im allgemeinen notwendig, die Änderung des Salzgehaltes ganz allmählich vorzunehmen. Schon BEUDANT[2]) (1816) hat darüber ziemlich reiches Material in bezug auf Mollusken beigebracht. Er steigerte den Salzgehalt seiner Süßwasseraquarien ganz allmählich und verglich die Zahl der überlebenden Tiere mit denen gleicher Art, die in Süßwasser verblieben. In $2^1/_2$ Monaten hatte er einen Salzgehalt von 2% erreicht und fand die Muscheln Cyclas cornea, Unio pictorum und Anodonta cygnea noch am Leben. Diese Formen gingen bei weiterer Steigerung des Salzgehaltes ein. Dagegen lebten $5^1/_2$ Monate nach Beginn der Versuche, als die Salzkonzentration 4% erreicht hatte, also höher war als der Salzgehalt im Ozean, noch eine Reihe von Süßwassermollusken (Limnaea, Planorbis, Paludina in je 3 Arten, Physa fontinalis, Ancylus und auch noch einige Exemplare von Neritina fluviatilis). Den umgekehrten Versuch machte er durch Aussüßen von Meereswasseraquarien. Nach 5 Monaten war die Konzentration des Meereswassers auf die Hälfte herabgesetzt. In diesem Wasser lebten eine Reihe Schnecken, die bei weiterer Aussüßung starben (Fissurella, Haliotis, Buccinum, Tellina, Pecten, Chama). Nach 8 Monaten war volle Aussüßung erreicht und 15 Tage danach lebten noch folgende Meeresschnecken: Patella, Turbo, Purpura, Arca, Venus, Cardium, Ostrea, Mytilus sowie der Cirripede Balanus striatus.

Versuche mit Meeresmollusken zeigten ferner, daß sie an viel salzreicheres Wasser gewöhnt werden können, als das Wasser des Ozeans es ist. Bei einem Salzgehalt von 31%, der durch Zusatz von Kochsalz zu gewöhnlichem Seewasser allmählich hergestellt wurde, lebten die Versuchstiere noch. Sobald aber die volle Sättigung mit Kochsalz erreicht wurde, so daß bei einer geringen Wasserverdunstung sich Salzkrystalle auszuscheiden begannen, starben die Tiere[3]).

Nicht entschieden ist durch diese bemerkenswerten Versuche die Frage, inwieweit die genannten Formen in dem neuen Medium nicht nur als Individuen leben, sondern sich auch fortpflanzen können. Für die Lehre von den Grenzen des dauernd erhaltungsfähigen Lebens ist die Beantwortung dieser Frage entscheidend. Sie bleibt auch in den Versuchen PLATEAUS[4]) ungelöst, der die gemeine Wasserassel (Asellus aquaticus) an Seewasser gewöhnen und auch Eiablage beobachten konnte sowie in anderen Versuchen an Metazoen[5]), in denen es z. B. gelang, Daphnien an Kochsalzlösungen von 1,24% zu gewöhnen[6]). Dagegen zeigen Anpassungsversuche mit Süßwasserprotozoen, daß diese, die gegen plötzliche Änderungen des osmotischen Druckes sehr empfindlich sind, an recht hohe Salzkonzentrationen gewöhnt werden können und sich in ihnen vermehren. CZERNY[7]) macht es wahrscheinlich, daß sich Amöben, die er im Laufe von 20 Tagen an 1,67 proz. Kochsalzlösung gewöhnte, sich bei diesem Salzgehalt noch vermehrt haben, doch ist die Angabe unsicher. Ob die wenigen Amöben, die er noch bei

[1]) SUWOROW, E. K.: Zur Beurteilung der Lebenserscheinungen in gesättigten Salzseen. Zool. Anz. Bd. 32, S. 674—677. 1907/08.

[2]) BEUDANT, zit. nach SEMPER: Die natürlichen Existenzbedingungen der Tiere. S. 285. Leipzig 1880.

[3]) BEUDANT: Ann. de chim. et de phys. Bd. 2, S. 32—41. 1816.

[4]) SEMPER, S. 190.

[5]) Siehe bei FÜRTH: Vergleichende chemische Physiologie der niederen Tiere. S. 618 bis 630. Jena: G. Fischer 1903.

[6]) BERT, PAUL: Cpt. rend. des séances de la soc. de biol. (8) Bd. 2, S. 525—527. 1885.

[7]) CZERNY: Arch. f. mikroskop. Anat. Bd. 5, S. 158—163. 1869.

4% Kochsalz lebend beobachtete, sich dauernd durch Vermehrung zu erhalten vermögen, bleibt ungewiß. FLORENTIN[1]) steigerte im Laufe eines Jahres die Salzkonzentration seiner Süßwasseraquarien bis auf 2,2% Salzgehalt und fand dann noch lebend: eine Amöbe (Hyalodiscus limax), ein Sonnentierchen (Actinophrys sol), 4 Spezies von Infusorien (Euplotes charon, Loxophyllum fasciola. Cyclidium glaucoma und eine Vorticella), einen Flagellaten (Anisonema grande). Diese Formen müssen sich bei der langen Versuchsdauer sicher in der Salzlösung vermehrt haben. Das gleiche ist wohl von zwei Metazoen anzunehmen, die er noch lebend antraf, dem Rädertier Colurus caudatus und dem Gastrotrichen Lepidoderma ocellatum.

Als 3 Monate später die Salzkonzentration auf 2,9% erhöht worden war, lebten von den Protozoen noch Hyalodiscus, Cyclidium, Loxophyllum und Anisonema.

Diese experimentellen Erfahrungen lehren, daß die einfache Beobachtung über die Verteilung der Organismen auf die natürlichen Wässer von verschiedenem Salzgehalt keine bündigen Schlüsse über die Lebensgrenzen zuläßt. Vielleicht zeigt die natürliche Verteilung eher die optimalen Salzkonzentrationen an, aber auch das ist nur Vermutung.

Auch in bezug auf die Fähigkeit, hohen Salzgehalt zu ertragen, geben die Einzelligen die extremen Beispiele. Zwar die üblichen allverbreiteten Formen der Bakterien und Hefen und auch die häufigsten Krankheitserreger wachsen nur bei mittleren Salzkonzentrationen, wie z. B.[2]):

| | |
|---|---|
| Bacterium paratyphi B . . . . . . . . . . . . | bei 6— 7% |
| Bacterium coli commune, B. typhi abdominalis . | „ 8—10% |
| Bacterium Zopfii und B. pyocyaneus . . . . . . | „ 10% |
| Bacillus mesentericus fuscus . . . . . . . . . . | „ 12% |

Es sind aber einzelne Formen bekannt, die wesentlich höhere Konzentrationen ertragen, so zwei Arten, die noch bei 25% NaCl wachsen, wenn auch schon etwas verlangsamt[3]). In gesättigter Kochsalzlösung wachsen sie nicht, wohl aber in gesättigter Lösung von $KNO_3$. Bei 35°, dem Wachstumsoptimum dieser Formen, enthält eine gesättigte Lösung von NaCl 36,8% und ist 6,28 molekular, eine gesättigte Salpeterlösung enthält 94,5% und ist 9,35 molekular. Aber auch Formen, die in gesättigter Kochsalzlösung wachsen können, sind bekannt. KLEBAHN[4]) beschreibt drei derartige Spezies: ein Sarcina, einen Mikrokokkus und einen Bacillus. Der Bacillus halobius ruber wächst erst, wenn die Salzkonzentration mehr als 11—12% NaCl beträgt, das Optimum für sein Wachstum liegt bei 28—36%, d. h. bei voller Sättigung mit Kochsalz. Die Sarcina morrhuae zeigt schon bei 4—8% NaCl schwaches Wachstum, bei 12—24% kräftiges, und auch sie erträgt die höchsten NaCl-Konzentrationen. Auf ähnliche Formen beziehen sich die Angaben von BROWNE[5]) über rote gefärbte halophile Bakterien auf Salzfischen. Sie wachsen erst bei Salzkonzentrationen von mehr als 16%, am besten in gesättigten Salzlösungen; ihr Temperaturoptimum liegt bei 50—55°. BROWNE gibt an, daß sich ähnliche Arten aus dem Seesalz aus allen Teilen des Weltmeeres isolieren lassen. Werden statt NaCl andere Salze verwandt, so vermag Sarcina morrhuae noch bei 24% $NaNO_3$, 28% $KNO_3$ und 12% KCl zu wachsen.

Aus diesen Zahlen geht schon hervor, daß nicht nur der osmotische Druck ausschlaggebend ist, d. h. eine Eigenschaft, die der *Zahl* der Molekeln oder Ionen in der Raumeinheit proportional ist, sondern auch die chemische Natur der Molekeln oder Ionen.

---

[1]) FLORENTIN: Ann. des sciences naturelles Bd. 10, S. 286—287. 1899.

[2]) KARAFFA-KORBUTT, K. v.: Zeitschr. f. Hyg. u. Infektionskrankh. Bd. 71, S. 161 bis 171. 1912.

[3]) LEWANDOWSKY, FELIX: Über das Wachstum von Bakterien in Salzlösungen von hoher Konzentration. Arch. f. Hyg. Bd. 49, S. 47—61. 1904.

[4]) KLEBAHN, H.: Die Schädlinge des Klippfisches. Ein Beitrag zur Kenntnis der salzliebenden Organismen. Mitt. a. d. Inst. f. allg. Botanik in Hamburg Bd. 4, S. 11—69. 1919.

[5]) BROWNE, WILLIAM W.: Halophilic bacteria. Proc. of the soc. f. exp. biol. a. med. Bd. 19, S. 321—322. 1922.

Um die Wirkung des osmotischen Druckes in reiner Form zur Darstellung zu bringen, muß er mit Hilfe von Stoffen hergestellt werden, die keine Ionenwirkungen enthalten und auch im übrigen chemisch möglichst indifferent sind. Am besten eignen sich dazu im allgemeinen Rohrzuckerlösungen.

Systematische Versuche über den höchsten osmotischen Druck, der bei Tieren noch dauerndes Leben ermöglicht, fehlen. Die vorliegenden Beobachtungen beziehen sich auf die Zeiten der Abtötung unter der Wirkung von osmotischen Druckkräften, die kein dauerndes Leben zulassen. Wenn sie über genügend weite Bereiche der Druckkräfte ausgeführt wären, würden auch diese Erfahrungen eine Angabe über die Begrenzung des Lebens durch osmotische Wirkungen zulassen, wie an dem folgenden Beispiel gezeigt werden mag.

Wo. OSTWALD[1]) beobachtete die Zeiten bis zum Absterben von Männchen und Weibchen des Süßwasseramphipoden Gammarus pulex in Rohrzuckerlösungen. Seine Zahlen sind in der folgenden Tabelle zusammengestellt. Wie die berechneten Zahlenwerte (neben den beobachteten) erkennen lassen, sind diese Beobachtungen verständlich unter der Annahme, daß für die Männchen die Grenzkonzentration, die das Leben nicht mehr zeitlich begrenzt, bei 0,34 normal liegt, für die Weibchen bei 0,30 normal, und daß auch bei den höchsten anwendbaren Konzentrationen die Zeit bis zum Tode noch 3 Minuten beträgt. Unter dieser Annahme wird das Produkt aus der Konzentration (C) vermindert um die Grenzkonzentration ($m$), mit der um 3 Minuten verminderten Zeit ein konstanter Wert. Für die Männchen ist

$$(C - 0{,}34) \cdot (t - 3) = 36{,}7 \pm 0{,}3,$$

für die Weibchen

$$(C - 0{,}30) \cdot (t - 3) = 29{,}0 \pm 0{,}8.$$

Hieraus sind die Zeiten leicht zu ermitteln, die die Tabelle unter „berechnet“ bringt.

**Absterben von Gammarus pulex in Rohrzuckerlösungen.**

| Konzentration der Rohrzuckerlösung | Zeit bis zum Absterben der Männchen in Minuten | | Zeit bis zum Absterben der Weibchen in Minuten | |
|---|---|---|---|---|
| | beobachtet | berechnet | beobachtet | berechnet |
| 1,125 | 48 | 49 | 37 | 38 |
| 1,075 | 53 | 53 | 38 | 40 |
| 1,025 | 58 | 56 | 43 | 43 |
| 0,975 | 62 | 61 | 48 | 46 |
| 0,875 | 73 | 72 | 59 | 53 |
| 0,775 | 87 | 87 | 69 | 64 |
| 0,675 | 114 | 112 | 78 | 80 |
| 0,625 | 128 | 131 | 81 | 92 |

OSTWALD gibt eine andere Art der Berechnung, die auf bestimmten theoretischen Vorstellungen über Giftwirkung und Adsorption beruht. Auf den Fall des Absterbens in Rohrzuckerlösungen von tödlich wirkendem osmotischen Druck scheinen sie mir keinesfalls anwendbar, ganz abgesehen von allgemeinen theoretischen Bedenken über ihre Zulässigkeit. Die Übereinstimmung zwischen Beobachtung und Rechnung ist in OSTWALDS Rechnung fast ebenso gut wie in der hier gegebenen, doch ist das weniger entscheidend als die theoretische Grundlage der Rechnung. Die Lage der beiden Grenzen der Konzentration und der Absterbezeit würde sicherer anzugeben sein, wenn sich die Beobachtungen auf einen größeren Bereich der Konzentrationen erstreckten.

Die zweite Art der Wirkungen, die Salze allgemein auf die Lebensvorgänge ausüben, bestehen in den Wirkungen ihrer *Ionen*.

An erster Stelle wird da von der Bedeutung der $H^+$- und $OH^-$-Ionenkonzentration als Lebensbedingung zu sprechen sein, aber freilich nur so weit,

[1]) OSTWALD, Wo.: Pflügers Arch. f. d. ges. Physiol. Bd. 120, S. 28. 1907.

als eine bestimmte $H^+$-Ionenkonzentration als allgemeine äußere Lebensbedingung in Betracht kommt.

Die aktuelle Reaktion der natürlichen Wässer variiert zwischen recht weiten Grenzen[1]). Während Quellwasser im allgemeinen fast neutral ist ($p_H = 7,1$ bis 7,2), ist das Meer alkalisch. An der Oberfläche beträgt das $p_H$ 8,1—8,3. Nach der Tiefe wird der Exponent kleiner. So beträgt er im Atlantik in 1000 m Tiefe 8,0, in 2000 m Tiefe 7,95. Die Reaktion von Quellbächen liegt meist zwischen 8,25 und 8,5. Im Gegensatz zu diesen Lebensbezirken stellen die Moore Beispiele für stark saure natürliche Wässer dar, in ihrem Wasser sinkt $p_H$ bis auf 3,2.

Nach dem Verhalten der verschiedenen Organismen und Organismengruppen zu dem $p_H$ ihres Wohnortes hat man acidophile (= alkaliphobe) und alkaliphile (= acidophobe), d. h. also auf Deutsch säureholde und laugenholde, unterschieden. Als laugenhold wäre das Heliozoon *Acanthocystis aculeata* zu nennen, das bei $p_H = 8,1$ am besten gedeiht, und bei $p_H < 7,4$ zugrunde geht. Unter den Algen gelten als laugenhold (acidophob) Formen wie *Oedogonium, Cladophora, Enteromorpha,* die bei $p_H = 7,5$ bis 7,7 am besten gedeihen, während für *Desmidiaceen* und andere Bewohner der sauren Moore, die zur säureholden Gruppe gehören, das optimale $p_H < 6,8$ ist. Bresslau[2]) unterscheidet die Wassertiere nach ihrer Fähigkeit, bei wechselnder Konzentration der $H^+$-Ionen zu leben, in euryione und stenoione. Als Beispiel euryioner Formen nennt er *Colpidium campylum,* das zwischen $p_H = 4,5$ bis 9 gedeiht, und *Brachionus urceolaris,* für das die Grenzen des $p_H = 4,5$ und 11 sind. Für Bacterium coli liegen die Wachstumsgrenzen bei 4,4—4,8 einerseits und 9,5—10 andererseits. Paramaecium gedeiht außerhalb der Grenzen $p_H < 5$ und $> 8,5$ nicht mehr gut.

Als stenoione Form nennt Bresslau[2]) *Spirostomum ambiguum,* das nur zwischen $p_H = 7,4$—7,6 volle Lebensfähigkeit zeigt, bei $p_H < 6$ und $> 7,6$—7,8 abstirbt.

Die Untersuchungen über die Beziehung der Organismen zur Wasserstoff-, ionenkonzentration ihres Wohnraumes stecken noch zu sehr in den Anfängen, als daß etwas anderes als Beispiele gegeben werden könnte.

Die allgemeine notwendige Eigenschaft aller Salzlösungen, in denen Organismen leben sollen, ist die, daß sie in bezug auf ihre Ionenwirkungen ausgeglichen sind. Wenn wir den Begriff der ausgeglichenen Salzlösung so allgemein fassen wollen, daß er für die Gesamtheit der Organismen sinnvoll ist, so müssen wir sagen, eine Salzlösung darf eine bestimmte Konzentration in bezug auf eine Ionenart nur dann überschreiten, wenn gleichzeitig andere Ionen, die antagonistisch wirken, in bestimmter Menge vorhanden sind. Da es Organismen gibt, die noch leben können, wenn die Konzentration der Chlor- und Natriumionen bis zur vollen Sättigung gesteigert ist (s. o.), so bedarf es für diese nicht der Gegenwart von Kalium oder Calciumionen, um den physiologischen Ausgleich zu bewirken. Das sind aber seltene Grenzfälle. Im allgemeinen werden höhere Konzentrationen eines einzelnen Salzes nur ertragen, wenn gleichzeitig antagonistisch wirkende Ionen eines anderen vorhanden sind. So besteht ein Antagonismus zwischen $Na^{\cdot}$- und $K^{\cdot}$-Ionen, auch zwischen $Ca^{\cdot\cdot}$- und $Mg^{\cdot\cdot}$-Ionen, aber auch wieder ein Antagonismus zwischen $Na^{\cdot}$- einerseits und $Mg^{\cdot\cdot}$- und $Ca^{\cdot\cdot}$-Ionen andererseits. Diese Verhältnisse werden an anderer Stelle dieses Handbuches dargestellt werden. Hier mag nur die Mischung der Salze in bestimmten Verhältnissen als allgemeine Lebensbedingung

[1]) Bresslau, E.: Die Bedeutung der Wasserstoffionenkonzentration für die Hydrobiologie. Verhandl. d. internat. Vereinig. f. angew. u. theoret. Limnologie Bd. III, S. 56—108. 1926.

[2]) Bresslau: Zitiert auf S. 381.

betont werden. Die grundlegende Beobachtung, die zur Einsicht in die Verhältnisse des Antagonismus der Ionen geführt hat, war die, daß der Meeresfisch Fundulus heteroclitus[1]) zwar in destilliertem Wasser und in Seewasser leben kann, nicht dagegen in einer Salzlösung, die eins der Seesalze in der Konzentration enthält wie das Meerwasser. Die Lösungen der einzelnen Salze werden in dem Maße ungiftiger für den Fisch, wie bestimmte andere Salze zugefügt werden (J. Loeb). Schon ein Gemisch von drei Salzen (NaCl, KCl, $CaCl_2$) steht dem vollständigen Seewasser nur wenig in bezug auf seine Eignung zur Erhaltung des Lebens nach. Dabei muß das Verhältnis der Ionen etwa derart sein, wie es im Blut der Wirbeltiere und im Meerwasser vorhanden ist, d. h. auf 1000 Atome Natrium 20—40 Atome Kalium und ebenso viele Atome Calcium. Die natürlichen Salzwässer (Salzquellen, Salzseen, Salzsümpfe) weichen in der Zusammensetzung ihrer Salze häufig weit von dieser Norm ab, die für die Masse der Organismen ein Optimum darstellt. Dadurch erklärt sich vielleicht die bemerkenswerte Tatsache, daß die Fauna solcher salzigen Binnenwässer mit der Fauna des Weltmeeres auch dann nicht viele Formen gemeinsam hat, wenn die gesamte Salzkonzentration nicht höher ist als im Meer. An die Bedingung der Ausgeglichenheit von Salzlösungen werden wir auch denken müssen, wenn es sich um die Erklärung der Beobachtung handelt, daß der Reichtum und die Zusammensetzung einer Salzfauna nicht einfach von der Gesamtmenge der Salze im Liter abhängt. Wenn z. B. die Salzwässer Westfalens schon bei 22% Salzgehalt keine Tiere mehr beherbergen, der Bulaksee aber noch bei 28,53%, so kann dafür wohl der Umstand maßgebend sein, daß in ihm viel mehr Magnesium vorhanden ist als in Westfalens Salinen, wie aus der folgenden kleinen Zusammenstellung zu ersehen ist. Das Verhältnis der Salze im Bulaksee nähert sich vielmehr dem der Salze im Meer (abgesehen von Calcium) als das der westfälischen Solquellen.

Es entfallen auf 1000 Atome Na:

| | Kalium | Calcium | Magnesium |
|---|---|---|---|
| im Meerwasser (3—4%) . . . . . . . . . . . | 21,2 | 22,4 | 120,0 |
| Saline „Gottesgabe" (4%) . . . . . . . . . . . | 6,98 | 17,1 | 9,6 |
| Solquelle Werl (7,4%) . . . . . . . . . . . . | 20,4 | 33,4 | 9,9 |
| Salzsee Bulak (am Kaspisee) (28,53%) . . . . | 37,0 | 235,0 | 194,0 |

Ob allerdings dieses Moment allein maßgebend ist, darf bezweifelt werden. Es dürfte auch die Konzentration der H-Ionen wichtig sein, die in den natürlichen Salzwässern erhebliche Unterschiede zeigt [Labbé[2])].

Bleibt der Magnesiumgehalt der westfälischen Salzquellen im Verhältnis zum Kochsalzgehalt weit hinter dem des Meeres zurück, so zeigt umgekehrt das Tote Meer einen abnorm hohen Magnesiumgehalt. In ihm sind die Magnesiumsalze dreimal so stark vertreten wie im Ozean[3]). Vielleicht hängt die geringe Besiedlung dieses Meeres mit Tieren hiervon ab. Nur in unmittelbarer Nähe der Mündung des Jordan (Salzgehalt 19,5%) kommen z. B. Fische vor.

## V. Temperatur.

Unter „Temperatur" eines Systems verstehen wir den Mittelwert der lebendigen Kräfte aller Molekeln in ihm. Für das Zustandekommen chemischer Reaktionen ist es unerläßlich, daß dieser Mittelwert eine endliche Größe hat, und deshalb

[1]) Loeb: Americ. journ. of physiol. Bd. 3, S. 327. 1900; Bd. 6, S. 411. 1902; Biochem. Zeitschr. Bd. 2, S. 83. 1906; Pflügers Arch. f. d. ges. Physiol. Bd. 97, S. 394. 1903.

[2]) Labbé: Cpt. rend. hebdom. des séances de l'acad. des sciences Bd. 175, S. 913—915. 1922.

[3]) Irving: Geographical Journ. Bd. 61, S. 428—440. 1923.

stellt die Temperatur eine ganz allgemeine Bedingung für die Möglichkeit von Lebensvorgängen dar, denn wir kennen keine Lebensvorgänge, die nicht an chemische Umsetzungen, an Stoffwechselvorgänge, gebunden wären. Die Temperatur ist aber auch eine notwendige Bedingung für die physikalischen Vorgänge der Diffusion, der Osmose, der Lösung usw. Bei jedem Lebensvorgang spielen nun außer den Vorgängen des chemischen Umsatzes, des Stoffwechsels, auch physikalische Vorgänge des Stoffaustausches eine Rolle. Das Leben ist demnach in doppelter Beziehung von der Temperatur abhängig.

Wir messen die Temperatur eines Systems durch physikalische Eigenschaften. Ein physikalischer Zustand definiert den empirischen Nullpunkt: die gleichzeitige Existenz von Eis und Wasser nebeneinander. Ein physikalischer Zustand definiert theoretisch den absoluten — praktisch unerreichbaren — Nullpunkt: Die Bewegungslosigkeit aller Molekeln. Die Temperaturänderung, von diesen Nullpunkten aus gemessen, wird gleichfalls physikalisch definiert, und zwar in der Weise, daß jedem Temperaturgrade eine bestimmte physikalische Zustandsänderung entspricht, nämlich eine gewisse Änderung des Mittelwertes der kinetischen Energie aller Molekeln. Diese Änderung ist proportional der Wurzel aus der absoluten Temperatur.

Die Änderung der Geschwindigkeit chemischer Reaktionen mit der Temperatur ist nicht vom Mittelwert der kinetischen Energie abhängig, sie hängt vielmehr von der Anzahl der Molekeln ab, deren Bewegung einen gewissen Grenzwert überschreiten, der sehr hoch über dem Mittelwert der Bewegung liegt. Die Anzahl dieser Molekeln ändert sich, wie gezeigt werden kann, sehr schnell mit der absoluten Temperatur und zwar nach einer Exponentialfunktion[1]). Einem Grade der Thermometerskala entsprechen nicht etwa gleich große Änderungen in der Zahl der Molekeln mit hoher Bewegungsenergie, vielmehr bedeutet in erster Annäherung eine Änderung der Temperatur um einen Grad immer einen bestimmten *prozentualen* Zuwachs an stark bewegten Molekeln. Man spricht diese Beziehung der Temperatur zur Geschwindigkeit chemischer Reaktionen gewöhnlich in der Form der VAN'T HOFFschen Regel aus (auch R.-G.-T.-Regel genannt), nach der die Geschwindigkeit einer chemischen Reaktion auf das Zwei- bis Dreifache steigt, wenn die Temperatur um 10° erhöht wird oder, anders ausgedrückt, $Q_{10} = 2$ bis 3 ist.

Theoretisch ist es exakter, nicht den Wert von $Q_{10}$ anzugeben, sondern eine Größe $q$[2]) [von anderen Autoren $\mu$ genannt[3])], deren Bedeutung aus der ARRHENIUSschen Gleichung für die Abhängigkeit der Reaktionsgeschwindigkeit von der Temperatur hervorgeht. Die Gleichung lautet:

$$k_{t_1} = k_{t_0} e^{\frac{q\,(T_1 - T_0)}{2\,T_0 \cdot T_1}}$$

$T_0$ und $T_1$ bedeuten die absoluten Temperaturen, $k_{t_0}$ und $k_{t_1}$ die Konstanten der Reaktionsgeschwindigkeit bei den Temperaturen $T_0$ und $T_1$.

Während die Werte von $Q_{10}$ einen Gang mit der Temperatur zeigen, bleibt $q$ konstant. Für einfache chemische Reaktionen hat $q$ Zahlenwerte zwischen 4000 und 35000[2]). Für die kleinen Temperaturintervalle, die bei Lebensvorgängen in Frage kommen, beträgt der Gang in den Werten von $Q_{10}$ nur einige Prozente. Da die Beobachtungsfehler, mit denen die zugrunde liegenden Beobachtungen behaftet sind, ebenfalls einige Prozente ausmachen, so bietet die Anwendung

[1]) KRÜGER, F.: Nachr. v. d. Kgl. Ges. d. Wiss., Göttingen, Math.-physik. Klasse 1908, S. 318—336.

[2]) ARRHENIUS: Zeitschr. f. physikal. Chem. Bd. 4, S. 226—248. 1889.

[3]) CROZIER: Journ. of gen. physiol. Bd. 7, S. 123—135. 1925.

der Arrheniusschen Gleichung keinen Vorteil bei der praktischen Verarbeitung des Beobachtungsmaterials. Das Rechnen mit den Temperaturkoeffizienten hat den Vorteil größerer Anschaulichkeit und sei daher beibehalten.

Es handelt sich bei der R.G.T.-Regel — wie besonders zu betonen ist — um eine Regel, nicht um ein streng abgeleitetes Gesetz. Betrachtet man größere Temperaturintervalle und vor allem Temperaturen, die dem absoluten Nullpunkt nahekommen, so zeigen die Werte von $Q_{10}$ einen deutlichen Gang mit der Temperatur. Sie sind bei niederen Temperaturen sehr viel höher als 2 oder 3 und fallen bei hohen Temperaturen weit unter diesen Wert[1]). Für die Physiologie ist die Regel wichtig, daß bei mittleren Temperaturen, wie sie allein für die Lebensvorgänge in Betracht kommen, die Temperaturkoeffizienten nahezu konstant für die einzelne Reaktion sind, vorausgesetzt, daß sich nur die Temperatur und nicht mit ihr noch andere Größen ändern, die für den Reaktionsmechanismus maßgebend sind. Solche Größen sind hauptsächlich physikalische Eigenschaften des Reaktionsgemisches, z. B. die innere Reibung des Wassers und die Diffusionsgeschwindigkeit. Diese letzte Größe wird besonders dann bedeutsam für die Reaktionsgeschwindigkeit, wenn es sich um Reaktionen im heterogenen System handelt, wie stets bei den Lebensvorgängen.

Es ist vielfach üblich, auch für physikalische Eigenschaften einen Wert von $Q_{10}$ anzugeben. Das ist eine mißbräuchliche Verwendung dieser Bezeichnung. Ein Temperaturkoeffizient $Q_{10}$ ist nur dann anzugeben, wenn es sich um eine *exponentielle* Abhängigkeit eines Vorganges von der Temperatur handelt. Physikalische Eigenschaften hängen im allgemeinen linear mit der Temperatur zusammen, d. h. die allgemeine Formel für sie ist $y_t = b + \alpha t$, wenn $y_t$ den Wert der Größe bei der Temperatur $t$ bedeutet, $b$ ihren Wert bei 0° und $\alpha$ die Beizahl der Temperatur. Als Beispiel sei die Zähigkeit des Wassers angeführt. Wir wählen statt der Zähigkeit $\eta$, die mit steigender Temperatur abnimmt, den reziproken Wert $\frac{1}{\eta}$, der mit steigender Temperatur steigt, und bezeichnen ihn mit $y$. Dann ist

$$y = 51{,}5 + 2{,}54\,t\,.$$

Wie gut die Beobachtungen durch diese Gleichung dargestellt werden, zeigt die beigegebene Tabelle. Dieser Ausdruck bedeutet, daß die Zunahme von $y$ für jeden Temperaturgrad konstant (und zwar 2,54) ist. Für die Oberflächenspannung $\alpha$ des Wassers gegen feuchte Luft (in Dynen/cm) gilt die Gleichung $\alpha_t = 75{,}49 - 0{,}15\,t$, die Abnahme ist auch hier für jeden Grad konstant, nicht ein bestimmter Prozentsatz des Wertes.

Zähigkeit des Wassers bei verschiedenen Temperaturen.

| Temperatur ° | 0 | 3 | 10 | 18 | 20 | 27 | 40 | 45 | 60 | 63 | 65 |
|---|---|---|---|---|---|---|---|---|---|---|---|
| $\frac{1}{\eta}$ beobachtet[2]) . . . . | 56,1 | 61,9 | 75,9 | 93,5 | 99,0 | 116 | 154 | 164 | 204 | 213 | 222 |
| $\frac{1}{\eta}$ berechnet . . . . . | 51,5 | 59,1 | 77,0 | 97 | 102,5 | 120 | 153 | 166 | 204 | 212 | 217 |

Eine Grenze findet die Regel, daß physikalische Eigenschaften lineare Funktionen der Temperatur sind, sobald die Temperatur Zustandsänderungen bewirkt,

[1]) Stuart, Cohen: Verhandel. d. koninkl. akad. v. wetensch. te Amsterdam (Naturwiss. Abt.) 1912, S. 1159—1173.

[2]) Nach W. Sutherland: The nature of the conduction of nerve impulse. Americ. journ. of physiol. Bd. 23, S. 115—130. 1908/09.

wie das besonders bei kolloidalen Lösungen vorkommt. Als Beispiel mag die Abhängigkeit der Zähigkeit einer Eiweißlösung von der Temperatur dienen. Wir wählen wieder den reziproken Wert der Zähigkeit $\eta$, also $\frac{1}{\eta} = y$, und finden zwischen 3° und 60° eine lineare Abhängigkeit von der Form $y = 9{,}57 + 0{,}278\,t$, wie die beistehende Tabelle zeigt. Oberhalb 60° stimmt die Gleichung gar nicht,

Zähigkeit einer Eiweißlösung bei verschiedenen Temperaturen.

| Temperatur ° | 3 | 10 | 18 | 27 | 45 | 60 | 63 | 65 |
|---|---|---|---|---|---|---|---|---|
| $\frac{1}{\eta}$ beobachtet[1]) . . . . . . . . | 9,35 | 11,8 | 13,7 | 16,1 | 20,5 | 25,0 | 18,9 | 8,9 |
| $\frac{1}{\eta}$ berechnet . . . . . . . . . | 9,57 | 12,3 | 14,6 | 16,2 | 21,2 | 25,4 | 26,2 | 26,8 |

hier nimmt die Zähigkeit mit steigender Temperatur stark zu, was mit der beginnenden Koagulation zusammenhängt, die wie eine monomolekulare Reaktion mit sehr hohem Temperaturkoeffizienten verläuft. Chick und Martin[2]) fanden, daß die Geschwindigkeit der Koagulation bei einer Temperaturerhöhung um 1° beim Hämoglobin im Verhältnis 1 : 1,3, beim Eieralbumin im Verhältnis 1 : 1,91 beschleunigt wird. Dürften wir eine exponentielle Abhängigkeit der Koagulationsgeschwindigkeit von der Temperatur annehmen, so würde $Q_{10}$ für die Koagulation des Hämoglobin 13,8, für das Eieralbumin 646 sein. Als Einfluß einer Reaktion, die mit einem Temperaturkoeffizienten $Q_{10} = 202$ verläuft, wäre die Zunahme der Zähigkeit der Eiweißlösung oberhalb 60° erklärbar. Grundsätzlich wichtig ist jedenfalls die Einsicht, daß in verschiedenen Temperaturintervallen eine physikalische Eigenschaft eines heterogenen Systems von ganz verschiedenen Größen abhängen kann und dementsprechend auch der Einfluß der Temperatur ganz verschieden ist.

Der Einfluß der Temperatur auf das Leben ist verständlich auf Grund der gleichen Überlegungen, die ihren Einfluß auf physikalische und chemische Vorgänge erklären. Um diesen Satz zu beweisen, werden wir Beispiele suchen müssen, in denen die Größe des Umsatzes nur als Funktion der Temperatur erscheint, während alle anderen Faktoren konstant sind. Die beiden wichtigsten Faktoren, auf deren Konstanz zu achten ist, sind die Sauerstoffversorgung und die Stärke der Bewegung. Die Sauerstoffversorgung muß derart sein, daß sie bei keiner Temperatur der begrenzende Faktor wird, denn dann mißt man nicht mehr die Geschwindigkeit des intracellulären Umsatzes, sondern die der Sauerstoffversorgung. Konstanz der Bewegung wird am besten dadurch erreicht, daß man Objekte wählt, die keine aktiven Bewegungen machen. Der Sauerstoffverbrauch der Haut des Frosches im Wasser kann als gutes Beispiel dienen, wenn man den Sauerstoffdruck bei steigenden Temperaturen so steigert, daß er stets volle Versorgung gewährleistet[3]). Unter diesen Bedingungen ergibt sich ein Sauerstoffverbrauch, der zwischen 1° und 29° exponentiell mit der Temperatur steigt. Bei 12,2° ist der Verbrauch pro 1 qm in 1 Stunde gleich 121 mg Sauerstoff, und es ist $Q_{10} = 2{,}43 \pm 0{,}08$. Wenn man bedenkt, daß der Verbrauch bei 1° nur 45 mg, bei 29° aber 541 mg beträgt, so ist die Konstanz des Wertes von $Q_{10}$ ganz außer-

[1]) Sutherland, W.: l. c.

[2]) Chick, W. u. Martin: On the „heat coagulation" of proteins. Journ. of physiol. Bd. 40, S. 403–430. 1910.

[3]) Pütter, A.: Temperaturkoeffizienten. Zeitschr. f. allg. Physiol. Bd. 16, S. 574–627. 1914.

ordentlich und darf sich in der Genauigkeit seiner Bestimmung mit vielen physikalischen und chemischen Bestimmungen messen.

Fast genau den gleichen Wert für $Q_{10}$ berechne ich aus den Zahlen, die A. KROGH[1]) für den Sauerstoffverbrauch des Frosches in Luft angibt, wenn die Bewegungen durch Urethan oder Curare ausgeschaltet sind. Es ist bei Urethannarkose zwischen 7,7° und 27,15° $Q_{10} = 2{,}37 \pm 0{,}25$, bei Curarelähmung zwischen 9,4 und 24,75° $Q_{10} = 2{,}33 \pm 0{,}4$. Im ganzen ergibt sich als Mittelwert $Q_{10} = 2{,}36 \pm 0{,}27$. Abb. 35 zeigt, wie genau der Logarithmus des Sauerstoffverbrauchs der Temperatur proportional ist. Die Zahlen gibt die beistehende Tabelle.

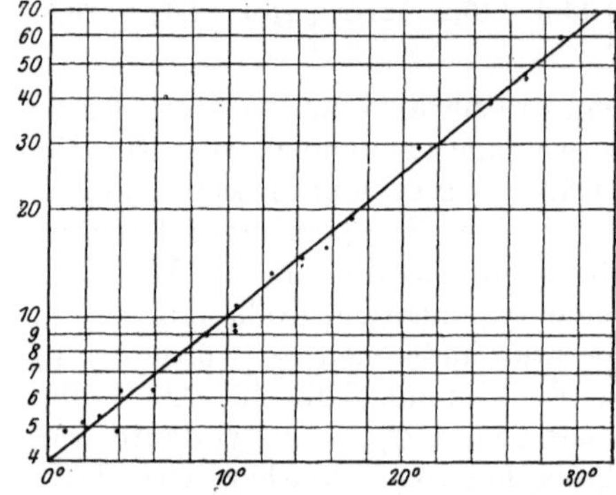


Abb. 35. Sauerstoff des Frosches bei Hautatmung. Abszisse: Temperatur in °C. Ordinate: Sauerstoffverbrauch in mg pro qm/Stunde, in logarithmischem Maßstabe.

Lassen wir die Forderung fallen, daß die Größe der Bewegung konstant bleiben soll, so können wir als Beispiel großer Konstanz von $Q_{10}$ den Sauerstoffverbrauch des Blutegels im Wasser heranziehen. Während der Frosch in den Versuchen stillsaß oder gelähmt war, steigt die Geschwindigkeit der Bewegung beim Blutegel mit steigender Temperatur. Zwischen 5,5° und 26,5°

Sauerstoffverbrauch des Frosches bei Hautatmung in mg pro qm/Stunde.

| Temperatur ° | 1,0 | 1,2 | 2,0 | 2,9 | 4,0 | 4,3 | 5,0 | 6,0 | 7,2 | 10,5 | 14,5 | 15,8 | 16,9 | 17,4 | 19,0 | 21,0 | 27,0 | 29,0 |
|---|---|---|---|---|---|---|---|---|---|---|---|---|---|---|---|---|---|---|
| Sauerstoffdruck mm Hg | 120 | 150 | 120 | 150 | 120 | 150 | 120 | 120 | 120 | 140 | 150 | 150 | 150 | 150 | 150 | 250 | 375 | 400 |
| Verbrauch: beobachtet | 49 | 55 | 51 | 53 | 49 | 62 | 53 | 63 | 76 | 103 | 144 | 159 | 169 | 187 | 195 | 270 | 465 | 596 |
| Verbrauch: berechnet, $Q_{10} = 2{,}43$ | 45 | 45 | 49 | 53 | 59 | 60 | 64 | 71 | 77 | 104 | 148 | 167 | 184 | 192 | 222 | 265 | 452 | 541 |

Sauerstoffverbrauch des Blutegels im Wasser in mg pro kg/Stunde.

| Temperatur ° | 5,5 | 5,6 | 6,2 | 8,4 | 9,0 | 10,5 | 16,1 | 16,6 | 17,1 | 18,8 | 19,8 | 20,0 | 20,7 | 26,5 | 29,0 |
|---|---|---|---|---|---|---|---|---|---|---|---|---|---|---|---|
| Sauerstoffdruck mm Hg | 122 | 110 | 124 | 128 | 141 | 240 | 640 | 128 | 150 | 170 | 446 | 134 | 258 | 430 | 547 |
| Verbrauch: beobachtet | 16,1 | 14,9 | 18,8 | 32,5 | 32,1 | 37,1 | 88,5 | 91,0 | 94 | 122 | 162 | 167 | 187 | 436 | 450 |
| Verbrauch: berechnet, $Q_{10} = 4{,}51$ | 17,6 | 17,8 | 19,5 | 27,2 | 29,7 | 37,3 | 86,9 | 93,7 | 101 | 131 | 152 | 156 | 173 | 417 | 605 |

[1]) KROGH, A.: The quantitative relation between temperature and standard metabolism in animals. Internat. Zeitschr. f. physikal.-chem. Biol. Bd. 1, S. 491—508. 1914.

ist — bei genügender Sauerstoffversorgung — der Wert von $Q_{10} = 4{,}51 \pm 0{,}04$. Der Verbrauch bei der Mitteltemperatur 13,1° ist 55,2, bei der tiefsten Temperatur 5,5° werden pro kg und Stunde 17,6 mg verbraucht, bei der höchsten von 26,5° dagegen 417 mg, also 23,7 mal soviel. Die Übereinstimmung zwischen Beobachtung und Rechnung ist aus der beistehenden Tabelle ersichtlich. Bei 29° und darüber bleibt der beobachtete Verbrauch erheblich hinter dem berechneten zurück. Der Zahlenwert $Q_{10} = 4{,}51$ weist darauf hin, daß hier das Produkt zweier Temperaturkoeffizienten beobachtet worden ist, nämlich des Koeffizienten der Steigerung des Verbrauchs bei gleichbleibender Bewegung und der der Steigerung der Bewegung. Wie groß jeder der beiden Koeffizienten ist, kann nicht angegeben werden. Da ihr Produkt konstant ist, müssen sie entweder beide konstant sein, oder die Änderung des einen mit der Temperatur muß genau umgekehrt proportional der des anderen sein, was wohl nicht angenommen werden kann.

Hiermit haben wir gute Beispiele dafür, daß unter genügend vereinfachten Bedingungen in der Tat bei Lebensvorgängen eine ausgezeichnete Konstanz der Temperaturkoeffizienten festgestellt werden kann, daß also in diesen Fällen eine chemische Reaktion der begrenzende Faktor für das Gesamtgeschehen in den lebenden Systemen ist.

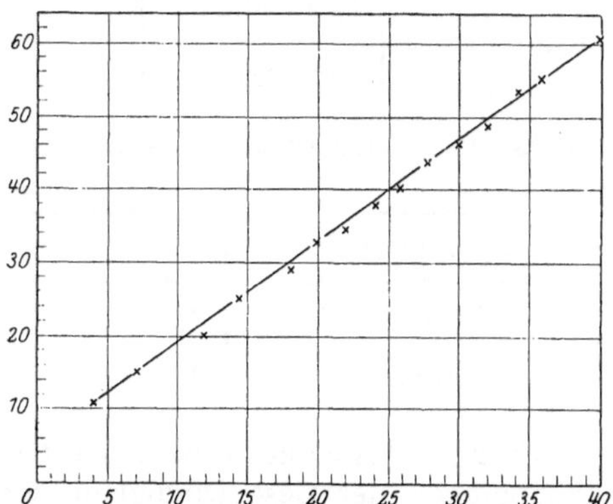

Abb. 36. Rhythmus der Ganglienzellen von Testudo graeca nach PIPER. Abszisse: Temperatur in °C. Ordinate: Zahl der Entladungen pro Sekunde.

Diesen Fällen wollen wir sogleich andere gegenüberstellen, bei denen in weitem Umfange eine lineare Abhängigkeit zwischen Lebensvorgängen und Temperatur besteht, in denen also einer bestimmten Temperaturerhöhung eine *konstante* Zunahme eines Lebensvorganges entspricht. Da auf diese Fälle die Aufmerksamkeit weniger gerichtet worden ist wie auf Fälle, die der R.-G.-T.-Regel folgen, so seien einige Beispiele mitgeteilt.

Der Rhythmus der Einzelentladung der Ganglienzellen von Testudo graeca, wie sie PIPER[1]) festgestellt hat, ist in dem ganzen untersuchten Temperaturbereich von 4—40° eine lineare Temperaturfunktion. Abb. 36 zeigt dies deutlich. Es ist zu bedenken, daß hier die Werte der Impulse pro Zeiteinheit als Funktion der Temperatur dargestellt sind, in Abb. 35 dagegen die *Logarithmen* des Sauerstoffverbrauchs. Für die Geschwindigkeit der Nervenleitung im Olfactorius des Hechtes [Zahlen nach NICOLAI[2]), Grenzen 3,5—25°, $y = 2{,}9 + 0{,}89\,t$] und im Ischiadicus des Frosches [Zahlen nach GANTER[3]), Grenzen 2,5—32°, $y - 9{,}4 + 1{,}31\,t$] ist gleichfalls keine typische Abweichung von der linearen Abhängigkeit nachweisbar.

Innervationsrhythmus der Ganglienzellen bei Testudo graeca. (Zahlen nach PIPER.)

$$y_t = 6 + 1{,}4\,t\,.$$

| Temperatur ° | | 4 | 7 | 12 | 14,5 | 15,5 | 18 | 20 | 22 | 24 | 26 | 28 | 30 | 32 | 34 | 36 | 40 |
|---|---|---|---|---|---|---|---|---|---|---|---|---|---|---|---|---|---|
| Wellen pro Sekunde | beobachtet | 11—12 | 15 | 19—20 | 23—25 | 25 | 29 | 32—33 | 35 | 38 | 40—41 | 44 | 47 | 51 | 54 | 56 | 62 |
| | berechnet | 11,6 | 15,8 | 22,8 | 26,3 | 27,6 | 31,2 | 34 | 36,8 | 39,6 | 42,5 | 45,2 | 48 | 50,8 | 53,7 | 56,4 | 62 |

[1]) PIPER, H.: Arch. f. (Anat. u.) Physiol. 1910, S. 207—222.
[2]) S. bei PÜTTER: Zeitschr. f. allg. Physiol. Bd. 16, S. 611. 1914.
[3]) GANTER: Pflügers Arch. f. d. ges. Physiol. Bd. 146, S. 185—211. 1912.

Atemrhythmus der Libellenlarven (Ventilation des Enddarms) bei reichlicher Sauerstoffversorgung. Zahl der Atembewegungen in 50 Sekunden. (Zahlen nach Babák.)

$$y_t = 2{,}3 + 1{,}9\,t\,.$$

| Temperatur ° | | 4 | 7 | 10 | 12 | 14 | 16 | 18 | 21 | 23 | 25 | 27 | 29 |
|---|---|---|---|---|---|---|---|---|---|---|---|---|---|
| Atemrhythmus | beobachtet . . | 11,7 | 17 | 23,5 | 25,5 | 29,5 | 32 | 35 | 39 | 43,5 | 49 | 55 | 63 |
| | berechnet . . | 10 | 15,6 | 21,3 | 25,1 | 28,9 | 32,8 | 36,5 | 42,3 | 46 | 49,3 | 53,6 | 57,3 |

Atemrhythmus der Libellenlarven in sauerstofffreiem Wasser. Zahl der Atembewegungen in 50 Sekunden. (Zahlen nach Babák.)

$$y_t = 2 + 3{,}1\,t\,.$$

| Temperatur ° | | 4 | 7 | 10 | 12 | 14 | 16 | 18 |
|---|---|---|---|---|---|---|---|---|
| Atemrhythmus | beobachtet . . | 16 | 24,5 | 32,5 | 41,5 | 50,5 | 52 | 58 |
| | berechnet . . | 14,4 | 23,7 | 33 | 39,2 | 45,5 | 51,6 | 58 |

Leitungsgeschwindigkeit des N. ischiadicus des Frosches. (Zahlen in m/sec nach Ganter.)

$$y_t = 9{,}4 + 1{,}31\,t\,.$$

| Temperatur ° | | 2,5 | 7,0 | 10,5 | 15,3 | 19,0 | 22 | 24,0 | 28,0 | 32,0 |
|---|---|---|---|---|---|---|---|---|---|---|
| m/sec | beobachtet . . . | 14,7 | 18,8 | 23,3 | 28,7 | 32,6 | 33,6 | 40 | 47,8 | 53,5 |
| | berechnet . . . | 12,7 | 18,6 | 23,1 | 29,4 | 34,3 | 38,2 | 40,8 | 46,1 | 51,4 |

Sehr gut lassen auch die neuen Untersuchungen von Broemser[1]) die lineare Abhängigkeit der Geschwindigkeit der Nervenleitung von der Temperatur erkennen. Zwischen 8° und 32° gilt die Gleichung $y = 4{,}75 + 0{,}92\,t$. Der Koefficient von $t$ stimmt sehr gut zu dem der aus den Versuchen von Nicolai für den Olfactorius des Hechtes zu errechnen ist, während beide Zahlen erheblich hinter dem Wert zurückbleiben, der sich aus Ganters Versuchen ergiebt.

Der Fall des Atemrhythmus der Libellenlarve zeigt die lineare Abhängigkeit des Rhythmus von der Temperatur nur innerhalb bestimmter Grenzen, nämlich nur, solange die Atemfrequenz den Wert von etwa 60 Atembewegungen in 50 Sekunden nicht überschreitet. Diese Frequenz wird bei reichlicher Sauerstoffversorgung bei 28—29° erreicht, bei Sauerstoffmangel bereits bei 18—19°[2]).

Wachstumsgeschwindigkeit des Bacillus ramosus.

$$y = 1{,}09 + 0{,}343\,(t - 14)\,.$$

| Temperatur ° | | 14 | 15 | 16 | 17 | 18 | 19 | 20 | 21 | 23 | 24 | 28 |
|---|---|---|---|---|---|---|---|---|---|---|---|---|
| Zuwachs-geschwindigkeit | beobachtet | 1,00 | 1,35 | 1,72 | 2,10 | 2,52 | 2,70 | 2,87 | 3,16 | 3,95 | 4,75 | 5,74 |
| | berechnet | 1,09 | 1,44 | 1,78 | 2,02 | 2,37 | 2,71 | 3,05 | 3,39 | 4,08 | 4,43 | 5,80 |

Für Temperaturen zwischen 14 und 28° steigt die Wachstumsgeschwindigkeit des Bacillus ramosus[3]) linear mit der Temperatur. Als Wachstumsgeschwindigkeit ist der reziproke Wert der Verdoppelungszeit gewählt.

[1]) Broemser: Nervenleitungsgeschwindigkeit und Temperatur. Zeitschr. f. Biol. Bd. 73, S. 19—28. 1921.

[2]) Babák, E. u. J. Roček: Über die Temperaturkoeffizienten des Atmungsrhythmus usw. Pflügers Arch. f. d. ges. Physiol. Bd. 130, S. 477—506. 1909.

[3]) Ward, Marshall: On the biology of Bacillus ramosus. Proc. of the roy. soc. of London Bd. 58, S. 458. 1895.

Bei Temperaturen von mehr als 28° bleibt das Wachstum mehr und mehr hinter dem nach der obigen Gleichung berechneten Werte zurück.

Die angeführten Fälle, in denen die Abhängigkeit einer Leistung innerhalb eines recht weiten Temperaturbereichs durch eine einfache Gesetzmäßigkeit geregelt ist, sind selten und zum Teil nur durch besondere Kunstgriffe ermöglicht (Steigerung des Sauerstoffdruckes entsprechend dem zunehmenden Umsatz). Im allgemeinen zeigt die Abhängigkeit physiologische Vorgänge von der Temperatur ein viel verwickelteres Bild. Als typischer Verlauf kann es gelten, daß zunächst bei den tiefsten Temperaturen, die aktuelles Leben zulassen, die Leistungen mit steigender Temperatur stark ansteigen (Abb. 37), dann folgt meist ein Temperaturintervall, innerhalb dessen die Steigerung als Exponentialfunktion der Temperatur erscheint. Mit weiter steigender Temperatur wird aber stets ein Punkt erreicht, bei dessen Überschreitung nach oben die Leistungen langsamer zunehmen, als der exponentiellen Steigerung bei mittleren Temperaturen entspricht, bis schließlich das Maximum der Leistung erreicht ist. Wird die Temperatur überschritten, bei der die höchste Leistung eintritt, so nimmt die Leistung mit weiter steigender Temperatur rasch ab und wird endlich Null, die Lebensgrenze ist erreicht. Die Aufgabe besteht in der Deutung dieser Kurve. Rein formal sind unendlich viele Möglichkeiten für ihre Darstellung gegeben. Wird die Aufgabe also nur so aufgefaßt, daß durch eine Gleichung möglichst genau die Interpolation zwischen beobachteten Temperaturen möglich sein soll, so kann sie auf die verschiedenste Weise gleich zweckmäßig gelöst werden. Diese Lösungen haben aber keinerlei theoretisch-physiologische Bedeutung.

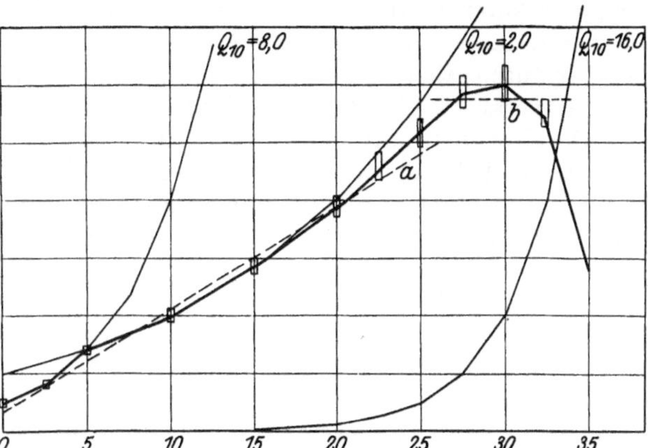

Abb. 37. Schema der Abhängigkeit physiologischer Vorgänge von der Temperatur. Begrenzung der Leistungen durch verschiedene Faktoren. (Nach PÜTTER.)

Anders steht das Problem, wenn man fragt, ob Vorgänge, die aus der Physik und Chemie bekannt sind, zur sachlichen Erklärung der Beobachtungen hinreichen. Nur von diesem Standpunkt aus soll die Frage hier behandelt werden.

Da ist die erste Vorfrage, ob die Annahme überhaupt berechtigt ist, daß man im Ablauf der Lebensvorgänge die Gesetzmäßigkeit eines einzelnen physikalischen oder chemischen Vorganges erkennen kann. Stellen nicht vielleicht die Temperaturkoeffizienten, die man beobachtet, nur den Mittelwert dar aus einer großen Reihe chemischer Einzelvorgänge, die alle am Lebensvorgang beteiligt sind und die innerhalb der Grenzen von 2—3 liegen, so daß ihr Mittelwert auch zwischen diesen Grenzen liegen muß? Wäre dem so, so hätte es keinen Wert, Fälle aufzusuchen, in denen die Temperaturkoeffizienten über weite Temperaturintervalle konstant sind, denn diese Konstanz wäre dann nur ein Zufall, wäre dadurch vorgetäuscht, daß die sehr verschiedenen Einzelwerte der Koeffizienten bei jeder Temperatur den gleichen Mittelwert ergeben. Dieser Auffassung steht eine andere gegenüber, die als die Lehre von den begrenzenden Faktoren bezeichnet wird. Wohl nimmt an jedem Lebensvorgange eine große Anzahl verschiedener Reaktionen teil, aber die Geschwindigkeit des ganzen Geschehens ist von dem langsamsten Vorgange abhängig, er begrenzt die Geschwindigkeit der Umsetzungen in dem ganzen System, in dem die Einzelvorgänge nicht unabhängig nebeneinander verlaufen, sondern in bestimmter Weise voneinander abhängig sind. Dieses Prinzip ist nicht für Lebensvorgänge ad hoc aufgestellt, sondern ist aus der chemischen Kinetik bekannt.

Es wird sich also darum handeln, zu ermitteln, innerhalb welcher Grenzen ein und derselbe Vorgang den Gesamtverlauf begrenzt. Finden wir eine lineare Abhängigkeit von der Temperatur, so werden wir daraus zu schließen geneigt sein, daß eine physikalische Eigenschaft, ein Vorgang des Stoffaustausches, begrenzender Faktor ist, z. B. ein Diffusions-, Invasions-, Evasionsvorgang; finden wir dagegen eine exponentielle Abhängigkeit von der Temperatur, so schließen wir auf ein chemisches Geschehen als langsamsten Vorgang. Durch Adsorptionsvorgänge kann das Bild weiterverwickelt werden. Eine besondere Frage ist es, wie der Befund zu deuten ist, den man stets bei hohen, der Lebensgrenze nahen Temperaturen erheben kann, der Befund, daß in ziemlich engen Temperaturgrenzen der Temperaturkoeffizient rasch sinkt, schließlich Null und dann negativ wird.

Die einfachste Auffassung ist die, daß wir es hier mit der Überlagerung zweier ganz verschiedener Vorgänge zu tun haben. Das Schema der Deutung hat TAMMANN in seinen Untersuchungen über die Abhängigkeit der Emulsinwirkung von der Temperatur gegeben, in denen er zeigte, daß die Enzymwirkung und der Enzymzerfall nebeneinander hergehen und in ganz verschiedener Weise durch die Temperatur beeinflußt werden. Für die Analyse der Temperaturwirkung bei hohen Temperaturen ist der Nachweis wichtig, daß bei ihnen ein „schädigender Faktor" wirksam wird, dessen Bedeutung stark mit steigender Temperatur steigt. Qualitativ wird dieser Nachweis dadurch erbracht, daß man feststellt, von welcher Temperatur an der Sauerstoffverbrauch mit der Dauer der Einwirkung der Temperatur sinkt. Bei der Hautatmung des Frosches ist von etwa 16° aufwärts die Abnahme des Verbrauchs mit zunehmender Versuchsdauer erkennbar, wenn der Sauerstoffdruck etwa 140—150 mm Hg beträgt. Das ist die gleiche Temperatur, von der an sich auch ein Einfluß der Steigerung des Sauerstoffdruckes auf den Sauerstoffverbrauch bemerkbar macht. Wir entnehmen daraus, daß sich bei höheren Temperaturen Stoffwechselprodukte anhäufen, die infolge ungenügender Sauerstoffversorgung nicht oxydiert werden. Den Beweis hierfür liefern Versuche, bei denen auf einen Versuch mit normalem Sauerstoffdruck ein solcher mit erhöhtem Druck bei gleicher Temperatur folgt. Es zeigt sich dann, daß der Sauerstoffverbrauch in dem zweiten Versuch weit über den normalen Wert hinaussteigt, als Ausdruck einer nachträglichen Oxydation unvollständig oxydierter Stoffwechselprodukte[1]). Diese Steigerung des Verbrauchs gegenüber der Norm wird um so größer, je länger die Einwirkung der Temperatur gedauert hat, bei der die Sauerstoffversorgung ungenügend war. Das Absinken des Sauerstoffverbrauchs in länger dauernden Versuchen bei höheren Temperaturen ist bei höheren Pflanzen näher untersucht[2]). Für eine Anzahl mariner Tiere liegen Beobachtungen von MONTUORI vor, die entsprechende Verhältnisse erkennen lassen.

MONTUORI stellte den Sauerstoffverbrauch einer Reihe von Tieren bei 11—14° fest (im Winter in Neapel) und brachte die Tiere dann unter allmählicher Steigerung der Temperatur im Laufe von 6—7 Tagen in Wasser von 29—31°. Jetzt fand er einen geringeren Sauerstoffverbrauch als bei den niederen Temperaturen. Ein Krebs (Scyllarus arctus, 26,5 g schwer) verbrauchte z. B. bei 14° 80 ccm Sauerstoff pro kg/Stunde, nach 8 Tagen bei 25° nur 44 ccm. Unmittelbar darauf in Wasser von 14° nur 30 ccm und 2 Tage später bei 14° 60 ccm, 2 weitere Tage später wieder 80 ccm wie zu Anfang[3]).

[1]) PÜTTER: Temperaturkoeffizienten. Zeitschr. f. allg. Physiol. Bd. 16, S. 590. 1914.
[2]) KUIJPER: Recueils des travaux botan. Néerlandais. Bd. 7, S. 131—240. 1910.
[3]) MONTUORI: Zentralbl. f. Physiol. Bd. 20, Nr. 8. 1906.

Die große Zahl der Temperaturkoeffizienten der verschiedensten Lebensvorgänge, die sich in der Literatur finden, können hier nicht alle mitgeteilt werden. Die Beobachtungen lassen vielfach die Entscheidung darüber nicht zu, ob innerhalb der untersuchten Intervalle wirklich eine exponentielle Abhängigkeit des Lebensvorganges von der Temperatur besteht, die die Angabe des Koeffizienten $Q_{10}$ rechtfertigt. Weder der Frage, ob sich die Beobachtungen nicht besser durch eine lineare Abhängigkeit darstellen lassen, noch der weiteren, ob sich in dem untersuchten Temperaturbereich nicht schon Gegenreaktionen geltend machen, ist genügende Beachtung geschenkt worden. Das aber sind gerade die beiden Fragen, die für eine allgemeine Auffassung des Temperatureinflusses auf das Leben besonders wichtig sind.

Was die erste Frage anlangt, wann es gerechtfertigt ist, eine exponentielle Abhängigkeit eines Lebensvorganges von der Temperatur anzunehmen und dementsprechend einen Temperaturkoeffizienten $Q_{10}$ anzugeben, so ist zu bedenken, daß dazu nicht nur erforderlich ist, den Vorgang in einem breiten Temperaturintervall zu beobachten, sondern daß auch die Größe des festgestellten Temperaturkoeffizienten sich in den Grenzen halten muß, die aus der Chemie bekannt sind. Der Erklärungswert der Einführung des Koeffizienten $Q_{10}$ liegt ja eben darin, daß er eine gleiche Gesetzmäßigkeit in der belebten und unbelebten Natur zum Ausdruck bringen soll. In der unbelebten Natur finden wir in der Regel Werte für $Q_{10}$, die zwischen 2 und 3 liegen. Werden nun bei Lebensvorgängen wesentlich höhere Zahlen gefunden, so ist die Frage zu beantworten, ob auch sie sich der VAN'T HOFFschen Regel unterordnen lassen. Es wurde schon oben bei dem Beispiel des Sauerstoffverbrauchs des Blutegels darauf hingewiesen, daß sich sein $Q_{10} = 4{,}51 \pm 0{,}04$ aus der gleichzeitigen Steigerung zweier Vorgänge erklärt: der Steigerung des Grundumsatzes und der Steigerung der Bewegungsstärke. Liegen die Werte für den einzelnen Vorgang zwischen 2 und 3, so können die Koeffizienten, die derart durch Multiplikation entstehen, zwischen 4 und 9 liegen. Wenn wir aber für die Hitzekoagulation der Eiweißkörper Werte von $Q_{10}$ errechnen, die zwischen $Q_{10} = 13{,}8$ und $Q_{10} = 696$ liegen, so fragt sich, ob solche Zahlen überhaupt nach dem gleichen Prinzip berechnet werden dürfen, wie die Temperaturkoeffizienten gewöhnlicher chemischer Reaktionen. Es handelt sich in den angeführten Fällen um eine Zustandsänderung von Kolloiden, und es ist mehr als zweifelhaft, ob für solche Vorgänge die theoretischen Ableitungen gelten, die uns die VAN'T HOFFsche Regel für chemische Reaktionen im homogenen System verständlich machen. Treffen diese Erwägungen aber nicht zu, und ist außerdem — wie das bei Vorgängen mit so großem $Q_{10}$ stets der Fall ist — der Vorgang nur in einem engen Temperaturintervall beobachtet, so besteht keine Berechtigung zu der Annahme, daß die Geschwindigkeit seines Ablaufs wirklich eine Exponentialfunktion der Temperatur ist, und dementsprechend darf auch, strenggenommen, für ihn ein Wert $Q_{10}$ ebensowenig angegeben werden wie in den Fällen, in denen die lineare Abhängigkeit eines Vorganges von der Temperatur erwiesen ist.

Die zweite Frage, von welcher Temperatur an sich ein schädigender Faktor geltend macht, kann in der Weise beantwortet werden, daß man aus den Beobachtungen bei niederen Temperaturen, bei denen sicher noch keine Schädigung herrscht, die Größe des Temperaturkoeffizienten ermittelt und nun mit seiner Hilfe berechnet, wie groß die Leistung (z. B. die Kohlensäureproduktion) bei den hohen Temperaturen sein würde, wenn kein schädigender Faktor einwirkte. Die Differenz zwischen dem beobachteten und berechneten Betrage der Leistung ist ein Maß für die Größe der Schädigung. Als Beispiel mag die Kohlensäurebildung im Atmungsvorgang von Pisum sativum nach KUIJPER[1]) dienen. Aus den Beobachtungen zwischen 0° und 20° ergibt sich $Q_{10} = 2,70$. Merkliche Differenzen zwischen der Größe der Kohlensäureabgabe, die mit diesem Koeffizienten berechnet, und den Werten, die wirklich beobachtet sind, bestehen bei allen Temperaturen oberhalb 25°. Die Differenzen wachsen rasch mit steigender Temperatur, und zwar derart, daß zwischen 30° und 55° ihre Größe sehr gut durch eine Exponentialfunktion dargestellt wird, deren $Q_{10} = 4,00$ ist. Wie gut die Analyse der Beobachtung mit Hilfe dieser Vorstellung gelingt, die die Überlagerung eines steigernden Einflusses der Temperatur mit einem *konstanten* Temperaturkoeffizienten $Q_{10} = 2,70$ von 0—55°, d. h. bis hart an die Lebensgrenze hin, und eines schädigenden Faktors mit $Q_{10} = 4,00$ annimmt, der gleichfalls allgemein wirksam ist, aber erst bei 30° merklich wird, lehrt die folgende Tabelle.

Atmung von Pisum sativum nach KUIJPER.

| Temperatur ° | Kohlensäureproduktion | | Differenz | | Abweichung in Prozenten |
|---|---|---|---|---|---|
| | beobachtet | berechnet $Q_{10} = 2,70$ | beobachtet | berechnet $Q_{10} = 4,00$ | |
| 0 | 4,0 | 4,1 | — | — | — |
| 5 | 6,7 | 6,8 | — | — | — |
| 10 | 12,0 | 11,1 | — | — | — |
| 15 | 18,6 | 18,3 | — | — | — |
| 20 | 28,6 | 30,0 | — | — | — |
| 25 | 43,3 | 49,3 | — | — | — |
| 30 | 51,7 | 80,9 | 29,2 | 29 | — 0,68 |
| 35 | 68,7 | 132,9 | 64,2 | 59 | — 8,10 |
| 40 | 73,3 | 218,2 | 144,9 | 118 | — 18,50 |
| 45 | 73,5 | 358,4 | 284,9 | 235 | — 17,60 |
| 50 | 74,0 | 588,6 | 514,6 | 470 | — 8,65 |
| 55 | 35,7 | 966,4 | 930,7 | 940 | + 1,00 |

In ganz entsprechender Weise ist die Analyse einer ganzen Anzahl weiterer Fälle durchgeführt. Für den schädigenden Faktor sind aus ganz allgemeinen Erwägungen heraus Temperaturkoeffizienten von besonderer Höhe zu erwarten, da wir es bei ihnen mit der Multiplikation zweier Vorgänge zu tun haben. Es wird einmal das schädigende Agens mit steigender Temperatur in vermehrter Menge entstehen, und andererseits wird eine bestimmte Menge dieses Agens bei höherer Temperatur eine stärkere Schädigung entfalten als bei tiefen. Liegen für beide Vorgänge die Temperaturkoeffizienten zwischen 2 und 3, so müssen für den ganzen Erfolg, d. h. für die Schädigung, Temperaturkoeffizienten von 4—9 beobachtet werden. Das trifft in der Tat in mehreren Beispielen zu, wie die folgende Zusammenstellung zeigt.

| Objekt und Prozeß | $Q_{10}$ für den Hauptvorgang | $Q_{10}$ für die Schädigung |
|---|---|---|
| 1. Atmung von Pisum sativum . . . . . . . . . . | 2,70 | 4,0 |
| Helianthus annuus . . . . . . . . | 2,50 | 4,4 |
| Lupinus . . . . . . . . . . . . | 2,39 | 4,4 |
| Froschhaut . . . . . . . . . . | 2,50 | 8,0 |
| Blutegel . . . . . . . . . . . . | 4,80 | 8,0 |
| 2. Permeabilität der Plasmahaut . . . . . . . . . | 3,50 | 8,0 |
| 3. Herzschlag, Katze . . . . . . . . . . . . . . | 2,50 | 4,4 |
| 4. Zeit der latenten Reizung beim Schildkrötenherzen | 2,30 | 8,6 |

[1]) KUIJPER, J.: Über den Einfluß der Temperatur auf die Atmung der höheren Pflanzen. Recueils des travaux botan. Néerlandais. Bd. 7, S. 131—240. 1910.

In zwei weiteren Fällen bleibt der Temperaturkoeffizient der Schädigung etwas unter 4,0.

| Atmung von | $Q_{10}$ für den Hauptvorgang | $Q_{10}$ für die Schädigung |
|---|---|---|
| Triticum | 2,29 | 3,60 |
| Syringablüten | 2,60 | 3,68 |

Es mag dahingestellt bleiben, ob diese Fälle ebenso zu deuten sind wie die vorigen, oder ob wir hier die gemeinsame Größe eines Temperaturkoeffizienten und der Wirkung eines Vorganges beobachten, der linear mit der Temperatur steigt.

Einer besonderen Erklärung bedürfen andere Fälle, in denen sich für die Schädigung Temperaturkoeffizienten von 16—20 ergeben. Diese Fälle sind:

| | $Q_{10}$ für den Hauptvorgang | $Q_{10}$ für die Schädigung |
|---|---|---|
| Atmung bei erhöhtem Sauerstoffdruck { Froschhaut | 2,5 | 20 |
| Atmung bei erhöhtem Sauerstoffdruck { Blutegel | 4,8 | 16 |
| Metamorphose der Larven von Tenebrio | 5,1 | 20 |

Die hohen Temperaturkoeffizienten scheinen darauf hinzudeuten, daß es in diesen Fällen Zustandsänderungen an den Kolloiden sind, durch die das Leben begrenzt wird. Besonders beachtenswert sind hierbei die Beobachtungen an der Froschhaut und am Blutegel. Die Prozesse mit dem abnorm hohen $Q_{10}$ begrenzen nur dann das Leben, wenn durch Steigerung des Sauerstoffdruckes dafür Sorge getragen wird, daß nicht schon bei niederen Temperaturen eine Schädigung durch Anhäufung von Stoffwechselprodukten merklich wird. Die oben entwickelten methodischen Bedenken, für Prozesse, die derart hohe Temperaturkoeffizienten haben, überhaupt die exponentielle Abhängigkeit von der Temperatur vorauszusetzen, gelten natürlich auch für diese Fälle.

Aus dieser Auffassung der Wirkung der Temperatur ergibt sich auch die Stellung zur Frage des Temperaturoptimums. Die Temperatur, bei der in kurzdauernden Versuchen irgendeine Funktion maximal wird, kann in keinem Sinne als ein Optimum bezeichnet werden. Im allgemeinen kann man sagen, daß das Maximum bei um so höheren Temperaturen erreicht wird, je kürzer die Versuchsdauer ist. Temperaturen, die bei kurz dauernden Versuchen maximale Steigerungen einer Leistung ergeben, wirken bei längerer Versuchsdauer schädigend, sind also nicht optimal. Über die Temperaturen, die bei beliebig langer Einwirkung die Leistung maximal werden lassen, sind wir nur mangelhaft unterrichtet. Diese Temperaturen würden als Optima nach dem Rekordprinzip zu bezeichnen sein. Hier sind die Wachstumsoptima zu nennen, die die Pflanzenphysiologie für das Wachstum vieler Gewächse angibt. So gelten für die Getreidegräser Temperaturen von 25—31° als optimal, solche von 31—37° ermöglichen noch Wachstum, bei 37—40° liegt die obere Temperaturgrenze des Lebens. Für Mais, Kürbis und Hirse sind die entsprechenden Zahlen: Optimum 37—44°, Maximum 40—50°, Lebensgrenze 52,2°.

Aus den Untersuchungen über die Änderung der Geschwindigkeit der Lebensvorgänge mit der Temperatur ist kein unmittelbarer Anhaltspunkt dafür zu gewinnen, wo die Temperaturgrenzen des Lebens liegen. Leben ist bei hohen und bei geringen Umsatzgeschwindigkeiten möglich, die Menge der Stoffe, die im Stoffwechsel eines bestimmten Tieres in der Zeiteinheit umgesetzt werden, können um das 10fache oder mehr zu- oder abnehmen, ohne daß dadurch die Grenzen der Lebensfähigkeit erreicht zu werden brauchen. Die Begrenzung des Lebens durch die Temperatur ist also ein ganz eigenes Problem.

Um in die Fülle der Beobachtungen Ordnung zu bringen, ist es nötig, zunächst nur den Fall zu erörtern, daß das aktuelle Leben durch eine Temperatur begrenzt wird, die keine Veränderung im Aggregatzustande der lebenden Systeme oder einzelner ihrer Teile bewirkt. Gerade diesem Falle ist am wenigsten Aufmerksamkeit geschenkt worden, obgleich er es ist, der die reine Begrenzung des Lebens durch die Temperatur am besten zeigt.

Die Beobachtung lehrt, daß es Gruppen von stenothermen Tieren gibt, auf die eine Temperaturerniedrigung oder Erhöhung selbst dann tödlich wirkt, wenn sie weder den Gefrierpunkt noch die Koagulationstemperatur irgendeines Eiweißkörpers erreicht.

Die Vögel und die Mehrzahl der Säugetiere (ausgenommen sind die Winterschläfer) sterben, wenn ihre Körpertemperatur nur wenig sinkt. Für den Menschen bedeutet eine Abkühlung des Innern auf 22—25° eine Schädigung, die schon häufig zum Tode führt. Bei einem Affen (Macacus rhesus) konnte nach Abkühlung auf 14° das Leben noch erhalten werden, Kaninchen starben bei einer rectalen Temperatur von etwa 19°, Ratten bei 16—17°. Diese Angaben sind nicht ohne weiteres miteinander vergleichbar, da bei den verschiedenen Geschwindigkeiten der Abkühlung, die bei Wärmeentziehung verschiedener Stärke zustande kommt und bei gleicher Art der Abkühlung von der Größe der Tiere abhängt, die Zeit sehr verschieden ist, innerhalb deren die letale Temperatur erreicht wird.

Nicht weniger empfindlich gegen geringe Abkühlung sind auch einzelne Poikilotherme.

So gedeihen die meisten Arten der Riffkorallen nur in Wasser, das auch in kältesten Monaten des Jahres nicht unter 20° mißt. Der tropische Fisch Balistes capriscus fehlt im Winter im Mittelmeer, obgleich dessen Temperatur kaum unter 13° sinkt; in den Aquarien der Neapler Station geht er regelmäßig im Winter ein. Die Temperaturen, denen er dort ausgesetzt ist, erreichen selten 9—10°. Ein anderer Fisch (Lopholatilus), der an der Ostküste von Nordamerika im Bodenwasser lebt, das durch den Golfstrom erwärmt wird, ging zu Millionen zugrunde, als 1882 nach einer Reihe ungewöhnlich heftiger Stürme kaltes arktisches Wasser in sein Wohngebiet eindrang[1]). Auch die Salpe Doliolum nationalis ist eine ausgesprochene Warmwasserform, die den 50° n. Br. nur unter besonders günstigen Bedingungen nach Norden überschreitet. In dem ungewöhnlich warmem Herbst 1911 trat sie in großer Zahl in der südlichen Nordsee bis zum 53° n. Br. auf und hielt sich hier vom September an etwa 5 Wochen, bis die eintretende Abkühlung sie tötete. Die Alge (Chlorophycee) *Draparnaldia glomerata* tritt im Frühjahr (im Süßwasser) besonders reichlich auf, im Hochsommer ist sie verschwunden oder nur in Quellen mit kaltem Wasser anzutreffen, um dann im Spätherbst wieder häufiger zu werden. Diese Beobachtungen deuten auf eine große Empfindlichkeit gegen Erwärmung[2]).

Das sind nur einzelne erläuternde Beispiele. Die Tatsachen der Verbreitung von Tieren und Pflanzen legen die Vermutung nahe, daß sich unter den tropischen Tieren viele finden, denen geringe Abkühlung verderblich wird, ebenso unter den hocharktischen und antarktischen solche, für die schon das kühle Wasser der gemäßigten Zone eine zu hohe, tödliche Temperatur hat.

Unter den Bakterien finden sich gleichfalls stenotherme Formen. Daß die Beispiele, die wir anführen können, sich meist auf pathogene Formen beziehen, liegt wohl wesentlich an der besseren Durchforschung dieser Gruppe. So wachsen z. B. die Erreger der Säugetiertuberkulose nicht unterhalb 29°, die Gonokokken und Meningokokken nicht unter 30°, die Erreger der Hühnertuberkulose nicht unter 35°[3]), und alle diese Arten haben kein besonders hohes Wachstumsmaximum.

[1]) Nussbaum, Karsten u. Weber: Lehrbuch d. Biologie, s. Weber S. 395 u. 477.

[2]) Collander in Societatis scientiarum Fennica Commentationes biologicae I.T., S. 4. 1924.

[3]) Gottschlich, E: in Kolle-Wassermanns Handbuch d. pathogen. Mikroorgan. Bd. I. 1912 (2. Aufl.).

Als stenotherm ist auch der Bacillus cyaneo-fuscus zu bezeichnen, für den das Minimum für Wachstum bei 0°, das Optimum bei 10° und schon bei etwa 22° das Maximum liegt und unter den Flagellaten Hydrurus foetidus für dessen algenähnliche Kolonien das Wachstumsoptimum bei 10° oder tiefer, das Minimum bei etwa 0° und das Maximum unter 16° liegt[1]).

Was den Mechanismus oder Chemismus der Stenothermie anlangt, so gibt uns die Analyse der Temperaturwirkung wichtige Fingerzeige. Sie lehrt, daß durch Änderungen der Temperatur sich das Verhältnis verschiebt, in dem sich die einzelnen Prozesse am Lebensvorgang beteiligen, daß also die Konzentration der Reaktionsprodukte sich mit der Temperatur ändert. Wie diese Verschiebung im einzelnen zustande kommt, darüber können wir kaum etwas sagen. Der „schädigende Faktor", den wir ganz allgemein für die Abweichung der Temperaturgeschwindigkeitskurve von der einfachen Exponentialkurve oder der geraden Linie verantwortlich gemacht haben, muß wohl auch für die Begrenzung der Lebensmöglichkeit wesentlich sein. Die Stenothermie ist der Ausdruck einer Selbstvergiftung, bewirkt durch die Verschiebung des Verhältnisses der Partiarvorgänge bei verschiedenen Temperaturen.

Im Gegensatz zu den stenothermen Formen finden wir weitverbreitet unter den Tieren und Pflanzen solche, die innerhalb weiter Grenzen Temperaturänderungen ertragen können: *eurytherme Formen.*

Es ist zweckmäßig, die Angaben über die Grenzen des erstarrten Lebens zu trennen von denen, die sich auf aktuelles Leben beziehen. Die Grenzen für die Fähigkeit der Vermehrung durch Zellteilungen sind recht weit gesteckt, wenn man die Gesamtheit der Organismen betrachtet. Die untere Grenze des aktuellen Lebens fällt mit dem Gefrierpunkte des Mediums zusammen, der für Meerwasser unterhalb —2,5° liegt. Bei Temperaturen unter 0° finden wir im Meere noch reichhaltiges Leben, und bei 0° vermögen nicht nur eine Reihe von Bakterien und Protisten, sondern auch vielerlei andere Organismen zu gedeihen.

Gelingt es, durch geeignete Maßnahmen die Eisbildung zu verhindern, so kann auch noch weit unterhalb des Eispunktes aktuelles Leben bestehen. So kann man z. B. Schimmelpilze in Traubenzuckerlösungen verschiedener Konzentration halten, die auf —6 bis —14° abgekühlt werden können, ohne daß Eisbildung eintritt[2]). In solchen kalten Lösungen erfrieren die Pilze bei einer bestimmten tiefen Temperatur sehr rasch. Temperaturen, die etwas höher liegen, töten nur, wenn sie längere Zeit einwirken, und bei noch höheren — unter dem Nullpunkt gelegenen — Temperaturen erfolgt keine Schädigung. Inwieweit bei diesen tiefen Temperaturen noch Wachstum und Zellteilung möglich ist, ist in diesem Falle nicht bekannt. Es darf als allgemeingültige Erfahrung angesehen werden, daß die untere Grenze für Wachstum, Keimung, Entwicklung bei höherer Temperatur erreicht wird als die Grenze für das aktuelle Leben ohne Wachstum oder Vermehrung irgendwelcher Art.

Es läßt sich z. B. für Lupine und Weizen noch bei —2,0° der Betriebsstoffwechsel durch eine merkliche Kohlensäureproduktion nachweisen, während das Temperaturminimum der Keimung zwischen 0° und +4,8° liegt. In diesem Temperaturbereich liegt auch die Grenze für die Keimfähigkeit der Getreidegräser, der Erbse, des Lein, Raps, Rotklee und der Luzerne; Mais und Hirse keimen erst bei 4,8 bis 10,5°, Kürbis zwischen 10,5 und 15,6° und Zuckermelone und Gurke erst zwischen 15,6 und 18,5°. Über die entsprechenden Zahlen für die Entwicklung der Tiere sind wir kaum unterrichtet. K. Semper[3]) gibt für die Teichhornschnecke *Limnaeus stagnalis* als untere Temperaturgrenze des Wachstums 12—14°, als obere 30—32° und als Optimum 25° an.

[1]) Pfeffer: Pflanzenphysiologie. Bd. II, S. 87. 1904.

[2]) Bartetzko, Hugo: Untersuchungen über das Erfrieren von Schimmelpilzen. Jahrb. f. wiss. Botanik Bd. 47, S. 57—98. 1910.

[3]) Semper, Karl: Die natürlichen Existenzbedingungen der Tiere. Leipzig 1880.

Die obere Grenze für aktuelles Leben können wir schon durch Beobachtung in der Natur bestimmen. Die Thermen zeigen überall auf der Erde bis gegen 40° hin noch reiches Leben. Erst oberhalb dieser Grenze wird die Zahl der Organismenarten, die sie dauernd ertragen, immer geringer, so daß die einzelnen besondere Bemerkung verdienen. Grüne Pflanzen scheinen höchstens 49—50° dauernd zu ertragen. MOLISCH fand bei dieser Temperatur blaugrüne Algen (Oscillarien) im Karlsbader Sprudel und in einer heißen Quelle auf Java[1]). Nach seinen sorgfältigen Beobachtungen ist gegenüber den Angaben, daß in heißen Quellen im Yellowstone Park bei 70—85° oder in Californien gar bei 90—93° Algen wachsen sollen, größte Skepsis am Platz; auch in den Thermen von Luchon treten Oscillarien und Diatomeen, ebenso wie Infusorien und Monaden erst bei 48° auf. Bei 44° liegt das Maximum für die Schnecke Hydrobia aponensis, bei 46° für das ciliate Infusor Chilodon cucullus, das Rädertier Philodina roseola und den Käfer Hydroscapha gyrinoides. Die Schnecke Bithynia thermalis erträgt 53°, der Rhizopode Pelomyxa gar 54,5°, doch ist nicht sicher, daß diese Tiere bei einer Temperatur von dieser Höhe ihren ganzen Lebenskreis vollenden können.

Oberhalb 50° haben wir, außer über eine Streptothrixart, die bei 55° am besten wächst, bei 62° nicht mehr, nur für Bakterien sichere Angaben über die Fähigkeit sich zu vermehren. So fand GLOBIG[2]) in Gartenerde 30 Bakterienarten, die zwischen 50 und 70° wuchsen. Für die thermophilen Bakterien gilt im allgemeinen 75° als obere Grenze des Wachstums[3]), doch fand RABINOWITSCH[4]), daß sie sich auch bei dieser Temperatur noch kümmerlich vermehren können. Die höchste Angabe macht KARLINSKY[5]) über eine Bakterienart aus den heißen Schwefelquellen von Ilidze in Bosnien, die erst bei 80° das Wachstum einstellt.

Das sind Temperaturen, die bei den meisten Organismen schon tiefgreifende irreversible Zustandsänderungen hervorrufen.

Betrachten wir die Lebensgrenzen unter Bedingungen, unter denen Änderungen des Aggregatzustandes oder des Dispersionsgrades erfolgen, so finden wir sie noch weiter gezogen, als aus dem Bisherigen hervorging.

Am mannigfaltigsten sind die Erscheinungen an der Kältegrenze des Lebens. Die Frage ist, in welchem Ausmaß die Lebensfähigkeit erhalten bleiben kann, wenn Eisbildung in einem Organismus erfolgt ist. Die aktuellen Lebenserscheinungen werden minimal (Stoffwechsel) oder stehen ganz still (Bewegungspause), sobald der Übergang zum festen Aggregatzustande vollzogen ist, es handelt sich also nur um erstarrtes Leben.

Das Gefrieren der Organismen ist ein verwickelter Vorgang, und dementsprechend treten mannigfaltige Veränderungen der Lebensbedingungen ein, wenn die Temperatur tief genug gesunken ist, um Eisbildung zu bewirken. Was zunächst die Temperatur anlangt, bei der zuerst Eisbildung auftritt, so hängt sie in erster Linie von der Konzentration der osmotisch wirksamen Stoffe ab. Diese Konzentration ist auch bei den einzelnen Spezies keine konstante Größe, vielmehr ändert sie sich vielfach mit der Jahreszeit. Die Eisbildung hängt aber nicht ausschließlich vom osmotischen Druck ab, es machen sich vielmehr die Erscheinungen der Unterkühlung geltend.

[1]) MOLISCH, H.: Populäre biologische Vorträge. Jena 1920, S. 24.

[2]) GLOBIG: Über Bakterienwachstum bei 50—70°. Zeitschr. f. Hyg. Bd. 3, S. 294 bis 321. 1888.

[3]) SAMES, THEODOR: Zur Kenntnis der bei höherer Temperatur wachsenden Bakterien und Streptothrixarten. Zeitschr. f. Hyg. Bd. 33, S. 313—362. 1900.

[4]) RABINOWITSCH, LYDIA: Über die thermophilen Bakterien. Zeitschr. f. Hyg. Bd. 20. 1895.

[5]) KARLINSKY: Zur Kenntnis der Bakterien der Thermalquellen. Hyg. Rundschau 1895, Nr. 15.

Die Bedingungen für das Auftreten dieses labilen Zustandes sind in den capillaren Räumen der Gewebslücken und in den gegen Erschütterungen durch seine feine Verteilung stark geschützten Organen der Tiere und Pflanzen offenbar vielfach besonders günstig. Freilich vermögen wir nicht zu sagen, warum z. B. ein Froschmuskel bei —0,6 bis —0,9° völlig durchfriert[1]), während manche Insekten bis fast auf —13° abgekühlt werden können, bevor die Eisbildung einsetzt. Als Indicator für die Eisbildung kann die freiwerdende Wärmemenge gelten, die entweder die Abkühlung bei konstanter Außentemperatur verlangsamt oder zu einer tatsächlichen Zunahme der Körpertemperatur („Temperatursprung") führt, wie es für Insekten BACHMETJEW[2]) gezeigt hat. Nach seinen Versuchen beginnt die Eisbildung bei sehr verschiedenen Temperaturen.

Die Extreme sind für Schmetterlinge —1,7° (Vanessa atalanta, Admiral) und —12,8° (Vanessa levana, Netzfalter), für Käfer —2,4° (Dorcadion) und —8,6° (Cerambyx, großer Eichenbock), für Schmetterlingspuppen —5,2° (Sphinx pinastri, Kiefernschwärmer) und —10,5° (Aporia crataegi, Heckenweißling).

Die Eisbildung, die unter den Bedingungen erfolgt, bei denen der Temperatursprung eintritt, vernichtet das Leben der betreffenden Insekten nicht. Auch für den Froschmuskel wissen wir, daß er bei —4,06° völlig durchfrieren kann, ohne abzusterben, er ist nach dem Auftauen noch erregbar, erst bei —4,1 bis —4,2° liegt sein Todespunkt[3]). Diese Erfahrungen stehen mit zahlreichen Beobachtungen auf botanischem Gebiet in bester Übereinstimmung, die gleichfalls zeigen, daß Eisbildung nicht notwendig den Tod einer Pflanze zur Folge hat[4]). Auch bei den Pflanzen ist die Unterkühlung und der Temperatursprung bekannt.

Es liegen z. B. folgende Zahlen vor[5]):

| | Gefrierpunkt bei ° | Unterkühlungspunkt bei ° |
|---|---|---|
| Kartoffelknolle . . . . . . . . . . . . | —1,0 bis —1,6 | —2,8 bis —5,6 |
| Laubblätter von Phaseolus vulgaris . . | —0,8 „ —1,1 | —5,3 „ —6,3 |
| Sempervivum tabulaeforme . . . . . . | —0,55 | —6,48 |

Sehr auffällig ist die Beobachtung von LEWIS[6]) an den Blättern des rundblättrigen Wintergrün (Pirola rotundifolia). Die lebenden Blätter dieser Pflanze zeigen erst bei Temperaturen von —31,65 bis —32,1° Eisbildung. Werden sie durch Erfrieren in flüssiger Kohlensäure getötet, rasch aufgetaut und nunmehr die Eisbildung im Gewebe beobachtet, so tritt sie bereits bei —3,1 bis —3,5° ein.

Temperaturen, bei denen der ganze Pflanzenkörper gefroren ist, vertragen viele Pflanzen lange Zeit.

So werden Vogelmiere (Stellaria media), Kreuzkraut (Senecio vulgaris), Taubnessel (Lamium amplexicaule), Brennessel (Urtica urens), Gänseblümchen (Bellis perennis) erst bei länger dauernder Abkühlung auf —6 bis —9° getötet, die Nieswurz (Helleborus foetidus) erträgt —17°, die sibirische Lärche (Larix sibirica) kommt in einem Klima fort, in dem die Wintertemperatur —30 bis —40° beträgt und in dem die Bäume zuweilen 6 Monate lang steifgefroren sind[7]).

[1]) JENSEN, P. u. H. W. FISCHER: Der Zustand des Wassers in der überlebenden und abgetöteten Muskelsubstanz. Zeitschr. f. allg. Physiol. Bd. 11. 1911.

[2]) BACHMETJEW: Experimentelle ontomologische Studien, vom physikalisch-chemischen Standpunkte aus. Bd. I. Leipzig 1911; s. auch Zeitschr. f. wiss. Zool. Bd. 71. 1902.

[3]) BRUNOW, HANNS: Der Kältetod des isolierten und durchbluteten Froschmuskels. Zeitschr. f. allg. Physiol. Bd. 13, S. 367—388. 1912.

[4]) ZACHAROWA: Jahrb. f. wiss. Botanik Bd. 65, S. 61—87. 1926.

[5]) Siehe PFEFFER: Pflanzenphysiologie. Bd. II, S. 310.

[6]) LEWIS, FRANCIS J.: Osmotic properties of some plant cells at low temperatures. Ann. of botany Bd. 34, S. 405—416. 1920.

[7]) Siehe PFEFFER: Pflanzenphysiologie. Bd. II, S. 297.

Die Eisbildung hat stets eine Wasserentziehung für die noch nicht gefrorenen Teile zur Folge, und es besteht demnach eine Möglichkeit der Schädigung durch Eisbildung darin, daß die Wasserentziehung nicht ertragen wird. In der Tat finden wir unter den Organismen, die tiefste Temperaturen ertragen können, gerade solche Formen, die auch weitgehendem Wasserverlust standhalten: Bakterien, Flechten und Moose, Pilze — wenigstens als Sporen — und die Tiere der Moosfauna: Rotatorien, Tardigraden, Nematoden. Wir dürfen wohl sagen, daß es keine Temperaturerniedrigung gibt, die diese Organismen unbedingt zu töten vermöchte. Die älteren Beobachtungen[1]), daß Sporen von Mucor mucedo durch Abkühlung auf —110° nicht getötet werden, Bakterien die Temperatur der flüssigen Luft von ca. 190° ertragen, sind durch neuere Forschungen erweitert worden. RAHM[2]) fand, daß die meisten Tiere der Moosfauna, wenn sie langsam abgekühlt werden, Temperaturen von —253° (flüssiger Wasserstoff) schadlos 24 Stunden lang ertragen können, läßt man sie rasch einfrieren, so sterben die meisten bei dieser Temperatur, nur Rotatorien und die Eier von Macrobioten (Tardigraden) überstehen auch diese Behandlung. Sind die Tiere bei gewöhnlicher Temperatur trockenstarr geworden, so scheint die Widerstandsfähigkeit gegen tiefste Temperaturen unbegrenzt zu sein. Bei —192° hielten die Tardigraden, Nematoden und Rotatorien wenigstens 5 Tage lang aus, bei — 271,8° (flüssiges Helium) mindestens mehrere Stunden lang. Nach den letzten Versuchen in dieser Richtung können die Tiere der Moosfauna 20 Monate lang die Temperatur der flüssigen Luft ertragen[3]). Erst von diesem Zeitpunkt ab setzt das Absterben ein, das dann rasch verläuft.

Die Schädigung bei rascher Abkühlung werden wir uns so vorstellen können, daß die Eisbildung im Innern der lebenden Elemente eintritt, bevor die Wasserentziehung durch das Ausfrieren genügend weit gegangen ist, denn wenn auch nicht jede Eisbildung innerhalb des lebenden Zellinhaltes zum Tode führt, so wissen wir doch, daß durch das Auftreten von groben Eiskrystallen im Zellinnern schwere Zerreißungen gesetzt werden können, so daß die tiefen Temperaturen als mechanische Schädigungen wirken können.

Stellt, physikalisch betrachtet, der Zustand des völligen Durchgefrorenseins einen Gleichgewichtszustand dar, so ist er physiologisch nicht als stationär zu betrachten, denn eine weitere Abkühlung kann tödlich wirken. So berichtet PICTET[4]), daß bestimmte Rotatorien eine Abkühlung auf —60° ertragen, dagegen bei —80 bis —90° in 24 Stunden größtenteils absterben. Fische können bei —8 bis —15° steinhart frieren und leben doch beim Erwärmen wieder auf, werden sie dagegen auf —20° abgekühlt, so erfolgt keine Erholung mehr. Es ist auch nach den vorliegenden Untersuchungen keineswegs sicher, daß eine Temperatur, die eine gewisse Zeit lang ertragen wird, nicht bei längerer Einwirkung schädigt und so auch das erstarrte Leben zeitlich enger begrenzt, als es bei mittlerer Temperatur begrenzt sein würde. Die sehr langen Versuchszeiten, die die Entscheidung dieser Frage erfordern würde, erschweren ihre Bearbeitung. Man muß mit der Möglichkeit rechnen, daß, wenn eine Abkühlung auf —20° tödlich wirkt, während Durchfrieren auf —15° ertragen wird, dies daher kommen könnte, daß die tiefere Temperatur erst nach längerer Kühlungszeit erreicht wird. Die Frage nach der unteren Temperaturgrenze des Lebens soll in erster Linie durch die Angabe

[1]) PICTET, RAOUL: Das Leben und die niederen Temperaturen. Rev. scientifique Bd. 52. 1893.

[2]) RAHM, GILBERT: Einwirkung sehr niederer Temperaturen auf die Moosfauna. Verhandel. d. koninkl. akad. v. wetensch. te Amsterdam (Naturwiss. Abt.) Bd. 29, S. 499 bis 512. 1920.

[3]) RAHM, G.: Verhandl. d. dtsch. zool. Ges. Bd. 29, S. 106—111. 1924.

[4]) PICTET: Zitiert auf S. 398.

der Temperatur beantwortet werden, die sehr lange (theoretisch beliebig lange) ertragen werden kann. Die Frage nach der Zeit. innerhalb deren eine nicht dauernd ertragbare Temperatur tötet bzw. die Frage, nach welcher Dauer der Einwirkung abtötender Temperaturen noch Erholung möglich ist, ist eine Sache für sich, über die wir für die tiefen Temperaturen nichts Bestimmtes wissen.

Als besonders lehrreicher Fall mag noch die Erfahrung erwähnt werden, daß sehr tiefe Temperaturen nicht immer eine stärkere Schädigung, d. h. rascheres Absterben, bewirken als geringere Kältegrade.

Das Trypanosoma equiperdum wird nach einem Durchfrieren von 2 Stunden 20 Minuten bei —20° bewegungslos und verliert, wenn die Kältewirkung $3^1/_2$ Stunden dauert, auch seine Pathogenität. Abkühlung auf —39 bis —65° hebt nach $2^1/_2$ Stunden Einwirkung die Beweglichkeit auf, nicht aber die Pathogenität. Bei —191° ging selbst nach 31 Tagen die Beweglichkeit nicht verloren, und nach 21 Tagen war die Pathogenität noch erhalten[1]).

Die Erklärung dieses paradoxen Verhaltens liegt offenbar darin, daß es einer bestimmten Anhäufung schädigender Stoffwechselprodukte bedarf, um den Tod bei niederer Temperatur eintreten zu lassen. Infolge der starken Verlangsamung aller chemischen Umsetzungen bei sehr tiefen Temperaturen dauert es bei ihnen länger, bis diese Anhäufung erreicht ist, als bei geringeren Kältegraden.

An der oberen Temperaturgrenze des Lebens, des tätigen wie des erstarrten, kommen zwei Zustandsänderungen in Betracht: die Verdampfung des Wassers und die Hitzekoagulation der Eiweißkörper.

Darüber, daß eine Temperatur, die unter gewöhnlichen Bedingungen ertragen werden kann, in dem Falle tötet, daß bei ihr Verdampfung des Wassers eintritt, haben wir Erfahrungen bei Bakterien. In parallelen Versuchen mit gleichen Temperaturen, die sich nur dadurch unterschieden, daß in der einen Reihe die Erwärmung bei gewöhnlichem Druck erfolgte, in der anderen unter vermindertem Druck, so daß Gasentwicklung innerhalb der Flüssigkeit, d. h. „Kochen" eintrat, starb Bacterium fluorescens liquefaciens bei 35° nicht ab, wenn nur Erwärmung wirksam war, durch Kochen bei dieser Temperatur wurde es in 20—30 Minuten abgetötet. Bei Temperaturen zwischen 41 und 50° starben die Bakterien beim Kochen, unabhängig von dem Temperaturgrade, in 1—4 Minuten ab, bei Erwärmen dagegen erst in viel längeren Zeiten, die bei 41° 25 bis 30 Minuten betrugen und sich stetig mit steigender Temperatur verkürzten, so daß bei 50° die Abtötungszeit 5 Minuten betrug[2]).

Die Deutung dieser Beobachtung darf wohl dahin gehen, daß die Dampfbildung im lebenden Zellinhalt eine schwere mechanische Schädigung darstellt, die die feinere Struktur des lebenden Systems ebenso zu zerstören vermag wie die Bildung gröberer Eiskrystalle.

Die Hitzekoagulation der Eiweißkörper wird vielfach als die typische Schädigung durch hohe Temperaturen angesehen. Mit Unrecht! Koagulation lebenswichtiger Eiweißkörper ist keine notwendige Bedingung für den Hitzetod der Organismen, das haben wir schon durch die Fälle gelernt, bei denen das Leben weit unterhalb der Koagulationstemperatur irgendeines Eiweißkörpers erfolgt. Ob eine Eiweißgerinnung stets eine hinreichende Bedingung für den Hitzetod ist, kann bezweifelt werden, denn es ist wohl denkbar, daß es auch Eiweißkörper gibt, die nicht unbedingt lebensnotwendig sind und deren Koagulation daher überlebt werden könnte. Experimentelle Erfahrungen hierüber fehlen. Da die

---

[1]) Jong, D. A. de: Arch. néerland. de physiol. de l'homme et des anim. Bd. 7, S. 588 bis 591. 1922.

[2]) Müller, Paul Th.: Die allgemeinen Lebensbedingungen der Mikroorganismen. Ergebn. d. Physiol. Jg. 4, S. 150. 1905.

Koagulationstemperatur eines Eiweißkörpers kein fest definierter Punkt ist, ist aus der Lage der oberen Temperaturgrenze allein nicht zu entscheiden, ob die Lebensgrenze bei der Koagulationstemperatur liegt.

Die Angaben über extreme Widerstandsfähigkeit gegen Temperaturen über 80° beziehen sich ausschließlich auf Zustände des erstarrten Lebens. Sie haben für die Lehre von den Lebensbedingungen nur bedingte Bedeutung, da es sich immer nur um zeitlich begrenzte Widerstandsfähigkeit handelt. Angaben über dauernde Erhaltung der Lebensfähigkeit bei Temperaturen über 80° sind nicht bekannt. Viele Angaben liegen über die Widerstandsfähigkeit von Bakteriensporen oder Hefezellen in trockenem Zustande — in Trockenstarre — vor. So fand GLOBIG[1]), daß die Sporen des roten Kartoffelbacillus in strömendem Dampf erst nach $5^1/_2$—6 Stunden getötet werden. Sie überleben Erhitzung in gespanntem Dampf bei 109—113° $^3/_4$ Stunden lang. Abgetötet werden sie durch gespannten Dampf von

| | |
|---|---|
| 113—116° | in 25 Minuten |
| 122—123° | „ 10 „ |
| 126° | „ 3 „ |
| 130° | augenblicklich. |

Die Sporen waren an Seidenfäden angetrocknet.

Bei der gleichen Anordnung fand APFELBECK[2]) eine sehr bedeutende Widerstandsfähigkeit der Rauschbrandsporen. Um Stämme maximaler Resistenz zu erhalten, muß man besondere Nährböden zur Kultur wie zur Nachkultur verwenden, am besten Leberbouillon mit 3% Stärke. Dann wird Erhitzung im strömenden Dampf 36—48 Stunden lang ertragen.

In systematischer Weise haben BIGELOW und ESTY[3]) das Absterben von Bakterien und Bakteriensporen bei hohen Temperaturen verfolgt. Es ergibt sich, wie zu erwarten, daß die Zeit bis zum Hitzetode um so kürzer wird, je weiter die Temperatur überschritten wird, bei der dauerndes Leben möglich ist. Versuche dieser Art würden die eleganteste Methode zur Feststellung der oberen Temperaturgrenze des Lebens darstellen, denn die Kurve der Absterbezeiten bei übermaximalen Temperaturen nähert sich asymptotisch einer Linie, die die obere Temperaturgrenze darstellt.

Die Durchführung einer solchen Bestimmung der oberen Temperaturgrenze des Lebens würde allerdings eine sachliche Analyse der Vorgänge verlangen, die zum Absterben führen. Ganz verfehlt ist es, für die Zeiten des Absterbens einen Wert $Q_{10}$ anzugeben, der die Verkürzung der Lebensdauer mit zunehmender Temperatur messen soll. Der Versuch, den COLLANDER[4]) in dieser Richtung gemacht hat, kann nicht als glücklich bezeichnet werden. Er bestimmt die Zeit des Absterbens bei einer Reihe von Pflanzen für Temperaturen zwischen 35 und 45°. Die einzelnen Temperaturschritte betrugen meist 5°. Die Berechtigung, einen Zahlenwert von $Q_{10}$ anzugeben, könnte allenfalls anerkannt werden, wenn wenigstens in dem Raume zweier Temperaturschritte, d. h. zwischen drei beobachteten Punkten, ein merklich gleicher Wert herauskäme. Das ist aber nirgends der Fall. Eine graphische Darstellung der Beobachtungen gibt

[1]) GLOBIG: Über einen Kartoffelbacillus mit ungewöhnlich widerstandsfähigen Sporen. Zeitschr. f. Hyg. Bd. 3, S. 322—332. 1888.

[2]) APFELBECK, M.: Untersuchungen über die Dampfresistens der Rauschbrandsporen. Arch. f. Hyg. Bd. 91, S. 245—251. 1922.

[3]) BIGELOW, W. D. u. J. R. ESTY: Journ. of infect. dis. Bd. 27, S. 602—607. 1920. — BIGELOW: ebenda Bd. 29, S. 528—536. 1921.

[4]) COLLANDER, RUNAR: Societas scientiarum Fennica Commentationes Biologicae I, 7. 1924.

eine Kurve, die ganz den Verlauf hat wie die beiden Kurven unserer schematischen Abb. 24 (s. S. 323).

Ähnliches gilt für die Angaben, die PORODKO[1]) über das Absterben von Samen bei verschiedenen Temperaturen zwischen 45 und 60,4° C macht. Als Material dienen ihm Körner von Winterweizen aus einer reinen Linie. Bei jeder Temperatur wird die Wirkung verschieden langer Einwirkung geprüft. Vergleicht man die Zeiten, in denen die Zahl der keimfähigen Samen auf 50% herabgesetzt ist, so zeigt sich, daß sie mit steigender Temperatur sehr rasch abnimmt. Wenn aber PORODKO für diesen Vorgang einen Temperaturkoeffizienten $Q_{10} = 84,5$ angibt, so kann diesem Zahlenwert kaum Bedeutung beigemessen werden, denn die Streuung des Mittelwertes, aus dem diese Zahl abgeleitet wird, ist so groß, daß man mit gleichem Recht 58 oder 162 für dieses $Q_{10}$ angeben könnte. Der Schluß auf Koagulation der Eiweißkörper als Ursache des Wärmetodes wird durch diese Beobachtungen wohl nahegelegt, aber kaum erwiesen.

Auch Hefe erweist sich in trockenstarrem Zustande sehr widerstandsfähig. So fand BUCHNER Hefe, die im Vakuum völlig getrocknet war, nach 8 Stunden dauernder Erhitzung auf 100° noch lebensfähig[2]). Daß hohe Hitzeresistenz nicht unbedingt an weitgehende Austrocknung der Objekte gebunden ist, lehren Beobachtungen von GAIN[3]) über die Widerstandsfähigkeit der Vegetationspunkte des Sonnenblumenembryos gegen Hitze. Es wird eine Erhitzung auf 145—150° für 10 Minuten ertragen. Dabei erweisen sich die Vegetationspunkte als um so widerstandsfähiger, je weiter sie vom Wurzelscheitel entfernt liegen. Die hohe Widerstandsfähigkeit der ölreichen Samen der Sonnenblume und des Kohls geht auch aus den Beobachtungen von SIGALAS und MARNEFFE[4]) hervor, aus denen sich die folgenden Zahlen ergeben:

| Erhitzung auf ° | Dabei auf Temperaturen von mehr als 100° gehalten<br>Minuten | Prozente der Samen von Helianthus annuus, die die Keimfähigkeit bewahrt haben<br>% |
|---|---|---|
| 118—122 | 10 | 83—100 |
| 128—135 | 16 | 52— 84 |
| 139—143 | 21 | 41— 92 |

Von den Samen von Brassica napus keimten nach Erhitzung auf 137—140° noch 4—80%, nach Erhitzung auf 150° keine mehr.

## VI. Der Lebensraum.

Sind alle äußeren Lebensbedingungen, die wir bisher besprochen haben, in bester Weise erfüllt, begrenzen also weder relativen Mangel an Nährstoffen (und Förderstoffen), an Wasser und Salzen die Lebensfähigkeit und herrscht auch günstige Temperatur, so braucht doch die Vermehrung oder das Wachstum nicht optimal zu sein, braucht der Stoffumsatz nicht seinen günstigsten Wert zu erreichen. Wir beobachten Beeinträchtigungen unter diesen Bedingungen, sobald der *Raum*, der dem einzelnen Individuum zur Verfügung steht, zu gering ist. Wenn wir auf Grund solcher Erfahrungen dem *Lebensraum* die Bedeutung einer allgemeinen Lebensbedingung zuschreiben, so bedarf es einer genaueren

[1]) PORODKO: Ber. d. dtsch. botan. Ges. Bd. 44, S. 71—84. 1926.

[2]) LAFAR: Handbuch d. Mykologie Bd. 5, S. 113.

[3]) GAIN: Cpt. rend. hebdom. des séances de l'acad. des sciences Bd. 174, S. 1547—1559. 1922.

[4]) MARNEFFE: Cpt. rend. des séances de la soc. de biol. Bd. 87, S. 193—195. 1922.

Analyse, in welcher Weise die Größe des Raumes auf Bau- und Betriebsstoffwechsel einwirkt. Am klarsten liegen die Verhältnisse bei einigen Bakterien. Die Tatsache, daß in flüssigen Kulturmedien die Vermehrung der Keime aufhört, sobald eine gewisse Grenzzahl in der Raumeinheit, d. h. eine gewisse Dichte, erreicht ist, kann nicht allgemein mit der Erschöpfung der Nährstoffe oder mangelhafter Durchlüftung erklärt werden. Sie kann auch nicht *generell* als eine Wirkung von unspezifischen, in Menge entstehenden Stoffwechselprodukten erklärt werden, z. B. mit der Anhäufung von Alkohol oder Milchsäure, obgleich solche Selbstvergiftungen gerade durch die beiden genannten typischen Produkte des Betriebsstoffwechsels bei Hefen oder Bakterien wohl bekannt sind. RAHN[1]) fand, daß Bacillus fluorescens liquefaciens spezifische thermolabile Stoffe produziert und an das Kulturmedium abgibt, die ein weiteres Anwachsen der Zahl verhindern. Diese spezifischen Stoffe können an Tonfilter adsorbiert werden, durch Licht werden sie zerstört. Ähnliches trifft nach seinen Angaben bei B. lactis erythrogenes, Vibrio lactis und Micrococcus grossus zu und nach FALTIN[2]) für Colibacillen. Auch für Proteus (Bacillus vulgaris) ist festgestellt, daß die Maximalzahl der Keime in der Raumeinheit begrenzt wird durch eine thermolabile artspezifische Substanz, die von den Bacillen produziert wird[3]). Bei längerem Lagern büßt die Substanz ihre Wirksamkeit ein, d. h. sie wird wohl ebenso zerstört wie die entsprechende Substanz des Bacillus fluorescens liquefaciens im Licht.

Versuche über die Größe des Sauerstoffverbrauchs von Bakterien (in Seewasser) haben ergeben, daß mit zunehmender Dichte der Keime die Intensität des Betriebsstoffwechsels eine starke Verminderung erfährt[4]).

Ob der Sauerstoffverbrauch sinkt, weil die Baustoffwechseltätigkeit durch hemmende Stoffe herabgesetzt ist, oder ob die Baustoffwechseltätigkeit sinkt, weil der Betriebsstoffwechsel gehemmt wird, ist vorläufig nicht zu entscheiden. Im allgemeinen scheinen die Vorgänge des Baustoffwechsels (Wachstum, Zellteilung) die empfindlicheren zu sein, so daß die Verminderung des Sauerstoffverbrauchs als eine mittelbare Wirkung der Hemmungsstoffe anzusehen wäre, doch ist das nur ein Wahrscheinlichkeitsschluß.

Für Paramaecium ist die Anhäufung von Stoffwechselprodukten als schädigendes Moment beim Leben in geringen Wassermengen leicht zu zeigen. WOODRUFF[5]) fand, daß die Zeit zwischen zwei Teilungen unverkennbar verlängert ist, wenn die Menge Kulturflüssigkeit von 40 Tropfen auf 20, 5 und endlich 2 Tropfen vermindert wird. Werden Paramaecien in einem Kulturmedium gehalten, in dem vorher schon Tiere der gleichen Art gezüchtet worden sind, so teilen sie sich viel langsamer als in frischem Medium.

Ähnlich wie bei den Bakterien und Protozoen scheint die Verkleinerung des Lebensraumes bei den Daphnien zu wirken. LANGHANS[6]) fand, daß die Zahl der Tiere, die in einem bestimmten Wasservolumen gezüchtet werden können, ganz fest begrenzt ist. Seine Erfahrungen beziehen sich auf vier Arten, von denen drei in kleinen Tümpeln vorkommen (*Daphnia magna*, *pulex*, *obtusa*), eine in größeren Seen (*D. longispina*). Besetzt man flache Schalen von 200 ccm Inhalt mit einigen Tieren, so vermehren sie sich zunächst rasch; bald aber nimmt

---

[1]) RAHN: Zentralbl. f. Bakteriol., Parasitenk. u. Infektionskrankh. 2. Abt., Bd. 16, S. 417 u. 609. 1906.

[2]) FALTIN: Zentralbl. f. Bakteriol., Parasitenk. u. Infektionskrankh., 1. Abt., Bd. 46, S. 6, 109, 222. 1908.

[3]) MELLER, RÓZSI: Zentralbl. f. Bakteriol., Parasitenk. u. Infektionskrankh., 2. Abt., Bd. 64, S. 1—32. 1925.

[4]) PÜTTER: Pflügers Arch. f. d. ges. Physiol. Bd. 204, S. 94—126. 1924.

[5]) WOODRUFF: Journ. of exp. zool. Bd. 10, S. 557—581. 1911.

[6]) LANGHANS: Verhandl. d. dtsch. zool. Ges. Frankfurt a. M. 1909, S. 282—291.

ihre Zahl ab und stellt sich je nach den Außenbedingungen auf einen nahezu konstanten Wert ein. Nimmt man jetzt einige Tiere fort, so erfolgt Vermehrung, setzt man neue hinzu, so gehen so viele zugrunde, bis die konstante Zahl wiederhergestellt ist. Mangel an Nahrung oder Sauerstoff konnte als Schädigung ausgeschlossen werden. Es bleibt zur Erklärung die Annahme gegenseitiger Störungen der Tiere oder der Anhäufung von Stoffwechselprodukten. Für diese letzte Deutung spricht die Tatsache der spezifischen Wirkung der einzelnen Spezies. Die Individuen einer Art schädigen sich gegenseitig am stärksten, nahe verwandte Art schon schwächer und ferner stehende gar nicht. So gingen in Wasser, das reich an den — ihrer chemischen Beschaffenheit nach unbekannten — Stoffwechselprodukten von *Daphnia magna* war, alle eingesetzten *D. magna* in zwei Tagen ein, von *D. pulex* gingen viele ein, von *D. obtusa* wenige und *D. longispina,* die limnetische Form, die gegen Verunreinigungen des Wassers viel empfindlicher ist als die Arten aus den Tümpeln, blieb ganz ungeschädigt. Die Stoffwechselprodukte von *D. magna* sind eben für sie keine ,,Verunreinigungen", stellen keine Schädigung dar.

Ist in den angeführten Fällen die *Zahl* der Tiere durch den Lebensraum begrenzt, so lehrt eine Anzahl anderer Beobachtungen, daß auch die *Größe* des einzelnen Tieres in einer Beziehung zur Größe des Lebensraumes stehen kann.

In der Natur fällt es gelegentlich auf, daß Tiere, die in engem Lebensraum erwachsen sind, wesentlich kleiner bleiben als Exemplare der gleichen Art, die in großen Räumen leben. Bei den sehr mannigfaltigen Ursachen, die eine solche Größendifferenz haben kann, versprechen nur Beobachtungen unter den vereinfachten Bedingungen des Versuches einen Einblick in den Mechanismus dieser Wirkung des Lebensraumes.

Bei dem starken Einfluß, den die Menge der Nahrung auf die Größe vieler — besonders wirbelloser — Tiere hat, muß in den Versuchen stets dafür gesorgt sein, daß kein Nahrungsmangel eintreten kann. Da ferner niedere Temperatur das Wachstum hemmen kann, muß für günstige und konstante Temperatur gesorgt werden. Auch Mangel an Sauerstoff muß ausgeschlossen sein.

Unter solchen Bedingungen beobachtete zuerst SEMPER[1]), daß Wasserasseln und Teichhornschnecken um so kleiner werden, je kleiner der Raum, d. h. das Wasservolumen ist, das dem einzelnen Tier zur Verfügung steht. Entsprechende Beobachtungen sind noch an einer Reihe von Tieren gemacht. So sah GOETSCH[2]) Planarien in kleinem Wasservolumen klein bleiben, BILSKI[3]) konnte das gleiche für Kaulquappen, GOETSCH[2]) für Larven des Axolotl feststellen. Nach HÖFFBAUERS[4]) und WEISS[5]) Beobachtungen bleiben Karpfen in kleinem Wasservolumen im Wachstum erheblich zurück.

Über die Ursachen der Größenverminderung gehen nicht nur die Ansichten der Forscher weit auseinander, sondern es sind in der Tat in den einzelnen Fällen ganz verschiedene Bedingungen maßgebend.

SEMPER glaubte sich zu dem Schluß berechtigt, daß ein unbekannter Förderstoff (so würden wir heute wohl seine Ansicht am besten ausdrücken) im Wasser in minimalen Mengen vorhanden sei, und daß das stärkste Wachstum erst dann eintreten könne, wenn in genügend großem Raum genügende Mengen dieses Stoffes zur Verfügung ständen. Im Lichte der Erfahrungen über Förderstoffe,

[1]) SEMPER, K.: Die natürlichen Existenzbedingungen der Tiere. 1. Teil, S. 196ff. Leipzig: Brockhaus 1880.
[2]) GOETSCH, W.: Biol. Zentralbl. Bd. 44, S. 529—560. 1924.
[3]) BILSKI: Pflügers Arch. f. d. ges. Physiol. Bd. 188, S. 254—272. 1921.
[4]) HÖFFBAUER: Allg. Fischerei-Zeitung Bd. 27, N. F. Bd. 17, S. 103—104 u. 119—121. 1902.
[5]) WEISS: Zool. Jahrb., Abt. für Zool. u. Physiol. Bd. 38, S. 137—168. 1921.

die wir heute besitzen, ist uns SEMPERS Annahme nicht von vornherein unwahrscheinlich, aber es fehlt an Beweisen für ihre Richtigkeit.

Dagegen läßt sich die von anderer Seite ausgesprochene Vermutung[1]), daß das geringere Wachstum in engem Raum auf die Anhäufung von Stoffwechselprodukten zurückzuführen sei, in einem Falle tatsächlich beweisen. GOETSCH[2]) kam auf den glücklichen Gedanken, den Faktor „Raum" von dem Faktor „Wasservolumen pro Tier" zu trennen, indem er in größere Gefäße kleine Röhrchen mit durchlöchertem Boden einhängte, durch die ein Wasseraustausch möglich war, während die Tiere auf einen bestimmten Raum beschränkt blieben. Für *Planaria lugubris* konnte er auf diese Weise zeigen, daß es in der Tat nicht der Raum, sondern das Wasservolumen pro Tier ist, wovon die Größe abhängt. Auch der Nachweis, daß die Wirkung auf der Größe der Wassermenge beruht, die dem Tier der einzelnen Spezies zur Verfügung steht, konnte erbracht werden, indem gezeigt wurde, daß die Anwesenheit von Asseln oder Schnecken in dem gleichen Wasser das Wachstum der Planarien nicht beeinträchtigt. Die Wirkung ist nicht streng artgebunden, denn die Wachstumshemmung trat an *Planaria lugubris* auch auf, wenn das Wasservolumen pro Kopf bei konstanter Raumgröße durch Zusatz einiger Exemplare einer anderen Planarie (*Dendrocoelum lacteum*) verkleinert wurde.

Wie wenig berechtigt es aber ist, diese Erfahrung an Planarien zu verallgemeinern, lehren weitere Beobachtungen an Amphibienlarven.

BILSKI hatte Kaulquappen in kleinem Volumen im Wachstum zurückbleiben sehen, auch wenn er täglich das Wasser einmal wechselte. Die Annahme, daß hierdurch eine Anhäufung von Stoffwechselprodukten zu wirksamer Konzentration ausgeschlossen sei, ist keineswegs zwingend. Immerhin legten die Versuche die Vorstellung nahe, daß in diesem Falle mehr die Störungen wirksam seien, die sich die Tiere gegenseitig bereiten, wenn sie in engem Raum leben, als eine Wirkung von Stoffwechselprodukten. Die Versuche von GOETSCH an Larven des Axolotl und des Frosches zeigen nun in der Tat, daß es nicht das Wasservolumen pro Tier ist, das die Größe bedingt, sondern der Raum, der zur Verfügung steht. Einer Anhäufung von Stoffwechselprodukten kommt in diesem Falle nur eine recht geringe Bedeutung zu.

Aus dieser Einsicht eine mathematische Formel ableiten zu wollen, durch die die Verkleinerung der Tiere bei Verkleinerung des Raumes und dadurch vermehrte Störung zahlenmäßig zu errechnen wäre, ist ein vergebliches Beginnen. Die Versuche BILSKIS in dieser Richtung haben keinen sachlichen Wert. Seine recht verschiedenen Formeln sind einfache Interpolationsformeln, für die gerade in diesem Falle durchaus kein Bedürfnis vorliegt. Inwieweit die Störungen im engen Raum rein mechanischer Natur sind (Verletzungen an den Wänden oder an den anderen Tieren bei Zusammenstößen) oder mehr reizphysiologischer Natur („Beunruhigung"), das ist aus den vorliegenden Beobachtungen nicht zu ersehen.

An Hydra hat GOETSCH überhaupt keine Beeinträchtigung von Wachstum und Entwicklung durch Beengung des Raumes erreichen können, doch betrug der Raum in seinen Versuchen nie weniger als 8 ccm pro Tier, so daß wohl anzunehmen ist, daß bei weiterer Verkleinerung des Raumes doch noch Wirkungen auftreten werden. Solche Hemmungen könnten in diesem Falle kaum durch gegenseitige Beunruhigung der Tiere erklärt werden, und sicher nicht durch mechanische Folgen von Zusammenstößen, da ja die Tiere festsitzen. Die gegenseitigen Verhältnisse einer sehr eng gedrängten Kultur des Süßwasser-

[1]) PÜTTER: Vergleichende Physiologie. S. 127—128. Jena: G. Fischer 1911.

[2]) GOETSCH, W.: Zitiert auf S. 403.

polypen würde schon einigermaßen an die Bedingungen erinnern, unter denen die Einzelpolypen eines Korallenstockes oder eines vielköpfigen Hydroidpolypen zueinander stehen oder noch weiter gefaßt an das Verhältnis der Einzelzellen im Verbande der Gewebe, Organe, Individuen. Das begrenzte Medium, das für die Bakterien, Protozoen, Daphnien, Planarien durch die Flüssigkeitsmenge dargestellt wird, in der sie leben und in die sie ihre Stoffwechselprodukte ausscheiden, ist für jede Zelle eines vielzelligen Organismus durch die Gewebsflüssigkeit gegeben. Daß in ihnen bei höheren Tieren Stoffe enthalten sind, die Wachstum und Zellteilung hemmen, lehren die Erfahrungen über das Verhalten von Zellen im Explantat. Die Wirkung dieser Stoffe kann durch Erwärmung des Serums auf 65° C für 1 Stunde verdeutlicht werden. Die wachstumsfördernden Stoffe des Serums werden bei dieser Temperatur zerstört, die hemmenden ertragen sie. CARREL und EBELING[1]) fanden, daß im Serum junger Hühner (10 Monate alt) weniger von solchen Hemmungsstoffen vorhanden ist als im Serum alter (6 Jahre alt). Im erwärmten Serum betrug die Wachstumsgröße von Fibroblasten nur 84 (Serum alter Tiere) oder sogar nur 62—70 (Serum junger Tiere) der Größe im nicht erwärmten Serum. Die Wachstumshemmung durch erwärmtes Serum alter Tiere war etwa 30% größer als die durch erwärmtes Serum junger Tiere[1]).

Für die schädigende Konzentration von Stoffwechselprodukten, die die Zellen ausscheiden, werden maßgebend sein: die *Menge* der Stoffe, die pro Zeiteinheit ausgeschieden wird, das *Volumen* des Mediums, in das die Ausscheidung erfolgt und die *Geschwindigkeit*, mit der die schädigenden Stoffe unwirksam gemacht werden.

Von diesen Faktoren ist der erste eine spezifische Eigentümlichkeit der Zellen, die aber durch äußere Bedingungen (Temperatur, Licht, Konzentration der Nährstoffe einschließlich des Sauerstoffs) in weiten Grenzen verändert werden kann.

Das Volumen des Mediums ist für die freilebenden Zellen durch äußere Bedingungen bestimmt, für die Zellen im Gewebsverbande aber durch die Beschaffenheit des Organismus. Vergleicht man das Volumen freilebender Zellen mit dem des Mediums, in dem sich die Anhäufung der Stoffwechselprodukte durch völligen Wachstums- oder Vermehrungsstillstand geltend macht, und andererseits das Volumen der Gewebezellen eines Organismus mit dem seiner Gewebsflüssigkeit, so scheint der Lebensraum der einzelnen Zelle im Gewebe viel enger zu sein als z. B. der eines Bacterium in einer Kultur, die ihre maximale Keimzahl erreicht hat. Beträgt diese Zahl z. B. $2 \cdot 10^9$ Keime in 1 $cm^3$, so macht ihr Volumen kaum 1% des Volumens der Kultur aus. Im menschlichen Körper dagegen haben die Zellen ein Volumen, das das der Gewebsflüssigkeit um das Fünffache übertrifft. Von dem System: Zellen + Gewebsflüssigkeit entfallen etwa 83% auf die Zelle, 17% auf das „Außenmedium". Der Lebensraum der Gewebszellen wäre danach fast 500mal kleiner als jener einer Bakterienzelle bei maximaler Keimzahl der Kultur.

Eine solche Vergleichung ist aber unberechtigt. Der Lebensraum der Bakterien in ihrer Kultur und der der Gewebszellen unterscheiden sich fundamental in bezug auf die Geschwindigkeit, mit der die Stoffwechselprodukte unschädlich gemacht werden. Während eine solche Entgiftung des Mediums bei den Bakterien nur äußerst langsam vor sich geht, durch die allmähliche Umwandlung der spezifischen, die Vermehrung begrenzenden Stoffwechselprodukte in unwirksame Verbindungen (s. oben), kommen für die Gewebszellen zwei Möglichkeiten

[1]) CARREL u. EBELING: Journ. of exp. med. Bd. 38, S. 419—425. 1923.

in Betracht, die hemmende Stoffe rascher unschädlich machen: die Ausscheidung und die chemische Entgiftung durch besondere Organe.

Der Lebensraum nimmt demnach, wie die vorstehenden Betrachtungen zeigen, eine besondere Stellung unter den allgemeinen Lebensbedingungen ein. Es ist nicht etwas positives, was die Forderung nach einem gewissen Raum für jedes Individuum zum Ausdruck bringt, sondern etwas Negatives: Die Vermeidung von Schädigungen, seien sie chemischer Natur (unspezifische oder spezifische Stoffwechselprodukte), seien sie mechanischer (Stoßwirkungen) oder reizphysiologischer Art („Störungen"). Wollten wir in bezug auf derartige negative Forderungen, die für die Erhaltung des Lebens gestellt werden können, Vollständigkeit erstreben, so müßte das ganze Gebiet der Lehre von den hemmenden Wirkungen irgendwelcher Stoffe hier angeschlossen werden und noch vielerlei anderes. Ein solcher Versuch würde den Rahmen dieser Darstellung sprengen. Es mögen die kurzen Erörterungen über den Lebensraum als Erläuterung des allgemeinen Satzes gelten, daß zu den allgemeinen Lebensbedingungen die Fernhaltung von Schädigungen gehört.

# Der Stoffaustausch zwischen Protoplast und Umgebung.

Von

**Rudolf Höber**
Kiel.

Mit 5 Abbildungen.

### Zusammenfassende Darstellungen.

Größere zusammenfassende Darstellungen des Themas sind enthalten in: Höber, R.: Physikalische Chemie der Zelle und der Gewebe. 6. Aufl. Leipzig: W. Engelmann 1926. — Tschermak, A. v.: Allgemeine Physiologie Bd. 1, 2. Teil. Berlin: Julius Springer 1924. — Gellhorn, E.: In Oppenheimers Handb. d. Biochem. 2. Aufl. Bd. 2. Jena: G. Fischer 1924. — Bayliss, W. M.: Principles of general physiology. 2. edition. London 1918.

## I. Problemstellung.

Der Verkehr der Zelle mit ihrer Umgebung beruht nicht auf dem einfachen Ausgleich von Konzentrationsdifferenzen der gelösten Stoffe, die im Protoplasma und in dem umgebenden Medium enthalten sind, sondern er ist ein komplizierter Akt, der einer besonderen Analyse bedarf, die den Inhalt dieses Abschnittes bilden soll.

Daß hier ein Problem vorliegt, wird etwa durch die folgenden Beispiele gezeigt: Bei vielen Pflanzenzellen bildet das Protoplasma bloß einen dünnen Belag auf der Innenfläche des Cellulosemantels, der einen großen Zellsaftraum umschließt. Bei der Grünalge Nitella, die durch besondere Größe ihrer Zellen ausgezeichnet ist, kann man durch Anschneiden dieser genügend Zellsaft gewinnen, um eine chemische Analyse auszuführen. Es ergibt sich[1]), daß der Saft z. B. 0,128 m frei gelöstes Chlorid enthält, während in dem umgebenden Wasser der Cl-Gehalt fast gleich Null ist. Steigert man den Chloridgehalt der Umgebung bis zu 0,128 m, so hat das (während 2 Tagen) keinerlei Einfluß auf den Cl-Gehalt des Saftes. Ein Konzentrationsausgleich zwischen außen und innen erfolgt erst bei Schädigung der Zelle. — Solche Konzentrationsunterschiede zwischen Zellinnerem und Umgebung werden auch ohne chemische Analyse unmittelbar erkennbar in den zahlreichen Fällen, in denen der Zellsaft einen Farbstoff gelöst enthält. Erst wenn man solche Zellen durch Säure, durch Wärme oder sonstwie tötet, exosmiert die Farbe. Umgekehrt kann der Zellsaftraum, z. B. bei Spirogyra, wochenlang vollkommen farblos bleiben, auch wenn während dieser Zeit die Algenfäden in der tiefgefärbten Lösung eines leicht diffusiblen Säurefarbstoffs (z. B. Cyanol) schwimmen. Der lebende Protoplast

[1]) Irwin: Journ. of gen. physiol. Bd. 5, S. 427. 1923. Siehe ferner Osterhout: Ebenda Bd. 5, S. 225. 1922; Hoagland u. Davis: Ebenda Bd. 5, S. 629. 1923.

verhindert also die Diffusion in der einen wie in der anderen Richtung. Und was hier zunächst für Pflanzenzellen ausgeführt wurde, trifft offenbar ebenso für tierische Zellen zu. Zwar existiert bei ihnen kein Zellsaftraum, dessen gelöster Inhalt durch eine dünne Protoplasmalamelle von der Umgebung geschieden ist. Aber die Analysen der ganzen Protoplasten lehren, daß sie z. B. in bezug auf die anorganischen Salze ganz anders zusammengesetzt sind als ihr Medium, und es gibt, wie wir sehen werden, sichere Beweise dafür, daß diese Salze mindestens zum Teil frei in den Zellen gelöst enthalten sind. Auch können Tiere vom Gefäßsystem aus mit Farbstoffen, wie Cyanol, überschwemmt werden, ohne daß zahlreiche Zellen etwas von dem Farbstoff annehmen.

Diese Ergebnisse sprechen dafür, daß schon die oberflächlichste Schicht des Protoplasten das genannte Diffusionshindernis bildet; für Pflanzenzellen ist dies durch besondere Versuche von Pfeffer[1]) wahrscheinlich gemacht, und er postulierte deshalb eine besondere *Plasmahaut* als Grenzmembran. Nach all dem erhebt sich die Frage, wie die Zellen ihren normalen Stoffbedarf decken, und wie sie sich mancher Bestandteile ihres Inhalts entledigen können.

## II. Die Zelle als Osmometer.

Zu dem gleichen Schluß, daß die Zelloberfläche ein starkes Diffusionshindernis auch für an sich leicht diffundierende Stoffe darstellt, gelangt man noch auf einem anderen Weg. Wenn man etwa zu dem Wasser, in dem eine Spirogyra flottiert, Rohrzucker in steigender Menge hinzufügt, so kann man eine Konzentration ausfindig machen, bei der der Protoplast sich von der Cellulosehülle eben zurückzuziehen beginnt, indem er schrumpft; es tritt *Plasmolyse* ein [Naegeli[2])]. Erhöhung der Zuckerkonzentration führt zu stärkerer Schrumpfung; die Schrumpfung kann für viele Stunden beständig sein.

Es handelt sich nun dabei um den gleichen Vorgang wie in einem *Osmometer mit einer semipermeablen Membran* von der Art, wie Pfeffer es konstruierte, indem er eine Niederschlagsmembran aus Ferrocyankupfer in die Poren eines zylindrischen Gefäßes aus unglasiertem Ton einlagerte; letzteres ist dann das Analogon der Cellulosehaut, die Membran das Analogon der Plasmahaut. Wenn ein solches Osmometer in reines Wasser taucht, so wird von seiten der innen befindlichen Lösung ein osmotischer Druck ausgeübt, der am Steigrohr des Osmometers abgelesen werden kann. Entsprechend bewirkt der osmotische Innendruck bei den Pflanzenzellen, daß der protoplasmatische Wandbelag gegen das Widerlager der Cellulosehaut gedrängt wird, wobei diese evtl. in starke elastische Spannung gerät (Zellturgor). — Taucht man das Osmometer sodann statt in Wasser in eine Lösung, so wird ihm Wasser entzogen, und der Innendruck sinkt. Man kann demnach für die Außenlösung auch eine Konzentration herausfinden, bei der der Innendruck gleich Null wird. Steigert man die Außenkonzentration dann noch weiter, so daß der osmotische Außendruck über den osmotischen Innendruck überwiegt, so kann die semipermeable Niederschlagsmembran evtl. aus den Poren des Tonzylinders nach innen herausgedrängt werden. Lösungen von gleichem osmotischen Druck wirken gleich stark. In derselben Weise sinkt auch der Innendruck, also der Turgor einer Zelle, wenn man sie aus Wasser in eine Lösung überträgt, und es gibt eine Konzentration, die *plasmolytische Grenzkonzentration*, oberhalb deren die Protoplasmaoberfläche, also die Plasmahaut, von der Cellulosehülle abgedrängt wird. Letztere ist dann vollkommen entspannt und kann leicht deformiert werden; bei einem aus zahlreichen Zellen

---

[1]) Pfeffer: Osmotische Untersuchungen. Leipzig 1877.
[2]) Naegeli: Pflanzenphysiologische Untersuchungen 1855.

gebildeten Gewebe äußert sich dies in der Erscheinung des *Welkens*. Prüft man verschiedene lösliche Stoffe, so ergibt sich, daß *die molekularen plasmolytischen Grenzkonzentrationen, also die osmotischen Drucke der Grenzplasmolyse hervorrufenden Lösungen untereinander gleich sind*. Dies wird durch die folgende Tabelle nach Versuchen von OVERTON[1]) an Spirogyra bewiesen.

| Substanz | Chem. Formel | Mol.-Gew. | Plasmolyt. Grenzlösung in % | |
|---|---|---|---|---|
| | | | beob. | ber. |
| Rohrzucker ...... | $C_{12}H_{22}O_{11}$ | 342 | 6,0 | — |
| Mannit .......... | $C_6H_{14}O_6$ | 182 | 3,5 | 3,19 |
| Traubenzucker ..... | $C_6H_{12}O_6$ | 180 | 3,3 | 3,15 |
| Arabinose ........ | $C_5H_{10}O_5$ | 150 | 2,7 | 2,63 |
| Erythrit ........ | $C_4H_{10}O_4$ | 122 | 2,3 | 2,14 |
| Asparagin ....... | $C_4H_8N_2O_3$ | 132 | 2,5 | 2,32 |
| Glykokoll ........ | $C_2H_5NO_2$ | 75 | 1,3 | 1,32 |

*Die Plasmahaut der Pflanzenzellen verhält sich hiernach also wie eine semipermeable Membran*, die zwar für Wasser durchlässig, für die gelösten Stoffe aber undurchlässig ist. Wir kommen also zu einer Bestätigung des im I. Abschnitt gezogenen Schlusses.

Der Vergleich der beobachteten und der berechneten Werte in der Tabelle belehrt darüber, wie gut sich die Annahme der Semipermeabilität, die aus der Analogie zwischen den Pflanzenzellen und dem PFEFFERschen Osmometer hergeleitet ist, bewährt. Die Voraussetzung dafür ist, daß sich die plasmolytische Grenzkonzentration mit recht großer Genauigkeit messen läßt. Verschiedene Pflanzenzellen verhalten sich darin allerdings sehr verschieden; ein besonders geeignetes und darum viel verwendetes Objekt, die Epidermiszellen von Tradescantia discolor, läßt bei einem osmotischen Druck des Zellinnern von etwa 5 Atmosphären nach FITTING[2]) schon eine Drucksteigerung um 0,11 Atmosphären am Plasmolysebeginn erkennen.

Etwas der Plasmolyse Analoges gibt es bei den *tierischen Zellen* im allgemeinen nicht, weil ihnen zumeist eine gut durchlässige Hülle von der Art der pflanzlichen Cellulosehaut fehlt. Daß die tierischen Zellen sich aber grundsätzlich ebenso verhalten wie die pflanzlichen, das folgt aus der Tatsache, daß Änderungen des osmotischen Druckes in ihrer Umgebung dauerhafte *Volum- oder Gewichtsänderungen* hervorrufen können; oberhalb einer gewissen Außenkonzentration, z. B. von Rohrzucker oder Kochsalz, verlieren die Zellen durch Wasserabgabe an Volumen, unterhalb dieser Konzentration gewinnen sie an Volumen. An Blutkörperchen oder an Froschmuskeln ist dies leicht zu zeigen. Im folgenden ist ein Versuch am Sartorius vom Frosch nach OVERTON[3]) wiedergegeben.

a) Ein Sartorius vom Frosch, der am 16. XII. nach $3^1/_2$stündigem Liegen in 0,7proz. NaCl *0,287* g wog, wird in 0,5proz. NaCl übertragen. Nach 1 Stunde *0,32* g, nach 2 Stunden *0,325* g, nach $4^3/_4$ Stunden 0,325 g, am 17. XII. 0,325 g, am 18. XII. *0,3225* g.

b) Ein Sartorius, der am 14. X. nach $3^1/_2$stündigem Liegen in 0,7proz. NaCl *0,2125* g wog, wird in 1proz. NaCl übertragen. Nach $^1/_2$ Stunde 0,198 g, nach 2 Stunden *0,191* g. Dann in 0,7proz. NaCl zurück. Nach $1^1/_4$ Stunde 0,215 g, am 15. X. *0,2125* g.

Auch dies spricht dafür, daß die Zellen von einer semipermeablen Hülle umschlossen sind.

## III. Permeabilität und Plasmolyse.

Auch das Studium der osmotischen Eigenschaften der Zellen führt natürlich zu der Frage, wie denn die Zelle mit ihrer Umgebung in stofflichen Verkehr tritt.

[1]) OVERTON: Viertelsjahrsschr. d. naturforsch. Ges. in Zürich Bd. 40, S. 1. 1895.
[2]) FITTING: Jahrb. f. wiss. Botanik Bd. 57, S. 553. 1917.
[3]) OVERTON: Pflügers Arch. f. d. ges. Physiol. Bd. 92, S. 115. 1902. — Siehe dazu auch O. NASSE: Pflügers Arch. f. d. ges. Physiol. Bd. 2, S. 97. 1869, und J. LOEB: Ebenda Bd. 69, S. 1. 1897.

Die Semipermeabilität des Plasmas kann ja unmöglich ein permanentes Verhalten darstellen, so sehr die Bedeutung ihres Vorhandenseins für viele Seiten des Zelllebens auch einleuchtet, da sie es der Zelle ermöglicht, Stoffe für besondere Zwecke festzuhalten und sich von Schwankungen in der chemischen Zusammensetzung ihrer Umgebung zu befreien. Die Frage nach der Natur des Stoffaustausches hängt aber aufs innigste mit einer zweiten Frage zusammen, nämlich welche Beschaffenheit die Oberflächenschicht des lebenden Protoplasmas hat. Die Antworten, die auf diese Fragen bisher erteilt wurden, gründen sich vor allem auf die Beobachtungen, nach denen *die Plasmahaut keineswegs für sämtliche gelöste Stoffe impermeabel ist.*

KLEBS[1]), JANSE[2]) und DE VRIES[3]) wurden nämlich zuerst darauf aufmerksam, daß manche Stoffe in hypertonischer Lösung, also in einer Lösung, deren Konzentration die mit anderen Stoffen ermittelte plasmolytische Grenzkonzentration überschreitet, unfähig sind, Pflanzenzellen überhaupt oder auf die Dauer zu plasmolysieren. Dies kann so erklärt werden, daß die Hypertonie keine Exosmose von Wasser verursacht, weil der außen gelöste Stoff durch Diffusion ins Zellinnere den osmotischen Überdruck zum Verschwinden bringt. Denn ist die Permeabilität der Zelloberfläche groß genug, dann wird selbst bei starker Hypertonie keine Exosmose durch das Symptom der Plasmolyse bemerkbar werden. Eine geringere Permeabilität der Zelle für den fraglichen Stoff, d. h. eine geringere Membrandiffusibilität des Stoffes, wird sich demgegenüber in anfänglicher Plasmolyse kenntlich machen, die von einem allmählichen Rückgang, von *Deplasmolyse*, gefolgt ist. OVERTON[4]) hat nun, an die genannten Arbeiten anknüpfend, zuerst systematisch nach den eben genannten Prinzipien eine sehr große Zahl von Verbindungen auf ihre Permeierfähigkeit hin untersucht, und zahlreiche Autoren sind ihm unter Anwendung verschiedener Methoden gefolgt.

## IV. Die Methoden der Permeabilitätsmessung.

In welcher Weise die *plasmolytische Methode* zum Studium der Permeabilität verwendet werden kann, ist bereits gesagt. Zur *quantitativen Messung der Permeabilitätsgröße* kann man verschiedene Wege einschlagen. — LEPESCHKIN[5]) wählt als Maß den sog. *Permeabilitätsfaktor*. Sei $C$ die plasmolytische Grenzkonzentration eines nicht permeierenden Stioffes, so genügt von einem Stoff, für welchen die Zelle etwas permeabel ist, offenbar nicht die Konzentration $C$, um eine eben beginnende Plasmolyse zu erzeugen, sondern man muß bis zu der höheren Konzentration $C_1$ gehen, damit Grenzplasmolyse eintritt; die plasmolysierende Lösung hat also einen scheinbaren relativen Konzentrationsverlust $\frac{C_1 - C}{C_1} = \mu$ erlitten. $\mu$ ist dann der Permeabilitätsfaktor. FITTING[6]) hält für geeigneter die Messung der *Geschwindigkeit der Deplasmolyse.* Wenn z. B. anfänglich 0,1 m $KNO_3$ plasmolysiert, nach einer Viertelstunde die Plasmolyse aber zurückgegangen ist und nun erst 0,1025 m Grenzplasmolyse hervorruft, so kann man sagen, daß in dieser Viertelstunde 0,0025 m $KNO_3$ eingetreten sind. Ein

---

[1]) KLEBS: Ber. d. dtsch. botan. Ges. Bd. 5, S. 181. 1887.

[2]) JANSE: Versl. med. kon. acad. v. wetensch. Amsterdam III, Bd. 4, S. 332 1887.

[3]) DE VRIES: Botan. Zeitg. Bd. 46, S. 230. 1888.

[4]) OVERTON: Vierteljahrsschr. d. naturforsch. Ges. in Zürich Bd. 40, S. 1. 1895; Bd. 44, S. 88. 1899; Nagels Handb. d. Physiol. d. Menschen Bd. 2, S. 744. 1907.

[5]) LEPESCHKIN: Ber. d. dtsch. botan. Ges. Bd. 26a, S. 198. 1908; Bd. 27, S. 129. 1909. — Siehe auch TRÖNDLE: Jahrb. f. wiss. Botan. Bd. 48, S. 175. 1910.

[6]) FITTING: Jahrb. f. wiss. Botan. Bd. 56, S. 1. 1915; Bd. 57, S. 533. 1917; Bd. 59, S. 1. 1919.

drittes Verfahren ist die *plasmometrische Methode* von HÖFLER[1]); sie vermeidet den Übelstand, daß manche Pflanzenzellen sich bei einem geringen Überdruck von außen nur schlecht von der Cellulosehülle ablösen. HÖFLER plasmolysiert deshalb mit einer stark hypertonischen Lösung und berechnet dann die isotonische Konzentration aus der Abnahme des Protoplastenvolumens. Wird der Protoplast z. B. auf $^3/_4$ seines ursprünglichen Volumens reduziert, so muß die Konzentration im Zellsaft auf $^4/_3$ des Ausgangswertes steigen; die isotonische Konzentration ist also $^3/_4$ der verwendeten hypertonischen. Bei Semipermeabilität muß demnach hypertonische Konzentration mal relatives Zellvolumen gleich der isotonischen Konzentration $k$ sein. In der Tat wurde z. B. gefunden:

| Konz. der plasmolys. Lösung $c$ | Rel. Volumen der plasmolys. Zellen $v$ | Isoton. Konz. $c \cdot v = k$ |
|---|---|---|
| 0,30 | 0,585 | 0,175 |
| 0,35 | 0,494 | 0,173 |
| 0,45 | 0,382 | 0,172 |
| 0,60 | 0,287 | 0,172 |

Die Voraussetzung der Methode, eine genügende Genauigkeit der Volummessung, ist allerdings nur bei einem sehr regelmäßigen, z. B. zylindrischen Bau der Zellen erfüllbar. Besteht nun nicht Semipermeabilität, sondern Permeabilität, dann nimmt das reduzierte Volumen allmählich wieder zu, die errechnete isotonische Konzentration erhält also statt $k$ den größeren Wert $k_1$, und $k_1 - k$ wird dann zum Maß der Permeabilitätsgröße.

Wird z. B. mit 0,8 m Harnstoff plasmolysiert und ist der Protoplast zuerst auf 0,807 seines Anfangsvolumens geschrumpft, um bei der zweiten Messung das relative Volumen 0,892 aufzuweisen, so beträgt die in der Zwischenzeit eingedrungene Konzentration $0{,}892 \times 0{,}8 - 0{,}877 \times 0{,}8 = 0{,}068$ m.

Ein anderes Meßprinzip, das sich für Untersuchungen an Pflanzenzellen eignet, ist die *Beobachtung der Turgoränderung.* DE VRIES[2]) machte folgenden Versuch: Wenn man die hohlen Stengel des Löwenzahns durch Längsspaltung in schmale Streifen zerlegt, so krümmen sie sich zu einer Spirale, auf deren konvexer Seite die Wundfläche gelegen ist, weil die Zellwände der inneren, durch den Schnitt freigelegten Zellen sich dem Turgordruck folgend über die Norm dehnen, während die weiter außen gelegenen Zellen durch die dort befindlichen relativ undehnbaren Gefäßbündel an einer stärkeren Spannung der Wände gehindert werden. Legt man solch eine Spirale in Wasser, so nimmt die Krümmung noch zu, weil die freigelegten Zellen durch osmotische Wasseraufnahme die Zellwandspannung noch vermehren. Legt man aber die Spirale in eine Lösung, so entrollt sie sich je nach der Konzentration in verschiedenem Maße. Man kann diese Erscheinung zu einer quantitativen Methode verwerten, um zu prüfen, ob Lösungen, welche den gleichen osmotischen Druck haben, auch gegenüber den Zellen isosmotisch sind.

BROOKS[3]) gab der Methode folgende Form (Abb. 38): Ein Streifen aus einem Löwenzahnstengel ($s$) von 2.5 cm Länge und 3 mm Breite wird an einem Ende in einem gespaltenen Gummistopfen ($g$) so festgeklemmt, daß seine Spiralkrümmung in der Horizontalebene liegt. Der Stopfen ist auf dem Boden einer Glasschale befestigt, welche mit verschiedenen Lösungen gefüllt

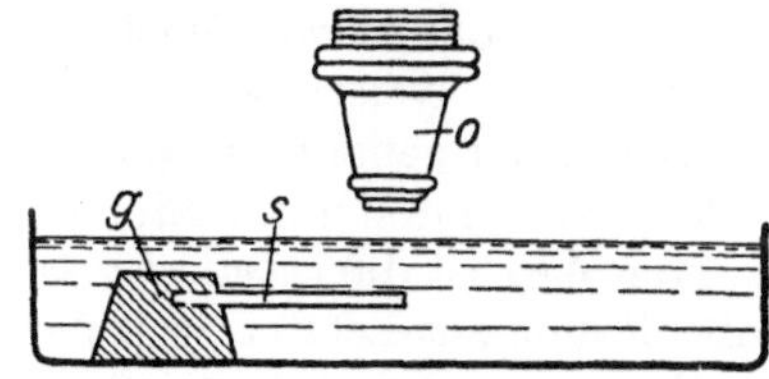

Abb. 38. Turgormessung nach BROOKS.

[1]) HÖFLER: Ber. d. dtsch. botan. Ges. Bd. 36, S. 414 u. 423. 1918.
[2]) DE VRIES: Jahrb. f. wiss. Botanik Bd. 14, S. 427. 1884.
[3]) BROOKS: Americ. journ. of botan. Bd. 10, S. 562. 1916.

werden kann, so daß der Streifen davon bedeckt wird. Über dem freien Ende des Streifens befindet sich das Objektiv (*o*) eines Mikroskopes. Man kann also seine Bewegung bei Krümmungsänderungen genau beobachten und mikrometrisch ausmessen.

Wenn man nun durch Einlegen in Lösungen verschiedener Stoffe die Krümmung um einen bestimmten, jedesmal gleich großen Betrag vermindert, so wird bei denjenigen Stoffen, für welche die Protoplasten permeabel sind, die Krümmung alsbald wieder zunehmen und der Anfangskrümmung zustreben. Die Geschwindigkeit dieser Bewegung ist dann ein Maß der Permeabilität.

Auch für die *Untersuchung der Permeabilität tierischer Zellen* sind *osmotische Methoden* ausgearbeitet worden. Es wurde bereits gesagt, daß der Plasmolyse entsprechend tierische Zellen in vielen hypertonischen Lösungen dauernd an Volumen verlieren. An der einzelnen Zelle ist dies nur schwer mit genügender Genauigkeit festzustellen, wohl aber an größeren Zellmassen. Handelt es sich um *freie Zellen*, wie die roten Blutkörperchen, so eignet sich vorzüglich die Messung mit dem *Hämatokriten*[1]). Das Prinzip des Verfahrens ist folgendes: Ein bestimmtes Quantum Blut wird in einer graduierten Capillare, dem Hämatokriten, zentrifugiert und die Höhe der sich endgültig absetzenden Blutkörperchensäule gemessen; genau das gleiche Blutquantum wird sodann mit den verschieden konzentrierten Lösungen eines Stoffes versetzt, wiederum zentrifugiert und festgestellt, in welcher Lösung die Blutkörperchensäule die gleiche Höhe erreicht, wie beim Ausschleudern aus dem Blut; diese Lösung ist isotonisch mit den Blutkörperchen. Zentrifugiert man nun abermals das gleiche Blutquantum mit hypertonischen Lösungen vom gleichen Molengehalt, so erhält man eine *dauerhafte* Volumverminderung nur bei denjenigen Lösungen, bei denen der gelöste Stoff nicht permeierfähig ist; bei permeierenden Stoffen nimmt je nach dem Grad von Permeabilität das Volumen mit größerer oder geringerer Geschwindigkeit wieder zu. Diese Volumenzunahme entspricht der Deplasmolyse der Pflanzenzellen. Natürlich muß Volumenzunahme auch in der *isotonischen* Lösung einer permeierenden Verbindung zustande kommen.

Da, wo die Zellen zu festen Gewebsverbänden, zu *Organen* vereinigt sind, tritt an die Stelle der Volummessung die Wägung. Ein Froschmuskel behält z. B. sein Gewicht im allgemeinen in einer 0,7proz. NaCl-Lösung; in einer Glycerinlösung vom gleichen osmotischen Druck nimmt er dagegen dauernd an Gewicht zu, weil er für Glycerin durchlässig ist.

Will man mit Hilfe dieser osmotischen Methoden Aufschluß betreffs der *Permeabilität für giftige oder schwerlösliche Stoffe* gewinnen, so bedient man sich nach Overton mit Vorteil der „Methode der Partialdrucke", d. h. man läßt die zu prüfende Verminderung nicht für sich allein osmotisch wirken, sondern man mischt sie mit einer zweiten, so daß sie nur nach Maßgabe ihres Partialdrucks an der osmotischen Wirkung teilnimmt; man setzt also z. B. zu der isotonischen Lösung eines indifferenten und nicht eindringenden Stoffes eine kleine Menge des giftigen oder schwerlöslichen Stoffes und sieht zu, ob die jetzt hypertonische Lösung plasmolysiert oder gewichts- oder volumvermindernd wirkt.

Die bisher genannten osmotischen Methoden zur Messung der Permeabilität zeichnen sich durch große Einfachheit aus, aber sie sind indirekte Methoden. Ein direkter Weg ist die *chemische Analyse*. Man hat also z. B. zu prüfen, ob ein zur Außenlösung zugesetzter Stoff nach einiger Zeit infolge Diffusion auch im Innern des Protoplasten nachzuweisen ist, und ob derselbe Stoff wieder aus dem Proto-

[1]) Hamburger, H. J.: Zentralbl. f. Physiol. 1893, S. 161. — Hedin: Skandinav. Arch. f. Physiol. Bd. 2, S. 134 u. 360. 1892; Bd. 5, S. 207. 1895.; Pflügers Arch. f. d. ges. Physiol. Bd. 63, S. 360. 1895. — Grijns: Pflügers Arch. f. d. ges. Physiol. Bd. 63, S. 86. 1896. — Koeppe: du Bois-Reymonds Arch. 1895, S. 154.

plasten verschwindet, wenn man nun durch Weglassen des Stoffes in der Außenlösung ein umgekehrt gerichtetes Diffusionsgefälle für ihn von innen nach außen etabliert. Auch die chemische Analyse des reinen Zellsafts, der bei manchen Pflanzen (Nitella, Valonia) in genügender Quantität gewonnen werden kann, kann bei Vergleich mit der Zusammensetzung des umgebenden Mediums Aufschluß geben[1]).

Statt die Zellen selbst zu analysieren, ist es oft bequemer zuzusehen, ob sich die Konzentration einer Lösung verringert hat, nachdem ein Quantum Zellen in ihr suspendiert worden ist. So verfuhr Hedin[2]) zur Ermittlung der Permeabilität der Blutkörperchen. Die Methode ermöglicht auf relativ einfache Weise Daten sowohl über die Geschwindigkeit als vor allem auch über die *Größe der Aufnahme in die Zellen*, über das *Maß der Verteilung zwischen Zellen und Außenlösung* zu gewinnen. Hedins Verfahren für die Untersuchung der Blutkörperchen fußt etwa auf folgenden Überlegungen: Löst man in einem bestimmten Volumen Serum eine bestimmte Menge von einem Stoff auf, so muß der normale Gefrierpunkt des Serums um einen gewissen Betrag herabgedrückt werden. Löst man die gleiche Menge im gleichen Volumen Blut auf und zentrifugiert nach einiger Zeit die Körperchen ab, so sind für den Gefrierpunkt des Serums jetzt dreierlei Voraussagen möglich: entweder ist er identisch mit dem Gefrierpunkt des Serums, dem allein der Stoff zugesetzt wurde; dann muß sich der Stoff gleichmäßig über Körperchen und Flüssigkeit verteilt haben. Oder der Gefrierpunkt ist niedriger als der Standardwert; dann enthalten die Körperchen weniger von dem Stoff als das Serum oder auch nichts (zwischen diesen zwei Möglichkeiten entscheiden Bestimmungen über eingetretene Volumänderungen der Blutkörperchen). Oder endlich: der Gefrierpunkt liegt höher als der des ersten Serumgemisches; dann ist mehr von dem Stoff auf die Körperchen übergegangen als im Serum verblieben ist. Zentrifugiert man das Blut kurze oder längere Zeit nach dem Zusatz des Stoffes, so kann man evtl. auch entscheiden, ob der Stoff schnell oder langsam eindringt.

Manche Zellen sind flächenhaft angeordnet. Hier kann man die Permeabilität mit chemischen Methoden auch so prüfen, daß man *die lebende Gewebsfläche als Diaphragma* in das Diffusionsgefälle eines zu prüfenden Stoffes hineinbringt und zusieht, ob und mit welcher Geschwindigkeit der Stoff hindurchdiffundiert. Zu beachten ist, daß auch bei völliger Impermeabilität der Zellen für einen Stoff eine gewisse Menge durch die intercellularen Räume durchtreten kann. Geeignet für diese Art Messung ist etwa der Thallus blattförmiger Meeresalgen der Gattung Laminaria[3]) oder die zarte muskulöse Bauchdecke vom Frosch[4]).

Eine sehr beachtenswerte Fehlerquelle für die chemische Methode der Permeabilitätsmessung ist in der schwierigen Unterscheidung zwischen der Absorption im Zellinnern und der *Adsorption in der Zelloberfläche* zu erblicken. Denn es leuchtet ein, daß oberflächenaktive Stoffe bis zu hoher Konzentration an der Protoplasmagrenzfläche oder bei Pflanzen sogar auch an und in der Zellhaut angereichert werden können, ohne daß die chemische Analyse oder das mikroskopische Bild die Natur der Fixierung der Stoffe erkennen ließe. Hier kann man eine Entscheidung vor allem anstreben, indem man etwa die fraglichen Stoffe in verschiedener Konzentration einwirken läßt und prüft, ob die Adsorptionsisotherme gültig ist.

Natürlich ist aber auch bei solch einem den Adsorptionsvorgängen entsprechenden Verlauf ein Eindringen ins Zellinnere nicht ausgeschlossen, da ja auch im Zellinnern die Stoffe durch Adsorption an Grenzflächen gebunden werden können.

---

[1]) Brooks: Journ. of gen. physiol. Bd. 4, S. 347. 1922. — Osterhout: Ebenda Bd. 5, S. 225. 1922. — Hoagland u. Davis: Ebenda Bd. 5, S. 629. 1923.

[2]) Hedin: Pflügers Arch. f. d. ges. Physiol. Bd. 68, S. 229. 1897.

[3]) Brooks, S. C.: Bot. Gaz. Bd. 64, S. 306. 1917.

[4]) Winterstein, H.: Biochem. Zeitschr. Bd. 75, S. 48. 1916.

Relativ leicht ist über die Beteiligung von Adsorption an der Aufnahme bei Verwendung von Farbstoffen zu entscheiden, wenigstens bei Pflanzenzellen, weil man da evtl. den Farbstoff in die Zellmembran eingelagert sieht[1]).

Von vornherein wahrscheinlich ist die Adsorption da, wo ein typisches Kolloid von den Zellen festgehalten wird, es sei denn, daß Gründe zu der Annahme vorliegen, daß die Zelle sich aktiv des Stoffes bemächtigt (s. dazu S. 433ff). Um eine Kolloidadsorption handelt es sich z. B. bei der Fixierung von Metallsolen durch Pilzmycelien nach v. Plothno[2]). Schon Zsigmondy[3]) bemerkte, daß in Goldsolen Pilzkolonien auftreten, die allmählich alles Gold an sich reißen. v. Plothno untersuchte den Vorgang genauer und stellte fest, daß das kolloidale Gold nicht in den Protoplasten der Mycelien, sondern innerhalb der Zellmembran abgelagert wird, und zwar in der Farbe des Sols. Die Goldeinlagerung kommt dann zustande, wenn die Pilze Säure produzieren oder in einem sauren Medium kultiviert werden, während, wenn sie auf geeigneten Nährsubstraten alkalische Reaktion erzeugen, die Metallfixierung ausbleibt. Dies legt die Annahme nahe, daß H-Ionen die Membransubstanz zur Aufnahme der elektronegativen Metallteilchen aktivieren, und in der Tat zeigten Kataphoreseversuche, daß die Membransubstanz bei Gegenwart von Säure positiv, bei Gegenwart von Alkali negativ geladen ist. Die Adsorption wird also, wie so häufig, durch elektrische Kräfte bewirkt.

Ein weiteres Mittel, die Permeabilität der Zellen zu erforschen, ist die Verwendung von *Stoffen, die irgendwie im Zellinnern sichtbar werden können.* Dazu gehören in erster Linie die Farbstoffe, und daher spielen die Untersuchungen über die *Vitalfärbung* eine ganz besondere Rolle in der Lehre von der Zelldurchlässigkeit. Die Zellfärbung erlangt weiter dadurch Bedeutung, daß ein im Zellinnern enthaltener Farbstoff Indicatoreigenschaften haben und durch Farbenumschlag das Eindringen einer Säure oder Base anzeigen kann.

Optisch macht sich weiter das Eindringen eines Stoffes evtl. durch Niederschlagsbildung in der Zelle bemerkbar. Das beste Beispiel dafür sind die *Alkaloide* und ihre Salze. Overton[4]) hat zuerst darauf hingewiesen, daß die Permeabilität für die Alkaloide sehr bequem an *Pflanzenzellen* zu untersuchen ist, deren Gehalt an Gerbsäure im Zellsaftraum als Reagens dient; denn die Alkaloide bilden mit Gerbsäure schwer lösliche Salze, welche sich als Niederschlag zeigen müssen, sobald Alkaloid durch die Plasma- und Vakuolenhaut hindurchdiffundiert ist. Diese Reaktion ist außerordentlich fein; Strychnin z. B. erzeugt noch in einer Verdünnung von 1 g auf 10 000 bis 20 000 l Wasser einen deutlich im Mikroskop sichtbaren Niederschlag im Zellsaftraum von Spirogyra.

Die Grenzkonzentration, bei welcher der Niederschlag eben sichtbar wird, ist aber für jedes Alkaloid eine andere. Dies ist so zu erklären, daß erst das Löslichkeitsprodukt aus der Alkaloid- und der Gerbsäurekonzentration überschritten sein muß, ehe die Ausfällung eintritt, und das Löslichkeitsprodukt ist selbstverständlich bei den verschiedenen Alkaloiden verschieden groß. Sobald aber einmal ein Niederschlag sich gebildet hat, bleibt der Zustand beliebig lange stationär. Es besteht dann ein Gleichgewicht in der mit dem gerbsauren Salz gesättigten Lösung zwischen den undissoziierten Molekülen und den Dissoziationsprodukten. Diese sind einerseits die Gerbsäureanionen und Alkaloidkationen des gerbsauren Alkaloids, andererseits wegen der hydrolytischen Spaltung des aus schwacher Säure und aus schwacher Base formierten Salzes freie Gerbsäure und freies Alkaloid. Für Gerbsäure, Gerbsäureanionen und das gerbsaure Alkaloid muß die Vakuolenhaut, die den Zellsaft umschließt, undurchgängig sein; denn sonst wäre ein stationärer Zustand nicht denkbar. Die Alkaloidkationen werden von den Gerbsäureanionen zurückgehalten, aber die Plasmahaut ist, wie wir gleich sehen werden, in vielen Fällen auch für sie impermeabel. Dann wäre also frei beweglich bloß die freie Alkaloidbase; ihre Konzentration im Zellsaft müßte variieren, je nachdem sie in der umspülenden Lösung variiert; also beherrscht sie allein das Gleichgewicht im Zellsaft, entsprechend dem Massenwirkungsgesetz. Steigt die Alkaloidkonzentration, so vereinen sich

[1]) Siehe dazu: v. Euler u. Florell: Arkiv f. Kemi Bd. 7, Nr. 18. 1919. — Ruhland: Jahrb. f. wiss. Botanik Bd. 46, S. 1. 1908. — Ferner Wiechmann (unter Höber): Pflügers Arch. f. d. ges. Physiol. Bd. 189, S. 109. 1921.

[2]) v. Plothno: Biochem. Zeitschr. Bd. 110, S. 1 u. 33. 1920.

[3]) Zsigmondy: Liebigs Ann. d. Chem. Bd. 301, S. 30. 1898.

[4]) Overton: Zeitschr. f. physikal. Chem. Bd. 22, S. 189. 1897. — Siehe auch F. Czapek: Ber. d. dtsch. botan. Ges. Bd. 28, S. 147. 1910; Ruhland: Jahrb. f. wiss. Botanik, Bd. 54, S. 391. 1914.

weiter Gerbsäure- und Alkaloidmoleküle unter Wasseraustritt miteinander, und gerbsaures Salz fällt aus; wird sie vermindert, so tritt umgekehrt hydrolytische Spaltung ein, und es löst sich langsam von dem Salze wieder auf. Durch fortschreitendes Verdünnen der bespülenden Lösung kann man also den ganzen Fällungsprozeß allmählich rückgängig machen und gerade eine Konzentration herausprobieren, bei der die ganze Fällung eben verschwunden ist.

Diese Gleichgewichtsverhältnisse drängen geradezu zu einer bestimmten Vorstellung über den Vergiftungsmodus bei der Wirkung der Alkaloide. Denn man kann auch Lösungskonzentrationen durch variierte Experimente sich ausprobieren, die gerade noch ungiftig sind, in denen die Spirogyren monatelang unverletzt leben können, während eine Steigerung der Konzentration sofort Schaden stiftet. Man erhält also den Eindruck, als ob die Vergiftung auf einem der Gerbsäurereaktion ähnlichen umkehrbaren Prozeß beruht, der sich zwischen dem Alkaloid und einem Protoplasmabestandteil abspielt (OVERTON).

Sehr auffällig ist es, daß die Lösungen der *Alkaloidsalze* oft viel weniger giftig für Pflanzenzellen sind als die der freien Basen; dieser Differenz in der Toxizität entspricht eine ebenso große Differenz in der Intensität der Gerbsäureniederschläge, welche Lösungen vom gleichen Alkaloidgehalt bewirken. Beides erklärt sich aus der Hydrolyse der Alkaloidsalze, die durch die Schwäche der Alkaloidbase bedingt ist, sobald man die Annahme macht, daß die Plasmahäute für die Alkaloidkationen annähernd impermeabel sind. Denn dann ist es vollkommen begreiflich, daß die Salze minder toxisch sind als die freien Basen; hinein in die Zellen kann nur die Base, und diese ist wegen der Begrenztheit der hydrolytischen Spaltung in der Salzlösung in viel geringerer Konzentration enthalten als in der äquivalenten Lösung des reinen Alkaloids.

Daß diese Erklärung richtig ist, lehrt das Verhalten der Spirogyren gegenüber den Alkaloidsalzen *verschiedener* Säuren. Die Salze *schwacher* Säuren dissoziieren weitgehend unter Wasseraufnahme; d. h. unter Verbrauch der Ionen des Wassers, der OH- und der H-Ionen entstehen in reichlicher Menge freie schwache Base und freie schwache Säure, und darum ist hier die Giftwirkung ausgesprochener als bei den Salzen *starker* Säuren, bei denen die hydrolytische Dissoziation nach kurzem Lauf Halt macht, weil hier *bloß die OH-Ionen* des Wassers von dem Alkaloidsalz, d. h. von seinen Alkaloidkationen, weggefangen werden, während die Wasserstoffionen frei bleiben, sich nicht mit den Säureanionen verbinden und alsbald die Dissoziation des Wassers so weit zurückdrängen, daß die Bildung freier Base rasch aufhört. Wenn man deshalb von vornherein etwas $H^{\cdot}$ durch Zusatz einer Spur von Säure zu dem Lösungsmittel hinzufügt, so bleibt die Hydrolyse überhaupt aus, und weder Gerbsäurefällung noch Vergiftung tritt ein. Umgekehrt kann man sofort die toxische Wirkung des Alkaloidsalzes stark steigern, wenn man zur Lösung etwas $OH'$ hinzugibt, denn die Bildung freier Base wird dadurch begünstigt. Daher halten sich z. B. auch Fische und Froschlarven einige Zeit in einer 1proz. Lösung von Strychninnitrat, sterben aber, sowie man geringe Mengen von Natriumcarbonat mit auflöst [OVERTON[1])].

So gelingt es also mit der Gerbsäuremethode auch die Permeabilität für die freien Alkaloidbasen von der der Alkaloidkationen zu unterscheiden. Aber, wie gesagt, gilt dies nicht für alle Fälle, sondern es gibt auch Pflanzenzellen, die sich gegenüber den freien Basen und den Salzen nicht unterschiedlich verhalten; darauf werden wir später (S. 417) zurückkommen.

Auf ein weiteres optisches Indizium der Permeabilität von Pflanzenzellen hat BORESCH[2]) aufmerksam gemacht. In den Blattzellen des Quellmooses Fontinalis antipyretica finden sich eigentümliche fadenförmige Gebilde, die mehr als die Hälfte des Zellsaftraums einnehmen können und größtenteils aus Fett bestehen. Man kann nun das intravitale Eindringen von zahlreichen schwachen Basen und ihren Salzen, von Alkoholen und Phenolen daran erkennen, daß die „Fettknäuel“ in feinste Tröpfchen emulgiert werden, welche sich über den ganzen Zellsaftraum verbreiten. Ist die Zerteilung der Knäuel nicht zu weit getrieben, dann ist der Vorgang reversibel.

---

[1]) Siehe auch MICHAELIS u. DERNBY: Zeitschr. f. Immunitätsforsch. u. exp. Therapie, Orig., Bd. 34, S. 194. 1922.

[2]) BORESCH: Biochem. Zeitschr. Bd. 101, S. 146. 1919; auch Zeitschr. f. Botanik, Bd. 6, S. 97. 1914.

Auch die *Permeabilität tierischer Zellen* für Alkaloide scheint der Untersuchung mit dem Mikroskop zugänglich zu sein, wofür Jacoby und Golowinski[1]) ein schönes Paradigma gegeben haben. Schmiedeberg hat vor langer Zeit darauf aufmerksam gemacht, daß Coffein bei Rana temporaria viel leichter die charakteristische Muskelstarre erzeugt als bei Rana esculenta. Jacoby und Golowinski haben nun beobachtet, daß Coffein, ebenso wie Theobromin und Theophyllin, in Ringerscher Lösung gelöst, in den Muskelfasern körnige Niederschläge erzeugen, daß die Körnungen aber bei Temporarien viel leichter zustande kommen als bei Esculenten; läßt man die Alkaloidlösungen auf isolierte Muskelfasern wirken, so findet man z. B., daß die Körnchen in Temporariafasern schon bei einer Coffeinverdünnung 1 : 1750 sichtbar werden, während sie in Esculentenfasern erst bei der Verdünnung 1 : 125 auftreten. Nach Jacoby und Golowinski ist dieser beträchtliche Unterschied wahrscheinlich auf eine verschiedene Durchlässigkeit der Muskeloberfläche zurückzuführen; denn wenn man verletzte Muskelfasern in die Lösungen legt, so zeigt sich, daß an den Schnittstellen in der bloßliegenden Muskelsubstanz zwischen der Stärke der Krönung bei Temporaria- und bei Esculentamuskeln kein Unterschied mehr besteht. Nach diesen interessanten Beobachtungen scheint es hier also bei der verschiedenen Reaktion zweier lebender Gebilde auf einen Reiz weniger auf Differenzen der chemischen Beschaffenheit anzukommen, an die man sonst wohl in erster Linie denkt, als auf physikalische Unterschiede.

Schließlich gibt es auch *elektrische Methoden der Permeabilitätsmessung*. Denn Kationen und Anionen können sich erstens verschieden auf Zelle und Zellumgebung verteilen, so daß an der Grenzfläche Potentialsprünge resultieren; diese können durch Strommessungen oder durch Untersuchungen der Kataphorese bestimmt werden. Zweitens kann der mechanische Widerstand, der den Innen- oder Außenionen von den Plasmamembranen entgegengestellt wird, wechseln; dies ist durch elektrische Widerstandsmessungen feststellbar.

## V. Die Permeabilität für Nichtleiter.

Overtons plasmolytische Untersuchungen über die Durchlässigkeit der Pflanzenzellen führten ihn zur Aufstellung von *Permeabilitätsregeln*; seine eigenen weiteren Untersuchungen sowie die anderer Forscher haben gelehrt, daß diesen Regeln eine ziemlich allgemeine Gültigkeit zukommt. Soweit es sich um Nichtleiter handelt, zeigte sich folgendes: *Es dringen rasch ein:* die einwertigen Alkohole, Aldehyde, Ketone, Aldoxime, Ketoxime, Mono-, Di- und Trihalogenkohlenwasserstoffe, Nitrile und Nitroalkyle, die neutralen Ester der organischen und anorganischen Säuren, viele schwache organische Basen und Säuren. *Langsamer diosmieren:* die zweiwertigen Alkohole, die Amide der einwertigen Säuren, *noch langsamer:* der dreiwertige Alkohol Glycerin, und die zwei Aminogruppen führenden Harnstoff und Thioharnstoff, *recht langsam:* der vierwertige Alkohol Erythrit, und *dann folgen:* die sechswertigen Alkohole, die Hexosen und Aminosäuren. Mit wachsender Zahl der Hydroxylgruppen verringert sich also offenbar das Vermögen einzudringen; den gleichen Einfluß übt die Anhäufung von $NH_2$-Gruppen aus. Dagegen befähigt wachsende Halogensubstitution zu immer leichterem Eindringen, ebenso wirken Alkylierung oder Acetylierung an den für das Eindringen hinderlichen OH- und $NH_2$-Gruppen befördernd. *Von anorganischen Stoffen, die schwach oder nicht dissoziiert sind, dringen im allgemeinen leicht ein:* $CO_2$, $NH_3$, $H_2O_2$, Borsäure, und wohl auch die elementaren Gase.

---

[1]) Jacoby u. Golowinski: Arch. f. exp. Pathol. u. Pharmakol. Bd. 59, Suppl., S. 286. 1908.

Zur Illustration mögen folgende Befunde OVERTONS an *Pflanzenzellen* dienen[1]): Glycerin verursacht von einer gewissen Konzentration ab Loslösung des Protoplasten von der Zellhaut, nach einiger Zeit folgt Deplasmolyse. Dies kann, wie wir (s. S. 410) sahen, als Symptom langsamen Eindringens aufgefaßt werden. Substituiert man eine der OH-Gruppen des Glycerins durch Chlor, so kommt man zum Monochlorhydrin, das rascher eindringt; noch mehr begünstigt die Substitution zum Dichlorhydrin das Eindringen. Ähnliche Einflüsse finden sich bei der Alkylierung des Harnstoffs; dieser selbst dringt langsam ein, sein Monomethylderivat rascher, der Dimethylharnstoff noch rascher und der Trimethylharnstoff augenblicklich, so daß man mit ihm überhaupt nicht plasmolysieren kann. Daß umgekehrt wachsende Hydroxylierung verlangsamend auf die Diosmose wirkt, lehrt etwa die Reihe: Propylalkohol, Propylenglykol, Glycerin; es wurde auch gesagt, daß der vierwertige Alkohol Erythrit noch langsamer diosmiert als Glycerin, und daß die Hexite so gut wie gar nicht mehr eindringen.

Von Wichtigkeit für die Beurteilung der Zelldurchlässigkeit ist die Feststellung, daß die Zellen verschiedener Pflanzen und verschiedener Gewebe ein und derselben Pflanze sehr verschieden permeabel sein können; so ist z. B. nach FITTING die Permeabilität der Blattzellen bei der roten Rübe für Glycerin sehr groß, bei Begonia manicata fast gleich Null, während Tradescantia (Rhoeo) discolor eine Mittelstellung einnimmt; Harnstoff geht bei Tradescantia kaum rascher hinein als anorganische Salze, wie $KNO_3$ oder KCl, während die Epidermiszellen von Gentiana Sturmiana nach HÖFLER und STIEGLER[2]) ziemlich rasch passiert werden.

Auffallend große Unterschiede in der Permeabilität verschiedener Pflanzenzellen sind ferner bei *Alkaloidsalzen* konstatiert worden. Das gewöhnliche, den OVERTONschen Regeln entsprechende Verhalten wurde S. 414 bereits geschildert, nämlich daß die freien Alkaloidbasen im allgemeinen viel rascher eindringen als die Salze; die Stärke sowohl wie die Geschwindigkeit, mit der im Zellsaftraum ein Gerbsäureniederschlag als Zeichen der Alkaloidanwesenheit auftritt, entspricht der Konzentration an freier Base, die bei den Salzen infolge der unvollständigen Hydrolyse zumeist nur klein ist. Dieser Zusammenhang ist besonders klar von RUHLAND[3]) durch Versuche mit der freien Cocainbase und ihrem Hydrochlorid an Spirogyren dargelegt worden. Mit Hilfe der Affinitätskonstanten des Cocains ist zu errechnen, daß eine $0 \cdot 01$-molare Lösung zu 0,13% hydrolysiert ist, daß die Konzentration an freier Base in der Lösung also $1{,}3 \cdot 10^{-5}$ beträgt; in recht guter Übereinstimmung damit fand RUHLAND, daß, nach Geschwindigkeit und Stärke der Niederschlagsbildung bei den Zellen beurteilt, die $0 \cdot 01$-molare Hydrochloridlösung einer $2{.}5 \cdot 10^{-5}$-molaren Lösung der freien Base gleichkommt. Ist das Alkaloid in der Salzlösung überhaupt nicht als freie Base vorhanden, sondern allein als Kation, dann wird der Unterschied in der Permeierfähigkeit von Salz und freier Base unendlich groß, so, wenn man durch Zusatz von ein wenig $H^{\cdot}$ die Hydrolyse ganz zurückdrängt. Unter solchen Bedingungen erzeugt nach RUHLAND z. B. Piperidin-HCl, entsprechend der Methode der Partialdrucke (s. S. 412) zu Rohrzucker zugesetzt, reguläre dauerhafte Plasmolyse, obwohl die freie Base augenblicklich eindringt und stark giftig ist.

Ganz anders liegen die Verhältnisse in einem Fall, der von BORESCH[4]) untersucht worden ist, nämlich bei den Blattzellen von Fontinalis antipyretica,

---

[1]) Siehe hierzu auch COLLANDER: Soc. Scient. Fennica, Comment. biol. II, 9. 1926.

[2]) HÖFLER u. STIEGLER: Ber. d. dtsch. botan. Ges. Bd. 39, S. 157. 1921. — Siehe auch HÖFLER: Ber. d. dtsch. botan. Ges. Bd. 36, S. 414. 1918.

[3]) RUHLAND: Jahrb. f. wiss. Botanik Bd. 54, S. 391. 1914.

[4]) BORESCH: Biochem. Zeitschr. Bd. 101, S. 110. 1919.

bei denen, wie wir schon S. 415 sahen, das Eindringen der Alkaloide an der Emulgierung der im Zellsaftraum befindlichen „Fettknäuel" erkannt werden kann. Es zeigte sich nämlich, daß Strychnin und Cocain bei der gleichen Schwellenkonzentration das Fett dispergieren wie ihre Salze, und daß auch Chinin und Brucin darin nur um ganz wenig ihren Salzen überlegen sind. Offenbar dringen hier also freie Base und Salz gleich gut ein, und das Salz wirkt dann im Innern offenbar ebenfalls vermöge der durch irgendeine Binnenreaktion in Freiheit gesetzten Base. Auffälligerweise wird das Emulgierungsvermögen der Salzlösungen durch ganz kleine Mengen Alkali in Form von Soda sehr verstärkt, wie wenn es doch für die Permeabilität auf das Freiwerden der Base ankäme (s. dazu S. 415); für eine Lösung von Chinin-HCl liegt die Schwellenkonzentration z. B. bei 0,0005 Mol, in Gegenwart von 0,0005 $Na_2CO_3$ dagegen schon bei 0,00 001, in Gegenwart von 0,001-normal $Na_2CO_3$ schon bei 0,00 0025 Mol. Der Widerspruch wird von Boresch jedoch durch die Feststellung gelöst, daß auch die Schwellenkonzentration der freien Base durch Soda herabgesetzt wird, und zur Erklärung hierfür wird von ihm vor allem auf Versuche von J. Traube und Onodera[1]) verwiesen, nach denen die freien Alkaloidbasen mehr oder weniger kolloidale Lösungen bilden, deren disperse Phase durch Zusatz von Alkali feiner zerteilt werden kann, was sich etwa in der Zunahme der Oberflächenaktivität infolge des Alkalizusatzes kundgibt; die feinere Zerteilung bis zu Molekulardispersität wird aber die Aktivität erhöhen[2]).

Ist nun der Eintritt der permeierenden Verbindungen ein einfacher Akt der Membrandiffusion, so muß die Eintrittsgeschwindigkeit von dem Fickschen Diffusionsgesetz beherrscht sein. Untersucht man dies am Beispiel einer freien Alkaloidbase, die nach Durchtritt durch den Protoplasmamantel einer Spirogyrazelle im Zellsaftraum sofort durch Gerbsäure niedergeschlagen wird, so daß dort stets die Konzentration der Base gleich Null, das Diffusionsgefälle also allein von der Außenkonzentration abhängig ist, so ist zu erwarten, daß die Zeit bis zur eben merklichen Niederschlagsbildung der Außenkonzentration umgekehrt proportional sein wird. Dies trifft nun nach Tröndle[3]) wirklich zu, wie etwa folgendes Beispiel lehrt:

| Außenkonzentration an Koffein = $c$ | Fällungszeit in Sekunden = $t$ | $c \cdot t$ |
|---|---|---|
| 0,05 | 13,3 | 0,6650 |
| 0,025 | 24,6 | 0,6150 |
| 0,0125 | 47,0 | 0,5875 |
| 0,00625 | 86,2 | 0,5375 |
| 0,00312 | 179,6 | 0,5603 |
| 0,00156 | 363,5 | 0,5671 |
| 0,00078 | 715,5 | 0,6203 |

Auch bei Versuchen mit einem Alkaloidsalz muß sich für die Spirogyren prinzipiell dasselbe ergeben, weil ja auch da die Niederschlagsbildung von der Diffusion der freien Base, die durch Hydrolyse in Freiheit gesetzt ist, abhängt; nur müssen die Fällungszeiten entsprechend der Kleinheit der Basenkonzentration längere sein. Auch das trifft nach Tröndle zu. Sobald man aber die normale Permeabilität aufhebt, indem man z. B. die Zellen mit Chloroform tötet, dann gelten die für die *lebenden* Zellen aufgestellten Permeabilitätsregeln nicht mehr,

[1]) Traube, J. u. Onodera: Internat. Zeitschr. f. physik.-chem. Biol. Bd. 1, S. 35. 1914.

[2]) Auf weitere Erklärungsversuche von Boresch und ihre Diskussion muß hier verzichtet werden.

[3]) Tröndle: Biochem. Zeitschr. Bd. 112, S. 259. 1920.

die gewöhnlichen großen Unterschiede zwischen freier Base und Salz verschwinden, und beide erzeugen ungefähr in der gleichen Zeit den Gerbsäureniederschlag im Innern.

Die *Permeabilität tierischer Zellen* für Nichtleiter ist vor allem bei den roten Blutkörperchen und den Muskeln untersucht worden; *das Verhalten stimmt im wesentlichen mit dem der Pflanzenzellen überein.* Bei den *roten Blutkörperchen* beobachtete zuerst GRIJNS[1]), daß die isotonischen Lösungen vieler Substanzen das Blut von Hühnern und Pferden lackfarben machen, während es in anderen deckfarben bleibt. Die *Hämolyse*, welche das lackfarbene Aussehen bedingt, konnte nun entweder darauf beruhen, daß die Körperchenoberfläche für die aufgelöste Substanz permeabel ist — dann treibt der innere osmotische Überdruck die Körperchen auseinander —, oder der Auflösungsprozeß konnte chemischer Natur sein und auf einem Angriff der gelösten Substanz auf die Wandsubstanz beruhen. Über die zwei Möglichkeiten versuchte GRIJNS zu entscheiden, indem er den Stoff, welcher in reiner isotonischer Lösung lackfarben machte, in einem zweiten Versuch in gleicher Konzentration einer isotonischen Kochsalzlösung zufügte. Jetzt mußte die Auflösung der Körperchen ausbleiben, wenn sie eine Folge der Permeabilität und nicht die Folge einer chemischen Zersetzung war. Auf diese einfache Weise kam GRIJNS zu dem Ergebnis, daß die Blutkörperchen permeabel sind für einwertige Alkohole, Äther, Ester, Glycerin, Harnstoff, impermeabel für Mannit, Dextrose, Rohrzucker, Milchzucker[2]).

Ein zweites diosmotisches Verfahren von HEDIN[3]), das mit Hilfe von Gefrierpunktsbestimmungen auch über das Maß und die Geschwindigkeit des Eindringens Aufschluß gibt, wurde bereits beschrieben (S. 412). HEDIN fand damit am Blut vom *Rind*, daß die meisten Neutralsalze, Aminosäuren, Zucker, Hexite nicht oder nicht erheblich in die Körperchen eintreten, daß Erythrit langsam, Glycerin und Harnstoff rascher eindringen, aber nicht so rasch, wie einwertige Alkohole, Aldehyde, Ketone, Äther[4]). Die Ergebnisse von HEDIN decken sich also mit denjenigen von GRIJNS, und im großen Ganzen decken sie sich auch mit denen der Permeabilitätsprüfungen an den Pflanzenzellen.

Besondere Aufmerksamkeit ist dem *Verhalten des Traubenzuckers* geschenkt worden. Die zahlreichen Untersuchungen über die Verteilung des Blutzuckers auf Körperchen und Plasma haben gelehrt, daß die Bedingungen für die sehr verschiedene Verteilung kompliziert und merkwürdig sind; von einem klaren Einblick sind wir noch weit entfernt, was freilich auch darauf zurückzuführen ist, daß die Angaben teilweise einander widersprechen. Dies ist zum Teil auf die Methodik zurückzuführen; gewöhnlich wird der Zucker chemisch im Gesamtblut und im Plasma oder Serum bestimmt und dann für die Blutkörperchen errechnet, nachdem mit Hilfe des Hämatokriten (s. S. 412) das Volumenverhältnis von Körperchen und Plasma ermittelt ist. Analytische Fehler und die Ungenauigkeiten der Hämatokritmethode häufen sich dann oft auf die Blutkörperchen.

Das interessanteste Ergebnis ist das differente Verhalten der Blutkörperchen verschiedener Tiere. Während RONA und MICHAELIS[5]), HOLLINGER[6]) u. a. fanden,

[1]) GRIJNS: Pflügers Arch. f. d. ges. Physiol. Bd. 63, S. 86. 1896.

[2]) Dagegen sind die Blutkörperchen von Selachiern (Scyllium catulus) nach RONCATO (Arch. di scienze biol. Bd. 5, S. 46. 1923) — wenigstens in Gegenwart von $^1/_3$ des zur Isotonie erforderlichen Kochsalzes — für Harnstoff undurchlässig.

[3]) HEDIN: Pflügers Arch. f. d. ges. Physiol. Bd. 68, S. 229. 1897 u. Bd. 70, S. 525. 1898.

[4]) Siehe auch O. WARBURG u. WIESEL: Pflügers Arch. f. d. ges. Physiol. Bd. 144, S. 465. 1912.

[5]) RONA u. MICHAELIS: Biochem. Zeitschr. Bd. 16, S. 60. 1909; Bd. 18, S. 375. 1909. — RONA u. TAKAHASHI: Biochem. Zeitschr. Bd. 30, S. 99. 1910.

[6]) HOLLINGER: Biochem. Zeitschr. Bd. 17, S. 1. 1909.

daß im Blut des Menschen der Traubenzucker auf beides, Plasma und Körperchen, in freilich sehr wechselndem Verhältnis verteilt ist, und Rona und Döblin[1]) den daraus gezogenen Schluß, daß die Blutkörperchen für den Traubenzucker durchlässig seien, durch Versuche bestätigten, in denen sie zu defibriniertem menschlichem Blut Traubenzucker hinzugefügt hatten, wurde von Rona und Michaelis[2]), vor allem aber von Masing[3]), Kozawa[4]) und Ege[5]) gezeigt, daß die Blutkörperchen von der Gans, vom Schwein, Hammel, Rind, Ziege, Pferd, Katze, Kaninchen, Meerschweinchen, wahrscheinlich auch vom Hund für den dem Blut zugesetzten Traubenzucker undurchlässig oder mindestens sehr schwer durchlässig sind, während die Blutkörperchen des Menschen und nach Kozawa auch die des Affen eine Sonderstellung einnehmen und den Traubenzucker einlassen[6]). Dies Ergebnis wird durch osmotische Messungen bestätigt: Masing beobachtete zuerst, daß die Blutkörperchen des Menschen im Gegensatz zu denen vom Hammel, Schwein, Rind und der Gans, in einer isotonischen Traubenzuckerlösung (5,45%) suspendiert, allmählich an Volumen zunehmen, um oft schließlich unter Hämoglobinaustritt zugrunde zu gehen. Kozawa erweiterte diese Beobachtungen und fand, daß die Schwellung der Blutkörperchen vom Menschen und Affen in den isotonischen Lösungen aller untersuchten Monosaccharide, nämlich der Hexosen Traubenzucker, Fruchtzucker, Galactose, Mannose, Sorbose, der Pentosen Arabinose und Xylose, ferner Glucosamin[7]) zustande kommt, während sie in den entsprechenden Lösungen von Saccharose, Maltose, Laktose, Glucoheptose, Methylglucosid, Mannit, Dulcit, Rhamnose, hexosephosphorsaurem Natrium, Alanin, Glykokoll u. a. ausbleibt, ebenso wie die Blutkörperchen der übrigen untersuchten Säugetiere ihr ursprüngliches Volumen in den Lösungen aller in den zwei Gruppen aufgezählten Verbindungen beibehalten. Die Blutkörperchen vom Menschen und Affen behalten also auch nach diesen Untersuchungen ihre Sonderstellung. Freilich ist bestritten worden, daß die Durchlässigkeit der menschlichen Blutkörperchen für Traubenzucker eine natürliche Eigenschaft sei. Nach Brinkman, van Dam und van Crefeld[8]) genügen äußerst geringfügige Schädigungen, um die Durchlässigkeit hervorzurufen; selbst Hirudin muß vermieden werden. Nur Blutkörperchen aus ganz unverändertem Blut, wie es z. B. durch Auffangen in paraffinierten Gefäßen gewonnen werden kann, seien sicher zuckerfrei. Dieser Angabe ist von Ege[9]), Hagedorn u. a. widersprochen worden; nach Bürger[10]) enthalten nicht bloß die Blutkörperchen von Hirudinblut, sondern auch die aus dem ungeronnenen Blut von Hämophilen

[1]) Rona u. Döblin: Biochem. Zeitschr. Bd. 31, S. 215. 1911.

[2]) Rona u. Michaelis: Biochem. Zeitschr. Bd. 18, S. 514. 1909.

[3]) Masing: Pflügers Arch. f. d. ges. Physiol. Bd. 149, S. 227. 1912. — Ferner A. Loeb: Biochem. Zeitschr. Bd. 49, S. 413. 1913.

[4]) Kozawa (unter Hoeber): Biochem. Zeitschr. Bd. 60, S. 231. 1914. — Ferner Bönniger: Biochem. Zeitschr. Bd. 103, S. 306. 1920.

[5]) Ege: Biochem. Zeitschr. Bd. 111, S. 189. 1920; Bd. 114, S. 88. 1921.

[6]) Auch die Blutkörperchen vom Frosch sind nach Brinkman und van Dam (Arch. internat. de physiol. Bd. 15, S. 105. 1919) undurchlässig für den Traubenzucker. Betreffs einiger abweichender Angaben über die Traubenzuckerdurchlässigkeit der menschlichen Blutkörperchen s. Högler u. Ueberrack: Biochem. Zeitschr. Bd. 148, S. 150. 1924.

[7]) Kozawa: Journ. of physiol. Bd. 53, S. 264. 1919.

[8]) Brinkman u. van Dam: Arch. internat. de physiol. Bd. 15, S. 105. 1919; ferner van Crefeld u. Brinkman: Biochem. Zeitschr. Bd. 119, S. 65. 1921 u. van Crefeld: Arch. néerland. de physiol. de l'homme et des anim. Bd. 9, S. 264. 1924.

[9]) Ege: Biochem. Zeitschr. Bd. 107, S. 246. 1920. — Hagedorn: Ebenda Bd. 107, S. 248. 1920. — Ferner Folin u. Berglund: Journ. of biol. chem. Bd. 51, S. 213. 1922. — Parnas u. Jasinski: Klin. Wochenschr. 1922, S. 2029. — Högler u. Ueberrack: Biochem. Zeitschr. Bd. 148, S. 150. 1924.

[10]) Bürger: Zeitschr. f. exp. Med. Bd. 12, S. 161. 1921.

Zucker. Aber auch wenn die Angaben von BRINKMAN, VAN DAM und VAN CREFELD weiterhin unangefochten bleiben sollten, bliebe als interessante Tatsache bestehen, daß dann mindestens die Blutkörperchen von Mensch und Affen sich vor den übrigen durch eine besondere Neigung, Traubenzucker aufzunehmen, auszeichnen.

Auf eine weitere Komplikation hat EGE hingewiesen: Nach der chemischen und der osmotischen Methode beurteilt, erscheint der zeitliche Verlauf des Traubenzuckereintritts in die Blutkörperchen ganz verschieden. Wie schon MASING und KOZAWA feststellten, erstreckt sich nämlich die osmotische Schwellung in der isotonischen Traubenzuckerlösung über viele Stunden oder sogar über Tage, während bereits 5 Minuten nach dem Zusatz schon etwa halb soviel Traubenzucker von den Blutkörperchen aufgenommen ist wie nach einem Tag. Danach sollte also auch schon in den ersten Minuten die osmotische Schwellung sehr beträchtlich sein. EGE kommt deshalb zu der Vorstellung, daß der Traubenzucker zuerst nur oberflächlich von den Blutkörperchen adsorbiert wird, und daß er dann von der Oberfläche aus ganz langsam innerhalb vieler Stunden ins Innere eindringt. Zugunsten dieser Ansicht verweist er auf die Beobachtung von MASING, daß sich bei kleinen äußeren Konzentrationen der Zucker anfänglich relativ stärker auf die Blutkörperchen verteilt als bei größeren Konzentrationen. Unbequem bleibt bei dieser Vorstellung nur, daß den menschlichen Blutkörperchen ein *spezifisches* Adsorptionsvermögen zugeschrieben werden muß, das den Blutkörperchen der übrigen Tiere fehlt.

In eine neue Phase ist die Frage nach der Verteilung des Traubenzuckers auf die Blutkörperchen getreten, seit neuerdings LOEWI[1]) zeigte, daß das Insulin den Zucker an die Blutkörperchen zu fixieren vermag, und daß es Substanzen im Plasma gibt, die diese Bindung hemmen.

Die *Permeabilität der Muskeln* wurde von OVERTON[2]) mit der Wägemethode untersucht. Er fand z. B.:

1. Ein Froschsartorius, welcher während eines mehrstündigen Aufenthaltes in einer 0,7 proz. NaCl-Lösung sein Gewicht nicht verändert hat, vermindert dieses Gewicht auch keinen Moment, wenn man ihn in eine Lösung von 0,7% NaCl + 5% Methylalkohol einlegt, obgleich diese Lösung mit ungefähr 5,2% NaCl isotonisch ist. Der Alkohol dringt also offenbar so gut wie momentan in die Muskeln ein.

2. Ein Gastrocnemius, welcher in eine Lösung von 0,35% NaCl + 3% Äthylenglykol, $CH_2OH \cdot CH_2OH$, die mit 2% NaCl isotonisch ist, eingelegt wird, nimmt zuerst einige Zeit an Gewicht ab, um dann nicht nur sein Ausgangsgewicht wieder zu erreichen, sondern darüber hinaus noch zuzunehmen. Dies ist folgendermaßen zu erklären: Glykol kann als Verbindung mit mehreren Hydroxylgruppen nicht sehr rasch die Plasmahaut passieren, daher wirkt die Lösung zunächst wasserentziehend, wie wenn die Plasmahaut für ihre gelösten Bestandteile impermeabel wäre; schließlich dringt das Glykol aber doch ein, und die Lösung übt mehr und mehr den Effekt einer reinen 0,3 proz. NaCl-Lösung aus.

3. In einer Lösung von 0,25% NaCl + 3% Traubenzucker verliert ein Sartorius an Gewicht, weil sie mit einer 0,77 proz., also schwach hypertonischen NaCl-Lösung, isotonisch ist. Traubenzucker dringt also nicht in die Muskelfasern ein.

Auf diese Weise ergab sich, daß, wie gesagt, auch die Permeabilität der Muskeln für Nichtleiter ungefähr die gleiche ist wie die der Pflanzenzellen. Es dringen also rasch ein: die einwertigen Alkohole, Halogenkohlenwasserstoffe, Äther, Ester, Urethane, Aldehyde, Ketone, Nitrile, langsamer Glykole und Säureamide, noch langsamer der dreiwertige Alkohol Glycerin; ihm folgen Harnstoff und Thioharnstoff, sodann Erythrit, während endlich Pentite, Hexite, Hexosen, Disaccharide, Aminosäuren u. a. nicht merklich permeieren.

---

[1]) LOEWI u. Schüler: Pflügers Arch. f. d. ges. Physiol. Bd. 210—215. 1925, 1926.

[2]) OVERTON: Pflügers Arch. f. d. ges. Physiol. Bd. 92, S. 115. 1902.

## VI. Die Permeabilitätstheorien.

Bevor wir weitere Beobachtungen über die Permeabilität der Zellen, vor allem die Beobachtungen über die Permeabilität für die Elektrolyte und die Farbstoffe ins Auge fassen, wollen wir die Frage erörtern, mit welchen Eigenschaften eine Grenzfläche behaftet sein muß, damit sie die gleichen Eigentümlickeiten der Permeabilität aufweist wie die Zelloberfläche.

Da ergibt sich als erstes, daß die Permeabilität nicht auf Grund von chemischen Beziehungen zwischen Protoplasmaoberfläche und den mit ihr in Berührung kommenden gelösten Stoffen erklärt werden kann; denn es vereinen sich ja in den verschiedenen Gruppen der völligen, der relativen und der mangelnden Durchdringungsfähigkeit die heterogensten Stoffe hinsichtlich der chemischen Konstitution. Aus diesem Grund sind vor allem die physikalischen und physikochemischen Eigenschaften der Grenzflächen in Erwägung gezogen worden.

a) *Die Porentheorie.* Nach Pfeffer verhalten sich die Zellen gegenüber den Lösungen zahlreicher Stoffe, wie wenn sie von einer semipermeablen Membran umschlossen wären. Es ist deshalb zu prüfen, wie sich die Permeabilität der Plasmahaut zu der einer künstlichen semipermeablen Membran verhält; denn auch diese ist nicht unter allen Umständen impermeabel für gelöste Stoffe, Der bekannteste Typ solcher Membranen ist die Niederschlagsmembran von Moritz Traube[1]). Ihr Verhalten erklärte sich Traube durch die Annahme, daß sie von feinsten Poren durchsetzt sei, deren Durchmesser zwar groß genug ist, die Wassermoleküle durchzulassen, aber zu klein, um auch den Molekülen gelöster Stoffe die Passage zu erlauben. Traube faßte also die Niederschlagsmembranen als ,,Molekülsiebe“ auf.

Es ist nun zweifellos richtig, daß man die diosmotischen Eigenschaften einer Membran mehr oder weniger auf solch eine Siebstruktur zurückführen kann. Bigelow und Bartell[2]) haben nämlich gezeigt, daß die freilich nicht sehr ausgesprochenen osmotischen Eigenschaften, welche anorganische Diaphragmen auch bei Zwischenschaltung zwischen *echte* Lösungen äußern, von der Weite ihrer Poren abhängen. Armiert man z. B. ein Osmometer mit einer Platte aus relativ grobkörnigem Porzellan als ,,Membran“ und füllt es mit Rohrzuckerlösung, so ändert sich das Niveau im Steigrohr nicht; nimmt man dann aber immer feiner gekörntes Porzellan als Membran, oder verdichtet man ein grobkörniges Porzellan mehr und mehr durch Einlagerung eines Niederschlags aus Bariumsulfat, Schwefel, Kupfersulfid, so gelangt man kontinuierlich zu Membranen, welche in steigendem Maße Osmose veranlassen; schon bei einer Porenweite von ungefähr 0,9 $\mu$ beginnt die osmotische Wirksamkeit. Ja, durch genügend starkes Pressen kann man nach Bigelow und Robinson[3]) aus pulverisiertem $SiO_2$, Graphit, Au, Ag, Cu sogar Membranen herstellen, die sich gegenüber Rohrzuckerlösungen als semipermeabel verhalten; und da die Membranogene gegenüber dem Rohrzucker chemisch inert sind, so kommt für die Betätigung der Membranen eigentlich nur eine Siebwirkung in Frage. Zudem ist von Tinker[4]) durch das Mikroskop nachgewiesen, daß die Niederschlagsmembranen aus einzelnen Teilchen von 0,1—1 $\mu$ Durchmesser bestehen, die selbst wieder in kleinere Partikeln unterteilt, und die durch Flüssigkeitslamellen voneinander getrennt sind; bei

---

[1]) Traube, M.: Arch. f. (Anat. u.) Physiol. 1867, S. 87.

[2]) Bigelow u. Bartell: Journ. of the Americ. chem. soc. Bd. 31, S. 1194. 1909. — Bartell: Journ. of phys. chem. Bd. 16, S. 318. 1912.

[3]) Bigelow u. Robinson: Journ. of phys. chem. Bd. 22, S. 99 u. 153. 1918.

[4]) Tinker: Proc. of the roy. soc. of London, Ser. A. Bd. 92, S. 357. 1916 u. Bd. 93, S. 268. 1917.

Annahme sphärischer Form errechnet sich für die feinsten Poren ein Durchmesser von 10 $\mu\mu$. Da nun aber der mittlere Moleküldurchmesser zu 1—2 $\mu\mu$ angesetzt werden kann, so ist die Annahme einer *reinen* Siebwirkung für die Semipermeabilität doch nicht ausreichend. Aber schon PFEFFER[1]) und neuerdings wieder TINKER haben darauf aufmerksam gemacht, daß neben der Porenweite auch die Molekularkräfte zu berücksichtigen sind, welche von den Porenwänden ausgeübt werden und sich in positiver oder negativer Adsorption äußern können. Wird ein gelöster Stoff positiv adsorbiert, so kann ihm für seine Bewegung der ganze Querschnitt einer Pore zur Verfügung stehen; wird er aber negativ adsorbiert, dann kann evtl. der ganze Poreninhalt zur Adsorptionshaut des Wassers gehören, so daß für den negativ adsorbierten Stoff kein Platz bleibt; die Membran muß alsdann semipermeabel sein.

Die typisch in die Zellen nicht permeierenden Stoffe, wie Zucker, Hexite, Aminosäuren sind nun mindestens oberflächeninaktiv. Es könnte also zunächst vermutet werden, daß eine Porentheorie den Permeabilitätserscheinungen bei den Zellen Rechnung trüge, d. h. daß Plamahäute und Niederschlagsmembranen im gleichen Sinn „porös" sind. Untersuchungen über die Permeabilität von Niederschlagsmembranen haben aber gelehrt, daß dies keineswegs der Fall ist. COLLANDER[2]) prüfte die Permeabilität der Ferrocyankupfermembran für eine größere Anzahl von Nichtelektrolyten. Es ergab sich, daß die Membran für die verschiedenen Stoffe sehr verschieden permeabel ist, wobei aber nicht die Adsorbierbarkeit entscheidend ist, sondern das Molekulargewicht oder besser das Molekularvolumen. Entsprechend der ursprünglichen einfachen Siebtheorie von M. TRAUBE zeigte sich, daß die gelösten Stoffe um so leichter permeieren, je kleiner ihr Molekularvolumen ist. Dies lehren folgende Angaben, bei denen die Zahlen die Molekularvolumina bedeuten:

| sehr leicht perm. | leicht perm. | ziemlich leicht perm. | mäßig perm. | schwer perm. | sehr schwer od. nicht perm. |
|---|---|---|---|---|---|
| Wasser 18,8 | Methylalkohol 42,8<br>Harnstoff 59,2 | Acetamid 58,7<br>Äthylalkohol 62,4<br>Glykokoll 76,5<br>Aceton 77,3 | Glycerin 87,0<br>i-Propylalkohol 82,0<br>Monochlorhydrin 109,9 | Äthylacetat 106<br>i-Butylalkohol 102<br>Monacetin 145,6 | i-Amylalkohol 132,1<br>Dextrose 182,2<br>Mannit 193,2 |

Prinzipiell ebenso wie die Ferrocyankupfermembran verhalten sich nach COLLANDER[3]) und FUJITA[4]) Kollodiummembranen von genügender Dichtigkeit. Vergleicht man diese Abstufung in der Permeabilität, so zeigt sich, daß sie mit den physiologischen Permeabilitätsabstufungen durchaus nicht übereinstimmt. *Die Plasmahaut ist also kein Molekülsieb im Sinne Traubes.* Eine andere Frage ist, ob sie ein Molekülsieb in dem Sinne von PFEFFER und TINKER ist, bei dem es außer auf die Lochweite auch auf die Adsorption ankommt. Darauf werden wir später (S. 441) noch einmal zurückkommen. Daß sich die Ferrocyankupfer- und die Collodiummembran nicht wie eine PFEFFER-TINKERsche Membran verhält, hängt wohl, wie COLLANDER bemerkt, mit dem geringen Adsorptionsvermögen ihrer Substanz zusammen.

1) PFEFFER: Osmotische Untersuchungen 1877.

2) COLLANDER: Kolloidchem. Beih. Bd. 19, S. 72. 1924. Siehe auch TAMMANN: Zeitschr. f. physikal. Chem. Bd. 10, S. 255. 1892. — FLUSIN: Cpt. rend. hebdom. des séances de l'acad. des sciences Bd. 132, S. 1110. 1901.

3) COLLANDER: Soc. Scient. Fennica, Commentat. biol. II, 6. 1926.

4) FUJITA: Biochem. Zeitschr. Bd. 170, S. 18. 1926.

b) *Die Lösungstheorie.* Lhermite[1]) hat zum erstenmal den Versuch gemacht, die Durchlässigkeit einer Membran für Wasser und für gelöste Stoffe auf deren Löslichkeit in der Membransubstanz zurückzuführen. Nernst[2]) haben die Physiologen sodann die fruchtbare Idee zu danken, daß die so verschiedene Permeabilität der Zellen für die verschiedenen Stoffe auf einer auswählenden Lösefähigkeit der Plasmahaut beruhen möchte. Overton[3]) entwickelte aus dieser Idee seine *Lipoidtheorie*, die durch ihre Vorzüge wie durch ihre Mängel so wie wenige andere Lehren anregend auf die physiologische Forschung der letzten 25 Jahre gewirkt und die bis dahin so wenig beachtete Kardinalfrage nach der Natur des Stoffaustausches bei den lebenden Zellen zu Diskussionen gestellt hat, in denen wir heute noch mitten darinnen stehen. Der Inhalt der Lipoidtheorie läßt sich kurz etwa so zusammenfassen: *Die Zellen verhalten sich hinsichtlich ihrer Durchlässigkeit für gelöste Stoffe so, als ob sie von einer fettartigen, von einer „lipoiden" Membran eingehüllt wären; „lipoidlösliche" Stoffe dringen darum in die Zellen ein, „lipoidunlösliche" können nicht hinein. Der Grad der Lipoidlöslichkeit bestimmt die Geschwindigkeit des Durchtritts durch die Plasmahaut.*

Wir wollen mit den Auseinandersetzungen über die Lipoidtheorie so beginnen, daß wir uns die Funktion der Plasmahaut als Lösungsmittel zunächst durch einige Modellstudien klar machen. Nernst[4]) gab folgendes Modell an: Benzol in Äther gelöst und Äther als reines Lösungsmittel trennt man voneinander durch eine flüssige Membran aus Wasser, welche für Äther wegen der geringen Löslichkeit desselben durchlässig, für Benzol aber undurchlässig ist. Um der Wassermembran eine Stütze zu geben, welche der die Traubesche Membran stützenden porösen Tonzelle im Pfefferschen Versuch entspricht, lagert man sie in die capillaren Räume einer Schweinsblase ein, d. h., man tränkt eine Schweinsblase mit Wasser, bindet sie über ein Glasrohr und armiert diese Osmometerzelle wie gewöhnlich mit einem Steigrohr. Füllt man sie dann mit einer Lösung von Benzol in Äther und setzt sie in Äther ein, so steigt das Niveau im Rohr durch Einwandern von Äther wie in einem der üblichen osmotischen Experimente. Zu einer Anschauung von der Natur der Permeabilitäts*unterschiede*, die an einer als Lösungsmittel aufgefaßten Membran zu beobachten sind, gelangen wir sodann an Hand des folgenden Modells: Flusin[5]) trennte reinen Äthylalkohol mittels einer Kautschukmembran, welche für den Alkohol fast impermeabel ist, von reinem Schwefelkohlenstoff, Chloroform, Toluol, Äther oder einer anderen organischen Flüssigkeit, welche den Kautschuk durchdringen kann und beobachtete die Geschwindigkeiten, mit welchen diese Flüssigkeiten durch die Kautschukmembran in den Alkohol diosmieren. Diese Geschwindigkeiten verglich er dann mit den Geschwindigkeiten, mit welchen dieselben Flüssigkeiten unter Bildung einer „festen Lösung" in Kautschuk eindringen. Flusins Versuchsdaten sind in der folgenden Tabelle niedergelegt; in ihr bedeuten die Zahlen der 3. bis 5. Kolonne die Anzahl ccm Flüssigkeit, welche von 100 g Kautschuk in 1, 5 und 60 Minuten absorbiert wird.

| Durchtretende Flüssigkeit | Durchtritts-geschwindigkeit | 1 Min. | 5 Min. | 60 Min. |
|---|---|---|---|---|
| Schwefelkohlenstoff | 10,2 | 65 | 233 | 724 |
| Chloroform | 7,65 | 33 | 159 | 721 |
| Toluol | 4,00 | 24 | 116 | 556 |
| Äther | 4,00 | 19 | 90 | 320 |
| Benzol | 3,00 | 17 | 96 | 478 |
| Xylol | 2,65 | 15 | 95 | 528 |
| Petroleum | 0,45 | 3 | 10 | 78 |
| Nitrobenzol | 0,15 | 2 | 6 | 47 |

[1]) Lhermite: Ann. de chim. et de phys. (3), Bd. 43, S. 420. 1855.

[2]) Nernst: Zeitschr. f. physikal. Chem. Bd. 6, S. 37. 1890.

[3]) Overton: Vierteljahrsschr. d. naturforsch. Ges. in Zürich Bd. 40, S. 1. 1895 u. Bd. 44, S. 88. 1899.

[4]) Nernst: l. c.

[5]) Flusin: Cpt. rend. hebdom. des séances de l'acad. des sciences Bd. 126, S. 1497. 1898. — Ann. de chim. et de phys. (8) Bd. 13, S. 480. 1908. — Siehe auch Raoult: Zeitschr. f. physikal. Chem. Bd. 17, S. 737. 1895 u. Cpt. rend. hebdom. des séances de l'acad. des sciences Bd. 121, S. 187. 1896.

Es ergibt sich also, daß die verschiedenen Stoffe die Kautschukmembran mit verschiedener Geschwindigkeit passieren, und daß die Ursache dafür offenbar in der verschiedenen Geschwindigkeit zu suchen ist, mit welcher der Kautschuk die einzelnen Stoffe imbibiert, oder anders ausgedrückt: mit welcher sich die Stoffe im Kautschuk lösen. Für diese Auflösungsgeschwindigkeit kommt es dann hauptsächlich wohl auf zweierlei an, erstens auf die Diffusionsgeschwindigkeit der Stoffe innerhalb des Kautschuks und zweitens auf ihre *relative Löslichkeit*. Die letztere ist, wie wir sehen werden, für gewöhnlich das Wichtigere; deshalb ist eine kurze Erörterung des Begriffes notwendig.

Die relative Löslichkeit wird durch das Verhältnis der Konzentrationen ausgedrückt, mit denen sich ein Stoff auf zwei Lösungsmittel verteilt. BERTHELOT und JUNGFLEISCH[1]) sowie NERNST[2]) haben gezeigt, daß dieses Verhältnis, der sog. *Verteilungsquotient* oder *Teilungsfaktor*, bei bestimmter Temperatur, unabhängig von der gesamten Menge gelöster Substanz, eine Konstante sein wird, wenn die Substanz in beiden Lösungsmitteln den gleichen Molekularzustand hat. Letzteres trifft z. B. für Aceton, gelöst in Wasser und in Trichloräthylen zu; schüttelt man daher wechselnde Mengen des Acetons mit diesen beiden Lösungsmitteln, so ist, wie die folgende Tabelle[3]) zeigt, das Verhältnis der Konzentration $C_W$ und $C_T$ für Wasser und Trichloräthylen (in Millimolen), in welchen sich das Aceton verteilt, konstant:

**Verteilung von Aceton zwischen Wasser und Trichloräthylen.**

| $C_W$ | $C_T$ | $\frac{C_W}{C_T}$ |
|---|---|---|
| 0,160 | 0,193 | 1,206 |
| 0,350 | 0,359 | 1,025 |
| 0,654 | 0,719 | 1,100 |
| 0,940 | 1,029 | 1,090 |
| 1,389 | 1,562 | 1,128 |

Verteilt sich aber etwa ein stärkerer Elektrolyt auf Wasser und ein organisches Lösungsmittel, so ist er in beiden Lösungsmitteln in verschiedenem Molekularzustand, nämlich im Wasser, besonders bei stärkeren Verdünnungen, erheblich dissoziiert; der Verteilungssatz gilt auch jetzt, aber nur bezogen auf die undissoziierten Anteile. Dies zeigt die folgende Tabelle nach KURILOFF[4]) für die Verteilung der Pikrinsäure auf Benzol ($C_B$) und Wasser ($C_W$); ist $a$ der Dissoziationsgrad der Pikrinsäure für ihre wässerigen Lösungen, so ist die Konzentration der undissoziierten Pikrinsäure $C_W(1-a)$, der *Verteilungsquotient* in bezug auf die allein sich verteilende undissoziierte Pikrinsäure

also $\frac{C_B}{C_W(1-a)}$:

**Verteilung von Pikrinsäure auf Benzol und Wasser.**

| $C_B$ | $C_W$ | $\frac{C_B}{C_W}$ | $a$ | $\frac{C_B}{C_W(1-a)}$ |
|---|---|---|---|---|
| 0,01977 | 0,00973 | 2,0 | 0,9463 | 38 |
| 0,03590 | 0,01320 | 2,7 | 0,9353 | 42 |
| 0,06339 | 0,01963 | 3,2 | 0,9138 | 37 |
| 0,09401 | 0,02609 | 3,6 | 0,9027 | 38 |

Aus diesem Beispiel ist zu ersehen, daß die Verteilung eines Elektrolyten auf Wasser und ein organisches Lösungsmittel mit wachsender Verdünnung mehr und mehr zugunsten des Wassers erfolgen, und daß bei großen Verdünnungen der Elektrolyt praktisch gar nicht aus dem Wasser herausgehen wird.

Aber auch wenn es sich nicht um einen Elektrolyten handelt, sondern um einen Nichtleiter, der sich auf zwei Lösungsmittel verteilt, kommt ähnliches vor, wie die folgenden beiden Beispiele [nach HERZ und RATHMANN] lehren:

**Verteilung von Phenol zwischen Wasser und Chloroform.**

| $C_W$ | $C_{Ch}$ | $\frac{C_{Ch}}{C_W}$ | $\frac{\sqrt[3]{C_T}}{C_W}$ |
|---|---|---|---|
| 0,0737 | 0,254 | 3,45 | 6,85 |
| 0,163 | 0,761 | 4,68 | 5,36 |
| 0,211 | 1,27 | 6,02 | 5,34 |
| 0,330 | 3,36 | 10,2 | 5,55 |
| 0,436 | 5,43 | 12,5 | 5,37 |

[1]) BERTHELOT u. JUNGFLEISCH: Ann. de chim. et de phys. (4) Bd. 26, S. 396 u. 408. 1872.

[2]) NERNST: Zeitschr. f. physikal. Chem. Bd. 8, S. 110. 1891.

[3]) Nach HERZ u. RATHMANN: Zeitschr. f. Elektrochem. Bd. 19, S. 552. 1913.

[4]) KURILOFF: Zeitschr. f. physikal. Chem. Bd. 25, S. 419. 1898.

**Verteilung von Phenol zwischen Wasser und Tetrachlorkohlenstoff.**

| $c_W$ | $c_T$ | $\frac{c_T}{c_W}$ | $\frac{\sqrt{c_T}}{c_W}$ | $\frac{\sqrt[3]{c_T}}{c_W}$ |
|---|---|---|---|---|
| 0,0605 | 0,0247 | 0,408 | 2,60 | — |
| 0,0976 | 0,0430 | 0,441 | 2,13 | — |
| 0,140 | 0,0722 | 0,514 | 1,91 | — |
| 0,213 | 0,141 | 0,666 | 1,77 | 2,45 |
| 0,355 | 0,392 | 1,12 | 1,77 | 2,07 |
| 0,489 | 1,47 | 3,01 | 2,48 | 2,33 |
| 0,525 | 2,49 | 4,74 | 3,01 | 2,58 |

Zur Erklärung dieser Fälle kann man mit NERNST[1]) die Annahme machen, daß sich im organischen Lösungsmittel durch Assoziation Doppelmoleküle oder daneben auch noch Komplexe aus 3 Einzelmolekülen bilden. Daß solche Annahme bis zu einem gewissen Grade die Tatsachen verständlich machen kann, lehrt die Konstanz der Werte in den letzten Kolumnen, welche der Anwendung des Massenwirkungsgesetzes auf die Dissoziation entsprechend berechnet sind.

Immerhin entziehen sich doch auch viele Verteilungsgleichgewichte bisher solch einer einigermaßen befriedigenden theoretischen Deutung. Denn falls bloß Assoziation oder Polymerisation in dem einen Lösungsmittel für den „Gang" der Konstanten, welche der Verteilungsquotient sein sollte, maßgebend wäre, so müßten den Anomalien in der Verteilung Anomalien im Gefrierpunkt parallel gehen, was jedoch keineswegs immer der Fall ist. So verteilt sich nach v. GEORGIEVICS[2]) z. B. der Elektrolyt Ameisensäure unerwarteterweise entsprechend einem konstanten Verteilungsquotienten zwischen Wasser und Benzol, während die kryoskopischen Messungen für die Ameisensäure im Benzol starke Assoziation vermuten lassen. Auch der folgende Fall (nach HERZ und RATHMANN) der Verteilung von Aceton zwischen Wasser und Chloroform, der sich von den letztgenannten darin unterscheidet, daß bei den größten Verdünnungen die Verteilung auf das organische Lösungsmittel und nicht auf das Wasser begünstigt ist, daß also der Verteilungsquotient (organisches Lösungsmittel: Wasser) mit steigender Konzentration sinkt, erfordert für seine Deutung neue Annahmen.

**Verteilung von Aceton zwischen Wasser und Chloroform.**

| $c_W$ | $c_{Ch}$ | $\frac{c_{Ch}}{c_W}$ |
|---|---|---|
| 0,0320 | 0,168 | 5,26 |
| 0,0781 | 0,399 | 5,11 |
| 0,145 | 0,676 | 4,65 |
| 0,263 | 1,17 | 4,44 |
| 0,493 | 1,98 | 4,01 |
| 1,01 | 3,06 | 3,02 |

Dies Steigen des Verteilungsfaktors bei Sinken der Konzentration in der wässerigen Phase kann freilich in manchen Fällen mit einer komplizierten Konstitution der zweiten Phase zusammenhängen. S. LOEWE[3]) untersuchte die Verteilung von Methylenblau auf Wasser und Chloroform, in dem Lecithin, Kephalin oder andere Lipoide gelöst waren, und fand, daß auch dabei bei kleinen Konzentrationen die Verteilung mehr zugunsten des organischen Lösungsmittels ausfällt als bei großen. Er erklärte dies Verhalten mit der Annahme, daß die Lipoide im Chloroform kolloidal gelöst seien und den Farbstoff durch Adsorption an ihrer Oberfläche anreicherten. FREUNDLICH und GANN[4]) bewiesen die Richtigkeit dieser Annahme; sie fanden, daß die Verteilung des Methylenblaus auf solche Systeme sehr genau der Adsorptionsisothermen folgt, und sie machten es wahrscheinlich, daß die Lipoide dadurch, daß sie etwas Wasser ins Chloroform mitnehmen, in diesem eine disperse Phase bilden, deren Grenze als Adsorptionsfläche wirkt[5]).

1) Siehe auch HENDRIXSON: Zeitschr. f. anorgan. Chem. Bd. 13, S. 73. 1897.
2) v. GEORGIEWICS: Zeitschr. f. physikal. Chem. Bd. 84, S. 353. 1913; Bd. 90, S. 47. 1915.
3) LOEWE, S.: Biochem. Zeitschr. Bd. 42, S. 150. 1912.
4) FREUNDLICH u. GANN: Internat. Zeitschr. f. phys.-chem. Biol. Bd. 2, S. 1. 1915.
5) Siehe auch REINDERS: Kolloidzeitschr. Bd. 13, S. 96. 1913.

Es können aber auch chemische Einflüsse in diese physiko-chemischen Lösungsverhältnisse mit hineinspielen. FREUNDLICH und GANN finden z. B., daß das Chloroform, welches an sich das Methylenblau nicht löst, auch durch Auflösen von neutralen Fetten dazu nicht befähigt wird, wohl aber, wenn die Fette etwas zersetzt sind, also freie Fettsäure enthalten; alsdann nehmen sie nicht bloß Methylenblau auf, sondern auch noch andere basische Farbstoffe, dagegen nicht saure Farbstoffe. Umgekehrt kann, wie NIRENSTEIN[1]) gezeigt hat, ein neutrales organisches Lösungsmittel, wie z. B. Öl, durch Auflösen einer organischen Base die Fähigkeit erlangen, saure Farbstoffe aufzunehmen; dies wird später (S. 449) genauer erörtert werden.

Wenden wir uns nun der Auffassung von OVERTON zu, daß die Plasmahaut sich gegenüber den gelösten Stoffen wie eine Lipoidhaut verhält. Wir könnten alsdann den Inhalt der vorher angeführten Lipoidtheorie durch folgende Fassung ergänzen: *Diejenigen Verbindungen, welche in dem lipoiden Lösungsmittel, das in der Plasmahaut der Zellen enthalten ist, löslich sind, sind zur Diosmose in die Zellen befähigt; die Diosmose erfolgt um so langsamer, je kleiner der Verteilungsquotient Lipoid : Wasser ist.*

Sehen wir nun des näheren zu, wie diese Theorie begründet worden ist! Schon lange vor der Aufstellung der Lipoidtheorie durch OVERTON ist der Verteilungssatz und speziell auch die verschiedene Verteilung zwischen Wasser und fettartigen Stoffen für die Vorgänge in den Organismen in Betracht gezogen worden. Vor allem hat EHRLICH[2]) bei seinen ausgedehnten und vielseitigen Färbungsstudien schon früh darauf aufmerksam gemacht, daß Farben, welche „neurotrop" sind, zugleich auch „lipotrop" sind, d. h. daß Farben, welche intravital nervöse Elemente färben, zugleich auch ins Fett übergehen, daß also die Lösungsbedingungen beider ähnliche sein müssen; ebenso hat er auf Grund seiner Thalleinversuche auch schon die Vermutung ausgesprochen, daß die neurotropen Alkaloide zugleich lipotrop sind. Ferner hat F. HOFMEISTER[3]) in noch allgemeinerer Fassung nachdrücklich die Wichtigkeit der „mechanischen Affinitäten" für die Verteilung der Stoffe auf die Zellen neben den sonst allein berücksichtigten chemischen Affinitäten betont, und von POHL[4]) als Paradigma der Bedeutung der mechanischen Affinitäten die Verteilung des Chloroforms im Körper untersuchen lassen, wobei sich ergab, daß das Chloroform sich reichlicher auf Zellen als auf Serum verteilt, weil es von Cholesterin und Lecithin wie von fetten Ölen gespeichert wird. SPIRO[5]) hat sodann eingehend begründet, daß unter den mechanischen Affinitäten HOFMEISTERS nichts anderes zu verstehen sei als relative Löslichkeiten. Von G. QUINCKE[6]) ist auch schon von einer feinen Ölhaut der Zellen gesprochen worden, deren Lösungsvermögen z. B. Säuren und Ammoniak den Eintritt ins Plasma gestattet, während sie Salze, Zucker und gewisse Farbstoffe, die sie nicht löst, fernhält. Eine systematische Experimentalstudie und eine auf diese basierte durchgebildete Theorie der Verteilung im Organismus auf Grund von auswählender Löslichkeit ist aber erst OVERTON zu danken, und zwar beschritt er zum erstenmal den Weg, der allein zur exakten Begründung einer Lösungstheorie der Permeabilität führen kann, daß er bei einer großen Zahl chemischer Verbindungen den physiologischen Faktor des Eindringens in die Zellen mit dem physiko-chemischen Faktor des Verteilungsquotienten, bezogen

---

[1]) NIRENSTEIN: Pflügers Arch. f. d. ges. Physiol. Bd. 179, S. 233. 1920.

[2]) EHRLICH, P.: Konstitution, Verteilung und Wirkung chemischer Körper. Leipzig 1893. — Ferner: Festschrift für Leyden 1898.

[3]) HOFMEISTER, F.: Arch. f. exp. Pathol. u. Pharmakol. Bd. 28, S. 210. 1891.

[4]) POHL: Arch. f. exp. Pathol. u. Pharmakol. Bd. 28, S. 238. 1891.

[5]) SPIRO: Physikal. u. physiol. Selektion. Straßburg 1897.

[6]) QUINCKE, G.: Ann. d. Physik u. Chem., N. F. Bd. 35, S. 580. 1898.

auf Wasser und gewisse organische Lösungsmittel, verglich. Indem sich OVERTON nämlich die Frage vorlegte, welche physikalische oder physiko-chemische Eigenschaft allen Stoffen, die nach seinen zahlreichen Untersuchungen geschwind in die Zellen zu permeieren pflegen, allen, die verhältnismäßig langsam, und allen, die schwer oder nicht permeieren, gemeinsam ist, fand er, daß die relative Löslichkeit in fetten Ölen das wesentlich Entscheidende sein könnte. Denn wie beispielsweise die Permeabilität wächst, wenn man vom Glycerin zum Monochlorhydrin und dann zum Dichlorhydrin, oder wenn man vom Glycerin zum Propylenglykol und dann zum Propylalkohol übergeht, so wächst auch die relative Löslichkeit in Öl; und wenn die Permeabilität für Hexite, viele Aminosäuren, auch anorganische Salze im allgemeinen gleich Null gefunden wird, so entspricht dem die Unlöslichkeit in Öl. OVERTON stützte sich dabei auf zahlreiche eigene *Messungen der Verteilung*, die auf folgende Weise ausgeführt wurden[1]).

Um die *Verteilung zwischen Öl und Wasser* zu bestimmen, schüttelt man eine gewogene Menge der zu verteilenden Substanz mit gemessenen Volumina von Öl und Wasser. Dann analysiert man die wässerige Phase, indem man das Wasser verdampft und den Rückstand wägt. Dies Verfahren ist natürlich nur für *feste und möglichst wenig flüchtige Stoffe* geeignet. Ist die Löslichkeit in Wasser sehr viel geringer als in Öl, so nimmt man von Öl ein kleineres Volumen als vom Wasser. Ist der zu verteilende Stoff eine *Flüssigkeit*, so fügt man davon ein gemessenes Volumen zu gemessenen Volumina Öl und Wasser, schüttelt und bestimmt nun das Verhältnis der Volumzunahme der öligen und der wässerigen Schicht. Für die Untersuchung von Narkotica und anderen Giften eignet sich folgendes physiologische Verfahren: Man bestimmt zunächst die Konzentration in der wässerigen Lösung, bei welcher kleine Wassertiere (junge Kaulquappen, Daphnien, Cyclops u. dgl.) gerade narkotisiert oder sonstwie typisch beeinflußt werden. Dann stellt man eine stärkere Lösung des Giftes her und schüttelt ein gemessenes Quantum davon mit immer größeren Mengen Öl, bis das Öl so viel aufgenommen hat, daß die wässerige Lösung wieder eben narkotisiert oder in der bestimmten Art beeinflußt.

Jedoch nahm OVERTON ja nicht an, daß die Grenzschicht der Protoplasten nach außen Öl ist, sondern eine ölähnliche Substanz, „Lipoid", und zwar vor allem, weil das physiologische Verhalten nicht in allen Fällen der relativen Löslichkeit in Öl entsprach, namentlich nicht bei den Farbstoffen, von denen bisher noch gar nicht die Rede war, und deren Fähigkeit, in die lebenden Zellen einzudringen, erst nachher (S. 441 ff.) erörtert werden soll. Diese sind nämlich in Öl vielfach unlöslich, obgleich sie „vital" färben. Auf der Suche nach Substanzen, die als Lipoid fungieren könnten, kam dann OVERTON zu der Annahme, daß die in den Zell-„Stromata" reichlich enthaltenen Lecithine und Cholesterin (S. 429 und 431) als Lipoide anzusehen wären, da sie gerade gegenüber den Farbstoffen vielfach den gewünschten Anforderungen entsprachen. Das Lösungsvermögen dieser Lipoide für Farbstoffe wurde von OVERTON, da Cholesterin und Lecithin in reinem Zustand fest sind, vor allem auf indirektem Wege so untersucht, daß die Lipoide in solchen organischen Lösungsmitteln gelöst wurden, die selber ein möglichst geringes Lösungsvermögen für Farbstoffe besitzen, und nun zugesehen wurde, wie weit das Lösungsmittelgemisch die Farbstoffe aufnimmt. Als solche organische Lösungsmittel eignen sich z. B. Benzol, Xylol, Toluol, Chloroform, nach RUHLAND[2]) besonders gut Terpentinöl, weil es selber für die Farbstoffe ein besonders schlechtes Lösungsmittel ist.

Man hat aber die lipoide Plasmahaut auch direkter zu imitieren versucht, indem man *künstliche Lipoidmembranen* herstellte und ihre Permeabilität mit derjenigen der Zellen verglich, und ist so nach manchen vergeblichen Versuchen[3])

---

[1]) Siehe dazu: OVERTON: Studien über Narkose. Jena 1901; Jahrb. f. wiss. Botan. Bd. 34, S. 669. 1900. — Ferner H. H. MEYER: Arch. f. exp. Pathol. u. Pharmakol. Bd. 42, S. 109. 1899; Bd. 46, S. 338. 1901. — BAUM, F.: ebenda Bd. 42, S. 119. 1899.

[2]) RUHLAND: Jahrb. f. wiss. Botanik Bd. 46, S. 1. 1908.

[3]) Siehe dazu RUHLAND, ferner S. LOEWE: Biochem. Zeitschr. Bd. 42, S. 150. 1912.

zu Modellen gelangt, die in der Tat die Verhältnisse bei den Zellen widerspiegeln. FOURNEAU und VULQUIN[1]) sowie THIEULIN[2]) imprägnierten Kollodiummembranen mit bestimmten Mengen von Lecithin, Cholesterin und Ricinusöl und erhielten so Membranen, welche für anorganisches Salz undurchlässig, für Chloralhydrat, Cocain, Stovain und andere Alkaloidbasen durchlässig sind, ferner auch für Salze der Alkaloide, soweit es Salze schwacher Säuren sind, die hydrolysieren, wie das Bicarbonat oder das Borat, während sie für das Hydrochlorid nicht oder wenig durchlässig sind (s. dazu S. 415). Ferner fand PHILIPPSON[3]) bei ähnlich konstruierten Membranen, daß sie für anorganische Säuren undurchlässig, für schwächer dissoziierte organische Säuren mehr oder weniger durchlässig sind. Diese Lipoidmembranen dürften als Lösungsmittel fungieren. Mehr als Adsorptionsmittel wirkt die folgende Lipoidmembran von FREUNDLICH und GANN[4]): man löst Walrat, ein Gemisch der Cetyl- und Glycerinester verschiedener Fettsäuren, in Chloroform, schichtet diese Lösung über eine mit Methylenblau gefärbte Gelatinegallerte und darüber destilliertes Wasser; dann tritt rasch und reichlich Farbstoff hindurch. Wir sahen aber vorher (s. S. 426), daß nach FREUNDLICH und GANN der Farbstoff in der Chloroformlösung durch Adsorption an das kolloiddisperse Walrat angereichert wird. Als Modellversuche zugunsten der Lipoidtheorie können schließlich auch einige Beobachtungen gelten, die zunächst gerade umgekehrt in Widerspruch mit der Lipoidtheorie zu stehen scheinen. Nach ADRIAN BROWN[5]), H. SCHRÖDER[6]) und SHULL[7]) ist die Durchlässigkeit der toten Samenhülle vieler Pflanzen derjenigen der lebenden Protoplasten außerordentlich ähnlich; die Hülle ist z. B. permeabel für Alkohole, Aldehyde, Äther, Aceton, Essigsäure, dagegen impermeabel für die meisten anorganischen Salze, für Natriumacetat, Zucker. SHULL hat dies besonders anschaulich mit der isolierten Samenhülle von Xanthium demonstriert, die er in kleinen Osmometern als Membran verwendete. Die Hülle besteht natürlich größtenteils aus Cellulose. Aber durch die Untersuchungen von HANSTEEN CRANNER[8]) wissen wir jetzt, daß die Zellhäute zahlreicher Zellen mit Lipoiden imprägniert sind. Legt man die Pflanzenteile bei 20—25° in destilliertes Wasser, so geht eine Menge lipoider Substanz in Lösung, bei 30° unter wolkiger Trübung des Wassers. Die zarten Zellhäute von Wurzelhaaren schwellen dabei auf und werden desorganisiert. Die freiwerdenden Lipoide stammen aber nicht oder nur zum kleinsten Teil aus den Protoplasten, deren Permeabilität oder Semipermeabilität sich nicht zu ändern braucht. Wenn aber ungeachtet der Imprägnierung mit Lipoiden die Zellhäute sich bei der Plasmolyse durch hypertonische Lösungen als durchlässig für sämtliche gelösten Stoffe erweisen, so liegt dies nach HANSTEEN CRANNER daran, daß die Plasmolyse doch nicht so harmlos ist, wie man gewöhnlich annimmt, sondern daß die Zellhäute dabei defekt werden. Die harten Samenhüllen können aber demgegenüber leicht resistenter gedacht werden.

Es gilt nun, die Annahme einer lipoiden Oberflächenmembran noch weiter zu stützen, um so mehr, weil diese Membran ja nur aus dem Verhalten der Zellen

---

[1]) FOURNEAU u. VULQUIN: Bull. de la soc. de chim. de France (4) Bd. 23, S. 201. 1918.

[2]) THIEULIN: Cpt. rend. des séances de la soc. de biol. Bd. 83, S. 1347. 1920.

[3]) PHILIPPSON, M. u. HANNEVART: Cpt. rend. des séances de la soc. de biol. Bd. 83, S. 1570. 1920.

[4]) FREUNDLICH u. GANN: Internat. Zeitschr. f. phys.-chem. Biol. Bd. 2, S. 1. 1915.

[5]) BROWN, ADRIAN: Ann. of botany Bd. 21, S. 79. 1907; Proc. of the roy. soc. of London, Ser. B, Bd. 81, S. 82. 1909.

[6]) SCHRÖDER, H.: Flora Bd. 2, S. 186. 1911. — Auch Zentralbl. f. Bakteriol., Parasitenk. u. Infektionskrankh., Abt. 2, Ref., Bd. 28, S. 492. 1910.

[7]) SHULL: Botan. gaz. Bd. 56, S. 169. 1913.

[8]) HANSTEEN-CRANNER: Jahrb. f. wiss. Botanik Bd. 53, S. 536. 1914 u. Ber. d. dtsch. botan. Ges. Bd. 37, S. 380. 1919. — Ferner Jahrb. f. wiss. Botanik Bd. 47, S. 289. 1910.

erschlossen, aber nicht direkt nachgewiesen ist. Hierzu eignen sich einige Erfahrungen über die *Cytolyse*, insbesondere über die *Hämolyse.*

Wenn man Blutkörperchen in einer isotonischen Kochsalzlösung suspendiert, so verändern sie sich nach den Versuchen von GRIJNS und HEDIN (S. 419) auch dann nicht, wenn man etwas Äthylalkohol, Essigester, Äther oder etwas von sonst einer anderen leicht permeierenden und öllöslichen Verbindung zusetzt. Dies gilt aber nur bis zu einer gewissen Maximalgrenze des Zusatzes; wird diese überschritten, so lösen sich die Blutkörperchen trotz der Kochsalzisotonie auf, es tritt „*Hämolyse*" ein, die sich im Austritt von Hämoglobin am auffälligsten äußert. Man beobachtet den Beginn der Hämolyse am besten so, daß man zu einer Reihe von Proben der Blutkörperchensuspension in Kochsalzlösung steigende Mengen des Haemolyticums hinzusetzt und dann stehen läßt; allmählich setzen sich dann die Blutkörperchen zu Boden und lassen von einer bestimmten Haemolytikumkonzentration an aufwärts eine schwach bis stark rot gefärbte Lösung über sich stehen.

Untersucht man nun in dieser Weise eine größere Anzahl von organischen Verbindungen auf ihre hämolytische Kraft, so zeigt sich, daß *das Hämolysiervermögen an und für sich chemisch indifferenter Stoffe um so größer ist, je größer ihre Öl- bzw. Lipoidlöslichkeit.* Das geht z. B. aus der folgenden Übersicht über Versuche von FÜHNER und NEUBAUER[1]) hervor. Dabei wurden Rinderblutkörperchen in 0,9proz. NaCl mit Zusätzen einwertiger Alkohole als hämolysierender Agentien suspendiert, umgeschüttelt und nach 5 Minuten langem Stehenlassen abzentrifugiert. Den Grenzkonzentrationen der Hämolyse sind in einer zweiten Zahlenkolonne der Tabelle die Verteilungsquotienten Öl : Wasser nach OVERTON gegenübergestellt, ausgedrückt als Verhältnis der sich in Öl und Wasser in maximo lösenden Mengen.

| Hämolytikum | Hämolyt. Grenzkonzentration in Molen pro Liter | Verteilungsquotient Öl : Wasser nach Overton |
|---|---|---|
| $CH_3 \cdot OH$ | 7,34 | 2 : ∞[2]) |
| $C_2H_5 \cdot OH$ | 3,24 | 1 : 30 |
| $C_3H_7 \cdot OH$ | 1,08 | 1 : 8 |
| $C_4H_9 \cdot OH$ | 0,318 | ∞ : 12 |
| $C_5H_{11} \cdot OH$ | 0,091 | ∞ : 2 |
| $C_7H_{15} \cdot OH$ | 0,012 | — |
| $C_8H_{17} \cdot OH$ | 0,004 | ∞ : 0,05 |

Sucht man nach einer Erklärung für die genannte Regel, so ist es, wenn man sich auf den Boden der Lipoidtheorie stellt, das Nächstliegende, anzunehmen, daß die hämolysierenden Stoffe die lipoide Plasmahaut auflösen und dadurch den Zellinhalt frei diffusibel machen. Man wird sich im speziellen die Vorstellung bilden, daß die hämolysierenden Stoffe sich mit steigender Außenkonzentration mehr und mehr auf die Zellipoide verteilen, und daß von einer bestimmten Außenkonzentration ab so viel in die Lipoide übergegangen ist, daß diese sich verflüssigen. Daß diese Betrachtungsweise den realen Verhältnissen entspricht, ist freilich nicht bewiesen. Es ist zu berücksichtigen, daß die lipoidlöslichen Stoffe auch Narkotica sind und als solche den Stoffwechsel der Zellen beeinflussen, also auch indirekt und von innen her chemisch auf die Plasmahaut wirken können. Sodann können die lipoidlöslichen Stoffe in größeren Konzentrationen ausflockend auf Kolloide wirken, und zu diesen gehören auch die Lipoide[3]). Ferner ist folgender

[1]) FÜHNER u. NEUBAUER: Arch. f. exp. Pathol. u. Pharmakol. Bd. 56, S. 333. 1907. — S. ferner L. HERMANN: Arch. f. (Anat. u.) Physiol. 1866, S. 27. — JUCKUFF: Versuch zur Auffindung eines Dosierungsgesetzes. Leipzig 1895. — VANDERVELDE: Chem.-Ztg. Bd. 29, S. 565 u. 975. 1905; Bd. 30, S. 296. 1906; Bull. de la soc. chim. belg. Bd. 19, S. 288. 1905; Bd. 21, S. 221. 1907.

[2]) 2 : ∞ soll bedeuten: Löslichkeit in Öl 2%, Löslichkeit in Wasser unbegrenzt.

[3]) MOORE u. ROAF: Proc. of the roy. soc. of London, Ser. B, Bd. 73, S. 382. 1904; Bd. 77, S. 86. 1906. — GOLDSCHMIDT u. PRZIBRAM: Zeitschr. f. exp. Pathol. u. Pharmakol. Bd. 6, S. 1. 1909. — WARBERG u. WIESEL: Pflügers Arch. f. d. ges. Physiol. Bd. 144, S. 415. 1912. — BATTELLI u. L. STERN: Biochem. Zeitschr. Bd. 52, S. 226 u. 253. 1913.

Modellversuch von Brinkman und v. Szent-Györgyi[1]) beachtenswert: eine Kollodiummembran, welche für eine Hämoglobinlösung vollkommen dicht ist, kann in reversibler Weise für das Hämoglobin permeabel gemacht werden, wenn man sie mit Natriumoleat vorbehandelt; ebenso wirken das Linolat und Glykocholat, ferner Pepton und eine Anzahl von Alkaloiden. Alle diese Stoffe erwiesen sich als oberflächenaktiv bzw. stark adsorbierbar, und damit hängt wahrscheinlich ihre Wirkung in einer hier nicht näher zu erörternden Weise zusammen; die Eigenschaft der Oberflächenaktivität zeichnet aber, wie wir noch sehen werden, im allgemeinen auch die lipoidlöslichen Verbindungen aus.

Vom Standpunkt der Lipoidtheorie sind auch folgende Hämolyseversuche erklärbar: Ransom[2]) fand, daß die bekannte hämolytische Fähigkeit des Saponins darauf beruht, daß es mit einer Komponente des Blutkörperchen-„Stromas", dem Cholesterin, in Reaktion tritt[3]); daher können die Blutkörperchen gegen Saponin geschützt werden, wenn man es durch Cholesterinzusatz zum Serum von den Körperchen ablenkt. Ähnliche Beziehungen bestehen zwischen Saponin und Lecithin[4]). Ferner fand Kyes[5]), daß das Kobragift zu heftiger hämolytischer Wirkung durch das Lecithin des Blutes aktiviert wird, indem sich ein „Lecithid" bildet. Dem Saponin und Kobragift ähnlich verhalten sich Solanin, Agarizin, Tetanolysin, Arachnolysin und andere „Hämolysine"[6]). Es sieht also so aus, als ob die typischen Hämolysine durch eine Art Arrosion der Blutkörperchen wirken. In dieser Meinung wird man noch weiter durch das Verhalten künstlicher Lipoidmembranen bestärkt. Pascucci[7]) imprägnierte Seide mit Lecithin und Cholesterin; die so hergestellten Häute dienten zur Trennung von Hämoglobin- oder Cochenillelösungen und Lösungen der Hämolysine. Es zeigte sich, daß die Membranen allmählich für die Farbstoffe durchlässig werden; ferner ließen sich die Membranen gegen die Hämolysine schützen, indem man deren Lösungen mit Cholesterin schüttelte; sie verhielten sich also ganz wie die Blutkörperchen in Ransoms Versuchen[8]). Des weiteren fand Pascucci, daß Cholesterinhäute von Saponin langsamer angegriffen werden als Lecithinhäute, und daß darum Membranen aus einem Gemisch von Cholesterin und Lecithin um so resistenter sind, je mehr das Cholesterin im Gemisch überwiegt. Hierzu paßt wiederum, daß nach den Beobachtungen von Kurt Meyer[9]), Rywosch[10]) und Port[11]) Blutkörperchen, in deren Lipoiden das Cholesterin überwiegt — das sind Blutkörperchen von Hammel und Rind — saponinresistenter sind als die cholesterinärmeren Körperchen von Kaninchen, Schwein und Hund. Es besteht also eine recht weitreichende Analogie zwischen Blutkörperchen und künstlichen Lipoidmembranen (s. auch S. 429). Dennoch bilden alle diese Versuche

[1]) Brinkman u. v. Szent-Györgyi: Biochem. Zeitschr. Bd. 52, S. 263 u. 270. 1923.

[2]) Ransom (unter H. H. Meyer): Dtsch. med. Wochenschr. 1901, S. 194.

[3]) Windaus: Ber. d. dtsch. chem. Ges. Bd. 42, S. 238. 1909.

[4]) Kobert: Beitr. zur Kenntnis der Saponinsubstanzen. Stuttgart 1904. — Noguchi: Univ. of Pennsylvania med. bull. Nov. 1902.

[5]) Kyes (unter Ehrlich): Berlin. klin. Wochenschr. 1902, S. 886. — Kyes u. Sachs: ebenda 1903, S. 21.

[6]) S. hierzu Landsteiner, in Oppenheimers Handb. d. Biochem (2), Bd. 1, S. 395ff. 1909 u. Porges, O.: Handb. d. Technik u. Methodik d. Immunitätslehre II, S. 1136. 1909. — Bang: Chemie der Lipoide. Wiesbaden 1911.

[7]) Pascucci (unter Hofmeister): Beitr. z. chem. Physiol. u. Pathol. Bd. 6, S. 552. 1905.

[8]) S. auch Swart: Biochem. Zeitschr. Bd. 6, S. 358. 1907.

[9]) Meyer, K.: Beitr. z. chem. Physiol. u. Pathol. Bd. 11, S. 357. 1908.

[10]) Rywosch: Pflügers Arch. f. d. ges. Physiol. Bd. 116, S. 229. 1907.

[11]) Port: Dtsch. Arch. f. klin. Med. Bd. 99, S. 259. 1910. — S. auch A. Mayer u. Schaeffer: Cpt. rend. hebdom. des séances de l'acad. des sciences Bd. 155, S. 728. 1912.

keineswegs zwingende Beweise für das Vorhandensein von Lipoiden in der *Plasmahaut*. Denn falls Saponin und die anderen Hämolytika in die lebende Zelle permeieren können, finden sie auch innerhalb des Protoplasmas Gelegenheit, mit den im Stroma vorhandenen Zellipoiden in Reaktion zu treten, und können auf diese Weise den ganzen Betrieb im Innern stören und so *sekundär* hämolytisch wirken. Erst im Zusammenhang mit den übrigen Versuchen über Hämolyse durch die lipoidlöslichen Stoffe, wie die Alkohole, Äther, Chloroform und viele andere, sowie mit der weiteren Tatsache, daß die nicht permeierenden und nicht öllöslichen Stoffe im allgemeinen auch nicht hämolysieren, wird man die Gesamtheit der Versuche über die Hämolyse als Argument zugunsten der Lipoidtheorie verwenden.

Anknüpfend hieran sei erwähnt, daß nach den Angaben von KOBERT[1]), von NEUFELD und HÄNDEL[2]) u. a. die Hämolytika nicht bloß auf die Blutkörperchen zerstörend, sondern allgemein „cytolytisch" wirken, was bei dem Lipoidgehalt aller Zellen nicht weiter wundernehmen kann. Bei Pflanzenzellen kann man z. B. die Cytolyse durch Saponin unter Umständen gerade so schön wie bei den Blutkörperchen an dem Austritt von Anthocyan aus dem Zellsaftraum erkennen (BOAS[3])].

c) *Die Mosaiktheorie der Plasmahaut.* Nun ist aber ein besonders wichtiger Stoff, für welchen die Plasmahaut permeabel ist, bisher hier noch nicht gebührend beachtet worden, *das Wasser*. Gerade dessen Ein- und Austritt bereitet nämlich dem Verständnis Schwierigkeiten, wenn man sich mit der Annahme einer bloßen Lipoidhaut als Abschluß der Zelle nach außen hin begnügen würde. Daß die Annahme einer reinen Ölhaut den Wasseraustausch völlig ausschlösse, ist selbstverständlich; darüber war sich auch OVERTON klar. Lecithin aber könnte als hydrophiles Lipoid Quellungswasser aufnehmen und von Wasser durchsetzt werden.

NATHANSOHN[4]) hat nun mit Recht darauf hingewiesen, daß, wenn Lecithin in Wasser quillt, ihm damit gleichzeitig auch die Fähigkeit verloren geht, allein für lipoidlösliche Stoffe durchgängig zu sein; vielmehr erlangt es jetzt auch die Fähigkeit, lipoidunlösliche Substanzen in sich aufzunehmen. Besonders gut läßt sich dies mit Farbstoffen nachweisen; nur ganz trockenes Lecithin, in Benzol gelöst, färbt sich allein mit den lipoidlöslichen Farben; ist es dagegen feucht, so gehen auch wasserlösliche und lipoidunlösliche Farben mehr oder weniger in das Lecithin. NATHANSOHN versuchte darum, das Bild, das man sich nach dem Verhalten der Zellen von der Plasmahaut zu entwerfen hat, so zu gestalten, daß es zugleich die Durchlässigkeit für die lipoidlöslichen Verbindungen und für Wasser und die Undurchlässigkeit für alles übrige veranschaulicht; er nahm an, daß die Plasmahaut eine Art Mosaik sei, in welchem ein Teil der Bausteinchen aus dem unquellbaren, für Wasser also impermeablen, aber lipoiden Cholesterin, und der andere Teil aus einem Material besteht, welches die Eigenschaften einer TRAUBEschen semipermeablen Membran besitzt; nach dieser Hypothese wäre in der Tat zu begreifen, wenn durch die Zellen allein die lipoidlöslichen Stoffe und außerdem Wasser passieren können. Diese Annahme schließt dann aber nach dem Früheren (S. 423) auch in sich, daß neben der Lipoidtheorie auch die Porentheorie eine gewisse Geltung haben müßte, und dafür kann man

---

[1]) KOBERT: Lehrbuch der Intoxikationen. 2. Aufl. Bd. 2, S. 742 u. 750.

[2]) NEUFELD u. HÄNDEL: Arb. a. d. Reichs-Gesundheitsamte Bd. 28, S. 572. 1908.

[3]) BOAS, F.: Biochem. Zeitschr. Bd. 117, S. 166. 1921; Ber. d. dtsch. botan. Ges. Bd. 38, S. 350. 1921.

[4]) NATHANSOHN: Jahrb. f. wiss. Botanik Bd. 39, S. 607. 1904. — S. auch RUHLAND: ebenda Bd. 46, S. 1. 1908.

zunächst anführen, daß nach COLLANDER[1]) gerade die gute Durchlässigkeit für Wasser wegen dessen kleinen Molekularvolumens vorausgesetzt werden muß. Wir werden später (S. 471) sehen, daß auch Beobachtungen über die Durchlässigkeit der Zellen für Salze eine Porentheorie der Plasmahaut stützen.

Aber auch mit dieser Ergänzung ist den Anforderungen an den Aufbau einer Plasmahaut sicher noch nicht Genüge getan; den zwischen die Lipoidteilchen zwischengeschalteten Elementen des NATHANSOHNschen Plasmahautmosaiks müssen noch weitere und kompliziertere Eigenschaften, als allein die der Semipermeabilität, zuerteilt werden. Denn trotz aller der angeführten Versuche, welche für die Undurchlässigkeit des Gros der Zellen für die ölunlöslichen Stoffe sprechen, können wir nicht annehmen, daß diese Undurchlässigkeit absolut und zu jeder Zeit vorhanden ist. Eine ganz einfache Überlegung lehrt dies, und OVERTON selbst hat darauf aufmerksam gemacht. Sieht man sich die lange Reihe der Verbindungen durch, welche glatt in die Zelle hinein können, also die Reihe der lipoidlöslichen, so begegnet man fast lauter Stoffen, welche im Haushalt der Zelle keine Rolle, mindestens keine Hauptrolle spielen; durchmustert man dagegen die Verbindungen, für welche die Zellen im allgemeinen sich impermeabel zeigten, so stößt man auf Traubenzucker, Fruchtzucker, Rohrzucker und andere Kohlenhydrate, man stößt auf die Aminosäuren und die Säureamide, auf die Salze der organischen Säuren, ferner, wie wir noch sehen werden, auf die neutralen Alkali- und Erdalkalisalze, kurz lauter Stoffe, welche als Nährstoffe den Zellen von den Säften zugeführt werden, und welche sich innerhalb der Zellen selbst vorfinden. Also was die Zelle nicht braucht, läßt sie ein; was sie braucht, wehrt sie ab. Das klingt im ersten Moment so paradox wie möglich, bei genauerem Zusehen erscheint es aber selbstverständlich. Die Zellen sind abgegrenzte chemische Systeme, in welchen in bestimmtem Nebeneinander und ebenso bestimmtem Nacheinander viele Komponenten miteinander reagieren. Das ist nur denkbar, wenn einerseits die im Reaktionsmechanismus notwendigen Stoffe daran gehindert werden, durch Diffusion aus dem System auszutreten, und andererseits ein Schutz gegen beliebige Einschwemmungen von außen von den Säften her besteht. Deshalb muß die Zelle gegen ihre Umgebung durch eine Hülle geschieden sein, welche Ein- und Austritt der innen und außen gelösten Stoffe hemmt. Aber umgekehrt darf dies Hemmnis nicht immer und unter allen Umständen bestehen. *Die Zelle muß in ihrer Oberfläche Einrichtungen besitzen, um den Import und Export ihrer Bedarfs- und Abfallstoffe von sich aus zu regulieren,* sie muß den Stoffen, für die sie sich im diosmotischen Experiment als undurchgängig erweist, doch irgendwann und irgendwie eine Passage gewähren, weil es ihre Nährstoffe sind; der Zustand, wie ihn das osmotische Experiment aufweist, kann nicht die Norm oder nicht die ganze Norm bedeuten.

*Daraus folgt aber wiederum, daß die Plasmahaut auch mehr sein muß, als eine einfache Lipoidhaut*; denn wie sollten wir uns an diese allein komplizierte Regulationsvorrichtungen gebunden denken? Die Theorie von der lipoiden Natur der Plasmahaut bedarf also auch aus diesem Grunde einer Ergänzung, aber einer Ergänzung in der Richtung, daß — im Sinne der NATHANSOHNschen Mosaiktheorie — *neben den lipoiden Elementen protoplasmatische Flächenstücke angenommen werden,* welche das Substrat einer *regulierbaren* oder — wie wir es nennen wollen — *„physiologischen Permeabilität"* darstellen, die als Eigenschaft des *lebenden* Protoplasten zu der rein *„physikalischen Permeabilität"* infolge auswählender Löslichkeit hinzukommt.

---

[1]) COLLANDER: Soc. Scient. Fennica, Comment. biol. II, 6. 1926.

Dies Fazit ist für manche der Anlaß gewesen, die Lipoidtheorie ganz über Bord zu werfen — denn was soll auch die Lipoidhaut, wenn die Zelle doch jederzeit von sich aus importieren kann, was ihr beliebt? — es ist auch der Anlaß dafür, daß immer wieder der Versuch gemacht wurde, die Ergebnisse des osmotischen Experiments durch andersartige, namentlich chemische Versuche zu widerlegen. Aber wie diese auch ausfallen mögen, das alte Dilemma bleibt; denn wiese man chemisch die Durchlässigkeit der Zellen für noch alles mögliche, für Zucker, für Salze und anderes nach, so stände man doch wieder vor der Frage: warum zeigt das diosmotische Experiment Undurchlässigkeit für diese an, wo es doch klipp und klar die Durchlässigkeit für so viele andere Stoffe demonstriert? Wir befinden uns hier also einem interessanten und äußerst wichtigen Problem gegenüber, auf das hier nur erst kurz hingewiesen ist, auf das wir aber später ausführlich zurückkommen werden (S. 445ff., 478).

Wenn wir uns somit die Plasmahaut als aus Lipoiden und aus protoplasmatischen Elementen aufgebaut denken, so würde das heißen, daß die Plasmahaut neben Lipoid auch Eiweiß enthält. Wieweit dies richtig ist, darüber gehen die Meinungen vorläufig auseinander. Czapek[1]) u. a. halten seine Beteiligung aus physikochemischen Gründen für wahrscheinlich. Nach dem Gibbs-Thomsonschen Prinzip müssen gelöste Stoffe, welche die Oberflächenspannung an einer Grenzfläche erniedrigen, in diese hineingehen, und zwar nach Maßgabe ihrer Konzentration und ihrer Oberflächenaktivität. Da nun aber Eiweiß, manche Eiweißspaltungsprodukte und Lipoide die Grenzflächenspannung des Wassers erniedrigen, so ist es eigentlich eine logische Folgerung, daß ein Gemisch dieser Stoffe sich in der Protoplasmaoberfläche anreichert, wobei wohl eine Emulsion von Lipoiden in einem Eiweißsol oder Eiweißgel entstehen dürfte[2]). Vielleicht kann man zugunsten dieser Ansicht auch auf die Analysen von Pascucci[3]) verweisen, nach denen die Blutkörperchenstromata zu etwa einem Drittel aus Lipoiden, zu zwei Dritteln aus Eiweiß bestehen, da man meint, die bei der Hämolyse übrigbleibenden Stromata als Reste der Plasmahaut ansehen zu können. Ferner zeigten Neufeld und Händel[4]), daß die lipoidlösenden Hämolytika, wie Saponin und Solanin (s. S. 431) die Zellen nicht völlig auflösen, sondern Stromareste als Schatten übrig lassen, während Hämolytika, welche außer den Lipoiden auch die Eiweißkörper in Lösung halten, wie die gallensauren Salze, die Zellen völlig zum Verschwinden bringen. Falls man also in den Stromata Trümmer der Plasmahaut erblicken will, so kann man diese Versuche mit für ihren komplexen Bau anführen. Demgegenüber vertritt Hansteen Cranner[5]) mit anderen die Meinung, daß die plasmatische Grenzschicht allein von den Lipoiden gebildet würde, und stützt sich dabei auf die vorher zitierten Versuche, nach denen Pflanzenteile nach längerem Wässern bei etwas erhöhter Temperatur wohl reichlich Lipoide abgeben bis zum schließlichen Verlust der normalen Semipermeabilität, aber keinerlei Eiweißkörper.

d) *Die Adsorptionstheorie.* J. Traube[6]) hat darauf aufmerksam gemacht, daß es auch noch andere Eigenschaften der gelösten Stoffe gibt außer der Lipoidlöslichkeit, welche der Fähigkeit, die Zellen zu durchdringen, parallel gehen. In erster Linie führte er den Einfluß der Stoffe auf die Oberflächenspannung

[1]) Czapek: Internat. Zeitschr. f. phys.-chem. Biol. Bd. 1, S. 108. 1914.

[2]) S. dazu auch Lepeschkin: Ber. d. dtsch. botan. Ges. Bd. 29, S. 247. 1911.

[3]) Pascucci: Beitr. z. chem. Physiol. u. Pathol. Bd. 6, S. 543. 1905.

[4]) Neufeld u. Händel: Arb. a. d. Reichs-Gesundheitsamte Bd. 28, S. 572. 1908.

[5]) Hansteen-Cranner: Ber. d. dtsch. botan. Ges. Bd. 37, S. 380. 1919.

[6]) Traube, J.: Pflügers Arch. f. d. ges. Physiol. Bd. 132, S. 54. 1904; Bd. 123, S. 419. 1908; Verhandl. d. dtsch. physik. Ges. Bd. 10, S. 880. 1909; Ber. d. dtsch. chem. Ges. Bd. 42, S. 86. 1909.

von Wasser gegen Luft an. Die folgende Tabelle enthält eine Reihe von Werten für die Oberflächenspannung $\gamma$ 0,25 molarer Lösungen.

| Lösung | $\gamma$ in mg/mm bei 15° | Lösung | $\gamma$ in mg/mm bei 15° |
|---|---|---|---|
| Wasser . . . . . | 7,30 | Äthylalkohol . . | 6,73 |
| Rohrzucker . . . | 7,35 | Aceton . . . . . | 6,48 |
| Traubenzucker . . | 7,33 | Methylacetat . . | 6,12 |
| Mannit . . . . . | 7,33 | Propylalkohol . . | 5,89 |
| Glykokoll . . . . | 7,32 | Äthylaceton . . | 5,42 |
| Glykol . . . . . | 7,24 | i-Butylalkohol . . | 4,49 |
| Glycerin . . . . | 7,29 | Äthylacetat . . . | 4,23 |
| Acetamid . . . . | 7,20 | i-Amylalkohol . . | 3,05 |

In der Tat erkennt man, daß die Verbindungen, welche im allgemeinen nicht merklich permeieren, wie die Hexite, Hexosen, Disaccharide, Aminosäuren, oberflächeninaktiv sind, daß langsam eindringende, wie die mehrwertigen Alkohole oder Säureamide, schon etwas aktiver sind als die eben genannten, und daß die große Fähigkeit der einwertigen Alkohole, der Aldehyde, Äther, Ester organischer Säuren u. a., die Zellen zu durchdringen, Hand in Hand geht mit starker Oberflächenaktivität. Nimmt man hinzu, daß der Oberflächenanreicherung an die Grenze Wasser—Luft oft die Oberflächenanreicherung an die Grenze zwischen Luft und flüssigen oder festen Stoffen, wie etwa Tierkohle, Glaspulver oder Seide entspricht, so leuchtet die Bedeutung des TRAUBEschen Hinweises ohne weiteres ein.

Ein weiterer Einfluß, welchen wasserlösliche Stoffe auf die Eigenschaften ihrer Lösungen ausüben, und welchem nach TRAUBE die Permeabilität bis zu einem gewissen Grade symbat ist, ist die Verringerung der Löslichkeit, welche ein zweiter, mit in der wässerigen Lösung befindlicher Stoff erfährt. Dieser Parallelismus ist aus folgender Tabelle über den Einfluß von organischen Richtleitern auf die Löslichkeit von $Li_2CO_3$ nach TRAUBE[1]) zu ersehen.

| Substanz | Löslichkeits-verminderung | Substanz | Löslichkeits-verminderung |
|---|---|---|---|
| Mannit . . . . . . | − 10,7 | Propylalkohol . . | + 41,8 |
| Traubenzucker . . . | − 6,6 | Aceton . . . . . . | + 42,5 |
| Glycerin . . . . . | + 9,4 | Äthyläther . . . . | + 52,2 |
| Glykol . . . . . . | + 14,2 | tert. Amylalkohol . | + 63,1 |
| Äthylalkohol . . . | + 33,7 | | |

Auch die Löslichkeit hydrophiler Kolloide wird in ähnlicher Weise beeinflußt.

Aus der Existenz dieser von TRAUBE hervorgehobenen Beziehungen wäre zu folgern, daß die von OVERTON entwickelte Lösungstheorie der Permeabilität nicht die einzig mögliche Theorie ist, sondern daß offenbar verschiedene Erklärungsprinzipien zu Gebote stehen, unter denen die Wahl nach dem Motiv der größten Reichweite zu treffen wäre.

J. TRAUBE[1]) hat für die Erklärung der Zellpermeabilität den Hauptnachdruck auf die Oberflächenaktivität gelegt oder, wie er sagt, auf den *Haftdruck* der Stoffe. Das GIBBS-THOMSONsche Theorem lehrt, daß, je mehr ein Stoff die Oberflächenspannung seiner Lösung erniedrigt, er sich um so mehr in ihrer Oberfläche ansammeln muß; er haftet dann also um so weniger fest in der Lösung, sein Haftdruck ist um so kleiner. Den Zusammenhang zwischen Haftdruck und Permeabilität stellt sich TRAUBE danach folgendermaßen vor: An der Grenze zwischen Lösung und Protoplasma müssen sich die Stoffe nach Maßgabe ihres

[1]) TRAUBE, J.: Pflügers Arch. f. d. ges. Physiol. Bd. 132, S. 511. 1910; Bd. 153, S. 276. 1913.

Haftdruckes ansammeln, am reichlichsten diejenigen mit geringem Haftdruck, am wenigsten die mit großem Haftdruck. Die Stoffe mit geringem Haftdruck haben dann natürlich die bessere Chance, vom Protoplasma aufgenommen zu werden, als die Stoffe mit großem Haftdruck. Dabei ist aber wohl zu beachten, was ursprünglich von Traube übersehen wurde, daß es nicht auf die Oberflächenspannung der Lösungen gegen Luft ankommt, sondern auf die Oberflächenspannung gegen den Protoplasten, oder in der gebräuchlicheren Ausdrucksweise: auf die *Adsorbierbarkeit an der Protoplasmagrenzfläche,* und die Oberflächenspannung der Lösungen gegen Luft, stalagmometrisch oder mit der Methode der capillaren Steighöhe gemessen, ist zwar in vielen Fällen ein brauchbarer Maßstab für die Fähigkeit der gelösten Stoffe, die Zelloberfläche zu durchdringen, aber doch nicht in allen Fällen. Die Dinge liegen hier genau so wie bei den anorganischen Adsorbentien; ursprünglich war man der Meinung, daß die chemische Natur des Adsorbens keine wesentliche Rolle spiele, und daß die Oberflächenspannungen gegen die festen und flüssigen Adsorbentien den Oberflächenspannungen gegen Luft symbat seien. Aber daß dies nicht der Fall ist, lehrt z. B. die Erfahrung, daß Traubenzucker trotz seiner Oberflächeninaktivität, d. h. obwohl er die Oberflächenspannung des Wassers gegen Luft nicht ändert, an Tierkohle kräftig adsorbiert wird. Auch $O_2$, $CO_2$ und $NH_3$ ändern die Oberflächenspannung von Wasser gegen Luft fast gar nicht, während sie die Oberflächenspannung gegen Petroläther nach Brinkman und von Szent-Györgyi[1]) erheblich erniedrigen. Wenn also z. B. die Aufnahme basischer und saurer Farbstoffe in die lebenden Zellen von ihrer Oberflächenaktivität in bezug auf die Grenzfläche Wasser — Luft unabhängig vor sich geht [Höber[2]), Traube und F. Köhler[3])] so könnte trotzdem die verschiedene Geschwindigkeit, mit der die basischen und sauren Farbstoffe die Zellen durchdringen, auf verschiedener Adsorbierbarkeit am Protoplasma beruhen (s. dazu S. 451). Ferner üben die wässerigen Lösungen der drei isomeren Oxybenzoesäuren auf die Grenzflächenspannung gegen Luft keinen Einfluß aus [Böeseken und Watermann[4])]; trotzdem ist die Permeabilität, gemessen an der Giftigkeit für Schimmelpilze oder an der Hemmung der Atmung nitrifizierender Bakterien[5]), für die o-Oxybenzoesäure (Salicylsäure) weit größer als für die m- und p-Verbindung. Dieser Unterschied kann vom Standpunkt der Lipoidtheorie ohne weiteres erklärt werden, da der Verteilungsfaktor Öl: Wasser nach Böeseken und Watermann bei der o-Verbindung viel größer ist als bei der m- und p-Verbindung. Um die Tatsachen auch der Adsorptionstheorie der Permeabilität einzufügen, müßte man annehmen, daß auch die Adsorbierbarkeit an der Grenzfläche Wasser—Protoplasma sich entsprechend abstuft, wobei sich dann von selbst wiederum die Vorstellung ergäbe, daß die adsorbierende Protoplasmaoberfläche ölartige Beschaffenheit hätte. Wir endeten also wiederum bei einer Lipoidtheorie der Plasmagrenzfläche, nur daß das Lipoid bei dieser Betrachtungsweise nicht als Lösungs-, sondern als Adsorptionsmittel aufträte. Dazwischen ist aber, wie wir sahen (s. S. 426 und 429), nicht ganz leicht zu unterscheiden. Indessen mangelt es in diesen wie in anderen Fällen noch an den nötigen Beweisen für die Adsorptionstheorie; der Einfluß auf die Grenzflächenspannung Wasser — Protoplasma ist bisher noch weniger untersucht als die Verteilung zwischen Wasser und Lipoid.

---

[1]) Brinkman u. v. Szent-Györgyi: Biochem. Zeitschr. Bd. 144, S. 47. 1924.
[2]) Höber: Biochem. Zeitschr. Bd. 67, S. 420. 1914.
[3]) Traube u. F. Köhler: Internat. Zeitschr. f. phys.-chem. Biol. Bd. 2, S. 197. 1915.
[4]) Böeseken u. Waterman: Versl. Akad. Wetensch. Amsterdam 1912; Kolloidzeitschr. Bd. 11, S. 58. 1912.
[5]) Meyerhof: Pflügers Arch. f. d. ges. Physiol. Bd. 165, S. 229. 1916.

Als eine besonders gute Stütze für die Adsorptionstheorie der Permeabilität ist die sog. *Capillarregel von J. Traube* angeführt worden. Diese besagt, daß die oberflächenaktiven Stoffe, die die Glieder einer homologen Reihe bilden, die Oberflächenspannung des Wassers gleich stark herabsetzen, wenn ihre Konzentrationen mit wachsender Länge der $C$-Fette im Verhältnis $1 : 3 : 3^2 : 3^3$ abnehmen. Die folgende Tabelle nach TRAUBE[1]) illustriert die Regel.

| | | Steighöhe bei 18° |
|---|---|---|
| Methylacetat . . | 1 norm. | 58,1 mm |
| Äthylacetat. . . | 1/3 „ | 58,0 „ |
| Propylacetat . . | 1/9 „ | 57,7 „ |
| i-Butylacetat . . | 1/27 „ | 58,8 „ |
| i-Amylacetat . . | 1/81 „ | 59,9 „ |

Diese TRAUBEsche Regel macht sich nun auch bei physiologischen Vorgängen bemerkbar, vorausgesetzt, daß es sich bei den beteiligten oberflächenaktiven Stoffen um solche handelt, die chemisch indifferent sind, d. h. nicht ein besonderes Maß chemischer Affinität gegenüber den Zellbestandteilen äußern, sondern vorwiegend durch physikalische Beziehungen wirksam sind. TRAUBE[2]) zitierte dafür Narkoseversuche von OVERTON[3]) an Kaulquappen, von FÜHNER[4]) an Seeigeleiern. Die molekularen Konzentrationen einiger Ketone und Ester, die eben zur Narkose der Kaulquappen ausreichen, haben z. B. die in der folgenden Tabelle angegebenen Werte; die zweite Zahlenreihe lehrt, daß von einem Glied einer homologen Reihe zum anderen die Molenzahl ungefähr um das dreifache abnimmt:

| | narkot. Grenzkonz. in Molen pro l | Quotienten der aufeinanderfolgenden Werte |
|---|---|---|
| Aceton . . . . . . . . . | 0,26 | 3,0 |
| Methyläthylketon . . . . | 0,09 | 3.0 |
| Diäthylketon . . . . . . | 0,029 | |
| Methylacetat . . . . . . | 0,08 | 2,7 |
| Äthylacetat . . . . . . . | 0,03 | 2,9 |
| Propylacetat . . . . . . | 0,0105 | |
| Isobutylacetat . . . . . | 0,057 | |
| Isoamylacetat . . . . . . | 0,019 | 3,0 |

Daraus folgt also, daß bei den Gliedern einer homologen Reihe die Lösungen gleicher narkotischer Kraft die gleiche Oberflächenspannung haben oder „isocapillar" sind. Die TRAUBEschen Capillarregel beherrscht auch die Änderung des Heliotropismus von Copepoden durch Alkohol nach J. LOEB[5]). Sie gilt ferner nach FÜHNER und NEUBAUER[6]) bei der Hämolyse durch oberflächenaktive Alkohole, Urethane und Ester. Die folgende Tabelle enthält Angaben über die Hämolyse durch einige flüssige Ketone aus der Terpenreihe nach ISHIZAKA[7]); darin zeigt die zweite Zahlenreihe aufs schönste, daß die Lösungen, die nach 24stündiger Einwirkung Grenzhämolyse erzeugen, isocapillar sind. Die dritte Zahlenreihe lehrt aber, daß auch hier wieder, wie das ja auch schon früher gezeigt wurde (s. S. 430), die Hämolysierfähigkeit der Löslichkeit in ölartigen Stoffen symbat ist.

[1]) TRAUBE, J.: Liebigs Ann. d. Chem. Bd. 265, S. 27. 1891.
[2]) TRAUBE: Pflügers Arch. f. d. ges. Physiol. Bd. 105, S. 541. 1904.
[3]) OVERTON: Studien über die Narkose. Jena 1901.
[4]) FÜHNER: Arch. f. exp. Pathol. u. Pharmakol. Bd. 51, S. 1. 1903; Bd. 52, S. 69. 1904.
[5]) LOEB, J.: Biochem. Zeitschr. Bd. 23, S. 93. 1909.
[6]) FÜHNER u. NEUBAUER: Arch. f. exp. Pathol. u. Pharmakol. Bd. 56, S. 333. 1907.
[7]) ISHIZAKA: Arch. f. exp. Pathol. u. Pharmakol. Bd. 75, S. 194. 1914.

| | Hämolyt. Grenzkonz. in Millimol pro l | Oberflächenspannung bezogen auf Wasser = 1 | relative Öllöslichkeit |
|---|---|---|---|
| Menthenon | 3,95 | 0,82 | 0,066 |
| Carvenon | 3,82 | 0,82 | 0,067 |
| Carvon | 3,34 | 0,85 | 0,114 |
| Dihydrocarvon | 2,96 | 0,82 | 0,147 |
| Carvotanaceton | 2,24 | 0,83 | 0,173 |
| Menthon | 1,95 | 0,82 | 0,222 |
| Tetrahydrocarvon | 1,62 | 0,83 | 0,256 |

Sehen wir nun Narkose und Hämolyse als Folgen des Eindringens der Stoffe an — was mit einem gewissen Recht geschehen kann — so können wir die angeführten Ergebnisse als Stützen der Adsorptionstheorie der Permeabilität werten.

Es gilt aber nicht durchweg, daß die physiologisch äquivalenten Lösungen oberflächenaktiver Stoffe isocapillar sind. Traube[1]) selbst hat z. B. folgende Hämolyseversuche angestellt:

| | Hämolyt. Grenzkonz. in Molen pro l | capill. Steighöhe (Wasser = 91,5) der wirksamen Lösungen | relative Viskosität der wirksamen Lösungen |
|---|---|---|---|
| Propionitril | 0,75 | 61,0 | 56 |
| Methylacetat | 1,30 | 55,0 | 42 |
| Aceton | 3,00 | 54,5 | 42,5 |
| Methylalkohol | 8,6 | 54,5 | 52 |
| Methyläthylceton | 1,1 | 54,0 | 76 |
| Äthylalkohol | 4,1 | 49,7 | 159 |
| Propylalkohol | 1,4 | 49,1 | 274 |
| Isoamylalkohol | 0,175 | 43,2 | 540 |
| Dimethyläthylcarbinol | 0,67 | 41,9 | 611 |

Dabei wurden diejenigen Konzentrationen ausprobiert, welche *sofort* Hämolyse erzeugen. Man sieht, daß die so wirkenden Lösungen keineswegs die gleiche Oberflächenspannung besitzen. Untersucht man aber weiter ihre Viscosität, so findet man, daß zwischen Reibung und Oberflächenspannung eine gewisse Reziprozität besteht. Traube faßt dies so auf, daß, wenn die wirksamen Stoffe entsprechend ihrer Oberflächenaktivität in der Grenzfläche zwischen Lösung und Protoplasten stark angereichert werden, sie viscöse Hüllen um die Zellen bilden, welche je nach der Größe der Reibung den hämolytischen Vorgang verzögern können. Die Viscosität hat also einen Einfluß auf den zeitlichen Verlauf. Diese Auffassung wird durch Versuche von Nothmann-Zuckerkandl[2]) unterstützt, in denen diejenigen oberflächenaktiven Stoffe ausprobiert wurden, welche nach verschieden langer Zeit die Protoplasmaströmung in Vallisneriazellen aufzuhalten vermögen. Die folgende Tabelle gibt einen Überblick über die Ergebnisse mit einwertigen Alkoholen.

| | Oberflächenspannung bei Stillstand der Strömung nach wenigen Minuten | Oberflächenspannung bei Stillstand der Strömung nach 24 Stunden |
|---|---|---|
| Methylalkohol | 0,780 | 0,880 |
| Äthylalkohol | 0,700 | $>0,782$ |
| n-Propylalkohol | 0,599 | 0,793 |
| i-Propylalkohol | 0,611 | 0,742 |
| n-Butylalkohol | 0,66—0,62 | 0,84—0,73 |
| i-Butylalkohol | 0,638 | 0,777 |
| tert. Butylalkohol | 0,518 | 0,794 |
| i-Amylalkohol | 0,551 | 0,726 |
| sek. Amylalkohol | 0,555 | 0,641 |
| tert. Amylalkohol | 0,590 | 0,690 |
| Heptylalkohol | 0,555 | 0,704 |
| Octylalkohol | 0,513 | 0,807 |

[1]) Traube: Biochem. Zeitschr. Bd. 10, S. 371. 1908. — S. ferner B. Kisch: Internat. Zeitschr. f. phys.-chem. Biol. Bd. 1, S. 60. 1914. — Ferner Führer: Zeitschr. f. Biol. Bd. 57, S. 465. 1912.

[2]) Nothmann-Zuckerkandl (unter Czapek): Biochem. Zeitschr. Bd. 45, S. 412. 1912.

Man sieht, daß, wenn man die Konzentrationen aufsucht, die in wenigen Minuten die Protoplasmaströmung zum Stillstand bringen sollen, man von den höheren viscerösen Alkoholen relativ größere Konzentrationen nötig hat als von den niedrigen. Wenn man aber Lösungen ausprobiert, die erst nach 24 Stunden die Strömung sistieren, dann findet man, daß die Abweichungen von der Isocapillarität erheblich kleinere sind.

Die Gültigkeit der TRAUBEschen Regel ist, wie gesagt, als eine besonders gute Stütze der Adsorptionstheorie hingestellt worden. Es muß aber noch einmal bezweifelt werden, ob Adsorptions- und Lösungsprinzip so gegeneinander ausgespielt werden müssen, wie es von seiten der Anhänger der einen oder anderen Permeabilitätstheorie öfter geschieht. Lehrreich ist dafür der neuerliche Hinweis von FÜHNER[1]), daß die TRAUBEsche Regel auch bei Löslichkeiten insofern eine Rolle spielt, als in den homologen Reihen organischer Verbindungen die molare Wasserlöslichkeit sehr oft von Glied zu Glied um das Drei- bis Vierfache abnimmt.

Ein Gegenstück zu den Hämolyseversuchen bilden Versuche von CZAPEK[2]) über Gerbstoffexosmose bei Pflanzenzellen, welche wegen weiterer aus den Ergebnissen gezogener Konsequenzen hier noch unser Interesse in Anspruch nehmen. Auch CZAPEK suchte die Konzentrationen indifferenter oberflächenaktiver Verbindungen auf, die die normale Semipermeabilität aufheben, und wie man bei den Blutkörperchen dafür als bequemsten Indicator das Hämoglobin wählt, so wählte er den Gerbstoff, der schon in sehr kleinen Mengen mit Coffein nachgewiesen werden kann; als Untersuchungsobjekt bevorzugte er die Mesophyllzellen von Echeveria. An den die Grenzkonzentrationen enthaltenden Lösungen maß er dann mit Hilfe seines Capillarmanometers die Oberflächenspannung gegen Luft. So gelangte er unter anderem zu folgenden Ergebnissen:

| | Oberflächenspannung der Grenzkonz., bezogen auf Wasser = 1 | | Oberflächenspannung der Grenzkonz., bezogen auf Wasser = 1 |
|---|---|---|---|
| Methylalkohol | 0,70 | Äthyläther | 0,68 |
| Äthylalkohol | 0,67 | Aceton | 0,69 |
| n-Propylalkohol | 0,675 | Methyläthylketon | 0,685 |
| i-Propylalkohol | 0,69 | Methylpropylketon | 0,705 |
| n-Butylalkohol | 0,69 | Äthylformiat | 0,69 |
| i-Butylalkohol | 0,665 | Äthylacetat | 0,69 |
| sek. Butylalkohol | >0,665 | Methylacetat | (0,74) |
| tert. Butylalkohol | ca. 0,64 | Äthylurethan | 0,68 |
| i-Amylalkohol | >0,66 | Äthylalkohol | >0,71 |
| sek. Amylalkohol | >0,655 | Diglycerinessigsäureester | >0,67 |
| tert. Amylalkohol | 0,66 | Triacetin | ca. 0,675 |

Die Gerbstoffexosmose beginnt also übereinstimmend in zahlreichen Fällen ganz unabhängig von der chemischen Natur der wirkenden Agenzien in isocapillaren Lösungen, und zwar dann, wenn die Oberflächenspannung auf etwa 68% des Wasserwertes herabgedrückt ist. Wir haben also eine völlige Analogie mit den S. 438 angeführten Hämolyseversuchen.

Freilich konstatierte CZAPEK auch einige Ausnahmen von der Regel, so bei Acetonitril und Nitromethan, die schon bei dem Spannungswert 0,82 bzw. 0,89 die Gerbstoffexosmose bewirkten; das dürfte aber darauf zurückzuführen sein, daß diese Stoffe gegenüber den Zellen chemisch nicht indifferent sind. Auch für Chloroform, Chloralhydrat, Äthylenglykol und Glycerin wurden unverhältnismäßig hohe Spannungswerte gefunden, was aber zum Teil nach TRAUBE[3]) auf sekundäre Umstände zurückzuführen ist, zum Teil wohl auch damit zusammen-

[1]) FÜHNER: Ber. d. dtsch. chem. Ges. Bd. 57, S. 510. 1924.

[2]) CZAPEK: Ber. d. dtsch. botan. Ges. Bd. 28, S. 159 u. 480. 1910. — Methode zur direkten Bestimmung der Oberflächenspannung der Plasmahaut von Pflanzenzellen. Jena 1911.

[3]) TRAUBE: Pflügers Arch. f. d. ges. Physiol. Bd. 153, S. 307. 1913. — S. dazu ferner VERNON: Biochem. Zeitschr. Bd. 51, S. 1. 1913.

hängen kann, daß die Oberflächenspannung gegen Luft nicht mit der Oberflächenspannung gegen das Protoplasma symbat zu sein braucht[1]). Im großen ganzen ist aber das häufige und weit überwiegende Vorkommen des Grenzwertes 0,68 sehr bezeichnend.

Czapek hat nun dafür eine Deutung versucht[2]). Er fand nämlich weiter, daß auch Emulsionen von Tributyrin, Natriumoleat, Ricinolein, Cholesterin oder Lecithin Gerbstoffexosmose hervorrufen, sobald ihre Grenzflächenspannung durch genügende Konzentrierung den Wert 0,68 erreicht hat, und daß mit den Glyceriden der ungesättigten Fettsäuren, wie Triolein, Ricinolein, Linolein, überhaupt keine Emulsionen mit niedrigerer Spannung als 0,68 erzeugt werden können. Er zog daraus den Schluß, zu dem wir schon S. 434 gelangten, daß sich entsprechend dem Gibbs-Thomsonschen Theorem in der Oberfläche des Protoplasmas eine Emulsion von Ölteilchen bildet, und wenn sich nun weiter ergibt, daß diese Oberflächenschicht in Lösungen aller möglicher oberflächenaktiver Stoffe, die selber den Spannungswert 0,68 haben, defekt wird, so daß der Zellinhalt austritt, so dürfte das darauf beruhen, daß infolge der Gleichheit der Spannungen zwischen den Ölteilchen und ihrem Dispersionsmittel die Emulsion ihre Stabilität verliert[3]).

Weiterer Beachtung bedarf es dann im Zusammenhang dieser Betrachtungen, daß, wie die vorher angegebenen verschiedenen Tabellen lehren, die Cytolyse keineswegs überall und unter allen Bedingungen erfolgt, wenn die relative Grenzflächenspannung der aktiven Lösungen den Wert 0,68 erreicht hat. Ein gutes Beispiel dafür bilden auch die Untersuchungen von B. Kisch[4]) über die Exosmose von Invertin und die Hemmung der Keimfähigkeit bei der Hefe. Hier ergab sich nämlich, daß die Schädigung immer erst dann eintrat, wenn die Grenzflächenspannung der aktiven Lösung auf die Hälfte des Wasserwerts gesunken war, wie die folgende Tabelle lehrt:

| | Schädigende Konzentration | | Schädigende Grenzflächenspannung (Wasser = 1) |
|---|---|---|---|
| | in Vol.-% | in Mol. pro l | |
| Methylalkohol | 45 | 11,16 | 0,51 |
| Äthylalkohol | 28 | 4,8 | 0,48 |
| Propylalkohol | 9—10 | 1,34 | ca. 0,49 |
| i-Butylalkohol | 5 | 0,54 | ca. 0,495 |
| i-Amylalkohol | 2 | 0,14 | 0,49 |
| Aceton | 33—35 | — | ca. 0,50 |
| Methyläthylketon | 15—17 | — | ca. 0,50 |
| Methylpropylketon | 8 | — | ca. 0,505 |

Hier ist also der kritische Spannungswert 0,5. Kisch deutet dies so: er fand, daß die konzentrierten Emulsionen von Lecithin und Cholesterin eine Oberflächenspannung von etwa 0,5 besitzen, während bei den konzentrierten Emulsionen der Glyceride der ungesättigten Fettsäuren, wie wir eben sahen, nach Czapek der Wert mindestens 0,68 beträgt; es wäre also anzunehmen, daß die höhere Widerstandsfähigkeit der Hefe darauf beruht, daß in ihrer Plasmahaut vorwiegend Lecithin und Cholesterin als Lipoide enthalten sind, während bei den Echeveriazellen u. a. die Oberfläche mehr von Fetten vom Typus des Trioleins

[1]) S. dazu auch Brinkman u. v. Szent-Györgyi: Biochem. Zeitschr. Bd. 144, S. 47. 1924.

[2]) Über Einwendungen hiergegen s. Lepeschkin: Biochem. Zeitschr. Bd. 139, S. 280. 1923.

[3]) S. hierzu Koltzoff: Anat. Anzeiger Bd. 41, S. 201. 1912. — Czapek: Internat. Zeitschr. f. phys.-chem. Biol. Bd. 1, S. 108. 1914.

[4]) B. Kisch (unter Czapek): Biochem. Zeitschr. Bd. 40, S. 152. 1912.

gebildet würde. Ob das zutrifft, bedarf, wie vieles in diesem Forschungsgebiet, der weiteren Durcharbeitung.

*Nach alledem kann also die Adsorptionstheorie der Permeabilität wohl mit der Lipoidtheorie konkurrieren, ja man kann nicht einmal von Konkurrenz reden, insofern es auf eine Adsorption an einer lipoidhaltigen Protoplasmagrenzschicht ankommt und die Trennungslinie zwischen Adsorption und Verteilung schwer zu ziehen ist.* Nur wenn man das Verhalten der „lipoidunlöslichen", nichteindringenden Stoffe betrachtet, so wie es sich nach dem Verlauf der osmotischen Experimente und der chemischen Analyse darstellt, dann erscheint die Lipoidtheorie als die leistungsfähigere. Nach der Adsorptionstheorie bildet die Anreicherung in der Protoplasmaoberfläche bloß eine Erleichterung, eine Beschleunigung für das Durchtreten, und daß es auch Stoffe gibt, die nicht durchtreten, ist daher nicht zu erwarten. Aber wir fanden ja, daß Zucker, Hexite und andere Stoffe Pflanzenzellen dauernd plasmolysieren oder Muskeln dauernd zum Schrumpfen bringen können. Die Lipoidtheorie gibt dafür die einfache Erklärung der Unlöslichkeit im lipoiden Lösungsmittel. Die Adsorptionstheorie könnte aber auch dieser Gruppe von Erscheinungen gerecht werden, wenn in geeigneten Modellversuchen gezeigt würde, daß, entsprechend der früher angeführten PFEFFER-TINKERschen Vorstellung, sich auch bei einem porösen Adsorbens die Durchlässigkeit nach der Grenzflächenspannung richtet und dies Adsorbens gegenüber Stoffen, die seine Grenzflächenspannung gegen Wasser vergrößern, dann auch die Eigenschaften einer semipermeablen Membran erhält. *Die Porentheorie der Durchlässigkeit würde alsdann mit der Lipoid- und der Adsorptionstheorie verschmelzen.*

## VII. Die Permeabilität für Farbstoffe.

Die Permeabilitätstheorien, von denen im vorigen Abschnitt die Rede war, sind nicht bloß im Hinblick auf die im vorletzten Abschnitt besprochenen Untersuchungen über die Permeabilität der Zellen und Gewebe für die Nichtleiter entwickelt worden, wenn auch diese die Hauptgrundlage abgegeben haben. Sehr wesentlich beigetragen haben zu der Entwicklung noch die zahlreichen Beobachtungen über die vitale Färbbarkeit der Zellen, und die nicht minder zahlreichen Untersuchungen der Permeabilität für Elektrolyte haben besonders den Blick für die Schwächen der verschiedenen Theorien geschärft und Modifizierungen bewirkt. Die erste Gruppe von Beobachtungen soll in diesem Abschnitt behandelt werden.

Die Erforschung der Bedingungen der Vitalfärbung ist immer wieder besonders verlockend gegenüber den Problemen der Stoffaufnahme von seiten der Zellen, weil sich hier wie in kaum einem anderen Fall die Gelegenheit bietet, den Eintritt sehr kleiner Stoffmengen ins Zellinnere mit dem Auge zu verfolgen. Freilich hat sich gezeigt, daß dieser methodische Weg der Erforschung auch leicht in die Irre führen kann. Denn die organischen Farbstoffe sind kompliziert gebaut, ihr Molekulargewicht ist relativ hoch, so hoch, daß viele Farbstoffe in Lösung hinsichtlich ihrer Diffusibilität, ihrer Fällbarkeit durch Elektrolyte, ihrer Adsorbierbarkeit ein ausgesprochen kolloidales Verhalten zeigen, und andere nach ZSIGMONDYS Ausdrucksweise wenigstens Semikolloide darstellen. Insbesondere gehören die Farbstoffe zumeist zur Gruppe der Kolloidelektrolyte und sind als solche mehr oder weniger dissoziiert; sie neigen zum Teil aber auch zur Polymerisation und sind zum Teil hydrolysiert. Eine weitere Schwierigkeit liegt darin, daß sie zum Teil auch Indicatoreigenschaften haben, ihre Farbe also den Einflüssen der Reaktion in den Zellen und in deren Umgebung unterliegt, daß sie zum Teil durch Reduktion entfärbt oder sonstwie leicht chemisch umgewandelt werden. Ihre färberischen Fähigkeiten werden ferner von den Eiweißkörpern mit beeinflußt, wie das auch für viele gefärbte Indicatoren bekannt ist; nach Walbum verschwindet die Farbe mancher Indicatoren sogar völlig bei Gegenwart größerer Eiweißmengen. Endlich ist zu beachten, daß die Farben als Produkte der Technik öfter große und für unsere Zwecke bedenkliche Beimengungen enthalten, wie namentlich Salze, darunter auch Salze mit mehrwertigem Kation, die nicht nur als Zellgifte gefährlich sind, sondern in kleinen Mengen die Permeabilität der lebenden Zelle sehr stark verändern, sowohl steigern wie verringern können. Hinzu kommt, daß Zusätze mehrwertiger Ionen die Anfärbbarkeit mancher Strukturen durch elektrische Adsorption aktivieren können. Trotz all dieser Mißlichkeiten kann man sich von den Farbstoffexperimenten nicht zurückschrecken lassen, weil sie, wie gesagt, ein unmittelbares Zeugnis für das Vorhandensein einer Permeabilität abgeben können.

Wir wollen nun die Farbexperimente dazu benutzen, um an ihnen noch einmal die Permeabilitätstheorien zu überprüfen.

Es wurde schon einmal (S. 427) darauf hingewiesen, daß Overton zur Aufstellung der *Lipoidtheorie* vor allem durch seine Studien über Vitalfärbung veranlaßt wurde. Er knüpfte dabei an die berühmte Beobachtung von Paul Ehrlich[1]) an, daß Farbbasen ebenso wie ungefärbte organische Basen häufig zugleich „neurotrop" und „lipotrop" sind, und daß die Überführung der Basen in die entsprechenden Sulfosäuren die Affinität zur Nervensubstanz, die Neurotropie, ebenso wie die Lipotropie zum Verschwinden bringt. Overton fügte eigentlich nur noch hinzu, daß Lipotropie, d. h. relative Fettlöslichkeit, nicht bloß Neurotropie bedingt, sondern Cytotropie überhaupt, also Eignung zur Vitalfärbung im allgemeinen, und daß man sich den Zusammenhang so erklären könne, daß die Plasmahaut einer fettartigen Haut zu vergleichen sei. Diese Annahme lag für ihn um so näher, als seine ausgedehnten Permeabilitätsstudien an nicht gefärbten löslichen Stoffen, wie wir sahen, bereits zu der gleichen Hypothese der Fettnatur der Plasmahaut geführt hatten. Als sich dann aber herausstellte, daß die Vitalfarben in Öl und auch in anderen aliphatisch- und aromatisch-organischen Lösungsmitteln oft unlöslich sind, dagegen durch Zusatz von „Lipoiden", d. h. vor allem von Cholesterin und Lecithin, aber auch von Protagon und Cerebrin in den genannten Lösungsmitteln löslich werden, deutete er die Plasmahaut speziell als Lipoidhaut (s. S. 428). Overton erkannte aber bereits, daß keineswegs die lipotropen und cytotropen Farben ohne Ausnahme Farbbasen sind, sondern daß auch einzelne Sulfosäurefarbstoffe diese Eigenschaften besitzen, wie Methylorange, Tropäolin 00 und Tropäolin 000. Den Zusammenhang zwischen Lipotropie und Cytotropie konstatierte er im wesentlichen auf Grund von Prüfungen der *absoluten* Löslichkeit der Farben in Lipoidgemischen, und darin sind ihm spätere Untersucher meist gefolgt, anstatt die *relative* Löslichkeit, auf die es allein ankommt, also die Verteilung zwischen lipoider und wässeriger Phase zu bestimmen. Dieser Irrtum hat bessere Einsichten verzögert; denn man stieß so auf manche Ausnahmen von der Regel, welche in Wirklichkeit keine sind.

Über den Zusammenhang von Lipoidlöslichkeit und Permeabilität für die basischen Farbstoffe hat sich nun folgendes ergeben: Die meisten *basischen Farbstoffe*, d. h. die Salze der Farbbasen, dringen aus stark verdünnter wässeriger Lösung leicht in die Zellen ein und werden in diesen vielfach gespeichert, bei Pflanzenzellen im Zellsaftraum etwa durch Bindung an Gerbsäure, bei tierischen Zellen an Granula, die im Protoplasma gelegen sind. Eine kleine Zahl dieser Farbbasen ist nun in der Auflösung von Cholesterin in Benzol oder Terpentin

[1]) Ehrlich, P.: Therap. Monatsh. März 1887. — Konstitution, Verteilung und Wirkung chemischer Körper. Leipzig 1893.

absolut unlöslich, geht aber auch beim Ausschütteln aus wässeriger Lösung nicht in diese Lipoidgemische hinein; dies gilt nach Untersuchungen von RUHLAND[1]), HÖBER[2]) und GARMUS[3]) für Methylengrün Krist I., Methylengrün, Thionin und Methylenazur. Prüft man die Lipoidlöslichkeit durch Ausschütteln mit Lecithin in Benzol oder Xylol, so verringert sich die Zahl der Ausnahmen; nach v. MÖLLENDORFF[4]) ist unter einer größeren Zahl von Farbbasen allein das Methylgrün 00 in Lecithinxylol unlöslich. Aber der Vergleich der Vitalfärbung mit der relativen Anfärbbarkeit des Lecithinxylols ist weniger beweisend, da diese lipoide Lösung sich beim Schütteln mit Wasser offenbar durch Aufnahme von Quellungswasser in die Lecithinteilchen trübt und die Anfärbung der Emulsion dadurch nicht eindeutig ist. Das gleiche gilt für OVERTONS Verfahren, Lecithinbrocken in den Farblösungen zu suspendieren und ihre Farbstoffspeicherung zu beobachten. So lassen sich also die Einwendungen gegen die Lipoidtheorie, die aus dem Verhalten gegen die Cholesteringemische hergeleitet werden, zunächst nicht entkräften.

Auf der anderen Seite sind basische Farben gefunden, welche trotz sehr großer Lipoidlöslichkeit auffallend schlecht von manchen Zellen aufgenommen werden. Dies gilt nach RUHLAND[5]) gegenüber Pflanzenzellen hauptsächlich für Baslerblau R und BB, für Nachtblau und für Viktoriablau B und 4R. Hier ist die Aufnahme aber zweifellos besonders erschwert dadurch, daß diese Farbstoffe sämtlich erstens sehr schwer wasserlöslich und, was wichtiger ist, daß sie hochkolloidal sind und infolgedessen auch sehr leicht durch Elektrolyte ausgeflockt werden. Trotzdem läßt sich nachweisen, daß sie, wenn auch nicht pflanzliche, so doch tierische Zellen, wie Zungen-, Darm- und Nierenepithelien vom Frosch und Infusorien aus dem Froschdarm (HÖBER und NAST l. c.), sowie Paramäcien (NIRENSTEIN l. c.) vital färben. Ob es weiterhin gelingen wird, auch die Färbbarkeit pflanzlicher Zellen noch nachzuweisen, bleibt abzuwarten. Möglicherweise hängt der Unterschied im Verhalten der pflanzlichen und der tierischen Zellen nur von der Umkleidung der ersteren mit einer Zellhaut ab[6]).

Wenden wir uns nun zu den *Säurefarbstoffen*, so sind es auch hier die Ausnahmen von der Regel, daß sie zugleich negativ cytotrop und negativ lipotrop sind, welche unser Interesse beanspruchen. Wieder hat besonders RUHLAND darauf aufmerksam gemacht, daß es auch Säurefarben gibt, die trotz Löslichkeit in den genannten Lipoidgemischen nicht in die Pflanzenzellen permeieren; das trifft für die Sulfosäurefarben Echtrot A und Tuchrot 3 GA, für die Carbonsäurefarbstoffe Erythrosin, Cyanin, Rose bengale zu. Aber es gilt hier auch wiederum, wenigstens für die Sulfosäurefarben, daß sie schwer löslich, hochkolloidal und sehr elektrolytempfindlich sind, und es gilt ferner, daß alle die genannten Farben nach NIRENSTEIN den lebenden Zellkörper von Paramäcien deutlich färben. Echtrot A und Tuchrot 3 GA durchdringen nach HÖBER[7]) und SEO (l. c.) auch das Darmepithel vom Frosch und die Blutkörperchen vom Rind, und auch

[1]) RUHLAND: Jahrb. f. wiss. Botanik Bd. 46, S. 1. 1908.

[2]) HÖBER: Biochem. Zeitschr. Bd. 20, S. 56. 1909. — HÖBER u. NAST: ebenda Bd. 50, S. 418. 1913.

[3]) GARMUS: Zeitschr. f. Biol. Bd. 58, S. 185. 1912. — S. ferner NIRENSTEIN: Pflügers Arch. f. d. ges. Physiol. Bd. 179, S. 233. 1920.

[4]) v. MÖLLENDORFF: Arch. f. mikr. Anat. Bd. 90, Abt. 1, S. 503. 1918.

[5]) RUHLAND: Jahrb. f. wiss. Botanik Bd. 51, S. 376. 1912.

[6]) S. dazu PFEFFER: Unters. a. d. Anat. Inst. Tübingen Bd. 2, S. 179. 1886. — LEPESCHKIN: Ber. d. dtsch. botan. Ges. Bd. 29, S. 247. 1911. — RUHLAND: Jahrb. f. wiss. Botanik Bd. 51, S. 376. 1912. — TRÖNDLE: Arch. des sciences phys. et nat. 1918, S. 123. — KLEBS: Sitzungsber. d. Heidelberger Akad. 1919, B, S. 18. — SEO (unter HÖBER): Pflügers Arch. f. d. ges. Physiol. Bd. 201, S. 603. 1923.

[7]) HÖBER: Biochem. Zeitschr. Bd. 20, S. 56. 1909.

eine andere hochkolloidale, lipoidlösliche Sulfosäure, Tuchscharlach G, wird von Blutkörperchen und Darmepithel sowie nach W. HERTZ[1]) von dem im Froschdarm parasitierenden Infusor Opalina ranarum aufgenommen. Wie die entsprechenden basischen Farben, so nehmen also auch diese Säurefarben gegenüber den *tierischen* Zellen keine Ausnahmestellung ein; ihr Verhalten widerspricht insoweit also der Lipoidtheorie nicht.

Ganz unvereinbar damit scheint es dagegen, daß es ohne allen Zweifel *eine sehr große Zahl von Säurefarbstoffen gibt, die sich in jeder Hinsicht als lipoidunlöslich erweisen und trotzdem von manchen Zellen stets und reichlich aufgenommen werden.* Diese Tatsache würde als ein unüberwindliches Hindernis für die Lipoidtheorie der Vitalfärbung anzusehen sein, wenn die Färbung sich nicht auf ganz bestimmte Zellsorten beschränkte, sondern eine generelle Erscheinung wäre, so wie es für die meisten Farbbasen gilt. Wenn man z. B. einen Frosch mit einem Säurefarbstoff, etwa mit Cyanol oder Lichtgrün, überschwemmt, indem man an ihn die Farbe entweder verfüttert oder sie ihm vom Rückenlymphsack aus oder intravenös einverleibt, so wird einen stets von neuem die Blässe der meisten Organe in Erstaunen setzen, und bei der mikroskopischen Untersuchung gröberer Zupfpräparate bestätigt sich, daß fast alle Gewebe beinahe farblos sind; eine auffallendere Ausnahme davon machen vor allem gewisse Nierenepithelien, in denen man reichlich Farbstoff innerhalb von Granula gespeichert findet.

Etwas anders ist das Verhalten, wenn man an Stelle von relativ leicht diffundierenden Stoffen, wie Cyanol oder Lichtgrün, schwer diffusible, kolloidale zuführt, wie das seit GOLDMANN[2]) so oft verwendete Trypanblau. Allerdings färben sich auch dann — auch beim (erwachsenen) Säugetier — zahlreiche Gewebselemente nicht, wie Muskelfasern, die Zellen des Zentralnervensystems, die Drüsenzellen von Speicheldrüsen, Pankreas, Leber; aber der erste besonders makroskopische Eindruck ist doch dadurch ein anderer, daß außer den Nierenepithelien zahlreiche relativ unscheinbare Zellen, nämlich die Histocyten (Klasmatocyten, Makrophagen) und Reticuloendothelien, in der Leber besonders die dazu gehörigen KUPFFERschen Sternzellen Farbstoff gespeichert haben. Die kolloidalen Säurefarbstoffe werden nämlich, wie namentlich durch SCHULEMANN[3]) und v. MÖLLENDORFF[4]) bewiesen ist, wohl entsprechend ihrer größeren Adsorbierbarkeit, viel leichter in den Zellen festgehalten als die hochdispersen, leicht diffusiblen, und werden besonders dadurch, daß sie von im Protoplasma sich bildenden Vakuolen gesammelt werden, gerade so gut sichtbar wie die basischen Farbstoffe. Bei den Nierenepithelien darf allerdings die Dispersität des Farbstoffes nicht unter eine gewisse Grenze heruntergehen; sonst bleibt ihre Anfärbung aus [HÖBER[5])]. Aber auch abgesehen davon nehmen, wie gesagt, die meisten Zellarten keine Farbe an, und ich kann darum nicht zustimmen, wenn v. MÖLLENDORFF[6]) die Sachlage so darstellt, als ob die Nichtfärbung mit einem lipoidunlöslichen Säurefarbstoff die Ausnahme und die Färbung die Regel sei.

---

[1]) HERTZ, W. (unter HÖBER): Pflügers Arch. f. d. ges. Physiol. Bd. 196, S. 444. 1922.

[2]) GOLDMANN: Bruns' Beitr. z. klin. Chir. Bd. 64, S. 192. 1909 u. Bd. 78, S. 1. 1912.

[3]) SCHULEMANN: Arch. d. Pharmazie Bd. 250, S. 252. 1912; Biochem. Zeitschr. Bd. 80, S. 1. 1917. — EVANS, SCHULEMANN u. WILBORN: Schles. Ges. f. vaterländ. Kultur (Naturw. Sektion) 1913.

[4]) v. MÖLLENDORFF: Dtsch. med. Wochenschr. 1914, Nr. 11 u. 41; Anat. Hefte Bd. 53, S. 87. 1915; Ergebn. d. Physiol. Bd. 18, S. 141. 1920.

[5]) HÖBER u. KEMPNER: Biochem. Zeitschr. Bd. 11, S. 105. 1908. — HÖBER u. CHASSIN: Kolloid-Zeitschr. Bd. 3, S. 76. 1908. — HÖBER: Biochem. Zeitschr. Bd. 20, S. 56. 1909.

[6]) v. MÖLLENDORFF, in Oppenheimers Handb. d. Biochem., 2. Aufl., Bd. II, S. 282ff. 1924.

Was folgt nun für die Lipoidtheorie aus diesen Tatsachen? Nach der Ansicht Höbers ist *die Farbstoffaufnahme der lipoidunlöslichen Säurefarbstoffe ein ganz anderer Vorgang als die Aufnahme der lipoidlöslichen Farben*; letztere erfolgt rein passiv, erstere ist der Ausdruck eines aktiven, an den Lebensprozeß der Zellen geknüpften Importvermögens. Diese Auffassung trägt vor allem der besonderen Natur der sich färbenden Zellen Rechnung; die Niere ist als ein Haupttransportorgan sicherlich im Besitze besonderer Aufnahmefähigkeiten, und die Reticuloendothelien und Histiocyten sind im Gegensatz zu weitaus den meisten tierischen Zellen der Phagocytose fähig; sie nehmen nicht bloß echt und kolloid gelöste Stoffe auf, sondern auch nach Art der Leukocyten gröbere Korpuskeln, wie Zinnober-, Indigo- und Tuschekörnchen, Trümmer roter Blutkörperchen und Bakterien, von fein zerteilten Substanzen auch die kolloidalen Metalle. Die Auffassung harmoniert aber auch mit den theoretischen Folgerungen aus den früher (S. 432 ff.) erörterten Beobachtungen über die Zelldurchlässigkeit. Denn die zunächst sonderbar anmutende Tatsache, daß die lipoidlöslichen, leicht eindringenden Stoffe großenteils zellfremde Gifte sind, während die Gruppe der lipoidunlöslichen und zumeist nicht merklich eindringenden Stoffe wichtige Nahrungsstoffe, wie die Zucker, Aminosäuren und Salze umfaßt, führte uns geradezu zu dem Postulat der *aktiven physiologischen Permeabilität*, die von den Zellen regulativ zur Deckung ihres Bedarfs in Funktion gesetzt wird, während die *passive physikalische Permeabilität* jederzeit vorhanden ist und die Zelle allen in ihrer Umgebung befindlichen lipoidlöslichen Verbindungen preisgibt (s. S. 433). Diese physiologische Permeabilität sehen wir nun hier bei gewissen Zellen entsprechend ihrer besonderen physiologischen Natur stets und ständig wirksam an den Sulfosäurefarbstoffen, die in ihren höher dispersen Repräsentanten mit den von der Niere andauernd transportierten anorganischen Salzen durch die Stärke ihrer elektrolytischen Dissoziation vergleichbar sind, und in ihren grobdispersen Vertretern mit den mikroskopisch sichtbaren, von den histiogenen Wanderzellen phagocytierten Teilchen. Die Einführung des Begriffs der physiologischen Permeabilität ist also keineswegs eine Ausflucht oder ein Notbehelf, um die Lipoidtheorie oder eine andere Theorie der Stoffaufnahme zu retten, wie es gelegentlich dargestellt ist, sondern eine notwendige Ergänzung der gewonnenen Vorstellungen.

Nun ist es von außerordentlichem Interesse, daß v. Möllendorff neuerdings den Kreis der mit dem kolloidalen Trypanblau anfärbbaren Zellen sehr charakteristisch hat erweitern können. Mit Blotevogel[1]) fand er, daß, während das Auge erwachsener Tiere (Mäuse) Trypanblau nur in Histiocyten speichert, sich im jugendlichen Auge die Farbeinschlüsse fast in allen Geweben finden, und er glaubt, daß dies der Ausdruck eines stark vermehrten Stoffwechsels sei. Noch auffallender sind die Unterschiede im Aufnahmevermögen des Darmepithels bei neugeborenen und erwachsenen Mäusen[2]). Führt man nämlich saugenden Mäusen über die Mutter oder direkt Trypanblau zu, so findet man die Darmepithelzellen dicht besetzt mit Farbstoffvakuolen; ja noch mehr, auch schwarze Tusche wird von ihnen gespeichert. Die Farbe wird dabei in charakteristischen Gebilden des jugendlichen Epithels abgelagert, in großen Vakuolen, die Eiweiß einschließen. Dies Bild ändert sich, wenn die Tiere nach 15 bis 16 Tagen zu anderer Nahrung übergehen. Bis zu dieser Zeit entwickeln sich nämlich die Darmdrüsen, die im Neugeborenen fehlen; von jetzt ab wird deshalb der Darm wahrscheinlich auch erst fähig, Nahrung zu verdauen. In dieser Zeit schwinden auch die Eiweißeinschlüsse: sie werden darum wohl mit Recht als

[1]) v. Möllendorff u. Blotevogel: Zeitschr. f. Zellen- u. Gewebelehre Bd. 1, S. 445. 1924.

[2]) v. Möllendorff: Zeitschr. f. Zellforsch. u. mikroskop. Anat. Bd. 2, S. 129. 1925.

Eiweiß aus der Muttermilch aufgefaßt, das unzersetzt resorbiert wurde, während das artfremde Eiweiß der späteren Nahrung zuvor gespalten werden muß. Mit dem Schwinden der Eiweißvakuolen nimmt aber auch die Anfärbbarkeit des Epithels mit Trypanblau trotz überreichlichen Angebots mehr und mehr ab; sie hört nicht völlig auf, aber sie wird viel spärlicher. Die Fähigkeit zur Einlagerung von Tuschekörnchen verschwindet dagegen völlig.

Nach v. Möllendorffs Ansicht rührt dies Verhalten davon her, daß die lumenwärts gerichtete Epithelgrenze, der Cuticularsaum, mit dem Alter der Tiere konsistenter und dadurch undurchlässiger wird. Im Säuglingsstadium ist ein Bedarf nach einer besonders großen Permeabilität vorhanden, nämlich nach einer Permeabilität für grob disperse Teilchen, um unverändertes Eiweiß aufnehmen zu können; die Permeabilität ist also gegenüber der „Norm" des späteren Lebens im Dienst der Funktion gesteigert, gerade so wie nach v. Möllendorff und Blotevogel das jugendliche Gewebe im Auge im Zusammenhang mit dem vermehrten Stoffwechsel als permeabler angesehen wird. Wir werden bald erfahren, daß diese Auffassung des Verhaltens jugendlicher Gewebe durch zahlreiche Beispiele von funktioneller Permeabilitätssteigerung gestützt werden kann.

Im Zusammenhang mit diesen und anderen Beobachtungen[1]) wendet sich nun aber v. Möllendorff gegen meine Annahme von zweierlei Permeabilitäten; nach seiner Meinung genügt es, sich vorzustellen, daß ganz allgemein die Zellen sich quantitativ hinsichtlich der Permeabilität für relativ grob disperse Stoffe unterscheiden; je nach Art und Zustand der Zellen sei das Aufnahmevermögen an eine bestimmte Größendimension geknüpft. Dagegen könne von Impermeabilität für feindisperse Stoffe, etwa für Salze, keine Rede sein. Dieser Auffassung könnte man vielleicht zustimmen, wenn nichts weiter zur Diskussion stände als Beobachtungen über Vitalfärbung. v. Möllendorff beruft sich aber auch auf Versuche mit Salzen, die er an den Kupfferschen Sternzellen der Leber von Kaulquappen anstellte[2]). Hat man diese Zellen auf dem Wege der Fütterung mit Trypanblau beladen, so kann man den Farbstoff nach v. Möllendorff fast momentan innerhalb der Vakuolen zur Flockung bringen, wenn man die Leber, statt in isotonische ($^{n}/_{20}$) NaCl-Lösung, in $^{n}/_{10000}$ Uranylnitrat-, $^{n}/_{1000}$ $MnSO_4$, $^{n}/_{1000}$ $CaSO_4$ oder $^{n}/_{10}$ NaCl einlegt. Dafür, daß die Zellen dabei am Leben bleiben, wird angeführt, daß sie in hypertonischer NaCl-Lösung deutlich mit Volumverkleinerung reagierten. Auf Grund dieser Beobachtung entwickelt v. Möllendorff folgendes Bild vom Bau der Zellen: Das Protoplasma ist einer Emulsion vergleichbar. Deren disperse Phase ist von Protoplasmatröpfchen gebildet, dazwischen befinden sich mit wässeriger Lösung gefüllte Straßen, die auf der Oberfläche der Zelle münden. Ein geschlossener Plasmahautsack existiert nicht. Die Flüssigkeitsstraßen sind hie und da zu Vakuolen erweitert, in diesen kann irgendwie Farbstoff, wie z. B. Trypanblau, festgehalten werden. Die Oberfläche der Protoplasmatröpfchen besteht aus Lipoid und Eiweiß und ist semipermeabel. Dadurch kann die ganze Summe der Tröpfchen, also die Zelle, auf osmotische Druckunterschiede zwischen Tröpfcheninhalt und Umgebung mit osmotischer Wasserbewegung reagieren. — Auch wenn man die Bedenken, die man zum mindesten gegen v. Möllendorffs Versuche mit Uranyl- und Mangansalz hegen wird, zunächst zurückstellt und sich gegenüber dem Bild, das v. Möllendorff vom Zellbau entwirft, von neuem vor die Frage stellt, wie die Zellen lipoidunlösliche Stoffe, Zucker, Aminosäuren, Salze, in ihr Inneres aufnehmen und festhalten sollen, wird man finden, daß man in der Permeabilitätsfrage gerade so weit ist wie vorher; denn man muß auch jetzt schließen, daß die Semipermeabilität für die lipoidunlöslichen Stoffe gelegentlich irgendwie durchbrochen werden muß, damit die Nährstoffe ins Protoplasmainnere aufgenommen werden können, geradeso wie die Semipermeabilität — das sei nochmals betont —, für gewöhnlich vorhanden sein muß, da sich das lebende vom toten Protoplasma eben dadurch unterscheidet, daß Konzentrationsdifferenzen im Leben aufrecht erhalten werden können. Die Permeabilität für die lipoidunlöslichen, fein dispersen Stoffe muß also quantitativ anders beschaffen sein als für die lipoidlöslichen, z. B. für die basischen Farben.

Auch die Untersuchungen über die *Färbbarkeit der Pflanzenzellen mit Säurefarbstoffen* führen offenbar zu der Annahme des aktiven Transportes. Während

---

[1]) v. Möllendorff: Oppenheimers Handb. d. Biochem., 2. Aufl., Bd. II, S. 282ff. 1924; Ergebn. d. Physiol. Bd. 18, S. 141. 1920.

[2]) v. Möllendorff: Kolloid-Zeitschr. Bd. 23, S. 158. 1918.

Overton noch der Meinung war, daß die Säurefarbstoffe mit ganz wenigen Ausnahmen (S. 442) nicht in Pflanzenzellen einzudringen vermögen, kam E. Küster[1]) zu völlig anderen Ergebnissen, als er nicht einzelne Pflanzenzellen oder Schnitte durch Gewebe in die Farblösungen einlegte, sondern ganze Sproßteile mit ihrer Schnittfläche in die Farblösungen hineinstellte, so daß sie sich auf dem natürlichen Wege der Gefäßbündel mit den Lösungen imbibieren konnten. Dann zeigte sich, daß sich zahlreiche Zellen anfärben, und zwar um so leichter, je weniger kolloidal der Farbstoff ist, und daß hochkolloidale Farbstoffe, wie z. B. Nigrosin, Trypanrot, Diamingrün, gar nicht aufgenommen werden. Die Versuche Küsters wurden von Ruhland[2]) bestätigt und auf sie eine *Ultrafiltertheorie der Vitalfärbung* aufgebaut, nach der *über die Aufnehmbarkeit lediglich die Größe der Farbstoffteilchen entscheidet.* Die Plasmahaut entspricht nach Ruhland einem Ultrafilter, das gröber disperse Partikeln nicht passieren läßt, während für feindispergierte Stoffe alle Pflanzenzellen gleich durchlässig sind, und wenn verschiedene Zellarten sich verschieden stark färben oder gar manche in den Lösungen von Säurefarbstoffen ungefärbt erscheinen, so liegt das nach Ruhland nur an dem verschiedenen Speicherungsvermögen der Zellen, das oft so weit mangelt, daß die Zellen in der mikroskopischen Schichtdicke farblos aussehen, obwohl sie in Wirklichkeit Farbstoff aufgenommen haben. Einen ähnlichen Standpunkt vertritt auch Bethe für die tierischen Zellen; wir werden später (S. 451) auf seine Argumente zurückkommen. Ruhland begründet seine Theorie durch einen Vergleich zwischen dem physiologischen Färbevermögen und dem Dispersitätsgrad der Farbstoffe; den letzteren untersuchte er vor allem durch Bestimmung der Diffusibilität der Farben in 20 proz. Gelatinegel. In der Tat ergibt sich so ein weitgehender Parallelismus zwischen der Geschwindigkeit der Anfärbung und der Dispersität, und hochkolloidale Farbstoffe färben nach Ruhland die Zellen im allgemeinen nicht, geradeso wie Höber es bereits für die Nierenepithelien gezeigt hatte. Aber daß die Dispersität nicht allein entscheidend ist, das beweisen schon die vorher genannten Feststellungen, daß hochkolloidale basische und Säurefarbstoffe, wofern sie lipoidlöslich sind, doch, wenn auch schwer, in die Zellen eindringen, wenigstens in die tierischen Zellen. Schon aus diesem Grund kann die Ultrafiltertheorie nicht die Allgemeingültigkeit haben, die Ruhland ihr zuschreibt. Was man aber vor allem gegen diese Anschauung einwenden muß, ist das, daß sie alle die zahlreichen Versuche mit nicht gefärbten molekulardispersen Stoffen außer acht läßt, nach denen die osmotischen Eigenschaften der Zellen doch so beschaffen sind, daß man um die Annahme einer Impermeabilität gar nicht herumkommt. Ferner hat neuerdings Collander[3]) mit Nachdruck darauf hingewiesen, daß von Ruhlands nur scheinbarer Impermeabilität vieler Pflanzenzellen für Säurefarbstoffe, die vorgetäuscht sei durch die allzu geringe Schichtdicke der Zellen, gar nicht die Rede sein kann. Collander geht von der lange bekannten, sehr einfachen Beobachtung aus, daß Spirogyren selbst nach tagelangem Verweilen in einer dunkelblauen Cyanollösung farblos bleiben, d. h. sich unter dem Deckglas von dem dunkelblauen Grund ihrer Umgebung blendend weiß abheben, und indem er nun die blaue Außenlösung mehr und mehr verdünnte, ließ sich leicht zeigen, daß auch nach vielfacher Verdünnung die Algenfäden sich immer noch deutlich heller von dem hellblauen Untergrund abheben. Würde also der Plasmahautmantel der Zellen dem Farbstoff kein Diffusionshindernis dargeboten haben, so müßten in den wasserreichen

---

[1]) Küster, E.: Jahrb. f. wiss. Botanik Bd. 50, S. 261. 1911. — S. auch Zeitschr. f. wiss. Mikroskopie Bd. 35, S. 95. 1918.

[2]) Ruhland: Jahrb. f. wiss. Botanik Bd. 51, S. 376. 1912.

[3]) Collander: Jahrb. f. wiss. Botanik Bd. 60, S. 354. 1921.

Zellsaftraum sichtbare Farbstoffmengen eingedrungen sein. Durch diese und ähnliche Beobachtungen an anderen Pflanzenzellen ist zu beweisen, daß Farblosigkeit der Zellen in der Tat, wenn auch nicht absolute Undurchlässigkeit, so doch mindestens ein sehr geringes Maß von Permeabilität beweist, welches die Diffusion stark behindert. Nun findet Collander aber weiter, daß im Gegensatz zu Ruhlands Angaben und zu seiner Ultrafiltertheorie *zahlreiche Pflanzenzellen sich auch mit hochdispersen Säurefarbstoffen nicht anfärben*, oder richtiger auch nach 24stündigem Verweilen noch 8 bis 10mal weniger Farbstoff in der Raumeinheit enthalten als ihre Umgebung, und daß es nur — geradeso wie bei den Tieren — *ganz bestimmte Zellarten sind, die sich mit der Farbe beladen*, nämlich Zellen, welche die Leitbündel umgeben, jugendliche Zellen und Blumenblattzellen. Collander stellt sich nach all dem auf den gleichen Standpunkt wie Höber, daß die besondere Anfärbbarkeit *bestimmter Zellen* der Ausdruck einer besonderen Aktivität, einer „physiologischen Permeabilität" sei[1]). Die Ansicht von Ruhland, daß *alle* Zellen die höherdispersen Farbstoffe eindringen ließen, ist aber nach Collander wahrscheinlich darauf zurückzuführen, daß Ruhland absterbendes Material untersuchte. Beim Absterben nimmt ja bekanntlich die Permeabilität der Plasmahaut zu, und zwar zuerst für leichtdiffusible, dann für schwerer diffusible, wie schon de Vries wußte. Offenbar spielen sich dabei in der kolloidalen Plasmahaut Koagulationsprozesse ab; dabei wird dann Quellungswasser frei, und die Poren, die bis dahin wesentlich adsorbiertes Wasser enthielten und dadurch Stoffe ohne Oberflächenaktivität, wie die Säurefarbstoffe es sind, schwer oder nicht passieren ließen (s. S. 423 und 441), werden jetzt auch für Stoffe mittlerer Dispersität weit genug.

Die Auffassung von der besonderen Natur des Imports der lipoidunlöslichen Säurefarbstoffe ist aber auch durch direkte Versuche zu stützen. Nämlich *die physiologische Permeabilität für Farbstoffe läßt sich wegnarkotisieren, die physikalische nicht*. Bei Pflanzenzellen ist dies von Collander nur insoweit gezeigt, als er feststellte, daß die Färbung der Kelchblätter von Hyazinthen mit den Sulfosäurefarben Cyanol und Orange *G* durch 2% Äther oder durch 0,5—1% Chloralhydrat sehr stark zu hemmen ist. W. Hertz[2]) machte dagegen eingehendere Versuche an Opalina, dem schon vorher erwähnten Infusor, das im Froschdarm parasitiert. Da den Opalinen ein Cystostoma fehlt, müssen sie sich wohl durch ihre Leibesoberfläche hindurch ernähren, und Kozawa[3]) und Rohde[4]) machten nun die nach den allgemeinen Regeln der Vitalfärbung auffällige Beobachtung, daß — vielleicht im Zusammenhang mit dieser parasitären Lebensweise — die Opalinen fähig sind, bei Verfütterung von Säurefarbstoffen an die Frösche sich im Darm langsam damit zu beladen, so daß sie schließlich stark und gleichmäßig durchgefärbt werden. Diese Anfärbung gelingt nach Hertz auch außerhalb des Frosches in Ringerlösung, regelmäßig aber nur, wenn man etwas Eiweiß hinzufügt; der Farbstoff wird dann vielleicht durch die Leibesoberfläche hindurch „mitgefressen", und wenn man nun noch außerdem ein Narkoticum in geeigneter Konzentration (0,03—0,05 Mol. Isobutylurethan) zu der Nährlösung hinzusetzt, so werden die Opalinen reversibel gelähmt und verlieren damit zugleich die Fähigkeit, den Säurefarbstoff aufzunehmen. Man könnte meinen, das mit der Immobilisierung in der Narkose in Zusammenhang zu bringen; man könnte auch annehmen, daß das Narkoticum nicht eine Aktivität lähmt, sondern die Permeabilität physikalisch verringert, was wohl bei der Narkose in der Tat auch

[1]) Siehe auch Nirenstein: Zitiert auf S. 449.
[2]) Hertz, W. (unter Höber): Pflügers Arch. f. d. ges. Physiol. 1922, S. 197.
[3]) Siehe Höber: Biochem. Zeitschr. Bd. 67, S. 420. 1914.
[4]) Rohde: Pflügers Arch. f. d. ges. Physiol. Bd. 168, S. 411. 1917.

geschieht. Aber daß hier wirklich die angenommene *physiologische* Permeabilität wegnarkotisiert wird, folgt aus der Beobachtung von HERTZ, daß, wenn man den Opalinen einen lipoidlöslichen Farbstoff bietet, wie eine Farbbase, oder, besser noch des Vergleiches halber, einen der lipoidlöslichen und wegen ihres kolloidalen Verhaltens nur langsam eindringenden Sulfosäurefarbstoffe, wie Echtrot *A* oder Tuchscharlach *G*, die Narkose keinerlei Unterschied in der Geschwindigkeit des Farbeintritts herbeiführt[1]).

Auch daß bei den Opalinen die Aufnahme der lipoidunlöslichen Farben an die Anwesenheit von Eiweiß gebunden ist, kennzeichnet diese Aufnahme als etwas Besonderes, und man kann dies um so mehr behaupten, als der Fall der Opalina in dieser Hinsicht nicht isoliert dasteht. PLATTNER[2]) führte der isolierten Froschleber von der Vena abdominalis aus indigschwefelsaures Natrium zu und stellte fest, daß sich dabei die Gallengangscapillaren fast ohne Ausnahme nur dann mit dem Farbstoff injizierten, wenn der Farblösung Serum oder Pepton zugesetzt war. Auch hier ermöglicht offenbar erst die Gegenwart eines Eiweißkörpers den Übertritt des Sulfosäurefarbstoffes von der Blutbahn durch die Zellen hindurch in die Sekretcapillaren. Die Klarheit des Ergebnisses wird hier freilich dadurch beeinträchtigt, daß, wenn die Abscheidung der Farbe nicht gegen den Druck der gefüllten Gallenblase erfolgt, sondern die Gallenblase breit eröffnet wird, nun bei reichlicher Produktion von Galle der Farbstoff auch durchtritt, ohne daß in der Durchströmungsflüssigkeit ein Eiweißkörper enthalten ist. — In diesem Zusammenhang ist ferner noch einmal auf die Versuche von v. MÖLLENDORFF[3]) über die Resorption von Trypanblau im Darm der saugenden Maus zurückzugreifen. Denn dabei zeigte sich, daß das Trypanblau als Niederschlag auf und in den Eiweißeinschlüssen auftritt, die das Darmepithel des Säuglings charakterisieren, und daß beim Übergang zu anderer Nahrung als Muttermilch mit dem Schwinden der Eiweißeinschlüsse auch die Fähigkeit für Trypanblauresorption stark zurückgeht. v. MÖLLENDORFF ist freilich der Ansicht, daß das Trypanblau für sich ins Epithel eindringt und erst sekundär an die Eiweißeinschlüsse angelagert wird; die Gründe, die er dafür anführt, halte ich aber nicht für überzeugend.

Hiernach scheint nun ein Haupteinwand, der gegen die Lipoidtheorie der Vitalfärbung erhoben worden ist, aus dem Wege geräumt; die Aufnahme der vielen lipoidunlöslichen Säurefarbstoffe durch gewisse Zellen ist eben ein Vorgang ganz anderer Art, als die Aufnahme der lipoidlöslichen. Im übrigen ist zuzugeben, daß der Stand der Frage nach dem Zusammenhang von Lipoidlöslichkeit und Vitalfärbung noch keineswegs befriedigend klar ist; denn wir vermochten nicht sicher zu entscheiden, ob es wirklich Farbbasen gibt, die gut färben, obwohl sie lipoidunlöslich sind (s. S. 442), und es blieb unklar, warum im Gegensatz zu den tierischen Zellen die Pflanzenzellen von gewissen lipoidlöslichen basischen und Säurefarbstoffen nicht gefärbt werden (s. S. 443).

Ein Teil dieser Schwierigkeiten scheint sich aber doch durch eine *Modifikation der Lipoidtheorie* beseitigen zu lassen, zu der NIRENSTEIN[4]) gelangte. NIRENSTEIN hat bei über 100 Farbstoffen die Färbbarkeit von Paramäcien mit der Verteilung der Farben zwischen Wasser und gewissen Lipoidgemischen quantitativ verglichen. Wie schon OVERTON, so konstatierte auch er, daß zahlreiche Farbbasen vital färben, obwohl sie aus wässeriger Lösung von Oliven- oder Mandelöl nicht aufgenommen werden. Setzt man dagegen Ölsäure zu dem Öl hinzu, so zeigt

[1]) Siehe hierzu auch die Versuche von TRÖNDLE, S. 418.
[2]) PLATTNER (unter HÖBER): Pflügers Arch. f. d. ges. Physiol. Bd. 206, S. 91. 1924.
[3]) v. MÖLLENDORFF: Zeitschr. f. Zellforsch. u. mikroskop. Anat. Bd. 2, S. 129. 1925.
[4]) NIRENSTEIN: Pflügers Arch. f. d. ges. Physiol. Bd. 179, S. 233. 1920.

sich, daß, wenn man die Grenzkonzentrationen der Anfärbung der Paramäcien aufsucht und sie mit den Verteilungsquotienten Ölsäure-Öl : Wasser vergleicht, ein vollkommener Parallelismus zwischen Färbevermögen und Verteilung besteht. Ölsäure-Öl ist aber nur bei den Farbbasen ein befriedigendes Modell der Zellvorgänge, nicht bei den Säurefarbstoffen; denn Nirenstein fand unter 72 Säurefarbstoffen 21, welche die Paramäcien anfärbten, aber dabei in dem Ölsäure-Ölgemisch vollkommen unlöslich waren. Fügt man nun aber zu dem Ölsäure-Ölgemisch noch eine organische Base hinzu, — Nirenstein verwendete das Diamylamin — so gewinnt dieses Gemisch auch für die Säurefarbstoffe Speicherungseigenschaften, ohne daß die Aufnahmefähigkeit für die Farbbasen dadurch irgendwie alteriert wird, aber nur für diejenigen Säurefarbstoffe, welche auch die Paramäcien vital färben, so daß also das *Gemisch aus Diamylamin, Ölsäure und Öl in seiner Anfärbbarkeit aus wässeriger Lösung ein vollkommenes Abbild des Paramäcienzelleibes darstellt.* Die Einwände, die der Lipoidtheorie aus dem freilich nicht mit genügender Sicherheit zu beurteilenden Verhalten einiger Farbbasen, wie Methylengrün Krist. I, Methylgrün, Thionin, Methylenazur gegenüber Lipoidgemischen, wie Terpentin-Cholesterin oder Xylol-Lecithin, erwuchsen (s. S. 443), werden hiernach sämtlich hinfällig, und bei der überraschenden Kongruenz zwischen Zell- und Modellverhalten wird man sich mit Nirenstein fragen, ob das Modell nicht tatsächlich den Zellipoiden entspricht. Nirenstein weist denn auch darauf hin, daß das käufliche Lecithin infolge teilweiser Zersetzung sowohl freie Fettsäure wie freie Base enthält; er hält aber doch damit zurück, das Lecithin geradezu als das lipoide Lösungsmittel der Zellen zu bezeichnen, sondern spricht nur ganz allgemein die Meinung aus, daß die Zellfärbbarkeit von der Anwesenheit der Fettsäure und der fettlöslichen Base abhänge.

Den Paramäcien entsprechend verhalten sich nach Seo[1]) auch andere tierische Zellen, die bisher daraufhin geprüft wurden, nämlich die Blutkörperchen vom Rind, das Darmepithel vom Frosch und die Opalinen. Dagegen hat Collander (l. c.) eine Färbung mit 7 der diamylaminlöslichen Sulfosäurefarbstoffe bei pflanzlichen Protoplasten nicht mit Sicherheit feststellen können; nach den ergänzenden Beobachtungen von Seo ist dies vielleicht darauf zurückzuführen, daß die betreffenden Farbstoffe in den lipoidhaltigen Cellulosehäuten der Pflanzenzellen festgehalten werden.

Wir wollen schließlich noch die Frage aufwerfen, ob man die Theorie von Nirenstein überhaupt noch als Lipoidtheorie bezeichnen kann. In der ursprünglichen, ihr von Overton gegebenen Form spielt das Lipoid die Rolle eines reinen Lösungsmittels. Ob diese einfache Auffassung richtig ist, erschien uns aber bereits beim Studium der Verteilungsvorgänge (s. S. 426 und 429) zweifelhaft, und die Auffassung der lipoiden Phase als disperses System, in dem die dispergierte Phase als Adsorbens wirkt, schien ebenso gangbar. Die Theorie von Nirenstein legt nun zunächst die Vermutung nahe, daß an die Stelle der Lösungsaffinitäten zum Lipoid als Bedingungen für den Eintritt der Stoffe in die Zellen chemische Affinitäten zu treten haben; Säure wird von Base und Base von Säure angezogen. Aber diese Auffassung kann erstens natürlich nicht für das Heer von organischen indifferenten Nichtleitern gelten, und zweitens ist zu beachten, daß Ölsäure und Diamylamin, wie wir hörten, ganz unabhängig von einander ihre Einflüsse auf basische und Säurefarben ausüben, anstatt daß sie einander in der lipoiden Phase neutralisieren. Es erscheint daher annehmbar, daß auch sie weniger in echter Lösung chemisch, als in kolloidaler Dispersion elektrisch wirken, daß ihr Einfluß auf die Verteilung also elektrostatische Adsorption ist; die nega-

---

[1]) Seo (unter Höber): Pflügers Arch. f. d. ges. Physiol. Bd. 201, S. 603. 1923.

tiven Ölsäureteilchen würden also die positiven Farbkationen, die positiven Basenteilchen die negativen Farbanionen festhalten.

Beiläufig sei übrigens noch ein Gewinn für die Vorstellungen über die Zellpermeabilität verzeichnet, den die Farbstudien gebracht haben; nämlich bei der genauen Prüfung zahlreicher Farbstoffe sind NIRENSTEIN und v. MÖLLENDORFF[1]) darauf aufmerksam geworden, daß die Diffusfärbung des Protoplasmas, die neben der sehr auffälligen Speicherung der Farbstoffe in Granula bis vor kurzem meist unbeachtet blieb, nicht nur sehr häufig ist, sondern auch zur relativen Lipoidlöslichkeit (in Lecithin-Xylol) in naher Beziehung steht, nämlich im allgemeinen ihr parallel geht. Dies beweist, daß nicht nur für den Einlaß lipoidlöslicher Stoffe eine oberflächliche Lipoidhaut erforderlich ist, sondern daß auch bei Durchdringung des Protoplasmas die Lipoide mitwirken. Die Annahme einer Plasmahaut mit lipoiden Elementen (s. S. 432) bleibt natürlich davon unberührt, insofern sie dazu gemacht wurde, um die osmotischen Eigenschaften der Zellen verstehen zu können[2]). —

Mit der Abgrenzung der klassischen Lipoidtheorie von OVERTON und der modifizierten Lipoidtheorie von NIRENSTEIN streiften wir bereits die Frage, *inwieweit der Eintritt der Farbstoffe in die lebende Zelle als ein Adsorptionsakt aufzufassen sei*, wollen nun aber noch ausdrücklich vom Standpunkt der Erfahrungen über Vitalfärbung dazu Stellung nehmen. Da ergibt sich, daß, so wie die Adsorptionstheorie der Permeabilität ursprünglich von J. TRAUBE begründet wurde, nämlich durch den Hinweis auf einen weitgehenden Parallelismus zwischen Permeabilität und Oberflächenspannung wässeriger Lösungen (s. S. 434), hier nicht weiterzukommen ist. *Denn die stalagmometrisch festgestellten Werte für die relative Oberflächenspannung der Farblösungen zeigen keinerlei Beziehung zu ihren physiologischen Eigenschaften*[3]). Wir machten uns aber schon früher klar (S. 436), daß das ja schließlich auch nicht erwartet werden kann, da es nicht auf die Adsorbierbarkeit an Luft ankommt, sondern auf die Adsorbierbarkeit an die Protoplasmaoberfläche mit ihren speziellen Eigenschaften. Und wenn wir uns diese auf Grund unserer früheren Erfahrungen aus Lipoid und Eiweiß zusammengesetzt denken, so wissen wir von der Adsorbierbarkeit an Lipoid kaum etwas zu sagen, es sei denn, daß sie sich von der relativen Löslichkeit im Lipoid bisher schwer abgrenzen läßt (s. S. 426 und 429). An Eiweiß aber werden die Farbbasen im allgemeinen viel stärker adsorbiert als die Säurefarbstoffe, wohl aus elektrochemischen Gründen, weil das Eiweiß für gewöhnlich als Anion anwesend ist; es bedarf aber erst noch genauerer Untersuchungen, ob die im allgemeinen weit raschere und stärkere Aufnahme der basischen Farbstoffe von seiten der Zellen nicht durch ihre Lipoidlöslichkeit, bei den Pflanzenzellen auch durch ihre Fähigkeit, mit Gerbsäure und anderen organischen Säuren Niederschläge zu bilden, genügend erklärt ist. Die Grundlagen, auf denen sich eine Adsorptionstheorie der Vitalfärbung evtl. aufbauen ließe, wären also erst noch zu schaffen. —

Schließlich haben die färberischen Erfahrungen noch zur Aufstellung einer besonderen Theorie der Farbaufnahme durch BETHE geführt, zu der sog. *Reaktionstheorie der Vitalfärbung*. Anknüpfend an ältere Versuche von F. HOFMEISTER[4]) und SPIRO[5]) zeigte nämlich BETHE[6]), daß Gelatinegallerte und andere Gele sich bei alkalischer Reaktion aus der Lösung einer Farbbase mit dem Farbstoff so

[1]) v. MÖLLENDORFF: Arch. f. mikr. Anat. Bd. 90, I, S. 463 u. 503. 1918; Ergebn. d. Physiol. 1920.

[2]) Siehe dazu v. MÖLLENDORFF: Kolloidzeitschr. Bd. 23, S. 158. 1918.

[3]) HÖBER: Biochem. Zeitschr. Bd. 67, S. 420. 1914. — TRAUBE, J. u. F. KÖHLER: Internat. Zeitschr. f. phys.-chem. Biol. Bd. 2, S. 197. 1915.

[4]) HOFMEISTER, F.: Arch. f. exp. Pathol. u. Pharmakol. Bd. 28, S. 210. 1891.

[5]) SPIRO: Physik. u. physiol. Selekt., Straßburg 1897.

[6]) BETHE: Beitr. z. chem. Physiol. u. Pathol. Bd. 6, S. 399. 1905; Wien. med. Wochenschr. 1916, Nr. 41; Biochem. Zeitschr. Bd. 127, S. 18. 1922. — Ferner ROHDE: Pflügers Arch. f. d. ges. Physiol. Bd. 168, S. 411. 1917. — BETHE u. TOROPOFF: Zeitschr. f. physikal. Chem. Bd. 88, S. 686. 1914.

stark anreichern, daß die Farbkonzentration im Gel die Konzentration in der Farbflotte um das Vielfache übertrifft, während bei saurer Reaktion das Gegenteil eintritt; im Gleichgewichtszustand ist hier die Farbkonzentration im Gel weit geringer als in der Flotte. Umgekehrt wird die Aufnahme von Säurefarbstoffen durch die alkalische Reaktion gehemmt, durch die saure begünstigt. Die Speicherung in der Kolloidphase ist aber nicht auf das Vorhandensein des Gelzustandes angewiesen, sondern wenn man eine gewöhnliche Dialysierhülse mit einem Sol, wie Serum, Magermilch oder geschmolzener Gelatinegallerte färbt, so kann nach Bethe[1]) auch das Sol bei alkalischer Reaktion eine Farbbase sogar bis zum Mehrtausendfachen der außerhalb der Hülse vorhandenen Konzentration, bei saurer Reaktion einen Säurefarbstoff bis zum Mehrhundertfachen speichern, andererseits aber bei Umkehr der Reaktion so viel Farbstoff abstoßen, daß der Farbstoffgehalt weit unter den der Außenlösung sinkt. Die Erklärung für diese Verteilungseinflüsse ist in dem Ampholytcharakter von Eiweißkörpern und Gelatine zu finden, welche je nach der Reaktion als Kation oder Anion auftreten und dann je nachdem mit einem Farbanion oder einem Farbkation ein Salz bilden.

Bethe ist nun der Meinung, daß in analoger Weise *die verschiedene Innenreaktion der Zellen die Anfärbung mit basischen und Säurefarbstoffen völlig beherrscht*; d. h. nicht nur, daß die Innenreaktion für das Maß von Speicherung der einen oder anderen Farbart verantwortlich ist, sondern daß die Innenreaktion überhaupt darüber entscheidet, ob merkliche Mengen Farbstoff aufgenommen werden; denn nach Bethe sind alle Zellen für alle Farbstoffe durchlässig (soweit diese nicht allzu grob dispers sind), und eine Farblosigkeit ist nur durch entsprechend starke abstoßende Wirkungen vorgetäuscht.

Als Stütze dieser Theorie hat Bethe mit seinen Schülern teils *Versuche an verschiedenen Zellarten* angestellt, *die sich durch ihre natürliche Innenreaktion voneinander unterscheiden*, teils Versuche, in denen den Zellen künstlich von außen eine veränderte Reaktion aufgezwungen wurde. Was die ersteren anbelangt, so kam es vor allem darauf an, Zellen mit saurem Inhalt ausfindig zu machen und zu prüfen, ob sie je nach dem Grad ihrer Acidität verschieden wenig Farbbase und verschieden viel Farbsäure aufnehmen. Unter den tierischen Zellen fand Bethe[2]) dafür besonders geeignet die Blutkörperchen von Ascidien, welche nach Henze[3]) stark sauer reagieren. Während die neutralen Körperzellen dieser Tiere reichlich Methylenblau aufnehmen, färben sich die sauren Blutzellen nur blaßblau, speichern dafür aber, wieder im Gegensatz zu den Körperzellen, Cyanol, Eriocyanin und andere leicht diffusible Säurefarbstoffe mehr oder weniger stark. Reichlich Vertreter mit saurem Zellinhalt, wenigstens mit saurem Zellsaft, gibt es unter den Pflanzenzellen. Hier konstatierte Rohde[4]), daß Gewebe, in deren Preßsäften, mit der Indicatorenmethode gemessen, $p_H$ zwischen 3 und 5,5 schwankt, wie unreife Äpfel, Rhabarberblätter, Epidermis von Nelken- und Tulpenblüten, in den Lösungen von basischen Farbstoffen innerhalb $^1/_2$ bis 2 Stunden meist farblos bleiben, während sie diffusible Säurefarbstoffe in wenigen Minuten reichlich aufnehmen. Besonders anschaulich ist nach Rohde das Verhalten von Schnitten, in deren Zellen teils saure, teils neutrale Reaktion herrscht; hier ist das Aussehen nach der Einwirkung von basischen und Säurefarbstoffen sozusagen spiegelbildlich verschieden. Das kolloidchemische Speicherungsprinzip von Bethe scheint also in der Tat wirksam zu sein.

[1]) Bethe: Biochem. Zeitschr. Bd. 127, S. 18. 1922.
[2]) Bethe: Bull. de l'inst. océanogr. Monaco Nr. 284. 1914.
[3]) Henze: Zeitschr. f. physiol. Chem. Bd. 79, S. 215. 1912; Bd. 96, S. 340. 1913.
[4]) Rohde (unter Bethe): Pflügers Arch. f. d. ges. Physiol. Bd. 168, S. 411. 1917.

Anders ist dagegen BETHES Ansicht zu beurteilen, daß es für die sichtliche Farbstoffaufnahme überhaupt bloß auf Speicherung (in irgendeiner Form) ankomme, insofern als die Zellen an sich für alle (wenigstens feiner dispersen) Farbstoffe durchlässig seien. Wäre diese Ansicht richtig, dann dürfte man nach BETHES Modellstudien nämlich wohl erstens erwarten, daß bei *neutraler* Reaktion des Zellinnern auf alle Fälle merkliche Mengen Farbstoff eindringen. Das ist aber nicht der Fall. Für rote Blutkörperchen zeigte dies WIECHMANN[1]) folgendermaßen: er vermischte gleiche Volumina sorgfältig mit Kochsalzlösung gewaschener Blutkörperchen und isotonische mit leicht diffusiblem Säurefarbstoff (z. B. Cyanol oder Lichtgrün) versetzte Natriumsulfatlösung, ließ 2 Stunden stehen, maß dann mit dem Hämatokriten genau das Blutkörperchenvolumen, zentrifugierte die Blutkörperchen ab und bestimmte in den überstehenden Lösungen mit dem Colorimeter den Farbstoffgehalt. Die Rechnung ergibt alsdann, daß kein Farbstoff in die Blutkörperchen eingedrungen ist. Ja sogar dann, wenn man durch kurz dauerndes Einleiten von $CO_2$ die Reaktion etwas nach der sauren Seite verschiebt, ist kein Eindringen von Säurefarbstoff nachzuweisen[2]). Einen zweiten Einwand machte COLLANDER; er prüfte einige Zellen mit besonders saurem Inhalt (mehr als $10^{-4}$ $H^{\cdot}$) und fand, daß nach 20—24 Stunden die Konzentration von leicht diffusiblen Säurefarbstoffen im Zellsaft immer noch 64mal kleiner war als in der Außenlösung. Der schwerstwiegende Einwand gegen BETHES Annahme einer allgemeinen Durchlässigkeit für die Farbstoffe ist aber, wie schon vorher (s. S. 447) gesagt, in der Gesamtheit der früher mitgeteilten Erfahrungen über die Permeabilität für ungefärbte Verbindungen zu erblicken; es ist nicht einzusehen, warum Salze, Aminosäuren und vor allem alle möglichen Nichtleiter, wie Hexosen, Hexite u. a., auf die das Speicherungsprinzip auch gar nicht anzuwenden ist, sich so anders verhalten sollten; denn für sie sind die Zellen ja tatsächlich impermeabel oder mindestens sehr schwer permeabel.

Es wird übrigens keineswegs stets gelingen können, die Wirksamkeit von BETHES Speicherungsprinzip für die Farben durch Vergleich von Zellen mit verschiedener Innenreaktion nachzuweisen. COLLANDER machte schon darauf aufmerksam, daß bei Pflanzenzellen die Anfärbung des Zellsafts mit Säurefarbstoff nicht regelmäßig der Intensität der sauren Reaktion in ihrem Innern entspricht. Das ist auch nicht zu erwarten; denn wenn ein Zellsaft noch so sauer ist, so wird er keinen Säurefarbstoff adsorbieren, wenn er nicht die dafür nötigen Kolloidampholyte enthält, und wie weit in der Hinsicht Variationen vorkommen, wissen wir nicht. Ferner hat uns NIRENSTEIN, wie wir sahen, mit einem in den Zellen wirkenden *Speicherungsprinzip* bekannt gemacht, *das zu Bethes Prinzip in striktem Gegensatz steht*; denn NIRENSTEIN zeigte erstens, daß Ölsäure in Öl gelöst die Speicherung von Farbbasen begünstigt und nicht die von Säurefarbstoffen, und als Analogon fand er bei den Paramäcien, daß die Nahrungsvakuole, deren Reaktion alsbald nach ihrer Ablösung vom Schlund sauer ist, aber nach einiger Zeit plötzlich in schwach alkalisch umschlägt, während des sauren Stadiums bis zum Mehrtausendfachen basischen Farbstoff speichert, um beim Reaktionsumschlag sich plötzlich zu entfärben. Man darf wohl annehmen, daß, wie nach BETHES Speicherungsprinzip die durch $H^{\cdot}$-Anlagerung sich bildenden Kationen von Kolloidampholyten das Bindungsmittel für Farbanionen darstellen, so in den Versuchen von NIRENSTEIN das kolloide Anion einer organischen Säure die Farbkationen anlagert. Der Nahrungsvakuole ähneln nach v. MÖLLENDORFF und NIRENSTEIN die Zellgranula; doch kann darauf hier nicht näher eingegangen werden.

[1]) WIECHMANN (unter HÖBER): Pflügers Arch. f. d. ges. Physiol. Bd. 189, S. 109. 1921. — Ferner TANAKA (unter HÖBER): ebenda Bd. 203, S. 447. 1924.

[2]) WIECHMANN: Pflügers Arch. f. d. ges. Physiol. Bd. 194, S. 435. 1922.

Wenden wir uns nun zu denjenigen Versuchen, in denen angestrebt wurde, *die Vitalfärbung durch Änderung der Reaktion in der Umgebung der Zellen zu beeinflussen.* Voraussetzung ist dabei natürlich, daß die Außenreaktion bis zu einem gewissen Maß die Innenreaktion mitbestimmt. Das ist, wie wir noch sehen werden (S. 461), vor allem mit schwachen Säuren wegen ihrer Lipoidlöslichkeit leicht zu erreichen, während die anorganischen Säuren höchstens sehr langsam eindringen und dann leicht irreversible Schädigungen hervorrufen. Rohde[1]) hat nun angegeben, daß sich die Färbbarkeit von Pflanzenzellen durch Übertragung in Phosphat- und Acetatpuffer von verschiedenem $p_H$-Wert umstimmen läßt; dabei bleiben die Zellen plasmolysierbar. So färben sich z. B. Zellen von Spargel, gelber Rübe, Saubohne, Spirogyra, in deren Preßsaft eine H-Konzentration von etwa $10^{-7}$ herrscht, mit basischen Farbstoffen stark, mit Säurefarbstoffen gar nicht; bringt man die Zellen aber in Acetatgemische von $p_H = 5{,}66$ bis 4,14, so färben sie sich mit den basischen Farbstoffen entweder verlangsamt oder gar nicht, nehmen dafür aber in kurzer Zeit reichlich Säurefarbstoff auf. Auch Paramäcien werden nach Rohde durch Acetatgemische von $p_H = 5{,}66$ bis 5,05 so verändert, daß sie Säurefarbstoff speichern. Demgegenüber hat freilich W. Hertz[2]) bei Opalinen nur feststellen können, daß in sauren Phosphatgemischen die Aufnahme von Säurefarbstoff erst dann beginnt, wenn die Tiere bereits Zeichen von Schädigung aufweisen.

Diese Ergebnisse können aber auch ganz anders gedeutet werden, worauf zuerst Overton[3]) aufmerksam gemacht hat. Wenn man zu der wässerigen Lösung von basischem Farbstoff Alkali oder zu der Lösung von Säurefarbstoff Säure hinzugibt und dann mit einem lipoiden Lösungsmittel ausschüttelt, so zeigt sich, daß der Verteilungsfaktor Lipoid: Wasser größer geworden ist, während der umgekehrte Zusatz von Säure oder Alkali das Gegenteil bewirkt. Dies darf wohl darauf zurückgeführt werden, daß Säure in der Lösung eines Säurefarbstoffs das Auftreten der freien Farbsäure, Alkali in der Lösung eines basischen Farbstoffes die Bildung der freien Farbbase bewirkt, und daß diese lipoidlöslicher sind als die Farbsalze. Nun haben McCutcheon und Lucke[4]) neuerdings versucht, zwischen diesen beiden Erklärungsweisen zu entscheiden. Wie wir noch sehen werden (S. 462), dringt Natronlauge in die lebenden Zellen entweder nicht oder höchstens sehr langsam ein, während Ammoniak spielend hineingeht. Wenn man also Zellen mit NaOH- und mit $NH_3$-Lösung von gleichem $p_H$ (8—9) umgibt und basischen Farbstoff hinzusetzt, dann müssen sich, wenn Overtons Deutung richtig ist, die Zellen gleich stark färben; wenn dagegen Bethes Erklärung zutrifft, dann müssen sie in der $NH_3$-Lösung mehr Farbe aufnehmen. Tatsächlich trat bei Versuchen mit verschiedenen Objekten — der Alge Nitella, der Qualle Gonionemus und den Eiern vom Seeigel — weder das eine noch das andere ein, sondern die Zellen färbten sich in der $NH_3$-Lösung schwächer als in der NaOH-Lösung. Ein analoger Versuch läßt sich mit Salzsäure und $CO_2$ bei saurer Reaktion ($p_H = 6$) ausführen; denn HCl dringt zunächst nicht, $CO_2$ sofort in die Zellen ein. Wiederum entsprach das Ergebnis weder der Auffassung von Overton, noch der von Bethe; denn die Färbung durch den basischen Farbstoff war in der $CO_2$-Lösung stärker als in der HCl-Lösung. Eine Erklärung für dies Verhalten ist aber vielleicht im Anschluß an die spezialisierte Lipoidtheorie von Nirenstein zu finden; denn danach beruht die Aufnahme von basischem Farbstoff auf der

---

[1]) Rohde (unter Bethe): Pflügers Arch. f. d. ges. Physiol. Bd. 168, S. 411. 1917.

[2]) Hertz, W. (unter Höber): Pflügers Arch. f. d. ges. Physiol. Bd. 196, S. 444. 1922.

[3]) Overton: Vierteljahrsschr. d. naturforsch. Ges. Zürich Bd. 44, S. 88. 1899. — Siehe auch Robertson: Journ. of biol. chem. Bd. 4, S. 1. 1908. — Nirenstein: Zitiert auf S. 449.

[4]) McCutcheon u. Lucke: Journ. of gen. physiol. Bd. 6, S. 501. 1924.

Anwesenheit einer lipoiden Phase in den Zellen, die mit einer Auflösung von Ölsäure in Öl zu vergleichen ist, und in der die Farbbase von der Ölsäure gebunden wird. McCUTCHEON und LUCKE halten es deshalb für möglich, daß die schwächere Färbung in Gegenwart von $NH_3$ von der Konkurrenz der beiden Basen um die Ölsäure herrührt, und daß $CO_2$ in der gegenteiligen Richtung wirkt.

## VIII. Die Permeabilität für Salze, Säuren und Basen.

Es wurde bereits darauf hingewiesen, daß die Untersuchungen über die Permeabilität für die Elektrolyte für die Ausgestaltung der Anschauungen über den Stoffwechsel eine besondere Bedeutung erlangt haben, hauptsächlich deswegen, weil die in vielen Fällen notorisch vorhandene Permeabilität vom Standpunkt der bestbegründeten Permeabilitätstheorien unerwartet ist, d. h. vor allem, weil die anorganischen Salze, diese regelmäßigen und wichtigen Bestandteile jedes Organismus, lipoidunlöslich und oberflächeninaktiv sind.

Wir wollen die Permeabilität für die Elektrolyte zunächst am Beispiel der *Pflanzenzellen* kennen lernen. OVERTON hatte den Satz aufgestellt, daß die neutralen Alkali- und Erdkalisalze, überhaupt die *anorganischen Salze* nicht eindringen, da sie in hypertonischer Lösung andauernd plasmolysieren. Dies wurde jedoch später von OSTERHOUT[1]) bestritten; er fand, daß, wenn Spirogyren z. B. in 0,4 molarer NaCl-Lösung nach 2 Minuten plasmolysiert waren, innerhalb 10 bis 30 Minuten vollständige Deplasmolyse eintritt. Entsprechendes fand er bei den Salzen sämtlicher Alkalien und Erdalkalien. Wurden die Algenfäden gleich, nachdem die Protoplasten sich wieder an die Cellulosewand angelegt hatten, in ihr gewöhnliches Wasser übertragen, so lebten sie weiter. Blieben sie jedoch längere Zeit nach der Deplasmolyse in der NaCl-Lösung, so trat von neuem eine „Pseudoplasmolyse" ein, d. h. eine meist irreversible Schrumpfung der Protoplasten. OSTERHOUT ist der Meinung, daß OVERTON das kurze Intervall der Deplasmolyse übersehen, die Pseudoplasmolyse von der echten Plasmolyse nicht getrennt hat und dadurch zu irrtümlichen Schlußfolgerungen gelangte. Besonders genau wurde die Durchlässigkeit für die Salze neuerdings von FITTING[2]) an Tradescantia discolor geprüft. Er fand wie OSTERHOUT, daß bei Einwirkung von *Alkalisalzen* die anfängliche Plasmolyse bald zurückgeht. Ein Versuch verlief z. B. folgendermaßen: 7 benachbarte Stückchen Epidermis wurden in 7 Lösungen von $KNO_3$ übertragen, deren Konzentrationen sich um 0,0025 Mol unterschieden, und alle Viertelstunde daraufhin untersucht, wieviel Zellen Grenzplasmolyse zeigten. Das Ergebnis ist in der folgenden Tabelle enthalten; darin bedeutet: *v* vereinzelte Zellen, *gv* ganz vereinzelte, $\infty$ sehr viele, *pl* alle Zellen plasmolysiert.

| Mol. $KNO_3$ | 0,0975 | 0,1 | 0,1025 | 0,105 | 0,1075 | 0,11 | 0,1125 |
|---|---|---|---|---|---|---|---|
| nach 15 Min. | *v* | $^1/_2$ | $^3/_4$ | $\infty$ | *pl* | *pl* | *pl* |
| „ 30 „ | 0 | *gv* | $^1/_4$—$^1/_2$ | $^3/_4$ | $\infty$ | *pl* | *pl* |
| „ 60 „ | 0 | 0 | *gv* | $^1/_2$—$^3/_4$ | $^3/_4$ | $\infty$ | *pl* |
| „ 120 „ | 0 | 0 | 0 | *gv* | *v* | $^3/_4$ | $^3/_4$ |

Man kann aus diesem Verlauf entnehmen, das innerhalb $^1/_4$ Stunde etwa 0,0025 Mol $KNO_3$ ins Zellinnere permeieren (s. S. 410). Verfolgt man die Vorgänge aber länger als eine Stunde, so zeigt sich, daß die Grenzplasmolyse langsamer und langsamer zurückgeht und nach 12—20 Stunden beständig wird[3]). FITTING

[1]) OSTERHOUT: Science Bd. 34, S. 187. 1911; The Plant World Bd. 16, S. 129. 1913.
[2]) FITTING: Jahrb. f. wiss. Botanik Bd. 56, S. 1. 1915, auch Bd. 57, S. 553. 1917.
[3]) S. auch TRÖNDLE: Arch. des sciences phys. et natur. Bd. 45, S. 38. 1918.

deutet dies durch die Annahme, daß die Permeabilität für die Alkalisalze allmählich abnimmt und schließlich fast 0 wird, und er erklärt die seit OVERTON viel zitierte Angabe, daß die Pflanzenzellen für die anorganischen Salze von vornherein undurchlässig seien, damit, daß OVERTON mit stärkeren Konzentrationen plasmolysiert habe, und daß die Deplasmolyse dann noch nicht vollendet sei, wenn die Permeabilität inzwischen fast den Wert 0 erreicht habe.

Es ist aber auch noch eine andere Deutung für FITTINGS Versuche in Erwägung zu ziehen, nämlich ob nicht der mehr und mehr sich verlangsamende Plasmolyserückgang auf eine Exosmose, ein allmähliches Herausdiffundieren von Zellinhalt zu beziehen sei, zumal da die reinen Alkalisalze, wie wir noch sehen werden, keineswegs für die Pflanzenzellen indifferent sind und, wie auch FITTING angibt, innerhalb von 36—48 Stunden sichtliche Beschädigungen herbeiführen. Jedenfalls haben BROOKS u. a.[1]) auf chemischem Wege solche Exosmosen aus lebenden Zellen und den Einfluß der verschiedenen Milieuzusammensetzung darauf beobachtet. BROOKS verfuhr folgendermaßen: Mit der S. 411 beschriebenen Methode wurden für die Zellen von Taraxacumstengeln durch ganz kurz dauerndes Eintauchen die isotonischen Konzentrationen verschiedener Salzlösungen festgestellt. Dann wurden Streifen aus den Stengeln eine bestimmte Zeit lang diesen verschiedenen isotonischen Lösungen exponiert, darauf kurz mehrmals abgespült und in gleich großen Quanten Wasser liegen gelassen, deren Leitfähigkeit von Zeit zu Zeit als Maß der Exosmose von Elektrolyten geprüft wurde. Die anfängliche Leitfähigkeitszunahme rührte natürlich von den vorher ins Gewebe, namentlich in die Intercellularräume eingedrungenen Salzen her, aber Kontrollversuche lehrten, daß diese Exosmose nach etwa 30 Minuten beendet ist. Die dann nachfolgende Exosmose war auf Binnenelektrolyte zu beziehen, und es ergab sich nun, daß durch Vorbehandlung mit reiner NaCl-Lösung die Exosmose im Verhältnis zur Einwirkung von Wasser gesteigert, durch Erdalkalichlorid ($CaCl_2$), auf das wir nachher zu sprechen kommen, herabgesetzt wird. Es ist vorläufig, bis diese Verhältnisse noch genauer durchuntersucht sind, fraglich, wieviel von der von FITTING beobachteten Verlangsamung des Plasmolyserückgangs auf diese Exosmose zu beziehen ist, wieweit also seine Versuche ein Absinken der anfänglichen Permeabilität für die Alkalisalze demonstrieren.

*Jedenfalls treten die Alkalisalze zunächst in die pflanzlichen Protoplasten mit einer meßbaren Geschwindigkeit ein,* die freilich nur klein ist, da ein Konzentrationsausgleich, wie das Versuchsprotokoll auf S. 455 lehrt, selbst wenn die Permeabilität sich nicht allmählich verminderte, erst nach vielen Stunden zustande kommen würde, während die nach OVERTON typisch permeierenden Verbindungen sich binnen wenigen Minuten mit den Zellen ins Gleichgewicht gesetzt haben.

FITTING verglich auch mit der Methode der Grenzplasmolyse die Anfangsgeschwindigkeit des Eintritts bei den verschiedenen Alkalisalzen und stellte fest, daß, wenn man die Kationen variiert, sich die Reihe: $K > Na > Li$, wenn man die Anionen variiert, die Reihe: $Br, NO_3, Cl > ClO_3 > SO_4$ ergibt[2]). Zu dem gleichen Ergebnis gelangt man auch mit Methoden, bei denen Änderungen der Turgorspannung gemessen werden (s. S. 411). So bediente sich LUNDEGÅRDH[3]) zu Beobachtungen über die Permeabilität für Salze der folgenden Anordnung:

---

[1]) BROOKS, S. C.: Americ. journ. of botan. Bd. 9, S. 483. 1916. — Ferner WÄCHTER: Jahrb. f. wiss. Botanik Bd. 41, S. 165. 1905. — TRUE u. BARTLETT: Americ. journ. of botan. Bd. 2, S. 255. 1915 u. Bd. 3, S. 47. 1916.

[2]) S. auch OSTERHOUT: Science Bd. 34, S. 181. 1911 u. TRÖNDLE: Arch. des sciences phys. et natur. Bd. 45, S. 117. 1918.

[3]) LUNDEGÅRDH: Svenska vitensk. akad. handl. Bd. 47. 1911.

auf den 1—1,5 cm langen Stücken von Wurzelspitzen von Vicia faba wurden mit Kienruß Marken angebracht, deren Abstand mikrometrisch zu messen ist. Man legt nun diese Stücke in Lösungen verschiedener Salze, deren Konzentrationen so ausprobiert sind, daß sie eine möglichst gleich große Verkürzung durch Nachlassen des Turgors hervorrufen. Nach einigen Minuten fangen dann die Stücke an, sich wieder zu verlängern; dies rührt vom Eindringen der Salze in die Protoplasten her. Die Geschwindigkeit der Wiederausdehnung ist dann ein Maß für die Permeabilität. KAHHO[1]), der in dieser Weise mit jungen Wurzeln der gelben Lupine experimentierte, kam z. B. in einem Versuch zu folgendem Ergebnis:

| Salz | molek. Konzentration | Mittlere Verkürzung in % | Wiederausdehng. nach 1 Std. in % der Verkürzung | molek. Konzentration | Mittlere Verkürzung in % | Wiederausdehng. nach 1 Std. in % der Verkürzung |
|---|---|---|---|---|---|---|
| KBr | 0,180 | 7,0 | 62 | 0,200 | 9,1 | 43 |
| $KNO_3$ | 0,185 | 7,0 | 55 | 0,206 | 9,1 | 40 |
| KCl | 0,181 | 7,0 | 53 | 0,201 | 9,1 | 35 |
| K tartr. | 0,143 | 7,0 | 28 | 0,159 | 9,1 | 20 |
| $K_2SO_4$ | 0,138 | 7,0 | 0 | 0,153 | 9,1 | 0 |
| K citrat. | 0,114 | 7,0 | 0 | 0,126 | 9,1 | 0 |

Die Permeabilität für die Salze nimmt also zu in der Reihenfolge: Citrat, $SO_4 <$ Tartrat $<$ Cl $< NO_3 <$ Br. Diese Reihe stimmt, wie gleich hervorgehoben sei, mit der bekannten HOFMEISTERschen Reihe der Kolloidchemie überein.

Wenden wir uns nun der *Permeabilität für die Erdalkalisalze* zu, so lautet das übereinstimmende Ergebnis der mit den verschiedenen Methoden ausgeführten Versuche, daß sie hinter der für die Alkalisalze deutlich zurücksteht. Nach FITTING, TRÖNDLE und KAHHO ist die Durchlässigkeit für $CaCl_2$ gleich 0, auch diejenige für Sr und Ba gegenüber Lupinenwurzeln und Palisadenzellen von Acer platanoides mindestens sehr gering, während die genannten zwei Objekte deutlich permeabler für Mg sind. Letzteres erscheint vom chemischen Standpunkt aus begreiflich, da das Mg in vieler Hinsicht eine mittlere Stellung zwischen den Alkalien und den alkalischen Erden einnimmt. Namentlich Ba ist bei längerer Einwirkungszeit giftig.

Die Durchlässigkeit der Pflanzenzellen für die anorganischen Salze ist noch anders als osmometrisch, nämlich unter Verwendung der Leitfähigkeitsmethode untersucht worden. Das kann z. B. so geschehen (s. S. 413), daß man flächenhaft gestaltete Pflanzenteile als Diffusionsmembranen ausspannt und den Durchtritt von Elektrolyten durch Beobachtung der Änderungen der Leitfähigkeit ihrer Lösungen verfolgt. BROOKS[2]) benutzte so im Anschluß an Versuche von OSTERHOUT den Thallus der Meeresalge Laminaria und verglich unter anderem die Diffusion der Salze des Meereswassers, welche die Alge normalerweise umspülen, mit der Diffusion von reinem NaCl und reinem $CaCl_2$. Er fand:

| Diffusion von: | Leitfähigkeitsänderung in Prozent pro Stunde |
|---|---|
| Meerwasser gegen halbkonz. Meerwasser | 0,78 |
| 0,52 m NaCl gegen 0,26 m NaCl | 1,11 |
| 0,28 m $CaCl_2$ gegen 0,14 m $CaCl_2$ | 0,51 |

Es ergab sich also, daß reine Kochsalzlösung die Durchlässigkeit im Verhältnis zum Meerwasser erhöht, reine Calciumchloridlösung sie herabsetzt; letzteres gilt aber nur für den Versuchsanfang, in späteren Stadien steigert auch

[1]) KAHHO: Biochem. Zeitschr. Bd. 123, S. 284. 1921. — Ferner BROOKS, S. C.: Americ. journ. of botan. Bd. 10, S. 562. 1916. — HÖFLER: Ber. d. dtsch. botan. Ges. Bd. 36, S. 423. 1918.

[2]) BROOKS: S. C., Botan. Gaz. Bd. 64, S. 306. 1917.

$CaCl_2$ die Durchlässigkeit über die Norm. Osterhout[1]) untersuchte die Leitfähigkeit der Laminariamembran selber und betrachtete sie als Maß der Elektrolytpermeabilität ihrer Zellen. Er verfuhr dabei folgendermaßen: 100—200 Scheiben von 13 mm Durchmesser und 0,5 mm Dicke, die aus dem Laminariathallus mit einem Korkbohrer ausgestanzt waren, wurden zu einem Zylinder übereinandergelegt, von den beiden Kreisflächen des Zylinders wurde durch Elektroden Wechselstrom zugeführt und mit der Kohlrauschschen Methode der Widerstand gemessen. Der Zylinder war so montiert, daß er, in verschiedene Lösungen nacheinander gelegt, sich jedesmal gleich stark durchtränken konnte. Osterhout fand auf diese Weise, daß mit Meerwasser imbibiert der Zylinder z. B. einen Widerstand von 1100 Ohm besaß; wurde er nun in eine reine NaCl-Lösung von der Leitfähigkeit des Meerwassers übertragen, so sank der Widerstand binnen kurzem mehr und mehr ab, bis er den Wert von 320 Ohm erreichte, denselben Wert, den der Zylinder auch nach Abtöten der ihn aufbauenden Laminariascheiben besaß, und denselben Wert, den ein gleichgeformter Zylinder von Meerwasser hatte. Ist dieser Minimalwert von 230 Ohm in NaCl einmal erreicht, dann steigt der Widerstand nicht wieder nach Rückübertragung in Meerwasser. Nur wenn der Ohmverlust nicht mehr als 100—200 Ohm betrug, war der Vorgang reversibel. Wurde der Zylinder in eine reine $CaCl_2$-Lösung von der Leitfähigkeit des Meerwassers übertragen, so stieg der Widerstand alsbald um mehrere 100 Ohm; auch dieser Prozeß ist reversibel. Läßt man die Algen aber längere Zeit in der $CaCl_2$-Lösung liegen, dann schlägt die Permeabilitätsverminderung allmählich in eine Vermehrung um, und diese ist irreversibel. Wurde aber der Zylinder in ein Gemisch von NaCl und $CaCl_2$ in geeignetem Verhältnis, so wie es etwa der Zusammensetzung des Meerwassers entspricht, übertragen, dann veränderte sich der Widerstand stundenlang nicht. Ungefähr wie Kochsalz verhielten sich auch die übrigen Alkalisalze, ungefähr wie $CaCl_2$ zahlreiche andere Salze mit *mehrwertigem* Kation[2]).

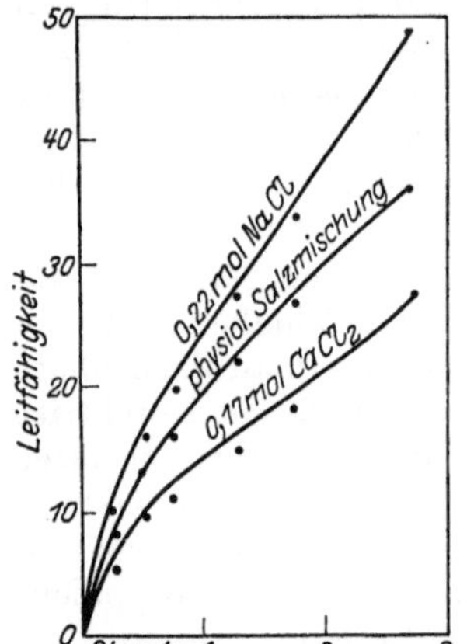

Abb. 39. Einfluß von Salzen auf die Exosmose der Binnenelektrolyte von Pflanzenzellen.

Mit der Methode von Osterhout untersuchte auch Raber[3]) die Permeabilität von Laminaria für Salze, speziell die für Anionen. Er fand, daß in den reinen Lösungen die Permeabilität zunimmt in der Anionenfolge: J $<$ Br $<$ SCN $<$ $NO_3$, Cl $<$ Acetat $<$ $SO_4$ $<$ Tartrat $<$ Phosphat $<$ Citrat. Die Reihe lautet also gerade umgekehrt wie in den Versuchen von Fitting und Kahho an Tradescantiazellen und Lupinenwurzeln (S. 456 und 457).

In diesem Zusammenhange ist auch noch einmal auf die S. 456 geschilderten Exosmoseversuche an Taraxacumstengeln von Brooks[4]) zurückzugreifen; wir hörten, daß Vorbehandlung der Zellen mit reiner NaCl-Lösung die Exosmose von Elektrolyten im Verhältnis zu Wasser steigert, während Vorbehandlung mit einer $CaCl_2$-Lösung die Exosmose herabsetzt. Hier ist nun noch hinzuzufügen, daß in einem Salzgemisch, das dem Meerwasser nachgeahmt ist, und das hauptsächlich aus Kochsalz neben

[1]) Osterhout: Science Bd. 35, S. 112. 1912; Botan. Gaz. Bd. 59, S. 242 u. 317. 1915; Journ. of biol. chem. Bd. 36, S. 485. 1918.

[2]) Ähnlich wie Laminaria verhalten sich andere Meerespflanzen; siehe Osterhout: Journ. of gen. physiol. Bd. 1, S. 299. 1919.

[3]) Raber: Journ. of gen. physiol. Bd. 2, S. 535. 1920.

[4]) Brooks, S. C.: Americ. journ. of botan. Bd. 9, S. 483. 1916.

kleinen Mengen von $CaCl_2$, $MgCl_2$ und $MgSO_4$ besteht, die Exosmose mittlere Grade einhält, so wie die Abb. 39 zeigt.

Entsprechend wurde von KAHHO in den auf S. 457 geschilderten Experimenten über die Änderungen der Turgorspannung von Lupinenwurzeln durch Salze gezeigt, daß die Geschwindigkeit der Wiederausdehnung der durch Alkalisalzwirkung entspannten Wurzeln, die uns ein Maß für die Permeabilität darstellte, durch kleine Zusätze von Erdkalisalz stark verzögert oder gar aufgehoben werden kann, wie das folgende Beispiel zeigt:

| Salz in Mol. | Mittlere Verkürzung in % | Wiederausdehnung nach 1 Std. in % der Verkürzung |
|---|---|---|
| 0,149 $CaCl_2$ . . . . . . . . . . | 8,4 | 0 |
| 0,152 $BaCl_2$ . . . . . . . . . | 8,4 | 0 |
| 0,148 $MgCl_2$ . . . . . . . . . | 8,4 | 8 |
| 0,18 $KNO_3$ — . . . . . . . . . | 8,1 | 85 |
| 0,15 $KNO_3$ + 0,020 $CaCl_2$ . . . . . . . . . . | 8,1 | 0 |
| 0,15 $KNO_3$ + 0,021 $BaCl_2$ . . . . . . . . . . | 8,1 | 7 |
| 0,15 $KNO_3$ + 0,020 $MgCl_2$ . . . . . . . . . . | 8,1 | 53 |

Ferner machte OSTERHOUT[1]) an Spirogyren folgende Beobachtung: eine 0,375-mol NaCl-Lösung plasmolysiert eben noch nicht, ebenso eine 0,195-mol $CaCl_2$-Lösung; mischt man aber 100 ccm der ersten mit 10 ccm der zweiten, so plasmolysiert das Gemisch. OSTERHOUT gibt dem Versuch folgende Deutung: NaCl allein dringt ein, ebenso $CaCl_2$; aber sind sie zugleich anwesend, so hemmen sie einander, oder richtiger ausgedrückt: die Permeabilität der Plasmahaut ist gegenüber dem Gemisch geringer als gegenüber den einzelnen Salzen. Daher dauert es 10 Stunden, bis in der NaCl-$CaCl_2$-Mischung die Deplasmolyse eintritt, während in der reinen NaCl-Lösung die Protoplasten schon nach 10—30 Minuten wieder der Cellulosehaut anliegen.

Diese Versuche sind sodann von NETTER[2]) auf eine größere Zahl von Salzen ausgedehnt worden; als Objekt dienten die Tradescantiazellen. Es zeigte sich, daß die Deplasmolyse in den Alkalisalzlösungen gehemmt oder vermieden werden kann, wenn man kleine Mengen eines Salzes von Ca, Sr, Ba, Mg, CO, Ni, Mn oder Hexammin-Kobaltiion, also eines Salzes mit mehrwertigem Kation, hinzufügt.

Es gibt demnach *bestimmte Gemische von Alkali- und Erdalkalisalz oder allgemeiner von Salzen mit ein- und mehrwertigem Kation, in deren Berührung die Protoplasten für die Salze völlig impermeabel oder doch mindestens sehr wenig permeabel sind,* wie die Protoplasten der Lupinenwurzeln und der Spirogyren, oder in deren Berührung die Permeabilität zwar eine meßbare, aber mit dem normalen Verhalten der Zellen übereinstimmende Größe hat, wie bei Laminaria und Taraxacumstengeln. Weglassen des Salzes mit mehrwertigem Kation steigert in allen diesen Fällen die Permeabilität und führt zu allmählichem Absterben, das sich bei gefärbten Zellen leicht im Austritt des Farbstoffs aus dem Zellsaftraum kenntlich macht. Ganz ähnlichen Erscheinungen werden wir bei den tierischen Zellen begegnen.

Diese Ergebnisse führen nun leicht zu einer Theorie der Erscheinungen, nämlich zu der Auffassung, daß die *Permeabilitätsänderungen durch die Salze mit Zustandsänderungen der hydrophilen Plasmahautkolloide zusammenhängen.* Dafür spricht erstens die Gültigkeit der Hofmeisterschen Anionenreihe, wie sie in den Versuchen von KAHHO und RABER hervortrat. Dabei ist für kolloidale

---

1) OSTERHOUT: Science Bd. 34, S. 187. 1911; The Plant World Bd. 16, S. 129. 1913.
2) NETTER: Pflügers Arch. f. d. ges. Physiol. Bd. 198, S. 225. 1923.

Vorgänge noch besonders charakteristisch, daß die Reihe — wohl im Zusammenhang mit dem verschiedenen Ionenmilieu im Innern der verschiedenen Zellen — in der einen oder in der anderen Richtung laufen kann; jedenfalls ist die Umkehr der Ionenreihe eine in der Kolloidchemie geläufige Erscheinung. Zweitens lassen sich für die charakteristische Kompensierung der Wirkung der Alkalisalze durch bestimmte kleine Mengen Erdalkalisalz oder Salz mit einem anderen mehrwertigen Kation kolloidchemische Analoga aufweisen. Diese Beziehungen zu den Kolloiden sollen hier durch einige Beispiele verdeutlicht werden, bei denen es sich um Vorgänge an toten Pflanzenteilen handelt. Hansteen Cranner[1]) untersuchte die Schädigung, welche an den Wurzeln von Keimpflanzen durch die Salzlösungen hervorgerufen wird und fand, daß es dabei zu einer starken schleimigen Verquellung der Zellwände, besonders in den Streckungszonen kommt, die zu ihrer Auflösung führt. Dieser Vorgang beruht darauf, daß durch Alkali- und Mg-Salze Pektinstoffe, Lipoide und Phytosterine aus der Zellwand herausgelaugt werden, welche, an sich quellbar, in Gegenwart der genannten Salze noch stärker quellen; Ca-Salze dagegen, welche keine destruktive Wirkung auf die Wurzeln ausüben, bringen die genannten Stoffe zur Entquellung. Man kann sich vorstellen, daß in ähnlicher Weise infolge von Quellung und Auflockerung die Permeabilität der Plasmahaut durch die Alkali- und Mg-Salze abnorm erhöht wird, während Ca-Salze die Permeabilität niedrig halten. Der Hofmeisterschen Anionenreihe begegnet man an toten Pflanzenteilen z. B. bei den Stärkekörnern, deren zur Kleisterbildung führende „Lösungsquellung" durch Wärme in der genannten Reihenfolge begünstigt wird [Samec[2])]; aber die Reihe gilt auch bei zahlreichen anderen Quellungen hydrophiler Kolloide. Die Kompensierung der Permeabilitätssteigerung durch Alkalisalz mit Hilfe eines Salzes mit mehrwertigem Kation wird wohl am besten durch die von Kotte[3]) untersuchte Zellmembran einer Meeresalge, Chaetomorpha, imitiert. Diese Membran schwillt nämlich, wenn man sie aus dem Ostseewasser in eine Alkalisalzlösung überträgt, enorm auf, während sie durch geeignete Salzmischung auf ihren normalen Abmessungen gehalten werden kann. Die Versuche werden am besten so angestellt, daß man die Zellwände durchschneidet, so daß der Protoplast ausfließt und die Turgorspannung der Wand aufhört (S. 408ff.), und daß man dann die Dicke der Zellwand mißt. Sie beträgt normalerweise etwa vier Mikrometereinheiten. Mit Gemischen von $^{m}/_{1}$-NaCl und $^{m}/_{1}$-$CaCl_2$ erhielt Kotte so z. B. die in der Tabelle angegebenen Resultate. Bei all diesen NaCl-Konzentrationen quillt die Membran, wenn das NaCl für sich allein vorhanden ist, sie quillt auch in allen reinen $CaCl_2$-Lösungen unterhalb von 0,2 m; trotzdem genügt, wie die Tabelle zeigt, schon ein Zusatz von 0,04 m $CaCl_2$ zu 0,96 m NaCl, um ein nennenswertes Anwachsen der Membranstärke zu verhindern, während alle übrigen Mischungen weniger konservierend wirken.

| Mol $CaCl_2$ auf 1000 Mol NaCl | 42 | 25 | 11 | 5 | 4 | 2 | 1 | 0 |
|---|---|---|---|---|---|---|---|---|
| $\frac{\text{ccm } ^{m}/_{1}\text{-}CaCl_2}{\text{ccm } ^{m}/_{1}\text{-NaCl}}$ | $\frac{3}{7}$ | $\frac{2}{8}$ | $\frac{1}{9}$ | $\frac{0,5}{9,5}$ | $\frac{0,4}{9,6}$ | $\frac{0,2}{9,8}$ | $\frac{0,1}{9,9}$ | $\frac{0}{10}$ |
| Membranstärke nach 3 Std. | 4,9 | 5,5 | 5,0 | 4,3 | 4,0 | 5 | 6 | 10 |

Sehr gut ließ sich die quellende Wirkung des reinen NaCl auch durch $ZnSO_4$ oder $MnSO_4$ kompensieren, obwohl diese beiden Schwermetallsalze für sich die Membran ebenfalls stark verquellen. Dies lehrt etwa folgender Versuch:

[1]) Hansteen-Cranner: Jahrb. f. wiss. Botanik Bd. 47, S. 288. 1910 u. Bd. 53, S. 536. 1914.
[2]) Samec: Kolloidchem. Beih. Bd. 3, S. 1. 1912.
[3]) Kotte: Wissensch. Meeresuntersuchungen, N. F., Bd. 17, S. 118. Abt. Kiel 1914.

| m/2 NaCl, dazu Mol $ZnSO_4$ | 0 | m/1000 | m/200 | m/100 | m/40 | m/20 | m/10 | m/8 | m/5 | m/4 | m/2 | 3 m/2 | 3 m |
|---|---|---|---|---|---|---|---|---|---|---|---|---|---|
| Membranstärke nach 3 Std. | 10 | 7 | 4 | 3,5 | 3,5 | 3,5 | 3,5 | 7 | 10 | 11 | 15 | 11 | 7 |

Wir kommen somit bei den Salzen zu einer ganz andersartigen Auffassung von der Permeabilität als bei der Untersuchung der Permeabilität für die Nichtelektrolyte. Freilich handelt es sich dabei um eine Permeabilität, welche nennenswerte Beträge erst dann erkennen läßt, wenn es sich um abnorme Verhältnisse handelt, die durch das Übertragen in reine Salzlösungen erzeugt sind. Die unter normalen Bedingungen herrschende Impermeabilität wird immer wieder am besten durch den Hinweis demonstriert, daß der Zellsaftraum freie Elektrolyte in größerer Konzentration enthalten kann, auch wenn er nur durch einen dünnen Protoplasmamantel von der elektrolytarmen Umgebung geschieden ist[1]).

Die Kolloidtheorie der Permeabilität für Salze fügt sich gut in das Bild, das wir uns auf Grund der Untersuchungen über die Permeabilität für Nichtleiter bilden mußten (S. 432ff.); denn dabei kamen wir zu der Ansicht, daß die Annahme einer Lipoidhaut keinesfalls zur Erklärung aller Beobachtungen genügen kann, sondern daß wir uns die Plasmahaut als ein Mosaik vorzustellen haben, das aus lipoiden und „protoplasmatischen“ Elementarbestandteilen zusammengesetzt ist: am Aufbau der letzteren werden hydrophile Kolloide beteiligt sein. —

Ein besonderes Interesse beansprucht nun noch die Frage der *Permeabilität der Pflanzenzellen für Säuren und Basen.* Die Frage ist wegen der hauptsächlich durch die Anwesenheit von $H^{\cdot}$ und $OH'$ bedingten Giftigkeit nicht leicht zu beantworten. In jedem Fall, in dem anscheinend eine Durchlässigkeit vorhanden ist, muß deshalb sehr vorsichtig erwogen werden, ob der Protoplast nicht zuvor geschädigt worden ist. Als Kriterium für das Vorhandensein einer Permeabilität kommen in erster Linie in Betracht der plasmolytische Versuch und das Verhalten von Indicatoren im Innern der Zellen. Indicatoren sind oft schon von Natur im Zellsaftraum in Form von Anthocyanen anwesend; leider sind diese aber, namentlich gegen Säuren, zumeist nur wenig empfindlich. Man hat aber auch als Indicatoren basische Farbstoffe, vor allem Neutralrot angewendet, für welches die Plasmahäute aller Zellen permeabel sind (s. S. 442), und welches namentlich auf Basen (mit Umschlag in Orange bis Gelb) gut anspricht. Als ausreichendes Kennzeichen dafür, daß die Zellen durch die Reagenzien nicht geschädigt worden sind, empfiehlt Brenner[2]) auf Grund ausgedehnter Beobachtungen vor allem die normale Deplasmolyse.

Für die Basen machte zuerst Overton auf einen prinzipiellen Unterschied zwischen den stark und den schwach dissoziierten Verbindungen aufmerksam; starke Basen wie KOH dringen nach ihm sehr schwer, schwache Basen wie $NH_3$ und die Amine dringen sehr leicht in die lebenden Protoplasten ein. Besonders genaue Beobachtungen teilte Newton Harvey[3]) mit; er färbte

[1]) S. dazu Brooks: Journ. of gen. physiol. Bd. 4, S. 347. 1922. — Osterhout: ebenda Bd. 5, S. 225. 1923. — Irwin: ebenda Bd. 5, S. 427. 1923; Hoagland u. Davis: ebenda Bd. 5, S. 629. 1923.

[2]) Brenner: Oefversigt of Finska Vetensk. Soc. Förhandl. Bd. 60, S. 4. 1918.

[3]) Newton Harvey: Journ. of exp. zool. Bd. 10, S. 507. 1911. — Ferner: Americ. journ. of physiol. Bd. 31, S. 335. 1913. — McClendon: Biol. bull. of the marine biol. laborat. Bd. 22, S. 113. 1912 u. Journ. of biol. chem. Bd. 10, S. 459. 1912. — Ruhland: Jahrb. f. wiss. Biol. Bd. 54, S. 391. 1914.

Elodeablätter und Spirogyren mit Neutralrot, legte sie in äquinormale Lösungen verschiedener Basen und maß die Zeit bis zum Farbenumschlag. Er fand so z. B.

Geschwindigkeit des Eindringens von $^{n}/_{40}$-Base in Blätter von Elodea:

| | | | | | |
|---|---|---|---|---|---|
| NaOH | 25 Min. | $Sr(OH)_2$ | 15 Min. | $NH_3$ | 0,5 Min. |
| KOH | 22 „ | $Ba(OH)_2$ | 15 „ | $NH_3(CH_3)OH$ | 1 „ |
| $Ca(OH)_2$ | 23 „ | $N(C_2H_5)_4OH$ | 30 „ | $NH_2(CH_3)_2OH$ | 2 „ |

Die starken Basen dringen danach viel langsamer ein als das schwach dissoziierte Ammoniak und die Amine, und diese Differenz beruht auf den Lebenseigenschaften der Zellen; denn vergleicht man die Geschwindigkeit des Farbenumschlags bei lebenden und bei eben abgetöteten, z. B. durch Chloroform vergifteten Zellen, so findet man, daß etwa $NH_3$ lebende und tote Zellen fast gleich rasch färbt, während in der äquinormalen NaOH-Lösung die toten Zellen ebenso rasch wie in $NH_3$, die lebenden aber erst nach längerer Zeit umschlagen. Ja es ist sogar zweifelhaft, ob die starken Basen in die lebenden Zellen überhaupt merklich eindringen[1]). Besonders eklatant demonstriert den großen Unterschied in der Geschwindigkeit des Eindringens folgender Versuch von Harvey: Legt man Elodea in $^{n}/_{40}$-$NH_3$, so schlägt das Neutralrot sofort in Gelb um; überträgt man nun in $^{n}/_{50}$-NaOH, so werden die Zellen wieder rot, weil das Ammoniak heraus- und die Natronlauge vorerst noch nicht hineingeht. Erst später schlägt die Farbe nochmal in Gelb zurück.

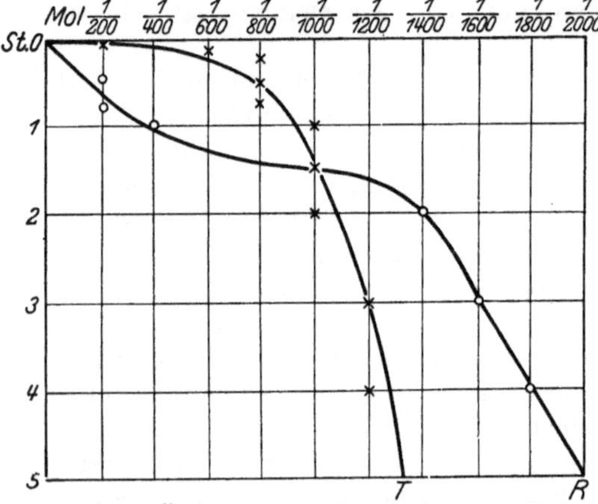


Abb. 40. Änderung der Lebensdauer und der Innenreaktion von Pflanzenzellen bei verschiedenen Konzentrationen von Schwefelsäure.

Auch bei den Säuren scheint die Permeabilität der starken und schwachen deutlich verschieden zu sein. Die starken anorganischen Säuren HCl, $H_2SO_4$, $HNO_3$, $H_3PO_4$, ferner die stärker dissoziierten organischen Säuren, wie Zitronensäure, Oxalsäure, dringen in unbeschädigte Zellen jedenfalls nur sehr langsam ein. Die Abb. 40 nach Brenner gibt davon ein Bild an Hand einer Versuchsreihe mit Zellen vom Rotkohl. Brenner verfuhr dabei so, daß er die Zellen in 20proz. Rohrzuckerlösung mit verschiedenen Schwefelsäurezusätzen plasmolysierte, den Farbenumschlag notierte und durch nachträgliches Übertragen in 10- und 5proz. reine Rohrzuckerlösung den Zeitpunkt feststellte, an dem die Deplasmolyse noch normal verlief. Die $T$-Kurve zieht nun die Grenze zwischen tot oder beschädigt und intakt, die $R$-Kurve die Grenze für den Farbenumschlag von Violett in Rot. Die beiden Kurven überschneiden sich und lehren so, daß bei niedriger Konzentration die Säure nach längerer Zeit eindringt und den Farbenumschlag bewirkt, ohne daß die Zelle bis dahin merklich geschädigt ist, während bei den stärkeren Konzentrationen der Farbenumschlag erst zustande kommt, wenn die Zelle schon tot ist. Zu den mindestens langsam eindringenden Säuren gehören auch Milchsäure, Äpfelsäure und Weinsäure, weil sie die Zellen anfänglich plasmolysieren. Dagegen Essigsäure, Ameisensäure und viele andere plasmolysieren nicht, ohne daß man deshalb mit voller Bestimmtheit sagen könnte, daß sie die intakte Plasmahaut passieren können; denn infolge der relativ geringen Empfindlichkeit des Anthocyans gegen die schwach dissoziierten Säuren

[1]) S. dazu Brenner: Zitiert auf S. 461.

erfolgt der Farbenumschlag erst bei Konzentrationen, die bereits vorher tödlich wirken. Dies zeigt etwa für die Ameisensäure die Abb. 41 sehr deutlich; die *R*-Kurve liegt hier in ihrem ganzen Verlauf links von der *T*-Kurve.

Wir kommen somit auf Grund der neueren Forschungen zu dem Ergebnis, daß *die lebenden Pflanzenzellen für die stark dissoziierten Säuren und Basen mindestens sehr schwer durchlässig sind*, während man bis dahin auf Grund der alten Angabe von PFEFFER[1]) und später von RUHLAND[2]) für die Säuren das Gegenteil angenommen hatte. Dies Ergebnis harmoniert aufs beste mit der bekannten Tatsache, daß viele Pflanzenzellen während ihres Lebens in ihrem Zellsaftraum reichlich freie Säuren bergen.

Der Unterschied in der Permeierfähigkeit der starken und schwachen Säuren und Basen beruht wahrscheinlich stets darauf, daß *die undissoziierten Moleküle eindringen können, die Ionen dagegen nicht.* Für den Fall der Säure $H_2S$ ist dies von OSTERHOUT[3]) an der Meeresalge Valonia bewiesen worden. Er erteilte dem Meereswasser durch Zusatz von HCl oder NaOH verschiedene Reaktion, fügte dann verschiedene Mengen $H_2S$ hinzu und wartete die Einstellung des Gleichgewichtes zwischen dem Saft der Zellen und der umgebenden Lösung ab. Alsdann wurde aus dem großen Zellsaftraum (s. S. 413) reiner Saft mit einer Pipette abgesogen und der $H_2S$-Gehalt analytisch festgestellt. Wichtig ist, daß der normalerweise sauer reagierende Zellsaft auch bei verschiedener Außenreaktion während der Versuchsdauer an seiner Normalreaktion $p_H = 5{,}8$ annähernd festhält. Das Ergebnis dieser Versuche war, daß im ganzen untersuchten Reaktionsbereich von etwa $p_H = 10$ bis $p_H = 5$ die Konzentration an $H_2S$ (d. h. $H_2S + H^{\cdot} + HS'$) innen ebenso groß war wie die Konzentration an undissoziiertem $H_2S$ außen; die letztere wurde sowohl mit Hilfe der Gleichgewichtskonstanten von $H_2S$ errechnet, als auch direkt durch Dampfspannungsmessungen bestimmt. Zahlenmäßig bedeutet das Ergebnis, daß bei saurer Außenreaktion die Konzentration an $H_2S$ im Zellsaft ungefähr gleich der Außenkonzentration ist, weil $H_2S$ bei saurer Reaktion fast gar nicht dissoziiert, während bei alkalischer Außenreaktion die Konzentration im Zellsaft, bezogen auf die Außenkonzentration, gering bis Null ist, weil das $H_2S$ außen annähernd vollständig dissoziiert. Folgende Tabelle enthält einige der gefundenen Werte:

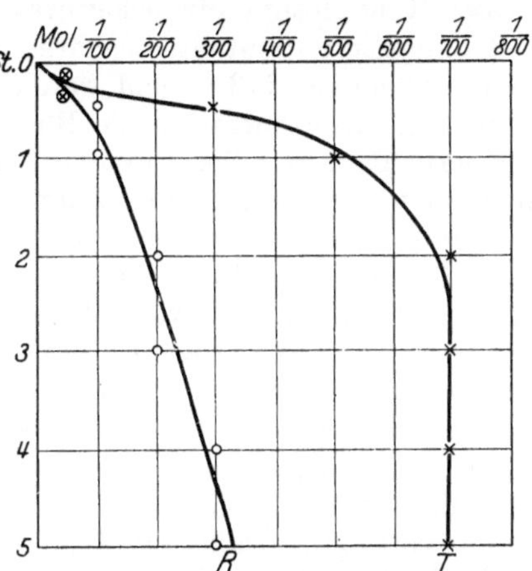


Abb. 41. Änderung der Lebensdauer und der Innenreaktion von Pflanzenzellen bei verschiedenen Konzentrationen von Ameisensäure.

| $p_H$ | Innenkonzentration in % der Außenkonzentration | $p_H$ | Innenkonzentration in % der Außenkonzentration |
|---|---|---|---|
| 10 | 0 | 6,8 | 60 |
| 8,5 | 4 | 5,7 | 95 |
| 7,1 | 32 | 5,2 | 97 |

Dies Verhalten beweist die Durchlässigkeit allein für die undissoziierten Moleküle $H_2S$ unter Berücksichtigung dessen, daß, wie gesagt, die Innenreaktion

[1]) PFEFFER: Osmotische Untersuchungen, S. 135. Leipzig 1877.
[2]) RUHLAND: Jahrb. f. wiss. Botanik. Bd. 46, S. 1. 1908.
[3]) OSTERHOUT: Journ. of gen. physiol. Bd. 8, S. 131. 1925.

unabhängig von der Außenreaktion so sauer ist ($p_H = 5,8$), daß innen die Dissoziation des $H_2S$ praktisch vollständig durch die $H^\cdot$ zurückgedrängt ist[1]).

Wenden wir uns nun zu den Untersuchungen über die Permeabilität *tierischer Zellen* für die Elektrolyte!

Wir beginnen mit der *Permeabilität der roten Blutkörperchen für anorganische Salze*. Mit dieser Erörterung kommen wir zu einem besonders schwierigen Kapitel. Nach einfachen *osmotischen Messungen* scheint allerdings die Sachlage gar nicht schwierig. Die bekannte von HAMBURGER bemerkte Tatsache, daß die Blutkörperchen eines Tieres in hypotonischen Lösungen aller möglichen Neutralsalze bei der gleichen molaren Konzentration ihr Hämoglobin austreten lassen, spricht zunächst dafür, daß die Permeabilität für die einzelnen Salze die gleiche ist. Nimmt man nun hinzu, daß eine etwa 0,9proz. Kochsalzlösung oder noch besser Ringerlösung ein bekanntes Konservierungsmittel für die Blutkörperchen der Säugetiere darstellt, beachtet man ferner, daß mit Hilfe des Hämatokriten festzustellen ist, daß je nach deren osmotischem Druck in Kochsalzlösungen verschiedener Konzentration die Blutkörperchen ihr Volumen vergrößern oder verkleinern, ganz wie TRAUBEsche Zellen [HAMBURGER, KOEPPE, EGE[2])], so kann man als wahrscheinlich hinstellen, daß die Blutkörperchen für die anorganischen Neutralsalze mindestens sehr wenig permeabel sind. Zu diesem Ergebnis kamen auch GRIJNS und HEDIN bei ihren S. 412 und 419 geschilderten Untersuchungen. Nur die Ammonsalze verhielten sich so, wie wenn sie eindringen, wobei für die Geschwindigkeit der Aufnahme das Anion maßgebend ist. Zu den rasch eindringenden gehören die Halogenide, zu den langsam eindringenden Sulfat, Tartrat, Ferrocyanid, Citrat. Diese älteren Ergebnisse wurden neuerdings durch EGE[3]) bestätigt, welcher die Geschwindigkeit der Blutkörperchenschwellung in isotonischen Gemischen von Rohrzucker und Ammonsalz mit dem Hämatokriten verfolgte. Dabei ergab sich, daß die Anionen den Eintritt des $NH_4$ etwa in der Reihenfolge fördern: $Cl > Br > NO_3 > HPO_4 > SO_4 >$ Tartrat, Citrat, wobei Tartrat und Citrat den Eintritt völlig verhindern. Indessen ist diese Durchlässigkeit für Ammonsalze meines Erachtens nur eine Eigenschaft geschädigter Blutkörperchen. Alle Ammonsalzlösungen enthalten infolge von Hydrolyse freies $NH_3$, das momentan in die Blutkörperchen eintritt, und das nun von innen her die normale Semipermeabilität für die Salze aufheben wird. Selbst bei schwach saurer Reaktion kann auf diese Weise ein Ammonsalz die Reaktion im Zellinnern abnorm alkalisch machen. M. H. JACOBS[4]) zeigte dies durch folgenden lehrreichen Versuch: Der rote Farbstoff in dem sauren Zellsaft der Blüten einer Rhododendronart schlägt bei $p_H = 7$ bis 8 in Blau um. Dieser Umschlag tritt auch ein, wenn man die Zellen in eine Ammonsulfatlösung bringt, deren ausgesprochen saure Reaktion durch Zusatz einer Spur $NH_3$ auf $p_H = 6,2$ vermindert ist. Der Umschlag kommt jedoch nicht zustande, wenn der aus den Zellen extrahierte Indicator mit dem $(NH_4)_2SO_4$-$NH_3$-Gemisch zusammengebracht wird, oder wenn statt lebender abgetötete Zellen in das Gemisch eingelegt werden. Im letzten Fall dringt dann nicht bloß das $NH_3$ ein, sondern jede Komponente des Gemisches. Der verschieden rasche Eintritt der Ammonsalze in die durch das $NH_3$ geschädigten Blutkörperchen in den Versuchen von HEDIN und EGE ist dann teils auf die verschieden rasche Diffusion durch die geschädigte Plasmahaut zurückzuführen, teils auf den verschieden

[1]) Siehe hierzu ferner OSTERHOUT u. DORCAS: Journ. of gen. physiol. Bd. 9, S. 255. 1925 u. IRWIN: Ebenda Bd. 9, S. 561. 1926.

[2]) EGE: Biochem. Zeitschr. Bd. 130, S. 99. 1922.

[3]) EGE: Biochem. Zeitschr. Bd. 130, S. 116. 1922.

[4]) JACOBS, M. H.: Journ. of gen. physiol. Bd. 5, S. 181. 1923.

großen quellenden Einfluß. Nach HEDIN verhalten sich ebenso wie die Ammonsalze noch die Salze der aliphatischen Amine und der Alkaloide, nach meinen Erfahrungen[1]) auch Guanidin und Piperidinsalze.

Wenn man nun aber die Blutkörperchen längere Zeit in den isotonischen oder auch schwach hypotonischen Lösungen der Alkalisalze verweilen läßt, dann bemerkt man, daß die Blutkörperchen allmählich ihren Farbstoff mehr und mehr loslassen, so daß es schließlich zu totaler Hämolyse kommt. Dabei wirken aber die verschiedenen Salze sehr verschieden intensiv. Bei der Untersuchung von Na-Salzen zeigt sich, daß die Hämolyse am frühesten in Jodid- und Rhodanidlösung, am spätesten in Sulfatlösung zustande kommt; man erhält die Reihe: $SO_4 < Cl < Br < NO_3 < SCN < J$. Bei Vergleich der Alkali-Kationen ergibt sich die Reihe: Li, Na < Cs < Rb < K [HÖBER[2])].

Man kann diese Vorgänge mit dem Einfluß der Alkalisalze auf die Pflanzenzellen (S. 456) in Parallele setzen. Der Austritt des Hämoglobins ist vergleichbar dem Austritt von Farbstoff aus dem Zellsaftraum, der allmählich als Folge der Permeabilitätssteigerung zustande kommt, und wie man bei den Pflanzenzellen schon frühzeitig unter der Wirkung der reinen Alkalisalze den Verlust von Zellsaftbestandteilen durch Exosmose nachweisen kann, so ergibt sich auch bei den Blutkörperchen, daß schon vor dem Hämoglobinaustritt Salze herausdiffundieren [STEWART[3])].

Wir können also die Vorgänge bei den Blutkörperchen auch auf die gleiche Weise erklären, wie bei den Pflanzenzellen, nämlich die Permeabilitätssteigerung als Folge einer kolloidalen Zustandsänderung ansehen. Dafür spricht erstens die Identität der Anionenreihe mit der HOFMEISTERschen Reihe der Kolloidchemie. Zweitens ist die charakteristische, von der Reihenfolge der Atomgewichte abweichende Aufeinanderfolge der Kationen von den Erscheinungen bei den hydrophilen Kolloiden her als „Übergangsreihe" geläufig. Es lassen sich aber auch noch andere Beobachtungen über die Salzhämolyse der Blutkörperchen auf Kolloidprozesse zurückführen; doch würde es zu weit führen, darauf hier einzugehen[4]). Nur die eine Feststellung ist hier noch als Parallele zu den Erscheinungen bei den Pflanzenzellen ebenso wie bei den Kolloiden anzuführen, daß die Hämolyse in Alkalisalzlösungen durch kleine Zusätze von Salzen mit mehrwertigem Kation (Ca, Sr, Mg, Ba, Mn, Co, Ni) gehemmt werden kann [HÖBER[5])].

Wir kommen nach all dem zu dem Schluß, daß *die Blutkörperchen unter natürlichen Verhältnissen für die Neutralsalze so gut wie impermeabel sind, daß sie aber in den unphysiologischen reinen Salzlösungen ganz allmählich die Impermeabilität einbüßen.*

Wenn man nun aber die Permeabilität für Salze mit chemischen Methoden untersucht, so findet man, daß in anscheinendem Widerspruch mit dem eben Gesagten ein bedeutender und geschwind verlaufender Stoffaustausch in bezug auf die Salze existiert. Wenn man nämlich in Blut $CO_2$ einleitet, so nimmt die Menge des *titrierbaren* Alkalis im Serum zu, sein Chlorgehalt nimmt ab [ZUNTZ, HAMBURGER, V. LIMBECK[6])]. Dies ist zunächst folgendermaßen gedeutet worden:

[1]) HÖBER: Zeitschr. f. physikal. Chem. Bd. 70, S. 134. 1909.

[2]) HÖBER: Biochem. Zeitschr. Bd. 14, S. 209. 1908.

[3]) STEWART: Journ. of physiol. Bd. 26, S. 470. 1901.

[4]) S. dazu HÖBER: Physikalische Chemie der Zelle und der Gewebe. 6. Aufl. 1926, Kap. 10 u. 11.

[5]) HÖBER: Pflügers Arch. f. d. ges. Physiol. Bd. 166, S. 531. 1917; s. auch NEUSCHLOSS: ebenda Bd. 181, S. 40. 1920.

[6]) ZUNTZ: Dissert. Bonn 1869. — HAMBURGER: Zeitschr. f. Biol. Bd. 28, S. 405. 1892; Arch. f. (Anat. u.) Physiol. 1894, S. 419; Osmotischer Druck und Ionenlehre I. Wiesbaden 1902. — V. LIMBECK: Arch. f. exp. Pathol. u. Pharmakol. Bd. 35, S. 309. 1895.

Die Kohlensäure spaltet aus salzartigen Verbindungen von Eiweiß und Alkali, welche sowohl im Serum als auch in den Blutkörperchen enthalten sind, das Alkali ab, es bildet sich Alkalikarbonat, in den Körperchen z. B. $K_2CO_3$, und dieses wandert ins Serum aus, dafür tritt NaCl in die Körperchen ein. Diese Erklärung fußte auf der Tatsache, daß wirklich beim Durchleiten von $CO_2$ durch Serum die Menge des „diffusiblen Alkalis" in diesem zunimmt [Loewy und Zuntz, Lehmann, Gürber, Hamburger[1])].

Aber Gürber[2]) und neuerdings Doisy und Eaton[3]) sowie Mukai[4]) wiesen nach, daß die Verteilung von K und Na auf Körperchen und Serum bei der Durchleitung von $CO_2$ keine nennenswerten Änderungen erfährt. Koeppe[5]) stellte deshalb die Hypothese auf, daß *nur die durch die Reaktion zwischen Alkalieiweißverbindungen und der Kohlensäure im Innern der Körperchen frei werdenden Kohlensäureionen ins Serum auswandern, und daß in äquivalenter Menge dafür Chlorionen einwandern;* er nahm also an, daß die Blutkörperchenoberfläche für Anionen permeabel ist, und schloß, daß der genannte Anionenaustausch in äquivalenten Mengen vor sich gehen muß, weil keine nennenswerte Differenz in der Zahl der negativen Ladungen in der Volumeinheit Serum und Blutkörpercheninhalt bestehen kann. Die Annahme von Koeppe gibt in der Tat eine befriedigende Erklärung für die genannten chemischen Prozesse; nur bleibt zunächst noch zu erklären, welche Kräfte den Anionenaustausch veranlassen. Bei der Durchleitung der Kohlensäure durch das Blut dringt $CO_2$ in die Blutkörperchen ein, es reagiert hier mit dem als Alkalisalz anwesenden Hämoglobin, indem dieses mehr oder weniger entionisiert wird, so daß an dessen Stelle $HCO_3$-Ionen treten, etwa entsprechend einer Reaktionsgleichung: $Hb' + H_2O + CO_2 = H \cdot Hb + HCO_3'$. Da aber das Hämoglobin polyvalente komplexe Anionen bildet (von deren Wiedergabe die Gleichung absieht), so entstehen an Stelle weniger Hb- zahlreiche $HCO_3$-Ionen, und wenn diese — im Gegensatz zu den Hb-Ionen — diffusibel sind, so werden sie sich gegen die außen befindlichen Cl-Ionen austauschen[6]).

Mit der Hypothese von Koeppe stimmen auch folgende Feststellungen überein: Wenn man Blutkörperchen abzentrifugiert und sie in einer isotonischen Trauben- oder Rohrzuckerlösung suspendiert und dann $CO_2$ durchleitet, so ist in der Lösung kein titrierbares Alkali nachzuweisen. Ferner: wenn man durch einen Brei abzentrifugierter Blutkörperchen $CO_2$ leitet und dann die Blutkörperchen in eine reine isotonische NaCl-Lösung einträgt, so steigt die Titrationsalkalescenz der Lösung viel stärker, als wenn man die Durchleitung durch Blut vornimmt.

Die Reaktion ist aber nicht etwa an die Zuleitung großer Mengen von $CO_2$ gebunden, die vielleicht eine Schädigung der Blutkörperchenoberfläche herbeiführen könnten, sondern, wie namentlich Fridericia[7]) gezeigt hat, genügen schon ganz kleine Erhöhungen der $CO_2$-Konzentration, um die Wanderung

---

[1]) Loewy u. Zuntz: Pflügers Arch. f. d. ges. Physiol. Bd. 58, S. 511. 1894. — C. Lehmann: Ebenda Bd. 58, S. 428. 1894. — Gürber: Sitzungsber. d. phys.-med. Ges. Würzburg 1895. — Hamburger: Arch. f. (Anat. u.) Physiol. 1898, S. 1. — Rona u. György: Biochem. Zeitschr. Bd. 56, S. 416. 1913. — Hamburger: Ebenda Bd. 86, S. 309. 1918.

[2]) Gürber: Zitiert auf S. 466.

[3]) Doisy u. Eaton: Journ. of physiol. Bd. 47, S. 377. 1921.

[4]) Mukai: Journ. of physiol. Bd. 55, S. 356. 1921.

[5]) Koeppe: Pflügers Arch. f. d. ges. Physiol. Bd. 67, S. 189. 1897.

[6]) Siehe hierzu u. a. van Slyke, Wu u. Mc Lean: Journ. of biol. chem. Bd. 56, S. 765. 1923.

[7]) Fridericia: Journ. of biol. chem. Bd. 42, S. 245. 1920. — Auch van Slyke u. Cullen: Ebenda Bd. 30, S. 342. 1917.

des Cl in die Blutkörperchen zu bewirken. FRIDERICIA fand z. B. bei Oxalat-Rinderblut:

| | | | | | |
|---|---|---|---|---|---|
| $CO_2$-Spannung in mm . . . . | 0,07 | 4,8 | 20,4 | 52,6 | 78,4 |
| % NaCl im Plasma . . . . . | 0,600 | 0,577 | 0,552 | 0,543 | 0,535 |

Ferner hat HAMBURGER[1]) gezeigt, daß auch arterielles und venöses Blut vom Pferd, das, um es möglichst unverändert zu analysieren, durch Auffangen unter Öl ungeronnen gewonnen wurde, den Unterschied im Gehalt an Cl und an titrierbarem Alkali aufweisen. Damit ist auch schon gezeigt, daß die Wanderung der Cl- und Kohlensäureanionen ein reversibler Vorgang ist, wie das auch außerhalb des Körpers an Blut gezeigt werden kann, wenn man der $CO_2$-Durchleitung eine $O_2$-Durchleitung nachfolgen läßt[2]).

Die Chlorwanderung in die Blutkörperchen und aus ihnen heraus vollzieht sich aber auch, wenn man keine Kohlensäure einleitet. So haben SIEBECK[3]) und WIECHMANN[4]) Blut längere Zeit durchlüftet und dann den Cl-Gehalt in der Umgebung der Blutkörperchen dadurch erhöht, daß sie einen Teil des Serums durch isotonische NaCl-Lösung ersetzten; alsdann trat Cl′ in die Blutkörperchen über. Wurde umgekehrt der Cl-Gehalt um die Blutkörperchen mit Hilfe von isotonischer $Na_2SO_4$-Lösung herabgesetzt, so wanderte Cl′ aus den Blutkörperchen aus. Man wird nach dem Vorangegangenen vermuten dürfen, daß es auch hier auf einen Anionenaustausch ankommt; denn sowohl außerhalb wie innerhalb der Blutkörperchen wird es, abgesehen von den Kohlensäureionen, noch andere Anionen geben, wie $HPO''_4$, $H_2PO'_4$, $SO''_4$, die sich wie $HCO_3$-Ionen verhalten könnten. In der Tat ist schon von HAMBURGER und VAN LIER[5]) vor langer Zeit gezeigt worden, daß, wenn man Blutkörperchen in den isotonischen Lösungen von $Na_2SO_4$ oder $NaNO_3$ suspendiert und $CO_2$ durchleitet, wiederum in der Außenlösung titrierbares Alkali nachweisbar wird, und daß zugleich $SO''_4$ oder $NO'_3$ in die Blutkörperchen hinein verschwinden. Ferner hat BÖNNINGER[6]) gefunden, daß, wenn man Aderlaßblut mit isotonischer NaBr-Lösung verdünnt, Br′ in die Blutkörperchen eintritt und dafür Cl′ herauskommt, so daß der Gesamthalogengehalt der Blutkörperchen ungefähr konstant bleibt; suspendiert man aber die abzentrifugierten Blutkörperchen in reichlich NaBr-Lösung, dann wird fast alles Cl′ aus den Blutkörperchen durch Br′ ausgetrieben. Nachträglich läßt sich das Br′ dann wieder durch NaCl-Lösung aus den Körperchen auswaschen. Endlich hat ROHONYI[7]) mit Rohrzuckerlösung gewaschene Blutkörperchen in isotonische Calciumnitritlösung eingetragen und festgestellt, daß dann Cl′ bis auf Spuren aus den Blutkörperchen austritt und dafür $NO'_2$ eintritt, während der $Ca^{\cdot\cdot}$-Gehalt der Außenlösung sich nicht ändert. *Es findet also ein reiner Anionenaustausch statt.*

Sehen wir darin nun zunächst einen einfachen Diffusionsvorgang, so werden wir erwarten dürfen, daß *die verschiedenen Ionen sich mit verschiedener Geschwindigkeit heraus- und hineinbewegen.* Es ist denn auch von WIECHMANN (l. c.) gefunden, daß aus einer isotonischen $Na_2SO_4$-Lösung $SO''_4$ innerhalb 2 Stunden bei Eisschranktemperatur nur sehr langsam in menschliche Blutkörperchen ein-

---

[1]) HAMBURGER: Arch. f. (Anat. u.) Physiol. 1893, Suppl. S. 157.

[2]) S. ferner HÖGLER u. UEBERRAK: Biochem. Zeitschr. Bd. 150, S. 18. 1924.

[3]) SIEBECK: Arch. f. exp. Pathol. u. Pharmakol. Bd. 85, S. 214. 1919.

[4]) WIECHMANN (unter HÖBER): Pflügers Arch. f. d. ges. Physiol. Bd. 189, S. 109. 1921.

[5]) HAMBURGER u. VAN LIER: Arch. f. (Anat. u.) Physiol. 1902, S. 492. — Auch HAMBURGER u. VAN DER SCHROEFF: Ebenda 1902, Suppl., S. 119.

[6]) BÖNNIGER: Zeitschr. f. exp. Pathol. u. Pharmakol. Bd. 7, S. 2. 1909; auch Bd. 4, S. 414. 1907.

[7]) ROHONYI: Kolloidchem. Beih. Bd. 8, S. 337. 1916.

tritt, Phosphationen aus einem neutralen Phosphatgemisch etwas rascher, Br′ und Cl′ erheblich rascher. Relativ langsam vollzieht sieh der $HPO''_4$-Eintritt nach Iversen[1]) auch bei Kaninchenblutkörperchen, während nach Ege[2]) das $NO_3$-Ion eine mittlere Stellung zwischen $SO''_4$ und $HPO''_4$ einerseits, Cl′ andrerseits einnimmt.

*Der Anionenaustausch kann nun*, wie wir uns bereits (S. 466) klar gemacht haben, *nur in äquivalenten Mengen vor sich gehen*, weil andernfalls starke elektrostatische Zugkräfte der Weiterbewegung Halt gebieten müßten. Schon Koeppe[3]) hat dies osmometrisch zu beweisen gesucht: wenn Blutkörperchen mit einer isotonischen $Na_2SO_4$-Lösung ihre Anionen austauschen, dann müssen für je 1 eintretendes $SO''_4$ 2 Cl′ oder 2 $HCO'_3$ austreten; die Folge davon muß sein, daß, wenn man zum Schluß die Blutkörperchen zusammenzentrifugiert, sie ein kleineres Volumen einnehmen, als wenn man sie etwa in einer Lösung von $KNO_3$ oder NaBr in Austausch bringt. Dies wurde von Koeppe auch beobachtet.

Mit diesen Vorstellungen harmoniert auch folgende Beobachtung von Ege[4]): wenn man Blutkörperchen in $KNO_3$- und KCl-Lösungen von gleichem osmotischen Druck suspendiert und innerhalb der ersten Stunden nach Versuchsbeginn das Blutkörperchenvolumen hämatokritisch bestimmt, so zeigt sich, daß die Blutkörperchen in der Chloridlösung anfänglich ein größeres Volumen einnehmen als in der Nitratlösung; nach einiger Zeit gleicht sich aber der Unterschied durch Nachschwellen der Nitratblutkörperchen aus. Von Ege wird das so gedeutet, daß an Stelle der eintretenden Cl- oder $NO_3$-Ionen unter anderen auch zweiwertige Anionen austreten; die so zustande kommende osmotische Drucksteigerung im Innern wird aber durch die $NO_3$-Ionen erst allmählich bewirkt, weil $NO'_3$ langsamer eindringt als Cl′.

Eine weitere Konsequenz der bisher vertretenen Anschauung ist die, daß eine Wanderung von Anionen nicht erfolgen darf, wenn man die Blutkörperchen statt in eine Elektrolytlösung in eine Nichtleiterlösung überträgt. Denn jede Anionenauswanderung ist danach ja zwangsläufig abhängig von einer entsprechenden Anioneneinwanderung; in eine Nichtleiterlösung sollten also Anionen nur austreten, wenn gleichzeitig Kationen in äquivalentem Betrage mitgingen. Diese Konsequenz wird nun ebenfalls durch verschiedene Versuche erfüllt, für das $HCO_3$-Ion durch ein schon S. 466 zitiertes Experiment von Koeppe, nach Ege[5]) durch die Feststellung, daß das in isotonischer Nitrat- oder Chloridlösung beobachtete Nachschwellen der Blutkörperchen in isotonischer Traubenzuckerlösung nicht eintritt, nach Rohonyi[6]) durch folgendes Ergebnis: nach dem Waschen mit Rohrzuckerlösung betrug der Cl-Gehalt der Blutkörperchen 5,6, nach Waschen mit $Ca(NO_2)_2$-Lösung infolge Austausch mit $NO'_2$ nur noch 0,12, nach Waschen mit $Ca(NO_2)_2$-Lösung, darauf mit NaCl-Lösung und darauf mit Rohrzuckerlösung 6,2; der Cl-Verlust in der $Ca(NO_2)_2$-Lösung konnte also durch Waschen mit NaCl wieder rückgängig gemacht werden, aber die Rohrzuckerlösung wäscht das Cl nicht aus. In Widerspruch hiermit steht nur die Angabe von Siebeck, daß man den Blutkörperchen durch Waschen mit Zuckerlösung, freilich nur langsam, einen großen Teil des Cl entziehen kann. Man könnte vermuten, daß dies schließlich auch die Folge einer völligen Veränderung in der Durchlässigkeit der Blutkörperchen sein könnte, d. h. daß das Cl zusammen mit Kationen austritt; aber Siebeck hebt besonders hervor, daß die an Cl verarmten Blutkörperchen in hypotonischer Lösung geradeso schwellen, wie normale Blutkörperchen. Dies ist zunächst unverständlich.

---

[1]) Iversen: Biochem. Zeitschr. Bd. 114, S. 297. 1912.
[2]) Ege: Biochem. Zeitschr. Bd. 107, S. 246. 1920.
[3]) Koeppe: Pflügers Arch. f. d. ges. Physiol. Bd. 67, S. 189. 1897.
[4]) Ege: Biochem. Zeitschr. Bd. 115, S. 109. 1921.
[5]) Ege: Biochem. Zeitschr. Bd. 115, S. 109. 1921.
[6]) Rohonyi: Zitiert auf S. 467.

Diese ganzen Untersuchungen der Blutkörperchen sind ursprünglich zum Teil mit der Absicht ausgeführt, aus den Erfahrungen über ihre Permeabilität Aufschluß über die Eigenschaften ihrer Plasmahaut zu gewinnen. Durch ROHONYI zusammen mit LÓRÁNT[1]) ist aber gezeigt worden, daß *an sich der nachgewiesene Anionenaustausch die Annahme einer Membran, die die besondere Eigenschaft der selektiven Permeabilität für Anionen hat, noch nicht unbedingt erfordert*, daß das Vorhandensein einer Phasengrenze vielmehr schon den Anforderungen für das Verständnis genügt. Wenn man nämlich Blutkörperchen mit destilliertem Wasser, mit Äther oder mit Saponin völlig zerstört, durch einen Teil des Hämolysates $O_2$, durch einen anderen $CO_2$ leitet, ebenso mit zwei Proben Serum verfährt und nun die aufgelösten $O_2$-Blutkörperchen und das $O_2$-Serum, ferner die aufgelösten $CO_2$-Blutkörperchen und das $CO_2$-Serum durch eine Kollodiummembran miteinander in Diffusionsaustausch treten läßt, so ergibt sich geradeso eine Zunahme an titrierbarem Alkali außen, an Cl′ innen, wie bei intakten Blutkörperchen und Serum. Z. B.:

| | $O_2$-Serum | $O_2$-Hämolysat | $CO_2$-Serum | $CO_2$-Hämolysat |
|---|---|---|---|---|
| Chlor . . . . . . . . . . . . . | 8,94 | 8,48 | 8,02 | 9,27 |
| Titrierbares Alkali . . . . . . . | 5,00 | | 6,25 | |

Auch nach Entfernung der Stromata ist das Verhalten das gleiche. Es kommt also offenbar bloß darauf an, daß das Eiweiß bzw. das Hämoglobin beim Durchleiten von Kohlensäure durch H˙-Aufnahme zum Kation eines Kolloidelektrolyten wird, zu dem als Anion $HCO'_3$ gehört; dann kann das $HCO'_3$ gegen ein beliebiges anderes Anion ausgetauscht werden. Im Blutkörperchen müssen die einzelnen Kolloidelektrolyt-Moleküle nur irgendwie zusammengehalten sein, etwa wie bei einer Gallerte oder auch durch eine Membran, die eben nur die gewöhnlichen Eigenschaften vieler tierischer Membranen zu haben brauchte, nämlich für Kolloidteilchen undurchlässig zu sein. Mit dieser zweiten Annahme würde auch gut die von WIECHMANN[2]) festgestellte Tatsache harmonieren, daß, wenn die auszutauschenden Anionen selber kolloiddispers sind, wie z. B. die Anionen von Säurefarbstoffen (Cyanol, Lichtgrün u. a.), der Austausch unmöglich wird, d. h. daß Blutkörperchen, welche in solch einer Farbstofflösung suspendiert werden, sich nicht anfärben.

Bei diesen Vorstellungen geraten wir nun aber sofort in Konflikt mit den früher mitgeteilten Ergebnissen osmotischer und chemischer Untersuchungen, nach denen die Blutkörperchen für alle möglichen organischen Verbindungen sowie für anorganische Salze impermeabel sind. Denn angenommen die mit $CO_2$ behandelten Blutkörperchen seien wirklich vergleichbar mit einer angesäuerten Gelatinegallerte, wie z. B. J. LOEB[3]) annimmt, dann wäre eine solche Gallerte zwar gerade so zum Anionenaustausch befähigt wie die Blutkörperchen; aber Neutralsalze oder organische Verbindungen wie die Zucker, Hexite u. a., welche die Blutkörperchen nicht passieren lassen, könnten ebenfalls durch sie hindurchdiffundieren. Wir müssen also nach irgendeinem Modell für die Blutkörperchen suchen, das uns zugleich ihre Impermeabilität für alle möglichen Stoffe und ihre Permeabilität für die Anionen verbildlicht.

---

[1]) ROHONYI u. LÓRÁNT: Kolloidchem. Beih. Bd. 8, S. 377. 1916. — Ferner ROHONYI: Ebenda Bd. 8, S. 337. 1916 und SPIRO u. L. J. HENDERSON: Biochem. Zeitschr. Bd. 15, S. 114. 1909.

[2]) WIECHMANN (unter HÖBER): Pflügers Arch. f. d. ges. Physiol. Bd. 189, S. 109. 1921.

[3]) LOEB, J.: Journ. of gen. physiol. Bd. 1, S. 39. 1918.

Zunächst wollen wir aber noch einige Versuche kennenlernen, welche *die Impermeabilität für Kationen und dadurch die Impermeabilität für Salze* noch in anderer Weise demonstrieren, als durch osmotische Messungen. Da ist erstens auf die chemischen Analysen der Aschebestandteile von Blutkörperchen und Serum nach Abderhalden[1]) hinzuweisen:

1000 Gewichtsteile Serum enthalten:

| | Pferd | Schwein | Kaninchen | Rind | Hammel | Ziege | Hund | Katze |
|---|---|---|---|---|---|---|---|---|
| Natrium . . . . . . . | 4,396 | 4,251 | 4,442 | 4,312 | 4,294 | 4,326 | 4,278 | 4,439 |
| Kali . . . . . . . . . . | 0,259 | 0,270 | 0,259 | 0,255 | 0,255 | 0,246 | 0,245 | 0,262 |
| Chlor . . . . . . . . . | 3,690 | 3,627 | 3,883 | 3,690 | 3,704 | 3,691 | 4,080 | 4,170 |
| Anorg. Phosphors. . . . | 0,076 | 0,052 | 0,065 | 0,085 | 0,085 | 0,070 | 0,081 | 0,071 |

1000 Gewichtsteile Blutkörperchen enthalten:

| | Pferd | Schwein | Kaninchen | Rind | Hammel | Ziege | Hund | Katze |
|---|---|---|---|---|---|---|---|---|
| Natrium . . . . . . . | — | — | — | 2,232 | 2,257 | 2,174 | 2,839 | 2,705 |
| Kali . . . . . . . . . . | 4,130 | 4,957 | 5,229 | 0,722 | 0,741 | 0,679 | 0,273 | 0,258 |
| Chlor . . . . . . . . . | 1,205 | 1,475 | 1,236 | 1,813 | 1,725 | 1,480 | 1,357 | 1,048 |
| Anorg. Phosphors. . . . | 1,687 | 1,653 | 1,733 | 0,350 | 0,365 | 0,279 | 1,256 | 1,186 |

Bei Betrachtung dieser Tabellen fällt zunächst die große Gleichförmigkeit der für die einzelnen Salzbestandteile angegebenen Zahlen auf, wenn man die Sera der einzelnen Tiere miteinander vergleicht, während sich diese Gleichförmigkeit bei den Blutkörperchen nicht oder höchstens für das Chlor feststellen läßt. Das Serum ist also, was seine anorganischen Bestandteile anlangt, überall das gleiche; ferner ist nur Cl′ in einem einigermaßen konstanten Verhältnis auf Serum und Blutkörperchen verteilt, so wie es die eben geschilderten Beobachtungen über den Anionenaustausch etwa erwarten lassen. Dagegen fehlt das Na in den Blutkörperchen von Pferd, Schwein und Kaninchen, die dafür besonders reich an K sind, während bei den Blutkörperchen von Rind, Hammel, Ziege und vollends bei denen von Hund und Katze umgekehrt das Na prävaliert und das K in den Hintergrund tritt. Das spricht natürlich gegen eine freie Beweglichkeit dieser Alkalimetalle nach Art derjenigen der Anionen und deutet entweder auf ein Diffusionshindernis oder auf eine feste Verankerung an andere indifusible Substanzen; über diese Alternative werden wir noch (S. 472 ff.) zu entscheiden haben. Auch der Phosphatgehalt ist bei den einzelnen Blutkörperchenarten charakteristisch verschieden. Bei freier Permeabilität für das Phosphation ist das natürlich nicht zu erwarten.

Noch ein anderer auf chemischen Methoden beruhender Beweis oder wenigstens Anhaltspunkt dafür, daß die Blutkörperchen für die Kationen und damit für die Salze impermeabel sind, mag hier angeführt werden. Nach O. Warburg[2]) zeichnen sich die Erythrocyten der Gans, besonders jüngere Zellen, durch einen relativ großen Sauerstoffkonsum aus, welcher sich fast gar nicht verändert, wenn man durch vorsichtiges Gefrieren und Wiederauftauen die Plasmahaut der Erythrocyten zerstört. Man kann nun diesen Sauerstoffverbrauch unter anderem durch narkotisierende Stoffe, wie Äthylalkohol, Phenylurethan, Amylalkohol u. a. hemmen, gleichgültig ob die Blutkörperchen intakt oder aufgelöst sind. Das ist

[1]) Abderhalten: Zeitschr. f. physiol. Chem. Bd. 25, S. 67. 1898.
[2]) Warburg, O.: Hoppe-Seylers Zeitschr. f. physiol. Chem. Bd. 70, S. 413. 1911; siehe ferner Raab: Pflügers Arch. f. d. ges. Physiol. Bd. 217, S. 124. 1927.

verständlich, sobald wir auf die von GRIJNS, HEDIN und anderen gefundene Tatsache zurückgreifen, daß diese Stoffe leicht durch die Plasmahaut der Blutkörperchen permeieren. Man kann den Sauerstoffverbrauch ferner mit den Erdalkalichloriden hemmen. Aber dies geht charakteristischerweise bloß an den aufgelösten Blutkörperchen; die intakten sind salzunempfindlich. Das spricht dafür, daß die an sich für die Erdalkalisalze undurchlässige Plasmahaut erst durch das Gefrieren defekt und damit der Inhalt durchlässig gemacht wird.

Weiter kann man in ähnlicher Weise, wie es OSTERHOUT bei dem Thallus von Laminaria getan hat, durch *Leitfähigkeitsbestimmungen* Aufschluß über die Ionendurchlässigkeit der Blutkörperchen zu gewinnen suchen. ROTH[1]), BUGARSZKY und TANGL[2]), sowie STEWART[3]) haben gefunden, daß Serum den Strom viel besser leitet als Blut, und Blut besser als ein durch Zentrifugieren gewonnener Brei von Blutkörperchen. Das zeigt z. B. die folgende Tabelle nach BUGARSZKY und TANGL, in welcher eine Anzahl spezifischer Leitfähigkeiten $\lambda$ angeführt ist:

| Tierart | $10^4\,\lambda$ (Plasma) | $10^4\,\lambda$ (Blut) | $10^4\,\lambda$ (Blutkörperchen) |
|---|---|---|---|
| Pferd . . . . . . . . . . | 105,3 | 63,4 | 1,63 |
| Pferd . . . . . . . . . . | 103,7 | 62,8 | 1.67 |
| Pferd . . . . . . . . . . | 102,8 | 56,1 | 2,44 |
| Hund . . . . . . . . . . | 112,9 | 36,9 | 1,70 |
| Hund . . . . . . . . . . | 107,7 | 43,3 | 2,17 |
| Hund . . . . . . . . . . | 106,4 | 42,8 | — |
| Katze . . . . . . . . . . | 125,4 | 60,6 | 2,20 |
| Katze . . . . . . . . . . | 129,7 | 61,5 | — |

Je stärker man zentrifugiert, d. h. je besser man Körperchen und Blutflüssigkeit voneinander trennt, um so schlechter leiten die Körperchen. Daraus muß man schließen, daß *die Blutkörperchen selbst den elektrischen Strom nicht oder so gut wie nicht leiten*[4]). Also müssen die Blutkörperchen auch für die Serumsalze bzw. ihre Ionen undurchlässig oder mindestens sehr schwer durchlässig sein, ein Ergebnis, das sich mit dem durch die anderen Methoden der Permeabilitätsmessung gewonnenen deckt. Dazu stimmt, daß, wenn man die Oberfläche der Blutkörperchen durch ein Hämolyticum schwach anätzt, ihre Leitfähigkeit zunimmt; offenbar tritt jetzt Durchlässigkeit für die Ionen ein[5]).

Was für Vorstellungen über die Organisation der Blutkörperchen sollen wir nun aus den zuletzt geschilderten Beobachtungen, den Beobachtungen über die Verteilung der anorganischen Bestandteile auf Blutkörperchen und Serum und denen über die Leitfähigkeit der Blutkörperchen herleiten? Das Nächstliegende ist die Annahme einer für Kationen impermeablen Plasmahaut; die bestehende Anionenpermeabilität der Blutkörperchen könnte zwar an sich, wie wir sahen, auch ohne die Voraussetzung einer Plasmahaut erklärt werden, aber die vorhandene Kationenpermeabilität scheint diese wieder zu erfordern, und zudem würden die Blutkörperchen, wenn sie einer Phase aus einem Kolloidelektrolyten mit austauschbarem Anion ähnelten, wohl eine erheblich größere Leitfähigkeit aufweisen müssen, als sie tatsächlich besitzen. Die Annahme einer Membran mit der Eigenschaft der einseitigen Permeabilität für *eine* Ionensorte hat aber

[1]) ROTH, W.: Zentralbl. f. Physiol. Bd. 11, S. 271. 1897.

[2]) BUGARSZKY u. TANGL: Zentralbl. f. Physiol. Bd. 11, S. 297. 1897.

[3]) STEWART: Zentralbl. f. Physiol. Bd. 11, S. 332. 1897; auch Americ. journ. of physiol. Bd. 49, S. 233. 1919.

[4]) Über das Verhalten bei hochfrequentem Wechselstrom, s. S. 472ff.

[5]) WOELFEL: Biochem. journ. Bd. 3, S. 146. 1908. — S. auch STEWART: Journ. of physiol. Bd. 24, S. 211. 1899 u. Journ. of pharmacol. a. exp. therapeut. Bd. 1, S. 49. 1909.

an Berechtigung sehr gewonnen, seitdem Michaelis[1]) und Collander[2]) neuerdings gezeigt haben, daß eine genügend dichte Kollodiummembran allein für Kationen durchlässig, dagegen für Anionen undurchlässig ist. Der Beweis dafür kann u. a. ganz nach Art der Beweise für die Anionenpermeabilität der Blutkörperchen geführt werden; nämlich die Kollodiummembran ist an sich salzundurchlässig, sie läßt aus einer Salzlösung kein Salz durch sich hindurch in reines Wasser übertreten; läßt man die Membran aber zwei Salzlösungen voneinander trennen, so kommt es zu einem Kationenaustausch, während sich an der Anionenverteilung nichts ändert. Dabei diffundiert K leichter als Na und Li, diese leichter als Ca; die Kationenpermeabilität ist also um so größer, je kleiner der Radius der hydratisierten Ionen. Ganz ähnlich ist bei den Blutkörperchen die Durchlässigkeit für Br und Cl groß, für $NO_3$ kleiner und für $SO_4$ noch kleiner, wiederum entsprechend dem Ionenradius. Es gibt also künstliche poröse Membranen, welche nach Art der Blutkörperchenoberfläche eine bestimmte Ionensorte abzusieben vermögen. Daß die Porosität das eine Mal für Kationen, das andere Mal für Anionen gilt, hängt jedenfalls mit den elektrostatischen Eigenschaften der betreffenden Membranmaterien zusammen.

Nach all dem werden wir also annehmen, daß die Salze im Innern der Blutkörperchen wenigstens zur Hauptsache frei gelöst vorhanden sind und nur durch die bestehende Kationenimpermeabilität am freien Austausch mit den Salzen der Umgebung gehindert werden. Diese Annahme kann auch noch durch folgende Beobachtung gestützt werden: Die Abhängigkeit der prozentischen Sättigung des Hämoglobins mit Sauerstoff vom Sauerstoffdruck kann bei einer reinen Hämoglobinlösung bekanntlich durch eine gleichseitige Hyperbel dargestellt werden. Sind aber der Hämoglobinlösung Salze beigemischt, so ist der Kurvenlauf ein anderer und je nach Salzart und Salzkonzentration verschieden. Wie das zu erklären ist, soll hier nicht auseinandergesetzt werden. Barcroft und Camis[3]) haben nun gezeigt, daß, wenn man zu einer reinen Hämoglobinlösung dasjenige Salzgemisch hinzufügt, das nach der chemischen Analyse die Blutkörperchen einer bestimmten Tierart auszeichnet, die Sättigungskurve genau den gleichen Verlauf nimmt, den auch das Blut dieser Tierart charakterisiert. Ein und dieselbe Hämoglobinlösung gibt, mit den Salzen der Hundeblutkörperchen versetzt, die Sättigungskurve des Hundebluts, mit den Salzen von Menschenblutkörperchen versetzt die Sättigungskurve des Menschenbluts. Die Verschiedenheit der Sättigungskurve bei verschiedenen Tierarten rührt also nicht von Unterschieden der Hämoglobine her, sondern nur von Unterschieden der intracellularen Salzmischung.

Es gibt aber noch einen direkteren Beweis dafür, daß die Salze wesentlich frei im Innern der Zellen vorhanden sind und nur von einem oberflächlichen Diffusionshindernis am Austritt verhindert werden, nämlich das Vorhandensein einer erheblichen „*inneren Leitfähigkeit*“ der Zellen. Will man sich den Inhalt von Zellen für die Untersuchung zugänglich machen, so ist es nicht angängig, sich mit Preßsäften als Surrogat für die ganzen Zellen zu begnügen, weil ja jede Zertrümmerung des normalen Gefüges im Protoplasma chemische Veränderungen nach sich zieht; allenfalls wenn bloß ein schmaler Protoplasma-

[1]) Michaelis u. Fujita: Biochem. Zeitschr. Bd. 161, S. 47. 1925. — Fujita: Ebenda Bd. 162, S. 245. 1925. — Michaelis u. Dokan: Ebenda Bd. 162, S. 258. 1925.

[2]) Collander: Kolloidchem. Beihefte Bd. 20, S. 273. 1925; Soc. Scient. Fennica, Comment. biol. II, 6. 1926.

[3]) Barcroft u. Camis: Journ. of physiol. Bd. 39, S. 118. 1909. — S. ferner Barcroft u. Roberts: Ebenda Bd. 39, S. 143. 1909. — Barcroft u. Orbeli: Ebenda Bd. 41, S. 355. 1910.

mantel, wie bei manchen Pflanzenzellen, einen großen Zellsaftraum umschließt, gelangt man zu definierteren Objekten, da man dann annehmen kann, daß der Preßsaft in der Hauptsache unveränderter Inhalt der Safträume ist, oder es gelingt sogar bei besonders großen Zellsaftvakuolen, reinen Zellsaft durch Punktion des Protoplasten abzusaugen (s. S. 413). Im allgemeinen ist man auf die Untersuchung der intakten Zellen angewiesen. Aber deren Leitfähigkeit als Maß der Dissoziation der Salze in ihrem Innern mit der gewöhnlichen KOHLRAUSCHschen Methode zu messen, ist ja ausgeschlossen; denn wir sahen, daß sich die intakten Zellen, Pflanzenzellen sowohl wie Blutkörperchen, gegen den elektrischen Strom einigermaßen wie Nichtleiter verhalten, und das können sie, selbst wenn ihr Inhalt vorzüglich leitet, falls nur die oberflächliche Protoplasmahaut als Isolator fungiert. Dennoch ist es möglich, die Leitfähigkeit im Innern von Zellen zu messen, ohne sie zu verletzen, *wie man auch die Leitfähigkeit in einer gläsernen Flasche messen kann, ohne sie zu öffnen.* Es sind zwei Verfahren ausprobiert[1]), doch soll hier nur das genauere beschrieben werden. Es basiert auf folgendem Experiment: $C$ (Abb. 42) sei ein Kondensator, $L$ eine aus wenigen Windungen bestehende Drahtspule, welche auf ein Becherglas gewickelt ist, $K$ eine einzelne „Koppelungswindung“, durch welche dem aus $C$, $L$ und $K$ bestehenden sekundären Schwingungskreis induktiv Schwingungen zugeführt werden, welche in einem aus Kapazität, Selbstinduktion und Funkenstrecke gebildeten (in der Abbildung nicht gezeichneten) Primärkreis entstehen. Sind nun die einzelnen Bestandteile der Schwingungskreise so dimensioniert, daß die Schwingungen sehr frequent sind (bei der benutzten Anordnung etwa $10^7$ pro Sekunde), so werden die Schwingungen merklich gedämpft, wenn das Becherglas in der Selbstinduktion $L$ statt mit destilliertem Wasser mit einer Elektrolytlösung gefüllt wird, und dies Maß der Dämpfung ist um so größer, je größer die Leitfähigkeit der Lösung. Den Dämpfungsbetrag kann man mit Hilfe irgendeines Detektors für Schwingungen, z. B. mit Hilfe eines kleinen Funkendetektors $F$ messen, in dem je nach der Schwingungsamplitude Funken leichter oder schwerer übergehen.

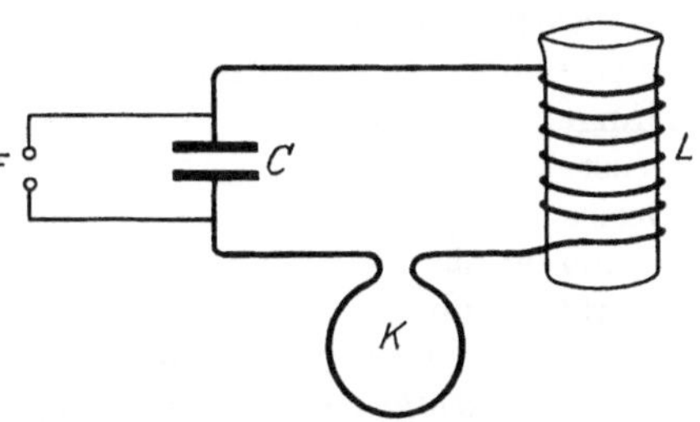

Abb. 42. Prinzip der Messung der inneren Leitfähigkeit. (Nach HÖBER.)

Das Becherglas mit Elektrolytlösung repräsentiert nun sozusagen eine große Zelle, das Glas bedeutet die isolierende Plasmahaut, der Elektrolyt das Plasma, und das Experiment hat gelehrt, daß an dem dämpfenden Einfluß dieses Elektrolytkerns auch nichts Wesentliches geändert wird, wenn der Elektrolyt durch zahllose isolierende Häutchen weiter unterteilt wird. Denn die „innere Leitfähigkeit“ von Blutkörperchen wurde nun in folgender Weise gemessen: Das Becherglas wurde sukzessive mit Kochsalzlösungen verschiedener Konzentration gefüllt und für jede Konzentration die Dämpfung bestimmt; danach wurde das Glas mit in Zuckerlösung gewaschenen Blutkörperchen gefüllt und festgestellt, daß die Dämpfung durch die Blutkörperchen der Dämpfung einer bestimmten Kochsalzlösung gleichkommt. Die innere Leitfähigkeit konnte dann der Leitfähigkeit dieser NaCl-Lösung gleichgesetzt werden. Denn wenn man die zahllosen isolierenden Hüllen der Plasmahäute, welche den elektrolytischen Inhalt der einzelnen Blutkörperchen gegenseitig abschließen, durch Saponin auf-

---

[1]) HÖBER: Pflügers Arch. f. d. ges. Physiol. Bd. 133, S. 237. 1910; Bd. 148, S. 189. 1912; Bd. 150, S. 15. 1913. — S. ferner PHILIPPSON: Cpt. rend. des séances de la soc. de biol. Bd. 83, S. 1399. 1920. — FRICKE u. MORSE: Journ. of gen. physiol. Bd. 9, S. 153. 1925.

löst, so tritt eine Änderung der Dämpfung nicht ein, obwohl die nach KOHLRAUSCH gemessene Leitfähigkeit unter diesen Umständen erheblich ansteigt. Ein Beispiel mag das Verhalten illustrieren:

Blutkörperchen vom Rind, in isotonischer Traubenzuckerlösung gewaschen.

| | | | | |
|---|---|---|---|---|
| 12,42 Uhr | Kohlrausch-Leitfähigkeit | | = 0,02% NaCl | = 1200 Ohm. |
| 12,46 Uhr bis 12,51 Uhr | Innere Leitfähigkeit | = 0,4% NaCl | | |
| 12,54 Uhr | Kohlrausch-Leitfähigkeit | | = 0,02% NaCl | |
| 12,55 Uhr | *Saponinzusatz* | | | |
| 12,57 Uhr | Kohlrausch-Leitfähigkeit | | | = 210 Ohm. |
| 12,59 Uhr bis 1,4 Uhr | Innere Leitfähigkeit | = 0,4% NaCl | | |
| 1,8 Uhr | Kohlrausch-Leitfähigkeit | | = 0,2% NaCl | = 165 Ohm. |

Nach diesen Versuchen ist also die innere Leitfähigkeit der Blutkörperchen vor wie unmittelbar nach der Hämolyse gleich der Leitfähigkeit einer 0,4proz. NaCl-Lösung, während die Kohlrausch-Leitfähigkeit vor der Hämolyse der einer 0,02proz., nach der Hämolyse der einer 0,2proz. NaCl-Lösung gleichkommt.

In entsprechender Weise ergab sich aus einer größeren Zahl von Versuchen an Blutkörperchen eine *innere Leitfähigkeit gleich 0,1 bis 0,4%* NaCl. Diese nicht unerhebliche Schwankungsbreite der Leitfähigkeitswerte ist der Ausdruck von Mängeln der Methodik, die ganz genaue Messungen noch nicht zuließen. Aber es ist jedenfalls schon jetzt erwiesen, daß das sehr geringe Leitvermögen eines Breies von Blutkörperchen, welche durch Waschen mit isotonischer Zuckerlösung annähernd von den anhaftenden Serumelektrolyten befreit sind, nicht darauf beruhen kann, daß die Blutkörperchen, an sich gegen Stromlinien nicht isoliert, nur deshalb schlechte Leiter sind, weil sie wenig Ionen enthalten, sondern daß *der Blutkörpercheninhalt recht gut leitet, nur gegenüber dem gewöhnlichen niedrigfrequenten Wechselstrom von dieser Leitfähigkeit nichts äußert, weil eben ein isolierender Abschluß nach außen vorhanden ist.*

Vergleicht man die für die innere Leitfähigkeit der Blutkörperchen gefundenen Werte von 0,1—0,4% NaCl mit dem Ergebnis der Aschenanalysen von Blutkörperchen, so zeigt sich, daß, soweit solche Aschenanalysen überhaupt ein Urteil zulassen, diese eine innere Leitfähigkeit von vielleicht 0,45—0,65% NaCl erwarten ließen. Die obere Grenze der für die innere Leitfähigkeit gefundenen Werte kommt also beinahe an die zu erwartende Leitfähigkeit heran. Diese Schlußfolgerungen sind aber zunächst noch etwas unsicher. *Als sichergestellt kann nur gelten, daß die Blutkörperchen eine recht erhebliche innere Leitfähigkeit besitzen, auch wenn die „äußere" Leitfähigkeit minimal ist, daß also freie Ionen in ihrem Innern enthalten sind, die offenbar durch ein Diffusionshindernis am Austreten aus dem Innern verhindert werden.* —

Wir wenden uns nun zu der *Permeabilität der Muskeln für die anorganischen Salze. Das osmotische Verhalten* der Muskeln untersuchte OVERTON[1]) mit der Wägemethode (S. 412) und stellte fest, daß die Froschmuskeln in einer 0,7proz. Kochsalzlösung stundenlang ihr Ausgangsgewicht behalten, daß sie bereits merklich bei Herabsetzung der Konzentration auf 0,6% schwellen und bei 0,9% schrumpfen. Immerhin ändert sich infolge von Spontanzuckungen, die sich in den reinen NaCl-Lösungen (im Gegensatz zu Ringerlösung) einstellen, der Zustand der Muskeln nach einiger Zeit so, daß irreversible Schwellungen einsetzen, welche teils auf Durchlässigwerden der Oberfläche, teils auf Quellung bezogen werden können.

Bei den *Kalisalzen* muß man nach OVERTON zwei Gruppen je nach ihrer Wirkung unterscheiden; zu der einen Gruppe gehören Chlorid, Bromid, Nitrat und

[1]) OVERTON: Pflügers Arch. f. d. ges. Physiol. Bd. 105, S. 176. 1904.

Jodid, zu der anderen Sulfat, Phosphat, Tartrat, Äthylsulfat und Acetat. Die Salze der ersten Gruppe verursachen auch in isotonischer Konzentration ein Anschwellen des Muskels, das nach OVERTON im allgemeinen irreversibel ist, nach SIEBECK[1]) und MEIGS[2]) aber bei niederer Temperatur und wenn man die Schwellung 20—30% nicht übersteigen läßt, durch Übertragen in Ringerlösung rückgängig gemacht werden kann. In den Lösungen der Salze der zweiten Gruppe halten die Muskeln dagegen ihr Gewicht vorzüglich konstant und bleiben tagelang am Leben. Dennoch darf man Bedenken tragen, das Anschwellen bei der ersten Gruppe als Ausdruck einer gewöhnlichen Permeabilität anzusehen, nicht bloß weil wir in den Blutkörperchen ein Beispiel dafür haben, daß die tierischen Zellen für anorganische Salze im allgemeinen impermeabel sind, und in den Pflanzenzellen ein Beispiel, daß die Permeabilität mindestens sehr gering ist, und nicht bloß weil wir auch noch weiterhin Beweise dafür zu bringen haben, daß auch andere tierische Zellen für die anorganischen Salze undurchlässig sind. Sondern die Verteilung der Salze auf die zwei Gruppen erinnert so sehr an die gleiche Gruppierung bei ihrem Einfluß auf die Quellung, daß man versucht ist, auch hier eine Wirkung auf irgendwelche quellbare Strukturen im Muskelinterstitium anzunehmen.

Ähnlich wie die Kalisalze verhalten sich nach OVERTON und GELLHORN[3]) auch die *Rubidiumsalze*. Kaum verändert wird dagegen das Gewicht in *Lithium-* und *Caesiumchlorid*. Vergleicht man die Alkalikationen nicht in reiner isotonischer Lösung, sondern in Gegenwart von 0,2% $CaCl_2$, so treten nach GELLHORN deutlichere Unterschiede hervor, die Schwellung nimmt dann in der Reihenfolge: $Li < Na < Cs < Rb < K$ zu. Auch diese Reihe ist von der Kolloidchemie her geläufig. Die Verhältnisse bei den Muskeln deuten also darauf hin, daß bei ihrer Schwellung kolloidale Vorgänge im Spiel sind; aber wo diese ablaufen, ist schwer zu sagen; es brauchte nicht notwendigerweise das Innere der Muskelfasern zu sein.

Mit *chemischen Methoden* ist die Permeabilität der Muskeln zunächst so untersucht worden, daß man die Exosmose von Salzen prüfte. Nach J. KATZ[4]) enthalten 1000 g Froschmuskeln 3,08 g K, 0,55 g Na, 0,157 g Ca und 0,235 g Mg, Unter den Metallen überwiegt also bei weitem K; im Serum herrscht bekanntlich umgekehrt Na vor. Ähnlich liegen die Verhältnisse für Phosphorsäure und Chlor. URANO[5]) untersuchte nun an Sartorien, inwieweit sich die Alkalien durch isotonische Rohrzuckerlösung auslaugen lassen. Es ergab sich, daß innerhalb einiger Stunden die Muskeln relativ weit mehr Na abgeben als K; der Preßsaft der ausgelaugten Muskeln enthält nur den 50.—70. Teil an Na, dagegen noch ungefähr die Hälfte an K (und Phosphorsäure) im Vergleich mit dem Preßsaft der frischen Muskeln. Na ist demnach offenbar freier beweglich als K, und URANO äußerte die Vermutung, daß das Na vielleicht überhaupt nur der Gewebsflüssigkeit zwischen den Muskelfasern und nicht der contractilen Substanz selber angehöre. FAHR[6]) setzte die Versuche von URANO fort; er präparierte die Sartorien mit ganz besonderer Sorgfalt und fand bei der Analyse der Asche der Muskeln, daß sie nach einer 6stündigen Auslaugung mit Rohrzuckerlösung sogar nur 6% des gesamten K, dagegen 90% Na eingebüßt hatten. Man

---

[1]) SIEBECK: Pflügers Arch. f. d. ges. Physiol. Bd. 150, S. 316. 1913.

[2]) MEIGS: Journ. of exp. zool. Bd. 13, S. 520. 1920. — MEIGS u. ATWOOD: Americ. journ. of physiol. Bd. 40, S. 36. 1916.

[3]) GELLHORN: Pflügers Arch. f. d. ges. Physiol. Bd. 200, S. 583. 1924.

[4]) KATZ, J.: Pflügers Arch. f. d. ges. Physiol. Bd. 63, S. 1. 1896.

[5]) URANO (unter v. FREY): Zeitschr. f. Biol. Bd. 50, S. 212. 1908 u. Bd. 51, S. 483. 1908.

[6]) FAHR (unter v. FREY): Zeitschr. f. Biol. Bd. 52, S. 72. 1908.

könnte daraus zunächst schließen wollen, daß die Muskeln für K undurchlässig, für Na durchlässig seien; dann wäre aber nicht zu verstehen, woher die Muskeln ursprünglich so viel mehr K enthalten sollten als Na, da dies letztere im Serum so stark prävaliert. Wohl aber werden die Befunde erklärlich, wenn man unter Würdigung der Tatsache, daß die Sartorien nur zu etwa $^4/_5$ aus Muskeln, zu $^1/_5$ aus Zwischengewebe bestehen, annimmt, daß *alles Na in der Lymphe des Zwischengewebes enthalten ist und so mit der umgebenden Lösung in freien Diffusionsaustausch treten kann, während das K in den Muskelfasern festgelegt ist.* Über die Art dieser Festlegung orientiert ein wenig die Messung der *inneren Leitfähigkeit.* Zu diesem Zweck wurde die vorher beschriebene Dämpfungsmethode (s. S. 473) so modifiziert[1]), daß die Messung mit relativ kleinen Quantitäten Muskulatur (7,5—18 ccm) durchgeführt werden konnte. Die Muskeln werden zur Entfernung der Serumelektrolyte, entsprechend den Erfahrungen von Urano und Fahr, 5—6 Stunden lang mit Rohrzuckerlösung ausgelaugt. Der gemessene Wert wurde dann unter der Voraussetzung, daß nur $^3/_4$ bis $^4/_5$ des Muskelvolumens contractile Muskelmasse ist, und unter Berücksichtigung des mit Zuckerlösung erfüllten „toten Raums" zwischen den einzelnen Muskeln, mit denen der Dämpfungstrog vollgestopft war, korrigiert. So ergab sich bei einer Kohlrausch-Leitfähigkeit gleich 0,02—0,04% NaCl eine innere Leitfähigkeit gleich 0,1—0,2% NaCl, während nach den Aschenanalysen eine Leitfähigkeit von etwa 0,58—0,64% zu erwarten gewesen wäre. Die Messungen sind freilich mit mancherlei Fehlerquellen behaftet; immerhin wird man vorläufig den *Schluß* ziehen können, daß *in den Muskeln neben einem freien Anteil doch wohl auch ein größerer Teil der Salze in nichtdissoziierter Form vorhanden sein dürfte.* —

Wenden wir uns nun schließlich noch zu einigen Erfahrungen, die an *Wassertieren* gesammelt wurden! Die Durchlässigkeit für anorganische Salze ist von Spek[2]) bei der Rhizopode Actinosphaerium Eichhorni geprüft worden. Die Tiere wurden in einem Salzgemisch aus NaCl, KCl, $CaCl_2$ und $NaHCO_3$ gezüchtet; verwendet man an deren Stelle die *reinen* Salzlösungen, so gehen die Tiere binnen weniger Tage zugrunde. Dabei verändert sich das Aussehen schon kurze Zeit nach der Übertragung; während das Protoplasma normalerweise klar ist, erfährt es nun eine feine gleichmäßige Trübung, welche bei durchfallendem Licht die Tiere mehr oder weniger braun erscheinen läßt. Bei Rückübertragung in die Kulturflüssigkeit kann die Trübung wieder vollständig schwinden. Diese Trübung kann auch schon eintreten, wenn man die normale Zusammensetzung der Kulturflüssigkeit durch Zusatz einer ihrer Komponenten stört. Am leichtesten erzeugt ein KCl-Zusatz die Trübung, weniger leicht NaCl (und LiCl) und am wenigsten $CaCl_2$. Wenn aber in dem mit $CaCl_2$ angereicherten Medium die Tiere absterben, dann erzeugt das Ca-Salz eine im Verhältnis zu den übrigen Salzen besonders starke Bräunung und Trübung.

Diese Versuche sind im Anschluß an das früher Gesagte am besten so zu deuten, daß das Actinosphaerium für eine bestimmte Salzkombination undurchlässig ist, aber pathologisch durchlässig wird, sobald ein einzelnes Salz prävaliert. Dabei wird die Zelle am leichtesten permeabel für K-Salz, dann folgen in der Wirkungsstärke Na-, Li- und Ca-Salz.

Den Pflanzengeweben ähnelt in der Durchlässigkeit für anorganische Salze auch die *Haut des Frosches.* Osterhout[3]) übertrug auf diese seine Methode,

[1]) Höber: Pflügers Arch. f. d. ges. Physiol. Bd. 150, S. 15. 1913.
[2]) Spek: Acta Zoologica 1921, S. 153.
[3]) Osterhout: Journ. of gen. physiol. Bd. 1, S. 409. 1919.

die Durchlässigkeit von Laminaria und anderen flächig entwickelten Pflanzenteilen durch Leitfähigkeitsbestimmung zu messen (s. S. 458). Er stellte fest, daß der Widerstand überlebender Froschhaut in auf Isotonie verdünntem Meerwasser oder in einem Gemisch von NaCl und $CaCl_2$ einigermaßen konstant ist, daß er in reiner NaCl-Lösung absinkt, bis er beim Tod der Haut ein Minimum erreicht, während er in reiner $CaCl_2$-Lösung zunächst stark ansteigt und erst nachträglich und irreversibel sinkt. Die Verhältnisse liegen also so wie bei der Laminaria und entsprechen ihnen auch darin, daß der Widerstand bei Zusatz von Narkoticum in kleinen Konzentrationen zunimmt, in größeren sinkt. Ob die beobachteten Widerstandsänderungen allerdings auf die Zellen, oder ob sie vielleicht mehr auf die Intercellularsubstanzen zu beziehen sind, ist nicht ohne weiteres zu entscheiden.

Die *Permeabilität von Wassertieren für Säuren und Basen* ist ähnlich wie bei manchen Pflanzen (S. 461) mit Hilfe von Neutralrot als Indicator geprüft worden. So wurde von BETHE[1]) angegeben, daß, wenn man Neutralrot zu Meerwasser hinzusetzt, Medusen (Rhizostoma), die darin herumschwimmen, sich mit dem Farbstoff beladen und dabei eine orangerote Farbe annehmen. Fügt man nun zum Wasser so viel Salzsäure, daß es durch das Neutralrot kirschrot gefärbt erscheint, so ändert sich in dem Farbenton der Medusen stundenlang nichts; ja es kann sogar Säurelähmung eintreten, und doch bleibt die Orangefärbung noch längere Zeit bestehen. Erst im Tod schlägt die Farbe der Tiere in Rot um. In ganz analoger Weise kann man durch Zusatz von Natronlauge das neutralrot gefärbte Wasser gelb machen und kann dann konstatieren, daß die Medusen trotzdem orangefarben bleiben, auch wenn sie schon durch die Lauge gelähmt am Boden liegen. BETHE schließt mit Recht aus diesen Beobachtungen, daß die Zellen der Medusen für Salzsäure und für Natronlauge undurchlässig sind.

O. WARBURG[2]) hat diese Versuche auch auf das Ammoniak ausgedehnt, um eine ganz andere Frage zu beantworten. Bei den befruchteten Eiern gewisser Seeigel steigt nämlich der Sauerstoffverbrauch enorm, wenn zum Meerwasser etwas Lauge hinzugefügt wird. Um nun zu entscheiden, wo der Angriffspunkt der Lauge gelegen ist, benutzte WARBURG mit Neutralrot gefärbte Eier, und es zeigte sich, daß der Laugenzusatz die rote Eifarbe nicht verändert, woraus der Schluß zu ziehen wäre, daß die Lauge selbst gar nicht einzudringen braucht, um die Atmung so mächtig zu beeinflussen. Um dieser zunächst unerwarteten Konsequenz größere Wahrscheinlichkeit zu verleihen, war es sicherer zu stellen, daß die Farbe wirklich nur deshalb ungeändert bleibt, weil die Lauge nicht eindringt. Zu dem Zweck setzte WARBURG zum Meerwasser statt der Natronlauge etwas Ammoniak zu, und zwar so wenig, daß der $OH'$-Gehalt des Wassers und auch die Oxydation im Ei viel weniger gesteigert wurden als durch den Laugenzusatz, und doch schlug innerhalb 1 Minute die Farbe der Eier von Rot in Gelb um.

E. NEWTON HARVEY[3]) hat dann diese Versuche noch weiter ausgedehnt und, wie bei seinen Experimenten an Pflanzenzellen (S. 461), eine größere Zahl von *Basen* in den Kreis der Untersuchungen gezogen. Als tierische Objekte wählte er Paramaecien sowie Eier von Toxopneustes und Hipponoe. Er fand z. B. für die Paramaecien in $^1/_{2560}$-norm. Lösung:

[1]) BETHE: Pflügers Arch. f. d. ges. Physiol. Bd. 127, S. 219. 1909.

[2]) WARBURG, O.: Hoppe-Seylers Zeitschr. f. physiol. Chem. Bd. 66, S. 305. 1910; Biochem. Zeitschr. Bd. 29, S. 414. 1910. — S. auch J. LOEB u. WASTENEYS: Journ. of biol. chem. Bd. 11, S. 153. 1915.

[3]) NEWTON HARVEY, E.: Journ. of exp. zool. Bd. 10, S. 507. 1911.

| | noch rot nach Std. | entfärbt nach Min. |
|---|---|---|
| NaOH . . . . . . . . . | 6 | — |
| KOH . . . . . . . . . | 6 | — |
| $Ba(OH)_2$ . . . . . . . . | 24 | — |
| $Ca(OH)_2$ . . . . . . . . | 6 | — |
| $NH_3(CH_3)OH$ . . . . . | — | 12 |
| $NH(CH_3)_3OH$ . . . . . | — | 12 |
| $NH_3(C_2H_5)OH$ . . . . . | — | 10 |
| $NH_3(C_3H_7)OH$ . . . . . | — | 8 |

*Die schwachen Basen dringen danach viel rascher ein als die starken,* ja die starken dringen sogar, wie Harvey ebenso wie Bethe aus seinen Versuchen folgert, nur ein, indem sie die Zelloberfläche destruieren und damit den Tod der Zelle einleiten. Denn z. B. in Natronlauge werden die Paramaecien erst gelb, nachdem jede Bewegung aufgehört hat und der Leib schon geschwollen ist.

Weniger deutlich unterscheiden sich in ihrer Permierfähigkeit die *schwachen und starken Säuren.* Harvey[1]) untersuchte deren Verhalten an der Holothurie Stichopus ananas, bei der sich unter dem Epithel der inneren Organe Ansammlungen eines roten Pigments finden, das in Gegenwart von Säure nach Orange, in Gegenwart von Lauge nach Purpurrot umschlägt. Auch hier ließ sich feststellen, daß die stärkeren Säuren, wie die Mineralsäuren, Oxalsäure, Zitronensäure, Weinsäure u. a. ziemlich langsam eindringen, dagegen viele schwache Säuren rasch, allen voran Benzoesäure und Salicylsäure, auch Valeriansäure, während Essigsäure, Propionsäure und Buttersäure unverhältnismäßig langsam permeieren. Das Verhalten der Wassertiere stimmt also im wesentlichen mit dem der Pflanzenzellen überein. —

Fassen wir die Erfahrungen über die Elektrolyte nun noch einmal zusammen, so ergibt sich, daß die Schlußfolgerungen, die wir hinsichtlich der Oberflächenbeschaffenheit der Zellen aus den Untersuchungen über die Permeabilität für Nichtleiter gezogen hatten, durch die dargelegten Verhältnisse bei den Elektrolyten keineswegs umgestoßen werden. Denn die Permeabilität der Zellen für die Nichtleiter, die wir mit deren Lipoidlöslichkeit oder Adsorbierbarkeit in Zusammenhang brachten, ist im allgemeinen wesensverschieden von der Permeabilität für die Elektrolyte; teils beruht dies darauf, daß die Elektrolyte erst sekundär durch Veränderung der Kolloide der Zelloberfläche sich einen Weg ins Innere bahnen, teils darauf, daß — wie bei den roten Blutkörperchen — die Oberfläche in ihren protoplasmatischen Bestandteilen Poren enthält, welche speziell den Anionen den Eintritt gewähren.

## IX. Permeabilität und Funktion.

Nun ist aber des öfteren darauf hingewiesen, daß, so wenig man bei den meisten Zellen unter den gewöhnlichen Bedingungen des Experiments bei gleichzeitiger Einhaltung möglichst physiologischer Verhältnisse etwas von dem Eindringen der lipoidunlöslichen und nicht adsorbierbaren Stoffe, wie Zuckern, Aminosäuren, Neutralsalzen, bemerken kann, doch diese Stoffe, die teils zu den normalen Innenbestandteilen der Zellen, teils zu ihren Nährstoffen gehören, irgendwann und irgendwie einmal eindringen müssen. In der Tat scheint dieser logischen Forderung in bestimmten Lebensstadien der Zellen genügt zu werden; denn es hat sich gezeigt, daß *die besonderen temporären Funktionsäußerungen der Zellen oft mit einer deutlichen Steigerung ihrer Permeabilität einhergehen.*

[1]) Newton-Harvey, E.: Internat. Zeitschr. f. phys.-chem. Biol. Bd. 1, S. 463. 1915. — Ferner Crozier: Journ. of biol. chem. Bd. 24, S. 255. 1916.

Dies gilt erstens für *Pflanzenzellen*, wenn man sie auf diese oder jene Weise in Erregung versetzt. Bekanntlich hat PFEFFER[1]) gezeigt, daß die Reizbewegungen mancher Pflanzen auf eine plötzliche Verminderung des Turgordrucks zurückzuführen sind, welche entweder durch eine Abnahme des osmotischen Drucks im Zellinnern oder durch eine Zunahme der Permeabilität für die Innenbestandteile zustande kommen könnte. Nach Leitfähigkeitsmessungen, die BLACKMANN und PAINE[2]) an einer kleinen Flüssigkeitsmenge vornahmen, in die das bewegliche Gelenk eines Mimosenblattes während seiner *mechanischen Reizung* eintauchte, scheint es so, als ob jede Bewegung von einem Elektrolytaustritt gefolgt ist[3]). Viel deutlicher ist der Nachweis der Permeabilitätssteigerung auf mechanischen Reiz bei einigen Meeresalgen gelungen. So beobachtete OSTERHOUT[4]) bei einer Meeresalge Griffithsia, daß, wenn man eine ihrer Zellen an einem Ende berührt, aus den benachbarten Chromatophoren ein roter Farbstoff austritt, der durch das Protoplasma der Zellen hindurch diffundiert, und wenn er an die Oberfläche anderer Chromatophoren gelangt, auch diese veranlaßt, ihr Pigment loszulassen, so daß sich der Erregungsvorgang auf diese Weise mit der Geschwindigkeit der Pigmentdiffusion ausbreitet. Eine ähnliche Beobachtung machte IRWIN[5]) bei Nitella; wenn man das eine Ende einer ihrer langen Zellen aus dem Wasser herauszieht und abschneidet, so geht eine Alterationswelle über die Zellen hin, so daß die nicht verletzten Teile der Zelle Cl aus dem Zellsaft ins Wasser austreten lassen.

Auch das *Licht* wirkt auf Pflanzenzellen als Reiz, der ihre Permeabilität erhöht. LEPESCHKIN[6]) und TRÖNDLE[7]) haben durch plasmolytische Versuche gezeigt, daß bei gewissen Pflanzenzellen, welche für Kaliumnitrat und Kochsalz, verglichen mit Rohrzucker, relativ gut durchlässig sind, *die Permeabilität für die Salze bei Belichtung steigt, um bei Verdunkelung wieder zu sinken.* TRÖNDLE gibt unter anderem als Beispiel der *natürlichen* Wirksamkeit des Lichtfaktors folgendes Protokoll, in welchem die mit $\mu$ bezeichneten Werte ein Maß der relativen Permeabilität (s. S. 410) von Lindenblättern für Kochsalz sind.

| | | | | |
|---|---|---|---|---|
| 15. September, | 8,20 Uhr | vorm., schön, sonnig | . . . . . . . . | $\mu = 0{,}34$ |
| 15. ,, | 10,30 ,, | ,, ,, ,, | . . . . . . . . | $\mu = 0{,}34$ |
| 15. ,, | 2,00 ,, | nachm. ,, ,, | . . . . . . . . | $\mu = 0{,}35$ |
| 15. ,, | 4,30 ,, | ,, ,, ,, | . . . . . . . . | $\mu = 0{,}36$ |
| 15. ,, | 5,30 ,, | ,, ,, ,, | . . . . . . . . | $\mu = 0{,}37$ |
| 16. ,, | 8,20 ,, | vorm. trübe | . . . . . . . . . . | $\mu = \mathbf{0{,}27}$ |
| 16. ,, | 10,30 ,, | ,, ,, | . . . . . . . . . . | $\mu = \mathbf{0{,}26}$ |
| 16. ,, | 2,00 ,, | nachm. Sonne | . . . . . . . . . . | $\mu = 0{,}32$ |
| 16. ,, | 5,20 ,, | ,, ,, geht eben weg | . . . . . | $\mu = 0{,}32$ |

Daß es sich hier nicht um direkte Lichtwirkung handelt, sondern um die Wirkung von Wärme, deren permeabilitätssteigernden Einfluß wir noch kennenlernen werden, hält TRÖNDLE durch Versuche bei verschiedenen Temperaturen für ausgeschlossen. Seiner Ansicht nach steht der Einfluß des Lichtes auf die Permeabilität im Dienste der Assimilation; im Lichte würden die Assimilate, also vor allem der Traubenzucker, sich in den Zellen übermäßig anhäufen und

[1]) PFEFFER: Osmotische Untersuchungen 1877.

[2]) BLACKMAN u. PAINE: Ann. of botany Bd. 32, S. 69. 1918.

[3]) S. ferner SEN: Proc. of the roy. soc. of London, Ser. B, Bd. 94, S. 216. 1923.

[4]) OSTERHOUT: Science Bd. 45, S. 97. 1917.

[5]) IRWIN: Journ. of gen. physiol. Bd. 5, S. 427. 1923.

[6]) LEPESCHKIN: Ber. d. dtsch. botan. Ges. Bd. 26a, S. 198, 231 u. 724. 1908; Beih. z. botan. Zentralbl. Bd. 24, I, S. 308. 1910.

[7]) TRÖNDLE: Ber. d. dtsch. botan. Ges. Bd. 27, S. 71. 1909; Jahrb. f. wiss. Botanik Bd. 48, S. 171. 1910.

damit die Assimilation hemmen, wenn nicht für beschleunigte Abfuhr gesorgt würde; diese Ansicht stützt Tröndle durch den Nachweis, daß das Licht nicht bloß die relative Durchlässigkeit für Salze, sondern, wenn auch in schwächerem Maße, die für Traubenzucker erhöht.

Aber die Permeabilitätssteigerung durch Belichtung ist nicht bloß indirekt durch Abnahme der Plasmolysierbarkeit, sondern auch direkt chemisch nachzuweisen. Hoagland und Davis[1]) fanden, daß Nitella innerhalb einiger Tage aus 0,0005 bis 0,001 m KCl-Lösung Cl absorbiert und zwar im Licht erheblich mehr als in der Dämmerung oder gar im Dunkeln; evtl. wird die Außenlösung völlig Cl-frei. Um eine Adsorption kann es sich nicht handeln; denn durch zeitweiliges Abkühlen auf 5° oder durch $CO_2$-Durchleitung kann man z. B. die Zelle veranlassen, Cl abzugeben; dies wird dann nachträglich wieder vollkommen reabsorbiert. Auch lassen sich bei Ersatz des Cl durch Br oder $NO_3$ diese Ionen im Zellsaft nachweisen. Von großem Interesse ist, daß das Cl *gegen ein steiles Konzentrationsgefälle* in das Innere transportiert wird. Denn der Zellsaft enthält große Mengen Cl; seine Leitfähigkeit kann die einer 0,1 m KCl-Lösung übertreffen und beruht größtenteils auf der Anwesenheit von KCl.

Auch durch *elektrische Reizung* kann man die Permeabilität von Pflanzenzellen erhöhen. Wenn man nach Bose[2]) ein mehrere Zentimeter langes Stengelstück von Mimosa mit seinem einen Ende in eine verdünnte $AgNO_3$-Lösung eintaucht und das andere Ende elektrisch reizt, so tritt nach einigen Sekunden Cl in die Silberlösung aus.

Ein weiteres Objekt, an dem die funktionelle Permeabilitätssteigerung auf verschiedene Weise nachgewiesen wurde, ist das *sich entwickelnde Ei*. Newton Harvey[3]) färbte Echinodermeneier mit Neutralrot rosa und untersuchte, mit welcher Geschwindigkeit die Farbe nach Zusatz von etwas NaOH in Gelb umschlägt. Es wurde ja früher (S. 477) auseinandergesetzt, daß die Eier an sich für NaOH nur sehr wenig durchlässig sind. Es ergab sich nun, daß der *Farbenumschlag* bei eben befruchteten Eiern deutlich früher eintritt als bei unbefruchteten; ein zweites Zeitminimum fand Harvey etwa 45 Minuten nach der Befruchtung, d. h. zur Zeit der ersten Furchungsteilung[4]). Die folgende Tabelle enthält seine Ergebnisse.

| Zeit nach der Befruchtung Min. | Befruchtete Eier Farbenumschlag nach Min. | Unbefruchtete Eier Farbenumschlag nach Min. |
|---|---|---|
| 2 | 13 | 19 |
| 5 | 14 | 21 |
| 10 | 19 | 19 |
| 20 | 20 | 22 |
| 30 | 21 | 21 |
| 45 | 17 | 20 |
| 55 | 21 | 21 |
| 65 | 20 | 22 |

Der Befruchtungs- und der Teilungsalkt sind also von einer Permeabilitätssteigerung begleitet.

---

[1]) Hoagland u. Davis: Journ. of gen. physiol. Bd. 5, S. 629. 1923; Bd. 6, S. 47. 1923; Bd. 10, S. 121. 1926.

[2]) Bose: Comparative Electrophysiology. London 1907.

[3]) Harvey, N.: Journ. of exp. zool. Bd. 10, S. 507. 1911.

[4]) Über den Zusammenhang von Permeabilität und Furchungsablauf s. ferner Herlant: Cpt. rend. des séances de la soc. de biol. Bd. 81, S. 151. 1918. — Baldwin: Biol. bull. of the marine biol. laborat. Bd. 38, S. 123. 1920. — Tschachotin: Cpt. rend. des séances de la soc. de biol. Bd. 84, S. 464. 1921.

Auch auf plasmolytischem Wege läßt sich dies beweisen. HERLANT (l. c.) fand, daß die Eizelle nach der Befruchtung zunächst an *Plasmolysierbarkeit* in hypertonischer Salzlösung eingebüßt hat; sie stellt sich dann aber mehr und mehr wieder her, um von neuem abzusinken und zur Zeit der Diasterbildung und der Teilung völlig zu verschwinden, dann abermals wiederzukehren, und so fort in rhythmischem Auf und Ab.

MCCLENDON[1]) verfolgte den Wechsel der Oberflächeneigenschaften während der Entwicklung der Echinodermeneier durch *Leitfähigkeitsmessung*; er stellte fest, daß die Leitfähigkeit infolge der Befruchtung zunimmt. Ferner fand er, daß, wenn man durch Eier, die in isotonischer Rohrzuckerlösung mit einem kleinen Zusatz von Meerwasser liegen, zu gleicher Zeit einen konstanten Strom schickt, die Eier alsbald anfangen, auf der Anodenseite zu zerfallen. Dies kann darauf beruhen, daß wegen der relativen Undurchlässigkeit der Plasmahaut bestimmte Ionen an den Grenzflächen angereichert werden, und daß dadurch die Plasmahaut zerstört wird. Da nun die unbefruchteten Eier früher zerfallen als die befruchteten, schließt MCCLENDON, daß bei jenen die Permeabilität geringer ist als bei diesen, und gelangt so zu dem gleichen Ergebnis wie bei den Leitfähigkeitsmessungen[2]).

Sehr auffällig ist der Zusammenhang von Erregung und *Permeabilitätssteigerung an der Haut* durch Leitfähigkeitsmessungen zu demonstrieren. GILDEMEISTER traf dabei speziell die Unterscheidung zwischen Leitfähigkeitsänderung durch Änderung der polarisatorischen Übergangswiderstände und durch Änderung des OHMschen Widerstandes, etwa durch chemische Umsetzungen im Zellinnern. Dies gelingt ja nach den Ausführungen über die innere Leitfähigkeit der Blutkörperchen (S. 472), wenn man die Leitfähigkeit einmal mit hochfrequentem und ein zweites Mal mit niedrigfrequentem Wechselstrom oder auch mit Gleichstrom untersucht. Nur eine Abnahme der Polarisierbarkeit würde eine Permeabilitätszunahme beweisen. GILDEMEISTER[3]) untersuchte zunächst den sog. *psychogalvanischen Reflex*, d. h. die Natur der Zunahme der Stromintensität, welche man an einem Menschen beobachten kann, durch den, etwa von den Händen aus, ein konstanter Strom geleitet wird, und der dann dabei, etwa durch einen Zuruf, psychisch alteriert wird. Er fand, daß der Schwingungswiderstand unverändert bleibt, während der OHMsche Widerstand abnimmt. Daß diese Stromänderung etwas mit der unwillkürlichen Tätigkeit der Schweißdrüsen zu tun hat, war bekannt[4]). Die Abnahme der Polarisierbarkeit kann dann entweder ein unmittelbarer Ausdruck der Erregung sein oder in dem speziellen Fall der Drüsentätigkeit eine Folge des Austritts von Sekret aus den in Erregung versetzten Zellen. Zwischen diesen beiden Möglichkeiten suchte GILDEMEISTER[5]) durch genaue Ausmessung der Latenzzeiten für den Beginn des Aktionsstroms der Haut und für die Abnahme der Polarisation zu entscheiden; denn es ist anzunehmen, daß der Beginn der Erregung durch das Auftreten des Aktionsstromes angezeigt wird, während der Effekt der Erregung, die Sekretion, erst nachfolgt. Es ergab sich, daß die beiden Latenzzeiten gleich groß sind. Danach ist die Polarisationsabnahme ein Beweis für die Permeabilitätszunahme. — Wie die Haut des Men-

[1]) MC CLENDON: Americ. journ. of physiol. Bd. 27, S. 240. 1910; Publ. Carnegie Inst. 1914, S. 123.

[2]) S. ferner MC CLENDON: Americ. journ. of physiol. Bd. 38, S. 163. 1915. — LILLIE: Ebenda Bd. 40, S. 249. 1916; Bd. 45, S. 406. 1918. — JUST: Ebenda Bd. 61, S. 505 u. 516. 1922.

[3]) GILDEMEISTER: Münch. med. Wochenschr. 1913, S. 2389.; Pflügers Arch. f. d. ges. Physiol. Bd. 162, S. 547. 1915.

[4]) Siehe LEVA: Münch. med. Wochenschr. 1913, S. 2386.

[5]) GILDEMEISTER: Pflügers Arch. f. d. ges. Physiol. Bd. 200, S. 278. 1923.

schen verhält sich offenbar auch die des Frosches. Denn A. Schwartz[1]) konnte an ausgeschnittenen Hautstücken, deren Drüsen durch Tetanisierung der Hautnerven in Erregung versetzt wurden, zeigen, daß auch hier die Aktion einhergeht mit Verringerung des polarisatorischen Übergangswiderstandes, während der Schwingungswiderstand unverändert bleibt. — Ferner fand Ebbecke[2]), daß, wenn man die Haut lokal mechanisch reizt, z. B. durch einfaches Reiben mit der Hand oder mit einem Tuch, oder auch wenn man sie chemisch, thermisch oder elektrisch reizt, ihr Gleichstromwiderstand für einige Zeit sinkt, um allmählich wieder zum ursprünglichen Wert anzusteigen. Diese Reaktion hat nichts mit der lokalen Rötung infolge stärkerer Durchblutung, also stärkerer Durchfeuchtung zu tun; dagegen spricht u. a., daß die Reaktion auch an dem durch Umschnürung anämisierten Arm, ja sogar an der noch überlebenden Haut einer Leiche zustande kommt, und vor allem auch, daß im Gegensatz zum Gleichstromwiderstand der Wechselstromwiderstand beim Durchschicken eines Hochfrequenzstromes sich als ungeändert erweist. Die Schweißdrüsen sind an dieser „*lokalen galvanischen Reaktion*" auch nicht beteiligt, da sie auch an Hautstellen zustande kommt, an denen der psychogalvanische Reflex nicht nachweisbar ist, wie z. B. an der Streckseite des Oberschenkels. Ebbecke betrachtet die Reaktion als den Ausdruck der Erregung der Hautepithelien, von deren Lebensäußerungen man bisher kaum etwas wußte, und stützt seine Annahme besonders durch die Feststellung, daß Narkotica trotz (schmerzhafter) Rötung der ihnen ausgesetzten Hautstelle deren Gleichstromwiderstand nicht vermindern, sondern im Gegenteil steigern.

Schließlich ist eine funktionelle Permeabilitätssteigerung auch beim *Muskel* nachgewiesen worden. Mitchell, Wilson und Stanton[3]) durchspülten Froschschenkel mit Ringerlösung, deren K durch äquivalente Mengen von Rb oder Cs ersetzt war. Während der Durchströmung wurde sodann ein Bein gereizt; die Erregbarkeit blieb gut erhalten. Danach wurde weiter mit isotonischer Rohrzuckerlösung durchspült, bis die Flüssigkeit Rb- bzw. Cs-frei ablief. Die spektroskopische Analyse der Asche ergab, daß nur der gereizte Schenkel Rb bzw. Cs aufgenommen hatte. Die Verwandtschaft von Rb und Cs mit K läßt vermuten, daß in der gleichen Weise auch K während der Erregung ins Muskelinnere eintreten kann. Zu einem anderen Ergebnis kamen Mitchell und Wilson[4]) in betreff der Möglichkeit des K-Austritts in Zusammenhang mit der Erregung. Sie stellten zunächst fest, daß, wenn man Froschmuskeln längere Zeit mit K-freier Ringerlösung durchspült, sie auch in der Ruhe etwa 15% des in ihnen enthaltenen K verlieren. Daran wird nun aber auch nichts geändert, wenn die Muskeln ad maximum tetanisch gereizt werden. Nur wenn die Muskeln sich durch übermäßige Erregung erschöpfen, dann wird reichlich K abgegeben. — Ferner machten Embden und E. Adler[5]) folgende Beobachtung: Froschmuskeln, die man gleich nach der Präparation in Ringerlösung einhängt, geben an diese zunächst Phosphat ab; dies hört jedoch nach einiger Zeit auf. Sobald man dann die Muskeln erregt, so tritt die Abgabe von neuem ein, um nach Aufhören der Erregung abermals allmählich völlig abzuklingen. Die Abgabe ist um so stärker, je stärker die Erregung. Embden und Adler sehen auch diese Erscheinung als Ausdruck

[1]) Schwartz, A.: Zentralbl. f. Physiol. Bd. 27, S. 734. 1913; Pflügers Arch. f. d. ges. Physiol. Bd. 162, S. 547. 1915.

[2]) Ebbecke: Pflügers Arch. f. d. ges. Physiol. Bd. 190, S. 230. 1921; ferner: Ebenda Bd. 195, S. 320. 1922.

[3]) Mitchell, Wilson u. Stanton: Journ. of gen. physiol. Bd. 4, S. 141. 1921.

[4]) Mitchell u. Wilson: Journ. of gen. physiol. Bd. 4, S. 45. 1921.

[5]) Embden u. E. Adler: Hoppe-Seylers Zeitschr. f. physiol. Chem. Bd. 118, S. 1. 1922.

einer Permeabilitätssteigerung bei der Funktion an. Immerhin ist zu bedenken, daß bei der Muskelkontraktion doch auch Phosphorsäure durch die Lactacidogenspaltung neu gebildet wird, die Bedingungen für einen schwachen Austritt also auch unabhängig von einer Permeabilitätssteigerung verbessert werden.

## X. Experimentelle Permeabilitätsänderungen.

Wenn es nach all dem als erwiesen gelten kann, daß im Zusammenhang mit Betätigung Permeabilitätssteigerungen vorkommen, so wird die Frage zu stellen sein, auf welche Weise diese Steigerungen zustande kommen mögen. Das Experiment hat hier den Weg zu gehen, daß es Mittel erprobt, mit denen auf künstlichem Wege und *auf reversible Weise* die Permeabilität geändert werden kann, und daß es die Natur der Wirkung dieser Mittel aufklärt. Einiges läßt sich hierüber bereits aussagen.

Nach den früher (S. 455) beschriebenen Versuchen von OSTERHOUT, TRÖNDLE, KAHHO, NETTER u. a. steigt die Permeabilität von Pflanzenzellen, wenn man sie aus gewöhnlichem Wasser oder aus Meerwasser in die *Lösungen reiner Alkalisalze* überträgt, um auf ihr altes Maß zurückzusinken, wenn man sie wieder in ihr normales Milieu bringt. Dies ist, wie wir sahen, am besten so zu erklären, daß die die Plasmahaut der Zellen formierenden Kolloide in einen Zustand abnormer Quellung oder Auflockerung gebracht werden. Man hat manche Anhaltspunkte für die Annahme, daß auch von innen heraus bei der Erregung durch die im Zellinnern ablaufende Ionenreaktion eine ähnliche Störung der Durchlässigkeit herbeigeführt werden kann.

Ein zweiter reversibel wirkender Faktor ist die *Temperatur*. Schon vor langer Zeit hat VAN RYSSELBERGHE[1]) unter PFEFFERS Leitung an Pflanzenzellen gezeigt, daß die Geschwindigkeit der Endosmose und der Exosmose von Wasser ebenso wie die Geschwindigkeit des Durchtritts gelöster Substanzen durch die Plasmahaut durch Temperatursenkung stark verzögert, durch Temperatursteigerung stark beschleunigt werden kann, derart, daß diese Geschwindigkeiten bei 30° etwa 8mal so groß sind als bei 0°. Entsprechendes fand MASING[2]) für den Durchtritt von Traubenzucker, E. WIECHMANN[3]) für den Durchtritt von Phosphat bei den menschlichen Blutkörperchen. COLLANDER[4]) zeigte ferner, daß die als aktiver Vorgang anzusprechende Aufnahme von Sulfosäurefarbstoffen bei Pflanzenzellen (S. 445 ff.) durch Erwärmung sehr viel mehr beschleunigt wird, als die passiv erfolgende Aufnahme der Farbbasen. Daß aber auch umgekehrt eine hinreichende Temperaturerniedrigung die Permeabilität steigern kann, lehrt eine Angabe von HOAGLAND und DAVIS[5]); sie fanden, daß Nitella Cl abgibt, wenn man sie auf 5° abkühlt, um bei Zimmertemperatur in einigen Tagen das Cl wieder zurückzuresorbieren.

Auch *Belichtung* bewirkt, wie wir (S. 479) schon sahen, eine größere Permeabilität. Die unmittelbare Wirkung ist besonders evident in der „Radiopunktur" der Zellen von TSCHACHOTIN[6]). Dieser richtete unter dem Mikroskop auf ein Seeigelei einen feinen Strahl von ultraviolettem Licht und erzeugte auf diese Weise eine punktförmige Verletzung an der Eioberfläche. Sie äußert sich darin, daß bei Übertragung in eine hypertonische Lösung allein die bestrahlte Stelle sich einbuchtet, bei Übertragung in hypotonische Lösung sich vorbuchtet; es ist

[1]) VAN RYSSELBERGHE: Bull. de l'acad. roy. de Belge 1901, S. 73.
[2]) MASING: Pflügers Arch. f. d. ges. Physiol. Bd. 156, S. 401. 1914.
[3]) WIECHMANN (unter HÖBER): Pflügers Arch. f. d. ges. Physiol. Bd. 189, S. 109. 1921.
[4]) COLLANDER: Jahrb. f. wiss. Botanik Bd. 60, S. 354. 1921.
[5]) HOAGLAND u. DAVIS: Journ. of gen. physiol. Bd. 6, S. 47. 1923.
[6]) TSCHACHOTIN: Cpt. rend. des séances de la soc. de biol. Bd. 84, S. 464. 1921.

also die Permeabilität für Wasser lokal gestiegen. Färbt man das Ei mit Neutralrot und bringt es dann in eine schwach mit Natronlauge alkalisch gemachte Lösung, so bleibt das Ei, wie O. Warburg gezeigt hat (S. 477), rot, weil die Natronlauge durch die intakte Oberfläche nicht einzudringen vermag; radiopunktiert man aber eine Stelle, so breitet sich von ihr aus ein Farbenausschlag in gelb infolge des Eindringens der Lauge über das ganze Eiinnere aus. Auch lokale Unterschiede in der Permeabilität der Oberfläche lassen sich bei dem in Teilung begriffenen Ei in Zusammenhang mit dem jeweiligen Stadium seiner Entwicklung auf diese Weise feststellen.

Weiter gelingt es durch *elektrische Durchströmung* in reversibler Weise die Permeabilität zu steigern. Ebbecke und Hecht[1]) schickten durch den frischen Stengel grüner Pflanzen Wechselstrom oder auch Gleichstrom hindurch, dessen Richtung alle 5—10 Sekunden geändert wurde, und erhielten auf die Weise erstens eine starke, aber reversible Abnahme des Ohmschen Widerstandes, zweitens eine reversible Turgorsenkung, die sich sehr auffällig in einem vorübergehenden Welken des Stengels (S. 408) äußerte. Beides ist aber Symptom einer Zunahme der Protoplastenpermeabilität. Diese Permeabilitätssteigerung infolge elektrischer Durchströmung wird noch unmittelbarer durch Versuche von Garcia Banus[2]) bewiesen. Dieser schickte Wechselstrom oder interrupten Gleichstrom durch Spirogyren, welche in Wasser oder in Knoopscher Salzlösung flottieren, und übertrug sie danach in die Lösung eines leicht diffundierenden Sulfosäurefarbstoffs. Während die Spirogyrazellen sonst tagelang in der Farblösung verweilen können, ohne sich anzufärben (S. 447), nehmen sie nun nach der elektrischen Durchströmung reichlich Farbstoff (Säurefuchsin, Cyanol) in sich auf, der freilich wieder mehr oder weniger rasch herausdiffundieren kann, falls man die Algenfäden in Wasser überträgt. Läßt man sie aber gleich nach der Durchströmung eine Weile in der Farblösung liegen und bringt sie erst dann in Wasser, so ist nun der eingedrungene Farbstoff im Zellinnern gefangen. Die Zellen sehen vollkommen normal aus, ihre Saftvakuole ist aber intensiv rot oder blau gefärbt. Die infolge der Durchströmung durchlässig gewordene Plasmahaut hat also nachträglich ihre ursprüngliche Impermeabilität für die Säurefarbstoffe zurückgewonnen. Ebenso läßt sich nach Garcia Banus durch elektrische Durchströmung in der einen und in der anderen Richtung die Permeabilität von Pflanzenzellen für $KNO_3$ in reversibler Weise steigern. Ähnlich wie die Pflanzenzellen verhält sich nach Niina[3]) auch die ausgeschnittene Froschhaut; auch sie wird infolge der elektrischen Durchströmung durchlässiger, so daß unmittelbar danach ein geschwinderer Durchtritt von basischen und Säurefarbstoffen sowie von Traubenzucker beobachtet wird; einige Zeit später nimmt die Permeabilität wieder ab. — In allen diesen Fällen kann die Alteration der Durchlässigkeit auf einer Ionenkonzentrationsänderung durch Grenzflächenpolarisation beruhen; insbesondere ist im Anschluß an die Modellversuche von Bethe und Toropoff[4]) daran zu denken, daß die Vermehrung der H- und OH-Ionen an den Phasengrenzen den entscheidenden Einfluß ausübt. Nach Niina ist bei der Froschhaut die kathodische Polarisation an der Hautinnenfläche der wesentliche Faktor.

Außer mit anorganischen Ionen kann man auch mit mancherlei *anderen Chemikalien* die Durchlässigkeit reversibel verändern. So zeigte Szücs[5]) an

[1]) Ebbecke u. Hecht: Pflügers Arch. f. d. ges. Physiol. Bd. 199, S. 88. 1923.

[2]) Höber u. Garcia Banus: Pflügers Arch. f. d. ges. Physiol. Bd. 201, S. 14. 1923. — Banus, Garcia: Ebenda Bd. 202, S. 184. 1924.

[3]) Niina (unter Höber): Pflügers Arch. f. d. ges. Physiol. Bd. 204, S. 332. 1924.

[4]) Bethe u. Toropoff: Zeitschr. f. physikal. Chem. Bd. 88, S. 686. 1914; Bd. 89, S. 597. 1915.

[5]) Szücs: Jahrb. f. wiss. Botanik Bd. 52, S. 269. 1913.

Spirogyren, daß, wenn man die Zellen mit Wasserstoffperoxyd vorbehandelt, ihre Durchlässigkeit zunimmt. Sein Hauptversuch ist der folgende: Legt man Spirogyren erst in $H_2O_2$-Lösung, darauf in eine verdünnte $FeSO_4$-Lösung, so werden die Zellen blau, weil das eindringende $FeFO_4$ im Inneren oxydiert wird und das Eisenoxydsalz mit der Gerbsäure im Zellsaft der Spirogyren unter Bläuung reagiert; legt man jedoch die Spirogyren erst längere Zeit in die $FeSO_4$-Lösung und danach in die $H_2O_2$-Lösung, so tritt keine Bläuung ein, weil das $FeSO_4$ höchstens ganz langsam die nicht vorbehandelte Plasmahaut passieren kann. Auch mit verschiedenen Farbstoffen konnte SZÜCS die permeabilitätssteigernde Wirkung des $H_2O_2$ nachweisen. SZÜCS vermutet, daß die erwähnte, von LEPECHKIN und TRÖNDLE beobachtete permeabilitätserhöhende Wirkung des Lichtes eine $H_2O_2$-Wirkung ist. — Eine andere Erhöhung der Permeabilität auf chemischem Weg ist bei Muskeln von M. SIMON[1]) beobachtet worden. Wenn man Froschmuskeln durch Einleiten van Wasserstoff in die umspülende Ringerlösung in Anaerobiose versetzt, so kommt es alsbald zu vermehrter Phosphorsäureabscheidung. Führt man von neuem Sauerstoff zu, so stellt sich wieder der ursprüngliche Zustand her. Inwieweit die Durchlässigkeit mit der in Anaerobiose zustande kommenden Anhäufung von Milchsäure zusammenhängen könnte, soll nicht erörtert werden. — Ferner untersuchte Y. OKAMOTO[2]) an ausgeschnittenen Froschmuskeln, anknüpfend an eine Beobachtung von HERMANN LANGE[3]), nach der Adrenalin die Phosphatabgabe hemmt, die Wirkung einer Anzahl von sympathischen und parasympathischen Giften auf den Austritt von Phosphat und Kali. Er fand, daß meistens die parasympathischen Reizmittel, (Pilocarpin, Physostygmin, Acetylcholin) den entgegengesetzten Effekt ausüben, wie die sympathischen Reizmittel und parasympathischen Lähmungsmittel (Adrenalin und Atropin).

---

1) SIMON, M. (unter EMBDEN): Hoppe-Seylers Zeitschr. f. physiol. Chem. Bd. 118, S. 96. 1922.

2) OKAMOTO, Y. (unter HÖBER): Pflügers Arch. f. d. ges. Physiol. Bd. 204, S. 728. 1924.

3) LANGE, H. (unter EMBDEN): Hoppe-Seylers Zeitschr. f. physiol. Chem. Bd. 120, S. 249. 1922.

# Ionenwirkungen und Antagonismus der Ionen.

Von

**H. Reichel** und **K. Spiro**

Wien Basel.

Mit 3 Abbildungen.

## Zusammenfassende Darstellungen.

Augsberger, A.: Ultrafiltration und Kompensationsdialyse. Ergebn. d. Physiol. Bd. 24, S. 618. 1925. — Bernstein: Elektrobiologie. Braunschweig 1912. — Hafner, E. A.: Biologie und Elektrizitätskonstante. Ergebn. d. Physiol. Bd. 24, S. 566. 1925. — Heubner, W.: Der Mineralstoffwechsel, im Handb. d. Balneol., med. Klimatol. u. Balneographie von Dietrich u. Kaminer, Bd. II, S. 181. Leipzig 1922. — Höber, R.: Physikalische Chemie der Zelle und der Gewebe. 5. Aufl. Leipzig 1924. — Höber, R.: Die Wirkung der Ionen an physiologischen Grenzflächen. Verhandl. d. Ges. dtsch. Naturforsch. u. Ärzte, 87. Vers. Leipzig 1922, S. 255. — In Oppenheimers Handbuch der Biochemie, 2. Aufl.: Michaelis, L.: Ionenlehre, Bd. II, S. 1; Gellhorn, E.: Austausch der Nährstoffe und Zellstoffe, Bd. II, S. 315; Loeb, L.: Die künstliche Parthenogenese, Bd. II, S. 701; Pincussen, L.: Blut und Lymphe, Bd. IV, S. 1.; Morawitz, P: Blutplasma und Blutserum, Bd. IV, S. 78; Schlossmann, A. u. Ad. Sindler: Milchdrüsen und Milch, Bd. IV, S. 751; Aron: Biochemie des Wachstums des Menschen und der höheren Tiere, Bd. VII, S. 152; Schade, H.: Wasserstoffwechsel, Bd. VIII, S. 149; Wendt, G. v.: Mineralstoffwechsel, Bd. VIII, S. 183; Morawitz, P. u. N. Nonnenbruch: Pathologie des Wasser- und Mineralstoffwechsels, Bd. VIII, S. 256. — Ostwald, Wo.: Kolloide und Ionen. Verhandl. d. Ges. dtsch. Naturforsch. u. Ärzte, 87. Vers., Leipzig 1922, S. 235. — Spiro, K.: Die Wirkung der Ionen auf Zellen und Gewebe. Ebenda S. 272. — Spiro, K.: Einige Ergebnisse über Vorkommen und Wirkung der weniger verbreiteten Elemente. Ergebn. d. Physiol. Bd. 24, S. 474. 1925. — Tschermak, A. v.: Allgemeine Physiologie. Bd. I. Berlin: Julius Springer 1924. — Wiechowski, W.: Über den Mineralstoffwechsel. Jahreskurse f. ärztl. Fortbildung, August 1926. — Zondek, S. G.: Die Elektrolyte, ihre Bedeutung für Physiologie, Pathologie und Therapie. Berlin: Julius Springer 1927.

„Das Mittel, dessen sich die Natur bedient, die Entwicklung aller ihrer Anlagen zustande zu bringen, ist der Antagonismus derselben.“ (Im. Kant: Idee zu einer allgemeinen Geschichte in weltbürgerlicher Absicht.)

## Einleitung.

*Elektrische Leitungs- und Ladungserscheinungen in Flüssigkeiten als Ionenwirkungen.* Das chemische Gefüge des Lebendigen darf als ein räumlich verwickeltes mikroheterogenes System flüssiger und halbfester Phasen gedacht werden, in denen und zwischen denen bewegliche Gleichgewichte stofflicher Verschiebungen herrschen. Als Phasengrundlagen oder als die Lösungsmittel des Systems sind Wasser, Eiweißkörper und fettartige Stoffe (Lipoide) zu denken. Sie bilden gewissermaßen die Bühne, auf der das Spiel des Lebens stattfindet. Dieses Spiel erscheint unter anderem sehr wesentlich an die Bewegungen jener elektrisch geladenen Stoffteilchen oder *Ionen* gebunden, deren Dasein in leitfähigen Flüssigkeiten wir seit der Hypothese ARRHENIUS[1]) annehmen. Gewisse elektrisch neutrale Lösungsstoffe zerfallen danach in gewissen Lösungsmitteln in elektrisch polare, mit einer niederen Ganzzahl von Elementarladungen — ihrer *Valenz* — behaftete Teilstücke, die sich im Stromgefälle mit einer für die Stoffart und das Lösungsmittel eigentümlichen Wanderungsgeschwindigkeit bewegen, womit sie eben den Stromtransport besorgen. Sie sind aber auch im stromlosen Zustande der Flüssigkeit als vorhanden und als ebenso schnell bewegt, nur chaotisch, ordnungslos bewegt zu denken. Unter bestimmten, noch zu erörternden Umständen vermögen sie auch durch ungleiche Verteilung zu elektro*statischen* Erscheinungen, Spannungsunterschieden zwischen einzelnen Flüssigkeitsteilen Anlaß zu geben.

Als chemische Stoffe betrachtet, besitzen die freien Ionen eine andere, zumeist größere Reaktionsfähigkeit als die elektrisch neutralen Körper, deren Teile sie vorstellen.

Genauere Kenntnis über das Verhalten solcher Ionen besitzen wir bisher nur für das Lösungsmittel *Wasser*, welches schon durch seine ausgezeichnete *Dielektrizitätskonstante* eine hochgradige Ionenkapazität aufweisen muß. Die Ionisation in nicht wässerigen Phasen, der vielleicht ebenfalls große physiologische Bedeutung zukommt, ist derzeit noch nicht genügend erforscht, um in den Bereich dieser Betrachtungen gezogen werden zu können [PAUL WALDEN[2])].

Unsere analytischen Methoden sind leider nicht imstande, den Gehalt an den einzelnen Ionen der wässerigen Körperphasen richtig anzugeben. Ganz abgesehen sei hier von den Ionen *organischer* Stoffe, deren Mannigfaltigkeit sehr groß sein muß, deren Menge aber sicher neben der der anorganischen Ionen stark zurücktritt. Die Aschenanalyse läßt aber einerseits solche anorganische Stoffe, die stark zu Ionenbildung in wässerigen Lösungen neigen, erst zum guten Teil durch die Sprengung organischer Bindungen entstehen, sie läßt andererseits unter Umständen solche Stoffe auch verschwinden, wie bei der Entweichung von $CO_2$ beim Glühen von Carbonaten und bei der Verdampfung von $NH_4$-Salzen. Sie gibt also nur ein verzerrtes Bild der Wirklichkeit. Aber auch eben diese selbst ist ihrer ganzen Natur nach nicht in analytischen Zahlen faßbar. Denn es entstehen ja auch während des Lebens beständig anorganische Ionen durch die biologischen Oxydationen und den Abbau der Nährstoffe, und es verschwinden solche durch die Überführung in nicht ionisierte Verbindungen und durch die Ausscheidungsvorgänge. Die Oxydation bildet, die Atmung entfernt $HCO_3^-$-Ionen, der Eiweißabbau bringt Phosphorsäureionen in Lösung, die wieder $Ca^{++}$ binden, ferner reichlich $NH_4^+$-Ionen, die, soweit sie nicht zur Deckung des Kationenbedarfs benötigt werden, bald durch Harnstoffbildung ihren Ionencharakter verlieren können. Die Harnausscheidung bedingt ständige Salzionenverluste, die aus der Nahrung ergänzt werden müssen. Das beständige Ineinanderspiel dieser Vorgänge macht die Erfassung des jeweiligen Ionengehaltes im lebenden Körper fast zur Unmöglichkeit. Die Aschengehalte bilden dafür einen schlechten Ersatz, müssen aber in Ermangelung besserer Methoden doch fast immer herangezogen werden, wo es Ionenkonzentrationen zu beurteilen gilt. In der Gaskettenmessung besitzen wir eine ausgezeichnete Methode, um eine der wichtigsten Ionenarten, das $H^+$-Ion, in seiner Konzentration zu messen. Aber auch wenn wir schon alle einzelnen Ionenkonzentrationen festzustellen vermöchten, dürfte nicht etwa eine bestimmte physiologische Wirkung jeder bestimmten Konzentration erwartet werden, wie das bei den chemischen ionalen Reaktionen der Fall

[1]) ARRHENIUS: Zeitschr. f. physikal. Chem. Bd. 1, S. 631. 1887.
[2]) Literatur s. bei HAFNER, E. A.: Erg. d. Physiol. Bd. 24, S. 566. 1925.

ist, sondern die physiologische Wirkung erweist sich als qualitativ verschieden, je nach der Gegenwart anderer Ionen und deren Konzentration. Es müssen also die Wirkungen des ganzen Ionengefüges der Körperflüssigkeiten und der Nährlösungen betrachtet werden, und zwar hier nicht nur die Wirkungen auf die organischen Kolloide, wie deren Quellung und Entquellung, sondern auch die Wirkungen auf die Lebensvorgänge selbst.

*Ionisation des Wassers.* Im Wasser kommen als physiologisch wichtige Ionen zunächst die elektrisch polaren Bestandteile des Wassermoleküles selbst in Frage, als welche $H^+$ und $OH^-$ erkannt sind. Diesen beiden kommt eine außerordentliche, d. h. hier eine im Vergleiche mit der aller sonstigen in Wasser gelösten Ionen sehr große Wanderungsgeschwindigkeit zu, welche auch eine besonders hohe Reaktionsfähigkeit bedingt. Die Hittorfschen Überführungszahlen betragen nach Kohlrausch[1]) für $H^+$ 300, für $OH^-$ 165, während sie für andere Ionen den Wert 60 kaum überschreiten. Ihre Vereinigung ist derjenige chemische Vorgang, der von allen bekannten solchen Vorgängen die größte Wärmemenge in Freiheit setzt, also mit dem gewaltigsten Energiegewinn — oder am leichtesten unter allen von selbst — vor sich geht. Es kann demgemäß ihre Koexistenzfähigkeit im Wasser selbst nur eine ganz geringfügige sein. Als die *Dissoziationskonstante* wird bekanntlich das nach dem Massenwirkungsgesetze von Guldberg und Waage konstante Verhältnis des molaren Ionenkonzentrationsproduktes — kurz *Ionenprodukt* genannt — zur molaren Konzentration des nicht dissoziierten Stoffes bezeichnet. Wir vermögen im Falle der Wasserdissoziation diese Konstante gar nicht anzugeben, weil uns die Molarkonzentration des Wassers in sich selbst unbekannt ist. Die schätzungsweise Größenordnung dieser Zahl, die den Nenner des Konstanzwertes bildet, geht hoch in die Trillionen, so daß die wahre Dissoziationskonstante des Wassers neben den für schwache Basen oder Säuren bekannte Dissoziationskonstanten ganz verschwinden müßte. Da aber eben diese unangebbare Molarkonzentration selbst, wenigstens unter Verhältnissen gleicher Dampfspannung, also vor allem gleicher Temperatur als konstant anzunehmen ist, so ist das Ionenprodukt $h \cdot oh = [H^+] \cdot [OH^-] = k_w$ selbst eine Konstante. Diese im Gegensatz zu den anderen, echten Dissoziationskonstanten stark temperaturabhängige, sog. Dissoziationskonstante des Wassers $k_w$ beträgt

| | |
|---|---|
| bei 16° C | $10^{-14,20}$ |
| „ 20° C | $10^{-14,07}$ |
| „ 30° C | $10^{-13,73}$ |
| „ 40° C | $10^{-13,42}$ |

*Neutralität, Säure und Base.* In völlig reinem Wasser oder in Gegenwart bloß solcher Lösungsstoffe, die keine $H^+$ und $OH^-$ liefern, können die Konzentrationen beider Ionenarten $[H^+] = h$ und $[OH^-] = oh$ nur gleich sein, müssen also z. B. bei 16° C $10^{-7,10}$ betragen, welche Konzentration als Neutralpunkt des Wassers bezeichnet wird. Enthält das Wasser auch gelöste Stoffe, Säuren oder Basen, die $H^+$ oder $OH^-$ abgeben, so verringert sich die Konzentration der gar nicht oder in geringerer Menge gelieferten Ionenart in dem Maße, als sich die der mehr gelieferten vermehrt. Das Produkt der Werte — oder in der heute fast allgemein üblichen Schreibweise Sörensens[2]) — die Summe ihrer negativen dekadischen Logarithmen — bleibt gleich. Es genügt also, *eine* der beiden Ionenarten zu betrachten, als welche allgemein wieder nach dem Vorgange Sörensens das $H^+$ gewählt wird, dessen Konzentration mit $[H^+] = h$, dessen negativer dekadischer Logarithmus mit $p_h$ bezeichnet wird. So ist im Neutralpunkte bei

[1]) Hittorf-Kohlrausch: Wieden. Ann. Bd. 6, S. 167. 1879; Ostwalds Klassiker Nr. 21 u. 23.

[2]) Sörensen: Biochem. Zeitschr. Bd. 21, S. 131. 1909; Ergebn. d. Physiol. Bd. 12. 1912.

16° C $p_h = 7,1$. Niedrigere $p_h$-Werte als dieser ist, entsprechen der sauren, höhere der alkalischen Reaktion in wässerigen Lösungen; die jeweilige $OH^-$-Konzentration $= oh$ ist als $p_{oh} = p_{kw} - p_h$, für 16° also als: $14,2 - p_h$ anzugeben. Jeder Stoff, der $OH^-$ oder $H^+$ oder auch beide Ionenarten in die wässerige Lösung entsendet, verschiebt den $p_h$-Wert gegenüber dem Neutralzustand, es wäre denn, daß beide Ionenarten gerade in ganz gleicher Zahl gebildet würden.

*Dissoziationskonstanten.* Da die Reaktionsfähigkeit dieser Ionen neben der anderer Stoffe groß ist, so bemißt sich die Stärke dieser Fähigkeit oder die Aktivität von Säuren und Basen in wässeriger Lösung nach der Zahl der frei in die Lösung entsendeten oder in ihr — infolge der Entsendung von $OH^-$ — geduldeten $H^+$ Ionen. Den *schwachen* Säuren und Basen, d. h. jenen Stoffen, die nur einen Bruchteil ihrer vertretbaren H-Atome oder OH-Gruppen als Ionen in die wässerige Lösung entsenden, kommt je eine ganz bestimmte elektrolytische Dissoziationskonstante zu, die als $k_s = h \cdot a/s$ und $k_b = oh.\ k/b = k_w \cdot k/h \cdot b$ zu berechnen sind, worin $a$, $k$, $s$ und $b$ der Reihe nach die molaren Konzentrationen der Anionen und Kationen, sowie der nichtdissoziierten Säuren und Basen bedeuten. Die elektrolytischen Dissoziationskonstanten einiger schwachen Säuren sind die folgenden:

| | Temperatur | Konstante |
|---|---|---|
| Arsenige Säure . . . . . . . | 25° | $6 \cdot 10^{-10}$ |
| Borsäure . . . . . . . . . | 25° | $6,6 \cdot 10^{-10}$ |
| Kohlensäure . . . . . . . . | 18° | $3,04 \cdot 10^{-7}$ |
| 2. Stufe . . . . . . . . | 18° | $6 \cdot 10^{-11}$ |
| Phosphorsäure . . . . . . . | 25° | $1,1 \cdot 10^{-2}$ |
| 2. Stufe . . . . . . . . | 25° | $1,95 \cdot 10^{-7}$ |
| 3. Stufe . . . . . . . . | 25° | $3,6 \cdot 10^{-13}$ |
| Essigsäure . . . . . . . . . | 25° | $1,86 \cdot 10^{-5}$ |
| Glykokoll . . . . . . . . . | 25° | $3,40 \cdot 10^{-10}$ |
| Milchsäure . . . . . . . . . | 25° | $1,55 \cdot 10^{-4}$ |
| Weinsäure . . . . . . . . . | 25° | $0,7 \cdot 10^{-4}$ |

*Schwache Elektrolyte.* Die Größenordnungen dieser Dissoziationskonstanten sind wie ersichtlich zumeist klein, nur in wenigen Fällen über $10^{-3}$, häufig viel niedriger. Unterhalb des Wertes $10^{-15}$ verschwindet ihre Meßbarkeit, so daß die Stoffe von da ab zu den Nichtelektrolyten mit der Dissoziationskonstante Null zählen. Für 1-fach molare Konzentrationen des Stoffes wird das Ionenprodukt der Dissoziationskonstante gleich, so daß dort die einzelnen Ionenkonzentrationen Wurzelgrößen der Konstante, also von höherer Größenordnung als diese sein werden.

*Dissoziationsgrad und -rest.* Als Dissoziations*grad* ($\alpha$) der schwachen Säuren gilt die Verhältniszahl der Säureanionenkonzentration zur analytisch faßbaren molaren Gesamtkonzentration der Säure: $\alpha = a/a + s$. Nachdem nun $s = a \cdot h/k_s$ ist, wird $\alpha = \frac{1}{1 + h/k_s}$, ist also ein Wert, der allein vom Verhältnisse $h/k_s$, d. h. von der herrschenden $H^+$-Konzentration abhängt. Die schwachen Säuren — und analog die schwachen Basen — sind um so weniger dissoziiert, in einer je stärkeren Säure-(Base-)Lösung sie sich befinden. Der Wert ist immer klein gegen 1.

Als Dissoziations*rest* ergibt sich der den Dissoziationsgrad auf 1 ergänzende Wert $\varrho = 1 - \alpha = s/a + s$, der demnach bei schwachen Elektrolyten immer nahe bei 1 liegt.

*Ampholyte.* Die gleichen Überlegungen auf den Fall angewendet, daß ein Lösungsstoff *sowohl* $H^+$ *als auch* $OH^-$, zunächst in ungleicher Zahl, entsendet

— d. i. der biologisch besonders wichtige Fall der *Ampholyte* —, ergeben nun das folgende:

Der Dissoziationsrest $\varrho$ wird hier zum Verhältnis $u/m$ der weder sauer noch basisch dissoziierten Moleküle ($u$) zur Gesamtheit der Moleküle des Lösungsstoffes $(u + a + k) = m$. Da nach dem Obigen $a = s \cdot k_s/h$ und $k = b \cdot k_b \cdot h/k_w$ ist und hier beim Ampholyten sowohl für $s$ als auch für $b$, $u$ gesetzt werden muß, so ergibt sich $m/u = 1 + k_s/h + k_b \cdot h/k_w$ und $\varrho$ als der Reziprokwert dieser Größe. Daraus kann abgeleitet werden, daß für ein bestimmtes $h$ dieses und $oh$ einander gleich sind, wobei $\varrho$ ein Maximum erreicht. Jeder Ampholyt hat also einen solchen ganz bestimmten *isoelektrischen Punkt* der $H^+$-Konzentration, in welchem er diese nicht beeinflußt und wo sein Dissoziationsgrad am geringsten ist; unterhalb dieser $H^+$-Konzentration spielt der Ampholyt die Rolle einer Säure, oberhalb die einer Base. Diese Umschlagpunkte der Ampholyte, zu denen neben den Aminosäuren und Eiweißkörpern auch die Indicatoren und viele Metalloxyde gehören, liegen zumeist in der Nähe, zum Teil aber auch im weiteren Umkreis des Neutralpunktes des Wassers. Im Bereiche der schwachen Elektrolyte decken sich die Begriffe der Molarkonzentrationen an Ionen und der aktiven Masse oder Aktivität ausreichend.

*Starke Elektrolyte.* In schroffem Gegensatze zu diesen in der wässerigen Lösung schwach oder auch gar nicht *dissoziierten* Stoffen, stehen die *starken* Elektrolyte, d. h. — nach der heute allgemein angenommenen Auffassung von MILNER, BJERRUM[1]), GHOCH[2]), DEBYE, HUECKEL[3]) u. a. — jene Stoffe, die in der wässerigen Lösung, wie ja auch im festen krystallinischen Zustand, *völlig* in ihre Ionen gespalten sind, deren Dissoziationskonstante also als unendlich anzusetzen ist und bei denen die Ionenkonzentrationen der Molarkonzentration des ganzen Stoffes gleichzusetzen oder bei mehrwertigen Stoffen als ihr einfach ganzzahliges Vielfaches zu berechnen sind. Zu diesen starken Elektrolyten zählen nur ganz wenige Säuren und Basen, und zwar die Mineralsäuren, die Halogenwasserstoffsäuren, $HNO_3$, $H{-}H_2PO_4$ (einwertig) und $H_2{-}SO_4$ (zweiwertig) und von organischen Säuren die Sulfosalicylsäure und die Pikrinsäure; von Basen nur NaOH, KOH, $Ca(OH)_2$ und $Mg(OH)_2$. Hingegen gehören hierher fast sämtliche Neutralsalze, sowohl die anorganischen als auch die organischen.

*Aktivitätsfaktoren.* Die Messungen der Leitfähigkeit und der Gefrierpunktserniedrigungen hatten zunächst bei den starken Elektrolyten auf eine zwar hohe, aber keineswegs auf eine volle Dissoziation, besonders für hochkonzentrierte Lösungen schließen lassen; auch stimmten gerade hier die Messungen nach beiden Methoden nicht — wie bei den Lösungen schwacher oder stark verdünnter starker Elektrolyte — überein, so daß endliche, wenn auch hohe Dissoziationskonstanten für die starken Elektrolyte und überdies für die höher konzentrierten Lösungen Ausnahmen vom Massenwirkungsgesetz angenommen werden mußten. Als dann in der Konzentrationskettenmessung eine unmittelbare Bestimmungsmethode der chemischen Aktivität gewonnen war, deren Anwendung auf höchstkonzentrierte Lösungen starker Elektrolyte *wieder* abweichende Werte ergab, gelangten die oben genannten Autoren zu der Deutung, daß zwar völlige Dissoziation vorliege, aber die chemische, elektrolytische und osmotische Aktivität der Ionen durch die Nachbarionen gleicher und anderer Art, und zwar in den einzelnen Richtungen nicht ganz gleichartig, beeinflußt werde, welcher Einfluß durch Anbringung eines stets unter 1 liegenden *Aktivitätsfaktors* der Ionenkonzentrationen dargestellt wird. Die Differenzen zwischen osmotischem Leit-

---

1) BJERRUM: Zeitschr. f. Elektrochem. Bd. 24, S. 321. 1918.

2) GHOCH: Transact. of the chem. soc. of London Bd. 118, S. 449, 627, 707, 790. 1918.

3) Literatur bei HUECKEL, E.: Ergebn. d. exakt. Naturw. Bd. 3, S. 199. 1924.

fähigkeits- und chemischem Aktivitätsfaktor von KCl-Lösungen illustrieren folgende Zahlen:

| Mol. Konz. | Osmot. Fakt. | Leitf. Fakt. | Chem. Aktivit. Fakt. |
|---|---|---|---|
| 0,001 | 0,985 | 0,979 | 0,943 |
| 0,01 | 0,969 | 0,941 | 0,882 |
| 0,1 | 0,932 | 0,861 | 0,762 |
| 1,0 | 0,854 | 0,755 | 0,558 |

(Tabelle von BJERRUM.)

*Pufferwirkung.* Die biologisch bedeutsamste Folgerung aus der schroffen Gegensätzlichkeit der schwachen und der starken Elektrolyte ist die Lehre von der selbsttätigen Regulation oder *Pufferung* der $H^+$-Konzentration in Gemischen schwacher Säuren und ihrer Salze. Die Massengleichung der an einem $H^+$-Ionen bildenden Dissoziationsvorgang beteiligten Konzentrationen: $h \cdot a/s = k_s$ wird, wenn $h$ klein (schwache Säure!), aber $a$ groß (Gegenwart volldissoziierten Salzes eben dieser Säure!) und somit (fast) gleich der Neutralsalzkonzentration $n$ ist zu $h = k_s \cdot s/n$, was besagt, daß die $H^+$-Konzentration solcher Lösungen *nur* von dem — vorausgesetzt kommensurabeln — Mengenverhältnis Säure : Salz, also nicht wie sonst vom Verdünnungszustand abhängt. Da hier auch eine etwa erfolgende Vermehrung oder Verminderung der Säurekonzentration die $H^+$-Konzentration nur in viel geringerem Maße beeinflußt, als das beim Fehlen des Neutralsalzes der Fall wäre, so erscheint ein solches System eben reguliert oder gepuffert.

Da nun die obige Puffergleichung auch in die Form gebracht werden kann $h/k_s = s/n$, so geht daraus aber hervor, daß jedes solche Ionensystem nur geeignet sein kann, eine *solche* $H^+$-Konzentration selbsttätig zu regeln, die gerade von der Größenordnung der Dissoziationskonstante der schwachen Säure des Systems ist; denn wenn $s$ und $n$, so müssen auch $h$ und $k_s$ gut kommensurable, d. h. ähnliche Größen sein.

*Eignung bestimmter Systeme zur Regulation der Neutralität.* In den wässerigen Phasen der lebenden Körper vollzieht sich nun auf diese Weise die Pufferung der *nahe neutralen* Reaktion, so daß für die Aufgabe nur Säuren in Betracht kommen, deren Dissoziationskonstante nahe bei $10^{-7}$ liegt. Wenn nun auch die meisten organischen Ampholyte der lebenden Körper, besonders Aminosäuren und Eiweißkörper, nach der Lage ihres isoelektrischen Punktes im Körper als Säuren wirken, so ist deren Dissoziationskonstante doch nur für ganz wenige davon bei $10^{-7}$ gelegen, so daß die meisten für die Regelung der Neutralität wenig tauglich sind. Diese Aufgabe fällt in der Hauptsache den Systemen anorganischer Ionen zu, von denen jedoch überhaupt nur die der Sulfid-, der Hydrocarbonat- und der gesättigten primären Phosphatsysteme die Bedingungen erfüllen, eine Dissoziationskonstante von der Größenordnung $10^{-7}$ zu besitzen. Diese Arten kommen nun auch tatsächlich in lebenden Körpern vor, die Sulfidsysteme nur selten, die $HCO_3^-$- und $NaHPO_4$ -Ionensysteme hingegen in der ganzen lebenden Natur, zumeist beide gemischt.

Das Lebenswichtigste dieser Ionensysteme ist offenbar das der Hydrocarbonationen, weil ja nur die Kohlensäure von allen Gasen, die wir kennen, angenähert den Absorptionskoeffizienten 1 für Wasser besitzt, so daß praktisch nur sie sowohl aus einer gasförmigen Umwelt durch wässerige Phasen entnommen als auch aus diesen in jene abgegeben werden kann. Erwägt man dazu das verbreitete tellurische Vorkommen der Kohlensäure und die alleinige Eignung des Kohlenstoffes zum Aufbau der organisch-lebendigen Masse zu dienen, so leuchtet die fundamentale Bedeutung jenes Ionengleichgewichtes in den wässerigen Phasen der Hydrosphäre sowohl als auch aller lebenden Körper — der Biosphäre — einigermaßen ein, worauf im besonderen J. L. HENDERSON[1]) hingewiesen hat.

[1]) HENDERSON, J. L.: Ergebn. d. Physiol. Bd. 8, S. 254. 1909; Biochem. Zeitschr. Bd. 24, S. 40. 1910; Umwelt des Lebens. Wiesbaden 1912.

Das Verhältnis der Konzentration von Kohlensäure und Bicarbonat im Falle des Blutes $\frac{k \cdot CO_2}{NaHCO_3}$ ist offenbar maßgebend für die Reaktion des Blutes (die Alkalireserve) und deren Aufrechterhaltung. Man sieht ohne weiteres, daß die Wasserstoffionenkonzentration sowohl von dem Wert des Zählers wie des Nenners abhängig ist und dieselbe bleiben kann auch bei verschiedenen absoluten Werten, wenn nur das gegenseitige relative Verhältnis dasselbe ist. Je nach dem Zähler oder Nenner abnimmt, gleich bleibt oder zunimmt, bestehen $3^2 = 9$ Möglichkeiten, welche alle verwirklicht werden können und die von VAN SLYKE[1]) in folgender Weise dargestellt worden sind.

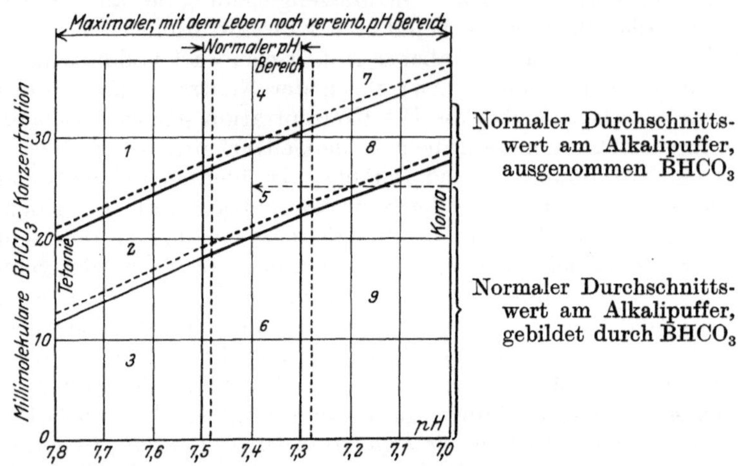


Abb. 43. H/OH-Gleichgewichte im Blut nach VAN SLYKE. *1* Nichtkompensierter Alkaliüberschuß; *3* Nichtkompensiertes $CO_2$-Defizit; *4* Kompensierter Alkali- oder $CO_2$-Überschuß; *5* Normales Gleichgewicht; *6* Kompensiertes Alkali- oder $CO_2$-Defizit; *7* Nichtkompensierter $CO_2$-Überschuß: *9* Nichtkompensiertes Alkali-Defizit.

Daß an dem Pufferungssystem im Blut auch das Hämoglobin beteiligt ist, wie aus den Pufferungskapazitäten von Blut und Plasma hervorgeht (VAN SLYKE), wird ja eine genaue Darstellung im Kapitel Blut[2]) finden. Gerade aber dieser Antagonismus zwischen den Ionen der Kohlensäure und der freien $CO_2$ selbst ist für viele Verhältnisse z. B. für die Durchspülung der Blutgefäße oder für die jahreszeitliche Regulation (das Blut ist infolge von Änderungen des Mineralhaushaltes im Frühjahr und Sommer saurer als im Herbst und Winter) von besonderer Bedeutung[3]) [4]).

Es bestehen aber im Organismus zwei Regulationssysteme, welche für die Aufrechterhaltung des Säure-Basengleichgewichts im Blute sorgen: einerseits die Atmung und andererseits die Niere. So nimmt bei starker Muskelarbeit die $CO_2$-Spannung in der Alveolarluft zu und gleichzeitig ist die Säureausscheidung im Harn vermehrt. Zahlenmäßig läßt sich das verfolgen durch die Beziehungen von $CO_2$-Spannung und Milchsäureproduktion. Einer Erweiterung der $CO_2$-Spannung um 7 mm entspricht der Rechnung nach eine Änderung der Wasserstoffionenkonzentration ungefähr gleich einem Gehalt von 0,07% Milchsäure,

[1]) VAN SLYKE, DONALD, D.: Journ. of biol. Chem. Bd. 48, S. 7. 1921.
[2]) Dieses Handbuch Bd. 6, C. I, 1. u. C. II.
[3]) STRAUB, H.: Dtsch. Arch. f. klin. Med. Bd. 117, S. 397.
[4]) STRAUB, H., KL. MEIER u. E. SCHLAGINTWEIT: Zeitschr. f. d. ges. exp. Med. Bd. 32, S. 229. 1923.

eine Menge, die auch analytisch festgestellt wurde. Interessant ist, daß bei kohlehydratfreier Nahrung körperliche Arbeit zu einer verstärkten Säurebildung Anlaß gibt.

*Einfluß fremder Neutralsalze auf die Dissoziationskonstante der Säuren.* Gerade das Hydrocarbonationengleichgewicht wird fast überall, wo es sich im lebenden Körper findet, ebenso wie schon im Ozean, wesentlich *mit*bestimmt durch die Gegenwart eines fremden, daneben überschüssigen starken Elektrolyten, des NaCl. Der Aktivitätsfaktor $\gamma$ der Salz- ($n$) oder genauer der Anionenkonzentration ($a$), welcher in die für diesen Fall abgeänderte Puffergleichung $h = k_s \cdot s/\gamma \cdot n$ eingeht, wird durch die Gegenwart so großer Mengen fremder Salzionen so sehr herabgedrückt, daß die *reduzierte Dissoziationskonstante* der Säure: $k_s/\gamma$ soweit bisher bekannt, etwa den doppelten Wert enthält, als sie ihn in NaCl-freier Lösung haben würde. Die verschiedenartigen Neutralsalzionen beeinflussen einen bestimmten Aktivitätsfaktor auch in verschiedenem Maße, und zwar nach der Ordnung der bekannten HOFMEISTERschen[1]) Reihe, von welcher unten noch mehr zu sagen sein wird.

## Die Ionen im Körper.

*Vorkommen der Wasserionen im Körper.* Es ergibt sich also, daß schon die Ionen des Wassers selbst in ihrer Konzentration und Wirkungsfähigkeit sehr mannigfach von der Gegenwart anderer anorganischer Ionen abhängen, ja es erscheint als eine wesentliche Aufgabe dieser, die Konzentration jener genau und zwar fast überall im und am lebendigen Körper nahe ihrer Gleichzahl, bei leichtem Überwiegen der OH- über die H-Ionen, festzulegen. Nur in den Se- und Exkreten des Körpers, also nicht mehr im inneren Gefüge der Zellen, kommt es auch zu Anhäufungen des einen Wasserions unter entsprechender Verdrängung des anderen, so im Magensaft und im Harn unter $H^+$-, in der Galle und im Dünndarmsekret unter $OH^-$-Anhäufung. Die Zufuhr fertiger $H^+$- oder $HO^-$-Ionen in den Körper erscheint durch die vorhandenen Sicherungen beinahe ganz untunlich, doch wird durch fast alle Art Nahrungsstoffe und durch fast jeden Stoffwechselvorgang die Verschiebung des herrschenden Gleichgewichtes dieser Ionen nach der einen oder anderen Richtung begünstigt, d. h. näher an den Bereich des Möglichen herangerückt, indem Stoffe zu- oder abgeführt werden, entstehen oder verschwinden, welche das Säure- oder Basenbindungsvermögen der Körperflüssigkeiten und -kolloide beanspruchen.

In dieser Richtung verdienen besonderes Interesse die vielfachen Versuche zur Beeinflussung des Säure-Basengleichgewichts durch eine spezifische Nahrung, wie z. B. Versuche in jüngster Zeit auch von Klinikern, wie SAUERBRUCH, GERSON und vor allem C. OEHME[2]) zur Beeinflussung von Krankheiten bzw. Wundheilung gemacht wurden. In Tierversuchen hat man sich meistens der Tatsache bedient, daß Hafer bei Kaninchen als ausgesprochene saure Nahrung, Grünfutter dagegen, dessen Asche alkalisch ist, als ausgesprochene alkalische Nahrung anzusehen ist. Versuche von E. TSCHOPP[3]) haben gezeigt, daß nach Haferfütterung das Cholesterin im Serum und in den Erythrocyten zunimmt, und zwar im Serum mehr als in den Erythrocyten, und ferner hat H. MOSER[4]) in Basel gefunden, daß die Pufferungskapazität im Harn bei den sauer ernährten Tieren eine starke Abnahme zeigt gegenüber der Kontrolle bei Grünfutternahrung.

---

[1]) HOFMEISTER: Arch. f. exp. Pathol. u. Pharmakol. Bd. 25, S. 13. 1888; Bd. 28, S. 210. 1891.
[2]) OEHME, C. u. H. WASSERMEYER: Dtsch. Arch. f. klin. Med. Bd. 154, S. 107. 1927.
[3]) TSCHOPP, E.: Inaug-Dissert. Basel 1925.
[4]) MOSER, H.: Inaug.-Dissert. Basel 1926; Kolloidchem. Beihefte Bd. 25, S. 69. 1927.

Dem entsprechen neuere Versuche von ABDERHALDEN und WERTHEIMER[1]): basisch ernährte Tiere zeigten eine erhöhte Insulinwirkung, sauer ernährte umgekehrt eine herabgesetzte, während die Adrenalinwirkung bei saurer Nahrung erhöht und bei basischer herabgesetzt war. Das stimmt mit älteren Versuchen von KRETSCHMER[2]) und FRÖHLICH und POLLAK[3]) gut überein. Vermutlich ist für diese Wirkungsweise die Menge des anwesenden ionisierten Kalkes von Wichtigkeit. Damit ist auch eine Beziehung gegeben zu der vielfach untersuchten Frage der Einflüsse der Überventilation auf die Erregbarkeit des Zentralnervensystems usw.

Die tiefere Bedeutung der Neutralität, d. h. der Gleichzähligkeit der beiden Wasserionenarten, für das Körperinnere liegt offenbar in der nur damit gegebenen Möglichkeit, daß die chemischen Umsetzungen auf engeren Raum nach verschiedenen Richtungen ablaufen und damit Kreisprozesse oder doch Spiralprozesse bilden.

Das drückt sich physiologisch darin aus, daß z. B. Verminderung der schwach alkalischen Reaktionen des arteriellen Blutes zu einer Gefäßerweiterung führt, während Sinken der Wasserstoffionenkonzentration eine Verengerung herbeiführt[4])[5]).

$HCO_3$- *und* $NH_4$-*Ionen.* Die Hydrocarbonat- und die $NH_4$-Ionen stehen in engster Beziehung zum Säure- und Basengehalt des Körpers. Die Kohlensäure entsteht reichlich als Enderzeugnis des oxydativen Stoffwechsels der organischen Nahrungs- und Körperstoffe, wird durch den Strom der Körperflüssigkeiten von den Orten der Entstehung abgeführt und durch die Atmung gerade bis zu einem $p_H$ abgedunstet, das sich im menschlichen Blute zwischen den äußersten Grenzen 7,0 und 7,8, normalerweise zwischen 7,3 und 7,5 bewegt [VAN SLYKE[6])]. Als der anodische Gegenspieler des $H^+$-Ions ist dabei das $HCO_3$-Ion anzunehmen, dessen Konzentration im Blut bis über 30 Millimol betragen kann. Die Dissoziation der Kohlensäure ist durch die reichliche Gegenwart des volldissoziierten $NaHCO_3$ eingeengt und gepuffert sowohl durch dieses als auch durch das saure Salzgemisch des $HPO_4$-Ions.

Das Carbonation fehlt in den Aschen tierischer Organe außer in der Knochenasche. Sein Anteil am Aufbau der mineralischen Knochensubstanz wird beim Calcium zu erörtern sein. Die Aschen der Körperflüssigkeiten, besonders von Blut und Milch, enthalten das Carbonation, was der Gegenwart teils von Hydrocarbonat, teils von organischen Säuren mit kationenbindenden Eiweißstoffen im lebenden Körper entspricht. In den Pflanzenaschen findet sich besonders reichlich $K_2CO_3$, weil in der Pflanze die Kationen zum guten Teil an organische Säureanionen gebunden waren, und auch bei der Veraschung selbst aus den spärlichen Mengen der organisch gebunden gewesenen Elemente[7]) Phosphor und Schwefel weit weniger Anionen hervorgehen als beim Tierkörper.

Das Ammonium findet sich nur in geringen Spuren im Tierkörper selbst, tritt aber im Harn unter Umständen reichlich auf, wird also offenbar erst in der Niere nach Bedarf zur Absättigung überschüssiger Säureanionen gebildet, mit denen zusammen dann die keineswegs ungiftigen $NH_4$-Salze sofort zur Ausschei-

[1]) ABDERHALDEN, E. u. E. WERTHEIMER: Pflügers Arch. f. d. ges. Physiol. Bd. 206, S. 451. 1924.

[2]) KRETSCHMER: Arch. f. exp. Pathol. u. Pharmakol. Bd. 57, S. 438. 1907.

[3]) FRÖHLICH u. POLLAK: Arch. f. exp. Pathol. u. Pharmakol. Bd. 77, S. 265. 1914.

[4]) FLEISCH, A.: Zeitschr. f. allg. Physiol. Bd. 19, S. 262. 1921.

[5]) ATZLER, E. u. G. LEHMANN: Pflügers Arch. f. d. ges. Physiol. Bd. 190, S. 118. 1921; Bd. 193, S. 463. 1922; Bd. 197, S. 221. 1923.

[6]) VAN SLYKE: Journ. of biol. chem. Bd. 30, S. 289. 1917.

[7]) SPIRO, K.: Zeitschr. f. Kinderheilk. Bd. 25, S. 609. 1923.

dung gelangen. Nitrate der Nahrung werden ebenfalls zu Ammonium umgeformt und so ausgeschieden. Interessant ist es, daß diese Ammoniakbildung nach den Versuchen von ELLINGER und HIRTH[1]) abhängig ist vom Nervensystem, und zwar vom Splanchnicus major.

Im intermediären Stoffwechsel ist besonders die Beziehung des Ammoniaks zum Nervensystem untersucht worden. Nach TASHIRO[2]) gibt der ruhende Nerv Ammoniak ab, bei Reizung mehr, bei Narkose weniger als in der Ruhe. Andererseits ist nach WINTERSTEIN[3]) die elektrische Reizung beim Rückenmark ohne Einfluß auf die Ammoniakbildung. — Vermutlich wird im Ruhestoffwechsel im Rückenmark das Ammoniak noch weiter verarbeitet, während es in den peripheren Nerven ein Stoffwechselendprodukt ist.

*Andere Ionen.* Von allen anderen Ionenarten, die als regelmäßige Bestandteile jedes tierischen Organismus nachgewiesen sind, kommen nur ganz wenige dort in großer Menge vor, das sind das $Na^+$-, $K^+$-, $Mg^{++}$-, $Ca^{++}$-, $Cl^-$-, und das $HPO_4^{--}$-Ion. Wenn man von der Ausscheidung des Chlors auf die der anderen Elemente schließen darf, so bestehen im Hirn Zentren, welche regulierend eingreifen können, indem Erhöhung des NaCl-Gehaltes im Hirn zu einer vermehrten Abgabe von Chlorionen in den Geweben und zu einer vermehrten Ausscheidung im Harn führt, während Verminderung des Chlorionengehalts im Gehirn die umgekehrte Folge hat[4])[5]).

Die obengenannten sechs Ionenarten haben bisher auch hauptsächlich den Gegenstand der Ionenforschung im Körper gebildet. Für sie bilden die Aschenwerte doch wenigstens Grenzzahlen nach oben. Für einen Teil davon, und zwar $Na^+$, $K^+$ und $Cl^-$ darf auch angenommen werden, daß die Hauptmenge der in der Asche angetroffenen Atome davon auch tatsächlich in den wässerigen Phasen des Körpers in ionisiertem Zustand vorhanden waren. Nach P. RONA und GYÖRGYS[6]) Feststellungen scheint allerdings unter Umständen ein guter Teil des Na und Cl auch in gebundenem Zustand vorhanden zu sein. Dies ist noch mehr bei den übrigen, wie den $Ca^{++}$-, $Mg^{++}$- und den Phosphationen der Fall[7]). Wieviel davon aus organischer Bindung freigemacht wurde, läßt sich auf Umwegen noch bestimmen, wieviel aber vom anorganischen Anteil wirklich ionisiert war, ist heute noch erst in manchen Fällen schätzungsweise zu beantworten. Dabei ist z. B. das gegenseitige Verhältnis von Kalium, Calcium, Magnesium und $PO_4$ von grundsätzlicher Bedeutung für die Automatie des Atemzentrums und wahrscheinlich auch für andere zentrale Gebilde[8]).

Es handelt sich bei diesen Gleichgewichten um fundamentale Erscheinungen, die auf allen Gebieten der Physiologie eine Rolle spielen, und für ihre allgemeine Richtigkeit kann vielleicht kein besseres Argument beigebracht werden, als das nach OTTO WARBURGS[9]) Untersuchungen an Seeigeleiern, deren Sauerstoffverbrauch sowohl in isotonischer NaCl-Lösung als auch in NaCl- und KCl-Lösung gesteigert ist, durch Zusatz von Calciumsalzen aber leicht wieder zur Norm gebracht werden kann.

---

[1]) ELLINGER, A. u. HIRTH: Arch. f. exp. Pathol. u. Pharmakol. Bd. 106, S. 135. 1925.
[2]) TASHIRO, S.: Americ. journ. of physiol. Bd. 60, S. 519. 1922.
[3]) WINTERSTEIN: Hoppe-Seylers Zeitschr. f. physiol. Chem. Bd. 101, S. 212. 1918 und Biochem. Zeitschr. Bd. 167, S. 401. 1926.
[4]) BRUGSCH, DRESEL u. LEWY: Zeitschr. f. exp. Pathol. u. Therapie Bd. 21, S. 358. 1920.
[5]) ABE u. SAKATA: Arch. f. exp. Pathol. u. Pharmakol. Bd. 105, S. 93. 1925.
[6]) RONA u. GYÖRGY: Biochem. Zeitschr. Bd. 56, S. 416. 1913.
[7]) Vgl. KLINKE, K.: Ergebn. d. Physiol. Bd. 26. 1927.
[8]) SPIRO, K.: Klin. Wochenschr. Jg. 2, Nr. 44. 1922. — OERTLI, HANS: Inaug.-Dissert. Basel 1924. — GOLLWITZER-MEIER, CL.: Biochem. Zeitschr. Bd. 154, S. 54. 1924.
[9]) WARBURG, O.: Hoppe-Seylers Zeitschr. f. physiol. Chem. Bd. 66, S. 305. 1910.

Der Gesamtaschengehalt des Körpers und die Gesamtgehalte an einzelnen Aschenbestandteilen geben naturgemäß nur ein verwischtes Bild, weil die Zusammensetzung der einzelnen Organsysteme, Gewebe und sicher auch der einzelnen Gewebselemente ein sehr verschiedenes ist. Immerhin ist aber die Zusammensetzung des Körpers aus diesen einzelnen Systemen, wie Knochen, Muskel und inneren Organen eine genügend beständige, daß, wenn nur vom sehr schwankenden Fettgehalte abgesehen werden kann, recht weitgehend übereinstimmende Werte für den Aschengehalt und für sein Verhältnis zum Wasser- und Eiweißgehalt festzustellen sind. Der Aschengehalt der fettfreien Trockensubstanz des menschlichen Körpers beträgt, nach den Analysen von Camerer und Soeldner[1]), Hugounenq[2]), v. Bunge[3]), Abderhalden[4]), Cornelia de Lange[5]), Sommerfeld[6]), Steinitz[7]) rund 3,2%, der Wassergehalt 82% und der Eiweißgehalt 14,4%. Dieses Verhältnis scheint auch bei allen höheren Tieren sehr ähnlich zu liegen, während die niederen Tiere, besonders die Wirbellosen einen etwas höheren Wassergehalt haben. Auch während der Ontogenese sinkt der Wassergehalt des tierischen und menschlichen Körpers [Aron[8])], während sein Aschengehalt im allgemeinen durch die Knochenmineralisierung stärker als der Eiweißgehalt steigt.

Die Zusammensetzung der Gesamtasche eines Tierkörpers ist, wie v. Bunge[3]) und Abderhalden[4]) zeigten, für die höheren Tiere zwar im ganzen ähnlich, doch werden die für die einzelnen Tierarten charakteristischen Verschiedenheiten zähe festgehalten, d. h. sie sind innerhalb sehr weiter Grenzen der Zufuhr der einzelnen Bestandteile so gut wie nicht variabel. Die Tiere verhalten sich also hierin ähnlich wie das schon früher durch Liebig[9]) für die Pflanzen erwiesen worden war, was neuere Untersuchungen [Wolff[10]), Czapek[11])] durchaus bestätigt haben. Liebigs Gesetz des Minimums besagt, daß die Reichlichkeit des Pflanzenwachstums sich nach jenem seiner Bedarfsstoffe richtet, der von allen — im Verhältnis zur Bedarfsgröße — am wenigsten reichlich zur Verfügung steht. Für die tierische Entwicklung scheint das mit der Einschränkung ebenfalls zu gelten, daß der Mangel gewisser mineralischer Aschebestandteile (Ca, P) in der Nahrung auch wachsender Tiere erstaunlich lange ohne Zurückbleiben der normalen Gewichtszunahme ertragen wird [Aron und Seebauer[12])], was für eine besonders entwickelte Speicherungsfähigkeit des Tierkörpers für seine Mineralstoffe spricht. Daraus wird schon das Bedürfnis nach genauer Regelung dieser Stoffgehalte in den Körpersäften wahrscheinlich.

Die ebenfalls zuerst durch v. Bunge[3]) beigebrachten Aschenanalysen der verschiedenen Milchsorten ergeben auch einen sehr artfesten Gesamtaschengehalt und eine ebensolche Aschenzusammensetzung. Die Aschengehalte der Milchen stehen aber nicht so sehr in Beziehung zu denen der fertigen Tierkörper als

---

[1]) Camerer u. Soeldner: Zeitschr. f. Biol. Bd. 44, S. 61, 1903. — Camerer: Ebenda Bd. 43, S. 1. 1902.

[2]) Hugounenq: Cpt. rend. hebdom. des séances de l'acad. des sciences Bd. 128, S. 1419.

[3]) v. Bunge: Zeitschr. f. Biol. Bd. 10, S. 323. 1874; Hoppe-Seylers Zeitschr. f. physiol. Chem. Bd. 13, S. 399. 1889; Engelmanns Arch. f. Physiol. 1886, S. 539.

[4]) Abderhalden: Zeitschr. f. physikal. Chem. Bd. 26, S. 498. 1899; Bd. 27, S. 356. 1899; Bd. 27, S. 408. 1899; Bd. 28, S. 487. 1899; Lehrb. d. physiol. Chem. Bd. II, S. 760. 1915.

[5]) de Lange, Cornelia: Zeitschr. f. Biol. Bd. 40, S. 526. 1900.

[6]) Sommerfeld: Arch. f. Kinderheilk. Bd. 30, S. 253.

[7]) Steinitz: Jahrb. f. Kinderheilk. Bd. 59, S. 447.

[8]) Aron: Biochemie des Wachstums. Oppenheimers Handb. (2) Bd. VII, S. 165.

[9]) Liebig: Die Chemie in ihrer Anwendung auf Agrikultur und Physiologie. 8. Aufl. 1865.

[10]) Wolff: Aschenanalysen. Bd. I u. II. Berlin 1871—1880.

[11]) Czapek: Biochemie der Pflanzen, S. 712ff. Jena 1905.

[12]) Aron u. Seebauer: Biochem. Zeitschr. Bd. 8, S. 1. 1908.

vielmehr zu der ja auch artfesten Geschwindigkeit des Wachstums: je langsamer dieses ist, um so mehr treten jene Bestandteile (Ca, Mg, P) zurück, die dem Körperaufbau dienen und dazu auch fast ohne Verlust aus der Milch herangezogen werden, während zugleich die einem größeren Umsatze ausgesetzten Bestandteile (Na, K, Cl) verhältnismäßig hervortreten. Die Menschenmilch bildet naturgemäß das eine Extrem dieses Verhaltens, während die Milch der besonders raschwüchsigen Kaninchen in ihrer Asche dem Gesamtkörper schon fast völlig gleicht.

v. Bunge[1]) hat auch darauf hingewiesen, daß sich auf unseren Planeten im allgemeinen ein Wettstreit der Kieselsäure und der Kohlensäure um den Besitz der auch im Pflanzen- und Tierkörper wichtigsten vier Basen: Na, K, Ca und Mg abspiele. Dabei wird zunächst das Natrium von der im Wasser gelösten Kohlensäure aus den Gesteinen entführt, in welchem die Kieselsäure — außer Al und Fe — das K, Ca und Mg noch festhält. Diese gelangen aber zum Teile auch, und zwar als Chloride gelöst in den Ozean, tauschen dort ihr Anion mit dem des Natriums und die Erdalkalien gelangen als Carbonate zur neuen Gesteinsbildung. Diese Dolomitlager senden, zum Festland geworden, beständig wieder Ca- und Mg-Bicarbonate zum Ozean. So überwiegt dort das Na und das Cl, wobei die Erdalkalien niemals fehlen, während im Festland das K überwiegt und die Erdalkalien örtlich angehäuft auftreten. Die Lebewesen bedürfen nun von Alkalien wesentlich des Kaliums, das sie überall an sich reißen. Wenigstens vermögen dies die niedrigen Lebewesen, die den höheren den Boden bereiten. Sie sind gewissermaßen die proteusartig modifizierte Kohlensäure, der es nun in dieser höheren Form doch gelingt, auch das K aus den Fesseln der Kieselsäure zu lösen. Die seit altersher landbewohnenden Pflanzen und die Insekten führen sehr vorwiegend K, während die Seetiere und Seepflanzen, sowie die Küsten- und Salzsteppenpflanzen zwar auch K-reich sind, daneben aber vorwiegend Na führen. Auch die Landwirbeltiere enthalten, ihrer jungen Herkunft aus dem Meere entsprechend, vorwiegend Na und bedürfen dieses Stoffes in der Nahrung in um so größeren Mengen, je K-reicher ihre Kost im übrigen wird, und zwar offenbar, um der Verdrängung des Na in ihrem Körper durch K zu begegnen. Manche pflanzliche Nahrungsmittel des Menschen sind so überreich an K, z. B. die Kartoffel, daß sie nur mit NaCl-Zugabe genießbar erscheinen. Bei rein animalischer Kost und beim Vorwiegen K-armer pflanzlicher Nahrungsmittel, wie z. B. Reis, in der Kost fehlt ein Bedürfnis nach NaCl.

So wiederholen sich im Wirbeltierkörper die Vorgänge des tellurischen Chemismus insofern, als im großen und ganzen die flüssigen Körperphasen das Na, die festeren Protoplasmaphasen das K und Mg anreichern, während das Ca einerseits spärlich in den Flüssigkeiten gelöst, andererseits reichlich in den Knochen angehäuft auftritt.

Das *Natrium* bildet auch im menschlichen Körper das zahlenmäßig weit vorherrschende Kation der Körperflüssigkeiten und der blutreichen und blutbildenden Organe, während es in den Muskeln, zumal in den quergestreiften hinter dem Kalium stark zurücktritt. Im Gehirn und in der Leber überwiegt das K etwas, in der Bauchspeicheldrüse, im Herzen und in der Niere finden sich ähnliche Mengen von beiden Alkalimetallen.

Der Gehalt des Blutes an Alkalimetallen ist für verschiedene Säugetierarten nach Abderhalden[2]) recht weitgehend verschieden. Der Unterschied betrifft nur in ganz geringem Maße das Serum, welches im Mittel in 100 g rund

[1]) v. Bunge: Lehrb. d. physiol. Chem. Bd. III, S. 119.

[2]) Abderhalden: Zeitschr. f. physikal. Chem. Bd. 26, S. 487, 494. 1899; Bd. 27, S. 356, 408. 1899.

4,3 g $Na_2O$ und 0,25 g $K_2O$ enthält, vielmehr hauptsächlich die roten Blutkörperchen. Diese enthalten bei den Raubtieren und Wiederkäuern reichlich, rund 2,5 g Na in 100 g neben wenig, und zwar 0,25—0,75 g K, bei Kaninchen, Schwein und Pferd dagegen nur K, und zwar rund 5,0 g. Der Mensch steht zwischen beiden Gruppen, der letzteren näher, mit 0,75 g Na und 4 g K. E. Tschopp, Basel, hat in zahlreichen Analysen von Blutseren mit zum Teil eigener Mikromethodik zwar im einzelnen abweichende Zahlen erhalten, das Abderhaldensche Resultat aber im wesentlichen bestätigt gefunden. Er teilt uns darüber nachstehende Zahlen freundlichst mit:

| | In 100 ccm Serum mg | | | In 100 ccm Blut mg | | |
|---|---|---|---|---|---|---|
| | K | Ca | Na | K | Ca | Na |
| Rind | 22,0 | 10,0 | 325,0 | 71,5 | 6,5 | 290,0 |
| Aeq./l. | (5,65) | (5,02) | (141,3) | (18,28) | (1,62) | (126,1) |
| Pferd | 27,56 | 10,6 | 327,7 | 230,0 | 6,5 | 172,5 |
| Aeq./l. | (7,04) | (5,29) | (142,4) | (58,82) | (1,62) | (75,0) |
| Hammel | 30,0 | 10,0 | 336,4 | 167,05 | 6,5 | 230,1 |
| Aeq./l. | (7,67) | (4,25) | (146,3) | (42,69) | (1,62) | (100) |
| Schwein | 35,5 | 11,7 | 373,1 | 303,0 | 8,0 | 213,0 |
| Aeq./l. | (9,08) | (5,84) | (162,0) | (77,49) | (2,0) | (92,6) |
| Mensch | 19,5 | 11,0 | 333,5 | 157,5 | 5,5 | 220,1 |
| Aeq./l. | (4,98) | (5,49) | (145,0) | (40,28) | (1,37) | (95,7) |

Jede Tierart hält den für sie charakteristischen Gehalt an Alkalimetallen innerhalb enger Grenzen fest, auch gegenüber starken Schwankungen der Zufuhr [Dubelier[1]), Landsteiner[2])] und auch in pathologischen Zuständen [Erben[3]), Botazzi und Cappelli[4])]. Auch innerhalb der einzelnen Zellen soll das K örtlich, und zwar in der Hauptsache im Zellplasma, nicht im Kerne, angehäuft sein, ebenso in der doppelbrechenden Schichte der quergestreiften Muskel und im Nervengewebe an den Schnürringen der markhaltigen Fasern [Mac Callum[5])].

Die Bedeutung der Alkalimetallionen für die Lebewesen liegt zunächst schon durch ihre große Zahl in der Regelung des osmotischen Druckes und des Wassergehaltes, dann aber besonders für das Na in der Aufrechterhaltung des richtigen Kolloidzustandes in den Geweben und Körperflüssigkeiten, während dem K noch besondere Aufgaben im Ablauf aller Lebensgänge, besonders auch der nervösen zukommen müssen. Die Wirkung der Na-Ionen auf die Kolloide darf als eine dispergierende, lösende aufgefaßt werden. Nach Zwardemaaker[6]) soll die besondere Bedeutung des *Kaliums* für die Lebewesen mit seiner Radioaktivität zusammenhängen. Das K soll durch andere radioaktive Elemente in den der Aktivität entsprechenden Mengen vertretbar sein. Diese Anschauung wurde jedoch von R. F. Loeb[7]), Ellinger[8]) u. a. bestritten.

Das *Calcium* erscheint ebenfalls für alle Lebewesen unentbehrlich, da es niemals fehlt. In der Gesamtasche der Tiere pflegt CaO sogar den größten Posten auszumachen, doch kommt die Hauptmenge auf Rechnung der Stütz- und Schutzorgane, wie Schalen und Knochen, während der Ca-Gehalt der Flüssigkeiten

[1]) Dubelier:, W. Sitzungsber. d. Akad. d. Wiss., Wien. Bd. 83, S. 261. 1881.
[2]) Landsteiner: Hoppe-Seylers Zeitschr. f. physiol. Chem. Bd. 16, S. 13. 1892.
[3]) Erben: Zeitschr. f. klin. Med. Bd. 47, S. 302.
[4]) Botazzi u. Cappelli: Atti d. reale accad. dei Lincei, 2. Sem. (5) Bd. 8. 1899.
[5]) Mac Callum: Proc. of the physiol. soc. 1905.
[6]) Zwardemaaker: Pflügers Arch. f. d. ges. Physiol. Bd. 173, S. 28. 1919; Bd. 193, S. 317. 1920; Bd. 132, S. 94. 1922.
[7]) Loeb, R. F.: Journ. of gen. physiol. Bd. 3, S. 229. 1920.
[8]) Ellinger: Hoppe-Seylers Zeitschr. f. physiol. Chem. Bd. 116, S. 226. 1921.

und des Protoplasmas selbst immer gering ist. Im Blute des Menschen finden sich 10—11 mg CaO auf 100 g, in den inneren Organen meist etwas mehr, rund bis zum Doppelten, nur in der Schilddrüse das rund fünffache des Blutwertes. Dieser liegt beim Neugeborenen ähnlich wie beim Erwachsenen, beim Säugling etwas höher, rund 20 mg CaO auf 100 g [JANSEN[1])]. Von der Ernährung scheint der Ca-Wert des Blutes weitgehend unabhängig [HANDOWSKY[2]), LICHTWITZ und BOCK[3])], hingegen ist er in gewissen krankhaften Zuständen (Tetanie, Spasmophilie) deutlich herabgesetzt[4]). Innerhalb der Zelle erscheint das Ca im Kerne angehäuft [TOYONAGA[5])].

Aber auch der große Calciumbestand der Knochen darf nicht etwa als eine tote, an Stoffwechsel unbeteiligte Masse gedacht werden. Zunächst erscheinen die Vorgänge des Ca-Stoffwechsels vielfach aufs engste mit den gleichfalls besonders lebenswichtigen des P-Stoffwechsels und auch mit der Aufnahme organischer Nährstoffe [KOCHMANN[6])] verknüpft. Die Knochenverkalkung bildet einen der wichtigsten Wachstumsvorgänge und auch beim Erwachsenen nimmt das Knochengewebe durch beständige Erneuerung und Rückbildung sowie durch seine erhaltenbleibende Anpassungsfähigkeit an wechselnde Beanspruchungen wesentlichen Anteil am Gesamtstoffwechsel. Die Knochenmasse stellt einen ungeheuren Sicherungsvorrat an Kalk und Phosphorsäure für den in der Regel daneben kleinen Bedarf des übrigen Körpers vor. Die Form, in welcher das Calcium im Knochengewebe vorliegt, ist, wie schon GABRIEL[7]) feststellte, nicht einfach die des neutralen Phosphates $Ca_3(PO_4)_2$ aber auch nicht die von diesem Autor vermutete leicht basische Kombination $Ca_8(OH)(PO_4)_5$, sondern wohl, wie GASSMANN[8]) annimmt, ein Komplexsalz $CO_3Ca.\ [Ca_3(PO_4)_2]_3$, dessen Bau ganz den WERNERschen Vorstellungen[9]) über den der natürlichen Apatite entspricht. Danach sind zunächst die Stellen der ursprünglichen 6 Krystallwassermoleküle des Carbonatcalciums durch 3 $Ca(OH)_2$ Moleküle ersetzt zu denken, deren 6 in Oktaedersymmetrie liegenden H-Atome dann sämtlich durch das Radikal $CaPO_3$ vertreten werden. Dazu kommen dann zweifellos noch Krystallwassermoleküle des Phosphatcalciums.

Das *Magnesium* ist ebenfalls offenbar in jeder lebenden Zelle vorhanden und im menschlichen Körper von den Knochen abgesehen, in denen es neben dem Ca sehr zurücktritt, in allen Organen reichlich, in fast allen reichlicher als Ca in der Asche vertreten. Besonders stark überwiegt es im Blutserum, im Muskel und im Nervengewebe, wo in gleicher Reihenfolge auf 100 g der frischen Substanz rund 15, 35 und 28 mg Mg kommen.

Beiden Erdalkalimetallen kommen zweifellos entscheidende Aufgaben im Organismus zu. Die des Ca dürfte, abgesehen von der Stützfunktion durch das Skelett, in der Verfestigung der Kolloide liegen, dann aber auch mit den Erregungsvorgängen zu tun haben. Dem Mg kommt eine lähmende, ja narkotische Wirkung zu. Eine besondere Bedeutung des Mg mag vielleicht ähnlich wie im Chlorophyll mit den synthetischen Leistungen des Protoplasmas zusammen-

[1]) JANSEN: Dtsch. Arch. f. klin. Med. Bd. 125, S. 168. 1918.
[2]) HANDOWSKY: Jahrb. f. Kinderheilk. Bd. 91, S. 432. 1920.
[3]) LICHTWITZ u. BOCK: Dtsch. med. Wochenschr. Bd. 41, S. 1215. 1915.
[4]) ROSENSTERN: Jahrb f. Kinderheilk. Bd. 72, S. 154—179.
[5]) TOYONAGA: Bull. coll. of agric. Tokyo Bd. 5, S. 143.
[6]) KOCHMANN: Biochem. Zeitschr. Bd. 36, S. 268. 1911; Bd. 39, S. 81. 1912.
[7]) GABRIEL: Hoppe-Seylers Zeitschr. f. physiol. Chem. Bd. 18, S. 257. 1894.
[8]) GASSMANN: Hoppe-Seylers Zeitschr. f. physiol. Chem. Bd. 70, S. 161. 1911; Bd. 83, S. 403. 1913; Bd. 90, S. 250. 1914.
[9]) WERNER: Neuere Anschauungen auf dem Gebiete der anorganischen Chemie, S. 217. Braunschweig 1920.

hängen. Beide Erdalkalien liegen sicher zum nicht geringen Teil in organischen Bindungen vor, die aber mit dem ionisierten Anteil dieser Stoffe in Gleichgewichtsbeziehung stehen.

Von den Hauptanionen entspricht das *Chlor* in seinem Vorkommen nach Menge und Verteilung in der Hauptsache dem Natrium insofern es besonders im Blut und den blutreichen Organen, überhaupt in den Körperflüssigkeiten angehäuft erscheint. Die Äquivalentmenge an Cl bleibt, außer in der Milch, hinter der an Na zurück. Im Knochen fehlt das Cl fast ganz. Auch die Herkunft des Cl geht mit der des Na zusammen, da es entweder ans den NaCl-reichen tierischen Nahrungsmitteln stammt oder als NaCl-Zusatz zur Kost aufgenommen wird. Als die Hauptaufgabe des Cl-Ions im Tierkörper wird, auch wieder wie beim Na, die Aufrechterhaltung des Wassergleichgewichtes anzunehmen sein.

Von den drei Arten von *Phosphationen* kann nur das zweiwertige Diphosphation $HPO_4^{--}$ als ein Hauptanion des Körpers, abgesehen vom Skelette, gelten, da die Berechnung der sauren und basischen Äquivalente dort überall auf eine sehr vorwiegende Diphosphatnatur der anorganischen Körperphosphate schließen läßt.

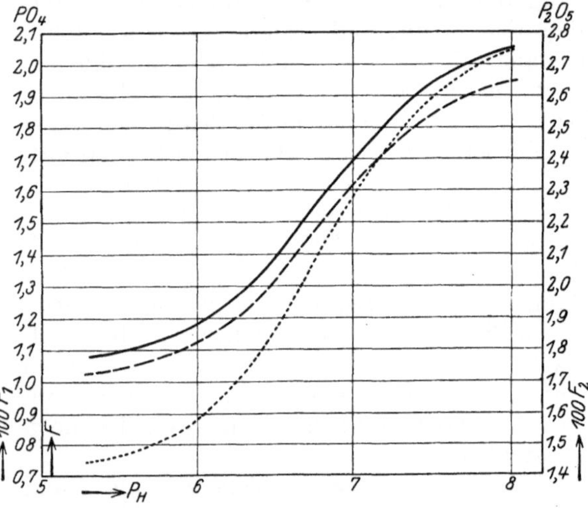


Abb. 44. Kurve zur Umrechnung der Phosphatäquivalente.

| | | |
|---|---|---|
| ——— 100 g $PO_4$ | links Ordinate | |
| – – – – 1 Äquivalent Phosphat | | |
| ·········· 100 g $P_2O_5$ | rechts Ordinate | |

W. Wiechowski hat den sehr wertvollen Vorschlag gemacht, die Phosphationen so zu berechnen, als ob ein Molekül $NaH_2PO_4$ und 2 Moleküle $Na_2HPO_4$ vorkämen, als ob also ein komplexes fünfwertiges Ion $H_4(PO_4)_3$ vorläge. Der von Wiechowski vorgeschlagene Weg ist in der Tat der richtige, nur trifft er insofern nicht ganz zu, als das von ihm angenommene Verhältnis der beiden Phosphate einem $p_H$ von 7,11 entspräche, während doch unzweifelhaft im Blut eine viel alkalischere Flüssigkeit vorliegt.

Wir möchten prinzipiell den Vorschlag von Wiechowski annehmen, aber erweitern, indem wir eine Berechnung vorschlagen, die nicht nur für das Blut, sondern für alle phosphathaltigen Flüssigkeiten gilt (Harn usw.). In der beigegebenen Tabelle (S. 502) sind in der ersten Kolonne die gesamten einem Äquivalent Phosphat entsprechenden Basen-Äquivalente angegeben, in der nächsten dasselbe für 100 g Phosphat und in der letzten dasselbe für 100 g $P_2O_5$. Aus der obenstehenden Kurve (Abb. 44) ist also mit Leichtigkeit zu ersehen, wie bei gegebener $p_H$ das gefundene $PO_4$ bzw. $P_2O_5$ für die Äquivalentenbestimmung in Anrechnung gebracht werden kann.

Wir geben an dieser Stelle ein einfaches Schema zur Berechnung der in der Literatur vorhandenen Analysen, das uns Herr Dr. Alex. Augsberger (Basel) aus einem von ihm demnächst erscheinenden Laboratoriumshilfsbuch freundlichst zur Verfügung gestellt hat. Durch ein System von logarithmischen Maßstäben kann man die Äquivalente und die Gewichtsmengen der Elemente bzw. Radikale aus ihren Bestimmungsformen entnehmen. Bestimmungsform

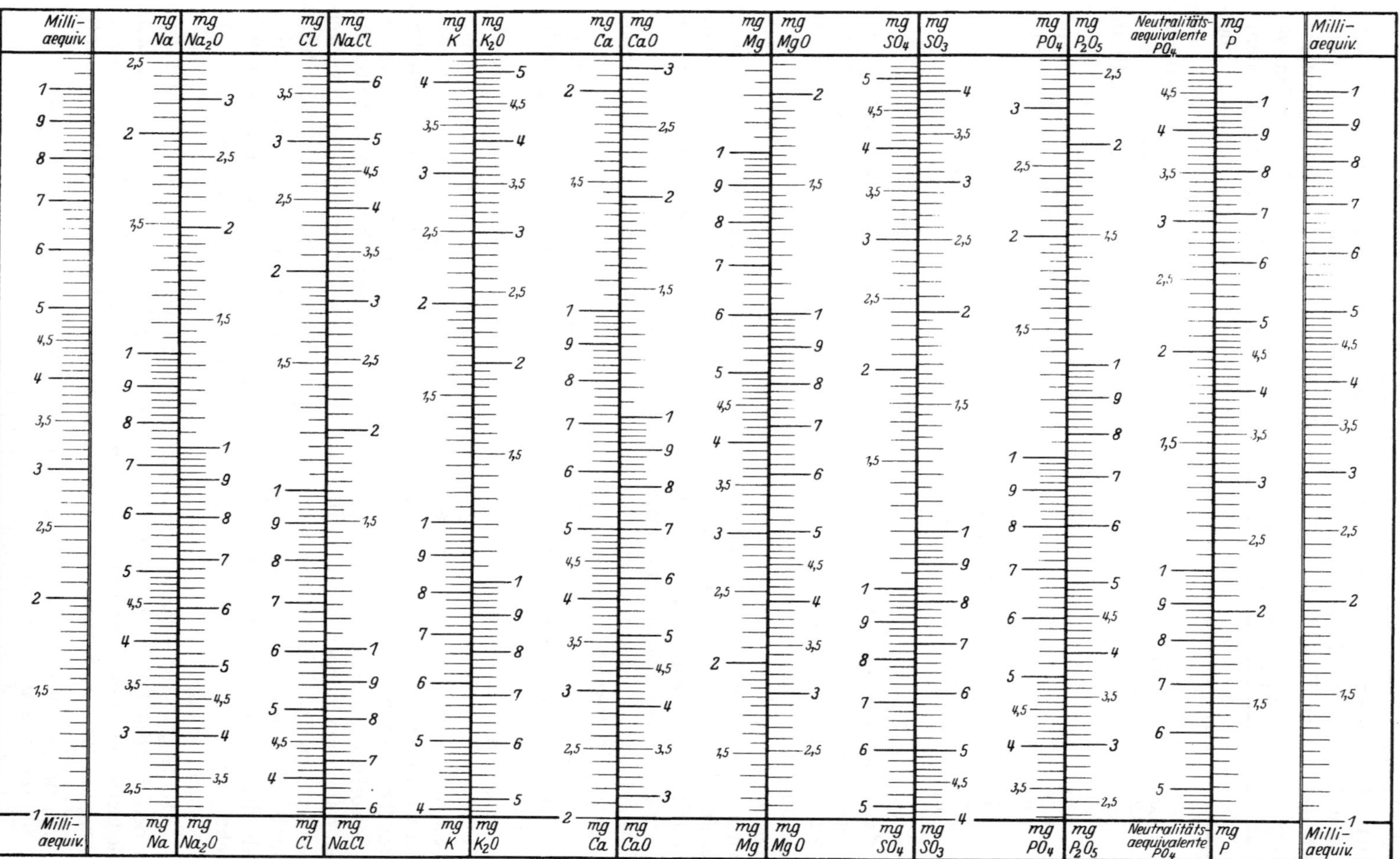


Abb. 45. Umrechnungstafel für die biologisch wichtigsten Elemente und Radikale. (Nach A. AUGSBURGER).

und Element liegen nebeneinander auf dem gleichen Stab, z. B. 131,8 mg CaO = 94,2 mg Ca; die zugehörigen Äquivalente erhält man, indem man durch diesen Punkt eine Gerade parallel zur Abszisse legt und ihren Schnittpunkt mit den beiden Randskalen abliest, z. B. 94,2 mg Ca = 4,70 Milliäquivalente.

**Phosphat-Äquivalent.**

| $p_H$ | Faktor F | $PO_4$ 100 $F_1$ | $P_2O_5$ 100 $F_2$ |
|---|---|---|---|
| 5,29 | 1,025 | 1,078 | 1,443 |
| 5,59 | 1,05 | 1,105 | 1,477 |
| 5,91 | 1,10 | 1,157 | 1,549 |
| 6,24 | 1,20 | 1,263 | 1,690 |
| 6,47 | 1,30 | 1,368 | 1,830 |
| 6,64 | 1,40 | 1,473 | 1,971 |
| 6,81 | 1,50 | 1,579 | 2,112 |
| 6,98 | 1,60 | 1,684 | 2,252 |
| 7,17 | 1,70 | 1,788 | 2,393 |
| 7,38 | 1,80 | 1,894 | 2,534 |
| 7,73 | 1,90 | 1,999 | 2,675 |
| 8,04 | 1,95 | 2,051 | 2,746 |

Für $PO_4$ finden sich die Milligrammäquivalente, die einem neutralen Phosphatgemisch von $p_H = 7{,}07$ entsprechen, in einem besonderen Stab Nr. 9; z. B. 1,11 mg $P_2O_5$ = 1,49 mg $PO_4$ = 4,70 Milligrammäquivalente $PO_4$ (Randskala) = 2,12 Neutralitätsäquivalente.

Die Phosphate fehlen in keinem Lebewesen oder Organe, sind in den Körperflüssigkeiten, ähnlich wie Ca nur spärlich vertreten, während sie, wie K und Mg, in den Zellen angehäuft erscheinen, als deren Hauptanion eben das $HPO_4^{--}$-Ion zu gelten hat. Die Bedeutung der Phosphorsäureionen ist aber, wieder ähnlich wie beim Ca, doch auch in den Körperflüssigkeiten eine große, besonders für die Regelung der Acidität (namentlich Harn). Organisch gebundene, nicht ionisierte Phosphorsäure liegt hauptsächlich in der Form der Glycerinphosphorsäure in den Lipoiden des Nervengewebes, als Glycosid im Muskel und als Proteid im Casein der Milch vor. In der Knochenasche findet sich die Phosphorsäure in der beim Ca beschriebenen Bindung. Das Urgestein enthält bekanntlich überall recht gleichmäßige Beimengungen apatitartiger Minerale. Reichliche Anhäufungen der Phosphorsäure kommen, ebenso wie beim Ca nur in Resten organischer Gebilde, besonders in fossilen Knochenlagern vor. Die industrielle P-Gewinnung der Menschen gründet sich bisher fast ausschließlich auf dieses letztere Vorkommen. Der Körper gewinnt seine Phosphorsäure aus fast jeder Nahrung organischer Herkunft.

*Spärliche und seltene Ionen des Körpers.* Unter den zahlreichen im lebenden Körper sonst noch auftretenden anorganischen Ionen (Lit. s. in den zusammenfassenden Darstellungen bei Spiro und bei Aron und Gralka) sind grundsätzlich zu unterscheiden: die einen als lebenswichtige und regelmäßig, wenn auch zum Teil nur bei bestimmten Tiergattungen vorkommende, die anderen als akzessorische, welche mit der Nahrung in den Körper eintreten und von ihm nicht als Fremdkörper ausgeschieden, sondern aufgespeichert und irgendwie verwendet werden. Die Unterscheidung ist jedoch praktisch nicht immer leicht durchzuführen, solange etwa bei sehr spärlichem Vorkommen die Regelmäßigkeit des Befundes und damit die Unentbehrlichkeit der Ionenart nicht feststeht oder auch bei reichlichem Vorkommen die physiologische Bedeutung noch nicht erkannt ist.

Das $SO_4^{--}$-Ion kommt regelmäßig aber spärlich im Tierkörper und zwar in der Blutflüssigkeit vor, wohl als oxydative Endstufe abgebauten und nicht wiederverwendeten Eiweißschwefels. Seine Menge im menschlichen Blut beträgt 20 mg auf 100 ccm Serum. [Gürber[1]), Heubner u. Meyer-Bisch[2]), de Boer[3])].

[1]) Gürber: Verhandl. d. physikal.-med. Ges. Würzburg Bd. 28, S. 6. 1894.
[2]) Heubner u. Meyer-Bisch: Biochem. Zeitschr. Bd. 122, S. 120. 1921.
[3]) de Boer: Journ. of physiol. Bd. 51, S. 211. 1917.

Nur bei manchen Schnecken treten Speicheldrüsensekrete mit reichlicher freier Schwefelsäure auf [BOEDECKER u. TROSCHEL[1])]. Auch im Speichel der Säuger findet sich ja regelmäßig nicht wenig von einem S-haltigen, häufig auch noch als anorganisch gezählten Anion, dem Rhodan: $SCN^-$, das auch in andern Sekreten vorkommt.

Noch zu den allgemein verbreiteten und zweifellos lebensnotwendigen Ionen ist das Eisen zu rechnen, dem auch ebenso wie den 6 reichlich vorkommenden Ionen große Aufmerksamkeit zugewendet worden ist. Es scheint hauptsächlich in organischer Bindung im Körper der Lebewesen vorzukommen, wird aber sicher auch als anorganisches Ion resorbiert und verwendet. Die durch v. BUNGE[2]) entdeckte Tatsache, daß das Fe in der Milch zurücktritt (bei der Frau weniger als bei der Kuh) und während des Fötallebens dementsprechend gespeichert wird, ist allgemein bekannt. Als Orte der Speicherung sind auch beim Erwachsenen hauptsächlich Leber und Milz zu betrachten. Sein Anteil am Bau des Hämoglobinmoleküls läßt seine Rolle im Körper als die eines $O_2$-Überträgers vermuten, was namentlich von O. WARBURG[3]) in klassischen Versuchen gezeigt wurde. Daß bei den Ferricarbonationen die Elektronenarchitektur eine besondere Rolle spielt bzw. daß hier Modifikationen verschiedener Wirkung und verschiedener Dauer zu unterscheiden sind, hat neuerdings OSKAR BAUDISCH[4]) gezeigt.

Das Eisen wird in seiner Funktion bei wirbellosen Tierklassen (Korallen, Krebse, Mollusken) im Hämocyanin durch Cu vertreten, welches Element aber auch sonst spurenweise in vielen, wenn nicht allen tierischen Aschen vorkommt. In den Federn mancher Vögel (Turaco) tritt Cu reichlich auf[5]).

Lebenswichtige Aufgaben erfüllt bekanntlich auch das J in organischen Bindungen des Pflanzen- und Tierkörpers und auch dieses Element vermag dem Körper sicher in anorganischer Form wirksam zugeführt zu werden. Ob der spärliche aber offenbar regelmäßige Befund von Fl in den Knochen, besonders im Zahnschmelz, physiologische Bedeutung hat, steht noch nicht ganz fest. Das gleiche gilt für die wohl fast immer und in manchen Organen auch in etwas größeren Mengen nachweisbaren Elemente As und Zn. Das erstere neigt zu Ablagerung in Haut und Haaren, scheint aber in manchen Fällen sogar den ihm so nahe stehenden P in seinen organischen Bindungen zu vertreten. Im Menstrualblut soll neben erhöhtem Jodgehalt auch der As-Gehalt vermehrt sein. Eine physiologische Bedeutung des Zn-Gehaltes ist vielleicht weniger wahrscheinlich. Auch Bor, Zinn und Vanadium ist in geringen Mengen in tierischen Organen nachgewiesen worden. $Al^{+++}$ und $SiO_3^{--}$ als die verbreitetsten Ionen der Erdoberfläche fehlen anscheinend auch niemals im Tier- und Pflanzenkörper, ihre Bedeutung ist bisher, abgesehen von den Stützfunktionen der Kieselsäure, unbekannt. Die Kieselsäure scheint in keinem Organ des menschlichen Organismus zu fehlen. Tiere mit pflanzlicher Ernährung haben anscheinend eine kieselsäurereichere Muskulatur als der Mensch mit seiner gemischten Kost. Hoch ist auch der Gehalt im Fibrin und vor allem im Pankreas; auch für die Lunge werden hohe Zahlen angegeben. Schon BERZELIUS hat vor 100 Jahren das Vorkommen von Kieselsäure im Harn nachgewiesen, das seither mehrfach bestätigt wurde.

Das im Körper kaum regelmäßig vorkommende Brom vermag sicher einen Teil des Chlors, dem es ja in seiner Reaktionsweise außerordentlich ähnelt, zu ver-

---

[1]) BOEDECKER u. TROSCHEL: Ber. d. Berlin. Akad. Bd. 468. 1854.

[2]) v. BUNGE: Hoppe-Seylers Zeitschr. f. physiol. Chem. Bd. 16, S. 173. 1892; Bd. 17, S. 63. 1893.

[3]) WARBURG, O.: Hoppe-Seylers Zeitschr. f. physiol. Chem. Bd. 92, S. 234. 1914.

[4]) BAUDISCH, O. u. L. A. WELO: Naturwissenschaften Bd. 13, S. 749. 1925.

[5]) FISCHER u. HILGER: Hoppe-Seylers Zeitschr. f. physiol. Chem. Bd. 138, S. 49. 1924.

drängen und in seiner Funktion zu ersetzen. Die volle pharmakologische Wirkung des Bromions kann durch Entziehung der Cl-Ionen während der Br-Verabreichung sehr erleichtert werden.

Auch andere ähnliche Vertretungsmöglichkeiten sind im Versuch bestätigt, so zwischen Alkalien, indem Rubidium und Caesium für Kalium, und auch zwischen Erdalkalien, indem Barium und Strontium für Calcium einzutreten vermögen. Endlich können zahlreiche Ionen als Fremdlinge, sei es als gewerbliche Gifte, sei es als Medikamente oder als Verunreinigung der Nahrung in den Körper eingeführt und dort zur Anhäufung gebracht werden, so: Ag, Au, Hg, Pb, Sb und Bi.

## Ionenwirkungen auf Zellen und Gewebe.

*Die wässerige Umwelt der Zellen.* Die anorganischen Ionen in der wässerigen Umwelt freier Zellen und in den die Zellen mehrzelliger Organismen umspülenden Körperflüssigkeiten sind zunächst als der Vorrat zu betrachten, aus welchem die Zelle selbst ihren lebensnötigen Bestand an Mineralstoffen entnimmt und fortlaufend ergänzt. Diese in dauerndem Flusse befindliche wässerige Umwelt aller Zellen führt auch die aus ihnen ausgeschiedenen anorganischen Stoffe mit sich fort. Das bewegliche Gleichgewicht des Mineralstoffwechsels muß den typischen Bau und die an bestimmte Zusammensetzungen gebundenen Funktionen der Zellen dauernd erhalten.

Darüber hinaus bildet aber die wässerige Umwelt für die Zelle auch in jedem Augenblicke die Nachbarphase, mit der die Zelloberfläche: sei es die Plasmahaut selbst, sei es eine diese deckende Hülle, in Berührung kommt, so daß die Beschaffenheit jener Umwelt das Verhalten dieser Oberflächenschicht immer wesentlich beeinflussen muß.

*Durchlässigkeit der Zellmembran.* Da auch im Innern der Zelle wässerige Phasen, und zwar solche mit bestimmtem Gehalt an anorganischen Elektrolyten vorliegen, so muß für diese Begrenzungswände der Zellen eine beschränkte Durchlässigkeit für Lösungsstoffe bei unbeschränkter Durchlässigkeit für das Lösungsmittel — Wasser — angenommen werden, wodurch die Voraussetzungen für eine osmotische Wasserhaltung und -bewegung gegeben erscheinen. Die Durchlässigkeit ist aber für die einzelnen Lösungsstoffe sicher einer sehr verschiedene, und eben dieses wechselnde Maß aller Durchlässigkeiten bringt offenbar die hauptsächlichen Unterschiede der möglichen Verhaltungsweise mit sich, welche durch die verschiedene Zusammensetzung der wässerigen Außenphase bezüglich anorganischer Stoffe bedingt werden. Die molekulare Menge der Salze, d. h. die *Zahl* der anorganischen Ionen bestimmt im wesentlichen den osmotischen Druck in den einzelnen Lösungsräumen und damit auch, weil die Außenschicht für fast alle Arten anorganischer Ionen undurchlässig ist, die Wasserverteilung wenigstens im gröbsten.

*Natur der Membranen.* Aber die *Art* der anorganischen Ionen in der Außenphase ist vor allem von entscheidender Bedeutung für die Beschaffenheit der Plasmahaut oder ihrer Hüllschichte. Die Natur dieser Außenschichte wird von den einen [Overton[1]), H. H. Meyer[2]), Hansteen Cranner[3])] als eine lipoide, von anderen [Czapek[4]), Pascucci[5]), Neufeld und Händel[6]), Nathanson[7]),

[1]) Overton: Vierteljahrsschr. d. naturforsch. Ges. in Zürich Bd. 40, S. 1. 1895; Bd. 44, S. 88. 1899.

[2]) Meyer, H. H.: Arch. f. exp. Pathol. u. Pharmakol. Bd. 42, S. 190. 1899.

[3]) Cranner, Hansteen: Ber. d. dtsch. botan. Ges. Bd. 37, S. 380. 1919.

[4]) Czapek: Internat. Zeitschr. f. physikal.-chem. Biol. Bd. 1, S. 108. 1914.

[5]) Pascucci: Beitr. z. chem. Physiol. u. Pathol. Bd. 6, S. 543. 1905.

[6]) Neufeld u. Händel: Arb. a. d. Reichs-Gesundheitsamte Bd. 28, S. 572. 1908.

[7]) Nathanson: Jahrb. f. wiss. Botanik Bd. 39, S. 607. 1904.

RUHLAND[1])] als eine eiweißartige oder auch als eine aus beiden Stoffgruppen gemischte angesprochen und verhält sich ja wohl auch nicht in allen Einzelfällen übereinstimmend. Auf jeden Fall ist aber der Zustand ihrer Baustoffe als ein *kolloidaler* zu denken (HÖBER) und die Beeinflussung der Zellen durch die Elektrolyte ihrer Umspülungsflüssigkeit darf in der Hauptsache als eine Verkettung von Reaktionen zwischen diesen Kolloiden der Zellmembran und den Elektrolytionen der Außenphase vorgestellt werden (LOEB, HÖBER).

*Kräfte der Ionen.* Diese Vorgänge werden, wenn wir hier von der Natur der Membranen absehen, teils mehr von den physikalischen Eigenschaften, welche ganzen Gruppen von Ionenarten gemeinsam sind, teils aber von den besonderen chemischen Eigenschaften der einzelnen Ionen beherrscht. Zu den ersteren sind der Ladungssinn und die Wertigkeit zu rechnen; zu den zweiten die Bindungsmöglichkeiten nach stöchiometrischen Gesetzen und auch die Bindungen durch schwächere Affinitäten in beweglichen Gleichgewichten. Zwischen diesen beiden Arten von Kräften steht noch die Affinität zum Lösungsmittel, welche eine lockere, komplexchemische Bindung von Molekülen des Mittels an einzelne Ionenarten vorstellt und so durch die teilweise Entziehung des Lösungsmittels für die ja durchwegs mehr oder weniger hydrophilen organischen Kolloide mittelbar auch auf diese einwirkt.

*Ladungssinn.* Der *Ladungssinn* der Ionen wurde zuerst von HARDY[2]) als maßgebend für Elektrolyt-Kolloidreaktionen erkannt. Dieser Autor stellt den Satz auf, daß die Flockung positiver Kolloide hauptsächlich von den Anionen, die negativer von den Kationen abhängt. Dem Umstande entsprechend, daß bei der nahe neutralen Reaktion der Körperflüssigkeiten und auch der natürlichen Umspülungsflüssigkeiten von Zellen die meisten organischen Ampholyte basisch sind, d. h. auf der alkalischen Seite ihres isoelektrischen Punktes liegen und somit negative Ladung tragen, erscheinen auch wirklich im und am Körper der Tiere und Pflanzen die Kationen als die wichtigeren für die Beeinflussung der Eigenschaften von Membranen und anderen kolloiden Zellbestandteilen. Daneben kommt aber doch auch den Anionen große Bedeutung zu, sei es, daß sie den spärlicheren Teil jener Körperkolloide beeinflussen, deren isoelektrischer Punkt alkalischer als der Neutralpunkt liegt, sei es, daß sie auch die anderen Kolloide doch irgendwie mitbeeinflussen. Durch die verschiedene Adsorption von Anionen oder Kationen eines Neutralsalzes kommt es auch zu Verschiebungen des isoelektrischen Punktes der Kolloide [MICHAELIS und RONA u. a.[3])] und auch der Erythrocyten [HAFFNER[4]), RUNNSTRÖM[5])], wodurch kleine, aber für den Organismus doch wahrscheinlich höchst bedeutungsvolle Veränderungen der $H^+$-Ionenkonzentration bedingt sind [SPIRO[6]), MOND[7]), RONA und PETOW[8])].

*Wertigkeit.* Die *Wertigkeit* der Ionen war schon von H. SCHULZE[9]) als entscheidend für ihre Fällungskraft gegenüber Kolloiden erkannt worden. Nach FREUNDLICH[10]), FREUNDLICH und SCHUCHT[11]) betragen die molaren Konzentrationen

[1]) RUHLAND: Jahrb. f. wiss. Botanik Bd. 46, S. 1. 1908.

[2]) HARDY: Zeitschr. f. physikal. Chem. Bd. 33, S. 385. 1900.

[3]) MICHAELIS u. RONA: Biochem. Zeitschr. Bd. 94, S. 225. 1919. — MICHAELIS u. v. SZENT-GYÖRGY: Ebenda Bd. 103, S. 178. 1920; Bd. 110, S. 119. 1920. — LABES: Pflügers Arch. f. d. ges. Physiol. Bd. 186, S. 98 u. 112. 1921. — MICHAELIS: Biochem. Zeitschr. Bd. 103, S. 225. 1920; Bd. 106, S. 83. 1920.

[4]) HAFFNER: Pflügers Arch. f. d. ges. Physiol. Bd. 196, S. 15. 1922.

[5]) RUNNSTRÖM: Biochem. Zeitschr. Bd. 123, S. 1. 1921.

[6]) SPIRO: Schweiz. med. Wochenschr. 1921, Nr. 20.

[7]) MOND, R.: Pflügers Arch. f. d. ges. Physiol. Bd. 200, S. 422. 1923.

[8]) RONA u. PETOW: Biochem. Zeitschr. Bd. 137, S. 356. 1923.

[9]) SCHULZE, H.: Journ. f. prakt. Chem. Bd. 25, S. 431. 1882; Bd. 27, S. 320. 1884.

[10]) FREUNDLICH: Zeitschr. f. physikal. Chem. Bd. 73, S. 385. 1910 u. Bd. 44, S. 135. 1903.

[11]) FREUNDLICH u. SCHUCHT: Zeitschr. f. physikal. Chem. Bd. 80, S. 564. 1912.

verschiedener Salze, welche $As_2S_3$-Kolloide eben fällen, bei einwertigen Kationen 30—60, bei zweiwertigen 0,5—0,8, bei dreiwertigen [MINES[1])] weniger als 0,1 Millimol.

Als Gegenstände physiologischer Untersuchungen über die Wirkung von Ionen mit verschiedener Wertigkeit dienten hauptsächlich freie Zellen, wie: Erythrocyten [HÖBER[2]), GROSS[3]), CHASSIN[4])], Leukocyten [HAMBURGER und DE HAAN[5]), RADSMA[6])], Spermien [GELLHORN[7]), HIROKAWA[8]), YAMANE[9])], Eizellen [LOEB[10]), LOEB und GRIES[11]), LILLIE[12])], Infusorien [SPEK[13])], auch kleine Wassertiere, wie Krebse [WO. OSTWALD[14]), GARREY[15])], Fische [LOEB[16])], Pflanzenzellen [SZÜCS[17]), OSTERHOUT[18]), FITTING[19]), TRÖNDLE[20]), KAHHO[21]), EISLER[22]), v. PORTHEIM[22]), BENEKE[23]), WIECHMANN[24])], Flimmerzellen tierischer Gewebe [WEINLAND[25]), HÖBER[26]), LILLIE[27])], Muskel [BLUMENTHAL[28]), HERING[29]), BIEDERMANN[30]), OVERTON[31]), SCHWARZ[32]), LOEB[33]), HÖBER[34])], Herzmuskel [STRAUB[35]), HERMANNS[36]), FLEISCHHAUER[37])], glatte Muskel und kontraktile Substanzen

[1]) MINES: Journ. of physiol. Bd. 42, S. 309. 1911.
[2]) HÖBER: Biochem. Zeitschr. Bd. 14, S. 209. 1908.
[3]) GROSS: Arch. f. exp. Pathol. u. Pharmakol. Bd. 62, S. 1. 1909.
[4]) CHASSIN, R.: Inaug.-Dissert. Zürich 1910.
[5]) HAMBURGER u. DE HAAN: Biochem. Zeitschr. Bd. 24, S. 304. 1910.
[6]) RADSMA: Arch. neerland. de physiol. Bd. 4, S. 197. 1920.
[7]) GELLHORN: Pflügers Arch. f. d. ges. Physiol. Bd. 185, S. 262. 1920; Bd. 193, S. 555 u. 576. 1922; Bd. 196, S. 358 u. 374. 1922; Bd. 200, S. 552. 1923.
[8]) HIROKAWA: Biochem. Zeitschr. Bd. 19, S. 291. 1909.
[9]) YAMANE: Journ. of the Coll. of Agricult. Hokkaido imp. univ. Bd. 9, S. 161. 1921.
[10]) LOEB, J.: Americ. journ. of physiol. Bd. 3, S. 383. 1900; Bd. 6, S. 411. 1902; Pflügers Arch. f. d. ges. Physiol. Bd. 88, S. 68. 1901; Journ. of biol. chem. Bd. 19, S. 431. 1914; Bd. 27, S. 353 u. 363. 1916; Journ. of gen. physiol. Bd. 5, S. 231. 1922.
[11]) LOEB u. GRIES: Pflügers Arch. f. d. ges. Physiol. Bd. 93, S. 246. 1902.
[12]) LILLIE, K. S.: Amer. journ. of physiol. Bd. 26, S. 106 u. 126. 1910; Journ. of morphol. Bd. 22, S. 695. 1911.
[13]) SPEK: Kolloidchem. Beihefte Bd. 12, S. 1. 1920; Biol. Zentralbl. Bd. 39, S. 23. 1919.
[14]) OSTWALD, WO.: Pflügers Arch. f. d. ges. Physiol. Bd. 106, S. 568. 1905.
[15]) GARREY, W. E.: Americ. journ. of physiol. Bd. 39, S. 313. 1916.
[16]) LOEB: Journ. of biol. chem. Bd. 21, S. 223. 1915.
[17]) SZÜCS: Sitzungsber. d. Akad. d. Wiss., Wien Bd. 119, 1. Juli 1910; Jahrb. f. wiss. Botanik Bd. 52, S. 85. 1912.
[18]) OSTERHOUT: Journ. of biol. chem. Bd. 1, S. 363. 1905; Botan. gaz. Bd. 42, S. 127. 1906; Bd. 44, S. 259. 1907; Bd. 45, S. 45. 1908; Bd. 54, S. 532. 1912; Bd. 59, S. 317 u. 464. 1915; Jahrb. f. wiss. Botanik Bd. 40, S. 121. 1908; Science Bd. 35, S. 112. 1912.
[19]) FITTING: Jahrb. f. wiss. Botanik Bd. 56, S. 1. 1915; Bd. 57, S. 553. 1917.
[20]) TRÖNDLE: Arch. des sciences phys. et nat. Bd. 45, S. 38. 1918.
[21]) KAHHO: Biochem. Zeitschr. Bd. 123, S. 284. 1921.
[22]) EISLER u. v. PORTHEIM: Biochem. Zeitschr. Bd. 21, S. 59. 1909.
[23]) BENEKE: Ber. d. dtsch. botan. Ges. Bd. 25, S. 322. 1907.
[24]) WIECHMANN (unter HÖBER): Pflügers Arch. f. d. ges. Physiol. Bd. 182, S. 74. 1908.
[25]) WEINLAND: Pflügers Arch. f. d. ges. Physiol. Bd. 58, S. 105. 1894.
[26]) HÖBER: Biochem. Zeitschr. Bd. 17, S. 518. 1909.
[27]) LILLIE, R. S.: Americ. journ. of physiol. Bd. 5, S. 56. 1901; Bd. 7, S. 25. 1902; Bd. 10, S. 419. 1904; Bd. 17, S. 89. 1906; Bd. 24, S. 456. 1909.
[28]) BLUMENTHAL: Pflügers Arch. f. d. ges. Physiol. Bd. 62, S. 513. 1896.
[29]) HERING, E.: Sitzungsber. d. Akad. d. Wiss., Wien. Mathem.-naturw. Kl. III, Bd. 89, S. 1. 1879.
[30]) BIEDERMANN: Sitzungsber. d. Akad. d. Wiss., Wien. Mathem.-naturw. Kl. III, Bd. 8, S. 76. 1880.
[31]) OVERTON: Pflügers Arch. f. d. ges. Physiol. Bd. 92, S. 346. 1902; Bd. 105, S. 176. 1904.
[32]) SCHWARZ, C.: Pflügers Arch. f. d. ges. Physiol. Bd. 117, S. 161. 1907.
[33]) LOEB, J.: Festschrift für A. TICK, Würzburg, S. 101. 1899; Pflügers Arch. f. d. ges. Physiol. Bd. 91, S. 248. 1902; Journ. of biol. chem. Bd. 25, S. 377. 1916.
[34]) HÖBER: Pflügers Arch. f. d. ges. Physiol. Bd. 106, S. 599. 1905; Bd. 134, S. 316. 1910; Bd. 166, S. 531. 1917; Bd. 120, S. 496. 1907.
[35]) STRAUB, W.: Zeitschr. f. Biol. Bd. 58. 1912.
[36]) HERMANNS: Zeitschr. f. Biol. Bd. 58, S. 261. 1912.
[37]) FLEISCHHAUER: Zeitschr. f. Biol. Bd. 61, S. 326. 1913.

[OHNO[1]), TRENDELENBURG[2]), TESCHENDORF[3]), SPAETH[4]), KOLZOFF[5])], sowie Nerven [RANKE[6]), OVERTON[7]), MATHEWS[8]), GRÜTZNER[9]), BRODSKY[10]), LOEB[11])].

*Reine Salzlösungen.* Auf solche lebende Zellen und Gewebe wirken nun reine Salzlösungen in fast allen untersuchten Fällen ungünstig, und zwar anscheinend hauptsächlich dadurch, daß sie die normale Undurchgängigkeit der Plasmahülle für anorganische Ionen mehr oder weniger rasch aufheben. Salze mit einwertigem Kation werden dabei im allgemeinen am besten und längsten vertragen, solche mit zweiwertigem schon weit kürzer, und mit höherwertigem noch kürzer. Für die ersteren wird in solchen Versuchen meist eine Konzentration, die dem osmotischen Druck der wässerigen Ionenphase naheliegt, angewendet, während für die Salze mehrwertiger Kationen wegen der schon bei viel niedrigeren Konzentrationen deutlichen Giftigkeit solche verwendet zu werden pflegen. Die zuerst für Forschversuche von NASSE[12]) eingeführte sog. „physiologische Kochsalzlösung", welche heute je nach dem osmotischen Druck der damit behandelten Zellen oder Gewebe eine 0,6—0,9 proz. reine NaCl-Lösung vorstellt, macht keine Ausnahme von der allgemeinen Regel; sie erscheint nur, richtig betrachtet, als jene von diesen Lösungen, die das häufigste Objekt der älteren Physiologie: den herausgeschnittenen Muskel, am langsamsten schädigt und insbesondere seine am meisten geprüfte Eigenschaft: die Erregbarkeit durch Reize verschiedener Art, lange Zeit gut erhält. Die im einzelnen beobachteten Schädigungen durch reine Salzlösungen sollen im folgenden noch genauer erörtert werden, wenn von den Unterschieden der Wirkungen von Ionen auch bei gleicher Wertigkeit zu sprechen sein wird.

*Gemische ein- und mehrwertiger Ionen. Physiologische Aequilibrierung.* Den Schädigungen durch Salze mit einwertigem Kation war aber nun in sehr vielen von diesen Fällen durch die gleichzeitige Einwirkung eines Salzes mit einem fast beliebigen zweiwertigen Kation, und zwar schon in weit geringerer Konzentration zu begegnen. Auch dreiwertige Ionen wirken, und zwar in noch geringerer Dosis. J. LOEB[13]) hat diese zuerst von ihm beobachtete oder doch klar erfaßte Tatsache, daß die Wirkungen zweier für sich schädlicher Ionen durch ihre gemeinsame Gegenwart unter Umständen aufgehoben werden können, als physiologische Aequilibrierung oder als „Ionenantagonismus" bezeichnet. Das letztere Wort erscheint vielleicht wenig glücklich gewählt, da es sich hier doch um eine gemeinsame Wirkung der zweierlei Ionen auf ein Drittes, sei es das Lösungsmittel, sei es das Kolloid, handelt. Das Wort Antagonismus scheint dagegen geeignet, die irrige Vorstellung einer Einwirkung der verschiedenen Ionenarten aufeinander, d. h. ihrer chemischen Bindung hervorzurufen, in welchem Sinne es nur in wenigen Fällen, z. B. für $H^+$- und $OH^-$-Ionen oder für $Ca^{++}$ einerseits und Citrat, Oxalat

---

[1]) OHNO (unter BETHE): Pflügers Arch. f. d. ges. Physiol. Bd. 197, S. 362. 1922.

[2]) TRENDELENBURG, P.: Arch. f. exp. Pathol. u. Pharmakol. Bd. 69, S. 79. 1912.

[3]) TESCHENDORF: Pflügers Arch. f. d. ges. Physiol. Bd. 192, S. 135. 1921.

[4]) SPAETH, R. A.: Journ. of exp. zool. Bd. 15, S. 527. 1913.

[5]) KOLZOFF: Arch. f. Zellforsch. Bd. 7, S. 344. 1911; Pflügers Arch. f. d. ges. Physiol. Bd. 149, S. 327. 1912.

[6]) RANKE: Die Lebensbedingungen des Nerven. Leipzig 1868. — BIEDERMANN: Sitzungsber. d. Akad. d. Wiss., Wien Bd. 3, S. 27. 1881.

[7]) OVERTON: Pflügers Arch. f. d. ges. Physiol. Bd. 105, S. 251. 1904.

[8]) MATHEWS: Sciences Bd. 15, S. 492. 1902; Bd. 17, S. 729. 1903; Americ. journ. of physiol. Bd. 11, S. 455. 1904.

[9]) GRÜTZNER: Pflügers Arch. f. d. ges. Physiol. Bd. 53, S. 83. 1893; Bd. 58, S. 69. 1894.

[10]) BRODSKY: Inaug.-Dissert. Zürich 1908.

[11]) LOEB: Pflügers Arch. f. d. ges. Physiol. Bd. 91, S. 248. 1902.

[12]) NASSE, vgl. Wagners Handb. f. Physiol. Bd. 15, S. 75. 1882, namentlich S. 96ff.

[13]) LOEB: Pflügers Arch. f. d. ges. Physiol. Bd. 88, S. 68. 1901; Americ. journ. of physiol. Bd. 6, S. 411. 1902.

und $SO_4^{--}$-Ionen andererseits gebraucht werden könnte. SPIRO[1]) hat versucht, solche Fälle als „echten Antagonismus" von jenen zu trennen, die er als „Pseudoantagonismus" oder „Pseudosynergismus" bezeichnete. Demgegenüber unterscheidet HÖBER[2]) gerade die Fälle, wo die gemeinsame Wirkung anderer Art als die beider Einzelionen ist, als „eigentlichen Antagonismus" von jenen, wo die gemeinsame Wirkung nur eine Resultierende der Einzelionenwirkungen vorstellt. Als Synergismus bezeichnet dieser Autor den Fall gegenseitiger Verstärkung zweier Ionenarten, wie $OH^-$ und Neutralsalzionen.

*Vertretbarkeit der mehrwertigen Ionen.* In manchen Fällen kann die lebenserhaltende Funktion des zweiwertigen Kations nicht bloß durch die Metalle Mn und Zn, sondern sogar durch so körperfremde Ionen wie Ni, CO, Pb und Uran ausgeübt werden, so daß es dort tatsächlich nur auf die Wertigkeit und nicht auf die sonstige chemische Natur der Ionen anzukommen scheint. Dies trifft besonders dann zu, wenn es sich um kolloide Gebilde der Zellbegrenzung handelt [LOEB[3]), LILLIE[4])], die, wie dichte Eihüllen oder Cilien, kaum als eigentlich belebt gelten können. Freilich zeigt sich die Körperfremdheit der drei- und vierwertigen Ionen darin, daß ihre Wirkung im Gegensatz zu der der ein- und zweiwertigen meist irreversibel ist. Aber auch da ist die Brauchbarkeit der verschiedenen Ionen keine ganz gleichmäßige: sie ordnen sich in ihrer abgestuften Eignung ungefähr nach der Höhe ihres elektrolytischen Lösungsdruckes, d. h. sie sind um so geeigneter zur entgiftenden Wirkung, je mehr Neigung die Metalle besitzen, Ionen in Wasser zu entsenden. Die Erdalkalien verhalten sich demgemäß günstiger als die Metalle der Eisengruppe und diese noch günstiger als die eigentlichen Schwermetalle. In anderen Fällen [LOEB[5]), HÖBER[6])], wo die von der Außenflüssigkeit berührten Teile zweifelfrei lebendes Plasma vorstellen, wie beim Muskel und bei den Erythrocyten, sind nur die Erdalkalien und Metalle der Eisengruppe oder nur die ersteren zur Entgiftung geeignet. Besonders deutlich erhellt der Einfluß der Wertigkeit aus Muskelversuchen HÖBERS[6]), in denen der entgiftende Einfluß komplexer Co-Amin-Ionen geprüft wird, von welchen die einwertigen ohne Einfluß sind, während die mehrwertigen wirksam befunden wurden. Dreiwertige (Al, Fe) und vierwertige (Th) Ionen sind in ihrer entgiftenden Wirkung auf Cilienbewegung [LILLIE[4])], die seltenen Erden in ihrer Wirkung auf den Muskel [HÖBER u. SPAETH[7])] geprüft. SZÜCS[8]) vergleicht den Einfluß verschiedenwertiger Kationen (K, Ca, Al) bei gleichem Anion ($NO_3$) auf die Methylviolettfärbung von Spyrogyra, wobei sich große zeitliche Unterschiede ergeben.

Die rettende Wirkung kann immer als eine Art Abdichtung, als die Sicherung oder Wiederherstellung der durch die Berührung mit den einfachen Salzlösungen verlorengehenden Ionenundurchlässigkeit aufgefaßt werden.

In gewissen Fällen erscheinen ausschließlich bestimmte zweiwertige Ionen, zumal Ca, zur Entgiftung befähigt, oder es sind verwickeltere Ionengleichgewichte zur Äquilibrierung erforderlich, so daß das Merkmal der Wertigkeit der Ionen neben ihren besonderen Eigenschaften an Bedeutung zurücktritt. Diese Fälle sollen in einem späteren Abschnitte noch Erörterung finden.

---

[1]) SPIRO: Verhandl. d. Ges. dtsch. Naturforsch. u. Ärzte 1922, S. 282 u. 284.

[2]) HÖBER: Physikalische Chemie der Zellen und Gewebe. 5. Aufl. S. 673 u. 676.

[3]) LOEB: Zitiert auf S. 506.

[4]) LILLIE: Americ. journ. of physiol. Bd. 5, S. 56. 1901; Bd. 7, S. 25. 1902; Bd. 10, S. 419. 1904; Bd. 17, S. 89. 1906.

[5]) LOEB: Festschrift für A. FICK, Würzburg 1899, S. 99.

[6]) HÖBER: Pflügers Arch. f. d. ges. Physiol. Bd. 166, S. 531. 1917; Bd. 182, S. 104. 1920.

[7]) HÖBER u. SPAETH: Pflügers Arch. f. d. ges. Physiol. Bd. 159, S. 433. 1914.

[8]) SZÜCS: Sitzungsber. d. Akad. d. Wiss., Wien Bd. 119, 1. Juli 1910; Jahrb. f. wiss. Botanik Bd. 52, S. 85. 1912.

*Kolloidchemische Vergleichsfälle.* Es fehlt auch für das Zusammenwirken von Ionen verschiedener Wertigkeit nicht an vergleichbaren Beispielen aus der Kolloidchemie. So ist schon die Fällung des typischen Suspensionskolloides $As_2S_3$ nach PICTON und LINDNER[1]) durch ein Gemisch ein- und zweiwertiger Ionen weniger leicht möglich, als die Wirksamkeit beider Bestandteile für sich erwarten ließe. Auch die Fällung des den hydrophilen Kolloiden schon näherstehenden ODÉNschen[2]) Schwefelsols wird nach FREUNDLICH und SCHOLZ[3]) durch ein solches Gemisch gehemmt. Nach HÖBER[4]) wird die Gelatineerstarrung in NaCl-Gegenwart durch die Erdalkalien, Co, Mn und Ni begünstigt, durch Cu, U, Ce und Cd gehemmt. Die Wirkung der Erdalkalien erscheint dabei am leichtesten reversibel, d. h. sie erhält die Eigenschaften der Gelatine am besten. Nach FENN[5]) ist die Alkoholfällbarkeit der Gelatine in Gemischen von NaCl und $CaCl_2$ gegenüber dem Verhalten reiner Lösungen dieser Salze erhöht. Besonders bedeutungsvoll für die Physiologie sind die Versuche von NEUSCHLOSZ[6]) über die mit Dispersitätsunterschieden zusammenhängenden Verschiebungen der Oberflächenspannung von Lecithinlösungen durch Elektrolyte. Danach sind Ionengemische, insbesondere auch solche, die Na und Ca im Verhältnis 1:0,05 enthalten, imstande, die Oberflächenspannung des Lecithins unverändert zu erhalten, während ihre einzelnen Bestandteile sie wesentlich erhöhen.

Die Vorgänge sind in jüngster Zeit durch R. HÖBER und A. SCHÜRMEYER[7]) erheblich geklärt worden. Die nach MICHAELIS dargestellte, von S. M. NEUSCHLOSS benutzte Hefeinvertase enthält zahlreiche hydrophile Kolloide, und hierauf beruht ihre starke Salzempfindlichkeit, während eine nach WILLSTÄTTER gereinigte Invertase eine solche Empfindlichkeit zunächst nicht zeigt, sondern erst, wenn ihr Globulin oder Lecithin zugesetzt sind. Der Antagonismus ist also an die Gegenwart von kolloiden Substanzen gebunden und beruht, wie ultramikroskopisch an anderen Beispielen nachgewiesen werden konnte, auf Dispersitätsänderungen. Inwieweit dabei der isoelektrische Punkt bzw. die Entfernung von ihm von Bedeutung ist, gehört in das Kapitel der Kolloide, das an einer anderen Stelle dieses Handbuches besprochen wird.

Freilich ist für diese Erscheinung noch eine zweite Deutung zulässig, für die auch experimentelle Daten vorliegen. Die Emulsion von Öl in Wasser, welches ölsaures Natrium enthält, kann nach altem experimentellem Verfahren leicht in eine Emulsion von Wasser in Öl umgewandelt werden, wenn man Calcium zusetzt [CLAYTON[8]), CLOWES[9])], was besonders von HAMBURGER[10]) in neuerer Zeit studiert wurde.

Wenn nun neuerdings SEIFRITZ[11]) nachgewiesen hat, daß für diese Phasenumkehr Schutzkolloide als hemmende Stoffe von großer Bedeutung sind, so ist

---

1) PICTON u. LINDNER: Journ. of the chem. soc. (London) Bd. 67, S. 63. 1895.

2) ODÉN: Der kolloide Schwefel. Nov. Act. soc. scient. Upsal. Ser. Bd. 3, 4, S. 85. 1913.

3) FREUNDLICH u. SCHOLZ: Kolloidchem. Beihefte Bd. 16, S. 234 u. 267. 1922.

4) HÖBER: Pflügers Arch. f. d. ges. Physiol. Bd. 166, S. 533. 1917.

5) FENN, W. O.: Proc. of the nat. acad. of sciences (U. S. A.) Bd. 2, S. 534. 1916. — LOEB: Journ. of biol. chem. Bd. 34, S. 77. 1918.

6) NEUSCHLOSZ: Pflügers Arch. f. d. ges. Physiol. Bd. 181, S. 17. 1920; Bd. 187, S. 136. 1921.

7) HÖBER, R., u. A. SCHÜRMEYER: Pflügers Arch. f. d. ges. Physiol. Bd. 208, S. 595. 1925; Bd. 210, S. 755. 1925; Bd. 214, S. 516. 1926.

8) CLAYTON, W.: Die Theorie der Emulsionen und der Emulgierung. Berlin: Julius Springer 1924.

9) CLOWES: Journ. of physiol. chem. Bd. 20, S. 407. 1916.

10) HAMBURGER: Biochem. Zeitschr. Bd. 128, S. 207. 1922.

11) SEIFRITZ, W.: Americ. journ. of physiol. Bd. 66, S. 124. 1923.

das wegen der Verbreitung gerade der Emulsionskolloide im Organismus besonders wichtig. Man sieht aber, welche Bedeutung die Ionen, und speziell auch ihre Antagonismen, haben für die Durchlässigkeit in den Grenzschichten, Befunde für die Embden am Muskel, namentlich bezüglich der Lactacidogensynthese ein großes Material beigebracht hat und worüber an anderer Stelle (ds. Handb. Bd. 8) auch ausführlich gesprochen wird.

*Oberflächenaktivität.* Als Erklärung für den großen Einfluß der verschiedenen Wertigkeit der Ionen auf ihre Wirksamkeit in gewissen Fällen kommt hauptsächlich die mit der Wertigkeit im allgemeinen sehr stark wechselnde Oberflächenaktivität der verschiedenen Ionen, ihre Fähigkeit, die Oberflächenspannung des Lösungsmittels an den Grenzflächen zu verändern und sich selbst an solchen Grenzflächen, zumal an der Oberfläche der Kolloide anzusammeln, in Betracht. Die höhere Adsorbierbarkeit der mehrwertigen Ionen gegenüber den einwertigen verleiht jenen schon bei geringeren Konzentrationen ein Übergewicht der Wirksamkeit.

*Lyotropie.* Aber auch die feineren Abstufungen in den Wirkungen der verschiedenen Ionen auf Zellen und Gewebe, ebenso wie auf hydrophile Kolloide, beruhen auf den Beziehungen der Ionen zum Lösungsmittel, das sie in sehr verschiedenem Maße für sich in Anspruch nehmen, so daß es seine Eigenschaften für andere Lösungsstoffe verändert. Zuerst hat F. Hofmeister[1]) bei Versuchen über Leimquellung beobachtet, daß sich die Salzanionen bei gleichem Kation nach ihrer Wirksamkeit in Reihen ordnen, welche Erscheinung, sowie der entsprechende Fall verschiedener Kationen bei gleichen Anionen seither viel Beachtung gefunden hat [Pascheles u. a.[2])]. Freundlich[3]) hat dann dieses Verhalten als *Lyotropie*, die Reihen als lyotrope Reihen bezeichnet. Schon durch ältere physikalische Untersuchungen war verschiedener Einfluß der einzelnen Neutralsalze auf die innere Reibung des Wassers festgestellt worden, die von der einen Gruppe von Anionen, der Halogengruppe Cl, B, J, $NO_4$, erniedrigt, von der anderen, der Sulfatgruppe $SO_4$, $HPO_4$, erhöht wurde [Sprung u. a.[4])]. Auch hatten Arrhenius[5]) Spohr[6]) u. a. die Geschwindigkeit der Esterverseifung mittels $OH^-$ durch die Gegenwart von Neutralsalzen — und zwar in steigendem Maße vom Sulfat bis zum Jodid — erhöhen können. In der gleichen Reihe erhöht sich die Oberflächenspannung der wässerigen Salzlösungen gegen Quecksilber [Röntgen u. Schneider u. a.[7])] und die Adsorbierbarkeit der Salze durch Kohle [Rona u. Michaelis u. a.[8])].

---

[1]) Hofmeister, F.: Arch. f. exp. Pathol. u. Pharmakol. Bd. 25, S. 13. 1888; Bd. 28, S. 210. 1891.

[2]) Pascheles: Pflügers Arch. f. d. ges. Physiol. Bd. 71, S. 333. 1898. — Pauli u. Rona: Beitr. z. chem. Physiol. u. Pathol. Bd. 2, S. 1. 1902. — Spiro: Ebenda Bd. 5, S. 276. 1904. — v. Schröder: Zeitschr. f. physikal. Chem. Bd. 45, S. 75. 1903. — Lewites: Kolloid-Zeitschr. Bd. 2, S. 166. 1907. — Freundlich u. Seal: Ebenda Bd. 11, S. 257. 1912. — Traube, J. u. Köhler: Internat. Zeitschr. f. physikal.-chem. Biol. Bd. 2, S. 42. 1915.

[3]) Freundlich: Capillarchemie, S. 54.

[4]) Sprung: Pogg. Ann. Bd. 159, S. 1. 1876. — Slotte: Wied. Ann. Bd. 14, S. 13. 1881. — Wagner: Zeitschr. f. physikal. Chem. Bd. 5, S. 31. 1890.

[5]) Arrhenius: Zeitschr. f. physikal. Chem. Bd. 1, S. 110. 1887.

[6]) Spohr: Zeitschr. f. physikal. Chem. Bd. 2, S. 194. 1888; Journ. f. prakt. Chem. Bd. 33, S. 265. 1886. — Koelichen: Zeitschr. f. physikal. Chem. Bd. 33, S. 176. 1900.

[7]) Röntgen u. Schneider: Wied. Ann. Bd. 29, S. 165. 1886. — Gouy: Ann. de chim. et de phys. (7) Bd. 29, S. 145. 1903; (8) Bd. 8, S. 291 u. Bd. 9, S. 75. 1906. — Freundlich u. Seal: Kolloid-Zeitschr. Bd. 11, S. 257. 1912.

[8]) Rona u. Michaelis: Biochem. Zeitschr. Bd. 94, S. 240. 1919; Bd. 97, S. 85. 1919. — Evans: Americ. journ. of physical chem. Bd. 10, S. 290. 1906. — Hägglund: Kolloid-Zeitschrift Bd. 7, S. 21. 1910. — Morawitz, H.: Kolloidchem. Beihefte Bd. 1, S. 316. 1910. — Lachs u. Michaelis: Kolloid-Zeitschr. Bd. 9, S. 275. 1911. — Hartleben: Biochem. Zeitschr. Bd. 115, S. 46. 1921.

Auch die Anomalien der Gefrierpunktserniedrigungen [JONES u. a.[1]] sowie die Löslichkeit schwerer löslicher Stoffe und die Absorption der Gase durch Salzlösungen erscheinen von den gleichen Reihen abhängig [PFEIFFER und WÜRGLER[2]), SPIRO[3]), SETSCHENOW u. a.[4]]. Auch viele andere Vorgänge [Lit. s. bei FREUNDLICH, TRAUBE, NERNST[5]], z. T. *rein chemischer Natur* (SPIRO), sind durch lyotrope Neutralsalzwirkungen beeinflußbar.

Alle diese Tatsachen stellen eine Abweichung vom DALTONschen Gesetz der Unabhängigkeit der Partiärdrucke vor, die eben in der verschiedenen Veränderung des Lösungsmittels durch die einzelnen Lösungsstoffe ihre Erklärung findet. Die Affinität zum Lösungsmittel darf heute als die Stärke der Nebenvalenzen aufgefaßt werden, welche die Moleküle des Lösungsmittels an die Ionen zu fesseln vermögen. Nach FAJANS[6]) ist die Stärke dieser Wasserbindung aus der Größe der Kernladung der Ionen und aus dem Abstande dieser Ladung vom Lösungsmittel, d. h. dem Atomradius, zu berechnen. Unter den anorganischen Anionen ist die stärkste Wasserbindung dem Sulfation, die schwächste dem J- (oder dem CNS-) Ion, unter den Kationen die stärkste dem Ca, und unter den Alkalikationen dem Li, zuzuschreiben, während die Bindungskraft weiter mit steigendem Atomgewicht abnimmt. Für die organischen Kolloide erhöht die stärkere Wasseranziehung der anorganischen Ionen die Neigung zur Entquellung, die schwächere die zur Quellung [HOFMEISTER[7]]. Diese Vorgänge spielen eine besondere Rolle bei der Muskelkontraktion und bei der Totenstarre, wo jedenfalls die aus dem Lactacidogen entstehende Milchsäure eine hervorragende Rolle spielt. Auf diesen Vorgang ist ja schon an anderer Stelle dieses Handbuchs ausführlich eingegangen worden.

Die Leichtigkeit der Fällung organischer Kolloide durch verschiedene Salze hängt aber auch vom Ladungssinn der Kolloide ab. Wenn es sich um ausgesprochen negativ geladene Kolloide, z. B. um Laugeneiweiß handelt, so erfolgt die Fällung um so leichter, je stärker die Wasseranziehung des Kations und je schwächer die des Anions ist. Positiv geladene Kolloide, wie Säureeiweiß, verhalten sich aber genau umgekehrt; sie werden am leichtesten durch Salze mit stark wasseranziehenden Anionen und schwach anziehendem Kation gefällt. [PASTERNAK[8]), PAULI[9]), PAULI und FALCK[10]), HÖBER[11]]. Die

[1]) JONES: Zeitschr. f. physikal. Chem. Bd. 49, S. 385. 1904; Bd. 52, S. 331. 1905. — NERNST, GARRARD u. OPPERMANN: Göttinger Nachr. Bd. 86. 1900. — WASHBURN: Journ. of the Americ. chem. soc. Bd. 31, S. 322. 1909. — BILTZ: Zeitschr. f. physikal. Chem. Bd. 40, S. 185. 1902. — ABEGG u. BODLÄNDER: Zeitschr. f. anorg. Chem. Bd. 28, S. 453. 1899. — REMY: Zeitschr. f. physikal. Chem. Bd. 89, S. 529. 1914.

[2]) PFEIFFER, P. u. WÜRGLER: Hoppe-Seylers Zeitschr. f. physiol. Chem. Bd. 97, S. 128. 1916.

[3]) SPIRO: Festschrift für MADELUNG, Tübingen 1916, S. 36.

[4]) SETSCHENOW: Zeitschr. f. physikal. Chem. Bd. 4, S. 117. 1889. — GORDON: Ebenda Bd. 18, S. 1. 1895. — ROTH: Ebenda Bd. 24, S. 114. 1897. — EULER: Ebenda Bd. 31, S. 360. 1899; Bd. 49, S. 303. 1904. — ROTHMUND: Ebenda Bd. 33, S. 401. 1900; Bd. 69, S. 523. 1909. — BILTZ: Ebenda Bd. 43, S. 41. 1904. — MC LAUCHLAN: Ebenda Bd. 44, S. 600. 1903. — KNOPP: Ebenda Bd. 48, S. 97. 1904. — GEFFKEN: Ebenda Bd. 49, S. 257. 1904. — HOFFMANN u. LANGBECK: Ebenda Bd. 51, S. 385. 1905. — STEINER: Wied. Ann. Bd. 52, S. 275. 1894. — MC INTOSH: Journ. of physiol. chem. Bd. 1, S. 473. 1897. — FREUNDLICH u. SEAL: Kolloid-Zeitschr. Bd. 11, S. 257. 1912. — RIVETT: Mededeel. v. k. vetensk. acad. Nobelinstitut Bd. 2, Nr. 9. 1911.

[5]) FREUNDLICH: Habilitationsschr. Leipzig 1906, S. 63. — TRAUBE, G.: Verhandl. d. dtsch. physikal. Ges. Bd. 10, S. 880. 1908; Pflügers Arch. f. d. ges. Physiol. Bd. 132, S. 511. 1910. — NERNST: Theoretische Chemie. 7. Aufl., S. 409ff. 1913. — SPIRO: Biochem. Zeitschr. Bd. 93, S. 384. 1919.

[6]) FAJANS: Ber. d. dtsch. chem. Ges. Bd. 53, S. 643. 1920.

[7]) HOFMEISTER: Zitiert auf S. 510.

[8]) PASTERNAK: Ann. de l'inst. Pasteur Bd. 15, S. 85. 1901.

[9]) PAULI: Beitr. z. chem. Physiol. u. Pathol. Bd. 5, S. 27. 1903.

[10]) PAULI u. FALCK: Biochem. Zeitschr. Bd. 47, S. 269. 1912.

[11]) HÖBER: Beitr. z. chem. Physiol. u. Pathol. Bd. 11, S. 35. 1907.

sich damit ergebende Umkehrung der Reihen, die die abgestufte Wirksamkeit der Ionen bezeichnen, zeigt sich auch bei der Esterkatalyse durch $H^+$ gegenüber der durch $OH^-$ [ARRHENIUS[1]), SPOHR[2])] und bei der Löslichkeitsbeeinflussung des Leucins in Säure oder Lauge [PFEIFFER und WÜRGLER[3])]. Bei neutraler Reaktion ergeben sich für die Fällung von Eiweißlösungen Ionenreihen, die den oben angegebenen nicht mehr ganz entsprechen, indem sie eine teilweise Umstellung der Ionen aufweisen [HÖBER[4])]. So rücken in der Reihe der Alkalien die schwersten Ionen Rb und Cs, insbesondere das letztere zwischen K und Na oder auch Li und Na hinein. Solche von HÖBER als „Übergangsreihen" bezeichnete Ionenreihen sind es aber nun auch, welche unter den ja ebenfalls meist nahe neutralen Reaktionsverhältnissen physiologischer Versuche wiedergefunden werden, was dafür spricht, daß es sich auch hier tatsächlich um Reaktionen der organischen Kolloide mit den anorganischen Elektrolyten handelt. Daß diese Reihen nur im allgemeinen, nicht im einzelnen übereinstimmen, erklärt sich ohne weiteres daraus, daß ja im lebenden Körper niemals einfache Kolloide, sondern überall verwickelte Gemische von solchen vorliegen, von denen jedes seinen besonderen isoelektrischen Punkt und auch sonst seine besonderen Reaktionsfähigkeiten haben muß. So kommt es, daß ein und dieselben Elektrolytlösungen auf gewisse Organe oder Organteile, ja Gewebselemente in der einen, auf andere in der anderen Weise einwirken müssen, wie das für die einzelnen Teile des Herzens [KOLM und PICK[5])], für die isotrope und anisotrope Masse des Muskels und für die Fasern und die Grundsubstanz des Bindegewebes [SCHADE u. a.[6])] feststeht. Auch muß sich unter den im lebenden Körper verwirklichten Verhältnissen ein Einfluß unschwer in sein Gegenteil verkehren können, woraus das in manchen Fällen festgestellte gegensätzliche Verhalten eines und desselben Organs unter verschiedenen Umständen zu verstehen ist, wie z. B. das des graviden und nicht graviden Uterus.

*Beispiele.* Die wichtigsten Arbeitsgebiete der Physiologie, in denen die Gültigkeit der lyotropen Reihen bisher zu bestätigen waren, sind die folgenden:

*Rote Blutkörperchen.* Die roten Blutkörperchen sind bekanntlich nach HAMBURGERS[7]) Feststellungen in isotonischen Lösungen verschiedener Salze haltbar, und sie verlieren bei gleichen, grob abgestuften Graden der Hypotonie ihren Farbstoff; sie werden hämolysiert. Bei feinerer Abstufung der Hypotonie wirken aber, wie HÖBER[8]) fand, verschiedene Salzlösungen von gleichem osmotischem Drucke binnen verschiedener Zeit hämolytisch. Die Wirksamkeit stuft sich für die Anionen bei gleichem Kation (Na oder K) nach der gewöhnlichsten Form der Reihe ab: $SO_4 < Ac < Br < NO_3 < Cl < SCN < J$, für die Kationen bei gleichem Anion (Cl oder Br) in der Form: $Li < Na < Cs < Rb < K$. Die Wirkung ist also anscheinend im allgemeinen, d. h. abgesehen von den Ausnahmestellungen in der Kationenreihe um so stärker, je weniger wasserbindend die Ionen sind. Ganz ähnlich verhalten sich die Reihen, wenn *iso*tonische Lösungen der Salze mit bestimmten anderen hämolytischen Einflüssen, wie narkotischen Giften [MICULICICH[9])] oder Wärme [JARISCH[10])] zusammenwirken. Hingegen tritt bei anderen Einflüssen Umkehrung der Reihen ein, so bei Saponin [PORT[11])] und Vibriolysin [TERRUCHI[12])]. Es besteht auch, wie RYWOSCH[13]) zeigte, eine Gegen-

[1]) ARRHENIUS: Zitiert auf S. 510. [2]) SPOHR: Zitiert auf S. 510.

[3]) PFEIFFER u. WÜRGLER: Zitiert auf S. 511.

[4]) HÖBER: Physiologische Chemie der Zelle. 2. Aufl., S. 277. 1906.

[5]) KOLM u. E. P. PICK: Pflügers Arch. f. d. ges. Physiol. Bd. 185, S. 238. 1920.

[6]) SCHADE: Zeitschr. f. exp. Pathol. u. Therapie Bd. 14, S. 1. 1913. — HAUBERISSER u. SCHÖNFELD: Arch. f. exp. Pathol. u. Pharmakol. Bd. 71, S. 102. 1913.

[7]) HAMBURGER: du Bois-Reymonds Arch. 1886, S. 466; 1897, S. 31; Zeitschr. f. physikal. Chem. Bd. 6, S. 319. 1890.

[8]) HÖBER: Biochem. Zeitschr. Bd. 14, S. 209. 1908.

[9]) MICULICICH (unter LOEWI): Zentralbl. f. Physiol. Bd. 24, S. 523. 1910.

[10]) JARISCH: Pflügers Arch. f. d. ges. Physiol. Bd. 192, S. 255. 1921.

[11]) PORT: Dtsch. Arch. f. klin. Med. Bd. 99, S. 259. 1910.

[12]) TERRUCHI: Communication de l'Inst. serothér. de l'Etat danois Bd. 3. 1909.

[13]) RYWOSCH: Pflügers Arch. f. d. ges. Physiol. Bd. 116, S. 229. 1907; Bd. 196, S. 643. 1922; Zentralbl. f. Physiol. Bd. 25, S. 848. 1911.

sätzlichkeit der Hypotonie- und der Saponinempfindlichkeit der Erythrocyten der einzelnen Tierarten; je höher die eine, desto geringer ist die andere Resistenz, wobei die Reihe der fallenden Saponinresistenz genau dem steigenden Reichtum an Phosphor in den Erythrocyten [ABDERHALDEN[1])] entspricht [PORT[2])]. Während also der hohe Phosphorgehalt der Erythrocyten sie gegen Hypotonie festigt, macht er sie gegen Saponin hinfällig. Das Gefüge der Binnensalze der Erythrocyten, welches bei den Tieren von Art zu Art ein ganz verschiedenes ist [ABDERHALDEN[1])], bedingt, wie HÖBER und NAST[3]) gezeigt haben, auch typische Verschiedenheiten in der Stellung der einwertigen Kationen in der Reihe ihrer Wirksamkeit bei der Saponinhämolyse. Es könnte somit die artgemäße Festigkeit der Erythrocyten gegen schädigende Einflüsse aller Art wesentlich durch ihr inneres Salzgefüge bedingt sein.

*Leukocyten.* Die Leukocyten der Pferde zeigen eine Phagocytosehemmung für Kohle durch Na-Halogenide, die für Br geringer, für J stärker als für Cl ist [HAMBURGER und DE HAAN[4])], die Alkalikationen wirken nach der Reihe Li > Cs > Na, Rb, K hemmend [RADSMA[5])]. Hier liegen die Verhältnisse für die Funktionsschädigung also ganz ähnlich wie bei der Fällung eines negativ geladenen hydrophilen Kolloides durch Elektrolyte.

*Quergestreifte Muskeln.* Die quergestreiften Muskeln sind außerhalb des Körpers nach OVERTONS[6]) Untersuchungen nur durch Na- und Li-Lösungen im Zustand der Erregbarkeit längere Zeit zu erhalten oder nach Lähmung durch Einlegen in Nichtleiterlösungen wieder erregbar zu machen, während es durch Cs bald, durch Rb und K augenblicklich zur Unerregbarkeit kommt und die Wiederherstellung der in Zuckerlösung verlorenen Erregbarkeit durch sie nicht möglich ist. Die Erdalkalien schädigen in isotonischen Lösungen den Muskel rasch und dauernd, und zwar in steigendem Maße mit höherem Atomgewicht. Bei der K-Lähmung bleibt die Erregbarkeit erhalten, wenn die Anionen $SO_4^{--}$ oder $HPO_4^{--}$ sind, sie verschwindet rasch, wenn Halogenide vorliegen. C. SCHWARZ[7]) untersuchte den Einfluß der Anionen auf die elektrische Erregbarkeit von Muskeln an kleinen Mengen von Na-Salzen, deren Lösung durch Zucker isotonisch gemacht war. Die Ermüdung trat nach der lyotropen Reihe, und zwar mit CNS-Ionen am spätesten ein. Im ganzen ähnelt also die Schädigung der Muskelerregbarkeit durch Salze der Elektrolytfällung eines positiv geladenen organischen Kolloides.

Die schon von HERING[8]) beobachteten *fibrillären Zuckungen,* welche am ausgeschnittenen Muskel, der in Salzlösungen liegt, auch ohne elektrische Reizungen auftreten, sind nach LOEB[9]) durch alle Alkalisalze in der Reihe Na > Li > Cs, Rb > K und durch Ba-Salze zu bewirken. Von den Anionen sind $F^-$, $SO_4^{--}$ und $HPO_4^{--}$ wirksamer als $Cl^-$. Herausheben des Muskels aus der Lösung bewirkt weit heftigere Zusammenziehungen, die bis zum Wiedereinlegen dauern (LOEB). Zur Erklärung wird angenommen (LOEB), daß das ungleichmäßige Eindringen der Salzlösungen Potentialdifferenzen setzt, deren Ausgleich die Reizung bedingt. Am herausgehobenen Muskel müssen diese Ausgleichströme alle den Muskel selbst durchwandern, während sie in der Lösung vorwiegend durch diesen gehen.

Die zuerst von BIEDERMANN[10]) beobachteten *Ruheströme* des herausgeschnittenen Muskels sind von HÖBER[11]) zum Gegenstand eingehender Untersuchungen gemacht worden. Die Berührung der Muskeloberfläche mit Salzlösungen vermag in reversibler Weise Ströme zu erzeugen, deren Richtung bei den nach OVERTONS Feststellungen lähmenden Salzen den Verletzungs- und den Aktionsströmen entspricht, während Halogenidsalze der nichtlähmenden Kationen umgekehrte Ströme erzeugen. HÖBER schließt daraus wohl mit Recht, daß der normale Erregungsvorgang des Muskels selbst einer Erregbarkeitsherabsetzung durch Elektrolyte unter Auflockerung und Durchlässigkeitssteigerung der Muskelhüllen entspricht. Daß auch hier die HOFMEISTERsche Salzreihe gilt, hat C. SCHWARZ[12]) unter Leitung von A. BETHE gezeigt. Ein solcher Vorgang, für welchen die im Muskel vorwiegenden Ionen

1) ABDERHALDEN: Hoppe-Seylers Zeitschr. f. physiol. Chem. Bd. 25, S. 67. 1895.

2) PORT: Dtsch. Arch. f. klin. Med. Bd. 99, S. 259. 1910.

3) HÖBER u. NAST: Biochem. Zeitschr. Bd. 60, S. 131. 1914.

4) HAMBURGER u. DE HAAN: Biochem. Zeitschr. Bd. 24, S. 304. 1910.

5) RADSMA: Arch. néerland. de physiol. Bd. 4, S. 197. 1920.

6) OVERTON: Pflügers Arch. f. d. ges. Physiol. Bd. 92, S. 346. 1902; Bd. 105, S. 176. 1904.

7) SCHWARZ, C.: Pflügers Arch. f. d. ges. Physiol. Bd. 117, S. 161. 1907.

8) HERING: Sitzungsber. d. Akad. d. Wiss., Wien. Mathem.-naturw. Kl. III, Bd. 89, S. 1. 1879.

9) LOEB: Festschrift für A. FICK, Würzburg 1899, S. 101; Pflügers Arch. f. d. ges. Physiol. Bd. 91, S. 248. 1902; Americ. journ. of physiol. Bd. 4, S. 423. 1900; Journ. of biol. chem. Bd. 25, S. 377. 1916.

10) BIEDERMANN: Sitzungsber. d. Akad. d. Wiss., Wien. Mathem.-naturw. Kl. III, Bd. 81, S. 76. 1880.

11) HÖBER: Pflügers Arch. f. d. ges. Physiol. Bd. 106, S. 599. 1905.

12) SCHWARZ, C.: Pflügers Arch. f. d. ges. Physiol. Bd. 117, S. 161. 1907.

$K^+$ und $HPO_4^{--}$ dazu gerade besonders tauglich sind, entspricht auch der schon von Wo. Ostwald[1]) angeregten, von Bernstein[2]) durchgeführten Theorie der Membranpotentiale beim Muskel.

*Nerven.* Die *motorischen Nerven* werden nach Overton[3]) in ganz ähnlicher Weise durch einfache Salzlösungen der Alkali- und Erdalkalimetalle unerregbar wie die Muskeln; $K^+$ lähmt am stärksten, $Na^+$ am wenigsten. Die Erdalkalien lähmen ebenfalls, nur $Ba^{++}$ reizt. Die Anionen ordnen sich nach der lyotropen Reihe, und zwar so, daß dem $J^-$ die größte Erregbarkeitsverminderung zukommt [Grützner[4]), Brodsky[5])]. Stärkere Salzkonzentrationen reizen die Nerven, und zwar um so mehr, je höher das Atomgewicht der Kationen liegt [Grützner[4]), Mathews[6]), Loeb[7])].

*Sensorische Nerven* wurden von Grützner[8]) untersucht, der Hautwunden mit Salzlösungen betupfte und Stärke und Eintrittsgeschwindigkeit der Empfindung mißt.

*Herzmuskel.* Auch der Herzmuskel verhält sich zu den lyotropen Ionenreihen ganz ähnlich wie der Skelettmuskel [Sakai[9]), Handowsky[10])], doch muß, wie Straub und seine Mitarbeiter[11]) (Hermanns, Fleischmann) gezeigt haben, zwischen dem Verhalten des stillgestellten und des schlagenden Herzens unterschieden werden. Der Einfluß der Elektrolyten auf den Herzschlag soll noch später erörtert werden.

*Glatte Muskel.* Die *glatte* Muskulatur, deren Hüllen im Gegensatz zur quergestreiften für anorganische Ionen durchlässig zu sein scheinen [Meigs[12])], quillt unter dem Einflusse von NaCl, entquillt unter dem von KCl [Ohno[13])]. Nach Trendelenburg[14]) wirken hier die Ionen der Reihe nach so, daß die am wenigsten wasseranziehenden Anionen *und* Kationen die am stärksten erregenden, d. h. tonussteigernden Salze bilden.

*Flimmerschlag.* Der Flimmerschlag wird sowohl auf der Rachenschleimhaut des Frosches [Weinland[15]), Höber[16])] als auch bei Arenicolalarven und auf den Mytilus-Kiemen [Lillie[17])] durch Jodide unter den Anionen am wenigsten, durch $Li^+$ unter den Kationen am meisten beeinträchtigt, was also mit dem Verhalten der glatten Muskel im ganzen übereinstimmt. Beim Flimmerschlag verhalten sich aber die Reihen nicht ganz gleich, je nachdem die Stärke oder die Dauer des Schlages als Kriterium gewählt wird.

*Contractile Gebilde.* Bei den contractilen *Chromatophoren* der Fische fand Spaeth[18]) für die *Melanophoren* die stärkste Zusammenziehung durch KCl, die schwächste durch NaCNS, bei den Xantophoren das umgekehrte Verhalten. Das würde bei jener der Elektrolytfällung eines positiv, bei dieser eines negativ geladenen Kolloids entsprechen.

Die Contractilität des *Vorticellen-Stieles* wird nach Koltzoff[19]) durch die Alkalien nach einer typischen Übergangsreihe, am meisten durch $K^+$, am wenigsten durch $Li^+$ geschädigt. Der Rhythmus des *Medusenschlages* leidet nach Bethe[20]) in verschiedenen Na-Salzlösungen durch $SO_4^{--}$ am wenigsten.

*Spermatozoen.* Die Spermatozoenbewegung wird nach Untersuchungen von Gellhorn[21]), von Hirokawa[22]) und von Yamane[23]) bei Fröschen und Meerschweinchen nach

[1]) Ostwald, Wo.: Zeitschr. f. physikal. Chem. Bd. 6, S. 71. 1890.
[2]) Bernstein: Pflügers Arch. f. d. ges. Physiol. Bd. 92, S. 521. 1902; Elektrobiologie. Braunschweig 1912, S. 89ff.
[3]) Overton: Pflügers Arch. f. d. ges. Physiol. Bd. 105, S. 251. 1904.
[4]) Grützner: Pflügers Arch. f. d. ges. Physiol. Bd. 53, S. 83. 1893.
[5]) Brodsky: Inaug.-Dissert. Zürich 1908. [6]) Mathews: Science Bd. 15, S. 492. 1902.
[7]) Loeb: Journ. of biol. chem. Bd. 25, S. 377. 1916.
[8]) Grützner: Pflügers Arch. f. d. ges. Physiol. Bd. 58, S. 69. 1894.
[9]) Sakai: Zeitschr. f. Biol. Bd. 64, S. 1. 1914.
[10]) Handovsky: Pflügers Arch. f. d. ges. Physiol. Bd. 198, S. 56. 1923.
[11]) Straub, W.: Zeitschr. f. Biol. Bd. 58. 1912. — Hermanns: Ebenda Bd. 58, S. 261. 1912. — Fleischmann: Ebenda Bd. 61, S. 326. 1913.
[12]) Meigs: Journ. of exp. zool. Bd. 13, S. 497. 1912.
[13]) Ohno: Pflügers Arch. f. d. ges. Physiol. Bd. 197, S. 362. 1922.
[14]) Trendelenburg: Arch. f. exp. Pathol. u. Pharmakol. Bd. 69, S. 79. 1912.
[15]) Weinland: Pflügers Arch. f. d. ges. Physiol. Bd. 58, S. 105. 1894.
[16]) Höber: Biochem. Zeitschr. Bd. 17, S. 518. 1909.
[17]) Lillie, R. S.: Americ. journ. of physiol. Bd. 10, S. 419. 1904; Bd. 17, S. 89. 1906; Bd. 24, S. 459. 1909.
[18]) Spaeth, R. A.: Journ. of exp. zool. Bd. 15, S. 527. 1913.
[19]) Koltzoff: Pflügers Arch. f. d. ges. Physiol. Bd. 149, S. 327. 1912; Arch. f. Zellforsch. Bd. 7, S. 344. 1911.
[20]) Bethe: Pflügers Arch. f. d. ges. Physiol. Bd. 127, S. 219. 1909.
[21]) Gellhorn: Pflügers Arch. f. d. ges. Physiol. Bd. 193, S. 555 u. 576. 1922; Bd. 185, S. 262. 1920.
[22]) Hirokawa: Biochem. Zeitschr. Bd. 19, S. 291. 1909.
[23]) Yamane: Journ. of the coll. of agric. Hokkaido imp. univ. Bd. 9, S. 161. 1921.

der lyotropen Anionenreihe, und zwar von $SO_4^{--}$ am wenigsten geschädigt, während sich die Kationenreihen so verhalten, daß $Li^+$ bei Fröschen am wenigsten, bei Meerschweinchen am meisten hemmt. Unter den Erdalkalien schädigt $Mg^{++}$ weniger als die anderen, die sich untereinander gleich verhalten.

*Eier.* Bei Eiern des Seeigels Arbacia fand LILLIE[1]) eine *Pigmentausstoßung* unter dem Einflusse von Salzlösungen, die durch $Na^+$ mehr als durch $K^+$, und von verschiedenen Anionen am meisten durch $J^-$ beschleunigt wurde. Dieses reizt auch am meisten zur *parthenogenetischen Entwicklung* dieser Eier nach Rückversetzung in Meerwasser. LOEB[2]) konnte bei befruchteten Funduluseiern der K-Vergiftung nach Spülung in reinem Wasser oder Nichtleiterlösung — „Salzeffekt" — durch Na-Salzzusatz mit $SO_4^{--}$ besser als mit $Cl^-$ vorbeugen.

*Infusorien.* Die Teilungsgeschwindigkeit von *Paramäcien* wird nach SPEK[3]) durch Salze nach lyotropen Reihen erhöht oder erniedrigt, und zwar scheinen die stärker wasseranziehenden An- und Kationen zu erniedrigen, die schwächer anziehenden zu erhöhen.

Auch die Schädigung von *Pflanzenzellen* durch Salze, die in einer bis zur Cytolyse zu steigernden Permeabilitätserhöhung besteht, folgt dem Gesetz der lyotropen Reihen, wobei nach TRÖNDLE[4]), FITTING[5]), KAHHO[6]) die stärker wasseranziehenden An- und Kationen am wenigsten schädigen. In Versuchen RABERS[7]) an Laminaria mit Salzen gleichen Kations nimmt die Permeabilitätssteigung umgekehrt mit der Wasseranziehung des Ions zu. PORODKO[8]) beobachtet einen positiven Chemotropismus von Wurzeln, der nach lyotropen Reihen, und zwar am meisten durch die stark wasserbindenden Anionen und die schwach wasserbindenden Kationen beeinflußt wird, während ein negativer Chemotropismus gegenüber stärkeren Lösungen sich umgekehrt verhielt[9]).

*Vollkommene physiologische Äquilibrierung.* Die besondere Art und damit auch die chemische Natur der Ionen tritt noch mehr hervor, wo es auf ein Zusammenspiel bestimmter Ionen — nicht bloß irgendwelcher verschiedener Wertigkeit — ankommt. Die Konzentrationsverhältnisse der physiologischen äquilibrierten Lösungszustände sind gewiß keine einfachen zu nennen, schon einmal insofern wohl darin genau genommen *alle* lebensnötigen Ionen vorkommen müssen, wenn auch zum Teil in so geringen Mengen, daß sie für gewisse Zwecke, z. B. im kurzdauernden physiologischen Versuch, vernachlässigbar sein mögen, dann aber auch deshalb, weil sie für verschiedene Zellarten, Zustände und Zwecke jeweils als sicher verschieden zu denken sind. Und dennoch haben sich überraschend einheitliche Gesetzmäßigkeiten für die optimalen Lebensbedingungen in wässerigen Elektrolytgefügen finden lassen, die in der Hauptsache besagen, daß die optimalen Konzentrationsverhältnisse der lebenswichtigsten Ionen in der wässerigen Umwelt der Zellen etwa denen des Meerwassers entsprechen. Die wichtigsten Körpersäfte aller Pflanzen und Tiere zeigen eben im allgemeinen eine solche, also auch untereinander immerhin recht ähnliche Zusammensetzung bezüglich der anorganischen Elektrolyte. Weitergehende Betrachtungen dieser Tatsachen gestatten aber nicht bloß die Aussage: die auf der Erde zur Entwicklung gekommene Welt von Lebewesen, ihre Biosphäre, sei der Zusammensetzung ihres Ozeans aus Wasser und Elektrolyten weitgehend angepaßt, sondern vielmehr auch die: die physikalischen und chemischen Zustände, an welche man immer noch das Leben ausschließlich geknüpft gefunden hat, wären unter einer *wesentlich* abweichenden Zusammensetzung dieser wässerigen Umwelt undenkbar! (HENDERSON). Nährlösungen von Pflanzen oder tierischen Zellen müssen naturgemäß je nach den Anwuchsverhältnissen eine sehr verschiedene

[1]) LILLIE, R. S.: Biol. bull. of the marine biol. laborat. Bd. 17, S. 188. 1909.
[2]) LOEB, J.: Journ. of biol. chem. Bd. 27, S. 353 u. 363. 1916; Journ. of gen. physiol. Bd. 5, S. 231. 1922.
[3]) SPEK: Kolloidchem. Beihefte Bd. 12, S. 1. 1920; Biol. Zentralbl. Bd. 39, S. 23. 1919.
[4]) TRÖNDLE: Arch. des sciences phys. et nat. Bd. 45, S. 38. 1918.
[5]) FITTING: Jahrb. f. wiss. Botanik Bd. 56, S. 1. 1915; Bd. 57, S. 553. 1917.
[6]) KAHHO: Biochem. Zeitschr. Bd. 123, S. 284. 1921.
[7]) RABER: Journ. of gen. physiol. Bd. 2, S. 535. 1920.
[8]) PORODKO: Ber. d. dtsch. botan. Ges. Bd. 32, S. 25. 1914.
[9]) HENDERSON: Umwelt des Lebens. Wiesbaden 1912.

Menge von den einzelnen anorganischen Stoffen enthalten, wie schon am Beispiele der Milchaschenzusammensetzung verschiedener Tiere erläutert worden ist. Die sog. suffizienten Mineralstoffgemische für tierische Stoffwechseluntersuchungen [RÖHMANN[1]), OSBORN und MENDEL[2]), ARON und GRALKA[3]), RAGNAR BERG[4])] lehnen sich zumeist an die Zusammensetzung der Milchaschen an [Pflanzennährlösungen s. CZAPEK[5])]. Durch C. HERBST[6]) und durch J. LOEB[7]) wurde die notwendige Zusammensetzung der Nährlösung für die normale Entwicklung von Seeigeleiern festgelegt, welche sich der des Meerwassers weitgehend nähert.

Schon früher hatte aber RINGER[8]) gezeigt, daß die Schädigungen, wie fibrilläre Zuckungen und allmähliche Erregbarkeitsabnahme, denen der Muskel in „physiologischer“ Kochsalzlösung ausgesetzt erscheint, ausbleiben, wenn ihr KCl und $CaCl_2$ in Konzentrationen von 0,02% zugesetzt wird. Schon mit einer solchen Lösung, der zur Herstellung der geeignetsten Reaktion meist noch 0,01–0,1% $NaHCO_3$ zugefügt werden, gelingt es, die Funktionsfähigkeit des lebenden Muskels und sogar die Schlagfähigkeit des damit durchströmten Herzens lange Zeit zu erhalten. Diese nicht mehr als Nähr- sondern als Erhaltungsflüssigkeit zu betrachtende Lösung enthält die drei entscheidenden Ionen Na, K und Ca nach gleicher Reihenfolge in dem molekularen Mengenverhältnis 100:2,4:1,6 (Froschisotonie) oder 100:1,7:1,1 (Menschenisotonie), während das Meerwasser bei vier- bis fünffachem höherem osmotischem Gesamtdruck ein solches Verhältnis 100:2,2:2,3 aufweist [VAN 'T HOFF[9]), BETHE[10])]. Andere für die Erhaltung von Zell- und Gewebsfunktionen später angegebene künstliche Lösungsgemische [TYRODE, GÖTHLIN[11]), BARKAN, BROEMSER und HAHN[12]), FLEISCH[13])] nähern sich zum Teil der Zusammensetzung des Meerwassers noch mehr durch die Heranziehung des dort reichlich — im Molekülverhältnis Na:Mg = 100:10,6 — vorhandenen Magnesium. WO. OSTWALD[14]) konnte zeigen, daß Süßwasserkrebse (Gamarus) in fünffach verdünntem Meerwasser dauernd leben können, während die Entziehung auch nur eines der genannten 4 Kationen tödlich wirkt. Ganz Ähnliches ist für Süßwasser- und Landpflanzen von OSTERHOUT[15]) und von BENEKE[16]) dargetan worden. Daß es auf das *Verhältnis* der Ionenkonzentrationen mehr als auf diese selbst ankomme, zeigte LOEB[17]) an Balanuslarven, die sich bei zehnfacher Verdünnung eines geeigneten Gemisches noch wohlbefanden. Vergleichende Untersuchungen über den Einfluß von Milieuänderungen (namentlich K, Cd, Mg Erhöhung und Erniedrigung im Meerwasser) auf die Bewegungsfähigkeit und vor allem auf die rhythmischen Bewegungen (solche der Atem-

[1]) RÖHMANN: Allg. med. Zentralztg. 1903, Nr. 1; 1908, Nr. 8.

[2]) OSBORN u. MENDEL: Carnegie Inst. Washington 1911, Publ. 156, I, S. 32.

[3]) ARON u. GRALKA: Chem.-Ztg. Bd. 45 S. 245. 1921.

[4]) BERG, RAGNAR: Die Vitamine, II. Kap. Leipzig 1922.

[5]) CZAPEK: Biochemie der Pflanzen. Bd. II.

[6]) HERBST: Arch. f. Entwicklungsmech. Bd. 5, S. 650. 1897; Bd. 7, S. 486. 1898; Bd. 11, S. 617. 1901; Bd. 17, S. 306. 1904.

[7]) LOEB: Pflügers Arch. f. d. ges. Physiol. Bd. 97, S. 394. 1903; Bd. 101, S. 340. 1904.

[8]) RINGER, S.: Journ. of physiol. Bd. 3, S. 380. 1882; Bd. 4, S. 29, 222 u. 370. 1883; Bd. 7, S. 118 u. 291. 1886; Practitioner Bd. 31, S. 81. 1883.

[9]) VAN 'T HOFF: Bildung der ozeanischen Salzablagerungen, H. 1. Braunschweig 1905.

[10]) BETHE: Pflügers Arch. f. d. ges. Physiol. Bd. 124, S. 541. 1908.

[11]) GÖTHLIN: Skandinav. Arch. f. Physiol. Bd. 12, S. 1. 1902.

[12]) BARKAN, BROEMSER u. A. HAHN: Zeitschr. f. Biol. Bd. 74, S. 1. 1921.

[13]) FLEISCH, A.: Arch. f. exp. Pathol. u. Pharmakol. Bd. 94, S. 22. 1922.

[14]) OSTWALD, WO.: Pflügers Arch. f. d. ges. Physiol. Bd. 106, S. 568. 1905.

[15]) OSTERHOUT: Journ. of biol. chem. Bd. 1, S. 363. 1905; Botan. gaz. Bd. 42, S. 127. 1906; Bd. 44, S. 259. 1907; Bd. 45, S. 45. 1908; Bd. 54, S. 532. 1912; Jahrb. f. wiss. Botanik Bd. 40, S. 121. 1908.

[16]) BENEKE: Ber. d. dtsch. botan. Ges. Bd. 25, S. 322. 1907.

[17]) LOEB: Journ. of biol. chem. Bd. 34, S. 77. 1918.

organe, Lauf-, Schwimm- und Tentakelbewegungen) von Meerestieren wie Medusen, Würmer und niedere Crustaceen führte A. BETHE[1]) aus. Vermehrung von Ca und K im Seewasser bewirkte primär Beschleunigung der rhythmischen Bewegungen; als ihr Antagonist wirkt Mg, dessen Erhöhung die rhythmischen Bewegungen und Reflexerregbarkeit herabsetzt.

*Unersetzbarkeit des* Ca. Besonders ist die Unentbehrlichkeit des Ca in solchen Gemischen oder doch seine beschränkte Vertretbarkeit nur durch die ihm chemisch nächstverwandten Elemente $Sr^{++}$ und $Ba^{++}$ in vielen Fällen erwiesen worden; so für das Leben der Fundulusfische [LOEB[2])], für die Erregung des rhythmischen Medusenschlages [LOEB[3])], für die Erregbarkeit des Muskels vom Nerven aus [LOCKE[4])], für das Zustandekommen des BETHEschen[5]) Polarisationsbildes am Nerven [SCHREITER[6])] und für die Zucker zurückhaltende Funktion der Niere [HAMBURGER und ALOUS[7])]. Ganz unersetzbar erscheint das $Ca^{++}$ für die Phagozytosesteigerung von Leukozyten in NaCl-Lösung [HAMBURGER und HAAN[8])], für die Erregbarkeit des Froschrückenmarkes [GERLACH[9])], für die Entwicklung von Aalen [HERBST[10])], für den Puls der Ctenophorenquallen [LILLIE[11])] und für die Aufhebung der sog. Mg-Narkose zu sein.

Ein bequemes Hilfsmittel sowohl zur systematischen Untersuchung von Ionengleichgewichten und deren Störungen bei Variation der einzelnen Komponenten unter Aufrechterhaltung der im Einzelfall geforderten Verhältnisse, z. B. der Isotonie, als auch zur Darstellung der Versuchsergebnisse bietet die graphische Aufzeichnung [LOEWE[12])]. So lassen sich die verschiedenen Variationsmöglichkeiten zwischen drei Komponenten, z. B. den Kationen $K^+$, $Na^+$ und $Ca^{++}$ bei einer bestimmten konstanten Gesamtkonzentration $K^+ + Na^+ + Ca^{++} = k_1$ in einem Dreieck, dessen Seiten als Abszissen der drei Variablen dienen, als Schnittpunkte der den Dreiecksseiten parallelen Geradenscharen veranschaulichen. Die Werte, die sich für ein bestimmtes, konstantes Mischungsverhältnis je zweier dieser Komponenten ergeben, liegen auf einer Geraden, die ihren Anfang im Schnittpunkt der Nullordinaten der betreffenden Komponenten hat und nach der gegenüberliegenden Dreiecksseite verläuft. Die drei, das physiologische Mischungsverhältnis je zwei der drei Komponenten charakterisierenden Geraden schneiden sich in einem Punkt, aus dessen Lage sich die physiologische Ionenkonzentration der Einzelkomponenten ablesen läßt. Als Beispiel, aus dem zugleich die Anwendung klar hervorgeht, verweisen wir auf das Diagramm der Veränderungen, welche der Kontraktionszustand des ausgeschnitten überlebenden Meerschweinchenuterus unter dem Einfluß von Änderungen des Mischungsverhältnisses der Kationen ($Na^+$, $Ka^+$, $Ca^{++}$) in der Ringerlösung erfährt. $+$-Steigerung, $-$-Herabsetzung, $\pm$-Mittellage. (Nach M. KOCHMANN, Biochem. Zeitschr. Bd. 170, S. 230.)

In einer instruktiven Tabelle hat E. GELLHORN im Handb. d. Biochem. (2. Aufl., Bd. II) speziell für das Calcium zusammengefaßt, inwieweit es durch andere mehrwertige Ionen vertreten werden kann.

---

[1]) BETHE, A.: Pflügers Arch. f. d. ges. Physiol. Bd. 217, S. 456. 1927.

[2]) LOEB: Americ. journ. of physiol. Bd. 3, S. 327 u. 383. 1900.

[3]) LOEB: Journ. of biol. chem. Bd. 1, S. 427. 1906.

[4]) LOCKE: Zentralbl. f. Physiol. Bd. 8, S. 166. 1894.

[5]) BETHE: Allg. Anat. u. Physiol. d. Nervensystems, S. 277. 1903; Zeitschr. f. Biol. Bd. 34, S. 146. 1909; Pflügers Arch. f. d. ges. Physiol. Bd. 183, S. 289. 1920.

[6]) SCHREITER: Pflügers Arch. f. d. ges. Physiol. Bd. 156, S. 314. 1914.

[7]) HAMBURGER u. ALOUS: Biochem. Zeitschr. Bd. 94, S. 129. 1919.

[8]) HAMBURGER u. HAAN: Biochem. Zeitschr. Bd. 24, S. 470. 1910.

[9]) GERLACH: Biochem. Zeitschr. Bd. 61, S. 125. 1914.

[10]) HERBST: Arch. f. Entwicklungsmech. Bd. 17, S. 482. 1904.

[11]) LILLIE, R. S.: Americ. journ. of physiol. Bd. 21, S. 200. 1908.

[12]) LOEWE, S.: Biochem. Zeitschr. Bd. 167, S. 92. 1926.

| Substrat | Wirkung der Alkalichloride | Entgiftung durch mehrwertige Kationen | Autor |
|---|---|---|---|
| Muskel quergestreift | Im Gemisch von isotonischer NaCl + KCl-Lösung tritt Contractur auf | Contractur wird aufgehoben durch Ca, Mg, Sr, Ba | Mines |
| do. | Erzeugung eines Ruhestromes durch K- und Rb-Salze | Ruhestrom wird durch Ca, Sr und Ba vermindert | Hoeber |
| do. | Schwinden der indirekten Muskelerregbarkeit in isotonischer NaCl-Lösung | Wiederherstellung der Erregbarkeit durch Ca und Sr, Mg ohne Wirkung | Mines |
| do. | Verminderung der Erregbarkeit in hypertonischen Lösungen von NaCl, sowie durch Zusatz von KCl, RbCl u. $NH_4Cl$ | Antagonistisch wirkt Ca u. Sr; $BaCl_2$ ist wirkungslos | Overton |
| do. | Fibrilläre Zuckungen in NaCl- oder LiCl-Lösungen | Hemmung durch Ca, Sr u. Mg; Ba ohne Wirkung | Mines |
| Muskel glatt | Automatie des Hühner-Oesophagus erlischt in NaCl-Lösung | Durch Ca und Sr wird diese wiederhergestellt: die übrigen Kationen wirkungslos | Buglia |
| Herzmuskel | Die Automatie erlischt in reiner NaCl-Lösung | Wiederherstellung durch Ca und Sr am Frosch- und Selachierherzen; am Herzen von Pecten auch Ba im gleichen Sinne, nur schwächer wirksam | Ringer, Mines |
| Rote Blutkörperchen | Saponinhämolyse in NaCl-Lösung | Wird verzögert durch Ca, Mg und Ba | MacCallum |
| Leukocyten | Phagocytose in NaCl | Wird durch Ca-Zusatz gesteigert; die übrigen alkalischen Erden ohne Wirkung | de Haan |
| Fundulus | Absterben in KCl-Lösung | Bleibt durch Zusatz von Ca und Sr am Leben; Ba ist schwächer wirksam, Mg völlig indifferent | Loeb |
| Medusen | Nach Exstirpation des Nervensystems Stillstand der Schlagtätigkeit | Diese wird durch Ca, Sr, Ba wiederhergestellt (auch in Rohrzuckerlösungen) | Loeb |
| Eier von Fundulus | In hypertonischer Kochsalzlösung sinken die Eier unter Schrumpfung zu Boden | Durch Zusatz von Ca und Sr, in geringem Maße auch durch Ba und Mg, bleiben die Eier lange Zeit intakt (Permeabilitätsverminderung) | Loeb |

*Herz.* Auch in dem zuerst erhobenen Falle des $Ca^{++}$-Bedürfnisses des Herzens ließe sich beim Frosch [Ringer[1])] und bei Selachiern [Mines[2])] eine gewisse Vertretbarkeit durch Sr, bei Mollusken auch eine solche durch Ba (Mines) nachweisen. Die zuerst von Schiff[3]) festgestellte Unentbehrlichkeit des Ca für das Zustandekommen einer Vaguswirkung auf das Herz ist nach Basket und Pachon[4]) eine vollständige, während nach Mines[2]) auch hier Ba vertretend wirken kann. Der bloß herabgesetzte, nicht ganz fehlende Ca-Gehalt der Durchspülungsflüssigkeit verstärkt aber zunächst sogar die Wirkung einer Vagusreizung [Loewi[5])] und auch eine vorausgehende Durchspülung mit besonders

---

[1]) Ringer: Zitiert auf S. 516.

[2]) Mines: Journ. of physiol. Bd. 42, S. 251. 1911; Bd. 43, S. 467. 1912. — Wiechmann: Pflügers Arch. f. d. ges. Physiol. Bd. 195, S. 588. 1922.

[3]) Schiff: Recueil des memoires physiol. Bd. I, S. 653. Lausanne 1894.

[4]) Basket u. Pachon: Journ. de physiol. et pathol. gén. Bd. 11, S. 807 u. 851. 1909.

[5]) Loewi, O.: Arch. f. exp. Pathol. u. Pharmakol. Bd. 70, S. 343. 1912.

$Ca^{++}$-reicher Lösung läßt diese rascher eintreten [Fr. Kraus[1])]. Die Herzwirkung des $Ca^{++}$ kann aber, wie auch Loewi[2]) zeigte, durch Strophantin und andere Digitaliskörper teilweise ersetzt werden, und diese hemmen ebenso wie dies $Ca^{++}$ tut [Höber[3])], auch die Hämolyse durch Hypotonie oder Narkotica [Wiechmann[4])]. Die Gegensätzlichkeit der Einwirkung des $K^+$ und des $Ca^{++}$ auf den Herzschlag sind nach Kolm und Pick[5]) keineswegs einfach als Erregung und Hemmung zu deuten: der vermehrte $K^+$-Gehalt der Durchspülungsflüssigkeit fördert die Kontraktionen im Vorhofgebiet des Herzens, hemmt sie aber im Kammergebiet, und der erhöhte Ca-Gehalt bewirkt immer genau das Gegenteil. War aber der $Ca^{++}$-Gehalt längere Zeit erhöht, so kann auch $K^+$ [Loewi[6])], ja sogar $Na^+$ [Sakai[7])], kontrahierend wirken. Nach einer besonders Na-armen Durchspülungsflüssigkeit wirkt die normale Ringerlösung dilatierend, nach einer besonders Na-reichen kontrahierend [Zondek[8])].

*Darm und Uterus.* Ähnlich wie das Herz verhalten sich andere unter dem Einfluß des vegetativen Nervensystems stehende Organe zu den Ionengemischen. Sie erscheinen geradezu als durch diese reguliert; so wirkt $K^+$-Vermehrung für den Meerschweinchendarmtonus steigend, für den Uterus senkend, und $Ca^{++}$-Vermehrung wirkt in beiden Fällen umgekehrt [Chiari und Fröhlich[9]), Zondek[10])]. Adrenalin wirkt auf den nicht graviden Uterus den Tonus erhöhend oder senkend, je nach dem normalen oder überschüssigen $Ca^{++}$-Gehalt bei der vorausgegangenen Durchspülung, und zwar ist der Tonus des Meerschweinchenuterus nach normaler Ringerdurchspülung durch Adrenalin zu senken, nach Verwendung $Ca^{++}$-reicherer Lösungen zu steigern, während sich der menschliche Uterus umgekehrt verhält [Turolt[11])].

*Stoffwechsel.* Die Ionengemische beeinflussen ferner in sehr mannigfacher Weise den *Stoffwechsel.* Im allgemeinen begünstigt $Na^+$ die Zurückhaltung von Wasser im Körper, während $Ca^{++}$ sie herabsetzt [Blum u. a.[12])]. Die Atmung von Geweben [O. Warburg[13]), Loeb und Wastenays[14]) und Meyerhof[15])], und von Mikroorganismen [Brooks[16]), Gustafson[17])] erhöht sich durch $Na^+$ und $K^+$, sinkt durch $Ca^{++}$. Die Injektion von Ringerlösung erzeugt nach L. F. Meyer und Ritschel[18]), Freund[19]), Bock[20]) kein Fieber, während „physiologische" NaCl-Lösung nicht selten Temperatursteigerungen — das sog. Salzfieber — hervorruft

---

[1]) Kraus, Fr.: Dtsch. med. Wochenschr. 1920, S. 201.
[2]) Loewi, O.: Arch. f. exp. Pathol. u. Pharmakol. Bd. 82, S. 131. 1917.
[3]) Höber: Pflügers Arch. f. d. ges. Physiol. Bd. 182, S. 104. 1920.
[4]) Wiechmann: Pflügers Arch. f. d. ges. Physiol. Bd. 194, S. 435. 1922.
[5]) Kolm u. E. P. Pick: Pflügers Arch. f. d. ges. Physiol. Bd. 185, S. 235. 1920.
[6]) Loewi: Arch. f. exp. Pathol. u. Pharmakol. Bd. 83, S. 366. 1918.
[7]) Sakai: Zeitschr. f. Biol. Bd. 64, S. 505. 1914.
[8]) Zondek, S. G.: Biochem. Zeitschr. Bd. 121, S. 87. 1921.
[9]) Chiari u. Fröhlich: Arch. f. exp. Pathol. u. Pharmakol. Bd. 64, S. 214. 1911.
[10]) Zondek, S. G.: Biochem. Zeitschr. Bd. 132, S. 362. 1922.
[11]) Turolt: Arch. f. Gynäkol. Bd. 115, S. 600. 1922.
[12]) Blum, L.: Verhandl. d. Kongr. f. inn. Med. Bd. 26, S. 122. 1909. — Meyer, L. F.: Jahrb. f. Kinderheilk. Bd. 71, S. 1. 1910. — Meyer, L. F. u. S. Cohn: Zeitschr. f. Kinderheilk. Bd. 2, S. 360. 1911. — Schlosz: Ebenda Bd. 3, S. 441. 1912.
[13]) Warburg, O.: Hoppe-Seylers Zeitschr. f. physiol. Chem. Bd. 60, S. 443. 1909; Bd. 57, S. 1. 1908; Bd. 66, S. 305. 1910.
[14]) Loeb u. Wastenays: Biochem. Zeitschr. Bd. 36, S. 345. 1911; Bd. 37, S. 410. 1911.
[15]) Meyerhof: Biochem. Zeitschr. Bd. 33, S. 291. 1911.
[16]) Brooks: Journ. of gen. physiol. Bd. 2, S. 5. 1919.
[17]) Gustafson: Journ. of gen. physiol. Bd. 2, S. 17. 1919.
[18]) Meyer, L. F., u. Ritschel: Berlin. klin. Wochenschr. 1908, Nr. 50.
[19]) Freund, H.: Arch. f. exp. Pathol. u. Pharmakol. Bd. 65, S. 223. 1911.
[20]) Bock: Arch. f. exp. Pathol. u. Pharmakol. Bd. 68, S. 1. 1912.

[Schaps u. a.[1])], dessen Deutung noch nicht feststeht, das aber jedenfalls durch $Ca^{++}$-Injektion zum Verschwinden zu bringen ist [L. F. Meyer[2]), Schloss[3]), Starkenstein[4]), Heubner[5])]. Nach Freund[6]), und nach Luithlen[7]) neigen Kaninchen, welche durch Haferfütterung an $Ca^{++}$ und $K^{+}$ verarmt sind, mehr zu Fieber als solche, die bei Grünfutter gehalten wurden.

*Zellkitt.* $Ca^{++}$-Injektionen wirken auch örtlich entzündungswidrig [Chiari und Januschke[8])], was durch H. H. Meyer[9]) als Folge einer Verdichtung des Zellkittes aufgefaßt worden ist. An die gleiche Erklärung wäre auch für die Tatsachen zu denken, daß bei $Ca^{++}$-Mangel die Furchungszellen der Echinodermen [Herbst[10])] und die Zellen der Spirogyrafäden [Beneke[11])], auseinanderzufallen drohen, und daß $Ca^{++}$-Mangel auch die Reflexerregbarkeit des Zentralnervensystems [Overton[12])] und die Erregbarkeit des Muskels vom Nerven aus [Wiechmann[13])] herabsetzt.

*Erklärung der Unentbehrlichkeit des* $Ca^{++}$. Es scheint, daß die in so vielen Fällen hervortretende besondere Bedeutung des $Ca^{++}$ in den Ionengemischen auf zweierlei Gründen beruht: einerseits darauf, daß ihnen unter allen mehrwertigen Ionen die *stärkste* Wasserbindungskraft zukommt, andererseits auf seinem Eintritt in lebensnotwendige organische Verbindungen. In der ersteren Hinsicht entspricht wohl eben nur dieses Ion ganz dem Bedürfnis der am Aufbau der Lebewesen entscheidend beteiligten organischen Kolloide, und zwar ihrem Bedürfnisse nach einem die feinere Wasserverteilung jenseits der osmotischen Regelbarkeit im beweglichen Gleichgewicht mit den einwertigen Ionen beherrschenden Stoff, der vielleicht gerade durch seine mannigfache chemische Bindungsfähigkeit an eben dieselben Kolloide seiner ionalen Wirksamkeit im Falle ihres Übermaßes leicht entrückt werden kann. Diese chemischen Bindungen schaffen aber gewiß nicht bloß Ausgleichsvorräte für das lebensnötige Ionenspiel der wässerigen Phase, sondern sie lassen selbst auch lebensnötige Ca-Verbindungen entstehen. Als solche ist z. B. sicher die kalkreiche chromatische Substanz der Zellkerne aufzufassen [Toyonaga[14])], und auch die oben angeführten Tatsachen, nach denen das $Ca^{++}$-Ion für die Verkittung der Zellen untereinander und der Nervenendigungen miteinander und mit dem Muskel unentbehrlich zu sein scheint, sind wiederholt durch die Annahme von bestimmten Ca-Verbindungen — so von pektinsaurem Ca durch Overton, von Ca-Phosphatiden durch Hansteen Cranner[15]) — gedeutet worden. Der Nachweis solcher unentbehrlicher Ca-Verbindungen würde die bisher mit Sicherheit nur an die Skelettsalze gebundenen Stützfunktionen des Calciums auf den ganzen Körper ausgedehnt erscheinen lassen.

Die Frage, wie die Wirksamkeit des Calciums zustande kommt, ist besonders eingehend studiert worden dort, wo man praktisch therapeutisch davon Gebrauch

---

[1]) Schaps: Versamml. dtsch. Naturforsch. u. Ärzte 1906. — Rolly u. Christjansen: Arch. f. exp. Pathol. u. Pharmakol. Bd. 77, S. 34. 1914.

[2]) Meyer, L. F.: Versamml. dtsch. Naturforsch. u. Ärzte 1909; Dtsch. med. Wochenschrift 1909, Nr. 5.

[3]) Schlosz: Zeitschr. f. Kinderheilk. Bd. 3, S. 441. 1911.

[4]) Starkenstein: Arch. f. exp. Pathol. u. Pharmakol. Bd. 77, S. 45. 1914.

[5]) Heubner: Verhandl. d. Kongr. f. inn. Med. 1913, S. 108.

[6]) Freund, H.. Arch. f. exper. Pathol. u, Pharmakol. Bd. 77, S. 45, 1914.

[7]) Luithlen: Wien. klin. Wochenschr. 1911, Nr. 20; Arch. f. exp. Pathol. u. Pharmakol. Bd. 68, S. 209. 1912; Bd. 69, S. 365. 1912.

[8]) Chiari u. Januschke: Arch. f. exp. Pathol. u. Pharmakol. Bd. 65, S. 210. 1911.

[9]) Meyer, H. H.: Münch. med. Wochenschr. 1910, S. 2277.

[10]) Herbst: Arch. f. Entwicklungsmech. Bd. 9, S. 424. 1900; Bd. 17, S. 440. 1904.

[11]) Beneke: Jahrb. f. wiss. Botanik Bd. 32, S. 474. 1898.

[12]) Overton: Pflügers Arch. f. d. ges. Physiol. Bd. 105, S. 176. 1904.

[13]) Wiechmann: Pflügers Arch. f. d. ges. Physiol. Bd. 182, S. 74. 1920.

[14]) Toyonaga: Bull. of the coll. of agric. Tokyo Bd. 5, S. 143.

[15]) Hansteen Cranner: Jahrb. f. wiss. Botanik Bd. 47, S. 288. 1910; Bd. 53, S. 536. 1914.

macht, nämlich bei der sog. Tetanie, wo man z. B. nach operativer Entfernung der Epithelkörperchen das Auftreten der Tetanie durch Darreichung größerer Mengen von Calciumlactat verhindern kann. Aber gerade die Versuche von DRAGSTEDT[1]) haben gezeigt, daß die Verhältnisse sehr viel verwickelter sind als man ursprünglich annahm, und daß eine hormonale Beeinflussung des Calciumstoffwechsels zwar anzunehmen ist, daß aber nicht eine einzelne Drüse etwa die Epithelkörperchen, sondern auch andere Organe, z. B. die Leber, ja der gesamte Zustand des ganzen Tieres (Brunst, Menstruation, Gravidität) den Ionenstoffwechsel, in diesem Falle den Kalkstoffwechsel weitgehend beeinflußt.

*Unentbehrlichkeit des* Mg. Die besondere Bedeutung des ionalen Mg für die lebende Zelle ist noch weit weniger erforscht als die des $Ca^{++}$. Eine gewisse Gegensätzlichkeit der beiden Wirkungen ist nicht zu verkennen. Giftwirkungen des $Mg^{++}$ können durch $Ca^{++}$ behoben werden, so bei Keimwurzeln [BÖHM[2]), HANSTEEN CRANNER[3])], bei Spyrogyra [LOEW[4])] und bei der sog. Mg-Narkose [MELTZER und AUER[5]) MELTZER[6])], welche sowohl aus einer zentralen Lähmung als auch einem Verlust der Erregbarkeit des Muskels vom Nerven aus besteht. Nach WIECHMANN[7]) bleibt die entgiftende Wirkung am curarisierten Muskel aus; das entgiftende Mengenverhältnis ist 1 Ca:2 Mg; in Versuchen von Wurzelhaaren war $Mg^{++}$ nur durch das komplexe Hexaminkobaltion zum Teil vertretbar, während die Lähmung der Muskelbewegung vom Nerven aus die Wirkung auf das Herz und die glatten Muskeln auch durch Co, Mn und Ni ähnlich wie durch Mg zu erzielen war. Nach MATHEWS[8]) ist die Mg-Funktion auch für die Entwicklung befruchteter Funduluseier durch Co, Mn und Ni vertretbar. Auch am Lecithinmodell NEUSCHLOSS[9]) vermag ein Gemisch 1 Ca:1 Mg die Oberflächenspannung, die durch die Bestandteile, einzeln genommen, stark erhöht wird, fast unverändert zu erhalten, und auch die Versuche FENNS[10]) ergeben für Mg-Ca-Gemische ganz ähnliches wie für die Na-Ca-Gemische. Der Einfluß des $Mg^{++}$ in den Gemischen steht offenbar dem der Alkalien näher als der des $Ca^{++}$. Nach HANSTEEN CRANNER sind es gerade die Lipoide der Zellwand, bei denen die Quellungseinflüsse des $Mg^{++}$ dem der Alkalien parallel gehen und dem des $Ca^{++}$ zuwiderlaufen. Wenn es sich, wie er annimmt, hier um die Quellbarkeitsunterschiede verschiedener Seifen handelt, so wäre auch für Mg eine echt chemische Bindung als maßgebend erwiesen, wie sie sicher auch sonst in den lebenden Zellen auch außer der Verankerung des Mg im Chlorophyll große Bedeutung besitzt.

*Einwertige Ionen.* Auch von einem Antagonismus der einwertigen Ionen kann gesprochen werden. Schon in Modellversuchen an Kolloiden tritt ein solcher hervor. So nimmt nach LENK[11]) die Quellung der Gelatine in NaCl-Gemischen eine mittlere Stellung zwischen dem Erfolge in den beiden reinen Lösungen ein.

---

[1]) DRAGSTEDT, L. R.: Journ. of the Americ. med. assoc. Bd. 79, S. 1593. 1922. — DRAGSTEST, L. R. u. C. PEACOCK: Americ. journ. of physiol. Bd. 64, S. 424. 1923. — DRAGSTEDT, L. R., PHILLIPS u. SUDAN: Ebenda Bd. 65, S. 368 u. 503. 1923.

[2]) BÖHM: Sitzungsber. d. Akad. d. Wiss., Wien. Mathem.-naturw. Kl. I, Bd. 71. 1875.

[3]) HANSTEEN CRANNER: Zitiert auf S. 520. — KOTTE: Wissenschaftl. Meeresuntersuchungen, N. F. Bd. 17, Abt. Kiel Nr. 2. 1914. — MASCHHAUPT: Verslag. v. landbouwk. onderzvek. d. kijksland-bouwproefstations Bd. 19. 1916. — EISLER: Zentralbl. f. Bakteriol., Parasitenk. u. Infektionskrankh., Abt. 1, Orig. Bd. 51, S. 546. 1909.

[4]) LOEW, O.: Flora Bd. 75, S. 368. 1892; Bd. 92, S. 489. 1903.

[5]) MELTZER u. AUER: Americ. journ. of physiol. Bd. 14, 15, 16. 1905/06.

[6]) MELTZER: Americ. journ. of physiol. Bd. 21, S. 400. 1908.

[7]) WIECHMANN: Pflügers Arch. f. d. ges. Physiol. Bd. 182, S. 74. 1920.

[8]) MATHEWS: Americ. journ. of physiol. Bd. 12, S. 419. 1905.

[9]) NEUSCHLOSS: Pflügers Arch. f. d. ges. Physiol. Bd. 181, S. 17. 1920; Bd. 187, S. 136. 1921.

[10]) FENN: Proc. of the nat. acad. of sciences (U. S. A.) Bd. 2, S. 534. 1916.

[11]) LENK: Biochem. Zeitschr. Bd. 73, S. 58. 1916.

Nach Neuschloss gelingt die Hintanhaltung der Steigerung der Oberflächenspannung des Lecithins auch durch $Na^+$-$K^+$-Gemische, in denen die molaren Konzentrationen der einen der beiden Ionen $^1/_{20}$ von der anderen beträgt. Auch in physiologischen Versuchen sind aber solche Beispiele, wenn auch bisher vereinzelt, bekannt geworden. So ergeben sich nach Loeb und Wastenays[1]) gewisse Konzentrationsverhältnisse von $Na^+:K^+$, in denen die sonst auch in verdünnten $Ca^{++}$-freien Lösungen hervortretende Giftwirkung des $K^+$ für junge Fundulusfische verschwinden. Ähnliches konnte von Loeb[2]) für einen marinen Gamaruskrebs, von Wo. Ostwald[3]) für eine Süßwasserart derselben Gattung, von Osterhout[4]) für das Wachstum der Keimwurzeln von Weizen und von Gellhorn[5]) für die Beweglichkeit von Froschspermatozoen festgestellt werden. An diesem Untersuchungsmaterial [Gellhorn[6]), Yamane[7])] und auch an befruchteten Eizellen [Loeb[8])] konnte auch eine teilweise Entgiftung der $K^+$-Wirkung durch $Li^+$ und $Cs^+$ nachgewiesen werden.

Für die Deutung solcher Gegensätzlichkeiten im Zusammenwirken der verschiedenen Alkalien kommt vor allem ihre verschiedene Stellung in den lyotropen Reihen in Betracht, doch wird auch hier vielleicht in manchen Fällen eine besondere echt chemische Bindung des einen oder anderen Stoffes, besonders des K, an lebenswichtige Plasmakolloide eine bessere Erklärung abgeben können.

*Selektive Verteilung.* Eine solche chemische Bindung der Alkalimetalle an die Zellkolloide liegt aber für die Hauptmenge der Salze im lebenden Protoplasma sicher nicht vor [Rona u. a.[9])] und sie kommt auch zwischen reinen Eiweißkörpern und Salzen, die zusammengebracht werden, nicht zustande [Bugarski und Liebermann[10]), Oryng und Pauli u. a.[11])]. Auch die bei Paulis Versuchen mit einem bis zur völligen Elektrolytfreiheit dialysierten Eiweiß und sehr niedrigen Salzkonzentrationen beobachteten Bindungsgrößen entsprechen nur einer gewissen Adsorption des Salzes. Um so merkwürdiger ist die Tatsache der äußerst ungleichmäßigen Verteilung der beiden Alkalien Na und K über die Aufbauelemente des Körpers und der Gewebe. Schon die Aufrechterhaltung dieser Ungleichgewichte kann nur unter der Annahme einer in der Regel weitgehenden Undurchlässigkeit der Grenzschichten für die Salze verstanden werden, während für ihr Zustandekommen an besondere auswählende Kräfte gedacht werden muß, als welche am einfachsten die Lösungsaffinitäten zu denken sind, welche dafür und für andere Fälle ungleichmäßiger Stoffverteilungen im Körper zuerst von Spiro[12]) als maßgebend angenommen worden sind. Die Undurchlässigkeit der Begrenzungswände oder Membranen ist jedenfalls als keine unabänderliche und dauernde aufzufassen. Sie wird vielmehr durch Vorgänge der Quellung und Entquellung sowie durch eine beginnende noch reversible Entmischung, wie sie der endlichen

[1]) Loeb u. Wastenays: Biochem. Zeitschr. Bd. 31, S. 450. 1911; Bd. 32, S. 155. 1911; Bd. 33, S. 480. 1911.

[2]) Loeb: Pflügers Arch. f. d. ges. Physiol. Bd. 97, S. 394. 1903.

[3]) Ostwald, Wo.: Pflügers Arch. f. d. ges. Physiol. Bd. 106, S. 568. 1905.

[4]) Osterhout: Jahrb. f. wiss. Botanik Bd. 46, S. 121. 1908; Botan. gaz. Bd. 42, S. 127. 1906; Bd. 44, S. 259. 1907.

[5]) Gellhorn: Pflügers Arch. f. d. ges. Physiol. Bd. 193, S. 576. 1922.

[6]) Gellhorn: Pflügers Arch. f. d. ges. Physiol. Bd. 196, S. 358. 1922.

[7]) Yamane: Journ. of the coll. of agric. Hokkaido univ. Bd. 9, S. 161. 1921.

[8]) Loeb: Journ. of gen. physiol. Bd. 3, S. 237. 1920.

[9]) Rona: Biochem. Zeitschr. Bd. 29, S. 501. 1910. — Rona u. Michaelis: Ebenda Bd. 21, S. 114. 1909. — Rona u. Takahashi: Ebenda Bd. 31, S. 36. 1911; Bd. 49, S. 370. 1913. — Rona u. György: Ebenda Bd. 48, S. 278. 1913; Bd. 56, S. 416. 1913.

[10]) Bugarski u. Liebermann: Pflügers Arch. f. d. ges. Physiol. Bd. 72, S. 51. 1898.

[11]) Oryng u. Pauli: Biochem. Zeitschr. Bd. 70, S. 368. 1915. — Manabe u. Matula: Ebenda Bd. 52, S. 369. 1913.

[12]) Spiro: Physikalische und physiologische Selektion. Straßburg 1897.

Kolloidfällung zugrunde liegen muß, also gerade durch solche Vorgänge abzuändern sein, welche durch die Gegenwart der Elektrolyte entscheidend beherrscht werden und schon durch kleine Verschiebungen der Konzentrationsverhältnisse der einzelnen Ionen nach beiden Richtungen starke Ausschläge ergeben. Ausnahmszustände, wie Erregung am Muskel oder Nerv, Giftschädigung an allen Arten von Zellen, können in vielen Fällen erfolgreich so verstanden werden, als ob sie an Steigerungen gewisser Ionendurchlässigkeiten gebunden wären [HÖBER[1])]. Die Frage, ob es sich bei solchen Teildurchlässigkeiten einer zwischen wässerigen Körperphasen befindlichen, differenten, d. h. hier wasserärmeren Grenzphase um eine Siebung, also ein mechanisches Geschehen, oder aber ebenfalls um Lösungsvorgänge handelt, ist noch nicht entschieden. Es könnten auch beiderlei Vorgänge vorkommen, ja, es wäre denkbar, daß beide letzten Endes zusammenfallen, da ja auch die molekularen Anziehungskräfte, zu denen auch die Lösungsaffinitäten zählen, immer mehr als räumlich ebenso streng geordnete erkannt werden, wie es die stöchiometrischen Bindungskräfte sind.

*Membranpotentiale.* Auf der Annahme einer solchen selektiven Teildurchlässigkeit für die elektrisch polaren Bestandteile eines Neutralsalzes beruht die OSTWALD-BERNSTEINsche Theorie[2]) der Membranpotentiale des quergestreiften Muskels, von denen BERNSTEIN[3]) die gesamten elektrobiologischen Erscheinungen der Muskelphysiologie zwanglos herleitet. Es soll danach das $K_2HPO_4$ des Muskels oder vielleicht auch umgekehrt das NaCl der Lymphflüssigkeit bei einer höheren Durchlässigkeit der Muskelhülle für das Anion als für das Kation des Elektrolyten den Potentialsprung an der lebenden Membran und damit auch eine geringe, für den lebenden Zustand charakteristische Turgorsteigerung durch endosmotische Wasserbewegung bewirken. Auch die Vorgänge der Resorption und Sekretion werden von BERNSTEIN u. a. als Ergebnis der durch selektive Durchlässigkeiten der Zellmembran für Elektrolyte zustande kommenden elektrischen Spannungen und Massenbewegungen gedeutet und ebenso sollen die im Innern der Zelle zu beobachtenden Bewegungen der Kernteilungsschleifen auf Elektrokinese durch das Auftreten von Phasengrenzpotentialen infolge der unterschiedlichen Ionenverteilung und -durchlässigkeit verstanden werden können. Solche Phasengrenzpotentiale sind von LOEB und BEUTNER[4]) auch in Modellversuchen mit Flüssigkeitsketten ableitbar und meßbar gemacht worden, wobei auf beiden Seiten

**Messungen an Oelketten.**

| | | | | | |
|---|---|---|---|---|---|
| + | NaCl | Phenol | $Na_2SO_4$ − | −0,035 Volt | |
| ± | „ | „ | NaCl + | ±0,0 „ | (da symmetrisch) |
| − | „ | „ | NaBr + | +0,001 „ | |
| − | „ | „ | NaJ + | +0,008 „ | |
| − | „ | „ | NaCSN + | +0,023 „ | |
| + | „ | Toluidin | $Na_2SO_4$ − | −0,120 „ | |
| + | „ | „ | NaCl + | ±0,0 „ | |
| − | „ | „ | NaBr + | +0,036 „ | |
| − | „ | „ | NaJ + | 0,106 „ | |
| − | „ | „ | NaCSN + | 0,130 „ | |
| | NaCl | Salicylaldehyd | KCl | −0,007 „ | |
| | „ | „ | NaCl | ±0,0 „ | |
| | „ | „ | $BaCl_2$ | +0,030 „ | |
| | „ | „ | $CaCl_2$ | +0,040 „ | |
| | „ | „ | $MgCl_2$ | +0,050 „ | |

[1]) HÖBER: Pflügers Arch. f. d. ges. Physiol. Bd. 120, S. 492. 1907.

[2]) OSTWALD: Zeitschr. f. physikal. Chem. Bd. 6, S. 71. 1890.

[3]) BERNSTEIN: Pflügers Arch. f. d. ges. Physiol. Bd. 92, S. 521. 1902; Elektrobiologie. Braunschweig 1912.

[4]) LOEB u. BEUTNER: Biochem. Zeitschr. Bd. 41, S. 1. 1912; Bd. 44, S. 303. 1912.

einer mit Wasser nicht mischbaren Flüssigkeit, die kurz als „Öl“ bezeichnet wird, Elektrolytlösungen angebracht und miteinander leitend verbunden werden. Daß auch hier die Hofmeistersche Reihe gilt, mögen die beiden vorstehenden Tabellen von Beutner zeigen.

Auch sonst haben die Membranpotentiale und die Bedingungen ihres Zustandekommens zunehmende Beachtung gefunden. Wegen der großen Bedeutung solcher Forschungen für die weitere Aufklärung der Ionenwirkungen im Körper seien hier die physikalischen Grundlagen dieser Fragen kurz berührt.

*Elektrische Potentiale in Flüssigkeiten.* Innerhalb einer wässerigen Phase ist die Anordnung der positiven und negativen Ionen, wenigstens für den Gleichgewichtszustand, im allgemeinen so zu denken, daß jedes positive Ion ein negatives in seiner Nähe festhält, so daß es bei der choatischen, d. h. rein zufälligen Anordnung aller frei beweglichen Lösungsstoffe nirgends zu Anhäufungen von Ionen gleicher Ladung und damit auch nicht zu elektrostatischen Potentialdifferenzen zwischen Teilen der Lösung kommen kann. Vorübergehende solche Ladungen kommen bei allen sich ausgleichenden Ungleichgewichten der Konzentrationen, infolge von ungleicher Wanderungsgeschwindigkeit der beiden Ionenarten vor. Sie sind als Diffusionspotentiale lange bekannt, scheinen aber kaum von großer physiologischer Bedeutung zu sein. Hingegen kommt es an den Grenzen der Phasen zu längerdauernden, geordneten Ionenverteilungen, die sicher von wesentlicher Bedeutung für die Lebenszustände sind.

*Elektrodenpotentiale.* Der am längsten bekannte ähnliche Fall ist der der Potentiale der metallischen Elektroden in Lösungen, mit denen sie in chemischem Gleichgewichte stehen. Die Spannung hängt hier nach der von Nernst gegebenen Formel außer von der Temperatur nur von der Natur des Metalles und von der Konzentration jenes Ions ab, das vom Metall gebildet werden kann. Wir dürfen uns vorstellen, daß auch in völlig stromlosem Zustande bei der Berührung zunächst aus dem Metalle entweder Ionen oder freie negative Elektronen in die Lösung übertreten, so daß das Metall eine gewisse negative oder positive Ladung der Lösung gegenüber annimmt.

*Wandpotentiale bei Nichtmetallen.* Ganz damit übereinstimmende, nur gewissermaßen spiegelbildliche Vorgänge der Aufladung der Phasengrenzen treten nun ein, wenn anstatt eines Metalles ein säurebildendes Ametall oder Oxyd, d. h. ein zu anodischer Ladung neigender Stoff die wässerige Phase berührt; nur mit dem Unterschiede, daß es hier zu Ableitungen dieser Spannungen infolge der Nichtleiternatur dieser Stoffe nicht kommen kann, weshalb diese Vorgänge auch länger verborgen geblieben sind als die schon vom galvanischen Element her geläufigen Elektrodenpotentiale. Schon die zumeist benutzten Ton- und Glasgefäße wässeriger Flüssigkeiten bestehen aus solchen Stoffen oder enthalten sie doch vorwiegend: $Al_2O_3$ und $SiO_2$. Wenn sich an solchen Wänden eine sog. Ionenadsorption aus wässerigen neutralen Salzlösungen einstellt, die eine negative starre äußere und eine positive bewegliche innere Schicht erkennen läßt, so bedeutet das in der chemischen Auffassung des Vorganges, daß sich das neutrale Oxyd der Wand durch Anlagerung der $HO^-$-Ionen zum Säureanion ergänzt, dem nun die dazugehörigen $H^+$-Ionen nahebleiben müssen. Die in diesem Falle der Wand gegenüber positive Ladung vermag als nichtmetallischer Leiter nicht *freie* Elektronen abzugeben, sondern eben nur Anionen, die gewöhnlich als äußerste Schicht in der Lösungsphase bleiben, in anderen Fällen aber auch tatsächlich in die Wandphase übertreten.

*Umladung.* In nicht neutralen Lösungen erweisen sich jene gewöhnlich anodischen Wände als Ampholyte, indem sie über einer bestimmten, ihrem isoelektrischen Punkte entsprechenden $H^+$-Konzentration nicht mehr als Anionen erzeugende Säurebildner, sondern als Kationen erzeugende Basenbildner auftreten. Dann ist die äußere der beiden „adsorbierten“ Ionenschichten $H^+$, die innere, lockere das Anion.

*Potentiale chemisch indifferenter Wände.* Chemisch ganz indifferente Wände, wie Cellulose oder Kollodium, verhalten sich wie die anodisch wirksamen, werden aber auch durch die höchsten $H^+$-Gehalte der Lösung höchstens entladen, niemals umgeladen. Anscheinend drückt sich hierin eine wirkliche Adsorption, d. h. eine höhere Oberflächenaktivität der $OH^-$- als der $H^+$-Ionen aus.

*Potentiale an Flüssigkeitsgrenzen.* Auch jede Berührung zwischen nicht oder nicht unbeschränkt mischbaren Flüssigkeiten, z. B. wässeriger und ölartiger Phasen, ergibt bei Gegenwart von Elektrolyten elektrische Aufladungen der Phasengrenze durch Ionenwirkung. Genau genommen sind ja auch die bisher erörterten Fälle fester Wände und wässeriger Lösungen auf den allgemeinsten Fall zurückzuführen, daß irgendein Ion der einen Phase mehr Neigung besitzt, in die andere Phase überzutreten, als sein gegenpoliges Mition. Jede Aufladung geht aber gerade so weit, bis dem ungleichen Verteilungsbestreben der Ionen zwischen den Phasen durch die elektrostatische Ladung das Gleichgewicht gehalten wird. Das ist begreiflicherweise zwischen zwei flüssigen Phasen ebenso und oft in höherem Maße als bei fester und flüssiger Phase der Fall und gilt für das Verteilungsbestreben nicht allein der $H^+$ und $OH^-$, sondern sämtlicher vorkommender Ionen. Insbesondere zeichnen sich viele Ionen organischer Neutralsalze dadurch aus, daß das jeweils organische Ion eine weit bessere Öllöslichkeit als das anorganische besitzt, wodurch es zu namhaften Ladungen kommen kann. Solche Phasengrenzpotentiale sind auch die durch BEUTNERS[1]) Versuchsanordnung ableitbar und damit meßbar gewordenen.

Ein besonderer Fall ist dort der, daß das „Öl" selbst nicht bloß ein Lösungsmittel für die Ionen der wässerigen Lösung oder des einen von ihnen ist, sondern sich auch *einem* der beiden Ionen gegenüber chemisch nicht indifferent verhält. Hier sättigt sich das „Öl" mit diesem Stoffe durch chemische Bindung, so daß schließlich dessen Konzentration im „Öl" von der Konzentration des gleichen Stoffes im Wasser nicht mehr abhängt. Nun stellt sich mit jeder dieses Ion enthaltenden Lösung, welche die damit gesättigte „Öl"phase berührt, ein nur von der Konzentration der Ionen in der Lösung abhängiges Potential ein — genau wie bei den Metallelektroden und gleichartigen Metallionen —, so daß es möglich wird, wie dort auch Konzentrationsketten zu bilden und zu messen.

*Glasketten.* Auch die durch HABER und KLEMENSIEWICZ[2]) nachgewiesene $H^+$-Konzentrationskette, die bei Scheidung von Lösungen verschiedener Säurekonzentration durch dünnes Glas auftritt, läßt sich nach diesem Schema auffassen, wie schon auch HABER tut, indem er annimmt, daß zwar Wasser und seine Ionen, nicht aber andere Elektrolyte in das Glas bis zu einem gewissen Sättigungszustand überzutreten vermögen. MICHAELIS[3]) gibt eine andere, aber wohl nur genauere, mit der ersteren kaum in Widerspruch stehende Erklärung, die darauf hinauskommt, das Kieselkolloid des Glases als eine anodische Wand aufzufassen, die aus dem Wasser $OH^-$-Ionen entnimmt und die zugehörigen $H^+$-Ionen in ihrer Nähe festhält.

*Ladungen organischer Kolloide.* Dieser Fall der Kieselsäuregallerte erscheint vielleicht am meisten geeignet, die Brücke zum besseren Verständnis der entsprechenden Zustände und Vorgänge in den organischen Gallerten und Kolloidlösungen auch im lebenden Organismus zu bilden. Die disperse Phase der Kolloide stellt ja für das Dispersionsmittel eine „Wand" von ungeheurer Ausdehnung vor, an der sich naturgemäß auch ähnliche elektrostatische Aufladungen wie bei den erörterten sonstigen Wänden entwickeln müssen. Bei der fast ausnahmslos nahe neutralen Reaktion der wässerigen Körperflüssigkeiten und bei der Lage der isoelektrischen Punkte der meisten organischen Ampholyte bei wesentlich höheren $H^+$-Konzentrationen, neigen die meisten Zell- und Gewebskolloide im Körper zu anodischer Aufladung gegenüber der umgebenden Flotte, d. h. sie reißen entweder aus dieser Anionen fest an sich und ziehen die zugehörigen Kationen locker gebunden nach oder sie entsenden in die Lösung aus der Grenzzone eigene Kationen, während sie selbst große und mizellartig zusammenhängende Anionen bilden. Auf jeden Fall entsteht an der Phasengrenze eine elektrische Doppelschicht, die nur das eine Mal ganz in der Flotte, das andere Mal zur Hälfte in der Flotte, zur anderen Hälfte in der dispersen Phase liegt. So ist die Wanderung der Eiweißsole im Stromgefälle meist zur Anode (Kataphorese) und die Verschiebung der Flüssigkeit durch organische Gallerten und Membranen meist zur Kathode (Endosmose) zu verstehen.

*Donnan-Potentiale.* Ein besonderer Fall von einer Entstehung elektrischer Phasenladungen durch Ionenverteilung ist endlich der von F. G. DONNAN[4]) rechnerisch abgeleitete, dem J. LOEB[5]) auch eine große Bedeutung für die physikalische Chemie der Körperkolloide zugeschrieben hat.

Es sei die Lösung eines vollständig dissoziierten Kolloidsalzes NaR von der molaren Konzentration $c_1$ durch eine Membran von der Lösung eines vollständig dissoziierten Krystalloidsalzes, z. B. NaCl von der molaren Konzentration $c_2$ getrennt:

| I | | II | |
|---|---|---|---|
| Na | $c_1$ | Na | $c_2$ |
| R | $c_1$ | Cl | $c_2$ |

Es wird dann das Kochsalz in die kolloidhaltige Phase I diffundieren bis zur Erreichung des Gleichgewichtszustandes, für den die thermodynamische Notwendigkeit gleicher Ionen-

[1]) BEUTNER: Die Entstehung elektrischer Ströme in lebenden Geweben. Stuttgart 1920.

[2]) HABER u. KLEMENSIEWICZ: Ann. d. Physik (4) Bd. 26, S. 927. 1908; Zeitschr. f. physikal. Chem. Bd. 67, S. 385. 1909.

[3]) MICHAELIS: Oppenheimers Handb. d. Biochem. Bd. II.

[4]) DONNAN: Zeitschr. f. Elektrochem. Bd. 17, S. 572. 1911. — PROCTER: Journ. of the chem. soc. (London) Bd. 105, S. 313. 1914. — PROCTER u. WILSON: Ebensa Bd. 109, S. 307. 1916.

[5]) LOEB: Journ. of gen. physiol. Bd. 3, S. 557, 667, 691. 1921; Bd. 4, S. 351. 1921.

produkte der frei diffusiblen Ionen besteht: $Na_I Cl_I = Na_{II} \cdot Cl_{II}$. Sind z. B. $x$ Moleküle Kochsalz von der kolloidfreien in die kolloidhaltige Lösung hineindiffundiert, so besteht die Beziehung: $c_1 + x \cdot x = (c_2 - x)^2 = y^2$.

So ergibt ein System, das zuerst aus zwei gleichräumigen Lösungen von 1. Na-Albuminat von bekanntem $c_1$ und von 2. NaCl bekannter Konzentration $c_2$ besteht, nach dem Diffusionsausgleich durch die Membran ein Gleichgewicht, bei dem immer die $Na^+$-Konzentration innen über die außen und die Cl-Konzentration außen über die innen überwiegt und außerdem ein osmotischer Überdruck innen vorliegt:

| | I Innen | | II Außen | |
|---|---|---|---|---|
| Anfangszustand . . . . . . . . . | $Na^+$ | $c_1 = 2$ | Na | $c_2 = 2000$ |
| | $R^-$ | $c_1 = 2$ | Cl | $c_2 = 2000$ |
| osmotisch wirksame Konzentration | | 4 | | 4000 |
| Endzustand . . . . . . . . . . | $Na^+$ | $1001{,}5 = c_1 + x$ | Na | $1000{,}5 = c_2 - x$ |
| | $R^-$ | $2 = c_1$ | Cl | $1000{,}5 = c_2 - x$ |
| | $Cl^-$ | $999{,}5 = x$ | | |
| osmotisch wirksame Konzentration | | 2003 | | 2001 |

Es wird hierbei durch den Salzzusatz der osmotische Druck des Natriumalbuminats von 4 auf 2003 — 2001 = 2, d. i. um 50% herabgesetzt. Das Verhältnis des beobachteten Donnanschen Druckes $\pi_D$ zum erwarteten, nach van t'Hoff zu berechnenden osmotischen Druck $\pi_H$ bei verschiedenen Konzentrationen von $c_1$ und $c_2$ gibt die folgende Tabelle wieder:

| $\frac{c_1}{c_2}$ | $\frac{\pi_D}{\pi_H}$ |
|---|---|
| 10 | 0,9066 |
| 1 | 0,67 |
| 0,5 | 0,6 |
| 0,1 | 0,52 |

J. Loeb glaubt im Überdrucke in der kolloidalen Phase schon die zureichende Ursache für die osmotische Drucksteigerung der Kolloide in Säuren, ja für die Säurequellung überhaupt erblicken zu dürfen, wofür die Bestätigung noch aussteht. Jedenfalls führt der Vorgang aber zu einer meßbaren *Potentialdifferenz* der beiden Lösungen, indem jede der beiden Phasen sein der anderen gegenüber überschüssig vorhandenes freibewegliches Ion an die andere abzugeben Neigung hat, was aber nur so weit geschehen kann, als es das Streben zum thermodynamischen Gleichgewichte zuläßt, wodurch eben hier eine Phasengrenz- oder Membranladung entsteht.

Grundsätzlich gelten ganz dieselben Überlegungen auch dann, wenn nicht gerade eine Membran das Bewegungshindernis für die Kolloidionen abgibt, sondern aus anderen Gründen des inneren Gefüges, z. B. mizelartigen Baues, die kolloiden Ionen an bestimmte Teilräume der Lösung gebannt sind. Es zeigen demgemäß auch, wie Loeb dargetan hat, Gallerten gegenüber ihren elektrolythältigen Flotten entsprechende elektrische Aufladungen.

Die Bedeutung der Donnan-Potentiale ist auch unter den Verhältnissen des lebenden Körpers vermutlich eine große, weil dort die molare Konzentration an Salzionen gegenüber der an Kolloidionen hinreichend groß zu denken ist, in welchem Falle diese Potentiale gut meßbare Werte annehmen können.

Das zeigen z. B. Untersuchungen von Lehmann und Meesmann[1]), die ein Donnan-Gleichgewicht zwischen Blut- und Kammerwasser festgestellt haben. Im Serum, dessen Eiweißgehalt etwa 7% ist und in dem die Kolloide als Anionen vorhanden sind, beträgt die Konzentration an Chlor 0,01 n, im Kammerwasser dagegen 1,21 n, während umgekehrt der Gehalt an Natrium im Serum 0,149 n ist, im Kammerwasser dagegen nur 0,121 n. Wichtig erscheint auch, daß entsprechend wie das Natrium auch die Wasserstoffionenkonzentration im Serum größer ist als im Kammerwasser; das $p_H$ des letzteren beträgt nur 7,78. Gleiche Erfahrungen hat auch E. Tschopp an der Galle gemacht[2]).

Leicher[3]) wies nach, daß der Calciumgehalt des Blutes stets höher liegt, als der des Liquors. Nach Ylppö[4]) hat der Liquor ein $p_H$ von 7,78, er ist also alkalischer als das Blut, wie nach dem Donnan-Prinzip zu erwarten ist.

---

[1]) Lehmann u. Meesmann: Pflügers Arch. f. d. ges. Physiol. Bd. 205, S. 209. 1924; Klin. Wochenschr. Bd. 3, S. 1028. 1924.

[2]) Tschopp, E.: Inaug.-Dissert. Basel 1925.

[3]) Leicher: Dtsch. Arch. f. klin. Med. Bd. 141, S. 196.

[4]) Ylppö: Zeitschr. f. Kinderheilk. Bd. 7, S. 157.

Von COULTER[1]) wird die Ionenverteilung zwischen Zelle (Erythrocyten) und umgebendem Medium auf ein DONNAN-Gleichgewicht zurückgeführt. Auch VAN SLYKE[2]) sowie BARCROFT[3]) ziehen es zur Erklärung der Verteilung von Elektrolyten und Wasser im Blut heran. Hier ist es wohl hauptsächlich durch eine sog. selektive Permeabilität der Oberfläche der Zellen, z. B. der roten Blutkörperchen für Ionen bedingt; es besteht Durchlässigkeit für die Anionen der Neutralsalze wie Chlor und $HCO_3$, Undurchlässigkeit für die Kationen und die kolloiden Eiweißionen. Das durch die bestimmten Verteilungsverhältnisse der Ionen hervorgerufene Membranpotential ist demnach mit an der Zelladung beteiligt.

Der Vergleich von Serum und Exsudaten in bezug auf den Elektrolytgehalt führten ATCHLEY, DANA, LOEB und BENEDICT[4]) zu der Beobachtung, daß der Chlorgehalt des Serums gegen den der Exsudate erniedrigt, der Kalium- und Natriumgehalt dagegen erhöht ist, eine Erscheinung, die gleichfalls durch das Donnan-Prinzip eine Erklärung findet.

Wichtig für die Kinetik der Einstellung des DONNAN-Gleichgewichtes sind Modellversuche von FODOR und FISCHER[5]) zur Aufklärung der Elektrolytverteilung in Gewebsflüssigkeiten, die ergaben, daß die Membran bei der Gleichgewichtseinstellung nicht passiv ist, sondern in ein Adsorptionsgleichgewicht sowohl mit der kolloidhaltigen als auch mit kolloidfreien Flüssigkeiten tritt, sowie daß ihr Quellungszustand darauf von Einfluß ist. Bei Dialysierversuchen, die sie mit Blutserum in SCHLEICHER-SCHÜLLschen Hülsen und Hammeldarmhülsen gegen Elektrolytlösungen verschiedener Konzentrationen anstellten, fanden sie einen höheren Elektrolytgehalt in der kolloidfreien Außenlösung, wie er als Ausdruck des DONNAN-Gleichgewichtes gefordert wird. Auch bei den anormalen Wasserbindungen der Ödeme tritt eine unterschiedliche Elektrolytverteilung, hauptsächlich an Kochsalz, dann auch Bicarbonat, Dinatriumphosphat auf, und zwar wurde in den meisten Fällen eine Erhöhung des Salzgehaltes der Ödemflüssigkeit gegenüber dem des Blutes festgestellt. So findet MICHAUD[6]) für Blutplasma einen um 7—20% erniedrigten Chlorgehalt gegenüber der Ödemflüssigkeit, während umgekehrt das Calcium im Blut angereichert ist. Auch für Kalium-, $H^+$- und $HCO_3^-$-Ionen ist das Bestehen der DONNANschen Regel nachgewiesen, während bei Natrium nach Versuchen von MICHAUD Unregelmäßigkeiten vorliegen. Einen Weg zur Trennung des DONNAN-Gleichgewichtes vom Adsorptionsgleichgewicht weist AUGSBERGER in noch unveröffentlichten Arbeiten aus der Physiologisch-Chemischen Anstalt Basel. Er berechnet, daß bei der Filtration eines Gemisches von total dissoziiertem Kolloidelektrolyt und gewöhnlichem Elektrolyt durch eine für das Kolloidion nicht durchlässige Membran die Größe der DONNAN-Verschiebung nur von dem Verhältnis Kolloid zu Elektrolyt abhängig ist, nicht von ihrer absoluten Konzentration, und daß sie durch den Verdünnungsversuch zur Bestimmung des nichtlösenden Raumes nicht beeinflußt wird. Eine doch auftretende Verschiebung ist durch eine Adsorption der Elektrolyte durch das Kolloid zu erklären.

*Adsorptionspotentiale.* Endlich wäre auch an das Zustandekommen echter Adsorptionspotentiale zu denken, wie sie in Elektrolytlösungen auch an völlig neutralen Kolloiden oder Wänden auftreten, wenn den beiden Ionen eine verschiedene Adsorbierbarkeit zukommt. Da aber, wie mehrfach erwähnt, die Kolloide des Körpers sich unter den dort herrschenden Verhältnissen vorwiegend nicht neutral verhalten, so kommt dieser Art von Potentialdifferenzen kaum größere Bedeutung im Körper zu.

Am bedeutsamsten erscheinen also für den lebenden Körper jene Potentialsprünge, die durch ungleiche Durchlässigkeit einer Phasengrenze für die Anionen und Kationen eines Elektrolyten zustande kommen, sei es dann, daß dieser Unterschied durch eine Siebwirkung einer Membran [BERNSTEIN[7])], sei es daß sie durch Löslichkeitsunterschiede für die Ionen in der zweiten Phase [BEUTNER[8])] bedingt sind.

*$H^+$ und $OH^-$-Wirkungen.* Eine besondere Stellung nehmen, wie mehrfach hervorgehoben, die Ionenwirkungen der Wasserionen $H^+$ und $OH^-$ ein. Die

---

1) COULTER: Journ. of gen. physiol. Bd. 7, S. 1. 1924.

2) VAN SLYKE: Journ. of biol. chem. Bd. 56, S. 765. 1923 und Proc. of the soc f. exp. biol. a. med. Bd. 20, S. 218.

3) BARCROFT: Journ. of gen. physiol. Bd. 56, S. 157. 1922.

4) ATCHLEY, DANA, LOEB u. BENEDICT: Proc. of the soc. exp. biol. Med. Bd. 20 S. 238. 1923.

5) FODOR u. FISCHER: Kolloidchem. Beitr. Bd. 18, S. 197. 1923.

6) MICHAUD: Virchows Arch. f. pathol. Anat. u. Physiol. Bd. 254, S. 710. 1921; Schweiz. med. Wochenschr. Bd. 3, S. 561. 1926.

7) BERNSTEIN: Zitiert auf S. 523.

8) BEUTNER: Zitiert auf S. 523.

Gegenwart beider in gut vergleichbaren Mengen ist in allen wässerigen Körperphasen in der eingangs angedeuteten Weise durch Puffergemische gesichert und sie erscheint durch das Zusammenwirken von Atmung und Harnbereitung in sehr vollkommener Weise geregelt [HENDERSON und SPIRO[1])]. Ihre Anwesenheit und Bedeutung in nichtwässerigen oder in wasserärmeren Phasen des Körpers ist noch ganz ungenügend erforscht. Es wäre durchaus denkbar, das dort auch weitaus größere Mengen beider als Lösungsstoffe in einem Phasenraum zugleich gegenwärtig sein können als im Wasser selbst der Fall ist [REICHEL[2])].

*Undurchlässigkeit der Zellwand.* Die Ionen des Wassers vermögen anscheinend durch die Zellwand ebensowenig hindurchzutreten als die Salzionen [OVERTON[3])]. BETHE[4]) hat an durchsichtigen Meerestieren, die lebend mit Neutralrot orange gefärbt wurden, beobachtet, daß sich der Farbenton nach Zusatz von Säure oder Lauge zum Seewasser bis zum Tode der Tiere nicht ändert, obwohl schon viel früher schwere Giftwirkungen zu bemerken sind. O. WARBURG[5]) konnte ähnliches an Seeigeleiern feststellen, deren $O_2$-Verbrauch im alkalisierten Meerwasser stark ansteigt, während der Farbenton der Vitalfärbung sich nicht ändert. Es gelingt aber eine solche Änderung ins Alkalische sofort zu bewirken, wenn an Stelle von Na- oder KOH Ammoniak verwendet wird, das in die Zellen rasch eindringt. Schon OVERTON hatte gezeigt, daß schwache Basen und Säuren oft stärkere $H^+$- und $OH^-$-Wirkungen in den Zellen entfalten als starke, weil ihre nicht dissoziierten Moleküle die Wand durchschreiten können. Das gleiche wurde für Tier- und Pflanzenzellen durch NEWTON, HARVEY[6]) u. a. genauer erwiesen.

*Giftwirkung.* Obwohl also die $H^+$ und $OH^-$-Ionen als solche in die Zelle nicht eindringen, übt doch ihre Berührung mit der Zellwand von außen her die mächtigsten Wirkungen auf die Zelle selbst aus. In höheren Konzentrationen stellen beide Ionenarten schwere allgemeine Zellgifte vor; sie wirken dann ätzend, d. h. die lebende Struktur sogleich aufhebend. Anscheinend kommt es dabei durch Säuren zu irreversiblen Fällungen, durch Laugen zur Auflösung der Plasmakolloide. Die Desinfektionswirkung der Säuren [PAUL, BIERSTEIN und REUSS[7])] und Laugen [PAUL und KRÖNIG[8])] hängt in erster Annäherung von ihrer Stärke, d. h. ihrem Dissoziationsgrad ab. Aber auch untertödliche Giftwirkungen, sowie Reizwirkungen durch Säuren und Basen sind reichlich bekannt. Sie gehen im großen und ganzen auch mit der Dissoziation dieser Stoffe parallel. So ist die Hämolysewirkung der Säuren und Laugen um so größer, je höher ihre molekulare Leitfähigkeit ist; doch bleibt fast immer die Wirkung der starken Säuren und Laugen bei gleicher $p_H$ geringer als bei der schwachen. [FÜHNER und NEUBAUER[9])]. Auch die Resistenz der Erythrocyten gegen Wärme [JODLBAUER und

---

[1]) HENDERSON u. SPIRO: Biochem. Zeitschr. Bd. 15, S. 105. 1908.

[2]) REICHEL: Biochem. Zeitschr. Bd. 127, S. 322. 1922.

[3]) OVERTON: Pflügers Arch. f. d. ges. Physiol. Bd. 92, S. 115. 1902.

[4]) BETHE: Pflügers Arch. f. d. ges. Physiol. Bd. 127, S. 219. 1909.

[5]) WARBURG, O.: Hoppe-Seylers Zeitschr. f. physiol. Chem. Bd. 66, S. 305. 1910; Biochem. Zeitschr. Bd. 29, S. 414. 1910. — LOEB u. WESTENAY: Journ. of biol. chem. Bd. 11, S. 153. 1915.

[6]) NEWTON HARVEY: Journ. of exp. zool. Bd. 10, S. 507. 1911; Americ. journ. of physiol. Bd. 31, S. 335. 1913; Internat. Zeitschr. f. physikal.-chem. Biol. Bd. 1, S. 463. 1914. — BARRATT: Zeitschr. f. allg. Physiol. Bd. 4, S. 438. 1904. — MCCLENDON: Biol. bull. of the marine biol. laborat. Bd. 22, S. 113. 1912; Journ. of biol. chem. Bd. 10, S. 459. 1912. — RUHLAND: Jahrb. f. wiss. Botanik Bd. 54, S. 391. 1914. — COLLET: Journ. of exp. zool. Bd. 29, S. 443. 1919.

[7]) PAUL, BIERSTEIN u. REUSS: Biochem. Zeitschr. Bd. 25, S. 367. 1910.

[8]) PAUL u. KRÖNIG: Zeitschr. f. Hyg. u. Infektionskrankh. Bd. 25, S. 1. 1897.

[9]) FÜHNER u. NEUBAUER: Arch. f. exp. Pathol. u. Pharmakol. Bd. 56, S. 333. 1907.

HAFFNER[1])], sowie gegen Narkotica [HAFFNER[2])] hängt bei Gegenwart von Säuren von deren Acidität ab. Die Hemmung der Hefegärung durch Säuren verhält sich ähnlich (BIAL[3])]. Auch aus den Untersuchungen BARRATTS, N. HARVEYS und COLLETS[10]) über Säure- und Laugenwirkungen auf Infusorien und N. HARVEYS auf Pflanzenzellen geht das gleiche hervor (s. S. 528). In den oben angeführten Versuchen O. WARBURGS[4]) wurde die Atmungsgröße der Seeigeleier schon durch kleine $OH^-$-Mengen auch ohne Umfärbung des Zellinnern wesentlich erhöht.

*Entwicklungsreize.* Bei der durch J. LOEB[5]) zustande gebrachten vollkommenen Nachahmung der entwicklungserregenden Wirkung der Spermatozoen auf das Ei durch chemische Mittel handelt es sich zunächst in dem Anreiz zur Membranbildung offenbar um eine leichte $H^+$- oder $OH^-$-Ionenwirkung im Innern des Eies, welche am besten durch die besonders schwach dissoziierenden, aber besonders gut lipoidlöslichen Fettsäuren oder organischen Amine bewirkt wird, dann aber um eine äußere kurzdauernde Einwirkung des in der hypertonischen Lösung erforderlichen $OH^-$-Ionenüberschusses.

*Gleichgewicht.* Die Wasserionen nehmen auch an physiologischen Gleichgewichten mit anderen Ionen teil, wobei manchmal die allein wirkungslosen Salze die Wirksamkeit der Säuren oder Basen verstärken oder abschwächen, manchmal aber auch umgekehrt eine schädliche Wirkung der reinen Salzlösungen durch $H^+$-Ionen aufgehoben werden kann. So fand BIAL[3]), daß NaCl die Hefegärhemmung der Salzsäure trotz der erwarteten Rückdrängung der Dissoziation verstärkt, und auch PAUL BIERSTEIN und REUSS[6]) konnten eine Verstärkung der desinfisierenden Säurewirkung durch Neutralsalze feststellen, welcher Fall dann von GEGENBAUER und REICHEL[7]) bestätigt und genauer erforscht worden ist. Nach LOEB[8]) sind die Giftwirkungen reiner Säurelösungen auf Fundulusfische durch NaCl oder $CaCl_2$ aufzuheben, ebenso für Funduluseier und zwar durch mehrwertige Ionen leichter als durch einwertige. Unter Umständen, und zwar nach vorübergehender Wässerung in reinem Wasser werden aber dort die Säurewirkungen durch Salze gefördert [„Salzeffekt "LOEBS[9])]. Entgiftungen von $H^+$ durch Salze gibt auch COLLET[10]) für Infusorien an.

Umgekehrt können die Schädigungen, welche reine Kochsalzlösungen vom osmotischen Druck des Meerwassers auf Funduluseier [MATHEWS[11])] oder Mytiluszilien [LILLIE[12])] ausüben durch kleine Mengen $H^+$ in ähnlicher Weise wie durch mehrwertige Ionen aufgehoben werden. Die $OH^-$-Wirkungen auf Fundulusfische werden aber durch Salze nach der Wertigkeit ihrer Ionen verstärkt und ebenso die Salzwirkungen durch $OH^-$-Ionen [LOEB[13])]. Die quellende Wirkung reiner Säure- und Laugenlösungen auf organische Kolloide, besonders auf Gelatine,

---

1) JOLLBAUER u. HAFFNER: Pflügers Arch. f. d. ges. Physiol. Bd. 199, S. 121. 1920.
2) HAFFNER: Pflügers Arch. f. d. ges. Physiol. Bd. 196, S. 15. 1922.
3) BIAL: Zeitschr. f. physikal. Chem. Bd. 40, S. 513. 1902.
4) WARBURG, O.: Zitiert auf S. 528.
5) LOEB, J.: Unters. u. künstl. Parthenog. Leipzig 1906. — Biochem. Zeitschr. Bd. 15, S. 254. 1909; Journ. of exp. zool. Bd. 13, S. 577. 1912; Pflügers Arch. f. d. ges. Physiol. Bd. 118, S. 181. 1907.
6) BIERSTEIN, PAUL u. REUSS: Zitiert auf S. 528.
7) GEGENBAUER u. REICHEL: Arch. f. Hyg. Bd. 78, S. 1. 1913.
8) LOEB: Biochem. Zeitschr. Bd. 33, S. 489. 1911; Bd. 39, S. 167. 1912.
9) LOEB: Journ. of biol. chem. Bd. 27, S. 363. 1916; Bd. 32, S. 147. 1917; Journ. of gen. physiol. Bd. 5, S. 231. 1922.
10) COLLET: Journ. of exp. zool. Bd. 34, S. 75. 1921.
11) MATHEWS: Americ. journ. of physiol. Bd. 12, S. 419. 1905.
12) LILLIE, nach HÖBER: Physiol. Chemie der Zelle und der Gewebe. 2. Aufl., S. 675. 1924.
13) LOEB, nach HÖBER: Physiol. Chemie der Zelle und der Gewebe. 2. Aufl., S. 675. 1924.

wird durch Salze gehemmt [M. H. FISCHER[1]), PAULI und HANDOWSKY[2]), GEGENBAUER und REICHEL, LOEB[3])], ihre lösende Wirkung auf Globulin und Albumin meist ebenso [HARDY[4]), PAULI und HANDOWSKY] nur für Globulin durch Lauge gefördert [HARDY].

*Verbindungen mit Eiweiß.* Die Säuren und Laugen gehen im Gegensatz zu den Neutralsalzen mit den organischen Eiweißkolloiden chemische Verbindungen nach bestimmten Verhältnissen ein, welche, wenn nicht größere Überschüsse des einen der beiden Stoffe vorliegen, einer teilweisen hydrolytischen Aufspaltung unterliegen [SJÖQUIST[5]), BUGARSKI und LIEBERMANN[6]), SPIRO und PEMSEL[7]), O. COHNHEIM[8]), OSBORNE[9]), GEGENBAUER und REICHEL[10])]. Als Bindungsgröße für die Säurebindung berechnet sich nach der kritischen Darstellung der letztgenannten Autoren aus allen vorliegenden Angaben, soweit es sich nicht um Abbaustufen des Eiweißes handelt, ein Äquivalentgewicht des Eiweißes von 700—800. Gegenteilige Angaben von O. COHNHEIM[11]) und T. B. ROBERTSON[12]) gehen auf Analysen ERBS[13]) zurück, die durch v. RHORER[14]) als fehlerhaft erwiesen worden sind. Das Laugenbindungsvermögen dürfte von ähnlicher Größenordnung sein.

Diese echt chemischen Bindungen der Säuren und Laugen mit den wichtigsten Plasmakolloiden, an denen die $H^+$- und die $OH^-$-Ionen verankert werden können, sind ja, soweit die entstehenden Verbindungen auch selbst dissoziierbar sind, derselbe Vorgang, welcher als elektrische Aufladung der Kolloide abseits von ihrem isoelektrischen Punkte beschrieben worden ist.

*Bedeutung des $p_H$-Wertes.* Der die herrschende $H^+$- und $OH^-$-Konzentration ausdrückende Wert-$p_H$ der wässerigen Körperphase erscheint als wichtige unabhängige Variable für viele, ja vielleicht für alle Zustandsänderungen der Kolloide [MICHAELIS[15])]. Die größten in Körpersekreten vorkommenden Unterschiede dieses Wertes scheinen den Ablauf gewisser Fermentreaktionen sichern zu sollen, deren lebenswichtigste jedoch intrazellulär vor sich gehen und dort wahrscheinlich auch schon durch kleine Unterschiede des $p_H$ entscheidend beeinflußt werden. Vielleicht werden sich in Zukunft auch die Neutralsalzwirkungen auf die organischen Kolloide und im Körper wenigstens zum Teil durch mittelbare geringe Einflüsse auf den $p_H$-Wert [LOEB[16]), SPIRO[17])] verstehen lassen.

---

[1]) FISCHER, M. H.: Pflügers Arch. f. d. ges. Physiol. Bd. 125, S. 99. 1908.
[2]) PAULI u. HANDOWSKY: Biochem. Zeitschr. Bd. 18, S. 340. 1909; Bd. 24, S. 239. 1910.
[3]) LOEB: Journ. of gen. physiol. Bd. 3, S. 667. 1921.
[4]) HARDY: Journ. of gen. physiol. Bd. 33, S. 251. 1906.
[5]) SJÖQUIST: Skandinav. Arch. f. Physiol. Bd. 5, S. 277. 1894.
[6]) BUGARSKI u. LIEBERMANN: Pflügers Arch. f. d. ges. Physiol. Bd. 72, S. 51. 1898.
[7]) SPIRO u. PEMSEL: Hoppe-Seylers Zeitschr. f. physiol. Chem. Bd. 26, S. 234. 1899.
[8]) COHNHEIM, O.: Zeitschr. f. Biol. Bd. 33, S. 489. 1906.
[9]) OSBORNE: Hoppe-Seylers Zeitschr. f. physiol. Chem. Bd. 33, S. 240. 1901.
[10]) GEGENBAUER u. REICHEL: Zitiert auf S. 529.
[11]) COHNHEIM, O.: Chemie der Eiweißkörper. Braunschweig 1904.
[12]) ROBERTSON, T. B.: Ergebn. d. Physiol. Bd. 10, S. 216. 1910.
[13]) ERB: Zeitschr. f. Biol. Bd. 41, S. 309. 1901.
[14]) RHORER: Pflügers Arch. f. d. ges. Physiol. Bd. 90, S. 368. 1902.
[15]) MICHAELIS: Die Wasserstoffionenkonzentration. Berlin 1914.
[16]) LOEB: Journ. of gen. physiol. Bd. 1, S. 559. 1919; Bd. 3, S. 85. 1920.
[17]) SPIRO: Schweiz. med. Wochenschr. 1921, Nr. 20.

# Die Narkose und ihre allgemeine Theorie.

Von

**Hans H. Meyer**

Wien.

## Zusammenfassende Darstellungen.

Bernard, Cl.: Leçons sur les anesthésiques et sur l'asphyxie. Paris 1875. — v. Bibra u. Harless: Die Wirkung des Schwefeläthers in chemischer und physiologischer Beziehung. Erlangen 1847. — Höber, R.: Physikalische Chemie der Zellen und der Gewebe. 5. Aufl. Leipzig 1922. — Overton, E.: Studien über die Narkose. Jena 1901. — Verworn, M.: Narkose. Jena 1912. — Winterstein, H.: Die Narkose usw. 2. Aufl. Berlin 1926. — Abschnitt „Narkose" in H. H. Meyer u. R. Gottlieb: Exp. Pharmakologie. Wien 1925. — Hansen, Klaus: Zur Theorie der Narkose. Oslo 1925. — Trömner, E.: Das Problem des Schlafes. Wiesbaden 1922.

Alles Lebende zeigt eine andauernd tätige „aktuelle" Energieentladung im Stoffwechsel, im Wachstum oder auch in den der Stoffaufnahme und -abgabe, der Saftströmung und der Zellatmung dienenden Arbeitsleistungen — will sagen in seinem vegetativen Leben; es besitzt und verrät aber außerdem „potentielle" Energie in seiner Reizbarkeit, d. i. der Fähigkeit auf „Reize" (Störungen seines jeweiligen Zustandes) mit besonderen, zeitlich begrenzten Leistungen zu antworten. Man kann es zusammen kurz als das *automatische* und das *reflexmäßige* Leben des Lebenden bezeichnen.

Das Leben der Organismen unterliegt — übrigens aus unaufgeklärter Ursache — zeitweiligen Ruhezuständen, dem Schlaf, in welchem je nach seiner Tiefe das automatische Leben wohl verlangsamt oder abgeschwächt, das reflexmäßige aber teilweise oder ganz aufgehoben ist und ruht. Ein dem natürlichen Schlaf ähnlicher (aber in gewisser Beziehung davon doch zu unterscheidender) Zustand des abgeschwächten *automatischen* und des teilweise oder vollständig gehemmten *Reflex-Lebens* kann durch künstliche Mittel, durch besondere chemische oder physikalische Einwirkung vorübergehend herbeigeführt werden: solch einen künstlichen *schlafähnlichen Zustand* nennen wir *Narkose*.

In Schlaf gerät unsere Hirnrinde, nicht aber die Nerven und die einzelnen Organe des Körpers; die können nur durch *Ermüdung* (Erschöpfung und Vergiftung durch Ermüdungsstoffe) minder erregbar werden; das Gehirn aber verfällt in Schlaf, d. h. in Ruhe und verminderte Erregbarkeit *auch ohne alle Ermüdung* aus anderen, einstweilen unbekannten Ursachen; freilich führt starke Ermüdung den Schlaf in der Regel ebenfalls, aber doch keineswegs immer, herbei. Genügend starke Narkose kann aber den Schlaf *erzwingen*. Von Verworn ist nachdrücklich betont worden, daß natürlicher und narkotischer Schlaf ganz verschiedene Zustände seien, und zwar, weil während des natürlichen Schlafes Erholung einsetze, nicht aber während der Narkose. Das ist *nur zum Teil richtig*: im natürlichen Schlaf sind vorerst allein die „obersten", an die bewußte Wahrnehmung geknüpften Leistungen ausgeschaltet oder behindert; die tieferen Reflexvorgänge im Hirnstamm und Rückenmark und noch mehr die chemisch vegetativen Vorgänge des Stoffab- und -aufbaues in den Körperzellen aber kaum gestört[1]). Mit einem narkotischen Gift dagegen, wie Äther und seinesgleichen, *können* bei genügender Vergiftung *alle* Reflexe lebender Zellen, von den Bakterien und Amöben bis zu den Metazoen, gehemmt werden, so gut die *Bewegungs-* und *Kreislaufs-*, wie die *Entzündungs-* und wie auch die *Erholungsreflexe*; denn auch die Aufladung von Spannkraft in einer durch Reizung entladenen Zelle ist ein durch ihren Kern zwangsläufiger Reflexvorgang. Die Tiefe nun, bis zu der die Narkose hinabsteigt, hängt von der Vergiftungsstärke ab, sofern durch schwache Vergiftung beim Säugetier, zumal beim Menschen, eben *nur* die obersten Wahrnehmungsreflexe ausgeschaltet werden, so daß der Schlaf eingeleitet und unterhalten wird. Da brauchen die tiefen Reflexe noch gar nicht gehemmt zu sein, am allerwenigsten der „Erholungsreflex"; womit dann die Erfahrung übereinstimmt, daß ein durch ein geeignetes Schlafmittel begünstigter Schlaf erquickend und stärkend ist wie sonst ein gesunder. —

Wenn in einem Uhrwerk mit mehrfachen Federtrieben das Öl, sei es durch Kälte oder etwa durch ein eindringendes Gas, erstarrt, so werden alle Teile des Werkes gleichartig, die zartesten und schnellst bewegten aber am stärksten gehemmt werden; fällt dagegen in das Werk ein Sandkorn, so wird es seiner Größe entsprechend an *einem* Zahnrad haften und hemmen, die davon unabhängigen Teile aber ungestört weiter laufen lassen. So gibt es Mittel, die wie jenes Sandkorn nur an ganz vereinzelten bestimmten Bildungen im Körper haften und stören, die übrigen aber nicht merklich berühren: das sind die auswählend wirksamen narkotischen Alkaloide wie Morphium, Atropin, Scopolamin, Cocain und viele andere. Ihre Wirkung ist demgemäß beschränkt nicht nur auf bestimmte Organe und Organleistungen, sondern auch auf bestimmte Organismenarten, entweder auf einzelne Tierklassen oder, wie manche „Antiseptica", vorwiegend nur auf gewisse Arten von pflanzlichen Zellen.

Demgegenüber gibt es aber *chemische* und *physikalische* Einflüsse, durch die ganz allgemein und im Wesen gleichartig *alle lebenden Organismen* eingeschläfert, betäubt, „narkotisiert" werden, und zwar *grundsätzlich gleichartig* auch in allen ihren Teilen, unbeschadet, daß in Wirklichkeit die Narkose der verschiedenen Teile sehr ungleich stark und ungleich schnell eintritt, so daß zunächst immer nur die zartesten, höchstentwickelten und zugleich höchstempfindlichen Gebilde — bei den höheren Tieren die Nervenzentren — betroffen werden, vor allem also die Träger des Reflex-Lebens, während die des automatischen kaum beeinträchtigt zu werden brauchen.

Von *dieser allgemeinen Narkose* soll hier allein die Rede sein. Solche Einflüsse *physikalischer* Art sind unter anderem genügend starke *Abkühlung* (besonders leicht und auffällig zu beobachten an Insekten: Fliegen, Schmetterlingen usw.) oder genügend starke *Erwärmung*: „Wärmestarre", wie sie in den Tropen bekannt ist und experimentell leicht auch an Fröschen, Krebsen usw. hervorgerufen werden kann.

Die *chemischen* Mittel zur allgemeinen Narkose sind sehr zahlreich und sehr verschiedenartig. Eines davon ist, wenn auch unerkannt, von den Menschen seit jeher als Betäubungsmittel benützt worden, der *Alkohol*, in Form gegorener Getränke; und auch zu richtiger tiefer Narkose behufs chirurgischer Operationen ist der Bananawein von den Negern in Uganda schon verwendet worden (Felkin 1885).

Eine zielbewußte und zusammenhängend planvolle Erforschung der unbegrenzt immer noch wachsenden, sich ausbreitenden Gruppe von allgemeinnarkotischen Stoffen ward aber erst ermöglicht durch die Entdeckung der Lachgasbetäubung. Die Geschichte dieser und der nächsten sich anschließenden Entdeckungen ist bekannt; einen fesselnden, mit trefflichen Bildnissen ge-

[1]) Über die Beteiligung des vegetativen Nervensystems an der Schlafeinstellung vgl. W. R. Hess: Über die Wechselbeziehungen zwischen psychischen und vegetativen Funktionen. Zürich 1925.

schmückten Abriß davon hat CH. D. LEAKE in The Scient. Monthly Bd. 20. 1925 gegeben. Wesentlich ist, daß in rascher Folge nach dem Stickoxydul, dem Äther und Chloroform eine große Reihe anderer flüchtiger Narkotica entdeckt und auch die gleichartig wirkenden, nichtflüchtigen Schlafmittel, das Chloralhydrat voran, aufgefunden und in zahlreichen Abarten und auch ganz neuen Gestaltungen und Verkettungen hergestellt und verwendet wurden.

*Kennzeichnend* und *wesentlich* ist *bei allen* den *hierhergehörigen* narkotischen Stoffen, daß sie *alle lebenden Wesen ohne Ausnahme* zu betäuben fähig sind[1]), und zwar bei allen, auch den pflanzlichen Zellen, in den *geringeren* Graden der Einwirkung zunächst nur die Lebensbetätigung, die wir als *reflexmäßige* bezeichnet haben, nämlich die „Reizbarkeit" aufheben, bei Bakterien z. B. die Chemotaxis[2]), bei Algen (zunächst nur) die phototaktische Empfindlichkeit, bei höheren Pflanzen (Mimosen z. B.), bei Amöben und Infusorien alle Reizbewegungen und Tropismen[3]), desgleichen bei den Metazoen in abgestufter Folge alle Reflexäußerungen. Erst in viel höheren Graden der Vergiftung schläft auch das *automatische* Leben und alle Bewegung, selbst die Plasmaströmung der Zellen, ein; was dann je nach dem Bau und Zustand des Lebewesens und nach der Dauer dieser völligen Hemmung des Lebens zum Scheintod oder zum wirklichen Absterben führt.

Es ist mit der *anfänglich* allein auf die *Reizbarkeit* beschränkten Narkose die Tatsache ausgedrückt, daß der Reflexbogen vom peripheren *Empfangsgebilde*, Receptor (Sinneszelle) über die zentral die Antwort bestimmende *Oberleitung*, Person (Zellkern, Nervenzentrum) zum *Ausrichtegebilde*, Effektor (Muskel, Drüse) *unterbrochen* ist, und zwar, wie die experimentelle Analyse an höher entwickelten Tieren unzweideutig ergibt, *zunächst* nur an dem zentralen *Oberhauptgebilde*, d. i. der Sammelstelle, in der die von außen einlaufenden Erregungen und Reize vereinigt und verarbeitet werden, während die zu- und ableitenden Bahnen (Nerven) sowie die Receptoren und Effektoren noch nahezu unversehrt sind.

Beim Menschen und bei den höheren Tieren ist die Erregung dieser Sammelstelle durch Sinnesreize *zugleich mit Empfindungen* verknüpft, und diese Verknüpfung wird zu allererst durch die Narkose gestört. Noch *vor* der Dämpfung oder Hemmung der Reflexe selbst wird die ihnen vorangehende, übergeordnete Empfindung, d. i. die *bewußte* Wahrnehmung — nicht aber das unbewußte subcorticale oder spinale Merken — gewisser Reize, insbesondere der Unlust- und Schmerzreize, aufgehoben (Lachgas, Alkohol), während die *sonstigen* Empfindungen und Bewußtseinsvorgänge noch kaum beeinträchtigt sind.

Auf dieser sehr merkwürdigen, einstweilen unerklärten Sonderwirkung beruht der außerordentlich hohe Wert *all dieser Mittel* zur *Schmerzbetäubung* bei Operationen oder zur Einleitung und Unterhaltung des natürlichen Schlafes, freilich aber auch die bekannte Gefahr ihres Mißbrauches zu Genußzwecken, um die Unlustgefühle des Lebens zeitweilig los zu werden.

Für die Zwecke des operierenden Wundarztes oder experimentierenden Forschers genügt für ganz kurze oder leichte Operationen das Beseitigen oder Abschwächen der bewußten Schmerzempfindung; in den meisten Fällen aber

---

1) BERNARD, CL.: Die Narkotica sind „les réactifs naturels de toute substance vivante". Leçons sur les phénomènes de la vie communs aux animaux et aux végétaux. Bd. 1, S. 253. 1885.

2) Mikroorganismen (Bakterien, Spirillen usw.) werden „anästhesiert" (chemotaktisch gelähmt), ihre „Reizbewegungen" gehemmt, lange bevor ihre *Eigen*bewegung aufhört. ROTHERT, W. (bei PFEFFER): Jahrb. f. wiss. Botanik Bd. 39. 1904.

3) Z. B. geotrope Krümmung wagrecht gelegter Keimlinge von Lupinus alb. GROTTIAN, W.: Zeitschr. f. wiss. Botanik 1909.

ist zum erfolgreichen Arbeiten auch die Aufhebung der unbewußten Wahrnehmung und der darangeknüpften Fremd- und Eigenreflexe[1]), die Entspannung der Muskeln und Bänder erforderlich; dazu bedarf es dann *tieferer* und tiefster Narkose, wobei aber leicht die Grenze zur Lähmung auch der *automatischen Vorrichtungen*, namentlich des Atmungs- und des Kreislaufapparates, erreicht oder überschritten wird. Die ärztliche Brauchbarkeit eines Betäubungsmittels hängt deshalb ab unter anderem wesentlich von der Breite seines schon wirksamen, aber noch nicht lebensgefährlichen Conzentrationsbereiches in den Körperflüssigkeiten und Geweben. Bei flüchtigen, durch die Atmung aufgenommenen Stoffen steigt und fällt ihre Conzentration im Körper im *geraden Verhältnis* ihres *Teildrucks* in der *Atemluft*.

Man kann die Narkotica nach Art und Zweck ihrer Anwendung einteilen 1. in die mehr oder weniger leicht flüchtigen „Inhalationsanästhetica", die nur solange betäuben, als sie eingeatmet werden, und 2. in die schwer oder gar nicht flüchtigen „Hypnotica", die nach einmaliger Einfuhr einer abgemessenen Gabe in den Magendarmkanal (oder in besonderen Fällen in die Blutbahn) einen entsprechend tiefen und langen Schlaf verursachen.

Innerhalb dieser Einteilung kann man sie ordnen nach dem *Grade* ihrer *Wirkungsstärke*. Die besondere Wirkungsstärke hat nichts mit dem Grade der Flüchtigkeit zu tun, sondern hängt unmittelbar mit anderen Eigenschaften der Narkotica zusammen, nämlich mit solchen, die die *narkotische Wirksamkeit überhaupt* bedingen. *Diese* Eigenschaften aufzufinden und grundsätzlich festzustellen ist die *erste Aufgabe* einer theoretischen Erklärung der Narkose. Daran schließt sich unmittelbar die *nächste* Frage nach dem *Angriffspunkt* in der lebenden Zelle und der daselbst etwa hervorgebrachten *Veränderung*. Gegenstand der *letzten*, ganz gesonderten *Frage* wird dann der *Zusammenhang* dieser Veränderung mit der Lebenshemmung sein müssen, die wir als Narkose bezeichnen.

Die Anfangsaufgabe wird dadurch erleichtert, daß eine ungemein große Zahl der *verschiedenartigsten* Stoffe bekannt ist, die *sämtlich allgemeine Narkotica* sind. Es gehören dazu Körper aller drei Aggregatzustände und aller chemischen Klassen, wie u. a. die anorganischen Gase $N_2O$, $CO_2$, $CS_2$, $H_2S$, unzählige organische Verbindungen aliphatischen und zyklischen Baues, Alkohole, Äther, Ester, Aldehyde, Ketone, Säureamide usw.

Wenn man diese große Reihe chemisch *verschiedenartigster* und doch in *ihrer Einwirkung* auf lebende Zellen *im wesentlichen* einander ähnlicher Körper betrachtet, so fällt zunächst auf, daß sie alle *nahezu „indifferent"*, d. h. nicht oder kaum *Elektrolyte* sind und nicht unmittelbar Ionenreaktionen eingehen, daher im großen und ganzen *chemisch träge*, manche von ihnen, wie die gesättigten Kohlenwasserstoffe, sogar chemisch ganz unbeweglich sind.

Viele, wie die Aldehyde, Ketone und zum Teil auch Alkohole und Phenole, sind chemisch mehr oder weniger reaktionsfähig, aber mit zunehmender Reaktionsfähigkeit schwindet oder versteckt sich die eigentliche rein narkotische und reversible Wirkung hinter *ganz anderen*, jedem von diesen Körpern *eigenartigen* und auch an verschiedenen Lebewesen jeweils verschiedenen Giftwirkungen. *Das indifferente Kohlendioxyd* $CO_2$ bildet in Wasser — allerdings nur in sehr geringer Menge — *Kohlensäure* $H_2CO_3$, die als solche dann bei Gegenwart von Kationen Salzverbindungen eingeht und damit ihre narkotische Wirkung einbüßt; ähnlich verhält es sich auch mit einzelnen anderen narkotischen Stoffen.

Aus diesem Gesamtverhalten der Narkotica läßt sich schließen, daß die allen gemeinsame gleichartige Wirkung nicht von eigentlich *chemischer* Wechselwirkung zwischen ihren Ganzmolekülen oder einzelnen ihrer Atom- und Molekül-

[1]) HOFFMANN, P.: Zeitschr. f. Biol. Bd. 71. 1920.

gruppen und den lebenswichtigen Bestandteilen der Zellen unmittelbar abhängig sein kann.

Es hat nicht an solchen Annahmen gefehlt, so die Annahme von Binz, daß in den halogenhaltigen Mitteln das *Halogenatom* das eigentlich narkotisch Wirksame sei: oder die Annahme Schmiedebergs von der narkotischen Wirksamkeit der Äthylgruppe usw.[1])

Es muß vielmehr nach einer *allen gemeinsamen, gleichen* Verwandtschaftsbeziehung zu den Zellbestandteilen gesucht werden, d. h. aber *nur* auf dem Boden ihrer allen gemeinsamen, *chemisch-physikalischen Natur.*

Eine solche physikalisch-chemische Beziehung ist auch schon sehr bald nach der Entdeckung und Einführung der Äther- und Chloroformbetäubung im Jahre 1847 dem hellen Blick der Erlanger Forscher v. Bibra und Harless aufgefallen.

v. Bibra und Harless machten Versuche an Fröschen und Warmblütern mit Äther und einigen anderen flüchtigen Stoffen, wie Essigäther und Äthylchlorid, die ebenso wie Äther die Fähigkeit besaßen, Öl, Schweinefett oder auch das „Gehirnfett" von Menschen und Tieren aufzulösen. Sie ließen sich nämlich von dem Gedanken leiten, daß die flüchtigen, zu allererst oder allein das Gehirn betäubenden Gifte zu den im Gehirn — im Gegensatz zu den übrigen Körperzellen — vorherrschenden *fettartigen* Stoffen eine unmittelbare Beziehung haben möchten. Um dies zu prüfen, bestimmten sie die Mengen von Körper- und von Hirnfett, die von Äther, Essigäther, Salzäther bei verschiedenen Temperaturen gelöst werden, und verglichen damit schätzungsweise die narkotische Kraft; sie fanden, daß die stärker fettlösenden Stoffe auch stärker betäuben, und stellten sich nun vor, daß die Narkotica fettartigen Nervenstoff teilweise auflösen, den Nervenzellen entziehen und mit dem Blut fortführen. Sie stützten diese Annahme durch eine Reihe von Durchschnittsbestimmungen des Fettgehaltes einerseits im Gehirn und Mark, anderseits in der fettstapelnden Leber von unbehandelten und von stundenlang beätherten Tieren, woraus hervorzugehen schien, daß durch längeres Beäthern das Hirn und Mark fettärmer, die Leber fettreicher werde.

60 Jahre später hat diese sonderbaren und meist angezweifelten Befunde K. Reicher[2]) insofern bestätigt, als er bei Hunden eine unverkennbare *Fettanreicherung* des *Blutes* nach $1^1/_2$stündiger Äther- oder Chloroformnarkose feststellte und sie auf „Lockerung" und „Ausstoßung" von Fettstoffen aus den Zellen bezog.

Ohne auf die schlechterdings anfechtbaren Folgerungen, die v. Bibra und Harless aus ihren für statistische Schlüsse viel zu spärlichen Versuchen gezogen haben, einzugehen, ist die Annahme, daß die Narkose auf dem Herauslösen und räumlichen Fortschwemmen von Hirnlipoiden beruhe, schon allein durch den Hinweis auf das rasche Erwachen aus der Betäubung von vornherein zurückzuweisen. Das hat aber auch schon v. Bibra eingesehen und deshalb ergänzend erklärt, „daß nicht die Auflösung und Fortführung von Nervenfett (allein) den Grund der Narkose bilde, sondern (daß sie nebenbei auch dadurch eingeleitet werde) daß durch den in die Nervenröhren dringenden Äther das Fett in andere Verhältnisse zu dem Eiweiß und Wasser gesetzt werde, mit dem es im normalen Zustande verbunden ist". Wenn die — freilich nicht von v. Bibra, sondern von mir — eingeklammerten Worte ausgelassen werden, entspricht diese Erklärung

---

[1]) Schmiedeberg: Arch. f. exp. Pathol. u. Pharmakol. Bd. 20, S. 201. — Vgl. S. Fränkel: Die Arzneimittelsynthese, S. 27. 5. Aufl. Berlin 1921. — Dahin gehört auch Ehrlichs Hypothese haptophorer und toxophorer „Seitenketten" in Farbstoffen und Giften; für Farbstoffe ist sie von W. Schulemann auf Grund erschöpfender Versuche über „Vitalfärbung" bündig widerlegt worden. Biochem. Zeitschr. Bd. 80. 1917.

[2]) Reicher, K.: Zeitschr. f. klin. Med. 1908, Bd. 65.

fast genau der Vorstellung, zu der wir heute auf Grund neuer Versuche gekommen sind, und die im folgenden wird begründet werden.

Von verschiedenen Gesichtspunkten ausgehend und ohne voneinander zu wissen, haben nahezu gleichzeitig E. OVERTON und HANS H. MEYER das Narkoseproblem aufgenommen, mit dem gleichen Verfahren bearbeitet und das gleiche Ergebnis geschöpft, das zunächst in den folgenden Sätzen ausgedrückt ward[1]):

1. Alle chemisch zunächst indifferenten Stoffe, die für Fett und fettähnliche Körper löslich sind, müssen auf lebendes Protoplasma, sofern sie sich darin verbreiten können, narkotisch wirken.

2. Die Wirkung wird an denjenigen Zellen am ersten und stärksten hervortreten müssen, in deren chemischem Bau jene fettähnlichen Stoffe vorwalten und wohl besonders wesentliche Träger der Zellfunktion sind, in erster Linie also an den Nervenzellen.

3. Die verhältnismäßige Wirkungsstärke solcher Narkotica muß abhängig sein von ihrer mechanischen Affinität zu fettähnlichen Substanzen einerseits, zu den übrigen Körperbestandteilen, d. i. hauptsächlich Wasser, anderseits, mithin von dem *Teilungskoeffizienten*, der ihre Verteilung in einem Gemisch von Wasser und fettähnlichen Substanzen bestimmt.

Nach diesen Sätzen ist also die *Fettlöslichkeit* die *Hauptbedingung* der narkotischen Wirkung. Sie gründen sich auf die folgenden zwei Reihen von Tatsachen:

1. Man kann beobachten, daß alle beliebigen indifferenten fettlöslichen Stoffe, *wenn sie in die Zelle dringen*, narkotisch wirken, und zwar unzersetzt, ohne chemische Wechselwirkung; und daß sie ihre narkotische Kraft verlieren, sobald sie eine physikalische Änderung erleiden, die sie fettunlöslich macht. Die indifferenten Säureamide wirken alle narkotisch bis auf das Formamid und Carbamid, die von ihnen allein nicht lipoidlöslich sind. Gehen die narkotischen Säureamide durch Wasseraufnahme in die entsprechenden $NH_3$-Salze über, so verlieren sie mit der Lipoidlöslichkeit auch die narkotische Kraft. Das Gleiche gilt von den narkotischen Glycerinestern, den Chlorhydrinen und Acetinen und dem Glycerinäther selbst; diese Beispiele ließen sich beliebig vermehren.

Dies macht es sehr wahrscheinlich, daß die Fettlöslichkeit eine notwendige *Bedingung* ist. Damit allein wäre aber nicht viel gewonnen, nicht mehr als mit der ebenso unumgänglichen Bedingung der *Wasserlöslichkeit*; denn alle zwar lipoidlöslichen, aber in Wasser völlig unlöslichen Stoffe wie Fette, flüssige Paraffine können als solche nicht in die hydrophilen Zellen dringen und sind ganz unwirksam. Es kommt also darauf an festzustellen, ob die Lösung im Lipoid nicht eine bloße Vorbedingung der Narkose ist, sondern ob sie mit der narkotischen Zustandsänderung der Zelle selbst unmittelbar verknüpft ist; ob hier also eine streng *quantitative* Beziehung besteht. Eine solche Beziehung zwischen der narkotischen Stärke und der Fettlöslichkeit ganz unabhängig von sonstigen chemischen Eigenschaften ist nun tatsächlich nachweisbar.

Die Aufnahme oder Lösung des narkotischen Stoffes in die Zell-Lipoide wird bestimmt durch das Verhältnis seiner wahlverwandten *Löslichkeit* in den Lipoiden selbst zu der in dem Mittel, aus welchem er an und in die Lipoide übergeht: d. h. durch den *Teilungskoeffizienten* zwischen Lipoid und Umgebung. Das Umgebungsmittel ist außer den wässerigen Zellstoffen und Säften das Wasser, in dem das Narkoticum gelöst auf die schwimmenden Versuchstiere (Kaulquappen, kleine Frösche u. dgl.) einwirkt, *also Teilungskoeffizient zwischen Lipoid und Wasser*. Da die Lipoide im lebenden Körper zahlreich und verschieden sind, und wir

[1]) MEYER, H. H.: Arch. f. exp. Pathol. u. Pharmakol. 1899, Bd. 42. — OVERTON, E.: Studien über die Narkose 1901.

*nicht wissen, welche Lipoide es sind,* die gerade in den von der Narkose betroffenen Zellen vorwalten, so ist eine Löslichkeitsbestimmung in diesem unbekannten „Neurolipoid" selbst nicht ausführbar, wohl aber die Bestimmung der Löslichkeit in anderen, physikalisch-chemisch sich ähnlich verhaltenden Stoffen, wie es z. B. *Fette, Öle* sind, woraus dann einstweilen mit Annäherung auf die gedachte Neurolipoidlöslichkeit der narkotischen Stoffe und ihre ähnlichen Abstufungen geschlossen werden mag.

Auf Grund solcher Überlegungen haben die genannten Forscher die Teilungskoeffizienten der Narkotica zwischen *Wasser* und *Olivenöl* (bei Zimmertemperatur) bestimmt und diese Verhältniszahlen mit der zur Narkose von Kaulquappen zureichenden Molenconzentration der gleichen Narkotica zusammengestellt.

Diese Gegenüberstellung ergibt nun an ungemein zahlreichen indifferenten Stoffen sehr verschiedenen Baues ohne Ausnahme die Regel, daß mit *abnehmendem Teilungskoeffizienten* $\frac{\text{Öl}}{\text{Wasser}}$ der narkotische Schwellenwert der narkotisch wirkenden Giftconzentration zu-, die *Wirkungsstärke* also im umgekehrten Verhältnis abnimmt.

Als Beispiel diene die folgende Tabelle:

| | $\frac{C\text{-Lip.}}{C\text{-Wasser}}$ | Nark. Conzentr. in Mol. |
|---|---|---|
| Trional | 4,4 | 0,0013 |
| Tetronal | 4,0 | 0,0018 |
| Butylchloral | 1,6 | 0,002 |
| Sulfonal | 1,1 | 0,006 |
| Bromalhydrat | 0,7 | 0,002 |
| Benzamid | 0,6 | 0,002 |
| Triacetin | 0,3 | 0,01 |
| Diacetin | 0,23 | 0,015 |
| Chloralhydrat | 0,22 | 0,025 |
| Äthylurethan | 0,14 | 0,025 |
| Monoacetin | 0,06 | 0,02 |
| Methylurethan | 0,04 | 0,4 |
| Alkohol | 0,03 | 0,5 |

Man sollte eigentlich wohl eine einfache, für alle gleichartig wirkenden Narkotica allgemein geltende zahlenmäßige Beziehung, ein unmittelbar proportionales oder ein exponentielles Verhältnis zwischen Teilungskoeffizient und Wirkungsstärke fordern. Aus den von H. H. MEYER und seinen Mitarbeitern gelieferten Werten und namentlich nach den viel zahlreicheren Angaben OVERTONS läßt sich aber eine solche allgemeine strenge Beziehung kaum ableiten; es sind beide Bestimmungen, sowohl die der Wirkungsstärke gelöster Stoffe an schwimmenden Tieren wie die des Teilungskoeffizienten zwischen Öl und Wasser mit sehr großen und unvermeidlichen Fehlern behaftet, zum Teil aus technischen, zum Teil auch aus biologischen Gründen, auf die hier einzugehen nicht der Ort ist. Nur auf einen Punkt sei hier hingewiesen; chemisch völlig indifferent, d. h. also — abgesehen von ihrem verschiedenen physikalisch-chemischen Verhalten, ihrer Lipoid- und Wasserlöslichkeit — gleichmäßig träge sind „indifferente Narkotica" keineswegs, sondern alle haben ihre besonderen weniger oder mehr hervortretenden chemischen Eigenschaften und Wahlverwandtschaften, die sich in ihrem verschiedenen chemischen Verhalten gegenüber ungesättigten Stoffen, Basen, Säuren, Halogenen, $O_2$, Katalysatoren und Enzymen usw. usw. bekanntermaßen ganz verschieden verhalten. Das bedingt dann selbstverständlich auch wesentliche Verschiedenheiten in ihrer biologischen Wirksamkeit, ihrem *Schicksal* und *ihren Wirkungen* im Tierkörper, die die für eine Narkose kennzeichnenden Erscheinungen teilweise oder ganz überdecken können. Daraus folgt von vornherein, daß im allgemeinen die Narkose um so einfacher und reiner hervortreten wird, je weniger ein Stoff an chemischen Angriffspunkten (passiv und aktiv verstanden) besitzt, und es erklärt sich, daß bei der großen Zahl der untersuchten verschiedenartigen Narkotica sehr starke Abweichungen von dem *grundsätzlich* zu erwartenden Verhältnis der narkotischen Wirksamkeit und dem Teilungskoeffizienten beobachtet worden sind.

Ein Teil der im vorstehenden angedeuteten Schwierigkeiten und Mängel der Untersuchungsmethode wird vermieden, wenn die narkotischen Stoffe den Versuchstieren nicht aus einem wässerigen Mittel in flüssiger Lösung durch die nicht immer gleichmäßige Haut- oder Kiemenaufnahme zugeführt werden, sondern in Gas- bzw. Dampfform aus der umgebenden Luft durch die Lungen. Gase und Dämpfe werden durch die Lungen ins Blut nicht wesentlich anders als Sauerstoff oder $CO_2$, d. h. mit großer Leichtigkeit aufgenommen; sie erreichen mithin sehr schnell die ihrer Spannung in der Atemluft verhältnisgemäße Dichte im Blut und durch dieses hindurch in den Gewebszellen und deren Lipoiden.

Zu diesem Vorteil der gleichmäßigen Giftaufnahme und des schnelleren Giftausgleiches zwischen Mittel und Körperzellen kommt der Umstand, daß die in den Zellipoiden sich einstellende Dichte des narkotischen Stoffes zuletzt ganz allein von seiner Spannung in der Atemluft abhängt, nicht aber von seinem größeren oder geringeren Lösungsverbrauch in den zwischengeschalteten und durchströmten wässerigen Phasen. Es bedarf daher nur der wesentlich einfacheren und genaueren Bestimmung des Teilungskoeffizienten des narkotischen Gases zwischen der Atemluft und dem Lipoid, d. h. seines einfachen, von Temperatur und Druck abhängigen Löslichkeitskoeffizienten[1]) im Lipoid bzw. Öl.

Solche Versuche sind in sehr sorgfältiger Weise von K. H. MEYER und seinen Mitarbeitern H. GOTTLIEB-BILLROTH und H. HOPFF angestellt worden[2]).

Auch in diesen Versuchen bleibt aber bei der Bestimmung der zur Narkose ausreichenden Grenzspannung die entscheidende Beurteilung des Narkosegrades wie in allen früheren Versuchen sehr unsicher, so daß *mit einem Fehler von 20—30% und vielleicht noch höher auch hier zu rechnen ist*; nur eine ungemein große Zahl von Einzelauswertungen könnte die Fehlergrenzen einengen.

Mit Rücksicht auf diese einstweilen unvermeidlichen Ungenauigkeiten und Unsicherheiten ist die in der folgenden Tafel bei der Narkose der Maus und des Frosches beobachtete Gleich- und Regelmäßigkeit des Verhältnisses von Löslichkeitszahl zur Wirkungsstärke, d. i. dem reziproken Wert der Grenzspannung überraschend groß, und zwar um so größer, als es sich um Wirkungsstärken handelt, die um das Zehntausendfache voneinander abweichen und um eine Stoffreihe, die Typen *aller* bekannten, voneinander ganz verschiedenen gasförmigen oder leicht flüchtigen Verbindungen in sich schließt.

Wenn man die Löslichkeitskoeffizienten $L$ und die narkotisch wirksame Conzentration $C$ des Dampf- oder Gas-Luftgemisches (in Volumprozent bei 760 mm) kennt, so berechnet sich der Molengehalt an narkotischem Stoff in den Lipoiden der narkotisierten Zellen $C_{\mathrm{Lip}}$ für den Liter Lipoid nach der Formel

$$C_{\mathrm{Lip}} = \frac{1}{R} \cdot \frac{C \cdot L}{100},$$

wo $R = 24$ die Anzahl Liter eines Mols Gas bei 760 mm Hg und 20° C angibt.

[1]) D. i. = der Anzahl Liter Gas, die von einem Liter des Lösungsmittels aufgenommen werden.

[2]) Hoppe-Seylers Zeitschr. f. physiol. Chem. Bd. 112. 1920 u. Bd. 126. 1923.

| Tierart | Substanz | $L$ = Löslichkeitskoeffizient | $C$ = narkotische Conzentration i. Vol.-% = Grenzkonzentration | $C_{Lip}$ = Conzentration des Narkoticums in Molen pro Liter Lipoid |
|---|---|---|---|---|
| Frosch | Stickstoff | 0,05 | 9000 | 0,18 |
| „ | Methan | 0,54 | 760 | 0,17 |
| Maus | Methan | 0,54 | 370 | 0,08 |
| „ | Äthylen | 1,3 | 80 | 0,04 |
| „ | Stickoxydul | 1,4 | 100 | 0,06 |
| „ | Acetylen | 1,8 | 65 | 0,05 |
| „ | Dimethyläther | 11,6 | 12 | 0,06 |
| „ | Methylchlorid | 14,0 | 6,5 | 0,07 |
| „ | Äthylenoxyd | 31 | 5,8 | 0,07 |
| „ | Äthylchlorid | 40,5 | 5,0 | 0,08 |
| „ | Diäthyläther | 50 | 3,4 | 0,07 |
| „ | Amylen | 65 | 4,0 | 0,10 |
| „ | Methylal | 75 | 2,8 | 0,08 |
| „ | Äthylbromid | 95 | 1,9 | 0,07 |
| „ | Dimethylacetal | 100 | 1,9 | 0,06 |
| „ | Diäthylformal | 120 | 1,0 | 0,05 |
| „ | Dichloräthylen | 130 | 0,95 | 0,05 |
| „ | Schwefelkohlenstoff | 160 | 1,1 | 0,07 |
| „ | Chloroform | 265 | 0,5 | 0,05 |
| Mausversuche von FÜHNER | Pentan | 37 | 13,2 | 0,19 |
| | Benzol | 240 | 1,2 | 0,12 |
| | Chloroform | 265 | 0,8 | 0,09 |

Dieser kritische molare Gehalt der Zellipoide an narkotischem Gift schwankt, wie aus der fünften Reihe der Tabelle hervorgeht, zwischen den engen Grenzen von 0,04 bis 0,18 um durchschnittlich etwa 0,07 Molen im Liter, obschon es sich um Stoffe handelt, die wie der Stickstoff und das Chloroform um mehr als das 10 000fache in ihrer narkotischen Wirksamkeit auseinander gehen.

Zu diesen Zahlen ist zu bemerken, daß jede von ihnen natürlich nur einen *Durchschnitt* der „kritischen Conzentrationen" in den verschiedenen nach- und nebeneinander ergriffenen Lipoiden derjenigen Großhirngebiete angibt, die so nach- und nebeneinander betäubt werden und damit das in seiner Vielfältigkeit unscharf hervortretende Bild der Narkose entstehen lassen.

Würde es sich um einfachere Gebilde und Leistungen (als beim Gehirn) handeln, so könnte mit der schärfer abgrenzbaren und meßbaren Leistung auch eine schärfer eingeengte „kritische Conzentration" des Narkoticums erwartet werden. In der Tat hat MANSFELD[1]) mit seinen Mitarbeitern am einzelnen Froschmuskel und Nerv (indirekte Erregbarkeit) und am Froschrückenmark (Reflexerregbarkeit) bei der Narkose von Nervenzellen ein „Alles-oder-nichts-Gesetz" gefunden, d. h. die Tatsache, daß die beobachteten einfachen Leistungen erst bei einem scharf bestimmbaren, zureichenden Schwellenwert der Giftconzentration gehemmt, und zwar *ganz* gehemmt, darunter aber überhaupt nicht merklich verändert werden.

Die mit erheblich größerer Ungenauigkeit behafteten Ergebnisse der an schwimmenden Tieren, Kaulquappen, Fischen, Daphnien usw. ausgeführten Versuche ergaben sehr viel größere Abweichungen von der obigen Mittelzahl, sie schwanken zwischen 0,001 und 0,2, also untereinander um das 200fache; immerhin sind aber auch diese Schwankungen sehr klein gegenüber den ermittelten Unterschieden der betreffenden Teilungskoeffizienten — 0,03 beim Alkohol bis 40 000 beim Phenanthren — und den zugehörigen Grenzconzentrationen von 0,3 bis 0,000004 Mol im Liter, und liefern im ganzen doch auch einen Durchschnittswert von der gleichen Größenordnung.

Aus alledem ergibt sich als sehr umfassend begründete, anscheinend ohne Ausnahme geltende Regel die biologische Gesetzmäßigkeit, daß, *wenn die Zell-*

[1]) MANSFELD, G., P. SOMLÓ u. J. v. SZIRMAY: Arch. f. exp. Pathol. u. Pharmakol. Bd. 101. 1924. — MANSFELD: Biochem. Zeitschr. Bd. 173. 1926.

*lipoide einer lebenden Zelle irgendeinen beliebigen indifferenten Stoff in einem bestimmten, für alle solche Stoffe gleichen Molenverhältnis aufgenommen haben, die Zelle in Narkose verfällt.*

Die chemisch-analytische Bestimmung des Giftgehaltes im ganzen Hirn oder Rückenmark oder anderen Zellmassen zur Zeit der beobachteten Narkose kann diese Schlußfolgerung weder erhärten noch widerlegen, da der beobachtete narkotische Index der Grenzkonzentration selbstverständlich nur auf die bei der Zellnarkose selbst entscheidend beteiligten Lipoide, die „wahren Wirkungsorte", bezogen werden kann — mögen die sonstigen, an der Narkose unbeteiligten Zellipoide und Kolloide die gleichen oder auch ganz andere Mengen des narkotischen Stoffes aufgenommen und gespeichert haben. Die deshalb zu erwartenden Unstimmigkeiten von Giftgehaltsbefunden bei Teilnarkosen verschiedener Körperteile, insbesondere des Hirns, des verlängerten und des Rückenmarks sind denn auch von KL. HANSEN[1]) in seinen ausgedehnten und sehr gründlichen Untersuchungen tatsächlich festgestellt und in Bestätigung der „Lipoidtheorie" entsprechend gewürdigt worden.

Es scheint sicher, daß die kritische molare Konzentration für verschiedene Zellarten verschieden ist, daß sie kleiner ist bei den Zellen des Zentralnervensystems als bei denen der peripheren Nervenapparate und denen anderer Organe[2]); ebenso bestehen in der Empfindlichkeit — Betäubungsfähigkeit — der verschiedenen *Tierklassen* untereinander und gegenüber den *Pflanzenzellen* deutlich erkennbare, zum Teil grobe Unterschiede. Das ist teilweise auf die vielleicht etwas abweichenden *Löslichkeitsverhältnisse* der verschiedenen in Betracht kommenden Zellipoide zu beziehen, aber wohl auch auf ihr ungleich „festes Gefüge" in *ihrer schwebenden* Gleichgewichtslage zu den übrigen nicht lipoiden Protoplasmabestandteilen, so daß die *gleiche* Störung in dem einen Verband leichter, in dem anderen schwerer eine Lockerung oder Beziehungsänderung herbeiführen mag. Ich komme darauf noch bei dem zweiten Problem der Narkose zurück.

Wenn der Schluß, den wir gezogen, richtig, die Regel gültig sein soll, daß die Narkose der Zustand einer Zelle ist, der immer eintritt, wenn das Produkt $C \cdot L$ ($C$ = narkotisch wirksame *Grenzconzentration* eines indifferenten Stoffes in dem Medium, $L$ = lipoider *Löslichkeitskoeffizient* bzw. bei wässerigem Mittel der *Teilungskoeffizient*) gleich geworden ist einer für die betreffende Zellart bestimmten gleichbleibenden Größe $K$, so ist zu erwarten, daß mit einer Änderung des Löslichkeitsfaktors $L$ auch der Conzentrationsfaktor $C$ sich ändern muß, und zwar in umgekehrtem Verhältnis. Die Beobachtung hat diese Folgerung bestätigt. Bekanntlich hängen die Löslichkeitskoeffizienten von der Temperatur ab, sie steigen oder fallen mit ihr in der Regel wenn schon nicht immer gleichsinnig, jedoch in einem für jedes Lösungspaar eigens geltenden Abhängigkeitsverhältnis. Daraus ergeben sich bei *verschiedenen* Lösungspaaren bald *mit*, bald *gegen* die Temperaturänderungen gehende Teilungskoeffizienten und somit die Möglichkeit, im Narkoseversuch die obige Erwartung auf ihre Richtigkeit zu prüfen.

Die daraufhin angestellten Versuche fielen im erwarteten Sinne aus: Bei einer Reihe von Stoffen, wie z. B. Äthylalkohol, Chloralhydrat, Chloreton, Urethan u. a. m. wächst der Teilungskoeffizient $\frac{\text{Öl}}{\text{Wasser}}$ mit steigender Temperatur, und entsprechend steigt auch ihre Wirkungsstärke bei der Narkose der Froschlarven. Bei etlichen anderen Stoffen aber, wie dem Benzamid, Salicylamid, Monacetin, nimmt der Teilungskoeffizient mit steigender Temperatur ab und mit ihm auch die Wirkungsstärke, so daß dann die erwärmten Kaulquappen zur Narkose einer stärkeren Vergiftung bedürfen als die abgekühlten[3]). Dies

---

[1]) HANSEN, KL.: Zur Theorie der Narkose. Oslo 1925.

[2]) Über die verschiedene Narkoseempfindlichkeit verschiedener Reflexzentren siehe R. MAGNUS: Körperstellung, S. 645. Berlin 1924.

[3]) MEYER, H. H.: Arch. f. exp. Pathol. u. Pharmakol. Bd. 46. 1901.

letztere Ergebnis ist um so gewichtiger, als die *Erwärmung*, zumal wenn sie sich einer für die betreffende Tierart kritischen Höhe nähert, *an sich Narkose* hervorruft (worauf noch zurückzukommen sein wird), so daß ihre Wirkung sich unter Umständen mit der des narkotischen Stoffes zusammenrechnet, und dieser dann schon in niedrigerer, sonst unzureichender Conzentration wirksam werden kann[1]). Wenn trotzdem, wie in den oben angeführten Versuchen, das Umgekehrte stattfindet, die Froschlarven also von gewissen narkotischen Stoffen im erwärmten Mittel eine *höhere* Conzentration bis zur Narkose ertragen als im kalten, so beweist dies um so zwingender den ursächlichen Zusammenhang von Lipoidlöslichkeit und Narkose.

Es ist nicht anders zu erwarten, als daß bei der jeweiligen Interferenz der Lipoidbeladungs- und der Wärmenarkose entsprechend nachprüfende Versuche anderer Forscher nicht alle gleichsinnig ausgefallen sind, zumal an verschiedenen Tieren oder tierischen Teilen. Denn überall, wo die Nähe der kritisch narkotischen Temperatur der betreffenden Zellen erreicht wurde[2]), mußte die ,,Wärmenarkose" mit auf die Wagschale drücken und den sonst zu erwartenden Ausschlag entweder gleichgerichtet noch übertreiben oder aber gegengerichtet aufheben und in sein Gegenteil verkehren. Die scheinbar widersprechend ausgefallenen Versuche[3]) können daher nichts gegen die wenn schon seltener und schwieriger zu treffenden bestätigenden Ergebnisse aussagen; und an solchen fehlt es nicht[4]).

In dem gleichen Sinne, und zwar nur allein in diesem, läßt es sich auch erklären, daß, wie OVERTON fand, die wechselwarmen Kaulquappen bei Zimmerwärme durch eine Luft mit nur 2,3 Vol.-% Äther tief narkotisiert wurden, bei 30° C aber erst unter doppelt so hohem (4,6 Vol.-%) Äthergehalt, während es bei der Magnesiumnarkose, die mit den Lipoiden nichts zu tun hat, umgekehrt ist. Die an und für sich narkoseempfindlicheren Warmblüter[5]) brauchen nach P. BERTS sehr ungenauen Angaben gegen 6 Vol.-%, nach SHAFFER und RONZONI[6]) freilich nur 2,5—3,0 Vol.-%, also immer noch *mehr* als die Amphibien bei 17° C. Bei 17° C ist aber der Lipoidlöslichkeitskoeffizient des Ätherdampfes 110, bei 37° nur 50,2 und bei 39° noch niedriger[7]).

---

[1]) Vgl. DENECKE: Magnesiumnarkose. Biochem. Zeitschr. Bd. 102. 1920. — STARLINGER: Äthernarkose an Fiebernden, Zeitschr. f. d. ges. exp. Med. Bd. 44. 1925. — WINTERSTEIN: Wärmelähmung und Narkose. Zeitschr. f. allg. Physiol. Bd. 5. 1905.

[2]) Verschieden bei verschiedenen Tieren: bei Esculenten 38°, Temporarien 34°, Krebsen 28°, Palämon 37°.

[3]) BIERICH, R. u. R. HÖBER: Pflügers Arch. f. d. ges. Physiol. Bd. 174. 1919; Physikal. Chemie der Zelle. 1922. S. 560.

[4]) UNGER: Biochem. Zeitschr. Bd. 89. 1918. — MORAL: Pflügers Arch. f. d. ges. Physiol. Bd. 171. 1918. — COLLET: Proc. of the Soc. f. exp. Biol. a. Med. 1923.

[5]) Nach OVERTONS (allerdings auf unsicherer Rechnungsgrundlage gestützter) Annahme ist die zur Narkose erforderliche Ätherconzentration in der Gewebsflüssigkeit bei Säugetieren, Vögeln und Amphibien nahezu gleich, dagegen erheblich höher bei Würmern und noch viel höher bei Pflanzen. Jene Gleichheit gilt indes auch nur in erster Annäherung und eigentlich nur für die allgemeine Größenordnung der zureichenden Conzentrationen; das folgt schon aus VERNONS Beobachtung, daß selbst Kaulquappen der gleichen Art aber mit zunehmendem Alter (von 1—80 Tagen) durch immer weniger konzentrierte Lösungen gewisser Alkohole betäubt werden (Journ. of Physiol. Bd. 47. 1913); und ebenso aus FÜHNERS Versuchen an zahlreichen kleinen Wassertierarten, bei denen die Grenzconzentrationen von Äthylalkohol bis um das $3^1/_2$fache, von Heptylalkohol gar bis um das 10fache auseinander gehen (Zeitschr. f. Biol. Bd. 57. 1912); vgl. dazu UNGERS Versuche an Goldorfen und auch die Beobachtung der doppelt so großen Methan-Empfindlichkeit der Maus gegenüber dem Frosch, wobei kein wärmebedingter Unterschied der Lipoidlöslichkeit den Ausschlag gibt (K. H. MEYER u. HOPFF: Zeitschr. f. physiol. Chem. Bd. 126. 1923).

[6]) SHAFFER, P. A. u. E. RONZONI: Journ. of biol. Chem. Bd. 57. 1913.

[7]) MEYER, KURT H. u. H. GOTTLIEB-BILLROTH: Zeitschr. f. physiol. Chem. Bd. 112. 1920.

Die *Narkose* ist nur ein *mittlerer Ausschnitt* aus der Wirkungsfolge, die unter dem Einfluß steigender Zufuhr von Äther u. dgl. an tierischen und pflanzlichen Zellen abläuft: im *ersten* Grad ist es *Erregung* bzw. Erregbarkeitssteigerung; im *mittleren* Herabdrücken bzw. *Aufheben* der *Erregbarkeit*, „*Narkose*"; im *höheren* und höchsten Grade aber ist die Gleichgewichtsstörung und Gefügelockerung im Zellprotoplasma so erheblich, daß sie zu *irreversibeln Folgen* führt, die auch nach Entfernung des Giftes weiter wirken. Diese Folgen sind an *tierischen* Teilen: Auslösung oder Beschleunigung enzymatischer Zersetzungen (Gewebsautolyse; Hämolyse der Blutkörperchen; Bildung der Befruchtungsmembran, in höheren Graden Cytolyse bei Seeigeleiern; Degeneration der Leber, des Herzens, der Niere nach genügend langer und starker Vergiftung mit Alkohol, Chloroform, Äther usw.); an *Pflanzenzellen*: Enzymlockerung (Äthertreiben ruhender Pflanzen, vorzeitiges Reifen der Früchte, Entwicklung von HCN oder Cumarin aus den die entsprechenden Glucoside führenden Pflanzen u. a. m.). So wie Äther wirken auch viele andere indifferenten Gase und Dämpfe auf Pflanzen, die für *langdauernde* Störungen durch solche Stoffe in ihren Entwicklungs- und Wachstumsvorgängen sehr viel empfindlicher sind wie tierische Wesen.

Man vergleiche z. B. die Beobachtungen von MOLISCH, GRAFE und RICHTER über „Treibstoffe", über *Acetylen*, die Angaben von CROCKER und KNIGHT (Bot. Gaz. 1908) über die enorme Empfindlichkeit der Blütenpflanzen für Äthylen u. a. m.[1]).

Die vorstehenden Untersuchungen haben zu dem alle gleichmäßig überschauenden Gesichtspunkte geführt, von dem aus die *Narkose* sowohl wie die ihr verangehende *Erregbarkeitssteigerung* und endlich auch die nach übermäßiger Einwirkung eintretenden Auflockerungen mit ihren *Zersetzungsfolgen* als der sichtbar lebendige Ausdruck physikalisch-chemischer, ihrem Wesen nach immer gleichartiger *Zustandsänderungen der Zellipoide* betrachtet werden, die durch den Einfluß der allerverschiedensten indifferenten Stoffe herbeigeführt werden können.

Es ist nun hier der Ort, gleich die *Einwände* ins Auge zu fassen und zu widerlegen, die gegen die Bedeutung der *Zellipoide* als allein wesentliche Angriffspunkte der Narkotica, soweit die Narkose als solche in Betracht kommt, erhoben worden sind.

Ich beginne mit dem erst in jüngster Zeit erhobenen *unmittelbaren* biochemischen Einwand von B. HANSTEEN-CRANNER[2]), daß die natürlichen, d. h. die in den plasmatischen Grenzschichten lebender Pflanzenzellen zwischen wasser- und ätherunlöslichen Kolloiden dispers verteilten, wasserlöslichen und beweglichen „Lipoide" (Phosphatide) nicht eigentlich den Lipoidcharakter zeigen, mithin auch nicht die ihnen von der „Lipoidtheorie" zugeschriebene Bedeutung haben können, *weil sie durch Äther völlig denaturiert würden.* Das trifft nun aber nach HANSTEENS eigenen Angaben nur zu, wenn die von den lebenden Zellen ins umgebende Wasser ausgeschiedenen Phosphatide mit Äther ausgeschüttelt und ihre ätherische Lösung abgedunstet wird — der Rückstand ist dann allerdings *wasserunlöslich* geworden, also „denaturiert". Das beweist jedoch nichts anderes als die große *Veränderlichkeit* dieser Lipoide, die sie mit zahllosen anderen Kolloiden teilen; daß sie aber innerhalb ihres natürlichen Verbandes im Plasma Äther oder Alkohol usw. lösen können, also „fettähnlich" sich verhalten, liegt auf der Hand, da sie selbst nach HANSTEENS eigner Angabe vor ihrer Denaturierung leicht von Äther aufgenommen werden. Und daß die Zellipoide durch

[1]) Weitere Beispiele und Nachweise s. in H. H. MEYER und R. GOTTLIEB: Pharmakologie, S. 143. 7. Aufl. Wien 1925.

[2]) HANSTEEN-CRANNER, B.: Zur Biochemie und Physiologie der Grenzschichten lebender Pflanzenzellen. Kristiania 1922.

das Lösen von Spuren von Äther (0,06 Mol im Liter) irreversibel denaturiert werden sollten, ist um so weniger anzunehmen, als ja die frische wässerige Phosphatidlösung in HANSTEENS Versuchen trotz eines Gehaltes von 1% Äther (= 0,13 Mol im L.) ein farbloses Berkefeldfiltrat mit klar gelösten *unveränderten*, wenn schon ätherhaltigen Phosphatiden lieferte.

Aus HANSTEENS Untersuchungen geht für die Frage der Narkose nur das Eine hervor, daß die im Zellverband verstrickten Lipoide sehr leicht veränderlich sind, und zwar nicht nur sie selbst, sondern auch ihre lose Knüpfung oder Haftung an den anderen Plasmabestandteilen: Das ist aber eine Bekräftigung der Annahme, daß schon äußerst geringe physikalisch-chemische Änderungen — wie unter anderem die durch das Auflösen von Spuren indifferenter Stoffe bedingten — das lockere Gefüge der Plasmakolloide empfindlich stören werden.

*Mittelbare* Einwände sind von MOORE und ROAF, von LOEWE und namentlich von J. TRAUBE erhoben worden mit der Begründung, es handle sich bei der Aufnahme der Narkotica in die lebenden Zellen gar nicht um eigentliche *Lösung* — als wofür freilich nur die Lipoide in Betracht kämen —, sondern um *Adsorption*. Dies wird hergeleitet aus der Tatsache, daß alle indifferenten Narkotica stark capillaraktive Stoffe seien und als solche an den äußeren und inneren Grenzflächen der betroffenen Zellgebilde (Zellschäume) der Adsorption unterliegen — unabhängig von dem chemischen, sei es albuminoiden oder vielleicht auch lipoiden Charakter der adsorbierenden Zellkolloide. Danach müßte die Wirkungsstärke der Narkotica eine Funktion ihrer Adsorptionsfähigkeit oder, was dasselbe sagt, ihrer Capillaraktivität sein.

Mit dieser Auffassung, nicht aber mit der „Lipoidtheorie", sei auch die weitere Tatsache zu erklären, daß Vorgänge, bei denen Lipoide überhaupt nicht anwesend, also auch nicht beteiligt sein können, ebenfalls durch die Narkotica reversibel gehemmt werden, wie z. B. die Tätigkeit der „lipoidfreien" Acetondauerhefe, die Wirkung gewisser Enzyme, ja selbst die katalytische Oxydation durch Kohle oder Platinmoor. Dazu ist zu bemerken, daß es lebende lipoidfreie Zellen nicht gibt, und auch die Acetonhefe keineswegs lipoidfrei ist[1]). Auf die anderen, wirklich lipoidfreien Vorgänge nun wirken allerdings Narkotica, wie z. B. die Reihe der homologen niederen Alkohole, Ketone und Ester, zwar in viel höheren Konzentrationen als bei der Narkose von Lebewesen hemmend, immerhin aber in der *gleichen Stufenfolge* ihrer Wirkungsstärken und ganz ebenso *reversibel*, so daß der Anschein eines der Narkose nicht nur ähnlichen sondern wesensgleichen Hemmungsvorganges entsteht. Dies erklärt sich jedoch ohne den geringsten Widerspruch gegen die Lipoidtheorie der Narkose durch die folgenden Überlegungen: Alle katalytischen, d. h. *alle Oberflächenwirkungen* werden durch hinzutretende oberflächenaktive Stoffe nach Maßgabe ihrer Aktivität beeinflußt, in der Regel gehemmt; und da in den homologen Reihen narkotischer Stoffe die Capillaraktivität, wie TRAUBE gefunden, in fast regelmäßig geometrischer Abstufung (mit dem Exponenten 3) ansteigt, in nahezu gleicher Stufenfolge aber auch ihre narkotischen, enzymlähmenden oder zerstörenden, ihre entwicklungs- oder oxydationshemmenden oder hämolytischen Wirkungen sich ordnen (FÜHNER u. a.), so schien damit „die Bedeutung der Oberflächenaktivität für die Erscheinungen der Narkose wohl jedem Zweifel entrückt"[2]). Dabei kämen dann die Zellipoide als solche nicht wesentlich in Betracht. Das alles beruht aber nur auf *trügendem Schein:* Das stufenweis regelmäßige

[1]) Nach der Angabe der Darsteller WARBURG u. WIESEL (Pflügers Arch. f. d. ges. Physiol. Bd. 144. 1912) sind die Lipoide „wohl größtenteils" entfernt.

[2]) WINTERSTEIN: Die Narkose. Berlin 1926, S. 333. Hier auch das einschlägige Schrifttum.

Ansteigen der Capillaraktivität *homologer* Verbindungen ist nur ein besonderer Fall zu der allgemeinen, auch die RICHARDSONsche Regel[1]) umfassenden Gesetzmäßigkeit, nach welcher *alle* physikalisch-chemischen Eigenschaften, wie Schmelzpunkt, Siedepunkt, Molekularvolumen, Verbrennungswärme, Löslichkeit, Teilungskoeffizienten[2]), Oberflächenaktivität, Zähigkeit, Adsorbierbarkeit, katalytische oder antikatalytische Wirkung (auch auf Enzyme), Dissoziationskonstante bei Säuren, Verseifungsgeschwindigkeit bei Estern sich innerhalb homologer Reihen mit der Zunahme an Kohlenstoffatomen in gesetzmäßigen Abständen ändern, so daß bei jeweilig entsprechenden Abstufungen der narkotischen Wirkungsstärken *jede* dieser Eigenschaften statt der Lipoidlöslichkeit als entscheidender Grund der Narkose in Anspruch genommen werden könnte. Sobald aber zum Vergleich nicht homologe sondern ganz heterogene Körper herangezogen werden, hört die Gleichläufigkeit von Wirkungsstärke der Verbindungen und ihrer Capillaraktivität und ihrer andern Eigenschaften auf, dagegen bleibt der entsprechende Parallelismus mit den lipoiden Lösungs- bzw. Teilungskoeffizienten bestehen. Nichtlipoidlösliche Stoffe wirken, auch wenn sie hochgradig capillaraktiv, d. h. also adsorbierbar sind, wie z. B. Pepton und zahllose andere hydrophile Kolloide, gar nicht narkotisch; umgekehrt wirken, wie die erwähnten Versuche von KURT H. MEYER und Mitarbeitern gezeigt haben, indifferente Gase, Stickstoff, Methan, Äthylen so wie Stickoxydul narkotisch, werden aber ebensowenig von wässerigen Kolloiden adsorbiert wie $N_2O$ oder wie die *nicht* capillaraktiven, trotzdem aber stark narkotisierenden Grenzkohlenwasserstoffe und die flüchtigen Halogenabkömmlinge des Methans, Äthans und Äthylens; diese haben, obzwar echte Narkotica, *keinerlei Oberflächenaktivität*: dementsprechend vermag das Chloroform auch nicht die katalytische Verbrennung an Kohle zu „narkotisieren“[3]). Übrigens hat auf Grund neuer eigener Versuche nun auch J. TRAUBE selbst die auf Oberflächenwirkung sich berufende Narkoseerklärung im wesentlichen aufgegeben[4]).

Endlich ändert sich bei den narkotischen Stoffen mit wechselnder Temperatur stets gleichsinnig die Wirkungsstärke und der lipotrope Löslichkeits- bzw. Teilungskoeffizient — bis auf jene durch Interferenz gelegentlich bedingten Ausnahmen —, keineswegs aber die Oberflächenspannung und Adsorption[5]). Nach alledem bedarf die von WINTERSTEIN immer noch verfochtene Adsorptionserklärung der Narkose[6]) keiner weiteren Widerlegung.

Allerdings ist mit Sicherheit anzunehmen, daß capillaraktive Stoffe beim Zusammentreffen mit dem heterogenen Gemisch der Zellkolloide und Zellschäume in den Geweben zu allererst an den Grenzoberflächen verdichtet, „adsorbiert“, werden, unbeschadet ihrer besonderen chemisch-physikalischen Verwandtschaft. Diese — nämlich bei den Narkoticis die Lipotropie — wird dann aber sofort wirksam und treibt die Stoffe in die lipoiden Phasen des Kolloidgemisches. Ob der indifferente Stoff in der lipoiden Phase sich uni- oder multimolekular löst, ist ganz unerheblich und übrigens kaum zu entscheiden [vgl. u. a. HÖBER[7])]. Auf die

[1]) Med. Times a. Gazette 1869, II: „Weight, caeteris paribus, intensifies action and makes it more prolonged.“

[2]) WROTH and REID: Journ. of the Americ. chem. Soc. Bd. 38, 1916; angef. von FRUMKIN: Zeitschr. f. physikalische Chem. Bd. 116, S. 502. 1925.

[3]) FÜHNER: Biochem. Zeitschr. Bd. 115. 1921. — JOACHIMOGLU: Ebenda Bd. 120. 1921. — BOSE, P.: Ebenda Bd. 141. 1923. — WARBURG, O.: Ebenda Bd. 119. 1921. — MEYER, K. H.: Unveröff. Mitt. 1927 (über $CCl_4$ u. $CS_2$).

[4]) TRAUBE, J.: Biochem. Zeitschr. Bd. 153 u. 157. 1924/25.

[5]) UNGER: Biochem. Zeitschr. Bd. 89. 1918. — v. KNAFFL-LENZ: Arch. f. exp. Pathol. u. Pharmakol. Bd. 84. 1918. — BIERICH: Pflügers Arch. f. d. ges. Physiol. Bd. 174. 1919.

[6]) Einschl. der Theorie WARBURGS: Biochem. Zeitschr. Bd. 119. 1921.

[7]) HÖBER: Physikalische Chemie der Zelle, S. 492. 1922.

*Geschwindigkeit* dieses Lösungsvorganges bis zum Gleichgewicht zwischen Mittel (*Wasser*- oder *Gas*phase) und Lipoid wird demnach die Geschwindigkeit der adsorptiven Speicherung an den Grenzflächen und wohl auch (im entgegengesetzten Sinne) ihre Zähigkeit von Einfluß sein können. Von ebenso mittelbarem Einfluß darauf wird auch die *Löslichkeit* der indifferenten Stoffe *in Wasser* sein; denn die wässerige Phase muß unter allen Umständen durchlaufen werden, um zur lipoiden zu gelangen. Daher können Stoffe, die völlig wasserunlöslich sind, wie nichtflüchtige Paraffine, Fette usw. überhaupt nicht, solche, die sehr wenig von Wasser gelöst werden, langsamer oder bei gleicher Versuchsdauer nur in höherer Konzentration (als theoretisch nach dem Lösungskoeffizienten zu erwarten) Narkose herbeiführen. [Vgl. die Versuche FÜHNERS[1]) über Grenzkohlenwasserstoffe.]

Wenn sonach ein *Mindestmaß* von Wasserlöslichkeit notwendige Bedingung ist für das Zustandekommen einer narkotischen Wirkung überhaupt, so ist ihr doch gerade die Wasserlöslichkeit insofern entgegen, als sie den Übergang des betreffenden Stoffes aus der wässerigen in die lipoide Phase entsprechend dem Verteilungsgesetz erschwert. Diese anscheinend gegensätzliche Beziehung der Wasserlöslichkeit zur narkotischen Kraft war schon CH. RICHET aufgefallen und hatte ihn zu dem Satz veranlaßt, daß die narkotische Wirkung eines Stoffes um so stärker sei, je weniger wasserlöslich er ist. RICHETS Erklärung dafür hat OVERTON als unzutreffend zurückgewiesen, und auch der Satz als solcher ist unrichtig; er erhält aber seinen beschränkt-richtigen Sinn und seine Erklärung von der Regel des Teilungskoeffizienten.

Narkose einer tierischen oder pflanzlichen Zelle tritt also ein, sobald in ihre lebendigen Protoplasmalipoide ein beliebiger indifferenter Stoff sich lösend eindringt und in ihnen die zureichende „kritische" Dichte erreicht.

Wenn wir uns nun fragen, *welche Zustandsänderung* die *Lipoide* erleiden durch die Versetzung (Verschmelzung) mit einem indifferenten Stoff, ganz unabhängig von dessen chemischem Bau, lediglich bestimmt durch die Anzahl der gelösten Mole, so kann es sich nur um Änderung ihrer physikalischen Eigenschaften handeln, z. B. um Erniedrigung des Gefrier- oder *Schmelzpunktes*; also unter anderem um eine gewisse *Erweichung*.

Es ist nun sehr bemerkenswert, daß eine auf ganz anderem Wege, nämlich durch einfaches Erwärmen bewirkte *Erweichung* der *Zell*-Lipoide entsprechend ihrem Grade *ganz dieselbe Reihenfolge* gleichartiger Lebens-Störungen herbeiführt, wie die chemisch-physikalische Narkose durch Äther- usw. Vergiftung, so daß man mit vollem Rechte von *Wärmenarkose* sprechen kann. Ganz wie bei der Wirkung der Narkotica tritt durch Erwärmen beim *ersten* Grad eine *Anregung* und *Erleichterung* ein, an Menschen und Tieren: Fieberaufregung, Bewegungsdrang, Erregung von Atmungs- und Herztätigkeit, an Pflanzen beschleunigte Protoplasmaströmung usw. und steigender Stoffwechsel. Bei *stärkerer* Erwärmung folgt dann: im hohen Fieber Bewußtlosigkeit, die durch Abkühlen sofort schwindet; an Fröschen, Krebsen, Amöben usw. Aufhören der Eigenbewegungen und der Reflexe[2]); bei Pflanzen Narkose der Reizbewegungen, *Minderung* des Stoffwechsels. Bei *noch höheren* Wärmegraden endlich: gröbere, wenn auch noch reversible Entmischungen, so daß das Gefüge, die gegenseitigen Abdichtungen

[1]) FÜHNER: Biochem. Zeitschr. Bd. 115. 1921.

[2]) Amöben runden sich und werden bewegungslos bei 35°, Flimmerepithelien desgleichen (vgl. VERWORN: Allg. Physiol., S. 458); andere Angaben s. in MEYER-GOTTLIEB: S. 143. 7. Aufl. Auch die Wärmenarkose folgt genau wie die Äthernarkose dem „Alles- oder Nichts-Gesetz". G. MANSFELD u. K. HECHT: Arch. f. exp. Pathol. u. Pharmakol. Bd. 113. 1926.

der verschiedenen dispersen Phasen in den Zellkörpern zeitweilig gelockert werden, und Enzyme mit Plasmastoffen ungehemmt zusammenströmen: daher dann auch nach dem Aufhören der Wärmewirkung das Fortwirken der herausgelassenen Enzyme; so an tierischen Zellen: Parthenogenese von Seesterneiern[1]), Cytolyse, Hämolyse, Autolyse usw.; so an pflanzlichen Zellen: Warmbad-Treiben[2]) [1—12 Stunden bei 30—40° C, dann bei 15—18° weiter gehalten].

Dies entspricht genau den überstürzten Entwicklungs- und den Entartungsvorgängen, die durch starke kurze oder durch schwächere aber anhaltende, oft wiederholte Vergiftung mit Alkohol, Äther usw. an Pflanzen- und Tierwesen ausgelöst werden[3]).

Aus den vorangehenden Erörterungen ergibt sich, daß wir *die beiden* Arten der Narkose, nämlich die Narkose durch die *indifferenten Narkotica* und die durch *Erwärmung*, als Folge einer physikalischen Zustandsänderung der lebenswichtigen *Zellipoide* betrachten, durch welche, um v. Bibras Ausdrucksweise wieder zu gebrauchen, „sie in ein anderes Verhältnis zu dem Eiweiß und Wasser gesetzt werden, mit dem sie im normalen Zustand verbunden sind“.

Beide Arten von Einfluß, der der *indifferenten Narkotica* wie auch der der *Wärme*, ließen sich ohne nähere Prüfung und ohne Berücksichtigung der nunmehr bekannten, für die „Lipoidtheorie“ sprechenden Tatsachen auch auf eine Änderung der *eiweiß*artigen Zellkolloide beziehen, nämlich auf eine *Gerinnung*, eine Dispersitätsverminderung oder Ausflockung, an der sich allenfalls auch die dispersen Lipoide beteiligen möchten. Dieser Gedanke ist mit Bezug auf die Äther- usw. Narkose tatsächlich ausgesprochen worden, zuerst von H. Ranke[4]) auf Grund seiner Beobachtung der Trübung klarer Myosinlösung durch Chloroform und Ätherdampf, später von Cl. Bernard, der ebenso wie Ranke eine freilich nur erdachte *reversible Vorstufe der Gerinnung* als Ursache der Narkose annimmt. Aber sowohl die Conzentrationsgrade der *Narkotica* wie auch die *Wärmegrade*, die zur erkennbaren Ausflockung oder Gerinnung von albuminoiden Plasmakolloiden erforderlich sind, übertreffen *weit* die für die Narkose zureichenden Grade[5]), und die sichtbar eingetretenen Wirkungen sind dann irreversibel und tödlich: beides Gründe, deren jeder allein genügt, die „Gerinnungshypothese“ als tatsächlich unbegründet und als unhaltbar fallen zu lassen.

So wie die „Gerinnungshypothese“ von der besonderen und allein wesentlichen Bedeutung der Lipoide in den Zellen absieht, so will es auch die von einigen Autoren angenommene „Entquellungshypothese“. Nämlich sowohl an roten

---

[1]) Lillie, R. S., nach J. Loeb: Die chemische Entwicklungserregung usw. Berlin 1909. — v. Knaffl: Pflügers Arch. f. d. ges. Physiol. Bd. 123. 1908.

[2]) Molisch: Sitzungsber. d. Akad. d. Wiss., Wien, Mathem.-naturw. Kl. S. 49. 1909.

[3]) Treiben blühender Pflanzen mit Äther, Rauch, Acetylen usw; Wachstumsmißbildungen durch Einwirkung von Rauch, Äthylen usw. vgl. F. Weber: Sitzungsber. d. Wien. Akad. Bd. 125, 1916, Grafe u. Richter ebenda. 1911. Zerstörung oder Lockerung der Membrangefüge mit nachfolgender Dauerwirkung der frei gewordenen Enzyme kann auch durch Frieren der Pflanzen verursacht werden: Kartoffelknollen werden süß und treiben; Einfrierenlassen knospender Triebe vgl. Molisch, das Warmbad, Jena 1909, S. 9. Auch einfach mechanische Verletzung kann das gleiche bewirken: Jost, Botan. Zeitschr. 1893, Weber, Sitzungsber. Wien. Akad. 120, 1911; Zerreiben von Waldmeisterblättchen: Entwicklung von Cumarin usw. An tierischen Zellen: Bildung der Befruchtungsmembran durch Chloroformeinwirkung O. u. R. Hertwig, 1887. J. Loeb: Über den chemischen Charakter des Befruchtungsvorganges. Leipzig 1908. Organverfettungen durch Äther und $CHCl_3$; Nothnagel, Berlin. klin. Wochenschrift 1866, Nr. 4. Entzündungsvorgänge nach jeder Gewebsverletzung.

[4]) Ranke, H.: Med. Zentralbl. 1867 u. 1877.

[5]) Gerinnungsgrade der in den Zellen und Nerven befindlichen Eiweißstoffe: im Muskel: 40°, 47°, 56—60°, 70—71°, im Nerv 47°. Halliburton, W. D.: Ergebn. d. Physiol. Bd. 4. 1905.

Blutkörperchen [v. KNAFFL[1])] wie an Froschmuskeln [KOCHMANN[2])] läßt sich durch die Narkotica in narkotisch wirksamer Conzentration eine Volumverminderung, *Entquellung*, feststellen und in ähnlicher Weise (jedoch oft irreversibel!) auch an Fibrinflocken. Es würde demnach die Narkose durch eine *Entquellung* der Zellkolloide verursacht oder bedingt sein.

In sehr grober Vorstellung ist dieser Gedanke schon lange vorher von *Dubois* ausgesprochen worden, allerdings auf Grund von sicher falsch gedeuteten Beobachtungen an Pflanzenzellen[3]).

Falls man aber bei dieser Hypothese das Gewicht auf die Entquellung der *Eiweißkolloide* legt (wie es von KOCHMANN geschehen) und die Lipoide nur als „Anziehungs-" und „Leitmittel" gelten lassen möchte, so wird dabei gerade der springende Punkt ganz übersehen, daß wenn die Lipoide nur Durchgangs- und Speicherorte der Narkotica wären, ihre Anwesenheit, Menge und Lösungsvermögen die narkotische Beeinflussung der nichtlipoiden Zellkolloide höchstens *zeitlich* beherrschen, nicht aber, wie es doch tatsächlich geschieht, ihrem Lösungsvermögen entsprechend in der endlichen Wirkungsstärke bestimmen könnten; was schon vorher deutlich auseinandergesetzt worden ist.

Allerdings ist aber nicht *jede* Narkose an die ursprüngliche Veränderung der *Zellipoide* gebunden: denn wir kennen noch zwei Arten nahezu allgemeiner Narkosen, die keine ersichtliche Beziehung zu den Lipoiden haben: die *Magnesiumsalznarkose* und die *Erstickungsnarkose.*

Die Magnesiumlähmung tritt ein an allen tierischen Organismen und an allen chlorophyllführenden Pflanzen, aber nur bei verhältnismäßigem oder völligem Mangel an Kalksalzen, was schon 1892 von O. LOEW[4]) an Pflanzen festgestellt und später von MELTZER und AUER[5]) an tierischen Zellen ebenfalls gefunden wurde; bei Säugetieren bedarf es zur Narkose eines genügend großen Quotienten $\frac{\text{Mg}}{\text{Ca}}$ im Blut zum Eintritt und Unterhalten der Narkose[6]). Wo aber der Angriffspunkt des Magnesiums an den Zellen ist, wissen wir nicht[7]). Obschon die Wirkungsart der Magnesiumsalze ganz und gar verschieden ist von der der indifferenten Narkotica, lassen sich doch die Wirkungsfolgen beider aufsummen, so daß zur Betäubung des mit unzureichendem Magnesiumsalz vorbehandelten Tieres ein schwächeres Chloroformieren genügt (BÜRGI 1910). Daraus ist zu entnehmen, daß aus der Summierbarkeit der Folgen von zwei Giftwirkungen nicht etwa auf deren Gleichartigkeit geschlossen werden darf. Das gilt nun ebenso von der *Erstickungsnarkose.*

Sauerstoffmangel hebt bei allen aerobiotischen Lebewesen die Eigenbewegung und Reizbarkeit auf; das ist eine alte, den Biologen bekannte Erfahrung [vgl. W. HOFMEISTER[8]), KÜHNE[9])]. Die Lähmung kann, wenn nicht bei zu langer Dauer lebenswichtige Teile abgestorben sind, durch Sauerstoffzufuhr aufgehoben werden: „Wiederbelebung" Ertrunkener, Gehängter, abgetrennter tierischer

[1]) v. KNAFFL-LENZ: Pflügers Arch. f. d. ges. Physiol. Bd. 171. 1918; Arch. f. exp. Pathol. u. Pharmakol. Bd. 84. 1918.

[2]) KOCHMANN, M.: Biochem. Zeitschr. Bd. 136. 1923.

[3]) Vgl. OVERTON: Narkose, S. 8.

[4]) LOEW, O.: Flora, S. 383. 1892; Natürl. Syst. der Giftwirkungen. München 1893.

[5]) MELTZER u. AUER: Journ. of exp. Med. 1906; Americ. Journ. of Physiol. 1908.

[6]) STRANSKY, E.: Arch. f. exp. Pathol. u. Pharmakol. Bd. 78. 1914.

[7]) HIRSCHFELDER, A. D. u. E. R. SERLES (Journ. of Pharmacol. a. exp. Therapeut., ABEL-Festband 1926) haben an den Mg-Salzen doch auch eine Beziehung zu den Zellipoiden entdeckt, insofern deren wässerige Emulsion durch Mg-Salze mehr in die „Öl-in-Wasser"-Phase gegenüber der durch Ca-Salze begünstigten „Wasser-in-Öl"-Phase verschoben wird.

[8]) HOFMEISTER, W.: Lehre von der Pflanzenzelle. Handb. d. physiol. Botanik 1867.

[9]) KÜHNE: Zeitschr. f. Biol. Bd. 35. 1898.

Teile usw. Auch läßt sich unvollständige Erstickung durch an sich unzureichende Äther- usw. Betäubung zu vollständiger Narkose ergänzen; auf eine ganze Reihe gleichartiger Wirkungsfolgen der Narkose und der Erstickung an peripheren Nerven, an der Froschhaut u. a. hat MANSFELD[1]) aufmerksam gemacht[2]). Trotzdem ist der Erstickungsvorgang keineswegs wesensgleich dem der „Äther“- oder der „Wärme“-Narkose; was sich von vornherein ergibt aus dem sehr verschiedenen Ablauf der entsprechenden nach- und nebeneinander beobachtbaren Bewegungs- und Lähmungserscheinungen. Der entscheidende Beweis aber für die grundsätzliche Verschiedenheit liegt in der Tatsache, daß die analytisch am $O_2$-Verbrauch gemessene Oxydationshemmung bei der Erstickungsnarkose und bei der „Äther“- oder „Wärme“-Narkose gar nicht übereinstimmen; sowie, daß mit letzteren Mitteln narkotisiert werden kann ohne merkliche Oxydationshemmung, ja sogar unter gesteigertem $O_2$-Verbrauch, und daß umgekehrt sehr erhebliche Minderung des $O_2$-Verbrauches, z. B. durch Cyankalium, ohne narkotische Folgen herbeigeführt werden kann[3]).

Endlich läßt sich ohne weiteres feststellen, daß ohne Sauerstoff lebende Organismen (anaerobiotische Bakterien, Schwefelbakterien, Beggiatoa, Ascariden u. a.) ebenso wie alle anderen narkotisierbar sind.

Da bei fast allen Organismen ein großer, wo nicht der größte Teil der lebendigen, freie Energie und Wärme liefernden Vorgänge auf Oxydation beruht, so ist die Hemmung und endliche Aufhebung des Lebens durch Hemmen der $O_2$-Zufuhr oder der $O_2$-Verwendung verständlich und bedarf daher keiner weiteren Erklärung. Anders steht es nun aber mit der Erklärung der *Äther- und der Wärmenarkose.* Damit kommen wir zur Behandlung der *dritten und letzten Frage* unseres Narkoseproblems: *der Frage nach dem Zusammenhang* der besprochenen *Lipoidveränderung mit dem narkotischen Zustand der Zellen.*

So wenig wir auch vom Wesen der Reizbarkeit als der eigentümlichen Reflexfähigkeit des Lebenden wissen, so ist doch nicht zu bezweifeln, daß alle Reizbarkeit und Erregung beruhen müsse auf der Möglichkeit, in dem loseschwebenden heterogenen Phasensystem des Lebenden an einem Punkte das Gleichgewicht vorübergehend zu verschieben, d. h. also eine reversible *Stoffwanderung* zwischen jeweils aneinander grenzenden Phasen im Protoplasma zu veranlassen oder zu beschleunigen: ohne Änderung der Stoff- und Energieverteilung im Protoplasma ist eine Äußerung des Lebens nicht denkbar. Tatsächlich ist nun auch bei jeder „Erregung“ — gleichgültig durch welchen Reiz — eine „Durchlöcherung“ (HOEBER) der Plasmahäute an der gereizten Stelle anzunehmen[4]). Alle Stoffwanderung durch die Plasmagrenzflächen ist naturgemäß von deren Zustand, vor allem ihren Dichtezuständen, d. h. ihrer chemischen und elektrischen Leitfähigkeit oder Durchgängigkeit bedingt. Eine jede Änderung dieser Durchgängigkeit, jener „Durchlöcherbarkeit“ der äußeren oder inneren Phasengrenzen und Hüllen des Zellkörpers wird die der Reizbarkeit und Erregung zugrunde liegende Stoffwanderung und Stoffwechselwirkung in gleichem Sinne ändern, entweder also steigern oder unterdrücken.

Über die Zusammensetzung der inneren und äußeren Grenzschichten und Hüllen wissen wir nichts Sicheres. Der Bau der mehr oder weniger festen *äußeren* Zellmembranschicht wird von manchen Forschern für ein Mosaik von lipoiden und nichtlipoiden Phasen, von anderen für eine einheitlich reine Eiweißschicht erklärt: es kann aber gar nicht bezweifelt werden, daß mindestens an den *inneren*

---

[1]) MANSFELD: Pflügers Arch. f. d. ges. Physiol. Bd. 129, 131, 143. 1909—1912.
[2]) Vgl. auch WINTERSTEIN: Zeitschr. f. allg. Physiol. Bd. 5. 1905.
[3]) v. ISSEKUTZ, WASTENEYS, WARBURG: zusammengestellt bei WINTERSTEIN, S. 191ff.
[4]) HOEBER, R.: Physikalische Chemie der Zelle, S. 534, 575, 715. 5. Aufl.

Phasengrenzschichten des protoplasmatischen Elmusionskolloids die hydrophilen Lipoide und Albuminoide nebst Wasser und Salzen in inniger Berührung aneinander gebunden sind, und daß diese Bindung mit allen ihren Beziehungen durch eine Zustandsänderung auch nur eines ihrer Teilnehmer, wie es bei der Einwirkung der Narkotica oder der Wärme die *Zustandsänderung der Lipoide* ist, notwendig sich auch ändern müsse.

Mithin wird vermutlich die Leitfähigkeit der Zell- und Phasengrenzschichten für Molekeln und Ionen durch die eindringenden Narkotica oder die Wärmezufuhr geändert werden, und vielfache Beobachtung hat diese Vermutung wirklich bestätigt.

Wir nehmen danach an, daß bei anfänglicher Einwirkung die *molekularchemische* Leitung durch die Phasengrenzen hindurch erleichtert (Anfangserregung), bei stärkerer, zureichender Wirkung gesperrt (Narkose), bei stärkster aber, trotz und neben der Ionensperrung, die gröberen Massen der *Kolloide* aus ihren natürlichen Schranken gelöst und entbunden werden (Treiben, Cytolyse, Degeneration usw.). *Wie* durch die gradweise zunehmenden physikalisch-chemischen Lipoidänderungen die angedeuteten Membranwandlungen nach- und nebeneinander zustande kommen mögen — Durchgangserleichterung, dann Sperrung für Molekel und Ionen, daneben schließlich Durchgangseröffnung oder Erleichterung für Kolloide (Enzyme) —, das ist bei unserer Unkenntnis von dem inneren chemischen Bau des Protoplasmas einstweilen nicht festzustellen.

# Protoplasmagifte.

Von

H. REICHEL und K. SPIRO

Wien Basel.

## Zusammenfassende Darstellungen.

BÜRGI: Chemische Desinfektionslehre, Kolle-Wassermanns, Handb. d. path. Mikroorg. (2) Bd. 3, S. 543. 1913. — BÜRRI: Das Sterilisieren. Lafers Handb. d. techn. Mykologie, Bd. 1, S. 514. 1906. — CRONER: Lehrb. d. Desinfektion. 1913. — GRASSBERGER: Die Desinfektion in Theorie u. Praxis. Rubner-v. Gruber-Fickers, Handb. d. Hyg. 1913 — HAFNER: Biologie u. Dielektrizitätskonstante. Erg. d. Physiol. Bd. 24, S. 566. 1925. — HAILER: Desinfektion. Weyls Handb. d. Hyg. (2) Bd. 8. — MEYER-GOTTLIEB: Die experm. Pharmakologie 1925. — REICHEL: Entkeimung. Kraus-Uhlenhuts Handb. d. mikrob. Technik Bd. 2, S. 437.

**Begriff.** Unter Protoplasmagiften verstehen wir *allgemeine*, d. h. auf alle Art von Lebewesen und auf alle ihre Teile oder Organe wirkende, und ferner *schwere*, d. h. das Zelleben bedrohende Gifte, welche die Bedingungen des Lebens teilweise oder ganz, jedenfalls dauernd — irreversibel — aufzuheben vermögen, indem sie den Aufbau oder die Struktur des Lebendigen stören oder seine Baustoffe verändern. Diese Gruppe von Giften, die auch Ätzgifte genannt worden sind, läßt sich leidlich scharf gegen andere Gruppen abgrenzen, welche entweder, wie die Nervengifte, hauptsächlich reversible Wirkungen auf besonders wichtige Organe entfalten, oder, wie die Blutgifte, durch die begrenzte Hemmung eines allgemein lebenswichtigen Reaktionsablaufes als eine Art Sperrvorrichtung im chemischen Getriebe des Organismus wirken. Die Wirkung der Ätzgifte ist aber andererseits durchaus keine einheitliche, außer im Enderfolge des Absterbens, weil ja die Lebensvorgänge auf sehr verschiedene Weise bedrohlich gestört, ihre stofflichen Voraussetzungen auf die mannigfachste Art verändert werden können.

**Wirkung.** Die Natur der tödlichen Nahewirkungen, wie sie den Protoplasmagiften zuzuschreiben sind, wird in ihren zweifellos das meiste Interesse bietenden Anfängen am klarsten und sichersten an *einzelligen Lebewesen* zu erforschen sein, weil hier die dauernde Unfähigkeit, sich unter dafür geeigneten Bedingungen fortzupflanzen, als entscheidendes Kennzeichen des eingetretenen Todes aufgefaßt werden darf. Denn die bloße, durch die Gegenwart des Giftes bedingte Aufhebung einer Bewegung oder einer sonstigen Leistung, welche vorher zu beobachten war, beweist nicht die Dauer und Tödlichkeit der Wirkung und eine tiefergehende, etwa schon sichtbar werdende Strukturveränderung, ist gerade in den Anfängen einer solchen Wirkung nicht vorauszusetzen.

**Beschreibung.** Die eben tödliche Wirksamkeit der Protoplasmagifte nach ihrer *aktiven Masse* und nach der *Dauer* der erforderlichen Einwirkung zureichend, besonders auch nach *Temperaturabhängigkeiten* zu beschreiben, erscheint als die erste Aufgabe der Forschung auf diesem Gebiete, deren Lösung auch schon zum Teil von selbst die Antwort auf weitere Fragen, wie auf die nach dem besonderen Mechanismus oder Chemismus einer solchen Giftwirkung mit sich bringt. Zugleich genügt aber eine solche vollkommene Festlegung der zureichenden Bedingungen des Zelltodes meistens auch am besten dem praktischen Bedürfnisse, das sich an solche Fragen knüpft, z. B. in der Therapie oder in der Seuchentilgung durch Desinfektion.

**Arten der Wirksamkeit.** Der zum Tode führende Vorgang kann in der Hauptsache danach unterschieden werden, ob die Verankerung eines körperfremden Stoffes oder einer fremden Stoffgruppe an den Molekülen des Protoplasmas, oder aber, ob eine Verlagerung dieser Moleküle selbst stattfindet, ob es sich also um eine *stoffliche, chemische* oder um eine mehr *physikalische*, eine *Zustandsänderung*, d. h. um veränderte chemische Individuen oder um gestörte Beziehungen der unveränderten handelt. Diese Unterscheidung in *chemisch-ionale* und *mechanisch-molekulare* Zellgiftwirkungen wurde zuerst 1897 von SPIRO[1]) gefaßt, wobei zugleich auch auf die höhere Einheit beider Gruppen von Wirkungen hingewiesen wurde: in den einen Fällen liegen echt chemische Reaktionen der sog. Hauptvalenzen von Gift und Protoplasma vor, während in den anderen Fällen die „mechanischen Affinitäten" des Giftes zu den in Betracht kommenden Lösungsmitteln: Wasser, Lipoide, Eiweiß, ins Spiel treten. Umkehrbare und nicht umkehrbare Bindungsreaktionen beherrschen dort, Verteilungsgleichgewichte hier das Geschehen. Wie das Verteilungsgleichgewicht durch die Affinitäten zwischen Lösungsmittel und gelöstem Stoffe beherrscht wird, wird an anderen Stellen dieses Handbuches auseinandergesetzt. Die *Hydratationsfähigkeit* der Ionen ist z. B. eine Funktion der HOFMEISTERschen Reihe; die der organischen Verbindungen wird z. B. durch Carboxyl-Sulfo-, Hydroxylgruppen usw. gesteigert. Umgekehrt ist die Löslichkeit in organischen Solventien, „Solvatation" meist durch Eintritt von Halogen, komplex gebundenen Sauerstoffes usw. in das Molekül bedingt. Die Bedeutung der Solvatation zeigt sich auch in entscheidender Weise bei organischen Körpern in der Art, daß in homologen Verbindungen die Länge der Kohlenstoffkette des Alkoholradikals die Wirkung entscheidend beeinflußt. So fand L. BLEYER[2]) unter R. DOERR, daß bei Aufschwemmungen gramnegative Zellen homogenisiert werden durch die höheren Homologen des resorcincarbonsauren Natrium, aber erst vom Amyl an und daß eine sukzessive Steigerung stattfindet in den Hexyl- bzw. Heptylverbindungen.

Die höhere Einheit der stofflichen Wirksamkeit liegt in der wesentlichen Gleichartigkeit, genau genommen bloß abgestuften Verschiedenheit der beiden Arten der Anziehungskräfte. Die Entscheidung, ob es sich um die eine oder andere Art von Vorgängen handelt, fällt meist nicht schwer, weil die Beziehungen der beteiligten Stoffe an *mehrphasigen Modellen*, wie Leimplatten, Eiweißgelen, Wasser-Ölgemischen oder auch an einheitlichen Zellmassen, wie Hefe oder Bakterienmassenkulturen, studiert werden können. Die chemische Bindung des Giftes verrät sich bei starken chemischen Affinitäten ohne weiteres durch den aliquoten Verlust an freien Stoffen in der wäßrigen Flotte, bei schwächeren, der teilweise hydrolytischen Spaltung raumgebenden Kräften durch die dafür typischen Konzentrationsverhältnisse. Die Lösungsbeziehungen des Giftes zu den Körperphasen drücken sich in den entsprechenden Gleichgewichtsverteilungen der Giftstoffe aus. Der einfachste Fall ist der, daß sich die Molekülverbände des Lösungsstoffes in beiden betrachteten Lösungsmitteln in gleichem Aggregationszustand befinden, d. h. daß die Einzelteilchen in beiden Phasen aus der

[1]) SPIRO: Über physikalische und physiologische Selektion. Straßburg 1897. — SPIRO u. BRUNS: Zur Theorie der Desinfektion. Arch. f. exp. Pathol. u. Pharmakol. Bd. 41, S. 355. 1898. — EHRLICH: v. Leyden-Festschrift Bd. 1, S. 645. 1902.

[2]) BLEYER, L.: Biochem. Zeitschr. Bd. 181, S. 350. 1927.

gleichen Zahl von Molekülen bestehen. Dann trifft der durch van t'Hoff[1]) verallgemeinerte Henrysche Verteilungssatz[2]) in seiner einfachsten Form eines konstanten Konzentrationsverhältnisses zu. Im Falle der Ungleichzähligkeit der Moleküle in den für die beiden Phasen eigentümlichen Verbänden tritt an Stelle dieses einfachsten Gesetzes die von Nernst[3]) entwickelte Beziehung: als konstant erscheint das Verhältnis jener Potenzwerte der Konzentration, die als Exponenten die Aggregationszahl der Moleküle in der entsprechenden Phase tragen.

**Der Vorgang des Absterbens.** Die gegebenenfalls (d. h. bei genügender Stärke und Dauer) bis zum Tode fortschreitenden Zellschädigungsvorgänge können demnach *zeitlich* nur erfaßt werden, entweder indem die *Reaktionsgeschwindigkeit* solcher Bindungen oder indem die Geschwindigkeit der zunehmenden Anreicherung der Lösungsstoffe in den für die Giftwirkung entscheidenden Zellphasen festgelegt wird. Wo es gelingt, bestimmte Vorstufen der Schädigung, wie z. B. Bewegungshemmung oder verminderte chemische Leistungen in ihrem Auftreten ebensogut oder auch leichter zu beobachten als den tödlichen Ausgang, dort mögen die entscheidenden Bedingungen — aktive Masse, Zeitdauer, Temperatur — ebensowohl für jene eben erreichten Schädigungen wie für den Tod ermittelt werden. Aus der zeitlichen Lage der verschiedenen Stufen der Schädigung bei gleichen sonstigen Bedingungen ergibt sich dann so etwas wie ein „*Vorgang des Absterbens*", ohne daß es aber möglich wäre, die einzelnen Zustände aufeinander richtig zu beziehen, oder eine exakte „Kinetik" eines solchen Vorganges aufzustellen.

Als eine solche „Kinetik des Absterbevorganges" ist mehrfach fälschlich eine Berechnung angesehen worden, welche auf Grund der mühevollen Beobachtungen von Paul und Krönig[4]) über den Verlauf der Zahlen überlebender Keime in Suspensionen gleichartiger Keime in desinfizierenden Lösungen zuerst von Madsen und Nymann[5]) angestellt worden ist.

Zum Verständnis dieses immerhin bedeutsamen gedanklichen Irrweges muß auf die *Methodik* der Versuche eingegangen werden, mit denen die tödliche Wirksamkeit eines Stoffes auf eine bestimmte Art von einzelligen Lebewesen nachgewiesen werden kann.

Um die Wirkung eines Stoffes in bestimmter Konzentration und bei bestimmter Temperatur rein beobachten, insbesondere die vom Beginn der Einwirkung bis zum Eintritt des Todes verstreichende Zeit scharf messen zu können, ist es erforderlich, die Zellen in der Lösung gleichmäßig schwebend zu verteilen, d. h. eine Suspension der Testkeime mit der Ausgangslösung in genau bekannten Volumenverhältnissen zusammenzubringen [Geppert[6]), v. Gruber[7])]. Durch die Übertragung eines aliquoten Teiles dieses Flüssigkeitsgemisches auf ein optimales Kulturmedium unter Bedingungen, die ein Weiterwirken des Giftes ausschließen, kann dann aus dem Auftreten oder Ausbleiben des Wachstums entschieden werden, ob im Zeitpunkte der Überimpfung die Grenze der Abtötung erreicht war oder nicht. Dabei wird eine große, aber doch eine endliche und genau festzustellende Zahl von gleichartigen Individuen der gleichen Einwirkung ausgesetzt und als erreichte Abtötung erst jener Zustand anerkannt, wo *kein* Individuum mehr überlebend war, weil ja schon eines genügt, um das weitere Wachstum hervorzurufen. Daß in Wirklichkeit, was leicht festzustellen ist, nicht alle Individuen gleichzeitig absterben, kann, wie schon Geppert

---

1) van t'Hoff: Ostwalds Klassiker Bd. 110, S. 81.

2) Henry, Manchester 1893.

3) Nernst, W.: Zeitschr. f. physikal. Chem. Bd. 8, S. 110. 1891.

4) Paul u. Krönig: Die chemischen Grundlagen der Lehre von Giftwirkung und Desinfektion. Zeitschr. f. Hyg. u. Infektionskrankh. Bd. 25, S. 1. 1897.

5) Madsen u. Nymann: Zur Theorie der Desinfektion. Zeitschr. f. Hyg. u. Infektionskrankh. Bd. 57, S. 389. 1900.

6) Geppert: Zur Lehre von den Antisepticis. Berlin. klin. Wochenschr. 1889, S. 789. — Geppert: Über desinfizierende Mittel und Methoden. Ebenda 1890, S. 246. — Geppert: Die Desinfektionsfrage. Dtsch. med. Wochenschr. 1891, S. 797.

7) Gruber: Über Methoden der Prüfung von Desinfektionsmitteln. Ref. am 7. intern. Kongr. f. Hyg. u. Demogr., London 1891.

hervorhebt, bei tatsächlich gleichmäßiger Suspension aller Keime, d. h. bei Vermeidung von Verklumpungen, die das Eindringen des Giftes verzögern, nur auf *verschiedener Widerstandsfähigkeit der Keimindividuen* beruhen, welche Verschiedenheit auch gegenüber physikalischen, z. B. Hitzeschädigungen zu finden ist.

**Zahlensuche.** PAUL und KRÖNIG haben dann als erste in umfangreichen Versuchsreihen festgestellt, in welcher Weise sich während einer solchen Gifteinwirkung die *Zahl* der noch überlebenden Keime ändert. Dabei ergeben sich sinkende Zahlenreihen, welche sich, wie eben MADSEN und NYMANN zeigten, als logarithmische Zeitfunktion leidlich berechnen lassen. Diese Autoren deuten das als den Ausdruck einer monomolekularen Reaktion zwischen Zellprotoplasma und Gift, wofür jedoch offenbar die Voraussetzungen nicht gegeben sind, wie EIJKMANN[1]), REICHEL[2]), HEWLETT[3]) und besonders ausführlich REICHENBACH[4]) dargetan haben. Der letztgenannte Autor klärte den Verlauf solcher Kurven als den Ausdruck der allgemein zu beobachtenden asymmetrischen Resistenzstreuung innerhalb des Individualbestandes einer Kultur von Mikroorganismen auf. Genauere kritische Darstellungen dieser Frage finden sich in den bakteriologischen Handbüchern [BÜRGI[5]), REICHEL[6])].

**Funktionen.** Für die Beschreibung der Giftwirkungen erscheint somit als hauptsächlich entscheidend die Beziehung der erforderlichen *Einwirkungsdauer* zur Konzentration oder allgemeiner: zur *aktiven Masse des Giftes.* Daneben wird immer auch der *Temperatur*einfluß und die Natur des Lösungsmittels des Giftes zu beachten sein, welche Natur auch schon durch alle Lösungsgenossen verändert wird. Die zuerst genannte, hauptsächlich zu beachtende Beziehung ist schon von mehreren Seiten in mathematische Formen gebracht worden, die auch, wie REICHEL[7]) gezeigt hat, im wesentlichen übereinstimmen. Es kommen hyperbelähnliche Kurven zustande, da sich meistens das Produkt der Zeitdauer ($T$) und einer bestimmten Potenz ($n$) der Konzentration ($P$) als konstant erweist: $T \cdot P^n = R$. Die Konstante $R$ heißt die Resistenzkonstante und bezeichnet die zur Tötung der Keime erforderliche Einwirkungsdauer bei der Konzentration $P = 1$.

In manchen besonderen Fällen ist vom $P$-Wert ein bestimmter *Abzug* zu machen, *der* einer *dauernd unschädlichen Dosis des Giftes entspricht* [REICHEL[8]), WO. OSTWALD und DERNOSCHEK[9])]. Begreiflicherweise kann das nur bei den Zellgiften zweiter Art, den durch Lösungsbeziehungen wirksam werdenden, zutreffen, weil ja jede Ionenreaktion unter der Voraussetzung einer *konstanten,* wenn auch noch so niedrigen Außenkonzentration endlich zum gleichen Ziele gelangen müßte. Das Auftreten einer solchen Abzugsgröße in einer die Versuchsergebnisse beschreibenden Gleichung beweist also schon die Zugehörigkeit des Giftes zu jener

---

1) EIJKMANN: Die Überlebungskurve bei Abtötung der Bakterien durch Hitze. Biochem. Zeitschr. Bd. 9, S. 12. 1908.

2) REICHEL: Zur Theorie der Desinfektion. Biochem. Zeitschr. Bd. 22, S. 152. 1908.

3) HEWLETT: Desinfection and desinfectants lanart. 1909.

4) REICHENBACH: Zur Theorie der Desinfektion. Zentralbl. f. Bakteriol., Parasitenk. u. Infektionskrankh., Abt. 1, Orig. Bd. 47, Anh. S. 75. 1910. — REICHENBACH: Die Absterbeordnung der Bakterien und ihre Bedeutung für Theorie und Praxis der Desinfektion. Zeitschr. f. Hyg. u. Infektionskrankh. Bd. 69, S. 171. 1911.

5) BÜRGI: Desinfektionslehre. Kolle-Wassermanns Handb. d. pathogen. Mikroorg. (2) Bd. III, S. 543.

6) REICHEL: Entkeimung. Kraus-Uhlenhuts Handb. d. mikrobiol. Technik Bd. II, S. 498ff.

7) REICHEL: Ebenda S. 494ff.

8) REICHEL: Die Desinfektionswirkung des Phenols. III. Biochem. Zeitschr. Bd. 22, S. 201. 1908.

9) OSTWALD, WO. u. DERNOSCHEK: Über die Beziehungen zwischen Adsorption und Giftigkeit. Zeitschr. f. Chem. u. Ind. d. Kolloide Bd. 6, S. 297. 1910.

Gruppe. Die genannte Voraussetzung ist allerdings manchmal auch nicht erfüllt, z. B. bei der Untersuchung oligodynamischer Zellgiftwirkungen, wo sich die Wirksamkeit der Lösung mit der fortschreitenden Speicherung des Metalles am Protoplasma allmählich erschöpft [SPIRO[1])]. In solchen Fällen verändert sich der $P$-Wert nicht bloß während des Vorganges, sondern er ist auch von vornherein nicht quantitativ zu fassen, so daß hier die Berechnung überhaupt nicht anwendbar erscheint.

**Hemmung.** Bei allen Protoplasmagiften bewirken gewisse *untertödliche* Konzentrationen des Giftes, wenn sie neben sonst günstigen Wachstumsbedingungen bestehen, eine *Entwicklungshemmung*, die manchmal nicht leicht — und zwar sowohl praktisch als auch begrifflich nicht leicht — von der tödlichen Wirkung unterschieden werden kann. Es wäre durchaus denkbar, daß ein chemisches Agens alles Leben der Zellen aufhebt, ohne daß auch bei sehr langer Dauer dieses „Todes" die mit der Beseitigung des Giftes gegebene Wiederbelebbarkeit verloren gehen müßte. An einem so „konservierten" Leben müßte selbst A. v. HUMBOLDTS[2]) Kriterium des Lebens: die Zersetzung eines für sich nicht lebensfähigen Teilstückes, zuschanden werden.

In der obigen *Gleichung* ist im allgemeinen $P$ die unabhängige, willkürlich abgestufte, $T$, — die Zeit hier ausnahmsweise einmal — die abhängige, beobachtete Variable, d. h. es frägt sich zumeist: wie lange dauert es bis zur Abtötung unter den gegebenen Konzentrationen und auch Temperatur- und Lösungsbedingungen. In der Praxis der Desinfektion kommt allerdings auch nicht selten die umgekehrte Fragestellung vor: wieviel von den Mitteln ist erforderlich, um in einer gegebenen Zeit unter bestimmten Umständen zu wirken. Dann wird die Gleichung zur leichteren Entwicklung des $P$-Wertes besser in der Form:

$$P \cdot T^m = D$$

verwendet, worin $m = 1/n$ und $D = \sqrt[n]{R}$ ist und die Dosiskonstante $D$, die in der Zeiteinheit zureichende Konzentration bedeutet. Je größer der Wert $n$ ist, desto rascher wirksam sind große Dosen des Giftes und desto langsamer wirksam kleine. Wird $n$ hingegen klein gefunden, so sind schon kleine Dosen wirksam, aber auch große nicht viel wirksamer.

Bezüglich der Methodik der Gewinnung solcher Kurven und Gleichungen sei auf das KRAUS-UHLENHUTsche Handbuch der mikrobiologischen Technik [REICHEL[3])] verwiesen, hinsichtlich der Frage nach der Genauigkeit der so errechneten Werte auch auf REICHEL und RIEGER[4]).

Der *Temperatureinfluß* auf tötende Giftwirkungen ist im allgemeinen ein sehr mächtiger. Auch die sog. reine Temperatureinwirkung, und zwar sowohl die der trockenen als auch der feuchten Hitze, kann wohl als eine bei hohen Temperaturen hervortretende Giftwirkung dort des Luftsauerstoffes, hier des Wassers und seiner Ionen auch schon in neutralen Lösungen aufgefaßt werden. Wo der Einfluß für echt chemische Desinfektionsvorgänge genauer verfolgt wurde [MADSEN und NYMANN[5]), HARIETTE CHICK[6]) u. a.], hat er sich immer von ganz

[1]) SPIRO, K.: Die oligodynamische Wirkung des Kupfers. 1. Mitteilung Münch. med. Wochenschr., 1915. S. 1601. 2. Mitteilung Biochem. Zeitschr. Bd. 74, S. 265. 1916.

[2]) v. HUMBOLDT, A., zit. nach H. H. MEYER: Gesetzlichkeit des Lebens. Wien. klin. Wochenschr. Bd. 37, Beil. 19, S. 4.

[3]) REICHEL: Zitiert auf S. 553.

[4]) REICHEL u. RIEGER: Ausgleichs- und Fehlerrechnung bei Desinfektionsversuchen. Arch. f. Hyg. Bd. 98, S. 23. 1927.

[5]) MADSEN u. NYMAN: Zitiert auf S. 552.

[6]) CHICK, HARIETTE: An investigation of the law of disinfection. Journ. of hyg. Bd. 8, S. 92. 1908. — REICHEL: Entkeimung, S. 509. — VAN T'HOFF: Vorlesungen über theoretische und physikalische Chemie. Braunschweig 1898.

ähnlicher Größe finden lassen, wie der bekannte VAN T'HOFFsche Temperaturkoeffizient chemischer Reaktionen, so daß einem Temperaturunterschiede von 10° etwa die 2—3fache Variation der erforderlichen Abtötungszeit entspricht. Für Phenol hat HARIETTE CHICK weit stärkere Einflüsse beobachtet.

**Das Lösungsmittel.** Schon R. KOCH[1]) hat die verhältnismäßige Ungiftigkeit der Desinfektionsmittel in nichtwäßrigen Lösungen bemerkt und auch durch WOLFFHÜGEL und v. KNORRE[2]) untersuchen lassen. Dann hat SPIRO[3]) (1897) die Aufmerksamkeit auf die Lösungszustände und -intensitäten gelenkt und die Verteilungsgleichgewichte der Lösungsstoffe über verschiedene Phasen als die zureichenden Bedingungen für vielerlei Färbungs-, Arznei- und Zellgiftwirkungen erkannt, wie das im gleichen Sinne dann auch P. EHRLICH[4]) tat. Besonders war es die von SCHEURLEN[5]) beobachtete Giftigkeitsverschiebung des Phenols durch Kochsalz, die durch SPIRO und seine Schule zuerst nach Analogie der Aussalzwirkungen erklärt und dann auch als Beispiel solcher Zusammenhänge weiter verfolgt wurde [SCHEURLEN und SPIRO[6]), SPIRO und BRUNS[7]), später REICHEL[8]), SPIRO[9]), HAFNER und KÜRTHY[10])]. Die gegenseitige Löslichkeitsbeeinflussung [SETSCHENOW[11]), ROTHMUND und WILSMORE[12]), NERNST[13]), ROTHMUND[14]), REICHEL[8])] der Lösungsgenossen verschiebt einschneidend in gesetzmäßiger Weise die Teilungsquotienten der wirksamen Stoffe. Die von SPIRO als physikalische und physiologische Selektion bezeichneten, oft fast als willkürlich erscheinenden auswählenden Speicherungen von Stoffen in einzelnen Zellen, sowie die Verdrängung bestimmter Stoffe aus ihnen durch Lösungskräfte, beherrschen offenbar auch die Vorgänge der Resorption und Sekretion und vermögen auch eine Erklärung für die beschränkte Durchlässigkeit von Membranen und Phasengrenzen und die Entstehung elektrostatischer Kräfte im lebenden Körper abzugeben [LOEB und BEUTNER[15])]. So können auch Giftwirkungen verstanden werden, welche nicht mehr *alles* Protoplasma, sondern nur bestimmte Arten von Zellen treffen, sei es einzelne Organe oder Organsysteme im vielzelligen Organismus, sei es irgendwelche fremden, parasitären Einzeller im Körper des Wirtes. Solche spezifischen Gifte und *inneren* Desinfektionsmittel stehen nach der Definition den allgemeinen Protoplasmagiften schon ferner, obwohl ihre Wirkungsweise eine durchaus ähnliche sein mag. Diese Bedingungen

[1]) KOCH, ROB.: Über Desinfektion. Mitt. d. K. Gesundheitsamtes Bd. 1, S. 234. 1881.

[2]) WOLFFHÜGEL u. KNORRE: Zu der chemischen Wirksamkeit von Carbolöl und Carbolsäure. Mitt. d. K. Gesundheitsamtes Bd. 1, S. 352. 1881.

[3]) SPIRO: Über physikalische und physiologische Selektion. Straßburg 1897.

[4]) EHRLICH, P.: Leyden-Festschrift Bd. 1, S. 645. 1902.

[5]) SCHEURLEN: Die Bedeutung des Molekularzustandes der wassergelösten Desinfektionsmittel für ihren Wirkungswert. Arch. f. exp. Pathol. u. Pharmakol. Bd. 37, S. 74. 1896.

[6]) SCHEURLEN u. SPIRO: Die gesetzmäßigen Beziehungen zwischen Lösungszustand und Wirkungswert der Desinfektionsmittel. Münch. med. Wochenschr. Jg. 44, S. 4. 1898.

[7]) SPIRO u. BRUNS: Zur theoretischen Desinfektion. Arch. f. exp. Pathol. u. Pharmakol. Bd. 41, S. 355. 1898.

[8]) REICHEL: Die Desinfektionswirkung des Phenols. Biochem. Zeitschr. Bd. 22, S. 149, 177, 201. 1909.

[9]) SPIRO: Über Flüssigkeitsstruktur. Pflügers Arch. f. d. ges. Physiol. Bd. 205, S. 15. 1924.

[10]) HAFNER u. KÜRTHY: Zur Kenntnis der Aussalzung. Arch. f. exp. Pathol. u. Pharmakol. Bd. 104, S. 148. 1924.

[11]) SETSCHENOW: Zeitschr. f. physikal. Chem. Bd. 4, S. 117. 1889.

[12]) ROTHMUND u. WILSMORE: Zeitschr. f. physikal. Chem. Bd. 40, S. 611. 1903.

[13]) NERNST: Zeitschr. f. physikal. Chem. Bd. 38, S. 487. 1902.

[14]) ROTHMUND: Löslichkeit und Löslichkeitsbeeinflussung. Bredigs Handb. d. angew. physikal. Chem. Bd. VII.

[15]) LOEB u. BEUTNER: Biochem. Zeitschr. Bd. 41, S. 1. 1912.

des Zustandekommens solcher Wirkungen gehen ohne scharfe Grenze in die der organotropen und ätiotropen Pharmaca [Meyer und Gottlieb[1])] und der elektiven Vitalfärbungen [W. Schulemann, Gicklhorn und Keller[2])] über. Aber auch die Bedingungen der echt chemischen Giftwirkungen sind von der Natur des Lösungsmittels beherrscht. Die Bedeutung der Nernstschen Dielektrizitätskonstante für die Ionisation der Lösungsstoffe in wäßrigen und nichtwäßrigen Medien hat hauptsächlich Walden[3]) erforscht. Daß für viele Giftwirkungen aber die Ionen die aktive Masse des Giftes vorstellen, ging schon aus Dresers[4]) Untersuchungen über Hg-Salzwirkung hervor und wurde später und unabhängig einerseits von Paul und Krönig[5]), andererseits von Spiro und seiner Schule[6]) genauer dargetan. R. Keller[7]) hat dann neuerdings auf die Bedeutung der Dielektrizitätskonstante für biologische Fragen hingewiesen und in der Folge mit R. Fürth u. a.[8]) auch die Messung dieser Größen in physiologischen Objekten in die Wege geleitet. Von Zellgiftwirkungen war die Säure-, d. h. die H-Ionenwirkung auf eine Ionisation in den wasserarmen Phasen der Zelle durch Gegenbauer und Reichel[9]) bezogen worden, welche Vorstellung später durch allgemeinere Überlegungen [Reichel[10]), Spiro[11])] gestützt erscheint. Ferner haben Joachimoglu und seine Mitarbeiter[12]) die Hg-Salzwirkung mit der Dielektrizitätskonstanten des Lösungsmittels in Beziehung gebracht. Wie die zusammenfassende Darstellung Hafners[13]) zeigt, verspricht hier die Verknüpfung der physikalischen und morphologischen Forschungen mit den physiologisch-chemischen und biologischen in solchen Fragen weitere Erfolge.

## Die wichtigsten Protoplasmagifte.

**Säuren und Laugen.** Die Zellschädigungen durch Abweichungen der wässerigen Umwelt von der Neutralität, d. h. also durch *Säuren* und *Laugen*, hängen im allgemeinen von der $H^+$- und $OH^-$-Konzentration ab. Die starken Säuren und Laugen erweisen sich sowohl für die Hämolyse [Fühner und Neubauer[14])] als auch für die Desinfektionswirkung [Paul und Krönig[15])] als weitaus wirksamer

---

[1]) Meyer u. Gottlieb: Die experimentelle Pharmakologie. Berlin u. Wien 1925.

[2]) Gicklhorn u. Keller: Elektive Vitalfärbung. Zeitschr. f. Zellforsch. u. induktive Abstammungslehre Bd. 2, S. 515. 1925.

[3]) Walden, s. Lit. bei Hafner: Ergebn. d. Physiol. Bd. 24, S. 566. 1925.

[4]) Dreser: Zur Pharmakologie des Hg. Arch. f. exp. Pathol. u. Pharmakol. Bd. 32, S. 456. 1893.

[5]) Paul u. Krönig: Zeitschr. f. Hyg. u. Infektionskrankh. Bd. 25, S. 1. 1897.

[6]) Spiro u. Bruns: Arch. f. exp. Pathol. u. Pharmakol. Bd. 41, S. 355. 1898.

[7]) Keller: Dielektrizitätskonstanten biochemischer Stoffe. Biochem. Zeitschr. Bd. 115, S. 134. 1921; weitere Lit. s. bei Hafner: Ergebn. d. Physiol. Bd. 24, S. 566. 1925.

[8]) Fürth, R.: Methoden zur Bestimmung der Dielektrizitätskonstante guter Leiter. Zeitschr. f. Physik Bd. 22, S. 98. 1924. — Fürth, R.: Die Dielektrizitätskonstanten wäßeriger Lösungen usw. Ann. d. Physik (4) Bd. 70, S. 167. 1923. — Fürth, R. u. Keller: Die Dielektrizitätskonstante des alkoholhaltigen Serums. Biochem. Zeitschr. Bd. 141, S. 187. 1923.

[9]) Gegenbauer u. Reichel: Arch. f. Hyg. Bd. 78, S. 56ff., 92. 1913.

[10]) Reichel: Über Wasser- und Ionenverteilung im Organismus. Biochem. Zeitschr. Bd. 127, S. 322. 1922.

[11]) Spiro: Zur Aciditätsverteilung in der Zelle. Klin. Wochenschr. Jg. 1, S. 1199. 1922.

[12]) Hellenbrand u. Joachimoglu: Über die antiseptische Wirkung des $HgCl_2$ in Lösungsmitteln verschiedener Dielektrizitätskonstante. Biochem. Zeitschr. Bd. 153, S. 131. 1924. — Joachimoglu u. Klissinnis: Weiteres über die antiseptische Wirkung einiger Hg-Verbindungen. Ebenda Bd. 153, S. 136. 1924.

[13]) Hafner, E. A.: Biologie und Dielektrizitätskonstante. Ergebn. d. Physiol. Bd. 24, S. 566. 1925.

[14]) Fühner u. Neubauer: Biochem. Zeitschr. Bd. 5, S. 358. 1905.

[15]) Krönig u. Paul: Zeitschr. f. physikal. Chem. Bd. 21, S. 414. 1896; Zeitschr. f. Hyg. u. Infektionskrankh. Bd. 25, S. 97. 1901.

als die schwachen. Die Wirksamkeit dieser ist aber immerhin viel größer, als ihrer geringeren elektrolytischen Dissoziation entspricht, was offenbar auf ihrer Lipoidlöslichkeit, d. h. auf ihrem höheren Eindringvermögen beruht. Sie durchwandern als ungespaltene Moleküle die Zellwand und rufen in der wässerigen Innenphase trotz ihrer geringen Dissoziation noch eine höhere $H^+$- oder $OH^-$-Konzentration hervor, als die nicht, oder schlechter durchgehfähigen starken Säuren und Laugen bei gleichem Außengehalt an $H^+$ oder $OH^-$ zu tun vermögen. Ähnliches ergibt sich bei der Beeinflussung $p_H$-empfindlicher Vitalfärbungen bei Pflanzen [BRENNER[1]), N. HARVAY[2])], bei den Säureschädigungen von Infusorien [BARRATT[3]), COLLET[4])] und von Holothurienzellen [N. HARVAY[5])]. Bei der Wachstumshemmung von Penicillium durch aromatische Säuren ist auch der Zusammenhang der Erscheinung mit der Wasser-Öl-Verteilung der wirksamen Stoffe festgestellt [BOESEKEN und WATERMANN[6]), WATERMANN[7])]. Doch scheint es, daß die besonders lipoidlöslichen Säuren, darunter die Benzoe- und die Salizylsäure, überhaupt nicht mehr als Säuren, sondern vielmehr nach Art des Phenols zur Wirkung gelangen [VERMAST[8])].

Die desinfizierenden *Säure*wirkungen sind durch PAUL, BIRSTEIN und REUSS[9]), sowie durch GEGENBAUER und REICHEL[10]) zum Gegenstand genauerer Untersuchungen gemacht worden. Höhere $H^+$-Gehalte der Umspülungsflüssigkeit der Zellen bewirken ein rasches Absterben vegetativer Bakterienformen, wohl durch Veränderung der Durchlässigkeit der Grenzschicht und Eindringen der Säure ins Protoplasma. Bakteriensporen erweisen sich hingegen auch gegen recht hohe Konzentrationen starker Säuren durch längere Zeit als widerstandsfähig, was sicher zum Teil auf dem langsamen Eindringen beruht. PAUL und seine Mitarbeiter stellten für Staphylokokken eine Beziehung fest, die bei HCl — in vergleichbarer Form geschrieben — etwa $P^{0 \cdot 5}\, T = 18$ lauten würde; d. h. also, daß die zur Abtötung erforderliche Zeit mit der steigenden Säurekonzentration zwar fällt, jedoch nicht ihr selbst, sondern ihrer 2. Wurzel proportional. Für Essigsäure würden die Ergebnisse dieser Autoren zu einer Gleichung $P \cdot T = 50$ führen, was besagt, daß hier etwa einfache umgekehrte Proportionalität besteht; für Buttersäure berechnen die Autoren — aus allerdings dafür unzulänglichen Versuchsergebnissen — sogar eine noch steilere Kurve, die hier $P^2 \cdot \mathrm{T} = 70$ zu schreiben wäre. Das Parallelgehen der Stärke des Konzentrationseinflusses mit der Lipoidlöslichkeit ist auch hier unverkennbar. GEGENBAUER und REICHEL haben an Milzbrandsporen solche Wirkungsgleichungen für Gemische von HCl und NaCl festgestellt, welche sich mit steigendem Salzgehalte und mit steigender Temperatur der Form $P \cdot T = R$ nähern, während sie bei niederen Temperaturen und Salzgehalten allmählich in die Form $P^{1 \cdot 5} \cdot T = R$ und endlich $P^2 \cdot T = R$ übergehen. Die $R$-Werte betragen hier Stunden bis Tage. Die Autoren schließen aus der Tatsache der *Steigerung* der Wirkung mit dem NaCl-Gehalte, daß es nicht

[1]) BRENNER: Verhandl. d. Finnländ. wiss. Ges. Bd. 60, Nr. 4. 1918.

[2]) HARVAY, N.: Journ. of exp. zool. Bd. 10, S. 507. 1911; Americ. journ. of physiol. Bd. 31, S. 335. 1913. — MC CLENDOR: Biol. bull. of the marine biol. laborat. Bd. 42, S. 113. 1912; Journ. of biol. chem. Bd. 10, S. 459. 1912. — RUHLAND: Jahrb. f. wiss. Botanik Bd. 54, S. 391. 1914.

[3]) BARRATT: Zeitschr. f. allg. Physiol. Bd. 4, S. 458. 1904.

[4]) COLLET: Journ. of exp. Zool. Bd. 29, S. 443, 1919.

[5]) HARVAY, N.: Internat. Zeitschr. f. physikal.-chem. Biol. Bd. 1, S. 463. 1914.

[6]) BOESEKEN u. WATERMANN: Holländ. Akad. d. Wiss. 1912, S. 608.

[7]) WATERMANN: Zentralbl. f. Bakteriol., Parasitenk. u. Infektionskrankh., Abt. 2, Ref. Bd. 42, S. 639. 1914.

[8]) VERMAST: Biochem. Zeitschr. Bd. 125, S. 106. 1921.

[9]) PAUL, BIRSTEIN u. REUSS: Biochem. Zeitschr. Bd. 29, S. 201. 1910.

[10]) GEGENBAUER u. REICHEL: Arch. f. Hyg. Bd. 78, S. 1. 1912.

die $H^+$-Ionisation in der wirkenden Lösung selbst sein kann, welche die Geschwindigkeit des zum Tode der Zellen führenden Vorganges beherrscht, weil ja dieser durch das NaCl zurückgedrängt wird. Das gleiche gilt von der Quellung der Kolloidphasen unter HCl- und NaCl-Einfluß, so daß auch dieser Vorgang nicht der den Tod bedingende sein kann. Aber auch die chemische Bindung der Säure an das Eiweiß, welche nach fixem Verhältnis und rasch eintritt [Gegenbauer und Reichel[1])], dürfte nicht der über den Tod entscheidende Vorgang sein, da das Absterben offenbar viel später erfolgt, als diese Bindung vollendet ist. Daß der Zeitpunkt, von dem an die Keime als tot erscheinen, durch entgiftende Behandlung mit Sodalösung nicht hinausgeschoben werden kann, läßt sich auch kolloidchemisch erklären. Die Autoren kommen zu der Annahme, daß gerade die an die Eiweißphase der Zelle gebundene HCl-Menge dort erst den zum Tode führenden Vorgang, etwa eine hydrolytische Spaltung dieses Eiweißes selbst, bedingt, wodurch sowohl die längere Dauer als auch die Irreversibilität des Vorganges verständlich wird. Auch spricht der beobachtete Temperaturkoeffizient für eine solche chemische Umsetzung. Als maßgebend für ihre Geschwindigkeit wird die $H^+$-Konzentration in den nichtwässerigen oder richtiger: wasserarmen Phasen des Zellkörpers vermutet. Diese Konzentration mag recht wohl von den Zuständen der wässerigen Außenphase noch abhängen, wenn auch die Größe der HCl-Bindung an das Eiweiß dadurch nicht mehr beeinflußt wird, weil ja auch der Wassergehalt der Eiweißphase dafür bestimmend sein muß. Die Verschiedenheit des in den Gleichungen auftretenden Richtungswertes könnte danach so verstanden werden, daß je nach den Versuchsbedingungen die Konzentration der Außenphase entweder durch ihren Einfluß auf die Diffusionsgeschwindigkeiten oder durch den auf die Wasser- und $H^+$-Verteilung und damit auf die Hydrolysegeschwindigkeit oder auch durch beide Einflüsse zugleich für die erforderliche Abtötungszeit bestimmend wirkt. Bei höheren Temperaturen und höherem Salzgehalte der Flotte tritt wohl der Diffusionseinfluß mehr und mehr zurück, wie er auch bei den vegetativen Bakterienformen offenbar geringer als bei den Sporen ist.

Gregersen[2]) gibt für Staphylokokken und HCl eine Wirkungsgleichung an, die $P \cdot T = 2{,}5$ zu schreiben wäre.

Reine Säurewirkungen kommen in der Praxis der Desinfektion nur selten zur Anwendung. Die noch am meisten zur Verhinderung des Wachstums von Keimen verwendete Säure ist die schwefelige, und zwar in der Form der $SO_2$-Dämpfe. Ihre wässerige Lösung wirkt, wie Hailer[3]) zeigte, etwas stärker als molekular entsprechende $H_2SO_4$-Lösungen, obwohl den Anionen allein, d. h. den entsprechenden Neutralsalzen, beschränkte Zellgiftwirkungen zukommen. Die Verhältnisse liegen aber hier kompliziert, weil die auch in Betracht kommende reduzierende Wirkung (bzw. die Stabilität) der schwefeligen Säure von der Wasserstoffionenkonzentration abhängt. Auch sonst steigert in vielen Fällen eine leicht saure Reaktion, die selbst nur in sehr langer Zeit tödlich wirken würde, die Wirksamkeit anderer Zellgifte wesentlich.

Die Abtötung von Zellen durch Säurewirkung findet aber nicht bloß in der Desinfektionspraxis, sondern auch in der Therapie mehrfache Anwendung und hat auch beim Zustandekommen gewerblicher und anderer Vergiftungen große Bedeutung. Zu Säureätzungen wird rauchende Salpetersäure, Trichloressigsäure, Chromsäure und auch die schwächere Milchsäure verwendet, der gegen-

1) Gegenbauer u. Reichel: Zitiert auf S. 557.

2) Gregersen: Zentralbl. f. Bakteriol., Parasitenk. u. Infektionskrankh., Abt. 1, Orig. Bd. 77, S. 168. 1915.

3) Hailer: A. K. G. A. Bd. 36, S. 237. 1911.

über gesunde Zellen sich als widerstandsfähig erweisen, während kranke Zellen auch durch sie vernichtet werden. HCl wirkt auch in Dampfform zerstörend auf die oberflächlichen Zellen des Respirationsapparates oder auch von Pflanzen ein. Schwere HCl-Vergiftungen bewirkt das gut lipoidlösliche Phosgengas, welches im Körper rasch zu $CO_2$ und HCl zerfällt. In wässerigen Lösungen ist die keimtötende Wirkung des Stoffes gering [SEMIBRATOFF[1])]. Gewerbliche Vergiftungen des Respirationstraktes kommen auch durch die gasförmigen Säureanhydride $SO_2$, $SO_3$, nitrose Gase und durch $CrO_3$ in Staubform zustande; $SO_2$ wird von diesen infolge seiner starken Reizwirkung am wenigsten eingeatmet, wirkt aber wie HCl auch im Freien die Vegetation schädigend. Die „nitrosen" Gase, welche sich im Körper wie ein Gemisch äquimolekularer Mengen von salpetriger und Salpetersäure verhalten, reizen zunächst als NO und $NO_2$-Gas nur wenig, und sind eben dadurch besonders gefährlich, indem sie oft erst viele Stunden nach der Einatmung zu plötzlichem Lungenödem als Folge des Absterbens zahlreicher Zellen führen; $CrO_3$ bewirkt bei Arbeitern tiefe Geschwüre an den Händen und an der Nasenscheidewand.

Die desinfizierende Wirksamkeit der *Laugen* und des $OH^-$-Ions verhält sich der der Säuren und des $H^+$-Ions in jeder Hinsicht ähnlich, für vergleichbare Konzentration anscheinend etwas schwächer. Ammoniak wirkt trotz der geringen $OH^-$-Ionenbildung stärker als andere Laugen [v. LINGELSHEIM[2])], offenbar wieder infolge seiner Lipoidlöslichkeit. Genauere Feststellungen der Laugenwirkungen sind besonders von PAUL und KRÖNIG[3]), BALLNER[4]) und von HAILER[5]) gemacht worden. Auch die keimtötende Wirkung des Kalkes entspricht, wie aus GEGENBAUERS[6]) Angaben hervorgeht, dem $OH^-$-Gehalt der Lösung, während sie nach PAUL und PRALL[7]) als günstiger erschiene. Auch hier ist wie bei der Säure eine chemische Verankerung der wirksamen Ionen am Eiweiß nach festen Verhältnissen anzunehmen, die wohl ebenfalls nicht unmittelbar, sondern erst durch die daranschließende Hydrolyse des Eiweißes die Lebensunfähigkeit bewirkt.

Die Desinfektionswirkung der Seifen beruht, wie REICHENBACH[8]) zeigte, nicht bloß auf den $OH^-$-Ionen ihrer Lösungen, sondern vielmehr auf den sehr verschieden wirksamen Fettsäureradikalen, welche Wirkung allerdings durch alkalische Reaktion des Mediums stark erhöht wird.

Als eine Wirkung der $H^-$- und der $OH^+$-Ionen darf wohl auch die keimzerstörende Kraft der peptolytischen Verdauungsfermente, wie Pepsin, Papajotin und Trypsin, ja vielleicht auch die der feuchten Hitze, aufgefaßt werden.

Bei den anorganischen *Neutralsalzen* können wir hier von osmotischen Zellschädigungen und von solchen, die durch Störungen des Gleichgewichtes im Lösungsgefüge der flüssigen Umwelt der Zelle zustandekommen, absehen, da sie im vorangehenden Abschnitt über Ionenwirkungen ausreichend besprochen wurden. Mit den schädigenden Salz- und Ionenwirkungen auf Bakterien haben sich ins-

---

1) SEMIBRATOFF: Zentralbl. f. Bakteriol., Parasitenk. u. Infektionskrankh., Abt. 1, Orig. Bd. 63, S. 479. 1912.

2) v. LINGELSHEIM: Zeitschr. f. Hyg. u. Infektionskrankh. Bd. 8, S. 205. 1891.

3) PAUL u. KRÖNIG: Zitiert auf S. 556.

4) BALLNER: Hyg. Rundschau 1903, S. 1070.

5) HAILER: A. K. G. A. Bd. 50, S. 96. 1915.

6) GEGENBAUER: Zentralbl. f. Bakteriol., Parasitenk. u. Infektionskrankh., Abt. 1, Orig. Bd. 97, Beih. S. 188. 1926.

7) PAUL u. PRALL: A. K. G. A. Bd. 26, S. 129. 1907.

8) REICHENBACH: Zeitschr. f. Hyg. u. Infektionskrankh. Bd. 59, S. 296. 1907.

besondere beschäftigt: Karaffa[1]), Eisenberg[2]), Frei und Margadant[3]), Zeug[4]). Es kommt den Salzen im allgemeinen nur eine geringe unmittelbare Giftwirkung zu, wie ja auch bei Säuren und Laugen der Einfluß der jeweiligen An- und Kationen nicht sehr groß zu sein pflegt.

Eine Ausnahme machen die *Schwermetallsalze*, von denen die meisten zu den allgemeinen Zellgiften zu rechnen sind. Es handelt sich dabei nicht bloß um besonders starke Salzwirkungen auf die Dispersions- und Quellungszustände der organischen Kolloide, sondern sicher zum Teil auch um echt chemische Einwirkungen unter Zerlegung der Salze und Reaktionen ihrer Metallionen mit dem Protoplasma.

Am meisten untersucht erscheint hier die Wirkung der *Quecksilbersalze*, besonders des Sublimates, das Robert Koch[5]) für die Praxis der Desinfektion wegen seiner, auch in starker Verdünnung, anscheinend raschen Wirkung empfohlen hatte. An der verschiedenen Wirksamkeit der Hg-Verbindungen, je nach ihrer Ionisation, wurde zuerst durch Dreser[6]) der vorwiegend chemisch-ionale Charakter solcher Giftwirkungen festgestellt. Auch in den für die Theorie der Desinfektionswirkung grundlegenden Arbeiten von Spiro[7]) und seinen Mitarbeitern sowie von Paul und Krönig[8]) spielen die Hg-Verbindungen eine hervorragende Rolle, und auch hier sprach der deutliche Einfluß der Ionisation für chemische Bindung als Ursache der Giftwirkung, doch wurde von Scheurlen und Spiro[9]) zur Erklärung der Wirksamkeit metall-organischer Hg-Verbindungen, die keine Hg-Ionen bilden, schon das Eindringungsvermögen in die Zelle zur Erklärung mit herangezogen.

Inzwischen war aber die Erscheinung des Absterbens unter Metallsalzwirkungen selbst wieder problematisch geworden, da es nach dem zuerst von Geppert[10]) angewendeten Verfahren der Entgiftung mittels Sulfiden, und besonders mittels $H_2S$ selbst, mit fortschreitend verfeinerter Technik auch in steigendem Maße gelang, vergiftete Keime wieder zu beleben [Heider[11]), Ottolenghi[12]), Croner und Naumann[13]), Gegenbauer[14]), Süpfle u. a.[15])]. Es ergab sich die schon im allgemeinen Teil dieser Abhandlung berührte Frage, ob das mit dem Metall chemisch verbundene Protoplasma, das in diesem Zustande sicher nicht lebensfähig ist, auch schon als tot betrachtet werden darf. Es gilt, wie erwähnt, noch nicht als feststehend [Hahn[16]), Süpfle[17])], ob wirklich die chemische Bindung

1) Karaffa: Zeitschr. f. Hyg. u. Infektionskrankh. Bd. 71, H. 1, S. 161. 1912.

2) Eisenberg: Zentralbl. f. Bakteriol., Parasitenk. u. Infektionskrankh., Abt. 1, Orig. Bd. 82, S. 69. 1918.

3) Frei u. Margadant: Zeitschr. f. Hyg. u. Infektionskrankh. d. Haustiere Bd. 15, S. 273, 350. 1914.

4) Zeug: Arch. f. Hyg. Bd. 89, S. 175. 1920.

5) Koch, Rob.: Mitt. a. d. K. Gesundheitsamt Bd. 1, S. 30. 1881.

6) Dreser: Arch. f. exp. Pathol. u. Pharmakol. Bd. 32, S. 456. 1893.

7) Spiro: Zitiert auf S. 556.

8) Paul u. Krönig: Zitiert auf S. 556.

9) Scheurlen u. Spiro: Zitiert auf S. 555.

10) Geppert: Zitiert auf S. 552.

11) Heider: Arch. f. Hyg. Bd. 15, S. 341. 1892.

12) Ottolenghi: Desinfektion Bd. 1, S. 211. 1908; Bd. 2, S. 105. 1909; Bd. 3, S. 73. 1910; Bd. 4, S. 65. 1911.

13) Croner u. Naumann: Dtsch. med. Wochenschr. 1911, S. 1784.

14) Gegenbauer: Arch. f. Hyg. Bd. 87, S. 289. 1918; Bd. 90, S. 23. 1918.

15) Süpfle u. Müller: Arch. f. Hyg. Bd. 89, S. 301. 1920. — Engelhardt: Desinfektion 1922, S. 63 u. 81.

16) Hahn: Zentralbl. f. Bakteriol., Parasitenk. u. Infektionskrankh., Abt. 2, Ref. Bd. 75, S. 279. 1923.

17) Süpfle: Arch. f. Hyg. Bd. 93, S. 252. 1923.

früher eintritt, als die Wiederbelebbarkeit erlischt. Die Zeit, nach welcher eine solche Wiederbelebung noch durch bloßes Spülen der Keime möglich ist, hängt aber, wie GEGENBAUER[1]) zeigte, von der Konzentration der einwirkenden Giftlösung *nicht* ab, wenn nur überhaupt genug $HgCl_2$ vorhanden ist, um den Erfolg zu erreichen. Daraus muß wenigstens für die sporenfreien Keime auf eine rasch eintretende, aber erst allmählich fest werdende und damit tödlich wirksame chemische Bindung nach festem Verhältnis geschlossen werden. Durch chemische Entgiftung kann hingegen die Wiederbelebung der sporenfreien Keime noch später, und zwar je nach der Konzentration nach sehr verschiedenen Zeiten der Gifteinwirkung erfolgen, woraus mit GEGENBAUER zu schließen ist, daß diese Art der Nichtwiederbelebbarkeit, d. h. der anscheinend endgültige Tod der sporenfreien Keime überhaupt nicht von der dann längst vollzogenen, aber andauernd reversiblen chemischen Bindung, sondern von der in den Phasen des Protoplasmas gelösten Giftmenge abhängt. Für Sporen scheint eine solche von der Konzentration des ungebundenen Giftüberschusses abhängige Todesart überhaupt nicht vorzuliegen, da auch der Entgiftungsversuch keine Abhängigkeit der erforderlichen Dauer von der Konzentration ergibt (GEGENBAUER), was auf der Wasserarmut der Sporenprotoplasma beruhen dürfte. Daß auch die Spore schließlich nach monatelanger Vergiftung nicht mehr zu retten ist, beruht wohl, wenn es sich nicht um Spontantod handelt, auf allmähligen chemischen Veränderungen, die an die Verankerung des Giftes anknüpfen. Wollte man annehmen, daß erst dann und zugleich mit der endgültigen Abtötung auch die Bindung eintritt, so müßte erwartet werden, daß dieser Erfolg durch verschiedene Konzentrationen des Giftes sehr verschieden rasch zu erreichen sei, was eben nicht zutrifft. Soll die noch irgendwie wiederbelebbare Spore im Inneren dauernd von $HgCl_2$ freibleibend gedacht werden, wie CRONER und NAUMANN[2]), ENGELHARDT[3]), HAHN[4]) wollen, so ist das Absterben wohl nur als ein spontanes zu bewerten, gegen welche Annahme aber die zeitliche Gleichmäßigkeit dieses Ereignisses immerhin spricht.

Eine Entscheidung dieser wichtigen Frage erscheint nur auf chemischem Wege möglich. Eine chemische Bindung des Sublimates an das Bakterieneiweiß wurde schon von GEPPERT[5]) [SPECK[6]), CHICK und MARTIN[7]) RAYMANN und NYMANN[8]), STEIGER und DÖLL[9])] auf Grund der Entgiftungstatsachen und des positiven Hg-Nachweises in bloß gespülten Keimen angenommen, wofür aber auch die Deutung einer nicht rasch reversiblen Bindung durch Adsorption oder Lösung möglich war. Nachdem MORAWITZ[10]) (1910) sowie HERZOG und BETZEL[11]) (1911) durch chemische Versuchsergebnisse an Blutkörperchen und Hefe, MORAWITZ und FREUNDLICH[12]) durch neue Berechnungen der Desinfektionsversuche von PAUL und KRÖNIG[13]) den Nachweis für $HgCl_2$-*Adsorption* zu erbringen ge-

[1]) GEGENBAUER: Arch. f. Hyg. Bd. 90, S. 23. 1920.
[2]) CRONER u. NAUMANN: Zitiert auf S. 560.
[3]) ENGELHARDT: Zitiert auf S. 560.
[4]) HAHN: Zitiert auf S. 560.
[5]) GEPPERT: Zitiert auf S. 552.
[6]) SPECK: Zeitschr. f. Hyg. u. Infektionskrankh. Bd. 50, S. 502. 1905.
[7]) CHICK u. MARTIN: Journ. of hyg. Bd. 8, Nr. 5, S. 654. 1908.
[8]) RAYMANN u. NYMANN: Zentralbl. f. Bakteriol., Parasitenk. u. Infektionskrankh., Abt. 1, Orig. Bd. 58, S. 339. 1911.
[9]) STEIGER u. DÖLL: Zeitschr. f. Hyg. u. Infektionskrankh. Bd. 73. 1913.
[10]) MORAWITZ: Zeitschr. f. Chem. u. Ind. d. Kolloide Bd. 6. 1910.
[11]) HERZOG u. BETZEL: Hoppe-Seylers Zeitschr. f. physiol. Chem. Bd. 67, S. 369. 1910; Bd. 74, S. 221. 1911.
[12]) MORAWITZ u. FREUNDLICH: Kolloidchem. Beih. Bd. 1. 1910.
[13]) PAUL u. KRÖNIG: Zitiert auf S. 556.

sucht hatten, was allerdings nach der Kritik REICHELS[1]) nicht als gelungen gelten kann, wurde mehrfach [CRONER und NAUMANN[2]) (1911), EISENBERG und OKOLSKA[3]) (1913), und neuerdings SÜPFLE u. a.[4]), HAHN u. a.[5])] die Verankerung der $HgCl_2$ an den Keimen als eine wenigstens zunächst durch Oberflächenkräfte bedingte, d. h. als Adsorption, angesprochen. Nach CRONER und NAUMANN wäre die endliche Abtötung durch $HgCl_2$ als Spontantod infolge der Umhüllung der Keime durch das adsorbierte Gift aufzufassen, EISENBERG und OKALSKA[3]) glauben hingegen, daß der Adsorption eine Bindung folge, die die eigentliche Abtötung bewirkt; sie zeigen, daß fraktionierte Eintragung von Keimen in $HgCl_2$-Lösung die Wirksamkeit im Vergleich zu einmaliger Eintragung vermindert und schließen daraus auf teilweise Irreversibilität der Bindung. Ähnlich faßt SÜPFLE[6]) 1921 den Hg-Desinfektionsvorgang auf, indem er aus der entgiftenden Wirksamkeit von Kohle auf bloße Adsorption des Giftes an die Bakterienoberfläche schließt, welchen Vorgang er auch mikroskopisch in den HgS-Niederschlägen um die Keime feststellen zu können glaubt. Sein Schüler ENGELHARDT[7]) schließt sogar daraus, daß er die $H_2S$-Entgiftung manchmal auch nur nach ebensolanger Zeit als die Kohleentgiftung wirksam findet, daß auch jene nur adsorbiertes $HgCl_2$ von der Spore entfernen, nicht aber die Spore durch Absprengung gebunden Hg wiederbeleben könne. SÜPFLE[8]) selbst wies aber dann (1922) wenigstens für sporenfreie Bakterien das Eindringen des Hg ins Innere optisch nach und erklärte die Frage für offen, ob es sich dabei um eine intravitale oder postmortale Erscheinung handle. Auch HAHN hat den von ihm und REMY[9]) (1922), ähnlich wie schon früher von KALLEDEY[10]), beobachteten $HgCl_2$-Verlust, den eine Lösung durch Schütteln mit Bakterien erleidet, auf Adsorption bezogen.

Inzwischen sind aber von GEGENBAUER[11]) (1920) durch sehr genaue und umfangreiche chemische Untersuchungen die Beziehungen des Sublimats zu den Eiweißstoffen wesentlich geklärt worden. In Modellversuchen mit koaguliertem Rinderserum und mit Hefe wurde die waschfeste Gleichgewichts-Hg-Bindung an Eiweiß gewichtsanalytisch verfolgt und als eine solche nach festem Verhältnis erwiesen. Ähnlich hatte LIPPICH[12]) schon 1914 den stöchiometrischen Charakter des Zn-Albuminates festgestellt, und zwar im Widerspruch zu älteren Anschauungen, welche die Metallalbuminate für Adsorptionsverbindungen gehalten hatten. [SCHULZ[13]), GALEOTTI[14]), PAULI[15])]. Der andere, *nicht waschfeste* Anteil des im Gleichgewichtszustande zwischen der $HgCl_2$-Lösung und dem Eiweißkoagulum oder der Zellen an diese Phasen gebundenen Hg, ergab sich in GEGENBAUERS Versuchen dann als einfach proportional dem Verhältnis Eiweiß : Flotte. Es war also *neben* der stöchiometrischen Bindung des Hg an Eiweiß eine Lösungsvertei-

---

[1]) REICHEL: Entkeimung. Kraus-Uhlenhutsches Handb. S. 495, 508.

[2]) CRONER u. NAUMANN: Zitiert auf S. 560.

[3]) EISENBERG u. OKOLSKA: Zentralbl. f. Bakteriol., Parasitenk. u. Infektionskrankh., Bd. 1, Orig. Bd. 69, S. 302. 1913.

[4]) SÜPFLE u. a.: Zitiert auf S. 560.

[5]) HAHN: Zitiert auf S. 560.

[6]) SÜPFLE u. MÜLLER: Arch. f. Hyg. Bd. 89, S. 301. 1920.

[7]) ENGELHARDT: Zitiert auf S. 560.

[8]) SÜPFLE: Arch. f. Hyg. Bd. 93, S. 252. 1923.

[9]) HAHN u. REMY: Dtsch. med. Wochenschr. 1922, S. 793.

[10]) KALLEDEY: Virchows Arch. f. pathol. Anat. u. Physiol. Bd. 213, S. 395. 1913.

[11]) GEGENBAUER: Arch. f. Hyg. Bd. 90, S. 23. 1920.

[12]) LIPPICH: Hoppe-Seylers Zeitschr. f. physiol. Chem. Bd. 74, S. 360. 1911; Bd. 90, S. 236. 1914.

[13]) SCHULZ, F. N.: Die Größe des Eiweißmoleküls. Jena 1903.

[14]) GALEOTTI: Hoppe-Seylers Zeitschr. f. physiol. Chem. Bd. 40, S. 492. 1904; Bd. 42, S. 390. 1905.

[15]) PAULI: Beitr. z. chem. Physiol. u. Pathol. Bd. 6, S. 233. 1904.

lung des $HgCl_2$ zwischen der Eiweißphase und ihrer Flotte nach festem Verhältnis erwiesen. Zugleich hat GEGENBAUER die Lipoidlöslichkeit des $HgCl_2$, auf welche schon OVERTON[1]) hingewiesen hatte, näher erforscht, indem er in Versuchen am Wasser-Öl-Modell einen konstanten Teilungsfaktor 1 : 0,2 feststellte. Mit dem entsprechenden Nachweise für die Eiweißphase war aber zugleich — wenigstens für den Gleichgewichtszustand — eine wesentliche Teilnahme von Adsorptionsvorgängen auszuschließen. Solche mögen ja im Anfang des Zusammentreffens von $HgCl_2$-Molekülen und Eiweißphasen tatsächlich vorherrschen und vielleicht auch für die Geschwindigkeit des Zustandekommens der Gleichgewichte bestimmend sein, für den Endzustand aber, der offenbar die Abtötungsvorgänge entscheidet, sind nach GEGENBAUERS Ergebnissen Adsorptionsverteilungen des $HgCl_2$ wenigstens für sporenfreie Bakterien ohne Belang. Es muß aber auch von vorneherein als unwahrscheinlich gelten, daß eine Phasengrenze einen Lösungsstoff auch noch weiter durch Oberflächenkräfte festhält, wenn eine weitgehende chemische Bindung und Lösung dieses Stoffes in der zweiten Phase eingetreten.

Bei Sporen könnte es ja wirklich, wenn jedes Eindringen des Giftes unterbleibt, auch zu dauernden Adsorptionsgleichgewichten kommen, worüber chemische Untersuchungen bisher nicht vorliegen. Die oben angeführten bakteriologischen Ergebnisse GEGENBAUERS mit Sporen und $HgCl_2$ sprechen aber, wie erwähnt, dafür, daß auch dort das Gift eindringt und chemisch — wahrscheinlich aber nicht auch physikalisch adsorptiv — gebunden wird. Die mikroskopischen Hg-Sulfidniederschlagsbilder SÜPFLES[2]) beweisen keineswegs den Adsorptionscharakter der $HgCl_2$-Bindung, sondern müssen auch dann zustandekommen, wenn, wie anzunehmen ist, die oberflächlichen Plasmaschichten Hg hauptsächlich besitzen oder doch an die Sulfidflotte am leichtesten abgeben. Auch ENGELHARDTS oben angeführte Schlußfolgerung auf reine Adsorption ist nicht überzeugend, da in seinen Versuchen gerade für das wichtigste Testmaterial, Staphylokokken, die Entgiftung durch Sulfid doch noch wesentlich später (72 Stunden) gelingt als durch Kohle (8 Stunden), und für Milzbrandsporen die Grenze bei beiden Entgiftungsverfahren nicht erreicht erscheint (17 Stunden), die auch nach GEGENBAUERS[3]) Ergebnis für Sulfidentgiftung weit höher (100 Stunden) liegt. Wenn aber auch wirklich die beiden Entgiftungsarten das gleiche leisten, so würde das nur beweisen, daß die chemische Lostrennung des Hg von Eiweiß auch durch Kohleadsorption der freien Hg-Ionen und allmählige Abdissoziation neuer, solcher von der Hg-Eiweißverbindung aus bewerkstelligt werden kann. Auch das bloße Spülen der Keime bewirkt ja, solange die vergifteten noch auf diese Weise zu retten sind, eine Wiedertrennung einer zwar noch lockeren, aber doch schon nach fixen Verhältnissen eingetretenen Bindung, wie GEGENBAUER[4]) durch den bakteriologischen Befund der Unabhängigkeit der tötenden Einwirkungsdauer von der Konzentration gezeigt hat. Endlich beweist auch der von HAHNS Schülern LIESE und MENDEL für den ganz analogen Fall der Ag-Bindung an die Keime erbrachte Nachweis, daß die Oberflächenausdehnung der Keime, die binnen kurzer Zeit zu beobachtende Bindungsgröße bestimmt, nicht den Adsorptionscharakter dieses Einflusses. Wenn die chemische Bindung in dieser Zeit nur die oberflächlichen Plasmaschichten trifft, so muß das Ergebnis das gleiche sein.

Auch die weitere Frage nach der Art der bei der Vergiftung entstehenden $HgCl_2$-Eiweißverbindung und nach den für ihr Zustandekommen entscheidenden

[1]) OVERTON: Vierteljahrsschr. d. naturforsch. Ges. in Zürich Bd. 94, S. 88. 1899.
[2]) SÜPFLE: Zitiert auf S. 560.
[3]) GEGENBAUER: Arch. f. Hyg. Bd. 87, S. 289. 1918.
[4]) GEGENBAUER: Arch. f. Hyg. Bd. 90, S. 23. 1920.

Affinitäten, hat durch die Arbeit Gegenbauers[1]) einige Aufklärung erfahren. Die gebundene Hg-Menge war in den Modellversuchen mit Eiweißkoagulum noch nach Stunden von der $HgCl_2$-Konzentration der Flotte abhängig, erst nach einem Tage davon ganz unabhängig und betrug rund $^1/_{10}$ des Gewichtes der Hg-Eiweißverbindung. Diese Menge stieg aber bei fortdauernder Berührung mit der $HgCl_2$-Lösung noch allmählich — in 15 Tagen — bis zu $^1/_6$ des Gewichtes an. Das Chlor des $HgCl_2$ erwies sich im gewaschenen Koagulum als fast ganz fehlend, worin ebenfalls ein Beweis der echt chemischen Verankerung des Hg am Eiweiß liegt. Die Zerlegung des Neutralsalzes einer starken Säure durch die schwachen Säurewirkungen des Eiweißmoleküles erschiene undenkbar, wenn nicht zugleich eine besonders starke Affinität dieser entstehenden HCl zum Eiweiß als Base wirksam würde. Die schon früher von Gegenbauer und Reichel[2]) auf rund 5% des Eiweißgewichtes berechnete HCl-Bindung durch das Eiweiß entspricht nun, wie Gegenbauer[1]) zeigte, recht genau der gebundenen Hg-Menge und das an HCl gesättigte Eiweiß gebundene Cl ist durch tagelanges Waschen daraus fast vollständig zu entfernen. Die fortschreitende, durch die HCl-Bindung eingeleitete Eiweißhydrolyse, die von Gegenbauer und Reichel[2]) auch zur Erklärung der Säuredesinfektion herangezogen worden war, schafft hier offenbar wasserlösliche Abbauprodukte, wodurch eben das lange gewaschene Koagulum fast Cl-frei wird. Derselbe Hydrolysevorgang bewirkt aber auch in der $HgCl_2$-Lösung das allmählich noch ansteigende Hg-Bindungsvermögen des Eiweißes, welchem Vorgange ja auch ein Ansteigen des HCl-Bindungsvermögens entspricht [Sjöquvist[3]), Cohnheim[4])]. Zur Stütze dieser Auffassung konnte Gegenbauer[1]) noch zeigen, daß es in Lösungen von $Hg(CN)_2$, welches als Salz einer schwachen Säure durch die Hg-Affinität des Eiweißes viel leichter zu spalten sein müßte, zu einer Hg-Bindung am Koagulum nur spurweise kommt. In dem gleichen Sinne spricht, daß die $HgCl_2$-Wirkung am Protoplasma durch Säure gefördert wird, wie schon Laplace[5]) und Behring[6]) gefunden hatten und neuerdings Joachimoglu[7]) u. a. genauer nachgewiesen haben. Von besonderem Interesse ist, daß Nagel kleine, an sich wirkungslose Mengen von HCl und auch andere Säuren, und zwar nach Maßgabe ihrer Dissoziation geeignet findet, die $HgCl_2$-Wirkung zu verstärken, gleichgültig, ob die Stoffe zugleich oder hintereinander in beliebiger Folge zur Anwendung gelangen. Die Säure scheint also das Protoplasma der Hg-Giftwirkung zu erschließen. Die durch größere Mengen HCl ebenso wie durch andere Chloride zu beobachtende Herabsetzung der $HgCl_2$-Wirkung [Paul und Krönig[8]), Scheurlen und Spiro[9]) Abba und Rondelli[10])], ist auf eine Bildung komplexer $HgCl_4$-Ionen von verminderter Wirksamkeit bezogen worden.

Die praktische Verwendung des Sublimats zu Desinfektionszwecken war früher eine sehr ausgedehnte, und das Mittel ist infolge seiner großen Vorzüge auch heute, trotz der Einschränkungen, die sich aus den festgestellten Wieder-

---

[1]) Gegenbauer: Zitiert auf S. 563.
[2]) Gegenbauer u. Reichel: Arch. f. Hyg. Bd. 78, S. 83. 1912.
[3]) Sjöquvist: Skandinav. Arch. f. Physiol. Bd. 5, S. 277. 1894.
[4]) Cohnheim: Zeitschr. f. Biol. Bd. 33, S. 489. 1896.
[5]) Laplace: Dtsch. med. Wochenschr. 1887, S. 866.
[6]) Behring: Dtsch. med. Wochenschr. 1889.
[7]) Joachimoglu: Biochem. Zeitschr. Bd. 134, S. 489. 1923. — Nagel: Zeitschr. f. Hyg. u. Infektionskrankh. Bd. 105, S. 495. 1926.
[8]) Paul u. Krönig: Zitiert auf S. 556.
[9]) Scheurlen u. Spiro: Zitiert auf S. 555.
[10]) Abba u. Rondelli: Zentralbl. f. Bakteriol., Parasitenk. u. Infektionskrankh., Abt. 1, Orig. Bd. 33, S. 821. 1903.

belebungsmöglichkeiten der so desinfizierten Keime ergeben, kaum zu entbehren. In Gegenwart von Eiweißstoffen ist die Wirksamkeit verringert, doch nicht aufgehoben. Da die Affinität des Hg zu den Bakterien größer als zu den Körperzellen zu sein scheint [KALLEDEY[1]), HAHN und REMY[2])], so ist auch eine „innere Desinfektionswirkung" durch $HgCl_2$, allerdings nur im Sinne der Bewirkung eines Scheintodes der Keime, nicht auszuschließen. Die entwicklungshemmende Kraft der Hg-Verbindung ist, wie FRIEDENTAL[3]) zeigte, stärker als die der anderen Metallsalze. Auch dem fast unlöslichen HgCl kommt eine bedeutende Hemmungswirkung zu [SCHAMBERG und KOLMER[4])], wie auch den wenig ionisierten organischen Komplexverbindungen des Hg.

Von Salzen *anderer Schwermetalle* kommen hauptsächlich noch die des Ag und des Cu, daneben auch des Au, Cd, Bi, Pb und der Metalle der Pt-Gruppe als Protoplasmagifte in Betracht, während schon den Zn-, Sn-, Ni-, CO-, Mn-Salzen unter Umständen, wie im ersten Kapitel dieses Abschnittes ausgeführt ist, schon entgiftende Wirkungen in Ionengemischen zukommen, so daß ihre Wirkungsweise kaum mehr als eigenartig zellschädigend, vielmehr als in ihrer Ladung und Stellung in der Spannungsreihe begründet aufzufassen ist.

Die Wirkungsweise der giftigen Schwermetallsalze steht wahrscheinlich der der Hg-Salze wesentlich nahe, ist jedoch, wie erwähnt, noch bedeutend weniger erforscht. Am meisten liegt noch über *Silbersalze*, besonders das leicht lösliche $AgNO_3$, vor. Nach PAUL und KRÖNIGS[5]) Versuchen hängt die Wirksamkeit verschiedener Ag-Salze auch an ihrer Ionisation. Die Wirkung der reinen Lösungen scheint zum Teil, und zwar gegen sporenfreie Keimarten, sogar stärker als die des $HgCl_2$ zu sein. Als besonders hoch gilt die Desinfektionskraft des Silberions gegen Gonokokken. Die Wirkung der an $Ag^+$-Ionen reichen Lösungen von $AgNO_3$, $AgClO_3$, $AgClO_4$, AgF u. a. Salzen im Körper oder auf den Schleimhäuten ist aber durch die fast immer überschüssig vorhandenen Chloride und Eiweißkörper beeinträchtigt, die die $Ag^+$-Ionen binden, und zwar zum größten Teile aus der Lösung als AgCl und Ag-Eiweiß ausscheiden, welche Körper aber, besonders bei kolloidaler Verteilung, immer noch wirksame Spuren von $Ag^+$ an die Lösung abgeben. Es werden deshalb vielfach von vorneherein organische Ag-Salze oder Ag-Eiweißverbindungen therapeutisch verwendet, deren Wirksamkeit von der Feinheit der Verteilung des entstehenden AgCl abhängen soll [GROSS[6])]. Den zahlreichen Präparaten wird meist mehr oder weniger gute örtliche Wirksamkeit auf Schleimhäuten zugeschrieben [BERNHARD[8]), LESCHKE und BERLINER[8]), SARTI[9])], während sie im Blute höchstens eine gewisse Hemmung, richtiger gesagt Entwicklungsbehinderung der Keime ausüben sollen. Nur für die Ag-Verbindungen gewisser organischer Farbstoffe, wie Methylenblau und Trypaflavin — Argochrom und Argoflavin (LESCHKE und BERLINER) — und Brilliantphosphin — Septacrol [FUHRMANN[10])] —, wird die Annahme der inneren Desinfektionswirkungen durch Versuche gestützt. Als Darmdesinfektionsmittel

[1]) KALLEDEY: Zitiert auf S. 562.

[2]) HAHN u. REMY: Zitiert auf S. 562.

[3]) FRIEDENTAL: Biochem. Zeitschr. Bd. 94, S. 47. 1919.

[4]) SCHAMBERG u. KOLMER: Journ. of the Americ. med. assoc. Bd. 62, S. 1950. 1914.

[5]) PAUL u. KRÖNIG: Zitiert auf S. 556.

[6]) GROSS: Münch. med. Wochenschr. 1911, S. 2659; 1912, S. 405.

[7]) BERNHARDT: Zentralbl. f. Bakteriol., Parasitenk. u. Infektionskrankh., Abt. 1, Orig. Bd. 85, S. 46. 1920.

[8]) LESCHKE u. BERLINER: Berlin. klin. Wochenschr. 1920, S. 706.

[9]) SARTI: Ann. d'ig. 1922, S. 536.

[10]) FUHRMANN: Zentralbl. f. Bakteriol., Parasitenk. u. Infektionskrankh., Abt. 1, Orig. Bd. 77, S. 482. 1916.

wird kolloidales AgCl an Kohle oder Bolus adsorbiert empfohlen [Mader[1]), Bechold[2])].

Die Natur der Ag-Eiweißverbindungen ist vielfach, aber ohne entscheidende Ergebnisse untersucht worden. Nach Galeotti[3]) (1905), Pauli[4]) (1904), La Franca[5]) (1906) sollen lose Adsorptionsverbindungen von wechselnder Zusammensetzung vorliegen. Doch sprechen sich Pauli und Matula[6]) (1917) auch hier schon für Bindung nach stöchiometrischen Verhältnissen aus. Herzog und Betzel[7]) berechnen aus wenigen Bindungsversuchen mit $AgNO_3$ und Hefe eine Adsorptionsisotherme, die aber nichts für Adsorption beweist [Reichel[8])]. Das gleiche gilt von den ähnlichen Versuchen von Liese und Mendel[9]), wie oben dargelegt wurde. Bei den Desinfektionsversuchen über Ag-Salzwirkungen fehlen noch fast durchwegs solche mit entsprechenden Entgiftungsverfahren [Ottolenghi[10]) u. a.]. Nach Versuchen von H. Chick[11]) erscheint die Beziehung zwischen Konzentration und Abtötungsdauer für $AgNO_3$ und Paratyphus in unserer Schreibweise etwa darstellbar als $P^{0,8} \cdot T = 0,4$.

Auch die Wirkung der *Kupfer*salze verhält sich ähnlich wie die der Hg- und Ag-Salze. Die Desinfektionswirkung höherer Konzentrationen ist sowohl gegenüber sporenfreien Bakterien [Green[12]), Rosenkranz[13]), Mittelbach[14])], als auch besonders gegenüber Sporen [Paul und Krönig[15])] schwächer, die Wirksamkeit geht aber hier anscheinend noch mehr als bei jenen Salzen bis zu sehr starken Verdünnungen herab. Die sog. oligodynamische Wirkung blanker Metalle in reinem Wasser, welche an Kupfer zuerst [Miller[16]), v. Naegeli[17])] und immer am stärksten beobachtet wurde, ist, nachdem andere Deutungen [Saxl[18])] versagt haben, auch als eine Cu-Ionenwirkung aufzufassen [Spiro[19]), Laubenheimer[20]) die durch Speicherung des Cu am Protoplasma zustande kommt. Nach neueren Feststellungen von Herzberg[21]) und von Buschka, Jakobsen und Kloppstock[22]) scheint die Sauerstoffübertragung durch diese gebundenen Metallspuren die Wirkung zu vermitteln. Die Cu-, insbesondere die Cupri-Salze, neigen stark zur Komplex-, auch zur Selbstkomplexbildung, wodurch einerseits die Wirksamkeit vermindert, andererseits aber die fortschreitende Lösung des Cu auch in neutralen Lösungen, besonders bei Gegenwart organischer Stoffe, wie in Nähr-

---

1) Mader: Münch. med. Wochenschr. 1921, S. 331.
2) Bechold: Münch. med. Wochenschr. 1923, S. 1140.
3) Galeotti: Zitiert auf S. 502.
4) Pauli: Zitiert auf S. 562.
5) la Franca: Hoppe-Seylers Zeitschr. f. physiol. Chem. Bd. 48, S. 481. 1906.
6) Pauli u. Matula: Biochem. Zeitschr. Bd. 80, S. 186. 1917.
7) Herzog u. Betzel: Zitiert auf S. 561.
8) Reichel: Entkeimung. Kraus-Uhlenhutsches Handb. S. 515.
9) Liese u. Mendel: Zeitschr. f. Hyg. u. Infektionskrankh. Bd. 100, S. 954. 1923.
10) Ottolenghi u. a.: Zitiert auf S. 560.
11) Chick, H.: Journ. of biol. Bd. 8, S. 92. 1908.
12) Green: Zeitschr. f. Hyg. u. Infektionskrankh. Bd. 13, S. 475. 1893.
13) Rosenkranz: Arch. f. Hyg. Bd. 89, S. 253. 1920.
14) Mittelbach: Zentralbl. f. Bakteriol., Parasitenk. u. Infektionskrankh., Abt. 1, Orig. Bd. 86, S. 44. 1921.
15) Paul u. Krönig: Zitiert auf S. 556.
16) Miller: Zitiert nach Laubenheimer, s. Fußnote 20.
17) v. Naegeli: Neue Denkschr. d. allg. Schweiz. Ges. f. ges. Naturwiss. Bd. 33. 1893.
18) Saxl: Wien. klin. Wochenschr. 1917, S. 965.
19) Spiro: Münch. med. Wochenschr. 1915, S. 1601; Biochem. Zeitschr. Bd. 74, S. 265. 1916.
20) Laubenheimer: Zeitschr. f. Hyg. u. Infektionskrankh. Bd. 92, S. 78. 1921.
21) Herzberg: Zentralbl. f. Bakteriol., Parasitenk. u. Infektionskrankh., Abt. 1, Orig. Bd. 90, S. 113. 1923.
22) Buschka, Jakobsohn u. Klopstock: Dtsch. med. Wochenschr. 1925, S. 745.

medien begünstigt wird. Auch den Komplexverbindungen kommt noch eine starke Hemmungswirkung zu.

Von *anderen giftigen Metall- und Metallsalzwirkungen* verhalten sich offenbar Au, Pt, Cd, Bi und Pb, vielleicht auch Zn den erörterten Fällen ähnlich, doch erscheint die Pb-Wirkung in Anbetracht der hohen Giftigkeit des Pb für höhere Lebewesen, auffallend gering[1]).

Auch unter den *Anionen* der unorganischen Salze üben einige nicht unbeträchtliche Zellgiftwirkungen aus. Hier sind die erforderlichen Abtötungszeiten meist so lang, daß es zweifelhaft bleibt, ob wirklich eine Abtötung oder ein bloßes Absterben vorliegt. Die Hemmungskraft solcher Salze ist aber zum Teil eine große. Ihre praktische Bedeutung liegt demgemäß auch weniger auf dem Gebiete der Desinfektion und mehr auf dem der technischen Antisepsis im engeren Wortsinn, d. h. der Fäulnisverhinderung bei organischen Erzeugnissen und der Konservierung von Nahrungsmitteln. Allgemeine Vergleiche solcher Anionenwirkungen bringen BOKORNY[2]), KISS[3]), RICHET[4]), EISENBERG[5]), dieser am ausführlichsten, worüber HAILER[6]) Auszüge gibt.

Zunächst sind hier die *Fluoride* [LOCKEMANN und LUCIUS[7])] zu nennen, deren Hemmungswirkung auf verschiedene Arten von Mikroorganismen so verschieden ist, daß sie in abgestuften Zusätzen zur Leitung von Gärungsvorgängen benutzt werden können. Manche Mikroorganismen zeigen auch starke Gewöhnungsfähigkeit an das Fluorion, sowie auch Reizwirkungen von kleinen Dosen [BOCKORNY[8]), EFFRONT[9])].

Sonst sind es hauptsächlich *Salze der niedrigeren Oxydationsstufen*, denen starke Hemmungskräfte zukommen: die Sulfite [HAILER[10])], Selenite, Tellurite [EISENBERG[5]), JOACHIMOGLU[11])], Arsenite, Antimonite [FRIEDBERGER und JOACHIMOGLU[12])] wirken sämtlich stärker als die entsprechenden, mit Sauerstoff gesättigten Verbindungen, doch kommt immerhin auch den Telluraten, Arsenaten und Antimonaten eine nicht ganz geringe Wirkung zu, vielleicht durch teilweise Bildung der ungesättigten Stoffe bei Berührung mit dem Protoplasma. Auch bei diesen Giften ist die Wirksamkeit, je nach der Art der Zellen, recht verschieden, und es kommt wenigstens bei manchen von ihnen, wie beim Arsenit, zu Gewöhnungs- und Reizerscheinungen. Die bekannte und so vielfach praktisch verwendete zelltötende Wirkung dieses Giftes ist ebenfalls eine sehr langsame, die auch bei Anwendung hoher Konzentrationen ohne rasche auffällige Veränderungen der abgetöteten Zellen einhergeht [MEYER und GOTTLIEB[13])]. Die nähere Wirkungsweise dieser und wohl auch der anderen Anionengifte ist noch nicht ganz geklärt. Der Umstand, daß es sich um besonders reaktionsfähige Ionen handelt, spricht wohl

[1]) Die Literatur über oligodynamische Wirkungen und über die Wirksamkeit anderer Metallsalze s. bei HAILER Weyls Handb. d. Hyg. (2) Bd. 8, S. 966ff., 1060ff.

[2]) BOKORNY: Biochem. Zeitschr. Bd. 50, S. 1. 1913.

[3]) KISS: Periodisches System und dessen Giftwirkung. Wien u. Leipzig 1909.

[4]) RICHET: Arch. internat. de physiol. Bd. 10, S. 208. 1910.

[5]) EISENBERG: Zentralbl. f. Bakteriol., Parasitenk. u. Infektionskrankh., Abt. 1, Orig. Bd. 82, S. 69. 1918.

[6]) HAILER: Weyls Handb. (2) Bd. VIII, S. 365. 1922.

[7]) LOCKEMANN u. LUCIUS: Desinfektion Bd. 5, S. 261. 1912.

[8]) BOCKORNY: Pflügers Arch. f. d. ges. Physiol. Bd. 111, S. 341. 1906.

[9]) EFFRONT: Cpt. rend. hebdom. des séances de l'acad. des sciences Bd. 117, S. 559. 1893; Bd. 119, S. 169. 1894.

[10]) HAILER: A. K. G. A. Bd. 36. S. 297. 1911.

[11]) JOACHIMOGLU: Biochem. Zeitschr. Bd. 107, S. 300. 1920.

[12]) FRIEDBERG u. JOACHIMOGLU: Biochem. Zeitschr. Bd. 79, S. 135. 1917.

[13]) MEYER u. GOTTLIEB: Die experimentelle Pharmakologie. (4), S. 463ff. Berlin u. Wien 1921.

für eine echt chemische Art, zu wirken, doch sind Bindungen der Stoffe bei Berührung mit den Zellen nicht nachgewiesen. Da aber einerseits die Wirksamkeit lebloser Fermente durch diese Stoffe nicht beeinträchtigt zu werden scheint, und da andererseits organische As-, Sb-Verbindungen von hoher Wirksamkeit bekannt sind und auch das allgemeine Vorkommen kleinster As-Mengen schon im lebenden Protoplasma [GAUTIER[1])] glaubhaft erscheint, so wird die Annahme berechtigt sein, daß es sich doch um die Bindung, wenn auch sehr kleiner Mengen der Gifte am Plasma handelt, welche zunächst die Lebenstätigkeit, dann allmählich auch die Lebensfähigkeit aufhebt. Hier spielt die besondere Affinität zwischen dreiwertigem Arsen und der SH-Gruppe [die sog. Sulfotropie, J. MARKWALDER[2]) HOPKINS[3])] des Arsens eine wichtige Rolle, da die biologische Bedeutung der SH-Gruppe, z. B. im Glutathion durch die Forschungen von F. G. HOPKINS erwiesen ist.

Eine letzte große und auch wieder praktisch sehr wichtige Gruppe unorganischer Zellgifte stellen die sog. *Oxydationsmittel* einschließlich der freien Halogene vor. Hierher gehören alle die sehr verschiedenartigen Stoffe, welche unter bestimmten Umständen Sauerstoff abzugeben und auf andere Stoffe zu übertragen, oder aber, was auf dasselbe hinauskommt, ihnen Wasserstoff zu entreißen vermögen. Im lebenden Organismus wird ja auf solche Weise ein Zerfall organischer Stoffe eingeleitet oder ermöglicht, der, in der Regel durch ein System von Fermentwirkungen beherrscht, keine lebenswichtigen Bestandteile angreift, sondern die für die Lebensleistungen notwendigen Energiegewinne zustande bringt. Man darf wohl die Zellgiftwirkung der Oxydationsmittel im allgemeinen als ein Zuviel solcher Vorgänge, als einen Angriff der oxydierenden oder dehydrierenden Stoffe auch auf lebenswichtige Teile des Protoplasmas auffassen, doch steht auch hier im einzelnen der Zusammenhang der Wirkung mit dem Verbrauch der wirksamen Stoffe keineswegs fest und es sind auch andere Wirkungsweisen, wie bloße Störungen des Zusammenspieles der Fermente, oder auch andersartige chemische Bindungen, z. B. das substituierende oder additive Eintreten von Halogenen denkbar und wahrscheinlich.

Der *molekuläre Sauerstoff*, $O_2$ selbst, auf dessen überschüssige Gegenwart das Leben der meisten Erdbewohner eingestellt sein muß, kann unter Umständen als Zellgift wirken. So hat PAUL[4]) das Absterben trockener Mikroorganismen als eine Sauerstoffwirkung nachweisen können. Er stellt mit seinen Mitarbeitern [PAUL, BIERSTEIN und REUSS[5])] eine Wirkungsgleichung fest, die hier $P^{0,5} \cdot T = R$ zu schreiben wäre, woraus die Autoren wohl ohne Berechtigung [REICHEL[6])] auf Adsorption des $O_2$ an den Zellen schließen. Die in der Gleichung zum Ausdrucke gelangende Tatsache, daß den niederen $O_2$-Konzentrationen schon eine große, den hohen keine sehr viel größere Wirkung zukommt, kann auch dahin gedeutet werden, daß für die erforderliche Abtötungsdauer neben dem von den Konzentrationsverhältnissen beherrschten Eindringen des $O_2$ in die Zellen auch noch ein zweiter Vorgang — eben der oxydative Abbau des Protoplasmas — in der Zelle selbst maßgebend ist, der von der Konzentration nicht oder doch weniger abhängt.

Für die obligat anaerob lebenden Keime bildet der Sauerstoff zum Teil schon in sehr geringen Konzentrationen ein tötendes oder doch — für Sporen —

---

[1]) GAUTIER: Cpt. rend. hebdom. des séances de l'acad. des sciences Bd. 134, S. 1394. 1899.

[2]) MARKWALDER: Schweiz. med. Wochenschr. 1925, Nr. 45.

[3]) HOPKINS: Biochem. journ. Bd. 15, S. 286. 1921; Journ. of biol. chem. Bd. 54, S. 527. 1922.

[4]) PAUL: Biochem. Zeitschr. Bd. 18, S. 1. 1910.

[5]) PAUL, BIERSTEIN u. REUSS: Biochem. Zeitschr. Bd. 25, S. 367. 1910.

[6]) REICHEL: Kraus-Uhlenhutsches Handb. Bd. I, S. 495.

ein hemmendes Gift. Der Stoffwechsel dieser Lebewesen weicht von dem der aerob lebenden Wesen nicht so sehr weitgehend ab: hier treten nur, als die ebenfalls benötigten O-Überträger, O-reiche Nahrungsstoffe, hauptsächlich Kohlehydrate auf, während schon der molekulare Sauerstoff schadet, indem er wohl die Oxydationen zu sehr beschleunigt. Für die naheliegende und oft geäußerte Vermutung, daß die Oxydationsmittel gegen diese Keime im allgemeinen besonders stark wirksam sein müßten, liegen bisher Beweise nicht vor. Die $O_2$-Empfindlichkeit, nicht bloß der Anaerobier, sondern auch der aeroben Bakterien, ist aber sicher eine sehr verschiedene [Berghaus[1])]. Auch für die Zellen höherer Lebewesen besteht eine Grenze der ertragbaren $O_2$-Konzentrationen, welche im Versuch durch den Luftdruck geregelt werden kann.

Das *Ozon*, $O_3$, scheint zwar als Gas auf trockene Keime kaum stärker als $O_2$ einzuwirken [Erlandsen und Schwarz[2]), Sonntag[3]), Ohlmüller[4])], wohl aber auf feuchte [Konrich[5])]. Ebenso werden auch gasförmige oxydable Stoffe durch die Gegenwart von $O_3$ nicht oxydiert, wohl aber gelöste. Zur Erklärung der Giftwirkung des $O_3$ kommt schon nicht mehr allein die O-Übertragung, sondern auch eine Addition der $O_3$-Gruppe selbst an ungesättigten C-Verbindungen in Frage [Harries[6])]. Wässerige Nährmedien, wie auch Fleisch, werden durch $O_3$ nur ganz oberflächlich sterilisiert, weil alle organischen Substanzen das $O_3$ rasch verbrauchen. Eine konservierende Behandlung muß deshalb sehr früh einsetzen, um wirksam zu sein. In der Trinkwasserdesinfektion, wo größere Massen organischer Stoffe fehlen, schien das Ozon sein Hauptanwendungsgebiet finden zu sollen [Ohlmüller[7]), Daske[8])], doch ist es von dem weit billigeren Chlorverfahren wieder verdrängt worden.

Das *Wasserstoffsuperoxyd*, $H_2O_2$, wirkt in wässerigen Lösungen zwar auf anorganische Stoffe, nicht aber auf die meisten organischen oxydierend oder dehydrierend. Gerade dadurch erscheint das Mittel für Desinfektionswirkungen auch in Gegenwart organischer Stoffe besser als andere geeignet; das Wesen seiner Giftwirkung erscheint aber aus dem gleichen Grunde fraglicher als bei anderen Oxydationsmitteln. Die meisten lebenden Zellen besitzen die Fähigkeit, den Stoff in Wasser und gasförmigen $O_2$ zu zerlegen, worin wahrscheinlich eine Art Schutzanpassung gegen die Giftwirkung des Stoffes zu erblicken ist [Spiro[9])], der wohl auch im Verlaufe des oxydativen Stoffwechsels beständig entsteht und wieder zerlegt wird. Als Träger dieser $H_2O_2$-zerlegenden Wirkung werden Katalasefermente angenommen, die sich auch in Form von zellfreien Preßsäften gewinnen lassen. Daß nicht, wie oft vermutet wurde, erst diese $O_2$-Entbindung an oder in den Zellen die Giftwirkung vermittelt, sondern vielmehr, ebenso wie die Oxydationswirkungen auf gelöste Stoffe [Spiro[9])] ,schwächt, ist wiederholt dargetan worden [Honsell[10]), Beck[11]), Reichel[12]), Croner[13]), Spiro[9]), A. Müller[14]), Rieger und Trauner[15])]. Säurezusatz

[1]) Berghaus: Arch. f. Hyg. Bd. 62, S. 190. 1907.
[2]) Erlandsen u. Schwarz: Zeitschr. f. Hyg. u. Infektionskrankh. Bd. 67, S. 391. 1910.
[3]) Sonntag: Zeitschr. f. Hyg. u. Infektionskrankh. Bd. 8, S. 95. 1890.
[4]) Ohlmüller: A. K. G. A. Bd. 8, S. 228. 1893.
[5]) Konrich: Zeitschr. f. Hyg. u. Infektionskrankh. Bd. 73, S. 43. 1910.
[6]) Harries: Ber. d. dtsch. chem. Ges. Bd. 45, S. 936. 1912.
[7]) Ohlmüller: Dtsch. Vierteljahrsschr. f. öff. Gesundheitspflege Bd. 36, S. 132. 1904.
[8]) Daske: Dtsch. Vierteljahrsschr. f. öff. Gesundheitspflege Bd. 41, S. 385. 1909.
[9]) Spiro: Münch. med. Wochenschr. 1915, S. 1601.
[10]) Honsell: Bruns' Beitr. z. klin. Chir. Bd. 27, S. 127.
[11]) Beck: Zeitschr. f. Hyg. u. Infektionskrankh. Bd. 37, S. 294. 1901.
[12]) Reichel: Zeitschr. f. Hyg. u. Infektionskrankh. Bd. 61, S. 49. 1908.
[13]) Croner: Zeitschr. f. Hyg. u. Infektionskrankh. Bd. 63, S. 319. 1909.
[14]) Müller, A.: Zeitschr. f. Hyg. u. Infektionskrankh. Bd. 93, S. 348. 1921.
[15]) Rieger u. Trauner: Arch. f. Hyg. Bd. 98, H. 4. 1927.

begünstigt die Wirkung [Traugott[1]), Croner[2])], während er die Katalase hemmt. Peroxydasezusatz begünstigt die Wirkung nicht [Reichel[3])]. Durch größere Mengen $H_2O_2$ in der umspülenden Flüssigkeit wird das Ferment der lebenden Zellen allmählich unwirksam und die Giftwirkung kommt zur Geltung [A. Müller[4])]. Sei es nun, daß dieser Verbrauch der Katalase, sei es, daß der darnach wohl einsetzende oxydative Abbau von Plasmastoffen seine gewisse Zeit benötigt, jedenfalls kann auch bei diesem Gifte die erforderliche Abtötungszeit selbst durch sehr hohe Konzentrationen nicht ganz kurz gestaltet werden. Reichel[5]) hat 1909 an diesem Falle zuerst eine Wirkungsgleichung, und zwar für Colibakterien in der Form $P^{0,5} \cdot T = 15$ festgestellt, wonach 1proz. Lösungen 15 Minuten, 3proz. immer noch 9 Minuten zur Tötung der Keime brauchen, während 0,1proz. auch nur 48 Minuten benötigen. Es kommt offenbar hier, ähnlich wie bei den Säurewirkungen, nicht allein auf eine Eindringungszeit, sondern auch auf einen zweiten Vorgang an, der in allen Fällen noch nach dem Eindringen des Giftes ablaufen muß und dessen Geschwindigkeit hier von der Giftkonzentration nicht oder wenig abhängt. Die Frage nach der Wirksamkeit des Stoffes gegenüber Sporen war bis vor kurzem nur recht widerspruchsvoll und lückenhaft beantwortet. Rieger und Trauner[6]) haben nun für aerobe Sporenkeime gut gestützte Wirkungsgleichungen beigebracht, die für Milzbrand etwa der Form $P^{1,2} \cdot T = 160$ und für Bacillus vulgatus $P^{1,7} \cdot T = 3000$ entsprechen. Damit erscheint erwiesen, daß die Steilheit der Wirkungskurve, d. h. die Größe des Exponenten, mit der Resistenz der Arten wächst. Die erforderliche Abtötungsdauer weicht bei den höchsten verwendeten Konzentrationen (17%) für alle Arten von Keimen nicht weit voneinander ab, während sie für stärkere Verdünnungen des Giftes je nach der Resistenz der Keimart — bei Colikeimen nur um weniges, bei Vulgatus um sehr viel — höher ist. Durch Nachbehandlung der Vulgatuskeime mit Katalaselösung, also durch sorgfältige Beseitigung der anhaftenden Giftspuren, gelingt es den Autoren, eine Vulgatusgleichung etwa in der Form $P \cdot T = 2400$ zu erhalten was im Vergleiche zu der obigen besagt, daß dort die langen Zeiten bei niedrigen, Konzentrationen annähernd richtig, die kurzen Zeiten bei hoher Konzentration aber — wohl wegen der hier ins Gewicht fallenden anhaftenden Giftmengen — zu kurz waren. Die Form der letzten Wirkungsgleichung zeigt dann, daß hier bei den hochresistenten Sporen die wahre Abtötungsdauer der Konzentration einfach verkehrt proportional ist, also wohl praktisch nur mehr von dem Diffusionsvorgang abhängt, neben dem der innere Wirkungsvorgang zeitlich verschwindet. Über die Wirkung des $H_2O_2$ gegen anaerobe Sporen liegen bisher nur Angaben von Moll[7]) bezüglich Tetanussporen vor, wonach die Wirksamkeit von ähnlichen Größen wie nach Rieger und Trauner[6]) bei aeroben Sporen zu sein scheint.

Das $H_2O_2$ findet seine praktische Anwendung zur Keimtötung einerseits in der Schleimhaut- und Wunddesinfektion, andererseits in der Nahrungsmittel-, besonders in der Milckkonservierung [Budde[8]), Much und Römer[9])].

Auch viele andere Superoxyde, welche teils in Berührung mit Wasser oder Säuren $H_2O_2$ entwickeln, teils selbst oxydierend oder dehydrierend wirken können,

---

[1]) Traugott: Zeitschr. f. Hyg. u. Infektionskrankh. Bd. 14, S. 427. 1893.
[2]) Croner: Zitiert auf S. 569.
[3]) Reichel: Zitiert auf S. 569.
[4]) Müller, A.: Zitiert auf S. 569.
[5]) Reichel: Biochem Zeitschr. Bd. 22, S. 224ff. 1909.
[6]) Rieger u. Trauner: Zitiert auf S. 569.
[7]) Moll: Zentralbl. f. Bakteriol., Parasitenk. u. Infektionskrankh., Abt. 1, Orig. Bd. 84, S. 416. 1920.
[8]) Budde: Milchzeitg. 1903, S. 690; 1904, S. 359.
[9]) Much u. Römer: Beitr. z. Klin. d. Tuberkul. 1906, S. 349.

sind unter die Zellgifte zu rechnen: unorganische, wie Metallperoxyde, Perborat, Persulfat, Perchromat, Permanganat und organische: die sog. Peroxole [BECK[1])], sowie Verbindungen des $H_2O_2$ mit Harnstoff u. a. Die Wirkungsweise dieser Stoffe ist der des $H_2O_2$ ähnlich.

Als Oxydationsmittel wirken endlich keimtötend die freien *Halogene:* Cl, Br und J, von denen besonders Cl und J große praktische Bedeutung erlangt haben. Das $Cl_2$-Gas bildet im Wasser, wo es sich zu kaum 1% löst, zum Teil die Säuren ClOH und HCl, von denen die erste ihren O so leicht abgibt, daß dieser auch unwirksam verlorengehen kann. Bei Gegenwart organischer Stoffe kommt es in solchen Lösungen aber nicht bloß zu lebhafter Oxydation, sondern auch zur Chloraddition an ungesättigte C-Verbindungen und zur Cl-Substitution von H in vielen Gruppen, besonders in Aminen. Solche organische Cl-Verbindungen haben auch wahrscheinlich durch teilweise Abdissoziation von HOCl selbst wieder bedeutende Giftwirkungen [RIDEAL[2]), DOBBERTIN[3])]. Die lebenausschließenden Wirkungen des Chlors können also in sehr mannigfacher Weise zustande kommen und sind wohl zumeist mit einem meßbaren Verbrauch des Stoffes verbunden, ohne daß aber der Zusammenhang zwischen dem Verbrauche und der Wirkung näher bekannt wäre. Da auch viele tote organische Stoffe Chlor reichlich binden, wird die Wirkung bei deren Gegenwart leicht von den Keimen abgelenkt, weshalb bei allen Halogendesinfektionswirkungen darauf geachtet werden muß, daß ein sicherer Überschuß des Mittels zur Wirkung gelangt.

Die Wirkungsgleichung für wässerige Chlorlösungen gegenüber Staphylokokken lautet nach HAILERS[4]) Feststellungen etwa $P \cdot T = 0{,}07$, gegenüber Milzbrandsporen: $P \cdot T = 0{,}7$. Wässerige Br- und J-Lösungen wirken nach dem gleichen Autor in äquimolekularen Konzentrationen auf Staphylokokken gleich wie Cl, auf Sporen mit steigendem Atomgewicht schwächer. Die meisten übrigen, in Wasser Halogene abspaltenden Stoffe, scheinen dem jeweiligen Halogengehalt der Lösung entsprechend zu wirken. Am häufigsten kommen Hypochlorite zur Verwendung: Alkalihypochlorite, wie die JAVELLEsche Lauge und das UHLENHUTsche[5]) Antiformin, letzteres mit großem Alkaliüberschuß, der die Haltbarkeit erhöht und eine besondere Lösungskraft des Mittels für organische Stoffe bewirkt, ferner das Calciumhypochlorit, das den wirksamen Bestandteil des Chlorkalkes bildet. Von den organischen Chlorpräparaten haben die Chloramine starke Verbreitung als keimtötende Mittel gefunden.

Alkoholische Lösungen der Halogene entfalten eine trotz hohen Gehaltes weit geringere Desinfektionskraft als wässerige. Wenn dennoch die Jodtinktur als Haut- und Wunddesinfektionsmittel [GROSSICH[6])] sehr hochgeschätzt wird, so ist zu bedenken, daß das J damit immerhin an die wässerigen Phasen des Körpers herangebracht wird, in denen dann auch schon kleine aufgenommene Mengen wirken mögen. Wenn aber auch eine eigentliche Abtötung der Keime in Wunden, auf der Haut und auf Schleimhäuten bei diesem Mittel wie bei vielen anderen der Oyxdationsmittelgruppe ausbleibt, so kann doch schon die Beschränkung der Krankheitserreger durch teilweise Abtötung und durch Hemmung den therapeutischen Nutzen solcher Mittel verständlich machen, der aber vielleicht auch durch Reinigungs- und Reizwirkungen auf die Gewebe zu erklären ist.

---

[1]) BECK: Zitiert auf S. 569.
[2]) RIDEAL: Journ. r. sanit. inst. Bd. 31, S. 33. 1910.
[3]) DOBBERTIN: Münch. med. Wochenschr. 1916, S. 467.
[4]) HAILER, bei UHLENHUT u. XYLANDER: A. K. G. A. Bd. 32, S. 196ff. 1909.
[5]) UHLENHUT u. XYLANDER: A. K. G. A. Bd. 32, S. 158. 1909.
[6]) GROSSICH: Berlin. klin. Wochenschr. 1909, S. 1934.

Die *organischen Stoffe* oder höheren C-Verbindungen weisen im allgemeinen eine weit geringere elektrische Polarität als die unorganischen auf und kommen demgemäß, soweit sie Gifte sind, weniger durch echt chemische Vorgänge als durch Lösungsbeziehungen zu den Phasen des Zelleibes zur Wirkung. Diese Wirkungen sind meistens, wenigstens in ihren Anfängen, noch umkehrbar und sie kommen vielfach nur gegen besondere Zellarten zur Geltung, so daß die Mehrzahl der organischen Gifte dem Begriff der allgemeinen Protoplasmagifte nicht voll entspricht. Doch gibt es auch hier eine Fülle von Stoffen, die schon in niedrigen Konzentrationen alles Leben in kurzer Zeit zu töten vermögen. Zunächst kommt noch einigen Stoffen doch eine echt chemische Wirkung zu. Dies gilt vor allem von den nach ihrer Natur den unorganischen Verbindungen noch näherstehenden *organischen Säuren*, von denen die stark dissoziierenden: Oxal- und Trichloressigsäure, in ganz ähnlicher Weise wie die starken anorganischen Säuren wirken, die schwach dissoziierten aber durch ihr auf der Lipoidlöslichkeit beruhendes höheres Eindringungsvermögen die Säurewirkung unter Umständen rascher ins Innere der Zellen zu tragen vermögen als die starken anorganischen Säuren. Den höheren Fettsäuren, wie sie in den Seifen auftreten, dürfte aber schon weniger die chemische Säurewirkung, als vielmehr die strukturstörende Speicherung der stark lipoidlöslichen Stoffe in den Plasmaphasen zu ihrer zelltötenden Wirkung verhelfen [Reichenbach[1]), Vermast[2])].

Die *Aldehyde* sind die überhaupt reaktionsfähigsten organischen Stoffe. Sie stehen im Sauerstoffgehalt in der Mitte zwischen den Carbonsäuren und den Alkoholen und sind, ebenso wie die analogen niedrigen Oxydationsstufen der anderen Gruppen, z. B. salpetrige, arsenige, schwefelige, unterchlorige Säure ständig geneigt, nach jeder der beiden Richtungen in andere Stufen überzugehen. Die Aldehyde sind es ja auch, welche so sehr zur chemischen Bindung untereinander, zur Polymerisation, neigen, wodurch es zu den C-Ketten der organischen Welt kommt. Auf der Stufe der Aldehyde findet endlich auch die Reaktion mit dem $NH_3$ zu den Aminen statt.

Der einfachste der Aldehyde, der *Formaldehyd*, $CH_2O$, zeigt alle diese Fähigkeiten am meisten und stellt demgemäß auch das stärkste chemisch wirksame organische Protoplasmagift vor, dem auch eine bedeutsame Rolle in der Desinfektionspraxis besonders dadurch zukommt, daß er unter den gasförmigen Mitteln infolge seines Teilungsverhältnisses zwischen Dampfraum und Wasser und anderen Eigentümlichkeiten als einziges Raumdesinfektionsmittel in Betracht kommt. Ein weiterer besonderer Vorteil liegt in der wenn auch langsamen, so doch auch gegenüber allen, selbst den widerstandsfähigsten Keimen zuverlässig tötenden Wirkung, welche eben auf seiner energischen chemischen Verankerung an den Eiweißstoffen beruht. Gegenbauer[3]) hat gezeigt, daß koaguliertes Eiweiß sich in Formaldehydlösungen im Laufe von mehreren Tagen mit etwa 11% seines Trockengewichtes an Formaldehyd sättigt, welche Grenze vom Gehalt der Lösung, wenn er nur überhaupt ausreicht, ganz unabhängig ist. Ebenso verhalten sich nach Gegenbauer[3]) sowie nach Herzog und Betzel[4]) Hefezellen, die aber schon nach Stunden mit Formaldehyd gesättigt sind, und Hailer[5]) konnte zeigen, daß auch Bakterien Formaldehyd ihrer Masse entsprechend binden, was Eisenberg und Okolska[6]) in Frage gestellt hatten. Nach Hailers[5]) Feststellungen

[1]) Reichenbach: Zeitschr. f. Hyg. u. Infektionskrankh. Bd. 59, S. 296. 1908.

[2]) Vermast: Biochem. Zeitschr. Bd. 125, S. 106. 1921.

[3]) Gegenbauer: Arch. f. Hyg. Bd. 90, S. 239. 1920.

[4]) Herzog u. Betzel: Hoppe-Seylers Zeitschr. f. physiol. Chem. Bd. 97, S. 309. 1910; Bd. 74, S. 221. 1911.

[5]) Hailer: Biochem. Zeitschr. Bd. 125, S. 69. 1921.

[6]) Eisenberg u. Okolska: Zentralbl. f. Bakteriol., Parasitenk. u. Infektionskrankh., Abt. 1, Orig. Bd. 69, S. 312. 1913.

ist die Verankerung der Aldehyde an das Eiweiß zunächst eine so lockere, daß sie noch durch überschüssiges Sulfit unter Wiederherstellung der Lebensfähigkeit rückgängig gemacht werden kann, auch wenn schon $NH_3$ dazu nicht mehr imstande ist, noch weniger bloßes Waschen. HAILER[1]) nimmt an, daß die Bindung des Formalhydrates (Methylenglykol) $CH_2(OH)_2$ zunächst mit einer der OH-Gruppen, später auch mit der zweiten erfolge, in welchem Zustande die Bindung erst irreversibel ist. Dem $CH_2O$ kommt dadurch eine auch praktisch bedeutungsvolle Nachwirkung zu: Keime, die, unmittelbar nach der Einwirkung auf Nährmedien übertragen, sich noch als lebensfähig erweisen würden, sterben bei längerem Lagern in Wasser, besonders aber beim Trocknen, bald ab.

Die für die Wirkung erforderliche Zeitdauer hängt beim $CH_2O$, wie GREGERSEN[2]) und besonders ausführlich GEGENBAUER[3]) gezeigt haben, innerhalb eines breiten Konzentrationsbereiches sehr genau von der Konzentration der Lösung nach einer Wirkungsgleichung $P \cdot T = R$ ab. Der $R$-Wert, die Resistenz für 1proz. Lösung, beträgt aber hier auch ohne Entgiftung immer noch etwa 12 Stunden für Milzbrandsporen, 2 für Staphylokokken, so daß auch mit den höchstkonzentrierten Lösungen (36%) keine ganz raschen Wirkungen zu erzielen sind. Um so interessanter ist, daß einzelne Bakterien Formaldehyd bilden können (Coli z. B. bis zur Konzentration 1 : 8000), vielleicht beruht hierauf nach L. MÜLLER[4]) wenigstens zum Teil der Antagonismus gegenüber anderen Arten, die gegen Formalin besonders empfindlich sind.

Die *Alkohole* wirken im allgemeinen als chemisch recht indifferente Stoffe auf die Zellen in reversibler Weise (besonders als zum Teil funktionshemmende Narkotica) ein. Dem entspricht ihre Neigung zur Komplexbildung [C. EGG[5])]. Wenn auch vielleicht keine solche vorübergehende Einwirkung für die Zelle ganz ohne eine auch noch für längere Zeit zurückbleibende Schädigung verläuft, welche bei Wiederholung das Bild der chronischen Vergiftung erklären mag, so kann doch von einer tötenden Wirkung in den meisten Fällen nicht gesprochen werden, weil die Erholungsfähigkeit beim Wegfall des Giftes noch lange gewahrt zu bleiben pflegt. Unter bestimmten Umständen: wie Konzentrationen, Lösungsgenossen, Temperaturen und bei bestimmten Stoffen dieser Gruppe wird aber die Wirkung tatsächlich zu einer, und zwar zu einer im Vergleich mit den meisten chemisch wirkenden Giften auffällig *rasch* tödlichen, was wohl nur als Folge der durch die Lösungsbeziehungen zu dem Zellplasma zustande kommenden irreversibeln Strukturveränderungen verstanden werden kann. Nach R. FÜRTH[6]) können wir auch sagen, je größer die Dielektrizitätskonstante der Alkohole, um so höher ihr elektrisches Moment und ihre Wasserbindung, und darum auch um so stärker ihre Wirkung. Die aliphatischen einwertigen Alkohole erscheinen für einzellige Lebewesen nur in derjenigen Zone ihrer Konzentration als tödlich, die auch Eiweißfällungen bewirkt [JOHANNE CHRISTIANSEN[7])], und für den Äthylalkohol konnte durch BEYER[8]) die Konzentrationszone einer sehr raschen Keimtötungswirkung weitgehend, und zwar auf ein Bereich nahe um 70 Volumprozente eingeengt werden. Höhere Gehalte wirken offenbar immer weniger fällend und immer

---

[1]) HAILER: Zitiert auf S. 572.

[2]) GREGERSEN: Zentralbl. f. Bakteriol., Parasitenk. u. Infektionskrankh., Abt. 1, Orig. Bd. 77, S. 168. 1915.

[3]) GEGENBAUER: Zitiert auf S. 572.

[4]) MÜLLER, L.: Cpt. rend. des séances de la soc. de biol. Bd. 90, S. 944. 1924.

[5]) EGG, C.: Schweiz. med. Wochenschr. 1927, S. 1.

[6]) FÜRTH, R.: Kolloid-Zeitschr. Bd. 37, S. 193. 1925.

[7]) CHRISTIANSEN, JOHANNE: Hoppe-Seylers Zeitschr. f. physiol. Chem. Bd. 102, S. 295. 1918.

[8]) BEYER: Zeitschr. f. Hyg. u. Infektionskrankh. Bd. 70, S. 225. 1911.

mehr wasserentziehend, so daß auch die fast fehlende Desinfektionswirkung des Alkohols, besonders des absoluten, auf getrocknete Keime [Ahlfeld und Vahle[1]), Schumburg[2])] und die ganz fehlende Wirkung auf Sporen, welche praktisch als wasserfrei zu betrachten sind, verständlich wird. Die stärkste tötende Wirkung kommt unter den einwertigen aliphatischen Alkoholen nach allen Feststellungen [Buchner, Fuchs und Megeli[3]), Wirgin[4]), Christiansen[5])] dem Butylalkohol zu, dem Propylalkohol ebenfalls eine stärkere als dem Äthyl- und dem Methylalkohol, deren Wirksamkeit dementsprechend ähnlich ist und etwas widersprechend angegeben wird [Kisch[6]) gegenüber Buchner und seiner Mitarbeiter[3])]. Die entwicklungshemmende Wirkung der alipathischen Alkohole ist eine starke und entspricht, ebenso wie die sonstigen narkotischen Wirkungen der abgestuften Lipoidlöslichkeit dieser Stoffe [Overton[7]), Meyer[8])] und zugleich ihrem Einfluß auf die Oberflächenspannung der Lösungen [Traube[9]), Christiansen[5])]. Die ausgedehnte praktische Verwendung des Äthylalkohols zur Hautdesinfektion, erstrebt zum Teil weder Abtötung noch Hemmung, sondern eine Erschließung der sonst vom Hautfett geschützten Keime und eine sog. Fixierung, d. h. die feste Antrocknung der Keime auf ihrer Unterlage.

Mehrwertige aliphatische Alkohole sind minder wirksam als einwertige. Dem Glycerin, das auch schon als Nährstoff für die Zelle dienen kann, kommt nach den Angaben mehrerer Autoren [Lenti[10]), v. Wunschheim[11]), Seiffert[12]), Rosenau) eine ähnliche Optimumzone einer Abtötungswirkung wie dem Äthylalkohol zu, doch ist die Wirkung immer nur eine langfristige.

Die aromatischen Alkohole oder *Phenole* haben vor allen organischen Stoffen am eindeutigsten den Charakter von allgemeinen Zellgiften und ihr Prototyp, das „Phenol" schlechtweg oder die Karbolsäure $C_6H_5OH$ bildet mit seinen nächsten Verwandten auch die am längsten bekannte und noch heute praktisch wichtigste Gruppe von Desinfektionsmitteln. Diese Bedeutung gründet sich einerseits auf der großen Geschwindigkeit, mit welcher diese Stoffe eine volle Abtötung von Keimen unter Umständen bewirken können, andererseits auf das Fehlen eines Verbrauches der Stoffe durch ihre Wirkung oder während dieser, wie er bei allen echt chemisch wirksamen Stoffen zustande kommt. Beides beruht auf der Wesensart der Wirkung der Phenole, welcher dementsprechend auch schon seit langem große Aufmerksamkeit zugewendet wurde und die auch heute als besser aufgeklärt gelten darf als die irgendwelcher anderer tödlicher Gifte.

Schon Robert Koch[13]) hatte, überrascht durch die fast völlige Unwirksamkeit öliger Phenollösungen, die Löslichkeitsverhältnisse des Stoffes in Wasser-Ölgemischen durch Wolffhügel und v. Knorre[14]) untersuchen lassen, woraus, trotz mancher Mängel der Versuche, die es noch nicht zu klaren Ergebnissen kommen ließen, schon hervorging, daß das Phenol geneigt ist, sich in der öligen

---

1) Ahlfeld u. Vahle: Dtsch. med. Wochenschr. 1896, H. 6.
2) Schumburg: Dtsch. med. Wochenschr. 1912, S. 403.
3) Buchner, Fuchs u. Megeli: Arch. f. Hyg. Bd. 40, S. 149. 1904.
4) Wirgin: Zeitschr. f. Hyg. u. Infektionskrankh. Bd. 46, S. 149. 1904.
5) Christiansen: Zitiert auf S. 24.
6) Kisch: Biochem. Zeitschr. Bd. 40, S. 153. 1912.
7) Overton: Vierteljahrsschr. d. naturforsch. Ges. in Zürich Bd. 44, S. 88. 1899.
8) Meyer: Arch. f. exp. Pathol. u. Pharmakol. Bd. 47, S. 109. 1899.
9) Traube: Pflügers Arch. f. d. ges. Physiol. Bd. 105, S. 541. 559. 1904, u. a. siehe S. 3a.
10) Lenti: Ann. di Ist. d'ig. Roma Bd. 3, S. 513. 1893.
11) v. Wunschheim: Arch. f. Hyg. Bd. 39, S. 101. 1901.
12) Seiffert: Zentralbl. f. Bakteriol., Parasitenk. u. Infektionskrankh., Abt. 1, Orig. Bd. 74, S. 644. 1914.
13) Koch: Mitt. a. d. K. Gesundheitsamt Bd. 1, S. 234. 1881.
14) Wolffhügel u. v. Knorre: Mitt. a. d. K. Gesundheitsamt Bd. 1, S. 352. 1881.

Phase stark anzureichern. SCHEURLEN[1]) hat dann zuerst auf die Steigerung der Phenolwirkung durch NaCl hingewiesen und zugleich schon die wichtige quantitative Feststellung beigebracht, daß eine 1proz. Phenollösung, die so viel NaCl enthält, als eben ohne Trübung möglich ist, ganz ähnlich wirksam ist wie eine konzentrierte Phenollösung. Den ersten Deutungsversuch dieses Autors durch eine veränderte Hydratwasserverbindung, ließen SCHEURLEN und SPIRO[2]) dann zugunsten einer Erklärung nach Analogie der Aussalzerscheinungen fallen. Die inzwischen auch von BECKMANN[3]), KRÖNIG und PAUL[4]), WEYLAND[5]), RÖMER[6]) bestätigten, von den letzteren Autoren mit der Eiweißfällung in Beziehung gebrachte Erscheinung, wurde dann durch SPIRO und BRUNS[7]) weiter verfolgt und die Erklärung eindeutig auf die früher schon vom ersteren begründete Auffassung von der Bedeutung der Verteilungsgleichgewichte gestützt, indem der Parallelismus zwischen den Wirkungen verschiedener Salze auf die Löslichkeit verschiedener Phenolkörper und der Desinfektionswirkung zu zeigen war. OVERTON[8]) hat dann wieder auf die Zusammenhänge zwischen der Lipoidlöslichkeit der einzelnen Phenole und ihrer Giftigkeit hingewiesen. REICHEL[9]) hat endlich die Teilungsverhältnisse des Phenols zwischen wäßrigen, und zwar salzfreien und salzhaltigen Phasen einerseits, und öligen Phasen andererseits quantitativ festgelegt und konnte auch die inzwischen schon von SPIRO[10]) beachteten Lösungsbeziehungen zwischen Phenol und Eiweiß durch Modellversuche klären, die für koagulierte Eiweißphasen ebenfalls ein Verteilungsgleichgewicht, und zwar sehr zugunsten des Eiweißes, ergaben, dessen Verschiebungen durch den Salzgehalt der Lösung ganz denen entsprachen, die für die Gleichgewichte mit Ölphasen gefunden worden waren. Auch für den Zelleib von Bakterien selbst konnte das Zustandekommen solcher Gleichgewichte mit Phenol + NaCl-Lösungen erwiesen werden. In bakteriologischen Versuchen mit solchen Lösungen hat REICHEL[11]) zuletzt die volle Übereinstimmung der Giftwirkung mit den Verteilungsbeziehungen, nicht bloß der Richtung nach, sondern auch zahlenmäßig nachgewiesen. Spätere Untersuchungen von HERZOG und BETZEL[12]), sowie von KÜSTER[13]), KÜSTER und BOJAKOWSKY[14]), ERNST MAYER[15]), KÜSTER und ROTHAUB[16]), die zu abweichenden Schlüssen, besonders zur Annahme von Adsorptionsgleichgewichten und von chemischen Bindungsvorgängen zwischen Phenol und Zelle geführt haben, erscheinen nach der bei EISENBERG und OKOLSKA[17]), sowie von REICHEL[18])

[1]) SCHEURLEN: Arch. f. exp. Pathol. u. Pharmakol. Bd. 37, S. 74. 1896.

[2]) SCHEURLEN u. SPIRO: Münch. med. Wochenschr. 1897, S. 81.

[3]) BECKMANN: Zentralbl. f. Bakteriol., Parasitenk. u. Infektionskrankh., Abt. 1, Orig. Bd. 20, S. 577. 1906.

[4]) KRÖNIG u. PAUL: Zeitschr. f. Hyg. u. Infektionskrankh. Bd. 25, S. 1. 1897.

[5]) WEYLAND: Zentralbl. f. Bakteriol., Parasitenk. u. Infektionskrankh., Abt. 1, Orig. Bd. 21, S. 789. 1897.

[6]) RÖMER: Münch. med. Wochenschr. 1898, S. 298.

[7]) SPIRO u. BRUNS: Arch. f. exp. Pathol. u. Pharmakol. Bd. 41, S. 4. 1897.

[8]) OVERTON: Zitiert auf S. 574.

[9]) REICHEL: Biochem. Zeitschr. Bd. 22, S. 149, 177. 1909.

[10]) SPIRO: Beitr. z. chem. Physiol. u. Pathol. Bd. 5, S. 276. 1904.

[11]) REICHEL: Biochem. Zeitschr. Bd. 22, S. 201. 1909.

[12]) HERZOG u. BETZEL: Hoppe-Seylers Zeitschr. f. physiol. Chem. Bd. 67, S. 369. 1910; Bd. 74, S. 221. 1911.

[13]) KÜSTER: Arb. a. d. K. Gesundheitsamt Bd. 48, S. 412. 1914.

[14]) KÜSTER u. BOJAKOWSKY: Desinfektion Bd. 5, S. 193. 1912; Zeitschr. f. Hyg. u. Infektionskrankh. Bd. 73, S. 205. 1913.

[15]) MAYER, E.: Inaug.-Dissert. Freiburg i. B.

[16]) KÜSTER u. ROTHAUB: Zeitschr. f. Hyg. u. Infektionskrankh. Bd. 73, S. 205. 1912.

[17]) EISENBERG u. OKOLSKA: Zentralbl. f. Bakteriol., Parasitenk. u. Infektionskrankh., Abt. 1, Orig. Bd. 69, S. 302. 1913.

[18]) REICHEL: Entkeimung. Kraus-Uhlenhutsches Handb. Bd. I, S. 515.

vorgebrachten Kritik nicht als stichhaltig. Die ersteren Autoren, ferner COOPER[1]), MILLER[2]), LEMON[3]) sowie COOPER und WOODHOUSE[4]), haben Versuche beigebracht, deren wesentliche Ergebnisse mit den Schlußfolgerungen REICHELS[5]) gut übereinstimmen. Als letzte erfaßbare Ursache der tödlichen Wirkung des Phenols erscheint danach die Speicherung des Stoffes in den Eiweißphasen der Zelle, wodurch es zunächst zu einer Verdrängung des Wassers aus diesen Phasen in die Zellflüssigkeit, also eine Entquellung, dann, unter gesteigerter Lösungsaffinität, zwischen Phenol und dem entwässerten Eiweiß, zu einer irreversibeln Aufhebung der Eiweißstruktur kommt.

Der Wirkung des Phenols ist die seiner Methylderivate, des Kresols, durchaus ähnlich, der Stärke nach noch überlegen, [FRÄNKEL[6]) v. GRUBER[7])]. Die zunächst [FRÄNKEL[6])] angenommenen Unterschiede in der Wirksamkeit der drei isomeren Kresole bestehen nicht zu Recht [SCHNEIDER[8]), KANAO[9])]. Das Teilungsverhältnis für Kresol ist sowohl für Öl (KANAO), als auch für Eiweiß [COOPER[10])] dem Wasser gegenüber noch günstiger als für Phenol. Nach Versuchen KANAOS scheint sogar die Öl-Wasserverteilung für o-Kresol um so viel höher, als für Phenol zu sein, daß der Unterschied zur Erklärung der höheren Wirksamkeit mehr als ausreicht, d. h. daß die gleiche Wirkung erst mit einer höheren Molekularkonzentration des Kresols als des Phenols im Lipoid anzunehmen wäre.

Die Kurven der Wirkungsgleichungen des Phenols und der Kresole verlaufen ungleich steiler als die der echt chemisch wirkenden Stoffe, d. h. die Konzentrationen, welche nur sehr langsam, und die, welche sehr rasch töten, liegen nahe beisammen. Der Konzentrationswert trägt demgemäß in den Gleichungen einen hohen Exponenten von 4—7 [REICHEL[11]), CHICK[12]), GREGERSRN[13]), KANAO[9])], und zwar kann der Kurvenverlauf entweder so aufgefaßt werden, daß ein gewisser unterer Grenzwert der Konzentrationen — $p$ — noch als unwirksam betrachtet und dann die Gleichung $(P - p)^4 \cdot T = R$ geschrieben wird, oder aber so, daß für alle Konzentrationen etwa $P^7 \cdot T = R$ gilt. Für letztere Form konnte KANAO zeigen, daß sich die Phenol- und die Kresolwirkung bloß durch das recht nahe doppeltgroße $R$ unterscheiden. Die Deutung dieses jedenfalls für die Praxis ungemein wichtigen steilen Verlaufes der Wirkungskurven der Phenolkörper, ist wohl darin zu suchen, daß der Einfluß der äußeren Konzentration auf die innere im Ansteigen durch die fortschreitende Wasserverdrängung noch wächst. Die Erscheinung spricht somit auch dafür, daß es nicht unmittelbar die wohl für die Aufnahme in die Zelle entscheidende Lösung in den Lipoidphasen ist, welche den Tod bedingt, als vielmehr die Speicherung der Phenole in den Eiweißphasen.

Die Wirkung der Phenole wird durch Säuren in ähnlicher Weise erhöht, wie durch Salze und wohl auch aus dem gleichen Grunde, da auch jene die Wasserlöslichkeit herabsetzen; mit $H_2SO_4$ bilden sich aber zum Teil minderwirksame

---

[1]) COOPER: Biochem. journ. Bd. 6, S. 362. 1912; Bd. 7, S. 175. 1913.
[2]) MILLER: Journ. of physiol. chem. Bd. 23, S. 570. 1920.
[3]) LEMON: Journ. of physiol. chem. Bd. 24, S. 570. 1921.
[4]) COOPER u. WOODHOUSE: Biochem. journ. Bd. 17, S. 600. 1923.
[5]) REICHEL: Zitiert auf S. 575.
[6]) FRÄNKEL: Zeitschr. f. Hyg. u. Infektionskrankh. Bd. 6, S. 520. 1889.
[7]) v. GRUBER: Arch. f. Hyg. Bd. 17, S. 618. 1893.
[8]) SCHNEIDER: Zeitschr. f. Hyg. u. Infektionskrankh. Bd. 53, S. 116. 1906.
[9]) KANAO: Arch. f. Hyg. Bd. 92, S. 139. 1923.
[10]) COOPER: Biochem. journ. Bd. 7, S. 175. 1913.
[11]) REICHEL: Biochem. Zeitschr. Bd. 22, S. 201. 1909.
[12]) CHICK: Journ. of hyg. Bd. 10, S. 237. 1910.
[13]) GREGERSEN: Zentralbl. f. Bakteriol., Parasitenk. u. Infektionskrankh., Abt. 1, Orig. Bd. 77, S. 168. 1916.

Sulfoderivate. Laugen vermindern die Phenolwirkungen im allgemeinen, da die Phenole sich wie schwache Säuren verhalten und mit jenen zum Teil minder wirksame und leichter wasserlösliche Phenolate bilden. Immerhin ist auch die Wirkung dieser stark hydrolytisch gespaltenen Körper eine beträchtliche und sogar in manchen Fällen durch die Lösung schleimiger oder durch die Verseifung fettiger Hüllen der Kleinlebewesen stärker als die der neutralen Phenole [HAILER[1]), UHLENHUT, JÖTTEN und HAILER[2]), UHLENHUT und HAILER[3]). Die Gegenwart von Seifen kann die Wirkungen der Phenole je nach deren Art und Menge und je nach der Konzentration der Phenole selbst und der Temperatur in sehr verschiedenem Maße und in verschiedener Richtung beeinflussen oder auch unbeeinflußt lassen [HAILER[4])]. Die Wirkungsgleichungen lauten auch für die in der Desinfektionspraxis besonders verbreiteten Kresolseifenlösungen ähnlich wie für reine Phenolkörper, und zwar etwa $P^5 \cdot T = R$ [GEGENBAUER[5])].

Auch den Dimethylphenolen oder Xylenolen, sowie anderen Alkylsubstitutionsprodukten des Phenols, wie Carvacrol und Thymol, und besonders den halogenesubstituierenden Phenolen, kommen höhere Giftwirkung zu, die hauptsächlich LAUBENHEIMER[6]) erforscht hat und die sich denen der einfachen Phenole wesentlich ähnlich zu verhalten scheinen. Die Wirksamkeit wird nur zumeist durch eine allzugeringe Wasserlöslichkeit erschwert, die aber durch gewisse Zusätze ausreichend gesteigert werden kann. Ähnliches gilt von den Naphtholen [MAXIMOVITSCH[7]), SCHNEIDER[8])]. Die Nitrophenole sind besser wasserlöslich, aber schwächere Gifte, ihr Säurecharakter nimmt mit steigender $NO_2$-Substituierung so sehr zu, daß Trinitrophenol (Pikrinsäure) zu den starken Säuren zu zählen ist und dementsprechende Wirkungen ausübt. Die Wirkung mehrwertiger Phenole ist viel geringer als die der einwertigen.

Die Wirkung der Phenole auf Sporen ist im allgemeinen sehr gering. Die Stoffe vermögen wohl die Hüllen dieser Formen lange Zeit nicht zu durchdringen.

Während die entwicklungshemmende Kraft der einfachen Phenolkörper nicht groß zu sein pflegt, nimmt die der höheren Substitutionsprodukte, besonders der halogenhaltigen oft hohe Werte an [GRIMM[9]), BECHOLD und EHRLICH[10])]. Auch enthalten die von der Gewinnung als Teeröle her sehr bunt zusammengesetzten Phenolkörpergemische zunächst reichlich Kohlenwasserstoffe, die als „Creoline" der Desinfektionspraxis mit Wasser Emulsionen geben, welche eine hohe Hemmungs-, aber eine nur geringe Tötungskraft auf Keime ausüben [HAILER[11])].

Auch in fast allen *anderen Gruppen organischer Verbindungen* sind Protoplasmagiftwirkungen zu beobachten, wobei allerdings die Unterscheidung der eigentlichen Tötung von der reversiblen Entwicklungshemmung oft schwer zutreffen, oder doch bisher ungenügend erforscht ist. Es handelt sich vielfach um Wirkungen, die nicht alle Lebewesen gleichmäßig beeinflussen, wodurch sie

---

1) HAILER: Arb. a. d. Reichs-Gesundheitsamte Bd. 51, S. 572. 1919.

2) UHLENHUT, JÖTTEN u. HAILER: Med. Klinik 1921, S. 273.

3) UHLENHUT u. HAILER: Zeitschr. f. Tuberkul. Bd. 34, S. 340. 1921; Arch. f. Hyg. Bd. 92, S. 31. 1922.

4) HAILER: Weyls Handb. (2) Bd. VIII, S. 1115. 1922.

5) GEGENBAUER: Zentralbl. f. Bakteriol., Parasitenk. u. Infektionskrankh., Abt. 1, Orig. Bd. 97, Beih. 188. 1926.

6) LAUBENHEIMER: Die Phenole und ihre Derivate als Desinfektionsmittel. Wien u. Berlin 1909.

7) MAXIMOWITSCH: Cpt. rend. hebdom. des séances de l'acad. des sciences Bd. 106, S. 366, 1441. 1888.

8) SCHNEIDER: Zeitschr. f. Hyg. u. Infektionskrankh. Bd. 52, S. 534. 1906.

9) GRIMM: Dtsch. med. Wochenschr. 1887, S. 1121.

10) BECHOLD u. EHRLICH: Hoppe-Seylers Zeitschr. f. physiol. Chem. Bd. 47, S. 173. 1906.

11) HAILER: Weyls Handb. (2) Bd. VIII, S. 1120. 1922.

sich zum Teil für praktische Zwecke der Konservierung, der selektiven Züchtung und der „inneren Desinfektion" oder der therapeutischen Anwendung bei Infektionskrankheiten besonders eignen. Die Kohlenwasserstoffe kommen durch ihre geringe Wasserlöslichkeit nur schwer zur Wirkung. Die ungesättigten Verbindungen sind nach Gössls[1]) Feststellungen giftiger als die gesättigten. Aromatische Kohlenwasserstoffe werden zur schonenden Entkeimung von Flüssigkeiten praktisch verwendet, besonders Methylbenzol (Toluol). Dem gleichen Zwecke dienen auch halogensubstituierte Kohlenwasserstoffe, hauptsächlich Chloroform, $CHCl_3$, dem jedoch nach Joachimoglus[2]) vergleichenden Untersuchungen schon $CCl_4$ und noch mehr die hochchlorierten Äthane an bakterizider und hemmender Kraft überlegen sind, u. z. Teil sehr stark. Die Wirkungsweise dürfte bei allen diesen Stoffen der der Phenole entsprechen. Für Chloroform und andere Stoffe haben Herzog und seine Mitarbeiter [Herzog und Betzel[3]), Gössl[1])] die Vorstellung gestützt, daß die Lösungsverteilung für die Wirkung entscheidend ist. Bei dieser Gruppe von Stoffen trifft, wie Traube[4]) selbst schon für $CHCl_3$ feststellte, der sonst weitgehende Parallelismus der Giftwirksamkeit und der Oberflächenaktivität nicht zu [Joachimoglu[5]), Ploetz[6])].

Auch von den *aromatischen Amiden*, den Abkömmlingen des Anilins, wird anzunehmen sein, daß sie nach Art der Phenolkörper wirken. Dieser Gruppe gehört die ungeheure Fülle der in ihrer überwiegenden Mehrzahl giftigen *Farbstoffe* an. Der Farbstoffcharakter ist aber, wie Hailer[7]) betont, für die Giftwirkung selbst unwesentlich und hat nur häufig die Gelegenheit zur Erforschung geboten, weil eben gerade diese Stoffe von der chemischen Industrie zu anderen, als Desinfektions- und Heilzwecken erzeugt waren. Die Wirkung der Farbstoffe ist eine äußerst verschiedene, je nach den einzelnen Stoffen und Keimarten, denen gegenüber sie geprüft wurden, so daß von Spezifität der Wirkung gesprochen werden konnte [Eisenberg[8])].

Besonders eingehend ist die Gruppe der *Akridine* durch Morgenroth und seine Mitarbeiter [Morgenroth, Schnitzer und Rosenberg[9]), Morgenroth[10])], auf ihre Eignung zu ätiotropen chemotherapeutischen Wirkungen erforscht worden, nachdem sich das auf Ehrlichs Veranlassung von Benda[11]) hergestellte Trypaflavin als erster Stoff dieser Gruppe, und zwar gegen Trypanosomenkrankheiten bewährt hatte. Durch systematische Abwandlung und Erprobung der Substitutionsprodukte konnten im Rivanol und im Flavizid Wunddesinfektionsmittel gegen Kokkeninfektionen von hoher und durch Eiweiß nicht zu störender Wirksamkeit gefunden werden [Hailer[12])].

Auch das Ehrlich-Hatasche *Salvarsan*[13]), dem eine bakterizide Wirkung auf bestimmte Keimarten zugeschrieben wird [Ross[14])], gehört zu den Anilin-

1) Gössl: Hoppe-Seylers Zeitschr. f. physiol. Chem. Bd. 88, S. 103. 1913.
2) Joachimoglu: Biochem. Zeitschr. Bd. 124, S. 130. 1921.
3) Herzog u. Betzel: Hoppe-Seylers Zeitschr. f. physiol. Chem. Bd. 67, S. 369. 1910; Bd. 74, S. 221. 1911.
4) Traube: Pflügers Arch. f. d. ges. Physiol. Bd. 153, S. 276. 1913.
5) Joachimoglu: Biochem. Zeitschr. Bd. 120, S. 203. 1921.
6) Ploetz: Biochem. Zeitschr. Bd. 103, S. 243. 1920.
7) Hailer: Weyls Handb. (2) Bd. VIII, S. 1158. 1922.
8) Eisenberg: Zentralbl. f. Bakteriol., Parasitenk. u. Infektionskrankh., Abt. 1, Orig. Bd. 71, S. 420. 1913.
9) Morgenroth, Schnitzer u. Rosenberg: Dtsch. med. Wochenschr. 1921, S. 1317.
10) Morgenroth: Klin. Wochenschr. 1922, S. 353.
11) Benda: Ber. d. dtsch. chem. Ges. Bd. 45, S. 1787. 1912.
12) Literatur s. bei Hailer: Weyls Handb. (2) Bd. VIII, S. 1155ff. 1922.
13) Ehrlich u. Hata: Die esxperimentelle Therapie der Spirillen. Berlin 1910.
14) Ross: Zeitschr. f. Immunitätsforsch. u. exp. Therapie, Orig. Bd. 15, S. 487. 1912.

derivaten. Die Giftwirkung, deren Spezifität ebenfalls auf den Verteilungsverhältnissen beruhen dürfte, wird hier jedoch durch den As-Gehalt des Moleküles sicher wesentlich bestimmt. In ähnlicher Weise wurde mehrfach versucht, die Wirkung anorganischer Gifte an Körper der Farbstoffgruppen zu knüpfen, so für Ag und Hg von EISENBERG[1]), für Ag und Cu von UHLENHUTH und MESSERSCHMID[2])].

Auch die heterocyclischen Alkaloide haben zum Teil ähnliche selektive Giftwirkungen. Hier ist besonders eine Gruppe von *Chinin*derivaten von MORGENROTH und seiner Schule[3]) genauer untersucht worden: Die Hydrocupreine und Hydrocupreinetoxine, wobei wieder eine Reihe von therapeutisch aussichtsvollen, gegen bestimmte Infektionen, wie Pneumokokken und Diphtherie, hochwirksamen Stoffen gefunden werden konnte, welche allerdings nicht immer von giftigen Wirkungen auch auf den Körper selbst frei sind. Inwiefern es sich bei solchen Wirkungen um echte Abtötung, inwiefern um Hemmung oder Behinderung der Entwicklung handelt, steht noch nicht fest. Bei allen „inneren" Desinfektionsmitteln spielt die Giftgewöhnung der Keime, d. h. die Selektion der Nachkommenschaft der infolge überdurchschnittlicher Resistenz überlebender Keimindividuen eine bedeutsame Rolle [HAILER[4])].

---

1) EISENBERG: Zitiert auf S. 8.

2) UHLENHUTH u. MESSERSCHMID: Dtsch. med. Wochenschr. 1920.

3) MORGENROTH u. KAUFMANN: Zeitschr. f. Immunitätsforsch. u. exp. Therapie, Orig. Bd. 15, S. 610. 1912. — TUGENDREICH u. RUSSO: Ebenda Bd. 19, S. 156. 1913.

4) Literatur s. bei HAILER: Weyls Handb. (2) Bd. 8, S. 1147ff. 1922.

# Die funktionelle Bedeutung der Zellstrukturen mit besonderer Berücksichtigung des Kernes und seiner Rolle im Leben der Zelle.

Von

GÜNTHER HERTWIG

Rostock i. M.

Mit 10 Abbildungen.

## Zusammenfassende Darstellungen.

BELAR, K.: Der Formwechsel der Protistenkerne. Jena. G. Fischer: 1926. — BOVERI, TH.: Zellstudien. 1—5. Jena 1888—1907. — BUCHNER, P.: Praktikum der Zellenlehre. Berlin: Bornträger 1915. — CORDRY, E. V.: General Cytology. Chicago. Univers. Press. 1925. — GURWITSCH, A.: Vorlesungen über allgemeine Histologie. Jena 1913. — HAECKER, V.: Allgemeine Vererbungslehre. Braunschweig 1911, 3. Aufl. 1921. — HEIDENHAIN, M.: Plasma und Zelle. Jena: G. Fischer 1907—1911. — HERTWIG, O.: Die Zelle und die Gewebe. Jena 1893 u. 1898. — HERTWIG, O.: Allgemeine Biologie, 6. u. 7. Aufl. Bearb. v. O. u. G. HERTWIG. Jena 1923. — HÖBER, R.: Physikalische Chemie der Zelle und Gewebe. 5. Aufl. Leipzig 1923. — LUNDEGÅRDH, H.: Zelle und Cytoplasma. Handb. d. Pflanzenanatomie. Bd. 1. Berlin: Bornträger 1922. — MEYER, A.: Morphologische und physiologische Analyse der Zelle der Pflanzen und Tiere. Jena 1920. — PETERSEN, H.: Histologie und mikroskopische Anatomie. Bergmann 1922—1924. — PFEFFER, W.: Pflanzenphysiologie. 2. Aufl. Leipzig 1897—1904. — RHUMBLER, L.: Das Protoplasma als physikalisches System. Ergebn. d. Physiol. Jg. 14. 1914. — SCHENK: Physiologische Charakteristik der Zelle. Würzburg 1899. — SPEK: Physikalisch-chemische Erklärung der Veränderung der Kernsubstanz. Arch. f. Entwicklungsmech. d. Organismen Bd. 46. 1920. — SPEK: Kritisches Referat über die neueren Untersuchungen über den physikalischen Zustand der Zelle während der Mitose. Arch. f. mikroskop. Anat. u. Entwicklungsmech. Bd. 101. 1924. — STÖHR-V. MÖLLENDORFF: Lehrbuch der Histologie, Jena 1924. — STRASBURGER, E.: Histologische Beiträge H. 1—7. Jena 1888—1909. — TISCHLER, G.: Allgemeine Pflanzenkaryologie. Handb. d. Pflanzenanatomie, I. Abt., 1. Teil, Bd. 2. Herausgeg. v. LINSBAUER. Berlin: Bornträger 1921—1922. — VERWORN, M.: Allgemeine Physiologie. 7. Aufl. Jena 1923. — WILSON, E.: The cell in development and Heredity, 2. Aufl. Neuyork 1900. 3. Aufl. 1925. — ZIMMERMANN, A.: Die Morphologie und Physiologie des pflanzlichen Zellkerns. Jena 1896.

## 1. Die Zelle, das einfachste bisher bekannte biologische System; seine dualistische Gliederung in Kern und Cytoplasma.

In den vorhergehenden Kapiteln der allgemeinen Physiologie ist der Lebensprozeß vorwiegend von physikalisch-chemischen Gesichtspunkten aus betrachtet worden. Die Reaktionen der lebenden Masse zur Umwelt sind geschildert, ihr Kraft- und Stoffwechsel studiert worden. In diesem Abschnitt sollen nun die Ergebnisse der morphologischen Erforschung der Organismen verwertet und die Beziehungen zwischen Struktur und Funktion dargelegt werden, wobei wir die Zelle als die einfachste Organisationsform der lebenden Masse zur Grundlage unserer Betrachtung machen wollen. Denn entgegen den sich neuerdings mehrenden Angriffen gegen die Bedeutung der „Zelle" als funktioneller Lebenseinheit, wie sie besonders von M. HEIDENHAIN[1]) erhoben werden, erblicke ich mit VERWORN, O. HERTWIG und A. v. TSCHERMAK in der „Zelle“ *die* elementare Organisationsform, *das* einfachste zur Zeit bekannte biologische System.

Wenn auch zuzugeben ist, daß die jetzt lebenden Zellen Organismen mit einer langen Phylogenese darstellen [SCHLATER 1899[2]), MEVES[3])], und daß es denkbar ist, daß noch einfachere Organisationsformen existieren oder existiert haben, alle Bemühungen, einfachere niedere Elementarorganismen, die entweder nur aus Karyoplasma oder Cytoplasma bestehen, tatsächlich nachzuweisen, sind bisher gescheitert. Im Gegenteil, für zahlreiche, zeitweise für kernlos gehaltene pflanzliche Organismen hat der Kernnachweis erbracht werden können, derselbe steht zur Zeit nur noch für die Cyanophyceen und Bakterien zur Diskussion (TISCHLER, l. c. 1922). Wir müssen daher auch heute noch mit BRÜCKE[4]) die Zelle als die elementare Organisationsform der lebenden Masse bezeichnen. Denn sowohl Karyoplasma wie Cytoplasma sind für sich, getrennt voneinander, nicht dauernd existenzfähig. Das Cytoplasma kann von sich aus keinen Kern, der Kern kein Cytoplasma bilden, beide gehen, voneinander isoliert, rasch zugrunde. Kern und Plasma bilden somit Glieder „eines heterogenen dualistischen Systems“ (A. v. TSCHERMAK, 1924), dessen beide Komponenten zueinander in wechselseitiger Beziehung stehen und in ihrem Wachstum und Vermehrung voneinander abhängig sind. Erst durch das Zusammenwirken dieser beiden Komponenten im *System der Zelle* resultieren die Prozesse, die wir mit dem Namen „Leben“ charakterisieren, wie denn ROUX mit Recht sagt: „Das Leben ist seinem Wesen nach ein Prozeß und kann daher nicht statisch definiert werden; nur eine prozessuale, also funktionelle Definition kann dem Wesen des Organischen gerecht werden.“

In der dualistischen Gliederung in Kern und Zelleib liegt also nach unserer Meinung eine wesentliche Bedingung des Lebensprozesses, den wir an der Zelle beobachten, und es wird unsere Hauptaufgabe in diesem Kapitel sein, die Rolle von Kern und Plasma für die Einzelprozesse, deren Gesamtheit wir mit dem Namen „Leben“ charakterisieren, klarzulegen. Zunächst müssen wir uns aber kurz überlegen, welche Gründe uns zur Annahme eines solchen dualistischen Organisationsprinzips der Zelle überhaupt berechtigen.

Zunächst sind es morphologische Beobachtungen gewesen, die zu einer Trennung der die Zelle aufbauenden Bestandteile in Kern und Zelleib geführt haben, wie denn MAX SCHULTZE[5]) 1861 die auch jetzt noch gültige Definition der Zelle auf Grund mikroskopischer Beobachtung folgendermaßen formulierte: „Die Zelle ist ein mit Leben begabtes Klümpchen von Protoplasma, in welchem ein Kern liegt.“ Unterschiede der Lichtbrechung, ferner verschiedenes Verhalten gegen Farbstoffe, das sich sowohl am lebenden wie am fixierten Objekte nachweisen läßt, gaben zunächst die Möglichkeit zur Unterscheidung von Karyo- und Cytoplasma, wozu ferner noch als besonders wichtig die Lokalisation des Karyoplasmas in einem in den meisten Perioden des Zellebens bläschenartigen, scharf vom übrigen Zelleib begrenzten Gebilde sich nachweisen ließ. Zu dieser morphologischen Sonderung, die den Anlaß gegeben hat, vom Kern und Zelleib als Dauerorganen der Zelle zu sprechen, gesellen sich nun auch noch Unterschiede physikalisch-chemischer und rein chemischer Natur. Der vorwiegende Gehalt des Karyoplasma an Nucleoproteiden gegenüber dem Cytoplasma, be-

[1]) HEIDENHAIN, M.: Plasma und Zelle. Jena. 1907—1911.
[2]) SCHLATER: Biol. Zentralbl. Bd. 19. 1899.
[3]) MEVES: Arch. f. mikroskop. Anat. Bd. 92. 1918.
[4]) BRÜCKE: Sitzungsber. d. Akad. d. Wiss., Wien. Mathem.-naturw. Kl. Abt. II, Bd. 44. 1861.
[5]) SCHULTZE, M.: Arch. f. (Anat. u.) Physiol. 1861.

sonders aber das völlige Fehlen der im Cytoplasma stets nachweisbaren K'-, Cl'-, Phosphat- und Carbonationen im Kern lassen auf eine besondere, von der des Cytoplasma verschiedene Permeabilität der Kernoberfläche schließen (TSCHERMAK 1924), so daß wir also auch berechtigt sind, bezüglich Teilchenbestand und Teilchendurchlässigkeit eine gewisse Sonderstellung des karyoplasmatischen gegenüber dem cytoplasmatischen Teilsystem anzunehmen.

Dazu kommt ferner noch, daß wir während des Lebens sowohl am Kern wie am Cytoplasma morphologische Strukturen beobachten, die für beide Zellbestände zumeist verschieden, für jedes von ihnen daher charakteristisch sind.

Da diese mikroskopisch nachweisbaren Strukturen zur Beurteilung der Funktion von Kern und Plasma sehr wichtig sind, so wollen wir uns ihrer Besprechung zunächst zuwenden und dann erst unser Hauptthema, die Bedeutung von Plasma und Kern für das lebende System der Zelle, in Angriff nehmen.

## 2. Die morphologische Struktur der Zelle und ihre funktionelle Bedeutung, die Protomerentheorie.

Es kann nicht unsere Aufgabe sein, hier alle bisher an den verschiedenen Zellen beschriebenen morphologischen Strukturen aufzuzählen und ihre mehr oder minder klaren Beziehungen zu gewissen Lebenserscheinungen zu erörtern. Es sei dafür auf die Lehrbücher der Cytologie und allgemeinen Biologie verwiesen, ferner auf das Handbuch der mikroskopischen Anatomie von MÖLLENDORFF, wo ich diese Frage vom morphologischen Gesichtspunkte aus ausführlicher zu bearbeiten gedenke. Hier sollen nur die Gesichtspunkte hervorgehoben werden, die uns bei konsequenter Anwendung allmählich zu einem besseren Verständnis der zahllosen, an den Zellen zur Beobachtung gelangenden Strukturen führen werden.

Wir unterscheiden zunächst im Anschluß an A. MEYER[1]) in jeder Zelle zweierlei ontogenetisch und physiologisch ganz verschiedene Formbestandteile: 1. die ergastischen Gebilde oder das Paraplasma und 2. die lebende Masse der Zelle selber, das Protoplasma.

„Die ergastischen Gebilde sind mikroskopisch erkennbare Formelemente der Zelle, welche im Kern oder Zelleib völlig neu entstehen können und aus relativ einfachen anorganischen oder organischen chemischen Verbindungen oder Gemengen derselben bestehen. Diese toten ergastischen Gebilde sind es, welche vollkommen mit den jetzigen Methoden der Chemie und Physik untersucht werden können.“ (A. MEYER.) Ich nenne als Beispiele die Fett- und die Glykontropfen, die Eiweißkrystalle, den Zellsaft.

Während also diese ergastischen, toten Stoffe „das Objekt und das Produkt der Zelltätigkeit“ (v. MÖLLENDORFF) darstellen und von BEALE[2]) deshalb schon 1862 als formed matter treffend bezeichnet wurden, ist an das Protoplasma oder die forming matter (BEALE) der Lebensvorgang selber geknüpft. BOTAZZI hat daher das Protoplasma auch die lebende Substanz katexochen genannt, und M. HEIDENHAIN geht noch viel weiter, wenn er schreibt: „Wenn wir an irgendeinem Teil der Zelle die Erscheinungen des Lebens wahrnehmen, so bedeutet dies, daß das Leben diesem Teil selber inhärent ist.“ Dieser Satz von der Inhärenz des Lebens ist für HEIDENHAIN eine wichtige Stütze für seine Protomerentheorie, nach der die Zelle aus einer Unzahl von kleinsten Lebenseinheiten, den Protomeren, zusammengesetzt sein soll.

---

[1]) MEYER, A.: Zitiert auf S. 580.

[2]) BEALE, L. S.: Die Struktur der einfachen Gewebe des menschlichen Körpers. Übersetzt von CARUS. 1862.

Mit Recht hat diese Lehre von den elementaren kleinsten Lebenseinheiten, die die Zelle aufbauen sollen, lebhaften Widerspruch gefunden; unter den Gegnern nenne ich vor allem LUNDEGARDH[1]), der in einer sehr beachtenswerten Kritik u. a. folgendes schreibt: „Man geht bei der Theorie der elementaren kleinsten Lebenseinheiten von der willkürlichen Annahme aus, daß es eine durch und durch lebende Substanz gäbe. Mit dieser Annahme steht und fällt die ganze Theorie. Nun hat die experimentelle Zellforschung längst die Hypothese der durch und durch lebenden Substanz aufgeben müssen. Das Leben ist die Summe der Lebenseigenschaften, und zur Entfaltung dieser ist ein Zusammenwirken der verschiedenen Teile der Zelle notwendig. Durch das Zusammenwirken dieser verschiedenen Stoffe und physikalischen Zustände entstehen die Äußerungen des Lebens ebenso wie durch das Zusammenwirken der verschiedenen Atome die Eigenschaften eines chemischen Körpers.“ „Die Protomerentheorie verfälscht von vornherein das Problem des Lebens, indem sie die Lebenseigenschaften, die man erklären sollte, in unsichtbare Elementarteile verlegt. Sie verfährt hierbei gerade entgegengesetzt der Atomtheorie, die den Atomen selbst so wenig Eigenschaften wie möglich zuerteilt, um statt dessen die Eigenschaften der Materie durch die Art, auf welche die Atome gruppiert sind oder zusammenwirken, zu erklären.“ (LUNDEGARDH 1922.) Ähnlich lautet das Urteil PETERSENS[2]) (1922), der schreibt: „Einen Aufbau der Zellen aus lebenden Einheiten niederer Ordnung anzunehmen, ist durch keine Erfahrung zwingend gemacht. Als Hypothese erklärt die Annahme gar nichts; wir haben also keinen Anlaß, sie zu erfinden.“

Mir scheint es daher verfehlt, wenn HEIDENHAIN schreibt: „Nicht die Zelle ist der Träger des Lebens, sondern das Leben inhäriert jedem lebenden Teil bis auf kleinste Molekülverbände herab, die noch als lebend bezeichnet werden dürfen. Die Zelle ist nur *eine* bestimmte Form der lebenden Substanz oder besser ein bestimmter Apparat, welcher aus lebendem Material besteht.“ Demgegenüber halte ich daran fest, daß die Zelle die einfachste zur Zeit bekannte Organisationsform ist, die die Bezeichnung lebend mit Recht noch verdient; denn schon Kern und Zelleib sind, isoliert voneinander, nicht mehr selbsterhaltungsfähig, es fehlt ihnen also ein Hauptcharakteristicum des Begriffes Leben, sie sind vielmehr nur Teile des lebenden Systems der Zelle.

Indem ich so die Kritik LUNDEGARDHS und PETERSENS an der Protomerentheorie als berechtigt anerkenne, möchte ich andererseits betonen, daß in der Protomerentheorie ein wichtiger, sehr beachtenswerter Kern steckt. Die vorstehend angeführte Kritik richtet sich gegen die Bezeichnung der Protomeren als kleinste *lebende* Einheiten, eine Bezeichnung, die sie keineswegs verdienen; aber auch LUNDEGARDH „leugnet trotz der prinzipiellen Abweisung der Protomerentheorie nicht die Möglichkeit, daß es im Plasma auch andere und kleinere Organe als Kern und Chromatophoren geben könne“. Ich möchte weitergehen und sagen, die mikroskopischen Beobachtungen der Zellteilung, ferner die Tatsachen der Vererbungslehre zwingen uns direkt zu dem Schluß, daß in dem lebenden System der Zelle noch kleinere, wachstums- und teilungsfähige Einheiten, Teilkörper oder Protomeren im Sinne HEIDENHAINS, oder Plasome, wie WIESNER[3]) (1892) sie genannt hat, enthalten sind, nur daß ich es eben im Gegensatz zu HEIDENHAIN ablehne, dieselben noch als lebend zu bezeichnen, da sie ja nicht autonom und selbsterhaltungsfähig, vielmehr ihre Reaktionen stets systembedingt sind. So ist den soeben erwähnten ablehnenden Kritiken der

[1]) LUNDEGARDH: Zitiert auf S. 580.
[2]) PETERSEN, H.: Histologie und mikroskopische Anatomie. Bergmann 1922.
[3]) WIESNER: Elementarstruktur und Wachstum der lebenden Substanz. 1892.

Protomerentheorie die Spitze abgebrochen, zugleich aber durch die Annahme der Teilkörpertheorie ein Programm gewonnen, nach dem die Analyse der lebenden Organismen und speziell der Zellen vorgenommen werden kann. Denn nunmehr braucht man die Frage nicht so wie es bisher üblich war, zu formulieren, was ist in der Zelle lebend, was tot, eine Fragestellung, die bei dem Systemcharakter des Zellorganismus stets etwas mißliches hat und daher von zahlreichen Physiologen überhaupt verworfen wird. Ich setze dafür die Frage: Was in der Zelle ist Teilkörpermaterial, was nicht? Daß dieser Teilkörpersubstanz unter den Bestandteilen des lebenden Organismus eine höhere Wertigkeit zukommt, weil sie für ihn besonders charakteristisch ist, ist selbstverständlich, ohne daß dabei die Bedeutung der anderen Bestandteile zur Ermöglichung des Lebendigseins geleugnet zu werden brauchten. So sind z. B. das Wasser oder die Zellsalze, ohne natürlich selber Teilkörpermaterial zu sein, doch für das Leben der Zelle unentbehrlich, indem sie die Teilkörpersubstanzen bzw. die Systeme von solchen erst in den jeweiligen für das Leben nötigen physikochemischen Zustand versetzen. Indem so den Anschauungen der physikalischen Chemiker Rechnung getragen wird, ergibt sich für den Morphologen die weitere Frage: Welche Erscheinungsformen bieten die Teilkörper unter dem Mikroskop dar? Übereinstimmung herrscht darüber, daß die einzelnen kleinsten Teilkörper von ultramikroskopischer Größenordnung sind, ebenso wird jetzt von den meisten Cytologen die Lehre vertreten, daß wenigstens zeitweise das Protoplasma optisch homogen sein kann. „The only element of protoplasm, that will be admitted by all cytologist to be omnipresent, is the homogeneous „hyaloplasma" schreibt WILSON in der neuesten Auflage der „Cell" (1925). Dieselbe Ansicht vertreten O. HERTWIG und M. HEIDENHAIN. Daraus aber, wie SPEK[1]) es tut, den Schluß zu ziehen, daß „das Schwergewicht der Strukturforschung von den mikroskopischen Strukturelementen, welche das Interesse der älteren Autoren so sehr fesselten, sich durchaus nach der Ultrastruktur verschoben hat", scheint mir nicht berechtigt. Das optisch homogene Hyaloplasma ist nur *eine* Erscheinungsform des Protoplasma, und nicht einmal die häufigste; viel öfter zeigt es Strukturen mikroskopischer Größenordnung, und es ist nicht einzusehen, warum die Analyse der optisch sichtbaren Strukturen gegenüber dem Studium der Ultrastruktur weniger bedeutungsvoll für den Biologen sein sollte. Seine Aufgabe ist es vielmehr, die Art und Weise und die Bedingungen des Überganges von einer Struktur in die andere zu erforschen und auf diesem genetischen Wege auch in die Beschaffenheit und die Bedeutung der mikroskopisch sichtbaren, aus Teilkörperelementen aufgebauten Strukturen tieferen Einblick zu gewinnen. „Dabei bezeichnet die Protomerentheorie den metamikroskopischen Weg, der zu mikroskopischen Differenzierungen führt, und hat gegenüber allen Theorien einer allgemeinen Mikrostruktur den unbestreitbaren Vorzug, ohne weiteres auf alle Plasmen, auch auf mobile bzw. homogene, anwendbar zu sein und die stufenweise Ausbildung von Strukturen als Kombinationsstufen von Protomeren, sowie die Wandelbarkeit von Strukturen, ihren Aufbau, Abbau und Wiederaufbau verständlich zu machen. (E. TSCHERMAK: Allg. Physiol. S. 390 u. 391.)

Für den biologisch denkenden, morphokinetisch eingestellten Forscher ist es selbstverständlich, daß der Zustand der Zelle stets sowohl von der Außenwelt als auch von inneren Systembedingungen abhängig ist, dementsprechend auch die morphologische Erscheinungsform, der Phänotypus, des Protoplasma mit

---

[1]) SPEK, J.: Über den heutigen Stand der Probleme der Plasmastrukturen. Naturwissenschaften Jahrg. 13. 1925.

den verschiedenen Phasen des Lebensprozesses ständig wechseln *muß*. Charakteristisch ist nur, daß ihre verschiedenen Zustandsformen reversibel und unter bestimmten Bedingungen stets auseinander reproduzierbar sein müssen, denn sonst wäre ja eine Kontinuität des Lebensprozesses nicht möglich. Als solche reversible Erscheinungsformen des Karyoplasma spreche ich die Strukturen des bläschenförmigen „Ruhe"kerns und des Kerns während der Mitose mit seinen Chromosomen an; für das Cytoplasma nenne ich als Beispiel die Strahlenfiguren und die Spindel als für eine bestimmte Phase der Zellteilung charakteristische Bildungen, die, wie neuerdings [HEILBRUNN[1]), WEBER[2]), SPEK, l. c. 1924] gezeigt werden konnte, mit ganz bestimmten physikalisch-chemischen Zustandsänderungen des Cytoplasma (Viscositätsveränderung usw.) Hand in Hand gehen.

Wenn daher die mikroskopischen Forscher dem Cytoplasma und in ähnlicher Weise auch dem Karyoplasma bald eine schaumartige [BÜTSCHLI[3])], bald eine fädige [FLEMMING[4])] oder körnige Struktur [ALTMANN[5])] zuschreiben, so ist dazu zu bemerken, daß dieselbe sicher bei ein und derselben Zelle entsprechend den verschiedenen Phasen des Lebensprozesses eine wechselnde ist und eine Struktur in die andere übergehen kann. Wie ich in der allgemeinen Biologie (1923, Kapitel 27) betont habe, stellen die meisten von den Morphologen beschriebenen Zellstrukturen keine dauerhaften Gebilde dar — eine Meinung, die durch die Beobachtung des toten fixierten und gefärbten Objektes begünstigt wurde —, sondern sind nur der Ausdruck verschiedener Reaktionsprozesse eines in seiner biochemischen Struktur noch wenig bekannten Teilkörper-Substrates. Dadurch jedoch, daß diese mikroskopischen Strukturen für einen ganz bestimmten Zustand der Zelle charakteristisch sind und somit wieder Rückschlüsse auf bestimmte Funktionszustände des Protoplasma zulassen, werden sie von großem Wert für die biologischen Forscher. So sind Mitosen typisch für Zellen, die sich teilen usw.

Darüber hinaus sind diese mikroskopischen Strukturen und ihre regelrechte Ausbildung aber auch wesentlich für den normalen Ablauf des Lebensprozesses. Die besten Beispiele liefert die moderne Genetik, für die es von der größten Bedeutung war, daß sie die in den MENDELschen Regeln zusammengefaßten Beobachtungen mehr statistischer Art auf mikroskopisch wahrnehmbare Zellvorgänge zurückgeführt hat und außerdem für von den MENDELschen Regeln abweichende Zuchtergebnisse in zahlreichen Fällen Störungen des Teilungsmechanismus der Chromosomen hat verantwortlich machen können (vgl. ds. Handb. Bd. 17). Die Chromosomenstrukturen ermöglichen und vermitteln also hier ganz spezifische und charakteristische Zelleistungen.

Noch eindeutiger und zwingender läßt sich die Bedeutung der Struktur für die Funktion natürlich an solchen Gebilden feststellen, die offenbar auch aus Teilkörperelementen (Protoplasma) entstanden sind, jedoch nicht mehr in die Ausgangsform sich wieder zurückbilden können und gleichzeitig eine größere Beständigkeit gewonnen haben. Wir nennen diese Strukturen Metaplasmen oder alloplastische Gebilde (A. MEYER, l. c.). Sie finden sich namentlich in einseitig funktionierenden und spezialisierten Zellen, besonders des vielzelligen Organismus mit seiner Arbeitsteilung, und lassen ganz besonders deutlich Beziehungen zu bestimmten Funktionen erkennen. Als Beispiele nenne ich die Muskel- und Nervenfibrillen, die pflanzlichen Membranen, die Sekretgranula.

---

[1]) HEILBRUNN: Journ. of exp. zool. Bd. 34. 1921.
[2]) WEBER: Zeitschr. f. allg. Physiol. Bd. 38. 1918.
[3]) BÜTSCHLI: Über die Struktur des Protoplasma. Leipzig 1892 u. 1898.
[4]) FLEMMING: Arch. f. mikroskop. Anat. Bd. 37. 1891.
[5]) ALTMANN: Die Elementarorganismen. Leipzig 1890.

Unsere Analyse der Formelemente der Zelle hat uns also dazu geführt, im Anschluß an A. Meyer ergastische, protoplasmatische und metaplasmatische Gebilde zu unterscheiden.

Wenn wir imstande wären, jedes morphologisch in den Zellen beobachtete Gebilde einer dieser drei soeben unterschiedenen Kategorien zuzuweisen, die, wie A. Meyer sagt, „unter Berücksichtigung der Ontogenie und Leistung der Zelle" aufgestellt wurden, so würden wir damit einen wesentlichen Schritt zum Verständnis der Beziehungen zwischen Bau und Leistung des Elementarorganismus der Zelle getan haben. Aber vorläufig ist mit dieser Einteilung erst ein Arbeitsprogramm gegeben, das bei konsequenter Durcharbeitung zu einer tiefer eindringenden Zellanalyse führen wird. Wie weit wir zur Zeit noch von diesem Ziel entfernt sind, soll an einigen Beispielen gezeigt werden.

Sehr häufig beobachten wir in dem Zellkern sog. Nucleolen oder Kernkörperchen. Einige Forscher nehmen an, daß sich aus der Substanz derselben direkt Chromosomen bilden können. Danach wäre also die Nucleolarsubstanz als *eine* Erscheinungsform des Karyoplasma zu bezeichnen, die sich unter bestimmten Bedingungen (während der Mitose) in eine andere Erscheinungsform, die Chromosomen, umwandeln könnte. Demgegenüber hat A. Zimmermann[1]) die Hypothese aufgestellt, daß die Nucleolen Dauerorgane des Zellkerns seien und sich durch Wachstum und Teilung vermehrten. „Omnis nucleolus e nucleolo."

Viel wahrscheinlicher ist indessen, daß wir die Nucleolen zu den ergastischen Stoffen rechnen müssen, die im Kern neu entstehen, wobei es allerdings wieder sehr fraglich ist, ob die Nucleolarsubstanz einen Exkretstoff des Zellkernes darstellt, den der Kern nicht weiter zu verwerten vermag [V. Haecker[2])], oder ob sie gleichsam als Reservematerial zur Chromatinsynthese wieder verwandt werden kann (vgl. Tischler, 1922, S. 83).

Strasburger[3]) hat schließlich die Meinung ausgesprochen, daß die Nucleolarsubstanz zum Aufbau der Spindelfigur bei der Mitose herangezogen würde.

Sehr wahrscheinlich ist es wohl, daß mit dem Namen Nucleolen Gebilde sehr verschiedener Wertigkeit bezeichnet worden sind; hier wird erst weitere mikrochemische Forschung die letzte Entscheidung herbeiführen müssen.

Nicht viel besser ist es mit unserer Kenntnis der sog. Centriolen bestellt. Von einer Reihe von namhaften Forschern [van Beneden[4]), Boveri[5])] werden sie als dem Kern und Cytoplasma gleichwertige Gebilde angesehen und gleich ihnen als Dauerorgane der Zelle angesprochen. Demgegenüber hat Wilson[6]) es sehr wahrscheinlich gemacht, daß Centren de novo im Protoplasma entstehen können (bei niederen Einzellern scheint das Centriol im Gegensatz hierzu aus dem Karyoplasma sich zu bilden); es erhebt sich also die Frage, ob die Zentren reversible, d. h. für einen bestimmten Zustand des Protoplasmas charakteristische, mit Änderung des Zustandes sofort wieder schwindende Strukturelemente darstellen, wofür ihr charakteristisches Verhalten während der Mitose sprechen könnte. Da nun aber für die Mehrzahl der Fälle ihre Persistenz auch während den Zwischenphasen zwischen zwei Zellteilungen beschrieben worden ist, so scheint die Bezeichnung der Zentren als metaplasmatischer Gebilde am meisten berechtigt, deren funktionelle Bedeutung im wesentlichen wohl zur Zeit der Mitose zu suchen ist (Teilungsorgan?).

---

[1]) Zimmermann: Arch. f. mikroskop. Anat. Bd. 52. 1898.
[2]) Haecker, V.: Arch. f. mikroskop. Anat. Bd. 41. 1893; u. Bd. 42. 1893.
[3]) Strasburger: Histologische Beiträge Bd. 1. 1888; Bd. 4. 1900. G. Fischer.
[4]) van Beneden: Arch. f. Biol. Bd. 1, S. 4. 1883.
[5]) Boveri: Zellstudien, H. 4. 1901.
[6]) Wilson, E. B.: Arch. f. Entwicklungsmech. Bd. 12 u. 13. 1901.

Auch über die Natur der Trophoplasten (Chloro- und Leukoplasten), körnerartigen Strukturelementen, die tierischen Zellen allerdings fehlen, dafür aber bei den autotrophen Pflanzenzellen eine sehr wichtige Rolle spielen, ist keineswegs völlige Einigkeit erzielt. Die Mehrzahl der Forscher erblickt in ihnen dem Kern und Cytoplasma gleichwertige Dauerorgane der Pflanzenzelle, die nur aus ihresgleichen durch Teilung entstehen können (Schürhoff 1924)[1].

Demgegenüber vertreten einige Morphologen die Ansicht, daß die Trophoplasten aus Protoplasmakörnern, den Plastosomen neu entstehen können, dementsprechend auf Grund ihrer Genese als metaplasmatische Gebilde zu bezeichnen seien. Im Gegensatz zu ihrer noch strittigen Entstehung ist dagegen ihre funktionelle Bedeutung klar. Die Chloroplasten dienen als Träger des Chlorophylls der Kohlensäureassimilation, die Leukoplasten sind mit der Stärkebildung betraut; die Trophoplasten sind also besondere Organe der chemischen Synthese in der Zelle.

Mit einigen Worten sei schließlich noch auf Zellstrukturen hingewiesen, die in den Zellen weit verbreitet sind, vielleicht sogar in ihnen niemals fehlen, das sind die Plastosomen und der Golgische Binnenapparat. Sie stehen zur Zeit im Mittelpunkt der cytologischen Forschung.

Die Plastosomen, Mitochondrien oder Chondriosomen sind in vielen Zellen schon im lebenden Zustand sichtbar, ferner dadurch ausgezeichnet, daß sie sich vital mit Janusgrün anfärben lassen. Für ihre Konservierung und färberische Darstellung im fixierten Präparat sind ganz bestimmte Methoden ausgearbeitet worden, mittels deren eine Identifizierung der Plastosomen und Unterscheidung von morphologisch ähnlichen andersgearteten Zelleinschlüssen zumeist gelingt. Eine gewisse Verwechslungsmöglichkeit ergibt sich mitunter mit den Bestandteilen des Golgi-Apparats.

Dieser ist in den lebenden Zellen fast niemals sichtbar. Über seine vitale Färbbarkeit lauten die Angaben noch verschieden, die Fixierungen und Färbemethoden können kaum als genügend spezifisch bezeichnet werden, um fragliche Strukturen mit Sicherheit als Golgi-Apparat zu identifizieren. „Die Betrachtung der gebräuchlichen Technik hat gezeigt, daß lediglich auf ihrer Basis eine scharfe Definition des Golgi-Apparates unmöglich ist“ (W. Jacobs 1927). So bestehen zur Zeit noch Kontroversen, ob in pflanzlichen Zellen ein Golgi-Apparat stets enthalten ist, bzw. welche Strukturen dem Golgi-Apparat der tierischen Zellen homolog zu setzen sind. [Parat-Painlevé[2]) gegen R. H. Bowen[3])].

Zwar ist für die Plastosomen und den Golgi-Apparat die Meinung geäußert worden, es seien ergastische Stoffe (z. B. A. Meyer 1920 für die Plastosomen), aber das Verhalten der Plastosomen und des Golgi-Apparates bei der Zellteilung macht es doch äußerst wahrscheinlich, daß sie aus Teilkörpersubstanz bestehen. Ob diese aber einerseits für die Plastosomen, andererseits für den Golgi-Apparat in dem Sinne spezifisch ist, daß sie nur in diesen morphologischen Strukturteilen lokalisiert ist, wie etwa die Teilkörpersubstanz des Kerns im Kern, ob also mit anderen Worten Plastosomen und Golgi-Apparat dem Kern gleichwertige Dauerorgane der Zelle darstellen, erscheint recht zweifelhaft. So ist neuerdings von F. Wassermann[4]) die „Kontinuität der Plastosomen“ bestritten und die Neubildung von Plastosomen aus Cytoplasmateilchen ultramikroskopischer Größenordnung beschrieben worden.

---

[1]) Schürhoff, P. N.: Die Plastiden. Handb. d. Pflanzenanatomie Bd. I. Berlin: Bornträger 1924.

[2]) Parat-Painlevé: Bull. d'histol. Bd. 2. 1925.

[3]) Bowen, R. H.: Anat. record Bd. 32. 1926.

[4]) Wassermann, F.: Sitzungsber. d. Ges. f. Morphol. u. Physiol., München 1920, S. 1—16.

Die Frage schließlich, ob wir die Plastosomen und den Golgi-Apparat als metaplasmatische Gebilde bezeichnen sollen, muß so lange unbeantwortet bleiben, als wir über die funktionelle Bedeutung derselben im Leben der Zelle nicht besser unterrichtet sind. Für die Plastosomen wird u. a. angegeben, daß sie die Muttersubstanz für eine Reihe sicher metaplasmatischer Strukturen sein sollen, wie z. B. die Myo- und Neurofibrillen. Man vergleiche die Referate von Meves[1]) und Duesberg[2]).

Für den Golgi-Apparat wird eine Beteiligung bei der Sekretion und Dotterbildung angenommen, aber W. Jacobs[3]) betont in seinem zusammenfassenden Referat (1927), daß „eine weitgehende funktionelle Deutung des Golgi-Apparates heute noch nicht möglich ist".

Mit diesen Beispielen wollen wir uns hier begnügen; so unbefriedigend aber in vieler Hinsicht unsere Kenntnisse über die physiologische Bedeutung der in der Zelle morphologisch erkennbaren Strukturen ist, so viel läßt sich doch zusammenfassend sagen: die mikroskopisch beobachteten Strukturen, soweit sie nicht Kunstprodukte der Fixierung darstellen, stehen in bestimmtem Verhältnis zum Leben der Zelle, sei es, daß sie der Ausdruck für eine bestimmte Phase des Zellzustandes darstellen und für ihn charakteristisch sind, sei es, daß sie direkt die Grundlage für eine bestimmte Funktion liefern und dieselbe erst ermöglichen. Ähnlichkeit des mikroskopischen Bildes zweier Zellen ist als ein Zeichen dafür anzusehen, daß ähnliche Funktionszustände in beiden Zellen vorliegen (z. B. Zellen während der Mitose), bzw. daß sie ähnliche Funktionen erfüllen (contractile Zellen, Flimmerzellen, reizleitende Zellen). Wichtig ist ferner zur Beurteilung der Leistungen von Cytoplasma und Kern die Feststellung, daß der Kern relativ arm ist an metaplasmatischen und ergastischen Gebilden, die sich vorwiegend im Zelleib vorfinden.

Wir können daraus schließen, daß namentlich an spezialisierten Leistungen der Zelle das Cytoplasma viel intensiver beteiligt ist als der Kern; so spielen sich die Bewegungserscheinungen, die Reizleitung, die Kohlensäureassimilation vorwiegend oder ausschließlich im Cytoplasma bzw. an seinen metaplasmatischen Differenzierungsprodukten ab.

Doch wäre es natürlich verfehlt, hieraus auf eine größere Bedeutung des Cytoplasma für das Gesamtleben der Zelle Rückschlüsse zu ziehen, denn wichtiger als die speziellen Zwecken dienenden Funktionen (z. B. gesteigerte Contractilität oder Reizleitung) sind die grundlegenden Prozesse der Selbsterhaltung, des Wachstums und der Vermehrung. Zu ihrer richtigen Beurteilung ist es aber notwendig, daß wir uns der Lehre zuwenden, die jeder Zelle neben den funktionellen, häufig wechselnden Strukturen einen Aufbau aus artspezifischen Protomeren zuschreibt.

## 3. Der artspezifische Bau der Zelle.

O. Hertwig, der Begründer dieser Lehre von der „Artzelle" (l. c. 1898), führt diese prinzipiell wichtige Unterscheidung zwischen funktionell-histologischer Struktur und artspezifischem ultramikroskopischem Bau an dem Beispiel der Keimzellen durch. Nach ihm ist das auf morphologischen Ähnlichkeiten der Zellen gegründete histologische Einteilungssystem der Zellen nur ein „nebensächliches und äußerliches", denn wir müßten z. B. die männlichen Keimzellen der

[1]) Meves, Fr.: Was sind die Plastosomen? Arch. f. mikroskop. Anat. Bd. 87. 1915.

[2]) Duesberg, J.: Plastosomen, Apparato reticolare interno. Ergebn. d. Anat. u. Entwicklungsgesch. Bd. 20. 1912. — Ferner: On the present state of the Chondriosomenproblem. Biol. bull. Bd. 36. 1919.

[3]) Jacobs, W.: Der Golgische Binnenapparat. Ergebn. d. Biol. Bd. 2. 1927.

verschiedensten Tierarten, weil in Form der Samenfäden morphologisch einander oft sehr ähnlich gebaut, in *eine* Gruppe zusammenfassen und sie den weiblichen Keimzellen, die wieder oft sich äußerlich sehr gleichen, gegenüberstellen. Und doch ist es klar, daß männliche und weibliche Geschlechtszellen *einer* Organismenart, obgleich morphologisch sehr verschieden, doch nur „unbedeutende Varianten oder Modifikationen", in der Sprache der Genetiker Phänotypen, derselben biologischen Konstitutionsformel (des Genotypus) darstellen, dagegen die biologischen Formeln für die Geschlechtszellen *verschiedener* Organismen bei der Gruppierung in ein System eine Anordnung ergeben würden, die etwa derjenigen der Tier- und Pflanzenspezies im natürlichen System entspricht.

Ebenso wie mit den Ei- und Samenzellen verhält es sich mit den verschiedenen Gewebsarten. Die histologischen Unterschiede innerhalb der Zellen eines vielzelligen Organismus sind oft sehr große; sie beruhen vorwiegend auf der Verschiedenheit der für die speziellen Funktionszwecke ausgeschiedenen Bildungsprodukte des Cytoplasmas, der Metaplasmen. Umgekehrt gleichen sich oft gleichfunktionierende Zellen der verschiedensten Tierarten äußerlich sehr (z. B. die „quergestreiften" Muskelfasern der verschiedenen Wirbeltiere und der Arthropoden).

Und doch besitzen alle Zellen *eines* Organismus, mögen sie histologisch noch so verschieden aussehen, einen artspezifischen, sogar individuell spezifischen (Fick), ultramikroskopischen Bau, durch den sie sich alle gleichen und von den Zellen eines anderen Individuums unterscheiden, wie die serologischen Untersuchungen [vgl. Hamburger[1]), Abderhalden[2])] und ferner Transplantationsexperimente ergeben haben. Die Erhaltung dieser artspezifischen Struktur, ihr Wachstum und ihre Vermehrung ist offenbar die wichtigste, weil stets feststellbare Funktion der lebenden Zelle, und wir haben die Frage zu prüfen, ob das Karyoplasma und das Cytoplasma beide artspezifisch gebaut, und ferner, ob beide für die Erhaltung des artspezifischen Baues durch die verschiedenen einander folgenden Zellgenerationen (Vererbung) von gleicher Bedeutung sind. Wir werden die Frage, wie schon hier gesagt sein mag, dahin beantworten, daß sowohl Karyoplasma wie Cytoplasma artspezifischen Bau besitzen, daß jedoch die Artspezifität des Cytoplasma vom Kern abhängig und durch ihn bedingt ist, der Kern aber in der Erhaltung seiner Artspezifität autonom ist.

Auch diese Betrachtungsweise führt uns wieder zu der Vorstellung einer Funktionsteilung der beiden Hauptkomponenten des Zellsystems.

Nunmehr wollen wir die Bedeutung von Kern und Cytoplasma für das Leben der Zelle im einzelnen untersuchen. Ich werde dabei zunächst die quantitativen Beziehungen zwischen Kern und Zelleib erörtern, dann die morphologischen Beobachtungen anführen, die auf qualitative Wechselwirkungen Rückschlüsse ziehen lassen. In einem dritten Abschnitt sollen dann die Ergebnisse experimenteller Eingriffe zusammengestellt werden, soweit sie für unsere Frage von Wichtigkeit sind.

## 4. Quantitative Wechselwirkungen zwischen Karyoplasma und Cytoplasma.

Die Größe des Kernes ist zunächst abhängig von der zur Untersuchung gelangenden Pflanzen- oder Tierspezies und für sie charakteristisch, ohne daß aber bestimmte Beziehungen zwischen Kerngröße und systematischer Rangordnung feststellbar sind (Tischler 1921, S. 25—33). Die Größe des Kernes hängt ferner von der Zahl der in ihnen enthaltenen Chromosomen, also einer

---

[1]) Hamburger: Arteigenschaft und Assimilation. Leipzig 1903.

[2]) Abderhalden: Naturwiss. Rundsch. Jg. 19. 1904.

inneren Systembedingung, ab. Jede Tier- und Pflanzenart hat eine konstante, für jede Art charakteristische Chromosomenzahl in ihren Kernen, und zwar bei den geschlechtlich gezeugten Individuen einen Satz Chromosomen (ein Sortiment) mütterlicher, einen gleichen Satz väterlicher Herkunft.

Es gelingt nun aber, Eizellen auch mit einem einfachen Chromosomensatz, mit einem haploiden Kernapparat, anstatt dem normalen diploiden, der durch Verschmelzung von Ei- und Samenkern entsteht, zur Entwicklung zu veranlassen (künstliche Parthenogenese, vgl. ds. Handb. Bd. 14). Auch Eier mit der dreifachen oder vierfachen Chromosomengarnitur sind unter Umständen entwicklungsfähig. Wir sprechen dann von triploiden und tetraploiden Kernen, während der Normalzustand als diploid bezeichnet wird. Von Gerassimow[1]) (1902), Tischler[2]) (1910), Winkler[3]) (1916) hat bei Pflanzen, von G. und P. Hertwig[4]) bei Amphibien und Fischen übereinstimmend festgestellt werden können, daß das Kernvolumen proportional der Chromosomenzahl ist, während bei Seeigellarven nach Boveri[5]), Herbst[6]), Landauer[7]) die Kern*oberflächen* proportional der Chromosomenzahl sein sollen. Dies verschiedene Ergebnis der Messungen haploider, diploider, triploider und tetraploider Kerne bei Pflanzen und Wirbeltieren einerseits, den Seeigeln andererseits ist noch nicht genügend geklärt.

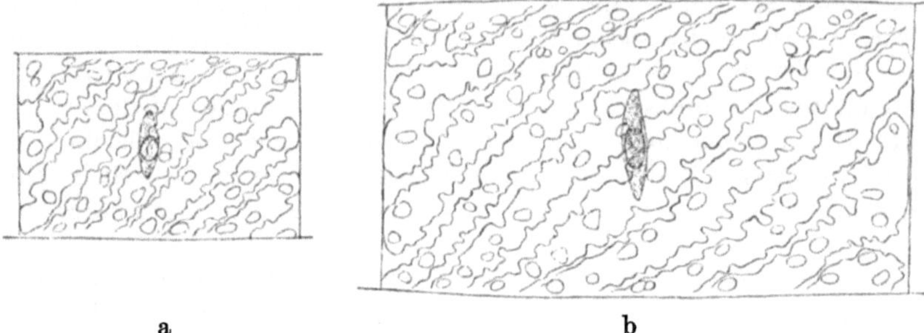


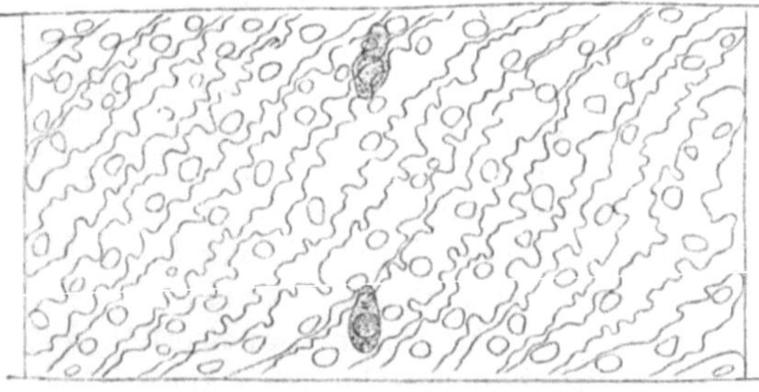


Abb. 46. a) Gewöhnliche Zelle von Spirogyra bellis. b) Infolge Kälteeinwirkung entstandene große Zelle mit einem einfachen großen Kern, der doppelt so viel Kernmasse besitzt als ein Normalkern. c) Unter gleichen Bedingungen entstandene große Zelle mit 2 Kernen. Vergrößerung $^3/_5$. (Nach Gerassimow.)

Für unser Thema ist nun von besonderer Wichtigkeit, daß, entsprechend der verschiedenen Kerngröße, auch das gesamte Zellvolumen sich gleichsinnig verändert.

Die Abbildungen 46a—c u. 47a u. b zeigen deutlich, daß konstante Größenbeziehungen zwischen Kern und Plasma bestehen. Es ist von großem Interesse,

[1]) Gerassimow: Zeitschr. f. allg. Physiol. Bd. 1. 1902.
[2]) Tischler: Arch. f. Zellforsch. Bd. 5, 1910.
[3]) Winkler: Zeitschr. f. Botanik Bd. 8. 1916.
[4]) Hertwig, G. u. P.: Arch. f. mikroskop. Anat. Bd. 81. 1913; Bd. 92. 1920.
[5]) Boveri: Zellstudien, H. 5. Jena 1905.
[6]) Herbst: Arch. f. Entwicklungsmech. Bd. 34. 1912; Bd. 39. 1914.
[7]) Landauer: Arch. f. Entwicklungsmech. Bd. 52. 1922.

die Entstehung dieser konstanten Kernplasmarelation zu verfolgen. Wie im Bd. 14, 1. Hälfte S. 1003, wo ich die Physiologie der Entwicklung behandele, näher ausgeführt wird, besitzt das reife Ei einen bestimmten Vorrat an „kernbildenden Stoffen“ [MASING[1]), E. GODLEWSKI jr[2])]. Die als Furchungsprozeß bezeichnete Periode der Eientwicklung ist nun dadurch charakterisiert, daß während ihr eine Zerlegung des Eiplasmas in zahlreiche, entsprechend kleinere Zellen unter steter Zunahme der Kernsubstanz ohne Neubildung von Plasma stattfindet. Die Furchung ist beendet, wenn der Vorrat an im Cytoplasma lokalisierten „kernbildenden Stoffen“ erschöpft ist.

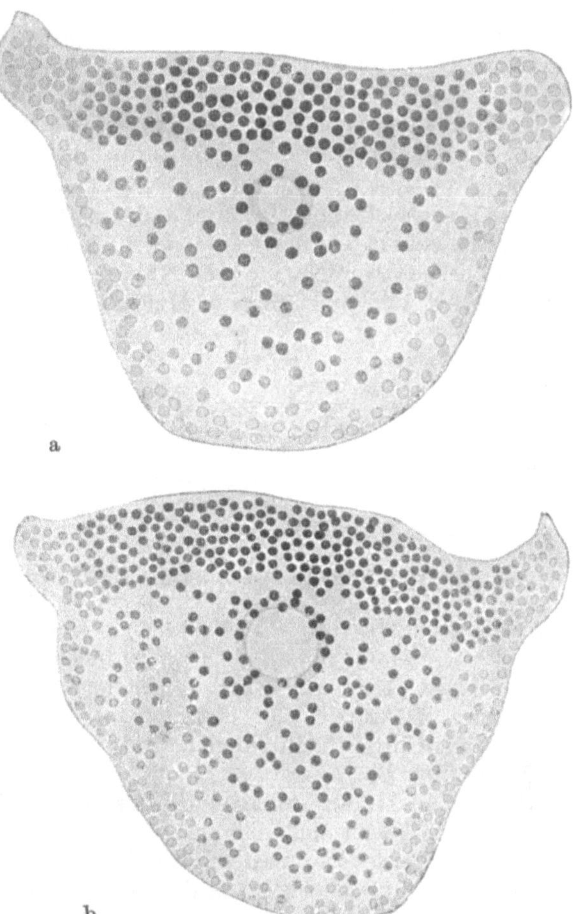

**Abb. 47 a u. b.** Stück von der Oberfläche eines Pluteus von Edinus microtuberculatus. a) Aus einem befruchteten kernhaltigen Eifregment. b) Aus einem besamten kernlosen Eifregment gezüchtet.

Beginnt nun ein Ei mit der einfachen Chromosomengarnitur seine Entwicklung, so werden sich seine haploiden Kerne einmal mehr verdoppeln und danach teilen können, als es bei einem befruchteten Ei mit diploidem Kernapparat der Fall ist. Umgekehrt wird ein Ei mit einem tetraploiden Kern schon einen Teilungsschritt früher seine Furchung beenden müssen, da für die doppelt so großen Kerne der Vorrat an kernbildenden Stoffen eher verbraucht ist.

Das haploidkernige Ei beginnt also die nächste Phase der Entwicklung, die Gastrulation, die durch gleichzeitige Synthesen von Kern- und Plasmamaterial und dadurch bedingtes Wachstum des ganzen Kernes charakterisiert ist, mit einer gegen die Norm verdoppelten Anzahl von Kernen und Zellen von halber Größe, da ja jeder Kern- auch eine Zellteilung entspricht. Das tetraploide Ei gastruliert dagegen mit einer gegen die Norm auf die Hälfte herabgesetzten Kern- und Zellzahl von doppelter Größe. Diese abnormen Kern- und Zellgrößen werden bei der Weiterentwicklung nicht wieder reguliert, wie z. B. Abb. 48 b zeigt. Allerdings haben soeben veröffentlichte Untersuchungen von F. v. WETTSTEIN[3]) an multiploiden Moosrassen ergeben, daß die Zellvolumina in *ausgewachsenen* Blättern nicht entsprechend der Zunahme der Chromosomenzahl auf das Doppelte, Drei- und

[1]) MASING: Zeitschr. f. physiol. Chem. Bd. 67. 1910.
[2]) GODLEWSKI: Arch. f. Entwicklungsmech. Bd. 26. 1908; Bd. 44. 1918.
[3]) WETTSTEIN: Biol. Zentralbl. Bd. 44. 1924.

Vierfache zunehmen; die Zellvolumina also nicht nach arithmetischer Proportion 1 : 2 : 3 : 4, sondern geometrisch den Potenzen einer sippenkonstanten Maßzahl $K$ entsprechend anwachsen. Die Maßzahl $K$ ist empirisch für jede Moossippe festzustellen, die Werte gruppieren sich um 2, schwanken aber bei den bisher untersuchten Moosarten zwischen $K = 1{,}45$ und $K = 3{,}9$. Für die Zellvolumenzunahme der $n$-valenten Stufe einer Sippe, die also $n \times$ die haploide Chromosomenzahl besitzt, läßt sich die allgemeine Beziehung zwischen Chromosomenzahl und Zellvolumen herleiten: $V_n = V_1 \cdot K^{(n-1)}$. Die Volumenzunahme von der $n - 1$ Stufe zur $n$-ten Stufe ist proportional dem in der $n - 1$ Stufe vorhandenen Volumen. Je größer also das vorhandene Volumen ist, desto größer ist auch die Volumenzunahme zur nächsten Stufe.

Leider fehlen vorläufig gleichzeitige Messungen der Kernvolumina. Wenn diese, wie bisher angenommen wurde, entsprechend der Chromosomenzahl nach arithmetischer Proportion wachsen würden, so würde sich aus dem verhältnismäßig rascheren Wachstum des Cytoplasmas im Vergleich zum Kern eine Verschiebung der normalen Kernplasmarelation ergeben und dadurch die Tatsache erklärt werden, auf die WETTSTEIN schon hinweist, daß die Entwicklungsfähigkeit der multiploiden Moospflanzen an eine bestimmte Grenze des Zellvolumens gebunden ist. Wird diese überschritten, so entwickeln sich nämlich monströse Bildungen aller Teile der Moospflanze, die schließlich zur Entwicklungshemmung führen. Je größer der Vergrößerungsindex $K$ ist, um so rascher wird diese Grenze erreicht sein.

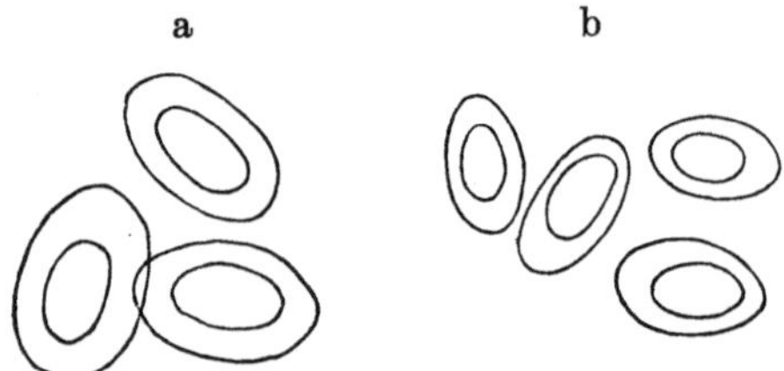

Abb. 48 a u. b. Rote Blutkörperchen, a) einer normalen, b) einer haploidkernigen Tritonlarve. (Aus HERTWIG: Allgemeine Biologie.)

Die soeben referierten Untersuchungen zeigen, daß zwischen Kern und Cytoplasma Wechselwirkungen quantitativer Art existieren. Die Größe des Kernes ist bestimmend für die Größe des Zelleibes. Aber auch der umgekehrte Satz ist gültig. Denn die Größe des Kernes ist außer von den inneren Systembedingungen auch abhängig von äußeren Umweltbedingungen, und unter diesen spielt das Cytoplasma die Hauptrolle.

Als ein besonders schlagendes Beispiel, wie sehr die Kerngröße von dem umgebenden Cytoplasma abhängig ist, nennt GODLEWSKI (1918, l. c.) die verschiedene Größe des Kernes des reifen Eies und der Richtungskörper. Trotzdem der zweite Richtungskörper und das reife Ei die gleiche haploide Chromosomenzahl besitzen, ist z. B. beim Seestern der ganze Richtungskörper, also Kern und Plasma, kleiner als der Kern des reifen Eies. CONKLIN[1]) hat ferner nachgewiesen, daß bei Crepidula nicht nur die Größe der Kerne, sondern auch der zugehörigen Chromosomen von der Quantität und Qualität der Cytoplasma gleichsinnig beeinflußt wird. Zahlreiche weitere Beobachtungen an vielzelligen Organismen sprechen für das Bestehen einer Kernplasmarelation. O. HERTWIG hat schon 1893 auf diese Verhältnisse aufmerksam gemacht und folgende Regel aufgestellt: „Die Größe, welche ein Kern erreicht, steht in einer gewissen Proportion zu der Größe des ihn umhüllenden Cytoplasmas. Je größer dieses ist, um so größer ist der Kern. So finden sich in den großen Ganglienzellen der Spinalknoten auffallend große bläschenförmige Kerne. Ganz riesige Dimensionen aber erreichen sie in unreifen Eizellen, und zwar in einem ihrer Größe entsprechen-

[1]) CONKLIN: Journ. f. exp. Zool. Bd. 12. 1912.

den Maßstabe". Ein weiteres Beispiel ist der Kern des Samenfadens und derjenige der Eizelle. Von neueren Beobachtungen nenne ich noch diejenigen BRACHETS[1]), daß der Samenkern im unreifen Seeigelplasma klein und kompakt bleibt, im Plasma des reifen Eies dagegen (durch Wasseraufnahme) stark an Volumen zunimmt.

Auch Bedingungen, die außerhalb des Zellsystems gelegen sind, haben nachgewiesenermaßen einen Einfluß auf den Kern, zumal auf seine Größe, so die Belichtung, die Temperatur, die Nahrungszufuhr. Es ist aber fraglich, wieweit der Einfluß direkt, wieweit er durch Vermittlung des Zelleibes erfolgt. Uns interessiert aber vor allem die Frage, ob solche „äußeren Bedingungen" die beiden Teilsysteme, Karyoplasma und Cytoplasma, gleichsinnig und vor allem quantitativ in gleicher oder verschiedener Weise beeinflussen, und in welchem Sinne sie etwa das labile Gleichgewicht, das doch offenbar zwischen den beiden heterogenen Zellsystemen besteht und das für jede Zellart typisch und charakteristisch ist, verschieben.

Am häufigsten ist der Einfluß der Temperatur auf Kern- und Zellgröße untersucht worden. R. HERTWIG[2]) und seine Schüler, ferner O. HARTMANN[3]) geben übereinstimmend an, daß höhere Temperatur die Kern- und Zellgröße embryonaler Zellen vermindert, daß aber die Verkleinerung des Kernes eine stärkere ist, also die Kernplasmarelation $K/P$ mit steigender Temperatur abnimmt. Nach den Untersuchungen von O. HARTMANN nimmt auch bei ausgewachsenen Gewebszellen die Kernplasmarelation ab, indem das Kernvolumen sich verkleinert, während die Zellgröße unverändert bleibt. O. HARTMANN stellte ferner an Amphibienlarven fest, daß die allgemeine Regel: Wärmetiere besitzen kleinere Zellen und Kerne mit einer kleinen Kernplasmarelation als sonst gleichartige Tiere, die in der Kälte gezüchtet werden, bei folgenden drei Gewebszellarten von Froschlarven eine bemerkenswerte Ausnahme erfährt. Bei den Erythroblasten bzw. -cyten, den Vornierenepithelien und den dotterreichen Entodermzellen nimmt bei den Wärmetieren die Kernplasmarelation nicht ab, sondern bleibt unverändert, die Kerne sind also im Vergleich zu allen anderen Gewebszellen relativ zu groß geblieben. O. HARTMANN weist darauf hin, daß gerade diese Gewebszellen nicht nur ihren Eigenstoffwechsel zu bestreiten haben, sondern gleichzeitig für den Gesamtorganismus, dessen Stoffumsatz durch die Wärme sehr gesteigert ist, entsprechend mehr Arbeit (Dotterresorption bzw. Atmungs- und Sekretionsarbeit) leisten müssen. Die durch die höhere Temperatur bedingte Kernvolumenabnahme wird daher durch eine „funktionelle Hyperthrophie des Kernes" nach der Ansicht von O. HARTMANN wieder kompensiert. Ist diese Erklärung richtig, so würde daraus folgen, daß der Kern an der Dotterverarbeitung, der Hämoglobinbildung, der Sekretion harnfähiger Substanzen aktiv beteiligt ist (vgl. S. 604).

Daß der Kern ganz allgemein bei dem Wachstum und der Differenzierung der Zellen eine aktive Rolle spielt, dafür spricht ferner die sowohl am pflanzlichen wie tierischen Material immer wieder festgestellte Tatsache, daß rasch wachsende und ebenso sich differenzierende Zellen relativ große Kerne, also eine hohe Kernplasmarelation besitzen. SCHWARZ (1887)[4]) stellte fest, „daß in allen pflanzlichen Geweben die Größe des Zellkernes anfangs zunimmt, um später wieder abzunehmen". Diese spätere Kernverkleinerung wird von Frl. KLIENENBERGER (1917)[5]) als ein Zeichen der Funktionsverminderung des Zellkernes

[1]) BRACHET: Arch. f. Biol. Bd. 32. 1922.
[2]) HERTWIG, R.: Biol. Zentralbl. Bd. 23. 1903; Arch. f. exp. Zellforsch. Bd. 1. 1908.
[3]) HARTMANN: Arch. f. Entwicklungsmech. Bd. 44. 1918.
[4]) SCHWARZ: Cohns Beiträge z. Biol. d. Pflanz. Bd. 4. 1887; Bd. 5. 1892.
[5]) KLIENENBERGER: Beih. botan. Zentralbl. Bd. 35, Abt. 1. 1917.

bei den ausgewachsenen und ausdifferenzierten Gewebszellen angesehen. So zeigt besonders schön die Bromeliaceenepidermis, daß die Kerngröße in dem Maße abnimmt, als die Membranverdickung zunimmt, die die Intensität des Stoffwechsels herabsetzt. Ein weiteres Beispiel führt KAUFFMANN (1914)[1]) an. Die Gametenkerne von Cylindrocystis Brebissonii maßen je 10 $\mu$, der aus ihrer Vereinigung entstandene Zygotenkern dagegen nur noch 5 $\mu$ Durchmesser. Gerade für die Ruheperiode der Zygote wird, wie TISCHLER (1921) meint, der Wasserverlust des Kernes, der seine Größenabnahme herbeiführt, vorteilhaft sein.

Auch am tierischen Material sind zahlreiche gleichartige Beobachtungen angestellt worden. Undifferenzierte embryonale Zellen haben große Kerne und eine hohe Kernplasmarelation. Die hohe Kernplasmarelation sinkt dann mit dem wachsenden Alter, und diese Abnahme der Kernplasmarelation soll nach der MINOTschen Alterstheorie kausal den schließlichen Tod der Zellen bedingen [MINOT[2])]. Als Beispiele nenne ich nur die Muskelfasern, bei denen nach den Messungen von SCHIEFFERDECKER[3]) die beim fünfmonatlichen menschlichen Fetus große relative Kernmasse beim Neugeborenen auf $^2/_3$, beim Erwachsenen auf $^1/_{11}$ reduziert wird; ferner die Nervenzellen, die zwar im Vergleich zu anderen Gewebszellen einen großen Kern besitzen, wo aber durch das relativ viel erheblichere Wachstum des Zelleibes mit seinen zahlreichen Ausläufern, wie HEIDENHAIN[4]) (1907) berechnet hat, eine „kolossale Disproportion zwischen dem Volumen des Kernes und dem Gesamtvolumen des Neurons besteht", die Kernplasmarelation also sehr zugunsten des Cytoplasmas verschoben ist.

Genaue Messungen über das Verhalten von Karyoplasma und Cytoplasma während des individuellen Wachstums hat neuerdings O. HARTMANN[5]) bei Cladoceren angestellt. Bei diesen Krebstieren findet nach der Geburt keine Zellvermehrung mehr statt, wenigstens gilt dies sicher für die Darmzellen, so daß das weitere Wachstum des Darmes bis zur Geschlechtsreife und noch darüber hinaus allein durch Vergrößerung der konstanten Zellenzahl erfolgt. HARTMANN stellte nun folgendes fest: „Die Kernplasmarelation nimmt mit zunehmender Größe der Darmzellen dauernd ab, und zwar besonders stark bis zur Erlangung der Geschlechtsreife, dann nur mehr langsamer." Z. B. sinkt sie bei Sider crystallina von 0,5 beim Embryo bis 0,3 beim alten ausgewachsenen Tier.

HARTMANN untersuchte ferner an dem gleichen Objekt noch zwei andere Relationen von Kern und Cytoplasma und fand für die Zellvolumen-Kernoberflächenrelation, daß „dieser Quotient, der angibt, wie viele Zellvolumeneinheiten auf die Oberflächeneinheit des Kernes entfallen, und der so gewissermaßen intracelluläre Stoffwechselbedingungen veranschaulicht, während des Zellwachstums stark zunimmt, so daß also die intracellulären Stoffwechselabläufe zwischen Karyoplasma und Cytoplasma mit dem Alter erschwert werden. Dies spricht für die Theorie des Alterns von MINOT und CHILD, die postuliert, daß der Zellmetabolismus, der in der Wechselwirkung von Kern und Plasma gegeben ist, mit dem Alter der Zelle herabgesetzt wird.

Im Gegensatz hierzu blieb bei denselben Darmzellen die Zelloberflächen-Kernvolumenrelation, d. h. der Quotient, der angibt, wie viele Zelloberflächeneinheiten auf die Volumeneinheit des Kernes entfallen und so gewissermaßen

---

1) KAUFFMANN: Zeitschr. f. Botanik Bd. 6. 1914.

2) MINOT: The Problem of Age, Growth and Death. New York. G. P. Putnam's Sons. Knickerbockers Press. 1908.

3) SCHIEFFERDECKER, P.: Pflügers Arch. f. d. ges. Physiol. Bd. 173. 1919; Naturwissenschaften Bd. 5. 1917.

4) HEIDENHAIN, M.: Plasma und Zelle. Jena 1907.

5) HARTMANN, O.: Arch. f. exp. Zellforsch. Bd. 15. 1921.

die Stoffwechselbeziehungen von Zelle und Kern nach außen extracellulär veranschaulichen, während des postembryonalen Zellwachstums konstant."

Die bisher besprochenen Beobachtungen über quantitative Wechselwirkungen von Kern und Plasma lassen sich etwa folgendermaßen kurz zusammenfassen: Kern und Plasma stehen in einem quantitativen, für jede Zellart charakteristischen Wechselverhältnis. Die Zahl der Chromosomen ist ausschlaggebend für die Kerngröße, diese für die jeweilige Plasmamenge, die sich entsprechend der Kerngröße verschieden umregulieren kann. Embryonale, rasch wachsende und sich differenzierende Zellen haben einen relativ großen Kern, alte und besonders stark differenzierte Zellen besitzen dagegen nur einen im Vergleich zum Plasmavolumen kleinen Kern.

## 5. Qualitative Wechselwirkungen zwischen Karyoplasma und Cytoplasma.

Viel schwieriger zu erforschen sind die qualitativen Wechselwirkungen, die Kern und Cytoplasma in dem so außerordentlich komplizierten Getriebe des Zellebens aufeinander ausüben. Wir wollen zunächst die morphologischen Beobachtungen besprechen, die namentlich von HABERLANDT[1]) und KORSCHELT[2]) gesammelt worden sind. Eine Zusammenstellung der botanischen Literatur findet sich bei TISCHLER (l. c. 1921—1922).

HABERLANDT formulierte seine Ergebnisse kurz folgendermaßen: „Der Kern befindet sich meist in größerer oder geringerer Höhe derjenigen Stelle, an welcher das Wachstum am lebhaftesten vor sich geht oder am längsten andauert. Das gilt sowohl für das Wachstum der ganzen Zellen, als auch speziell für das Dicken- und Flächenwachstum der Zellhaut." Aus der Fülle der diese Regel bestätigenden Beobachtungen von HABERLANDT und zahlreicher anderer Botaniker seien hier einige Beispiele kurz erwähnt.

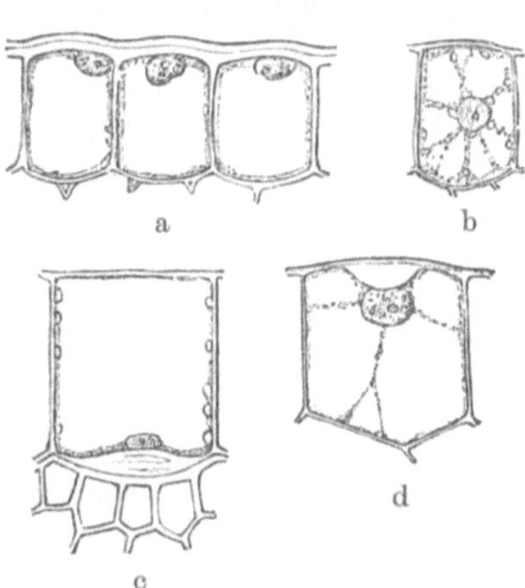


Abb. 49. a) Epidermiszellen des Laubblattes von Cypripedium insigne. b) Epidermiszelle von Luzula maxina. c) Epidermiszelle der Fruchtschale von Carex paniceo. d) Junge Epidermiszelle des Laubblattes von Aloë verrucosa. (Nach HABERLANDT.)

Die Epidermiszellen vieler Pflanzen zeigen häufig Verdickungen ihrer äußeren oder inneren Wandflächen. Je nachdem liegt der Kern entweder der Außen- oder der Innenwand, und zwar der Mitte der Verdickung, dicht an (Abb. 49a, c, d).

Ist mehr als eine Stelle im Wachstum bevorzugt, so nimmt der Kern eine solche zentrale Lage ein, daß er von den Orten ausgiebigsten Wachstums ungefähr gleich weit entfernt ist und Plasmastränge eine Verbindung des Kerns mit den Wachstumsstätten auf kürzestem Wege herstellen (Abb. 49b).

Ebenso liegt bei den Wurzelhaaren der Pflanzen, die ein deutlich ausgesprochenes Spitzenwachstum zeigen, der Kern stets an der Spitze des Haares, solange das Wachstum andauert (Abb. 50a). Wenn ein Wurzelhaar sich aus einer Epidermiszelle neu anlegt, so geschieht das stets durch Ausstülpung der über dem Zellkern gelegenen Partie der Außenwand (Abb. 50b). Bei manchen Pflanzen, z. B. Brassica oleracea, kann sich die Zelle der Wurzelhaare verzweigen, wobei

[1]) HABERLANDT: Beziehungen zwischen Lage und Funktion des Zellkerns bei den Pflanzen. Jena 1887.

[2]) KORSCHELT: Zool. Jahrb., Abt. f. Anat. Bd. 4. 1889.

dann der einfache Kern in einen der Zweige hineinrückt. Dieser wird dann der protoplasmareichste und -längste, während die anderen Zweige zu wachsen aufhören.

Weitere Belege liefern Pilze und Algen. Bei den vielkernigen Hyphen von Saprolegnia bilden sich seitliche Schläuche stets unmittelbar über einen Kern, der sich in nächster Nähe der sich ausstülpenden Wandung befindet. Bei Vaucheria und anderen vielkernigen Algen gibt es besondere Vegetationspunkte, an diese sind stets zahlreiche Kerne der Cellulosemembran dicht angelagert, dann folgt erst eine Schicht von Chromatophoren, während sonst die Lage von Kernen und Chromatophoren eine umgekehrte, d. h. die Chromatophoren mehr wandständig liegen.

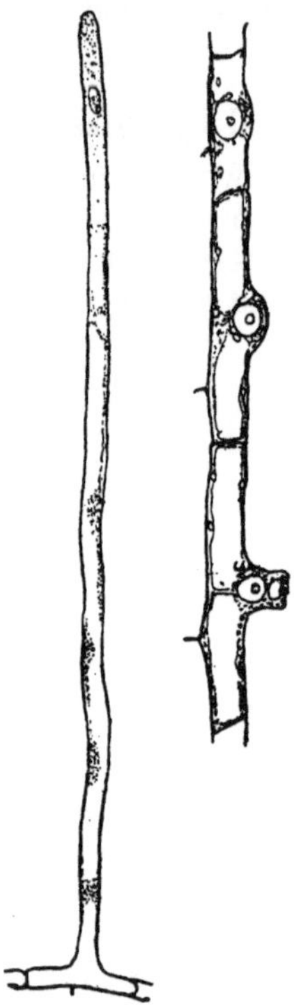

Sehr auffällig sind auch die Beziehungen des Kernes zur Bildung der Zellhaut bei der Wundheilung. Bei Vaucheria beobachtet man im Anschluß an eine Verletzung zahlreiche kleine Kerne, die sich an der Wundstelle ansammeln, während die Chlorophyllkörner sich in entgegengesetzter Richtung von der Wundstelle zurückziehen, eine Beobachtung, die gleichzeitig zeigt, daß die Kerne nicht einfach passiv durch die Plasmaströmung ihren Ort wechseln.

Auch an höheren Pflanzen hat Miehe[1]) zahlreiche analoge Beobachtungen angestellt.

In diesem Zusammenhang sind ferner die Beobachtungen von Zweigelt[2]) und v. Guttenberg[3]) an pflanzlichen Gallen anzuführen, daß als Reaktion auf den Stich von Blattläusen oder das Eindringen von Pilzhyphen die Kerne der nächstbeteiligten Zellen nach der „bedrohten" Stelle hinwanderten und durch Abscheiden von Cellulose die Wirtszellen zu schützen suchten.

Fragen wir nun nach den Ursachen dieser aktiven Kernwanderungen, so dürfen wir bei den zuletzt angeführten Fällen chemotaktische Einwirkungen verantwortlich machen. Man hat ferner von traumatotaktischen Bewegungen des Zellkernes gesprochen, die aber wahrscheinlich auch auf chemotaktische Reize durch Wundhormone [Haberlandt 1921[4])] zurückzuführen sind. Es hat sich ferner gezeigt, daß der Kern auch geo- und phototaktisch (Tischler 1922, Zusammenstellung) reagiert.

a b

Abb. 50. a) Wurzelhaar von Cannabis sativa. b) Entstehung der Wurzelhaare von Pisum sativum. (Nach Haberlandt.)

Ähnliche Beziehungen zwischen Lage und Funktion der Kerne, wie bei den Pflanzenzellen, sind auch für tierische Zellen nachgewiesen worden. Ein besonders geeignetes Objekt sind die Eizellen, die durch die reichliche Aufnahme und Speicherung von Reservestoffen häufig eine gewaltige Größe erreichen. Fast stets ist bei ihnen der Kern, wegen seiner besonderen Beschaffenheit als Keimbläschen bezeichnet, dort gelagert, wo die Stoffaufnahme vorzugsweise erfolgt. So reichen bei manchen Alktinien die Eier mit einem stielartigen Fortsatz in das Darmepithel bis an dessen Oberfläche heran. Der Stiel (Abb. 51) läßt eine besondere fibrilläre Struktur erkennen, wie

---

[1]) Miehe: Flora. Bd. 88. 1901.

[2]) Zweigelt: Zentralbl. f. Bakteriol., Parasitenk. u. Infektionskrankh., Abt. 2, Ref., Bd. 42. 1914 u. Bd. 47. 1917.

[3]) v. Guttenberg: Physiologische Anatomie der Pilzgallen. Leipzig 1905.

[4]) Haberlandt: Beitr. z. allg. Botanik Bd. 2. 1921.

sie überall dort auftritt, wo Stoffwechselprodukte auf bestimmte Bahnen in die Zelle eintreten. Regelmäßig liegt das Keimbläschen an der Basis dieses Stieles. Das gleiche Verhalten des Eikernes kann man dort feststellen, wo, wie bei den Insekten, besondere Nährzellen der Eizelle Nahrung zuführen (Abb. 52). Häufig kann man beobachten, daß der Eikern nach den Nährzellen zu pseudopodienartigen Fortsätzen entwickelt und damit seine Oberfläche in der Richtung der einströmenden Nährstoffe vergrößert. Wie KORSCHELT ferner feststellen konnte, zeigen auch die Kerne der Nährzellen, die häufig die Eizellen als Follikelepithel umschließen, eine gesetzmäßige Lagerung, die Rückschlüsse auf eine Funktion bei der Nährstoffbereitung zulassen. Solange nämlich die Bildung des Dotters und des Chorions, der Eihülle, einem Produkt der Follikelzellen, vor sich geht, liegen die Kerne der Nährzellen unmittelbar an der nach dem Ei gerichteten Oberfläche, weichen dagegen nach Fertigstellung des Chorions in die Mitte der Zelle zurück.

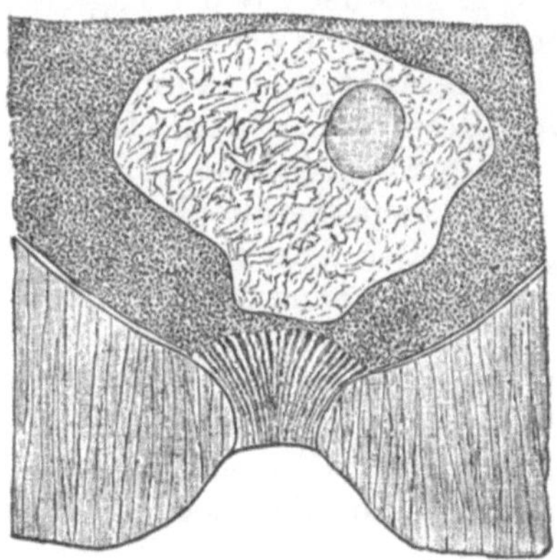

Abb. 51. Querschnitt durch das periphere Ende und den Stiel einer Eizelle von Sagartia parasitica (nach O. u. R. HERTWIG). Nach KORSCHELT. Nach oben sieht man den gestreiften Stiel der Eizelle in das Epithel eindringen.

Auch aus der verschiedenen Größe der Keimbläschen von Eiern aus verschiedenen Tiergruppen während ihrer Wachstumsperiode ergeben sich interessante Rückschlüsse für die Bedeutung des Kernes. Ist das Eiwachstum ein „solitäres“, d. h. sind keine besonderen Nährzellen differenziert, so ist das Keimbläschen durch ganz besondere Größe, reichentfaltete Chromatinstrukturen und stattlichen Nucleolengehalt ausgezeichnet. Bei dem auxiliären Eiwachstum dagegen, wo die Nährstoffe durch besondere Hilfszellen offenbar in einer besonders leicht assimilierbaren Form geliefert werden, sind das Volumen des Keimbläschens und sein Nucleolengehalt viel geringer (Literatur bei BUCHNER 1915).

Ein sehr klares Beispiel dafür, daß der Kern sich aktiv an der Bildung von Zellprodukten beteiligt, liefern schließlich die Kerne der sog. Doppelzellen, welche strahlenartige Chitinfortsätze an dem Chorion der Eier von Wasserwanzen erzeugen. Die Protoplasmakörper der beiden Zellen, welche einen Chitinstrahl zwischen sich ausscheiden, verschmelzen. Während der Ausscheidung schicken die beiden besonders großen Kerne an der nach dem Strahl zugekehrten Seite zahlreiche Fortsätze aus (Abb. 53).

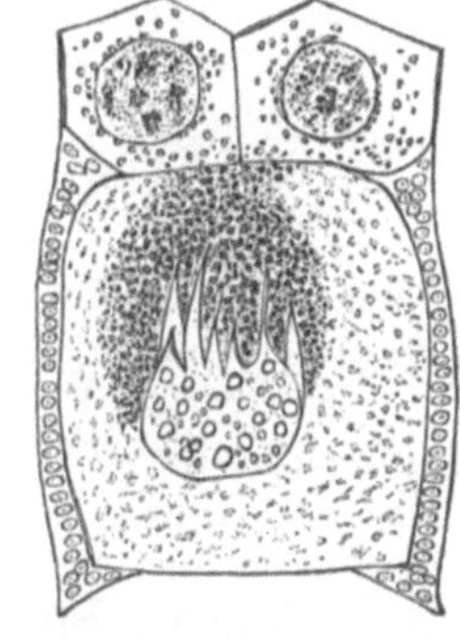

Abb. 52. Ein Eifollikel von Dytiscus marginalis mit angrenzendem Nährfach, in welchem eine reichliche Körnchenausscheidung stattfindet. Das Keimbläschen des Eies sendet Fortsätze aus nach der Richtung der Körnchenanhäufung. (Nach KORSCHELT.)

Aus den angeführten Beobachtungen, die sich leicht vermehren lassen, haben HABERLANDT und KORSCHELT folgende, die Funktion des Kernes betreffende Schlüsse gezogen:

1. „Die Tatsache, daß der Kern gewöhnlich bloß in der jungen, sich entwickelnden Zelle eine bestimmte Lagerung zeigt, weist darauf hin, daß seine

Funktion mit den Entwicklungsvorgängen der betreffenden Zelle eng verknüpft ist."

2. Aus der Art der Lagerung und der Form ist zu schließen, daß der Kern beim Wachstum der Zelle, speziell beim Dicken- und Flächenwachstum der Zellhaut, ferner bei der Aufnahme von Nahrung, der Verarbeitung und Speicherung von Reservesubstanzen (Dotter) eine wichtige Rolle spielt."

Über die Art und Weise, wie die Einwirkung des Kernes auf das Cytoplasma erfolgt, kann die morphologische Forschung allein aber keine völlige Aufklärung geben. Der Austritt geformter Elemente aus dem Kern ist oft beschrieben worden und Schaxel[1]) hält sich auf Grund eigener und fremder Beobachtungen zu folgendem Schluß berechtigt: „Steht der Zelle eine produktive Leistung bevor, so erfolgt eine Chromatinemission, an die sich im Cytoplasma die betreffenden Umbildungen anschließen. Handelt es sich um Zellen, die in bloßer Vermehrung begriffen sind, so geht das Chromatin des Ruhekernes direkt wieder in die chromosomale Lokalisation über." So soll das Chromatin direkt die determinierende Substanz der Zelle sein. Dem gegenüber bemerkt Tischler (1922), „daß für die Pflanzenzelle noch in keinem Falle einwandfrei gezeigt worden ist, daß eine wirkliche Chromatinemission existiert", und ich möchte mich der Meinung von Tischler auch für die tierischen Zellen anschließen, wenngleich immer wieder, so z. B. von Montgomery (1899)[2]) und von Kremer (1924)[3]) sogar der Austritt von großen Nucleolen durch die Kernmembran behauptet wird. Daß bei jeder Auflösung der Kernmembran während der Mitose eine Menge von Substanzen aus dem Kern ins Cytoplasma gelangen, ist hingegen sicher, ein Beispiel haben wir ja bereits besprochen, die Auflösung der Keimbläschen und der Übertritt „kernbildender" Stoffe in das Cytoplasma (S. 591).

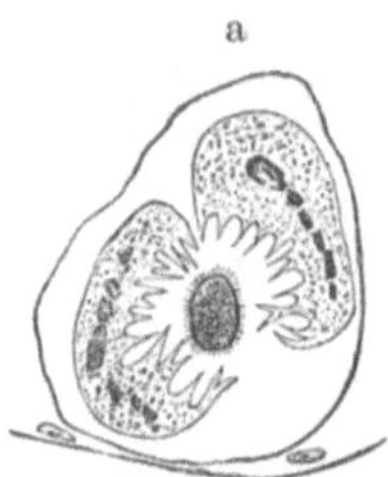


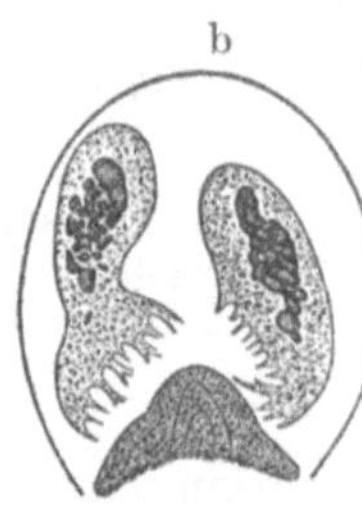


Abb. 53. a) Querschnitt einer sezernierenden Doppelzelle aus dem Eifollikel von Nepa cinerea. Die Bildung des Strahles ist noch im Gange. Vergrößerung 270 fach. b) Längsschnitt einer Doppelzelle aus dem Eifollikel von Nepa, Bildung der Bases des Strahles. Vergrößerung 195 fach. (Nach Korschelt.)

Für die Zeit der Kernruhe mit intakter Kernmembran scheint mir dagegen eine Diffusion gelöster Stoffe durch die semipermeable Kernmembran erheblich wahrscheinlicher und vielleicht sogar der einzige Weg zu sein, auf dem eine wechselseitige Beeinflussung der beiden Teilsysteme Kern und Cytoplasma vor sich geht. Einen direkten Austritt von Eiweißstoffen in gelöster Form beschreibt Zacharias (1902)[4]) bei Pflanzenzellen. Weit häufiger kann man sich dagegen von dem Austritt gelöster Stoffe aus dem Kern durch die Wirkungen überzeugen, den diese Substanzen in dem Cytoplasma hervorrufen. Tischler weist darauf hin, daß sie als „Anlockungsmittel" chemotaktische Wirkungen auszuüben vermögen und erklärt so die Anlagerung der in die Zellen der Wirtspflanze parasitiv eindringenden Haustorien an den Zellkern, wobei der Wirtskern häufig, z. B. bei Mercurialis [v. Guttenberg 1909[5])] eine gewaltige Vergrößerung erfährt. Eine weitere in diesem Zusammenhang zu erwähnende Beobachtung ist die häufig festgestellte Anlagerung der pflanzlichen Plastiden an den Zellkern.

[1]) Schaxel: Die Leistungen der Zelle. Jena: S. Fischer 1920.
[2]) Montgomery, Th. H.: Journ. of morpholog. Bd. 15. 1899.
[3]) Kremer: Arch. f. mikroskop. Anat. Bd. 102. 1924.
[4]) Zacharias: Ber. d. dtsch. botan. Ges. Bd. 26. 1902.
[5]) v. Guttenberg: Jahrb. f. wiss. Botanik Bd. 46. 1909.

Namentlich SENN (1908, 1919)[1]), und ihm schließt sich TISCHLER an, sucht diese als „Karyostrophe“ bezeichnete Erscheinung auf chemotaktisch wirksame Stoffe zurückzuführen, die vom Kern abgeschieden werden.

LOEB[2]) hat die Hypothese aufgestellt, daß der Kern das Oxydationszentrum der Zelle sei, UNNA[3]) hat sich auf Grund tinktorieller Untersuchungen dafür ausgesprochen, daß der Kern reich an Oxydasen sei. Demgegenüber ist jedoch darauf hinzuweisen, daß nach den Untersuchungen von WARBURG[4]) der Sauerstoffverbrauch des Seeigelblastula nur etwa doppelt so groß ist als derjenige des befruchteten Eies, die gesamte Kernmasse während der Furchung aber zirka auf das Tausendfache gestiegen ist.

Ob neben dieser wohl sicher vorhandenen Beeinflussung des Cytoplasmas durch den Kern durch chemisch wirksame, in gelöster Form ausgeschiedene Substanzen eine dynamische Einwirkung des Kernes auf den Zelleib erfolgt, ist wohl vorstellbar [J. SACHS[5]) 1895]. aber zur Zeit nicht beweisbar. Gegen sie spricht sich z. B. RHUMBLER (1904[6])) aus: „Der Kern faßt nicht unmittelbar mit einer mechanischen Kräfteart bei der Arbeit der Zellen mit an, er ist an sich kein mechanisches Kraftzentrum für die Zelle, kein Maschinenteil in der Zellmaschine, sondern er ist ein Magazin, ein Lieferant von Stoffen. Indem dieser Stofflieferant überall mit seinen Leistungen in die chemischen Umsetzungen der Zelle bestimmend eingreift, bestimmt er auch die Größe der in den Zellen enthaltenen Spannungen und bestimmt schließlich auch hiermit diesen Endeffekt, er greift also chemisch in die mechanische Arbeit der Zelle ein.“ So gut auch mit dieser Hypothese RHUMBLERS sich alle von uns angeführten Beobachtungen rein morphologischer Natur vereinigen lassen, zu eindeutigeren und beweisenderen Schlüssen können wir nur mit Hilfe des Experimentes gelangen.

## 6. Experimente, aus denen sich auf eine Wechselwirkung von Kern und Cytoplasma schließen läßt.

Zunächst hat man Einzellige und isolierte Zellen vielzelliger Organismen in kernlose und kernhaltige Stücke zerlegt und ihr weiteres Schicksal vergleichsweise studiert [GRUBER[7]), KLEBS[8]), NUSSBAUM[9]), BALBIANI[10]), HOFER[11]), VERWORN[12])]. Diese Experimente sind neuerdings dadurch ergänzt worden, daß nicht ganze Kerne, sondern nur einzelne Chromosomen aus einer Chromosomengarnitur entfernt und so das normale Verhältnis der Chromosomen zueinander abgeändert wurde [BOVERI[13]), BRIDGES[14]), WINKLER[15])]. Ferner hat man durch chemisch-physikalische Eingriffe den Kern qualitativ verändert und dann seine dadurch veränderte Funktion im Zelleben, namentlich beim Entwicklungsprozeß,

---

[1]) SENN: Zeitschr. f. Botanik Bd. 11. 1919 u. Gestalt und Lageveränderung der Pflanzen-Chromatophoren. Leipzig 1908.

[2]) LOEB: Arch. f. Entwicklungsmech. Bd. 8. 1899.

[3]) UNNA: Arch. f. mikroskop. Anat. Bd. 78. 1911.

[4]) WARBURG, O.: Ergebn. d. Physiol. Bd. 14. 1914.

[5]) SACHS, J.: Flora Bd. 81. 1895.

[6]) RHUMBLER: Ergebn. d. Physiol. Bd. 14. 1914.

[7]) GRUBER: Biol. Zentralbl. Bd. 3, 4, 5. 1884—1886.

[8]) KLEBS: Biol. Zentralbl. Bd. 7. 1887.

[9]) NUSSBAUM: Arch. f. mikroskop. Anat. Bd. 26. 1886.

[10]) BALBIANI: Recoueil. zool. suisse Bd. 5. 1888; Zool. Ann. 1891; Ann. de micrographie Bd. 4. 1892—1893.

[11]) HOFER: Jenaer Zeitschr. f. Naturwiss. Bd. 24. 1889.

[12]) VERWORN: Plfügers Arch. f. d. ges. Physiol. Bd. 51. 1891.

[13]) BOVERI: Zellstudien. H. 6. Jena 1907.

[14]) BRIDGES: Americ. naturalist. Bd. 56. 1922.

[15]) WINKLER: Zeitschr. f. Botanik Jg. 8. 1916.

studiert [O., G. und P. HERTWIG[1])]. Schließlich hat man den Kern durch Bastardierung in ein artfremdes Plasmamilieu versetzt und so mehr oder minder disharmonische Kern-Cytoplasmasysteme geschaffen [BOVERI[2]), G. und P. HERTWIG[3]), BALTZER[4]), GODLEWSKI[5])].

Wir besprechen zunächst die Entkernungsexperimente. KLEBS vermochte zuerst an pflanzlichen Zellen eine Enucleierung dadurch zu erreichen, daß er Spirogyrafäden in 10—25proz. Rohrzuckerlösung plasmolysierte und dadurch einen Zerfall der Protoplasten in mehrere Stücke herbeiführte. Es zeigte sich, daß nur dasjenige, das einen Kern besaß, bzw. durch Plasmabrücken mit einem kernhaltigen Fragment in Verbindung stand, eine neue Cellulosehaut abzuscheiden vermochte (Abb. 9). Auch die anderen kernlosen Stücke blieben jedoch eine Zeitlang am Leben, sie konnten sogar assimilieren und die neugebildeten Stücke, wenn auch erheblich langsamer als die kernhaltigen Stücke, veratmen. Diese Beobachtungen von KLEBS wurden bald von HABERLANDT (1887), später von TOWNSEND (1897)[6]), auch an anderen Objekten bestätigt. Beobachtungen von PALLA (1890, 1906)[7]) und ACQUA (1891)[8]), daß auch kernlose Fragmente Cellulose bilden können, werden von PALLA selbst, HABERLANDT und TISCHLER auf eine Nachwirkung bereits vorher ins Cytoplasma vom Kern abgeschiedener Fermente zurückgeführt. Mit anderen Methoden (Zentrifugieren, Kälte) sind kernlose Zellen ferner noch namentlich von GERASSIMOFF (1890—1905)[9]) und von WISSELINGH[10]) gewonnen und studiert worden. Auch hier ließ sich die relative Unabhängigkeit der Stärkebildung vom Kern und die gestörte Dissimilation der Kohlenhydrate beobachten. Ferner trat in kernlosen Zellen Fett auf, das der normalen Zelle stets fehlt, ein Zeichen, daß durch den Kernmangel der Zellstoffwechsel in abnorme Bahnen gelenkt ist.

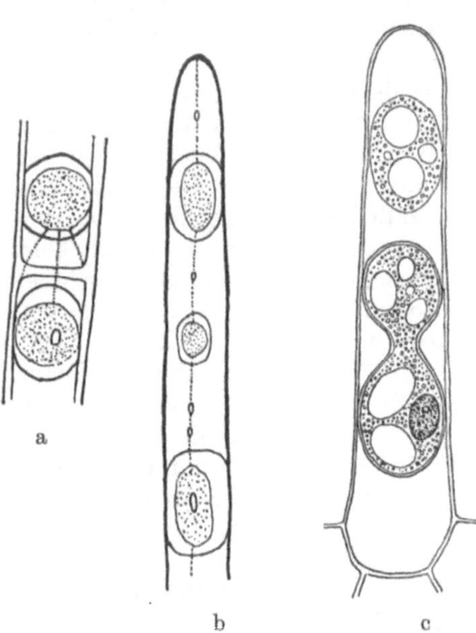


Abb. 54. Verhalten der kernhaltigen und kernlosen Plasmafragmente von plasmolysierten Pflanzenzellen. In a und b genügen schmale verbindende Plasmabrücken, um Membranbildung in kernlosen Zellstücken zu veranlassen, c ein völlig isolierter Plasmaklumpen, bleibt membranlos. a) Wurzelhaar von Cucurbita, b) von Marchantra, c) von Cucurbita. (a u. b nach TOWNSEND, c nach PFEFFER.) (Aus GURWITSCH: Vorlesungen über allgemeine Histologie.)

---

[1]) HERTWIG: Zeitschr. f. indukt. Abstammungs- u. Vererbungslehre Bd. 27. 1922.
[2]) BOVERI: Arch. f. Entwicklungsmech. d. Organismen Bd. 44. 1918.
[3]) HERTWIG: Verhandl. d. anat. Ges. 1922.
[4]) BALTZER: Verhandl. d. Schweiz. Naturforsch. Ges. 1920.
[5]) GODLEWSKI: Vererbungsproblem im Lichte der Entwicklungsmechanik. Vortr. u. Aufsätze üb. Entwicklungsmech. H. 9. 1909.
[6]) TOWNSEND: Jahrb. f. wiss. Botanik Bd. 30. 1897.
[7]) PALLA: Flora Bd. 73. 1890 u. Ber. d. dtsch. botan. Ges. Bd. 24. 1906.
[8]) ACQUA: Malpighia Bd. 5. 1891 u. Ann. di botan. Bd. 8. 1910.
[9]) GERASSIMOW: Bull. de la soc. imper. d. Natur. Moscou, N. ser. Bd. 4, 6, 10, 13. — Ferner: Flora Bd. 94. 1905 u. Hedwigia Bd. 44. 1905.
[10]) v. WISSELINGH: Beih. botan. Zentralbl. Bd. 24, 1. Abt. 1909.

Resümierend faßt TISCHLER die Resultate der pflanzlichen Entkernungsversuche folgendermaßen zusammen: „An kernlosen Zellen unterbleibt die Produktion von Cellulose, die höchstens als ‚Nachwirkung' vorher im Cytoplasma von Kern sezernierter Fermente auch an kernlosen Fragmenten noch auftreten kann. Außerdem produziert der Kern wahrscheinlich auch kohlenhydratlösende Enzyme; dagegen sind andere Lebenserscheinungen der Zelle unabhängig vom Kern. Die Plasmaströmung wird nicht sistiert, bei Pollenschläuchen kann sogar Wachstum von kernlosen Teilen erfolgen."

Das Schicksal isolierter Kerne wurde gleichfalls verfolgt, meist sterben sie bald ab, KLEBS[1]) aber beobachtete (1883), daß man bei Euglena den Kern aus dem Cytoplasma herausdrücken und „in verdünnter Salzlösung vollkommen wie lebend, in seiner Struktur unverändert, längere Zeit halten kann", wobei der Kern auch zugesetzte indifferente Farbstoffe nicht ins Innere eindringen ließ. Erst nach dem Abtöten erfolgte die Anfärbung. ACQUA (1891 l. c.) beschreibt, daß er isolierte Pollenschlauchkerne von Hyacinthus 3—6 Tage in Zuckerlösung am Leben gehalten hat.

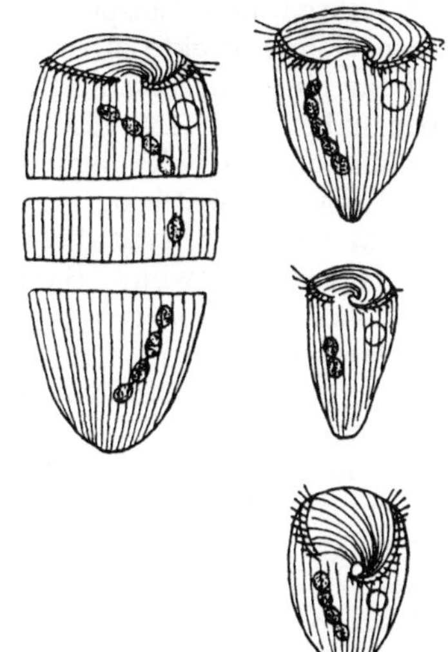

Abb. 55. Stentor in drei kernhaltige Teilstücke zerschnitten (links); die daraus hervorgegangenen drei regenerierten Stentoren (rechts). Nach GRUBER und HÄCKER: Praxis und Theorie usw.

Sehr ähnliche Ergebnisse wie bei Pflanzen sind von Zoologen durch Zerstückelungsversuche an Einzellern gewonnen worden (Abb. 55). Zunächst hat sich auch bei ihnen gezeigt, daß gewisse Lebenserscheinungen des Zelleibes, wie vor allem Bewegungsfähigkeit und Reizbarkeit, namentlich wenn sie an besondere Differenzierungsprodukte metaplasmatischer Art gebunden sind, ziemlich unabhängig vom Kern vor sich gehen.

So fand VERWORN (l. c.) bei Difflugia, daß selbst kleine kernlose Teilstücke in der für das unverletzte Rhizopod charakteristischen Weise lange Pseudopodien ausstrecken und bis 5 Stunden nach der Operation ihre Bewegungen fortsetzen. Auch waren sie vollkommen reizbar und reagierten auf galvanische und chemische Reize durch Kontraktion ihres Körpers. BALBIANI beobachtete, daß kernlose Fragmente von Stentor noch längere Zeit sich bewegen, mit dem Cytostom Nahrung aufnehmen und ihre pulsierende Vakuole unverändert weiter pulsiert. Desgleichen fand VERWORN bei Stylonychia und Lacrymaria, daß ihre lokomotorischen Organe, die Cilien und Wimpern, auch an kernlosen Stücken längere Zeit normal weiter funktionieren.

Entsprechende Beobachtungen an kernlosen Fragmenten von Flimmerzellen höherer Organismen haben ENGELMANN[2]) und PETER[3]) (1899) gemacht. Noch nach 6 Stunden schlugen die Wimperhaare, so daß, wie PETER sagt, „der Motor für die Flimmerbewegung im Wimperorgan selber gelegen" und vom Kern unabhängig ist. In gleicher Richtung lassen sich ferner die Beobachtungen von O. und G. HERTWIG[4]) verwerten, daß tierische Samenfäden, deren Kern durch intensive Radiumbestrahlung abgetötet war, doch noch stundenlang lebhafte Beweglichkeit zeigten.

[1]) KLEBS: Unters. botan. Inst. Tübingen Bd. 1. 1883.
[2]) ENGELMANN: Jenaische Zeitschr. f. Naturwiss. Bd. 4. 1868.
[3]) PETER, K.: Anat. Anz. Bd. 15. 1899.
[4]) HERTWIG: Arch. f. mikroskop. Anat. Bd. 81. 1913; Strahlentherapie Bd. 11. 1920.

Auch die Reaktionen der tierischen Eizellen auf das Eindringen des Samenfadens sind vom Kern offenbar weitgehend unabhängig. Denn Eizellen, deren Kern durch Radiumbestrahlung aufs schwerste geschädigt war, ließen trotzdem sich normal besamen und reagierten durch Kontraktion und das Abscheiden einer Befruchtungsmembran auf das Eindringen des Spermatozoons.

In diesem Zusammenhang sei schließlich auf die kernlosen roten Blutkörperchen und die respiratorischen Lungenepithelien der Säugetiere hingewiesen, Gebilde, die ohne Anwesenheit eines Kernes eine allerdings ganz beschränkte Spezialfunktion im vielzelligen Organismus, den Gastransport bzw. -austausch, längere Zeit zu erfüllen vermögen.

Lehren diese Beispiele, daß gewisse Teilfunktionen der Zelle allein im Cytoplasma ohne direkte Mitwirkung des Kernes ablaufen können, so gilt dies doch nur für eine sehr beschränkte Anzahl. Die Entkernungsexperimente am Protozoen haben vielmehr gezeigt, daß die Nahrungsaufnahme, noch mehr die Verdauung, ohne Mitwirkung des Kernes nicht normal vor sich gehen kann. Während kernhaltige Teilstücke von Amöben und Infusorien Nahrungspartikelchen normal verdauen, sind die kernlosen dazu nicht mehr imstande. Die Versuche von HOFER, VERWORN, BALBIANI, NUSSBAUM an verschiedenen Objekten haben stets das Ergebnis gehabt, daß die aufgenommene Nahrung von seiten des kernlosen Cytoplasmas nur noch die ersten Anfänge einer Verdauung erfährt, indem die aufgenommenen Organismen noch getötet, in einzelnen Fällen auch noch in ihrer Form verändern werde, daß aber niemals eine vollständige Verdauung stattfindet, auch der mit vitaler Färbung im Normalfall in den Nahrungsvakuolen stattfindende Umschlag von saurer in alkalische Reaktion ausbleibt. Aus diesen Angaben läßt sich der Schluß ziehen, daß vom Kern bzw. unter seiner Mitwirkung verdauende Fermente produziert werden. Ebenfalls auf den Kern als Produktionsstätte von für die Zelle notwendigen Stoffen weisen Experimente von HOFER hin, daß kernlose Teilstücke von Amöben nicht mehr Schleim produzieren, mit dem sie sich an ihre Unterlage anheften. Ebenso können kernlose Polythalamien keinen kohlensauren Kalk, der zur Schalenbildung notwendig ist, produzieren. Besonders wichtig ist aber, daß mit Entfernung des Kernes jede Zelle die Fähigkeit verliert, zu wachsen und zu regenerieren. So ist das schließliche Schicksal aller kernlosen Cytoplasmamassen stets der Tod, und nur die Zufuhrung eines neuen Kernes, ein Experiment, das VERWORN an Radiolarien erfolgreich durchgeführt hat, rettet sie vor dem sonst unausbleiblichen Zerfall.

Waren bei den bisher besprochenen Versuchen die ganzen Kerne aus der Zelle entfernt worden, so ist man neuerdings dazu übergegangen, den Einfluß des Fehlens einzelner Chromosomen und abnormer Chromosomenkombinationen näher zu analysieren. BOVERI hat als erster in seinen Dispermieversuchen am Seeigel diesen Weg beschritten. Das Endergebnis war, daß eine abnorme Chromosomenkombination, wie sie als Folge der Dispermie und der dadurch herbeigeführten mehrpoligen Mitosen häufig auftritt, für die Erkrankung der Furchungszellen dispermer Eier im Beginn der Gastrulation, also mit dem Einsetzen des Plasmawachstums, verantwortlich zu machen ist. Beobachtungen von BRIDGES (1922)[1]) an Drosophila lassen sich in gleicher Richtung verwerten. BRIDGES konnte den Nachweis führen, daß, wenn in dem diploiden Chromosomensatz, der bei Drosophila aus vier ungleich großen Chromosomenpaaren besteht, abnormerweise ein einzelnes, und zwar das kleine runde, sog. vierte Chromosom anstatt doppelt nur einfach vorhanden ist, dieses „Haplo-IV-Exem-

[1]) BRIDGES: Americ. naturalist Bd. 56. 1922.

plar" sich in einer ganzen Reihe von Eigenschaften von einem normalen Tier unterscheidet. Haploidie bei dem zweiten oder dritten Chromosom soll sogar tödlich wirken. Nach BRIDGES haben wir anzunehmen, daß die einzelnen Chromosomen mit ihren Erbfaktoren oder Genen in ihrer Wirksamkeit auf das Plasma genau „ausbalanciert" sind, daß daher das Fehlen eines einzelnen Chromosoms aus einer vollständigen Garnitur den normalen Gleichgewichtszustand verschiebt und dadurch das Endresultat beeinflußt.

Ähnliche Gedankengänge bilden die Grundlage der Theorie von R. GOLDSCHMIDT[1]) über die „quantitativen Grundlagen der Geschlechtsbestimmung", die sich für das Problem der sexuellen Differenzierung als überaus fruchtbar erwiesen hat. Bekanntlich hat die cytologische Untersuchung ergeben, daß bei vielen Tierarten die beiden Geschlechter sich durch einen verschiedenen Gehalt von Chromosomen in ihren Zellkernen unterscheiden. GOLDSCHMIDT hat nun die Hypothese aufgestellt, daß von den Chromosomen Enzyme produziert werden und daß es von der Quantität der Enzyme abhängt, ob bei der geschlechtlichen Differenzierung die weibliche oder männliche Richtung eingeschlagen wird. Ein Beispiel soll uns diese Gedanken noch klarer machen, wobei wir zugleich der ursprünglichen Hypothese GOLDSCHMIDTs eine vereinfachte und etwas abgeänderte Form geben wollen [G. HERTWIG[2])].

Bei vielen Tieren haben die weiblichen Exemplare ein Chromosom mehr in ihren Zellkernen als die Männchen. Ist für die weiblichen Tiere die Chromosomenzahl $2n + 2x$, so ist sie für die Männchen $2n + x$. Wir machen nun die Annahme, daß die $2n$ Chromosomen oder ein Paar von ihnen Enzyme produzieren, die in männlicher Richtung ($-$) differenzierend auf die Zellen und die aus ihnen sich aufbauenden Organe einwirken und nehmen die Kraft dieser Differenzierung mit $-20$ an. Die $2x$ Chromosome dagegen liefern Enzyme, die in weiblicher Richtung ($+$) differenzierend einwirken mit der Valenz $+30$. Aus diesen Annahmen folgt, daß Tiere mit der Formel $2n + 2x = -20 + 30 = +10$ in $+$, d. h. weiblicher Richtung, differenziert werden, also Weibchen ergeben, Tiere dagegen, die $2n + x$ Chromosomen in ihrem Kern besitzen $= -20 + 15 = -5$ sich in $-$, d. h. männlicher Richtung, entwickeln werden.

Die Beobachtungen, die BRIDGES neuerdings bei Drosophila machen konnte, bestätigen weitgehend die Richtigkeit der soeben entwickelten Anschauungen. BRIDGES fand triploide Drosophilaexemplare mit der Chromosomenformel $3n + 2x$, die deutlich Zwitter waren. Setzen wir wieder die Zahlen unseres Beispiels hier ein, so erhalten wir $3n = -30$, $2x = +30$, als Endresultat 0; d. h. mit anderen Worten: der Gleichgewichtszustand, der sich normalerweise zwischen den geschlechtsdifferenzierend wirkenden, vom Kern produzierten Enzymen im weiblichen und männlichen Geschlecht ausgebildet hat und denselben charakterisiert, ist verschoben, und es entsteht so eine triploide Fliege, die ungefähr die Mitte zwischen rein männlichen und rein weiblichen Exemplaren hält, also ein Zwitter ist, weil die Enzyme, die in weiblicher Richtung differenzierend einwirken, von den gleich stark in männlicher Richtung wirksamen Enzymen neutralisiert werden. Diese kurzen Ausfühungen mögen hier genügen, ausführliche Erörterungen gehören in das Kapitel über Vererbungslehre. [Vgl. auch: G. HERTWIG[2]) und SCHRADER-STURTEWANT[3]).]

---

[1]) GOLDSCHMIDT, R.: Mechan. und Physiol. der Geschlechtsbestimmung. Berlin 1920. Die quantitative Grundlage von Vererbung und Artbildung. Aufsätze über Entwicklungsmech. H. 24. Berlin 1920.

[2]) HERTWIG, G.: Biol. Zentralbl. Bd. 41. 1921 und Allg. Biol. Kap. 26. 6. und 7. Aufl. 1923.

[3]) SCHRADER-STURTEWANT: Americ. naturalist Bd. 57. 1923.

## 7. Die Rolle des Kernes im Entwicklungsprozeß.

Sehr wichtige Einblicke in die Wechselwirkungen von Karyoplasma und Cytoplasma haben uns schließlich die Experimente gewährt, die neuerdings mit dem Ziele angestellt worden sind, die Rolle des Kernes im Entwicklungsprozeß zu verfolgen. Bei diesen Versuchen wurde einmal die Kernsubstanz der Keimzellen durch physikalisch-chemische Eingriffe verändert und die Reaktionen dieses in seiner Konstitution abgeänderten Karyoplasmas studiert (O., G. und P. HERTWIG). Andererseits wurde der Kern durch Bastardierung in ein artfremdes Plasmamilieu versetzt und seine Reaktionen dort verfolgt (BOVERI, GODLEWSKI, BALTZER, G. und P. HERTWIG).

Auf diesen beiden verschiedenen Wegen wurden im Prinzip sehr ähnliche Resultate gewonnen, die folgende Rückschlüsse auf die Bedeutung des Kernes beim Entwicklungsprozeß zu ziehen gestatten [vgl. G. HERTWIG[1])].

Die Analyse der als Folge der Radiumbestrahlung auftretenden „Radiumkrankheit" zeigt, daß „für alle Wachstums- und Differenzierungsprozesse, die an den Embryonalzellen sich abspielen, dem Kern eine entscheidende Rolle zufällt, indem zu ihrem Zustandekommen wechselseitige Reaktionen zwischen Kern und Cytoplasma notwendig sind, die für die einzelnen verschiedenartigen geweblichen Differenzierungsprozesse qualitativ verschieden und spezifisch sind" (G. HERTWIG).

Noch bedeutungsvoller sind die Ergebnisse der Bastardierungsversuche, die von BOVERI an Seeigeln, von BALTZER, P. und G. HERTWIG an Amphibien mit identischen Resultaten ausgeführt wurden. Wir wählen ein Beispiel aus der Arbeit von P. HERTWIG, die folgende 3 Versuche anstellte: 1. Bufo vulgaris ♀ gekreuzt mit Bufo variabilis ♂ ergibt lebensfähige Bastarde, die sowohl mütterliche wie väterliche Erbcharaktere deutlich zur Schau tragen. 2. Entkernte Eier von Bufo vulgaris mit artgleichem Samen besamt liefern rein mütterliche Zwergembryonen, bei denen alle Organe gebildet sind. 3. Entkernte Eier von Bufo vulgaris mit Samen von Bufo variabilis besamt, sterben stets nach normaler Furchung auf dem Blastulastadium ab, ohne daß es zu Organbildung kommt. Aus diesen Resultaten (ganz identisch wurden bei der Kreuzung Rana arvalis ♀ × fusca ♂ von P. HERTWIG, von Sphaerechinus ♀ × Paracentrotus ♂ von BOVERI erhalten) lassen sich folgende Schlüsse ziehen:

1. Die im Eiplasma vorhandenen „kernbildenden Stoffe" (s. S. 591) können auch von einem artfremden Kern zur Synthese neuer Kernsubstanz verwandt werden. Die neugebildete Kernsubstanz ist aber stets derjenigen gleich, von der sie abstammt, d. h. ein Kern von Bufo variabilis produziert beim Wachstum nur seinesgleichen, gleichgültig ob er sich im arteigenen oder artfremden Plasma befindet. Der Kern ist bei seinem Wachstum in bezug auf seine Artspezifizität autonom (G. HERTWIG).

2. Das zur Gastrulation und daran anschließenden weiteren Entwicklung notwendige Plasmawachstum unterbleibt, wenn der artfremde Kern die dazu nötige Umformung von Dotter in Plasma nicht bewirken kann. Die artspezifischen Reservestoffe, die im Ei unter der Mitwirkung des Keimbläschens entstanden sind (S. 597), können nur durch Mitwirkung artgleicher Kerne wieder in indifferente Baustoffe abgebaut werden. Gibt man daher, wie in Versuch 1, dem artfremden Spermakern einen dem Eiplasma artgleichen Partner mit,

[1]) HERTWIG, G.: Verhandl. d. anat. Ges. 1922 u. Zeitschr. f. indukt. Abstammungs- u. Vererbungslehre Bd. 27. 1922.

[2]) BALTZER: Verhandl. d. Schweiz. Naturforsch. Ges. 1920.

[3]) HERTWIG, P.: Arch. f. mikroskop. Anat. u. Entwicklungsmech. Bd. 100. 1923.

[4]) BOVERI: Arch. f. Entwicklungsmech. Bd. 44. 1918.

indem man den Eihalbkern nicht entfernt, so vermag jetzt der artgleiche Eihalbkern den Abbau der artgleichen Dottermaterialien durch spezifische Fermente zu bewirken und den Zellen damit das nötige Baumaterial zum Wachstum zu vermitteln.

3. Stehen diese unspezifischen Baumaterialien zur Verfügung, so vermag der artfremde Kern von Bufo viridis das Bufo vulgaris-Plasma so zu beeinflussen, daß Bufo viridis-Plasma gebildet wird. Das Plasma ist in bezug auf seine Artspezifizität im Gegensatz zum Kern also nicht autonom, vielmehr wird die Spezifizität des neu entstehenden Plasmas vom Kern bestimmt (G. HERTWIG).

Diese Schlußfolgerung findet eine treffliche Stütze im Versuch von BOVERI[1]) und HERBST[2]), die nachwiesen, daß triploide Bastardlarven von Sphaerechinus ♀ × Strongylocentrotus ♂, die anstatt je einer Dosis väterlicher und mütterlicher Kernsubstanz zwei mütterliche Dosen und nur eine väterliche besaßen, entschieden mutterähnlicher aussahen als diploide Bastardlarven. Bei der Synthese von Plasmamaterial ist das mütterliche Karyoplasma, da dem väterlichen an Quantität ums Doppelte überlegen, hier im Vorteil. BOVERI zieht denn auch aus diesen Experimenten den Schluß: „daß die Übertragung der spezifisch mütterlichen Eigenschaften nicht durch das Eiplasma, sondern durch den Eikern erfolgt".

Mit der hier zum erstenmal vorgetragenen Hypothese, daß der Kern dem Cytoplasma seine Artspezifizität induziert, lehnen wir mit WINKLER[3]) die von ihm den Anhängern der Kernidioplasmatheorie unterschobene Meinung ab, daß „Amöbe und Mensch, Seeigel und Rose, Biene und Klee" gleiches Cytoplasma besäßen, sind vielmehr ganz im Gegenteil der Überzeugung, daß nicht nur der Zellkern, sondern der gesamte Zellinhalt (Cytoplasma und Metaplasma) bei den einzelnen Arten, ja sogar den einzelnen Individuen, spezifisch beschaffen ist, und daß ferner jeder Bastard nicht nur Bastardkerne, sondern auch Bastardcytoplasma in seinen Zellen führt. Zur Erklärung dieser Bastardnatur des Cytoplasmas bemühten sich MEVES[4]) und HELD[5]) den Nachweis zu erbringen, daß väterliches Cytoplasma durch den Samenfaden bei der Befruchtung übertragen und allen Zellen des Kernes bei der Furchung gleichmäßig übermittelt wird. Entgegen seiner eigenen Erwartung hat MEVES aber beim Seeigel gezeigt, daß die im Mittelstück des Samenfadens lokalisierten väterlichen Plastosomen bei der Furchung nicht auf alle Blastomeren gleichmäßig verteilt, sondern auf dem 32. Zellstadium nur in eine einzige Zelle gelangen, und stimmt der Ansicht von G. HERTWIG bei, daß „von allen Bestandteilen des Spermiums nur der Kern auf die Gestaltung des Pluteus Einfluß besitzt" (MEVES 1918).

Der väterliche Kern gewinnt aber diesen Einfluß, indem er dem mütterlichen Cytoplasma bzw. den mütterlichen Plastosomen seine Artspezifizität induziert, sobald deren Wachstum und Vermehrung unter dem Einfluß des Bastardkernes einsetzt, und die von der Mutter, überkommenen Plastosomen in väterlicher Richtung beeinflußt. Somit läßt sich die Lehre, daß der Bastard nicht nur Bastardkerne sondern auch Bastardcytoplasma in seinen Zellen besitzt, nicht zugunsten der von MEVES[6]) und HELD[7]) verteidigten Plastosomentherorie der Vererbung verwerten. Auf Grund der Anschauung, daß der Kern unbeeinflußt

---

1) BOVERI: Verhandl. d. phys.-med. Ges. Würzburg. N. F. Bd. 43. 1914.
2) HERBST: Arch. f. Entwicklungsmech. Bd. 34. 1912 u. Bd. 39. 1914.
3) WINKLER: Zeitschr. f. indukt. Abstammungs- u. Vererbungslehre Bd. 33. 1924.
4) MEVES: Arch. f. mikroskop. Anat. Bd. 80. 1922; Bd. 85. 1914; Bd. 92. 1918.
5) HELD: Arch. f. mikroskop. Anat. Bd. 89. 1916.
6) MEVES: Arch. f. mikroskop. Anat. Bd. 92. 1918.
7) HELD, H.: Befruchtung und Vererbung. Leipzig. 1923. Univ.-Buchdruckerei.

vom umgebenden Plasma seine Artspezifizität beibehält, dem Cytoplasma bzw. seinen metaplasmatischen Produkten dieselbe vom Kern induziert wird, glauben wir uns vielmehr auf einem von der gewohnten Beweisführung [vgl. O. HERTWIG[1])] abweichendem Wege zu dem Schluß berechtigt, daß der Kern der Träger des „Idioplasmas" ist. Bekanntlich bezeichnet NÄGELI[2]) mit diesem Wort die von ihm hypothetisch geforderte Erbmasse, die als konservatives Element in allen Zellen vorhanden, den veränderten Einwirkungen der Umwelt möglichst entzogen ist und so die Kontinuität des Lebensprozesses und die relative Stabilität der Arten garantiert. Auch im Elementarorganismus der Zelle ist eine Arbeitsteilung eingetreten. Einzelne Teilfunktionen, namentlich die unmittelbaren Reaktionen auf die Umwelteinflüsse sind ausschließlich dem Cytoplasma zugefallen, so die Irritabilität und die Lokomotion; andere stehen unter der Mitwirkung des Kernes, so die Verwertung der von außen zugeführten Nahrung und der in der Zelle gespeicherten Reservestoffe. Dagegen beeinflußt der Kern maßgebend die Differenzierung und das artspezifische Wachstum der Gesamtzelle.

Von finalen Gesichtspunkten aus betrachtet [über die Berechtigung dieser Betrachtungsweise vgl. K. PETER[3])] erscheint aber diese Arbeitsteilung höchst zweckmäßig. Werden so doch die Zellen viel unabhängiger von den Einflüssen der Außenwelt. Bei den niedersten Formen, den Bakterien, bei denen ja auch morphologisch die Trennung in Karyo- und Cytoplasma nicht einwandfrei nachgewiesen ist, ist offenbar diese Arbeitsteilung noch nicht voll ausgebildet. Bei ihnen sind daher auch experimentelle Mutationen leicht auslösbar. Im Gegensatz zu ihnen konnten bisher bei den höher organisierten Einzellern und den vielzelligen Organismen willkürlich experimentelle Mutationen durch Veränderung der Umweltfaktoren nur ausnahmsweise ausgelöst werden. Denn nur selten vermögen die modifizierenden Einflüsse der Umwelt direkt auf den Kern einzuwirken, so z. B. bei den Radium- und Röntgenstrahlen, meistens werden sie zunächst das Cytoplasma verändern und erst durch seine Vermittlung sekundär den Kern in Mitleidenschaft ziehen.

Gegen die Veränderungen der cytoplasmatischen Umgebung ist aber der Kern offenbar sehr stabil, soweit seine *qualitative* Beschaffenheit, sein Genotypus in Betracht kommt. Denn die meisten Veränderungen, die wir am Kern unter dem Einfluß des Cytoplasmas beobachten, müssen wir zu den phänotypischen Modifikationen rechnen, bei denen nur die reversible Erscheinungsform des Kernes sich ändert. Wir haben schon auf Seite 585 darauf hingewiesen, daß für die Teilungsstruktur des Kernes ein ganz bestimmter Zustand des Cytoplasmas charakteristisch ist. Zellen mit reichlich entfalteten funktionellen Plasmastrukturen vermögen sich erst nach Rückbildung derselben mitotisch zu teilen [BENNINGHOFF[4]), K. PETER[5])]. Die Anwesenheit bestimmter, häufig morphologisch nachweisbarer, als Keimbahnkörper bezeichneter Plasmaeinschlüsse verhindert die Teilung derjenigen Zellen des sich furchenden Eies, die später die Fortpflanzungszellen liefern (Lit. bei BUCHNER).

Weitere Beispiele für den Einfluß des Cytoplasmas auf das Erscheinungsbild des Kernes sind die Kerne der Samenfäden, die im unreifen Eiplasma unverändert ihre kompakte Form beibehalten und erst im reifen Ei durch Flüssigkeitsauf-

---

[1]) HERTWIG, O.: Der Kampf um Kernfragen der Entwicklungs- u. Vererbungslehre. Jena 1909.

[2]) NÄGELI: Mechan. physiol. Theorie der Abstammungslehre. Leipzig 1884.

[3]) PETER, K.: Zweckmäßigkeit in der Entwicklungsgeschichte. Berlin: Julius Springer 1920.

[4]) BENNINGHOFF: Sitzungsber. d. Ges. z. Bef. d. ges. Naturw. Marburg 1922.

[5]) PETER, K.: Verhandl. d. anat. Ges. 1924. Zeitschr. f. Anat. u. Entwicklungsgeschichte. Bd. 72. 1924; Bd. 75. 1925.

nahme aufquellen und Chromosomen ausbilden. Neuerdings sind von PAULA HERTWIG (1920)[1]) [vgl. auch BELAR[2]) 1924] bei Nematoden Fälle beschrieben worden, wo durch eine vorangegangene mutative Veränderung des Cytoplasmas auch im reifen Ei der Samenfaden nicht die Fähigkeit bekommt, Chromosomen auszubilden und so von der Weiterentwicklung ganz ausgeschaltet wird. Ebenso beobachtet man häufig bei artfremder Bastardierung eine Ausschaltung des Samenkernes auf diesem Wege, seltener sind die Fälle, wo im artfremden Eiplasma nur einige väterliche Chromosome bei der Mitose sich nicht ordentlich zu teilen vermögen und schließlich auch aus den Furchungskernen eliminiert werden, während die Mehrzahl der väterlichen Chromosomen sich normal an der Entwicklung beteiligt [BALTZER[3])].

Durch diese soeben kurz erwähnten plasmatisch induzierten Störungen des Teilungsmechanismus des Spermakernes wird natürlich die an seinen normalen Ablauf geknüpfte Übertragung der väterlichen Erbcharaktere beeinflußt, aber das Resultat ist doch auch hier nur eine quantitative Veränderung der väterlichen Erbmasse, die Elimination einer verschieden großen Anzahl ihrer Gene, keine qualitative Veränderung einzelner väterlicher Gene.

Um solche qualitativ bedingten, irreversiblen Veränderungen der Kernsubstanz, die durch das Plasma induziert worden sind, handelt es sich aber wahrscheinlich bei den Kernerkrankungen, die wir in zahlreichen Fällen als typische Erscheinung bei bastardierten Eiern während der Gastrulation, andererseits bei sterilen Bastarden bei der Bildung der Keimzellen beobachten. Die Erkrankung der Bastardkerne gerade in dem Augenblick, wo das Plasmawachstum beginnt bzw. die Differenzierung in spezialisierte, für die Art besonders charakteristische Fortpflanzungszellen erfolgt, hat G. HERTWIG[4]) (1923) zu der Hypothese veranlaßt, daß der Kern eine besondere sensible Periode hat, wo er gegen die Einwirkungen des Plasmas empfindlich ist, und daß diese sensible Periode in den Phasen des Zellebens zu suchen ist, wo der Kern besonders stark funktionell in Anspruch genommen ist und in innige Wechselbeziehungen mit dem Cytoplasma tritt, wie es ja beim Zellwachstum und der Zelldifferenzierung (vgl. S. 595) der Fall ist. Sind durch die Artbastardierung disharmonische Kernplasmabeziehungen geschaffen, so führen diese zu irreversiblen qualitativen Kernveränderungen, die entweder den Tod der Zelle bedingen oder bei geringerem Grade als Mutationen in Erscheinung treten.

G. HERTWIG weist darauf hin, daß in den wenigen Fällen, wo bisher Mutationen experimentell bei höher differenzierten Organismen erzeugt werden konnten, die verändernden Umweltbedingungen gerade dann einwirkten, als die Kerne der Fortpflanzungszellen sich in einer solchen sensiblen Periode befanden, nämlich während der Wachstumsperiode der Eizellen im Ovarium bzw. bei den Infusorien während der Auflösung des Hauptkernes, wo der Neben- (Geschlechts)kern allein die gesamte funktionelle Arbeit zu leisten hatte [vgl. JOLLOS[5])]

Als einen Hauptvorteil der dualischen Trennung des Zellsystems in Karyoplasma und Cytoplasma hatten wir die dadurch gewonnene größere Unabhängigkeit der Zelle gegen die verändernden Einflüsse der Außenwelt hingestellt. Ist nun die Hypothese von der sensiblen Periode der Kerne richtig, so wird es weiterhin für die Erhaltung der Artspezifizität günstig sein, wenn der Organismus diese sensible Periode für die Fortpflanzungszellen möglichst abkürzt. Bei den hoch-

[1]) HERTWIG, P.: Arch. f. mikroskop. Anat. Bd. 94. 1920.
[2]) BELAR: Zeitschr. f. Zell. u. Gewebslehre. Bd. 1. 1924.
[3]) BALTZER: Arch. f. exp. Zellforsch. Bd. 5. 1910.
[4]) HERTWIG, G.: Allg. Biol. Kap. 13. 6. u. 7. Aufl. 1923.
[5]) JOLLOS: Arch. f. Protistenkunde Bd. 43. 1921.

spezialisierten Infusorien ist dieses Ziel dadurch erreicht, daß neben dem Geschlechtskern ein Hauptkern entwickelt ist, der die funktionelle Arbeit beim Zellwachstum und der Zelldifferenzierung in den meisten Lebensperioden übernimmt. Der vielzellige Organismus erreicht dasselbe auf anderem Wege, indem er, wie sich häufig beobachten läßt, seine späteren Fortpflanzungszellen schon frühzeitig während der Entwicklung in einer besonderen Keimbahn isoliert, wo sie oft eine lange Ruheperiode durchmachen und für den Gesamtorganismus keinerlei funktionelle Arbeit leisten. (Literatur bei BUCHNER, Berlin 1915.)

Wie unsere Übersicht zeigt, sind unsere Kenntnisse über die Rolle des Kernes im Leben der Zelle in den letzten Jahrzehnten erheblich angewachsen. Mikroskopische und entwicklungsmechanische Forschung, Genetik und physiologische Chemie haben neues Tatsachenmaterial geliefert, und die hier unter einheitlichen Gesichtspunkten gegebene Zusammenstellung hat zu einer Reihe neuartiger Anschauungen geführt, die allerdings zum Teil nur den Wert von Hypothesen haben. Mögen sie zu weiterer Forschung anregen und namentlich auch zu einer engeren Zusammenarbeit der verschiedenen Forschungsrichtungen führen. Je mehr der Zellforscher nicht einseitiger Morphologe, Genetiker oder physiologischer Chemiker ist, um so rascher wird sich in Zukunft der Fortschritt der Zellforschung gestalten, die uns die zahlreichen Rätsel des Zellorganismus lösen soll.

# Arbeitsteilung bei „höheren" Organismen.

Von

**O. Steche**

Leipzig.

Mit 6 Abbildungen.

### Zusammenfassende Darstellungen.

Außer den Lehr- und Handbüchern der Zoologie und Botanik, der Anatomie, Histologie und Physiologie vgl. insbesondere: Driesch, H.: Philosophie des Organischen. Leipzig 1909. — Dürken, B.: Einführung in die Experimentalzoologie. Berlin 1919. — Goldschmidt, R.: Physiologische Theorie der Vererbung. Berlin 1927. — Haeckel, E.: Generelle Morphologie der Organismen. Berlin 1866. — Hertwig, O.: Das Werden der Organismen. Jena 1916. — Johannsen, W.: Elemente der exakten Erblichkeitslehre. Jena 1913. — Leuckart, R.: Über den Polymorphismus der Individuen oder die Erscheinungen der Arbeitsteilung in der Natur. Gießen 1851. — Pütter, A.: Vergleichende Physiologie. Jena 1911. — Roux, W.: Vorträge und Aufsätze über Entwicklungsmechanik. Leipzig 1905. — Roux, W.: Über kausale und konditionale Weltanschauung. Leipzig 1913.

## 1. Arbeitsteilung und Differenzierung.

Das Prinzip der Arbeitsteilung als Quelle der Differenzierung in Bau und Funktion der Organismen gehört schon seit langer Zeit zum festen Bestande der biologischen Wissenschaft. Wir erkennen die Grundidee schon häufig in den Arbeiten der großen Morphologen vom Anfang des 19. Jahrhunderts. Am ausführlichsten und übersichtlichsten dargestellt findet sie sich wohl in Haeckels „Genereller Morphologie" vom Jahre 1866. Betraf die Durchführung zunächst mehr den gröberen Bau und die Organbildung, so gab die Zellentheorie dann Anlaß, sie bis auf die feinsten Einzelheiten im Bau der Organismen durchzuführen. In seiner konsequenten Durchbildung führt das Prinzip zur Lehre von einem stufenförmigen, an Kompliziertheit immer wachsendem Aufbau der organischen Welt.

Auf der untersten Stufe finden wir als grundlegende Differenzierung die Scheidung von Zelle und Kern. Sie ist durch die gesamte organische Welt durchgeführt; nur bei den niedrigsten einzelligen Wesen, im besonderen den Bakterien, ist eine klare Trennung von Zelle und Kern noch nicht nachzuweisen, doch scheinen auch hier die für den Kern besonders charakteristischen Chromatinsubstanzen häufig in geschlossenen Einheiten aufzutreten. — Wo ein Kern deutlich ausgebildet ist, findet er sich immer als morphologisch scharf abgegrenzter Bestandteil der Zelle. Diese Begrenzung wird nur undeutlich zur Zeit der Teilung, wo die Kernmembran schwindet. Schon im Bereich der Einzelligen finden wir dann von Formen, die innerhalb des Protoplasmas kaum konstante Differenzierungen aufweisen, alle Übergänge bis zur Ausbildung eines vielseitigen Systems von Organellen, die teils der Bewegung dienen (Cilien, Geißeln, Fibrillen), teils der Reizleitung und Reizaufnahme (Neurofibrillen, Augenflecken), teils dem Stoffwechsel (Cytostom, contractile Vakuolen). Entsprechend ihrer morphologischen Differenzierung steigert sich auch die Mannigfaltigkeit der Leistungen innerhalb der Protisten sehr erheblich.

Viel einschneidender wirkt sich das Prinzip im Körperbau der Vielzelligen aus. Dort tritt es uns als Lehre vom Zellenstaat entgegen, in dem die einzelnen Zellen sich in die Leistungen des Gesamtorganismus teilen und dementsprechend eine immer fortschreitende Differenzierung herausbilden. Dadurch, daß die Zellen gleichen Baues und gleicher Funktionen sich räumlich zu dem Verbande der Gewebe zusammenschließen und diese dann wieder in Gemeinschaft mit anderen Geweben die Organe aufbauen, entsteht die geordnete räumliche Mannigfaltigkeit, die Gegenstand der Histologie und Anatomie ist. Es läßt sich dabei verfolgen, wie in der Stufenreihe der Organismen sowohl die Differenzierung der Einzelzellen zunimmt (entsprechend den immer steigenden Anforderungen an immer feiner spezialisierte Leistungen), andererseits die höheren Verbände, insbesondere die Organe, an Umfang und Komplikation zunehmen. Je spezialisierter die Leistung der einzelnen Zelle wird, desto straffer ist im allgemeinen ihre Einordnung in den Gewebs- und Organverband. Eine eigenartige Ausnahme machen hierbei sehr hoch differenzierte Zellen der Cölenteraten, die Nesselzellen. Sie bleiben in bemerkenswerter Weise unabhängig vom Verband, was sich einerseits darin ausspricht, daß sie innerhalb des Gewebsverbandes von der Bildungs- zur Verbrauchsstelle oft weite Wanderungen zurücklegen und bei ihrer Funktion, dem Beutefang und der Verteidigung, aus dem Körper ausscheiden und zugrunde gehen, andererseits darin, daß sie sogar die Fähigkeit haben, in andere Organismen überzugehen und dort selbständig ihre Funktionen auszuüben. Es ist bekannt, daß bei einer Anzahl höherer Tiere (Plattwürmer, Schnecken), die sich von Cölenteraten ernähren, die in den Darm aufgenommenen Nesselzellen nicht zugrunde gehen, sondern in den fremden Gewebsverband aufgenommen werden, dort ebenfalls charakteristische Wanderungen machen und schließlich in ganz der gleichen Weise Verwendung finden wie in ihrem ursprünglichen Organismus.

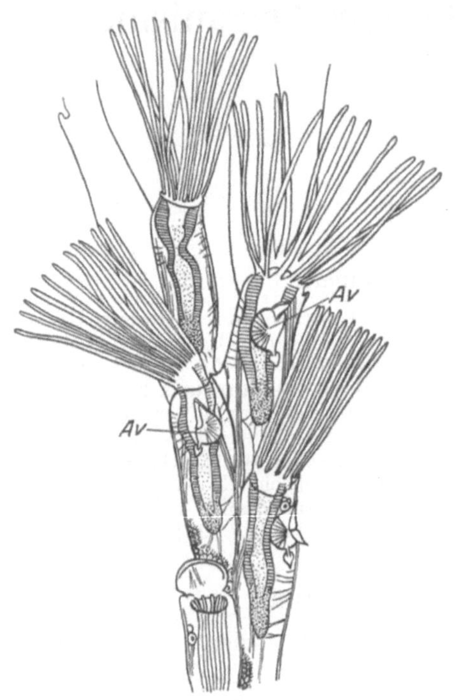

Abb. 56. Abschnitt eines Stöckchens von Bugula. *Av* Avicularien. (Aus CLAUS-GROBBEN, Lehrbuch der Zoologie.)

Über den vielzelligen Organismus erhebt sich dann als dritte Stufe der Verband mehrerer Individuen. Handelt es sich hierbei um körperliche Verbundenheit, so pflegen wir diese Komplexe als Kolonien oder Stöcke zu bezeichnen. Von eigentlichen Kolonien sollte man wohl nur dann sprechen, wenn bei diesen

Verbänden auch wirklich funktionelle Beziehungen zwischen den einzelnen Individuen vorhanden sind. Gruppen von Einzelligen, z. B. die Verbände mancher Flagellaten, bei denen sich die durch Teilung entstehenden Tochterindividuen mit ihren Stielen an den Gehäusen der älteren Generation festheften und oft morphologisch gegliederte Verbände liefern, bei denen aber jedes Individuum in seiner Funktion vollkommen selbständig ist, wären also in diesem Sinne noch nicht eigentlich als Kolonien zu bezeichnen. Doch sind die Grenzen hier fließend, wie beispielsweise die Gruppe der Vortizellen unter den Ciliaten zeigt. Bei diesen sind teilweise die Einzelindividuen vollkommen selbständig, bei anderen Arten durch Verbindung der Stielmuskeln zu einer funktionellen Einheit zusammen-

Abb. 57. Amme mit Stolo. Von Doliolum Gegenbauri (Troscheli). *M* Muskelreifen. *Ms* Mediansprossen, *Ls* Lateralsprossen. (Nach GEGENBAUR.)

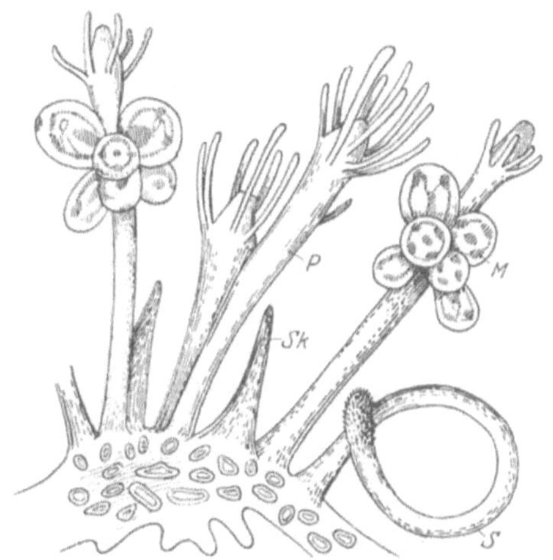


Abb. 58. Podocoryne carnea. *P* Polypen, *M* knospende Medusen an proliferierenden Polypen, *S* Spiralzooid, *Sk* Skelettpolypoid, alle verbunden durch das basale Coenosark. (Nach GROBBEN.)

geschlossen, in der Reizung eines Individuums durch Reaktion des ganzen Verbandes beantwortet wird.

Charakteristisch durchgeführt ist die Stockbildung aber vor allen Dingen dort, wo die Einzelindividuen in inniger Verbindung stehen und der Stoffwechsel allen gemeinsam ist. Derartige Verbände sind besonders typisch für die Cölenteraten, die Bryozoen und die Ascidien. Dort setzt nun sofort die Arbeitsteilung und Differenzierung an den Einzelindividuen des Verbandes ein. Es kommt so dazu, daß bestimmte Individuen sich für besondere Einzelleistungen spezialisieren. Erinnert sei etwa an die Dactylozoide und Nematophoren vieler Cölenteraten, die den Beutefang und die Verteidigung der Kolonie übernehmen. Entsprechende Differenzierungen sind die Avicularien und Vibracularien der Bryozoen (Abb. 56). Unter den Ascidien finden wir eine besonders scharf durchgeführte Differenzierung bei Doliolum (Abb. 57). Dort ist ein Individuum speziell als Bewegungsapparat des Verbandes differenziert, während andere, die Nährtiere und Tragtiere, für Ernährung und Reifung der zuletzt gebildeten Geschlechtstiere zu sorgen haben. Eine besonders eigenartige und vielfach wiederkehrende Differenzierung ist die Verteilung der Geschlechtsfunktionen nur auf bestimmte Glieder des Verbandes, während die übrigen steril werden.

So entsteht beispielsweise der charakteristische Generationswechsel der Hydroiden, bei dem der festsitzende Verband der Polypen nur ungeschlechtliche Vermehrung durch Sprossung und Knospung zeigt, während die Medusen sich aus diesem Verbande loslösen und die Geschlechtsprodukte zur Reife bringen, für deren Verbreitung sie durch ihre frei schwimmende Lebensweise sorgen (Abb. 58). Bekannt ist, daß bei vielen Hydroiden diese Medusenformen vermutlich sekundär wieder fester dem Kolonieverbande angeschlossen werden, ihre selbständige Lebensweise aufgeben und als Gonophoren nur noch mehr oder weniger weit reduzierte Träger der Geschlechtszellen darstellen. Die Differenzierung kann dann noch weiter gehen, indem nämlich wieder zur Bildung der Gonophoren besondere stark um- und rückgebildete Individuen Verwendung finden, die Blastostyle und Gonangien (Abb. 59). Diese immer fortschreitende Differenzierung kann schließlich zu so weitgehender Umgestaltung der Einzelindividuen führen, daß ihr ursprünglicher Bauplan kaum mehr zu erkennen ist und daß sie

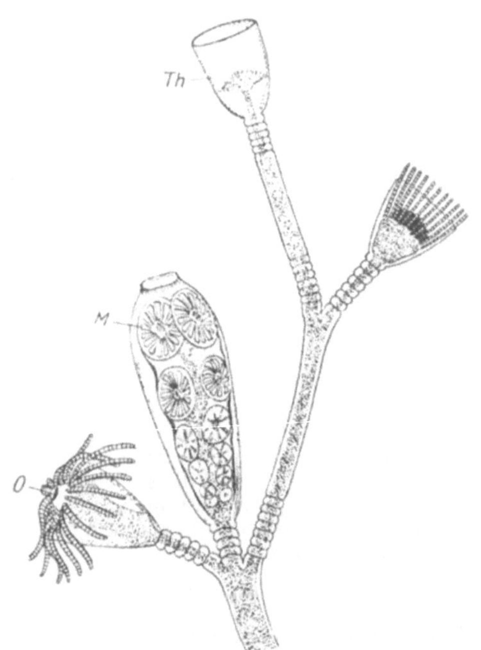


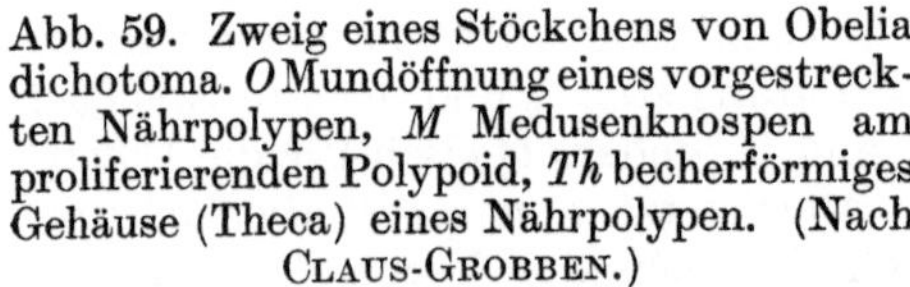
Abb. 59. Zweig eines Stöckchens von Obelia dichotoma. *O* Mundöffnung eines vorgestreckten Nährpolypen, *M* Medusenknospen am proliferierenden Polypoid, *Th* becherförmiges Gehäuse (Theca) eines Nährpolypen. (Nach CLAUS-GROBBEN.)

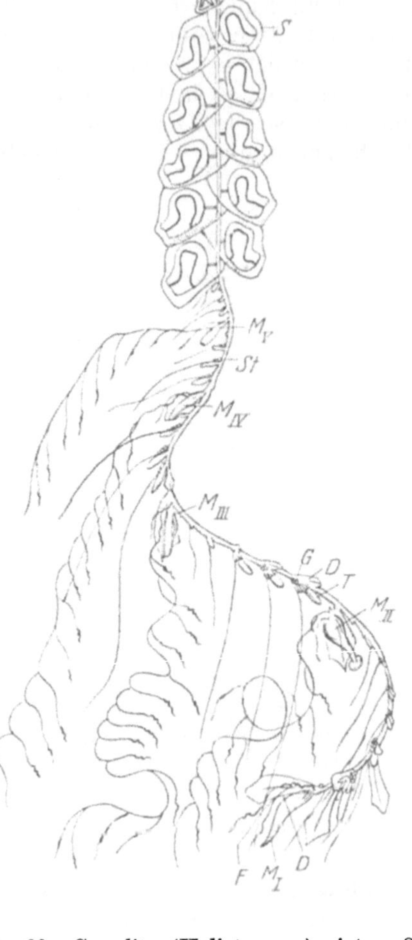


Abb. 60. Cupulita (Halistemma) picta. *St* Stamm, *P* Pneumatophor, *S* Schwimmglocken, $M_I$—$M_V$ die kontinuierlich an Größe und Alter abnehmenden Magenschläuche mit Fangfäden (*F*) und Deckstück (*D*); dazwischen in gleicher Reihenfolge die intermedialen Stammgruppen, bestehend aus Taster (*T*) mit Fangfaden und Deckstück; an denselben die Gonophorentrauben (*G*). (Nach CHUN.)

funktionell nur noch als Organe der Gesamtkolonie erscheinen. Es kann dann fraglich werden, wie weit ihnen noch individuelle Selbständigkeit zuzuerkennen ist. — So erklären sich die Schwierigkeiten in der Deutung so kompliziert gebauter Gebilde wie der Siphonophoren (Abb. 60), bei denen der Streit, ob es sich um Kolonien ursprünglich gleichwertiger Individuen oder um ein Einzelindividuum mit Vervielfachung von Organen handelt, noch immer nicht vollkommen entschieden ist, doch dürfte die von LEUCKART begründete Auffassung der Siphonophoren als einer weitgehend spezialisierten Kolonie wohl die größte Wahrscheinlichkeit für sich haben. Die Frage wird dadurch so schwierig, daß wir in anderen Tiergruppen eine Entwicklungsrichtung vorfinden, die zu weitgehender Verselbständigung einzelner Körperabschnitte führt, die diese fast zu selbständigen Individuen werden läßt. Hingewiesen sei hier etwa auf die Bandwürmer, bei denen die zu langer Kette verbundenen Körpersegmente sich loslösen und mehr oder weniger lange ein selbständiges Dasein führen können. Noch weiter getrieben ist dies bei manchen Ringelwürmern, bei denen sich zur Zeit der Geschlechtsreife die die Fortpflanzungszellen enthaltenden Segmente sehr stark umbilden, eigene Bewegungsapparate ausbilden und sich vom übrigen Körper ablösen, um frei schwimmend die Geschlechtsprodukte zu verbreiten (Abb. 61).

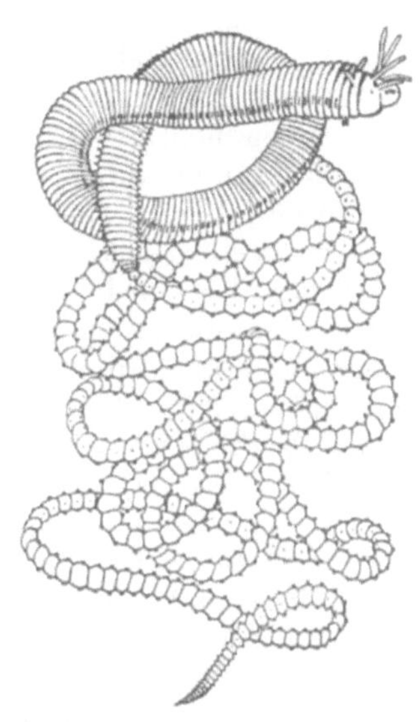

Abb. 61. Eunice viridis. Die hintere schmälere epitoke Körperregion stellt abgelöst und freischwimmend den „Palolo" vor. (Nach WOODWORTH.)

Hingewiesen sei hier endlich darauf, daß die geschlechtliche Arbeitsteilung auch bei anderen Tierformen, die nicht in kolonialem Verbande leben, zu den eigenartigen Erscheinungen des Generationswechsels führt. Unter den Krebsen finden wir z. B. bei den Daphniden im Laufe des Jahres den Wechsel zwischen rein weiblichen Generationen, die sich in schneller Folge während des Sommers parthenogenetisch vermehren, und zweigeschlechtlichen Generationen, die befruchtete Dauereier produzieren. Ähnliches finden wir bei den Blattläusen, wo noch die Komplikation hinzukommt, daß in den parthenogenetischen Sommergenerationen geflügelte Individuen auftreten, die die Verbreitung der Art von einer Wirtspflanze zur anderen zu übernehmen haben.

Im Gegensatze zum Tierreich spielt die Bildung von Kolonien im Pflanzenreich keine nennenswerte Rolle. Zwar kommt es auch hier vor, daß durch Sprossung und Ausläuferbildung von einer Mutterpflanze zahlreiche Tochterindividuen ausgehen. Diese verankern sich aber bald selbständig im Boden und machen sich funktionell unabhängig von der Mutterpflanze, worauf die Verbindung zwischen beiden gewöhnlich bald gelöst wird. Zu einer Arbeitsteilung zwischen den Gliedern eines solchen temporären Verbandes kommt es dabei nicht.

Die Besprechung des Generationswechsels hat uns bereits zu Fällen hinübergeführt, in denen morphologisch unabhängige Individuen einer Generationsreihe doch in funktioneller Arbeitsteilung stehen. Diese Beziehung tritt uns dann in besonders charakteristischer Form in der Staatenbildung entgegen, die bei den Insekten, besonders bei den Termiten und den stacheltragenden Hymenopteren ihre höchste Ausbildung gefunden hat[1]). Hier bilden sich Verbände von Individuen, die körperlich vollständig voneinander unabhängig sind, aber funktionell zu einer Einheit zusammenwirken. Auch hier führt dann die Arbeitsteilung zu sehr eigenartigen Erscheinungen, zunächst insofern, als die Funktion der Fortpflanzung auf bestimmte Individuen des Verbandes beschränkt wird. Im Hummel- und Bienenstaat etwa ist nur ein befruchtetes Weibchen Trägerin der ganzen Fortpflanzungsarbeit. Die von ihr erzeugten Nachkommen, soweit sie Weibchen sind, verzichten vollständig auf die Fortpflanzung. Dabei sind bei Hummeln und Wespen auch bei diesen sog. Arbeiterinnen die Geschlechtsorgane noch vollständig ausgebildet, sie treten aber nicht mehr in Funktion. Nach der Gründung des Staates produziert das Muttertier, die Königin, zunächst nur weibliche Nachkommen, die ihr als Arbeiterinnen bei der Vergrößerung des Nestes, der Fütterung und Aufzucht der Larven helfen. Erst gegen den Herbst werden voll funktionsfähige Männchen und Weibchen erzeugt, und nach der Befruchtung und Überwinterung geht von diesen Weibchen die Gründung neuer Staaten aus, während der alte sich im Herbst auflöst. — Bei den Bienen steigt die Zahl der Arbeiterinnen, so daß sie der Königin schließlich die gesamte Arbeit im Stock abnehmen und diese lediglich auf das Eierlegen beschränkt wird. Bei den Arbeitstieren verkümmern dann die Geschlechtsorgane weitgehend und treten unter normalen Verhältnissen niemals mehr in Funktion. Bemerkenswert ist hier, daß die Größe der Larvenzellen und die Auswahl des Futters über die Entwicklung zur Arbeiterin oder zur Königin entscheidet, ja daß sogar in Notfällen Arbeiterinnenlarven durch Erweiterung der Zellen und Änderung der Ernährung zu Ersatzköniginnen herangezogen werden können.

Bei den Ameisen und Termiten komplizieren sich die Verhältnisse noch dadurch, daß in der Gruppe der Arbeitstiere noch weitergehende morphologische und funktionelle Differenzierungen auftreten, so daß sich bei ihnen eine Reihe von Kasten unterscheiden lassen, die durch Größe und Ausbildung der einzelnen Organe deutlich kenntlich sind und von denen jede im Staate ihre besondere Aufgabe zu erfüllen hat. Während also etwa bei den Bienen, soweit wir jetzt wissen, eine Arbeiterin im Laufe ihres Einzeldaseins nacheinander verschiedene Leistungen in einer regelmäßigen Reihenfolge übernimmt, ist bei den Ameisen und Termiten jede Arbeitskraft auf einen bestimmten Kreis von Funktionen festgelegt. Auch hier kann es durch die Spezialisierung so weit kommen, daß die Einzelindividuen ihre Selbständigkeit fast völlig verlieren und zu Organen des Verbandes herabgedrückt werden. Man denke etwa an eine Termitenkönigin, die mit ihrem durch das enorme Wachstum der Eierstöcke unförmlich aufgeschwollenem Hinterleib gänzlich bewegungsunfähig in der Königszelle liegt, von den Arbeiterinnen ernährt, gepflegt und gereinigt wird und deren ganzes Dasein sich darauf beschränkt, mit maschinenmäßiger Präzision Hunderttausende von Eiern zu legen, deren weitere Pflege dann ganz von den Arbeiterinnen übernommen wird. Ein solches Individuum ist, losgelöst vom Verbande, vollkommen hilflos und lebensunfähig. Innerhalb der Arbeiterkaste kann es auch zu solchen extremen Anpassungen kommen, wie etwa bei den sog. Honigtöpfen mancher Ameisenarten, bei denen Gruppen von Arbeitern für lange Zeit vollständig bewegungslos in besonderen Kammern des Nestes sich aufhängen. Sie werden dann von anderen Arbeitern mit Honig gefüttert, bis ihr ganzer Körper zu einem unförmigen Honigbehälter aufquillt, der als Nahrungsspeicher für den Verband dient.

---

[1]) Vgl. hierzu Escherich, P.: Die Ameisen, Braunschweig 1906; Die Termiten, Leipzig 1909.

Handelt es sich bei diesen Insektenstaaten um Verbände, die aus der Nachkommenschaft eines Individuums hervorgehen (bei den großen Staaten der Ameisen und Termiten sind allerdings oft eine größere Zahl von Geschlechtstieren vorhanden), so ist in den sozialen Verbänden, die sich besonders bei den Wirbeltieren finden und die wir als Herden zu bezeichnen pflegen, ein Zusammenschluß von Individuen der gleichen Art eingetreten, die nicht durch unmittelbare Abstammung verbunden sind[1]). Der Zusammenhalt ist hier wesentlich lockerer, er beschränkt sich meist darauf, daß ein besonders körperlich und geistig leistungsfähiges Tier die Leitung und Führung des Verbandes übernimmt und daß alle Glieder der Gemeinschaft sich in ihren Handlungen von dem Vorbild des Leittieres weitgehend bestimmen lassen. Es kann auch hier zu einer gewissen funktionellen Arbeitsteilung kommen, etwa durch Ausstellung von Schutzwachen, wie wir das bei den Herden der Antilopen oder unter den Vögeln bei den Schwärmen der Papageien finden. Oder es kann zur Abwehr von Gefahren zu Verteidigungsorganisationen kommen, wie bei den Rinderherden, die zum Schutz gegen Raubtiere die Weibchen und Jungtiere in die Mitte nehmen, während die Männchen einen Kreis zur Verteidigung bilden. Eine Festlegung bestimmter Funktionen auf bestimmte Individuen für die Dauer findet hier aber nicht statt, und zu morphologischen Differenzierungen kommt es nicht. Die Geschlechtsfunktion spielt bei der Bildung dieser Verbände keine Rolle, vielmehr lösen sich gerade zur Zeit der geschlechtlichen Tätigkeit die Herden vielfach in Einzelgruppen auf, und die Paare (bzw. ein Männchen mit einer Anzahl von Weibchen) leben in gesondertem Familienverband. Es kommt auch nicht selten vor, daß sich außerhalb der Paarungszeit die Männchen einerseits und die Weibchen mit den Jungtieren andererseits zu Herden zusammenschließen. Obwohl innerhalb der Tierreihe diese Art der Verbände nicht zu sehr weitgehenden funktionellen Differenzierungen geführt hat, ist sie doch von großer Bedeutung, weil der hier beginnende, von sozialen Instinkten geleitete Zusammenschluß die Brücke schlägt zu den menschlichen Verbänden mit ihrer weitgehend durchgeführten Arbeitsteilung.

## 2. Zentralisation.

Dem Prinzip der Arbeitsteilung tritt von Anbeginn das Prinzip der Zentralisation als gleichwertig, aber entgegengesetzt gerichtet, zur Seite. Es besagt, daß die durch die Differenzierung auseinandergelegten Funktionen durch Kräfte zusammengehalten werden, die sie zur harmonischen Zusammenwirkung im Dienste des Ganzen bringen. Dabei kann es zu einer gewissen Abstufung der Bedeutung kommen, indem gewisse Funktionen und ihre Träger sich zur beherrschenden Stellung innerhalb des Systems aufschwingen und die anderen leiten und regulieren.

Schon in der Zelle ist diese verschiedene Wertigkeit von Kern und Protoplasma deutlich ausgesprochen. Wir sehen dies einerseits darin, daß bei dem wichtigen Vorgang der Zellteilung der Kern die Führung übernimmt und einige seiner Bestandteile dabei in besonders regelmäßiger und kunstvoller Weise auf die Tochterzellen verteilt werden. Gerade die verwickelten Vorgänge der Kernteilung sind es ja, die zu der Vorstellung geführt haben, daß im Kern die für alle Lebensleistungen ausschlaggebenden Anlagenkomplexe zentralisiert sind[2]).

---

[1]) Vgl. hierzu Espinas: Die tierischen Gesellschaften. Übersetzt von Schlosser. Braunschweig 1879. — Kropotkin, P.: Gegenseitige Hilfe in der Tier- und Menschenwelt. Leipzig 1910. — Brehms Tierleben: Vögel und Säugetiere. — Deegener, P.: Die Formen der Vergesellschaftung im Tierreich. Leipzig 1918.

[2]) Vgl. den Aufsatz von K. Herbst in Bd. 17 dieses Handbuches.

Aber auch bei den übrigen Funktionen der Zelle läßt sich deutlich nachweisen, daß die gesamten Leistungen vom Kern beherrscht und reguliert werden. Sehr bezeichnend ist hier die Erfahrung, daß in abgetrennten Protoplasmastücken keine Assimilation mehr stattfindet und die kernlosen Bruchstücke nach Verbrauch ihres Reservematerials zugrunde gehen.

Besonders wichtig wird das Problem der Zentralisation im Zellverband. Seit alters her ist man gewöhnt, als Hauptträger der zusammenfassenden und regulierenden Kräfte das Nervensystem zu betrachten. Den Pflanzen fehlt ein Nervensystem im Sinne der höheren Tiere, soweit wir wissen, gänzlich. Die Reizleitung erfolgt dort durch das Plasma von Zelle zu Zelle[1]). Dementsprechend ist die Zentralisierung dort eine viel geringere, und gerade die weitgehende Unabhängigkeit der einzelnen Teile bei den höheren Pflanzen stellt sie in charakteristischen Gegensatz zu der straffen Geschlossenheit der Zusammenarbeit bei den höheren Tieren. Wir sehen aber, wie auch bei den Tieren sich diese Höchstleistung erst allmählich herausbildet. Bei den niederen Formen haben wir wohl schon besonders differenzierte Nervenzellen, die aber noch in weitem, netzartigem Verbande über den ganzen Organismus verteilt sind, so daß jeder Reiz von der getroffenen Stelle nach allen Seiten ausstrahlt und zahlreiche Zellen passieren muß. Bei den höheren Tieren vervollkommnet sich das System dadurch, daß die Nervenzellen sich an bestimmten Stellen zu Zentren zusammendrängen. Diese sind dann untereinander und mit den Reize aufnehmenden oder durch Reize in Tätigkeit gesetzten Organen der Peripherie durch lange Zellausläufer verbunden. So entwickelt sich allmählich das zentrale Nervensystem, im besonderen das Bauchmark der Anneliden und Arthropoden und das Rückenmark der Wirbeltiere mit ihrem am höchsten ausgebildeten vorderen Zentrum, dem Gehirn[2]). Die Überlegenheit dieses Systems liegt nicht nur in der direkten Verbindung aller Organe mit dem Zentrum, sondern in der Beschleunigung der Reizleitung durch die immer feinere Differenzierung der spezifischen Leitungsfähigkeit der Nervenfasern. Während diese bei den niederen Tieren nur wenige Zentimeter in der Sekunde beträgt, steigt sie bei den Wirbeltieren bis zu 100 m in der Sekunde. Bei den niederen Tieren besitzen die einzelnen Teile des Nervensystems noch eine weitgehende Selbständigkeit. Dies zeigt sich z. B. darin, daß abgetrennte Stücke sich in Reizaufnahme und Bewegung nicht nennenswert von solchen im Verbande unterscheiden. Auch wo es schon zur Bildung eines Zentralnervensystems kommt, können diese einzelnen Teile noch weitgehend selbständig funktionieren. Bei einem Anneliden etwa kann man durch Durchschneidung der Ganglienkette einzelne Segmente isolieren, ohne daß deren Nervenfunktionen dadurch nennenswert gestört würden. Doch macht sich allmählich mit zunehmender Leistungsfähigkeit eine immer stärkere Beherrschung von niederen Zentren durch höhere bemerkbar. Diese beruht nicht nur darauf, daß von den höheren Zentren ausgehende Impulse die niederen in Bewegung setzen, sondern zu einem sehr wichtigen Teile auch darauf, daß selbständige Reaktionen der niederen Zentren von den höheren gehemmt und unterdrückt werden. Auf diesem Zusammenarbeiten beruht z. B. die Koordination der Bewegung bei den höheren Tieren. Versuche an Gliedertieren und Mollusken zeigen sehr deutlich, daß die Unterbrechung der Verbindungen der Zentren die Bewegungsfähigkeit durchaus nicht aufhebt, sie vielmehr teilweise bedeutend lebhafter werden läßt. Diese Regulierung des Tonus der Muskulatur durch das Zentralnervensystem hat sich durch die neueren Untersuchungen als sehr bedeutungsvoll herausgestellt.

---

[1]) Vgl. den Beitrag von Fitting in Bd. 9 dieses Handbuches.
[2]) Vgl. Bd. 9 u. 10 dieses Handbuches.

— Unter den übergeordneten Zentren nimmt das Gehirn eine besondere Stellung ein und schwingt sich bei den höchstentwickelten Formen schließlich zur Beherrschung des gesamten Nervensystems und damit des ganzen Organismus auf.

Während das Nervensystem durch Reizung und Hemmung die Leistungen der einzelnen Organe in die richtige Koordination setzt, hat sich durch die Untersuchungen der neueren Zeit die chemische Einwirkung von Stoffwechselprodukten der verschiedenen Zellgruppen aufeinander als außerordentlich wesentlich für die Zusammenarbeit der verschiedenen Körperabschnitte erwiesen. Wir wissen jetzt, daß zahlreiche Zellen, vor allen Dingen solche drüsiger Natur, chemische Stoffe in das Blut abgeben, die auf andere Organe in typischer Weise fördernd oder hemmend einwirken. Am bekanntesten ist diese Hormonwirkung von den sog. Drüsen mit innerer Sekretion (Schilddrüsen, Hypophyse, Nebenniere, Keimdrüsen)[1]. Experimentelle Untersuchungen haben ergeben, daß das normale Wachstumgeschehen auf einer Zusammenarbeit dieser verschiedenen Hormone beruht und daß die Produkte der einzelnen Drüsen in komplizierter Weise mit- und gegeneinander arbeiten. Es stellt sich aber immer mehr heraus, daß auch die übrigen Organe ähnliche Hormone ins Blut abgeben, so daß man wohl schon jetzt sagen kann, daß in dieser chemischen Fernwirkung auf dem Wege des Blutkreislaufes zum großen Teil das normale Ineinandergreifen der Funktionen der verschiedenen Zellverbände des Organismus beruht. Es handelt sich hierbei nicht, wie beim Nervensystem, um eine Unterordnung der verschiedenen Leistungen unter einen beherrschenden zentralen Einfluß, sondern um gegenseitige Beeinflussung der verschiedenen Organe, wobei jedes einzelne gebend und nehmend beteiligt ist. So kann es z. B. vorkommen, daß die Tätigkeit eines Organs durch hormonale Reizung von einem anderen ausgelöst wird, wie etwa die Sekretion der Pankreasdrüse von den Hormonen der Magendrüsen, so daß also die beginnende Verdauungsarbeit im Magen automatisch die für den folgenden Verdauungsabschnitt notwendige Tätigkeit des Pankreas auslöst. — Eine besonders wichtige Rolle scheinen diese Hormone bei den Wachstumsvorgängen des Organismus zu spielen, wie aus den zahlreichen Beobachtungen hervorgeht, die bei krankhaften Störungen oder experimenteller Beeinflussung von Schilddrüsen, Nebenniere und Hypophyse beobachtet worden sind. Sehr bekannt ist ja auch die Wirkung der Keimdrüsen, die ihren Einfluß wohl auf sämtliche übrige Körperteile erstreckt. Da Näheres darüber an anderen Stellen des Werkes ausgeführt wird, können hier diese allgemeinen Andeutungen genügen.

Neben diesen spezifischen chemischen Wirkungen der Hormone spielen im tierischen Organismus aber noch eine Reihe anderer allgemeiner Faktoren für die Vereinheitlichung des Betriebes eine außerordentlich wichtige Rolle. Dahin gehören zunächst die osmotischen Eigenschaften des Blutes und der Körperflüssigkeiten. Das Blut, das alle übrigen Zellen des Körpers umströmt und mit dem sie in ständigem Stoffaustausch stehen, stellt eine Salzlösung von ganz bestimmter Konzentration und entsprechendem osmotischem Druck dar. Diese Faktoren werden durch eine Reihe von Mechanismen, an denen verschiedene Organe, insbesondere die Leber und die Niere, beteiligt sind, mit großer Genauigkeit konstant erhalten. Während bei den niederen Tieren des Meeres der osmotische Druck dem des Meerwassers entspricht, ist er bei den Süßwasser- und Landtieren niedriger [zwischen 4 und 8 Atmosphären[2]]. Während die niederen Meerestiere von der Konzentration des Außenmediums abhängig sind, so daß man experimentell durch Änderung dieser Konzentration auch die Innenflüssigkeit

[1] Vgl. Bd. 16 dieses Handbuches.
[2] Genaueres in Bd. 17 dieses Handbuches unter „Wasserhaushalt“.

in ihrem osmotischen Druck entsprechend beeinflussen kann, erweist sich bei den Süßwasser- und Landtieren der Druck als unabhängig vom Außenmedium. Das ist verständlich, da unter normalen Verhältnissen die Konzentration des Meerwassers auf weite Strecken konstant zu sein pflegt und die darin enthaltenen Organismen also keiner besonderen Regulierungseinrichtungen bedürfen. Diese dauernde Konstanz der Körperflüssigkeit in physikalischer Hinsicht bedeutet für alle darin lebenden Zellen eine große Erleichterung des Betriebes, da sie selbst nun keinerlei Regulierungseinrichtungen zum Ausgleich evtl. Schwankungen ihrer Umgebung bedürfen.

Zu dieser osmotischen Konstanz des Blutes gesellt sich bei den höchsten Gruppen der Wirbeltiere die Konstanz eines anderen physikalischen Faktors, nämlich der Temperatur. Bei den sog. Warmblütern wird die Körpertemperatur stetig auf der gleichen Höhe gehalten, die für die verschiedenen Gruppen etwa zwischen 37° und 40° gelegen ist. Es wird hierdurch nicht nur erreicht, daß die äußerst mannigfaltigen chemischen und physikalischen Vorgänge im Körper sich bei einem Optimum der Temperatur vollziehen, sondern vor allem werden durch Ausschaltung der Temperaturschwankungen auch die Schwierigkeiten beseitigt, die sich durch Ausregulierung der verschiedenen Temperaturkoeffizienten der kettenartig ineinandergreifenden chemischen und physikalischen Prozesse ergeben würden. Wie bedeutungsvoll diese Einrichtung ist, ergibt sich klar aus der Erweiterung des Lebensraumes der warmblütigen Vögel und Säugetiere gegenüber den wechselwarmen Tieren[1]).

Als dritter vereinheitlichender Faktor steht neben der osmotischen und thermischen Konstanz die Vereinheitlichung der Ernährung. Dadurch, daß in der Wand des Darmes die resorbierten Nahrungsstoffe, im besonderen die Eiweißkörper, aus den Bausteinen, in die sie bei dem Verdauungsvorgang zerlegt worden waren, in für jede Art charakteristischer und stets konstanter Weise zusammengefügt und ins Blut übergeführt werden, hat die ernährende Flüssigkeit, aus der alle übrigen Zellen ihren Stoffwechselbedarf decken, stets die gleiche Zusammensetzung, und die Zellen sind also der Schwierigkeit überhoben, je nach der zugeführten Nahrung verschiedene Verarbeitungsmethoden anwenden zu müssen. Wie außerordentlich bedeutungsvoll diese Vereinheitlichung ist, kann man aus den Störungserscheinungen ermessen, die eintreten, wenn etwa durch bakterielle Erkrankungen oder im Experiment dem Blute artfremde Bestandteile beigemischt werden.

*So stellt sich der Organismus der höheren Tiere als ein Verband dar, in dem auf einheitlicher Basis der physikalischen und chemischen Beschaffenheit der Ernährungsflüssigkeit durch chemische Wechselwirkung und nervöse Regulierung ein gesetzmäßiges Ineinandergreifen und harmonisches Zusammenarbeiten der Funktionen der einzelnen Zellgruppen erreicht wird.* — Hierbei wäre schließlich noch zu erwähnen, daß in der spezifischen Bedeutung der einzelnen Faktoren bemerkenswerte Unterschiede bestehen. Die osmotische und thermische Konstanz gilt für große Gruppen des Tierreiches ohne Gattungs- und Artunterschiede gleichmäßig, die chemische Konstanz der Nahrungsflüssigkeit ist zum mindesten für jede Art spezifisch. Die Funktion des Nervensystems ist in ihren niederen Stufen auch artlich festgelegt, wofür an die charakteristischen Reflexgruppen und Instinkte der niederen Tiere erinnert sei. Bei den höheren Formen dagegen, bei denen das Gehirn mehr und mehr in den Vordergrund tritt, bildet sich eine Steigerung seiner Leistungsfähigkeit während des individuellen Lebens durch Lernfähigkeit und Gedächtnis heraus.

---

[1]) S. auch das Kapitel „Wärmehaushalt“ in Bd. 17 dieses Handbuches.

Bei den kolonialen Verbänden wird das Problem der Zentralisierung bedeutend schwieriger. Da, wo es sich um körperliche Verbindung handelt, dürfte die Vereinheitlichung im wesentlichen auf Gleichheit der Nahrungssubstanz und des osmotischen Druckes und auf hormonale Wirkungen zurückzuführen sein. Das Nervensystem spielt demgegenüber eine untergeordnete Rolle, obwohl Verbindungen durch Nervennetze zwischen den Einzeltieren solcher Kolonien gegeben sind. Dementsprechend erreicht auch die Zentralisation der Leistungen in einer Kolonie niemals die gleiche Höhe wie im Zellverbande eines Individuums.

Bei den sozialen Verbänden körperlich getrennter Individuen bleibt als Basis für die Zentralisation nur das Nervensystem. Wir finden dementsprechend auch, daß dort die vereinheitlichenden Faktoren von Sinnesreizen chemischer, mechanischer, optischer oder akustischer Natur geliefert werden, die im Nervensystem der Einzelindividuen entsprechende Reaktionen auslösen. Trotzdem kann durch erbliche Festlegung dieser Reaktionen z. B. in den Insektenstaaten eine ungemein straffe gegenseitige Abhängigkeit und Zentralisation durchgeführt werden.

Im Pflanzenreiche fehlen die Vorbedingungen für diese Zentralisation weitgehend. Sie besitzen weder ein ausgebautes Nervensystem, noch eine nach Art der Tiere vereinheitlichte Ernährungsflüssigkeit. Die Hauptrolle beim Zusammenarbeiten dürften bei ihnen Hormone spielen, wie sie in einer Reihe von Fällen, z. B. bei Wundreizen, Wirkungen des Lichtes und der Schwerkraft festgestellt worden sind[1]). Entsprechend den geringeren zur Verfügung stehenden Mitteln ist auch die Zentralisation bei den Pflanzen gegenüber den Tieren eine sehr viel geringere.

### 3. Einschränkung der Leistungsbreite der einzelnen Individuen.

Die Erkenntnis der Tatsache, daß für die durch Differenzierung und Zentralisation erhöhte Leistung der Gesamtorganismen die Einzelindividuen einen entsprechenden Verlust an ihrer individuellen Leistungsfähigkeit tragen müssen, ist gleichfalls seit langer Zeit Gemeingut der biologischen Wissenschaft. Für die Gesamtsumme der Leistungen der Einzelindividuen verwende ich hier den Ausdruck „Leistungsbreite“, gebildet analog der „Variationsbreite“ für die Ausdehnung der individuellen Unterschiede bei den Einzelindividuen der gleichen Art.

Schon innerhalb der Zelle zeigt sich eine Einschränkung der Leistungsfähigkeit des Protoplasmas mit der Ausbildung des Kernes. Es war schon oben darauf hingewiesen, daß kernlose Zellen, beziehentlich Zellbruchstücke, auf die Dauer nicht lebensfähig sind. Dies beruht zweifellos darauf, daß gewisse lebenswichtige Funktionen im Kern lokalisiert sind, beziehentlich, daß aus dem Kern austretende Stoffe die Anregung für einen Teil der Funktionen des übrigen Protoplasmas geben. Selbst wenn es gelingen sollte, was bisher nicht geschehen ist, kernlose Zellen dauernd lebensfähig zu erhalten, ist doch sicher, daß unter normalen Verhältnissen die Funktion des Protoplasmas stark von der des Kernes abhängig ist.

Im Zellverbande erscheint die Leistungsbreite der einzelnen Zellen stark eingeschränkt, natürlich in verschiedener Richtung, je nach der Aufgabe, die sie im Gesamtorganismus zu erfüllen haben. Die individuelle Ernährungs- und Wachstumsfähigkeit muß ihnen natürlich bleiben, doch sehen wir gerade bei der Ernährung eine weitgehende Abhängigkeit vom Verbande. Während frei lebende Zellen ihren Ernährungsbedarf aus sehr verschiedenem Material mit Hilfe eines großen Vorrates von Fermenten zu bestreiten vermögen, sind die Gewebszellen einseitig auf die gleichmäßige Ernährung durch die im Körper

[1]) S. dieses Handbuch Bd. 17.

kreisende Ernährungsflüssigkeit angewiesen. Wie stark ihre Leistungsfähigkeit ungewohnten Ansprüchen gegenüber herabgesetzt ist, zeigen am deutlichsten Verhältnisse, bei denen die Zusammensetzung dieser Ernährungsflüssigkeit geändert wird, wie etwa bei Infektionskrankheiten oder bei experimentellen Änderungen der Blutzusammensetzung. Auch die Bewegungsfähigkeit der Einzelzelle ist so gut wie vollständig aufgehoben, wo es sich nicht um spezialisierte Bewegungszellen handelt, und beschränkt sich höchstens auf geringe Verschiebungen und Wachstumsbewegungen. Besonders wichtig ist die Einschränkung der Beteiligung der Einzelzellen an der Fortpflanzung des Verbandes. Bei allen höheren Organismen ist diese ja bestimmten Zellgruppen, den Keimzellen, zugewiesen, während die übrigen daran ganz unbeteiligt bleiben und mit dem Absterben des Gesamtorganismus dem Untergang verfallen. Auf diese Scheidung von Soma und Keimzellen hat bekanntlich WEISMANN[1]) besonderen Nachdruck gelegt. In manchen Fällen ist diese verschiedene Leistungsfähigkeit schon histologisch festzustellen dadurch, daß während der Entwicklung nur die Keimzellen den vollen Chromatinbestand behalten, während er in den Körperzellen zum Teil abgestoßen wird und zugrunde geht (Kerndiminution der Nematoden und mancher Insekten). Bei den höheren Tieren sind diese Fortpflanzungszellen in bestimmten Organen, den Keimdrüsen, lokalisiert. Die Pflanzen verhalten sich demgegenüber prinzipiell anders; bei ihrem extensiven Wachstum bilden sich die neuen Gewebe an einer großen Zahl verstreuter Punkte des gesamten Organismus, den Vegetationspunkten, und aus diesen heraus differenzieren sich auch die Fortpflanzungszellen, die dadurch in den einzelnen Blüten weit über dem Gesamtorganismus verstreut werden. Von einer besonderen, vom befruchteten Ei bis zur fertigen Keimzelle verfolgbaren Keimbahn kann also hier nicht die Rede sein. Das gleiche gilt aber auch für viele der niederen Tiere. Hingewiesen sei hier etwa auf die Coelenteraten. Vom befruchteten Ei einer Meduse geht die Entwicklung zunächst durch eine Reihe von Polypengenerationen, und erst an einer von diesen differenzieren sich dann in der Medusenknospe die neuen Keimzellen.

Solche Tiergruppen wie die Coelenteraten zeigen so aufs deutlichste, daß die Fähigkeit, den Gesamtorganismus wieder zu erzeugen, durchaus nicht immer auf einzelne Zellen festgelegt zu sein braucht. Der Vorgang der Knospung und Teilung besteht ja darin, daß ganze Zellgruppen funktionell aus dem Verbande ihres übergeordneten Organismus heraustreten und durch Teilungs- und Wachstumsvorgänge einen neuen Gesamtorganismus hervorbringen. Die in ihnen zur Ausbildung kommenden Fähigkeiten entsprechen also durchaus denen der Keimzellen.

Daß auch sonst den Gewebszellen noch eine weitgehende Reproduktionskraft innewohnt, zeigen die Regenerationsvorgänge, bei denen verletzte oder experimentell entfernte Teile aus dem Bestande der übrigen Körperzellen mehr oder weniger vollkommen wieder hergestellt werden[2]). Für die Regenerationsfähigkeit läßt sich wohl im allgemeinen die Regel aufstellen, daß sie um so geringer wird, je höher phylogenetisch wie ontogenetisch die Differenzierung und Zentralisation des Gesamtorganismus gestiegen ist. Hoch differenzierte Formen regenerieren also im allgemeinen schlechter als einfach gebaute, und ausgebildete schlechter als noch in der Entwicklung begriffene. — Daß hier aber noch andere Dinge mit im Spiel sein können, zeigt das Beispiel der Nematoden, deren morphologische Differenzierung wohl kaum als eine besonders hohe bezeichnet werden kann und denen trotzdem die Regenerationsfähigkeit fast völlig fehlt. Man kann

[1]) WEISMANN, A.: Das Keimplasma. Eine Theorie der Vererbung. Jena 1892.
[2]) Vgl. Bd. 14 dieses Handbuches.

wohl vermuten, daß dies mit der oben erwähnten Kerndiminution zusammenhängt, durch die die Körperzellen von vornherein auf bestimmte Teilfunktionen beschränkt werden.

Was hier vom Zellverbande ausgeführt wurde, gilt in ganz analoger Weise auch für die Kolonie. In dieser verlieren die Einzelindividuen oft in hohem Grade ihre individuelle Selbständigkeit und werden zu Organen der Kolonie herabgedrückt. So schwinden bei vielen von ihnen die Einrichtungen zu selbständiger Ernährung; oft schließt sich die Mundöffnung vollständig, und die Teiltiere sind dann ganz auf die Ernährung aus der im Gesamtverbande zirkulierenden Flüssigkeit angewiesen. Auch die Organe für die anderen Funktionen selbständig lebender Tiere können sich weitgehend zurückbilden, so daß in extremen Fällen der morphologische Wert eines solchen Gebildes als Einzeltier gar nicht mehr zu erkennen ist und nur durch die vergleichend anatomische Betrachtung von Zwischenstufen erschlossen werden kann. Physiologisch läßt sich die Einschränkung der Leistungsbreite sehr leicht dadurch erschließen, daß abgelöste Teiltiere einer Kolonie in sehr vielen Fällen ebensowenig lebensfähig sind wie aus dem Zellverbande herausgelöste Einzelzellen.

Besonders bemerkenswert ist, daß auch in den Kolonien eine Festlegung der Fortpflanzung auf besondere Teilindividuen durchgeführt ist, die in dieser Hinsicht den Geschlechtszellen der Zellverbände entsprechen. Dieser Vorgang findet sich überall da, wo die Arbeitsteilung zwischen den Teiltieren einer Kolonie in stärkerem Maße ausgebildet ist, wohl am charakteristischsten bei den Coelenteraten, aber prinzipiell in gleicher Weise auch bei Bryozoen und Tunikaten. Es kommt dann zu der charakteristischen Erscheinung des Generationswechsels, bei der ganze Generationsreihen sich nur durch Knospung oder Teilung vermehren und nur von Zeit zu Zeit besonders gestaltete Individuen auftreten, welche die Ausbildung und Verbreitung der Geschlechtszellen übernehmen. In manchen Fällen weisen diese Geschlechtsindividuen eine über die sonstige Ausbildungshöhe der Teiltiere hinausgehende Differenzierung und Anpassung an ihre besonderen Leistungen auf. So sind z. B. die Medusen den festsitzenden Polypenformen gegenüber durch Ausbildung der Schwimmfähigkeit und den Besitz besonderer Sinnesorgane und eines höher organisierten Nervensystems ausgezeichnet.

Bei den staatenbildenden Formen kann naturgemäß die Leistungsbreite der Einzelindividuen nicht so stark eingeschränkt werden, da sie ja eben ein selbständiges Leben führen. Wichtig ist hier vor allem die Unterdrückung der Fortpflanzung bei den Arbeitstieren zugunsten einer enorm gesteigerten Bildung von Geschlechtsprodukten bei den wenigen Geschlechtstieren. Gerade diese zeigen dafür in manchen Fällen eine weitgehende Reduktion ihrer sonstigen Leistungen. Die Königinnen der Ameisen und Termiten sind funktionell völlig zu Organen des Gesamtverbandes geworden, die während des größten Teiles ihres Lebens auf freie Bewegung und eigene Nahrungssuche vollständig verzichtet haben und ohne die Pflege der Arbeitstiere außerhalb des Verbandes vollkommen lebensunfähig sein würden. Auch unter den verschiedenen Kasten der Arbeitstiere bei Termiten und Ameisen finden sich verschiedene Typen, die starke morphologische und physiologische Einschränkungen ihrer Leistungsbreite zeigen und ohne die Versorgung durch die anderen Mitglieder des Staates nicht mehr lebensfähig wären.

## 4. Finale und kausale Begreifbarkeit von Differenzierung und Zentralisation.

Vom finalen Standpunkt aus betrachtet, bietet das Verständnis des hier vorliegenden Tatsachenkomplexes keine nennenswerten Schwierigkeiten. Die Grundbegriffe der Arbeitsteilung und Zentralisation sind uns ja aus dem Leben der menschlichen Gesellschaft, besonders ihrer wirtschaftlichen Struktur, durchaus geläufig.

Schon innerhalb der Zelle verstehen wir sehr gut, daß eine Zusammenlegung einer Reihe chemischer und physikalischer Vorgänge auf bestimmte Teile des Protoplasmas und ihre Leitung durch kettenartig ineinandergreifende Arbeitsstufen für einen rationellen Betrieb im höchsten Maße vorteilhaft ist. Wir wissen aber auch, daß eine Durchorganisierung des ganzen Betriebes innerhalb einer Zelle mit zunehmender Plasmamenge auf Schwierigkeiten stößt, weil dann das Verhältnis von Oberfläche zu Volumen immer ungünstiger wird und dadurch die Austauschmöglichkeit mit der Umgebung schließlich zu gering wird. Es ergeben sich daraus die Vorteile der Zerlegung in Gruppen von Einzelzellen und der Gründung des Zellverbandes. Innerhalb dieses Zellverbandes hat die Spezialisierung und die entsprechende Herabsetzung der für den Spezialbetrieb nebensächlichen Funktionen nur ihre Grenzen an der notwendigen Erhaltung der Lebensfähigkeit der Einzelzellen. Auch die Steuerung des Gesamtbetriebes durch regulatorische Mechanismen, sei es chemischer oder nervöser Art, bietet dem Verständnis keinerlei Schwierigkeiten. Es ist auch ohne weiteres begreiflich, daß derartige Betriebe an Umfang sehr ausdehnungsfähig sind, sobald nur durch genügende Verbindungen der einzelnen Teilbetriebe ein rationelles Zusammenarbeiten gewährleistet ist. Verständlich ist auch von diesem Gesichtspunkt aus der Vorteil einer möglichst einheitlichen Versorgung der Einzelzellen mit den notwendigen Betriebsstoffen durch chemische, osmotische und thermische Konstanz der zugeführten Stoffe und der Arbeitsbedingungen. Alles das entspricht etwa dem, was im modernen Wirtschaftsleben mit den Schlagworten: Rationalisierung, Typisierung und Konzentration ausgedrückt werden soll. — Auch hier ist aber dem Wachstum des Gesamtverbandes eine bestimmte Grenze gesetzt, nämlich dann, wenn gewisse Teilfunktionen durch zu bedeutende Massenzunahme übermäßig belastet werden. Bei den Tieren ist das hierfür ausschlaggebende System der Bewegungsapparat. Zunehmendes Gewicht verlangt für entsprechende Bewegungsgeschwindigkeit eine prozentual immer steigende Massenzunahme der Muskulatur und ihrer Widerlager, des Skelettsystems. Dadurch wird schließlich eine Grenze erreicht, bei der die Leistung des ganzen Betriebes unrationell werden muß. Wir finden daher, daß der Größe der Landtiere eine verhältnismäßig enge Grenze gesetzt ist, während die Wassertiere darin günstiger gestellt sind, da der Auftrieb des Wassers einen sehr wesentlichen Teil der Belastung trägt. Bei den Pflanzen, wo die selbständige Ortsbewegung wegfällt, ist die Grenze für die Größenordnung durch die Beanspruchung der Stützgewebe gegeben, da mit zunehmendem Gewicht des Gesamtorganismus die Beanspruchung durch Zug und Druck schließlich auch eine Grenze erreicht, wo die übermäßige Vermehrung der Stützgewebe unrationell zu werden anfängt. Auch hier können ungewöhnliche Größenmaße erreicht werden, wenn dieses Hindernis wegfällt, beispielsweise bei den im Wasser flottierenden riesigen Meeresalgen oder bei manchen Lianenformen, die durch Verankerung an Bäumen die Ansprüche an ihre eigenen Stützgewebe auf ein sehr geringes Maß herabsetzen können.

Die gleichen Gesichtspunkte gelten für die Kolonien. Da die rationelle Durcharbeitung bes Betriebes bei durch Teilung und Sprossung entstehenden Verbänden aber offenbar nicht so weit getrieben ist wie im Zellverbande und jedes Teilindividuum für seine Lebensleistungen eine verhältnismäßig größere Masse und Energie verbraucht, so finden wir Kolonien größeren Umfanges nur bei festsitzenden Tieren des Wassers oder bei planktonischen Organismen, bei denen die mechanische Leistung durch den Auftrieb und die Strömung des Wassers erleichtert ist.

Auch Einrichtungen wie der Generationswechsel sind vom finalen Standpunkte leicht verständlich. Die geschlechtliche Fortpflanzung ist in gewisser Hinsicht immer unrationell, da sie bei den notwendig eintretenden großen Verlusten bis zum Zusammenfinden der Keimzellen und während der ersten Entwicklungsperioden eine oft sehr erhebliche Überproduktion von Keimen notwendig macht. Durch längere Zeit fortgeführte ungeschlechtliche Vermehrung kann also eine wesentlich rationellere Ausnutzung des zugeführten Nahrungsmateriales erfolgen. Das kann besonders bedeutungsvoll werden, wenn günstige und ungünstige Ernährungsverhältnisse periodisch, etwa im Jahreszyklus, wechseln. So läßt sich die enorme Vermehrung der Süßwasserpolypen durch Knospung in günstigen Sommermonaten verstehen, ebenso wie die Unterdrückung der zweigeschlechtlichen Vermehrung zugunsten der Parthenogenese bei Daphniden, Rotatorien und Blattläusen. Umgekehrt bietet dann die geschlechtliche Fortpflanzung zur Überwindung speziell ungünstiger Verhältnisse große Vorteile, sei es für die Verbreitung der Art durch die frei werdenden, leichter bewegungsfähigen Keime oder durch die größere Widerstandsfähigkeit der befruchteten Eier gegen die Einflüsse der ungünstigen Jahreszeit, wie bei den Dauereiern der obengenannten Formen.

Bei den aus frei lebenden Individuen zusammengesetzten Verbänden ist der Auswirkung des Differenzierungsprozesses praktisch kaum eine Grenze gesetzt. Bei den staatenbildenden Insekten wird die Massenzunahme der Verbände nur begrenzt durch die Fruchtbarkeit der Geschlechtsindividuen, bei den in Herden lebenden Verbänden der höheren Tiere kommt als Grenze nur der zur Verfügung stehende Nahrungsraum in Frage, wie dies am besten die Verhältnisse bei den sozialen menschlichen Verbänden klarmachen.

Sehr viel ungünstiger als für die finale, liegen die Dinge für die kausale Erkenntnis. Zur Zeit ist uns weder die Differenzierung, noch die Zentralisation kausal durchsichtig.

Für die Zelle ist kaum Aussicht auf Lösung des Problems, da uns hinsichtlich des grundlegenden Verhältnisses von Kern und Plasma beide Tatsachen von vornherein gegeben sind. Die Differenzierung von Kern und Plasma ist immer vorhanden, und die Fälle, in denen sie unvollkommen ist, haben bisher noch keine Anhaltspunkte für kausale Betrachtung gegeben. Auch die periodische Auflösung und Wiederherstellung des Kernes bei der Zellteilung zeigt nur, daß physikalisch-chemische Vorgänge im kolloidalen System des Plasmas dabei eine große Rolle spielen, welcher Art sie aber sind, ist uns noch durchaus unklar. Ebensowenig vermögen wir die zentrale Bedeutung des Kernes für das Leben der Zelle kausal zu erfassen, da wir weder die stofflichen Bestandteile des Kerns noch seine Energetik genau genug kennen, um über die Wege, auf denen er seine Beherrschung des Plasmas ausübt, etwas Sicheres aussagen zu können.

Ähnlich liegen die Dinge auch für die vielzelligen Organismen, denn die Eizelle, aus der der differenzierte und zentralisierte Zellverband durch Teilungsketten hervorgeht, ist ja selbst kein homogenes und undifferenziertes Material, sondern trägt die wichtigsten Vorraussetzungen für die im Entwicklungsgeschehen ablaufenden Vorgänge zweifellos schon in sich. Welcher Art diese „Anlagen“ sind, ob der Schwerpunkt auf bestimmte chemische Verbindungen oder auf physikalische Systeme zu legen ist, oder ob es sich um nicht materiell faßbare Entelechien, Feldwirkungen oder ähnliches handelt, ist ja immer noch umstritten. Was uns die Vererbungsforschung über die Anordnung ihrer „Gene“, über ihre phylogenetische Veränderung, Neubildung und Verlust zu sagen weiß, ist — bei aller Bedeutung, die diese Forschungen ohne Zweifel haben — von kausaler Erkenntnis noch weit entfernt.

Angreifbar ist für uns das Problem: Wie entfalten sich diese „Anlagen“ zu der harmonisch geordneten Mannigfaltigkeit des ausgebildeten Organismus? Es kann natürlich nicht Aufgabe dieser kurzen Skizze sein, auf alle Grundprobleme der Entwicklungsmechanik einzugehen. Hingewiesen sei auf das ausgezeichnete, zusammenfassende Referat von O. MANGOLD auf der Tagung der Deutschen Zoologischen Gesellschaft in Jena 1925[1]). Soviel ist sicher, daß die entscheidenden Grundlagen in der Beschaffenheit der befruchteten Eizelle gegeben sind und daß äußere Faktoren nur eine auslösende, evtl. hemmende und modifizierende Rolle spielen. Wenn als Erklärung vielfach die Beschaffenheit der Eizelle herangezogen wird, ihre Polarität, die gesetzmäßige Verteilung organbildender Substanzen, so kann das im besten Falle nur eine Zurückschiebung des Problems bedeuten, da diese Erscheinungen, wenn überhaupt, höchstens auf die Wachstums- und Bildungstendenzen im mütterlichen Organismus zurückführbar sind. Was nun die eigentliche Differenzierung, d. h. die Einengung der „prospektiven Potenz“ der Eizelle zur Bildung des Gesamtorganismus auf die „prospektive Bedeutung“ der einzelnen Zellgruppen für den Aufbau der ihnen zugewiesenen Organe betrifft, so scheint diese schrittweise zu erfolgen, und zwar in den verschiedenen Tiergruppen in verschiedenem Tempo. Der Unterschied zwischen „Mosaik“- und „Regulations“-Eiern dürfte in diesem Sinne nur ein gradueller, kein prinzipieller sein. Von einer gewissen Stufe ab scheint die Differenzierung darauf zu beruhen, daß bestimmte Keimbezirke den anderen in der Entwicklung vorauseilen und nun durch „Organisationsreize“ bestimmte Differenzierungsrichtungen in den benachbarten Bezirken induzieren. Dies geht besonders aus den Untersuchungen SPEMANNS und seiner Schule über die „Organisationszentren“ bei Tritonembryonen hervor. Dort ist die obere Urmundlippe, und zwar im besonderen das Entoderm des Urdarmdaches, ausschlaggebend für die wichtigsten axialen Differenzierungen, Medullarrohr, Chorda, Urwirbel usw. Eine Übertragung dieses „Organisators“ auf andere, noch undifferenzierte Keimbezirke vermag dort die gleichen Bildungen auszulösen. Wichtig ist dabei, daß diese Wirkung nicht artlich spezifisch ist. Pfropfungen zwischen nahe verwandten Arten (Triton taeniatus und cristatus) geben dabei Mischbildungen aus Implantat und Wirtsgewebe, bei entfernteren Formen wird der Wirt zu selbständiger Bildung angeregt, während das induzierende Implantat seine eigene unabhängige Entwicklung einschlägt, so daß zwei gleichgerichtete Bildungen nebeneinander entstehen. Besondere Schwierigkeiten liegen bei der Deutung dieser Befunde vor allem in der verschiedenen Wirkung dieses Organisators auf die verschiedenen Nachbargewebe. Wenn er im Ektoderm Medullarrohr, im Entoderm Chorda, im Mesoderm Urwirbel hervorruft, so muß die Empfänglichkeit der verschiedenen Zellgruppen verschieden sein, da verschiedene „Organisationsströme“, nach den verschiedenen Richtungen vom Organisator ausgehend, wohl kaum vorstellbar sind, besonders bei den Verlagerungsversuchen. Also muß die Empfänglichkeit der induzierten Zellen offenbar auch eine große Rolle spielen. Versuche von DÜRKEN[2]), der Teile der Blastula von Rana fusca vor dem Auftreten des Organisators in die Augenkammer älterer Larven transplantierte und dort typische epitheliale und bindegewebige Strukturen auftreten sah, beweisen, daß diesen Teilen jedenfalls auch, unabhängig von der Gastrulation, ein eigenes Differenzierungsvermögen zukommt. Welcher Natur die Organisationsreize sind, ob

[1]) Hauptprobleme der Entwicklungsmechanik. Zool. Anz. 1. Suppl. 1925.

[2]) DÜRKEN: Das Verhalten embryonaler Zellen im Interplantat. Zool. Anz. 1. Suppl. 1925, S. 84.

es sich dabei um chemische Wirkungen handelt, ist noch ganz ungewiß. Vor allem wissen wir auch noch nichts darüber, was eigentlich das „primum movens" ist, das das Auftreten des ersten Organisators hervorruft. Es läge nahe, hier an Differenzierungen des Eiplasmas zu denken, die schon in der Oogenese festgelegt wären, doch ist dabei zu bedenken, daß andere Verteilung des Plasmas in Durchschnürungs- und Verlagerungsversuchen die rechtzeitige Bildung normaler, nur evtl. entsprechend kleinerer Organisationszentren nicht verhindert.

Zeigt uns die Wirkung der Organisatoren, daß bei den ersten Entwicklungsschritten vielfach abhängige Differenzierung besteht, so folgen darauf sicher Perioden, in denen sich die induzierten Strukturen durch Selbstdifferenzierung weiter ausgestalten. Hierfür sprechen auch Explantationsversuche, bei denen embryonales Zellmaterial in der feuchten Kammer zu typischen Strukturen (Nervenfasern u. ä.) auswuchs. Andererseits existieren offenbar auch „Organisatoren 2. Ordnung", z. B. für die Bildung der Extremitäten, so daß sich die spätere Entwicklung als ein sehr komplexes Zusammenwirken von eigener und abhängiger Differenzierung darstellt.

Ähnliche Organisationszentren lassen sich offenbar auch für die Vorgänge bei der ungeschlechtlichen Fortpflanzung und bei der Regeneration heranziehen. So hat GOETSCH[1]) gezeigt, daß bei der Knospung von Hydra die sich bildende Knospe die wenig differenzierte Körperwand auf weite Strecken hin in ihren Dienst zwingt. Wie weit es sich hierbei allerdings um schon differenzierte oder noch indifferente „interstitielle" Zellen des Muttertieres handelt, bleibt noch unsicher. Bei der Regeneration scheint das differenzierte Gewebe eine organisierende Wirkung auf das Regenerat auszuüben. Besonders merkwürdig ist hier ein Versuch von WEISS. Er schnitt einem Triton die Schwanzspitze ab und verpflanzte die nach einiger Zeit gebildete Regenerationsknospe neben die Vorderextremität in die Körperwand. Dort wuchs sie zu einem Vorderfuß aus. Ebenso zeigen uns Versuche bei Planarien von GEBHARDT die Abhängigkeit transplantierter Regenerationsknospen von der neuen Umgebung, falls ihre eigene Differenzierung nicht schon zu weit vorgeschritten war (nicht älter als 2—3 Tage). Im letzteren Falle entwickelten sie sich unabhängig von der Umgebung weiter. Zur Deutung dieser Vorgänge ist von neueren Autoren (GURWITSCH, WEISS u. a.) der Begriff der „Feldwirkung" bereits differenzierter Gewebskomplexe auf die noch undeterminierte Regenerationsknospe eingeführt worden.

Bei der Regeneration erheben sich noch einige besondere Schwierigkeiten. Angenommen, die Regeneration geht von noch undifferenzierten, sog. embryonalen Zellen aus; wieso haben diese bisher allen Organisationsreizen Widerstand geleistet und treten jetzt auf den „Wundreiz" in Tätigkeit? Und handelt es sich um schon differenzierte Zellen, was veranlaßte zuerst ihre „Entdifferenzierung" und gibt ihnen dann eine so weitgehende neue Differenzierungsfähigkeit? Sind die Organisatoren dauernd wirksam, oder treten sie nur auf bestimmten Entwicklungsstufen auf und werden bei der Regeneration von neuem aktiviert? Oder sind umgekehrt die Zellen nur in bestimmten Perioden für die Organisationsreize „sensibel"?

Trotz erheblicher Fortschritte sind wir offenbar von einer wirklichen kausalen Erkenntnis der ontogenetischen und regenerativen Determination des sich differenzierenden Materiales noch weit entfernt.

Hat einmal die Funktion der differenzierten Organe eingesetzt, so können wir zweifellos für die weiteren Entwicklungsvorgänge auch hormonale Wirkungen

[1]) GOETSCH: Zool. Anz. Bd. 59. 1924.

heranziehen. Aber auch sie haben bisher nur einen beschränkten Erklärungswert. Wenn wir aus den Untersuchungen einer Reihe von Forschern (Gudernatsch[1]), Romeis[2]), W. Schulze[3]) u. a.) wissen, daß das Hormon der Schilddrüse die Wachstumsprozesse der Kaulquappen sehr stark beeinflußt, daß Ausfall oder gesteigerte Zufuhr des Hormons charakteristische Hemmungen bzw. Beschleunigungen hervorruft, so wissen wir doch über die spezifische Reaktionsfähigkeit der einzelnen Organe gegen das im Blute kreisende Hormon noch nichts Sicheres. Und zweifellos kann es nur bereits gegebene Differenzierungen in den einzelnen Organen weiter ausbauen, nicht sie hervorrufen. In diesem Falle hat man übrigens Anhaltspunkte, daß die verschiedenen Organe in verschiedenen Entwicklungsperioden gegen das Thyreoideahormon verschieden sensibel sind.

Ganz außerordentlich wachsen die Schwierigkeiten bei der kausalen Erforschung des zweiten Problems, welche Kräfte denn nun diese mannigfaltigen Differenzierungsprozesse zusammenhalten und ihnen die Richtung auf ein harmonisch gestaltetes, in allen Teilfunktionen reibungslos ineinandergreifendes Ganze geben. Dies Problem der Form, der Ganzheit und der in ihr herrschenden Ordnung erscheint vorläufig kausal kaum angreifbar. Daß es sich nicht um einen starr festgelegten Mechanismus handeln kann, ergibt sich außer aus theoretischen Überlegungen aus den mannigfaltigen „Regulationen“, die bei Störungen des normalen Geschehens eintreten und die das Merkmal der Zweckmäßigkeit, d. h. des Strebens nach Erhaltung bzw. Wiederherstellung der typischen Ordnung der Teile und der Funktionen tragen. Sie sind es ja besonders, die eine Reihe von Forschern zur Annahme materiell nicht faßbarer Formkräfte, Entelechien, gedrängt haben. Wenn man in letzter Zeit vielfach von Organisationszentren, Organisatoren, Feldwirkungen u. ä. spricht, so tragen alle diese Begriffe einen stark teleologischen Charakter. Es ist jedenfalls von höchster Bedeutung, die Gesetze der Wirksamkeit dieser Kräfte möglichst klar herauszuarbeiten, da uns dadurch Ordnung und Beherrschung der Teilvorgänge ermöglicht wird und sich unser Einblick in das Formgeschehen sehr vertieft. Zum allgemeinen Problem der kausalen oder finalen Erkenntnismöglichkeit der Lebensvorgänge kann hier natürlich nicht Stellung genommen werden.

Als eine wichtige Grundlage der einheitlichen und harmonischen Reaktionsweise des Zellverbandes erscheint wohl sicher die gemeinsame Abstammung von einer Zelle, also die Übereinstimmung in den chemischen und physikalischen, evtl. auch „entelechialen“ Grundlagen des „Artplasmas“. Worum es sich dabei eigentlich handelt, ist noch durchaus unklar. Jedenfalls deckt es sich wohl nicht mit dem, was man als die Anlagen zu bezeichnen pflegt. Diesen gegenüber befindet sich die Entwicklungsphysiologie in einer merkwürdigen Lage. Akzeptiert man die meist gültige Vorstellung, daß diese „Gene“ in den Chromatinelementen des Kernes lokalisiert sind, so ergibt sich die anscheinend paradoxe Tatsache, daß nach allen Beobachtungen dieses Material bei jeder Zellteilung gleichmäßig halbiert auf die Tochterzellen verteilt wird, bis zur nächsten Teilung sich wieder durch Wachstum verdoppelt und so unverändert alle Teilungsschritte passiert. Fragt man nach der Bedeutung dieser seltsamen Einrichtung, so soll sie darin liegen, daß bei der Fortpflanzung die Keimzellen dieses volle Anlagematerial dem neuen Individuum übertragen. Die unendlich überwiegende Zahl der Zellen ist aber an der Fortpflanzung gar nicht beteiligt, und doch machen sie gewissenhaft den verwickelten Teilungsprozeß durch. Da auf diese Weise

[1]) Gudernatsch: Arch. f. Entwicklungsmech. Bd. 35. 1913.

[2]) Romeis: Arch. f. Entwicklungsmech. Bd. 40. 1914; Bd. 41. 1915; Zeitschr. f. d. ges. exp. Med. Bd. 5 u. 6. 1917/18.

[3]) Schulze: Arch. mikr. Anat. u. Entw. Bd. 101. 1924.

anscheinend alle Zellen alle „Anlagen" in gleicher Menge und Form enthalten, so vermag uns ihre Anwesenheit gar nichts über Art und Zeit ihrer Beteiligung am Entwicklungsgeschehen auszusagen, so sehr aus gewissen Vererbungsversuchen hervorzugehen scheint, daß Veränderung oder Fehlen einzelner Anlagen mit entsprechenden Veränderungen in der Entwicklung verknüpft ist. Auch die evtl. Bedeutung der Chromosomen als Reservematerial für die Regeneration ändert an dieser Schwierigkeit nichts.

Wir können also vorläufig nur sagen, daß das Zustandekommen eines harmonisch aufgebauten, planmäßig zusammenarbeitenden und sich selbst regulierenden Systems an die gemeinsame Abstammung von einer Zelle und die damit gegebenen, noch nicht näher analysierten Kräfte gebunden ist. Theoretisch wie praktisch von größter Bedeutung ist die Tatsache, daß diese Zusammenarbeit unter gewissen Bedingungen gesprengt werden kann. Es treten dann Zellen auf, die sich unabhängig vom Gesamtorganismus lebhaft vermehren können, also Rohmaterial aus dem Gesamtstoffwechsel beziehen, sich aber in keiner Weise in das übergeordnete System einfügen, es vielmehr durch mechanische Verdrängung und chemische Zerstörung schwer schädigen können. Diese Zellgruppen haben damit aber auch die Differenzierungsmöglichkeit weitgehend eingebüßt und bilden nur Massen einförmig gebauter Gewebstypen. Diese Loslösung aus der korrelativen Bindung des Organismus und die mangelnde Fähigkeit der Differenzierung ist wohl das Entscheidende bei den verschiedenartigen Typen der Geschwülste. A. Fischer hat gezeigt, daß man diese besonderen Eigenschaften auch im Experiment nachweisen kann. Während normale Gewebszellen sich nur züchten lassen, wenn von Anfang an eine größere Zellgruppe vorhanden ist, die in korrelativer Verbindung stehen muß, konnte er Zellen aus Mäusesarkom isolieren und aus einer einzelnen Zelle bei geeigneter Ernährung neues Sarkomgewebe züchten. Versuche von Warburg haben wahrscheinlich gemacht, daß Veränderungen im Stoffwechsel diese Entdifferenzierung und physiologische Isolierung herbeiführen können. Letzthin hat Dürken gezeigt, daß auch auf anderem Wege dieses Ziel zu erreichen ist. Er transplantierte Blastulamaterial von Rana fusca in die Augenhöhle älterer Larven und wirbelte es durcheinander. Während in einem Teil der Fälle sich trotzdem typische Bildungen entwickelten, entstanden in anderen undifferenzierte Zellmassen, die den Eindruck von Geschwülsten machten und sogar infiltrierend in die Nachbargewebe hineinwucherten.

# Parasitismus und Symbiose.

Von

**Otto Steche**

Leipzig.

Mit 57 Abbildungen.

**Zusammenfassende Darstellungen.**

*Parasitismus:* Blanchard, R.: Zoologie médicale. Paris 1889/90. — Braun, A.: Tierische Parasiten des Menschen. 6. Aufl. 1925. — Brumpt, E.: Précis de Parasitologie. 3. Aufl. Paris 1922. — Doflein, R.: Handbuch der Protozoenkunde. 3. Aufl. 1911. — Haberlandt: Physiologische Pflanzenanatomie. 4. Aufl. 1909. — Leuckart, R.: Die Parasiten des Menschen und die von ihnen herrührenden Krankheiten. Leipzig 1879—1901. — Looss, A.: Schmarotzertum in der Tierwelt. Leipzig 1892. — Mense, F.: Handbuch der Tropenkrankheiten. — Neveu-Lemaire, M.: Parasitologie des animaux domestiques. Paris 1912. — Warming-Johannsen: Lehrbuch der allgem. Botanik. 1909.

*Symbiose:* Buchner, P.: Tier und Pflanze in intracellularer Symbiose. Berlin 1921. — Deegener, P.: Formen der Vergesellschaftung im Tierreich. Leipzig 1918. — Espinas: Die tierischen Gesellschaften. Übers. von Schlosser. Braunschweig 1879. — Hertwig, Osc.: Die Symbiose im Tierreich. Jena 1883. — Kammerer, P.: Genossenschaften von Lebewesen auf Grund gegenseitiger Vorteile. Stuttgart 1913. — Kraepelin, K.: Die Beziehungen der Tiere zueinander und zur Pflanzenwelt. Leipzig 1905. — Kropotkin, P.: Gegenseitige Hilfe in der Tier- und Menschenwelt. Leipzig 1910. — Laloy, L.: Parasitisme et Mutualisme dans la Nature. Paris 1906. — Wasmann, E.: Das Gesellschaftsleben der Ameisen. Münster 1915. — Wheeler, W. M.: Ants. New York 1913.

Beschäftigte sich das vorhergehende Kapitel mit der Ausgestaltung des Individuums in Wachstum und Funktion, so führt uns die Besprechung von Parasitismus und Symbiose zur Betrachtung der Beziehungen des einzelnen Lebewesens zu seiner Umwelt. Es ist eine allgemein bekannte Tatsache, daß Bau und Funktion des einzelnen Bionten außer von den in ihm liegenden Selbstbestimmungskräften auch weitgehend vom Einfluß seiner Umgebung, dem „Milieu" abhängt. Nur wenn seine Leistungsfähigkeit den von der Umwelt gestellten Ansprüchen genügt, wenn es seinem Milieu „angepaßt" ist, vermag es sich darin auf die Dauer zu behaupten. — Die Einwirkung der Umgebung ist einerseits allgemeiner Natur: Chemische und physikalische Beschaffenheit des Bodens, Klima, Temperatur und Salzgehalt des Wassers bei Meerestieren üben charakteristisch gestaltende Wirkung auf die Lebewesen aus. Mindestens ebenso wichtig sind aber die Beziehungen zu den lebenden Gliedern des Milieus. Jedes Lebewesen ist hineingestellt in eine „Biocönose", d. h. es ist mit den anderen, den gleichen Lebensraum erfüllenden Bionten durch eine Fülle äußerst mannigfaltiger und verwickelter Beziehungen verbunden. Nahrungserwerb und Fortpflanzung sind für Pflanzen wie Tiere weitestgehend von Förderung, Gegnerschaft und Wettbewerb der umgebenden Bionten abhängig. Parasitismus und Symbiose lassen sich nun vielleicht am besten und allgemeinsten definieren als *die spezialisierte Anpassung einzelner Tiere oder Pflanzen an ein oder einige lebende Mitglieder ihrer Biocönose, durch deren Ausnutzung ihnen allein ihre*

*Lebenshaltung ermöglicht wird.* Verschwinden diese Glieder, so ist die Existenz der von ihnen abhängigen unmöglich geworden, wenn es ihnen nicht gelingt, durch neue Anpassung einen Ersatz zu finden. Aus ihren allgemeinen Lebensbedingungen hebt sich also ein Komplex heraus, der den gesicherten Kontakt mit dem speziellen Partner, die Anpassung an dessen besondere Lebensgewohnheiten und seine Ausnutzung für die eigenen Bedürfnisse zum Ziele hat. Naturgemäß kann diese Definition keine scharfen Grenzen geben, denn jedes Lebewesen ist irgendwie auf die Unterstützung der anderen angewiesen und von geringfügiger Abhängigkeit bis zu absoluter Bedingtheit durch den Partner führen alle Übergänge.

## 1. Parasitismus.

In erster Linie pflegen wir unter Parasitismus das Verhältnis zu verstehen, bei dem der eine Partner, der „Wirt", dem anderen, dem Parasiten, als Nahrungsquelle dient, wobei er selbst mehr oder weniger stark geschädigt wird. Allein auch mit dieser Einschränkung läßt sich keine scharfe Abgrenzung ziehen. Wir werden sicher nicht sagen, daß die Huftiere der Steppe Parasiten der Gräser sind, obwohl die Definition sehr weitgehend auf diesen Fall zutrifft, nur daß hier keine scharfe Spezialisierung auf bestimmte Wirte eingetreten ist. Merkwürdigerweise pflegen wir aber auch nicht zu sagen, daß etwa bestimmte Raupen oder Blattwespen Parasiten bestimmter Pflanzen sind. Und doch liegt hier oft (z. B. bei monophagen Raupen) eine absolute Bindung der Parasiten an den Wirt und eine Abstellung aller seiner Lebensfunktionen auf Besitzergreifung und Ausnutzung dieses Wirtes vor, wie sie bei den typischsten „Parasiten" nicht vollkommener sein kann. Eine Pflanzensäfte saugende Blattlaus ist weit schärfer und dauernder an ihren Wirt angepaßt als die meisten blutsaugenden Insekten an ihre tierischen Wirte; trotzdem pflegen wir nur in letzterem Falle von Parasitismus zu sprechen. Für die auf Pflanzen lebenden Parasiten hat sich in unserer Zeit der Begriff „Schädlinge" eingebürgert, aber auch er ist sachlich zu eng, da er anthropozentrisch nur auf die Parasiten angewendet wird, die Kulturpflanzen und Vorräte der Menschen befallen. Wie so häufig in der Wissenschaft sehen wir auch im Falle des Parasitismus einen ursprünglich engen Begriff allmählich sein Gebiet erweitern, wobei ihm die Spuren seiner Herkunft noch lange anhängen können. Der Begriff des Schmarotzertums ist beim Menschen entstanden und zunächst auf die Tiere ausgedehnt worden. Als wesentlich wurden dabei anscheinend nicht nur enge räumliche Beziehungen und die Schädigung des Wirts empfunden, sondern offenbar auch das Auftreten besonderer morphologischer Merkmale der einseitig spezialisierten Lebensweise beim Parasiten, u. U. auch beim Wirt. Diese morphologische Charakteristik ist dann auch mit wirksam gewesen bei der Ausdehnung des Begriffs Parasitismus auf Schädlinge an Pflanzen. Besonders typisch hierfür ist beispielsweise die Gallenbildung. Jeder Biologe wird bei einem gallenbildenden Schmarotzer sicherlich das „Gefühl" haben, daß dies ein Parasit ist, und doch führen von den freilebenden saugenden Formen alle Übergänge in den feinsten Schattierungen bis zur höchst entwickelten Gallenbildung und die funktionelle Bindung wie die Schädigung des Wirts ist bei äußerlich freien Formen oft mindestens ebenso groß als bei Gallenbildnern. Was fehlt, ist nur die ins Auge fallende morphologische Veränderung.

Da der Parasitismus eine sich aus den allgemeinen Bedingungen der Biocönose heraus spezialisierende Erscheinung darstellt, so müssen wir naturgemäß erwarten, alle möglichen Stufen dieser Entwicklung vorzufinden: Tatsächlich stoßen wir bei Betrachtung der Organismenwelt auf eine fast unübersehbare

Fülle von Formen und Graden dieser Anpassung. Vielfach handelt es sich nur darum, daß der Wirt seinem Genossen Wohnraum und gesicherten Aufenthalt bietet. So etwa, wenn viele krautigen Pflanzen sich zu besserer Ausnutzung des Lebensraumes auf Stämmen und Kronen der Bäume ansiedeln, wie viele Orchideen, Farne und andere Pflanzengruppen im tropischen Urwald, wenn der Pelz der Faultiere eine Reihe von Algenarten beherbergt, wenn Jungfische sich zwischen die Tentakelwälder großer Medusen oder Siphonophoren zurückziehen, wenn der Fisch Fierasfer seinen Unterschlupf in Kloake und Wasserlungen der Holothurien sucht, oder zahlreiche Krebse sich in die Schalen lebender Muscheln oder Schnecken einquartieren. In manchen Fällen kommt es dabei zu Wohngemeinschaften großen Stils, man denke etwa an die zahlreichen Insekten, die als „Gäste“ in den Bauten der Ameisen oder Termiten leben, oder an die Korallenriffe, wo zwischen den stachligen, schwer zugänglichen Bauten der Korallenpolypen ungezählte Anneliden, Echinodermen, Mollusken, Fische Wohnung und Zufluchtsort finden. So weit es sich hier um eine einfache Wohnungsgemeinschaft handelt, sind für solche Schmarotzer die Bezeichnungen Epiphyten, Epöken, Paröken oder Synöken zutreffend. Allerdings gehen sehr häufig in solchen Fällen die Beziehungen über den einfachen „Raumparasitismus“ hinaus und führen zu stärkerer Beanspruchung bzw. Schädigung des Wirtes; man denke etwa an die Orchideen, unter denen sich eine lückenlose Reihe von reinen Wohnungsschmarotzern bis zu einseitigst angepaßten echten Parasiten aufstellen läßt, oder an die Ameisengäste, die z. T. völlig harmlos, selbst bis zu einem gewissen Grade durch Beseitigung der Abfälle ihren Wirten nützlich sind, oft aber diesen durch Vernichtung der Brut höchst gefährlich, ja verhängnisvoll werden können. — Eine andere ziemlich äußerliche Form des Schmarotzertums liegt vor, wenn wenig bewegliche oder festsitzende Tierformen andere Tiere als Transportmittel benutzen. Hierin gehören etwa die zahlreichen Polypenformen, Cirripedien, Anneliden, Ascidien, die sich auf Krebsen, Schneckenschalen, selbst auf Fischen ansiedeln, die Schiffshalter (Echeneis), die sich an Haien und anderen großen Meeresfischen, aber auch an Schiffen ansaugen und weit von ihnen verschleppt werden können, die Milbenlarven, die Käfer als Transportmittel benutzen u. a. m. Auch von hier aus kann der Weg gelegentlich, wenn auch selten, zu echtem Parasitismus führen.

Ein weiterer Fall ist der Kommensalismus, bei dem die Schmarotzer ihren Wirt selbst nicht angreifen, aber einen Teil der von ihm erworbenen Nahrung für sich verwenden. Das tun beispielsweise viele der Raumparasiten, die auf Einsiedlerkrebsen lebenden Actinien und Schwämme, die als Muschelgäste lebenden Krabben, die merkwürdigen Myzostomawürmer, die auf Seelilien leben und ihren Rüssel in den Mund des Wirts stecken, um an seinem Futter teilzunehmen. Dahin ist aber auch ein sehr großer Teil der Darmparasiten zu rechnen, die nur den Nahrungsbrei des Wirtsdarmes ausnutzen, aber sonst durchaus harmlos sind. Fast bei allen Tieren birgt der Darm eine Fülle solcher Commensalen, besonders Bakterien und Protozoen. In manchen Fällen ist ihre Anwesenheit dem Wirt sogar nützlich. So ist sehr wahrscheinlich, daß die im Pansen der Huftiere lebenden Ciliaten eine wichtige Rolle für den Aufschluß der Cellulose des Grünfutters spielen, und dadurch erst den Wirten die in den Zellen enthaltenen Nährstoffe zugänglich machen. Etwas Ähnliches liegt wahrscheinlich bei der merkwürdigen Flagellatenfauna im Darm der holzfressenden Ameisen und Termiten vor (s. u. S. 649).

Beim echten Parasitismus ist diesen Fällen gegenüber das charakteristische Merkmal, daß der Schmarotzer seine Nahrung den Säften oder Geweben des Wirtes direkt entnimmt. Auch in dieser engeren Gruppe gibt es die mannigfaltigsten Abstufungen und Variationen in der Beziehung beider Partner. In manchen Fällen machen die Schmarotzer nur bei günstigen Gelegenheiten von der Ausnutzung eines Wirtes Gebrauch, vermögen aber auch ganz gut allein zu bestehen. So dringen die im Boden lebenden Nematoden der Rhabditisgruppe gern bei Gelegenheit in lebende Pflanzen und Tiere ein, vermögen aber auch sehr gut, sich von verwesenden Stoffen allein zu ernähren[1]). Ebenso benutzen eine Reihe von Fliegenarten, die ihre Eier gewöhnlich an Aas absetzen, gelegentlich lebende Tiere zur Unterbringung ihrer Brut. — Unter den Pflanzen, die auf den Wurzeln anderer Gewächse parasitieren, sind viele, die auch ohne dieses Hilfsmittel ganz gut fortzukommen vermögen. In der weitaus überwiegenden Zahl der Fälle ist der Parasitismus jedoch obligatorisch, d. h. fest in den Lebenskreis der Art eingefügt. Dabei gibt es wieder alle Übergänge von solchen Formen, die nur kurze Zeit parasitieren, bis zu solchen, deren ganzes Leben an fremde Organismen gebunden ist. Bei vielen blutsaugenden Dipteren, z. B. unseren Stechmücken, bedarf nur das geschlechtsreife Weibchen der Blutentnahme, um seine Eier zur Reife zu bringen[2]). Oft genügt schon ein einmaliges Saugen. Das ist also eher eine Form der Räuberei als ein wirklicher Parasitismus. Noch mehr erscheint diese Beziehung zum räuberischen Leben etwa bei den blutsaugenden Fledermäusen ausgeprägt. Doch läßt sich unter den Insekten bei Fliegen, Wanzen, Flöhen, Läusen eine immer innigere und dauerndere Anpassung an den Wirt verfolgen bis zum dauernden Parasitismus etwa der menschlichen Läuse, bei denen alle Entwicklungsstadien auf den Wirt verlegt sind.

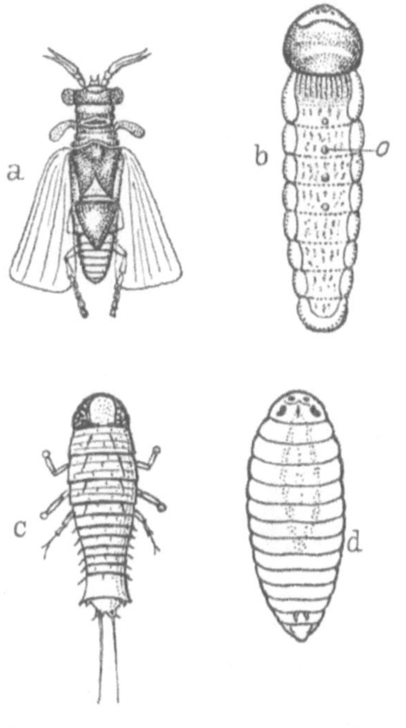

Abb. 62. Xenos vesparum. *a* Männchen, *b* Weibchen von der Ventralseite gesehen, $^{10}/_{1}$; *O* Ausmündungen der Genitalgänge, *c* freies Larvenstadium, *d* fußloses parasitisches Larvenstadium. (Nach NASSONOW.)

Sehr häufig finden wir den Fall, daß im Entwicklungskreis einer Art nur gewisse Stadien, dann aber streng gesetzmäßig, eine schmarotzende Lebensweise führen. Oft ist das geschlechtsreife Stadium frei, und die Larve lebt parasitisch. Hierhin gehören sehr viele Insekten, die Schlupfwespen, Schmarotzerbienen, Grabwespen, eine Reihe parasitischer Käferarten. Es sollten eigentlich hierhin auch alle Insekten gerechnet werden, deren Larven von Pflanzen leben, also vor allem Schmetterlingsraupen, Blattwespen und Käferlarven. Unter den Pflanzen gehören hierhin die Hutpilze, deren Mycel in lebenden Pflanzen schmarotzt, manche Orchideen, die Rafflesiaceen u. a. m., bei denen nur die Blüten frei aus dem Wirtskörper hervortreten. Manchmal kehrt nur das eine Geschlecht zur freien Lebensweise zurück, wie bei den seltsamen Strepsipteren, die als Larven im Hinterleib anderer Insekten schmarotzen. Dort wird nur das Männchen frei, während das Weibchen sich nur zum Teil aus dem Leibe des Wirts herausschiebt und dort vom Männchen aufgesucht und befruchtet

[1]) DE MAN, E. P.: Die frei in der reinen Erde und im süßen Wasser lebenden Nematoden der niederländischen Fauna. Leiden 1884. — MAUPAS: Arch. de zool. exp. et gén. 1901.

[2]) CHALOM, B. S.: Indian journ. of med. research Bd. 14. 1927.

wird. Die abgesetzten Larven sind zunächst frei beweglich und suchen aktiv ein neues Wirtstier auf[1]) (Abb. 62). Auch in anderen Fällen finden wir solche nicht parasitischen ersten Larvenstadien, z. B. beim Ölkäfer, Meloë. Dort werden die Eier in der Erde abgesetzt, die Larven klettern auf Blüten und gelangen von da auf blütenbesuchende Hymenopteren, von denen sie sich ins Nest tragen lassen, um sich dort in ganz anders aussehende Larvenstadien zu verwandeln[2]).

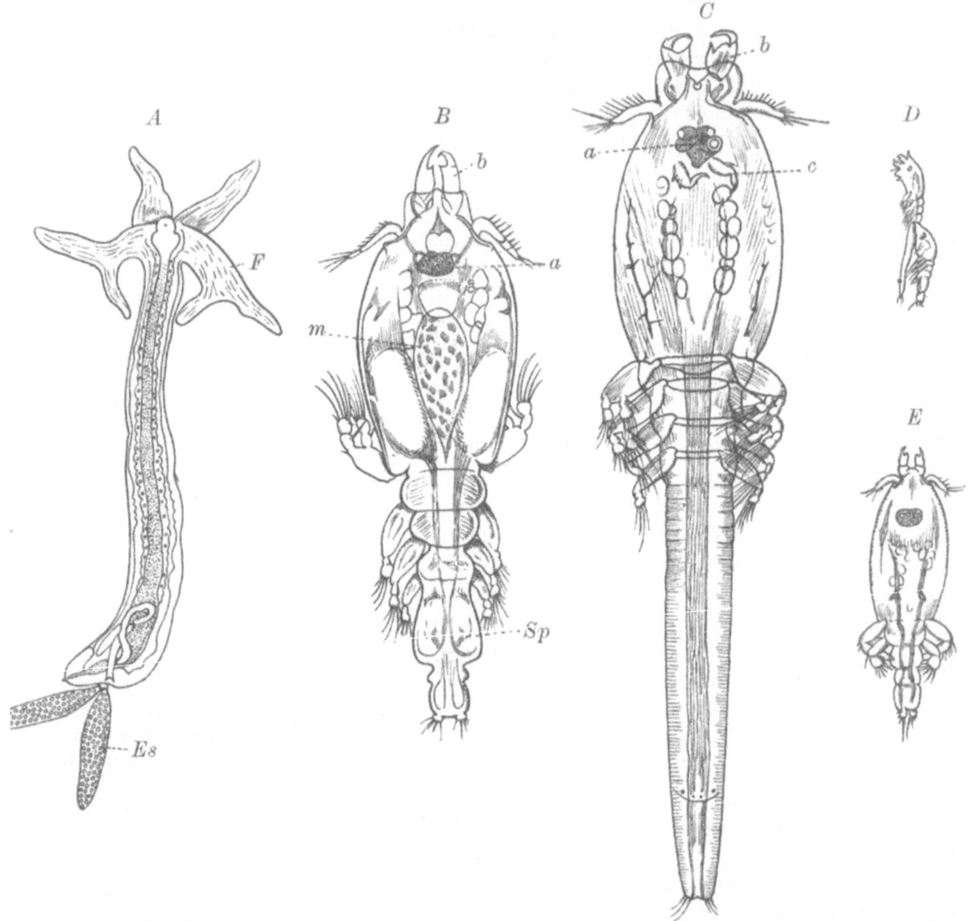


Abb. 63. Lernaea branchialis Nordm. *A* ausgewachsenes Weibchen mit noch kleinen Eiersäcken (*Es*) von der Kieme des Dorsches, *F* Kopffortsätze, *B* Männchen von den Kiemen der Scholle, stärker vergr. *b* Klammerantenne, *a* Auge, *m* Magendarm, *Sp* Spermatophorenbehälter, *C* unbefruchtetes Weibchen, von der Bauchseite, Bezeichnungen wie *B*, ferner *c* Maxillarfüße, *D* ♂ und ♀ in Copula schwach vergr., *E* schwärmende Cyclops-Larve. (Nach Claus, aus Hesse-Doflein: Tierbau und Tierleben.)

Den umgekehrten Fall, daß die Jugendstadien frei sind und die Erwachsenen parasitieren, zeigen uns viele Krebse. Bei Copepoden und Cirripedien gehen aus den Eiern freischwimmende, annähernd normal gestaltete Larven hervor, die unter mehreren Häutungen heranwachsen, sich dann erst an einem Wirt festsetzen und sich in das meist ganz abweichend gestaltete geschlechtsreife Tier

[1]) v. Siebold: Arch. f. Naturgesch. Bd. 9. 1843. — Nassonow, N. (übersetzt von Hafeneder): Ber. d. nat.-med. Ver. Innsbruck 1910.

[2]) Fabre, J. H.: Souvenirs entomologiques. Bd. 2 (XIV—XVII).

verwandeln (Abb. 63). Ähnlich liegt der Fall bei vielen Trematoden, deren Jugendstadien frei im Wasser leben. Bei vielen Nematoden, z. B. zahlreichen Rhabditiden, gelangen die Eier oder jungen Larven in den Boden, dort wachsen die Larven heran und dringen erst als Erwachsene in Pflanzen oder Tiere ein. Manchmal vollzieht sich sogar die Befruchtung noch im Freien, und nur das Weibchen geht dann zum Parasitismus über. Diesen Fall zeigt z. B. die merkwürdige Sphaerularia[1]). Auch viele Protozoen finden sich als Sporen oder Cysten vorübergehend frei, bis sie wieder Gelegenheit haben, in einen neuen Wirt zu gelangen.

Auch bei den dauernd parasitisch lebenden Formen macht sich natürlich von Zeit zu Zeit der Übergang auf einen neuen Wirtsorganismus nötig. Bei den Außenschmarotzern geschieht dies verhältnismäßig einfach durch Überwandern, so z. B. bei den Läusen. Bei den Pflanzenläusen (Blatt-, Wurzel-, Rindenläuse) dienen dazu besondere geflügelte Individuen, die nur zu bestimmten Jahreszeiten auftreten. Schwieriger ist das Problem für die Innenschmarotzer. Hier werden vielfach die Eier nach außen entleert, um von einem neuen Wirt gleicher Art aufgenommen zu werden, wie bei den Ascariden. Oder es verteilen sich die Entwicklungsstadien der Parasiten auf verschiedene Tierformen; wir finden einen Wirtswechsel. Bei den Distomeen unter den Trematoden werden die Eier aus dem Wirtskörper meist mit dem Kot entleert, die Larven schlüpfen im Wasser aus, dringen dann in Schnecken oder Insektenlarven ein, in denen sie eine Reihe von Generationen unter Übergang auf neue Wirte der gleichen Art durchlaufen können und gelangen endlich nach einer Encystierung im Freien oder direkt dadurch, daß der „Zwischenwirt“ vom definitiven Wirt gefressen wird, an den Platz, wo sie geschlechtsreif werden. Häufig stehen dabei die beiden Wirtsarten in gesetzmäßigen biologischen Beziehungen, so bei vielen Bandwürmern. Dort bildet ein fleischfressendes Tier den definitiven Wirt, in seinen Beutetieren entwickeln sich die Jugendstadien der Parasiten, die Finnen. Daher kommt es, daß von den menschlichen Bandwürmern die Finnen sich in unseren hauptsächlichen Fleischlieferanten finden, die von Taenia solium im Schwein, die von Taenia saginata im Rind, die von Dibothriocephalus latus in Fischen. Umgekehrt hat uns die enge Beziehung zum Hund das Schicksal beschert, daß Menschen gelegentlich zum Träger der Finnen einer seiner Bandwürmer, der Taenia echinococcus werden.

Eine etwas andere Form des Wirtswechsels finden wir bei Blutparasiten. Allgemein bekannt ist ja die Entwicklung der Malariaplasmodien, die in den roten Blutkörperchen von Menschen und anderen Wirbeltieren schmarotzen. Blutsaugende Dipteren, speziell die Anophelesarten, nehmen solches infiziertes Blut auf, in ihrem Magen entwickeln sich dann die geschlechtlichen Stadien der Plasmodien, und ihre Teilungsprodukte gelangen in die Speicheldrüsen der Mücken, um mit dem Stich wieder auf den Warmblüter übertragen zu werden. In die gleiche Kategorie gehört die Übertragung der als Erreger vorwiegend tropischer Krankheiten so wichtigen und verhängnisvollen Trypanosomen, Babesien, Spirillen u. a., wobei als Überträger neben Fliegen auch Wanzen, Läuse und Zecken in Betracht kommen.

Einen landläufigen, wenn auch zienmlich äußerlichen Einteilungsgrund der Parasiten bietet ihr Sitz am Körper des Wirts, wonach man Ekto- und Entoparasiten zu unterscheiden pflegt. Zu den Entoparasiten (Entozoen) pflegt man auch die Darmschmarotzer zu rechnen, obwohl das vom physiologischen Standpunkt gesehen eigentlich ungerechtfertigt ist. Denn die Darmparasiten befinden sich physiologisch genau so auf der Außenfläche des Körpers, wie die Hautparasiten. Dieser physiologische Tatbestand drückt sich ja auch in der Tat-

[1]) Leuckart, R.: Abhandl. d. sächs. Ges. d. Wiss. 1887.

sache aus, daß wir unter den „Entozoen" eine Menge Formen finden, die reine Raumparasiten und Commensalen und gar keine Schmarotzer im engeren Sinne sind (Bakterienflora des Darmes, viele Gregarinen, Flagellaten, Bandwürmer, Nematoden). Echte Entozoen sind physiologisch nur solche Parasiten, die im Blut und Gewebe ihrer Wirte schmarotzen. Eine scharfe Grenze läßt sich hier allerdings nicht ziehen. Man denke etwa an Balantidium coli, das im Darmlumen lebt, aber bei Gelegenheit die Darmwand angreift und dann in tiefgehenden Geschwüren das Wirtsgewebe zerstört[1]), oder die Entamoebaarten, von denen E. coli ein meist harmloser Raumparasit des Dickdarms ist, während E. tetragena, der Erreger der Amöbenruhr, die Darmwand angreift[2]). Vielfach finden wir auch die gleiche Parasitenform auf verschiedenen Entwicklungsstadien als Außen- und Innenschmarotzer. Manche der parasitischen Cirripedien z. B. heften sich zunächst außen am Wirt fest, bohren sich aber dann mit Teilen ihres Körpers ins Innere, wie die berühmte Sacculina, die mit ihren wurzelartigen Ausläufern alle Organe des Wirts umspinnt[3]). Bei den Dasselfliegen unserer Rinder, Hirsche und Rehe werden die Eier vom Weibchen der Fliege zunächst an den Pelz des Wirtstieres angeheftet. Durch Ablecken gelangen sie in den Magen. Dort werden die Larven frei, bohren sich durch die Darmwand und durchwandern auf komplizierten Wegen mit bestimmten Stationen die Gewebe, wobei sie sogar in den Wirbelkanal eindringen, bis sie endlich unter der Haut anlangen und aus dem dort entstandenen Geschwür sich zur Verpuppung ins Freie bohren. Ähnlich komplizierte Wanderungen, nur in umgekehrter Richtung, legt die Larve des Grubenwurms Ankylostomum zurück, die sich in die Haut einbohrt, dann im Blute kreist, bis sie in die Lungencapillaren gelangt. Dort bohrt sie sich in die Alveolen heraus und wandert durch Bronchien und Trachea in den Darmkanal, wo sie sich im Dünndarm festsetzt[4]). Polystomum integerrimum, ein Trematode, lebt in der Jugend auf den Kiemen der Kaulquappen; wenn diese bei der Metamorphose zum Frosch verschwinden, wandert er in den Darm ein und setzt sich schließlich in der Harnblase fest. Unter den Parasiten mit Wirtswechsel finden sich oft die Larvenformen im Gewebe des Zwischenwirts, während die geschlechtsreifen Tiere sich beim definitiven Wirt im Darmkanal oder dessen Anhängen aufhalten (Distomeen, Cestoden). Die Blutparasiten, die von blutsaugenden Insekten übertragen werden, müssen naturgemäß immer einige Zeit in dessen Darmkanal verweilen, gelangen aber von da wieder in die Gewebe, so daß sie den weitaus größten Teil ihres Lebenszyklus als echte Entoparasiten zubringen.

Die einseitige Anpassung an einen bestimmten Wirtsorganismus bedeutet für die Parasiten eine starke Einschränkung ihres Lebensraumes und eine weitgehende Spezialisierung ihrer Lebensleistungen, die ihre Vorteile und Nachteile hat. Ein Schmarotzer, der einmal den Anschluß an seinen Wirt gefunden hat, kann sich eine sehr erhebliche Vereinfachung seines Betriebes leisten. Er kann auf eigene Bewegung verzichten und braucht, besonders wenn er im Innern des Wirtes geborgen ist, auch nur wenige Sinnesleistungen, vorwiegend mechanischer und chemischer Art. Im Darm oder den Geweben des Wirtes wird ihm auch die selbständige Verdauungsarbeit fast ganz abgenommen. Dafür muß er besondere Anstrengungen machen, um an seinen Wirt heranzukommen und, vor allem bei Innenschmarotzern, um die Übertragung seiner Nachkommenschaft

[1]) Ruge, in Mense: Handb. d. Tropenkrankheiten. Bd. IV, S. 44.

[2]) Vgl. Hartmann, in Prowazek: Handb. d. pathogenen Protozoen und Ruge, in Mense: Handb. der Tropenkrankheiten. Bd. IV, S. 3ff.

[3]) Delage, Y.: Arch. de zool. exp. et gén. 1884.

[4]) Looss, A.: Monograph. Records of the Egyptian Government School of Medicine. Bd. III. 1905.

zu sichern. So kommt es bei Parasiten höheren Grades meist zur Rückbildung gewisser Funktionen und Organe bei gleichzeitiger Hypertrophie anderer. Dadurch erwecken sie den Eindruck einer eigenartigen Disharmonie und nehmen

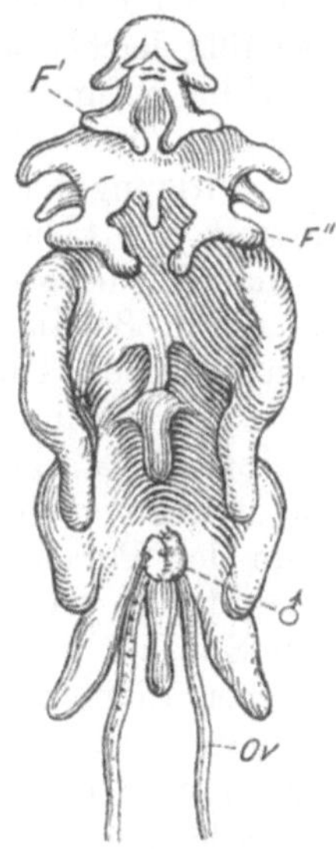


Abb. 64. Chondraconthus lophii (gibbosus). Weibchen von der Bauchfläche mit anhaftendem Männchen ♂ $^{10}/_{1}$. *F'*, *F''* die beiden Fußpaare, *Ov* Eierschläuche. (Nach CLAUS-GROBBEN.)

Abb. 65. Entione Moniezii. (Aus Mitt. d. zool. Stat. Neapel Bd. 3.)

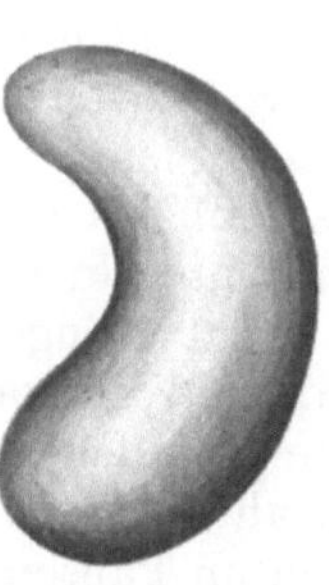

Abb. 66. Allantonema mirabile. (Aus: LEUCKART: Abh. d. sächs. Ges. d. Wiss. 1887.)

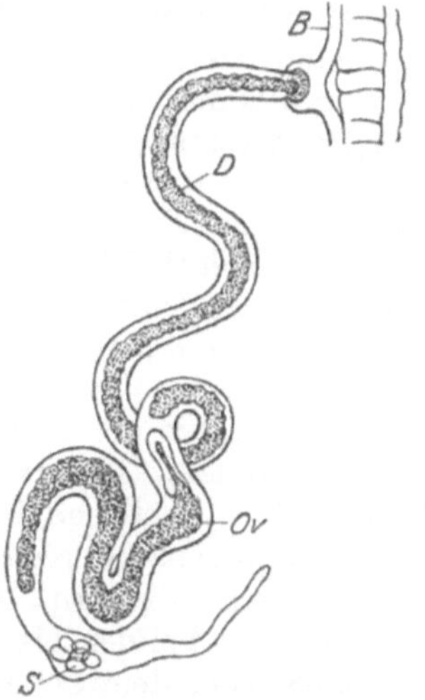


Abb. 67. Entoconcha mirabilis. $^{25}/_{1}$. *B* Blutgefäß von Lapidoplax, an dem Entoconcha befestigt ist, *D* Darm, *Ov* Ovarium, *S* Hoden. (Nach JOH. MÜLLER.)

oft ganz bizarre Gestalten an, so daß der Morphologe und Systematiker vielfach die größten Schwierigkeiten hat, ihre Herkunft und verwandtschaftlichen Zusammenhänge festzustellen (Abb. 64—67).

Die enge Bindung an den Wirt, zu deren Gunsten die freie und selbständige Lebensführung aufgegeben wurde, bedroht natürlich die Parasiten mit schweren Gefahren, da sie ihnen die notwendige Elastizität gegenüber Veränderungen der Umwelt raubt. Verschwindet der Wirt, oder wird aus irgendeinem Grunde die Übertragung von Wirt zu Wirt in Frage gestellt, so ist der Parasit verloren. Die *Bekämpfung eines Parasiten* ist daher verhältnismäßig leicht, wenn man einmal den schwachen Punkt in seinem Entwicklungszyklus gefunden hat; die menschliche Wissenschaft hat diese Schwäche schon oft mit durchschlagendem Erfolg ausgenutzt. Erinnert sei nur an die fast völlige Beseitigung der Trichinen durch Einführung der Fleischbeschau, die Unterdrückung des Leberegels der Schafe durch Kontrolle des Weideganges, um die Aufnahme encystierter Cercarien zu verhindern, die Einschränkung der Malaria durch Bekämpfung der Stechmücken. So mannigfaltig sonst die Beziehungen zwischen Parasit und Wirt auch sein mögen, so muß doch eine Bedingung so gut wie immer erfüllt sein: der Parasit muß kleiner sein als sein Wirt. Das ergibt sich ja schon daraus, daß der Wirt nicht nur den Wohnraum stellen und die Bewegung übernehmen, sondern auch hinreichend Nährmaterial haben muß, um den Parasiten mit zu versorgen, ohne selbst zugrunde zu gehen. Deswegen gilt dies Gesetz immer für den Zeitpunkt, in dem der Parasit mit dem Wirt in Kontakt kommt. Ausnahmen gibt es höchstens unter den Pflanzen bei manchen Lianen, die größer sein können als ihre Opfer, oder dem berühmten Banyanbaum, der noch als Riesenstamm benachbarte Bäume mit seinen Zweigen umspinnen und aussaugen kann. Hier handelt es sich aber nicht mehr um obligatorischen, sondern fakultativen Parasitismus. Aus dieser notwendigen Kleinheit der Parasiten erklärt sich wohl zum Teil die Tatsache, daß wir unter ihnen vorwiegend Vertreter der kleineren und einfacher organisierten Gruppen des Systems finden, vor allem viele Einzellige, dagegen so gut wie keine Vertreter der Wirbeltiere, während umgekehrt die großen und hoch organisierten Formen hauptsächlich als Wirte benutzt werden.

Betrachten wir nach diesen allgemeinen Bemerkungen nunmehr den Einfluß des Parasitismus auf die einzelnen Organsysteme zunächst der Tiere.

Beim Hautsystem ist einmal die Funktion mechanischen Schutzes je nach der Lebensweise des Schmarotzers sehr verschieden beansprucht. Die Ektoparasiten sind zum Teil stark der Gefahr mechanischer Verletzung ausgesetzt, z. B. die Blutsauger bei Vögeln und Säugetieren. Daher finden wird dort oft eine sehr widerstandsfähige Körperbedeckung, meist von ziemlich elastischer Natur. Bekannt ist ja, welche Schwierigkeiten es macht, Flöhe, Läuse, Zecken durch Zerdrücken zu töten. Ähnlich liegen die Dinge auch bei manchen parasitischen Krebsen, wie der Karpfenlaus, Argulus, den Blutegeln und ektoparasitischen Trematoden. Bei den beiden letzteren ist es allerdings vorwiegend das sehr zähe und elastische Bindegewebe, welches diese Widerstandsfähigkeit bedingt. Verhältnismäßig recht feste Körperbedeckung finden wir auch bei manchen Darmschmarotzern, die zwischen groben Nahrungsbrocken sich zu bewegen haben. So bei den bizarr gestalteten Infusorien im Pansen der Wiederkäuer (Abb. 68) oder dem Copepoden Enterognathus, der im Darm der Seelilie Anthedon lebt, sowie bei den im Pferdemagen verankerten Larven der Magenbremse Gastrophilus equi (Abb. 69). Sehr fest pflegen auch die Hüllen bei den Stadien zu sein, die zur Übertragung auf einen neuen Wirt dienen. Die Eier der Nematoden, Trematoden und Cestoden sind mit festen Schalen umgeben, die neben mechanischer Verletzung besonders auch das Austrocknen verhindern sollen. Ähnlich liegen die Dinge auch für die Sporen der Bakterien und die Cysten der Protozoen.

Wo eine solche Schutzfunktion fortfällt, pflegt die Haut weich und dünn zu werden. So bei Ektoparasiten, die an geschützten, weder für fremde Angreifer noch für Abwehrbewegungen des Wirts zugänglichen Stellen sitzen, wie die parasitischen Copepoden an den Kiemen der Fische (vgl. Abb. 63), oder die unter dem umgeschlagenen Hinterleib der Krabben geborgene Sacculina (vgl. Abb. 81). Bei diesen Crustaceen spielt wie bei vielen anderen der hier erwähnten Formen dabei auch sicher eine wesentliche Rolle, daß die Ortsbewegung fortfällt und dadurch der als Stützpunkt für die Muskulatur dienende Chitinpanzer entlastet wird. Besonders dünn wird die Haut bei Entozoen und Darmparasiten,

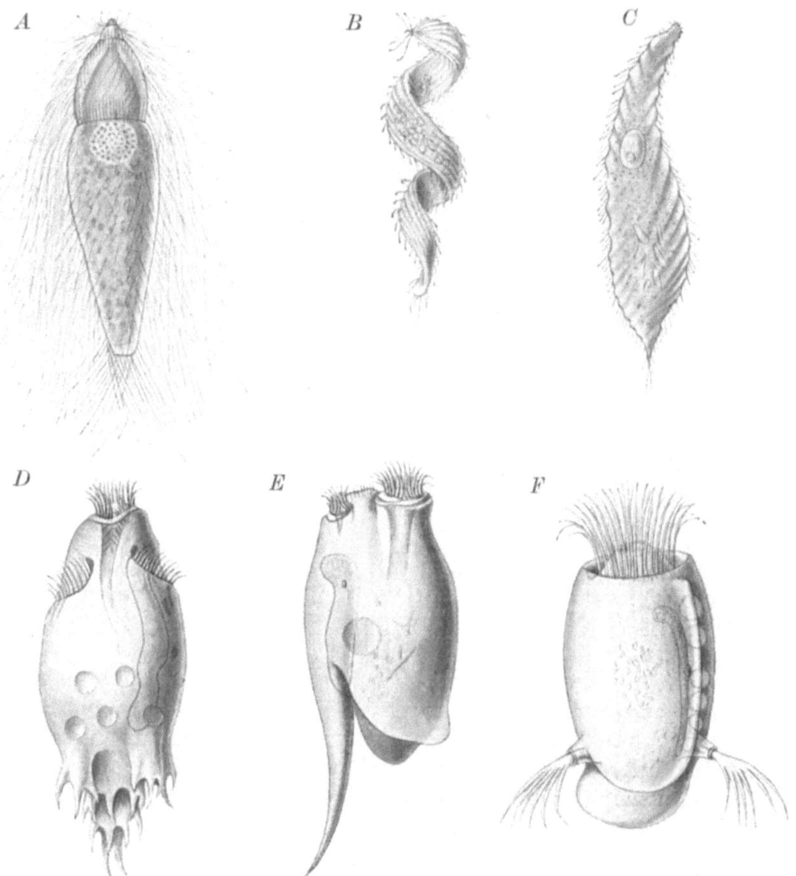


Abb. 68. Darmbewohnende Protozoen aus Därmen, die mit harten Pflanzenteilchen erfüllt sind. *A—C* Flagellaten aus Termiten, *D—F* Infusorien aus Huftieren. *A* Trichonympha agilis Leidy, *B* Dinonympha gracilis Leidy, *C* Pyrsonympha vertens Leidy, *D* Ophryoscolex caudatus Eberl. aus dem Rind, *E* Entodinium caudatum Stein aus dem Rind, *F* Cycloposthium bipalmatum Fior. aus dem Blinddarm des Pferdes. (Aus Hesse-Doflein: Tierbau und Tierleben.)

da sie dort oft die Funktion der Ernährung auf osmotischem Wege zu übernehmen hat. Beispiele bieten die Blutparasiten, Protozoen wie Würmer (Filariiden), unter den Darmbewohnern Gregarinen, Cestoden, Nematoden, Echinorhynchen, Linguatuliden u. a. Aus ähnlichen Gründen erklärt sich vielleicht auch die starke Rückbildung der Gallerte bei den in anderen Medusen schmarotzenden Generationen der Narcomeduse Cunina[1]).

[1]) Stschelkanowzeff: Mitt. d. Zool. Stat. Neapel Bd. 17. 1906. — Hanitzsch, P.: Zoologica Bd. 67. 1912.

Eine sehr wichtige und für Parasiten fast spezifische Funktion hat aber die Haut noch vielfach zu übernehmen, die Befestigung der Parasiten am Wirt. Dazu dienen die zu Hakenklammern umgebildeten Beine bei Läusen und Milben (Abb. 70), sowie bei parasitischen Crustaceen, z. B. den auf Hydroiden und Bryozoen schmarotzenden Caprelliden (Abb. 71) und vielen Copepoden. Ferner die Hakenkränze am Scolex der Bandwürmer, am Vorderende der Echinorhynchen und Liguatuliden, die Chitinhaken an der Mundkapsel des Grubenwurmes Ankylostomum und an den Saugnäpfen am Hinterende der Polystomeen unter den Trematoden (Abb. 72 bis 75).

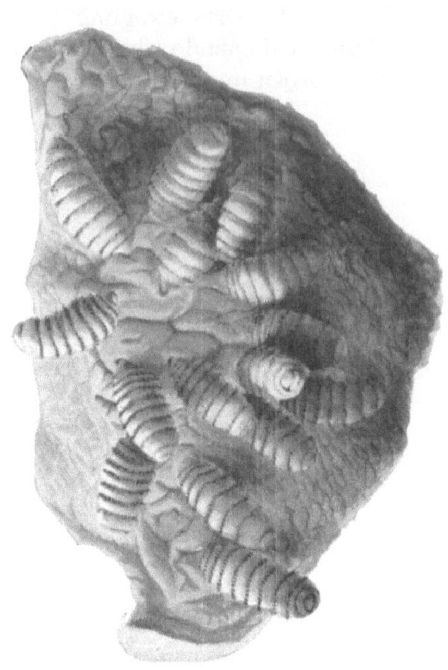

Abb. 69. Larven von Gastrophilus equi in der Magenwand des Pferdes. Natürl. Größe. Orig. nach der Natur. (Nach HESSE-DOFLEIN.)

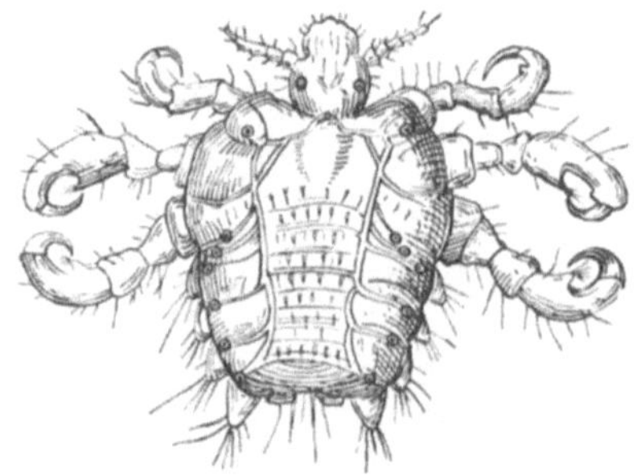

Abb. 70. Phthirius pubis (Linné). (Aus BRAUN: Die tierischen Parasiten des Menschen.)

Bei der Nematodengruppe der Trichotracheliden ist das ganze Vorderende nadelartig verschmälert und wird in die Darmwand eingebohrt. Ein sehr vielseitig verwendetes Hilfsmittel sind ferner die Saugnäpfe. Bei dem auf der Außenfläche der Darmepithelien schmarotzenden Flagellaten Costia ist der ganze Zelleib saugnapfartig ausgehöhlt. Saugnäpfe besitzen die Trematoden, die Cestoden, die Hirudineen. Wir finden sie an den Beinen der Karpfenlaus Argulus (Abb. 76). Als Saugnäpfe funktionieren auch die Beine der Blattwespenlarven und Schmetterlingsraupen,mit denen sie sich aufs energischste an Blättern und Zweigen festzuhalten vermögen. Oft ist einer dieser Saugnäpfe von der Mundöffnung durchbohrt und dient dann zugleich dem Aufsaugen der Nahrung, so bei den Trematoden, Ankylostomum, den Blutegeln und den einzigen echt parasitischen Wirbeltieren, den Myxinen.

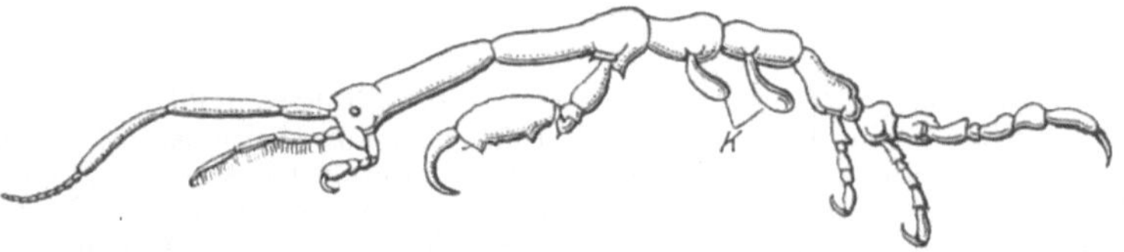


Abb. 71. Männchen von Caprella aequilibra. *K* Kiemen. ca. $^{30}/_{1}$. (Nach P. MAYER.)

Der *Bewegungsapparat* zeigt im allgemeinen keine besondere Entwicklung. Als eine für Parasiten charakteristische Bewegungsart könnte man höchstens

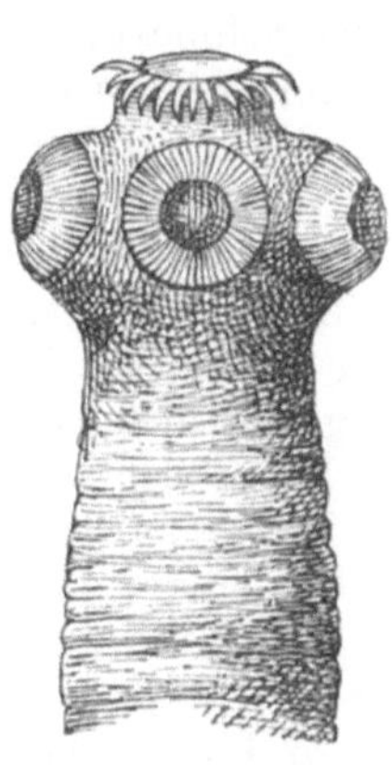

Abb. 72. Kopf von Taenia solium. (Nach BRAUN.)

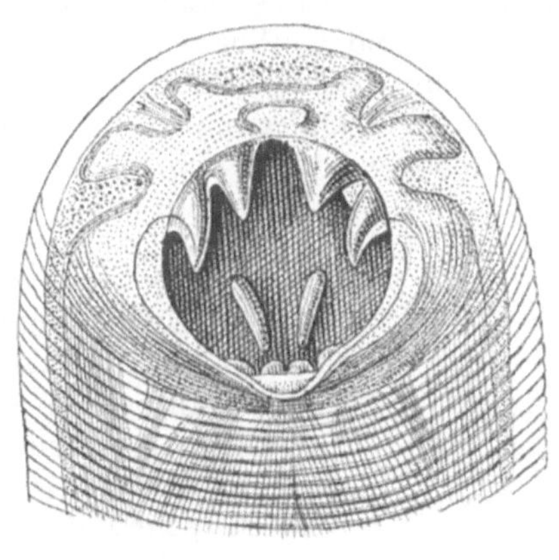

Abb. 73. Ankylostomum duodenale. Vorderende mit Saugmund und Klammerhaken. (Nach LOOSS.)

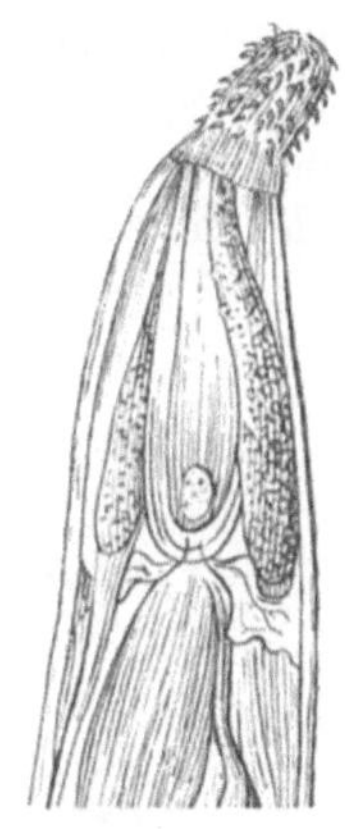

Abb. 74. Männchen von Echinorhynchus angustatus. Vorderende mit Rüssel und Haken. (Nach BRAUN.)

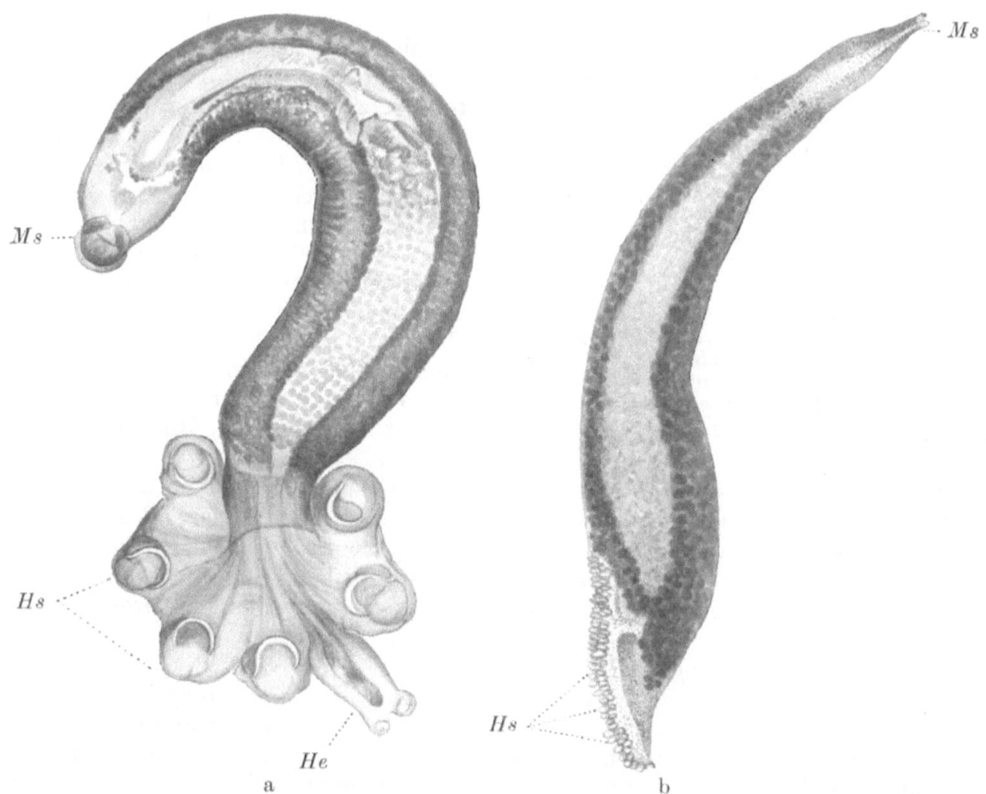


Abb. 75a und b. Polystomeen, Saugwürmer mit vielen Saugnäpfen. a) Squalonchocotyle borealis. Vergr. 6mal. b) Acine belones. Vergr. 22mal. *Ms* Mundsaugnapf, *Hs* hintere Saugnäpfe, *He* besonderer Haftfortsatz. Orig. nach Präparaten. (Nach HESSE-DOFLEIN.)

das Bohren bezeichnen, das mit dem verschmälerten, oft noch mit besonderen Bohrstacheln bewehrten Vorderende geschieht. So bohren sich die Cercarien der Trematoden in Schnecken und Insektenlarven, die Copepoden und Cirripedien in die Haut von Fischen und Krabben ein, die Larven der Schmarotzerbienen, Sphegiden, Schlupfwespen bohren sich aus den außen am Körper angehefteten Eiern in den Leib ihrer Opfer ein, u. U. auch vor der Verpuppung wieder heraus; bohrend durchdringt die Trichine und andere Nematoden die Darmwand, die Larven von Ankylostomum und den Dasselfliegen die Gewebe ihrer Wirte. Sehr eigenartig ist der Fall der Schwebfliege Anthrax, bei der die ausschlüpfende Fliege sich zum Herausbohren aus der Larvenkammer der von ihr getöteten Bienenlarve der Bohrstacheln bedient, die sich an der Puppenhülle befinden[1]). Sitzt der Parasit dauernd fest, so bilden sich die Bewegungsorgane zurück. Copepoden und Cirripedien, deren erste Larvenstadien noch wohlausgebildete Schwimmbeine besaßen, verlieren diese, wenn sie sich an ihren Wirt festgesetzt haben. Die Triungulinuslarve der Meloiden, die drei wohlausgebildete Beinpaare besitzt, wandelt sich in eine fußlose zweite Larvenform um, wenn sie in der Larvenkammer der von ihr heimgesuchten Biene angekommen ist. Die Schlupfwespen und andere entoparasitische Hymenopteren haben beinlose Larven, ebenso wie übrigens ihre im Innern von Larvenkammern aufwachsenden Verwandten, die Bienen, Wespen und Gallwespen. Die Cercarien werfen nach dem Eindringen in den Wirt den Ruderschwanz ab, die lebhaft schlängelnden Rhabditislarven wandeln sich in Pflanzen und Tieren oft in bewegungslose Säcke um; die junge Trichine rollt sich nach dem Eindringen in die Muskelfaser zur Kapseltrichine zusammen. Diese Rückbildung der Muskulatur zusammen mit der Erweichung der Stützgewebe und der Haut gibt dann oft Anlaß zur Ausbildung der unförmlichen, ungegliederten, asymmetrischen, sackartigen Körpergestalt, die uns an so vielen Parasiten auffällt (vgl. Abb. 64—67, 81, 91).

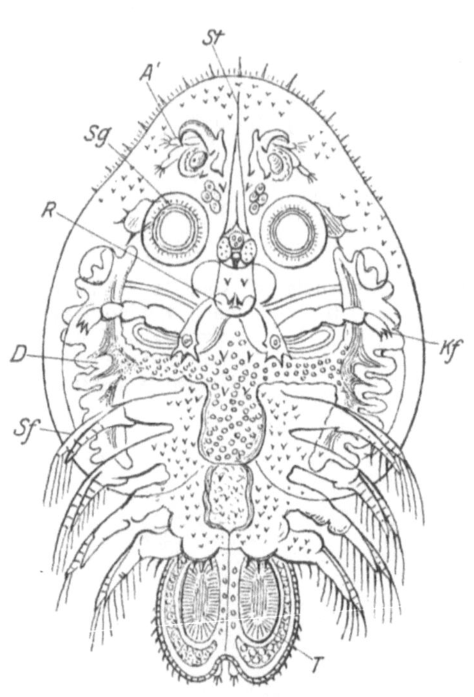

Abb. 76. Argulus foliaceus. Junges Männchen. $^{8}/_{1}$. *A'* vordere Antenne, *Sg* Saugnapf am vorderen Kieferfuß, *Kf* hinterer Kieferfuß, *Sf* Schwimmfüße, *R* Saugröhre, *St* Stachel, *D* Darm, *T* Hoden. (Nach CLAUS.)

In der Ausbildung der *Sinnesorgane* zeigt sich eine divergente Entwicklung insofern, als die freilebenden Formen zur Auffindung ihrer Wirte häufig besonders leistungsfähige Sinnesapparate brauchen, während sie bei den festsitzenden Formen und Entwicklungsstadien zum guten Teil zurückgebildet werden können. Als besonders leistungsfähig erscheint uns Tastsinn und chemischer Sinn, während der Lichtsinn im Zusammenhang mit dem Parasitismus

[1]) FABRE, J.-H.: Souvenirs entomologiques Bd. 3 (VIII).

jedenfalls keine Besonderheiten in der Ausbildung zeigt. Das chemische Unterscheidungsvermögen der Schmarotzer ist oft erstaunlich hoch entwickelt. Hierhin gehört die Fähigkeit, die richtige Wirtsart aus ähnlichen Formen heraus zu erkennen. Viele Flöhe sind an bestimmte Säugetier- oder Vögelarten angepaßt und unterscheiden diese sicher wohl auf chemischem Wege. Ebenso ernähren sich viele Raupen nur von ausgewählten Pflanzenarten, diese erkennt aber nicht nur die Raupe, die sie frißt, sondern auch der Schmetterling, der seine Eier daran absetzt. Durch chemisches Unterscheidungsvermögen finden vielleicht auch die im Wasser lebenden Trematodenlarven ihre Zwischenwirte, obwohl hier auch die Möglichkeit besteht, daß sie wahllos verschiedene Tiere angreifen, aber nur in einer Art erhalten bleiben. Ganz besonders hohe Leistungen vollbringen die Raub- und Schlupfwespen beim Aufsuchen der Opfer, denen sie ihre Eier anvertrauen wollen. Viele Sphegiden wählen die Tiere, die sie lähmen und als Nahrung für ihre Larven eintragen, aus ganz bestimmten Gattungen bestimmter Insektenfamilien[1]). Da es sich dabei um an Gestalt und Größe recht verschiedene Arten handeln kann, so ist wohl anzunehmen, daß auch hier der chemische Sinn ausschlaggebend ist. Ähnlich hoch entwickelt ist das Geruchsorgan bei den Schlupfwespen, die ihre Opfer oft auch ganz spezifisch auswählen und sie an den unzugänglichsten Stellen aufzufinden wissen. Selbst die tief im Holz versteckten Käfer- und Wespenlarven werden von außen durch unverletzte Rinde wahrgenommen; vielleicht ist hierbei auch ein sehr feines Tastvermögen mit im Spiel, das die Bewegung der im Holz arbeitenden Larve empfindet. In manchen Fällen, so bei den winzig kleinen, in Insekteneiern parasitierenden Schlupfwespen, wie Encyrtus u. a. ist zum mindesten wahrscheinlich gemacht, daß das Weibchen nicht nur das anzustechende Eigelege findet, sondern auch erkennt, ob ein Ei bereits von einem anderen Parasiten belegt ist[2]). Eine sehr feine Empfindlichkeit für chemische, z. T. wohl auch mechanische Unterschiede besteht jedenfalls auch bei den Larven der parasitierenden Hymenopteren. Es ist bekannt, daß diese Schmarotzer die Eingeweide der Tiere, in denen sie leben, nicht wahllos auffressen, sondern dabei eine ganz bestimmte Reihenfolge innehalten. Zuerst wird der Fettkörper, also vorwiegend die für die Metamorphose angehäuften Reservestoffe aufgezehrt, dann die Geschlechtsorgane, dann die Muskulatur und der Darm, während das Nervensystem bis zuletzt verschont wird. Die biologische Bedeutung dieser Reihenfolge ist offenbar, das Opfer solange als möglich lebensfähig zu erhalten, um dem Schmarotzer selbst nicht vorzeitig die Nahrungsquelle zu zerstören. Die Unterscheidung über die Auswahl der Organe kann aber wohl sicher nur auf chemischem Wege erfolgen. In ähnlicher Weise dürften die Wanderungen von Parasiten durch verschiedene Gewebe des Wirtes von chemischen Reizen abhängig sein, soweit es sich nicht um passive Verschleppung durch den Blutstrom oder durch Muskelbewegung des Wirtes handelt. Genauere Untersuchungen über diese Frage liegen m. W. nicht vor.

Für viele vorwiegend entoparasitische oder darmschmarotzende, also den landläufigen Sinnesreizen entzogene Formen ist Rückbildung der entsprechenden Sinnesorgane charakteristisch.

So weisen die Trematoden und Cestoden in dieser Hinsicht eine weitgehende Reduktion auf im Vergleich mit ihren freilebenden Verwandten, den Turbellarien, ebenso sind die Milben gegenüber den Spinnen stark rückgebildet. Oft tritt diese Rückbildung erst in der individuellen Entwicklung beim Übergang zur parasitischen Lebensweise ein. So haben die Crustaceenlarven Augen und wohlentwickelte Fühler, die nach dem Festsetzen rückgebildet werden

[1]) Fabre, J.-H.: Souvenirs entomologiques Bd. 1 (III—XII).
[2]) Marchal, P.: Arch. de zool. exp. et gén. 1904/06.

(vgl. Abb. 63), ebenso besitzt die Miracidiumlarve der Trematoden noch einen Augenfleck, der später verschwindet (vgl. Abb. 92). Bei der Meduse Cunina entwickeln die parasitisch lebenden Generationen nie die Sinnesorgane (Statocysten), die die freilebende Generation ausbildet. Diese Rückbildungserscheinungen stimmen physiologisch ganz mit denen überein, die wir bei den Weibchen (Königinnen) der Ameisen und Termiten finden, wenn sie nach dem Hochzeitsflug zur unterirdischen Lebensweise übergehen. Tatsächlich bietet die Lebensweise dieser Geschlechtstiere in den großen Insektenstaaten auch biologisch viele Berührungspunkte mit der der Innenschmarotzer, und es ist nicht verwunderlich, daß wir die gleichen morphologischen und physiologischen Folgeerscheinungen (Reduktion der Bewegungs- und Sinnesorgane, Erweichung des Hautskeletts, Hypertrophie des Geschlechtsapparates) bei ihnen finden.

Daß das *Nervensystem* entsprechend seiner geringeren Beanspruchung in vielen Fällen bei Parasiten reduziert ist, erscheint selbstverständlich. Die vielfach beschriebenen morphologischen Veränderungen bieten vom allgemeinen Standpunkt wenig Bemerkenswertes, eine nähere Kenntnis der physiologischen Leistungen ist zur Zeit nicht vorhanden.

Wenden wir uns nunmehr zur Betrachtung des *Stoffwechsels* und seiner Organe, so ist zunächst die Nahrungsaufnahme oft für Parasiten kennzeichnend,

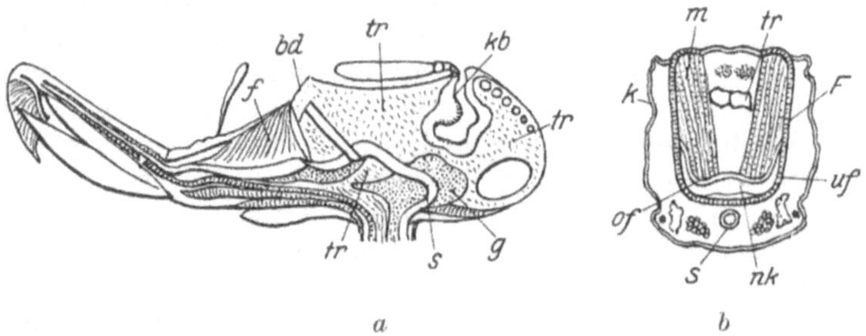


Abb. 77. Musca vomitoria, $^{30}/_{1}$. *a* Medianer Längsschnitt durch den Kopf mit gestrecktem Rüssel. *f* Fulcrum, *bd* Aufhängeband desselben, *tr* Tracheenblasen, *kb* Kopfblase, *s* Speichelgang, *g* Gehirn. *b* Querschnitt durch den Kopfkegel (*k*) und das Fulcrum (*F*). *of* oberer, *uf* unterer Fulcrumboden, *s* Speichelgang, *nk* Nahrungskanal, *m* Fulcrum-Muskeln, *tr* Tracheen. (Nach Kraepelin.)

da sie ihrem Wirt Blut und Körpersäfte entziehen. Dies geschieht bei Ektoparasiten und Darmschmarotzern durch Saugvorgänge. Um an die Körpersäfte heranzukommen, haben solche Formen die mannigfachsten stechenden, bohrenden und schneidenden Instrumente in ihrer Mundbewaffnung. Es genügt hier der Hinweis auf die Stechapparate im Rüssel der blutsaugenden Dipteren, Flöhe, Läuse, Wanzen und Zecken. Eine ganz übereinstimmende Apparatur haben auch die Sauger pflanzlicher Säfte, also vor allem die Pflanzenläuse und Zikaden. In ähnlicher Weise zu Stech- und Saugapparaten umgebildete Mundwerkzeuge finden wir bei vielen ektoparasitischen Crustaceen, insbesondere den Copepoden. Als Bohrstacheln wirkende Chitinhaken finden wir bei dem die Darmschleimhaut angreifenden Ankylostomum, Schnittwunden erzeugen die kreissägenartig gezähnten Kiefer der Blutegel.

Außer dem Stechapparat besitzen alle Säftesauger natürlich eine Saug- und Pumpvorrichtung. Bei den Insekten und Crustaceen liegt sie im Vorderdarm, wo sich eine durch Muskelzug dehnbare Saugpumpe mit Ventilverschlüssen gegen Stechapparat und Mitteldarm findet (Abb. 77 u. 78). Bei Ankylostomum dient die ganze Mundkapsel als Saugpumpe, bei den Blutegeln und Trematoden mündet der Vorderdarm in den vorderen Saugnapf. Außerdem besitzen eine Reihe dieser Formen gerinnungshemmende Sekrete, die eine länger dauernde Blutzufuhr ermöglichen sollen. Bekannt sind sie von den Blutegeln[1]), sowohl unseren im Wasser lebenden Formen wie den im tropischen Urwald verbreiteten Landblutegeln, deren Wunden wegen der langen Nachblutung besonders gefürchtet sind. Erzeugt wird das Sekret in Paketen großer Drüsenzellen in der Wand des Vorderdarms (vgl. Abb. 82), durch Extraktion hat man es aus Blutegelköpfen auch für medizinische Zwecke gewonnen. Über Drüsen mit ähnlicher Wirkung verfügt auch Ankylostomum, die Nachblutungen aus der Darmschleimhaut tragen wohl mit zu der hochgradigen Blutarmut bei, die den Befall mit diesem Parasiten so gefährlich macht. Für die meist kürzere Zeit dauernden Stiche

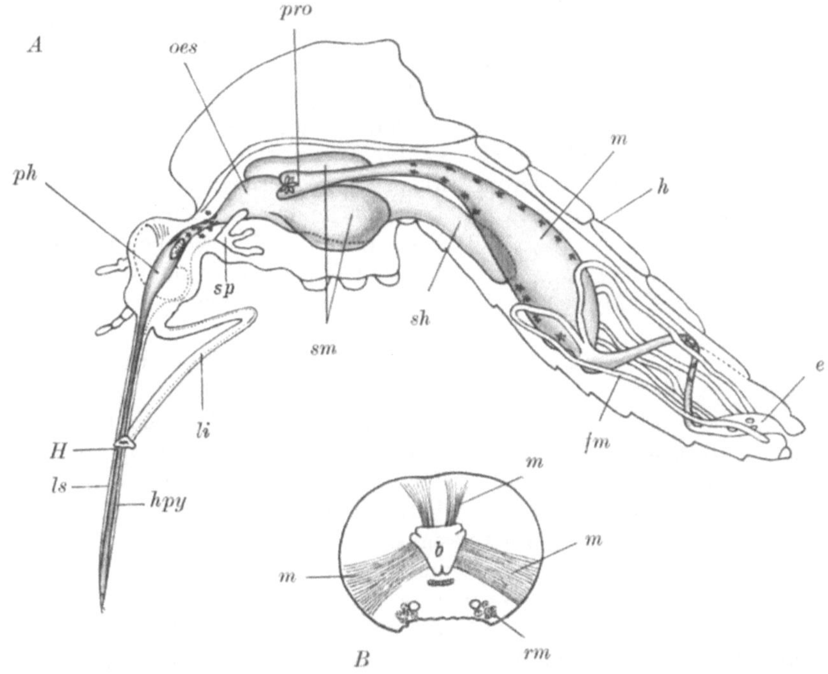


Abb. 78. Saugapparat einer Schnake (Culex pipiens L.). *A* Schematischer Längsschnitt durch den Körper: *h* Herz, *sp* Speicheldrüsen, *hyp* Hypopharynx, *ls* Oberlippe, *li* Unterlippe, *ph* Pharynx, *pro* Proventriculus, *sm* Saugmagen (Nebenreservoire), *sh* Hauptreservoir, *m* Mitteldarm (Magen), *fm* Malpighische Gefäße, *e* Enddarm, *H* markiert die Oberfläche der Haut, in welche das Tier gerade sticht. *B* Querschnitt durch den hinteren Teil des Kopfes, um den Bau des Saugorgans zu zeigen: *b* Lumen des Pharynx, *m* die Muskeln, welche den Pharynx erweitern, *rm* Rückziehmuskeln der Maxillen. (Abgeändert nach Schaudinn und Dimmock, aus Hesse-Doflein.)

und Saugakte der blutsaugenden Insekten ist die Gerinnungshemmung wohl nicht so wichtig, doch liegt anscheinend etwas Ähnliches vor, da wir bei allen diesen Formen Einrichtungen finden, mittels deren beim Beginn des Saugens etwas Speichelsekret in die Wunde gespritzt wird; z. T. dient es wohl auch dazu, durch Reizstoffe Hyperämie zu erzeugen. Wichtig war die Beobachtung Schaudinns, wonach dieser Reizstoff bei den Malariamücken nicht vom Tier selbst geliefert werden soll, sondern von Hefepilzen, die sich regelmäßig in Aussackungen des Vorderarms befinden[2]) (s. u. S. 684).

---

[1]) Haycraft, J. B.: Arch. f. exp. Pathol. u. Pharmakol. Bd. 18. 1884.
[2]) Schaudinn, Fr.: Arb. a. d. Reichs-Gesundheitsamt Bd. 20. 1904.

Sehr merkwürdig liegen die Verhältnisse oft bei den Larven der parasitisch lebenden Hymenopteren. Bei den Sphegidenlarven finden wir keine scharfe Mundbewaffnung, die eine Zerreißung der Gewebe des Wirts gestattet, vielmehr sondert die Larve ein Darmsekret ab, das die *Gewebe* des Wirts *durch eine Art Vorverdauung verflüssigt,* so daß der Schmarotzer sie nur aufzusaugen braucht. Die Larve von Anthrax, einer Schwebfliege, durchbohrt nach den Beobachtungen FABRES gar nicht die Haut der Bienenlarve, an der sie schmarotzt, sondern saugt sie nur auf osmotischem Wege aus[1]). Wie das möglich ist, darüber besteht allerdings noch keine volle Klarheit.

Bei fast allen Entoparasiten und sehr vielen Darmschmarotzern finden wir rein *osmotische Ernährung* durch die Körperfläche, die dann zu funktioneller bis morphologischer Ausschaltung des Darmes führt. Da der ganze Körper ja in einer fertig vorbereiteten Nährlösung schwimmt, so ist die Zweckmäßigkeit dieser Umgestaltung ohne weiteres einleuchtend. Unter den Darmparasiten gehören zu den Formen mit völliger Rückbildung des Darmes die Cestoden, Acanthocephalen, Linguatuliden. Unter den Darmprotozoen hat sich besonders Opalina im Gegensatz zu anderen Infusorien der osmotischen Ernährung angepaßt und besitzt gar keine Einrichtungen mehr zur Aufnahme geformter Nahrung (Abb. 79), ähnlich liegt die Sache bei den Gregarinen und wohl auch vielen Flagellaten des Darmes. Bei den Nematoden ist der Darm noch erhalten, aber oft durch Verschluß des Lumens des Vorderdarms funktionslos. Bei den Distomeen wird der Darm meist noch gebraucht, daneben spielt aber die Osmose durch die Haut wohl sicher auch schon eine erhebliche Rolle. Unter den Entozoen ernähren sich wohl alle in der Blutflüssigkeit kreisenden Schmarotzer osmotisch, also vor allem Bakterien, Trypanosomen usw. Anders ist es mit den in die Blutkörperchen eindringenden Formen, wie die Malariaplasmodien, bei denen Aufnahme geformter Nahrung vorliegt, ebenso wie bei der die Gewebe angreifenden Entamoeba tetragena (histolytica). Von den höher organisierten Gewebsschmarotzern bieten manche Nematoden besonders eigenartige Verhältnisse. Das Weibchen der Rhabditiden Atractonema und Allantonema dringt nach der Befruchtung in Käfer ein und wandelt sich dort in einen wurstförmigen Klumpen um (vgl. Abb. 66), der von Tracheen und Fettkörperlappen des Wirtes dicht umsponnen wird, seinen Darm ganz rückbildet und sich rein osmotisch ernährt. Noch eigenartiger werden die Verhältnisse bei der in Hummeln schmarotzenden Sphaerularia (Abb. 80). Hier entwickelt sich nach dem Eindringen der befruchteten Weibchen der Endteil des Geschlechtsapparates mächtig, stülpt sich zur Geschlechtsöffnung vor und wird zu einem mächtigen Blindsack, der den ganzen Geschlechtsapparat in sich hineinzieht und bald den eigentlichen Körper um das Vielfache an Größe übertrifft, so daß dieser nur noch ein belangloses Anhängsel darstellt und schließlich ganz verloren gehen kann. Die Ernährung dieses Geschlechtssackes erfolgt dann natürlich auch rein osmotisch. Osmotisch ernähren sich auch einige sehr merkwürdige entoparasitische Schnecken, deren Körper dann gleichfalls völlig die normale Gestalt verloren hat, so die in Holothurien schmarotzende Entoconcha mirabilis (vgl. Abb. 67) und ihre Verwandten[2]).

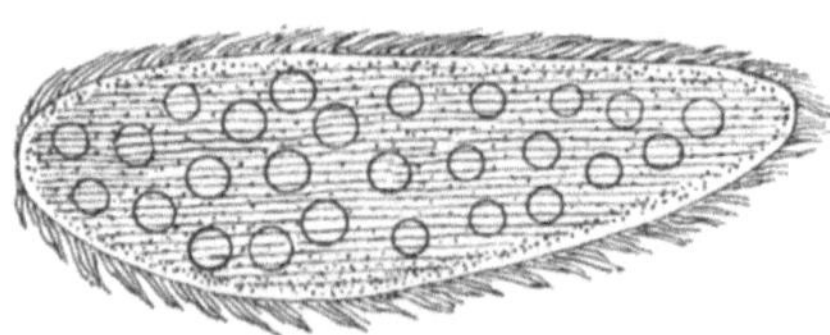

Abb. 79. Opalina ranarum. (Nach ENGELMANN.)

---

[1]) FABRE, J.-H.: Souvenirs entomologiques. Bd. 3 (VIII).

[2]) MÜLLER, JOH.: Über Synapta digitata und über die Erzeugung von Schnecken in Holothurien. Berlin 1852. — ROSÉN, N.: Fysiograf. Sällskap. Handl. Lund 1910.

Bei den Ektoparasiten finden wir einige sehr merkwürdige Fälle osmotischer Ernährung in der Gruppe der Krebse. Eine Reihe von Asselarten heften sich außen an ihre Wirtstiere an und treiben vom eingesenkten Vorderrande aus wurzelartige Ausläufer in die Gewebe, die ganz nach Art pflanzlicher Wurzeln die Nahrungsstoffe für den Parasiten aufsaugen. Der außen sitzenbleibende

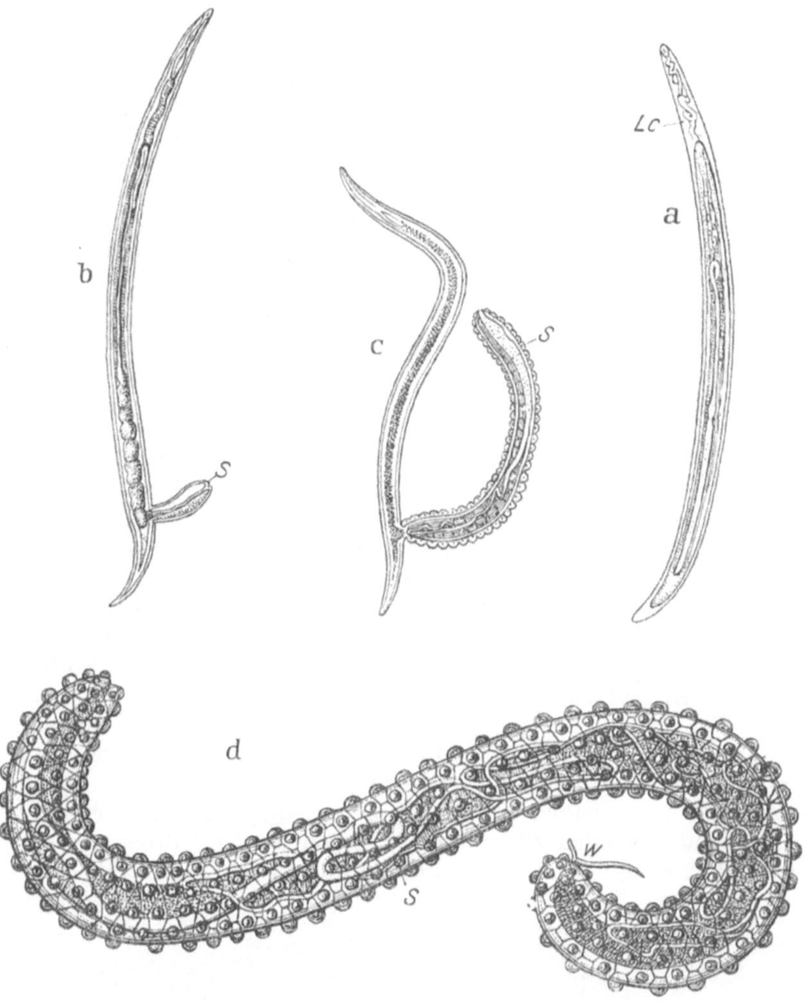


Abb. 80. Sphaerularia bombi. *a* Männchen noch in der Larvenhaut (*Lc*), $^{100}/_{1}$; *b* Weibchen mit halbausgestülpter Scheide (*S*), $^{100}/_{1}$; *c* dasselbe mit schlauchförmig ausgewachsener Scheide, $^{100}/_{1}$; *d* ausgebildeter Schlauch der Scheide mit anhängendem Wurmkörper (*W*). $^{30}/_{1}$. (Nach R. LEUCKART.)

Körper verliert dann oft alle äußere Gliederung und wird zu einem Sack für die Geschlechtsprodukte. Berühmt ist das Schmarotzertum der Rhizocephalen, einer Familie der Cirripedien (Abb. 81).

Ihr bekanntester Vertreter, Sacculina, erscheint im erwachsenen Zustande als ein ovaler Sack, der quer auf der Unterseite des Abdomens von Taschenkrebsen sitzt. Aus den Eiern entwickeln sich typische Cirripedienlarven, die frei schwimmend einen neuen Krebs aufsuchen und sich an seiner Körperoberfläche anheften. Bei der nächsten Häutung reduzieren sie sich zu einem gliedmaßenlosen Schlauch, der sich durch die weichen Intersegmentalfalten ganz in den Wirt hineinbohrt. Dort beginnt er am Vorderende Wurzeln zu treiben, die alle Gewebe des Taschenkrebses durchziehen. Durch diese osmotische Ernährung mächtig heranwachsend, drängt sich der Körper schließlich an der Grenze von Cephalothorax und Abdomen wieder nach außen und sitzt nun wieder als halber Ektoparasit geschützt unter dem umgeschlagenen Hinterleib des Taschenkrebses.

In ähnlicher Weise dringen Copepoden aus der Familie der Monstrilliden in die Blutgefäße von Röhrenwürmern ein, wandeln sich dort in einen unorganisierten Zellhaufen um, der am Vorderrande zwei lange dünnwandige Schläuche hervortreibt, die aus dem Wurmblut Nahrungsstoffe aufsaugen und morphologisch umgebildete Antennen oder Mandibeln darstellen[1]). Das heranwachsende geschlechtsreife Tier nimmt dann wieder typische Copepodenform an, bekommt aber weder Darmkanal noch Mundöffnung. Es bohrt sich aus dem Wirt heraus, im freien Wasser erfolgt die Begattung, und das Weibchen trägt die Eier nach Copepodenart in einem Eisack.

Abb. 81. Sacculina carcini. Parasitischer Krebs aus der Gruppe der Rhizocephalen am Hinterleib der Krabbe Carcinus maenas. Die Krabbe ist so dargestellt, als sei sie durchsichtig und schimmere das Wurzelgeflecht der Saugröhren des Parasiten durch ihre Körperwand durch. (Nach HESSE-DOFLEIN.)

Besitzen wir über die morphologischen und biologischen Anpassungen, die die parasitische Ernährungsweise im Gefolge hat, einen verhältnismäßig guten Überblick, so steht es mit unserer Kenntnis der eigentlichen Physiologie des Stoffwechsels wesentlich schlechter. Gerade die Entoparasiten und Darmschmarotzer bieten in dieser Hinsicht eine Reihe interessanter Probleme, aber auch ungewöhnliche Untersuchungsschwierigkeiten, da es vielfach kaum möglich ist, die Tiere unter einigermaßen physiologischen Bedingungen zu beobachten.

Bei den blutsaugenden Ektoparasiten liegen die Verhältnisse insofern ungewöhnlich, als viele dieser Formen offenbar nur selten Gelegenheit haben, eine gründliche Mahlzeit zu bekommen. Sie zeigen daher häufig Vorrichtungen, um diese Chance dann wenigstens ordentlich auszunutzen. Es finden sich blindsackartige Ausstülpungen am Vorderdarm, sog. Saugmagen, wie bei vielen Dipteren

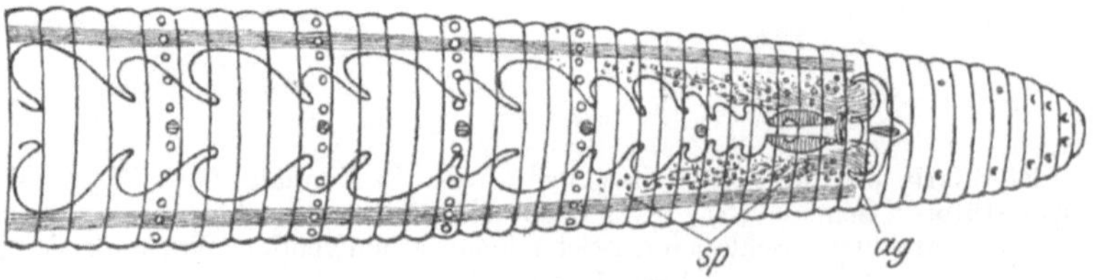


Abb. 82. Hirudo med. Vorderende des Körpers mit dem Pharynx, dem Darm und den seitlich gelegenen Hals-(Speichel-)Drüsen (*sp*) mit den Ausführungsgängen (*ag*). (Nach APÁTHY.)

[1]) MALAQUIN, Arch. de zool. exp. et gén. 1901.

und Wanzen, oder taschenartige hintereinander gereihte Erweiterungen oder Verästelungen des Darmes wie bei Blutegeln (Abb. 82), Trematoden und Zecken (Abb. 83). Darin wird das Blut gespeichert, so daß die Tiere bei einem ausgiebigen Saugakt prall aufgetrieben und stark vergrößert erscheinen. Erinnert sei in dieser Hinsicht nur an unseren bekannten „Holzbock", die Zecke Ixodes ricinus. Die Verdauung dieser Blutmassen erfolgt außerordentlich langsam. Bei Hirudo medicinalis hat man noch nach einer Reihe von Monaten unzersetztes Blut in den Darmblindsäcken nachgewiesen[1]). Diese Tatsache ist indirekt von erheblicher Bedeutung, da sie den verschiedensten einzelligen Blutparasiten, die mit dem Stich der Blutsauger aufgesogen werden, Gelegenheit gibt, sich im Darm des Zwischenwirtes zu vermehren und u. U. wichtige Stadien ihres Entwicklungszyklus zu durchlaufen, wie etwa die Kopulation des Mikro- und Makrogameten bei den Malariaplasmodien. Mit dieser unregelmäßigen Nahrungsaufnahme hängt es wohl auch zusammen, daß manche Blutsauger die Widerstandsfähigkeit gegen Hunger bis ins Extrem entwickelt haben. Für manche Zecken (Argasiden) hat man experimentell nachgewiesen, daß sie 4—5 Jahre ohne Nahrungsaufnahme existieren konnten[2]). Es muß dabei ohne Zweifel eine starke Herabsetzung des Gesamtstoffwechsels eintreten; leider ist Näheres darüber bisher nicht bekannt.

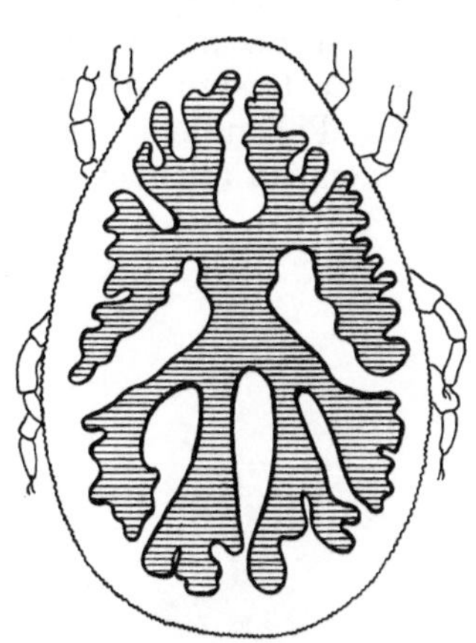

Abb. 83. Argas miniatus C. L. Koch. Von oben. Der blutgefüllte Magen mit seinen dendritisch verästelten Blindsäcken schimmert durch die darüberliegenden Teile. (Nach EYSELL.)

Im Gegensatz zu der im allgemeinen seltenen und unregelmäßigen Nahrungsaufnahme der Blutsauger nehmen die Sauger von Pflanzensäften, also Pflanzenläuse und Zikaden, große Mengen von Nahrung ohne Unterbrechung zu sich. Sie saugen dabei vorwiegend an den Leitungsbahnen der Pflanzen, weniger direkt den Zellinhalt, so daß also ihre Nahrung ziemlich reich an Kohlehydraten, dagegen relativ arm an Eiweiß ist. Im Gegensatz zu der sehr vollständigen Ausnutzung des Blutes wird von den Pflanzensäften ein sehr großer Teil unverbraucht aus dem After wieder abgegeben (Honigtau der Blattläuse, Manna gewisser Zikaden).

Unter den Ektoparasiten finden wir auch einige Formen, die Nahrungsstoffe auszunutzen vermögen, die sonst der tierischen Verdauung nicht zugänglich zu sein pflegen. Dahin gehören die *Keratinfresser*[3]), welche tierische Haare oder Federn bzw. die daraus hergestellte Wolle fressen. Dies sind einerseits die Mallophagen (Abb. 84), die im Pelz der Säuger oder dem Federkleid der Vögel leben, andererseits die Pelzmotten, Schmetterlingsraupen aus der Familie der Tineiden, die sich in Pelzwerk und Wollstoffen einnisten. Verwandte Arten hat man an den Gehörnen gefallener Antilopen gefunden, wo sie im Keratin tiefe Gänge ausgefressen

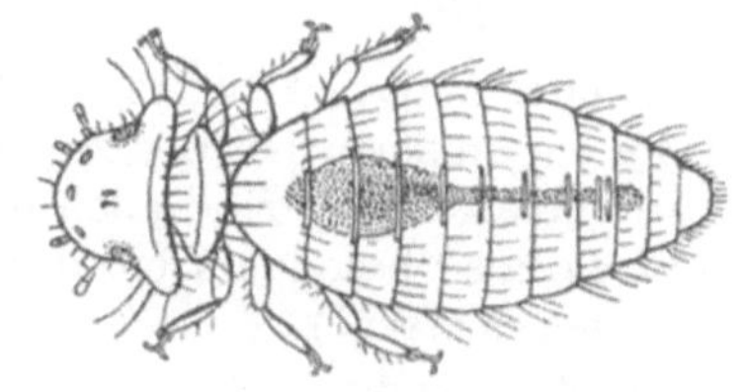

Abb. 84. Menopon pallidum. (Nach GIEBEL-NITZSCH.)

[1]) PÜTTER, A.: Zeitschr. f. allg. Physiol. Bd. 6. 1907 u. Bd. 7. 1908. — STIRLING u. BRITO: Journ. of anat. and physiol. Bd. 16. 1882.
[2]) Vgl. dazu EYSELL, in MENSE: Handb. der Tropenkrankheiten. Bd. I, S. 37.
[3]) SITOWSKI: Bull. Acad. scienc. Cracovic 1910.

hatten[1]) (Abb. 85). Das Keratin wird im Darm angegriffen; in welcher Weise er aber umgesetzt wird, ist bisher noch nicht festgestellt. Ebenso wissen wir noch nichts Sicheres über den Stoffwechsel der *Wachsmotten*[2]), die sich in Bienen- und Hummelnestern finden und dort das Wachs der Waben zerfressen. Sie brauchen Wachs zum Leben unbedingt, können aber damit allein nicht auskommen, da es keinen Stickstoff enthält. Sie entnehmen diesen den mannigfachen organischen Resten im Neste ihrer Wirte, Larvenhäuten oder abgestorbenen Larven, Pollen u. a. Das Wachs wird nur zum Teil verdaut und findet sich noch ziemlich reichlich in den Exkrementen, die deshalb unter Umständen noch

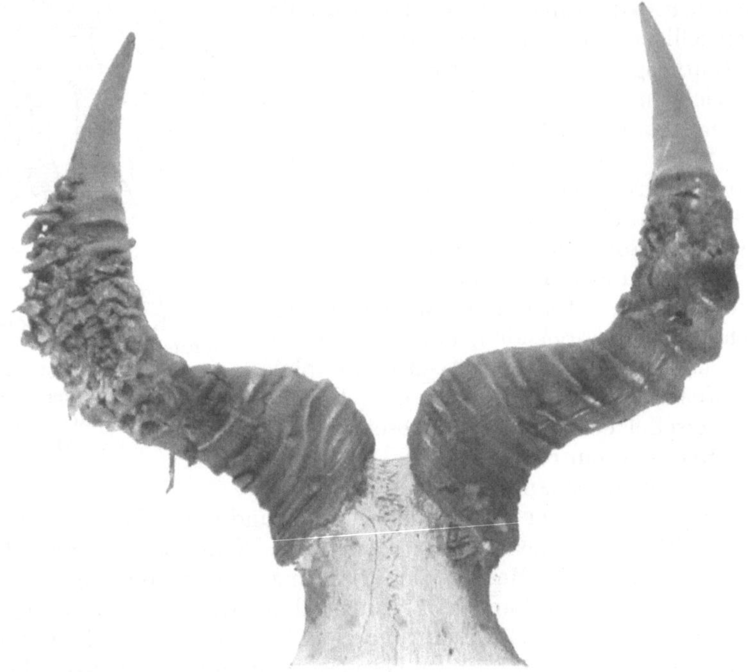

Abb. 85. Gehörn einer Antilope mit Fraßspuren und Puppenkokons der Motte Tinea vastella. Verkl. ca. $^1/_{10}$. (Nach HESSE-DOFLEIN.)

ein zweites Mal verarbeitet werden. Vielleicht spielen bei ihnen auch symbiontische Organismen bei der Aufschließung der Nahrung mit (s. u. S. 684)

Sehr eigenartig sind auch die Ernährungsverhältnisse bei den *holzfressenden Insekten,* also besonders bei den in der Rinde oder im Holz der Bäume parasitierenden Käfern[3]).

Dort nagen die geschlechtsreifen Tiere von außen ein Loch in den Stamm, das bei den rindenbrütenden Formen bis an die Grenze von Rinde und Holz, bei den holzbrütenden ins Innere des Holzes geht. Von dort aus nagt dann meist das befruchtete Weibchen einen senkrechten oder wagrechten Muttergang, in den es in regelmäßigen Abständen, oft in besonderen kleinen Nischen, seine Eier absetzt. Die ausschlüpfenden Larven fressen dann ihre Gänge senkrecht zum Muttergang. Die Larvengänge nehmen mit dem Wachstum der Larven an Breite zu und enden meist mit einer keulenförmigen Anschwellung, der Puppenwiege. Es entsteht oft ein außerordentlich regelmäßiges Bild, das von den Larvengängen des sog. Buchdruckers, Ips typographus, in unseren Fichtenwäldern fast jedermann bekannt ist (Abb. 86).

[1]) VOSSELER: Zool. Anz. Bd. 31. 1907.
[2]) SIEBER, N. u. S. METALNIKOW: Pflügers Arch. f. d. ges. Physiol. Bd. 102. 1904.
[3]) Vgl. hierzu ESCHERICH, K.: Die Forstinsekten Mitteleuropas. Bd. II. 1926.

Die rindenbrütenden Käfer ernähren sich dabei von den Holzfasern, die sie mit den Mandibeln zerkleinern und durch den Darm passieren lassen. Die schwer aufschließbare Nahrung wird nur zum Teil verwertet, denn die Exkremente, das Bohrmehl, enthalten noch reichlich unverändertes Holz. Trotzdem reicht diese Nahrung bei den rindenbrütenden Formen aus, da die Rinde, in der die Saftzirkulation des Baumes erfolgt, relativ reich an stickstoffhaltiger Nahrung ist. Bei den holzfressenden Arten liegen die Verhältnisse weit ungünstiger, denn das Kernholz ist sehr nährstoffarm. Als Ersatz tritt hier die Ausnutzung gewisser Pilzarten, der sog. Ambrosiapilze ein, die sich regelmäßig in den Käfergängen ansiedeln, von den Insekten selbst übertragen werden und unter dem ständigen Abbeißen durch die Käfer eine eigentümliche Wuchsform entwickeln, die Ambrosiazellen, die besonders den jungen Larven zur Nahrung dienen. Das Myzel der Pilze durchwuchert das Holz auf weite Strecken und kann so Nährstoffe herbeischaffen. Ähnliche Holzfresserei finden wir auch bei manchen Ameisenarten (Camponotus, Lasius) und den Termiten, und auch hier hat sich die Ausnutzung von auf Holz lebenden Pilzen entwickelt, die in besonderen Kammern des Nestes, den Pilzgärten, auf zerkauter Holz- oder Blattmasse gezüchtet werden. Im Darm der Termiten befinden sich merkwürdig große Flagellatenformen, die Trichonymphiden, die bei der Ausnutzung des Holzes eine wichtige Rolle spielen (vgl. Abb. 68) (s. u. S. 684).

Abb. 86. Fraßgänge von Ips typographus (L.) am Stamme einer Fichte. Verkl. $^{11}/_{12}$. Photographie von Forstassessor SCHEIDTER.

Bei den Formen, die im Kernholz leben, ohne Ambrosiapilze zu haben, also bei Holzwespen, Raupen, Bockkäferlarven, verlangsamt sich die Entwicklung außerordentlich, offenbar infolge der zu wenig ergiebigen Nahrung. Sie kann bis zu 10 Jahren dauern. Eigenartig ist bei manchen dieser Arten auch das sehr geringe Feuchtigkeitsbedürfnis, bekanntlich leben ja eine Reihe Käfer im Holz unserer Möbel, oft ganz alter, längst ausgetrockneter Stücke. Die geringe Feuchtigkeitsmenge, die das trockene Holz durch die Bohrgänge anzieht, muß also den Tieren genügen, denn die Annahme, daß sie etwa auf chemischem Wege Wasser aus der Nahrung freimachten, hat sich nicht bestätigen lassen.

Über die Stoffwechselvorgänge bei Entoparasiten wissen wir noch sehr wenig. Bei den eigentlichen Entozoen ist anzunehmen, daß sie ihre Nahrungsstoffe den Geweben des Wirts entnehmen und sie ebenso verarbeiten, wie das auch dessen Gewebszellen tun. Auch der zur Oxydation notwendige Sauerstoff ist ihnen, besonders den im Blute lebenden Formen, wohl ebenso zugänglich wie den Zellen des Wirtes. Anders liegt die Sache bei den Darmparasiten, die ja in einem sauerstoffarmen Medium leben. Hier ist noch immer am wichtigsten die Untersuchung von WEINLAND an Ascaris[1]), der für die Energieproduktion einen Gärungsprozeß fand, bei dem Glykogen in Kohlensäure, Valeriansäure und z. T. verwandte Säuren gespalten wurde. 100 g Ascaris zersetzten in 24 Stunden 0,7 g Glykogen, wie WEINLAND sich vorstellt, nach der Gleichung:

$$4\,C_6\,H_{12}O_6 = 9\,CO_2 + 3\,C_5\,H_{10}\,O_2 + 9\,H_2.$$

Der Energiegewinn ist dabei im Vergleich zur vollständigen Spaltung recht gering; der Betrieb arbeitet also ziemlich unrationell, was aber bei der reichlichen Nahrungszufuhr ohne Gefahr geschehen kann. Von den anderen Darmparasiten wissen wir nichts Genaues über den Stoffumsatz, da aber auch bei ihnen Glykogen in großen Mengen als Reservesubstanz auftritt[2]) — bei Taenia z. B. bis zu einem Drittel der Trockensubstanz —, so kann man wohl auf ähnliche Prozesse schließen, ebenso wie bei den in der Leber vorkommenden Distomeen. Erwähnt sei in diesem Zusammenhang, daß nach Angabe von LESSER[3]) hungernde Regenwürmer, ohne Sauerstoff gehalten, ebenfalls Glykogen in Kohlensäure und eine flüchtige Säure (Valeriansäure?) zerlegten. Im Hinblick auf die Gärungsbeobachtungen im Carcinomgewebe verdienen diese Befunde besonderes Interesse.

Die *Atmung* weist bei den freilebenden Stadien und den Ektoparasiten keine Besonderheiten auf. Bei den Entoparasiten fehlen vielfach besondere Atemorgane, da der Sauerstoff direkt durch Diffusion aus Blut oder Geweben des Wirtes aufgenommen wird. Eigenartig und wenig geklärt sind die Verhältnisse bei den Schlupfwespen und anderen entoparasitischen Insektenlarven. Das Tracheensystem ist bei ihnen erhalten, wie es sich aber mit Luft versorgt, ist nicht klar. Vielleicht liegen die Dinge ähnlich wie bei vielen im Wasser lebenden Insektenlarven, bei denen das Tracheensystem geschlossene Stigmen hat und den Sauerstoff mittels Diffusion durch die Körperwand aufnimmt. Es lassen sich diese Dinge auch mit der von vielen Untersuchern, am ausführlichsten von PLATEAU[4]), nachgewiesenen Widerstandsfähigkeit luftlebender Insekten gegen Eintauchen in Wasser zusammenbringen. Auch dort wird Sauerstoff durch die Körperwand aufgenommen, denn in O-freiem Wasser gehen die Tiere bald zugrunde. Manchmal, z. B. bei der in der Seidenraupe schmarotzenden Fliegenlarve Ugimyia, wird angegeben, daß die älteren Larven sich mit ihren eigenen Stigmen an ein Stigma der Raupe anlegen. Ebenso kann die erwachsene Larve der Dasselfliege durch die Öffnung der Dasselbeule atmosphärische Luft aufnehmen.

Daß bei den Darmparasiten Atmungsorgane fehlen, ist ohne weiteres einleuchtend.

*Kreislaufsorgane* und *Blutbewegung* bieten wenig Besonderes. Da es sich meist um Angehörige einfacherer Organisationstypen handelt, so ist der Kreislauf an sich schon wenig entwickelt; daß er bei dem Mangel an Bewegung und der Vereinfachung der Ernährung oft noch weiter reduziert wird, ist nicht überraschend. Physiologische Untersuchungen liegen auf diesem Gebiete kaum vor.

Auch über das *Drüsensystem* wissen wir sehr wenig. Da die Parasiten meist an oder in ihren Wirten ein geschütztes Leben führen, so sind Wehr- und Giftdrüsen bei ihnen nicht entwickelt. Als Besonderheit unter den Hautdrüsen wäre vielleicht die Sekretion von Wachs und Lack zu bemerken, mit dem viele Pflanzenläuse und Zikaden ihren Rücken zum Schutze gegen Angriffe wie gegen Austrocknung bedecken. Im Bereiche des Verdauungsapparates

---

[1]) WEINLAND: Zeitschr. f. Biol. Bd. 42. 1902.
[2]) WEINLAND: Zeitschr. f. Biol. Bd. 41. 1901.
[3]) LESSER: Zeitschr. f. Biol. Bd. 52. 1909.
[4]) PLATEAU: Journ. de l'anat. et physiol. Bd. 26. 1890.

sind die Drüsen entweder prinzipiell wie bei freilebenden Formen entwickelt, oder im Zusammenhang mit dem Darm rückgebildet. Über innersekretorische Drüsentätigkeit wissen wir nichts.

Ein *Exkretionssystem* ist stets deutlich ausgebildet, auch bei fehlendem Darm. Seine Struktur und Funktion unterscheidet sich nicht grundsätzlich von der freilebender Verwandten. Neben der Entleerung flüssiger Exkrete finden wir auch die Ablagerung von Harnsäure, Guanin und ähnlichen Endprodukten. Bei Blutsaugern, wie Blutegeln und Zecken, geschieht dies in den Zellen der Darmwand, die dann abgestoßen werden.

Sehr viele Besonderheiten und wichtige Anpassungen zeigt dagegen die *Fortpflanzung*. Sie wird ja natürlich durch die parasitischen Lebensbedingungen besonders stark berührt, denn das Zusammenfinden der Geschlechter, die Unterbringung der Eier und der Übergang der Brut auf einen neuen Wirt sind die gefährlichsten Punkte im Lebenszyklus eines Schmarotzers.

Verhältnismäßig einfach liegen die Dinge, wenn die geschlechtsreifen Tiere frei sind und die Nachkommen an den zukünftigen Larvenwirt heranbringen können. Hierhin gehören besonders viele Insekten, bei denen die geflügelten Weibchen die Eier an Pflanzen und Tiere ablegen, von denen sich die Larve nährt (Schmetterlinge, Blattwespen, Käfer, Schlupf- und Raubwespen). Die besondere Ausbildung der Sinnesorgane, die eine richtige Eiablage garantiert, wurde schon oben erwähnt. Besonders bei Parasiten an Tieren wird häufig das Eistadium möglichst abgekürzt, damit die Larven baldigst in das Innere ihrer Opfer eindringen können. So sind bei Schlupfwespen und Schmarotzerfliegen die Eier schon bei der Ablage mehr oder weniger weit in der Entwicklung fortgeschritten; bei vielen werden auch direkt Larven abgesetzt. Im Gegensatz zu dieser Anfangsbeschleunigung beobachtet man nicht selten, daß die Larven im Wirtskörper sich zunächst sehr langsam entwickeln und erst intensiv zu fressen anfangen, wenn die dadurch angerichteten Zerstörungen im Wirt für sie selbst nicht mehr verhängnisvoll werden können. So halten sich viele Parasiten in Schmetterlingsraupen sehr zurück, bis die Raupe das Fressen einstellt und puppenreif wird, worauf sie dann von den Schmarotzern oft in kürzester Zeit völlig zerstört wird.

Bekannt ist, daß viele parasitische Insekten ihre Eier nicht nur an den Larvenwirt legen, sondern sie mit Hilfe ihres Legebohrers in ihn hineinversenken. In anderen Fällen gelingt es nicht, den Wirt direkt zu erreichen, dann muß sein Aufsuchen den ersten Larvenstadien überlassen werden (Meloë, Anthrax, viele Milben und Zecken). Die Eier werden dann an geschützter, für die Erlangung des Wirtes möglichst günstiger Stelle, in der Nähe seines Nestes, unter von ihm besuchten Blüten abgesetzt; die jungen Larven sind sehr beweglich und oft mit speziellen Anpassungen, Haft- und Klammerorganen ausgestattet.

Sitzen die geschlechtsreifen Stadien am Wirte fest, so ist die Übertragung meist der Tätigkeit der jungen Larven überlassen; die Geschlechtsprodukte werden einfach nach außen entleert und ihre Verbreitung dem Zufall überlassen. Die typischsten Beispiele hierfür bieten die marinen Ektoparasiten, insbesondere die Crustaceen, die ihre Eier oder jungen Larven ins Wasser entleeren und diesen überlassen, aktiv den neuen Wirt aufzusuchen. Hinsichtlich der Befruchtung sind diese Schmarotzer den gleichen Schwierigkeiten ausgesetzt wie die Entoparasiten und Darmschmarotzer. Besonders liegt der Fall dann, wenn die freilebenden Larven bis zur Geschlechtsreife heranwachsen und erst nach der Begattung die Weibchen zum Schmarotzertum übergehen (viele Nematoden).

Eigenartig ist das Verhalten der Pflanzenläuse, die zur Gewinnung neuer Wirte bestimmte Imaginalformen verwenden, nämlich die geflügelten Tiere, die innerhalb einer Reihe parthenogenetischer Generationen zu bestimmten Zeiten auftreten, auf neue Nährpflanzen hinüberfliegen und dort wieder parthenogenetisch ungeflügelte Generationen erzeugen (Abb. 87).

Abb. 87. Blattlauskolonie mit geflügelten parthenogenetischen Weibchen, von Ameisen besucht, die den Honigtau sammeln. (Nach Hesse-Doflein.)

Sehr oft werden bei Ektoparasiten die Eier zur Überdauerung ungünstiger Jahreszeiten verwendet. So legen die Pflanzenläuse und ebenso viele Schmetterlinge im Herbst ihre Eier an geschützten Stellen der Nährpflanze ab. Diese sind dann durch feste Schalen gegen Verletzungen wie gegen den Frost geschützt. Manche bedürfen aber zu ihrer Entwicklung der winterlichen Kälte, ähnlich wie dies von den Dauereiern der Cladoceren und Rotatorien bekannt ist. Die in Tieren lebenden Schmarotzerinsekten verwenden zum Überwintern gewöhnlich das andere Dauerstadium, die Puppe; bei den Arachniden, die keine echten Puppen haben, werden an ihrer Stelle in die Larvenentwicklung eingeschobene Ruhestadien verwendet (Milben) oder die Eier (Zecken).

Bei den Darmschmarotzern dienen ganz überwiegend die Eier der Verbreitung. Sie werden entweder mit dem Kot des Wirtes entleert (Ascariden und andere Darmnematoden, Trematoden) oder sie gelangen, wie bei den Cestoden, noch in abgestoßene Bandwurmglieder (die Proglottiden) eingeschlossen, ins Freie. Meist sind sie zum Schutz gegen Austrocknung und mechanische Verletzung mit einer festen Schale umgeben, die nicht selten (Trematoden, Cestoden) besondere Deckelapparate enthält, deren Aufspringen das Ausschlüpfen der Embryos ermöglicht (Abb. 88). Bei den Darmprotozoen finden wir an Stelle der Eier die Cysten, bei den Bakterien die Sporen. In ähnlicher Weise werden die Eier von Lungenparasiten durch Aushusten herausbefördert, die von Parasiten der Nasenhöhlen entleeren sich mit dem Nasenschleim, die des Nierenbeckens und der Blase mit dem Harn. Blut- und Gewebsschmarotzer haben naturgemäß besondere Schwierigkeiten, ihre Fortpflanzungsprodukte nach außen zu bringen. Oft dient dazu die Übertragung durch Zwischenwirte (blutsaugende Insekten und Zecken) oder der Parasit bohrt sich im geschlechtsreifen Zustande an die

Körperoberfläche und entleert durch das entstehende Geschwür seine Eier [Medinawurm[1])]. Bei dem Nematoden Schistosomum haematobium, einem Blutparasiten des Menschen, setzen die Weibchen ihre Eier in großen Mengen in den Beckengefäßen ab, so daß sie die Capillaren besonders der Blasenwand verstopfen, dort zu Geschwürbildungen Anlaß geben, durch die die Eier ins Blasenlumen, gelegentlich auch in den Darm entleert werden.

Die Chance, daß solche durch Zufall verstreute Eier bzw. die sich daraus entwickelnden Larven wieder in das Innere eines geeigneten Wirtstieres gelangen, ist naturgemäß sehr gering, und es ist daher biologisch leicht begreiflich, daß wir bei Entoparasiten die *höchsten Vermehrungsziffern*, abgesehen von Einzelligen, finden. Bekannt sind die Berechnungen LEUCKARTS, wonach Taenia solium im Jahre 42 Millionen Eier produziert, Ascaris sogar 64 Millionen. Aber auch bei vielen anderen Darmschmarotzern findet sich zweifellos eine entsprechende Fruchtbarkeit. Riesig sind auch die Eimengen, welche die oben erwähnten Blutnematoden erzeugen; ebenso übertrifft die Eizahl der parasitischen Trematoden ganz außerordentlich die der freilebenden Turbellarien. Auch die ektoparasitischen Kruster erzeugen sehr viel mehr Eier als ihre freilebenden Verwandten.

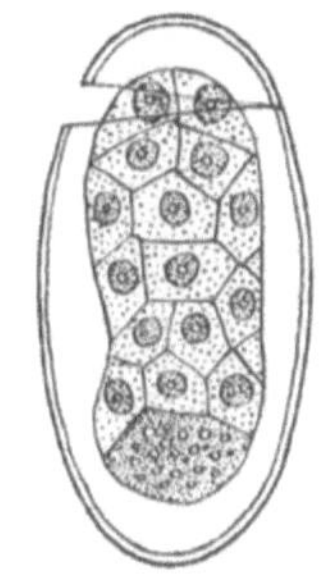

Abb. 88. Embryo von Azygia (Distomum) tereticollis. Eischale mit aufspringendem Deckel. (Nach SCHAUINSLAND.)

Den Schwierigkeiten, die das *Zusammenfinden der Geschlechter* macht, wird auf die verschiedenste Weise begegnet.

Bei den im geschlechtsreifen Zustand freien Formen bietet sie nichts Besonderes. Manchmal wird umgekehrt die Befruchtung vor den Beginn des Schmarotzerlebens verlegt, wie bei vielen Erdnematoden, die bis zur Befruchtung frei im Boden leben. Erst das befruchtete Weibchen dringt dann in Pflanzen oder Tiere ein [Sphaerularia, der Rübenparasit Heterodera[2])]. Etwas Ähnliches ist es, wenn bei der Trichine die aus der Muskeltrichine, welche vom definitiven Wirt gefressen ist, freiwerdenden Tiere im Darm des Wirts zur Befruchtung kommen und nur das Weibchen sich dann durch die Darmwand bohrt, um im Blut seine Embryonen abzusetzen, die wieder zu Muskeltrichinen werden. Bei Arten, die als Parasiten zur Befruchtung kommen müssen, finden wir vielfach Hermaphroditismus. Er kennzeichnet die Cestoden und Trematoden, denen er wohl schon von ihren freilebenden Verwandten, den Turbellarien, überkommen ist, findet sich aber als Anpassungs erscheinung auch in sonst getrennten geschlechtlichen Tiergruppen, z. B. bei Angiostomum unter den Nematoden (vgl. Abb. 94) und bei einer Reihe parasitischer Arten unter den Asseln. Die Zwittrigkeit gibt einmal die Möglichkeit, daß beim Zusammentreffen zweier Tiere beide zur Ablage befruchteter Eier kommen können, ermöglicht aber unter Umständen auch Selbstbefruchtung, die unter Trematoden und Cestoden sicher häufig vorkommt. Einige merkwürdige Fälle lehren, daß aber auch bei diesen Zwittern Wert auf Kreuzbefruchtung gelegt wird. Hierhin gehören zwei ektoparasitische Trematodenformen. Bei Diplozoon paradoxum[3]) besitzen die Larven einen Saugnapf in der Mitte der Bauchseite, auf der Rückenmitte einen warzenartigen Vorsprung (Abb. 94). Zwei sich begegnende Tiere fassen gegenseitig mit dem Bauchsaugnapf unter merkwürdiger Verdrehung des Körpers den Rückenzapfen des Partners. In dieser Stellung verwachsen sie zu einem Doppeltier, bei dem der Ausführgang des männlichen Apparates im Körper des anderen Tieres mit dem weiblichen Geschlechtsorgan verschmilzt, so daß eine dauernde Kreuzbefruchtung garantiert ist. Bei der Gattung Wedlia[4]) leben jeweils zwei Tiere zusammen in einer Cyste eingeschlossen, ein kleineres ganz in eine Ausbuchtung des blasigen Hinterkörpers des größeren eingeschmiegt. Das kleinere funktioniert als Männchen, das größere als Weibchen. Beide enthalten aber noch die rudimentären Anlagen des anderen Geschlechtsapparates, so daß hier offenbar eine ursprüngliche

[1]) LOOSS, in MENSE: Handb. der Tropenkrankheiten. Bd. II, S. 493ff.
[2]) STRUBELL, A.: Zoologica. Bd. 2. 1888.
[3]) ZELLER, E.: Zeitschr. f. wiss. Zool. Bd. 22. 1872.
[4]) ODHNER: Zoolog. Studie. Upsala 1907.

Zwittrigkeit infolge der Garantie für die Befruchtung verloren gegangen ist. — In ähnlicher Weise wird bei Schistosomum haematobium die Befruchtung dadurch gesichert, daß das kleinere Weibchen sich ständig zwischen zwei mantelartigen Hautfalten an der Bauchseite des Männchens hält (Abb. 90). Wir finden auch bei Parasiten gelegentlich Zwergmännchen, die völlig rudimentär geworden sind und sich dauernd an Körper des Weibchens aufhalten (Abb. 91). Solche Fälle haben wir besonders unter den Asseln.

Um diese Schwierigkeiten bei der Befruchtung auszugleichen, auch um günstige Ernährungsbedingungen auszunutzen, finden wir bei vielen Parasiten

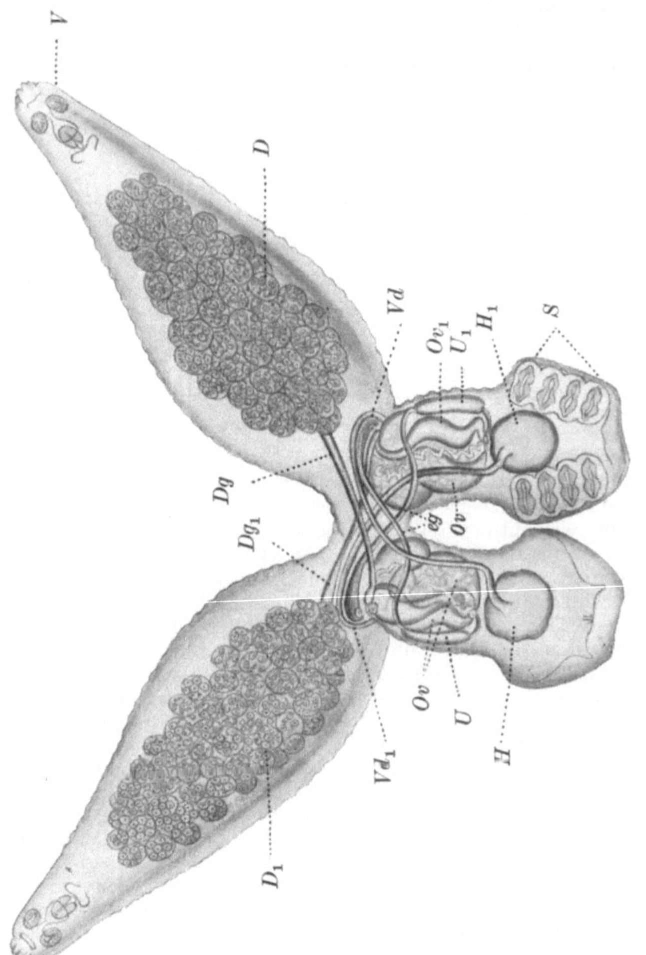


Abb. 89. Diplozoon paradoxum Zell. Etwas abgeändert nach ZELLER. *I* rechtes Tier von der Bauchseite; *II* linkes Tier von der Rückseite. Alle Teile von *I* sind durch Zusatz von 1 von denjenigen von *II* unterschieden. *V* Vorderende mit Saugnapf, *D* Dottersack, *Dg* Dottergang, *H* Hoden, *Vd* Samenleiter, *Ov* Ovar, *U* Uterus, *eg* Vagina, *S* hintere Saugnäpfe. (Nach HESSE-DOFLEIN.)

andere Vermehrungsvorgänge in den Lebenszyklus eingeschaltet. Bei den Blattläusen vermehren sich die flügellosen, fest an der Wirtspflanze angesaugten Weibchen durch viele Generationen parthenogenetisch. Zu bestimmten Zeiten im Sommer treten dann geflügelte Weibchen auf, die auf andere Pflanzen überfliegen und dort eine neue Kolonie begründen. Bei manchen Arten findet dabei ein gesetzmäßiger Wechsel zwischen zwei verschiedenen Pflanzenarten als Wirten für verschiedene Jahreszeiten statt[1]). Im Herbst treten Geschlechtsformen auf,

[1]) CHOLODKOWSKY: Horae societ. entom. Ross. 1895 u. 1896. — BÖRNER, C.: Arb. a. d. biol. Reichsanst. f. Land- u. Forstwiss. Bd. 6. 1908.

von denen die Männchen meist kleiner und oft stark reduziert sind; die befruchteten Weibchen legen dann hartschalige Dauereier, die den Winter überstehen.

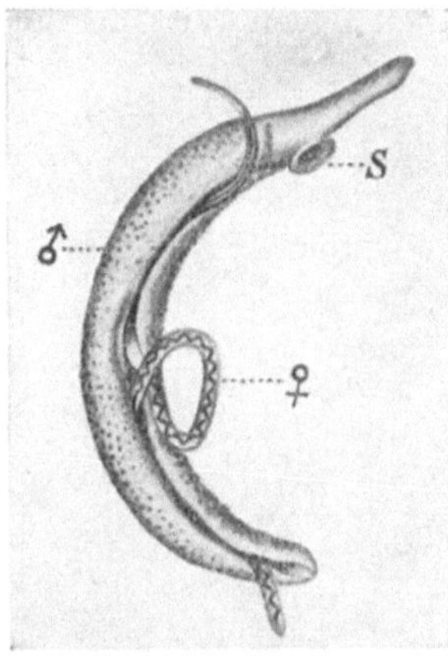


Abb. 90. Schistosomum haematobium. *S* Saugnapf. (Nach LOOSS.)

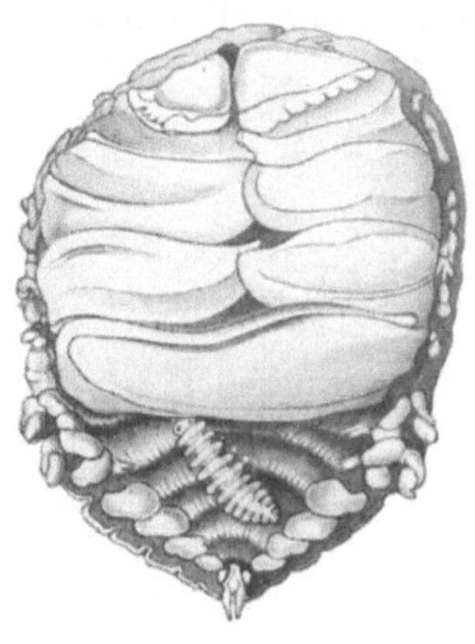

Abb. 91. Gyge branchialis. Zwergmännchen auf der Bauchseite des Weibchens. (Nach HESSE-DOFLEIN.)

In ähnlicher Weise findet sich die Parthenogenese bei vielen Trematoden (Abb. 92). Die aus dem Ei schlüpfende Larve, das Miracidium, entwickelt sich nach dem

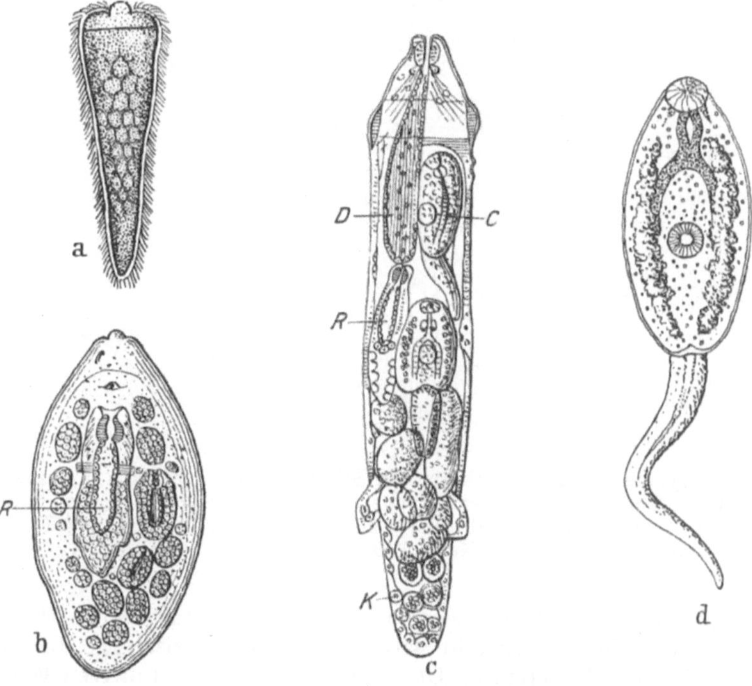


Abb. 92. Entwicklungszustände von Fasciola hepatica. *a* Miracidium, — *b* Sporocyste mit Redien (*R*) im Innern (nach R. LEUCKART), — *c* entwickelte Redie (nach THOMAS). *D* Darm, *C* Cercarien, *R* Redie, *K* Keimzellen, — *d* freie Cercarie. (Nach R. LEUCKART.) ca. $^{100}/_{1}$.

Eindringen in einen Zwischenwirt zu einem unvollständig organisierten Keimschlauch, der Sporocyste. In ihrem Innern entstehen aus unbefruchteten Eiern Larven einer zweiten Form, die Redien; diese bohren sich aus der absterbenden Sporocyste und dem Wirt heraus und infizieren einen neuen Wirt der gleichen

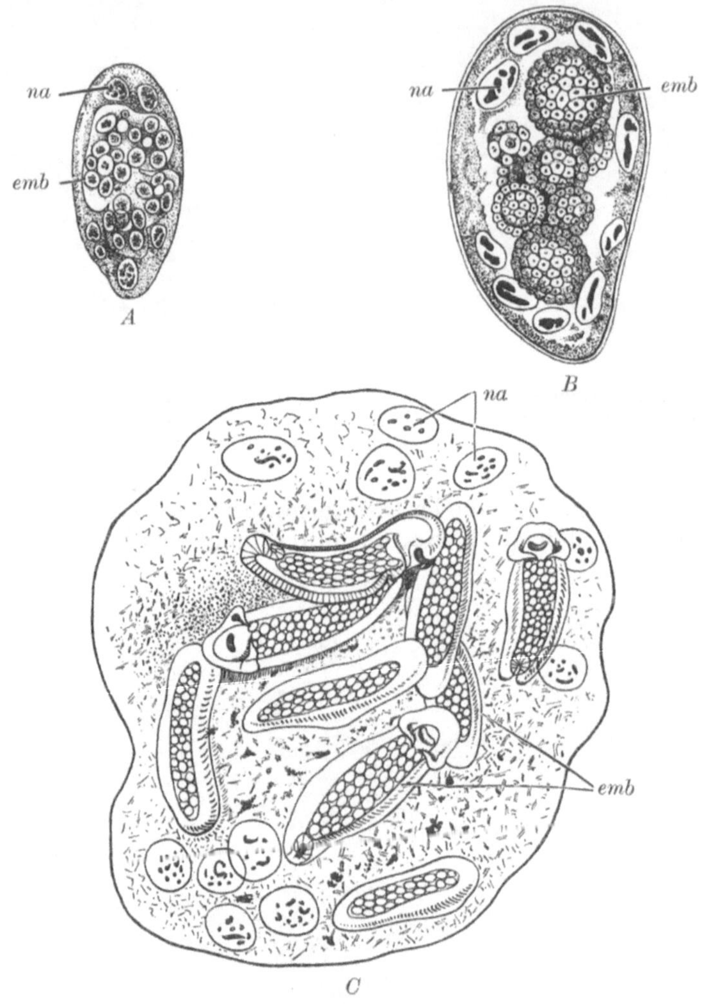


Abb. 93. Polyembryonie in der Entwicklung der Schlupfwespe Polygnotus minutus Lindm. *A* Ei gefurcht, in einzelne Zellen zerfallend, *B* aus den Furchungszellen sind neue Furchungskugeln entstanden, *C* aus letzteren zahlreiche Embryonen; *na* Nährzellen, *emb* Embryonalzellen bzw. Embryonen. (Nach Marchand, aus Hesse-Doflein.)

oder einer anderen Art und erzeugen oft parthenogenetisch eine Reihe von Rediengenerationen. Zuletzt entsteht wieder parthenogenetisch die Jugendform des definitiven Tieres, die Cercarie. Diese gelangt in den definitiven Wirt, entweder indem sie mit dem Zwischenwirt gefressen wird, oder indem sie sich im Freien encystiert und so aufgenommen wird, und entwickelt sich dort zur geschlechtsreifen Form. Diesem Verhalten nahe steht die Polyembryonie, wie sie bei einer Reihe winziger Schlupfwespenarten festgestellt worden ist, die Eier von Schmetterlingen anstechen (Abb. 93). Aus dem befruchteten Ei entwickelt sich ein Zellhaufen, bestehend aus zwei cytologisch wohl unterscheidbaren Zellarten, Urgeschlechtszellen und Körperzellen. Die Urgeschlechtszellen vermehren sich lebhaft und sondern sich wieder in eine Reihe von Zellhaufen, die perlschnurartig aufgereiht, von einer gemeinsamen Hülle umgeben, im Körper der mittlerweile ausgeschlüpften Wirtsraupe liegen. Erst wenn diese weit herangewachsen ist, differenzieren sie sich zu Larven, und zwar in manchen Fällen zu zwei Formen, solchen, die nur die Gewebe des Wirtstieres mit ihren

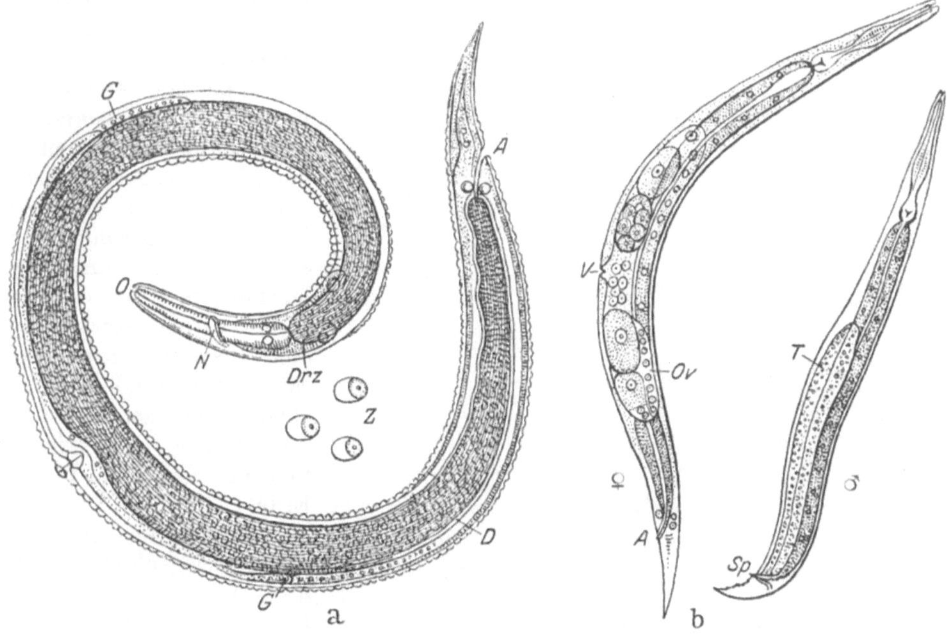


Abb. 94. Angiostomum nigrovenosum. *a* Parasitische Generation. *G* Genitaldrüsen, *O* Mund, *D* Darm, *A* After, *N* Nervenring, *Drz* Drüsenzellen; *Z* Spermien derselben. — *b* Männchen (♂) und Weibchen (♀) der Rhabditis-Generation. *Ov* Ovarium, *T* Hoden, *V* weibliche Genitalöffnung, *Sp* Spicula. (Nach CLAUS-GROBBEN.)

Mandibeln zerreißen und nicht zur vollen Entwicklung kommen, und vollwertigen Larven, die sich zu geschlechtsreifen Imagines entwickeln. So können aus einem Ei 70—100 Imagines hervorgehen, die jeweils alle das gleiche Geschlecht haben.

In anderen Fällen wird ungeschlechtliche Vermehrung durch Knospung oder Teilung herangezogen. Das typischste Beispiel hierfür sind die Bandwürmer. Das aus der Larve hervorgehende Kopfstück, der Scolex, läßt an seinem Hinterende eine Kette von Proglottiden hervorsprossen, deren Zahl oft viele Tausende betragen kann. Der Scolex selbst bleibt steril; in jeder der Proglottiden entwickelt sich der zwittrige Geschlechtsapparat. Bei manchen Bandwürmern wird auch das Finnenstadium zur Knospung herangezogen, wie bei Taenia echinococcus. Dort knospen aus der Blasenwand der Finne eine große Zahl von Scolices hervor, wodurch die sonst bei Bandwürmern klein bleibende Finne zu einem riesigen Gebilde anschwellen kann. Umgekehrt erzeugt der geschlechtsreife zugehörige Bandwurm nur 3—4 kleine Proglottiden.

Diese nicht zweigeschlechtlichen Fortpflanzungsweisen sind stets in gesetzmäßiger Weise in den Entwicklungsgang der Art eingeschaltet, und wir erhalten so das Schema des *Generationswechsels* (zweigeschlechtliche Fortpflanzung und Knospung) oder der *Heterogonie* (zweigeschlechtliche Fortpflanzung und Parthenogenese). Ein Sonderfall der Heterogonie ist es, wenn getrennt geschlechtliche mit zwittrigen Generationen abwechseln, wie bei dem Nematoden Angiostomum nigrovenosum, dessen hermaphrodite Generation in der Lunge unserer Frösche lebt (Abb. 94). Die Eiablage erfolgt in den Darm; aus den mit dem Kot abgehenden Eiern entwickelt sich eine getrennt geschlechtliche Bodenform, deren Larven dann wieder in den Frosch einwandern. Ähnlich ist es bei dem in den Tropen Asiens auch beim Menschen häufigen Nematoden Strongyloides stercoralis; die im Darm lebende Form ist dort aber nicht zwittrig, sondern besteht aus parthenogenetisch sich vermehrenden Weibchen; die getrennt geschlechtliche entwickelt sich im Kot bzw. in der Erde.

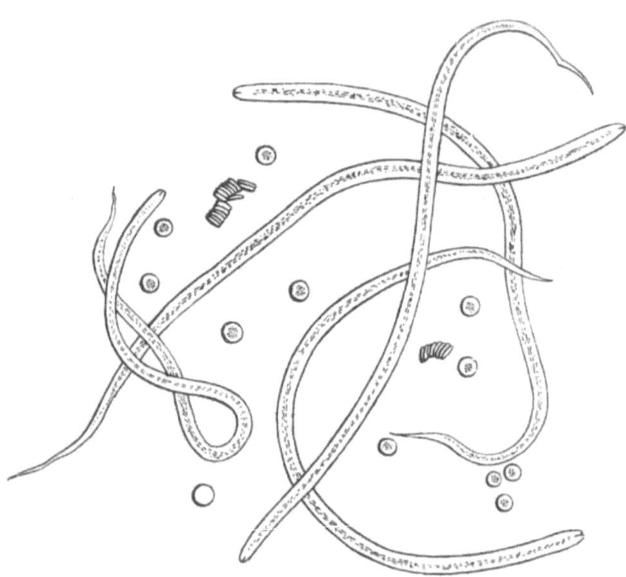

Abb. 95. Larven der Filaria bancrofti im Blute des Menschen. (Nach RAILLIET.)

Soweit die Entozoen nicht Gelegenheit haben, ihre Geschlechtsprodukte in der oben geschilderten Weise nach außen zu befördern, findet bei ihnen passive Übertragung durch einen Zwischenwirt, meist blutsaugende Insekten, statt. So erzeugen die in den Tropen in den Blutgefäßen der Menschen und Säugetiere in zahlreichen Arten lebenden Filariaarten, dünne Nematoden von mehreren Zentimetern Länge, winzige Larven (Abb. 95), die im Blute kreisen und besonders nachts, zur Schwärmzeit der Moskitos, in die Hautgefäße gelangen. Dort werden sie beim Stich von den Mücken aufgesogen, durchbohren deren Darmwand, wachsen in ihren Muskeln heran, wandern dann in die Speicheldrüsen oder den Vorderdarm aus oder treten beim Stechakt durch die dünne Wand des Labiums der Mücke und infizieren so neue Säugetiere, in denen sie in monatelanger Entwicklung zur geschlechtsreifen Form heranwachsen. Auch die Blutprotozoen haben einen ähnlichen Wirtswechsel, bei der Malaria müssen die Gameten des Plasmodium von der Mücke Anopheles aufgesogen werden; im Mückendarm erfolgt die Befruchtung; die in der Darmwand gebildeten Schizonten wandern in die Speicheldrüsen und infizieren beim Stich neue Menschen. Durch Zwischenwirt erfolgt auch die Übertragung bei den meisten Darmparasiten aus der Gruppe der Cestoden und Trematoden, meist in der Weise, daß der Träger der Larven (bei den Trematoden meist eine Schnecke oder eine Insektenlarve, bei den Cestoden gewöhnlich ein kleineres Säugetier) vom definitiven Wirt gefressen wird.

In dessen Darm wird dann bei der Verdauung der Parasit frei und entwickelt sich zur Geschlechtsreife. Sehr merkwürdig ist dabei, daß von der Finne der Cestoden der blasenförmige Körper vom Verdauungssaft des Wirtes aufgelöst wird, während der Scolex dagegen immun ist. Erinnert sei in diesem Zusammenhang auch an die Trichine, einen Nematoden. Dort bohrt sich nach der Befruchtung im Darm des Wirtes das Weibchen durch die Darmwand und setzt seine Jungen in die Lymph- oder Blutgefäße ab. Sie gelangen mit dem Blutstrom in die Muskeln, in die sie sich einbohren und dort zur Muskeltrichine einkapseln. Wird das trichinöse Fleisch dann wieder von einem anderen Säugetier gefressen, so entstehen in dessen Darm die geschlechtsreifen Formen.

Ebenso wie unter den Tieren finden wir auch bei den Pflanzen zahlreiche Formen mit parasitischen Lebensgewohnheiten, doch kann auf diese entsprechend den Zielen des Handbuches nur kurz eingegangen werden.

Soweit es sich um echten Parasitismus, also Ernährung durch den Wirt handelt, scheiden sich die Pflanzen in ihrer Eignung für den Parasitismus sofort in zwei große Gruppen, die heterotrophen und autotrophen.

Für die Heterotrophen bringt der Parasitismus keine grundsätzliche Veränderung des Stoffwechsels, da sie sich auch sonst in der Mehrzahl von anorganischen und organischen Verbindungen ernähren, die sie in gelöster Form aufnehmen. Die meisten Bakterien und anderen Pilzformen sind Saprophyten, die ihre organischen Nährstoffe aus faulenden und verwesenden Substanzen gewinnen. Der Weg von dieser Lebensweise zum Anschluß an lebende Organismen ist sehr einfach. So ist es leicht begreiflich, daß wir Bakterien als regelmäßige Bewohner im Darm der verschiedensten Tierarten finden, denn dort sind sie ja fast im gleichen Milieu wie in sich zersetzenden Substanzen außerhalb des Organismus. Auch hier zeigt sich wieder, wie wenig es vom physiologischen Standpunkt berechtigt ist, Darmbewohner als Entoparasiten zu bezeichnen. Von hier aus steht dann der Weg offen zum Eindringen in die Darmschleimhaut, und die harmlosen Commensalen werden dann zu gefährlichen Schädlingen. In gleicher Weise ist natürlich auch ein Ansiedeln auf der äußeren Körperfläche und in den übrigen mit der Außenwelt zusammenhängenden Körperhöhlen möglich (Atmungsorgane, Harn- und Geschlechtsapparat). Erleichtert wird das Eindringen bei Verletzungen der Körperoberfläche (Wundinfektionen). Durch von den Eindringlingen ausgehende Giftwirkung werden dann häufig die Gewebe geschädigt und zum Absterben gebracht, so daß praktisch ganz ähnliche Bedingungen vorliegen wie bei außerhalb faulenden Substanzen.

Ganz entsprechend liegen die Verhältnisse für andere Pilzgruppen, die mit ihrem Mycel den Bodenmulm durchwuchern, dabei auch in absterbende Organismen eindringen und sich endlich auf das Gedeihen auch in lebendigem Gewebe einstellen. Auch hier wird das Eindringen des Mycels durch natürliche Öffnungen (Spaltöffnungen der Pflanzen) oder durch Verletzungen begünstigt. Während sich Bakterien besonders im Inneren der Tierkörper finden, bevorzugen die Schlauch- und Hutpilze die Pflanzen, nur die Entomophthoraceen befallen vorwiegend Tiere (Empusa muscae, der bekannte Parasit unserer Stubenfliegen).

Entsprechend dem Entwicklungsgang des Parasitismus ist leicht verständlich, daß wir unter Bakterien und Pilzen die mannigfachsten Abstufungen vom fakultativen zum obligatorischen Parasitismus finden. Wo regelmäßig lebende Zellen oder die Ernährungsbahnen von Pflanzen angegriffen werden, stellen sich bei parasitischen Pilzen auch morphologische Anpassungen ein, die Haustorien, saugwarzenartige Bildungen an den Mycelfäden, mit denen sie die Nährstoffe einsaugen. Einige Gruppen sind durchweg zu Parasiten geworden, wie die Rostpilze, Uredineen, die bekannten Schädlinge vieler unserer Kulturpflanzen. Hier finden wir dann sehr komplizierte Verhältnisse, Generationswechsel, bei dem entweder die eine Generation, die Uredosporen, frei im Ackerboden lebt oder jede Generation ihren besonderen Wirt hat. Oft sind die einzelnen Arten streng monophag, ja für manche Rostpilze (Puccinia hieracii) ist sogar nachgewiesen, daß sie nur auf bestimmten Rassen der Wirtspflanzen gedeihen und sich auf andere vom benachbarten Standort nicht übertragen lassen. Es muß hier also eine sehr feine chemische Abstimmung zwischen Wirt und Parasit bestehen.

Ganz anders liegen die Verhältnisse für die autotrophen Pflanzen. Sie bedürfen ja für gewöhnlich keiner organischen Nährstoffe, sondern stellen sie durch Vereinigung der aus der Luft assimilierten Kohlensäure mit den Mineralsalzen des Bodens her. Für sie bedeutet also Parasitismus eine weitgehende Umsteuerung des Stoffwechselgetriebes. Demgemäß finden wir gegenüber den sehr zahlreichen parasitischen Bakterien und Pilzen nur wenige Algenformen und einige Gruppen von Phanerogamen als Parasiten, in unserer Flora hauptsächlich die Loranthaceen (Mistel), Cuscutaceen (Kleeseide), Rhinanthoideen (Schuppenwurz), Orobanchaceen. In den Tropen kommen dazu noch die Balanophoraceen und Rafflesiaceen. Die meisten von ihnen schmarotzen auf dem Wurzelsystem anderer Pflanzen, nur Misteln und Cuscutaarten befallen Stengel und Äste. Auch hier läßt sich ein allmählicher Ausbau des Parasitismus leicht konstruieren, zum Teil in der Reihe der heutigen Arten verfolgen. Es läßt sich leicht denken, daß etwa die Mistelarten, die sich als Epiphyten auf den Stämmen anderer Pflanzen ansiedelten, ihre Wurzeln zunächst nur zum Anklammern an die Unterlage verwendeten. Ein Hineinwuchern in die Rinde ergab die Möglichkeit, Wasser und Nährsalze aufzunehmen, was bei der mangelnden Verbindung mit dem Boden sehr vorteilhaft war, und endlich konnte sich daraus durch Anzapfung von Zellen und Siebröhren des Trägers der direkte Gewinn eiweißhaltiger Nährstoffe entwickeln. Ebenso ist bei den Wurzelschmarotzern das Ursprüngliche wohl die Gewinnung von Wasser und Nährsalzen gewesen, und die Aneignung organischer Nährstoffe hat sich erst allmählich entwickelt. Unter den Rhinanthoideen können wir diese verschiedenen Stufen noch sehr deutlich nebeneinander beobachten. Der Augentrost, Euphrasia, ist fast noch ein fakultativer Parasit, der für gewöhnlich die Wurzeln von Gräsern anzapft, aber zur Not noch mit der eigenen Leistung seines Wurzel- und Blättersystems auskommen kann. Der Hahnenkamm oder Klappertopf, Alectorolophus, das Läusekraut, Pedicularis, der Wachtelweizen, Melampyrum, sind wohl stets durch Haustorien in Verbindung mit fremden Wurzeln, entnehmen ihnen aber mindestens vorwiegend nur Wasser und Nährsalze. Die Gattung Bartsia entzieht den Wirtspflanzen dagegen sicher schon organische Stoffe, in noch stärkerem Maße ist dies bei Tozzia der Fall, und die Schuppenwurz, Lathraea, ist zeitlebens ein Vollparasit, der jede selbständige Ernährung aufgegeben hat.

Eine so tiefgehende physiologische Umstellung muß natürlich auch zu morphologischen Veränderungen führen. Sie bestehen in erster Linie in der Reduktion des assimilierenden Chlorophyllapparates.

Während Euphrasia und Alectorolophus noch ein wohlentwickeltes Blattsystem haben, das sich nach Ausdehnung und Chlorophyllgehalt nicht augenfällig von dem rein autotropher Pflanzen unterscheidet, bilden sich Blätter und Chlorophyll mit steigendem Schmarotzertum mehr und mehr zurück, bis bei der Schuppenwurz jede Spur von Blattgrün geschwunden und die Blätter zu funktionslosen Schüppchen reduziert sind. Auch das Wurzelsystem zeigt charakteristische Veränderungen: die Wurzelhaare, die zum Aufsaugen der Nährstoffe dienen, schwinden, Zahl und Länge der Wurzeln nimmt ab, dafür entwickeln sich Haustorien, die das Anzapfen der fremden Wurzeln übernehmen. Ähnlich geht es in den anderen Parasitenfamilien; bei Cuscuta bildet sich das Wurzelsystem fast vollkommen zurück, dafür entwickelt der windende Stengel Haustorien, die er in die umwundenen Pflanzenteile hineintreibt (vgl. Abb. 97). Bei den tropischen Formen ist die Umgestaltung am weitesten gegangen; die Balanophoraceen haben jede Gliederung verloren und sind zu thallusartigen Knollen geworden, die unterirdisch den befallenen Wurzeln aufsitzen. Nur zur Blütezeit treiben sie einen kurzen Schaft mit reduzierten Schuppenblättern nach außen (Abb. 96). Am weitesten sind die Rafflesiaceen ausgebildet, sie sind größtenteils zu vollkommenen Entoparasiten geworden, die als mycelartiges Geflecht den Wirtskörper durchwuchern und nur ihre riesigen Blüten nach außen treten lassen.

Naturgemäß ist für diese Parasiten die Gewinnung eines neuen Wirts besonders schwierig, da ihnen ja die aktive Bewegung fehlt. Die junge Cuscutapflanze entwickelt beim Keimen einen langen dünnen Stengel, der lebhafte Windebewegungen ausführt. Berührt er dabei einen anderen Pflanzenstengel,

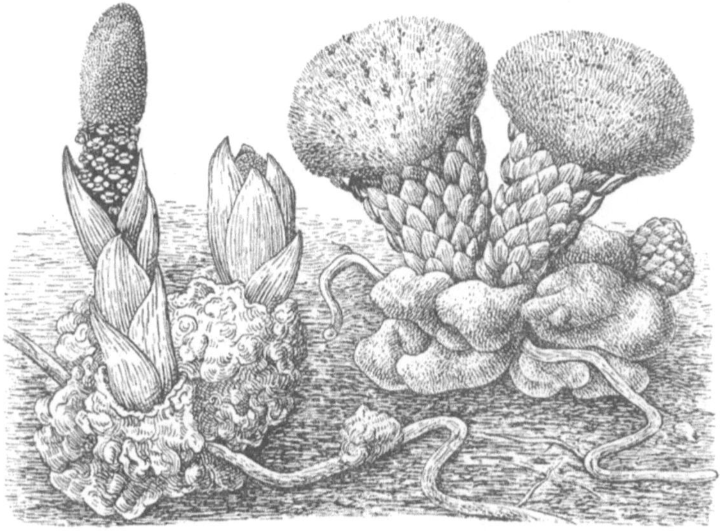

Abb. 96. Balanophoraceen, auf Wurzeln schmarotzend. Links: Scybalium, rechts: Balanophora. (Nach KERNER.)

so umschlingt er ihn, saugt sich mit sog. Prähaustorien daran fest und treibt dann sofort Haustorien in ihn hinein (Abb. 97). Im weiteren Wachstum folgen sich dann periodisch enge Spiralen mit Haustorien und weite zum Emporklimmen. Die wachsende Spitze kann dann auf andere Stengel übergreifen und dort das gleiche Spiel wiederholen, so daß die Kleeseide ganze Felder mit ihren langen Stengeln überspinnen kann. Für die typischen Wurzelparasiten ist eine Entwicklung nur möglich, wenn sie in der Nähe einer geeigneten Wirtswurzel keimen. Sie stellen dann sobald als möglich die Verbindung her und gewinnen durch die ersten Haustorien das Material für weiteres Wachstum. Dabei tritt die eigenartige Erscheinung auf, daß die Samen solcher Formen (Orobanche, Tozzia, Lathraea) überhaupt nur dann keimen, wenn sie in der Nachbarschaft einer geeigneten Wirtswurzel sind. Es muß also durch die aus der Wurzel austretenden Stoffe ein chemischer Reiz auf die Samen ausgeübt werden.

Während die meisten Formen in der Wahl der Wirte nicht besonders anspruchsvoll sind, sind einige ausgesprochen monophag. So keimt die der Mistel verwandte südeuropäische Loranthus nur auf Kastanien und Eichen, die Gattung Rafflesia gedeiht nur auf Cissus-Arten.

Im Zusammenhang mit diesen Eigentümlichkeiten der Entwicklung steht die Erscheinung, daß die Samen der typischen Parasiten sehr arm an Nahrungsvorräten sind. Während die normale autotrophe Pflanze solange von ihren Vorräten leben muß, bis Wurzel- und Blattsystem zur Funktion fertig gebildet sind, handelt es sich hier nur um die Lieferung des Materials, das bis zum Anschluß an einen Wirt ausreicht. Demgemäß sind die Samen durchweg klein und der Embryo oft stark reduziert, entsprechend ist die Samenzahl relativ zur Größe

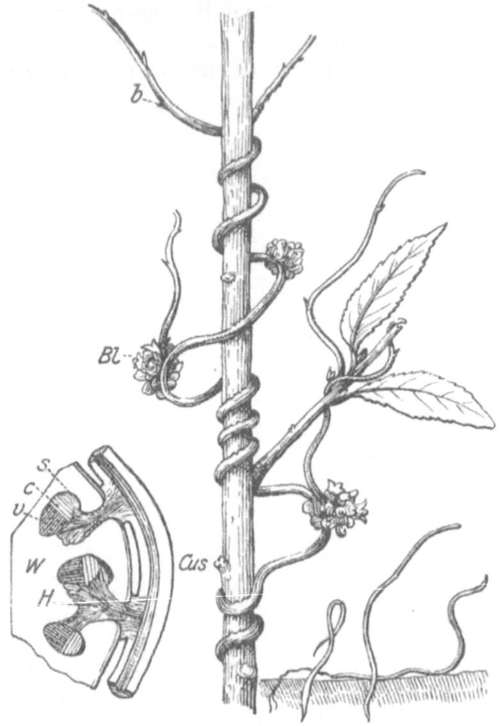


Abb. 97. In der Mitte ein Weidenzweig, umwunden von der schmarotzenden Cuscuta europaea. An den warzenförmigen Anschwellungen des Cuscutastengels treten Haustorien in die Weide ein. *b* reduzierte Blättchen. *Bl* Blütenknäuel. Links: Verbindung des Schmarotzers (*Cus*) mit einer Wirtspflanze, *W*: Die Haustorien *H* dringen teils in das Rindenparenchym ein, teils legen sie sich dicht an den Vasalteil *v* und den Cribralteil *c* der Gefäßbündel an, deren Sclerenchymkappe *s* sie zum Teil abheben. Rechts: Keimende Cuscuten, der längste Keimling kriecht am Boden, indem er vorn auf Kosten des absterbenden hinteren Teiles *t* weiter wächst. (Aus STRASBURGER: Lehrbuch der Botanik.)

der Pflanze meist recht bedeutend und gleicht so die Schwierigkeiten der Entwicklung einigermaßen aus.

Erwähnenswert ist noch die merkwürdige Verlangsamung in der Entwicklung des Vollschmarotzers. So ist für die Schuppenwurz festgestellt, daß sie erst mit 10 Jahren blühreif wird; ähnlich liegen die Dinge auch für die Orobanchaceen (Abb. 98).

Wie bei den Tieren, sind auch bei den Pflanzen die echten Schmarotzer niemals große Formen.

Nach dieser physiologischen und morphologischen Charakteristik der Parasiten wenden wir uns zur Besprechung der Beziehungen zwischen Parasit und Wirt. Definitionsgemäß ist das Verhältnis ein ausgesprochen feindliches: Der

Parasit sucht dem Wirt mit allen Mitteln die nötige Nahrung zu entziehen, der Wirt setzt sich auf jede Weise gegen die Angriffe des Schmarotzers zur Wehr. Hierbei möchte ich allerdings eine Tatsache nicht unerwähnt lassen, auf die vor allem der große Entomologe FABRE die Aufmerksamkeit gelenkt hat. Die solitären Bienen und Wespen werden in den kunstvollen Bauten, die sie zur sicheren Aufzucht ihrer Nachkommenschaft errichten, vielfach von Schmarotzern heimgesucht, die die Brut vernichten und ihre eigenen Nachkommen an deren Stelle setzen. Es handelt sich meist um Hymenopteren oder Dipteren. Sehr auffallend ist nun die Tatsache, daß die Bienen und Wespen diesen Parasiten, denen sie an Kraft weit überlegen sind, die durch abweichende Form und Färbung ihnen ohne weiteres kenntlich sein müssen, in keiner Weise feindlich begegnen. Während sonst der Bau streng bewacht und jeder fremde Eindringling, selbst Tiere der gleichen Art, rücksichtslos vertrieben wird, läßt man den Parasiten, die ganz sorglos am hellen Tage in den Bau eindringen, vollkommen freies Spiel. FABRE schildert sehr anschaulich, wie eine Megachile einer Melecta, die in den Bau hinein will, am Eingang direkt Platz macht, obwohl der Besucher ihren Eiern den Untergang bringt. Ebenso werden Goldwespen, Chrysis, bei ihren Schmarotzerzügen von den rechtmäßigen Besitzern nicht angegriffen und vertrieben. Es fehlt uns vorläufig jede Erklärung, warum die sonst so prompt und zweckmäßig funktionierenden Instinkte hier vollkommen versagen.

Abb. 98. Orobanche Epithymum. (Nach BAILLON.)

Die Schädigungen, die der Wirt durch den Parasiten erleidet, sind im wesentlichen abhängig von drei Faktoren: dem Angriffspunkt der Parasiten, ihrer Anzahl und dem Größenverhältnis zwischen Wirt und Schmarotzer. Daß mit der Anzahl und der relativen Größe des Schmarotzers die Gefahr für den Wirt steigt, ist ohne weiteres einleuchtend. Hinsichtlich des Angriffspunktes sind die Parasiten der äußeren und inneren Körperoberflächen im allgemeinen weit weniger gefährlich als die Bewohner des Blutes und der Zellen bzw. Gewebe. Ferner ergibt sich hier ein sehr charakteristischer Unterschied zwischen Pflanzen und Tieren als Wirte. Der Körper der Pflanze ist eine extensive Mannigfaltigkeit, die gleichen Organe sind im allgemeinen in großer Zahl nebeneinander vorhanden. Eine Schädigung oder Vernichtung einzelner Organe trifft die Pflanze daher verhältnismäßig nicht schwer. Eine Raupe kann eine große Zahl von Blättern völlig wegfressen, ohne daß die Pflanze darunter ernsthaft leidet. Erst wenn durch eine große Parasitenzahl der Blattwuchs völlig vernichtet wird, kann schwere Schädigung, evtl. der Tod der Pflanze eintreten. Solche Fälle sind ja bei Forstschädlingen hinreichend bekannt; erinnert sei etwa an den Kahlfraß unserer Waldbäume durch Maikäfer oder die Verwüstungen des Schwammspinners und der Nonne. In allen solchen Fällen muß durch eine Häufung besonderer Umstände eine ungewöhnliche Anreicherung der Parasiten eintreten, damit schwere Schädigungen für die Pflanzen zustande kommen. Dies geschieht fast immer nur dort, wo der Mensch bei seinen Kulturpflanzen in die natürlichen

Beziehungen einer Biocönose eingegriffen hat. Es ist wohl das ernsteste Problem unserer Forstleute und Pflanzenzüchter, diese durch allzu einseitige Kulturmethoden stark gestiegene Gefährdung unserer Nutzpflanzen wieder zu beheben, denn die Verluste, die das Volksvermögen jährlich durch die Schädlinge der Kulturpflanzen erleidet, sind ganz enorm. Eine besondere Rolle spielt hierbei die Einführung von Pflanzen in fremde Länder, wo sie auf neue Schädlinge treffen, oder umgekehrt die Verschleppung von Schädlingen in neue Lebensgemeinschaften, wo die Faktoren fehlen, die ihre Ausbreitung in Schranken halten.

Erinnert sei an die vernichtenden Folgen der Einschleppung der amerikanischen Reblaus für die europäische Weinkultur, die Gefährdung der Kartoffel durch den Coloradokäfer, die ungeheuren Waldverwüstungen in Nordamerika durch die Einschleppung des europäischen Schwammspinners und zahlreiche ähnliche Fälle. Selbst in Fällen völligen Kahlfraßes hat die Pflanze aber die Möglichkeit, den Eingriff zu verwinden durch das in den Knospen angehäufte Reservematerial. Als im Frühjahr 1926 in weiten Gebieten Deutschlands durch eine abnorme Vermehrung des Eichenwicklers infolge besonderer Witterungsverhältnisse die Eichen fast restlos kahlgefressen waren, hatten sie bereits im Juli durch neue Belaubung den Schaden ersetzt. Auch die im Holze lebenden Parasiten sind für die Pflanzen weit weniger gefährlich als Gewebeparasiten der Tiere; es müssen schon sehr viel bohrende Insektenlarven vorhanden sein, um einen Baum ernstlich zu gefährden.

Das Tier hat demgegenüber einen kompendiösen Bau, seine Organe sind meist in geringer Anzahl, oft nur einmal vorhanden, ihre Schädigung muß daher viel schwerere Folgen mit sich bringen. Ein einzelner Parasit, der sich im Gehirn, der Leber, der Niere festsetzt, kann durch eine mechanische Behinderung der Funktion des Organs den Untergang des Wirtes herbeiführen. Bemerkenswert ist, daß sich bei festsitzenden Tieren, Hydropolypen, Anthozoen, Bryozoen ein ähnlich extensives Wachstum wie bei den Pflanzen durch Koloniebildung hergestellt hat, und demgemäß das Verhalten gegen Parasiten ein ganz ähnliches geworden ist (Abfressen der Einzeltiere durch Caprelliden, Schnecken, Fische und andere, Ersatz durch Regeneration).

Die Ektoparasiten schädigen ihren Wirt meist nur durch mechanische Verletzung der Haut und durch den Stoffentzug, der meist durch Saugen stattfindet. Besondere Abwehrreaktionen des Wirtes sind ihnen gegenüber wenig ausgebildet; passiv dienen Hautverdickungen, Panzer, Haar- und Federkleid zum Schutz, aktiv wehrt sich das Tier durch Abstreifen des Parasiten, Schlagen und Beißen, im allgemeinen ohne großen Erfolg. Die Pflanzen haben gegen den Fraß der Parasiten allerhand Schutzmittel ausgebildet. Haare, Dornen, Brennhaare, Klebstoffe, chemische Schutzmittel durch Einlagerung schlecht schmeckender oder giftig wirkender Stoffe in die Blätter und Stengel. Fast stets finden sich hier aber trotzdem Parasiten, die durch spezielle Anpassungen diese Hindernisse zu überwinden verstehen. So hat sich beispielsweise an die giftigen Aristolochien der Tropen eine ganze Gruppe von Tagfaltern aus der Gattung der Schwalbenschwänze, Papilio, mit ihren Raupen angepaßt, die ausschließlich auf dies Futter eingestellt sind.

Auch die Darmparasiten sind im ganzen genommen wenig gefährlich. Die meisten nehmen nur einen Teil der vom Wirt aufgenommenen Nahrung für sich in Anspruch, ein Verlust, der nicht allzuschwer wieder einzubringen ist. So finden wir bei fast allen Tieren derartige Commensalen im Darm, hauptsächlich Bakterien, Protozoen und Würmer; selbst bei sehr großer Zahl der Parasiten fehlt jede erkennbare Schädigung des Wirtes. Unter Umständen können diese Gäste sogar Nutzen bringen dadurch, daß sie durch ihre Verdauungstätigkeit am Aufschluß der Nahrung mitarbeiten und sie dem Wirt besser ausnutzbar machen. Hierhin gehören vermutlich die Infusorien im Pansen der Wiederkäuer und sicher die Flagellaten im Darm der holzfressenden Insekten, speziell der Termiten (s. unten S. 684). — Gefährlicher werden schon die Parasiten, die sich in die Darmwand einbohren und Lymphe oder Blut saugen, wie dies eine Anzahl von Nematoden tun (Ankylostomum). Die beim Grubenwurm und seinen Verwandten beobachtete, oft sehr erhebliche Schädigung des Wirtes, die sogar zum Tode führen kann, ist nach neuerer Auffassung wohl weniger durch diesen Substanzverlust bedingt als durch Giftwirkung der resorbierten Stoffwechselprodukte der Parasiten. Derartige Vergiftungserscheinungen sind auch von anderen Darmparasiten beobachtet, besonders von Ascaris und Taenia solium.

Als Abwehrreaktion steht dem Wirt im wesentlichen nur die Einwirkung seiner Verdauungssekrete auf die Schmarotzer zur Verfügung. Ihr fallen sicher sehr viele Parasiten zum Opfer, und nur diejenigen können sich halten, die sich durch Antikörper gegen die Verdauung schützen. Es handelt sich dabei wohl meist um spezifische Reaktionen, und darauf beruht wohl großenteils die Bindung der Darmparasiten an bestimmte Wirte, während sie in anderen zugrunde gehen. Besonders merkwürdig ist dabei, daß nicht alle Teile der Parasiten diesen Schutz genießen. Die Finnen der Bandwürmer, in deren Innenraum das Vorderende als Scolexanlage eingestülpt ist, werden im Darm aufgelöst; dadurch wird der Scolex frei, stülpt sich um und verankert sich an der Darmwand. Auch die Cysten der Cercarien werden in dieser Weise aufgelöst, ebenso wie wahrscheinlich manche Eierschalen. — In andere Körperhöhlen (Luftwege und Lungen, Harn- und Geschlechtswege) eindringende Parasiten sind weit weniger harmlos. In der Vagina der Säuger und in der Kloake der niederen Wirbeltiere kommen eine Anzahl Protozoen vor, die wohl ziemlich unschädlich sind, die meisten anderen Parasiten, besonders größere Formen (Würmer, Insektenlarven) wirken mechanisch und chemisch oft schwer schädigend. Zweifellos die gefährlichsten Schmarotzer sind die echten Entoparasiten. Sie können einerseits mechanisch schädigend wirken. Dahin gehören die Zellschmarotzer, Coccidien, Malariaplasmodien, die durch ihr Wachstum die befallenen Zellen zerstören. Ferner die Gewebsparasiten, z. B. die Muskeltrichine, die Finnen der Bandwürmer, insbesondere die Echinokokken. Mechanisch gefährlich können auch Verstopfungen der Lymph- und Blutgefäße durch starke Anhäufungen von Parasiten werden. Hierhin gehören die durch Schistosomum haematobium hervorgerufene Hämaturie, die durch Filarien erzeugte Elephantiasis. Auch wandernde Parasitenlarven können, falls sie sich aktiv durch die Gewebe bohren, mechanische Zerstörungen anrichten, so z. B. die Larven der Dasselfliegen auf dem Wege vom Darm zur Körperoberfläche. Weit schlimmer ist aber die chemische Schädigung, teils durch eigens erzeugte Gifte, teils durch die körperfremden Stoffwechselprodukte der Parasiten, hierauf beruht ja im wesentlichen die schwere Schädigung durch Bakterien und Blutparasiten.

Die Abwehraktionen des Wirtes können ebenfalls mechanische oder chemische sein. Mechanisch wirkt die Abkapselung der Parasiten, z. B. Muskeltrichinen, Finnen. Chemisch sucht der Organismus durch Bildung von Antikörpern und Abwehrfermenten die Schädlinge zu vernichten. Es entspinnt sich so ein wechselvoller chemischer Kampf zwischen Parasit und Wirt, wie er uns besonders durch das Studium der Bakterieninfektionen bekannt geworden ist und auf den hier nicht näher eingegangen werden soll (vgl. dazu Bd. 13 ds. Handb.).

Erwähnt sei nur, daß Veränderungen des Blutes, die auf solche chemische Reaktionen schließen lassen, auch bei zahlreichen anderen Parasiten beobachtet worden sind, von denen Giftwirkungen ausgehen (Ascaris, Ankylostomum). Eine besonders merkwürdige Schädigung sei noch kurz erwähnt, die parasitische

Kastration. Bei verschiedenen Krebsarten, die von parasitischen Cirripedien (Sacculina, Peltogaster) befallen waren, die mit ihrem Wurzelgeflecht den ganzen Körper des Wirtes durchspinnen, ist ein Schwund der Geschlechtsorgane beobachtet worden. Die weiblichen Tiere nehmen als Folge davon männlichen Habitus an, der sich besonders in der Umgestaltung des Abdomens ausprägt.

Der Kampf zwischen Wirt und Parasit wird im allgemeinen mit voller Rücksichtslosigkeit geführt. Wenn der Wirt ihm nicht erliegt, so ist der Grund dafür die zu geringe Anzahl oder Größe der Schmarotzer. Wächst einer dieser Faktoren über ein gewisses Maß, so geht der Wirt unrettbar zugrunde. Daher die Vernichtung der größten tierischen Organismen, wenn es Bakterien gelingt, die Schutzwehr des Körpers zu durchbrechen und sich ungehemmt zu vermehren, daher die Zerstörung der größten Bäume durch Insektenfraß, wenn kein anderes Glied der Biocönose ihre Vermehrung in Schranken hält. Daher aber auch der Untergang der von einer Schlupfwespenlarve befallenen Raupe, da der Parasit, der dem Wirt an Größe nur wenig nachsteht, ihm das gesamte Wachstumsmaterial entzieht. Für die Parasiten liegt darin natürlich die Gefahr, daß sie mit dem Untergang ihres Wirtes selbst der Vernichtung geweiht sind; doch besitzen sie Möglichkeiten, dem zu entgehen: die Bakterien bilden Sporen, die Protozoen Cysten, die die Übertragung auf neue Wirte ermöglichen, die Raupen wandern von einem abgefressenen Baum auf den nächsten über. Findet sich ein solcher Ausweg nicht, so sind auch die Parasiten dem Tode geweiht. Bei Forstschädlingen kann man gelegentlich das dann eintretende Massensterben beobachten. Nur in wenigen Fällen finden wir bei Insekten Einrichtungen, durch die sich der Parasit vor allzu frühem Versagen seiner Nahrungsquelle schützt. Dahin gehört die Beseitigung der Nahrungskonkurrenz.

Die Schmarotzerbienen, die in die Zelle einer solitären Biene eindringen, legen ihr Ei neben das der rechtmäßigen Besitzerin. Die erste Handlung der ausschlüpfenden Larve ist, das Wirtsei zu zerstören, damit sie dann allein die aufgehäufte Nahrung für sich verwenden kann. Bei der Schmarotzergattung Leucospis hat FABRE beobachtet[1]), daß in die gleiche Wirtszelle mehrere Eier der Parasiten von verschiedenen Weibchen gelegt wurden. Trotzdem entwickelt sich stets nur ein Parasit, denn die zuerst ausschlüpfende Larve vernichtet zunächst alle anderen Eier, ehe sie sich daran macht, die puppenreife, unbewegliche Larve der Mauerbiene, des Wirtes, anzugreifen und aufzuzehren. Noch eigenartiger sind die Verhältnisse bei dem Erbsenkäfer, Bruchus[2]). Dort legt das Weibchen außen an die Schale eine große Anzahl von Eiern, wesentlich mehr als Erbsen in der Schote enthalten sind. Die ausschlüpfenden Larven bohren sich in die Erbsen ein und beginnen zunächst jede für sich einen Gang auszunagen. Sobald aber eine der Larven das Zentrum der Erbse erreicht hat, stellen die anderen die Arbeit ein und sterben ab. Bemerkenswert ist auch das Verhalten der Schlupfwespenlarven. Nach dem Ausschlüpfen aus dem Ei, das meist sehr schnell erfolgt, bohren sie sich in die Schmetterlingsraupe oder Käferlarve, die ihnen zur Nahrung dienen soll, ein. Dann tritt aber eine Pause im Wachstum ein, die der befallenen Larve gestattet, ungestört zu fressen und heranzuwachsen. Erst wenn sie sich der Puppenreife nähert, wird das Wachstum des Parasiten lebhafter. Es scheint aber, daß das Ausfressen der Wirtslarve wenigstens in vielen Fällen nach ganz bestimmten Regeln sich vollzieht, wodurch die weniger lebenswichtigen Teile zuerst verbraucht werden. Es bleibt so der befallenen Raupe die Kraft, das Larvenstadium zu Ende zu führen, und der Parasit richtet sich mit dem Fressen so ein, daß das Leben des Opfers möglichst lange erhalten wird, damit nicht der Körper in Fäulnis übergeht und der Parasit selbst den Untergang findet. Es liegen hier anscheinend ganz ähnliche Verhältnisse vor, wie bei manchen Grabwespen, bei denen die Larve die durch einen Stich des Muttertieres gelähmte Beute auch ganz methodisch auffrißt, um die Nahrung bis zuletzt frisch zu erhalten.

Fragen wir zum Schluß, wie es mit dem „Verständnis“ und der „Erklärung“ der Erscheinungen des Parasitismus steht, so fällt die Antwort noch recht wenig befriedigend aus. Der überwiegende Teil der Arbeiten über Parasiten ist beschrei-

---

[1]) FABRE: Souvenirs entomologiques Bd. 3, IX.

[2]) FABRE: Souvenirs entomologiques Bd. 8, II.

bender Natur. Die morphologischen Fragen sind wohl im wesentlichen geklärt, dagegen ist unsere Kenntnis der Biologie der Schmarotzer noch keineswegs vollständig, was ja in der besonderen Schwierigkeit der Beobachtung einen durchaus zureichenden Grund hat. Vor allem der Entwicklungszyklus ist bei vielen Formen noch unvollständig bekannt. Bei den Protozoen fehlen uns vielfach die Kenntnisse über geschlechtliche Fortpflanzungsvorgänge, bei vielen Formen mit Zwischenwirten und Generationswechsel ist die Zuordnung der einzelnen beobachteten Stadien, die Art der Übertragung von einem Wirt zum anderen noch durchaus unklar. Auch unsere Kenntnisse der Neuinfektion bei Formen mit direkter Entwicklung sind noch keineswegs vollständig und es können dabei noch manche Überraschungen vorkommen, erinnert sei an die Aufsehen erregende Feststellung von Loos, daß die Infektion mit Ankylostomum nicht vom Darm aus, sondern durch die Haut erfolgt. Es wird zweifellos noch lange und mühsame Beobachtungs- und Züchtungsarbeit erfordern, bis hier ein einigermaßen befriedigender Abschluß erreicht ist. Im Zusammenhang damit steht, daß die Maßnahmen zur Bekämpfung der Parasiten, insbesondere auch die klinisch-therapeutische Behandlung der menschlichen Schmarotzer trotz aller Fortschritte besonders der letzten Zeit noch weit von Vollkommenheit entfernt ist.

Die theoretische Behandlung des Parasitismus bietet gegenüber der Fragestellung, wie sie oben bei der Betrachtung der individuellen Entwicklung und Differenzierung besprochen wurde, ein wesentlich abweichendes Bild. In den einschlägigen Untersuchungen handelt es sich fast immer um die Fragestellung: Welche Veränderung hat der Übergang vom freilebenden zum parasitischen Dasein bei einem Organismus hervorgebracht? Die Betrachtungsweise ist daher gewöhnlich eine finale oder phylogenetische. Es handelt sich um das Problem der „Anpassung“; nicht umsonst spielt daher der Parasitismus in der transformistischen Literatur eine so große Rolle. — Final betrachtet lassen sich viele Züge im Bau und der Lebensweise der Parasiten als Anpassung an die geänderte Funktion begreiflich machen; es ist nicht schwer, sie als „zweckmäßig“ zu erkennen. So erscheint die Umbildung der Mundwerkzeuge vom beißenden zum stechenden und saugenden Typus nicht nur bei den bekannten Insektenformen, sondern speziell auch bei den parasitischen Copepoden durchaus begreiflich, das Auftreten von Klammerhaken und Saugnäpfen in den verschiedensten Gruppen von Parasiten der Körperoberflächen leuchtet als notwendige Anpassung ebenso ein wie die Bildung von Haustorien bei schmarotzenden Pflanzen. Die Produktion gerinnungshemmender Sekrete bei blautsaugenden Formen läßt sich in ihrer Zweckmäßigkeit ebensogut verstehen wie die Ausnutzung der Körperoberfläche als Resorptionsorgan bei allseitig von Nährlösung umgebenen Schmarotzern. Daß proportional den Verlusten während der Jugendstadien eine Vermehrung der Geschlechtsprodukte beobachtet wird, läßt sich final ebenso leicht verständlich machen, wie das Auftreten von Zwittrigkeit und ungeschlechtlicher Fortpflanzung bei der Schwierigkeit des Zusammenfindens der Geschlechter.

Auch die so vielfach bei parasitischen Organismen auftretenden Rückbildungserscheinungen sind dieser Fragestellung zugänglich. Der Verlust des Chlorophyllapparates bei schmarotzenden Phanerogamen ist final durchaus plausibel in gleicher Weise wie die Rückbildung der Bewegungsorgane bei festsitzenden Formen, der Verlust der Sinnesorgane bei Darmschmarotzern, das Verschwinden des Darmes bei Nahrungsaufnahme durch die Haut, die Abweichung von der normalen Körpergestalt und Gliederung u. a. m. Verbindet sich die finale Betrachtungsweise mit der phylogenetischen, wie es gewöhnlich geschieht, so erheben sich allerdings sofort die bekannten deszendenztheoretischen Streitfragen: Sind die Anpassungsmerkmale durch Selektion oder Vererbung erworbener Eigenschaften entstanden, umgekehrt, sind die Rückbildungen Folgen des Nichtgebrauchs oder des Aussetzens der natürlichen Zuchtwahl, oder handelt es sich überhaupt bei der Entstehung der Parasiten um orthogenetische Prozesse?

Eine Reihe von Problemen des Parasitismus läßt sich wohl überhaupt nur durch phylogenetische Betrachtung dem Verständnis näher bringen. So dürfte der seltsame Generations- und Wirtswechsel der Cestoden und Trematoden weder final noch causal begreifbar sein, sondern nur historisch als divergente Entwicklung der Jugend- und Altersstadien in zunehmender Anpassung an neu gebotene Lebensbedingungen.

Im Gegensatz zu dieser reichhaltigen, oft recht spekulativen Literatur ist die Zahl der physiologisch-experimentellen Arbeiten, der qualitativen und quantitativen Untersuchungen über einzelne Lebensvorgänge bei Parasiten noch eine recht geringe. Wenn uns auch die ungeheure Vermehrung der Geschlechtszellen bei vielen Parasiten durchaus zweckmäßig erscheint, so wissen wir damit noch gar nichts über die Umsteuerung des Stoffwechsels, welche die Verwertung der sehr reichlich gebotenen Nährstoffe gerade zur Bildung von Geschlechtszellen und nicht zur Ablagerung von Reservestoffen bedingt. Umgekehrt vermögen wir in keiner Weise zu sagen, welche Prozesse dazu führen, daß bei den vollschmarotzenden Phanerogamen die Reservestoffe im Samen fehlen und der Embryo reduziert ist. Es wäre sehr interessant, weiteres über den anoxybiotischen Stoffwechsel der Darmschmarotzer zu erfahren, oder zu wissen, ob die auffällige Entwicklungshemmung bei Schlupfwespenlarven durch die veränderten Lebensbedingungen im Inneren des Raupenkörpers veranlaßt ist. Gerade die oft extremen Lebensumstände vieler Parasiten bieten eine Fülle physiologischer Probleme, die vielfach von recht allgemeiner Bedeutung sind. Es wäre daher sehr zu wünschen, daß sich die Physiologen diesem Gebiet in Zukunft in stärkerem Maße zuwendeten.

Zur Zeit sind es vorwiegend medizinische Fragestellungen, die ein intensives Studium der Bakterien und Blutparasiten hervorgerufen haben, daneben tritt in jüngster Zeit die Bekämpfung der Schädlinge an Kulturpflanzen, die zu einer Reihe wertvoller experimenteller Arbeiten geführt hat[1]). Wir haben dadurch über die Entwicklung und Lebensdauer in Abhängigkeit von verschiedenen Faktoren, die Ernährung und den Stoffwechsel, Widerstandsfähigkeit gegen Gifte, Vermehrungsrate u. a. eine Menge interessanter Angaben, doch lassen sich allgemeinere Schlüsse zur Zeit noch nicht daraus ziehen.

## 2. Symbiose.

Stellte der Parasitismus eine Lebensgemeinschaft dar, bei der einseitig der eine Partner den anderen ausnutzt, so charakterisiert die Symbiose eine wechselseitige Aktivität. Auch hier finden wir zwei Organismen in engster biologischer Abhängigkeit, aber so, daß die Lebenstätigkeit des einen dem anderen im allgemeinen keinen Schaden, sondern sogar Nutzen bringt. Ist der Sinn des Parasitismus Kampf, so der der Symbiose Zusammenarbeit zu gemeinsamer Verbesserung der Lebensbedingungen. Ist der Parasitismus ein Ungleichgewicht, bei dem im Prinzip das Überwiegen des stärkeren Teilhabers zum Untergang des schwächeren führt, so ist die Symbiose ein Gleichgewichtszustand. Dieses Gleichgewicht kann vorübergehend oder dauernd sein, es kann aus einem Kampf hervorgehen oder wieder in einen solchen umschlagen. Symbiose und Parasitismus sind in diesem Sinne keine prinzipiellen Gegensätze, wie manchmal behauptet wird[2]), sondern die Symbiose stellt gewissermaßen einen Grenzfall dar,

[1]) Verwiesen sei hierfür auf die Veröffentlichungen im Anzeiger für Schädlingskunde.
[2]) Reinheimer, H.: Symbiosis. A socio-physiological study of evolution. London 1920.

ein labiles Gleichgewicht zwischen den entgegengesetzten Bestrebungen der beiden Partner, das jederzeit bei Änderung des Kräfteverhältnisses oder der äußeren Faktoren wieder gestört werden kann. Es handelt sich dabei nicht etwa um einen Waffenstillstand, sondern jeder der beiden Teilhaber nutzt den anderen aus, wie ein Parasit, trifft ihn dabei aber an keiner gefährlichen Stelle, so daß seine Existenz nicht bedroht wird. Es ist ein ideales Tauschgeschäft, bei dem jeder Beteiligte für ihn absolut oder relativ Wertloses hingibt, um Wertvolles zu gewinnen. Sobald aber ein Partner die Ansprüche des anderen nicht mehr ohne Schaden befriedigen kann, ist der Parasitismus wieder da, und das Resultat des nun einsetzenden Kampfes ist Untergang des Schwächeren, oft mit nachfolgendem Tode des Siegers.

Aus diesen Definitionen ergibt sich, daß für die Stoffwechselbeziehungen zwischen den Symbionten ganz besondere Bedingungen gelten müssen. Jeder von beiden muß etwas zu bieten haben, was ihm selbst nichts oder im Verhältnis zu dem erzielten Gewinn wenig kostet. Diese Bedingung kann am besten erfüllt werden, wenn der Stoffwechsel der beiden Teilhaber in gewissem Sinne gegensätzlich verläuft. Daraus ergibt sich ohne weiteres der Schluß, daß die einfachste Möglichkeit für eine Symbiose das Zusammenleben eines heterotrophen mit einem autotrophen Organismus ist. Der bei der Assimilation der grünen Pflanze freiwerdende Sauerstoff dient zur Atmung des heterotrophen Partners. Das Produkt seiner Oxydationsarbeit, die Kohlensäure, liefert wieder das Material für die Assimilation. Dazu kommt, daß die Endprodukte der Dissimilation, in erster Linie die stickstoffhaltigen Abbauprodukte der Eiweißkörper, dem autotrophen Organismus wieder als Aufbaumaterial dienen können, während umgekehrt die im Überschuß gebildete Stärke oder entsprechend andere Reservestoffe vom heterotrophen Partner verwendet werden. Eine solche Symbiose stellt also im kleinen ein Abbild des großen Kreislaufes zwischen Pflanze und Tier, oder richtiger gesagt, zwischen autotrophen und heterotrophen Organismen dar. Ein solches System ist prinzipiell unbegrenzt dauerfähig, falls dafür gesorgt wird, daß die für die Substanzvermehrung nötigen anorganischen Salze von außen zugeführt werden und daß beim Wachstum das quantitative Gleichgewicht zwischen den Symbionten gewahrt wird.

Ob der Partner der grünen Pflanze dabei ein Tier oder eine heterotrophe Pflanze (Pilz) ist, bleibt für die Stoffwechselbeziehungen gleichgültig. Tatsächlich finden wir auch beide Möglichkeiten in der Natur in zahlreichen Varianten verwirklicht. Eine Symbiose zwischen Pilz und grüner Pflanze ist der am längsten bekannte und berühmteste Fall dieser ganzen Gruppe von Erscheinungen, die Flechten. Hier handelt es sich um Vergesellschaftungen verschiedener Pilzformen, meist aus der Gruppe der Ascomyceten, seltener der Basidiomyceten mit verschiedenen Algen, meist einzelligen Protococcaceen, seltener Chroolepidaceen oder Cyanophyceen. Dieser Fall kommt dem Ideal einer solchen Gemeinschaft am nächsten. Es genügen die anorganischen Salze, die mit dem Regenwasser von Pilzmycel aufgesaugt werden, und die Gase der Luft, um dauerndes Wachstum des Verbandes zu gestatten. Daher vermögen sich die Flechten als Pioniere der Vegetation unter den kargsten Lebensbedingungen zu halten und die unwirtlichen Gesteinsfelder der Hochgebirge wie der Polargegenden zu besiedeln. Wir kennen Formen, bei denen beide Partner auch unabhängig zu leben vermögen, die Symbiose also eine fakultative ist, meist sind sie aber so fest verbunden, daß sie sich experimentell nur unter großen Schwierigkeiten trennen lassen. Eine isolierte Aufzucht gelingt wohl bei manchen Algen, bei den Pilzen so gut wie niemals. Beide Formen beeinflussen sich beim Wachstum in charakteristischer Weise, und zwar so, daß jede Kombination ein bestimmtes Wuchsbild liefert. Man konnte daher die Flechten klassifizieren, ehe man ihre symbiontische Zusammensetzung erkannt hatte. Der Aufbau ist ein sehr zweckmäßiger: Das Pilzmycel stellt die Rindenschicht mit Durchlüftungsporen, darauf folgt eine hauptsächlich von Algen bewohnte Schicht, im Innern finden wir dann meistens noch eine Markschicht aus lockeren Pilzhyphen (Abb. 99). Ferner übernimmt der Pilz noch die Verankerung der Flechte mit Rhizoiden. Die Blattflechten sind flach der Unterlage angeschmiegt, die Strauchflechten mit Stämmchen und Verzweigungen abgehoben dadurch, daß sich in der Markschicht starkwandige Hyphen als Träger ausbilden. Das Wachstum erfolgt in gesetzmäßiger Weise an den Rändern, zunächst wächst das Pilzmycel, dann werden die Algen von der Mitte aus nachgeschoben.

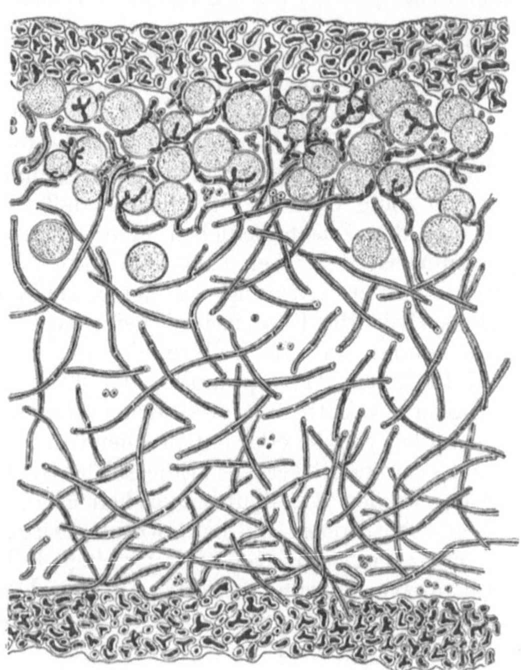

Abb. 99. Schnitt durch den Thallus von Parmelia acetabulum. (Nach BURGEFF.)

Besondere Schwierigkeiten bietet natürlich die Fortpflanzung, da sich dabei Pilz und Alge wieder zusammenfinden müssen, die ausgestreuten Sporen müssen also in ihrer Nachbarschaft Algen vorfinden. Um dies zu ermöglichen, finden wir bei Flechten gelegentlich sog. Hymenialgonidien, bei diesen sind zwischen die fruktifizierenden Pilzschläuche Algenzellen eingeklemmt. Platzen die Schläuche zur Entleerung der Sporen, so werden die Algen mit herausgeschleudert. Vielfach wird diese Schwierigkeit umgangen durch die Ausbildung sog. Soredien. Dies sind losgelöste Flechtenteile, die aus einigen Pilzhyphen mit von ihnen umsponnenen Algen bestehen, also einer Art Knospungs- oder Teilungsprozeß. Müssen sich Algen und Pilzsporen zusammenfinden, so beobachtet man, daß der Pilz der aktive Teil ist. Berührt eine keimende Spore eine Alge, so umklammert sie sie fast momentan mit krallenartigen Fortsätzen. Später legt der Pilz verdickte Hyphenenden der Alge dicht an, sendet manchmal auch Haustorien in sie hinein. Unter der Berührung des Pilzes vergrößern sich die Algenzellen.

Wie sich in der Flechte die gegenseitigen Stoffwechselbeziehungen gestalten, ist noch nicht restlos aufgeklärt. Da sie am besten in reiner und bewegter Luft gedeihen, so spielen die gasförmigen Produkte vielleicht keine allzugroße Rolle, obwohl naturgemäß bei der engmaschigen Durchflechtung von Pilz und Alge die $CO_2$-Spannung bzw. bei der Assimilation am Tage die $O_2$-Spannung erhöht sein muß. Sicher gibt die Alge an den Pilz Kohlehydrate wohl meist in Form von Stärke ab, ebenso sicher liefert der Pilz Wasser und Nährsalze im Überschuß für die Alge mit. Ob der Pilz auch organische N-haltige Verbindungen an die Alge abgibt, ist nicht sicher erwiesen. Eigenartig im Gesamtstoffwechsel ist die Bildung der Flechtensäuren, die anscheinend nur beim Zusammenleben beider Partner gebildet werden.

Da anscheinend beim Zusammenleben der Pilz den größeren Nutzen hat (wofür seine aktive Rolle bei der Bildung der Symbiose und seine Unfähigkeit zu selbständigem Leben spricht), so hat man das Verhältnis auch als Ausbeutung der Alge durch den Pilz bezeichnet. Demgegenüber muß betont werden, daß es sich hier um einen dauernden, besonders fein ausbalancierten Gleichgewichtszustand handelt. Dafür spricht vor allem die Proportionalität in der Vermehrung der beiden Partner, die die charakteristische Wuchsform bedingt. Auf welche Weise diese genaue Regulierung zustande kommt, wissen wir noch nicht, jedenfalls sind in dieser Hinsicht die Flechten wohl die am vollkommensten angepaßten Symbionten.

Prinzipiell ganz ähnlich wie bei den Flechten gestaltet sich das Zusammenleben vieler niederer Tiere mit Algen. Auch diese Symbiose ist schon relativ lange bekannt. Das Vorhandensein „tierischen Chlorophylls" wurde 1851 einwandfrei von MAX SCHULTZE erwiesen. Die Erkenntnis, daß es sich dabei um eine Lebensgemeinschaft von Tier und Pflanze handelt, wurde 1878—1883 insbesondere durch die Arbeiten von GEDDES[1]) und BRANDT[2]) festgelegt.

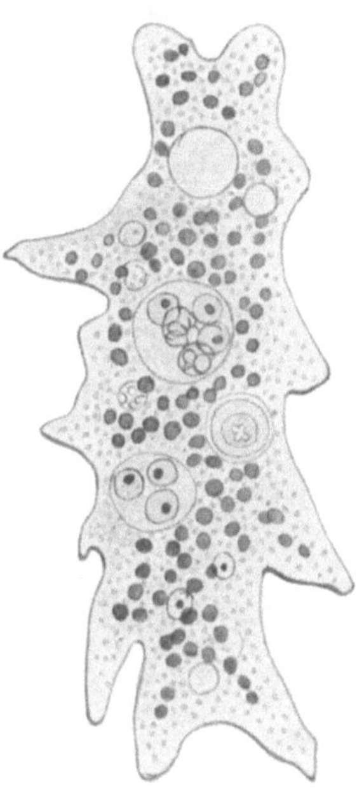

Abb. 100. Amoeba viridis. (Nach GRUBER.)

Wir kennen eine ganze Reihe von Tieren des süßen Wassers, deren Körper durch Einlagerung von Algen eine lebhaft grüne Färbung aufweist. Allgemein bekannt ist es von der danach benannten Hydra viridis (Chlorohydra viridissima), erinnert sei ferner an die grüne Form der Süßwasserschwämme, die zahlreichen grünen Arten von Rhizopoden (Abb.100) und Infusorien unter den Protozoen sowie von rhabdocölen Turbellarien. Entsprechend finden sich gelbe oder braune Algenzellen bei vielen Meerestieren, den Radiolarien, Foraminiferen, Spongien, Hydrozoen, Anthozoen, Scyphozoen, Turbellarien. Wegen ihres Zusammenlebens mit Tieren wurden die Algen allgemein als Zoochlorellen bzw. Zooxanthellen bezeichnet. Systematisch handelt es sich bei den grünen Formen um Protococcaceen, bei den gelben um Kryptomonadinen. Bei einer Anzahl mariner Schwämme ist auch ein Zusammenleben mit Fadenalgen festgestellt[3]).

Bei diesen zahlreichen Formen gibt es alle Übergänge in der Ausbildung der Symbiose. So enthält in der Rhizopodengattung Difflugia D. bacillifera niemals Algen, D. rubescens gelegentlich, D. gramen immer Symbionten; unter den Foraminiferen sind mehrere verwandte Formen teils frei, teils infiziert; in der Radiolariengattung Thalassicolla enthält Th. spumida Massen von Algen, Th. gelatinosa weniger, Th. nucleata sehr wenig. Neben der grünen Hydra stehen eine Reihe algenloser Süßwasserarten, unter den Aktinien gibt es in der gleichen Gattung algenfreie und algenreiche Arten. Eigentümlich ist, daß bei den Anthozoen ein Antagonismus zwischen dem Auftreten eines roten Pigments

[1]) GEDDES: Arch. zool. exp. 1879/80; Proc. of the roy. soc. of Edinburgh 1882.

[2]) BRANDT: Sitzungsber. d. Ges. naturforsch. Freunde, Berlin 1881; Arch. f. Anat. u. Physiol. 1882; Mitt. d. zool. Station Neapel Bd. 4. 1883.

[3]) WEBER, M. u. A.: Zoologische Ergebnisse einer Reise in Niederländisch Ostindien. Leiden 1890/91.

(Purpuridin) und dem der Algen zu bestehen scheint. — Bei einer sehr großen Zahl der algenhaltigen Formen ist aber jedenfalls die Symbiose zu einer ständigen Lebensgemeinschaft geworden. Doch ist es auch in diesen Fällen oft gelungen, die Symbiose zu sprengen. Die Algen lassen sich fast immer isoliert züchten, die algenlosen Tiere ließen sich auch am Leben halten, nur bei dem Turbellar Convoluta roscoffensis ist die Symbiose so fest geworden, daß das algenfrei gemachte Tier zugrunde geht und auch die aus dem Tier isolierten Algen sich nicht mehr züchten lassen.

Die Algen haben in den Wirtstieren meist eine ganz bestimmte Wohnstätte. Bei den Süßwasserrhizopoden und den Infusorien liegen sie im peripheren Entoplasma, bei den Radiolarien im extrakapsulären Weichkörper, in der Nähe der Zentralkapsel, bei den Schwämmen im Parenchym nahe der oberen Körperfläche. Oft sind bestimmte Stellen bevorzugt; bei Velella, einer Siphonophore, sitzen sie besonders in der sog. Leber, bei Myrionema amboinensis, einem Hydrozoon, sind die Tentakel ganz vollgestopft und verkürzt, bei den Hexakorallen ist ein Streifen an den Mesenterialfilamenten der Hauptsitz (Abb. 101). Sehr eigenartig sind die Verhältnisse bei den mit Schwämmen vergesellschafteten Fadenalgen. Die Algenfäden durchwuchern das Schwammparenchym, die Schwammzellen reihen sich als Überzug auf den Algenfäden. Bei dem Zusammenleben des Schwammes Halichondria mit der Alge Struvea delicatula kommt es zu gegenseitiger Formbeeinflussung. Die freie Alge ist in zahlreiche dichotome Ästchen verzweigt, im Schwamme bildet sie unverzweigte Schläuche, umgekehrt erhebt sich der sonst krustenartig wuchernde Schwamm bei Anwesenheit der Alge zu kegelförmigen Höckern, aus denen oben oft noch ein Büschel freier Algenfäden hervorragt. Auch in einer Reihe anderer Fälle sind solche gegenseitigen Wachstumseinflüsse nachgewiesen, bei denen manchmal der Schwamm, manchmal die Alge der beherrschende Teil war. Man wird bei solchen Angaben stark an die Wachstumsverhältnisse der Flechten erinnert.

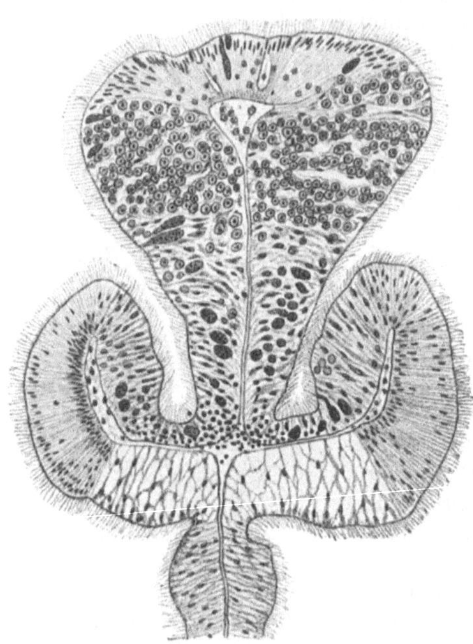

Abb. 101. Querschnitt durch ein Septum von Adamsia, im oberen Teil des Mittelstücks das „Algenorgan". (Nach K. C. SCHNEIDER.)

Die Stoffwechselbeziehungen der beiden Partner sind bei dieser Symbiose Gegenstand zahlreicher Unternehmungen gewesen, von denen allerdings nur wenige strengen methodischen Ansprüchen genügen können. Da es sich um im Wasser lebende Organismen handelt, so ist wegen der im Vergleiche zur Luft ungünstigeren Strömungs- und Diffusionsverhältnisse zu erwarten, daß der Austausch von $O_2$ und $CO_2$ hier eine wesentlich wichtigere Rolle spielen wird als bei den Flechten, zumal es sich in vielen Fällen um festsitzende Bodenformen handelt. Tatsächlich zeigen eine Reihe von Untersuchungen, daß der von den Algen ausgeschiedene $O_2$ von den Tieren verwendet wird. Daß überhaupt von den Algen Sauerstoff abgegeben wird, ist schon früh, teils durch Auffangen der Gasblasen, teils durch die ENGELMANNsche Bakterienmethode gezeigt worden. Genauere Analysen ergaben aber, daß das aufgefangene Gas prozentual wesentlich weniger $O_2$ enthält als das von grünen Pflanzen stammende. Das ausgeschiedene Gas enthält bei:

| | | |
|---|---|---|
| Ulva (Grünalge) . . . . . . . . | 70% $O_2$ | |
| Haliseris (Braunalge) . . . . . . | 45 „ „ | |
| Velella (Siphonophore) . . . . . | 21—24 „ „ | Symbiose mit Zooxanthellen |
| Gorgonia (Octokoralle) . . . . . | 24 „ „ | |
| Anthea cereus (Aktinie) . . . . | 32—38 „ „ | |
| Hydra viridis (Hydrozoon) . . . | 33 „ „ | Symbiose mit Zoochlorellen |
| Convoluta (Turbellar) . . . . . | 45—55 „ „ | |

Man kann daraus wohl den Schluß ziehen, daß ein Teil des abgeschiedenen Sauerstoffs sofort vom Tier absorbiert wird. Der Überschuß dient zudem dazu, das umgebende Wasser mit $O_2$ anzureichern, was besonders für die Nacht, wenn die Algenassimilation aussetzt, wichtig ist.

Exakte Versuche sind 1908 von Trendelenburg angestellt worden[1]). Er bestimmte die Zunahme bzw. Abnahme eines abgemessenen Luftquantums beim Aufenthalt einer algenführenden Aktinie, Aiptasia diaphana, teils im Dunkeln, teils im Licht. Tabellen nach Trendelenburg (gekürzt):

| Dunkelversuch, Temp. 17, 2—18° C | | | Hellversuch, Temp. 16, 2—14,2° C | | | |
|---|---|---|---|---|---|---|
| Stunde | Minute | Index des Gasvolumens | Stunde | Minute | Index | |
| 0 | 0 | 0 | 0 | 0 | 0 | |
| 0 | 30 | − 4,2 | 0 | 30 | + 5,3 | |
| 1 | 0 | − 6,2 | 1 | 0 | + 8,7 | |
| 2 | 10 | − 8,8 | 2 | 0 | +11,0 | |
| 3 | 5 | −10,2 | 3 | 0 | +11,9 | |
| 4 | 0 | −12,0 | 4 | 24 | +12,2 | Verdunkelt |
| 5 | 0 | −13,4 | 5 | 8 | +10,8 | |
| 6 | 0 | −14,6 | 6 | 18 | + 8,7 | |
| 7 | 0 | −15,6 | 7 | 18 | + 6,3 | |

Die Sauerstoffproduktion der Algen im hellen Sonnenlicht deckt also nicht nur den gesamten Atmungsbedarf des Tieres, sondern liefert noch einen erheblichen Überschuß. Bei einer anderen algenführenden Aktinie, Anemonia sulcata, im Gewicht von 120 g, fand Trendelenburg:

| | |
|---|---|
| Verbrauch von Sauerstoff im Dunkeln in 1 Stunde . . . . | 1,52 ccm |
| Zunahme an Sauerstoff im Hellen in 1 Stunde . . . . . . | 5,67 „ |
| Danach Gesamtwert der $O_2$-Produktion der Algen in 1 Stunde annähernd . . . . . . . . . . . . . . . . . . . . . | 7,19 ccm |

Parallelversuche mit algenlosen Arten der Gattung Aiptasia ergaben im Hellen wie im Dunkeln stets Abnahme des Gasvolumens. Weitere Versuche zeigten, daß die $CO_2$-Produktion des Tieres von den Algen restlos verbraucht wird, ja daß sie bei voller Assimilation noch $CO_2$ dem Wasser entziehen. Die Alge steht sich also bei der Symbiose hinsichtlich des Gasaustausches schlechter als das Tier.

Außer dem Gaswechsel kommt auch der Austausch gelöster Stoffe in Frage. Von seiten der Alge handelt es sich dabei vorwiegend um Kohlehydrate, die als Überschuß an das Tier abgegeben werden. Es liegen eine ganze Reihe von Angaben bei Radiolarien, Foraminiferen, Cölenteraten, Schwämmen vor, wonach Stärkekörnchen im Zellplasma nachgewiesen wurden, und zwar so, daß sie nicht durch Zerfall oder Verdauung von Algen entstanden sein konnten. In anderen Fällen ergab die Jod-Jodkaliumprobe eine diffuse Violettfärbung der algenhaltigen Plasmabezirke, woraus auf eine Diffusion von Stärke in ge-

[1]) Trendelenburg: Arch. f. (Anat. u.) Physiol. 1908.

löster Form geschlossen wurde. Derartiger Stärkegehalt wurde ausschließlich bei symbiontischen Formen gefunden. Danach kann an der Verwertung des Stärkeüberschusses der Algen durch die Tiere wohl kein Zweifel sein, wenn uns auch die genaueren Verhältnisse noch nicht klar sind.

Umgekehrt liefern die Tiere den Algen Dissimilationsprodukte, besonders wohl N. Beweisend hierfür sind neuere Versuche von PÜTTER[1]), der nachwies, daß algenlose Aktinien ständig größere Mengen von N, meist in Form von $NH_3$, in das umgebende Wasser ausscheiden, daß dies jedoch bei algenhaltigen Formen fast nicht geschieht. Diese nehmen sogar bei künstlich vermehrtem $NH_3$-Gehalt des Wassers Ammoniak in größeren Mengen auf und verwenden ihn offenbar zur Eiweißsynthese der Algen.

Stickstoffumsatz algenhaltiger Aiptasien nach PÜTTER.

| Gehalt des Seewassers an $NH_3$ | $NH_3$-Umsatz d. Aktinien + Ausscheidung − Aufnahme |
|---|---|
| 0,000 mg im ganzen Versuch | +0,113 mg |
| 0,113 „ | ±0,000 „ |
| 0,226 „ | −0,113 „ |
| 0,570 „ | −0,228 „ |
| 1,56 „ | −0,89 „ |
| 1,60 „ | −0,93 „ |

Ob von seiten der Algen auch gelöste Eiweißassimilate dem Tier zugute kommen, wie PÜTTER will, ist noch nicht sicher erwiesen, aber wahrscheinlich.

Man sollte hiernach erwarten, daß symbiontische Formen eine größere Widerstandsfähigkeit gegen ungünstige Lebensbedingungen, insbesondere Hunger und Sauerstoffmangel, besitzen. Die zahlreichen hierüber vorliegenden Beobachtungen sind nicht eindeutig, selbst am gleichen Objekt widersprechen sich gelegentlich die Angaben. Immerhin scheint doch in einer Anzahl von Fällen eine größere Resistenz nachgewiesen zu sein. So haben eine Reihe von Protozoenforschern [PÉNARD[2]), GRUBER[3]), DOFLEIN[4])] angegeben, daß grüne Süßwasserrhizopoden und Infusorien in Uhrglaskulturen sich bedeutend besser und länger halten als farblose. BRANDT hat grüne Süßwasserschwämme monatelang in durchlüftetem filtrierten Wasser gehalten. Derselbe Forscher hat algenhaltige Aktinien in durchlüftetem filtriertem Seewasser teils hell, teils dunkel gehalten. Die Dunkeltiere warfen in der zweiten Woche die degenerierenden Algen, in Schleimfetzen gehüllt, aus und starben nach einem Monat ab. Die Helltiere waren noch nach 6 Monaten vollkommen frisch. Auch für die grüne Hydra ist neuerdings mit Bestimmtheit längere Lebensdauer gegenüber den nicht grünen Arten festgestellt worden[5]).

Wichtiger sind noch Befunde, die dafür sprechen, daß bei symbiontischen Formen die Organe zum Fang und zur Verdauung der Beute reduziert werden. PRATT[6]) hat nachgewiesen, daß bei den symbiontischen Alcyonarien die Mesenterialfilamente, der Sitz der Verdauungsdrüsen, gegenüber den algenlosen reduziert sind; schon früher hatte GREENWOOD[7]) darauf aufmerksam gemacht, daß bei Hydra viridis die Drüsenzellen im Entoderm weniger zahlreich sind als bei den nichtgrünen Arten. Schon oben wurde erwähnt, daß bei dem merkwürdigen Hydrozoon Myrionema amboinensis die mit Algen erfüllten Tentakel ganz ver-

---

1) PÜTTER: Zeitschr. f. allg. Physiol. Bd. 12. 1911.
2) PÉNARD: Arch. sc. phys. et natur. (3) Bd. 24. 1890.
3) GRUBER: Zool. Jahrb., Suppl. Bd. 7. 1904.
4) DOFLEIN: Arch. f. Protistenkunde, Suppl. Bd. 1. 1907.
5) HAFFNER, K. VON: Zeitschr. f. wiss. Zool. Bd. 126. 1925.
6) PRATT: Quart. journ. of. microscop. sciene. Bd. 49. 1906.
7) GREENWOOD: Journ. of Physiol. Bd. 9. 1888.

kürzt, also zum Beutefang weit weniger tauglich geworden sind. Am beweisendsten sind die Befunde an den Turbellarien der Gattung Convoluta, die wir besonders KEEBLE und GAMBLE verdanken[1]). Die beiden hauptsächlich untersuchten Arten C. paradoxa und C. roscoffensis sind ohne Algen nicht lebensfähig. Die mit Zooxanthellen vergesellschaftete C. paradoxa nimmt dauernd geformte Nahrung zu sich, entzieht man der Larve aber die Algen, so geht sie trotz dieses Futters zugrunde. Hält man erwachsene Tiere im Dunkeln oder läßt sie hungern, so verdauen sie regelrecht ihre Algen und gehen dann ein, wenn man sie nicht durch Neuinfektion mit Algen wieder zum Wachsen bringt. Noch charakteristischer ist das Verhalten von Convoluta roscoffensis, die mit Zoochlorellen vergesellschaftet ist (Abb. 102). Hier frißt das Tier nur bis zur Geschlechtsreife, dann stellt es die Aufnahme geformter Nahrung ein und lebt ausschließlich von den Assimilaten seines Partners, ohne die Algen selbst anzugreifen. Im Alter dagegen beginnt es die Algen zu verdauen und geht schließlich nach Aufzehrung seiner Ernährer zugrunde. Hier haben wir also einen besonders schönen Fall eines temporären symbiontischen Gleichgewichts, das dann wieder in Parasitismus umschlägt. Die Erklärung dieser merkwürdigen Verhältnisse liegt offenbar in folgendem: Das Turbellar liefert den Algen außer der Kohlensäure vor allem stickstoffhaltige Abbauprodukte. Es besitzt nämlich gar keine Exkretionsorgane und häuft auch die N-haltigen Endprodukte nicht in Krystallform an, wie wir dies sonst vielfach bei niederen Tieren finden. Der Stickstoff wird also offenbar restlos an die Algen abgegeben. Anscheinend geben diese aber dafür nicht genügend lösliche Eiweißkörper zurück. So deckt das Tier zunächst seinen N-Bedarf durch geformte Nahrung. Dann stellt es diese Nahrungsaufnahme freiwillig ein und es herrscht eine Zeitlang Gleichgewicht. Später wird dies gestört, vielleicht auch dadurch, daß die Algen sich zu stark vermehren, das Tier gerät in einen Zustand des N-Hungers und benutzt nun die Algen direkt durch Verdauung als Eiweißquelle. Äußerst merkwürdig ist dabei die offenbar von den wechselnden physiologischen Bedingungen abhängige schwankende Immunität der Algen gegen die Verdauungsfermente des Tieres. Der Lebenszyklus dieses merkwürdigen Tieres verläuft also in 4 Phasen: Vor der Infektion mit Algen rein tierisch heterotroph, dann geformte Nahrung + Algenassimilate, dann lediglich Algenassimilate und schließlich wieder heterotroph Algennahrung. Von einer idealen Lösung des Problems des „Pflanzentieres" ist also auch diese Form trotz ihrer wohl am weitesten getriebenen Symbiose noch beträchtlich entfernt.

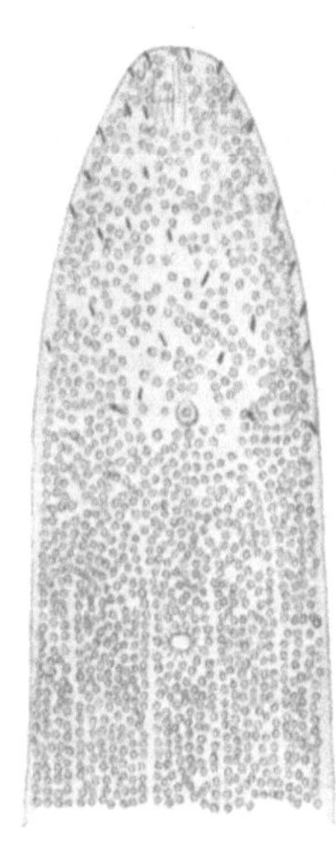

Abb. 102. Vorderende von Convoluta roscoffensis. (Nach GRAFF.)

Ähnliche Beobachtungen über Verdauung von Algen durch das Tier finden wir auch sonst vielfach, doch scheinen sich die einzelnen Tiergruppen darin charakteristisch verschieden zu verhalten. Marine Foraminiferen und Aktinien scheinen ihre Algen niemals anzugreifen, umgekehrt findet man bei Süßwassermonothalamien und bei Amoeba viridis immer einen Teil der Algen in Nahrungsvakuolen eingeschlossen und in Zerfall, ob dies auch bei Infusorien geschieht, ist umstritten. Bei den Radiolarien ist bei manchen Arten eine Verdauung der

[1]) KEEBLE, F. und GAMBLE, F. W.: Quart. journ. of microscop. science. Bd. 47. 1903 und Bd. 51. 1907; KEEBLE, F.: Plant-animals Astudy in Symbiosis, Cambridge 1910.

Zooxanthellen beobachtet, wenn sich das Tier zur Schwärmerbildung anschickt; in anderen Fällen bleiben die Algen jedoch ganz unberührt. Sehr merkwürdig sind die Verhältnisse bei der Siphonophore Velella. Dort nehmen die sich ablösenden jungen Medusen aus dem in der Kolonie vorhandenen Algenvorrat einen Teil mit. Diese Medusen sinken nun in die Tiefsee und bringen dort ihre Geschlechtsprodukte zur Reife. Die Algen müssen dabei natürlich zugrunde gehen, und so ist die Vorstellung entwickelt worden[1]), daß sie gewissermaßen einen Nahrungsvorrat für die Medusen darstellen und in der Tiefe von ihnen verdaut werden.

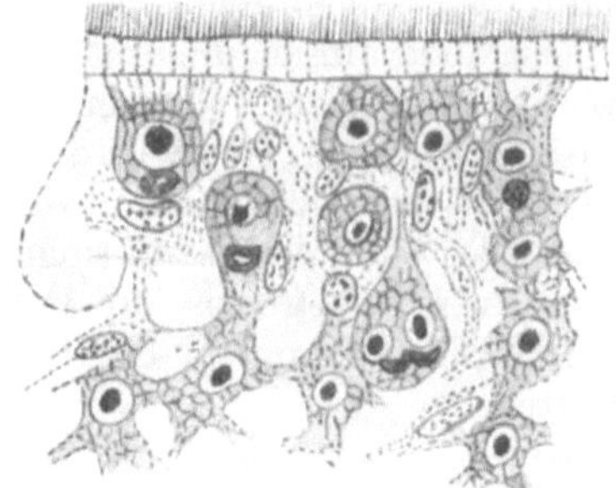

Abb. 103. Schnitt durch die Oberfläche von Convoluta roscoffensis. Algen der unteren Schichten entartend. (Nach Keeble u. Gamble.)

Jedenfalls geht aus diesen Angaben hervor, daß vielfach die Algen von ihren Wirten angegriffen werden, sei es normalerweise, sei es bei besonderen Lebensphasen oder unter abnormen Bedingungen (Dunkelheit, Hunger). Ihre Immunität ist also häufig nur eine bedingte. Man hat angenommen, daß die Verdauung eines gewissen Prozentsatzes der Algen notwendig sei, um ihre übermäßige Vermehrung in Schranken zu halten, doch trifft dies wohl nicht zu. Zwar scheint eine feste Regulierung der Vermehrungsrate nicht durchgeführt zu sein, man hat aber vielfach beobachtet, daß regelmäßig überzählige Algen in Schwärmerform auswandern.

Daß die Algen auch frei im Wasser leben können, ermöglicht eine immer neue Infektion durch Einwanderung der Algen. Sie ist vielfach beobachtet worden, besonders bei Protozoen nach deren geschlechtlichen Vermehrungsstadien, aber auch bei Schwämmen, Cölenteraten und Turbellarien. Die Infektion erfolgt wohl zum Teil mit der Nahrungsaufnahme, zum Teil vielleicht auch durch chemotaktische Anziehung. Bei Convoluta (vielleicht auch noch bei anderen Formen) muß jeweils eine Neuinfektion erfolgen, weil die Algen durch die Symbiose entarten (Fig. 103). Sie verlieren ihre Membran und damit ihre konstante Form, die Kerne degenerieren, die Teilungsfähigkeit hört auf, eine Weiterzüchtung der aus dem Tier isolierten Algen hat sich als unmöglich erwiesen. Als Ursache dafür wird der im tierischen Plasma herabgesetzte osmotische Druck angegeben, doch dürften damit die Erscheinungen nicht allein zu erklären sein.

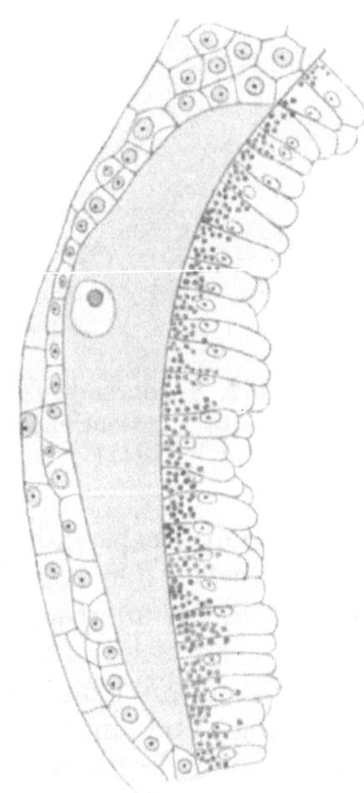

Abb. 104. Hydra viridis, Schnitt durch die Körperwandung mit jungem Ei. (Nach Hamann.)

In einer Reihe von Fällen ist es zu einer Übertragung der Symbionten in der Generationsfolge der Tiere gekommen. Bekannt ist der Vorgang bei Hydra viridis (Abb. 104). Dort sammeln sich bei der Eientwicklung die Algen im Entoderm unter dem im Ektoderm heranwachsenden Ei an, zu einer bestimmten Zeit wird Stützlamelle durchlässig und die Algen treten in die junge Eizelle über; bei

[1]) Woltereck, R.: Zool. Jahrb., Suppl. Bd. 7. 1904.

der Furchung halten sie sich nur im Entoderm. Ähnlich liegen die Dinge bei anderen Hydrozoen, jeweils ist es ein ganz bestimmtes Stadium der Eientwicklung, in dem die Infektion erfolgt: bei Hydra eine relativ weit entwickelte Eizelle, bei Halecium eine ganz junge, bei Aglaophenia die Oogonien auf der Wanderung zur Reifungsstätte. Auch bei den Hydrokorallinen erfolgt die Infektion auf dem Eistadium vom Muttertier aus. Außerhalb der Hydrozoengruppe ist dieser Übertragungsmodus nicht bekannt, es erfolgt die Infektion auf einer früheren oder späteren Entwicklungsstufe des Tieres von außen. Bei Convoluta wirken die Kokons, in welchen jeweils eine Anzahl Eier gemeinsam abgelegt werden, chemotaktisch anziehend auf die frei im Wasser schwärmenden Algen. Sie dringen in die gallertige Kokonhülle ein und vermehren sich dort lebhaft. Von hier aus erfolgt dann die Infektion der ausschlüpfenden Larven, wohl durch die Mundöffnung; isoliert man schlüpfende Larven sofort in filtriertem Seewasser, so bleiben sie farblos.

Zusammenfassend läßt sich über die Algensymbiose der Tiere sagen, daß es sich hier noch um eine ziemlich lockere, in sehr mannigfachen Abstufungen und Varianten ausgebildete Bindung handelt. Die relative Lockerheit der Beziehungen ergibt sich aus der Fähigkeit von Alge wie Tier, auch ohne den Partner zu existieren und aus der geringen Entwicklung besonderer Übertragungsmechanismen Die Physiologie der gegenseitigen Beziehungen ist ziemlich klar. Die Symbiose ist im allgemeinen keine Lebensnotwendigkeit, sondern nur eine Unterstützung des Stoffwechsels, nur in einigen Fällen (Convoluta) wird sie zu unentbehrlicher Bindung, wenigstens für das Tier.

Ein ganz anderes Bild bieten uns die Symbiosen, die zwischen Bakterien oder Pilzen und höheren Pflanzen bestehen. Meist handelt es sich dabei um Beziehungen der heterotrophen Organismen zum Wurzelsystem der autotrophen. Hierhin gehört die sog. ektotrophe Mycorrhiza, wie sie sich bei vielen unserer Waldbäume findet. Die Wurzeln sind dann umgeben von einem Mantel von Pilzmycel, die Hyphen dringen zwischen die Epithelzellen der Wurzeln und bilden dort ein Flechtwerk. So stehen die Pilze etwa an der Stelle der Wurzelhaare, die das Aufsaugen der Bodensalze zu besorgen haben. Es liegt daher nahe, ihnen eine ähnliche Funktion zuzuweisen, besonders schreibt man ihnen die Fähigkeit zu, die organischen Substanzen des Humus durch Enzyme zu lösen und sie der Pflanze zuzuführen. Wie eine Übertragung von Pilzhyphen zu Wurzelzellen stattfindet. ist unbekannt, ebenso wissen wir nichts von einer Gegenleistung der Pflanze. Physiologisch sind wir so noch ganz im unklaren, es ist sogar strittig, ob überhaupt eine Symbiose vorliegt, auch morphologisch fehlt uns noch die Kenntnis, um welche Pilzart es sich handelt; Versuche, Mycorrhiza mit bekannten Pilzen künstlich zu erzeugen, sind bisher fehlgeschlagen.

Ähnlich, aber klarer liegen die Verhältnisse bei den Orchideen. Hier beobachten wir das Eindringen von Pilzen in die Wurzeln durch die Wurzelhaare oder besondere Durchlaßzellen. Die Hyphen dringen in die Zellen der Wurzelrinde ein und bilden dort dichte Fadenknäuel, ohne aber die Zellen zu schädigen. Die aus den peripheren Zellen austretenden Hyphen bilden ein dichtes Mycel um die Wurzel, in den inneren Zellen wird aber der Pilz von der Orchidee verdaut. Dafür entnimmt der Pilz den peripheren Zellen Stärke. Das Verhältnis könnte hier also so sein, daß der Pilz organische Nährstoffe herbeischafft, auch wohl mit seinen Enzymen organische Humussubstanzen löst und aus ihnen mit der von der Pflanze gelieferten Stärke Eiweißkörper aufbaut, die zum Teil durch Verdauung des Pilzes wieder der Pflanze zugute kommen. Jedenfalls ist also hier ein gegenseitiger Stoffaustausch festgestellt, wenn wir auch über die Vorgänge im einzelnen noch nicht klar sehen.

Wieder anders steht es bei den stickstoffsammelnden Wurzelbakterien. Am längsten bekannt sind die Vorgänge bei den Leguminosen. Die Wurzeln unserer Erbsen, Bohnen, Lupinen u. v. a. werden durch die Wurzelhaare von Bakterien infiziert, die zwischen die Zellen eindringen und dort schleimige, bakterienerfüllte Schläuche bilden. Hierdurch werden die Wurzelzellen zum Wachstum angeregt und bilden Knöllchen. Die Bakterien im Innern vergrößern und verzweigen sich und gehen in sog. Bakterioide über. In andere Pflanzenteile dringen die Bakterien nicht ein, werden sogar, wenn man sie experimentell dorthin bringt, ohne weiteres resorbiert. Die Bakterien haben nun die Fähigkeit, freien Luftstickstoff zu binden und geben ihren Überschuß in gelöster Form an die Pflanze weiter, die dadurch die Möglichkeit erlangt, auf N-armem Boden zu gedeihen. Dafür entziehen die Bakterien der Pflanze Kohlehydrate. Es ist gelungen, die Bakterien isoliert zu züchten, ob es sich um verschiedene Arten oder nach Wirten verschiedene Rassen handelt, ist noch ungewiß. Jedenfalls sind die Formen bei verschiedenen Leguminosenarten etwas verschieden, es läßt sich auch nicht jede Pflanze mit den Bakterien einer anderen Art infizieren. Sehr interessant ist nun, daß die Bakterien in ihrem Verhältnis zur Wirtspflanze eine verschiedene Aktivität oder Virulenz zeigen können. Bei Infektionsversuchen kann man daher eine Reihe von Wirkungsgraden erhalten: 1. Die Bakterien dringen überhaupt nicht ein; 2. sie dringen ein, werden aber von der Pflanze sehr schnell resorbiert, etwa entstandene Wurzelanschwellungen bilden sich zurück; 3. es werden Knöllchen gebildet, aber die Bakterien dann resorbiert; 4. es entstehen Knöllchen und Bakterioide und N-Sammlung tritt ein. Je nach der Virulenz kann auf dieser Stufe der N-Ertrag größer oder geringer sein; 5. die Pflanze wird von den Bakterien gegenüber den normal wirksamen geschädigt; 6. es kommt keine Bakterioidenbildung und keine N-Sammlung zustande, sondern die Bakterien greifen die Pflanze wie Parasiten an.

Die Versuche haben weiterhin ergeben, daß eine einmal infizierte Pflanze immun gegen Bakterien gleichen oder niedrigeren Wirkungsgrades geworden ist, stärker virulente aber noch eindringen. Dieser Fall zeigt sehr schön, wie ein vielleicht ursprünglicher Parasitismus durch Abstimmung der gegenseitigen Stoffwechselbeziehungen in eine Symbiose übergehen kann. In ähnlicher Weise sind N-sammelnde Knöllchenbakterien bei Erlen nachgewiesen. Hier scheint die Ausnutzung durch die Pflanze insofern etwas anders zu sein, als zu bestimmten Zeiten die Bakterienmasse zum größten Teil von der Pflanze resorbiert wird. Stickstoffsammlung wird auch für eine Reihe von Pilzen angegeben, die mit Ericaceen, Pirolaceen, Coniferen zusammenleben. Die Verwertung seitens der Pflanze erfolgt teils durch Verdauung der Pilze, teils durch Verbindung von Pilzhyphen mit Wurzelzellen, sog. Sporangiolen, durch die Pilzsubstanz in die Pflanze übertritt.

In neuerer Zeit sind auch Verbindungen von Bakterien mit oberirdischen Pflanzenteilen beobachtet worden. Bei vielen tropischen Gewächsen aus der Familie der Rubiaceen und Myrsinaceen finden sich am Blattrande knotige Verdickungen, die im Innern mit Bakterien erfüllte Intercellularräume zeigen[1]). Die Infektion erfolgt durch Eindringen der Bakterien im Vegetationspunkt, von wo sie durch die Wasserspalten in die Blätter gelangen. Das gleiche geschieht auch in den Blütenanlagen; so gelangen die Bakterien auf im einzelnen noch ungeklärte Weise in die Samenanlagen, wodurch eine regelmäßige Übertragung der Symbionten gewährleistet zu sein scheint. In dieser Hinsicht ist diese Symbiose der Wurzelsymbiose, bei der immer Neuinfektion vom Boden aus erfolgt, über-

[1]) FABER, F. C. v.: Jahrb. f. wiss. Botanik Bd. 51. 1912.

legen. Da Kultur auf N-freiem Sande besseres Wachstum der infizierten Pflanzen gegenüber künstlich bakterienfrei gemachtem ergeben hat, so scheint es sich auch hier um Stickstoffsammlung zu handeln.

Eine besondere Erwähnung verdient noch die eigenartige Symbiose von Pilzen mit den Samen bzw. Embryonen höherer Pflanzen. Besonders gut sind wir hier über die Verhältnisse bei den Orchideen unterrichtet, vor allem durch die Untersuchungen von BURGEFF[1]). Die Samen der Orchideen sind winzig klein, ohne Reservestoffe, mit reduziertem Embryo. Eine normale Entwicklung kommt nur zustande, wenn der Same sofort bei der Keimung infiziert wird, und zwar von denselben Pilzen, die sich später an den Wurzeln finden. Der Pilz dringt durch besondere Einlaßzellen in den Keim ein und bildet im Innern ein Geflecht, das durch Hyphen mit dem Boden in Verbindung steht. Erfolgt die Infektion nicht, so geht der Keim bald zugrunde. Auch bei infizierten Keimen dauert es bei manchen Arten mehrere Jahre, bis Blätter und Wurzeln gebildet werden, letztere werden dann vom Pilz besiedelt. Der Pilz muß offenbar der noch nicht assimilationsfähigen Pflanze durch Lösung der humösen Bodenstoffe das nötige Wachstumsmaterial zuführen. Besonders interessant ist nun, daß sich auch hier bei den Zuchten BURGEFFS ein recht verschiedenes Verhalten des Pilzes gegenüber der Orchidee ergeben hat. Die Infektion hat zwei Wirkungen, einerseits eine wachstumsanregende, andererseits eine schädigende, indem der Pilz die Neigung zeigt, das Keimgewebe zu durchwuchern und zu zerstören. Je nach der Stärke dieser Tendenzen beobachtete nun BURGEFF in seinen Zuchten folgende Einflüsse auf die Pflanze:

1. Inaktive Pilze von geringer Virulenz: sie ergeben überhaupt keine Infektion;

2. Wenig aktive Pilze von geringer Virulenz: wenig Samen werden infiziert, Entwicklung langsam, aber normal;

3. Aktive Pilze a) von geringer Virulenz: alle Samen entwickeln sich langsam und gleichmäßig; b) von mittlerer Virulenz: alle Samen entwickeln sich schnell, aber unregelmäßig; c) von hoher Virulenz: rapide Entwicklung, dann Stillstand, schließlich Abtötung des Keimes.

4. Wenig aktive Pilze von hoher Virulenz: keine Entwicklung, sondern sofortige Abtötung des Keimes.

Auch hier haben wir also offenbar wie bei den Knöllchenbakterien entgegengesetzte Tendenzen der Partner, die nur in besonderen Fällen zu symbiontischem Gleichgewicht führen. Der „Nutzen“ für beide Teilhaber ist hier schwer zu erkennen, für die Orchideen, besonders für die tropischen Epiphyten, könnte man geneigt sein, ihn in der Kleinheit und Leichtigkeit der Samen zu sehen, die ihre Verbreitung durch den Wind und ihre Ansiedlung auf Bäumen ermöglicht. Doch stände dieser Nutzen mit der eigentlichen Symbiose nur indirekt im Zusammenhang (biologische Symbiose).

In ähnlicher Weise wirken Pilze bei der Keimung der Bärlappgewächse mit, deren tief im Boden sich entwickelnde farblose Prothallien den Pilz als Nahrungslieferanten brauchen. Die Entwicklung ist hier oft extrem verlangsamt, bei Lycopodium clavatum kann sie 15—20 Jahre dauern, der „Nutzen“ ist hier also sehr problematisch[2]). Auch bei vielen Lebermoosen und einigen Farnen (Ophioglossum, Botrychium) liegen ähnliche Verhältnisse vor.

Diese Übersicht, die natürlich sehr skizzenhaft bleiben mußte, zeigt jedenfalls, daß physiologisch hier noch vieles unklar ist. Interessant ist die außerordentlich weite Verbreitung der Erscheinung und das schwankende Verhältnis zu parasitischen Zuständen. Anlaß zur Entstehung der Symbiose war zweifellos

[1]) BURGEFF: Die Wurzelpilze der Orchideen. Jena 1909.

[2]) BRUCHMANN, H.: Flora Bd. 1, S. 101. 1910.

durch die stets im Boden vorhandenen Bakterien und Pilze reichlich gegeben, auch die freilebenden stehen ja durch ihre Umsetzung der Bodensubstanzen in enger Beziehung zur Ernährung der höheren Pflanzen. Es kann daher nicht überraschen, daß sich die mannigfaltigsten Wechselbeziehungen herausgebildet haben. Die Symbiose ist daher teilweise locker, fakultativ, teils so innig, daß freie Formen gar nicht mehr vorkommen. Gelegentlich kommt es sogar zu gesetzmäßiger Übertragung der Symbionten bei der Fortpflanzung. Bald stellt die Symbiose nur ein Hilfsmittel bei gewissen Stoffwechselansprüchen dar, bald ist sie zur Überwindung bestimmter Entwicklungsstadien notwendig, bald für den ganzen Lebenszyklus unentbehrlich. Mit der einfachen Frage nach dem „Nutzen" kommt man diesen verwickelten Verhältnissen jedenfalls nicht bei, besonders für den heterotrophen Partner ist ein solcher vielfach recht zweifelhaft. Trotzdem handelt es sich um eine typische biologische Bindung, die man sicher nicht als Parasitismus bezeichnen kann. Dagegen spricht ja schon, daß in den meisten Fällen die heterotrophen Partner, von deren parasitischer Ausnutzung man höchstens reden könnte, bei der Herstellung des Zusammenlebens die aktive Rolle spielen.

Erscheint beim Zusammenleben eines heterotrophen mit einem autotrophen Organismus die Symbiose wegen der fundamentalen Gegensätze im Stoffwechsel durchaus lohnend, so liegt für die Gemeinschaft zweier heterotropher Organismen diese Voraussetzung zunächst nicht vor. Bereits die Besprechung der Wurzelsymbiose zeigte uns aber, daß schon hier durch Heranziehung der Bakterien und Pilze die Pflanze Leistungen erzielt, die sie allein nicht fertig bringen kann (Assimilation freien Stickstoffs). Es ergeben sich so Möglichkeiten der Ausnutzung besonderer Lebens- und Ernährungsverhältnisse, durch die der Lebensraum der Pflanze verbreitert wird.

Befunde der letzten Zeit haben nun gezeigt, daß auch die Tiere die besonderen Fähigkeiten von Bakterien und Pilzen zur Erschließung ungewöhnlicher Nahrungsquellen, gelegentlich auch zur Erzielung anderweitiger biologischer Vorteile durch Symbiose zu nutzen verstehen. Es handelt sich um ein Gebiet, dessen Erschließung noch im vollen Gange ist, auf dem aber bereits eine Fülle höchst interessanter Beobachtungen vorliegen. Wer sich näher darüber informieren will, sei auf die ausgezeichnet übersichtliche und kritische Zusammenstellung Buchners hingewiesen, der selbst hervorragenden Anteil an den Entdeckungen hat[1]). Vereinzelte Angaben über das Vorkommen von anscheinend nichtparasitischen Bakterien und Pilzen in Tieren finden sich bereits in der älteren Literatur, eine zielbewußte Forschung setzte aber erst ein, als 1910 fast gleichzeitig und unabhängig voneinander Pierantoni[2]) in Neapel und Šulç[3]) in Prag den Nachweis führten, daß der seit langem bekannte rätselhafte „Pseudovitellus" der Pflanzenläuse ein Pilzorgan sei. Im folgenden Jahrzehnt wurden in zahlreichen Gruppen der Insekten die mannigfachsten Einrichtungen zur ständigen Beherbergung von Bakterien und Pilzen nachgewiesen, so daß man jetzt bereits sagen kann, daß diese Symbiosen an Zahl die niederer Tiere mit Algen mindestens erreichen, sie aber in der morphologischen Ausgestaltung durch gegenseitige Anpassung der Symbionten und durch Schaffung zahlreicher Mechanismen zur gesetzmäßigen Übertragung weit übertreffen.

Bei allen Schabenarten (Blattiden) finden sich im Fettgewebe besondere Zellen, sog. Mycetocyten, die Bakterien enthalten. Sie liegen teils zerstreut,

---

[1]) Buchner, P.: Tier und Pflanze in interzellularer Symbiose. Berlin 1921.
[2]) Pierantoni: Boll. d. soc. nat. di Napoli Bd. 24. 1910.
[3]) Šulç: Böhm. Ges. d. Wiss., Prag 1910 (im Druck veröffentlicht erst 1923).

teils in Strängen hintereinander geordnet. Die Bakterien haben sich frei kultivieren lassen, über ihren Stoffwechsel ist noch nichts Näheres bekannt.

Unter den Ameisen finden wir bei Camponotus zwischen den Mitteldarmzellen bakterienhaltige Zellen eingelagert (Abb. 105). Bei Formica liegen zwei Haufen bakterienhaltiger Zellen ventral vom Darm.

Die holzfressenden Käfer der Gattung Anobium haben am Anfang des Mitteldarms eine Reihe von blindsackartigen Ausstülpungen, in denen sich zwischen normalen Epithelzellen regelmäßig große Mycetocyten befinden. Die darin enthaltenen Mikroorganismen sind typische Hefepilze, deren Bestimmung und Zucht bereits 1900 ESCHERICH gelungen ist.

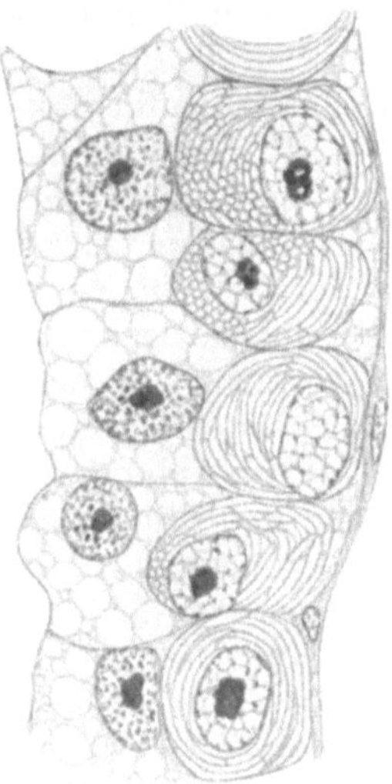

Abb. 105. Mitteldarmepithel einer Camponotuslarve kurz vor dem Verlassen der Eihülle, mit den Mycetocyten. (Aus BUCHNER, Tier und Pflanze in intracellularer Symbiose.

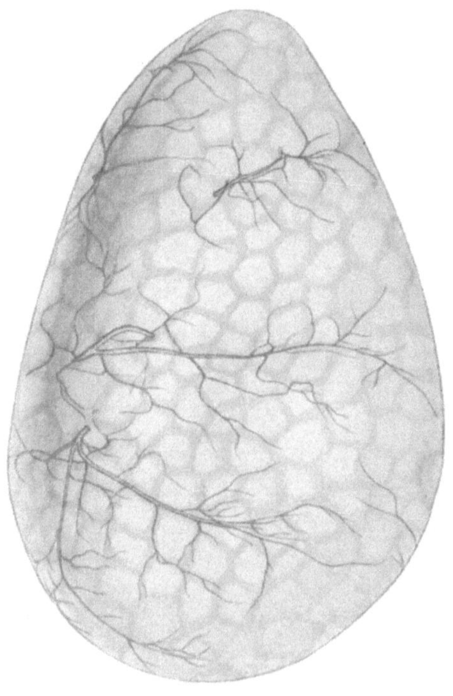

Abb. 106. Mycetom von Pseudococcus citri, von der Seite gesehen. Nach dem Leben. (Nach BUCHNER.)

An gleicher Stelle finden sich bei der Olivenfliege, Dacus oleae, Darmtaschen, deren Lumen mit Bakterien erfüllt ist. Es handelt sich um zwei verschiedene Bakterienformen, über deren Physiologie vorläufig nichts Näheres bekannt ist.

Bei den Culiciden waren von SCHAUDINN Oesophagusdivertikel nachgewiesen, in denen sich regelmäßig Pilze vorfinden, die von ihm zu den Entomophthoraceen gestellt wurden.

Unter den Lepidopteren sind von PORTIER bei in Blättern minierenden und bei holzfressenden Raupen Pilze nachgewiesen, die zur Gattung Isaria gestellt werden. Im Gegensatz zu den Beobachtungen an anderen Insekten finden sie sich hier teils im Darm, teils in der Blutflüssigkeit und regellos in den Geweben. Auch bei Wachs- und Kleidermotten sind Mikroorganismen im Darm und den Geweben angetroffen.

Eine besonders wichtige Rolle spielt die Pilzsymbiose anscheinend bei den an Pflanzen saugenden Hemipteren. Bei den Blattläusen war schon lange der sog. Pseudovitellus beschrieben, ein halb paariges, halb unpaares Organ, das dorsal vom Darm zwischen den Muskeln des Hinterleibes liegt. Es bildet eine scharf abgegrenzte Anhäufung von pilzhaltigen Zellen, Mycetom, das sich meist schon durch seine Farbe von der Umgebung abhebt (Abb. 106). Die Pilze sind rundliche Gebilde, die sich durch Querteilung vermehren; gelegentlich kommen kugelförmige Riesenformen vor. Die Symbionten sind von Pierantoni und Peklo in Kulturen gezüchtet worden; während man sie zuerst für Hefepilze hielt, sprach sich Peklo dafür aus, daß es sich um Azotobakter handele. Diese Feststellung ist sehr interessant, da Azotobakter zu den N-bindenden Bakterien gehört. Bei allen Pflanzenläusen sind ähnliche Bildungen von im einzelnen sehr wechselndem Bau festgestellt worden. Bei den Lecaniinen unter den Schildläusen finden sich die Pilze frei in der Leibeshöhlenflüssigkeit. Bei den Zikaden erreicht der Bau der Mycetome die größte Komplikation; hier wie auch anderwärts findet man, daß die pilzhaltigen Zellen zu Syncytien verschmelzen. Tracheen umspinnen in reicher Ausbildung die Mycetome und dringen mit ihren Endigungen bis in die Mycetocyten vor (Abb. 106, 107). Die Hüllzellen der Mycetome nehmen oft ein epithelartiges Aussehen an und gleichen in ihrem Bau dem Darmepithel. Buchner hat bis zu 5 Arten von Mycetomen bei einer Tierart gefunden[1]). Die Symbionten tragen teils den Charakter von Hefezellen, teils handelt es sich um Bakterien. Oft zeigen sie in den Mycetomen Formveränderungen, die an Degenerationserscheinungen erinnern. Manchmal wurden im gleichen Wirt 2 Bakterienformen nachgewiesen, die dann in gesonderten Abteilungen der Mycetome lagen.

Abb. 107. Einzelnes Mycetom von Cicada orni, im Schnitt. (Nach Buchner.)

Unter den blutsaugenden Hemipteren ist bei der Bettwanze Acanthia unter dem Darm ein Mycetom mit stäbchenförmigen Bakterien gefunden worden. Ebenso war bei den Läusen, Pediculiden, schon seit längerer Zeit die sog. Magenscheibe bekannt, ein ventral in einer Nische des Mitteldarms gelegenes Organ, das nach neueren Untersuchungen ebenfalls Pilze enthält. Neuerdings sind auch bei zahlreichen anderen Blutsaugern (Glossina, Pupiparen, Gamasiden, Ixodes, Hirudineen) Symbionten nachgewiesen worden.

Spricht schon dieser regelmäßige Aufenthalt der Mikroorganismen in besonderen, oft recht verwickelt gebauten Organen für ihre Bedeutung für den

[1]) Buchner, P.: Zeitschr. f. Morphol. u. Ökol. d. Tiere. Bd. 4. 1925.

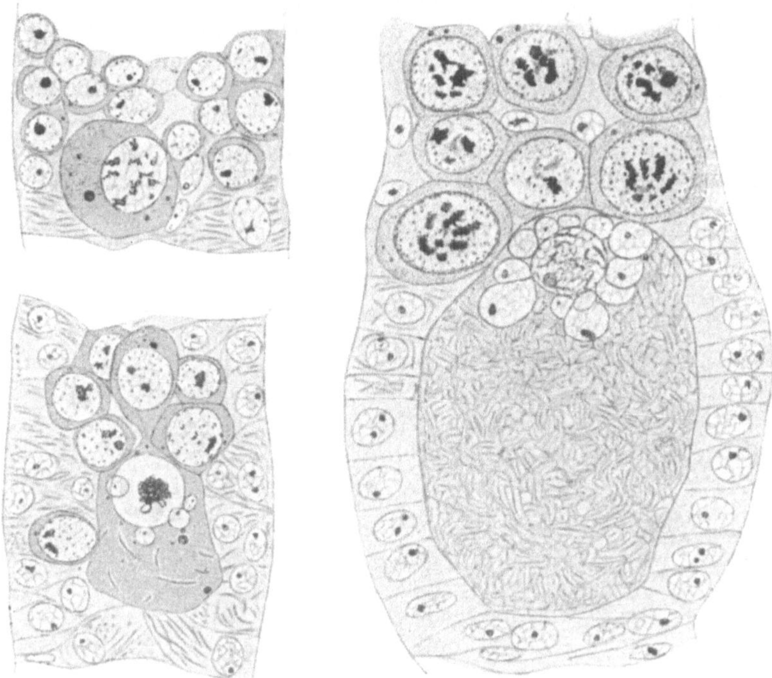

Abb. 108. Infektion des Camponotus-Eies durch die Symbionten. (Nach BUCHNER.)

Träger, so wird diese Auffassung noch gestützt durch den Nachweis, daß überall Einrichtungen getroffen sind, um die Symbionten bei der Fortpflanzung zu übertragen. Meist geschieht dies durch Infektion der Eier (Abb. 108). Die Symbionten finden sich jeweils zu bestimmten Entwicklungszeiten in den Follikelzellen ein und dringen durch diese in das Ei ein, selten allseitig, meist am vorderen oder hinteren Pol (Abb. 108, 109). Die Eizelle kommt ihnen durch Bildung einer Grube oder auch einer Vorwölbung, einer Art Empfängnishügel entgegen. Selten wandern ganze Mycetocyten in das Ei ein. Während der Entwicklung dringen sie in Furchungszellen ein, die dann am Aufbau des Embryonalkörpers nicht teilnehmen. Meist werden sie in den Dotter verlagert und bei der Umrollung des Embryos passiv an ihren definitiven Aufenthaltsort geschoben (Abb. 110). Auf die sehr merkwürdigen Einzelheiten kann hier nicht eingegangen werden. Bei den im Darm lebenden Sym-

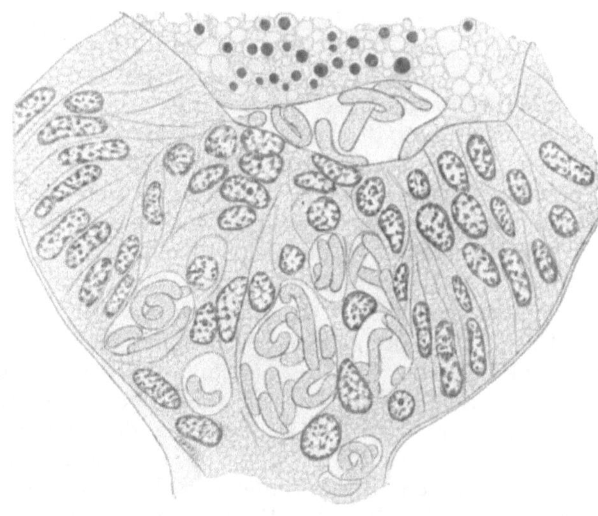

Abb. 109. Infektion des Eies der Kopflaus (frühes Stadium). (Nach BUCHNER.)

bionten der Anobiinen bilden sich im eingestülpten Teil der hinteren Segmente der Imago Taschen aus, die vom Darm aus mit den Symbionten besiedelt werden. Aus diesen gelangen sie bei der Eiablage auf die Oberfläche der Eier, die ausschlüpfenden Larven fressen einen Teil der Eischale und infizieren sich auf diese Weise.

Fragt man nach der Bedeutung der Symbiose, so kann man keine allgemeingültige Antwort erwarten, dazu ist die Art und der Sitz der Symbionten und die Lebensweise ihrer Träger zu verschieden. Da es sich im Prinzip wohl immer darum handeln wird, daß die Symbionten eine Lücke im besonderen Stoffwechsel

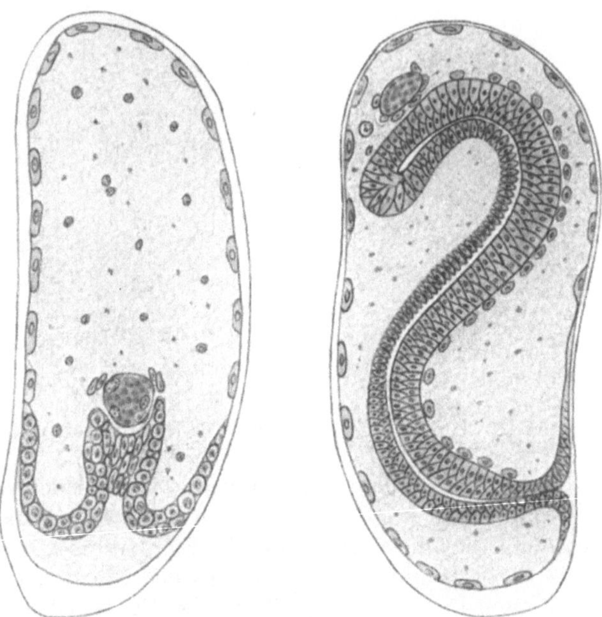

Abb. 110. Verlagerung des embryonalen Mycetoms während der Invagination des Keimstreifs bei Icerya. (Nach Pierantoni.)

ihrer Wirte ausfüllen, so liegt es nahe, von der Biologie der Insekten auszugehen. Dabei findet sich, daß sich die Blattiden, die Käfer und die Ameisen, die Symbionten in der Darmwand beherbergen, vorwiegend von Holz und trockenen Pflanzenstoffen ernähren. Daraus ergibt sich die Vermutung, daß die Symbionten durch Lieferung eines Cellulose spaltenden Fermentes nützlich sein könnten. Sie würden dann etwa die gleiche Rolle spielen, wie wir sie früher schon bei den Infusorien im Pansen der Wiederkäuer und den Flagellaten im Darm der Termiten angenommen hatten. Daß Pilze Holz verarbeiten, ist bekannt, es würde hier im Darm etwa das gleiche geschehen, wie bei der Pilzzucht in den Pilzgärten der Ameisen und Termiten (s. unten S. 689). Nur würden die Spaltprodukte nicht von den Pilzen, sondern direkt von den Wirten zum Aufbau verwendet. Die Lage der Mycetocyten zwischen den Darmzellen oder direkt hinter der Darmwand würde die Abgabe von Fermenten in das Darmlumen als möglich erscheinen lassen. Eine ähnliche Rolle mögen die Symbionten bei der schwer verwertbaren Wachs- und Wollnahrung haben (s. oben S. 648).

Bei den blutsaugenden Culiciden wurde schon früher erwähnt, daß die Pilze in den Oesophagustaschen Reizstoffe liefern, die beim Stich Schwellung und Blutzufuhr bewirken. Vielleicht wirkt auch die von ihnen erzeugte $CO_2$ durch Lähmung der Thrombocyten gerinnungshemmend. Ähnliche Wirkungen haben vielleicht die Symbionten der übrigen Blutsauger, die Symbiose würde dann einen indirekten, weniger rein physiologischen als biologischen Nutzen für die Tiere haben. Noch ziemlich unklar liegen die Verhältnisse bei den Pflanzenläusen. Daß dort die Symbiose überall verbreitet und sorgfältig durchorganisiert ist, läßt auf die Bedeutung der Symbionten schließen. Die Angabe von PEKLO, daß es sich bei den von ihm kultivierten Blattlaussymbionten um Azotobakter handelt, weist auf Stickstoffbindung hin. Hierzu würde gut die reiche Tracheenversorgung vieler dieser Organe passen. Ein besonderer Vorteil der N-Bindung leuchtet bei den Pflanzenläusen deshalb ein, weil der von ihnen aufgenommene Pflanzensaft wohl reichlich Kohlehydrate, aber relativ wenig Eiweiß enthält. Jedenfalls handelt es sich aber bei den Pflanzenläusen um recht verschiedene Symbionten, vor allem auch um Hefepilze, und es muß weiteren Untersuchungen vorbehalten bleiben, die Beziehungen in den einzelnen Fällen zu klären. Immerhin kann man wohl schon jetzt als allgemeine Richtlinie festhalten, daß überall, wo sich Symbionten finden, eine Spezialisierung in der Ernährung vorliegt, deren Durchführung erst mit Hilfe der Mikroorganismen gelingt. Wohl nicht mit Unrecht hat BUCHNER darauf hingewiesen, wie mannigfaltig die Ernährungsbiologie der Insekten ist gegenüber der der sonst ähnlichorganisierten Krebse, denen aber, soweit wir bisher wissen, Symbionten (abgesehen von Leuchtsymbionten) fehlen.

Das Zustandekommen der Symbiose bietet dem Verständnis keine Schwierigkeiten, da sich Pilze und Bakterien jederzeit in Menge in der Umgebung der Insekten finden und leicht mit der Nahrung in ihren Körper gelangen konnten. Nach Immunisierung gegen die Verdauung konnten sie sich dann weiter im Körper verbreiten. Auf den stark zuckerhaltigen Exkrementen der Pflanzenläuse (Honigtau, Manna) finden sich stets Mengen von Mikroorganismen, besonders von Saccharomyceten, die von hier aus leicht in den Körper gelangen konnten. Vielleicht ist der Weg auch teilweise über den Parasitismus gegangen. So gelten die Arten der Gattung Isaria, zu der die Raupensymbionten gehören sollen, sonst für sehr gefährliche Schmarotzer. Vielleicht lassen sich auch die Befunde bei Ameisen in ähnlicher Weise deuten. Dort wird angegeben, daß die in die Eier eindringenden Symbionten sich so lebhaft vermehren, daß sie das ganze Ei durchwuchern und das Plasma fast verdrängen. Es sieht so aus, als ob ein Kampf stattfände, in dem der Wirt erst allmählich die Oberhand gewinnt und die Symbionten an die beiden Eipole zurückdrängt. Derartiges erinnert an die Verhältnisse, wie wir sie oben bei den Bakterien der Wurzelknöllchen und den Pilzen im Samen der Orchideen erörterten. Der Nutzen, den die Symbiose den Mikroorganismen leistet, liegt auf der Hand; sie finden im Insektenkörper einen geschützten, eigens für sie eingerichteten Aufenthalt und reichliche Ernährung. Dafür müssen sie sich außer der Verwertung eines Teils ihrer Stoffwechselarbeit durch das Tier anscheinend auch eine Regulierung ihrer Vermehrungsrate gefallen lassen.

Die Erkenntnis der Pilzsymbiose bei Insekten veranlaßte die dabei führenden Forscher PIERANTONI und BUCHNER, auch in anderen, in ihrer physiologischen Deutung viel umstrittenen Gebilden eine solche Symbiose zu suchen, nämlich bei den Leuchtorganen. Bekanntlich leuchten eine große Anzahl von Tieren, unter den Landtieren hauptsächlich manche Käfergruppen, im Meere Coelenteraten, Krebse, Muscheln, Tintenfische, Manteltiere, Fische. Daneben ist seit langem bekannt, daß im Meere massenhaft Leuchtbakterien vorkommen, die sich auf abgestorbenen Organismen schnell vermehren und sie zum Leuchten bringen.

Bei den meisten leuchtenden Tieren finden wir besondere Leuchtorgane in konstanter Lage und Zahl. Außer den eigentlichen Leuchtzellen, die oft drüsenartigen Charakter tragen und um nach außen mündende Gänge angeordnet sind, finden sich Pigmenthüllen, Reflektoren, Linsen, Abblendungsschirme und andere Hilfsvorrichtungen. Während man früher ein besonderes „tierisches" Leuchten annahm, das sich vom pflanzlichen bzw. bakteriellen besonders durch seine Diskontinuität unterscheiden sollte, ist jetzt bereits für eine größere Zahl von Formen nachgewiesen [Leuchtkäfer, Pyrosomen (Abb. 111), Coelenteraten, Fische[1]), daß die Leuchtorgane Bakterien bzw. Pilze beherbergen, die zum Teil auch schon kultiviert worden sind. Für einige Formen haben wir auch den Nachweis, daß die Symbionten in gesetzmäßiger Weise auf die Eier übertragen werden. Obwohl im einzelnen noch vieles aufzuklären bleibt, ist die Auffassung, daß es sich hier um einen der Insektensymbiose analogen Fall handelt, wohl nicht mehr zu bestreiten (Abb. 112). Der zunächst erkennbare Nutzen für den Träger ist ein biologischer, da die Leuchtfunktion zu verschiedenen Zwecken, Anlockung der Geschlechter, Beutefang, Abschreckung und Schutz bei der Flucht Verwendung findet; ob damit auch direkte physiologische Vorteile verbunden sind, bleibt abzuwarten.

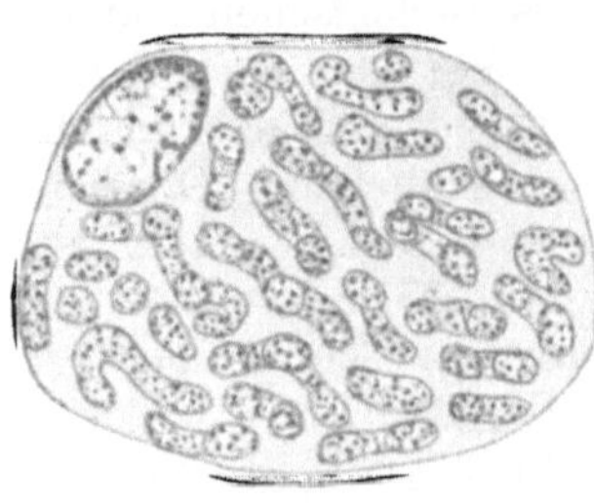

Abb. 111. Zelle aus dem Leuchtorgan von Pyrosoma. (Nach JULIN.)

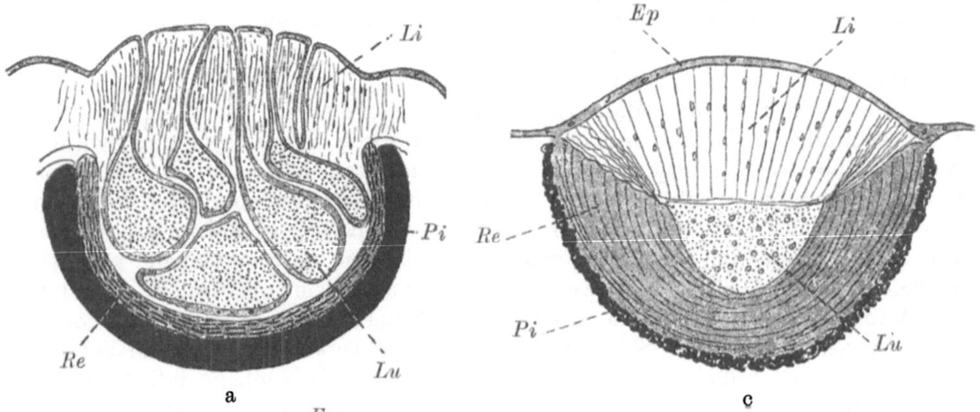

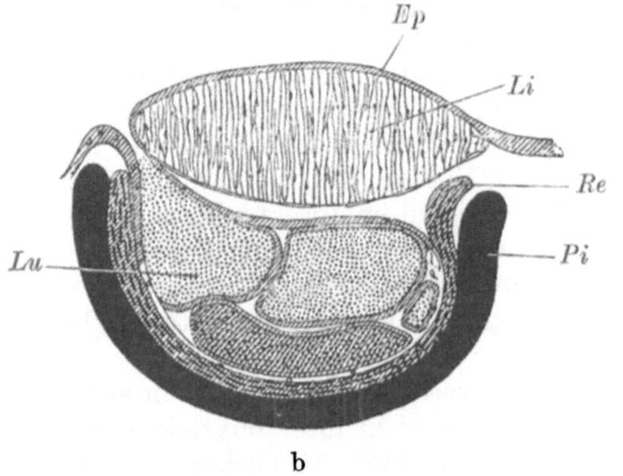

Abb. 112a—c. Schematische Schnitte durch Leuchtorgane der Cephalopoden. a) Rondeletia minor, b) Sepiola intermedia, c) Pterygioteuthis maculata. *Li* Linse, *Lu* Leuchtsubstanz, *Pi* Pigment [bei a) und b) Tintenbeutel], *Re* Reflektor, *Ep* Epidermis. [a), b) nach PIERANTONI, c) nach CHUN.]

[1]) HARVEY, E.: Publ. Carnegie Instit. Bd. 312. 1922.

Bei den bisher besprochenen Fällen handelte es sich um Lebensgemeinschaften, bei denen die Partner in engster räumlicher Verbindung, inter- und intracellulärer Durchdringung lebten. Demgegenüber bleiben nun noch die Fälle zu erörtern, in denen Beziehungen zwischen körperlich selbständig bleibenden Organismen eintreten. Dahin gehören z. B. die seit alter Zeit als Musterbeispiele von Symbiose behandelten Beziehungen von Einsiedlerkrebsen, Schnecken und anderen Meerestieren zu Coelenteraten und Schwämmen. Erinnert sei nur an die verschiedenen Arten von Einsiedlerkrebsen, die auf den von ihnen bewohnten Schneckenhäusern Aktinien ansiedeln (Abb. 114). Die Nesselwaffen der Aktinien dienen zur Verteidigung des Krebses, die Seerose gewinnt teils durch Nahrungsbrocken, die beim Fressen des Krebses abfallen, teils durch die Ortsveränderung mit dem wandernden Krebs. Wie man sieht, ist die Beziehung hier eine viel äußerlichere, direkte Stoffwechselbeziehungen fehlen ganz. Trotzdem kann die Symbiose in einzelnen Fällen recht feste Formen annehmen. Manche Einsiedlerkrebse findet man nie ohne Aktinien; nimmt man sie ihnen weg, so suchen sie rastlos, bis sie eine neue finden und praktizieren sie mit den Scheren auf ihr Gehäuse. Ebenso nehmen sie bei evtl. Umzug in ein größeres Schneckenhaus die Aktinien mit. Die Seerose ihrerseits reagiert auf die Berührungen durch den Krebs niemals feindlich, löst sich sogar freiwillig von der Unterlage, um sich transportieren zu lassen. Sie sucht sich am Gehäuse bestimmte Plätze, bei der am besten durchgeführten Symbiose

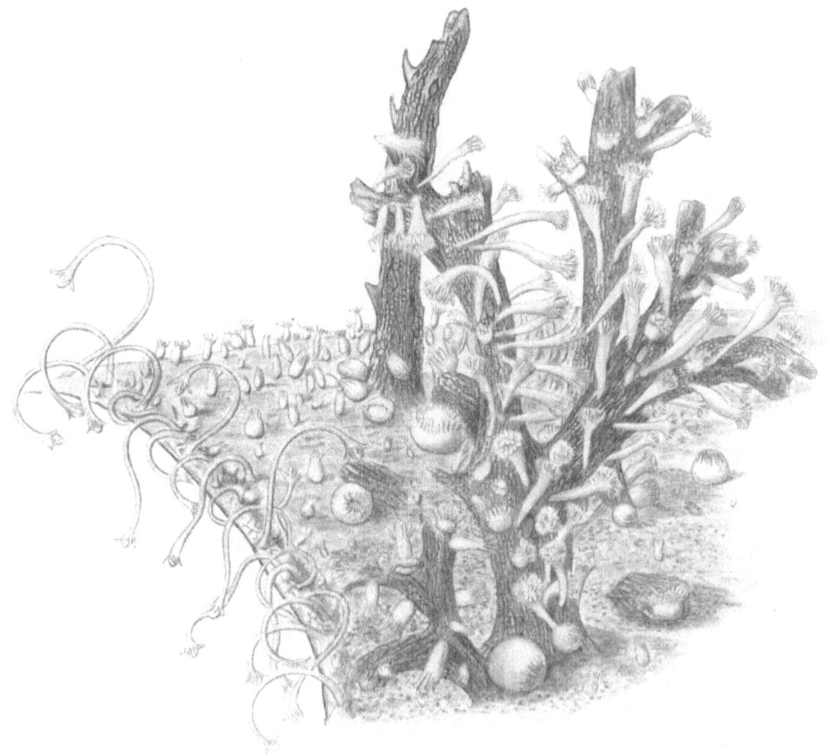

Abb. 113. Rand einer Kolonie von Hydractinia socialis auf einem Schneckenhaus. Am Rand Wehrpolypen, sog. Spiralzooide, im Innern und an den Skelettstacheln Freßpolypen von verschiedener Größe. Vergr. ca. 35 mal. (Nach STECHOW, aus HESSE-DOFLEIN.)

immer auf der Unterseite des Schneckenhauses unter den Mundteilen des Krebses, sie paßt sich mit ihrer Fußscheibe der Unterlage an, umwuchert manchmal mantelartig das ganze Schneckenhaus und kann sogar in seiner Verlängerung eine Hülle um den Krebs bilden. Ähnlich weitgehend ist die Anpassung bei dem Hydroiden Hydractinia, dessen Kolonien auch häufig auf von Einsiedlerkrebsen bewohnten Schneckenhäusern zu finden sind (Abb. 113). Hier ist das Merkwürdige die Ausbildung besonderer Verteidigungsorgane, der Spiralzooide, die um den Rand der Schalenöffnung stehen und sofort in Aktion treten, wenn ein Tier beim Angriff auf den Krebs in ihren Bereich kommt, dagegen bei den Bewegungen des Krebses

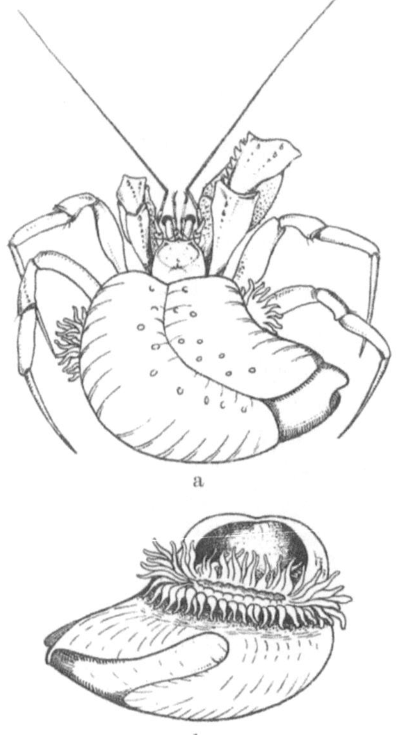


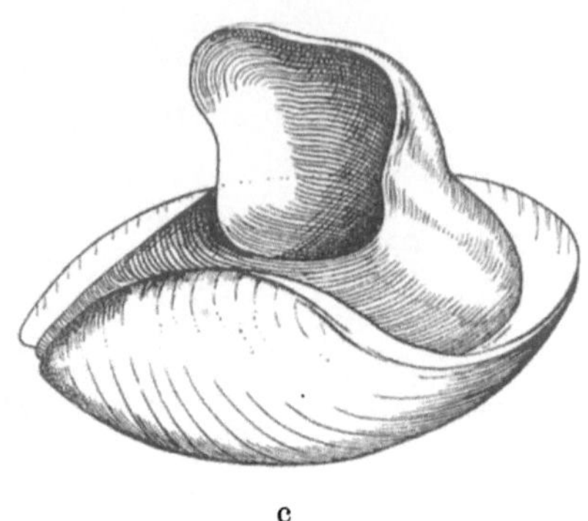


Abb. 114a—c. Adamsia palliata Forbes und Eupagurus prideauxi Hell. a) Einsiedlerkrebs mit Schneckenhaus und Seeanemone von oben gesehen; b) Schneckenschale mit Seeanemone vom Krebs verlassen; c) leere Schneckenschale mit dem von Seeanemonen ausgeschiedenen Anbau. a) und b) nat. Größe, c) Vergr. $1^1/_2$. (Nach Faurot, aus Hesse-Doflein.)

selbst in Ruhe bleiben. Hier liegt also ein eigentümlicher Fall „fremddienlicher Zweckmäßigkeit“ vor. Über die Mechanismen, welche die gegenseitigen Beziehungen der Symbionten regeln, wissen wir noch nichts Exaktes. In dasselbe Gebiet gehört wohl die mehrfach beobachtete regelmäßige Ansiedlung von Hydroidenkolonien auf bestimmten Fischen, sowie die Bewachsung zahlreicher Krabben mit Algen und Hydroiden, die ihnen zur Maskierung beim Beutefang dienen. In allen diesen Fällen handelt es sich nicht um physiologische, sondern um biologische Symbiosen.

Anders liegen vielfach die Dinge bei den mannigfaltigen Beziehungen der Ameisen- und Termitenstaaten zu anderen Tieren und Pflanzen[1]). Eine echte physiologische Symbiose ist z. B. die Pilzzucht. Es ist bekannt, daß eine Reihe tropischer Ameisen, die sog. Blattschneider, besonders die vorwiegend südamerikanischen Attinen, große Mengen von Blättern von den Bäumen schneiden

[1]) Vgl. zum folgenden: Escherich: Die Ameisen. Braunschweig 1906; derselbe: Die Termiten. Leipzig 1909. — Wheeler, W. M.: Ants. New York. 1913.

und sie in ihre unterirdischen Nester eintragen. Dort werden sie von besonderen kleinen Arbeitern zerkaut und in geräumigen, etwa kopfgroßen Nestkammern aufgespeichert (Abb. 115). In diesen sog. Pilzgärten wird auf dem mit den Exkrementen gedüngten Pflanzenmaterial ein Pilz kultiviert und durch besondere gärtnerische Behandlung gezwungen, kolbenförmige eiweiß- und kohlehydratreiche Verdickungen zu bilden, die von den Ameisen geerntet und als Larvenfutter verwendet werden (Abb. 116). Das gleiche geschieht bei vielen Termiten und ist neuerdings auch bei im Holz bohrenden Käfern beobachtet worden. Der Sinn der Symbiose liegt darin, daß die Pilze das für die Insekten nicht direkt verwertbare Pflanzenmaterial aufschließen und zum Dank für Schutz und Pflege einen Teil ihrer Produktion an die Insekten abgeben. Besonders bemerkenswert ist dabei, daß die zur Fortpflanzung den Bau verlassenden Weibchen Pilze mitnehmen. Bei den Ameisen geschieht dies in einer Tasche der Mundhöhle; bei der Gründung einer neuen Kolonie wird der Pilzbrocken ausgebrochen und zunächst vom Weibchen allein ein kleiner Pilzgarten angelegt. Bei den Borkenkäfern nimmt das Weibchen ebenfalls im Darm Pilze mit und infiziert mit ihnen die Wandung des neuen Bohrganges[1]).

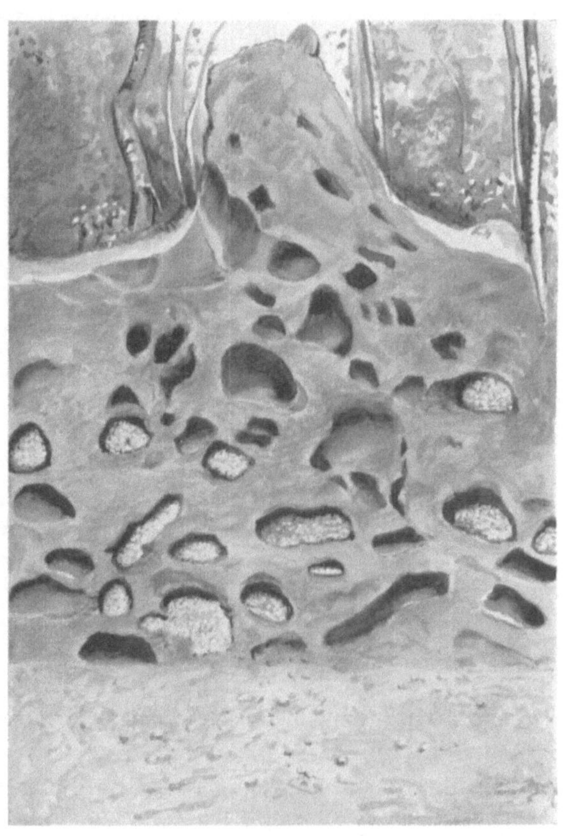

Abb. 115. Hügel von Termes obscuriceps mit Pilzgärten. (Nach HESSE-DOFLEIN.)

In ähnlicher Weise sind die Ameisen auch symbiontische Beziehungen zu Pflanzenläusen eingegangen, deren zuckerreiche Exkremente sie als Futter verwerten. Von dem einfachen Besuch der Blattlauskolonien, bei dem die Ameisen durch Beklopfen mit den Fühlern die Blattläuse zur Abgabe ihres süßen Saftes veranlassen, führen alle Übergänge zu einer regelrechten Tierzucht, bei der die Blattläuse von den Ameisen gepflegt und beschützt, ihre Eier im Winter im Nest gepflegt und im Frühjahr an die Ansaugestellen transportiert werden.

Diese Pflanzen- und Tierzucht der Ameisen gleicht durchaus der der Menschen. Auch unsere Haustiere und Kulturpflanzen sind Symbionten, von denen wir für Schutz und Pflege einen Teil der Produkte zu unserer Nutzung beanspruchen. Auch hier ist es zu ausgeprägten Anpassungserscheinungen auf beiden Seiten gekommen, beim Menschen funktioneller, bei Tier und Pflanze

[1]) NEGER: Naturwiss. Zeitschr. f. Land- u. Forstwirtsch. Bd. 9. 1910.

auch morphologischer Art. Teilweise ist auch bei unseren Symbionten durch das Kulturleben Degeneration eingetreten. Hier können wir die Entstehung der Symbiose noch verfolgen, sie beruht lediglich auf der Initiative des Menschen, der zunächst zufällige Beziehungen zu gewissen Tieren und Pflanzen allmählich zu ihrer Beherrschung ausbaute. Bei den Ameisen hat zweifellos im Prinzip das gleiche stattgefunden. Die menschliche Symbiose, die an der Entwicklung unserer Kultur einen hervorragenden Anteil hat (Ackerbau, Seßhaftigkeit, Städtegründungen usw.), ist noch in der Fortentwicklung und gestaltet das Antlitz der Erde um, indem der Mensch zugunsten seiner Symbionten die ihm nutzlosen oder ihm und seinen Schützlingen feindlichen Organismen verdrängt und ver-

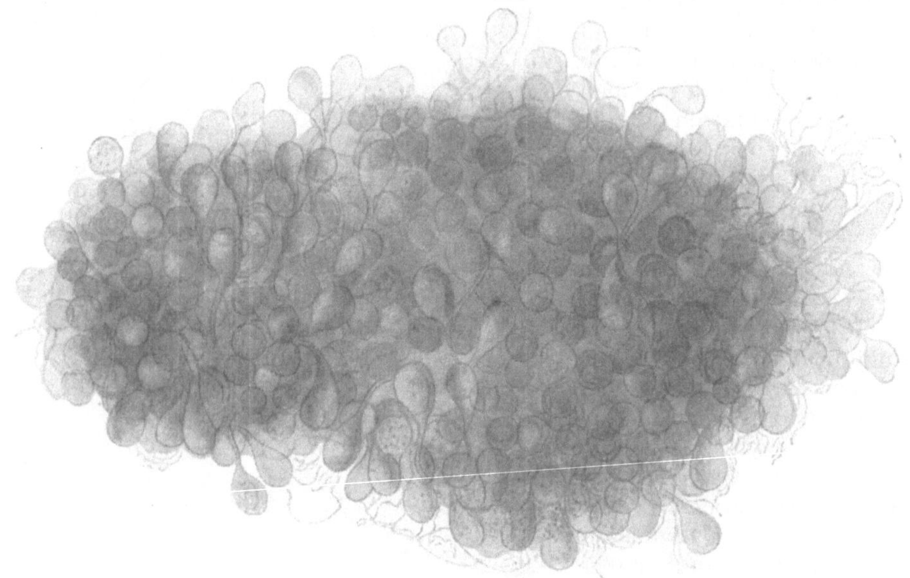

Abb. 116. Kohlrabikörperchen von Atta fervens. (Nach HESSE-DOFLEIN.)

nichtet. Man kann mit einiger Übertreibung sagen, daß das Schicksal eines Tieres oder einer Pflanze davon abhängt, ob es ihnen gelingt, in ein symbiontisches Verhältnis zum Menschen zu kommen.

Die Staaten der Ameisen und Termiten zeigen uns aber außerdem noch eine Fülle von Beziehungen zu anderen Lebewesen, auf die sich der Begriff der physiologischen, selbst der biologischen Symbiose nicht so glatt anwenden läßt. Dies sind die sog. Ameisen- bzw. Termitengäste. Eine große Zahl von Tieren aus den verschiedensten Gruppen steht in gesetzmäßigen Beziehungen zu den volkreichen, ihre Umgebung weithin beeinflussenden Kolonien. Manche sind bloße Einmieter, andere ernähren sich von den Abfällen der Ameisen, eine nicht geringe Zahl sind gefährliche Feinde, die Eier und Larven der Ameisen fressen. Das Eigenartige ist nun, daß alle diese Formen, abgesehen von gelegentlichen Einmietern, charakteristische Anpassungen an das Zusammenleben erworben haben. Verständlich ist, daß eine Reihe von Gästen eine Körpergestalt angenommen haben, die sie für die Ameisen schwer angreifbar macht (Abb. 117). Bei vielen Arten nimmt aber Gestalt, Färbung, Benehmen eine seltsame Ähnlichkeit mit Ameisen an und zwar bei Formen aus den verschiedensten Insektenordnungen in konvergenter Anpassung. Man hat den Eindruck, als ob diese Gäste den Ameisen durch ihre wohl hauptsächlich auf Tast- und Geruchsinn abgestellten Angleichungen Stammeszugehörigkeit vortäuschen wollten (Abb. 118). Tatsächlich wurden sie auch, ganz gleich in welchen biologischen Beziehungen sie zu den Ameisen stehen, von diesen nicht angegriffen, sondern zum Teil mit gleicher Sorgfalt, wie eigene Artgenossen, gefüttert und gepflegt. Dazu trägt sehr wesentlich bei, daß viele dieser echten Ameisengäste besondere Exsudatgewebe ausgebildet haben, deren Produkt zwischen Haarbüscheln austritt. Diese Trichome werden von den Ameisen begierig abgeleckt. Hier erwerben sich also Fremdlinge durch körperliche Angleichung und Bildung von Reizstoffen Duldung und Pflege, die sie zu egoistischen und oft den Wirten direkt schädlichen Zwecken ausnutzen. Über die theoretische Bewertung dieser seltsamen Beziehungen ist eine ganze Literatur entstanden[1]). Das wohl Bemerkenswerteste ist die „fremddienliche Zweckmäßigkeit" im Verhalten der Ameisen. Sie werden nicht einfach ausgenutzt wie Wirte von Parasiten, sondern sie stellen sich in ihrem Verhalten auf die Bedürfnisse der Gäste ein und verbrauchen Material und Energie zu deren Nutzen, ohne Rücksicht darauf, daß sie damit ihre schlimmsten Feinde großziehen.

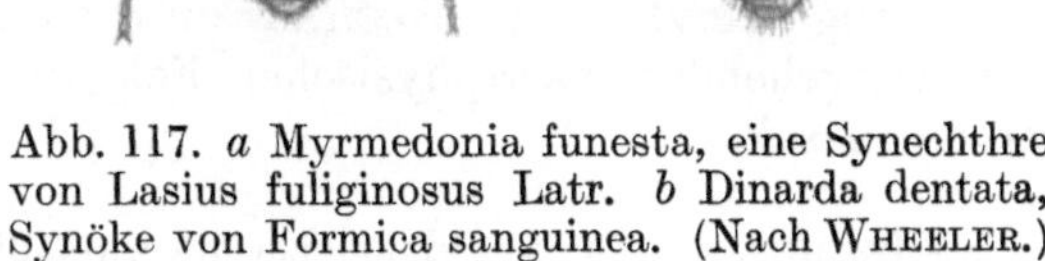

Abb. 117. *a* Myrmedonia funesta, eine Synechthre von Lasius fuliginosus Latr. *b* Dinarda dentata, Synöke von Formica sanguinea. (Nach WHEELER.)

In dieser Hinsicht hat das Verhältnis der Ameisen und Termiten zu ihren Gästen große Ähnlichkeit mit der merkwürdigen Verknüpfung zweier Organismen, die wir zuletzt noch kurz besprechen müssen, den Pflanzengallen[2]). Auf Blättern, Zweigen, Früchten, selten auf den Wurzeln der höheren Pflanzen siedeln sich eine Fülle von anderen Lebewesen an, Pilze, Würmer, Milben, vor allem Insekten aus verschiedenen Ordnungen, die am Pflanzenkörper eigenartige Wucherungen erzeugen, die sog. Gallen. Jede Art erzeugt auf bestimmten Wirten Gebilde von konstanter Form. Die Wucherung

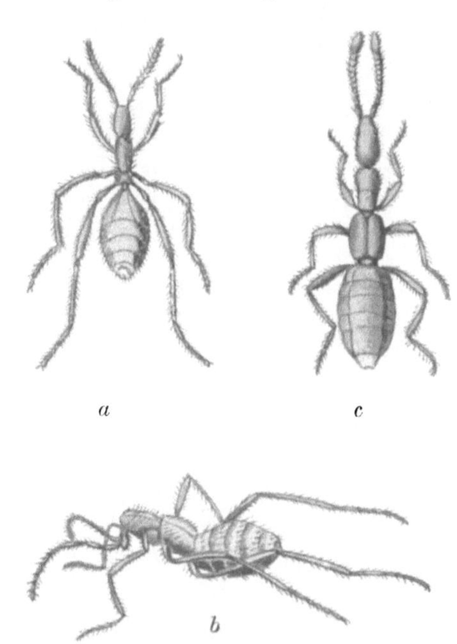

Abb. 118. Drei die Dorylinen, bei denen sie vorkommen, nachahmende Staphyliniden. *a* Mimeciton pulex, *b* Ecitomorpha simulans, *c* Dorylostethus wasmanni. Vergr. ca. 10mal. (Nach WASMANN.)

[1]) Vgl. besonders die zahlreichen Publikationen von WASMANN über Myrmeko- und Termitophile.

[2]) Vgl. hierzu KÜSTER: Dieses Handb. Bd. 14.

des Pflanzengewebes erfolgt auf den Reiz des Eindringens des Gastes bzw. die Ablage der Eier, wobei miteingespritzte Reizstoffe eine wesentliche Rolle spielen. Befördert wird das Wachstum dann weiter durch den mechanischen und chemischen Reiz der fressenden Larven und ihrer Sekrete. Biologisch handelt es sich dabei zweifellos um Parasitismus, denn die Gallenerzeuger nutzen den Wirt ohne irgendwelche Gegenleistung aus. Das Auffallende ist aber, daß die vom Wirt ausgehenden Wachstumsprozesse in höchst zweckmäßiger Weise auf die Bedürfnisse der Parasiten eingestellt sind. Sie umgeben sie mit einer Hülle, die sie vor Feinden, mechanischen Verletzungen und Austrocknung schützt, organisieren ihre Gewebe so, daß sie den mechanischen Ansprüchen der Schmarotzer genügen, bilden besondere Nährgewebe für sie aus und erzeugen oft sogar noch eigene Öffnungsvorrichtungen, die zur rechten Zeit den Parasiten das Ausschlüpfen ermöglichen. Hier haben wir also fremddienliche Zweckmäßigkeit in ausgeprägtestem Maße. Sie stellt der theoretischen Biologie ein besonders schwieriges Problem, dessen Erörterung kürzlich E. Becher unternommen hat[1]). Er kommt dabei zu sehr weitgehenden metaphysischen Folgerungen, für die auf die Schrift selbst verwiesen sei.

---

[1]) Becher, E.: Die fremddienliche Zweckmäßigkeit der Pflanzengallen und die Hypothese eines überindividuellen Seelischen. Leipzig 1917.

# Die Einpassung.

Von

**J. von Uexküll**
Hamburg.

Mit einer Abbildung.

Der vielbewunderte Entwicklungsgedanke, der die Einstellung der Naturforscher der lebenden Natur gegenüber bis in unsere Tage bestimmt hat, verdankt seine große Popularität einem inneren Widerspruch.

Ursprünglich wollte man nämlich mit dem Wort Entwicklung nichts anderes ausdrücken, als daß aus einfachen Lebensformen allmählich und in ununterbrochener Folge die jetzt lebenden vielgestaltigen Tiere entstanden seien — im Gegensatz zur Lehre Cuviers, der die Geschichte der Lebewesen in eine Reihe getrennter Perioden teilte, die durch immer erneute Schöpfungsakte eingeleitet wurden.

Das Wort Entwicklung oder Entfaltung war höchst unglücklich gewählt, denn es handelt sich gar nicht um eine Entfaltung, sondern um eine Vervielfältigung, nicht um eine Entwicklung, sondern um eine Verwicklung.

Hätte man sich an den einfachen Inhalt des Gedankens gehalten, und wäre man dem Beispiel Goethes gefolgt, der von gesteigerter Gestaltung sprach, oder hätte man die neue Lehre als den Vervielfältigungsgedanken bezeichnet, so wäre ihre Richtigkeit unzweifelhaft gewesen. Freilich hätte der Vervielfältigungsgedanke niemals die große Popularität erlangt wie der Entwicklungsgedanke.

Das Wort Entwicklung oder Evolution war bereits für die Gestaltbildung des einzelnen Keimes als Terminus technicus im Gebrauch und hatte hier seinen guten Sinn. Denn hier sollte damit zum Ausdruck gebracht werden, daß ein jeder Keim, wenn auch unsichtbar, eine vielfältige Knospe in sich trage, die bloß des Wachstums bedürfe, um sich durch Entfaltung oder Entwicklung zur Gestalt des fertigen Tieres auszubilden.

Dieser Evolutionslehre hatte Wolff die Theorie der Epigenesis entgegengesetzt, und behauptet, der Keim sei ein einfaches Gebilde, aus dem die Organe während der Gestaltung durch Neubildung oder Neuschöpfung hervorgehen.

Es lag eine unzweifelhafte Parallele in der Auffassung der Keimesgeschichte und der Stammesgeschichte vor. Die Epigenetiker, die in der Keimesgestaltung ein wiederholtes Eingreifen selbständiger, im Keim nicht vorgebildeter Naturfaktoren sahen, waren auch nicht abgeneigt, die Lehre Cuviers mit den bei Beginn einer geologischen Periode neueinsetzenden Schöpfungsfaktoren anzunehmen.

Die Evolutionisten dagegen, die in der Keimesgestaltung ein bloßes Sichtbarwerden bereits vorhandener Vielfältigkeit zu erkennen glaubten, waren die natürlichen Gegner einer in Schöpfungsperioden zerfallenden Stammesgeschichte.

Aber sie gingen nicht so weit, den einzelligen Urahnen der Lebewesen ein derart reichhaltiges inneres Gefüge zuzuschreiben, um als Knospen aller kommenden Geschlechter dienen zu können — Knospen, deren bloße Entwicklung genügt hätte, um die Gestaltenfülle der gesamten Tierwelt hervorzubringen.

Eine solche Vorstellung wäre einstimmig als unmöglich und unsinnig abgelehnt worden, und doch ist sie die einzige, auf die das Wort Entwicklung mit Recht angewendet werden kann.

Wenn sich trotzdem das Wort Entwicklung einbürgerte, so lag das nur daran, daß es als Schlagwort besondere Anziehungskraft besaß. Der Gedanke an eine fortgesetzte, auch in die Zukunft weisende Entwicklung wurde mit allgemeiner Zustimmung aufgegriffen, weil er eine weitere Vervollkommnung der Welt verhieß. In der Geschichte der Wissenschaft bildet die Zeit, in der der Entwicklungsgedanke vorherrschte, kein Ruhmesblatt. Man deckte die einfache Tatsache der fortschreitenden Vervielfältigung mit der irreführenden Bezeichnung Entwicklung.

Die Folgen sollten nicht ausbleiben. Die genialen Arbeiten Mendels, die in ihrer Nüchternheit die grundlegenden Naturfaktoren für die Vervielfältigung durch Kreuzung aufzeigten, aber keinerlei Hinweis auf eine Entwicklung der Lebewesen enthielten, fielen unbeachtet zu Boden.

Dagegen wurde die Lehre Darwins, der die ersehnte Vervollkommnung durch einige dem bürgerlichen Leben entnommene Erfahrungen zu beweisen suchte, mit Jubel begrüßt. Aus der allen Menschen geläufigen Tatsache, daß die Kinder den Eltern wohl ähnlich sehen aber nicht gleichen, schloß Darwin auf das Walten einer Naturkraft — der Variation. Die Variation zeigte an sich noch keine ausgesprochene Richtung und diente bloß der Vervielfältigung, aber nicht der Vervollkommnung. Diese wurde ihr erst durch den Kampf ums Dasein aufgezwungen, der von den Nachkommen eines jeden Elternpaares nur jene am Leben ließ, die für das Leben am besten ausgestattet waren. Auch die Lehre vom Kampf ums Dasein war dem bürgerlichen Leben entnommen und spielte eine große Rolle in den damals gültigen Lehren der Nationalökonomie.

Herbert Spencer, der Philosoph des Darwinismus, faßte die gesamte Lehre in zwei Worten zusammen: „Überleben des Passendsten". Hiermit war die Vervollkommnung in den Mittelpunkt gerückt und auch die Richtung der Vervollkommnung angegeben. Das Passendste war das Vollkommenste.

Soweit waren sich alle Vertreter des Darwinismus einig. Und wenn das Problem der Übertragung der Körpergestalt der Eltern mittels einzelliger Keime auf die nächste Generation nicht so außerordentliche Schwierigkeiten böte, wäre die Lehre Darwins und Spencers ohne jede weitere Meinungsverschiedenheit angenommen worden. Es ist das Verdienst Weismanns, diese Schwierigkeit durch eine reine Evolutionslehre, die zugleich die Variation näher begründete, überbrückt zu haben. Nach ihm bilden die Keime mannigfaltig vorgebildete Knospen, die ihre Verschiedenheit der Vermischung männlicher und weiblicher Keime verdanken, und diese Vermischung ist nach ihm auch die einzige Ursache der Variation. Wenn auch die Evolutionslehre Weismanns durch die experimentellen Forschungen Drieschs widerlegt worden ist, der nachweisen konnte, daß die Keime keinerlei vorgebildete Körpergestalt in sich tragen, so bleibt doch die Lehre Weismanns als das Muster einer gut durchdachten wissenschaftlichen Theorie bestehen.

Nicht dasselbe läßt sich von Haeckels biogenetischem Grundgesetz sagen, demzufolge die Keimesgeschichte eine abgekürzte Wiederholung der Stammesgeschichte sein soll. Man kann es wohl begreifen, daß, falls in vorgeschichtlicher Zeit der Körper eines Tieres, durch besondere Umstände veranlaßt, eine andre Gestalt angenommen hat, diese zweite Gestalt mittels der Keimknospen auf die weiteren Generationen übergeht. Warum aber auch die erste Gestalt mit übertragen werden soll, obgleich die die Gestaltänderung veranlassenden Umstände weggefallen sind, ist nicht ohne weiteres einzusehen.

Die HAECKELsche Lehre erhielt eine gewisse Unterstützung durch die von HERING ausgesprochene Ansicht: man müsse der lebenden Substanz eine Art Gedächtnis zuschreiben. Eine Ansicht, die SEEMON zu einer besonderen Lehre ausgebaut hat. Damit war aber ein vitalistischer Faktor eingeführt worden, der mit dem strengen Darwinismus nicht zu vereinigen war. Auf die gänzlich unkritischen Theorien HAECKELS über Zellseelen und Seelenzellen und auf seine berühmte Verwechslung von Geist und Gas in seinen ,,Welträtseln" braucht nicht eingegangen zu werden, da sie mit Recht unter den Tisch fielen.

Dagegen ist die aus dem biogenetischen Grundgesetz gefolgerte Annahme von ,,rudimentären Organen" als Überbleibsel von einst funktionierenden Organen längst entschwundener Ahnen auch heute noch allgemein verbreitet. Wenn es wirklich solche Überbleibsel geben sollte, die als unnütze Geschwülste durch zahllose Generationen weiter geschleppt werden müssen, so ist es höchst auffallend, daß der Schmetterling, der doch durch direkte Umwandlung aus der Raupengestalt hervorgeht, keine Spur eines rudimentären Raupenorganes aufweist.

Es liegt aber bei allen als rudimentär angesprochenen Bildungen höchst wahrscheinlich eine Verwechslung mit den notwendig vorhandenen Entstehungszeichen vor, die sich bei allen Gebilden feststellen lassen, die aus verschiedenen Teilen bestehen und nicht aus einem Guß entstanden sind. Wie die Baugeschichte sich in den menschlichen Gegenständen ausprägt, so muß auch die Baugeschichte des Tierkörpers in ihm mehr oder minder deutlich zum Vorschein kommen.

Wenn aber die Baugeschichte der Tierkörper eine Parallele zur Stammesgeschichte aufweist, so kann das nur der Fall sein, wenn die umgestaltenden Faktoren, die einst auf die Ahnen einwirkten, auch heute noch am Werke sind. Und dies ist in der Tat nicht ausgeschlossen, wenn man an der Hand der neuesten Entdeckungen SPEMANNS feststellen kann, daß die Gestaltbildung des Keimes durch immer von neuem einsetzende Naturfaktoren (Organisatoren) ihre Richtung erhält. Alle Tierkeime beginnen mit den gleichen Anfangsstadien, an die sich bei den Magensacktieren (Polypen, Medusen, Koralle usw.) die Gewebsbildung des fertigen Körpers unmittelbar anschließt. Die übrigen Tiere erfahren nach Ablauf der Anfangsstadien eine Neuorientierung in verschiedener Richtung, die sich mehrfach wiederholt und den Grund zu der Vielgestaltigkeit der jetzt lebenden Tiere legt.

Wann diese richtunggebenden Faktoren zum erstenmal in den Keimen der Tierahnen eingesetzt haben, wird schwer zu ermitteln sein. Doch kann man die Reihenfolge ihres Auftretens an der Keimesgeschichte der jetzt lebenden Tiere ablesen. Dies ist freilich Epigenesis in optima forma, wenn auch ohne die von CUVIER angenommenen Weltkatastrophen.

Aber wozu passend? Selbstverständlich zur Außenwelt. In der Tat war diese Antwort die einzig mögliche, solange man die Außenwelt als die allen Lebewesen gleicherweise gegebene Bühne ansah, auf der sie ihre Kräfte gegeneinander messen konnten. Wer sich der Weltbühne, zu der auch alle Konkurrenten zu rechnen waren, am besten angepaßt hatte, hatte auch die meiste Aussicht am Leben zu bleiben. Er war damit auch der Vollkommenste. Da aber die Variation immer neue Lebewesen auf die Bühne stellte, von denen einige noch besser angepaßt waren als die Vorgänger, so blieb die Vervollkommnung in dauerndem Wachstum.

Auf diese Weise wurde die durch Naturbeobachtung festgestellte Vervielfältigung der Lebewesen durch eine dem bürgerlichen Leben entnommene Vervollkommnungslehre erklärt. Von einer Entwicklung war aber auch hierbei eigentlich keine Rede. Man schied wohl die niederen Tiere von den höheren, aber nicht im Sinne einer Weiterentwicklung einmal gegebener Knospen, sondern im Sinne einer fortschreitenden Anpassung an die Außenwelt. In den Beziehungen zur Außenwelt glaubte man einen Maßstab für die Steigerung der Anpassung zu besitzen, die sich in der immer weitergehenden Vervielfältigung der Tierkörper kundgab, wodurch diese befähigt wurden, sich immer eingehender und weitgehender in die Außenwelt einzuschmiegen.

Aber gerade die Außenwelt, die so sicher begründet schien und gegenüber den wechselnden Tierformen das einzig Feststehende darstellte, geriet bedenklich ins Schwanken, seitdem die Physiker nachweisen konnten, daß von der riesigen Skala der Ätherwellen in dem menschlichen Auge nur der geringste Teil als Lichtwellen zur Verwendung kommt. Das gleiche zeigte sich für die Luftwellen, die auch nur zum geringsten Teil vom Ohr als Töne aufgenommen werden. Ganz verschwindend ist der Prozentsatz der chemischen Umsetzungen, die das Geschmacks- und Geruchsorgan verwerten können.

Der von den Physikern geschaffenen Außenwelt gegenüber schrumpft unsere menschliche Welt zu einem Spezialfall zusammen, der durch die physiologische Gestalt unserer Sinnesorgane bedingt ist. Es ist daher nicht mehr zulässig, die menschliche Umwelt als die allgemein gültige Außenwelt zu bezeichnen. Unsere Umwelt begnügt sich mit einer relativ geringen Anzahl ausgewählter Reize, deren Auswahl von der Gesamtorganisation des menschlichen Körpers abhängig ist. Ebenso wie der Körper selbst einen Spezialfall aus den Verbindungsmöglichkeiten aller Stoffe und Kräfte der physikalischen Welt bildet, bildet auch die von ihm abhängige Umwelt, die einerseits sein Reizreservoir, andrerseits sein Wirkungsfeld darstellt, einen ganz allein auf den Menschen zugeschnittenen Ausschnitt aus dem Universum.

Es ist daher auch nicht zulässig, die menschliche Umwelt als die allgemein gültige Weltbühne in Anspruch zu nehmen, an die die anderen Lebewesen mehr oder minder gut angepaßt sind. Es muß im Gegenteil festgestellt werden, daß ein jeder Organismus ebenso wie der unsrige einen Spezialfall im Universum bildet und ebenfalls von einer ihm allein angemessenen Umwelt umgeben ist.

Damit fällt die Lehre von der allmählichen Anpassung und der dauernden Vervollkommnung der Lebewesen in sich zusammen. An ihrer Stelle hat die Lehre von der überall gleich vollkommenen Einpassung zu treten, die dreifacher Art ist: 1. besteht eine Einpassung der Organe und Organteile, die den Körper bilden, in- und untereinander; 2. besteht eine Einpassung zwischen Körper und Umwelt; 3. besteht eine Einpassung der Umwelten untereinander.

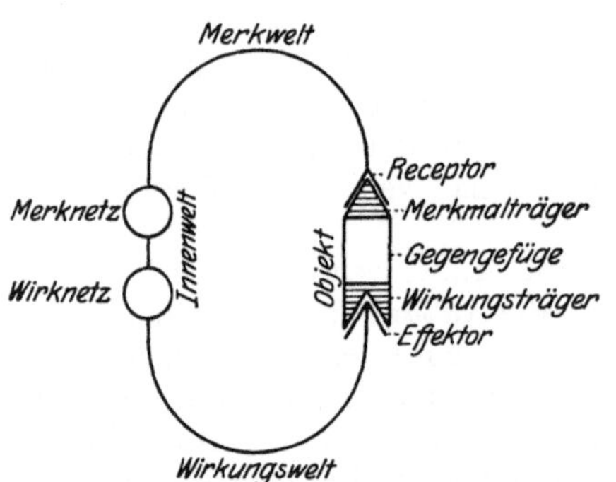

Abb. 119. Der Funktionskreis.

Jetzt haben wir wieder festen Naturboden unter uns und verlassen die Hypothesen, die sich auf die Analogie mit dem bürgerlichen Leben stützten.

Diese dreifache Einpassung haben wir zu untersuchen. Um den Überblick zu erleichtern, habe ich ein einfaches Schema entworfen, das die Beziehungen eines jeden Tiersubjektes zu den Objekten seiner Umwelt erläutert. An der Hand beiliegender Abbildung 119 kann man die drei Arten der Einpassung ablesen.

Jedes Tier ist so gebaut, daß es bestimmte Reize seiner Umwelt mit bestimmten Handlungen beantwortet. Dementsprechend besitzt es immer spezielle Receptoren oder Sinnesorgane, die die ihnen adäquaten Reize aufnehmen und in Nervenerregung verwandeln, die übrigen aber abblenden. Ebenso besitzt das Tier spezielle Effektoren oder Werkzeuge, mit denen es die ihm adäquaten Handlungen ausführt.

Das Zentralnervensystem eines jeden Tieres, das einerseits die von den Receptoren kommenden Erregungsbahnen aufnimmt, andrerseits die zu den Effektoren führenden Bahnen aussendet, besteht daher grundsätzlich aus zwei Teilen, einem sensorischen und einem motorischen, die man als Merkorgan und Wirkorgan unterscheiden kann.

Die Receptoren dienen der Analyse der auf sie einwirkenden Reize, die sie zwar sämtlich in die gleiche Nervenerregung verwandeln, aber auf getrennten Bahnen dem Merkorgan zusenden. Im Merkorgan werden die räumlich getrennten Erregungen einer Synthese unterworfen, die bei jeder Tierart anders verläuft. Die Erregungen werden im Merkorgan gruppenweise angeordnet und diese Gruppen entsprechen dann bestimmten Reizgruppen in der Umwelt, die wir als Merkmale bezeichnen können.

Die Merkmalbildung hängt lediglich von der Organisation des Tieres ab und ist ganz unabhängig von einer etwaigen Anordnung der Reize in der Außenwelt. Sämtliche Merkmale der Umwelt eines Tieres fasse ich als Merkwelt zusammen, die eine bloß subjektive Einheit darstellt.

Ebenso sind die Effektoren und ihre vom Wirkorgan bestimmte Anwendung auf spezielle Wirkungsflächen eingestellt, die ich zusammenfassend als Wirkungswelt bezeichne. Auch sie ist nur eine subjektive Größe.

Durch Vermittelung der Innenwelt des Subjektes werden Merkwelt und Wirkungswelt zu einer Einheit der Umwelt verbunden.

Die Innenwelt des Subjektes, die wir in dem Zusammenspiel der Organe kennenlernen, zeigt uns auf das allerdeutlichste die erste Form der Einpassung. Nicht nur sind die Receptoren durch das Zentralnervensystem mit den Effektoren planmäßig verbunden, sondern auch die von ihnen aufgespürte und ergriffene Nahrung ist in die Verdauungsorgane des Tieres eingepaßt, mag das Tier im allgemeinen ein Herbivor, Karnivor oder Omnivor sein, oder mag es an eine ganz spezielle Nahrung gebunden sein — immer werden sämtliche Organe der gleichen Aufgabe dienen.

Es handelt sich also nicht bloß um eine räumliche Einpassung, die einem jeden Organ die freie Ausübung seiner Tätigkeit gewährleistet, sondern auch um eine funktionelle Einpassung, welche die verschiedenen Organsysteme zu gemeinsamer Leistung zusammenfaßt.

Die zweite Form der Einpassung ist ebenso deutlich. Bei jeder Funktion des Tieres, die ihren Ausgang in der Außenwelt nimmt, erkennen wir die gleichen planmäßigen Zusammenhänge. Wir können an jedem Objekt, mit dem das Tier in funktionelle Beziehungen tritt, feststellen, daß es einerseits durch bestimmte Eigenschaften dem Subjekt als Merkmalsträger und durch andere als Wirkungsträger dient.

Ein Blick auf das Schema zeigt uns, daß sich im Objekt alle Funktionen zu Kreisen schließen. Mag es sich um Widerstände im Medium oder um die Beute oder einen Feind handeln, immer wird das den Funktionskreis einleitende Merkmal des Objektes durch eine den Funktionskreis abschließende Wirkung auf das gleiche Objekt beantwortet werden. Die merkmaltragenden und die wirkungtragenden Eigenschaften des Objektes sind durch ein Gegengefüge miteinander verbunden, das zwar zum Objekt gehört, dem Subjekt aber als Verbindungsstück der beiden dient, ohne in seinen Einzelheiten in die Umwelt des Subjektes einzutreten.

Es erhebt sich nun die Frage, wie stellt sich die Umwelt vom Standpunkt des Subjektes aus dar? Die Beantwortung dieser Frage ist mit erheblichen Schwierigkeiten verknüpft. Wir Menschen kennen unmittelbar nur unsere eigene Merkwelt und von unserer Wirkungswelt gerade so viel, als wir von ihr in unserer Merkwelt aufzunehmen vermögen. Bei der Beobachtung der Tiersubjekte nehmen wir deren Wirkungswelt mittels unerer Merkwelt wahr, ihrer Merkwelt aber können wir uns nur auf Umwegen nähern.

Die Wirkungswelt der Tiere ist uns dank unserer Sinnesempfindungen im Rahmen unserer Zeit und unseres Raumes bekannt. Bei den Merkwelten ist das nicht der Fall. Es ist ebenso wichtig wie schwierig, den Merkraum eines beliebigen Tiersubjektes abzugrenzen und näher zu bestimmen, denn dazu gehört die Kenntnis der Größe und der Anzahl von Orten als den kleinsten Raumgrößen, die vom Auge des untersuchten Tieres unterschieden werden können und die Kenntnis der Entfernung des Horizontes, innerhalb dessen die Objekte noch wahrgenommen werden können [v. Uexküll u. Brock[1])].

Ist es gelungen, die Größe der Orte in einer bestimmten Entfernung des Tieres festzustellen, so kann man auch die Dauer der Momente für das Tiersubjekt wenigstens annähernd ermitteln, sobald man weiß, welche Bewegung eines beliebigen Objektes weder zu schnell noch zu langsam ist, um als Reiz zu wirken. Da die Bewegung zu schnell ist, wenn die Orte einer bestimmten Strecke in einem Moment durchlaufen werden, und zu langsam, wenn auf jeden Ort ein Moment kommt, so sind damit die Grenzen für die Dauer des Momentes abgesteckt.

Mit der Größe der Orte hängt auch die Feinheit der möglichen Formwahrnehmung zusammen. Die Form als Reiz ist erst bei Insekten [v. Frisch[2])] und bei Wirbeltieren [Tirala[3])] sicher nachweisbar.

Die uns Menschen geläufige Einteilung des Weltinhaltes in Gegenstände ist in den Merkwelten der allermeisten Tiere gänzlich unbekannt. Wir fassen die Merkmale, die sich unserem Blick als zu einem Gegenstand gehörig darbieten, durch eine zwar unsichtbare, aber uns wohlbekannte Leistungsregel zusammen. Um diesem Sachverhalt einen unzweideutigen Ausdruck zu verleihen, empfiehlt es sich, anstatt von Gegenständen von Leistungsträgern zu reden. Das Gliedern des Weltinhaltes in Leistungsträger spielt nach den Untersuchungen Köhlers bei den höheren Affen eine ausschlaggebende Rolle. Bei Hunden und einigen anderen höheren Säugetieren scheinen sich ebenfalls gewisse Gruppen von Merkmalen, die mit einer Leistung des Tieres eng verknüpft sind, zu Leistungsträgern zu formen. Bei den allermeisten Tieren fehlen aber die Leistungsträger in der Merkwelt durchaus, an ihre Stelle treten bestenfalls bestimmte Formen, meist aber nur Farben, Gerüche und Bewegungen als getrennte Einheiten auf.

Ich habe nachweisen können, daß die niederen Tiere nur eine ärmliche Merkwelt besitzen. So vermögen die Seeigel, bei einer Verdunkelung ihres Horizontes, die sie mit einer Stachelbewegung beantworten, nicht zu unterscheiden, ob die Verdunkelung von einem herannahenden Feinde oder von einer vorbeiziehenden Wolke herrührt. Die Pilgermuschel wird von allen Eigenschaften des Seesternes nur seine Bewegung und den Geruch seines Schleimes gewahr. Und die Hochseemedusen erfahren von der gesamten Welt nur den Schlag ihres eigenen Saumes.

---

[1]) v. Uexküll u. Brock: Atlas zur Bestimmung der Orte in den Sehräumen der Tiere. Zeitschr. f. vergl. Physiol. Bd. 5, Heft 1. 1927.

[2]) v. Frisch: Der Farbensinn und Formensinn der Biene. Jena: Gustav Fischer. 1914.

[3]) Tirala: Die Form als Reiz. Zool. Jahrb., Abt. f. allg. Zool. u. Physiol. Bd. 39. 1923.

Trotzdem ist die beschränkte Merkwelt völlig ausreichend für das in ihr lebende Subjekt, weil es seine Wirkungswelt nicht zu überblicken braucht, sondern dank der Organisation seines Nervensystems und dank dem Bau seiner Effektoren die den Merkmalen entsprechenden Handlungen vollführt, die ihm völlig unbekannt bleiben. Das lebende Subjekt ist eben als ein planmäßiges Ganzes mit der zu ihm passenden Umwelt dem Universum eingegliedert, ohne daß ihm je der eigene Plan, geschweige denn der Weltplan zum Bewußtsein zu kommen braucht.

Die schlagendsten Beispiele für die Einpassung der Subjekte in ihre Merkwelt liefern die Insekten, deren Merkmale zwar auch gering an Zahl aber sehr weitgehend differenziert sind. So berichtet FABRE[1]) von dem Erbsenkäfer folgendes: Das Weibchen des Erbsenkäfers legt auf die Hülsen der jungen Erbse seine Eier ab, aus denen nach wenigen Stunden fußlose Larven ausschlüpfen, die sich mittels ihrer hornigen Kiefer durch die Hülse in die noch weichen Erbsen hineinarbeiten. Dabei wird jede Erbse von mehreren Larven angebohrt. Die am tiefsten eindringende Larve findet im Inneren der Erbse das nahrhafteste Futter und wächst am schnellsten heran. Sobald die übrigen Larven, die sich gleichfalls eine kleine Höhle in die Erbse gefressen haben, das Herannahen des größten Bruders merken, tritt in ihren Bewegungen eine Hemmung ein, sie hören auf zu fressen und sterben. Auf diese Weise wird der Kampf ums Dasein unter ihnen ausgeschaltet, der sich hierdurch als ein bloßes Mittel der natürlichen Planmäßigkeit offenbart und nicht als Erzeuger der Planmäßigkeit angesprochen werden kann.

Die übriggebliebene Larve frißt sich an einer Stelle bis an die äußere Erbsenhaut heran und ritzt in diese mit den Kiefern eine kreisrunde Rille. Solange die Erbse, die in ihrem Wachstum nicht gestört ist, weich bleibt, wächst auch die Larve, die die Erbse aushölt, heran. Nach dem Erharten der Erbse tritt die Metamorphose des Käfers ein, der einen fertig vorgebildeten Gang ins Freie vorfindet, welcher mit einer leichtbeweglichen Tür verschlossen ist.

In diesen für den Erbsenkäfer notwendigen Ausbau der Erbse ist eine kleine Wespe eingepaßt. Wie in der Merkwelt des eierlegenden Weibchens des Erbsenkäfers es nur ein wirkliches Ding gibt — die Erbsenhülse, deren Merkmale allein für sie in der Welt vorhanden sind, so gibt es für die Wespe in der wirklichen Welt nur ein noch viel spezialisierteres Ding, nämlich die von der fetten Larve gefüllte Erbse, deren Lage sie unter der Hülse erkundet und deren Tür sie mit dem langen Legestachel mit unfehlbarer Sicherheit trifft, um im Inneren der wehrlosen Larve ihr Ei abzulegen. Welche Merkmale dabei mitspielen, ist noch völlig unbekannt.

Aus dem Wespenei entschlüpft alsbald eine Larve, die ihren Wirt wie eine ihr gebotene Frucht aufzehrt, um nach erfolgter Metamorphose die Erbse aus der vom Wirt gebauten Tür zu verlassen.

Dieses Beispiel zeigt erstens die Einpassung des Erbsenkäfers in seine Umwelt auf das allerdeutlichste, zweitens aber auch die Einpassung der Wespe in die vom Erbsenkäfer geschaffene Welt, die zu ihrer Umwelt wird.

Damit sind wir zur dritten Einpassung gelangt, die sich auf das Verhältnis der Umwelten zueinander bezieht. In einem wesentlichen Punkt unterscheidet sich die dritte Art der Einpassung von den beiden anderen. Sowohl die Einpassung der Organe des Subjektes untereinander, wie die Einpassung des Subjektes in seine Umwelt sind räumlich wie zeitlich gegeben. Die räumlichen Beziehungen liegen offen da, aber auch die zeitlichen leiden keinen Zweifel. Die

[1]) FABRE, J. H.: Bilder aus der Insektionswelt (Übersetzung). Kosmos-Stuttgart.

Erbsenkäferlarve sorgt für ihre eigene Zukunft, indem sie den Ausführungsgang und die Tür rechtzeitig erbaut, ohne doch die Möglichkeit zu besitzen, ihre Umwandlung in ein ganz anders gestaltetes Tier voraussehen zu können.

Wir können nun, ohne jede Rücksichtnahme auf die psychischen Probleme, die ohne Unterbrechung fortlaufende Umgestaltung des Eies in Larve und Käfer als eine naturgegebene Einheit zusammenfassen und von einer geschlossenen Zeitgestalt reden, deren Bau wir aus den in der Zeitfolge der Momente gegebenen Raumgestalten zusammenfügen.

Alle Lebewesen sind gesetzmäßig aufgebaute Zeitgestalten im Gegensatz zu den Maschinen, die eine einzige unveränderliche Raumgestalt besitzen. Wie in der jeweilig gegebenen Raumgestalt des Tierkörpers die Tätigkeit der Receptoren in Beziehung steht zu den räumlich weitabgelegenen Effektoren, so steht die Tätigkeit der Larve in festen Beziehungen zu den Bedürfnissen des ausgewachsenen Käfers, der sich an einem zeitlich weitabgelegenen Punkt der gleichen Zeitgestalt befindet. Diese vorausgehende Tätigkeit der Larve in der noch weichen Erbse ist notwendig, um dem Käfer einen Ausweg aus der inzwischen hart gewordenen Erbse zu schaffen.

Schon in dieser Bezugnahme der Zeitgestalt des Erbsenkäfers auf die Zeitgestalt eines anderen Lebewesens, nämlich der Erbse, offenbart sich die dritte Art der Einpassung. Diese wird uns noch deutlicher durch das Verhalten der Wespe. Sie ist völlig in die Umwelt der Erbsenkäferlarve eingebaut. Die Wespenlarve bedarf zu ihrem Leben nicht nur des Körpers der Käferlarve, die ihr zur Nahrung dient, sondern auch der von der Käferlarve geschaffenen Wohnung mit Ausführungsgang und Tür — genau so wie der Einsiedlerkrebs der Schneckenschale bedarf, die die Schnecke für sich selbst erbaut hat [vgl. auch Brock[1])].

Wenn sich nun die Raum- und Zeitgestalten der Tiere in die durch den Raum und die Zeit gebotenen mannigfaltigen Möglichkeiten eingepaßt zeigen, so zeigt uns die dritte Art der Einpassung das Vorhandensein einer dritten Mannigfaltigkeit, die bisher nicht beachtet worden ist, weil sie noch über den Raum und die Zeit hinausgeht — die Mannigfaltigkeit der Subjekte.

Die Bedeutung dieser Mannigfaltigkeit wird uns sofort klar werden, wenn wir uns daran erinnern, daß Raum und Zeit unserer menschlichen Merkwelt nicht maßgebend sind für die Merkwelten der Tiere. Andersgeartete Merkräume mit anderen Orten in größerer oder geringerer Zahl treten uns überall entgegen, die von anderen Horizonten umrahmt sind. Andere Momente erfüllen die fremden Merkzeiten. Und doch sind diese Merkwelten wundersam miteinander verwoben. Man gewinnt den Eindruck, daß wir Menschen das Universum nur aus unserer Falte der mannigfaltigen Natur angesehen haben und dabei übersahen, daß sich um uns her Falte an Falte, Welt an Welt reiht.

Wenn wir das Leben und Treiben auf einer Wiese oder im Walde beobachten, so treten uns nicht nur verschiedene Tiergestalten entgegen, sondern ebensoviel Umwelten, die unseren Augen verborgen, dennoch eine neue Wirklichkeit enthalten. Gleich größeren oder kleineren Seifenblasen umgeben die verschiedenen Räume die verschiedenen Subjekte. Die Räume stellen die Reizreservoire der Tiere dar, in denen sich ihre Funktionskreise abspielen. Andere Merkmale treten in jeder Umwelt auf, die durch das Gegengefüge der Objekte an andere Wirkungsflächen gebunden sind.

Die Objekte sind es, die wie Kettenglieder die Funktionskreise der verschiedensten Umwelten aneinanderschmieden. Dabei ist es höchst lehrreich zu ver-

[1]) Brock, Fr.: Das Verhalten des Einsiedlerkrebses Pagurus arrosor Herbst während des Aufsuchens, Ablösens und Aufpflanzens seiner Seerose Sagartia parasitica Gosse. (Beitrag zu einer Umweltanalyse.) Arch. f. Entwicklungsm. 1927 (Driesch-Festschrift).

folgen, welche Veränderungen das gleiche Objekt in verschiedenen Umwelten durchmacht. Man nehme sich die Mühe, z. B. eine Eiche in die Welten folgender Tiere einzuordnen: eines in den Ästen nistenden Singvogels, einer im Stamm horstenden Eule, eines Spechtes, der die Rinde nach Holzwürmern absucht, dann eines Holzwurmes selbst, dann eines Eichhornes, das den Ästen entlang klettert, dann einer Gallwespe, die die Eichenblätter impft, damit diese den Wespenlarven ein Haus bauen, dann einer Cicadenlarve, die sich eine unterirdische Höhle baut und ein Würzelchen der Eiche anzapft, und schließlich einer Ameise, die in der Rinde und auf den Blättern auf Beutefang ausgeht. Und man wird staunen, wie verschieden sich die gleiche Eiche in den verschiedenen Umwelten ausnimmt. Die Merkmale und die Wirkungsflächen wechseln von Welt zu Welt. In jeder Welt ist die Eiche wirklich da, aber ihre Wirklichkeit ändert sich von Fall zu Fall, so daß man nicht zu sagen wagt, welche nun die wirkliche Eiche sei. Man glaube nicht, daß die Merkwelten der Menschen die Entscheidung brächten, auch sie bieten die gleichen Unterschiede. Eine andere Eiche lebt in der Welt des Botanikers, eine andere in der Welt des Försters, eine andere in der Welt eines schwärmerischen jungen Mädchens und eine durchaus andere in der Welt des Holzhändlers.

Dabei ist die Eiche selbst ein Subjekt mit einer ausgesprochenen Raum- und Zeitgestalt, eingepaßt in ihren Standort, dessen Wirkungen sie zum Teil durch Nutzorgane verwertet, zum Teil durch Schutzorgane abwehrt.

Welche Stellung wir der Eiche gegenüber einnehmen, welche ihrer Erscheinungsformen wir für die wesentliche halten — eines bleibt bestehen, daß sie in Hunderten von Umwelten ein immer neues, aber gleich wirkliches Dasein führt.

Es kann also die Frage nach der Wirklichkeit gar nicht vom Standpunkt eines einzelnen Subjektes entschieden werden. Ein jedes Subjekt urteilt nach seiner individuellen Einpassung. Die über allen Subjekten und Objekten waltende Einpassung, die als planmäßige Naturmacht alle Beziehungen beherrscht, ist selbst ihrem Wesen nach nicht mehr erkennbar, sondern ist eine unsere Vorstellungskraft übersteigende Idee.

# Kreislauf der Stoffe in der Natur.

Von

**K. Boresch**

Prag, Tetschen-Liebwerd.

## Zusammenfassende Darstellungen und Behelfe.

Abderhalden, E.: Lehrb. d. physiol. Chem. Bd. I. 1920; Bd. II. 1921. Berlin. — Abderhalden, E.: Synthese der Zellbausteine in Pflanze und Tier. Berlin 1924. — Benecke, W.: Bau und Leben der Bakterien. Leipzig 1912. — Czapek, F.: Biochemie der Pflanzen. Bd. I. 1913; Bd. II. 1920; Bd. III. 1921. Jena. — Czapek, F.: Kreislauf der Stoffe in der organischen Welt. Handwörterb. d. Naturwissensch. Bd. V, S. 1042. Jena 1914. — Kayser, Em.: Lehrb. d. Geologie. Bd. I. Stuttgart 1921. — Kleberger, W.: Grundzüge der Pflanzenernährungslehre und Düngerlehre. I. Teil: Grundzüge der Bodenlehre. Hannover 1914. — Knop, W.: Der Kreislauf des Stoffes. Leipzig 1868. — Kostytschew, S.: Lehrb. d. Pflanzenphysiologie Bd. I. Berlin 1926, insbes. S. 82, 174, 199, 217 u. 251ff. — Liebig, J. v.: Die Chemie in ihrer Anwendung auf Agrikultur und Physiologie. 9. Aufl. Braunschweig 1876. — Linck, G.: Kreislauf der Stoffe in der anorganischen Natur. Handwörterb. d. Naturwissensch. Bd. V, S. 1049. 1914. — Lafar, F.: Handb. d. techn. Mykologie Bd. III. Jena 1904/06. — Löhnis, F.: Handb. d. landwirtsch. Bakteriologie. Berlin 1910. — Löhnis, F.: Fortschritte der landwirtschaftlichen Bakteriologie: Zeitschr. f. Gärungsphysiol. Bd. I, S. 345. 1912 u. Zentralbl. f. Bakteriol., Parasitenk. u. Infektionskrankh., Abt. 2, Bd. 54, S. 285. 1921. — Löhnis, F.: Vorlesungen über landwirtschaftliche Bakteriologie. 2. Aufl. Berlin 1926. — Lundegardh, H.: Der Kreislauf der Kohlensäure. Jena 1924. — Lundegardh, H.: Klima und Boden in ihrer Einwirkung auf das Pflanzenleben. Jena 1925. — Pfeffer, W.: Pflanzenphysiologie. Bd. I. Leipzig 1897. — Ramann, F.: Bodenkunde. Berlin 1911. — Schroeder, H.: Naturwissensch. Bd. 7, S. 8 u. 23. 1919. — Schroeder, H.: Die Stellung der grünen Pflanze im irdischen Kosmos. Berlin 1920.

## Einleitung und Allgemeines.

„Alles Lebendige erhält sich nur in stetigem Wechsel und mit dem Werden, Bestehen und Vergehen der Organismen ist unablässig ein großartiger Kreislauf des Stoffes verknüpft“[1]. Zwar finden sich schon frühzeitig[2] Vorahnungen von dem Bestehen eines Stoffkreislaufes in der Natur, seine richtige Erkenntnis wurde doch erst durch den Aufschwung der Naturwissenschaften im 19. Jahrhundert angebahnt und besonders durch das Bekanntwerden mit den so mannigfaltigen und intensiven Stoffwechselleistungen der Mikroben gefördert. Trotzdem birgt dieses so anziehende Gebiet noch große Rätsel und weist besonders hinsichtlich der quantitativen Erfassung der großen Umsätze derartige Lücken auf, daß es heute noch vielfach unmöglich ist, halbwegs wahrscheinliche Bilanzen für den Umlauf gewisser Elemente oder ihrer Verbindungen aufzustellen.

Der Kreislauf der Stoffe in der organischen Welt ist nur ein Teil des ungleich gewaltigeren Stoffkreislaufes auf unserer Erde, der als „Stoffwechsel der Erde“

[1] Pfeffer: Pflanzenphysiologie Bd. 1, S. 278. 1897.

[2] Angaben bei A. Gottschalk: Abhandl. z. theoret. Biol. 1921, H. 12.

ihre chemischen Umsetzungen im Verlaufe der Erdgeschichte umfaßt[1]). Und weil nun diese mit der Entstehung der Erde ihren Anfang genommen haben und mit ihrer Auskühlung ein Ende finden werden, so tragen auch alle im tellurischen Stoffkreislauf gemeinhin zusammengefaßten Prozesse, die in und durch Organismen verlaufenden Kreisprozesse miteinbegriffen, den Stempel der Vergänglichkeit und Unvollkommenheit an sich. Der oft gebrauchte Vergleich der Gesamtheit der Umsetzungen in Boden, Wasser und Luft mit dem Stoffwechsel eines Organismus trifft nicht nur hinsichtlich ihrer Vielheit, ihrer gegenseitigen Abhängigkeit und ihres komplizierten Ineinandergreifens, sondern auch im Hinblick auf ihre Vergänglichkeit zu. Ihr Vergleich mit dem vollkommenen Kreise ohne Anfang und Ende hat nur eine gewisse und wohl auch nicht allgemeine Berechtigung, solange man die in der Gegenwart sich vollziehenden Stoffwandlungen mit ihrem immer wieder überraschenden Nebeneinander von Aufbau und Zerstörung ins Auge faßt, er verliert sie aber immer mehr, je größer die Zeiträume werden, die wir zu überschauen vermögen, und er gewinnt sie vielleicht wieder, wenn wir unseren Planeten mit seinem Werden und Vergehen als ein Glied im großen Kosmos, im Kreislauf der Welten[2]), betrachten.

Wenn wir uns dessen bewußt bleiben, daß sich unser Standpunkt zur Vollkommenheit der irdischen Kreisläufe je nach der ins Auge gefaßten Zeit verschiebt, können wir angesichts des Lebens, wie es uns heute umgibt, und bei allgemeiner Betrachtung, für den Stoffkreislauf in der organischen Natur innerhalb großer, aber doch begrenzter Zeiträume gewisse Postulate aufstellen und als Wahrscheinlichkeitsschlüsse gelten lassen.

*Der seit Jahrmillionen währende Bestand des Lebens auf unserer Erde beweist, daß die beiden gegenläufigen Prozesse des Verbrauches und der Wiederbildung der von den Lebewesen benötigten Nahrung sich ungefähr die Wage halten.*

Obwohl die Ernährungsweise vieler Organismen im einzelnen noch nicht genügend erforscht und bei einzelnen Gruppen, wie z. B. bei den Wassertieren[3]), selbst in wesentlichen Zügen noch umstritten ist, so ist doch erkennbar, *daß die Ernährung und Entwicklung aller heterotrophen tierischen und pflanzlichen Organismen letzten Endes von der Produktion organischer Masse durch die autotrophen Pflanzen, also vornehmlich durch die grünen Gewächse, abhängt,* die seit langem das Tempo der Bildung all der anderen nichtgrünen Lebewesen auf unserer Erde bestimmen. Diese zentrale Stellung der grünen Pflanze im irdischen Kosmos[4]) wird durch ihr Vermögen, die lebensnotwendigen Nährstoffe aus der großen Verdünnung, in die sie durch ihre Verteilung in Luft und Wasser geraten sind, an sich zu raffen und durch ihre einzigartigen chemischen Leistungen bedingt; wenn auch der Chemismus von Pflanze und Tier große Zusammenhänge

---

[1]) CLARKE, F. W.: The Data of Geochemistry. Washington 1911. — LINCK, G.: Kreislaufvorgänge in der Erdgeschichte. Jena 1912. — GOLDSCHMIDT, V. M.: Der Stoffwechsel der Erde. Zeitschr. f. Elektrochem. Nr. 19/20, S. 411. 1922. — BEDERCKE, E.: Naturwissenschaften Bd. 11, S. 123. 1923. — RÖSCH, S.: Ebenda Bd. 12, S. 868. 1924. — PANETH, F.: Ebenda Bd. 13, S. 805. 1925. — JEFFREYS, H.: The Earth. Cambridge 1924. — ADAMS u. WILLIAMSON, ref. Naturwissenschaften Bd. 14, S. 50. 1926.

[2]) ARRHENIUS, SV.: Das Werden der Welten. Leipzig 1909. Erde und Weltall. Leipzig 1926. — TRABERT, W.: Lehrbuch der kosmischen Physik. Leipzig 1911. — ZEHNDER, L.: Der ewige Kreislauf des Weltalls. Braunschweig 1914. — OLTMANNS: Mechanik des Weltalls. Hamburg 1920. — NERNST, W.: Das Weltgebäude im Lichte der neueren Forschung Berlin 1921. — KAPPELMEYER, O.: Die Weltzeituhr; Die Ernährung der Pflanze. Bd. 21, S. 217. 1925.

[3]) PÜTTER, A.: Die Ernährung der Wassertiere. Jena 1909.

[4]) SCHROEDER, H.: Die Stellung der grünen Pflanze im irdischen Kosmos. Berlin 1920.

und Parallelen erkennen läßt[1]), so übertrifft doch die Pflanze als Chemiker das Tier bei weitem[2]). Ihr chemisches Können gipfelt in der Verwertung und Umsetzung einfacher Verbindungen, die keinen oder nur einen geringen Energiegehalt besitzen, in ihrem Bau- und Betriebsstoffwechsel, wozu sie sich der Energie der von ihr absorbierten Sonnenstrahlung bedient[3]), vornehmlich also in der Assimilation des Kohlendioxyds aus der Luft. Dadurch wird allen Tieren und den meisten chlorophyllfreien Pflanzen die notwendige Nahrung geschaffen und zugleich auch ein Teil der auf unsere Erde herabgelangenden solaren Strahlungsenergie in Form von chemischer Energie gespeichert, um von den Heterotrophen zur Deckung des Energiebedarfes ihrer Körper, vom heutigen Menschen überdies, allerdings in beschränktem Ausmaße, durch Verbrennung der Kohle und der Kohlenwasserstoffe als Wärmequelle verwendet zu werden.

Der nur seinen Größenordnungen nach schätzbare jährliche Umsatz der Sonnenenergie auf unserer Erde gestaltet sich nach Schroeder[4]) in Calorien und im relativen Zeitmaß ausgedrückt folgend:

| | Cal. | |
|---|---|---|
| 1. Ausstrahlende Sonnenenergie | $3 \cdot 10^{30}$ | $2^1/_4$ Milliarden Jahre |
| 2. Einstrahlung am Rande der Atmosphäre | $1{,}34 \cdot 10^{21}$ | 11 Monate |
| 3. Energieverbrauch bei der Wasserverdunstung | $0{,}340 \cdot 10^{21}$ | 83 Tage |
| 4. Energieverbrauch bei der Pflanzenassimilation | $0{,}162 \cdot 10^{18}$ | 1 Stunde |
| 5. Leistungen des gesamten fließenden Wassers der Erde | $0{,}050 \cdot 10^{18}$ | 18,5 Minuten |
| 6. Energiewert der Weltkohlenförderung | $6{,}6 \cdot 10^{15}$ | 2,5 Minuten |
| 7. Ausnutzbare Wasserkräfte | $2{,}8 \cdot 10^{15}$ | 1 Minute |
| 8. Ausgenützte Wasserkräfte | $0{,}08 \cdot 10^{15}$ | 2 Sekunden |
| 9. Arbeitsvermögen des Menschengeschlechtes | $0{,}07 \cdot 10^{15}$ | 2 Sekunden |

Der Anteil an Energie, den unser Planet von der Sonne empfängt, verhält sich zu der gesamten, von der Sonne in den Weltenraum ausgestrahlten Energie wie 1 Sekunde zu 74 Jahren, und nur $^1/_{8000}$stel der auf den Rand der Lufthülle unserer Erde fallenden Sonnenstrahlung dient der Photosynthese in der grünen Pflanze, von der aus diese in chemischer Form niedergelegte Energie ihren Umlauf durch das Reich der Organismen nimmt. Als „Akkumulatoren solarer Energie" leisten die grünen Pflanzen etwas mehr, indem sie — auf obiges Zeitmaß bezogen — die Einstrahlung von 1—2 Tagen, fast soviel wie der sich rasch kondensierende Wasserdampf, in Form der Kohle sogar die von 20—25 Tagen enthalten. So erscheint der Kreislauf der Energie innerhalb der Welt der Lebewesen klein im Verhältnis zu der Gesamtenergie, die der Erde durch die Sonnenstrahlung zugeführt wird, und ähnlich klein ist auch der Umsatz des Stoffes in der organischen Natur im Vergleich zu den Gesamtumsätzen

[1]) Beispiele: Abderhalden, E.: Synthese der Zellbausteine in Pflanze und Tier. Berlin 1924. — Abderhalden, E.: Biochem. Zeitschr. Bd. 156, S. 51. 1925. — Komm, E.: Eiweißbildung bei Tier und Pflanze. Freising-München 1925. — Ammoniakbindung: Prianischnikow: Biochem. Zeitschr. Bd. 150, S. 407. 1924. — Kiesel, A.: Der Harnstoff im Haushalt der Pflanze. Ergebn. d. Biol. Bd. 2, S. 257. 1927. — Mothes, K.: Planta Bd. 1, S. 472. 1926. — Ruhland u. Wetzel: Ebenda S. 553. — Anaerobe Zuckerspaltung und Milchsäurebildung: Meyerhof, O.: Naturwissenschaften Bd. 13, S. 980. 1925. — Neuberg, C. u. G. Gorr: Ebenda Bd. 14, S. 437. 1926; Biochem. Zeitschr. Bd. 171, S. 475. 1926.

[2]) Ciamician, G.: Die Photochemie der Zukunft (Samml. chem. Vortr. Bd. 19). Stuttgart 1913 u. Verhandl. d. Ges. dtsch. Naturforsch. u. Ärzte Bd. 2 (1), S. 87. 1913. —Tschirch: Die Beziehungen zwischen Pflanze und Tier im Lichte der Chemie. Suttgart 1924. — Die in der organischen Natur herrschende Asymmetrie behandelt F. M. Jaeger: Lect. of the principle of symmetry etc. Amsterdam 1920.

[3]) Eine interessante, an der Rotbuche vorgenommene Berechnung H. Schroeders (Ber. d. dtsch. botan. Ges. Bd. 44, S. 579. 1926) zeigt die Bedeutung der Oberflächenentwicklung der Pflanze für die Ausnützung der Sonnenenergie.

[4]) Schroeder, H.: Naturwissenschaften Bd. 7, S. 976. 1919.

der Stoffe auf unserer Erde, zum Kreislauf der Stoffe in der anorganischen Natur. Man denke nur an den im Verhältnis zum gewaltigen Umlauf des Wassers auf der Erde fast verschwindend kleinen Zweig dieses Umlaufes, an den die Existenz aller Organismen gekettet ist.

Ohne Photosynthese ist aber auch die Entwicklung der auf unserer Erde lebenden Masse seit der Entstehung des Lebens bis zu ihrer heutigen Höhe kaum vorstellbar, wobei es belanglos erscheint,ob diese Masse in vorangegangenen Zeiträumen größer war als heute. Nur durch die Einbeziehung immer neuen Kohlenstoffes aus der Kohlensäure der Atmosphäre ist diese Vermehrung der Lebewesen denkbar, und die so lange in Geltung gestandene „Humustheorie", die in der organischen Substanz des Bodens die Kohlenstoffquelle der grünen Pflanze erblickte, hätte eigentlich schon an dieser Überlegung scheitern müssen.

Ist es die Rolle der grünen Pflanzen, die lebende Masse auf unserer Erde zu bilden und zu mehren, so ist ihre Zerstörung und zugleich die Vollendung des organischen Kreislaufes das Werk der heterotrophen Mikroben. Die hohe Intensität ihres Stoffwechsels, eine Funktion ihrer im Verhältnis zur Körpermasse großen Oberfläche, prädestiniert sie zu dieser abbauenden Tätigkeit, worin sie die großen Lebewesen bedeutend übertreffen.

Bei der allgemeinen Betrachtung dieses rückläufigen Teiles des organischen Stoffkreislaufes drängt sich noch ein anderes Postulat auf. *Das an der organischen Substanz schon zeitlebens, besonders aber nach ihrem Tode sich vollziehende Zerstörungswerk muß ein durchgreifendes und vollkommenes sein und kann nicht bei irgendwelchen, von keiner Seite mehr verwertbaren oder umsetzbaren Zwischenprodukten haltmachen.* Denn solche Substanzen hätten sich, gewissermaßen als Abfallstoffe des organischen Stoffwechsels der Erde, im Verlaufe geologischer Zeiträume anhäufen müssen und wären dadurch in Erscheinung getreten wie etwa die lokalen Vorkommnisse von Kohle, Petroleum, Bernstein oder die organogenen Kalkgesteine. Sofern also die Zwischenprodukte dieser Zerstörung nicht schon als solche zum Neuaufbau von Lebewesen dienen können, müssen sie, auch wenn ihr chemisches Reaktionsvermögen noch so träge ist und ihre weitere Umsetzung chemisch noch so schwierig erscheint, weiter zertrümmert werden. Ja auch zellfremde, dem Organismus nicht vertraute Stoffe können in diesen Abbau einbezogen werden. So sind also die chemischen Leistungen der Mikroben in ihrer Gesamtheit bei der Zertrümmerung der organischen Stoffe nicht weniger bewunderungswürdig als die synthetischen Fähigkeiten der autotrophen Pflanze.

Im allgemeinen wird dieses unaufhörliche Zerstörungswerk viel gründlicher und rascher durch die erwähnten Umsetzungen vollzogen als durch rein chemische Vorgänge. Das beweist die lange Erhaltung organisierter Reste bei Ausschluß oder Lahmlegung der Tätigkeit von Mikroorganismen. Andererseits stehen aber den rein chemischen Umsetzungen, ähnlich wie dem Angriffe der Atmosphärilien auf das Gestein (Verwitterung), ungeheure Zeiträume zur Verfügung, und es können sogar den Organismen im allgemeinen nicht zugängliche Stoffe, wie z. B. die an der Luft sich langsam oxydierende Kohle[1]), durch solche chemische Prozesse in den Stoffkreislauf der Lebewesen zum Teil wieder einbezogen werden.

Gärung, Fäulnis, Verwesung und Vermoderung[2]) bezeichnen die mikrobiellen Umsetzungen, denen die organischen Stoffe tierischer Ausscheidungen

---

[1]) Dem vereinzelten Befund Potters (Proc. of the roy. soc. of London, Ser. B. Bd. 80, S. 239. 1908) über eine mikrobielle Oxydation von Kohle kommt in der Natur keine Bedeutung zu. Kohlenstoffprototrophe Bakterien unbekannt: Benecke, W.: Bau und Leben der Bakterien, S. 348.

[2]) Über Definition und Abgrenzung dieser Begriffe: Löhnis, F.: Landwirtschaftliche Bakteriologie, S. 433.

oder abgestorbener Tiere und Pflanzen im Boden und Wasser unterliegen. Welcher Typus der Zersetzung in Gang kommt, hängt zwar von den gerade vorhandenen Organismen ab; weil sich diese aber selbst auf kleinstem Raume in erstaunlicher Zahl und Mannigfaltigkeit[1]) vorfinden, wird die Art der Zersetzung mehr von den sonstigen Bedingungen (Gegenwart von Kohlenhydraten, Zucker, Säuren, Sauerstoff, Temperatur, Wasserstoffionenkonzentration usw.) bestimmt[2]). Besonders die anaeroben Organismen sind ein notwendiges Glied im Kreislauf der organischen Stoffe; wären sie nicht vorhanden, würden die an sauerstofffreie Orte geratenden organischen Verbindungen zum größten Teile diesem Kreislauf entzogen werden. All diese Prozesse führen letzten Endes wieder zu einfachen Endprodukten, Wasser, Kohlendioxyd, Ammoniak und Nitrat, Schwefelwasserstoff und Sulfat, also zu einer Mineralisierung der stofflichen Bestandteile der zugrunde gegangenen Organismen; dadurch gelangen sie wieder in eine Form, in der sie von den Pflanzen als Nahrungsstoffe Aufnahme finden können. Im Verlaufe dieses Mineralisierungsprozesses treten sehr verschiedenartige, nur zum Teil erst bekannte organische Verbindungen[3]) als Zwischenprodukte auf, von denen vielleicht die meisten selbst schon wieder diesem oder jenem Bodenbewohner zur Nahrung dienen, ja sogar in beschränktem Umfange von den Wurzeln höherer Pflanzen aufgenommen werden können. So ergeben sich vielfach kleinere Stoffumläufe, an denen höhere Organismen nicht beteiligt sein müssen und die zum Teil, nur durch die Spezialisierung bestimmter Organismengruppen zustande kommen. Eines der anziehendsten Kapitel der Bodenbiologie ist dieses Ineinandergreifen der verschiedenen Bodenorganismen[4]) mit

---

[1]) LÖHNIS, F.: Landwirtschaftliche Bakteriologie S. 510ff.

[2]) Beispiele: O. RAHN: Naturwissenschaften Bd. 10, S. 241. 1922. — WINOGRADSKY, S.: Chimie et industrie Bd. 11, S. 215. 1924. — FALCK, R.: Mykolog. Unters. u. Ber. Bd. 2, S. 11. 1923. — ARRHENIUS, O.: Zeitschr. f. Pflanzenernährung und Düngung A, Bd. 4, S. 348. 1925.

[3]) Literatur bei FR. CZAPEK: Naturwissenschaften Bd. 8, S. 227. 1920. — JODIDI: Landwirtschaftl. Versuchs-Stat. Bd. 85, S. 359. 1914. — SHOREY, C., O. SCHREINER u. E. LATHROP: Journ. of the Americ. chem. soc. Bd. 32, S. 33; Journ. of biol. chem. Bd. 8. Washington. — LATHROP, E. C.: Journ. Franklin Inst. Bd. 183, S. 169, 303 u. 465. 1917. — SKINNER, J. J.: Ebenda Bd. 186, S. 165, 289, 449, 547 u. 723. 1918.

[4]) Bodenbiologie und Bodenorganismen: WOLLNY, E.: Die Zersetzung der organischen Stoffe. Heidelberg 1897. — LAFAR, F.: Handb. d. techn. Mykol. Bd. 3, S. 437ff. — LÖHNIS, F.: Landwirtschaftliche Bakteriologie 1910, S. 525ff. u. Nachträge (zitiert auf S. 702). — Fortschr. d. Landwirtsch. Jg. 2, S. 241. 1924. — RIPPEL, A.: Zeitschr. f. Pflanzenernährung, A, Bd. 8, S. 269. 1927. — Vorlesungen über theoretische Mikrobiologie. Berlin 1927. — LANTZSCH, K.: Zentralbl. f. Bakteriol., Parasitenk. u. Infektionskrankh., Abt. 2, Bd. 54, S. 1. 1921. — WIESSMANN, H.: Naturwiss. Wochenschr. Bd. 20, S. 489. 1921. — RUSSEL, E. J. u. Mitarb.: The microorganisms of the soil. 1923. — RUSSEL, E. J.: Soil conditions and plant growth. 4. Aufl. 1921. — WAKSMAN, S. A.: Proc. of the nat. acad. of sciences (U. S. A.) Bd. 11, Nr. 8. 1925. — WINOGRADSKY, M. S.: Ann. de l'inst. Pasteur Bd. 39, S. 299, ref. Fortschr. d. Landw. Bd. 1, S. 90. 1926. — STOKLASA, J.: Methoden zur biochemischen Untersuchung des Bodens, in Abderhaldens Handb. d. biol. Arbeitsmethod. Bd. 11, S. 3. — STOKLASA, J. u. DOERELL: Handb. d. biophysik. u. biochem. Durchforschung des Bodens. Berlin 1926. — FRANCÉ, R. H.: Das Edaphon. Stuttgart 1921 (mit viel Literaturangaben); Das Leben im Ackerboden. Stuttgart 1922. — Energetik und Mikrobiologie des Bodens: HESSELINK VAN SUCHTELEN, F. H.: Zentralbl. f. Bakteriol., Parasitenk. u. Infektionskrankh., Abt. 2, Bd. 58, S. 413. 1923. — Zur Frage der Ultramikroben: ROSSI, G.: Soil Science Bd. 12, S. 409. 1921. — MELIN, E.: Ber. d. dtsch. botan. Ges. Bd. 40, S. 21. 1922. — MIEHE, H.: Biol. Zentralbl. Bd. 43, H. 1. 1923. — Mykobakterien: VIERLING, K.: Zentralbl. f. Bakteriol., Parasitenk. u. Infektionskrankh., Abt. 2, Bd. 52, S. 193. 1920. — Actinomyceten: LIESKE, R.: Morphologie und Biologie der Strahlenpilze. Berlin 1921. — WAKSMAN, S. u. R. CURTIS: Soil science Bd. 1, S. 99. 1916; Bd. 6, S. 309. 1918; Bd. 8, S. 71. 1919. Bd. 14, S. 61. 1922. — DRECHSLER, CH.: Botan. gaz. Bd. 67, S. 65. 1919. — MÜNTER, F.: Landw. Jahrb. Bd. 55, S. 62. 1920. — NÄSLUND, C. u. K. G. DERNBY: Biochem. Zeitschr. Bd. 138, S. 497. 1923. — Pilze: WAKSMAN, S.: Soil science Bd. 1, S. 275. 1916; Bd. 2, S. 103. Bd. 3, S. 565. 1917; Bd. 14, S. 153. 1922;

ihren verschiedenen Bedürfnissen und Leistungen, das aber bei der bunten Zusammensetzung der Bodenflora und -fauna noch sehr mangelhaft bekannt und nur in einzelnen Zügen, auch da kaum in quantitativer Hinsicht, erforscht ist. Stehen auch bei diesen Umsetzungen im Boden die so vielseitigen Bakterien an erster Stelle, so darf doch die Tätigkeit der anderen Bodenorganismen nicht unterschätzt werden.

Unter der Einwirkung von Bakterien, aber auch anderen Lebewesen, unterliegen selbst die schwer löslichen Mineralstoffe des Bodens einer rascheren Lösung und Zersetzung[1]). Diese biologische Verwitterung, an der besonders die von den Organismen ausgeschiedene Atmungskohlensäure neben anderen Säuren[2]) beteiligt ist, unterstützt auf das wirksamste die viel langsameren, unter dem Angriffe der Atmosphärilien sich abspielenden physikalischen und chemischen Prozesse bei der einfachen und komplizierten Verwitterung[3]). Durch alle diese Prozesse wird die Besiedlung nackten Gesteins ermöglicht und werden immer wieder neue Pflanzennährstoffe im Boden erschlossen, die von den Pflanzenwurzeln aufgenommen, den Umlauf durch die Organismen nehmen.

Bei der Verwitterung der Gesteine in der Silicathülle unserer Erde und bei der sich ihr anschließenden Erosion durch die abtragenden Kräfte des Windes, des bewegten Wassers und Eises kommt es unerwarteterweise zu einer scharfen Scheidung der einzelnen Zersetzungsprodukte, die GOLDSCHMIDT[4]) mit einer gigantischen quantitativen Analyse vergleicht. Zuerst scheidet sich die Kieselsäure ab (Sandsedimente), dann folgen die tonerdereichen, feiner dispersen, durch Salze fällbaren Produkte (Tonsedimente); die bei der Verwitterung hydrolytisch abgespaltenen Basen gehen, an Kieselsäure oder an die in der Kälte stärkere Kohlensäure gebunden, in Lösung und infolgedessen den Pflanzen zum großen Teil verloren. Von höchster Bedeutung für den Umlauf der Elemente innerhalb der Lebewesen ist daher ihre Festlegung im Boden, an der neben

Science Bd. 44, S. 320. 1916; Journ. of bacteriol. Bd. 3, S. 475 u. 509. 1918. — LINDFORS, TH.: Svenska bot. Tidskr. Bd. 14, S. 267. 1920. — Mykorrhizenpilze: MELIN, E.: Ber. d. dtsch. botan. Ges. Bd. 40, S. 94. 1922. Myxobakterien: JAHN, E.: Die Polyangiden. Leipzig 1924. — Cyanophyceen: ESMARCH, F.: Hedwigia Bd. 55, S. 224. 1914. — Protozoen: RUSSEL, E. J.: Boden und Pflanze, S. 161. Dresden 1914. — NOWIKOFF, M.: Die Bodenprotozoen. Heidelberg 1923. — CUTLER, D. W. u. Mitarb.: Phylos. transact. of the roy. soc. of London, Ser. B, Bd. 111, S. 317. 1923. — Ann. applied. Biol. Bd. 10, S. 137. 1923. — Zahl der Bodentiere: MORRIS, H. M.: Ann. applied biol. Bd. 9. 1922, ref. bei LUNDEGÅRDH 1925: (Zitiert auf S. 702) S. 344. — DOGEL, V.: Rev. Zool. russe, Bd. 4, S. 117. 1924. — Regenwürmer: KAHSNITZ, H. G.: Botan. Arch. Bd. 1, S. 315. 1922. — HEYMONS, R.: Zeitschr. f. Pflanzenernährung u. Düngung A Bd. 2, S. 97. 1923. — DOFLEIN, FR.: Mazedonien. Jena 1921. — GLEISBERG, W.: Angew. Botanik Bd. 4, S. 234. 1922. — Enchytraeiden: JEGEN, G.: Verhandl. d. Schweiz. naturforsch. Ges. Bd. 2, S. 149. 1922. — Fliegenlarven: LINDNER, P.: Mitt. d. dtsch. landw. Ges. Bd. 34. 1919. — Fauna der Waldstreu: PFETTEN, J. v.: Zeitschr. f. angew. Entomol. Bd. 11, S. 35. 1925.

[1]) CZAPEK, FR.: Biochemie Bd. 2, S. 339 (Bakterien), S. 368 (Flechten), S. 521 ff. (Wurzeln höherer Pflanzen). — MÜNTER, F.: Landw. Jahrb. Bd. 55, S. 62. 1920.

[2]) Atmung des Bodens: LUNDEGÅRDH: Zitiert auf S. 702 (S. 144. 1924). — FEHÉR, D.: Biochem. Zeitschr. Bd. 180, S. 201. 1927. — Flora Bd. 21, S. 316. 1927. — STOKLASA, J.: Chem-Ztg. Bd. 46, S. 681. 1922. — Fortschr. d. Landwirtschaft Jg. 2, S. 1 u. 46. 1927. — Wurzelatmung: STOKLASA, J.: Biochem. Zeitschr. Bd. 128, S. 35. 1922. — STOKLASA, J.: Chemie der Zelle und Gewebe Bd. 12, S. 22. 1926. — WRIGHT, D.: Agr. science Bd. 4, S. 245. 1922. — Schwefelsäure: BLANCK, E.: Die ariden Denudations- und Verwitterungsformen der sächs.-böhm. Schweiz 1922. — BLANCK u. GEILMANN: Thar. forstl. Jahrb. Bd. 75, S. 89. 1924. — Salpetersäurebildung durch Nitrifikation.

[3]) RAMANN, E.: Bodenkunde. Berlin 1911. — RAMANN, E.: Bodenbildung und Bodeneigenschaften. Berlin 1918. — FLEISCHER, M.: Bodenkunde. Berlin 1923. — EHRENBERG, P.: Die Bodenkolloide. Dresden 1918. — WIEGNER, G.: Boden und Bodenbildung in kolloidchemischer Betrachtung. Dresden 1918. — CORNU, F.: Kolloid-Zeitschr. Bd. 4, S. 291. 1909.

[4]) GOLDSCHMIDT, V. M.: Zeitschr. f. Elektrochem. Nr. 19/20, S. 417. 1922.

physikalischen und chemischen Kräften (Adsorption, Absorption) auch die Bodenmikroben beteiligt sind[1]). Die in die Tiefe versickernden Niederschläge entführen dauernd den Bodenschichten, in denen sich die Pflanzenwurzeln ausbreiten, Kolloide[2]) und in Lösung befindliche Stoffe, darunter auch wichtige Pflanzennährstoffe, und es hängt von dem Maße ihres Ersatzes durch die oben erwähnten Lösungsvorgänge ab, ob nicht da oder dort dieser oder jener Nährstoff in das Minimum gerät und als Minimumfaktor die Menge der produzierten Pflanzenmasse und damit auch die Menge der auf diese angewiesenen heterotrophen Organismen — die Zahl der auf einem bestimmten Areal lebenden Menschen mitinbegriffen — bestimmt.

Die Lithosphäre mit ihren engen Wechselbeziehungen zwischen Boden und Wasser ist demnach als Lieferantin löslicher Pflanzennährstoffe für die Entwicklung und den Bestand der Lebewelt unseres Planeten von der höchsten Bedeutung. Hydro- und Atmosphäre sorgen hinwiederum durch die in ihnen herrschenden Strömungen für eine gleichmäßigere Verteilung[3]) der Stoffe und fördern ihren Umlauf auf der Erdoberfläche, wozu auch die Winzigkeit der Bausteine der Materie[4]) beiträgt. Alle vom Boden nicht zurückgehaltenen Stoffe, organische und anorganische, gleichgültig ob in molekular-, kolloid- oder grobdisperser Verteilung, gelangen in die Wasserläufe und schließlich in das Meer[5]), wo sich die leichtlöslichen Salze im Laufe der Erdgeschichte zu ansehnlichen Konzentrationen angehäuft haben. In diesem großen Reservoir, aber auch schon auf dem Wege dahin, dient ein Teil der verfrachteten Substanzen, entweder direkt oder erst nach Zersetzung oder Umsetzung, an der wiederum Organismen sich beteiligen, der Ernährung von Wasserpflanzen und Wassertieren. Es vollzieht sich also im Wasser ein ähnlicher Kreislauf zwischen belebter und unbelebter Natur, wie auf dem Festlande[6]). Auf der lebhaften Zersetzung der organischen Stoffe im Wasser beruht z. B. die Selbstreinigung der Oberflächenwässer[7]), der ein Komplex der verschiedenartigsten Faktoren zugrunde liegt.

---

[1]) Literatur über Adsorption in der Ackererde bei Kleberger: Pflanzenernährungslehre Bd. 1, S. 225ff. — Ehrenberg, P.: Die Bodenkolloide, S. 244ff. 2. Aufl. 1918. — Czapek, F.: Biochemie Bd. 1, S. 50; Bd. 3, S. 737. — Ramann, E. u. A. Spengel: Landwirtschaftliche Versuchs-Stat. Bd. 92, S. 127. 1918. — Hissink, D. J.: Cultura Bd. 31. 1919; Chem. Weekblad Bd. 16. 1919; Internat. Mitt. f. Bodenkunde Bd. 12, S. 81. 1922. — Spurway, C. H.: Exp. Stat. Rec. Bd. 45, S. 619. 1922. — Casale, L.: Ebenda, Bd. 46, S. 621. — Jones, C. P.: Soil science Bd. 117, S. 255. 1924. — Adsorption von Bakterien durch den Boden: Dianowa u. Woroschilowa: Russ. Journ. f. landw. Wiss., S. 520. 1925. — Chudiakow, N. N.: Zentralbl. f. Bakteriol., Parasitenk. u. Infektionskrankh. Bd. 68, Nr. 15 bis 25. 1926.

[2]) Ehrenberg, P.: [Zitiert auf S. 707 unter [3])] S. 172ff.

[3]) Bewegung und Mischung im Meere: Thorade, H.: Naturwissenschaften Bd. 11, S. 1001. 1923. — Durchlüftung des Meeres: Schulz, B.: Naturwissenschaften Bd. 12, S. 105, 106 u. 513. 1924. — Umrührung der Atmosphäre: Lundegårdh, H.: Zitiert auf S. 702 (1924). — Schmidt, W.: Der Massenaustausch in freier Luft und verwandte Erscheinungen. Hamburg 1925.

[4]) Anschauliche Darstellung der molekularen und atomaren Dimensionen durch F. W. Aston (Schütt: Umschau 1925, S. 690).

[5]) Über den Abtrag durch bewegtes Wasser und sein Ausmaß: Penck, A.: Morphologie der Erdoberfläche, I. — Wagner, P.: Die Ernährung derPflanze, Bd. 21, S. 138. 1925. — Hirschberg: Ebenda, S. 17 u. 34. — Mc. Hargue u. A. M. Peter: ref. Exp. Stat. Record Bd. 47, S. 122. 1922. — Goldgehalt des Flußwassers: Haber u. Jaenicke: Zeitschr. f. anorg. allg. Chem. Bd. 147, S. 156. 1925.

[6]) Die See als Lebenseinheit: Thienemann, A.: Naturwissenschaften Bd. 13, S. 589. 1925. Hier weitere Literatur. — Nienburg, W.: Die Mikroflora des Süßwassers und ihre Bedeutung für den Haushalt der Gewässer in Demoll-Maier: Handb. d. Binnenfischerei Mitteleuropas Bd. 1, S. 85. 1923. — Thienemann, A.: Der Nahrungskreislauf im Wasser. Zool. Anz., Suppl. Bd. 2, S. 29. 1926.

[7]) Lafar: Handb. d. techn. Mykol. 1904/6, Bd. 3, S. 370ff. — Protozoen und Selbstreinigung: Gemünd: Hyg. Rundschau Bd. 36, S. 489. 1916. — Bakterien des Meeres: Benecke, W.: Bau und Leben der Bakterien, S. 597ff.

Der Stoffhaushalt der Gewässer und Ozeane birgt eine ganze Fülle ungelöster Probleme. Einmal fehlt es noch an räumlich und zeitlich entsprechend ausgedehnten quantitativen Bestimmungen der an dem Umlauf beteiligten Stoffe, dann ist aber auch die Ernährungsweise der verschiedenen Wasserbewohner vielfach noch ungeklärt oder umstritten[1]). Neue Gesichtspunkte, wie die Proportionalität zwischen Stoffwechselintensität und der wirksamen Oberfläche des Organismus, die Bedeutung der gelösten organischen Stoffe für die Ernährung der Wassertiere angesichts der als unzureichend angesehenen Mengen an geformter Nahrung (Algen) für die Planktontiere des Meeres, hat PÜTTER[2]) in diese Verhältnisse hineingetragen. Auch der wiederholt zur Deckung dieses angenommenen Defizits herangezogene organische Detritus der Gewässer scheint, zumal in unabhängigen Lebensbezirken, zur Befriedigung des Nahrungsbedürfnisses der Konsumenten nicht auszureichen[3]). Andere Probleme des Stoffwechsels im Meere wie der Organismenreichtum der kälteren nordischen Meere gegenüber den wärmeren, die Periodizität in der Entwicklung des Planktons stehen vielleicht in Beziehung zu der verfügbaren Menge an Nährstoffen, von denen der eine oder der andere in ein relatives Minimum geraten könnte[4]). Die Wassertiefe, bis zu der das Sonnenlicht eindringt, und die Änderung seiner spektralen Zusammensetzung mit der Wassertiefe sind für die Photosynthese der autotrophen Pflanzen und damit für das gesamte Leben im Wasser von Wichtigkeit[5]).

Mit welchem Betrage der Stoffwechsel des Meeres an dem gesamten Stoffumlauf auf unserer Erde sich beteiligt, ist nicht abzusehen, doch mag sein Anteil ein großer sein, da rund fünf Achtel der Erdoberfläche[6]) von Meeren bedeckt sind. Der Zusammenhang der Meere ist für das Leben in ihnen bedeutungsvoll, wie die Vernichtung ihrer Bewohner in von freiem Ozean abgeschnittenen und daher der Aussalzung unterliegenden Buchten beweist. Auch auf die phänologische Bedeutung des Meeres[7]) für die Pflanzen des Festlandes und seine Rolle als ungeheuerer Kohlensäurespeicher und -regulator sei hier hingewiesen.

In noch stärkerem Maße als das Meer sorgt die Lufthülle unserer Erde mit ihren durch die ungleichmäßige Erwärmung der Erdoberfläche hervorgerufenen

[1]) GUNNAR, ALM: Bodenfauna und Fischertrag in Seen. Naturwissenschaften Bd. 10, S. 724. 1922.

[2]) PÜTTER, A.: Zeitschr. f. allg. Physiol. Bd. 7. S. 283 u. 321. 1907: Die Ernährung der Wassertiere. Jena 1909. Naturwissenschaften Bd. 7, S. 55. 1919; Biol. Zentralbl. Bd. 42, S. 72. 1922. — Arch. f. Hydrobiol. Bd. 15, S. 70. 1924. — LANTZSCH, K.: Biol. Zentralbl. Bd. 41, S. 122. 1921. — NIENBURG, W.: Zitiert auf S. 708 unter [6]). — SPÄRCK, R.: ref. Ber. üb. wiss. Biol. Bd. 1, S. 291. 1926. —

[3]) LOHMANN, H.: Wiss. Meeresunters. 1908, N. F. Bd. 10; Internat. Rev. d. ges. Hydrobiol. u. Hydrogr. Bd. 2, S. 30. 1909. — NAUMANN, E.: Lunds Univers. Arsskrift 1908, II, Bd. 14, Nr. 31. —

[4]) BRANDT, K.: Wiss. Meeresunters. Kiel 1899, N. F. Bd. 4, S. 215; Bd. 6, S. 25. 1902; Beih. z. botan. Zentralbl. Bd. 16, S. 383. 1904. — REINKE, J.: Ber. d. dtsch. botan. Ges. Bd. 21, S. 371. 1903. — NATHANSOHN, A.: Bedeutung vertikaler Wasserströmungen für die Prod. des Planktons. Sitzungsber. d. sächs. Akad. d. Wiss. 1906, Bd. 29; Die allgemeinen Produktionsbedingungen im Meere. Internat. Rev. d. ges. Hydrobiol. u. Hydrogr. Bd. 1, S. 37. 1908; — FISCHER, H.: Ebenda Bd. 10, S. 417. 1915; Mitt. d. dtsch. landw. Ges. 1918, Stück 51. — WILLER, A.: Naturwiss. Wochenschr. Bd. 20, S. 17. 1921. — ATKINS, W. R. G.: Schwankungen des Silicat- und Phosphorgehaltes des Seewassers in Beziehung zum Phytoplankton. Journ. of the marine biol. assoc. Bd. 14, S. 89 u. 447. 1926; ref. in Ber. üb. wiss. Biol. Bd. 3, S. 408. 1927.

[5]) Literatur bei CZAPEK: Biochemie Bd. 1, S. 541. Lichtklima im Wasser: RUTTNER, F.: Internat. Rev. f. d. ges. Hydrobiol. u. Hydrogr. Bd. 15, H. 1/2.

[6]) Nach KRÜMMEL: Handb. d. Ozeanographie, 2 Teile, 1907/11, entfallen von der 510 Millionen qkm großen Erdoberfläche 361 Millionen auf die Meere, der Rest auf die Kontinente.

[7]) RITTER, G.: Beih. z. botan. Zentralbl. I, Bd. 36, S. 78. 1919.

atmosphärischen Kreisströmungen für eine rasche Verteilung der aus dem Boden und dem Wasser aufgenommenen Gase. Mit Boden vermengt, im Wasser gelöst, beteiligen sich die Luftgase an den Umsetzungen und den Wanderungen der Stoffe in diesen beiden Medien. Die Bodenluft zeichnet sich durch einen höheren Gehalt an Kohlensäure und einen geringeren an Sauerstoff gegenüber der Atmosphäre aus[1]). Die Lösungstension des hydrolytisch aus Bicarbonaten und Carbonaten im Wasser abgespaltenen Kohlendioxyds entspricht ungefähr der Tension dieses Gases in der Luft[2]), im Wasser ist aber im Verhältnis zum Stickstoff mehr Sauerstoff gelöst, als der Zusammensetzung der atmosphärischen Luft entspricht. Das Argon der Luft beteiligt sich an dem Kreislaufe der Stoffe durch die Pflanzen und Tiere nicht[3]). Ähnlich wie das Wasser besorgt auch die Luft den Transport und die Verbreitung der verschiedensten Keime[4]). Als Stätte der Kondensation des Wasserdampfes und der elektrischen Entladungen und als Vehikel für die aus der bei Sturm und Brandung zerstäubenden See entführten salzhaltigen Wassertröpfchen kommt der Lufthülle der Erde noch eine besondere Bedeutung für den Stoffkreislauf zu, und die Niederschläge vermitteln dann die Rückkehr des Wassers und der darin gelösten oder sich lösenden Stoffe zur Erde. Bewölkung und Niederschläge beeinflussen die Bodentemperatur und andere Eigenschaften des Bodens und damit das Milieu für viele Organismen.

Das Extinktions- und Absorptionsvermögen der Luftgase, des Wasserdampfes und Dunstes für die Sonnenstrahlen ist gleichfalls für das Leben auf der Erde belangvoll[5]). Wasserdampf setzt den Rotanteil im Sonnenlicht herab, während Dunst hauptsächlich die kurzwellige Strahlung zu schwächen scheint. Die qualitative Änderung der Sonnenstrahlung bei ihrem Durchgang durch die Atmosphäre, die Verwertbarkeit des durchgelassenen Anteils in der Photosynthese und dessen Sichtbarkeit sei an Hand folgender Zusammenstellung[6]) veranschaulicht:

| | | |
|---|---|---|
| Die gesamte calorische Strahlung erstreckt sich von | 100—60000 $\mu\mu$ | = ca. 9 Oktaven |
| Die auf die Erdoberfläche fallende Sonnenstrahlung ohne das schwache längerwellige Infrarot) . | ca. 300— 5000 $\mu\mu$ | = ca. 4 Oktaven |
| Sichtbar ist der Bezirk . . . . . . . . . . . . | 400— 760 $\mu\mu$ | = ca. 1 Oktave |
| Stärkebildung wurde beobachtet zwischen . . . . | ca. 330— 760 $\mu\mu$ | = ca. $1^1/_6$ Oktaven. |

---

[1]) Literatur bei CZAPEK: Biochemie Bd. 1, S. 514; Bd. 3, S. 8 u. 10. — HASELHOFF u. LIEHR: Landwirtschaftl. Versuchs-Stat. Bd. 102, S. 43. 1924. — LUNDEGÅRDH 1924: Zitiert auf S. 702 (S. 164ff.). — DOJARENKO, A. G.: Journ. f. Landw.-Wissensch. Moskau Bd. 2, S. 163. 1925; Bd. 3, S. 147. 1926; ref. in Zeitschr. f. Pflanzenernährung B, Jg. 6, S. 186 u. A, Bd. 9, S. 112. 1927.

[2]) NATHANSON, A.: Ber. d. sächs. Ges. d. Wiss. Bd. 59, S. 211. 1907; Stoffwechsel d. Pflanze, S. 163. — Über den insbes. von der Temperatur abhängigen respiratorischen Wert des im Wasser enthaltenen Sauerstoffs: RUTTNER, FR.: Naturwissenschaften Jg. 14, S. 1237. 1926.

[3]) SCHLOESING, TH.: Cpt. rend. hebdom. des séances de l'acad. des sciences Bd. 125, S. 719. 1897.

[4]) BENECKE, W.: Bau und Leben der Bakterien, S. 537. — Protozoen in Luft und Regenwasser: PUSCHKAREW, B. M.: Arch. f. Protistenkunde Bd. 28, S. 323. 1913. — Aeroplankton: MOLISCH, H.: Vortr. z. Verbr. naturwiss. Kenntn. Wien 1917, Bd. 57. — PICHLER, FR.: Denkschr. Wien. Akad. Bd. 95, S. 279. 1918. — Schwebewerte von Pilzsporen: FALCK, R.: Ber. d. dtsch. botan. Ges. Bd. 45, S. 262. 1927. — Mechanik kleinster Tröpfchen: ANGERER, C. v.: Arch. f. Hyg. Bd. 89, S. 262. 1921.

[5]) ARRHENIUS (zitiert bei E. KAYSER: Lehrb. d. allg. Geologie 1921, S. 100 u. 114) sprach der Luftkohlensäure eine bedeutungsvolle Rolle für die Wärmeverhältnisse auf unserer Erde zu. Über die Schirmwirkung des Ozons in den obersten Luftschichten gegen die ultraviolette Strahlung: R. DIETZIUS: Naturwissenschaften Bd. 11, S. 808. 1923. — Ferner: O. D. CHWOLSON: Lehrb. d. Physik II, Bd. 2, S. 56 u. 352, 1922. — DEFAUT, A. u. E. OBST: Lufthülle und Klima. Leipzig 1923. — DORNO, C.: Naturwissenschaften Bd. 12, S. 1068. 1924. — HOELPER, O.: Ebenda, Bd. 14, S. 497. 1926. — RICHTER, K.: Ebenda, S. 501.

[6]) URSPRUNG, A.: Ber. d. dtsch. botan. Ges. Bd. 35, S. 44. 1917.

Die durch ihren Gehalt an Wassertröpfchen und Staubteilchen als trübes Medium wirkende Atmosphäre zeigt die Eigenschaft der Opalescenz infolge selektiver Absorption. Die grüne Pflanzenfärbung wird als Anpassung an die dadurch bedingte Vorherrschaft der langwelligen Lichtstrahlen bei tiefem Sonnenstande gedeutet[1]).

Angesichts der Größe der auf der Erde sich abspielenden Kreisprozesse erscheint der Einfluß, den der Mensch auf sie auszuüben vermag, zwar gering, für die Entwicklung der Menschheit aber ist diese Einflußnahme von der größten Wichtigkeit geworden. Ursprünglich auf dieselbe Kost wie das Tier angewiesen, stieg der Mensch allmählich von der Stufe des Sammlers zu den höheren Stufen des Landbaues empor; aus der großen Zahl von Pflanzen, die ihm vor jedem Anbau zur Nahrung dienten[2]), griff er mit fortschreitender Kultur verhältnismäßig wenige heraus, die fortan die Grundlage seiner Wirtschaft bilden, während die von ihm gehaltenen Nutztiere[3]) für den Umlauf der Stoffe und Energien in seiner Wirtschaft sorgen. Durch verschiedene, aus reiner Empirie hervorgegangene Maßnahmen (Züchtung, Düngung, Brache, Fruchtfolge, Bodenbewässerung und -bearbeitung) vermochte er die Produktion seiner Kulturpflanzen zu heben und lernte so die zentrale Stellung der autotrophen Pflanze immer besser für sich ausnützen. Aber erst mit dem Aufschwung der Wissenschaft und Technik war eine richtige Intensivierung der Landwirtschaft möglich, besonders durch den Abbau und die Verfrachtung pflanzlicher Nährstoffe über weite Strecken, durch Veredlung (Löslichmachung, Konzentrierung) ihrer Rohstoffe, durch richtige Stalldüngerpflege, durch Gründüngung und die technische Eroberung des Luftstickstoffs[4]), durch Hochzüchtung der Kulturpflanzen und Nutztiere. All dies und nicht zuletzt die energetische Ausnützung der Kohle und der Wasserkräfte sind Eingriffe des Menschen in den Kreislauf der Stoffe auf Erden, die ihm seine gewaltige Vermehrung ermöglicht haben und ermöglichen. Der heutigen Zahl von Menschen entspricht die Größe der Anbau- und Ernteflächen, die Höhe des Viehbestandes, die Welterzeugung und der Weltverbrauch an Düngemitteln[5]). Ungeheuer ist noch der Weltvorrat an diesen Pflanzennährstoffen[6]). Wie lange das bisherige Tempo der Vermehrung des Menschen auf der Erde fortgehen kann, entzieht sich der Schätzung, weil es an einer Bonitierung der Erdoberfläche fehlt[7]). Daß die weitere Zunahme der Bevölkerung der Erde bei ihrer Abhängigkeit von der grünen Pflanze früher oder später eine Grenze finden muß, liegt auf der Hand[8]).

Die Frage, welche Grundstoffe auf ihrem Kreislaufe in die Organismenwelt eintreten, deckt sich mit der Frage nach der elementaren Zusammensetzung ihrer Körper und ihrer Nahrung. Der Beantwortung dieser Fragen sind durch die Grenzen der analytischen Methoden Schranken gesetzt. Die Scheidung der in den Organismen gefundenen Elemente in unentbehrliche und daher unersetz-

---

[1]) Liesegang, R. E.: Photochem. Studien II, S. 43. Düsseldorf 1895. — Stahl, E.: Zur Biologie des Chlorophylls. Jena 1909.

[2]) Maurizio, A.: Ber. d. dtsch. botan. Ges. Bd. 44, S. 168. 1926.

[3]) Armsby, H. P. u. C. R. Moulton: Das Tier als Verwandler von Stoff und Kraft. Newyork 1925.

[4]) Walser, B.: Die Luftstickstoffindustrie. Leipzig 1922.

[5]) Statistisches Jahrbuch des internationalen Landwirtschaftinstitutes Rom.

[6]) Curtis, A.: Americ. Fertilizer 60, Nr. 6 vom 14. März 1924.

[7]) Penck, A.: Zeitschr. f. Pflanzenernährung u. Düngung, A., Bd. 7, S. 54. 1926.

[8]) Rubner, M.: Dtsch. med. Wochenschr. Bd. 51, Nr. 7. 1925. — East, E. M.: Die Menschheit am Scheidewege. Basel 1926. — Meyenburg, K. v.: Fortschr. d. Landwirtschaft Jg. 1, S. 578. 1926.

bare, zwar nützliche, aber entbehrliche und in zufällig vorhandene, bedeutungslose, ist nur dort möglich, wo eine konstitutive Beteiligung des fraglichen Elementes am Aufbau von Körperstoffen oder seine sonstige Rolle im Stoffwechselgetriebe feststeht, ferner mit Sicherheit dort, wo seine alleinige Ausschaltung aus der Nahrung das Wachstum und Gedeihen des Organismus unterbindet (Differenzmethode), in anderen Fällen ist man meist nur auf mit mehr oder weniger Wahrscheinlichkeit ausgestattete Schlüsse angewiesen. Als letztes bleibt dann noch die Frage, warum die Natur beim Aufbau der Lebewesen auf bestimmte Elemente gegriffen und andere verworfen hat.

So hat die Wasserkulturmethode bewiesen, daß in einer Nährlösung, die das Wachstum einer höheren Pflanze ermöglichen soll, unbedingt Stickstoff, Schwefel, Phosphor, Kalium, Calcium, Magnesium und Eisen, und zwar in bestimmter Form vorhanden sein muß. In den Pflanzenaschen finden sich aber ungleich mehr Elemente[1]), fast allgemein und oft reichlich: Silicium, Chlor und Natrium; häufig, aber in geringen Mengen: Mangan, Aluminium, Jod und Fluor; gelegentlich und spärlich: Selen, Tellur, Arsen, Antimon, Titan, Bor, Brom, Lithium, Rubidium, Barium, Strontium, Chrom, Zink, Kobalt, Nickel, Zinn, Silber, Quecksilber, Blei, Thallium und Kupfer[2]). Cornec[3]) konnte spektroskopisch in der Asche von Meerespflanzen Ag, As, Co, Cu, Mn, Ni, Pb, Zn nachweisen, nicht aber die sonst im Meerwasser enthaltenen Elemente Bi, Sn, Ga, Mo und Au, während Sb, Ge, Be, Ti, Wo und Va auch nicht im Meerwasser festzustellen waren. Einzelne der angeführten Elemente beanspruchen besonderes Interesse[4]), ohne daß in jedem Falle die Möglichkeit vorliegt, bestimmt und allgemein über ihre Bedeutung sich auszusprechen. Die Tiere nehmen mit ihrer letzten Endes den Pflanzen entstammenden Nahrung alle darin enthaltenen Grundstoffe auf und finden damit ihr Auslangen, die Pflanzenfresser sind außerdem an eine gesonderte Aufnahme von Natriumchlorid angewiesen, gelegentlich bedarf es auch eines Zuschusses an Calcium oder Phosphorsäure. Im allgemeinen dürften also die für die Pflanzen lebenswichtigen Elemente auch für das Tier von gleicher Bedeutung sein[5]), doch stößt die strikte Entscheidung im einzelnen auf große Schwierigkeiten, und eine Verallgemeinerung des Nährstoffbedarfes innerhalb der Tiere ist wohl ebenso wie bei Pflanzen weder in qualitativer noch in quantitativer Hinsicht nach den bereits vorliegenden Erfahrungen zulässig[6]). Auffällig ist die Beteiligung gewisser Aschenstoffe am Aufbau von Farbstoffen, Eisen im Hämoglobin, Kupfer im Hämocyanin der Crustaceen und Mollusken, als Gegenstück dazu das Magnesium im Chlorophyll; oder die Verwendung des Calciums, der Kiesel- und Phosphorsäure im Pflanzen- und

---

[1]) Linstow, O. v.: Die natürliche Anreicherung von Metallsalzen und anderen anorganischen Verbindungen in den Pflanzen. 31. Beih. des Regnum vegetabile 1924.

[2]) Mayer, Ad.: Die Ernährung der grünen Gewächse, S. 265. Heidelberg 1920. — Seltene Elemente in Nahrungsmitteln: Berg, Ragnar: Biochem. Zeitschr. Bd. 165, S. 461. 1925. — Burkser, E. u. Mitarb. (Biochem. Zeitschr. Bd. 181, S. 145. 1927) fand in Pflanzenaschen wenig Ra, kein Th.

[3]) Cornec, Eu.: Cpt. rend. Bd. 168, S. 513. 1919.

[4]) Czapek: Biochemie Bd. 2, S. 431ff. u. 484ff. Jod und Brom in Meeresalgen, S. 358.

[5]) Abderhalden, E.: Lehrb. d. physiol. Chem. Bd. 2, S. 10ff. 1921. — Herbst, C.: Die zur Entwicklung der Seeigellarven notwendigen anorganischen Stoffe. Leipzig 1901. Arch. f. Entwicklungsmech. d. Organismen Bd. 17, S. 306. 1903. — Fürth, O. v.: Vergl. chem. Physiol. d. nied. Tiere, S. 611. Jena 1903. — Forbes: Journ. Washington Ac. Sci. Bd. 6, S. 431. 1916.

[6]) Z. B. das verschiedene Verhalten der Pflanzen zum Bor: Brenchley, W. E. u. K. Warington: Ann. of botan. Bd. 41, S. 167. 1927. — Nach H. Bortels (Biochem. Zeitschr. Bd. 182, S. 301. 1927) hat für Aspergillus und Bac. prodigiosus nicht nur Fe, sondern auch Zn evtl. Cu als lebensnotwendig zu gelten.

Tierreiche am Aufbau von Stützsubstanzen, was große Zusammenhänge und spezielle Funktionen vermuten läßt[1]).

Die Erforschung des reaktionellen Verhaltens der nächsten Verwandten des Kohlenstoffes läßt erkennen, warum diesem Elemente eine so überragende Bedeutung am Aufbau der Organismen zukommt. „Was in den drei Nachbaren des Kohlenstoffes, dem Silicium, Bor und Stickstoff an vereinzelten chemischen Fähigkeiten steckt, vereinigt sich im Kohlenstoff zu höchster Vollendung und Harmonie. Beim Bor und Silicium überwiegt die Sauerstoffaffinität, beim Stickstoff die Wasserstoffaffinität. Beim Kohlenstoff sind Wasserstoff- und Sauerstoffaffinität etwa gleich; seine Fähigkeit, Wasserstoff und Sauerstoff nebeneinander in wechselndsten Verhältnissen und Formen zu binden, ist von der höchsten Bedeutung für die organische Welt. Mit dem Stickstoff teilt der Kohlenstoff die Flüchtigkeit der natürlichen einfachen Verbindungen. Wie beim Stickstoff das Ammoniak, so ist beim Kohlenstoff das Kohlendioxyd die Ursache eines dauernden chemischen Kreislaufes. Nach seinen Irrfahrten im Pflanzen-, Tier- und Menschenkörper erscheint der Kohlenstoff immer wieder als Kohlendioxyd und dringt in dieser flüchtigen Gestalt überall hin, wo neue chemische Abenteuer seiner warten. Bor und Kohlenstoff gleichen sich in der Fähigkeit, die eigenen Atome in großer Zahl zu beständigen Molekülgebilden, zu „Ketten“, „Ringen“ usw. aneinanderzureihen. Wie das Silicium besitzt der Kohlenstoff die Kunst, kleine Moleküle zu nichtflüchtigen größeren zu polymerisieren (Formaldehyd → Zucker, Stärke, Cellulose u. dgl.). Diese harmonische Vereinigung vieler sonst nur getrennt auftretender chemischer Fähigkeiten findet sich bloß an der einen, eben vom Kohlenstoff besetzten Stelle des periodischen Systems.“[2])

Die am Aufbau der Tiere und Pflanzen sich beteiligenden Elemente besitzen fast durchweg ein niedriges Atomgewicht[3]). Aus der durchschnittlichen Zusammensetzung der Silicathülle (Eruptivgesteine) unserer Erde[4]):

| A. Hauptbestandteile: | |
|---|---|
| $SiO_2$ | 59,09% |
| $Al_2O_3$ | 15,35% |
| $Fe_2O_3 + FeO$ | 6,88% |
| $MgO$ | 3,49% |
| $CaO$ | 5,08% |
| $Na_2O$ | 3,84% |
| $K_2O$ | 3,13% |
| $H_2O$ | 1,14% |
| $TiO_2$ | 1,05% |
| $P_2O_5$ | 0,30% |
| Summe: | 99,35% |

| B. Nebenbestandteile: | |
|---|---|
| 0,01—0,1% | Mn, F, Cl, S, Ba, Cr, Zr, C, V, Ni, Sr. |
| 0,001—0,01% | Li, Cu, Ce, Co, B, Be. |
| 0,0001—0,001% | Th, U, Zn, Pb, As. |
| 0,00001—0,0001% | Cd, Sn, Hg, Sb, Mo. |
| 0,000001—0,00001% | Ag, Bi. |
| 0,0000001—0,000001% | Au. |
| 0,0000000001—0,000000001% | Ra. |

[1]) Hämocyanin: QUAGLIARIELLO, G.: Naturwissenschaften Bd. 11, S. 261. 1923. — Eisen als Katalysator der Atmung: WARBURG, O.: Biochem. Zeitschr. Bd. 100, S. 230. 1919; Bd. 103, S. 188. 1920; Bd. 119, S. 134 1921; Bd. 152, S. 479. 1924; Zeitschr. f. Elektrochem. Bd. 28, S. 70. 1922; Naturwissenschaften Bd. 9, S. 904. 1921; Bd. 11, S. 159. 1923; Ber. d. dtsch. chem. Ges. Bd. 58, S. 1001, 1547. 1925. — RUHLAND, W.: Ber. d. dtsch. botan. Ges. Bd. 40, S. 181. 1922. — Calcium und Kieselsäure bei Pflanzen: CZAPEK: Biochemie Bd. 2, S. 449. 1920.

[2]) Etwas abgeändertes Zitat aus A. STOCK: Naturwissenschaften B. 9, S. 342, 1921. Ferner ebenda Bd. 13, S. 1000. 1925.

[3]) MAYER, AD.: Die Ernährung der grünen Gewächse, S. 301. 1920 (hier weitere Literatur). — LINCK, G.: Kreislaufvorgänge in der Erdgeschichte. Jena 1912. — HACKH, J. W. D.: Journ. of gen. physiol. Bd. 1, S. 429. 1918.

[4]) Nach H. S. WASHINGTON: Zitiert bei V. M. GOLDSCHMIDT: Zeitschr. f. Elektrochem. 1922, Nr. 19/20, S. 412. — GOLDSCHMIDT, V. M.: Geochemische Verteilungsgesetze der Elemente I u. II. Vid. Selsk. Skz., Mathem.-naturw. Kl. Nr. 3. 1923 u. Nr. 4. 1924. — VOGT, J. H.: Zeitschr. f. prakt. Geologie 1898, 1899.

ergibt sich auch, daß die biogenen Elemente zu den verbreitetsten Grundstoffen zählen, die die feste Erdrinde zusammensetzen. Nur die für jeden Organismus unentbehrliche Phosphorsäure ist ein verhältnismäßig seltener Bestandteil, und Goldschmidt[1]) bezeichnet es geradezu als einen Mißgriff der lebenformenden Natur, auf einen so spärlich verfügbaren Baustoff gegriffen zu haben.

Wie der Kreislauf der Stoffe in früheren Erdepochen gestaltet gewesen sein mag, darüber lassen sich einige Anhaltspunkte aus dem Studium der vulkanischen Exhalationen[2]) und dem chemischen Verhalten gewisser Stoffe bei hohem Druck und hoher Temperatur gewinnen. Wie sich der Stoffwechsel des ersten auf unserer Erde entstandenen Lebens in den großen Stoffumlauf auf unserem Planeten einfügte, darüber können nur Vermutungen bestehen, die sich aus der Kenntnis der heutigen Lebensformen ergeben. Die Auffindung methanverarbeitender[3]) und verschiedener kohlenstoffautotropher Bakterien läßt jedenfalls die Annahme chlorophyllführender Pflanzen als Vorbedingung der Entstehung des Lebens nicht notwendig erscheinen. Für die Versorgung der ersten Lebewesen mit Stickstoff gibt es verschiedene Denkmöglichkeiten, die Niederschlagung des Ammoniumchlorids magmatischer Herkunft auf der sich abkühlenden Erdoberfläche und seine Auflösung in dem sich kondensierenden Wasser, die Entstehung von Salpetersäure durch elektrische Entladungen in der Atmosphäre, endlich das Auftreten stickstoffgasbindender Lebewesen. Eine Notwendigkeit, den genannten, zur Reduktion der Kohlensäure, Stickstoffixierung und -entbindung befähigten Mikrobenspezialisten von heute eine stammesgeschichtliche Primitivität[4]) zuzuschreiben, scheint nicht vorzuliegen.

## Der Kreislauf des Wassers.

Die Entstehung und Bildung des Wassers auf unserer Erde war an bestimmte Abkühlungstemperaturen derselben gebunden[5]). Mit seiner Niederschlagung setzte auch der mechanische und chemische Kreislauf des Wassers mit den von ihm abhängigen Umlaufsystemen ein, zu denen sich später auch der Wasserstrom durch die Welt der Organismen gesellte. So enstand allmählich das Bild des Wasserumlaufes der Gegenwart, der trotz der ungeheueren Wasservorräte der Ozeane ein Ende finden dürfte durch die fortdauernde chemische Bindung des Wassers an die wasserfreien Silicate der Erdrinde.

Der mit dem Kreislaufe des Blutes im tierischen Körper vergleichbare mechanische Kreislauf des Wassers ist das Werk der Sonnenenergie. Etwa 25% der gesamten, unserer Erde zukommenden Einstrahlung werden zur Verdunstung des Wassers verwendet, deren jährlicher Betrag für Festland und Meer zusammen auf $587 \cdot 10^3$ ckm geschätzt wird. Die im Wasserdampf gebundene Energie wird bei seiner Kondensation in der Atmosphäre wieder als Wärme frei und beteiligt sich nach Schroeder[6]) mit etwa 23% der an der Atmosphärengrenze auftretenden Gesamtstrahlung an der Erwärmung der Lufthülle, während 7% auf die Erwärmung durch Zuleitung von der Erdoberfläche und 20% auf die direkte Absorption der Sonnenstrahlung entfallen. Die Mitwirkung der transpirierenden Landpflanzen an der gesamten Wasserverdun-

[1]) Goldschmidt, V. M.: Naturwissenschaften Bd. 9, S. 887. 1921.

[2]) Brun, A.: Rech. sur l'exhalaison volcanique. Genf 1911.

[3]) Münz, E.: Zur Physiologie der Methanbakterien, Dissert. Halle 1915, ref. Zentralbl. f. Bakteriol., Parasitenk. u. Infektionskrankh., Abt. 2, Bd. 51, S. 380. 1920.

[4]) Fischer, E.: Zentralbl. f. Bakteriol., Parasitenk. u. Infektionskrankh., Abt. 2, Bd. 55, S. 1. 1921. — Über Phylogenie der Atmung und des Blattgrüns: E. Fischer: Naturw. Wochenschr. Bd. 12, S. 343. 1913; Bd. 17, S. 161. 1918.

[5]) Linck, H.: Handwörterb. d. Naturwiss. Bd. 5, S. 1049. 1914.

[6]) Schroeder, H.: Naturwissenschaften Bd. 7, S. 976. 1919.

stung der Erdoberfläche kann schon aus dem Grunde nicht groß sein, weil den Pflanzen nur ein kleiner Teil des zur Erde zurückkehrenden Wassers zur Verfügung steht[1]). Denn von der gesamten Niederschlagsmenge der Erde, deren Oberfläche zu etwa 70% von Meeren bedeckt wird, können nur etwa drei Achtel dem Festlande zukommen, von denen aber wieder ein großer Teil sofort wieder verdunstet oder oberflächlich abfließt; in den mitteleuropäischen Niederungen dringen im Sommer nur etwa 16 bis 26% in den Boden ein, von denen wiederum nur ein Teil den Pflanzen selbst zugute kommt[2]). Unter der Annahme, daß ein Viertel der jährlichen für das Festland auf $112 \cdot 10^3$ ckm geschätzten Niederschläge von den Pflanzen aufgenommen wird, ergäbe sich als absolute jährliche Transpirationsgröße der Landpflanzen $28 \cdot 10^3$ ckm, wofür $0{,}016 \cdot 10^{21}$ Cal. oder $^1/_{20}$ bis $^1/_{40}$ der gesamten, zur Wasserverdunstung verbrauchten Energie benötigt würden[3]). Die Wasserverdunstung einer bewachsenen Landfläche ist gegenüber der einer vegetationslosen, infolge der Vergrößerung der wasseraufnehmenden und -abgebenden Oberfläche durch die Wurzel- und Blattentwicklung gesteigert[4]). Selbstverständlich kann der Wasserverbrauch der auf einem bestimmten Areal wachsenden Pflanzen nicht größer sein als die auf ihn entfallende Niederschlagsmenge, die Bilanz wird sich aber je nach Klima, Boden, Pflanzenmenge und Pflanzenart verschieden gestalten[5]). Die Aufnahme von Wasser aus der Luft spielt nur bei gewissen Pflanzengruppen (Flechten, Moose, Epiphyten) eine Rolle.

Hinsichtlich der Transpirationsgröße und daher auch des Wasserbedarfes und der -ökonomie, mit der das aufgenommene oder im Organismus gebildete Wasser ausgenützt wird, herrschen zwischen den verschiedenen Pflanzenarten und -gruppen die größten Unterschiede[6]). Ähnliches gilt für das Tierreich[7]).

Ein Leben ohne Wasser ist unvorstellbar. Alle Organismen und Organe weisen einen meist hohen Wassergehalt auf[8]). Die Grenzen seiner zulässigen Änderung scheinen mit zunehmender Entwicklung der Organismen enger gezogen zu sein, während niedere Pflanzen und Tiere sehr häufig eine auffallende Resistenz gegen Austrocknung besitzen. Der Wassergehalt des Organismus erfährt mit fortschreitendem Wachstum infolge der Ausbildung wasserärmerer Gewebe (Holz, Knochen) oft eine Abnahme.

Das Wasser wird mit Recht als die Mutter des Stoffwechsels bezeichnet, seine Bedeutung als Baustoff der Organismen ergibt sich schon aus der Tat-

---

[1]) Noch kleiner gestaltet sich der Anteil der Tierwelt an dem Emporhub des Wassers aus dem Boden in die Atmosphäre, weil die Tiere den Pflanzen zahlenmäßig bedeutend nachstehen und einen großen Teil des aufgenommenen Wassers wieder in flüssiger Form ausscheiden.

[2]) Denkt man sich den Kreislauf des Wassers stationär, so ist die auf das Festland fallende Niederschlagsmenge größer, jene auf dem Meere kleiner als die Verdunstung, und zwar um jene Wassermengen, welche durch die ober- und unterirdischen Flüsse dem Meere zugeführt werden. Über die Schätzung dieser als Betriebskapital im Wasserhaushalt der Erde anzusprechenden Wassermengen siehe HALBFASS, W.: Leopoldina Bd. 2, S. 177. 1926.

[3]) SCHROEDER, H.: Zitiert auf S. 714.

[4]) Wasserhaushalt des Bodens: MITSCHERLICH, E. A.: Bodenkunde, S. 161. Berlin 1920. Zusammenhang zwischen Wasserdurchlässigkeit und Fruchtbarkeit des Bodens: DOJARENKO, A. G.: Journ. f. landwirtsch. Wiss. Bd. I, S. 259. Moskau 1924.

[5]) WOLLNY, E.: Forsch. a. d. Geb. d. Agrik.-Physik Bd. 4. 1881.

[6]) Literatur bei A. BURGERSTEIN: Die Transpiration der Pflanzen, S. 156. Jena 1904. Hier auch die Schätzungen des Wasserverbrauches ganzer Wiesen, Felder, Wälder. — Regelung der Wasserökonomie: NEGER, W.: Biologie der Pflanzen, S. 137ff. Stuttgart 1913.

[7]) Beispiel besonderer Wasserökonomie — die Raupe der Kleidermotte: TITSCHAK, E.: Zeitschr. f. techn. Biol. Bd. 10, S. 95. 1922.

[8]) Viele Angaben bei J. KÖNIG: Chemie der menschlichen Nahrungs- und Genußmittel Bd. 1. 1903. — Zusammenstellungen bei AD. MAYER: Die Ernährung der grünen Gewächse, S. 360. 1920. — ABDERHALDEN, E.: Lehrb. d. physiol. Chem. Bd. 2, S. 65. 1921. — PÜTTER, A.: Vergleichende Physiologie, S. 14. 1911.

sache, daß so gut wie aller in den Körperstoffen der Lebewesen enthaltene Wasserstoff direkt oder indirekt dem Wasser entstammt. Bei der photosynthetischen Bildung des Zuckers in der grünen Pflanze, bei jeder Hydrolyse im Organismus wird Wasser gebunden. Umgekehrt wird Wasser bei vielen Synthesen und als Endprodukt der Verbrennung wasserstoffhältiger Körper frei. Nicht minder wichtig ist seine Rolle als Lösungs-, Dispersions-, Quellungs- und Transportmittel für Nahrungsstoffe, Stoffwechselendprodukte und Zellen. Gewisse Eigenschaften des Wassers, wie seine Flüchtigkeit, seine Dichte, seine hohe spezifische und latente Wärme, seine hohe Dielektrizitätskonstante, seine Dissoziation in Wasserstoff- und Hydroxylionen usw. sind für die Vorgänge im Organismus selbst in gleicher Weise bedeutungsvoll wie für seine Beziehungen zur Umwelt[1]). Die Funktion des Wassers im Organismus erscheint gewissermaßen als ein verfeinertes Abbild des großen Wasserumlaufes auf unserer Erde, wo dem Wasser infolge der angeführten Eigenschaften ähnliche Aufgaben wie Lösung, Umsetzung und Verfrachtung der Gesteine und ihrer Verwitterungsprodukte, der Verwesungsprodukte und der atmosphärischen Gase zukommt.

## Der Kreislauf des Wasserstoffes.

Den aus dem Magma entbundenen Wasserstoff konnte die heiße Erde wegen der hohen Geschwindigkeit der Moleküle dieses leichten Gases[2]) nicht zurückhalten, und die genannten Eigenschaften dieses Gases sind es auch, die heute das Vorhandensein einer Wasserstoffanreicherung in höheren Luftschichten annehmen lassen, während der atmosphärische Wasserstoff zunächst der Erdoberfläche nur in Spuren vorkommt. Nach Gautier[3]) stellt sich der Wasserstoffgehalt der Atmosphäre in Meeresluft auf 1,21 mg, in Waldluft auf 1,54 mg, in Gebirgsluft auf 1,97 mg in 100 Litern. Auch wegen der leichten Oxydierbarkeit des Wasserstoffes ist ein namhafter Gehalt der unteren Luftschichten an diesem Gase nicht zu erwarten. Es ist wenig wahrscheinlich, daß der Luftwasserstoff sich mit einem in Betracht kommenden Anteile an dem terrestrischen Umlaufe des Wasserstoffes wieder beteiligt. Die bakterielle Zersetzung von Pektin, Stärke, Zucker, Eiweiß, besonders aber der Cellulose in der Natur ist häufig vom Auftreten freien Wasserstoffes begleitet[4]), und die Bildung von Wasserstoffgas ist daher vielfach im Heu, Sauerfutter, Silagefutter, Dünger und Boden beobachtet worden. Auch sein Auftreten in Magen- und Darmgasen von Pflanzenfressern ist auf die Tätigkeit von Spaltpilzen, hauptsächlich Cellulosevergärern, zurückzuführen[5]). Andererseits sind verschiedene Mikroben bekannt geworden, die umgekehrt freien Wasserstoff zu Wasser verbrennen, um die dabei freiwerdende Energie zur Kohlensäureassimilation zu verwerten. Ruhland[6]) konnte zeigen, daß diese Fähigkeit unter den Bakterien weiter verbreitet ist, als man bis dahin annahm. Eine Bildung oder Verarbeitung freien Wasserstoffes seitens höherer Pflanzen oder Tiere aber ist bisher nicht bekannt geworden.

---

[1]) Henderson: Umwelt des Lebens, S. 33. 1914. — Reichel, H.: Biochem. Zeitschr. Bd. 127, S. 322. 1922.

[2]) Chwolson, O. D.: Lehrb. d. Physik Bd. 1 (II), S. 90. 1918. — Linck, G.: Handwörterbuch d. Naturwiss. Bd. 5, S. 1052. — Zusammensetzung der Atmosphäre in verschiedenen Höhen: Hann, J.: Met. Zeitschr. Bd. 20, S. 122. 1903. — Wegener, A.: Physikal. Zeitschr. Bd. 12, S. 170. 1911; Thermodynamik der Atmosphäre. Leipzig 1911.

[3]) Gautier, A.: Cpt. rend. hebdom. des séances de l'acad. des sciences Bd. 131, S. 13 u. 86. 1901; Ann. de chim.-phys. Bd. 22 (7), S. 5. 1901.

[4]) Omelianski, W. in Lafar: Handb. d. techn. Mykol. Bd. 3, S. 245. 1904/6. Weitere Literatur bei Czapek: Biochemie Bd. 1, S. 372, Bd. 3, S. 771.

[5]) Löhnis, F.: Landwirtschaftliche Bakteriologie, S. 25, 82, 450, 540.

[6]) Ruhland, W.: Ber. d. dtsch. botan. Ges. Bd. 40, S. 180. 1922.; Jahrb. f. wiss. Botanik Bd. 63, S. 321. 1924.

## Der Kreislauf des Sauerstoffes.

Als sich die Erde noch im Zustande des Schmelzflusses befand, konnte sie wegen der reduzierenden Wirkung des Eisens keine Sauerstoffatmosphäre besitzen. Darauf weist auch die Abwesenheit von Sauerstoff in den Gasen der Lava und in den Gaseinschlüssen der Eruptivgesteine hin. Der freie Sauerstoff in der Lufthülle der Erde kann erst nach der Verfestigung ihrer Oberfläche entstanden sein. Für das Auftreten des Luftsauerstoffes sind verschiedene Erklärungsversuche unternommen worden[1]). Die Annahme seiner Entstehung durch die bei hoher Temperatur vor sich gegangene Dissoziation des atmosphärischen Wasserdampfes in Sauerstoff und in den infolge seines geringen Gewichtes in den Weltenraum diffundierenden Wasserstoff findet nach Tamann ihre Stütze darin, daß das Verhältnis von Sauerstoff zu Wasser bei 1500° (Beginn der Verfestigung der Silicathülle) und 100 Atmosphären mit dem Verhältnis der auf der Erde vorhandenen Massen von freiem Sauerstoff und Wasser übereinstimmt. Infolge der großen Mengen von Eisenoxydul, besonders in den Eruptivgesteinen, wirkt die Lithosphäre der Erde auch heute noch reduzierend, und auf Grund vorgenommener Schätzungen reicht der heute in der Lufthülle der Erde befindliche Sauerstoff, dessen Menge ca. 1200 Billionen Tonnen beträgt, im Verhältnis zu der in den Silicatgesteinen der Erde gebundenen Menge aber gering ist, bei weitem nicht aus, um alles vorhandene Eisenoxydul zu Eisenoxyd zu oxydieren. Seine fortdauernde Wiederbindung an die Gesteine schließt auch das Ende des Sauerstoffkreislaufes auf Erden ein.

An der Bildung freien Sauerstoffes beteiligt sich ein seit Jahrmillionen währender Prozeß, es ist die Kohlendioxydassimilation der autotrophen Pflanzen, während bei den heterotrophen Organismen bisher keine mit einer Entbindung freien Sauerstoffes einhergehenden Stoffwechselvorgänge bekannt geworden sind[2]). Die grünen Pflanzen sind besonders dadurch sehr ergiebige Sauerstofflieferanten, weil ihr mit dem Verbrauche von Sauerstoff einhergehender Atmungsgaswechsel, verglichen mit dem assimilatorischen Gasaustausch, eine ungleich geringere Intensität aufweist.

Sind schon die grünen Pflanzen vermöge ihrer im allgemeinen geringen Atmungsgröße an dem Verbrauche des von ihnen im Lichte gebildeten Sauerstoffes wenig beteiligt, so gilt dies noch vielmehr von allen jenen Organismen, die vermöge ihrer Anpassung mit sehr geringen Sauerstoffmengen ihr Auslangen finden, bis hinab zu den strengen Anaerobiern, die zum Sauerstoffkreislauf nur insofern in Beziehung stehen, als sauerstoffhältige, von aeroben Organismen gebildete Verbindungen, z. B. die aus Ammoniak und Luftsauerstoff von den Nitrifikationsbakterien formierten Nitrate das Substrat der anaeroben Spaltungen darstellen[3]). Der Verbrauch des Sauerstoffes fällt daher hauptsächlich auf die Tiere, Pilze und Bakterien mit lebhafter Sauerstoffatmung; sie alle verwenden ihn zur Freimachung der in den oxydablen, sehr verschiedenen organischen Materialien niedergelegten chemischen Energie im Betriebsstoffwechsel. Nur bei einer sehr beschränkten Gruppe von Organismen [kohlenstoffautotrophe

---

[1]) Linck, G.: Handwörterb. d. Naturwiss. Bd. 5, S. 1054. — Tamann, G.: Zeitschr. f. physikal. Chem. Bd. 110, S. 17. 1924.

[2]) Nach G. Linck (Handwörterb. d. Naturwissenschaften Bd. 5, S. 1054) könnte sich auch die auf die gleiche Quelle zurückgehende Kohlenstoffanreicherung in Form von Torf, Kohle und Bitumen als ein Reduktionsprozeß unter Entbindung von Sauerstoff vollzogen haben; doch wäre eher an einen Austritt gebundenen Sauerstoffs (Wasser, Kohlendioxyd) zu denken.

[3]) Die anaerobe Atmung: Czapek: Biochemie Bd. 3, S. 161ff. — Gärung ist Leben ohne Sauerstoff: Kostytschew, S.: Zeitschr. f. physiol. Chem. Bd. 111, S. 141. 1920.

Bakterien, Anorgoxydanten[1])] dient der Luftsauerstoff zur Verbrennung anorganischer Substrate; bei einigen zu dieser Gruppe gehörenden Bakterien[2]) konnte außerdem eine langsame Kohlendioxyd produzierende Atmung festgestellt werden, die diese Bakterien auch zu heterotropher Lebensweise befähigen dürfte.

Der Kreislauf des Sauerstoffs innerhalb der Organismen ist über die Kohlensäureassimilation und die Sauerstoffatmung mit dem Umlauf der Kohlensäure innig verkettet. Stellt man sich sohin auf den Boden der im folgenden erwähnten Annahme, daß die grünen Pflanzen unserer Erde mehr Kohlendioxyd binden als durch die gegenläufigen Prozesse frei gemacht wird, muß dieser allmählichen Erschöpfung der Atmosphäre an Kohlensäure eine Bereicherung derselben mit Sauerstoff entsprechen.

## Der Kreislauf des Kohlenstoffes.

Unter den organischen Umlaufsystemen auf unserer Erde kommt dem Kreislaufe des Kohlendioxyds[3]) die größte Verbreitung und Wichtigkeit zu. Das treibende Element bei dem Umlaufe der Kohlensäure sind die autotrophen Pflanzen, die durch ihr photosynthetisches Vermögen das bei mancherlei Vorgängen entstehende Kohlendioxyd immer wieder in diesen Umlauf einbeziehen, die treibende Kraft aber ist die von den grünen Pflanzen absorbierte strahlende Energie der Sonne.

Schroeder[4]) verdanken wir eine neuere sorgfältige Schätzung dieser von der grünen Pflanzendecke der Erde vollbrachten Leistung. Die Schätzung ist, wie nicht anders möglich, von Willkür nicht frei, sie will aber auch nur die Größenordnung der jährlichen Gesamtleistung der Pflanzen ermitteln. Als pro Jahr und Hektar gebundene Kohlenstoffmenge werden im Durchschnitt für Wald 2000 bis 3000 kg Kohlenstoff, für Kulturland 1400—2000 kg Kohlenstoff, für Steppe und Ödland 140—700 kg Kohlenstoff in Ansatz gebracht[5]). Unter Zugrundelegung der nach Wagner[6]) auf Wald, Kulturland, Steppe und Ödland unserer Erde entfallenden Flächengrößen gelangt Schroeder zu folgenden, auf die Jahresleistung sich beziehenden Werten in Billionen Kilogramm:

| | im Mittel | im Minimum | im Maximum |
|---|---|---|---|
| Für den gebildeten Kohlenstoff . . . . . | 16,3 | 13,1 | 20,2 |
| Für die zerlegte Kohlensäure. . . . . . . | 58,9 | 46,0 | 75,3 |
| Für die gebildete organische Substanz . . | 35,0 | 28,2 | 44,0 |

Der jährliche Kohlensäureverbrauch der grünen Landpflanzen[7]) beträgt also im Mittel fast 59 Billionen kg Kohlendioxyd, von denen 40 auf das Waldland, 14 auf das Kulturland, 4 auf die Steppe und 1 auf das Ödland entfallen. Dieser Betrag von rund 60 Billionen kg Kohlendioxyd erhöht sich bei Einbeziehung der festsitzenden Vegetation (Benthos) des Meeres um etwa 0,5 Billionen; die Beteiligung des Planktons im Meere an dem Kohlensäureumsatz auf der Erde läßt sich mangels jeglicher Unterlagen nicht schätzen, sie dürfte

---

[1]) Winogradsky, S.: Zentralbl. f. Bakteriol., Parasitenk. u. Infektionskrankh., Abt. 2, Ref. Bd. 57, S. 1. 1922. — Loew, O.: Biochem. Zeitschr. Bd. 140, S. 324. 1923.

[2]) Ruhland, W.: Ber. d. dtsch. botan. Ges. Bd. 40, S. 181. 1922. — Klein, G. u. F. Svolba: Zeitschr. f. Botanik Bd. 19, S. 65. 1926.

[3]) Lundegårdh, H.: Der Kreislauf der Kohlensäure in der Natur. Jena 1924.

[4]) Schroeder, H.: Naturwissenschaften Bd. 7, S. 8 u. 23. 1919. — Betreffs anderer Schätzungen siehe Kostytschew: Lehrb. die Pflanzenphysiologie, S. 178. Berlin 1926.

[5]) Nach Ad. Mayer (Landwirtschaftl. Versuchs-Stat. Bd. 48, S. 61) können als Maximum der jährlichen Hektarproduktion an organischer Substanz in der gemäßigten Zone bei intensiver Kultur 10000 kg, für die Tropen sogar 15000 kg im Durchschnitt angenommen werden.

[6]) Supan: Grundzüge der physikalischen Erdkunde 1916.

[7]) Der Kohlensäureverbrauch der autotrophen Bakterien kommt demgegenüber nicht in Betracht.

aber nach SCHROEDER hinter der Gesamtleistung der Festlandpflanzen erheblich zurückstehen, so daß der Betrag von 80 Billionen kg für die im Mittel von den grünen Pflanzen der Erde jährlich zerlegte Kohlensäure nicht überschritten werden dürfte. Will man den durch die Atmung der grünen Pflanzen bedingten Verlust an organischer Substanz in Rechnung setzen, so müßten die genannten Zahlen noch einen 5—10proz. Zuschlag erhalten, um die eigentliche assimilatorische Leistung zu bekommen.

Auf Grund der Schätzung der jährlich von den Pflanzen der Erde zerlegten Kohlensäure [$(60 \pm 15) \cdot 10^{12}$ kg)] war es SCHROEDER[1]) auch möglich, die Größenordnung der für diese Leistung der grünen Pflanzendecke unserer Erde erforderlichen Gesamtenergie zu ermitteln. Aus der Formel

$$6\,CO_2 + 6\,H_2O = C_6H_{12}O_6 + 6\,O_2 - 714\text{ Cal.}$$

ergibt sich der auf S. 704 angeführte Wert von $0{,}162 \cdot 10^{18}$ Cal. für die zur photosynthetischen Reduktion erforderliche Sonnenenergie, worin jedoch das Plankton nicht berücksichtigt ist.

Die von ENGLER[2]) früher unternommene Schätzung führt zu höheren Werten; aus der LIEBIGschen Zahl der mittleren jährlichen Hektarproduktion von 2500 kg organischer Substanz und der Flächengröße der Kontinente (128 Millionen qkm) ergibt sich für das Festland eine Gesamtjahresproduktion von 32 Billionen kg mit einem Energieinhalt von $128^{18}$ oder 128 Trillionen Cal. Die Voraussetzung für diese Berechnungen ist, daß die grünen Pflanzen ihren Kohlenstoff aus keiner anderen Quelle als aus dem in der Luft befindlichen oder im Wasser gelösten Kohlendioxyd schöpfen (s. S. 706), was auch im großen ganzen zutrifft.

Weil auch heute noch bei vulkanischen Erscheinungen das Auftreten großer Mengen von Kohlensäure beobachtet wird, erscheint die Annahme berechtigt, daß bei der Erstarrung der Erdoberfläche durch Entbindung aus dem auskrystallisierenden Magma ungeheuere Massen von Kohlendioxyd in die Aerosphäre unseres Planeten ausgetreten sind[3]). Heute aber beträgt der Kohlensäuregehalt der Luft im rohen Mittel nur 0,03 Volumprozent; an Orten, wo lebhaftere Verbrennungs- und Verwesungsvorgänge sich abspielen und ganz besonders in der Nähe tätiger Vulkane steigt er an, tagsüber nimmt er über dem Festlande durch die photosynthetische Tätigkeit der Vegetation ab und weist auch sonst, entgegen der landläufigen Vorstellung von seiner Konstanz beträchtliche Schwankungen besonders in der Grundschicht der Atmosphäre auf, wie LUNDEGÅRDH mit Nachdruck betont, ein Beweis, daß die Luftströmungen nicht immer rascheste Durchrührung der Atmosphäre besorgen[4]). Die heute im Luftmeer vorhandene Kohlensäuremenge wird auf 2100 Billionen kg geschätzt. Der gegenwärtig niedrige Kohlensäuregehalt der Atmosphäre zeigt an, daß es terrestrische Prozesse[5]) gegeben haben muß, bei denen gewaltige Mengen gasförmiger Kohlensäure festgelegt worden sind. Die von der heute lebenden Pflanzenwelt jährlich verarbeitete Kohlensäure entspricht nach den Berechnungen SCHROEDERS etwa $^1/_{35}$ der heute in der Luft vorhandenen Kohlensäure[6]), der in jener niedergelegte Kohlenstoff jedoch mindestens der Hälfte dieser Menge. Demgegenüber

---

[1]) SCHROEDER, H.: Naturwissenschaften Bd. 7, S. 976. 1919.

[2]) ENGLER, C.: Über Zerfallprozesse in der Natur. Leipzig 1913.

[3]) LINCK, G.: Handwörterb. d. Naturwiss. Bd. 5, S. 1053.

[4]) Literatur bei CZAPEK: Biochem. Bd. 1, S. 513; Bd. 3, S. 780. — LUNDEGÅRDH, H. 1924 (zitiert auf S. 702). — KEUHL, H. J.: Zeitschr. f. Pflanzenernährung u. Düngung, A, Bd. 6, S. 321. 1926.

[5]) ARRHENIUS, S. V.: Das Werden der Welten. 1906.

[6]) Nach ENGLER (Zerfallsprozesse 1913) berechnet sich dieses Verhältnis zu $^1/_{50}$ aus 32 Billionen jährlich produzierter Pflanzentrockensubstanz mit einem Gehalt von 41% Kohlenstoff und bei Annahme von 2,4—2,5 Billionen t Kohlendioxyd in der Luft.

kommt der in den Tieren deponierte Kohlenstoff kaum in Betracht. Ein ungleich größerer Verlust der Aerosphäre an Kohlendioxyd war mit der Bildung der fossilen Kohlenlager verbunden. Die abbauwürdigen Kohlenlager Europas werden auf rund 700 Milliarden t Kohle, die der Welt auf das 4—10fache dieser Zahl geschätzt[1]). Unter der Annahme, daß die Kohle nur 75% Kohlenstoff enthält, würden die heute in der Atmosphäre vorhandenen 2100 Billionen kg Kohlendioxyd etwa 770 Milliarden t Kohle entsprechen, also ungefähr dem Kohlenvorrate Europas oder vielleicht gar nur einem Teile dieses. Auch die Vorräte unserer Erde an Erdöl und Bitumen bedeuten, obwohl sie an Menge weit hinter der Kohle zurückstehen, eine nennenswerte Festlegung des ursprünglich gleichfalls in Form der Kohlensäure vorhanden gewesenen Kohlenstoffes. Als weitere Ursache für den Rückgang der ursprünglich großen Kohlensäuremengen der Luft muß die Bildung der ungeheueren Wassermassen auf unserer Erde angesehen werden; wird doch die in den Meeren vorhandene Kohlensäure auf etwa das 10—29fache der heutigen Luftkohlensäure veranschlagt. Der gewaltigste Verbrauch an Kohlendioxyd ist aber der Bildung unlöslicher Carbonate, vor allem des Calciums und Magnesiums, zuzuschreiben, deren Kohlensäure für den Assimilationsprozeß der grünen Pflanzen fast nicht mehr in Betracht kommt, daher für den weiteren Kreislauf ausscheidet und nur durch geologische Vorgänge (Gesteinsmetamorphose) zum Teil wieder in Freiheit gesetzt werden kann. Die mit den Niederschlägen in den Boden gelangte und die hier von den verschiedensten Organismen produzierte Kohlensäure verdrängt als in der Kälte stärkere Säure die Kieselsäure aus verwitternden Silicaten, und an Basen gebunden kann sie schon im Süßwasser, besonders aber im Meere, durch die Mitwirkung verschiedener, sich inkrustierender Pflanzen und Tiere als Carbonat niedergeschlagen werden[2]). Diese Prozesse haben im Verlaufe geologischer Epochen zur Bildung der mächtigen Kalksteingebirge geführt, und Clarke[3]) veranschlagt die heutige marine Produktion an kohlensaurem Kalk pro Jahr mit 1400 Millionen t, in denen 600 Millionen t Kohlendioxyd gebunden sind. Im Kalkgestein der Erde liegt eine vieltausendfache Menge der heute in der Luft vorhandenen Kohlensäure begraben. Während die bei der Bildung der Kohle verbrauchte Kohlensäure durch deren Verbrennung dem Luftmeere und dadurch den Pflanzen wieder zugeführt wird, trifft dies für die ungeheueren Quantitäten der im Kalk gebundenen Kohlensäure nur in äußerst beschränktem Maße zu (Kalköfen, Zersetzung der Carbonate durch stärkere Säuren). Sollte aber einmal die technische Herstellung von Kohlenhydraten aus Kohlensäure gelingen, dann würde der ungeheuere Vorrat an Kohlensäure im Kalkgestein von der größten Bedeutung werden, es wäre dies die Loslösung des Menschen aus seiner Abhängigkeit von der Pflanze und der Luftkohlensäure.

Die angeführten, mit einer Kohlensäureabsorption verlaufenden Vorgänge, gemessen an dem jetzigen Kohlensäurevorrat der Atmosphäre, hätten schon längst zu seiner Erschöpfung führen müssen, wenn nicht ein Gegengewicht durch die mit Kohlensäureentbindung verknüpften Prozesse des Kohlensäurekreislaufes, durch die Atmung und Verbrennung geschaffen wäre.

---

[1]) Engler: Zerfallsprozesse, S. 20. — Schroeder, H.: Die Stellung der grünen Pflanze im irdischen Kosmos, S. 63. 1920.

[2]) Calcium- und Magnesiuminkrustation bei Algen und Wasserpflanzen: Literatur bei Czapek: Biochemie Bd. 1, S. 519; Bd. 2, S. 355 u. 457. — Pia, J.: Pflanzen als Gesteinsbildner. Berlin 1926. — Lundqvist, G.: Botan. Notiser, S. 285. 1923. — Reis, O. M.: Geogr. Jahrh. Bd. 36, S. 104. 1923. — Prát, S.: Studies fr. plant physiol. lab. of Charles Univ. Prague Bd. 3, S. 86. 1925. — Kalkfällung: Reichard: Kolloid-Zeitschr. Bd. 18, S. 195. 1916. — Bei Tieren: O. v. Fürth: Vergleich. chem. Physiol. d. nied. Tiere, S. 571ff. 1910.

[3]) Zitiert bei G. Linck: Handwörterb. d. Naturwiss. Bd. 5, S. 1053. 1914.

ENGLER[1]) schätzt die Jahresproduktion an Atmungskohlensäure seitens der gesamten Tierwelt auf unserer Erde auf 5—10 Billionen kg, was allein schon $^1/_{200}$—$^1/_{400}$ der heutigen Luftkohlensäuremenge ausmachen würde. SCHROEDER[2]) veranschlagt die gesamte, durch Atmung und Verbrennung entstehende Kohlensäure auf 6—10 Billionen kg, also auf $^1/_{200}$—$^1/_{300}$ der jetzt in der Luft befindlichen Quantität. Dieser Wert setzt sich in folgender Weise zusammen: Kohlenverbrennung — 3 Billionen kg, menschliche Atmung — 0,5 Billionen kg, tierische Atmung — 2 bis 5 Billionen kg, sonstige Verbrennungen — 0,5 bis 1,0 Billionen kg. Verglichen mit der jährlich von der Pflanzenwelt verbrauchten Kohlensäure von 60 Billionen kg stellt der auf solche Weise wieder in die Atmosphäre zurückkehrende Betrag nur $^1/_6$—$^1/_{10}$ jener Kohlensäuremenge dar. Auch wenn diese Zahlen nur ihrer Größenordnung nach gewertet werden, so zeigen sie doch, daß die beiden einander entgegengesetzten Prozesse der Kohlensäureassimilation und der Atmung durchaus nicht so harmonisch aufeinander eingestellt sind, als es nach dem früher oft angewandten Vergleich mit einem Kohlensäurekreislauf zwischen Tier und grüner Pflanze den Anschein hätte. Mit Rücksicht auf den seit Jahrmillionen währenden Bestand des Lebens aber muß angenommen werden, daß die beiden gegenläufigen Vorgänge des Verbrauches und der Bildung von Kohlensäure sich doch derart die Wage halten müssen, daß es nicht in relativ kurzer Zeit zu einer Erschöpfung des Kohlensäurevorrates der Luft kommen konnte und kommen kann. Aus dieser Überlegung ergibt sich die große Bedeutung zweier bisher noch nicht gewürdigter Kohlendioxyd liefernder Prozesse, der Verwesung und des Vulkanismus und zugleich das ungefähre Ausmaß dieser einzeln so schwer abzuschätzenden Faktoren. Der bei der Verwesung abgestorbener Pflanzen und Tiere frei werdenden Kohlensäure spricht LUNDEGARDH den Hauptanteil an dem Ersatz des in der Photosynthese verbrauchten Kohlendioxyds zu; ihrer Herkunft und Entstehung nach unterscheidet sie sich in keiner Weise von der Atmungskohlensäure. Wie diese ein Verbrennungsprodukt des in den Organismen gebundenen Kohlenstoffes, entstammt sie dem Kohlenstoff der grünen Pflanzen und daher der Kohlensäure der Lufthülle, in die sie nun zurückkehrt[3]). Die juvenile Kohlensäure des Vulkanismus, der sicherlich auch als ein Kohlensäure liefernder Faktor ersten Ranges eingeschätzt werden darf, bedeutet hingegen eine wahre Bereicherung der Atmosphäre an diesem Gas und damit auch eine Vergrößerung und Ergänzung seines Umlaufes. Die wenngleich langsam arbeitende Regulation durch den Kohlensäurereichtum der Meere gewährleistet die Konstanz des mittleren Kohlensäuregehaltes der Luft innerhalb weiter Zeiträume. Nach Schätzungen MURRAYS beträgt der Kohlensäuregehalt des Weltmeeres 60 Billionen t gegenüber 2,5 Billionen t Kohlensäure in der Luft[4]). Das Meer selbst als Stätte atmender und verwesender Organismen und mit seinen Zuschüssen an vulkanischer Kohlensäure ist gleichfalls ein unkontrollierbarer Faktor im Kreislaufe der Kohlensäure, so daß es sehr mißlich erscheint, aus etwaigen Unterschieden des Kohlensäuregehaltes der Luft über dem Meere und über dem Festlande einen Schluß zu ziehen, ob der gegenwärtige

[1]) ENGLER: Zerfallsprozesse, S. 18. 1913.

[2]) SCHROEDER, H.: Die Stellung der grünen Pflanze, S. 27. 1920.

[3]) Nach O. LEMMERMANN u. H. WIESSMANN (Zeitschr. f. Pflanzenernährung u. Düngung, A, Bd. 3, S. 387. 1924) verläuft die Kohlensäurebildung im Boden (Bodenatmung) nach der Gleichung $x = a \cdot k \cdot t^m$, worin $x$ die zur Zeit $t$ gebildete $CO_2$-Menge, $a$ der anfängliche C-Gehalt des Bodens und $k$ und $m$ Konstanten sind.

[4]) Zitiert bei G. LINCK: Handwörterb. d. Naturwiss. Bd. 5, S. 1053. — KROGH, A.: Cpt. rend. hebdom. des séances de l'acad. des sciences Bd. 139 (II), S. 896. 1904. — Bei LUNDEGÅRDH 1924, S. 35 (zitiert auf S. 702) findet sich der Betrag von rund 16 Billionen t für die im Meer vorhandene Kohlensäure angegeben.

Kreislauf der Kohlensäure eine positive oder negative Bilanz aufweist[1]). Die Beantwortung dieser Frage auf analytischem Wege bleibt der Zukunft vorbehalten. Nur die Wahrscheinlichkeit eines anfänglich viel höheren Kohlensäuregehaltes der Atmosphäre und die ungeheuere und andauernde Kalksteinbildung im Verein mit der auch heute in großem Maße vor sich gehenden Vertorfung, die im Falle einer etwaigen Klimaänderung besonderes Gewicht in der Bilanz des Kohlensäurekreislaufes erlangen könnte, weist auf eine allmähliche, wenn auch nicht stetige Verarmung des Luftmeeres an diesem Gase hin und läßt das kommende Ende des Kohlensäurekreislaufes erkennen.

Die Verwesung im weiten Sinne des Wortes wird durch die Lieferung des Endproduktes Kohlensäure zu einem wichtigen und notwendigen Gliede im Kreislaufe dieses Stoffes. Ihre allgemeine Bedeutung liegt in dem Zerfalle aller den Organismus für die Dauer seines Lebens aufbauenden organischen Stoffe in einfachste Verbindungen. Dadurch aber, daß die Verwesung einen Komplex der verschiedenartigsten, vielfach zusammenhängenden und ineinander greifenden Teilreaktionen[2]), hervorgerufen durch eine kaum übersehbare Mannigfaltigkeit von Organismen, darstellt, daß die bei diesen Teilprozessen entstehenden Zwischenprodukte stets von irgendeinem der vorhandenen Organismen als Kohlenstoffquelle verwertet werden können, wird die Verwesung zum Ausgangspunkte einer ganzen Reihe kleinerer Umläufe organischer Verbindungen, die später durch den betreffenden Organismus selbst oder nach seinem Tode durch andere Organismen in Kohlensäure übergeführt werden können, also ein ephemeres Dasein besitzen. Schon die grüne autotrophe Pflanze ist befähigt, sehr mannigfaltige organische Verbindungen mit ihren Wurzeln aufzunehmen und zu assimilieren[3]), doch scheint dieses Vermögen unter natürlichen Verhältnissen im Boden, wo ein Heer von Mikroben in der Erlangung organischer Nahrung in Wettbewerb tritt, ohne praktische Bedeutung für ihre Ernährung zu sein. Es gibt wohl kaum eine organische Verbindung, die nicht als Kohlenstoffquelle von diesem oder jenem Organismus für Zwecke seines Bau- oder Betriebsstoffwechsels ausgenützt werden könnte, wenn auch große Unterschiede in der Verwertbarkeit organischer Stoffe bestehen. Bei der zentralen Stellung, die der Traubenzucker im Stoffwechsel der Lebewesen einnimmt, ist es verständlich, daß seitens der Heterotrophen eine imposante Fülle von Mitteln aufgeboten wird, um in seinen Besitz zu gelangen (die verschiedenen Polysaccharide, Glucoside usw. spaltenden Enzyme u. a.). Oft ist zu beobachten, daß organische Verbindungen um so bessere Kohlenstoffquellen für Pilze oder Bakterien sind, je leichter sie die Zuckersynthese ermöglichen, z. B. Glycerin, Milchsäure u. a., doch herrschen vielfach sehr feine Unterschiede im Verhalten oft nahe verwandter Organismen vor, wie die elektive Verarbeitung racemischer Verbindungen gelehrt hat[4]).

Besonderes Interesse beansprucht die Verarbeitung der Cellulose in der Natur[5]), die das Hauptmaterial bei den Verwesungsvorgängen in der Natur stellen dürfte. Der vornehmlich durch Bakterien bewirkte Abbau der Cellulose

[1]) Schroeder, H.: Die Stellung der grünen Pflanze, S. 72. 1920: Gegenwart — eine Periode steigenden Kohlensäuregehaltes der Luft?

[2]) Vgl. z. B. die verschiedenen mikrobiellen Spaltungen und Oxydationen des Zuckers (Gärungen). Literatur bei Czapek: Biochemie Bd. 1, S. 316ff.; Bd. 3, S. 64ff. u. 177.

[3]) Zusammenfassung bei Fr. Czapek: Naturwissenschaften Bd. 8, S. 226. 1920.

[4]) Czapek: Biochemie Bd. 1, S. 378; Bd. 3, S. 772. — Zuckerbildung aus Nichtzuckerstoffen: Kostytschew, S.: Zeitschr. f. physiol. Chem. Bd. 111, S. 141. 1920. — Verschiedene Verwertbarkeit von Zuckern durch Konjugaten: Czurda, V.: Planta Bd. 2, S. 67. 1926.

[5]) Literatur bei Czapek: Biochemie Bd. 1, S. 371; Bd. 3, S. 771. — Pringsheim, H.: Mitt. d. dtsch. landwirtschaftl. Ges. 1913, S. 26, 43, 295. — Rippel, A.: Angew. Botanik Bd. 1, S. 78. 1919. — Pringsheim, H.: Ebenda Bd. 2, S. 217. 1920. — Neuberg, C.: Naturwissenschaften Bd. 11, S. 657. 1923. — Löhnis, F. u. Gr. Lochhead: Zentralbl. f. Bakteriol.,

verläuft in verschiedener Art, unter aeroben und anaeroben Bedingungen, bei niederer und höherer Temperatur. Je nach dem Zersetzungstypus treten Wasser und Kohlensäure, organische Säuren (besonders Buttersäure), Methan und Wasserstoff auf oder erfolgt gleichzeitig eine Reduktion von Nitraten[1]). NEUBERG konnte bei der Wasserstoff- und der Methangärung wie auch bei der Zerlegung der Cellulose durch thermophile Bakterien Acetaldehyd als Zwischenstufe nachweisen, also denselben Körper, der auch bei der alkoholischen Gärung, der saccharogenen Buttersäurebildung, der oxydativen Essiggärung u. a. als Intermediärprodukt auftritt; so führen diese Feststellungen NEUBERGS zur Erkenntnis großer chemischer Zusammenhänge bei den natürlichen Gärungserscheinungen[2]). Das bei der Cellulosezersetzung und Buttersäuregärung auftretende Methan kann ebenso wie der Wasserstoff gleichfalls einer bakteriellen Verarbeitung unterliegen, wodurch sich ein kleiner Kreislauf dieser Gase ergibt[3]). Die Kohlenwasserstoffe vulkanischen Ursprungs dürften die ersten organischen Verbindungen auf unserem Planeten gewesen sein; ihrem Umlaufe in früheren Epochen der Erdgeschichte müßte dann gegenüber der Jetztzeit ein viel größerer Umfang zugesprochen werden. Hinsichtlich der Verarbeitung der sonstigen Kohlenhydrate, der Zucker, Zuckeralkohole, der Fette, Lecithine, der organischen Säuren usw. durch Pilze und Bakterien muß auf die Zusammenfassungen verwiesen werden[4]).

Einen wichtigen Teil der Verwesungsvorgänge bildet die Humifizierung organischer Substanzen im Boden[5]), gekennzeichnet durch eine Kohlenstoff-

---

Parasitenk. u. Infektionskrankh., Abt. 2, Bd. 58, S. 430. 1923. — WINOGRADSKY, S.: Cpt. rend. hebdom. des séances de l'acad. des sciences Bd. 183, S. 691. 1926. — WAKSMAN, S. A.: Mitt. d. intern. Bodenkunde-Ges. 1926, Nr. 4. — BARTHEL, CHR. u. N. BENGTSSON, ref. in Fortschr. d. Landwirtschaft Jg. 2, S. 441. 1927. — Cellulosegärung im Pansen: KLEIN, W.: Biochem. Zeitschr. Bd. 117, S. 67. 1921. — Holzzersetzung: FALCK, R.: Ber. d. dtsch. botan. Ges. Bd. 44, S. 652. 1926.

[1]) PRINGSHEIM, H.: Zeitschr. f. physiol. Chem. Bd. 78, S. 282. 1912. — GROENEWEGE, J.: 3 Teile, Bull. jard. bot. Buitenzorg 1920, III, Bd. 2, S. 28; IV, S. 261; Med. alg. Proefst. Landb. 1921, Nr. 8.

[2]) COHEN, CL.: Biochem. Zeitschr. Bd. 112, S. 139. 1920. — NEUBERG, C. u. Mitarb.: Ebenda, S. 144. — NEUBERG, C.: Ebenda, Bd. 117, S. 269. 1921. — NEUBERG, C. u. CL. COHEN: Ebenda, Bd. 122, S. 204. 1921. — NEUBERG, C. u. R. COHN: Ebenda, Bd. 139, S. 527. 1923. — NAGAI, K.: Ebenda, Bd. 141, S. 261 u. 266. 1923. — NEUBERG, C.: Festschr. d. Kais.-Wilh.-Ges., ref. Zentralbl. f. Bakteriol., Parasitenk. u. Infektionskrankh., Abt. 2, Bd. 56, S. 73. 1922; Naturwissenschaften Bd. 11, S. 657. 1923.

[3]) Literatur bei CZAPEK: Biochemie Bd. 1, S. 381; Bd. 3, S. 772. Hier auch Literatur über Verarbeitung sonstiger Kohlenwasserstoffe, von Kohlenoxyd. — Actinomyces oligocarbophilus: LANTZSCH, K.: Zentralbl. f. Bakteriol., Parasitenk. u. Infektionskrankh., Abt. 2, Ref., Bd. 57, S. 309. 1922. — CO: WEHMER, C.: Ber. d. dtsch. chem. Ges. Bd. 59, S. 887. 1926. — Leuchtgaszersetzung: HASEMANN, W.: Biochem. Zeitschr. Bd. 184, S. 147. 1927. — Assimilation von Paraffin: TAUSS, J.: Zentralbl. f. Bakteriol., Parasitenk. u. Infektionskrankh., Abt. 2, Ref., Bd. 49, S. 497. 1919. — TAUSSON, W. O.: Biochem. Zeitschr. Bd. 155, S. 356. 1925. — Assimilation von Wachs: MOLISCH, H.: Sc. rep. Tôhoko Imp. Univ. I, 4. Ser. 1925.

[4]) Resorption und Assimilation von Kohlenhydraten, Zucker usw. durch Pilze und Bakterien: Literatur bei CZAPEK: Biochemie Bd. 1, S. 306ff. u. 376ff; Bd. 3, wo besonders der dissimilatorische Stoffwechsel behandelt wird. — Pentosenabbau: PETERSON u. ANDERSON: Journ. of biol. chem. Bd. 48, S. 385. 1921; Bd. 53, S. 125. 1921. — Fettspaltung durch Bakterien: CZAPEK: Biochemie, Bd. 1, S. 754; durch Pilze: Bd. 1, S. 759. — Ferner O. FLIEG: Jahrb. f. wiss. Botanik Bd. 61, S. 24. 1922. — Lecithinspaltung durch Bakterien: Literatur bei CZAPEK: Biochemie Bd. 1, S. 783. — Verarbeitung von Calciumoxalat in der Natur durch Bacillus extorquens: BASSALIK: Jahrb. f. wiss. Botanik, Bd. 53, S. 255. 1913. — BAU, A.: Zeitschr. f. techn. Biol., Bd. 11, S. 1. 1924. — Abbau cyclischer Verbindungen: SUPNIEWSKI, J.: Biochem. Zeitschr. Bd. 146, S. 523. 1924.

[5]) Literatur bei F. LÖHNIS: Handb. d. landwirtschaftl. Bakteriologie, S. 543ff. — BALCKS: Landwirtschaftl. Versuchs-Stat. Bd. 103, S. 221. 1925. — WAKSMAN, S. A.: Proc. of the nat. acad. of science (U. S. A.), Bd. 11, Nr. 8. 1925.

anreicherung und dunkle Verfärbung der beteiligten Stoffe. Bei der Unkenntnis des chemischen Charakters der sehr verschiedenartigen Humusstoffe[1]) ist heute eine befriedigende biochemische Klarstellung der beiden miteinander verbundenen Prozesse der Humusbildung und Humuszersetzung weder ihrer Herkunft noch ihrem Verlaufe nach möglich. Als Ausgangsstoffe kommen vor allem die pflanzlichen Membranstoffe[2]) in Betracht, neben Cellulose, Pentosanen und anderen Stoffen das Lignin, das nach Fischer und Schrader an der Entstehung der Kohle[3]) besonderen Anteil nehmen soll. Die Beteiligung verschiedener Organismen[4]) an der Humifikation und Humuszersetzung steht fest, wenn sie auch noch nicht im einzelnen geklärt ist, während ihre Bedeutung für die Vertorfung und Verkohlung öfters überschätzt worden sein dürfte. Schon aus allgemeinen Gründen (s. S. 705) müssen die Humussubstanzen als den Organismen zugängliche Kohlenstoffquellen angesehen werden. Auf pflanzliches Wachs und Harz neben tierischen Resten wird die Entstehung des Bitumens in der Kohle zurückgeführt, während das Erdöl als ein Produkt vorwiegend animalischen Ursprungs gedeutet wird[5]).

Die von den Bodenmikroben und Pflanzenwurzeln produzierte Atmungskohlensäure[6]) vermag im Bodenwasser gelöst im Verein mit anderen dabei entstehenden Säuren verschiedene Pflanzennährstoffe zu mobilisieren, aus unlöslicher in wurzellösliche Form überzuführen und gewinnt dadurch für den Eintritt anderer Elemente in den organischen Kreislauf größte Bedeutung.

## Der Kreislauf des Stickstoffes[7].

Wie der Kreislauf des Kohlenstoffes mit seinen Wandlungen der gasförmigen Kohlensäure, zieht, wenn auch in geringerem Maße, der des Stickstoffes vermöge der gasförmigen Natur seiner selbst und der Flüchtigkeit des Ammoniaks die Lufthülle der Erde in seinen Bereich, und wie jener erhält auch dieser, wenigstens in der Jetztzeit, seinen bedeutendsten Antrieb durch den Stoffwechsel der Organismen. Die verschiedene Intensität, mit der sich die beiden Kreisläufe des Kohlenstoffes und Stickstoffes abspielen, ist hauptsächlich in der großen chemi-

---

[1]) Die vielfach umstrittene Säurenatur der Humussäuren erscheint heute ziemlich gesichert. Odén, Sv.: Die Huminsäuren. Dresden 1919.

[2]) Czapek, F.: Biochemie Bd. 1, S. 292; Bd. 3, S. 763. — Falck, R.: Forstarchiv Bd. 1, S. 49. 1925, ref. in Zeitschr. f. Pflanzenernährung A, Bd. 8, S. 317. 1927. — Balks, R.: Landwirtschaftl. Versuchs-Stat. Bd. 103, S. 221. 1925. — König, J.: Biochem. Zeitschr. Bd. 171, S. 261. 1926. — Waksman, S. A.: Proc. of the nat. acad. science Bd. 11, S. 463. 1925; Soil science Bd. 22. 1926.

[3]) Lignintheorie: Fischer, F. u. H. Schrader: Brennstoffchemie Bd. 2. 1921; Bd. 3, S. 65 u. 161. 1922; Naturwissenschaften Bd. 9, S. 958. 1921; Entstehung und chemische Struktur der Kohle. Essen 1922. — Höfer, H. v.: Naturwissenschaften Bd. 10, S. 113. 1922. — Tropsch, H.: Ebenda Jg. 15, S. 475. 1927. — Bildung der Huminsäure aus Oxycellulosen: Marcusson, J.: Zeitschr. f. angew. Chem. Bd. 35, S. 339. 1925. — Weyland, H.: Naturwissenschaften Jg. 15, S. 327. 1927. — Einen vermittelnden Standpunkt nimmt R. Kräusel (Naturwissenschaften Jg. 13, S. 122. 1925) ein. — Energieabgabe bei der Vertorfung: Yrjö, K.: Sitzungsber. d. Naturf.-Ges. Dorpat Bd. 30, S. 54. 1923. — Ursprung des Kohlenstickstoffes: Strache, H. u. Mitarb.: Brennstoff-Chemie Bd. 4, S. 244. 1923. — Melaninbildung: Schmalfuss, H.: Naturwissenschaften Jg. 15, S. 453. 1927.

[4]) Literatur bei F. Löhnis: Landwirtschaftliche Bakteriologie, S. 557ff.

[5]) Literatur in Abderhaldens Biochem. Handlexikon Bd. 1 (I), S. 17. — Übersicht über die verschiedenen Theorien der Petroleumentstehung: Spielmann, P. E.: Rev. gén. des sciences Bd. 36, S. 47 u. 111, ref. Naturwissenschaften Bd. 13, S. 623. 1925.

[6]) Nach Lundegårdh 1924: (zitiert auf S. 702) S. 201 macht die Wurzelatmung etwa $^1/_3$ der gesamten Atmung des bewachsenen Bodens aus.

[7]) Koch, A. in Lafars Handb. d. techn. Mykol. Bd. 3, S. 1ff. 1904/6. — Ehrenberg, P.: Bewegung des Ammoniakstickstoffes in der Natur. Berlin 1907. — Müller-Lenhartz: Der Kreislauf des Stickstoffes. Hannover 1917.

schen Indifferenz des elementaren Stickstoffes begründet und findet in der Wandlung des Verhältnisses C : N ihren Ausdruck. Ist dieser Quotient im Gasgemisch der Atmosphäre zufolge ihres niedrigen Gehaltes an Kohlendioxyd sehr klein, so steigt er im Körper der grünen Pflanze durch die photosynthetische Verarbeitung der Luftkohlensäure auf einen Wert von etwa 40 : 1, bei den durch Symbiose mit Bakterien zur Assimilation gasförmigen Stickstoffes befähigten Leguminosen auf ungefähr 25 : 1. In der stofflichen Zusammensetzung des Tierkörpers, in dem stickstoffhaltige Baustoffe vorherrschen und eine lebhaftere Atmung für die Verflüchtigung des mit der Nahrung aufgenommenen Kohlenstoffes sorgt, erfährt er noch eine weitere Abnahme von ähnlichem Umfang wie bei der mikrobiellen Zersetzung pflanzlicher Stoffe im Boden, wo dieses Verhältnis nur mehr etwa 10 : 1 beträgt[1]).

Die Annahme, daß für das Auftreten des Lebens auf unserem Planeten die Fähigkeit gewisser Organismen, den elementaren Stickstoff der Luft zu binden, maßgebend gewesen sei, ist jedenfalls nicht die einzig mögliche; neben der Oxydation des Luftstickstoffes durch elektrische Entladungen in der Atmosphäre dürfte vor allem das Freiwerden großer Mengen Ammoniumchlorids bei der Erstarrung des Magmas, gefolgt von einer Niederschlagung und Lösung des Salmiaks in den irdischen Gewässern, als jene Quelle anzusehen sein, aus der die ersten Lebewesen gebundenen Stickstoff schöpfen konnten[2]). Auch der in den Gesteinen enthaltene Stickstoff ist zum Teil aufschließbar[3]). Heute ist jedenfalls der Vorrat an gebundenem Stickstoff, der allein für die Ernährung der höheren Pflanzen und Tiere in Betracht kommt, verhältnismäßig klein und bestimmt vielerorts als der im Minimum befindliche Faktor das Ausmaß der pflanzlichen und damit auch der tierischen Produktion. So erscheint es möglich, daß für diese angenommene Verringerung der Menge gebundenen Stickstoffes jene Prozesse verantwortlich zu machen sind, die auch heute noch auf unserer Erde sich bei der Zersetzung von organischen Stoffen abspielen und zum Auftreten von elementarem Stickstoff führen.

Der Denitrifikation oder Nitratgärung[4]) wurde besonders von älteren Autoren ein rein chemischer Charakter zugesprochen (Entstehung von elementarem Stickstoff bei der Reaktion zwischen Nitrit und Ammoniak oder Aminosäuren), dessen Bedeutung aber durch die Auffindung und das Studium von verschiedenen Bakterien, die Nitrate unter Entwicklung von Stickstoffgas zersetzen, immer mehr in den Hintergrund gerückt wurde[5]). Je nach der Bakterienart können entweder Nitrate oder Nitrite oder beiderlei Salze der Denitrifikation anheimfallen. Die Förderung der Salpeterzersetzung durch Luftabschluß

[1]) C : N in Pflanzen: LUNDEGARDH 1925, S. 323 u. 348 (zitiert auf S. 702); in Tieren: PÜTTER, A.: Vergleichende Physiologie S. 30. 1911; im Boden: FELBER P., Mitt. d. landw. Lehrk. Wien. Bd. 3, S. 23. 1915. — SIEVERS, F. J.: ref. Exp. Stat. Rec. Bd. 47, S. 516. 1922. — WAKSMAN, S. A.: Journ. agric. science Bd. 14, S. 555. 1924.

[2]) LINCK, G.: Handwörterb. d. Naturwiss. Bd. 5, S. 1054. — PHIPSON: Chem. News Bd. 70, S. 283. 1894. — STOKLASA, J.: Chemiker-Zeitg. 1906, Nr. 61.

[3]) Literatur bei F. LÖHNIS: Landwirtschaftliche Bakteriologie, S. 614. — Der in der Kohle in geringer Menge enthaltene Stickstoff wird zum Teil wieder den Kulturpflanzen in Form des bei der Verkokung und Leuchtgasfabrikation anfallenden schwefelsauren Ammoniaks zugeführt.

[4]) Literatur: CZAPEK, F.: Biochemie Bd. 2, S. 176. — LÖHNIS, F.: Landwirtschaftl. Bakteriologie, S. 477 u. 636. — BENECKE, W.: Bau und Leben der Bakterien, S. 401. — JENSEN, H., in Lafars Handb. d. techn. Mykologie Bd. 3, S. 185. — LANTZSCH, K.: Zentralbl. f. Bakteriol., Parasitenk. u. Infektionskrankh., Abt. 1, Bd. 87, S. 81. 1921. — CONN, H. J. u. R. S. BREED: ref. ebenda, Abt. II, Bd. 54, S. 140. 1921. — GLASER, R. W.: Proc. of the nat. acad. of sciences (U. S. A.), Bd. 6, S. 272. 1920.

[5]) FOWLER u. KOTWAL: Journ. Indian. Inst. Science Bd. 7, S. 29. 1924; ref. Zeitschr. f. Pflanzenernährung u. Düngung, A, Bd. 5, S. 114. 1925.

ist in der fakultativen Anaerobie der beteiligten Mikroben begründet. Ähnlich wie die Reduktion der Nitrate überhaupt könnte auch die Salpetergärung als ein Mittel zur Freimachung gebundenen Sauerstoffes gewertet werden, der dann zur Oxydation organischer Verbindungen im Betriebsstoffwechsel dieser Mikroben Verwendung fände. In der Tat verläuft die Denitrifikation nur bei Gegenwart reichlicher Mengen organischer Stoffe. Als Kohlenstoffquellen kommen sehr verschiedene, leicht und schwer zersetzliche organische Stoffe in Betracht, deren Verarbeitung wieder von der Gegenwart oder Bildung anderer abhängen kann[1]). Denitrifizierende Bakterien wurden aus Exkrementen, Böden (besonders feuchte Böden wie Reisfelder, Moorböden), aus Teichen und aus Meerwasser isoliert; die Salpetergärung kann daher fast überall dort in Gang kommen, wo die allgemeinen Bedingungen derselben (genügende Feuchtigkeit, Gegenwart von Nitraten und organischen Stoffen, Sauerstoffarmut, Reaktion u. a.) erfüllt sind. In Reinkulturen verlief die Denitrifikation von Nitraten innerhalb der Grenzen $p_H$ 5,5—9,8 mit dem Optimum bei $p_H$ 7,0—8,2, jene von Nitriten am besten bei $p_H$ 5,5—7,0[2]). Ihre Bedeutung für den Stickstoffhaushalt des Meeres ist umstritten[3]). Trotz ihres verhältnismäßig hoch gelegenen Temperaturoptimums dürfte sie auch während der kalten Jahreszeit und in kalten Klimaten vor sich gehen. Im Ackerboden sind die denitrifizierenden Mikroben besonders häufig in den oberflächlichen Schichten, aber auch bis zu 1 m Tiefe angetroffen worden und können daher bei mangelndem Luftzutritt, etwa in zu nassen Böden und bei Anwesenheit organischer Stoffe, Verluste an Salpeter herbeiführen[4]). Immerhin scheint diese Gefahr früher vielfach überschätzt worden zu sein, und selbst die Stickstoffverluste in lagernden organischen Substanzen müssen nicht immer auf Denitrifikation beruhen[5]).

Außer diesen heterotrophen Bakterien kommen auch autotrophe denitrifizierende Bakterien[6]) (Thionsäurebakterien nach Omelianski) gleichfalls in großer Verbreitung vor, die unter anaeroben Bedingungen den bei der Salpeterzersetzung frei werdenden Sauerstoff zur Oxydation von Thiosulfat und anderen schwefelhaltigen Stoffen und die dabei frei werdende Energie zur Reduktion der Kohlensäure verwenden:

$$6\,KNO_3 + 5\,S + 2\,CaCO_3 = 3\,H_2SO_4 + 2\,CaSO_4 + 2\,CO_2 + 3\,N_2 + 659{,}5\,\text{Cal.}$$

So greifen diese Bakterien in den Kreislauf des Schwefels und des Kohlendioxyds hinüber. Auch einige wasserstoffoxydierende Bakterien scheinen zur Denitrifikation befähigt zu sein[7]).

---

[1]) Nolte, O.: Zentralbl. f. Bakteriol., Parasitenk. und Infektionskrankh., Abt. 2, Bd. 49, S. 182. 1919. — Formiate: Groenewege, J.: Med. alg. Proefstat. Landbouw Batavia 1921. — Stickstoffbildung in Abwässerfaulkammern: Bach u. Sierp: Zentralbl. f. Bakteriol., Parasitenk. und Infektionskrankh., Abt. 2, Bd. 58, S. 401. 1923; Bd. 59, S. 1. 1923.

[2]) Zacharowa, T. M.: ref. Zeitschr. f. Pflanzenernährung u. Düngung, A, Bd. 5, S. 115. 1925.

[3]) Literatur auf S. 708 unter [6]). — Benecke, W.: Bau und Leben der Bakterien, S. 612.

[4]) Oelsner, Al.: Zentralbl. f. Bakteriol., Parasitenk. u. Infektionskrankh., Abt. 2, Bd. 48, S. 250. 1918.

[5]) Nolte, O.: Landwirtschaftl. Versuchs-Stat. Bd. 99, S. 287. 1922 und früher.

[6]) Gehring, A.: Zentralbl. f. Bakteriol., Parasitenk. u. Infektionskrankh., Abt. 2, Bd. 42, S. 402. 1915. — Beijerinck, M. W.: Jaarb. v. de kon. acad. v. wetensch. (Amsterdam) Bd. 28, S. 845. 1920. — Klein, G. u. A. Limberger: Biochem. Zeitschr. Bd. 143, S. 473. 1923.

[7]) Niklewski, B.: Jahrb. f. wiss. Botanik Bd. 48, S. 113. 1910; Zentralbl. f. Bakteriol. Parasitenk. u. Infektionskrankh., Abt. 2, Bd. 40, S. 430. 1914. — Ruhland, W.: Ber. d. dtsch. botan. Ges. Bd. 40, S. 183. 1922.

Der Kreislauf des elementaren Stickstoffes auf der Erde wird durch den umgekehrten Vorgang der Luftstickstoffbindung[1]) geschlossen, zu der teils frei, teils in Symbiose mit höheren Pflanzen lebende Mikroben befähigt sind.

Unter den frei lebenden Bakterien sind es insbesondere zwei Typen, deren große Bedeutung für den Stickstoffhaushalt des Bodens und Wassers aus zahlreichen Untersuchungen erhellt: der aerobe Azotobacter mit vielen Formen und das anaerobe buttersäurebildende Clostridium Pasteurianum (Amylobacter), deren große, wenn auch nicht allgemeine Verbreitung in den verschiedensten Böden, selbst auf nacktem Gestein, im Seeschlick, Süßwasser- und Meeresplankton und als Epiphyten auf Wasserpflanzen nachgewiesen werden konnte; je nach den Bedingungen herrscht bald diese bald jene Form vor. Die Intensität der Stickstoffbindung erweist sich von der Gegenwart verschiedener Stoffe (Kalk, Phosphorsäure, Eisen, Mangan, Förderung durch Humusstoffe u. a. m.) und der Reaktion des Mediums abhängig; viel Salpeter schädigt[2]). Alle diese Stickstoffixierer sind hinsichtlich ihrer Kohlenstoffbeschaffung als heterotroph zu bezeichnen[3]), ihnen selbst verschlossene Kohlenstoffquellen können durch Vergesellschaftung mit anderen hierzu befähigten Bakterien erschlossen werden[4]); ähnlichen Nutzen kann Azotobacter aus der Vergesellschaftung mit celluloseverarbeitenden Clostridien ziehen, und diese können wieder durch Zusammenleben mit aeroben Formen die ihnen zusagende niedrige Sauerstoffspannung finden. Die Stickstoffbindung durch diese Bakterien wird hinsichtlich ihrer Bedeutung für den Stickstoffhaushalt des Bodens und Wassers als eine langsam, dafür aber dauernd fließende Stickstoffquelle charakterisiert.

Der Nutzen, den höhere, auf dem gleichen Standort wachsende Pflanzen aus der Stickstoffbindung frei lebender Bakterien indirekt ziehen[5]), erfährt naturgemäß eine spezielle Steigerung dort, wo es zu einer Symbiose Stickstoffgas assimilierender Mikroben mit höheren Gewächsen kommt. Der am besten studierten Bakteriensymbiose der Leguminosen[6]) reiht sich die Aktinomyceten-

---

[1]) Literatur bei Czapek: Biochemie Bd. 2, S. 198ff. — Benecke, W.: Bau und Leben der Bakterien, S. 499ff. u. 578ff. — Chlorophyceen: Wann, B.: Americ. journ. of botan. Bd. 8, S. 1. 1921.

[2]) Azotobacter als Nitratassimilant: Bonazzi, A.: Journ. of bacteriol. Bd. 6, S. 331. 1921. — Als Eiweißbildner: Hunter, W. O.: Journ. of agricult. research Bd. 24, S. 263. 1923. — Abnahme der N-Bindung durch gebundenen N: Zoond, A.: Brit. journ. of exp. biol. Bd. 4, S. 105. 1926. — Einfluß von Salzen: Greaves u. Mitarb.: Soil science Bd. 13, S. 481. 1922. — Einfluß der Düngung: Düggeli, M.: ref. Zeitschr. f. Pflanzenernährung u. Düngung, A, Bd. 1, S. 339. 1922. — Einfluß von Humus: Voicu, J.: Cpt. rend. hebdom. des séances de l'acad. des sciences Bd. 176, S. 1421. 1923. — Untere Entwicklungsgrenze für Azotobacter bei $p_H < 6,0$: Gainey, P. L.: Journ. of agricult. research Bd. 14, S. 265. 1918. — Fred u. Davenport: Ebenda, S. 317. — Gainey u. Batchelor: Science Bd. 56, S. 49. 1922; Journ. of agricult. research Bd. 24, S. 759 u. 907. 1923. — Yamagata u. Itano: ref. Botan. Zentralbl. Bd. 4, S. 145. 1924. — Licht und Azotobacter: Kayser, E.: Cpt. rend. hebdom. des séances de l'acad. des sciences Bd. 172, S. 183 u. 491. 1921. — Schädigung des Azotobacter bei ständigem Leguminosenanbau: Ruschmann: ref. Zentralbl. f. Bakteriol., Parasitenk. u. Infektionskrankh., Abt. 2, Bd. 56, S. 132. 1922. — $p_H$-Optimum des B. amylobacter in Kultur 6,9—7,2, verträgt noch gut 5,7: Dorner, W.: Landwirtschaftl. Jahrb. Schweiz. Bd. 38, S. 175. 1924. — Intensität der N-Bindung: Truffaut, G. u. N. Besszonoff: Cpt. rend. de l'acad. des sciences Bd. 181, S. 165. 1925.

[3]) Autotrophie?: Kaserer, H.: ref. Zentralbl. f. Bakteriol., Parasitenk. u. Infektionskrankh., Abt. 2, Bd. 20, S. 170. 1908.

[4]) Torf als Energiequelle: Schmidt, E. W.: Zentralbl. f. Bakteriol., Parasitenk. u. Infektionskrankh., Abt. 2, Ref. Bd. 52, S. 281. 1920.

[5]) Mais soll seinen N-Bedarf aus bakteriell gebundenem N zur Gänze decken können: Truffaut, G. u. N. Beszzonoff: Cpt. rend. des séances de la soc. de biol. Bd. 91, S. 1077. 1924. — Iwanoff, N. N.: Biochem. Zeitschr. Bd. 182, S. 88. 1927.

[6]) Literatur bei Czapek: Biochemie Bd. 2, S. 207. — Hansen, R.: ref. Exp. Stat. Rec. Bd. 46, S. 514. — Stickstoffsammelnde Holzgewächse: Liese: Mitt. d. dtsch. dendrol. Ges.

symbiose der Alnusarten an; den Blattknöllchenbakterien gewisser Rubiaceen schreibt Faber gleichfalls die Fähigkeit zur Stickstoffbindung zu, und es ist wohl möglich, daß sich dazu noch weitere Fälle ähnlicher Lebensgemeinschaften gesellen werden[1]).

Angesichts der großen Verbreitung, des Artreichtums der Leguminosen und der landwirtschaftlichen Nutzung vieler Vertreter dieser Familie ist die Stickstoffsammlung der Wurzelknöllchenbakterien der Leguminosen zweifellos von der größten Bedeutung für den Kreislauf des Stickstoffes in den Organismen. Die Leguminosen können durch die Symbiose mit Bacillus radicicola ihren gesamten Stickstoffbedarf aus der Luft decken. Durch größere Mengen gebundenen Stickstoffes (Salpeter) wird die Knöllchenbildung und Stickstoffbindung gehemmt, durch ausreichende Bodenfeuchtigkeit und durch Lüftung gefördert[2]). Auch zur Bodenreaktion bestehen Beziehungen[3]). Kali, Phosphorsäure, Kalk fördern den Knöllchenbesatz. Mittels serologischer Methoden konnte der Beweis für die Verschiedenheit der Leguminosenknöllchenbakterien erbracht werden[4]). In Böden, wo die zugehörigen Bakterienformen fehlen, z. B. in Moorböden oder beim Anbau landfremder Leguminosen, hat sich die Impfung bewährt[5]).

In einem dauernd mit Vegetation bedeckten und sich selbst überlassenen Boden Rothamsteds, wo also zu den Leistungen der Bakterien noch die Zufuhr und die Auswaschung von Stickstoff durch die Niederschläge hinzukommt, fand Hall[6]) im Verlaufe von 22—24 Jahren einen ungefähren Gewinn von 997,7 kg N pro acre und Jahr. Aber eine Bilanz aufzustellen, wie sich heute im Kreislauf des Stickstoffes auf unserer Erde der Stickstoffverlust durch Denitrifikation gegenüber dem Gewinn an Stickstoff durch die ihn bindenden Mikroben stellt, ist unmöglich, weil die Leistungen der an diesen Prozessen beteiligten Bakterien weder im Einzelnen noch in ihrer Gesamtheit abgeschätzt werden können[7]). Die Bedeutung dieser Vorgänge für den Stickstoffkreislauf auf der Erde selbst leuchtet aber sofort ein, wenn man bedenkt, daß alle übrigen

---

1922, S. 108. — Energiebedarf der Stickstoffbindung durch Knöllchenbakterien: Christiansen-Weniger Fr.: Zentralbl. f. Bakteriol., Parasitenk. u. Infektionskrankh., Abt. 2, Bd. 58, S. 41. 1923.

1) Literatur bei Czapek: Biochemie Bd. 2, S. 194ff., 211 u. 220. — Ericaceen: Rayner, M. Ch.: Botan. Gaz. Bd. 73, S. 226. 1922. — Nach H. Molisch: Sc. Rep. Tôhoku Imp. Univ. I, 4. Ser., 1925, bindet der in gewissen Lebermoosen lebende Nostoc den Luftstickstoff. Für ein Stickstoffbindungsvermögen von Actinomyceten spricht sich neuerdings G. Guittoneau (Cpt. rend. hebdom. des séances de l'acad. des sciences Bd. 178, S. 895. 1924) aus. — Negative Ergebnisse: Burill, Th. J. u. R. Hansen: Agric. Exp. Stat. Univ. Illinois 1916, Bull. 202, mit Literaturzusammenfassung. — Keine Befähigung der Mykorrhizen zur Stickstoffbindung: Melin, E.: Untersuchungen über die Baummykorrhiza. Jena 1925. — Manche Wurzelpilze können jedoch Luft-N binden: Wolff, H.: Jahrb. f. wiss. Botanik Bd. 66, S. 21. 1926. Hier weitere Literatur. — Die immer wieder aufgeworfene Frage der Stickstoffbindung durch Nichtleguminosen bespricht kritisch H. Kordes: Zeitschr. f. Pflanzenernährung u. Düngung, B, Bd. 4, S. 382. 1925.

2) Nitrate: Strowd: Soil Science Bd. 10, S. 343. 1920. — Bodentemperatur: Jones, F. R.: ref. Biederm. Zentralbl f. Agrikult. Chem. Bd. 51, S. 237. 1922.

3) Arrhenius, O.: Zeitschr. f. Pflanzenernährung u. Düngung, A, Bd. 4, S. 350. 1925.

4) Vogel, J. u. Zipfel: Zentralbl. f. Bakteriol., Parasitenk. u. Infektionskrankh., Abt. 2, Bd. 54, S. 13. 1921. — Klimmer, M.: Ebenda, Bd. 55, S. 281. 1922.

5) Impfung von Nichtleguminosen: Hiltner, L.: Mitt. d. dtsch. Landwirtschafts-Ges. 1921, Stück 15. — Vogel, J.: Zeitschr. f. Pflanzenernährung u. Düngung, B, Bd. 1, S. 531. 1922.

6) Hall, A. D.: Journ. of agricult. science Bd. 1, S. 241. 1905. — Andere Schätzungen bei Schloesing u. Laurent: Ann. de l'inst. Pasteur Bd. 6, S. 830. 1892. — Kühn: Fühl. landw. Zeitung 1901, S. 2.

7) Kostytschew (Lehrb. d. Pflanzenphysiol. 1926, S. 220) hält, unter Hinweis auf die in warmen Zonen mutmaßlich intensiv vor sich gehende N-Bindung, eine rasche Zunahme des gebundenen Stickstoffs auf der Erde für wahrscheinlich.

Lebewesen lediglich an der Bewegung *gebundenen* Stickstoffes beteiligt sind, den Vorrat an diesem also weder vermehren noch vermindern können[1]).

Der Kreislauf der *Nitrate* auf unserem Planeten hat eine Wurzel in der Oxydation des Luftstickstoffes bei elektrischen Entladungen in der Atmosphäre, die andere in der bakteriellen Nitrifikation des Ammoniaks, wodurch der Nitratumlauf mit dem des Ammoniaks verkettet wird. Nur Pflanzen[2]), vor allem die höheren grünen Gewächse, vermögen aus den aufgenommenen Nitraten den Stickstoffbedarf ihres Körpers zu decken, während die Tiere an der Bewegung des Nitratstickstoffes sich nicht beteiligen, sondern lediglich auf die Ausnützung der durch die Pflanzen reduzierten Form des gebundenen Stickstoffes angewiesen sind.

Wenn auch der Gehalt der Niederschläge an salpetriger und Salpetersäure, entstanden durch die elektrische Verbrennung des atmosphärischen Stickstoffes, nur nach wenigen Milligrammen im Liter und Bruchteilen davon zählt[3]), so werden doch auf diese Weise in längeren Zeiträumen der Erdoberfläche Mengen zugeführt, die für den terrestrischen Nitratkreislauf nicht belanglos sind. Besonders im Verein mit dem gleichfalls aus der Luft in die Niederschläge eintretenden Ammoniak wird solcherart alljährlich dem Festlande und dem Meere ein nennenswerter Zuschuß an gebundenem Stickstoff zuteil, wenn er auch öfter in seiner Bedeutung für die Pflanzenernährung überschätzt wurde[4]).

Das mit den Niederschlägen herablangende oder bei der mikrobiellen Zersetzung von Stoffen organischen Ursprungs entstehende Ammoniak (Ammoniumsalze) kann durch die Nitritbildner zu Nitrit und dieses durch die Nitratbildner zu Nitrat oxydiert werden[5]), ein Vorgang, der wegen seiner Verbreitung im Boden und Wasser[6]) für die Entstehung der Nitrate und Nitrite auf der Erde hauptsächlich in Betracht kommt und stellenweise sogar zur Bildung mächtiger Salpeterlager (Chilesalpeter) geführt hat. Weil das Optimum der Nitrifikation in einem verhältnismäßig schmalen Bereich der Wasserstoffionenkonzentration nahe dem Neutralitätspunkt liegt[7]) und nur bei genügendem Sauerstoffzutritt vor sich geht, unterbleibt sie in der Regel in sauren oder schlecht durchlüfteten humusreichen Böden [gewisse Waldböden, Heideböden, Moor[8])]. Organische

[1]) Der Stickstoffbedarf der Kulturpflanzen und seine Deckung in Deutschland: Ehrenberg, P.: Verhandl. d. Ges. dtsch. Naturforsch. u. Ärzte, 86. Vers. zu Bad Nauheim 1920, 1921, S. 47.

[2]) Nitratassimilation durch heterotrophe Pflanzen: Literatur bei F. Löhnis: Landwirtschaftl. Bakteriologie, S. 630. — Klein, G. u. Mitarb.: Hoppe-Seylers Zeitschr. f. physiol. Chem. Bd. 159, S. 201. 1926.

[3]) Literatur: Handwörterb. d. Naturwiss. Bd. 6, S. 867 u. 877. — Shaffer, S.: Chem. News Bd. 124, S. 35. 1922.

[4]) 1,2—3,6 kg Stickstoff und mehr pro Jahr und Hektar. — Haselhoff, E.: (Landwirtschaftl. Versuchs-Stat. Bd. 102, S. 73. 1924) veranschlagt ihn mit 14,25 kg.

[5]) Literatur bei Czapek: Biochemie Bd. 2, S. 181ff. — Bonazzi, A.: Botan. Gaz. Bd. 68, S. 194. 1919; Journ. of bacteriol. Bd. 6, S. 479. 1921. — Autokatalytisches Formelbild der Nitrifikation: Miyake, K. u. S. Soma: Journ. of biochem. Tokyo Bd. 1, S. 123. 1922.

[6]) Über Nitrifikation im Meer: Issatschenko, B.: Cpt. rend. hebdom. des séances de l'acad. des sciences Bd. 182, S. 185. 1926.

[7]) Gaarder, T. u. O. Hagem: ref. Zentralbl. f. Bakteriol., Parasitenk. u. Infektionskrankh., Abt. 2, Bd. 57, S. 129. 1922. — Torbjorn, G. u. O. Hagem: ref. ebenda, Bd. 58, S. 347. 1923. — Jedoch gibt es auch an niedrige $p_H$-Werte angepaßte Nitrifikanten: Gaarder u. Hagem: ref. Zeitschr. f. Pflanzenernährung u. Düngung, A, Bd. 4, S. 194. 1925. — Barthel, Chr. u. N. Bengtsson: ref. ebenda Bd. 3, S. 427. 1924. — Wöhlbier, W. (Kühn-Archiv Bd. 12. 1926) fand noch bei $p_H = 4,3$ im Boden Nitrifikation.

[8]) Arnd, Th.: Landwirtschaftl. Jahrb. Bd. 51, S. 297. 1917; Zentralbl. f. Bakteriol. Parasitenk. u. Infektionskrankh., Abt. 2, Bd. 49, S. 1. 1919. — Zeitschr. f. Pflanzenernährung u. Düngung, A, Bd. 4, S. 53. 1925. — Stephenson, R. E.: Jowa Exp. Stat. Res. Bull. Bd. 58, S. 331. 1920. — Hesselmann, H.: Medd. Stat. Skogsförsök. Anst. Stockholm 1917, S. 297.

Stoffe, z. B. Zucker, hemmen die Nitrifikation besonders in Kulturen, weniger im Boden[1]). Der öfter behauptete, von der Temperatur und anderen Faktoren unabhängige Einfluß der Jahreszeit auf die Tätigkeit der Bodenmikroben ist unsicher[2]). Luftzutritt, geeignete Feuchtigkeit und andere Faktoren bewirken einen lebhaften Verlauf der Nitratbildung[3]). Die bei dieser Oxydation freigewordene Energie dient den kohlenstoffautotrophen Nitrifikationsbakterien zur Reduktion der Luftkohlensäure. Doch werden auch heterotrophe Nitrobacterarten im Boden angegeben[4]).

Ein Teil des so gebildeten Salpeters fällt wegen seiner mangelhaften Absorption im Boden der Auswaschung[5]) anheim und gelangt in die Hydrosphäre, wo er den pflanzlichen Bewohnern als Nährstoff zugute kommt, ein Teil unterliegt der biologischen Festlegung durch gewisse Bakterien und Pilze, welche Nitrat zu Nitrit und bis zu Ammoniak reduzieren können, also die der Nitrifikation gegenläufige Umsetzung ausführen[6]), der Rest fließt den grünen Pflanzen zu, die den Salpeter als ihre natürliche Stickstoffquelle für die Eiweißsynthese[7]) in ihrem Körper gleichfalls zu Ammoniak reduzieren müssen und so den vor allem für die höheren Tiere bedeutsamen Kreislauf des Aminostickstoffes[8]) einleiten. Wie im Tierkörper durch den Angriff der proteolytischen Enzyme das Nahrungseiweiß zu Aminosäuren abgebaut wird, aus denen dann das Tier seine körpereigenen Proteine formt, so folgt auch ein ganz ähnliches Umschmelzen der Eiweißstoffe abgestorbener Tiere und Pflanzen oder der mit den Exkrementen ausgeschiedenen unverdauten Eiweißstoffe durch viele Bakterien und Pilze bei der Fäulnis[9]). Die Aminosäuren sind auch sonst für viele Pflanzen ausgezeichnete Stickstoffquellen und können selbst von höheren Pflanzen[10]) assimiliert werden. Zum großen Teil aber unterliegen die Aminosäuren weiterer mikrobieller Zersetzung[11]); durch Desamidierung derselben und anderer organischer Stickstoffverbindungen[12]) kann Ammoniak auftreten, das ebenso wie das bei der

---

[1]) Fred u. Davenport: Soil Science Bd. 11, S. 389. 1921.

[2]) Lemmermann, O. u. L. Wichers: Zentralbl. f. Bakteriol., Parasitenk. u. Infektionskrankh., Abt. 2, Ref. Bd. 50, S. 33. 1920. — Schönbrunn, Br.: Ebenda, Bd. 56, S. 545. 1922; Bd. 58, S. 435. 1923. — Löhnis, F.: Ebenda, S. 207. — Lumière, A.: Rev. gén. botan. Bd. 33, S. 545. 1921.

[3]) Bruce, Williams: Botan. gaz. Bd. 62, S. 311. 1916. — Barthel u. Bengston: Soil Science Bd. 8, S. 243. 1919. — Wichers, L.: Zentralbl. f. Bakteriol., Parasitenk. u. Infektionskrankh., Abt. 2, S. 1. 1920. — Barthel, Chr.: Fortschr. d. Landwirtsch. Bd. 1, S. 37. 1926. — Arnd: Mitt. d. Ver. z. Förd. d. dtsch. Moorkunde Bd. 49, S. 313. 1921.

[4]) Sack, J.: Zentralbl. f. Bakteriol., Parasitenk. u. Infektionskrankh., Abt. 2, Bd. 62, S. 15. 1924.

[5]) Zum Beispiel Geilmann, W.: Journ. f. Landw. Bd. 70, S. 259. 1923.

[6]) Literatur bei Czapek: Biochemie Bd. 2, S. 173 u. 163. — Sack, J.: (Zentralbl. f. Bakteriol., Parasitenk. u. Infektionskrankh., Abt. 2, Bd. 64, S. 32. 1925) beschreibt eine aus Ammoniak Nitrit bildende, Cellulose zersetzende Bakterie, die unter anaeroben Bedingungen Nitrate zu Nitrit reduziert. — Schimmelpilze: Kostytschew, S. u. E. Tswetkowa: Zeitschr. f. physiol. Chem. Bd. 111, S. 171. 1920. — Löhnis, F.: Landwirtschaftl. Bakteriologie, S. 623.

[7]) Literatur bei Czapek: Biochemie Bd. 2, S. 299ff. — Prianischnikow, D.: Landwirtschaftl. Versuchs-Stat. Bd. 99, S. 267. 1922.

[8]) Abderhalden, E.: Synthese der Zellbausteine in Pflanze und Tier. Berlin 1912.

[9]) Literatur bei Czapek: Biochemie Bd. 2, S. 128ff. — Desamidierung: Ebenda, S. 141, 162 u. 169. — Aminbildung bei der Eiweißfäulnis: Ebenda, S. 143.

[10]) Czapek, F.: Naturwissenschaften Bd. 8, S. 229. 1920; hier auch über andere organische Stickstoffverbindungen. — Hesselmann, H.: Medd. fr. Stat. Skogsförs. Anst. Stockholm, S. 297. 1917.

[11]) z. B. Indolbildung: Zdansky, E.: Zentralbl. f. Bakteriol., Parasitenk. u. Infektionskrankh., Abt. 1, Bd. 89, S. 1. 1922.

[12]) Literatur bei Czapek: Biochemie Bd. 2, S. 154ff. — Guittoneau, G.: Cpt. rend. hebdom. des séances de l'acad. des sciences, Bd. 179, S. 512 u. 788. 1924. — Chitinzersetzung:

Ammonisation der tierischen stickstoffhaltigen Ausscheidungen [Harnstoff, Harnsäure, Hippursäure][1]) entstehende Ammoniak den Ausgangspunkt für seinen Kreislauf in der Natur bildet[2]). Diesen Prozessen dürfte der größte Teil des in der Atmosphäre enthaltenen Ammoniaks entstammen[3]), der mit den Niederschlägen wieder zur Erde zurückkehrt. Das durch die im Boden sich abspielenden Zersetzungen entstandene oder das mit den Niederschlägen ihm einverleibte Ammoniak wird größtenteils physikalisch oder chemisch im Boden gebunden[4]) oder biologisch[5]) durch Bakterien, Algen und besonders Pilze, für deren Stickstoffbedarf Ammoniumsalze sich hervorragend eignen, festgelegt, d. h. in Eiweißstickstoff übergeführt, sofern es nicht nitrifiziert wird. Wo die Nitrifikation fehlt oder mangelhaft verläuft, können Ammoniumsalze auch den höheren Pflanzen als Nahrung dienen. Mittels steriler Kulturen wurde die Verwertbarkeit von Ammoniumsalzen als Stickstoffquelle für die höheren Pflanzen einwandfrei und wiederholt bewiesen. Die oft erörterte Frage, ob Nitrat oder Ammoniak die für sie geeignetere Stickstofform vorstellt, steht im innigsten Zusammenhange mit der bei der Resorption dieser Salze erfolgenden physiologischen Reaktionsverschiebung der Nährlösung und ihrer Auswirkung auf den Pflanzenertrag. Bei Ausschaltung der physiologischen Acidität sonstiger Ammoniumsalze durch Verwendung von Ammoniumcarbonat $+ CO_2$ zeigt sich sogar die Überlegenheit dieser Stickstoffquelle über das Nitrat[6]); denn die Verwendung der Nitrate zur Eiweißbildung in der Pflanze setzt ihre Reduktion zu Ammoniak voraus. Und da das Ammoniak auf der anderen Seite beim oxydativen Zerfall der Aminosäuren (des Eiweißes) in Tier und Pflanze wieder erscheint, kennzeichnet es PRIANISCHNIKOW[7]) als das Alpha und Omega des Stickstoff-Stoffwechsels.

## Der Kreislauf des Schwefels[8].

Wie der Stickstoff ist auch der Schwefel für alle Organismen ein unentbehrliches Element, und sein Kreislauf weist mannigfache Analogien mit dem des Stickstoffes auf. Gleich den Nitraten werden die Sulfate von den Pflanzen aufgenommen und reduziert. In der reduzierten Form der Thiogruppe beteiligt sich der Schwefel am Aufbau der pflanzlichen Eiweißstoffe[9]), mit denen er in den Tierkörper eintritt. Ein Teil des Schwefels erscheint allerdings in wiederoxydierter Form als freie und Ätherschwefelsäure oder als Thiosulfat im Harn höherer Tiere[10]).

BENECKE, W.: Botan. Zeitg. Bd. 63, S. 227. 1905. — FOLPMERS, T.: Chem. Weekbl. Bd. 18, S. 249. 1921. — Abbau organischer Stickstoffverbindungen des Humus: SÜCHTING, H.: Zeitschr. f. Pflanzenernährung u. Düngung, A, Bd. 1, S. 113 u. 177. 1922; Landwirtschaftl. Versuchs-Stat. Bd. 99, S. 173. 1922.

[1]) HONCAMP, F.: Zeitschr. f. Pflanzenernährung u. Düngung, A, Bd. 1, S. 299. 1922. — NOLTE, O.: Ebenda, B, Bd. 2, S. 51. 1923. — Zersetzung des Harnstoffes im Boden: LITTAUER, F.: Zeitschr. f. Pflanzenernährung u. Düngung, A, Bd. 3, S. 165. 1924. — Hippursäure und Harnstoff als Nährstoffe für Pflanzen: BOKORNY, TH.: Biochem. Zeitschr. Bd. 132, S. 197. 1922.

[2]) CZAPEK: Zitiert auf S. 730 unter [9]).

[3]) EHRENBERG, P.: Die Bewegung des Ammoniakstickstoffes. Berlin 1907. Ein Teil des Luftammoniaks ist vulkanischen Ursprungs.

[4]) z. B. MIYAKE, K. u. Mitarb.: Journ. biochem. Bd. 3, S. 283. 1924.

[5]) LÖHNIS, F.: Landwirtschaftl. Bakteriol., S. 626.

[6]) Zusammenfassung durch PRIANISCHNIKOW: Ergebn. d. Biol. Bd. 1, S. 407. 1926.

[7]) Landwirtschaftl. Versuchs-Stat. Bd. 99, S. 267. 1922.; Biochem. Zeitschr. Bd. 150, S. 407. 1924. — MOTHES, K.: Planta Bd. 1, S. 540. 1926.

[8]) OMELIANSKI, W.: in Lafars Handb. d. techn. Mykologie Bd. 3, S. 214. 1904/6. — LÖHNIS, F.: Landwirtschaftl. Bakteriol., S. 705ff.

[9]) Über den Schwefel in Senfölen, das Auftreten von Schwefelkohlenstoff als pflanzliches Stoffwechselprodukt u. a. bei F. CZAPEK: Biochemie Bd. 3, S. 183ff.

[10]) ABDERHALDEN: Lehrb. f. physiol. Chem. Bd. 1, S. 636. 1920. — Vorkommen von Ätherschwefelsäuren: NEUBERG, C.: Naturwissenschaften Bd. 12, S. 797. 1924.

Bei der Fäulnis tierischer und pflanzlicher Eiweißstoffe wird der in ihnen enthaltene Schwefel von vielen aeroben und anaeroben Bakterien als Schwefelwasserstoff abgespalten[1]), vergleichbar mit dem bei der Desamidierung der Aminosäuren auftretendem Ammoniak. So wie dieses aber auch durch mikrobielle Reduktion aus Nitraten entstehen kann, so ist auch ein Teil des in der Natur entstehenden Schwefelwasserstoffes als Reduktionsprodukt von Sulfaten durch bakterielle Desulfuration entstanden, einem unter anaeroben Bedingungen im Schlamm, in größeren Wasser- und Bodentiefen verlaufenden Vorgang, der die beteiligten Mikroben mit Sauerstoff versorgt; die zu dieser Reduktion erforderliche Energie verschaffen sich die Bakterien aus der Oxydation organischer Materialien[2]).

Das Gegenstück zu der Sulfatreduktion und ein Analogon zur Nitrifikation stellen die Leistungen jener kohlenstoffautotropher Bakterien dar, die das Vermögen besitzen, Schwefelwasserstoff und Sulfide, Thiosulfate und andere Sauerstoffsäuren des Schwefels und elementaren Schwefel zu Schwefelsäure zu oxydieren, und die dabei freiwerdende Energie zur Reduktion des Kohlendioxyds verwenden[3]). Sofern diese schwefeloxydierenden Bakterien zur Verbrennung des Schwefelwasserstoffes Luftsauerstoff benötigen, der allein schon die Oxydation des Schwefelwasserstoffes auszuführen vermag, erscheint das Vorkommen dieser Bakterien an Orten mit niedrigerer Sauerstoffspannung als eine zweckdienliche Anpassung. Die Oxydation des Schwefelwasserstoffes kann intracellulär (Beggiatoa u. a.) oder nach seinem rein chemischen Zerfall über elementaren Schwefel extracellulär erfolgen[4]). Der Denitrifikation durch anaerobe autotrophe, schwefeloxydierende Bakterien wurde bereits auf S. 726 Erwähnung getan. Doch wurden auch fakultativ anaerobe und zur Heterotrophie befähigte Thiosulfatbakterien bekannt, die auch organische Schwefelverbindungen verwerten können und den darin enthaltenen Schwefel über elementaren Schwefel zu Sulfat oxydieren; das dabei auftretende Nitrit entstammt der Reduktion von Nitraten, die bis zu Ammoniak fortschreiten kann oder der Oxydation vorhandenen Ammoniums[5]). Die Fähigkeit zur Oxydation elementaren Schwefels scheint unter den Bodenmikroben weitverbreitet zu sein[6]). Durch die Wiederbildung der Sulfate ist der Kreislauf des Schwefels geschlossen.

Ähnlich wie im Umlaufsysteme des Stickstoffes sorgen auch hier die Niederschläge für den Rücktransport der durch vulkanische Exhalationen oder bei der Verbrennung von Kohle in die Atmosphäre gelangten Schwefel- und schwefligen Säure[7]).

---

[1]) Literatur bei Czapek: Biochemie Bd. 2, S. 148. — Auftreten von Mercaptan und Äthylsulfid bei der Eiweißfäulnis: Kondo, M.: Biochem. Zeitschr. Bd. 136, S. 198. 1923.

[2]) Czapek: Biochemie, Bd. 3, S. 167. — Emmerich u. Loew: Zentralbl. f. Bakteriol., Parasitenk. u. Infektionskrankh., Abt. 2, Bd. 29. 1911. — Sulfatreduktion in tiefen Bodenschichten: Wolzogen-Kühr, C. W. H.: Jaarb. v. kon. acad. de v. wetensch. (Amsterdam) Bd. 31, S. 108. 1922. — In Faeces: Kochmann, R.: Biochem. Zeitschr. Bd. 112, S. 255. 1920.

[3]) Literatur bei Czapek: Biochemie Bd. 3, S. 59. — Waksman, S. A.: Journ. gen. physiol. Bd. 5, S. 285. 1923.

[4]) Lantzsch, K.: Internat. Mitt. f. Bodenkunde Bd. 12, S. 22. 1922.

[5]) Trautwein, K.: Zentralbl. f. Bakteriol., Parasitenk. u. Infektionskrankh., Abt. 2, Bd. 53, S. 513. 1921. — Klein, G. u. A. Limberger: Biochem. Zeitschr. Bd. 143, S. 473. 1923.

[6]) Schwefeloxydation im Boden: Demolon, A.: Cpt. rend. hebdom. des séances de l'acad. des sciences Bd. 173, S. 1408. 1921. — Rudolfs, W.: Soil Science Bd. 13, S. 215. 1922. — Rippel, A.: Zentralbl. f. Bakteriol., Parasitenk. u. Infektionskrankh., Abt. 2, Bd. 62, B. 290. 1924. — Zinkblende: Helbronner, A. u. W. Rudolfs: Cpt. rend. hebdom. des séances de l'acad. des sciences Bd. 174, S. 1378. 1922. — Pyrit: Rudolfs, W.: Soil Science Bd. 14, S. 135. 1922.

[7]) Handwörterb. d. Naturwiss. Bd. 6, S. 868. 1912. — Rauchschäden durch schweflige Säure: Wieler, A.: Angew. Botan. Bd. 4, S. 209. 1922. — Stoklasa, J.: Die Beschädigung der Vegetation durch Rauchgase. Berlin u. Wien 1923; Biochem. Zeitschr. Bd. 136, S. 306. 1923. — Wieler, A.: Zeitschr. f. angew. Chem. Bd. 37, S. 330. 1924.

Die Schwefelsäure im Boden wird, sofern sie nicht biologische Verwendung findet oder auf dem Umwege über Organismen in Sulfiden festgelegt wird, vom Boden nur sehr mäßig zurückgehalten. So mag es zur Anhäufung schwefelsaurer Salze im Meere gekommen sein.

## Der Kreislauf des Phosphors.

Der Umlauf dieses für alle Lebewesen notwendigen Baustoffes vollzieht sich heute ausschließlich in Form seiner höchsten Oxydations- und Hydratationsstufe, der Orthophosphorsäure, die, dem Mineralreich entstammend, auf ihren mannigfachen Wanderungen durch die Welt der Lebewesen im Gegensatz zu den bisher besprochenen Elementen keine chemischen Umformungen erleidet[1]), sondern lediglich in salz- und esterartige Bindungen eingeht [Calciumphosphat der Knochen, organische Bindung in Phosphatiden, Nucleoproteiden, Nucleoalbuminen, Phytin, Zuckerphosphorsäureestern[2])].

Als wichtigster Lieferant der Phosphorsäure ist der Apatit zu bezeichnen, ein in den Eruptivgesteinen sehr allgemein, wenn auch meist nur in geringen Mengen anzutreffendes Mineral, das die Phosphorsäure in schwer löslicher Form an Calcium gebunden enthält. Für den Übergang dieser Phosphorsäure in die Organismen und für ihre sonstigen Umsetzungen im Boden ist ihre Umwandlung in die wasserlösliche Form erforderlich. Weil nur ihre Alkalisalze und primären Salze der übrigen Metalle wasserlöslich sind, wird die Phosphorsäure auf ihrem Umlaufe immer wieder in die schwer lösliche Form gedrängt und erscheint deshalb vielfach in Verkettung mit dem Kreislaufe des Calciums; so kann lösliche Phosphorsäure im Boden durch Bindung an Kalk, aber auch an Aluminium, Eisen und andere Basen wiederum festgelegt werden. Bei der Aufschließung schwer löslicher Phosphate im Boden[3]) wird die von den Bodenmikroben und den Wurzeln höherer Pflanzen ausgeschiedene Atmungskohlensäure eine Rolle spielen, aber auch stärkere Säuren werden sich daran beteiligen, so verschiedene organische Säuren, die von zahlreichen aeroben und anaeroben Bodenorganismen[4]), vielleicht auch von Wurzeln höherer Pflanzen ausgeschieden werden, ja unter Umständen kann selbst Schwefelsäure als Produkt „physiologisch saurer Reaktionen"[5]) und der Oxydation des Schwefels[6]) wirksam in diese Lösungsvorgänge eingreifen. Den höheren Pflanzen kommt ein verschieden starkes Aufschließungsvermögen gegenüber schwer löslichen Bodenphosphaten[7]) zu, die selbst wieder Unterschiede hinsichtlich ihrer Aufnehmbarkeit aufweisen[8]).

---

[1]) Reduktion zu Phosphorwasserstoff(?): DVOŘAK, S.: ref. Botan. Zentralbl. Bd. 129, S. 386. 1915. Weitere Literatur bei CZAPEK: Biochemie Bd. 2, S. 149 u. 348. — BARRENSCHEEN, H. K. u. M. A. BECKH-WIDMANNSTETTER: Biochem. Zeitschr. Bd. 140, S. 279. 1923. — JEGOROFF, M. A.: ref. in Zeitschr. f. Pflanzenernährung A, Bd. 8, S. 252. 1927.

[2]) Physiologische Bedeutung der Phosphorsäure: LAQUER, FR.: Naturwissenschaften Bd. 11, S. 300. 1923. — BODNÁR, J.: Biochem. Zeitschr. Bd. 165, S. 1. 1925.

[3]) Literatur bei CZAPEK: Biochemie Bd. 2, S. 507 u. 521 ff. — STOKLASA, J.: Zentralbl. f. Bakteriol., Parasitenk. u. Infektionskrankh., Abt. 2, Bd. 29, S. 385. 1911; Bd. 61, S. 298. 1924.

[4]) HOPKINS, C. G. u. A. L. WHITING: Agric. Exp. Stat. Univ. Illinois 1916, Bull. 190.

[5]) HASELHOFF, E.: Zeitschr. f. Pflanzenernährung u. Düngung, B, Bd. 1, S. 257. 1922.

[6]) MC. LEAN: Soil Science Bd. 5, S. 251. 1918. — LIPMAN, J. G. u. Mitarb.: Ebenda, Bd. 10, S. 327. 1920; Bd. 12, S. 475. 1921. — LANTZ: Internat. Mitt. f. Bodenkunde Bd. 12, S. 22. 1922.

[7]) PRIANISCHNIKOV, D. N.: Die Düngerlehre, S. 268. Berlin 1923. — WRANGELL, M. v.: Gesetzmäßigkeiten bei der Phosphorsäureernährung. Berlin 1922. — MITSCHERLICH, E. A.: Zeitschr. f. Pflanzenernährung u. Düngung, B, Bd. 1, S. 282. 1922. — EHRENBERG, P.: Ebenda, B, Bd. 2, S. 73. 1923. — Siehe auch Abschnitt „Gesamtumsätze bei Pflanzen", dieses Handbuches, Bd. 5.

[8]) FRAPS, G. S.: ref. Biederm. Zentralbl. f. Agrik. chem. Bd. 52, S. 148. 1923. — BRIOUX, CH.: Cpt. rend. hebdom. des séances de l'acad. des sciences Bd. 175, S. 1096. 1922.

Sofern die so löslich gemachte Phosphorsäure nicht wieder chemisch festgelegt wird[1]), wird sie von den Bodenmikroben [biologische Absorption[2])] oder von den höheren Pflanzen assimiliert; aus ihnen tritt sie, meist in organischer Bindung, in den Tierkörper über, der aber auch anorganische Phosphate verwerten kann. Die organisch gebundene Phosphorsäure tierischer Exkremente und abgestorbener Organismen wird durch mikrobielle Zersetzung frei[3]), sofern organische Phosphorsäureverbindungen nicht schon als solche von den Pflanzen verwertet werden[4]). Die in tierischen Exkrementen und Skelettsubstanzen enthaltene Phosphorsäure kann sich unter Umständen lokal zu abbauwürdigen Lagern anhäufen, die zur Deckung des Phosphorsäurebedürfnisses der Kulturpflanzen herangezogen werden[5]).

Der Gesamtkreislauf der Phosphorsäure auf der Erde birgt ein ungelöstes Problem. Goldschmidt[6]) verweist darauf, daß die aus den Silicatgesteinen gelöste oder verschwemmte Phosphorsäure im Gegensatz zu anderen chemischen Elementen im Meerwasser oder in den Sedimentgesteinen eine bedeutende prozentische Verminderung gegenüber ihrem Anteil an der Zusammensetzung der Silicathülle der Erde aufweist und denkt an die Möglichkeit ihrer Anreicherung in den Tiefen der Ozeane, aus denen sie mangels Strömungen und tierischen Lebens nicht wieder emporgebracht werden kann. Der Beschaffung der Phosphorsäure, die heute schon mancherorts als Minimumfaktor das Ausmaß der Pflanzenproduktion bestimmen dürfte, gilt die Sorge der Zukunft.

## Der Kreislauf der übrigen Elemente[7].

Die *Kieselsäure*, ein in der Organismenwelt überaus verbreiteter Aschenstoff, ist besonders im Pflanzenreiche, und da wieder in gewissen Gruppen (Diatomeen, Equisetaceen, Gramineen, Cyperaceen, Palmen u. a.) als Einlagerung in den Zellmembranen[8]) von Bedeutung. Die in die Pflanzen eintretende Kieselsäure wird in kolloider Form oder als Salz aufgenommen, organische Kieselsäureverbindungen aus Pflanzen sind bisher nicht bekannt geworden. Die Quelle der in den Organismen enthaltenen Kieselsäure sind die verwitternden Silicate, aus denen die Kieselsäure durch stärkere Säuren verdrängt wird. An der Silicatzersetzung, die primär der hydrolysierenden Wirkung des Wassers und sekundär dem Angriff der darin gelösten Kohlensäure zugeschrieben wird[9]), sind auch Organismen[10]) beteiligt, Bakterien, Flechten, vielleicht auch die Wurzeln

[1]) Harrvison, W. H. u. S. Das: ref. Biederm. Zentralbl. f. Agrik. chem. Bd. 51, S. 286. 1922. — Skalkij, S.: ref. ebenda, Bd. 47, S. 148. 1918. — Marais, J. S.: Soil Science Bd. 13, S. 355. 1922.

[2]) Stoklasa, J.: Zentralbl. f. Bakteriol., Parasitenk. u. Infektionskrankh., Abt. 2, Bd. 29, S. 385. 1911. — Duchetschkin: Russ. Journ. f. exp. Landwirtschaft Bd. 12, S. 650. 1911.

[3]) Literatur bei Czapek: Biochemie Bd. 2, S. 339 u. 348. — Lecithinspaltung durch Bakterien: Ebenda, Bd. 1, S. 783. — Nucleoproteidspaltung durch Bakterien: Koch, A. u. J. Oelsner: Biochem. Zeitschr. Bd. 134, S. 76. 1922. — Organischer Phosphor im Boden: Schreiner, O.: ref. Exp. Stat. Rec. Bd. 49, S. 815. — Auten, J. T.: Soil Science Bd. 16, S. 281. 1923.

[4]) Literatur bei Czapek: Biochemie Bd. 2, S. 507.

[5]) Goldschmidt, V. M.: Naturwissenschaften Bd. 9, S. 887. 1921; Bd. 10, S. 350. 1922.

[6]) Goldschmidt, V. M.: Zeitschr. f. Elektrochem., S. 418. 1922.

[7]) S. auch Abschnitt „Gesamtumsätze bei Pflanzen", dieses Handbuches Bd. 5.

[8]) Literatur bei Czapek: Biochemie Bd. 2, S. 357 u. 449. — Brieger, F.: Ber. d. dtsch. botan. Ges. Bd. 42, S. 347. 1924. — Aufnahme der Kieselsäure durch Wurzeln: Czapek, Biochemie Bd. 2, S. 516. — Resorption der Kieselsäure im Tierkörper: Breest, Fr.: Biochem. Zeitschr. Bd. 108, S. 309. 1920.

[9]) Ramann: Bodenkunde 1911, S. 24 u. 37.

[10]) Silicatzersetzung durch Bakterien: Bassalik, K.: Zeitschr. f. Gärungsphysiol. Bd. 2, S. 1. 1912; Bd. 3, S. 15. 1913. — Wright, D.: Agric. Sci. Bd. 4, S. 245. 1922. — Durch

höherer Pflanzen. In heißen Quellen können durch gewisse Schizophyceen mächtige Kieselsinterbildungen veranlaßt werden. Die Kieselschalen und Skelette abgestorbener Organismen (Diatomeen, Radiolarien, Spongien) können sich am Grunde der Gewässer zu erdigen oder festen Kieselbänken anhäufen oder zur Bildung von Konkretionen (Feuersteine in Kreide) führen[1]).

Was die *Halogene* betrifft, so spricht das Vorkommen von Jod und Brom[2]) in gewissen Meeresalgen, in der Schilddrüse, die weite Verbreitung kleiner Mengen Fluors in den Organismen für die Bedeutung dieser Elemente im organischen Kreislauf der Stoffe. Besonders aber ist das Chlor in Form von Chloriden in der Organismenwelt verbreitet. Die im Meere enthaltenen Chloride werden mit dem durch Sturm und Brandung zerstäubten Wasser durch Luftströmungen landeinwärts getragen, fallen mit den Niederschlägen zur Erde und kehren größtenteils wieder durch das strömende Wasser ins Meer zurück, wodurch der Kreislauf des „zyklischen Salzes"[3]) geschlossen wird.

Die bei der Verwitterung der Silicate als wasserlösliche Salze der Kieselsäure oder Kohlensäure in Lösung gehenden *Metalle* können nur im Zustande der Lösung in die Organismen eintreten, in welchen sie teils als Ionen, teils in komplexer Form sehr mannigfachen Funktionen dienen, um teilweise schon während ihres Lebens mit den Exkrementen und zur Gänze nach deren Tode wieder in die unbelebte Natur zurückzukehren. Wohl der größte Teil dieser Metalle wird, ebenso wie die bei der Verwitterung entstandenen tonerdereichen Produkte, durch fließendes Wasser über weite Strecken bis zu ihrer Ausfällung (Tonsedimente) transportiert. *Eisen*, *Mangan* und besonders *Kalk* mit *Magnesium* (Dolomit) werden vielfach unter Mitwirkung von Organismen in unlöslicher Form ausgefällt[4]). Besondere Erwähnung verdient das Eisenoxydul als Atmungsmaterial der Eisenbakterien[5]). Die am längsten in Lösung bleibenden *Alkalien*

---

Flechten: Bachmann, E.: Jahrb. f. wiss. Botanik Bd. 44, S. 1. 1907; Ber. d. dtsch. botan. Ges. Bd. 35, S. 464. 1917; Bd. 36, S. 528. 1918. — Frey, E.: Mitt. d. Naturf.-Ges. Bern 1921. — Pilze: Kunze, G.: Jahrb. f. wiss. Botanik Bd. 42, S. 357. 1906.

[1]) Fürth, O. v.: Vergleichende Physiologie der niederen Tiere, S. 589. Jena 1903. — Biogene Kieselgesteine: Rosenbusch, H.: Elemente der Gesteinslehre, S. 410ff. 1901. — Pia, J.: Pflanzen als Gesteinsbildner. Berlin 1926.

[2]) Literatur bei Czapek: Biochemie Bd. 2, S. 520. — Jod in Meeresalgen: Freudler, P. u. Mitarb.: Cpt. rend. hebdom. des séances de l'acad. des sciences Bd. 173, S. 1116. 1921. — Sauvageau, C.: Bull. stat. biol. d'Arcachon Bd. 22. 1925; Cpt. rend. hebdom. des séances de l'acad. des sciences Bd. 183, S. 1006. 1926. — Über den Kreislauf des Jods in der Natur, Jod im Stoffwechsel: Fellenberg, Th. v.: Biochem. Zeitschr. Bd. 139, S. 371. 1923; Bd. 142, S. 246. 1923; Bd. 152, S. 116—190. 1924; Bd. 160, S. 210. 1925; Bd. 175, S. 162. 1926. Zusammenfassung in Ergebn. d. Physiol. Bd. 25. 1926. — Bleyer, Niklas u. Mitarb.: Biochem. Zeitschr. Bd. 170, S. 265, 277, 300. 1926. — Scharrer, K. u. A. Strobel: Naturwissenschaften Bd. 15, S. 539. 1927. Hier weitere Literatur. — Wrangell, M. v.: Ebenda S. 70. — Stoklasa, J.: Fortschr. d. Landwirtsch. Bd. 1, S. 597. 1926. — Klein, G.: Ebenda Jg. 2, S. 424. 1927. — Brom im tierischen Organismus: Bernhardt, H. u. H. Ucko: Biochem. Zeitschr. Bd. 155, S. 174. 1925; Bd. 170, S. 459. 1926. — In Florideen: Sauvageau, C.: Bull. Stat. biol. d'Arcachon Bd. 23. 1926.

[3]) Linck, G.: Handwörterb. d. Naturwiss. Bd. 5, S. 1050. 1914. — Nach S. Shaffer (Chem. News Bd. 124, S. 35. 1922) schwanken die in den Niederschlägen gefundenen Chlormengen sehr; wegen ihres wechselnden Gehaltes an K : Na dürfte das in ihnen enthaltene Chlor nur zum kleinen Teil als „zyklisches Salz" dem Ozean entstammen.

[4]) Literatur über Kalkfällung und -Inkrustation s. S. 720 unter [2]). — Eisen- und Manganfällung bei Bakterien, Pilzen: Literatur bei Czapek: Biochemie Bd. 3, S. 61. — Bei Algen: Bd. 2, S. 356. — Bei Wasserpflanzen: Molisch, H.: Sitzungsber. d. Akad. d. Wiss., Wien. Mathem.-naturw. Kl. Bd. 109, S. 959. 1913. — Perušek, M.: Ebenda, I, Bd. 128, S. 3. 1919. — Naumann, E.: Kgl. Svenska Vetensk. Handlinger Bd. 62, Nr. 4. — Kalkverbindungen im Boden: Shorey, Fry u. Hagen: Journ. agric. res. Bd. 8, S. 57. 1917.

[5]) Literatur bei Czapek: Biochemie Bd. 3, S. 61. — Winogradsky, S.: Zentralbl. f. Bakteriol., Parasitenk. u. Infektionskrankh., Abt. 2, Bd. 57, S. 1. 1922. — Cholodny:

neben Magnesium mußten sich im Laufe der Zeit in den Meeren anreichern, wo sie als Chloride oder Sulfate nur zum geringsten Teil durch den Kreislauf des zyklischen Salzes oder auf dem Umwege über Salzlagerstätten neuerlich in den Stoffwechsel der Landorganismen eintreten können. Das Natriumchlorid als solches muß der Pflanzenfresser seinem Körper zuführen, während es für die meisten Pflanzen, selbst für die Halophyten, abkömmlich zu sein scheint. Für die Ernährung der Pflanzen und damit auch für das gesamte Leben auf dem Festlande ist von der größten Bedeutung die verhältnismäßig hohe Adsorption des *Kaliums* im Boden, die es vor einer raschen Auswaschung bewahrt und so den Pflanzen erhält[1]).

---

Eisenbakterien. Jena 1926. — Manganoxydation: Beijerinck, M. W.: Fol. Microbiol. Bd. 2, S. 123. 1913.

[1]) Goldschmidt, V. M.: Zeitschr. f. Elektrochem. Nr. 19/20, S. 418. 1922.

# Sachverzeichnis.